ALLE·ZEIT·WACH·1842

Meinke · Gundlach

Taschenbuch der Hochfrequenztechnik

Grundlagen, Komponenten, Systeme

Fünfte, überarbeitete Auflage

Herausgegeben von
K. Lange und K.-H. Löcherer

Mit 1214 Abbildungen

Springer-Verlag

Berlin Heidelberg New York
London Paris Tokyo
Hong Kong Barcelona Budapest

Professor Dr.-Ing. **Klaus Lange**

Theoretische Elektrotechnik
Universität der Bundeswehr München
Werner-Heisenberg-Weg 39
8014 Neubiberg

Professor Dr.-Ing. **Karl-Heinz Löcherer**

Institut für Hochfrequenztechnik
Universität Hannover
Appelstr. 9A
3000 Hannover

ISBN 3-540-54717-7. Aufl. Springer-Verlag Berlin Heidelberg New York

Die Deutsche Bibliothek – CIP-Einheitsaufnahme
Taschenbuch der Hochfrequenztechnik/Meinke ; Gundlach.
Hrsg. von K. Lange und K.-H. Löcherer. – 5., überarb. Aufl. –
Berlin ; Heidelberg ; New York ; London ; Paris ; Tokyo ;
Hong Kong ; Barcelona ; Budapest : Springer, 1992
ISBN 3-540-54717-7
NE: Meinke, Hans Heinrich [Hrsg.]; Hochfrequenztechnik

Satz: Daten- und Lichtsatz-Service, Würzburg
Druck: H. Heenemann, Berlin, Bindearbeiten: Lüderitz & Bauer GmbH, Berlin

62/3020-5 4 3 2 1 0

Mitarbeiterverzeichnis

Wegen der durch die Hochschulgesetzgebung der Bundesländer vorliegenden unterschiedlichen Regelungen zur Titelgebung werden die Professorentitel der Autoren undifferenziert angegeben.

Adelseck, Bernd, Dipl.-Ing., Telefunken Systemtechnik, Ulm
Blum, Alfons, Dr. rer. nat., Prof., Univ. d. Saarlandes, Saarbrücken
Bretting, Jork, Dr.-Ing., Telefunken Systemtechnik, Ulm
Büchs, Just-Dietrich, Dr.-Ing., Robert Bosch GmbH, Hildesheim
Dalichau, Harald, Dr.-Ing., Dr.-Ing. habil., Prof., Universität der Bundeswehr, München
Damboldt, Thomas, Dr. rer. nat., Forschungsinstitut der Dt. Bundespost, Darmstadt
Demmel, Enzio, Dipl.-Ing., Valvo RHW der Philips GmbH, Hamburg
Detlefsen, Jürgen, Dr.-Ing., Prof., Technische Universität München
Dintelmann, Friedrich, Dr. rer. nat., Forschungsinstitut der Dt. Bundespost, Darmstadt
Döring, Herbert, Dr.-Ing. o. Prof., Technische Hochschule Aachen
Dombeck, Karl-Peter, Dr.-Ing., Forschungsinstitut der Dt. Bundespost, Darmstadt
Eden, Hermann, Dipl.-Ing., Institut für Rundfunktechnik GmbH, München
Esprester, Ralf, Dr.-Ing., Telefunken Systemtechnik, Ulm
Fliege, Hans-Joachim, Dipl.-Ing., Telefunken Systemtechnik, Ulm
Gier, Matthias, Dipl.-Ing., Saarländischer Rundfunk, Saarbrücken
Groll, Horst, Dr.-Ing., Prof., Technische Universität München
Gundlach, Friedrich-Wilhelm, Dr.-Ing., Prof., Technische Universität Berlin
Heckel, Claus, Ing. (grad.), Standard Elektrik Lorenz AG, Stuttgart
Hoffmann, Michael, Dr. rer. nat., Prof., Universität Ulm
Hollmann, Heinrich, Dipl.-Ing., Forschungsinstitut der Dt. Bundespost, Darmstadt
Hombach, Volker, Dr.-Ing., Forschungsinstitut der Dt. Bundespost, Darmstadt
Horninger, Karl-Heinrich, Dr. techn., Siemens AG, München
Humann, Klaus, Dipl.-Ing., Telefunken Systemtechnik, Ulm
Janzen, Gerd, Dr.-Ing., Prof., Fachhochschule Kempten
Kleinschmidt, Peter, Dipl.-Phys., Siemens AG, München
Krumpholz, Oskar, Dr.-Ing., Daimler-Benz Forschungsinstitut, Ulm
Kügler, Eberhard, Dipl.-Ing., Siemens AG, München
Kühn, Eberhard, Dr.-Ing., Forschungsinstitut der Dt. Bundespost, Darmstadt
Landstorfer, Friedrich, Dr.-Ing., Prof., Universität Stuttgart
Lange, Klaus, Dr.-Ing., Prof., Universität der Bundeswehr, München
Lange, Wolf Dietrich, Dipl.-Ing., Telefunken Systemtechnik, Ulm
Lindenmeier, Heinz, Dr.-Ing., Prof., Universität der Bundeswehr, München
Lingenauber, Gerhard, Dipl.-Ing., Telefunken Systemtechnik, Ulm
Löcherer, Karl-Heinz, Dr.-Ing., Prof., Univ. Hannover (vorm. TH)
Lorenz, Rudolf W., Dr.-Ing., Forschungsinstitut der Dt. Bundespost, Darmstadt
Lüke, Hans Dieter, Prof. Dr.-Ing., RWTH Aachen
Lustig, Helmut, Dipl.-Ing., Telefunken Systemtechnik, Ulm
Maurer, Robert Martin, o. Prof. Dr.-Ing., Univ. d. Saarlandes Saarbrücken 11
Mehner, Manfred, Dipl.-Ing. (FH), Siemens AG, München
Nossek, Josef A., Dr. techn., Prof., Techn. Universität München
Ochs, Alfred, Dipl.-Phys. Forschungsinstitut der Dt. Bundespost, Darmstadt
Peterknecht, Klaus, Dipl.-Ing., Siemens AG, München
Petermann, Klaus, Dr.-Ing., Prof., Technische Universität Berlin
Petry, Hans-Peter, Dr. rer. nat., ANT Nachrichtentechnik, Backnang
Pettenpaul, Ewald, Dr.-Ing., Siemens AG München

Pfleiderer, Hans-Jörg, Dr.-Ing., Prof., Universität Ulm
Pötzl, Friedrich, Dipl.-Ing., Valvo BHW
Reiche, Jürgen, Dipl.-Ing., Brown Boveri & Cie AG, Mannheim
Renkert, Viktor, Dipl.-Ing., Telefunken Systemtechnik, Ulm
Reutter, Jörg, Dipl.-Ing. (FH), Standard Elektrik Lorenz AG, Stuttgart
Röschmann, Peter, Dipl.-Ing., Philips GmbH, Forschungslaboratorium Hamburg
Rücker, Friedrich, Dipl.-Phys., Forschungsinstitut der Dt. Bundespost, Darmstadt
Russer, Peter, Dr. techn., Prof., Technische Universität München
Schaller, Wolfgang, Dr.-Ing., Telefunken Systemtechnik, Ulm
Scheffer, Hans, Dipl.-Ing., Forschungsinstitut der Dt. Bundespost, Darmstadt
Schmid, Wolfgang, Dipl.-Ing. (FH), Standard Elektrik Lorenz AG, Stuttgart
Schmidt, Lorenz-Peter, Dr.-Ing., Telefunken Systemtechnik, Ulm
Schmoll, Siegfried, Dipl.-Ing., Standard Elektrik Lorenz AG, Stuttgart
Schöffel, Helmut, Dipl.-Ing., Telefunken Systemtechnik, Ulm
Schrenk, Hartmut, Dr. rer. nat., Siemens AG, München
Schuster, Harald, Dipl.-Ing., Telefunken Systemtechnik, Ulm
Siegl, Johann, Dr.-Ing., Prof., Fachhochschule Nürnberg
Söllner, Helmut, Dipl.-Ing., Telefunken Systemtechnik, Ulm
Spatz, Jürgen, Dipl.-Ing., Siemens AG, Neustadt b. Coburg
Stocker, Helmut, Dr. techn., Siemens AG, München
Thaler, Hans-Jörg, Dr. rer. nat., Siemens AG München
Thielen, Herbert, Dipl.-Phys., Forschungsinstitut der Dt. Bundespost, Darmstadt
Treczka, Leo, Spinner GmbH, München
Tschiesche, Hugo, Dipl.-Ing., Standard Elektrik Lorenz AG, Stuttgart
Uhlmann, Manfred, Dipl.-Ing. (FH), Telefunken Systemtechnik, Ulm
Valentin, Rolf, Dr. rer. nat., Forschungsinstitut der Dt. Bundespost, Darmstadt
Weigel, Robert, Dr.-Ing., Techn. Universität München
Wieder, Armin, Dr.-Ing., Siemens AG, München
Wolfram, Gisbert, Dr. rer. nat., Siemens AG, München
Wysocki, Bodo, Dipl.-Ing., RIAS Berlin
Zimmermann, Peter, Dr. rer. nat., Radiometer physics, Meckenheim

Vorwort zur 5. Auflage

Das von H. Meinke und F. W. Gundlach im Jahre 1955 erstmals herausgegebene „Taschenbuch der Hochfrequenztechnik" erschien in einer Zeit, in der nur wenige Fachbücher über dieses Gebiet vorlagen. Es wurde daher bald, auch in seinen beiden folgenden Auflagen (1961, 1967) für viele auf diesem Gebiet Tätigen unverzichtbar als Nachschlagewerk und Ratgeber. Derzeit gibt es eine Vielzahl ausgezeichneter aktueller Lehr- und Sachbücher über alle Teilgebiete der Hochfrequenztechnik. Dennoch wird es derjenige, der sich über verschiedene Teilbereiche grundlegend informieren will, begrüßen, geeignete Informationen in knapper und konzentrierter Form in die Hand zu bekommen.
Der Initiative von F. W. Gundlach war es zu danken, daß 1983 eine Neufassung begonnen werden konnte. Erste Pläne konnten noch mit H. Meinke besprochen werden, leider wurde seinem Schaffen zu früh ein Ende gesetzt. Als langjährige Mitarbeiter der früheren Herausgeber bemühen wir uns um die Fortsetzung ihres Werks.
Die Fortschritte in der Entwicklung hochfrequenztechnischer Komponenten und Systeme, die wesentlich durch den Einsatz moderner Halbleiterbauelemente ermöglicht wurden, erforderten eine völlige Neugestaltung der 1985 herausgegebenen 4. Auflage gegenüber den vorausgegangenen. Die hiermit vorliegende 5. Auflage wurde aktualisiert, Korrekturen wurden vorgenommen und einige Kapitel auch völlig umgestaltet. In der Hochfrequenztechnik werden einerseits immer höhere Frequenzen angewendet, andererseits erfolgt die Entwicklung von Schaltungen zunehmend mit Rechnerunterstützung. Beidem mußte Rechnung getragen werden, ohne den Umfang des Buches wesentlich zu vergrößern. Daher mußten Beiträge geopfert werden, die keinen besonderen Bezug zu Fragen der Hochfrequenztechnik aufweisen und auch in anderen Büchern zu finden sind, wie zum Beispiel die allgemeine Darstellung der Netzwerktheorie.
Zweck dieses Werkes ist, dem Benutzer Informationen über grundlegende Eigenschaften und Zusammenhänge zu vermitteln sowie ihm Anregungen bezüglich der Einsatzmöglichkeiten von Schaltungen und Komponenten und, soweit möglich, Dimensionierungshinweise zu geben. Die Darstellung der einzelnen Gebiete mußte knapp gehalten werden. Am Ende der Kapitel findet der Leser jedoch Literaturzitate, in denen Einzelfragen behandelt werden, auf die im Text nur hingewiesen werden konnte. Das Werk soll kein Lehrbuch sein. Nötige Grundkenntnisse können durch Studium des am Kapitelanfang aufgeführten allgemeinen Schrifttums erworben werden.
Wie bei der 4. Auflage ist dieses Buch sowohl als Gesamtband als auch in drei Teilbänden mit den Themenbereichen

1. Grundlagen (Teile A bis I),
2. Komponenten (Teile K bis N),
3. Systeme (Teile O bis S)

erhältlich. Durch diese Aufteilung ist die Möglichkeit gegeben, das Taschenbuch schrittweise zu erwerben. Inhaltsverzeichnis und Sachregister der Gesamtausgabe sind auch in jedem Teilband enthalten, um durch Hinweise auch auf den Inhalt der anderen Teilbände die Benutzung zu erleichtern.
Die Herausgeber sind allen am Entstehen dieser Auflage Beteiligten zu Dank verpflichtet: Allen Autoren für die Mühe, die sie für die Durchsicht und Aktualisierung ihrer Beiträge aufwendeten, den Mitarbeitern des Springer-Verlages für die sorgfältige Bearbeitung des Satzes und der Bildvorlagen.
Wir wünschen allen Benutzern des Meinke/Gundlach in der neuen Fassung den erhofften Nutzen und Erfolg in ihrer fachlichen Arbeit und danken im voraus für alle Anregungen und konstruktive Kritik.

München und Hannover, im September 1992 K. Lange K.-H. Löcherer

Inhaltsverzeichnis

A Einleitung
Gundlach

B Elektromagnetische Felder und Wellen
Lange

C Grundlagen der Schaltungsberechnung, Leitungstheorie
Lange (1 bis 6); Siegl (7); Dalichau (8)

D Grundbegriffe der Nachrichtenübertragung

Löcherer (3); Lüke (1, 2, 4, 5)

E Materialeigenschaften und konzentrierte passive Bauelemente

Kleinschmidt (7, 8); Lange (1 bis 6, 9, 10)

F Hochfrequenzverstärker
Dalichau

G Netzwerke mit nichtlinearen passiven und aktiven Bauelementen

Blum (3, 4); Hoffmann (2); Maurer (1.1 bis 1.4); Petry (1.5 bis 1.7)

H Wellenausbreitung im Raum

Damboldt (3.3, 4, 6.1, 6.2); Dintelmann (2, 3.4); Kühn (2); Lorenz (1, 3.1, 5, 6.3); Ochs (7); Rücker (6.4); Valentin (3.2, 5, 6.4)

I Hochfrequenzmeßtechnik

Dalichau

K Hochfrequenz-Wellenleiter

Bretting (6); Dalichau (1, 2, 7); Groll (4); Petermann (5); Siegl (3)

L Schaltungskomponenten aus passiven Bauelementen

Dalichau (2 bis 4); Kleinschmidt (11); Lange (9.1 bis 9.6, 10); Pötzl (8); Röschmann (9.8); Siegl (7.1, 7.3); Stocker (12); Treczka (1, 5, 6, 7.2, 7.4); Wolfram (9.7)

M Aktive Bauelemente

Bretting (4.1 bis 4.10); Döring (4.11); Horninger (1.3); Petermann (2); Pettenpaul (1.2); Pfleiderer (1.3); Russer (3); Schrenk (1.2); Weigel (3); Wieder (1.1, 1.3)

N Antennen

Adelseck (10.2); Dombek (13.2, 15); Hollmann (14.2); Hombach (12.2; 12.3, 13.1, 16); Kühn (12.1); Landstorfer (1 bis 3, 8); Lange (4, 5, 7); Lindenmeier (11); Reiche (6); Scheffer (12.1); Schmidt (10.1); Thielen (14.1); Uhlmann (9)

O Modulation und Demodulation

Gier (1); Heckel (5.2, 5.3, 5.5); Reutter (3); Schmid (4); Schmoll (2); Tschieche (5.1, 5.4)

P Sender

Bretting (4.2); Demmel (4.1); Lustig (4.3; 4.4); Wysocki (1 bis 3)

Q Empfänger

Esprester (1.1, 2.2); Fliege (3.2); Humann (1.3, 3.1); Lange (3.3); Lingenauber (2.5, 2.6, 3.4); Renkert (1.3, 2.4); Schaller (1.2, 3.4); Schöffel (1.3); Schuster (2.3); Söllner (1.3, 2.1, 3.4); Supritz (2.6 bis 2.8)

R Nachrichtenübertragungssysteme

Büchs (4); Eden (2); Krumpholz (5); Kügler (1); Mehner (1); Nossek (3.2); Peterknecht (3.3); Petermann (5); Spatz (1); Thaler (3.1, 3.4)

S Hochfrequenztechnische Anlagen

Detlefsen (1, 2.2 bis 2.4); Fliege (2.1); Janzen (3); Zimmermann (4)

Wichtige Konstanten und Formeln

Konstanten im Vakuum

Magnetische Feldkonstante	$\mu_0 = 4\pi \cdot 10^{-7}$ Vs/Am $= 1{,}256 \cdot 10^{-6}$ H/m;
Elektrische Feldkonstante	$\varepsilon_0 = 8{,}854 \cdot 10^{-12}$ As/Vm;
Lichtgeschwindigkeit	$c_0 = 1/\sqrt{\varepsilon_0 \cdot \mu_0} = 2{,}997925 \cdot 10^8$ m/s $\approx 3 \cdot 10^8$ m/s;
Feldwellenwiderstand	$Z_0 = \sqrt{\mu_0/\varepsilon_0} = 376{,}7\,\Omega \approx 120\pi\,\Omega$.

Mathematische Konstanten

$\pi = 3{,}141592653590$, e = 2,7182818, 1/e = 0,367879.

Äquivalenzen

1 rad (Bogenmaß) = $180°/\pi = 57{,}296°$;
$1° = \pi/180° = 0{,}01745$ rad;
1 inch = 1000 mils = 25,4 mm, 1 mm = 39,37 mils = 0,0394 inch;
1 foot = 0,305 m, 1 m = 3,281 feet;
1 Nautische Meile = 1,852 km, 1 km = 0,5399 n. m.;
1 mile = 1,609 km, 1 km = 0,6214 miles;
1 Tesla = 1 T = 10^4 Gauß, 1 A/m = $4\pi \cdot 10^{-3}$ Oe, 1 Oe = 79,58 A/m;
ϑ_1 in °Fahrenheit = ($\vartheta_2$in °C · 9/5) + 32, ϑ_2 in °C = (ϑ_1 in °F-32) · 5/9; ϑ in °C = T in Kelvin − 273,15.
Dämpfungen: a/dB $= 10 \cdot \lg(P_2/P_1) = 20 \cdot \lg(U_2/U_1)$, a/Np $= \ln(U_2/U_1)$;
1 Neper = 8,686 dB, 1 dB = 0,115 Neper;

Verhältnisse von Leistungen bzw. Spannungen oder Strömen:

dB	1	2	3	4	5	6	7	8	9	10
P_2/P_1	1,26	1,58	1,99	2,51	3,16	3,98	5,01	6,30	7,94	10,00
P_1/P_2	0,79	0,63	0,50	0,40	0,31	0,25	0,20	0,16	0,12	0,10
U_2/U_1	1,12	1,25	1,41	1,58	1,78	1,99	2,24	2,51	2,82	3,16
U_1/U_2	0,89	0,79	0,70	0,63	0,56	0,50	0,45	0,40	0,35	0,31

dB	11	12	13	14	15	16	17	18	19	20
P_2/P_1	12,6	15,8	19,9	25,1	31,6	39,8	50,1	63,1	79,4	100,0
P_1/P_2	0,08	0,06	0,05	0,04	0,04	0,025	0,02	0,016	0,012	0,010
U_2/U_1	3,54	3,98	4,47	5,01	5,62	6,30	7,07	7,94	8,91	10,00
U_1/U_2	0,28	0,25	0,22	0,20	0,17	0,16	0,14	0,125	0,11	0,10

Formeln

Reflexionsfaktor $\underline{r} = \dfrac{\underline{Z} - Z_L}{\underline{Z} + Z_L} = r \cdot e^{j\varphi}$, r in dB $= 20 \cdot \lg(r)$;

Rückflußdämpfung $a = -20 \cdot \lg(r)$;

Stehwellenverhältnis (vswr) $s = \dfrac{1 + r}{1 - r}$;

Anpassungsfaktor $m = \dfrac{1 - r}{1 + r} = 1/s$;

Phasenmaß	$\beta = 2\pi/\lambda = 2\pi f \cdot \sqrt{\mu_0 \mu_r \varepsilon_0 \varepsilon_r} = \omega/v$;
Wellenlänge	$\lambda = v/f = c_0/(f \cdot \sqrt{\mu_r \varepsilon_r})$;
Skineffekt, Eindringmaß	$\delta = 1/\sqrt{\pi \cdot f \cdot \sigma \cdot \mu_0 \cdot \mu_r}$,

($\sigma_{Ag} = 62 \cdot 10^6$ S/m, $\sigma_{Cu} = 58 \cdot 10^6$ S/m, $\sigma_{Au} = 45 \cdot 10^6$ S/m, $\sigma_{Al} = 33 \cdot 10^6$ S/m)

Strahlungsdichte, zeitl. Mittelwert	$S = 1/2 \cdot E \cdot H = E_{eff} \cdot H_{eff}$;
Komplexe Permeabilität	$\varepsilon_r = \varepsilon_r' - j \cdot \varepsilon_r'' = \varepsilon_r \cdot (1 - j \cdot \tan\delta)$ $= \varepsilon_r - j \cdot \sigma/(\omega \cdot \varepsilon_0)$.
Kapazitätsbelag einer Leitung	C' in pF/m $= 10000 \cdot \sqrt{\varepsilon_r}/(3 \cdot Z_L/\Omega)$;
Induktivitätsbelag einer Leitung	L' in nH/m $= 3{,}33 \cdot \sqrt{\varepsilon_r} \cdot Z_L/\Omega$;
Verfügbare thermische Rauschleistung	$P = k \cdot T \cdot B$,

(B = Bandbr., T = Temp. in Kelvin, Boltzmann-Konst., $k = 1{,}38 \cdot 10^{-23}$ Ws/K)

Antennen

Antennengewinn	$g = S_{max}/S_{isotrop}$, G in dB $= 10 \cdot \lg(g)$;
Wirkfläche	$A = \lambda^2 \cdot g/(4\pi)$

	g	G	h_{eff}
kurzer Dipol, Gesamtlänge l	1,56	1,76 dB	$l/2$
$\lambda/2$-Dipol	1,64	2,15 dB	λ/π
$\lambda/4$-Stab auf leitender Ebene	3,28	3,28 dB	$\lambda/(2\pi)$

Öffnungswinkel $2\Delta\varphi_H$ zwischen den beiden 3-dB-Punkten bei strahlender Linie ($l \gg \lambda$) mit konstanter Belegung: $2\Delta\varphi_H \approx 51° \cdot \lambda/l$. Winkel zwischen den ersten beiden Nullstellen: $2\Delta\varphi_0 \approx 114° \cdot \lambda/l$.

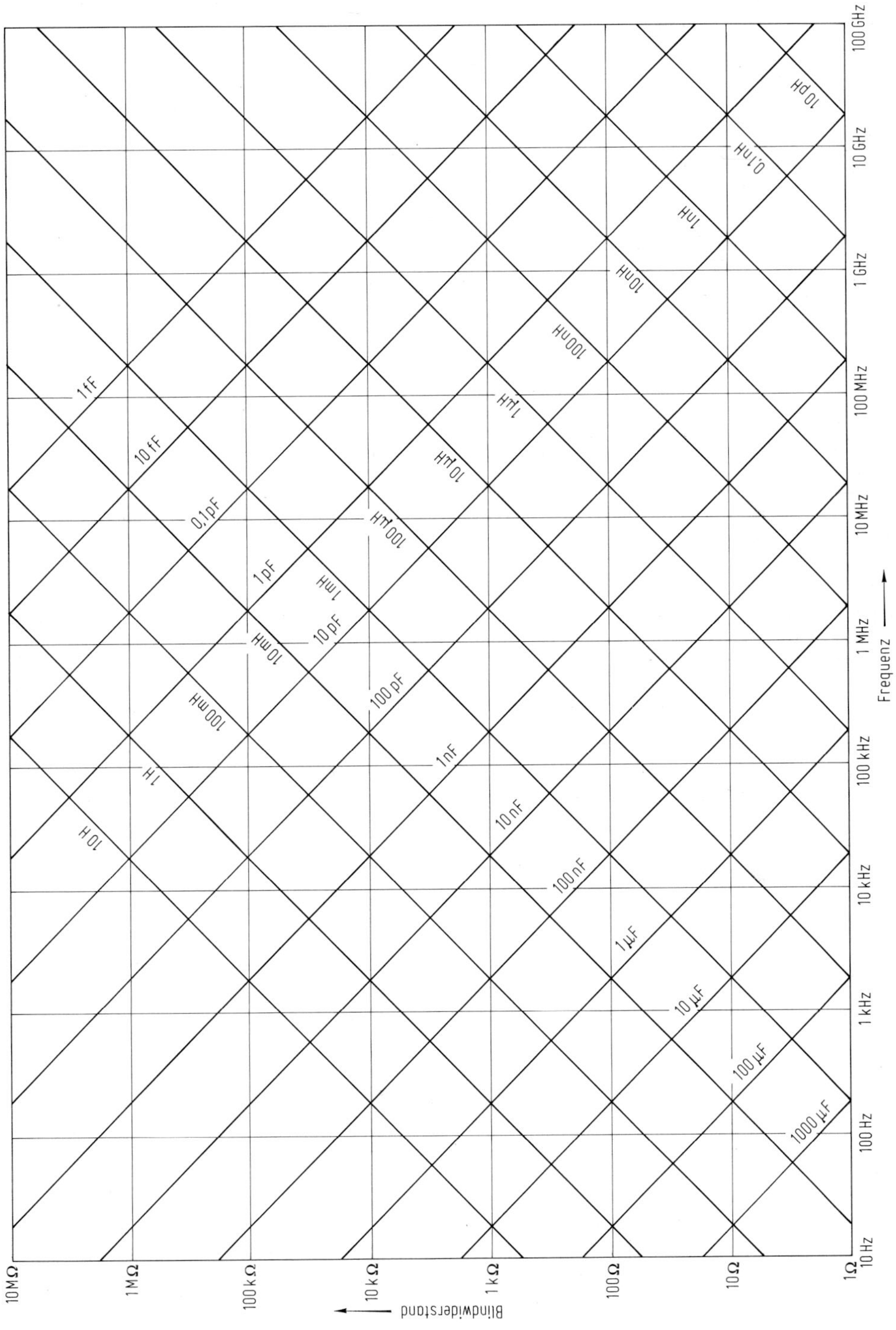

Blindwiderstände von Kapazitäten und Induktivitäten

A Einleitung
Introduction

F.W. Gundlach

1 Hinweise zur Benutzung des Taschenbuchs
Directions for the use of the book

Zum Suchen kann man entweder das ausführliche Inhaltsverzeichnis am Anfang des Buches oder das alphabetische Sachverzeichnis am Ende des Buches verwenden.
Das Buch gliedert sich in Teile, die mit Großbuchstaben gekennzeichnet sind. Jeder Teil ist in Kapitel gegliedert, die mit arabischen Ziffern numeriert sind. Falls erforderlich, sind die Kapitel in Abschnitte unterteilt. Auf jeder linken Buchseite sind oben Kennbuchstabe und Überschrift des Teils und auf jeder rechten Buchseite ist oben ein Stichwort aus der Überschrift des Kapitels oder Abschnitts angegeben.
Alle Gleichungen tragen am rechten Rand der Buchseite eine Zahlenbezeichnung, z.B. (14). Diese Zahl ist die laufende Nummer der Gleichung in dem betreffenden Kapitel. Auch die Numerierung der Bilder und Tabellen erfolgt fortlaufend innerhalb eines Kapitels. Wird im Text auf eine Gleichung oder ein Bild innerhalb des gleichen Kapitels verwiesen, so ist nur die Nummer der Gleichung oder des Bildes angegeben.
Beispiel: Gl. (14), Bild 7, Tab. 8.
Bei Verweisen auf Gleichungen, Bilder und Tabellen in einem anderen Kapitel innerhalb des gleichen Teils oder in einem anderen Teil stehen vor der entsprechenden Nummer zusätzlich der Buchstabe des Teils und die Nummer des Kapitels.
Beispiele: s. Gl. K 3 (16), s. Bild C 2.3, s. Tab. H 5.14.

Am Anfang eines jeden Kapitels oder mancher Teile finden sich Hinweise auf Literatur, die zur allgemeinen Information des Lesers dient. Spezielle Literaturangaben (im laufenden Text durch Zahlen in eckigen Klammern gekennzeichnet) stehen am Ende eines Kapitels oder Teils. Die Zahlen in eckigen Klammern beziehen sich stets nur auf das Literaturverzeichnis des gleichen Kapitels; wird ein Literaturzitat in mehreren Kapiteln benötigt, so wird seine Angabe entsprechend wiederholt.

2 Physikalische Größen, ihre Einheiten und Formelzeichen
Physical quantities, units and symbols

Allgemeine Literatur: DIN Taschenbuch 22: Einheiten und Begriffe für physikalische Größen (Normen, AEF-Taschenbuch 1), DIN Taschenbuch 202: Formelzeichen, Formelsatz, Mathematische Zeichen und Begriffe (Normen, AEF-Taschenbuch 2), Berlin: Beuth 1984. *German, S.; Drath, P.*: Handbuch der SI-Einheiten. Braunschweig: Vieweg 1979.

Im Taschenbuch der Hochfrequenztechnik werden alle physikalischen Erscheinungen (Körper, Vorgänge, Zustände) mit Hilfe von *physikalischen Größen* beschrieben, die im folgenden kurz *Größen* genannt werden (vgl. DIN 1313 und DIN 1301 [1]). Diese Größen können Skalare, Vektoren oder Tensoren sein; sie beschreiben meßbare Eigenschaften. Jeder spezielle Wert einer Größe, der *Größenwert*, läßt sich durch das Produkt ausdrücken:

$$\text{Größenwert} = \text{Zahlenwert} \cdot \text{Einheit}. \qquad (1)$$

Beispiele:

$I = 3\,\text{A}$	spezieller Wert einer elektr. Stromstärke,
$E = 0{,}6\,\text{V/m}$	spezieller Wert einer elektr. Feldstärke,
$P = 3\,\text{W}$	spezieller Wert einer Leistung,
$h_{11} = 9\,\Omega$	spezieller Wert für den Eingangswiderstand eines Transistors.

Das Produkt aus Zahlenwert und Einheit wird beim Auswerten von Größengleichungen (s. A 3) anstelle des Formelzeichens eingesetzt; sonst wird immer mit dem Formelzeichen für den Größenwert gerechnet, da ja das Produkt aus Zahlenwert und Einheit keine Aussage über den Sachbezug enthält.
Beispiel:
Die Angabe 9 Ω ist für sich allein sinnlos, dagegen enthält das Formelzeichen h_{11} den Hinweis, daß es sich um den Eingangswiderstand eines Transistors handelt.

Spezielle Literatur Seite A 3

Der Größenwert ist unabhängig von einem Wechsel der Einheit; Zahlenwert und Einheit verhalten sich gegenläufig, nämlich wie die Faktoren eines konstanten Produkts.
Beispiel: $I = 0{,}03\ \mathrm{A} = 30\ \mathrm{mA}$.
Die *Einheiten* physikalischer Größen sind spezielle Werte von diesen Größen, die durch Normung festgelegt sind. Maßgeblich für die Anwendung in Naturwissenschaft und Technik ist das weltweit eingeführte Internationale Einheitensystem (Système International, Kurzzeichen SI); es wurde im Jahre 1960 von der 11. Generalkonferenz für Maß und Gewicht verabschiedet [2], ist in die Deutsche Gesetzgebung übernommen [3] und in den Normenwerken aller internationalen und nationalen Normenorganisationen enthalten [1, 4, 5]. Im SI sind sieben *Basiseinheiten* für die Basisgrößen Länge, Masse, Zeit, elektrische Stromstärke, thermodynamische Temperatur, Stoffmenge und Lichtstärke festgelegt. Innerhalb dieses Buches sind die Basisgrößen Stoffmenge und Lichtstärke ohne besondere Bedeutung; die übrigen Basisgrößen sind mit ihren Einheiten und Einheitenformelzeichen in Tab. 1 zusammengestellt; die Formelbuchstaben für die Einheiten werden in senkrechter Schrift dargestellt im Gegensatz zu den in kursiver Schrift gedruckten Formelzeichen für die physikalischen Größen (vgl. DIN 1338 [1]).

Abgeleitete SI-Einheiten werden gebildet durch Produkte oder Quotienten der Basiseinheiten (z. B. m/s, A/m), durch Potenzen der Basiseinheiten mit positivem oder negativem Exponenten oder auch durch Produkte solcher Potenzen (z. B. $\mathrm{m\,s^{-2}}$). Bei komplizierten Ausdrücken dieser Art hat man besondere Namen für die abgeleiteten SI-Einheiten eingeführt; soweit diese Einheiten für die Hochfrequenztechnik von Interesse sind, sind sie in Tab. 1 aufgenommen. Die Darstellung der abgeleiteten SI-Einheiten durch die Potenzprodukte der Basiseinheiten ist gerade für die Anwendung in der Hochfrequenztechnik recht unübersichtlich, da die Einheit der Masse, das Kilogramm, in den Gleichungen kaum vorkommt. Wesentlich übersichtlicher wird die Darstellung, wenn man statt des Kilogramm die Einheit der elektrischen Spannung, das Volt, einführt und die abgeleiteten Einheiten durch Potenzprodukte der Einheiten V, A, s, m ausdrückt, wie dies in der letzten Spalte der Tab. 1 angegeben ist. Wenn man abgeleitete Einheiten mit besonderen Namen und besonderen Einheitenzeichen einführt, gibt es selbstverständlich verschiedene Darstellungsmöglichkeiten für die gleiche Einheit;
Beispiel:
$1\ \mathrm{J} = 1\ \mathrm{Ws} = 1\ \mathrm{VAs} = 1\ \mathrm{VC} = 1\ \mathrm{Wb\,A} = 1\ \mathrm{Nm}$.
Die zweckmäßige Auswahl der Darstellungsart

Tabelle 1. SI-Basiseinheiten und abgeleitete Einheiten mit besonderem Namen

	Größe	Einheitenzeichen	Name	Ausgedrückt in Basiseinheiten	Ausgedrückt in Einheiten V, A, s, m
Basiseinheiten	Länge	m	Meter	–	–
	Masse	kg	Kilogramm	–	$1\ \mathrm{kg} = 1\ \mathrm{VAs^3/m^2}$
	Zeit	s	Sekunde	–	–
	elektr. Stromstärke	A	Ampere	–	–
	thermodyn. Temperatur	K	Kelvin	–	–
abgeleitete Einheiten mit besonderem Namen	Frequenz	Hz	Hertz	$\mathrm{s^{-1}}$	$1\ \mathrm{Hz} = 1/\mathrm{s}$
	Kraft	N	Newton	$\mathrm{m\,kg\,s^{-2}}$	$1\ \mathrm{N} = 1\ \mathrm{VAs/m} = 1\ \mathrm{J/m}$
	Druck	Pa	Pascal	$\mathrm{m^{-1}\,kg\,s^{-2}}$	$1\ \mathrm{Pa} = 1\ \mathrm{N/m^2}$
	Energie, Arbeit	J	Joule	$\mathrm{m^2\,kg\,s^{-2}}$	$1\ \mathrm{J} = 1\ \mathrm{Ws} = 1\ \mathrm{Nm}$
	Leistung	W	Watt	$\mathrm{m^2\,kg\,s^{-3}}$	$1\ \mathrm{W} = 1\ \mathrm{VA}$
	elektr. Ladung	C	Coulomb	sA	$1\ \mathrm{C} = 1\ \mathrm{As}$
	elektr. Spannung	V	Volt	$\mathrm{m^2\,kg\,s^{-3}\,A^{-1}}$	–
	elektr. Kapazität	F	Farad	$\mathrm{m^{-2}\,kg^{-1}\,s^4\,A^2}$	$1\ \mathrm{F} = 1\ \mathrm{C/V}$
	elektr. Widerstand	Ω	Ohm	$\mathrm{m^2\,kg\,s^{-3}\,A^{-2}}$	$1\ \Omega = 1\ \mathrm{V/A}$
	elektr. Leitwert	S	Siemens	$\mathrm{m^{-2}\,kg^{-1}\,s^3\,A^2}$	$1\ \mathrm{S} = 1\ \mathrm{A/V}$
	magn. Fluß	Wb	Weber	$\mathrm{m^2\,kg\,s^{-2}\,A^{-1}}$	$1\ \mathrm{Wb} = 1\ \mathrm{Vs}$
	magn. Flußdichte	T	Tesla	$\mathrm{kg\,s^{-2}\,A^{-1}}$	$1\ \mathrm{T} = 1\ \mathrm{Wb/m^2}$
	Induktivität	H	Henry	$\mathrm{m^2\,kg\,s^{-2}\,A^{-2}}$	$1\ \mathrm{H} = 1\ \mathrm{Wb/A}$
ergänzende Einheiten	ebener Winkel		Radiant	$\mathrm{m \cdot m^{-1}}$	kann durch 1 ersetzt werden
	räumlicher Winkel		Steradiant	$\mathrm{m^2 \cdot m^{-2}}$	

ergibt sich aus dem jeweils betrachteten Problem.

Anmerkung: Bei den Größen magn. Fluß, magn. Flußdichte und magn. Feldstärke sind bedauerlicherweise die früher üblichen elektromagnetischen CGS-Einheiten Maxwell (Einheitenzeichen M), Gauß (G) und Oerstedt (Oe) aus dem Schrifttum noch nicht völlig verschwunden; sie sind wie folgt umzurechnen (vgl. DIN 1301, Teil 3 [1]):

$$1\,\text{M} \mathrel{\hat{=}} 10^{-8}\,\text{Wb}, \quad 1\,\text{G} \mathrel{\hat{=}} 10^{-4}\,\text{T},$$
$$1\,\text{Oe} \mathrel{\hat{=}} 79{,}577\,\text{A/m}.$$

Bei der Bildung von abgeleiteten Einheiten ergeben sich des öfteren Brüche, in deren Zähler und Nenner die gleiche Einheit steht;
Beispiel:
Leistungsverstärkungsfaktor = Ausgangsleistung/Eingangsleistung = $10\,\text{W}/2\,\text{W} = 5\,\text{W}/\text{W} = 5\,\text{WW}^{-1} = 5$;
abgeleitete Größen dieser Art heißen Größenverhältnisse, das Einheitenverhältnis kann durch 1 ersetzt werden. Bei den physikalischen Größen *ebener Winkel* und *räumlicher Winkel* haben diese Größenverhältnisse die besonderen Namen Radiant und Steradiant und werden als *ergänzende SI-Einheiten* bezeichnet (vgl. die beiden letzten Zeilen in Tab. 1).

Für dezimale *Vielfache* und *Teile von Einheiten* werden Vorsätze verwendet, die zusammen mit ihren Kurzzeichen in Tab. 2 zusammengestellt sind. Das Vorsatzzeichen bildet zusammen mit dem Einheitenzeichen das Zeichen einer eigenen Einheit; ein positiver oder negativer Exponent gilt somit für das Vorsatzzeichen mit.
Beispiel: $1\,\text{mm}^2 = 1\,(10^{-3}\,\text{m})^2 = 10^{-6}\,\text{m}^2$.
Die Vorsatzzeichen sind so auszuwählen, daß einfache und leicht einprägsame Zahlenwerte entstehen.
Beispiel: $f = 2{,}4$ GHz und nicht $f = 2400$ MHz.

Die Mehrzahl der physikalischen Größen verändern sich mit der Zeit; es kann sich dabei um periodisch zeitabhängige Größen, um Übergangsgrößen oder um Zufallsgrößen handeln (vgl. DIN 5483 [1]).

Bei Größen mit *sinusförmiger Zeitabhängigkeit* (kurz Sinusgrößen genannt) bietet die komplexe Rechnung besondere Vereinfachungen; man führt hier Größen mit komplexen Zahlenwerten (kurz *komplexe Größen* genannt) ein. Zur Kennzeichnung der komplexen Größen werden die Formelbuchstaben unterstrichen; diese Kennzeichnung wird zum Zwecke klarer Verständlichkeit in diesem Buch einheitlich durchgeführt; es wird somit zwischen Größen mit reellen und mit komplexen Zahlenwerten klar unterschieden.

Das Formelzeichen $\underline{E} = E \exp(\text{j}\,\varphi)$ gibt beispielsweise die komplexe Amplitude an, während E der Betrag der Amplitude ist. Effektivwerte sind durch einen Index (E_{eff}) gekennzeichnet.

Falls ausdrücklich betont werden soll, daß der Augenblickswert einer Größe gemeint ist, so wird der Buchstabe t in Klammern hinzugefügt, also z.B. $E(t)$ und $v(t)$.

Tabelle 2. Vorsätze für dezimale Teile und Vielfache von SI-Einheiten

Faktor, mit dem die Einheit multipliziert wird	Vorsatz	Vorsatzzeichen
10^{-18}	Atto	a
10^{-15}	Femto	f
10^{-12}	Piko	p
10^{-9}	Nano	n
10^{-6}	Mikro	µ
10^{-3}	Milli	m
10^{-2}	Zenti	c
10^{-1}	Dezi	d
10^{1}	Deka	da
10^{2}	Hekto	h
10^{3}	Kilo	k
10^{6}	Mega	M
10^{9}	Giga	G
10^{12}	Tera	T
10^{15}	Peta	P
10^{18}	Exa	E

Spezielle Literatur: [1] DIN Taschenbuch 22: Einheiten und Begriffe für physikalische Größen (Normen, AEF-Taschenbuch 1), DIN Taschenbuch 202: Formelzeichen, Formelsatz, Mathematische Zeichen und Begriffe (Normen, AEF-Taschenbuch 2), Berlin: Beuth 1984. – [2] Internationales Büro für Maß und Gewicht: Le Système International d'Unités (SI), Braunschweig: Vieweg 1977. – [3] Gesetz über Einheiten im Meßwesen (Einheitengesetz) vom 2. Juli 1969, BGBl. I (1969) 709 mit Änderungen vom 6. Juli 1973, 2. März 1974 und 25. Juli 1978. – [4] International Organization for Standardization: ISO standards handbook 2: Units of measurement. Genf: ISO Central Secretariat 1979. – [5] *IEC Publication 27-1:* Letter symbols to be used in electrical technology, time dependent quantities, 5th edn. Genf: Bureau Central de la Commission Électrotechnique Internationale 1971.

3 Schreibweise physikalischer Gleichungen
Physical equations, methods of writing

Normenausschuß Einheiten und Formelgrößen (AEF) im DIN Deutsches Institut für Normung: DIN 1313 Physikalische Größen und Gleichungen, Begriffe und Schreibweisen, Ausgabe April 1978, Berlin: Beuth (das Normblatt ist enthalten im DIN-Taschenbuch 22. Berlin: Beuth 1984).

Die im Taschenbuch der Hochfrequenztechnik angegebenen physikalischen Gleichungen sind ausschließlich Größengleichungen, d. h. sie geben Beziehungen zwischen physikalischen Größen an, und die verwendeten Formelzeichen bedeuten physikalische Größenwerte entsprechend Gl. A 2 (1). Die Größengleichungen sind unabhängig von den jeweils verwendeten Einheiten gültig.

Bei der numerischen Auswertung von Größengleichungen sind die Formelzeichen der Größenwerte durch die Produkte aus Zahlenwert und Einheit zu ersetzen; Zahlenwerte und Einheiten werden dann durch Multiplikation und Division zusammengefaßt; dabei werden die Zusammenhänge zwischen den verschiedenen Einheiten und ihren Vielfachen und Teilen (vgl. Tab. A 2.1 und Tab. A 2.2) berücksichtigt.

Beispiel:
Größengleichung für die Resonanzfrequenz eines Schwingkreises:

$$f = 1/(2\pi\sqrt{LC}), \qquad (1)$$

vorgegebene Größenwerte:

$$L = 2\,\text{mH}, \qquad C = 200\ \text{pF}.$$

Auswertung:

$$f = 1/(2\pi\sqrt{2\ \text{mH}\cdot 200\ \text{pF}})$$
$$= 1\Big/\left(2\pi\sqrt{2\cdot 10^{-3}\frac{\text{Vs}}{\text{A}}\cdot 200\cdot 10^{-12}\frac{\text{As}}{\text{V}}}\right)$$
$$= 1/(2\pi\sqrt{2\cdot 200\cdot 10^{-15}\text{s}^2}) = 0{,}2516\cdot 10^6\,\text{s}^{-1}$$
$$= 0{,}2516\ \text{MHz} = 251{,}6\ \text{kHz}.$$

Wenn zahlenmäßige Auswertungen einer Größengleichung sich häufig wiederholen, z. B. bei der Berechnung von Tabellen, ist es zweckmäßig, die Gleichungen auf die zu verwendenden Einheiten *zuzuschneiden*; man formt zu diesem Zweck die Gleichung derart um, daß jede Größe durch die ihr zugeordnete Einheit dividiert auftritt; auch in diesen *zugeschnittenen Größengleichungen* bedeuten die Formelbuchstaben stets physikalische Größen. Auch diese Art von Gleichungen ist im vorliegenden Buch häufig angewandt.

Beispiel:
In Gl. (1) sollen für die Größen f, L und C die Einheiten kHz, mH und pF benutzt werden; Umformung der Gleichung (2)

$$\begin{aligned}
\frac{f}{\text{kHz}}\cdot\text{kHz} &= 1\Big/\left(2\pi\sqrt{\frac{L}{\text{mH}}\cdot\text{mH}\cdot\frac{C}{\text{pF}}\cdot\text{pF}}\right),\\
\frac{f}{\text{kHz}}\cdot 10^3\,\text{s}^{-1} &= 1\Big/\left(2\pi\sqrt{\frac{L}{\text{mH}}\cdot 10^{-3}\frac{\text{Vs}}{\text{A}}\cdot\frac{C}{\text{pF}}\cdot 10^{-12}\frac{\text{As}}{\text{V}}}\right),\\
\frac{f}{\text{kHz}} &= 1\Big/\left(2\pi\cdot 10^3\sqrt{10^{-3}\cdot 10^{-12}}\cdot\text{s}^{-1}\sqrt{\frac{\text{Vs}}{\text{A}}\cdot\frac{\text{As}}{\text{V}}}\cdot\sqrt{\frac{L}{\text{mH}}\cdot\frac{C}{\text{pF}}}\right),\\
\frac{f}{\text{kHz}} &= 5033\Big/\sqrt{\frac{L}{\text{mH}}\cdot\frac{C}{\text{pF}}}.
\end{aligned} \qquad (2)$$

---

4 Frequenzzuordnungen
Allocations of frequency bands

In Tab. 1 sind die allgemeinen Bezeichnungen von Frequenzbereichen angegeben. Dabei erstreckt sich der Bereich des Bandes Nr. n jeweils von $0{,}3\cdot 10^n$ Hz bis $3\cdot 10^n$ Hz. Die obere Grenze ist jeweils eingeschlossen, die untere Grenze ist ausgeschlossen. Die Abkürzungen sind abgeleitet von den englischen Ausdrücken: *very low frequency – low frequency – medium frequency – high frequency – very high frequency – ultra high frequency – super high frequency – extremely high frequency*.

Vielfach werden Frequenzbänder mit Buchstaben angegeben. Die Bezeichnungen sind nicht international genormt und nicht einheitlich. In Tab. 2 sind die gebräuchlichsten Zuordnungen von Frequenzbereichen und Buchstaben aufgeführt. Die ungefähre Zuordnung entsprechend den Frequenzen ist aus Bild 1 zu entnehmen.

Für Frequenzen oberhalb 9 kHz bestehen aufgrund internationaler Vereinbarungen Zuweisungen von Frequenzbereichen für bestimmte Zwecke. Meistens handelt es sich um feste oder bewegliche Funkdienste oder um Ortungsanwendungen. Daneben gibt es Rundfunk- und Amateurfunkfrequenzen sowie Frequenzen für industrielle oder medizinische Anwendungen. In Tab. 3 sind einige Frequenzzuweisungen zusammengestellt. Nähere Angaben über innerhalb Deutschlands zulässige Frequenzen und Leistungen erhält man über das Fernmeldetechnische Zentralamt der Deutschen Bundespost in Darmstadt. Über weltweite Frequenzzuweisungen (Region 1: Europa, Rußland, Afrika; Region 2: Nord- und Südamerika; Region 3: Südasien, Australien, Japan) sind Publikationen erhältlich bei: Int. Telecommunication Union, General Secretariat-Sales Section, Place des Nations, Ch-1211, Genève 20, Schweiz.

Tabelle 1. Benennungen der Frequenz- und Wellenlängen-Bereiche nach der Vollzugsordnung für den Funkdienst (VO Funk) und nach DIN 40015

Bereichs-ziffer	Frequenz-bereich	Wellen-länge	Benennung	Kurz-bezeichnung
4	3 ... 30 kHz	100 ... 10 km	Myriameterwellen (Längstwellen)	VLF
5	30 ... 300 kHz	10 ... 1 km	Kilometerwellen (Langwellen)	LF
6	300 ... 3000 kHz	1 ... 0,1 km	Hektometerwellen (Mittelwellen)	MF
7	3 ... 30 MHz	100 ... 10 m	Dekameterwellen (Kurzwellen)	HF
8	30 ... 300 MHz	10 ... 1 m	Meterwellen (Ultrakurzwellen)	VHF
9	300 ... 3000 MHz	1 ... 0,1 m	Dezimeterwellen (Ultrakurzwellen)	UHF
10	3 ... 30 GHz	10 ... 1 cm	Zentimeterwellen (Mikrowellen)	SHF
11	30 ... 300 GHz	1 ... 0,1 cm	Millimeterwellen	EHF
12	300 ... 3000 GHz	1 ... 0,1 mm	Mikrometerwellen	–

Tabelle 2. Buchstabenbezeichnung der Frequenzbereiche, Frequenzangaben in GHz

Bandbezeichnung		A	B	C	D	E	F	G	H	I	J	K
Radarfrequenzbereiche	von			4		60						18
	bis			8		90						27
Rechteckhohlleiter	von			4	110	60	90	140				18
	bis			6	170	90	140	220				26,5
US-Firmen	von							3,95			5,85	18
	bis							5,85			8,2	26,5
Elektronische Kampfführung (USA)	von	0,1	0,25	0,5	1	2	3	4	6	8	10	20
	bis	0,25	0,5	1	2	3	4	6	8	10	20	40
frühere Einteilung	von			3,9								10,9
	bis			6,2								36

Bandbezeichnung		Ka	Ku	L	M	P	Q	R	S	V	W	X
Radarfrequenzbereiche	von	27	12	1					2		80	8
	bis	40	18	2					4		110	12
Rechteckhohlleiter	von	26,5	12,4				33		2,6	50	75	8,2
	bis	40	18				50		4	75	110	12,4
US-Firmen	von					12,4		26,5	2,6			8,2
	bis					18		40	3,95			12,4
Elektronische Kampfführung (USA)	von			40	60							
	bis			60	100							
frühere Einteilung	von	26	12,4	0,39		0,225	36		1,55	46	56	5,2
	bis	40	18	1,55		0,39	46		5,20	56	100	10,9

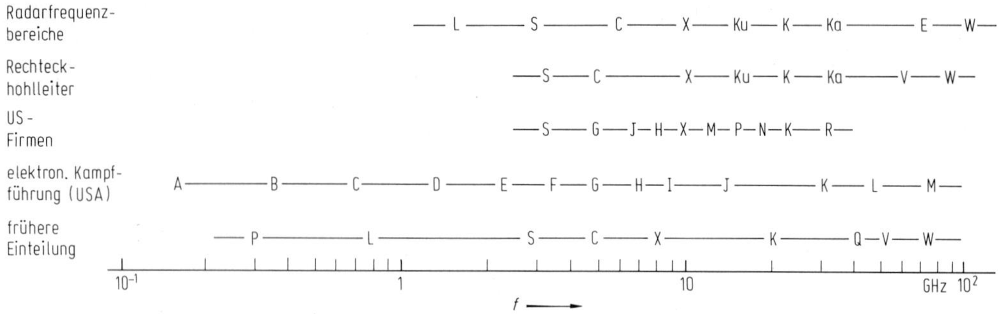

Bild 1. Bezeichnung der Frequenzbereiche mit Buchstaben, Frequenzangaben in Tab. 2

Tabelle 3. Frequenzzuweisungen

Rundfunk

	Frequenz
Langwelle	148,5 ... 255 kHz
Mittelwelle	526,5 ... 1606,5 kHz
KW, 80-m-Band	3,95 ... 4,0 MHz
49-m-Band	5,95 ... 6,2 MHz
41-m-Band	7,1 ... 7,3 MHz
31-m-Band	9,5 ... 9,775 MHz
25-m-Band	11,7 ... 11,975 MHz
19-m-Band	15,1 ... 15,45 MHz
16-m-Band	17,7 ... 17,9 MHz
13-m-Band	21,45 ... 21,75 MHz
11-m-Band	25,67 ... 26,1 MHz
UKW	88 ... 108 MHz

Fernsehen

	Frequenz
Band I	47 ... 68 MHz
Band III (VHF)	174 ... 230 MHz
Band IV–V (UHF)	470 ... 790 MHz

Normalfrequenz, Zeitzeichen

Frequenz
19,95 ... 20,05 kHz
2,498 ... 2,502 MHz
4,995 ... 5,005 MHz
9,995 ... 10,005 MHz
14,99 ... 15,01 MHz
19,99 ... 20,01 MHz
24,99 ... 25,01 MHz
400,05 ... 400,15 MHz

Ruffrequenzen

	Frequenz
int. Anruf und Notruf	500,0 kHz
Seefunk-Notfrequenz	2,182 MHz
Weltraum-Notruf-Frequenz	20,007 MHz
Eurosignal	87,275 ... 87,5 MHz
Seefunk-Notfrequenz	156,8 MHz
Personenruf-Funkanlagen	468,32 ... 469,18 MHz

Amateurfunk

Wellenlänge (Band)	Frequenzbereich
160 m	1,815 ... 1,835 MHz
160 m	1,850 ... 1,890 MHz
80 m	3,500 ... 3,800 MHz
40 m	7,000 ... 7,100 MHz
30 m	14,000 ... 14,350 MHz
17 m	18,068 ... 18,168 MHz
15 m	21,000 ... 21,450 MHz
12 m	24,890 ... 24,990 MHz
10 m	28,0 ... 29,7 MHz
2 m	144 ... 146 MHz
70 cm	430 ... 440 MHz
24 cm	1,240 ... 1,300 GHz
13 cm	2,320 ... 2,450 GHz
8 cm	3,400 ... 3,475 GHz
5 cm	5,650 ... 5,850 GHz
3 cm	10 ... 10,5 GHz
1,2 cm	24 ... 24,05 GHz
6 mm	47 ... 47,02 GHz
4 mm	75,5 ... 81 GHz
2,5 mm	119,98 ... 120,02 GHz
2 mm	142 ... 149 GHz
1,2 mm	241 ... 250 GHz

Fernwirk-Funkanlagen kleiner Leistung

13,553 ... 13,567 MHz	65 dBμV/m in 30 m
26,957 ... 27,283 MHz	25 mW
40,66 ... 40,70 MHz	25 mW
433,05 ... 434,79 MHz	25 mW
2400 ... 2500 MHz	25 mW
5725 ... 5875 MHz	25 mW
24,00 ... 24,25 GHz	500 mW

Fernsteuerung und Fernmeßtechnik (Industrie und Gewerbe)

Frequenz-gruppe	Leistung	Kanal-abstand	Frequenz
A	0,5 W		13,56 MHz
G	10 mW	10 kHz	36,62 ... 37,99 MHz
E	0,5 W	10 kHz	40,665 ... 40,695 MHz
C	0,1 W		151,09 MHz
B, D	0,5 W	20 kHz	170,30 ... 171,04 MHz
F	0,5 W	25 kHz	433,10 ... 434,75 MHz
B, D	0,5 W	20 kHz	456,21 ... 456,33 MHz

Tabelle 3. Fortsetzung

Frequenz-gruppe	Leistung	Kanal-abstand	Frequenz
B, D	0,5 W	20 kHz	466,21 ... 466,33 MHz
H Richt-	1 W	2,5 MHz	2,40125 ... 2,49875 GHz
J antennen	1 W	5 MHz	5727,5 ... 5872,5 GHz
K zulässig	1 W	25 MHz	24,0125 ... 24,2375 GHz

Allgemeine Nutzung

	Frequenz
CB-Funk	26,960 ... 27,410 MHz
drahtlose Mikrophone (5 mW)	36,7 MHz; 37,1 MHz; 37,9 MHz
Sprechfunk (nömL, ömL)	34,75 ... 34,95 MHz
	68,00 ... 87,50 MHz
	146,00 ... 174,00 MHz
	410,00 ... 430,00 MHz
	450,00 ... 470,00 MHz
	862,00 ... 960,00 MHz

Ortung und Navigation

	Frequenz
Omega	10,0 ... 14,0 kHz
Decca	70 ... 130 kHz
Loran C	90 ... 110 kHz
VOR	112 ... 118 kHz
ILS, Einflugzeichen	75 MHz
Landekurs	108 ... 112 MHz
Gleitweg	329 ... 335 MHz
Tacan	962–1213 MHz
SSR	1030 MHz, 1090 MHz
Navstar, GPS	1,227 GHz, 1,575 GHz
MLS	5,0 ... 5,25 GHz

B | Elektromagnetische Felder und Wellen
Electromagnetic fields and waves

K. Lange

1 Grundlagen
Fundamental relations

Allgemeine Literatur: *Moon, P.; Spencer, D.*: Field theory handbook 2nd ed., corrected 3rd printing Berlin: Springer 1988.

1.1 Koordinatensysteme
Coordinate systems

Berechnungen elektromagnetischer Felder und Wellen erfolgen zweckmäßigerweise in einem den physikalischen Gegebenheiten angepaßten Koordinatensystem. Vereinfachte, aber am ehesten verständliche Lösungen erhält man für ebene Wellen, also Felder, bei denen alle Größen nur von einer Koordinate abhängen. Dieses ist die Ausbreitungsrichtung der Welle. Felder, für langgestreckte, kreiszylindrische Strukturen beschreibt man mathematisch am einfachsten mit Zylinderkoordinaten. Für Felder, die ihren Ursprung näherungsweise in einem Punkt oder auf einer Kugeloberfläche haben, wendet man zweckmäßigerweise ein Kugelkoordinatensystem an. Für große Entfernungen vom beliebigen Anregungsort (Entfernung r viel größer als Ausdehnung der Quelle) können praktisch alle Probleme in Kugelkoordinaten oder für bestimmte Teilbereiche in kartesischen Koordinaten vereinfacht dargestellt werden.
Die allgemeinsten Gleichungen für elektromagnetische Felder und Wellen ergeben sich bei Anwendung der Operatoren Rotation (rot), Divergenz (div), Gradient (grad) und des Laplaceschen Operators Δ der feldtheoretischen Vektorrechnung. Diese Beziehung, in denen die Maxwellschen Gleichungen in differentieller Form geschrieben werden, gelten unabhängig vom Koordinatensystem und erlauben grundsätzliche Berechnungen und Aussagen. Für praxisbezogene Anwendungen muß man die Komponentendarstellung im jeweils geeigneten Koordinatensystem benutzen.
Bild 1 zeigt die Zuordnungen bei den drei gebräuchlichsten rechtshändigen Koordinatensystemen. Bei Drehung von x nach y auf dem kürzesten Weg (90°) wird eine Rechtsschraube in z-Richtung bewegt. x, y und z sind in dieser Reihenfolge zyklisch vertauschbar. Die entsprechende Folge für Zylinderkoordinaten ist r, φ und z bzw. für Kugelkoordinaten r, ϑ und φ.

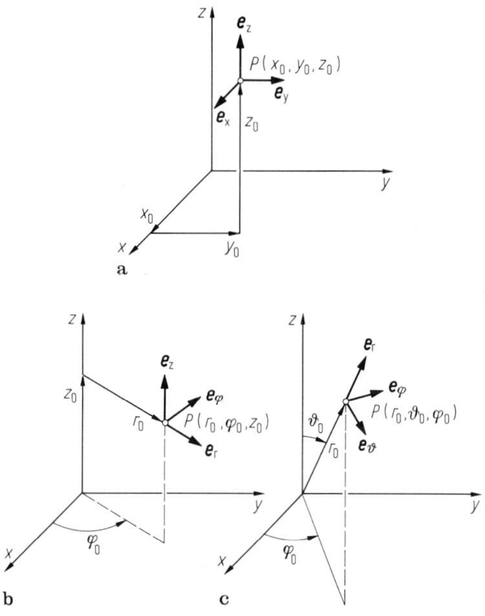

Bild 1. Koordinatensysteme. **a** kartesische Koordinaten; **b** Zylinderkoordinaten; **c** Kugelkoordinaten

1.2 Differentialoperatoren
Differential operators

Die wichtigsten Beziehungen der Vektoranalysis sind nachfolgend für die drei meistverwendeten Koordinatensysteme für eine vektorielle Funktion $\boldsymbol{A}$ bzw. für eine skalare Funktion B angegeben.

Kartesische Koordinaten

$$\operatorname{rot} \boldsymbol{A} = \left(\frac{\partial A_z}{\partial y} - \frac{\partial A_y}{\partial z}\right)\boldsymbol{e}_x + \left(\frac{\partial A_x}{\partial z} - \frac{\partial A_z}{\partial x}\right)\boldsymbol{e}_y + \left(\frac{\partial A_y}{\partial x} - \frac{\partial A_x}{\partial y}\right)\boldsymbol{e}_z, \quad (1)$$

$$\operatorname{div} \boldsymbol{A} = \frac{\partial A_x}{\partial x} + \frac{\partial A_y}{\partial y} + \frac{\partial A_z}{\partial z}, \tag{2}$$

$$\operatorname{grad} B = \frac{\partial B}{\partial x} \boldsymbol{e}_x + \frac{\partial B}{\partial y} \boldsymbol{e}_y + \frac{\partial B}{\partial z} \boldsymbol{e}_z. \tag{3}$$

Für den Laplaceschen Operator Δ, angewandt auf eine skalare Größe zur Lösung von Potentialproblemen gilt:

$$\Delta B = \frac{\partial^2 B}{\partial x^2} + \frac{\partial^2 B}{\partial y^2} + \frac{\partial^2 B}{\partial z^2}. \tag{4}$$

Die Anwendung des Laplaceschen Operators auf eine vektorielle Größe kann zurückgeführt werden auf die skalare Anwendung bezüglich der einzelnen Komponenten des Vektors.

$$\Delta \boldsymbol{A} = \Delta A_x \boldsymbol{e}_x + \Delta A_y \boldsymbol{e}_y + \Delta A_z \boldsymbol{e}_z. \tag{5}$$

Zylinderkoordinaten

$$\operatorname{rot} \boldsymbol{A} = \left(\frac{1}{r}\frac{\partial A_z}{\partial \varphi} - \frac{\partial A_\varphi}{\partial_z}\right) \boldsymbol{e}_r + \left(\frac{\partial A_r}{\partial z} - \frac{\partial A_z}{\partial r}\right) \boldsymbol{e}_\varphi + \frac{1}{r}\left(\frac{\partial (r A_\varphi)}{\partial r} - \frac{\partial A_r}{\partial \varphi}\right) \boldsymbol{e}_z, \tag{6}$$

$$\operatorname{div} \boldsymbol{A} = \frac{1}{r}\frac{\partial (r A_r)}{\partial r} + \frac{1}{r}\frac{\partial A_\varphi}{\partial \varphi} + \frac{\partial A_z}{\partial z}, \tag{7}$$

$$\operatorname{grad} B = \frac{\partial B}{\partial r} \boldsymbol{e}_r + \frac{1}{r}\frac{\partial B}{\partial \varphi} \boldsymbol{e}_\varphi + \frac{\partial B}{\partial z} \boldsymbol{e}_z, \tag{8}$$

$$\Delta B = \frac{1}{r}\frac{\partial}{\partial r}\left(r \frac{\partial B}{\partial r}\right) + \frac{1}{r^2}\frac{\partial^2 B}{\partial \varphi^2} + \frac{\partial^2 B}{\partial z^2}, \tag{9}$$

$$\Delta \boldsymbol{A} = \left(\Delta A_r - \frac{2}{r^2}\frac{\partial A_\varphi}{\partial \varphi} - \frac{A_r}{r^2}\right) \boldsymbol{e}_r + \left(\Delta A_\varphi + \frac{2}{r^2}\frac{\partial A_r}{\partial \varphi} - \frac{A_\varphi}{r^2}\right) \boldsymbol{e}_\varphi - \Delta A_z \boldsymbol{e}_z. \tag{10}$$

ΔA_r, ΔA_φ und ΔA_z sind entsprechend Gl. (9) zu bilden.

Kugelkoordinaten

$$\operatorname{rot} \boldsymbol{A} = \frac{1}{r \sin \vartheta}\left(\frac{\partial (A_\varphi \sin \vartheta}{\partial \vartheta} - \frac{\partial A_\vartheta}{\partial \varphi}\right) \boldsymbol{e}_r + \frac{1}{r}\left(\frac{1}{\sin \vartheta}\frac{\partial A_r}{\partial \varphi} - \frac{\partial (r A_\varphi)}{\partial r}\right) \boldsymbol{e}_\vartheta$$
$$+ \frac{1}{r}\left(\frac{\partial (r A_\vartheta)}{\partial r} - \frac{\partial A_r}{\partial \vartheta}\right) \boldsymbol{e}_\varphi, \tag{11}$$

$$\operatorname{div} \boldsymbol{A} = \frac{1}{r^2}\frac{\partial (r^2 A_r)}{\partial r} + \frac{1}{r \sin \vartheta}\left(\frac{\partial (\sin \vartheta A_\vartheta)}{\partial \vartheta} + \frac{\partial A_\varphi}{\partial \varphi}\right), \tag{12}$$

$$\operatorname{grad} B = \frac{\partial B}{\partial r} \boldsymbol{e}_r + \frac{1}{r}\frac{\partial B}{\partial \vartheta} \boldsymbol{e}_\vartheta + \frac{1}{r \sin \vartheta}\frac{\partial B}{\partial \varphi} \boldsymbol{e}_\varphi, \tag{13}$$

$$\Delta B = \frac{1}{r^2}\frac{\partial}{\partial r}\left(r^2 \frac{\partial B}{\partial r}\right) + \frac{1}{r^2 \sin \vartheta}\frac{\partial}{\partial \vartheta}\left(\sin \vartheta \frac{\partial B}{\partial \vartheta}\right) + \frac{1}{r^2 \sin^2 \vartheta}\frac{\partial^2 B}{\partial \varphi^2}, \tag{14}$$

$$\Delta \boldsymbol{A} = \left(\Delta A_r - \frac{2}{r^2}\left(A_r + \cot \vartheta A_\vartheta + \csc \vartheta \frac{\partial A_\varphi}{\partial \varphi} + \frac{\partial A_\vartheta}{\partial \vartheta}\right)\right] \boldsymbol{e}_r$$
$$+ \left(\Delta A_\vartheta - \frac{1}{r^2}\left(\csc^2 \vartheta A_\vartheta - 2\frac{\partial A_r}{\partial \vartheta} + 2 \cot \vartheta \csc \vartheta \frac{\partial A_\varphi}{\partial \varphi}\right)\right] \boldsymbol{e}_\vartheta$$
$$+ \left[\Delta A_\varphi - \frac{1}{r^2}\left(\csc^2 \vartheta A_\varphi - 2 \csc \vartheta \frac{\partial A_r}{\partial \varphi} - 2 \cot \vartheta \csc \vartheta \frac{\partial A_\vartheta}{\partial \varphi}\right)\right] \boldsymbol{e}_\varphi. \tag{15}$$

ΔA_r, ΔA_ϑ und ΔA_φ sind entsprechend Gl. (14) zu berechnen.

1.3 Maxwellsche Gleichungen
Maxwell's equations

Die Maxwellschen Gleichungen lauten in Differentialform

$$\operatorname{rot} \boldsymbol{H} = \boldsymbol{J} + \frac{\partial \boldsymbol{D}}{\partial t}, \tag{16}$$

$$\operatorname{rot} \boldsymbol{E} = -\frac{\partial \boldsymbol{B}}{\partial t}, \tag{17}$$

$$\operatorname{div} \boldsymbol{D} = \varrho, \tag{18}$$

$$\operatorname{div} \boldsymbol{B} = 0. \tag{19}$$

Dabei ist $\boldsymbol{H}$ die magnetische Feldstärke in A/m, $\boldsymbol{J}$ die Stromdichte in leitenden Materialien in A/m^2, $\boldsymbol{D}$ die elektrische Flußdichte (Verschiebung) in As/m, $\boldsymbol{E}$ die elektrische Feldstärke in V/m, $\boldsymbol{B}$ die magnetische Flußdichte (Induktion) in Vs/m^2 oder T (Tesla). ϱ ist die Raumladungsdichte in As/m^3. Diese Gleichungen sind die Berechnungsbasis für elektromagnetische Felder und Wellen in ruhenden Koordinatensystemen. In Sonderfällen können erweiternde Annahmen gemacht werden.
Das Zusammenwirken mit der Materie, die eine spezifische elektrische Leitfähigkeit κ in S/m, eine Permittivität ε und eine Permeabilität μ aufweist, ist durch die Beziehungen gegeben:

$$\boldsymbol{J} = \kappa \boldsymbol{E}$$

$$\boldsymbol{D} = \varepsilon \boldsymbol{E}$$

$$\boldsymbol{B} = \mu \boldsymbol{H}.$$

Dabei ist $\mu = \mu_0 \mu_r$ und $\varepsilon = \varepsilon_0 \varepsilon_r$, wobei $\mu_0 = 4\pi \cdot 10^{-7}$ Vs/Am $= 1{,}26 \cdot 10^{-6}$ Vs/Am die Permeabilität und $\varepsilon_0 = 10^{-9}/(36\pi)$ As/Vm $= 8{,}854 \cdot 10^{-12}$ As/Vm die Permittivität des leeren Raums sind. Statt der spezifischen Leitfähigkeit κ wird auch der spezifische Widerstand ϱ in Ωm verwendet. Dieser darf wegen des gleichen Symbols nicht mit der Raumladungsdichte verwechselt werden.
Für technisch verwendete Materialien kann i. allg. vorausgesetzt werden, daß sie isotrop sind, also keine Vorzugsrichtung aufweisen. κ, μ und ε sind dann einfache Zahlen. $\boldsymbol{B}$ und $\boldsymbol{H}$ haben dann gleiche Richtung, ebenso $\boldsymbol{D}$ und $\boldsymbol{E}$ bzw. $\boldsymbol{J}$ und $\boldsymbol{E}$. Bei Anisotropie müssen κ, μ und ε als Tensoren angesetzt werden.

2 Wellenausbreitung in homogenen Medien
Wave propagation in homogeneous media

Allgemeine Literatur: *Piefke, G.:* Feldtheorie I–III. Mannheim: Bibliograph. Inst. 1977. – *Ramo, S.; Whinnery, J.; van Duzer, T.:* Fields and waves in communication electronics. New York: Wiley 1965. – *Unger, H.G.:* Elektromagnetische Theorie für die Hochfrequenztechnik I, II, Heidelberg: Hüthig 1981. – *Wolff, I.:* Felder und Wellen in gyrotropen Medien. Braunschweig: Vieweg 1973.

Elektromagnetische Wellen sind eine sich ausbreitende Wechselwirkung zwischen elektrischen und magnetischen Feldanteilen. Es handelt sich dabei meist um eine Transversalwelle, bei der die Ausbreitungsrichtung senkrecht auf der Ebene von $\boldsymbol{E}$ und $\boldsymbol{H}$ steht. Wellenfelder mit Längskomponenten können infolge entsprechender Randbedingungen von Wellenleitern auch angeregt werden.
In vielen Fällen ist es zweckmäßig, die orts- und zeitabhängige Lösungsfunktion für ein elektromagnetisches Wellenfeld von einem retardierten Vektorpotential $\boldsymbol{A}$ mit $\boldsymbol{B} = \operatorname{rot} \boldsymbol{A}$ abzuleiten. Für dieses Vektorpotential gilt die allgemeine Wellengleichung

$$\Delta \boldsymbol{A} - \frac{1}{c^2} \frac{\partial^2 \boldsymbol{A}}{\partial t^2} = 0, \tag{1}$$

wobei c die Ausbreitungsgeschwindigkeit der Welle ist. Näheres über retardierte Potentiale in Verbindung mit Antennen in N 1.
Eine Welle, die sich in Richtung des Einheitsvektors $\boldsymbol{e}_r$ ausbreitet, kann man mathematisch beschreiben durch

$$\underline{\boldsymbol{A}}(r, t) = \boldsymbol{A} \exp(\mathrm{j}\omega t - \boldsymbol{k} \cdot \boldsymbol{r}), \tag{2}$$

wobei die vektorielle Größe $\boldsymbol{k} = (2\pi/\lambda)\, \boldsymbol{e}_k$ in Ausbreitungsrichtung $\boldsymbol{e}_r$ zeigt. Für praktische Berechnungen muß das Skalarprodukt $\boldsymbol{k} \cdot \boldsymbol{r}$ in geeignete Komponenten zerlegt werden. Beispiele dafür in B 4.2.
Für die Praxis wichtig ist der einfachste in kartesischen Koordinaten zu beschreibende Wellentyp, die ebene Welle. An ihrem Beispiel sollen die für die Hochfrequenz wichtigen Eigenschaften elektromagnetischer Wellen beschrieben werden.

2.1 Ebene Welle im verlustlosen Medium
Plane wave in lossless medium

Eine ebene Welle, die sich in z-Richtung ausbreitet (Bild 1), besteht beispielsweise aus einer elektrischen Komponente E_x und einer magnetischen Komponente H_y. Beide stehen quer zur Ausbreitungsrichtung und sind entsprechend der Definition für eine ebene Welle nur Funktionen von z. Unter der Annahme, daß beide Komponenten mit der Frequenz f periodisch sind, gilt mit $\omega = 2\pi f$ nach den Regeln der komplexen Rechnung für die Ausbreitung im verlustlosen Medium

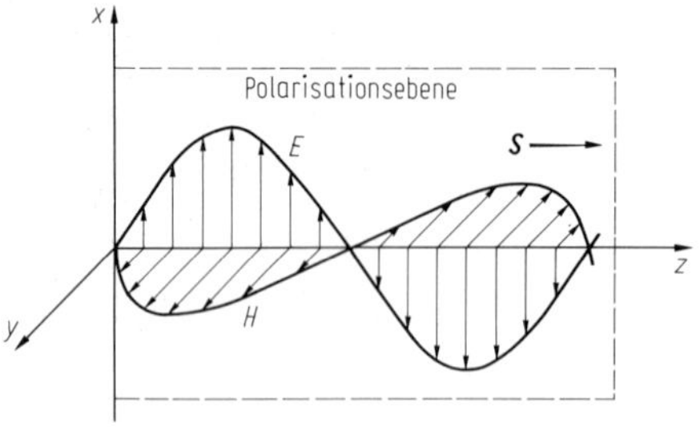

Bild 1. Ortsabhängigkeit von E und H bei ebener Welle, die sich in z-Richtung ausbreitet

$$\underline{E}_x(z,t) = \underline{E}\exp j(\omega t - kz), \quad \underline{H}_y(z,t) = \underline{H}\exp j(\omega t - kz). \tag{3}$$

Dabei ist $k = \omega\sqrt{\mu\varepsilon} = 2\pi/\lambda$. Diese Größe wird meist als Wellenzahl bezeichnet. Besser ist in Anlehnung an das Dämpfungsmaß α und Phasenmaß β der Name Wellenmaß für k. Die Dimension von k ist 1/Länge. Die relle Größe k ist identisch mit β. Ein komplexer Ansatz von $\underline{k}$ erlaubt jedoch die Berücksichtigung von Verlusten. Die Ausbreitungsgeschwindigkeit der Welle ist

$$c = 1/\sqrt{\mu\varepsilon}. \tag{4}$$

Für den leeren Raum ergibt sich die Lichtgeschwindigkeit c_0

$$c_0 = \frac{1}{\sqrt{\mu_0\varepsilon_0}} \approx 3\cdot 10^8\,\text{m/s}; \qquad \lambda_0 = c_0/f.$$

E und H sind gleichphasig. Bei einer elektromagnetischen Welle treten die Nullstellen bzw. die Maxima gleichzeitig auf. Das Verhältnis von elektrischer und magnetischer Feldstärke ist immer bestimmt durch den Feldwellenwiderstand

$$\underline{E}/\underline{H} = Z_F = \sqrt{\mu/\varepsilon}. \tag{5}$$

Dies ist durch die Tatsache bedingt, daß die elektrische Energiedichte $\varepsilon E^2/2$ und die magnetische Energiedichte $\mu H^2/2$ in jedem Volumenelement gleich groß sein müssen. Für den leeren Raum ist

$$\frac{\underline{E}}{\underline{H}} = Z_{F0} = \sqrt{\frac{\mu_0}{\varepsilon_0}} = 120\,\pi\,\Omega = 377\,\Omega. \tag{6}$$

Z_{F0} nennt man den Feldwellenwiderstand des freien Raums.
Mit der Welle ist ein in Ausbreitungsrichtung wandernder Leistungsfluß verbunden. Allgemein berechnet man den Momentanwert der Leistungsdichte (Poynting-Vektor) $\boldsymbol{S}$ aus

$$\boldsymbol{S} = \boldsymbol{E}\times\boldsymbol{H}. \tag{7}$$

Für komplexe Größen ist der zeitliche Mittelwert $\boldsymbol{S}_m$.

$$\boldsymbol{S}_m = \tfrac{1}{2}(\underline{\boldsymbol{E}}\times\underline{\boldsymbol{H}}^*), \tag{8}$$

wobei zahlenmäßig für E und H die Amplituden einzusetzen sind. Für den Fall der ebenen Welle mit gleichphasigem $\underline{E}$ und $\underline{H}$, die aufeinander senkrecht stehen, gilt im Medium mit Z_F

$$S_m = \frac{1}{2}EH = \frac{1}{2}\frac{E^2}{Z_F} = \frac{1}{2}H^2 Z_F. \tag{9}$$

2.2 Ebene Welle im verlustbehafteten Medium

Plane wave in lossy medium

Verlustbehaftete Medien können durch komplexe Permittivität $\underline{\varepsilon}_r$ bzw. Permeabilität $\underline{\mu}_r$ beschrieben werden.

$$\begin{aligned}\underline{\varepsilon}_r &= \varepsilon_r' - j\varepsilon_r'' = \varepsilon_r - j\frac{\kappa}{\omega\varepsilon_0}\\ &= \varepsilon_r\left(1 - j\frac{\kappa}{\omega\varepsilon_0\varepsilon_r}\right) = \varepsilon_r(1 - jd_\varepsilon)\\ \underline{\mu}_r &= \mu_r' - j\mu_r'' = \mu_r(1 - jd_\mu).\end{aligned} \tag{10}$$

ε_r' bzw. μ_r' entsprechen dabei der Dielektrizitätszahl ε_r bzw. der Permeabilitätszahl μ_r des verlustlosen Materials. Die Leitfähigkeit oder andere Verlustmechanismen werden durch $\varepsilon_r'' = \varepsilon_r\tan\delta_\varepsilon = \varepsilon_r d_\varepsilon$ und durch $\mu_r'' = \mu_r\tan\delta_\mu = \mu_r d_\mu$ berücksichtigt.
Die Wellenzahl $\underline{k}$ wird dann komplex.

$$\underline{k} = k' - jk'' = \omega\sqrt{\varepsilon_0\underline{\varepsilon}_r\mu_0\underline{\mu}_r}. \tag{11}$$

Bei den Ansätzen für $\underline{E}(z,t)$ und $\underline{H}(z,t)$ tritt dann ein Dämpfungsterm $\exp(-k''z) = \exp(-\alpha z)$ auf. Für die elektrische Feldkomponente einer Welle wird dann

$$\begin{aligned}\underline{E}(z,t) &= \underline{E}\exp j(\omega t - \underline{k}z)\\ &= \underline{E}\exp(-k''z)\exp j(\omega t - k'z).\end{aligned}$$

k'' hat die Dimension 1/Länge und entspricht dem Dämpfungsmaß α für den Ansatz mit $\underline{\gamma} = \alpha + j\beta$.
Es besteht der Zusammenhang $\underline{\gamma}^2 = -\underline{k}^2$.
Fast alle Isolierstoffe verursachen nur dielektrische Verluste ($d_\mu \approx 0$). Durch die Verluste wird die Wellenlänge zusätzlich zur verkürzenden Wirkung des Dielektrikums verkleinert. Dies wirkt sich jedoch in der Praxis nur für $d_\varepsilon = \tan\delta_\varepsilon > 0{,}1$ aus. Allgemein gilt für verlustbehaftete Dielektrika

$$\underline{k} = \omega\sqrt{\mu_0\varepsilon_0\underline{\varepsilon}_r} = \frac{2\pi}{\lambda_0}\sqrt{\varepsilon_r}\sqrt{1 + jd_\varepsilon}. \tag{12}$$

Dabei ist

$$k' = k = \beta = \frac{2\pi}{\lambda_\varepsilon}\,\mathrm{Re}\{\sqrt{1 + jd_\varepsilon}\}$$

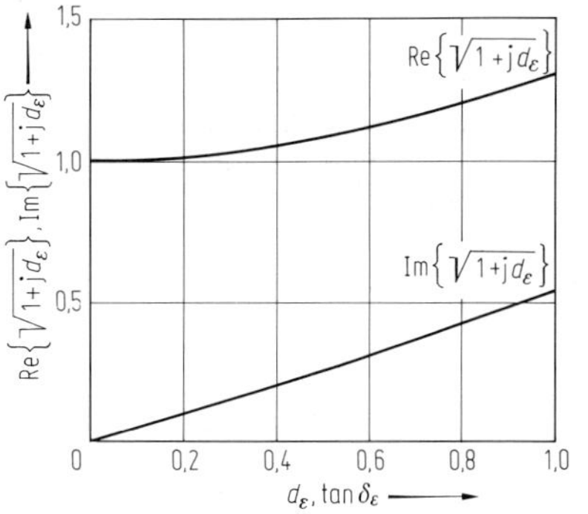

Bild 2. Abhängigkeit des Phasenmaßes (Realteil) und des Dämpfungsmaßes (Imaginärteil) vom Verlustfaktor

und

$$k'' = \alpha = \frac{2\pi}{\lambda_\varepsilon}\,\mathrm{Im}\{\sqrt{1+\mathrm{j}d_\varepsilon}\} \quad \text{mit}$$

$$\lambda_\varepsilon = \lambda_0/\sqrt{\varepsilon_r}\,.$$

Die Abhängigkeiten des Realteils und des Imaginarteils von $\sqrt{1+\mathrm{j}d_\varepsilon}$ sind in Bild 2 dargestellt.
Die wirkliche Wellenlänge λ_ε in einem verlustbehafteten Dielektrikum ist also

$$\lambda_\varepsilon = \frac{\lambda_0}{\sqrt{\varepsilon_r}\,\mathrm{Re}\{\sqrt{1+\mathrm{j}d_\varepsilon}\}}\,.$$

Für Verlustfaktoren $d \leqq 0{,}1$ kann näherungsweise $\sqrt{1+\mathrm{j}d_\varepsilon} \approx 1 + \mathrm{j}d_\varepsilon/2$ gesetzt werden.
In diesem Fall erhält man für das Phasenmaß

$$k = \beta \approx \omega\sqrt{\mu_0\varepsilon_0\varepsilon_r} = \frac{2\pi}{\lambda_0}\sqrt{\varepsilon_r} = \frac{2\pi}{\lambda_\varepsilon}$$

und für das Dämpfungsmaß

$$\alpha = \omega\sqrt{\mu_0\varepsilon_0\varepsilon_r}\,\frac{d_\varepsilon}{2} = \frac{2\pi}{\lambda_0}\sqrt{\varepsilon_r}\,\frac{d_\varepsilon}{2}.$$

Der Feldwellenwiderstand wird bei verlustbehafteten Medien komplex

$$\underline{Z}_F = \sqrt{\frac{\mu_0\underline{\mu}_r}{\varepsilon_0\underline{\varepsilon}_r}} = Z_0\sqrt{\frac{\underline{\mu}_r}{\underline{\varepsilon}_r}} = Z_0\sqrt{\frac{\mu_r(1-\mathrm{j}d_\mu)}{\varepsilon_r(1-\mathrm{j}d_\varepsilon)}},$$

sofern nicht dielektrischer und magnetischer Verlustfaktor gleich groß sind. E und H sind also bei gedämpften Wellen nicht mehr gleichphasig.

2.3 **Leitendes Gas.** Plasma

Dieser Fall tritt beispielsweise in der Ionosphäre (vgl. H 3.3 und S 3) und bei Messungen in Verbindung mit Kernfusion auf. Neben der Verschiebungsstromdichte $\partial\underline{\boldsymbol{D}}/\partial t$ ist die Leitungsstromdichte zu berücksichtigen, weil freie Ladungsträger vom Wellenfeld beschleunigt werden. Wegen der geringeren Masse erreichen die Elektronen höhere Geschwindigkeiten als die Ionen, es braucht daher meist nur die Elektronenstromdichte berücksichtigt zu werden. Die Wirkung der magnetischen Feldstärke der Welle kann neben der des E-Feldes ebenfalls vernachlässigt werden.
Während bei Leitern wegen der häufigen Kollision der Elektronen mit dem Atomgitter die Elektronen nur sehr geringe Geschwindigkeiten erreichen und somit allen Feldänderungen unmittelbar folgen können, werden infolge der größeren freien Weglängen zwischen den Kollisionen die Elektronen vom E-Feld beschleunigt und erreichen den Größtwert ihrer Geschwindigkeit erst beim Nulldurchgang von $\underline{E}$. Stromdichte $\underline{J}$ und Feldstärke $\underline{E}$ sind also um 90° phasenverschoben. Wegen der negativen Ladung der Elektronen haben Verschiebungsstromdichte und Leitungsstromdichte entgegengesetztes Vorzeichen. Für dünne Plasmen mit geringer Kollisionswahrscheinlichkeit (Verluste) gilt die Maxwellsche Gleichung

$$\mathrm{rot}\,\boldsymbol{H} = \frac{\partial\boldsymbol{D}}{\partial t} + \underline{\boldsymbol{J}} = \mathrm{j}\omega\varepsilon_0\underline{\boldsymbol{E}}\left(1 - \frac{e^2 N}{\omega^2\varepsilon_0 m}\right).$$

Dabei ist N die Ladungsträgerdichte in $1/\mathrm{m}^3$, e der Betrag der Elementarladung und m die Elektronenmasse.
Setzt man

$$e^2 N/(4\pi^2\varepsilon_0 m) = f_p^2, \left(f_p/\mathrm{Hz} \approx 9\sqrt{N\Big/\frac{1}{\mathrm{m}^3}}\right),$$

(Plasmafrequenz), so erhält man eine fiktive Dielektrizitätszahl ε_{rp} für das Plasma

$$\varepsilon_{rp} = 1 - (f_p/f)^2.$$

Diese Permittivität ist für tiefe Frequenzen negativ, wird Null und strebt für hohe Frequenzen gegen 1. Für die Ionosphäre liegt N_{max} bei $10^{13}\,\mathrm{m}^{-3}$. Damit wird die Plasmafrequenz $f_p \approx 28$ MHz. Höhere Frequenzen können die Ionosphäre durchdringen, für tiefere wird ε_{rp} negativ, die Welle wird daher reflektiert und im Bereich der Ionosphäre aperiodisch gedämpft; vgl. H 3.3 und S 3.

2.4 **Anisotropes Medium**
Anisotropic medium

Anisotrope Medien haben richtungsabhängige Materialeigenschaften. Diese Eigenschaft findet sich vorwiegend bei Kristallen oder Stoffen, die durch äußere Einflüsse (mechanische oder elektrische Wirkungen) eine Vorzugsrichtung ausbilden [4]. Im allgemeinen Fall müssen ε_r bzw. μ_r als Tensor mit jeweils neun Komponenten geschrie-

ben werden. Ist das Material nicht gyrotrop, dann gilt $\varepsilon_{\mathrm{r}ij} = \varepsilon_{\mathrm{r}ji}$ bzw. $\mu_{\mathrm{r}ij} = \mu_{\mathrm{r}ji}$.
Bei Materialien mit einer Vorzugsrichtung kann dadurch, daß diese Vorzugsrichtung parallel zu einer Koordinatenachse angeordnet wird, der Tensor auf die Hauptdiagonale reduziert werden.

$$(\boldsymbol{\varepsilon}_{\mathrm{r}}) = \begin{pmatrix} \varepsilon_{\mathrm{r}11} & 0 & 0 \\ 0 & \varepsilon_{\mathrm{r}22} & 0 \\ 0 & 0 & \varepsilon_{\mathrm{r}33} \end{pmatrix}.$$

Zwei der ε_{r}-Werte sind dann gleich groß. Für eine in z-Richtung laufende Welle wirkt sich das die x-Richtung betreffende $\varepsilon_{\mathrm{r}11}$ nur auf E_{x} aus. Für die Ausbreitungsgeschwindigkeit einer entsprechenden Welle gilt daher $v_1 = c_0/\sqrt{\varepsilon_{\mathrm{r}11}}$. Die dazu senkrecht polarisierte Welle mit E_{y} hat die Geschwindigkeit $v_2 = c_0/\sqrt{\varepsilon_{\mathrm{r}22}}$.
Hat die im Medium laufende Welle beide Komponenten, dann ändert sich längs der Ausbreitung die Polarisation. Mit derartigen Platten läßt sich zirkulare Polarisation in lineare Polarisation verwandeln oder umgekehrt. Der E-Vektor der linear polarisierten Welle liegt dabei so, daß seine x- und y-Komponente gleich groß ist. Die Dicke einer für diesen Zweck geeigneten Platte muß dabei so gewählt werden, daß infolge der unterschiedlichen Geschwindigkeiten für die Polarisation in x- und y-Richtung die elektrischen Längen der Platte für beide Polarisationen um eine Viertelwellenlänge verschieden sind ($\lambda/4$-Platte).
Bei Mikrowellen lassen sich derartige Platten dadurch realisieren, daß Blechstreifen im Abstand a parallel zueinander angeordnet werden (Bild 3). Bei einer Welle, die sich in Richtung des Poynting-Vektors $\boldsymbol{S}$ ausbreitet, wird der Anteil mit E_{x} und H_{y} die Wellenlänge λ_0 haben, der Anteil mit E_{y} und $-H_{\mathrm{x}}$ jedoch wie in einem Hohlleiter mit vergrößerter Phasengeschwindigkeit und $\lambda_{\mathrm{H}} = \lambda_0/\sqrt{1-(\lambda_0/2a)^2}$ laufen. Entsprechend der für Wellenausbreitung in Hohlleitern geltenden Regeln, muß $a > \lambda_0/2$ sein und sollte für praktische Anwendungen bei $0{,}75\,\lambda_0$ liegen. Die Länge l der Anordnung muß dann gleich dem Abstand a sein, damit sie für die Welle mit E_{x} gerade eine volle Wellenlänge, für diejenige mit E_{y} jedoch nur 0,75 Wellenlängen lang ist. Die Anordnung wirkt also wie ein anisotropes Medium.

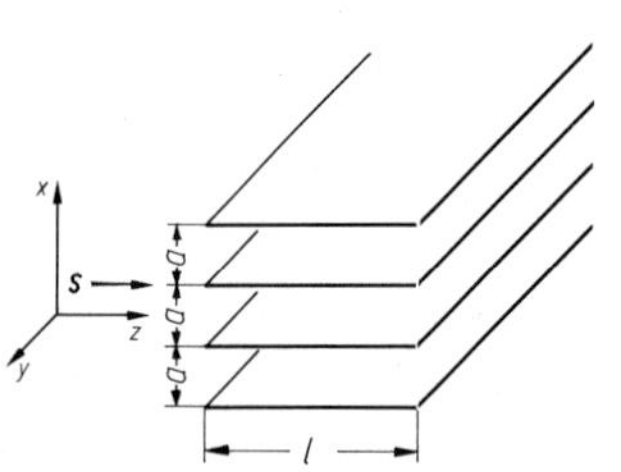

Bild 3. Anisotropes Medium aus Metallplatten zur Polarisationsänderung bei Mikrowellen

Trifft eine Welle auf ein anisotropes Medium auf, dessen Vorzugsrichtung schräg zur Ausbreitungsrichtung steht, dann tritt Doppelbrechung auf. Je nach Polarisation der einfallenden Welle läuft sie als ordentlicher Strahl bei senkrechtem Einfall auf die Grenzschicht in gleicher Richtung weiter oder wird als außerordentlicher Strahl gebrochen. Die Phasenfronten beider Strahlen bleiben parallel. Dabei gilt, daß der Poynting-Vektor $\boldsymbol{S}$ stets senkrecht auf $\boldsymbol{E}$ und $\boldsymbol{H}$, das vektorielle Wellenmaß $\boldsymbol{k}$ jedoch senkrecht auf $\boldsymbol{D}$ und $\boldsymbol{H}$ steht.

2.5 Gyrotropes Medium

Gyrotropic medium

Medien, für deren tensorielles $(\boldsymbol{\varepsilon})$ oder $(\boldsymbol{\mu})$ die Beziehung $\varepsilon_{ij} = -\varepsilon_{ji}$ oder $\mu_{ij} = -\mu_{ji}$ gilt, nennt man gyrotrop. Diese Eigenschaft liegt beispielsweise beim Plasma vor, wenn es von einem magnetischen Gleichfeld durchflutet ist. Dabei ergeben sich durch die Kräfte auf die durch das Wellenfeld bewegten Elektronen Eigenschaften, die durch ein gyrotropes $(\varepsilon_{\mathrm{r}})$ beschrieben werden. Auch bei Wellen in der Ionosphäre sind diese Effekte vorhanden (vgl. S 3).
Ferrite haben ausgeprägte magnetische Eigenschaften, aber nur geringe Leitfähigkeit, so daß in ihnen eine Wellenausbreitung möglich ist. Wenn sie in z-Richtung stark vormagnetisiert sind, läßt sich ihre Permeabilität durch einen Tensor beschreiben:

$$(\boldsymbol{\mu}_{\mathrm{r}}) = \begin{pmatrix} \mu_{\mathrm{r}1} & -\mathrm{j}\mu_{\mathrm{r}2} & 0 \\ \mathrm{j}\mu_{\mathrm{r}2} & \mu_{\mathrm{r}1} & 0 \\ 0 & 0 & 1 \end{pmatrix}$$

$\mu_{\mathrm{r}2}$ wird häufig auch κ genannt. Es sollte jedoch nicht mit der ebenso bezeichneten spezifischen Leitfähigkeit verwechselt werden. $\mu_{\mathrm{r}1}$ und $\mu_{\mathrm{r}2}$ berechnen sich aus

$$\mu_{\mathrm{r}1} = 1 + \frac{\mu_0^2\gamma^2 M_{\mathrm{s}} H_0}{\mu_0^2\gamma^2 H_0^2 - \omega^2} = 1 + \frac{f_0 f_{\mathrm{M}}}{f_0^2 - f^2}$$

$$\mu_{\mathrm{r}2} = \frac{\mu_0\omega\gamma M_{\mathrm{s}}}{\mu_0^2\gamma^2 H_0^2 - \omega^2} = \frac{f f_{\mathrm{M}}}{f_0^2 - f^2}.$$

Dabei ist $\gamma = \frac{e}{m}\frac{g}{2} = -8{,}8\cdot 10^{10}\,\mathrm{g\,m^2/Vs^2}$, wobei g der Lande-Faktor ist, der den Einfluß des Kristallfeldes angibt und bei Mikrowellenferriten zwischen 1,5 und 2,5 liegt. M_{s} ist die Sättigungsmagnetisierung und H_0 die Vormagnetisierungsfeldstärke. f_0 ist die Resonanzfrequenz

$$\omega_0 = -\mu_0\gamma H_0; \quad f_0/H_{\mathrm{z}} \approx 3{,}5\cdot 10^4\, H_0 \Big/ \frac{\mathrm{A}}{\mathrm{m}}.$$

f_M ist eine Bezugsfrequenz $\omega_M = -\gamma \mu_0 M_s$; $f_M/\text{Hz} \approx 3{,}5 \cdot 10^4 M_s \, \text{A/m}$. Charakteristisch ist das Auftreten der gyromagnetischen Resonanz, bei der μ_{r1} und μ_{r2} sehr groß werden. In der Umgebung der Resonanz tritt starke Dämpfung auf. Daneben gibt es einen Frequenzbereich, in dem keine Ausbreitung der Welle erfolgen kann.

Für Vormagnetisierung in Ausbreitungsrichtung der Welle ergibt sich als einfachster Lösungsansatz derjenige für zirkular polarisierte Wellen. Durch das gyrotrope Material sind die Ausbreitungsgeschwindigkeiten für beide Drehrichtungen unterschiedlich. Die Polarisationsebene einer linear polarisierten Welle wird dabei nichtreziprok gedreht (Faraday-Rotation). Quer zur Ausbreitungsrichtung vormagnetisierte Ferrite finden beim Aufbau von Zirkulatoren und Richtungsleitungen Verwendung. Bei Richtungsleitungen ist dann das gyrotrope Material im Hohlleiter im Bereich des zirkular umlaufenden Magnetfeldes angeordnet. Je nach Laufrichtung der Welle ändert sich der Drehsinn und regt damit im Ferrit starke oder schwache Resonanzeffekte an, die zu unterschiedlichen Dämpfungen führen. Ferritzirkulatoren für tiefe Frequenzen sind kaum herstellbar, weil diese eine niedrige Resonanzfrequenz und damit schwache Vormagnetisierungsfelder erfordern. Diese schwachen Felder reichen jedoch nicht zur Sättigung aus. Die in jedem magnetischen Material vorhandenen remanenten Teilfelder stören die gewünschten Wirkungen.

3 Polarisation. Polarisation

3.1 Lineare Polarisation
Linear polarization

Eine Welle, bei welcher der elektrische Feldstärkevektor immer in einer Ebene, der Polarisationsebene (Bild B 2.1) liegt, wird linear polarisiert genannt. Diese Polarisationsebene wird aufgespannt von dem elektrischen Feldstärkevektor und dem Poynting-Vektor. *H* schwingt dan in einer dazu senkrechten Ebene. Die Polarisation ist von der abstrahlenden Antenne vorgegeben, kann aber durch Wechselwirkung der Welle mit Leitern (Reflektoren, Ionosphäre) verändert werden.

Bei Hochfrequenzwellenfeldern wird der elektrische Feldstärkevektor zur Definition der Polarisation benutzt. Hat eine Welle, die in beliebiger Richtung fortschreitet, nur eine horizontale *E*-Komponente, so nennt man die Welle horizontal polarisiert. Steht die Polarisationsebene lotrecht, wird die Welle als vertikal polarisiert bezeichnet. Jede beliebige linear polarisierte Welle kann in

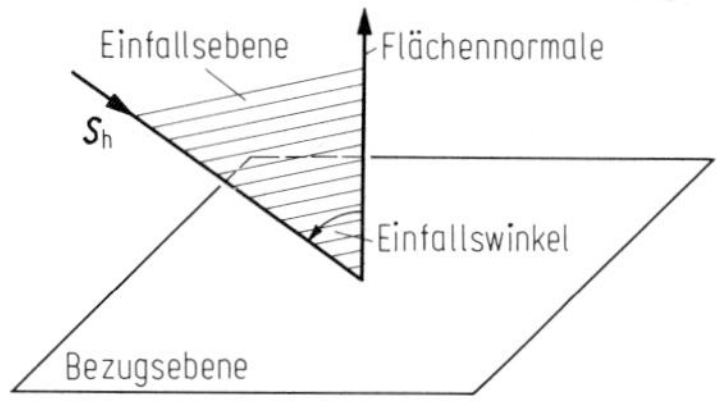

Bild 1. Definition der Einfallsebene

diese beiden Teilwellen, die phasengleich sind, zerlegt werden. Für das Gesamtwellenfeld sowie für die horizontal und vertikal polarisierten Komponenten gilt jeweils $\underline{E}/\underline{H} = Z_F$.

Bei der Berechnung von Reflexionen an Ebenen, die nicht parallel zur Erdoberfläche liegen, muß das Wellenfeld in zwei geeignete Teilwellen zerlegt werden. Man definiert eine Einfallsebene, die von der Flächennormalen und dem Poynting-Vektor aufgespannt wird (Bild 1). Liegen Polarisationsebene und Einfallsebene parallel, dann nennt man die Welle parallel polarisiert. Steht die Polarisationsebene auf der Einfallsebene senkrecht, nennt man die Welle senkrecht polarisiert. Für eine waagerechte Bezugsebene nach Bild 2 entsprechen sich also die Begriffe horizontal und senkrecht polarisiert bzw. vertikale und parallele Polarisation.

3.2 Zirkulare Polarisation
Circular polarization

Bei der zirkularen Polarisation schraubt sich der elektrische Feldstärkevektor in einer Spirale mit Kreisquerschnitt entlang der Ausbreitungsrichtung. *H* steht überall senkrecht auf *E* und ist durch $\underline{E}/\underline{H} = Z_F$ festgelegt. Im Gegensatz zur linearen Polarisation ist also sowohl *E* als auch *H* zu keiner Zeit und an keinem Ort Null. Ein Spiralumlauf ist nach der Wellenlänge λ vollendet. Die Schraubenlinie kann rechtsgängig oder linksgängig sein. Die Definition der rechtsdrehenden oder linksdrehenden Zirkularpolarisation richtet sich nach dem Drehsinn der Feldstärkevektoren in einer ortsfesten Ebene quer zur Ausbreitungsrichtung. Bei einer im Uhrzeigersinn drehenden Polarisation sind die in einer Ebene $z = \text{const}$ nacheinander auftretenden Feldstärkevektoren gemäß Bild 2 durch die Folge 1, 2, 3 ... gegeben, wenn man die Ebene in Richtung der einfallenden Welle betrachtet. Die räumliche Zuordnung der Feldstärkeendpunkte entspricht dabei einer Linksschraube.

Mathematisch ist eine im Uhrzeigersinn (Index i) in *z*-Richtung laufende Welle beschrieben durch

$$\begin{aligned} \underline{E}_i(z,t) &= \underline{E}(e_x - \mathrm{j}\, e_y)\exp\mathrm{j}(\omega t - kz) \\ \underline{H}_i(z,t) &= \underline{H}(\mathrm{j}\, e_x + e_y)\exp\mathrm{j}(\omega t - kz). \end{aligned} \tag{1}$$

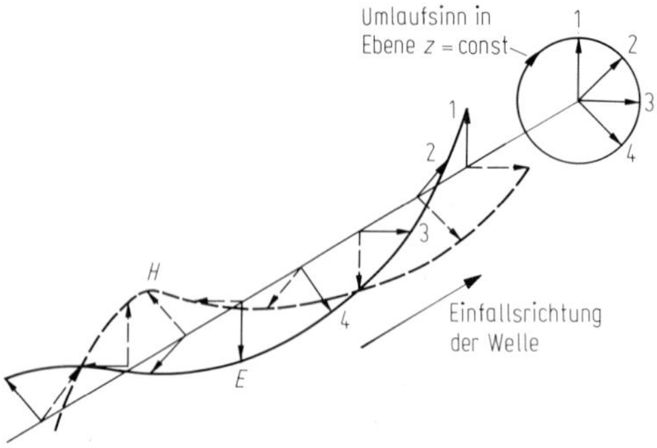

Bild 2. Rechtsdrehende zirkular polarisierte Welle

Für die gegen den Uhrzeigersinn drehende Welle (Index g) gilt:

$$\begin{aligned} \boldsymbol{E}_\mathrm{g}(z,t) &= \underline{E}(\boldsymbol{e}_\mathrm{x} + \mathrm{j}\boldsymbol{e}_\mathrm{y})\exp\mathrm{j}(\omega t - kz) \\ \underline{\boldsymbol{H}}_\mathrm{g}(z,t) &= \underline{H}(-\mathrm{j}\boldsymbol{e}_\mathrm{x} + \boldsymbol{e}_\mathrm{y})\exp\mathrm{j}(\omega t - kz). \end{aligned} \tag{2}$$

$\underline{E}$ und $\underline{H}$ sind dabei für verlustlose Medien gleichphasig. Jede linear polarisierte Welle läßt sich in zwei gegenläufige zirkulare Wellen gleicher Amplitude aufspalten. Jede zirkular polarisierte Wellen kann in zwei linear polarisierte Wellen gleicher Amplitude zerlegt werden, deren Polarisationsebenen senkrecht zueinander stehen und die gegeneinander um 90° phasenverschoben sind.

Allgemein gibt die Summe zweier Wellen mit gleicher Wellenlänge und Ausbreitungsrichtung, aber mit beliebigen Polarisationsebenen eine Welle mit elliptischer Polarisation.

4 Wellen an Grenzflächen

Waves at boundaries

Allgemeine Literatur: *Meinke, H.H.*: Einführung in die Elektrotechnik höherer Frequenzen, Bd. 2. Berlin: Springer 1965.

Ebene Wellen, die auf Körper auftreffen, die sich vom umgebenden Medium durch ε_r, μ_r oder κ unterscheiden, treten teilweise in das Medium ein (Transmission) oder werden reflektiert. An den Berandungen der Körper treten Beugungserscheinungen auf. Die Berechnung des entstehenden Gesamtfeldes ist schwierig und nur für bestimmte geometrische Formen analytisch möglich. Die Berechnungsmethoden hängen vom Verhältnis der Größe des Objekts zur Wellenlänge ab. Für kurze Wellenlängen eignen sich strahlenoptische Ansätze. Im allgemeinen muß die Oberfläche leitender Objekte in ebene Einzelelemente zerlegt werden und aus den als Sekundärstrahlern wirkenden Oberflächenstrombelegungen das resultierende Wellenfeld in den verschiedenen Richtungen, in denen das Rückstreuverhalten von Interesse ist, berechnet werden.

In diesem Abschnitt sollen die Feldverhältnisse für den Einfall auf Ebenen berechnet werden, die groß gegen die Wellenlänge sind. Beugungseffekte werden nicht betrachtet.

4.1 Senkrechter Einfall

Normal incidence

Trifft eine Welle auf die Grenzschicht zu einem Medium mit anderen Materialeigenschaften, dann wird ein Teil der Leistung reflektiert, der übrige Teil dringt in das Medium ein. Haben hinlaufende und reflektierte Welle entgegengesetzte Richtung, dann ist das Gesamtwellenfeld beschrieben durch

$$\begin{aligned} \underline{E}(z) &= \underline{E}_\mathrm{h}\exp(-\mathrm{j}kz) + \underline{E}_\mathrm{r}\exp\mathrm{j}kz, \\ \underline{H}(z) &= \underline{H}_\mathrm{h}\exp(-\mathrm{j}kz) + \underline{H}_\mathrm{r}\exp\mathrm{j}kz. \end{aligned}$$

Die Zeitabhängigkeit ist für alle Komponenten durch Multiplikation mit $\exp\mathrm{j}\omega t$ zu berücksichtigen. $\underline{E}_\mathrm{h}$ und $\underline{H}_\mathrm{h}$ sind die dem jeweils angewandten Koordinatensystem zugeordneten, aufeinander senkrecht stehenden Komponenten. Für die Feldwellenwiderstände gilt entsprechend der Richtung des Poynting-Vektors:

$$\underline{E}_\mathrm{h}/\underline{H}_\mathrm{h} = \underline{Z}_\mathrm{F} \quad \text{und} \quad \underline{E}_\mathrm{r}/\underline{H}_\mathrm{r} = -\underline{Z}_\mathrm{F}.$$

Läuft die hinlaufende Welle entsprechend Bild 1 in einem Medium 1 mit $\underline{Z}_\mathrm{F\,1} = Z_0\sqrt{\underline{\mu}_\mathrm{r\,1}/\varepsilon_\mathrm{r\,1}}$ auf eine zur Ausbreitungsrichtung senkrechte Grenzfläche zu einem Medium 2 mit $\underline{Z}_\mathrm{F\,2} = Z_0\sqrt{\underline{\mu}_\mathrm{r\,2}/\underline{\varepsilon}_\mathrm{r\,2}}$, dann ergibt sich ein Reflexionsfaktor $\underline{r}$

$$\underline{r} = \frac{\underline{E}_\mathrm{r}(z=0)}{\underline{E}_\mathrm{h}(z=0)} = \frac{\underline{Z}_\mathrm{F\,2} - \underline{Z}_\mathrm{F\,1}}{\underline{Z}_\mathrm{F\,2} + \underline{Z}_\mathrm{F\,1}}. \tag{1}$$

$\underline{E}_\mathrm{r}(z=0)$ und $\underline{E}_\mathrm{h}(z=0)$ sind dabei die Feldstärken in der Ebene der Grenzschicht.

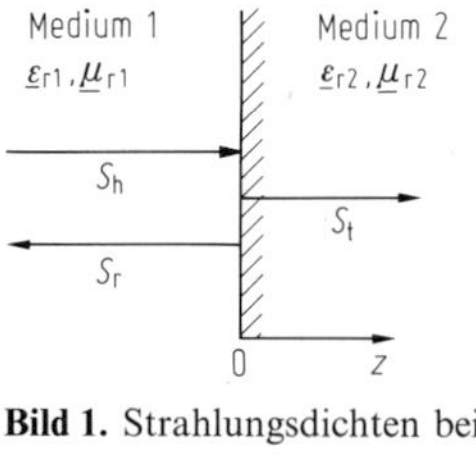

Bild 1. Strahlungsdichten bei senkrechtem Einfall

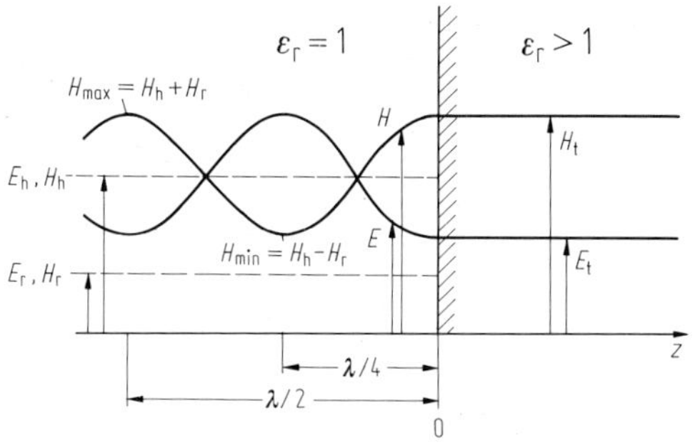

Bild 2. Entstehung von stehenden Wellen vor einer Grenzschicht

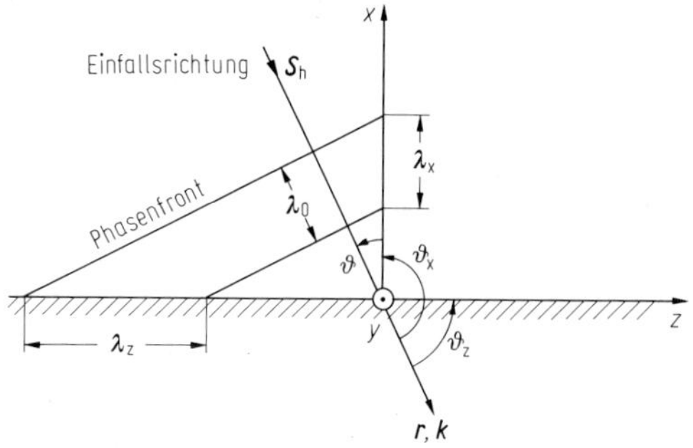

Bild 3. Schräger Einfall auf Grenzschicht

Die in das Medium 2 eintretende Welle hat die Strahlungsdichte S_t und die Komponenten $\underline{E}_t$ und H_t. Hinlaufende und eintretende Welle sind durch den Transmissionsfaktor $\underline{t}$ verknüpft.

$$\underline{t} = \frac{\underline{E}_t(z=0)}{\underline{E}_h(z=0)} = \frac{2\underline{Z}_{F2}}{\underline{Z}_{F2} + \underline{Z}_{F1}}. \tag{2}$$

Für verlustlose Dielektrika ist r und t reell

$$r = \frac{1 - \sqrt{\varepsilon_{r2}/\varepsilon_{r1}}}{1 + \sqrt{\varepsilon_{r2}/\varepsilon_{r1}}}, \quad t = \frac{2}{1 + \sqrt{\varepsilon_{r2}/\varepsilon_{r1}}}.$$

Beim Übergang einer Welle aus der Luft in ein Material mit ε_r vereinfacht sich dies zu $r = (1 - \sqrt{\varepsilon_r})/(1 + \sqrt{\varepsilon_r})$ und $t = 2/(1 + \sqrt{\varepsilon_r})$, der Reflexionsfaktor ist dabei negativ. Die reflektierte elektrische Feldstärke wird an der Grenzschicht um 180° gedreht. Für Reflexion an einer metallischen Wand ist $r \approx -1$ und $t \approx 0$. Genaueres über Wandströme in B 6.

Vor der Grenzschicht entstehen durch Überlagerung der hinlaufenden und reflektierten Welle Feldstärkemaxima $E_{max} = E_h(1 + |\underline{r}|)$ bzw. $H_{max} = H_h(1 + |\underline{r}|)$ und Minima $E_{min} = E_h(1 - |\underline{r}|)$ bzw. $H_{min}(1 - |\underline{r}|)$. Die Extrema von E bzw. H treten periodisch im Abstand $\lambda/2$ auf, wobei die Maxima von E gegenüber denen von H um $\lambda/4$ versetzt sind (Bild 2). Bei Totalreflexion (Betrag des Reflexionsfaktors gleich 1) werden die Minima gleich Null, die Maxima haben die doppelte Feldstärke der hinlaufenden Welle.

Für die praktische Berechnung von senkrecht zu Grenzschichten auftretenden Wellen nutzt man die Analogie zu Wellen auf Leitungen. E entspricht dann U, H entspricht I und die Feldwellenwiderstände entsprechen den Leitungswellenwiderständen. Näheres in C 6.

4.2 Schräger Einfall. Oblique incidence

Für die Berechnung von Reflexion und Berechnung einer ebenen Welle, die aus einem Medium 1 kommend unter dem Einfallswinkel schräg auf die Grenzfläche (y- z-Ebene) zu einem anderen Medium auftrifft (Bild 3), zerlegt man das vektorielle Wellenmaß $\boldsymbol{k}$ und den Ausbreitungsvektor $\boldsymbol{r}$ zweckmäßigerweise in Komponenten bezüglich des zur Grenzfläche passenden kartesischen Koordinatensystems. Aus dem allgemeinen Ansatz gemäß Gl. B 2 (2) erhält man mit

$$\boldsymbol{k} = k(\cos\vartheta_x \boldsymbol{e}_x + \cos\vartheta_y \boldsymbol{e}_y + \cos\vartheta_z \boldsymbol{e}_z)$$

und

$$\boldsymbol{r} = r(\cos\vartheta_x \boldsymbol{e}_x + \cos\vartheta_y \boldsymbol{e}_y + \cos\vartheta_z \boldsymbol{e}_z) = x\boldsymbol{e}_x + y\boldsymbol{e}_y + z\boldsymbol{e}_z,$$

wobei ϑ_κ, ϑ_y und ϑ_z die Winkel sind, welche die Einfallsrichtung $\boldsymbol{e}_r$ mit den Koordinatenachsen einschließen, den Ausdruck $\boldsymbol{k} \cdot \boldsymbol{r} = k_x x + k_y y + k_z z$. Dabei ist $k_x = k\cos\vartheta_x = (2\pi/\lambda)\cos\vartheta_x = 2\pi/\lambda_x$ mit $\lambda_x = \lambda/\cos\vartheta_x$. Entsprechendes gilt für y und z. Die Wellenmaße k_x, k_y und k_z werden gegenüber demjenigen in Ausbreitungsrichtung verkleinert, wobei $k_x^2 + k_y^2 + k_z^2 = k^2 = (2\pi/\lambda)^2$ gilt. Die entlang den Koordinatenachsen meßbaren Abstände der Phasenfronten sind die Wellenlängen λ_x, λ_y bzw. λ_z. Für diese gilt $1/\lambda_x^2 + 1/\lambda_y^2 + 1/\lambda_z^2 = 1/\lambda^2$, wobei λ die Wellenlänge im Medium 1 ist.

Eine Welle, deren Poynting-Vektor in der x- z-Ebene liegt, und die entsprechend Bild 3 unter dem Einfallswinkel ϑ gegen die Flächennormale auftritt, kann mit

$$k_x = (2\pi/\lambda)\cos\vartheta_x = (2\pi/\lambda)(-\cos\vartheta)$$

und

$$k_z = (2\pi/\lambda)\cos\vartheta_z = (2\pi/\lambda)\sin\vartheta$$

beschrieben werden durch

$$\underline{\boldsymbol{E}}(x, z) = \underline{\boldsymbol{E}}\exp j(2\pi x/\lambda_x - 2\pi z/\lambda_z).$$

Hierbei sind die durch die Winkelfunktionen vorgegebenen Vorzeichen im Exponenten bereits

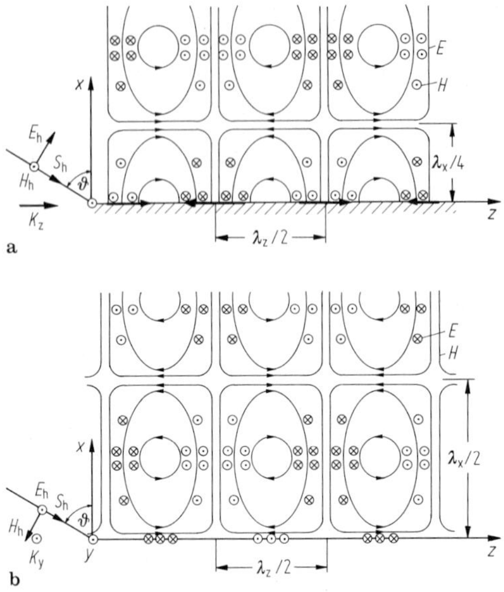

Bild 4. Feldlinien und Wandströme bei schrägem Einfall auf eine leitende Ebene für (**a**) vertikale (parallele) Polarisation (**b**) horizontale (senkrechte) Polarisation

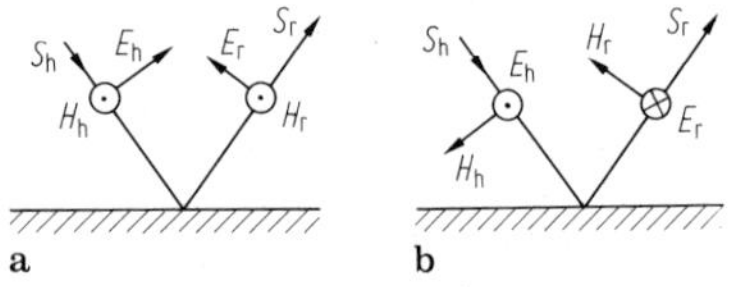

Bild 5. Physikalische Richtungen der einfallenden und reflektierten Feldkomponenten in unmittelbarer Nähe einer leitenden Ebene für (**a**) vertikale (parallele) Polarisation und (**b**) horizontale (senkrechte) Polarisation

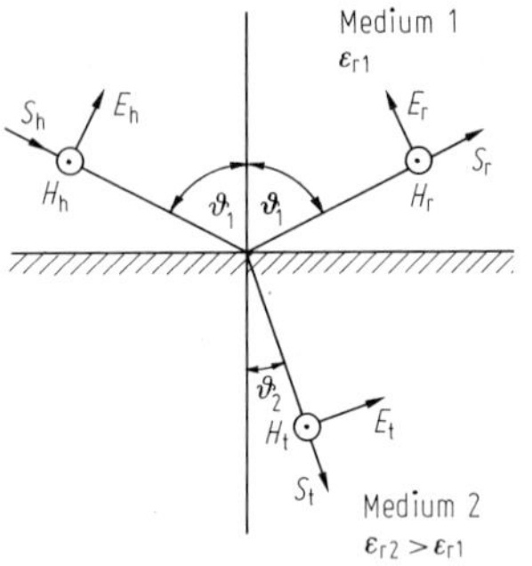

Bild 6. Brechung bei schrägem Einfall auf dielektrische Grenzschicht (vertikale Polarisation)

berücksichtigt. λ_x und λ_z sind also positiv einzusetzen. Das positive Vorzeichen bei der x-Abhängigkeit und das negative bezüglich z kennzeichnet, daß Ausbreitung der Welle eine Komponente in z-Richtung, aber gegen die x-Richtung aufweist.

Bei schrägem Einfall auf eine leitende Ebene liegt der Poynting-Vektor der reflektierten Welle in der Einfallsebene. Der Austrittswinkel ϑ_r des Poynting-Vektors gegen die Normale der reflektierenden Fläche ist gleich dem Einfallswinkel. Das Gesamtwellenfeld ist die Summe aus hinlaufendem und reflektiertem Wellenfeld, wobei sich parallel zur leitenden Ebene Energieausbreitung einstellt, die durch die Terme $\exp \mathrm{j}(k_y y + k_z z)$ gekennzeichnet ist, bei der die einander zugeordneten Komponenten von E und H gleichphasig sind.

Senkrecht zur Fläche bildet sich eine stehende Welle aus mit einer Phasenverschiebung hinsichtlich der Zeit und dem Abstand von der Oberfläche von 90°. An der Oberfläche ist stets $E_y = E_z = 0$ und $E_x = E_{x,\max} = 2E_{xh}$ sowie $H_x = 0$ und $H_{\tan,\max} = 2\sqrt{H_{yh}^2 + H_{zh}^2}$ (Bild 4). Im Abstand $\lambda_x/4$ über der Oberfläche bildet sich $E_{\tan,\max} = 2\sqrt{E_{yh}^2 + E_{zh}^2}$ aus, während $H_{\tan} = 0$ ist. Die Polarisationsebene der reflektierten Welle ist nur bei horizontaler (senkrechter) oder vertikaler (paralleler) Polarisation gleich der der einfallenden Welle. Wegen der unterschiedlichen Randbedingungen (Bild 5) für die beiden Polarisationen ändert sich die Neigung der Polarisationsebene der reflektierten Welle (Spiegelung des Winkels der Polarisationsebene bezüglich der leitenden Ebene). Bei zirkularer Polarisation vertauscht sich bei Reflexion an einer leitenden Ebene der Umlaufsinn.

Wandströme. Bei ausgeprägtem Skineffekt entsteht auf der leitenden Oberfläche ein Strombelag K (Oberflächenstromdichte), der gleich der tangentialen magnetischen Gesamtfeldstärke ist.

$$\boldsymbol{e}_n \times \boldsymbol{H}_{\tan} = \boldsymbol{K}. \tag{3}$$

K hat die Einheit A/m, gibt also an, welcher Strom in einem Oberflächenstreifen bestimmter Breite fließt. Bei einer vertikal polarisierten Welle, die entsprechend Bild 4a schräg mit einer Einfallsebene parallel zur x- z-Ebene auf eine leitende Ebene trifft, sind die Strombeläge größer ($2H_h$) und haben eine Richtung parallel zum Energietransport der Welle, während sie bei einer horizontal polarisierten Welle (Bild 4b), die unter dem gleichen Winkel einfällt, kleiner sind ($2H_h \cos\vartheta$) und senkrecht zum Energietransport verlaufen.

Dielektrische Grenzschicht. Beim schrägen Einfall einer ebenen Welle auf ein Dielektrikum wird ein Teil der Welle reflektiert. Der Ausfallswinkel ist gleich dem Einfallswinkel. Ein anderer Teil tritt in das Medium ein. Beim Eintritt in das Medium mit höherer Dielektrizitätszahl wird die Ausbreitungsrichtung (Poynting-Vektor) zur Flächennormalen hin gebrochen (Bild 6).

$$\frac{\sin \vartheta_2}{\sin \vartheta_1} = \sqrt{\frac{\mu_{r1} \varepsilon_{r1}}{\mu_{r2} \varepsilon_{r2}}} \tag{4}$$

gilt für verlustlose und verlustarme Dielektrika. Allgemein kann das Verhältnis von Eintritts- zu Austrittswinkel aus der Forderung abgeleitet werden, daß die Phasenfronten unmittelbar oberhalb und unterhalb der Grenzschicht identisch sein müssen, also $k_{y1}^2 + k_{z1}^2 = k_{y2}^2 + k_{z2}^2$ gilt.

Für die Berechnung des Reflexionsfaktors und des Transmissionsfaktors muß man die verschiedenen Polarisationsfälle unterscheiden. Bei vertikaler (paralleler) Polarisation gilt mit den Richtungen von E nach Bild 6.

$$\underline{r}(x = 0) = \frac{\underline{E}_r(x = 0)}{\underline{E}_h(x = 0)} = \frac{\sqrt{\underline{\varepsilon}_{r2}/\underline{\varepsilon}_{r1}} - \cos \vartheta_2/\cos \vartheta_1}{\sqrt{\underline{\varepsilon}_{r2}/\underline{\varepsilon}_{r1}} + \cos \vartheta_2/\cos \vartheta_1}. \tag{5}$$

Der Transmissionsfaktor $\underline{t}$ ist entsprechend

$$\underline{t} = \underline{E}_t/\underline{E}_h = 2/(\sqrt{\underline{\varepsilon}_{r2}/\underline{\varepsilon}_{r1}} + \cos \vartheta_2/\cos \vartheta_1). \tag{6}$$

Bei $\vartheta_B = \arctan \sqrt{\varepsilon_{r2}/\varepsilon_{r1}}$ wird der Reflexionsfaktor bei verlustlosen Medien gleich Null die gesamte Strahlungsleistung tritt in das Medium 2 ein. Man nennt ϑ_B Brewster-Winkel. Bei verlustbehafteten Materialien verschwindet die Reflexion nicht völlig, wird jedoch minimal. Im Fall des Brewster-Winkels schließen die Ausbreitungsrichtung der gebrochenen Welle und diejenige der reflektierten Welle einen Winkel von 90° ein. Für Wasser ($\varepsilon_r = 81$ bei $f < 1$ GHz) ist der Betrag des Reflexionsfaktors $r(\vartheta_1)$ und $\vartheta_2(\vartheta_1)$ in Bild 7 dargestellt. Bild 8 gibt $\vartheta_B(\varepsilon_r)$ für Wellen an, die aus einem Medium 1 mit $\varepsilon_r = 1$ (z. B. Luft) kommen und auf ein Medium 2 mit ε_r zwischen 0 und 20 auftreffen. Beim Brewster-Winkel kehrt $\underline{r}$ sein Vorzeichen um. Für Wellen, deren Einfallswinkel kleiner als ϑ_B ist, hat E_2 bezüglich E_1 die in Bild 6 gezeigte Orientierung. Für größere Einfallswinkel ist $\underline{r}$ negativ, E_2 ist also in Wirklichkeit entgegengesetzt gerichtet.

Für horizontale (senkrechte) Polarisation gilt mit Bild 9 für den Reflexionsfaktor $\underline{r}$ und den Transmissionsfaktor $\underline{t}$

$$\underline{r} = \frac{\underline{E}_r}{\underline{E}_h} = \frac{\cos \vartheta_1/\cos \vartheta_2 - \sqrt{\underline{\varepsilon}_{r2}/\underline{\varepsilon}_{r1}}}{\cos \vartheta_1/\cos \vartheta_2 + \sqrt{\underline{\varepsilon}_{r2}/\underline{\varepsilon}_{r1}}}, \tag{7}$$

$$\underline{t} = \frac{\underline{E}_t}{\underline{E}_h} = 2\Bigg/\left(\sqrt{\frac{\varepsilon_{r2}}{\varepsilon_{r1}}} \frac{\cos \vartheta_2}{\cos \vartheta_1}\right). \tag{8}$$

Bei dieser Polarisation tritt E nur parallel zur Grenzschicht auf. Wegen der Stetigkeit von E auf beiden Seiten der Grenzschicht gilt für horizontale Polarisation $\underline{E}_h + \underline{E}_r = \underline{E}_t$ oder $1 + \underline{r} = \underline{t}$. Der Reflexionsfaktor ist also hier stets negativ.

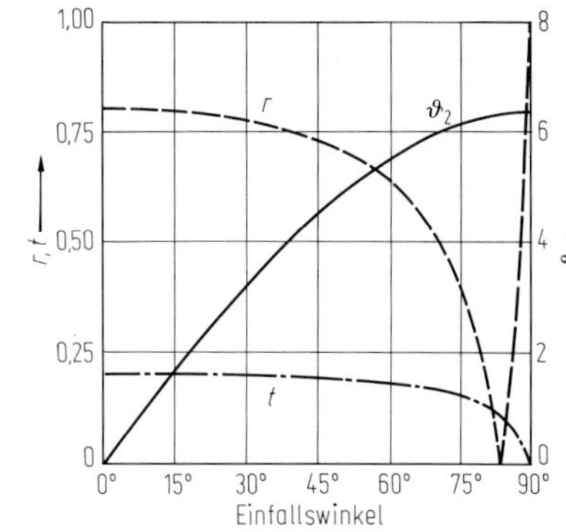

Bild 7. Reflexionsfaktor r, Transmissionsfaktor t und Austrittswinkel ϑ_2 für Übergang von Luft in Wasser ($\varepsilon_r = 81$) bei schrägem Einfall (vertikale Polarisation)

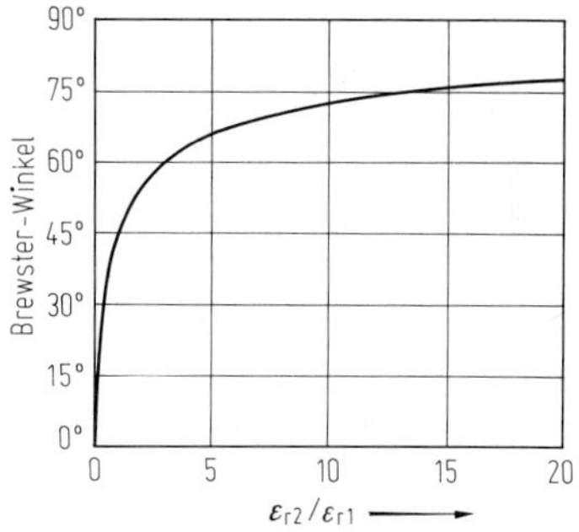

Bild 8. Brewster-Winkel bei Grenzschicht zwischen ε_{r1} und ε_{r2}

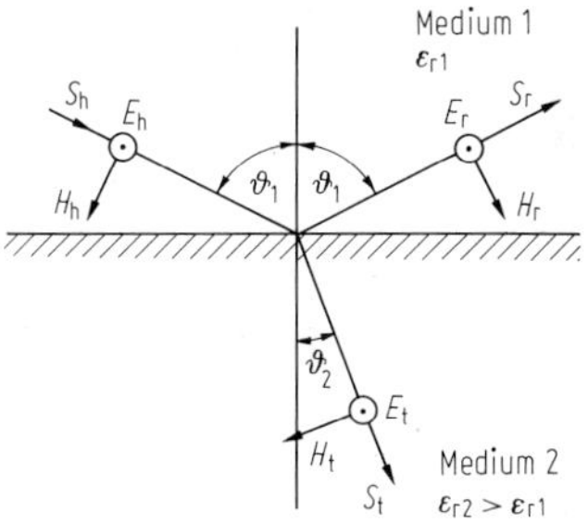

Bild 9. Schräger Einfall auf dielektrische Grenzschicht (horizontale Polarisation)

Bild 10 gibt analog zu Bild 7 die Werte von r, t und ϑ_2 für den Übergang Luft/Wasser im Fall der horizontalen Polarisation an.

Totalreflexion. Eine Welle, die aus einem Medium 1 mit größerem ε_r schräg gegen die Grenzschicht zu einem Medium 2 mit kleinerem ε_r läuft, kann nur bei spitzem Einfallswinkel $\vartheta_1 < \vartheta_{g1}$ in das Medium 2 übertreten. ϑ_{g1} ist der Grenzwinkel der Totalreflexion. Für $\vartheta_1 > \vartheta_{g1}$ würde im Medium 2 die Wellenlänge parallel zur

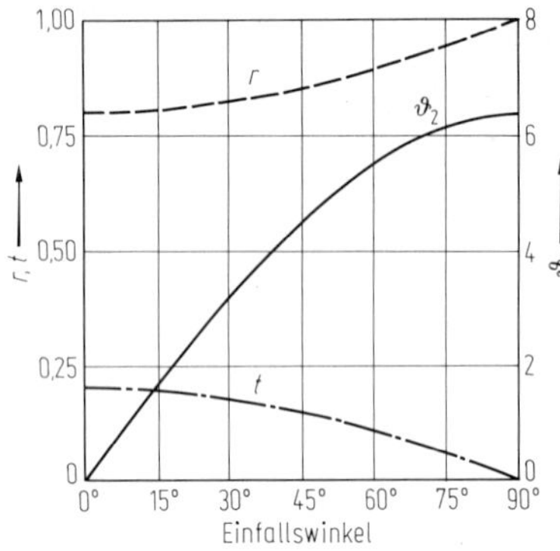

Bild 10. Werte analog Bild 7 für horizontale Polarisation

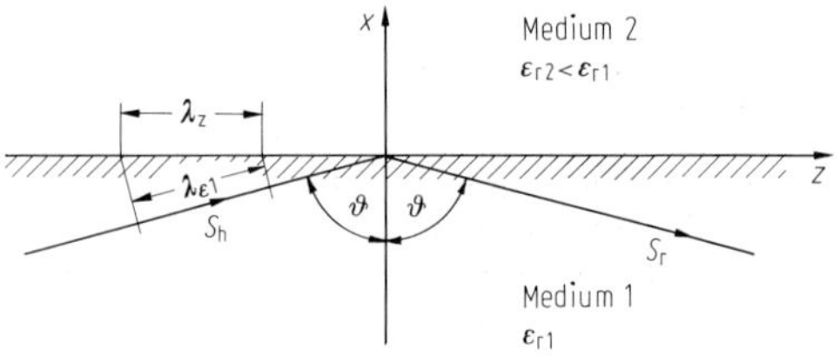

Bild 11. Totalreflexion an Grenzschicht zum dünneren Medium

Grenzschicht kleiner werden als durch Ausbreitungsgeschwindigkeit und Frequenz in diesem Medium vorgegeben ist. Dies ist physikalisch nicht möglich. Alle auf ein zur Ausbreitungsrichtung schräg stehendes Koordinatensystem bezogenen Wellenlängen müssen größer als die Wellenlänge in Ausbreitungsrichtung sein. Der Grenzwinkel der Totalreflexion ist

$$\vartheta_{g1} = \arcsin\sqrt{\varepsilon_{r2}/\varepsilon_{r1}}\,. \tag{9}$$

Für Einfallswinkel größer als ϑ_{g1} wird alle Energie unter einem Austrittswinkel, der gleich dem Einfallswinkel ist, in das Medium 1 reflektiert. Im Medium 2 kann wegen der Stetigkeitsbedingungen das Feld nicht abrupt verschwinden. Es bildet sich eine Oberflächenwelle (s. B 4.3), die für extrem dünne Spalte ($d \ll \lambda$) zwischen zwei Schichten mit höherem ε_r ein stark gedämpftes Übertreten der Welle ermöglicht.

4.3 Oberflächenwellen. Surface waves

Der Anschaulichkeit wegen sollen hier Oberflächenwellen an ebenen Grenzschichten behandelt werden. Oberflächen auf runden Leitern sind in K 5 beschrieben.

Eine Welle, die parallel zur x-z-Ebene unter flachem Winkel aus einem Dielektrikum mit größerem ε_{r1} gegen eine Grenzschicht zu einem Medium mit kleinerem ε_{r2} läuft (Bild 11), hat an der Grenzschicht die tangentiale Wellenlänge $\lambda_z = \lambda_0/(\sqrt{\varepsilon_{r1}}\sin\vartheta)$. Ist der Einfallswinkel $\vartheta > \vartheta_g$ (Grenzwinkel der Totalreflexion), dann wird $\lambda_z < \lambda_0/\sqrt{\varepsilon_{r2}}$. Eine Lösung der Wellengleichung ist im Medium 2 nur mit dem Ansatz für E bzw. H mit $A(x,z) = A\exp(-\alpha x)\exp(\mathrm{j}k_2 z)$ möglich. Daraus erhält man

$$\alpha = \frac{\omega}{c_0}\sqrt{\frac{\varepsilon_{r1}}{\cos^2\vartheta_1} - \varepsilon_{r2}}\,. \tag{10}$$

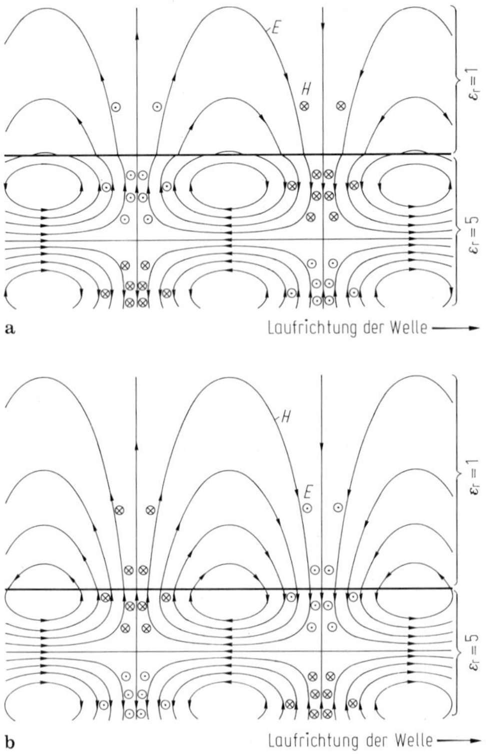

Bild 12. Oberflächenwellen. **a** vertikale (parallele) Polarisation; **b** horizontale (senkrechte) Polarisation

Innerhalb des Mediums 1 setzt sich das Wellenfeld aus der zur Grenzschicht hinlaufenden und der reflektierten Welle gleicher Amplitude zusammen und kann durch eine Welle mit stehender Charakteristik in Richtung senkrecht zur Grenzschicht und Ausbreitung parallel zur Grenzschicht beschrieben werden. Je nach Polarisation ergeben sich Feldlinien nach einem der Bilder 12 a oder b.

Die Feldstärken klingen im weniger dichten Medium verhältnismäßig stark ab. Für eine Welle, die im Medium 1 im wesentlichen parallel zur Grenzfläche läuft, ist das Abklingmaß x_0, also der Abstand von der Grenzschicht, innerhalb dessen die Amplituden auf $1/\mathrm{e}$ abgenommen haben

$$x_0 = 1/\alpha = \lambda_0/(2\pi\sqrt{\varepsilon_{r1} - \varepsilon_{r2}}). \quad (11)$$

Für eine Differenz der Dielektrizitätszahlen von 0,5 sind die Amplituden im Abstand einer Freiraumwellenlänge von der Grenzschicht auf etwa 1% der Grenzschichtwerte abgesunken. Dieser Effekt wird beispielsweise zur Wellenführung in dielektrischen Stäben genutzt, wobei keine Verluste wie bei leitenden Feldbegrenzungen auftreten, (s. K 5). Bei Lichtwellenleitern können durch Überziehen der eigentlichen Lichtleitfaser mit Material geringerer Brechzahl die Fasern von der Umgebung isoliert werden. Im Überzug tritt dann das stark abnehmende Feld der Oberflächenwelle auf.

5 Skineffekt. Skin effect

Allgemeine Literatur: *Feldtkeller, E.*: Dielektrische und magnetische Materialeigenschaften I, II. Mannheim: Bibliograph. Inst. 1973. – *Kaden, H.*: Wirbelströme und Schirmung in der Nachrichtentechnik. Berlin: Springer 1959.

Gleichstrom durchsetzt den gesamten verfügbaren Leiterquerschnitt, Wechselströme können dagegen nur in die Außenbereiche einer Leiterstruktur eindringen. Die Stromdichten konzentrieren sich dabei auf diejenigen Bereiche, an denen bei Gleichstrom die größten magnetischen Felder auftreten.

Die Berechnung des Skineffekts erfolgt mit Gl. B 2 (10), wenn man den Verschiebungsstromanteil gleich Null setzt und $\underline{\varepsilon}_r = -j\kappa/\omega\varepsilon_0$ ansetzt. Man erhält dann

$$\underline{k} = \sqrt{-j\omega\mu_0\mu_r\kappa} = \sqrt{\omega\mu_0\mu_r\kappa/2}\,(1+j). \quad (1)$$

Die in das leitende Material eindringende Welle hat ein Dämpfungsmaß $\alpha = 1/\delta$ und ein Phasenmaß gleicher Größe. Für die Stromdichte J gilt

$$\underline{J}(x) = \underline{J}(x=0)\exp(-x\sqrt{\omega\mu_0\mu_r\kappa/2}) \cdot \exp(-j\,x\sqrt{\omega\mu_0\mu_r\kappa/2})$$

$$|\underline{J}(x)| = |\underline{J}(x=0)|\,\exp(-x/\delta).$$

In einer Tiefe

$$\delta = \sqrt{2/(\omega\mu_0\mu_r\kappa)} \quad (2)$$

sind alle Felder auf $1/e = 37\%$ der an der Oberfläche vorhandenen Feldstärke abgesunken. δ nennt man Eindringmaß oder äquivalente Leichtschichtdicke. Mit wachsender Tiefe dreht sich die Phase linear. Diese Nacheilung ist in der Tiefe δ bereits 57,3° (entspricht dem Wert 1 im Bogenmaß), bei $\pi\delta$ erreicht die Phasendrehung 180°. Die Stromdichte ist dort gegenphasig zu der an der Oberfläche. Die Felder werden nach jeweils 2, 3δ um 10 dB geschwächt.

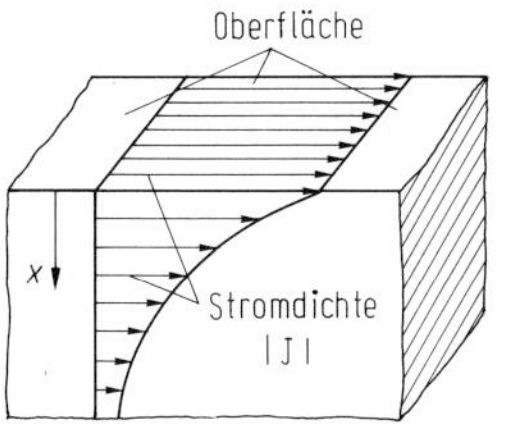

Bild 1. Skineffekt bei einem ebenen Leiter

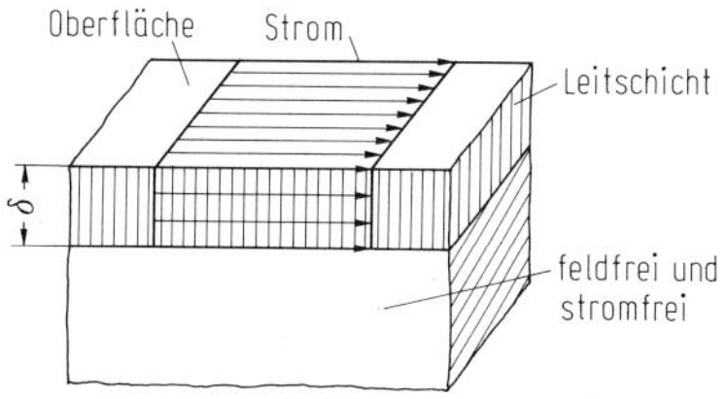

Bild 2. Zweischichtenleiter

Die Amplitudenabnahme ist in Bild 1 dargestellt. Für die Praxis kann man bei allen flachen Leitern, bei denen die Dicke $D > 10\delta$ ist oder bei runden Leitern, bei denen diese Beziehung für den Durchmesser gilt, annehmen, daß der Strom gleichmäßig verteilt in einer Oberflächenschicht der Dicke δ fließt und der darunter liegende Bereich stromlos ist (Bild 2). Man erhält mit dieser Annahme die richtigen Widerstandswerte. In Wirklichkeit sind die Felder unterhalb dieser Grenze vorhanden. Leitende Schichten auf isolierenden Trägern sollten also mindestens 5δ dick sein. Der ohmsche Widerstand langgestreckten runden Drahtes ist somit

$$R = l/(\kappa\delta D\pi),$$

wobei D der Durchmesser ist. $D\pi$ ist der Umfang, $\delta D\pi$ also näherungsweise der stromdurchflossene Querschnitt. Diese Berechnung ist um so genauer, je kleiner δ/d ist. Für alle anderen Querschnittsformen gilt entsprechend

$$R = l/\kappa\delta s,$$

wobei s der Umfang des Querschnitts ist.

Wegen der Phasenverschiebung der innenfließenden Stromteile hat die Gesamtimpedanz eines Leitungsstücks mit Skineffekt einen induktiven Anteil $j\omega L_i$, der gleich dem ohmschen Widerstand ist, $\underline{Z} = R + j\omega L_i = R(1+j)$. Zu diesem $j\omega L_i$ muß noch der durch äußere Magnetfelder bestimmte äußere induktive Widerstand $j\omega L_a$ addiert werden.

Zur Abschätzung der äquivalenten Leitschichtdicke δ kann Tab. 1 dienen. Für die Praxis berechnet man δ aus

$$\delta/\mu m = 64\,k_1/\sqrt{f/\text{MHz}}.$$

Tabelle 1. Flächenwiderstand R_F und Leitschichtdicke δ bei Silber. Für andere Materialien sind R_F und δ mit k_1 aus Tab. 2 zu multiplizieren

f	λ_0	δ in µm	R_F in mΩ
100 kHz	3 km	200	0,08
1 MHz	300 m	64	0,25
10 MHz	30 m	20	0,8
100 MHz	3 m	6,4	2,5
1 GHz	30 cm	2	8
10 GHz	3 cm	0,64	25
100 GHz	3 mm	0,2	80

Für Silber ist $k_1 = 1$. Die Faktoren für andere Materialien ($k_1 = \sqrt{\kappa_{\text{Silber}}/\kappa_{\text{Werkstoff}}}$) sind für 20 °C aus Tab. 2 zu entnehmen.

Tabelle 2. $k_1 = \kappa_{\text{Silber}}/\kappa_{\text{Werkstoff}}$ für einige Metalle

Metall	k_1 (bei 20 °C)
Silber	1
Kupfer	1,03
Gold	1,2
Aluminium	1,35
Zink	1,95
Messing	2,2
Platin	2,6
Zinn	2,7
Tantal	2,9
Konstantan	5,6
rostfreier Stahl	6,7
Kohle	≈ 50

Für Verlustberechnungen wird der ohmsche Hochfrequenzwiderstand eines Oberflächenstücks der Breite b und der Länge l benötigt. Dieser ist

$$R = \frac{1}{\kappa\delta}\,\frac{l}{b} = R_F\,\frac{l}{b}.$$

$R = 1/\kappa\delta$ hat die Einheit Ω und wird als Oberflächenwiderstand bezeichnet. Richtwerte sind in Tab. 1 gegeben. Die in ihm in Wärme umgesetzte Leistung beträgt in einem Flächenelement mit Länge l und Breite b

$$P = K^2 R_F lb/2, \qquad (3)$$

wobei $K = H_{\tan}$ der gleichmäßig in der Leitschicht verteilte Strombelag (Scheitelwert) ist und $H_{\tan}$ die an der Oberfläche vorhandene magnetische Feldstärke. Für praxisnahe Berechnungen muß jedoch die Stromwegvergrößerung durch Oberflächenrauhigkeit berücksichtigt werden. Im Mikrowellenbereich oberhalb 1 GHz sind meist 3 bis 10% größere Werte für R_F zu erwarten.

Skineffekt bei Drähten. Für die genaue Berechnung des Skineffekts bei kreiszylindrischen Querschnitten sind Bessel-Funktionen nötig. Näherungsweise können jedoch die in den Gln. (4) bis (7) gegebenen Formeln verwendet werden. Dabei ist jeweils zunächst für die gegebene Frequenz und das Material die äquivalente Leitschichtdicke δ zu berechnen und dann mit dem Durchmesser D die geeignete Gleichung auszuwählen. R_0 ist der Gleichstromwiderstand eines runden, massiven Leiters mit dem Durchmesser D und der Länge l.

$$R_0 = 4l/(\pi\kappa D^2)$$

$$\text{für } D/\delta < 2 \text{ gilt:}\quad R = R_0, \qquad (4)$$

$$2 < D/\delta < 4:\quad R = R_0\left[1 + \left(\frac{D}{5{,}3\,\delta}\right)^4\right], \qquad (5)$$

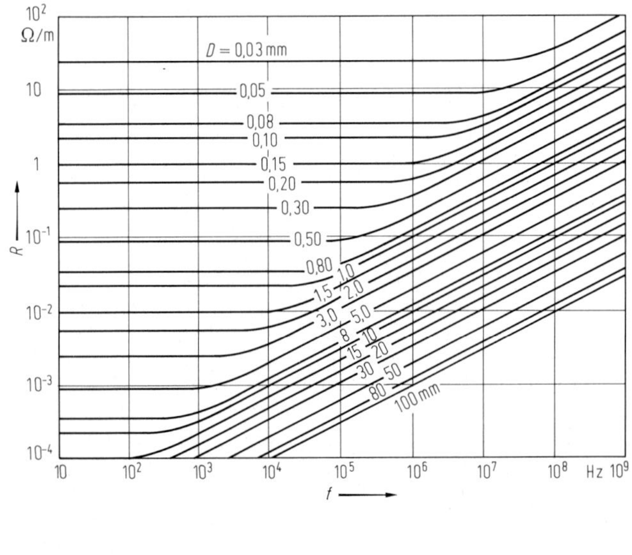

Bild 3. Widerstand runder Kupferdrähte

$$4 < D/\delta < 10: \; R = R_0\left(0{,}25 + \frac{D}{4\delta}\right), \qquad (6)$$

$$D/\delta > 10: \; R = R_0 \frac{D}{4\delta} = \frac{l}{\pi\kappa\delta D}. \qquad (7)$$

Zum Abschätzen des Widerstands pro Meter Länge und zum Erkennen, ob der Skineffekt wirksam ist (Anstieg des Widerstands mit der Frequenz) dient Bild 3. Die dort angegebenen Kurven gelten für Kupfer und näherungsweise auch für versilberte Oberflächen. Skineffekt bei Rohren: Ist w die Wandstärke des Rohrs, so kann für $w/\delta < 1$ mit dem Gleichstromwiderstand gerechnet werden. Der Fehler bleibt dann unter 10%. Für $w/\delta > 2{,}5$ ist der Widerstand nur noch von der Leitschichtdicke bestimmt. Der Widerstand ist dann $R = l/(\kappa\delta D\pi)$, wobei D der Rohraußendruckmesser ist. Im Übergangsbereich wird der Widerstand des Rohrs bei $w/\delta = 1{,}6$ kleiner (etwa 90%) als der Widerstand eines massiven Drahts bei gleicher Frequenz. Dies ist dadurch erklärbar, daß beim massiven Draht in tieferen Schichten gegenphasige Ströme fließen, welche den Gesamtstrom verringern, die Verluste aber steigern.

Skineffekt in Bandleitern. Bei flachen Leitern, wie beispielsweise Blechen oder Bändern mit der Dicke s und der Breite b kann bei $s/\delta < 0{,}5$ mit dem Gleichstromwiderstand gerechnet werden (Fehler maximal 10%). Für $s/\delta > 5$ ist der Wechselstromwiderstand voll vom Skineffekt bestimmt, man rechnet also mit einer Querschnittfläche, die δ mal Umfang ist. Der Widerstand ergibt sich daraus näherungsweise zu $R = l/(2\kappa\delta b)$. Eine zusätzliche Widerstandserhöhung tritt durch Stromdichtekonzentration an den Querschnittsecken auf, wie in Bild 4 dargestellt. Dort ist die Konzentration des Magnetfeldes am größten. Je schärfer die Ecken sind, desto ausgeprägter ist die Wirkung. Bei Streifenleitungen ist darauf zu achten, daß nicht durch ausgefranste seitliche Begrenzungen Stromumwege auftreten, welche die Verluste vergrößern. Für ein gegebenes δ gibt es, ähnlich wie bei Rohren, eine optimale Blechdicke, die minimalen Widerstand bewirkt. Bei Blechen großer Dicke wirkt sich der Skineffekt voll aus. Das Innere ist stromlos und der Widerstand habe den Wert R_1. Bei Blechen, deren Dicke bezogen auf δ sehr klein ist ($s/\delta < 0{,}5$), wirkt sich der Skineffekt nicht aus, dafür ist aber die leitende Fläche klein und der Widerstand wesentlich größer als der Grenzwert R_1 für dicke Bleche ($s/\delta > 5$). Dazwischen liegt bei $s/\delta = \pi$ ein Minimum des Widerstands $R/R_1 = 0{,}9$, bei dem gegenphasige Ströme im Innern vermieden und damit die Verluste am kleinsten werden. Bild 5 stellt diesen Zusammenhang dar und ermöglicht für beliebige Materialien quantitative Aussagen. Diese Optimierung

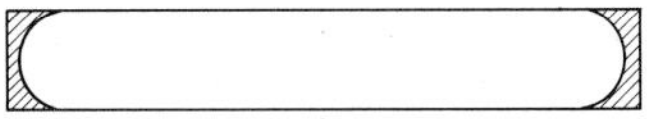

Bild 4. Stromkonzentration an Ecken

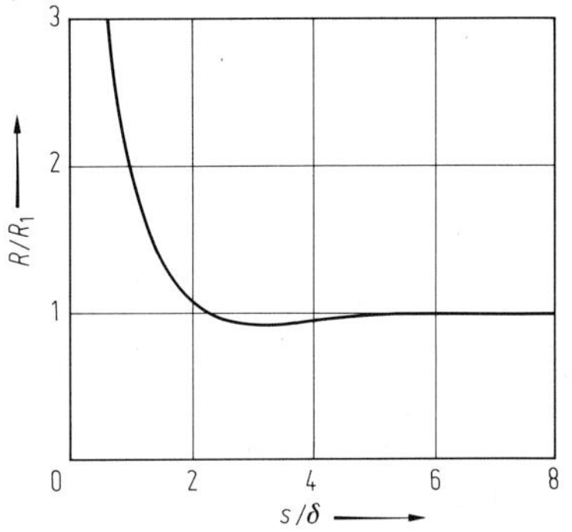

Bild 5. Widerstandsminimum bei Blechen

ist beispielsweise wichtig für die Gestaltung von Sammelschienen bei der induktiven Erwärmung.

Zweischichtenleiter. Dünne Schichten gutleitenden Materials auf schlechter leitendem Untergrund verhalten sich bei hohen Frequenzen, bei denen die Dicke der Schicht größer oder gleich dem für diese Material geltenden Eindringmaß δ ist, so, als ob der Gesamtkörper aus dem Oberflächenmaterial bestünde. Für Schichten mit einer Dicke $w = 1{,}6\,\delta$ erhält man eine geringfügige Verringerung des Widerstands gegenüber dem Wert, der sich für einen massiven Leiter aus dem Oberflächenmaterial ergäbe. Dieser Effekt entspricht dem Fall von rohrförmigen Leitern und ist um so weniger ausgeprägt, je weniger sich die Leitfähigkeit der Oberfläche von der des Grundmaterials unterscheidet.

Hochfrequenzlitze. Diese besteht aus mehreren voneinander isolierten dünnen Drähten, die so miteinander verflochten sind, daß jeder Einzeldraht innerhalb einer gewissen Länge jeden Ort innerhalb des Querschnitts mit gleicher Wahrscheinlichkeit einnimmt. Man erhält damit eine gleichmäßigere Stromdichteverteilung als bei Volldraht. Üblich sind Einzeldrahtdurchmesser im Bereich 0,04 bis 0,1 mm. Die Anzahl der parallelen Einzeldrähte liegt zwischen 20 und mehreren Tausend. Je dicker der benötigte Gesamtquerschnitt ist, desto niedriger ist die Frequenz, von der ab die Anwendung von HF-Litze sinnvoll ist. Bei Spulen und Übertragern für kleine Leistungen kann man im Bereich 1 bis 10 MHz die Verluste durch HF-Litze wesentlich verringern. Für höhere Frequenzen konzentriert sich die Stromdichte wegen der kapazitiven Verkopplung der Drähte über die dünnen Lackschichten wieder auf der Außenfläche der Gesamtstruktur.

Diese kapazitiven Effekte erhöhen die Verluste zusätzlich, so daß oberhalb 10 MHz die Anwendung relativ dicker Drähte günstiger ist, bei denen der Skineffekt wirksam ist, der große Umfang des Leiters aber die Verluste klein hält.

Leitende Wände, Abschirmungen. Jede leitende Wand in einem Hochfrequenzfeld, also auch in der Nähe eines von hochfrequentem Strom durchflossenen Leiters, zwingt die magnetischen Feldlinien, in Wandnähe parallel zur Wand zu verlaufen. Dabei werden Wandströme erzeugt, deren Strombelag K der Größe der magnetischen Stärke an der Wandoberfläche gleich ist, sofern ausgeprägter Skineffekt gegeben ist. Die Richtung von K ergibt sich aus $\boldsymbol{H} \times \boldsymbol{K} = \boldsymbol{e}_n$, wobei $\boldsymbol{e}_n$ die Flächennormale ist. Jede leitende Wand in der Nähe eines wechselstromdurchflossenen Leiters setzt elektrische Energie in Wärme um und erhöht so die Gesamtverluste. Schirmungen sollten also immer einen möglichst großen Abstand vom zu schirmenden Bauteil haben. Dabei ist jedoch zu beachten, daß störende Hohlraumresonanzen auftreten können und damit Maximalgrößen von Abschirmgehäusen vorgegeben sind.

Die Wanddicke muß wesentlich größer als das Eindringmaß δ bei der zu schirmenden Frequenz sein, damit bei Gehäusen die an der Außenwand auftretenden Felder hinreichend gedämpft sind. Für eine Zunahme der Wandstärke um jeweils 2, 3δ nimmt die Schirmdämpfung um 10 dB zu. Mehrere ineinanderliegende, voneinander isolierte Schirme wirken stärker als Einzelwände mit gleicher Gesamtdicke. Dies ergibt sich aus der Tatsache, daß in der Wand eine stark gedämpfte Welle senkrecht zur Wandoberfläche läuft, die an Grenzflächen reflektiert wird. Jeder Übergang Metall-Isolation bewirkt einen hohen Reflexionsfaktor. Bei tiefen Frequenzen und der dadurch bedingten großen Leitschichtdicken werden zweckmäßig Materialien mit großem μ_r verwendet.

Alle Öffnungen in Abschirmgehäusen können als Hohlleiter betrachtet werden, die von einer Grenzfrequenz $f_k = c_0/2a$ für Wellenfelder durchlässig sind. a ist die größte Querabmessung einer schlitzförmigen Öffnung. Die Schlitzhöhe ist dabei ohne Belang. Näheres in K 4.

6 Oberflächenstromdichte
Surface current density

Bei Leitungen mit L-Wellen (TEM-Wellen) sind nur Längsströme auf den Leitern vorhanden. Infolge des Skineffekts fließen diese Ströme als Strombelag K nur in der oberflächennächsten Schicht. Für Koaxialleitungen ergibt sich $K = I/\pi D$, wobei D der Durchmesser des betrachteten Leiters ist. Auf dem Außenleiter ist K entsprechend dem Durchmesserverhältnis D_i/D_a kleiner als auf dem Innenleiter. Die Verluste in einem Oberflächenelement berechnet man mit Gl. B 5 (3).

Bei homogenen Leitungen mit beliebigem Querschnitt kann die örtliche Verteilung von K aus der Feldverteilung ermittelt werden. Für einfache Leitungsquerschnitte (Zweidrahtleitung, Draht über leitender Ebene) können exakte Formeln aus der Theorie der konformen Abbildung [1] gewonnen werden. Bei beliebigen Querschnitten muß das statische elektrische Feldlinienbild für den Querschnitt ermittelt werden, dieses gilt auch für das Hochfrequenzfeld bei ausgeprägtem Skineffekt. Die Feldberechnung kann mit der Relaxationsmethode iterativ erfolgen oder auch durch Messungen mittels elektrolytischem Trog oder Graphitpapier. Eine einfache Methode ist das Einzeichnen von krummlinigen Quadraten, also Vierecken, bei denen die Winkel jeweils 90° und die Diagonalen gleich lang sind. Im Wellenfeld gilt an jedem Ort $E/H = Z_F$, wobei $Z_F = 377\,\Omega/\sqrt{\varepsilon_r}$ ist. Das durch das eingezeichnete Koordinatensystem gewonnene Bild stellt also die elektrischen und magnetischen Feldlinien dar. Orte mit großer elektrischer Feldstärke (große Feldliniendichte) entsprechen Orten großer magnetischer Feldstärke. An Leiteroberflächen ist der Strombelag K betragsgleich mit der dort auftretenden H. Kleine Abstände zwischen den an den Leitern auftreffenden E-Linien bedeuten somit großes K. Bild 1a zeigt eine koaxiale Leitung mit flachem Innenleiter und eingezeichneten Feldlinien. Bild 1b gibt die Abwicklungen der Leiter mit Strombelagpfeilen, die umgekehrt proportional zu den durch die Feldlinienabstände bestimmten Oberflächenabschnitten sind. In einem Streifen der Breite s ist der Strombelag proportional dem Wert $1/s$. Der Teilstrom in jedem Streifen ist also gleich. Bei n Streifen in Umfangrichtung erhält man daher für den i-ten Streifen als Strombelag

$$K_i = I/n s_i,$$

wobei I der Gesamtstrom und s_i die wahre Streifenbreite im realen Leitersystem ist. Die Verlustleistung P' pro Längeneinheit ist für den i-ten Streifen

$$P_i' = \frac{1}{2} K_i^2 R_F s_i = \frac{I^2 R_F}{2n^2 s_i}.$$

Damit ergibt sich für die Gesamtverlustleistung P' eines Leiters pro Längeneinheit

$$P' = \frac{I^2 R_F}{2n^2} \sum_1^n \frac{1}{s_i}.$$

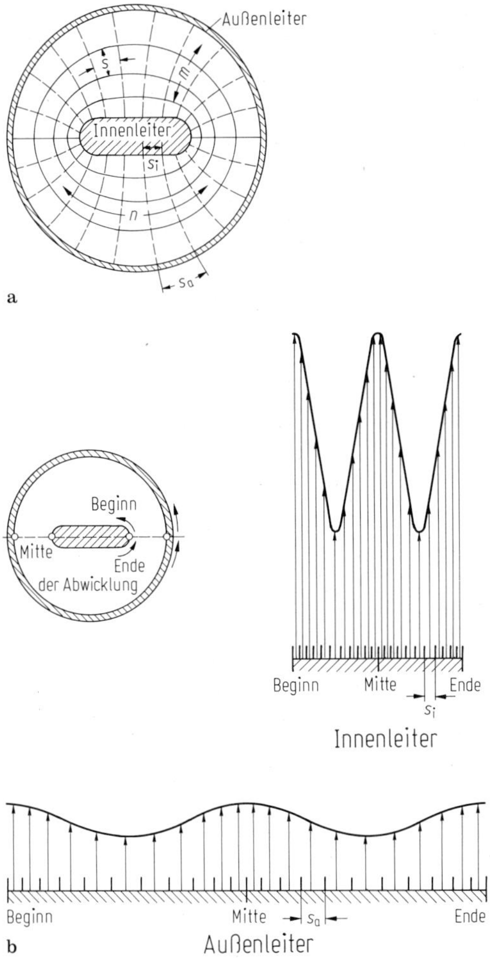

Bild 1. **a** Feldlinienbild einer Leitung; **b** Stromverteilung auf abgewickelten Leiteroberflächen

Der Widerstandsbelag eines Leiters ist

$$R'_1 = \frac{R_F}{n^2} \sum_1^n \frac{1}{s_i}.$$

Der Widerstandsbelag R' der Gesamtleitung ist die Summe aus den Belägen von Hin- und Rückleitung.

Proximityeffekt. Benachbarte Leiter beeinflussen sich gegenseitig. Bei in Längsrichtung inhomogenen Leiterstrukturen sind genaue Angaben über die Stromdichteverteilung meistens nicht möglich. Allgemein gilt jedoch, daß maximale Stromdichte an den Stellen maximaler Feldkonzentration auftritt. Es ergibt sich bei entgegengesetzter Stromrichtung (Hin- und Rückleiter einer Zweidrahtleitung) eine Stromverteilung nach Bild 2a. Die Widerstandserhöhung für jeden der

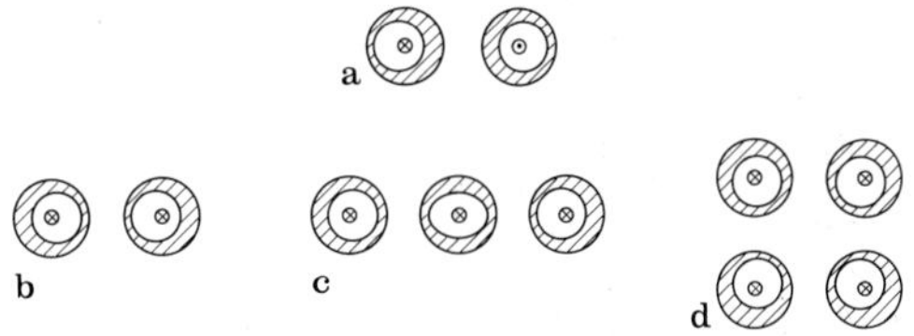

Bild 2. Stromverteilung bei parallelen Leitungen. **a** gegenläufige Stromrichtung; **b** bis **d** gleiche Stromrichtung

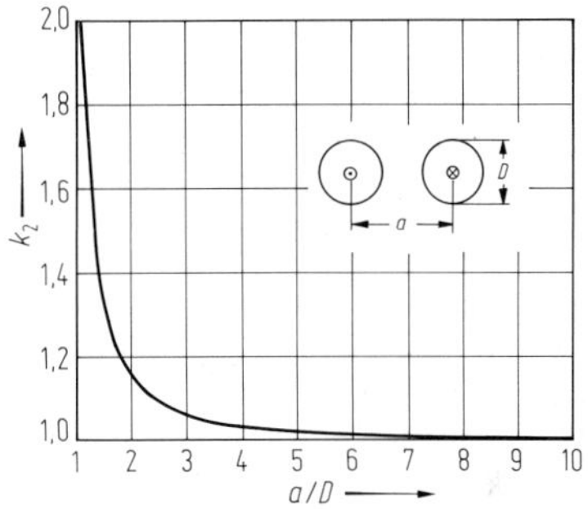

Bild 3. Widerstandserhöhung durch Proximityeffekt bei gegenläufigen Strömen

beiden Drähte gegenüber dem Fall gleichmäßiger Feldverteilung am Umfang berechnet sich für ausgeprägten Skineffekt durch Multiplikation mit dem Faktor $k_2 = 1/\sqrt{1 - D^2/a^2}$, wobei D der Drahtdurchmesser und a der Abstand der Drahtmittelachsen ist. Diesen Zusammenhang zeigt Bild 3.

Bei gleichlaufenden Stromrichtungen konzentriert sich die Stromdichte auf den einander abgewandten Seiten (Bild 2b). Bei mehreren parallel laufenden Drähten mit gleicher Stromrichtung treten Konzentrationen an den Orten des stärksten Gesamtmagnetfeldes auf (Bild 2c und d).

7 Elektromagnetische Beeinflussung durch Hochfrequenzstrahlung

Electromagnetic interference by RF-radiation

Allgemeine Literatur: *DIN-VDE-Taschenbücher 515–517*, Elektromagnetische Verträglichkeit 1–3. Berlin: Beuth 1989. – *VDE-Norm 0847*, Meßverfahren zur Beurteilung der EMV, Teil 1. Berlin: Beuth 1981. – *Schwab, A. J.:* Elektromagnetische Verträglichkeit. Berlin: Springer 1990.

Elektronische Schaltungen, insbesondere in Fahrzeugen und Geräten, können von elektromagnetischen Strahlungsfeldern hoher Intensität, also beispielsweise in der Umgebung von

Rundfunksendern, in ihrer Funktion störend beeinflußt werden. Auch in unmittelbarer Nähe von Sendern mit relativ kleiner Leistung, zum Beispiel bei Funksprechgeräten in Fahrzeugen, können bei ungünstiger Leitungsführung durch elektromagnetische Verkopplungen erhebliche Störungen auftreten, wie im Extremfall die Zündung der Treibladung eines Airbags im Auto.
Wenn auch nur in seltenen Fällen unmittelbare, dauernde Schäden an den Halbleiterkomponenten auftreten, so muß auch ein kurzzeitiger Ausfall oder die Fehlfunktion eines von der gestörten Schaltung gesteuerten Systems unbedingt vermieden werden.
Bei der elektromagnetischen Beeinflussung ist zu unterscheiden zwischen Störungen, die in einem benachbarten Frequenzbereich des Signalspektrums liegen, das über eine Antenne empfangen oder über eine Leitungsverbindung zugeführt wird, und Störwirkungen, die außerhalb des Signalspektrums liegen und über Stromversorgungs-, Steuer- oder Signalleitungen sowie über direkte induktive oder galvanische Beeinflussungen der Schaltkreise eingekoppelt werden. Im erstgenannten Fall muß über geeignete Filter und durch kreuzmodulationsfeste Verstärker eine Beeinflussung des Empfangssignals vermieden werden. Im Fall sehr großer Amplituden der Störfelder muß man durch geeignete Überspannungsableiter oder Begrenzerdioden am Eingang des Empfängers eine Schädigung der empfindlichen Eingangsstufen verhindern. In der Regel sind Leistungen von mehreren Milliwatt nötig, die über eine Zeitspanne von mehreren Millisekunden einwirken, um dauernde Schäden an empfindlichen Eingangsstufen zu bewirken. Sind dagegen entsprechende Schutzdioden am Antenneneingang vorgesehen, dann ist dieser immer so stark fehlabgeschlossen, daß auch bei großen Störfeldstärken keine zerstörend wirkende Energie aus dem Strahlungsfeld eingekoppelt wird. Ein wirksamer Schutz ist also in der Praxis immer möglich, wenn nicht durch eine versehentliche, direkte Verbindung der Antenne oder des Signaleingangs mit einer unzulässig leistungsstarken Quelle die Eingangsschaltung unmittelbar geschädigt wird.
Grundsätzlich können Störwirkungen bei jeder Frequenz auftreten. In der Praxis ist aber der Frequenzbereich von 10 kHz bis zu einigen hundert MHz besonders kritisch. In diesem Bereich geht eine besondere Gefährdung von leistungsstarken Rundfunk- und Fernsehsendern sowie von dichtest benachbarten mobilen Funkanlagen aus. Mit zunehmender Frequenz steigt die über Magnetfelder induzierte Spannung und der kapazitiv eingekoppelte Strom an. Im Mikrowellenbereich ist dagegen die spektrale Intensität meist wesentlich kleiner als im Frequenzbereich um einige MHz, es sei denn das gestörte System befindet sich im Hauptstrahlungsbereich der Antenne eines leistungsstarken Radargeräts. Außerdem liegt die Wellenlänge im Bereich weniger Zentimeter, wodurch sich die Strombahnen auf leitenden Körpern innerhalb enger Bereiche schließen und die Einkoppelmöglichkeiten verringert sind. Weiterhin ist infolge von Fehlanpassungen durch dünne Bonddrähte innerhalb der Halbleiterschaltungen und Halterungskapazitäten die Wahrscheinlichkeit einer wirksamen Leistungsübertragung in die eigentliche Halbleiterschaltung hinein stark reduziert.
Eine Einkopplung von Störfeldern in ein elektronisches System über Steuer-, Signal- oder Stromversorgungsleitungen sowie über unzureichend schirmende Gehäuse ist die häufigste Ursache von elektromagnetischen Beeinflussungen. Leitungen müssen durch entsprechende Filter, die nur die gewünschten Versorgungs- oder Signalspannungen durchlassen, in die Geräte hineingeführt werden. Gehäuse müssen ausreichende Schirmwirkung aufweisen. In diesen sollten keine langen Schlitze vorhanden sein. Durch Kontaktleisten sollten an Deckeln möglichst viele, dicht nebeneinanderliegende, gut leitende Verbindungen zum Gehäuse hergestellt werden. Die Materialwahl beim Gehäuse ist unkritisch. Bei Frequenzen im MHz-Bereich ist die durch den Skineffekt bewirkte Feldkonzentration auf die Außenfläche des Gehäuses bereits so ausgeprägt, daß unabhängig von der Metallart wenige Zehntel Millimeter Wandstärke eine ausreichende Schirmwirkung ergeben. Wichtig ist die richtige Anordnung der leitenden Verbindungen zwischen Schaltkreisen im Gehäuseinnern und dem Gehäuse. Am besten ist eine einzige Verbindungsstelle, so daß auch bei niedrigen Störfrequenzen kein am Gehäuse auftretender Spannungsabfall auf die innenliegenden Schaltkreise übertragen werden kann.
Ein wesentlicher Punkt ist die sorgfältige und richtige Erdungs- und Leitungswahl. Mehrpunkterdungen sind in der Regel zu vermeiden. Geringste Störeinkopplungen sind bei symmetrischen, verdrillten und am besten auch geschirmten Leitungen zu erwarten, die auf beiden Seiten symmetrisch betrieben werden müssen. Koaxialleitungen mit Festmantel-Außenleiter schirmen bei hohen Frequenzen ausgezeichnet, können aber bei niedrigen Frequenzen (Blitz) durchaus über den Außenleiter Störungen einkoppeln. Koaxialleitungen mit einfachem, geflochtenem Außenleiter weisen nur eine relativ geringe Schirmdämpfung auf. Besser, aber nicht absolut sicher sind doppelte, geflochtene Außenleiter mit dazwischenliegenden Metallfolien.
Es gibt vielfältige Testanlagen, um die elektromagnetische Beeinflußbarkeit von Systemen zu überprüfen. Nahezu alle Flugzeug- und Fahrzeughersteller verfügen über große geschirmte Hallen, in denen Hochfrequenzfelder beachtlicher Intensität erzeugt werden können, um die

Störfestigkeit (Härtung) zu überprüfen und Qualitätsstandards sicherzustellen. Die Innenwände der Hallen sind meistens mit Absorberkeilen von bis zu 1,5 m Länge belegt, um bei der Einstrahlung mit Richtantennen Reflexionen und dadurch stehende Wellen möglichst zu vermeiden.
Im Frequenzbereich oberhalb 30 MHz werden im allgemeinen logarithmisch-periodische Breitbandantennen (s. N 9) auf das Testobjekt gerichtet und auf dieses eine Leistung von bis zu 20 kW eingestrahlt. Solche Antennen erlauben meist einen Frequenzumfang von etwa 1:10. Das Testobjekt sollte einerseits möglichst nah vor der Antenne stehen, um einer hohen Feldstärke ausgesetzt zu sein, andererseits aber mindestens etwa eine Wellenlänge vom Strahlungszentrum entfernt sein, um Fernfeldbedingungen (ebene Welle mit $E/H = 377\ \Omega$) ungefähr nachzubilden. Die Testanlagen ermöglichen Sendefrequenzen bis in den Bereich von 30 GHz, wobei für Frequenzen im GHz-Bereich Hornantennen verwendet werden.
Schwieriger ist das Nachbilden eines Strahlungsfeldes im Frequenzbereich unterhalb 30 MHz. Antennen scheiden innerhalb von Hallen aus, weil die Dipollänge von etwa 10 m zu groß ist. Entweder werden Antennenanlagen im Freien aufgebaut, wobei Probleme hinsichtlich der Störung von Funkdiensten oder von Anlagen in der Umgebung auftreten können, oder innerhalb einer Halle wird eine Leitungsstruktur entsprechend Bild 1 aufgebaut.
Hierbei handelt es sich um eine Koaxialleitung mit flachem Innenleiter in einem Außenleiter mit rechteckigem Querschnitt, bei der über konische Zuführungen der Generator und ein reflexionsfrei angepaßter Abschluß angeschlossen sind. Im Innenraum läuft dann eine Leitungswelle (TEM-Welle), bei der elektrische und magnetische Felder das gleiche Verhalten wie eine ebene Welle zeigen. Entsprechend dem Wellentyp wird diese Anordnung als TEM-Zelle (oder auch Crawford-Zelle) bezeichnet [1–3]. Abmessungen von bis zu 10 m Länge bei 1 m lichter Weite zwischen Innen- und Außenleiter sind gebräuchlich. Mit derartigen Anordnungen können Geräte mit Abmessungen im Bereich einiger Dezimeter überprüft werden. Der Frequenzbereich ist durch das Auftreten von Hohlraumresonanzen begrenzt, die Betriebswellenlänge sollte deutlich größer sein als die Querabmessung des Außenleiters der Leitung.
Für Messungen an größeren Objekten (beispielsweise Fahrzeugen) innerhalb geschlossener Hallen werden Leitungsstrukturen verwendet, bei denen entsprechend Bild 2 über dem leitenden Boden in mehreren Metern Höhe eine 2 bis 3 m breite Bandleitung aufgehängt ist. Diese Bandleitung kann auch aus mehreren parallel laufenden Rohren bestehen. Zu den beiden Endpunkten des Leitungssystems, an denen je ein leistungsstarker Generator bzw. ein geeigneter Abschlußwiderstand angeschlossen sind, führen sich aufweitende Leiterstrukturen, so daß der Wellenwiderstand des Gesamtsystems möglichst überall konstant ist. Der Nachteil dieser Anordnung ist, daß das Feld auch im Raum oberhalb der Leitung wirkt. Der Wellenwiderstand liegt bei etwa 100 Ω, und es sind beachtliche Leistungen nötig, um elektrische Feldstärken von mehr als 100 V/m zu erzielen.
Die höchste Betriebsfrequenz ist einerseits dadurch gegeben, daß der Abstand zwischen Boden und Leitung kleiner sein sollte als die halbe Wellenlänge der Betriebsfrequenz. Andererseits können auch bei Hallen Hohlraumresonanzen das Feld beeinflussen, wenn diese nicht bedämpft werden. Dies kann durch das Auskleiden der Wände mit hinreichend großen Absorbern geschehen, die auch noch bei Frequenzen von 10 bis 50 MHz eine gewisse Dämpfung sicherstellen. Einzelne Resonanzen können auch durch geeignet aufgestellte, mit Lastwiderständen beschaltete, auf die störende Resonanzfrequenz abgestimmte Antennen bedämpft werden. Allerdings ist zu beachten, daß die Resonanzfrequenzen der Halle durch die eingebrachten räumlich beachtlichen Meßobjekte verändert werden.
Derartige Anlagen werden auch für Tests bezüglich der Störbeeinflußbarkeit durch einen NEMP (nuclear electro-magnetic pulse) verwendet. Ein NEMP entsteht bei der Explosion einer

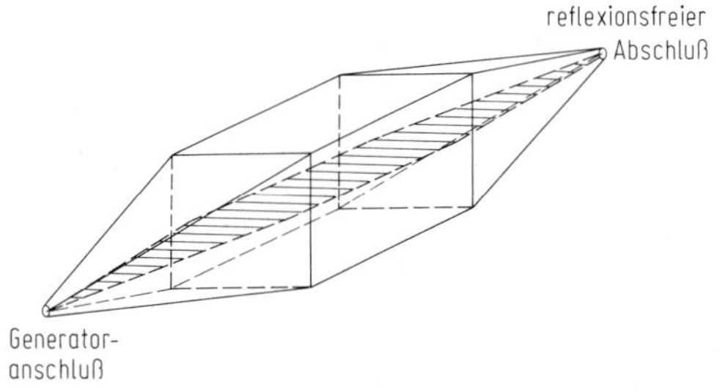

Bild 1. TEM-Zelle

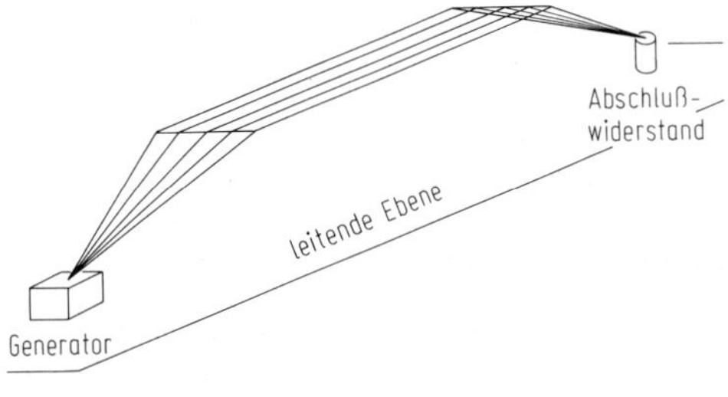

Bild 2. Leitungsstruktur für große Testobjekte

Atombombe durch Ionisation der Luft infolge von Gamma-Strahlung. Einem Anstieg der elektrischen Feldstärke auf 60 kV/m und der magnetischen Feldstärke auf etwa 160 A/m innerhalb weniger Nanosekunden folgt ein langsamer Abfall. Der Spektralbereich erstreckt sich bis zu mehreren hundert MHz. Mit leistungsstarken Impulsen, die in eine Leiterstruktur eingespeist werden, läßt sich eine NEMP-ähnliche laufende Welle simulieren.

Für das Testen räumlich kleiner Objekte sind auch trichterförmige Kammern bekannt, bei denen die Kammer selbst eine Kegelleitung oder eine Trichterantenne darstellt, die an ihrem offenen Ende mit einer Absorberwand abgeschlossen ist.

Spezielle Literatur: [1] *Crawford, M. L., Koepke G. H.*: Design, evaluation and use of a reverberation chamber for performing electromagnetic susceptibility measurements, Note 1092. Boulder, Colo.: Nat Bureau of Standards 1986. – [2] *Crawford, M. L.*: Generation of standard EM-fields using TEM-transmission cells. IEEE Trans. EMC (1983) 189–195. – [3] *Königstein, D., Hansen, D.*: A new family of TEM-cells with enlarged bandwidth and optimized working volume. Int. Symp. EMC Zürich (1987) 127–132.

8 Gefährdung von Lebewesen durch elektromagnetische Strahlung

Radiation hazards by electromagnetic waves

Allgemeine Literatur: *Leitgeb, N.*: Strahlen, Wellen, Felder. München: Deutscher Taschenbuch Verlag 1990.

Schädigungen von Lebewesen können infolge der Einwirkung elektromagnetischer Felder und Wellen durch thermische Wirkungen entstehen. In diesem Fall sind die Wirkungen und zulässigen Werte einigermaßen genau bekannt und abschätzbar. Obwohl es sich bei den radiofrequenten Vorgängen um nichtionisierende Strahlung handelt, können aber auch Wirkungen eintreten, die wohl auf direkte Reizung von Nerven oder auf andere nichtthermische Beeinflussungen zurückzuführen sind. Einige Erscheinungen sind bisher nur phänomenologisch nachweisbar und bei manchen Personen auch reproduzierbar, häufig ist jedoch der Zusammenhang zwischen den beobachtbaren oder vermeintlichen Wirkungen und einem elektrischen oder magnetischen Feld nicht erklärbar.

Hochfrequente Felder und Wellen in ihrer Wechselwirkung mit lebendem Gewebe werden vielfältig therapeutisch oder diagnostisch eingesetzt. Erwähnt seien nur die Hochfrequenzchirurgie mit der Nutzung thermischer Effekte zum Schneiden und Koagulieren, die Diathermie bei den Frequenzen 27,12 MHz zur Erwärmung tieferliegender Gewebe und 2,45 GHz für oberflächlichere Gewebe sowie die Kernspintomographie, bei der unter Einwirkung starker Vormagnetisierungsfelder Wasserstoffatomkerne zu hochfrequenten Präzessionsschwingungen angeregt werden.

Besondere Gefährdungen ergeben sich bei längerwirkender Mikrowelleneinstrahlung mit aufgenommenen Leistungen von mehr als einigen Watt pro Kilogramm Körpergewicht an den Keimdrüsen oder bei längerwirkenden Strahlungsdichten von mehr als 100 mW/cm^2 an den Augen. In der Regel wird bei einer lokalen Mikrowelleneinwirkung die betroffene Person in fast allen Fällen sofort die Erwärmungswirkung bemerken und sich aus dem Gefährdungsbereich zurückziehen. Beim Auge kann jedoch wegen fehlender Wärmeempfindung im Glaskörper und weil dort keine Durchblutung vorhanden ist, ein Wärmestau entstehen, der zu lokalen Koagulationen von Eiweiß führt und eine dauernde Trübung zur Folge hat. Das Tragen von geeigneten Schutzbrillen, die mit feinen Drahtgittern oder Sehschlitzen in Metallfolien ausgestattet sind, ist bei Arbeiten im Antennenbereich von Hochleistungsradargeräten empfehlenswert.

Besondere Vorsicht ist bei Personen angebracht, denen Herzschrittmacher implantiert wurden. Hier ist der untere Frequenzbereich bis 100 kHz besonders gefährdend. Im Bereich oberhalb 1 GHz dagegen ist der Einfluß von eingestrahlten Wellen wegen des Skineffekts relativ gering.

Verschiedene Arten von Anzügen mit Schirmwirkung werden im Spezialhandel angeboten. Dabei gibt es einerseits Ausführungen mit eingewebten dünnen Metallfäden, bei denen allerdings an den Nahtstellen die Kontaktierung sichergestellt sein muß, um genügende Schirmwirkung sicherzustellen. Großflächige Strombahnen mit lokalen Konzentrationen sind besonders im unteren Frequenzbereich möglich und können örtliche Feldkonzentrationen und Erwärmungen bewirken. Andere Ausführungen haben dagegen eine insgesamt leitende Oberfläche, deren Flächenwiderstand im Bereich weniger Ohm liegt. Frequenzen oberhalb 1 GHz werden im wesentlichen reflektiert, da der Flächenwiderstand des Gewebes sehr niederohmig gegen den Feldwellenwiderstand des freien Raumes ist. Bei hohen Feldstärken im Bereich tieferer Frequenzen ist jedoch die Schutzwirkung wegen des vorhandenen Flächenwiderstandes eingeschränkt. Bei größeren Flächenstromdichten, die auf dem Gewebe über eine gewisse Länge wirken, können beachtliche Spannungen auftreten, die auch im Innern des Anzugs auf die zu schützende Person einwirken.

Die Toleranzgrenzen für zulässige Strahlungsdichten sind innerhalb einzelner Länder unterschiedlich. Sie können um einige Zehnerpotenzen voneinander abweichen. In den letzten

Jahren wurden sie in den Ländern mit hohen Toleranzwerten eher nach unten hin korrigiert. In Deutschland sind die zulässigen Werte in einer Norm festgelegt [1]. Dabei sind im Hochfrequenzbereich die zulässigen elektrischen und magnetischen Feldstärken über den Feldwellenwiderstand des freien Raumes (377 Ω) verknüpft. Die bei einer länger als 6 min dauernden Einwirkung zulässige effektive elektrische Feldstärke sinkt dabei von niedrigen Frequenzen bis zu 30 MHz hin ab und erreicht dort den Wert von 100 V/m. Dieser Wert gilt bis 3 GHz. Er steigt dann bis 12 GHz an auf 200 V/m. Dieser Wert gilt bis 3000 GHz. Bei kürzeren Einwirkungen sind entsprechend den im Normblatt angegebenen Formeln größere Feldstärken zulässig. Die zulässige Dauerstrahlungsdichte im Bereich 300 MHz bis 3 GHz liegt bei 2,5 mW/cm^2, oberhalb von 12 GHz bei 10 mW/cm^2.

Spezielle Literatur: [1] DIN 57848, Teil 2, bzw. VDE 0848, Teil 2: Gefährdung durch elektromagnetische Felder, Schutz von Personen im Frequenzbereich von 10 kHz bis 3000 GHz. Berlin: Beuth/VDE 1984.

C Grundlagen der Schaltungsberechnung, Leitungstheorie
Fundamentals of circuit calculation, transmission line theory

K. Lange (1–6); **J. Siegl** (7); **H. Dalichau** (8)

1 Spannungen, Ströme, Feldgrößen und ihre komplexe Darstellung
Voltage, current, fields and their complex notation

Allgemeine Literatur: *Meinke, H. H.:* Einführung in die Elektrotechnik höherer Frequenzen, 1. Band. Berlin: Springer 1965.

Eine harmonische Schwingung wird durch die Frequenz f, die Amplitude A und den Nullphasenwinkel φ beschrieben:

$$a(t) = A\cos(2\pi f t + \varphi) = A\cos(\omega t + \varphi).$$

Die Frequenz f, die in Hertz (Hz) angegeben wird, ist gleich der reziproken Periodendauer T der Schwingung in Sekunken ($f = 1/T$). Statt dem Produkt $2\pi f$ führt man die Kreisfrequenz ω ein, die in 1/s angegeben wird.
Eine zeitlich harmonische Schwingung mit der Periodendauer T entspricht im Frequenzbereich einer einzigen Linie bei der Frequenz $f = 1/T$. Durch Modulation, also zeitliche Änderung der Amplitude oder der Phase einer Frequenz entstehen zusätzliche Schwingungen oberhalb und unterhalb dieser Frequenz. Je schneller diese Änderungen erfolgen, um so größer ist der entsprechende Frequenzbereich.
Jeder nicht periodische, zeitlich veränderliche Vorgang kann mittels der Fourier-Transformation in ein Spektrum, also in eine Summe von harmonischen Funktionen umgerechnet werden. Je schneller die Anstiegs- oder Abfallzeit eines Vorgangs abläuft, desto höhere Frequenzen sind in ihm enthalten. Maßgeblich für die höchste Frequenz ist die maximale Änderungsgeschwindigkeit der Zeitfunktion. Wenn ein Anstieg oder Abfall (üblicherweise zwischen 10% und 90% der Extremwerte gemessen) Δt dauert, so ist näherungsweise die obere Frequenzgrenze bei $f_{max}/\text{MHz} \approx 0{,}3/(\Delta t/\mu\text{s})$.
Periodische Zeitvorgänge können entsprechend einer Fourier-Reihe in ein Linienspektrum umgerechnet werden, bei dem die Zeitfunktion aus einer Summe von harmonischen Funktionen zusammengesetzt wird, deren Frequenzen jeweils Vielfache der Grundfrequenz sind [1].
Das Rechnen mit harmonischen Schwingungen hat den Vorteil, daß durch beliebige lineare Bauelemente einer Schaltung nur die Amplitude und die Phase einer harmonischen Schwingung verändert werden, während die grundsätzliche Kurvenform des cos-Verlaufs unverändert bleibt. Schaltungen mit linearen Bauelementen (Widerstände, Spulen, Kondensatoren und Gyratoren) bewirken nur lineare Verzerrungen des Zeitverlaufs einer Anregung. Das bedeutet, daß bestimmte Frequenzbereiche unter Drehung der Phasenlage geschwächt oder angehoben werden. Grundsätzlich kann jedoch durch eine Schaltung mit entgegengesetztem Frequenzverhalten die ursprüngliche Zeitfunktion wiederhergestellt werden, sofern nicht in der Praxis durch Rauschen Störkomponenten hinzugefügt wurden.
Es ist zweckmäßig, für Berechnungen die komplexe Schreibweise anzuwenden (Zeigerdarstellung). Entsprechend der Eulerschen Formel $\exp(\pm \mathrm{j}\varphi) = \cos\varphi \pm \mathrm{j}\sin\varphi$ ergibt sich $\cos\varphi = \frac{1}{2}[\exp(\mathrm{j}\varphi) + \exp(-\mathrm{j}\varphi)]$. Die cos-Funktion läßt sich also durch zwei zeitlich in entgegengesetzter Richtung umlaufende Zeiger darstellen. Bei der komplexen Rechnung wird im allgemeinen nur einer der beiden Zeiger verwendet, weil darin bereits die gesamte Information enthalten ist.
Eine harmonische Schwingung läßt sich dann schreiben:

$$\underline{a} = A\exp\mathrm{j}(\omega t + \varphi).$$

A ist die reelle Amplitude, die physikalische Größe. Ihr Effektivwert ist $A/\sqrt{2}$. Komplexe Größen werden durch einen Unterstrich gekennzeichnet.
Die komplexe Amplitude ist $\underline{A} = A\exp(\mathrm{j}\varphi)$, sie ist um den Nullphasenwinkel φ gegen die horizontale, reelle Achse des Koordinatensystems gegen den Uhrzeigersinn gedreht. Zeitlich dreht sich der Zeiger der komplexen Amplitude innerhalb einer Periodendauer einmal gegen den Uhrzeigersinn herum. Seine Winkelgeschwindigkeit ist dabei ω. Während in der Elektrotechnik die Einheit imaginärer Zahlen mit j bezeichnet wird,

---
Spezielle Literatur Seite C 2

verwenden Physiker hier häufig den Buchstaben i und drehen die Zeiger im Uhrzeigersinn, verwenden also den Ausdruck $\exp(-\mathrm{i}\,\omega t)$.

$\underline{a}$ nennt man den komplexen Momentanwert. Der reelle Momentanwert, also die meßbare physikalische Größe a führt in beiden Fällen auf das gleiche Ergebnis. Der reelle Momentanwert wird durch Projektion des komplexen Momentanwerts $\underline{a}$ auf die reelle Achse der Koordinatensystems gewonnen, $a = \mathrm{Re}\{\underline{a}\}$. Bild 1 zeigt die definitionsgemäßen Zusammenhänge.

Spannungen, Ströme oder die entsprechenden elektrischen und magnetischen, zeitlich harmonischen Feldgrößen werden also in der komplexen Berechnungsweise durch Drehzeiger beschrieben, wobei man in Zeigerdiagrammen die Zeiger jeweils zur Zeit $t = 0$ darstellt. Bei Berechnungen wird der die Zeitabhängigkeit beschreibende Ausdruck $\exp(\mathrm{j}\,\omega t)$ vielfach weggelassen, weil die Frequenz bei linearen Operationen unverändert bleibt. Bei allen Quotientenbildungen aus Spannung und Strom, aus denen sich Impendanzen ergeben, kürzt sich die Zeitabhängigkeit ohnehin heraus. Solche komplexen Größen (Impendanz, Admittanz) bezeichnet man als Operatoren.

Die Leistung P errechnet man aus Spannung und Strom. Hat die Spannung am Eingang eines Tors den zeitlichen Verlauf $U(t) = U \cdot \cos(\omega t + \varphi_\mathrm{u})$ und der Strom $I(t) = I \cdot \cos(\omega t + \varphi_\mathrm{i})$, dann ist die dem Tor zugeführte Leistung

$$P(t) = \tfrac{1}{2} U \cdot I \cdot [\cos(\varphi_\mathrm{u} - \varphi_\mathrm{i}) + \cos(2\omega t + \varphi_\mathrm{u} - \varphi_\mathrm{i})].$$

Einem Wirkwiderstand wird die Energie also pro Periode in zwei Intervallen zugeführt, während

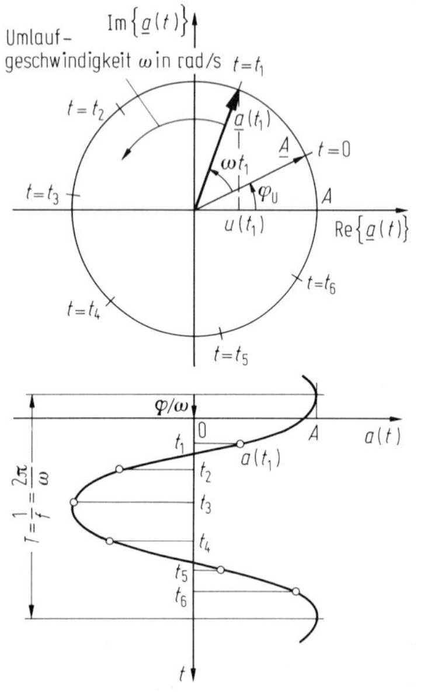

Bild 1. Geometrische Veranschaulichung der Zeigergrößen

ein Blindwiderstand zweimal pro Periode der Spannung Energie aufnimmt und diese anschließend wieder abgibt. Allgemein ist die zeitlich gemittelte Leistung (Wirkleistung), die einem Tor zugeführt wird,

$$P = \tfrac{1}{2} U \cdot I \cdot \cos(\varphi_\mathrm{u} - \varphi_\mathrm{i}) = U_\mathrm{eff} \cdot I_\mathrm{eff} \cdot \cos(\varphi_\mathrm{u} - \varphi_\mathrm{i}).$$

Eine Spannungsquelle mit der Leerlaufspannung U_0 und dem Innenwiderstand R_i kann an einen Verbraucher $R = R_\mathrm{i}$ die Maximalleistung $P_\mathrm{max} = U_0^2/(8 \cdot R_\mathrm{i}) = U_{0\,\mathrm{eff}}^2/(4 \cdot R_\mathrm{i})$ abgeben.

Bei Anwendung der komplexen Schreibweise für die Leistungsberechnung führt eine einfache Multiplikation der Zeiger für Strom und Spannung nicht zum richtigen Ergebnis. Man erhält aber einen zeitunabhängigen Mittelwert, die komplexe Scheinleistung $\underline{P}_\mathrm{S}$, wenn man die koplexe Amplitude $\underline{U}$ mit der konjugiert komplexen Amplitude $\underline{I}^* = I \cdot \exp(-\mathrm{j}\,\varphi_\mathrm{i})$ multipliziert:

$$\underline{P}_\mathrm{S} = \tfrac{1}{2} \underline{U} \cdot \underline{I}^*, \quad P_\mathrm{S} = U_\mathrm{eff} \cdot I_\mathrm{eff},$$

$$P_\mathrm{S} = \sqrt{P^2 + P_\mathrm{B}^2}.$$

Die einem Verbraucher im zeitlichen Mittel zugeführte Wirkleistung P ist dann

$$P = \tfrac{1}{2} \mathrm{Re}\{\underline{U} \cdot \underline{I}^*\}.$$

Die Blindleistung ist $P_\mathrm{B} = \tfrac{1}{2} \mathrm{Im}\{\underline{U} \cdot \underline{I}^*\}$.

Spannung und Strom sind formal skalare Größen. Für die Berechnung von Schaltungen müssen ihnen jedoch Richtungen zugeordnet werden (Zählpfeile). Bei Spannungen kann dies durch Pfeile, die vom positiven zum negativen Pol weisen, oder durch Kennzeichnung mit „+“ und „−“ erfolgen. Bei Strömen gibt man die Flußrichtung durch Pfeile an. Definitionsgemäß hat ein durch einen ohmschen Widerstand fließender Strom die gleiche Richtung wie die anliegende Spannung. Vektorielle Größen sind dagegen die Stromdichte $\boldsymbol{J}$ in $\mathrm{A/m^2}$ sowie die Flächenstromdichte $\boldsymbol{K}$ in A/m. Weitere vektorielle Feldgrößen sind die elektrische Feldstärke $\boldsymbol{E}$ in V/m, die magnetische Feldstärke $\boldsymbol{H}$ in A/m, die Strahlungsdichte (Poynting-Vektor) $\boldsymbol{S}$ in $\mathrm{W/m^2}$, die elektrische Flußdichte (Verschiebung) $\boldsymbol{D}$ in $\mathrm{As/m^2}$ und die magnetische Flußdichte (Induktion) $\boldsymbol{B}$ in T, $\mathrm{Vs/m^2}$.

Auch vektorielle Größen mit zeitlich harmonischem Verlauf werden für Feldberechnungen zweckmäßig komplex dargestell. Diese Formulierung mit Real- und Imaginärteil eines umlaufenden Zeigers beschreibt lediglich die zeitliche Änderung des Betrages des Vektors und seinen Vorzeichenwechsel, hat jedoch keinen Einfluß auf die durch die vektoriellen Komponenten festgelegte räumliche Achse.

Spezielle Literatur: [1] *Holbrook, J. G.:* Laplace-Transformationen. Braunschweig: Viewg 1970.

2 Impedanzebene, Admittanzebene
Impedance-plane, admittance plane

Allgemeine Literatur: *Meinke, H.H.*: Einführung in die Elektrotechnik höherer Frequenzen, Bd. 1. Berlin: Springer 1965.

Ein komplexer Widerstand $\underline{Z}$ (Impedanz $\underline{Z} = R + jX$) ist die Kombination von Wirkwiderstand (Resistanz) R und Blindwiderstand (Reaktanz) X. Er gibt das Aplitudenverhältnis und die Phasendifferenz von Spannung und Strom an.
Ohmsches Verhalten einer Impedanz ist durch Gleichphasigkeit von Strom und Spannung gekennzeichnet. Bei induktivem Verhalten eilt die Spannung dem Strom vor. Der Maximalwinkel ist 90°. Bei kapazitivem Verhalten eilt der Strom gegen die Spannung vor. Auch hier liegt der Maximalwert für eine ideale, verlustlose Kapazität bei 90°.
Der Reziprokwert der Impedanz ist die Admittanz $\underline{Y} = G + jB$. Sie ist die Summe von Wirkleitwert (Konduktanz) G und Blindleitwert (Suszeptanz) B.
Impedanzen und Admittanzen werden Operatoren genannt. Sie können bei Berechnungen mit zeitlich veränderlichen Größen (Drehzeiger, Zeiger) multipliziert werden.
Eine Spule mit der Induktivität L und dem Wicklungswiderstand R hat die Impedanz $\underline{Z} = R + j\omega L$. Ein Kondensator mit der Kapazität C und dem Prallelleitwert G hat die Admittanz $\underline{Y} = G + j\omega C$.
Für Berechnungen wird bei Additionen zweckmäßig die Summenform aus Real- und Imaginärteil verwendet, bei allen Produkt- oder Quotientenbildungen ist die Schreibweise mit Betrag und Phase zweckmäßiger.

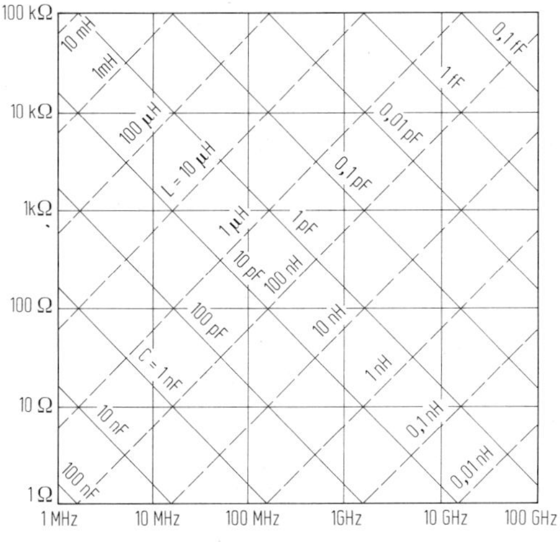

Bild 1. Blindwiderstände von Induktivitäten und Kapazitäten

Das in Bild 1 dargestellte Diagramm erlaubt in einfacher Weise die Abschätzung der Blindwiderstände von Spulen und Kondensatoren im Frequenzbereich von 1 MHz bis 10 GHz.
Beim Aufbau von einfachen Schaltungen, die aus wenigen Blind- und Wirkelementen bestehen, sind geeignete Ersatzschaltungen und graphische Verfahren oft hilfreich, um den gewünschten Zweck (Anpassung, minimaler Frequenzgang) ohne zu großen Rechenaufwand zu erreichen. Dabei ist häufig die Umrechnung Widerstand-Leitwert nötig. Jeder Serienschaltung aus Blind- und Wirkwiderstand entspricht bei einer gegebenen Frequenz eine Parallelschaltung aus einem Blind- und Wirkleitwert.

$$\underline{Z} = R + jX = |\underline{Z}| \exp(j\varphi)$$
$$|\underline{Z}| = \sqrt{R^2 + X^2}; \quad \varphi = \arctan(X/R)$$
$$\underline{Y} = G + jB = |\underline{Y}| \exp(j\psi)$$
$$|\underline{Y}| = \sqrt{G^2 + B^2}; \quad \psi = \arctan(B/G).$$

Für $\underline{Z} = 1/\underline{Y}$ ist $\varphi = -\psi$.
In der Praxis wird auch bei Parallelschaltungen mit Widerstandswerten R_p und $X_p = \omega L_p = 1/\omega C_p$ gerechnet (Bild 2).
Dann ist $R_p = R_s + X_s^2/R_s$; $X_p = X_s + R_s^2/X_s$;

$$R_s = \frac{R_p}{1 + (R_p/X_p)^2}; \quad X_s = \frac{X_p}{1 + (X_p/R_p)^2}. \quad (1)$$

Dabei können folgende Näherungen angewandt werden:
Widerstand mit kleinem Serienblindanteil ($R_s > 10\,|X_s|$):

$$R_p \approx R_s; \quad X_p \approx R_s^2/X_s. \quad (2)$$

Blindelement mit kleinem Serienverlustwiderstand ($|X_s| > 10\,R_s$):

$$R_p \approx X_s^2/R_s; \quad X_p \approx X_s. \quad (3)$$

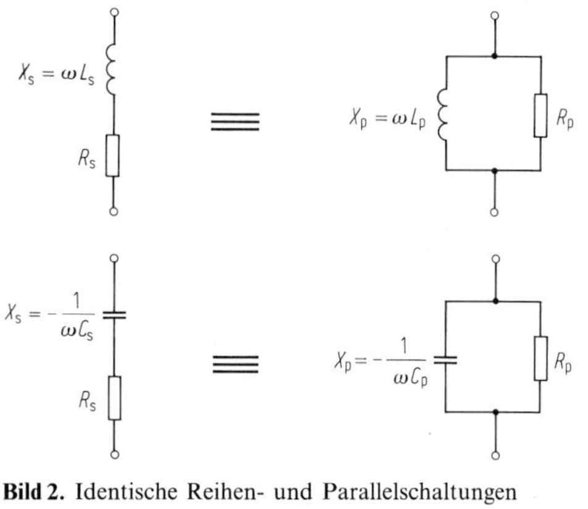

Bild 2. Identische Reihen- und Parallelschaltungen

Wirkwiderstand mit geringer Parallelblindstörung ($|X_p| > 10\,R_p$):

$$R_s \approx R_p; \quad X_s \approx R_p^2/X_p. \tag{4}$$

Blindelement mit großem Parallelwiderstand ($R_p > 10\,|X_p|$):

$$R_s \approx X_p^2/R_p; \quad X_s \approx X_p. \tag{5}$$

Allgemein bleibt bei der Umwandlung einer Parallelschaltung in eine Serienschaltung oder umgekehrt immer der physikalische Charakter der Bauelemente erhalten. Eine Serienschaltung aus R und L muß also in der äquivalenten Parallelschaltung eine Induktivität aufweisen.

Ist $\underline{Z}$ ein reiner Wirkwiderstand R, dann ist $\underline{Y}$ ein reiner Wirkleitwert $Y = G = 1/R$. Für einen reinen Blindwiderstand $\underline{Z} = \mathrm{j}X$ gilt $\underline{Y} = \mathrm{j}B = -\mathrm{j}1/X$.

Für beliebige Kombinationen von Wirk- und Blindelementen gelten geometrische Zusammenhänge, welche die Umrechnung erleichtern und Beurteilungen des frequenzabhängigen Verhaltens ermöglichen.

Umrechnung Serienschaltung in Parallelschaltung. In Bild 3 ist in der Widerstandsebene der Ort $\underline{Z} = R_s + \mathrm{j}X_s$ für die gegebene Serienschaltung aufgetragen. Durch diesen Punkt $\underline{Z}$ laufen zwei Kreise, von denen einer (I) seinen Mittelpunkt auf der reellen Achse hat. Der Mittelpunkt des zweiten Kreises (II) liegt auf der imaginären Achse. Beide Kreise schneiden sich im Ursprung des Koordinatensystems. Der Schnittpunkt des Kreises I mit der reellen Achse liegt bei $R_p = 1/G_p$, der Schnittpunkt des Kreises II mit der imaginären Achse ist bei $X_p = -1/B$. G_p und B_p sind die gesuchten Größen für $\underline{Y} = G_p + \mathrm{j}B_p$. Alle Werte $\underline{Z}$, die auf dem Kreis I liegen, haben den gleichen Wirkleitwert bei der äquivalenten Parallelschaltung. Man nennt Kreis I daher Kreis konstanten Wirkleitwerts G_p. Entsprechend heißt Kreis II Kreis konstanten Blindleitwerts $B_p = -1/X_p$.

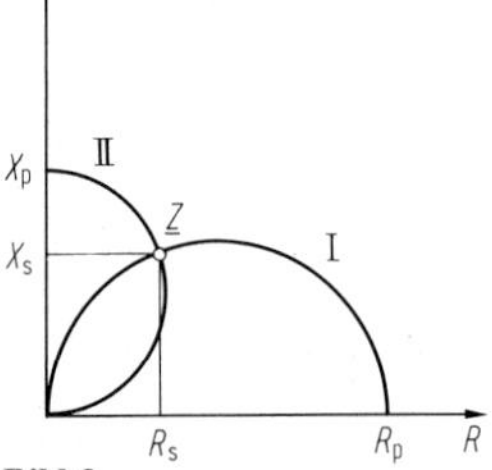

Bild 3

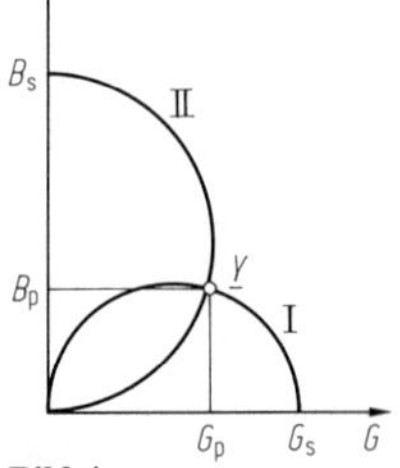

Bild 4

Bild 3. Graphische Ermittlung der äquivalenten Admittanz

Bild 4. Graphische Ermittlung der äquivalenten Impedanz

Ähnliche Beziehungen gelten nach Bild 4 für die Leitwertebene. Trägt man dort den Punkt $\underline{Y} = G + \mathrm{j}B$ einer Parallelschaltung ein, können die Kreise I und II gezeichnet werden, die bei $G_s = 1/R_s$ und bei $B_s = -1/X_s$ schneiden. Kreis I heißt Kreis konstanten Wirkwiderstands R_s und Kreis II wird Kreis konstanten Blindwiderstands X_s genannt.

Inversionsdiagramm. Das in Bild 5 wiedergegebene Diagramm stellt die komplexe Ebene mit neutralen Koordinaten $a_r + \mathrm{j}a_i$ dar sowie eine Kreisschar mit Mittelpunkten auf der reellen Achse, die den Parameter $b_r = 1/a_{rs}$ (a_{rs} = Schnittpunkt des Kreises mit der reellen Achse) trägt. Je eine weitere Kreisschar hat die Mittelpunkte auf der imaginären Achse und liegt symmetrisch zur reellen Achse. An diesen Kreisen stehen die Parameter $b_i = -1/a_{is}$, wobei a_{is} die Kreisschnittpunkte mit der imaginären Achse sind. Alle Kreise schneiden sich außerdem im Koordinatenursprung.

Aus dem Kreisdiagramm kann man zu einer komplexen Zahl $\underline{a} = a_r + \mathrm{j}a_i$ den Reziprokwert $\underline{b} = 1/\underline{a} = b_r + \mathrm{j}b_i$ ablesen, indem man $\underline{a}$ im kartesischen System aufsucht und bei den dort durchlaufenden Kreisen b_r und b_i abliest. Dieses

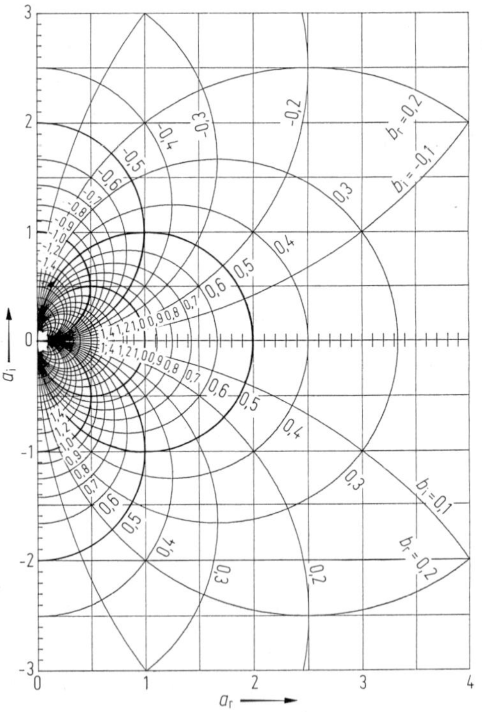

Bild 5. Inversionsdiagramm

Diagramm kann sowohl zur Umrechnung Widerstand-Leitwert als auch zur Umkehrung verwendet werden, je nachdem welcher Kurvenschar Widerstände bzw. Leitwerte zugeordnet werden.
Wenn das gegebene $\underline{Z}$ oder $\underline{Y}$ zahlenmäßig größer als der Bereich des Diagramms ist, dann müssen die Größen durch eine geeignete Zahl N geteilt werden.

$$\underline{a} = \frac{\underline{Z}}{N} = \frac{R}{N} + \mathrm{j}\frac{X}{N}; \quad a_\mathrm{r} = \frac{R}{N}; \quad a_\mathrm{i} = \frac{X}{N}.$$

Als N eignen sich besonders Zehnerpotenzen, gegebene Leitungswellenwiderstände oder allgemein ganze Zahlen. Die abgelesenen Leitwerte $\underline{b}$ müssen anschließend umgerechnet werden, um zu den wirklichen Zahlenwerten zu führen.

$$\underline{b} = \frac{1}{\underline{a}} = \frac{N}{\underline{Z}} = b_\mathrm{r} + \mathrm{j}b_\mathrm{i} = N\underline{Y} = NG + \mathrm{j}NB.$$

Daraus folgt

$$\underline{Y} = \frac{r_\mathrm{r}}{N} + \mathrm{j}\frac{b_\mathrm{i}}{N}; \quad G = \frac{b_\mathrm{r}}{N}; \quad B = \frac{b_\mathrm{i}}{N}.$$

Entsprechendes gilt für Leitwerte, die in Impedanzen umgewandelt werden sollen. Hier wird meist N als Bruchteil von 1 (beispielsweise 1/10 oder 1/1000) gewählt werden, so daß mit $M = 1/N$ für den Gebrauch des Diagramms gilt:

$$\underline{Y}M = GM + \mathrm{j}BM = \underline{b}; \quad b_\mathrm{r} = GM;$$
$$b_\mathrm{i} = BM.$$

Die abgelesenen normierten Impedanzwerte $\underline{a}$ müssen umgerechnet werden mit

$$\underline{a} = a_\mathrm{r} + \mathrm{j}a_\mathrm{i} = \frac{1}{\underline{b}} = \frac{1}{\underline{Y}M} = \frac{\underline{Z}}{M} = \frac{R}{M} + \mathrm{j}\frac{X}{M}.$$

Damit wird $\underline{Z} = Ma_\mathrm{r} + \mathrm{j}Ma_\mathrm{i}$; $R = Ma_\mathrm{r}$; $X = Ma_\mathrm{i}$. Das kartesische Koordinatensystem des Inversionsdiagramms kann also entweder als komplexe Widerstandsebene $\underline{Z} = R + \mathrm{j}X$ für die Werte $\underline{a} = a_\mathrm{r} + \mathrm{j}a_\mathrm{i}$ verwendet werden oder als komplexe Leitwertebene $\underline{Y} = G + \mathrm{j}B$ für die Werte $\underline{b} = b_\mathrm{r} + \mathrm{j}b_\mathrm{i}$. Die Kreisscharen tragen als Parameter jeweils die Werte der reziproken Funktion.

Impedanzebene. Zu einer gegebenen normierten Impedanz $\underline{a}$ können Komponenten in Serie oder parallel geschaltet werden. Die entsprechenden Ortskurven sind in Bild 6 zusammengestellt. Ausgehend vom Ort $\underline{a}_1$ erreicht man für die Serienschaltung von Komponenten den Ort a, welcher der Gesamtschaltung entspricht, dadurch, daß man von $\underline{a}_1$ aus für ein Serien-R nach rechts, für ein Serien-L nach oben und für ein Serien-C nach unten fortschreitet. Die Transformation verläuft jeweils auf geraden Linien, deren Länge a_r bzw. a_i dem normierten Wirk- bzw. Blindwiderstandswert entspricht. Um die Frequenzabhängigkeit einer Gesamtschaltung zu erkennen, muß man den Schaltungsteil, der $\underline{a}_1$ bestimmt, in seine Grundkomponenten auflösen und $\underline{a}_1$ als Funktion der Frequenz ermitteln oder $\underline{a}_1$ abhängig von der Frequenz meßtechnisch erfassen. Kapazitive Serienelemente sind durch senkrechte Wege darstellbar, die mit wachsender Frequenz abnehmen, induktiven Komponenten entsprechen Wege, die mit der Frequenz zunehmen.

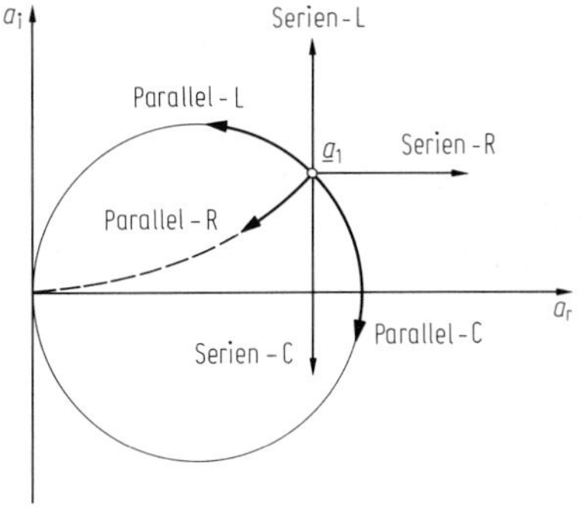

Bild 6. Transformationswege in der Impedanzebene

Bei der Serienschaltung von mehreren Komponenten ist das Ergebnis unabhängig davon, welche Komponente zuerst berücksichtigt wurde. Der Endpunkt im Diagramm entspricht immer der zu $\underline{a}_1$ addierten Summe der Einzelwege.
Für die Parallelschaltung von Komponenten zu $\underline{a}_1$ muß man auf den entsprechenden Kreisscharen fortschreiten. Dazu liest man die Parameter der Kreise ab, die durch $\underline{a}_1$ laufen oder ermittelt die entsprechenden Werte durch Interpolation. Man bestimmt also $\underline{b}_1 = 1/\underline{a}_1 = b_{\mathrm{r}1} + \mathrm{j}b_{\mathrm{i}1}$. Ein parallelgeschaltetes Blindelement ändert nur den Imaginärteil von $\underline{b}_1$. Die Änderung muß sich daher auf einem Kreis konstanten Wirkleitwerts auswirken. Die Parallelschaltung eines L verläuft dementsprechend auf dem Kreis, der den Mittelpunkt auf der reellen Achse hat, gegen den Uhrzeigersinn. Ein parallelgeschaltetes C entspricht einem Fortschreiten auf diesem Kreis im Uhrzeigersinn. Die Weglänge ist durch die Größe des normierten b_i des jeweiligen Elements bestimmt. Man ermittelt $b_{\mathrm{i}2} = b_{\mathrm{i}1} + b_\mathrm{i}$ und sucht den Punkt auf in dem der Kreis auf dem der Transformationsweg verläuft, von dem der anderen Schar zugehörigen Kreis mit dem Parameter $b_{\mathrm{i}2}$ geschnitten wird. Große Blindleitwerte, also große Kondensatoren bei hohen Frequenzen oder kleine Induktivitäten bei niedrigen Frequenzen bewirken lange Transformationswege.
Parallelgeschaltete Wirkleitwerte verändern den Blindleitwert $b_{\mathrm{r}1}$ nicht. Der Transformationsweg

verläuft daher auf einem Kreis konstanten Blindleitwerts. Dieser Weg ist in Bild 6 mit Parallel-R gekennzeichnet. Mit gleichem Recht könnte man als Bezeichnung Parallel-G wählen. Man läuft von $\underline{a}_1$ aus auf einem Kreis, dessen Mittelpunkt auf der imaginären Achse liegt, auf den Ursprung des Koordinatensystems zu. Dabei berechnet man zunächst das dem Widerstand entsprechende normierte b_r und ermittelt den Endwert der Transformation $b_{r2} = b_{r1} + b_r$. Der Endpunkt der Transformation liegt da, wo der Kreis mit Mittelpunkt auf der reellen Achse und mit dem Parameter b_{r2} den durch $\underline{a}_1$ laufenden Kreis konstanten Wirkleitwerts, auf dem der Transformationsweg verläuft, schneidet.
In allen Fällen liest man am Endpunkt der Transformation $\underline{a}_2 = a_{r2} + \mathrm{j}a_{i2}$ oder $\underline{b}_2 = b_{r2} + \mathrm{j}b_{i2}$ ab und erhält nach der Rücknormierung die Impedanz oder Admittanz der Gesamtschaltung. Der Koordinatenursprung stellt eine absolute Barriere dar, die von keiner Transformation überwunden werden kann. Parallelschalten beliebig großer Wirk- oder Blindleitwerte bedeutet im Grenzfall $\underline{a}_2 = 0$ bzw. $\underline{b}_2 = \infty$, also Kurzschluß.

Admittanzebene. Bei einer gegebenen, normierten Admittanz $\underline{a}$ können graphisch entsprechend Bild 7 die Ortskurven für Parallel- oder Serienschaltung von Bauelementen dargestellt werden. Das kartesische System gilt nun für die normierten Admittanzen, an den Kreisen kann man die normierten Impedanzen $\underline{b} = b_r + \mathrm{j}b_i$ ablesen.
Ausgehend von der Admittanz $\underline{a}_1$ bewirkt die Parallelschaltung eines normierten Wirkleitwerts a_r eine geradlinige Transformation nach rechts. Ein Parallel-C transformiert senkrecht nach oben, ein Parallel-L senkrecht nach unten. Um den Endpunkt der Transformation zu bestimmen, ist zu $\underline{a}_1 = a_{r1} + \mathrm{j}a_{i1}$ jeweils der normierte Leitwert a_r bzw. a_i des Elements zu addieren, um den Gesamtwert $\underline{a}_2$ zu erhalten. Große Wirkleitwerte, also niederohmige Parallelwiderstände bewirken

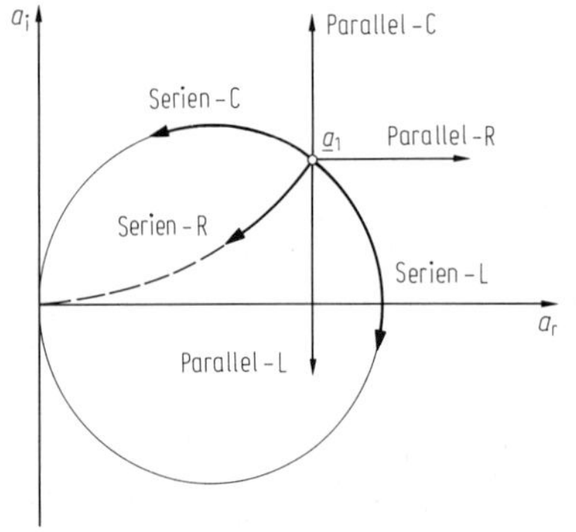

Bild 7. Transformationswege in der Admittanzebene

große Verschiebungen nach rechts. Große Kondensatoren bei hohen Frequenzen bzw. kleine Induktivitäten bei niedrigen Frequenzen ergeben lange senkrechte Transformationswege.
Bei der Serienschaltung von Komponenten ergeben sich Kreise als Transformationswege. Man liest zunächst die Werte $\underline{b}_1 = b_{r1} + \mathrm{j}b_{i1}$ der normierten Impedanz ab. Diese Werte ergeben sich als Parameter der Kreise die durch $\underline{a}_1$ laufen. Der Kreis für b_{r1} hat dabei seinen Mittelpunkt auf der reellen Achse. Der Wert b_{r1} wird durch eine Serienschaltung von L oder C nicht verändert. Auf diesem Kreis transformiert ein Serien-L im Uhrzeigersinn, ein Serien-C entgegen dem Uhrzeigersinn. Der Endpunkt des Transformationsweges erhält man durch Addition des normierten Blindwiderstandes b_i des Schaltelements zum Blindwiderstand b_{i1} der Ausgangsschaltung. Dieser Wert ist als Parameter des Kreises abzulesen, der durch $\underline{a}_1$ geht und dessen Mittelpunkt auf der imaginären Achse liegt. In dieser Kreisschar sucht man nun den Parameter $b_{i2} = b_{i1} + b_i$.
Für Betrachtungen bezüglich der Frequenzabhängigkeit ist wieder zu berücksichtigen, daß bereits der Wert $\underline{a}_1$ der ursprünglichen Schaltung eine Frequenzabhängigkeit aufweist.
Für die Serienschaltung eines Widerstandes berechnet man den normierten Widerstandswert b_r des Elements und ermittelt $b_{r2} = b_{r1} + b_r$. Der Transformationsweg liegt auf einem Kreis konstanten Blindwiderstands und führt stets zum Koordinatenursprung hin. Der gesuchte Ort für diese Schaltung ist beim Schnittpunkt der Kreise mit den Parametern $\underline{b}_2 = b_{r2} + \mathrm{j}b_{i2}$ mit $b_{i2} = b_{i1}$. Im kartesischen Koordinatensystem kann man auch die zugehörigen Werte $\underline{a}_2 = \underline{a}_{r2} + \mathrm{j}a_{i2}$ ablesen. Durch Rücknormierung ergibt sich aus $\underline{a}_2$ der komplexe Leitwert $\underline{Y}_2$ der Gesamtschaltung und mit $\underline{b}_2$ die Eingangsimpedanz $\underline{Z}_2$.

Transformationsschaltungen. Durch Anwendung dieses Diagramms können Transformationsaufgaben in einfacher Weise gelöst werden. Soll beispielsweise eine normierte Impedanz $\underline{Z}_1 = a_{r1} + \mathrm{j}a_{i1}$ durch eine geeignete Schaltung aus zwei Blindelementen in einen vorgegebenen Wert $\underline{Z}_2 = a_{r2} + \mathrm{j}a_{i2}$ transformiert werden, so sind immer mindestens zwei, maximal vier Kombinationen geeigneter Elemente möglich. Bild 8 erläutert ein Beispiel. Hier sind alle vier Möglichkeiten gegeben. Weg 1: Parallel-L, Serien-C; Weg 2: Parallel-C, Serien-L; Weg 3 und 4 jeweils Serien-C, Parallel-L mit unterschiedlich großen Werten für L und C. Nur zwei Lösungen existieren, wenn $\underline{Z}_1$ rechts vom Schnittpunkt des kleineren Kreises mit der reellen Achse liegt.
Kürzestmögliche Transformationswege ergeben die kleinste Frequenzabhängigkeit der Transformation (Abweichung der erzielten Eingangsim-

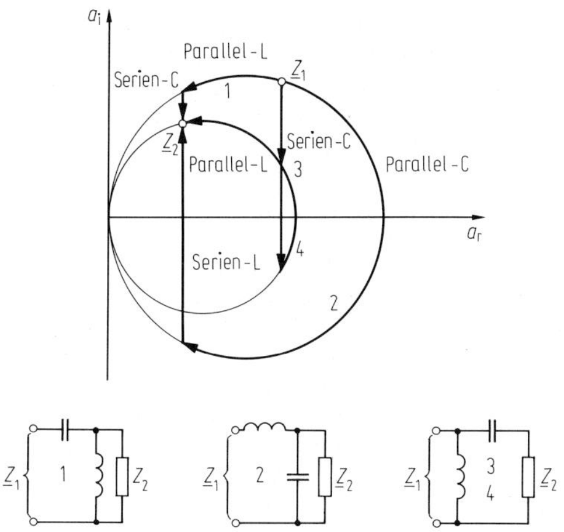

Bild 8. Transformationsschaltungen für eine feste Frequenz

pedanz vom gewünschten Wert). Kurze Transformationswege entsprechen meist auch kleinen zusätzlichen Verlusten, die durch die unvermeidlichen Verlustfaktoren der transformierenden Bauelemente verursacht werden. Welche Schaltung zweckmäßig ist, hängt jedoch vom Anwendungsfall (Gleichstromdurchgang, Tiefpaßverhalten usw.) ab.

Ortskurven lassen sich als Funktion der Frequenz oder als Funktion der Größe von Bauelementen darstellen. Es können Impedanz- bzw. Admittanzortskurven oder auch solche bezüglich des Übertragungsverhaltens von Mehrtoren angefertigt werden. Impedanz- und Admittanzortskurven werden als Funktion der Frequenz im Uhrzeigersinn durchlaufen.

In den meisten Fällen interessieren Ortskurven nur in eingeschränkten Bereichen, meistens um einen speziellen Impedanzwert herum, bei dem eine Anpassung erreicht werden soll. Durch geeignete Zuschaltung von Blindelementen können Impedanzkurven erreicht werden, die den angestrebten Wert in unmittelbarer Nähe mehrfach umschlingen. Je weiter die erreichte Impedanz vom Anpassungspunkt abweicht, desto größer ist die Fehlanpassung und um so kleiner wird das Verhältnis P/P_{max}. P ist die dem Verbraucher zugeführte Leistung, $P_{max} = U_0^2/(8\,R_i)$ die maximale Leistung, die eine Quelle mit Leerlaufspannung U_0 und Innenwiderstand R_i an einen Verbraucher abgeben kann. In Bild 9 sind die Grenzkreise dargestellt, innerhalb derer die Eingangsimpedanz liegen muß, um einen bestimmten Anteil der Maximalleistung aufzunehmen. Quantitative Angaben sind in Tab. 1 zusammengestellt.

Ortskurven mit ausgeprägtem Resonanzverhalten können den Bereich des kartesischen Koordinatensystems nach Bild 5 überschreiten. Den Gesamtbereich der komplexen Impedanz- bzw.

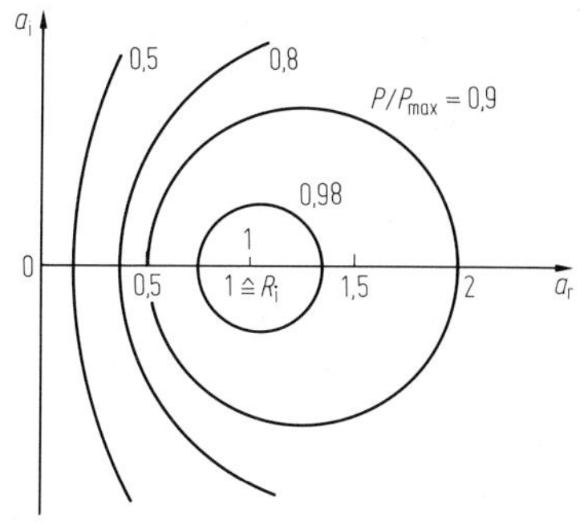

Bild 9. Kreise konstanter Wirkleistung in der Impedanzebene

Tabelle 1. Wirkleistungsverminderung bei Fehlanpassung

Verlust in dB	0	0,1	0,5	1	2	3	∞
P/P_{max}	1	0,98	0,89	0,79	0,63	0,5	0
U/U_{max}	1	0,99	0,94	0,89	0,79	0,71	0
Kreis schneidet							
bei R_{min}	1	0,74	0,5	0,38	0,24	0,17	0
bei R_{max}	1	1,36	2	2,7	4,1	5,8	∞
Radius im Smith-Diagramm	0	0,15	0,33	0,45	0,61	0,71	1

Admittanzebene kann man mit der Transformation $\underline{a} = (\underline{a}_1 - 1)/(\underline{a}_1 + 1)$ erfassen. Jeder Punkt $\underline{a}_1$, der einem Wert $\underline{a}$ bzw. $\underline{b} = 1/\underline{a}$ in der Ebene aus Bild 4 entspricht, wird mit dieser Beziehung transformiert.

$\underline{a}$ und $\underline{b}$ sind dann umgerechnete Werte, die wieder in einer komplexen Ebene dargestellt werden können. Alle $\underline{a}$ und $\underline{b}$ liegen innerhalb des Einheitskreises. Bild 10 zeigt diese als Smith-Diagramm bezeichnete Darstellung. Der Wert $\underline{a} = 0$, $\underline{b} = \infty$ also Kurzschluß, entspricht dem äußersten linken Punkt, ganz rechts liegt der Leerlaufpunkt $\underline{a} = \infty$, $\underline{b} = 0$. Die Umrandung entspricht der imaginären Achse. Im Diagramm sind einige der hier kreisförmigen Orte konstanter Wirk- und Blindwiderstände a_r und a_i, welche dem kartesischen Koordinentensystem in Bild 5 entsprechen, sowie Kreise konstanter Wirk- und Blindleitwerte b_r und b_i eingetragen.

Für die Praxis normiert man alle zu betrachtenden Impedanzen so, daß der anzustrebende Anpassungspunkt im Zentrum des Diagramms liegt. Bei Leitungsschaltungen ist dies der Wellenwiderstand. Parallel bzw. Serienschaltungen ergeben Wege auf den entsprechenden Kreisen. Die Vorgehensweise ist entsprechend der, die für das Inversionsdiagramm vorher beschrieben wurde.

Die Kreise P/P_{max} = const, die denjenigen in Bild 9 entsprechen und im Smith-Diagramm konzentrische Kreise um den Anpassungspunkt $a_r = 1$, $a_i = 0$. Bild 11 zeigt die kreisförmigen Ge-

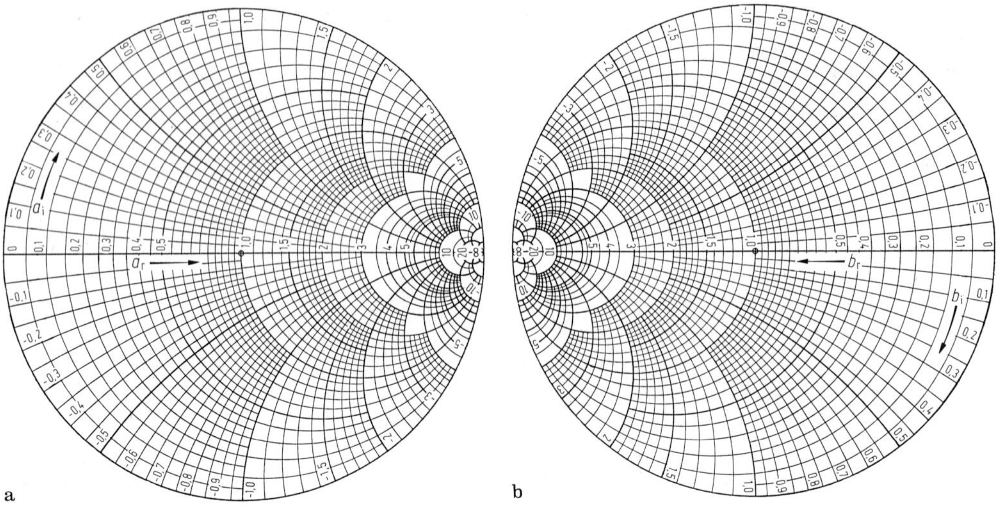

Bild 10. Transformierte Impedanzebene (Smith-Diagramm). Aus Gründen der Übersichtlichkeit sind die sonst übereinanderliegenden Kreisscharen nebeneinander dargestellt. **a** Kreise konstanten Wirkwiderstands a_r und Blindwiderstands a_i; **b** Kreise konstanten Wirkleitwerts b_r und konstanten Blindleitwerts b_i

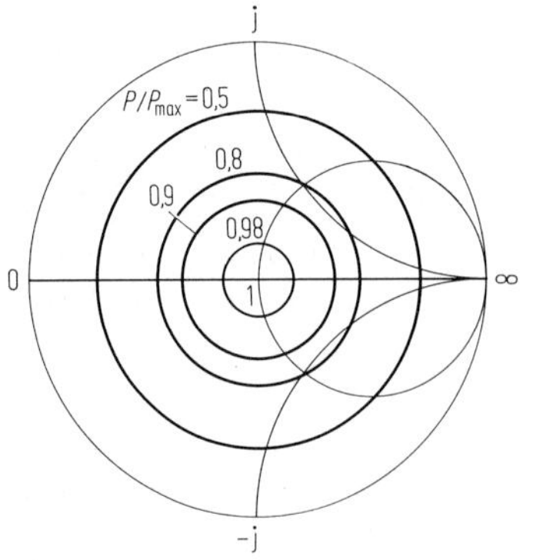

Bild 11. Kreise konstanter Wirkleistung im Smith-Diagramm

biete, in denen die Ortskurven liegen müssen, wenn bestimmte Forderungen hinsichtlich P/P_{max} am Verbraucher erfüllt sein müssen.

Für alle Transformationen in der Impedanz- oder Admittanzebene gilt sowohl in Inversions- als auch im Smith-Diagramm, daß kreisförmige Ortskurven durch Parallel- oder Serienschaltung eines Elements wieder in kreisförmige Ortskurven übergehen. Nur durch eine Vielzahl von geeigneten Parallel- und Serienschaltung von Blindelementen kann in einem begrenzten Frequenzbereich durch Schleifenbildung der Ortskurve um den gewünschten Anpassungspunkt herum die Wirkleistungsaufnahme gleichmäßiger gestaltet werden. In den Bereichen größerer Frequenzabweichung wird der Leistungsabfall dafür umso ausgeprägter. Ein kreisförmiger Umlauf in der Impedanzebene, wie er sich beispielsweise als frequenzabhängige Eingangsimpedanz einer Leitung, deren Abschluß nicht gleich dem Wellenwiderstand ist, ergibt, kann durch eine geeignete Schaltung aus zwei Blindelementen wieder in einen Kreis mit Mittelpunkt auf der reellen Achse transformiert werden. Der Mittelpunkt kann bei einem höher- oder niederohmigen Wert als beim Ausgangskreis liegen. Die Schar der erzielbaren Ortskurven liegt dann im Inversions-

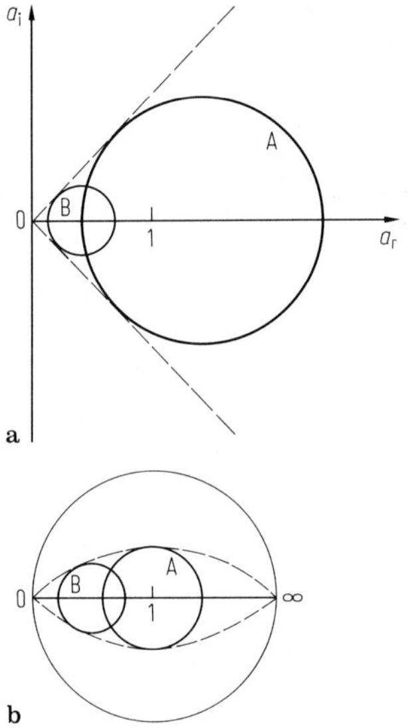

Bild 12. Transformationsbereiche A und B, innerhalb derer eine Ortskurve vor und nach einer Transformation mittels Blindwiderständen liegen kann. **a** in der Impedanzebene; **b** im Smith-Diagramm

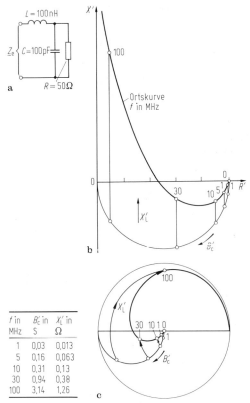

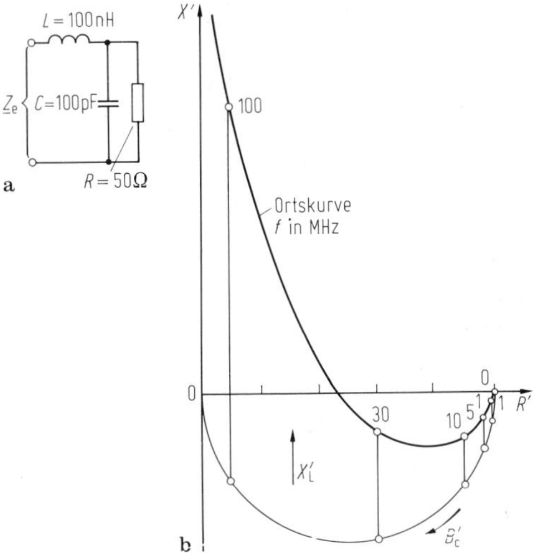

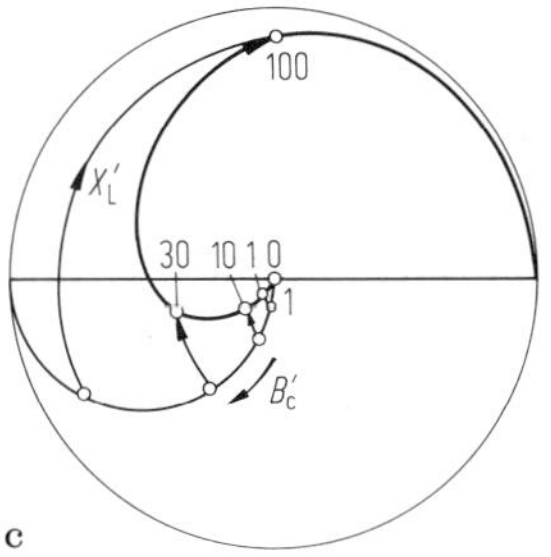

f in MHz	B_C' in S	X_L' in Ω
1	0,03	0,013
5	0,16	0,063
10	0,31	0,13
30	0,94	0,38
100	3,14	1,26

c

Bild 13. Ortskurve der Eingangsimpedanz. **a** Schaltung; **b** Darstellung in der Impedanzebene; **c** Darstellung im Smith-Diagramm

diagramm, wie Bild 12a zeigt, in einem durch den ursprünglichen Kreis vorgegebenen Öffnungswinkel.
Bild 12b gibt die entsprechende Kreisschar im Smith-Diagramm wieder.

Beispiel: Die Ortskurve der Eingangsimpedanz der Schaltung nach Bild 13 soll dargestellt werden. Dabei sind die Werte gegeben $R = 50\,\Omega$, $C = 100$ pF, $L = 100$ nH. Die Werte werden als Längen in die Kreisdiagramme Bild 5 bzw. Bild 10 eingetragen. Die Verbindung der Endpunkte ist dann die Ortskurve der Eingangsimpedanz $\underline{Z}_e$.

3 Ein- und Mehrtore, Streuparameter

One- and multiports, scattering parameters

Allgemeine Literatur: *Feldtkeller, R.:* Einführung in die Vierpoltheorie der elektrischen Nachrichtentechnik. Stuttgart: Hirzel 1962. – *Marko, H.:* Theorie linearer Zweipole, Vierpole und Mehrtore. Stuttgart: Hirzel 1971. – *Michel, H.-J.:* Zweitor-Analyse mit Leistungswellen. Stuttgart: Teubner 1981. – *Owyang, G. H.:* Foundations for microwave circuits. Berlin: Springer 1989. – *Schüßler, H. W.:* Netzwerke, Signale und Systeme I, II. Berlin: Springer 1984. – *Unbehauen, R.:* Elektrische Netzwerke. Berlin: Springer 1972.

Bis zu Frequenzen von einigen Megahertz können Netzwerke mit den klassischen Verfahren der Maschen- und Knotenpunktanalyse unter Anwendung der Kirchhoffschen Gleichungen mit Widerstandsparametern $\underline{Z}$, Leitwertparametern $\underline{Y}$, Hybridparametern $\underline{H}$, und Kettenparametern $\underline{A}$ berechnet werden. Hierüber gibt es vielfältige Veröffentlichungen, in denen dieses Verfahren und die entsprechenden Gleichungssysteme angegeben sind. Bei höheren Frequenzen sind aber einerseits die einzelnen Komponenten wegen ihrer parasitären Elemente und wegen ihrer gegenseitigen Verkopplungen meist nicht mehr auf einfache Ersatzschaltungen zurückzuführen. Andererseits setzen alle oben angegebenen Parameter voraus, daß bei den zu berechnenden Schaltungen Spannungen und Ströme an den Zuleitungen definiert werden können. Oft handelt es sich jedoch um Wellenleiter, beispielsweise Hohlleiter, bei denen eine Beschreibung nur durch Feldgrößen sinnvoll ist.
Die Berechnung erfolgt daher mit Wellengrößen, bei denen entsprechend Bild 1 von zulaufenden $\underline{a}$ und ablaufenden $\underline{b}$ Wellen ausgegangen wird. Dies ist analog zu der in (6.2) angegebenen Zerlegung von Spannungen und Strömen auf Leitungen in hin- und rücklaufende Anteile $\underline{U}_h$ und $\underline{U}_r$. Zweckmäßig ist die Annahme reeller Wellenwiderstände Z_L der Anschlußleitungen, um einfache Zusammenhänge zu erhalten. Diese Annahme ist fast immer zulässig.

$$\underline{a} = \underline{U}_h/\sqrt{Z_L} = \underline{I}_h \cdot \sqrt{Z_L},$$
$$\underline{b} = \underline{U}_r/\sqrt{Z_L} = -\underline{I}_r \cdot \sqrt{Z_L}. \tag{1}$$

Die Wellenparameter $\underline{a}$ und $\underline{b}$ sind komplex, sie können für Zweidrahtsysteme aus den in den Bezugsebenen vorhandenen Spannungen und Strömen oder aus den dort erscheinenden Impedanzen $\underline{Z}$ mit folgenden Gleichungen berechnet werden:

$$\underline{a} = \frac{\underline{U} + \underline{Z} \cdot \underline{I}}{2\sqrt{Z_L}} \qquad \underline{b} = \frac{\underline{U} - \underline{Z} \cdot \underline{I}}{2\sqrt{Z_L}}. \tag{2}$$

Die zu- bzw. ablaufende Leistung ergibt sich aus

$$P = \mathrm{Re}\,|\underline{P}| = \tfrac{1}{2}(|\underline{a}|^2 - |\underline{b}|^2). \tag{3}$$

$\underline{a}$ und $\underline{b}$ haben jeweils die Dimension $\sqrt{\text{Watt}}$. Alle Größen zur Berechnung des Verhaltens von Ein- und Mehrtoren sind Quotienten aus ab- und zulaufenden Wellenparametern und daher dimensionslos. Diese Größen werden Streupara-

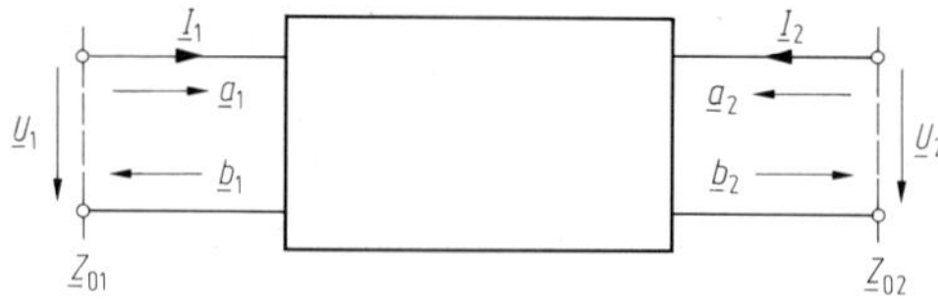

Bild 1. Zweitor mit Wellengrößen

meter (scattering parameters) genannt. Sie haben den Vorteil, daß mit ihnen die Zusammenhänge bei Mehrtoren mit unterschiedlichen Bezugsimpedanzen und auch verschiedenen Wellenleiterstrukturen verknüpft werden können, beispielsweise Übergänge von Koaxialleitungen auf Hohlleiter. Streuparameter können mit modernen Netzwerkanalysatoren (s. I 3) mit hoher Genauigkeit gemessen werden.
Allgemein gilt $\underline{\boldsymbol{b}} = \underline{\boldsymbol{S}} \cdot \underline{\boldsymbol{a}}$. Für ein Zweitor ist

$$\begin{pmatrix} \underline{b}_1 \\ \underline{b}_2 \end{pmatrix} = \begin{pmatrix} \underline{S}_{11} & \underline{S}_{12} \\ \underline{S}_{21} & \underline{S}_{22} \end{pmatrix} \cdot \begin{pmatrix} \underline{a}_1 \\ \underline{a}_2 \end{pmatrix}. \tag{4}$$

$\underline{S}_{11}$ ist der Reflexionsfaktor am Tor 1, wenn Tor 2 reflexionsfrei abgeschlossen ist. $\underline{S}_{22}$ ist der Reflexionsfaktor am Tor 2, bei reflexionsfrei abgeschlossenem Tor 1. $\underline{S}_{12}$ beschreibt die am Tor 1 austretende Welle, wenn eine Leistungszufuhr nur am Tor 2 erfolgt. Der erste Index eines Streuparameters gibt immer das Tor an, an dem eine Welle austritt, während der zweite Index das Tor bezeichnet, an dem Leistung eingespeist wird

$$\begin{aligned} \underline{b}_1 &= \underline{S}_{11} \cdot \underline{a}_1 + \underline{S}_{12} \cdot \underline{a}_2 \\ \underline{b}_2 &= \underline{S}_{21} \cdot \underline{a}_1 + \underline{S}_{22} \cdot \underline{a}_2 . \end{aligned} \tag{5}$$

Für die Beschreibung von Mehrtoren ist die Größe der Streumatrix und das resultierende Gleichungssystem entsprechend zu erweitern.
Hochfrequenzschaltungen sind meistens Anpassungs- oder Filterschaltungen, die über Leitungen mit definiertem Wellenwiderstand an andere Systemkomponenten angeschlossen sind. In vielen Fällen handelt es sich auch um Verbindungsleitungen, Stecker oder Übergänge von einer Wellenleiterart auf eine andere, wobei durch Inhomogenitäten Fehlanpassungen verursacht werden. Dadurch wird das Frequenzverhalten des Gesamtsystems wesentlich bestimmt. Die Berechnung solcher Schaltungen erfolgt im allgemeinen über Rechnerprogramme (s. 8), bei denen die möglichen Verkopplungen berücksichtigt werden. In diesen Programmpaketen sind die Streu- und Transmissionsparameter aller wichtigen Grundschaltelemente sowie vieler moderner Halbleiter gespeichert.
Für reziproke Mehrtore, also für alle Hochfrequenzschaltungen, die keine Zirkulatoren oder Richtungsleitungen enthalten, gilt hinsichtlich der Streuparameter $\underline{S}_{ik} = \underline{S}_{ki}$ für $i \neq k$. Für die Streumatrix heißt dies, daß Zeilen und Spalten vertauscht werden können $\underline{\boldsymbol{S}} = \underline{\boldsymbol{S}}^{\mathrm{T}}$.
Bei allen symmetrischen, reziproken Mehrtoren ist für beliebiges i und k immer $\underline{S}_{ik} = \underline{S}_{ki}$. Beim symmetrischen Zweitor ist also $\underline{S}_{11} = \underline{S}_{22}$ und $\underline{S}_{12} = \underline{S}_{21}$.
Für verlustlose Zweitore gilt hinsichtlich der Beiträge S der Streuparameter $S_{11}^2 = S_{21}^2 = 1$ und $S_{12}^2 + S_{22}^2 = 1$. Mit den komplexen Werten $\underline{S}$ und den konjugiert komplexen Größen $\underline{S}^*$ ist immer $\underline{S}_{12}^* \cdot \underline{S}_{11} + \underline{S}_{22}^* \cdot \underline{S}_{21} = 0$ bzw. $\underline{S}_{12} \cdot \underline{S}_{11}^* + \underline{S}_{22} \cdot \underline{S}_{21}^* = 0$.
Werden Streuparameter von Zweitoren durch Betrag S und Winkel φ dargestellt, dann gilt $S_{11} \cdot S_{12} = S_{22} \cdot S_{21}$ und $\varphi_{11} - \varphi_{12} = \varphi_{21} - \varphi_{22} \pm \pi$. Ebenso ist $S_{21} = \sqrt{1 - S_{11}^2}$, $S_{11} = S_{22}$ und $S_{21} = S_{12}$.
Beliebige Zweitore können allgemein vollständig durch 4 Betragswerte und 4 Phasenangaben beschrieben werden. Für verlustlose Zweitore verringert sich dies auf die Bestimmung von einem einzigen Betragswert und drei Phasenangaben.
Technisch wichtige passive Eintore sind Abschlußwiderstände, bei denen der Reflexionsfaktor $\underline{r} = \underline{S}_{11}$ die einzige beschreibende Größe ist.
In den folgenden Gleichungen sind für Vierpole die Beziehungen angegeben, mit denen aus bekannten Streuparametern die anderen, in der Netzwerktheorie gebräuchlichen Vierpolparameter berechnet werden können. In Tabelle 1 sind die Streuparameter wichtiger Komponenten zusammengestellt.

$$\underline{A}_{11} = \frac{(1 + \underline{S}_{11}) \cdot (1 - \underline{S}_{22}) + \underline{S}_{12} \cdot \underline{S}_{21}}{2 \underline{S}_{21}}$$

$$\underline{A}_{12} = \frac{Z_{\mathrm{L}} \cdot \{(1 + \underline{S}_{11}) \cdot (1 + \underline{S}_{22}) - \underline{S}_{12} \cdot \underline{S}_{21}\}}{2 \underline{S}_{21}}$$

$$\underline{A}_{21} = \frac{(1 - \underline{S}_{11}) \cdot (1 - \underline{S}_{22}) - \underline{S}_{12} \cdot \underline{S}_{21}}{Z_{\mathrm{L}} \cdot 2 \cdot \underline{S}_{21}}$$

$$\underline{A}_{22} = \frac{(1 - \underline{S}_{11}) \cdot (1 + \underline{S}_{22}) + \underline{S}_{12} \cdot \underline{S}_{21}}{2 \cdot \underline{S}_{21}}$$

$$\underline{Z}_{11} = Z_{\mathrm{L}} \cdot \frac{(1 + \underline{S}_{11}) \cdot (1 - \underline{S}_{22}) + \underline{S}_{12} \cdot \underline{S}_{21}}{(1 - \underline{S}_{11}) \cdot (1 - \underline{S}_{22}) - \underline{S}_{12} \cdot \underline{S}_{21}}$$

$$\underline{Z}_{12} = Z_{\mathrm{L}} \cdot \frac{2 \cdot \underline{S}_{12}}{(1 - \underline{S}_{11}) \cdot (1 - \underline{S}_{22}) - \underline{S}_{12} \cdot \underline{S}_{21}}$$

$$\underline{Z}_{21} = Z_{\mathrm{L}} \cdot \frac{2 \cdot \underline{S}_{21}}{(1 - \underline{S}_{11}) \cdot (1 - \underline{S}_{22}) - \underline{S}_{12} \cdot \underline{S}_{21}}$$

$$\underline{Z}_{22} = Z_{\mathrm{L}} \cdot \frac{(1 - \underline{S}_{11}) \cdot (1 + \underline{S}_{22}) + \underline{S}_{12} \cdot \underline{S}_{21}}{(1 - \underline{S}_{11}) \cdot (1 - \underline{S}_{22}) - \underline{S}_{12} \cdot \underline{S}_{21}}$$

$$\underline{Y}_{11} = \frac{1}{Z_{\mathrm{L}}} \cdot \frac{(1 + \underline{S}_{22}) \cdot (1 - \underline{S}_{11}) + \underline{S}_{12} \cdot \underline{S}_{21}}{(1 + \underline{S}_{11}) \cdot (1 + \underline{S}_{22}) - \underline{S}_{12} \cdot \underline{S}_{21}}$$

Tabelle 1. Streuparameter einfacher Schaltungen

Struktur	Streuparameter
Leitung der Länge l 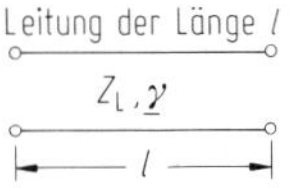	$\underline{S}_{11} = \underline{S}_{22} = 0,\ \underline{S}_{12} = \underline{S}_{21} = \exp(-\underline{\gamma} l)$
Reihenwiderstand $\underline{Z}$ 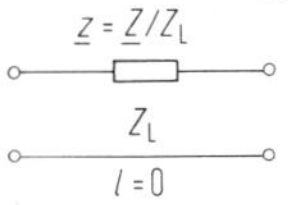	$\underline{S}_{11} = \underline{S}_{22} = \frac{\underline{z}}{2+\underline{z}},\ \underline{S}_{12} = \underline{S}_{21} = \frac{2}{2+\underline{z}}$
Parallelleitwert $\underline{Y}$ 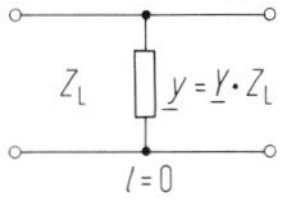	$\underline{S}_{11} = \underline{S}_{22} = -\frac{\underline{y}}{2+\underline{y}},\ \underline{S}_{12} = \underline{S}_{21} = \frac{2}{2+\underline{y}}$
Symmetrisches T-Glied mit $\underline{Z}$ und $\underline{Y}$ 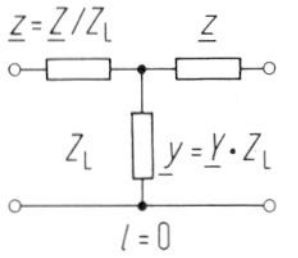	$\underline{S}_{11} = \underline{S}_{22} = \frac{\underline{z} - \underline{y}(1-\underline{z})^2/2}{1+\underline{z}+\underline{y}(1+\underline{z})^2/2}$ $\underline{S}_{12} = \underline{S}_{21} = \frac{1}{1+\underline{z}+\underline{y}(1+\underline{z})/2}$
Symmetrisches π-Glied mit $\underline{Y}$ und $\underline{Z}$ 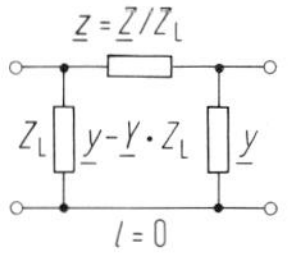	$\underline{S}_{11} = \underline{S}_{22} = \frac{-\underline{y} - \underline{z}(1-\underline{y})^2/2}{1+\underline{y}+\underline{z}(1+\underline{y})^2/2}$ $\underline{S}_{12} = \underline{S}_{21} = \frac{1}{1+\underline{y}+\underline{z}(1+\underline{y})^2/2}$
Wellenwiderstandssprung 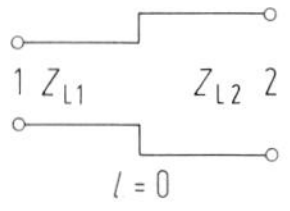	$\underline{S}_{11} = -\underline{S}_{22} = \frac{Z_{L2} - Z_{L1}}{Z_{L2} + Z_{L1}}$ $\underline{S}_{12} = \underline{S}_{21} = \sqrt{1 - \left(\frac{Z_{L2} - Z_{L1}}{Z_{L2} + Z_{L1}}\right)^2}$
3-dB-Koppler [1] 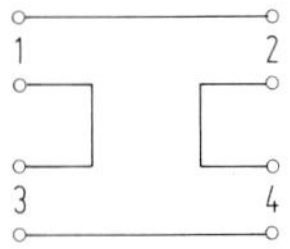	$\boldsymbol{S} = \frac{1}{\sqrt{2}} \begin{pmatrix} 0 & 1 & 0 & j \\ 1 & 0 & j & 1 \\ 0 & j & 0 & 1 \\ j & 0 & 1 & 0 \end{pmatrix}$
Magic T [2] 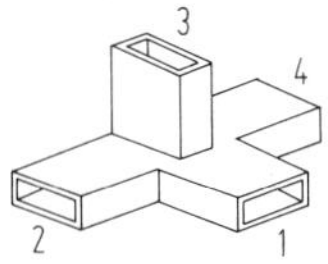	$\boldsymbol{S} = \frac{1}{\sqrt{2}} \begin{pmatrix} 0 & 1 & 0 & 1 \\ 1 & 0 & 1 & 0 \\ 0 & 1 & 0 & -1 \\ 1 & 0 & -1 & 0 \end{pmatrix}$
Idealer Y-Zirkulator 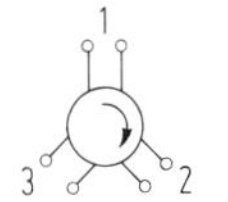	$\boldsymbol{S} = \begin{pmatrix} 0 & 0 & 1 \\ 1 & 0 & 0 \\ 0 & 1 & 0 \end{pmatrix}$

$$\underline{Y}_{12} = \frac{1}{Z_L} \cdot \frac{-2 \cdot \underline{S}_{12}}{(1+\underline{S}_{11}) \cdot (1+\underline{S}_{22}) - \underline{S}_{12} \cdot \underline{S}_{21}}$$

$$\underline{Y}_{21} = \frac{1}{Z_L} \cdot \frac{-2 \cdot \underline{S}_{21}}{(1+\underline{S}_{11}) \cdot (1+\underline{S}_{22}) - \underline{S}_{12} \cdot \underline{S}_{21}}$$

$$\underline{Y}_{22} = \frac{1}{Z_L} \cdot \frac{(1+\underline{S}_{11}) \cdot (1-\underline{S}_{22}) + \underline{S}_{12} \cdot \underline{S}_{21}}{(1+\underline{S}_{11}) \cdot (1+\underline{S}_{22}) - \underline{S}_{12} \cdot \underline{S}_{21}}$$

4 Transmissionsparameter

Transmission parameters

Allgemeine Literatur: s. C 3.

Wenn mehrere Komponenten aufeinanderfolgend in einem Leitungssystem zusammengeschaltet werden, kann die Bestimmung des Gesamtverhaltens mit Hilfe der Transmissionsparameter erfolgen, die durch Umformung aus den Streuparametern jedes einzelnen Zweitors abgeleitet werden können.

Während das Gleichungssystem der Streumatrix die ablaufenden als Funktion der zulaufenden Wellen beschreibt und für Zweitore anschauliche, einfach zu messenden Größen wie beispielsweise die Reflexionsfaktoren ergibt, stellt die Transmissionsmatrix $\underline{\boldsymbol{T}}$ den Zusammenhang zwischen den Eingangsgrößen als Funktion der Wellen am Ausgang eines Netzwerks dar.

Die am Ausgang des vorderen Zweitors einer Kettenschaltung ablaufende Welle $\underline{b}_2$ ist also gleich der dem nachgeschalteten Zweitor zulaufenden Welle $\underline{a}'_1$. Entsprechend ist die am Eingang des nachgeschalteten Zweitors ablaufende Welle $\underline{b}'_1$ gleich der dem Ausgang des vorderen Zweitors zulaufenden Welle $\underline{a}_2$.

Der Wellenwiderstand am Ausgang des vorderen Zweitors muß für die Berechnung mit Transmissionsparametern gleich dem des nachgeschalteten Eingangs sein. Ist dies in der Praxis nicht gegeben, so muß bei der Berechnung formal die Transmissionsmatrix eines weiteren Zweitors eingefügt werden, die den Wellenwiderstandssprung beschreibt.

Grundsätzlich stehen auf der linken Seite des Gleichungssystems also eine ablaufende Größe $\underline{b}$ und eine zulaufende Größe $\underline{a}$. Leider ist die in der Literatur zu findende Zuordnung nicht überall gleich. Darauf ist zu achten, wenn Beziehungen verschiedenen Ursprungs verglichen werden. Gelegentlich sind auch Eingangswerte mit Ausgangswerten vertauscht. Meistens werden jedoch die folgenden Beziehungen verwendet:

$$\begin{pmatrix} \underline{b}_1 \\ \underline{a}_1 \end{pmatrix} = \begin{pmatrix} \underline{T}_{11} & \underline{T}_{12} \\ \underline{T}_{21} & \underline{T}_{22} \end{pmatrix} \cdot \begin{pmatrix} \underline{a}_2 \\ \underline{b}_2 \end{pmatrix}. \quad (1)$$

Die gegenseitigen Umrechnungen sind

$$\underline{S} = \frac{1}{\underline{T}_{22}} \cdot \begin{pmatrix} \underline{T}_{12} & \det \underline{T} \\ 1 & -\underline{T}_{21} \end{pmatrix},$$

$$\underline{T} = \frac{1}{\underline{S}_{21}} \cdot \begin{pmatrix} -\det \underline{S} & \underline{S}_{11} \\ -\underline{S}_{22} & 1 \end{pmatrix}. \qquad (2)$$

Die Transmissionsmatrix einer Kettenschaltung von zwei Zweitoren erhält man durch Multiplikation der Transmissionsmatrizen. Bei Aufeinanderfolge zweier verschiedener Zweitore ist das Beachten der entsprechenden Reihenfolge der beiden Transmissionsmatrizen bei der Multiplikation wichtig. Bei der Multiplikation gilt $\underline{T}' \cdot \underline{T}'' \neq \underline{T}'' \cdot \underline{T}'$.

Für reziprike, symmetrische Zweitore gilt $\det(\underline{T}) = 1$ und $\underline{T}_{12} = -\underline{T}_{21}$.

Der Zusammenhang zwischen den Transmissionsparametern und den in entsprechenden Fällen der niederfrequenten Netzwerktheorie verwendeten Kettenparametern ist:

$$\begin{aligned} \underline{A}_{11} &= \tfrac{1}{2} \cdot (\underline{T}_{11} + \underline{T}_{12} + \underline{T}_{21} + \underline{T}_{22}) \\ \underline{A}_{12} &= \tfrac{1}{2} \cdot Z_L \cdot (-\underline{T}_{11} + \underline{T}_{12} - \underline{T}_{21} + \underline{T}_{22}) \\ \underline{A}_{21} &= \tfrac{1}{2} \cdot \frac{1}{Z_L} \cdot (-\underline{T}_{11} - \underline{T}_{12} + \underline{T}_{21} + \underline{T}_{22}) \\ \underline{A}_{22} &= \tfrac{1}{2} \cdot (\underline{T}_{11} - \underline{T}_{12} - \underline{T}_{21} + \underline{T}_{22}). \end{aligned} \qquad (3)$$

Die Anwendung von Transmissionsmatrizen ist besonders bei mehreren hintereinandergeschalteten, gleichartigen Zweitoren, beispielsweise bei periodischen Störstellen in einer Leitungsstruktur, zweckmäßig. Man kann jedoch entsprechend Bild 1 auch direkt die resultierende Streumatrix einer Zusammenschaltung von zwei Zweitoren berechnen, die an der Verbindungsstelle den gleichen Wellenwiderstand haben.

Beispiel: Bei einer Hintereinanderschaltung der beiden Zweitore mit den Streumatrizen $\boldsymbol{S}$ und $\boldsymbol{S}'$ ergibt sich eine Gesamtschaltung mit der Gesamtstreumatrix $\boldsymbol{S}''$

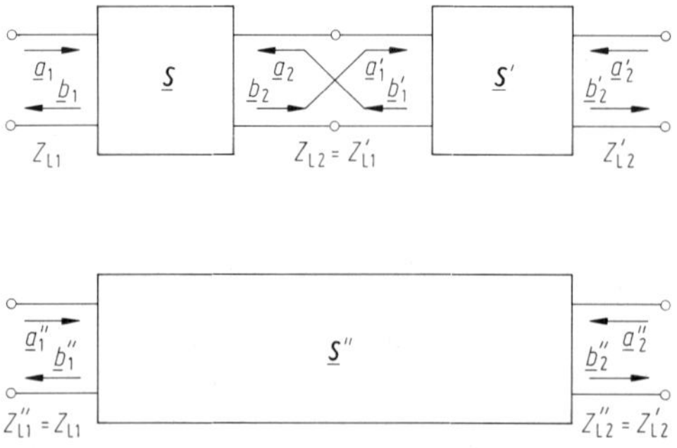

Bild 1. Kettenschaltung zweier Zweitore

$$\boldsymbol{S}'' = \begin{pmatrix} \underline{S}''_{11} & \underline{S}''_{12} \\ \underline{S}''_{21} & \underline{S}''_{22} \end{pmatrix} = \frac{1}{1 - \underline{S}_{22}\underline{S}'_{11}} \cdot \begin{pmatrix} \underline{S}_{11} - \det \underline{S} \cdot \underline{S}'_{11} & \underline{S}_{12}\underline{S}'_{12} \\ \underline{S}_{21} \cdot \underline{S}'_{21} & \underline{S}'_{22} - \det \boldsymbol{S}' \cdot \underline{S}_{22} \end{pmatrix}. \qquad (4)$$

Der Wellenwiderstand am Eingang der Gesamtschaltung ist dabei gleich dem Wellenwiderstand am Eingang des linken Zweitors, derjenige am Ausgang der Gesamtschaltung ist gleich dem Wellenwiderstand am Ausgang des nachgeschalteten, rechten Zweitors. Die hier genannten Wellenwiderstände der entsprechenden Leitungen werden vielfach auch Bezugswiderstände genannt.

5 Frequenzselektive Filter
Filters for frequency selection

Allgemeine Literatur: *Brand, H.:* Schaltungslehre linearer Mikrowellennetze: Stuttgart: Hirzel 1970. – *Fliege, N.:* Filter. Stuttgart: Teubner 1991. – *Matthaei, G.; Youngh, L.;* Jones, E. M. T.: Microwave filters, impedance-matching networks and coupling structures. Dedham: Artech House 1980. – *Rupprecht, W.:* Netzwerksynthese. Berlin: Springer 1972. – *Saal, R.;* Entenmann, W.: Handbuch zum Filterentwurf. München: Hüthig 1988.

Frequenzselektion ist eine bei allen Systemen wichtige Teilaufgabe, um beispielsweise Signale benachbarter Kanäle einzeln erfassen zu können, durch Bandbegrenzung das Rauschen und allgemeine Störungen zu minimieren oder Signale von Gleichspannungen und -strömen, die durch die Arbeitspunkte von aktiven Bauelementen bedingt sind, zu entkoppeln.

Grundsätzliche Typen sind Tiefpaß, Hochpaß, Bandpaß und Bandsperre. Daneben gibt es viele Sonderformen, beispielsweise Kammfilter mit periodischem Verhalten oder Allpässe, bei denen nur die Phase als Funktion der Frequenz verändert wird, nicht jedoch die Amplitude. Für die verschiedenen Frequenzbereiche ergeben sich bei ähnlichem Übertragungsverhalten unterschiedliche Realisierungsmöglichkeiten, die in verschiedenen Teilen dieses Buches behandelt werden. Häufig stehen mehrere Möglichkeiten zur Auswahl, die technische Lösung wird dann durch die zulässige räumliche Größe, durch die Stückzahl und die Kosten bestimmt.

Ein wesentliches Unterscheidungsmerkmal liegt darin, ob Informationen oder Spannungen bzw. Ströme, mit denen eine gewisse Leistung einem Verbraucher zugeführt wird, gefiltert werden.

Im ersten Fall können Filter für Signale mit kleinen Amplituden bis zu Frequenzen von etwa 100 MHz mit frequenzselektiv rückgekoppelten Operationsverstärkern realisiert werden [1–4].

Spezielle Literatur Seite C 17

Die Rückkoppelnetzwerke enthalten üblicherweise nur Kondensatoren und Widerstände. Wichtig ist, daß durch die aktiven Bauelemente und die Widerstände kein störendes Rauschen entsteht.

Im Frequenzbereich bis zu einigen MHz können auch Digitalfilter angewendet werden [5–10]. Dies sind Rechnerprogamme, mit denen sich Filter mit schnell umschaltbarer Charakteristik realisieren lassen. Dazu wird das Eingangssignal über einen schnellen Analog-Digital-Wandler mit genügender Genauigkeit abgetastet und an den Stützstellen in eine Bitfolge umgesetzt. Das entstehende binäre Signal hat meistens eine sehr große Bandbreite. Mit entsprechender Software kann die Information anschließend durch spezielle Mikroprozessorschaltungen bearbeitet und, falls nicht die gefilterte Information datenmäßig direkt ausgewertet wird, mit einem Digital-Analog-Wandler wieder in eine Zeitfunktion rückgewandelt werden. So lassen sich Filter realisieren, mit denen hinsichtlich Flankensteilheit, Sperr- und Durchlaßdämpfung, Reproduzierbarkeit ohne Abgleich, Genauigkeit und zeitlicher Konstanz bei der Möglichkeit rascher und beliebiger Änderung der Parameter keine reale Schaltung konkurrieren kann.

In allen Fällen, in denen jedoch Energie übertragen werden muß, also bei Stromversorgungsgeräten, bei Verstärkern, Sendern und bei höheren Freuqenzen sind reale Filterschaltungen oder mechanische Schwinger unverzichtbar.

Für die Auswahl eines Filters ist zunächst die Art (Tiefpaß, Hochpaß, Bandpaß oder Bandsperre) maßgeblich. Weitere Forderungen betreffen die zulässige Durchgangsdämpfung und Welligkeit, die Sperrdämpfung und den Frequenzbereich, in dem diese erzielt werden muß, die Flankensteilheiten, die zu übertragenden Leistungen, die Spitzenspannungen und -ströme sowie die maximale räumliche Größe sowie zulässiges Gewicht und, nicht zuletzt, den Temperaturbereich und die Kosten.

Aufgrund der Anforderungen hinsichtlich der Steilheit der Filterflanke (im amerikanischen als „roll-off" bezeichnet), der Welligkeit im Übertragungs- und des Verhaltens im Sperrbereich erfolgt die Dimensionierung eines Filters. Man unterscheidet Cauer-Filter (hohe Sperrdämpfung mit Polstellen, sehr steile Filterflanken, Welligkeit im Durchlaßbereich), Tschebyscheff-Filter (Welligkeit im Übertragungsbereich, steile Filterflanken) Potenz- oder Butterworth-Filter (flacher Verlauf sowohl im Übertragungs- als auch im Sperrbereich, mäßig steile Filterflanken) und Bessel-Filter (flacher Übergang vom Durchlaß- in den Sperrbereich, dafür aber wenig Signalverformung bei Sprungfunktionen). Bild 1 zeigt typische Übertragungsfunktionen der genannten Tiefpässe.

In Dimensionierungstabellen findet man Daten

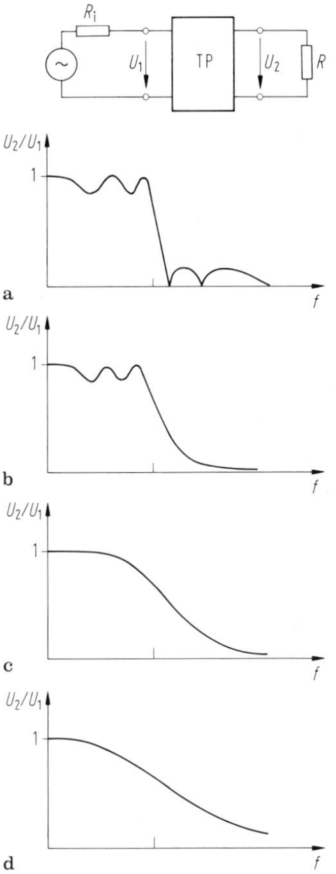

Bild 1. Typische Durchlaßkurven von Tiefpässen. **a** Cauer-; **b** Tschebyscheff-; **c** Potenz- oder Butterworth-; **d** Bessel-Tiefpaß

für normierte Tiefpässe [11]. Auf diese können durch entsprechende Umrechnung Hochpässe, Bandpässe und Bandsperren jeweils zurückgeführt werden.

Wegen der parasitären Serieninduktivitäten und Parallelkapazitäten ist die Sperrwirkung von Tief- oder Bandpässen zu hohen Frequenzen hin meist nicht gewährleistet. Um eine genügend gute Weitabselektion sicherzustellen, müssen realen Filtern im allgemeinen weitere Tiefpässe mit hoher Sperrfrequenz und einfacherer Bauart nachgeschaltet werden. Für Frequenzen oberhalb 100 MHz werden dafür über die Zuleitungen von Bauelementen Ferritröhrchen oder -perlen geschoben, die einerseits als Induktivität wirken, andererseits mit wachsender Frequenz ausgeprägte Dämpfungseigenschaften aufweisen.

Bis zu Frequenzen von einigen 100 MHz können konzentrierte Schaltelemente, also Spulen und Kondensatoren verwendet werden [12]. Während Tiefpässe zur Siebung von Versorgungsspannungen für aktive Bauelemente und einfache Band-

pässe und -sperren in diesem Frequenzbereich vielfach vom Anwender selbst dimensioniert werden, werden Filter mit höheren Anforderungen meist bei speziellen Herstellern fertig gekauft.
Im Frequenzbereich von 100 MHz bis zu einigen GHz werden Filter als Streifenleitungsschaltungen vom Anwender dimensioniert und realisiert. Für größere Leistungen oder besondere Anforderungen können auch Koaxialleitungen (s. L 9.2) oder Hohlraumresonatoren (s. L 9.3) eingesetzt werden.
Die Entwicklung derartiger Schaltungen erfolgt meist rechnergestützt (s. 8). Die Filterschaltung wird simuliert und die Struktur so lange verändert, bis die geforderten Eigenschaften vorliegen. Das Rechnerprogramm erstellt dann im Fall einer Ausführung als Streifenleitung die Druck- oder Ätzvorlagen, die eine Übertragung der Leitungsstruktur auf ein geeignetes Trägermaterial (Substrat) erlauben. Meistens zeigt die reale Schaltung dann sofort das geforderte Verhalten.
In vielen Fällen werden im Zwischenfrequenzbereich bei Bandpässen keramische Filter eingesetzt, bei denen die elektrischen Schwingungen am Eingang über Piezowandler in mechanische Erregungen umgewandelt werden, da mechanische Schwinger wesentlich höhere Güten haben als mit Resonanzkreisen aus Spulen und Kondensatoren erreichbar sind (s. E 7). Durch mechanisch gekopplete Dreh-, Scher- und Biegeschwinger lassen sich mehrkreisige Filter mit steilen Flanken und engen Toleranzen realisieren. Ein am mechanischen Ausgang angeordneter weiterer Piezowandler erzeugt wieder ein elektrisches Signal. Die Durchgangsdämpfung beträgt üblicherweise einige Dezibel, ist aber wegen der vor- und nachgeschalteten Verstärker ohne Bedeutung. Ein typisches Beispiel für solche Filter ist der Schwingquarz (s. Q 24).
Filter für den GHz-Bereich werden für kleine Leistungen mit dielektrischen Resonatoren aufgebaut (s. E 9.7). Ein wenige Millimeter großer Zylinder aus Keramikmaterial mit hoher Dielektrizitätszahl wird in geringem Abstand von Koppelleitungen angeordnet. Während das elektrische und magnetische Feld bei Hohlraumresonatoren nur innerhalb des Resonators vorhanden ist, klingt es bei einem dielektrischen Resonator außerhalb des Keramikkörpers exponentiell ab. Daher ist über die benachbarten Leitungen je nach Abstand eine mehr oder weniger feste Ein- und Auskopplung möglich. Durch die Annäherung benachbarter Metallteile kann die Resonanzfrequenz abgeglichen werden.
Mit der modernen Technik der akustischen Oberflächenwellenfilter lassen sich Bauelemente realisieren, bei denen die Filterung auf Laufzeiteffekte zurückgeführt wird (s. E 12). Durch geeigneten Aufbau von leitenden, ineinander verschachtelten Fingerstrukturen auf piezoelektrischen Substraten lassen sich im Bereich von einigen MHz bis in den GHz-Bereich hinein Filter mit Baugrößen von wenigen Millimetern Größe realisieren. Durch geeignete geometrische Ein- und Auskopplungsstrukturen können neben frequenzselektiven Filtern beispielsweise auch Korrelatoren oder dispersive Filter realisiert werden, mit denen Frequenzbänder von Signalen im Zeitbereich expandiert oder komprimiert werden können.
Im Mirkowellenbereich werden YIG-Filter (Yttrium-Iron-Garnet) verwendet (s. E 9.8). Bei diesen wird ein Ferritkügelchen in einem Magnetfeld bis zur Sättigung vormagnetisiert. Die Verkopplung von Ein- und Ausgang erfolgt über zwei senkrecht zueinander stehende Drahtschleifen, die normalerweise gegenseitig entkoppelt sind. Ein Eingangssignal regt in der Ferritkugel ein magnetisches Wechselfeld an, welches infolge der gyrotropen Eigenschaften des vormagnetisierten Ferrits bei einer bestimmten Frequenz zu einer ausgeprägten Präzession der Elementardipole im Ferrit führt. Dadurch werden bei dieser Frequenz ausgeprägte Magnetfeldanteile in der Querrichtung zur Anregung erzeugt, die über die zweite Drahtschleife ausgekoppelt werden können. Durch Änderung der Größe der Vormagnetisierung durch Variation des Stroms eines Elektromagneten ist ein solcher YIG-Resonator in weiten Grenzen abstimmbar. In der Regel sind, um gute Filterwirkungen zu erreichen, mehrere solcher Schleifen-Kugel-Einheiten in Kette geschaltet und in nur einem Elektromagnetkreis zusammengefaßt.
Der Durchlaß- oder Sperrbereich eines Filters wird allgemein durch die 3-dB-Frequenzen charakterisiert. Bei diesem Wert wird einem angeschlossenen Verbraucher noch die halbe Leistung bzw. der $1/\sqrt{2}$-fache Wert von Spannung oder Strom gegenüber dem Maximalwert im Durchlaßbereich zugeführt. Dies ist eine Bezugsgröße, die für alle Ausführungsarten gilt.
Der mit einem Filter erzielte Frequenzgang ist nicht vom Filter allein bestimmt, sondern wird entscheidend von den Impendanzen der Quelle und des Abschlusses mitbestimmt. In der Mikrowellentechnik werden Filter im allgemeinen zwischen Leitungen mit definiertem Wellenwiderstand eingebaut, die beidseitig reflexionsfrei abgeschlossen sind. Für die allgemeine Hochfrequenzschaltungstechnik werden in vielen Fällen auch transformierende Filter verwendet, mit denen die Eingangsimpedanz einer Verstärkerstufe an die Ausgangsimpedanz der Vorstufe angepaßt wird. Nur wenn die bei der Filterauswahl vorgegebenen Impedanzwerte eingehalten werden, entspricht der erzielte Frequenzgang dem erwarteten Wert.
Während die Konstruktion von Filtern hoher Selektivität mit strengen Anforderungen immer einen Fachmann erfordert, der mit den Dimensionierungsmethoden und den normierten Filter-

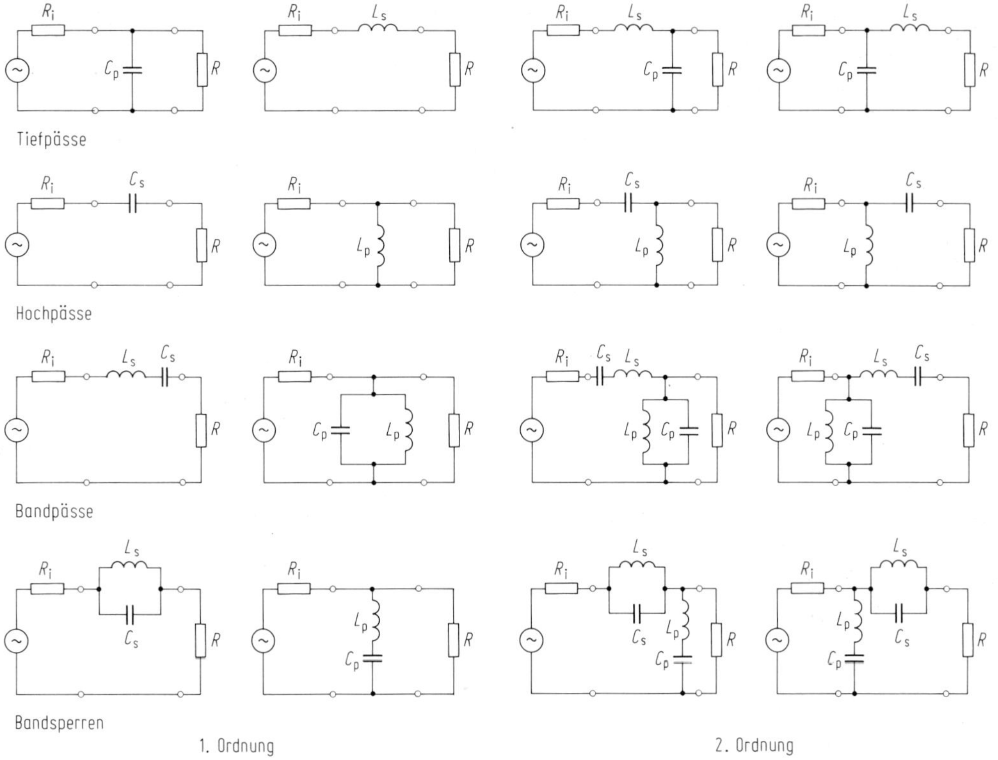

Bild 2. Einfache Filtergrundschaltungen

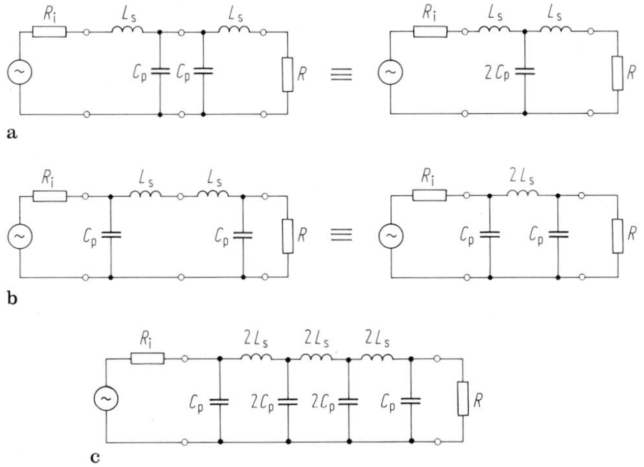

Bild 3. Zusammenschaltung von Filtergrundelementen zu (**a**) einer T-Schaltung; (**b**) einer π-Schaltung; (**c**) einer mehrgliedrigen Kette mit π-Eingang und π-Ausgang

katalogen vertraut ist, werden häufig einfache Siebschaltungen benötigt, mit denen vom Entwickler ein Filter rasch realisiert werden muß, an das aber bezüglich der Welligkeit und Flankensteilheit keine besonderen Anforderungen gestellt werden. Durch geeignete Zusammenschaltung von Spulen und Kondensatoren lassen sich in einfacher Weise Filter aufbauen.

Die Grundschaltungen von einfachen Filtern aus Abschlußwiderstand, Induktivitäten und Kapazitäten und Quellen zeigt Bild 2. Durch Hintereinanderschaltung mehrerer Grundschaltungen

lassen sich die Wirkungen verbessern. Dabei ist wichtig, daß mehrere LC-Glieder immer so kombiniert werden, daß, wie in Bild 3 gezeigt, immer gleichartige Impedanzen der Halbglieder zu einem einzigen Teilelement zusammengeschaltet werden. Je mehr Blindelemente eine Schaltung enthält, je höher also die Ordnung des Filters ist, desto steiler verläuft die Flanke, desto ausgeprägter ist also der Übergang vom Durchlaß- zum Sperrbereich.
Die Filterwirkung entsteht, wie bei allen Filtern, die aus Induktivitäten und Kapazitäten aufgebaut sind, dadurch, daß das Filter im Sperrbereich eine ausgeprägte Fehlanpassung zwischen Abschlußwiderstand und Innenwiderstand der Quelle bewirkt. Die Frequenzabhängigkeit der Übertragungsfunktion erhält man aus dem Verlauf der Eingangsimpedanz und den Vergleich mit den Kreisen P/P_{max} in der Impedanzebene. Für die Dimensionierung eines Halbgliedes gilt hinsichtlich der Grenzfrequenz, daß dort der Blindwiderstand des letzten Elements bei Hoch- und Tiefpässen gleich dem Abschlußwiderstand ist. Für das davorliegende Element gilt die Beziehung $R = \sqrt{L/C}$. Bei Bandpässen und Bandsperren ergibt sich die obere bzw. untere Grenzfrequenz jeweils dadurch, daß dort der Resonanzblindwiderstand des dem Abschluß benachbarten Resonanzkreises gleich dem Abschlußwiderstand ist. Die Dimensionierung des davorliegenden Kreises erfolgt gemäß $L_s C_p = L_p C_s$.
Die allen aus Resonatoren aufgebauten Filter zugrunde liegende Schaltung ist der aus Induktivität, Kapazität und Widerstand bestehende Resonanzkreis. In der Praxis haben Resonanzkreise Gütewerte, die größer als 10 sind. In diesen Fällen sind die infolge der Bedämpfung durch Innenwiderstand der Quelle, Belastungswiderstand und Verlustanteile von Spule und Kondensator auftretenden Verschiebungen der Resonanzfrequenz vernachlässigbar. Die sich nur aus L und C ergebende Resonanzfrequenz weicht von der sich real einstellenden entsprechend der Beziehung $f \approx f_R\,(1 - 1/(8\,Q^2))$ ab. Bei einer Kreisgüte von 10 ist die Abweichung also etwa 1 %. Die wichtigsten Berechnungsgrundlagen sind für die Parallel- und Reihenschaltung in Tabelle 1 zusammengestellt.
In vielen Fällen reicht die Selektivität eines Einzelkreises nicht aus. Zur Verbreiterung des Durchlaßbereichs und Verbesserung der Flankensteilheit werden zwei Resonanzkreise durch kapazitive oder transformatorische Kopplung zu einem Resonanzbandfilter kombiniert (Bild 4). Je nach Intensität der Kopplung bezeichnet man

Tabelle 1. Serien- und Parallelschwingkreis

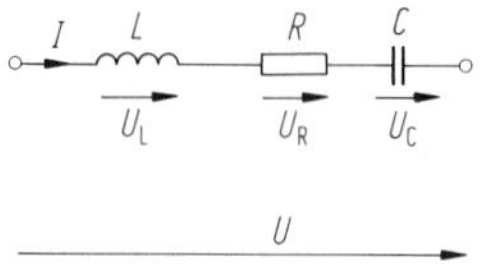

Serienschwingkreis

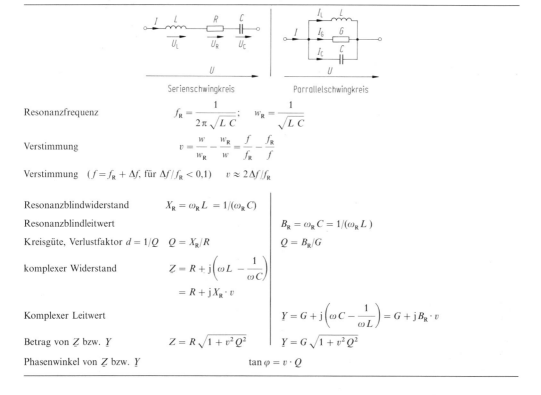

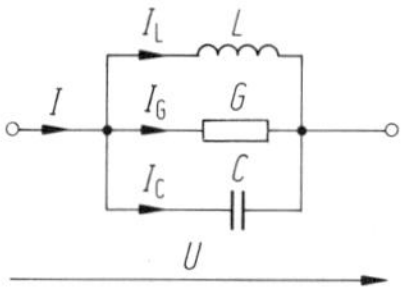

Parallelschwingkreis

	Serienschwingkreis	Parallelschwingkreis
Resonanzfrequenz	$f_R = \dfrac{1}{2\pi\sqrt{L\,C}}$; $w_R = \dfrac{1}{\sqrt{L\,C}}$	
Verstimmung	$v = \dfrac{w}{w_R} - \dfrac{w_R}{w} = \dfrac{f}{f_R} - \dfrac{f_R}{f}$	
Verstimmung ($f = f_R + \Delta f$, für $\Delta f/f_R < 0{,}1$)	$v \approx 2\Delta f/f_R$	
Resonanzblindwiderstand	$X_R = \omega_R L = 1/(\omega_R C)$	
Resonanzblindleitwert		$B_R = \omega_R C = 1/(\omega_R L)$
Kreisgüte, Verlustfaktor $d = 1/Q$	$Q = X_R/R$	$Q = B_R/G$
komplexer Widerstand	$\underline{Z} = R + \mathrm{j}\left(\omega L - \dfrac{1}{\omega C}\right) = R + \mathrm{j}X_R \cdot v$	
Komplexer Leitwert		$\underline{Y} = G + \mathrm{j}\left(\omega C - \dfrac{1}{\omega L}\right) = G + \mathrm{j}B_R \cdot v$
Betrag von $\underline{Z}$ bzw. $\underline{Y}$	$Z = R\sqrt{1 + v^2 Q^2}$	$Y = G\sqrt{1 + v^2 Q^2}$
Phasenwinkel von $\underline{Z}$ bzw. $\underline{Y}$	$\tan\varphi = v \cdot Q$	

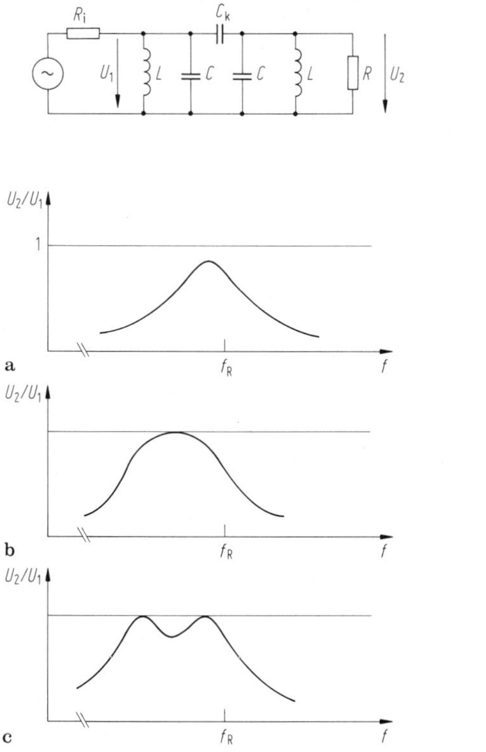

Bild 4. Durchlaßkurven von kapazitiv gekoppelten Resonanzbandfiltern, $R = R_i$, $f_R = 1/(2\pi\sqrt{LC})$ ist die Resonanzfrequenz eines Einzelkreises. **a** unterkritische Kopplung mit $1/w_R C_K > R$, **b** kritische Kopplung mit $1/w_R C_K = R$, **c** überkritische Kopplung mit $1/w_R C_K < R$

diese als überkritisch (zwei Maxima), kritisch (flacher Durchlaßbereich) oder unterkritisch (enger Durchlaßbereich). Der Durchlaßbereich bei kritischer Kopplung ist dabei nicht gleich der Resonanzfrequenz der Resonanzkreise [13]. Er liegt, je nachdem ob kapazitive oder induktive Kopplung vorliegt, um die halbe Bandbreite eines Einzelkreises tiefer oder höher. Bei überkritisch gekoppelten Bandfiltern sind beide Einzelkreise auf die gleiche Resonanzfrequenz abgestimmt, die mit keinem der beiden Höcker übereinstimmt, sondern, je nachdem ob die Kopplung induktiv oder kapazitiv ist, auf der unteren oder oberen Filterflanke liegt.
Resonanzbandfilter können entweder aus konzentrierten Spulen und Kondensatoren aufgebaut werden oder beispielsweise durch verkoppelte Hohlraum- oder Leitungsresonatoren realisiert werden.

Spezielle Literatur: [1] *Tietze, U.; Schenk, Ch.:* Halbleiter-Schaltungstechnik. 9. Aufl. Berlin: Springer 1991. – [2] *Langer, E.:* Spulenlose Hochfrequenzfilter, Berlin: Siemens 1969. – [3] *Wangenheim, L. v.:* Aktive Filter. Heidelberg: Hüthig 1990. – [4] *Moschytz, G.; Horn, P.:* Handbuch zum Entwurf aktiver Filter. München: Oldenbourg 1983. – [5] *Lücker, R.:* Grundlagen digitaler Filter. Berlin: Springer 1985. – [6] *Schwieger, E.:* Digitale Butterworthfilter. München: Oldenbourg 1983. – [7] *Hamming, R. W.:* Digitale Filter. Weinheim: VCH Verlagsgesellschaft 1987. – [8] *Hess, W.:* Digitale Filter. Stuttgart: Teubner 1989. – [9] *Azizi, S. A.:* Entwurf und Realisierung digitaler Filter. München: Oldenbourg 1990. – [10] *Lacroix, A.:* Digitale Filter. München: Oldenbourg 1988. – [11] *Pfitzenmaier, G.:* Tabellenbuch Tiefpässe. Berlin: Siemens 1971. – [12] *DeMaw, M. F.:* Ferromagnetic-core design and application handbook. Enlewood Cliffs, N.J.: Prentice-Hall 1981. – [13] *Meinke, H. H.:* Einführung in die Elektrotechnik höherer Frequenzen. Berlin: Springer 1965.

6 Theorie der Leitungen
Transmission line theory

Allgemeine Literatur: *Meinke, H. H.:* Einführung in die Elektrotechnik höherer Frequenzen. Bd. 1. Berlin: Springer 1965. – *Unger, H.-G.:* Elektromagnetische Wellen auf Leitungen. Heidelberg: Hüthig 1980.

6.1 Leitungskenngrößen
Line parameters

Leitungen bestehen aus einem Hin- und einem Rückleiter. l ist die Koordinate längs der Leitung, wobei $l = 0$ das Leitungsende bildet, an dem eine Abschlußimpedanz $\underline{Z}_2$ angeschlossen ist (Bild 1). Mit wachsendem l nähert man sich der Quelle. Zwischen beiden Leitern ist ein elektrisches Feld vorhanden, dem die Spannung $\underline{U}(l)$ entspricht. Ein Magnetfeld erfüllt den Raum zwischen den Leitern bzw. die Umgebung. Diesem entsprechen die Leitungsströme $\underline{I}(l)$, die in den beiden Leitern entgegengesetzt gerichtet, sonst aber gleich sind. Spannungen und Ströme an beliebigen Leitungsorten l können als Summe von Spannungen bzw. Strömen je einer vom Generator zum Verbraucher hinlaufenden Welle $\underline{U}_h(l, t)$, $\underline{I}_h(l, t)$ und einer zum Generator zurücklaufenden (reflektierten) Welle $\underline{U}_r(l, t)$, $\underline{I}_r(l, t)$ dargestellt werden.

$$\underline{U}(l, t) = \underline{U}_h \exp(j\omega t + \gamma l) + \underline{U}_r \exp(j\omega t - \gamma l), \quad (1)$$

$$\underline{I}(l, t) = \underline{I}_h \exp(j\omega t + \gamma l) + \underline{I}_r \exp(j\omega t - \gamma l). \quad (2)$$

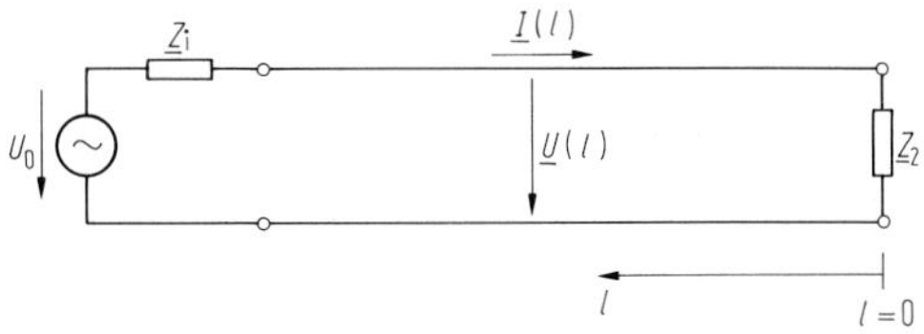

Bild 1. Strom und Spannung auf einer Leitung

Meist liegt die Aufgabe vor, bei gegebener Abschlußimpedanz die Eingangsimpedanz in Generatornähe zu berechnen. Dazu ist die Kenntnis der Leitungsparameter (Ausbreitungsmaße, Wellenwiderstand) erforderlich. Nähere Hinweise für Impedanzberechnungen in 6.2 und 6.3. Alle elektrischen Eigenschaften werden durch die Leitungsbeläge gekennzeichnet (Bild 2).

Der *Widerstandsbelag* R' (in Ω/m) faßt die Leitungswiderstände pro Längeneinheit in einem Wert zusammen. Diese Größe ist wegen des Skineffekts frequenzabhängig und steigt bei Frequenzen, bei denen die äquivalente Leitschichtdicke wesentlich kleiner als die Leiterdicke ist, proportional zur Wurzel aus der Frequenz an. Bei Koaxialleitungen mit kreiszylindrischem Querschnitt ist R' einfach zu berechnen. Bei anderen Formen müssen die am Leiterumfang unterschiedlichen Stromdichten berücksichtigt werden. An Orten höchster Stromdichte (Seitenkanten bei Streifenleitungen) treten erhöhte Verluste auf. Quantitative Aussagen können aus Feldbildern für die Querschnittebene gewonnen werden (vgl. B 6). Wenn das Isolationsmaterial zwischen den Leitern magnetisch wirksam ist und einen Verlustfaktor $\tan\delta_\mu = d_\mu$ aufweist, vergrößert sich der Widerstandsbelag um R'_m

$$R'_\mathrm{m} = \omega L' d_\mu .$$

Als *Längsdämpfung* einer Leitung bezeichnet man die Größe d_1

$$d_1 = R'/\omega L' .$$

Der *Ableitungsbelag* G' (in S/m) ist ein Maß für die Verluste des Dielektrikums pro Längeneinheit. Bei tiefen Frequenzen ist G' meist vernachlässigbar klein, steigt jedoch oberhalb einiger MHz an.

$$G' = \omega C' d_\varepsilon = \omega C' \tan\delta_\varepsilon .$$

Als *Querdämpfung* einer Leitung bezeichnet man die Größe d_2

$$d_2 = G'/\omega C' = d_\varepsilon = \tan\delta_\varepsilon .$$

Der *Induktionsbelag* L' (in H/m) gibt die Induktivität pro Längeneinheit an. Bei tiefen Frequenzen muß auch das Magnetfeld in den Leitern berücksichtigt werden. Mit wachsender Frequenz wird das Feld aus den Leitern verdrängt und existiert nur noch außerhalb. Bei hohen Frequenzen

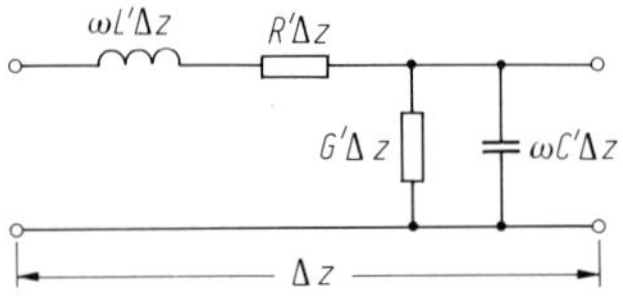

Bild 2. Ersatzschaltbild eines Leitungsstücks

ist daher L' frequenzunabhängig, sofern das Isoliermaterial unmagnetisch ist. Mit dem Wellenwiderstand Z_L und der Lichtgeschwindigkeit $c_0 = 3 \cdot 10^8$ m/s ergibt sich

$$L' = Z_\mathrm{L}\sqrt{\varepsilon_\mathrm{r}}/c_0 ; \quad L' \Big/ \frac{\mathrm{nH}}{\mathrm{cm}} = \frac{\sqrt{\varepsilon_\mathrm{r}} Z_\mathrm{L}/\Omega}{30} . \tag{3}$$

Der *Kapazitätsbelag* C' (in F/m) gibt die Kapazität pro Längeneinheit an. Für Leitungen, bei denen das elektrische Feld ausschließlich in einem homogenen Dielektrikum verläuft (z. B. Koaxialkabel) ist C' frequenzunabhängig. Verläuft das Feld in Bereichen mit verschiedenem ε_r, dann treten besonders bei höheren Frequenzen Wellentypen mit Längskomponenten auf, die von den einfachen Transversalwellen (L-Welle, TEM-Welle) abweichen. Das Feld konzentriert sich mit wachsender Frequenz in den Bereichen mit größerem ε_r. Das wirksame $\varepsilon_\mathrm{r,eff}$ nimmt daher mit wachsender Frequenz zu und nähert sich beispielsweise bei Microstrip-Leitungen der Dielektrizitätszahl des Substrats immer mehr an.

Für Leitungen mit homogenem Dielektrikum gilt

$$C' = \frac{\sqrt{\varepsilon_\mathrm{r}}}{c_0 Z_\mathrm{L}} ; \quad C' \Big/ \frac{\mathrm{pF}}{\mathrm{cm}} = \frac{33{,}3\sqrt{\varepsilon_\mathrm{r}}}{Z_\mathrm{L}/\Omega} . \tag{4}$$

Die *Ausbreitungsgeschwindigkeit* v ist für verlustlose Leitungen mit Luft als Isolation gleich der Lichtgeschwindigkeit c_0. Für Leitungen mit Isolierstoffen gilt

$$v = \frac{c_0}{\sqrt{\varepsilon_\mathrm{r}}} ; \quad v \Big/ \frac{\mathrm{m}}{\mathrm{s}} = \frac{3 \cdot 10^8}{\sqrt{\varepsilon_\mathrm{r}}} .$$

Bei vollständiger Füllung des Raums zwischen den Leitern ist ε_r gleich der Dielektrizitätszahl des Isoliermaterials. Bei teilweiser Füllung ist ein Mischwert der Dielektrika wirksam. Dieser kann aus L' und C' bestimmt werden. Damit erhält man

$$v = \frac{1}{\sqrt{L'C'}} = \frac{\omega}{\beta} ; \quad \varepsilon_\mathrm{r,eff} = L'C'c_0^2 . \tag{5}$$

L' und C' können durch Berechnung oder Messung bestimmt werden.

Die *Laufzeit* τ einer Leitung der Länge l ist

$$\tau = l/v = \beta l/\omega . \tag{6}$$

Das *Phasenmaß* β gibt die Phasendrehung einer Welle pro Längeneinheit der Leitung im Bogenmaß an

$$\beta = \omega\sqrt{L'C'} = 2\pi/\lambda = 360°/\lambda . \tag{7}$$

Die *Wellenlänge* λ ist

$$\lambda = \frac{v}{f} = \frac{1}{f\sqrt{L'C'}} = \frac{c_0}{f\sqrt{\varepsilon_\mathrm{r}}} , \tag{8}$$

wobei der letztgenannte Ausdruck für Füllung

mit homogenem Dielektrikum gilt. Sonst kann eine effektive Dielektrizitätszahl bei teilweiser Füllung mit Gl. (5) berechnet werden. λ_0 nennt man die Wellenlänge im freien Raum.

Für verlustbehaftete Leitungen können sich Phasengeschwindigkeit v_p und Gruppengeschwindigkeit v_g unterscheiden. Die Gruppengeschwindigkeit gibt an, wie schnell sich die durch Modulation erzeugten Signale (Energie) ausbreiten. Während Phasengeschwindigkeiten auch größer als c_0 werden können, ist die Gruppengeschwindigkeit stets kleiner oder höchstens gleich der Lichtgeschwindigkeit c_0.

Die Phasengeschwindigkeit ist als $v_p = \omega/\beta$ definiert, für die Gruppengeschwindigkeit gilt $v_g = 1/(\mathrm{d}\beta/\mathrm{d}\omega)$. Bei Hochfrequenzleitungen oberhalb einiger MHz ist L' praktisch frequenzunabhängig und damit $v_g = v_p$.

Für Leitungen ohne Querdämpfung d_2 und kleiner Längsdämpfung d_1 ist näherungsweise

$$v_p \approx \frac{1}{\sqrt{L'C'}}\left(1 - \frac{R'}{2\omega L'}\right). \tag{9}$$

L' ist hierbei und in den folgenden Gleichungen der Induktivitätsbelag der verlustfreien Leitung ohne Berücksichtigung der inneren Induktivität. Für v_g gilt näherungsweise

$$v_g \approx \frac{1}{\sqrt{L'C'}}\left(1 - \frac{1}{2L'}\frac{\mathrm{d}R'}{\mathrm{d}\omega}\right). \tag{10}$$

Allgemein ist bei Leitungen mit bekannten Größen der Leitungsbeläge das komplexe Ausbreitungsmaß $\underline{\gamma}$

$$\underline{\gamma} = \alpha + \mathrm{j}\beta = \sqrt{(R' + \mathrm{j}\omega L')(G' + \mathrm{j}\omega C')}. \tag{11}$$

Mit den Werten $d_1 = R'/\omega L'$ und $d_2 = G'/\omega C'$ wird

$$\underline{\gamma} = \mathrm{j}\beta_0 \sqrt{(1 - \mathrm{j}d_1)(1 - \mathrm{j}d_2)}.$$

β_0 ist die Phasenkonstante der verlustlosen Leitung. Für kleine Verluste (d_1 bzw. $d_2 < 0{,}1$) ergibt eine Reihenentwicklung näherungsweise

$$\begin{aligned} \beta &\approx \beta_0(1 + (d_1 - d_2)^2/8) \\ \alpha &\approx \beta_0(d_1 + d_2)/2 = R'/(2Z_L) + G'Z_L)2, \end{aligned} \tag{12}$$

wobei Z_L der reelle Wellenwiderstand der verlustlosen Leitung ist. Für reine Längsdämpfung ($d_2 = 0$) gilt näherungsweise ($d_1 < 0{,}1$)

$$\alpha \approx \beta_0 d_1/2; \quad \beta \approx \beta_0(1 + d_1^2/8).$$

Der *Wellenwiderstand* Z_L einer verlustlosen Leitung ist die reelle Größe, die hin- bzw. rücklaufende Spannungs- und Stromamplitude nach Gl. (1) und (2) verknüpft.

$$Z_L = \sqrt{\frac{L'}{C'}} = \frac{\underline{U}_h}{\underline{I}_h} = -\frac{\underline{U}_r}{\underline{I}_r}. \tag{13}$$

Allgemein gilt

$$\begin{aligned} \underline{Z}_L &= \sqrt{\frac{R' + \mathrm{j}\omega L'}{G' + \mathrm{j}\omega C'}} = Z_L\sqrt{\frac{1 - \mathrm{j}d_1}{1 - \mathrm{j}d_2}} \\ &= R_L + \mathrm{j}X_L. \end{aligned} \tag{14}$$

(Z_L = Wellenwiderstand der verlustlosen Leitung).

Bei Leitungen, bei denen Verluste fast ausschließlich durch Längsdämpfung verursacht werden, ist

$$\underline{Z}_L \approx Z_L\left(1 + \frac{d_1}{2}(1 - \mathrm{j})\right).$$

Die Phase des Wellenwiderstands ist dann geringfügig kapazitiv. Bild 3 gibt den qualitativen Verlauf des Realteils R_L und des Imaginärteils X_L des Wellenwiderstands für eine Leitung mit Verlusten durch Längsdämpfung wieder. Mit steigender Frequenz nähert sich $\underline{Z}_L$ dem reellen Wert einer verlustlosen Leitung an.

Die physikalische Bedeutung des Wellenwiderstands ist folgende:

a) Der Wellenwiderstand gibt den ortsunabhängigen Quotienten $\underline{U}_h/\underline{I}_h = Z_L$ bzw. $\underline{U}_r/\underline{I}_r = -Z_L$ für die hin- bzw. rücklaufende Welle an. Wegen der Definition von $\underline{U}$ und $\underline{I}$ in Bild 1, bei denen Energie für positives $\underline{U}$ und $\underline{I}$ in negativer l-Richtung transportiert wird, muß für die reflektierte Welle (Energietransport in positiver l-Richtung) entweder $\underline{U}$ oder $\underline{I}$ gegenphasig sein, was sich im negativen Vorzeichen bei Z_L äußert.

b) Der Wellenwiderstand ist diejenige Abschlußimpedanz, mit der die Leitung reflexionsfrei abgeschlossen wird.

c) Der Wellenwiderstand ist diejenige Abschlußimpedanz, die von der Leitung bei beliebiger Länge immer in den gleichen Wert transformiert wird.

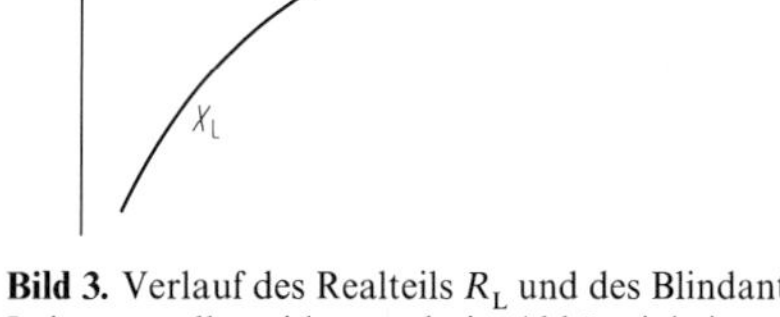

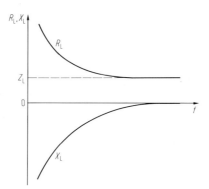

Bild 3. Verlauf des Realteils R_L und des Blindanteils X_L des Leitungswellenwiderstands in Abhängigkeit von der Frequenz

Der Reflexionsfaktor $\underline{r}$ ist definiert als

$$\underline{r} = \frac{\underline{U}_r}{\underline{U}_h}, \tag{15}$$

wobei $\underline{r}(0)$ der Reflexionsfaktor am Abschluß ($l = 0$) *ist.*

$$\underline{r}(0) = \frac{\underline{Z}_2 - \underline{Z}_L}{\underline{Z}_2 + \underline{Z}_L}. \tag{16}$$

Der Betrag des Reflexionsfaktors liegt zwischen 0 (Anpassung) und 1 (Totalreflexion). Bei verlustlosen Leitungen ist der Betrag des Reflexionsfaktors r unabhängig vom Ort. Bei Leitungen mit Verlusten nimmt r mit wachsender Leitungslänge ab.

Der Welligkeitsfaktor s, auch als vswr (voltage standing wave ratio) bezeichnet, ist mit $r = |\underline{r}|$:

$$s = \frac{1+r}{1-r} = \frac{U_{max}}{U_{min}} = \frac{I_{max}}{I_{min}} = \frac{1}{m}; \quad (1 \leqq s \leqq \infty). \tag{17}$$

s und der Anpassungsfaktor m

$$m = \frac{1-r}{1+r} = \frac{U_{min}}{U_{max}} = \frac{I_{min}}{I_{max}} = \frac{1}{s}; \quad (0 \leqq m \leqq 1). \tag{18}$$

verknüpfen maximale bzw. minimale Amplituden von Strom und Spannung auf einer Leitung mit dem Betrag des Reflexionsfaktors. Beispiele in 6.2 und 6.3. Bei verlustarmen Leitungen sind die Orte von U_{max} und I_{max} um $\lambda/4$ gegeneinander verschoben. U_{max} und I_{min} bzw. I_{max} und U_{min} liegen aber jeweils am gleichen Ort.

6.2 Verlustlose Leitungen

Lossless transmission lines

Leitung mit reflexionsfreiem Abschluß (Anpassung). Bei einem Abschluß mit einem Widerstand, der gleich dem Wellenwiderstand der Leitung nach Gl. (13) ist, wird keine Leistung reflektiert. Die Leitung kann beliebig lang sein und hat immer die Eingangsimpedanz Z_L. Längs der Leitung ändern sich die Phasen von $\underline{U}_h$ und $\underline{I}_h$ gleichmäßig. Beide sind an jedem Ort gleichphasig. 360° Phasendrehung erfolgen auf einer Wellenlänge λ. In der Praxis ist es bei Schaltbildern üblich, den Generator links und den Verbraucher rechts darzustellen. Die Welle läuft damit in negativer l-Richtung. Zweckmäßigerweise ordnet man dem Ort des Verbrauchers an dem man Spannung oder Strom kennt, den Ort $l = 0$ zu, weil damit die Berechnungen einfacher werden.

Man führt damit positive Längen l von Verbraucher zum Generator hin ein. Damit ist

$$\begin{aligned} \underline{U}(l) &= \underline{U}_2 \exp(\mathrm{j}\beta l), \\ \underline{I}(l) &= \underline{I}_2 \exp(\mathrm{j}\beta l) = (\underline{U}_2/Z_L)\exp(\mathrm{j}\beta l). \end{aligned} \tag{19}$$

$\underline{U}_2$ und $\underline{I}_2$ sind die Werte, die am Verbraucher gemessen werden können. λ folgt aus Gl. (8), Z_L aus Gl. (13).

In reeller Schreibweise ist damit

$$\begin{aligned} U(l,t) &= U_2 \cos(\omega t + \beta l + \varphi_0), \\ I(l,t) &= I_2 \cos(\omega t + \beta l + \varphi_0). \end{aligned} \tag{20}$$

φ_0 ist der Nullphasenwinkel von Spannung und Strom am Abschluß, den man zweckmäßigerweise gleich Null setzt. Bei Reflexionsfreiheit wird die gesamte in die Leitung eingespeiste Leistung P_{max} dem Verbraucher zugeführt.

$$P_{max} = U_1^2/(2Z_L). \tag{21}$$

U_1 ist die Spannungsamplitude am Leitungseingang. Für eine Quelle mit der Leerlaufamplitude U_0 und der Innenimpedanz $\underline{Z}_i = R_i + \mathrm{j}X_i$ ist

$$U_1 = U_0 \frac{Z_L}{\sqrt{(R_i + Z_L)^2 + X_i^2}}. \tag{22}$$

Kurzschluß am Ende. Die Längskoordinate wird wie vorher so gewählt, daß der Kurzschluß bei $l = 0$ liegt und positives l zum Generator führt. Am Ende muß für jede Zeit $\underline{U}_2 = \underline{U}_h(0) + \underline{U}_r(0) = 0$ sein. Daraus folgt $\underline{U}_r(0) = -\underline{U}_h(0)$ den Beziehungen für Z_L; aus Gl. (13) erhält man $\underline{I}_2 = 2\underline{I}_h(0)$. Die Spannungs- und Stromverteilung längs der Leitung ist dann in komplexer Schreibweise

$$\begin{aligned} \underline{U}(l,t) &= \mathrm{j}\underline{I}_2 Z_L \sin(2\pi l/\lambda)\exp(\mathrm{j}\omega t), \\ \underline{I}(l,t) &= \underline{I}_2 \cos(2\pi l/\lambda)\exp(\mathrm{j}\omega t). \end{aligned} \tag{23}$$

λ folgt aus Gl. (8), wobei Wellenlängenverkürzungen durch das Dielektrikum zu berücksichtigen sind.

Die reellen orts- und zeitabhängigen Werte sind

$$\begin{aligned} U(l,t) &= -I_2 Z_L \sin(2\pi l/\lambda)\sin(\omega t + \varphi_0), \\ I(l,t) &= I_2 \cos(2\pi l/\lambda)\cos(\omega t + \varphi_0). \end{aligned} \tag{24}$$

Es bildet sich eine stehende Welle aus, bei der die Knoten von Strom und Spannung um $\lambda/4$ gegeneinander versetzt sind. Es gibt Zeiten, zu denen auf der gesamten Leitung kein Strom fließt. Eine Viertelperiode später, wenn der Strom maximal ist, tritt nirgends Spannung auf. Im Gegensatz zur laufenden Welle bei reflexionsfreiem Abschluß, bei der das Spannungs- bzw. Strommaximum an jedem Ort der Leitung innerhalb einer Periode einmal positiv und einmal negativ auftritt, bleibt hier die sin-förmige Spannungs- und

Stromverteilung ortsfest und ändert nur zeitabhängig die Amplitude (Bild 4). Die Eingangsimpedanz $\underline{Z}_1$ einer am Ende kurzgeschlossenen Leitung der Länge l ist

$$\underline{Z}_1(l) = \underline{U}(l)/\underline{I}(l) = \mathrm{j}Z_\mathrm{L}\tan(2\pi l/\lambda). \tag{25}$$

Eine kurzgeschlossene Leitung mit $l < \lambda/4$ hat einen induktiven Eingangswiderstand, im Bereich $\lambda/4 < l < \lambda/2$ ist er kapazitiv. Mit $\lambda/2$ sind die Impedanzwerte periodisch.
Für die um $\lambda/4$ versetzten Maxima von Strom und Spannung gilt nach Gl. (24) $U_\mathrm{max} = I_\mathrm{max}Z_\mathrm{L} = I_2 Z_\mathrm{L}$.

Offenes Leitungsende. In diesem Fall ist der Strom $\underline{I}_2$ am Ende immer Null. Strom- und Spannungsverteilung in Abhängigkeit von l ($l = 0$ am offenen Ende, l zum Generator hin positiv) sind

$$\begin{aligned} \underline{U}(l,t) &= \underline{U}_2\cos(2\pi l/\lambda)\exp(\mathrm{j}\omega t), \\ \underline{I}(l,t) &= \mathrm{j}(\underline{U}_2/Z_\mathrm{L})\sin(2\pi l/\lambda)\exp(\mathrm{j}\omega t). \end{aligned} \tag{26}$$

Die reellen Momentanwerte sind

$$\begin{aligned} U(l,t) &= U_2\cos(2\pi l/\lambda)\cos(\omega t + \varphi_0), \\ I(l,t) &= -(\underline{U}_2/Z_\mathrm{L})\cos(2\pi l/\lambda)\sin(\omega t + \varphi_0). \end{aligned} \tag{27}$$

Die Eingangsimpedanz $\underline{Z}_1$ eines Leitungsstücks der Länge l ist

$$\underline{Z}_1 = -\mathrm{j}Z_\mathrm{L}\cot\mathrm{an}(2\pi l/\lambda). \tag{28}$$

Das Verhalten einer am Ende offenen Leitung hinsichtlich der Strom- und Spannungsverteilung sowie der Eingangsimpedanz ist identisch mit den Ergebnissen für eine am Ende kurzgeschlossene Leitung, die jedoch um $\lambda/4$ verlängert wurde.

Beliebiger Blindabschluß. Für gegebenen Wellenwiderstand kann das Blindelement für eine bestimmte Frequenz durch eine am Ende kurzgeschlossene Leitung mit gleichem Wellen-

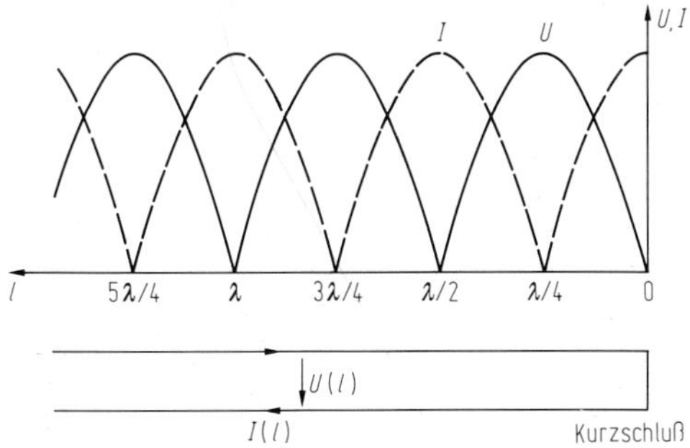

Bild 4. Strom- und Spannungsamplitudenverlauf bei kurzgeschlossener verlustloser Leitung

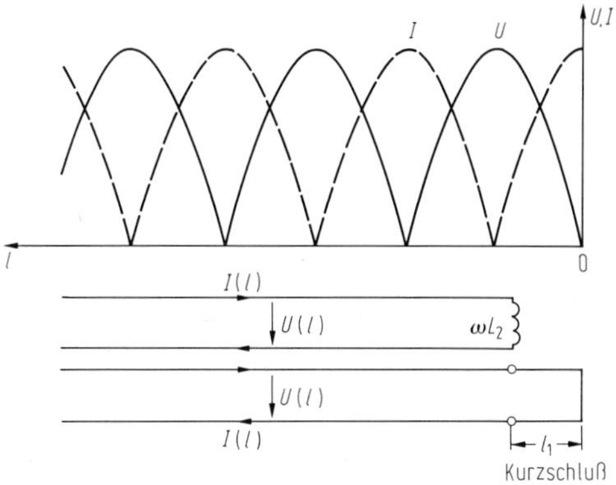

Bild 5. Strom- und Spannungsverlauf bei Leitung mit Blindabschluß und äquivalenter Kurzschluß

widerstand ersetzt werden. Die Länge l_1 erhält man mit Gl. (25) zu

$$l_1 = (\lambda/2\pi)\arctan(X/Z_\mathrm{L}).$$

Die arctan-Funktion ist hier im Bogenmaß zu berechnen. X ist der Blindwiderstand des Abschlusses. Bei kapazitiven Abschluß (negatives X) erhält man negative Längen l_1, weil der Definitionsbereich der arctan-Funktion $-\pi/2$ bis $\pi/2$ umfaßt. Für diesen Fall ist zum gefundenen negativen l_1 die Länge $\lambda/2$ zu addieren, da alle Werte mit dieser Länge periodisch sind. Die Eingangsimpedanz sowie Strom- und Spannungsverteilung erhält man, wenn man eine am Ende kurzgeschlossene Leitung betrachtet, welche die Länge $l_1 + l$ hat, wobei das l_1 lange Stück das Abschlußblindelement substitutiert. Bild 5 zeigt die Vorgehensweise. Für eine am Ende offene Leitung ist $l_1 = \lambda/4$, bei induktivem Abschluß ist $l_1 < \lambda/4$, bei kapazitivem Abschluß gilt $\lambda/4 < l_1 < \lambda/2$. Bei jedem Blindabschluß bilden sich stehende Wellen aus mit örtlichen Nullstellen von Strom und Spannung. Die Strom- und Spannungsverteilung berechnet man mit Gl. (23) wobei man dort $l = l_1$ setzt und $\underline{U}(l_1, t)$ oder $\underline{I}(l_1, t)$ dann die Größen am Abschlußblindelement sind. $\underline{I}_2$ ist der im Kurzschluß der äquivalenten Leitung fließende Strom. Ausgehend von diesem fiktiven Kurzschlußstrom können nun mit Gl. (23) oder (24) die Spannungen und Ströme an den Orten $l + l_1$ berechnet werden, wobei diese Längen in die Gleichungen einzusetzen sind.

Beliebiger Abschluß. Für eine Leitung mit dem Wellenwiderstand Z_L gilt bei beliebigem Abschluß $\underline{Z}_2$:

$$\begin{aligned} \underline{U}(l) &= \underline{U}_2\cos(2\pi l/\lambda) + \mathrm{j}\underline{I}_2 Z_\mathrm{L}\sin(2\pi l/\lambda), \\ \underline{I}(l) &= \underline{I}_2\cos(2\pi l/\lambda) + \mathrm{j}(\underline{U}_2/Z_\mathrm{L})\sin(2\pi l/\lambda); \end{aligned} \tag{29}$$

oder

$$\underline{U}(l) = \underline{U}_2[\cos(2\pi l/\lambda) + \mathrm{j}(Z_L/\underline{Z}_2)\sin(2\pi l/\lambda)],$$
$$\underline{I}(l) = \underline{I}_2[\cos(2\pi l/\lambda) + \mathrm{j}(\underline{Z}_2/Z_L)\sin(2\pi l/\lambda)]. \quad (30)$$

Für die Zeitabhängigkeit sind diese Gleichungen mit $\exp(\mathrm{j}\omega t)$ zu multiplizieren. Der Index 2 bedeutet, daß der Wert sich auf den Ort des Abschlusses bezieht. $l = 0$ liegt am Abschluß, positive Längen l weisen zum Generator hin.
Die Eingangsimpedanz $\underline{Z}_1$ ist zweckmäßigerweise ebenso wie $\underline{Z}_2$ auf den Wellenwiderstand zu beziehen

$$\frac{\underline{Z}_1}{Z_L} = \frac{\underline{Z}_2/Z_L + \mathrm{j}\tan(2\pi l/\lambda)}{1 + \mathrm{j}(\underline{Z}_2/Z_L)\tan(2\pi l/\lambda)}. \quad (31)$$

Eine Leitung der Länge $l = \lambda/4$ transformiert den Wert $\underline{Z}_1/Z_L$ in den Reziprokwert $Z_L/\underline{Z}_1 = \underline{Y}_1 Z_L$, dies ist der auf Z_L normierte komplexe Eingangsleitwert.
Bei allen Abschlüssen die von Z_L abweichen, tritt eine reflektierte Welle auf. An jedem Leitungsort sind $\underline{U}(l)$ und $\underline{I}(l)$ die Summen aus hinlaufenden und reflektierten Anteilen. Bei gegebenen Strom- oder Spannungswerten am Abschluß $\underline{Z}_2$ ergeben sich die am Leitungsende ($l = 0$) auftretenden Größen

$$\underline{U}_h(0) = \underline{I}_h(0)\, Z_L = \underline{I}_2 Z_L(1 + \underline{Z}_2/Z_L)/2,$$
$$\underline{U}_r(0) = -\underline{I}_r(0)\, Z_L = \underline{I}_2 Z_L(\underline{Z}_2/Z_L - 1)/2. \quad (32)$$

Die hinlaufenden Komponenten sind für den Ort l mit $\exp(\mathrm{j}2\pi l/\lambda)$ die reflektierten mit $\exp(-\mathrm{j}2\pi l/\lambda)$ zu multiplizieren um vor der Addition die wirklichen Phasenlagen zu ermitteln.
Die Amplituden der reflektierten Komponenten sind bei passivem Abschluß stets kleiner oder bei Blindabschluß höchstens gleich groß wie die hinlaufenden Anteile. Wegen der gegenläufigen Phasendrehung von hinlaufenden und reflektierten Anteilen ergeben sich Orte von Gleichphasigkeit, dort tritt U_{max} bzw. I_{max} auf. Demgegenüber jeweils $\lambda/4$ verschoben tritt Gegenphasigkeit mit entsprechendem U_{min} bzw. I_{min} auf. Es gilt also

$$U_{max} = U_h + U_r; \qquad U_{min} = U_h - U_r,$$
$$I_{max} = I_h + I_r; \qquad I_{min} = I_h - I_r. \quad (33)$$

Eine wichtige Größe zur Berechnung von Leitungsschaltungen ist der Reflexionsfaktor $\underline{r}$ nach den Gln. (15) und (16), der das komplexe Verhältnis der reflektierten zur hinlaufenden Spannung angibt. Die Phase von $\underline{r}$ ist ortsabhängig, sein Betrag bei verlustlosen Leitungen konstant, weil die Amplituden beider Wellen ungedämpft sind. Bei verlustlosen Leitungen ist

$$\underline{r}(l) = \frac{\underline{U}_r(l)}{\underline{U}_h(l)} = \frac{\underline{U}_r(0)\exp(-\mathrm{j}2\pi l/\lambda)}{\underline{U}_h(0)\exp(\mathrm{j}2\pi l/\lambda)} = \underline{r}(0)\exp(-\mathrm{j}4\pi l/\lambda). \quad (34)$$

In der komplexen Ebene ist der Reflexionsfaktor eine Größe, deren Betrag zwischen 0 (Anpassung) und 1 (Totalreflexion) liegt und dessen Phase mit verschiedenem l längenproportional im Uhrzeigersinn gedreht wird. Nach jeweils $\lambda/2$ hat er einen ganzen Umlauf vollendet. Der Anfangswert $\underline{r}(0)$ ist nach Gl. (16), die hier auf den reellen Wert Z_L normiert ist,

$$\underline{r}(0) = \frac{(\underline{Z}_2/Z_L) - 1}{(\underline{Z}_2/Z_L) + 1}. \quad (35)$$

Dies ist die gleiche Beziehung, die auch bei der Umrechnung des kartesischen Koordinatensystems in das Smith-Diagramm gilt. Die Größen $\underline{r}$ können daher als Betrag und Winkel direkt aus dem Smith-Diagramm abgelesen werden. Bild 6 gibt ein solches Smith-Diagramm für Widerstandswerte bei Leitungsschaltungen wieder. Man sucht die auf den Wellenwiderstand normierte Impedanz $\underline{Z}_2/Z_L$ im Diagramm auf und verbindet den Mittelpunkt des Diagramms mit diesem Wert. Diese Linie entspricht $\underline{r}(0)$ nach Betrag und Phase, wenn der Radius des Gesamtdiagramms dem Betrag $r = 1$ gleichgesetzt wird. Aus Gl. (35) folgt beispielsweise für $\underline{Z}_2/Z_L = \infty$ der Wert $\underline{r}(0) = 1$. $\underline{Z}_2/Z_L = 0$ (Kurzschluß) ergibt mit Gl. (35) $\underline{r}(0) = -1 = 1\exp(\mathrm{j}180°)$. Dies entspricht in Bild 6 dem äußersten linken Punkt. Für $\underline{Z}_2/Z_L = 1$ wird $\underline{r}(0) = 0$, dieser Wert ergibt sich als Mittelpunkt des Diagramms. Auf dem Außenrand des Diagramms sind die Phasenwinkel des Reflexionsfaktors ablesbar. Mit einer unter dem Diagramm angebrachten Skala können Beträge von $\underline{r}$ ermittelt werden. Eine weitere Skala am Rand gibt l/λ-Werte von 0 bis 0,5 an, wobei 0 und 0,5 am Kurzschlußpunkt liegen und 0,25 am Leerlaufpunkt. Für einen Blindabschluß kann bei einer gegebenen Wellenlänge das Element auf eine äquivalente am Ende kurzgeschlossene Leitung mit der Länge l_1 zurückgeführt werden. Dieser Länge entspricht der l/λ-Wert im Diagramm. Für einen gegebenen Blindabschluß berechnet man $\mathrm{j}X_2/Z_L$, sucht diesen Punkt im Diagramm auf und findet dort den entsprechenden Reflexionsfaktor $\underline{r}(0)$, welcher den Betrag 1 und einen Winkel φ ergibt. Diesem Wert ist auf dem Umfang des Diagramms ein zwischen 0 und 0,5 liegender Wert zugeordnet, welcher die auf λ bezogene Länge l_1 der äquivalenten kurzgeschlossenen Leitung angibt. Durch eine vorgeschaltete Leitung der Länge l_2 dreht sich der Reflexionsfaktor vom abgelesenen l/λ-Wert aus im Uhrzeigersinn weiter. Man berechnet $l/\lambda = (l_1 + l_2)/\lambda$ und findet beim neuen l/λ-Wert die Eingangsimpedanz der Gesamtleitung.
Für beliebige komplexe Abschlüsse geht man in gleicher Weise vor. Während jedoch ein Blindwiderstand als Abschluß stets einen Umlauf auf dem Diagrammumfang (imaginäre Achse) ergibt,

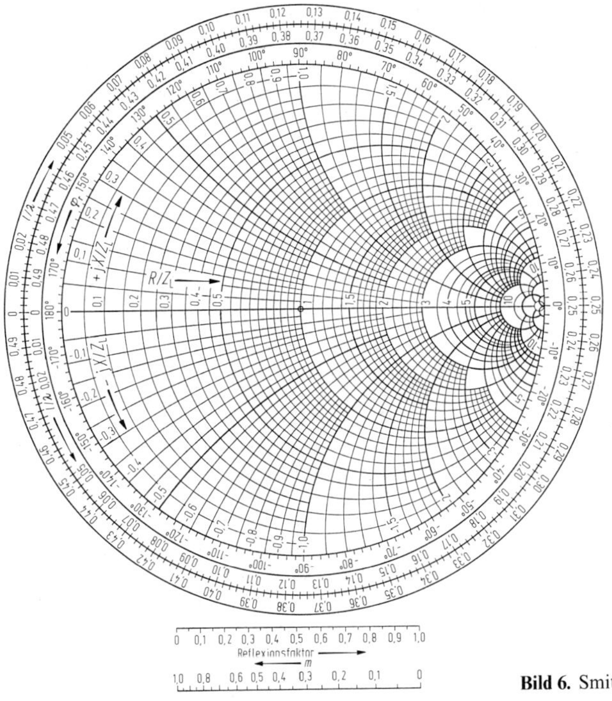

Bild 6. Smith-Diagramm

ist bei beliebigem Abschluß der Betrag r des Reflexionsfaktors kleiner als 1. Die Leitung transformiert auf einem konzentrischen Kreis um den Mittelpunkt des Diagramms. Wie beim Blindabschluß das Element auf eine kurzgeschlossene Leitung zurückgeführt wurde, kann im Fall des beliebigen Abschlusses dieser auf eine Leitung der Länge l_1 mit niederohmigen, reellen Abschlußwiderstand zurückgeführt werden. Der für $\underline{r}(0)$ am Rand abgelesene Wert l_1/λ gibt diese Länge als normierten Wert an. Jede vorgeschaltete Leitung entspricht einem Umlaufen im Uhrzeigersinn, wobei der durch $\underline{r}(0)$ bestimmte Radius beibehalten wird und die normierte Leitungslänge l_2/λ zu l_1/λ addiert wird. Wo der Radius, der dem so gewonnenen z/λ entspricht, den durch r vorgegebenen Kreis schneidet, kann die normierte Eingangsimpedanz $\underline{Z}_1/Z_L$ abgelesen werden.

Amplitudenverläufe. Je nach der Größe von r ergeben sich längs der Leitung mehr oder weniger ausgeprägte Amplitudenschwankungen. Bild 7 zeigt dies für unterschiedliche Reflexionsfaktoren. Vielfach wird zur Beschreibung der Fehlanpassung s nach Gl. (17) oder m nach Gl. (18) verwendet. Maximale Spannungen und minimale Ströme liegen dort, wo bei Anwendung des Smith-Diagramms die reelle Achse rechts vom Mittelpunkt des Diagramms geschnitten wird (reell, hochohmig). Orte minimaler Spannungen und maximaler Ströme entsprechen den Schnittpunkten links vom Diagrammzentrum (reell, niederohmig).

Diese Maximal- und Minimalwerte lassen sich leicht bestimmen, wenn man die dem Abschluß zugeführte Wirkleistung kennt. Für den Fall, daß der Generatorinnenwiderstand $R_i = Z_L$ ist, wird $P_{max} = U_0^2/(8\,Z_L)$. U_0 ist der Scheitelwert der Leerlaufspannung. Es gilt

$$P_h = P_{max} = U_h I_h/2 = U_h^2/(2\,Z_L) = I_h^2 Z_L/2. \quad (36)$$

Die reflektierte Leistung ist

$$P_r = U_r I_r/2 = U_r^2/(2\,Z_L) = I_r^2 Z_L/2. \quad (37)$$

Im Abschluß wird die Leistung verbraucht.

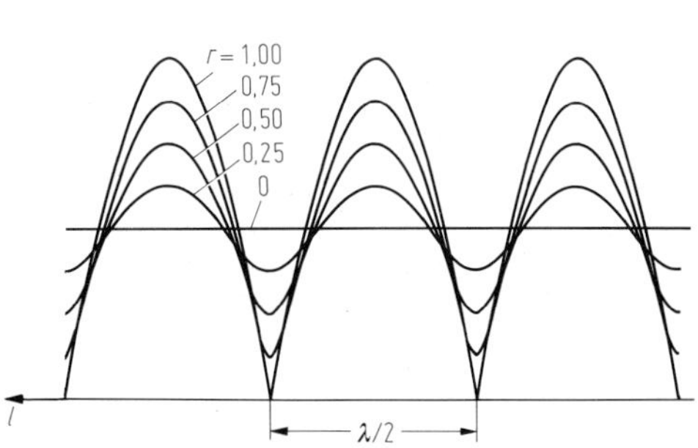

Bild 7. Amplitudenverteilung von U bzw. I (mit Versatz um $\lambda/4$) bei verschiedenen Reflexionsfaktoren

$$P_2 = P_h - P_r = P_{max}(1 - r^2) = P_{max} 4m/(1+m)^2. \quad (38)$$

Bei unveränderter Eingangsimpedanz $\underline{Z}_1$ könnte die Leitung auch nicht mit $\underline{Z}_2$ sondern bei anderen Längen mit R_{min} oder R_{max} abgeschlossen sein. R_{min}/Z_L und R_{max}/Z_L sind die im Smith-Diagramm abzulesenden Werte, bei denen der Kreis des Reflexionsfaktorradius die reelle, horizontal verlaufende Achse des Diagramms schneidet. An den Werten R_{min} bzw. R_{max} muß dann die gleiche Wirkleistung P_2 wie in $\underline{Z}_2$ verbraucht werden. Weil U_{min} und I_{max} an R_{min} auftreten, gilt

$$U_{min} = \sqrt{2P_2 R_{min}}; \quad I_{max} = \sqrt{2P_2/R_{min}}.$$

Entsprechend folgt für

$$U_{max} = \sqrt{2P_2 R_{max}}; \quad I_{min} = \sqrt{2P_2/R_{max}}.$$

An jedem beliebigen Ort der Leitung lassen sich $U(l)$ und $I(l)$ aus den dort mittels des Smith-Diagramms zu ermittelnden Wirkanteilen der Impedanz $\underline{Z}(l) = R(l) + \mathrm{j}X(l)$ bzw. der Admittanz $\underline{Y}(l) = G(l) + \mathrm{j}B(l)$ berechnen.

$$U(l) = \sqrt{2P_2/G(l)}; \quad I(l) = \sqrt{2P_2/R(l)}. \quad (39)$$

6.3 Gedämpfte Leitung

Lossy transmission lines

Für Leitungen mit Verlusten ist das Dämpfungsmaß α nach Gl. (11) oder näherungsweise nach Gl. (12) zu berechnen. Bei kleiner Dämpfung wird β bzw. λ praktisch nicht gegenüber den Werten für die verlustlose Leitung verändert. Auch der Wellenwiderstand ist dann näherungsweise reell. Für Spannungs- und Stromabhängigkeiten gelten Gleichungen mit Hyperbelfunktionen

$$\underline{U}(l) = \underline{U}_2 \cosh \underline{\gamma} l + \underline{I}_2 \underline{Z}_L \sinh \underline{\gamma} l,$$
$$\underline{I}(l) = \underline{I}_2 \cosh \underline{\gamma} l + (\underline{U}_2/\underline{Z}_L) \sinh \underline{\gamma} l. \quad (40)$$

$\underline{U}_2$ und $\underline{I}_2 = \underline{U}_2/\underline{Z}_2$ sind die Werte am Abschluß. Die ortsunabhängige Impedanz ist

$$\frac{\underline{Z}}{\underline{Z}_L} = \frac{\underline{Z}_2/\underline{Z}_L + \tanh \underline{\gamma} l}{1 + (\underline{Z}_2/\underline{Z}_L) \tanh \underline{\gamma} l}. \quad (41)$$

Der Reflexionsfaktor am Abschluß ($r = 0$) ist wie bei der verlustlosen Leitung unter Berücksichtigung des komplexen $\underline{Z}_L$

$$\underline{r}(0) = \frac{(\underline{Z}_2/\underline{Z}_L) - 1}{(\underline{Z}_2/\underline{Z}_L) + 1}. \quad (42)$$

Die Abhängigkeit von l ergibt sich zu

$$\underline{r}(z) = \underline{r}(0) \exp(-2\alpha l) \exp(-\mathrm{j}4\pi l/\lambda). \quad (43)$$

Dies entspricht mit Ausnahme des Terms $\exp(-2\alpha l)$ der Abhängigkeit im Fall der verlustlosen Leitung. Mit wachsender Länge l wird bei der gedämpften Leitung der Betrag von r exponentiell kleiner. Für sehr lange Leitungen verschwindet am Eingang die reflektierte Welle und am Eingang erhält man Anpassung. Für die Ermittlung der Eingangsimpedanz gedämpfter Leitungen bestimmt man wie im verlustlosen Fall $\underline{r}(0)$. Danach berechnet man aus dem bei l_1/λ abgelesenen l_1/λ und dem l_2/λ der Leitung den Eingangswert l/λ. Den entsprechenden Radius bringt man zum Schnitt mit dem am Eingang gültigen Betrag des Reflexionsfaktors $r_1 = |\underline{r}(0)| \exp(-2\alpha l_2)$.
Dieser Kreis hat einen kleineren Radius als der für $r(0)$. Der so gefundene Schnittpunkt ergibt die normierte Eingangsimpedanz $\underline{Z}_1/\underline{Z}_L$. Eine entsprechende Darstellung zeigt Bild 8. Die Amplitudenverteilung berechnet man zweckmäßig aus der Summe von hinlaufenden und reflektierten Größen, die am Abschluß aus Gl. (32) ermittelt werden können. Am Ort l ist dann neben der Phasendrehung auch die Amplitudenveränderung zu berücksichtigen.

$$\underline{U}_h(l) = \underline{U}_h(0) \exp(\alpha l) \exp(\mathrm{j}2\pi l/\lambda),$$
$$\underline{I}_h(l) = \underline{I}_h(0) \exp(\alpha l) \exp(\mathrm{j}2\pi l/\lambda),$$
$$\underline{U}_r(l) = \underline{U}_r(0) \exp(-\alpha l) \exp(-\mathrm{j}2\pi l/\lambda),$$
$$\underline{I}_r(l) = \underline{I}_r(0) \exp(-\alpha l) \exp(-\mathrm{j}2\pi l/\lambda). \quad (44)$$

Die Addition dieser Werte nach Betrag und Phase liefert erfahrungsgemäß infolge der Kenntnis der Amplituden mehr Information über die am Ort l vorhandene Welligkeit und übersichtlichere Ergebnisse als eine Auswertung von Gl. (40).

Näherung für elektrisch kurze Leitungen. Eine Leitung ist elektrisch kurz, wenn sie keine Eigenschaften zeigt, die nicht durch einen Vierpol nach Bild 2 beschrieben werden können. Die Leitung muß sehr kurz gegen eine Wellenlänge sein ($l/\lambda < 1/50$). Man kann dann $\cosh \underline{\gamma} l$ durch 1 und

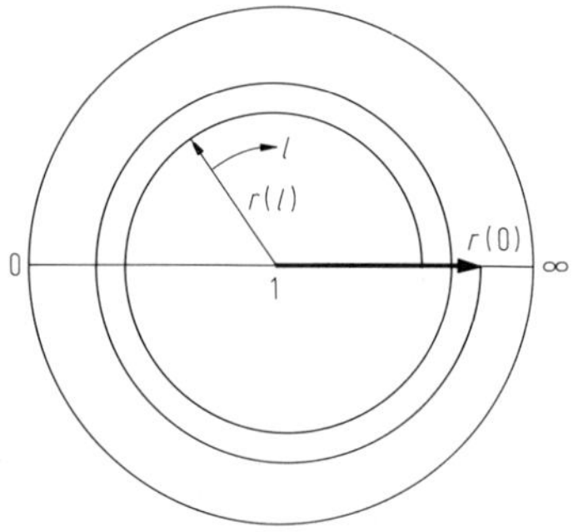

Bild 8. Reflexionsfaktor bei Leitung mit Verlusten

sinh $\underline{\gamma} l$ durch $\underline{\gamma} l$ ersetzen und erhält

$$\begin{aligned} \underline{U}(l) &\approx \underline{U}_2 + \underline{I}_2(R' + \mathrm{j}\omega L')\, l, \\ \underline{I}(l) &\approx \underline{I}_2 + \underline{U}_2(G' + \mathrm{j}\omega C')\, l. \end{aligned} \tag{45}$$

Näherung für elektrisch sehr lange Leitungen. Dieser Fall liegt vor, wenn $\exp(\alpha l) \gg 1$ ist. Die reflektierte Welle ist am Eingang nicht mehr meßbar. Unter dieser Annahme gilt $\cosh \underline{\gamma} l \approx \sinh \underline{\gamma} l \approx (\exp \underline{\gamma} l)/2$. Damit ist

$$\begin{aligned} \underline{U}(l) &\approx \tfrac{1}{2}(\underline{U}_2 + \underline{I}_2 \underline{Z}_L) \exp \underline{\gamma} l, \\ \underline{I}(l) &= \tfrac{1}{2}(\underline{I}_2 + \underline{U}_2/\underline{Z}_L) \exp \underline{\gamma} l, \\ \underline{Z}(l) &= \underline{Z}_L. \end{aligned} \tag{46}$$

Näherung bei sehr niedrigen Frequenzen. Hier ist R' durch den Gleichstromwiderstand gegeben, eventuell muß eine Korrektur wegen des Skineffekts erfolgen. G' ist vernachlässigbar. $\omega L'$ ist viel kleiner als R' und kann damit unberücksichtigt bleiben. Der kapazitive Blindleitwert $\mathrm{j}\omega C'$ ist ebenfalls klein, muß aber bei den Gleichungen eingesetzt werden, damit das Produkt und der Quotient berechenbar sind. Es gilt

$$\begin{aligned} \underline{\gamma} &\approx \sqrt{R' \mathrm{j}\omega C'} = \sqrt{R' \omega C'/2}\,(1 + \mathrm{j}); \\ \alpha &\approx \beta \approx \sqrt{R' \omega C'/2} \\ \underline{Z}_L &\approx \sqrt{R'/(\mathrm{j}\omega C')} = \sqrt{R'/(2\omega C')}\,(1 - \mathrm{j}). \end{aligned} \tag{47}$$

Der Wellenwiderstand hat einen kapazitiven Phasenwinkel von 45°.

Vernachlässigung von G'. Im Mittelfrequenzbereich bei einigen MHz kann in vielen Fällen die Querdämpfung vernachlässigt werden. Dann erhält man analog zu Gl. (12) für $R'/\omega L' = d_L < 0{,}1$

$$\alpha \approx \omega \sqrt{L'C'}\, d_L/2, \qquad \beta \approx \beta_0 = \omega \sqrt{L'C'}.$$

Das Phasenmaß bleibt dann unverändert.
Der Wellenwiderstand ist

$$\underline{Z}_L = Z_L(1 - \mathrm{j}\, d_L/2).$$

$Z_L = \sqrt{L'/C'}$ ist der Wellenwiderstand der verlustlosen Leitung.

Näherung für hohe Frequenzen. Mit wachsender Frequenz wachsen $\omega L'$ und $\omega C'$ linear mit der Frequenz. R' wächst wegen des Skineffekts proportional zu $\sqrt{f}$. Der kapazitive Verlustfaktor d_c liegt für gute Isolierstoffe bei 0,001. Damit kann G' gegen $\omega C'$ und R' gegen $\omega L'$ vernachlässigt werden. Es ergeben sich damit die Beziehungen für verlustlose Leitungen.
Die Berechnungen können mit den Formeln für verlustlose Leitungen erfolgen, wenn der Betrag des Reflexionsfaktors durch die immer vorhandene Dämpfung wegen der geringen Leitungslänge nahezu konstant bleibt. Dies gilt bei Hochfrequenzleitungen für den Bereich bis zu einigen Wellenlängen, wenn also die Transformation mehrfache Umläufe im Smith-Diagramm bewirkt, der Kreis des Abschlußreflexionsfaktors aber als Umlaufweg erhalten bleibt.

7 Theorie gekoppelter Leitungen
Theory of coupled lines

Allgemeine Literatur: *Young, L.*: Parallel coupled lines and directional couplers. Dedham, Mass., USA: Artech House 1972.

Mehrere gekoppelte Leitungen. Ein verlustloses gekoppeltes längshomogenes Mehrleitersystem mit TEM-Wellen, deren Zeitabhängigkeit und Ortsabhängigkeit in Ausbreitungsrichtung z durch den Faktor $\exp[\mathrm{j}(\omega t - \beta z)]$ ausgedrückt wird, läßt sich mit einem System gekoppelter Differentialgleichungen beschreiben [1–7]:

$$\begin{aligned} \frac{\mathrm{d}\underline{\boldsymbol{U}}(z)}{\mathrm{d}z} + \mathrm{j}\omega \boldsymbol{L}' \cdot \underline{\boldsymbol{I}}(z) &= 0, \\ \frac{\mathrm{d}\underline{\boldsymbol{I}}(z)}{\mathrm{d}z} + \mathrm{j}\omega \boldsymbol{K}' \cdot \underline{\boldsymbol{U}}(z) &= 0. \end{aligned} \tag{1}$$

Bild 1a zeigt die N Komponenten des Spannungsvektors $\underline{\boldsymbol{U}}(z)$ und des Stromvektors $\underline{\boldsymbol{I}}(z)$ eines gekoppelten Mehrleitersystems, bestehend aus N Einzelleitungen über einer leitenden Grundplatte. In Bild 1b sind die Teilbeläge der Induktivitätsbelagsmatrix $\boldsymbol{L}'$ und der Kapazitätsbelagsmatrix $\boldsymbol{C}'$ skizziert. Für die Kapazitätsbeläge gilt:

$$C'_{ij} = \begin{cases} \sum\limits_{n=1}^{N} K'_{in}; & i = j, \\ -K'_{ij}; & i \neq j. \end{cases} \tag{2}$$

In diesem Mehrleitersystem existieren N verschiedene Eigenwellen. Die ν-te Eigenwelle wird durch den Spannungseigenvektor $\underline{\boldsymbol{U}}_\nu(z) = \underline{\boldsymbol{U}}_\nu(0) \exp(-\mathrm{j}\beta_\nu z)$ und durch den Stromeigenvektor $\underline{\boldsymbol{I}}_\nu(z) = \underline{\boldsymbol{I}}_\nu(0) \exp(-\mathrm{j}\beta_\nu z)$ mit der Phasenkonstanten β_ν als Eigenwert charakterisiert. Für die Gesamtheit aller Eigenwellen läßt sich Gl. (1) als Eigenwertproblem formulieren ($\boldsymbol{E}$ = Einheitsmatrix):

$$\boldsymbol{M}_U^{-1} \cdot \boldsymbol{L}' \cdot \boldsymbol{K}' \cdot \boldsymbol{M}_U = \boldsymbol{v}^2, \tag{3}$$

mit $\boldsymbol{v}^2 = \mathrm{diag}(\omega/\beta_\nu)^2$; $\nu = 1, 2, \ldots, N$.

Spezielle Literatur Seite C 29

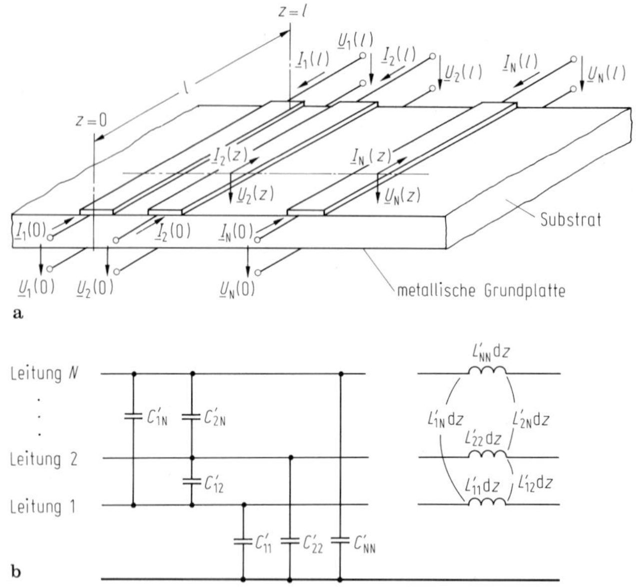

Bild 1. System von N gekoppelten Leitungen über einer leitenden Grundplatte. **a** Anordnung mit Zählpfeilrichtungen der Spannungen und Ströme; **b** Ersatzschaltung mit den Leitungsbelägen

Bei bekannter Selbstkapazitätsbelagsmatrix $\boldsymbol{K}'$ (Beispiel eines Berechnungsverfahrens für planare Mehrleitersysteme in [8]) erhält man mit $\boldsymbol{L}' = \varepsilon_0 \mu_0 \boldsymbol{K}_v'^{-1}$ ($\boldsymbol{K}_v'$ = Kapazitätsbelagsmatrix bei $\varepsilon_r = 1$) nach Lösung von Gl. (3) die Modalmatrix $\boldsymbol{M}_U$ und die Phasenkonstanten β_v. Die Spalte v der Modalmatrix $\boldsymbol{M}_U$ ist der Eigenvektor $\underline{\boldsymbol{U}}_v$. Die Diagonalmatrix $\boldsymbol{v}$ enthält die Phasengeschwindigkeiten der Eigenwellen. Weiterhin ergibt sich aus der Lösung von Gl. (3) die Modalmatrix der Ströme:

$$\boldsymbol{M}_I = \boldsymbol{K}' \cdot \boldsymbol{M}_U \cdot \boldsymbol{v}. \tag{4}$$

Daraus läßt sich die charakteristische Leitungsadmittanzmatrix ermitteln:

$$\underline{\boldsymbol{Y}}_L = \boldsymbol{M}_I \cdot \boldsymbol{M}_U^{-1}. \tag{5}$$

Das in Bild 1a vorliegende 2N-Tor kann mit der $\underline{\boldsymbol{Y}}$-Matrix beschrieben werden (mit $\beta_0 = \omega\sqrt{\varepsilon_0 \mu_0}$):

$$\begin{pmatrix} \underline{\boldsymbol{I}}(0) \\ \underline{\boldsymbol{I}}(l) \end{pmatrix} = \underbrace{\begin{pmatrix} \boldsymbol{M}_I \cdot \underline{\boldsymbol{D}}^{(C)} \cdot \boldsymbol{M}_U^{-1} & \boldsymbol{M}_I \cdot \underline{\boldsymbol{D}}^{(S)} \cdot \boldsymbol{M}_U^{-1} \\ \boldsymbol{M}_I \cdot \underline{\boldsymbol{D}}^{(S)} \cdot \boldsymbol{M}_U^{-1} & \boldsymbol{M}_I \cdot \underline{\boldsymbol{D}}^{(C)} \cdot \boldsymbol{M}_U^{-1} \end{pmatrix}}_{= \underline{\boldsymbol{Y}}} \cdot \begin{pmatrix} \underline{\boldsymbol{U}}(0) \\ \underline{\boldsymbol{U}}(l) \end{pmatrix} \quad \text{mit} \tag{6}$$

$$\underline{\boldsymbol{D}}^{(C)} = \operatorname{diag}(-\mathrm{j}\cot\beta_v l);$$

$$\underline{\boldsymbol{D}}^{(S)} = \operatorname{diag}(\mathrm{j}/\sin\beta_v l); \qquad v = 1, 2, \ldots, N.$$

Allgemein erhält man aus der $\underline{\boldsymbol{Y}}$-Matrix auch die $\underline{\boldsymbol{S}}$-Matrix für den Bezugswellenwiderstand Z_L:

$$\underline{\boldsymbol{S}} = (\boldsymbol{E}/Z_L + \underline{\boldsymbol{Y}})^{-1} \cdot (\boldsymbol{E}/Z_L - \underline{\boldsymbol{Y}}). \tag{7}$$

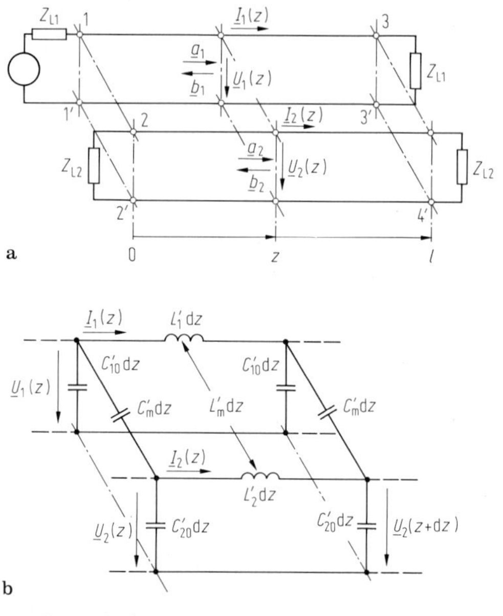

Bild 2. Zwei gekoppelte Leitungen. **a** Anordnung mit Torbezeichnung und Zählpfeilrichtungen der Spannungen und Ströme; **b** Ersatzschaltung mit den Leitungsbelägen

Zwei gekoppelte Leitungen. Bei zwei gekoppelten Leitungen (Bild 2) gilt entsprechend Gl. (1):

$$\frac{\mathrm{d}}{\mathrm{d}z}\begin{pmatrix} \underline{U}_1 \\ \underline{U}_2 \\ \underline{I}_1 \\ \underline{I}_2 \end{pmatrix} + \mathrm{j}\omega \begin{pmatrix} 0 & 0 & L'_1 & L'_\mathrm{m} \\ 0 & 0 & L'_\mathrm{m} & L'_2 \\ K'_1 & -C'_\mathrm{m} & 0 & 0 \\ -C'_\mathrm{m} & K'_2 & 0 & 0 \end{pmatrix} \cdot \begin{pmatrix} \underline{U}_1 \\ \underline{U}_2 \\ \underline{I}_1 \\ \underline{I}_2 \end{pmatrix} = 0. \tag{8}$$

L'_i und K'_i sind die Selbstinduktivitäten und Selbstkapazitäten der Leitungen ($i = 1, 2$) unter Berücksichtigung der Verkopplung. Für die Phasenkonstante $\bar{\beta}_\mathrm{i}$ und den Leitungswellenwiderstand Z_Li der Einzelleitung gilt:

$$\bar{\beta}_\mathrm{i} = \omega\sqrt{L'_\mathrm{i} K'_\mathrm{i}} \quad \text{und} \quad Z_\mathrm{Li} = \sqrt{L'_\mathrm{i}/K'_\mathrm{i}}. \tag{9}$$

Zur Beschreibung der induktiven Verkopplung und der kapazitiven Verkopplung werden die beiden Faktoren

$$k_\mathrm{L} = L'_\mathrm{m}/\sqrt{L'_1 L'_2} \quad \text{und} \quad k_\mathrm{C} = C'_\mathrm{m}/\sqrt{K'_1 K'_2}$$

eingeführt.

Die Lösung von Gl. (1) zweier gekoppelter Leitungen wird durch die beiden Eigenwellen (Gleichtaktwelle (e) und Gegentaktwelle (o)) mit den Eigenwerten $\beta^{(\mathrm{e,o})}$ charakterisiert. Bei Symmetrie ($L'_1 = L'_2 = L'$ und $K'_1 = K'_2 = K'$) ist:

$$\begin{aligned} \beta^{(\mathrm{e})} &= \bar{\beta}\sqrt{1 + k_\mathrm{L}}\sqrt{1 - k_\mathrm{C}}, \\ \beta^{(\mathrm{o})} &= \bar{\beta}\sqrt{1 - k_\mathrm{L}}\sqrt{1 + k_\mathrm{C}}. \end{aligned} \tag{10}$$

Die Modalmatrix $\boldsymbol{M}_\mathrm{U}$ enthält die Spannungseigenvektoren der Gleichtakt- und Gegentaktwelle in normierter Form:

$$\boldsymbol{M}_\mathrm{U} = \begin{pmatrix} 1 & 1 \\ 1 & -1 \end{pmatrix}. \tag{11}$$

Die Modalmatrix der Ströme ergibt sich dann aus Gl. (4):

$$\boldsymbol{M}_\mathrm{I} = \begin{pmatrix} \sqrt{\dfrac{K' - C'_\mathrm{m}}{L' + L'_\mathrm{m}}} & \sqrt{\dfrac{K' + C'_\mathrm{m}}{L' - L'_\mathrm{m}}} \\ \sqrt{\dfrac{K' - C'_\mathrm{m}}{L' + L'_\mathrm{m}}} & -\sqrt{\dfrac{K' + C'_\mathrm{m}}{L' - L'_\mathrm{m}}} \end{pmatrix}. \tag{12}$$

Nach Einführung der Leitungswellenwiderstände $Z_\mathrm{L}^{(\mathrm{e,o})}$

$$\begin{aligned} Z_\mathrm{L}^{(\mathrm{e})} &= \sqrt{\frac{L' + L'_\mathrm{m}}{K' - C'_\mathrm{m}}} = Z_\mathrm{L}\sqrt{\frac{1 + k_\mathrm{L}}{1 - k_\mathrm{C}}}, \\ Z_\mathrm{L}^{(\mathrm{o})} &= \sqrt{\frac{L' - L'_\mathrm{m}}{K' + C'_\mathrm{m}}} = Z_\mathrm{L}\sqrt{\frac{1 - k_\mathrm{L}}{1 + k_\mathrm{C}}}, \end{aligned} \tag{13}$$

erhält man mit der Normierung in Gl. (11):

$$\boldsymbol{M}_\mathrm{I} = \begin{pmatrix} Y_\mathrm{L}^{(\mathrm{e})} & Y_\mathrm{L}^{(\mathrm{o})} \\ Y_\mathrm{L}^{(\mathrm{e})} & -Y_\mathrm{L}^{(\mathrm{o})} \end{pmatrix}. \tag{14}$$

Streumatrix von Richtkopplern. Nach Substitution der Spannungen und Ströme durch die Wellengrößen

$$\underline{U}_\mathrm{i} = (\underline{a}_\mathrm{i} + \underline{b}_\mathrm{i})\sqrt{Z_\mathrm{Li}}, \quad \underline{I}_\mathrm{i} = (\underline{a}_\mathrm{i} - \underline{b}_\mathrm{i})/\sqrt{Z_\mathrm{Li}}, \tag{15}$$

wird aus Gl. (8) [9, 10]:

$$\frac{\mathrm{d}}{\mathrm{d}z}\begin{pmatrix} \underline{a}_1 \\ \underline{b}_1 \\ \underline{a}_2 \\ \underline{b}_2 \end{pmatrix} + \mathrm{j}\begin{pmatrix} \bar{\beta}_1 & 0 & \sqrt{\bar{\beta}_1\bar{\beta}_2}\,k_\mathrm{v} & -\sqrt{\bar{\beta}_1\bar{\beta}_2}\,k_\mathrm{r} \\ 0 & -\bar{\beta}_1 & \sqrt{\bar{\beta}_1\bar{\beta}_2}\,k_\mathrm{r} & -\sqrt{\bar{\beta}_1\bar{\beta}_2}\,k_\mathrm{v} \\ \sqrt{\bar{\beta}_1\bar{\beta}_2}\,k_\mathrm{v} & -\sqrt{\bar{\beta}_1\bar{\beta}_2}\,k_\mathrm{r} & \bar{\beta}_2 & 0 \\ \sqrt{\bar{\beta}_1\bar{\beta}_2}\,k_\mathrm{r} & -\sqrt{\bar{\beta}_1\bar{\beta}_2}\,k_\mathrm{v} & 0 & -\bar{\beta}_2 \end{pmatrix} \begin{matrix} \underline{a}_1 \\ \underline{b}_1 \\ \underline{a}_2 \\ \underline{b}_2 \end{matrix} = 0, \tag{16}$$

mit $k_\mathrm{v} = (k_\mathrm{L} - k_\mathrm{C})/2$ und $k_\mathrm{r} = (k_\mathrm{L} + k_\mathrm{C})/2$.

Dabei ist k_v ein Maß für die Verkopplung der beiden Wellengrößen $\underline{a}_1$ und $\underline{a}_2$ in Ausbreitungsrichtung, während k_r die Verdopplung von $\underline{a}_1$ mit der in Rückwärtsrichtung laufenden Wellengröße $\underline{b}_2$ angibt. Aus den Gln. (6) und (7) erhält man für Richtkoppler mit zwei gekoppelten symmetrischen Leitungen ($\bar{\beta}_1 = \bar{\beta}_2 = \bar{\beta}$) folgende Koeffizienten der Streumatrix:

Reflexionsfaktor:

$$\underline{S}_{11} = (r^{(\mathrm{e})}\underline{A}^{(\mathrm{e})} + r^{(\mathrm{o})}\underline{A}^{(\mathrm{o})})/2;$$

Transmissionsfaktor der Hauptleitung:

$$\begin{aligned} \underline{S}_{31} = (&\underline{B}^{(\mathrm{e})}\exp(-\mathrm{j}\,\vartheta^{(\mathrm{e})}) \\ &+ \underline{B}^{(\mathrm{o})}\exp(-\mathrm{j}\,\vartheta^{(\mathrm{o})})/2; \end{aligned}$$

Transmissionsfaktoren der Nebenleitung:

$$\begin{aligned} \underline{S}_{21} &= (r^{(\mathrm{e})}\underline{A}^{(\mathrm{e})} - r^{(\mathrm{o})}\underline{A}^{(\mathrm{o})})/2; \\ \underline{S}_{41} &= (\underline{B}^{(\mathrm{e})}\exp(-\mathrm{j}\,\vartheta^{(\mathrm{e})}) \\ &\quad - \underline{B}^{(\mathrm{o})}\exp(-\mathrm{j}\,\vartheta^{(\mathrm{o})})/2; \quad \text{mit} \end{aligned} \tag{17}$$

$$\vartheta^{(\mathrm{e,o})} = \beta^{(\mathrm{e,o})}\,l;$$

$$r^{(\mathrm{e,o})} = (Z_\mathrm{L}^{(\mathrm{e,o})} - Z_\mathrm{L})/(Z_\mathrm{L}^{(\mathrm{e,o})} + Z_\mathrm{L});$$

$$\begin{aligned} \underline{A}^{(\mathrm{e,o})} = (&1 - \exp(-\mathrm{j}\,2\,\vartheta^{(\mathrm{e,o})}))/ \\ &(1 - r^{(\mathrm{e,o})^2}\exp(-\mathrm{j}\,2\,\vartheta^{(\mathrm{e,o})})); \end{aligned}$$

$$\underline{B}^{(e,o)} = (1 - r^{(e,o)2}) / (1 - r^{(e,o)2} \exp(-j 2 \vartheta^{(e,o)})).$$

Vorwärtskoppler. Beim idealen Vorwärtskoppler ($k_r = 0$) sind nur die beiden gleichsinnig gerichteten Wellengrößen $\underline{a}_1$ und $\underline{a}_2$ bzw. $\underline{b}_1$ und $\underline{b}_2$ miteinander verkoppelt. Die Bedingungen für ein Richtkopplerverhalten sind in Tab. 1 aufgelistet. Bei $Z_L = Z_L^{(e)} = Z_L^{(o)}$ ist $r^{(e,o)} = 0$, folglich wird $\underline{S}_{ii} = 0$ und $\underline{S}_{21} = 0$. Die beiden Eigenwerte $\beta^{(e,o)}$ ergeben sich aus Gl. (10) mit $k_L = -k_C = k_v$

$$\beta^{(e)} = \bar{\beta}(1 + k_v); \quad \beta^{(o)} = \bar{\beta}(1 - k_v). \tag{18}$$

Damit erhält man für den Transmissionsfaktor $\underline{S}_{31}$ und für den Koppelfaktor $\underline{S}_{41}$:

$$\begin{aligned} \underline{S}_{31} &= \exp(-j\bar{\beta}l)\cos(\bar{\beta}k_v l), \\ \underline{S}_{41} &= -\exp(-j\bar{\beta}l)\, j \sin(\bar{\beta}k_v l). \end{aligned} \tag{19}$$

Bei $\bar{\beta}k_v l = \pi/2$ wird die gesamte eingespeiste Leistung P_1 übergekoppelt nach Tor 4.

Tabelle 1. Bedingungen für den idealen Rückwärtskoppler ($k = k_r$) und den idealen Vorwärtskoppler ($k = \sin(\bar{\beta}k_v l)$)

Rückwärtskoppler	Vorwärtskoppler
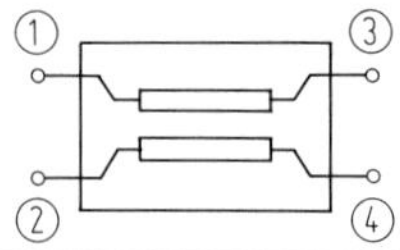	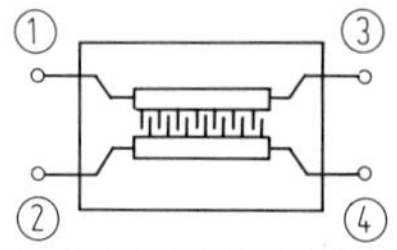
$S_{41} = 0$ $S_{21} = k$; $S_{31} = \sqrt{1-k^2}$	$S_{21} = 0$ $S_{41} = k$; $S_{31} = \sqrt{1-k^2}$
Bedingungen: ① $v^{(e)} = v^{(o)}$ ② $Z_L^2 = Z_L^{(e)} \cdot Z_L^{(o)}$	Bedingungen: ① $v^{(e)} \neq v^{(o)}$ ② $Z_L = Z_L^{(e)} = Z_L^{(o)}$

Rückwärtskoppler. Beim Rückwärtskoppler ($k_v = 0$) sind die beiden gegensinnig gerichteten Wellengrößen $\underline{a}_1$ und $\underline{b}_2$ bzw. $\underline{a}_2$ und $\underline{b}_1$ miteinander verkoppelt. Dies erreicht man bei $r^{(e,o)} \neq 0$. Damit die Reflexionsfaktoren $\underline{S}_{ii}$ verschwinden und sich ein ideales Richtkopplerverhalten ($S_{41} = 0$) einstellt muß $\beta^{(e)} = \beta^{(o)}$ und $r^{(e)} = -r^{(o)}$ sein. Bei $k_L = k_C = k_r$ ist:

$$\beta^{(e)} = \beta^{(o)} = \bar{\beta}\sqrt{1 - k_r^2} \tag{20}$$

und

$$\begin{aligned} Z_L^{(e)} &= Z_L \sqrt{(1 + k_r)/(1 - k_r)}; \\ Z_L^{(o)} &= Z_L \sqrt{(1 - k_r)/(1 + k_r)}. \end{aligned} \tag{20}$$

Für den Transmissionsfaktor und für den Koppelfaktor erhält man aus Gl. (17) mit $r^{(e)} = -r^{(o)} = r$:

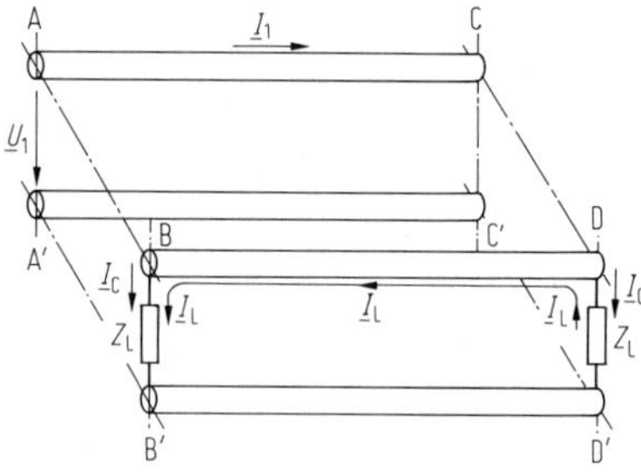

Bild 3. Leitungselement zweier gekoppelter Leitungen

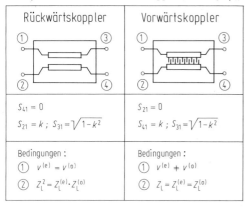

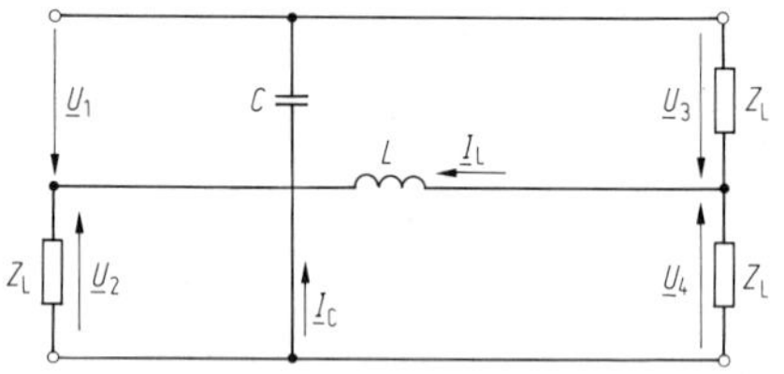

Bild 4. Brückenschaltung mit konzentrierten Elementen

$$\begin{aligned} \underline{S}_{31} &= \exp(-j\beta^{(e)}l)(1 - r^2) / (1 - r^2\exp(-j2\beta^{(e)}l)), \\ \underline{S}_{21} &= \exp(-j\beta^{(e)}l)\, j\sin(\beta^{(e)}l)\, 2r / (1 - r^2\exp(-j2\beta^{(e)}l)). \end{aligned} \tag{21}$$

Bei $\beta^{(e)}l \approx \pi/2$ ist dann

$$\begin{aligned} \underline{S}_{31} &= \exp(-j\beta^{(e)}l)\sqrt{1 - k_r^2}, \\ \underline{S}_{21} &= \exp(-j\beta^{(e)}l)\, j k_r. \end{aligned} \tag{22}$$

In Bild 3 sind die Richtungspfeile der Ströme aufgrund der induktiven Verkopplung ($\underline{I}_L$) und der kapazitiven Verkopplung ($\underline{I}_C$) skizziert. Bei geeigneter Dimensionierung heben sich am fernen Ende der verkoppelten Leitung die Ströme auf, während sie sich am nahen Ende addieren. Gleiches Verhalten erzielt man mit diskreten Elementen, die entsprechend Bild 4 in einer Brückenschaltung zusammengefügt sind. Mit $k = \omega L/Z_L = \omega C Z_L$ wird $\underline{U}_2/\underline{U}_1 = jk/(1 + jk)$ und $\underline{U}_3/\underline{U}_1 = 1/(1 + jk)$, während $\underline{U}_4/\underline{U}_1 = 0$ ist.

Modelle für den Frequenz- und Zeitbereich. Um eine möglichst einfache Modellbeschreibung zu erhalten, werden die Spannungen und Ströme an den Enden der Leitungen mit den aus dem Eigenwertproblem erhaltenen Modalmatrizen $\boldsymbol{M}_U$ bzw. $\boldsymbol{M}_I$ in geeigneter Weise transformiert. Mit dieser Tranformation ergibt sich eine vorteilhafte Entkopplung der Eigenmoden. Diese entkoppelten Eigenwellen lassen sich als N unabhängige Einzelleitungen behandeln, was insbesondere bei der Simulation im Zeitbereich eine wesentliche Vereinfachung darstellt.

In Bild 5 ist skizziert, wie sich diese Transformationsbeziehungen durch spannungsgesteuerte Spannungsquellen und stromgesteuerte Stromquellen realisieren lassen. Die Wellenwiderstände $Z_{L,v}$ und Verzögerungszeiten τ_v der N entkoppelten Einzelleitungen können folgendermaßen angegeben werden:

$$\boldsymbol{Z}_L = \mathrm{diag}(Z_{L,v}) = \boldsymbol{M}_U \cdot \boldsymbol{L}' \cdot \boldsymbol{M}_U^{-1} \cdot \boldsymbol{V}, \tag{23}$$

$$\boldsymbol{Y}_L = \mathrm{diag}(Y_{L,v}) = \boldsymbol{Z}_L^{-1}, \tag{24}$$

$$\boldsymbol{\tau} = \mathrm{diag}(\tau_v) = \boldsymbol{v}^{-1} \cdot 1. \tag{25}$$

Spezielle Literatur: [1] *Scanlan, J. O.:* Theory of microwave coupled-line networks. Proc. IEEE 68 (1980) 209–231. – [2] *Marx, K. D.:* Propagation modes, equivalent circuits and characteristic terminations for multiconductor transmission lines with inhomogeneous dielectrics. IEEE Trans. MTT-21 (1973) 450–457. – [3] *Sun, Y. Y.:* Comments on "Propagation modes, equivalent circuits ...", IEEE Trans. MTT-26 (1978) 915–918. – [4] *Dalby, A. B.:* Interdigital microstrip circuit parameters using empirical formulas and simplified model. IEEE Trans. MTT-27 (1979) 744–752. – [5] *Wenzel, R. J.:* Theoretical and practical applications of capacitance matrix transformations to TEM network design. IEEE Trans. MTT-14 (1966) 635–647. – [6] *Briechle, R.:* Übertragungseigenschaften gekoppelter, verlustbehafteter Mehrleitersysteme mit geschichtetem Dielektrikum. Frequenz 19 (1975) 69–79. – [7] *Bergandt, H. G.; Pregla, R.:* Microstrip interdigital filters. AEÜ 30 (1976) 333–337. – [8] *Siegl, J.; Tulaja, V.; Hoffmann, R.:* General analysis of interdigitated microstrip couplers. Siemens Forsch.- u. Entw.-Ber. 10 (1981) 228–236. – [9] *Krage, M. K.; Haddad, G. I.:* Characteristics of coupled microstrip transmission lines – I: Coupled mode formulation of inhomogeneous lines. IEEE Trans. MTT-18 (1970) 217–222. – [10] *Gunton, D. J.; Paige, E. G. S.:* An analysis of the general asymmetric directional coupler with non-mode-converting terminations. Microwaves, Optics and Acoustics 2 (1978) 31–36.

8 Rechnerunterstützter Entwurf
Computer aided design

8.1 Einleitung
Introduction

Allgemeine Literatur: *Gupta, K. C.; Garg, R.; Chadha, R.:* Computer-aided design of microwave circuits. – *Dedham MA:* Artech House 1981. – *Special issue on CAD. IEEE-MTT 36*, Februar 1988. – *Dirks, Ch.:* Hochfrequenz-CAD-Programme: Berechnungsbeispiele und Messung im Vergleich. Heidelberg: Hüthig 1989.

Universell verwendbare Rechnerprogramme zum Schaltungsentwurf [1, 53] werden in der

Spezielle Literatur Seite C41

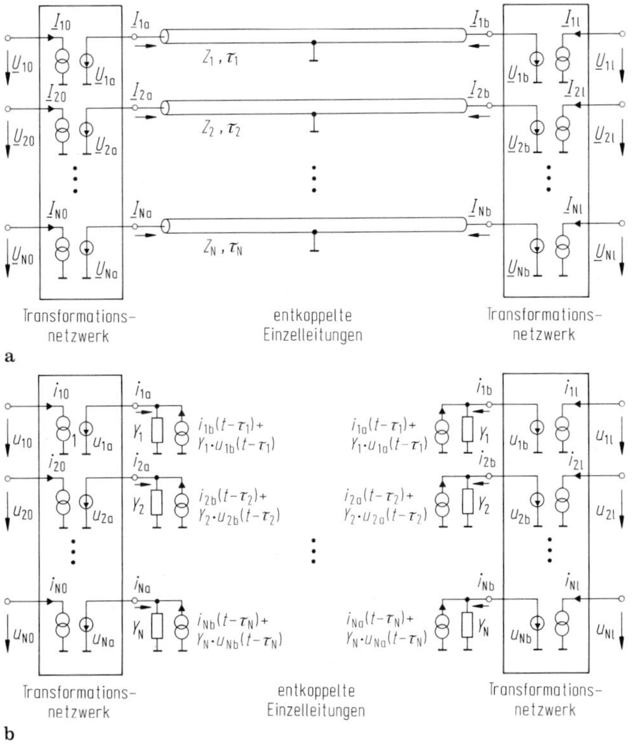

Bild 5. Strukturmodell für ein Mehrlagen-Mehrleitersystem. **a** Modell für den Frequenzbereich; **b** Modell für den Zeitbereich

Elektrotechnik seit Anfang der 60er Jahre eingesetzt. Die Programme entstanden in der Regel in der Entwicklungsabteilung einer Firma und wurden zunächst nur firmenintern genutzt. Obwohl es inzwischen Software-Firmen gibt, die sich auf den Vertrieb und die Weiterentwicklung von Rechnerprogrammen spezialisiert haben, sind auch heute noch viele firmeninterne Programme in ihrem jeweiligen Spezialgebiet auf einem höheren Niveau als die vergleichbaren, im Handel erhältlichen.

In der Elektrotechnik ist der Markt für CAD-Programme in drei Bereiche, die sich zum Teil überschneiden, aufgeteilt: Elektronikschaltungen, digitale Schaltungen sowie HF- und Mikrowellenanwendungen.

Erst seit Beginn der 80er Jahre haben CAD-Programme in der HF- und Mikrowellentechnik größere Verbreitung gefunden [2, 3]. Wegen der notwendigen komplizierten Theorien zur Beschreibung der physikalischen Effekte bei höheren Frequenzen (z. B. Verluste in Blindelementen, Dispersion auf Leitungen, frequenzabhängige Phasendrehung in Transistoren) sind zur Rechnersimulation wesentlich aufwendigere Programme als in den anderen Bereichen der Elektrotechnik notwendig. In der Anfangszeit war dementsprechend die Übereinstimmung zwischen der Rechnersimulation und der physikalischen Wirklichkeit häufig unzureichend. Seither sind die CAD-Programme wesentlich verbessert worden, die Fertigungstechnologien sind reproduzierbarer geworden, und die Meßtechnik ist genauer geworden. Außerdem ist der Trend feststellbar, in bevorzugtem Maße solche Technologien einzusetzen (z. B. planare Leitungen, bipolare Transistoren und MMICs), die sich mit den vorhandenen CAD-Programmen besonders gut berechnen lassen. Das Spektrum handelsüblicher CAD-Programme reicht von offenen Programmen, die von Meßgeräteherstellern kostenlos abgegeben werden, bis zu Programmsystemen, die vermietet bzw. zu Preisen oberhalb von hunderttausend DM verkauft werden.

Da das CAD-Programm und das Handbuch beliebig kopiert werden können, sorgt ein Hardkey dafür, daß die im Lizenzvertrag festgehaltene rechtliche Verpflichtung eingehalten wird. Dies ist eine Digitalschaltung, die in der Regel in einem Zwischenstecker für einen der Rechnerausgänge untergebracht ist. Das Programm prüft während der Nutzung das Vorhandensein dieses Hardkeys und läuft nur, solange sich dieser Hardkey am Rechner befindet. Die einfache Lizenz gilt nur für einen Rechner und einen Nutzer. Bei mehreren Terminals am gleichen Rechner erhöht sich der Kaufpreis.

Beim Kauf eines CAD-Programms erhält man überlicherweise:

- das eigentliche Programm in Form von Disketten oder Magnetbändern,
- das Benutzer-Handbuch,
- den Hardkey,
- einen Schulungskurs für einen oder mehrere Mitarbeiter,
- einen Lizenzvertrag,
- zeitlich begrenzt, z. B. für ein Jahr, kostenlose Anwenderberatung und kostenlose Programmerweiterung, falls zwischenzeitlich eine neue, erweiterte Version des Programms auf den Markt kommt.

Ein CAD-Programm ist bezüglich seiner Rechnerumgebung nicht universell einsetzbar, sondern nur auf einem bestimmten Rechnertyp mit einer bestimmten Grafikkarte und einem bestimmten Betriebssystem lauffähig. Der Nutzer hat üblicherweise keine Möglichkeit, das Programm zu verändern. Am weitesten verbreitet sind die Betriebssysteme MS-DOS (z. B. für 16-Bit-PCs) und UNIX für 32-Bit-Arbeitsplatzrechner.

Ein komfortabler Einzelarbeitsplatz für CAD-Anwendungen besteht zum Beispiel aus einem schnellen AT-Rechner mit Speichererweiterung und Coprozessor sowie einem Farbbildschirm zur Darstellung der Grafik und einem Schwarzweiß-Bildschirm für die Texteingabe.

Die UNIX-Versionen der CAD-Programme sind zum Teil leistungsfähiger als die PC-Version. Sie haben weiterhin den Vorteil, daß mehrere unabhängige Nutzer zur gleichen Zeit mit dem gleichen Programm arbeiten können. Zentralrechneranlagen sind eher nachteilig für CAD-Anwendungen. Speziell für die schnelle, interaktive Grafikbearbeitung muß die Rechenleistung unmittelbar am Arbeitsplatz verfügbar sein.

Vorteile der rechnergestützten Entwicklung sind:

- Die Nutzungszeit teurer Meßplätze sinkt drastisch; dafür müssen zusätzlich vergleichsweise preiswerte, universeller nutzbare Rechnerarbeitsplätze geschaffen werden,
- weniger Aufwand für den Bau von Prototypen,
- eine mögliche Verkürzung der Entwicklungszeit bis zur Serienreife,
- geringerer Bauelementeverbrauch während der Entwicklungsphase,
- die Rechnersimulation eröffnet eine neue Art zu lernen [52]. Der interessierte Ingenieur kann durch gezielte Veränderungen am Schaltungsaufbau relativ schnell die Eigenschaften einer Schaltung erfassen,
- Vereinheitlichung und Vereinfachung der Dokumentation, verbesserter Zugriff,
- verbesserte Transparenz im Bereich Forschung und Entwicklung: Abteilung A nutzt eine Entwicklung der Abteilung B, oder Entwicklung X greift darauf zurück, daß Entwickler Y den firmenüblichen SMA-Chassisstecker gemessen und die Meßergebnisse als Datei archiviert hat.

Im folgenden wird dargestellt, welche vielfältigen Möglichkeiten die derzeit im Handel erhältlichen

CAD-Rechnerprogramme dem Entwickler eröffnen. Die den Programmen zugrundeliegenden Rechenverfahren werden angeführt.

8.2 Analyse linearer Schaltungen
Analysis of linear circuits

Zur Veranschaulichung des Verfahrens wird zunächst ein einfaches Schaltungsbeispiel benutzt: Ein Transistorverstärker in Microstripleitungstechnik soll berechnet werden. Dazu wird das CAD-Programm *Touchstone* der Firma EEsof Inc., USA, eingesetzt. Die Mehrzahl der CAD-Programme zur linearen Analyse verwendet ähnlich strukturierte Programme und Befehle. In dem vom Entwickler festgelegten Schaltplan (Bild 1) werden die Knotenpunkte zwischen den Bauelementen numeriert, und die verwendeten Bauelemente werden dem Rechner über die Tastatur in Form einer Netzliste eingegeben. Knoten Nr. 0 ist Masse. Bild 2 enthält das einzugebende Programm einschließlich der Erläuterung der Bedeutung einzelner Programmteile. In der ersten Zeile des Programmteils CKT werden die Eigenschaften des verwendeten Substratmaterials beschrieben. Die zweite Zeile besagt, daß sich eine Microstripleitung mit 14,5 mm Länge und 1,2 mm Breite zwischen Knoten 1 und Knoten 2 befindet. Dann folgt ein Kondensator mit 2,3 pF von 2 nach 3. Durch die Numerierung der Knoten wird festgelegt, welche Bauteile miteinander verbunden sind. Wie die einzelnen Komponenten einzugeben sind, ist dem Benutzerhandbuch zu entnehmen. Die S-Parameter des verwendeten Transistors HXTR-5104 sind dem Programm bekannt. Die Liste ist unter dem Dateinamen HXTR5104 abgespeichert.

Nach vollständig richtiger Eingabe des Programms (falls nicht, erfolgt eine Fehlermeldung) wird auf einen Tastendruck hin die Verstärkung S_{21} als Funktion der Frequenz berechnet und wahlweise als Liste oder als Diagramm (Bild 3)

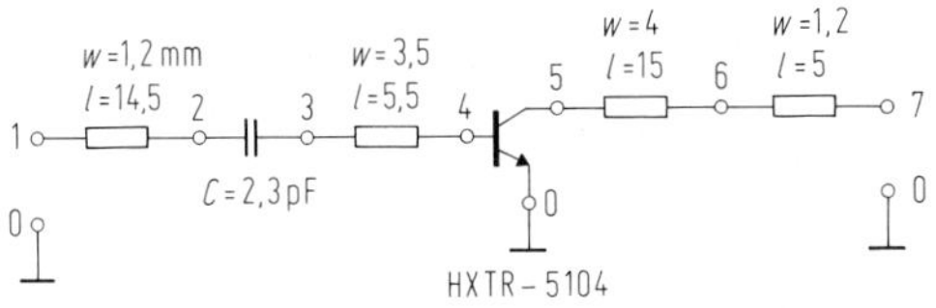

Bild 1. Schaltbild des gewählten Schaltungsbeispiels

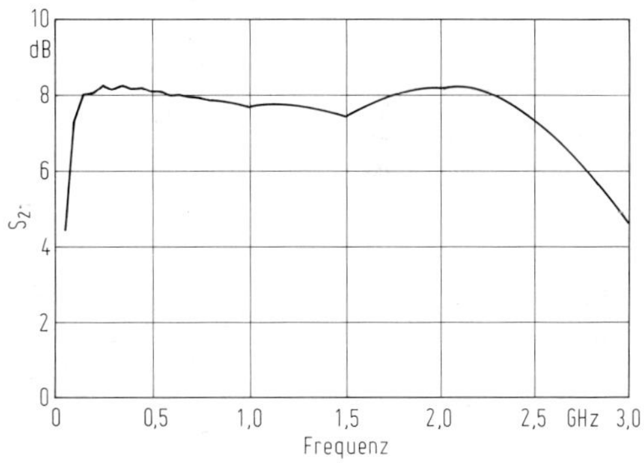

Bild 3. Rechenergebnis des gewählten Schaltungsbeispiels

DIM						
Freq	GHz	Festlegen der Maßeinheiten				
Cap	pF					
Lng	mm					
CKT						
MSub	Er = 10.2	h = 1.27	t = 0.07	Rho = 1	Rgh = 0	
Mlin	1	2	w = 1.2	l = 14.5		
Cap	2	3	C = 2.3			
Mlin	3	4	w = 3.5	l = 5.5		
S2PA	4	5	0	HXTR 5104		
Mlin	5	6	w = 2	l = 15		
Mlin	6	7	w = 1.2	l = 5		
Def2P	1	7	Amp	! Das Zweitor von 1 nach 7 heißt Amp.		
OUT						
Amp	dB [S 21]			! Für Amp soll $\|S_{21}\|$ in dB berechnet werden.		
FREQ						
Sweep	.1	3	.1	! Es soll von 0,1 bis 3 GHz gerechnet werden.		

Bild 2. Netzliste bzw. Touchstone-Eingabeprogramm für die Schaltung in Bild 1

ausgegeben. Anschließend beginnt die eigentliche Entwicklungsarbeit. Man schaltet zurück in die Betriebsart „Programmbearbeiten", ändert den Wert eines Parameters, z. B. $C = 2{,}2$ pF oder Leitungslänge l von 5 nach 6 gleich 15,5 mm. Man kann auch einen anderen Transistor benutzen oder weitere Bauelemente hinzufügen. Für die geänderte Schaltung läßt man jeweils erneut die Verstärkung berechnen, bis der gewünschte Frequenzgang erreicht ist.

Das CAD-Programm berechnet mit den Methoden der Analyse linearer Schaltungen bzw. mit der Matrizenrechnung für jede angegebene Frequenz die S-Parameter der Schaltung. Die Rechenzeit ist üblicherweise vernachlässigbar. Zur Berechnung beliebig vernetzter, linearer und nichtlinearer Schaltungen wird in den meisten Programmen die Knotenpotentialanalyse benutzt. Zur Verkürzung der Rechenzeit dienen spezielle Algorithmen zur Berechnung schwach besetzter Matrizen (sparse matrix techniques) [25]. Weitere mögliche Verfahren zur Analyse linearer Netzwerke in [26, 57]. Falls die zu berechnende Schaltung eine reine Kettenschaltung ist, wie z. B. der Verstärker in Bild 1, kann man bei einigen Programmen, um Rechenzeit zu sparen, von der Knotenpotentialanalyse auf die Berechnung mit Transmissions- bzw. Kettenparametern umschalten.

Bauelemente. Dem Nutzer steht eine Vielzahl von Modellen zur Verfügung:
- diskrete Bauelemente, z. B. R, L, C, M,
- unterschiedliche Leitungsformen, z. B. Streifenleitung, Microstrip-Leitung, Koplanar-Leitung, Rechteckhohlleiter, Koaxialleitung,
- Leitungsdiskontinuitäten [68, 70], z. B. gekoppelte Leitungen, T-Verzweigungen, offene Enden mit Streukapazität, Querschnittsprünge,
- handelsübliche Transistoren und MMICs,
- optoelektronische Komponenten,
- frei zu definierende Mehrtore, die durch eine S-Parameterliste oder durch ein selbsterstelltes Rechnerprogramm festgelegt werden,
- spezielle Bauelemente, wie Interdigitalrichtkoppler, Rauschquellen oder Ersatzschaltbilder für Transistoren und Halbleiterdioden,
- von einem Parameter abhängige Bauelemente, deren Wert durch eine Gleichung vorgegeben wird (z. B. zur Beschreibung einer Pin-Diode oder einer Varaktordiode).

Die Genauigkeit dieser Modelle entspricht im optimalen Fall dem aktuellen Stand der Theorie und der Meßtechnik und wird durch die Zusammenarbeit zwischen Nutzern und Programmherstellern kontinuierlich verbessert [7].

Für den weniger erfahrenen Programmbenutzer ist es besonders hilfreich, wenn beim Verlassen des Gültigkeitsbereichs eines Modells automatisch eine Warnung erfolgt. Bezüglich der Frequenz erstreckt sich dieser Gültigkeitsbereich bei den großen Standardprogrammen für die lineare und nichtlineare Analyse derzeit bis 40 GHz.

Eine weitere Möglichkeit zur Dateneingabe ist die direkte Messung mit dem Netzwerkanalysator. Sofern beispielsweise im Netzplan in Bild 2 anstelle von HXTR 5104 die Bezeichnung NWA eingegeben wird, führt das CAD-Programm bei der Programmausführung automatisch eine Messung der Transistor-S-Parameter aus. Vorausgesetzt, daß ein geeigneter Netzwerkanalysator mit dem entsprechenden Meßaufbau angeschlossen ist.

Die Rechnersimulation einer realen Schaltung ist immer eine Näherung. Eine wesentliche Aufgabe des Ingenieurs, der ein Analyseprogramm benutzt, besteht darin, zu entscheiden, welche Modelle zur Beschreibung der Bauelemente eingesetzt werden und welche parasitären Effekte vernachlässigt werden können.

Ausgabemöglichkeiten. Für den eingeschwungenen Zustand bei sinusförmiger Anregung kann als Funktion der Frequenz berechnet werden:
- Betrag und Phase der S-Parameter oder verwandter Netzwerkparameter,
- Ströme und Spannungen,
- Rauschparameter wie Rauschzahl, Rauschtemperatur, Quellimpedanz für minimale Rauschzahl, Kreise konstanter Rauschzahl,
- Verstärkerparameter wie Stabilitätsfaktor, Stabilitätskreise, Kreise konstanter Verstärkung oder Abschlußimpedanzen für beidseitige Leistungsanpassung,
- vom Nutzer vorgegebene mathematische Zusammenhänge zwischen diesen Größen.

Da sich eine umfangreiche Schaltung in einzelne Blöcke zerlegen läßt, kann man die gewünschten Größen nicht nur für die Gesamtschaltung, sondern auch an frei zu definierenden Stellen innerhalb der Schaltung berechnen lassen. Zur Darstellung des Rechenergebnisses stehen verschiedene Möglichkeiten zur Auswahl: Eine Tabelle mit Zahlenwerten oder eine grafische Darstellung in kartesischen Koordinaten mit linearer oder logarithmischer Frequenzachse bzw. in Polarkoordinaten in der komplexen Ebene, jeweils mit frei wählbaren Maßstäben. Zu Beginn einer Schaltungsentwicklung ist die Fähigkeit des CAD-Programms zur automatischen Anpassung der Grenzen des Darstellungsbereichs an das Rechenergebnis besonders vorteilhaft. Im Beispielprogramm in Bild 2 wird davon Gebrauch gemacht. Da kein Programmblock über das Ausgabeformat enthalten ist, werden die Bereichsgrenzen für die darzustellene Verstärkung automatisch so festgelegt, daß alle berechneten Funktionswerte von S_{21} im Bereich von 0,1 bis 3 GHz dargestellt werden.

Schaltungsabgleich. In der Betriebsart „Schaltungsabgleich" hat der Entwickler die Möglichkeit, Bauelemente-, Material- und Gleichungsparameter zu verändern. In Analogie zur experimentellen Schaltungsentwicklung, in der z. B. die Veränderung einer gemessenen Durchlaßkurve durch Abgleich eines Resonanzkreises erfolgt, wird die Auswirkung einer über die Tastatur eingegebenen Änderung jeweils neu berechnet, und das aktuelle Ergebnis wird zusammen mit dem ursprünglichen dargestellt. Auf diese Weise sind Verbesserungen oder Verschlechterungen unmittelbar ersichtlich. Die Rechnersimulation hat dabei den Vorteil, daß auch solche Parameter wie Streifenleiterbreite oder Substrathöhe, die in der Realität einen Neuaufbau der Schaltung erfordern würden, problemlos veränderbar sind. Bei den heute üblichen Rechengeschwindigkeiten erscheint im Anschluß an eine Parameteränderung praktisch ohne Zeitverzögerung die grafische Ausgabe des aktuellen Ergebnisses auf dem Bildschirm.

Optimierung. Mit zunehmender Zahl der Parameter, die verändert werden können, und bei Vorliegen mehrerer Entwicklungsziele (z. B. niedrige Rauschzahl, konstante Verstärkung und gute Anpassung) steigen die Anforderungen an die Fähigkeiten des Entwicklers, in angemessener Zeit durch Abgleichen die optimale Schaltung zu finden. In der Betriebsart „Optimieren" stehen deshalb mehrere rechnergesteuert ablaufende Optimierungsverfahren zur Auswahl [4–6, 60]. Sie unterscheiden sich durch die Art der Strategie, z. B. Zufallsverfahren (random optimizer) oder Gradientenverfahren (gradient optimizer) und durch die Definition des Optimierungskriteriums: Bei der Optimierung einer Eingangsimpedanz wird man u. U. den jeweiligen Größtwert des Reflexionsfaktors im betrachteten Frequenzintervall suchen und schrittweise verkleinern. Bei der Optimierung einer gewünschten Verstärkung wird man das mittlere Fehlerquadrat bezogen auf einen vorgegebenen Sollwert berechnen und minimieren.

Der Entwickler gibt Anzahl und zulässige Variationsbreite der Parameter sowie einfache, gewichtete oder kombinierte Entwicklungsziele vor und startet die Optimierung. Je nach Art der gewählten Optimierung wird jetzt abwechselnd ein Parameter nach dem anderen statistisch verändert, oder es wird zunächst nur der Parameter verändert, der die größte Annäherung an das Ziel bringt, oder es wird eine andere Strategie benutzt. Jede Verbesserung wird gespeichert und, falls gewünscht, als Ausgangspunkt der weiteren Optimierung benutzt.

Besonders bei einer großen Anzahl in die Optimierung einbezogener Parameter benötigt das Verfahren relativ viel Rechenzeit, da es sich um rechnergesteuertes, mehr oder minder blindes Probieren handelt. Der Rechner weiß nicht, welcher Teil der Schaltung für die Rauschzahl und welcher Parameter primär für die obere Grenzfrequenz zuständig ist. Die Optimierung ist ein sinnvolles Instrument, um einen guten Schaltungsentwurf abzurunden. Sie ist derzeit nicht in der Lage, fehlende Kenntnisse des Programmbenutzers zu kompensieren. Im Gegenteil, der ökonomische Einsatz von Optimierungsverfahren bedingt umfangreiche zusätzliche Kenntnisse über die Art der Optimierung und über das richtige Festlegen der Randbedingungen. Sofern eine Schaltung vom Konzept oder von der gewählten Topologie her suboptimal ist, bleibt diese Eigenschaft auch nach dem rechnergestützten Optimieren erhalten. Wenn der Rechner die Optimierung beendet, weil ein Optimum gefunden wurde, ist es die Aufgabe des Nutzers zu entscheiden, ob es sich dabei um ein lokales oder um das globale Optimum handelt.

Toleranzanalyse. Selbst unter der Voraussetzung, daß die Modellierung der Realität im Rechner fehlerlos erfolgt ist, ergeben sich Abweichungen zwischen der realen Schaltung und der Rechnersimulation aufgrund von Herstellungstoleranzen, Material- und Exemplarstreuung. Die Betriebsart „Toleranzanalyse" untersucht für den Fall der Serienfertigung, wieviel Prozent des Endprodukts innerhalb des zulässigen Schwankungsbereichs der technischen Daten liegen, wenn z. B. die Kapazitätswerte der benutzten Kondensatoren um $\pm 10\%$, die Dielektrizitätszahl des Substrats um $\pm 0{,}2\%$ und die S-Parameter des Transistors um einen weiteren vorzugebenden Wert variieren dürfen. Vorgegeben wird weiterhin, ob diese Parameterschwankungen gleich verteilt oder z. B. normal verteilt sind. Mit diesen Eingabedaten ermittelt das CAD-Programm, wieviel Prozent einer Serienfertigung die Anforderungen im Mittel erfüllen und inwieweit welcher Schaltungsparameter dafür verantwortlich ist [24]. Diese Berechnungen sind sehr hilfreich, um auf die etwaigen Schwachpunkte eines Entwurfs hinzuweisen. Auch hier gibt es ein Optimierungsverfahren, das im Anschluß an die Schwachstellenanalyse eine automatische Umdimensionierung mit gleich verteilten Schwachstellen erzeugt (design centering). Die Zeit, in der eine Schaltung bis zur Serienreife entwickelt ist, läßt sich damit verkürzen und die dann in der Serienfertigung erzielbare Ausbeute (production yield) vergrößern.

Auch bezüglich der Zuverlässigkeit einer Schaltung ist es günstiger, die Bauelemente so zu dimensionieren, daß trotz alterungs- oder temperaturbedingter Parameteränderungen die Übertragungseigenschaften sicher innerhalb des zulässigen Schwankungsbereichs liegen. Ein weiteres Ziel der Toleranzanalyse kann es sein, völlig

ohne oder mit möglichst wenig Abgleichelementen auszukommen.
Das einfachste Rechenverfahren zur statistischen Toleranzanalyse ist die Monte Carlo-Methode. Dabei wird die Schaltungsanalyse N-mal (beispielsweise mit $N = 1000$) durchgeführt, wobei die untersuchten Bauelementewerte von mal zu mal statistisch, von einem Zufallszahlengenerator gesteuert, verändert werden. Eine derartige Rechnersimulation der Serienfertigung ist entsprechend zeitaufwendig. Die Ungenauigkeit der so gewonnenen statistischen Aussage nimmt proportional $1/\sqrt{N}$ ab. Andere Rechenverfahren, die mit wesentlich weniger Rechenzeit zu einem vergleichbaren Ergebnis führen, sind das „Shadow"-Modell [59] und das „Truth"-Modell [58].
Statistische, voneinander unabhängige Bauelementeschwankungen sind in der Praxis jedoch nicht immer gegeben. Einflüsse wie Alterung und Temperatur oder ein zu langer Ätzvorgang betreffen stets mehrere Bauelemente gleichzeitig. Falls an einem bestimmten Arbeitsplatz in der Produktion bevorzugt Bonddrahtverbindungen mit besonders langen Drähten ausgeführt werden, sind alle Chips in einer Schaltung so angeschlossen.
Alternativ zu einer Toleranzanalyse, die von statistischen Bauelementeschwankungen ausgeht, ist auch eine Berechnung möglich, die vom jeweils ungünstigsten Fall ausgeht (worst-case analysis). Wenn nur ein Zahlenwert gesucht ist, der die Abhängigkeit einer Schaltungseigenschaft (z. B. S_{21}) vom Wert eines Bauelements (z. B. C_1) angibt, spricht man von Empfindlichkeitsanalyse. Für die Ermittlung dieses Wertes $\partial S_{21}/\partial C_1$ existieren mehrere Berechnungsmöglichkeiten [26].
Von den meisten größeren Analyseprogrammen gibt es eine kostengünstigere HF-Version. Hierbei fehlen die Modelle für die Mikrowellenleitungen.

8.3 Analyse nichtlinearer Schaltungen
Analysis of nonlinear circuits

Zur Analyse nichtlinearer Schaltungen [8] gibt es zwei Gruppen von CAD-Programmen. Diejenigen, die nur im Zeitbereich rechnen [9, 65, 67] und als Eingangssignale für die Schaltung beliebige Zeitfunktionen zulassen (z. B. pulsmodulierte Signale, Einschaltfunktionen) und diejenigen, die den eingeschwungenen Zustand berechnen [10–14], bei Schaltungsanregung mit ausschließlich sinusförmigen Eingangssignalen. Typische Anwendungsbeispiele für die erste Gruppe sind die Berechnung des Einschwingverhaltens einer Filterschaltung, die Pulsansteuerung einer Transistorendstufe im C-Betrieb und das Anschwingen eines Oszillators. Beispiele für die zweite Gruppe sind die Berechnung des Großsignalverhaltens eines Mischers oder eines Transistorverstärkers und die Ermittlung des Intermodulations- oder Kreuzmodulationsverhaltens.
Bei der Berechnung im Zeitbereich werden Ströme und Spannungen als Zeitfunktionen dargestellt und die Eigenschaften der Bauelemente (L, C, Leitung) durch Integral- und Differentialgleichungen beschrieben. Zur Schaltungsanalyse werden die bekannten Verfahren zur numerischen Integration und Differentiation benutzt. Berechnungen im Zeitbereich benötigen wesentlich mehr Rechenzeit als solche im Frequenzbereich.
In vielen Anwendungen ist jedoch nur der eingeschwungene Zustand von Interesse. Dann kann zur Verringerung des Rechenaufwands die Schaltung entsprechend Bild 4 aufgeteilt werden in einen linearen und einen nichtlinearen Schaltungsteil. Im in der Regel umfangreicheren linearen Teil wird zeitsparend im Frequenzbereich gerechnet, im nichtlinearen Teil im Zeitbereich. Die Umrechnung von harmonischen Sinussignalen in periodische Zeitfunktionen erfolgt über die Fourier-Reihe, in umgekehrter Richtung über die Fourier-Transformation (FFT). Die Berechnung wird iterativ solange durchgeführt, bis die Amplituden der Harmonischen an den Schnittstellen mit ausreichender Genauigkeit aneinander angepaßt sind. Daher der Name dieses Verfahrens: Harmonic-balance-Methode.
Für Schaltungen, die nur wenig nichtlinear sind – dies trifft auf den überwiegenden Teil aller HF- und Mikrowellenschaltungen zu –, bietet die Analyse des eingeschwungenen Zustands mit Hilfe der Volterra-Reihe wesentliche Vorteile [45, 61, 62, 66]. Die möglichen Konvergenzprobleme sowie der enorme Speicherplatz- und Rechenzeitbedarf der beiden oben angeführten Verfahren entfallen hierbei.
Die Ausgabe der Rechenergebnisse erfolgt als Zeitfunktion (Darstellung analog zu einem Oszilloskop) oder als spektrale Darstellung wie bei einem Spektrumanalysator. Alternativ sind vom Benutzer frei vorgebbare andere Darstellungsformen möglich, wie z. B. Ausgangspegel der 3. Harmonischen als Funktion des Eingangspegels der Grundschwingung oder Mischerverluste als Funktion des Diodengleichstroms. Für viele Meßaufgaben lassen sich per Blockschaltbild Meßgeräte und vollständige Meßaufbauten aufrufen. Das Analyseprogramm simuliert damit neben der zu untersuchenden Schaltung die vom Entwicklungslabor her gewohnte Meßumgebung.
Zusätzlich zu den Bauelementen, die bereits in der linearen Analyse aufgeführt wurden, stehen Gleichstromquellen und Großsignalmodelle für die verschiedenen Transistortypen und Dioden zur Verfügung. Damit lassen sich die Kennlinien-

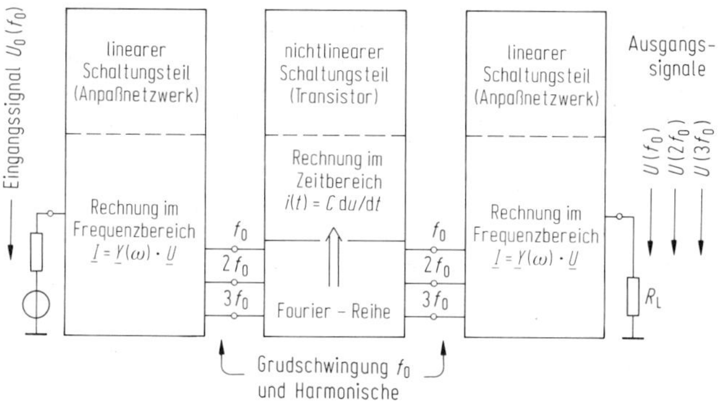

Bild 4. Aufteilung der Schaltung bei der Harmonic-balance-Methode, dargestellt am Beispiel eines Transistorverstärkers

felder realer Halbleiterbauelemente bis in den Bereich der statischen Durchbruchspannung nachbilden. Neben dem HF-Verhalten kann auch das Gleichstromverhalten einer Schaltung berechnet werden. Analog zur Analyse linearer Schaltungen sind die Zusatzfunktionen interaktiver Abgleich, Optimierung und Toleranzanalyse verfügbar.

Verständlicherweise ist es bei der Analyse nichtlinearer Schaltungen wesentlich schwieriger als bei der linearen Analyse, eine ausreichende Übereinstimmung zwischen der Simulation und der Realität zu erreichen. Wenn beispielsweise ein Verstärker für 10 GHz bis zur 4. Harmonischen berechnet werden soll, müßten *alle* Bauelemente im CAD-Programm so beschrieben sein, daß ihr Übertragungsverhalten bis 50 GHz berechenbar ist. Ein Koppelkondensator, eine verdrosselte Gleichstromzuführung und ein Übergang auf Koaxialleitung, die bei 10 GHz in guter Näherung als ideal gelten können und unberücksichtigt bleiben, müßten dann bis 50 GHz exakt modelliert werden. Diese Problematik der häufig unzureichenden Übereinstimmung zwischen der Realität und ihrer Beschreibung im Rechnermodell gilt selbstverständlich auch für Rechnungen im Zeitbereich.

8.4 Layout und Dokumentation
Layout and documentation

Für planare Mikrowellenschaltungen, d. h. also im Microstrip-, Koplanar- und Streifenleitungstechnik, muß das Ersatzschaltbild (Bild 1) umgesetzt werden in die maßstäbliche Darstellung der Leiterstrukturen (Bild 5). Die Rechnerprogramme, die diese Umsetzung automatisch durchführen, können unmittelbar zur Ansteuerung von Plottern oder Fotoplottern eingesetzt werden, die dann die Fotomaske zur Herstellung der planaren Leiterstruktur liefern. Der erste Schritt dieser Umsetzung ist das Umrechnen der elektrischen Daten (Leitungswellenwiderstand, elektrische Länge) in mechanische Abmessungen (Streifenbreite und -länge). Der zweite Schritt, die grafische Bearbeitung, entspricht grundsätzlich der Erstellung von Fotomasken für mehrlagige gedruckte Schaltungen im Elektronik-CAD-Bereich. Zur Anpassung an den jeweiligen Ätzprozeß können automatische Korrekturen gewählt werden (Über-, Untermaß).

Die Programme stellen eine Vielzahl von Zeichenebenen zur Verfügung, so daß der Leiterstruktur, die sich in einer Zeichenebene befindet, beispielsweise folgende andere Zeichenebenen maßstäblich zugeordnet werden können:

- die Beschriftung des Substrats,
- ein Lageplan der Bauelemente, der Bohrungen, der Bonddrähte,
- die maßstäblichen Abmessungen der Bauelemente (aus einer Datei),
- die Bearbeitung der Metallisierung auf der Substratunterseite,
- Abgleichelemente und Gleichstromzuführungen,
- eine technische Zeichnung des Gehäusebodens,
- ein Lageplan der Dünnschichtwiderstände.

Besonders günstig ist es, sofern die Layout-, Dokumentations- und Analyseprogramme in einem übergeordneten Programmrahmen miteinander verbunden sind, wenn die Schaltungsentwick-

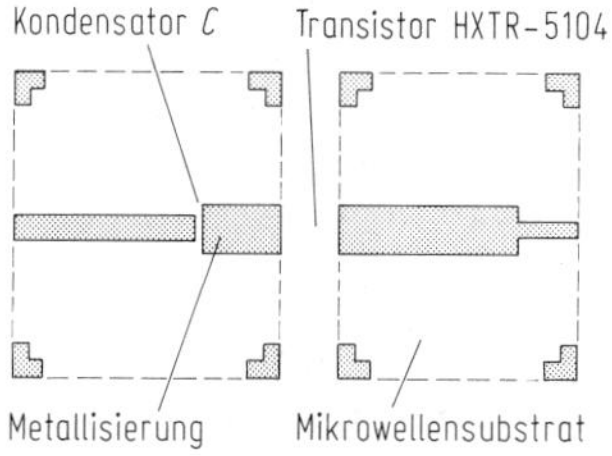

Bild 5. Layout des gewählten Schaltungsbeispiels (Bild 1); maßstäbliche Darstellung der planaren Leiterstreifen

lung im Endstadium vom Layout aus gesteuert werden kann. Zum einen kann man dann die Ausdehnung der Schaltung an die vorgegebene Gehäuse- bzw. Substratgröße anpassen. Zum anderen sieht der Schaltungsentwickler unmittelbar auf dem Farbbildschirm, ob das Transistorgehäuse mit anderen Bauelementen kollidiert und ob die gewählten Impedanztransformationen sinnvolle Leiterstreifenbreiten ergeben. Bei dieser sehr komfortablen Form eines CAD-Systems ist jedem Bauelement eine Datei mit den elektrischen Daten, eine Datei mit den mechanischen Abmessungen, eine Angabe über seine maßstäbliche Lage und Orientierung auf dem Substrat und eine Datei mit den Angaben über die grafische Darstellung einschließlich Text im Schaltbild zugeordnet.

Bei wahlweiser Schaltplanmanipulation über das Layout, das Ersatzschaltbild oder die Netzliste werden Änderungen in einem Bereich jeweils automatisch auf alle anderen übertragen. Nach Abschluß der Entwicklung kann über die angeschlossenen Sichtgeräte per Tastendruck abgefragt werden:

- von der mechanischen Werkstatt die Abmessungen des Gehäuses,
- von der Projektleitung die Eigenschaften der Schaltung,
- von der Lagerverwaltung die Stückliste der benötigten Bauelemente,
- vom Dünnfilmlabor die Fotomaske,
- vom Service die Abgleichanleitung,
- vom Kollegen aus der Nachbarabteilung die Daten des neuentwickelten Richtkopplers,
- von der Fertigung der Lageplan der Bauelemente.

Spezielle Funktionen, die den Schaltungsentwurf über das Layout effizient gestalten, sind die Eingabe von Änderungen mit einer Maus, die Möglichkeit, einen Schaltungsteil auf dem Substrat zu verschieben, mit automatischer Korrektur aller Zuleitungen (Gummibandeffekt), das Einrasten von zunächst beliebig angeordneten Bauelementen in ein vorgegebenes Raster sowie das Drehen, Spiegeln, Löschen, Kopieren, Vergrößern und Verkleinern von Komponenten und Schaltungsteilen.

8.5 Synthese von Filter- und Anpaßschaltungen

Synthesis of filter and matching circuits

Im Unterschied zu allen anderen CAD-Programmen, bei denen der Benutzer die Schaltung vorgibt und das Rechnerprogramm deren Eigenschaften ermittelt (Schaltungsanalyse), ist bei Filter- und Anpaßschaltungen eine Synthese möglich: Der Nutzer gibt die geforderten Schaltungseigenschaften vor, und das Programm berechnet mehrere Schaltungsvarianten, die diese Eigenschaften erfüllen.

Für verlustlose Schaltungen mit diskreten Bauelementen (L, C, Übertrager) gibt es sowohl direkte als auch iterative Verfahren zur Synthese von Filterschaltungen (zwischen ohmschen Widerständen) und von Anpaßschaltungen (zwischen komplexen Impedanzen).

Mit den handelsüblichen CAD-Programmen können Tiefpaß-, Hochpaß-, Bandpaß- und Allpaßschaltungen sowie Bandsperren berechnet werden. Selbstverständlich existieren dabei programmbedingte oder physikalisch bedingte Grenzen. Die zulässige relative Bandbreite von Bandpässen liegt beispielsweise zwischen etwa 1 % und einer Dekade. Vorgegeben werden können die gewünschte Übertragungscharakteristik (zum Beispiel Butterworth, Tschebyscheff, Bessel oder Cauer), die Abschlußimpedanzen, die Grenzfrequenzen, die Lage des Durchlaßbereichs und die maximale Welligkeit, die Flankensteilheit, Schranken für die zulässigen Wertebereiche der Bauelemente, die maximal zulässige Fehlanpassung im Durchlaßbereich und die Güte der Bauelemente. Aus den vom Rechner vorgeschlagenen Schaltungsvarianten wird eine geeignete Schaltung ausgewählt und interaktiv optimiert. Einzelne Komponenten können automatisch in äquivalente Leitungsschaltungen umgesetzt werden. Die sich dabei ergebenden Veränderungen des Übertragungsverhaltens werden anschließend interaktiv mit Optimierungsverfahren durch Verändern vorgegebener Parameter minimiert.

Zur vollständigen Berücksichtigung aller Verluste und parasitären Effekte wird die synthetisierte Filter- bzw. Anpaßschaltung mit einem CAD-Programm für die Analyse linearer Schaltungen weiter bearbeitet.

Zur vollständigen Berücksichtigung aller Verluste und parasitären Effekte wird die synthetisierte Filter- bzw. Anpaßschaltung mit einem CAD-Programm für die Analyse linearer Schaltungen weiter bearbeitet.

Für spezielle Filterbauformen existieren gesonderte Syntheseprogramme. So zum Beispiel für Filter mit

- gekoppelten Streifenleitungsresonatoren,
- gekoppelten Microstripleitungsresonatoren,
- Keramikresonatoren,
- koaxialen Topfkreisen (Interdigitalfilter),
- Hohlraumresonatoren,
- YIG-Resonatoren.

Bei den direkten, analytischen Verfahren [15–17] wird die Betriebsleistungsverstärkung g_T (s. F 1.4) des zu synthetisierenden Zweitors als Gleichung vorgegeben. Also beispielsweise als gebrochen rationale Funktion mit einem Tschebyscheff-Polynom, wenn die Schaltung Tschebyscheff-Verhalten haben soll. Die Abschlußimpedanzen an beiden Seiten des Zweitors werden jeweils durch ein R-L-C-Netzwerk mit konstanten Bauelementewerten beschrieben. Die weitere Rechnung wird in der komplexen s-Ebene durchgeführt, mit $s=\sigma+\mathrm{j}\omega$. Mit Hilfe der üblichen Rechenverfahren, z. B. über eine Partialbruchzerlegung, ergeben sich dann die Bauelemente des Filters, meist als Abzweigschaltung.

Viel häufiger liegt jedoch der Fall vor, daß eine komplexe Transistoreingangsimpedanz innerhalb eines vorgegebenen Frequenzbereichs an einen reellen Generatorinnenwiderstand angepaßt werden soll. Von den dafür geeigneten iterativen Syntheseverfahren [17–22, 54] wird im CAD-Bereich besonders häufig die „real frequency technique" angewendet. Der Name rührt daher, daß die anzupassende Impedanz als Tabelle vorliegt: Zu jedem reellen Frequenzpunkt gehört ein komplexer Impedanzwert. Das Verfahren rechnet also zunächst mit reellen Kreisfrequenzen ω. Wiederum ausgehend von der Betriebsleistungsverstärkung g_{T}, die jetzt aber nur bei diskreten Frequenzen bekannt ist, wird der Realteil der Eingangsimpedanz des Zweitors durch einen Polygonzug approximiert und an den gewünschten Verlauf angepaßt. Der zugehörige Imaginärteil wird über die Hilbert-Transformation berechnet. Die sich ergebende, stückweise stetige Funktion wird durch eine gebrochen rationale Funktion angenähert und aus dieser wird dann, wie bei den direkten Verfahren, die gesuchte Schaltung ermittelt.

Bei den direkten und bei den iterativen Verfahren kann man nicht nur einen geradlinigen Verlauf, sondern auch einen linearen Anstieg oder Abfall der logarithmierten Übertragungsfunktion im Durchlaßbereich vorgeben. Damit ist die Möglichkeit gegeben, das Eingangs- und Ausgangsanpaßnetzwerk eines breitbandigen Transistorverstärkers oder die Anpaßschaltung zwischen zwei Transistoren eines mehrstufigen Verstärkers vom Syntheseprogramm entwerfen zu lassen (s. F 1.7, F 1.8). Bei der direkten Synthese wird der Transistor als rückwirkungsfrei angenommen. In einer Weiterentwicklung der Real-frequency-Methode [27] werden sowohl die Transistorrückwirkung als auch die Verluste in den Kondensatoren und Induktivitäten berücksichtigt, und zwar die ohmschen, die dielektrischen und die Skineffektverluste einschließlich ihrer jeweiligen Frequenzabhängigkeit.

8.6 Analyse von Systemen
Analysis of systems

Die jüngste Entwicklung im Bereich der CAD-Programme sind solche, mit denen analoge HF- und Mikrowellensysteme analysiert werden können. Im Unterschied zur Schaltungsebene, wo diskrete Bauelemente wie Kondensatoren, Widerstände und Transistoren zu Schaltungen zusammengesetzt werden, benutzt man in der Systemebene komplette Schaltungen bzw. Systemkomponenten wie z. B. Verstärker, Filter, Dämpfungsglieder, Mischer, Leitungen, Antennen und Funk-Kanäle, um die Systemeigenschaften berechnen zu können.

Die Beschreibung der benutzten Komponenteneigenschaften ist auf verschiedene Arten möglich. Zu Beginn einer Systementwicklung oder, wenn es sich beispielsweise um die kurzfristige Erstellung eines Angebots oder um eine Machbarkeitsstudie handelt, sind sehr wenige Angaben ausreichend, um mit Hilfe des CAD-Programms einen Überblick über das Systemverhalten zu bekommen. Bei einem Filter genügt der Typ, die Grenzfrequenz und die Flankensteilheit, bei einem Dämpfungsglied der Dämpfungswert und der Reflexionsfaktor. Die Eingabe erfolgt in Form einer Netzliste über die Tastatur oder über das Blockschaltbild mit der Maus. Wenn die Systementwicklung weiter fortgeschritten ist, werden diese einfachen Modelle ersetzt durch genauere Beschreibungsarten. Für ein Filter wird die S-Parameterdatei aufgerufen, die mit einem Filtersyntheseprogramm ermittelt wurde und ein Verstärker wird durch temperatur- und frequenzabhängige Rauschparameter in Gleichungsform und durch S-Parametertabellen als Funktion der Eingangsleistung und der Frequenz beschrieben. Handelsübliche Komponenten werden aus Herstellerdateien mit ihrer Modellnummer aufgerufen. Das System kann von Rauschquellen und von Signalquellen mit Sinussignalen verschiedener Frequenzen oder mit beliebigen periodischen Zeitfunktionen gespeist werden (unter anderem also AM-, FM- und pulsmodulierte Signale). Verzweigungen und Rückkopplungsschleifen sind möglich.

Die Berechnung des Systems erfolgt im Zeitbereich oder im Frequenzbereich unter Berücksichtigung aller Nichtlinearitäten und aller internen Reflexionen. Am Ausgang des Systems und an beliebigen Stellen zwischen den Komponenten können die Signal- und die Rauschparameter [23] gemessen werden. Als unabhängige Variable kann die Frequenz, die Zeit, die Temperatur und die Leistung benutzt werden. Damit sind Ausgabegrafiken möglich wie Amplitude der Harmonischen als Funktion des Eingangspegels, Rauschzahl als Funktion der Temperatur oder zeitlicher Verlauf des Videoimpulses am Ausgang eines logarithmischen Verstärkers.

Alternativ zur grafischen Darstellung lassen sich Meßgrößen analog zu einem Pegelplan in Form von Tabellen darstellen. So kann der Systementwickler feststellen, welche Verstärkerstufe zuerst in die Kompression kommt, welches Bauteil für die Entstehung einer nichtharmonischen Spektrallinie zuständig ist oder wodurch der Störabstand am wirkungsvollsten verbessert werden kann. Für den eigentlichen, interaktiven Vor-

gang der Systementwicklung stehen wie bei den CAD-Programmen der Schaltungsanalyse die Betriebsarten *Abgleich*, *Optimierung* und *Toleranzanalyse* zur Verfügung.
Zur Analyse von Radarsystemen, Funkempfängern und Funkverbindungen sind spezialisierte CAD-Programme erhältlich.

8.7 Ersatzschaltbilder für Transistoren

Transistor equivalent circuit models

Bei der Berechnung von Transistorverstärkern haben die Kennwerte des Transistors einen entscheidenden Einfluß auf die Übereinstimmung zwischen dem Rechenergebnis und der Realität. Im einfachsten Fall stehen die Transistordaten dem CAD-Programm in Form einer Tabelle zur Verfügung. Darin sind für diskrete Frequenzen Betrag und Phase aller vier S-Parameter enthalten. Sie sind gültig für eine spezielle Schaltung (z. B. Basis-Schaltung), für einen festen Gleichstromarbeitspunkt und für den Kleinsignalbetrieb. Die S-Parameter für nichtenthaltene Frequenzen werden interpoliert. Dies ist der Grund dafür, daß der Frequenzgang in Bild 3 keine glatte Kurve ist. Die S-Parameterdateien werden von den Transistorherstellern gemessen und den Anwendern der CAD-Programme zur Verfügung gestellt (im Datenblatt und auf Diskette).
In Erweiterung dieses Prinzips der Transistorbeschreibung kann man mehrere S-Parametertabellen zur Verfügung stellen, z. B. eine für Leistungsanpassung und eine für Rauschanpassung. Alternativ kann der Nutzer die S-Parameter für ein spezielles Exemplar und einen festen Arbeitspunkt messen und die Meßergebnisse in das CAD-Analyseprogramm übernehmen.
Für den Schaltungsentwickler, der den betreffenden Transistor weder bei Leistungsanpassung noch bei Rauschanpassung betreiben möchte, sind jedoch auch zwei oder drei S-Parametertabellen unzureichend. Um optimierte Schaltungen entwickeln zu können, benötigt er die Kleinsignal-S-Parameter als Funktion der Frequenz *und* als Funktion des Gleichstromarbeitspunkts. Für die Entwicklung von Leistungsverstärkern und Oszillatoren músssen zusätzlich noch die Transistoreigenschaften im Großsignalbetrieb bekannt sein. Das Messen der Großsignal-S-Parameter mit einem Netzwerkanalysator ist nicht direkt möglich, da die erforderlichen hohen Signalpegel fehlen.
Die vollständige Beschreibung der Transistoreigenschaften durch S-Parameter als Funktion der Frequenz, des Arbeitspunkts und der Signalamplitude führt also zu meßtechnischen Problemen, ergibt zu umfangreiche Dateien und ist weiterhin ungünstig für Berechnungen im Zeitbereich. Insofern ist man dazu übergegangen, Halbleiterbauelemente durch Ersatzschaltbilder zu beschreiben (Bild 6 und Bilder M 1.15 und M 1.16). Damit erhält man eine wesentlich reduzierte Datenmenge pro Transistortyp. Diese Ersatzschaltbilder bestehen aus Leitungen, nichtlinearen Elementen, diskreten, konstanten Bauelementen, gesteuerten Quellen und diskreten Bauelementen, deren Werte durch Gleichungen als Funktion des Gleichstromarbeitspunkts definiert werden. Man unterscheidet grundsätzlich zwischen linearen und nichtlinearen Ersatzschaltbildern. Bei einem nichtlinearen Ersatzschaltbild enthält das Spektrum des Ausgangssignals zusätzliche Spektrallinien, die im Eingangssignal nicht vorhanden sind. Für die Betrachtung im Zeitbereich heißt dies, daß die Kurvenform des Ausgangssignals (bei hinreichend großer Aussteuerung) von der des Eingangssignals verschieden ist.
Das Ersatzschaltbild kann sowohl in der linearen als auch in der nichtlinearen Analyse, für Berechnungen im Zeitbereich und im Frequenzbereich, für Gleich- und Wechselstromberechnungen benutzt werden. Mit zunehmender Komplexität der Ersatzschaltbilder ist es immer genauer möglich, das Verhalten eines Transistors vollständig zu beschreiben. Sowohl das Kennlinienfeld einschließlich des Durchbruchbereichs als auch das Intermodulationsverhalten im Großsignalbetrieb z. B. bis zur Amplitude der fünften Harmonischen sind damit berechenbar.
Es existieren spezielle Rechnerprogramme, die aus den bei verschiedenen Arbeitspunkten mit einem Netzwerkanalysator gemessenen Kleinsignal-S-Parametern und aus dem gemessenen statischen Kennlinienfeld des Transistors die Elemente des gewählten Ersatzschaltbildes berechnen. Das Verfahren ist sehr rechenzeitintensiv. Auf iterative Weise werden zunächst die Bauelemente bzw. Parameter eines vereinfachten Modells berechnet. Im nächsten Schritt erfolgt dann die verfeinerte Kennlinienanpassung für bis zu 40 Parameter pro Frequenzpunkt. Für GaAs-

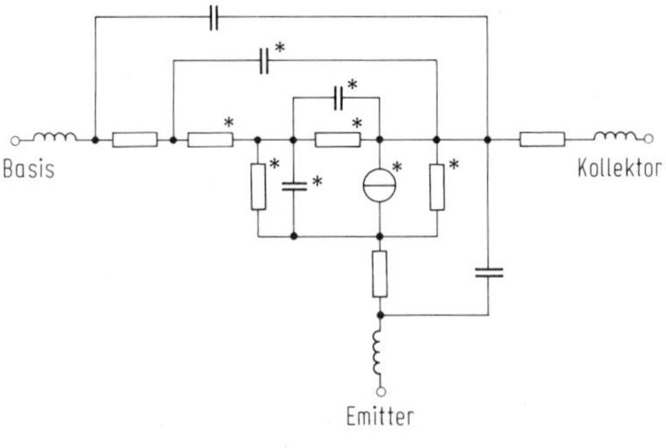

Bild 6. Ersatzschaltbild für einen bipolaren Mikrowellentransistor [55]. Die nichtlinearen Bauelemente sind mit einem Stern gekennzeichnet

MESFETs, HEMTs und bipolare Transistoren werden unterschiedliche Ersatzschaltbilder benutzt [28–40, 55, 71]. Die Dateien mit den Ersatzschaltbild-Elementen werden entweder vom Anwender für einzelne Exemplare ermittelt oder sie werden vom Transistorhersteller als Produktionsmittelwerte zur Verfügung gestellt.
Die konsequente Weiterentwicklung solcher Programme zur Parameterextraktion führt zu statistischen Ersatzschaltbildern. Ausgehend von Meßergebnissen an einer großen Zahl von Transistoren des gleichen Typs berechnet das Programm nicht nur die Bauelementemittelwerte des Ersatzschaltbilds, sondern auch deren Standardabweichung, die Art der Verteilungsfunktion sowie Korrelationen zwischen einzelnen Parametern. Mit diesen erweiterten Ersatzschaltbildern lassen sich solche Teilaufgaben der Schaltungsanalyse wie Toleranzanalyse und Ausbeuteoptimierung, die mit Methoden der Wahrscheinlichkeitsrechnung arbeiten, weiter verbessern.
Näherungsweise lassen sich die Elemente des Ersatzschaltbildes auch aus den für nur einen Arbeitspunkt gemessenen Kleinsignal-S-Parametern und den gemessenen Gleichstromkennlinien ermitteln. Einige Elemente lassen sich auch unmittelbar mit Gleichstrom oder bei niedrigen Frequenzen messen. Ein anderer Weg zur Herleitung der Elemente des Ersatzschaltbilds geht von der Geometrie und vom Aufbau des Transistors aus. Sofern das Ersatzschaltbild für einen GaAs FET mit 1 μm Gatebreite bekannt ist, können die Elemente umgerechnet werden für einen Transistor mit z. B. 0,5 μm Gatebreite.
Neben den Ersatzschaltbildern existieren physikalische Modelle [28] zur Beschreibung von Halbleitern. Die Parameter dieser Modelle sind Gate- und Kanalabmessungen sowie Dotierungsprofile. Da man hier von den Gesetzen der Festkörperphysik, der Geometrie des Transistors und dem Herstellungsprozeß ausgeht, erwartet man speziell bei der Erweiterung zum statistischen Modell größere Genauigkeit bei der Beschreibung der Realität.

8.8 Berechnen von Bauelementen; Feldberechnung

Microwave mechanical component design; computation of fields

Für den rechnergestützten Entwurf von Bauelementen, wie z. B. die Optimierung eines Übergangs von Koaxial- auf Microstripleitung oder die Verkopplung zwischen einer Microstripleitung und einer Schlitzleitung im Masseblech, müssen zweidimensionale Stromdichteverteilungen oder dreidimensionale elektromagnetische Felder berechnet werden. Dies gilt ebenfalls für das Erstellen neuer Modelle zum Einsatz in CAD-Analyseprogrammen, wie z. B. eine unsymmetrische, nichtrechtwinklige T-Verzweigung in Microstriptechnik, und für das genaue Berechnen von Verkopplungen innerhalb einer Schaltung bzw. zwischen Schaltung und Gehäuse.

Quasistatische Näherungsverfahren. Das zu lösende Feldproblem wird durch ein zwei- oder dreidimensionales Gitter geeigneter diskreter Bauelemente ersetzt und dieses wird mit einem Rechnerprogramm für lineare Schaltungsanalyse berechnet. Für statische Felder und Strömungsfelder sind solche Gitterzerlegungen seit jeher bekannt. Ein anschauliches Beispiel ist die Berechnung des ohmschen Widerstands einer L-förmigen Widerstandsschicht, durch Zerlegen in ein ebenes Netz gleichgroßer Widerstände. Dieses Prinzip läßt sich auf die Berechnung planarer Leitungsinhomogenitäten erweitern [41]. Eine Microstripleitungsinhomogenität wird z. B. in viele, sehr kleine Abschnitte unterteilt, jeder Abschnitt wird durch ein geeignetes RLC-Netzwerk beschrieben und die S-Parameter der Gesamtanordnung werden als Funktion der Frequenz berechnet.

Zweidimensionale Feldberechnung. Zur Berechnung der elektromagnetischen Felder in planaren Strukturen existieren verschiedene, universell einsetzbare Programme. Die zur Anwendung kommenden Rechenverfahren [49, 63] sind unter anderem die Momenten-Methode [69] und die Finite-Elemente-Methode im Frequenzbereich und die Finite-Differenzen-Methode im Zeitbereich [42–44, 46–51, 56, 64]. Der Benutzer des Programms gibt die Randkonturen der Leiter und die Materialeigenschaften (Dielektrizitätszahl, Verlustfaktor) ein. Das Programm berechnet die S-Parameter des Bauelements als Funktion der Frequenz. Zusätzlich können die Verteilung der Flächenstromdichte und die Potentiallinien auf der Oberfläche der berechneten Streifenleiter dargestellt werden. Elektromagnetische Verkopplungen innerhalb der Anordnung werden berücksichtigt. Die Dicke der Metallisierung von Streifenleitern, der Skineffekt und der Proximity-Effekt zwischen mehreren benachbarten Leitern werden berücksichtigt. Für Leitungen, die EH-Wellen führen (Microstrip-Leitung, Schlitzleitung), sind zweidimensionale Lösungsmethoden stets eine Näherung.

Dreidimensionale Feldberechnung. Bei den Rechnerprogrammen zur Lösung der Maxwellschen Gleichungen in beliebig berandeten, dreidimensionalen Gebieten wird die Finite-Elemente-Methode (FEM) benutzt. Die FEM ist zur Berechnung von elektromagnetischen Wellenfeldern nicht unbedingt die optimale Methode. Da sie jedoch in der Mechanik intensiv genutzt wird, konnte bei den Elektrotechnikanwendungen auf die dort vorhandene Software-Erfahrung zurückgegriffen werden.

Der Benutzer des Programms gibt zunächst interaktiv mit der Maus und verschiedenen Unterprogrammen zur Grafikmanipulation die Geometrie der Struktur ein (beispielsweise einen Hohlraumresonator mit teilweiser dielektrischer Füllung einschließlich der Anschlußleitungen oder eine planare Leiterstruktur innerhalb eines Metallgehäuses). Dann werden die Materialeigenschaften eingegeben: verlustbehaftete Leiter, verlustbehaftete dielektrische und/oder magnetische Materialien.

Das Programm erzeugt und optimiert automatisch das 3-D-Gitternetz und berechnet dafür die Lösung der Maxwellschen Gleichungen. Es kann im Zeitbereich (Einschwingvorgänge) oder im Frequenzbereich (sinusförmige Anregung) gerechnet werden. Der Nutzer gibt die gewünschte Genauigkeit der Lösung vor. Das Programm paßt daraufhin die Maschenweite in den kritischen Feldbereichen automatisch dieser Forderung an, sofern ausreichend Speicherplatz und Rechenzeit zur Verfügung stehen. 3-D-Programme erfordern Hochleistungsrechner. Bei einer Ortsauflösung von $\lambda/20$ ergeben sich für ein felderfülltes Volumen, das 5 Wellenlängen lang, $\lambda/2$ hoch und $\lambda/2$ breit ist, bereits 10000 Gitterpunkte. An jedem Gitterpunkt müssen 6 Feldkomponenten gespeichert werden. In stark inhomogenen Feldbereichen muß die Ortsauflösung wesentlich feiner als $\lambda/20$ sein.

Bei der grafischen Ausgabe der Rechenergebnisse kann man zwischen verschiedenen Größen (unter anderem S-Parameter, Feldstärke, Energiedichte, Stromdichte) und verschiedenen Darstellungsformen (Tabellen, Kurven, Feldbilder, 3-D-Darstellungen) wählen. Firmenintern werden bereits Programmpakete genutzt, mit denen für eine vollständige Microstripschaltung einschließlich Gehäuse bis 90 GHz die dreidimensionale, feldtheoretische Analyse durchgeführt wird.

8.9 Ausblick
Outlook

Im Unterschied zu Meßgeräten, bei denen fast jeder Hersteller in den technischen Daten klar formulierte Einsatzgrenzen und Meßfehler angibt, ist dies bei CAD-Programmen heute noch unüblich. Damit fällt es einem potentiellen Nutzer schwer, konkurrierende Produkte miteinander zu vergleichen und dasjenige herauszufinden, welches die gewünschten Anforderungen optimal erfüllt.

Der Kauf eines guten CAD-Programms hat nicht zur Folge, daß damit ein mittelmäßig qualifizierter Entwicklungsingenieur Spitzenprodukte erzeugt. Die Qualität einer Entwicklung ist nach wie vor abhängig von der Qualifikation des Ingenieurs. Der effiziente Einsatz von CAD-Programmen bedingt wesentliche zusätzliche Kenntnisse und Fähigkeiten des Benutzers. Er muß den Rechner, die Peripheriegeräte und das Programm bedienen und ökonomisch einsetzen können; weiterhin muß er ausreichende Erfahrungen in der Benutzung des Programms haben, dessen Grenzen kennen und viele zusätzliche Details berücksichtigen, die notwendig sind, damit das Endprodukt die angestrebten Entwicklungsziele erfüllt.

Der jeweilige Stand der Technik richtet sich nach den zur Verfügung stehenden Hilfsmitteln: Theorie, Bauelemente, Meßgeräte, CAD-Programme. Die Entwicklung neuartiger oder verbesserter Komponenten, Schaltungen und Systeme wird durch die Benutzung von CAD-Programmen nicht einfacher, aber vielfach erst machbar.

Speziell wenn mehrere Entwickungsingenieure das gleiche Programmsystem benutzen, wächst die Zahl der gespeicherten Dateien sehr schnell an. Langfristig muß deshalb eine gegliederte, übersichtliche Dateiverwaltung erreicht werden. Eine Besonderheit im CAD-Bereich ist, daß während einer Entwicklung und bei späteren Modifikationen das gleiche umfangreiche Grundprogramm mit nur wenigen Änderungen versehen stets erneut wieder abgespeichert wird. Dieser Speicherbedarf ließe sich verringern und gleichzeitig der Entwicklungsablauf überschaubarer gestalten, wenn statt dessen – ähnlich wie in einem Laborbuch – nur die vorgenommenen Änderungen in zeitlicher Reihenfolge gespeichert würden.

Derzeit gibt es auf dem CAD-Programm-Markt eine Vielfalt von Insellösungen und einige wenige, umfassende, integrierte Systemlösungen. Es wäre wünschenswert und der weiteren Verbreitung der rechnergestützten Schaltungsentwicklung sicherlich förderlich, wenn es im HF- und Mikrowellenbereich eine ähnliche Entwicklung gäbe, wie sie sich zur Zeit im Elektronikbereich abzeichnet. Das Entstehen von *offenen* Rahmenprogrammen mit genormten Schnittstellen, die es ermöglichen, die Einzelprogramme verschiedener Hersteller zusammen mit selbsterstellten Programmen gemeinsam zu benutzen.

Für monolithische integrierte Mikrowellenschaltungen (MMICs) werden spezielle Programmsysteme angeboten, die den besonderen Gegebenheiten dieser Technologie angeglichen sind. Diese Programmsysteme enthalten meist sämtliche im Vorangegangenen beschriebene CAD-Programme. Die MMIC-Entwicklung endet unmittelbar mit der Herstellung der Masken für die mehrlagige, monolithische Schaltung. Einige MMIC-Hersteller bieten Bibliotheken mit Modellen für Halbleiter und Leitungsbauelemente an, die dem dort benutzten Herstellungsprozeß angepaßt sind. Für die MMIC-Entwicklung sind CAD-Verfahrend besonders wichtig, da der Prototypenbau teuer ist und kaum Möglichkeiten zum Abgleich einer fertigen Schaltung existieren. Da die Linearabmessungen einer monolithischen Schaltung etwa um den Faktor 20 bis 100 kleiner sind als bei traditionellen Mikrowellenschaltungen, wirken sich parasitäre Effekte wesentlich weniger störend aus. Eine ausreichend genaue Rechnersimulation wird dadurch erleichtert.

Spezielle Literatur: [1] *Encarnacao, J. L.; Lindner, R.; Schlechtendahl, E. G.:* Computer aided design: Fundamentals and system architectures. 2. Aufl., Berlin: Springer 1990. – [2] *Jansen, R. H.:* Computer-aided design of hybrid and monolithic microwave integrated circuits – state of the art, problems and trends. 13th European Microwave Conference 1983, pp. 67–78. – [3] *Hoffmann, G. R.:* Introduction to the computer-aided design of microwave circuits. 14th Europ. Microwave Conf. 1984, pp. 731–737. – [4] *Bandler, J. W.; Chen, S. H.:* Circuit optimization: The state of the art. IEEE-MTT 36, no. 2, Febr. 1988, pp. 424–443. – [5] *Brayton, K.; Spence, R.:* Sensitivity and optimization. Amsterdam: Elsevier 1980. – [6] *Gill, P.; Murray, W.; Wright, M.:* Practical optimization. New York: Academic Press 1981. – [7] *York, R. A.; Compton, R. C.:* Experimental evaluation of existing CAD models for microstrip dispersion. IEEE-MTT 38, no. 3, 1990, pp. 327–328. – [8] *Rizzoli, V.; Neri, A.:* State of the art and present trends in nonlinear microwave CAD techniques. IEEE-MTT 36, no. 2, Febr. 1988, pp. 343–365. – [9] *Hoefer, E. E. E.; Nielinger, H.:* SPICE. Berlin: Springer 1985. – [10] *Nakhla, M. S.; Vlach, J.:* A piecewise harmonic balance technique for determination of periodic response of nonlinear systems. IEEE-CAS 23, Febr. 1976. – [11] *Lipparini, A.; Marazzi, E.; Rizzoli, V.:* A new approach to the computer-aided design of nonlinear networks and its application to microwave parametric frequency dividers. IEEE-MTT 30 (1982) 1050–1058. – [12] *Rizzoli, V.; Lipparini, A.; Marazzi, E.:* A general purpose program for non-linear microwave circuit design. IEEE-MTT 31 (1983) 762–770. – [13] *Gilmore, W.:* Nonlinear circuit design using the modified harmonic balance algorithm. IEEE-MTT 34 (1986) 1294–1307. – [14] *Vendelin/Pavio/Rohde:* Designing microwave amplifiers, oscillators and mixers using S-parameters. London: Wiley 1989. – [15] *Mellor, D. J.; Linvill, J. G.:* Synthesis of interstage networks of prescribed gain versus frequency slope. IEEE-MTT 23 (1975) 1013–1020. – [16] *Mellor, D. J.:* Improved computer-aided synthesis tools for the design of matching networks for wide-band microwave amplifiers. IEEE-MTT 34 (1986) 1276. – [17] *Ha, T. T.:* Solid state microwave amplifier design. New York: Wiley 1981. – [18] *Yarman, B. S.; Carlin, H. J.:* A simplified real frequency technique applied to broad-band multistage microwave amplifiers. IEEE-MTT 30 (1986) 2216–2222. – [19] *Carlin, H. J.; Yarman, B. S.:* The double matching problem: Analytic and real frequency solutions. IEEE-CAS 30 (1983) 15–28. – [20] *Orchard, H. J.:* Filter design by iterated analysis. IEEE-CAS 32 (1985) 1089–1096. – [21] *Abrie, P. L. D.:* The design of impedance-matching networks for radio-frequency and microwave amplifiers. Dedham MA: Artech House 1985. – [22] *Carlin, H. J.; Komiak, J. J.:* A new method of broad-band equalization applied to microwave amplifiers. IEEE-MTT 27 (1979) 93. – [23] *Kanaglekar, N. G.; Mc Intosh, R. E.; Bryant, W. E.:* Wave analysis of noise in interconnected multiport networks. IEEE-MTT 35 (1987) 112–116. – [24] *Spence, R.; Soin, R. S.:* Tolerance design of electronic circuits. Reading, MA: Addison Wesley 1988. – [25] *Duff, I. S.; Erismann, A. M.; Reid, J. K.:* Direct methods for sparse matrices. Oxford: Clarendon Press 1986. – [26] *Gupta, K. C.; Garg, R.; Chadha, R.:* Computer-aided design of microwave circuits. Dedham, MA: Artech House 1981. – [27] *Zhu, L.; Wu, B.; Sheng, C.:* Real frequency technique applied to the synthesis of lumped broad-band matching networks with arbitrary nonuniform losses for MMIC's. IEEE-MTT 36 (1988) 1614–1619. – [28] *Bandler, W.; Zhang, Q. J.; Cai, Q.:* Nonlinear circuit optimization with dynamically integrated physical device models. IEEE-MTT-S (1990) 303–306. – [29] *Materka, A.; Kacprzak, T.:* Computer calculation of large-signal GaAs FET amplifier characeristics. IEEE-MTT 33 (1985) 129–135. – [30] *Statz/Newman/Smith/Pucel/Haus:* GaAs FET device and circuit simulation in SPICE. IEEE-ED 34 (1987) 160–169. – [31] *Curtice, W. R.; Ettenberg, M.:* A nonlinear GaAs FET model for use in the design of output circuits for power amplifiers. IEEE-MTT 33 (1985) 1383–1394. – [32] *Sango/Pitzalis/Lerner/McGuire/Wang/Childs:* A GaAs MESFET large-signal circuit model for nonlinear analysis. IEEE-MTT-S (1988) 1053–1056. – [33] *Curtice, W. R.:* GaAs FET modeling and nonlinear CAD. IEEE-MTT 36 (1988) 220–230. – [34] *Kienzler, R.; van Staa, P.; Schmid, E.:* DC-Großsignalmodelle integrierter Bipolartransistoren. ntz-Archiv, Bd. 10 (1988) 237–246. – [35] *Curtice, W. R.:* Intrinsic GaAs MESFET equivalent circuit models generated from two-dimensional simulations. IEEE-CAD (1989) 395–402. – [36] *Kondoh, H.:* Accurate FET modeling from measured S-parameters. IEEE-MTT Symp. (1986) 377–380. – [37] *Sedzik, H.; Wolff, I.:* Modellbildung und nichtlineare Simulation von GaAs-MESFET bzw. -HFET. ntz Archiv, Bd. 11 (1989) 271–276. – [38] *Escotte, L.; Mollier, J.-C.:* Semidistributed model of millimeter-wave FET for S-parameter and noise figure predictions. IEEE-MTT 38 (1990) 748–753. – [39] *Weiss, M.; Pavlidis, D.:* The influence of device physical parameters on HEMT large-signal characteristics. IEEE-MTT 36 (1988) 239–249. – [40] *Jacobini, C.; Lugli, P.:* The Monte Carlo method for semiconductor device simulation. Berlin: Springer 1989. – [41] *Hoeffer, W. J. R.:* The transmission-line-matrix method – Theory and application. IEEE-MTT 33 (1985) 882–893. – [42] *Pan, G.-W.; Olson, K. S.; Gilbert, B. K.:* Improved algorithmic methods for the prediction of wave front propagation behavior in multiconductor transmission lines for high frequency digital signal processors. IEEE-CAD 8 (1989) 608–621. – [43] *Wirth, K.-H.; Siegl, J.:* Zur Schaltkreissimulation mit verkoppelten Mehrleitersystemen im Zeitbereich. Frequenz 42 (1988) 305–313. – [44] *Zienkiewicz, O. C.:* Methode der finiten Elemente. München: Hauser 1984. – [45] *Maas, S. A.:* Nonlinear microwave circuits. Dedham, MA: Artech House 1988. – [46] *Chari, M.; Silvester, P. P. (Hrsg.):* Finite elements in electrical and magnetic field problems. London: Wiley 1980. – [47] *Sabonnadiere, J.-C.; Coulomb, J.-L.:* Finite elements methods in CAD. London: North Oxford Academic 1987. – [48] *Kämmel, G.; Franeck, H.; Recke, H.-G.:* Einführung in die Methode der finiten Elemente. München: Hauser 1990. – [49] *Yamashita, E. (Hrsg.):* Analysis methods for electromagnetic wave problems. Dedham, MA: Artech House 1990. – [50] *Hübner, K. H.; Thornton, E. A.:* The finite element method for engineers. New York: Wiley 1982. – [51] *Silvester, P. P.; Ferrari, R. L.:* Finite elements for electrical engineers. London: Cambridge Univ. Press 1990. – [52] *Proc. of the 2nd annual workshop on interactive computing: CAD/CAM:* Electrical engineering education.

IEEE Press 1983. – [53] *Calahan, D. A.:* Rechnergestützter Schaltungsentwurf. München: Oldenbourg 1973. – [54] *Chen, W. K.:* Broadband matching. Singapur: World Scientific 1988. – [55] *Bunting, J.:* Nonlinear BJT model accurately simulates microwave operation. Microwaves & RF, Nov. 1989. – [56] *Garcia, P.; Webb, J. P.:* Optimization of planar devices by the finite element method. IEEE-MTT 38 (1990) 48–53. – [57] *Rosloniec, S.:* Algorithms for computer-aided design of linear microwave circuits. Dedham, MA: Artech House 1990. – [58] *Purviance, J.; Meehan, M. D.; Collins, D. M.:* Properties of FET statistical data bases. Proc. of the IEEE-MTT-S (1990) 567–570. – [59] *Purviance, J.; Meehan, M. D.:* CAD for statistical analysis and design of microwave circuits. Int. J. MMCAE 1 (1991) 59–76. – [60] *Dobrowolski, J. A.:* Introduction to computer methods for microwave circuit analysis and design. Dedham, MA: Artech House 1991. – [61] *Schetzen, M.:* The Volterra and Wiener theories of nonlinear systems. New York: Wiley 1980. – [62] *Weiner, D. D.; Spina, J. F.:* Sinusoidal analysis and modeling of weakly nonlinear circuits. New York: Van Nostrand Reinhold 1980. – [63] *Itoh, T. (Hrsg.):* Numerical techniques for microwave and millimeter wave passive structures. New York: Wiley 1989. – [64] *Jackson, R. W.:* Full-wave finite element analysis of irregular microstrip discontinuities. IEEE-MTT 37 (1989) 81–89. – [65] *Barker, D. C.:* MINNIE and HSpice for analogue circuit simulation. London: Chapman & Hall 1991. – [66] *Schetzen, M.:* Nonlinear system modeling based on the Wiener theory. Proc. of the IEEE 69 (1981) 1557–1573. – [67] *Müller, K. H.:* Elektronische Schaltungen und Systeme (Simulieren, analysieren, optimieren mit SPICE). Würzburg: Vogel 1990. – [68] *Wu, D.; Chang, D.; Brim, B.:* Accurate numerical modeling of microstrip junctions and discontinuities. Int. J. MMCAE 1 (1991) 45–58. – [69] *Hill, A.; Tripathi, V. K.:* An efficient algorithm for the three-dimensional analysis of passive microstrip components and discontinuities for microwave and millimeter-wave integrated circuits. IEEE-MTT 39, Jan. 1991. [70] *Wolff, I.:* From static approximation to full-wave analysis: The analysis of planar line discontinuities. Int. J. MMCAE 1 (1991) 117–142. – [71] *Mc Camant, A. J.; Mc Cormack, G. D.; Smith, D.:* An improved GaAs MESFET model for SPICE. IEEE-MTT 38, Jun. 1990.

D Grundbegriffe der Nachrichtenübertragung
Elements of communication engineering

K.-H. Löcherer (3) und **H.D. Lüke** (1, 2, 4, 5)

1 Nachrichtenübertragungssysteme
Communication systems

Das allgemeine Schema eines elementaren elektrischen Nachrichtenübertragungssystems zeigt Bild 1. Signale einer beliebigen *Nachrichtenquelle* werden i. allg. zunächst in einem Aufnahmewandler in elektrische Zeitfunktionen abgebildet. Ein *Sender* erzeugt dann in einer zweiten Abbildung ein Sendesignal, welches durch geeignete Form und hinreichenden Energieinhalt an den durch Übertragungseigenschaften und Störungen charakterisierten *Übertragungskanal* angepaßt ist. Am Ausgang des Kanals übernimmt ein *Empfänger* die Aufgabe, das Ausgangssignal des Aufnahmewandlers möglichst gut zu rekonstruieren. Der Wiedergabewandler bildet dieses Signal dann schließlich in eine für die *Nachrichtensenke* geeignete Form ab. Prinzipiell gilt das Schema Bild 1 auch beispielsweise für Nachrichtenspeicher, bei denen der Kanal dann das Speichermedium darstellt. Es läßt sich weiter ausdehnen auf Meß- oder Radarsysteme, bei denen Sender und Empfänger häufig am gleichen Ort lokalisiert sind und Informationen über Eigenschaften des Kanals gesucht werden.

Besonders bei *digitalen Übertragungssystemen* wird die Abbildung in das Sendesignal allgemein in Quellen-, Kanal- und Leitungscodierung aufgeteilt (Bild 2). Die diskrete Nachrichtenquelle, die z. B. mit dem Aufnahmewandler von Bild 1 identisch sein kann, erzeugt hier digitale (d. h. zeit- und wertdiskrete) Signale und zwar i. allg. in Form einer Binärimpulsfolge. Bei analogen Quellensignalen geschieht dies durch eine Digitalisierung, die die Vorgänge Abtastung und Quantisierung umfaßt (s. D 2.1).
Die folgenden Codierungsstufen haben die Aufgabe, dieses digitale Signal so aufzubereiten, daß es über einen gegebenen nichtidealen Kanal bei möglichst hoher Übertragungsgeschwindigkeit mit möglichst geringen Übertragungsfehlern übertragen und an die Nachrichtensenke abgegeben werden kann (s. D 5). Der *Quellencodierer* nutzt statistische Bindungen im Quellensignal und fehlertolerierende Eigenschaften der Senke (wie sinnesphysiologische Eigenschaften des Hör- und Gesichtssinns), um das Quellensignal von im statistischen Sinn überflüssigen (redundanten) Anteilen zu befreien, sowie von Anteilen, deren Fehlen zu nicht wahrnehmbaren oder zu tolerierbaren Fehlern führen (irrelevante Anteile). Der *Kanalcodierer* fügt dem Signal Zusatz-

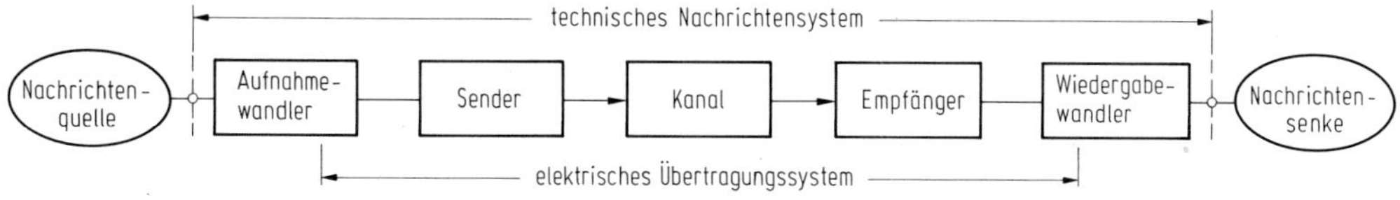

Bild 1. Allgemeines Schema einer Nachrichtenübertragung

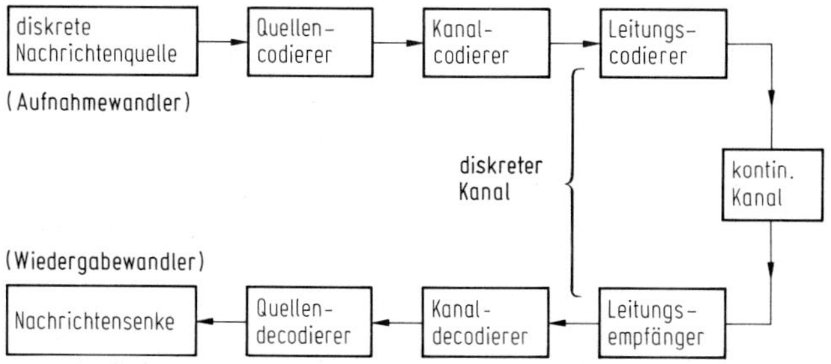

Bild 2. Schema eines digitalen Übertragungssystems

informationen hinzu, z. B. in Form einer fehlerkorrigierenden Codierung, die den Einfluß von Übertragungsfehlern vermindern. Der *Leitungscodierer* schließlich bildet das digitale Signal in eine Form ab, die für die Übertragung gut geeignet ist und z. B. eine einfache Taktrückgewinnung (s. O 2.6) ermöglicht. Im Empfänger werden in entsprechenden Stufen diese Vorgänge rückgängig gemacht und das ursprüngliche Signal möglichst gut rekonstruiert. Bei einfachen digitalen Übertragungssystemen wird auf eine Quellen- und/oder Kanalcodierung oft verzichtet.

2 Signale und Systeme
Signals and systems

Allgemeine Literatur: *Franks, L.E.*: Signal theory. Englewood Cliffs: Prentice Hall 1969. – *Fritzsche, G.*: Theoretische Grundlagen der Nachrichtentechnik. Berlin: Vlg. Technik 1987. – *Hölzler, E.*; *Holzwarth, H.*: Pulstechnik, Bd. I und II. Berlin: Springer 1982/1984. – *Küpfmüller, K.*: Systemtheorie der elektrischen Nachrichtentechnik. Stuttgart: Hirzel 1974. – *Lücker, R.*: Grundlagen digitaler Filter. Berlin: Springer 1980. – *Lüke, H.D.*: Signalübertragung. Berlin: Springer 1985. – *Marko, H.*: Methoden der Systemtheorie, 2. Aufl. Berlin: Springer 1982. – *Oppenheim, A.*; *Schafer, R.*: Digital signal processing. New York: Prentice Hall 1975. – *Papoulis, A.*: The Fourier integral. New York: McGraw-Hill 1962. – *Pierce, J.R.*; *Posner, E.C.*: Introduction to communication science and systems. New York: Plenum 1980. – *Schüßler, W.*: Digitale Signalverarbeitung, 2. Aufl. Berlin: Springer 1988. – *Stark, H.*; *Tuteur, F.B.*: Modern electrical communications. Englewood Cliffs: Prentice Hall 1979. – *Stearns, S.*: Digitale Verarbeitung analoger Signale. München: Oldenbourg 1984. – *Steinbuch, K.*; *Rupprecht, W.*: Nachrichtentechnik, 3. Aufl. Bde. I bis III. Berlin: Springer 1982. – *Wozencraft, J.M.*; *Jacobs, I.W.*: Principles of communication engineering. New York: Wiley 1965. – *DIN 40 146*: Begriffe der Nachrichtenübertragung. – *DIN 40 148*: Übertragungssysteme und Vierpole.

2.1 Signale und Signalklassen
Signals and classification of signals

Ein *Signal* ist die Darstellung einer Nachricht durch geeignete physikalische Größen, wie z. B. elektrische Spannungen. Zur Nachrichtenübertragung werden insbesonders Zeitfunktionen $s(t)$ solcher Größen benutzt. Die Beschreibung und Einteilung von Signalen richten sich nach verschiedenen Gesichtspunkten. Einige wichtige Begriffe werden im folgenden zusammengestellt. Zur Vermeidung mathematischer Schwierigkeiten wird hier vereinfachend stets angenommen, daß die betrachteten Signalfunktionen $s(t)$ physikalisch wenigstens näherungsweise realisierbar sein sollen.

Spezielle Literatur Seite D 11

Analoge, diskrete und digitale Signale. Ein Signal kann sowohl in Bezug auf seinen Wertebereich als auch in Bezug auf seinen Definitionsbereich auf der Zeitachse kontinuierlich (nicht abzählbar) oder diskret (abzählbar) sein. Entsprechend wird ein Signal wertkontinuierlich genannt, wenn seine Amplitude oder auch ein anderer relevanter Signalparameter (wie z. B. der Kurzzeiteffektivwert oder die Augenblicksfrequenz) beliebige Werte annehmen kann. Im anderen Fall ist das Signal wertdiskret. In gleicher Weise ist ein Signal zeitkontinuierlich, wenn die Kenntnis seines Wertes zu jedem beliebigen Zeitpunkt erforderlich ist. Bei einem zeitdiskreten Signal ist diese Kenntnis nur zu bestimmten Zeitpunkten notwendig.
Gebräuchlich sind in diesem Zusammenhang auch die Bezeichnungen analoges und digitales Signal. Ein *analoges Signal* bildet einen wert- und zeitkontinuierlichen Vorgang kontinuierlich ab, häufig wird diese Bezeichnung aber auch zur Bezeichnung eines beliebigen wert- und zeitkontinuierlichen Signals gebraucht. Ein *digitales Signal* beschreibt die Zeichen eines endlichen Zeichenvorrates in einem stellenwertigen Code, bezeichnet aber auch allgemein ein beliebiges wert- und zeitdiskretes Signal.
Beispiele für die verschiedenen Möglichkeiten, Signale in dieser Art zu klassifizieren und ineinander umzuwandeln, zeigt Bild 1.

Energie- und Leistungssignale, Korrelationsfunktionen. In der Signal- und Systemtheorie ist es üblich, mit dimensionslosen Größen zu rechnen, also beispielsweise Zeitgrößen auf 1 s und Spannungsgrößen auf 1 V zu normieren. Dadurch werden Größengleichungen zu einfacheren Zahlenwertgleichungen, allerdings geht die Möglichkeit der Dimensionskontrolle verloren. In diesem Sinn ergeben sich Energie E und Leistung P reeller Signale als

$$E = \int_{-\infty}^{\infty} s^2(t)\,\mathrm{d}t, \qquad P = \lim_{T\to\infty} \frac{1}{2T} \int_{-T}^{T} s^2(t)\,\mathrm{d}t.$$

Hat ein Signal eine endliche, von Null verschiedene Leistung, dann wird es als *Leistungssignal* bezeichnet, seine Energie ist unendlich. Leistungssignale mit endlichem Amplitudenbereich sind zeitlich unendlich ausgedehnt, sie können periodisch oder nichtperiodisch sein.
Ein *Energiesignal* besitzt dagegen eine endliche Energie, es muß daher zumindest näherungsweise zeitbegrenzt, also impulsförmig sein.
Die Korrelationsfunktionen stellen eine Erweiterung des Energie- und Leistungsbegriffs dar.

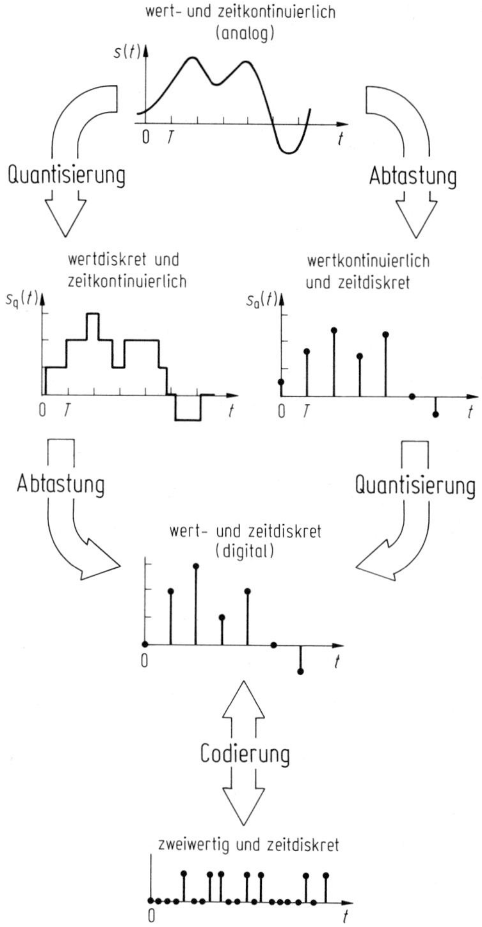

Bild 1. Klassifizierung von Signalen. Nach [2]

Die *Autokorrelationsfunktion* eines reellen Energiesignals lautet

$$\varphi^{\mathrm{E}}_{\mathrm{ss}}(\tau) = \int_{-\infty}^{\infty} s(t)\, s(t+\tau)\, \mathrm{d}t, \tag{1}$$

entsprechend gilt für Leistungssignale

$$\varphi^{\mathrm{L}}_{\mathrm{ss}}(\tau) = \lim_{T\to\infty} \frac{1}{2T} \int_{-T}^{T} s(t)\, s(t+\tau)\, \mathrm{d}t. \tag{2}$$

Die Energie bzw. Leistung eines Signals läßt sich aus dem bei $\tau = 0$ liegenden Maximum der Autokorrelationsfunktion entnehmen.
Verallgemeinert läßt sich für zwei Energiesignale als *Kreuzkorrelationsfunktion* definieren

$$\varphi^{\mathrm{E}}_{\mathrm{sg}}(\tau) = \int_{-\infty}^{\infty} s(t)\, g(t+\tau)\, \mathrm{d}t. \tag{3}$$

Zwei Signale mit der Eigenschaft $\varphi^{\mathrm{E}}_{\mathrm{sg}}(0) = 0$ nennt man orthogonal.

Dirac-Stoß und Dirac-Stoßfolge. Der *Dirac-Stoß* $\delta(t)$ zählt zu den verallgemeinerten Funktionen der Distributionstheorie, er ist durch das folgende Integral definiert

$$s(t) = \int_{-\infty}^{\infty} \delta(\tau)\, s(t-\tau)\, \mathrm{d}\tau, \tag{4}$$

wobei $s(t)$ eine beliebige Signalfunktion ist. Einige Eigenschaften des Dirac-Stoßes sind

(a) $a_1\,\delta(t) + a_2\,\delta(t) = (a_1 + a_2)\,\delta(t).$ (5)

(b) $\int_{-\infty}^{t} \delta(\tau)\,\mathrm{d}\tau = \varepsilon(t) \equiv \begin{cases} 0 & \text{für } t < 0 \\ 1 & \phantom{\text{für }} t \geqq 0; \end{cases}$ (6)

die laufende Integration über den Dirac-Stoß ergibt die *Sprungfunktion* $\varepsilon(t)$. Mit $t > 0$ bedeutet dies auch, daß die Fläche unter dem Dirac-Stoß gleich 1 ist.

(c) $s(t)\,\delta(t) = s(0)\,\delta(t);$ (7)

das Produkt eines Dirac-Stoßes mit einer Signalfunktion „siebt“ einen Wert der Funktion heraus. Diese Eigenschaft ermöglicht z.B. eine idealisierte Beschreibung dcs Abtastvorgangs.

Meßtechnisch (und anschaulich) läßt sich der Dirac-Stoß $a\,\delta(t)$ z.B. durch einen sehr schmalen Rechteckimpuls der Fläche a annähern.
Die *periodische Dirac-Stoßfolge* $\sum_{n=-\infty}^{\infty} \delta(t - nT)$ ist für die Beschreibung abgetasteter und periodischer Signale nützlich.
Weitere wichtige Begriffe der Signaltheorie sind die verschiedenen Arten der Signalspektren und der *bandbegrenzten Signale*, die in 2.3 und 2.4 behandelt werden. Auf die Beschreibung nichtdeterminierter oder *Zufallssignale* durch Mittelwerte und Verteilungsfunktionen wird in D 3 eingegangen.

2.2 Lineare, zeitinvariante Systeme und die Faltung

Linear, time-invariant systems and the convolution

Ein System ist definiert durch die eindeutige Zuordnung eines Ausgangssignals $g(t)$ zu einem beliebigen Eingangssignal $s(t)$, also durch eine Transformation(sgleichung) $g(t) = F\{s(t)\}$.
Die *Systemtheorie* betrachtet vorzugsweise Systeme mit idealisierten, einfachen Systemfunktionen $F\{\cdot\}$, mit denen sich das Verhalten der i.allg. komplizierten realen Systeme leichter durchschauen läßt [1].
Hier sollen nur Systeme behandelt werden, die linearen, zeitunabhängigen Schaltungen mit ei-

nem Eingangs- und einem Ausgangstor entsprechen. In diesem Fall läßt sich das System durch eine eindimensionale Funktion, z. B. die Stoßantwort $h(t)$ oder ihre Fourier-Transformierte, die Übertragungsfunktion $\underline{H}(f)$ vollständig beschreiben (s. 2.3). Systeme der hier betrachteten Art sind

(a) linear

$$F\{a_1 s_1(t) + a_2 s_2(t)\} = a_1 g_1(t) + a_2 g_2(t) \quad \text{mit} \quad F\{s_i(t)\} = g_i(t), \tag{8}$$

(b) zeitinvariant

$$F\{s(t-T)\} = g(t-T). \tag{9}$$

Mit diesen Eigenschaften läßt sich die Antwort eines solchen *LTI-Systems* (Linear, Time-Invariant System) auf ein beliebiges Eingangssignal sofort berechnen. Aus $g(t) = F\{s(t)\}$ wird mit Gl. (4): $g(t) = F\left\{\int_{-\infty}^{\infty} \delta(\tau)\, s(t-\tau)\, d\tau\right\}$ und mit der Linearitätseigenschaft Gl. (8) (verallgemeinert auf Integrale) folgt

$$g(t) = \int_{-\infty}^{\infty} s(t-\tau)\, F\{\delta(\tau)\}\, d\tau.$$

Hierin ist $F\{\delta(\tau)\} = h(\tau)$ die Antwort des Systems auf einen Dirac-Stoß.

Mit dieser *Stoßantwort* und mit der Zeitinvarianzeigenschaft Gl. (9) folgt als Ergebnis

$$g(t) = \int_{-\infty}^{\infty} h(\tau)\, s(t-\tau)\, d\tau, \tag{10}$$

das *Faltungsintegral* zur Berechnung des Ausgangssignals $g(t)$ aus dem Eingangssignal $s(t)$ und der Stoßantwort $h(t)$.

Bei *kausalen Systemen* mit der Eigenschaft $h(t) = 0$ für $t < 0$ kann die untere Integrationsgrenze in Gl. (10) zu Null gesetzt werden.

Die Stoßantwort eines Systems läßt sich wegen Gl. (6) auch aus der Antwort auf eine Sprungfunktion (Sprungantwort) durch zeitliche Ableitung gewinnen.

Faltungsalgebra. Das Faltungsintegral Gl. (10) wird in symbolischer Schreibweise als Faltungsprodukt geschrieben $g(t) = s(t) * h(t)$. Das Faltungsprodukt ist wie das algebraische Produkt kommutativ, assoziativ und distributiv zur Addition. In dieser Schreibweise lautet Gl. (4)

$$s(t) * \delta(t) = s(t). \tag{11}$$

Mit Hilfe des Faltungsprodukts läßt sich auch das Korrelationsintegral in Gl. (1) und (3) vereinfacht schreiben:

$$\begin{aligned} \varphi_{ss}^{E}(\tau) &= s(-\tau) * s(\tau), \\ \varphi_{sg}^{E}(\tau) &= s(-\tau) * g(\tau). \end{aligned} \tag{12}$$

2.3 Fourier-Transformation

The Fourier transform

Das Faltungsintegral Gl. (10) beschreibt die Antwort eines LTI-Systems über die Stoßantwort. In ähnlicher Weise läßt sich statt der Antwort auf den Dirac-Stoß auch die Antwort auf Sinusfunktionen oder allgemeiner auf komplexe Exponentialfunktionen $s(t) = \exp(j2\pi ft)$ verwenden. Damit folgt aus Gl. (10)

$$\begin{aligned} g(t) &= h(t) * \exp(j2\pi ft) \\ &= \int_{-\infty}^{\infty} h(\tau) \exp[j2\pi f(t-\tau)]\, d\tau \\ &= \underline{H}(f) \exp(j2\pi ft) \end{aligned}$$

mit

$$\underline{H}(f) = \int_{-\infty}^{\infty} h(\tau) \exp(-j2\pi f\tau)\, d\tau. \tag{13}$$

Die Antwort auf eine komplexe Exponentialfunktion ist also für beliebige Frequenzen f ebenfalls eine komplexe Exponentialfunktion mit dem frequenzabhängigen Faktor $\underline{H}(f)$. Man bezeichnet $\underline{H}(f)$ als die *Übertragungsfunktion* des Systems und das Integral Gl. (13) zu seiner Berechnung als *Fourier-Integral.* Schaltet man zwei LTI-Systeme mit den Stoßantworten $h_1(t)$ und $h_2(t)$ in Kette, so ergibt sich in gleicher Rechnung als Antwort auf die komplexe Exponentialfunktion

$$\begin{aligned} &[\exp(j2\pi ft) * h_1(t)] * h_2(t) \\ &\quad = [\underline{H}_1(f) \exp(j2\pi ft)] * h_2(t) \\ &\quad = \underline{H}_1(f)\, \underline{H}_2(f) \exp(j2\pi ft). \end{aligned}$$

Dieser Zusammenhang zeigt die wichtigste Eigenschaft der Fourier-Transformation: das Faltungsprodukt zweier Zeitfunktionen geht in das algebraische Produkt ihrer Übertragungsfunktionen oder Frequenzfunktionen über.

Da sich umgekehrt bei Kenntnis der Frequenzfunktion die Zeitfunktion aus dem *Fourier-Umkehrintegral* ergibt

$$h(t) = \int_{-\infty}^{\infty} \underline{H}(f) \exp(j2\pi ft)\, df, \tag{14}$$

stellt die Fourier-Transformation ein mathematisches Hilfsmittel dar, mit der sich die Berechnung eines Faltungsprodukts häufig beträchtlich vereinfachen läßt.

Diese Zusammenhänge sind für den Fall der Übertragung eines Signals $s(t)$ mit dem Amplitudendichtespektrum $\underline{S}(f)$ über ein LTI-System mit der Stoßantwort $h(t)$ und der Übertragungsfunktion $\underline{H}(f)$ noch einmal übersichtlich in folgendem Schema zusammengefaßt.

$$\begin{aligned} \text{Zeitbereich:} \quad & s(t) * h(t) = g(t) \\ \text{Frequenzbereich:} \quad & \underline{S}(f)\, \underline{H}(f) = \underline{G}(f). \end{aligned}$$

Theoreme der Fourier-Transformation. Der Umgang mit den Integralen der Fourier-Transformation kann durch eine Anzahl von Theoremen erleichert werden, wie sie in Tab. 1 zusammengestellt sind. Weiter zeigt Tab. 2 eine Auswahl von Zeitfunktionen (Signalfunktionen bzw. Stoßantworten) mit den zugehörigen Frequenzfunktionen (Amplitudendichtespektren bzw. Übertragungsfunktionen). Das Betragsspektrum $|\underline{S}(f)|$ ist nach dem Verschiebungstheorem (Tab. 1) unabhängig von einer Verschiebung des Signals auf der Zeitachse, diese Eigenschaft ist eine der wichtigen Charakteristiken der Fourier-Transformation [2, 3].

Energie- und Leistungsbeziehungen. Die Fourier-Transformation der Autokorrelationsfunktion eines Energiesignals ergibt über Gl. (12) mit den Theoremen für Faltung und Zeitspiegelung

$$\varphi_{ss}^{E}(\tau) \circ\!\!-\!\!\bullet\, \Phi_{ss}^{E}(f) = \underline{S}^*(f)\,\underline{S}(f) = |\underline{S}(f)|^2.$$

$\Phi_{ss}^{E}(f) = |\underline{S}(f)|^2$ wird *Energiedichtespektrum* des Signals $s(t)$ genannt. Damit läßt sich die Energie eines Signals über Gl. (1) auch aus dem Spektrum berechnen (Parsevalsches Theorem)

$$E = \varphi_{ss}^{E}(0) = \int_{-\infty}^{\infty} |\underline{S}(f)|^2\,\mathrm{d}f.$$

In entsprechender Beziehung erhält man durch Fourier-Transformation der Autokorrelationsfunktion Gl. (2) eines Leistungssignals (z. B. elektronisches Rauschen, s. D 3.2) das *Leistungsdichtespektrum* $\varphi_{ss}^{L}(\tau) \circ\!\!-\!\!\bullet\, \Phi_{ss}^{L}(f)$ und ebenso auch die Leistung $\varphi_{ss}^{L}(0)$ als Fläche unter dem Leistungsdichtespektrum.

Tabelle 1. Theoreme zur Fourier-Transformation

Theorem	$s(t)$	$\underline{S}(f)$
Fourier-Transformation	$s(t)$	$\underline{S}(f) = \int_{-\infty}^{+\infty} s(t)\,\mathrm{e}^{-\mathrm{j}2\pi ft}\,\mathrm{d}t$
inverse Fourier-Transformation	$\int_{-\infty}^{+\infty} \underline{S}(f)\,\mathrm{e}^{\mathrm{j}2\pi ft}\,\mathrm{d}f$	$\underline{S}(f)$
Zerlegung reeller Zeitfunktionen	$s(t) = s_g(t) + s_u(t)$	$\underline{S}(f) = \mathrm{Re}\{\underline{S}(f)\} + \mathrm{j}\,\mathrm{Im}\{\underline{S}(f)\}$
mit	$s_g(t) = \frac{1}{2}s(t) + \frac{1}{2}s(-t)$	$\mathrm{Re}\{\underline{S}(f)\}$ gerade! $= \int_{-\infty}^{+\infty} s_g(t)\cos(2\pi ft)\,\mathrm{d}t$
	$s_u(t) = \frac{1}{2}s(t) - \frac{1}{2}s(-t)$	$+\,\mathrm{j}\,\mathrm{Im}\{\underline{S}(f)\}$ ungerade! $= -\mathrm{j}\int_{-\infty}^{+\infty} s_u(t)\sin(2\pi ft)\,\mathrm{d}t$
Zeitspiegelung	$\underline{s}(-t)$	$\underline{S}(-f)$, bei reellen Zeitfunktionen auch $\underline{S}^*(f)$
konjugiert komplexe Zeitfunktionen	$\underline{s}^*(t)$	$\underline{S}^*(-f)$
Symmetrie	$\underline{S}(t)$	$\underline{s}(-f)$
Faltung	$s_1(t) * s_2(t)$	$\underline{S}_1(f)\,\underline{S}_2(f)$
Multiplikation	$s_1(t)\,s_2(t)$	$\underline{S}_1(f) * \underline{S}_2(f)$
Superposition	$\sum_i a_i s_i(t)$	$\sum_i a_i \underline{S}_i(f)$
Ähnlichkeit (Maßstabsänderung)	$s(bt)$	$\frac{1}{\|b\|}\underline{S}\left(\frac{f}{b}\right)$
Verschiebung	$s(t - t_0)$	$\underline{S}(f)\,\mathrm{e}^{-\mathrm{j}2\pi ft_0}$
Differentiation	$\frac{\mathrm{d}^n}{\mathrm{d}t^n}s(t)$	$(\mathrm{j}2\pi f)^n\,\underline{S}(f)$
Integration	$\int_{-\infty}^{t} s(\tau)\,\mathrm{d}\tau$	$\frac{\underline{S}(f)}{\mathrm{j}2\pi f} + \frac{1}{2}\underline{S}(0)\,\delta(f)$

Tabelle 2. Beispiele zu Zeit- und Frequenzfunktionen

$s(t)$		$\underline{S}(f)$	$\lvert\underline{S}(f)\rvert$
	$1/T\cdot\varepsilon(t)\cdot e^{-t/T}$ $(T>0)$ Exponentialimpuls	$\dfrac{1}{1+j2\pi Tf}$	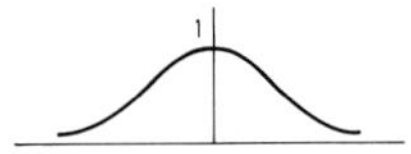
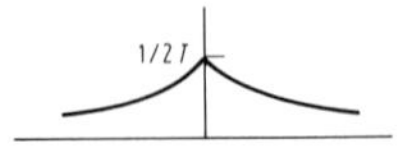	$1/2T\cdot e^{-\lvert t\rvert/T}$ $(T>0)$ Doppelexponentialimpuls	$\dfrac{1}{1+(2\pi Tf)^2}$	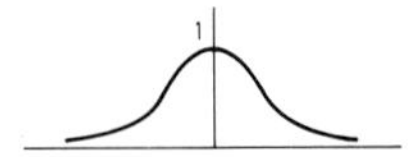
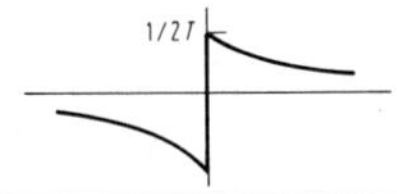	$1/2T\cdot \mathrm{sgn}(t)\cdot e^{-\lvert t\rvert/T}$	$-j\dfrac{2\pi Tf}{1+(2\pi Tf)^2}$	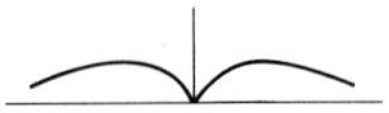
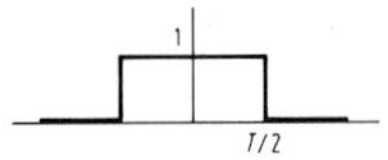	$\mathrm{rect}\,(t/T)$ Rechteckimpuls	$T\,\mathrm{si}(\pi Tf)$	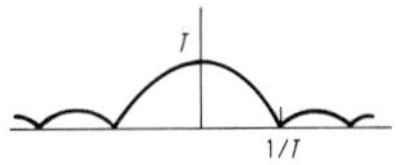
	$\mathrm{si}(\pi t/T)=\dfrac{\sin(\pi t/T)}{\pi t/T}$ si-Funktion	$T\,\mathrm{rect}(Tf)$	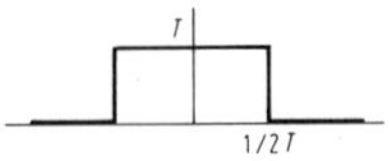
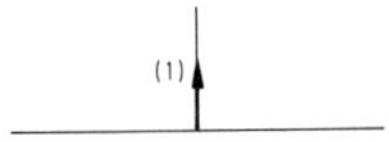	$\delta(t)$ Dirac-Stoß	1	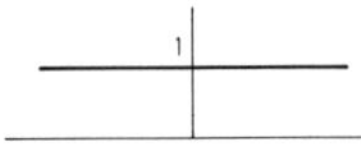
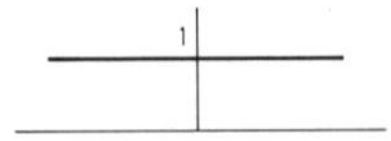	1 Konstante (Gleichstrom)	$\delta(f)$	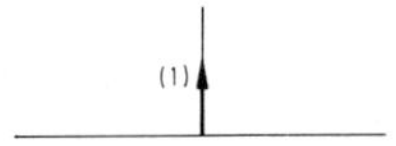
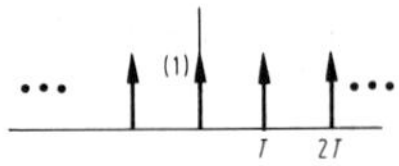	$\sum_{n=-\infty}^{\infty}\delta(t-nT)$ Dirac-Stoßfolge	$1/T\sum_{n=-\infty}^{\infty}\delta(f-n/T)$	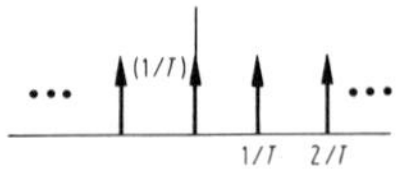
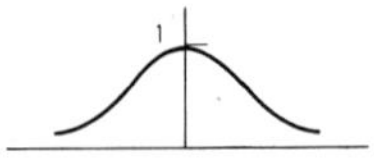	$e^{-\pi t^2}$ Gauß-Impuls	$e^{-\pi f^2}$	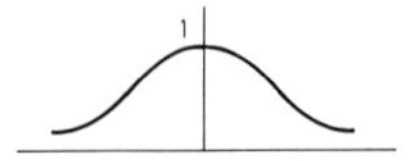
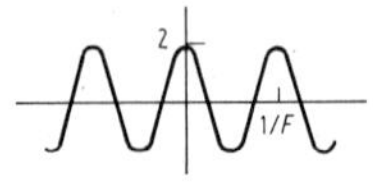	$2\cos(2\pi Ft)$ cos-Funktion	$\delta(f+F)+\delta(f-F)$	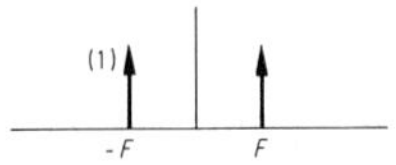
	$\varepsilon(t)$ Sprungfunktion	$\dfrac{1}{2}\,\delta(f)-j\,\dfrac{1}{2\pi f}$	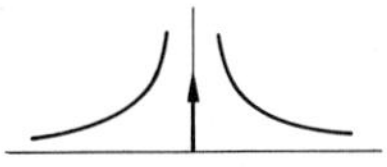
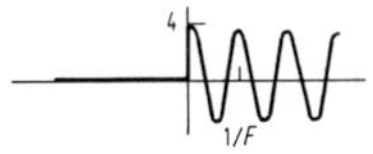	$4\,\varepsilon(t)\cdot\cos(2\pi Ft)$ geschaltete cos-Funktion	$\delta(f+F)+\delta(f-F)$ $-\dfrac{j}{\pi}\;\dfrac{2f}{f^2-F^2}$	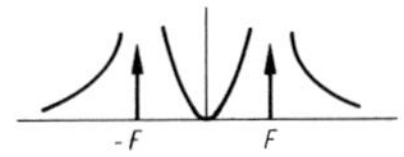

2.4 Tiefpaß- und Bandpaßsysteme

Low-pass and band-pass systems

Ideale Systeme. Lineare, zeitinvariante Systeme sind durch ihre Stoß- oder Sprungantwort (s. 2.2) bzw. ihre Übertragungsfunktion (s. 2.3) beschreibbar. Das ideal *verzerrungsfreie System* überträgt beliebige Signale formgetreu; dabei sind Amplitudenfaktoren und Laufzeiten zugelassen. Stoßantwort und Übertragungsfunktion

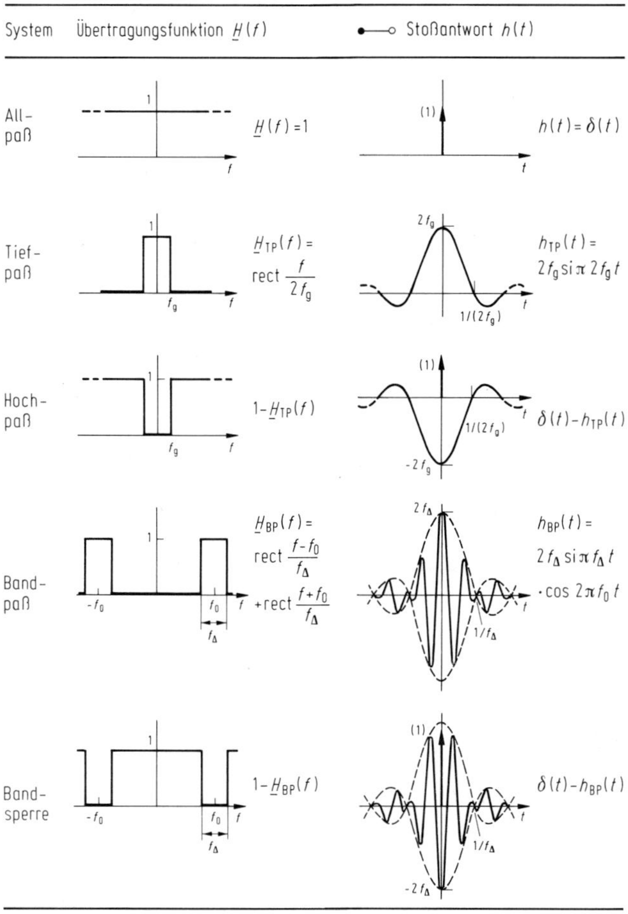

Bild 2. Übertragungsfunktionen und Stoßantworten idealisierter Systeme (zu rect(f) s. Tab. 2)

lauten dann, vgl. Gl. (11)

$$h(t) = a\,\delta(t - t_0),$$
$$\circ\!\!-\!\!\bullet$$
$$\underline{H}(f) = |\underline{H}(f)| \exp[\mathrm{j}\,\varphi(f)] = a \exp(-\mathrm{j}\,2\pi t_0 f).$$

Das verzerrungsfreie System ist also definiert durch konstanten Betrag $|\underline{H}(f)|$ und linear verlaufende Phase $\varphi(f)$ der Übertragungsfunktion. Abgeleitete Größen zur Systembeschreibung sind das *Dämpfungsmaß* $a(f) = -20 \lg |\underline{H}(f)|$ dB und die *Gruppenlaufzeit* $t_g = -[\mathrm{d}\varphi(f)/\mathrm{d}f]/2\pi$. Auch diese Größen sind bei einem ideal verzerrungsfreien System frequenzunabhängig. Bei Abweichungen von $|\underline{H}(f)| = \text{const}$ treten Amplituden- oder Dämpfungsverzerrungen und bei entsprechenden Abweichungen von $\varphi(f) \sim f$ Phasen- oder Laufzeitverzerrungen auf. (Bei Anwendung der Gruppenlaufzeit muß man beachten, daß auch verzerrende Phasenverläufe der Form $f + \text{const}$ auf konstante Gruppenlaufzeiten führen.)

Zumeist genügt es, die Eigenschaften des verzerrungsfreien Systems in bestimmten Frequenzbereichen anzunähern. Im Sinne der Systemtheorie werden daher auch die in Bild 2 zusammengestellten schematisierten Systeme als ideal bezeichnet [1].

Die hierbei nicht erfüllte Kausalitätsbedingung $h(t) = 0$ für $t < 0$ läßt sich stets näherungsweise durch hinreichend große Zeitverschiebung der Stoßantwort erreichen; dies ist bei den folgenden Beispielen berücksichtigt.

Tiefpaßsysteme. Abweichungen von der Übertragungsfunktion des idealen Tiefpasses führen zu typischen Veränderungen im Zeitverhalten dieser Systeme. Bild 3 zeigt das Verhalten bei Systemen ohne Laufzeitverzerrungen.

Durch einen sanfteren Abfall der Betragsübertragungsfunktion läßt sich das Überschwingen von Stoß- und Sprungantwort vermindern, durch

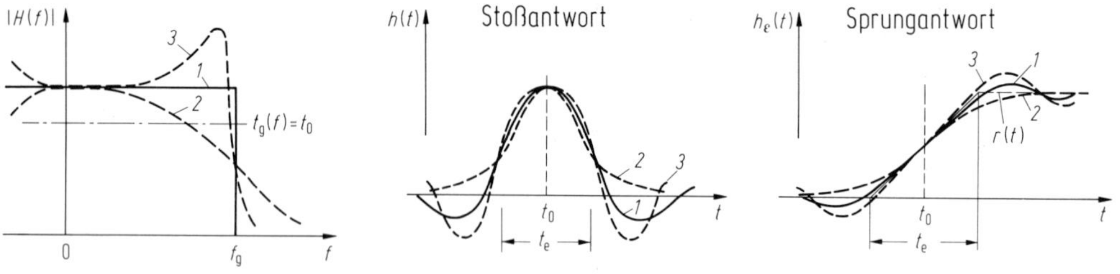

Bild 3. Tiefpaßsysteme ohne Laufzeitverzerrungen

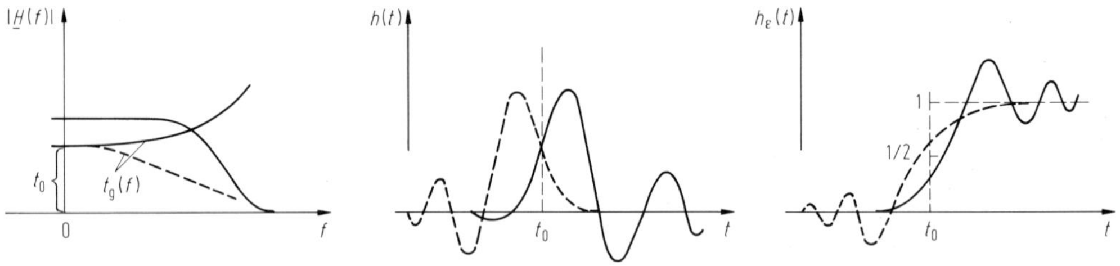

Bild 4. Tiefpaßsysteme mit Laufzeitverzerrungen

eine zur Grenzfrequenz hin steigende Übertragungsfunktion dagegen verstärken. Die Einschwingzeit t_e wird durch die Rampenfunktion $r(t)$ (in Bild 3 rechts) definiert, die gleiche Steigung wie die Sprungantworten zur Zeit t_0 hat. Hier gilt allgemein

$$t_e = \underline{H}(0)/\left[2\int_0^\infty |\underline{H}(f)|\,df\right] \approx 1/(2f_g).$$

Laufzeitverzerrungen eines Tiefpasses werden deutlich störend, wenn die Schwankungen der Gruppenlaufzeit größer als die Einschwingzeit t_e sind. Es tritt dann ein stärker unsymmetrisches Überschwingen (Bild 4) auf. Steigt die Laufzeit mit der Frequenz, so verstärkt sich das Überschwingen am Ende des Einschwingvorganges und wird höherfrequent, bei fallender Laufzeit zeigt sich das umgekehrte Verhalten [1, 3].

Bandpaßsysteme und Bandpaßsignale. Die Übertragungsfunktion des idealen Bandpasses und seine Stoßantwort sind in Bild 2 dargestellt. Ein Vergleich mit dem idealen Tiefpaß zeigt, daß dessen Stoßantwort der Einhüllenden der Stoßantwort des Bandpasses gleicht. Dies deutet an, daß Bandpaßsysteme und Bandpaßsignale mit Vorteil durch Tiefpaßsysteme und Tiefpaßsignale beschrieben werden können. Die komplexe Wechselstromrechnung ist nichts anderes als der monofrequente Sonderfall dieses Zusammenhanges. Ein allgemeines Spektrum eines reellen Bandpaßsignals zeigt Bild 5 a.

Nach Tab. 1 muß $\operatorname{Re}\underline{S}(f)$ gerade und $\operatorname{Im}\underline{S}(f)$ ungerade sein. Schneidet man aus $\underline{S}(f)$ den Anteil für $f > 0$ heraus und verdoppelt seine Amplitude, dann erhält man das Spektrum des sog. *analytischen Signals* $\underline{S}^+(f)$. Durch Verschieben um eine geeignete Frequenz f_0 läßt sich daraus eine Tiefpaßfunktion, das Spektrum $\underline{S}_T(f)$ des *äquivalenten Tiefpaßsignals*, gewinnen. $\underline{S}_T(f)$ ist also von der Wahl der sog. *Trägerfrequenz* f_0 abhängig, und das zugehörige äquivalente Tiefpaßsignal ist i. allg. komplex. Bandpaßsysteme bzw. Signale, die bei geeigneter Wahl der Trägerfrequenz f_0 durch *reelle* äquivalente Tiefpaßsignale beschrieben werden können, nennt man *symmetrisch*. Der umgekehrte Übergang von der Tiefpaß- zur Bandpaßschreibweise lautet

$$\underline{S}(f) = \tfrac{1}{2}\,\underline{S}_T(f-f_0) + \tfrac{1}{2}\,\underline{S}_T^*(-f-f_0)$$

$$s(t) = \operatorname{Re}[\underline{s}_T(t)\exp(j\,2\pi f_0 t)],$$

dabei wird $\underline{s}_T(t)$ die *komplexe Hüllkurve* und ihr Betrag $|\underline{s}_T(t)|$ die *Einhüllende* des Bandpaßsignals genannt, während $\operatorname{Re}\{\underline{s}_T(t)\}$ und $\operatorname{Im}\{\underline{s}_T(t)\}$ seine *Quadraturkomponenten* sind.
Die Übertragung eines Bandpaßsignals über ein Bandpaßsystem läßt sich jetzt auch im Tiefpaßbereich berechnen, wenn die Übertragungsfunktion des Bandpasses $\underline{H}(f)$ entsprechend durch die *äquivalente Tiefpaßübertragungsfunktion* $\underline{H}_T(f)$ bzw. die *äquivalente Tiefpaßstoßantwort* $\underline{h}_T(t)$ dargestellt wird. Unter Voraussetzung gleicher Trägerfrequenzen f_0 gilt dann für die

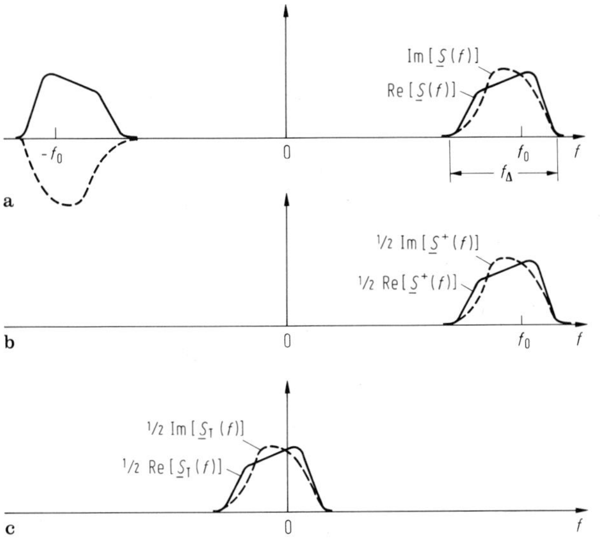

Bild 5. Spektren eines Bandpaßsignals (**a**), des zugehörigen analytischen Bandpaßsignals (**b**) und des äquivalenten Tiefpaßsignals (**c**)

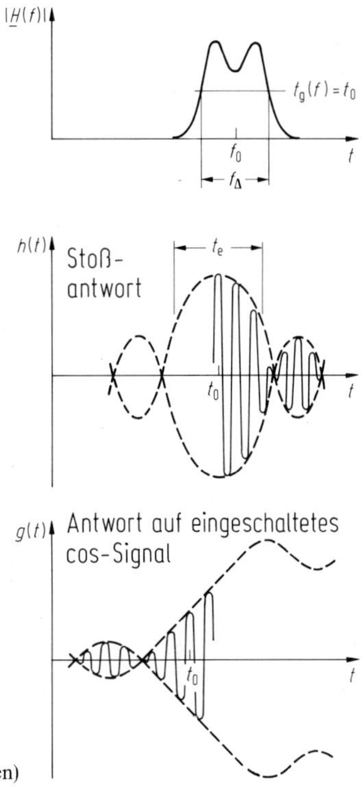

Bild 6. Bandpaßsystem (ohne Laufzeitverzerrungen)

komplexe Hüllkurve $\underline{g}_T(t)$ bzw. $\underline{G}_T(f)$

$$\underline{g}_T(t) = \tfrac{1}{2}\,[\underline{s}_T(t) * \underline{h}_T(t)]$$

$$\circ\!\!-\!\!\bullet$$

$$\underline{G}_T(f) = \tfrac{1}{2}\,[\underline{S}_T(f)\,\underline{H}_T(f)].$$

Mit diesen Überlegungen lassen sich die Eigenschaften nichtidealer Tiefpaßsysteme (s. o.) sofort auf Bandpaßsysteme übertragen. Als Beispiel hierzu ist in Bild 6 die Stoßantwort $h(t)$ eines Bandpaßsystems mit zu den Bandgrenzen ansteigender Übertragungsfunktion dargestellt (vgl. die Einhüllende mit Bild 3).

Weiter zeigt Bild 6 die Antwort $g(t)$ auf ein zur Zeit $t = 0$ eingeschaltetes cos-Signal. Die Einhüllende der Antwort $g(t)$ entspricht der zugehörigen Sprungantwort in Bild 3 [1–3].

2.5 Diskrete Signale und Digitalfilter
Discrete signals and digital filters

In der Nachrichtentechnik werden Verfahren der digitalen Signalübertragung und -verarbeitung immer wichtiger. Die Verarbeitung analoger Signale mit diesen Techniken setzt ihre Digitalisierung voraus (s. 2.1). Ein wichtiger Schritt hierzu ist die Abtastung, die quantitativ durch Abtasttheoreme beschrieben wird.

Abtasttheorem. In Bild 7 ist zur Veranschaulichung des Abtasttheorems ein analoges, auf den Frequenzbereich $|f| < f_g$ beschränktes Signal $s(t)$ zusammen mit seinen „natürlichen" und idealisierten Abtastwerten dargestellt.

Das idealisiert abgetastete Signal $s_a(t)$ ist eine Folge äquidistanter Dirac-Stöße mit den Gewichten $s(nT)$. Damit gilt im Zeit- und Frequenzbereich mit Gl. (7) und der Transformation der Dirac-Stoßfolge nach Tab. 2

$$\begin{aligned} s_a(t) &= s(t) \sum_{n=-\infty}^{\infty} \delta(t - nT) \\ &= \sum_{n=-\infty}^{\infty} s(nT)\,\delta(t - nT), \end{aligned}$$

$$\circ\!\!-\!\!\bullet \qquad (15)$$

$$\begin{aligned} \underline{S}_a(f) &= \underline{S}(f) * \sum_{n=-\infty}^{\infty} \frac{1}{T}\,\delta\left(f - \frac{n}{T}\right) \\ &= \frac{1}{T} \sum_{n=-\infty}^{\infty} \underline{S}\left(f - \frac{n}{T}\right). \end{aligned}$$

Im Spektrum des abgetasteten Signals wird also das Originalspektrum periodisch im Abstand der

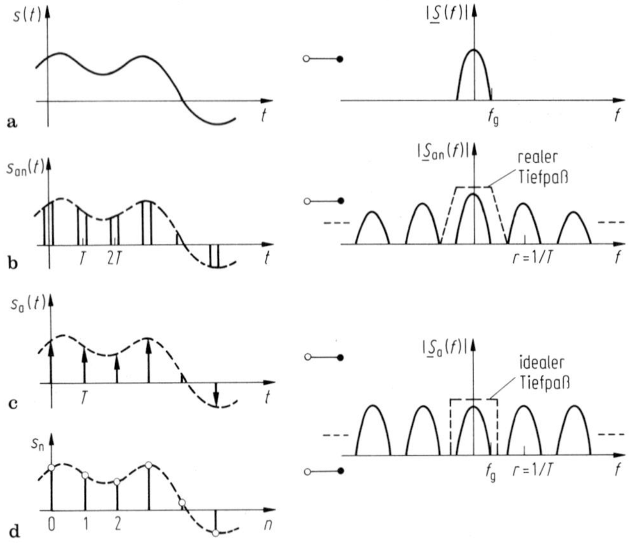

Bild 7. Bandbegrenztes Signal (**a**), natürliche (**b**) und idealisierte (**c**) Abtastwerte sowie zugehöriges diskretes Signal (**d**)

Abtastrate $r = 1/T$ wiederholt (Bild 7c). Bei der der Praxis angemessenen natürlichen Abtastung ergibt sich ebenfalls eine Wiederholung des Originalspektrums, aber mit si-förmig abfallenden Amplitudenfaktoren der einzelnen Spektren (Bild 7b).

Die Aussage des Abtasttheorems ist nun sofort einsichtig: Wird ein Tiefpaßsignal der Grenzfrequenz f_g mit einer Abtastrate $r > 2f_g$ idealisiert oder natürlich abgetastet, dann überlappen sich die periodischen Anteile im Frequenzbereich nicht mehr, und das ursprüngliche Signal kann durch Tiefpaßfilterung zurückgewonnen werden.

Die Anforderungen an die Flankensteilheit dieses Tiefpasses sind dabei um so geringer, je größer die Abtastrate r gewählt wird. Bei idealisierter Abtastung und Rückgewinnung mit dem idealen Tiefpaß erhält man als einfache Interpolationsformel (aus Gl. (15) mit Hilfe der Stoßantwort des idealen Tiefpasses)

$$s(t) = \sum_{n=-\infty}^{\infty} s(nT)\,\mathrm{si}[\pi(t - nT)/T].$$

Abtastverfahren lassen sich ebenfalls auf Bandpaßsignale anwenden. Hier kann man entweder durch Wahl einer geeigneten Abtastrate dafür sorgen, daß sich die periodisch wiederholten Bandpaßspektren nicht überlappen, oder man transformiert das Bandpaßsignal zunächst in den Tiefpaßbereich und tastet dann die beiden Quadraturkomponenten seiner komplexen Hüllkurve getrennt ab [2].

Diskretes Signal – diskrete Faltung. Die Folge der abgetasteten Signalwerte $s(nT)$, wie sie in Bild 7d symbolisch dargestellt ist, stellt ein zeitdiskretes oder, kürzer, *diskretes Signal* dar.

Ist das Abtasttheorem erfüllt, dann beschreibt $s(nT)$ das analoge Signal $s(t)$ vollständig. Ebenso kann die Faltung zweier Tiefpaßsignale mit Hilfe der *diskreten Faltung* der zugehörigen diskreten Signale berechnet werden. Wird z. B. ein Tiefpaßsignal $s(t)$ über einen Tiefpaß mit der Stoßantwort $h(t)$ übertragen, so ergeben sich die Abtastwerte $g(nT)$ des Ausgangssignals $g(t)$ durch diskrete Faltung aus den Abtastwerten $s(nT)$ und $h(nT)$ zu

$$g(nT) = s(nT) * h(nT)$$
$$= T \sum_{m=-\infty}^{\infty} h(mT)\, s(nT - mT)\,.$$

Einem diskreten Signal $s(nT)$ kann formal das periodische Fourier-Spektrum des abgetasteten Signals $s_a(t)$ zugeordnet werden (vgl. Bild 7c, d). Es gilt dann als Hin- und Rücktransformation

$$\underline{S}_a(f) = \sum_{n=-\infty}^{\infty} s(nT)\exp(-j2\pi nTf)$$
$$\bullet\!\!-\!\!\circ$$
$$s(nT) = T \int_{-1/2T}^{1/2T} \underline{S}_a(f)\exp(j2\pi nTf)\,df. \qquad (16)$$

Hiermit läßt sich die diskrete Faltung im Frequenzbereich durch eine algebraische Multiplikation ersetzen

$$g(nT) = s(nT) * h(nT)$$
$$\bullet\!\!-\!\!\circ$$
$$\underline{G}_a(f) = \underline{S}_a(f)\,\underline{H}_a(f)\,.$$

In gleicher Weise gelten auch die übrigen Theoreme der Fourier-Transformation.

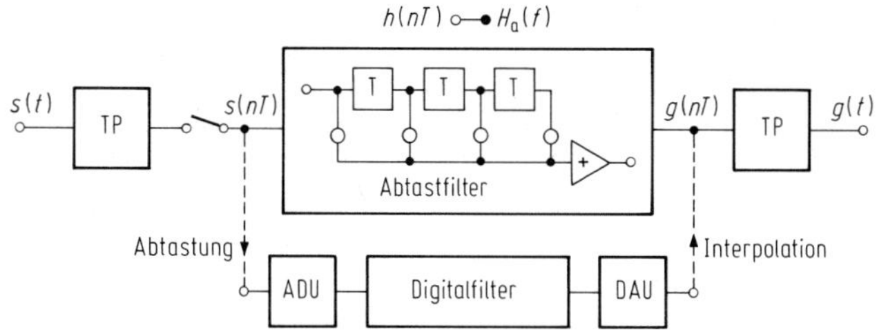

Bild 8. Filterung analoger Signale mit Abtast- oder Digitalfilter

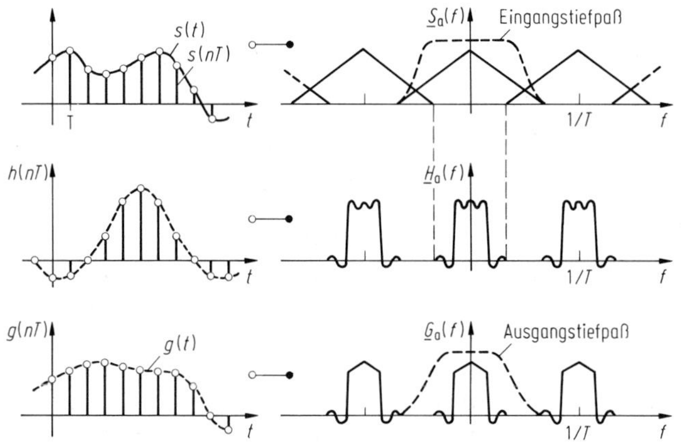

Bild 9. Tiefpaßfilterung mit einem Abtastfilter

Abtastfilter und Digitalfilter. Ein Filter mit zeitdiskreter Stoßantwort, das zur Verarbeitung von Abtastwerten benutzt werden kann, wird *Abtastfilter* genannt. Bild 8 stellt dar, wie ein Abtastfilter zur Filterung von Analogsignalen benutzt wird.

Ein als digitaler Prozessor aufgebautes Abtastfilter, das in der gleichen Anordnung dann zwischen einem Analog-Digital- und einem Digital-Analog-Umsetzer betrieben wird, nennt man auch *Digitalfilter*.

Die Vorgänge in einer Filteranordnung nach Bild 8 werden im Zeit- und Frequenzbereich für das Beispiel einer Tiefpaßfilterung in Bild 9 gezeigt.

In diesem Beispiel sind Abtastwerte und Grenzfrequenz des Eingangstiefpasses so gewählt, daß zwar Überlappungen im periodisch wiederholten Eingangsspektrum $\underline{S}_a(f)$ auftreten, nicht aber in den Durchlaßbereichen des Abtasttiefpasses. Damit ist das Abtasttheorem in Bezug auf das Ausgangssignal wieder erfüllt.

Die Stoßantwort des idealen Abtasttiefpasses $h(nT)$ besteht aus Abtastwerten der si-Funktion; durch Verschieben um t_0 und Begrenzen auf eine Breite $2t_0$ entsteht die in Bild 9 links dargestellte kausale und damit realisierbare Stoßantwort $h(nT)$ des realen Abtasttiefpasses. Die dann nicht mehr ideale Übertragungsfunktion zeigt Dämpfungsschwankungen im Durchlaßbereich und endliche Dämpfungswerte im Sperrbereich. Dieses nichtideale Verhalten läßt sich durch eine sanftere Begrenzung der Stoßantwort (z. B. mit einer dreiecks- oder $\cos^2$-förmigen Gewichtsfunktion) verbessern. Zum Aufbau von Abtastfiltern und Digitalfiltern s. z. B. [4, 5].

Spezielle Literatur: [1] *Küpfmüller, K.*: Systemtheorie der elektrischen Nachrichtentechnik. Stuttgart: Hirzel 1974. – [2] *Lüke, H.D.*: Signalübertragung. Berlin: Springer 1985. – [3] *Papoulis, A.*: The Fourier integral. New York: McGraw-Hill 1962. – [4] *Oppenheim, A.*; *Schafer, R.*: Digital signal processing. New York: Prentice Hall 1975. – [5] *Schüßler, W.*: Digitale Signalverarbeitung, 2. Aufl. Berlin: Springer 1988.

3 Grundbegriffe der statistischen Signalbeschreibung und des elektronischen Rauschens

Fundamentals of random signals and electronic noise

Allgemeine Literatur: *Bittel, H.*; *Storm, L.*: Rauschen. Berlin: Springer 1971. – *Davenport, W.B.*; *Root, W.L.*: An introduction to the theory of random signals and noise. New

---

Spezielle Literatur Seite D 27

York: McGraw-Hill 1958. – *Lüke, H.D.*: Signalübertragung, 3. Aufl. Berlin: Springer 1985. – *Middleton, D.*: An introduction to statistical communication theory. New York: McGraw-Hill 1960. – *Motchenbacher, C.D.*; *Fitchen, F.C.*: Low-noise electronic design. New York: Wiley 1973. – *Müller, R.*: Rauschen. 2. Aufl. Berlin: Springer 1990. – *Thomas, J.B.*: An introduction to statistical communication theory. New York: McGraw-Hill 1960.

3.1 Einführung
Introduction

Dieses Kapitel behandelt Zufallssignale. Diese können einerseits Nutzsignale sein, deren Information in ihrem dem Empfänger unbekannten Verlauf enthalten ist; sie können andererseits Störsignale sein, die die Qualität eines Nachrichtenübertragungssystems beeinträchtigen. Dem Hauptinteresse des Hochfrequenztechnikers an diesen Fragestellungen gemäß wird hier insbesonders die Beschreibung von Störsignalen (Rauschen) in den Vordergrund gestellt. Das Wort „Rauschen" bedeutet in der Umgangssprache einen unverständlichen akustischen Eindruck. Die Unverständlichkeit ist eine Folge des Zusammenwirkens einer Vielzahl von akustischen Einzelereignissen, die in keinem regelmäßigen Zusammenhang miteinander stehen. Daher lassen sich auch über die Funktionswerte des Zufallssignals zu einer bestimmten Zeit keine sicheren Aussagen machen; wohl aber lassen sich *sichere* Aussagen über zeitliche bzw. Scharmittelwerte machen (s. 3.2).

Da die statistischen Störungen in Nachrichtenübertragungssystemen i. allg. mit der Bewegung von Elektronen verknüpft sind, spricht man mitunter von „elektronischem Rauschen", oft aber auch nur vom „Rauschen". So wie die nichtlinearen Kennlinien elektronischer Bauelemente die originalgetreue Übertragung und Verarbeitung von Nachrichten nach großen Strom- bzw. Spannungswerten hin begrenzen, setzt das Rauschen eine untere Grenze.

3.2 Mathematische Verfahren zur Beschreibung von Zufallssignalen
Mathematical methods for characterizing random signals

Den Ingenieur interessieren z. B. folgende Fragen: Wie groß ist die Wahrscheinlichkeit dafür, daß ein Zufallssignal einen gegebenen Schwellwert überschreitet? Welche Leistung steckt in einem Zufallssignal – z. B. hervorgerufen durch eine an *einem* bestimmten Widerstand abfallende Rauschspannung –, und wie ist diese Leistung spektral verteilt?

Dem gegenüber steht eine andere Betrachtungsweise, wonach gleichzeitig an einer sehr großen Zahl makroskopisch identischer Systeme (z. B. ohmsche Widerstände gleichen Widerstandswertes auf gleicher Temperatur) eine entsprechend große Zahl von Zufallssignalen beobachtet wird. Diese Schar von Beobachtungswerten $s^{(k)}(t_1)$ (mit $k \to \infty$) zu einem *bestimmten* Zeitpunkt t_1 heißt Zufallsvariable, die Schar der Zeitfunktionen $s^{(k)}(t)$ zusammen mit ihrer vollständigen statistischen Beschreibung nennt man einen Zufallsprozeß. $s^{(k)}(t)$ ist eine Musterfunktion (oder Realisation) des Zufallsprozesses, $s^{(k)}(t_1)$ die Realisation der Zufallsvariablen.

Der Schar- (oder Ensemble-) Standpunkt trifft zwar nicht die Situation in einer realen Schaltung mit ihren einzelnen Widerständen, Transistoren o. ä., er empfiehlt sich jedoch von der Theorie her, da aufgrund von Modellvorstellungen über den Zufallsprozeß Aussagen über das *mittlere Verhalten* des Ensembles gemacht werden können. Hier stehen also Mittelwerte über eine Schar – zu einer bestimmten Zeit – im Vordergrund der Beschreibung.

Die Ensemble-Betrachtungsweise ist für den Ingenieur nur dann nützlich, wenn die Scharmittelwerte in einem engen Zusammenhang mit den von ihm meßbaren zeitlichen Mittelwerten stehen, welche er an dem einen oder den wenigen Exemplaren in seiner Schaltung bestimmen kann. Dies ist bei den sog. ergodischen Prozessen der Fall, dort gilt: „Die zeitlichen Mittelwerte bei der Beobachtung an *einem* Exemplar der Gesamtheit während einer gegen unendlich gehenden Zeitdauer sind für fast alle Exemplare gleich den statistischen Mittelwerten" [1, S. 1235]. Das Verhalten (fast) eines jeden Elements der Schar ist in seinem zeitlichen Mittel also repräsentativ für das Verhalten der ganzen Schar.

Nach Ausweis der Erfahrung sind viele der im Bereich der HF-Technik maßgeblichen Zufallsprozesse ergodisch. Für diese können wir die primär für Scharmittelwerte geltenden theoretischen Aussagen auch auf einzelne Realisationen eines Zufallsprozesses anwenden.

Wahrscheinlichkeitsdichte- und Verteilungsfunktionen. Scharmittelwerte. Im allgemeinen handelt es sich bei den Zufallsvariablen um kontinuierliche Variable (Spannungen, Ströme). Für die Wahrscheinlichkeit, daß die Zufallsvariable x in einem Intervall $x \dots x + \mathrm{d}x$ liegt, schreibt man

$$W(x)\,\mathrm{d}x \qquad (1)$$

und nennt $W(x)$ die Wahrscheinlichkeitsdichte. $W(x)\,\mathrm{d}x$ ist der Prozentsatz der Elemente der Schar, bei dem der Zahlenwert der Zufallsvariablen x im Intervall $x \dots x + \mathrm{d}x$ liegt.

Wenn $W(x)$ und alle höheren Verbunddichten (s. unten) unabhängig von einer Verschiebung aller Beobachtungszeiten um eine beliebige Zeit t_0 sind, nennt man den Schwankungsprozeß stationär, anderenfalls instationär. Ein ergodischer Zufallsprozeß ist stets stationär, ein stationärer muß nicht notwendig ergodisch sein. Die Wahrscheinlichkeit dafür, daß x irgendeinen Wert hat, der die Größe x_0 nicht überschreitet, ist nach Gl. (1)

$$D(x_0) = \int_{-\infty}^{x_0} W(x)\,\mathrm{d}x; \tag{2}$$

$D(x_0)$ wird als Verteilungsfunktion bezeichnet. Es gilt

$$D(-\infty) = 0 \leqq D(x) \leqq 1 = D(+\infty).$$

Der *Erwartungswert* (oder Scharmittel) einer Funktion $f(x)$ der Zufallsvariablen x ist

$$\overline{f(x)} = \int_{-\infty}^{\infty} f(x)\,W(x)\,\mathrm{d}x. \tag{3}$$

Von besonderem Interesse sind die sog. Momente

$$\overline{x^n} = \int_{-\infty}^{\infty} x^n\,W(x)\,\mathrm{d}x, \quad \text{z.B.} \begin{cases} \bar{x} = \text{linearer Mittelwert} \\ \overline{x^2} = \text{quadratischer Mittelwert} \end{cases} \tag{4}$$

und die sog. zentralen Momente

$$\overline{(x-\bar{x})^n} = \int_{-\infty}^{\infty} (x-\bar{x})^n\,W(x)\,\mathrm{d}x \tag{5}$$

z.B. die sog. Varianz

$$\overline{(x-\bar{x})^2} = \int_{-\infty}^{\infty} (x-\bar{x})^2\,W(x)\,\mathrm{d}x = \overline{x^2} - (\bar{x})^2 = \sigma^2 \tag{6}$$

(σ = Standardabweichung).

Aus der Wahrscheinlichkeitsdichte $W(x)$ der Zufallsvariablen x erhält man für die Zufallsvariable $y = f(x)$ die Dichte

$$W_2(y) = \sum_{\nu} W(x_\nu)\left|\left(\frac{\mathrm{d}x}{\mathrm{d}f}\right)_{x=x_\nu}\right|. \tag{7}$$

Hierin sind die x_ν die sämtlichen Lösungen der Gleichung $f(x_\nu) = y$.

Beispiel: Für ein Ensemble von Oszillatoren gleicher Frequenz und Amplitude, aber mit statistisch gleichverteilter Phase, d.h.

$$y(x) = A\cos(\omega t + x),$$

$$W(x) = \begin{cases} 1/2\pi & 0 < \varphi \leqq 2\pi \\ 0 & \text{sonst} \end{cases}$$

gilt

$$W_2(y) = 1/(\pi\sqrt{A^2 - y^2}) \quad \text{für } |y| < A,$$

$$\text{sonst } W_2(y) = 0.$$

Beispiele für Wahrscheinlichkeitsverteilungen von diskreten, z.B. ganzzahligen, Zufallsvariablen sind

die Binominalverteilung:
Sie beschreibt die Wahrscheinlichkeit $W(m, n)$ dafür, daß bei m Versuchen, die sämtlich unter denselben Bedingungen durchgeführt werden, n Erfolge sind; die Wahrscheinlichkeit dafür, daß das gewünschte Ergebnis (Erfolg) bei *einem* Experiment auftritt, sei W:

$$W(m, n) = \binom{m}{n} W^n (1-W)^{m-n}, \qquad \bar{n} = mW,$$

$$\sigma^2 = \bar{n}(1-W). \tag{8}$$

Für $m \to \infty$, $W \to 0$, so daß $mW = \bar{n}$ gilt, geht Gl. (8) über in die

Poisson-Verteilung:

$$W(n) = (\bar{n}^n/n!)\exp(-\bar{n}), \qquad \sigma^2 = \bar{n}. \tag{9}$$

Sie kann auch dann angewendet werden, wenn die Größen m und W nicht bekannt sind, sondern nur der Mittelwert $\bar{n}$, wie z.B. beim Schrotrauschen (s. 3.3). Wenn $\bar{n} \gg 1$ ist, vereinfacht sich $W(n)$ nach Gl. (9) in der Umgebung von $\bar{n}$ zur

Laplace- (oder Normal-) Verteilung:

$$W(n) = \exp\left(-\frac{(n-\bar{n})^2}{2\sigma^2}\right)\Big/\sqrt{2\pi}\,\sigma, \qquad \sigma^2 = \bar{n}. \tag{10}$$

Beim Übergang von der diskreten Zufallsvariablen n zur kontinuierlichen Variablen x wird hieraus die

Gauß-Verteilung (Bild 1)
mit

$$\left.\begin{aligned} W(x) &= \exp\left(-\frac{(x-\bar{x})^2}{2\sigma^2}\right)\Big/\sqrt{2\pi}\,\sigma, \\ D(x_0) &= \frac{1}{2}\left(1 + \Phi\left(\frac{x_0 - \bar{x}}{\sigma\sqrt{2}}\right)\right), \\ \Phi(z) &= 2/\sqrt{\pi}\int_0^z \exp(-u^2)\,\mathrm{d}u \\ &= \text{Gaußsches Fehlerintegral.} \end{aligned}\right\} \tag{11}$$

Diese erfüllt auch für $\sigma^2 \neq \bar{x}$ (vgl. Gl. (9)) die Normierungsbedingung $\int_{-\infty}^{\infty} W(x)\,\mathrm{d}x = 1$.

Der Gauß-Verteilung kommt in der Natur eine große Bedeutung zu: Unter sehr allgemeinen Bedingungen gilt, daß sich die Wahrscheinlich-

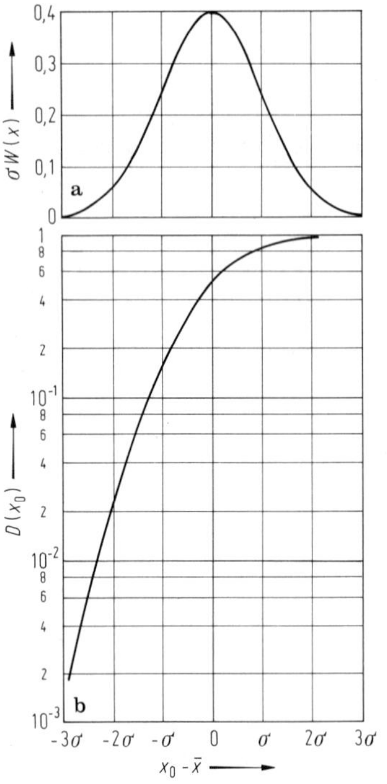

Bild 1. Gauß-Verteilung. **a** $\sigma W(x)$; **b** $D(x_0)$

keitsdichte der Summe von sehr vielen, voneinander unabhängigen Variablen einer Gauß-Kurve nähert, *unabhängig* von den Wahrscheinlichkeitsdichten der einzelnen Variablen (sog. zentraler Grenzwertsatz der Statistik [2]. Beispiele hierfür sind das thermische Rauschen und das Schrotrauschen (s. 3.3), welche beide durch die Überlagerung einer sehr großen Anzahl voneinander unabhängiger Impulse entstehen. Eine augenfällige Demonstration ist auch ein Würfelspiel: Ein einziger Würfel liefert für die möglichen Augenzahlen eine Gleichverteilung, bei zwei Würfeln liegt für die Augensumme eine Dreiecksverteilung vor; bereits bei drei Würfeln ergibt sich nahezu eine Gauß-Verteilung (mit $\bar{x} = 10{,}5$ und $\sigma^2 = 8{,}75$). Außerdem hat Shannon gezeigt, daß die Gaußsche Verteilung die größte Entropie (d.h. thermodynamische Wahrscheinlichkeit) aller sonst noch denkbaren Schwankungsvorgänge mit gleicher Streuung σ hat [3].

Weitere gelegentlich vorkommende Verteilungen sind die Weibull-, die Nakagami-*m* sowie die Rayleigh-Verteilung (s. Gl. (28)); letztere ist als Sonderfall in jeder der beiden anderen enthalten. Diese Verteilungen spielen für die Beschreibung von Mehrwege-Schwundprozessen beim beweglichen Funk eine Rolle; die Größe x $(0 \leqq x \leqq \infty)$ hat dort die Bedeutung der elektrischen Empfangsfeldstärke [4]. Die Weibull-Verteilung kommt außerdem bei der Zuverlässigkeitsanalyse der Produktion elektronischer Bauelemente vor [5]. Die Rayleigh-Verteilung ist für die Radartechnik von Bedeutung und beschreibt auch die Einhüllende des Ausgangssignals eines Schmalbandfilters, an dessen Eingang ein gaußverteiltes Rauschen anliegt [6, S. 193–194].

Die voranstehenden Betrachtungen können sinngemäß auf zwei (und mehrere) Zufallsvariable ausgedehnt werden: Die (Verbund-)Wahrscheinlichkeit dafür, daß x bzw. y im Intervall $x \dots x + \mathrm{d}x$ bzw. $y \dots y + \mathrm{d}y$ liegt, ist

$$W(x, y)\,\mathrm{d}x\,\mathrm{d}y \quad \text{mit} \quad \iint_{-\infty}^{\infty} W(x, y)\,\mathrm{d}x\,\mathrm{d}y = 1.$$

Hieraus folgt für die Einzelwahrscheinlichkeitsdichten

$$W_1(x) = \int_{-\infty}^{\infty} W(x, y)\,\mathrm{d}y,$$

$$W_2(y) = \int_{-\infty}^{\infty} W(x, y)\,\mathrm{d}x. \tag{12}$$

Für statistisch unabhängige Variable x, y gilt

$$W(x, y) = W_1(x)\,W_2(y), \tag{13}$$

insbesondere für zwei gaußverteilte Variable

$$W(x, y) = \exp\left[-\frac{(x-\bar{x})^2}{2\sigma_x^2} - \frac{(y-\bar{y})^2}{2\sigma_y^2}\right] \Big/ 2\pi\sigma_x\sigma_y; \tag{14}$$

bei Vorhandensein einer statistischen Abhängigkeit (Korrelation) zwischen x und y gilt statt Gl. (14)

$$W(x, y) = \exp\left[-\frac{1}{2(1-\varrho^2)} \cdot \left(\frac{(x-\bar{x})^2}{\sigma_x^2} + \frac{(y-\bar{y})^2}{\sigma_y^2} - 2\varrho\,\frac{(x-\bar{x})(y-\bar{y})}{\sigma_x\sigma_y}\right)\right] \Big/ 2\pi\sigma_x\sigma_y\sqrt{1-\varrho^2} \tag{15}$$

mit dem sog. Korrelationskoeffizienten

$$\varrho = (\overline{xy} - \bar{x}\,\bar{y})/\sigma_x\sigma_y \quad \text{mit} \quad -1 \leqq \varrho \leqq 1. \tag{16}$$

Dieser ist allgemein ein Maß für die gegenseitige Abhängigkeit zweier Zufallsvariablen x und y. Wenn beide Variable voneinander unabhängig (unkorreliert) sind, gilt $\varrho = 0$; $|\varrho| = 1$ bedeutet vollständige Abhängigkeit, z. B. für $y = ax + b$. Achtung: Aus $\varrho = 0$ darf man umgekehrt i. allg. nicht auf die statistische Unabhängigkeit schließen [7]; eine Ausnahme bildet der Gauß-Prozeß.

Einen vertieften Einblick in die Korrelation zweier Zufallsprozesse x, y gewährt die Kreuzkorrelationsfunktion (KKF)

$$\varrho_{x,y}(t_1,t_2) = \iint x_1 y_2 W(x_1, y_2, t_1, t_2)\, dx_1\, dy_2 = \overline{x(t_1)\, y(t_2)};\ x_1 = x(t_1),\ y_2 = y(t_2). \quad (17)$$

Für stationäre Prozesse sind W und $\varrho_{x,y}(t_1,t_2)$ nur von der Differenz $t_1 - t_2 = \tau$ abhängig, d.h.

$$\varrho_{x,y}(\tau) = \iint x_1 y_2 W(x_1, y_2, \tau)\, dx_1\, dy_2 = \overline{x(t_0+\tau)\ y(t_0)}. \quad (18)$$

Die Fourier-Transformierte

$$w_{x,y}(f) = \int_{-\infty}^{\infty} \varrho_{x,y}(\tau) \exp(-j2\pi f\tau)\, d\tau \quad (19)$$

heißt Kreuzleistungs-Spektraldichte; sie spielt z.B. bei der Beschreibung von Netzwerken mit mehreren Rauschquellen eine Rolle (s. z.B. Gl. (36)). Sie wird zur Identifizierung von Nachrichtensignalen bei Überlagerung im gleichen Frequenzbereich und zur Ortung von Signalquellen ausgenutzt: Demzufolge unterscheidet man KK-Empfang und KK-Peilung [8–10].

Für $x = y$ geht die KKF über in die Autokorrelationsfunktion (AKF), d.h. für stationäre Prozesse nach Gl. (18)

$$\varrho_x(\tau) = \iint x_1 x_2 W(x_1, x_2, \tau)\, dx_1\, dx_2 = \overline{x(t_0+\tau)\ x(t_0)}. \quad (20)$$

Entsprechend folgt aus Gl. (19)

$$w_{xx}(f) = \int_{-\infty}^{\infty} \varrho_x(\tau) \exp(-j2\pi f\tau)\, d\tau \quad (21)$$

und hieraus durch Umkehr

$$\varrho_x(\tau) = \int_{-\infty}^{\infty} w_{xx}(f) \exp(j2\pi f\tau)\, df \quad (22)$$

bzw. in reeller Schreibweise mit $w_x(f) = 2w_{xx}(f)$

$$w_x(f) = 4\int_0^{\infty} \varrho_x(\tau) \cos 2\pi f\tau\, d\tau; \qquad \varrho_x(\tau) = \int_0^{\infty} w_x(f) \cos 2\pi f\tau\, df. \quad (23)$$

(Wiener-Khintchine-Relationen). Die AKF eines stationären Prozesses hat folgende Eigenschaften:

1) $\varrho_x(0) = \overline{x(t_0)^2} = \int_0^{\infty} w_x(f)\, df$

(Parsevalsches Theorem)
= gesamter Leistungsinhalt des Zufallssignals.

2) $|\varrho_x(\tau)| \leqq \varrho_x(0)$.

3) $\varrho_x(-\tau) = \varrho_x(\tau)$.

4) $\varrho_x(\pm\infty) = (\bar{x})^2$.

5) Wenn die Funktionswerte $x(t)$ und $x(t+\tau_1)$ für beliebiges t statistisch unabhängig sind, so ist $\varrho_x(\tau_1) = 0$.

Drei AKF-Beispiele:

1) Poissonverteilte Impulsfolge [8].
Dieser Fall liegt z.B. bei einem regellosen Telegraphiesignal $x(t)$ vor, das zwischen den Werten $\pm A$ schwankt, falls im zeitlichen Mittel μ Zeichenwechsel pro Zeiteinheit stattfinden. Außerdem beschreibt dieses Modell das Generations-Rekombinations-Rauschen in Halbleitern; dort ist μ die im zeitlichen Mittel pro Zeiteinheit stattfindende Zahl von Generations-Rekombinations-Prozessen [11, S. 140ff.]. Es gilt

$$\varrho_x(\tau) = A^2 \exp(-2\mu|\tau|), \qquad w_x(f) = (2A^2/\mu)/[1 + (\pi f/\mu)^2]. \quad (24)$$

2) Äquidistante Impulsfolge (z.B. getaktetes Datensignal) [8].
Hierbei tritt in gleichen Zeitabständen T_0 entweder der Wert $+A$ oder $-A$ auf. Es gilt

$$\varrho_x(\tau) = \begin{cases} A^2(1 - |\tau|/T_0) & 0 < |\tau| < T_0 \\ 0 & |\tau| > T_0 \end{cases} \qquad w_x(f) = 2A^2 T_0[\sin(\pi f T_0)/(\pi f T_0)]^2. \quad (25)$$

3) Carsons Theorem [12].
Ein stationäres Zufallssignal $y(t)$ sei die Summe einer großen Zahl voneinander unabhängiger Zufallsereignisse $z(t - t_\nu)$, die mit einer mittleren Rate λ eintreffen, so daß

$$y(t) = \sum_\nu z(t - t_\nu)$$

mit $z(t - t_\nu) = 0$ für $t < t_\nu$ (t_ν ist der Beginn des Ereignisses Nr. ν). Dann hat $y(t)$ die Spektraldichte

$$w_y(f) = 2\lambda|\psi(f)|^2, \quad \text{worin} \quad \psi(f) = \int_{-\infty}^{\infty} z(t - t_\nu) \exp(-j\omega t)\, dt \quad (26)$$

die Fourier-Transformierte von $z(t - t_\nu)$ ist. Wenn die Einzelereignisse verschiedene Zeitfunktionen besitzen (z.B. infolge der thermischen Geschwindigkeitsverteilung von Ladungsträgern), so ist Gl. (26) zu ersetzen durch

$$w_y(f) = 2\lambda\,\overline{|\psi(f)|^2},$$

wobei über die Wahrscheinlichkeitsverteilung der verschiedenen Funktionen zu mitteln ist.

Wenn insbesondere jedem Einzelereignis eine Zeitkonstante zukommt (z.B. Laufzeit eines Ladungsträgers durch den Entladungsraum), so gilt

$$w_y(f) = 2\lambda \int_{-\infty}^{\infty} |\psi_\tau(f)|^2 g(\tau)\,d\tau,$$

wobei $g(\tau)$ $\left(\text{mit } \int_0^{\infty} g(\tau)\,d\tau = 1\right)$ die Verteilungsdichte der Zeitkonstanten τ ist. Eine Anwendung dieses Ergebnisses bietet das Schrotrauschen ([1, S. 1244–1246]).

Die Verbundwahrscheinlichkeitsdichte $W(\zeta, \eta)$ für die beiden Zufallsvariablen

$$\zeta = \zeta(x, y), \qquad \eta = \eta(x, y) \tag{27}$$

errechnet sich aus derjenigen $W_1(x, y)$ für x, y wie folgt

$$W(\zeta, \eta) = \left\| \begin{matrix} \frac{\partial x}{\partial \zeta} & \frac{\partial x}{\partial \eta} \\ \frac{\partial y}{\partial \zeta} & \frac{\partial y}{\partial \eta} \end{matrix} \right\| W_1(x, y),$$

sofern der Zusammenhang Gl. (27) umkehrbar eindeutig ist.

Beispiel: Übergang von kartesischen auf Polarkoordinaten (bzw. von Real- und Imaginärteil auf Betrag und Phase):

$$\zeta = \sqrt{x^2 + y^2}, \quad \eta = \arctan \frac{y}{x},$$

$$W(x, y) = \exp\left(-\frac{x^2 + y^2}{2\sigma^2}\right) \Big/ 2\pi\sigma^2,$$

$$W(\zeta, \eta) = \zeta\, W(x, y) = \zeta \exp\left(-\frac{\zeta^2}{2\sigma^2}\right) \Big/ 2\pi\sigma^2.$$

Damit gilt nach Gl. (12) für ζ (Hüllkurve)

$$\left.\begin{aligned} &W_1(\zeta) = \frac{2\zeta}{\overline{\zeta^2}} \cdot \exp\left(-\frac{\zeta^2}{\overline{\zeta^2}}\right), \\ &\overline{\zeta^2} = 2\sigma^2 \quad 0 \leqq \zeta \leqq \infty \\ &\text{(Rayleigh-Verteilung) und für } \eta \text{ (Phase)} \\ &W_2(\eta) = 1/2\pi \quad \text{für } 0 \leqq \eta \leqq 2\pi, \\ &\quad \text{sonst } W_2(\eta = 0) \quad \text{(Gleichverteilung).} \end{aligned}\right\} \tag{28}$$

Bei einer Summe statistisch unabhängiger Variabler wird die Gesamtverteilungsdichtefunktion durch die Faltung der einzelnen Wahrscheinlichkeitsdichten gebildet. Insbesondere hat die Summe S von n statistisch unabhängigen gaußverteilten Variablen x eine Gauß-Verteilung mit

$$\bar{S} = \sum_\nu \bar{x}_\nu \quad \text{und} \quad \sigma^2 = \sum_\nu \sigma_\nu^2.$$

Zeitliche Mittelwerte und Spektren. Der HF-Techniker interessiert sich hauptsächlich dafür, wie sich das Rauschen innerhalb der vom Nutzsignal beanspruchten Bandbreite leistungsmäßig auswirkt. Die spektrale Leistungsdichte $w_{xx}^{(k)}(f)$ der Musterfunktion $x^{(k)}(t)$ des Zufallsprozesses $x(t)$ steht in engem Zusammenhang mit ihrer zeitlichen AKF:

$$\begin{aligned} \varrho_x^{(k)}(\tau) &= \lim_{t_0 \to \infty} \frac{1}{2t_0} \int_{-t_0}^{t_0} x^{(k)}(t)\, x^{(k)}(t + \tau)\,dt \\ &= \langle x^{(k)}(t)\, x^{(k)}(t + \tau) \rangle. \end{aligned} \tag{29}$$

Auch $w_{xx}^{(k)}(f)$ und $\varrho_x^{(k)}(\tau)$ bilden ein Paar von Fourier-Transformierten, d.h. es gilt – entsprechend zu den Gl. (21) bis (23) –

$$\left.\begin{aligned} &w_{xx}^{(k)}(f) = \int_{-\infty}^{\infty} \varrho_x^{(k)}(\tau)\, e^{-j2\pi f\tau} d\tau, \\ &\varrho_x^{(k)}(\tau) = \int_{-\infty}^{\infty} w_{xx}^{(k)}(f)\, e^{j2\pi f\tau} df, \\ &\text{bzw. in reeller Darstellung mit} \\ &w_x^{(k)}(f) = 2 w_{xx}^{(k)}(f) \\ &w_x^{(k)}(f) = 4 \int_0^{\infty} \varrho_x^{(k)}(\tau) \cos 2\pi f\tau\,d\tau, \\ &\varrho_x^{(k)}(\tau) = \int_0^{\infty} w_x^{(k)}(f) \cos 2\pi f\tau\,df. \end{aligned}\right\} \tag{30}$$

Für ergodische Prozesse haben $\varrho_x^{(k)}(\tau)$ und $w_x(f)$ für jede Musterfunktion denselben Wert und stimmen mit den entsprechenden Scharmittelwerten nach den Gln. (20) bis (23) überein. Die aus Gl. (29) und (30) folgende Beziehung

$$\varrho_x(0) = \langle x(t)^2 \rangle = \int_0^{\infty} w_x(f)\,df \tag{31}$$

(Parsevalsche Gleichung) rechtfertigt die Bezeichnung „spektrale Leistungsdichte" für $w_x(f)$.

Die *Wiener-Khintchine-Relationen* Gln. (21) bis (23) bzw. (30) haben zum einen eine theoretische Bedeutung, da man oftmals $\varrho_x(\tau)$ aufgrund von Modellvorstellungen über einen Zufallsprozeß einfach bestimmen und damit dann auf das eigentlich interessierende Leistungsspektrum schließen kann. Die praktische Bedeutung der AKF liegt darin, daß man $\varrho_x(\tau)$ entsprechend der Definitionsgleichung (29) messen kann (Bild 2): Dazu wird die Zeitfunktion $x(t)$ einem Multiplizierer (Mischer) einmal direkt und einmal nach Passieren eines Verzögerungsgliedes (τ) zugeführt. Am Ausgang eines Integrators, der eine zeitliche Mittelung durchführt, erscheint dann $\varrho_x(\tau)$. – Die Mittelung kann natürlich nur über ein endliches Zeitintervall $-t_0 \ldots + t_0$ durchgeführt werden; die in der Praxis zur Verfügung

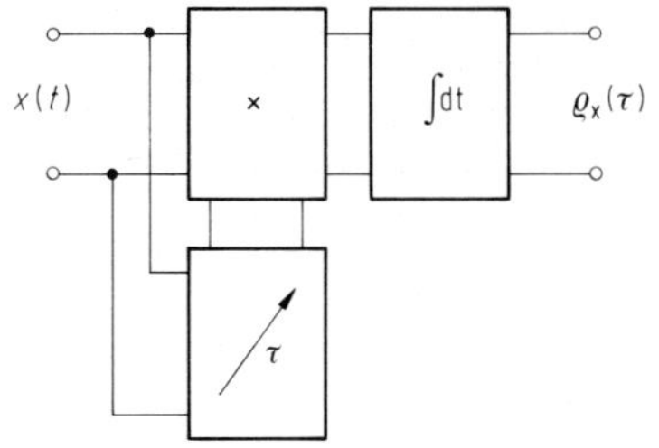

Bild 2. Prinzipschaltung zur Messung der AKF. Nach [16]

stehenden Beobachtungszeiten reichen i. allg. aus. –

Vier AKF-Beispiele:
1) Die AKF einer *periodischen Funktion* $x(t) = \sum_{n=0}^{\infty} c_n \cos(n\omega_0 t + \varphi_n)$ ist

$$\varrho_x(\tau) = c_0^2 + \sum_{n=1}^{\infty} (c_n^2/2) \cos n\omega_0 \tau;$$

sie hat also dieselbe Periodizität wie die Originalfunktion, jedoch sind alle Phaseninformationen verschwunden. Insbesondere gilt

$$\varrho_x(0) = c_0^2 + \sum_{n=1}^{\infty} c_n^2/2$$

(Parsevalsche Gleichung).

(Die obigen Eigenschaften 4) und 5) gelten hier nicht.)
2) Die Summe aus einer *periodischen Funktion und einer Rauschfunktion*

$$x(t) = p(t) + n(t)$$

hat die AKF

$$\varrho_x(\tau) = \varrho_p(\tau) + \varrho_n(\tau) + 2\overline{p(t)\, n(t+\tau)}$$

bzw. wegen der statistischen Unabhängigkeit von $p(t)$ und $n(t)$

$$\varrho_x(\tau) = \varrho_p(\tau) + \varrho_n(\tau) + 2\overline{p(t)}\,\overline{n(t+\tau)}.$$

Wenn $\overline{p(t)}$ und/oder $\overline{n(t+\tau)}$ verschwinden, gilt

$$\varrho_x(\tau) = \varrho_p(\tau) + \varrho_n(\tau).$$

Wegen $\lim_{\tau \to \infty} \varrho_n(\tau) = 0$ (s. obige Eigenschaft 5)) enthüllt sich in der gesamten AKF für große Werte von τ der periodische Anteil (z. B. Nutzsignal). Hiervon wird beim sog. Korrelationsempfang Gebrauch gemacht [8].
3) Ein *Gaußsches Rauschen* $n(t)$ kann in einem endlichen Zeitintervall $0 \leqq t \leqq t_0$ durch eine Fourier-Reihe

$$n(t) = \sum_{n=0}^{\infty} \left(a_n \cos \frac{2\pi n t}{t_0} + b_n \sin \frac{2\pi n t}{t_0} \right) = \sum_{n=-\infty}^{\infty} \underline{c}_n \exp(\mathrm{j}\, 2\pi n t/t_0) \qquad (32)$$

dargestellt werden, wobei die Koeffizienten a_n, b_n gaußverteilt sind (s. Gl. (10)) und $\bar{a}_n = 0$, $\bar{b}_n = 0$ gilt; für große t_0 werden sie unkorreliert. Für den Betrag $|\underline{c}_n| = \sqrt{a_n^2 + b_n^2}$ und die Phase $\varphi_n = \arctan b_n/a_n$ gilt Gl. (28) [1, S. 1241].
4) Für ein bandbegrenztes weißes Rauschen $w(f) = w_0$ (für $|f_1| \leqq f \leqq |f_2|$, sonst Null) gilt

$$\varrho_x(\tau) = w_0 (f_2 - f_1) \frac{\sin \pi (f_2 - f_1) \tau}{\pi (f_2 - f_1) \tau} \cdot \cos \pi (f_2 + f_1) \tau.$$

$\varrho_x(\tau)$ ist nur innerhalb der Einschwingzeit ($\tau \leqq 1/2(f_2 - f_1)$) des jeweiligen Filters von nennenswerter Größe. (Für $f_1 = 0$ liegt ein Tiefpaßrauschen vor.)

Stochastische Differentiation. Die Funktion $\dot{x} = \mathrm{d}x/\mathrm{d}t$ hat die AKF [13]

$$R_{\dot{x}}(\tau) = -\frac{\mathrm{d}^2 R_x(\tau)}{\mathrm{d}\tau^2}$$

und die Spektraldichte

$$w_{\dot{x}}(f) = \omega^2 w_x(f). \qquad (33)$$

Allgemein gilt für $\mathrm{d}^n x/\mathrm{d}t^n = x^{(n)}$

$$R_{x^{(n)}}(\tau) = -\frac{\mathrm{d}^{2n} R_x(\tau)}{\mathrm{d}\tau^{2n}}, \quad w_{x^{(n)}}(f) = \omega^{2n} w_x(f).$$

Entsprechend gilt für die KKF

$$R_{x^{(n)} y^{(m)}}(\tau) = (-1)^{n+m} \frac{\mathrm{d}^{n+m} R_{xy}(\tau)}{\mathrm{d}\tau^{n+m}}. \qquad (34)$$

Insbesondere gilt: Ableitung und Integration eines Gauß-Prozesses sind wieder gaußisch.

Entsprechend Gl. (29) vermittelt die zeitliche *Kreuzkorrelationsfunktion* (KKF)

$$\varrho_{xy}^{(k)}(\tau) = \lim_{t_0 \to \infty} \frac{1}{2 t_0} \int_{-t_0}^{t_0} x^{(k)}(t)\, y^{(k)}(t + \tau)\, \mathrm{d}t \qquad (35)$$

einen Zusammenhang zwischen Musterfunktionen $x^{(k)}(t)$, $y^{(k)}(t)$ zweier stationärer Prozesse im zeitlichen Abstand τ. Für sie gelten die erweiterten Wiener-Khintchine-Relationen

$$\begin{aligned} \varrho_{xy}^{(k)}(\tau) &= \int_{-\infty}^{\infty} w_{xy}^{(k)}(f) \exp(\mathrm{j}\, 2\pi f \tau)\, \mathrm{d}f, \\ w_{xy}^{(k)}(f) &= \int_{-\infty}^{\infty} \varrho_{xy}^{(k)}(\tau) \exp(-\mathrm{j}\, 2\pi f \tau)\, \mathrm{d}\tau, \end{aligned} \qquad (36)$$

die bei ergodischen Prozessen von k unabhängig sind und mit den entsprechenden Gln. (18), (19) übereinstimmen.
Eine am Eingang eines *linearen*, zeitinvarianten, rauschfreien Netzwerks anliegende stochastische

Zeitfunktion $x_e(t)$ eines stationären Prozesses mit der spektralen Leistungsdichte $w_e(f)$ erzeugt am Ausgang die stochastische Veränderliche

$$x_a(t) = \int_{-\infty}^{\infty} h(t-s)\, x_e(s)\, ds = h(t) * x_e(t)$$

($h(t)$ = Stoßantwort des Netzwerks), ihre spektrale Leistungsdichte ist

$$w_a(f) = w_e(f)\, |\underline{H}(f)|^2 \qquad (37)$$

(*Wiener-Lee-Theorem*). Hierin ist

$$\underline{H}(f) = \int_{-\infty}^{\infty} h(t) \exp(-j2\pi f t)\, dt$$

die Übertragungsfunktion des Netzwerks.
Nach Gl. (37) dürfen wir also die Übertragung einer Rauschleistung im Intervall Δf durch ein lineares, rauschfreies Netzwerk hindurch so beschreiben, als ob es sich um ein harmonisches Signal mit dem Effektivwert $n_{eff} = \sqrt{w(f)\,\Delta f}$ handeln würde; hiervon wird bei der Beschreibung rauschender Vierpole Gebrauch gemacht (s. 3.4). – Wenn das Eingangsrauschen gaußisch ist, so ist es auch das Ausgangsrauschen. Dieser Erhalt des Charakters der Verteilungsfunktion gilt nur für Gauß-Verteilungen. – Das Ergebnis Gl. (37) kann leicht auf den Fall ausgedehnt werden, daß zwei (oder mehrere) Rauschquellen auf i. allg. unterschiedlichen Wegen $\underline{H}_1(f)$ bzw. $\underline{H}_2(f)$ zu $w_a(f)$ beitragen. Es gilt dann

$$w_a(f) = |\underline{H}_1(f)|^2 w_{e1}(f) + |\underline{H}_2(f)|^2 \cdot w_{e2}(f) + 2\,\mathrm{Re}[\underline{H}_1(f)\, \underline{H}_2^*(f)\, \underline{w}_{e1,e2}(f)] \qquad (38)$$

($\underline{w}_{e1,e2}(f)$ = Fourier-Transformierte der KKF $\underline{\varrho}_{e1,e2}(\tau)$). Von dem Ergebnis Gl. (38) wird in 3.4 Gebrauch gemacht (z. B. Gl. (59)). Die Größe

$$\underline{\gamma}(f) = \underline{w}_{e1,e2}(f) / \sqrt{w_{e1}(f)\, w_{e2}(f)} \qquad (39)$$

wird als Kreuzkorrelationskoeffizient bezeichnet. Das Ergebnis Gl. (38) entspricht der für harmonische Signale geltenden Beziehung

$$|\underline{U}_a|^2 = |\underline{H}_1(f)|^2\, |\underline{U}_{e1}|^2 + |\underline{H}_2(f)|^2\, |\underline{U}_{e2}|^2 + 2\,\mathrm{Re}[\underline{H}_1(f)\, \underline{H}_2^*(f)\, \underline{U}_{e1}\, \underline{U}_{e2}^*].$$

3.3 Rauschquellen und ihre Ersatzschaltungen

Noise sources and their equivalent circuits

Thermisches Rauschen. Die quasifreien Ladungsträger in einem Leiter (Elektronen in einem Metall bzw. Elektronen und Defektelektronen in einem Halbleiter), der sich auf der absoluten Temperatur $T > 0$ befindet, führen eine Wimmelbewegung ähnlich der Brownschen Bewegung von Gaspartikeln aus. Als Folge davon entsteht zwischen den offenen Enden eines Leiters mit dem Widerstand R (bzw. Leitwert G) eine zeitlich statistisch schwankende Leerlauf-Rausch-Spannung $u_L(t)$; bei Kurzschluß fließt entsprechend ein statistisch schwankender Rauschstrom $i_K(t)$ durch den Leiter. Da für die Ladungsträgerbewegung alle Raumrichtungen gleich wahrscheinlich sind, gilt sowohl $\langle u_L(t) \rangle = 0$ als auch $\langle i_K(t) \rangle = 0$. Dagegen sind $\langle u_L(t)^2 \rangle$, $\langle i_K(t)^2 \rangle$ von Null verschieden, d. h. der ohmsche Widerstand R (bzw. Leitwert $G = 1/R$) auf der Temperatur T stellt einen Generator für thermische Rauschleistung dar. Seine verfügbare Leistung beträgt nach den Grundgesetzen der Elektrotechnik

$$P_v = \langle u_L(t)^2 \rangle / 4R \quad \text{bzw.} \quad P_v = \langle i_K(t)^2 \rangle / 4G. \qquad (40)$$

Die spektrale Zerlegung dieser Leistung führt wegen des statistischen Charakters von $u_L(t)$ bzw. $i_K(t)$ auf ein Kontinuum, d. h. $P_v = \int_0^{\infty} w(f)\, df$ und entsprechend Gl. (40) auf

$$\langle u_L(t)^2 \rangle = \int_0^{\infty} u_{eff}(f)^2\, df \quad \text{bzw.}$$
$$\langle i_K(t)^2 \rangle = \int_0^{\infty} i_{eff}(f)^2\, df$$

mit der spektralen Dichte

$$u_{eff}(f) = \sqrt{4R\,w(f)} \quad \text{bzw.} \quad i_{eff}(f) = \sqrt{4G\,w(f)}. \qquad (41)$$

Bild 3 zeigt die beiden zugehörigen äquivalenten Ersatzschaltungen für das Frequenzintervall $f \ldots f + \Delta f$.
Aus der statistischen Thermodynamik folgt [14, 15]

$$w(f) = hf \Big/ \left(\exp\left(\frac{hf}{kT}\right) - 1 \right) \qquad (42)$$

($k = 1{,}38 \cdot 10^{-23}$ Ws/K = Boltzmann-Konstante, $h = 6{,}63 \cdot 10^{-34}$ Ws² = Plancksches Wirkungsquantum). Für fast alle derzeitigen technischen Anwendungsfälle gilt $hf \ll kT$, d. h.

$$f \ll kT/h = 20{,}8\ T/\mathrm{K} \quad \text{in GHz} \qquad (43)$$

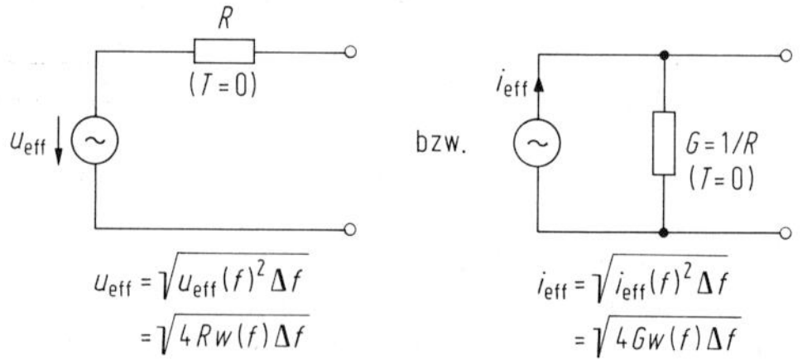

Bild 3. Ersatzschaltungen eines rauschenden ohmschen Widerstands bzw. Leitwerts im Frequenzintervall $f \ldots f + \Delta f$

und damit in sehr guter Näherung

$$w(f) = kT = w_0 = \text{const bzg. } f \quad (44)$$

(sog. weißes Rauschen). Für $f < 0{,}1$ kT/h $= 2{,}08\ T/\text{K}$ in GHz bleibt der Fehler unter 5%. – Die spektrale Verteilung der verfügbaren thermischen Rauschleistung ist zuerst experimentell von Johnson [17] ermittelt und unmittelbar danach von Nyquist theoretisch begründet worden [18]; man nennt daher das thermische Rauschen auch Johnson- oder Nyquist-Rauschen. – Mit Gl. (44) folgt aus Gl. (41) für das Frequenzintervall $f \ldots f + \Delta f$

$$\left.\begin{aligned} u_{\text{eff}} &= \sqrt{u_{\text{eff}}(f)^2 \Delta f} = \sqrt{4kTR\Delta f} \\ &= 4\sqrt{R/\text{k}\Omega\, \Delta f/\text{MHz}\, T/290\,\text{K}} \text{ in } \mu\text{V} \\ &\text{bzw.} \\ i_{\text{eff}} &= \sqrt{i_{\text{eff}}(f)^2 \Delta f} = \sqrt{4kTG\Delta f} \\ &= 4\sqrt{G/mS\, \Delta f/\text{MHz}\, T/290\,\text{K}} \text{ in nA.} \end{aligned}\right\} (45)$$

Wenn mehrere ohmsche Widerstände R_ν (mit der jeweiligen Temperatur T_ν) *in Serie geschaltet* sind, gilt wegen der statistischen Unabhängigkeit der einzelnen Leerlauf-Rausch-Spannungen in Erweiterung von Gl. (41)

$$\left.\begin{aligned} &u_{\text{eff}}(f)^2 = 4k\sum_\nu R_\nu T_\nu = 4kT_{\text{äq}}\sum_\nu R_\nu \\ &\text{mit} \\ &T_{\text{äq}} = \sum_\nu R_\nu T_\nu / \sum_\nu R_\nu = \text{äquiv. Rauschtemperatur von } \sum_\nu R_\nu. \end{aligned}\right\} (46)$$

Entsprechend gilt für die *Parallelschaltung* mehrerer Leitwerte G_ν (jeweilige Temperatur T_ν)

$$\begin{aligned} &i_{\text{eff}}(f)^2 = 4k\sum_\nu G_\nu T_\nu = 4kT_{\text{äq}}\sum_\nu G_\nu \\ &\text{mit} \qquad\qquad (47) \\ &T_{\text{äq}} = \sum_\nu G_\nu T_\nu / \sum_\nu G_\nu . \end{aligned}$$

Für einen Zweipol mit der Impedanz $\underline{Z}$ (bzw. Admittanz $\underline{Y} = 1/\underline{Z}$), der sich auf einer einheitlichen Temperatur T befindet, gilt in Erweiterung von Gl. (41) [11]

$$\begin{aligned} u_{\text{eff}}(f)^2 &= 4w(f)\,\text{Re}\,\underline{Z} \quad \text{bzw.} \\ i_{\text{eff}}(f)^2 &= 4w(f)\,\text{Re}\,\underline{Y} \end{aligned} \qquad (48)$$

(s. das Beispiel in Bild 4).

Aus Gl. (48) folgt insbesondere, daß Blindwiderstände thermisch nicht rauschen.

Thermische Rauschstörungen können durch Kühlung des Widerstands reduziert werden. Von dieser Möglichkeit kann in all denjenigen Schaltungen Gebrauch gemacht werden, welche ausschließlich oder überwiegend thermische Rauschquellen enthalten, z. B. parametrische Schaltungen (s. G 1.4) und Feldeffekttransistoren [19].

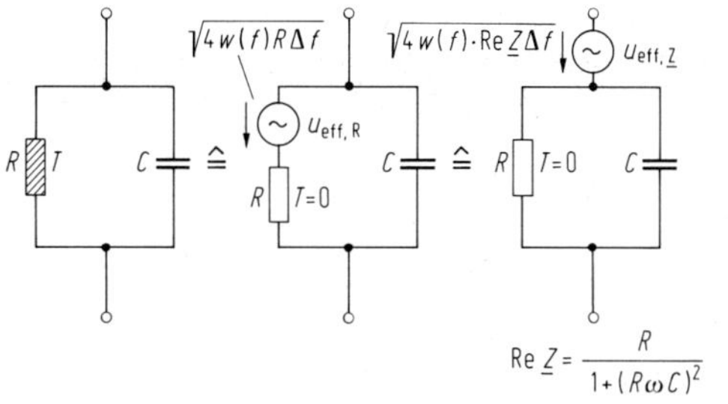

Bild 4. Komplexer Widerstand mit thermischer Rauschquelle

Schrotrauschen. Während das thermische Rauschen bereits ohne makroskopische Bewegung von Ladungsträgern in einem Leiter auftritt, entsteht das Schrotrauschen erst in Verbindung mit einem makroskopischen Stromfluß $i(t)$, und zwar immer dann, wenn Ladungsträger in statistischer Weise Grenzflächen zwischen 2 Medien überschreiten. Beispiele hierfür sind die Emission von Elektronen aus einer geheizten Kathode in das Vakuum hinein sowie das Passieren von pn-Übergängen durch Elektronen und Defektelektronen in Halbleiterdioden bzw. -transistoren. Der erste Effekt hat dieser Rauschursache ihren Namen gegeben: Das durch die unregelmäßige Emission bewirkte unregelmäßige Auftreffen der Elektronen auf die Anode einer Elektronenröhre hat Ähnlichkeiten mit dem Aufprall von Schrotkugeln auf ein Ziel.

Hier ist $\langle i(t)\rangle = I \neq 0$ (Bild 5). Die spektrale Zerlegung des Rauschanteils $i_\text{R}(t) = i(t) - I$ folgt aus der „Leistungsbilanz"

$$\langle i_\text{R}(t)^2\rangle = \int_0^\infty i_{\text{eff}}(f)^2\, \text{d}f .$$

Da bei den Ladungsträgerübergängen (in Elektronenröhren im Sättigungs- und Anlaufgebiet sowie bei HL-Dioden und Bipolartransistoren) die Voraussetzungen des Theorems von Carson gegeben sind, gilt nach Gl. (26)

$$i_{\text{eff}}(f)^2 = 2eI\,|\psi(f)/\psi(0)|^2 \qquad (49)$$

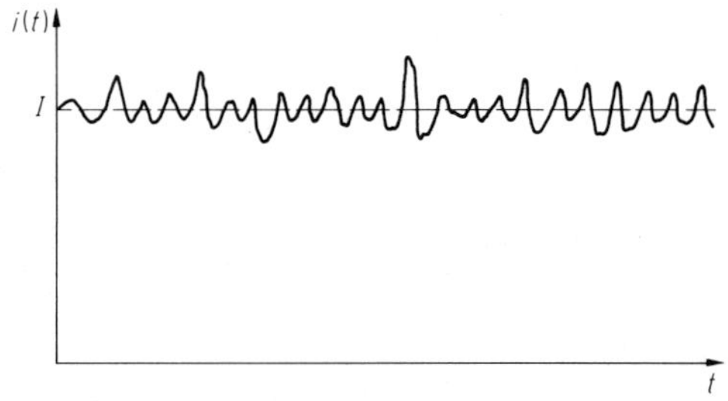

Bild 5. Mit Schrotrauschen behafteter Strom, schematisch

und für niedrige Frequenzen $f \ll 1/2\pi\tau_L$ (τ_L = Laufzeit der Ladungsträger im Entladungsraum) vereinfacht (Schottkys Theorem [20])

$$i_{\text{eff}}(f)^2 = 2eI,$$

$$\sqrt{i_{\text{eff}}(f)^2 \Delta f} = 5{,}64 \cdot 10^{-4} \sqrt{\frac{I}{\text{mA}}} \sqrt{\frac{\Delta f}{k\text{Hz}}} \quad \text{in } \mu\text{A}. \tag{50}$$

Das Schrotrauschen ist eine unvermeidbare Rauschquelle bei konventionellen Verstärkern und Mischern mit Sperrschicht-Steuerstrecken. Denn die dort verwendeten Schottky- und Tunneldioden sowie Bipolartransistoren müssen stets in Arbeitspunkten mit $I \neq 0$ betrieben werden, da die zur Verstärkung eines HF-Signals erforderliche Leistung aus diesem Gleichstrom entnommen wird. Falls im Arbeitspunkt ein vernachlässigbar kleiner Gleichstrom fließt, ist das Schrotrauschen von untergeordneter Bedeutung (z. B. in den parametrischen Schaltungen, s. G 1.4). Das gilt auch beim FET, da über die Steuerstrecke nur ein vernachlässigbar kleiner Sperrstrom fließt.

1/*f*-Rauschen. Bei einer Vielzahl von physikalischen und technischen Systemen treten Schwankungsvorgänge mit einer spektralen Leistungsdichte auf, welche bei tiefen Frequenzen $\sim 1/f^{\alpha}$ mit $\alpha \approx 1$ ist. Man spricht daher – unabhängig von der physikalischen Ursache – von $1/f$-Rauschen bzw. von Funkel-Rauschen, da dieser Effekt zuerst in Verbindung mit der unregelmäßigen Emission von Oxydkathoden beobachtet worden ist.
Als Ursache des $1/f$-Rauschens kommen Oberflächen- und Volumeneffekte in Betracht, und zwar sowohl bei *Elektronenröhren* [1, S. 1252] als auch bei *Halbleitern* [21, 22]. Trotz zahlreicher theoretischer und experimenteller Arbeiten im Anschluß an die ersten Untersuchungen von Johnson [23] und Schottky [24] gibt es bis heute noch keine einheitliche Theorie des $1/f$-Rauschens, was aufgrund der verschiedenen möglichen Modellvorstellungen verständlich ist.
Allgemeine Kennzeichen dieses Rauschens, das bis zu Frequenzen von typisch 1 bis 10 kHz vorhanden ist, darüber aber von dem meist gleichzeitig vorhandenen thermischen oder Schrotrauschen überdeckt wird, sind [25]:

- Es kann als stationärer Gauß-Prozeß aufgefaßt werden.
- Die gemessene spektrale Leistungsdichte $w_x(f)$ genügt in einem großen Frequenzbereich (in Einzelfällen bis herunter zu 10^{-6} Hz) dem Gesetz $f^{-\alpha}$ mit $\alpha \approx 1$.
- Für die Stromabhängigkeit gilt $w_x(f) \sim I^{\gamma}$ mit $1 < \gamma \leqq 2$.
- In vielen Fällen wird die Temperaturabhängigkeit nur durch die I-Abhängigkeit bestimmt. Da es auch Ausnahmen hiervon gibt, kann von einem verbesserten Verständnis der T-Abhängigkeit des $1/f$-Rauschens ein tieferer Einblick in den Mechanismus dieses Rauschens erwartet werden.

Neuere ausführliche zusammenfassende Darstellungen von Theorie und Praxis findet man in [25–27].

Empfangsrauschen. Hierunter versteht man diejenigen Störungen, welche bereits von der Antenne neben dem Nutzsignal aufgenommen werden. Sie können bez. ihrer Entstehung in verschiedene Gruppen eingeteilt werden [28]:

1. Kosmos (galaktisches Rauschen, Sonne, Sterne, interstellare Materie). Diese Störungen stellen in der Radioastronomie (s. S 4) das Nutzsignal dar [29].
2. Atmosphäre (Absorption und Wiederausstrahlung in der Ionosphäre, Heaviside-Schicht, $O_2 - H_2O$-Absorption in der Atmosphäre, troposphärische Störungen, Gewitter).
3. Erde (terrestrische Störungen, elektrische Geräte [14].

Wegen des für quantenphysikalische Bauelemente wichtigen Quantenrauschens wird auf M 3 verwiesen, wegen seltener auftretender Störungen wie Isolations-, Kontakt- und Ummagnetisierungsrauschen auf [11, 14 I]. Das Rauschen gittergesteuerter Elektronenröhren ist nur noch von historischem Interesse [1, S. 1246–1255].

Äquivalenter Rauschwiderstand bzw. -leitwert und äquivalente Rauschtemperatur eines Zweipols. Ein Zweipol habe die Impedanz $\underline{Z}$ (bzw. Admittanz $\underline{Y} = 1/\underline{Z}$) und enthalte beliebige innere Rauschquellen, welche einer verfügbaren spektralen Leistungsdichte $w(f)$ entsprechen, d. h. nach Gl. (41)

$$u_{\text{eff}}(f)^2 = 4w(f)\,\text{Re}\,\underline{Z} \quad \text{bzw.} \qquad i_{\text{eff}}(f)^2 = 4w(f)\,\text{Re}\,\underline{Y}. \tag{51}$$

Diese Angaben können numerisch gleichwertig durch den sog. äquivalenten Rauschwiderstand $R_{\text{äq}}$ bzw. Rauschleitwert $G_{\text{äq}}$ beschrieben werden, der sich auf einer (willkürlich definierten) Bezugstemperatur T_0 (i. allg. 290 K) befindet und thermisch rauscht. Aus der Äquivalenzforderung

$$u_{\text{eff}}(f)^2 = 4kT_0 R_{\text{äq}} \quad \text{bzw.} \quad i_{\text{eff}}(f)^2 = 4kT_0 G_{\text{äq}}$$

folgt durch Vergleich mit Gl. (51)

$$R_{\text{äq}} = \text{Re}\,\underline{Z}(w(f)/kT_0) \quad \text{bzw.} \qquad G_{\text{äq}} = \text{Re}\,\underline{Y}(w(f)/kT_0) \tag{52}$$

($kT_0 = 4 \cdot 10^{-21}$ Ws für $T_0 = 290$ K). Es ist $R_{\text{äq}}/G_{\text{äq}} = |\underline{Z}|^2$.
Die *äquivalente Rauschtemperatur* T_r des Zweipols ist diejenige Temperatur, auf die ein thermisch rauschender Widerstand der Größe Re $\underline{Z}$

aufgeheizt werden muß, damit er dieselbe verfügbare spektrale Rauschleistungsdichte $w(f)$ liefert wie der vorgegebene Zweipol, d.h. $kT_r = w(f)$; hieraus folgt

$$T_r = w(f)/k. \tag{53}$$

T_r ist eine reine Rechengröße, die von der tatsächlichen Temperatur des Zweipols i.allg. verschieden ist. Sie ermöglicht einen einfachen Vergleich des Rauschverhaltens verschiedener Zweipole trotz physikalisch verschiedenartiger Rauschursachen. – So wird z.B. die spektrale Rauschtemperatur einer Antenne (s. Teil N sowie R 4, S 4) durch die obengenannten Ursachen 1. und 2. bestimmt.
Der Vergleich von Gl. (52) mit Gl. (53) liefert

$$R_{äq} = \mathrm{Re}\,\underline{Z}(T_r/T_0) \quad \text{bzw.}$$
$$G_{äq} = \mathrm{Re}\,\underline{Y}(T_r/T_0). \tag{54}$$

Beispiel: Für eine Halbleiterdiode (s. M 1.2) mit

$$I = I_s(\exp(U/U_T) - 1),$$
$$\mathrm{d}I/\mathrm{d}U = G = (I + I_s)/U_T$$

($U_T = kT/e$ = Temperaturspannung) und $i^2_{eff}(f) = 2e(I + 2I_s)$ gilt nach den Gln. (51) bis (54)

$$G_{äq} = (I + 2I_s)/2U_{T_0},$$
$$T_r = [(I + 2I_s)/(I + I_s)]\,T/2.$$

Tief im Flußgebiet ($I \gg I_s$) ist $T_r \approx T/2$; die Diode rauscht halbthermisch. Für $I = 0$ ist $T_r = T$, da die Diode sich dann im thermodynamischen Gleichgewicht befindet.

3.4 Rauschende lineare Vierpole

Linear noisy fourpoles

Vierpolgleichungen, Ersatzschaltungen. Da es sich bei den inneren Rauschquellen eines Vierpols um kleine Ströme bzw. Spannungen handelt, kann ihr Einfluß auf das Vierpolverhalten durch modifizierte lineare Vierpolgleichungen erfaßt werden [11, 30] (s. hierzu Bild 6), z.B.

$$\underline{I}_1 = \underline{Y}_{11}\underline{U}_1 + \underline{Y}_{12}\underline{U}_2 + \underline{I}_{K1}$$
$$\underline{I}_2 = \underline{Y}_{21}\underline{U}_1 + \underline{Y}_{22}\underline{U}_2 + \underline{I}_{K2} \tag{55}$$

oder

$$\underline{U}_1 = \underline{Z}_{11}\underline{I}_1 + \underline{Z}_{12}\underline{I}_2 + \underline{U}_{L1}$$
$$\underline{U}_2 = \underline{Z}_{21}\underline{I}_1 + \underline{Z}_{22}\underline{I}_2 + \underline{U}_{L2}. \tag{56}$$

Hierbei wird die Wirkung der tatsächlich vorhandenen inneren Rauschquellen formal durch äquivalente äußere (Kurzschluß-) Strom- bzw. (Leerlauf-) Spannungs-Rauschquellen beschrieben, so daß der Vierpol als rauschfrei betrachtet werden kann. Neben den obigen Darstellungen ist u.a. noch die sog. Kettenform üblich (Bild 7).

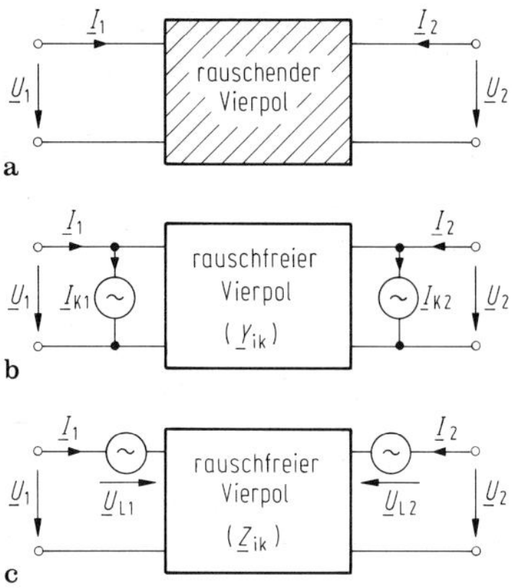

Bild 6. Rauschender linearer Vierpol. **a** allgemein; **b** Leitwertform; **c** Widerstandsform

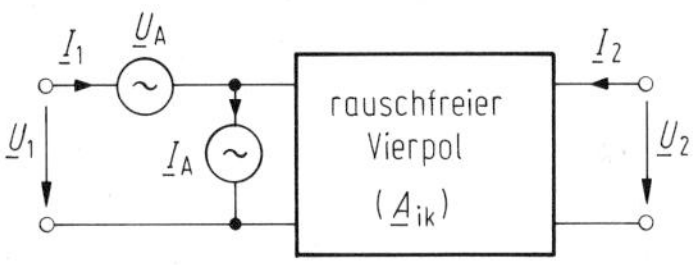

Bild 7. Kettenform des linearen rauschenden Vierpols

Dafür gilt

$$\underline{U}_1 = \underline{A}_{11}\underline{U}_2 + \underline{A}_{12}\underline{I}_2 + \underline{U}_A$$
$$\underline{I}_1 = \underline{A}_{21}\underline{U}_2 + \underline{A}_{22}\underline{I}_2 + \underline{I}_A$$

mit (57)

$$\underline{U}_A = -\,\underline{I}_{K2}/\underline{Y}_{21} = \underline{U}_{L1} - \underline{U}_{L2}\underline{Z}_{11}/\underline{Z}_{21}$$
$$\underline{I}_A = \underline{I}_{K1} - \underline{I}_{K2}\underline{Y}_{11}/\underline{Y}_{21} = -\,\underline{U}_{L2}/\underline{Z}_{21}.$$

Diese Darstellung ist besonders für theoretische Überlegungen nützlich; sie ist u.a. der Tatsache angepaßt, daß die Rauschtemperatur eines Vierpols (s. Gl. (79)) eine auf seinen *Eingang* bezogene Größe ist.
Es ist i.allg. nur eine Frage der Zweckmäßigkeit, welche der drei Darstellungen (oder eine andere äquivalente) man benutzt, vorausgesetzt, daß die Koeffizientendeterminante nicht verschwindet.
Im Mikrowellengebiet werden zur Beschreibung von Netzwerken i.allg. Wellen und dementsprechend Reflexionsfaktoren statt Impedanzen bzw. Admittanzen benutzt. – Bei einem Hohlleiter kann man Ströme und Spannungen sogar gar nicht mehr eindeutig definieren (s. K 4), wohl aber Wellenamplituden; diese lassen sich (bei einmodigem Betrieb) auch experimentell mit Hilfe von Richtkopplern trennen und komponentenweise messen (s. I 3, 3). – Für eine zweitorige Leitungsstruktur besteht bei Kleinsignalbetrieb ein linearer Zusammenhang zwischen den Wellen-

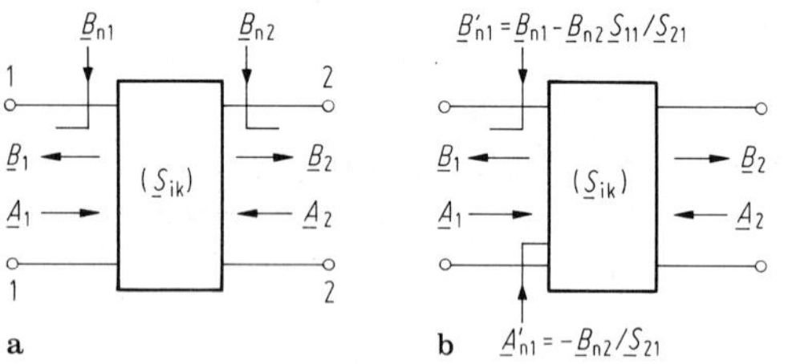

Bild 8. Zwei äquivalente Wellendarstellungen eines rauschenden Vierpols

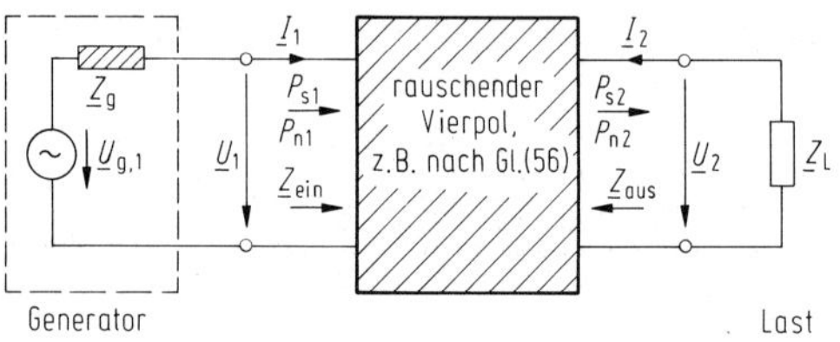

Bild 9. Beschaltung eines rauschenden Vierpols mit Generator und Last

amplituden $\underline{B}$, $\underline{A}$ an beiden Toren (s. hierzu Bild 8):

$$\begin{pmatrix}\underline{B}_1\\ \underline{B}_2\end{pmatrix}=\begin{pmatrix}\underline{S}_{11} & \underline{S}_{12}\\ \underline{S}_{21} & \underline{S}_{22}\end{pmatrix}\begin{pmatrix}\underline{A}_1\\ \underline{A}_2\end{pmatrix}+\begin{pmatrix}\underline{B}_{n1}\\ \underline{B}_{n2}\end{pmatrix}. \tag{58}$$

Bei einem Vierpol, welcher sowohl die Definition von Strömen und Spannungen als auch von Wellen zuläßt, gilt der Zusammenhang

$$\underline{A}=(\underline{U}+\underline{Z}\,\underline{I})/\sqrt{8\,\mathrm{Re}\,\underline{Z}},$$
$$\underline{B}=(\underline{U}-\underline{Z}^*\underline{I})/\sqrt{8\,\mathrm{Re}\,\underline{Z}}$$

und damit, unabhängig vom Wert des Wellenwiderstandes $\underline{Z}$,

$$|\underline{A}|^2-|\underline{B}|^2=\mathrm{Re}(\underline{U}\,\underline{I}^*)/2.$$

Die in jeder der vorangehenden Darstellungen auftretenden beiden Rausch-Ersatzquellen sind wegen ihres (zumindest teilweise) gemeinsamen Ursprungs miteinander korreliert. Durch geeignete Transformation ist es möglich, sie formal unkorreliert zu machen. So sind z. B. im Falle von Bild 8b $\underline{A}'_{n1}$ und $\underline{B}'_{n1}$ dann unkorreliert, wenn $\underline{Z}=\underline{Z}_{\mathrm{opt}}$ mit

$$\left.\begin{aligned}&|\underline{Z}_{\mathrm{opt}}|=\sqrt{\overline{|\underline{U}_{\mathrm{A}}|^2}/\overline{|\underline{I}_{\mathrm{A}}|^2}},\\ &\mathrm{Im}\,\underline{Z}_{\mathrm{opt}}=|\underline{Z}_{\mathrm{opt}}|\,\mathrm{Im}\,\underline{\varrho}\\ &\text{gewählt wird, wobei}\\ &\underline{\varrho}=\overline{\underline{I}_{\mathrm{A}}\underline{U}_{\mathrm{A}}^*}/\sqrt{\overline{|\underline{U}_{\mathrm{A}}|^2}\;\overline{|\underline{I}_{\mathrm{A}}|^2}}\end{aligned}\right\} \tag{59}$$

der Korrelationskoeffizient zwischen $\underline{I}_{\mathrm{A}}$ und $\underline{U}_{\mathrm{A}}$ ist.

Die allgemeine Beschreibung linearer rauschender *n*-Tore erfolgt – in Erweiterung der vorstehenden Ergebnisse – mit Hilfe von Auto- und Kreuzkorrelationsspektren, die in einer Korrelationsmatrix zusammengefaßt werden [31].

Spektrale Rauschzahl und -temperatur. Rauschkenngrößen. Die spektrale Rauschzahl eines linearen Vierpols ist nach Fränz [32] bzw. Friis [33] definiert als:

$$F=\frac{P_{\mathrm{s}1}/P_{\mathrm{n}1}}{P_{\mathrm{s}2}/P_{\mathrm{n}2}}=\frac{\text{Signal-Rausch-Abstand am Eingang}}{\text{Signal-Rausch-Abstand am Ausgang}} \tag{60}$$

(Bild 9; dort ist die Beschreibung durch die Widerstandsform der Vierpolgleichungen gewählt.) Hierin ist $P_{\mathrm{s}1}$ bzw. $P_{\mathrm{n}1}$ die Signal- bzw. Rauschleistung, welche im Intervall $f_1-\Delta f/2\ldots f_1+\Delta f/2$ in den Vierpol eintritt; entsprechend treten die Signal- bzw. Rauschleistung $P_{\mathrm{s}2}$, $P_{\mathrm{n}2}$ im Intervall $f_2-\Delta f/2\ldots f_2+\Delta f/2$ aus dem Vierpol aus und werden an die Last $\underline{Z}_{\mathrm{L}}$ abgegeben. Im Fall $f_1=f_2$ liegt eine Geradeausschaltung vor (z. B. Vorverstärker in einem Empfänger), im Fall $f_1\neq f_2$ ein Mischer. (Letzterer kann, obwohl er prinzipiell ein nichtlineares Netzwerk ist, bei Kleinsignalbetrieb als linearisierte, aber zeitvariante Schaltung betrachtet und durch Vierpolgleichungen der Art (55) bis (58) beschrieben werden.)

In Gl. (60) gehen die im tatsächlich vorliegenden Betriebszustand vorhandenen Leistungen $P_{\mathrm{s}1}$, $P_{\mathrm{n}1}$ in der Eingangs- bzw. Ausgangsebene ein. Da sich das Leistungs*verhältnis* am Ausgang (Eingang) bei Variation des Abschlußwiderstands $\underline{Z}_{\mathrm{L}}$ (Eingangswiderstands $\underline{Z}_{\mathrm{ein}}$) nicht ändert, können in Gl. (60) auch die verfügbaren Leistungen P_{v} eingesetzt werden, welche nur im Anpassungszustand $\underline{Z}_{\mathrm{L}}=\underline{Z}^*_{\mathrm{aus}}$ (am Ausgang) bzw. $\underline{Z}_{\mathrm{ein}}=\underline{Z}^*_{\mathrm{g}}$ (am Eingang) tatsächlich vorliegen; dies hat insbesondere für die Berechnung von F Vorteile. Nun ist

$$P_{\mathrm{n}2,\mathrm{v}}=P_{\mathrm{n}1,\mathrm{v}}L_{\mathrm{v,n}}+P_{\mathrm{i,v}}$$

($P_{\mathrm{i,v}}$ = verfügbare Eigenrauschleistung des Vierpols aufgrund seiner internen Rauschquellen, L_{v} = verfügbarer Leistungsgewinn), d. h.

$$F=(1+P_{\mathrm{i,v}}/L_{\mathrm{v,n}}P_{\mathrm{n}1,\mathrm{v}})\,L_{\mathrm{v,n}}/L_{\mathrm{v,s}}. \tag{61}$$

Sofern $L_{\mathrm{v,n}}=L_{\mathrm{v,s}}(=L_{\mathrm{v}})$ (was i. allg. zutrifft), gilt

$$\begin{aligned}F&=P_{\mathrm{n}2,\mathrm{v}}/L_{\mathrm{v}}P_{\mathrm{n}1,\mathrm{v}}=1+P_{\mathrm{i,v}}/L_{\mathrm{v}}P_{\mathrm{n}1,\mathrm{v}}\\ &=1+F_{\mathrm{z}}\end{aligned} \tag{62}$$

(F_{z} = zusätzliche Rauschzahl). Dabei ist nach Gl. (53)

$$P_{\mathrm{n}1,\mathrm{v}}=k\,T_{\mathrm{g,s}}\Delta f \tag{63}$$

($T_{\mathrm{g,s}}$ = Rauschtemperatur des am Vierpoleingang liegenden Generators).

Die Schreibweise von Gl. (62) läßt für F die folgenden Deutungen zu:

$$\text{a)}\ F = \frac{\text{(verfügbare) Rauschleistung am Ausgang des rauschenden Vierpols}}{\text{(verfügbare) Rauschleistung am Ausgang des rauschfrei gedachten Vierpols}} \quad (64)$$

Diese Interpretation ist für die explizite Berechnung von F aus den Signal- und Rauschparametern besonders geeignet.

$$\text{b)}\ F = \frac{P_{\mathrm{n}\,2,\mathrm{v}}/\Delta f}{k\,T_{\mathrm{g,s}}\,L_{\mathrm{v}}} = \frac{\text{Rauschleistungsdichte am Ausgang}}{k\,T_{\mathrm{g,s}}\,L_{\mathrm{v}}},$$

$$\text{c)}\ F = \frac{P_{\mathrm{n}\,2,\mathrm{v}}/L_{\mathrm{v}}}{k\,T_{\mathrm{g,s}}} = \frac{\text{auf den Eingang bezogene spektrale Rauschleistungsdichte}}{k\,T_{\mathrm{g,s}}},$$

$$\text{d)}\ F = \frac{P_{\mathrm{s}\,1,\mathrm{v}}(P_{\mathrm{n}\,2}/P_{\mathrm{s}\,2})_{\mathrm{v}}}{k\,T_{\mathrm{g,s}}} = \frac{\text{verfügbare Signalleistung eines Generators, die am Ausgang zu dem Störabstand 1 führt}}{k\,T_{\mathrm{g,s}}}.$$

Diese Deutung liegt dem Prinzip der Rauschzahlmessung zugrunde (s. I 7), dort wird allerdings als Nutzsignal ein Rauschspektrum verwendet).

Die Anwendung der Definitionsgleichung (60) auf z. B. Gl. (57) liefert

$$\begin{aligned} F &= 1 + |\underline{U}_{\mathrm{A}} + \underline{Z}_{\mathrm{g}}\underline{I}_{\mathrm{A}}|^2/8\,k\,T_{\mathrm{g,s}}\Delta f\ \mathrm{Re}\,\underline{Z}_{\mathrm{g}} \\ &= F_{\min} + |\underline{I}|^2\,|\underline{Z}_{\mathrm{g}} - \underline{Z}_{\mathrm{opt}}|^2/8\,k\,T_{\mathrm{g,s}}\Delta f\ \mathrm{Re}\,\underline{Z}_{\mathrm{g}} \\ &= F_{\min} + |\underline{U}_{\mathrm{A}}|^2\,|\underline{Y}_{\mathrm{g}} - \underline{Y}_{\mathrm{opt}}|^2/8\,k\,T_{\mathrm{g,s}}\Delta f\ \mathrm{Re}\,\underline{Y}_{\mathrm{g}}. \end{aligned}$$

Für $\underline{Z}_{\mathrm{g}} = \underline{Z}_{\mathrm{g,opt}} = \underline{Z}_{\mathrm{opt}}$ (nach Gl. (59)) $= \underline{Y}_{\mathrm{opt}}^{-1}$ wird die bez. $\underline{Z}_{\mathrm{g}} = \underline{Y}_{\mathrm{g}}^{-1}$ minimale Rauschzahl

$$F_{\min} = 1 + \sqrt{|\underline{U}_{\mathrm{A}}|^2\,|\underline{I}_{\mathrm{A}}|^2} \cdot (\mathrm{Re}\,\underline{\varrho} + \sqrt{1 - (\mathrm{Im}\,\underline{\varrho})^2})/4\,k\,T_{\mathrm{g,s}}\Delta f \quad (65)$$

angenommen, d. h.

$$\mathrm{Re}\,\underline{Z}_{\mathrm{g,opt}} = \sqrt{1 - (\mathrm{Im}\,\underline{\varrho})^2}\,\sqrt{|\underline{U}_{\mathrm{A}}|^2/|\underline{I}_{\mathrm{A}}|^2} \quad \text{Rauschanpassung}$$

und

$$\mathrm{Im}\,\underline{Z}_{\mathrm{g,opt}} = \mathrm{Im}\,\underline{\varrho}\,\sqrt{|\underline{U}_{\mathrm{A}}|^2/|\underline{I}_{\mathrm{A}}|^2} \quad \text{Rauschabstimmung.} \quad (66)$$

Diese Einstellung ist begrifflich und i. allg. auch numerisch von der Leistungsanpassung $\underline{Z}_{\mathrm{g}} = \underline{Z}^*_{\mathrm{ein}} = [\underline{Z}_{11} - \underline{Z}_{12}\underline{Z}_{21}/(\underline{Z}_{22} + \underline{Z}_{\mathrm{L}})]^*$ verschieden. Anstelle der vier Rauschkenngrößen $|\underline{U}_{\mathrm{A}}|^2$, $|\underline{I}_{\mathrm{A}}|^2$ und $\underline{\varrho}$ werden auch die äquivalenten Größen

$$\begin{aligned} R_{\mathrm{n}} &= |\underline{U}_{\mathrm{A}}|^2/8\,k\,T_0\,\Delta f, \\ G_{\mathrm{n}} &= |\underline{I}_{\mathrm{A}}|^2\,(1 - |\underline{\varrho}|^2))/8\,k\,T_0\,\Delta f, \\ \underline{Y}_{\mathrm{cor}} &= \underline{\varrho}\,\sqrt{|\underline{I}_{\mathrm{A}}|^2/|\underline{U}_{\mathrm{A}}|^2} = G_{\mathrm{cor}} + \mathrm{j}\,B_{\mathrm{cor}} \end{aligned} \quad (67)$$

verwendet; damit gilt

$$\left.\begin{aligned} F &= 1 + \frac{G_{\mathrm{n}} + R_{\mathrm{n}}\,|\underline{Y}_{\mathrm{g}} + \underline{Y}_{\mathrm{cor}}|^2}{\mathrm{Re}\,\underline{Y}_{\mathrm{g}}}\,\frac{T_0}{T_{\mathrm{g,s}}}, \\ F_{\min} &= 1 + 2R_{\mathrm{n}}(G_{\mathrm{cor}} + \sqrt{G_{\mathrm{cor}}^2 + G_{\mathrm{n}}/R_{\mathrm{n}}}) \cdot T_0/T_{\mathrm{g,s}} \\ \mathrm{Re}\,\underline{Y}_{\mathrm{g,opt}} &= \mathrm{Re}\,\underline{Z}_{\mathrm{opt}}/|\underline{Z}_{\mathrm{opt}}|^2 = \sqrt{G_{\mathrm{cor}}^2 + G_{\mathrm{n}}/R_{\mathrm{n}}}, \\ \mathrm{Im}\,\underline{Y}_{\mathrm{g,opt}} &= -\,\mathrm{Im}\,\underline{Z}_{\mathrm{opt}}/|\underline{Z}_{\mathrm{opt}}|^2 = -\,B_{\mathrm{cor}}. \end{aligned}\right\} \quad (68)$$

Wenn nur Rauschabstimmung (s. Gl. (66)) vorgenommen wird, gilt

$$F = 1 + \left[\frac{G_{\mathrm{n}} + R_{\mathrm{n}}G_{\mathrm{cor}}^2}{\mathrm{Re}\,\underline{Y}_{\mathrm{g}}} + 2R_{\mathrm{n}}G_{\mathrm{cor}} + R_{\mathrm{n}}\,\mathrm{Re}\,\underline{Y}_{\mathrm{g}}\right]\frac{T_0}{T_{\mathrm{g,s}}} \quad (69)$$

(s. Bild 10; eine Abhängigkeit gleichen Charakters zeigt F bei Transistoren bzw. des Kollektorstroms [28] bzw. des Drainstroms [21].

Die Anwendung der Definitionsgleichung (60) auf Gl. (58) liefert [28, 34, 36, 37]

$$F = F_{\min} + (F_0 - F_{\min})\frac{|\underline{r} - \underline{r}_{\mathrm{opt}}|^2}{(1 - |\underline{r}|^2)\,|\underline{r}_{\mathrm{opt}}|^2} \quad (70)$$

mit dem Generator-Reflexionsfaktor

$$\underline{r} = (\underline{Z}_{\mathrm{g}} - \underline{Z})/(\underline{Z}_{\mathrm{g}} + \underline{Z}^*)$$

und

$$\begin{aligned} F_0 &= F(\underline{r} = 0) \\ &= F_{\min} + \frac{|\underline{A}'_{\mathrm{n}\,1} - \underline{B}'_{\mathrm{n}\,1}|^2}{k\,T_{\mathrm{g,s}}\Delta f}\,\frac{|\underline{r}_{\mathrm{opt}}|^2}{|1 - \underline{r}_{\mathrm{opt}}|^2}. \end{aligned}$$

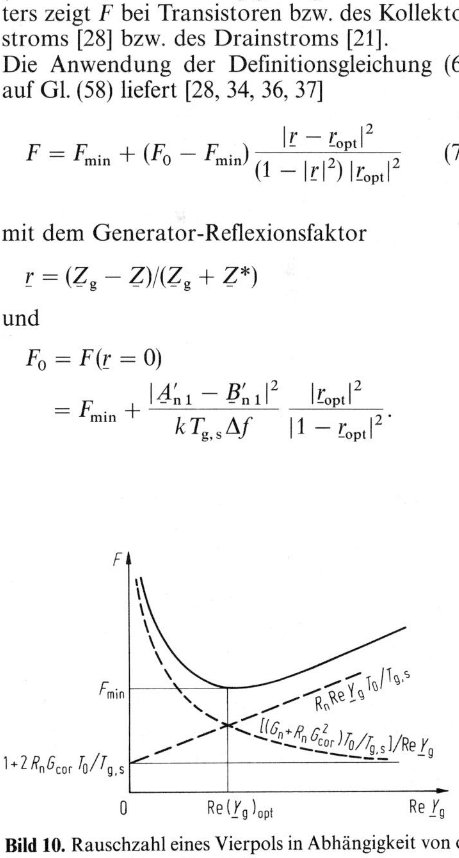

Bild 10. Rauschzahl eines Vierpols in Abhängigkeit von der Generatoradmittanz $\underline{Y}_{\mathrm{g}} = 1/\underline{Z}_{\mathrm{g}}$

Wenn insbesondere $\underline{Z} = \underline{Z}_{\text{opt}} = \underline{Z}_{\text{g, opt}}$ (nach Gl. (59) bzw. (66)) gewählt wird, ist $\underline{r}_{\text{opt}} = 0$ und

$$|\underline{A}'_{\text{n}1} - \underline{B}'_{\text{n}1}|^2 = 4kT_0\sqrt{R_\text{n}G_\text{n}}\,\Delta f \cdot \sqrt{[1-(\text{Im}\,\underline{\varrho})^2]/(1-|\underline{\varrho}|^2)}$$

$$F = F_{\min} + \frac{4\sqrt{R_\text{n}G_\text{n}}}{\dfrac{1}{|\underline{r}|^2}-1}\sqrt{\frac{1-(\text{Im}\,\underline{\varrho})^2}{1-|\underline{\varrho}|^2}}\,\frac{T_0}{T_{\text{g,s}}}. \quad (71)$$

Danach ist längs der Kurven konstanter Rauschzahl (F = const) auch $|\underline{r}|$ = const; die zugehörigen Generatorimpedanzen $\underline{Z}_\text{g}$ liegen sowohl in der $\underline{Z}_\text{g}$-Ebene als auch in der $\underline{r}$-Ebene (Smith-Chart für $\underline{Z}_\text{g}$) auf Kreisen (Bild 11 [34, 35]). Da dies ebenfalls für den verfügbaren Leistungsgewinn $L_\text{v}(\underline{Z}_\text{g})$ = const gilt, läßt sich aus dieser Darstellung der Einfluß einer Fehlanpassung auf das Signal- und Rauschverhalten eines Vierpols gleichzeitig und einfach erkennen.

Wenn die Bauelemente des Vierpols, ihre Arbeitspunkte sowie die Temperatur vorgegeben sind, hängt der Wert von F noch wesentlich von der Frequenz ab, man spricht daher auch von der spektralen Rauschzahl – zum Unterschied von der integralen (oder Band-)Rauschzahl $\bar{F}$ (s. Gl. (82)) –. Die schematische Darstellung in Bild 12 gilt sowohl für Bipolar – als auch für FE-Transistoren.

Anwendungen der vorstehenden Ergebnisse auf Transistoren findet man z. B. in [21, 28].

F bzw. F_z beschreibt das Rauschverhalten des Vierpols einschließlich des im Betrieb benutzten Generators. Wenn man die Rauscheigenschaften

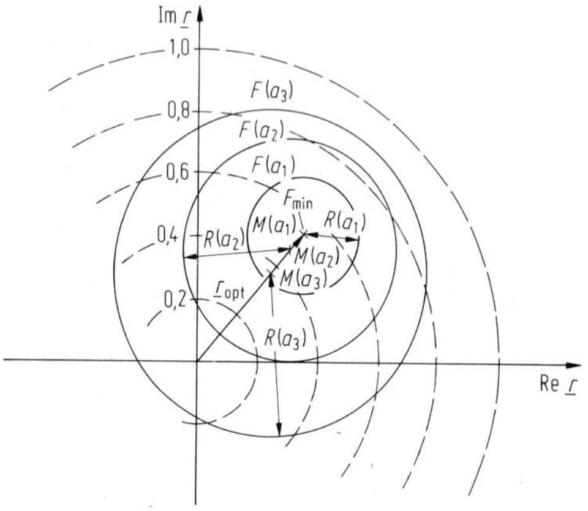

Bild 11. Kreise konstanter Rauschzahl F in der $\underline{r}$-Ebene (Smith-Chart für $\underline{Z}_\text{g}$)

$M(\underline{r}_{\text{opt}}/(1+a))$, $R = \sqrt{a(1+a-|\underline{r}_{\text{opt}}|^2)}/(1+a)$,

$a = \dfrac{F-F_{\min}}{F_0-F_{\min}}\,|\underline{r}_{\text{opt}}|^2$;

im Bild ist $a_3 > a_2 > a_1$ gewählt

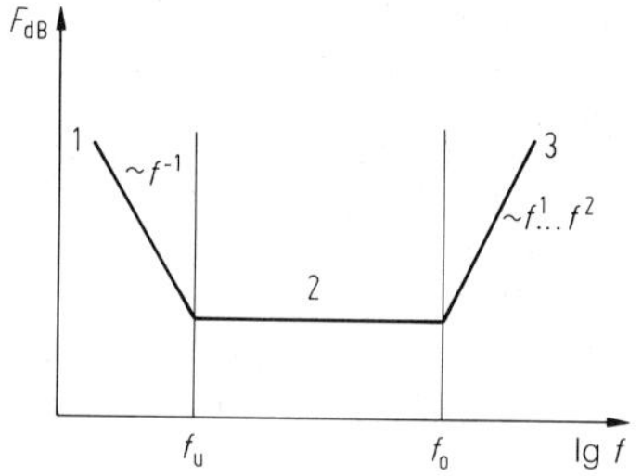

Bild 12. Frequenzabhängigkeit der Rauschzahl F von Transistoren, schematisch: *1* $1/f$-Rauschen; *2* weißes Rauschen; *3* Laufzeitbereich (L_v fällt rascher als $P_{\text{i,v}}$)

des Vierpols allein kennzeichnen will, so kann man sich ihn mit einem Generator verbunden denken, der sich auf einer zwar willkürlich wählbaren, aber fest vereinbarten Standard-Rauschtemperatur (üblicherweise $T_0 = 290$ K) befindet. Die damit definierte Größe

$$F_0 = 1 + F_{\text{z},0} \quad \text{mit} \quad F_{\text{z},0} = P_{\text{n},2,\text{v}}/L_\text{v}kT_0 \quad (72)$$

heißt *Standard*-Rauschzahl, sie wird z. B. für Transistoren üblicherweise von den Herstellern im Datenblatt angegeben. Sie steht mit der im tatsächlichen Betriebszustand wirksamen Rauschzahl F in dem einfachen Zusammenhang

$$(F-1)\,T_{\text{g,s}} = (F_0-1)\,T_0 \quad (73)$$

und gestattet die entsprechenden Interpretationen a) bis d). Anstelle des numerischen Wertes von F bzw. F_0 wird oft auch der Wert

$$F_{\text{dB}} = 10 \cdot \lg F\,[\text{dB}] \quad \text{bzw.} \quad F_{0,\text{dB}} = 10 \cdot \lg F_0\,[\text{dB}] \quad (74)$$

angegeben; danach sind z. B. die Aussagen „$F = 4$" und „$F_{\text{dB}} = 6$ dB" gleichwertig. Die Angabe nach Gl. (74) wird in der Literatur häufig *Rauschmaß* genannt; dieser Begriff ist allerdings auch noch für eine ganz anders definierte Größe geprägt worden (s. Gl. (77)).

Zur Kennzeichnung des rauschenden Vierpols allein ist anstelle der Standard-Rauschzahl F_0 auch die sog. *äquivalente Rauschtemperatur* T_V geeignet. Das ist diejenige Temperatur, um die man formal die tatsächliche Rauschtemperatur $T_{\text{g,s}}$ des Signalgenerators erhöhen muß, damit am Ausgang des rauschfrei gedachten Vierpols dieselbe verfügbare Rauschleistung auftritt wie am Ausgang des realen, rauschenden Vierpols, d. h. $(kT_\text{v}\Delta f)\,L_\text{v} = P_{\text{i,v}}$ bzw.

$$T_\text{v} = P_{\text{i,v}}/L_\text{v}k\,\Delta f. \quad (75)$$

Nach den Gln. (62), (73) und (75) besteht der Zusammenhang

$$T_\text{v} = F_\text{z}T_{\text{g,s}} = F_{\text{z},0}T_0, \quad (76)$$

woraus die Unabhängigkeit von der tatsächlichen Generator-Rauschtemperatur besonders deutlich hervorgeht.

Die bisherigen Betrachtungen beziehen sich sämtlich auf einkanaligen Betrieb, d.h. die ausgangsseitig im Intervall $f_{aus} \dots f_{aus} + \Delta f$ auftretenden Signal- und Rauschgrößen stammen nur aus *einem* entsprechenden eingangsseitigen Kanal $f_{ein} \dots f_{ein} + \Delta f$. Das ist in der Praxis nicht immer der Fall; so werden z.B. Diodenmischer mit gesteuertem Wirk- oder Blindleitwert sowohl unter Berücksichtigung als auch unter Vernachlässigung der Spiegelfrequenz betrieben; dies gilt auch für den parametrischen Geradeausverstärker, sofern dieser im quasi-degenerierten Betrieb ($f_p \approx 2f_s$) arbeitet und Signal- und Hilfsfrequenz innerhalb der Eingangsbandbreite liegen (s. G 1.4, [37, S. 180–183], [38]).

Von manchen Vierpolen wird gleichzeitig Leistungsverstärkung und kleines Rauschen verlangt (z.B. Vor- und ZF-Verstärker, s. Q 1.3 unter „Empfindlichkeit"). Eine Kenngröße, welche beide Aspekte berücksichtigt, ist die von Rothe und Dahlke [39] als Rausch-Güteziffer eingeführte, später von Haus und Adler [40a] als Rauschmaß bezeichnete Größe

$$M = F_z/(1 - 1/L_v). \tag{77}$$

Sie kann ebenso wie die Rauschzahl F durch Einbettung in ein verlustloses Netzwerk verändert werden. Insbesondere existiert bei optimaler Wahl dieses Netzwerks ein Minimum von M, welches nur von den Eigenschaften des Vierpols abhängt; es ist dies der kleinste positive Eigenwert der charakteristischen Rauschmatrix des ursprünglichen Vierpols [40b, c].

Bei digitaler Nachrichtenübertragung tritt an die Stelle der Rauschzahl die Bit- oder Schritt-Fehlerwahrscheinlichkeit als Kenngröße [16] (s. O 2.7).

Kettenschaltung rauschender Vierpole. Eine Kette aus n Vierpolen mit den Rauschzahlen F_v und den verfügbaren Leistungsgewinnen $L_{v,v}$ hat die Rauschzahl

$$F_{\text{Kette}} = 1 + F_{z,\text{Kette}} \quad \text{mit}$$

$$F_{z,\text{Kette}} = F_{z1} + \frac{F_{z2}}{L_{v1}} + \frac{F_{z3}}{L_{v1} \cdot L_{v2}} + \dots + \frac{F_{z,n}}{L_{v1} L_{v2} \cdot \dots \cdot L_{v,n-1}} \tag{78}$$

bzw. die Rauschtemperatur

$$T_{\text{Kette}} = T_1 + \frac{T_2}{L_{v1}} + \frac{T_3}{L_{v1} L_{v2}} + \dots + \frac{T_n}{L_{v1} L_{v2} \cdot \dots \cdot L_{v,n-1}} \tag{79}$$

(Formel vom Friis [33]). Hier ist $F_{z,v}$ derjenige Wert der zusätzlichen Rauschzahl des Vierpols Nr. v, welche sich für eine „Generator"-Impedanz $\underline{Z}_{aus}^{(v-1)}$ (= Ausgangsimpedanz des Vierpols Nr. $v - 1$) ergibt, wobei deren Realteil $R_{aus}^{(v-1)}$ die Rauschtemperatur T_s des am Ketten*eingang* liegenden Generators aufweist. Wenn man dagegen dem Widerstand $R_{aus}^{(v-1)}$ die tatsächliche Rauschtemperatur $T_{aus}^{(v-1)}$ am Ausgang des Vierpols Nr. $v - 1$ zuordnet, so gilt

$$F_{\text{Kette}} = F_1 \prod_{m=2}^{n} \tilde{F}_m \quad \text{mit}$$

$$\tilde{F}_m = F_m(\underline{Z}_{aus}^{(m-1)}, T_{aus}^{(m-1)}). \tag{80}$$

Die Anwendung dieser Darstellungsweise bietet jedoch meßtechnisch Schwierigkeiten, da die Rauschtemperatur $T_{aus}^{(m-1)}$ vom Rausch- und Signalverhalten aller vorangehenden Kettenglieder sowie vom Generator abhängt [37, S. 187/188].

Integrale oder Band-Rauschzahl. Äquivalente Rauschbandbreite. Nach Gl. (60) ist

$$P_{n2}(f) = F(f)\, P_{n1}(f)/(P_{s2}(f)/P_{n1,v}(f)) = F(f)\, w_1(f)/L_ü(f). \tag{81}$$

In Erweiterung hiervon wird als pauschale Kenngröße für den gesamten Übertragungsbereich eines Vierpols die integrale oder *Band-Rauschzahl*

$$\bar{F} = P_{n2,\text{ges}} \Big/ \int_0^\infty w_1(f)\, L_ü(f)\, df = \int_0^\infty F(f)\, w_1(f)\, L_ü(f)\, df \Big/ \int_0^\infty w_1(f)\, L_ü(f)\, df \tag{82}$$

definiert. Falls $L_ü(f)$ oder $w_1(f)$ lediglich in einer sehr kleinen Umgebung einer Frequenz f_m sehr große Werte hat, gilt nach Gl. (82) $\bar{F} \approx F(f_m)$.

Die *äquivalente Rauschbandbreite* ergibt sich aus folgender Überlegung: $L_ü(f)$ habe für $f = f_0$ sein Maximum $L_ü(f_0) = L_{ü,\max}$. Wir denken uns nun einen rauschfreien Vierpol mit Rechteckcharakteristik und mit eben dieser Verstärkung und einer solchen Bandbreite B_n symmetrisch zu f_0, daß an seinem Ausgang dieselbe Rauschleistung wie am Ausgang des tatsächlichen rauschenden Vierpols auftritt, d.h.

$$\int_0^\infty w_1(f)\, L_ü(f)\, df = L_{ü,\max} \int_{f_m - \frac{B_n}{2}}^{f_m + \frac{B_n}{2}} w_1(f)\, df. \tag{83}$$

Nach dieser (impliziten) Bestimmungsgleichung ist B_n bei einem gefärbten Eingangsrauschen außer von der „Signaleigenschaft $L_ü(f)$" des Vierpols auch von der Form $w_1(f)$ des Eingangsrauschens abhängig. – Entsprechendes gilt für $\bar{F}$ nach Gl. (82). – Für ein weißes Eingangsrauschen ($w_1(f) = w_1(f_m) = \text{const}$) gilt nach den Gln. (82) bzw. (83)

$$\bar{F} = \int_0^\infty F(f)\, L_{ü}(f)\, df \bigg/ \int_0^\infty L_{ü}(f)\, df \tag{84}$$

$$B_n = \int_0^\infty (L_{ü}(f)/L_{ü}(f_m))\, df \tag{85}$$

Jetzt werden F und B_n nur durch die Signaleigenschaft $L_{ü}(f)$ bestimmt, und Gl. (82) nimmt die Form an

$$\bar{F} = P_{n2,\,ges}/L_{ü}(f_m)\, w_1(f_m)\, B_n. \tag{86}$$

Danach spielt B_n für die Berechnung der Band-Rauschzahl $\bar{F}$ die entsprechende Rolle wie das Frequenzintervall Δf für die Berechnung der spektralen Rauschzahl F (vgl. Gl. (81)).
Der Zusammenhang zwischen B_n und der 3-dB-Signalbandbreite B_{sig} ist für verschiedene Übertragungscharakteristiken in [29, S. 265] zusammengestellt; danach gilt z. B. für einen einfachen Resonanzkreis $B_n = B_{sig}\,\pi/2$.

3.5 Übertragung von Rauschen durch nichtlineare Netzwerke

Transmission of noise through nonlinear networks

Die mathematische Behandlung solcher Fälle (z. B. AM-Demodulatoren, Gleichrichter, Begrenzer) ist i. allg. sehr mühsam, geschlossene Lösungen für das Ausgangsspektrum sind nur in Sonderfällen möglich.
Nach Gl. (7) wird die Wahrscheinlichkeitsdichte der Amplitudenverteilung der Rauschgrößen verändert – Entsprechendes gilt für das Leistungsspektrum –, und zwar durch Bildung von Kombinationsfrequenzen zwischen Rauschkomponenten bzw. zwischen Rausch- und Signalkomponenten. Quantitativ hängt dies von der Form der nichtlinearen Charakteristik, von der Statistik und dem Spektrum der Eingangsrausch- und Signalgröße ab. Dies wird in [8, 41, 42] ausführlich dargestellt; hier wollen wir uns auf einen kurzen Abriß beschränken. Bei der mathematischen Behandlung wird üblicherweise davon ausgegangen, daß

a) das nichtlineare Bauelement gedächtnislos ist, d. h. der Wert $x_a(t)$ der Ausgangsgröße ist nur vom Wert $x_e(t)$ der Eingangsgröße zum *selben* Zeitpunkt t abhängig;
b) das Eigenrauschen des nichtlinearen Bauelements vernachlässigt werden kann, so daß es nur als Übertrager des Eingangsrauschens und -signals dient;
c) das Eingangsrauschen gaußisch ist;

darüber hinaus wird oft

d) das Eingangsrauschen als bandbegrenzt-weiß angenommen.

Zur Berechnung der ausgangsseitigen Leistungsdichte $w_a(f)$ geht man bei Potenzkennlinien $x_a = a x_e^n$ von einer Fourier-Darstellung gemäß Gl. (32) aus, die wegen der Annahme d) nur endlich viele Reihenglieder enthält.
Bei einer zweiten Methode wird zunächst die AKF $\varrho_a(\tau)$ der Ausgangsgröße $x_a(t)$ als Funktion der AKF $\varrho_e(\tau)$ der Eingangsgröße $x_e(t)$ bestimmt („Korrelationskennlinie"). Die gesuchte Spektraldichte $w_a(f)$ kann dann nach Gl. (23) aus $\varrho_a(\tau)$ ermittelt werden. Dieses Rechenverfahren geschieht nach einer der beiden folgenden Methoden:
Bei der *ersten Methode* wird $\varrho_a(\tau)$ gemäß

$$\varrho_a(\tau) = \iint_{-\infty}^{\infty} g(x_1)\, g(x_2)\, W(x_1, x_2, \tau)\, dx_1\, dx_2,$$
$$x_1 = x(t_1),\ x_2 = x(t_2),\ t_2 - t_1 = \tau \tag{87}$$

berechnet, wobei man von den statistischen Eigenschaften des Eingangssignals in Form von $W(x_1, x_2, \tau)$ Gebrauch machen muß. Diese Methode läßt sich relativ einfach bei Charakteristiken der Form $x_a = A x_e^\nu$ anwenden. Insbesondere gilt für $\nu = 2$ bei Gaußschem Rauschen

$$\varrho_a(\tau) = \varrho_e^2(0) + 2\varrho_e^2(\tau). \tag{88}$$

Die *zweite Methode* kann auch noch bei nichtlinearen Charakteristiken angewendet werden, bei denen die erste Methode zu große analytische Schwierigkeiten bringt. Hierbei benutzt man anstelle der Charakteristik $x_a = g(x_e)$ (mit $g(x_e) = 0$ für $x_e < 0$) die L-Transformierte [41, 42]:

$$F(\underline{p}) = \int_{-\infty}^{\infty} g(x_e)\, e^{-\underline{p} x_e}\, dx_e,$$
$$g(x_e) = \frac{1}{2\pi j} \int_{-j\infty}^{j\infty} F(\underline{p})\, e^{\underline{p} x_e} d\underline{p}. \tag{89}$$

Dadurch läßt sich z. B. die geknickt-geradlinige Gleichrichter-Kennlinie

$$g(x_e) = \begin{cases} x_e & \text{für } x_e \geqq 0 \\ 0 & \text{für } x_e < 0 \end{cases}$$

durch den geschlossenen analytischen Ausdruck $F(\underline{p}) = 1/\underline{p}^2$ beschreiben.
Die gesuchte AKF am Ausgang ist dann

$$\varrho_a(\tau) = \lim_{T\to\infty} \frac{1}{2T} \int_{-T}^{T} g(x_e(t))\, g(x_e(t+\tau))\, dt$$
$$= \frac{1}{(2\pi j)^2} \iint F(\underline{p})\, F(\underline{q}) \left[\lim_{T\to\infty} \frac{1}{2T} \cdot \int_{-T}^{T} e^{\underline{p} x_e(t) + \underline{q} x_e(t+\tau)} dt \right] d\underline{p}\, d\underline{q}. \tag{90}$$

Für Signale und Gaußsches Rauschen gilt

$$\varrho_a(\tau) = \frac{1}{(2\pi j)^2} \iint F(\underline{p})\, F(\underline{q}) \cdot e^{\left(\frac{1}{2}(\underline{p}^2 + \underline{q}^2)\, \varrho_e(0) + \underline{p}\underline{q}\varrho_e(\tau)\right)} g_s(\underline{p}, \underline{q})\, d\underline{p}\, d\underline{q}. \tag{91}$$

Hierin ist

$$g_s(\underline{p}, \underline{q}) = \lim_{T \to \infty} \frac{1}{2T} \int_{-T}^{T} e^{\underline{p}u_s(t) + \underline{q}u_s(t+\tau)} dt \tag{92}$$

eine von der Form des Nutzsignals abhängige Größe; bei fehlendem Nutzsignal ist $g_s = 1$, für $u_s(t) = u_0 \cos \omega_0 t$ gilt

$$g_s(\underline{p}, \underline{q}) = J_0\left(\frac{u_0}{j} \sqrt{\underline{p}^2 + \underline{q}^2 + 2\underline{p}\underline{q} \cos \omega_0 \tau}\right). \tag{93}$$

Mit Gl. (91) ist die gestellte Aufgabe gelöst, $\varrho_a(\tau)$ als Funktion von $\varrho_e(\tau)$ bzw. $\varrho_e(0)$ darzustellen. Wenn die analytische Berechnung des Doppelintegrals Gl. (91) nicht möglich ist, bietet sich als Ausweg eine Reihenentwicklung an; wenn am Eingang nur Rauschen vorhanden ist (d.h. $g_s = 1$), gilt

$$\varrho_a(\tau) = \sum_{\nu=0}^{\infty} \frac{\varrho_e^{\nu}(\tau)}{\nu!} \cdot \left[\frac{1}{2\pi j} \int_{-j\infty}^{j\infty} F(\underline{p})\, \underline{p}^{\nu} e^{\frac{1}{2}\underline{p}^2 \varrho_e(0)} d\underline{p}\right]^2. \tag{94}$$

Bei gleichzeitiger Anwesenheit eines Nutzsignals wird der Zusammenhang wesentlich komplizierter.

Da die Zusammenhänge der Gln. (91) bis (94) i.allg. schon recht kompliziert sind, verzichtet man meist auf die Berechnung von $w_a(f)$ und deutet das Ausgangsrauschen und -signal in der (ϱ, τ)-Ebene anhand der „Korrelationscharakteristik“ $\varrho_a(\tau) =$ Funktion $(\varrho_e(\tau))$.

Über die Anwendung der AKF zur Beschreibung von zeit*varianten* linearen Netzwerken wird auf die Originalliteratur verwiesen [43].

Spezielle Literatur: [1] *Kleen, W.*: Rauschen. In: *Meinke, H.*; *Gundlach, W.F.* (Hrsg.): Taschenbuch der Hochfrequenztechnik, 3. Aufl., Teil T. Berlin: Springer 1968. – [2] *Gnedenko, B.V.*; *Kolmogoroff, A.N.*: Limit distributions for sums of independent random variables (translated by K.L. Chung). Reading/Mass.: Addison-Wesley 1954. – [3] *Shannon, C.E.*: A mathematical theory of communication. Bell Syst. Tech. J. 27 (1948) 379–424, 623–657. – [4] *Lorenz, R.W.*: Theoretische Verteilungsfunktionen von Mehrwegeschwundprozessen im beweglichen Funk und die Bestimmung ihrer Parameter aus Messungen. Tech. Ber. 455 TBr 66, Forschungsinstitut der Deutschen Bundespost. März 1979. – [5] *Boge, H.-Chr.*: Beschreibung des Lebensdauerverhaltens von Bauelementen mit Weibull-Verteilung und Arrhenius-Gleichung. ntz Arch. 5 (1983) 242–244. – [6] *Lüke, H.D.*: Signalübertragung, 3. Aufl. Berlin: Springer 1985. – [7] *Middleton, D.*: An introduction to statistical communication theory. New York: McGraw-Hill 1960. – [8] *Lange, F.H.*: Korrelationselektronik 2. Aufl. Berlin: VEB Verlag Technik 1959. – [9] *Di Franco, J.V.*; *Rubin, W.L.*: Radar detection. Englewood Cliffs: Prentice-Hall 1968. – [10] *Schroeder, H.*; *Rommel, G.*: Elektrische Nachrichtentechnik, 10. Aufl., Bd. 1a. Eigenschaften und Darstellung von Signalen. Heidelberg u. München: Hüthig u. Pflaum, 1978. – [11] *Bittel, H.*; *Storm, L.*: Rauschen: Berlin: Springer 1971. – [12] *v.d. Ziel, A.*: Noise – sources, characterization, measurement. Englewood Cliffs: Prentice-Hall 1970. – [13] *Taub, H.*; *Schilling, D.L.*: Principles of communication systems. New York: McGraw-Hill, Kogakusha 1971. – [14] *Pfeifer, H.*: Elektronisches Rauschen. Teil I Rauschquellen 1959. Teil II Spezielle rauscharme Verstärker 1968. Leipzig: Teubner – [15] *Whalen, A.D.*: Detection of signals in noise. New York: Academic Press 1971. – [16] *Landstorfer, F.*; *Graf, H.*: Rauschprobleme der Nachrichtentechnik. München: Oldenbourg 1981. – [17] *Johnson, J.B.*: Thermal agitation of electricity in conductors. Phys. Rev. 32 (1928) 97–109. – [18] *Nyquist, H.*: Thermal agitation of electric charge in conductors. Phys. Rev. 32 (1928) 110–113. – [19] *Liechti, C.A.*: GaAs FET technology: A look into the future. Microwaves 17 (1978) 44–49. – [20] *Schottky, W.*: Über spontane Stromschwankungen in verschiedenen Elektrizitätsleitern: Ann. Phys. 57 (1918) 541–567. – [21] *Müller, R.*: Rauschen. 2. Aufl. Berlin: Springer 1990. – [22] *Jäntsch, O.*: A theory of $1/f$ noise at semiconductor surfaces. Solid State Electron. 11 (1968) 267–272. – [23] *Johnson, J.B.*: The Schottky effect in low frequency circuits. Phys. Rev. 26 (1925) 71–85. – [24] *Schottky, W.*: Small-shot-effect and flicker effect. Phys. Rev. 28 (1926) 75–103. – [25] *Wolf, D.* (Ed.): Noise in physical systems. Proc. 5th Int. Conf. on Noise. Bad Nauheim, March 13–16, 1978. Berlin: Springer 1978. – [26] Proc. Symp. on $1/f$ Fluctuations. Tokyo 1977. – [27] *Gupta, M.S.* (Ed.): Electrical noise: Fundamentals and sources. New York: IEEE Press 1977. – [28] *Beneking, H.*: Praxis des elektronischen Rauschens. Mannheim: Bibliogr. Inst. 1971. – [29] *Kraus, J.D.*: Radio astronomy, Chap. 8. New York: McGraw-Hill 1966. – [30] *Rothe, H.*: Theorie rauschender Vierpole und deren Anwendung. Telefunken-Röhre, Heft 33 (1966) bzw. Heft 33a (1960). – [31] *Russer, P.*; *Hillbrand, H.*: Rauschanalyse von linearen Netzwerken. Wiss. Ber. AEG-Telefunken 49 (1976) 127–135. – [32] *Fränz, K.*: a) Über die Empfindlichkeitsgrenze beim Empfang elektrischer Wellen und ihre Erreichbarkeit. Elektr. Nachr. Tech. 16 (1939) 92–96; b) Messung der Empfängerempfindlichkeit bei kurzen elektrischen Wellen. Hochfrequenzt. u. Elektroakustik 59 (1942) 105–112, 143–144; c) Empfängerempfindlichkeit, in Fortschr. Hochfrequenztechnik 2 (1943) 685–712, Leipzig: Akad. Verl. Ges. – [33] *Friis, H.T.*: Noise figure of radio receivers. Proc. IRE 32 (1944) 419–423. Proc. IRE 33 (1945) 125–126. – [34] *Bächtold, W.*; *Strutt, M.J.O.*: Darstellung der Rauschzahl und der verfügbaren Verstärkung in der Ebene des komplexen Quellenreflexionsfaktors. AEÜ 21 (1967) 631–633. – [35] *Lindenmeier, H.*: Einige Beispiele rauscharmer transistorierter Empfangsantennen. NTZ 22 (1969) 381–389. – [36] *Geißler, R.*: a) Rechnergesteuerter Rauschoptimierungsmeßplatz für das mm-Wellengebiet. Frequenz 37 (1983) 71–78; b) Meß- und Auswerteverfahren zur Fehlerminimierung bei der Rauschparameterbestimmung im mm-Wellengebiet Frequenz 37 (1983) 269–273. – [37] *Löcherer, K.H.*; *Brandt, K.-D.*: Parametric electronics. Springer Series in Electrophysics 6. Berlin: Springer 1982. – [38] *Geißler, R.*: Ein- und Zweiseitenband-Rauschzahl von Meßobjekten im Mikro- und Millimeter-Wellengebiet. NTZ 37 (1984) 14–17. – [39] *Rothe, H.*; *Dahlke, W.*: a) Theorie rauschender Vierpole. AEÜ 9 (1955) 117–121; b) Theory of Noisy Fourpoles. Proc. IRE 44 (1956) 811–818. – [40] *Haus, H.A.*; *Adler, R.B.*: a) Invariants of linear networks 1956, IRE Convention Record, pt. 2, 53–67; b) Optimum noise performance of linear amplifiers. Proc. IRE 46 (1958) 1517–1533. c) Circuit theory of linear noisy networks. New York: Wiley 1959. – [41] *Rice, S.O.*: A mathematical analysis of random noise. Bell Syst. Tech. J. 23 (1944) 282–333; 24 (1945) 46–156. – [42] *Bosse, G.*: Das Rechnen mit Rauschspannungen. Frequenz 9 (1955) 258–264, 407–413. – [43] *Zadeh, L.A.*: a) Frequency analysis of variable networks. Proc. IRE 38 (1950) 291–299; b) Correlation functions and power spectra in variable networks. Proc. IRE 38 (1950) 1342–1345; c) Correlation functions and spectra of phase and delaymodulated signals. Proc. IRE 39 (1951) 425–428.

4 Signalarten und Übertragungsanforderungen

Signals in communications and transmission requirements

Allgemeine Literatur: *Carl, H.*: Richtfunkverbindungen. Stuttgart: Kohlhammer 1972. – *Freeman, R.L.*: Telecommunication transmission handbook. New York: Wiley 1981. – *Hamsher, D.H.* (Ed.): Communication system engineering handbook. New York: McGraw-Hill 1967. – *Hölzler, E.*; *Thierbach, D.*: Nachrichtenübertragung. Berlin: Springer 1966. – *Phillipow, E.* (Hrsg.): Taschenbuch Elektrotechnik, Bd. 4: Systeme der Informationstechnik. München: Hanser 1979. – *CCITT-Recommendations*: Orange book, Vol. III. Genf: ITU 1976. Yellow book, Vol. III. Genf: ITU 1980.

Die optimale Auslegung eines Nachrichtenübertragungssystems setzt neben der Kenntnis des Übertragungskanals auch hinreichendes Wissen über die Eigenschaften der Quellensignale und der Nachrichtensenke voraus. Dies gilt im besonderen Maße bei der Auslegung eines Quellencodierungsverfahrens (s. D 5). Besonders anspruchsvoll ist dabei die Beschreibung der Empfangseigenschaften der menschlichen Sinnesorgane Auge und Ohr.

Spezielle Literatur Seite D 32

4.1 Fernsprech- und Tonsignale

Telephone and audio-frequency signals

Eigenschaften des Gehörs. Das Außenohr hat mit Ohrmuschel und Ohrkanal unter Einbeziehen der Kopfform die Eigenschaften eines richtungsabhängigen Kammfilters, welches in Kombination mit dem beidohrigen Hören Voraussetzung für ein dreidimensionales Richtungshörvermögen ist. Das *Mittelohr* übernimmt Aufgaben der Dynamikregelung und Impedanzanpassung an das Innenohr. Im *Innenohr* schließlich erfolgt in einer Anordnung von 24 000 Haarzellen – sehr vereinfacht dargestellt – eine mechanische Kurzzeitspektralanalyse, deren Ergebnisse über Energiedetektoren in Nervensignale umgesetzt werden. Bei einohrigem Hören oder einkanaliger Schallübertragung bleiben Phasenbeziehungen des empfangenen Signals weitgehend unberücksichtigt, solange sie sich nicht innerhalb schmalbandiger Bereiche, den Frequenzgruppen, auswirken. Der Frequenz- und Dynamikbereich, in dem Schallsignale gehört werden können, und der psychophysikalisch ermittelte Zusammenhang zwischen *Schalldruck* und subjektivem *Lautstärkeempfinden* wird in der *Hörflächen*darstellung (Bild 1) zusammengefaßt. Im günstigsten Fall können noch Frequenzänderungen von 2 Hz und Schalldruckänderungen von 0,5 dB wahrgenommen werden. Bild 1 gilt in dieser Form nur für sin-förmige Signale. Bei zwei in der Frequenz benachbarten sin- oder schmalbandi-

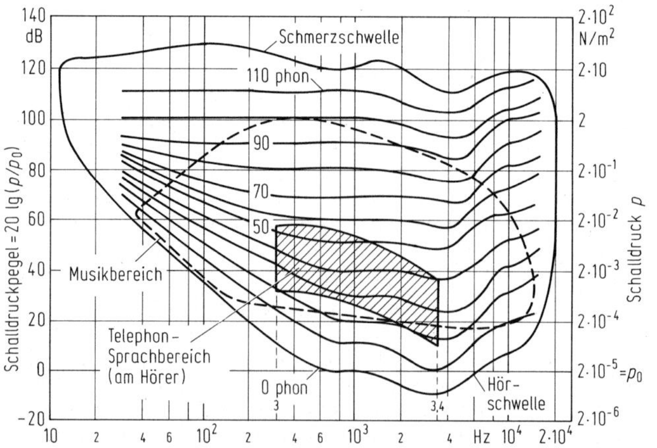

Bild 1. Hörfläche, Kurven gleicher Lautstärke und Bereiche von Tonsignalen

gen Signalen wird das schwächere durch das stärkere „verdeckt", d.h. die Hörschwelle wird durch das stärkere Signal angehoben. Diese Verdeckung spielt insbesondere für die Verständlichkeit gestörter Sprache eine Rolle.
Der kleinere Bereich der Musiksignale, der bei einer auf hohe Übertragungstreue ausgelegten Übertragung zu berücksichtigen wäre, ist in Bild 1 gestrichelt eingezeichnet. Für eine natürliche Übertragung von nur Sprachsignalen genügt der Frequenzbereich von 200 bis 6000 Hz. Verzichtet man auf eine natürlich klingende Wiedergabe und beschränkt sich, wie in der Telephonie, auf das Kriterium der *Verständlichkeit*, dann reicht es aus, den in Bild 1 schraffierten Bereich zu berücksichtigen, der, nach oben und unten, durch die über viele Sprecher gemittelten Leistungsdichtespektren von leiser und lauter Sprache begrenzt ist [1, 2].

Verständlichkeit der Sprache. Das gebräuchlichste Maß für die Güte eines verzerrten und/oder gestörten Sprachsignals ist die *Silbenverständlichkeit*. Diese gibt an, welcher Anteil einer Anzahl ausgesuchter, sinnloser Silben („Logatome") von einer größeren Anzahl von Versuchspersonen unter vorgegebenen Versuchsbedingungen richtig verstanden werden [1, 3]. Für Sprachkanäle sollte die Silbenverständlichkeit mindestens 80% erreichen; dem entsprechen etwa eine Wortverständlichkeit von 90% und eine Satzverständlichkeit von 97%.
In vielen Fällen kann die umständliche und nur im praktischen Versuch mögliche Messung der Silbenverständlichkeit durch die numerische Bestimmung des *Artikulationsindex* ersetzt werden [4]. Etwas vereinfacht beschrieben berechnet man hierzu die Verformung und Verschiebung der schraffierten Fläche in Bild 1 durch lineare Verzerrungen und Verstärkungsfaktoren des Übertragungssystems in 20 festgelegten Frequenzbändern. Weiter wird ggf. in das Diagramm noch der Schalldruckpegelverlauf von additiven Rauschstörungen eingetragen. Solange dann die schraffierte (verformte) Sprachbereichsfläche oberhalb von Hörschwelle und Rauschpegelverlauf sowie unterhalb von 95 phon (Übersteuerungsgrenze des Gehörs) liegt, beträgt der Artikulationsindex 100%. Liegen dagegen Teile der Sprachbereichsfläche unterhalb der Hörschwelle oder unterhalb des Rauschpegelverlaufs oder oberhalb 95 phon, dann wird der Artikulationsindex um diese Flächenanteile vermindert. Zwischen Artikulationsindex, Silben- und Satzverständlichkeit bestehen etwa folgende Zusammenhänge:

Artikulationsindex	%	100	90	80	70	60	50	40	30
Silbenverständlichkeit	%	98	96	92	88	81	70	53	31
Satzverständlichkeit	%	100	99	98,5	98	97,5	97	95	92

Übertragungsanforderungen für Ton- und Fernsprechsignale. Das Comité Consultatif International Télégraphique et Téléphonique (CCITT) arbeitet ständig an einem umfangreichen Vorschriftenwerk, das einen Mindeststandard der Übertragungsqualität bei internationalen Nachrichtenverbindungen gewährleisten soll. Eine pauschale Auswahl dieser Randbedingungen für lineare und nichtlineare Verzerrungen sowie Störabstände ist im folgenden für Fernsprech- und 15-kHz-Tonsignale zusammengestellt. Diese Angaben gelten für einen fiktiven Bezugskreis von 2500 km Länge bei analoger und gemischt analog-digitaler Übertragungstechnik; sie können aber ohne genauere Vorschriften über Meßverfahren und Meßort nur einer groben Orientierung dienen [5, 6].

Lineare Verzerrungen. In Bild 2 sind die zulässigen Dämpfungstoleranzen für beide Signalarten aufgetragen. Bei Fernsprechsignalen zeigt sich deutlich die hohe Toleranz der Verständlichkeit gegenüber schmalbandigen und zu den Bandgrenzen stark abfallenden Übertragungssystemen.

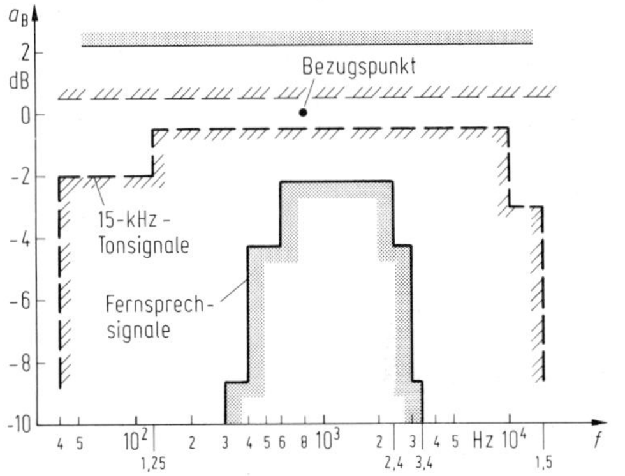

Bild 2. Betriebsdämpfungstoleranzen für Fernsprech- und 15-kHz-Tonübertragungssysteme

Bei stereophoner Übertragung soll die Dämpfungsdifferenz zwischen beiden Kanälen im Bereich von 0,125 bis 10 kHz unterhalb 0,8 dB liegen; sie darf nach unten bis 40 Hz bzw. nach oben bis 14 kHz den Wert von 1,5 dB und bis 15 kHz von 3 dB nicht überschreiten.

Gruppenlaufzeitverzerrungen. Gegenüber Phasen- bzw. Gruppenlaufzeitverzerrungen von Tonsignalen ist das Ohr recht unempfindlich. Laut CCITT-Empfehlung sind für 15-kHz-Rundfunkleitungen bzw. Fernsprechleitungen als maximale Abweichung Δt_g von der minimalen Gruppenlaufzeit im mittleren Frequenzbereich zulässig:

f_g/Hz	40	75	300	3400	14 000	15 000	
15-kHz-Kanal	55	24			8	12	Δt_g
Fernsprechkanal			60	30			ms

Bei stereophoner Übertragung sollen Phasendifferenzen zwischen beiden Kanälen im Bereich von 0,2 bis 4 kHz unterhalb 15° liegen; sie dürfen nach unten bis 40 Hz bei logarithmischer Frequenzskalierung linear auf 30° ansteigen, entsprechend nach oben bis 14 kHz auf 30° und bis 15 kHz auf 40°.

Laufzeit. Da eine zu große absolute Laufzeit den Sprachfluß bei einem Ferngespräch stört, sind bei internationalen Verbindungen höchstens 400 ms in einer Richtung zugelassen, wobei für Laufzeiten > 150 ms spezielle Echodämpfungsmaßnahmen notwendig werden [6]. Für Tonsignale, die Fernsehsendungen begleiten, darf die Laufzeitdifferenz zum Bildsignal 50 ms nicht überschreiten.

Nichtlineare Verzerrungen. Hörbarkeit von und Störung durch nichtlineare Verzerrungen sind u.a. stark von der Signalbandbreite abhängig. Einen groben Überblick über diesen im einzelnen komplizierten Zusammenhang gibt die folgende Zusammenstellung [7]:

Bandbreite/kHz	15	10	5	3	
hörbar	0,7	1	1,2	1,4	Gesamt-
unangenehm	2,6	4	8	18...20	klirrfaktor/%

Störabstand. Aufgrund der frequenzabhängigen Empfindlichkeit des Gehörs wirken sich Störgeräusche in verschiedenen Frequenzbereichen unterschiedlich stark aus. Man mißt daher als *Geräuschleistung* die dem Nutzsignal überlagerte Störleistung nach Filterung mit den in Bild 3 aufgetragenen Bewertungsfilterfunktionen.

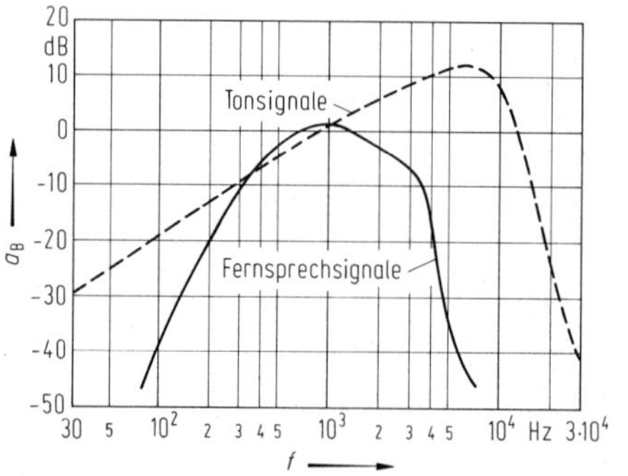

Bild 3. Geräuschbewertungsfilterkurven (Psophometerkurven) für 15-kHz-Ton- und Fernsprechsignale

Bei einer Tonübertragung soll dann der Abstand zwischen Geräuschleistung und Spitzensignalleistung mindestens 56 dB betragen. Bei der Fernsprechübertragung wird für diesen Abstand 50 dB gefordert. Die Silbenverständlichkeit nimmt bei einem Abstand von 40 dB um etwa 2% ab, bei 30 dB um 5% und bei 20 dB um 15%. Bei dieser Festlegung versteht man unter der Spitzenleistung die Leistung eines sin-Signals, dessen Amplitude gleich der Spitzenspannung des betrachteten Signals ist [8].

4.2 **Bildsignale.** Video signals

Eigenschaften des Auges. Im Auge werden Lichtsignale nach einer schnellen Dynamikregelung durch die einstellbare Pupillenfläche vom optischen Apparat auf die *Netzhaut* abgebildet und dort in Nervensignale umgesetzt. Die Netzhaut (Retina) enthält zwei Rezeptorsysteme, die insgesamt einen Wellenlängenbereich von 400 bis 740 nm überdecken. Die etwa 120 Millionen *Stäbchen* mit einem hohen Empfindlichkeitsmaximum im grünen Bereich (555 nm) vermitteln nur Helligkeitsinformationen. Die 6 Millionen *Zapfen* sind unempfindlicher (Tagessehen). Ein farbiges Sehen ist durch drei Arten von Zapfen möglich, deren Empfindlichkeitsmaxima im Blauen (440 nm), Grünen (535 nm) bzw. Roten (565 nm) liegen. Die Rezeptoren stehen um den Ort des schärfsten Sehens im Zentrum der Retina besonders dicht und enthalten dort auch einen besonders hohen Anteil an Zapfen. Dieser Zentralbereich (gelber Fleck, Fovea) ermöglicht daher in einem Raumwinkelbereich von 1° bis 2° sowohl hohe Auflösung als auch gutes Farbensehen.
Durch Ändern der Netzhautempfindlichkeit, das durch Umlagern von Farbstoffen geschieht, ist eine weitere langsame Dynamikregelung (Adaption) möglich. Das Auge hat sowohl im Orts- wie im Zeitbereich Bandpaßeigenschaften. Dies wird durch die beiden Modulationsübertragungsfunktionen in Bild 4 verdeutlicht. Aufgetragen ist für die ortsabhängige Messung die gerade noch wahrnehmbare relative Helligkeitsänderung (Modulation m) hervorgerufen durch ein einfarbiges, unbewegtes Sinusgitter in Abhängigkeit von der Ortsfrequenz f_x. Für die zeitabhängige Messung ist entsprechend die gerade noch wahrnehmbare Modulation eines zeitlich sinusförmig flickernden Gleichfeldes in Abhängigkeit von der Flicker-Frequenz f_t dargestellt.
Bedingt durch obere Grenzfrequenzen von etwas über 50 Perioden/Grad und 50 Hz können bei der Bildspeicherung und Übertragung die örtliche Auflösung und die Bildwechselzahl beschränkt werden.
Weiter sind, wie auch im Hörbereich, Rauschstörungen und Verzerrungen im hohen und niede-

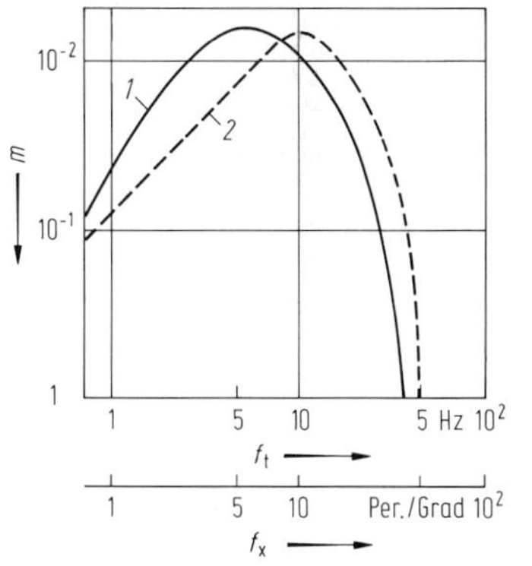

Bild 4. Modulationsübertragungsfunktion bei mittlerer Helligkeit für sinusförmige (*1*) Orts- und (*2*) Zeitmuster

ren Frequenzbereich weniger störend; das gleiche gilt im Bereich hoher Helligkeit. In Zusammenhang damit sind Verzerrungen und Störungen ebenfalls im Bereich von Helligkeitskanten und von Szenenwechseln weniger sichtbar, sie werden „maskiert" [9, 10].

Bildfeldzerlegung. Zur Übertragung wird das Einzelbild zunächst in horizontale Zeilen und, bei digitalen Verfahren, diese noch in einzelne Bildpunkte zerlegt. Damit diese Zeilenstruktur nicht mehr sichtbar ist, muß ihre Ortsfrequenz nach Bild 4 mindestens 40 bis 50 Perioden/Grad betragen. Die Mindestzeilenzahl ergibt sich dann aus dem Betrachtungswinkel, mit dem die Bildhöhe erscheint. Beim heutigen *Fernsehstandard* wird als Betrachtungswinkel 10° bis 15° (Abstand $\approx$ 4 bis 5 · Bildhöhe) angenommen, damit sind $Z \approx 15$ Grad · 40 Perioden/Grad = 600 Zeilen erforderlich. Für die *Bildtelegraphie* (Pressebilder) und in etwa auch für ein zukünftiges hochauflösendes Fernsehsystem ist als Betrachtungswinkel etwa 25° (Abstand $\approx 2 \dots 2{,}3$ · Bildhöhe) vorgesehen, als Zeilenzahl ergibt sich $Z \approx 1000$. Das Spektrum eines Bildsignals erhält durch die Bildfeldzerlegung eine ausgeprägte periodische Struktur. Eine Verallgemeinerung des Abtasttheorems sagt aus, daß bei der Zerlegung eines bewegten Bildes in Einzelbilder im Abstand $t_B = 1/f_B$, in Zeilen im Abstand $t_Z = 1/f_Z$ und in einzelne Bildpunkte im Abstand $t_P = 1/f_P$ (Bild 5a) das Spektrum sich aus drei zueinander periodischen Anteilen mit den Perioden der Bildpunktfrequenz f_P, der Zeilenfrequenz f_Z und der Bildfrequenz f_B zusammensetzt (s. Bild 5b).
Eine fehlerfreie Rekonstruktion des abgetasteten Bildes setzt auch hier entsprechende Tiefpaßbegrenzungen des Bildsignals in der Ortsebene und der Zeitrichtung voraus. (Das ist bei heutigen Fernsehsystemen nur unvollkommen erfüllt.) In diesem Fall treten, wie im Spektrum Bild 5b auch dargestellt, keine Überlappungen der einzelnen Anteile auf [10].
Bei der analogen *Fernsehübertragung* ist das Zeilensignal zeitkontinuierlich, das Spektrum ist auf $f_P/2$ begrenzt. Diese Bandbreite berechnet sich bei der in Mitteleuropa geltenden Fernsehnorm aus der Vollbildfrequenz $f_B = 25$ Hz, der Zeilenzahl $Z = 625$, einem Bildformat (unter Berücksichtigung der Austastlücken) von $\frac{4}{3} \cdot \frac{0{,}92}{0{,}82}$ und der Annahme gleicher Bildpunktabstände in horizontaler wie vertikaler Richtung zu $\frac{f_P}{2} = \frac{1}{2} Z^2 \frac{4}{3} \cdot \frac{0{,}92}{0{,}82} \cdot f_B = 7{,}3$ MHz.
Wegen der unvollkommenen Tiefpaßbegrenzung in vertikaler Richtung ist die Auflösung für vertikale Strukturen um einen Faktor 0,42 bis 0,85 geringer. Um diesen empirisch ermittelten „Kell-Faktor" kann dann auch die Horizontalauflösung verringert werden. Als Videobandbreite ist daher genormt

$$f_g = 0{,}68 \cdot f_p/2 = 5 \text{ MHz}.$$

Bei der *Farbfernsehtechnik* werden außer dem Leuchtdichtesignal (Luminanzsignal) noch zwei weitere Farbartsignale (Chrominanzsignale) übertragen. Bedingt durch die für Farbinformationen zulässige geringere Bandbreite im Ortsfrequenzbereich genügt für beide Farbartsignale eine Videobandbreite von etwa 1,3 MHz (PAL-System). Diese beiden Signalanteile können daher bei der Übertragung in dem periodisch auftretenden Bereichen geringer Spektraldichte des

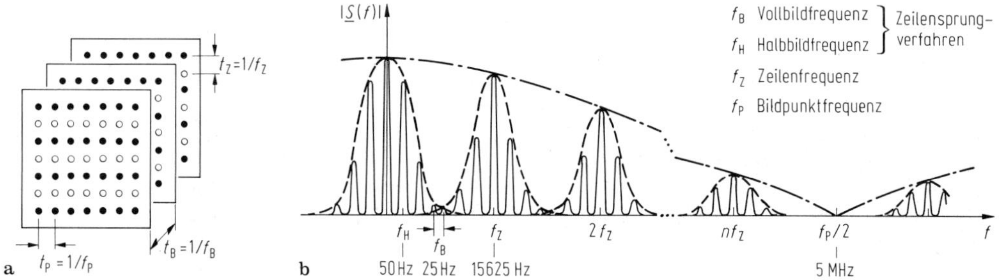

Bild 5. Bildfeldzerlegung (**a**) und Amplitudendichtespektrum (**b**) bei der Bewegtbildübertragung (nicht maßstäblich)

oberen Frequenzbereichs des Videospektrums um die Farbhilfsträgerfrequenz von 4,43 MHz mit übertragen werden. Gegenseitige Störungen sind dabei aber unvermeidbar.
Für die Übertragung von *Festbildern* gelten entsprechende Überlegungen. Einfache Faksimilegeräte tasten eine DIN-A4 Seite mit 3,8 Zeilen/mm ab. Zur Übertragung über einen Telefoniekanal wird dann ohne Quellcodierungsmaßnahmen eine Zeit von etwa 6 min gebraucht.

Übertragungsanforderungen für Fernsehbildsignale. Über die Eigenschaften von Fernsehübertragungsstrecken (fiktive Bezugsverbindung von 2500 km Länge) existieren umfangreiche Vorschriften [5]. Hier werden daher nur wenige Hinweise für die 5-MHz-Norm (Gerber-Norm) gegeben. Bei der endgültigen Beurteilung eines Übertragungssystems kann aber letztlich nicht auf eine subjektive Beurteilung verzichtet werden [11].

Lineare Verzerrungen. Gute Bildqualität verlangt, daß der Dämpfungsverlauf im Videobereich (50 Hz bis 5 MHz) um nicht mehr als $\pm$ 0,5 dB schwankt, zugelassen sind für Übertragungsstrecken bei 1 MHz $\pm$ 1 dB, und bei 4 MHz $\pm$ 2 dB (bezogen auf die Dämpfung bei 0,2 MHz). Die Gruppenlaufzeit sollte für gute Qualität im Durchlaßbereich nur um die Dauer eines halben Bildelements ($\pm$ 35 ns) variieren. Zugelassen sind (bezogen auf die Laufzeit bei 0,2 MHz) Abweichungen von $\pm$ 0,1 μs bei 1 MHz und $\pm$ 0,35 μs bei 4,5 MHz. Aussagekräftiger ist häufig die Messung der linearen Verzerrungen im Zeitbereich, wo sich subjektiv besonders bemerkbare Bildfehler, wie Kantenunschärfe, Überschwingen und Reflexionen, direkt erkennen lassen. Hierzu werden Toleranzschemata für das Einschwingverhalten vorgegebener Meßimpulse benutzt [5].

Nichtlineare Verzerrungen. Die Steigung der Aussteuerungskennlinie des gesamten Übertragungssystems darf innerhalb des Aussteuerbereichs höchstens 20% vom Maximalwert abweichen. Bei Farbfernsehübertragung ist nichtlineares Verhalten besonders bei der Frequenz des Farbhilfsträgers (4,43 MHz) störend.

Störabstand. Aufgrund der unterschiedlichen Sichtbarkeit werden drei Störkomponenten betrachtet. Breitbandige Störungen mit Zufallscharakter sollen im Bereich ab 10 kHz einen (bewertet gemessenen) Effektivwert nicht überschreiten, der zur Spitzenamplitude des Videosignals (gemessen zwischen Weißwert und Austastwert) einen Abstand von 52 dB einhält.
Bei selten auftretenden impulsförmigen Störungen soll der Abstand ihrer Spitzenamplitude zur Spitzenamplitude des Videosignals mindestens 25 dB betragen.
Schließlich soll gegenüber 50-Hz-Netzstörungen und monofrequenten Störsignalen über 1 MHz der Abstand der Spitzenamplituden mindestens 30 dB, bei monofrequenten Störern zwischen 1 kHz und 1 MHz mindestens 50 dB erreichen [5].

Spezielle Literatur: [1] *Flanagan, J.L.*: Speech analysis, synthesis and perception. Berlin: Springer 1965. – [2] *Zwicker, E.*; *Feldtkeller, R.*: Das Ohr als Nachrichtenempfänger. Stuttgart: Hirzel 1967. – [3] *Sotscheck, J.*: Methoden zur Messung der Sprachgüte. Der Fernmelde-Ingenieur 30 (1976) Heft 10 u. 12. – [4] *Kryter, K.D.*: Methods for calculating and use of the Articulation Index. JASA 34 (1962) 1689–1702. – [5] *CCITT-Recommendation*: Orange book, Vol. III. ITU Genf 1976. – [6] *CCITT-Recommendation*: Yellow book, Vol. III. ITU Genf 1980. – [7] *Hamsher, D.H.* (Ed.): Communication system engineering handbook. New York: McGraw-Hill 1967. – [8] *DIN 40146*: Begriffe der Nachrichtentechnik. – [9] *Marko, H.* u.a.: Das Auge als Nachrichtenempfänger. AEÜ 35 (1981) 20–26. – [10] *Pearson, D.E.*: Transmission and display of pictorial information. London Pentech Press 1975. – [11] *CCIR-Recommendation*: Method for subjective assessment of the quality of television pictures. Recommendation 500-1 (1978).

5 Begriffe der Informationstheorie
Elements of information theory

Allgemeine Literatur: *Berger, T.*: Rate distortion theory. Englewood Cliffs: Prentice Hall 1971. – *Fano, R.M.*: Informationsübertragung. München: Oldenbourg 1966. – *Gallager, R.G.*: Information theory and reliable communication. New York: Wiley 1968. – *Hamming, R.W.*: Coding and information theory. Englewood Cliffs: Prentice Hall 1980. – *NTG 0102*: Informationstheorie – Begriffe. NTZ 32 (1966) 231–234. – *NTG 0104*: Codierung, Grundbegriffe. NTZ 35 (1982) 59–66. – *Shannon, C.E.*: Communication in the presence of noise. Proc. IRE 37 (1949) 10–21. – *Swoboda, J.*: Codierung zur Fehlerkorrektur und Fehlererkennung. München: Oldenbourg 1973. *Blahnt, R.E.*: Principles and practice of information theory. Reading, Mass.: Addison-Wesley 1987.

Claude Elwood Shannon hat in seiner 1948 veröffentlichten Informationstheorie [1] den Begriff der Information als statistisch definiertes Maß in die Nachrichtentechnik eingeführt. Die Elemente eines Nachrichtenübertragungssystems – Quelle, Kanal und Senke – werden in der Informationstheorie abstrahiert von ihrer technischen Realisierung durch informationstheoretische Modelle beschrieben (s. D 1). Aus dieser Betrachtungsweise lassen sich insbesonders Grenzen für Nachrichtenübertragungs- und Speichersysteme ableiten, die auch bei beliebigem technischen Aufwand nicht überschreitbar sind.

Spezielle Literatur Seite D 38

5.1 Diskrete Nachrichtenquellen und Kanäle

Discrete information sources and channels

Eine diskrete Quelle (s. Bild D 1.2) erzeugt eine Folge diskreter Zeichen, d.h. ein wert- und zeitdiskretes Signal. Die Menge möglicher Werte mit dem endlichen Umfang M wird Quellenalphabet genannt. Beispiele sind binäre Quellen mit $M = 2$, Dezimalzahlen mit $M = 10$ oder alphabetische Texte mit $M = 27$.

Es sei angenommen, daß zwischen den einzelnen erzeugten Zeichen statistische Bindungen bestehen, die sich jeweils über L aufeinanderfolgende Zeichen erstrecken. Weiter sei bekannt, daß die i-te Zeichenfolge aus den insgesamt möglichen M^L unterschiedlichen Folgen der Länge L mit der Wahrscheinlichkeit p_i erzeugt wird. Als *Informationsgehalt* I_i des Ereignisses, daß die i-te Folge erzeugt wird, bezeichnet man die Größe $I_i = \mathrm{lb}\,(1/p_i) = -\,\mathrm{lb}\,p_i$ bit.

Die Pseudoeinheit bit (Binärzeichen, „binary digit") weist auf die Verwendung des binären Logarithmus hin.

Die *Entropie* H eines Zeichens in dieser Folge ist dann der mittlere Informationsgehalt pro Zeichen

$$H = -\frac{1}{L}\sum_{i=1}^{M^L} p_i\,\mathrm{lb}\,p_i \quad \text{bit/Zeichen.} \tag{1}$$

Es gilt stets $H \geqq 0$. Die Entropie erreicht ihr Maximum $H_0 = \mathrm{lb}\,M$, wenn die einzelnen Zeichen der Quelle statistisch unabhängig ($L = 1$) und gleichwahrscheinlich ($p_i = 1/M$) sind. Dieses Maximum ist der *Entscheidungsgehalt* der Quelle. Die Bedeutung des mittleren Informationsgehalts wird durch den *Satz von der Entropie* beschrieben: Es ist möglich, beliebige Folgen von Zeichen einer Quelle fehlerfrei so in Binärzeichen zu codieren, daß die mittlere Zahl an Binärzeichen pro Zeichen die Entropie annähert; die Annäherung strebt mit wachsender Folgenlänge gegen die Gleichheit.

Als einfaches Beispiel wird die *gedächtnislose Binärquelle* betrachtet, die statistisch unabhängig die Zeichen „1" mit der Wahrscheinlichkeit p und „0" mit $1 - p$ erzeugt. Mit $L = 1$ und $M = 2$ in Gl. (1) ergibt sich die nur von p abhängige Entropie zu

$$H = -\sum_{i=1}^{2} p_i\,\mathrm{lb}\,p_i = -p\,\mathrm{lb}\,p - (1-p)\,\mathrm{lb}(1-p) \text{ bit/Zeichen.}$$

Den Verlauf dieser Entropie über p zeigt Bild 1. Das Maximum der Entropie von $H_0 = 1$ bit/Zeichen wird für gleichwahrscheinlich erzeugte Zeichen ($p = 0{,}5$) erreicht. Die Abweichung $R = H_0 - H$ ist die absolute *Redundanz* der Quelle; sie gibt den Gewinn an, der mit einer fehlerfreien Quellencodierung zu erzielen ist.

Ein weiteres Beispiel ist die Codierung alphabetischer Texte. In Bild 2 ist die Häufigkeit aufgetragen, mit der Buchstaben in deutschsprachigen Texten auftreten.

Unter der zunächst betrachteten vereinfachten Annahme, daß ein Schrifttext eine gedächtnislose Quelle mit statistisch unabhängigen Zeichen ist, ergibt sich mit $L = 1$ und $M = 27$ eine Entropie von $H = -\sum_{i=1}^{27} p_i\,\mathrm{lb}\,p_i = 4{,}04$ bit/Buchstabe. In Bild 2 sind weiter drei Binärcodierungen für die Buchstaben des Alphabets und die mit ihnen erreichbaren mittleren Werte H_c an Binärzeichen pro Buchstabe angegeben. Der auf diesen Wert hin optimierte Huffman-Code [2] unterscheidet sich also nur noch um 2,3 % von einem optima-

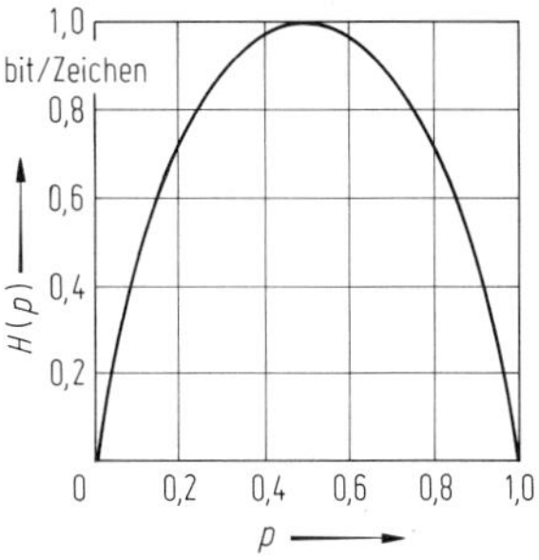

Bild 1. Entropie der gedächtnislosen Binärquelle („Shannon-Funktion")

Buchstabe	Häufigkeit p_i in %	Bacon 1623 Baudot 1874	Morse 1844	Huffman 1952
␣	14,42	00100	00	000
E	14,40	10000	100	001
N	8,65	00110	01100	010
S	6,46	10100	11100	0110
I	6,28	01100	1100	0111
R	6,22	01010	101100	1000
⋮				
M	1,72	00111	010100	111010
⋮				
X	0,08	10111	01110100	111111110
Q	0,05	11101	010110100	1111111110
H_c in bit/Buchstabe:		5	4,79	4,13

Bild 2. Binärcodes für alphabetische Texte

len Quellencode. (Der Huffmann-Code ist „kommafrei", d.h. kein kürzeres Codewort tritt als Anfang eines längeren Wortes auf. Damit ist auch ohne Trennzeichen eine eindeutige Decodierung möglich.) Berücksichtigt man aber die statistischen Bindungen in normalen Schrifttexten, dann läßt sich deren Entropie etwa auf 1,3 bit/Buchstaben schätzen [3, 4]. Ein Quellencode, der dieser Entropie nahe kommen soll, müßte allerdings nicht den einzelnen Buchstaben, sondern möglichst langen Textfolgen aufgrund der für sie geltenden Wahrscheinlichkeiten jeweils optimale Codewörter zuordnen. Der hierzu notwendige Aufwand stößt sehr schnell an technisch realisierbare Grenzen.

Diskrete Übertragungskanäle. Ein diskreter Übertragungskanal ordnet bei jedem Übertragungsvorgang einem Zeichen x_i, das aus einem Eingangsalphabet X mit dem endlichen Umfang M entnommen wird, ein Zeichen y_j aus einem Ausgangsalphabet Y des Umfangs M' zu. Ein technischer Kanal dieser Art enthält zumeist als eigentliches Übertragungsmedium einen kontinuierlichen Kanal, (s. Bild D 1.2). Einfachstes Modell eines diskreten Kanals ist der gedächtnislose Kanal, bei dem die Zuordnung zwischen den Zeichen x_i und y_j unabhängig von vorher und nachher übertragenen Zeichen ist. Dieser Kanal wird vollständig durch die bedingten Wahrscheinlichkeiten $p(y_j \mid x_i)$ beschrieben, die angeben, mit welcher Wahrscheinlichkeit das Zeichen y_j empfangen wird, wenn das Zeichen x_i ausgesendet wurde.

Aus diesen bedingten Wahrscheinlichkeiten und den Wahrscheinlichkeiten $p(x_i)$, mit denen die Quelle die Zeichen x_i erzeugt, lassen sich die Verbundwahrscheinlichkeiten $p(x_i, y_j)$ berechnen, die aussagen, mit welcher Wahrscheinlichkeit ein Zeichenpaar x_i und y_j auftritt; es gilt (Formel von Bayes)

$$p(x_i, y_j) = p(y_j \mid x_i)\, p(x_i).$$

Damit ergeben sich auch die Wahrscheinlichkeiten $p(y_j)$ dafür, daß das Zeichen y_j empfangen wird, durch Summation über alle i zu

$$p(y_j) = \sum_{i=1}^{M} p(x_i, y_j).$$

Den Eingangs- und Ausgangssignalen können Entropien zugeordnet werden, die im einfachsten Fall einer gedächtnislosen Quelle die folgende Form haben.

$$H(X) = -\sum_{i=1}^{M} p(x_i)\,\mathrm{lb}\,p(x_i) \text{ bit/Zeichen},$$

$$H(Y) = -\sum_{j=1}^{M'} p(y_j)\,\mathrm{lb}\,p(y_j) \text{ bit/Zeichen}.$$

Zur näheren Beschreibung des Übertragungsvorgangs wird entsprechend auch für die Zeichenpaare x_i, y_j eine Entropie, die *Verbundentropie* definiert

$$H(X, Y) = -\sum_{i=1}^{M} \sum_{j=1}^{M'} p(x_i, y_j)\,\mathrm{lb}\,p(x_i, y_j) \text{ bit/Zeichen}.$$

Bei statistischer Unabhängigkeit der Ein- und Ausgangssignale, also mit $p(x_i, y_j) = p(x_i)\,p(y_j)$, erreicht die Verbundentropie ihren Maximalwert $H(X, Y)_{max} = H(X) + H(Y)$. In diesem Fall kommt keine Nachrichtenübertragung mehr zustande. Als Maß für die übertragene Information definiert die Informationstheorie daher die Differenz

$$T(X; Y) = H(X, Y)_{max} - H(X, Y) \qquad (2)$$
$$= H(X) + H(Y) - H(X, Y) \text{ bit/Zeichen}.$$

Dieser Ausdruck, der mittlere *Transinformationsgehalt* oder die *Synentropie*, verschwindet also genau dann, wenn keine Übertragung stattfindet, in allen anderen Fällen ist er positiv.

Zur Deutung des Transinformationsgehalts läßt sich weiter aussagen, daß nach einer gestörten Übertragung im Mittel vom Empfänger noch $H(X) - T(X; Y)$ bit/Zeichen benötigt werden, um die Restunsicherheit darüber zu beseitigen, welches Zeichen gesendet wurde. Diese Größe wird *Äquivokation* $H(X \mid Y)$ genannt. Umgekehrt gilt vom Standpunkt des Senders, daß nach Aussenden eines Zeichens im Mittel noch eine Information der Größe $H(Y) - T(X; Y)$ benötigt wird, um aussagen zu können, welches Zeichen beim Empfänger angekommen ist. Hier wird die Differenz als *Irrelevanz* $H(Y \mid X)$ bezeichnet. Bei einem störfreien Übertragungskanal verschwinden Irrelevanz und Äquivokation; der Transinformationsgehalt erreicht sein Maximum $T(X; Y)_{max} = H(X) = H(Y)$. Diese Zusammenhänge zwischen den verschiedenen Entropien lassen sich schematisch in Form des Bildes 3 darstellen.

Von der Entropie der Quelle wird mit anderen Worten nur ein Teil von der Größe des Transinformationsgehalts zur Senke übertragen. Der Rest, die Äquivokation, geht durch den Einfluß

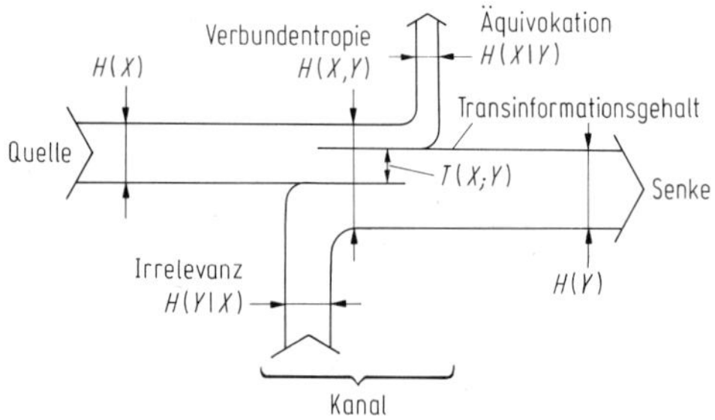

Bild 3. Entropiebegriffe bei einer gestörten Nachrichtenübertragung

der Störquelle verloren. Stattdessen liefert der gestörte Kanal sinnlose Informationen von der Größe der Irrelevanz zusätzlich zum Transinformationsgehalt zur Senke. Der Transinformationsgehalt $T(X; Y)$ ist außer von den Eigenschaften des Kanals noch von denen der Nachrichtenquelle abhängig. Um ein Maß für das Übertragungsvermögen des Kanals allein zu erhalten, wird das bei Variation über alle möglichen Eingangswahrscheinlichkeitsverteilungen erreichbare Maximum des Transinformationsgehalts als *Kanalkapazität* C definiert.

$$C = \max_{p(x_i)} [T(X; Y)] \text{ bit/Zeichen.} \qquad (3)$$

Die Berechnung dieser Größe ist im allgemeinen Fall recht schwierig, da alle beteiligten Entropien von der Eingangswahrscheinlichkeitsverteilung abhängen.
Für den einfachsten Fall des störfreien Kanals ergibt sich mit $T(X; Y) = H(X)$ als Kanalkapazität $C = H(X)_{\max} = H_0 = \text{lb}\, M$ bit/Zeichen.
Die nachrichtentechnische Bedeutung dieses Begriffs wird durch den grundlegenden *Satz von der Kanalkapazität* charakterisiert, der (etwas vereinfacht) aussagt, daß über einen gestörten Kanal im Prinzip durch eine geeignete Codierung dann und nur dann eine Übertragung mit beliebig kleinem Fehler möglich ist, wenn die Entropie der zu übertragenen Signale nicht größer als die Kanalkapazität, also $H \leqq C$ ist. Eine Aufspaltung der notwendigen Codierung in eine Quellen- und eine Kanalcodierung (s. Bild D 1.2) bedeutet dabei unter sehr weiten Bedingungen keine Einschränkung.

Kapazität des symmetrischen, gedächtnislosen Binärkanals. Als Beispiel sei die Kanalkapazität des symmetrischen, gedächtnislosen Binärkanals betrachtet. Dieser Kanal überträgt binäre Zeichen 1 und 0 so, daß eine Verfälschung der 1 in die 0 und der 0 in die 1 mit der gleichen, von der Zeichenfolge unabhängigen Wahrscheinlichkeit p erfolgt. Dies ist schematisch in Bild 4 links dargestellt.
Berechnet man mit Gl. (3) die Kanalkapazität dieses Kanalmodells, dann ergibt sich

$$C = 1 + p\,\text{lb}\,p + (1-p)\,\text{lb}(1-p) \quad \text{bit/Zeichen.} \qquad (4)$$

Den Verlauf dieser Funktion zeigt Bild 4 rechts. Die fehlerfreie Übertragung über diesen Kanal verlangt eine Kanalcodierung (s. Bild D 1.2) mit einer Redundanz, die mindestens gleich dem in Bild 4 angegebenen, mit der Fehlerwahrscheinlichkeit wachsenden Wert R sein muß.
Die auf Shannon zurückgehende Ableitung des Satzes von der Kanalkapazität setzt voraus, daß man die durch die Redundanz beschriebenen, hinzuzufügenden Bindungen im Grenzfall über

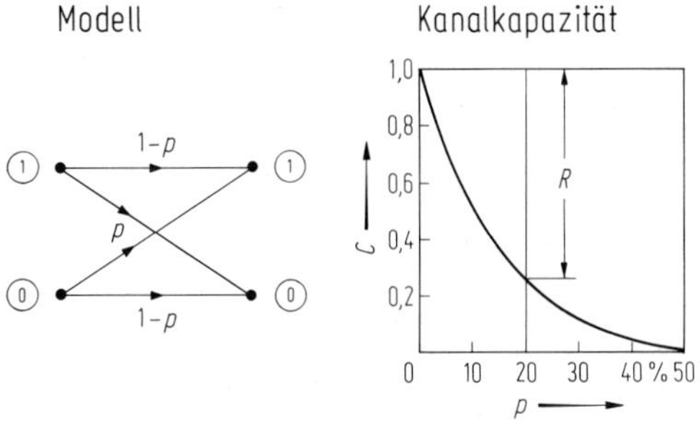

Bild 4. Gedächtnisloser, symmetrischer Binärkanal

unendlich lange Quellensignalfolgen ausdehnen muß, wobei allerdings die Fehlerwahrscheinlichkeit exponentiell mit der Bindungslänge abnimmt. Konkrete Hinweise für eine technisch geeignete Kanalcodierung dieser Art können aber von der Informationstheorie nicht gegeben werden. Hiermit beschäftigt sich die Theorie der fehlerkorrigierenden Codierung [5, 6].

Zeitbezogene Kanalkapazität und Informationsfluß. Die durch Gl. (3) definierte Kanalkapazität gibt die maximale Anzahl an Binärzeichen an, die pro Zeichen im Mittel übertragen werden können. Durch Multiplikation mit der Übertragungsrate r, also der Zahl der in der Zeiteinheit übertragbaren Zeichen, erhält man die zeitbezogene Kanalkapazität $C^* = r\,C$ bit/Zeiteinheit.
Multipliziert man entsprechend die Entropie H einer Quelle mit der Rate r, mit der die Quelle die Zeichen erzeugt, dann ergibt sich der *Informationsfluß* der Quelle $H^* = r\,H$ bit/Zeiteinheit.
Der Satz von der Kanalkapazität läßt sich dann auch mit diesen zeitbezogenen Größen als $H^* \leqq C^*$ formulieren.

5.2 Kontinuierliche Nachrichtenquellen und Kanäle

Continuous information sources and channels

Die Mehrzahl der Quellensignale der Nachrichtentechnik sind zeit- und wertkontinuierlich. Es ist prinzipiell nicht möglich, bei der Digitalisierung solcher Quellensignale einen Abtastwert fehlerfrei durch ein diskretes Signal mit endlicher Binärstellenzahl darzustellen. Die Entropie wertkontinuierlicher Quellen ist streng genommen also nicht endlich. Aufgrund des begrenzten Auflösungsvermögens unserer Sinnesorgane (s. D 4) und der unvermeidbaren Übertragungsstörungen darf aber stets ein endlicher Quantisierungsfehler zugelassen werden. Zusammen mit einer Fehlerangabe läßt sich dann auch eine konti-

nuierliche Quelle im Sinne der Informationstheorie als diskrete Quelle endlicher Entropie betrachten.
Ein einfaches Beispiel hierfür ist ein gleichverteiltes, tiefpaßbegrenztes Quellensignal der Grenzfrequenz f_g und der Leistung S. Tastet man dieses Signal mit der vom Abtasttheorem vorgeschriebenen Mindestrate $r = 2f_g$ ab und quantisiert die Abtastwerte so, daß das Verhältnis Signalleistung zu Quantisierungsfehlerleistung S/N_q beträgt, dann ist der Informationsfluß H^* dieser Quelle (für $S/N_q \gg 1$)

$$H^* = r \operatorname{lb} \sqrt{S/N_q}$$
$$= f_g \operatorname{lb}(S/N_q) \text{ bit/Zeiteinheit}.$$

Die ebenfalls auf Shannon zurückreichende „rate distortion theory" behandelt allgemein das Problem, mit welcher minimalen Anzahl von Binärstellen pro Abtastwert oder pro Zeiteinheit ein kontinuierliches Quellensignal bei einem gegebenen Fehlerkriterium codiert werden kann [7].

Kontinuierliche Kanäle. In praktisch jedem Nachrichtenübertragungssystem sind die Signale im eigentlichen Übertragungsmedium kontinuierlicher Natur. Auf diese kontinuierlichen Nachrichtenkanäle lassen sich die Begriffe der Informationstheorie ebenfalls anwenden [1].
Hierzu wird der gedächtnislose Kanal betrachtet. Das aus einem Leitungscodierer (s. Bild D 1.2) kommende bandbegrenzte Eingangssignal $s(t)$ wird durch seine Abtastwerte $s(nT)$ mit einer Verteilungsdichtefunktion $W_s(x)$ dargestellt. Das Ausgangssignal $g(t)$ des Kanals wird entsprechend durch die Abtastwerte $g(nT)$ mit der Verteilungsdichtefunktion $W_g(y)$ beschrieben. Die Verknüpfung beider Signale läßt sich dann bei einem gedächtnislosen Kanal eindeutig durch die Verbundverteilungsdichtefunktion $W_{sg}(x, y)$ angegeben (s. D 3). Damit läßt sich entsprechend Gl. (2) ein mittlerer Transformationsgehalt definieren

$$T(X; Y) = H(X) + H(Y)$$
$$- H(X, Y) \text{ bit/Abtastwert},$$

mit der differentiellen Verbundentropie

$$H(X, Y) =$$
$$- \int_{-\infty}^{\infty} \int_{-\infty}^{\infty} W_{sg}(x, y) \operatorname{lb} W_{sg}(x, y) \, dx \, dy$$

und den differentiellen Entropien von Eingangs- und Ausgangssignal, die im einfachsten Fall gedächtnisloser Quellen lauten

$$H(X) = - \int_{-\infty}^{\infty} W_s(x) \operatorname{lb} W_s(x) \, dx,$$

$$H(Y) = - \int_{-\infty}^{\infty} W_g(y) \operatorname{lb} W_g(y) \, dy.$$

(Die hier benutzten differentiellen Entropien sind Maße für Verteilungsdichtefunktionen, sie geben keine direkte Aussage über Informationsgehalte.)
Das bei Variationen über alle möglichen Eingangsverteilungen resultierende Maximum des Transinformationsgehalts ergibt dann die Kanalkapazität des kontinuierlichen, gedächtnislosen Kanals.
Der Satz von der Kanalkapazität sagt wieder aus, daß die Übertragung der Signale einer diskreten Quelle der Entropie H über einen gestörten kontinuierlichen Kanal der Kapazität C dann und nur dann mit beliebig kleinem Fehler möglich ist, wenn $H \leqq C$ ist. Das Erreichen dieser Grenze setzt ein geeignetes i. allg. beliebig aufwendiges Leitungscodierungsverfahren (Modulationsverfahren) voraus. Es gibt kein Modulationsverfahren, mit dem diese Grenze überschritten werden kann.

Die Kanalkapazität des Gauß-Kanals. Das Modell des Gauß-Kanals beschreibt einen idealen Tiefpaßkanal der Grenzfrequenz f_b oder einen idealen Bandpaßkanal der Bandbreite f_b der durch weißes, Gaußsches Rauschen der (einseitigen) Leistungsdichte w_0 am Kanaleingang gestört ist. Am Ausgang des Kanals ist die Störung dann bandbegrenztes, Gaußsches Rauschen der Leistung $N = f_b \cdot w_0$. Unter der Randbedingung einer auf S beschränkten mittleren Signalleistung am Kanalausgang hat dieser Kanal eine zeitbezogene Kanalkapazität von [8]

$$C^* = f_b \operatorname{lb}\left(1 + \frac{S}{N}\right)$$
$$= f_b \operatorname{lb}\left(1 + \frac{S}{f_b w_0}\right) \text{ bit/Zeiteinheit}. \quad (5)$$

Digitale Übertragung und Shannon-Grenze. Im Gauß-Kanal kann nach Gl. (5) eine bestimmte Kanalkapazität durch verschiedene Kombinationen der Parameter f_b, S und w_0 erreicht werden. So darf, wie es z. B. bei Raumsonden extrem ausgenutzt wird, bei Erhöhung der Bandbreite eine Verringerung des S/N-Verhältnisses auf dem Kanal zugelassen werden. Das Übertragungsverfahren ist dabei entsprechend zu modifizieren. Im Grenzfall wird die zeitbezogene Kanalkapazität des nicht bandbegrenzten Gauß-Kanals mit Gl. (5)

$$C_\infty^* = \lim_{f_b \to \infty} C^* = \frac{S}{w_0} \operatorname{lb}(e) \text{ bit/Zeiteinheit}.$$

Da für die Übertragung *eines* Binärwerts bei dieser Kapazität im Mittel eine Energie E der minimalen Größe S/C_∞^* verfügbar ist, ergibt sich als sog. Shannon-Grenze für das bei fehlerfreier Übertragung über den nicht bandbegrenzten

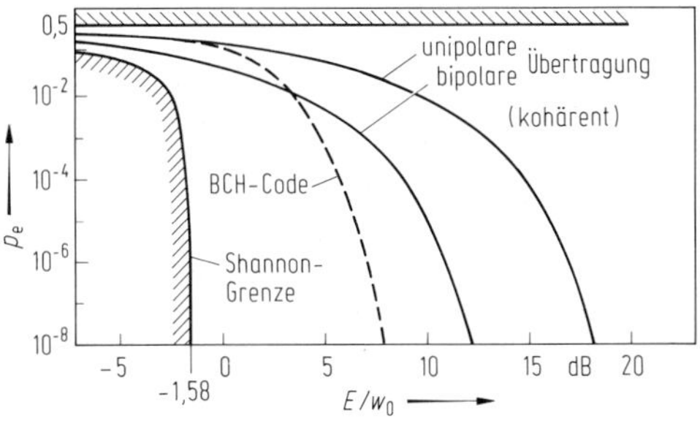

Bild 5. Fehlerwahrscheinlichkeit für Binärdatenübertragung im Gauß-Kanal

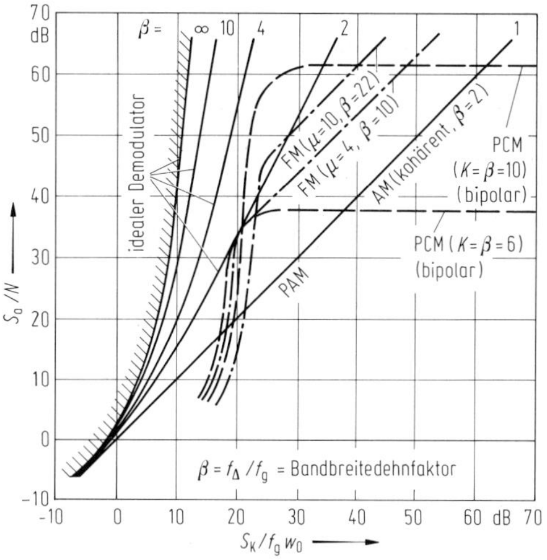

Bild 6. Störverhalten idealer und realer Modulationsverfahren im Gauß-Kanal. PCM: Pulscodemodulation mit K bit/Abtastwert, FM: Frequenzmodulation (Modulationsindex µ), AM: Zweiseitenbandamplitudenmodulation ohne Träger, PAM: Pulsamplitudenmodulation

Gauß-Kanal mindestens erforderliche E/w_0-Verhältnis $E/w_0|_{\min} = 1/\text{lb}\, e \mathrel{\hat{=}} -1{,}58$ dB. (In der Literatur wird mit w_0 häufig auch die zweiseitige Leistungsdichte bezeichnet, damit ergibt sich ein um 3 dB höherer Wert).

In diese Gleichung kann man bei thermischem Rauschen $w_0 = kT$ (k = Boltzmann-Konstante) (s. D 3) bzw. bei Quantenrauschen $w_0 = hf$ (h = Planck-Konstante) einsetzen und damit die zur Übertragung pro Bit minimal benötigte Energie in einem durch thermisches bzw. Quantenrauschen gestörten Kanal berechnen. Verringert man das E/w_0-Verhältnis unter die Shannon-Grenze von $-1{,}58$ dB, dann muß die Fehlerwahrscheinlichkeit P_e auch bei informationstheoretisch idealer Übertragung sofort stark ansteigen [9]. Dieses Verhalten ist in Bild 5 dargestellt.

Zwischen dieser modifizierten Shannon-Grenze und dem bei Binärübertragung maximalen Fehler von 50% liegt der mögliche Bereich für das Fehlerverhalten realer Datenübertragungsverfahren, das für zwei Binärübertragungssysteme ebenfalls in Bild 5 eingetragen ist. Eine Möglichkeit zur besseren Annäherung an die Shannon-Grenze ist die fehlerkorrigierende Codierung. Ebenfalls eingetragen ist daher der Verlauf der Fehlerwahrscheinlichkeit bei Anwendung eines Blockcodierungsverfahrens. (Beispiel: BCH-Code der Länge 127, der einen Block von jeweils 92 Binärwerten durch 35 redundante Binärwerte schützt und mit dem bis zu fünf fehlerhafte Werte sicher korrigiert werden können) [5, 6].

Ideale Übertragungssysteme mit Bandbreitedehnung. In gleicher Weise wie der Begriff der Kanalkapazität Grenzen für die Übertragung digitaler Daten absteckt, ermöglicht er auch bei analogen Modulationsverfahren entsprechende Grenzaussagen und damit einen aussagekräftigen Vergleich solcher Modulationsverfahren untereinander und mit dem informationstheoretischen Idealverfahren.

Zur Ableitung dieser Grenze wird ein ideales Modulationsverfahren für Gauß-Kanäle angenommen, das einen derartigen Übertragungskanal der Kapazität C_1^* voll ausnutzt. C_1^* ist gegeben durch die Übertragungsbandbreite f_Δ, die Nutzleistung S_K und die Störleistung $N_K = f_\Delta w_0$. Das übertragene Signal wird von einem Empfänger demoduliert, d.h. in ein Empfangssignal der Bandbreite f_g mit dem Nutz-/Störleistungs-Verhältnis S_a/N umgewandelt. Der Empfänger ist dann ideal, wenn die diesen Werten zugeordnete Kanalkapazität C_2^* denselben Wert wie C_1^* erreicht. Mit $C_1^* = C_2^*$ folgt damit

$$f_\Delta \,\text{lb}\left(1 + \frac{S_K}{f_\Delta w_0}\right) = f_g \,\text{lb}\left(1 + \frac{S_a}{N}\right).$$

Führt man den Bandbreitedehnfaktor $\beta = f_\Delta/f_g$ des modulierten gegenüber dem unmodulierten Sendesignal ein und löst nach S_a/N auf, dann ergibt sich als bei idealer Demodulation erreichbares S_a/N-Verhältnis (s. Bild 6)

$$\frac{S_a}{N} = \left(1 + \frac{1}{\beta}\,\frac{S_K}{f_g w_0}\right)^\beta - 1.$$

Das Störverhalten idealer Modulationsverfahren verbessert sich also näherungsweise exponentiell mit der Bandbreitedehnung.

Das Ergebnis zeigt auch hier wieder die Austauschmöglichkeit zwischen Bandbreite und Nutz-/Störleistungs-Verhältnis, die durch bandbreitedehnende Modulationsverfahren wie Frequenz- und Pulscodemodulation praktisch genutzt wird. Einige typische Kennlinien dieser Modulationsverfahren sind daher ebenfalls in

Bild 6 eingetragen [10]. Auch hier wird der theoretisch nutzbare Bereich durch eine Schranke für $\beta \to \infty$ begrenzt.

Spezielle Literatur: [1] *Shannon, C.E.*: A mathematical theory of communication. Bell Syst. Tech. J. 27 (1948) 379, 623. – *Shannon, C.E.*: Communication in the presence of noise. Proc. IRE 37 (1949) 10–21. – [2] *Huffman, D.A.*: A method for the construction of minimum redundancy codes. Proc. IRE 40 (1952) 1098–1101. – [3] *Meyer-Eppler, W.*: Grundlagen und Anwendungen der Informationstheorie. Berlin: Springer 1959. – [4] *Küpfmüller, K.*: Die Entropie der deutschen Sprache. FTZ 7 (1954) 265–272. – [5] *Hamming, R.W.*: Coding and information theory. Englewood Cliffs: Prentice Hall 1980. – [6] *Peterson, W.W.*: Prüfbare und korrigierbare Codes München: Oldenbourg 1967. – [7] *Gallager, R.G.*: Information theory and reliable communication. New York: Wiley 1968. – [8] *Reza, F.M.*: An introduction to information theory. New York: McGraw-Hill 1961. – [9] *Berauer, G.*: Informationsübertragung über gestörte Kanäle. AEÜ 34 (1980) 345–349. – [10] *Hancock, J.C.*: On comparing the modulation systems. Proc. NEC 18 (1962) 45–50. – [11] *Lüke, H.D.*: Signalübertragung, 3. Aufl. Berlin: Springer 1985.

E Materialeigenschaften und konzentrierte passive Bauelemente
Material properties and concentrated passive components

P. Kleinschmidt (7, 8); **K. Lange** (1 bis 6, 9, 10)

Allgemeine Literatur: *Brinkmann, C.*: Die Isolierstoffe der Elektrotechnik. Berlin: Springer 1975. – *Feldtkeller, E.*: Dielektrische und magnetische Materialeigenschaften I, II. Mannheim: Bibliograph. Inst. 1973. – *Zinke, O.*; *Seither, H.*: Widerstände, Kondensatoren, Spulen und ihre Werkstoffe, 2. Aufl. Berlin: Springer 1982.

1 Leiter. Conductors

Tabelle 1 gibt die für die Elektrotechnik wichtigsten Werte für übliche Leitermaterialien an. An anderen Stellen wird die spezifische Leitfähigkeit κ oder der spezifische Widerstand ϱ von Leitermaterialien mit anderen Einheiten angegeben. Tabelle 2 gibt die Umrechnungsfaktoren zwischen den einzelnen Möglichkeiten an.

2 Dielektrische Werkstoffe
Dielectric materials

Allgemeine Literatur s. unter E 1

2.1 Allgemeine Werte. General values

In der Hochfrequenztechnik werden an Isolierstoffe i. allg. keine besonderen Anforderungen hinsichtlich der Durchschlagfestigkeit gestellt. Vielmehr müssen die Materialien möglichst geringe Verlustfaktoren ($d = \tan\delta_\varepsilon = \varepsilon_r''/\varepsilon_r'$) und möglichst konstante Dielektrizitätszahlen aufweisen. Meistens werden auch Anforderungen hinsichtlich der mechanischen Bearbeitbarkeit, der Festigkeit und des Temperaturverhaltens gestellt. Beim Temperaturverhalten ist nicht nur auf die Temperaturkonstanz der elektrischen Werte zu achten, sondern auch auf die Wärmeleitfähigkeit und auf die temperaturabhängigen Längenänderungen, die bei ungünstigen Materialpaarungen infolge Zug- und Scherwirkungen

Tabelle 1. Eigenschaften von Leitern

Material	$\kappa_{20\,°\mathrm{C}}$ 10^6 S/m	Temperaturkoeff. d. Leitfähigkeit 10^{-3}	Dichte kg/dm³	Schmelzpunkt °C	Thermischer Ausdehnungskoeffizient 10^{-6}	Wärmeleitfähigkeit W/(mK)	Spezifische Wärme kJ/(kg K)
Aluminium	30 ... 35	3,8	2,7	660	23	210	0,92
Blei	5	4	11,3	330	30	34	0,13
Chrom	7,7	21	7,2	1890	7,5	64	0,68
Eisen	7 ... 10	4,5	7,9	1530	12	50	0,46
Gold	41	4,1	19,3	1060	14	270	0,13
Graphit	0,12	−10	1,7	–	7,5	80	
Kupfer	58	3,9	8,9	1080	17	360	0,38
Magnesium	22	4,2	1,7	650	26	153	1,03
Messing	12 ... 15	1,6	8,4		18	90	
Nickel	9 ... 11	4,4	8,9	1450	13	57	0,44
Platin	10	3,9	21,4	1770	9	65	0,13
Quecksilber	1	0,9	13,6	−39	182	8,4	0,14
Silber	62	3,6	10,5	960	20	410	0,23
Tantal	7	3,5	16,6	2990	6,5	50	0,54
Titan	1,8	4,1	4,5	1700	9	16	0,47
V2A-Stahl	1,3					15	
Wolfram	18	4	19,3	3380	5	120	0,13
Zink	16	3,7	7,3	419	29	110	0,38
Zinn	7 ... 9	4,4	7,1	232	27	60	0,23

Tabelle 2. Umrechnungsfaktoren zwischen Leitwerten und Widerständen

gesuchte Werte:	Gegebene Werte: spezifischer Leitwert			spezifischer Widerstand		
	κ_a in $\frac{S}{m}, \frac{1}{\Omega m}$	κ_b in $\frac{S}{cm}, \frac{1}{\Omega cm}$	κ_c in $\frac{Sm}{mm^2}, \frac{m}{\Omega mm^2}$	ϱ_a in Ωm	ϱ_b in Ωcm	ϱ_c in $\frac{\Omega mm^2}{m}$
κ_a in $\frac{S}{m}, \frac{1}{\Omega m}$	κ_a	$10^2 \kappa_b$	$10^6 \kappa_c$	$\frac{1}{\varrho_a}$	$\frac{10^2}{\varrho_b}$	$\frac{10^6}{\varrho_c}$
κ_b in $\frac{S}{cm}, \frac{1}{\Omega cm}$	$10^{-2} \kappa_a$	κ_b	$10^4 \kappa_c$	$\frac{10^{-2}}{\varrho_a}$	$\frac{1}{\varrho_b}$	$\frac{10^4}{\varrho_c}$
κ_c in $\frac{Sm}{mm^2}, \frac{m}{\Omega mm^2}$	$10^{-6} \kappa_a$	$10^{-4} \kappa_b$	κ_c	$\frac{10^{-6}}{\varrho_a}$	$\frac{10^{-4}}{\varrho_b}$	$\frac{1}{\varrho_c}$
ϱ_a in Ωm	$\frac{1}{\kappa_a}$	$\frac{10^{-2}}{\kappa_b}$	$\frac{10^{-6}}{\kappa_c}$	ϱ_a	$10^{-2} \varrho_b$	$10^{-6} \varrho_c$
ϱ_b in Ωcm	$\frac{10^2}{\kappa_a}$	$\frac{1}{\kappa_b}$	$\frac{10^{-4}}{\kappa_c}$	$10^2 \varrho_a$	ϱ_b	$10^{-4} \varrho_c$
ϱ_c in $\frac{\Omega mm^2}{m}$	$\frac{10^6}{\kappa_a}$	$\frac{10^4}{\kappa_b}$	$\frac{1}{\kappa_c}$	$10^6 \varrho_a$	$10^4 \varrho_b$	ϱ_c

an Leiterbahnen Risse verursachen können. In den Tab. 3 bis 5 sind für Frequenzen um 1 MHz Materialeigenschaften angegeben. Bei Flüssigkeiten hängen die Verlustfaktoren stark von Verunreinigungen ab. Hier ist nur die Dielektrizitätszahl angegeben. Für Materialien, die bei hochfrequenztechnischen Anwendungen besondere Bedeutung haben, sind in 2.3 nähere Angaben gemacht. In [1] sind Meßwerte für die Dielektrizitätszahlen und Verlustfaktoren vieler Materialien zusammengestellt.

In Tab. 6 sind Daten über das Wärmeleitvermögen von Materialien bei 20 °C zusammengestellt. Bei den gut wärmeleitenden Isolierstoffen nimmt das Wärmeleitvermögen mit wachsender Temperatur ab und hat bei 200 °C meist nur noch etwa 80% des angegebenen Wertes. Angaben über Wärmedehnungen sind, soweit vorhanden, den Beschreibungen in 2.2 zugeordnet.

Tabelle 3. Typische elektrische Eigenschaften anorganischer Isolierstoffe (1 MHz)

Material	ε_r	$\tan\delta$ $(\cdot 10^{-3})$
Aluminiumoxid	9...10	0,05...1
Berylliumoxid	6,8	0,3
Bornitrid	4,15	0,2
Glas	4...7	10
Glimmer	5...8	0,1...0,4
Porzellan	6	5
Quarz	3,8	0,01
Saphir	9,4/11,6	< 0,1
Silikon	3,4...4,3	1...4

Tabelle 4. Typische elektrische Eigenschaften organischer Isolierstoffe (1 MHz)

Material	ε_r	$\tan\delta$ $(\cdot 10^{-3})$
Epoxidharz	3,6	20
Fluorethylenpropylen (Teflon, FEP)	2,1	0,5...1
Hartgummi	3...4	7...30
Nylon	3,5...3,6	40
Plexiglas	2,6	15
Polyethylen (PE)	2,2...2,3	0,3...1
Polypropylen (PP)	2,2...2,3	0,2...2
Polystyrol (PS)	2,5...2,6	0,1...0,5
geschäumt	1,02...1,24	< 0,5
Polytetrafluorethylen (Teflon, PTFE)	2,1	0,1...0,3
Polyvinylchlorid	2,9	15

Tabelle 5. Typische Dielektrizitätszahlen von Flüssigkeiten

	ε_r
Azeton	21
Ethylalkohol	26
Ethyläther	4,4
Benzol	2,3
Mineralöl	2,6
Paraffinöl	2,2
Silikonöl	2,8
Wasser	81

Tabelle Wärmeleitfähigkeit bei 20 °C in W/(Km)

Diamant	660
Silber	410
Kupfer	360
Berylliumoxid	165
Graphit	120...200
Aluminiumoxid	33
Porzellan	1,7
Epoxidharz	0,2...1,3
Glimmer	0,3...0,7
Polyethylen	0,33
Teflon	0,25
Schaumstoffe	0,003...0,04

2.2 Substratmaterialien
Substrate materials

Für Streifenleitungsschaltungen wird bei hohen Anforderungen meist Keramik (Aluminiumoxid, Al_2O_3) angewandt, welches in der gewünschten Dicke gebrannt (as fired) oder auf das genaue Maß geschliffen und poliert wurde. Die beim Ätzen der Leiterstrukturen erzielbare Genauigkeit hängt vom Grad der Oberflächenrauigkeit ab. Für besonders feine Strukturen bei höchsten Frequenzen wird auch Saphir (einkristallines Al_2O_3) oder Quarz verwendet, wobei wegen der Anisotropie eine genaue Schnittorientierung wichtig ist.
Für weniger hohe Anforderungen können bei Streifenleitungen keramikpulvergefüllte PTFE-Schichten verwendet werden, die je nach Füllmaterial mit Dielektrizitätszahlen zwischen 6 und 11 in geeigneten Dicken lieferbar sind (RT/duroid, Epsilam). Diese Substrate sind auch größerflächig als Keramik erhältlich und wegen ihrer Flexibilität und einfachen Schneidbarkeit leicht bearbeitbar.

Aluminiumoxidkeramik (Alumina, Al_2O_3). Übliche Substratgrößen sind beispielsweise 2″ × 2″ (ca. 5 cm × 5 cm) oder 2″ × 1″ (ca. 5 cm × 2,5 cm). Die Dicke ist meist 50 mil (1,27 mm), 25 mil (0,635 mm) oder 10 mil (0,25 mm). Das Material ist sehr hart und nur durch Brechen nach vorhergehendem Anritzen (auch mit Laser) und durch Schleifen zu bearbeiten. Alle Eigenschaften bleiben über einen großen Temperatur- und Frequenzbereich stabil. Unempfindlichkeit gegen chemische Einflüsse. Leiter können aufgedampft und galvanisch verstärkt oder durch Siebdruck aufgebracht werden. Geringste Verlustfaktroen ($d < 5 \cdot 10^{-5}$) erzielt man bei hoher Reinheit (> 99,5%). Bei Werten von 96% werden Verlustfaktoren von etwa $5 \cdot 10^{-4}$, bei 92% nur von 10^{-3} erreicht. Der lineare thermische Ausdehnungskoeffizient liegt bei $6{,}5 \cdot 10^{-6}$/K.

Berylliumoxidkeramik. Dieses Material zeichnet sich durch gute Wärmeleitfähigkeit und weitgehende Unempfindlichkeit gegen Temperaturschocks aus. Es hat gute mechanische Eigenschaften. BeO-Staub ist giftig. Die lineare Wärmedehnung liegt bei $7{,}5 \cdot 10^{-6}$/K.

Quarzglas (Fused quartz, SiO_2). Besonders kleine lineare Wärmedehnung ($0{,}5 \cdot 10^{-6}$/K) und geringe Wärmeleitfähigkeit (1 W/(Km)). Häufig angewandt bei dünnen Isolationsschichten (Sputtern) für mehrlagige Leiteranordnungen.

Glas. Für druckdichte Durchführungen mit großer mechanischer Stabilität kann Glas verwendet werden. Ungünstig ist sein relativ hoher Verlustfaktor, der mit wachsender Temperatur stark zunimmt.

Keramikgefülltes PTFE. Diese Materialien sind in beidseitig kupferkaschierten Platten mit Dikken von 0,25 mm, 0,635 mm, 1,27 mm, 1,9 mm und 2,5 mm erhältlich. Je nach Füllungsgrad mit Keramikpulver ergeben sich Werte von beispielsweise 10,5 (RT/duroid 6010), 10 (Epsilam 10) oder 6 (RT/duroid 6006). Die Verlustfaktoren liegen bei $3 \cdot 10^{-3}$ (5 GHz). Mit diesen Materialien lassen sich Mikrowellen-Streifenleitungen in gleicher Weise wie gedruckte Schaltungen durch Beschichten mit Photolack, Belichten und Ätzen herstellen.

Glasfasern in PTFE. Durch eine homogene Verteilung von Glasfasern können Substrate für Mikrowellen-Streifenleitungen hergestellt werden, die keine Vorzugsrichtungen und Strukturperiodizitäten aufweisen. Beispiele sind RT/duroid 5870 ($\varepsilon_r = 2{,}35$, $\tan\delta = 10^{-3}$ bei 3 GHz) oder RT/duroid 5880 ($\varepsilon_r = 2{,}23$, $\tan\delta = 7 \cdot 10^{-4}$ bei 3 GHz). Besonders temperaturunabhängiges Material (RT/duroid 5500) wird für Strukturen angeboten, die hohe Anforderungen hinsichtlich des Phasenmaßes (beispielsweise Planarantennen) stellen.
Für geringe Anforderungen kann auch in PTFE eingebettetes Glasgewebe ($\varepsilon_r = 2{,}53$, $\tan\delta \approx 2 \cdot 10^{-3}$) verwendet werden. Übliche Platinenmaterialien aus Epoxidharz mit Glasgewebe ($\varepsilon_r = 3{,}5-5$, $\tan\delta = 4-50 \cdot 10^{-3}$) sind wegen der schlechten Reproduzierbarkeit der Dielektrizitätszahl und der hohen Verluste für Mikrowellenanwendungen ungeeignet.

2.3 Sonstige Materialien
Other materials

Teflon. Sowohl PTFE als auch FEP (s. Tab. 2) werden als Teflon bezeichnet. Im Mikrowellenbereich weist PTFE hinsichtlich der Frequenzunabhängigkeit von ε_r und bezüglich der Verluste günstigere Werte auf. Bei PTFE hoher Dichte bleibt $\varepsilon_r = 2{,}1$ konstant, während bei FEP oberhalb 10 MHz ε_r zunächst 2,1 ist, dann aber kleiner wird und bei 10 GHz 2,05 erreicht. ε_r ist bei extrudiertem Teflon von der Dichte abhängig, Werte von 2,1 (Dichte 2,24) bis 2,0 (Dichte 2,14) sind möglich. Teflon kann amorph oder kristallin sein. Im allgemeinen liegen Mischzustände vor. Das Verlustverhalten ist von diesen Struktureigenschaften bestimmt. FEP hat sehr geringe Verluste bei niedrigen Frequenzen ($< 2 \cdot 10^{-4}$ bis ca. 100 kHz). Diese steigen bis zu einem Maximum von etwa 10^{-3} bei 3 GHz an und fallen bei höheren Frequenzen. PTFE zeigt ähnliches Verhalten mit einem maximalen Verlustfaktor bei etwa 0,5 GHz. Der Verlustfaktor überschreitet aber kaum $4 \cdot 10^{-4}$. Zwischen 10 und 20 °C können Kristallisationsumwandlungen temperaturabhängig geringe Schwankungen von ε_r bewirken, auch der Verlustfaktor zeigt in diesem Bereich Veränderungen. Teflon läßt sich mechanisch leicht bearbeiten, zeigt jedoch unter Druck Fließneigung. Es ist in einem weiten Temperaturbereich (−190 bis +260 °C bei PTFE und bis 200 °C bei FEP) einsetzbar. Gegen Umgebungseinflüsse und Alterung zeigt es hohe Beständigkeit. Kleben ist nur nach Aufrauhen möglich oder durch Pressen bei etwa 370 °C mit FEP-Folien.

Thermoplaste. Polyethylen (PE) wird als Hochdruckpolymerisat ($\varepsilon_r = 2{,}6$, $\tan\delta = 3 \cdot 10^{-4}$, lin. Wärmedehnung $250 \cdot 10^{-6}$/K) und als Niederdruckpolymerisat ($\varepsilon_r = 2{,}4$, $\tan\delta = 10^{-3}$, lin. Wärmedehnung $150 \cdot 10^{-6}$/K) gefertigt. Es weist gute Stabilität gegen Säuren, Fette, Öle und Lösungsmitel auf. Keine Klebmöglichkeit. Einsetzbar zwischen −70 und +80 °C. Bei Druck Möglichkeit des Fließens. PE ist nicht UV-beständig, versprödet im Freien, ist nicht wasserdampfdicht, nicht strahlungsbeständig und ist sauerstoffempfindlich. Es ist brennbar und tropft dann ab. Bei vernetztem PE werden Fadenmoleküle chemisch bzw. auch mittels Röntgen- oder Elektronenstrahlen vernetzt ($\varepsilon_r = 2{,}32$, $\tan\delta = 5 \cdot 10^{-4}$). Infolge der Vernetzung hat es verbesserte mechanische Eigenschaften (geringeres Kriechen, kein Schmelzen). Oberhalb 1 GHz sind die elektrischen Eigenschaften etwas schlechter als bei unvernetztem PE. Geschäumtes PE hat geschlossene Zellen und etwa halbe Dichte. ε_r liegt bei 1,5. Die Verluste liegen bei $3 \cdot 10^{-4}$.
Polypropylen hat ähnliche Eigenschaften wie PE. Polystyrol (Trolitul) hat einen besonders geringen Verlustfaktor. Die lineare Wärmedehnung ist gering ($90 \cdot 10^{-6}$/K). Der Temperaturbereich jedoch ist eingeschränkt (−70 °C bis 60 °C). Chemisch leicht lösbar. Wenig alterungsbeständig (Rißbildung, Sprünge) bei mechanischen Spannungen. Vernetztes Polystyrol ist mechanisch, chemisch und thermisch wesentlich stabiler, hat aber, je nach Vernetzungsgrad und -art wesentlich höhere Verlustfaktoren. Geschäumtes Polystyrol (Styropor) hat, je nach Dichte, unterschiedliche Dielektrizitätszahlen (1,02 bis 1,25). Die Verluste sind bis zu höchsten Frequenzen gering. Geringe Wärmeleitfähigkeit sowie thermische und chemische Stabilität.

Klebstoffe. Zum Fixieren von Probekörpern im Bereich von Mikrowellenfeldern zeigt UHU-por und UHU-Plast Polystyrol relativ geringe Verluste auch bei Frequenzen um 10 GHz. UHU Plus Endfest 300 ist auch bei 10 GHz noch brauchbar, wenn hohe Festigkeit nötig ist. Es hat geringere Verluste als schneller aushärtende Kombinationen. PVC-Kleber zeigen, ebenso wie PVC, relativ hohe Verlustfaktoren. Kontaktkleber wie Pattex oder Greenit weisen bei hohen Frequenzen relativ große Verlustfaktoren auf.

Wasser. Die Dielektrizitätszahl von Wasser ist temperaturabhängig. Bei 0 °C ist $\varepsilon_r = 87{,}8$. Mit wachsender Temperatur sinkt ε_r bis auf $\varepsilon_r = 55{,}7$ bei 100 °C ab. Eis hat $\varepsilon_r \approx 4{,}2$. Das Verhalten als Funktion der Frequenz zeigt Bild 1.

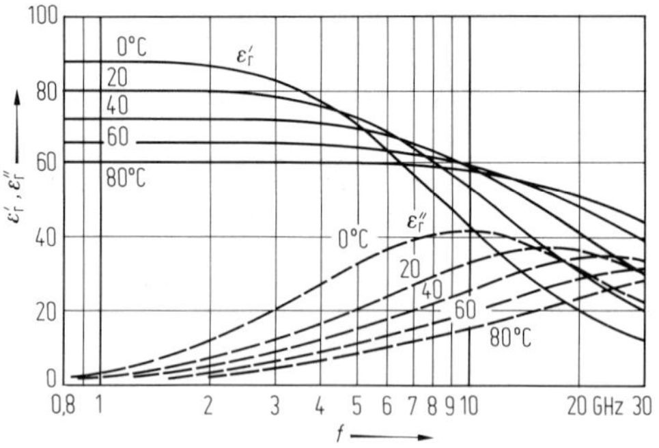

Bild 1. Dielektrische Eigenschaften von Wasser

Spezielle Literatur: [1] *Musil, J.:* Microwave Measurements of complex permittivity by free space methods. Amsterdam: Elsevier, 1986.

3 Magnetische Werkstoffe
Magnetic materials

Allgemeine Literatur s. unter E 1

In der Hochfrequenztechnik können elektromagnetische Felder nur in die oberflächennahen Schichten eines Leiters eindringen. Die Schichtdicke, innerhalb der das Feld auf 1/e abgenommen hat, ist proportional $1/\sqrt{\mu_r \kappa}$. Wenn das magnetische Wechselfeld auch das Innere eines Körpers durchsetzen soll, muß das magnetisierbare Material eine möglichst geringe spezifische Leitfähigkeit κ aufweisen. Dies ist bei Ferriten und bei HF-Eisen der Fall. Für Sonderanwendung können auch Ringbandkerne aus hochpermeablen, nur wenige µm dicken, voneinander isolierten Blechstreifen verwendet werden. Weichmagnetische Ferrite haben eine Zusammensetzung, die durch die chemische Formel $MO \cdot Fe_2O_3$ beschrieben werden kann. M ist dabei das Symbol für ein zweifach ionisiertes Metall. Häufig werden Gemische solcher Metalle verwendet. Hochpermeable Mangan-Zink-Ferrite ($\mu_r \approx 2000$) können wegen ihrer Leitfähigkeit und der dadurch bedingten Wirbelstromverluste nur bei Frequenzen bis zu wenigen MHz angewandt werden. Oberhalb 1 MHz werden wegen der geringeren Leitfähigkeit Nickel-Zink-Ferrite eingesetzt, die aber auch eine geringere Permeabilitätszahl von etwa 100 aufweisen. Alle Ferrite sind keramikartig und müssen bei der Herstellung in Formen gepreßt und dann gesintert werden.

In der Mikrowellentechnik werden Ferrite mit verschiedensten Substitutionen und Yttriumeisengranate verwendet. Letztere sind oft Einkristalle mit besonders geringen Verlusten im Resonanzfall. Durch die unterschiedlichen Substitutionen bei Mikrowellenferriten wird die gewünschte Sättigungsinduktion erzielt. Besondere Beachtung muß der Curie-Temperatur gewidmet werden. Ferrite mit niedriger Sättigungsinduktion haben meistens einen tiefen Curie-Punkt bei nur wenigen Hundert Grad Celsius. Hier sind geeignete Maßnahmen zur Temperaturkompensation beispielsweise durch temperaturabhängige Änderung der Vormagnetisierung notwendig.

4 **Wirkwiderstände.** Resistors

Allgemeine Literatur s. unter E 1

Widerstände bestehen allgemein aus einem nichtleitenden Träger (meistens Keramik oder Glas) auf den eine Kohle- oder eine Metallschicht aufgebracht und an den Enden kontaktiert oder mit Anschlußdrähten versehen worden ist. Durch die Art der Widerstandsschicht sowie deren Länge und Querschnitt ist der Widerstandswert bestimmt. Widerstandswerte von Bruchteilen eines Ohms bis zu Gigaohm können als Schichtwiderstände hergestellt werden. Die zulässigen Verlustleistungen liegen im mW-Bereich bis zu einigen W und sind abhängig von der Größe des Widerstandskörpers sowie von der Umgebung und der durch diese bestimmten Wärmeableitung. Bei ruhender Luft kann pro cm^2 Oberfläche des Widerstands zwischen 0,5 und 1 W als zulässige Verlustleistung angenommen werden. Mit zunehmender Umgebungstemperatur nimmt die Belastbarkeit ab. Einen typischen Verlauf zeigt Bild 1. Die maximal zulässigen Widerstandstemperaturen liegen bei etwa 150 °C.

Die Langzeitstabilität von Schichtwiderständen ist stark von der Betriebstemperatur abhängig. Niedrige Widerstandswerte (unterhalb 1 kΩ) zeigen dabei wegen der größeren Schichtdicken weniger alterungsbedingte Abweichungen vom Sollwert als hohe Widerstandswerte. Diese Widerstandswertänderungen nehmen exponentiell mit der Temperaturerhöhung zu. Kohleschichtwiderstände haben einen negativen Temperaturkoeffizienten, der bei hochohmigen Widerständen größer ist als bei niedrigen Werten. Ein typischer Verlauf ist in Bild 2 dargestellt. Metallschichtwiderstände haben Temperaturkoeffizienten die innerhalb $\pm 1 \cdot 10^{-4}$ liegen. Kohleschichtwiderstände eignen sich für normale Betriebsbedingungen und Toleranz- sowie Stabilitätsanforderungen. Für höhere Anforderungen und extreme Betriebsverhältnisse werden Metallschichtwiderstände eingesetzt. Bei Dickschichtwiderständen werden leitende Pasten aufgetragen und dann eingebrannt. Eine Übersicht über charakteristische Eigenschaften gibt Tab. 1. Die Widerstandswerte üblicher Widerstände sind entsprechend der Toleranzen in geometrischen

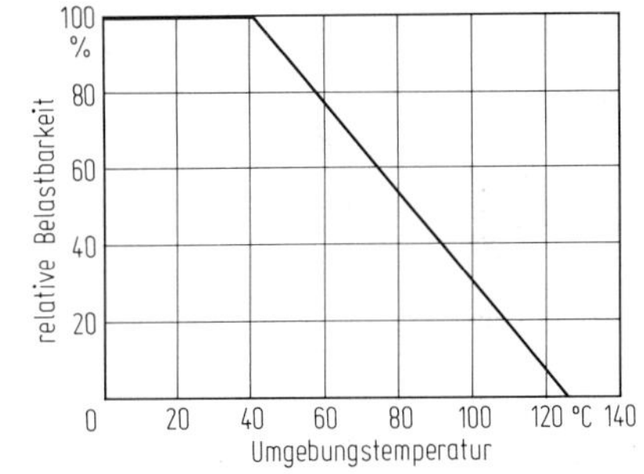

Bild 1. Relative Belastbarkeit von Kohleschichtwiderständen als Funktion der Umgebungstemperatur

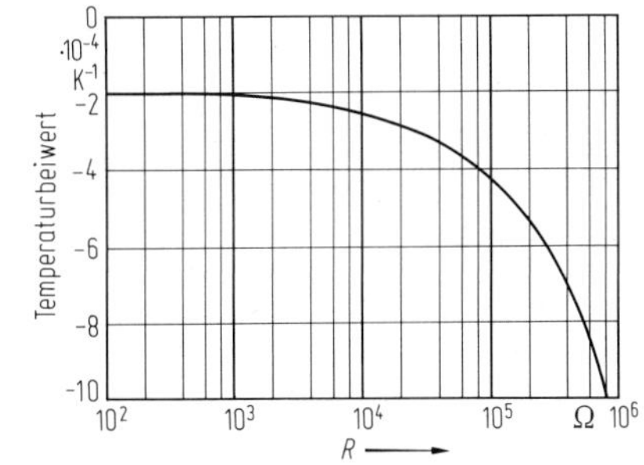

Bild 2. Temperaturbeiwert von Kohlewiderständen

Tabelle 1. Eigenschaften von Widerstandsschichten

		Kohle	Metall	Dickschicht
spez. Leitwert	S/m	$3 \cdot 10^4$	10^6	$10^4 \ldots 10^6$
Schichtdicke	μm	0,01...50	0,01...0,1	ca. 100
Flächenwiderstand	Ω	1...5000	20...1000	20...1000
Temperaturkoeffizient		$-2 \cdot 10^{-4}$ bis $-8 \cdot 10^{-4}$	$\pm 10^{-4}$	$\pm 2 \cdot 10^{-4}$
max. langzeitige Schichttemperatur	°C	125	170	150...200
Stromrauschen und Nichtlinearität		klein	sehr klein	sehr klein
mögliche differentielle Thermospannung	μV/K	1...3	3...5	10...30
Auswahlkriterien:				
sehr hohe Langzeitkonstanz			x	
kleiner Temperaturkoeffizient			x	
niedriges Stromrauschen			x	
Einzelimpulsbelastbarkeit		x		
integrierbare Bauform				x

Reihen gestuft. Für Widerstände mit Toleranzen von ± 20% ist die Dekade in 6 Werte entsprechend einer geometrischen Reihe mit dem Multiplikator $\sqrt[x]{10}$ aufgeteilt. Die E-6-Reihe ($x = 6$) hat damit die Werte 1–1,5–2,2–3,3–4,7–6,8–10. Für engere Toleranzen von ± 10% ist die E-12-Reihe mit $x = 12$ oder bei ± 5% die E-24-Reihe mit $x = 24$ gültig, sie haben entsprechend mehr Zwischenwerte. Bei einer Vielzahl unterschiedlicher Widerstände einer Reihe kann davon ausgegangen werden, daß wegen der sich überlappenden Wertebereiche einer Toleranzreihe jeder gewünschte Widerstandswert gefunden werden kann. Bei Lieferungen größerer Mengen einer Herstellungscharge muß aber wegen der guten Reproduzierbarkeit der Herstellungsprozesse damit gerechnet werden, daß nahezu alle Einzelwiderstände innerhalb sehr geringer Streubreite den gleichen Wert haben, der innerhalb des Toleranzbereichs liegt. Widerstände mit größerem Toleranzbereich weisen i. allg. auch größere Abweichungen bei der Alterung auf und erzeugen ein höheres Rauschen. Neben dem thermischen Rauschen, das jeder Widerstand aufweisen muß, zeigen Schichtwiderstände ein spannungsabhängiges Rauschen. Insbesondere bei Kohleschichtwiderständen ergeben sich mit abnehmender Schichtdicke in zeitlich rasch wechselnder Folge geringfügige Veränderungen der Strombahnen. Damit unterliegt der Widerstandswert R einer zeitlichen Fluktuation ΔR. Diese ergibt bei einem Stromfluß I eine Wechselspannung $\Delta U = I \Delta R$. Wegen $I = U/R$ ist die entstehende Störspannung $\Delta U = U \Delta R / R$ proportional zur anliegenden Betriebsspannung. Diese Rauschspannung wird in μV/V oder in dB (bezogen auf 1 μV/V) angegeben. Sie steigt mit wachsendem Widerstandswert an. Höherbelastbarere, größere Widerstände haben wegen der dickeren Kohleschichten günstigere Werte als kleine Widerstände. Metallschichtwiderstände rauschen relativ wenig. Typische Werte für Schichtwiderstände zeigt Bild 3.

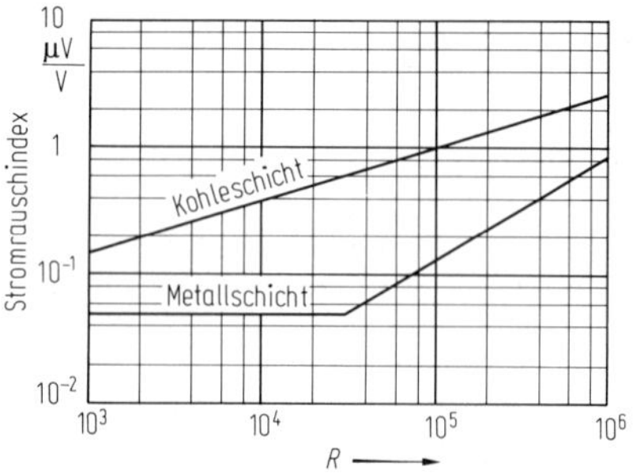

Bild 3. Stromrauschen von Schichtwiderständen

Parallelkapazität. Jeder Widerstand hat infolge seiner Anschlüsse eine Parallelkapazität, die zwischen 0,1 und 0,5 pF liegt. Metallkappen ergeben größere Werte als axial befestigte Drähte. Diese Kapazität muß insbesondere bei hohen Widerstandswerten und hohen Frequenzen berücksichtigt werden. Beispielsweise hat 1 pF bei 1 MHz den Blindwiderstand −j 160 kΩ. Neben dieser Kapazität wirkt sich jedoch die kapazitive Feldaufteilung entlang der Widerstandsschicht aus und überbrückt insbesondere bei hohen Widerstandswerten und hohen Frequenzen Teile des Widerstandsbelags kapazitiv. Der Widerstandswert nimmt daher ab. Widerstände bis 1 kΩ können bis etwa 1 GHz verwendet werden. Bild 4 zeigt den charakteristischen Verlauf für verschiedene Werte in Abhängigkeit von der Frequenz. Der genaue Verlauf ist für die jeweiligen Typen vom Hersteller angegeben. Neben der Begrenzung der Betriebsspannung durch die zulässige Verlustleistung werden von den Herstellern maximale Spannungen angegeben, die, abhängig von der Bauform, angelegt werden dürfen. Insbesondere bei hochohmigen Widerständen oder bei Impulsbetrieb ist dies zu beachten. Widerstände mit Nennbelastungen von 0,1 W können mit Grenzspannungen von 100 V betrieben werden, bis zu 0,5 W sind meist 250 V zulässig. Bei 1 und 2 W steigen diese Werte auf 500 und 750 V an.

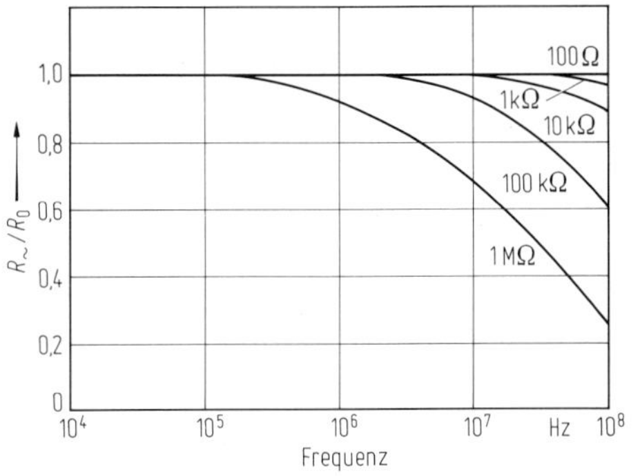

Bild 4. Frequenzabhängigkeit des Wechselstromwiderstands $R_\sim$ bezogen auf den Gleichstromwiderstand R_0 bei Schichtwiderständen

Impulsbelastbarkeit. Bei hochohmigen Schichtwiderständen sind für periodische Impulsfolgen, bei denen im Mittel die normale Belastbarkeit nicht überschrittten wird, Spitzenspannungen bis zum 3,5fachen der angegebenen Spannungsfestigkeit zulässig. Bei niederohmigen Widerständen darf i. allg. die Spitzenleistung dcn sechsfachen Leistungsnennwert des Widerstands nicht überschreiten. Für sehr kurzzeitige sporadische Stoßspannungen werden von den Herstellern keine genauen Angaben gemacht. Die Leistungen können im kW-Bereich liegen. Die Widerstandsschicht wird kurzfristig aufgeheizt, kann aber die Wärme innerhalb der Impulsdauer nicht an den Keramikträger oder die Umgebung abführen. Wegen der dickeren Widerstandsschichten sind Kohleschichten dabei etwa fünfmal belastbarer als Metallschichten.

Nichtlinearität. Schichtwiderstände weisen geringfügige Nichtlinearitäten auf. Maßtechnisch kann die 3. Harmonische einer angelegten Grundschwingung nachgewiesen werden. Üblich sind Werte, die besser als −100 dB sind. Zulässige Werte für Kohleschichtwiderstände bei einer Prüfmethode nach DIN 44 049 zeigt Bild 5. Zwischen der meßbaren Nichtlinearität und der Größe des Stromrauschens eines Schichtwiderstandes besteht ein Zusammenhang. Bei Zuverlässigkeitsuntersuchungen auf Risse in der Widerstandsschicht liefert die Messung des Klirrfaktors wichtige Aussagen, weil an Einschnürungen der Widerstandsbahn lokale Erwärmungen auftreten. Im Niederfrequenzbereich bewirken diese örtlichen Überhitzungen zeitabhängige, periodische Widerstandsvariationen, die wegen der Abhängigkeit vom Quadrat der Stromstärke besonders die 3. Harmonische der Betriebsfrequenz erzeugen. Widerstände mit hohem Klirrfaktor sind für Schaltungen mit hoher Zuverlässigkeit auszuscheiden.

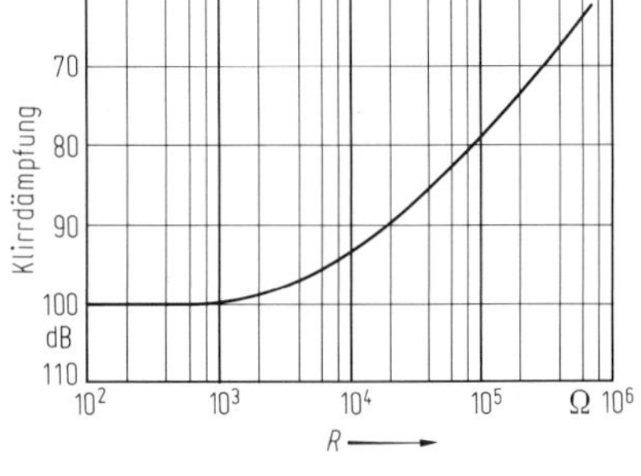

Bild 5. Zulässige Werte für Kohleschicht-Widerstände bei einer Prüfmethode nach DIN 44 049

Chip-Widerstände. Für Höchstfrequenzanwendungen sind Chip-Widerstände erhältlich, bei denen die Widerstandsschicht als Dünn- oder Dickschicht mit beiderseitiger metallischer Kontaktierung auf die eine Oberfläche eines meist rechteckigen, dünnen Aluminiumoxid-Trägerplättchens aufgebracht ist. Die Widerstandswerte reichen von 1 Ω bis 10 MΩ. Die Dicke des Trägers liegt zwischen 0,35 und 0,8 mm, die Größe minimal bci 0,8 mm × 0,5 mm (Grenzspannung ca. 15 V, Maximalleistung 40 mW) bis 6 mm × 4 mm (Grenzspannung 150 V, Maximalleistung 2 W). Für Leistungen bis einige hundert W werden größere Sonderausführungen auf Berylliumoxid mit Kühlungsflanschen gefertigt. Alle diese Widerstände sind extrem kapazitäts- und induktivitätsarm und für Streifenleitungsschaltungen im GHz-Bereich geeignet.

Drahtwiderstände. Für höhere Leistungen und für sehr niederohmige Werte können Widerstandsdrähte auf Trägerkörper gewickelt werden. Wegen des hohen spezifischen Widerstands spielt der Skineffekt bei Frequenzen im MHz-Bereich meist keine Rolle. Um induktive Wirkungen klein zu halten, sollten die Wicklungen bifilar ausgeführt werden. Dabei wird der aufzuwickelnde Draht bei halber Länge umgebogen, so daß die Anschlußenden nebeneinander liegen. Mit der umgebogenen Seite beginnnend werden die parallellaufenden Drähte auf den Träger aufgewickelt. Je besser beide Drähte parallel liegen, desto kleiner ist die Gesamtinduktivität. Die Drähte sind häufig mit einer thermisch stabilen Oxidschicht als Isolation überzogen, die beim Wickeln nicht verletzt werden darf.

Potentiometer. Veränderliche Widerstände werden in vielfältigen Ausführungen hergestellt. Man unterscheidet zwischen Trimmwiderständen, die zu Abgleichzwecken nachjustiert werden können und Potentiometern als Bedienungselement mit Drehknopf. Bei Trimmwiderständen ist meistens eine kreisförmige Kohlewiderstandsschicht auf einem Keramik- oder Pertinaxträger aufgebracht. Als Schleifkontakt wird ein Metallbügel oder ein Kohlekontakt verwendet. Widerstandswerte liegen zwischen 100 Ω und mehreren MΩ. Diese Trimmerart läßt sich leicht einstellen und erlaubt eine Sichtkontrolle der Stellung und des noch vorhandenen Variationsbereichs. Die Einstellung ist jedoch durch unbeabsichtigte mechanische Berührung veränderbar. Präzisionstrimmer werden daher entweder gekapselt oder als Drahtwiderstand hergestellt, auf dem die Position eines Schleifers mit einer Einstellschraube veränderbar ist. Für niedrige Widerstandswerte bis etwa 20kΩ werden drahtgewickelte Widerstände gefertigt, für höhere Werte wird als Widerstandsschicht eine Metallglasur verwendet. Die zulässigen Belastungen liegen zwischen 0,5 und 1 W. Potentiometer werden bei niedrigen Werten als Drahtwiderstände ausgeführt. Hier sind Nennlasten bis 100 W möglich. Für höhere Werte verwendet man Widerstandsschichten. Normale Poteniometer haben einen Drehwinkel von 270°. Für bessere Reproduzierbarkeit der Einstellung werden Präzisions-Wendelpotentiometer mit 3, 5, 10 oder 20 Gängen hergestellt. Der Widerstandsdraht ist dabei spiralig auf eine Wendel aufgewickelt, an der der Schleifer entlanggeführt wird. Widerstandswerte von 100 Ω bis einige hundert kΩ sind erhältlich. Durch Drehknöpfe mit geeigneten Anzeigevorrichtungen ist eine sehr gute Reproduzierbarkeit der Einstellungen möglich. Wegen ihrer von der Einstellung abhängigen Koppelkapazitäten sind Potentiometer für Hochfrequenzzwecke nur bedingt geeignet. Für veränderliche Spannungsteilungen bis in den GHz-Bereich sind Sonderformen erhältlich, bei denen die Widerstandsschicht nach Bild 6 aufgebaut ist. Durch die seitliche Kontaktierung ergibt sich ein exponentieller Spannungsabfall längs der Widerstandsbahn. Der Innenwiderstand am variablen Ausgang ist durch die Größe der Kontaktfläche des Schleifers bestimmt und unabhängig von der Schleiferstellung. Mit solchen Potentiometern läßt sich eine logarithmische Teilung in Abhängigkeit vom Drehwinkel erzielen. Dämpfungen bis zu 100 dB sind möglich.

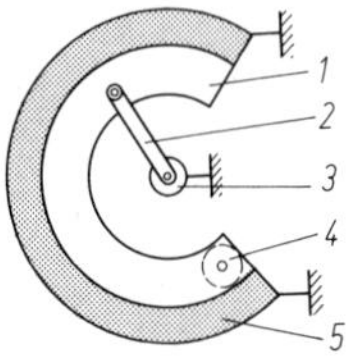

Bild 6. Schematischer Aufbau eines einstellbaren Hochfrequenz-Spannungsteilers mit logarithmischem Verlauf. *1* Widerstandschicht, *2* Schleifkontakt, *3* koaxialer Ausgang, *4* koaxialer Eingang, *5* Metallisierung

Photowiderstände. Cadmiumsulfid-Photowiderstände lassen sich durch unterschiedliche Beleuchtungsintensität im Bereich von etwa 100 Ω bis 100 MΩ verändern. Die Widerstandsveränderung hat bei großer Helligkeit (kleiner Widerstand) Zeitkonstanten im ms-Bereich. Bei hohen Widerstandswerten werden zum Errreichen des Widerstandswerts mehrere Sekunden benötigt. Die Parallelkapazitäten liegen bei wenigen pF, so daß der Einsatz als steuerbarer Widerstand bis zu einigen MHz möglich ist.

Heißleiter. Halbleiterwiderstände, deren Widerstandswerte mit steigender Temperatur abnehmen, nennt man Heißleiter oder NTC-Thermistor. Diese Widerstände werden als Stab, Scheibe oder Perle hergestellt und haben bei Normaltemperaturen Werte von wenigen Ω bis einige 100 kΩ. Der Widerstand folgt der Beziehung $R = R_N \exp[B(1/T - 1/T_N)]$ wobei R_N der Widerstand bei der Normaltemperatur T_N ist. B ist eine Materialkonstante mit der Einheit Kelvin und liegt meist zwischen 2000 und 5000 K. Heißleiter lassen sich sehr klein herstellen und werden dann zur Hochfrequenz-Leistungsmessung verwendet.

Feldplatten. Magnetisch steuerbare Widerstände werden unter Verwendung von Wismut hergestellt, welches eine nadelartige Leiterstruktur erzeugt. Durch Magnetfelder im Bereich 0,1 bis 1 T kann der Widerstandswert verändert werden. Übliche Werte liegen zwischen 10 Ω und 1 kΩ. Wegen der kapazitiven Kopplungen ist eine Anwendung nur bei nicht zu hohen Frequenzen möglich.

Spannungsabhängige Widerstände. VDR-Widerstände oder Varistoren aus Siliziumkarbid weisen eine Spannungsabhängigkeit nach Bild 7 auf. Sie haben besonders bei kleinen Spannungen eine ausgeprägte Frequenzabhängigkeit, die bei größeren Spannungen abnimmt. Sie werden in

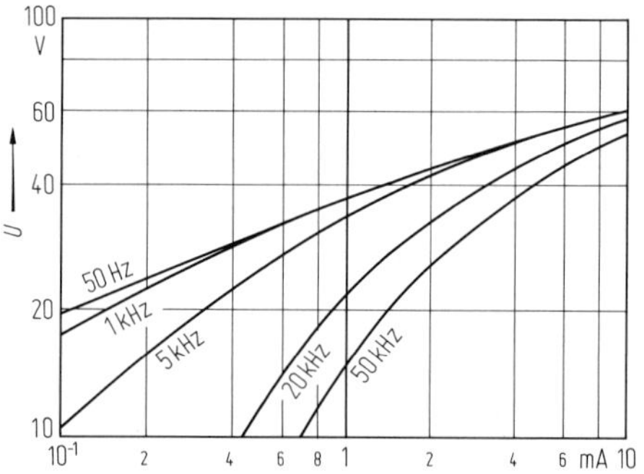

Bild 7. Spannungs- und Frequenzabhängigkeit bei spannungsabhängigen Widerständen

Scheiben oder als Stäbe hergestellt und dienen beispielsweise zur Begrenzung von Überspannungsspitzen oder zur Funkentstörung bei Motoren.

5 Kondensatoren. Capacitors

Allgemeine Literatur s. unter E 1

5.1 Kapazität. Capacity

Die Kapazität C ist definitionsgemäß

$$C = Q/U,$$

wobei Q die positive Ladung auf einem von zwei ungleichartig geladenen Körpern ist, zwischen denen die Spannung U besteht. Die Kapazität zwischen zwei Platten von jeweils der Fläche A, die sich im Abstand d gegenüberstehen und zwischen denen sich ein Material mit der Dielektrizitätszahl ε_r befindet, ist ohne Randeffekte

$$C = \varepsilon_0 \varepsilon_r A/d; \qquad C/\text{pF} = \frac{0{,}9\,\varepsilon_r A/\text{cm}^2}{d/\text{mm}}.$$

Für die Berücksichtigung des Streufeldes am Plattenrand ist die Querabmessung der Platten an jeder Seite um den halben Plattenabstand zu vergrößern. Zwei durch Luft getrennte Pfennigstücke im Abstand von 1 mm haben eine Kapazität von etwa 2 pF. Ein gerades Drahtstück, das parallel zu einer leitenden Ebene läuft, hat gegen diese eine Kapazität

$$C = \frac{2\pi \varepsilon_0 \varepsilon_r l}{\ln\left(\frac{2d}{D} + \sqrt{\left(\frac{2d}{D}\right)^2 - 1}\right)} \approx \frac{2\pi \varepsilon_0 \varepsilon_r l}{\ln(4d/D)}. \qquad (1)$$

Dabei ist D der Drahtdurchmesser, d der Abstand von der Ebene zur Drahtachse, ε_r die Dielektrizitätszahl des den umgebenden Raum füllenden Isolationsmaterials und l die Drahtlänge. Die Näherung gilt für $d \gg D$. Eine Doppelleitung hat die Kapazität

$$C = \frac{\pi \varepsilon_0 \varepsilon_r l}{\ln\left(\frac{a}{D} + \sqrt{\left(\frac{a}{D}\right)^2 - 1}\right)} \approx \frac{\pi \varepsilon_0 \varepsilon_r l}{\ln(2a/D)}, \quad \frac{a}{D} \gg 1. \qquad (2)$$

Die Kapazität einer konzentrischen Koaxialleitung ist

$$C = \frac{2\pi \varepsilon_0 \varepsilon_r l}{\ln(D_a/D_i)}; \; C/\text{pF} = \frac{0{,}56\,\varepsilon_r\, l/\text{cm}}{\ln(D_a/D_i)}.$$

D_a ist der Innendurchmesser des Außenleiters, D_i ist der Durchmesser des Innenleiters. Für Leitungen kann der Kapazitätsbelag allgemein aus dem Wellenwiderstand Z_L berechnet werden.

$$C' \Big/ \frac{\text{pF}}{\text{cm}} = \frac{33\sqrt{\varepsilon_r}}{Z_L/\Omega}.$$

5.2 Anwendungsfälle. Applications

Kondensatoren werden bei Hochfrequenzschaltungen im wesentlichen bei drei Anwendungsfällen eingesetzt. Diese sind:

a) Trennung von Wechsel- und Gleichanteilen bei der Kopplung von Schaltungsteilen, beispielsweise bei Signal- und Versorgungsspannungen. Hier werden bestimmte Mindestanforderungen hinsichtlich der Spannungsfestigkeit, des Isolationswiderstands und des Blindwiderstandswerts im Übertragungsfrequenzbereich gestellt.

b) Kurzschluß von Wechselgrößen nach Masse. Dieser Anwendungsfall tritt bei der Entkopplung von Schaltungsteilen auf, die an einer gemeinsamen Versorgungsleitung liegen. Durch solche kapazitiven Kurzschlüsse können auch Mit- oder Gegenkopplungen vermieden werden. In diesem Anwendungsfall werden kaum Anforderungen hinsichtlich des Verlustfaktors oder der Einhaltung des Kapazitätswerts gestellt. Wichtig ist eine geringere Eigen- und Zuleitungsinduktivität des Bauelements, so daß bis zu möglichst hohen Frequenzen eine äußerst niederohmige Überbrückung für Wechselgrößen sichergestellt ist. Durch Einbeziehen der induktiven Eigenschaften kann dabei für einen engeren Frequenzbereich auch die Serienresonanz ausgenutzt werden.

c) Anwendung als kapazitives Schalt- oder Abstimmelement bei Filterschaltungen und Resonanzkreisen. In diesem Fall ist eine hohe Langzeitkonstanz des Kapazitätswerts und Verlustarmut wichtig. Für Kapazitätswerte über 100 pF werden die geforderten Werte meistens durch Parallelschaltungen verschiedener, engtolerierter Einzelkondensatoren zusammengesetzt. Für kleinere Werte werden einstellbare Trimmer verwendet. Zur Einstellung von oft veränderlichen Werten werden Drehkondensatoren eingesetzt oder Kapazitätsdioden, deren Sperrschichtkapazität von der Vorspannung abhängt. Durch geeignete positive oder negative Temperaturkoeffizienten von Keramikkondensatoren können bei Resonanzkreisen und Filtern temperaturabhängige Verstimmungen, die durch andere Bauteile vorgegeben sind, kompensiert werden.

5.3 Kondensatortypen
Types of capacitors

Metallisierte Kunststoffkondensatoren. Als Dielektrikum werden Folien verwendet, deren Oberfläche extrem dünn metallisiert sind. Bei Durchschlägen verdampft die Metallschicht in unmittelbarer Umgebung der Durchschlagstelle, so daß diese Kondensatoren selbstheilend sind. Als Folienmaterial wird Celluloseacetat, Polyethylenterephtalat, Polycarbonat, Polypropylen oder auch Polystyrol mit Lackschichten verwendet. Die Foliendicke geht, je nach geforderter Spannungsfestigkeit bis zu Werten von etwa 1 µm herunter. Die Kondensatoren werden als Wickel aufgebaut und sind infolge stirnseitiger Kontaktierung induktivitätsarm. Sie werden angewandt, wenn Kapazitäten im Bereich nF bis µF als Koppelkondensatoren oder als Überbrückungskondensator bei Spannungen bis zu einigen hundert V benötigt werden. Wegen der Selbstheilung sind kurzzeitige Spannungsüberlastungen unschädlich. Die meisten Typen sind auch impulsfest.

Styroflex-Wickelkondensatoren. Bei diesen sind Polystyrolfolien mit Metallfolien aufgewickelt. Diese Ausführung ist sehr verlustarm und wegen des Temperaturbeiwerts von $-1{,}5 \cdot 10^{-4}$ 1/K geeignet bei Resonanzkreisen mit Ferritspulen, deren Temperaturbeiwert zu kompensieren ist. Temperaturen über 70 °C sollten nicht überschritten werden, weil oberhalb die Temperaturabhängigkeit zunimmt. Die vorhergenannte Ausführung mit Polystyrol und metallbedampfter Lackschicht ist räumlich kleiner, so daß Kapazitätswerte von einigen µF gefertigt werden können.

Glimmerkondensatoren. Diese Ausführung besteht aus gespaltenen Naturglimmerscheiben, die metallisiert sind oder es werden Glimmer- und Metallplättchen gestapelt. Sie haben hohe Spannungsfestigkeit, sehr niedrige Verluste, einen kleinen Temperaturbeiwert von etwa $3 \cdot 10^{-5}$. Die Anwendung ist auch bei hohen Umgebungstemperaturen möglich. Kapazitätswerte liegen zwischen einigen pF und einigen nF.

NDK-Keramikkondensatoren. Als Dielektrikum werden Keramikmaterialien mit niedriger Dielektrizitätskonstante zwischen 10 und 500 verwendet. Durch das Mischungsverhältnis des Werkstoffs lassen sich entweder sehr geringe Temperaturbeiwerte erzielen oder sowohl positive als auch negative Temperaturbeiwerte geeigneter Größe in weiten Grenzen einstellen, mit denen bei Filterschaltungen Einflüsse anderer Bauelemente kompensiert werden können. Die Verlustfaktoren sind meist kleiner als 10^{-3}. Kapazitätswerte liegen im Bereich von pF und nF. Ausführungsformen sind Scheiben und Röhrchen.

HDK-Keramikkondensatoren. Hohe Dielektrizitätskonstanten zwischen 500 und 10 000 (in Sonderfällen größer als 50 000) werden beispielsweise durch Keramiken mit Titanaten erreicht. Diese Materialien haben Verlustfaktoren zwischen $5 \cdot 10^{-3}$ und 0,05 sowie einen beachtlichen, meist nichtlinearen negativen Temperaturkoeffizienten. Die Kapazitäten solcher meist scheiben- oder rohrförmigen Kondensatoren liegen trotz kleiner Baugrößen im nF-Bereich. Sie können spannungsabhängig sein.
HDK-Kondensatoren werden meistens wegen des induktivitätsarmen Aufbaus bei beachtlicher Kapazität als Abblockkondensatoren verwendet.

Elektrolytkondensatoren. Als Dielektrikum dient ein durch anodische Oxidation erzeugtes Aluminium- oder Tantaloxid geringer Dicke. Die Trägerelektrode ist meist aufgerauhtes Aluminium oder ein Tantal-Sinterkörper mit dadurch vergrößerter Oberfläche. Man erreicht so größtmögliche Kapazitätswerte bis zu mF. Die Verlustfaktoren sind groß. Bild 1 zeigt typische Scheinwiderstandsverläufe für Niedervolt-Elektrolytkondensatoren als Funktion der Frequenz. Bild 2 stellt für einen Kondensator mit nassem Elektrolyt die typische Abhängigkeit des Scheinwiderstands von der Temperatur dar. Zulässige Grenzspannung und Polarität sind zu beachten. Sie werden als Koppelkondensatoren im Niederfrequenzbereich und als Abblockkondensatoren für den Bereich bis 10 MHz eingesetzt.

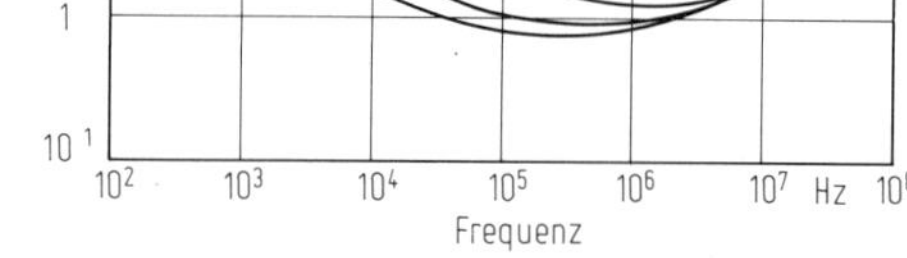

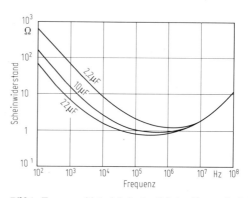

Bild 1. Frequenzabhängigkeit des Scheinwiderstands bei Niedervolt-Elektrolytkondensatoren

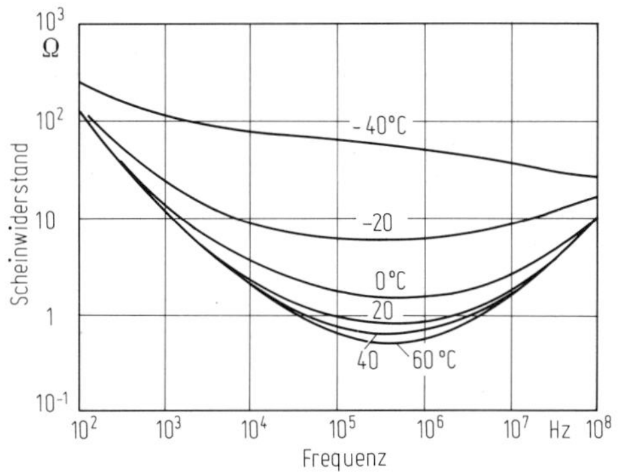

Bild 2. Temperaturabhängigkeit des Scheinwiderstands bei Niedervolt-Elektrolytkondensator (10 µF) mit nassem Elektrolyt

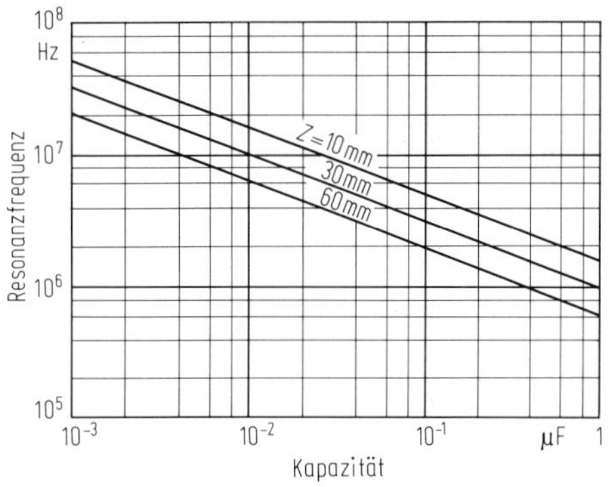

Bild 4. Typische Resonanzfrequenzen von Kunststoffolien-Wickelkondensatoren. Z ist die Gesamtlänge der Zuleitungsdrähte

5.4 Bauformen für die Hochfrequenztechnik

Capacitors for RF application

Wickelkondensatoren. Diese sollten stirnseitig kontaktiert sein, um die Eigeninduktivität möglichst klein zu halten. Einige nH Zuleitungsinduktivität sind unvermeidbar. Je nach der Größe des Kapazitätswerts ergibt sich daher eine Serienresonanzfrequenz. Oberhalb dieser Frequenz ist die Gesamtimpedanz induktiv und der Betrag des Scheinwiderstands steigt proportional zur Frequenz an. Typische Verläufe zeigt Bild 3 für Einbau mit kürzestmöglichen Anschlußdrähten. Für lange Anschlüsse zeigt Bild 4 typische Resonanzfrequenzen bei Wickelkondensatoren als Funktion von Kapazität und Zuleitungslänge.

Scheibenkondensatoren. Diese Kondensatoren werden je nach Kapazitätswert mit NDK- oder HDK-Keramik aufgebaut sein. Im allgemeinen sind an beiden Seiten der Platten, deren Fläche

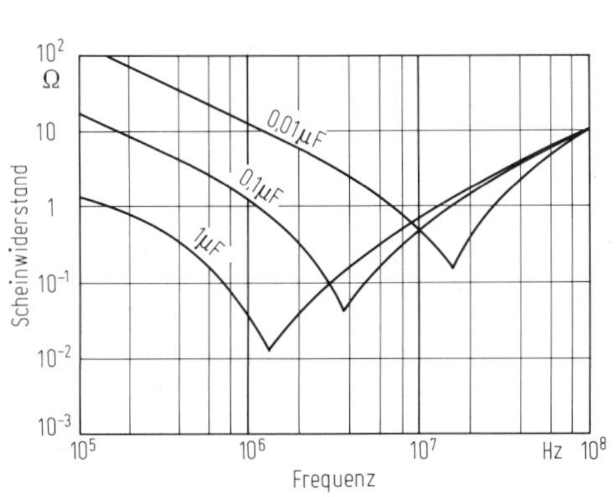

Bild 3. Scheinwiderstandsverläufe von Wickelkondensatoren bei kurzen Zuleitungsdrähten

zwischen 0,1 und 2 cm² liegt, Anschlußdrähte angelötet und der Kondensator mit einer Schutzschicht umgeben. Beim Einbau ist auf kurze Zuleitungen zu achten. Kondensatoren mit Kapazitätswerten von 100 nF haben Serienresonanzen bei etwa 10 MHz, solche von 1 nF haben Resonanzen bei etwa 100 MHz. Scheibenkondensatoren mit blanken Kontaktflächen können direkt in vorgesehene Schlitze in Leiterplatinen bei gedruckten Schaltungen eingelötet werden und sind dann auch bei sehr hohen Frequenzen noch kapazitiv wirksam.

Rohrkondensatoren. Diese Ausführungsform ist in gleicher Weise wie Scheibenkondensatoren anwendbar. Bei besonderem Aufbau sind hohe Betriebsspannungen von mehreren kV zulässig.

Durchführungskondensatoren. Dies ist eine Sonderform des Rohrkondensators, bei dem an der Außenmetallisierung ein Flansch angelötet ist, der durch ein Loch in der Gehäusewand gesteckt und durch Verschrauben mit dieser Wand leitend verbunden wird. Am Innenbelag wird ein durch das Rohr hindurchlaufender Draht angelötet, über den beispielsweise die Versorgungsspannung in das Gehäuse hineingeführt wird. Durch die induktivitätsarme Ausführung lassen sich bis zu höchsten Frequenzen wirksame Tiefpässe realisieren.

Vielschichtkondensatoren, Chip-Kondensatoren. Bei dieser Ausführung werden mehrere metallisierte Keramikschichten in Blockform zusammengefügt und parallelgeschaltet. Man erreicht so relativ große Kapazitätswerte von mehrerern nF bei kompakter Bauform. Andererseits können Kapazitäten im Bereich bis zu etwa 100 pF sehr klein (wenige mm³) hergestellt werden. Die Stirnseiten sind metallisiert. Der Kondensator

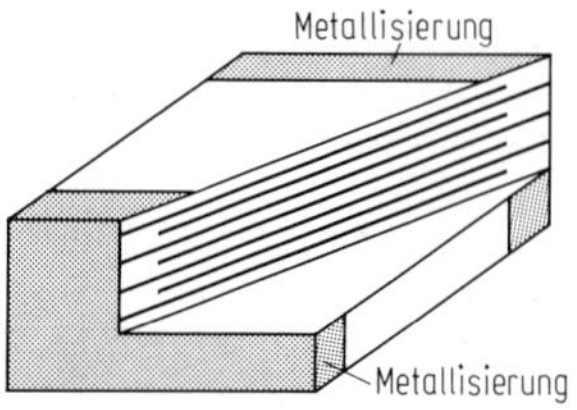

Bild 5. Schnittbild eines Vielschicht-Chipkondensators

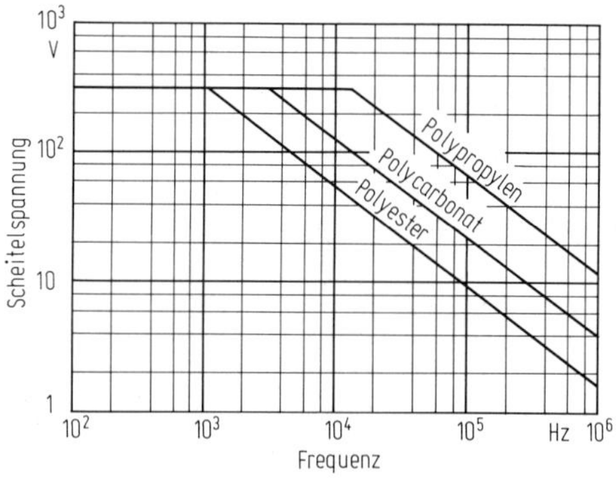

Bild 6. Typische Abhängigkeiten der zulässigen Scheitelwechselspannungen von der Frequenz für Kunststoffolienkondensatoren mit 0,1 μF für 400 V

wird in die Schaltung unmittelbar eingelötet und kann wegen seiner Kleinheit und geringen Eigeninduktivität bei Mikrowellen-Streifenleitungsschaltungen als Koppelelement oder Abblockkondensator verwendet werden (Bild 5).

Einstellbare Kondensatoren; Trimmer. Es gibt verschiedene Ausführungsformen. Lufttrimmer sind kleine Drehkondensatoreen, bei denen je nach Baugröße bis 100 pF erreichbar sind. Sie haben hohe Spannungsfestigkeit und minimale Verluste. Durch Schmetterlingsbauform können Schleifkontakte vermieden werden. Bei Kunststoffolientrimmern sind die Platten eines kleinen Drehkondensators durch Folien isoliert. Diese Konstruktion erlaubt bei kleiner Größe Kapazitäten bis 100 pF und ist für gedruckte Schaltungen geeignet. Für hohe Temperaturen werden als Isolation Glimmerschichten verwendet.
Bei keramischen Rohrtrimmern wird in ein Keramikrohr, das außen auf dem Rohr die eine Elektrode trägt, die andere Elektrode in das Rohr hineingeschraubt. Dieser Typ ist für Kapazitäten bis etwa 20 pF geeignet und erlaubt induktivitätsarmen Aufbau und hohe Einstellgenauigkeit wegen der mehreren nötigen Umdrehungen zum Durchlaufen des gesamten Einstellbereichs. Bei Keramik-Scheibentrimmern ist die eine Elektrode auf einer Keramikscheibe aufgebrannt, die sich drehbar auf einem Keramikkörper befindet, der die andere Elektrode trägt. Hier sind Kapazitätswerte bis 100 pF erreichbar. Wegen des dichten Aufeinanderliegens der beiden Platten ist die zeitliche Konstanz besser als bei Folientrimmern, bei denen zwischen den Elektroden immer ein gewisser Abstand vorhanden ist.

5.5 Belastungsgrenzen. Stress limits

Eine wesentliche Größe ist die zulässige Betriebsspannung. Besonders bei HDK-Keramikkondensatoren liegt sie häufig unterhalb 40 V. Daneben dürfen bestimmte Wechselströme nicht überschritten werden. Der Blindwiderstand eines Kondensators nimmt unterhalb der Serienresonanz mit $1/f$ ab. Das bedeutet, daß bei konstanter Amplitude der anliegenden Wechselspannung der Strom proportional zu f anwächst. Daneben erhöhen sich die Verlustwiderstände mit wachsender Frequenz infolge des Skineffekts und bei vielen Materialien auch die dielektrischen Verluste. Daraus folgt, daß oberhalb bestimmter Frequenzen die zulässige Wechselspannung kleiner wird. Bild 6 zeigt typische Kurven der zulässigen Wechselspannung für einen normalen Wickelkondensator mit Polyesterisolation, für einen Polycarbonatkondensator für erhöhte Anforderungen sowie für einen impulsfesten, verlustarmen Polypropylenkondensator. Für kleinere Kapazitätswerte verschieben sich die Kurven jeweils zu höheren Frequenzen hin, wobei eine Verkleinerung der Kapazität um den Faktor 10 eine Verschiebung auf der Frequenzachse auf den etwa dreifachen Wert bewirkt. Für impulsartige Spannungsspitzen dürfen auch bei selbstheilenden Kondensatoren die regulären Grenzwerte in der Regel nicht überschritten werden. Zu beachten sind die für die einzelnen Typen zulässigen Impulssteilheiten. Bei üblichen Wikkelkondensatoren liegen diese, je nach Nennspannung und Baugröße, zwischen 1 V/μs und 10 V/μs. Für besonders impulsfeste Sicherheitskondensatoren sind Werte bis zu 10 000 V/μs zulässig.
Für periodische Impulsspannungen geben die verschiedenen Hersteller Nomogramme oder Formeln an, mit denen man für die einzelnen Kondensatorarten die zulässigen Spannungswerte ermitteln kann, bei denen die Strombelastung der Kontaktierung nicht unzulässig groß wird und die Eigenerwärmung des Kondensators 10 °C nicht überschreitet.
Bei Frequenzen über 10 MHz sollten verlustarme Isolationsfolien aus Polystyrol oder Polypropylen verwendet werden, um bei Filterschaltungen ausreichende Kreisgüten zu erzielen oder um unzulässige Erwärmungen zu vermeiden.

6 **Induktivitäten.** Inductances

Allgemeine Literatur s. unter E 1

6.1 Induktivität gerader Leiter
Inductance of straight wires

Die Angabe der Induktivität eines Leiterabschnitts ist nur in Verbindung mit dem zugehörigen Rückleiter sinnvoll. Allgemein kann dann die Induktivität L aus der Beziehung

$$L = \Phi / I$$

berechnet werden, wobei Φ der vom Strom I erzeugte magnetische Fluß ist. Die von einem Wechselstrom induzierte Spannung ist

$$U = \frac{\mathrm{d}\Phi}{\mathrm{d}t} = L\,\frac{\mathrm{d}I}{\mathrm{d}t}.$$

Bei allen Leiterstrukturen ist wegen des Skineffekts die Induktivität bei hohen Frequenzen und ausgeprägter Stromverdrängung etwas kleiner als bei Gleichstrom, weil im Leiterinneren dann praktisch kein Magnetfeld vorhanden ist. Der Unterschied zwischen Hoch- und Niederfrequenzinduktivität ist um so ausgeprägter, je größer die Drahtdurchmesser sind und liegt meist zwischen 2 und 5%. Für Gleichstrom und tiefe Frequenzen (Eindringmaß $\delta \gg$ Drahtdurchmesser D) ist die durch das Magnetfeld im Leiterinnern bestimmte innere Induktivität eines Drahtes mit Kreisquerschnitt unabhängig vom Durchmesser D

$$L_\mathrm{i} = l\mu_0\mu_\mathrm{r}/(8\pi). \qquad (1)$$

Für Leiter aus unmagnetischem Material ist damit

$$L_\mathrm{i}/\mathrm{nH} = 0{,}5\; l/\mathrm{cm}. \qquad (2)$$

Bei hohen Frequenzen ($D \gg \delta$) geht die innere Induktivität gegen Null.

Induktivität eines geraden Drahtstücks. Wesentlich ist die Lage und Art des Rückleiters. Je weiter dieser entfernt ist und je dünner der Draht ist, desto größer ist die Induktivität. Die Induktivität ergibt sich für lange Drähte ($l \gg s$) aus

$$L = \frac{l\mu_0 \ln\left(\frac{2s}{D} + \sqrt{\left(\frac{2s}{D}\right)^2 - 1}\right)}{2\pi} \approx \frac{l\mu_0}{2\pi}\ln\left(\frac{4s}{D}\right). \qquad (3)$$

Spezielle Literatur Seite E 16

Dabei ist s der Abstand zwischen Drahtachse und Ebene, D der Drahtdurchmesser und l die Drahtlänge. Die Näherung gilt für dünne Dräte ($s \gg D$).
Für Drahtdurchmesser zwischen 0,5 und 1 mm und für Abstände zur rückleitenden Fläche zwischen 10 und 100 mm liegen die Induktivitätswerte eines Drahtes, der lang bezüglich des Abstands zur Rückleiter ist, zwischen 7 und 15 nH pro cm Drahtlänge. Als Schätzwert kann also für Zuleitungsdrähte zu Bauelementen ein Wert $L/\mathrm{nH} \approx 10\; l/\mathrm{cm}$ angenommen werden.

Leitungen. Bei Leitungen kann der Induktivitätsbelag aus dem Wellenwiderstand bestimmt werden:

$$L'\Big/\frac{\mathrm{nH}}{\mathrm{cm}} = \frac{\sqrt{\varepsilon_\mathrm{r}}\,Z_\mathrm{L}/\Omega}{30}. \qquad (4)$$

Dabei ist wegen des Skineffekts nur das Magnetfeld zwischen den Leitern berücksichtigt. Für niedrige Frequenzen müssen gegebenenfalls die inneren Induktivitäten der Leiter addiert werden.

Doppelleitung. Für zwei dünne parallele Drähte nach Bild 1 gilt (s. K 1.3):

$$L'\Big/\frac{\mathrm{nH}}{\mathrm{cm}} = 4\ln\left(2s/\sqrt{D_1 D_2}\right). \qquad (5)$$

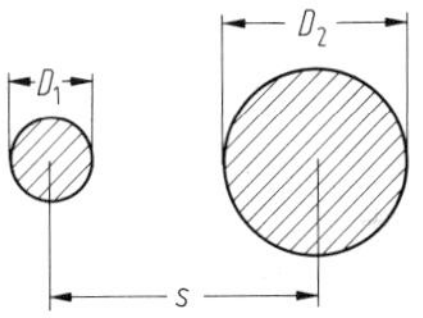

Bild 1. Zwei parallele runde Leiter

6.2 Induktivität von ebenen Leiterschleifen
Inductance of plane loops

Ebene Leiterschleifen mit einer oder mehreren Windungen werden zur induktiven Kopplung oder auch zur Richtungsbestimmung verwendet. Das Magnetfeld reicht weit über die Schleife hinaus. Die Feldstärke nimmt bei Entfernungen, die groß gegen die Spulenabmessung sind, proportional r^{-3} ab. Wird eine Koppelspule in konstantem, großem Abstand um das Zentrum der Schleife bewegt, so ist die induzierte Spannung bei gleichen Spulenachsen doppelt so groß wie im Fall gleicher Spulenebenen. Im Schleifeninnern tritt die größte Feldstärke in der Nähe der Wicklung auf.
Die genaue Induktivität ist wegen der Umgebungseinflüsse kaum berechenbar. In allen leitfähigen Körpern werden Wirbelströme induziert.

Die Induktivität wird dadurch kleiner. Nachfolgend sind Näherungsformeln für jeweils eine Windung angegeben. Bei n Windungen ist die Gesamtinduktivität höchstens um den Faktor n^2 größer als die Induktivität einer Windung. Dies gilt jedoch nur für sehr dicht parallel laufende Drähte mit dünner Isolation. In der Regel liegen die Werte bei $n^{1,5}$ bis $n^{1,8}$. Die Formeln gelten für hohe Frequenzen, bei denen das Leiterinnere feldfrei ist. Andernfalls ist die innere Induktivität nach Gl. (1) zu addieren.

Drahtschleife. Der Draht hat den Durchmesser D und die Länge $l > 50\,D$.

$$L/\mathrm{nH} = 2\frac{l}{\mathrm{cm}}\left(\ln\left(\frac{l}{D}\right) - K_2\right).$$

K_2 ist ein Korrekturfaktor, der die Schleifenform berücksichtigt.

Kreis	$K_2 = 1{,}07$,
Quadrat	$K_2 = 1{,}47$,
gleichseitiges Dreieck	$K_2 = 1{,}81$.

Rechteckige Drahtschleife. Die Seitenlängen sind l_1 und l_2. Die Diagonale ist $q = \sqrt{l_1^2 + l_2^2}$, der Drahtdurchmesser ist D.

$$L/\mathrm{nH} = 4l_1/\mathrm{cm}\left[\ln\frac{5l_1l_2}{D(l_1+q)} + \frac{l_2}{l_1}\ln\frac{5l_1l_2}{D(l_2+q)} + 2\left(\frac{q-l_2}{l_1} - 1\right)\right].$$

6.3 Gegeninduktivität
Mutual inductance

Sind mehrere Stromkreise vorhanden, so können sie sich gegenseitig induktiv beeinflussen. Induziert ein Strom I_2 des zweiten Kreises im ersten Kreis eine Spannung U_1, so ist

$$U_1 = \frac{\mathrm{d}\Phi_{12}}{\mathrm{d}t} = L_{12}\frac{\mathrm{d}I_2}{\mathrm{d}t}. \tag{6}$$

Analog induziert der Strom I_1 des ersten Kreises im zweiten eine Spannung U_2. Dabei gilt stets $L_{12} = L_{21} = M$. Diese Größen nennt man Gegeninduktivitäten. Bei n Leiterschleifen gibt es $n - 1$ Gegeninduktivitäten.
Bei parallel laufenden Leitungen kann die Gegeninduktivität pro Längeneinheit berechnet werden. Dabei ist zu berücksichtigen, welche Leitungen im geschlossenen Stromkreis als Hin- bzw. Rückleiter verwendet werden.

Zwei Doppelleitungen. Bei den in Bild 2 gezeigten Leitungen gehören die Drähte *1* und *2* zur einen, die Drähte *3* und *4* zur zweiten Doppelleitung. Für Drahtdurchmesser D, die klein gegen die

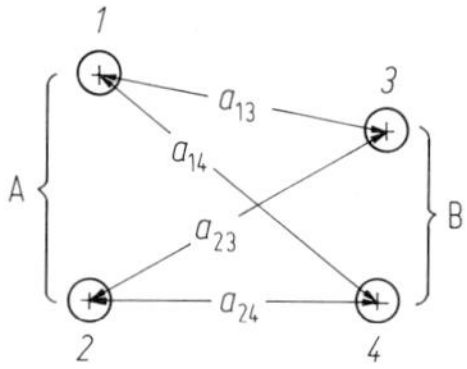

Bild 2. Zwei Doppelleitungen

Abstände a sind, gilt

$$M/\mathrm{nH} = 2l/\mathrm{cm}\,\ln\left(\frac{a_{14}a_{23}}{a_{13}a_{24}}\right).$$

Für zwei symmetrisch zueinander parallel laufende Leitungen ($a_{14} = a_{23}$ und $a_{13} = a_{24}$) ergibt sich der vereinfachte Ausdruck

$$M/\mathrm{nH} = 4l/\mathrm{cm}\,\ln(a_{14}/a_{13}).$$

Liegen die beiden Doppelleitungen senkrecht zueinander und sind die Drähte symmetrisch an den Eckpunkten einer Raute angeordnet ($a_{14} = a_{24}$ und $a_{13} = a_{23}$), so sind die Leitungen voneinander entkoppelt. Die Gegeninduktivität ist dann Null.

Gegeninduktivität von Spulen. Die Berechnung ist bei einigen Konfigurationen näherungsweise möglich. Formeln findet man in [1]. Genauere Ergebnisse, bei denen auch die Umgebungseinflüsse berücksichtigt sind, findet man durch Messungen. Dabei wird der einen Spule ein Wechselstrom der Amplitude I_2 eingeprägt und die in der anderen Spule induzierte Leerlaufspannung beispielsweise mit einem Oszilloskop gemessen. Resonanzen müssen vermieden werden. Dies kann dadurch sichergestellt werden, daß kleinere Frequenzänderungen keine größeren Änderungen der gemessenen Spannung bewirken. Für die induzierte Amplitude U_1 gilt dann $U_1 = \omega M I_2$. Durch Vertauschen von Speise- und Meßspule kann das Ergebnis überprüft werden. Es darf sich keine wesentliche Änderung des Spannungswerts ergeben. Allgemein ist M proportional dem Produkt der Windungszahlen von Primär- und Sekundärspule. Maximal ist $M = \sqrt{L_1 L_2}$, wenn alle Windungen unmittelbar nebeneinander angeordnet sind. In der Praxis kann dieser Wert näherungsweise nur mit Ferritkernen hoher Permeabilität ohne Luftspalt erreicht werden.

6.4 Spulen. Coils

Luftspulen. Für einlagige Zylinderspulen gilt unter der Bedingung $l > 0{,}3\,d$ und $a = D$

$$L/\mathrm{nH} = \frac{22\,n^2\,d/\mathrm{cm}}{1 + 2{,}2\,l/d}.$$

l ist die Spulenlänge, d der Spulendurchmesser, n die Windungszahl, a der lichte Abstand benachbarter Windungen und D der Drahtdurchmesser. Wird die Spule in die Länge gezogen, also $a/D > 1$, dann wird L etwas größer.
Für eine dichtbewickelte einlagige Zylinderspule (Länge $l >$ Durchmesser d), mit dem Drahtdurchmesser ist mit $l = nD$ näherungsweise

$$L/\text{nH} = 8\,d/\text{cm}\; n\, d/D.$$

Zu Abgleichzwecken können Ferrit- oder Hochfrequenzeisenkerne in den Spulenkörper eingeschraubt werden. Dies bewirkt eine Vergrößerung der Induktivität, allerdings auch der Spulenverluste. Oberhalb 100 MHz sind sog. Verdrängungskerne aus Aluminium oder Kupfer verlustärmer, die durch Wirbelströme die Induktivität verkleinern. Abschirmungen sollten mindestens den dreifachen Spulendurchmesser haben, damit die induzierten Wirbelströme vernachlässigbar geringen Einfluß auf Induktivität und Spulenverluste haben. Bei Luftspulen und Spulen mit Abgleichkern sind Gütewerte bei Verwendung üblicher lackisolierter Kupferdrähte zwischen 10 und 50 zu erwarten. Bei Verwendung von Hochfrequenzlitze können Werte zwischen 50 und 100 erreicht werden.

Spulen mit magnetischem Kern. Größere Induktivitäten bei relativ hohen Güten und feste Kopplung mehrerer Wicklungen bei Übertragern sind durch Verwendung von magnetisierbaren Kernen möglich. Durch die vorgegebene Führung des magnetischen Flusses sind diese Spulen weitgehend frei von äußeren Streufeldern. Besonders streuungsarm sind Toroidspulen mit Ringkernen ohne Luftspalt. Wegen der einfacheren Wicklung werden i. allg. Schalenkerne verwendet, E-Kerne nur in Sonderfällen für Übertrager. Wegen des fehlenden äußeren Streufeldes können Metallteile zur mechanischen Befestigung des Kerns oder zu Abschirmzwecken unmittelbar an der Außenwand des Kerns anliegen.
Ferrit als Kernmaterial hat eine Permeabilitätszahl zwischen 10 und 10000. Die elektrische Leitfähigkeit ist besonders bei Materialien mit kleiner Permeabilität sehr gering, diese Kerne sind bis zu Frequenzen oberhalb 100 MHz geeignet. Hochpermeable Kerne sind wegen der mit wachsender Frequenz ansteigenden Verluste nur für den Frequenzbereich bis 100 kHz zweckmäßig. Genauere Angaben findet man in den Datenbüchern der Hersteller. Bei optimaler Nutzung des Wickelraums lassen sich Spulengüten zwischen 100 und 300 erreichen. Luftspalte sind vorzusehen, um bei Spulen mit definierter Induktivität einen Abgleich durch Einschrauben eines Gewindekerns zu ermöglichen, der den Luftspalt teilweise überbrückt. Luftspalte verringern die Wirkung der Temperaturabhängigkeit der Permeabilität auf die Induktivität, weil ein wesentlicher Teil des gesamten magnetischen Widerstands vom Luftspalt gebildet wird. In gleicher Weise wirkt ein Luftspalt linearisierend hinsichtlich der Magnetisierungskurve des Kernmaterials. Ferrite haben meist Sättigungsflußdichten von etwa 300 mT bei Normaltemperatur. Bei 80 °C verringern sich diese Werte auf 200 mT. Werden diese Werte überschritten, treten ausgeprägte Nichtlinearitäten auf.
Der Zusammenhang zwischen Induktivität und Windungszahl wird für die einzelnen Kerne durch den A_L-Wert angegeben. Er ist der reziproke magnetische Widerstand. Auch bei Luftspalten kann angenommen werden, daß die Kopplung zwischen den einzelnen Windungen so fest ist, daß die Induktivität L proportional dem Quadrat der Windungszahl n anwächst. Wird der A_L-Wert in nH angegeben, dann ist

$$L/\text{nH} = A_L n^2.$$

Für Ringkerne oder Schalenkerne ohne Luftspalt liegen die A_L-Werte zwischen 1000 und 10000, je nach Kerngröße. Je größer die Luftspalte sind, desto kleiner ist der A_L-Wert, desto größer ist damit jedoch die Temperaturstabilität, der Abgleichbereich durch eingeschraubte Kerne und das zulässige Produkt aus Strom und Windungszahl, bevor Sättigung eintritt.
Liegen hinsichtlich der Eigenschaften eines Kerns keine näheren Angaben vor, dann wickelt man zweckmäßigerweise eine Probewicklung mit 10 Windungen auf und mißt die Induktivität im unteren Frequenzbereich $f < 100$ kHz, damit Resonanzen sicher vermieden werden. Aus der gemessenen Induktivität kann dann der A_L-Wert berechnet werden.
Für Schmalbandfilter oder Übertrager werden die Spulen vom Anwender i. allg. selbst auf geeignetes Kernmaterial gewickelt. Bei Tiefpaßschaltungen oder anderen Anwendungen, bei denen hinsichtlich der Toleranz und der Belastbarkeit keine besonderen Anforderungen gestellt werden, kann man konfektionierte Spulen verwenden, die von verschiedenen Herstellern angeboten werden. Diese Spulen sehen äußerlich oft wie ohmsche Widerstände aus und sind mit einer Induktivitätsangabe in Ziffern oder Farbcode versehen. Die Spule ist ein- oder mehrlagig auf einen Ferritstab gewickelt und hat damit ein äußeres Streufeld, das beim Einbau gegebenenfalls beachtet werden muß. Die Induktivitätswerte liegen zwischen 100 nH und 10 mH. Besonders kleine Ausführungen als Chip sind als Streifenleitungskomponenten erhältlich. Die Induktivitäten liegen zwischen 1 μH und 1 mH bei Gütefaktoren von 50. Fertige Spulen für Ströme von einigen Ampere werden als Funkentstördrosseln bezeichnet und tragen oft zwei getrennte Wick-

lungen, um Gleich- oder Gegentaktstörungen zu beeinflußen. Bei diesen Spulen sind die Wicklungen auf Ring- oder Rohrkernen oder auch in Mehrlochkernen angeordnet. Bei hohen Frequenzen wird bei solchen Rohrkernen weniger die induktive Wirkung als vielmehr die Dämpfungseigenschaft des Ferrits angestrebt.

Eigenkapazität. Jede Spule erzeugt neben dem Magnetfeld auch infolge der auftretenden Spannungen elektrische Felder, die kapazitive Wirkungen zeigen. Bei einer idealen Spule sollte der Blindwiderstand proportional zur Frequenz zunehmen. Infolge der Eigenkapazität, die parallel zu den Spulenenden wirkt, ergibt sich eine Parallelresonanzfrequenz. Oberhalb dieser Frequenz wirkt die Spule wie ein Kondensator.
Die Parallelkapazität zur Gesamtspule ergibt sich durch das transformatorische Zusammenwirken aller zwischen einzelnen Windungen oder Wicklungsteilen bestehenden Teilkapazitäten. Je mehr Windungen oder Wicklungslagen eine Spule hat, desto größer ist die resultierende Gesamtkapazität. In diesem Sinne besonders schädlich sind Leiter, die nach mehreren Windungen wieder benachbart verlaufen, im Extremfall also ein Nebeneinanderliegen der beiden Spulenzuleitungen. Diese Kapazität ist voll wirksam. Die Gesamtkapazität hat den kleinsten Wert, wenn die einzelnen Wicklungslagen durch Isolationszwischenlagen getrennt werden oder bei selbsttragenden Kreuzspulwicklungen.

Spezielle Literatur: [1] *Philippow, E.* (Hrsg.): Taschenbuch Elektrotechnik, Bd. 1. München: Hanser 1976, S. 95.

7 Piezoelektrische Werkstoffe und Bauelemente
Piezoelectric materials and components

Allgemeine Literatur: *Cady, W.G.:* Piezoelectricity. New York: Dover 1964.

7.1 Allgemeines. General

Piezoelektrische Werkstoffe sind durch eine ausgeprägte Wechselwirkung zwischen ihren elektrischen und mechanischen Eigenschaften gekennzeichnet.
Der piezoelektrische Effekt tritt bei Materialien auf, die in ihrer Kristallstruktur kein Symmetriezentrum besitzen.

Spezielle Literatur Seite E 22

Mechanischer Druck auf solche Materialien erzeugt elektrische Ladungen (direkter Piezoeffekt). Die Umwandlung von mechanischer in elektrischer Energie ist auch umkehrbar, d. h. durch Anlegen eines elektrischen Feldes können auch mechanische Verformungen hervorgerufen werden (reziproker Piezoeffekt). Heutzutage beruht auf dem Piezoeffekt eine bedeutende Anzahl von Sensoren, Aktoren, Resonatoren, Filtern, Verzögerungsleitungen und akustischen Echoloten [1].
In der Hochfrequenztechnik werden vor allem die hervorragenden akustischen Eigenschaften piezoelektrischer Materialien ausgenutzt.
Die hohe Konstanz der elastischen Eigenschaften, verbunden mit niedrigen Wirkverlusten, ermöglicht es, mit Volumenschwingern im Bereich von 100 kHz bis 100 MHz Resonatoren und Filter höchster Frequenzkonstanz und Polgüte zu realisieren, wie sie rein elektrisch bestenfalls mit Hohlleiteranordnungen zu erreichen sind.
Die gegenüber elektromagnetischen Wellen um den Faktor 10^5 geringere Ausbreitungsgeschwindigkeit akustischer Wellen ermöglicht die Realisierung von Laufzeitanordnungen mit Verzögerungen im µs-Bereich sowie akustische Interferenzfilter hoher Hordnung für Frequenzen von 10 MHz bis 1 GHz mit den Mitteln der Oberflächenwellentechnik [2].

7.2 Piezoelektrischer Effekt
Piezoelectric effect

Für das Zustandekommen des Piezoeffekts ist das Vorhandensein einer polaren Achse notwendig. Die meisten piezoelektrischen Materialien (z. B. alle Ferroelektrika) weisen ein makroskopisches Dipolmoment auf.
Nach außen tritt das Moment normalerweise nicht in Erscheinung, da es durch Oberflächenladungen kompensiert wird. Wird das innere Dipolmoment durch Druckeinwirkung in stärkerem Maße verändert als das von den Oberflächenladungen gebildete äußere Dipolmoment, ergibt sich der Piezoeffekt in Form einer abnehmbaren Nettoladung. Zum Piezoeffekt kommt bei diesen Materialien der sog. Pyroeffekt, d. h. auch Temperaturänderungen erzeugen einen Ladungsüberschuß.
Die Zusammenhänge zwischen den elektrischen Feldgrößen D und E und den mechanischen Größen Verzerrung S und mechanische Spannung T lassen sich als Paare linearer Gleichungen, als sog. piezoelektrische Grundgleichungen darstellen [3].
Für eine vereinfachte Betrachtung sollen hier bezüglich der Orientierung piezoelektrischer Anordnungen nur drei wichtige Spezialfälle betrachtet werden, der sog. Längs-, Quer- und

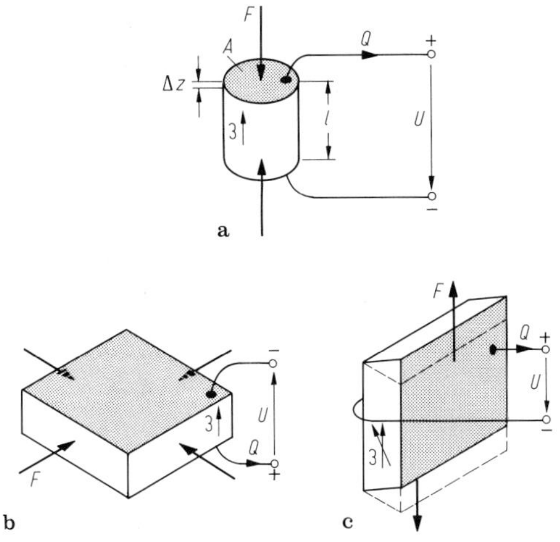

Bild 1. Piezoelektrische Effekte für die drei Hauptorientierungen des Wandlermaterials. **a** Längseffekt; **b** Quereffekt; **c** Schereffekt

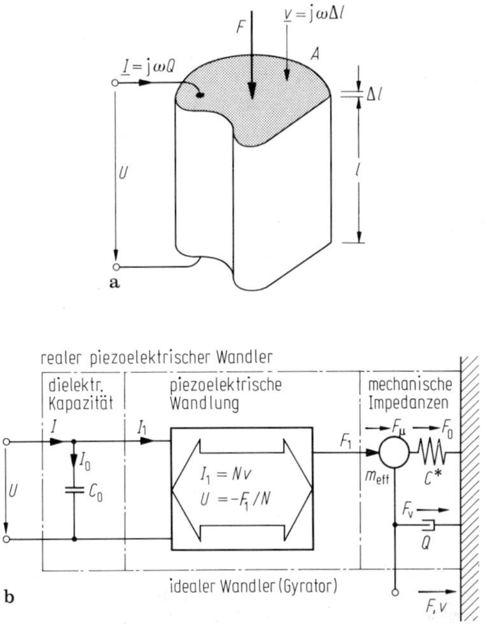

Bild 2. Skalare elektromechanische Beziehungen. **a** elektrische und mechanische Beschreibungsgrößen; **b** elektromechanische Analogie

Schereffekt (Bild 1). Bei ihnen stehen die mechanischen und elektrischen Größen parallel oder senkrecht zur Anisotropieachse. Qualitativ gelten diese Betrachtungen auch für andere Orientierungen. Druck oder Verzerrung gemäß den eingezeichneten Pfeilrichtungen erzeugt elektrische Ladung an den entsprechenden Belägen, umgekehrt können die piezoelektrischen Körper durch Anlegen einer elektrischen Spannung zu Bewegungen in (Gegen-)Richtung der Pfeile veranlaßt werden. Betreibt man die Körper in ihrer mechanischen Resonanz, spricht man gemäß Bild 1 a von Longitudinalschwingern bzw. Dikkenschwingern, gemäß Bild 1 b von Transversal- bzw. bei runden Flachkörpern von Planarschwingern und gemäß Bild 1 c von Scherschwingern.

7.3 Piezoelektrische Wandler
Piezoelectric transducers

Kopplungsfaktor. Für die Beurteilung von Material- und Wandlereigenschaften ist es übersichtlicher, vom maximalen Energiewandlungsfaktor, dem sog. piezoelektrischen Kopplungsfaktor auszugehen und den Wandler durch seine elektrische und mechanische Impedanz zu charakterisieren [4].
Der Kopplungsfaktor gebräuchlicher Werkstoffe liegt zwischen $k^2 = 0{,}01$ (Quarz) und $k^2 = 0{,}5$ (PZT-Keramik).

Elektromechanische Analogien. Speziell für einen ausgedehnten Körper nach Bild 2 und periodische Vorgänge können die Vorgänge in Form eines elektromechanischen Ersatzschaltbildes (Bild 2) dargestellt werden. Auf der elektrischen Seite teilt sich der Strom in den dielektrischen Strom $\underline{I}_0$ und den piezoelektrisch gewandelten Strom $\underline{I}_1$ auf. Auf der mechanischen Seite teilt sich eine nach außen wirksame Kraft $\underline{F}$ in die elastische Deformationskraft $\underline{F}_0$ sowie in die Massen- und Reibungskräfte (in den Piezogleichungen nicht enthalten) und die piezoelektrisch gewandelte Kraft $\underline{F}_1$ auf.

$$\underline{I}_0 = \mathrm{j}\omega C_0 \underline{U}, \quad \underline{I}_1 = N \underline{v} \tag{1}$$

$$\underline{F}_0 = \frac{1}{\mathrm{j}\omega C_0^*} \underline{v}, \quad \underline{F}_1 = -N \underline{U}. \tag{2}$$

Die dielektrische (geklemmte) Kapazität ist

$$C_0 = \varepsilon_{33}^{\mathrm{S}} A/l$$

und die Kurzschlußnachgiebigkeit:

$$C_0^* = \frac{l}{A C_{33}^{\mathrm{E}}}.$$

Dabei ist $\varepsilon_{33}^{\mathrm{S}}$ die dielektrische Permittivität bei konstanter Verzerrung (mechanisch geklemmt) und C_{33}^{E} ist der Elastizitätsmodul bei konstantem Feld.
Der auf beliebige geometrische Anordnungen verallgemeinerbare Transformationsfaktor N gelegentlich auch mit $1/Y$ [2] oder mit A_0 [7] be-

zeichnet, nimmt für den Longitudinalwandler den Wert an:

$$N = \frac{A}{l}\, e_{33}$$

e_{33} ist der piezoelektrische Modul (Streßmodul).
Die Aufteilung in elektrische und mechanische Impedanzen sowie einen fiktiven idealen piezoelektrischen Wandler (Gyrator) führt direkt zu einem rein elektrischen Ersatzschaltbild.
Für die elektrische Eingangsimpedanzen des idealen Wandleranteils gilt gemäß Gln. (1) und (2):

$$\underline{Z}_{\mathrm{el}\,1} = \frac{\underline{U}}{\underline{I}_1} = \frac{1}{N^2}\frac{\underline{F}_1}{\underline{v}} = \frac{\underline{Z}_{\mathrm{m}}}{N^2}. \qquad (3)$$

Der Quotient aus gewandelter, antreibender Kraft $\underline{F}_1$ und resultierender mechanischer Geschwindigkeit $\underline{v}$ wird als mechanische Impedanz $\underline{Z}_{\mathrm{m}}$ bezeichnet. Bei einer Anordnung nach Bild 1 a oder Bild 2 wird die mechanische Impedanz $\underline{Z}_{\mathrm{m}}$ über den piezoelektrischen Effekt mit dem Faktor $1/N^2 = (e_{33}A/l)^{-2}$ in eine elektrische Impedanz transformiert. Für Quer-, Scher- oder andere Effekte gilt prinzipiell die gleiche Überlegung mit entsprechend dem Problem angepaßtem Transformationsfaktor N.

Mechanische Impedanz. Die mechanische Impedanz wird von dem Federkräften $\underline{F}_{\mathrm{F}}$, Massenkräften $\underline{F}_{\mu}$ und Reibungskräften $\underline{F}_{\mathrm{v}}$ des mechanischen Schwingers sowie Kräften $\underline{F}$ angekoppelter mechanischer Lasten verursacht. Im folgenden wird angenommen, daß auf den Wandler keine äußeren Kräfte wirken und daß die Anregung periodisch mit ω erfolgt. Für die Kräfte gelten die Bewegungsgleichungen:

$$\underline{F}_{\mathrm{F}} = \frac{1}{C^*_{\mathrm{eff}}}\, x = \frac{1}{\mathrm{j}\omega C^*_{\mathrm{eff}}}\, \underline{v}, \qquad (4)$$

$$\underline{F}_{\mu} = m_{\mathrm{eff}} \frac{\mathrm{d}\underline{v}}{\mathrm{d}t} = \mathrm{j}\omega m_{\mathrm{eff}}\, \underline{v}, \qquad (5)$$

$$\underline{F}_{\mathrm{v}} = |\underline{F}_{\mathrm{F}}| \tan\delta = \frac{\tan\delta}{\omega C^*_{\mathrm{eff}}}\, \underline{v}. \qquad (6)$$

Mit den Gln. (4), (5) und (6) erhält man für die mechanische Impedanz

$$\underline{Z}_{\mathrm{m}} = \frac{\underline{F}_{\mathrm{F}} + \underline{F}_{\mu} + \underline{F}_{\mathrm{v}}}{\underline{v}} = \mathrm{j}\left(\omega m_{\mathrm{eff}} - \frac{1}{\omega C^*_{\mathrm{eff}}}\right) + \frac{\tan\delta}{\omega C^*_{\mathrm{eff}}}. \qquad (7)$$

Für die Resonanzfrequenz ω_0 sind in Gl. (7) elastische Impedanz und Massenimpedanz betragsmäßig gleich groß. Die mechanische Energie wird zwischen beiden Impedanzen ausgetauscht. Dabei wird die mechanische Gesamtimpedanz des Wandlers reell und erreicht den Wert $\tan\delta/(\omega C^*_{\mathrm{eff}})$. Für die Resonanzfrequenz ergibt sich

$$\omega_0^2 = \frac{1}{m_{\mathrm{eff}} C^*_{\mathrm{eff}}}, \quad f_0 = \frac{1}{2\pi\sqrt{m_{\mathrm{eff}} C^*_{\mathrm{eff}}}}. \qquad (8)$$

m_{eff} und C^*_{eff} weichen infolge der inhomogenen mechanischen Spannungsverteilung von den statischen Werten für Masse und elastischer Nachgiebigkeit ab. Exakte Berechnungen finden sich in [7]. Bezeichnet man mit

$$v = \sqrt{C_{33}/\varrho}$$

die Schallgeschwindigkeit (für Kompressionswellen), so erhält man aus Gl. (8) mit einer die Inhomogenität beschreibenden Konstante K_{i}:

$$f_0 = K_{\mathrm{i}}\, v/l = N_{\mathrm{i}}/l.$$

Allgemein heißt N_{i} Frequenzkonstante für den entsprechenden Schwingungsmodus, wobei l die Frequenz bestimmende Abmessung darstellt.
Für die relative 3-dB-Bandbreite der Resonanz folgt aus Gl. (7)

$$\Delta f/f_0 = \tan\delta = 1/Q. \qquad (9)$$

Q wird als Schwinggüte des Resonators bezeichnet und beinhaltet die mechanischen und dielektrischen Verluste Q_{m} und Q_{E}.

Elektrisches Ersatzschaltbild. Mit dem Gln. (2) und (7) erhält man für den piezoelektrisch transformierten Anteil der Impedanz

$$\underline{Z}_{\mathrm{el}\,1} = \mathrm{j}\left(\omega L_1 - \frac{1}{\omega C_1}\right) + R_1; \qquad (10)$$

mit

$$L_1 = \frac{m_{\mathrm{eff}}}{N^2_{\mathrm{eff}}}, \; C_1 = N^2_{\mathrm{eff}} C^*_{\mathrm{eff}}, \; R_1 = \frac{1}{\omega_0 C_1 Q}. \qquad (11)$$

Gl. (10) gibt die Impedanz eines elektrischen Serienschwingkreises in dem L_1 die Masse, C_1 die elastische Nachgiebigkeit und R_1 die Verluste repräsentiert. Der für den statischen Fall angegebene Wert für den Transformationsfaktor N ist im dynamischen Fall mit inhomogener Spannungsverteilung durch den Faktor N_{eff} zu ersetzen. Werte für N_{eff} bzw. A_0 für verschiedene Schwingungsmoden finden sich in [7].
Der gesamte piezoelektrische Wandler läßt sich gemäß Bild 2 als Parallelschaltung der Impedanz $\underline{Z}_{\mathrm{el}\,1}$ mit der Kapazität C_0 auffassen. Bild 3 zeigt das komplette Ersatzschaltbild des Piezowandlers. Die entsprechenden Umrechnungen der Ersatzgrößen aus den mechanischen Daten sind durch die Gln. (10) und (11) gegeben. Interessant ist dabei der Zusammenhang mit dem piezoelektrischen Kopplungsfaktor.

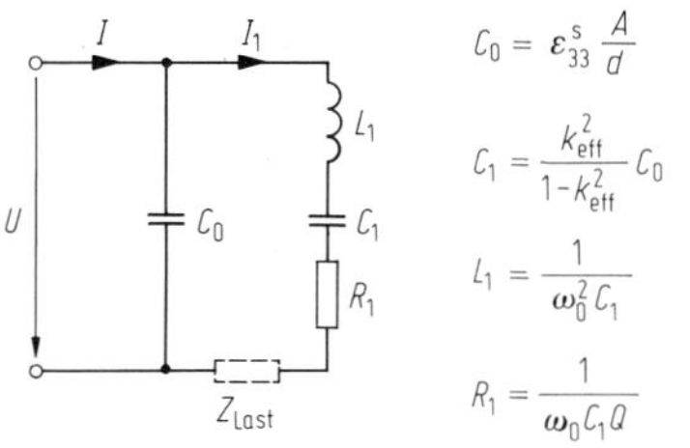

Bild 3. Elektrisches Ersatzschaltbild für piezoelektrische Wandler im Frequenzbereich bis zur ersten Resonanz

Bei Anlegen einer Gleichspannung U entsteht die gleiche Spannung an C_0 und C_1. Es gilt

$$k_{33}^2 = \frac{\omega_1}{\omega_1 + \omega_2} = \frac{1/2\, C_1 U^2}{1/2 (C_1 + C_0)\, U^2} = \frac{C_1}{C_0 + C_1} \qquad (12)$$

und damit

$$C_1 = \frac{k^2}{1 - k^2}\, C_0. \qquad (13)$$

Mit dieser Definition von C_1 über den Kopplungsfaktor kann das Ersatzschaltbild auch auf beliebige geometrische Konfigurationen verallgemeinert werden. Das Ersatzschaltbild nach Bild 3 ist brauchbar für Frequenzen von Null bis zur ersten Resonanz und darüber hinaus in der näheren Umgebung ausgeprägter Oberschwingungen oder anderer piezoelektrisch angeregter Schwingungsmoden. Die Einwirkung äußerer Kräfte (Dämpfung, Massenbelastung, Halterungseffekte) kann durch die in Bild 3 unterbrochen eingezeichnete zusätzliche Impedanz Z_{Last} beschrieben werden.

7.4 Piezoresonatoren
Piezoelectric resonators

Impedanz. Bild 4 zeigt den typischen Frequenzgang der komplexen Impedanz und des komplexen Leitwerts eines piezoelektrischen Resonators. Die Darstellung Bild 4a von Betrag (log) und Phase (lin) über der Frequenz ist am gebräuchlichsten, während die Ortskurvendarstellung nach Bild 4b eine detailliertere Darstellung im Resonanzbereich ermöglicht. Die perspektivische Darstellung nach Bild 4c gibt eine anschauliche Repräsentation der Ortskurve über der Frequenzachse. Der Verlauf beider Kurven läßt sich direkt aus dem Ersatzschaltbild nach Bild 3 ableiten. Wesentlich ist das paarweise Auftreten einer Serienresonanz f_s, gebildet aus C_1, L_1 und R_1 und einer benachbarten Parallelresonanz f_p, bei der die Impedanz sehr hochohmig wird.
Die Parallelresonanz f_p ist dadurch gekennzeichnet, daß die (induktive) Impedanz der Blindkomponenten des Serienkreises betragsmäßig gleich der kapazitiven Impedanz von C_0 wird. Damit gilt

$$f_s = \frac{1}{2\pi}\, \omega_0 = \frac{1}{2\pi} \frac{1}{\sqrt{L_1 C_1}}, \qquad (14)$$

$$f_p = f_s \sqrt{1 + \frac{C_1}{C_0}} = f_s \sqrt{\frac{1}{1 - k^2}}. \qquad (15)$$

Der Abstand der Parallel- von der Serienresonanzfrequenz wird vom elektromechanischen Kopplungsfaktor des Materials bestimmt: Aus den Gln. (13) und (15) folgt

$$k^2 = \frac{f_p^2 - f_s^2}{f_p^2} \approx 2\, \frac{f_p - f_s}{f_p}. \qquad (16)$$

Die Werte für f_p und f_s treten in den Darstellungen Bild 4 nicht charakteristisch hervor. Deutlicher charakterisiert sind die Frequenzen für verschwindenden Imaginärteil (Resonanz f_R und Antiresonanz f_a) bzw. für maximalen Betrag des Leitwerts f_m und minimalen Betrag des Leitwerts f_n. In der Mehrzahl der Anwendungen ist die Schwinggüte Q so groß, daß man die Unterschiede zwischen f_m, f_s, f_R und zwischen f_a, f_p, f_n vernachlässigen bzw. durch Näherungsformeln [8, 9] korrigieren kann.

Maximale Bandbreite. Für den Einsatz von Resonatoren in elektromechanischen Filtern stellt sich die Frage nach der maximal möglichen Übertragungsbandbreite bei noch zu vernachlässigender Einfügungsdämpfung.
Das Energieübertragungsverhältnis außerhalb von Eigenresonanzen ist gemäß den Gln. (12) und (16) auf den Wert des elektromechanischen Kopplungsfaktors k^2 beschränkt. Dämpfungsarme Filter sind daher auf Resonanzeffekte angewiesen. Dabei muß die Resonanzüberhöhung Q mindestens die Kopplungsverluste kompensieren. Damit gilt für die Mindestgüte Q_M:

$$Q_M \geqq 1/k^2. \qquad (17)$$

Gemäß Gl. (9) erhält man für die relative Bandbreite:

$$\Delta f / f \approx k^2. \qquad (18)$$

Breitbandfilter geringer Einfügungsdämpfung lassen sich nur mit Wandlern hoher elektromechanischer Kopplung verwirklichen. Dabei ist gemäß Gl. (16) die Bandbreite Δf auf das Doppelte des Frequenzabstands zwischen Parallel- und Serienresonanz beschränkt.

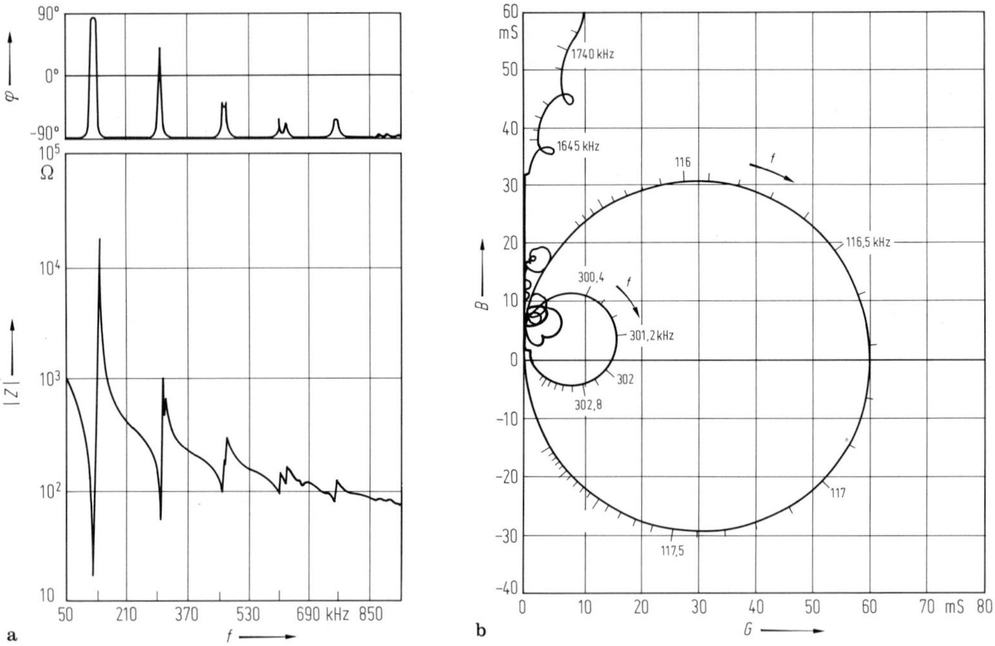

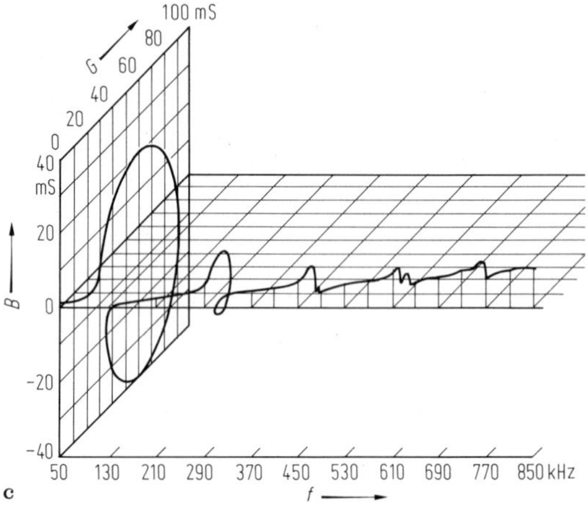

Bild 4. Frequenzgang von Impedanz und Leitwert eines piezoelektrischen Resonators (17 mm-Dmr.-Scheibe aus PZT-Keramik). **a** Impedanz nach Betrag und Phase; **b** Leitwert als Ortskurve; **c** Leitwert nach Re- und Im-Teil über Frequenz

7.5 Materialien. Materials

Tabelle 1 zeigt die wichtigsten Technologien zur Herstellung piezoelektrischer Bauelemente.

Einkristalle. Einkristalline Materialien zeichnen sich durch hervorragende Elastizitätseigenschaften und kleine innere Verluste aus.

Quarz (SiO_2) ist am bekanntesten. Seine Haupteinsatzgebiete sind Volumenresonatoren und Oberflächenwellensubstrate für Oszillatoren und Filter. Aufgrund seines relativ kleinen Kopplungsfaktors ($k_{11}^2 \approx 0{,}01$) eignet es sich nur für Schmalbandfilter.

Turmalin (Aluminiumsulfat) hat einen negativen Temperaturkoeffizienten der Schallgeschwindigkeit. Bei sonst ähnlichen Eigenschaften wie Quarz wird Turmalin daher kaum noch verwendet.

Seignettesalz (Na-K-Tartrat) weist in einem kleinen Temperaturbereich um die Zimmertemperatur extrem hohe piezoelektrische Kopplung auf. Da die Kristalle wasserlöslich und hygrosko-

Tabelle 1. Herstellungstechnologien für piezoelektrische Bauelemente

Materialklasse	Herstellung	Weiterverarbeitung	Beispiele
Einkristalle	Kristallisation aus wäßriger Lösung. Ziehen aus Schmelze	Sägen Läppen Metallisieren	Seignettesalz TGS Quarz, $LiTaO_3$
Keramiken	Formpressen u. Sintern. Folienziehen u. Sintern	Sägen, Brechen Metallisieren Polarisieren	PZT-Scheiben -Blöcke -Rohre -Folien
Polymere	Extrudieren Gießen	Metallisieren Polarisieren	PVDF-Folien
Schichten	Aufdampfen Sputtern	Metallisieren	CdS-Schichten ZnO-Schichten

pisch sind, ist Einsatz problematisch. Sie wurden vollständig durch keramische Werkstoffe ersetzt.
Ähnliches gilt für die verwandten Tastrate wie Kaliumditartrat (KDT) sowie wasserlösliche Phosphate (ADP und KDP).

Lithiumniobat und Lithiumtantalat weisen eine mehrfach höhere piezoelektrische Kopplung als Quarz auf ($k_{15}^2 = 0{,}41$ für $LiNbO_3$ und $k_{15}^2 = 0{,}17$ für $LiTaO_3$). Hauptanwendungsgebiete sind hochfrequente Resonatoren, breitbandige Filter sowie Oberflächenwellenbauelemente. Der Temperaturgang der Schallgeschwindigkeit ist bei $LiTaO_3$ günstiger als bei $LiNbO_3$. $LiTaO_3$- und $LiNbO_3$-Kristalle werden, wie auch Quarz, synthetisch hergestellt [10].

Schichten. Zur Anregung elastischer Wellen auf nichtpiezoelektrischen Substraten wie Glas oder auch Silizium werden aufgedampfte bzw. aufgesputterte Schichten vorwiegend aus den halbleitenden piezoelektrischen Materialien wie Cadmiumsulfid (CdS) und Zinkoxid (ZnO) verwendet [10].

Piezokeramik. Piezokeramik ist ein polykristalliner Sinterwerkstoff auf der Basis ferroelektrischer Materialien, wie Blei-Zirkonat-Titanat ($Pb(Zr_xTi_{1-x})O_3$, $x \approx 0{,}5$). Bariumtitanat hat nur noch historische Bedeutung. Aufgrund der spontanten Polarisation dieser ferroelektrischer Materialien treten unterhalb der sog. Curie-Temperatur in den Kristalliten zahlreiche Domänen auf, innerhalb derer jeweils ein konstanter Polarisationszustand P_s herrscht. Nach außen hebt sich die Summe der Polarisation auf (Bild 5), die Keramik ist noch nicht piezoelektrisch. Durch einmaliges Anlegen eines großen Feldes (z. B. 2 kV/mm) kann das Material in beliebiger Richtung polarisiert werden. Dabei orientiert sich die spontane Polarisation in jeder Domäne durch Umklappprozesse möglichst

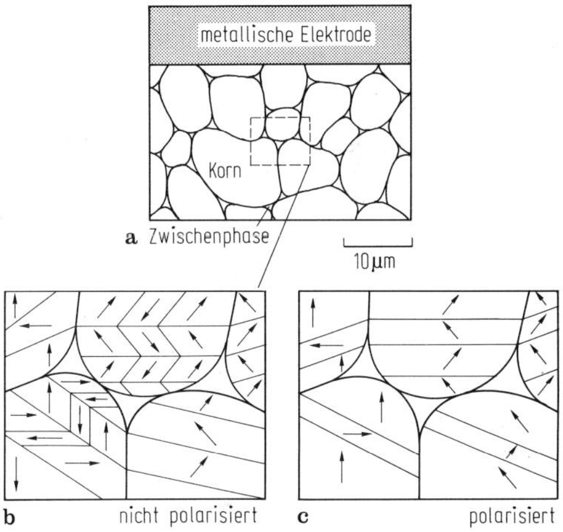

Bild 5. Piezokeramik. **a** polykristallines Sintergefüge; **b** statistisch verteilte ferroelektrische Domänen im nicht polarisierten Zustand; **c** Umordnung der Domänen bei Polarisieren

nahe in die Richtung des anlegten Feldes. Freie Formgebung, beliebige Richtung der remanenten Polarisation P_r, hoher Kopplungsfaktor ($k^2 \approx 0{,}5$) und hohe dielektrische Permittivität ($\varepsilon_r = 500 \ldots 3000$) favorisieren keramische Materialien dort, wo Verlustfaktor Frequenztoleranz und Temperaturkoeffizient nich im Vordergrund stehen. Bild 6 zeigt das Groß- und Kleinsignalverhalten (dunkle Fläche) einer typischen Piezokeramik. Durch „weichmachende" Zusätze wie z. B. Nd oder „hartmachende" Zusätze wie z. B. Mn können Keramiken mit unterschiedlichen elektromechanischen Eigenschaften gezüchtet werden [12].

Polymere. In elektroakustischen Anwendungen sowie für Ultraschallecholote in der Medizin werden auch piezoelektrische Polymere eingesetzt. Dabei handelt es sich im wesentlichen um Polyvinylidendifluorid (PVDF). Es ist in einem

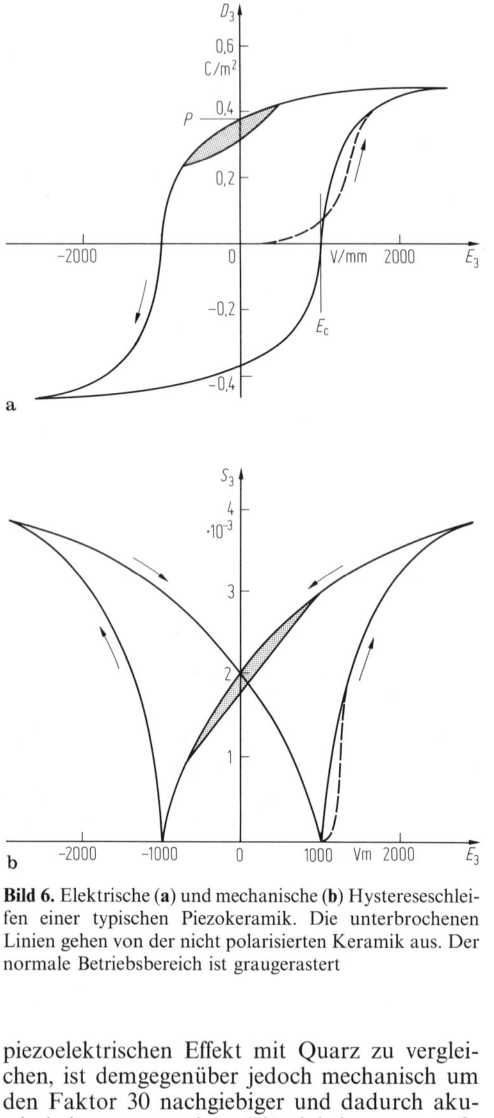

Bild 6. Elektrische (**a**) und mechanische (**b**) Hystereseschleifen einer typischen Piezokeramik. Die unterbrochenen Linien gehen von der nicht polarisierten Keramik aus. Der normale Betriebsbereich ist graugerastert

piezoelektrischen Effekt mit Quarz zu vergleichen, ist demgegenüber jedoch mechanisch um den Faktor 30 nachgiebiger und dadurch akustisch hervorragend an Flüssigkeiten angepaßt [13].

Spezielle Literatur: [1] *Pointon, A. I.*: Piezoelectric devices. IEE Proc. 129 Pt. A No. 5, July 1982. – [2] *Mason, W. P.*: Physical acoustics, 1 A. New York:; Academic Press 1964. – [3] *Tichy, I.; Gautschi, G.*: Piezoelektrische Meßtechnik. Berlin: Springer 1980. – [4] *Kleinschmidt, P.*: Piezo- und pyroelektrische Effekte, in „Sensorik". Heywang. W. (Hrsg.). Berlin: Springer 1984. – [5] *Mattiat, O. E.*: Ultrasonic transducer materials. New York: Plenum Press 1971. – [6] *Reichard, W.*: Grundlagen der Technischen Akustik. Leipzig 1968. – [7] *Kikuchi, Y.* (Ed.): Ultrasonic transducers. Tokyo: Corona 1969. – [8] *IRE Standard on Piezoelectric Crystals*: Measurement of piezoelectric ceramics, 1961; 61 IRE 14. S 1. – [9] *Cady, W. G.*: Piezoelectricity. New York: Dover 1964. – [10] *Landolt-Börnstein*: Zahlenwerte und Funktionen aus Naturwissenschaften und Technik. Neue Serie. Bd. III/11. Elastische, piezoelektrische, pyroelektrische, piezooptische, elektrooptische Konstanten und nichtlineare dielektrische Suszeptibilitäten von Kristallen. Neubearbeitung und Erweiterung der Bände III/1 und III/2. Berlin: Springer 1979. – [11] *Jaffe, B.; Cook, W. R.; Jaffe, H.*: Piezoelectric ceramics. London: Academic Press 1971. – [12] *Martin, H. J.*: Die Ferroelektrika. Leipzig: Akad. Verlagsges. 1976. – [13] *Sessler, G. M.*: Piezoelectricity in polyvinylidenefluoride. J. Acoust. Soc. Am. 70 (6) (1981).

8 Magnetostriktive Werkstoffe und Bauelemente
Magnetostrictive materials and components

Allgemeine Literatur: *Matauschek, J.*: Einführung in die Ultraschalltechnik. Berlin: VEB Verlag Technik 1962.

8.1 Allgemeines. General

Magnetisierbare Substanzen ändern ihre Form unter dem Einfluß eines magnetischen Feldes. Diese Eigenschaft, die sog. Magnetostriktion, tritt besonders stark bei ferromagnetischen Metallen und deren Legierungen sowie bei Ferriten auf. Die Richtung der Magnetostriktion ist unabhängig vom Vorzeichen der Magnetisierung. Der Betrag kann je nach Material Werte zwischen -10^{-4} bis $+10^{-4}$ annehmen [1, 2]. Bei einigen Eisen-Seltenerden-Legierungen wurden sogar Sättigungsmagnetostriktionen von $3 \cdot 10^{-3}$ erreicht; allerdings bei Feldstärken von 10^6 A/m [3].

Bei Transformatoren und Übertragern äußert sich der Effekt der Magnetostriktion in unerwünschter Weise in Form mechanischer Vibrationen und akustischer Schallabstrahlung. Andererseits wird der magnetostriktive Effekt dazu genutzt, hochfrequente mechanische Schwingungen in Festkörpern anzuregen. Die hohe mechanische Festigkeit magnetostriktiver Metallschwinger hat zu Leistungs-Ultraschallsendern für Unterwasser-Echolote, Materialbearbeitung und Ultraschall-Reinigungsbädern geführt. Leistungsdichten von 50 W/cm² lassen sich in Wasser einkoppeln [4].

Nachteilig ist, daß für hohe magnetische Flußdichten ein geschlossener magnetischer Kreis erforderlich ist und daß Spulen- und Wirbelstromverluste zu hohen thermischen Verlustleistungen führen. Da beim piezoelektrischen Effekt diese Nachteile nicht auftreten, sind die magnetostrik-

Spezielle Literatur Seite E 25

tiven Schwinger heutzutage größtenteils von piezoelektrischen Wandlern abgelöst worden. Im Bereich kleiner Leitungen wurden magnetostriktive Wandler vielfach zur Anregung mechanischer Filter eingesetzt. Probleme der magnetischen Beeinflussung von Filterparametern haben auch hier zu einer Bevorzugung piezoelektrischer Anregung geführt. Neue Aspekte ergaben sich durch amorphe magnetostriktive Materialien mit besonders geringen Verlusten und hervorragenden elastischen Eigenschaften [5].

8.2 Materialeigenschaften
Material properties

Bild 1 gibt schematisch die Magnetisierungskurve und die Magnetostriktionskurve eines typischen magnetostriktiven Materials über einen vollen Magnetisierungszyklus wieder. Um die Ummagnetisierungsverluste klein zu halten, bevorzugt man für magnetostriktive Wandler magnetisch weiche Materialien mit geringer Hysterese und geringen Blechdicken. Bei hohen magnetischen Feldstärken H tritt eine Sättigung

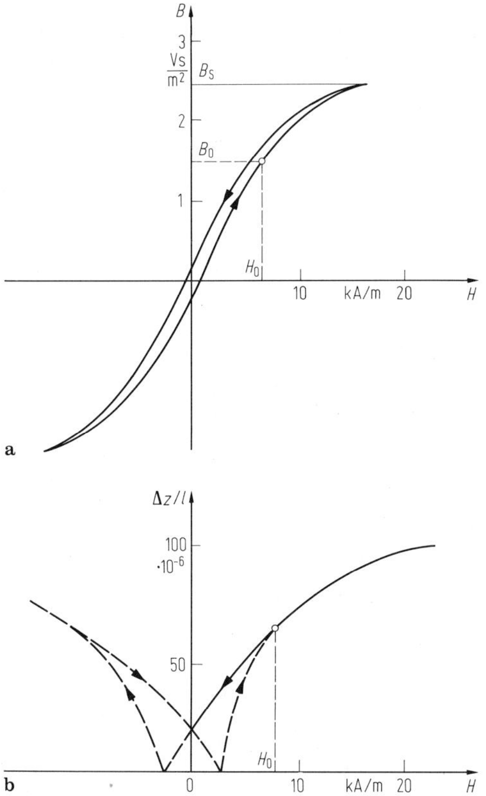

Bild 1. Magnetisierung und Magnetostriktion (schematisch). H_0 Vormagnetisierungspunkt

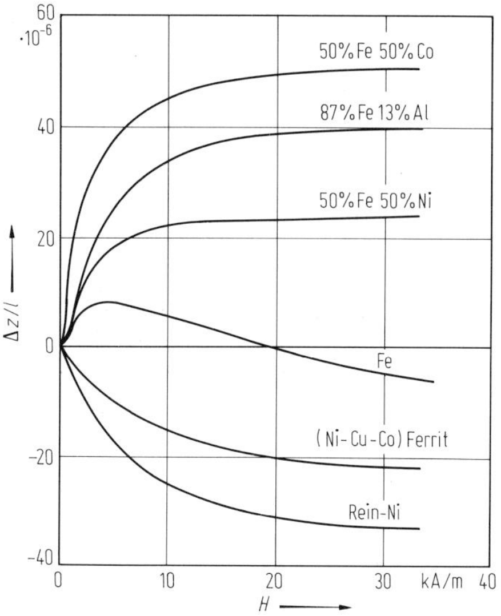

Bild 2. Magnetostriktion als Funktion der magnetischen Feldstärke für verschiedene Materialien

in der Flußdichte B (B_s – 0,5–2,5 Vs/m^2) und in der Magnetostriktion auf. Der in der schematischen Darstellung von Bild 1b durchgezogen gezeichnete Ast der Magnetostriktion ist in Bild 2 für verschiedene gebräuchliche Materialien quantitativ dargestellt. Bezüglich genauerer Charakterisierung der Materialien siehe [1] und [2].

8.3 Charakteristische Größen
Characteristic values

Für die praktische Anwendung wählt man zur Vermeidung des quadratischen Charakters der Magnetostriktion eine Vormagnetisierung bei etwa 2/3 der Sättigungsinduktion ($B_0 \approx 2/3\, B_s$; s. Bild 1). Für kleine überlagerte Wechselfeldstärken gelten dann, ähnlich wie für den piezoelektrischen Effekt, vier Paare magnetostriktiver Grundgleichungen.
Wichtige Materialien sind: Nickel, Nickel-Eisen (50% Fe, 50% Ni), Kobalt-Eisen (50% Fe, 50% Co), Alu-Eisen (87% Fe, 13% Al), Ni-Co-Cu-Ferrit (Ferrocube 7A1), Terbium-Eisen ($TbFe_2$).

8.4 Schwinger. Resonators

Für die Beschreibung der Resonatoreigenschaften magnetostriktiver Schwinger (Bild 3) ist es üblich, elektrische Ersatzschaltbilder analog zu den in E 7.3 dargestellten piezoelektrischen Wandlern anzugeben.

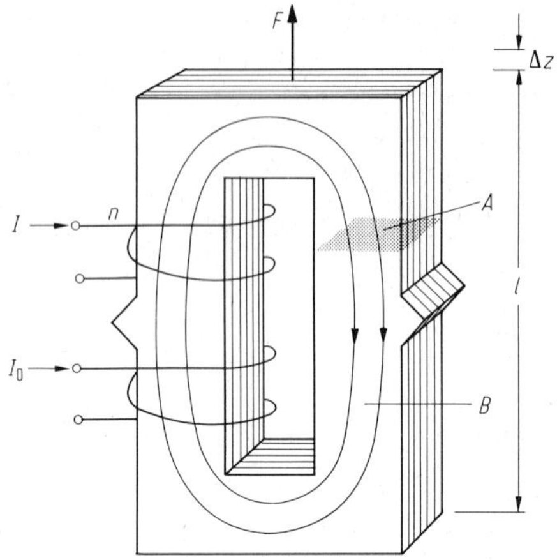

Bild 3. Longitudinaler magnetostriktiver Wandler

Im magnetischen Fall bevorzugt man die elektromechanische Analogie

$$F \sim I, \qquad U \sim \frac{\mathrm{d}z}{\mathrm{d}t} = v.$$

Mit den magnetostriktiven Gleichungen unter Hinzunahme von Trägheits- und Reibungskräften erhält man in der vereinfachenden Darstellung mit effektiven Massen m_{eff} und effektiven Nachgiebigkeiten C_{eff} die Wandlerdarstellung und das elektrische Ersatzschaltbild nach Bild 4.
X bezeichnet analog N in E 7.3 die Wandlungskonstante des idealen magnetostriktiven Wand-

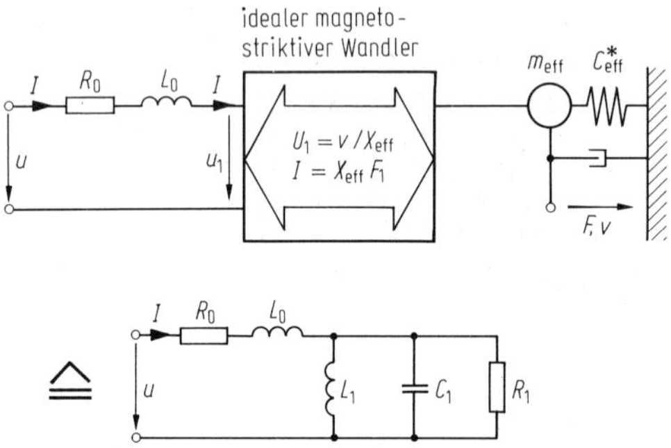

Bild 4. Elektromechanisches und elektrisches Ersatzschaltbild eines magnetostriktiven Wandlers. X_{eff} effektive magnetostriktive Wandlungskonstante, m_{eff} effektive Schwingermasse, C_{eff} effektive elastische Nachgiebigkeit, Q mechanische Schwinggüte, R_0 ohmscher Spulenwiderstand, L_0 rein elektrische Induktivität, L_1 nachgiebigkeitsäquivalente Induktivität, C_1 massenäquivalente Kapazität, R_1 Äquivalentwiderstand für mechanische Verluste

$$L_1 = L_0 \frac{k_{\mathrm{eff}}^2}{1 - k_{\mathrm{eff}}^2} \qquad C_1 = \frac{1}{\omega_0^2 L_1} \qquad R_1 = \omega_0 L_1 Q$$

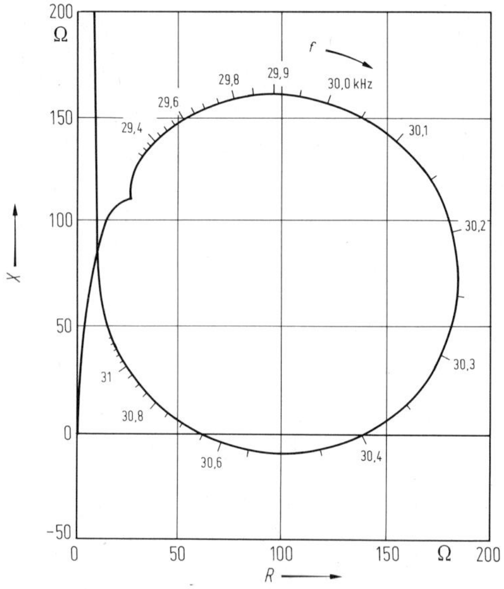

Bild 5. Ortskurve des Impedanzverlaufs eines magnetostriktiven Resonators

leranteils. Für die Wandlung der mechanischen Impedanzen Z_{mech} in die elektrische Eingangsimpedanz $Z_{\mathrm{el\,1}}$ des idealen Wandlers nach Bild 4 ergibt sich die Beziehung:

$$Z_{\mathrm{el\,1}} = 1/(X^2 Z_{\mathrm{mech}}). \tag{1}$$

Für einen vormagnetisierten Wandler der Länge l mit der Windungszahl n, dem magnetischen Querschnitt A ergibt sich mit dem magnetostriktiven Modul e_{33} eine statische Wandlungskonstante:

$$X = 2l/(A n e_{33}). \tag{2}$$

Für zeitlich dynamische Vorgänge ist eine kleinere, die inhomogenen Spannungsverläufe berücksichtigende Konstante X_{eff} zu verwenden. Bild 5 zeigt analog zu Bild E 7.4 den Frequenzgang der elektrischen Impedanz magnetostriktiver Schwinger. Für den Zusammenhang zwischen charakteristischen Impedanzwerten und Schwingerdaten gilt:

$$L_1 = L_0 k^2/(1 - k^2), \tag{3}$$

$$f_{\mathrm{p}} = 1/(2\pi\sqrt{L_1 C_1}), \tag{4}$$

$$f_{\mathrm{s}} = f_{\mathrm{p}}\sqrt{1 - L_1/L_0} = f_{\mathrm{p}}/\sqrt{1 - k^2}. \tag{5}$$

Mit Gl. (5) folgt für den Wandlerkopplungsfaktor:

$$k_{\mathrm{eff}}^2 = \frac{f_{\mathrm{s}}^2 - f_{\mathrm{p}}^2}{f_{\mathrm{s}}^2} \approx 2\,\frac{f_{\mathrm{s}} - f_{\mathrm{p}}}{f_{\mathrm{s}}}. \tag{6}$$

Mit Gl. (6) läßt sich aus Serienresonanzfrequenz f_{s} und Parallelresonanzfrequenz f_{p} der effektive

Kopplungsfaktor k_{eff} des magnetostriktiven Wandlers bestimmen. Er ist stets kleiner als der Materialkopplungsfaktor.

Spezielle Literatur: [1] *Matauschek, J.*: Einführung in die Ultraschalltechnik. Berlin: VEB Verlag Technik 1962. – [2] *Boll, R.*: Weichmagnetische Werkstoffe. Firmenpublikation Vacuumschmelze Hanau. – [3] *Clark, A. E.*: Magnetic and magnetoelastic properties of highly magnetostriktive rare earth-iron Laves phase compounds. AIP Conf. Proc; (USA) Pt. 2 (1973) 18, 1015–1029. – [4] *Ganeva, L. I.; Golyamind, I. P.*: Amplitude dependence of the properties of magnetostrictive transducers and ultimate available power radiated into aliquid. Sov. Phys. Acoust. 20 (1974) No. 3. – [5] *Hilzinger, H. R.; Hillmann, H.; Mager, A.*: Magnetostriction measurements on Co-base amorphous alloys. Phys. Stat. Sol. (A) 55 (1979) 763–769.

9 HF-Durchführungsfilter
EMI/RFI-Filter

Zur Stromversorgung von Schaltungen in hochfrequenzdichten Gehäusen oder als Durchführung für Steuerleitungen werden Tiefpaßfilter benötigt, welche die unerwünschten Spektralanteile hinreichend stark dämpfen, für die niederfrequenten Ströme oder für Gleichstrom praktisch keinen Widerstand darstellen.

Die einfachste Möglichkeit ist der Durchführungskondensator. Seine Anwendung kann vorzugsweise die innerhalb des Abschirmgehäuses liegende Schaltung unabhängig von der äußeren Beschaltung machen, die Wirkung reicht jedoch in den meisten Fällen allein nicht aus, um unerwünschte Frequenzen außerhalb des Gehäuses auf zulässige Pegel abzusenken. Bei entsprechend hohen Anforderungen müssen daher Kombinationen von L und C zu Durchführungsfiltern kombiniert werden. Diese Filter ähneln äußerlich Durchführungskondensatoren. Sie bestehen aus einem zylindrischen Metallgehäuse, das auf der einen Seite axial ein Gewinde trägt. Mit diesem Gewinde wird das Filter in die Gehäusewand eingeschraubt. Der eine Anschluß ist isoliert durch den Gewindestutzen hindurchgeführt, der andere befindet sich isoliert auf der gegenüberliegenden Stirnseite des Metallzylinders.

Derartige Filter werden als L-, Pi- oder T-Schaltungen aufgebaut. Dabei sind die Serienglieder stets induktiv, die Parallelglieder immer Kondensatoren zum Gehäuse. Die Kondensatoren sind sehr induktivitätsarm aufgebaut. Die Induktivitäten können durch Drähte, die in Ferrit eingebettet sind, kapazitätsarm realisiert werden. Bei hohen Frequenzen wirkt dabei das Ferritmaterial vorwiegend durch seine Verluste dämpfend.

Die Wirkung von Durchführungsfiltern wird in der Praxis durch ihre Einfügungsdämpfung in einem koaxialen 50-Ω-System beschrieben. Bei tiefen Frequenzen unterhalb 10 kHz ist die Einfügungsdämpfung wenige dB. Je nach der Größe der Bauelemente, die vom zulässigen Gleichstrom (Spulensättigung, Erwärmung) und der maximalen Gleichspannung (Durchschlagfestigkeit der Kondensatoren) bestimmt werden, steigt die Dämpfung steil an, so daß zwischen 100 kHz und 10 MHz die Maximaldämpfung von 80 dB erreicht wird. Dieser Maximalwert wird dann im Bereich bis oberhalb 10 GHz nicht unterschritten. Eine genaue Angabe größerer Einfügungsdämpfungen ist nur schwierig realisierbar, weil Stecker, Verschraubungen und Kabel hinsichtlich ihrer Schirmdämpfungen bei ähnlichen Werten liegen.

Die Wahl der Filterart (T oder Pi) richtet sich nach der an den Anschlüssen vorhandenen Impedanzen. Es ist stets so zu verfahren, daß die Fehlanpassung zwischen Filter und Zuleitung möglichst groß wird. Bei Anschluß niederohmiger Schaltungskomponenten ist eine Längsinduktivität am Filtereingang zweckmäßig, deren Impedanz groß ist. Werden an das Filter Zuleitungsdrähte von einigen Zentimetern Länge angeschlossen, die selbst eine Induktivität darstellen, empfiehlt sich ein Pi-Filter mit kapazitivem Eingang.

10 Absorber. Absorbers

Allgemeine Literatur: *Jasik, H.* (ed.): Antenna engineering handbook. New York: McGraw-Hill 1961.

Dämpfungsmaterialien. Elektromagnetische Wellen können durch elektrische Leitfähigkeit des Materials, dielektrische und magnetische Verluste gedämpft werden. Bei Kunststoffen kann die elektrische Leitfähigkeit beispielsweise durch Beimengung von Ruß oder anderen schlechtleitenden Stoffen innerhalb weiter Grenzen verändert werden. Dielektrische Verluste sind ausgeprägt beim Wasser infolge seiner unsymmetrischen Molekülstruktur vorhanden. Oberhalb 1 GHz zeigt es ausgeprägte Dämpfung. Auch andere Stoffe zeigen wegen ihres molekularen Aufbaus in bestimmten Frequenzbereichen hohe Dämpfungen auf. Magnetische Verluste findet man besonders in Ferriten. Bei Frequenzen im Bereich oberhalb 100 MHz ist die Permeabilitätszahl kleiner als 10, bei 10 GHz kaum größer als 1. In Kunststoff eingebettetes Ferritpulver wird in diesem Frequenzbereich vorwiegend zu Dämpfungszwecken eingesetzt.

Anwendungsfälle für Dämpfungsmaterialien sind beispielsweise die Innenbelegung von Gehäuseteilen bei Höchstfrequenzschaltungen, um Gehäuseresonanzen zu vermeiden, sowie die Belegung von Gehäuseteilen oder Kabelmänteln, um unerwünschte Ströme zu vermeiden. Weitere Anwendugen sind Dämpfungsglieder und Abschlußwiderstände in Hohlleitern und reflexionsarme Belegung von Oberflächen, um reflexionsarme Räume für Meßzwecke zu erzielen oder die Tarnung von Objekten gegenüber Radar.

Dämpfung von Oberflächenströmen. Für diese Zwecke eignen sich vorzugsweise Ferritplatten, die auf die Metallwand des Gehäuses aufgeklebt, oder Rohrkerne, die über Kabelaußenmäntel geschoben werden. Je höher die zu bedämpfende Frequenz ist, desto dünner darf die Dämpfungsschicht sein. Im Mikrowellengebiet genügt bereits das Beschichten mit einem ferritpulverhaltigen Lack, um beachtliche Dämpfungswerte zu erzielen. Genaue quantitative Angaben sind bei den vielfältigen Leiterstrukturen kaum möglich. Durch Überschieben von Ferritröhrchen über Kabelmäntel lassen sich bei 3 mm Wandstärke des Röhrchens und 20 mm Länge im 100-MHz-Bereich Dämpfungen von ca. 10 dB erzielen. Bei höheren Frequenzen ergeben sich etwa gleiche Dämpfungswerte, wenn die Abmessungen im Verhältnis der Wellenlängen verkleinert werden. Eine andere Möglichkeit besteht im Aufkleben leitfähiger Schichten, die in Dicken zwischen 0,1 und 5 mm mit verschiedenartigsten spezifischen Leitfähigkeiten erhältlich sind. Auch rußhaltige Schaumstoffe können angewandt werden. Für brauchbare Wirkungen muß die spezifische Leitfähigkeit des Dämpfungsmaterials einige Zehnerpotenzen schlechter als die von Metallen sein, also bei etwa 1 S/m liegen. Zu hohe Leitfähigkeit erlaubt Stromfluß innerhalb der Dämpfungsschicht. Zu geringe Leitfähigkeit läßt das Material nur als Dielektrikum wirken. ε_r und μ_r des Materials sind bei diesem Anwendungsfall von geringem Interesse.

Absorber in Hohlleitern. Bei diesem Anwendungsfall ist das Dämpfungsmaterial im Bereich des Wellenfeldes, also nicht entlang einer leitenden Wand angeordnet. Die Einfügungsdämpfung soll nicht durch Reflexion sondern durch Absorption erfolgen. Reflexionen können vermieden werden, wenn entweder das Absorbermaterial einen Feldwellenwiderstand $Z_F = \sqrt{\mu/\varepsilon}$ aufweist wie der Wellentyp im Hohlleiter oder über eine Transformation Anpassung an die Ausbreitungsbedingungen im gedämpften Hohlleiterabschnitt erfolgt. Der erstgenannte Fall der Angleichung hinsichtlich des Feldwellenwiderstands ist kaum realisierbar, weil bei Mikrowellen Materialien mit genügend großer relativer Permeabilität von 5 bis 15 entsprechend der Dielektrizitätszahl der ferrithaltigen Substanzen nicht verfügbar sind. Als Breitbandabsorber werden daher meist mehrere Wellenlängen lange Pyramiden aus verlustbehaftetem Material vorgesehen. Andere Anschlüsse bestehen aus Ferritkörpern, die am Kurzschluß befestigt sind und durch geeignete Formgebung eine transformatorische Anpassung bewirken. Durchgangsdämpfungsglieder sind üblicherweise als dünne dielektrische Schichten ausgeführt, die einseitig mit einer dünnen Widerstandsschicht versehen in der E-Ebene des Hohlleiters angebracht sind.

Reflexionsarme Schichten. Breitbandabsorber haben meistens die Form von nebeneinanderstehenden spitzen Pyramiden aus rußhaltigem Schaumstoff, wobei die Pyramidenspitzen auf die einfallende Welle hinweisen. Die Dielektrizitätszahl des Schaumstoffs ist nur wenig größer als 1, der Reflexionsfaktor infolge der Grenzschicht zwischen Luft und Dielektrikum also gering. Für alle Frequenzen, bei denen die Pyramidenlänge groß gegen die Wellenlänge ist, heben sich im Fernfeld die Teilreflexionen wegen der verschiedenen Laufwege weitgehend auf. Unmittelbar am Ende der Pyramiden ist eine Metallwand, an der die bereits stark gedämpfte Welle total reflektiert wird und den Absorber nochmals durchläuft. Reflexionsminderungen um mindestens 30 dB gegenüber einer Totalreflexion erhält man für Frequenzen, deren Wellenlängen kleiner als die Pyramidenlänge ist. Für höhere Frequenzen liegt die erzielbare Reflexionsminderung zwischen 30 und 40 dB. Die Restreflexion tritt immer an den Übergängen zwischen Luft und Absorber auf und ist nicht durch das Dämpfungsverhalten des Materials bestimmt. Für Antennenmeßräume im 100-MHz-Bereich werden Pyramiden von mehreren Metern Länge benötigt.

Für geringere Anforderungen bei Breitbandabsorbern im cm-Wellengebiet können auch Matten aus mehreren verklebten Schaumstoffschichten mit verschieden starker Leitfähigkeit verwendet werden. Die am schwächsten dämpfende Schicht ist dabei der einfallenden Welle zugewandt. Hinter der letzten Schicht sollte eine Metallwand angebracht werden. Durch geeignete Abstufung der Materialeigenschaften kann innerhalb eines relativ breiten Frequenzbandes eine Refelexionsminderung um 20 dB erreicht werden. Schmalbandabsorber können relativ dünn realisiert werden. Die Rückwand einer derartigen Absorberstruktur ist eine Metallplatte. In unmittelbarer Nähe der Metalloberfläche ist praktisch keine elektrische Feldstärke vorhanden, leitfähige Materialien sind dort wirkungslos. Daher muß die Schicht unmittelbar vor der Metallplatte hohe Permittivität haben, damit die einfallende Wellenlänge möglichst stark verkürzt wird. Im Abstand einer Viertelwellenlägne vor der Metalloberfläche ist die elektrische Feldstärke maximal und daher eine Widerstandsschicht parallel zur Metalloberfläche besonders wirksam. Die davorliegenden Schichten sind bezüglich Permittivität, Verlustfaktor und Dicke so dimensioniert, daß sich bei der gewünschten Frequenz und senkrechtem Einfall der Welle Anpassung, also Reflexionsfreiheit ergibt. Mit Materialien, die eine Dielektrizitätszahl von 50 haben, läßt sich die Wellenlänge um den Faktor 7 verkürzen. Bei 3 cm Freiraumwellenlänge ist damit $\lambda/4$ etwa 1 mm. Wird die gleiche Schichtdicke noch einmal für Anpassungszwecke vorgesehen, so hat der Schmalbandabsorber eine gesamte Schichtdicke von nur 2 mm. Für eine Frequenz läßt sich damit volle Reflexionsfreiheit erzielen. Allerdings ist dabei das Frequenzband für Reflexionsminderungen von mehr als 20 dB nur wenige Prozent breit.

F Hochfrequenzverstärker
High-frequency amplifiers

H. Dalichau

Allgemeine Literatur: *Carson, R. S.*: High-frequency amplifiers, 2. Aufl. New York: John Wiley 1982. – *Gonzales, G.*: Microwave transistor amplifiers. Englewood Cliffs NJ: Prentice-Hall 1984. – *Zinke/Brunswig*: Lehrbuch der Hochfrequenztechnik, Bd. 2, 3. Aufl. Berlin: Springer 1987. – *Ha, T. T.*: Solid state microwave amplifier design. New York: John Wiley 1981. – *Vendelin, G. D.*: Design of amplifiers and oscillators by the S-parameter method. New York: John Wiley 1982. – *Bahl/Bhartia*: Microwave solid-state circuit design. New York: John Wiley 1988. – *Vendelin, G. D.; Pavio, A. M.; Rohde, U. L.*: Microwave circuit design using linear and nonlinear techniques. New York: John Wiley 1990. – *Gentili, C.*: Microwave amplifiers and oscillators. New York: McGraw-Hill 1987.

1 Einleitung
Introduction

1.1 Überblick
Survey

In den folgenden Kapiteln sind die theoretischen Grundlagen zum Entwurf und zur Berechnung von HF-Transistorverstärkern in kompakter Form zusammengestellt. Außerdem werden praktische Hinweise zum Entwurf und zum Aufbau von Verstärkern gegeben. Es wird sowohl auf die spezifischen Probleme der Hochfrequenzverstärker als auch auf die der Mikrowellenverstärker eingegangen. Der Schwerpunkt liegt dabei im Mikrowellenbereich. Unter anderem deshalb, weil dort Leitungsbauelemente an die Stelle der diskreten Bauelemente treten und weil mit zunehmender Frequenz immer spezialisiertere Theorien und Technologien eingesetzt werden müssen, um einen Verstärker herstellen zu können, der dem heutigen Stand der Technik entspricht. Grundkenntnisse der Schaltungstechnik von Transistorverstärkern im Niederfrequenzbereich sowie die Beschreibung linearer Netzwerke mit S-Parametern werden beim Leser vorausgesetzt (s. C 4).

Stabilitätsprobleme. Ein wesentlicher, beim Entwurf zu berücksichtigender Gesichtspunkt ist die Stabilität eines Verstärkers (s. 2.1). Wenn ein Teil des vom Transistor verstärkten Signals durch ungewollte Verkopplung wieder auf den Verstärkereingang zurückgeführt wird, kann es zur Instabilität des Verstärkers, zur Selbsterregung kommen: Die Schaltung schwingt, d. h. sie arbeitet als Oszillator. Um solche Verkopplungen, die galvanisch, induktiv, kapazitiv, akustisch oder elektromagnetisch sein können, ausreichend klein zu halten, werden spezielle Technologien und die dazugehörigen Bauelemente eingesetzt (s. 1.2 und 7). Die Verstärker werden in ein geschlossenes Metallgehäuse eingebaut, und die Leiterplatten erhalten durchgehende, großflächige Massebereiche. Im Mikrowellengebiet geht man über zur Microstriptechnik und zu ihr verwandten Technologien.

Da die parasitären Verkopplungen mit zunehmender Frequenz stärker werden, zeigen Verstärker mit HF-Transistoren häufig oberhalb ihres Betriebsfrequenzbereichs Schwingneigung, sofern der Transistor dort noch ausreichend viel Verstärkung aufweist. Im Unterschied dazu ist bei Verstärkern mit Mikrowellentransistoren eine Verringerung der Stabilität mit abnehmender Frequenz typisch. Der Grund dafür ist die bei diesen Transistoren mit abnehmender Frequenz ansteigende Verstärkung. Vorausgesetzt, daß alle externen Verkopplungen hinreichend minimiert wurden, kommt es zur Selbsterregung aufgrund der internen Rückwirkung im Transistor in Wechselwirkung mit den am Eingang und am Ausgang des Transistors angeschlossenen Impedanzen. Die Aufgabe des Schaltungsentwicklers ist es also, die Anpaßnetzwerke am Eingang und am Ausgang des Transistors (s. 3.5) so auszulegen, daß man bei allen Frequenzen außerhalb derjenigen Bereiche der komplexen Impedanzebene bleibt, in denen der Transistor instabil ist. Dies ist unter allen zulässigen Betriebsbedingungen sicherzustellen, nicht nur bei maximal zulässiger Fehlanpassung am Verstärkerausgang,

Spezielle Literatur Seite F 4

sondern auch bei der niedrigsten Betriebstemperatur, bei der üblicherweise die Verstärkung des Transistors am größten ist.

Lineare Kenngrößen. Aufgrund des Wellenwiderstands der koaxialen Verbindungsleitungen arbeiten HF-Transistorverstärker in der Regel in einem 50-Ω-System (seltener 60 Ω oder 75 Ω). Im Nennbetrieb ist der Eingang an eine Signalquelle mit 50 Ω Innenwiderstand angeschlossen und der Ausgang an einen 50-Ω-Lastwiderstand. Die linearen Verstärkereigenschaften werden durch die vier S-Parameter mit dem Bezugswiderstand 50 Ω beschrieben (s. C 4). Mit Verstärkung ist immer Leistungsverstärkung gemeint. Sie wird im logarithmischen Maß angegeben: g in $\text{dB} = 20 \lg S_{21}$. Alle Kenngrößen und ihre Bestimmungsgleichungen lassen sich stets sowohl auf den gesamten Verstärker als auch auf einen einzelnen Transistor anwenden. Während der Verstärker im Nennbetrieb mit 50 Ω abgeschlossen ist, so daß $g = S_{21}^2$ gilt, ist der Transistor stets fehlangepaßt, und seine Verstärkung g ist eine Funktion aller vier S-Parameter sowie der Last- und Quellenimpedanz (s. 2.4).
Die Grenzen des nutzbaren Frequenzbereichs sind üblicherweise dadurch gegeben, daß dort die Verstärkung gegenüber ihrem Größtwert um 3 dB abgesunken ist. Häufig wird die zulässige Schwankungsbreite der Verstärkung gegenüber diesen ± 1,5 dB aber auch weiter eingeschränkt, beispielsweise auf ± 1 dB oder ± 0,5 dB. Der Frequenzbereich des Verstärkers ist dann dadurch festgelegt, daß dort die frequenzabhängigen Abweichungen der Verstärkung vom Nominalwert weniger als z.B. ± 1 dB betragen. Zusätzlich zu diesen frequenzabhängigen Verstärkungsschwankungen können noch temperaturabhängige, pegelabhängige und fehlanpassungsbedingte Änderungen auftreten.
Der Frequenzbereich eines Verstärkers wird entweder durch Angabe der unteren und oberen Grenzfrequenz beschrieben (z.B. $f_1 = 2{,}7$ GHz bis $f_2 = 3{,}1$ GHz) oder durch die Mittenfrequenz und die Bandbreite. Die Mittenfrequenz ist üblicherweise das arithmetische Mittel der Grenzfrequenzen $f = (f_1 + f_2)/2$ und nicht, wie bei Resonanzkreisen, der geometrische Mittelwert $f = \sqrt{f_1 f_2}$. Die Bandbreite Δf oder B ist die Differenz der Grenzfrequenzen $f_2 - f_1$. Häufig wird die relative Bandbreite angegeben. Entweder in Prozent,

$$B \text{ in } \% = \frac{\Delta f}{f} 100$$

mit dem Größtwert 200% für Verstärker mit $f_1 = 0$ oder als Quotient in der Form

$$f_2 : f_1 = 3:1 .$$

Den Bereich 2:1 bezeichnet man als eine Oktave und den Bereich 10:1 als eine Dekade. Der Eingangsreflexionsfaktor bei Anpassung am Ausgang ist innerhalb des Frequenzbereichs typisch kleiner als − 10 dB bzw. 0,3 (*SWR* kleiner als 2:1). Weitere Kenngrößen sind abhängig vom Verstärkertyp und vom Verwendungszweck. Für einen Vorverstärker ist die Rauschzahl wichtig (s. 4.4) und für einen Leistungsverstärker (s. 4.3) die maximale Ausgangsleistung und der maximal zulässige Lastreflexionsfaktor, ohne daß der Endstufentransistor durch diese Reflexion bleibend beschädigt wird. Für Trennverstärker ist die Isolation S_{12} von Bedeutung, die die Rückwirkung einer Fehlanpassung am Ausgang bzw. allgemein eines in den Ausgang eingespeisten Signals auf den Eingang beschreibt.

Nichtlineare Kenngrößen. Abgesehen vom Sonderfall der logarithmischen Verstärker (s. 4.5) kann jeder Verstärker für Eingangsleistungen zwischen 0 und einem oberen Maximalwert näherungsweise als lineares Zweitor behandelt werden. Daß sich die Ausgangsleistung oberhalb eines Sättigungswerts nicht weiter steigern läßt und daß dort stark nichtlineares Verhalten auftritt, wird verständlich, wenn man berücksichtigt, daß die zugeführte Gleichstromleistung vorgegeben ist und daß der maximal erreichbare Wirkungsgrad (s. 2.3) begrenzt ist. Aber auch die innerhalb dieses „linearen" Bereichs auftretenden schwachen Nichtlinearitäten sind häufig von Interesse. Bei Mehrkanalbetrieb eines Verstärkers ist es beispielsweise wichtig zu wissen, inwieweit die Nutzsignale in Kanal A und in Kanal B ein Störsignal in Kanal C erzeugen (Intermodulationsabstand, s. 5) oder inwieweit sich eine Übersteuerung von Kanal A auf die anderen Kanäle auswirkt.

Verstärkerentwurf. Sowohl die linearen als auch die nichtlinearen Eigenschaften eines Verstärkers lassen sich vollständig berechnen. Dazu werden aufwendige CAD-Programme benötigt (s. C 8) und komplizierte Transistor-Ersatzschaltbilder bzw. -Modelle (s. C 8.7). Demzufolge werden anspruchsvolle Verstärker mit Rechnerunterstützung entwickelt. Entscheidend für die Qualität des Endprodukts sind jedoch der Kenntnisstand des Entwicklers und das Beherrschen der Herstellungstechnologien. Üblicherweise lassen sich nicht alle Verstärkereigenschaften gleichzeitig optimieren. Da man beispielsweise nicht sowohl große Bandbreite als auch maximale Verstärkung, gute Anpassung und problemlose Serienfertigung ohne Abgleicharbeiten erreichen kann, muß der Entwickler geeignete Kompromisse suchen, die sich nach dem geplanten Einsatz des Verstärkers richten. Deshalb gibt es auch bei den im Handel angebotenen Transistorverstärkern eine große Vielfalt von Modellen, aus denen der

Anwender den für seinen Verwendungszweck am besten geeigneten aussuchen kann.
Besonders wichtig beim Entwurf eines Transistorverstärkers für höhere Frequenzen sind die Kontrolle der Stabilität, die Berücksichtigung aller parasitären Effekte wie Verkopplung, Abstrahlung, Gehäuseeinfluß und die Kenntnis aller nichtidealen Bauelementeeigenschaften (z. B. Resonanzfrequenzen von Kondensatoren/Reflexionen an Steckverbindern/Temperatureinflüsse auf Halbleiter, Widerstände und Substrate/Exemplarstreuungen). Wenn man alle diese Gebiete beherrscht, werden die Abweichungen zwischen Rechnersimulation und Meßergebnis vernachlässigbar klein, und der Verstärkerentwurf ist nicht mehr eine schwarze Kunst, sondern eine überschaubare, zielgerichtete, systematische Vorgehensweise.

Verstärker ohne Transistoren. In solchen Anwendungsbereichen, in denen sich die geforderten Ziele mit den derzeit im Handel befindlichen Transistoren (s. 6) nicht erreichen lassen, werden Verstärker mit anderen Bauelementen aufgebaut. Im Bereich sehr hoher Frequenzen und sehr kleiner Rauschzahlen sind dies meist Reflexionsverstärker (Eintorverstärker), und zwar Maser (s. M 3.3), Tunneldiodenverstärker und Reaktanzverstärker (parametrische Verstärker) (s. G 1.4). Bei sehr hohen Leistungen, beispielsweise für Rundfunk- und Fernsehsender, benutzt man Elektronenstrahlröhren (Trioden, Tetroden, Scheibentrioden) (s. M 4.5) als verstärkendes Element. Mit zunehmender Frequenz geht man dann über zu Laufzeitröhren (s. M 4.6), wie Wanderfeldröhren (s. M 4.8, P 4.2), Klystrons (s. M 4.7, P 4.1), Kreuzfeldröhren (s. M 4.10, P 4.4) und Gyrotrons (s. M 4.11). Weiterhin gibt es im Mikrowellenbereich die Möglichkeit, Reflexionsverstärker mit Gunnelementen oder Impatt- bzw. Trapatt-Dioden (s. M 1.2) aufzubauen.

1.2 Aufbau eines HF-Transistorverstärkers

Structure of an RF transistor amplifier

Das Gesamtschaltbild (Bild 1 a) wird, um die Übersichtlichkeit zu verbessern, in drei einfachere Darstellungen zerlegt. Das HF-Schaltbild in Bild 1 b enthält nur die für die Verarbeitung des HF-Eingangssignals notwendigen Bauelemente. Das Blockschaltbild (Bild 1 c) zeigt den grund-

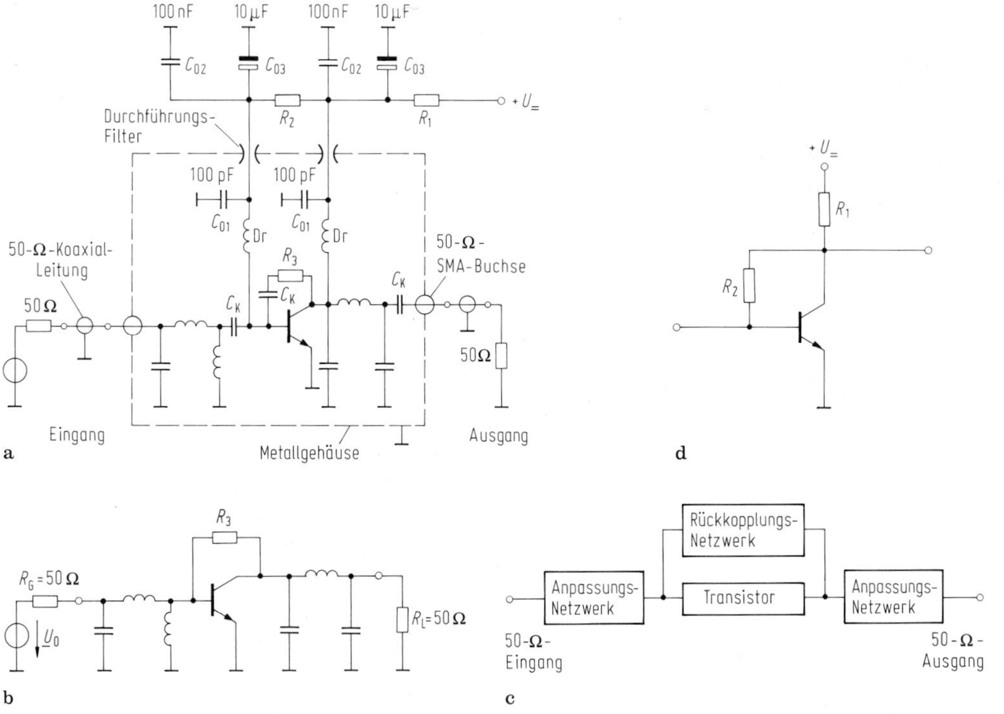

Bild 1. Typischer HF-Verstärker. **a)** Gesamtschaltbild; **b)** HF-Schaltbild mit Generator und Lastwiderstand; **c)** HF-Blockschaltbild; **d)** Gleichstromschaltbild

sätzlichen Aufbau der Schaltung. Aus dem Gleichstromschaltbild in Bild 1 d wird ersichtlich, wie der Gleichstromarbeitspunkt des Transistors eingestellt wird. Bei dieser Aufteilung wird davon ausgegangen, daß diejenigen Bauelemente, die die hochfrequenten Wechselströme von den Gleichströmen trennen sollen, ideale Eigenschaften haben.

Trennung: Hochfrequenz-Gleichstrom. Die Koppelkondensatoren C_k sollen die Gleichstromwege voneinander trennen und für das HF-Nutzsignal einen Kurzschluß darstellen. Die Drosseln Dr sollen verhindern, daß das HF-Nutzsignal über die Gleichstromzuführungen abfließt. Die Durchführungsfilter haben zusammen mit dem Metallgehäuse, das den gesamten HF-Schaltungsbereich umschließt, die Aufgabe, zu verhindern, daß HF-Signale nach außen dringen und daß HF-Störungen von außen das Nutzsignal beeinflussen können.
Da alle HF-Transistoren nicht nur auch niederfrequente Signale verstärken, sondern im allgemeinen bei niedrigeren Frequenzen sogar eine höhere Stromverstärkung haben, bewirken die parallelgeschalteten Kondensatoren C_0, daß unterhalb des Betriebsfrequenzbereichs sowohl Kollektor als auch Basis niederohmig auf Massepotential gelegt werden. Da es derzeit noch keinen idealen Kondensator gibt, mit dem ein breitbandiger Kurzschluß erzielt werden kann, werden mehrere Kondensatoren parallelgeschaltet. Für den GHz-Bereich benutzt man einen Mikrowellenkondensator C_{01}, für den oberen MHz-Bereich einen Keramik-Kondensator C_{02} und für die niedrigen Frequenzen einen Tantal-Elektrolyt-Kondensator C_{03}. Damit wird unterhalb des Betriebsfrequenzbereichs der Kollektorwiderstand niederohmig und damit die Spannungsverstärkung klein. Basis und Kollektor werden voneinander entkoppelt, das heißt eine positive Rückkopplung (ein selbsterregtes Schwingen der Schaltung) wird gezielt unterbunden. Die RC-Glieder $R_1 - C_{03}$ und $R_2 - C_{03}$ dienen zugleich der Glättung der Gleichspannung am Kollektor bzw. an der Basis des Transistors.

Gleichstromschaltbild. Im Gleichstromschaltbild werden alle Kondensatoren und kapazitiv angeschlossenen Schaltungsteile weggelassen. Drosseln, Induktivitäten und Leitungen werden als Kurzschluß bzw. als widerstandslose Verbindung dargestellt. Über R_1 wird der Kollektorstrom zugeführt. Die Widerstände R_1 und R_2 dienen zur Einstellung des Gleichstromarbeitspunkts. Im dargestellten Beispiel wird der Kollektorstrom des HF-Transistors über eine Spannungsgegenkopplung thermisch stabilisiert.

HF-Schaltbild. Das HF-Schaltbild besteht aus einem Eingangsanpassungsnetzwerk, das den Innenwiderstand der Signalquelle (hier 50 Ω) in einen Wert transformiert, der für den Eingang dieses Transistors optimal ist, einem Rückkopplungsnetzwerk, das die Transistoreigenschaften modifiziert, und einem Ausgangsanpassungsnetzwerk, das den Wellenwiderstand der Ausgangsleitung bzw. den Lastwiderstand R_L in einen Wert transformiert, der für den Ausgang des Transistors optimal ist. Im Mikrowellenbereich treten Leitungsschaltungen an die Stelle der diskreten Blindelemente in den Anpassungsnetzwerken.
Im HF-Schaltbild werden die Koppelkondensatoren C_k durch einen Kurzschluß ersetzt. Die über eine Drossel Dr angeschlossenen Schaltungsteile werden weggelassen. Da alle Anschlüsse der von außen zugeführten Gleichspannungen immer über Kondensatoren für das HF-Signal auf Masse gelegt werden, sind diese Anschlüsse im HF-Schaltbild als Masse dargestellt (s. Bilder 3.5 u. 4.8).

Spezielle Literatur: [1] *Stern, A. P.:* Stability and power gain of tuned transistor amplifiers. Proc. IRE 45, März 1957. – [2] *Linvill, J. G.; Gibbons, J. F.:* Transistors and active circuits. New York: McGraw-Hill 1961. – [3] *Rollett, J. M.:* Stability and power-gain invariants of linear two-ports. IRE-Trans. CT-9 (1962) 29–32. – [4] *Woods, D.:* Reappraisal of the unconditional stability criteria for active 2-port networks in terms of S-parameters. IEEE-CAS 23, Nr. 2 (1976) 73–81. – [5] *Maclean, D. J. H.:* Broadband feedback amplifiers. New York: John Wiley/RSP 1982. – [6] *Bode, H. W.:* Network analysis and feedback amplifier design. New York: Van Nostrand 1945. – [7] *Fano, R. M.:* Theoretical limitations on the broadband matching of arbitrary impedances. J. of Franklin Inst., Vol. 249 (1950) 57–83, 139–155. – [8] *Youla, D. C.:* A new theory of broad-band matching. IEEE-CT 11 (1964) 30–50. – [9] *Endo, I.; Nemoto, Y.; Sato, R.:* Design of transformerless quasi-broad-band matching networks for lumped complex loads using nonuniform transmission lines. IEEE-MTT 36, Nr. 4 (1988) 629–634. – [10] *Young, G. P.; Scanlan, S. O.:* Matching network design studies for microwave transistor amplifiers. IEEE-MTT 29 (1982) 1027–1035. – [11] *Zhu, L.; Wu, B.; Sheng, Ch.:* Real frequency technique applied to the synthesis of lumped broad-band matching networks with arbitrary uniform losses for MMIC's. IEEE-MTT 36, Nr. 12 (1988) 1614–1619. – [12] *Matthaei, G.; Young, L.; Jones, E. M. T.:* Microwave filters, impedance-matching networks, and coupling structures. Dedham, MA: Artech House 1980. – [13] *DeMaw, M. F.:* Ferromagnetic-core design and application handbook. Englewood Cliffs, N.J.: Prentice-Hall 1981. – [14] *Niclas, K. B.:* Multi-octave performance of single-ended microwave solid-state amplifiers. IEEE-MTT 32, Nr. 8 (1984) 896–908. – [15] *Aitchison, C. S.; Bukhari, M. N.; Tang, O. S. A.:* The enhanced power performance of the dual-fed distributed amplifier. European Microwave Conference (1989) 439–444. – [16] *Ayasli/Mozzi/Vorhaus/Reynolds/Pucel:* A monolithic GaAs 1–13 GHz traveling wave amplifier. IEEE-MTT 30 (1982) 976–981. – [17] *Beyer/Prasad/Becker/Nordmann/Hohenwarter:* MESFET distributed amplifier design guidelines. IEEE-MTT 32 (1984) 268–275. – [18] *Rodwell/*

Riaziat/Weingarten/Bloom: Internal microwave propagation and distortion characteristics of traveling wave amplifiers studied by electro-optic sampling. IEEE-MTT 34 (1986). – [19] *Niclas, K. B.; Pereira, R. R.:* The matrix amplifier: a high-gain module for multioctave frequency bands. IEEE-MTT 35, Nr. 3 (1987) 296–306. – [20] *Cioffi, K. R.:* Broadband distributed amplifier impedance-matching techniques. IEEE-MTT 37, Nr. 12 (1989) 1870–1876. – [21] *Riaziat/Brandy/Ching/Li:* Feedback in distributed amplifiers. IEEE-MTT 38, Nr. 2 (1990) 212–215. – [22] *Niclas, K.; Pereira, R.; Chang, A.:* A 2–18 GHz low-noise/high-gain amplifier module. IEEE-MTT 37, Nr. 1 (1989) 198–207. – [23] *Ross, M.; Harrison, R. G.; Surridge, R. K.:* Taper and forward-feed in GaAs MMIC distributed amplifiers. IEEE MMT-S Digest (1989) 1039–1042. – [24] *Hetterscheid, W. Th.:* Selektive Transistorverstärker I, II. Philips Technische Bibliothek, Hamburg 1965 (1971). – [25] *Bird, S.; Matthew, R.:* A production 30-kW, L-Band solid-state transmitter. IEEE MTT-S Digest (1989) 867–870. – [26] *Fukui, H.* (Hrsg.): Low noise microwave transistors and amplifiers (div. Fachaufsätze) IEEE Press, N.Y. 1981. – [27] *Enberg, J.:* Simultaneous input power match and noise optimization using feedback. European Microwave Conf. Digest (1974) 385–389. – [28] *Murphy, M. T.:* Applying the series feedback technique to LNA design. Microwave J., Nov. (1989) 143–152. – [29] *Mimura, T.; Hiyamizu, S.; Fujii, T.; Nanbu, K.:* A new field effect transistor with selectively doped GaAs/n-AlGaAs heterojunctions. Japan. J. Appl. Phys. 19 (1980) L 225. – [30] *Lansdowne, K. H.; Norton, D. E.:* Log amplifiers solve dynamic-range problems and rapid-pulse-response problems. MSN & CT, October (1985) 99–109. – [31] *Hughes, R. S.:* Logarithmic amplification. Dedham, MA: Artech House 1986. – [32] *Oki/Kim/Gorman/Camou:* High-performance GaAs heterojunction bipolar transistor monolithic logarithmic IF amplifiers. IEEE-MTT 36 (1988) 1958–1965. – [33] *Smith, M. A.:* A 0,5 to 4 GHz true logarithmic amplifier utilizing GaAs MESFET technology. IEEE-MTT 36, Nr. 12 (1988) 1986–1990. – [34] *Browne, J.:* Coplanar limiters boast 90 dB gain from 2 to 6 GHz, Microwaves & RF, May (1989) 234–235. – [35] *Minasian, R. A.:* Intermodulation distortion analysis of MESFET amplifiers using the Volterra series representation. IEEE-MTT 28, Nr. 1 (1980) 1–8. – [36] *Maas, S. A.:* Nonlinear microwave circuits. Dedham, MA: Artech House 1988. – [37] *Liao, S. Y.:* Microwave solid-state devices. Englewood Cliffs, N.J.: Prentice-Hall 1985. – [38] *Soares, R.* (Hrsg.): GaAs MESFET circuit design. Dedham, MA: Artech House 1988. – [39] *Kellner, W.; Kniekamp, H.:* GaAs-Feldeffekttransistoren. Berlin: Springer 1985. – [40] *Ku, W. H.; Petersen, W. C.:* Optimum gain-bandwidth limitations for transistor amplifiers as reactively constrained active two-port networks. IEEE, CAS-22 (1975) 523–533. – [41] *De Maw, D.:* Practical RF design manual. Englewood Cliffs, NJ: Prentice Hall 1982. – [42] *Pengelly, R. S.:* Microwave field-effect transistors – Theory, design and applications. New York: John Wiley/RSP 1986. – [43] *Di Lorenzo, J. V., Khandelval, D. D.:* GaAs FET prinicples and technology. Dedham, MA: Artech House 1982. – [44] *Soares, R.; Graffeuil, J.; Obregon, J.:* Applications of GaAs MESFET's. Dedham, MA: Artech House 1983. – [45] Microwave and RF designer's catalog 1990–1991. Hewlett-Packard Co., Palo Alto, CA. – [46] *Liechti, Ch. A.:* High speed transistors: Directions for the 1990s. Microwave J. (1989) State of the art reference. – [47] *Pospieszalski, M. W.; Weinreb, S.; Norrod, R. D.; Harris, R.:* FET's and HEMT's at cyrogenic temperatures – their properties and use in low-noise amplifiers. IEEE-MTT 36, Nr. 3 (1988) 552–560. – [48] *Ali, F.; Bahl, I.; Gupta A.* (Hrsg.): Microwave and mm-wave heterostructure transistors and applications. Dedham, MA: Artech House 1989. – [49] *Ladbrooke, P. H.:* MMIC Design: GaAs FETs and HEMTs. Dedham, MA: Artech House 1989. – [50] *Goyal, R.* (Hrsg.): Monolithic microwave integrated circuit technology and design. Dedham, MA: Artech House 1989. – [51] *Sweet, A.:* MIC and MMIC amplifier and oscillator design. Dedham, MA: Artech House 1990. – [52] *Hung/Hegazi/Lee/Phelleps/Singer/Huang:* V-band GaAs MMIC low-noise and power amplifiers. IEEE-MTT 36, Nr. 12 (1988) 1966–1975. – [53] *Pucel, R. A.* (Hrsg.): Monolithic microwave integrated circuits (div. Fachaufsätze). IEEE Press, N.Y. 1985. – [54] *Rizzoli, V.; Lipparini, A.; Arazzi, E.:* A general purpose program for non-linear microwave circuit design. IEEE-MTT 31 (1983) 762–770. – [55] *Chen, W. K.:* Broadband matching. Singapur: World Scientific 1988. – [56] *Abrie, P. L. D.:* The design of impedance-matching networks for radio-frequency and microwave amplifiers. Dedham, MA: Artech House 1985. – [57] *Chang, K.* (Hrsg.): Handbook of microwave and optical components: Vol. 2 Microwave solid-state components. New York: Wiley 1989. – [58] *Bayraktaroglu, B.; Camilleri, N.; Lambert, S. A.:* Microwave performances of npn and pnp AlGaAs/GaAs heterojunction bipolar transistors. IEEE-MTT 36 (1988) 1869–1873. – [59] *Becker, R. C.; Beyer, J. B.:* On gain-bandwidth product for distributed amplifiers. IEEE-MTT 34 (1986) 736–738. – [60] *Aitchinson, C. S.:* The intrinsic noise figure of the MESFET distributed amplifier. IEEE-MTT 33 (1985) 460–466. – [61] *Chen, W. K.:* Acitve network and feedback amplifier theory. New York: McGraw-Hill 1980. – [62] *Ali, F.:* HEMTs and HBTs: devices, fabrication and circuits. Dedham, MA: Artech House 1991. – [63] *Golio, J. M.:* Microwave MESFETs and HEMTs. Dedham, MA: Artech House 1991. – [64] *Gentili, C.:* Microwave amplifiers and oscillators. New York: McGraw-Hill 1987.

2 Kenngrößen
Characteristic parameters

2.1 Stabilität
Stability

Ein Verstärker (Bild 1) ist ein aktives Zweitor. Die an einen passiven, verlustbehafteten Ver-

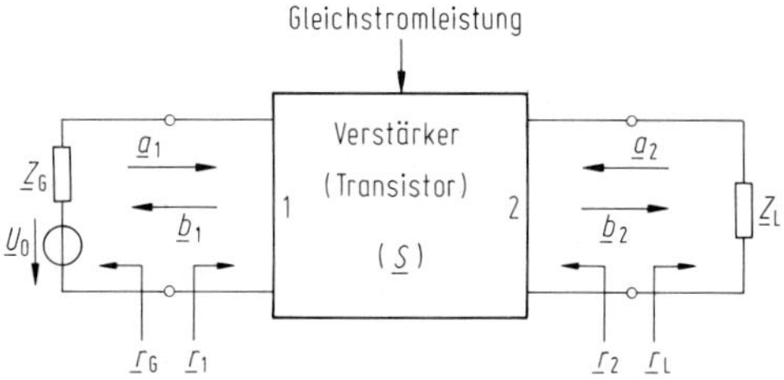

Bild 1. Verstärker als lineares, aktives Zweitor

Spezielle Literatur Seite F 12

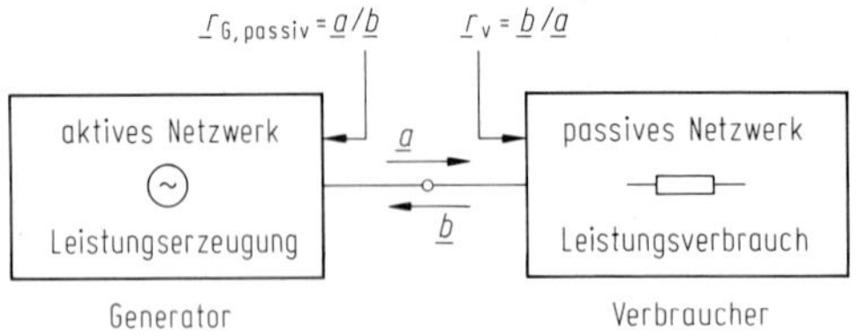

Bild 2. Unterschied zwischen Generator und Verbraucher, $\underline{r}_{G,\text{passiv}} \neq \underline{r}_G$

braucher $\underline{Z}_L$ (mit $|\underline{r}_L| < 1$) abgegebene Wirkleistung ist größer als die von der Signalquelle abgegebene Wirkleistung. Ein Verstärker ist dann ein aktives, *lineares* Zweitor, wenn eine Amplitudenänderung der zulaufenden Welle $\underline{a}_1$ eine proportionale Änderung der ablaufenden Wellenamplitude $\underline{b}_2$ bewirkt. Innerhalb des linearen Bereichs sind die vier S-Parameter $\underline{S}_{11}$, $\underline{S}_{12}$, $\underline{S}_{21}$ und $\underline{S}_{22}$, die einen wesentlichen Teil der Verstärkereigenschaften beschreiben, konstant.

Ein Verstärker soll Eingangssignale verstärken. Er soll jedoch nicht von sich aus, d. h. für $\underline{U}_0 = 0$, eine Schwingung erzeugen. Zur Veranschaulichung der Verhältnisse bei einem instabilen Verstärker, der von sich aus eine Schwingung erzeugt, wird Bild 2 betrachtet. Hier ist ein Generator mit angeschlossenem Verbraucher dargestellt. Im Generator wird eine Welle mit der Amplitude $\underline{a}$ erzeugt. Die Welle transportiert Energie zum Verbraucher. Dort wird ein Teil der Energie verbraucht, und der verbleibende Teil läuft zurück zum Generator, als Welle mit der Amplitude $\underline{b}$. Aus dem Energieverbrauch resultiert $|\underline{b}| < |\underline{a}|$. Daraus folgt, daß ein passives, verlustbehaftetes Netzwerk einen Reflexionsfaktor $\underline{r}_V = \underline{b}/\underline{a}$ hat, dessen Betrag kleiner als 1 ist. Ein aktives, selbstschwingendes Netzwerk, in diesem Beispiel der Generator, ist dagegen dadurch gekennzeichnet, daß die herauslaufende Welle größer ist als die hineinlaufende. Bildet man für ein solches Netzwerk den Reflexionsfaktor entsprechend der Regel, wie sie für passive Netzwerke gilt, so wird $\underline{r}_{G,\text{passiv}} = \underline{a}/\underline{b}$ und hat damit einen Betrag, der größer als 1 ist. Nach den Regeln für aktive Eintore wird $\underline{U}_0 = 0$ gesetzt, und damit ist $\underline{r}_G = (\underline{Z}_G - R_0)/(\underline{Z}_G + R_0)$, mit einem Betrag kleiner als 1. Es gilt also $\underline{r}_{G,\text{passiv}} \neq \underline{r}_G$.

Die Bestimmung des Reflexionsfaktors eines instabilen Verstärkers stellt innerhalb der Netzwerktheorie einen Sonderfall dar, bei dem besondere Regeln zu beachten sind. Obwohl ein instabiler Verstärker wie ein Generator wirkt, wird er nicht nach den Regeln für Generatoren berechnet. Sowohl im stabilen als auch im instabilen Fall gilt für den Verstärkereingang mit den Bezeichnungen von Bild 2

$$\underline{r}_1 = \frac{\text{hinauslaufende Welle } \underline{b}_1}{\text{hineinlaufende Welle } \underline{a}_1}$$

und für den Verstärkerausgang

$$\underline{r}_2 = \left.\frac{\text{hinauslaufende Welle } \underline{b}_2}{\text{hineinlaufende Welle } \underline{a}_2}\right| \text{für } \underline{U}_0 = 0\,.$$

Nur das reguläre Eingangssignal $\underline{U}_0$ wird gleich 0 gesetzt. Damit ist der instabile Zustand gekennzeichnet durch $r_1 > 1$ und/oder $r_2 > 1$.

Man bezeichnet einen Verstärker als *absolut stabil*, wenn sowohl die Lastimpedanz $\underline{Z}_L$ als auch die Quellimpedanz Z_G beliebige Werte annehmen können (Bedingung: beide Impedanzen haben einen positiven Realteil, also $\text{Re}\,\underline{Z}_G \geq 0$ und $\text{Re}\,\underline{Z}_L \geq 0$), ohne daß der Betrag von $\underline{r}_1$ oder der von $\underline{r}_2$ größer als 1 wird. Damit folgt als mathematische Formulierung die notwendige Bedingung für absolute Stabilität (siehe auch Gl. (17)): Für beliebige $\underline{r}_L$ und $\underline{r}_G$ mit $r_L \leq 1$ und $r_G \leq 1$ muß gelten

$$|\underline{r}_1| = \left|\underline{S}_{11} + \frac{\underline{S}_{12}\underline{S}_{21}\underline{r}_L}{1 - \underline{S}_{22}\underline{r}_L}\right| < 1 \qquad (1)$$

$$|\underline{r}_2| = \left|\underline{S}_{22} + \frac{\underline{S}_{21}\underline{S}_{12}\underline{r}_G}{1 - \underline{S}_{11}\underline{r}_G}\right| < 1\,. \qquad (2)$$

Sofern für eine gegebene Schaltung mit festem $\underline{Z}_G$ und $\underline{Z}_L$ einer der Reflexionsfaktoren r_1 oder r_2 größer als 1 wird, ist der Verstärker instabil. Er „schwingt", d. h. er erzeugt ein Signal am Ausgang und/oder am Eingang, ohne daß ein gleichartiges Signal von außen angelegt ist.

Ein Transistor bzw. Verstärker, der nur für bestimmte Wertebereiche von $\underline{r}_L$ bzw. $\underline{r}_G$ die Gl. (1) oder (2) nicht erfüllt, heißt *bedingt stabil.* Um die Stabilität bzw. Schwingneigung eindeutig beurteilen zu können, berechnet man für den Eingang und für den Ausgang jeweils die Grenzlinie, auf der $|\underline{r}_1| = 1$ bzw. $|\underline{r}_2| = 1$ gilt. Diese Grenzlinien sind in der komplexen Reflexionsfaktorebene Kreise und heißen Stabilitätskreise (Bild 3).

Eingangs-Stabilitätskreis:

$$\text{Mittelpunkt } \underline{M}_G = \frac{(\underline{S}_{11} - \underline{S}_{22}^* \cdot \det \underline{S})^*}{|\underline{S}_{11}|^2 - |\det \underline{S}|^2} \qquad (3)$$

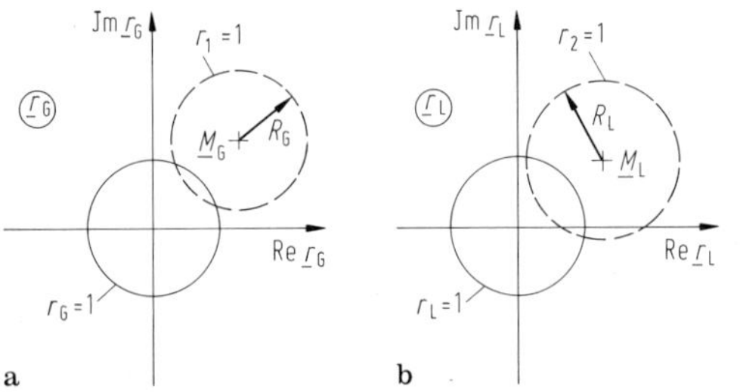

Bild 3. Stabilitätskreise in der Reflexionsfaktorebene

Radius $$R_G = \left| \frac{S_{12} S_{21}}{|S_{11}|^2 - |\det S|^2} \right|. \tag{4}$$

Für $S_{11} < 1$ ist der Bereich der r_G-Ebene, in dem der Koordinatenursprung liegt, der stabile Bereich. Für $S_{11} > 1$ ist dieser Bereich der instabile Bereich.

Ausgangs-Stabilitätskreis:

Mittelpunkt $$M_L = \frac{(S_{22} - S_{11}^* \cdot \det S)^*}{|S_{22}|^2 - |\det S|^2} \tag{5}$$

Radius $$R_L = \left| \frac{S_{21} S_{12}}{|S_{22}|^2 - |\det S|^2} \right|. \tag{6}$$

Für $S_{11} < 1$ ist der Bereich der r_G-Ebene, in dem der Koordinatenursprung liegt, der stabile Bereich. Für $S_{11} > 1$ ist dieser Bereich der instabile Bereich.

Bei dem in Bild 3b dargestellten Beispiel für $S_{22} < 1$ ist das untersuchte Zweitor instabil für alle Lastreflexionsfaktoren, die innerhalb des Stabilitätskreises liegen. Das Zweitor ist damit nur bedingt stabil. Bei absoluter Stabilität haben der Kreis mit $r_2 = 1$ und der Kreis mit $r_L = 1$ keine Schnittpunkte und überdecken sich auch nicht.

Alternativ zu der Darstellung in Bild 3, bei der jeweils nur der Eingang (r_1 und r_G) bzw. nur der Ausgang (r_2 und r_L) betrachtet wird, kann man auch die Rückwirkung zwischen Eingang und Ausgang graphisch darstellen. Die Darstellung der Eingangs-Admittanz Y_1 durch Linien $B_1 = \text{const}$ und $G_1 = \text{const}$ ist in der r_L-Ebene ein gleichabständiges, orthogonales Gitternetz. Die Änderung der Eingangs-Admittanz Y_1 als Funktion der Abschluß-Impedanz Z_L läßt sich hieraus unmittelbar ablesen. Der Fall der absoluten Stabilität ist dadurch gekennzeichnet, daß die Gerade $G_1 = 0$ außerhalb des Bereichs der passiven Abschlußimpedanzen mit $r_L \leq 1$ liegt. Der Abstand dieser Geraden $G_1 = 0$ vom Koordinatenursprung kann damit als Maß für die Stabilität benutzt werden. Der Kehrwert dieses Abstands wird als Linvill-Stabilitätsfaktor C bezeichnet, Gl. (10).

Notwendige Bedingung für die absolute Stabilität eines aktiven Zweitors ist:

$$\operatorname{Re} Y_{11} > 0 \tag{7}$$

$$\operatorname{Re} Y_{22} > 0 \tag{8}$$

$$2 \operatorname{Re} Y_{11} \operatorname{Re} Y_{22} > \operatorname{Re}(Y_{21} Y_{12}) + Y_{21} Y_{12}. \tag{9}$$

Diese drei Gleichungen ergeben sich aus der Forderung, daß die Eingangsimpedanzen bei beliebiger Beschaltung einen positiven Realteil haben sollen. Gleichung (9) besteht aus 3 Termen und läßt damit folgende 3 Schreibweisen zu [1–3]:

$$C = \frac{\operatorname{Re}(Y_{21} Y_{12})}{2 \operatorname{Re} Y_{11} \operatorname{Re} Y_{22} - Y_{21} Y_{12}}$$

Linvill-Stab. Faktor. (10)

Für ein absolut stabiles Zweitor ist $0 < C < 1$.

$$k = \frac{2 \operatorname{Re} Y_{11} \operatorname{Re} Y_{22}}{\operatorname{Re}(Y_{21} Y_{12}) + Y_{21} Y_{12}}$$

Stern-Stab. Faktor, (11)

$$K = \frac{2 \operatorname{Re} Y_{11} \operatorname{Re} Y_{22} - \operatorname{Re}(Y_{21} Y_{12})}{Y_{21} Y_{12}}$$

Rollet-Stab. Faktor. (12)

Für ein absolut stabiles Zweitor ist $k > 1$ und $K > 1$. Für einen vorgegebenen Verstärker und eine feste Frequenz sind die Zahlenwerte für C, k und K voneinander verschieden. Abgesehen von dem Zusammenhang über die Gleichungen (9) bis (12) lassen sich diese Zahlenwerte nicht auf einfache Art und Weise ineinander umrechnen. In Gl. (7) bis (9) und in Gl. (12) können anstelle der Y-Parameter auch die Z- oder h-Parameter eingesetzt werden.

In der modernen Verstärkertechnik wird heutzutage nur noch der Rollett-Stabilitätsfaktor K benutzt. Er eignet sich gut zur Beurteilung von Transistoren. Auch für einstufige Verstärker ist er ein geeignetes Kriterium, um innerhalb des Betriebsfrequenzbereichs das Soll-Verhalten der Schaltung abschätzen zu können. Durch verlustlose Anpaßnetzwerke wird der Stabilitätsfaktor K nicht verändert. In einer Schaltung wie in Bild 7 hat der Verstärker den gleichen Stabilitätsfaktor wie der Transistor bzw. wie der Transistor mit Rückkopplungsnetzwerk. Für mehrstufige Verstärker nimmt K sehr schnell sehr große Werte an. Dies entspricht jedoch nicht der Realität; mit zunehmender Gesamtverstärkung nimmt die potentielle Instabilität einer Verstärkerkette aufgrund parasitärer Effekte überproportional zu. Der Zweitor-Stabilitätsfaktor K liefert keine Aussagen über die Stabilitätsverhältnisse im Innern eines mehrstufigen Verstärkers.

Umgerechnet in S-Parameter ergibt sich aus Gl. (12) für den Stabilitätsfaktor K:

$$K = \frac{1 - S_{11}^2 - S_{22}^2 + |\det S|^2}{2 S_{21} S_{12}}$$

Stabilitätsfaktor. (13)

Er läßt sich sowohl herleiten über die Bedingungen $M_G - R_G > 1$ als auch über die Bedingung $M_L - R_L > 1$.

Aus der Forderung in Gl. (1) und Gl. (2) folgt als

notwendige und hinreichende Bedingung für die absolute Stabilität eines einzelnen *Transistors*

$$K > 1 \quad \text{und} \quad |\det \underline{S}| < 1. \tag{14}$$

Die Bedingung $|\det \underline{S}| = |\underline{S}_{11}\underline{S}_{22} - \underline{S}_{21}\underline{S}_{12}| < 1$ ist mathematisch gleichwertig zu

$$B_1 = 1 + S_{11}^2 - S_{22}^2 - |\det \underline{S}|^2 > 0 \tag{15}$$

bzw. zu

$$S_{11}^2, S_{22}^2 < 1 - S_{21}S_{12}. \tag{16}$$

Die Größe B_1 tritt noch einmal in Gl. (26) auf. Es besteht kein Zusammenhang mit dem Realteil von $\underline{Y}_1$.
Berücksichtigt man auch Sonderfälle, die nicht bei Einzeltransistoren, sondern nur bei speziellen, seltenen Verstärkerschaltungen auftreten, sowie reziproke, aktive Zweitore mit negativen Widerständen [4], so muß Gl. (14) erweitert werden. Ein beliebiges aktives Zweitor ist dann und nur dann stabil, wenn zusätzlich zu:

$$K > 1 \quad \text{und} \quad |\det \underline{S}| < 1$$

erfüllt ist, daß die Nullstellen (Wurzeln) des Ausdrucks

$$1 - \underline{r}_G \underline{S}_{11} - \underline{r}_L \underline{S}_{22} + \underline{r}_G \underline{r}_L \det \underline{S} = 0, \tag{17}$$

sofern man $j\omega$ durch $s = \sigma + j\omega$ ersetzt, für $\underline{r}_G = \pm 1$ und $\underline{r}_L = \pm 1$ in der linken s-Halbebene liegen.
Ein Verstärker muß bei allen Frequenzen stabil sein. Die Stabilität muß nicht nur innerhalb des Betriebsfrequenzbereichs kontrolliert werden, sondern auch außerhalb gewährleistet sein. Dort sind es häufig parasitäre Effekte, die den Verstärker schwingen lassen:

- Resonanzen in der Gleichstromzuführung,
- Signaleinkopplung oder Rückkopplung über die Masseanschlüsse oder über die Gleichstromzuführung,
- kapazitive oder induktive Verkopplung zwischen Eingang und Ausgang im Innern des Gehäuses, z. B. bedingt durch Anordnung und Art der Bauelemente,
- Verkopplung der großen HF-Ströme am Ausgang mit dem Verstärkereingang, z. B. durch ungünstige Masseführung.

Aus dieser Sicht heraus wirkt es sehr erschwerend für den Schaltungsentwurf, wenn Transistoren benutzt werden, die noch weit oberhalb des Betriebsfrequenzbereichs viel Verstärkung haben.

2.2 S-Parameter
S-parameters

Im Laufe der Entwicklung der HF-Technik zu immer höheren Frequenzen hin ging man über von der Beschreibung der Transistor- bzw. Röhreneigenschaften mit zunächst reellen h-Parametern (anwendbar bis zu einigen MHz) zu komplexen Y-Parametern (anwendbar bis etwa 100 MHz) und dann zu den heute gebräuchlichen S-Parametern (ohne Einschränkung anwendbar) [5].
Mathematisch sind alle Zweitor-Parameter gleichwertig, und auch heute noch wandelt man bei einem Mikrowellentransistor, z. B. zur Berechnung einer Rückkopplungsschaltung, die S-Parameter in Y-Parameter um. Unterschiede ergeben sich dagegen bei der Messung. S-Parameter werden bei Anpassung an Eingang und Ausgang gemessen. Dies läßt sich mit einem Netzwerkanalysator weitgehend unproblematisch und automatisiert für alle technisch relevanten Frequenzen durchführen. Die zur Messung von Z-, Y- oder h-Parametern notwendigen Abschlußimpedanzen Leerlauf bzw. Kurzschluß sind dagegen breitbandig schwer realisierbar, u. a. deshalb, weil der Gleichstromarbeitspunkt nicht beeinträchtigt werden darf. Außerdem sind sie bei vielen Leistungstransistoren unzulässige Betriebszustände, die das Bauelement unter Umständen zerstören. Alle S-Parameter in diesem Kapitel haben den gleichen, reellen Bezugswiderstand R_0. Üblicherweise ist R_0 gleich dem Wellenwiderstand der Anschlußleitungen des Verstärkers, also in Koaxialtechnik gleich 50 Ω (60 Ω, 75 Ω).

2.3 Wirkungsgrad
Efficiency

Ein Verstärker entsprechend Bild 1.1 a bzw. Bild 4 nimmt die Gleichstromleistung $P_= = U_= I_=$ und die Signalleistung $P_1 = \frac{1}{2} U_1^2 \operatorname{Re} \underline{Y}_1$ bei der Frequenz f_1 auf.

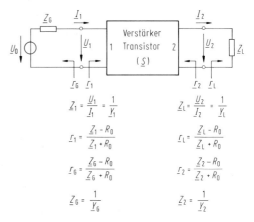

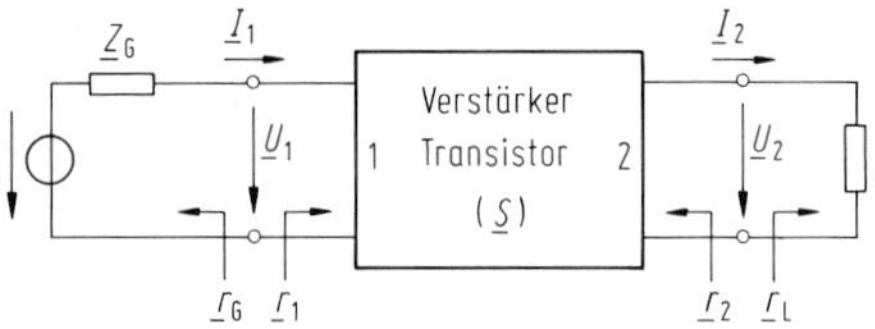

$$\underline{Z}_1 = \frac{\underline{U}_1}{\underline{I}_1} = \frac{1}{\underline{Y}_1} \qquad \underline{Z}_L = \frac{\underline{U}_2}{\underline{I}_2} = \frac{1}{\underline{Y}_L}$$

$$\underline{r}_1 = \frac{\underline{Z}_1 - R_0}{\underline{Z}_1 + R_0} \qquad \underline{r}_L = \frac{\underline{Z}_L - R_0}{\underline{Z}_L + R_0}$$

$$\underline{r}_G = \frac{\underline{Z}_G - R_0}{\underline{Z}_G + R_0} \qquad \underline{r}_2 = \frac{\underline{Z}_2 - R_0}{\underline{Z}_2 + R_0}$$

$$\underline{Z}_G = \frac{1}{\underline{Y}_G} \qquad \underline{Z}_2 = \frac{1}{\underline{Y}_2}$$

Bild 4. Ersatzschaltbild eines Verstärkerzweitors; Definition der Kenngrößen

Abgegeben wird:
- die Signalleistung $P_2 = \frac{1}{2} U_2^2 \operatorname{Re}(1/\underline{Z}_L)$, die die Lastimpedanz bei der Frequenz f_1 aufnimmt,
- die als Wärme an die Umgebung abgegebene Verlustleistung $P_{\text{thermisch}}$,
- die von der Schaltung abgestrahlte Leistung $P_{\text{Strahlung}}$,
- und die Leistung $P_{\text{harmonisch}}$, in der alle Leistungsanteile bei Frequenzen ungleich f_1 zusammengefaßt sind, im wesentlichen also die an die Last abgegebene Leistung bei Vielfachen der Eingangsfrequenz.

Die Anteile

$$P_V = P_{\text{thermisch}} + P_{\text{Strahlung}} + P_{\text{harmonisch}}$$

sind unerwünscht. Der Wirkungsgrad berücksichtigt deshalb nur den Leistungsanteil der Grundschwingung in der Lastimpedanz;

$$\text{Leistungsbilanz:} \quad P_1 + P_= = P_2 + P_V .$$

Damit wird der Wirkungsgrad (power-added efficiency)

$$\eta = \frac{P_2 - P_1}{P_=} . \tag{18}$$

Beim Kollektor-Wirkungsgrad bleibt P_1 unberücksichtigt. Typische Werte für Schaltungen mit realen Leistungstransistoren sind:

A-Betrieb: $\eta = 10 \ldots 20\,\%$
C-Betrieb: $\eta = 50 \ldots 70\,\%$
E-Betrieb: $\eta = 80 \ldots 90\,\%$ (s. Bild 7.5c).

2.4 Verstärkung
Gain

Mit Verstärkung oder Leistungsverstärkung g (operating power gain) bezeichnet man den Quotienten aus der von $\underline{Z}_L$ aufgenommenen Wirkleistung $P_2 = \frac{1}{2} U_2^2 \operatorname{Re}(1/\underline{Z}_L)$ und der vom Verstärker aufgenommenen Leistung $P_1 = \frac{1}{2} U_1^2 \operatorname{Re}(1/\underline{Z}_1)$ in der Schaltung entsprechend Bild 4

$$g = \frac{P_2}{P_1} = S_{21}^2 \frac{1 - r_L^2}{(1 - r_1^2)\,|1 - \underline{S}_{22}\,\underline{r}_L|^2} \tag{19}$$

$$g \text{ in dB} = 10 \lg g .$$

Der Reflexionsfaktor $\underline{r}_1$, in das Tor 1 hineingesehen, ist

$$\underline{r}_1 = \underline{S}_{11} + \frac{\underline{S}_{12}\,\underline{S}_{21}\,\underline{r}_L}{1 - \underline{S}_{22}\,\underline{r}_L} . \tag{20}$$

Der Reflexionsfaktor $\underline{r}_2$ ist:

$$\underline{r}_2 = \underline{S}_{22} + \frac{\underline{S}_{12}\,\underline{S}_{21}\,\underline{r}_G}{1 - \underline{S}_{11}\,\underline{r}_G} . \tag{21}$$

Bei der Messung mit dem Netzwerkanalysator, wenn $\underline{Z}_L = R_0$ bzw. $\underline{r}_L = 0$ ist, wird $\underline{r}_1 = \underline{S}_{11}$ und $g = S_{21}^2/(1 - S_{11}^2)$.

Die Betriebsleistungsverstärkung g_T (transducer power gain) ist der Quotient aus P_2 und der Maximalleistung des Generators $P_{1\,\max} = U_0^2/(8 \operatorname{Re} \underline{Z}_1)$

$$g_T = \frac{P_2}{P_{1\,\max}} = S_{21}^2 \frac{(1 - r_L^2)(1 - r_G^2)}{|1 - \underline{r}_G \underline{r}_1|^2\,|1 - \underline{r}_L\,\underline{S}_{22}|^2} \tag{22}$$

oder

$$g_T = S_{21}^2 \frac{(1 - r_L^2)(1 - r_G^2)}{|1 - \underline{r}_G \underline{S}_{11}|^2\,|1 - \underline{r}_L \underline{r}_2|^2} \tag{23}$$

oder

$$g_T = S_{21}^2 \frac{(1 - r_L^2)(1 - r_G^2)}{|(1 - \underline{r}_L \underline{S}_{22})(1 - \underline{r}_G \underline{S}_{11}) - \underline{r}_L \underline{r}_G \underline{S}_{12} \underline{S}_{21}|^2} .$$

Die größte verfügbare Leistungsverstärkung $g_{\max}$ (maximum available gain, *MAG*) ist der größte erreichbare Wert; vgl. Gl. (3.6). Er stellt sich ein, wenn am Eingang und am Ausgang Leistungsanpassung ist:

$$\underline{r}_G = \underline{r}_1^* \quad \text{und} \quad \underline{r}_L = \underline{r}_2^*$$
$$g_{\max} = \frac{P_{2\,\max}}{P_{1\,\max}} = S_{21}^2 \frac{1 - r_G^2}{|1 - \underline{S}_{11} \underline{r}_G|^2} \frac{1}{1 - r_L^2} \tag{24}$$

oder

$$g_{\max} = S_{21}^2 \frac{1 - r_L^2}{(1 - r_G^2)\,|1 - \underline{r}_L \underline{S}_{22}|^2} \tag{25}$$

wobei $\underline{r}_2$ der in das Tor 2 hineingesehene Reflexionsfaktor ist, Gl. (21). Gleichung (24) folgt aus Gl. (23) für Leistungsanpassung am Ausgang und Gl. (25) aus Gl. (22) für Leistungsanpassung am Eingang. Beim Sonderfall der beidseitigen Leistungsanpassung gilt:

$$\underline{r}_1^* = \frac{B_1 - \sqrt{B_1^2 - 4 C_1^2}}{2 \underline{C}_1} = \underline{r}_G \tag{26}$$

$$\underline{r}_2^* = \frac{B_2 - \sqrt{B_2^2 - 4 C_2^2}}{2 \underline{C}_2} = \underline{r}_L \tag{27}$$

mit

$$B_1 = 1 + S_{11}^2 - S_{22}^2 - |\det \underline{S}|^2 \tag{28}$$

$$B_2 = 1 + S_{22}^2 - S_{11}^2 - |\det \underline{S}|^2 \tag{29}$$

$$\underline{C}_1 = \underline{S}_{11} - \underline{S}_{22}^* \det \underline{S}$$
$$\underline{C}_2 = \underline{S}_{22} - \underline{S}_{11}^* \det \underline{S} \tag{30}$$

und

$$MAG = \frac{S_{21}}{S_{12}} \left(K - \sqrt{K^2 - 1}\right) . \tag{31}$$

Bild 5 zeigt für einen realen Transistor die Lage von $\underline{S}_{11}$ und $\underline{r}_1$ sowie $\underline{S}_{22}$ und $\underline{r}_2$ in der jeweiligen Reflexionsfaktorebene. Man erkennt, daß zwischen diesen Größen – auch näherungsweise – kein unmittelbarer Zusammenhang besteht. Der 1. Schritt bei der Auslegung eines Transistorverstärkers besteht somit stets aus der Berechnung von $\underline{r}_1$ und $\underline{r}_2$, Gl. (26), (27) bzw. (20), (21).

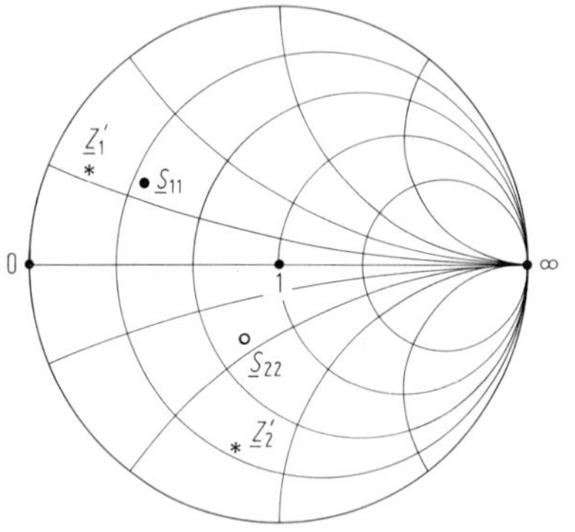

Bild 5. Normierte Eingangsimpedanzen eines Mikrowellentransistors bei beidseitigem Abschluß mit 50 Ω ($\underline{S}_{11}$, $\underline{S}_{22}$) und bei beidseitiger Leistungsanpassung ($\underline{Z}_1' = \underline{Z}_1/50\,\Omega$, $\underline{Z}_2' = \underline{Z}_2/50\,\Omega$), jeweils dargestellt im Smith-Diagramm

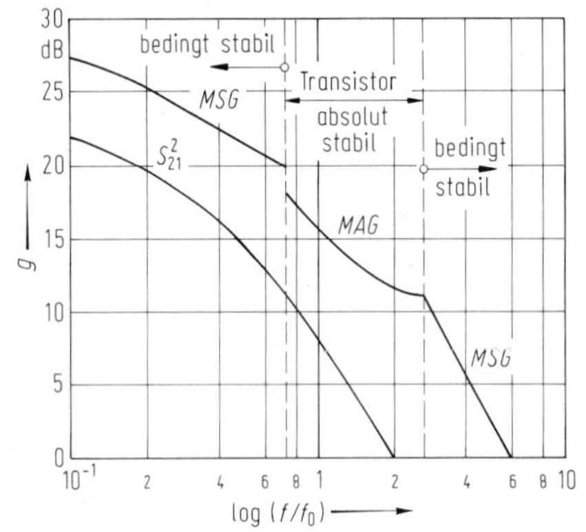

Bild 6. Verstärkung eines Transistors in Emitterschaltung als Funktion der Frequenz

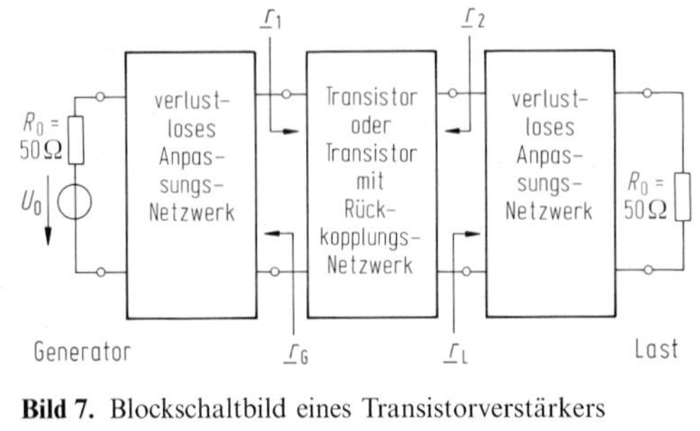

Bild 7. Blockschaltbild eines Transistorverstärkers

Wird der Verstärker bzw. Transistor so modifiziert, daß $K = 1$ ist, dann erreicht man als maximale stabile Verstärkung (max. stable gain *MSG*) den Wert

$$MSG = S_{21}/S_{12}. \tag{32}$$

Beidseitige Leistungsanpassung (simultaneous conjugate match) ist nur bei einem absolut stabilen Transistor möglich ($K > 1$ und $|\det \underline{\boldsymbol{S}}| < 1$). In Transistordatenblättern wird deshalb innerhalb des Bereichs absoluter Stabilität $g_{\max}(f)$ dargestellt und außerhalb die maximale stabile Verstärkung (Bild 6).

Die Einfügungsverstärkung g_1 (insertion gain) ist der Quotient aus P_2 und der Leistung, die $\underline{Z}_L$ aufnimmt, wenn diese Impedanz unmittelbar, ohne zwischengeschalteten Verstärker, an den Generator angeschlossen wird.

$$g_1 = S_{21}^2 \frac{|1 - \underline{r}_G \underline{r}_L|^2}{|1 - \underline{S}_{22} \underline{r}_L|^2 \, |1 - \underline{r}_1 \underline{r}_G|^2} \tag{33}$$

Kreise konstanter Verstärkung. Beim Entwurf eines Verstärkers, bei dem das primäre Entwicklungsziel maximale Leistungsverstärkung ist, wird üblicherweise eine Schaltung wie in Bild 7 benutzt. Entsprechend Gl. (24) ist dieses Ziel erreicht, wenn die Anpassungsnetzwerke so dimensioniert sind, daß $\underline{r}_L = \underline{r}_2^*$ und $\underline{r}_G = \underline{r}_1^*$ ist. Sofern ein Anpassungsnetzwerk diese Aufgabe nur unvollkommen erfüllt, ist die so erzielte Leistungsverstärkung nicht mehr gleich $g_{\max}$, sondern kleiner. Zur anschaulichen Darstellung dieses Zusammenhangs kann man in der $\underline{r}_L$- bzw. $\underline{r}_G$-Ebene Kurven konstanter Verstärkung einzeichnen.

Gleichung (23) läßt sich als Produkt aus drei Faktoren schreiben:

$$g_T = S_{21}^2 \cdot \underbrace{\frac{(1-r_G^2)(1-r_1^2)}{|1 - \underline{r}_G \underline{r}_1|^2}}_{g_G = f(\underline{r}_G, \underline{r}_L, (\underline{S}))} \cdot \underbrace{\frac{1 - r_L^2}{(1-r_1^2)\,|1 - \underline{S}_{22} \underline{r}_L|^2}}_{g_L = f(\underline{r}_L, (\underline{S})) = g/S_{21}^2} \tag{34}$$

$$g_T = S_{21}^2 \cdot g_G \cdot g_L$$

Der Faktor g_L ist nur von den S-Parametern des Transistors und der Lastimpedanz $\underline{Z}_L$ abhängig. Der geometrische Ort aller Reflexionsfaktoren $\underline{r}_L$, die eine konstante Verstärkung g erzeugen, ist (theoretisch) ein Kreis in der $\underline{r}_L$-Ebene (Bild 8a). Alle Kreismittelpunkte liegen auf einer Geraden durch den Punkt $\underline{r}_L = 0$,

Kreismittelpunkt

$$\underline{M}_L = \frac{g_L (\underline{S}_{22} - \underline{S}_{11}^* \det \underline{\boldsymbol{S}})^*}{1 + g_L (S_{22}^2 - |\det \underline{\boldsymbol{S}}|^2)} \tag{35}$$

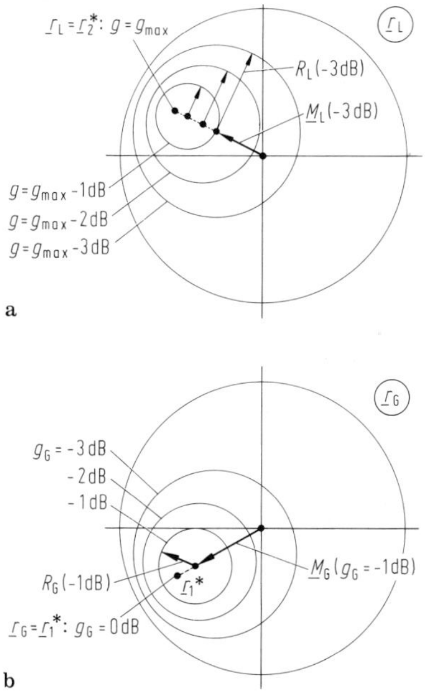

Bild 8. Kreise konstanter Verstärkung: **a)** in der $\underline{r}_L$-Ebene (operating power again circles); **b)** in der $\underline{r}_G$-Ebene für Leistungsanpassung am Ausgang ($\underline{r}_L = \underline{r}_2^*$, available power gain circles)

Kreisradius

$$R_L = \frac{\sqrt{1 - 2 g_L K S_{12} S_{21} + g_L^2 S_{12}^2 S_{21}^2}}{|1 + g_L (S_{22}^2 - |\det \underline{S}|^2)|}. \quad (36)$$

Analog dazu gilt bei Fehlanpassung am Eingang für den Faktor g_G:

$$\text{Kreismittelpunkt } \underline{M}_G = \frac{g_G \, \underline{r}_1^*}{1 - r_1^2 (1 - g_G)}$$

$$\text{Kreisradius } R_G = \frac{\sqrt{1 - g_G} (1 - r_1^2)}{1 - r_1^2 (1 - g_G)}. \quad (37)$$

In der $\underline{r}_G$-Ebene sind die Zusammenhänge weniger gut durchschaubar, denn der Faktor g_G ist über den Reflexionsfaktor $\underline{r}_1$ eine Funktion von $\underline{r}_L$ (Gl. (20)). Die in Bild 8b dargestellten Kreise konstanter Verstärkung gelten für Leistungsanpassung am Ausgang ($\underline{r}_L = \underline{r}_2^*$). Für Lastreflexionsfaktoren $\underline{r}_L \neq \underline{r}_2^*$ ergeben sich jeweils andere Kreisscharen.

Eine andere Herleitung der Kreise konstanter Verstärkung in der $\underline{r}_G$-Ebene geht von der verfügbaren Leistungsverstärkung g_A (available power gain) aus. Die Kenngröße g_A ist gleich g_{max} in Gl. (24). Mit g_A ist es möglich, den Einfluß einer Fehlanpassung am Eingang bei Leistungsanpassung am Ausgang zu beschreiben

Kreismittelpunkt

$$\underline{M}_G = \frac{g_A (\underline{S}_{11} - \underline{S}_{22}^* \det \underline{S})^*}{S_{21}^2 + g_A (S_{11}^2 - |\det \underline{S}|^2)}$$

Kreisradius

$$R_G = S_{21}^2 \frac{\sqrt{1 - 2 g_A K S_{12}/S_{21} + (g_A S_{12}/S_{21})^2}}{|S_{21}^2 + g_A (S_{11}^2 - |\det \underline{S}|^2)|}. \quad (38)$$

Diese Kreisscharen gelten nur für Leistungsanpassung am Ausgang. Für diesen Fall sind sie identisch mit den Kreisen nach Gl. (37). Der Parameter g_G durchläuft den Wertebereich von 0 bis 1, g_A den von 0 bis g_{max}. Bei einem bedingt stabilen Transistor wird am Eingang ein möglichst kleiner Reflexionsfaktor $\underline{r}_G$ gewählt, so daß Stabilität gewährleistet ist, und der Ausgang wird leistungsangepaßt.

Die hier benutzten S-Parameter beschreiben die Transistor- bzw. Verstärkereigenschaften innerhalb des linearen Bereichs. Für ein Signal $\underline{a}_1$ der Frequenz f_1 am Eingang läßt sich das Signal $\underline{a}_2$ bei der gleichen Frequenz f_1 am Ausgang berechnen. Die bei anderen Frequenzen, z.B. $2f_1$, $3f_1, \ldots$ am Ausgang auftretenden Signale müssen getrennt behandelt werden. Der lineare Bereich eines Kleinsignalverstärkers im A-Betrieb beginnt beim Eingangssignal 0 und endet bezüglich der Grundschwingung f_1 spätestens dort, wo der erste Transistor in den Bereich der Sättigung kommt (Bild 9a). Die S-Parameter des linearen Bereichs sind im Idealfall pegelunabhängig und heißen Kleinsignal-S-Parameter.

Als Dynamikbereich eines Verstärkers bezeichnet man die Pegeldifferenz zwischen Sättigungseinsatz und Rauschpegel am Ausgang. Unabhängig davon werden heutzutage viele Verstärker in Empfängereingangsstufen mit Nutzsignalen betrieben, die unterhalb des Eingangsrauschens liegen, beispielsweise in der Spread-spectrum-Technik (Beispiel: GPS-Empfänger). Die Linearität eines Verstärkers bei kleinen Signalamplituden wird weder durch externes noch durch internes Rauschen beeinträchtigt. Erst die nachfolgende Signalverarbeitung entscheidet darüber, ob Signal-Rausch-Abstände unter 0 dB nutzbar sind oder nicht.

Will man das nichtlineare Verstärkerverhalten im Sättigungsbereich (Bild 9a) berechnen, so muß man Großsignal-S-Parameter benutzen. Diese beschreiben ausschließlich die Grundschwingung des HF-Signals. Betrag und Phase der Großsignal-S-Parameter ändern sich als Funktion des HF-Signalpegels. Für Näherungsrechnungen ist zunächst das Großsignalverhalten von $\underline{S}_{21}$ zu berücksichtigen. Für genauere Rechnungen ist auch noch die Pegelabhängigkeit

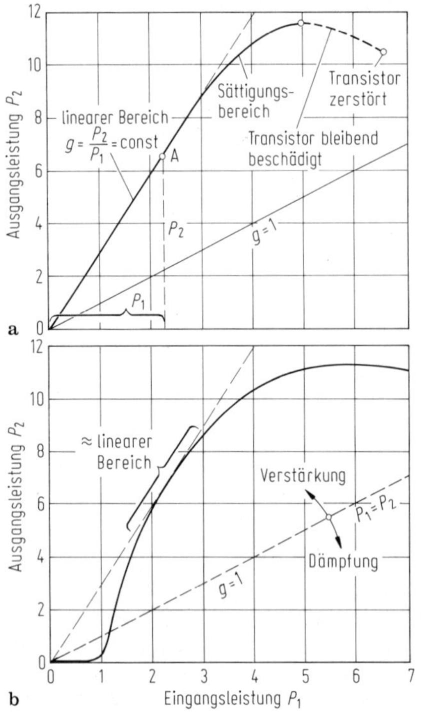

Bild 9. a) Verstärker mit Kleinsignaltransistor im A-Betrieb; **b)** Verstärker mit Leistungstransistor im C-Betrieb

von $\underline{S}_{22}$, von $\underline{S}_{11}$ und schließlich von $\underline{S}_{12}$ mit einzubeziehen.

Auch dann, wenn der Transistor in einer anderen Betriebsart eingesetzt wird (AB-, B- oder C-Betrieb), werden die Kleinsignal-S-Parameter des A-Betriebs ungültig. Die in Bild 9b beispielhaft dargestellte Charakteristik eines Leistungsverstärkers im C-Betrieb hat einen nach oben und nach unten eingeschränkten linearen Bereich. Die hier zur Beschreibung notwendigen Großsignal-S-Parameter unterscheiden sich in aller Regel so stark von den Kleinsignal-S-Parametern (der gleiche Transistor kann selbstverständlich auch im A-Betrieb eingesetzt werden und kleine Signale verstärken), daß eine Berechnung der Verstärkereigenschaften nur sinnvoll ist, wenn diese Großsignal-P-Parameter benutzt werden.

Spezielle Literatur: [1] *Stern, A. P.:* Stability and power gain of tuned transistor amplifiers. Proc. IRE 45, März 1957. – [2] *Linvill, J. G.; Gibbons, J. F.:* Transistors and active circuits. New York: Mc Graw-Hill 1961. – [3] *Rollett, J. M.:* Stability and power-gain invariants of linear two-ports. IRE-Trans. CT-9 (1962) 29–32. – [4] *Woods, D.:* Reappraisal of the unconditional stability criteria for active 2-port networks in terms of S-parameters. IEEE-CAS 23, Nr. 2 (1976) 73–81. – [5] *Michel, H. J.:* Zweitor-Analyse mit Leistungswellen. Stuttgart: Teubner 1981.

3 Schaltungskonzepte
Circuit concepts

3.1 Grundschaltungen
Basic transistor configurations

In Bild 1 sind die drei möglichen Grundschaltungen angegeben, in denen man mit einem Transistor Leistungsverstärkung erreichen kann. Für HF- und Mikrowellenverstärker wird überwiegend die Emitterschaltung nach Bild 1a eingesetzt. Sie bietet für Standardanwendungen die besten Eigenschaften.

Für das physikalische Verständnis der Rückwirkungen innerhalb einer Transistorschaltung kann man bei niedrigen Frequenzen das stark vereinfachte Modell nach Bild 2 betrachten: Die im Innern des Transistors vorhandene, aufbau-

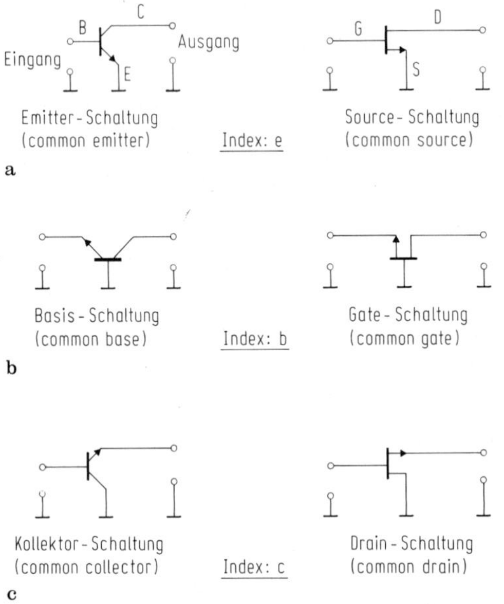

Bild 1. Verstärkergrundschaltungen, dargestellt am Beispiel eines bipolaren npn-Transistors (Kollektor C, Emitter E, Basis B) und eines n-Kanal-MESFETs bzw. JFETs, GaAs-FETs (source S, drain D, gate G)

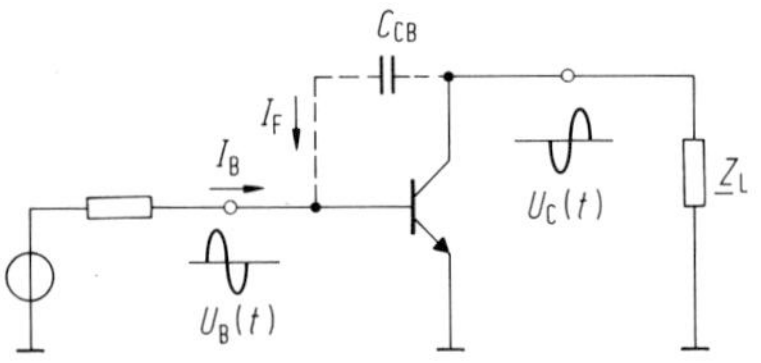

Bild 2. Spannungsgegenkopplung über die interne Kollektor-Basis-Kapazität C_{CB}; bei niedrigen Frequenzen ist die Kollektorspannung U_C gegenphasig zur Basisspannung U_B

Spezielle Literatur Seite F 18

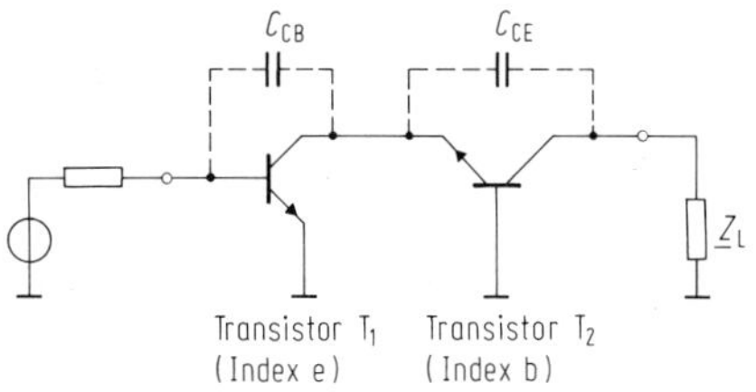

Bild 3. Cascode-Schaltung

bedingte Kapazität C_{CB} bewirkt eine Spannungsgegenkopplung. Der Strom I_F vermindert den Eingangsstrom I_B, so daß mit zunehmender Frequenz die Verstärkung der Schaltung abnimmt. Da C_{CB} zwischen der Eingangsspannung U_B und der Ausgangsspannung $U_C = -v_u \cdot U_B$ angeschlossen ist, nimmt I_F proportional zu $v_u + 1$ zu. Eine große Spannungsverstärkung v_u erzeugt also große Rückwirkungen vom Ausgang auf den Eingang. Parallel zum Eingang ist die Kapazität $(v_u + 1)C_{CB}$ (Miller-Kapazität) wirksam.
Durch die Verwendung der Cascode-Schaltung wird diese Rückwirkung vermindert (Bild 3). Aufgrund der niedrigen Eingangsimpedanz der Basisschaltung mit T_2 wird die Spannungsverstärkung von T_1 etwa gleich 1. Bezüglich der Rückwirkung sind die Kondensatoren C_{CE} und C_{CB} in Serie geschaltet. Da C_{CE} typisch um den Faktor 5 kleiner ist als C_{CB}, wird die Cascode-Schaltung häufig so berechnet, als ob sie ideal rückwirkungsfrei sei ($Y_{12} = 0$).
Wenn Transistor T_1 die Y-Parameter mit dem Index e und Transistor T_2 die Y-Parameter mit dem Index b hat, sind die Y-Parameter der Cascode-Schaltung:

$$\begin{aligned}
\underline{Y}_{11} &= (\underline{Y}_{11\,e}(\underline{Y}_{22\,e} + \underline{Y}_{11\,b}) - \underline{Y}_{21\,e}\underline{Y}_{12\,e})/\underline{N} \approx \underline{Y}_{11\,e}\\
\underline{Y}_{12} &= -\,\underline{Y}_{12\,e}\underline{Y}_{12\,b}/\underline{N} \approx 0\\
\underline{Y}_{21} &= -\,\underline{Y}_{21\,e}\underline{Y}_{21\,b}/\underline{N} \approx \underline{Y}_{21\,e} \qquad (1)\\
\underline{Y}_{22} &= (\underline{Y}_{22\,b}(\underline{Y}_{22\,e} + \underline{Y}_{11\,b}) - \underline{Y}_{12\,b}\underline{Y}_{21\,b})/\underline{N} \approx \underline{Y}_{22\,b}
\end{aligned}$$

mit $\underline{N} = \underline{Y}_{22\,e} + \underline{Y}_{11\,b}$.

Für die Näherungswerte in Gl. (1) ergibt sich

$$g_{\max} = \frac{Y_{21}^2}{4\,\mathrm{Re}\,\underline{Y}_{11}\,\mathrm{Re}\,\underline{Y}_{22}}. \qquad (2)$$

Die überwiegend im MHz-Bereich als Kleinsignalverstärker eingesetzten Dual-Gate-FETs entsprechen in ihren Eigenschaften einer in einem Gehäuse integrierten Cascode-Schaltung.
Die Basisschaltung (Bild 1 b) hat eine niedrigere Eingangsimpedanz und weniger Verstärkung als die Emitterschaltung. Wegen ihrer geringen Rückwirkung war sie früher die Standard-HF-Verstärkerschaltung. Da man heute Transistoren mit ausreichend kleiner Rückwirkungskapazität C_{CB} herstellen kann, hat sie an Bedeutung verloren. Bei vielen Mikrowellen- und Leistungstransistoren ist der Einsatz als Emitter- bzw. Basis-Schaltung durch die Gehäusebauform vorgegeben. Einige Typen werden in zwei Bauformen geliefert: mit dem Emitter auf Masse (am Kühlkörper, s. Bild 7.7) zum Bau von Verstärkern und mit der Basis auf Masse zum Bau von Oszillatoren. Die Kollektorschaltung hat eine niedrigere Ausgangsimpedanz als die anderen Schaltungsformen. Sie wird im oberen HF- und im Mikrowellenbereich (außer in MMICs) nicht verwendet.
Einfache Zusammenhänge in der Art, daß bei der Emitterschaltung 180° und bei der Basisschaltung 0° Phasenverschiebung zwischen Eingangssignal und Ausgangssignal auftreten, sind Grenzwerte bei niedrigen Frequenzen. Bei höheren Frequenzen, also beispielsweise oberhalb von 100 MHz, ist dies auch näherungsweise nicht mehr gültig.

Umrechnung der Y-Parameter von einer Grundschaltung in eine andere:

$$\begin{aligned}
\underline{Y}_{11\,e} &= \underline{Y}_{11\,b} + \underline{Y}_{12\,b} + \underline{Y}_{21\,b} + \underline{Y}_{22\,b} &&= \underline{Y}_{11\,c}\\
\underline{Y}_{12\,e} &= -\,\underline{Y}_{12\,b} - \underline{Y}_{22\,b} &&= -\,\underline{Y}_{11\,c} - \underline{Y}_{12\,c}\\
\underline{Y}_{21\,e} &= -\,\underline{Y}_{21\,b} - \underline{Y}_{22\,b} &&= -\,\underline{Y}_{11\,c} - \underline{Y}_{21\,c} \qquad (3)\\
\underline{Y}_{22\,e} &= \underline{Y}_{11\,c} + \underline{Y}_{12\,c} + \underline{Y}_{21\,c} + \underline{Y}_{22\,c} &&= \underline{Y}_{22\,b}
\end{aligned}$$

$$\begin{aligned}
\underline{Y}_{11\,b} &= \underline{Y}_{11\,e} + \underline{Y}_{12\,e} + \underline{Y}_{21\,e} + \underline{Y}_{22\,e} &&= \underline{Y}_{22\,c}\\
\underline{Y}_{12\,b} &= -\,\underline{Y}_{12\,e} - \underline{Y}_{22\,e} &&= -\,\underline{Y}_{21\,c} - \underline{Y}_{22\,c}\\
\underline{Y}_{21\,b} &= -\,\underline{Y}_{21\,e} - \underline{Y}_{22\,e} &&= -\,\underline{Y}_{12\,c} - \underline{Y}_{22\,c} \qquad (4)\\
\underline{Y}_{22\,b} &= \underline{Y}_{11\,c} + \underline{Y}_{12\,c} + \underline{Y}_{21\,c} + \underline{Y}_{22\,c} &&= \underline{Y}_{22\,e}
\end{aligned}$$

$$\begin{aligned}
\underline{Y}_{11c} &= \underline{Y}_{11b} + \underline{Y}_{12b} + \underline{Y}_{21b} + \underline{Y}_{22b} = \underline{Y}_{11e} \\
\underline{Y}_{12c} &= -\underline{Y}_{11e} - \underline{Y}_{12e} = -\underline{Y}_{11b} - \underline{Y}_{21b} \\
\underline{Y}_{21c} &= -\underline{Y}_{11e} - \underline{Y}_{21e} = -\underline{Y}_{11b} - \underline{Y}_{12b} \quad (5) \\
\underline{Y}_{22c} &= \underline{Y}_{11e} + \underline{Y}_{12e} + \underline{Y}_{21e} + \underline{Y}_{22e} = \underline{Y}_{11b}
\end{aligned}$$

Der Index e bezeichnet die Y-Parameter des Transistors in Emitter- bzw. Source-Schaltung. Zur Umrechnung von S-Parametern werden diese in Y-Parameter umgewandelt, dann umgerechnet und wieder rückgewandelt.

3.2 Rückkopplung, Neutralisation
Feedback, neutralisation

Bild 4 zeigt die beiden häufigsten Rückkopplungsschaltungen [1, 13]. Die S-Parameter des Transistors mit Rückkopplung werden berechnet durch Umwandeln in Y- bzw. Z-Parameter und anschließendes Rückwandeln. Die bei niedrigen Frequenzen sehr häufig eingesetzte Stromgegenkopplung (Bild 4 b) erzeugt im oberen HF- und im Mikrowellenbereich meist unlösbare Stabilitätsprobleme. Sofern man diese vermeiden möchte, sorgt man für einen induktivitätsarmen, für alle Frequenzen von 0 bis f_{max} gleich guten Massekontakt des Emitters.

Unter Neutralisation versteht man eine Rückkopplung in der Form, daß Im $\underline{Y}_{12\,ges} = 0$ ist. Bild 5 zeigt ein Beispiel. Der Kondensator C_F wird so eingestellt, daß der Strom I_F gegenphasig gleich groß zu dem intern über C_{CB} fließenden Strom ist (s. Bild 2). Die Neutralisation wird eingesetzt bei Kleinsignalverstärkern bis 30 MHz. Breitband- und Leistungsverstärker können nicht neutralisiert werden. Für den Fall, daß Re $\underline{Y}_{12}$ vernachlässigbar klein ist, oder daß das Rückkopplungsnetzwerk so erweitert wird, daß $\underline{Y}_{12} = 0$ gilt, ist der neutralisierte Verstärker zugleich rückwirkungsfrei.

3.3 Rückwirkungsfreiheit
Unilateralisation

Bedingung: $\underline{S}_{12} = 0$ bzw. $\underline{Y}_{12} = 0$

a) Diese Bedingung ist schmalbandig zu erfüllen durch verlustlose Rückkopplung. Das resultierende Gesamtnetzwerk hat bei beidseitiger Leistungsanpassung eine Verstärkung U, die größer ist als der Wert g_{max} des Transistors ohne Rückkopplung. U (maximum unilateral gain) ergibt sich mit den S-Parametern des Transistors zu

$$U = \frac{\dfrac{1}{2}\left|\dfrac{S_{21}}{S_{12}} - 1\right|^2}{K\,\dfrac{S_{21}}{S_{12}} - \operatorname{Re}\dfrac{S_{21}}{S_{12}}}. \quad (6)$$

Bei dieser Gleichung ist zu beachten, daß der Parameter S_{12} nur für den rückgekoppelten Verstärker gleich 0 ist. Der in Gl. (6) einzusetzende Parameter S_{12} des Transistors ist ungleich 0.

b) Die Bedingung ist näherungsweise breitbandig erfüllbar für:
 – Cascode-Stufen,
 – Dual-Gate FETs
 – einige HF-Transistoren mit geringer Verstärkung im unteren Teil ihres Betriebsfrequenzbereichs.

Ein rückwirkungsfreier Verstärker (unilateral amplifier) hat folgende Vorteile:
– er ist absolut stabil,
– er ist viel einfacher zu berechnen und zu überschauen (in allen Gleichungen wird $\underline{S}_{12} = 0$ gesetzt),

$$(\underline{Y}_{ges}) = \begin{pmatrix} \underline{Y}_{11} + \underline{Y}_F & \underline{Y}_{12} + \underline{Y}_F \\ \underline{Y}_{21} + \underline{Y}_F & \underline{Y}_{22} + \underline{Y}_F \end{pmatrix}$$

$$(\underline{Z}_{ges}) = \begin{pmatrix} \underline{Z}_{11} + \underline{Z}_F & \underline{Z}_{12} + \underline{Z}_F \\ \underline{Z}_{21} + \underline{Z}_F & \underline{Z}_{22} + \underline{Z}_F \end{pmatrix}$$

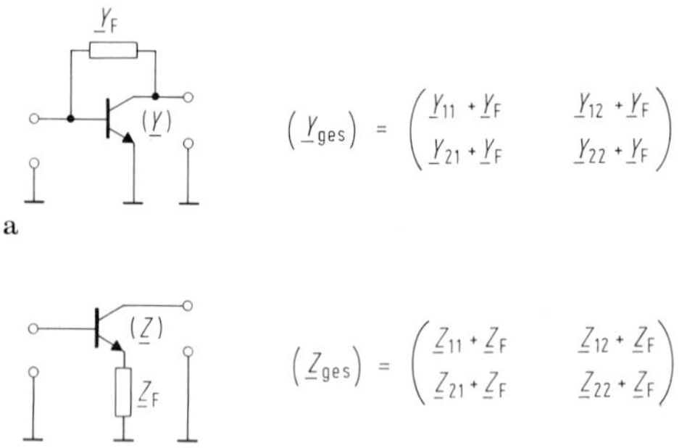

Bild 4. Einfache Rückkopplungsschaltungen für einen Transistor in Emitterschaltung.
a) Spannungsgegenkopplung (parallel feedback);
b) Stromgegenkopplung (series feedback)

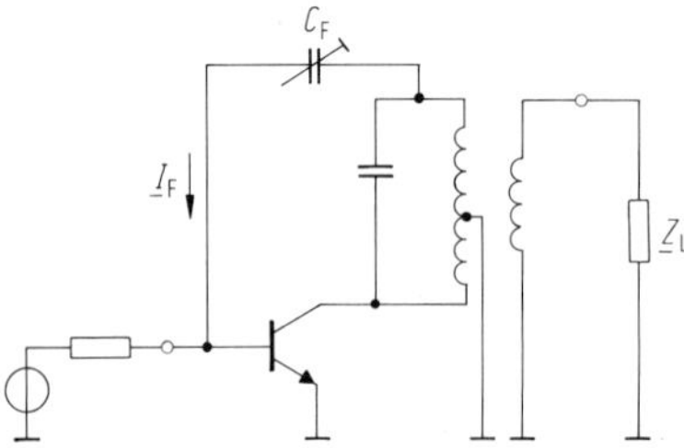

Bild 5. Neutralisierter HF-Verstärker. HF-Schaltbild: Der Anschluß der positiven Versorgungsspannung ist als Masse gezeichnet, die Schaltung zur Einstellung des Gleichstromarbeitspunkts ist nicht dargestellt

- bei Abgleich des Ausgangsnetzwerks ändert sich die Eingangsimpedanz nicht und umgekehrt; Ausgang und Eingang sind voneinander isoliert.

3.4 Verstärkungsregelung
Gain control

Die im NF-Bereich übliche Verstärkungsregelung über den Gleichstromarbeitspunkt des Transistors ist mit Ausnahme von MOSFETs nur im unteren MHz-Bereich üblich. Mit dem Arbeitspunkt ändern sich nicht nur die S-Parameter, also auch Eingangs- und Ausgangsimpedanz des Transistors, sondern ebenfalls alle anderen Kennwerte wie beispielsweise die Rauschzahl und das Intermodulationsverhalten.
Wesentlich bessere Ergebnisse lassen sich mit Dual-Gate FETs und Cascode-Schaltungen erreichen. Die Verstärkung wird mit der Vorspannung am Gate 2 bzw. mit dem Basis-Strom des Transistors T_2 in Basisschaltung eingestellt (Bild 3). Eine andere Möglichkeit besteht darin, den Verstärker selbst unverändert zu lassen und statt dessen ein elektronisch steuerbares Dämpfungsglied (mit GaAs FETs oder Pin-Dioden) davorzuschalten.

3.5 Anpaßnetzwerke
Matching networks

Die Aufgaben der Anpaßnetzwerke am Eingang und am Ausgang eines Transistors (Bild 2.7) sind vielfältig, abhängig davon, welche Eigenschaften der Verstärker haben soll. Zu diesen Aufgaben kann beispielsweise gehören:
- Leistungsanpassung am Eingang und Ausgang für maximale Verstärkung,
- Rauschanpassung am Eingang und Leistungsanpassung am Ausgang für minimale Rauschzahl,
- Filterwirkung zur Einschränkung des Durchlaßbereichs bei selektiven Verstärkern,
- Filterwirkung zur Unterdrückung von Harmonischen am Ausgang oder zur Verminderung von Nachbarkanalstörungen am Eingang,
- Gewährleistung der Stabilität außerhalb des Betriebsfrequenzbereichs,
- Kompensation der Frequenzabhängigkeit der Transistoreigenschaften bei Breitbandverstärkern.

Weiterhin sollten die einzelnen Bauelemente Größen haben, die sich gut realisieren lassen, das Netzwerk soll normalerweise verlustarm sein, und es sollte sich gut abgleichen lassen.
Der Entwurf wird entweder graphisch im Smith-Diagramm [8] oder mit einem CAD-Programm

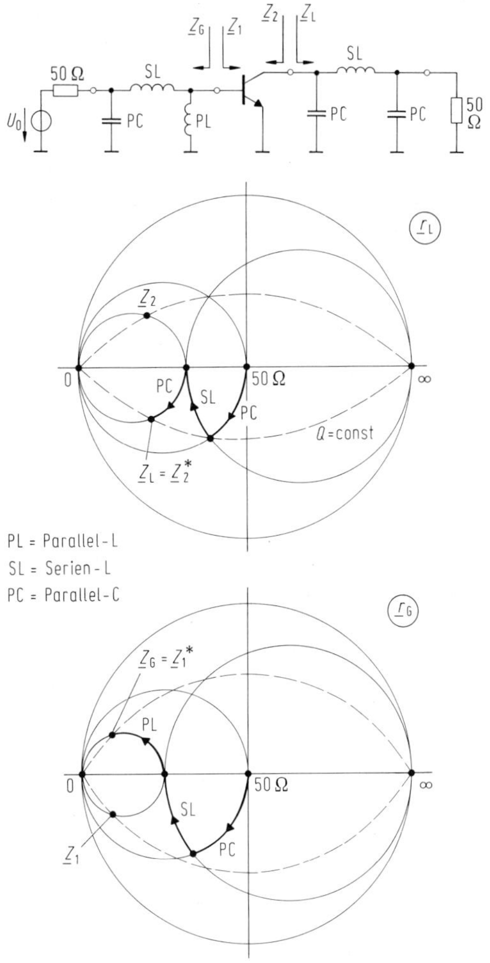

Bild 6. Entwurfsbeispiel im Smith-Diagramm mit jeweils drei konzentrierten Blindelementen zur beidseitigen Leistungsanpassung

durchgeführt. Bild 6 zeigt ein einfaches Beispiel mit beidseitiger Leistungsanpassung. Bei höheren Frequenzen und bei höherer Leistung besteht diese Aufgabe immer darin, eine niederohmige Impedanz in den Punkt $\underline{r} = 0$ zu transformieren. Grundsätzlich liefert das Netzwerk mit dem kürzesten Transformationsweg die geringsten Verluste und die größte Bandbreite.
Bei Anpassung mit Abzweigschaltungen ist es für die anschauliche Beurteilung der Breitbandigkeit eines möglichen Transformationswegs hilfreich, in die $\underline{r}$-Ebene Linien konstanter Güte Q einzutragen.

$$Q = \frac{|\mathrm{Im}\,\underline{Z}|}{\mathrm{Re}\,\underline{Z}}. \tag{7}$$

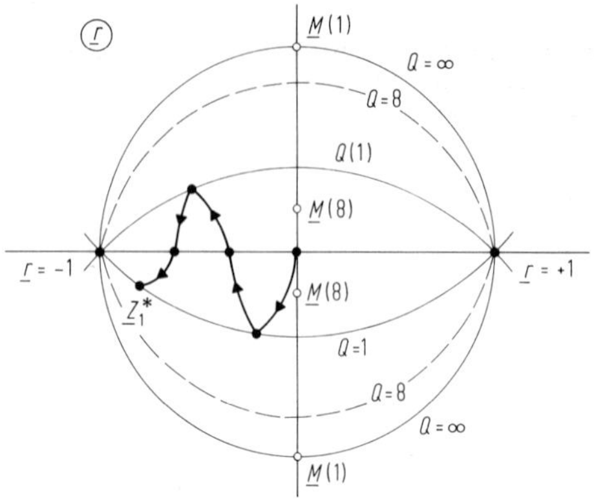

Bild 7. Kreise konstanter Güte Q in der Reflexionsfaktorebene; Transformationsweg eines Anpaßnetzwerks mit von Knoten zu Knoten gleichbleibender örtlicher Güte

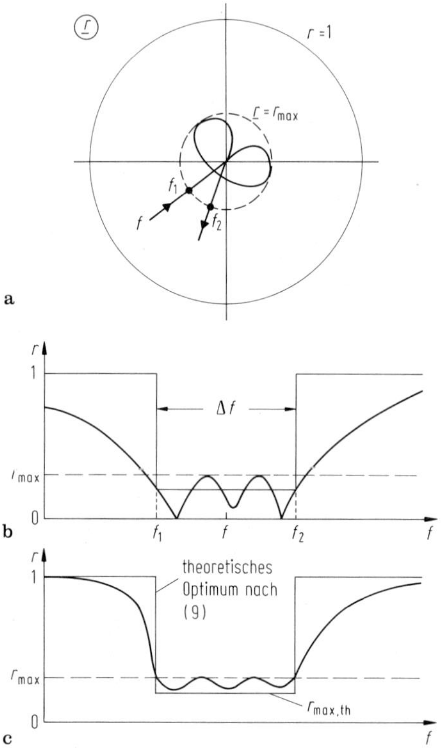

Bild 8. Frequenzgang eines Breitbandanpaßnetzwerks: **a)** in der $\underline{r}$-Ebene; **b)** als Amplitudengang; **c)** optimierter Amplitudengang, mit steilen Flanken und ohne Nullstellen

Der geometrische Ort aller Impedanzen $\underline{Z}$, die die gleiche Güte Q haben, sind zwei Kreisbögen mit dem

$$\text{Kreismittelpunkt } \underline{M}_Q = \pm \mathrm{j}/Q, \tag{8}$$

die durch die Punkte $\underline{r} = \pm 1$ gehen (Bild 7). Betrachtet man an jedem i-ten Knoten eines Anpaßnetzwerks den Quotienten aus Imaginärteil und Realteil der dortigen Eingangsimpedanz $\underline{Z}_i$ als örtliche Güte Q_i, so ist der im Verlauf der Transformation auftretende Maximalwert Q_{max} maßgeblich für die Bandbreite des Gesamtnetzwerks. Je kleiner Q_{max}, desto größer ist die erreichbare Bandbreite. Dieses Gütekonzept wird verständlich, wenn man z.B. das Eingangsnetzwerk in Bild 6 so umzeichnet, daß man erkennt, daß es ein teilangekoppelter Parallelresonanzkreis ist (ohne magnetische Kopplung der Spulen). Für Resonanzkreise gilt: $Q = f_{res}/\Delta f$. In Bild 7 ist ein nach diesem Konzept optimierter Transformationsweg als Beispiel eingezeichnet. Die konjugiert komplexe Transistorimpedanz $\underline{Z}_1^*$ hat die Güte $Q = 1$. Der anschließende Transformationsweg ist so gewählt, daß an jedem Knoten $Q_i \leq 1$ ist. Der durch den Transistor vorgegebene Gütewert wird durch das Anpaßnetzwerk somit nicht weiter verschlechtert.

Je breitbandiger ein Anpaßnetzwerk sein soll, desto mehr Bauelemente werden benötigt. Mit jedem zusätzlichen LC-Glied kann man bei einer weiteren Frequenz ideale Leistungsanpassung erreichen. Ziel einer optimierten Breitbandanpassung ist jedoch nicht dieses, sondern die Forderung, innerhalb der gewünschten Bandbreite Δf einen möglichst kleinen Reflexionsfaktor r_{max} nicht zu überschreiten (Bild 8). Der theoretisch nicht zu unterschreitende Grenzwert, wenn die Admittanz $\underline{Y} = 1/R + \mathrm{j}\omega C$ anzupassen ist, kann abgeschätzt werden mit [2–4]:

$$r_{max,th} = \exp\left(-\pi \frac{Q_{Netzwerk}}{Q_{Admittanz}}\right) = \mathrm{e}^{-1/(2RC\Delta f)} \tag{9}$$

$$Q_{Netzwerk} = f/\Delta f$$

$$r_{max,th} \text{ in dB} = -\frac{4{,}3}{RC\Delta f}. \tag{10}$$

Für Tiefpaßanpassung ist Δf die 3-dB-Grenzfrequenz. Bei induktiver Impedanz $\underline{Z} = 1/G + \mathrm{j}\omega L$ wird RC durch GL ersetzt. Wenn die anzupassende Schaltung besser durch R und L parallel oder durch R und C in Serie beschrieben wird, ist $Q_{Admittanz}$ die Güte bei der Mittenfrequenz f. Solange das reale Netzwerk im Nutzband Δf Werte $r < r_{max}$ und außerhalb Werte $r < 1$ hat, sind noch weitere Verbesserungen möglich. Oberhalb von 4 bis 5 Blindelementen im Anpaßnetzwerk (bei Bandpaßanpassung doppelt so viele) werden die erreichbaren Verbesserungen pro Blindelement zunehmend geringer. Einfache Berechnungsverfahren für Anpaßnetzwerke in [8].

Für Transistorverstärker großer Bandbreite sind solche vereinfachenden Anpaßtheorien nicht anwendbar. Eine Transistoreingangsimpedanz als Funktion der Frequenz wird exakt durch eine gemessene Ortskurve beschrieben. Zur näherungsweisen Darstellung benutzt man ein in der Regel kompliziertes Ersatzschaltbild mit wesentlich mehr als 2 Bauelementen. Weiterhin ist für Frequenzbereiche, die größer als 1,3 : 1 sind, der Abfall der Verstärkung mit zunehmender Frequenz nicht mehr zu vernachlässigen (s. 4.1). Grenzwertberechnung analog zu Gl. (9) in [10]. Aufgrund der Rückwirkung der Lastimpedanz $\underline{Z}_L$ auf die Eingangsimpedanz $\underline{Z}_1$ und der Generatorimpedanz $\underline{Z}_G$ auf die Augangsimpedanz $\underline{Z}_2$ (Bild 2.5) wird der Schaltungsentwurf ein iterativer Prozeß [11]. Breitbandverstärker werden deshalb üblicherweise mit Hilfe von CAD-Programmen entworfen (s. C 8.5).

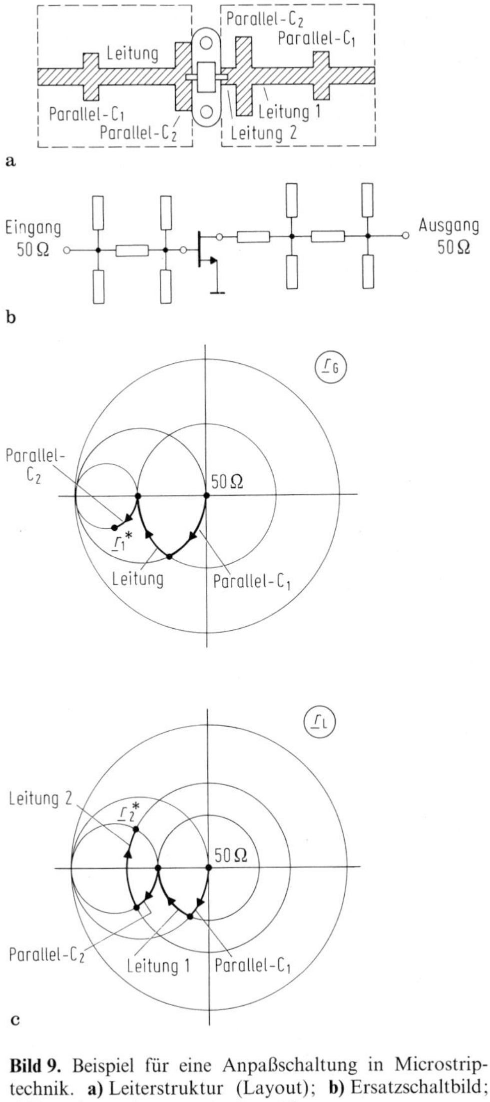

Bild 9. Beispiel für eine Anpaßschaltung in Microstriptechnik. **a)** Leiterstruktur (Layout); **b)** Ersatzschaltbild; **c)** Transformationswege in der $\underline{r}$-Ebene

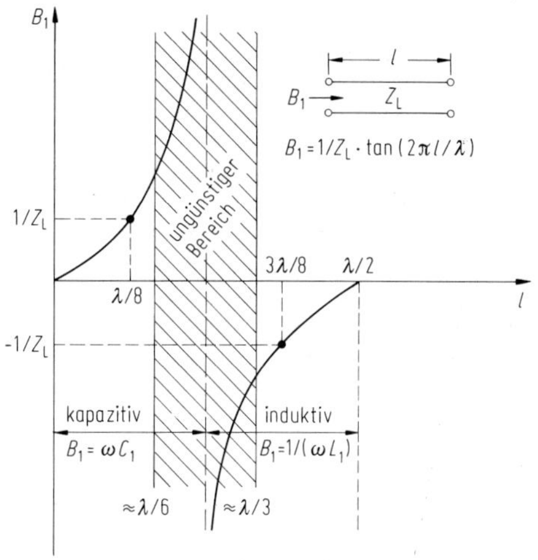

Bild 10. Eingangsblindleitwert B_1 einer leerlaufenden Leitung als Funktion der Länge l

Anpaßnetzwerke mit N Leitungen konstanten Wellenwiderstands Z_{LN} lassen sich breitbandiger ausführen als solche mit N diskreten Bauelementen. Sie benögtigen allerdings wesentlich mehr Substratfläche. Bild 9 zeigt ein typisches Beispiel in Microstriptechnik. Da sich auf Keramiksubstraten kurzgeschlossene Leitungen schlecht realisieren lassen, werden nur parallelgeschaltete, leerlaufende Leitungen benutzt. Die sich aus dem Smith-Diagramm ergebende Größe von B_{C1} wird zunächst halbiert, da zwei gleich lange Leitungen parallelgeschaltet werden. Dann wird für einen vorzugebenden Leitungswellenwiderstand Z_L mit

$$l/\lambda = \frac{1}{2\pi} \arctan(B \cdot Z_L) \tag{11}$$

die zum Erreichen des Blindleitwerts $B = B_{C1}/2$ notwendige Länge berechnet. Z_L wird so gewählt, daß der Bereich zwischen etwa $\lambda/6$ und $\lambda/3$ vermieden wird (Bild 10). Häufig nimmt man entweder wie in Bild 9a nur Leitungen mit $Z_L = 50\,\Omega$ oder man macht alle Stichleitungen $\lambda/8$ lang, da dann die Längenabhängigkeit des Blindleitwerts bezüglich Feinabgleich und Herstellungstoleranz günstig ist.

Durch die Benutzung symmetrisch angeordneter paralleler Stichleitungen (shunt stubs) kann man entweder bei gleicher Länge den Wellenwiderstand verdoppeln (zu breite Microstripleitungen sind ungünstig, da sie abstrahlen) oder, sofern die Streifenbreite noch akzeptabel ist, die Länge verkürzen. Die symmetrische Beschaltung ist, auch die Verwendung diskreter Bauelemente, grundsätzlich vorzuziehen.

Noch größere Bandbreiten erhält man:

– durch Widerstandstransformation mit $\lambda/4$-Leitungen,

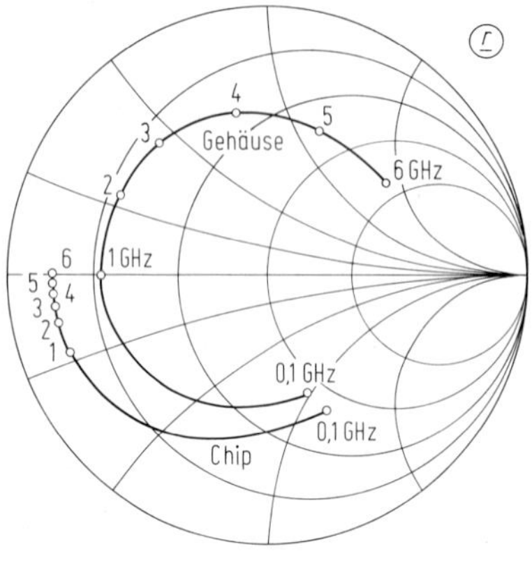

Bild 11. Ortskurve von $\underline{S}_{11}$ eines Mikrowellentransistors, einmal ohne Gehäuse – als Chip – und einmal mit Gehäuse

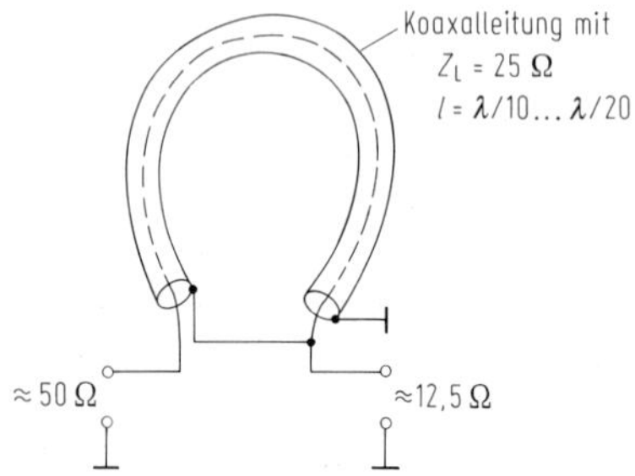

Bild 12. Beispiel für einen Leitungsübertrager mit dem Widerstandsübersetzungsverhältnis 4:1

- durch mehrstufige $\lambda/4$-Transformation,
- durch inhomogene Leitungen (z.B. Exponentialleitung, parabolische Leitung) [5–7].

Bild 11 zeigt die Ortskurve von $\underline{S}_{11}$ für einen Transistor in Chipform und für den gleichen Transistor mit Gehäuse. Durch die Induktivität der Bonddrähte und die Parallelkapazität des Gehäuses wird $\underline{S}_{11}$ des Chips in das Innere der r-Ebene transformiert; durch die zusätzliche Leitungslänge beim geometrisch größeren Gehäuse wird die Ortskurve im GHz-Bereich erheblich verlängert. Die gleichen Effekte treten bei der $\underline{S}_{22}$-Ortskurve auf. Sofern mit diesem Transistor ein Breitbandverstärker von z.B. 1 bis 4 GHz entwickelt werden soll, ist der Entwurf der Anpaßnetzwerke an Ein- und Ausgang für die Chipbauform wesentlich einfacher. Kurze Ortskurvenstücke ermöglichen bessere Transformationen als ausgedehnte Ortskurvenstücke. Dies ist der wesentliche Grund, warum mit MMICs bessere Ergebnisse erzielt werden als mit diskret aufgebauten Verstärkern und warum intern angepaßte Transistoren bessere Ergebnisse liefern als extern angepaßte.

Das allgemeine Anpaßproblem bei Transistoren kann man in zwei Schritte zerlegen:
1. Kompensation des Blindanteils
2. Transformation des Wirkwiderstands.

Infolge der Ortskurvenverlängerung durch zwischengeschaltete Leitungsabschnitte ist es bei Breitbandverstärkern im Mikrowellenbereich erforderlich, die Kompensation des Blindanteils unmittelbar am Transistor durchzuführen bzw. das Anpaßnetzwerk so zu wählen, daß die Ortskurvenbereiche mit maximaler Güte Q nicht durch weiterführende Leitungen in Bereiche mit noch größerer Güte transformiert werden.
Bei Verstärkern mittlerer Bandbreite (Quotient der Grenzfrequenzen um 1,3:1) kann die im GHz-Bereich mit etwa $1/f$ abfallende Transistorverstärkung kompensiert werden, indem das Eingangsnetzwerk für maximale Leistung in Bandmitte und das Ausgangsnetzwerk für maximale Verstärkung am oberen Bandende ausgelegt wird. Das Zusammenwirken beider Maßnahmen ergibt dann meist einen hinreichend ebenen Frequenzgang.
Im MHz-Bereich erfolgt die Transformation des Wirkwiderstands üblicherweise mit Übertragern. Bis etwa 40 MHz kann man Wicklungsübertrager mit Ferritkern einsetzen, bis etwa 1 GHz Leitungsübertrager wie beispielsweise in den Bildern 12 und 4.14b, c (s. I 13, [9]).

Spezielle Literatur: [1] *Maclean, D. J. H.:* Broadband feedback amplifiers. New York: John Wiley/RSP 1982. – [2] *Bode, H. W.:* Network analysis and feedback amplifier design. New York: Van Nostrand 1945. – [3] *Fano, R. M.:* Theoretical limitations on the broadband matching of arbitrary impedances. J. of Franklin Inst., Vol. 249, Jan. + Feb. (1950) 57–83, 139–155. – [4] *Youla, D. C.:* A new theory of broad-band matching. IEEE-CT 11 (1964) 30–50. – [5] *Endo, I.; Nemoto, Y.; Sato, R.:* Design of transformerless quasi-broad-band matching networks for lumped complex loads using nonuniform transmission lines. IEEE-MTT 36, Nr. 4 (1988) 629–634. – [6] *Young, G. P.; Scanlan, S. O.:* Matching network design studies for microwave transistor amplifiers. IEEE-MTT 29, (1982) 1027–1035. – [7] *Zhu, L.; Wu, B.; Sheng, Ch.:* Real frequency technique applied to the synthesis of lumped broadband matching networks with arbitrary uniform losses for MMIC's. IEEE-MTT 36, Nr. 12 (1988) 1614–1619. – [8] *Matthaei, G.; Young, L.; Jones, E. M. T.:* Microwave filters, impedance-matching networks, and coupling structures. Dedham MA: Artech House 1980. – [9] *DeMaw, M. F.:* Ferromagnetic-core design and application handbook. Englewood Cliffs, N.J.: Prentice-Hall 1981. – [10] *Ku, W. H.; Petersen, W. C.:* Optimum gain-bandwidth limitations for transistor amplifiers as reactively constrained active two-port networks. IEEE, CAS-22 (1975) 523–533. – [11] *Chen, W. K.:* Broadband matching. Singapur: World Scientific 1988. – [12] *Abrie, P. L. D.:* The design of impedance-matching networks for radio-frequency and microwave amplifiers. Dedham MA: Artech House 1985. – [13] *Chen, W. K.:* Active network and feedback amplifier theory. New York: McGraw-Hill 1980.

4 Verstärker für spezielle Anwendungen
Amplifiers for specific applications

4.1 Breitbandverstärker
Broadband amplifiers

Bei den meisten Transistoren fällt die Verstärkung zu höheren Frequenzen hin zunächst etwa proportional $1/f$ und dann proportional $1/f^2$ ab. Im logarithmischen Maß entspricht $1/f^2$ einer Verstärkungsabnahme von 6 dB pro Oktave beziehungsweise 20 dB/Dekade (s. Bilder 2.6 und 6.2). Bei Breitbandanwendungen ist damit höchstens die Verstärkung erreichbar, die der Transistor am oberen Bandende hat. Die pro Transistor erreichbare Stufenverstärkung wird um so geringer, je größer die geforderte Bandbreite ist. Um mit solchen Transistoren Verstärker zu entwikkeln, die über große Frequenzbereiche hinweg konstante Verstärkung aufweisen, darf grundsätzlich bei niedrigen Frequenzen nur ein Teil der vom Transistor her möglichen Verstärkung g_{max} genutzt werden. Zum Herabsetzen der Verstärkung bei abnehmender Frequenz stehen mehrere Verfahren zur Auswahl:

a) Konstante Verstärkung durch Rückkopplung. Bild 1 zeigt eine Spannungs- und eine Stromgegenkopplung, die beide jeweils mit abnehmender Frequenz wirksamer werden. Beide können kombiniert oder getrennt eingesetzt werden. Im GHz-Bereich sind Emitterwiderstände aus Stabilitätsgründen unüblich (Ausnahme: MMICs).

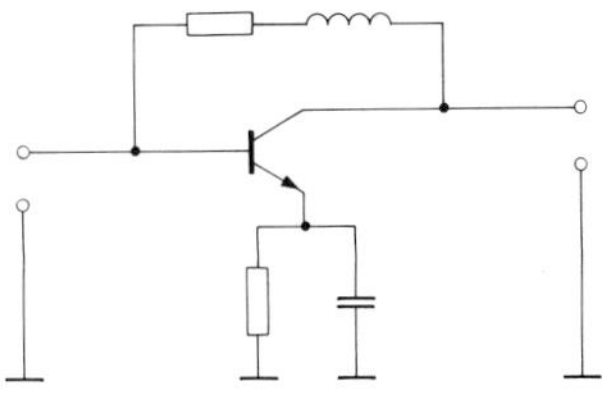

Bild 1. Zwei Rückkopplungsnetzwerke, die eine Verringerung der Verstärkung bei abnehmender Frequenz bewirken

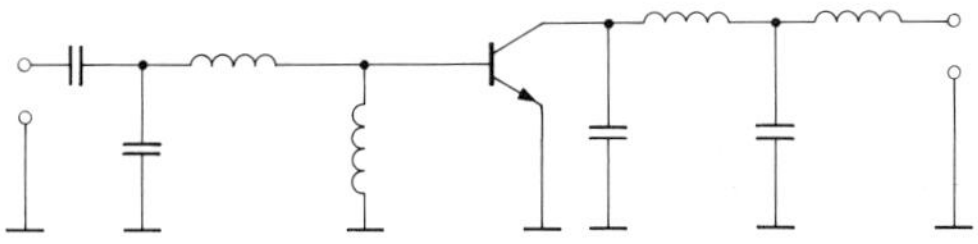

Bild 2. Verlustlose Anpaßnetzwerke

Spezielle Literatur Seite F 27

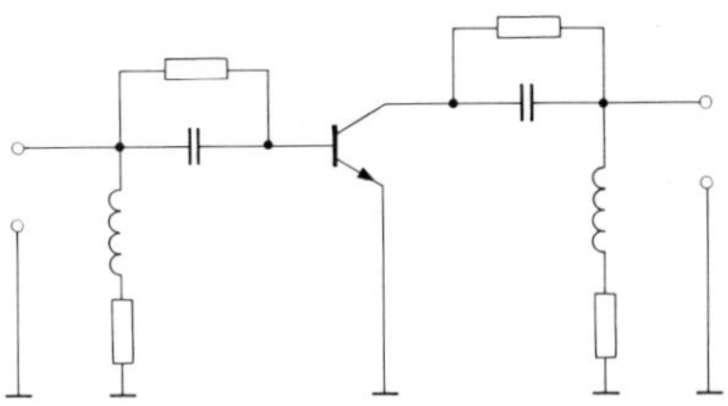

Bild 3. Verlustbehaftete Anpaßnetzwerke, die eine Verringerung der Verstärkung bei abnehmender Frequenz bewirken

b) Konstante Verstärkung durch Fehlanpassung. Entsprechend Bild 2 kann man das verlustlose Eingangs- und/oder Ausgangsnetzwerk so dimensionieren, daß die Verstärkung bei abnehmender Frequenz durch zunehmende Fehlanpassung sinkt. Für eine Bandbreite von einer Oktave, beispielsweise von 400 MHz bis 800 MHz, müßte – bei ausschließlicher Nutzung des Eingangsnetzwerks – dieses bei 800 MHz Leistungsanpassung erzeugen und bei 400 MHz einen Reflexionsfaktor von 0,968 = – 0,28 dB. Sofern derart hohe Reflexionsfaktoren nicht zulässig sind, benutzt man entweder Zirkulatoren am Eingang und am Ausgang, oder zwei derartige Verstärker werden über 3-dB/90°-Richtkoppler entsprechend Bild 14d parallelgeschaltet. Damit ergeben sich beidseitig gut angepaßte Verstärker. Aufgrund der Richtkoppler sind diese üblicherweise auf relative Bandbreiten von bis zu 4:1 begrenzt.

c) Konstante Verstärkung durch verlustbehaftete Anpaßnetzwerke. Durch verlustbehaftete Anpaßnetzwerke analog zu Bild 3 kann man sowohl breitbandige Anpassung als auch breitbandig konstante Verstärkung erreichen.
Abhängig vom Frequenzbereich und vom gewählten Transistor sind reale Schaltungen häufig eine Kombination aus allen drei angeführten Maßnahmen [1]; die Minimalkombination b + a bzw. b + c ist bei extrem breibandigen Schaltungen fast immer anzutreffen. Bei jeder der gezeigten Prinzipschaltungen kann man sowohl auf einzelne Komponenten verzichten als auch aufwendigere Netzwerke einsetzen.

d) Konstante Verstärkung mit einem Kettenverstärker. Der Wanderwellen- oder Kettenverstärker (traveling wave amplifier, distributed amplifier) ist ein Schaltungsprinzip, das, sofern man nur Effekte erster Ordnung berücksichtigt, weder eine Bandbreitenbegrenzung noch eine Leistungsbegrenzung beinhaltet [3–5, 7, 8, 22, 23]. Entsprechend Bild 4a werden zwei parallele Leitungen so miteinander verkoppelt, daß der die Anordnung speisende Generator eine hinlaufende Welle auf der Eingangsleitung erzeugt. Über Verstärkerelemente wird eine Verkopplung mit

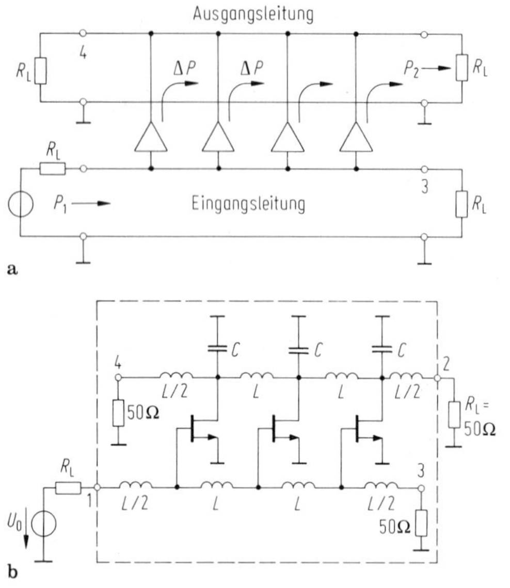

Bild 4. Kettenverstärker. **a)** Prinzip; **b)** Schaltungsbeispiel mit diskreten Bauelementen

der Ausgangsleitung erzeugt und zwar dergestalt, daß sich jede übergekoppelte Teilwelle phasengleich zu der auf der Ausgangsleitung zum Abschluß R_L hinlaufenden Welle addiert.
In einem einfachen Schaltungsbeispiel, Bild 4b, sind die Eingangskapazität C_1 eines FETs und die Ausgangskapazität C_2 mit in die aus diskreten L-C-Halbgliedern bestehende Leitungsstruktur einbezogen. Eine einfache Dimensionierungsvorschrift wäre:

gleiche Laufzeit auf beiden Leitungen:

$$\frac{1}{\sqrt{LC_1}} = \frac{1}{\sqrt{L(C_2 + C)}}$$

beidseitige Anpassung beider Leitungen:

$$\sqrt{\frac{L}{C_1}} = \sqrt{\frac{L}{C_2 + C}} = R_L = 50\,\Omega.$$

Aufgrund des symmetrischen Aufbaus kann der Verstärker auch im Punkt 3 gespeist werden. Das Ausgangssignal erscheint dann am Punkt 4. Die Anordnung ist ein aktiver Vorwärtskoppler mit negativer Koppeldämpfung. Die bei Mehrloch-Richtkopplern, wie sie beispielsweise in der Hohlleitertechnik gebräuchlich sind, gültigen Dimensionierungsgesichtspunkte sind auch hier anwendbar. Bild 5 zeigt ein Schaltungsbeispiel für einen beidseitig gespeisten Kettenverstärker. Auf diese Weise lassen sich wesentliche Verbesserungen der Übertragungseigenschaften erreichen [2].
Mit der vereinfachenden Annahme $\underline{S}_{12} = 0$ bzw. $\underline{Y}_{12} = 0$ ergibt sich für die Verstärkung eines Ket-

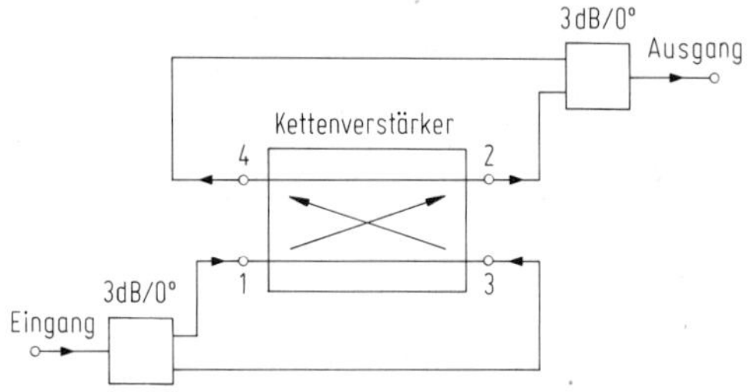

Bild 5. Beidseitig gespeister Kettenverstärker

tenverstärkers mit N Transistoren bei niedrigen Frequenzen:

$$g \approx \left(\frac{N\,Y_{21}}{N \cdot \mathrm{Re}\,\underline{Y}_{22} + 2/Z_0}\right)^2. \tag{1}$$

Nach dem Kettenverstärkerprinzip lassen sich bei sehr großen Bandbreiten die besten Ergebnisse erzielen. Nachteilig ist, daß relativ viele Transistoren benötigt werden, zum Beispiel:

1 MHz ··· 2,5 GHz:	g = 14 dB,	N = 8
2 ··· 18 GHz:	g = 7 dB,	N = 4
100 kHz ··· 22 GHz:	g = 32 dB,	N = 28
2 ··· 26,5 GHz:	g = 8,5 dB,	N = 7
1 ··· 40 GHz:	g = 15 dB,	N = 6
5 ··· 100 GHz:	g = 5,5 dB,	N = 7.

Beispiele für andere, im Handel erhältliche oder in der Literatur erwähnte, extrem breitbandige Verstärker nach Methode a bis c bzw. Kombinationen davon sind:

0 ··· 10 GHz:	g = 8 dB
400 kHz ··· 18 GHz:	g = 18 dB
1 MHz ··· 30 GHz:	g = 11 dB
100 MHz ··· 40 GHz:	g = 6 dB.

Die verlustbedingte Verstärkungsabnahme mit zunehmender Frequenz bei Wanderwellenverstärkern läßt sich durch zusätzliche Koppelkondensatoren kompensieren, die in Verstärkungsrichtung vom Drain des n-ten Transistors zum Gate des $n + 1$-ten Transistors geschaltet werden [10]. Damit ergibt sich eine Mischform zwischen einer mehrstufigen Verstärkerkette und einem Wanderwellenverstärker (Bild 6).

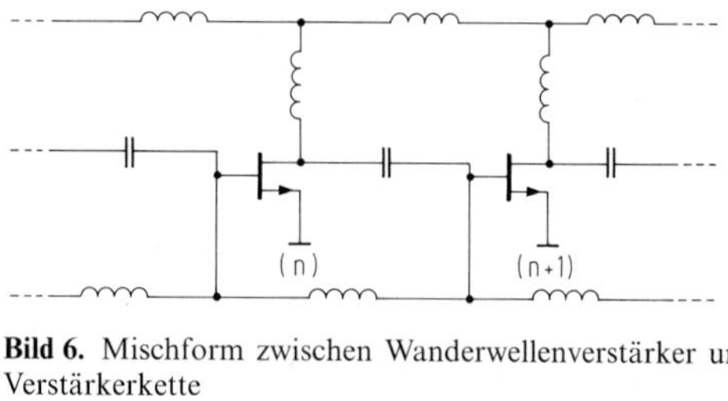

Bild 6. Mischform zwischen Wanderwellenverstärker und Verstärkerkette

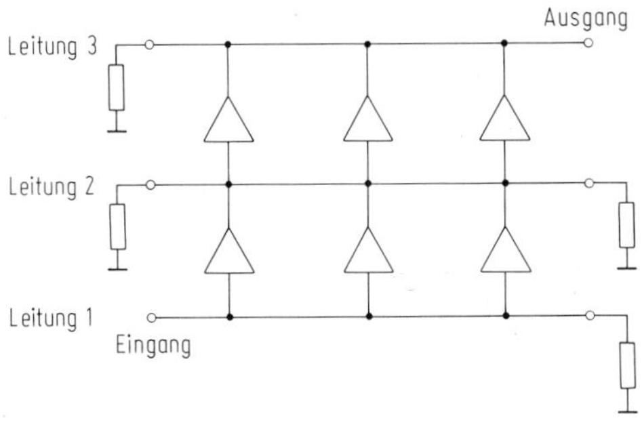

Bild 7. Matrixverstärker

Eine weitere Variante ist der Matrixverstärker [6, 9]. Um bei vorgegebener Chipoberfläche bzw. Anzahl N der Transistoren mehr Verstärkung ohne Verlust an Bandbreite zu erreichen, wird die Ausgangsleitung des 1. Kettenverstärkers als Eingangsleitung eines 2. Kettenverstärkers benutzt (Bild 7).

4.2 Selektive Verstärker
Tuned amplifiers

Hauptsächlich im MHz-Bereich werden für viele technische Anwendungen schmalbandige Kanalverstärker benötigt [11]. Bild 8 zeigt ein Schaltungsbeispiel mit zwei Resonanzkreisen. Es werden grundsätzlich lose angekoppelte Parallelschwingkreise benutzt. Die 50 bzw. 60 Ω des Last- und Quellwiderstands und die Eingangsimpedanzen des Transistors würden parallel zum Schwingkreis die Güte zu stark herabsetzen (Ausnahme: hochohmige MOSFETs im VHF-Bereich). Die Teilankopplung der Spulen und das Übersetzungsverhältnis der Übertrager werden so ausgelegt, daß der Transistor beidseitig leistungsangepaßt ist. Für maximale Güte muß die Resonanzkreiskapazität möglichst klein sein. Eine untere Grenze wird durch parasitäre Kapazitäten gesetzt (Eigenkapazität der Spule, Schaltkapazitäten, Transistorkapazitäten). Durch die Rückwirkung des Transistors wird der Eingangskreis häufig entdämpft; die Schaltung wird leicht instabil. Eine Abhilfe schafft der Einsatz von Dual-Gate-MOSFETs.

Bei n gleichen Resonanzkreisen mit der Bandbreite B, die durch Transistoren entkoppelt sind, wird die Gesamtbandbreite $B_{ges} = B\sqrt{2^{1/n} - 1}$. Der Frequenzgang ist der *eines* Resonanzkreises, d.h. Bandbreite und Selektivität hängen unmittelbar voneinander ab. Wenn man den Frequenzgang beeinflussen will, beispielsweise in der Form, daß die Verstärkung im Durchlaßbereich konstant ist und außerhalb steil abfällt, werden die Resonanzkreise solcher in Kette geschalteter Einkreisverstärker gegeneinander verstimmt (stagger tuned). Durch geeignete Wahl von Resonanzfrequenz und Güte jedes Resonanzkreises läßt sich zum Beispiel Butterworth- oder Tschebyscheff-Charakterisitik einstellen (jeder Kreis ergibt ein konjugiert komplexes Polpaar in der s-Ebene). Durch das Verstimmen der Einzelkreise gegeneinander wird die Weitabselektion des Verstärkers nicht beeinflußt.

Bei Bandfiltern aus gekoppelten Schwingkreisen lassen sich ebenfalls Bandbreite und Selektivität getrennt einstellen. Über kapazitive oder induktive Teilankopplung wird ohne zusätzliche Bauelemente Leistungsanpassung erreicht. Der Verstärker in Bild 9 hat als Eingangsnetzwerk ein induktiv gekoppeltes Bandfilter. Die Eingangskapazität des Transistors ist mit in die kapazitive Teilankopplung einbezogen. Da die induktive Kopplung zwischen Luftspulen meist auch eine ungewollte kapazitive Komponente beinhaltet, sind die Verhältnisse besser kontrollierbar mit magnetisch geschirmten Einzelkreisen und kapazitiver Kopplung, wie im Ausgangsnetzwerk. Bei kritischer Kopplung hat ein zweikreisiges Bandfilter die Bandbreite $B_{ges} = \sqrt{2}\,B$, bei Grenzkopplung $B_{ges} = 3{,}6\,B$, wobei B die Bandbreite eines Einzelkreises ist. Die Weitabselektion bei hohen Frequenzen wird oberhalb von etwa 40 dB durch parasitäre Effekte beeinträchtigt. Wichtig sind die Verwendung von Parallelkondensatoren mit ausreichend kleiner Serieninduktivität und der sachgerechte Aufbau der Schaltung.

Selektive Verstärker werden nicht nur mit diskret aufgebauten L-C-Schwingkreisen, sondern auch mit anderen Resonatoren gebaut (z. B. Keramik-, SAW-, Hohlraum-, dielektrische Resonatoren).

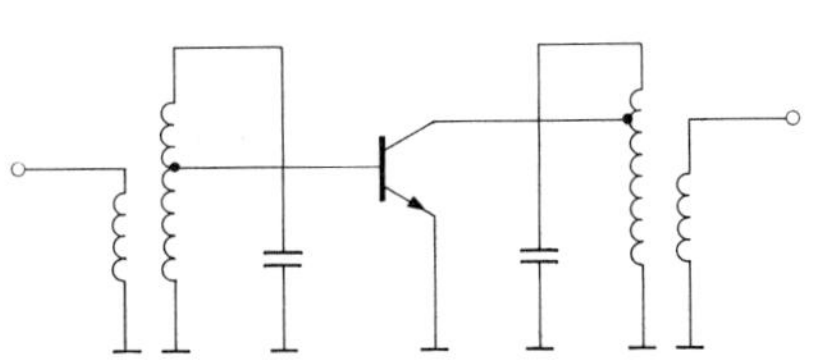

Bild 8. Selektiver Verstärker mit Resonanzkreisen am Eingang und am Ausgang (HF-Schaltbild)

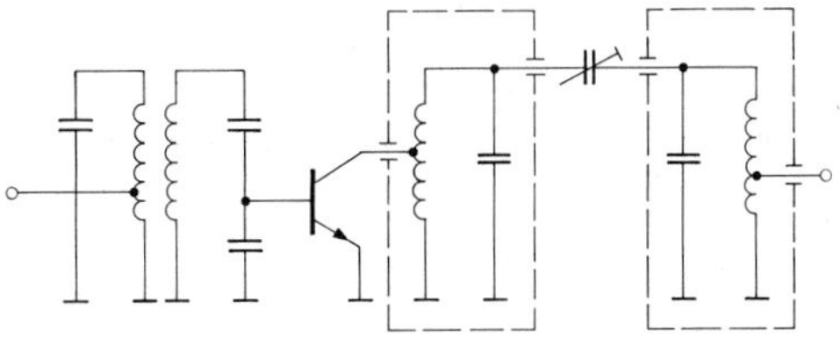

Bild 9. Selektiver Verstärker mit je einem zweikreisigen Bandfilter am Eingang und am Ausgang (HF-Schaltbild)

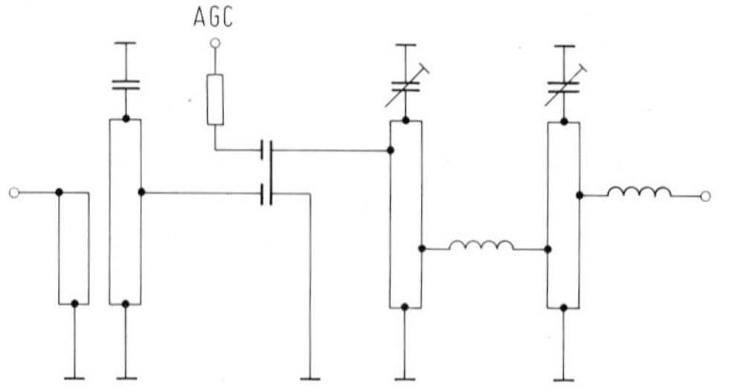

Bild 10. Selektiver UHF-Verstärker mit Leitungsresonatoren

Bild 10 zeigt ein Schaltungsbeispiel im UHF-Bereich mit Leitungsresonatoren.

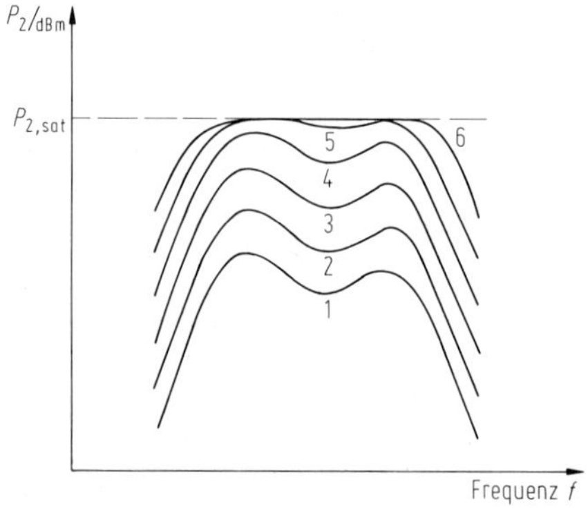

Bild 12. Frequenzgang der Verstärkung im Bereich der Sättigung eines Transistors. Die Eingangsleistung steigt von Kurve zu Kurve um jeweils 1 dB

4.3 Leistungsverstärker
Power amplifiers

Bei Vollaussteuerung eines Transistors mit einem sinusförmigen Eingangssignal (Bild 11) beträgt die maximale Kollektor-Emitter-Spannung

$$U_{\mathrm{CE,\,max}} = 2(U_= - U_{\mathrm{CE,\,sat}}) + U_{\mathrm{CE,\,sat}}\,.$$

Die Sättigungsspannung $U_{\mathrm{CE,\,sat}}$ ist abhängig vom Kennlinienfeld des Transistors (s. M 1) und vom Lastwiderstand R_{L}. Typische Werte sind z. B. 2,5 V bei 50 W und 6 V bei 250 W Ausgangsleistung. Die maximale Ausgangsleistung P_2 eines Transistors ergibt sich damit zu

$$P_2 = \frac{(U_= - U_{\mathrm{CE,\,sat}})^2}{2\,R_{\mathrm{L}}}\,. \tag{2}$$

Ein Leistungstransistor mit einer Kollektor-Emitter-Durchbruchspannung von beispielsweise 50 V und $U_{\mathrm{CE,sat.}} = 6$ V sollte daher bei Vollaussteuerung mit nicht mehr als $U_= = 28$ V betrieben werden. Die Summe aus Gleichspannung $U_=$ und HF-Amplitude muß stets kleiner sein als die Kollektor-Emitter-Durchbruchspannung. Im Unterschied zu diesem cw-Betrieb treten im Schalterbetrieb bei induktiver Last um ein Vielfaches höhere Kollektorspannungen auf. Dann sind schaltungstechnische Maßnahmen (Dioden, Zenerdioden) zur Spannungsbegrenzung unumgänglich.

Im MHz-Bereich, wo preiswerte Transistoren mit hoher Ausgangsleistung zur Verfügung stehen, wird in Analogie zur NF-Verstärkertechnik Gl. (2) benutzt, um den notwendigen Lastwiderstand R_{L} für eine geforderte Ausgangsleistung P_2 zu berechnen. Dies gilt dann, wenn man zum Beispiel einen 100-W-Transistor einsetzt, um einen 60-W-Verstärker zu bauen. Der Transistor wird dann nicht bei Leistungsanpassung am Ausgang betrieben, sondern mit dem berechneten R_{L}. Als zu kompensierendes Blindelement am Kollektor benutzt man, sofern die S- bzw. Y-Parameter im Datenblatt nicht angegeben sind, die Kollektor-Basis-Kapazität des Transistors. Sie wird in der Regel mit dem Faktor 1,2 bis 2 multipliziert, um parasitäre Schaltungskapazitäten und die aussteuerungsbedingte Kapazitätszunahme zu berücksichtigen.

Bild 12 zeigt das typische Verhalten eines Leistungsverstärkers bei Steigerung der Eingangsleistung: Bei stufiger Erhöhung der Eingangslei-

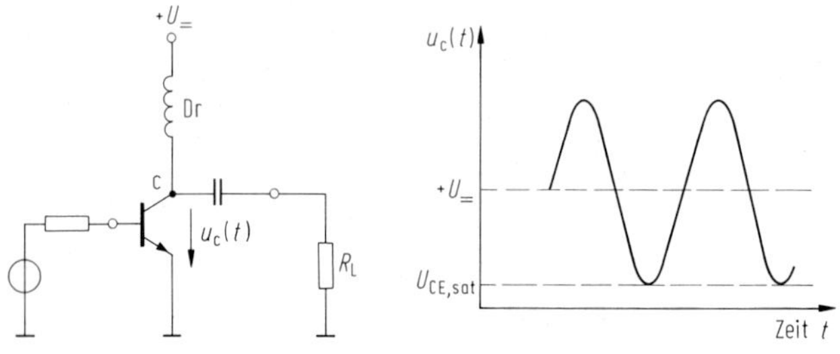

Bild 11. Zeitlicher Verlauf der Kollektorspannung bei Vollaussteuerung eines Transistors; nur die Grundschwingung ist dargestellt

stung P_1 um jeweils 1 dB von Kurve zu Kurve erhöht sich die Ausgangsleistung P_2 ebenfalls überall um 1 dB, solange sich der Transistor im linearen Bereich befindet (Kurven 1, 2 u. 3). Bei weiterer Erhöhung von P_1 kommt der Transistor zunächst im unteren Teil seines Übertragungsbereichs in die Sättigung (Kurve 4). Bei nochmaliger Vergrößerung von P_1 gilt dies dann für den gesamten Durchlaßbereich (Kurve 5). Die Sättigungsleistung $P_{2,\mathrm{sat}}$ läßt sich nicht überschreiten (Kurve 6); der Frequenzgang im Bereich der Sättigung ist typisch sehr glatt. Bei einer Verstärkerkette ist darauf zu achten, daß die Treiber- bzw. Vorstufentransistoren nicht eher in den Bereich der Sättigung kommen als der Endstufentransistor.

Bei weiterer Steigerung von P_2 bzw. Übersteuerung des Eingangs besteht neben der thermischen Überlastung des Transistors die Gefahr, daß die Durchbruchspannung der Basis-Emitter-Strecke überschritten wird. Dieser Effekt wird ebenfalls häufig bei voller Leistung am Eingang und unsachgemäßem Abgleich des Ausgangsanpassungsnetzwerks erreicht. Die Basis-Emitter-Durchbruchspannung liegt bei bipolaren Transistoren zwischen 1 V und 4 V. Bei einer Eingangsimpedanz von z. B. 5 Ω sind $P_1 = 225$ mW ausreichend, um $-1{,}5$ V an der Basis zu erzeugen. Als Schutz kann eine geeignete Diode antiparallel zur Basis-Emitter-Strecke geschaltet werden (Bild 13).

Bei einem Leistungsverstärker werden in der Regel die Endstufentransistoren zerstört, wenn der Verstärker im Leerlauf, also ohne Lastwiderstand betrieben wird. Um dies zu vermeiden, kann man Richtungsleitungen bzw. Zirkulatoren am Ausgang vorsehen (Bild 13). Von einigen Firmen werden allerdings auch kurzschluß- bzw. leerlauffeste Transistoren geliefert (100% mit $VSWR = \infty$ getestet). Bei der rechnerischen Kontrolle, ob die maximale Verlustleistung eines Transistors stets kleiner bleibt als der vom Hersteller angegebene Grenzwert, geht man nicht von Leistungsanpassung am Ausgang und dem dann in der Regel recht guten Wirkungsgrad aus, sondern vom ungünstigsten Betriebszustand, also maximale Umgebungstemperatur, ungünstige Fehlanpassung und (nur bei A-Betrieb) HF-Eingangssignal 0. In kritischen Fällen ist es sinnvoll, das Eingangsanpassungsnetzwerk schmalbandiger auszulegen als das Ausgangsnetzwerk, so daß die Ansteuerleistung außerhalb des Betriebsfrequenzbereichs bereits reflektiert wird, bevor sie den Transistor erreicht.

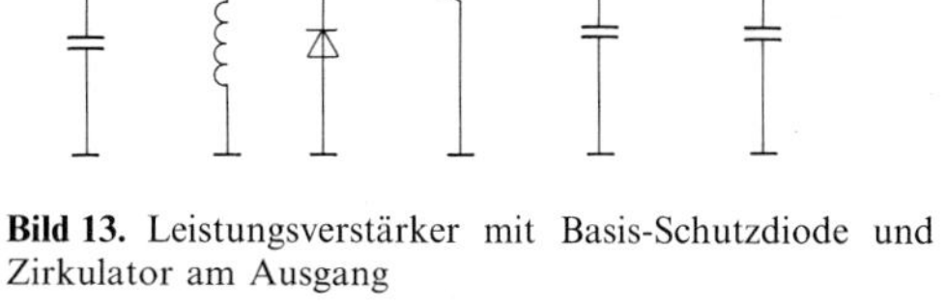

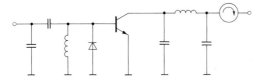

Bild 13. Leistungsverstärker mit Basis-Schutzdiode und Zirkulator am Ausgang

Leistungstransistoren bestehen im Inneren aus vielen parallelgeschalteten Transistoren. Mit zunehmender Leistung werden daher die Eingangs- und Ausgangsimpedanzen niederohmiger. Typische Werte (bipolare Transistoren, 450 MHz) sind zum Beispiel:

$\frac{P_2}{\mathrm{W}}$	$\frac{\underline{Z}_1}{\Omega}$	$\frac{\underline{Z}_2}{\Omega}$	$\frac{\underline{U}_c}{\mathrm{V}}$	$\frac{I_c}{\mathrm{mA}}$
0,1	$15 - \mathrm{j}10$	$90 - \mathrm{j}50$	10	30
1	$6 - \mathrm{j}\,5$	$75 - \mathrm{j}45$	28	80
50	$0{,}7 + \mathrm{j}\,1{,}5$	$2 + \mathrm{j}\,1$	28	$3{,}6 \cdot 10^3$

Bei voller Leistung fließen sehr große Ströme im Verstärker. In den Anpassungsnetzwerken treten diese nochmals mit der Güte Q multipliziert auf. Bei sämtlichen Bauelementen vom Durchführungsfilter bis zum Koppelkondensator ist deshalb die zulässige Strom-/Spannungsbelastbarkeit und die Verlustleistung zu kontrollieren. Ungünstige Transformationen bzw. thermisch überlastete Komponenten erkennt man zum Beispiel durch ein Absinken der Ausgangsleistung wenige Sekunden nach dem Einschalten des Verstärkers.

Zur weiteren Erhöhung der Ausgangsleistung werden mehrere Transistoren parallelgeschaltet. Allerdings nicht unmittelbar, da dann einerseits Eingänge und Ausgänge noch niederohmiger würden und damit schwieriger anzupassen wären und andererseits der Ausfall eines Transistors den Ausfall des Verstärkers bedeuten würde, sondern mit Schaltungen entsprechend Bild 14. Bei verlustlos angenommenen Netzwerken zum gleichmäßigen Aufteilen bzw. Zusammenführen der Leistungen ergibt sich jeweils eine Verdopplung der Ausgangsleistung.

Sofern Leistungstransistoren an der oberen Grenze ihres nutzbaren Frequenzbereichs eingesetzt werden, sind auch im C-Betrieb für die Harmonischen Pegel von -25 dBc und besser erreichbar. Zum einen haben gute Anpaßnetzwerke Tiefpaßcharakter, und zum anderen ist die Verstärkung des Transistors bei Vielfachen der Betriebsfrequenz bereits sehr stark abgefallen. Die Gegentaktverstärkerschaltungen in Bild 14a bis 14c verringern den Anteil der doppelten Frequenz im Ausgangssignal erheblich (theoretisch: Auslöschung). Durch Vermindern der Harmonischen läßt sich der Wirkungsgrad von Leistungsverstärkern beträchtlich verbessern. Wicklungsüberträger mit Ferritkern werden bis etwa 30 MHz eingesetzt, Leitungsübertrager (s. L 13) bis etwa 1 GHz, Symmetrierglieder mit Koaxialleitungen bis etwa 500 MHz und in Streifen- bzw. Microstrip-Leitungstechnik bis in den Mikrowellenbereich.

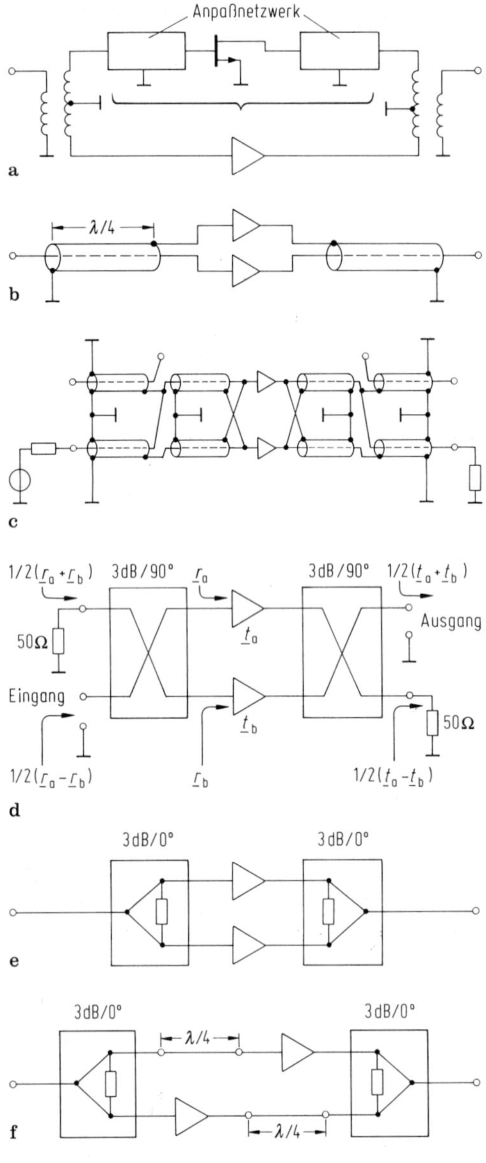

Bild 14. Verfahren zum Aufteilen und Zusammenführen gleichgroßer Signale bei der Parallelschaltung von Leistungstransistoren des gleichen Typs. **a)** Wicklungs- oder Leitungsübertrager; **b)** λ/4-Leitungstransformator; **c)** zweistufiger Leitungstransformator; **d)** Hybrid-Verstärker mit 3-dB/90°-Richtkopplern; **e)** isolierender Leistungsteiler, 3-dB/0°; **f)** schmalbandige Alternative zu d)

Die Parallelschaltung zweier Transistoren in Hochleistungsendstufen bringt so viele Vorteile, daß sie praktisch immer angewendet wird. Einige Transistoren für hohe Leistungen werden deshalb bereits paarweise auf einem Kühlkörper geliefert. In den Gegentaktschaltungen übernimmt der Symmetrietransformator den größten Teil der Impedanztransformation. Die niederohmigen Eingangsimpedanzen der beiden Verstärker sind bezüglich des Transformatorausgangs in Serie geschaltet. Damit liegen günstigere Verhältnisse vor als bei einem Einzeltransistor. Vorteilhaft bei weiterer Parallelschaltung ist folgende Kombination: Zwei Gegentaktverstärker (Vorteil: geringe Netzwerkverluste, guter Wirkungsgrad wegen der Unterdrückung der doppelten Frequenz) werden über zwei 3-dB/90°-Richtkoppler zusammengefaßt. Aufgrund der Richtkopplereigenschaften wird die zu den Bandgrenzen hin ansteigende Fehlanpassung der Gegentaktverstärker an Ein- und Ausgang der Gesamtschaltung nicht wirksam (Bild 14d).

Die Hybrid-Verstärker in Bild 14d, f und der Verstärker in Bild 14e sind keine Gegentaktverstärker. Auch die englischen Bezeichnungen push-pull amplifier und balanced amplifier sind falsch. Die HF-Signale in den beiden parallelgeschalteten Transistoren sind hier nur 90° bzw. 0°, jedoch nicht 180° phasenverschoben. Damit tritt bei diesen Schaltungen keine Auslöschung der geradzahligen Harmonischen auf.

Ein Beispiel für die konsequente Parallelschaltung von Transistoren ist der in [12] beschriebene Sendeverstärker für ein Radargerät. Mit 288 allein in der Endstufe parallelgeschalteten Transistoren wird bei 1,3 GHz eine Pulsausgangsleistung von 30 kW erreicht.

4.4 Rauscharme Verstärker
Low-noise amplifiers (LNA's)

Die Rauschzahl ist nur in der 1. Stufe einer Verstärkerkette bzw. unmittelbar am Eingang eines Signalverarbeitungssystems von besonderer Bedeutung. Die Rauschzahl F eines Transistorverstärkers ist abhängig vom Transistortyp, vom Gleichstromarbeitspunkt, von der Frequenz, von der Temperatur und vom Reflexionsfaktor $\underline{r}_G$. Der entscheidende Punkt beim Entwurf eines rauscharmen Verstärkers ist die Auswahl des richtigen Transistortyps. Für $\underline{r}_G = \underline{r}_{opt}$ wird bei diesem Transistor die minimale Rauschzahl F_{min} erreicht (s. D 3.4). Dieser Betriebszustand heißt Rauschanpassung. Er stimmt bei den meisten Transistoren nicht mit dem der Leistungsanpassung ($\underline{r}_G = \underline{r}_1^*$) überein. Zur anschaulichen Darstellung des Zusammenhangs zwischen $\underline{r}_G$ und F kann man in der $\underline{r}_G$-Ebene den geometrischen Ort all der Generatorreflexionsfaktoren $\underline{r}_G$ darstellen, die die gleiche Rauschzahl F zur Folge haben. Für diese Kreise konstanter Rauschzahl (Bild 15) gilt:

$$\text{Kreismittelpunkt} \quad \underline{M}_F = \frac{\underline{r}_{opt}}{1 + a} \qquad (3)$$

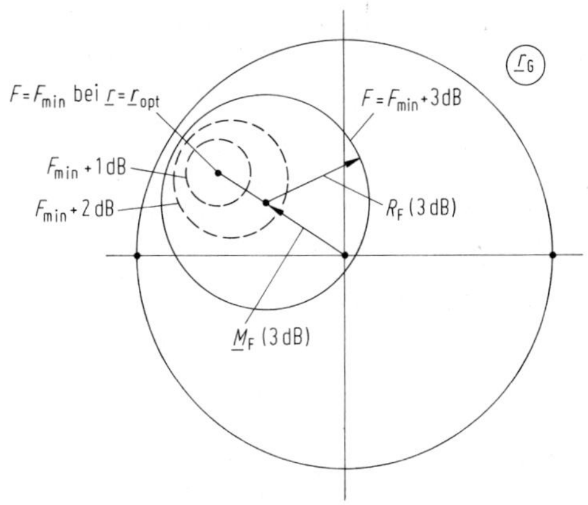

Bild 15. Kreise konstanter Rauschzahl in der $\underline{r}_G$-Ebene

$$\text{Kreisradius} \quad R_F = \frac{\sqrt{a(1 + a - r_{opt}^2)}}{1 + a} \tag{4}$$

$$\text{mit} \quad a = \frac{F - F_{min}}{4 R_N/R_0} \, |1 + \underline{r}_{opt}|^2 .$$

Die Kreismittelpunkte $\underline{M}_F$ liegen auf einer Geraden durch $\underline{r}_G = 0$. Der normierte äquivalente Rauschwiderstand R_N/R_0, sowie F_{min}, r_{opt} und der dazugehörige Arbeitspunkte sind bei rauscharmen Transistoren im Datenblatt angegeben. Sie heißen Rauschparameter (noise parameters). Zusätzlich müssen für diesen Arbeitspunkt die S-Parameter bekannt sein. Die minimale Rauschzahl F_{min} ist eine Eigenschaft des Transistors. Sie ist unabhängig davon, ob der Transistor in Emitter-, Basis- oder Kollektorschaltung betrieben wird. Durch verlustlose Anpaßnetzwerke wird sie nicht verändert. Die Leistungsverstärkung g_a bei Rauschanpassung (associated gain) ist kleiner als die mit dem betreffenden Transistor erreichbare maximale Verstärkung g_{max}. Dies liegt nicht nur daran, daß der Generator bei Rauschanpassung wegen $\underline{r}_{opt} \neq \underline{r}_1^*$ nicht seine maximale Leistung an den Transistor abgeben kann, sondern auch daran, daß die minimale Rauschzahl bei relativ kleinen Drainströmen (Kollektorströmen) auftritt, während g_{max} in der Regel erst bei größeren Strömen erreicht wird.
Die anpassungsbedingte Verstärkungsminderung läßt sich durch verlustlose Rückkopplungsnetzwerke verringern (z.B. Stromgegenkopplung entsprechend Bild 3.4b über eine Induktivität [13–15]). Alle im HF-Schaltbild enthaltenen Wirkwiderstände bzw. Transformationsverluste verschlechtern die Rauschzahl des Verstärkers. Schmalbandig erreicht man bei Raumtemperatur mit GaAs-MESFETs bis 10 GHz und mit Heterostruktur-FETs [16] bis etwa 65 GHz Rauschzahlen $F_{min} < 1$ dB. Bei rauscharmen Breitbandverstärkern sind die Rauschzahlen größer. Typische Werte sind z.B. $F = 2{,}5$ dB für einen GaAs-MMIC von 0,5 bis 6 GHz und $F = 5$ dB von 2 bis 20 GHz. Für viele technische Anwendungen ist der Frequenzgang $F(f)$ wichtiger als die integrale Rauschzahl.
Sowohl bei bipolaren Transistoren als auch bei FETs steigt die Rauschzahl mit zunehmender Temperatur T. Für GaAs-FETs gilt etwa

$$F(T) = 1 + (F(T_0) - 1) \; T/T_0 . \tag{5}$$

Die Verbesserung bei tiefen Temperaturen läßt sich bei GaAs-FETs in geeignet aufgebauten Verstärkern bis herab zu wenigen Kelvin nutzen [21]. Bipolare Transistoren arbeiten unterhalb etwa −80 °C nicht mehr. Für komplette Verstärker bzw. MMICs gelten diese einfachen Zusammenhänge zwischen Temperatur und Rauschzahl nicht notwendigerweise. Bei entsprechender Auslegung der Schaltung ist es möglich, daß die Rauschzahl mit zunehmender Temperatur zunächst kleiner wird.

4.5 Logarithmische Verstärker
Logarithmic amplifiers

Ein logarithmischer HF-Verstärker (true logarithmic amplifier) hat bezüglich der Spannungsamplituden eine logarithmische Übertragungsfunktion:

$$U_2 \sim \lg(U_1/U_0) .$$

Die Phaseninformation bleibt erhalten. Aufgrund der logarithmischen Kennlinie werden kleine Signale mehr verstärkt als große Signale. Damit erzeugt ein sinusförmiges Eingangssignal ein nicht-sinusförmiges Ausgangssignal (Bild 16).

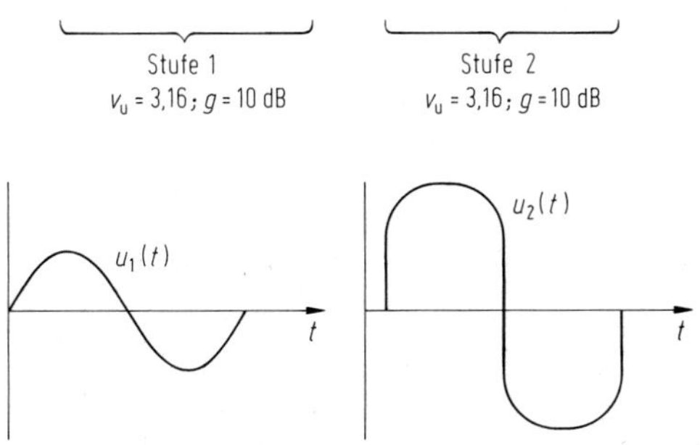

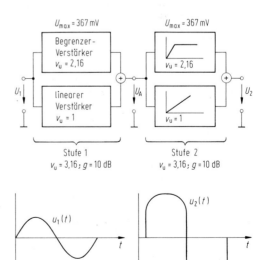

Bild 16. Zweistufiger logarithmischer HF-Verstärker

Die Steigung a der Übertragungsfunktion wird in mV/dB angegeben. Ein typischer Wert ist $a = 25$ mV/dB,

$$U_2 = a \cdot 20 \lg(U_1/U_0).$$

Im NF-Bereich wird die log. Übertragungsfunktion approximiert, indem man eine bzw. zwei antiparallele Dioden als Rückkopplungselement eines Operationsverstärkers einsetzt. Im HF-Bereich wird die log. Funktion durch Aneinanderfügen linearer Kennlinienstücke angenähert (Bild 17). Im Schaltungsbeispiel entsprechend Bild 16 hat jede Stufe 10 dB Verstärkung. Bis zu Eingangsspannungen von 36,7 mV (Punkt P_2) arbeitet die Schaltung als linearer Verstärker mit der Spannungsverstärkung $v_u = 10$. Bei größeren Spannungen begrenzt der Begrenzerverstärker in Stufe 2. Die Parallelschaltung beider Verstärker hat dann die Übertragungsfunktion $U_2 = U_A + 250$ mV, d. h. Eingangssignale im Bereich zwischen P_2 und P_3 werden von der 1. Stufe mit $v_u = 3{,}16$ verstärkt und von der 2. Stufe um konstant 250 mV angehoben. Oberhalb von P_3 begrenzt auch die 1. Stufe. Alle Eingangssignale werden mit $v_u = 1$ verstärkt und um 500 mV angehoben.

Mit zwei derartigen Stufen ergibt sich demnach ein logarithmischer Verstärker mit einem Dynamikbereich von 30 dB (von P_1 bis P_4) und einer Steigung $a = 25$ mV/dB. Schaltet man N identische Stufen hintereinander, so vergrößert sich der Dynamikbereich auf $(N + 1) \cdot 10$ dB.

Eine Verstärkerstufe entsprechend Bild 16 wird entweder durch einen Differenzverstärker realisiert (Bild 18) [18], oder man benutzt ohmsche Leistungsteiler 3 dB/0° bzw. 6 dB/0° zum Parallelschalten zweier unabhängiger Verstärker [20]. Bei einer Stufenverstärkung von 10 dB beträgt die Abweichung zwischen linearer und logarithmischer Kennlinie ±0,81 dB. Mit realen, nichtlinearen Verstärkern verschwindet der Kennlinienknick bei P_2 und P_3 und die Abweichung vom gewünschten Verlauf wird wesentlich kleiner [18]. Logarithmische Verstärker nach diesem Schaltungsprinzip sind üblicherweise auf Frequenzen unterhalb von 1 GHz beschränkt. Weitere Nachteile sind unter Umständen der begrenzte Dynamikbereich oder die andernfalls stark ansteigende Leistungsaufnahme.

Bei vielen Anwendungen wird nur die logarithmierte Hüllkurve des Eingangssignals benötigt. Bild 19 zeigt ein Schaltungsbeispiel, bei dem das Eingangssignal zunächst von einer Detektordiode gleichgerichtet und dann verstärkt wird. Durch die logarithmische Kennlinie wird die Anstiegszeit eines Pulses am Ausgang kleiner als am Eingang (z. B. 10 ns). Die Abfallzeit wird dagegen wesentlich verlängert (z. B. 100 ns). Da der Dynamikbereich der Anordnung in Bild 19 durch

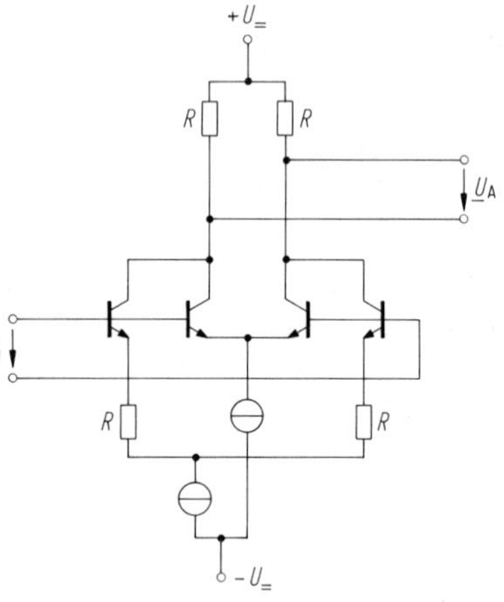

Bild 18. Differenzverstärkerschaltung als Beipiel für eine Verstärkerstufe entsprechend Bild 16

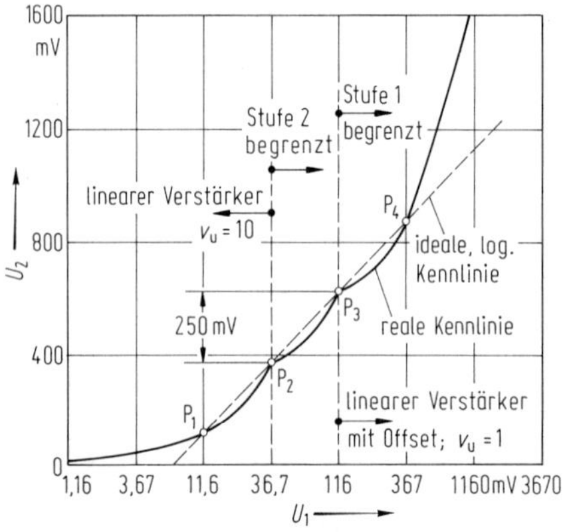

Bild 17. Übertragungsfunktion des zweistufigen logarithmischen HF-Verstärkers von Bild 16

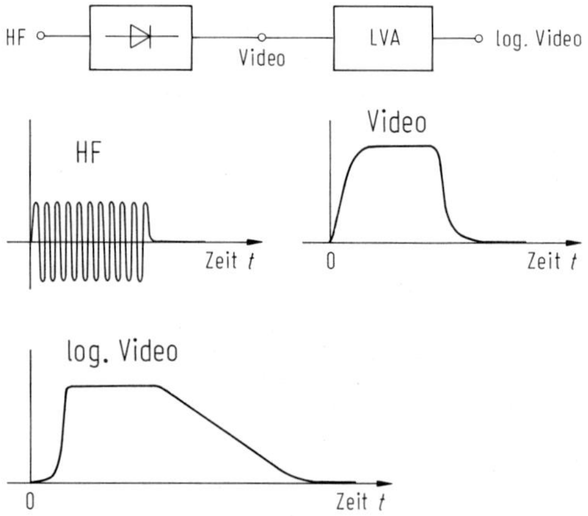

Bild 19. Detector logarithmic video amplifier (DLVA)

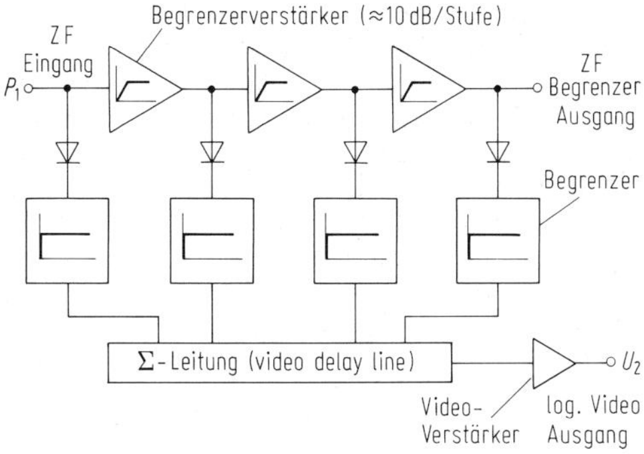

Bild 20. Logarithmischer ZF-Verstärker (log. IF amplifier bzw. successive detection log. video amplifier, SDLVA)

den Dynamikbereich der Detektordiode eingeschränkt ist, werden statt dessen meist mehrstufige Schaltungen entsprechend Bild 20 verwendet [17, 19]. Hier hat jede Detekordiode nur einen Dynamikbereich von 10 dB zu verarbeiten. Die in Kette geschalteten identischen Begrenzerverstärker ergeben zusammen mit den aufsummierten Videosignalen der einzelnen Detektordioden wieder analog zu Bild 17 eine durch Geradenstücke approximierte, logarithmische Übertragungsfunktion.

Zusätzlich zur Begrenzung im ZF-Bereich kann auch im Video-Bereich begrenzt werden. Die Ausgangsspannung solcher logarithmischer Video-Verstärker (LVA) ist proportional zum Eingangs*pegel*:

$$U_2 = a \cdot 10 \lg(P_1/P_0).$$

Der logarithmische ZF-Verstärker nach Bild 20 stellt am Begrenzerausgang die Frequenz- bzw. Phaseninformation zur Verfügung. Gleichzeitig werden am Videoausgang ein großer Dynamikbereich und kurze Anstiegs- und Abfallzeiten ermöglicht.

Typische Kenngrößen eines derartigen Verstärkers sind:

- Dynamikbereich von -75 dBm bis $+5$ dBm,
- ZF-Bereich bis 3 GHz, unter Umständen beginnend bei der Frequenz 0,
- Abweichung von der logarithmischen Kennlinie: ± 1 dB,
- Anstiegs- und Abfallzeiten: 5 ns,
- Phasenfehler am Begrenzerausgang $< \pm 10°$.

Spezielle Literatur: [1] *Niclas, K. B.:* Multi-octave performance of single-ended microwave solid-state amplifiers. IEEE-MTT 32, Nr. 8 (1984) 896–908. – [2] *Aitchison, C. S.; Bukhari, M. N.; Tang, O. S. A.:* The enhanced power performance of the dual-fed distributed amplifier. European Microwave Conference (1989) 439–444. – [3] *Ayasli/Mozzi/Vorhaus/Reynolds/Pucel:* A monolithic GaAs 1–13 GHz traveling wave amplifier. IEEE-MTT 30 (1982) 976–981. – [4] *Beyer/Prasad/Becker/Nordmann/Hohenwarter:* MESFET distributed amplifier design guidelines. IEEE-MTT 32 (1984) 268–275. – [5] *Rodwell/Riaziat/Weingarten/Bloom:* Internal microwave propagation and distortion characteristics of traveling wave amplifiers studied by electro-optic sampling. IEEE-MTT 34 (1986). – [6] *Niclas, K. B.; Pereira, R. R.:* The matrix amplifier: a high-gain module for multioctave frequency bands. IEEE-MTT 35, Nr. 3 (1987) 296–306. – [7] *Cioffi, K. R.:* Broadband distributed amplifier impedance-matching techniques. IEEE-MTT 37, Nr. 12 (1989) 1870–1876. – [8] *Riaziat/Brandy/Ching/Li:* Feedback in distributed amplifiers. IEEE-MTT 38, Nr. 2 (1990) 212–215. – [9] *Niclas, K.; Pereira, R.; Chang, A.:* A 2–18 GHz low-noise/high-gain amplifier module. IEEE-MTT 37, Nr. 1 (1989) 198–207. – [10] *Ross, M.; Harrison, R. G.; Surridge, R. K.:* Taper and forward-feed in GaAs MMIC distributed amplifiers. IEEE-MTT-S Digest 1989 1039–1042. – [11] *Hetterscheid, W. Th.:* Selektive Transistorverstärker I, II. Philips Technische Bibliothek, Hamburg 1965 (1971). – [12] *Bird, S.; Matthew, R.:* A production 30-kW, L-Band solid-state transmitter. IEEE MTT-S Digest (1989) 867–870. – [13] *Fukui, H.* (Hrsg.): Low noise microwave transistors and amplifiers (div. Fachaufsätze) IEEE Press, N.Y. 1981. – [14] *Enberg, J.:* Simultaneous input power match and noise optimization using feedback. European Microwave Conf. Digest (1974) 385–389. – [15] *Murphy, M. T.:* Applying the series feedback technique to LNA design. Microwave J., Nov. (1989) 143–152. – [16] *Mimura, T.; Hiyamizu, S.; Fujii, T., Nanbu, K.:* A new field effect transistor with selectively doped GaAs/n-AlGaAs heterojunctions. Japan. J. Appl. Phys. 19 (1980) L 225. – [17] *Lansdowne, K. H.; Norton, D. E.:* Log amplifiers solve dynamic-range problems and rapid-pulse-response problems. MSN & CT, Oct. (1985) 99–109. – [18] *Hughes, R. S.:* Logarithmic amplification. Dedham, MA: Artech House 1986. – [19] *Oki/Kim/Gorman/Camou:* High-performance GaAs heterojunction bipolar transistor monolithic logarithmic IF amplifiers. IEEE-MTT 36 (1988) 1958–1965. – [20] *Smith, M. A.:* A 0,5 to 4 GHz true logarithmic amplifier utilizing GaAs MESFET technology. IEEE-MTT 36, Nr. 12 (1988) 1986–1990. – [21] *Pospieszalski, M. W.; Weinreb, S.; Norrod, R. D.; Harris, R.:* FET's and HEMT's at cyrogenic temperatures – their properties and use in low-noise amplifiers. IEEE-MTT 36, Nr. 3 (1988) 552–560. – [22] *Becker, R. C.; Beyer, J. B.:* On gain-bandwidth product for distributed amplifiers. IEEE-MTT 34 (1986) 736–738. – [23] *Aitchinson, C. S.:* The intrinsic noise figure of the MESFET distributed amplifier. IEEE-MTT 33 (1985) 460–466.

5 Nichtlinearität
Nonlinearity

5.1 1-dB-Kompressionspunkt
1-dB gain compression point

Trägt man die Ausgangsleistung P_2 eines Transistors bzw. Verstärkers als Funktion der Eingangsleistung P_1 jeweils in dBm auf, so ergibt sich typisch ein Kurvenverlauf wie in Bild 1. Mit zunehmender Eingangsleistung gerät der Transi-

Spezielle Literatur Seite F 31

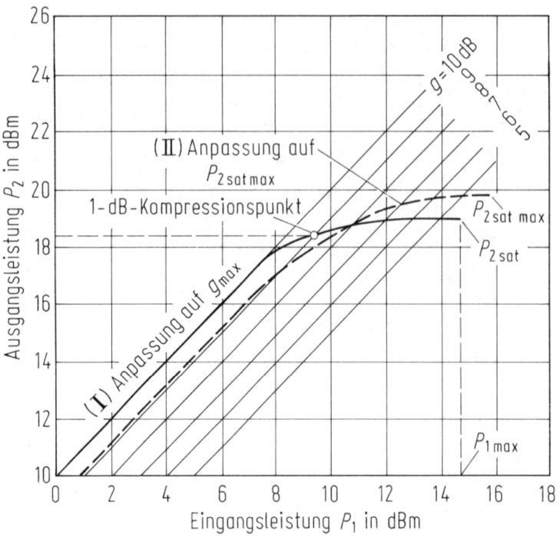

Bild 1. Übertragungskennlinien eines Transistorverstärkers; 1-dB-Kompressionspunkt und Sättigungsbereich. Dargestellt ist die Leistung der Grundschwingung bei einer festen Frequenz

stor in die Sättigung, das heißt P_2 nimmt nicht mehr proportional zu P_1 zu, die Verstärkung g sinkt. Die Ausgangsleistung P_2, bei der die Verstärkung um 1 dB kleiner ist als im linearen Bereich, wird als 1-dB-Kompressionspunkt des Verstärkers bezeichnet ($P_{1\,\mathrm{dB}}$).

Im Sättigungsbereich sind die S-Parameter eines Transistors pegelabhängig. Insofern erhält man Kurve I, wenn ein Transistor im linearen Bereich unterhalb der Sättigung beidseitig leistungsangepaßt wird. In der Sättigung ist dieser Transistor dann fehlangepaßt. Soll ein Transistor maximale Sättigungsleistung liefern, muß er bei $P_{\mathrm{sat,max}}$ beidseitig leistungsangepaßt sein. Daraus resultiert immer eine Fehlanpassung bei kleinerer Aussteuerung und damit $g < g_{\max}$ im linearen Bereich. Ein Leistungsverstärker kannn nur dann auf hohe Sättigungsleistung abgeglichen werden, wenn ausreichend viel Ansteuerleistung zur Verfügung steht. Beim Aufbau eines mehrstufigen Verstärkers beginnt man also stets mit der Eingangsstufe.

Bei Kleinsignaltransistoren liegt die Sättigungsausgangsleistung $P_{2,\mathrm{sat}}$ um 3 bis 6 dB über $P_{1\,\mathrm{dB}}$. Bei Leistungstransistoren verringert sich dieser Abstand auf etwa 1 bis 3 dB. Das Verhalten in der Sättigung wird von der Art des Gleichstromnetzwerks beeinflußt. Eine Steigerung des Eingangspegels über $P_{1\,\max}$ hinaus führt von einem bestimmten Wert ab bei bipolaren Transistoren zunächst zu einem leichten Anstieg der Rauschzahl. Bei weiterer Steigerung nimmt dieser Anstieg weiter, irreversibel zu. Danach sinkt die Verstärkung, ebenfalls irreversibel. Eine darüber hinausgehende Übersteuerung führt zum endgültigen Ausfall (s. 4.3). Im Unterschied dazu ist das typische Verhalten von GaAs FETs eine abrupte Zerstörung bei Übersteuerung, ohne Vorankündigung.

5.2 Harmonische
Harmonics

Infolge der nichtlinearen Übertragungskennlinie eines Transistors enthält das Ausgangssignal bei sinusförmigem Eingangssignal mit der Frequenz f_1 stets neben der verstärkten Grundschwingung die harmonischen Frequenzen $2f_1, 3f_1, \dots nf_1$ etc. (die Bezeichnungen „Grund*welle*" (s. K 1) und „Ober*wellen*" sollten vermieden werden). Mit zunehmender Ordnungszahl n klingt die Amplitude der Hüllkurve dieser Spektrallinien üblicherweise schnell ab. Das kennlinienbedingte Abklingen wird unterstützt durch die mit zunehmender Frequenz abnehmende Verstärkung.

Die primäre Beeinflussung des Harmonischenanteils im Ausgangssignal erfolgt über die Auswahl des Bereichs der Kennlinie, der ausgesteuert wird, das heißt über den Gleichstromarbeitspunkt (I_c *und* U_c) (A-, B-, C-Verstärker) sowie über den gewählten Transistortyp und die Schaltungsart (z. B. Gegentaktverstärker). Bei Verstärkern mit relativen Bandbreiten kleiner als 2 : 1 wird die Filterwirkung des Ausgangsnetzwerks genutzt (Tiefpaß- bzw. Bandpaßanpassung). Zur Kennzeichnung eines Verstärkers wird für einen festen Ausgangspegel, beispielsweise die Nennausgangsleistung, der jeweilige minimale Pegelunterschied in dB zwischen der n-ten Harmonischen und der Grundschwingung angegeben (Maßeinheit dBc: dB below carrier). Im Bereich der Sättigung steigen die Amplituden der Harmonischen überproportional an. Bei der Messung der Ausgangsleistung eines Verstärkers mit einem Leistungsmesser ist zu kontrollieren, ob dieser die Summenleistung

$$P_{\mathrm{ges}} = P(f_1) + P(2f_1) + \dots P(n \cdot f_1) + \dots$$

anzeigt oder nur Teile davon (s. I 13). Wirkungsgradangaben beziehen sich immer auf die Grundschwingung.

5.3 Intermodulation
Intermodulation

Intermodulation beschreibt die Wechselwirkungen zwischen Eingangssignalen benachbarter Frequenzen aufgrund der nichtlinearen Transistorkennlinie. Sie wird mit zwei Signalen gleicher Amplitude der Frequenz f_1 und f_2 am Verstärkereingang gemessen. Der Abstand zwischen f_1 und f_2 beträgt wenige MHz. Die Intermodulationsprodukte 2. Ordnung, bei den Frequenzen $f_2 \pm f_1$ fallen nur dann in den Durchlaßbereich

des Verstärkers, wenn die relative Bandbreite größer als 2 : 1 ist. Dagegen liegen von den Intermodulationsprodukten 3. Ordnung diejenigen bei den Frequenzen $2f_1 - f_2$ und $2f_2 - f_1$ praktisch immer innerhalb des Durchlaßbereichs (Bild 2).
Aufgrund der üblichen mathematischen Beschreibung einer schwachen Nichtlinearität (Gl. (2)) steigt im Kleinsignalbereich die Grundschwingung mit 1 dB am Ausgang pro 1 dB am Eingang an, jeder Intermodulationsterm IM_2 mit 2 dB am Ausgang pro 1 dB am Eingang und jeder Intermodulationsterm IM_3 mit 3 dB pro 1 dB (Bild 3). Spätestens im Sättigungsbereich flachen die Kurven ab. *Theoretisch* treffen sich die extrapolierten Geraden in einem Punkt, dem intercept point IP. Bei Gegentaktverstärkern sind die IM_2-Werte wesentlich kleiner und zeigen einen stark nichtlinearen Verlauf. Der IP_2 liegt

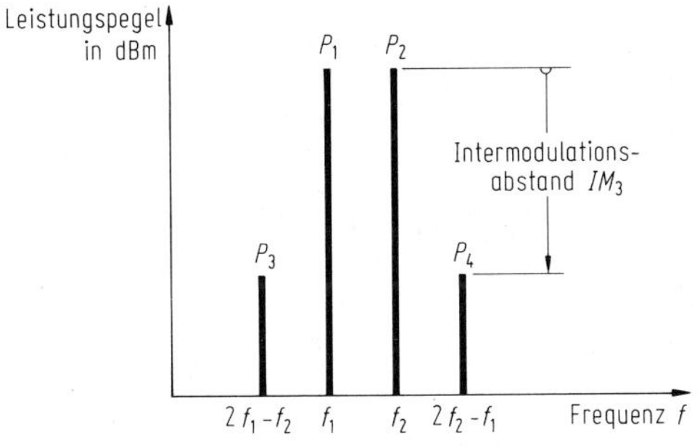

Bild 2. Lage der Intermodulationsprodukte 3. Ordnung P_3 und P_4 (two tone third order intermodulation distortion)

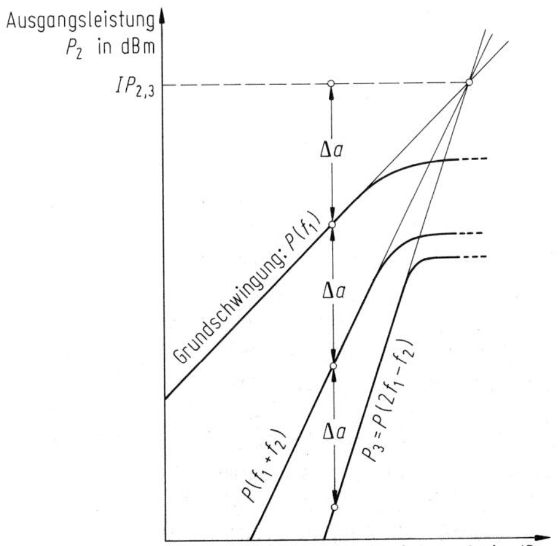

Bild 3. Leistungspegel der am Verstärkerausgang auftretenden Spektrallinien als Funktion der Eingangsleistung. Idealisierte Kurvenverläufe zur Definition des second order (IP_2) und third order intercept point (IP_3)

bei wesentlich höheren Pegeln als der IP_3. Von besonderem Interesse ist deshalb die IM_3-Kurve. Die Angabe des Schnittpunkts IP_3 (third order intercept point) in dBm kennzeichnet das Intermodulationsverhalten eines Transistors bzw. Verstärkers. Ist die Grundschwingung um Δa in dB kleiner als IP_3, dann ist der störende Intermodulationsterm 3. Ordnung um $3\Delta a$ kleiner als IP_3. Für zwei Signale mit unterschiedlicher Amplitude ergeben sich die Störpegel zu (alle Pegel in dBm; Bezeichnungen s. Bild 2):

$$P_3 = 2P_1 + P_2 - 2IP_3$$
$$P_4 = P_1 + 2P_2 - 2IP_3 . \qquad (1)$$

Diese Gleichungen gelten ebenfalls für die beiden Intermodulationsprodukte 2. Ordnung, sofern man IP_3 durch IP_2 ersetzt.
Die Größe der Intermodulationsprodukte eines Verstärkers hängt ab vom Transistortyp, vom ausgesteuerten Kennlinienbereich (niedrigste Verzerrung bei symmetrischer Begrenzung) sowie von der Verstärkung und der Lastimpedanz $\underline{Z}_L$ bei den verschiedenen im mathematischen Ausdruck auftretenden Frequenzen. FETs zeigen häufig eine näherungsweise quadratische Kennlinie, die sich über einen großen Aussteuerungsbereich erstreckt. Verglichen mit der exponentiellen Kennlinie bei bipolaren Transistoren ergeben sich dadurch geringere Intermodulationsprodukte 3. Ordnung.
Die in Bild 3 aufgetragenen Leistungen gehören jeweils zu einer Spektrallinie. Bei zwei gleichgroßen Spektrallinien ist der zeitliche Mittelwert der Gesamtleistung 3 dB und der Spitzenwert der Schwebung (peak envelope power PEP) 6 dB größer.

5.4 Kreuzmodulation
Crossmodulation

Unter Kreuzmodulation versteht man die Übertragung der Modulation (bzw. der Seitenbandinformation) eines Signals A auf ein Signal B. Beide Signale liegen im Durchlaßbereich des Verstärkers. Bild 4 veranschaulicht den Effekt und das Meßverfahren. Der Frequenzabstand Δf beträgt wenige MHz. Die Kreuzmodulation ist ein Sonderfall der Intermodulation.

5.5 AM-PM-Umwandlung
AM-to-PM conversion

Die mit zunehmender Eingangsamplitude auftretende Änderung der S-Parameter eines Transistors beinhaltet auch die Phase des Transmissionsfaktors und damit die Gruppenlaufzeit. Die Ansteuerung eines Transistors mit Amplituden

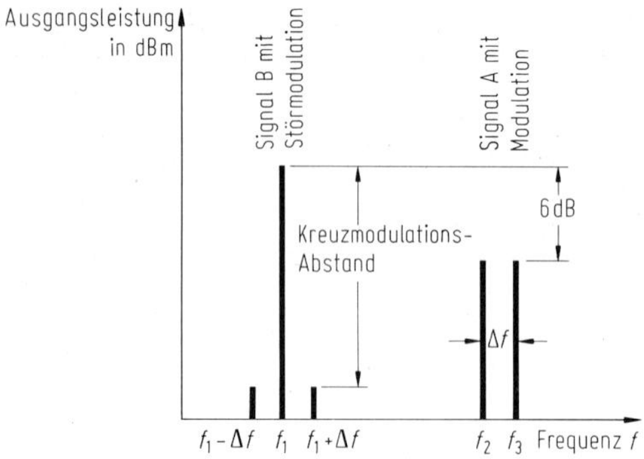

Bild 4. Messung des Kreuzmodulationsabstands mit drei Sinussignalen f_1, f_2 und f_3

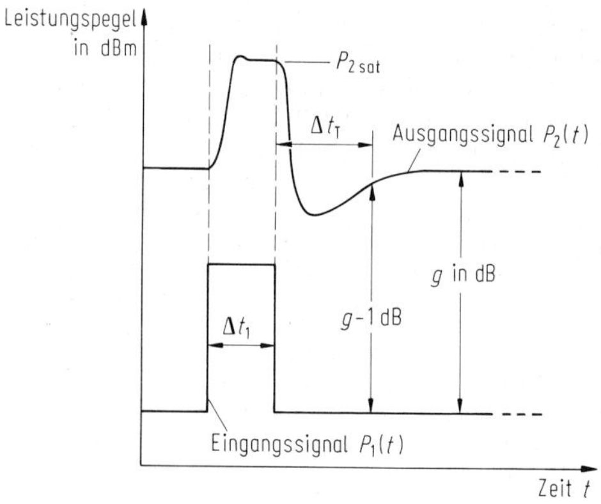

Bild 5. Erholzeit Δt_T eines Leistungsverstärkers bei Pulsbetrieb. Dargestellt sind die Videosignale, die Hüllkurven der jeweiligen HF-Signale

im Bereich des Übergangs von den Kleinsignalparametern zu den Großsignalparametern bewirkt also bei einer Amplitudenmodulation am Eingang eine zusätzlich zur AM auftretende Phasenmodulation (PM) am Ausgang. Die elektrische Länge eines Verstärkers ist somit aussteuerungsabhängig. Die Änderung der elektrischen Länge in Grad/dB wird als Kenngröße gemessen. Mit zunehmender Sättigung des Transistors geht diese Änderung gegen Null.
Typische Werte für die AM-PM-Umwandlung eines Mikrowellenverstärkers sind $\pm 1°$ bis $\pm 5°$/dB. Diese Kenngröße ist von besonderem Interesse bei Begrenzerverstärkern (limiting amplifiers). Dies sind Verstärker, die Eingangssignale beliebiger Amplitude im Idealfall in Ausgangssignale mit konstanter Amplitude umwandeln. Mit realen Begrenzerverstärkern schafft man eine Dynamikkompression von z. B. 20 dB am Eingang auf $\pm$ 3 dB am Ausgang (weiche Begrenzung) bis zu 100 dB am Eingang auf $\pm$ 0,5 dB (schmalbandig) bis $\pm$ 1 dB (breitbandig, z. B. 2–18 GHz) am Ausgang (harte Begrenzung) [1].
Geringe nichtlineare *Amplituden*verzerrungen können z. B. durch eine endliche Potenzreihe der Form

$$u_2 = k_1 u_1 + k_2 u_1^2 + k_3 u_1^3 \qquad (2)$$

mathematisch untersucht werden. Um nichtlineare *Phasen*verzerrungen, wie zum Beispiel die AM-PM-Umwandlung, behandeln zu können, reicht dies nicht aus. Für die mathematische Analyse werden üblicherweise Volterra-Reihen benutzt [2, 3]. Das *n*-te Glied einer Volterra-Reihe ist ein *n*-faches Faltungsintegral im Zeitbereich. Weitere Verfahren zur Berechnung nichtlinearer Schaltungen sind die Analyse im Zeitbereich und die Harmonic-balance-Methode (s. C 8.3) [4].

5.6 Erholzeit
Recovery time

Die Speicherfähigkeit von Koppelkondensatoren ergibt zusammen mit der nichtlinearen Widerstandskennlinie von Transistoreingängen den meist unerwünschten Effekt, daß pulsförmige Übersteuerungen des Verstärkereingangs eine Totzeit Δt_T am Verstärkerausgang hervorrufen. Kurzzeitig für Δt_1 übersteuert, benötigt der Verstärker die Zeit $\Delta t_1 + \Delta t_T$, um am Ausgang wieder in den Kleinsignalbetrieb zurückzugelangen (Bild 5). Die Auslegung der Schaltung zur Einstellung des Gleichstromarbeitspunkts beeinflußt ebenfalls die Länge dieser Erholzeit Δt_T.

5.7 Nichtharmonische Störsignale
Non-harmonic spurious signals

Soche Störsignale entstehen unter anderem,
- wenn der Verstärker instabil ist (z. B. Kippschwingungen),
- wenn über die Gleichstromversorgung externe Störsignale eingekoppelt werden (z. B. Vielfache der Netzfrequenz oder der Schaltfrequenz von Schaltnetzteilen),
- wenn die Schirmwirkung des Gehäuses gegenüber externen elektromagnetischen Störern unzureichend ist,
- wenn Bauteile eingesetzt wurden, die durch externe Schallwellen beeinflußbar sind (Mikrofonie),
- wenn die Fehlanpassung des Verstärkereingangs den zur Speisung benutzten Signalgenerator instabil macht.

In der Entwicklungsphase eines Verstärkers sollte deshalb regelmäßig ein Spektrumanalysator benutzt werden, um das Vorhandensein von zusätzlichen Spektrallinien am Verstärkerausgang zu kontrollieren. Bei der ausschließlichen Benutzung eines Amplitudenmeßplatzes oder eines selektiven Meßplatzes bleiben solche Störsignale möglicherweise unentdeckt.

Spezielle Literatur: [1] *Browne, J.*: Coplanar limiters boast 90 dB gain from 2 to 6 GHz. Microwaves & RF, May (1989) 234–235. – [2] *Minasian, R. A.*: Intermodulation distortion analysis of MESFET amplifiers using the Volterra series representation. IEEE-MTT 28, Nr. 1 (1980) 1–8. – [3] *Maas, S. A.*: Nonlinear microwave circuits. Dedham, MA: Artech House 1988. – [4] *Rizzoli, V.; Lipparini, A.; Arazzi, E.*: A general purpose program for nonlinear microwave circuit design. – IEEE-MTT 31 (1983) 762–770.

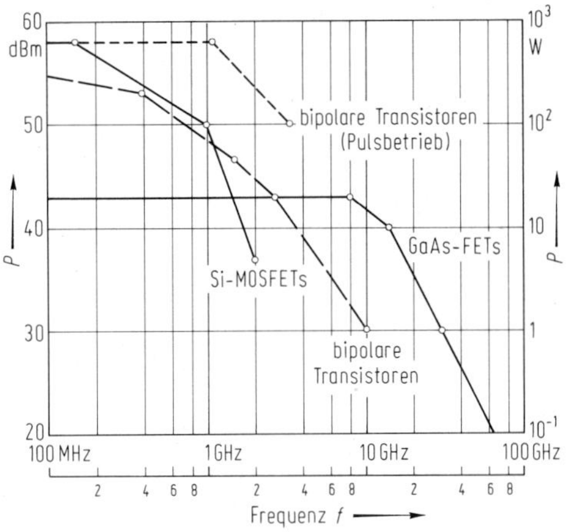

Bild 1. Maximale Ausgangsleistung P handelsüblicher Transistoren (Stand 1991). Bei zwei Transistoren im gemeinsamen Gehäuse ist der doppelte Wert erreichbar

6 Transistoren, integrierte Verstärker
Transistors, integrated amplifiers

Die wichtigste Entscheidung beim Entwurf eines Verstärkers ist die Auswahl des Halbleiterbauelements. Die Halbleitertechnologie entwickelt sich sehr schnell weiter. Problemlösungen, die vor wenigen Jahren noch unmöglich waren oder einen beträchtlichen Entwicklungsaufwand erforderten, sind heute mit modernen Bauelementen teilweise sehr einfach realisierbar.

In einem Transistor werden als Folge des HF-Eingangssignals an der Steuerelektrode Kapazitäten umgeladen bzw. Ladungsträger injiziert. Die (obere) Grenzfrequenz eines Transistors wird unter anderem durch Ladungsträgerlaufzeiten festgelegt. Da die Beweglichkeit von Elektronen in Si und GaAs die Löcherbeweglichkeit um ein Mehrfaches übersteigt, sind im Mikrowellenbereich alle bipolaren Transistoren vom npn-Typ und alle Feldeffekttransistoren vom n-Kanal-Typ. Da weiterhin die Elektronenbeweglichkeit in GaAs feldstärkeabhängig bis zu sechsmal größer ist als in Si, werden im oberen Mikrowellenbereich z.Zt. nur GaAs-FETs eingesetzt (Bild 1). Aufgrund der besseren Wärmeleitfähigkeit von Si gegenüber GaAs sind bei Transistoren mit Si-Substrat höhere Ausgangsleistungen möglich.

Die Kenngrößen *Transitfrequenz* f_T, bei der die Kurzschlußstromverstärkung $h_{21} = 1$ wird, bzw. *max. Schwingfrequenz* f_{max}, bis zu der man den betreffenden Transistor in einer Oszillatorschaltung einsetzen kann, sind für Verstärkeranwendungen wenig aussagekräftig. Der nutzbare Frequenzbereich eines hochverstärkenden Kleinsignaltransistors endet etwa dort, wo $g_{max} < 6$ dB wird. Einen Leistungstransistor wird man dagegen in der Regel noch einsetzen, bis $g_{max} \approx 3$ dB beträgt. Die Frequenzabhängigkeit der Verstärkung eines realen Transistors (Bild 2.6) entspricht im allgemeinen nicht dem theoretischen Verlauf (Bild 2). Sie wird vom Hersteller gemessen und im Datenblatt angegeben. Bis zur Frequenz f_{max} ist die Stabilität einer Verstärkerschaltung zu überprüfen.

Transistoren bilden die Gruppe von elektronischen Bauelementen mit der größten Vielfalt. Sie sind grundsätzlich sehr nichtlineare Bauelemente, und ihre Eigenschaften werden von vielen Parametern beeinflußt. Aus der Vielfalt von Bauformen (bei den FETs untergliedert man beispielsweise in IGFET, JFET, MESFET, MISFET, MOSFET usw.), von Herstellungstechnologien (Mesa, Planar, Overlay, Interdigital, Mesh-Emitter usw. [2]) und von Transistortypen für spezielle Anwendungen (Vorverstärker, schneller Schalter, Leistungsverstärker usw.) resultiert eine ebensolche Vielfalt von Transistoreigenschaften. Insofern lassen sich allgemeingülti-

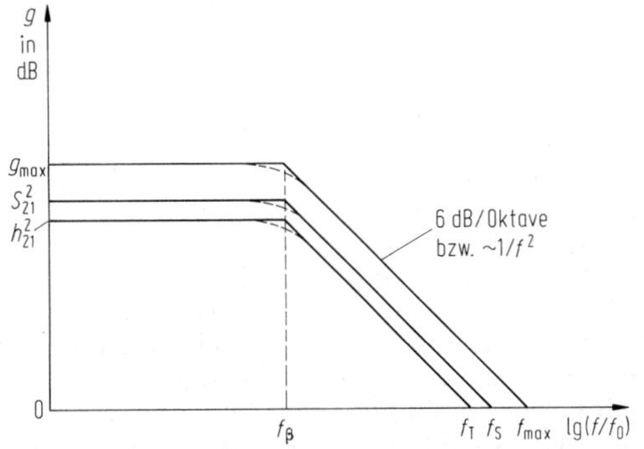

Bild 2. Theoretische Frequenzabhängigkeit der Verstärkung in Emitterschaltung

Spezielle Literatur Seite F 33

ge Aussagen nur schwer formulieren. Dies steht im Widerspruch zum verständlichen Wunsch des typischen Entwicklers von Transistorschaltungen, mit einem überschaubaren Katalog von festen Aussagen und Dimensionierungsregeln auszukommen. Der innovative Schaltungsentwickler sollte deshalb Aussagen der Form, beispielsweise, daß die Basis-Emitter-Spannung 0,7 V beträgt oder daß die Eingangsimpedanz in Basisschaltung zwischen 50 und 300 Ω und in Emitterschaltung zwischen 500 und 1500 Ω liegt [5], richtig werten: Derartige Aussagen sind zwar nicht falsch, aber sie sind, selbst wenn man sich auf bipolare Transistoren und den MHz-Bereich beschränkt, nicht allgemein gültig.
Im folgenden sind die charakteristischen Eigenschaften einiger Transistoren und integrierter Verstärker stichwortartig zusammengestellt.

npn-Transistoren. Bipolare Silizium-Transistoren (silicon bipolar junction transistor, Si-BJT) [17] werden zur Zeit für Verstärkeranwendungen bis etwa 10 GHz eingesetzt. Verglichen mit GaAs-FETs sind sie preiswert und robust. Viele Standardtypen werden von unterschiedlichen Herstellern mit vergleichbaren Eigenschaften produziert und seit Jahren geliefert. Für Pulsbetrieb gibt es spezielle Leistungstransistoren in den UHF-, Avionic- und Radarfrequenzbereichen (Bild 1). Bipolare Transistoren für cw-Betrieb ermöglichen bei Pulsbetrieb ebenfalls höhere Ausgangsleistungen (typabhängig bis zu 10 dB), da man dann einen Arbeitspunkt im Kennlinienfeld jenseits der Grenzleistungshyperbel wählen kann.
Bei bipolaren Transistoren steigt der Kollektorstrom und damit die Verlustleistung mit zunehmender Temperatur. Dies führt zur thermischen Instabilität, das heißt zur Zerstörung des Transistors (thermal runaway; secondary breakdown) bei Betrieb im Bereich maximaler Verlustleistung, insbesondere bei hohen Kollektorspannungen, bei denen der Wärmewiderstand des Transistors größer wird. Um diesen Effekt zu vermeiden, enthalten HF-Leistungstransistoren häufig integrierte Emitterwiderstände (emitter ballast resistors). Feldeffekttransistoren (auch Si-MOSFETs) sind thermisch stabil; mit zunehmender Temperatur sinkt der Drainstrom und damit die Verlustleistung.

GaAs-FETs. Abgesehen von den höheren Kosten für einen Transistor und von dem für die Kontinuität in der Serienfertigung ungünstigen Umstand, daß in der Vergangenheit mehrere Hersteller die GaAs-FET-Produktion nach wenigen Jahren wieder eingestellt haben, sind GaAs-FETs im Mikrowellenbereich [3, 4, 6–8, 17] den bipolaren Transistoren in vielen Punkten überlegen. Bis etwa 10 GHz sind sehr niedrige Rauschzahlen möglich. Die Drain-source-Durchbruchspannungen (4 V... 20 V) sind – auch bei Leistungstransistoren – deutlich kleiner als bei bipolaren Transistoren. Da bei vielen FETs die maximale Ausgangsleistung nicht thermisch bedingt ist, sondern durch $I_{D\,max}$ und $U_{DS\,max}$ vorgegeben wird, ist im Pulsbetrieb in der Regel keine nennenswerte Leistungssteigerung möglich [6]; typabhängig 1,5 dB; in Sonderfällen bis zu 4 dB.

Dual-Gate-FETs. Feldeffekttransistoren mit zwei Steuerelektroden gibt es sowohl als MOSFET (bis 1 GHz), als auch als MESFET (bis 8 GHz, einzelne Typen bis 26 GHz) (s. 3.1 u. 3.3). Sie werden bevorzugt in Vorverstärkern und Mischern eingesetzt. Sie sind gut geeignet für Verstärkungsregelung bzw. für die automatische Verstärkungsregelung im Empfängereingang (AGC, automatic gain control) (s. 3.4 und Bild 4.10); sie zeigen eine sehr niedrige Rauschzahl, gute Übersteuerungsfestigkeit und gute Kreuzmodulationsfestigkeit.

MOSFETs (VMOS, TMOS). Si-MOSFETs sind bis etwa 2 GHz für hohe Ausgangsleistungen einsetzbar (s. 7.5). Besonders hervorzuhebende Eigenschaften sind: höhere Eingangsimpedanz als vergleichbare bipolare Transistoren; bereichsweise linearer Zusammenhang zwischen Gatespannung und Drainstrom, so daß Gegentaktverstärker mit gutem Intermodulationsverhalten realisiert werden können; geringere Frequenz- und Arbeitspunktabhängigkeit der Verstärkung und der Kapazitäten am Ein- und Ausgang; Verstärkungsregelung über die Gatespannung möglich [5].

HFETs und HBTs. Heterostruktur-FETs (HFET oder HEMT, MODFET, TEGFET) [1, 10, 11, 19, 20], z.B. auf AlGaAs/GaAs-Substrat, werden als Kleinsignaltransistoren mit sehr niedriger Rauschzahl im GHz-Bereich eingesetzt. Mit abnehmender Temperatur steigt die Elektronenbeweglichkeit an, und die Rauschzahl wird kleiner. HFETs und Heterostruktur-Bipolartransistoren (sowohl npn- als auch pnp-HBTs) für Leistungsanwendungen im GHz-Bereich sind in der Entwicklung [9, 18].

Angepaßte Transistoren (internally matched transistors). Da die breitbandige Kompensation von Blindanteilen in der Regel um so schlechter gelingt, je weiter man sich auf den Zuführungsleitungen vom Transistorein- bzw. Ausgang entfernt (s. 3.5), werden intern angepaßte Leistungstransistoren mit im Transistorgehäuse integriertem Anpaßnetzwerk angeboten. Typische relative Bandbreiten hierfür liegen bei 10%. Beidseitig angepaßte Transistoren lassen sich meist nicht außerhalb dieses Nutzbandes einsetzen; nur eingangsseitig angepaßte Transistoren können zum Teil auch bei tieferen Frequenzen verwendet werden.

Operationsverstärker. Integrierte Operationsverstärker sind Differenzverstärker mit der unteren Grenzfrequenz 0. Die Spannungsverstärkung wird durch ein Rückkopplungsnetzwerk eingestellt. Je größer die gewählte Verstärkung ist, desto niedriger liegt die obere Grenzfrequenz. Die höchste Grenzfrequenz ergibt sich bei der Verstärkung 1. Derzeit sind Operationsverstärker erhältlich mit einer oberen 3-dB-Grenzfrequenz von bis zu 400 MHz bei Verstärkung 1 (unity-gain bandwidth) und Kleinsignalbetrieb. Im Großsignalbetrieb und bei Spannungsverstärkungen $v_u \geq 10$ erreicht man etwa 200 MHz. Beim Entwurf der gedruckten Schaltung für solche HF-Operationsverstärker müssen hochfrequenztechnische Gesichtspunkte (s. 7.2) berücksichtigt werden, um einen stabilen Betrieb zu erreichen. Das Verstärkungs-Bandbreite-Produkt ist kein Maß für die höchste erreichbare Grenzfrequenz. Es gibt zwar Operationsverstärker mit einem Verstärkungs-Bandbreite-Produkt von 2,5 GHz, deren 3-dB-Grenzfrequenz bei Verstärkung 1 liegt jedoch bei 15 MHz.

MMIC-Verstärker (Monolithic microwave integrated circuit amplifiers). Monolithische integrierte Mikrowellenschaltungen werden auf Si- und auf GaAs-Substrat ausgeführt [12–16]. Im Unterschied zum intern beidseitig angepaßten Transistor enthalten Verstärker in dieser Bauform *mehrere* Transistoren *und* das Anpaßnetzwerk. Aufgrund der geringen Größe aller Bauelemente (typische Außenabmessungen eines MMIC-Chips: 1 mm × 1 mm) spielen parasitäre Effekte, die in Verstärkern mit diskreten Bauelementen Grenzen setzen, kaum eine Rolle. Es sind Schaltungen wie in der NF-Technik möglich (z. B. Emitterwiderstände, Kollektorschaltungen, Darlington-Schaltungen etc.). Weitere Vorteile sind der gute thermische Gleichlauf und die hohe Reproduzierbarkeit. Mit dieser Technologie werden Ergebnisse erzielt, die in herkömmlicher Schaltungstechnik nur mit sehr großem Aufwand bzw. gar nicht möglich sind. Große Arbeitsgebiete im Bereich der HF- und Mikrowellenschaltungsentwicklung entfallen damit. Für die Schaltungsintegration von MMIC-Komponenten werden derzeit jedoch nach wie vor Entwicklungsingenieure mit guten Kenntnissen der HF-Schaltungstechnik benötigt, da MMIC-Verstärker bei unsachgemäßer äußerer Beschaltung instabil sind.

Zu Stückpreisen bis herab zu einigen DM sind beidseitig angepaßte, kaskadierbare Breitbandverstärker sowohl als Chip als auch im Transistorgehäuse erhältlich. Neben Standard-MMIC-Verstärkern mit Bandbreiten von beispielsweise 5 bis 500 MHz oder 0,1 bis 1 GHz gibt es Breitbandschaltungen mit:

100 kHz ··· 2,5 GHz	1 ··· 20 GHz
40 MHz ··· 3 GHz	100 kHz ··· 22 GHz
0 ··· 3,8 GHz	2 ··· 26,5 GHz
100 MHz ··· 6 GHz	5 ··· 100 GHz

Spezielle zusätzliche Eigenschaften von MMIC-Verstärkern sind unter anderem:
- Verstärkungsregelung,
- niedrige Rauschzahl,
- hohe Ausgangsleistung (derzeit 3 W/Chip),
- hohe Isolation.

Spezielle Literatur: [1] *Mimura, T.; Hiyamizu, S.; Fujii, T.; Nanbu, K.*: A new field effect transistor with selectively doped GaAs/n-AlGaAs heterojunctions. Japan. J. Appl. Phys. 19 (1980) L225. – [2] *Liao, S. Y.*: Microwave solid-state devices. Englewood Cliffs, N.J.: Prentice-Hall 1985. – [3] *Soares, R.* (Hrsg.): GaAs MESFET circuit design. Dedham MA: Artech House 1988. – [4] *Kellner, W.; Kniekamp, H.*: GaAs-Feldeffekttransistoren. Berlin: Springer 1985. – [5] *DeMaw, D.*: Practical RF design manual. Englewood Cliffs, NJ: Prentice-Hall 1982. – [6] *Pengelly, R. S.*: Microwave field-effect transistors – Theory, design and applications. New York: John Wiley/RSP 1986. – [7] *Di Lorenzo, J. V.; Khandelval, D. D.*: GaAs FET principles and technology. Dedham MA: Artech House 1982. – [8] *Soares, R.; Graffeuil,; Obregon, J.*: Applications of GaAs MESFET's. Dedham MA: Artech House 1983. – [9] *Liechti, Ch. A.*: High speed transitors: Directions for the 1990s. Microwave J. 1989 State of the art reference. – [10] *Pospieszalski, M. W.; Weinreb, S.; Norrod, R. D.; Harris, R.*: FET's and HEMT's at cryogenic temperatures – their properties and use in low-noise amplifiers. IEEE-MTT 36, Nr. 3 (1988) 552–560. – [11] *Ali, F.; Bahl, I.; Gupta, A.* (Hrsg.): Microwave and mm-wave heterostructure transistors and applications. Dedham MA: Artech House 1989. – [12] *Ladbrooke, P. H.*: MMIC Design: GaAs FETs and HEMTs. Dedham MA: Artech House 1989. – [13] *Goyal, R.* (Hrsg.): Monolithic microwave integrated circuit technology and design. Dedham MA: Artech House 1989. – [14] *Sweet, A.*: MIC and MMIC amplifier and oscillator design. Dedham MA: Artech House 1990. – [15] *Hung/Hegazi/Lee/Phelleps/Singer/Huang*: V-band GaAs MMIC low-noise and power amplifiers. IEEE-MTT 36, Nr. 12 (1988) 1966–1975. – [16] *Pucel, R. A.* (Hrsg.): Monolithic microwave integrated circuits (div. Fachaufsätze). IEEE Press, N.Y. 1985, Dedham MA: Artech House 1985. – [17] *Chang, K.* (Hrsg.): Handbook of microwave and optical components: Vol. 2 Microwave solid-state components. New York: John Wiley 1989. – [18] *Bayraktaroglu, B.; Camilleri, N.; Lambert, S. A.*: Microwave performances of npn and pnp AlGaAs/GaAs heterojunction bipolar transistors. IEEE-MTT 36 (1988) 1869–1873. – [19] *Ali, F.*: HEMTs and HBTs: devices, fabrication and circuits. Dedham MA: Artech House 1991. – [20] *Golio, J. M.*: Microwave MESFETs and HEMTs. Dedham MA: Artech House 1991.

7 Technische Realisierung
Technical realisation

7.1 Gleichstromarbeitspunkt
DC-bias

Für jedes Entwicklungsziel, z. B. größtmögliche Verstärkung, maximale Ausgangsleistung, minimale Rauschzahl, bestmögliche Linearität oder möglichst großen Wirkungsgrad, gibt es einen anderen, optimalen Gleichstromarbeitspunkt. Sind mehrere Ziele gleichwertig, muß ein Kompromiß geschlossen werden. Bei Leistungsverstärkern ist der durch die Gleichstromschaltung vorgegebene Kollektorruhestrom dafür maßgeblich, ob der Transistor im A-, B- oder C-Betrieb arbeitet.
Die wesentlichen temperaturabhängigen Kenngrößen eines bipolaren Transistors sind die Basis-Emitter-Spannung mit einem negativen Temperaturkoeffizienten (TK) von etwa -2 mV/°C und die Gleichstromverstärkung h_{FE} mit einem positiven TK von etwa $+0{,}5$%/°C. Von diesen beiden ist die Basis-Emitter-Spannungsänderung der vorherrschende Effekt. Die Temperaturabhängigkeit der HF-Verstärkung wird sehr klein, wenn der Kollektorstrom konstant gehalten wird (Bild 1). Die in der NF-Technik sehr wirksame Standardschaltung mit Emitterwiderstand und Basisspannungsteiler ist aus Stabilitätsgründen im HF- und Mikrowellenbereich unüblich (Ausnahme: Kleinsignalverstärker im MHz-Bereich). Die Bilder 2a bis 2d zeigen vier Schaltungen zur Stabilisierung des Kollektorstroms.
In Bild 3 sind Standardschaltungen für A- und AB-Leistungsverstärker zusammengestellt. Die Dioden der Gleichstromschaltung sind jeweils mit dem HF-Transistor thermisch verbunden. Beide befinden sich auf dem gleichen Kühlkörper. Im Einzelfall kann man bei den gezeigten Schaltungen Vereinfachungen vornehmen. Infolge der teilweise sehr hohen Bauelementepreise ist es bei großen Leistungen sowie im Mikrowellenbereich durchaus üblich, zur Arbeitspunktstabilisierung relativ aufwendige, vom HF-Signal entkoppelte Schaltungen mit integrierten Spannungsreglern und Operationsverstärkern einzusetzen.

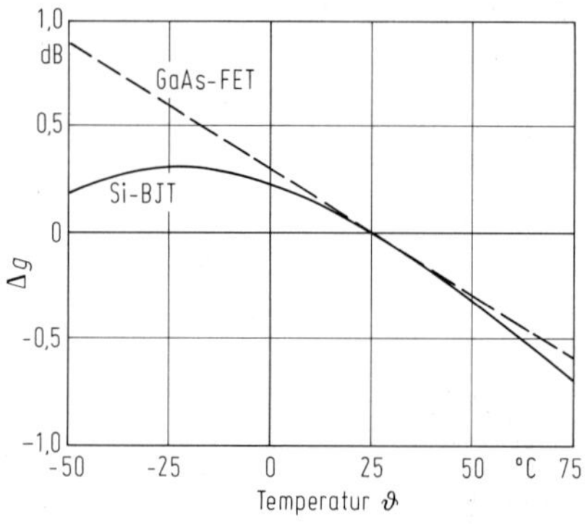

Bild 1. Verstärkungsänderung Δg als Funktion der Temperatur. Typischer Verlauf bei einem GaAs-FET und bei einem bipolaren Transistor

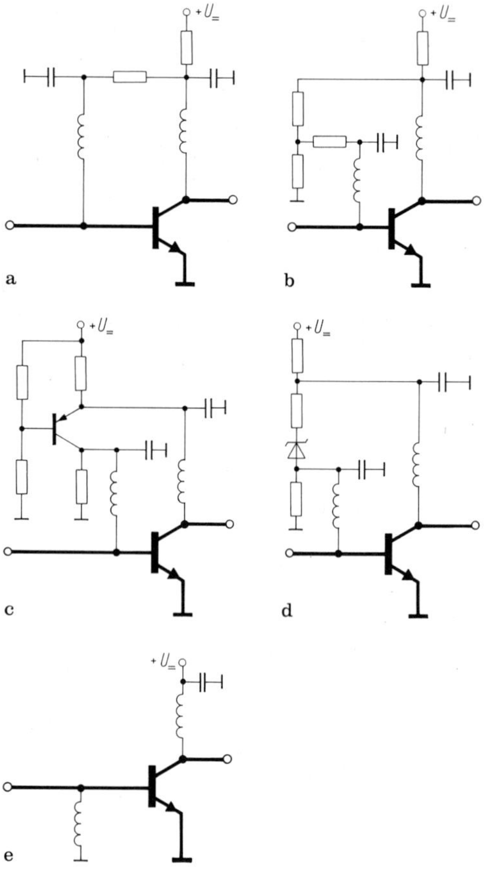

Bild 2. Gleichstromschaltungen zur Einstellung des Arbeitspunkts bei bipolaren Transistoren in Emitterschaltung. **e)** Transistor im C-Betrieb

GaAs-MESFETs benötigen für Standardanwendungen keine Temperaturstabilisierung. Sie werden in der Regel mit niederohmigen, stabilisierten Spannungsquellen verbunden: negative Spannung am Gate, positive Spannung am Drainanschluß. Bild 4a zeigt eine mögliche Schaltung. Das Gate-Netzwerk sollte bei Übersteuerung des Eingangs Ströme in beiden Richtungen aufnehmen können, ohne daß sich die Gate-Gleichspannung ändert (s. F 5). Durch entsprechende schaltungstechnische Maßnahmen, zum Beispiel R-C-Glieder, sollte gewährleistet werden, daß bei Inbetriebnahme des Verstärkers

Spezielle Literatur Seite F 39

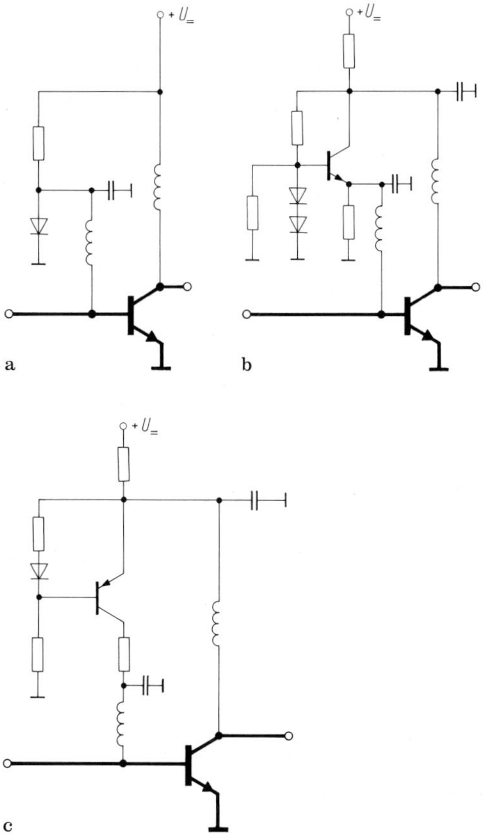

Bild 3. Schaltungen zur Einstellung des Ruhestroms bei Verstärkern im A- oder AB-Betrieb

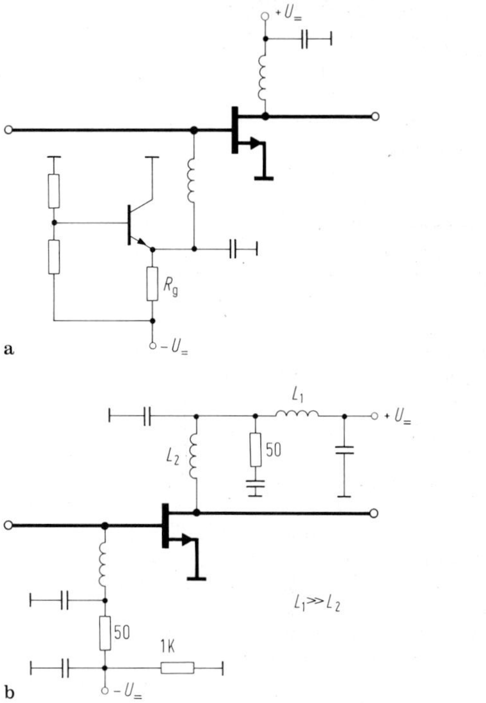

Bild 4. Arbeitspunkteinstellung bei GaAs-FETs. **a)** Niederohmige Gate-Spannungsquelle; **b)** 50-Ω-Anpassung unterhalb des Betriebsfrequenzbereichs

zuerst die negative Gatespannung angelegt wird und dann die Drainspannung.

Bei allen Transistorverstärkern ist sicherzustellen, daß beim Ein- und Ausschalten der Versorgungsspannung keine unzulässig hohen Spannungsspitzen am Transistor auftreten und daß die einzelnen Gleichspannungen in der richtigen zeitlichen Reihenfolge angelegt werden. Üblicherweise werden Transistoren durch die Gleichstrombeschaltung unterhalb des Betriebsfrequenzbereichs beidseitig kurzgeschlossen. Da viele Transistoren wegen der mit abnehmender Frequenz zunehmenden Verstärkung bei niedrigen Frequenzen nicht mehr absolut stabil sind, obwohl $S_{11}, S_{22} < 1$ erfüllt ist, läßt sich die Selbsterregung mit einer Beschaltung entsprechend Bild 4b verhindern.

Bei MOSFET's fließen keine Gate-Gleichströme. Sie können deshalb einfache, hochohmige Gate-Spannungszuführungen erhalten, wie in Bild 5 dargestellt.

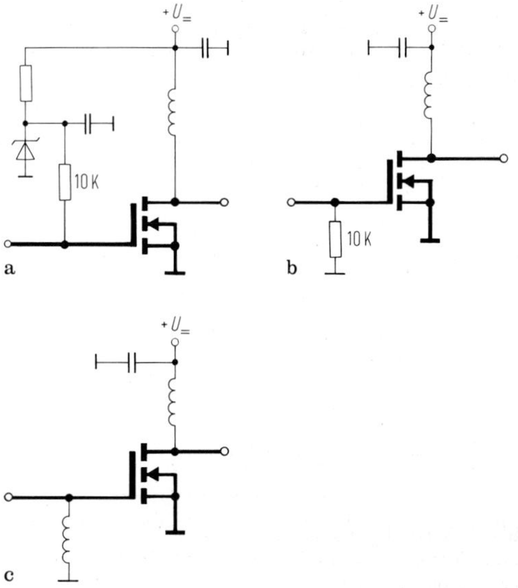

Bild 5. Arbeitspunkteinstellung bei VMOS-FETs. **a)** A- oder AB-Betrieb; **b)** C-Betrieb; **c)** D- oder E-Betrieb

7.2 Schaltungsaufbau
Circuit technology

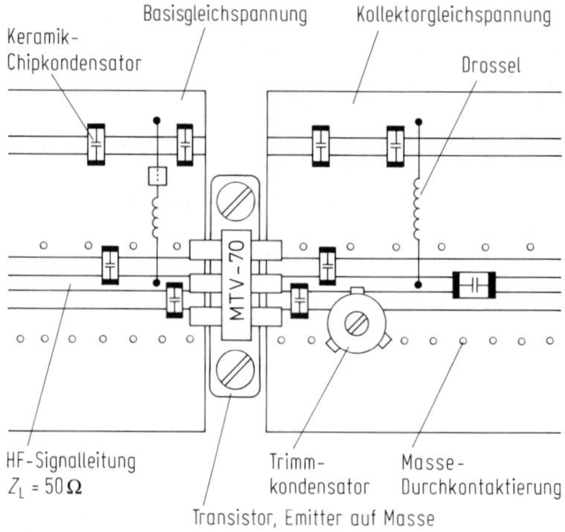

Bild 7. Schaltungsaufbau bis etwa 900 MHz: Signalleitungen mit definiertem Wellenwiderstand; oberflächenmontierte, diskrete Bauelemente

Wer HF-Verstärker nach Schaltungsprinzipien aufbaut, wie sie in der NF-Technik und Elektronik üblich sind, wird feststellen, daß die Selbsterregung das vorherrschende Problem ist und daß die Verstärkereigenschaften sehr stark von der Geometrie der Leiterbahn- und Bauelementeanordnung beeinflußt werden. Ein dem Frequenzbereich angepaßter Schaltungsaufbau und die Verwendung geeigneter Bauelemente sind also Grundvoraussetzungen für den erfolgreichen Verstärkerentwurf.

Bis etwa 400 MHz kann man beidseitig kupferkaschierte Leiterplatten mit durchgesteckten Bauelementen benutzen (Bild 6). Die Signalleitungen sind möglichst kurz und haben keinen definierten Wellenwiderstand. Sie sind allseitig von Masseflächen umgeben, so daß die kapazitive Verkopplung zwischen unterschiedlichen Signalleitungen minimiert wird. Eine Seite der Leiterplatte ist durchgehend Masse. Eingangs- und Ausgangsnetzwerk werden räumlich getrennt voneinander angeordnet, auf einander gegenüberliegenden Seiten des Transistors. Um magnetische Verkopplungen zu vermeiden, werden Luftspulen und empfindliche Signalleitungen nicht parallel geführt, sondern verlaufen rechtwinklig zueinander. Mehrstufige HF-Verstärker werden so aufgebaut, daß die räumliche Entfernung vom Verstärkereingang von Stufe zu Stufe zunimmt.

Bis etwa 900 MHz können Standardleiterplatten eingesetzt werden. Die Unterseite ist durchgehend Masse, oder sie liegt am Gehäuseboden an. Auf der Oberseite sind oberflächenmontierte Bauelemente und Signalleitungen mit definiertem Wellenwiderstand und definierter Länge (Bild 7). Bei kritischen Anwendungsfällen sollten alle Bauteile, die aus der Leiterplattenebene herausragen, vermieden werden. Besonders vertikale Zuführungsdrosseln wie in Bild 10 ergeben starke Verkopplungen innerhalb des Gehäuses.

Im GHz-Bereich werden Verstärkerschaltungen in Microstrip-Leitungstechnik auf speziellen Substratmaterialien aufgebaut (Bild 8). Relativ dünne Substrate (z. B. 0,635 mm) mit großer Dielektrizitätszahl (z. B. 10) sind vorteilhaft:
- Die Signalenergie wird im Dielektrikum geführt,
- Streufelder in Luft und dadurch hervorgerufene unerwünschte Verkopplungen sind gering,
- die besonders bei Leistungstransistoren notwendigen niederohmigen Transformationen lassen sich mit breiten Leiterbahnen realisieren.

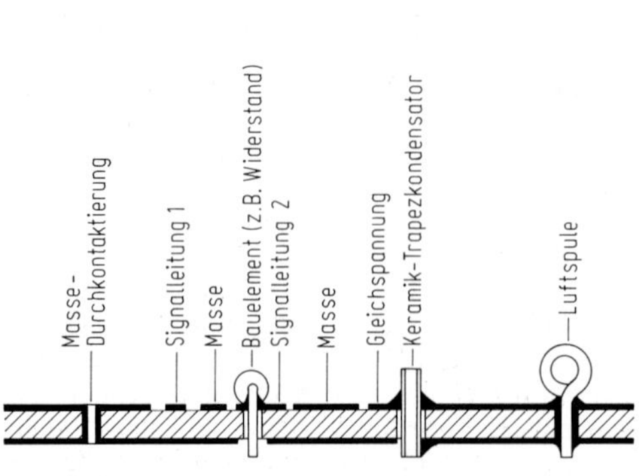

Bild 6. Schaltungsaufbau im unteren MHz-Bereich. Beide Seiten der Leiterplatte liegen auf Masse. Signalleitungen werden gebildet, indem ihre Umrandung als dünner Streifen abgeätzt wird

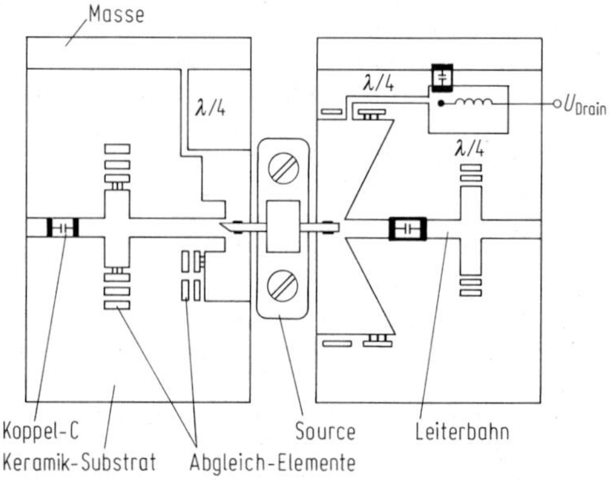

Bild 8. GaAs-FET-Verstärker in Microstriptechnik; Anpaßnetzwerke mit parallelgeschalteten, leerlaufenden Leitungen

Für Kleinsignalverstärker bietet der Aufbau in Koplanar-Leitungstechnik mit vergleichsweise hochohmigen Leitungswellenwiderständen unter Umständen wesentliche Vorteile:

- Kurzschlüsse und Bauelemente nach Masse sind einfach realisierbar,
- die Verkopplung zwischen benachbarten Signalleitungen ist wesentlich geringer,
- der erreichbare Miniaturisierungsgrad steigt.

7.3 Schaltungsabgleich
Circuit tuning

Bedingt durch die zum Teil beachtlichen Exemplarstreuungen der Eigenschaften von Transistoren, müssen Verstärker in der Serienproduktion häufig einzeln von Hand abgeglichen werden. Besonders bei mehrstufigen Verstärkern kann dies sehr zeit- und kostenintensiv sein und spezielle Kenntnisse des Abgleichenden erfordern. Je größer S_{12} ist, desto schwieriger wird der Abgleich, da dieser Parameter ein Maß dafür ist, wie sehr sich eine Veränderung des Ausgangsnetzwerks auf den Transistoreingang auswirkt. Die Minimierung der notwendigen Abgleicharbeiten und ihre einfache Durchführbarkeit sollte deshalb bereits bei der Schaltungsentwicklung beziehungsweise schon bei der Auswahl des Schaltungskonzepts berücksichtigt werden. Zweckmäßigerweise setzt man eine Verstärkerkette aus mehreren, maximal zweistufigen Blöcken zusammen, die jeweils einzeln gemessen und abgeglichen werden können. Beim Abgleich von Leistungsverstärkern sollten zumindest zu Beginn, beim Grobabgleich, die Eingangsleistung und die Versorgungsspannung um etwa 30 % reduziert werden, um eine versehentliche Beschädigung des Transistors zu vermeiden.

Im MHz-Bereich läßt sich das Verändern von Bauelementegrößen recht einfach durchführen. Es gibt Trimmkondensatoren sowie Abgleichkerne aus Ferrit und metallische Verdrängungskerne für Induktivitäten. Der Abgleich kann mit Abgleichstiften durch kleine Bohrungen hindurch bei geschlossenem Gehäuse stattfinden.

In der Schaltungstechnik mit planaren Leitungen kann man bei Keramiksubstraten die vorhandenen Leitungen auf einfache Weise nur verlängern oder verbreitern. Dazu benutzt man:

- bereits auf dem Substrat vorsorglich angeordnete Leiterbahninseln (confetti), die mit Bonddrähten oder mit Lötzinn aktiviert werden (Bild 8),
- mit dem Pinsel aufgetragenes Leitsilber, zur Layout-Korrektur (die endgültige Wirkung der Korrektur tritt erst dann auf, wenn das Leitsilber vollständig getrocknet ist),
- kleine Keramikteile (tuning tabs) mit hohem ε_r (z. B. $\varepsilon_r = 40$, $\tan\delta = 10^{-4}$ bei 10 GHz), die an die passende Stelle geschoben und dann aufgeklebt werden.

Eine weitere Abgleichmöglichkeit ergibt sich durch die Verwendung von stufig (durch Bonddrähte, Lötbrücken) veränderbaren Keramik-Chipkondensatoren.

Das nachträgliche Abtragen der Metallisierung ist wesentlich aufwendiger. Dies geschieht üblicherweise durch Laserstrahlen, seltener durch Sandstrahlen. Sofern die Verstärkereigenschaften durch das Öffnen des Gehäusedeckels beeinflußt werden, was bei hohen Frequenzen und hohen Leistungen üblich ist, wird der Feinabgleich mühsam. Eine stärkere Unterteilung in mehrere abgeschirmte Kammern ist dann vorteilhaft.

7.4 Gleichstromentkopplung
DC-decoupling

Im unteren MHz-Bereich werden Keramik-Scheiben- bzw. Trapezkondensatoren als niederohmige Koppel- und Massekondensatoren benutzt; bei höheren Frequenzen Keramik- und Silizium-Chipkondensatoren. Je kleiner der Kapazitätswert und je kleiner die Bauform, desto größer ist die Wahrscheinlichkeit, daß der Kondensator auch noch bei hohen Frequenzen einsetzbar ist. Größtwerte sind etwa 1 nF bei 200 MHz und 100 pF bei 2 GHz. Größere Kapazitätswerte ergeben schlechtere Ergebnisse. Dadurch oder durch den falschen Kondensatortyp können mehrere dB an Verstärkung verlorengehen. Besonders bei hohen Leistungen (Kondensatoren parallelschalten) und hohen Frequenzen sollte die Tauglichkeit der benutzten diskreten Bauelemente möglichst durch Einzelmessungen überprüft werden.

Die Gleichstromzuführungen am Ein- und Ausgang des Transistors werden so ausgelegt, daß sie den HF-Signalweg möglichst wenig beeinflussen (Tiefpaßcharakteristik). Im MHz-Bereich benutzt man Drosseln geringer Güte mit Ferritkern, wobei auch hier gilt, daß die Drossel mit dem kleinsten zulässigen Induktivitätswert in der Regel die am besten geeignete ist, weil sie die kleinste Wicklungskapazität hat. Leistungstransistoren mit mehreren Ampere Kollektorstrom sind meist so niederohmig, daß ein gerader Drahtbügel bereits ausreicht. Bei niedrigen Gleichströmen kann man kapazitätsarme Widerstände einsetzen. Die außen angelegte Gleichspannung wird entsprechend vergrößert, um den Spannungsabfall im Zuführungsnetzwerk auszugleichen. Im Mikrowellenbereich benutzt man Luftspulen aus möglichst dünnem Draht (Grenze: Strombelastbarkeit) und $\lambda/4$-Leitungen (Bild 8) mit der kleinsten möglichen Streifenbreite (≈ 100 µm bei weichen und 10 µm bei harten Substraten).

Die Gleichstromzuführungen müssen nicht nur innerhalb des Betriebsfrequenzbereichs des Verstärkers ordnungsgemäß arbeiten, sondern auch außerhalb, bei allen Frequenzen, bei denen der Transistor verstärkt, reproduzierbar Impedanzen erzeugen, mit denen der Transistor stabil bleibt. Um hochohmige Resonanzen zu vermeiden, schaltet man Widerstände parallel und Ferritdämpfungsperlen in Serie. Bild 9 zeigt einige Beispiele. Dämpfungsperlen mit besonders kleiner Bauform findet man in Abgleichschrauben von Schalenkernen. Durchführungskondensatoren anstelle von Durchführungsfiltern können nur bis etwa 30 MHz eingesetzt werden. Der Ort, an dem die Gleichstromzuführung angeschlossen wird, kann experimentell optimiert werden, indem man im Betrieb mit einem kurzen Metalldraht die Signalleitung berührt und die Stelle sucht, an der sich diese Störung am wenigsten auswirkt. Wenn bei Microstrip-Leitungen die Substratebene verlassen wird, sollte ein HF-tauglicher Kondensator als Massekurzschluß vorgesehen werden (Bild 9c). Die im Gehäuse häufig senkrecht nach oben verlaufenden Verbindungen zu den Durchführungsfiltern (Bild 10) wirken sonst als Antennen und verkoppeln den Verstärkerausgang mit dem Eingang.

Die Gleichstromzuführungsnetzwerke haben wesentliche Auswirkungen auf die Stabilität eines Verstärkers. Ihre Auslegung erfordert bei Breitbandverstärkern manchmal mehr Entwicklungszeit als der Entwurf der HF-Anpaßnetzwerke.

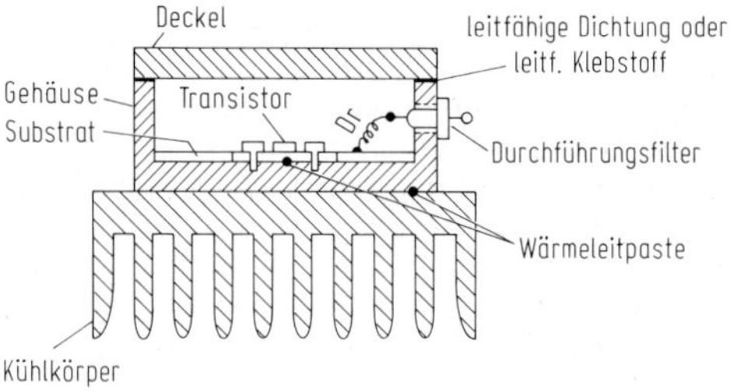

Bild 10. Vestärkergehäuse mit Kühlkörper

7.5 Gehäuse

Package design

Die Innenabmessungen des Gehäuses (Breite a, Länge l, Höhe $h < a, l$) werden möglichst so klein gewählt, daß die niedrigste Hohlraumresonanz

$$f_{\mathrm{H101}} \approx \frac{c_0}{2} \sqrt{1/a^2 + 1/l^2} \tag{1}$$

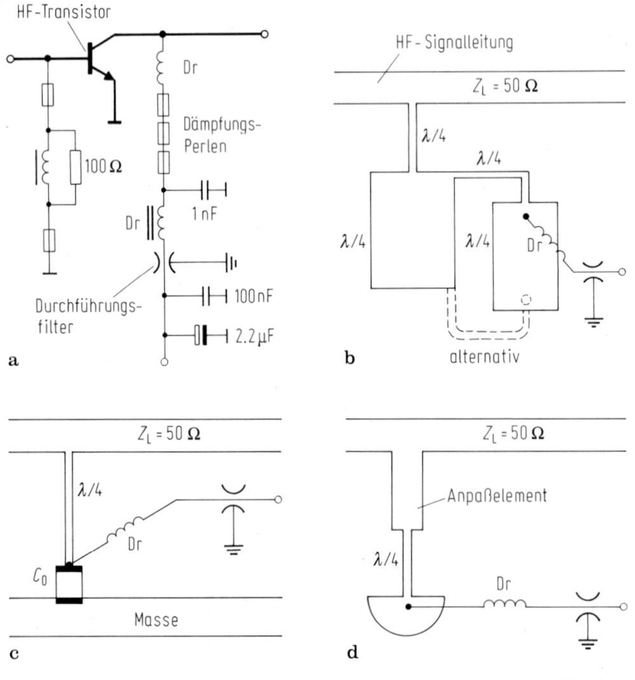

Bild 9. Verschiedene Schaltungsmöglichkeiten zur Zuführung des Gleichstroms

nicht nur weit oberhalb des Betriebsfrequenzbereichs, sondern möglichst auch oberhalb der maximalen Schwingfrequenz des Transistors liegt. Sofern diese Bedingung nicht eingehalten werden kann, wird unter dem Deckel Absorbermaterial angebracht, oder der Hohlraum wird durch zusätzliche, leitende (Schraub-)Verbindungen zwischen Deckel und Boden unterteilt.
Die maximal zulässige Verstärkung pro Gehäuse hängt vom Aufbau der Schaltung und von ihrem Abstrahlverhalten ab. In Microstrip-Technik sind etwa 30 dB und in Koplanar-Leitungstechnik etwa 50 dB pro Gehäuse stabil beherrschbar.
In der Schaltungstechnologie des MHz-Bereichs, ohne den Vorteil der Wellenführung im Substrat mit hohem ε_r, ist häufig in jeder Verstärkerstufe zwischen Transistoreingang und -ausgang ein Abschirmblech notwendig, um die Selbsterregung der Schaltung zu vermeiden.
Beim Gehäuseentwurf sind die unterschiedlichen Wärmedehnungskoeffizienten von Substrat und Gehäuse zu beachten. Zwischen Transistor und Gehäuse sowie Gehäuse und Kühlkörper kommt bei Leistungsverstärkern eine dünne Schicht Wärmeleitpaste, um Lufteinschlüsse auszufüllen und so den Wärmeübergang zu verbessern. Moderne Transistorverstärker zeigen keine nennenswerten Alterungserscheinungen. Dennoch haben Halbleiter eine begrenzte Lebensdauer. Senkt man die Betriebstemperatur eines Si-Transistors durch geeignete Wärmeabfuhrmaßnahmen beispielsweise von 200 °C auf 150 °C, so erhöht sich die mittlere Lebensdauer (mean time to failure, MTTF) z. B. von $2 \cdot 10^5$ auf $5 \cdot 10^6$ Stunden [1]. Auch bei Verringerung des Kollektorstroms nimmt die mittlere Lebensdauer zu.
Der fertige Verstärker sollte auf Beeinflußbarkeit durch Körperschall getestet werden. Besonders mikrofonie-empfindlich sind Ferrit- und Keramikbauelemente. Alle mechnisch schwingungsfähigen Bauteile sollten befestigt werden.

Spezielle Literatur: [1] Microwave and RF designer's catalog 1990–1991, Hewlett-Packard Co., Palo Alto, CA.

G Netzwerke mit nichtlinearen passiven und aktiven Bauelementen

Circuits with nonlinear passive and active devices

A. Blum (3, 4); **M.H.W. Hoffmann** (2); **R.M. Maurer** (1.1 bis 1.4); **H.P. Petry** (1.5 bis 1.7)

Für die Funktionsfähigkeit eines Senders entsprechend Bild 1 sind die nichtlinearen Eigenschaften passiver und aktiver Bauelemente bei der Sendeleistungsverstärkung, der Frequenzvervielfachung, der Modulation sowie der Stabilisierung der Amplitude des Sendeoszillators erforderlich. Bei einem Überlagerungsempfänger entsprechend Bild 2 sind für die Frequenzumsetzung (Mischung) aus der HF-Ebene in die konstante ZF-Ebene sowie für die Begrenzung und Demodulation ebenfalls Netzwerke mit nichtlinearen passiven und aktiven Bauelementen notwendig.

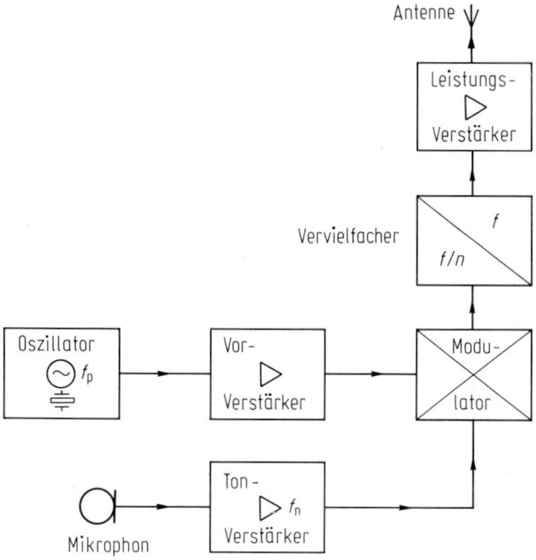

Bild 1. Blockschaltbild eines Senders

1 Mischung und Frequenzvervielfachung

Mixing and frequency multiplication

Allgemeine Literatur: *Blackwell, L.A.*; *Kotzebue, K.L.*: Semiconductor-diode parametric amplifiers. Englewood Cliffs: Prentice Hall 1961. – *Decroly, J.C.*; *Laurent, L.*; *Lienard, J.C.*; *Marechal, G.*; *Voroßeitchik, J.*: Parametric amplifiers. Philips Technical Library, London: Macmillan Press 1973. – *Penfield, P.Jr.*: Frequency-power formulas. New York: Wiley 1960. – *Penfield, P.Jr.*; *Rafuse, R.P.*: Varactor applications. New York: MIT Press 1962. – *Phillippow, E.*: Nichtlineare Elektrotechnik, 2. Aufl. Leipzig: Akad. Verlagsges. 1971. – *Schleifer, W.D.*: Hochfrequenz- und Mikrowellenmeßtechnik in der Praxis. Heidelberg: Hüthig 1981. – *Steiner, K.H.*; *Pungs, L.*: Parametrische Systeme. Stuttgart: Hirzel 1965. – *Stern, T.E.*: Theory of nonlinear networks and systems. An introduction. Reading: Addison-Wesley 1965. – *v.d. Ziel, A.*: Noise. New York: Prentice Hall 1955.

Die nichtlinearen Eigenschaften passiver und aktiver Bauelemente (Dioden, Varistoren, Transistoren, Röhren u.a.) werden unterhalb des Laufzeitgebietes durch die nichtlinearen eindeutigen (d.h. hysteresefreien) Funktionen

$$i = i(u); \qquad q = q(u) \tag{1}$$

oder deren Umkehrfunktionen

$$u = u(i); \qquad u = u(q) \tag{2}$$

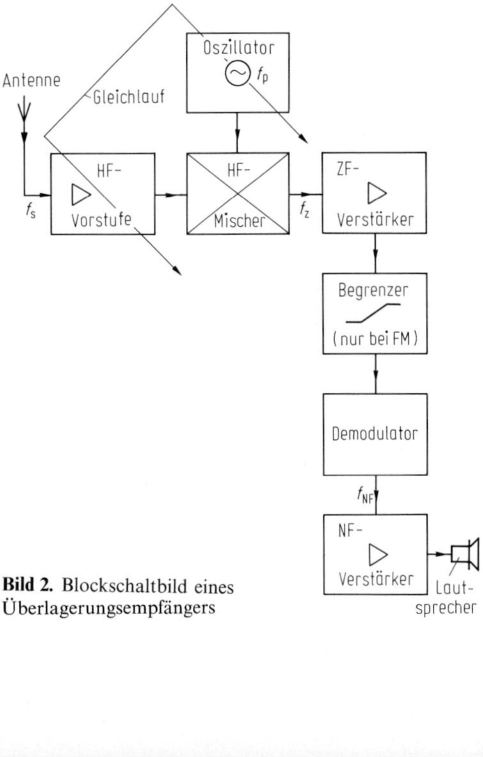

Bild 2. Blockschaltbild eines Überlagerungsempfängers

Spezielle Literatur Seite G 26

beschrieben. Diese Nichtlinearitäten können für die Mischung von Signalen verschiedener Frequenz und die Frequenzvervielfachung ausgenutzt werden.

1.1 Kombinationsfrequenzen
Combination frequencies

Ist der nichtlineare Zusammenhang eines dieser Bauelemente durch die Potenzreihe

$$y = a_0 + a_1 x + a_2 x^2 + a_3 x^3 + \ldots + a_l x^l \quad (3)$$

gegeben und wird das Bauelement mit dem Eingangssignal

$$x(t) = \hat{x}_s \cos(st + \varphi_s) + \hat{x}_p \cos(pt + \varphi_p)$$

als Summe aus dem Nutzsignal $\hat{x}_s \cos(st + \varphi_s)$ der Kreisfrequenz $s = 2\pi f_s$ und dem Oszillator bzw. Pumpsignal $\hat{x}_p \cos(pt + \varphi_p)$ der Kreisfrequenz $p = 2\pi f_p$ ausgesteuert, so entsteht das Ausgangssignal $y(t)$ mit den Spektralanteilen bei den Kombinationsfrequenzen

$$f_K = |\pm \nu f_s \pm \mu f_p| \quad \text{mit} \quad \nu, \mu = 0, 1, 2, 3. \quad (4)$$

Für den Fall $\nu = 0$ bzw. $\mu = 0$ erhält man die Oszillatorfrequenz bzw. die Signalfrequenz und deren Oberschwingungen (Frequenzvervielfachung).
Für $\nu, \mu \neq 0$ ergeben sich Kombinationsfrequenzen, welche zur Modulation (s. L 1.1) und Mischung verwendet werden können. Die „Frequenzpyramide" [1] in Bild 3 zeigt, welche Koeffizienten a_l der Potenzreihe nach Gl. (3) die Amplitude der Kombinationsfrequenzen nach Gl. (4) bestimmen und wie diese den Vielfachen von Signal- und Oszillatorfrequenzen zugeordnet sind. Das Frequenzspektrum nach Gl. (4) ist für $f_p \gg f_s$ und $\hat{x}_s \approx \hat{x}_p$ in Bild 4 dargestellt. Die Amplituden der Kombinationsfrequenzen sind durch $\hat{x}_s$, $\hat{x}_p$ und a_i bestimmt.

1.2 Auf- und Abwärtsmischung, Gleich- und Kehrlage
Up- and down converter, inverting and noninverting case

Betrachten wir die Kombinationsfrequenzen nach Gl. (4) nicht nur bei einer Signalschwingung der Frequenz f_s, sondern lassen ein Frequenzspektrum zu, so müssen bezüglich der Lage des entstehenden Frequenzspektrums Unterscheidungen getroffen werden. Die Mischung in Überlagerungsempfängern hat die Aufgabe, das Spektrum schwacher Nutzsignale aus der HF-Ebene in die ZF-Ebene umzusetzen. Die Kombinationsfrequenzen (Mischfrequenzen) im Kleinsignalfall $\hat{x}_s \ll \hat{x}_p$ sind nach Gl. (4) für $\nu = 1$ zu

$$f_z = |\pm f_s \pm \mu f_p| \quad \text{mit} \quad \mu = 0, 1, 2, 3, \ldots \quad (5)$$

gegeben. Nur in diesem Falle ist eine verzerrungsfreie Frequenzumsetzung der modulierten Signale möglich. Grundsätzlich gibt es drei ver-

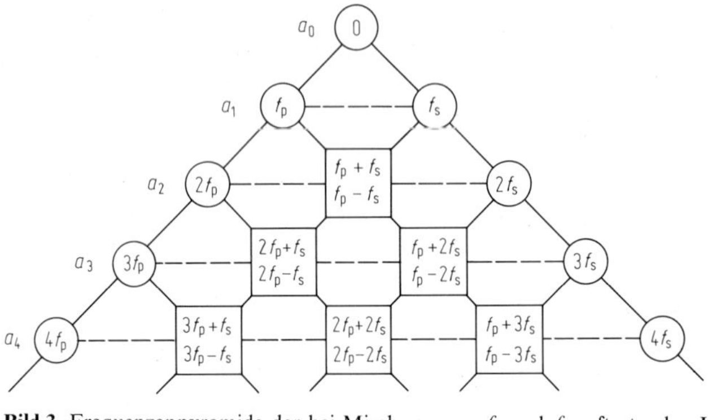

Bild 3. Frequenzenpyramide der bei Mischung von f_p und f_s auftretenden Kombinationsfrequenzen

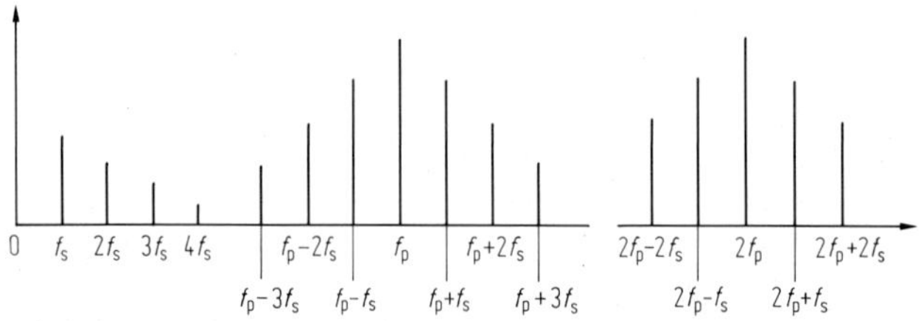

Bild 4. Frequenzspektrum bei einer Frequenzumsetzung für $f_p \gg f_s$ und $\hat{x}_s \approx \hat{x}_p$

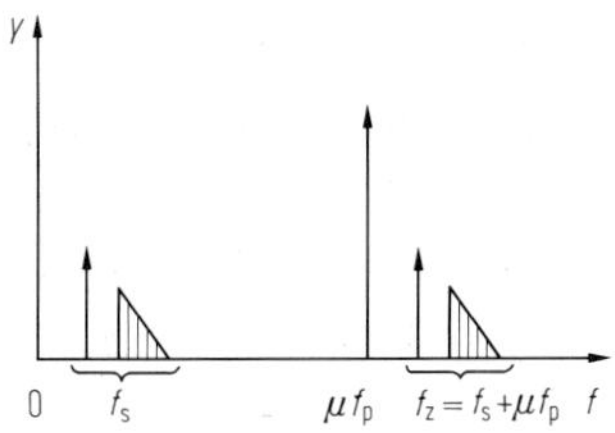

Bild 5. Frequenzspektrum der Aufwärtsmischung in Frequenzengleichlage

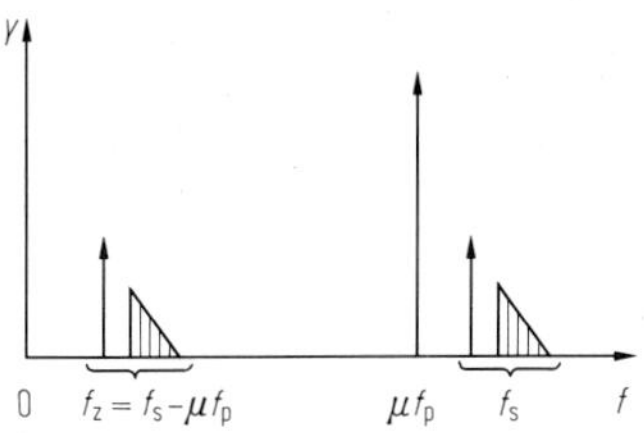

Bild 6. Frequenzenspektrum der Abwärtsmischung in Frequenzengleichlage

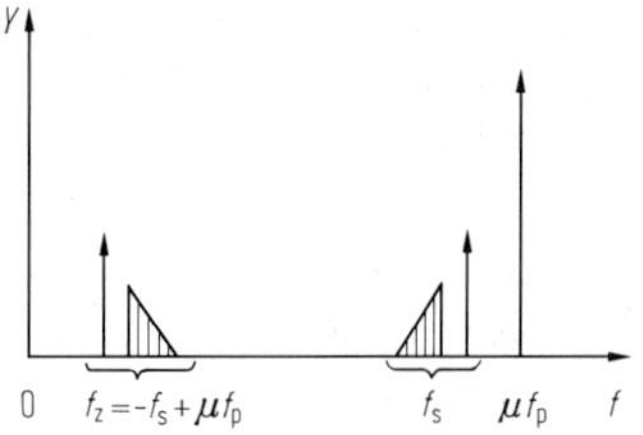

Bild 7. Frequenzspektrum der Abwärtsmischung in Frequenzenkehrlage

schiedene Möglichkeiten zur Bildung des Zwischenfrequenzspektrums:
1. Die Aufwärtsmischung in Frequenzengleichlage mit $f_z > f_s$ folgt aus Gl. (5) zu

$$f_z = f_s + \mu f_p$$

und dem Spektrum nach Bild 5.
2. Die Abwärtsmischung in Frequenzengleichlage mit $f_z < f_s$ folgt aus Gl. (5) zu

$$f_z = f_s - \mu f_p$$

und dem Spektrum nach Bild 6.
3. Die Aufwärts- bzw. Abwärtsmischung in Frequenzenkehrlage mit $f_z \gtrless f_s$ folgt aus Gl. (5) zu

$$f_z = -f_s + \mu f_p$$

mit der Unterteilung

Aufwärtsmischung für $\mu f_p/2 > f_s$
Abwärtsmischung für $\mu f_p/2 < f_s < \mu f_p$

(Bild 7).

Kleinsignaltheorie der Mischung. Die Kleinsignaltheorie der Mischung behandelt das Signal- und Rauschverhalten nichtlinearer Netzwerke bei schwachen Stör- und Nutzsignalen durch die sog. „Theorie kleiner Störungen“ oder kurz „Kleinsignaltheorie“ [1–10]. Die nichtlinearen Eigenschaften der verwendeten aktiven oder passiven Bauelemente werden wieder durch die eindeutigen (d.h. hysteresefreien) nichtlinearen Funktionen der Gln. (1) und (2) beschrieben. Die übrige Schaltung soll nur lineare und zeitlich konstante Elemente enthalten. Die Prinzipschaltung zum Betrieb eines Bauelements mit nichtlinearem Zusammenhang

$$y = y(x) \tag{6}$$

zeigt Bild 8. Das nichtlineare Bauelement wird von Generatoren mit inneren Strom- oder Spannungsquellen gespeist. Die Oszillator- bzw. Pumpkreisfrequenz ist mit $p = 2\pi f_p$, die Signalkreisfrequenz mit $s = 2\pi f_s$ bezeichnet. Die Generatorströme bzw. -spannungen werden als harmonische Funktionen in pt bzw. st vorausge-

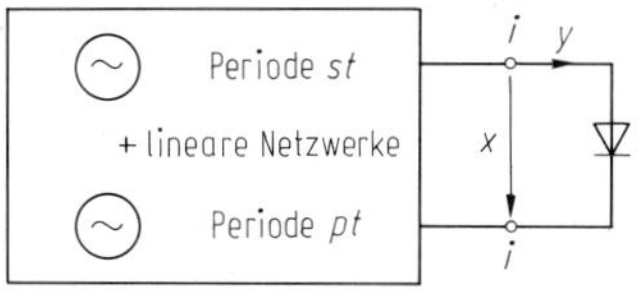

Bild 8. Prinzipschaltung zur Steuerung eines Bauelements mit nichtlinearer Kennlinie

setzt. Damit sind auch y und x in Gl. (6) harmonische Funktionen in pt bzw. st und können in bekannter Weise in doppelte Fourier-Reihen entwickelt werden [1–10]. Zur Erläuterung dieser Verhältnisse betrachten wir den in Bild 9 dargestellten nichtlinearen Zusammenhang $y = y(x)$ bei der Aussteuerung mit den harmonischen Funktionen der inneren Generatoren. Im unteren Teil des Bildes 9 ist die Zeitabhängigkeit $x(t)$ am nichtlinearen Bauelement dargestellt. Bei fehlendem Signal Δx wird $x(t)$ durch die ausgezogene Kurve beschrieben, deren Verlauf in pt harmonisch ist und im folgenden stets als

$$x_p = x(pt) = x_0 + \hat{x}_p \cos(pt)$$

vorausgesetzt wird. Bei schwachen Signalen ist

$$\Delta x = x(pt, st) - x(pt),$$

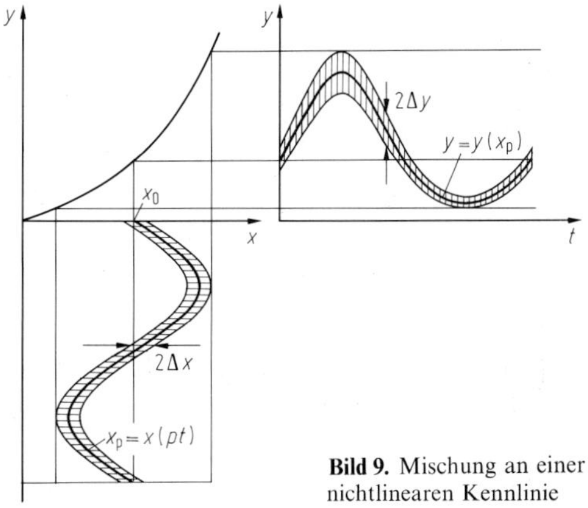

Bild 9. Mischung an einer nichtlinearen Kennlinie

so daß $x(pt, st)$ innerhalb des schmalen, schraffierten Streifens in Bild 9 verläuft. In Bild 9 rechts ist der zeitliche Verlauf von y dargestellt, der sich aus der Kennlinie $y = y(x)$ für $x = x(pt, st)$ ergibt. Die ausgezogene Kurve $y = y(x_p) = y[x(pt)]$ in Bild 9 rechts gilt wiederum bei fehlendem Signal. Die durch das Signal hervorgerufene kleine Änderung

$$\Delta y = y[x(pt) + \Delta x] - y[x(pt)]$$

liegt in dem schmalen schraffierten Bereich des Bildes 9 rechts. Aus Gl. (6) erhalten wir durch Taylor-Reihenentwicklung in linearer Näherung die Beziehung

$$\Delta y = \left[\frac{\mathrm{d}y(x)}{\mathrm{d}x}\right]_{x_p} \Delta x = A(pt)\,\Delta x. \tag{7}$$

Die Ableitung $A(pt)$ kann als Fourier-Reihe

$$A(pt) = \sum_{n=-\infty}^{\infty} \underline{A}^{(n)} e^{jnpt} \tag{8}$$

dargestellt werden, wobei die Fourier-Komponenten durch die Beziehung

$$\underline{A}^{(n)} = \frac{e^{jn\varphi_p}}{2\pi} \int_{-\pi}^{\pi} A(pt)\, e^{-jnpt} \mathrm{d}(pt) \tag{9}$$

mit

$$\underline{A}^{(-n)} = \underline{A}^{(n)*}$$

gegeben sind [4]. Es ist zu beachten, daß $A(pt)$ jeweils die Dimension hat, welche sich aus der Ableitung der nichtlinearen Funktionen nach den Gln. (1) und (2) ergibt und dementsprechend einen gesteuerten Wirkleitwert oder eine gesteuerte Kapazität bzw. gesteuerten Wirkwiderstand oder Elastanz darstellt. Wenn wir für die Kleinsignalanteile die doppelten Fourier-Reihen

$$\Delta x = \frac{1}{2} \sum_{\nu=\pm 1} \sum_{\mu=-\infty}^{\infty} \underline{X}_{\nu s+\mu p} e^{j(\nu s+\mu p)t}$$

mit

$$\underline{X}_{-(\nu s+\mu p)} = \underline{X}^*_{\nu s+\mu p} \tag{10}$$

und

$$\Delta y = \frac{1}{2} \sum_{\nu=\pm 1} \sum_{\mu=-\infty}^{\infty} \underline{Y}_{\nu s+\mu p} e^{j(\nu s+\mu p)t}$$

mit

$$\underline{Y}_{-(\nu s+\mu p)} = \underline{Y}^*_{\nu s+\mu p}$$

ansetzen, so folgen mit

$$\mu = k + n \tag{11}$$

aus den Gln. (7) bis (10) die Konversionsgleichungen (1–7, 10)

$$\underline{Y}_{\nu s+\mu p} = \sum_{k=-\infty}^{\infty} \underline{A}^{(\nu-k)} \underline{X}_{\nu s+kp}. \tag{12}$$

Im Falle des nichtlinearen Zusammenhangs $q = q(u)$ bzw. $u = u(q)$ erhalten wir aus den Ladungen die Ströme nach der Beziehung [1, 2, 4, 5, 7, 10]

$$\underline{I}_{\nu s+\mu p} = \mathrm{j}(\nu s + \mu p)\, \underline{Q}_{\nu s+\mu p}.$$

1.3 Mischung mit Halbleiterdiode als nichtlinearem Strom-Spannungs-Bauelement

Mixing with a semiconductor diode as a nonlinear current voltage device

Das Ersatzschaltbild der Halbleiterdiode, welches für die Mischung zugrunde gelegt werden muß [1, 7] ist in Bild 10 dargestellt. Im Durchlaßbereich ist die Sperrschichtkapazität $C_s(u)$ wesentlich kleiner als die hier konstant angenommene Diffusionskapazität C_j, so daß für die Mischung mit einer Halbleiterdiode im Durchlaßbereich nur der differentielle Diffusionsleitwert $G(u) = \mathrm{d}i/\mathrm{d}u$ genutzt werden kann. Der Bahnwiderstand R_i berücksichtigt die ohmschen Verluste der Bahngebiete der Diode; die Zuleitungsinduktivität L_i und die Gehäusekapazität C_g beeinflussen das Verhalten der Diode besonders bei hohen Frequenzen [5, 7, 11–14]. Im Hinblick auf die Wirkung der Diffusionskapazität C_j ist die unterschiedliche Größenordnung zwischen Schottky-Barrier- und pn-Diode zu beachten [7].
Die Schaltung eines Diodeneintaktmischers mit Spiegelfrequenzabschlußleitwert $\underline{Y}'_{p-z}$ für den Betrieb im Durchlaßbereich der Halbleiterdiode ist in Bild 11 dargestellt. In diesem Betriebsfall bewirkt der nichtlineare Zusammenhang $i = i(u)$ die Frequenzumsetzung von der HF-Ebene mit der Kreisfrequenz $p + z = 2\pi(f_p + f_z)$ in die ZF-Ebene der Kreisfrequenz $z = 2\pi f_z$. Wir erhalten damit aus den Gln. (7) bis (9) einen gesteuerten Wirkleitwert

$$G(pt) = \left[\frac{\mathrm{d}i(u)}{\mathrm{d}u}\right]_{u_p} = \sum_{n=-\infty}^{\infty} \underline{G}^{(n)} e^{jnpt} \tag{13}$$

für die Halbleiterdiode im Durchlaßbereich bei

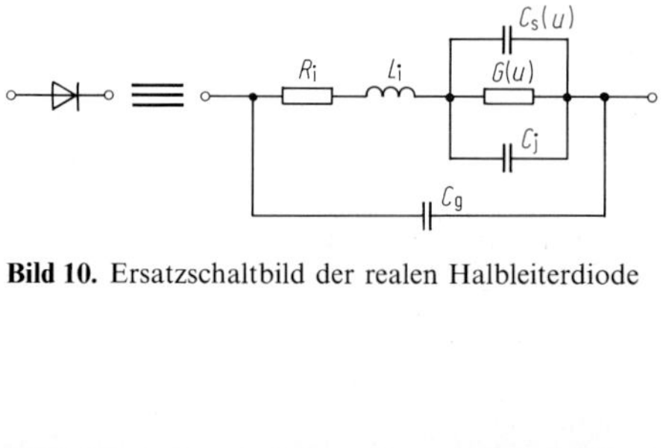

Bild 10. Ersatzschaltbild der realen Halbleiterdiode

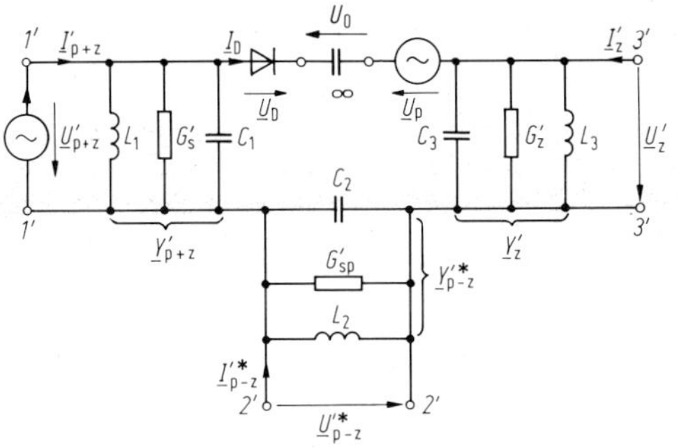

Bild 11. Schaltung des Diodeneintaktmischers mit Spiegelfrequenzabschluß

Spannungssteuerung, wie in Bild 11 vorausgesetzt.

Mit dem Ersatzschaltbild der Diode nach Bild 10 und dem gesteuerten Wirkleitwert nach Gl. (13) folgt für den Diodeneintaktmischer das Kleinsignal-Ersatzbild entsprechend der Schaltung nach Bild 12. Gehen wir in Bild 12 davon aus, daß die Resonatoren mit den komplexen Leitwerten $\underline{Y}'_{p\pm z}$ und $\underline{Y}'_{z}$ außerhalb ihrer Resonanzkreisfrequenzen einen Kurzschluß darstellen, so müssen bei der Anwendung der Konversionsgleichungen (12) auf die ideale Halbleiterdiode mit $\underline{Y}_{vs+\mu p} = \underline{I}_{vs+\mu p}$ und $\underline{X}_{vs+kp} = \underline{U}_{vs+kp}$ entsprechend der in diesem Fall verwendeten Nichtlinearität $i = i(u)$ nach Gl. (1) die parasitären Diodenelemente R_i, L_i, C_j und C_g getrennt bei den Kreisfrequenzen $p \pm z$ und z berücksichtigt werden [6, 7, 14]. Wir erhalten damit für die weiteren Rechnungen die Ersatzschaltung nach Bild 13. Die Stromquellen, die Innen- und Lastleitwerte sowie die Verlustwiderstände der äußeren linearen Netzwerke in Bild 13 können stets auf die inneren Klemmpaare umgerechnet werden.

Die Schaltung nach Bild 14 kann somit durch die Ersatzschaltung nach Bild 15 ersetzt werden.

Für den Verlustleitwert $G_{v,n}$ in Bild 15 erhalten wir nach [14] die einfache Beziehung

$$G_{v,n} = R_i(\omega C_j)^2. \tag{14}$$

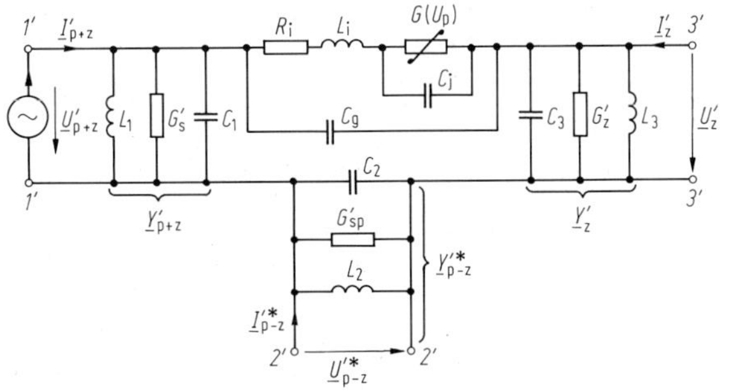

Bild 12. Schaltung des Eintaktmischers mit realer Halbleiterdiode

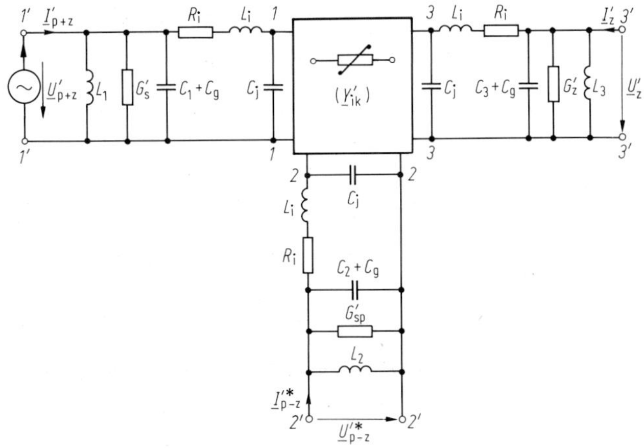

Bild 13. Ersatzschaltung des Eintaktmischers unter getrennter Berücksichtigung der parasitären Diodenelemente R_i, L_i, C_j und C_g bei den Kreisfrequenzen $p \pm z$ und z

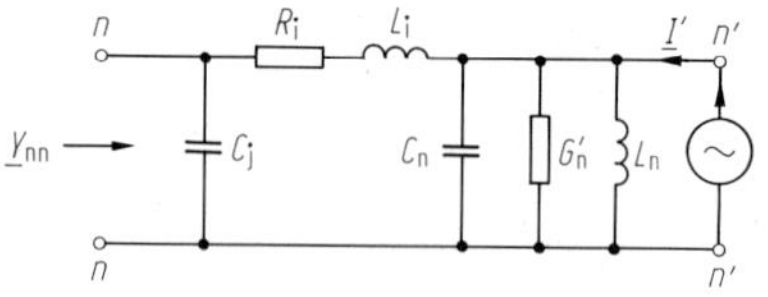

Bild 14. Grundschaltung der äußeren linearen Netzwerke der Schaltung nach Bild 13

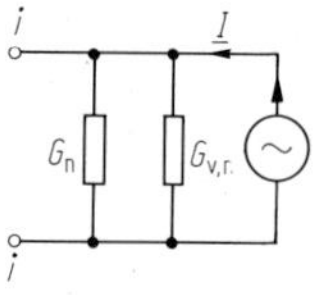

Bild 15. Ersatzschaltung der linearen Netzwerke nach Bild 14, bezogen auf die inneren Klemmenpaare *ii* bei Resonanzabstimmung

In entsprechender Weise kann für Kurzschluß zwischen den inneren Klemmen *nn* die Einströmung $\underline{I}'$ in die Einströmung $\underline{I}$ umgerechnet werden. Als Ersatzschaltung des Eintaktmischers bei Resonanzabstimmung kann damit die Schaltung nach Bild 16 zugrunde gelegt werden. Die Konversionsmatrix nach Gl. (12) für die ideale Halbleiterdiode ist nun in der Hauptdiagonalen durch die Verlust- und Lastleitwerte zu ergänzen. Es folgt somit aus Gl. (12) für die Schaltung nach Bild 16

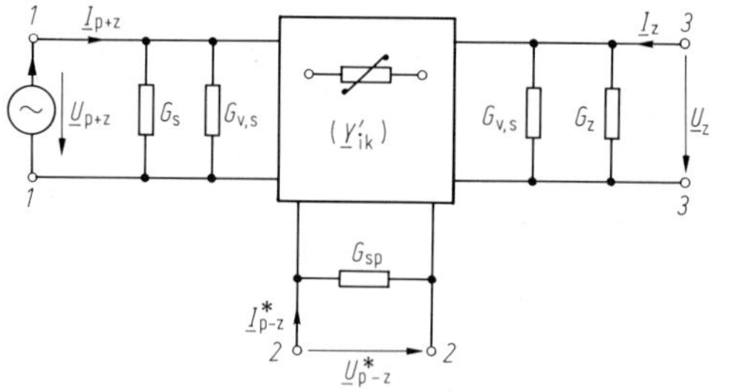

Bild 16. Ersatzschaltung des Eintaktmischers bei Resonanzabstimmung mit transformierten Stromquellen und Wirkleitwerten

$$\begin{pmatrix} \underline{I}_{p+z} \\ \underline{I}^*_{p-z} \\ \underline{I}_z \end{pmatrix} = \begin{pmatrix} G_s + G_{v,s} + G^{(0)} & \underline{G}^{(2)} & -\underline{G}^{(1)} \\ \underline{G}^{(2)*} & G^{(0)} + G_{sp} & -\underline{G}^{(1)*} \\ -\underline{G}^{(1)*} & -\underline{G}^{(1)} & G^{(0)} + G_{v,z} + G_z \end{pmatrix} \cdot \begin{pmatrix} \underline{U}_{p+z} \\ \underline{U}^*_{p-z} \\ \underline{U}_z \end{pmatrix} = (\underline{Y}'_{ik}) \cdot \begin{pmatrix} \underline{U}_{p+z} \\ \underline{U}^*_{p-z} \\ \underline{U}_z \end{pmatrix}, \tag{15}$$

wobei entsprechend Gl. (14)

$$G_{v,s} = R_i(sC_j)^2 \quad \text{und} \quad G_{v,z} = R_i(zC_j)^2$$

gilt.

Die Signaleigenschaften des Abwärtsmischers in Frequenzgleichlage. Die Signaleigenschaften des Abwärtsmischers in Frequenzgleichlage erhalten wir, wenn wir davon ausgehen, daß in der Schaltung nach Bild 16 bei der Spiegelkreisfrequenz am Klemmenpaar *2 2* keine Einströmung erfolgt, so daß $\underline{I}^*_{p-z} = 0$ ist. Aus der zweiten Zeile der Gl. (15) folgt dann

$$\underline{U}^*_{p-z} = -\frac{\underline{G}^{(2)*}\underline{U}_{p+z} - \underline{G}^{(1)*}\underline{U}_z}{G^{(0)} + G_{sp}}$$

und damit aus Gl. (15) für die Konversionsgleichungen des Abwärtsmischers in Frequenzgleichlage

$$\begin{pmatrix} \underline{I}_{p+z} \\ \underline{I}_z \end{pmatrix} = (\underline{Y}_{ik}) \cdot \begin{pmatrix} \underline{U}_{p+z} \\ \underline{U}_z \end{pmatrix} \tag{16}$$

mit

$$(\underline{Y}_{ik}) = \begin{pmatrix} G_s + G_{v,s} + G^{(0)} - \dfrac{|\underline{G}^{(2)}|^2}{G^{(0)} + G_{sp}} & -\underline{G}^{(1)} + \dfrac{\underline{G}^{(1)*}\underline{G}^{(2)}}{G^{(0)} + G_{sp}} \\ -\underline{G}^{(1)*} + \dfrac{\underline{G}^{(1)}\underline{G}^{(2)*}}{G^{(0)} + G_{sp}} & G_z + G_{v,z} + G^{(0)} - \dfrac{|\underline{G}^{(1)}|^2}{G^{(0)} + G_{sp}} \end{pmatrix}. \tag{17}$$

Der verfügbare Konversionsgewinn des Mischers folgt mit den Elementen der Matrix $\underline{Y}_{ik}$ nach den Gln. (16) und (17) zu

$$L_{v,m} = \left|\frac{\underline{Y}_{21}}{\underline{Y}_{11}}\right|^2 \cdot \frac{G_s}{G_z}. \tag{18}$$

Bei Leistungsanpassung am Eingang und Ausgang des Mischers gilt außerdem [14]

$$G_z = G_{z,opt} = \left[G_{v,z} + G^{(0)} - \frac{|\underline{G}^{(1)}|^2}{G^{(0)} + G_{sp}}\right]\sqrt{1-\gamma^2}$$

$$G_s = G_{s,opt} = \left[G_{v,s} + G^{(0)} - \frac{|\underline{G}^{(2)}|^2}{G^{(0)} + G_{sp}}\right]\sqrt{1-\gamma^2} \tag{19}$$

mit

$$\gamma^2 = \frac{\left[-|\underline{G}^{(1)}| + \dfrac{|\underline{G}^{(1)}|\,|\underline{G}^{(2)}|}{G^{(0)}+G_{\mathrm{sp}}}\right]^2}{\left[G_{\mathrm{v,s}} + G^{(0)} - \dfrac{|\underline{G}^{(2)}|^2}{G^{(0)}+G_{\mathrm{sp}}}\right]\left[G_{\mathrm{v,z}} + G^{(0)} - \dfrac{|\underline{G}^{(1)}|^2}{G^{(0)}+G_{\mathrm{sp}}}\right]}. \qquad (20)$$

Für den verfügbaren Konversionsgewinn des Mischers nach Gl. (18) ergibt sich dann

$$L_{\mathrm{v,m}} = \frac{G_{\mathrm{v,s}} + G^{(0)} - \dfrac{|\underline{G}^{(2)}|^2}{G^{(0)}+G_{\mathrm{sp}}} - G_{\mathrm{s,opt}}}{G_{\mathrm{v,s}} + G^{(0)} - \dfrac{|\underline{G}^{(2)}|^2}{G^{(0)}+G_{\mathrm{sp}}} + G_{\mathrm{s,opt}}}$$

bzw. mit Gl. (19) und γ^2 nach Gl. (20)

$$L_{\mathrm{v,m}} = \frac{1-\sqrt{1-\gamma^2}}{1+\sqrt{1-\gamma^2}}. \qquad (21)$$

Für die numerische Berechnung des Signalverhaltens ist es sinnvoll, die Leitwerte in Gl. (20) zu normieren. Wenn wir als Normierungsgröße den Leitwert $G^{(0)}$ verwenden, so folgt mit

$$g_1 = \frac{|\underline{G}^{(1)}|}{G^{(0)}},\quad g_2 = \frac{|\underline{G}^{(2)}|}{G^{(0)}},\quad g_{\mathrm{sp}} = \frac{G_{\mathrm{sp}}}{G^{(0)}},$$

$$g_{\mathrm{v,s}} = \frac{G_{\mathrm{v,s}}}{G^{(0)}},\quad g_{\mathrm{v,z}} = \frac{G_{\mathrm{v,z}}}{G^{(0)}}$$

für γ^2 nach Gl. (20)

$$\gamma^2 = \frac{\left(-g_1 + \dfrac{g_1 g_2}{1+g_{\mathrm{sp}}}\right)^2}{\left(1 + g_{\mathrm{v,s}} - \dfrac{g_2^2}{1+g_{\mathrm{sp}}}\right)\left(1 + g_{\mathrm{v,z}} - \dfrac{g_1^2}{1+g_{\mathrm{sp}}}\right)}. \qquad (22)$$

Bei einer Halbleiterdiode mit einer $i(u_{\mathrm{s}}) = (I_{\mathrm{D,0}} + I_{\mathrm{s}})\exp(u_{\mathrm{s}}/mU_{\mathrm{T}}) - I_{\mathrm{s}}$ Kennlinie sind die Konversionsleitwerte $G^{(0)}$, $\underline{G}^{(1)}$ und $\underline{G}^{(2)}$ Funktionen der modifizierten Bessel-Funktionen $I_{\mathrm{n}}(\hat{u}_{\mathrm{p}}/mU_{\mathrm{T}})$, in deren Argument die Pumpamplitude enthalten ist. Es gilt dann

$$g_1 = \frac{I_1(\hat{u}_{\mathrm{p}}/mU_{\mathrm{T}})}{I_0(\hat{u}_{\mathrm{p}}/mU_{\mathrm{T}})} \quad \text{und} \quad g_2 = \frac{I_2(\hat{u}_{\mathrm{p}}/mU_{\mathrm{T}})}{I_0(\hat{u}_{\mathrm{p}}/mU_{\mathrm{T}})}.$$

Als Funktion von $\hat{u}_{\mathrm{p}}$ können g_1 und g_2 den Wertebereich zwischen 0 und 1 durchlaufen, wobei für genügende Aussteuerung $g_1 = g_2 = 1$ werden kann.

Der verfügbare Konversionsverlust

$$D_{\mathrm{v,m}} = 1/L_{\mathrm{v,m}} \qquad (23)$$

ist in den Bildern 17 bis 19 als Funktion von g_1 für den Fall des Spiegelfrequenzkurzschlusses ($g_{\mathrm{sp}} = \infty$), des Spiegelfrequenzleerlaufs, ($g_{\mathrm{sp}} = 0$)

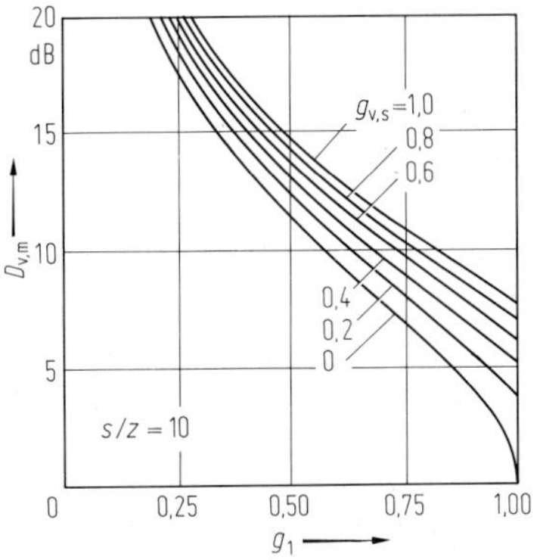

Bild 17. Verfügbarer Konversionsverlust bei Spiegelfrequenzkurzschluß als Funktion der Grundwellenaussteuerung

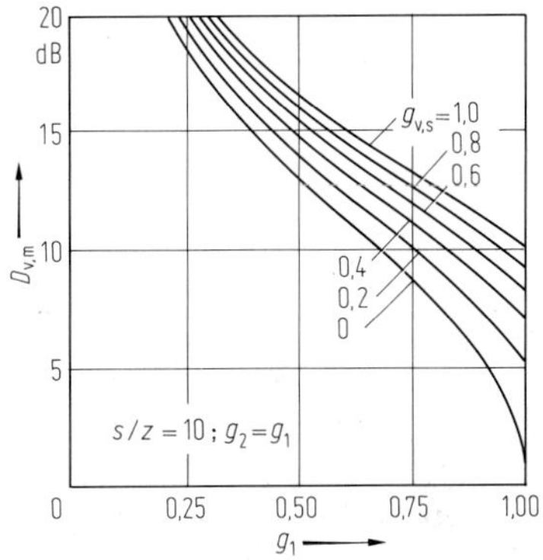

Bild 18. Verfügbarer Konversionsverlust für den Breitbandfall als Funktion der Grund- und Oberwellenaussteuerung

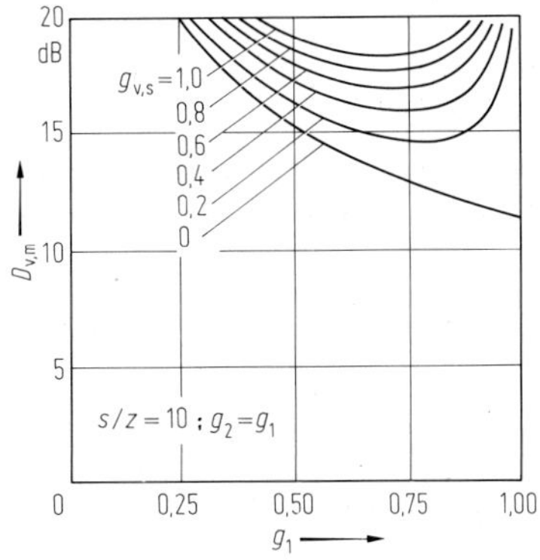

Bild 19. Verfügbarer Konversionsverlust bei Spiegelfrequenzleerlauf als Funktion der Grund- und Oberwellenaussteuerung

und des Breitbandfalls mit der Festlegung ($g_{sp} = 1$) dargestellt. Als Parameter der Kurven ist der normierte Verlustleitwert

$$g_{v,s} = \frac{R_i (sC_j)^2}{\dfrac{(I_{D,0} + I_s)}{m U_T} I_0(\hat{u}_p/m U_T)}$$

zwischen 0,2 und 1,0 verändert worden. Mit $s/z = 10$ folgt wegen

$$g_{v,z} = (z/s)^2 \, g_{v,s}$$

ein um den Faktor 100 geringerer Verlustleitwert auf der Zwischenfrequenzseite. Für den Breitbandfall und bei Spiegelfrequenzleerlauf wurde $g_1 = g_2$ gesetzt. Der Leitwert $g_2 = 0$ tritt bei einer Halbleiterdiode mit exponentieller $i(u)$-Kennlinie nicht auf. Wir erkennen, daß unter den hier gemachten Voraussetzungen der Konversionsverlust bei Spiegelfrequenzkurzschluß am geringsten ist.

In entsprechender Weise erhalten wir die Signaleigenschaften des Abwärtsmischers in Frequenzkehrlage, wenn an das Klemmenpaar *2′2′* der Schaltung nach Bild 12 ein Signalgenerator der Kreisfrequenz $p - z$ angeschlossen wird. Das Klemmenpaar *1′1′* stellt dann den Spiegelfrequenzabschluß dar.

Im Fall der Aufwärtsmischung in Frequenzengleich- oder Frequenzenkehrlage wird an die Schaltung nach Bild 12 ein Generator an das Klemmenpaar *3′3′* angeschlossen. Die Wirkleistung wird dann bei der Aufwärtsmischung von z nach $p + z$ am Lastleitwert G_{p+z} zwischen dem Klemmenpaar *1′1′* abgenommen. Entsprechendes gilt für die Aufwärtsmischung von z nach $p - z$. Wird der gesteuerte Wirkleitwert zur Modulation verwendet (s. L 1.1), so kann z. B. bei der Zweiseitenband-Modulation die Umsetzung von der ZF- oder NF-Ebene auf das obere und untere Seitenband erfolgen. Dann sind Wirkleistungen an den Last-Leitwerten $G_{p\pm z}$ an den Klemmenpaaren *1′1′* und *2′2′* zu entnehmen. Ist der differentielle Wirkleitwert der nichtlinearen Strom-Spannungs-Kennlinie für alle Werte von u nicht negativ, d. h.

$$\frac{di(u)}{du} \geqq 0,$$

so gilt für die Wirkleistungsverteilung am idealen nichtlinearen Element bei den Kombinationskreisfrequenzen $\mu p + \nu s$ nach Penfield [15]

$$\sum_{\mu=-\infty}^{\mu=+\infty} \sum_{\nu=-\infty}^{\nu=+\infty} P_{\mu,\nu} (\mu p + \nu s)^2 \geqq 0. \tag{24}$$

Anstelle dieser frequenzabhängigen Beziehungen erhält man die frequenzunabhängigen *Leistungsbeziehungen von Pantell* [16]

$$\sum_{\mu=0}^{\mu=\infty} \sum_{\nu=-\infty}^{\infty} \mu^2 P_{\mu,\nu} \geqq 0, \tag{25}$$

bzw.

$$\sum_{\mu=-\infty}^{\infty} \sum_{\nu=0}^{\infty} \nu^2 P_{\mu,\nu} \geqq 0. \tag{26}$$

Der Wertebereich des Parameters μ ist in Gl. (25) auf $0 \leqq \mu \leqq +\infty$ gegenüber $-\infty \leqq \mu \leqq +\infty$ in Gl. (26) eingeschränkt, da sich bei $\mu p + \nu s$ und bei $-\mu p - \nu s$ gleich große Wirkleistungen $P_{\mu,\nu} = P_{-\mu,\nu}$ ergeben. Dies gilt ebenso für den Parameter ν in Gl. (25). Werden bei den Kreisfrequenzen s und p dem idealen nichtlinearen Element $i(u)$ die Wirkleistungen $P_{1,0}$ bzw. $P_{0,1}$ zugeführt und wird nur bei einer Kombinationskreisfrequenz $\omega_K = \mu_1 p + \nu_1 s$ die Wirkleistung $-P_K$ abgegeben, so beträgt der hierbei maximal erreichbare Wirkungsgrad [17]

$$\eta_{max} = \frac{-P_K}{P_{1,0} + P_{0,1}} = \frac{1}{[|\mu_1| + |\nu_1|]^2}. \tag{27}$$

Für die Frequenzen des Kleinsignalspektrums mit $\nu = 1$ lautet Gl. (26)

$$\sum_{\mu=-\infty}^{\infty} P_{\mu,1} \geqq 0.$$

Die maximal verfügbare Leistungsverstärkung aller Frequenzumsetzer mit positivem differentiellen Wirkleitwert ist damit [18]

$$L_{v,max} \leqq 1.$$

Bei einem Frequenzvervielfacher gilt nach Page [19] für $f_\mu = \mu f_p$

$$P_1 = P_0 + \sum_{\mu=2}^{\infty} P_\mu \geqq \sum_{\mu=2}^{\infty} \mu^2 P_\mu. \tag{28}$$

P_1 ist darin die bei der Grundfrequenz zugeführte Wirkleistung, P_0 die abgegebene Gleichleistung, P_μ die bei der Oberschwingung μf_p abgegebene Wirkleistung. Aus Gl. (28) folgt

$$P_\mu \leqq \frac{P_1}{\mu^2} \tag{29}$$

und

$$P_0 \geqq (\mu^2 - 1) \, P_\mu. \tag{30}$$

Der Wirkungsgrad eines Vervielfachers mit positivem differentiellen Wirkleitwert ist stets kleiner als

$$\eta \leqq \eta_{max} \leqq 1/\mu^2. \tag{31}$$

Gleichzeitig erkennen wir aus Gl. (30), daß für $P_0 = 0$, d. h. ohne Gleichleistung, keine Frequenzvervielfachung möglich ist. Kann der diffe-

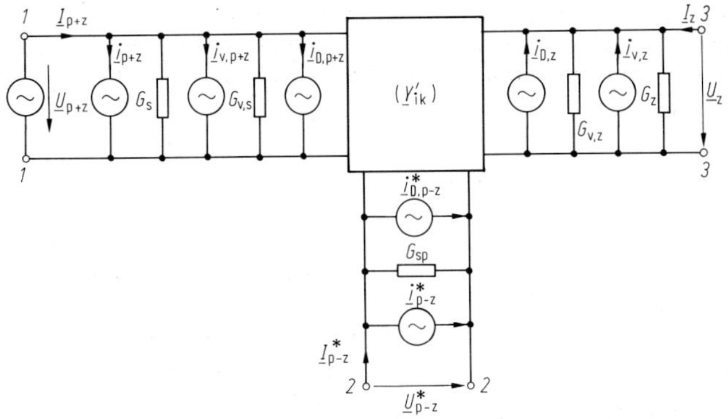

Bild 20. Ersatzschaltung des Diodeneintaktmischers mit Rauschstromquellen zur Berechnung des Rauschverhaltens

rentielle Wirkleitwert negative Werte annehmen, wie z. B. bei der Verwendung einer Tunneldiode, so ist Konversionsgewinn möglich, jedoch ist eine gleichzeitige Anpassung des Mischers an den Generatorinnenleitwert und den Lastleitwert nicht mehr möglich [20, 21].

bzw. mit $\underline{I}^*_{p-z} = 0$ aus der zweiten Zeile der Gl. (32)

$$\underline{U}^*_{p-z} = \frac{-\underline{i}^*_{p-z} - \underline{i}^*_{D,p-z} + \underline{G}^{(1)*}\underline{U}_z - \underline{G}^{(2)*}\underline{U}_{p+z}}{G^{(0)} + G_{sp}}$$

und $(\underline{Y}_{ik})$ nach Gl. (17)

$$\begin{pmatrix} \underline{I}_{p+z} - \underline{i}_{p+z} \\ \underline{I}_z \end{pmatrix} = (\underline{Y}_{ik}) \cdot \begin{pmatrix} \underline{U}_{p+z} \\ \underline{U}_z \end{pmatrix} + \begin{pmatrix} \underline{i}_{v,p+z} + \underline{i}_{D,p+z} - \dfrac{\underline{G}^{(2)}}{G^{(0)} + G_{sp}} (\underline{i}^*_{p-z} + \underline{i}^*_{D,p-z}) \\ -\underline{i}_{v,z} - \underline{i}_{D,z} + \dfrac{\underline{G}^{(1)}}{G^{(0)} + G_{sp}} (\underline{i}^*_{p-z} + \underline{i}^*_{D,p-z}) \end{pmatrix}. \quad (33)$$

Das Rauschverhalten des Abwärtsmischers in Frequenzgleichlage. Das Rauschverhalten des Abwärtsmischers in Frequenzengleichlage können wir berechnen, wenn in der Schaltung nach Bild 16 alle Rauschstromquellen berücksichtigt werden, welche vom thermischen Rauschen der Verlustleitwerte $G_{v,s}$, $G_{v,z}$, des Leitwertes G_{sp}, des Innenleitwertes G_s der Signalquelle sowie von den Schrotrauschquellen des Diodenstroms bei der Signal-, Spiegel- und Zwischenkreisfrequenz herrühren. Mit diesen Rauschstromquellen erhalten wir aus Bild 16 die Ersatzschaltung nach Bild 20 zur Berechnung des Rauschverhaltens. Bei der Festlegung der Stromrichtung der Schrotrauschquellen ist zu beachten, daß sie von einer gemeinsamen Ursache, dem Diodenstrom, herrühren und demnach untereinander korreliert sind. Alle anderen Rauschquellen thermischen Ursprungs in Bild 20 sind nicht miteinander korreliert. Für die vollständigen Konversionsgleichungen einschließlich aller Rauschquellen nach Bild 20 erhalten wir dann mit Gl. (15) die Beziehungen

Für den totalen Rauschstrom am Eingang des Mischers

$$\underline{i}_{tot} = \underline{I}_{p+z}|_{\underline{I}_z = 0,\, \underline{U}_z = 0}$$

ergibt sich dann aus Gl. (33)

$$\underline{i}_{tot} = \underline{i}_{p+z} + \underline{i}_{v,p+z} + \underline{i}_{D,p+z} + \underline{k}_1(\underline{i}_{D,z} + \underline{i}_{v,z}) + \underline{k}_2(\underline{i}^*_{p-z} + \underline{i}^*_{D,p-z}) \quad (34)$$

mit den Kurzschlußstromübersetzungen

$$\underline{k}_1 = k_1\,e^{j\varphi_p} = -\frac{(1 + g_{v,s} + g_s)(1 + g_{sp}) - g_2^2}{g_1(1 + g_{sp} - g_2)}\,e^{j\varphi_p},$$

$$\underline{k}_2 = k_2\,e^{j2\varphi_p} = \frac{1 + g_{v,s} + g_s - g_2}{1 + g_{sp} - g_2}\,e^{j2\varphi_p}.$$

$$\begin{pmatrix} \underline{I}_{p+z} \\ \underline{I}^*_{p-z} \\ \underline{I}_z \end{pmatrix} = \begin{pmatrix} G_s + G_{v,s} + G^{(0)} & \underline{G}^{(2)} & -\underline{G}^{(1)} \\ \underline{G}^{(2)*} & G^{(0)} + G_{sp} & -\underline{G}^{(1)*} \\ -\underline{G}^{(1)*} & -\underline{G}^{(1)} & G_z + G_{v,z} + G^{(0)} \end{pmatrix} \cdot \begin{pmatrix} \underline{U}_{p+z} \\ \underline{U}^*_{p-z} \\ \underline{U}_z \end{pmatrix} + \begin{pmatrix} \underline{i}_{p+z} + \underline{i}_{v,p+z} + \underline{i}_{D,p+z} \\ \underline{i}^*_{p-z} + \underline{i}^*_{D,p-z} \\ -\underline{i}_{v,z} - \underline{i}_{D,z} \end{pmatrix} \quad (32)$$

Den Erwartungswert des totalen Rauschstroms $\langle \underline{i}_{\text{tot}} \underline{i}^*_{\text{tot}} \rangle$ erhalten wir durch Ausmultiplizieren und Ordnen der Gl. (34) zu

$$\begin{aligned}\langle \underline{i}_{\text{tot}} \underline{i}^*_{\text{tot}} \rangle &= \langle \underline{i}_{\text{p+z}} \underline{i}^*_{\text{p+z}} \rangle + \langle \underline{i}_{\text{v,p+z}} \underline{i}^*_{\text{v,p+z}} \rangle \\ &+ \langle \underline{i}_{\text{D,p+z}} \underline{i}^*_{\text{D,p+z}} \rangle \\ &+ k_1^2 (\langle \underline{i}_{\text{D,z}} \underline{i}^*_{\text{D,z}} \rangle + \langle \underline{i}_{\text{v,z}} \underline{i}^*_{\text{v,z}} \rangle) \\ &+ k_2^2 (\langle \underline{i}^*_{\text{D,p-z}} \underline{i}_{\text{D,p-z}} \rangle + \langle \underline{i}^*_{\text{v,p-z}} \underline{i}_{\text{v,p-z}} \rangle) \\ &+ 2\,\text{Re}(\underline{k}_1 \langle \underline{i}^*_{\text{D,z}} \underline{i}_{\text{D,p+z}} \rangle) \\ &+ 2\,\text{Re}(\underline{k}_2^* \langle \underline{i}_{\text{D,p-z}} \underline{i}_{\text{D,p+z}} \rangle) \\ &+ 2\,\text{Re}(\underline{k}_1 \underline{k}_2^* \langle \underline{i}_{\text{D,z}} \underline{i}_{\text{D,p-z}} \rangle).\end{aligned}$$

Nach Nyquist gilt für die thermisch rauschenden Wirkleitwerte

$$\begin{aligned}\tfrac{1}{2} \langle \underline{i}_{\text{p+z}} \underline{i}^*_{\text{p+z}} \rangle &= 4\,k\,T_0\,G_{\text{s}}\,\Delta f, \\ \tfrac{1}{2} \langle \underline{i}_{\text{v,p+z}} \underline{i}^*_{\text{v,p+z}} \rangle &= 4\,k\,T\,G_{\text{v,s}}\,\Delta f, \\ \tfrac{1}{2} \langle \underline{i}_{\text{v,z}} \underline{i}^*_{\text{v,z}} \rangle &= 4\,k\,T\,G_{\text{v,z}}\,\Delta f, \\ \tfrac{1}{2} \langle \underline{i}^*_{\text{p-z}} \underline{i}_{\text{p-z}} \rangle &= 4\,k\,T\,G_{\text{sp}}\,\Delta f,\end{aligned} \qquad (35)$$

ferner für die unkorrelierten Schrotrauschanteile des Diodenstroms [1, 3, 6, 7, 9, 14, 22–29]

$$\begin{aligned}\tfrac{1}{2} \langle \underline{i}_{\text{D,p+z}} \underline{i}^*_{\text{D,p+z}} \rangle &= \tfrac{1}{2} \langle \underline{i}_{\text{D,z}} \underline{i}^*_{\text{D,z}} \rangle \\ &= \tfrac{1}{2} \langle \underline{i}^*_{\text{D,p-z}} \underline{i}_{\text{D,p-z}} \rangle = 4\,n\,k\,T_{\text{D}}\,G^{(0)}\,\Delta f.\end{aligned} \qquad (36)$$

Die Erwartungswerte der korrelierten Schrotrauschanteile des Diodenstroms [1, 3, 6, 7, 9, 14] erhalten wir zu

$$\begin{aligned}\tfrac{1}{2} \langle \underline{i}^*_{\text{D,z}} \underline{i}_{\text{D,p+z}} \rangle &= 4 n k T_{\text{D}} \,|\underline{G}^{(1)}|\, \Delta f, \\ \tfrac{1}{2} \langle \underline{i}_{\text{D,p-z}} \underline{i}_{\text{D,p+z}} \rangle &= 4 n k T_{\text{D}} \,|\underline{G}^{(2)}|\, \Delta f, \\ \tfrac{1}{2} \langle \underline{i}_{\text{D,z}} \underline{i}_{\text{D,p-z}} \rangle &= 4 n k T_{\text{D}} \,|\underline{G}^{(1)}|\, \Delta f.\end{aligned} \qquad (37)$$

Für die Einseitenband-Rauschzahl des Abwärtsmischers in Frequenzengleichlage erhalten wir dann mit den Gln. (33) bis (37) [1, 3, 7, 9, 14]

$$\begin{aligned}F_{\text{ssB}} &= \frac{\langle \underline{i}_{\text{tot}} \underline{i}^*_{\text{tot}} \rangle}{\langle \underline{i}_{\text{p+z}} \underline{i}^*_{\text{p+z}} \rangle} = 1 \\ &+ \left(\frac{g_{\text{v,s}}}{g_{\text{s}}} + k_1^2 \frac{g_{\text{v,z}}}{g_{\text{s}}} + k_2^2 \frac{g_{\text{sp}}}{g_2} \right) \frac{T}{T_0} \\ &+ n \frac{T_{\text{D}}}{T_0} \frac{(1 + k_1^2 + k_2^2)}{g_{\text{s}}} \\ &+ n \frac{T_{\text{D}}}{T_0} \frac{(2 k_1 g_1 + 2 k_2 g_2 + 2 k_1 k_2 g_1)}{g_{\text{s}}}.\end{aligned} \qquad (38)$$

Der Faktor n in Gl. (38) ist für Schottky-Dioden stets 1/2. Bei Dioden mit pn-Übergang ist $n = 1$. Außerdem gilt stets $n = m/2$.
In den Bildern 21 bis 26 ist F_{ssB} nach Gl. (38) bei Zimmertemperatur ($T = T_{\text{D}} = T_0 = 290$ K), unterschiedlichen Spiegelfrequenzleitwerten ($g_{\text{sp}} = 0, 1, \infty$) und Diodenverlusten ($g_{\text{v,s}} = 0 \ldots 1$) für die Schottky-Diode ($n = 1/2$) und pn-Diode ($n = 1$) als Funktion des Generatorinnenleitwer-

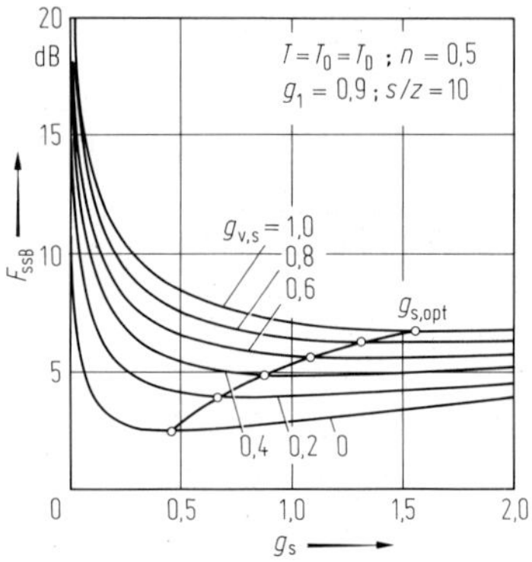

Bild 21. Einseitenband-Rauschzahl als Funktion des Generatorinnenleitwerts bei Spiegelfrequenzkurzschluß der Schottky-Diode

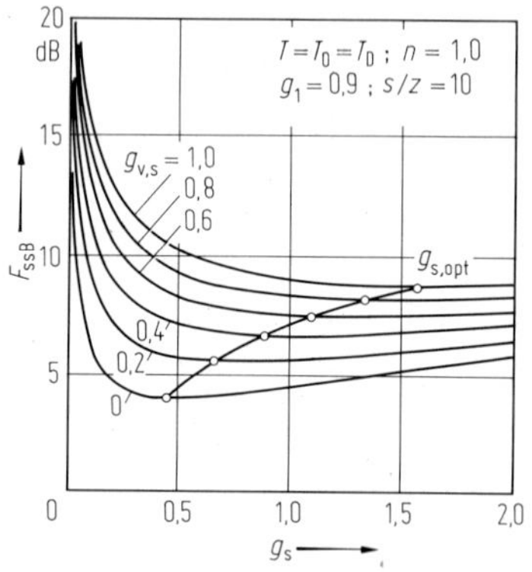

Bild 22. Einseitenband-Rauschzahl als Funktion des Generatorinnenleitwerts bei Spiegelfrequenzkurzschluß der pn-Diode

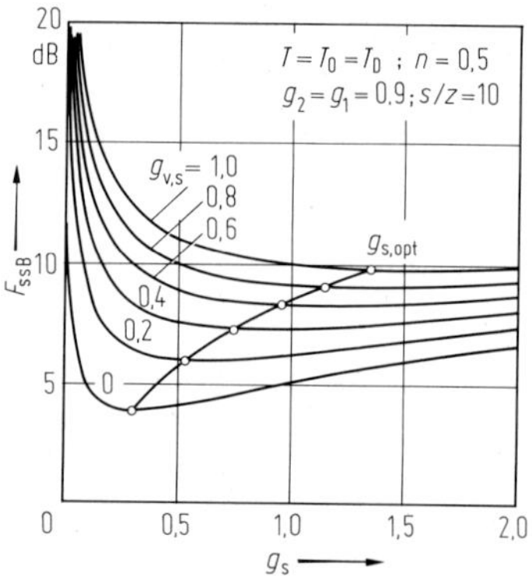

Bild 23. Einseitenband-Rauschzahl als Funktion des Generatorinnenleitwerts für den Breitbandfall der Schottky-Diode

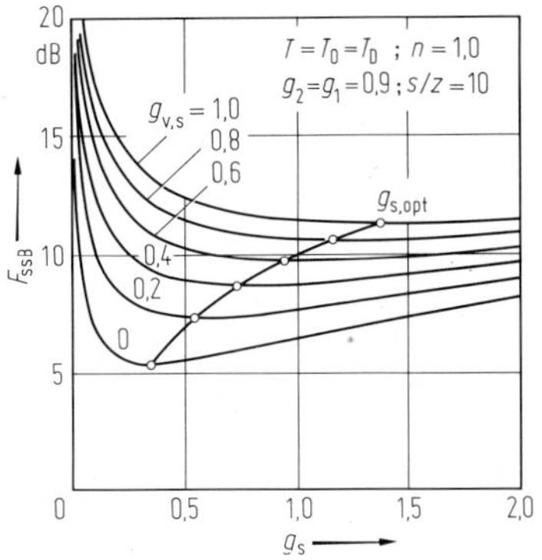

Bild 24. Einseitenband-Rauschzahl als Funktion des Generatorinnenleitwerts für den Breitbandfall der pn-Diode

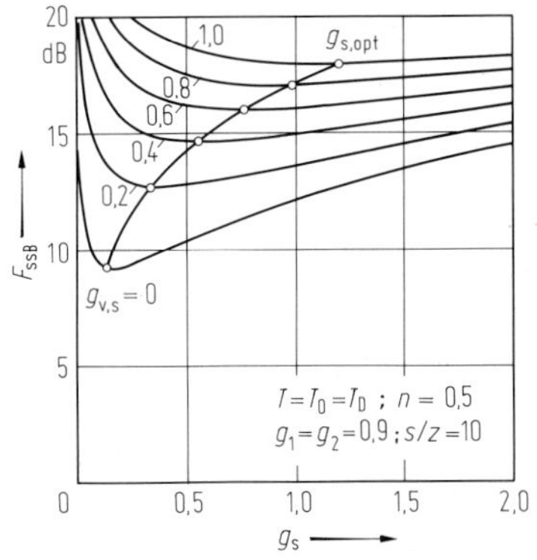

Bild 25. Einseitenband-Rauschzahl als Funktion des Generatorinnenleitwerts bei Spiegelfrequenzleerlauf der Schottky-Diode

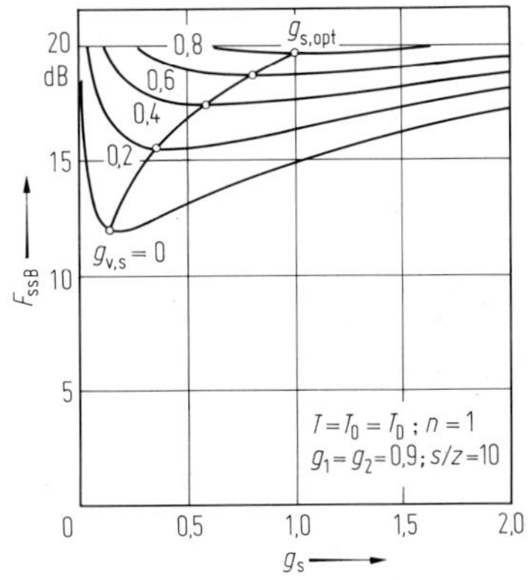

Bild 26. Einseitenband-Rauschzahl als Funktion des Generatorinnenleitwerts bei Spiegelfrequenzleerlauf der pn-Diode

tes g_s dargestellt. Aus den Bildern ist zu erkennen, daß die Rauschzahl infolge des thermischen Rauschens als auch der Erhöhung der Kurzschlußstromübersetzungen k_1 und k_2 durch die Diodenverluste ansteigt. Der Innenleitwert der Signalquelle $g_{s,\text{opt}}$ für Leistungsanpassung am Eingang des Mischers nach Gl. (19) ist in die Kurven der Bilder 21 bis 26 ebenfalls eingetragen. Man sieht, daß Rauschminimum und Leistungsanpassung nahezu zusammenfallen. Die kleinste Rauschzahl wird mit der Schottky-Diode bei Spiegelfrequenzkurzschluß erreicht. Mit abnehmender Temperatur ist nach Gl. (38) – bei Verwendung einer für tiefe Temperaturen geeigneten Halbleiterdiode [11, 12, 14, 29] – eine Verringerung der Rauschzahl infolge des dann geringeren thermischen Rauschens zu erwarten. Die vom Schrotrauschen herrührenden Anteile in der Rauschzahl nach Gl. (38) können nicht verringert werden, da unter der in den Gln. (36) und (37) eingeführten Diodentemperatur T_D die Rauschtemperatur zu verstehen ist, welche der mittlere Leitwert $G^{(0)}$ haben müßte, um das Schrotrauschen thermisch zu erzeugen [3]. Für Mischer mit exponentieller Kennlinie ist $T_D \simeq T_0$, falls der Diodengleichstrom im Arbeitspunkt von der Diode bei tiefen Temperaturen aufgebracht werden kann.
Die minimale Rauschtemperatur

$$T_{m,\min} = [F_{ssB,\min} - 1]\, T_0 \qquad (39)$$

erhält man aus Gl. (38), wenn man die thermisch rauschenden Anteile vernachlässigt. In Bild 27 ist für die Schottky-Diode $T_{m,\min}$ als Funktion der Diodenverluste $g_{v,s}$ bei Spiegelfrequenzkurzschluß und für den Breitbandfall dargestellt.
Das Signal- und Rauschverhalten wurde in dem vorhergehenden Schaltungsbeispiel nach Bild 11

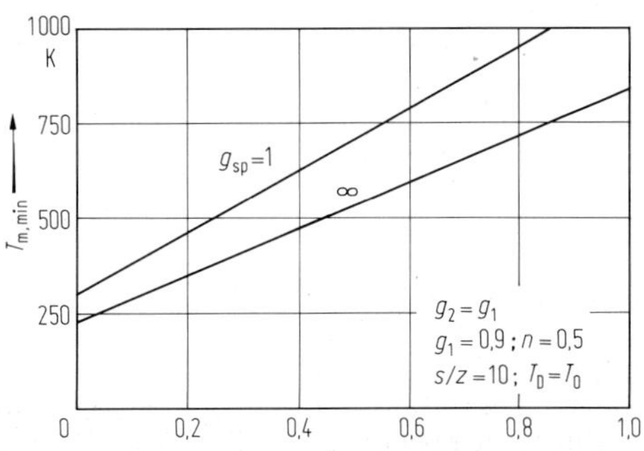

Bild 27. Minimale Rauschtemperatur als Funktion der Diodenverluste bei Spiegelfrequenzkurzschluß ($g_{sp} = \infty$) und für den Breitbandfall ($g_{sp} = 1$) für $T \ll T_0$

für den Fall der Spannungssteuerung der Diode untersucht. Wird die Diode in ein Netzwerk mit Serienkreisen [7] eingebettet, so liegt der Fall der Stromsteuerung und damit ein gesteuerter Wirkwiderstand (Varistor) vor. Die Signal- und Rauscheigenschaften hierzu sind in [7] behandelt.
Betr. Mischerschaltungen mit mehreren Dioden wird auf [1, S. 277–280] sowie auf [30–34] verwiesen.

1.4 Mischung mit Halbleiterdiode als nichtlinearem Spannungs-Ladungs-Bauelement

Mixing with a semiconductor diode as a nonlinear voltage charge device

Bei Betrieb der Halbleiterdiode in Sperrichtung ist die spannungsabhängige Sperrschichtkapazität $C_s(u)$ in der Ersatzschaltung nach Bild 10 wirksam und kann als gesteuerte Kapazität oder Elastanz zur Frequenzumsetzung genutzt werden. Dementsprechend sind bei der Kleinsignaltheorie die nichtlinearen Beziehungen $q = q(u)$ bzw. $u = u(q)$ für die Mischung maßgebend. Das Ersatzbild nach Bild 10 ist für diese Anwendungen durch die Ersatzschaltung nach Bild 28 zu ersetzen.

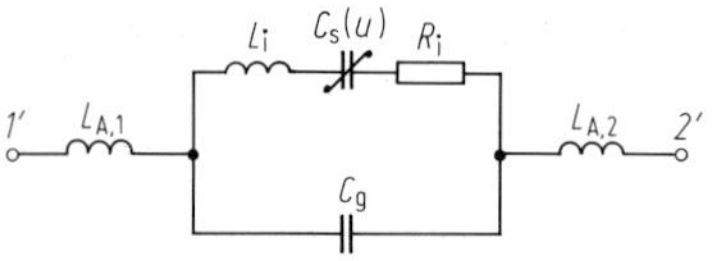

Bild 28. Ersatzschaltung der Halbleiterdiode beim Betrieb in Sperrichtung

Bis zu den äußeren Anschlüssen *1' 2'* sind hier noch die Induktivitäten $L_{A,1}$ und $L_{A,2}$ berücksichtigt worden, welche von dem Einbau der Diode in die Schaltungsanordnung bestimmt werden [5]. Für den komplexen Diodenwiderstand zwischen den Klemmen *1' 2'* der Ersatzschaltung nach Bild 28 erhalten wir mit Hilfe der inneren Parallelresonanzfrequenz

$$\omega_i = \sqrt{\frac{1 + C_g S_i^{(0)}}{L_i C_g}} \tag{40}$$

und der inneren Grenzfrequenz

$$\omega_g = \frac{1 + C_g S_i^{(0)}}{R_i C_g} \tag{41}$$

Für

$$\frac{2 C_g |\underline{S}_i^{(1)}|}{1 + C_g S_i^{(0)}} < 1, \qquad \omega_i, \omega_g \gg \omega$$

erhalten wir aus Gl. (42) die Elemente

$$L_D = L_{A,1} + L_{A,2} + \frac{L_i}{1 + C_g S_i^{(0)}}, \tag{43}$$

$$S = \frac{S_i^{(0)}}{1 + C_g S_i^{(0)}}, \tag{44}$$

$$R_D = \frac{R_i}{1 + C_g S_i^{(0)}} \tag{45}$$

der vereinfachten Serienschaltung der Reaktanzdiode nach Bild 29, welche wir für die weiteren Betrachtungen voraussetzen wollen.

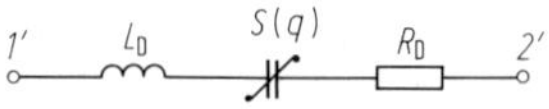

Bild 29. Vereinfachte Ersatzschaltung der Halbleiterdiode beim Betrieb in Sperrichtung

Der Wirkleistungsumsatz der idealen, verlustfreien Reaktanzdiode ($R_D = 0$) wird durch den allgemeinen Leistungsverteilungssatz für konservative Systeme nach Penfield [15]

$$\sum_{\nu=-\infty}^{\nu=\infty} \sum_{\mu=-\infty}^{\mu=\infty} \frac{P_{\nu,\mu}}{\omega_{\nu,\mu}} \frac{\partial \omega_{\nu,\mu}}{\partial \omega_{n,\mu}} = 0, \text{ mit}$$

$$P_{-\nu,-\mu} = P_{\nu,\mu} \tag{46}$$

geregelt, wobei $\omega_{\nu,\mu} = \nu s + \mu p$ die Kombinationskreisfrequenzen sind, welche aus den linearen Kombinationen von Vielfachen der unabhängigen Kreisfrequenzen s und p gebildet werden. Bei nur zwei unabhängigen Kreisfrequenzen erhalten wir für $\omega_{n,\mu} = p$ bzw. $\omega_{n,\mu} = s$ aus Gl. (46) die Beziehungen nach Manley und Rowe [8]

$$\sum_{\nu=-\infty}^{\nu=\infty} \sum_{\mu=0}^{\mu=\infty} \frac{\mu P_{\nu,\mu}}{\nu s + \mu p} = 0$$

und (47)

$$\sum_{\nu=0}^{\nu=\infty} \sum_{\mu=-\infty}^{\mu=\infty} \frac{\nu P_{\nu,\mu}}{\nu s + \mu p} = 0.$$

$$\underline{Z}_{1'2'} = j\omega[L_{A,1} + L_{A,2}] + \frac{R_i + j\omega L_i + \dfrac{S_i}{j\omega}}{(1 + C_g S_i^{(0)})\left[1 + \dfrac{2 C_g |\underline{S}_i^{(1)}|}{1 + C_g S_i^{(0)}} \cos(pt + \varphi_p) - \left(\dfrac{\omega}{\omega_i}\right)^2 + j\dfrac{\omega}{\omega_g}\right]}. \tag{42}$$

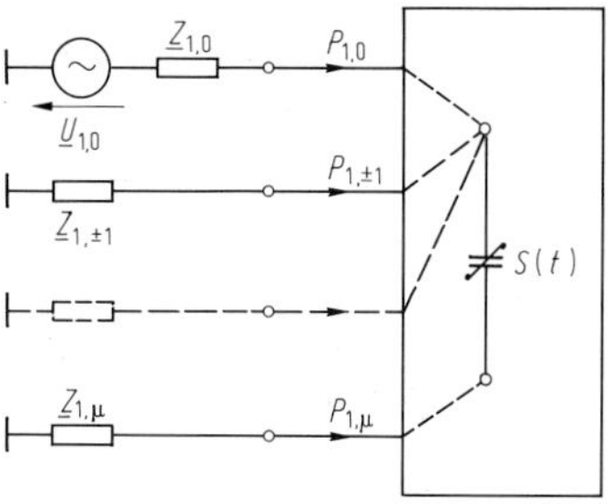

Bild 30. Leistungsverteilung des Kleinsignalspektrums eines gesteuerten Blindleitwerts bzw. Blindwiderstands

Im Kleinsignalfall entsteht das Kleinsignalspektrum aus den linearen Kombinationen von eingeprägter Pumpkreisfrequenz und deren Oberschwingungen mit der unabhängigen Signalkreisfrequenz. Es gilt dann mit $v = 1$ der Leistungsverteilungssatz für das Kleinsignalspektrum des gesteuerten Blindleitwerts bzw. Blindwiderstands nach Bild 30

$$\sum_{\mu=-\infty}^{\mu=\infty} \frac{P_{1,\mu}}{s+\mu p} = 0. \tag{48}$$

Für die Summe aller Leistungsanteile gilt

$$\sum_{\mu=-\infty}^{\mu=\infty} P_{1,\mu} \neq 0. \tag{49}$$

Eine zeitabhängige Reaktanz kann mehr Leistung abgeben als aufnehmen.

Beim Aufwärtsmischer in Frequenzengleichlage und idealer Reaktanzdiode gilt demnach mit $z = s + p$ nach Gl. (47)

$$\sum_{\mu=0}^{\mu=1} \frac{P_{1,\mu}}{s+\mu p} = \frac{P_{1,0}}{s} + \frac{P_{1,1}}{s+p} = 0.$$

Mit $P_{1,0} = P_s$; $P_{1,1} = P_z$ erhalten wir für den effektiven Leistungsgewinn als das Verhältnis zwischen abgegebener Wirkleistung $-P_z$ bei der Zwischenkreisfrequenz z und aufgenommener Wirkleistung P_s bei der Signalkreisfrequenz

$$L_{\text{eff},\,p+s} = \frac{-P_z}{P_s} = \frac{p+s}{s} = \frac{z}{s} > 1. \tag{50}$$

Beim Abwärtsmischer in Frequenzengleichlage und idealer Reaktanzdiode mit $s = p + z$ erhalten wir aus Gl. (48)

$$\sum_{\mu=-1}^{\mu=0} \frac{P_{1,\mu}}{s+\mu p} = \frac{P_{1,-1}}{s-p} + \frac{P_{1,0}}{s} = 0,$$

und mit $P_{1,-1} = P_z$; $P_{1,0} = P_{p+z} = P_s$ folgt

$$L_{\text{eff},\,z} = \frac{-P_z}{P_{p+z}} = \frac{z}{p+z} < 1. \tag{51}$$

Während bei der Aufwärtsmischung in Frequenzgleichlage stets Leistungsgewinn möglich ist, kann bei Beteiligung nur zweier Kombinationsfrequenzen in Frequenzengleichlage bei der Abwärtsmischung kein Leistungsgewinn erzielt werden.

Für den Fall der Aufwärtsmischung in Frequenzenkehrlage mit $z = p - s$; $P_{1,-1} = P_z$; $P_{1,0} = P_s$ erhalten wir aus Gl. (48)

$$L_{\text{eff},\,p-s} = \frac{-P_z}{P_s} = -\frac{p-s}{s} \tag{52}$$

und entsprechend bei *Abwärtsmischung in Frequenzenkehrlage* mit $s = p - z$ aus Gl. (52)

$$L_{\text{eff},\,z} = -\frac{z}{p-z}. \tag{53}$$

Bei Frequenzenkehrlage ist sowohl bei der Aufwärtsmischung, als auch bei der Abwärtsmischung der effektive Leistungsgewinn negativ. Dies bedeutet, daß sowohl bei der Kreisfrequenz z als auch bei der Kreisfrequenz $p - z$ Wirkleistung abgegeben wird. Eingangs- und Ausgangsleitwert bzw. -widerstand des Mischers sind somit negativ reell und können zur Verstärkung genutzt werden [37–39].
Betrachten wir den Abwärtsmischer in Frequenzengleichlage unter Berücksichtigung des Abschlußleitwerts bzw. -widerstands bei der Spiegelkreisfrequenz $\omega_{sp} = p - z$, d.h. den Fall mit drei beteiligten Kombinationskreisfrequenzen $p \pm z$; z, so folgt aus Gl. (48)

$$\sum_{\mu=-2}^{\mu=0} \frac{P_{1,\mu}}{s+\mu p} = \frac{P_{1,0}}{s} + \frac{P_{1,-1}}{s-p} + \frac{P_{1,-2}}{s-2p} = 0$$

und mit $P_{1,0} = P_{p+z}$; $P_{1,-1} = P_z$; $P_{1,-2} = P_{p-z}$ sowie $s = p + z$

$$\frac{P_{p+z}}{p+z} + \frac{P_z}{z} - \frac{P_{p-z}}{p-z} = 0$$

bzw.

$$L_{\text{eff}} = \frac{-P_z}{P_{p+z}} = \frac{z}{p+z}\left[1 + \frac{p+z}{p-z}\,\frac{(-P_{p-z})}{P_{p+z}}\right]$$

vgl. Gl. (51). (54)

Wird bei der Spiegelkreisfrequenz Wirkleistung abgegeben, so kann nach Gl. (54) bei geeigneter Dimensionierung Leistungsgewinn erzielt werden [37–39]. Die Wirkleistungsentnahme bei der Spiegelkreisfrequenz bewirkt eine Entdämpfung

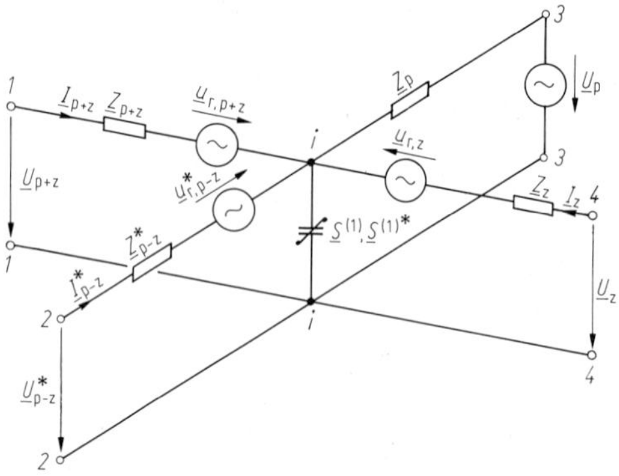

Bild 31. Schaltung des parametrischen Gleichlageabwärtsmischers mit Serienkreisen

bei der Zwischenkreisfrequenz und damit eine Erhöhung des Leistungsgewinns.

Zur Berechnung der Signal- und Rauscheigenschaften der Mischer mit realer Reaktanzdiode gehen wir von der Schaltungsanordnung mit Serienkreisen nach Bild 31 aus. Darin sind

$$\underline{Z}_{p\pm z} = R_{p\pm z} + R_D + j(p \pm z)(L_{p\pm z} + L_D) + \frac{1}{j(p \pm z)\,C_{p\pm z}} + \frac{\underline{S}^{(0)}}{j(p \pm z)}$$

die Impedanzen bei der Signal- und Spiegelkreisfrequenz; sie enthalten den Verlustwiderstand R_D, die Induktivität L_D und die mittlere Elastanz $S^{(0)}$ der Reaktanzdiode bei Stromsteuerung, sowie die Elemente der Resonatoren zur Resonanzabstimmung bei $p \pm z$. Entsprechend gilt für die Impedanzen bei der Zwischenkreisfrequenz

$$\underline{Z}_z = R_z + R_D + jz(L_z + L_D) + \frac{1}{jzC_z} + \frac{\underline{S}^{(0)}}{jz}.$$

Mit $\underline{u}_{r,p\pm z}$ und $\underline{u}_{r,z}$ sind die Rauschspannungen der thermisch rauschenden Verlustwiderstände der Resonatoren und der Diode bei der Signal-, Spiegel- und Zwischenkreisfrequenz bezeichnet.

Die Durchsteuerung der Reaktanzdiode mit einem Strom der Pumpkreisfrequenz p wird durch den Generator mit der Leerlaufspannung $\underline{U}_p$ zwischen den Klemmen *3 3* bewirkt, die Abstimmung auf die Pumpkreisfrequenz erfolgt durch die Impedanz

$$\underline{Z}_p = R_p + R_D + jp(L_p + L_D) + \frac{1}{jpC_p} + \frac{\underline{S}^{(0)}}{jp}.$$

Die Konversionsgleichungen beim Betrieb als gesteuerte Elastanz erhalten wir aus Gl. (12) für $\underline{Y}_{\nu s+\mu p} = \underline{U}_{\nu s+\mu p}$ und $\underline{X}_{\nu s+kp} = \underline{Q}_{\nu s+kp}$ sowie $\underline{I}_{\nu s+\mu p} = j(\nu s + \mu p)\,\underline{Q}_{\nu s+\mu p}$ und

$$A(pt) = \left(\frac{du}{dq}\right)_{q_P} = S(pt) = \sum_{n=-\infty}^{n=\infty} \underline{S}^{(n)} e^{jnpt} \qquad (55)$$

für den hier vorliegenden Fall des nichtlinearen Zusammenhangs $u = u(q)$. Bei der Verwendung einer Reaktanzdiode mit abruptem pn-Übergang erhalten wir infolge des quadratischen Zusammenhangs zwischen u und q aus Gl. (55) (nach Übergang zur reellen Schreibweise) $\underline{S}^{(n)} = 0$ für $|n| > 1$.

In den Konversionsgleichungen

$$\begin{pmatrix} \underline{U}_{p+z} \\ \underline{U}^*_{p-z} \\ \underline{U}_z \end{pmatrix} = \begin{pmatrix} \underline{Z}_{p+z} & 0 & \dfrac{\underline{S}^{(1)}}{jz} \\ 0 & \underline{Z}^*_{p-z} & \dfrac{\underline{S}^{(1)*}}{jz} \\ \dfrac{\underline{S}^{(1)*}}{j(p+z)} & -\dfrac{\underline{S}^{(1)}}{j(p-z)} & \underline{Z}_z \end{pmatrix} \cdot \begin{pmatrix} \underline{I}_{p+z} \\ \underline{I}^*_{p-z} \\ \underline{I}_z \end{pmatrix} + \begin{pmatrix} \underline{u}_{r,p+z} \\ \underline{u}^*_{r,p-z} \\ \underline{u}_{r,z} \end{pmatrix} \qquad (56)$$

sind daher die Elemente $\underline{S}^{(2)}$ nicht enthalten, welche die Rückmischung zwischen Signal- und Spiegelkreisfrequenz bewirken. Wenn wir zwischen die Eingangsklemmen *1 1* bei der Signalkreisfrequenz $p + z$ eine Spannungsquelle mit der Leerlaufspannung $\underline{U}_{p+z}$ anlegen und die Abschlußimpedanz bei der Spiegelfrequenz mit in $\underline{Z}^*_{p-z}$ einbeziehen (so daß $\underline{U}^*_{p-z} = 0$), so erhalten wir aus Gl. (56) die reduzierten Konversionsgleichungen

$$\begin{pmatrix} \underline{U}_{p+z} \\ \underline{U}_z \end{pmatrix} = \begin{pmatrix} \underline{Z}_{p+z} & \dfrac{\underline{S}^{(1)}}{jz} \\ \dfrac{\underline{S}^{(1)*}}{j(p+z)} & \underline{Z}_z - \dfrac{|\underline{S}^{(1)}|^2}{z(p-z)\,\underline{Z}^*_{p-z}} \end{pmatrix} \cdot \begin{pmatrix} \underline{I}_{p+z} \\ \underline{I}_z \end{pmatrix} + \begin{pmatrix} \underline{u}_{r,p+z} \\ \underline{u}'_{r,z} \end{pmatrix} \qquad (57)$$

mit $\underline{u}'_{r,z} = \underline{u}_{r,z} + \dfrac{\underline{S}^{(1)}}{j(p+z)} \dfrac{\underline{u}^*_{r,p-z}}{\underline{Z}^*_{p-z}}$.

Bei Resonanzabstimmung $\mathrm{Im}(\underline{Z}_{p\pm z}) = 0$ mit $\mathrm{Im}(\underline{Z}_z) = 0$ folgt aus Gl. (57)

$$\begin{pmatrix} \underline{U}_{p+z} \\ \underline{U}_z \end{pmatrix} = \begin{pmatrix} R_{p+z} + R_D & \dfrac{\underline{S}^{(1)}}{jz} \\ \dfrac{\underline{S}^{(1)*}}{j(p+z)} & R_z + R_D - R_- \end{pmatrix} \cdot \begin{pmatrix} \underline{I}_{p+z} \\ \underline{I}_z \end{pmatrix} + \begin{pmatrix} \underline{u}_{r,p+z} \\ \underline{u}'_{r,z} \end{pmatrix} \qquad (58)$$

wobei

$$\underline{u}'_{r,z} = \underline{u}_{r,z} + \frac{\underline{S}^{(1)}}{j(p-z)} \frac{\underline{u}^*_{r,p-z}}{R_{p-z} + R_D} \qquad (59)$$

gilt und

$$R_- = \frac{|\underline{S}^{(1)}|^2}{z(p-z)(R_{p-z}+R_D)} \tag{60}$$

den Betrag des negativen Widerstands darstellt, welcher durch den reellen Spiegelfrequenz-Abschlußwiderstand $R_{p-z} + R_D$ bei der Zwischenkreisfrequenz z erscheint.
Mit

$$R_+ = \frac{|\underline{S}^{(1)}|^2}{z(p+z)(R_{p+z}+R_D)} \tag{61}$$

und

$$a = \frac{R_-}{R_+} = \frac{p+z}{p-z}\,\frac{R_{p+z}+R_D}{R_{p-z}+R_D} \tag{62}$$

erhalten wir für den *verfügbaren Konversionsgewinn des Mischers*

$$L_{v,m} = \left|\frac{\underline{U}_z}{\underline{U}_{p+z}}\right|^2_{\underline{I}_z=0} \cdot \frac{R_{p+z}}{R_A} = \frac{z}{p+z}\,\frac{R_+}{R_D+R_+(1-a)}\,\frac{R_{p+z}}{R_D+R_{p+z}}, \tag{63}$$

wobei mit R_A der Ausgangswiderstand bei der Zwischenkreisfrequenz

$$R_A = \left(\frac{\underline{U}_z}{\underline{I}_z}\right)_{\underline{U}_{p+z}=0} - R_z = R_D + R_+ - R_-$$

gegeben ist. Wenn wir die Grenzfrequenz der Diode

$$\omega_g = \frac{|S^{(0)}|}{R_D},$$

die Diodengüte bei der Signalkreisfrequenz

$$Q_{p+z} = \frac{\omega_g}{(p+z)},$$

die Diodenaussteuerung

$$\gamma = \frac{|\underline{S}^{(1)}|}{S^{(0)}}$$

und

$$m = \frac{R_{p+z}}{R_D}$$

in Gl. (63) einführen, erhalten wir

$$L_{v,m} = \frac{m}{(1+m)^2}\,\frac{(\gamma Q_{p+z})^2}{1+(1-a)\dfrac{p+z}{z}\dfrac{(\gamma Q_{p+z})^2}{1+m}}. \tag{64}$$

Hieraus folgt für $a \to 1$.

$$L_{v,m} = \frac{m}{(1+m)^2}(\gamma Q_{p+z})^2. \tag{65}$$

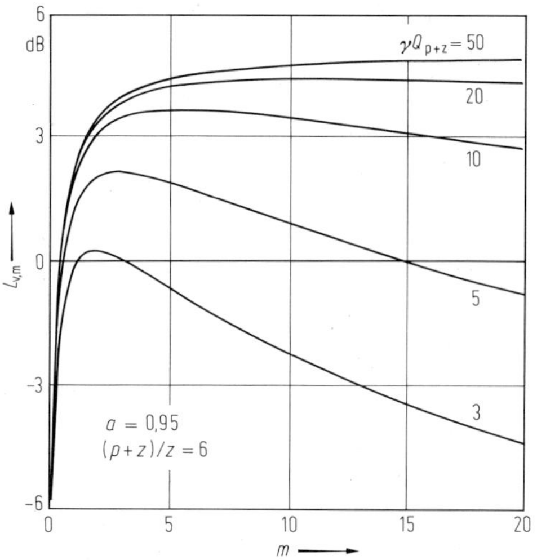

Bild 32. Verfügbarer Konversionsgewinn des Gleichlage-Abwärtsmischers als Funktion des Faktors m und der dynamischen Güte γQ_{p+z}

In diesem Fall kann der verfügbare Konversionsgewinn für große dynamische Güten γQ_{p+z} der Reaktanzdiode Werte $L_{v,m} \gg 1$ annehmen.
Im Idealfall $R_D = 0$ gilt

$$L_{v,m} = \frac{z}{p+z}\,\frac{1}{1-a};$$

für $a \to 1$ geht dann $L_{v,m} \to \infty$. Bei $a = 0$ erhalten wir den bekannten Wert $L_{v,m} = \frac{z}{p+z} < 1$ nach Gl. (51) des Abwärtsmischers in Frequenzengleichlage bei Spiegelfrequenzleerlauf.
Der verfügbare Konversionsgewinn $L_{v,m}$ des realen Mischers nach Gl. (64) ist in Bild 32 als Funktion des Faktors m und der dynamischen Güte γQ_{p+z} für den Fall $a = 0{,}95$ und $\frac{p+z}{z} = 6$ dargestellt. Als Funktion von m hat $L_{v,m}$ ein Maximum bei

$$m_{opt,s} = \sqrt{1+(1-a)\frac{p+z}{z}(\gamma Q_{p+z})^2}.$$

Für $a = 1$ ist $m_{opt,s} = 1$, und der maximale verfügbare Konversionsgewinn erreicht den Wert $(\gamma Q_{v+z})^2/4$.

Die Rauschtemperatur T_m des Mischers erhalten wir mit Hilfe der totalen Rauschspannung $\underline{u}_{r,tot}$ bei der Signalkreisfrequenz $p + z$ am Eingang des Mischers. Dabei ist $\underline{u}_{r,tot}$ derjenige Wert von $\underline{U}_{p+z}$, welcher sich für $\underline{U}_z = 0$, $\underline{I}_z = 0$ aus Gl. (58) berechnet [37]. Mit dem Parameter a nach

Gl. (62) erhalten wir

$$\underline{u}_{r,tot} = \underline{u}_{r,p+z} - \frac{j(p+z)(R_{p+z}+R_D)}{\underline{S}^{(1)*}}\underline{u}_{r,z} - a\frac{\underline{S}^{(1)}}{\underline{S}^{(1)*}}\underline{u}^*_{r,p-z}.$$

Die drei Rauschspannungen $\underline{u}_{r,p+z}$, $\underline{u}_{r,z}$ sind untereinander unkorreliert; für den Erwartungswert folgt dann

$$\langle\underline{u}_{r,tot}\underline{u}^*_{r,tot}\rangle = \langle\underline{u}_{r,p+z}\underline{u}^*_{r,p+z}\rangle + \frac{(p+z)^2(R_{p+z}+R_D)^2}{|\underline{S}^{(1)}|^2}\langle\underline{u}^*_{r,z}\underline{u}^*_{r,z}\rangle + a^2\langle\underline{u}^*_{r,p-z}\underline{u}_{r,p-z}\rangle. \qquad (66)$$

Dabei gilt auch für thermisch rauschende Widerstände nach Nyquist

$$\begin{aligned}\tfrac{1}{2}\langle\underline{u}_{r,tot}\underline{u}^*_{r,tot}\rangle &= 4kT_0R_{tot}\Delta f,\\ \tfrac{1}{2}\langle\underline{u}_{r,p+z}\underline{u}^*_{r,p+z}\rangle &= \tfrac{1}{2}\langle\underline{u}_{r,z}\underline{u}^*_{r,z}\rangle = 4kT_DR_D\Delta f,\\ \tfrac{1}{2}\langle\underline{u}^*_{r,p-z}\underline{u}_{r,p-z}\rangle &= 4k(R_DT_D+R_{p-z}T_{sp})\Delta f,\end{aligned} \qquad (67)$$

wobei R_{tot} den totalen Rauschwiderstand, bezogen auf $T_0 = 290$ K bedeutet. Mit dem Erwartungswert der Quelle

$$\tfrac{1}{2}\langle\underline{u}_{r,q}, \underline{u}^*_{r,q}\rangle = 4kT_0R_{p+z}\Delta f \qquad (68)$$

folgt für die Rauschtemperatur

$$T_m = \frac{\langle\underline{u}_{r,tot}\underline{u}^*_{r,tot}\rangle}{\langle\underline{u}_{r,q}\underline{u}^*_{r,q}\rangle}T_0 = \frac{R_{tot}}{R_{p+z}}T_0 = F_{z,m}T_0. \qquad (69)$$

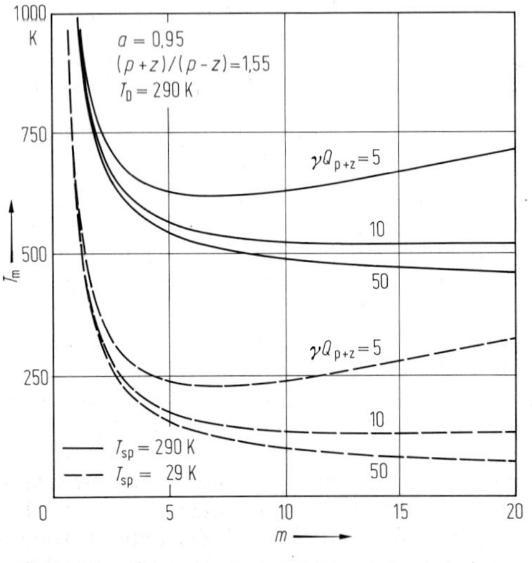

Bild 33. Rauschtemperatur des Gleichlageabwärtsmischers als Funktion des Faktors m und der dynamischen Güte γQ_{p+z} als Parameter für $T_{sp} = 290$ K und 29 K

Unter Verwendung der Gln. (66) bis (69) sowie der Gl. (62) für $R_D \ll R_{p\pm z}$ und den Diodenparametern γQ_{p+z} und m erhalten wir

$$T_m = \left[\frac{2}{(\gamma Q_{p+z})^2} + \frac{1}{m}\left(1 + a^2 + \frac{1}{(\gamma Q_{p+z})^2}\right) + \frac{m}{(\gamma Q_{p+z})^2}\right]T_D + a\frac{p+z}{p-z}T_{sp}. \qquad (70)$$

Die Rauschtemperatur T_m ist als Funktion des Faktors m und der dynamischen Güte γQ_{p+z} als Parameter für $a = 0{,}95$, $(p+z)/(p-z) = 1{,}55$, $T_D = T_{sp} = 290$ K sowie $T_{sp} = 29$ K in Bild 33 dargestellt. Als Funktion von m hat T_m ein Minimum bei

$$m_{opt,r} = \sqrt{1 + (1+a^2)(\gamma Q_{p+z})^2}$$

mit dem Minimalwert

$$T_{m,min} = \frac{2}{\gamma Q_{p+z}} \cdot \left[\sqrt{1 + a^2 + \frac{1}{(\gamma Q_{p+z})^2}} + \frac{1}{\gamma Q_{p+z}}\right]T_D + a\frac{p+z}{p-z}T_{sp}. \qquad (71)$$

Der parametrische Reflexionsverstärker [1, 7, 9, 10, 35, 36] entsprechend der Schaltungsanordnung nach Bild 34 besteht aus einem Vierarm-Zirkulator, an dessen zweiten Tor ein rauscharmer negativer Widerstand angeschlossen ist. Dieser kann durch den Ausgangswiderstand bei der Zwischenkreisfrequenz eines parametrischen Kehrlagemischers erzeugt werden. Hierzu betrachten wir die Ausgangsimpedanz $\underline{Z}_A$ des Abwärtsmischers für den Fall $|\underline{Z}_{p+z}| \to \infty$, d.h. bei

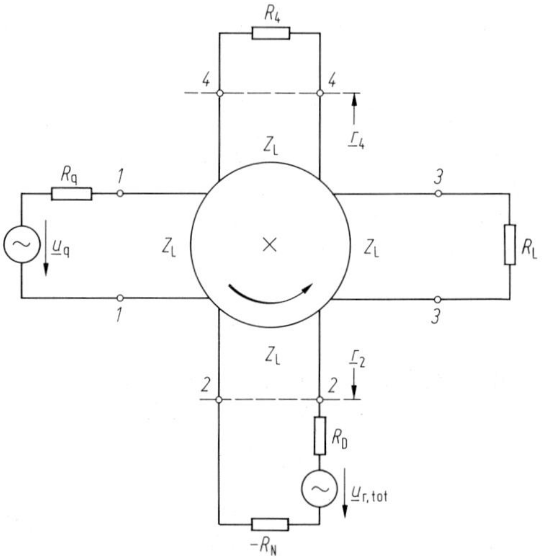

Bild 34. Parametrischer Reflexionsverstärker

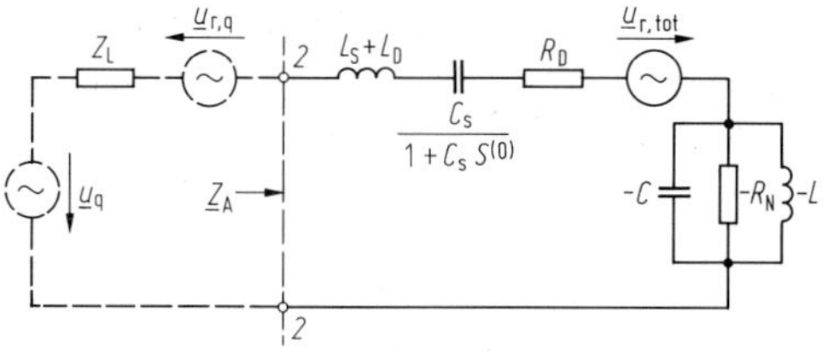

Bild 35. Ersatzschaltbild der Ausgangsimpedanz Z_A des Kehrlageabwärtsmischers

Leerlauf der Signalkreisfrequenz $p+z$. Nach Gl. (57) gilt hierfür

$$Z_A|_{|Z_{p+z}|\to\infty} = Z_z - \frac{|S^{(1)}|^2}{z(p-z)\,Z^*_{p-z}} - R_z.$$

Mit den komplexen Widerständen Z_{p-z} und Z_z erhalten wir für Z_A das Ersatzbild nach Bild 35, welches aus einer Serienschaltung eines Serienresonanzkreises mit positiven Elementen und eines Parallelkreises mit negativen Kreiselelementen besteht. Bei Resonanzabstimmung ist der Betrag des negativen Widerstands unter Verwendung der dynamischen Güte bei der Zwischenkreisfrequenz γQ_z durch die Beziehung

$$R_N = R_D \frac{z}{p-z}(\gamma Q_z)^2 \tag{72}$$

gegeben. Der Übertragungsgewinn in Vorwärtsrichtung ist bei einem idealen, verlustfreien Vierarm-Zirkulator gleich dem Betragsquadrat des Reflexionsfaktors r_2 am zweiten Tor der Schaltungsanordnung nach Bild 34, d.h.

$$L_{ü,v} = |r_2|^2 = \left(\frac{Z_L + (R_N - R_D)}{Z_L - (R_N - R_D)}\right)^2; \tag{73}$$

für $R_N \to Z_L + R_D$ ist $L_{ü,v} \to \infty$ erreichbar. In Rückwärtsrichtung ist

$$L_{ü,R} = |r_4|^2 = \left(\frac{Z_L - R_4}{Z_L + R_4}\right)^2 \overset{!}{=} 0, \tag{74}$$

wenn das vierte Tor reflexionsfrei, d.h. mit $R_4 = Z_L$ abgeschlossen ist.
Die Ersatzschaltung nach Bild 35 enthält auch die totale Rauschspannung $u_{r,tot}$ bei der Zwischenkreisfrequenz z. Wir erhalten $u_{r,tot}$ aus Gl. (57) für $U^*_{p-z} = 0$, $I_{p+z} = 0$ und $I_z = 0$ zu

$$u_{r,tot} = u_{r,z} + \frac{S^{(1)}}{j(p-z)\,Z^*_{p-z}}\,u^*_{r,p-z}.$$

Mit den Erwartungswerten für die thermisch rauschenden unkorrelierten Anteile

$$\begin{aligned} \tfrac{1}{2}\langle u_{r,tot}u^*_{r,tot}\rangle &= 4kT_0 R_{tot}\Delta f, \\ \tfrac{1}{2}\langle u_{r,z}u^*_{r,z}\rangle &= \tfrac{1}{2}\langle u_{r,p-z}u^*_{r,p-z}\rangle \\ &= 4kT_D R_D \Delta f, \\ \tfrac{1}{2}\langle u_{r,q}u^*_{r,q}\rangle &= 4kT_0 Z_L \Delta f \end{aligned} \tag{75}$$

folgt mit $U_{r,tot}$ bei Resonanzabstimmung für die Rauschtemperatur des Reflexionsverstärkers

$$\begin{aligned} T_{r,R} &= \frac{\langle u_{r,tot}u^*_{r,tot}\rangle}{\langle u_{r,q}u^*_{r,q}\rangle} T_0 = \frac{R_{tot}}{Z_L} T_0 = F_{Z,R} T_0 \\ &= \left(\frac{R_D}{Z_L} + \frac{z}{p-z}\frac{R_N}{Z_L}\right) T_D. \end{aligned} \tag{76}$$

Bei großer Verstärkung ($Z_L \approx R_N$) wird aus Gl. (76) mit R_D/R_N nach Gl. (72)

$$T_{r,R} = \left(\frac{p-z}{z}\frac{1}{(\gamma Q_z)^2} + \frac{z}{p-z}\right) T_D. \tag{77}$$

Die Rauschtemperatur des parametrischen Reflexionsverstärkers $T_{r,R}$ nach Gl. (77) hat ein Minimum

$$(T_{r,R})_{min} = \frac{2}{\gamma Q_z} T_D \tag{78}$$

bei der optimalen Pumpfrequenz

$$f_{p,opt} = f_z(\gamma Q_z + 1). \tag{79}$$

Wird der parametrische Reflexionsverstärker als Eingangsstufe verwendet, so ist stets $z = s$ und dementsprechend γQ_s die dynamische Güte bei der Signalfrequenz. Die Spiegelkreisfrequenz $p-s$ und die Pumpkreisfrequenz sind dann für günstige Rauscheigenschaften stets größer als s. Einen Sonderfall des parametrischen Reflexionsverstärkers erhalten wir, wenn Signalkreisfrequenz und Hilfskreisfrequenz sich nur geringfügig voneinander unterscheiden bzw. mit Hilfe eines phasengerasteten Regelsystems [40] gleich sind, so daß sie nicht mehr als getrennt betrachtet werden können. Wir benötigen in diesem Fall nur einen Resonantor, um den negativen Leitwert bzw. Widerstand zu erzeugen. Diesen Spezialfall bezeichnet man für $p \approx 2s$ als quasidegeneriert und für $p = 2s$ als degenerierten Reflexionsverstärker [35, 36, 40, 41]. Während das Empfangssignal im degenerierten Betriebsfall kohärent verstärkt wird – die Spektralanteile der Spannungen bei der Signalkreisfrequenz und Hilfskreisfrequenz fallen dann zusammen und addieren sich – wird das Rauschen inkohärent verstärkt, d.h. die Rauschleistungen addieren sich. Dadurch wird eine Verbesserung des ausgangsseitigen Störabstands erreichbar [36, 40]. Ebenso ist es möglich, diesen Betriebszustand bei einem Abwärtsmischer in Frequenzgleichlage einzustellen [42], so daß die Spiegelkreisfrequenz mit der Zwischenkreisfrequenz zusammenfällt. Dadurch wird eine Umsetzung im Verhältnis 1 : 3 festgelegt. Auch in diesem Fall ist eine Verbesserung des Störabstands am Ausgang erreichbar, wenn mit Hilfe eines phasengerasteten Regelsystems stets $p = 2z$ ist.

1.5 Mischung mit Transistoren
Transistor mixers

Additive und multiplikative Mischung, Mischung mit gesteuerten Quellen. Der wesentliche Unterschied bei der Behandlung aktiver Mischer mit Transistoren im Gegensatz zu den bisher behandelten passiven Mischern mit Halbleiterdioden liegt in der Beschreibung der Steuerungsart des physikalisch vorgegebenen nichtlinearen Zusammenhangs. Passive Halbleiterbauelemente werden gemäß Bild 8 durch nichtlineare Zweipolfunktionen mit den in 1.1 genannten Eigenschaften dargestellt, während aktive Halbleiterbauelemente in der Regel durch gesteuerte Quellen beschrieben werden können. Daraus ergibt sich die wesentliche Folgerung, daß die Rückwirkung vom Ausgang zum Eingang der Mischerschaltung beim passiven Mischer wiederum über den nichtlinearen Zweipol geschieht, was zu den in 1.3 und 1.4 abgeleiteten Konversionsmatrizen führt, während beim aktiven Mischer diese Rückwirkung über einen zeitinvarianten passiven Zweipol gegeben ist (Bild 36), der in manchen Fällen (z. B. bei tiefen Frequenzen) sogar vernachlässigt werden kann. Außerdem wird im folgenden die prinzipiell vorhandene eingangsseitige Quelle und ihre Steuerung durch ausgangsseitige Größen (Rückmischung) vernachlässigt. Während bei der Mischung mit nichtlinearen Zweipolen nur eine additive Mischung möglich ist (d. h. die zu mischenden Signale werden überlagert und dann der Nichtlinearität zugeführt), gibt es bei aktiven Bauelementen auch die Möglichkeit der multiplikativen Mischung, sofern zwei Steuereingänge für die gesteuerte Quelle vorhanden sind (Dual-Gate-FETs, integrierte Multipliziererschaltungen, Mehrgitterröhren). Hier kann auch ohne Gegentaktanordnungen eine gute Entkopplung von Eingangs- und Oszillatorsignal erreicht werden.

Additive Mischung mit Bipolartransistoren. Für die Berechnung einer aktiven Mischerschaltung mit Bipolartransistoren gehen wir von der in Bild 37 gezeigten Basisschaltung aus, die im HF-Bereich bessere Resultate liefert als eine entsprechend zu behandelnde Emitterschaltung [43].

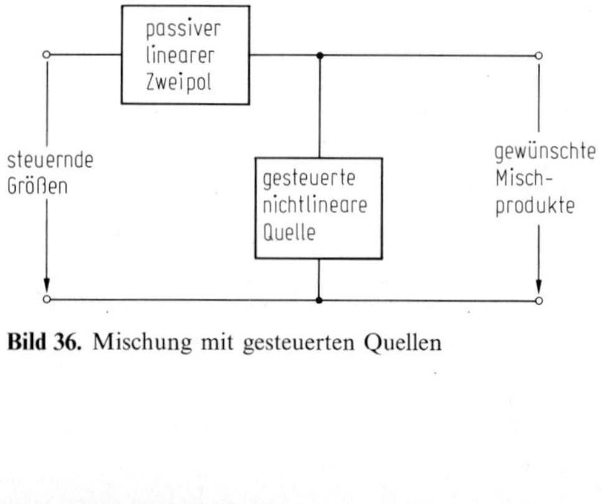

Bild 36. Mischung mit gesteuerten Quellen

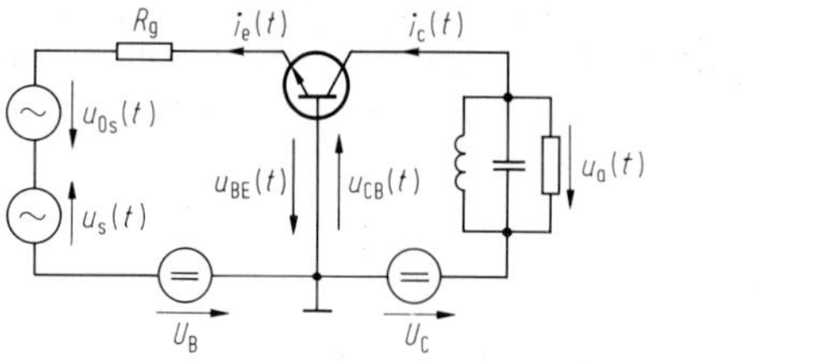

Bild 37. Additiver Mischer mit Bipolartransistoren in Basisschaltung

Zur Beschreibung der nichtlinearen Eigenschaften der gesteuerten Quelle benutzen wir die Ebers-Moll-Beziehungen [44], die auch für den Großsignalfall gelten und eine sehr allgemeine Behandlung gestatten [45].
Der nichtlineare Zusammenhang zwischen der steuernden Basis-Emitter-Spannung, welche aus der Summe aus Signal- und Oszillatorspannung besteht, und dem Kollektorstrom, der die gewünschten Mischprodukte enthalten soll, lautet

$$i_c(t) = \alpha_F I_{ES}\{\exp[\beta u_{BE}(t)] - 1\} + I_{CS} \quad (80)$$

(α_F = Kurzschlußstromverstärkung, I_{ES} = Emitter-Sättigungsstrom, I_{CS} = Kollektor-Sättigungsstrom, $\beta = 1/U_T$). Hierbei ist vorausgesetzt, daß keine Sättigung des Kollektorstroms eingetreten und der Basisbahnwiderstand $r_{BB'}$ vernachlässigbar ist. Außerdem wird die Impedanz der steuernden Quelle als klein gegen die dynamische Eingangsimpedanz der Mischerschaltung angenommen (Spannungssteuerung). Mit

$$u_{BE}(t) = U_B + \hat{u}_{Os}\cos\Omega t + \hat{u}_s\cos\omega t \quad (81)$$

wird

$$\begin{aligned} i_C(t) &= \alpha_F I_{ES} \\ &\cdot[\exp\{\beta(U_B + \hat{u}_{Os}\cos\Omega t + \hat{u}_s\cos\omega t)\} - 1] \\ &+ I_{CS} = \alpha_F I_{ES}\exp\{\beta u_B\} \\ &\cdot\left[I_0(\beta\hat{u}_{Os}) + 2\sum_{m=1}^{\infty} I_m(\beta\hat{u}_{Os})\cos m\Omega t\right] \\ &\cdot\left[I_0(\beta\hat{u}_s) + 2\sum_{n=1}^{\infty} I_n(\beta\hat{u}_s)\cos n\omega t\right] + \text{const} \end{aligned} \quad (82)$$

($I_n(x)$ = modifierte Bessel-Funktion n-ter Ordnung [45, 46]).

Der Vergleich mit der üblichen Fourier-Entwicklung

$$i_c(t) = \sum_{n,m=-\infty}^{\infty} I_{c,nm}\exp[j(m\Omega + n\omega)t] + \text{const} \quad (83)$$

liefert

$$I_{c,00} = \alpha_F I_{ES}\exp(\beta U_B)\, I_0(\beta\hat{u}_{Os})\, I_o(\beta\hat{u}_s) \quad (84)$$

$$I_{c,nm} = \alpha_F I_{ES}\exp(\beta U_B)\, I_m(\beta\hat{u}_{Os})\, I_n(\beta\hat{u}_s) \quad (85)$$

$$= \frac{I_{c,00} I_m(\beta\hat{u}_{Os})\, I_n(\beta\hat{u}_s)}{I_0(\beta\hat{u}_{Os}) I_0(\beta\hat{u}_s)}.$$

Ausgehend von dieser allgemeinen Form für den Spektralanteil des Stroms bei der Kreisfrequenz $m\Omega \pm n\omega$ läßt sich nun der Kleinsignalfall ableiten. Mit

$$\beta \hat{u}_s \ll 1 \quad \text{d.h.} \quad n = 1, \quad I_1(\beta \hat{u}_s) \simeq \beta \hat{u}_s/2, \; I_0(\beta \hat{u}_s) \simeq 1 \tag{86}$$

folgt

$$I_{c,nm} = I_{c,00} \beta \hat{u}_s \frac{I_m(\beta \hat{u}_{Os})}{I_0(\beta \hat{u}_{Os})}. \tag{87}$$

mit der Mischsteilheit

$$S_c^{(1,m)} = \partial i_{c,1m}/\partial \hat{u}_S = S_c^{(0)} I_m(\beta \hat{u}_{Os})/I_0(\beta \hat{u}_{Os}) \tag{88}$$

bez. des Seitenbands bei $m\Omega \pm \omega$ und der stationären Transkonduktanz im gewählten Arbeitspunkt

$$S_c^{(0)} = \beta I_{c,00}. \tag{89}$$

Für Grundwellenmischung ist $m = 1$ und

$$S_c^{(1,1)} = S_c^{(0)} \frac{I_1(\beta \hat{u}_{Os})}{I_0(\beta \hat{u}_{Os})} \tag{90}$$

(Bild 38). Zur Berechnung der Mischverstärkung wird das einfache Modell durch dynamische Eingangs- und Ausgangsleitwerte $\underline{Y}_E$ und $\underline{Y}_A$ sowie den Rückwirkungsleitwert $\underline{Y}_k$ erweitert. Unter Einbeziehung von Quell- und Lastleitwerten ergeben sich dann die Konversionsgleichungen bei Resonanzabstimmung im Eingangs- und Ausgangskreis

$$\begin{pmatrix} \underline{I}_s \\ \underline{I}_z \end{pmatrix} = \begin{pmatrix} G_s + G_E & -\underline{Y}_k(\omega_s) \\ \underline{S}_c^{(1,1)} - \underline{Y}_k(\omega_z) & G_L + G_A \end{pmatrix} \cdot \begin{pmatrix} \underline{U}_s \\ \underline{U}_z \end{pmatrix}, \tag{91}$$

bzw. bei $\omega_z = \omega_s - \omega_{Os} \ll \omega_s$ und $|\underline{Y}_k(\omega_z)| \ll |\underline{S}_c^{(1,1)}|$ der Konversionsgewinn

$$L_{ü,m} = 4 G_s G_L \cdot \frac{|\underline{S}_c^{(1,1)}|^2}{|(G_s + G_E)(G_L + G_A) + \underline{Y}_k(\omega_s) \underline{S}_c^{(1,1)}|^2}. \tag{92}$$

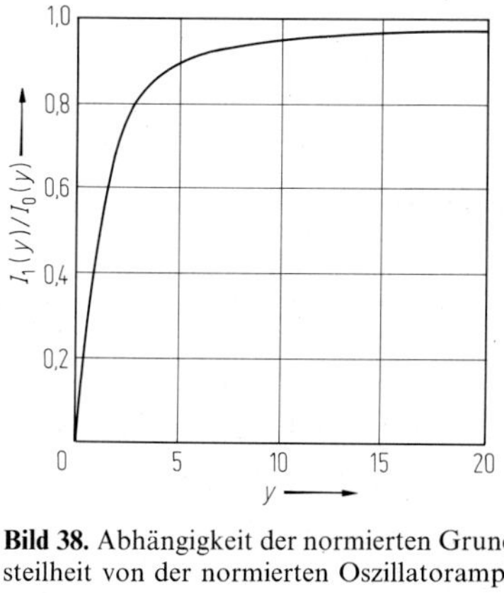

Bild 38. Abhängigkeit der normierten Grundwellen-Mischsteilheit von der normierten Oszillatoramplitude

Rauschverhalten additiver Mischer mit Bipolartransistoren. Die Berechnung ist aufgrund der zahlreichen Rauschquellen des Bipolartransistors [47] und ihrer Korrelationen nur mit sehr großem Rechenaufwand möglich. Für eine grobe Abschätzung des Rauschverhaltens soll daher ein sehr einfaches Modell zugrunde gelegt werden, an welchem die wesentlichen Eigenschaften demonstriert werden können. Modellieren wir die additive Mischerschaltung als Kettenschaltung eines passiven Diodenmischers und eines Geradeausverstärkers bei der Zwischenfrequenz (Mischung an der Eingangskennlinie des Transistors), so ist die Gesamtrauschzahl dieser Kettenschaltung nach der Formel von Friis (s. Gln. D 3 (78), (79)) und mit den Bezeichungen von Bild 39

$$F_{ges} = F_M + D_{v,m}(F_v - 1). \tag{93}$$

F_M und $D_{v,M}$(s. Gl. (23)) sind dabei die Mischerkenngrößen und F_v die Rauschzahl eines mit dem entsprechenden Quellenleitwert betriebenen Geradeausverstärkers [48]. Mit der Näherung $F_M = D_{v,M}$ [7, S. 202] folgt aus Gl. (93)

$$F_{ges} \simeq D_{v,M} F_v. \tag{94}$$

Additive Mischung mit FETs. Hier gehen wir von dem in Bild 40 dargestellten, für Sperrschicht und MESFETs gültigen Großsignalmodell aus. Die exakte Transferkennlinie des Feldeffekttransistors

$$I_D = I_{Dss}\{1 - 3U_{GS'}/U_p + 2(U_{GS'}/U_p)^{3/2}\}$$

wird angenähert durch (Bild 41)

$$I_D = I_{Dss}\{1 - U_{GS'}/U_p\}^2. \tag{95}$$

Zwischen der inneren und äußeren Steuerspannung ($u_{GS'}(t)$ bzw. $u_{GS}(t)$) besteht der Zusammen-

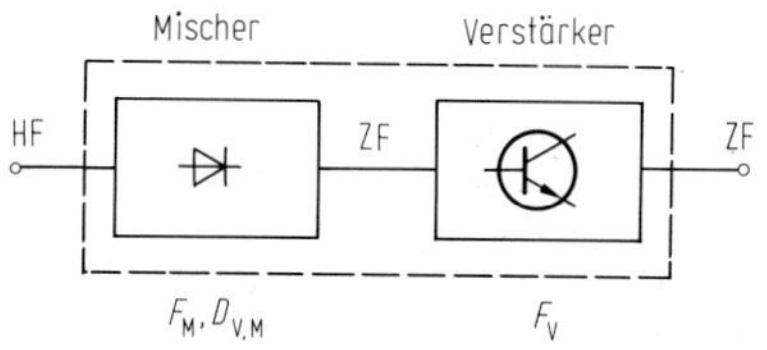

Bild 39. Zur Berechnung der Rauschzahl additiver Mischer mit Bipolartransistoren

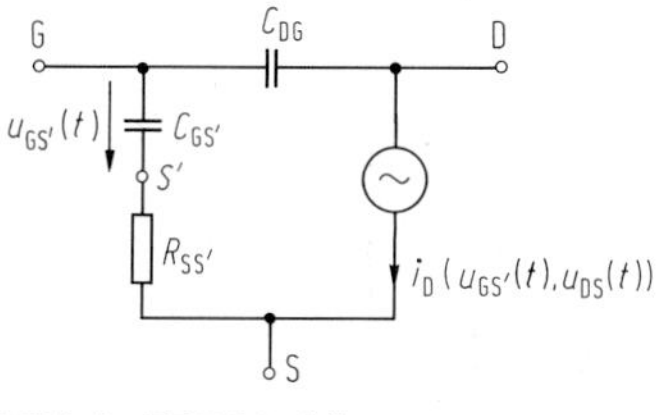

Bild 40. FET-Modell

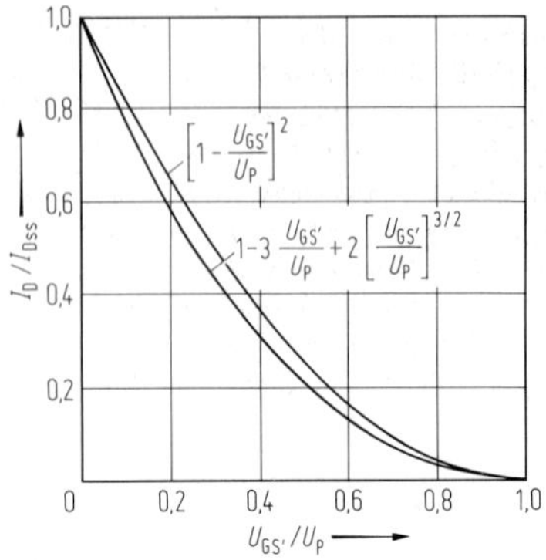

Bild 41. Exakte FET-Transferkennlinie und quadratische Näherung

hang

$$u_{GS}(t) = u_{GS'}(t) + R_{SS'} C_{GS'} \frac{d}{dt} u_{GS'}(t), \tag{96}$$

bzw. in komplexer Schreibweise

$$\text{mit} \quad \left.\begin{aligned} \underline{U}_{GS} &= \underline{U}_{GS'}(1 + j\Omega) \\ \Omega &= \omega/\omega_{GS'}, \quad \omega_{GS'} = 1/(R_{SS'} C_{GS'}) \end{aligned}\right\}. \tag{97}$$

Mit dem Ansatz für additive Mischung

$$\begin{aligned} u_{GS}(t) &= U_0 + u_{Os}(t) + u_s(t); \\ U_0 &= U_p/2, \ \hat{u}_{Os} \leqq U_p/2 \end{aligned} \tag{98}$$

liefern die Gln. (95) bis (98) für den zwischenfrequenten Stromanteil

$$\underline{I}_z = - \frac{I_{Dss}}{U_p^2} \frac{\underline{U}_{Os}^*}{1 - j\Omega_{Os}} \frac{\underline{U}_s}{1 + j\Omega_s} \tag{99}$$

mit der Mischsteilheit

$$\underline{S}_c^{(1)} = - \frac{I_{Dss}}{U_p^2} \frac{\underline{U}_{Os}^*}{(1 - j\Omega_{Os})(1 + j\Omega_s)}. \tag{100}$$

Rauschverhalten additiver FET-Mischer. Die strukturangepaßte Rauschersatzschaltung eines FET-Mischers (Bild 42) liefert bei Resonanz die

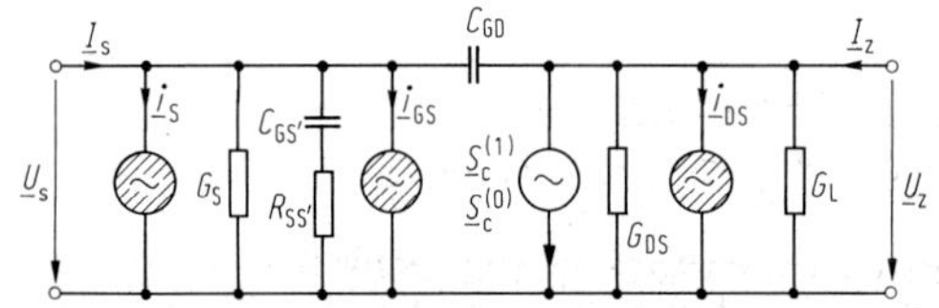

Bild 42. Rauschersatzschaltung eines Sperrschicht-FET
i_{GS} = Rauschstrom der Gate-Source-Strecke
i_{DS} = Rauschen der gesteuerten Quelle

Konversionsgleichungen

$$\begin{pmatrix} \underline{I}_s \\ \underline{I}_z \end{pmatrix} = \begin{pmatrix} G_S + G_E & -j\omega_s C_{GD} \\ \underline{S}_c^{(1)} - j\omega_z C_{GD} & G_L + G_{DS} \end{pmatrix} \cdot \begin{pmatrix} \underline{U}_s \\ \underline{U}_z \end{pmatrix} + \begin{pmatrix} \underline{i}_S + \underline{i}_{GS} \\ \underline{i}_{DS} \end{pmatrix}. \tag{101}$$

Hierin ist

$$G_E \simeq R_{SS'}(\omega C_{GS'})^2 \ (\text{für } (\omega R_{SS'} C_{GS'})^2 \ll 1) \tag{102}$$

der Realteil des Eingangsleitwerts. Aus Gl. (10) folgt die totale Rauscheinströmung

$$\underline{i}_{tot} = (\underline{I}_s)_{\underline{U}_z = 0, \underline{U}_z = 0} = \underline{i}_s + \underline{i}_{GS} + \underline{k}\,\underline{i}_{DS}$$

und das Kurzschlußstrom-Übersetzungsverhältnis

$$\begin{aligned} \underline{k} &= -(G_s + G_E)/(\underline{S}_c^{(1)} - j\omega_z C_{GD}) \\ &\approx -(G_s + G_E)/\underline{S}_c^{(1)}. \end{aligned} \tag{103}$$

Die Einseitenband-Rauschzahl wird dann entsprechend Gl. (38) bei unkorrelierten Rauschquellen

$$F_{SSB} = 1 + \frac{\langle \underline{i}_{GS}\underline{i}_{GS}^* \rangle}{\langle \underline{i}_S\underline{i}_S^* \rangle} + |\underline{k}|^2 \frac{\langle \underline{i}_{DS}\underline{i}_{DS}^* \rangle}{\langle \underline{i}_S\underline{i}_S^* \rangle}.$$

Mit

$$\begin{aligned} \langle \underline{i}_{GS}\underline{i}_{GS}^* \rangle &= 4kT\omega_S^2 C_{GS'}^2 R_{SS'} \Delta f = 4kT G_E \Delta f, \\ \langle \underline{i}_{DS}\underline{i}_{DS}^* \rangle &= 4kT G^{(0)} \Delta f, \\ \langle \underline{i}_S\underline{i}_S^* \rangle &= 4kT G_S \Delta f \end{aligned}$$

erhält man

$$F_{SSB} = 1 + G_E/G_S + \frac{(G_E + G_S)^2}{G_S} \frac{S_c^{(0)}}{|\underline{S}_c^{(1)}|^2}, \tag{104}$$

für den optimalen Generatorleitwert

$$G_{S,opt} = G_E \sqrt{1 + |\underline{S}_c^{(1)}|^2/(S_c^{(0)} G_E)} \tag{105}$$

das Minimum

$$F_{SSB,min} = 1 + 2G_E \frac{S_c^{(0)}}{|\underline{S}_c^{(1)}|^2} \left\{ 1 + \sqrt{1 + \frac{|\underline{S}_c^{(1)}|^2}{S_c^{(0)} G_E}} \right\}. \tag{106}$$

Multiplikative Mischung mit Feldeffekttransistoren. Hier kommen heute ausschließlich Dual-Gate-MOSFET-Typen zur Anwendung. Eine der Steuerelektroden wird zur Einspeisung der Signalleistung benutzt und bez. des Arbeitspunkts wie im Fall der additiven Mischung betrieben. Für die Zuführung der Oszillatorleistung wird die zweite Steuerelektrode so vorgespannt, daß in der Umgebung des Arbeitspunkts die lineare Beziehung gilt

$$I_{Dss} = I_N(c - U_{G_2S'}/U_p) \tag{107}$$

(c = transistorspezifische, experimentell zu ermittelnde Größe). Der für die Mischung interes-

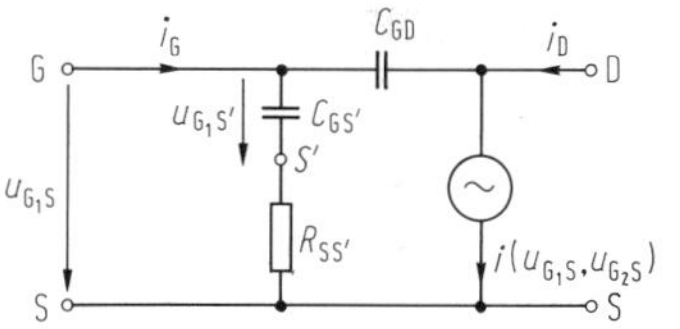

Bild 43. Quellenmodell eines Dual-Gate-MOSFET

sante Zusammenhang lautet dann (Bild 43)

$$I_D(U_{G_1S'}, U_{G_2S'}) = I_N(c - U_{G_2S'}/U_p) \cdot (1 - U_{G_1S'}/U_p)^2. \quad (108)$$

Hieraus folgt mit dem Ansatz

$$u_{G_1S'}(t) = U'_{01} + u'_s(t), \quad u_{G_2S'}(t) = U'_{02} + u'_{Os}(t) \quad (109)$$

der für die Mischung wesentliche Term

$$\frac{(U_p - U_{01})}{U_p^3} I_N u'_{Os}(t)\, u'_s(t).$$

Der Übergang zur komplexen Schreibweise und die Umrechnung von der äußeren auf die innere Steuerelektrode der Ersatzschaltung in Bild 43 (vgl. Gl. (97)) ergibt wie im Fall des Sperrschicht-FET den ZF-Strom

$$\underline{I}_z = \frac{(U_p - U_{01})}{U_p^3} I_N \frac{\underline{U}_s}{1 + j\Omega_s} \underline{U}_{Os} \quad (110)$$

und damit die Mischsteilheit

$$\underline{S}_c^{(1)} = \frac{(U_p - U_{01})}{U_p^3} I_N \frac{\underline{U}_{Os}}{1 + j\Omega_s}. \quad (111)$$

Multiplikative Mischung mit integrierten Multiplizierern. Diese ursprünglich für den Einsatz in analogen Rechenschaltungen entwickelten aktiven Netzwerke haben auch als aktive Mischer bis in den HF-Bereich hinein Anwendung gefunden. Im Idealfall gelten die Eingangs-Ausgangsbeziehungen

$$u_A(t) = K\, u_1(t)\, u_2(t),$$

wobei die spezifische Konstante K sowohl von der Frequenz als auch von den Eingangsgrößen unabhängig ist. Im Realfall sind Offset-, Rausch- und Driftprobleme zu berücksichtigen. Günstige Betriebseigenschaften lassen sich daher insbesondere bei großen Signalpegeln erwarten. Für diesen Fall stellen solche Bauelemente vielseitige Mittel zur Modulation, Demodulation, Mischung, Phasendetektion, Frequenzverdopplung, AGC-Verstärkung etc. dar [50–54].

1.6 Rauschmessungen an Mischern
Mixer noise measurements

Einseitenband- und Zweiseitenband-Rauschzahl. Bei der Rauschmessung mit breitbandigen Rauschquellen an Mischern ohne weitere Selektionsmaßnahmen ist zu beachten, daß aufgrund der Mehrdeutigkeit des Mischvorgangs Rauschleistung bei Signal- und Spiegelfrequenz eingespeist wird (Bild 44). Dann gilt für die ausgangs-

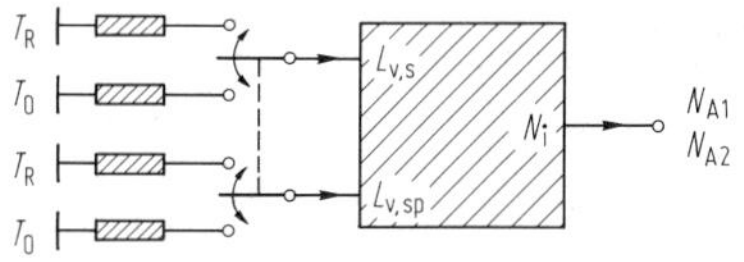

Bild 44. Zur Zweiseitenband-Rauschzahl

seitigen Rauschleistungen in den Betriebszuständen „Rauschquelle ausgeschaltet" bzw. „Rauschquelle eingeschaltet"

$$N_{A1} = N_i + k T_0 B L_{v,s} + k T_0 B L_{v,sp}$$
$$N_{A2} = N_i + k T_R B L_{v,s} + k T_R B L_{v,sp}. \quad (112)$$

Im allgemeinen ist $L_{v,sp} \neq L_{v,s}$; insbesondere bei Mischern mit gesteuerten Blindleitwerten können erhebliche Unterschiede bestehen.
Definieren wir die Zweiseitenband-Zusatzrauschzahl als

$$F_{z,DSB} = N_i/(k T_0 B[L_{v,s} + L_{v,sp}]), \quad (113)$$

so ergibt sich mit dem Y-Faktor

$$Y = N_{A2}/N_{A1} = \frac{T_R/T_0 + F_{z,DSB}}{F_{z,DSB} + 1} \quad (114)$$

schließlich

$$F_{z,DSB} = \frac{T_R/T_0 - Y}{Y - 1}. \quad (115)$$

Der Zusammenhang zu den entsprechenden Einseitenbandgrößen

$$F_{z,s} = N_i/(k T_0 B L_{v,s}), \quad F_{z,sp} = N_i/(k T_0 B L_{v,sp}) \quad (116)$$

lautet

$$F_{z,DSB} = N_i/(k T_0 B[L_{v,s} + L_{v,sp}]) = F_{z,s} F_{z,sp}/(F_{z,s} + F_{z,sp}) \quad (117)$$

und im Spezialfall $L_{v,s} = L_{v,sp}$

$$\left.\begin{array}{l} F_{z,s} = F_{z,sp} = F_{z,SSB} = 2F_{z,DSB} \\ \text{bzw.} \\ F_s = F_{sp} = F_{SSB} = 2F_{DSB} - 1, \end{array}\right\} \quad (118)$$

d.h. eine eindeutige Einseitenband-(Zusatz)-

Rauschzahl existiert nur in diesem Fall (s. hierzu auch [55]).

Die Zweiseitenband-Rauschzahl einer Kettenschaltung. Bei der Messung von Mischer-Rauscheigenschaften ist es zweckmäßig, den Mischer in Zusammenhang mit seinem zugehörigen ZF-Verstärker zu untersuchen. Weist dieser einen hinreichen großen Gewinn auf, so kann die Kettenschaltung als neues Meßobjekt mit großer Verstärkung aufgefaßt werden, und die Rauscheigenschaften sind nach der Friisschen Formel unabhängig von der nachfolgenden Beschaltung. Für die Rückrechnung der Eigenschaften des Mischers aus denen der Kettenschaltung muß aber die Friissche Formel für die Kettenschaltung von Zweitoren auf die Kettenschaltung eines Dreitors und eines nachfolgenden Zweitors erweitert werden. Nach Bild 45 gilt

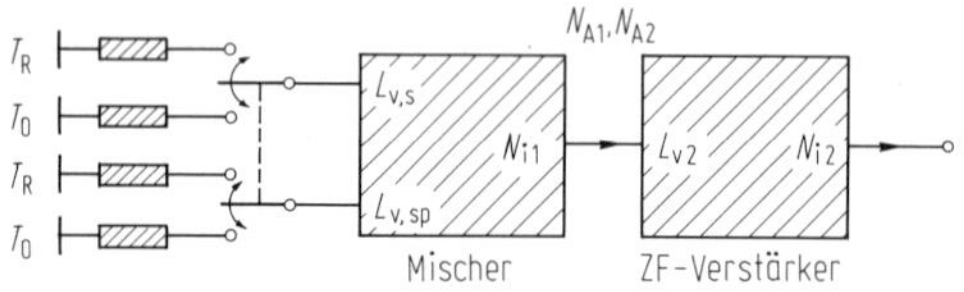

Bild 45. Kettenschaltung rauschender Vierpole

$$N_{A1} = N_{i1} + kT_0 B(L_{v,s} + L_{v,sp}),$$
$$N_{A2} = N_{i1} + kT_R B(L_{v,s} + L_{v,sp})$$
$$M_{A1} = N_{A1} L_{v2} + N_{i2}, \quad M_{A2} = N_{A2} L_{v2} + N_{i2}$$

und man erhält nach den Gln. (113) bis (117) für die Zweiseitenband-Rauschzahl der Kettenschaltung

$$F_{DSB,ges} = 1 + \frac{N_{i1}}{(L_{v,s} + L_{v,sp})\, kT_0 B} + \frac{N_{i2}}{(L_{v,s} + L_{v,sp})\, kT_0 B L_{v2}} \tag{119}$$
$$= F_{DSB,Mischer} + \frac{F_{z,ZF}}{L_{v,s} + L_{v,sp}}$$

1.7 Frequenzvervielfachung und Frequenzteilung

Frequency multiplication and division

Leistungsbeziehungen für Vervielfachung und Teilung. Bei der Behandlung von idealisierten Frequenzvervielfachern und -teilern mit passiven nichtlinearen Zweipolen ist zu unterscheiden zwischen konservativen Systemen (z. B. Varaktordiode = im Sperrbereich gesteuerter Blindwiderstand) und dissipativen Systemen (z. B. Halbleiterdiode im Durchlaßbereich = gesteuerter Wirkwiderstand). Zur Abschätzung des Wirkungsgrades dieser Systeme sind Spezialisierungen der Manley-Rowe-Gleichungen (47) im konservativen Fall bzw. der Leistungsbeziehungen (25), (26) im dissipativen Fall zu untersuchen. Im Falle des Varaktorvervielfachers gilt dabei nach den Gln. (48) und (49) für $\mu = 0$

$$\sum_{\nu=0}^{\infty} P_{\nu 0} = 0,$$

d. h. bei verlustfreiem Varaktor und verlustfreien Abschlüssen bei den unerwünschten Frequenzen (Idler-Kreise) kann der Wirkungsgrad für ein beliebiges Frequenzverhältnis maximal 100% betragen. Darüber hinaus ist zu erkennen, daß durch Zuführung von Gleichleistung keine Verbesserung des Wirkungsgrades erfolgen kann. Bei dissipativen Systemen hingegen ist nach Gl. (31) der Vervielfachungs-Wirkungsgrad $\eta = 1/n^2$. Dies ist eine Folge der positiven Kennliniensteigung. Die Passivität erfordert zusätzlich Zuführung von Gleichleistung zur Aufrechterhaltung der Funktionsweise. Eine Frequenzteilung ist im Gegensatz zu einem konservativen System nicht möglich.

Vervielfachung und Teilung mit nichtlinearen Zweipolen. Bei der Berechnung realer Schaltungen mit nichtlinearen Zweipolen kann nicht mehr von den vereinfachenden Annahmen der Kleinsignaltheorie ausgegangen werden. Die spezielle Frequenzlage dieser Schaltungen bietet jedoch eine Möglichkeit der Vereinfachung. Wir bezeichnen wie in Gl. (6) den gegebenen nichtlinearen physikalischen Zusammenhang zweier Größen als $y = y(x)$ und den Zusammenhang zwischen ihren (kleinen) Änderungen entsprechend Gl. (7) als

$$\Delta y(t) = F\{x(t), y(t)\}\, \Delta x(t). \tag{120}$$

Beispiele für den verallgemeinerten Zusammenhang sind die Halbleiterdiode im Durchlaßbereich mit dem Strom-Spannungs-Zusammenhang

$$i(t) = G(t)\, u(t), \tag{121}$$

bzw. die Halbleiterdiode im Sperrbereich bei Stromsteuerung mit

$$\mathrm{d}u(t)/\mathrm{d}t = S(t)\, i(t). \tag{122}$$

Da in den Schaltungen nur die Frequenzen $n\omega$ auftreten, gilt

$$\Delta y(t) = \sum_{r=-\infty}^{+\infty} \underline{Y}_r \exp(\mathrm{j} r\omega t),$$
$$\Delta x(t) = \sum_{p=-\infty}^{+\infty} \underline{X}_p \exp(\mathrm{j} p\omega t) \quad \text{und} \tag{123}$$
$$F(t) = \sum_{q=-\infty}^{+\infty} \underline{F}^{(q)} \exp(\mathrm{j} q\omega t).$$

Damit folgt aus Gl. (120) das unendliche Gleichungssystem

$$\underline{Y}_\mathrm{r} = \sum_{p=-\infty}^{+\infty} \underline{F}^{(\mathrm{r}-\mathrm{p})} \underline{X}_\mathrm{p}. \tag{124}$$

Bei Beschränkung auf eine endliche Anzahl von Frequenzen, was durch eine entsprechende Schaltungsauslegung erreicht werden kann, ist das Gleichungssystem lösbar.

Verdoppler mit Varaktordiode. Aus den Gln. (120), (122) und (124) folgt mit der Fourier-Darstellung der Elastanz

$$S(t) = \sum_{q=-\infty}^{+\infty} \underline{S}^{(\mathrm{q})} \exp(\mathrm{j} q \omega t)$$

das Gleichungssystem

$$\mathrm{j} r \omega \underline{U}_\mathrm{r}'' = \sum_{p=-\infty}^{+\infty} \underline{S}^{(\mathrm{r}-\mathrm{p})} \underline{I}_\mathrm{p}, \tag{125}$$

wobei die zweigestrichenen Größen für den nichtlinearen Zweipol allein gelten (Bild 46). Damit erhalten wir z. B. für den Verdoppler den Wirkungsgrad [7, 30]

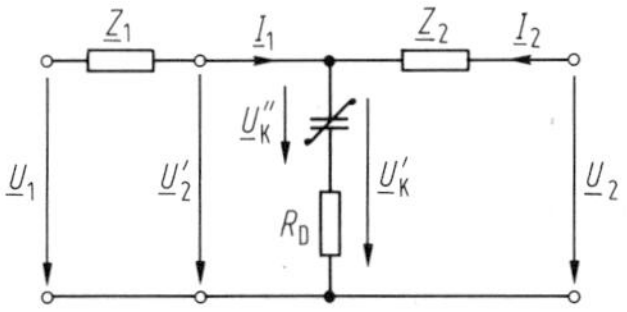

Bild 46. Verdoppler mit Varaktor

$$\eta = \frac{1 - (2\gamma_2/\gamma_1^2)(2\omega/\omega_\mathrm{g})}{1 + (1/(2\gamma_2))(2\omega/\omega_\mathrm{g})} \tag{126}$$

mit

$$\gamma_\mathrm{k} = |\underline{S}^{(\mathrm{k})}|/S^{(0)}, \qquad \omega_\mathrm{g} = S^{(0)}/R_\mathrm{D}.$$

Zusammen mit den Bedingungen

$$S^{(0)} = (S_\mathrm{max} + S_\mathrm{min})/2 \qquad S_\mathrm{min} \ll S_\mathrm{max},$$
$$|S(t)| \leqq S_\mathrm{max} - S_\mathrm{min}$$

wobei S_min und S_max aus dem Kennlinienverlauf zu entnehmen sind, ergeben sich einschränkende Bedingungen für die Aussteuerungskoeffizienten in der Form

$$\gamma_1 \cos\omega t + \gamma_2 \sin 2\omega t \leqq 1/4. \tag{127}$$

Die numerische Lösung dieses Problems führt auf die in Bild 47 dargestellten Gültigkeitsbereiche. Für die Darstellung des Wirkungsgrades als Funktion der Aussteuerung und der Diodengrenzfrequenz (Bild 48) verwenden wir die Näherung

$$\gamma_1 + \gamma_2 = 0{,}28, \tag{128}$$

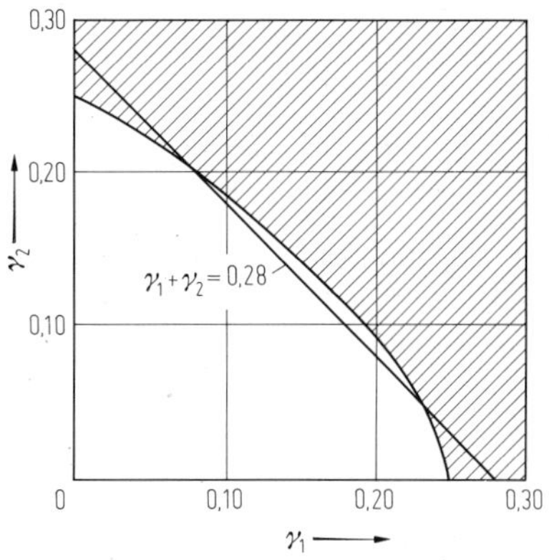

Bild 47. Gültigkeitsbereiche der Aussteuerungskoeffizienten

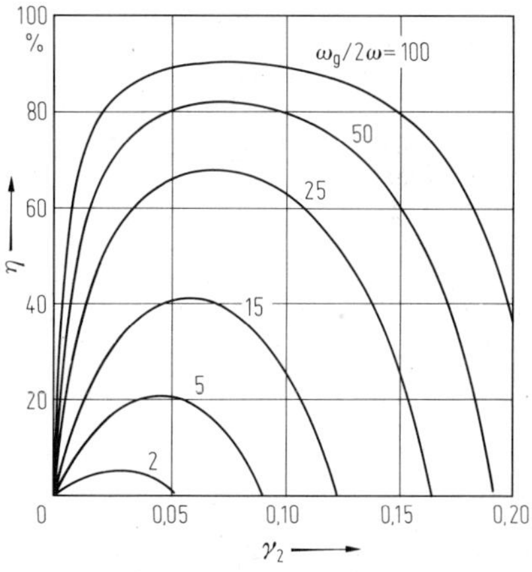

Bild 48. Wirkungsgrad des Varaktorverdopplers

die in den wesentlichen Bereichen von der exakten Lösung nur geringfügig abweicht. Weitere Diagramme zur Dimensionierung sind in [35] ausführlich dargestellt.

Vervielfacher mit Varaktordioden. Bei stromgesteuerten Varaktoren mit abruptem Dotierungsprofil ist wegen ihrer quadratischen Ladungs-Spannungs-Kennlinie eine Erzeugung von Oberwellen höherer als zweiter Ordnung unmittelbar nicht möglich. Dies gelingt jedoch durch die Einführung sog. Hilfskreise (Idler-Kreise, Bild 49), welche auf die Frequenzen abgestimmt

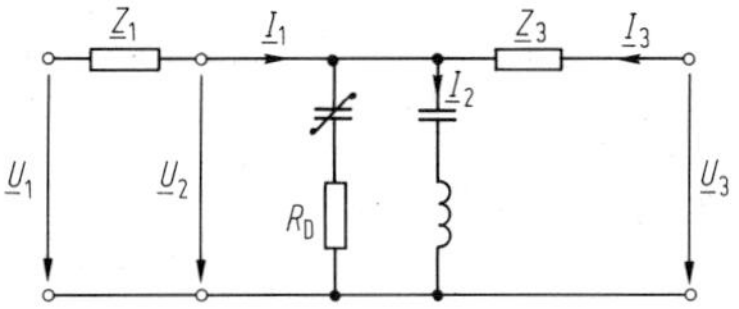

Bild 49. Verdreifacher mit Idler

Tabelle 1. Frequenzkombinationen bei Vervielfachern

Grund-frequenz	Anzahl Idler	Resonanz-Frequenz Idler	Mögliche Ausgangsfrequenzen
f_0	0		$2f_0$
f_0	1	$2f_0$	$3f_0$
f_0	1	$2f_0$	$4f_0$
f_0	2	$2f_0, 3f_0$	$5f_0$
f_0	2	$2f_0, 4f_0$	$5f_0$
f_0	2	$2f_0, 3f_0$	$6f_0$
f_0	2	$2f_0, 4f_0$	$6f_0$
f_0	2	$2f_0, 4f_0$	$8f_0$

werden, die durch die Nichtlinearität entstehen und dann als Quelle für höhere Mischprodukte dienen. Tab. 1 zeigt einige Möglichkeiten, welche auf der Bildung von Summenfrequenzen aufbaut. Die Komplexität der Anordnung wächst sehr schnell, da neben den gezeigten Frequenzen auch Subharmonische angeregt werden können (Frequenzteiler, s. unten). Eine andere Möglichkeit der Erzeugung höherer Harmonischer besteht in der Verwendung von Dioden mit anderen Dotierungsprofilen [56] bzw. Übersteuerung von Dioden mit abruptem Dotierungsprofil [57]. Auch hier können hohe Wirkungsgrade erreicht werden.

Gute Wirkungsgrade bei gleichzeitig hoher Ausgangsleistung können auch mit Halbleiterdioden erzielt werden, bei denen der Ladungsspeichereffekt des in Durchlaßrichtung betriebenen pn-Übergangs zur Vervielfachung ausgenutzt wird (Speicherdioden, Step-recovery-Dioden [58–60]). Ist die Diode durch den Pumpvorgang in Durchlaßrichtung vorgespannt, werden in dieser Phase in den Bahngebieten Minoritätsladungsträger gespeichert. Ist ihre Lebensdauer groß gegen die Periode der Pumpspannung, fließt in der folgenden Sperrphase ein Ausgleichsstrom, der nach Abfließen der Ladungsträger abrupt zusammenbricht. Es bleibt nur noch der durch die Sperrschichtkapazität bedingte kleine Umladestrom übrig. Zur Modellierung ist daher eine geknickte Kennlinie (vgl. G 2.1) geeignet, welche bekanntlich einen hohen Oberwellengehalt ermöglicht.

Frequenzteiler mit Varaktordioden. Auch für einen Frequenzteiler mit einem Teilerfaktor von 2 gelten die aus Gl. (125) herleitbaren Beziehungen des Verdopplers sinngemäß (Index 2: Eingang bei der Frequenz $2f$, Index 1: Ausgang bei der Frequenz f). Eine zum Verdoppler analoge Rechnung liefert für den Wirkungsgrad [35]

$$\eta = \frac{1 - (1/(2\gamma_2))\,(2\omega/\omega_g)}{1 + (2\gamma_2/\gamma_1^2)\,(2\omega/\omega_g)}, \tag{129}$$

der sich mit der einschränkenden Bedingung

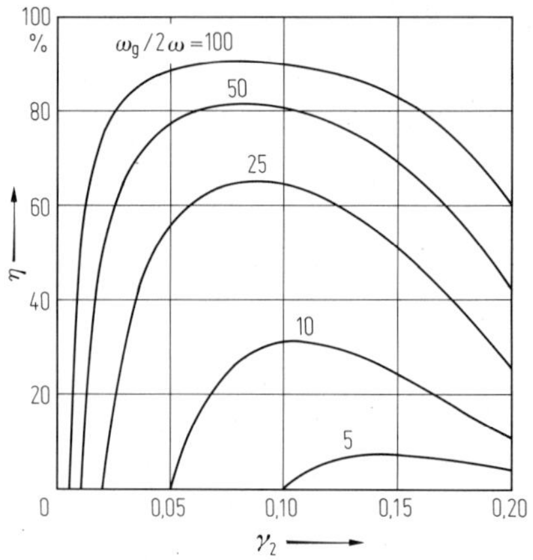

Bild 50. Wirkungsgrad eines Varaktorteilers 2:1

für die Aussteuerungskoeffizienten wie bei der Berechnung des Verdopplers darstellen läßt (Bild 50). Die Anschwingbedingung fordert wegen $\mathrm{Re}\,\underline{Z}_1 > 0$

$$R_D < |\underline{S}^{(2)}|/\omega; \tag{130}$$

daraus ergibt sich eine maximale Betriebsfrequenz

$$\omega_{max} = \gamma_2\,\omega_g. \tag{131}$$

Für diese Frequenz wird aber $\eta = 0$; daher ist nur ein Betrieb weit unterhalb der Grenzfrequenz sinnvoll.

Wie in [35] dargestellt, sind auch andere ganzzahlige und rationale Teilerverhältnisse möglich, die wie beim Vervielfacher entsprechende Idler-Kreise benötigen.

Vervielfacher mit gesteuertem Wirkleitwert. Für die Prinzipschaltung (Bild 51) eines Vervielfachers mit einer Halbleiterdiode der Charakteristik Gl. (121) und dem Vervielfachungsgrad n lautet Gl. (124)

$$\underline{I}'_r = \sum_{p=-\infty}^{+\infty} G^{(r-p)}\,\underline{U}_p. \tag{132}$$

Mit den durch die Schaltungsauslegung gegebenen Indexkombinationen $r = 0, \pm 1, \pm n$ und

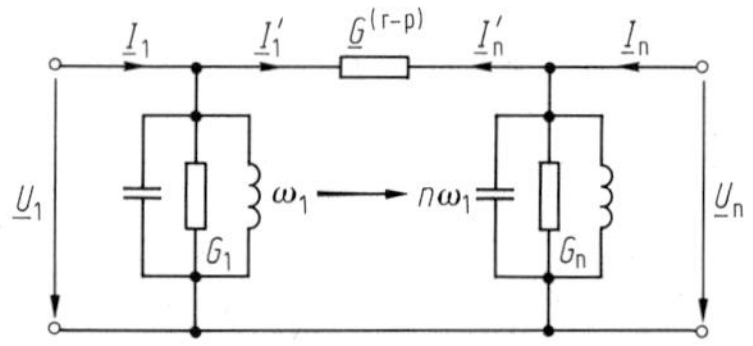

Bild 51. Prinzipschaltung eines Vervielfachers mit gesteuertem Wirkwiderstand

$p = 0, \pm 1, \pm n$ gilt

$$\left.\begin{aligned} \underline{I}'_1 &= \underline{G}^{(0)}\underline{U}_1 + \underline{G}^{(2)}\underline{U}_1^* - \underline{G}^{(n-1)*}\underline{U}_n \\ &\quad - \underline{G}^{(n+1)}\underline{U}_n^* + \underline{G}^{(1)}U_0, \\ \underline{I}'_n &= -\underline{G}^{(n-1)}\underline{U}_1 - \underline{G}^{(n+1)}\underline{U}_1^* + G^{(0)}\underline{U}_n \\ &\quad + \underline{G}^{(2n)}\underline{U}_n^* + \underline{G}^{(n)}U_0. \end{aligned}\right\} \quad (133)$$

Für den Arbeitspunkt $U_0 = 0$ und die Phasenbedingungen

$$\arg(\underline{U}_1) = 0; \quad \arg(\underline{U}_n) = 0;$$
$$\arg(\underline{G}^{(r-p)}) = 0 \quad (134)$$

ergibt sich zusammen mit der Beschaltung der Diode bei Resonanz

$$\left.\begin{aligned} |\underline{I}_1| &= (G_1 + G^{(0)} + |\underline{G}^{(2)}|)\,\underline{U}_1 \\ &\quad - (|\underline{G}^{(n-1)}| + |\underline{G}^{(n+1)}|)\,|\underline{U}_n|, \\ |\underline{I}_n| &= -(|\underline{G}^{(n-1)}| + |\underline{G}^{(n+1)}|)\,\underline{U}_1 \\ &\quad + (G_n + G^{(0)} + |\underline{G}^{(2n)}|)\,|\underline{U}_n|. \end{aligned}\right\} \quad (135)$$

Den Zusammenhang zwischen den Beträgen der Phasoren von Grund- und Oberwelle können wir mit der Normierung

$$\frac{|\underline{G}^{(r-p)}|}{G^{(0)}} = \gamma_{r-p}, \quad \frac{G_n}{G^{(0)}} = g_n, \quad \frac{G_1}{G^{(0)}} = g_1 \quad (136)$$

und der Randbedingung $|\underline{I}_n| = 0$ in der Form

$$\frac{|\underline{U}_n|}{|\underline{U}_1|} = \frac{\gamma_{n-1} + \gamma_{n+1}}{1 + \gamma_{2n} + g_n} \quad (137)$$

angeben. Ebenso folgt für den normierten Eingangsleitwert

$$\begin{aligned} g_E &= \frac{1}{G^{(0)}}\left(\frac{|\underline{I}_1|}{|\underline{U}_1|}\right)_{|\underline{I}_n| = 0} - g_1 \\ &= 1 + \gamma_2 - \frac{(\gamma_{n-1} + \gamma_{n+1})^2}{1 + \gamma_{2n} + g_n}. \end{aligned} \quad (138)$$

Hieraus läßt sich wie bei der Behandlung des Varaktorverdopplers der Wirkungsgrad berechnen:

$$\begin{aligned} \eta &= \left(\frac{|\underline{U}_n|^2}{|\underline{U}_1|^2}\right)_{|\underline{I}_n| = 0} \cdot \frac{g_n}{g_E} = \left(\frac{\gamma_{n-1} + \gamma_{n+1}}{1 + \gamma_{2n} + g_n}\right)^2 \\ &\quad \cdot \frac{g_n}{1 + \gamma_2 - \dfrac{(\gamma_{n-1} + \gamma_{n+1})^2}{1 + \gamma_{2n} + g_n}}. \end{aligned} \quad (139)$$

Der optimale Lastleitwert für maximalen Wirkungsgrad ist

$$g_{n,opt} = (1 + \gamma_{2n})\sqrt{1 - \frac{(\gamma_{n-1} + \gamma_{n+1})^2}{(1 + \gamma_2)(1 + \gamma_{2n})}}. \quad (140)$$

Für die Beschreibung der Diode durch eine Knickkennlinie ist

$$\gamma_n = |\sin n\Theta|/(n\Theta), \quad (141)$$

d.h. in dem gewählten Arbeitspunkt $U_0 = 0$ mit $\Theta = \pi/2$

$$\gamma_n = 2/(n\pi).$$

Für große Vervielfachungsfaktoren gilt nun

$$\frac{(\gamma_{n-1} + \gamma_{n+1})^2}{(1 + \gamma_{2n} + g_n)(1 + \gamma_2)} \ll 1, \; \gamma_{2n} \ll g_n, 1$$

und damit in Näherung

$$\eta = \frac{(\gamma_{n+1} + \gamma_{n+1})^2}{1 + \gamma_2} \frac{g_n}{(1 + g_n)^2},$$

bzw.

$$\eta = \frac{g_n}{(g_n + 1)^2} \frac{16}{\pi(\pi + 1)} \frac{1}{n^2}, \quad (142)$$

sowie mit dem optimalen Lastleitwert $g_{n,opt} = 1$

$$\eta_{max} = \frac{4}{\pi(\pi + 1)} \frac{1}{n^2}. \quad (143)$$

Die gewählte Arbeitspunkteinstellung ist dabei ein guter Kompromiß. Es können höhere Wirkungsgrade erreicht werden, dies kann aber mit Anpassungsproblemen oder geringerer Ausgangsleistung verbunden sein. Bild 52 zeigt den Wirkungsgrad in Abhängigkeit von n für die exakte Lösung (Gl. (139)), die Näherung (Gl. (143)) und den durch die Leistungsbeziehungen gegebenen Wert nach Gl. (31).

Vervielfachung und Teilung mit gesteuerten Quellen. Dafür gelten prinzipiell die gleichen Aussagen wie im Abschnitt über Mischung mit gesteuerten Quellen. Die Entkopplung zwischen

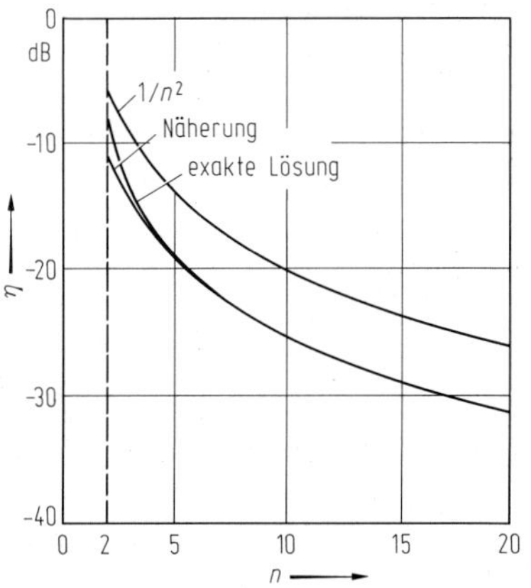

Bild 52. Wirkungsgrad des Diodenvervielfachers

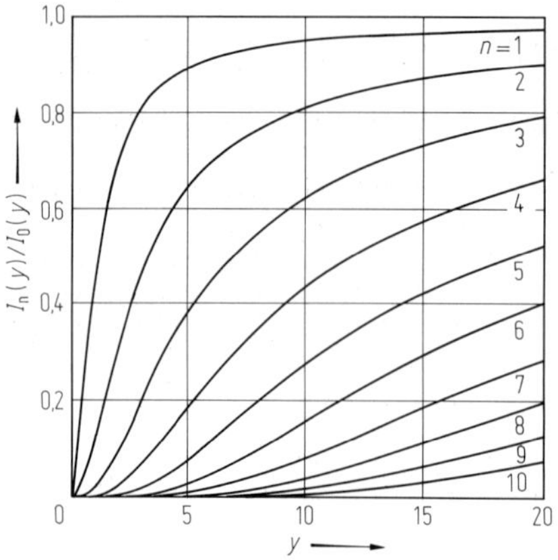

Bild 53. Zum Wirkungsgrad des Vervielfachers mit Bipolartransistor

Quelle und Steuereingang gestattet zumindest unter vereinfachenden Bedingungen eine wesentlich bequemere Behandlung. Im Gegensatz zu Mischerschaltungen (Kleinsignalfall) kann aber nicht auf die Begriffe der Konversionsmatrix und der Mischsteilheit zurückgegriffen werden. Eine exakte Behandlung des Großsignalfalls erfordert neben der Berechnung des Wirkungsgrades auch die Untersuchung der Veränderung dynamischer Halbleiterkenngrößen. Diese Einflüsse sind in der Regel analytisch nicht mehr zu beherrschen, sondern erfordern den Einsatz rechnergestützter Analyseverfahren.

Vervielfacher mit Bipolartransistoren. Ausgangspunkt der Berechnungen ist die in Bild 37 gezeigte Mischerschaltung, wobei die ansteuernde Größe durch

$$u_1(t) = u_{BE}(t) = U_B + \hat{u}_1 \cos \Omega t$$

gegeben ist (vgl. Gl. (81) für den Mischer). Der Ausgangskreis ist auf die gewünschte Frequenz abgestimmt. Den Gln. (84), (85) entsprechend gilt hier

$$I_{c,n} = \alpha_F I_{ES}[\exp(\beta u_B)]\, I_n(\beta \hat{u}_1) = I_{c,0} \frac{I_n(\beta \hat{u}_1)}{I_0(\beta \hat{u}_1)}. \qquad (144)$$

Das Verhältnis von Oberwellen- zu Grundwellen-Leistung am gleichen Lastwiderstand ist daher (Bild 53)

$$\eta = \left| \frac{I_{c,n} \exp(jn\omega t)}{I_{c,1} \exp(j\omega t)} \right|^2 = \left[\frac{I_n(\beta \hat{u}_1)}{I_1(\beta \hat{u}_1)} \right]^2. \qquad (145)$$

Vervielfachungsfaktor, Ansteuerleistung und Selektionsprobleme im abgestimmten Ausgangskreis sind also miteinander verknüpft und müssen im Einzelfall untersucht werden.

Spezielle Literatur: [1] *Zinke, O.; Brunswig, H.:* Lehrbuch der Hochfrequenztechnik, Bd. II, 2. Aufl. Berlin: Springer 1974. – [2] *Rowe, H.E.:* Some general properties of nonlinear elements, Part II: Small signal theory. Proc. IRE 46 (1958) 850–860. – [3] *Garbrecht, K.; Heinlein, W.:* Theorie des Empfangsmischers mit gesteuertem Wirkleitwert. Frequenz 19 (1965) 377–385. – [4] *Maurer, R.; Löcherer, K.H.:* Theorie nichtreziproker Schaltungen mit gleicher Eingangs- und Ausgangsfrequnez unter Verwendung nichtlinearer Halbleiterbauelemente. AEÜ 15 (1962) 71–83. – [5] *Maurer, R.:* Nichtreziproker parametrischer Verstärker für das Mikrowellengebiet. Diss. Univ. Karlsruhe 1969. – [6] *Büchs, J.D.:* Zur Frequenzumsetzung mit Schottky-Dioden. Diss. RWTH Aachen 1971. – [7] *Unger, H.G.; Harth, W.:* Hochfrequenz-Halbleiterelektronik. Stuttgart: Hirzel 1972. – [8] *Manley, J.M.; Rowe, H.E.:* Some general properties of nonlinear elements, Part I: General energy relations. Proc. IRE 44 (1956) 904–913. – [9] *Müller, R.:* Rauschen. Berlin: Springer 1979. – [10] *Dahlke, W.; Maurer, R.; Schubert, J.:* Theorie des Dioden-Reaktanzverstärkers mit Parallelkreisen. AEÜ 13 (1959) 321–340. – [11] *Vowinkel, B.:* Image recovery millimeter-wave mixer. Proc. 9th European Microwave Conf. 1979, pp. 726–730. – [12] *Keen, N.J.:* Low noise millimeter wave mixer diodes. Results and evaluations of a test programme. IEE Proc. 127, Part I (1980) 180–198. – [13] *Schroth, J.:* Rauscharme Millimeter-Mischer mit Whisker kontaktierten Schottky-Barrier-Dioden. Wiss. Ber. AEG-Telefunken 54 (1981) 203–211. – [14] *Maurer, R.:* Theorie des Diodenmischers mit gesteuertem Wirkleitwert. AEÜ 36 (1982) 311–317. – [15] *Penfield, P.Jr.:* Frequency-power formulas. New York: Wiley 1960. – [16] *Pantell, R.M.:* General power relationships for positive and negative nonlinear resistive elements. Proc. IRE 46 (1958) 1910–1913. – [17] *Gerrath, K.M.:* Maximaler Wirkungsgrad bei der Frequenzumsetzung mit nichtlinearen positiven Widerständen. AEÜ 27 (1973) 453–455. – [18] *Page, C.H.:* Frequency conversion with positive nonlinear resistors. J. Res. Nat. Bur. Stand. 56 (1956) 179–182. – [19] *Page, C.H.:* Harmonic generation with ideal rectifiers. Proc. IRE 46 (1958) 1738–1740. – [20] *Pucel, R.A.:* Theory of the Esaki diode frequency converter. Solid State Electron. 3 (1961) 167–207. – [21] *Rieck, H.; Bomhardt, K.:* Die Signal- und Rauscheigenschaften von Tunneldioden-Abwärtsmischern. Die Telefunken-Röhre, Heft 42 (1963) 177–198. – [22] *Strutt, J.J.O.:* Noise figure reduction in mixer stages. Proc. IRE 34 (1946) 942–950. – [23] *Rothe, H.; Dahlke, W.:* Theorie rauschender Vierpole. AEÜ 9 (1955) 117–121. – [24] *Willwacher, E.:* Das Eigenrauschen von Mikrowellenempfängern mit Halbleiter-Mischstufe. Telefunken-Ztg. 36 (1963) 200–215. – [25] *v.d.Ziel, A.:* Noise. New York: Prentice Hall 1955. – [26] *Schottky, W.:* Über spontane Stromschwankungen in verschiedenen Elektrizitätsleitern. Ann. Phys. 57 (1918) 541–567. – [27] *v.d.Ziel, A.; Watters, R.L.:* Noise in mixer tubes. Proc. IRE 46 (1958) 1426–1427. – [28] *v.d.Ziel, A.:* Noise in solid state devices and lasers. Proc. IEEE 58 (1970) 1178–1206. – [29] *Zimmermann, P.; Mattauch, R.J.:* Low noise second harmonic mixer for 200 GHz. Late Paper IEEE-MTT Symp. Florida, 1979. – [30] *Janssen, W.:* Hohlleiter und Streifenleiter. Heidelberg: Hüthig 1977. – [31] *Groll, H.:* Mikrowellen-Meßtechnik. Braunschweig: Vieweg 1969. – [32] *Firmendokumentation, Fa. Mini-Circuits Lab.*, Vertrieb: Industrial Electronics, Klüberstr. 14, Frankfurt/M., 1983. – [33] *Firmendokumentation, Fa. Anaren Microwave Inc.*, Vertrieb: Kontron Electronic, Oskar-von-Miller-Str. Eching b. München, 1982. – [34] *Ohm, G.; Alberty, M.:* Microwave phase detectors for PSK demodulators. IEEE Trans. MTT 29 (1981) 724–731.

– [35] *Penfield, P.; Rafuse, R.P.*: Varactor applications. New York: MIT Press 1962. – [36] *Steiner, K.H.; Pungs, L.*: Parametrische Systeme. Stuttgart: Hirzel 1965. – [37] *Maurer, R.; Löcherer, K.H.*: Parametrischer Mikrowellenkonverter. AEÜ 26 (1972) 475–480. – [38] *Maurer, R.*: Parametrischer Abwärtsmischer mit reellem Spiegelabschluß. Seminar Mikrowellen- und Hochfrequenzbauteile 28./29. Mai 1973, Kongreßzentrum München. – [39] *Schau, W.*: Parametrischer Gleichlageabwärtsmischer. AEÜ 33 (1979) 450–456. – [40] *Blackwell, L.A.; Kotzebue, K.L.*: Semiconductor-diode parametric amplifiers. Englewood Cliffs: Prentice Hall 1961. – [41] *Decroly, J.C.; Laurent, L.; Lienard, J.C.; Marechal, G.; Voroßeitchik, J.*: Parametric amplifiers. Philips Technical Library. London: Macmillan Press 1973. – [42] *Petry, H.P.*: Verringerung der Systemrauschtemperatur von FM-Empfängern durch einen phasenkohärenten parametrischen Abwärtsmischer. AEÜ 34 (1980) 394–402. – [43] *Meyer, R.G.*: Signal processes in transistor mixer circuits of high frequencies. Proc. IEE 114 (1967) 1605–1612. – [44] *Ebers, J.J.; Moll, J.L.*: Large signal behaviour of junction transistors. Proc. IRE 42 (1954) 1761–1772. – [45] *Schoen, H.; Weitzsch, F.*: Zur additiven Mischung mit Transistoren. Valvo Ber. 8 (1962) 1–38. – [46] *Pelz, F.M.*: Zylinderfunktionen. In: Rint (Hrsg.): Handbuch für HF- und E-Techniker, Bd. 2, 13. Aufl. 1981. – [47] *Unger, H.G.; Schulz, W.*: Elektronische Bauelemente und Netzwerke. Braunschweig: Vieweg 1971. – [48] *Giacoletto, L.J.*: Electronic designers handbook. New York: McGraw-Hill 1977. – [49] *Sevin, L.L.*: Field effect transistors. New York: McGraw-Hill 1965. – [50] *Herpy, M.*: Analoge integrierte Schaltungen. München: Franzis 1976. – [51] *Tobey, G.E.; Graeme, J.G.; Huelsman, L.P.*: Operational amplifiers, design and applications. New York: McGraw-Hill 1971. – [52] *Graeme, J.G.*: Application of operational amplifiers. New York: McGraw-Hill 1973. – [53] *Bilotti, A.*: Applications of a monolithic analog multiplier. IEEE J-SC-3 (1968) 373–380. – [54] *Tietze, U.; Schenk, Ch.*: Halbleiter-Schaltungstechnik, 6. Aufl. Berlin: Springer 1983. – [55] *Geißler, R.*: Ein- und Zweiseitenband-Rauschzahl von Meßobjekten im Mikro- und Millimeter-Wellengebiet. ntz 37 (1984) 14–17. – [56] *Scanlan, J.O.; Layburn, P.J.R.*: Large signal analysis of varactor harmonic generators without idlers. Proc. IEE 112 (1965) 1515–1522. – [57] *Scanlan, J.O.; Layburn, P.J.R.*: Large signal analyis of varactor harmonic generators without idlers. Proc. IEE 114 (1967) 887–893. – [58] *Johnston, R.H.; Boothroyd, A.R.*: Charge storage frequency multipliers. Proc. IEEE 56 (1968) 167–176. – [59] *Schünemann, K.; Schiek, B.*: Optimaler Wirkungsgrad von Vervielfachern mit Speicherdiode, Teil I. AEÜ 22 (1968) 186–196. – [60] *Roulston, D.J.*: Frequency multiplication using charge storage effect: An analysis for high efficiency high power operation. Int. J. Electron. 18 (1965) 73–86.

2 Begrenzung und Gleichrichtung
Limitation and rectification

Allgemeine Literatur: *Elsner, R.*: Nichtlineare Schaltungen. Berlin: Springer 1981. – *Phillippow, E.*: Nichtlineare Elektrotechnik. Leipzig: Akad. Verlagsges. 1971. – *Rothe, H.; Kleen, W.*: Elektronenröhren als Schwingungserzeuger und Gleichrichter. Leipzig: Akad. Verlagsges. 1941.

Spezielle Literatur Seite G 33

2.1 Kennlinien. Transfer characteristics

Eigenschaften, stückweise Linearisierung. Für Begrenzung und Gleichrichtung werden Netzwerke mit nichtlinearen Bauelementen verwendet, deren Übertragungskennlinien eindeutig, hysteresefrei und nach oben oder unten beschränkt sind. Bild 1 a zeigt drei typische Kennlinienformen. In den Kurven y_1 und y_2 werden

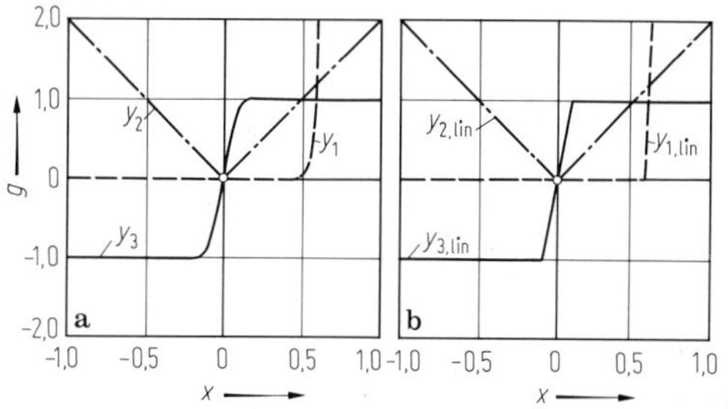

Bild 1. a) Typische Übertragungskennlinien von gleichrichtenden und begrenzenden Netzwerken; **b**) stückweise linearisierte Kennlinien

zwei nach unten beschränkte Kennlinien wiedergegeben, die für Gleichrichter typisch sind. Kurve y_3 zeigt die typische Kennlinie eines symmetrischen Begrenzers. Meist werden die Kennlinien durch transzendente Funktionen beschrieben. Die theoretische Behandlung des Übertragungsverhaltens von Begrenzern und Gleichrichtern stößt daher schnell auf mathematische Schwierigkeiten. Man nähert deswegen häufig die nichtlineare Kennlinienform durch Geradenstücke an. Bild 1 b zeigt stückweise lineare Näherungen für die Kurven aus Bild 1 a.

Stückweise linearisierte Kennlinien werden vorteilhaft mit Hilfe der Rampenfunktion $\varrho_\text{a}(x)$ beschrieben:

$$\varrho_\text{a}(x) := \begin{cases} ax & \text{für } x > 0 \\ 0 & \text{für } x \leqq 0. \end{cases} \tag{1}$$

Im Grenzfall $a \to \infty$ wird aus der Rampenfunktion die Schalterfunktion $\varrho_\infty(x)$.

Schmalbandaussteuerung. Oft ist das Verhalten eines Netzwerks mit nichtlinearen Bauelementen bei Aussteuerung durch ein sinusförmiges Eingangssignal von Interesse. Man möchte hier eine Zerlegung des Ausgangssignals in eine Fourier-Reihe erhalten. In Verallgemeinerung dieses Problems interessiert man sich insbesondere bei modulierten oder verrauschten Eingangssignalen für eine Zerlegung des Ausgangssignals nach Frequenzbändern, die Vielfache des (schmalbandigen) Eingangsfrequenzbandes sind.

Die meisten technisch realisierbaren Netzwerke werden durch Kennlinien beschrieben, die (im unendlichen) nicht stärker als exponentiell anwachsen. Bei Schmalbandaussteuerung dieser Netzwerke kann man deren Ausgangssignale nach Blachmann [1] als verallgemeinerte Fourier-Reihen schreiben. Wird die Übertragungskennlinie des Netzwerks durch $y = g(x)$ beschrieben und ist das Eingangssignal ein schmalbandiges Signal $h(t)\cos\Phi(t)$, das um den Arbeitspunkt x_A variiert, d.h. $x(t) = h(t)\cos\Phi(t) + x_A$, dann kann das Ausgangssignal als

$$y(t) = \frac{a_0(t)}{2} + \sum_{n=1}^{\infty} a_n(t)\cos n\Phi(t) \qquad (2)$$

geschrieben werden, wobei

$$a_n(t) = \frac{1}{\pi}\int_{-\pi}^{\pi} \mathrm{d}z\, g(h(t)\cdot\cos z + x_A)\cos nz \qquad (3)$$

gilt. Im Fall $h(t) = \text{const}$ reduziert sich Gl. (2) auf eine einfache Fourier-Reihe.

2.2 Begrenzer. Limiters

Will man erreichen, daß ein Signal einen bestimmten Maximal- bzw. Minimalwert nicht über- bzw. unterschreitet, dann werden Begrenzerschaltungen eingesetzt. Die Konstanthaltung von Signalamplituden ist eine weitere Aufgabenstellung, bei der Begrenzer benutzt werden können.

Begrenzer-Übertragungsfunktionen. Ideale Begrenzer, welche nur nach oben oder unten begrenzen, werden durch

$$y(x) = \varrho_a(x - x_k) + b \qquad \text{oder}$$

$$y(x) = \varrho_a(-x + x_k) + b$$

beschrieben. ϱ_a ist die in Gl. (1) definierte Rampenfunktion. Ideale Begrenzer, die nach oben und unten begrenzen, werden durch

$$y(x) = \varrho_a(x - x_{k1}) + b - \varrho_a(x - 2l/a - x_{k1}) \qquad (4)$$

beschrieben. Hier sind x_{k1} und $x_{k2} = x_{k1} + 2l/a$ die Knickpunkte der Übertragungskurve, a ist die Steigung von y für $x_{k1} < x < x_{k2}$, b ist der Begrenzungswert bei $x = x_{k1}$ und $b + 2l$ der Begrenzungswert bei $x = x_{k2}$.
Im Grenzfall $a \to \infty$ spricht man von harten Begrenzern, sonst von weichen Begrenzern. Gl. (4) nimmt für den Fall harter Begrenzung die Form

$$y_H(x) = l\,\mathrm{sgn}(x - x_{k1}) + b + l \qquad (5)$$

an. Der Begriff „harter Begrenzer" wird auch für reale Begrenzer verwendet, welche für die Praxis hinreichend genau durch $y_H(x)$ beschrieben werden.

Reale, nach oben und unten begrenzende Schaltungen werden meist durch komplizierte transzendente Funktionen beschrieben. Sie werden daher zweckmäßig durch

$$y(x) = l\,\mathrm{erf}(K\sqrt{\pi}(x - x_0)/2l) + b + l \qquad (6)$$

angenähert. (erf(.) = Fehlerintegral [2]). $y(x)$ kann also zwischen b und $b + 2l$ variieren und nimmt an der Stelle x_0 den Wert $b + l$ an. K ist die Steigung von y im Punkt x_0. Den Graphen von y/l findet man für $b = -l$ in Bild 1a als y_3. Dabei ist noch $K\sqrt{\pi}(x - x_0)/2l$ durch x ersetzt.
Durch Grenzübergang $K \to \infty$ gelangt man erneut zu $y_H(x)$ nach Gl. (5) mit $x_0 = x_{k1}$.

Begrenzerschaltungen. Mit Hilfe eines Bauelements D, das die Rampenfunktion nach Gl. (1) realisiert, kann man in einfacher Weise Begrenzer konstruieren, indem man die statischen Übertragungsfunktionen nachbildet.
In Realität gibt es natürlich weder Bauelemente mit idealer Rampenkennlinie noch ideale Strom- oder Spannungseinspeisung. Es stehen jedoch Bauelemente zur Verfügung, die das gewünschte ideale Verhalten recht gut approximieren. Die Strom-Spannungs-Charakteristik einer Diode ist beispielsweise eine gute Näherung für eine (verschobene) Rampenfunktion. Dies wird durch die Kurven y_1 und $y_{1,\mathrm{lin}}$ aus Bild 1a, b demonstriert. Die Verschiebung des Arguments der Rampenfunktion entspricht der Serienschaltung einer zusätzlichen Spannungsquelle.
Bild 2a zeigt die Schaltung eines symmetrischen Begrenzers mit zwei Dioden. In Bild 2b ist die Spannung am Lastwiderstand R_L in Abhängigkeit von der Urspannung U_0 der verwendeten Quelle mit dem Verhältnis aus Quelleninnenwiderstand R_i und R_L als Parameter dargestellt.
In der NF-Technik werden statt Dioden auch häufig Kombinationen von Dioden mit Spannungsreferenzdioden oder mit Operationsverstärkern benutzt, um eine rampenförmige Übertragungscharakteristik zu erzielen [3].
Bild 3a zeigt das Prinzipschaltbild eines Begrenzers mit symmetrischem Differenzverstärker. Bei

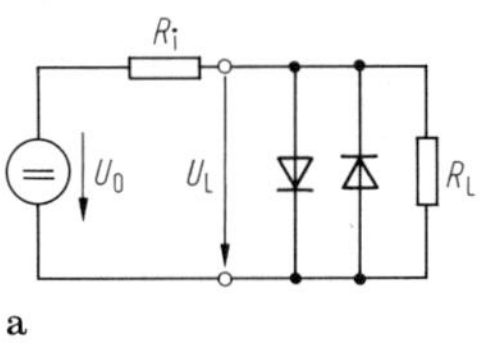

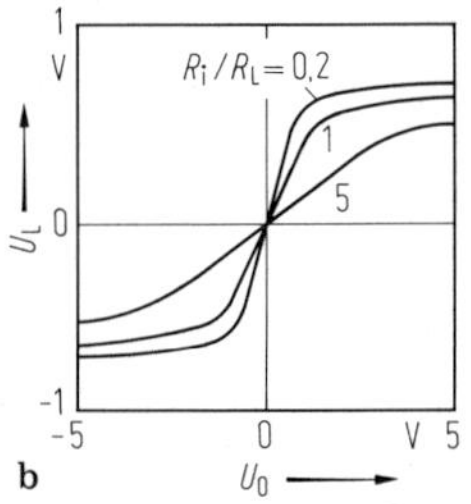

Bild 2. **a**) Diodenbegrenzer mit Ansteuerung durch reale Quelle; **b**) Ausgangsspannung des Diodenbegrenzers in Abhängigkeit von der Quellenurspannung

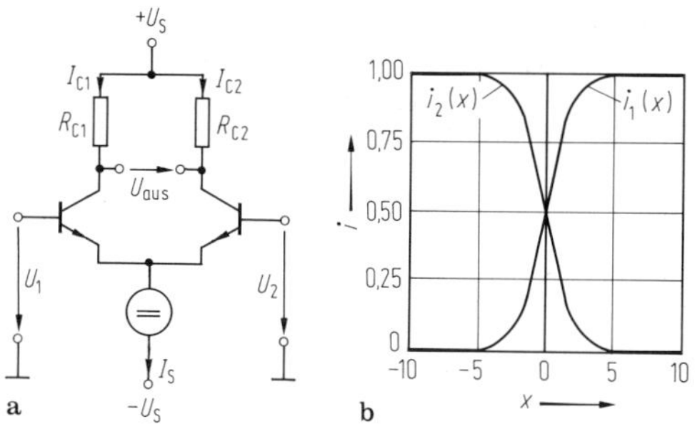

Bild 3. **a)** Begrenzer mit Differenzverstärker; **b)** Strombegrenzung beim Differenzverstärker

Transistoren mit identischen Daten gilt unter der Voraussetzung, daß Sättigung vermieden wird und Bahnwiderstände vernachlässigt werden können, nach [4]:

$$I_{C\,1,2} = \alpha I_S\left(1 \pm \tanh\frac{U_1 - U_2}{2U_T}\right)\Big/2.$$

In Bild 3b sind die Funktionen

$$i_{1,2}(x) = (1 \pm \tanh(x/2))/2$$

aufgezeichnet. Die Kurven lassen erkennen, daß die Ströme I_{C1} und I_{C2} nach oben und unten begrenzt werden. Durch geeignete Wahl der Widerstände und des Stroms I_S erreicht man, daß Sättigung der Transistoren im Betriebsfall vermieden wird. Innerhalb dieser Einschränkung wirkt der Differenzverstärker also wie ein spannungsgesteuerter Strombegrenzer.
Begrenzer mit Differenzverstärkern sind in monolithisch integrierter Form für Anwendungen bis zu einigen zehn MHz erhältlich. Zur Erhöhung der Steigung der Übertragungskennlinie im Symmetriepunkt sind dabei mehrere Differenzverstärker in Kette geschaltet. Zusätzlich verwendet man Impedanzwandlerstufen. Man kann dadurch das Verhalten eines spannungsgesteuerten Spannungsbegrenzers sehr gut approximieren. Aufgrund der hohen differentiellen Verstärkung neigen diese Schaltungen aber stark zu Eigenschwingungen, die durch geeignete Maßnahmen unterbunden werden müssen.

Begrenzung winkelmodulierter Signale. Die meisten Demodulatoren für winkelmodulierte Signale verwenden symmetrische Begrenzerschaltungen mit näherungsweise hartem Begrenzungsverhalten. Das Eingangssignal des Begrenzers kann als

$$x(t) = \hat{x}\cos(\omega t + \Phi + \varphi(t)) \qquad (7)$$

angesetzt werden. $\hat{x}$ ist die Amplitude des Signals, welche je nach Empfangssituation unterschiedliche zeitkonstante Werte annehmen kann. $\varphi(t)$ enthält die zu übertragende Information. Das Signal soll hinreichend schmalbandig sein, d. h. das durch $x(t)$ belegte Frequenzband soll eine Bandbreite haben, die wesentlich kleiner als $\omega/2\pi$ ist. Da dann die Voraussetzungen von 2.1 erfüllt sind, gilt bei symmetrischer harter Begrenzung mit der Begrenzerübertragungsfunktion $b(x) = l\,\mathrm{sgn}(x)$ gemäß den Gln. (2) und (3)

$$y(t) = \frac{4l}{\pi}\sum_{n=0}^{\infty}\frac{(-1)^n}{2n+1} \cdot\cos[(2n+1)(\omega t + \Phi + \varphi(t))].$$

Dies ist erwartungsgemäß eine Rechteckschwingung der Momentanphase $\omega t + \Phi + \varphi(t)$. Der 0-te Summenterm beschreibt die Grundschwingung $y_1(t)$, die aus $y(t)$ durch Tiefpaßfilterung gewonnen werden kann:

$$y_1(t) = \frac{4l}{\pi}\cos(\omega t + \Phi + \varphi(t)).$$

Der Vergleich mit Gl. (7) zeigt, daß $y_1(t)$ den Zeitverlauf von $x(t)$ exakt wiedergibt, daß aber die Amplitude unabhängig von der Empfangssituation ist. Daraus darf aber nicht geschlossen werden, daß der harte Begrenzer mit nachgeschaltetem Tiefpaß wie ein linearer Verstärker arbeitet. Dies wird im folgenden deutlich.

Begrenzung zweier überlagerter Signale. Nicht immer liegt am Eingang des Begrenzers ausschließlich das erwünschte Signal an. Es kann vorkommen, daß beispielsweise die Summe zweier Signale

$$x_1(t) = \hat{x}_1\cos(\omega_1 t + \Phi_1),$$
$$x_2(t) = \hat{x}_2\cos(\omega_1 t + \Delta\omega t + \Phi_1 + \Delta\Phi)$$

anliegt. Ohne Beschränkung der Allgemeinheit darf $\hat{x}_1 > \hat{x}_2$ angenommen werden. Die Überlagerung von x_1 und x_2 läßt sich dann wie folgt schreiben:

$$x(t) = x_1(t) + x_2(t) = h(t)\cos(\omega_1 t + \Phi_1 + \varphi(t))$$

mit

$$h(t) = \hat{x}_1\sqrt{1 + \xi^2 + 2\xi\cos(\Delta\omega t + \Delta\Phi)}$$
$$\varphi(t) = \arctan[\xi\sin(\Delta\omega t + \Delta\Phi)/(1 + \xi\cos(\Delta\omega t + \Delta\Phi))]$$
$$\xi = \hat{x}_2/\hat{x}_1.$$

Bei hinreichend kleinem $|\Delta\omega|$ ist $x(t)$ schmalbandig, und es liegt eine ähnliche Situation wie in Gl. (7) vor. In Analogie folgt bei symmetrischer harter Begrenzung und Tiefpaßfilterung

$$y_1(t) = (4l/\pi)\cos(\omega_1 t + \Phi_1 + \varphi(t)) = (4l/\pi h(t))\,x(t).$$

Dadurch wird klar, daß das Eingangssignal $x(t)$ durch den Begrenzer scheinbar amplitudenmoduliert wird. Damit ist der wesentlich nichtlineare Charakter des Begrenzers mit Tiefpaß nachgewiesen.
Für kleine ξ, d.h. $\hat{x}_2 \ll \hat{x}_1$, kann $y_1(t)$ nach ξ entwickelt werden:

$$\begin{aligned} y_1(t) = (4l/\pi\hat{x}_1)\,[\hat{x}_1 \cos(\omega_1 t + \Phi_1) \\ + (\hat{x}_2/2)\cos(\omega_1 t + \Delta\omega t + \Phi_1 + \Delta\Phi) \\ - (\hat{x}_2/2)\cos(\omega_1 t - \Delta\omega + \Phi_1 - \Delta\Phi)]\,. \end{aligned}$$

Außer den Spektrallinien bei ω_1 und $\omega_1 + \Delta\omega$ erscheint somit noch eine zweite Spektrallinie bei $\omega_1 - \Delta\omega$. Faßt man die Signale mit der Frequenz $\omega_1/2\pi$ als Nutzsignale und die anderen als Störsignale auf, dann folgt für das Verhältnis von eingangs- zu ausgangsseitigem Signal/Störleistungs-Verhältnis

$$(\hat{x}_2^2/\hat{x}_1^2)/(\hat{x}_2^2/2\hat{x}_1^2) = 2.$$

Der harte Begrenzer mit Tiefpaß bewirkt also eine Verschiebung der Leistungsverhältnisse um bis zu 3 dB zugunsten des leistungsstärkeren Signals.
Da in der Praxis nicht gewährleistet werden kann, daß Störsignale stets leistungsschwächer sind als das Nutzsignal, ist es zweckmäßig, vor den Eingang des Begrenzers ein Bandpaßfilter zu schalten, welches wenigstens unerwünschte Nachbarkanalsignale unterdrückt. Die Kettenschaltung aus Bandpaß, Begrenzer und Band- oder Tiefpaß heißt Begrenzerbandpaß.

Trägerrückgewinnung durch harte Begrenzung. Es sei $x(t) = A(t)\cos(\omega t + \Phi)$ das Eingangssignal eines Begrenzerbandpasses. Entsprechend 2.1 ist dann bei symmetrischer harter Begrenzung mit statischer Übertragungsfunktion $b(x) = l\,\mathrm{sgn}(x)$ gemäß Gl. (2) das Ausgangssignal des Begrenzerbandpasses näherungsweise

$$y_1(t) = (4l/\pi)\,\mathrm{sgn}(A(t))\cos(\omega t + \Phi). \quad (8)$$

Man beachte, daß $y_1(t)$ von dem Vorzeichen von $A(t)$ abhängt. Dies ist insbesondere dann von Bedeutung, wenn $A(t)$ Nullstellen hat oder sogar sein Vorzeichen wechseln kann. Diese Situation ist beispielsweise bei ZSB-Signalen mit ganz oder teilweise unterdrücktem Träger gegeben. Im Falle von Amplitudennullstellen des Eingangssignals muß dann auch y_1 Null werden. Im Falle eines Vorzeichenwechsels von $A(t)$ erzeugt der Begrenzerbandpaß ein 2-PSK-Signal mit Amplitudennullstellen. Nur im Fall einer Amplitudenfunktion $A(t)$, welche nie Null wird (AM mit Modulationsgrad kleiner 100%), regeneriert der Begrenzerbandpaß das Trägersignal phasenrichtig.

2.3 Gleichrichter. Rectifiers

Gleichrichter werden in der HF-Technik benutzt, um Informationen über Amplitude oder Leistung eines hochfrequenten Signals zu gewinnen.

Ideale Gleichrichter-Übertragungsfunktionen. Ideale Einweg-Gleichrichter werden durch die statische Übertragungsfunktion

$$y(x) = \varrho_b(x) \quad (9)$$

oder

$$y(x) = \varrho_b(-x) \quad (10)$$

beschrieben mit ϱ_b gemäß Gl. (1). Ideale Vollweggleichrichter werden durch die statische Übertragungsfunktion

$$y(x) = b\,|x| = bx\,\mathrm{sgn}(x) = \varrho_b(x) + \varrho_b(-x) \quad (11)$$

beschrieben.

Stromflußwinkel. Wird die Übertragungskennlinie eines Einweggleichrichters nach Gl. (9) durch ein sinusförmiges Signal um den Arbeitspunkt x_A ausgesteuert, d. h.

$$x(t) = A\cos\omega t + x_A, \quad (12)$$

dann folgt für das Gleichrichterausgangssignal $y(t) = \varrho_b(A\cos\omega t + x_A)$. Nach Gl. (3) läßt sich y in eine Fourier-Reihe mit den Koeffizienten

$$a_n = \frac{bA}{\pi} \int_{-\Theta}^{\Theta} \mathrm{d}z(\cos z - \cos\Theta)\cos nz \quad (13)$$

zerlegen; dabei ist

$$\Theta = \begin{cases} \arccos(-x_A/A) & \text{für } |x_A/A| \leqq 1 \\ \pi & \text{sonst} \end{cases}. \quad (14)$$

der sog. Stromflußwinkel. Die auf den Extremwert $y_{ext} = bA(1 - \cos\Theta)$ von y normierten Fourier-Koeffizienten

$$f_0(\Theta) = a_0/2y_{ext};$$
$$f_n(\Theta) = a_n/y_{ext} \quad (n = 1, 2, 3, \ldots) \quad (15)$$

heißen Stromflußwinkelfunktionen der Knickkennlinie [5, 6]. Man erhält diese in expliziter Form durch Integration von Gl. (13):

$$f_0(\Theta) = [\sin\Theta - \Theta\cos\Theta]/[\pi(1 - \cos\Theta)], \quad (16)$$

$$f_1(\Theta) = [\Theta - \cos\Theta\sin\Theta]/[\pi(1 - \cos\Theta)], \quad (17)$$

$$f_n(\Theta) = \left[-\frac{2}{n}\sin n\Theta\cos\Theta + \frac{\sin(n-1)\,\Theta}{n-1} + \frac{\sin(n+1)\,\Theta}{n+1}\right] \Big/ [\pi(1 - \cos\Theta)]$$
$$\text{für } n = 2, 3, 4, \ldots. \quad (18)$$

(s. hierzu die graphische Darstellung in Bild P 2.4). Damit erhält man für das Ausgangssignal an der Knickkennlinie die übersichtliche Schreibweise

$$y(t) = y_{\text{ext}} \sum_{n=0}^{\infty} f_n(\Theta) \cos n\omega t .$$

In analoger Weise lassen sich auch die Ausgangssignale von Kennlinien nach den Gln. (10) und (11) durch Stromflußwinkelfunktionen ausdrücken.

Exponentialkennlinie. Zur praktischen Realisierung der Rampenfunktion wählt man häufig die Strom-Spannungs-Charakteristik von Halbleiterdioden. Diese werden bei kleinen und mittleren Strömen recht gut durch $y(x) = x_S(\exp(x/x_T) - 1)$ beschrieben. Bei Aussteuerung durch ein Signal gemäß Gl. (12) folgt

$$\left.\begin{aligned} y(x(t)) &= x_S \exp((x_A + A)/x_T) \sum_{n=0}^{\infty} c_n \cos n\omega t , \\ c_0 &= \exp(-A/x_T)[I_0(A/x_T) \\ &\quad - \exp(-x_A/x_T)], \\ c_n &= 2\exp(-A/x_T)\, I_n(A/x_T); \\ n &= 1, 2, 3, \ldots . \end{aligned}\right\} \quad (19)$$

Hierbei sind $I_0(z)$ und $I_n(z)$ modifizierte Bessel-Funktionen [2].

Richtkennlinienfelder. Die theoretische Behandlung realer Gleichrichter stößt auf mathematische Schwierigkeiten. Eine rein sinusförmige Aussteuerung einer nichtlinearen Kennlinie mit geradem Funktionsanteil führt nämlich zu einem Ausgangsspektrum, das neben der Grundschwingung auch einen zeitlich konstanten Anteil und Oberschwingungen beliebiger Ordnung enthalten kann. Der zeitlich konstante Anteil y_0 von y heißt Richtgröße und speziell Richtstrom, falls y ein Strom ist. y_0 ist i. allg. von der Amplitude A der ansteuernden Sinusschwingung abhängig; man nennt diese Wirkung Richteffekt. Der Richteffekt verändert in der Regel den Arbeitspunkt des Netzwerks, worin das Bauelement mit nichtlinearer Kennlinie eingebettet ist. Andererseits ist die Größe des Richtstroms vom Arbeitspunkt abhängig. Schon einfachste Netzwerke führen daher bei der Arbeitspunktbestimmung auf komplizierte nichtlineare Gleichungen.
Daher ist in vielen Fällen ein graphisches Lösungsverfahren angebracht. Dazu bestimmt man den Gleichanteil y_0 der Ausgangsgröße y des Bauelements mit nichtlinearer Kennlinie in Abhängigkeit vom Arbeitspunkt x_A. Da y_0 zudem noch von anderen Parametern abhängt, erhält man nicht nur eine einzelne Kennlinie $y_0 = f(x_A)$, sondern eine Schar von Kennlinien,

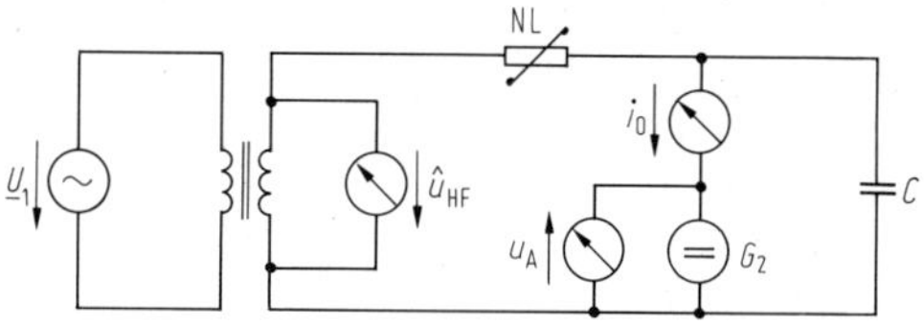

Bild 4. Meßschaltung zur Aufnahme des Richtkennlinienfeldes des Gleichanteils

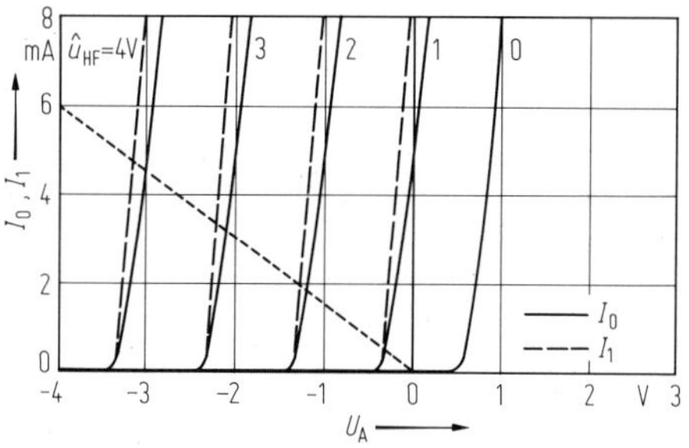

Bild 5. Arbeitsgerade (punktiert) und Richtkennlinienfeld des Gleichanteils I_0 und der Grundschwingung I_1 einer Siliziumdiode

das sog. Richtkennlinienfeld des Gleichanteils. Auf ähnliche Weise kann man auch ein Richtkennlinienfeld der Grundschwingung y_1 und der Oberschwingungen y_2, y_3, usw. bestimmen. Richtkennlinienfelder sind also die graphische Darstellung der Fourier-Komponenten des Ausgangssignals y.
Bild 4 zeigt eine Meßschaltung zur Aufnahme des Richtkennlinienfeldes des Gleichanteils eines Bauelements NL mit nichtlinearer Kennlinie bei sinusförmiger Eingangsspannung $\hat{u}_{HF} \cos \omega t$. Bild 5 zeigt typische Richtkennlinienfelder für Gleichanteil und Grundschwingung des Stroms einer Siliziumdiode bei Spannungsansteuerung.
Das Richtkennlinienfeld des Gleichanteils ist Grundlage zur Bestimmung eines geeigneten Arbeitspunkts der Schaltung. Das äußere Netzwerk liefert nämlich noch eine weitere Kurve $y_0 = y_0(x_A)$, deren Schnitt mit der durch die Amplitude A festgelegten Richtkennlinie den Arbeitspunkt x_A ergibt (Bild 5). Bei linearem Funktionszusammenhang $y_0 = y_0(x_A)$ heißt diese Kurve Arbeitsgerade.

Gleichrichterschaltungen mit Dioden. In den Bildern 6 und 7 sind häufig benutzte Gleichrichter mit Dioden und Tiefpässen dargestellt. Für die gleichzurichtende Spannung

$$u_{HF}(t) = \hat{u}_{HF} \cos \omega t \quad (20)$$

sind unter der Voraussetzung $\omega C \gg 1/R$ die Richtkennlinienfelder dieser Gleichrichter einfach zu berechnen. Das Richtkennlinienfeld einer

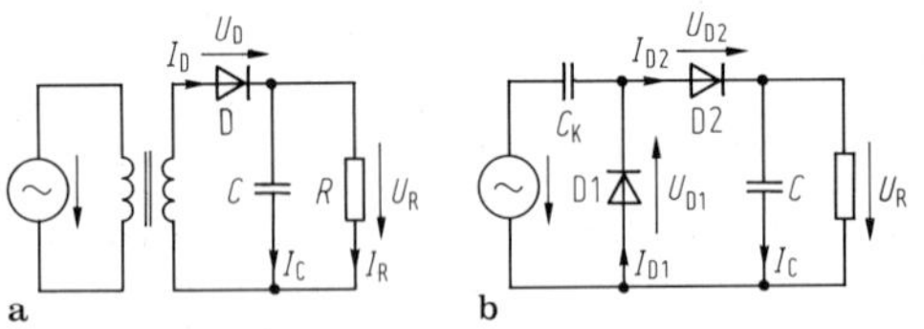

Bild 6. a) Serien-Einweggleichrichter; **b)** Spannungskaskade (Villard-Schaltung)

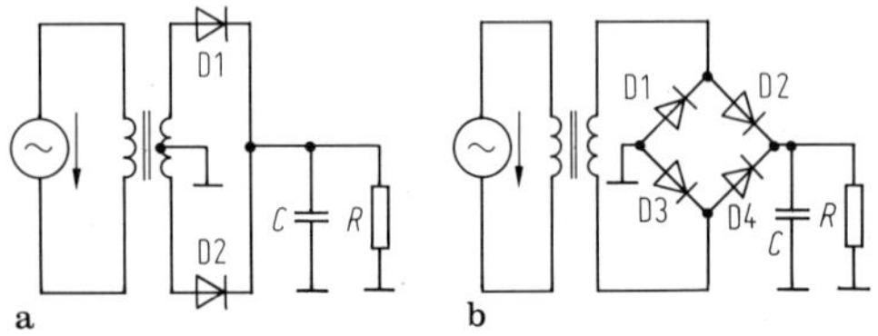

Bild 7. a) Vollweggleichrichter in Mittelpunktschaltung; **b)** Vollweggleichrichter in Brückenschaltung

einzelnen Diode mit Strom-Spannungs-Charakteristik $I_D = I_D(U_D)$ ist nach den Gln. (2) und (3)

$$I_0 = \frac{1}{2\pi} \int_{-\pi}^{\pi} I_D(\hat{u}_{HF} \cos z + U_A)\, dz =: I_R(U_A; \hat{u}_{HF}), \qquad (21)$$

wenn $U_D = u_{HF}(t) + U_A$ ist. Die Gleichrichter nach den Bildern 6 und 7 lassen sich dann durch folgende Gleichungssätze beschreiben:

a) Einweggleichrichter nach Bild 6a

$$\left.\begin{aligned} U_D &= \hat{u}_{HF} \cos \omega t + U_A; \\ I_0 &= U_R/R = -U_A/R, \quad I_0 = I_R(U_A; \hat{u}_{HF}). \end{aligned}\right\} \qquad (22)$$

b) Spannungskaskade (Villard-Schaltung) nach Bild 6b

$$\left.\begin{aligned} U_{D1} &= \hat{u}_{HF} \cos(\omega t + \pi) + U_A; \\ U_{D2} &= \hat{u}_{HF} \cos \omega t + U_A \\ I_0 &= U_R/R = -2U_A/R; \\ I_0 &= I_R(U_A; \hat{u}_{HF}). \end{aligned}\right\} \qquad (23)$$

c) Vollweggleichrichter in Mittelpunktschaltung nach Bild 7a

$$\left.\begin{aligned} U_{D1} &= \hat{u}_{HF} \cos \omega t + U_A; \\ U_{D2} &= \hat{u}_{HF} \cos(\omega t + \pi) + U_A \\ I_0 &= U_R/R = -U_A/R; \\ I_0 &= 2I_R(U_A; \hat{u}_{HF}). \end{aligned}\right\} \qquad (24)$$

d) Vollweggleichrichter in Brückenschaltung nach Bild 7b

$$\left.\begin{aligned} U_{D1} &= U_{D4} = \hat{u}_{HF}/2 \cos(\omega t + \pi) + U_A; \\ U_{D2} &= U_{D3} = \hat{u}_{HF}/2 \cos \omega t + U_A \\ I_0 &= U_R/R = -2U_A/R; \\ I_0 &= 2I_R(U_A; \hat{u}_{HF}/2). \end{aligned}\right\} \qquad (25)$$

Die Arbeitspunktdimensionierung der Gleichrichter kann damit vollständig durchgeführt werden.

Zwei Spezialfälle sind von besonderem Interesse. Im *ersten Fall* wird der Arbeitspunkt so eingestellt, daß der Strom durch den Lastwiderstand R vernachlässigbar klein wird. Man erreicht dies durch hinreichend großes R. Dafür folgt aus Gl. (21) näherungsweise $U_A \approx -\hat{u}_{HF}$. Die Diodenarbeitsspannung nimmt also näherungsweise den negativen Spitzenwert der gleichzurichtenden Spannung ein. Man nennt so dimensionierte Gleichrichter daher Spitzengleichrichter. Bei den Gleichrichtern nach den Bildern 6a, 7a und b ist die Ausgangsspannung dann näherungsweise $\hat{u}_{HF}$. Im Fall der Spannungskaskade nach Bild 6b stellt sich aber entsprechend Gln. (23) die doppelte Ausgangsspannung $2\hat{u}_{HF}$ ein.

Im *zweiten Fall* wird der Gleichrichter durch verhältnismäßig kleine Signale ausgesteuert. Durch Reihenentwicklung der Richtkennlinien – Gl. (21) läßt sich hier zeigen, daß U_A proportional zu $\hat{u}^2_{HF}$ ist: der Gleichrichter arbeitet dann leistungsproportional.

AM-Spitzengleichrichtung. Spitzengleichrichter eignen sich besonders zur Demodulation amplitudenmodulierter Signale. Gl. (3) zeigt, daß hier die Richtkennlinienfelder zeitvariant werden. Daher wird nun auch das Einschwingverhalten des Tiefpasses im Gleichrichter bedeutsam. Ist das gleichzurichtende Signal

$$u_{HF}(t) = \hat{u}_{HF}(1 + m \cos \omega_{NF} t) \cos(\omega t + \Phi), \qquad (26)$$

dann läßt sich folgende Abschätzung angeben:

$$1/\omega \ll RC \leqq \sqrt{1 - m^2}/\omega_{NF} m. \qquad (27)$$

Der rechte Teil der Abschätzung läßt sich für große Modulationsgrade nicht mit dem linken Teil vereinbaren. Für Modulationsgrade nahe bei 100% ist daher eine verzerrungsarme Demodulation mit dem Spitzengleichrichter nicht möglich.

Gleichrichter mit hartem Begrenzerbandpaß. Für verzerrungsarme Gleichrichtung bis zu einem Modulationsgrad von 100% eignet sich der Gleichrichter nach Bild 8. Für das Eingangssignal $x(t) = A(t) \cos(\omega t + \Phi)$ liefert der Begren-

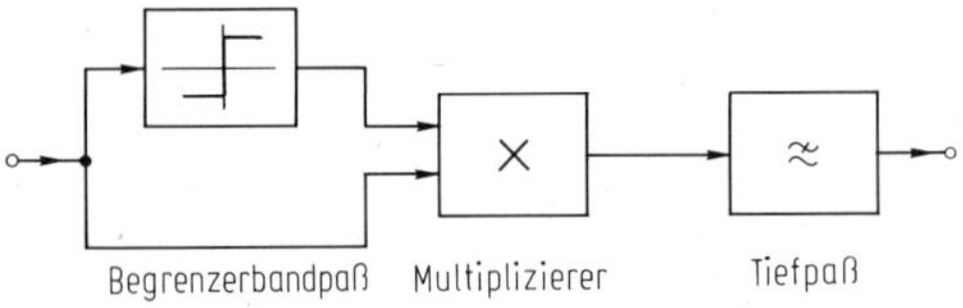

Bild 8. Präzisionsgleichrichter mit hartem Begrenzerbandpaß

zerbandpaß mit hartem Begrenzerverhalten zufolge Gl. (8) das Signal $y(t) = (4l/\pi)\,\mathrm{sgn}(A(t))\cos(\omega t + \Phi)$. Multipliziert man $x(t)$ und $y(t)$ mit Hilfe eines Vierquadrantenmultiplizierers mit der Übertragungscharakteristik $w(t) = k_M x(t)\, y(t)$, dann folgt

$$w(t) = (2lk_M\,|A(t)|/\pi)\,[1 + \cos(2\omega t + 2\Phi)].$$

Durch Tiefpaßfilterung erhält man das Ausgangssignal

$$u(t) = 2lk_M\,|A(t)|/\pi.$$

Dies ist das gewünschte gleichgerichtete Signal. Begrenzer und Multiplizierer stehen monolithisch integriert für Frequenzen bis zu einigen zehn MHz zur Verfügung.

Weitere Gleichrichter. Zur Gleichrichtung kann im Prinzip jede Baugruppe mit einer Übertragungscharakteristik verwendet werden, die einen geraden Funktionsanteil enthält. So kann beispielsweise die nichtlineare Übertragungscharakteristik von Verstärkern verwendet werden, um gleichzeitig Verstärkung und Gleichrichtung in einer Funktionsgruppe zu erreichen [7].
In der NF-Technik benutzt man für Präzisionsgleichrichter Kombinationen von Operationsverstärkern und Dioden [3].

2.4 Übertragung von verrauschten Signalen durch Begrenzer und Gleichrichter
Transmission of noisy signals through limiters and rectifiers

Die Übertragung von verrauschten Signalen durch Begrenzer ist ein äußerst komplexes Problem, das nur mit Hilfe eines großen mathematischen Aufwands gelöst werden kann. Es wird daher auf die entsprechende Literatur verwiesen. Ausführliche Behandlungen von Rauschproblemen im allgemeinen und von Gleichrichtern mit verrauschtem Signal im besonderen findet man in [8]. Das Problem von Rauschabstandsveränderungen in Kettenschaltungen von Begrenzern und Demodulatoren wird in [9] abgehandelt. Ein Verfahren zur näherungsweisen Berechnung des Verhaltens von Schaltungen mit nichtlinearer Übertragungskennlinie findet man in [10].

Spezielle Literatur: [1] *Blachmann, N.M.*: Detectors, bandpass nonlinearities, and their optimization: Inversion of the Chebyshev transform. IEEE Trans. Inform. Theory 17 (1971) 398–404. – [2] *Abramowitz, M.; Stegun, I.* (Eds.): Handbook of mathematical functions. New York: Dover 1972. – [3] *Tobey, G.E.; Graeme, J.G.; Huelsman, L.P.* (Eds.): Operational amplifiers. New York: McGraw-Hill 1971. – [4] *Herpy, M.*: Analoge integrierte Schaltungen. München: Franzis 1976. – [5] *Oberg, H.*: Berechnung nichtlinearer Schaltungen. Stuttgart: Teubner 1973. – [6] *Prokott, E.*: Modulation und Demodulation. Berlin: Elitera 1978. – [7] *Shea, R.F.* (Ed.): Transistortechnik. Stuttgart: Berliner Union 1962. – [8] *Middleton, D.*: Statistical communication theory. New York: McGraw-Hill 1960. – [9] *Lesh, J.R.*: Signal-to-noise ratios in coherent softlimiters. IEEE Trans. Commun. Technol. 22 (1974) 803–811. – [10] *Hoffmann, M.H.W.*: Estimation functions for noisy signals and their application to a phaselocked FM demodulator. AEÜ 36 (1982) 192–198.

3 Leistungsverstärkung
Power amplification

Allgemeine Literatur: *Giacoletto, L.J.*: Large signal amplifiers. In: Giacoletto, L.J. (Ed.): Electronics designers' handbook. New York: McGraw-Hill 1977, Chap. 14. – *Kirschbaum, A.-D.*: Transistorverstärker 3. Schaltungstechnik, Teil 2. Stuttgart: Teubners Studienskripten 1973. – *Oberg, H.J.*: Berechnung nichtlinearer Schaltungen für die Nachrichtenübertragung. Stuttgart: Teubners Studienskripten 1973. – *RCA*: Designers' handbook solid state power circuits. Tech. Ser. SP-52, RCA Corp. 1971. – *Tietze, U.*; *Schenk, Ch.*: Halbleiter-Schaltungstechnik, 9. Aufl. Berlin: Springer 1989.

3.1 Kenngrößen von Leistungsverstärkern
Characteristics of power amplifiers

Das wichtigste Merkmal eines Leistungsverstärkers ist die *Signalleistung*, die er an einen Lastwiderstand vorgegebener Größe abgeben kann, ohne daß störende Verzerrungen auftreten. Die hierfür erforderliche Eingangssignalleistung und somit die Größe der Leistungsverstärkung sind meist von untergeordneter Bedeutung; wichtiger ist die Größe der aus der Betriebsspannungsquelle aufgenommenen Leistung, d.h. der *Wirkungsgrad*. Die Struktur eines Leistungsverstärkers hängt entscheidend von Frequenzbereich, der Bandbreite und der Leistung ab, die er abgeben soll. Während bei Kleinsignalverstärkern die Aussteuerung stets als so klein angesehen wird, daß der Bereich der Proportionalität zwischen Eingangs- und Ausgangs-Signalgrößen nicht verlassen wird, müssen bei Leistungsverstärkern *Grenzwerte* bezüglich Strom, Spannung und Temperatur beachtet werden, und es sind Vorkehrungen zur Einhaltung dieser Grenzwerte zu treffen. Aus diesem Grund sind die sonst üblichen Dimensionierungsmethoden, z.B. zur Anpassung der Last an die Ausgangsimpedanz, nicht anwendbar. Außer in selektiven Höchstfrequenzverstärkern und Sendeverstärkern für große Leistungen werden in Leistungsverstär-

Spezielle Literatur Seite G 39

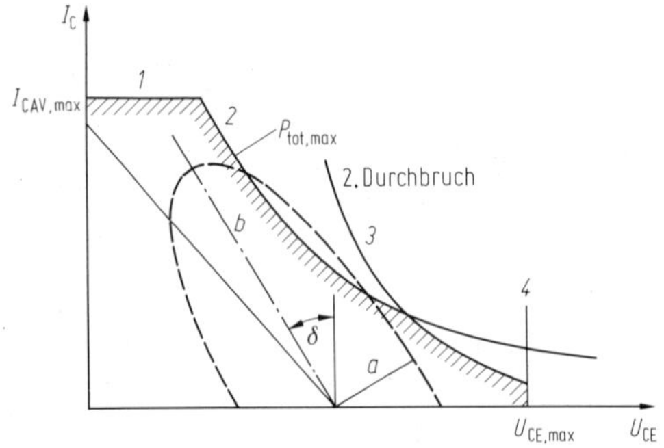

Bild 1. Grenzen des sicheren Arbeitsbereichs eines Bipolartransistors. Lastellipse für einen Verstärker mit Kollektor-Ruhestrom $I_{C,A} = 0$

kern fast ausschließlich Bipolartransistoren oder bipolare integrierte Schaltkreise verwendet. Obwohl Feldeffekttransistoren bezüglich des thermischen Verhaltens gegenüber Bipolartransistoren im Vorteil sind, sind sie für Großsignalaussteuerung wegen ihres ausgedehnten ohmschen Bereichs nur geeignet, falls Verzerrungen des Ausgangssignals durch Selektionsmittel vermieden werden; vor allem für Leistungsverstärker oberhalb von 4 GHz werden GaAs-FETs eingesetzt. Ein sicherer Betrieb eines Verstärker-Bauelements ist nur innerhalb des erlaubten Arbeitsbereichs (SOAR: Safe Operating Area) möglich. Die Grenzen dieses Bereichs für einen Bipolartransistor sind in Bild 1 dargestellt [1–3]. Die Berandung wird gebildet durch die folgenden Größen:

1. $I_{CAV,max}$: Maximaler mittlerer Kollektorstrom.
2. $P_{tot,max}$: Maximale Verlustleistung; dieser Teil der Berandung liegt auf der Hyperbel $I_C U_{CE} = P_{tot,max}$.
3. Belastungsbegrenzung zur Vermeidung des zweiten Durchbruchs. Dieser kommt durch Überhitzung der Kollektor-Basis-Sperrschicht zustande, wobei infolge lokaler Stromkonzentrationen Schmelzkanäle gebildet werden.
4. Begrenzung durch die Durchbruchspannung $U_{CE,max}$ (Lawinendurchbruch oder erster Durchbruch).

Bei rein ohmschem Abschlußwiderstand ist die Lastlinie eine Gerade, i.allg. ist sie jedoch eine Ellipse, deren Mittelpunkt im Arbeitspunkt liegt und deren Achsenverhältnis und Orientierung von der Lastimpedanz $\underline{Z}_L$ abhängt. In einem idealisierten Kennlinienfeld gilt bei Ansteuerung mit einem harmonischen Basisstrom

$$i_C(t) = I_{C,A} + \hat{I}_C \cos \omega t,$$

$$u_{CE}(t) = U_{CE,A} - Z_L \hat{I}_C \cos(\omega t + \Phi).$$

Mit $\underline{Z}_L = Z_L \exp(j\Phi)$, $Z_L/R_L = z$ sowie $R_L = \mathrm{Re}(\underline{Z}_L)$ bei $\mathrm{Im}(\underline{Z}_L) = 0$ ergibt sich das Achsenverhältnis

$$\lambda = \frac{a}{b} = \left[\frac{1 + z^2 + [(1 - z^2)^2 + 4z^2 \cos^2 \Phi]^{1/2}}{1 + z^2 - [(1 - z^2)^2 + 4z^2 \cos^2 \Phi]^{1/2}}\right]^{1/2}$$

und für den Winkel gegenüber dem (I_C, U_{CE})-Koordinatensystem

$$\delta = \frac{1}{2} \arctan \frac{2z \cos \Phi}{1 - z^2}; \quad (0 < \delta < \pi/2).$$

Die Ellipse wird bei kapazitiver (induktiver) reaktiver Komponente im mathematisch positiven (negativen) Sinne durchlaufen.

Die wichtigsten Maße für *nichtlineare Verzerrungen* sind der Klirrfaktor und der 1-dB-Kompressionspunkt. Bei Vorliegen von nichtlinearen Verzerrungen ergibt sich aus dem Eingangssignal

$$u_e(t) = \hat{U}_e \cos \omega t \tag{1}$$

ein Ausgangssignal

$$u_a(t) = \sum_{n=1}^{\infty} \hat{U}_{an} \cos(n\omega t + \Phi_n). \tag{2}$$

Der Klirrfaktor k ist das Verhältnis des Effektivwerts aller Oberschwingungen zum Effektivwert des Gesamtsignals.

$$k = \left(\sum_{n=2}^{\infty} \hat{U}_{an}^2(n\omega) \Big/ \sum_{n=1}^{\infty} \hat{U}_{an}^2(n\omega)\right)^{1/2}. \tag{3}$$

Alternativ wird auch

$$k' = \left(\sum_{n=2}^{\infty} \hat{U}_{an}(n\omega)\right)^{1/2} \Big/ \hat{U}_{a1}(\omega) \tag{4}$$

als Klirrfaktor bezeichnet, wobei der Effektivwert der Grundschwingung die Bezugsgröße ist. Zwischen k und k' besteht die Beziehung

$$k = k'/(1 + k'^2)^{1/2}. \tag{5}$$

Für $k' \ll 1$ sind die beiden Definitionen gleichwertig.

Der 1-dB-Kompressionspunkt entspricht der Ausgangsleistung, die 1 dB unter derjenigen Leistung liegt, welche sich durch lineare Extrapolation der Ausgangsleistung bei Kleinsignalbetrieb ergeben würde.

3.2 Betriebsarten. Wirkungsgrad und Ausgangsleistung

Operation modes. Efficiency and output power

Nach ihrer Betriebsart werden Leistungsverstärker in die Klassen A, AB, B und C eingeteilt. Das

Unterscheidungsmerkmal der Einteilung ist der Stromflußwinkel $\Theta (0 \leqq \Theta \leqq \pi$; s. K 2.3). Es gilt: Klasse A: $\Theta = \pi$; Klasse AB: $\pi/2 < \Theta < \pi$; Klasse B: $\Theta = \pi/2$; Klasse C: $\Theta < \pi/2$.
Der maximale Wirkungsgrad wächst in der Reihenfolge der alphabetischen Bezeichnung. C-Verstärker sind nur als Hochfrequenz-Selektivverstärker zu verwenden, Breitbandverstärker der Klassen AB und B müssen als Gegentaktverstärker ausgeführt sein, wobei sich die Ausgangsströme der Endstufentransistoren in der Lastimpedanz so überlagern, daß das Eingangssignal verstärkt rekonstruiert wird. Der Wirkungsgrad η ist das Verhältnis der an die Lastimpedanz abgegebenen (Ausgangs-)Signalleistung P_a zur insgesamt aufgenommenen Leistung. Diese setzt sich zusammen aus der Eingangsleistung P_e des Verstärkers und der von der Betriebsspannungsquelle gelieferten Leistung $P_0 = P_a + P_{tot}$ (P_{tot}: Thermische Verlustleistung, welche an die Umgebung abgeführt werden muß). Der Wirkungsgrad η ist somit gegeben durch

$$\eta = P_a/(P_e + P_0) = P_a/(P_e + P_a + P_{tot}). \tag{6}$$

Außer bei C-Verstärkern kann P_e in der Regel vernachlässigt werden. Im folgenden wird der Wirkungsgrad für die einzelnen Verstärkerklassen angegeben, wobei nur die Endstufe berücksichtigt wird. Die Angaben beziehen sich auf Bipolartransistoren, die Kollektor-Emitter-Sättigungsspannung $U_{CE,sat}$ wird vernachlässigt. In Bild 2a ist das Ausgangskennlinienfeld eines Bipolartransistors mit den Arbeitspunkten bei den verschiedenen Klassen und zwei Möglichkeiten bei der Klasse A angegeben. Bild 2b zeigt die Lage der Arbeitspunkte auf der Steuerkennlinie.

Klasse A. Für einen Verstärker der Klasse A werden die direkte und die Übertragerkopplung behandelt (Bild 3). Der Arbeitspunkt sei in beiden Fällen so eingestellt, daß sich der gleiche Ruhestrom $I_{C,A}$ ergibt. C_E wird als HF-Kurzschluß angenommen. Wenn in die Basis ein harmonischer Signalstrom eingespeist wird, gilt für den

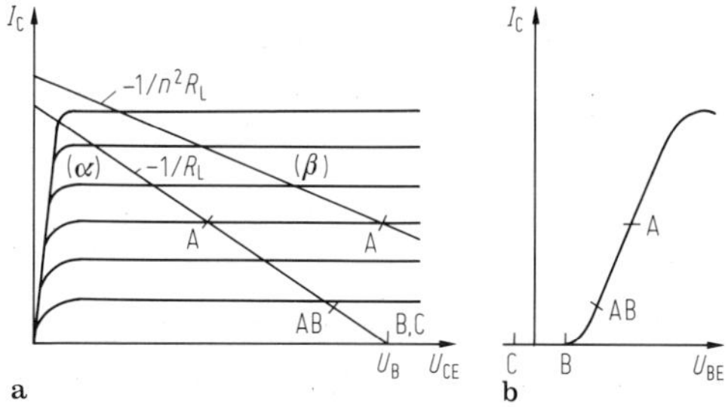

a b

Bild 2. a) Ausgangskennlinienfeld mit Lastgeraden und Arbeitspunkten für die verschiedenen Verstärkerstrukturen; (α) zu Bild 3a, (β) zu Bild 3b; b) Arbeitspunkte zu Bild 2a auf der Steuerkennlinie

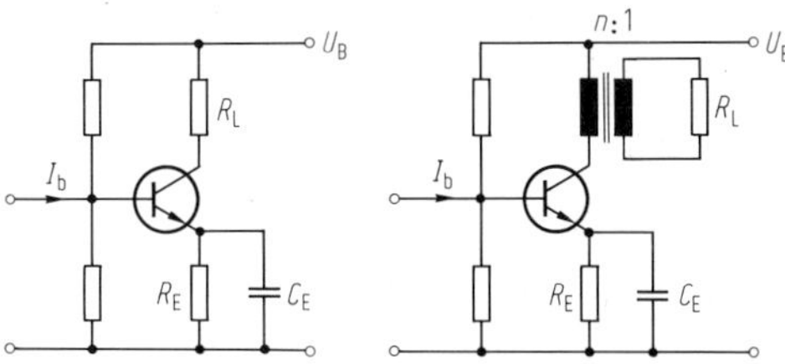

a b

Bild 3. Zwei Grundstrukturen für Verstärker der Klasse A. a) galvanische Kopplung; b) Übertragerkopplung

Kollektorstrom

$$I_C(t) = I_{C,A} + \hat{I}_C \cos \omega_0 t, \quad \omega_0 = 2\pi/t_0$$

und für die aus der Betriebsspannungsquelle aufgenommene Leistung

$$P_0 = (U_B/t_0) \int_0^{t_0} I_C(t)\, dt = U_B I_{C,A}.$$

Bei direkter Ankopplung von R_L (Bild 3a) gilt

$$P_a = \hat{U}_L^2/(t_0 R_L) \int_0^{t_0} \cos^2 \omega_0 t\, dt = \hat{U}_L^2/(2R_L).$$

Hieraus folgt mit $I_{C,A} = U_B/(2R_L)$ für den Wirkungsgrad gemäß Gl. (6) – bei Vernachlässigung von P_e – $\eta = \hat{U}_L^2/U_B^2$ und mit $\hat{U}_{L,max} = U_B/2$, $\eta_{max} = 1/4 \triangleq 25\%$. Bei Übertrageranikopplung von R_L (Bild 3b) gilt für ein Spannungs/Übersetzungs-Verhältnis von $n:1$ und mit $I_{C,A} = U_B/(n^2 R_L)$, $\hat{U}_{L,max} = U_B/n$. Hieraus folgt $\eta = n^2 \hat{U}_L/(2U_B^2)$ und $\eta_{max} = 1/2 \triangleq 50\%$. Eine kapazitive Ankopplung des Lastwiderstands scheidet wegen $\eta_{max} = 1/16 \triangleq 6{,}3\%$ aus.
Ein annehmbarer Wirkungsgrad ist bei einem Verstärker der Klasse A also nur mit Übertragerkopplung zu erreichen. Es ist jedoch zu beachten, daß sich dann bei tiefen Frequenzen (wegen der endlichen Hauptinduktivität) und bei hohen Frequenzen (wegen der Streuinduktivität) eine Lastellipse gemäß Bild 1 mit dem Arbeitspunkt als Mittelpunkt ausbildet.

Klassen AB und B. Verstärker der Klassen AB und B müssen zur Verwendung als Breitbandverstärker im Gegentaktbetrieb arbeiten. Das Ausgangssignal am Lastwiderstand R_L besteht dann aus der Überlagerung der Teilsignale mit einem Stromflußwinkel im Intervall $\pi/2 \leqq \Theta \leqq \pi$, so daß das Eingangssignal näherungsweise am Lastwiderstand verstärkt rekonstruiert werden kann. Der AB-Betrieb hat gegenüber dem B-Betrieb den Vorteil, daß die Verzerrungen beim Nulldurchgang geringer sind, da beim Übergang beide Endstufen-Transistoren leiten. Die Prinzipschaltung der fast ausschließlich benutzten Struktur eines Gegentaktverstärkers der Klasse AB oder B ist im Bild 4a dargestellt. Bei völliger

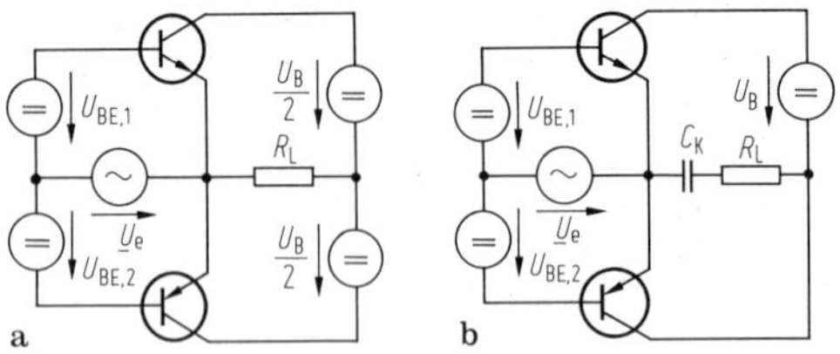

Bild 4. Prinzipschaltung einer Gegentakt-Endstufe als AB- oder B-Verstärker. **a**) mit zwei Betriebsspannungsquellen; **b**) mit einer Betriebsspannungsquelle und Ladekondensator

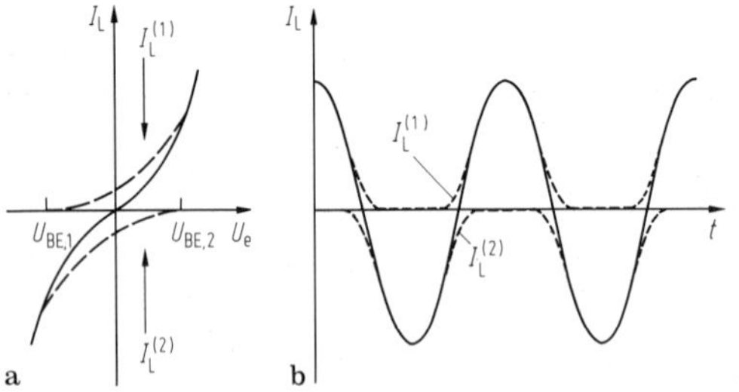

Bild 5. a) Steuerkennlinie für eine Gegentakt-Endstufe, aus den Teilkennlinien (gestrichelt) zusammengesetzt; **b**) Gesamtstrom und Teilströme durch den Lastwiderstand aufgrund der Steuerkennlinie von Bild 5a

Symmetrie des Aufbaus ist dabei R_L gleichstromfrei. Man kommt mit nur einer Versorgungsspannungsquelle, z. B. der oberen in Bild 4a, aus, wenn man in Serie zu R_L einen Kondensator hinreichend großer Kapazität schaltet, der über den Kollektorstrom des oberen Transistors nachgeladen wird (Bild 4b). Bild 5a zeigt die Steuerkennlinie für den oberen und den unteren Transistor und deren Überlagerung, Bild 5b die Zeitverläufe der Ströme $I_L^{(1)}$ und $I_L^{(2)}$ und deren Überlagerung. Die von einem symmetrischen Verstärker (nach Bild 4a oder b) aufgenommene Leistung beträgt

$$P_0 = (U_B/\pi)\,(\Theta I_{C,A} + \hat{I}_C \sin\Theta).$$

Der Zusammenhang von Θ und $\hat{I}_C$ ergibt sich dabei aus $\hat{I}_C \cos\Theta + I_{C,A} = 0$ zu

$$\hat{I}_C = -I_{C,A}/\cos\Theta; \quad \pi/2 \leqq \Theta \leqq \pi. \tag{7}$$

Die Amplitude des Signalstroms durch R_L beträgt

$$\hat{I}_L = I_{C,A} + \hat{I}_C. \tag{8}$$

Hieraus folgt für den Wirkungsgrad gemäß Gl. (6) – unter Vernachlässigung von P_e –

$$\eta = \frac{\pi R_L \hat{I}_C}{2U_B}\,\frac{(1-\cos\Theta)^2}{\sin\Theta - \Theta\cos\Theta}. \tag{9}$$

Wegen $\mathrm{d}\eta/\mathrm{d}\hat{I}_C > 0$ (dabei ist zu beachten, daß $\hat{I}_C$ und Θ über Gl. (7) zusammenhängen) ergibt sich η_{max} für $\hat{I}_{C,max}$. Wegen $\hat{I}_{L,max} = U_B/(2R_L)$ folgt aus Gl. (8)

$$\hat{I}_{C,max} = \frac{U_B}{2R_L} - I_{C,A} = \frac{U_B/(2R_L)}{1-\cos\Theta}. \tag{10}$$

Mit Gl. (10) ergibt sich aus Gl. (9)

$$\eta_{max} = \frac{\pi}{4}\,\frac{1-\cos\Theta}{\sin\Theta - \Theta\cos\Theta}. \tag{11}$$

Grenzfälle sind der Gegentakt-B-Verstärker ($I_{C,A} = 0$, $\Theta = \pi/2$) mit

$$\eta_{max} = \pi/4 \tag{12}$$

und der Gegentakt-A-Verstärker ($I_{C,A} = \hat{I}_C$, $\Theta = \pi$) mit

$$\eta_{max} = 1/2. \tag{13}$$

Das ist das gleiche Ergebnis wie für einen A-Verstärker mit Übertragungskopplung. Die maximale Verlustleistung beträgt für einen B-Verstärker $P_{tot,max} = U_B^2/(2\pi^2 R_L)$ und für einen Gegentakt-A-Verstärker $P_{tot,max} = U_B I_{C,A}$; auch dies ist das gleiche Ergebnis wie für einen Eintakt-A-Verstärker. Der Gegentaktverstärker hat jedoch den Vorteil, daß die Verlustleistung auf zwei Transistoren aufgeteilt wird.

Klasse C. Bei einem Eintaktverstärker der Klasse C ist der nichtharmonische Ausgangsstrom gegeben durch

$$I_L(\omega_0, t) = \sum_{n=0}^{\infty} \hat{I}_{L,n} \cos(n\omega_0 t + \varphi_{In}).$$

Dagegen ist die Ausgangsspannung wegen der Filterwirkung des Ausgangskreises praktisch harmonisch:

$$U_L(\omega_0, t) = \hat{I}_{L,1} R_L(\omega_0) \cos\omega_0 t,$$

wobei mit $R_L(\omega_0)$ der in den Kollektorkreis transformierte Lastwiderstand (vgl. Bild 6) bezeichnet ist. Für die vom Verstärker aufgenommene Leistung

$$P_0 = \frac{U_B}{t_0} \int_0^{t_0} I_L(\omega_0, t)\,\mathrm{d}t, \qquad t_0 = 2\pi/\omega_0$$

gilt mit

$$I_L(\omega_0, t) = \begin{cases} \hat{I}_L \dfrac{\cos\omega_0 t - \cos\Theta}{1-\cos\Theta}; & |\omega_0 t| \leqq \Theta \left(< \dfrac{\pi}{2} \right) \\ 0 & \text{sonst} \end{cases}$$

explizit

$$P_0 = \frac{\sin\Theta - \Theta\cos\Theta}{\pi(1-\cos\Theta)}\, U_B \hat{I}_L.$$

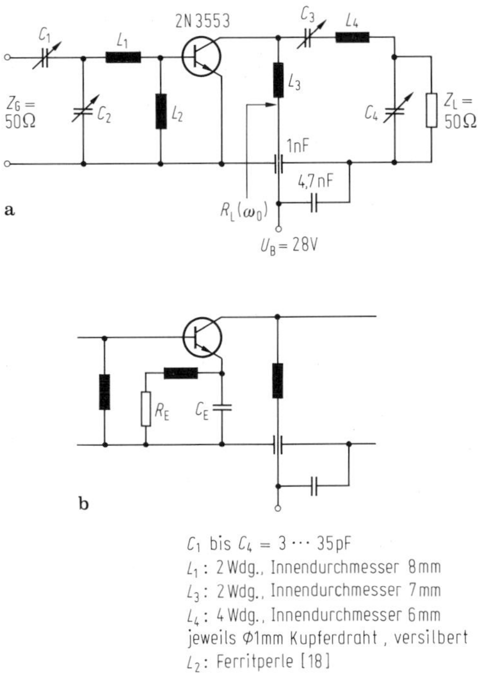

Bild 6. **a**) Schaltung eines HF-Leistungsverstärkers der Klasse B; **b**) Arbeitspunkteinstellung für C-Betrieb

Die innerhalb der Grundperiode vom Verstärker an $R_L(\omega_0)$ abgegebene Leistung beträgt mit $\hat{I}_{L,1}$ als Koeffizient der Grundschwingung der Fourier-Reihenentwicklung von $I_L(\omega_0, t)$

$$\hat{I}_{L,1} = \frac{\hat{I}_L(\Theta - \frac{1}{2}\sin 2\Theta)}{\pi(1 - \cos\Theta)},$$

$$P_a = \frac{\hat{U}_L(\omega_0)\,\hat{I}_{L,1}}{2} = \frac{\Theta - \frac{1}{2}\sin 2\Theta}{2\pi(1 - \cos\Theta)}\,\hat{U}_L(\omega_0)\,\hat{I}_L.$$

Somit ergibt sich bei Vernachlässigung von P_e

$$\eta = \frac{P_a}{P_0} = \frac{2\Theta - \sin 2\Theta}{\sin\Theta - \Theta\cos\Theta}\,\frac{\hat{U}_L(\omega_0)}{4U_B}. \tag{14}$$

Der Verstärker kann maximal bis

$$\hat{U}_L(\omega_0) = R_L(\omega_0)\,\hat{I}_{L,1} = U_B \tag{15}$$

ausgesteuert werden. Daraus folgt

$$\eta_{max} = \frac{2\Theta - \sin 2\Theta}{4(\sin\Theta - \Theta\cos\Theta)} = f_1(\Theta)/(2f_0(\Theta)) \tag{16}$$

(s. Gln. G 2 (16), (17)). Bei maximaler Aussteuerung hängt η nur von der Lage des Arbeitspunkts im Sperrbereich ab. Liegt er am Rande des Sperrbereichs, so gilt mit $\Theta = \pi/2$ (B-Betrieb) $\eta_{max} = \pi/4$, für $\Theta = 0$ unter Beibehaltung von Gl. (15) gilt $\eta_{max} = 1$, jedoch bei verschwindenden Leistungen P_0 und P_a. Eine wesentliche Verbesserung des Wirkungsgrades über den des B-Verstärkers hinaus ist mit stark sinkender Ausgangsleistung verbunden.

3.3 Verzerrungen, Verzerrungs- und Störminderung durch Gegenkopplung

Distortion, reduction of distortion and interference by negative feedback

Verzerrungen in Leistungsverstärkern haben vor allem die folgenden Ursachen: 1) Nichtlinearität des Strom-Spannungs-Zusammenhangs bei der Emitter-Basis-Diode, 2) Fächerung des Ausgangskennlinienfeldes infolge des Early-Effekts, 3) Begrenzung bei Aussteuerung bis an den Rand des Sättigungs- und Sperrbereichs (Bild 2). Während der Anteil nach 3) bei Betrieb unterhalb der Maximalaussteuerung weitgehend vermieden werden kann, sind die beiden anderen Anteile auch bei geringerer Aussteuerung, der Anteil nach 1) bei Gegentaktverstärkern, insbesondere bei geringer Aussteuerung als Übernahmeverzerrung (Bild 5a und b) vorhanden.

Verzerrungen und eingestreute Spannungen, z. B. Brummspannungen, können durch Gegenkopplung stark reduziert werden.

Bei einem gegengekoppelten Verstärker mit spannungsgesteuerter Spannungsquelle (Verstärkung $\underline{V}_u'$) und Gegenkopplungsfaktor $\underline{K}$ werden die intern erzeugten Harmonischen mit der Kreisfrequenz $n\omega$ um den Faktor $|1 - \underline{K}(n\omega)\,\underline{V}_u'(n\omega)|$ reduziert [4].

Eine graphische Methode zur Bestimmung des Klirrfaktors aufgrund der Übertragungskennlinie ist in [5] angegeben.

3.4 Praktische Ausführung von Leistungsverstärkern

Realization of power amplifiers

NF-Leistungsverstärker bis etwa 40 W Ausgangsleistung sind als integrierte Schaltkreise verfügbar; für höhere Ausgangsleistungen müssen sie diskret aufgebaut werden. Typische Schaltungsstrukturen in diskreter Bauweise sind in [6, 7] dargestellt. Die Grundstruktur und eine für größere Aussteuerung modifizierte Struktur einer Quasi-Komplementärendstufe in integrierter Schaltungstechnik ist in [8] beschrieben. Bild 7 zeigt die Beschaltung eines integrierten Leistungsverstärkers. Wegen der Gleichspannungs-Gegenkopplung ergibt sich $U_{Q,0} = U_v$; die Wechselspannungsverstärkung ist gleich R_f/R_p. Bei

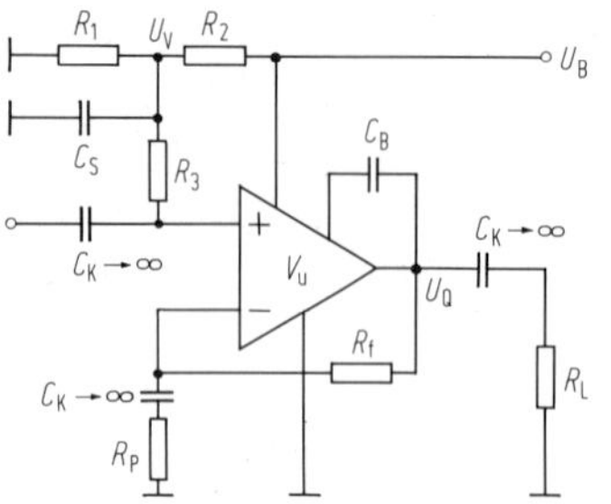

Bild 7. Beschaltung eines integrierten Leistungsverstärkers (vereinfacht)

gleicher Betriebsspannung und gleicher Eingangsspannung kann die Ausgangsspannung verdoppelt werden, wenn zwei Verstärker in einer Brückenanordnung betrieben werden; dabei liegt der Lastwiderstand zwischen den beiden Ausgängen [8, 9].

Bei Hochfrequenz-Leistungsverstärkern hängt die Wahl der Klasse entscheidend von der Aufgabe ab. Verstärker der Klasse A werden nur verwendet, wenn eine extrem gute Linearität der Verstärkung erforderlich ist; bei hohen Ansprüchen bezüglich Linearität, wie bei Einseitenband-Verstärkern, nimmt man Gegentakt-B-Verstärker, in allen anderen Fällen, wenn keine Breitbandverstärkung erforderlich ist, Verstärker der Klasse C. Wegen der relativ geringen verfügbaren Leistungsverstärkung bei Hochfrequenztransistoren muß mit einem Transformationsnetzwerk die Quellimpedanz an die Eingangsimpedanz angepaßt werden. Ebenso muß der Lastwiderstand über ein Transformationsnetzwerk so in die Ausgangsebene des Transistors transformiert werden, daß die erforderliche Leistung unter Beachtung der Grenzwerte aufgenommen wird; in der Regel wird dabei nicht angepaßt. Dieses Transformationsnetzwerk leistet noch zusätzlich die Frequenzselektion zur Verzerrungsminderung. Bei der Dimensionierung müssen die Vierpolparameter (s-Parameter) als Großsignalparameter, bei Betriebsbedingungen gemessen [10], bekannt sein. In der sehr aufwendigen analytischen Behandlung tritt dabei an die Stelle der üblichen Übertragungsfunktion die Beschreibungsfunktion [11]. Wegen der besonderen Probleme beim Entwurf von HF-Leistungsverstärkern geben viele Hersteller von Leistungstransistoren in ihren Datenbüchern komplette Schaltungsvorschläge mitsamt der Platinenauslegung an [12, 13]. In [14] sind zahlreiche Transformationsnetzwerke mit Dimensionierungsformeln angegeben. Bild 6a zeigt ein Beispiel eines B-Verstärkers für $f = 175$ MHz mit dem effektiven Leistungsgewinn $L_{\text{eff}} = 10$ und $P_a = 2{,}5$ W bei $\eta = 0{,}5$. Für C-Betrieb muß $U_{BE} < 0$ eingestellt werden. Eine Möglichkeit hierfür ist in Bild 6b angegeben. Mit der Kapazität C_E wird die Emitter-Zuleitungsinduktivität kompensiert. Zur Transformation der Quell- bzw. Lastimpedanz in einen vorgegebenen Impedanzwert bei einer bestimmten Betriebsgüte sind drei Reaktanzen erforderlich. Aus Gründen der einfacheren Einstellbarkeit werden jedoch häufig je zwei Induktivitäten und Kapazitäten verwendet, wobei die letzteren einstellbar sind [14, 15].

3.5 Schutzmaßnahmen gegen Überlastung

Protections against overload

Sperrschichttemperatur und Wärmeleitung. Bei Leistungsverstärkern wird mit der Nutzleistung stets eine Verlustleistung erzeugt, die im günstigsten Fall noch mehr als 20% der Nutzleistung beträgt. Diese Verlustleistung muß so an die Umgebung abgeführt werden, daß die zulässige Temperatur in der Kollektor-Basis-Sperrschicht der Transistoren, in der diese Verlustleistung im wesentlichen entsteht, nicht überschritten wird. Außerdem muß dafür gesorgt werden, daß die übrigen Begrenzungen des sicheren Arbeitsbereichs (Bild 1) nicht überschritten werden.

Die Differenz zwischen Sperrschichttemperatur T_S und Umgebungstemperatur T_U kann bei Kenntnis des thermischen Widerstands $R_{\text{th, SU}}$ zwischen der Sperrschicht und der Umgebung abgeschätzt werden durch [5]

$$T_S - T_U = R_{\text{th, SU}} P_{\text{tot}}. \tag{17}$$

Für eine hinreichend kleine Differenz zwischen der Sperrschicht- und der Umgebungstemperatur besteht mit $S_I = (\partial I_C / \partial T)_{T_U}$ zwischen I_C im stationären Zustand ($I_C(T_S)$) und unmittelbar nach dem Einschalten ($I_C(T_U)$) der Zusammenhang

$$I_C(T_S) = I_C(T_U) + S_I(T_S - T_U). \tag{18}$$

Für einen *Verstärker der Klasse A* mit direkter Kopplung des Lastwiderstands gilt nach Bild 3b

$$U_{CE} = U_B - (R_C + R_E)\, I_C. \tag{19}$$

Mit den Gln. (17) bis (19) und mit $P_{\text{tot}} = U_{CE} I_C$ folgt in erster Näherung

$$T_S = T_U + \frac{R_{\text{th, SU}} I_C(T_U)\,(U_B - (R_C + R_E)\, I_C(T_U))}{1 - R_{\text{th, SU}} S_I (U_B - 2(R_C + R_E)\, I_C(T_U))}. \tag{20}$$

Eine thermische Mitkopplung (Gegenkopplung) ist vorhanden, wenn der Nenner der Gl. (20) kleiner (größer) als Eins ist. Thermische Gegenkopplung erfordert bei Bipolartransistoren – wegen $S_I > 0$ –

$$U_B - 2(R_C + R_E)\, I_C(T_U) < 0$$

woraus mit Gl. (19)

$$U_B > 2\,U_{CE} \qquad (21)$$

folgt („Prinzip der halben Speisespannung"). Für $S_I < 0$ (dies gilt für Feldeffekttransistoren bei hinreichend kleinem Betrag der Gate-Source-Spannung) ergibt sich ein zur Gl. (19) komplementäres Prinzip der halben Speisespannung. Für *Gegentaktverstärker der Klasse* AB gilt in erster Näherung

$$T_S = T_U + \frac{\frac{1}{2} R_{th,SU} P_{tot}(T_U)}{1 - R_{th,SU} U_B S_I \Theta/\pi} \qquad (22)$$

mit

$$P_{tot} = U_B(\Theta I_{C,A} + \hat{I}_C \sin\Theta)/\pi - R_L(I_{C,A} + \hat{I}_C)^2/2,$$

wobei $I_{C,A}(T_U)$ einzusetzen ist. Für $S_I > 0$, also für Bipolartransistoren, ist stets eine thermische Mitkopplung, für $S_I < 0$ stets eine thermische Gegenkopplung vorhanden. In jedem Fall muß dafür gesorgt werden, daß $|S_I|$ möglichst klein ist, damit der Arbeitspunkt hinreichend konstant bleibt. Dies erreicht man am wirkungsvollsten durch eine DC-Gegenkopplung über mehrere Stufen (eine Gegenkopplung über Emitterwiderstände würde den Wirkungsgrad reduzieren). Aus den Gln. (20) und (22) geht hervor, daß bei vorgegebener maximaler Sperrschichttemperatur die maximal zulässige Verlustleistung von der Umgebungstemperatur und dem Wärmewiderstand zwischen der Sperrschicht und der Umgebungsluft abhängt. Falls Gl. (17) für $T_{S,max}$ bei $T_{U,max}$ nur durch Anbringen eines Kühlkörpers erfüllt werden kann, ist dessen höchstzulässiger Wärmewiderstand (Index K: Kühlkörper) entsprechend

$$R_{th,KU,max} < \frac{T_{S,max} - T_{U,max}}{P_{tot,max}} - R_{th,SK,max} \qquad (23)$$

zu ermitteln. Bemessungsregeln sind in [1, 16, 17] angegeben. In [18] ist die Vorgehensweise für die Dimensionierung eines A-Verstärkers unter Berücksichtigung thermischer Probleme beschrieben.

Schutzschaltungen. Schutzschaltungen müssen dafür sorgen, daß auch bei nicht vorgesehenen Betriebsbedingungen der sichere Arbeitsbereich (SOAR, Bild 1) nicht verlassen wird. Ohne besondere Vorkehrungen kann dies z. B. dadurch eintreten, daß die Umgebungstemperatur über den vorgesehenen Wert ansteigt oder ein Kurzschluß am Ausgang auftritt. Meist beschränkt man sich auf eine thermische Schutzschaltung und eine Kurzschlußsicherung [19]. In integrierten Schaltkreisen verwendet man in der thermischen Schutzschaltung einen Transistor, dessen Basis-Emitter-Spannung durch eine Spannungs-Referenz-Diode stabilisiert ist, als Temperaturfühler, mit dessen (temperaturabhängigem) Kollektorstrom der Signalstrom für die Endstufentransistoren reduziert wird [8]. Es sind auch Leistungsverstärker verfügbar, die vollständige SOAR-Schutzschaltungen enthalten.

Spezielle Literatur: [1] *Wüstehube, J.*: SOAR, Sicherer Arbeitsbereich für Transistoren. Valvo Ber. Bd. XIX (1975) 171–222. – [2] *Schrenk, H.*: Bipolare Transistoren. Berlin: Springer 1978. – [3] *Blicher, A.*: Field effect and bipolar power transistor physics. New York: Academic Press 1981. – [4] *Millmann, J.; Halkias, Ch.*: Integrated electronics. New York: McGraw-Hill 1972. – [5] *Giacoletto, L.J.*: Large signal amplifiers. In: Ciacoletto, L.J. (Ed.): Electronics designers' handbook. New York: McGraw-Hill 1977, Chap.14. – [6] *Pieper, F.*: NF-Verstärker mit Komplementärpaar BD 135/BD 136 in der Endstufe. Telefunken Appl. Ber. 1970. – [7] *Hauenstein, A.; Reiß, K.*: Niederfrequenz-Leistungsverstärker. Tech. Mitt. Halbleiter 2-6300-125. Siemens AG. – [8] *Valvo GmbH:* Integrierte NF-Leistungsverstärker-Schaltungen. Tech. Inf. f. d. Industrie 810513, Hamburg 1981. – [9] *Geiger, E.*: NF-Applikationsschaltungen mit der Leistungsverstärker Serie ESMC. Thomson-CSF Tech. Inf. 33/77. – [10] *Müller, O.*: Large signal *s*-parameter measurements of class C operated transistors. NTZ 21 (1968) 644–647. – [11] *Gelb, A.; van der Welde, W.E.*: Multiple input describing function on nonlinear system design. New York: Wiley 1965. – [12] *Thomson CSF:* RF and microwave power transistors. Courbevoie Cedex: Thomson CSF 1982. – [13] *Motorola:* Semiconductor data library, 3. Discrete products, 1974. – [14] *RCA:* Solid-state power circuits. RCA Tech. Ser. SP-52, 1971. – [15] *Kovács, F.*: Hochfrequenzanwendungen von Halbleiter-Bauelementen. München: Franzis 1978. – [16] *van Leyen, D.*: Wärmeübertragung. Grundlagen und Berechnungsbeispiele aus der Nachrichtentechnik. München: Siemens AG 1971. – [17] *Siemens AG:* Wärmeableitung bei Transistoren. Tech. Mitt. Halbleiter 1-6300-071. – [18] *Helms, W.*: Designing class A amplifiers to meet specified tolerances. Electronics 47 (1974) 115–118. – [19] *Hauenstein, A.; Ullmann, G.*: Elektronische Übertemperatur- und Kurzschlußsicherung für Hi-Fi-NF-Verstärker. Tech. Mitt. Halbleiter B11/1047, Siemens AG.

4 **Oszillatoren.** Oscillators

Allgemeine Literatur: *Bough, R.*: Signal sources. In: Giacoletto, L.J. (Ed.): Electronics designers' handbook. New York: McGraw-Hill 1977, Chap. 16. – *Frerking, M.*: Crystal oscillator design and temperature compensation. New York: Van Nostrand 1978. – *Parzen, B.*: Design of crystal and other harmonic oscillators. New York: Wiley 1983. – *Tietze, U.*; *Schenk, Ch.*: Halbleiter-Schaltungstechnik, 9. Aufl. Berlin: Springer 1989. – *Zinke, O.*; *Brunswig, H.*: Lehrbuch der Hochfrequenztechnik, 3. Aufl., Bd. II: Elektronik und Signalverarbeitung. Berlin: Springer 1987.

Spezielle Literatur Seite G 47

In 4.1 bis 4.5 werden harmonische Oszillatoren behandelt, d. h. solche, die im Idealfall eine Spannung

$$u(t) = \hat{U} \cos(\omega_0 t + \Phi_0)$$

liefern. In 4.6 werden Oszillatoren für Dreieck- und Rechteckschwingungen besprochen.
Die Struktur eines Oszillators richtet sich nach der Frequenz der Schwingung: Unterhalb von 1 bis 10 MHz sind RC-Oszillatoren gebräuchlich; im Bereich von 100 kHz bis ca. 500 MHz werden LC-Oszillatoren eingesetzt, oberhalb dieser Grenze solche mit Leitungskreisen oder Hohlraumresonatoren als frequenzbestimmende Elemente. Das verstärkende Element ist bei RC-Oszillatoren in der Regel ein Operationsverstärker (Vierpol), bei LC-Oszillatoren ein Bipolar- oder Feldeffekttransistor (Dreipol), bei solchen mit Leitungskreisen oder Hohlraumresonatoren z. T. ebenfalls, aber auch ein Gunn-Element oder eine Impattdiode (Zweipol).

4.1 Analysemethoden für harmonische Oszillatoren

Methods of analysis for harmonic oscillators

Die Schwingung eines Oszillators wird entweder durch einen Einschaltvorgang (vorzugsweise bei niedrigen Frequenzen) oder aus dem Rauschen heraus (vorzugsweise bei höheren Frequenzen) angefacht. Im stationären Zustand ist also ohne äußere Anregung eine Schwingung vorhanden.

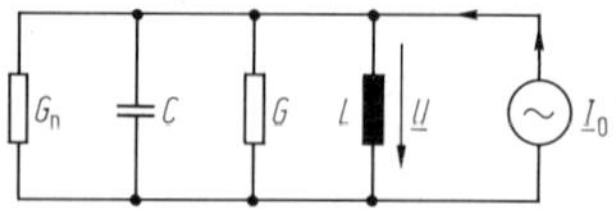

Bild 1. Entdämpfter Parallelschwingkreis als Oszillator

Bild 1 zeigt als einfaches Beispiel einen durch einen negativen Leitwert G_n entdämpften Parallelschwingkreis (Zweipoloszillator). Zum Anschwingen ist eine Anregung erforderlich, die wir der einfachen mathematischen Beschreibung wegen als *Sprungfunktion* annehmen wollen

$$i_0(t) = I_0 \varepsilon(t) \tag{1}$$

($\varepsilon(t)$ = Sprungfunktion). Wir erhalten damit die Differentialgleichung

$$\frac{d^2 u}{dt^2} + ((G_n + G)/C) \frac{du}{dt} + u/LC = (I_0/C)\,\delta(t).$$

($\delta(t)$ = Impulsfunktion). Die Transformation in den Bildbereich ergibt mit den Anfangsbedingungen $u(0) = 0$, $du/dt|_{t=0} = I_0/C$

$$\underline{U}(\underline{s}) = \frac{I_0/C}{\underline{s}^2 + \underline{s}(G_n + G)/C + 1/LC}. \tag{2}$$

Falls das Nennerpolynom der Gl. (2) konjugiert komplexe Lösungen

$$\underline{s}_{1,2} = \sigma_0 \pm j\omega_0$$

mit

$$\sigma_0 = -(G_n + G)/(2C), \quad \omega_0 = (1/LC - \sigma_0^2)^{1/2}$$

hat, ergibt die Rücktransformation in den Zeitbereich

$$u(t) = (I_0/(\omega_0 C)) \exp(\sigma_0 t) \sin \omega_0 t.$$

Zum Anschwingen des Oszillators ist $\sigma_0 > 0$ erforderlich. In 4.4 wird gezeigt, daß für eine Schwingung, die hinreichend gut als harmonisch angesehen werden kann, $0 < \sigma_0 \ll \omega_0$ gelten muß (Gl. (36)), und daß die Kreisfrequenz auch im eingeschwungenen Zustand praktisch gleich ω_0 ist.
Ein Dreipoloszillator wird bei analoger Behandlung im Spektralbereich durch eines der folgenden Gleichungssysteme beschrieben:

$$(\underline{Y}(\underline{s}))(\underline{U}) = (\underline{I}_0) \ (3); \qquad (\underline{Z}(\underline{s}))(\underline{I}) = (\underline{U}_0)$$

$$(\underline{H}(s))\begin{pmatrix} \underline{I}_1 \\ \underline{U}_2 \end{pmatrix} = \begin{pmatrix} \underline{U}_0 \\ O \end{pmatrix}; \quad (\underline{G}(s))\begin{pmatrix} \underline{U}_1 \\ \underline{I}_2 \end{pmatrix} = \begin{pmatrix} \underline{I}_0 \\ O \end{pmatrix}$$

wobei die rechte Seite die Anregung analog zur Gl. (1) beschreibt. Die Lösung der Gl. (3) lautet z. B.

$$(\underline{U}(\underline{s})) = (\underline{Y}(\underline{s}))^{-1}(\underline{I}_0),$$

so daß die Nullstellen von

$$\det(\underline{Y}(\underline{s})) = 0 \tag{4}$$

den Charakter der Lösung bestimmen. Eine analoge Aussage gilt für die anderen Darstellungen. Der Grad der jeweils zu lösenden Gleichung ist gleich der Zahl der unabhängigen Reaktanzen [1], er ist mindestens gleich 2 und häufig gleich 3.
Eine weitere Analysemethode ist die *Methode der Schleifenverstärkung*. Hierbei wird das Netzwerk aufgespalten in den aktiven (nichtreziproken) und den passiven (reziproken) Teil. Der aktive Teil besteht aus Verstärker und Begrenzer (der bei linearer Beschreibung nicht in Erscheinung tritt), der passive Teil enthält das frequenzbestimmende Netzwerk und den Lastwiderstand. Bei der Serien/Parallel-Kopplung, die hier behandelt wird, sollte der aktive Teil eine möglichst ideale spannungsgesteuerte Spannungsquelle enthalten (Bild 2). Durch die Spannungsquelle am Eingang wird der Einschaltvorgang beschrieben. Die H-Parameter des Rückkopplungsdreipols sind mit dem oberen Index r bezeichnet. Es

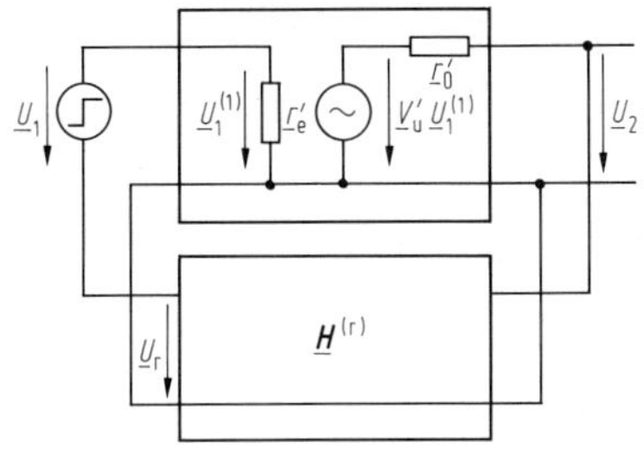

Bild 2. Zur Methode der Schleifenverstärkung. $\underline{r}_e'$ = Kleinsignal-Eingangsimpedanz, $\underline{r}_0'$ = Kleinsignal-Ausgangsimpedanz

gilt mit $\underline{r}_0' = 0$, $\underline{r}_e' = \infty$ und $\underline{U}_1(\underline{s}) = U_0/\underline{s}$

$$\underline{U}_2(\underline{s}) = \frac{U_0}{\underline{s}(1 - \underline{H}_{12}^{(r)}(\underline{s})\,\underline{V}_u')}.$$

Aus der Lösung von

$$1 - \underline{H}_{12}^{(r)}(\underline{s})\,\underline{V}_u' = 0 \tag{5}$$

ergibt sich die Anschwingungsbedingung und die Oszillationsfrequenz. Die resultierende $\underline{\boldsymbol{H}}$-Matrix der Schaltung des Bildes 2 lautet

$$\underline{\boldsymbol{H}} = \begin{pmatrix} \underline{r}_e' + \underline{H}_{11}^{(r)} & -\underline{H}_{12}^{(r)} \\ -\underline{r}_e' \dfrac{\underline{V}_u'}{\underline{r}_0'} - \underline{H}_{21}^{(r)} & \dfrac{1}{\underline{r}_0'} + \underline{H}_{22}^{(r)} \end{pmatrix}. \tag{6}$$

Aus $\det \underline{\boldsymbol{H}} = 0$ ergibt sich mit $\underline{r}_0' = 0$, $\underline{r}_c' = \infty$ Gl. (5). Damit ist die Äquivalenz der beiden Methoden für die behandelte Struktur nachgewiesen.

Allgemein erhält man bei gekoppelten Dreipolen die Darstellung

$$\underline{\boldsymbol{D}} = ((\underline{\boldsymbol{D}}')^{-1} + \underline{\boldsymbol{K}}^{(r)})^{-1}, \tag{7}$$

wobei $(\underline{\boldsymbol{D}}')^{-1} = \underline{\boldsymbol{K}}'$ und $\underline{\boldsymbol{K}}^{(r)}$ die Matrizen des aktiven bzw. des Rückkopplungs-Dreipols in der Darstellung sind, für die ein additives Verknüpfungsgesetz gilt (s. Kap. F 2.2 oder C 3.3).

Bei $\underline{\boldsymbol{D}}'$ soll das Rückwirkungselement vernachlässigbar sein ($\underline{D}_{12}' = 0$), die Beträge der Elemente $\underline{D}_{11}'$ und $\underline{D}_{22}'$ sollen hinreichend klein sein. Dann gilt zunächst

$$\underline{\boldsymbol{D}}^{-1} = \begin{bmatrix} \dfrac{1}{\underline{D}_{11}'} + \underline{K}_{11}^{(r)} & \underline{K}_{12}^{(r)} \\ -\dfrac{\underline{D}_{21}'}{\underline{D}_{11}'\underline{D}_{22}'} + \underline{K}_{21}^{(r)} & \dfrac{1}{\underline{D}_{22}'} + \underline{K}_{22}^{(r)} \end{bmatrix} \tag{8}$$

und mit $1/|\underline{D}_{11}'| \gg |\underline{K}_{11}^{(r)}|$ $1/|\underline{D}_{22}'| \gg |\underline{K}_{22}^{(r)}|$

$$\underline{\boldsymbol{D}} = \frac{1}{1 + \underline{K}_{12}^{(r)}\underline{D}_{21}'} \begin{bmatrix} \underline{D}_{11}' & -\underline{K}_{12}^{(r)}\underline{D}_{11}'\underline{D}_{22}' \\ \underline{D}_{21}' & \underline{D}_{22}' \end{bmatrix}. \tag{9}$$

Tabelle 1. Bedeutung der Parameter der Gl. (10) für die verschiedenen Rückkopplungsstrukturen

Kopplung	Verstärker	$\underline{D}_{21}(\underline{D}_{21}')$	$\underline{K}$
Parallel/Parallel	stromgesteuerte Spannungsquelle	$\underline{r}_m$	$\underline{Y}_{12}^{(r)}$
Serien/Serien	spannungsgesteuerte Stromquelle	$\underline{g}_m$	$\underline{Z}_{12}^{(r)}$
Parallel/Serien	stromgesteuerte Stromquelle	$\underline{V}_I$	$-\underline{G}_{12}^{(r)}$
Serien/Parallel	spannungsgesteuerte Spannungsquelle	$\underline{V}_U$	$-\underline{H}_{12}^{(r)}$

($\underline{r}_m$ = Transimpedanz, $\underline{V}_I$ = Stromverstärkung)

Insbesondere ergibt sich mit $\underline{K}_{12}^{(r)} = \underline{K}(s)$ das Matrixelement

$$\underline{D}_{21} = \frac{\underline{D}_{21}'}{1 + \underline{K}(s)\,\underline{D}_{21}'}, \tag{10}$$

wobei die Bedeutung von $\underline{D}$ (und somit auch von $\underline{D}'$) und $\underline{K}$ mit dem erforderlichen Verstärker für die vier Rückkopplungsarten in Tab. 1 angegeben ist.

Gl. (10) gilt auch für Oszillatoren, die sich nur durch gekoppelte Vierpole beschreiben lassen, jedoch sind dabei i. allg. $\underline{D}_{21}'$ und $\underline{K}$ nicht mehr Matrixelemente der einzelnen Teilmatrizen und auch nicht mehr Teilvierpolen getrennt zuordenbar.

Bei einem Oszillator mit drei unabhängigen Reaktanzen ist unter der Voraussetzung $\sigma_0 \ll \omega_0$ eine einfache Abschätzung für σ_0 und ω_0 möglich. Die zu lösende Gleichung sei gegeben in der Form

$$a_3\underline{s}^3 + a_2\underline{s}^2 + a_1\underline{s} + a_0 = 0 \tag{11}$$

mit $a_i > 0$ ($i = 0 \dots 3$). Dann gilt [2]

$$a_1/a_3 \lesssim \omega_0^2 \lesssim a_0/a_2 \tag{12}$$

und

$$0 < \sigma_0 \lesssim \mathrm{Min}\left\{\frac{a_0a_3 - a_1a_2}{2a_2^2};\ \frac{a_0a_3 - a_1a_2}{2a_1a_3}\right\}. \tag{13}$$

Eine ähnliche Abschätzung ergibt sich auch für den Fall eines Oszillators mit vier unabhängigen Reaktanzen unter Benutzung des Hurwitz-Kriteriums [1, 3].

Als Maß für die *Frequenzstabilität* wird der Stabilitätsfaktor (Gütefaktor der Frequenzhaltung) Q_f verwendet:

$$Q_f = \left|\frac{\partial\Phi}{\partial\omega}\,\omega\right|_{\omega=\omega_0}. \tag{14}$$

Dabei ist Φ die Phase von $\underline{K}(j\omega)\,\underline{D}'(j\omega)$ (Gl. (10)). Die Definition von Q_f ergibt sich aus der folgenden Überlegung: Die Phasendrehung in der offenen Schleife muß 2π betragen. Ändern sich Schaltkreisparameter z. B. infolge Alterung oder Temperaturschwankungen, so ändert sich im Verstärkerbetrieb die Phase am Ausgang des Rückkopplungsnetzwerkes, und es muß die Frequenz verstellt werden, um die ursprüngliche Phase wieder zu erhalten. Diese Frequenzverstimmung entspricht der Änderung der Oszillationsfrequenz in der geschlossenen Schleife. Bei gegebener Phasendrehung soll die erforderliche Frequenzverstimmung zur Phasenrückdrehung möglichst klein, $|\partial\Phi/\partial\omega|_{\omega=\omega_0}$ also möglichst groß sein. Die Multiplikation mit ω_0 in Gl. (14) ist zur Normierung erforderlich. $\Phi(\omega)$ ist darstellbar durch

$$\Phi(\omega) = \Phi_0 + \arctan Z(\omega)/N(\omega) \tag{15}$$

entweder mit $N(\omega_0) = 0$ oder $Z(\omega_0) = 0$. – $Z(\omega)$ und $N(\omega)$ sind Polynome in $\mathrm{j}\omega$. – Φ_0 ist ein konstanter Anteil. Es ergibt sich für $N(\omega_0) = 0$

$$Q_\mathrm{f} = \omega_0 \left| \frac{\partial N}{\partial \omega} \middle/ Z(\omega) \right|_{\omega=\omega_0} \tag{16}$$

und für $Z(\omega_0) = 0$

$$Q_\mathrm{f} = \omega_0 \left| \frac{\partial Z}{\partial \omega} \middle/ N(\omega) \right|_{\omega=\omega_0}. \tag{17}$$

4.2 Zweipoloszillatoren
One-port oscillators

Zweipoloszillatoren enthalten als entdämpfendes Element ein Gunn-Element, eine Impattdiode oder für sehr kleine Leistungen eine Tunneldiode. Allen diesen Elementen ist gemeinsam, daß sie einen Bereich differentiell negativen Widerstands mit eindeutigen $I(U)$-Verlauf aufweisen und in diesem Bereich näherungsweise durch einen negativen Leitwert modelliert werden können, dem eine Kapazität parallel liegt. Oszillatoren mit Tunneldioden sind in [4] behandelt.

Lawinenlaufzeitdioden (*Avalanche-Dioden*) werden im Bereich des Durchbruchs betrieben. Der differentiell negative Widerstand kommt erst durch die Wechselwirkung von Ladungsträgerlawinen mit einem Hochfrequenzfeld zustande. In welchem Frequenzintervall sich auf diese Weise ein negativer Leitwert ausbilden kann, hängt stark von den physikalischen und geometrischen Parametern ab. Die Kleinsignalimpedanz einer Lawinenlaufzeitdiode ist [5–7]

$$\underline{Z}_\mathrm{d} = \frac{1}{\omega C_\mathrm{d}} \cdot \left[\frac{(1-\cos\Theta)/\Theta}{1-(\omega/\omega_\mathrm{a})^2} + \mathrm{j}\left(\frac{\sin\Theta/\Theta}{1-(\omega/\omega_\mathrm{a})^2} - 1 \right) \right]. \tag{18}$$

$\omega_\mathrm{a} (\sim I^{1/2})$ ist die Lawinenkreisfrequenz, $\Theta = \omega l_\mathrm{d}/v_\mathrm{s}$ ist der Laufwinkel der Ladungsträgerlawine (l_d = Länge der Driftzone, v_s = Sättigungsdriftgeschwindigkeit). Für $\omega > \omega_\mathrm{a}$ ist $\mathrm{Re}(\underline{Z}_\mathrm{d}) < 0$. Das Modell der inneren Diode besteht demnach aus der Serienschaltung eines frequenzabhängigen negativen Widerstands und einer ebenfalls frequenzabhängigen Kapazität. Hinzu kommen die Gehäuseinduktivität und -Kapazität (Bild 3).

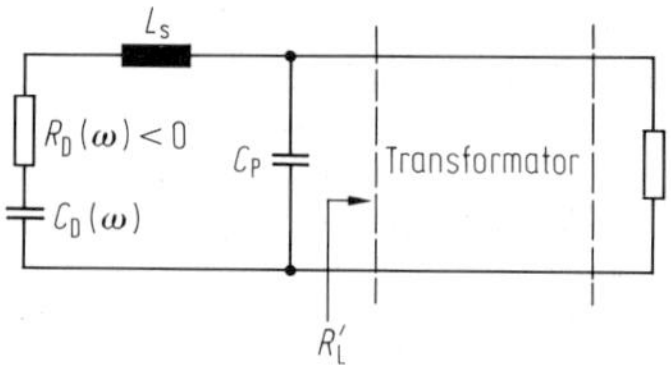

Bild 3. Kleinsignalmodell eines Impattoszillators

Der Lastwiderstand muß über eine Transformationsschaltung so angekoppelt werden, daß $R_\mathrm{d} + R_\mathrm{L}' \lesssim 0$ wird, wenn mit R_L' der in die Diodenebene transformierte Lastwiderstand bezeichnet wird. Oszillatoren mit Impattdioden sind in [8–10] beschrieben.

Gunn-Elemente bestehen aus einem homogen dotierten Verbindungshalbleiter (GaAs) ohne Sperrschicht. Die physikalische Ursache für den negativ differentiellen Leitwert bei Gunn-Elementen ist die Abnahme der Beweglichkeit und somit der Driftgeschwindigkeit der Ladungsträger mit zunehmender Feldstärke in einen Bereich oberhalb einer Schwellenfeldstärke E_T. Hierdurch kommt es zu Stromoszillationen, die auf das periodische Entstehen, Wandern und Verschwinden von Dipoldomänen zurückzuführen sind [5, 7, 11]. Die Periode der Schwingung ist gegeben durch $t_\mathrm{d} = l/v_\mathrm{d}$ (l = Länge des Gunn-Elements, v_d = Driftgeschwindigkeit der Dipoldomäne). Durch Betreiben eines Gunn-Elements in einem Resonanzkreis hoher Güte erreicht man eine größere Frequenz- und Amplitudenstabilität. Der Wirkungsgrad dieses als Gunn-Mode bezeichneten Oszillationsmechanismus liegt zwischen 1 und 5%, da im größten Teil des Gunn-Elements die Schwellenfeldstärke nicht erreicht wird und dieser Bereich als Verlustwiderstand wirkt.
Ein wesentlich größerer Wirkungsgrad ergibt sich im LSA-Mode (LSA: Limited Space Charge Accumulation). Hierbei wird die Domänenbildung und Ausbreitung großenteils dadurch verhindert, daß in jeder Periode die Feldstärke zeitweise überall unter E_T absinkt, so daß die differentielle Beweglichkeit überall positiv wird und der Rest der Periode nicht ausreicht, eine Dipoldomäne aufzubauen. Im LSA-Mode ist die Oszillationsfrequenz nicht von der Länge des Gunn-Elements abhängig. Der konstruktive

Aufbau von Gunn-Oszillatoren ist in [8, 11] beschrieben.

4.3 Dreipol- und Vierpoloszillatoren
Three-pole and four-pole oscillators

Bei Dreipoloszillatoren besteht der Verstärker in der Regel aus einem oder mehreren Bipolar- oder Feldeffekttransistoren, die eine spannungsgesteuerte Stromquelle $S\underline{U}_{\text{steuer}}$ approximieren (S = Steilheit); das Rückkopplungsnetzwerk ist ein durch den Lastwiderstand bedämpftes LC-Netzwerk mit Π-Struktur. Die wichtigsten Dreipoloszillatoren lassen sich auf den Colpitts- oder den Hartley-Oszillator zurückführen (Bild 4). Um die Rechnungen einfacher zu halten, ist der Verstärker als ideale spannungsgesteuerte Stromquelle modelliert.
Zunächst wird die Analyse des Colpitts-Oszillators durchgeführt. Die Admittanzmatrix hat die folgende Gestalt:

$$\underline{Y}(\underline{s}) = \begin{pmatrix} \underline{s}C_1 + \dfrac{1}{\underline{s}L} & -\dfrac{1}{\underline{s}L} \\ -\dfrac{1}{\underline{s}L} + S & G_{\text{L}} + \underline{s}C_2 + \dfrac{1}{\underline{s}L} \end{pmatrix} \quad (19)$$

Aus $\det \underline{Y} = 0$ gemäß Gl. (6) ergibt sich eine Gleichung 3. Grades; mit den Bezeichnungen $C_1 = nC$, $C_2 = C$ ergibt sich als Anschwingbedingung aus der Ungleichung (13)

$$S \gtrsim nG_{\text{L}} \quad (20)$$

und als Näherung für die Oszillationsfrequenz aus der Ungleichung (12)

$$(n+1)/(nLC) \lesssim \omega_0^2 \lesssim (S + G_{\text{L}})/(nLCG_{\text{L}}). \quad (21)$$

Zur Ermittlung des Stabilitätsfaktors Q_{f} ist die Phase von

$$\underline{K}(\text{j}\omega)\,\underline{D}'(\text{j}\omega) = \underline{Z}_{12}^{(\text{r})}(\text{j}\omega)\,S = \underline{Y}_{12}^{(\text{r})}(\text{j}\omega)\,S/\det \underline{Y}^{(\text{r})}(\text{j}\omega) \quad (22)$$

zu ermitteln. Der Gl. (16) entsprechend ergibt sich

$$Q_{\text{f}} = \frac{2}{G_{\text{L}}}\left(\frac{n+1}{n}\right)^{3/2}\left(\frac{C}{L}\right)^{1/2}. \quad (23)$$

Dabei ist für ω_0 die untere Grenze der Abschätzung der Ungleichung (21) eingesetzt.
Nach der gleichen Methode ergibt sich für den Hartley-Oszillator als Anschwingbedingung ebenfalls die Ungleichung (20) und als Abschätzung für die Oszillationsfrequenz

$$G_{\text{L}}/[LC(G_{\text{L}} + S)] \lesssim \omega_0^2 \lesssim 1/[(n+1)\,LC]. \quad (24)$$

Für den Stabilitätsfaktor der Oszillationsfrequenz ergibt sich auch hier der Ausdruck der Gl. (23), wobei die obere Schranke der Frequenzabschätzung eingesetzt ist. Zudem ist die unterschiedliche Bedeutung von n in den beiden Fällen zu beachten.
Eine im UHF-Bereich häufig benutzte Struktur ist in Bild 5 angegeben. Mit dem Emitter (Source) als Bezugselektrode und dem Verstärker als spannungsgesteuerte Stromquelle geht sie in die Struktur des Colpitts-Oszillators über mit der Ausnahme, daß hier der Lastleitwert parallel zum Verstärkereingang und die Kapazität C_3 zusätzlich parallel zu L liegt. Da die Kapazitäten eine Kapazitätsschleife bilden, erhöht sich durch C_3 der Grad der zu lösenden Gleichung nicht. Die Analyse ergibt unter der Voraussetzung $S \gtrsim G_{\text{L}}/n$ (Anschwingbedingung)

$$\frac{1}{LC_3[1 + n/(n+1) + C/C_3]} \lesssim \omega_0^2 \lesssim \frac{G_{\text{L}} + S}{LC_3[G_{\text{L}}(1 + C/C_3) + S]} \quad (25)$$

$$Q_{\text{f}} = \frac{\{(n+1)\,[(n+1)\,C_3/C + n]\}^{1/2}}{G_{\text{L}}}\left(\frac{C}{L}\right)^{1/2}. \quad (26)$$

Der Verkleinerung der Induktivität in einem Colpitts- oder Hartley-Oszillator sind dadurch Grenzen gesetzt, daß sie wesentlich über den Streuinduktivitäten bleiben muß. Ersetzt man

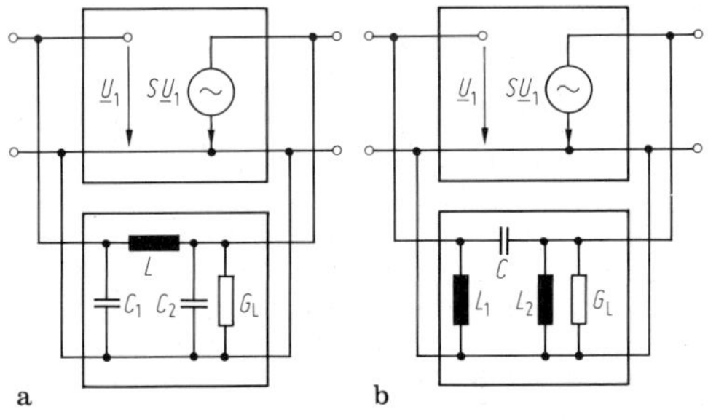

Bild 4. Idealisierte Struktur des **a**) Colpitts-Oszillators, **b**) Hartley-Oszillators

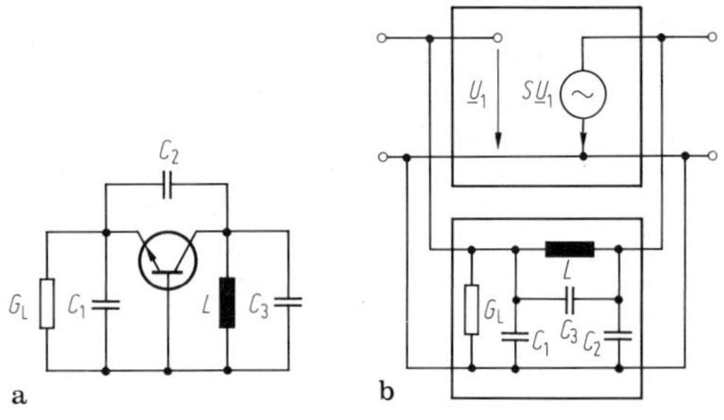

Bild 5. **a**) Struktur eines UHF-Oszillators; **b**) Darstellung durch gekoppelte Dreipole

beim Colpitts-Oszillator die Spule L durch einen Serienschwingkreis, so daß die Summe der Reaktanzen bei der Oszillationsfrequenz den zur Erfüllung der Phasenbedingung erforderlichen induktiven Wert hat, so erhält man einen großen Stabilitätsfaktor der Oszillationsfrequenz, ohne daß sich Streuinduktivitäten störend bemerkbar machen. Dieser Oszillator heißt Clapp-Oszillator. Zur Analyse ist in Gl. (19) $\underline{s}L$ durch $\underline{s}L_s + 1/\underline{s}C + R_s$ zu ersetzen, wobei die mit dem Index s versehenen Größen Elemente des Serienschwingkreises sind. Mit $n \approx 1$,

$$R_s G_L \lesssim 1,\ C/C_s \gg 1,\ L_s/C_s \gg R_s^2,\ R_s G_L \lesssim 1$$

ergibt sich die Frequenzabschätzung

$$1/L_s C_s \lesssim \omega_0^2 \lesssim \left[\left(\frac{G_L + S}{n G_L}\right)\frac{C_s}{C} + 1\right] \Big/ (L_s C_s). \tag{27}$$

Der Clapp-Oszillator schwingt also in sehr guter Näherung in der Resonanzfrequenz des Serienschwingkreises. Für den Stabilitätsfaktor ergibt sich unter den gleichen Voraussetzungen

$$Q_f = \frac{2}{R_s}(L_s/C_s)^{1/2} = 2Q_s \tag{28}$$

(Q_s = Güte des Serienschwingkreises). Die Bedingung $L_s/C_s \gg R_s^2$ läßt sich sehr gut mit einem Quarzresonator als Serienschwingkreis erfüllen. Quarzresonatoren nutzen die piezoelektrischen Eigenschaften von Quarz aus: Wenn auf einen Quarz in einer bestimmten Richtung Druck ausgeübt wird, sammeln sich auf dazu senkrechten Oberflächen Ladungen an. Wird umgekehrt an einander gegenüberliegenden Oberflächen ein elektrisches Feld angelegt, so werden mechanische Spannungen in einer dazu senkrechten Richtung wirksam, die den Quarz deformieren. Eine elektrische Wechselspannung regt somit den Quarz zu mechanischen Schwingungen an. Die Leistungsaufnahme ist jedoch extrem selektiv auf die unmittelbare Umgebung der Frequenzen der mechanischen Eigenresonanzen beschränkt, so daß die elektrische Impedanz entsprechend stark frequenzabhängig ist (Bild 6). Die Kapazität C_0 ist die statische Kapazität zwischen den Elektroden, die Induktivität L_s hängt von der Masse, die Kapazität C_s von der Steifigkeit ab, R_s beschreibt die Verluste. Außer der Serienresonanz f_s weist der Quarz auch eine Parallelresonanz f_p auf. Diese liegt, wenn R_s vernachlässigt wird, bei

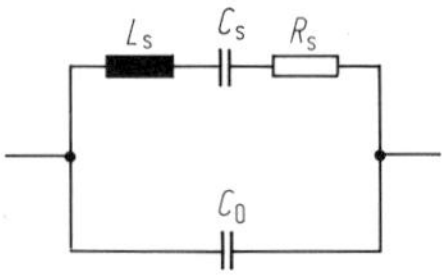

Bild 6. Modell für das elektrische Verhalten eines Quarzresonators in der Umgebung einer Resonanzfrequenz. Nach [12, 13]

$$f_p = f_s(1 + C_s/C_0)^{1/2},$$

also wegen $C_s \ll C_0$ sehr dicht oberhalb der Serienresonanz. Eine analoge Überlegung wie die, welche vom Colpitts- zum Clapp-Oszillator geführt hat, läßt sich auch beim Hartley-Oszillator anstellen: Für eine hohe Frequenzstabilität kann man die beiden Induktivitäten durch Parallelschwingkreise mit kleinen induktiven Komponenten bei der Oszillationsfrequenz realisieren; es genügt, den Schwingkreis am Verstärkereingang durch einen Quarz zu ersetzen, der dann nahe der Parallelresonanz betrieben wird (Pierce-Oszillator [12]). Zahlreiche Realisierungsbeispiele für Quarzoszillatoren sind in [13] angegeben.

Oszillatoren im unteren Frequenzbereich (bis ca. 10 MHz) werden bevorzugt als RC-Oszillatoren gebaut, da für die bei LC-Oszillatoren erforderlichen großen Induktivitätswerte die Spulen groß und teuer sind. Mit RC-Netzwerken ist jedoch eine hinreichend große Phasensteilheit der Schleifenverstärkung nur mit einem Differenzverstärker sehr hoher Verstärkung und einem Brückennetzwerk zu erreichen. Die ganz überwiegend benutzte Struktur ist die des Wien-Robinson-Oszillators. Die Prinzipschaltung und die Darstellung als gekoppelte Netzwerke (spannungsgesteuerte Spannungsquelle und Rückkopplungsnetzwerk) sind in Bild 7 angegeben. Im Gegensatz zu den vorhergehenden LC-Oszillatoren handelt es sich hier um gekoppelte Vierpole, so daß 3 × 3-Matrizen miteinander zu verknüpfen sind [14]. Die resultierende Admittanzmatrix des Knotenanalyse-Gleichungssystems mit $\underline{U}_3$ als dritter Variablen ist gegeben durch

$$\underline{Y}(\underline{s}) = \begin{pmatrix} g_e + \underline{Y}_1(\underline{s}) + \underline{Y}_2(\underline{s}) & -\underline{Y}_1(\underline{s}) & \underline{Y}_1(\underline{s}) + \underline{Y}_2(\underline{s}) \\ -\underline{V}_u'(\underline{s})\, g_0 + \underline{Y}_1(\underline{s}) & g_0 + \underline{Y}_1(\underline{s}) + \underline{Y}_3(\underline{s}) & -(\underline{Y}_1(\underline{s}) + \underline{Y}_3(\underline{s})) \\ -g_e & -\underline{Y}_3(\underline{s}) & \underline{Y}_3(\underline{s}) + \underline{Y}_4(\underline{s}) \end{pmatrix} \tag{29}$$

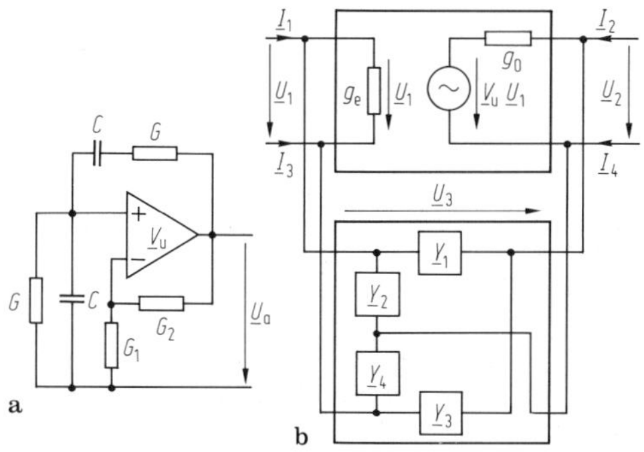

Bild 7. **a**) Struktur des Wien-Robinson-Oszillators; **b**) Darstellung durch gekoppelte Vierpole

mit $\underline{Y}_1(\underline{s}) = \underline{s}CG/(G + \underline{s}C)$, $\underline{Y}_2(\underline{s}) = G + \underline{s}C$, $\underline{Y}_3(\underline{s}) = G_2$, $\underline{Y}_4(\underline{s}) = G_1$. Aus $\det \underline{\boldsymbol{Y}}(\underline{s}) = 0$ ergibt sich eine quadratische Gleichung (zwei Reaktanzen), aus deren Lösung mit $g_e = 0$, $g_0 = \infty$, $\underline{V}_u(\underline{s}) = V_{ud} \gg 1$, $G_1 = (2 + \varepsilon)\, G_2$, $0 < \varepsilon \ll 1$ die Anschwingbedingung $\varepsilon \geqq 9/V_{ud}$ sowie mit $\sigma_0 = G(\varepsilon - 9/V_{ud})/(2C)$ die Oszillationskreisfrequenz

$$\omega_0 = ((G/C)^2 - \sigma_0^2)^{1/2} \approx G/C$$

folgt.

Zur Berechnung des Stabilitätsfaktors der Oszillationsfrequenz ist der Phasenverlauf der Funktion $\underline{\lambda}(\mathrm{j}\omega)\, \underline{U}_2$ zu ermitteln mit

$$\underline{\lambda}(\mathrm{j}\omega) = \left.\frac{\underline{U}_1(\mathrm{j}\omega)}{\underline{U}_2(\mathrm{j}\omega)}\right|_{\underline{I}_1 = \underline{I}_3 = 0} = \frac{\underline{Y}_1(\mathrm{j}\omega)\, \underline{Y}_4(\mathrm{j}\omega) - \underline{Y}_2(\mathrm{j}\omega)\, \underline{Y}_3(\mathrm{j}\omega)}{(\underline{Y}_1(\mathrm{j}\omega) + \underline{Y}_2(\mathrm{j}\omega))\, (\underline{Y}_3(\mathrm{j}\omega) + \underline{Y}_4(\mathrm{j}\omega))}.$$

Es ergibt sich

$$\Phi(\underline{\lambda}(\mathrm{j}\omega)\, \underline{U}_2) = \pi + \arctan \frac{\omega \varepsilon C G}{\omega^2 C^2 - G^2} + \arctan \frac{3 \omega C G}{\omega^2 C^2 - G^2},$$

woraus folgt

$$Q_f = 2V_{ud}/9 + 2/3 \approx 2V_{ud}/9. \qquad (30)$$

Wird als Verstärker ein Operationsverstärker benutzt, so läßt sich ein Stabilitätsfaktor erreichen, der sogar größer als der von LC-Oszillatoren ist. Die Eigenschaften eines Wien-Robinson-Oszillators hängen ganz wesentlich vom Verhältnis G_1/G_2, also von ε ab; in 4.4 wird gezeigt, wie ε stabil gehalten werden kann. Weitere Vierpoloszillatoren sind in [15] beschrieben.

Abstimmbare Oszillatoren. Beim Entwurf von abstimmbaren Oszillatoren muß beachtet werden, daß außer der Frequenzbedingung auch ein Mindestwert für den Stabilitätsfaktor der Frequenz (Gl. (14)) und die Anschwingbedingung (z. B. Gl. (13)) erfüllt sein muß. Deswegen muß man bei LC-Oszillatoren sowohl die Induktivität als auch die Kapazität und bei RC-Oszillatoren ebenfalls die Kapazität und die Widerstände, welche die Frequenz bestimmen, umschaltbar oder einstellbar vorsehen. In weiten Bereichen oberhalb von 1 GHz abstimmbar sind Oszillatoren, bei denen die magnetisch einstellbare Resonanzfrequenz eines YIG-Kristalls (Yttriumeisengranat) die Oszillationsfrequenz bestimmt [8]. Die Frequenz von Quarzoszillatoren kann nur sehr wenig durch einen in Serie zum Quarz geschalteten Kondensator geringer Kapazität (1 bis 100 pF) verstellt werden. Die hohe Frequenzkonstanz von Quarzoszillatoren kann man sich für einstellbare Oszillatoren zunutze machen, indem man von einem Quarzoszillator ausgehend eine Reihe von Schwingungen phasenstarr erzeugt und mit Hilfe von Mischern und Teilern die gewünschte Frequenz bildet (Synthesizer, s. Q 2.4). Bei der indirekten Synthese wird eine Reihe von Oszillatoren über Phasensynchronisierschleifen an den Referenzoszillator angebunden [16, 17], bei der direkten Synthese wird die Schwingung des Referenzoszillators so stark verzerrt, daß über Filter die gewünschten Ausgangsfrequenzen ausgesiebt werden können [18]. Hochpräzise Frequenznormale verwenden als Referenzsignal ein Rubidium- oder Caesium-Normal („Atomuhr") [19, 20].

4.4 Nichtlineare Beschreibung. Ermittlung und Stabilisierung der Schwingungsamplitude

Nonlinear description. Evaluation and stabilisation of the amplitude

Die in 4.2 dargelegten Methoden lassen keine Aussage über die Amplitude der Schwingung zu, die sich im stationären Zustand einstellt, da Nichtlinearitäten im Verstärker unberücksichtigt geblieben sind. Die Amplitude der Schwingung kann näherungsweise aus der Schwingkennlinie (nach Möller) [21] ermittelt werden. Zur analytischen Bestimmung der Amplitude muß die Nichtlinearität der gesteuerten Quelle als wesentlichste Nichtlinearität berücksichtigt werden. Für den Verstärker des Oszillators in Bild 7 lautet der Ansatz

$$U_2(t) = (V_{u0} - V_{u1}\, U_1^2(t))\, U_1(t), \qquad (31)$$

wobei die Gültigkeit des Ansatzes auf

$$|U_1| < \left(\frac{V_{u0}}{3V_{u1}}\right)^{1/2} = U_1'$$

beschränkt ist (Bild 8). Der Einfachheit halber wird der Verstärker als spannungsgesteuerte Spannungsquelle mit $V_{u0} = 3 + \varepsilon\,(0 < \varepsilon \ll 1)$ angenommen. Die steuernde Spannung unterscheidet sich also von der des Wien-Robinson-Oszillators, so daß der Stabilitätsfaktor der Oszillationsfrequenz mit dieser Beschreibung nicht ermittelt werden kann (Bild 9).
Diese Schaltung wird beschrieben durch die Differentialgleichung

$$\frac{d^2 U_1}{dt^2} - \frac{1}{RC}(V_{u0} - 3 - 3V_{u1}U_1^2)\frac{dU_1}{dt} + \frac{1}{R^2C^2}U_1 = 0. \qquad (32)$$

Mit den Substitutionen $\omega_0 = 1/(RC)$, $\tau = \omega_0 t$, $[3V_{u1}/(V_{u0} - 3)]^{1/2}U_1 = v$, $\varepsilon = V_{u0} - 3$ nimmt sie die folgende Gestalt an:

$$\frac{d^2 v}{d\tau^2} - \varepsilon(1 - v^2)\frac{dv}{d\tau} + v = 0. \qquad (33)$$

Diese sog. van der Polsche-Dgl. ist die klassische Dgl. zur Beschreibung von Oszillator-Nichtlinearitäten [21]. Eine Näherungslösung für $\varepsilon \ll 1$ ist

$$v(\tau) = \frac{2\hat{v}(0)\cos\tau}{(\hat{v}^2(0) + (4 - \hat{v}^2(0))\exp(-\varepsilon\tau))^{1/2}}. \qquad (34)$$

Für große Zeiten τ, so daß $\exp(\varepsilon\tau) \gg 1$, ergibt sich

$$v(\tau) = 2\cos\tau,$$

also eine harmonische Schwingung mit der Amplitude (in nicht-normierter Schreibweise)

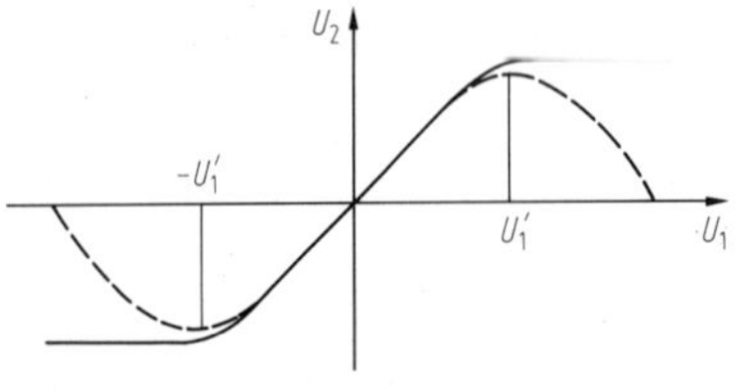

Bild 8. Verlauf von $U_2 = U_2(U_1)$ (—) und Approximation durch Gl. (31)

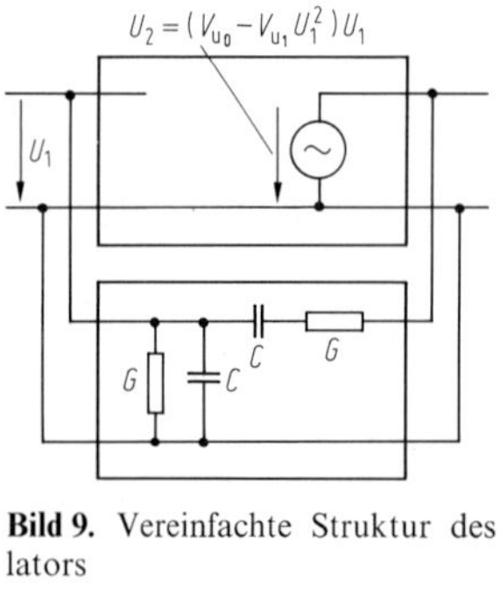

Bild 9. Vereinfachte Struktur des Wien-Robinson-Oszillators

$$\hat{U}_1 = 2((V_{u0} - 3)/(3V_{u1}))^{1/2} = 2(\varepsilon/(3V_{u1}))^{1/2}. \qquad (35)$$

Für $\exp(\varepsilon\tau) \ll 1$ und $\hat{v}(0) \ll 1$ erhalten wir aus Gl. (62)

$$v(\tau) = \hat{v}(0)\exp(\varepsilon\tau/2)\cos\tau,$$

woraus

$$\sigma_0 = \varepsilon\omega_0/2 \ll \omega_0 \qquad (36)$$

folgt. Bei hinreichend schwacher Nichtlinearität kann die stationäre Lösung einschließlich der Harmonischen der Grundschwingung nach der Methode von Lindstedt und Poincaré [22] für alle hier behandelten Oszillatorstrukturen ermittelt werden.

Stabilisierung der Amplitude. Ein Oszillator muß sicher anschwingen und nach dem Erreichen des stationären Zustands diesen auch dann beibehalten, wenn Schaltungsparameter innerhalb gewisser Grenzen schwanken. Wenn dies nicht infolge von Sättigungseffekten geschehen soll, womit stets Verzerrungen verbunden sind, muß man eine DC-Gegenkopplung einführen, so daß der Steuerungsfaktor der gesteuerten Quelle (S, V_u) mit wachsender Amplitude der Schwingung reduziert wird.
Beim Wien-Robinson-Oszillator muß ε (Gl. (35)) so geregelt werden, daß $\hat{U}_1$ konstant bleibt. Eine Möglichkeit hierfür besteht darin, den Leitwert G_1 mit Hilfe der Drain-Source-Strecke eines FET regelbar auszubilden [23].

4.5 Langzeit- und Kurzzeitstabilität. Rauschen

Long term and short term stability. Noise

Im Zusammenhang mit der Stabilität der Frequenz eines Oszillators versteht man unter „lange Zeit" eine Spanne von etwa einem Tag bis zu einem Jahr. Durch die Angabe der Langzeitstabilität werden Frequenzänderungen aufgrund von Änderung in den frequenzbestimmenden Parametern, z. B. infolge Alterung des Quarzes beschrieben. Die Angabe kann z. B. lauten $\Delta f/f_0 \lesssim 1 \cdot 10^{-10}$/Tag bzw. $\lesssim 1 \cdot 10^{-7}$/Jahr.
Der in den vorhergehenden Abschnitten verwendete Gütefaktor der Oszillationsfrequenz steht in engem Zusammenhang hiermit. Schwankungen der Umgebungsbedingungen müssen gesondert erfaßt werden.
Durch die Angabe der Kurzzeitstabilität werden statistische Schwankungen in solch kurzen Zeitspannen (typisch 10^{-3} bis 10^3 s) beschrieben, daß in ihnen die Langzeitinstabilität außer acht gelassen werden kann. Die Angabe erfolgt in der Form

$$\Delta f/f_0 \lesssim 1 \cdot 10^{-10}/10^{-3}\,\text{s} \quad \text{bzw.}$$
$$\lesssim 5 \cdot 10^{-12}/1\,\text{s},$$

wobei $(\Delta f)^2$ als Allan-Varianz [13, 14] ermittelt wird. Die Kurzzeitinstabilität wird durch die internen Rauschquellen des Oszillators verursacht; sie kann deswegen auch im Spektralbereich beschrieben werden und zwar durch das Einseitenband-Phasenrauschen. Außer diesem tritt auch Amplitudenrauschen auf, das jedoch nur von geringer praktischer Bedeutung ist. Zur Beschreibung des Rauschens wird Gl. (1) erweitert zu

$$u(t) = (\hat{U} + \hat{U}_r(t)) \cos(\omega_0 t + \Phi_0 + \Phi_r(t)),$$

wobei $\hat{U}_r(t)$ und $\Phi_r(t)$ statistische Variable sind. $\hat{U}_r(t)$ ist i. allg. rayleigh-, $\Phi_r(t)$ normal-verteilt (s. Gl. D 3 (28)). Zur Kennzeichnung des Phasenrauschens dient das Einseitenband-Phasenrauschmaß

$$\mathscr{L}_U^{(\phi_r)}(\Delta f) = 10 \lg [W_U^{(\phi_r)}(\Delta f) \cdot B/(\hat{U}^2/2)],$$

wobei $W_U^{(\phi_r)}(\Delta f)$ die spektrale Rauschleistungsdichte von $u(t)$, hervorgerufen durch $\phi_r(t)$, im Abstand Δf von der Oszillationsfrequenz darstellt; als Bandbreite B wird gewöhnlich 1 Hz gewählt. Einen typischen Verlauf für LC-Oszillatoren ($f = 1$ MHz) zeigt Bild 10.

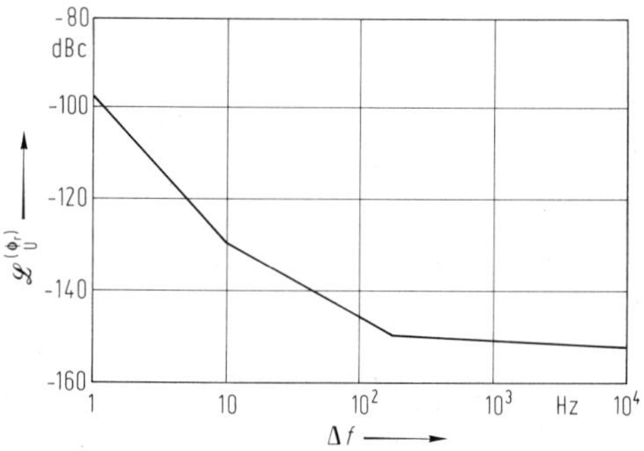

Bild 10. Typischer Verlauf des Einseitenband-Phasenrauschens bei einem LC-Oszillator für $f_0 = 1$ MHz und $B = 1$ Hz (idealisiert)

Das Phasenrauschen im Bereich des Abfalls um 30 dB/Dekade entsteht durch Aufwärtsmischen des $1/f$-Rauschens an Nichtlinearitäten von Reaktanzen (z. B. Sperrschichtkapazitäten), im Bereich des Abfalls um 20 dB/Dekade vor allem durch weißes Rauschen im Frequenzband der Oszillationsfrequenz, aber auch durch Aufwärtsmischen des weißen Rauschens an Nichtlinearitäten der Transkonduktanz. Eine Methode zur Berechnung der spektralen Leistungsdichte des Oszillatorrauschens in einfachen Fällen (Zweipoloszillatoren) ist in [25] angegeben.

4.6 Funktions- und Impulsgeneratoren
Function and pulse generators

Funktions- und Impulsgeneratoren erzeugen nichtharmonische Schwingungen, insbesondere Sägezahn-, Dreieck- und Rechteckschwingungen. Solange dabei die erforderliche Spannungsanstiegsrate unter etwa 1 V/µs bleibt, können Operationsverstärker als elektronische Schalter und Komparatoren eingesetzt werden. Die Ausgangsspannung eines Komparators nimmt zwei Zustände an, abhängig davon ob am Eingang eine vorgegebene Spannung über- oder unterschritten wird. Komparatoren können mit mitgekoppelten Operationsverstärkern oder Differenzverstärkern realisiert werden. Mit einem Komparator, der eine Kondensatorumladung steuert, läßt sich ein einfacher Rechteckgenerator aufbauen (Bild 11). Die Ausgangsspannung U_a springt von $-U_z$ (festgelegt durch eine der Spannungs-Referenzdioden am Ausgang) nach $+U_z$, wenn $U_C = -\zeta U_z$ geworden ist ($\zeta = R_p/(R_f + R_p)$). Die Umladung von C geschieht entsprechend der Gleichung

$$U_C(t) = -\zeta U_z \exp(-t/\tau) + U_z(1 - \exp(-t/\tau))$$

mit $\tau = R_C C$. Das Umspringen der Ausgangsspannung von $+U_z$ nach $-U_z$ erfolgt bei $U_C(t_R/2) = \zeta U_z$. Hieraus folgt für die Periode der Rechteckschwingung

$$t_R = 2 R_C C \ln((1 + \zeta)/(1 - \zeta)).$$

Eine nachgeschaltete Integrierstufe liefert eine Dreieckschwingung; aus dieser läßt sich mit einem Funktionsnetzwerk, das aus Dioden und Widerständen besteht [26], eine Sinusspannung mit geringem Klirrfaktor bilden. Für Anwendungen, bei denen die maximale Anstiegsgeschwindigkeit der Ausgangsspannung von Operationsverstärkern von ca. 1 V/µs nicht ausreicht, müssen die Komparatoren mit logischen Gattern oder speziellen integrierten Schaltkreisen [26] oder mit diskreten Transistoren aufgebaut werden. Bild 12 zeigt einen astabilen Multivibrator aus zwei NAND- (oder NOR-)Gattern, bevorzugt aufgebaut in CMOS-Technik [27]. Je nachdem, ob die Schwellenspannung U_{th} am Ein-

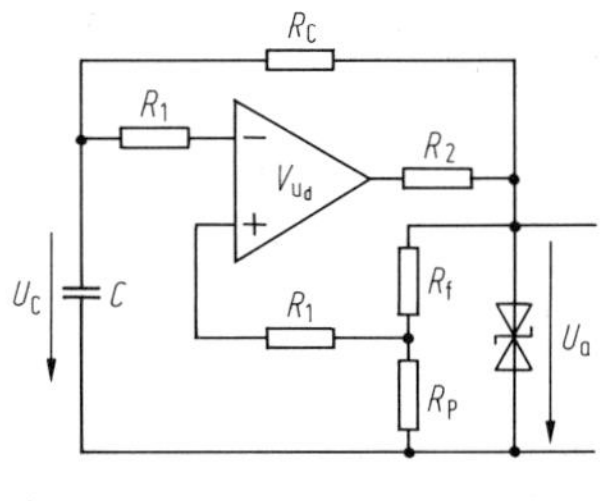

Bild 11. Einfacher Rechteckgenerator mit Spannungskomparator

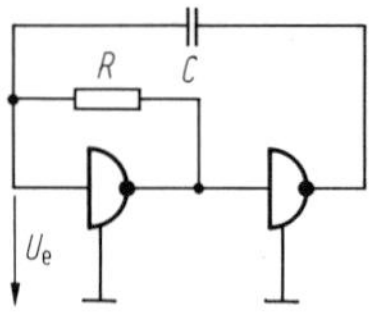

Bild 12. Astabiler Multivibrator mit logischen Gattern

gang eines Gatters überschritten ist oder nicht, liegt am Ausgang des Gatters U_H ($\lesssim U_B$, Betriebsspannung) oder U_L ($\gtrsim 0$). Am linken Gatter liege am Ausgang die Spannung U_H, am rechten die Spannung U_L, wenn am Eingang die Spannung U_{th} gerade überschritten wird. Nach den Gatterverzögerungszeiten sind die Werte der Ausgangsspannungen vertauscht, und die Spannung $U_e(t)$ ändert sich gemäß

$$U_e(t) = (U_{th} + U_H)\exp(-t/(RC)).$$

Ein Umspringen erfolgt wieder, sobald $U_e(t) = U_{th}$ geworden ist. Hieraus folgt

$$t_1 = \mathrm{RC}\ln((U_{th} + U_H)/U_{th}). \tag{37}$$

Nach dem Umspringen ändert sich die Eingangsspannung gemäß

$$U_e(t) = U_H + (U_{th} - 2U_H)\exp(-t/(\mathrm{RC})),$$

so daß sich als zweite Teilperiode ergibt

$$t_2 = \mathrm{RC}\ln((2U_H - U_{th})/(U_H - U_{th})). \tag{38}$$

Aus den Gln. (37) und (38) folgt $t_1 = t_2$ für $2U_{th} = U_H$. In [26, 27] sind weitere Realisierungsbeispiele für astabile Multivibratoren angegeben, darunter auch die klassische Zweitransistorschaltung.

Spezielle Literatur: [1] *Unbehauen, R.:* Systemtheorie. Eine Einführung für Ingenieure, 2. Aufl. München: Oldenburg 1971. – [2] *Blum, A.; Kalisch, P.:* Anordnungsrealitionen für die Schwingfrequenz und die Koeffizienten der charakteristischen Gleichung bei Sinus-Oszillatoren. AEÜ 25 (1971) 375–378. – [3] *Zurmühl, R.:* Praktische Mathematik für Ingenieure und Physiker, 3. Aufl. Berlin: Springer 1961 (5. Aufl. 1965). – [4] *Gentile, S.:* Basic theory and application of tunnel diodes. Princeton: Van Nostrand 1962. – [5] *Harth, W.; Claassen, M.:* Aktive Mikrowellendioden. Berlin: Springer 1981. – [6] *Weissglas, P.:* Avalanche and carrier injection devices. In: Howes, M.; Morgan, D. (Eds.): Microwave devices, device circuit interactions. London: Wiley 1976, Chap. 3. – [7] *Unger, H.-G.; Harth, W.:* Hochfrequenz-Halbleiterelektronik. Stuttgart: Hirzel 1972. – [8] *Kurokawa, K.:* Microwave solid state oscillator circuits. In: Howes, M.; Morgan, D. (Eds.): Microwave devices, device circuit interactions. London: Wiley 1976, Chap. 5. – [9] *Hewlett-Packard:* Microwave power generation and amplification using impatt diodes. AN 935. 1971. – [10] *Gibbons, G.:* Avalanche-diode microwave oscillators. Oxford: Clarendon Press 1973. – [11] *Chafin, R.:* Microwave semiconductor devices fundamentals and radiation effects. New York: Wiley 1973. – [12] *Zinke, O.; Brunswig, H.:* Lehrbuch der Hochfrequenztechnik, 2. Aufl. Bd. II: Elektronik und Signalverarbeitung. Berlin: Springer 1974. – [13] *Frerking, M.:* Crystal oscillator design and temperature compensation. New York: Van Nostrand 1978. – [14] *Blum, A.:* Die Bildung von Vierpolmatrizen bei gekoppelten „echten" Vierpolen aus den vollständigen Vierpolmatrizen der Teilvierpole. AEÜ 31 (1977) 275–280. – [15] *Bough, R.:* Signal sources. In: Giacoletto, L.J. (Ed.): Electronics designers' handbook. New York: McGraw-Hill 1977, Chap. 16. – [16] *Schleifer, W.:* Signalgeneratoren bei höheren Frequenzen. Hewlett-Packard Applikationsschrift. Böblingen 1974. – [17] *Burckart, D.; Lüttich, F.:* Mikroprozessorgesteuerter Signalgenerator SMS für 0,4 bis 1040 MHz. Neues von Rohde und Schwarz. Nr. 84 (1979) 4–7. – [18] *van Duzer, V.:* A 0 to 50 Mc frequency synthesizer with exellent stability, fast switching, and fine resolution. HP-Journal 15 (1964) 1–6. – [19] *Mc. Coubrey, A.:* A survey of atomic frequency standards. Proc. IEEE 54 (1966) 116–135. – [20] *Hewlett-Packard:* Frequency and time standards. AN 52. 1965. – [21] *Philippow, E.:* Nichtlineare Elektrotechnik. Leipzig: Geest & Portig 1969. – [22] *Mickens, R.:* An introduction to nonlinear oscillations. Cambridge: Cambridge University Press 1981. – [23] *Tietze, U.; Schenk, Ch.:* Halbleiter-Schaltungstechnik, 9. Aufl. Berlin: Springer 1989. – [24] *Barnes, J.* et al.: Characterization of frequency stability. IEEE Trans. IM-20 (1971) 105–120. – [25] *Kurokawa, K.:* Noise in synchronized osciallators. IEEE Trans. MMT-16 (1968) 234–240. – [26] *Blood, W.:* MECL system design handbook. Motorola Inc., 1971. [27] *Taub, H.; Schilling, D.:* Digital integrated electronics. Tokio: McGraw-Hill, Kogakusha 1977.

H | Wellenausbreitung im Raum
Propagation of radio waves

T. Damboldt (3.3, 4, 6.1, 6.2); **F. Dintelmann** (2, 3.4); **E. Kühn** (2); **R. W. Lorenz** (1, 3.1, 5, 6.3); **A. Ochs** (7); **F. Rücker** (6.4); **R. Valentin** (3.2, 5, 6.4)

1 Grundlagen. Fundamentals

Allgemeine Literatur: *Beckmann, P.*: Probability in communication engineering. New York: Harcourt. Brace & World 1965. – *Kreyszig, E.*: Statistische Methoden und ihre Anwendungen. Göttingen: Vandenhoek & Ruprecht 1973. – *Müller, P.H.*: Lexikon der Stochastik. Berlin: Akademie-Verlag 1975. – Recommendations and Reports of the CCIR, 1990, Vol. I (Spectrum utilization and monitoring), Vol. V (Propagation in non-ionized media) und Vol. VI (Propagation in ionized media), Genf: ITU 1990.

1.1 Begriffe. Terms

Die wichtigste Größe eines Funkübertragungssystems ist die am Empfänger verfügbare Leistung P_E, die für eine befriedigende Übertragungsqualität in einem für das Modulationsverfahren und den Funkdienst charakteristischen Maß über der Summe der Störleistungen (Empfängerrauschen, Funkstörungen durch natürliche oder industrielle Rauschquellen, andere Sender) liegen muß. Andererseits soll die Empfangsleistung nicht unnötig hoch sein, d.h. die Sender sollen mit kleinstmöglicher Leistung betrieben werden [1], um gegenseitige Störungen zu vermeiden und das Frequenzspektrum für möglichst viele Nachrichtenverbindungen zu nutzen.

Der Wert von P_E wird von den Eigenschaften der Empfangsantenne (Gewinn, Polarisation und Impedanz) beeinflußt. Wenn Leistungs- und Polarisationsanpassung schwierig sind, ist es zweckmäßig, statt P_E die elektrische Feldstärke E am Empfangsort zu berechnen, um dann Ausbreitungserscheinungen und Antenneneigenschaften trennen zu können.

Die elektrische Feldstärke kann in Abhängigkeit von Ort und Zeit um viele Zehnerpotenzen schwanken. Es ist daher üblich, im logarithmischen Maß zu rechnen: Der *Feldstärkepegel* ist

$$F/\mathrm{dB}(\mu\mathrm{V/m}) = 20\,\lg(E/(1\,\mu\mathrm{V/m})). \quad (1)$$

Bei Polarisations- und Leistungsanpassung sind Differenzen der Feldstärkepegel gleich den Differenzen der am Empfänger verfügbaren Leistungspegel $10\,\lg(P_E/(1\,\mathrm{mW}))$.

Weitere Begriffe der Wellenausbreitung in [2–4].

1.2 Statistische Auswertung von Meßergebnissen
Statistical evaluation of measured results

Es ist meist nicht möglich, den Feldstärkepegel am Empfangsort deterministisch zu berechnen. Man ist auf Ausbreitungsmessungen und die statistische Auswertung der Meßergebnisse angewiesen.

Zur Ermittlung der Verteilung des Feldstärkepegels F wird dieser in Abhängigkeit von der zu untersuchenden Variablen (Ort oder Zeit) registriert. Daraus wird mit konstanter Abtastrate ein Ensemble von N Meßwerten $F(x_1)$, $F(x_2) \dots F(x_N)$ gewonnen, wobei x eine Orts- oder die Zeitkoordinate sein kann. Der Pegelbereich wird in M Klassen aufgeteilt. In der Klasse i ($i = 1 \dots M$) werden alle gemessenen Feldstärkepegel gezählt, die im Bereich

$$F_i \leqq F < F_{i+1} \quad (2)$$

liegen. Von den N Meßwerten fallen n_i in die Klasse i. Dann ist n_i die Häufigkeit im Pegelbereich i und

$$h_i = h(F_i \leqq F < F_{i+1}) = n_i/N \quad (3)$$

die *relative Häufigkeit*. Die Wahrscheinlichkeit, daß ein Feldstärkepegel F_μ überschritten wird, ist

$$Q(F \geqq F_\mu) = \sum_{i=\mu}^{M} h_i. \quad (4)$$

Die Funktion $Q(F \geqq F_\mu)$ wird *Überschreitungswahrscheinlichkeit* genannt. Wegen der Normierung auf die Gesamtzahl N der Meßwerte ist $Q(F \geqq F_\mu) \leqq 1$. Die komplementäre Funktion

$$P(F < F_\mu) = 1 - Q(F \geqq F_\mu)$$

ist die *relative Summenhäufigkeit* oder *Unterschreitungswahrscheinlichkeit*.

Aus der Umkehrung der Funktion $Q(F)$ ergeben sich die Quantile: Beim Feldstärkepegel $F(Q)$ ist der Prozentsatz Q der Überschreitungswahr-

---

Spezielle Literatur Seite H 4

scheinlichkeit erreicht. Wichtige Quantile sind:
$F(50\,\%) = F_{\text{Med}}$ *Medianwert*;
$F(25\,\%)$, $F(75\,\%)$ unteres bzw. oberes Quartil;
$F(10\,\%)$, $F(90\,\%)$ unteres bzw. oberes Dezil;
$F(q\,\%)$ q-tes Perzentil.
Der *Mittelwert*, oft auch als *Erwartungswert* oder *1. Moment* bezeichnet, ist:

$$\langle F \rangle = \frac{1}{N} \sum_{n=1}^{N} F(x_n). \quad (5)$$

Statt der eckigen Klammern werden Mittelwerte oft durch Überstreichung $\bar{F}$ gekennzeichnet. Die *Varianz*, oft auch als *2. Zentralmoment* bezeichnet, ist:

$$\sigma_F^2 = \frac{1}{N-1} \sum_{n=1}^{N} (F(x_n) - \langle F \rangle)^2. \quad (6)$$

σ_F heißt *Standardabweichung* von F.
$\langle F \rangle$ und $F(50\,\%)$ stimmen nur überein, wenn die Häufigkeitsverteilung symmetrisch zur Mitte ist. Das brauchen nicht die Werte zu sein, die am häufigsten auftreten. Der häufigste Wert heißt Modalwert. Die relative Häufigkeit kann mehrere Maxima haben, die Verteilung heißt dann multimodal oder mehrhöckerig.
Für die Feldstärke E und den Feldstärkepegel F liegen die Quantile und Modalwerte bei Anwendung der Gl. (1) an derselben Stelle; Mittelwert und Varianz können jedoch nicht nach Gl. (1) umgerechnet werden. In der Praxis wird meist mit Pegeln gerechnet, trotzdem ist der quadratische Mittelwert der Feldstärke

$$\langle E^2 \rangle = \frac{1}{N} \sum_{n=1}^{N} E^2(x_n) \quad (7)$$

eine wichtige Kenngröße, weil er bei Polarisations- und Leistungsanpassung der mittleren Empfangsleistung $\langle P_E \rangle$ proportional ist. $\langle E^2 \rangle$, häufig auch mit $\overline{E^2}$ gekennzeichnet, wird auch als zweites Anfangsmoment von E bezeichnet.
Zur Charakterisierung der Amplitudenänderung in Abhängigkeit von Ort oder Zeit kann die Autokorrelationsanalyse dienen. Als Beispiel sei hier die zeitliche Schwankung der elektrischen Feldstärke betrachtet. Die Autokorrelationsfunktion

$$\varrho(\tau) = \langle E(t) \cdot E(t+\tau) \rangle / \langle E^2(t) \rangle \quad (8)$$

kennzeichnet die Wahrscheinlichkeit dafür, daß die um die Zeitdifferenz τ auseinander liegenden Meßwerte der Feldstärke ähnlich sind. Hier wird, wie in den Gln. (5) und (7), durch die spitzen Klammern die Mittelung über ein Ensemble von Meßwerten gekennzeichnet. Nach dem Wiener-Khintchine-Theorem (s. D 3) kann unter gewissen mathematischen Voraussetzungen aus der Autokorrelationsfunktion durch Fourier-Transformation das Leistungsdichtespektrum berechnet werden, aus dem dann die Schwundfrequenz nach [5–7] ermittelt werden kann.

1.3 Theoretische Amplitudenverteilungen
Theoretical amplitude distributions

Geht man bei der Klassierung zu infinitesimal kleinen Amplitudenbereichen über, so kann die Überschreitungswahrscheinlichkeit nach Gl. (4) als Integral

$$Q(F \geqq F_\mu) = \int_{F_\mu}^{\infty} p(F)\,\mathrm{d}F \quad (9)$$

geschrieben werden. Dabei ist $p(F)\,\mathrm{d}F$ gleich der relativen Häufigkeit einer Klasse der Breite $\mathrm{d}F = F_{i+1} - F_i$ in Gl. (4); der Integrand $p(F)$ heißt *Wahrscheinlichkeitsdichte*. In der Statistik sind zahlreiche Verteilungen bekannt, von denen einige, je nach Ausbreitungsvorgang [8], die Schwankungen der elektrischen Feldstärke in Abhängigkeit von Zeit und Ort gut beschreiben. Um von der Verteilungsdichte der Feldstärke E auf die Verteilungsdichte der Feldstärkepegel F zu kommen, muß die Transformation

$$p_F(F) = p_E(E)\,(\mathrm{d}E/\mathrm{d}F) = 0{,}115\,E\,p_E(E) \quad (10)$$

durchgeführt werden. F wird auf F_0, den Pegel des quadratischen Mittelwerts der Feldstärke $\langle E^2 \rangle$ nach Gl. (7), bezogen:

$$F - F_0 = 10\,\lg(E^2/\langle E^2 \rangle)\ \mathrm{dB}. \quad (11)$$

Häufig können Meßergebnisse mit Hilfe der logarithmischen Normalverteilung (Log-Normalverteilung) von E beschrieben werden [9]. In Tab. 1 ist $p_E(E)$ der Log-Normalverteilung angegeben. Wendet man die Transformation (10) auf $p(E)$ an, so ergibt sich daraus die Gauß-Verteilung (Normalverteilung) $p_F(F)$, die ebenfalls in Tab. 1 angegeben ist. Im Gaußschen Wahrscheinlichkeitsnetz ist $Q(F)$ eine Gerade. Die Log-Normalverteilung wird nach [9] durch zwei Parameter gekennzeichnet: u und σ_E (Tab. 1). Die Umrechnungsrelationen von diesen auf den Erwartungswert $\langle F_L \rangle$ und die Standardabweichung s_L sind ebenfalls in Tab. 1 angegeben. Letztere sind die Werte, die bei Anwendung der Gln. (5) und (6) aus einem Ensemble von Meßwerten bestimmt werden.
Bei der ionosphärischen Wellenausbreitung, im Mobilfunk und bei Troposcatterverbindungen ist die Feldstärke E häufig rayleigh-verteilt. Die Rayleigh-Verteilung hängt nur von dem Parameter $\langle E^2 \rangle$ ab, s. Tab. 1. Wird die Transformation Gl. (10) auf die Rayleigh-Verteilung angewendet, so ergibt sich als $p_F(F)$ keine aus Formelsammlungen bekannte Verteilung. Man nennt daher diese Transformierte „Rayleigh-Verteilung des Feldstärkepegels“, deren Parameter nach Tab. 1 gleich F_0 ist.

Tabelle 1. Logarithmische Normalverteilung und Rayleigh-Verteilung der Feldstärke E

	Log-Normalverteilung von E bzw. Gauß-Verteilung von F	Rayleigh-Verteilung
$p_E(E)$	$\frac{1}{\sqrt{2\pi}\sigma_E(E/E_1)} \exp\left\{-\frac{(\ln(E/E_1)-u)^2}{2\sigma_E^2}\right\}$	$\frac{2E}{\langle E^2\rangle} \exp\left\{-\frac{E^2}{\langle E^2\rangle}\right\}$
Parameter	u, σ_E und $E_1 = 1$ µV/m	quadratischer Mittelwert $\langle E^2\rangle$
$p_F(F)$	$\frac{1}{\sqrt{2\pi}\,s_L} \exp\left\{-\frac{(F-\langle F_L\rangle)^2}{2s_L^2}\right\}$	$0{,}23 \exp\{0{,}23(F-F_O) - \exp[0{,}23(F-F_O)]\}$
Relationen	$\langle F_L\rangle = 8{,}686\,u$ dB/(µV/m) $s_L = (8{,}686\,\sigma_E)$ dB	$F_O = 4{,}343 \ln\{\langle E^2\rangle/(1\text{ µV/m})^2\}$ dB(µV/m)
$Q(F)$	$0{,}5\left\{1 - \text{erf}\left[\frac{F-\langle F_L\rangle)}{\sqrt{2}\,s}\right]\right\}$ $\text{erf}(x) = \frac{2}{\pi}\int_0^z \exp(-t^2)\,dt$ (*error function*)	$\exp\{-\exp[0{,}23\,(F-F_O)]\}$
$\langle F\rangle$	$\langle F_L\rangle$	$F_O - 2{,}51$ dB
σ_F	s_L	5,57 dB
F_O	$\langle F_L\rangle + 0{,}115\,s_L^2$	F_O
Quantile	$F(50\,\%) = \langle F_L\rangle$ $F(15{,}8\,\%) - F(50\,\%) = s_L$ $F(50\,\%) - F(84{,}2\,\%) = s_L$	$F(50\,\%) = F - 1{,}59$ dB $F(10\,\%) - F(50\,\%) = 5{,}21$ dB $F(50\,\%) - F(90\,\%) = 8{,}18$ dB

Dem schnellen Rayleigh-Schwund ist häufig eine langsame Schwankung von F_O überlagert. Ist diese gauß-verteilt, dann kann die resultierende Verteilung als zusammengesetzte Verteilung (Mischverteilung) [10] berechnet werden

$$p_F(F) = \int_{-\infty}^{+\infty} p_F^R(F, F_{OR})\, p_F^L(F_{OR}, F_{OG}, s_L)\, dF_{OR}. \tag{12}$$

$p_F^R(F, F_{OR})$ ist die Wahrscheinlichkeitdichte der Rayleigh-Verteilung mit dem Parameter F_{OR}. Diese Größe ist ihrerseits die Variable des überlagerten langsamen Gauß-Prozesses mit der Wahrscheinlichkeitsdichte $p_F^L(F_{OR}, F_{OG}, s_L)$. Der Parameter F_{OG} bezeichnet den Pegel des quadratischen Mittelwerts des durch die zusammengesetzte Verteilung beschriebenen Prozesses und s_L ist die Standardabweichung des Gauß-Prozesses. Der Mittelwert des Feldstärkepegels des gemischten Prozesses ist

$$\langle F\rangle = F_{OG} - (2{,}51 + 0{,}115\,(s_L/\text{dB})^2)\text{ dB} \tag{13}$$

und die Standardabweichung von F ist

$$\sigma_F = \sqrt{31{,}025 + (s_L/\text{dB})^2}\text{ dB}. \tag{14}$$

Sind $\langle F\rangle$ und σ_F gemäß Gl. (5) und (6) aus Messungen bekannt, so können mit den Gln. (13) und (14) die Parameter F_{OG} und s_L der gemischten Verteilung bestimmt werden. Das Integral für die Überschreitungswahrscheinlichkeit ist nicht geschlossen lösbar, so daß die Quantile nicht allgemein angebbar sind; Näherungen hierfür s. [11].

Im Richtfunk und im Satellitenfunk überlagern sich einer starken direkten Welle häufig eine Vielzahl gestreuter Teilwellen. Die Resultierenden dieser Teilwellen ergibt eine Rayleigh-Verteilung mit dem quadratischen Mittelwert $\langle E_R^2\rangle$. Die Überlagerung der direkten Welle (Amplitude E_D) mit den Teilwellen wird durch die Rice-Verteilung [12, 13] beschrieben:

$$p_E(E) = \frac{2E}{\langle E_R^2\rangle} \exp\left\{-\frac{E^2 + E_D^2}{\langle E_R^2\rangle}\right\} I_0\left\{\frac{2EE_D}{\langle E_R^2\rangle}\right\}. \tag{15}$$

(E = resultierende Feldstärke, $\langle E^2\rangle = E_D^2 + \langle E_R^2\rangle$ = quadratischer Mittelwert der Feldstärke, $I_0(x)$ = modifizierte Bessel-Funktion nullter Ordnung.)

Die Transformation auf F nach Gl. (10) ergibt keine geschlossene Lösung für $\langle F\rangle$ und σ_F als Funktion der Parameter E_D und $\langle E_R^2\rangle$. Die Bestimmung dieser Parameter gemäß Gl. (5) und (6) aus Messungen ist daher nicht möglich, es können Tabellen oder Näherungsformeln nach [12] benutzt werden. Wenn E_D^2 in die Größenordnung von $\langle E_R^2\rangle$ kommt, geht die Rice-Verteilung in die Rayleigh-Verteilung über. Für $E_D^2 \gg \langle E_R^2\rangle$ ist die

resultierende Feldstärke E gauß-verteilt, wobei $\langle E \rangle = E_D$ ist [12].
Die Verfahren zur Berechnung der Verteilungsparameter aus einem Ensemble von Meßwerten garantieren noch nicht, daß die theoretische Verteilung die Meßwerte befriedigend beschreibt. Zur Beurteilung dienen z.B.: Signifikanztests [14], der graphische Vergleich von gemessenen und theoretischen Wahrscheinlichkeitsdichten oder Summenhäufigkeiten, der Vergleich charakteristischer Quantile o.ä.

Spezielle Literatur: [1] *Radio Regulations.* International Telecommunication Union. Genf ed. 1982, revised 1988. S. RR 18-1. – [2] Siehe [1]. S. RR 1-1 bis RR 1-23. – [3] *NTG Empfehlung 1402.* Begriffe aus dem Gebiet der Ausbreitung elektromagnetischer Wellen. NTZ 30 (1977) 937–947. – [4] IEEE Standard definitions of terms for radio wave propagation. IEEE Trans. AP-17 (1969) 270–275. – [5] *Blackman, R. B.; Tukey, J. W.:* The measurement of power spectra from the point of view of communications engineering. Bell Syst. Tech. J. 33 (1958) 185–282; 485–569. – [6] *Robinson, E. A.:* A historical perspective of spectrum estimation. Proc. IEEE 70 (1982) 885–907. – [7] *Schlitt, H.:* Stochastische Vorgänge in linearen und nichtlinearen Regelkreisen. Braunschweig: Vieweg 1968, 44–49. – [8] *Griffiths, J.; McGeehan J. P.:* Interrelationship between some statistical distributions used in radiowave propagation. IEE Proc. 129, Part F (1982) 411–417. – [9] *Müller, P. H.:* Lexikon der Stochastik. Berlin: Akademie-Verlag, S. 144, 433. – [10] Siehe [9], S. 338–340. – [11] *Lorenz, R. W.:* Theoretische Verteilungsfunktionen von Mehrwegeschwundprozessen im beweglichen Funk und die Bestimmung ihrer Parameter aus Messungen. Forschungsinstitut der Deutschen Bundespost. Darmstadt 1979, 455 TBr 66. – [12] *Rice, S. O.:* Mathematical analysis of random noise. Bell Syst. Tech. J. 23 (1944) 292–332; 24 (1945) 46–156. Reprint *Wax, N.* (Ed.): Selected papers on noise and stochastic processes. New York: Dover 1954, pp. 133–294. – [13] *Norton, K. A.* et al.: The probability distribution of the amplitude of a constant vector plus a Rayleigh-distributed vector. Proc. IRE 43 (1955) 1354–1361. – [14] *Kreyszig, E.:* Statistische Methoden und ihre Anwendungen. Göttingen: Vandenhoek & Ruprecht 1973, S. 167–344. – [15] *Abramowitz, M.; Stegun, I. A.:* Handbook of mathematical functions. New York: Dover 1968, Chap. 7, pp. 292–311.

2 Ausbreitungserscheinungen
Propagation phenomena

Allgemeine Literatur: *Burrows, C. R.; Attwood, S. S.:* Radio wave propagation. New York: Academic Press 1949. – *Großkopf, J.:* Wellenausbreitung, Bd. I u. II. Mannheim: Bibliograph. Inst. 1970. – *Hall, M. P. M.:* Effects of the troposphere on radio communication. New York: P. Peregrinus 1979. – *Ishimaru, A.:* Wave propagation and scattering in random media. Vol. 1 and 2. New York: Academic Press 1978. – *Boithias, L.:* Propagation des ondes radioélectriques dans l'environnement terrestre. Paris: Dunod 1983. – Recommendations and Reports of the CCIR, 1990, Vol. V (Propagation in non-ionized media), Genf: ITU 1990.

Spezielle Literatur Seite H 9

2.1 Freiraumausbreitung
Free-space propagation

Strahlt eine Sendeantenne (Gewinn G_S) die Leistung P_S ab, dann beträgt die Leistungsflußdichte S in der Entfernung d

$$S = P_S G_S/(4\pi d^2). \tag{1}$$

Das Produkt $P_S G_S$ in Gl. (1) wird als EIRP (equivalent isotropically radiated power [1]) bezeichnet und stellt die Leistung dar, die ein fiktiver Kugelstrahler ($G_S = 1$) abstrahlen müßte, um am Empfangsort die gleiche Leistungsflußdichte zu erzeugen. Mitunter wird auch die effektiv abgestrahlte Leistung ERP (Effective Radiated Power [1]) verwendet, wobei der Gewinn nicht auf den des fiktiven Kugelstrahlers, sondern auf den des $\lambda/2$-Dipols ($G_S = 1{,}64$) bezogen wird.
Dem Feld mit einer Leistungsflußdichte S kann von einer Empfangsantenne (Gewinn G_E, Wirkfläche $A_E = \lambda^2/(4\pi)\, G_E$) maximal (bei Leistungs- und Polarisationsanpassung) die Leistung

$$P_E = S A_E = P_S \lambda^2/(4\pi d)^2\, G_S G_E \tag{2}$$

entnommen werden. Das Übertragungsdämpfungsmaß zwischen Sender und Empfänger im freien Raum (free space loss) beträgt demnach

$$\begin{aligned} L_0/\text{dB} &= -10\lg(P_E/P_S) \\ &= 32{,}5 + 20\lg(d/\text{km}) + 20\lg(f/\text{MHz}) \\ &\quad - 10\lg(G_S) - 10\lg(G_E). \end{aligned} \tag{3}$$

Mit $G_S = G_E = 1$ ergibt sich aus L_0 das Grundübertragungsdämpfungsmaß L_B.
Für reale Funksysteme können alle Gesetzmäßigkeiten nur als Bezugsdaten dienen, weil atmosphärische Effekte und Einflüsse der Umgebung die Ausbreitungsbedingungen verändern. Diese Phänomene werden in einem Ausbreitungsdämpfungsmaß A zusammengefaßt, um das sich das tatsächliche Übertragungsdämpfungsmaß L vom Freiraumwert L_0 unterscheidet:

$$L = L_0 + A. \tag{4}$$

Normalerweise ist mit einer Zusatzdämpfung ($A > 0$ dB) zu rechnen; in seltenen Fällen, die auf Reflexion, Beugung und/oder Brechung beruhen, sind Pegel auch über dem Freiraumwert möglich ($A < 0$ dB).

2.2 Brechung. Refraction

Beim Übergang einer homogenen Welle aus einem Medium 1 in ein Medium 2, in dem sie eine andere Ausbreitungsgeschwindigkeit hat, ändert sich dabei ihre Ausbreitungsrichtung (Brechung vgl. B 2). Für ein sphärisch geschichtetes Medium

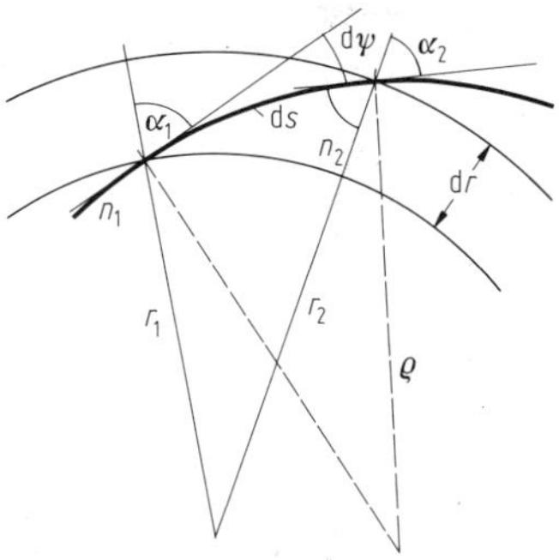

Bild 1. Brechung bei sphärisch geschichteten Medien

erhält man (Bild 1)

$$n_1 r_1 \sin\alpha_1 = n_2 r_2 \sin\alpha_2, \tag{5}$$

wobei $n_i = \sqrt{\varepsilon_{ri}}$ ist.
Daraus folgt für die Abhängigkeit des Winkels α von n und r:

$$\mathrm{d}\alpha/\mathrm{d}r = -\tan\alpha[1/r + (1/n)\,\mathrm{d}n/\mathrm{d}r].$$

Für den Krümmungsradius ϱ der Strahlenbahn gilt

$$1/\varrho = -\sin\alpha[(1/n)\,\mathrm{d}n/\mathrm{d}r]. \tag{6}$$

Die Strahlenablenkung ψ ergibt sich aus:

$$\mathrm{d}\psi/\mathrm{d}r = \tan\alpha(1/n)\,(\mathrm{d}n/\mathrm{d}r).$$

Zur Berechnung der Brechung durch die sphärisch geschichtete Troposphäre setzt man (s. H 3.2):

$$r = r_\mathrm{E} + h, \qquad n(h) = n_0 + (\mathrm{d}n/\mathrm{d}h)_{\mathrm{h}=0}\,h.$$

Dabei sind r_E der mittlere Erdradius, h die Höhe über Grund und n_0 die Brechzahl am Boden. $\mathrm{d}n/\mathrm{d}h$ wird als konstant angenommen.
Für $n_1 = n_0$, $r_1 = r_\mathrm{E}$, $\alpha_1 = \alpha_0$ und $n_2 = n(h)$, $r_2 = r_\mathrm{E} + h$, $\alpha_2 = \alpha$ folgt mit $h^2/r_\mathrm{E}(\mathrm{d}n/\mathrm{d}h)_{\mathrm{h}=0} \ll 1$ aus Gl. (5):

$$\sin\alpha\{1 + [1/r_\mathrm{E} + (\mathrm{d}n/\mathrm{d}h)_{\mathrm{h}=0}]\,h\} = \sin\alpha_0. \tag{7}$$

Für $\mathrm{d}n/\mathrm{d}h = 0$ beschreibt Gl. (7) den Strahlenverlauf über einer atmosphärefreien Erde mit Radius r_E. Nach Gl. (6) ist dann $\varrho = \infty$. Faßt man in Gl. (7) die Größe $[1/r_\mathrm{E} + (\mathrm{d}n/\mathrm{d}h)]^{-1}$ als effektiven Radius $k_\mathrm{e} r_\mathrm{E}$ einer fiktiven Erde mit homogener Atmosphäre der Brechzahl n_0 auf, so breitet sich der Strahl über dieser ebenfalls geradlinig aus. Bei dieser Umrechnung bleiben die Entfernungen auf der Kugel erhalten. Der Krümmungsfaktor k_e ergibt sich zu

$$k_\mathrm{e} = 1/[1 + r_\mathrm{E}(\mathrm{d}n/\mathrm{d}h)_{\mathrm{h}=0}]. \tag{8}$$

2.3 Reflexion. Reflection

Eine ebene Welle wird an der Grenzfläche zweier Medien mit den Brechzahlen n_1 und n_2 gebrochen (s. 2.2) und reflektiert (vgl. B 2).

2.4. Dämpfung. Attenuation

Wird einer Welle Energie entzogen und in andere Formen umgewandelt, spricht man von Absorption; bei zusätzlicher Berücksichtigung der Verluste durch Streuung (s. 2.5) von Dämpfung.
Die Absorption wird durch den Imaginärteil der Brechzahl $\underline{n} = \sqrt{\underline{\varepsilon}_\mathrm{r}}$ bestimmt.
Bei mikroskopisch inhomogenen Medien ist es zweckmäßig, diese makroskopisch als abschnittsweise homogen anzusehen, mit einer effektiven Brechzahl $\underline{n}_\mathrm{eff}$. Der Betrag der Feldstärke $|E(x)|$ nimmt entlang des Ausbreitungswegs gemäß

$$|E(x)| = |E(0)|\,\exp(2\pi/\lambda)\int_0^x \mathrm{Im}(\underline{n}_\mathrm{eff}(\xi))\,\mathrm{d}\xi$$

ab. Damit wird die Ausbreitungsdämpfung:

$$A/\mathrm{dB} = 20\,\lg|E(0)/E(x)|.$$

Das Dämpfungsmaß $\alpha(x)$ ergibt sich unter Berücksichtigung der Streuung aus

$$\alpha(x)/(\mathrm{dB/km}) = -\,8{,}686\cdot 10^3(2\pi/\lambda)\cdot\mathrm{Im}(\underline{n}_\mathrm{eff}(x)).$$

2.5 Streuung. Scattering

Streuung ist die in einem inhomogenen Medium auftretende Ablenkung von Strahlungsenergie aus der ursprünglichen Ausbreitungsrichtung. Von besonderer Bedeutung ist die Streuung an Niederschlägen, Brechzahlinhomogenitäten und rauhen Flächen.
Bei Niederschlagsstreuung und Troposcatter ist die gesamte Streuleistung vieler Streuer in einem größeren Volumen zu berechnen (Volumenstreuung). Ist deren Abstand groß gegen λ, so können die einzelnen Beiträge aufsummiert werden; andernfalls liegt Mehrfachstreuung vor [2].

Volumenstreuung. Der differentielle Streuquerschnitt eines Körpers ist definiert durch

$$\sigma_\mathrm{S} = \frac{\Delta P_\mathrm{SS}}{S_\mathrm{S}\,\Delta\Omega} \tag{9}$$

als Quotient der pro Raumwinkelelement $\Delta\Omega$ gestreuten Leistung ΔP_SS und der einfallenden Leistungsflußdichte $S_\mathrm{S} = P_\mathrm{S} G_\mathrm{S}/(4\pi d_\mathrm{SS}^2)$, die ein Sender (EIRP $= P_\mathrm{S} G_\mathrm{S}$, Abstand d_SS zum Streuer) am

Ort des Streuers erzeugt. Die gesamte gestreute Leistung ergibt sich aus $P_{SS} = S_S \int \sigma_S \, d\Omega = S_S \sigma_{tot}$. Der totale Streuquerschnitt σ_{tot} hat die Bedeutung einer Wirkfläche, die dem Strahlungsfeld die Leistung P_{SS} entzieht. In der Radartechnik wird meist der Radarstreuquerschnitt $\sigma_R = 4\pi\sigma_S$ benutzt.

Der Streuquerschnitt kann aus der Brechzahl n und dem äquivalenten oder realen Radius a des Streuers berechnet werden. Er wird formal durch die Streufunktion $S(a, n)$ bzw. $F(a, n) = j\lambda S(a, n)/(2\pi)$ ausgedrückt:

$$\sigma_R = (\lambda^2/\pi)\, S(a, n)\, S^*(a, n). \tag{10}$$

Die Streufunktionen enthalten neben der Richtungs- auch die Polarisationsabhängigkeit der Streustrahlung.

Für kugelförmige Streuer (Regentropfen) wurde von Mie [3] eine geschlossene Lösung angegeben. Weichen die Streuer wenig von der Kugelform ab, kann eine Störungsrechnung für die Streufunktionen durchgeführt werden [4]; sonst müssen andere Verfahren angewendet werden (pointmatching, Integralgleichung) [5–8].

Bei der Streuung an Brechzahlinhomogenitäten (s. H 3.2) wird meist der auf das Volumen V bezogene Streuquerschnitt η_S angegeben [9]. Er ist mit σ_S verknüpft durch

$$\sigma_S = \int_{(V)} \eta_S \, dV.$$

Für statistisch homogene und isotrope Medien gilt [10]:

$$\eta_S(\vartheta_S, \chi) = \frac{4\pi^3 \sin^2\chi\, \overline{(\Delta\varepsilon)^2}}{\lambda^4} \int_0^\infty \varrho(r)\, r \cdot \frac{\sin K}{K}\, dr \tag{11}$$

mit $K = \frac{4\pi}{\lambda} \sin\frac{\vartheta_S}{2}$. χ ist der Winkel zwischen den Richtungen der elektrischen Feldstärke der einfallenden Welle und der Ausbreitungsrichtung der Streustrahlung, ϑ_S der zwischen den Ausbreitungsrichtungen der einfallenden Welle und der Streustrahlung. $\overline{(\Delta\varepsilon)^2}$ ist die Varianz der örtlichen Verteilung der Dielektrizitätszahl. Die Struktur des Mediums wird durch die Autokorrelationsfunktion $\varrho(r)$ der Dielektrizitätszahl (oder deren Fourier-Transformierte) beschrieben, für die es verschiedene Ansätze gibt [10]. Für Troposcatter wählt man als einfachsten Ansatz nach Booker und Gordon [24]

$$\varrho(r) = \exp(-r/l) \tag{12}$$

(l = Korrelationslänge) und erhält

$$\eta_S(\vartheta_S, \chi) = \frac{\overline{(\Delta\varepsilon)^2}\,(2\pi l)^3 \sin^2\chi}{\lambda^4[1 + (4\pi l/\lambda \cdot \sin(\vartheta_S/2))^2]^2}. \tag{13}$$

Im Mikrowellenbereich gilt meist $l \gg \lambda$. In der Umgebung von $\vartheta_S = 0$ wächst $\eta_S(\vartheta_S, \chi)$ wie $1/\vartheta_S^4$ an, d. h. die Streuung ist stark vorwärts gerichtet.

Streuung an rauhen Flächen. Die Streuung an rauhen Flächen wird bestimmt durch deren statistische Eigenschaften, die Frequenz, den Einfallswinkel und die Materialkonstanten. Zunächst werden verlustlose, metallische Flächen behandelt. Die Höhe z der Fläche im Punkt x, y wird durch die stochastische Funktion

$$z = \xi(x, y)$$

beschrieben. In der Literatur wird meist der Fall behandelt, daß $\xi(x, y)$ durch eine Normalverteilung (Mittelwert $\bar{\xi} = 0$, Standardabweichung z_0) und die Korrelationsfunktion $\varrho(r)$, mit $r = \sqrt{x^2 + y^2}$, gekennzeichnet werden können [11]:

$$P_\xi(z) = \exp[-z^2/(2z_0^2)]/(\sqrt{2\pi}z_0) \tag{14}$$

$$\varrho(r) = \exp(-r^2/l^2). \tag{15}$$

Der Rauhigkeitsparameter $g = (4\pi z_0 \sin\delta/\lambda)^2$ ist ein Maß für die Streuleistung [12]. δ ist der Erhebungswinkel der einfallenden Welle. Die Leistungsflußdichte $\bar{S}$ in Spiegelungsrichtung, bezogen auf die bei ebener Fläche reflektierte Leistungsflußdichte S_0 ist

$$\bar{S}/S_0 = \exp(-g). \tag{16}$$

Die gesamte, nicht spiegelnd reflektierte Leistung wird in andere Richtungen gestreut und wächst mit g. Die Auswirkung von Rauhigkeiten kann mit Hilfe von g abgeschätzt werden. Als Grenze für Spiegelreflexion wird auch das Rayleigh-Kriterium $16 z_0 \sin\delta < \lambda$ angesehen. Es ist implizit in g enthalten, quantitative Abschätzungen sind mit ihm nicht möglich. Falls $g \approx 1$, ist das Richtdiagramm der Streustrahlung schwierig zu berechnen. Für $g \gg 1$ ergeben sich Grenzdiagramme, die nur noch vom Verhältnis z_0/l und δ abhängen. Dabei ist vorausgesetzt, daß die Längenausdehnung der streuenden Fläche groß gegen die Wellenlänge und Korrelationslänge l ist.

Bei endlicher Leitfähigkeit der Fläche sind die Reflexionskoeffizienten polarisationsabhängig. (s. B 4). Die Streustrahlung ist elliptisch polarisiert [13]. Für $\delta \ll 1$ (streifender Einfall) sind auch bei verlustarmen Dielektrika die Reflexionsfaktoren $|R| \approx 1$, und Gl. (16) erlaubt eine Abschätzung der Streuung.

2.6 Ausbreitung entlang ebener Erde

Propagation along the plane earth

Die Wellenausbreitung entlang der Erde wird durch deren Gestalt, den Aufbau der Atmosphäre und die elektrischen Eigenschaften beider

Medien beeinflußt. Eine grobe Vorstellung über die Ausbreitung entlang der Grenzfläche Erde/Luft (Bodenwelle) gewinnt man, wenn man die Brechzahlen von Luft und Boden als konstant annimmt und die Erdkrümmung vernachlässigt. Dieses Modell beschreibt die Ausbreitung entlang der kugelförmigen Erde für Entfernungen $< 10\,(\lambda/\mathrm{m})^{1/3}$ km und geringe Antennenhöhen [14].

Das Strahlungsfeld eines Hertzschen Dipols direkt über ebener Erde hat die Form [15]

$$E = 2E_0 F(\varrho).$$

E stellt die Komponente des elektrischen Feldvektors senkrecht (vertikaler Dipol) bzw. parallel (horizontaler Dipol) zur Erde dar. E_0 ist die Freiraumfeldstärke. $F(\varrho)$ ist eine Dämpfungsfunktion, deren Größe zwischen 1 (nahe beim Sender) und 0 (in großer Entfernung) liegt. Für ϱ gilt:

$$\varrho = \begin{cases} \pi d/\lambda\,|\underline{n}^2 - 1|/|\underline{n}^2|^2 & \text{vert. Polarisation,} \\ \pi d/\lambda\,|\underline{n}^2 - 1| & \text{hor. Polarisation,} \end{cases}$$

wobei λ die (Freiraum)-Wellenlänge, d die Entfernung und

$$\underline{n}^2 = \varepsilon_\mathrm{r} - \mathrm{j}\kappa\lambda Z_0/(2\pi) \tag{17}$$

das Quadrat der Brechzahl der Erde bedeuten. In Bild 2 ist der Zusammenhang $F(\varrho)$, abhängig von dem Parameter

$$Q = \mathrm{Re}(\underline{n}^2)/\mathrm{Im}(\underline{n}^2) = 2\pi\varepsilon_\mathrm{r}/(\kappa\lambda Z_0), \tag{18}$$

für vertikale und horizontale Polarisation aufgetragen. Für $\varrho > 10$ ist

$$F(\varrho) \approx 1/(2\varrho).$$

Da für Böden immer $|\underline{n}^2| \gg 1$ (Tabelle mit typischen Werten für ε_r und κ, s. H 3.1) gilt, ist ϱ bei horizontaler Polarisation wesentlich größer als bei vertikaler. Horizontal polarisierte Wellen werden daher an der Grenzfläche stärker gedämpft als vertikal polarisierte. Im Grenzfall $\kappa \to \infty$ gilt für vertikale Polarisation $E = 2E_0$, während bei horizontaler Polarisation $E = 0$ wird. Mit zunehmendem Abstand von der Grenzfläche wird der Dämpfungsunterschied immer kleiner.

2.7 Beugung. Diffraction

Elektromagnetische Wellen können um Hindernisse herumgreifen und damit in die geometrische Schattenzone gelangen. Diesen Vorgang nennt man Beugung. Wie stark das Feld in den Schattenraum eindringt, hängt von der Wellenlänge, geringfügig auch von der Gestalt des Hindernisses ab. Der Beugungsschatten ist um so schärfer ausgeprägt, je kürzer die Wellenlänge ist.

Kantenbeugung. Mit dem Modell der Beugung an einer Halbebene, die senkrecht zur direkten Verbindungslinie Sender-Empfänger eingefügt ist, lassen sich die Auswirkungen scharfkantiger Hindernisse auf die Ausbreitung beschreiben (Kantenbeugung). Für die Feldstärke am Empfangsort erhält man [9]:

$$E/E_0 = |1/2 - \exp(-\mathrm{j}\pi/4)\,[C(v) + \mathrm{j}S(v)]/\sqrt{2}|. \tag{19}$$

E_0 ist die Freiraumfeldstärke, die vom Sender am Empfangsort erzeugt würde, wenn der Ausbreitungsweg frei wäre. Die Funktionen $C(v)$ und $S(v)$ bezeichnen die Fresnel-Integrale

$$C(v) = \int_0^v \cos(\pi t^2/2)\,\mathrm{d}t; \qquad S(v) = \int_0^v \sin(\pi t^2/2)\,\mathrm{d}t$$

vom Argument

$$v = H\sqrt{2/\lambda\,(1/d_\mathrm{S} + 1/d_\mathrm{E})}. \tag{20}$$

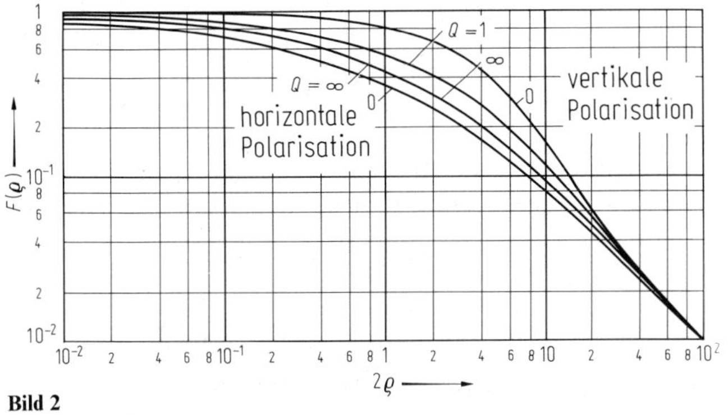

Bild 2

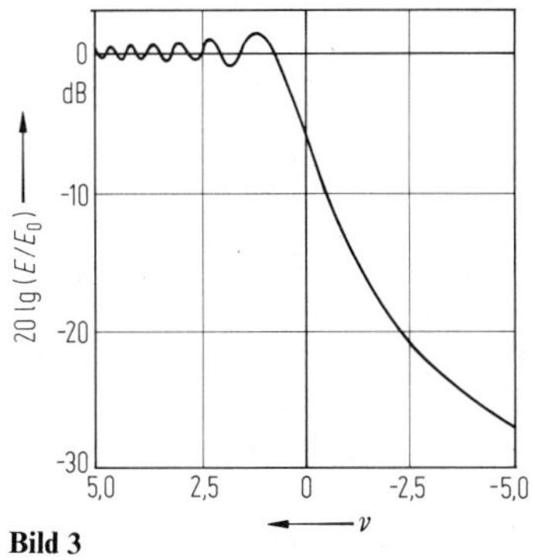

Bild 3

Bild 2. Dämpfungsfunktion $F(\varrho)$ für die Ausbreitung entlang ebener Erde. Nach [15]. Parameter Q nach Gl. (18)

Bild 3. Dämpfung durch Beugung an einer Halbebene als Funktion von v nach Gl. (20)

d_S und d_E sind die Abstände vom Sender bzw. Empfänger zur Halbebene; H stellt den Abstand von der Verbindungslinie Sender-Empfänger zur Kante der Halbebene dar; bei endlichen Brechzahlgradienten der Troposphäre ist H aus dem Streckenschnitt abzulesen (s. H 3.1 und H 3.2). H und damit v werden negativ gezählt, wenn die Kante unterhalb der Sichtlinie liegt, andernfalls positiv. Der Zusammenhang zwischen E und v ist in Bild 3 dargestellt. Bei $v = 0$ ist $E = E_0/2$. In der Schattenzone ($v > 0$) nimmt die Feldstärke monoton gegen 0 ab, während sie im Sichtbereich ($v < 0$) oszillierend der Asymptote E_0 zustrebt. Die Oszillationen folgen aus der partiellen Abschattung der aus der Wellenoptik bekannten Fresnel-Zonen (Beugung an der Kreisblende [16]) durch die Halbebene. Die Fresnel-Zonen sind Schnitte senkrecht zur Drehachse der Fresnel-Ellipsoide, die die geometrischen Orte der Punkte im Raum darstellen, für welche die Summe der Abstände zu Sender und Empfänger um $m\lambda/2$ ($m = 1, 2, \ldots$) größer sind als der Abstand Sender-Empfänger. Der Radius der m-ten Frensel-Zone ist durch $m r_F$ mit

$$r_F = \sqrt{\lambda/(1/d_S + 1/d_E)} \tag{21}$$

gegeben. Aus den Gln. (20) und (21) folgt

$$v = \sqrt{2}\, H/r_F. \tag{22}$$

Im Funk haben die Fresnel-Ellipsoide als Planungskriterium Bedeutung. Für gerichtete Funkverbindungen wird oft gefordert, daß das erste Fresnel-Ellipsoid unter Normalbedingungen ($k_e = 4/3$, s. H 3.2) frei ist von Hindernissen [17]. Diese Forderung ist etwas willkürlich, weil die Abschattung in der Natur nicht durch kreisförmige Blenden, sondern eher durch kantenförmige Hindernisse erfolgt. Für eine Kante, die am ersten Fresnel-Ellipsoid einer Funkstrecke endet, gilt nach Gl. (22): $v = -\sqrt{2}$. Nach Bild 3 ist damit Gewähr gegeben, daß annähernd die Freiraumfeldstärke (mit einem Sicherheitsabstand gegenüber Schwankungen des Brechwerts) erreicht wird.

Beugung an der Erdkugel. Die Beugung an der Erdkugel (Radius r_E) haben Van der Pol und Bremmer [18] untersucht; zusammenfassende Darstellungen ihrer Theorie finden sich in [15, 19, 20]. Die Berechnung des Feldes führt auf unendliche, z.T. sehr schlecht konvergierende Reihen mit komplizierten mathematischen Funktionen. Aus der allgemeinen Lösung sind Näherungen für den Sichtbereich (Interferenzzone) und die Schattenregion (Beugungszone) entwickelt worden. Der Übergang zwischen beiden Regionen wird durch einander berührende Radiohorizonte von Sender (d_{RS}) und Empfänger (d_{RE}) festgelegt. Für eine Antenne in der Höhe h über Grund ist der Abstand zum Radiohorizont durch

$$d_R = \sqrt{2 h k_e r_E} \tag{23}$$

gegeben. Mit k_e wird der Brechzahlgradient der Troposphäre berücksichtigt; bei $k_e = 1$ fallen Radiohorizont und geometrischer Horizont zusammen. Für Streckenlängen $d > d_{RS} + d_{RE} = \sqrt{2 k_e r_E}\,(\sqrt{h_S} + \sqrt{h_E})$ befindet sich der Empfänger im Beugungsschatten, für $d < d_{RS} + d_{RE}$ im Interferenzbereich.

Interferenzzone. In diesem Bereich ist zwischen geringen und großen Antennenhöhen zu unterscheiden:

(a) h_S und $h_E < 30\,(\lambda/m)^{1/3}\,m$.

Die Ausbreitung erfolgt hier wie über ebener Erde (s. 2.6). Für die Feldstärke gilt [15]:

$$E = 2 E_0 F(\varrho)\, \tilde{F}(h_S)\, \tilde{F}(h_E) \tag{24}$$

mit

$$\tilde{F}(h) = \sqrt{1 + (2h/h_0)/(4Q^2 + 1) + (h/h_0)^2},$$

$$h_0^2 = \left(\frac{\lambda}{2\pi}\right)^2 \cdot \begin{cases} |\underline{n}^2|^2/|\underline{n}^2 - 1| & \text{für vert. Polarisation,} \\ 1/|\underline{n}^2 - 1| & \text{für hor. Polarisation.} \end{cases} \tag{25}$$

Die Größen $\underline{n}^2$ und Q sind durch die Gln. (17) und (18) definiert. $\tilde{F}(h)$ stellt eine Korrekturfunktion für endliche Antennenhöhen dar; für $h \to 0$ ist $\tilde{F}(h) \approx 1$, bei $h \gg h_0$ wird $\tilde{F}(h) \approx h/h_0$. Im letzteren Fall lautet Gl. (24) für $\varrho > 10$

$$E \approx \sqrt{4\pi Z_0 P_S G_S}\; h_S h_E/(d^2 \lambda). \tag{26}$$

Gl. (24) gilt, solange zusätzlich $2\pi h_S h_E/\lambda \ll d$ bleibt.

(b) h_S und/oder $h_E \geqq 30(\lambda/\mathrm{m})^{1/3}\mathrm{m}$:

Das Feld am Empfangsort läßt sich näherungsweise durch Überlagerung einer direkten und einer am Erdboden reflektierten Welle entsprechend Bild 4 berechnen [15]:

$$E = E_0 \left| 1 + \Delta G_S R D \frac{r_d}{r_r} \exp(-\mathrm{j}2\pi\Delta/\lambda) \right|. \tag{27}$$

E_0 ist die Freiraumfeldstärke im Abstand r_d vom Sender. ΔG_S stellt die Gewinnabnahme der Sendeantenne in Richtung des indirekten Strahls gegenüber der Hauptstrahlrichtung dar. Der Reflexionsfaktor R (s. B 2) hängt ab von der Polarisation des abgestrahlten Feldes, dem Elevationswinkel δ, der Wellenlänge λ und den Parametern ε_r und κ des Erdbodens. Die Auffächerung des an der sphärischen Erde reflektierten Strahls wird

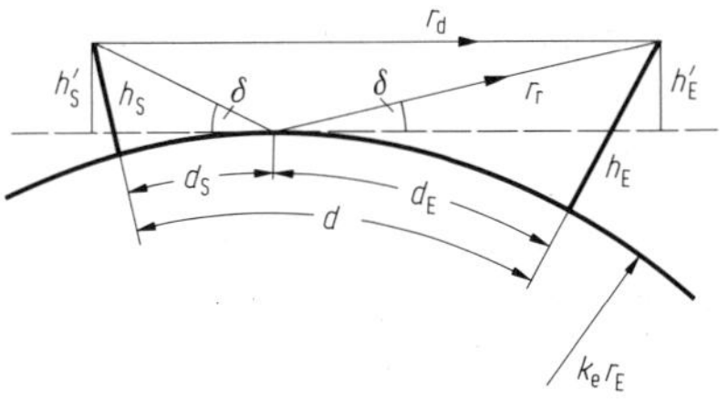

Bild 4. Geometrie zur Herleitung der Feldstärke nach Gl. (27)

durch den Divergenzfaktor

$$D = \frac{1}{\sqrt{1 + 2h_S' h_E'/(k_e r_E d \tan^3 \delta)}} \quad (28)$$

berücksichtigt. h_S' und h_E' sind die effektiven Antennenhöhen über der Tangentialebene im Reflexionspunkt:

$$h_s' \approx h_S - \frac{d_S^2}{2k_e r_E}, \quad h_E' \approx h_E - \frac{d_E^2}{2k_e r_E}. \quad (29)$$

Zwischen dem direkten und dem reflektierten Strahl besteht ein Gangunterschied

$$\Delta \approx 2h_S' h_E'/d, \quad (30)$$

der zu Maxima und Minima der resultierenden Feldstärke führt, die etwa um $\Delta G_S \,|R|\, D r_d/r_r$ größer bzw. kleiner als E_0 sind.
In der Nähe des Radiohorizonts ($\delta \gtrsim 0$) läßt sich Gl. (27) erheblich vereinfachen. Hier gilt $\Delta G_S \approx 1$, $R \approx -1$, $r_d \approx r_r \approx d$ und $\pi\Delta/\lambda \ll 1$, so daß

$$E \approx 2E_0 \sin(\pi\Delta/\lambda) \approx \sqrt{4Z_0 P_S G_S}\, h_S' h_E'/(d^2 \lambda) \quad (31)$$

wird. Ein Vergleich der Gln. (26) und (31) zeigt, daß der Einfluß der Erdkrümmung bei Strecken in der Nähe des Radiohorizonts berücksichtigt werden kann, indem man die wirklichen durch die effektiven Antennenhöhen ersetzt. Unmittelbar am Radiohorizont ($h_S' = h_E' = 0$) wird nach Gl. (31) $E = 0$ (geometrisch-optische Näherung); tatsächlich geht das Feld hier stetig in das (schwache) Feld im Beugungsschatten über.

Beugungszone. Analytisch einfache Beziehungen für die Feldstärke in der Beugungszone existieren nicht. Die allgemeine Lösung ist mathematisch sehr kompliziert. Zur Bestimmung der Beugungsdämpfung werden deshalb Diagramme [21], Nomogramme [22] oder ein in [23] abgedrucktes Rechnerprogramm (FORTRAN IV, etwa 100 Befehle) verwendet. Einen Überblick über die Abschattung durch die Erdkugel bei hohen Frequenzen ($\lambda < 1$ m) gibt H 6.4.

Spezielle Literatur: [1] Radio regulations, Part A, Chapter 1 (Terminology) Nr. 155–156. Genf: ITU 1982, Revision 1988. – [2] *Uzunoglu, N. K.; Evans, B. G.; Holt, A. R.:* Scattering of electromagnetic radiation by precipitation particles and propagation characteristics of terrestrial and space communication systems. Proc. IEE 124 (1977) 417–424. – [3] *Mie, G.:* Beiträge zur Optik trüber Medien, speziell kolloidaler Metallösungen. Ann. Phys. 25 (1908) 377–445. – [4] *Oguchi, T.:* Attenuation of electromagnetic waves due to rain with distorted raindrops. J. Radio Res. Lab. 7 (1960) 467–485; 11 (1964) 19–44; 13 (1966) 141–172. – [5] *Fang, D. Y.; Lee, F. Y.:* Tabulations of raindrop-induced forward and backward scattering amplitudes. COMSAT Tech. Rev. 8 (1978) 455–486. – [6] *Holt, A. R.:* The scattering of electromagnetic waves by single hydrometeors. Radio Sci. 17 (1982) 928–945. – [7] *Dissanayake, A. W.; Watson, P. A.:* Forward scatter and cross-polarisation from spheroidal ice particles. Electronics Letters 13 (1977) 140–142. – [8] *Morrison, J. A.; Cross, M. J.:* Scattering of a plane electromagnetic wave by axisymmetric raindrops. Bell Syst. Tech. J. 53 (1974) 955–1019. – [9] *Großkopf, J.:* Wellenausbreitung, Bd. I. Mannheim: Bibliograph. Inst. 1970, S. 57–61. – [10] *Ishimaru, A.:* Wave propagation and scattering in random media. Vol. 2. New York: Academic Press, pp. 329–345. – [11] *Hortenbach, K. J.:* On the influence of surface statistics, ground moisture content and wave polarisation on the scattering of irregular terrain and on signal power spectra. AGARD Conf. Proc. CP 269 (1979). – [12] *Beckmann, P.; Spizzichino, A.:* The scattering of electromagnetic waves from rough surfaces. Oxford: Pergamon 1963, pp. 80–97. – [13] *Barrick, D. E.:* A note on the theory of scattering from an irregular surface. IEEE Trans. AP-14 (1966) 77–82. – [14] *Recommendations and Reports of the CCIR, Vol. V* (Propagation in non-ionized media), Genf: ITU 1990. Rep. 714-2 (Ground-wave propagation in an exponential atmosphere). – [15] *Burrows, C. R.; Attwood, S. S.:* Radio wave propagation. New York: Academic Press 1949, pp. 377–432. – [16] *Joos, G.:* Lehrbuch der Theoretischen Physik. Frankfurt: Akad. Verlagsges. 1959, S. 363–367. – [17] *Recommendations and Reports of the CCIR, Vol. V* (Propagation in non-ionized media). Genf: ITU 1990. Rep. 338-6 (Propagation data required for line-of-sight radio-relay systems). – [18] *Van der Pol, B.; Bremmer, H.:* The diffraction of electromagnetic waves from an electrical point source round a finitely conducting sphere, with applications to radiotelegraphy and the theory of the rainbow. Phil. Mag. 24 (1937) 141–176; 24 (1937) 825–864; 25 (1938) 817–834. – [19] *Bremmer, H.:* Terrestrial radio waves, Part I, New York: Elsevier 1949, pp. 11–24. – [20] *Fock, V. A.:* Electromagnetic diffraction and propagation problems. Oxford: Pergamon 1965, pp. 235–253. – [21] *Recommendations and Reports of the CCIR, Vol. V* (Propagation in non-ionized media), Genf: ITU 1990. Rep. 715-3 (Propagation by diffraction). – [22] *Bullington, K.:* Radio propagation fundamentals. Bell Syst. Tech. J. 39 (1957) 593–626. – [23] *Meeks, M. L.:* Radar propagation at low altitudes. Dedham: Artech 1982, pp. 65–69. – [24] *Booker, H. G.; Gordon, W. E.:* A theory of radio scattering in the troposphere. Proc. I.R.E. 38 (1950) 401–412.

3 Ausbreitungsmedien
Propagation media

Allgemeine Literatur: *Davies, K.* (Ed.): Ionospheric radio propagation. National Bureau of Standards Monograph 80, Washington, D.C.: U.S. Government Printing Office

---

Spezielle Literatur Seite H 16

1965. – *Fränz, K.; Lassen, H.*: Antennen und Ausbreitung. Berlin: Springer 1956. – *Gleissberg, W.*: Die Häufigkeit der Sonnenflecken. Berlin: Akademie-Verlag 1952. – *Großkopf, J.*: Wellenausbreitung, Bd. 1 und 2. Mannheim: Bibliograph. Inst. 1970. – *Kerr, D.E.*: Propagation of short radio waves. New York: McGraw-Hill 1951. – *Kiepenheuer, K.O.*: Die Sonne. Berlin: Springer 1957. – *Rawer, K.*: Die Ionosphäre. Groningen: Noordhoff 1953. – *Recommendations and Reports of the CCIR, 1990, Vol. V* (Propagation in non-ionized media) und *Vol. VI* (Propagation in ionized media), Genf: ITU 1990.

3.1 **Erde.** Earth

Für die Wellenausbreitung in der Nähe der Erdoberfläche sind im Frequenzbereich bis etwa 30 MHz die *elektrischen Eigenschaften der Erde*, bei höheren Frequenzen ($\lambda < 10$ m) ist dagegen die Rauhigkeit der Grenzfläche (d.h. Gebirge, Vegetation, Bebauung) entscheidend.

Im ersten Fall (Bodenwelle, s. H 2.6) ist die Reichweite um so größer, je niedriger die Frequenz und je größer die elektrische Bodenleitfähigkeit ist. Diese hängt von der geologischen Beschaffenheit ab und kann auch kleinräumig große Schwankungen aufweisen (s. H 6.1). In Tab. 1 sind typische Werte für die elektrischen Eigenschaften der Erdoberfläche angegeben. Die Leitfähigkeit ist bis zu Frequenzen von etwa 30 MHz frequenzunabhängig, nimmt aber darüber zu. Die Leitfähigkeit bestimmt die Eindringtiefe der Wellen in den Boden (Tab. 2), was für U-Boote, Bergwerke, remote sensing usw. von Bedeutung ist.

Im zweiten Fall, in dem die elektrischen Eigenschaften der Grenzfläche keine Rolle mehr spielen, erfolgt die Ausbreitung *quasioptisch*, wobei die Rauhigkeit der Grenzfläche um so größeren Einfluß hat, je größer die Erhebungen relativ zur Wellenlänge sind.

Tabelle 1. Typische Werte der elektrischen Bodenkonstanten, gültig bis 30 MHz. Nach [1]

Medium	ε_r	κ (S/m)
Meerwasser	70	5
feuchter Boden	30	10^{-2}
Süßwasser, Flüsse	80	$3 \cdot 10^{-3}$
trockener Boden	15	10^{-3}
Gebirge, Felsen	3	10^{-4}

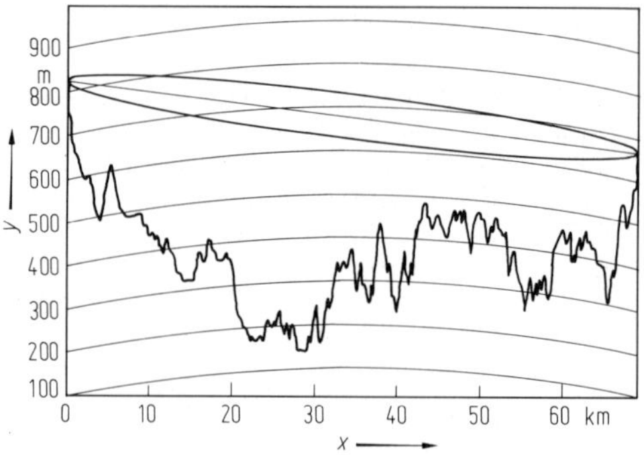

Bild 1. Beispiel eines Geländeprofils zwischen Funkstellen im Vogelsberg und im Spessart. Streckenlänge $d = 69{,}2$ km. Krümmungsfaktor $k_e = 4/3$, Fresnelellipse für $f = 2$ GHz, effektive Sendeantennenhöhe nach [28] $h_{eff} = 365$ m, Geländerauhigkeit nach [28] $\Delta h = 270$ m

Um den Einfluß des Geländes abzuschätzen, wird das *Geländeprofil* untersucht, das die Geländestruktur auf dem Großkreis wiedergibt. Da der Abstand Sender—Empfänger meist sehr viel größer ist als die maximalen Höhendifferenzen, werden bei der graphischen Darstellung unterschiedliche Maßstäbe verwendet, wodurch die sphärische Erde zum Ellipsoid verzerrt wird. Die Niveaulinien im Geländeprofil sind Ellipsenausschnitte, die durch Parabeln angenähert werden können. In kartesischen Koordinaten wird

$$y \approx h_{NN} + [(d/2)^2 - (x - d/2)^2]/(2k_e r_E). \quad (1)$$

(h_{NN} = die Höhe der Niveaulinie über Meeresspiegel, d = der Abstand Sender—Empfänger, $r_E = 6375$ km der mittlere Erdradius, k_e = der Krümmungsfaktor (Median $k_e = 4/3$ s. 3.2).)

In der Zeichnung kann wegen der Maßstabsverzerrung die Abstandskoordinate in guter Näherung auf der Abszisse aufgetragen werden. Die Abbildung ist nicht winkeltreu, die Antennenmasten können etwa parallel zur Ordinate gezeichnet werden. In Bild 1 ist ein Beispiel eines Geländeprofils wiedergegeben, bei dem das erste Fresnel-Ellipsoid für 2 GHz frei von Hindernissen ist.

Tabelle 2. Eindringtiefen (in m) als Funktion der Frequenz

Frequenz	Meerwasser	Feuchter Boden	Süßwasser	Trockener Boden	Felsen
10 kHz	3	50	100	150	500
100 kHz	0,8	18	30	40	160
1 MHz	0,25	5,5	18	25	90
10 MHz	0,07	3	10	18	90
100 MHz	0,02	1,5	3	5	90

3.2 Troposphäre. Troposphere

In der Troposphäre (Höhe bis 10 km) werden die Ausbreitungsbedingungen vor allem durch die räumliche und zeitliche Struktur der Brechzahl beeinflußt. Bei Frequenzen über 20 GHz tritt darüber hinaus Resonanzabsorption durch Wasserdampf und Sauerstoff auf. Es entstehen bei bestimmten Frequenzen Dämpfungsmaxima. Oberhalb etwa 5 GHz ist auch die Dämpfung, Depolarisation und Streuung durch Nebel, Regen und Schnee zu berücksichtigen.

Auswirkungen der Brechung. Für klare Atmosphäre ist $\mathrm{Re}(\underline{n})$ eine Funktion des Luftdrucks p, der Temperatur T und des Wasserdampfpartialdrucks e, bzw. der relativen Feuchte U. Bis etwa 40 GHz ist $\mathrm{Re}(\underline{n})$ weitgehend frequenzunabhängig, $\mathrm{Im}(\underline{n})$ kann vernachlässigt werden [2].
Da $\mathrm{Re}(\underline{n}) \approx 1$ ist, wird anstelle der Brechzahl der Brechwert N eingeführt:

$$N = 10^6\,(\mathrm{Re}(\underline{n}) - 1). \qquad (2)$$

Nach [2] besteht folgender Zusammenhang:

$$N = 77{,}6\,\frac{p/\mathrm{hPa}}{T\,\mathrm{K}} + 3{,}73 \cdot 10^5\,\frac{e/\mathrm{mbar}}{(T/\mathrm{K})^2}. \qquad (3)$$

Für den Partialdruck des Wasserdampfs gilt

$$e/\mathrm{hPa} = 4{,}62 \cdot 10^{-3}\,\varrho_\mathrm{w}(\mathrm{g/m^3})\,T/\mathrm{K} \qquad (4)$$

mit ϱ_w = Wasserdampfdichte.
Zwischen e und U (Hygrometer) besteht folgender Zusammenhang [3]:

$$e/\mathrm{hPa} = 6{,}1\,U\,\exp\left[\frac{17{,}15(T/\mathrm{K} - 273{,}2)}{T/\mathrm{K} - 38{,}5}\right]. \qquad (5)$$

Bei gut durchmischter Atmosphäre variiert der Brechwert N hauptsächlich mit der Höhe h über dem Boden. Für eine isotherme Atmosphäre gilt im Mittel

$$N(h) = N_\mathrm{S}\exp(-\,b\,h) \quad \text{mit} \quad b = 0{,}136\,\mathrm{km}^{-1}. \qquad (6)$$

Der Brechwert N_S am Boden hängt von der Höhe h_S des Meßorts über Meereshöhe und vom Klima ab. Um Brechwerte für verschiedene Klimazonen vergleichen zu können, reduziert man auf Meereshöhe:

$$N_0 = N_\mathrm{S}\exp(b\,h_\mathrm{S}). \qquad (7)$$

Weltkarten der Monatsmittel von N_0 für Februar und August findet man in [4]; der langjährige Mittelwert ist $N_0 = 315$.
Zur Beschreibung von Brechungseffekten wie Strahlenkrümmung, Fokussierung und Defokussierung ist der vertikale Gradient des Brechwerts wichtig (s. H 2.2). Für die untere Troposphäre benutzt man als mittleren Wert meist den Differenzenquotienten, der sich aus Gl. (6) und (7) für das Höhenintervall $\Delta h = 1$ km über NN zu $\approx -40\,\mathrm{km}^{-1}$ ergibt (Standardatmosphäre). Der Brechwertgradient ist statistischen Schwankungen unterworfen. Messungen ergaben [4]:

$$\frac{\Delta N}{\Delta h} \geqq \begin{cases} 70\,\mathrm{km}^{-1} & \text{für } 0{,}1\,\% \text{ der Zeit} \\ -\,200\,\mathrm{km}^{-1} & \text{für } 99\,\% \text{ der Zeit.} \end{cases} \qquad (8)$$

Ist $\Delta N/\Delta h > -40\,\mathrm{km}^{-1}$, dann spricht man von Subrefraktion; ist $\Delta N/\Delta h < -40\,\mathrm{km}^{-1}$, wird die Brechung als Superrefraktion bezeichnet. Für die Standardatmosphäre ist der Funkstrahl zur Erde hin gekrümmt, der Krümmungsradius nach Gl. H 2 (6) größer als der Erdradius. (Reichweite gegenüber Abstand zum geometrischen Horizont vergrößert (Bild 2a).) Die Strahlenbahn in der Atmosphäre kann bei konstantem vertikalen Brechwertgradienten als geradlinig angenommen werden, wenn eine fiktive Erde mit dem effektiven Erdradius $k_\mathrm{e} r_\mathrm{E}$ eingeführt wird (s. H 2.2) mit dem Krümmungsfaktor k_e nach Gl. H 2 (8) (Bild 2b). Für die Standardatmosphäre ist $k_\mathrm{e} \approx 4/3$. Entsprechend den statistisch schwankenden Brechzahlgradienten ändert sich auch der Krümmungsfaktor k_e. Die Überschreitungswahrscheinlichkeit für den k_e-Wert, die aus mehrjährigen Messungen in Deutschland gewonnen wurde, ist in Bild 3 [5] dargestellt.
Bei nicht konstantem Brechwertgradienten ist es günstiger, auf die Ausbreitung über einer fiktiven ebenen Erde zu transformieren (Bild 2c). Dazu führt man den modifizierten Brechwert ein:

$$M(h) = N(h) + 10^6\,h/r_\mathrm{E}. \qquad (9)$$

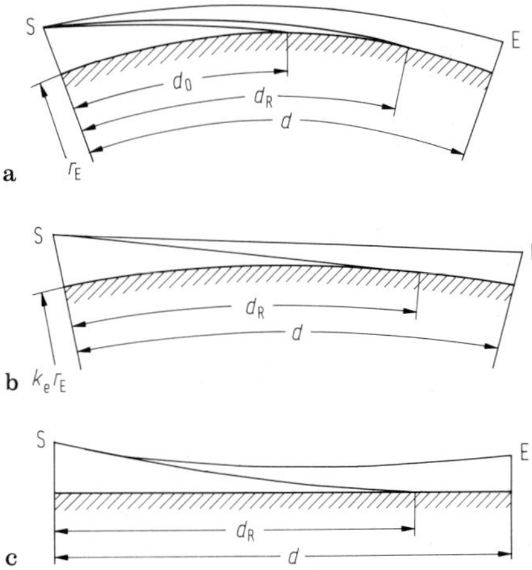

Bild 2. Schematischer Verlauf des Funkstrahls bei Berücksichtigung der Brechung ($k_\mathrm{e} > 1$). d_g Abstand zum Radiohorizont nach Gl. H 2 (23); d_0 Abstand zum Horizont ohne Berücksichtigung der Brechung: d Abstand Sender–Empfänger. **a** Erde mit Radius r_E: **b** fiktive Erde mit effektivem Radius $k_\mathrm{e} r_\mathrm{E}$, bei dem der Strahlenverlauf eine Gerade ist (k-Darstellung); **c** fiktive ebene Erde (M-Darstellung)

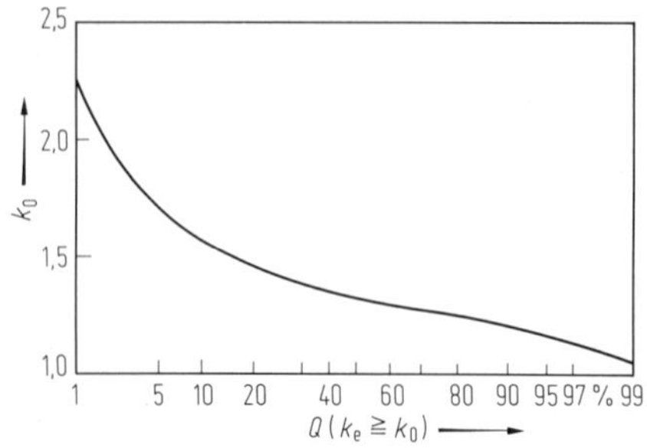

Bild 3. Überschreitungshäufigkeit des Krümmungsfaktors k_e

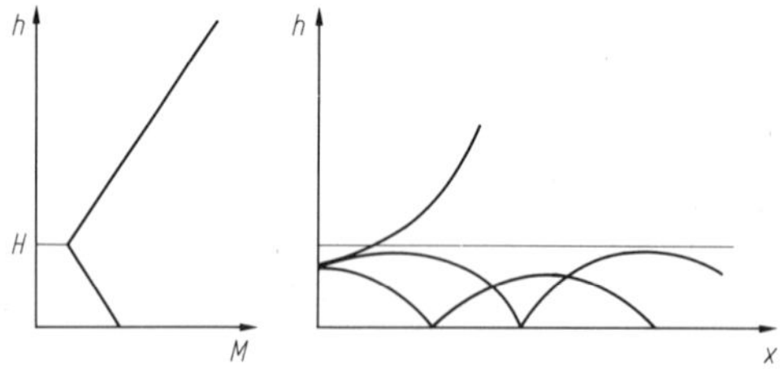

Bild 4. M-Profil und Strahlenbahn bei einem Bodenduct

Der Krümmungsradius ϱ_M der fiktiven Strahlenbahn eines etwa horizontalen Strahls ist dann

$$\varrho_M = -10^6/(\mathrm{d}M/\mathrm{d}h) = (1/\varrho - 1/r_E)^{-1} \qquad (10)$$

mit dem wirklichen Krümmungsradius ϱ nach Gl. H 2 (6). Durch diese Transformation ist die Erdkrümmung in dem fiktiven Krümmungsradius ϱ_M enthalten. Meist ist $\mathrm{d}M/\mathrm{d}h > 0$, dann ist der Strahl von der „ebenen" Erde weggekrümmt ($\varrho_M < 0$).
Bei Inversionsschichten (Anstieg der Temperatur mit der Höhe) treten oft auch negative Feuchtegradienten auf. Durch die dann vorhandenen besonderen Brechungs- und Reflexionsbedingungen sind mehrere Ausbreitungswege zwischen Sender und Empfänger möglich (Mehrwegeausbreitung).
Für $\mathrm{d}N\,\mathrm{d}h < -157\ \mathrm{km}^{-1}$ ($\mathrm{d}M\,\mathrm{d}h < 0$, $\varrho_M > 0$) wird in der M-Darstellung der Strahl zur Erde hin gebrochen. Es kann ein troposphärischer Wellenleiter (Duct) entstehen (Bild 4). Die Energie ist in dem Duct konzentriert, und damit ist auch die Übertragungsdämpfung geringer als bei Freiraumausbreitung (vgl. H 7.2) [6].
Kleinräumige Änderungen des Brechwerts (Turbulenzen) sind die Ursache für Streuung von Radiowellen (Troposcatter, Szintillationen des Empfangssignals (s. H 2.5 und H 6.4).

Dämpfung durch atmosphärische Gase. Im GHz-Bereich muß die Dämpfung durch den Wasserdampf und Sauerstoff berücksichtigt werden (s. Bild 5) [7, 8]. Der Gasdämpfungskoeffizient ist

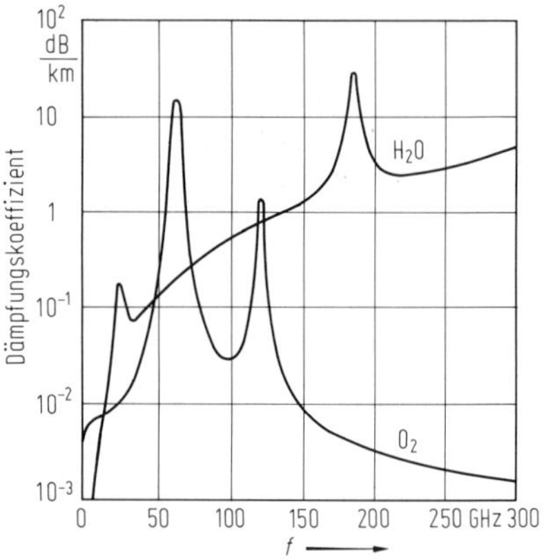

Bild 5. Dämpfungskoeffizient für atmosphärische Gase in Abhängigkeit von der Frequenz ($T = 293$ K. $p = 1$ hPa, $\varrho_W = 7{,}5\ \mathrm{g\,m^3}$

proportional der Dichte, die für Sauerstoff in der Nähe des Erdbodens annähernd konstant ist ($\varrho_0 \approx 0{,}29\ \mathrm{kg/m^3}$). Die Wasserdampfdichte liegt in Deutschland im Mittel im Februar bei $(2 \ldots 5)\ \mathrm{g/m^3}$ und im August bei $(10 \ldots 15)\ \mathrm{g/m^3}$. Weltkarten von ϱ_W findet man in [4]. ϱ_W nimmt mit der Höhe stärker ab als ϱ_0 (s. H 6.4).

Einfluß von Hydrometeoren. Beim Durchgang einer Welle durch Wolken, Regen oder Schnee überlagern sich die Einflüsse der statistisch verteilten Hydrometeore (Niederschlagsteilchen). Für die Ausbreitung in Vorwärtsrichtung erhält man eine effektive Brechzahl [9]:

$$\underline{n}_{\mathrm{eff}} = 1 + \lambda_0^2/(2\pi) \int_0^\infty \underline{F}(a, n)\, \varphi(a)\, \mathrm{d}a. \qquad (11)$$

$\underline{F}(a, n)$ ist die Streuamplitude eines Teilchens vom Radius a und der Brechzahl n (s. H 2.5). $\varphi(a)\,\mathrm{d}a$ ist die Zahl der Streuer pro Volumen im Radiusintervall a bis $a + \mathrm{d}a$. Eine Reihe von Ansätzen für die Größenverteilung von Regentropfen ist in [10] gegeben. Der Regendämpfungskoeffizient α_R läßt sich aus Gl. (11) berechnen. Er ist für vier verschiedene Regenraten als Funktion der Frequenz in Bild 6 gezeigt. Regenraten > 150 mm/h treten in Mitteleuropa nur selten auf (Bild 7).
Niederschlagsgebiete weisen eine Zellenstruktur auf, wobei die höheren Intensitäten im Zentrum der Zelle auftreten. Zellen mit höheren Regenraten sind meist weniger ausgedehnt als solche mit niedrigen. Der Einfluß der räumlichen Inhomogenität kann bei der Berechnung der Regendämpfung durch die Einführung einer effektiven Streckenlänge berücksichtigt werden (s. H 6.4). Zur Abschätzung der Dämpfung durch Regen auf Satellitenfunkstrecken wird angenommen, daß die Intensität bis zu der Höhe h_R konstant ist (Bild 8). In mittleren und höheren

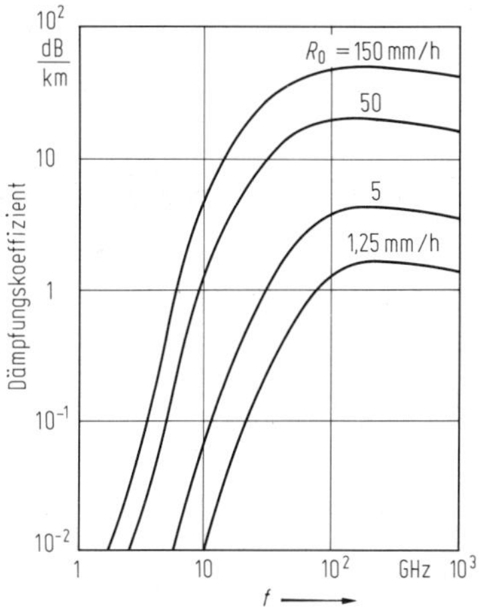

Bild 6. Dämpfungskoeffizient für Regen in Abhängigkeit von der Regenrate R_0 und der Frequenz ($T = 293$ K, kugelförmige Tropfen mit Größenverteilung $\varphi(a)$ nach Laws und Parsons [10])

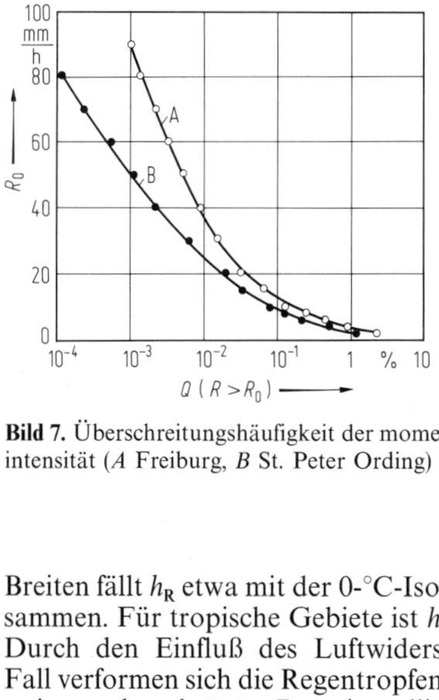

Bild 7. Überschreitungshäufigkeit der momentanen Regenintensität (*A* Freiburg, *B* St. Peter Ording)

Breiten fällt h_R etwa mit der 0-°C-Isothermen zusammen. Für tropische Gebiete ist $h_R \approx 3$ km. Durch den Einfluß des Luftwiderstands beim Fall verformen sich die Regentropfen näherungsweise zu abgeplatteten Rotationsellipsoiden [11]. Dadurch sind Dämpfung und Phasenverschiebung der Feldkomponenten der Welle senkrecht zur Rotationsachse größer als parallel dazu. Die Welle ist nach dem Durchgang durch ein Niederschlagsgebiet i. allg. elliptisch polarisiert. Die

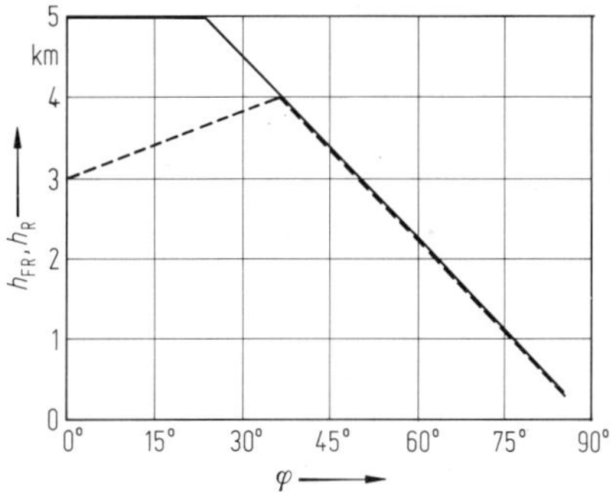

Bild 8. Effektive Regenhöhe h_R (---) und Höhe der 0 °C-Isotherme h_{FR} (——) als Funktion der geographischen Breite φ [4, 29]

Depolarisation einer ursprünglich linear polarisierten Welle hängt von dem Winkel zwischen Polarisationsebene und Tropfenachse ab [11, 12]; bei zirkularer Polarisation entsteht immer auch eine Depolarisation (s. H 6.4).

3.3 Ionosphäre. Ionosphere

Die Ionosphäre ist der Bereich der Atmosphäre, in dem ein merklicher Teil der neutralen Atome und Moleküle durch solare UV- und Röntgenstrahlung ionisiert wird (etwa 60 km bis über 1000 km Höhe). Neben der Ionisation durch Absorption dieser Strahlung bestimmen Wiedervereinigung (bzw. Anlagerung) und Transport geladener Teilchen den Gleichgewichtszustand. Es bildet sich eine komplizierte Höhenabhängigkeit der Elektronendichte N_e (Ionosphärenschichten, s. Bild 9), die außerdem vom Sonnenstand (bewirkt tageszeitliche, jahreszeitliche und geographische Einflüsse) und von der Sonnenaktivität (11jähriger Sonnenfleckenzyklus [13, 14]) abhängt. Unter vereinfachenden Annahmen ist die Elektronendichte im Maximum einer Ionosphärenschicht tagsüber proportional zu $\sqrt{\cos\chi}$, wobei χ der Winkel zwischen dem Zenit und der Richtung zur Sonne ist [15]. Nachts nimmt die Elektronendichte wegen der fehlenden Einstrahlung ab (Tag-Nacht-Gang).
Durch die frei beweglichen Ladungsträger ist die Ionosphäre elektrisch leitfähig; zusätzlich beeinflußt das Erdmagnetfeld die Bewegung der Elektronen. Makroskopisch kann die Wellenausbreitung durch die Brechzahl $\underline{n}$ beschrieben werden [16, 17]:

$$\underline{n}^2 = 1 - \frac{X}{1 - \mathrm{j}Z - \dfrac{Y^2 \sin^2\eta}{2(1-\mathrm{j}Z-X)} \pm \sqrt{\left(\dfrac{Y^2\sin^2\eta}{2(1-\mathrm{j}Z-X)}\right)^2 + Y^2\cos^2\eta}}. \tag{12}$$

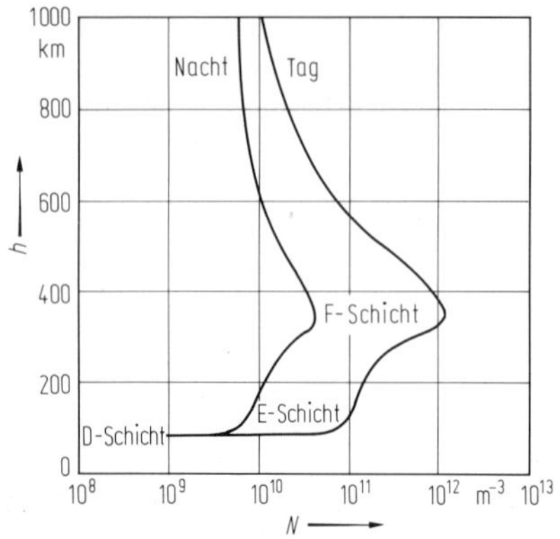

Bild 9. Höhenabhängigkeit der Elektronendichte in der Ionosphäre (stark vereinfacht)

Darin ist

$$X = \frac{N_e e^2}{4\pi^2 m_0 \varepsilon_0 f^2} = \frac{f_p^2}{f^2}$$

$$Y = \frac{e B_E}{2\pi m_0 f} = \frac{f_G}{f}$$

$$Z = \frac{\nu}{2\pi f}$$

ε_0 = Dielektrizitätszahl des Vakuums,
f = Frequenz der eingestrahlten Welle,
e, m_0 = Ladung und Masse eines Elektrons,
ν = mittlere Zahl der Zusammenstöße eines Elektrons mit Gasmolekülen und Ionen pro Zeiteinheit,
B_E = Induktion des Erdmagnetfeldes (24 ... 70 µT),
η = Winkel zwischen dem Erdmagnetfeld und der Ausbreitungsrichtung der Welle

$f_p = \frac{1}{2\pi}\sqrt{\frac{N_e e^2}{\varepsilon_0 m_0}} \approx 9\sqrt{N_e/\text{m}^3}$ Hz, Frequenz, mit der das Elektronengas ohne äußere Einflüsse oszilliert (Plasmafrequenz),

$f_G = \frac{B_E e}{2\pi m_0} \approx 0{,}7 \ldots 1{,}7$ MHz, Frequenz der Kreisbewegung der Elektronen im Erdmagnetfeld (Gyrofrequenz).

Gl. (12) hat zwei Lösungen. Als ordentliche (*o*) Komponente der Welle bezeichnet man die Lösung mit dem positiven Vorzeichen, die andere nennt man die außerordentliche (*x*) Komponente (in beiden Fällen ist allerdings vorausgesetzt, daß $X \leqq 1$). Diese Aufspaltung der Welle in zwei Komponenten wird durch das Erdmagnetfeld hervorgerufen (magnetische Doppelbrechung). Die beiden Komponenten sind entgegengesetzt elliptisch polarisiert und breiten sich mit verschiedenen Geschwindigkeiten aus. Daraus resultiert eine Drehung der Polarisationsebene linear polarisierter Wellen (Faraday-Effekt) beim Durchgang elektromagnetischer Wellen durch ein ionisiertes Medium mit äußerem Magnetfeld.

Eine in die Ionosphäre einfallende Welle wird, da Re($\underline{n}$) i. allg. mit wachsender Elektronendichte abnimmt, vom Einfallslot weg gebrochen und zwar um so stärker, je größer N_e und je kleiner f ist. Wenn die Brechung so stark ist, daß die Welle die Ionosphäre nicht durchdringt, sondern umkehrt, erscheint der Vorgang als Reflexion. Eine von unten einfallende Welle kehrt zur Erdoberfläche zurück und heißt dann Raumwelle (sky-wave) im Gegensatz zur Bodenwelle (s. H 2.6 und 3.1). Die Reflexion erfolgt bei senkrechtem Einfall an der Stelle, an der Re($\underline{n}$) ≈ 0 ist. Die höchste, in der Schicht bei senkrechtem Einfall reflektierte Frequenz heißt Senkrecht-Grenzfrequenz oder kritische Frequenz (critical frequency):

$$f_c = \begin{cases} f_{p,\max} & \text{für die } o\text{-Komponente,} \\ f_{p,\max} + f_G/2 & \text{für die } x\text{-Komponente,} \end{cases}$$

wobei $f_{p,\max}$ die Plasmafrequenz im Schichtmaximum ist. Bei schrägem Einfall erfolgt Reflexion für

$$f \leqq f_B = M f_c. \qquad (13)$$

f_B heißt Schräg-Grenzfrequenz (Basic MUF, MUF = Maximum Usable Frequency [18], früher klassische MUF genannt); M ist der MUF-Faktor. Für eine eben geschichtete und magnetfeldfreie Ionosphäre gilt (Bild 10):

a) Der MUF-Faktor ist nur vom Einfallswinkel α in die Schicht abhängig (Sekans-Gesetz):

$$M = M(\alpha) = 1/\cos\alpha = \sec\alpha.$$

b) Die Laufzeit der Welle auf dem tatsächlich durchlaufenen gekrümmten Weg ABC ist die gleiche wie auf dem äquivalenten, mit Vakuum-Lichtgeschwindigkeit durchlaufenen Dreiecksweg AEC.

c) Tatsächliche (h) und scheinbare Reflexionshöhe (h') bei der Frequenz f sind dieselben wie bei Ausbreitung auf dem senkrechten Weg FGF bzw. FHF mit der äquivalenten Frequenz $f \cos\alpha$.

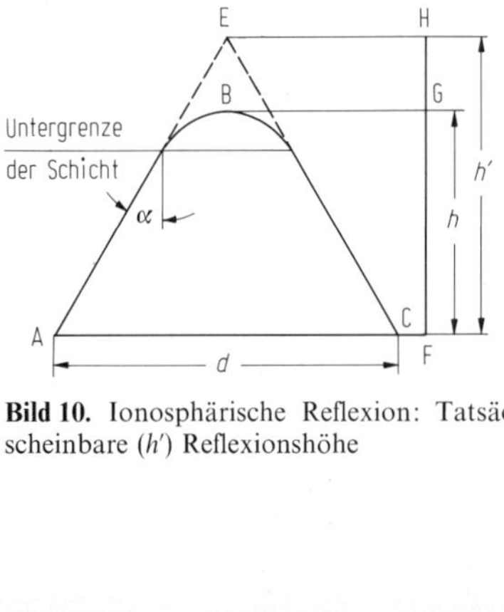

Bild 10. Ionosphärische Reflexion: Tatsächliche (h) und scheinbare (h') Reflexionshöhe

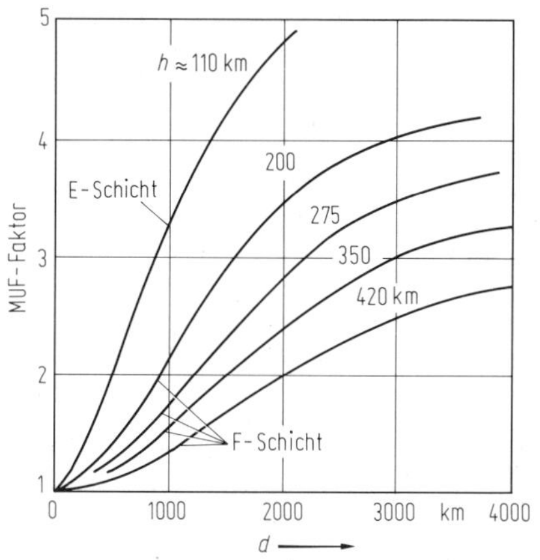

Bild 11. Der MUF-Faktor $M(d)$ als Funktion der Entfernung (Parameter: Schichthöhe). Für die F-Region wird oft als Parameter der MUF-Faktor für $d = 3000$ km benutzt. $M(3000) = 4{,}0$ entspricht einer Schichthöhe von etwa 200 km, $M(3000) = 2{,}5$ einer Höhe von etwa 420 km

Unter Berücksichtigung der Krümmung der Ionosphäre und des Einflusses des Erdmagnetfeldes, hat man für mittlere Schichtprofile korrigierte MUF-Faktoren ermittelt [19]. Meist drückt man den MUF-Faktor nicht als Funktion des Einfallswinkels, sondern der überbrückten Entfernung d (Sprunglänge, auch Hop genannt) aus (Bild 11). Je flacher der Strahl verläuft, desto höhere Frequenzen können reflektiert werden und desto größer wird die Sprunglänge (maximale Sprunglänge bei tangentialer Abstrahlung und Reflexion in 300 km Höhe etwa 4000 km).

Größere Reflexionshöhen führen zu größeren Sprunglängen, bzw. bei gegebener Sprunglänge zu steileren Ausbreitungswegen. Wellen mit $f > f_c M(d_s)$ können bei Entfernungen $d < d_s$ nicht als Raumwellen empfangen werden (*tote Zone*). Der Radius d_s der toten Zone für die Frequenz f ist die Entfernung, bei der $f = f_c M(d_s)$ ist. Für $f > f_B$ durchdringen die Wellen die Ionosphäre. Diese Frequenzen sind daher für *Erde-Weltraum-Verbindungen* geeignet. Neben dem Gesamtelektroneninhalt (TEC = Total Electron Content, s. H 6.4), beeinflussen auch Irregularitäten (kleinräumige Veränderungen der Brechzahl) solche Verbindungen (s. H 6.3). Diese Einflüsse reichen bis zu Frequenzen um 10 GHz [20].

Die Kurzwellenausbreitung kann durch schnelle, unregelmäßige Schwankungen der Sonnentätigkeit gestört werden. Solche Störungen machen sich durch erhöhte Absorption (Mögel-Dellinger-Effekt auf der Tagseite der Erde) oder als starkes Absinken der Grenzfrequenz (Ionosphärensturm) bemerkbar. Die von der Sonne kommenden elektrisch geladenen Partikel können in die Atmosphäre nur in Gebiete geringer oder verschwindender magnetischer Induktion („neutrale Punkte" in der Nähe der erdmagnetischen Pole) eindringen. Je höher die Energie der solaren Teilchen ist, desto weiter äquatorwärts wirken sich die dadurch verursachten Ionosphärenstörungen auf der Erde aus [21].

3.4 Weltraum. Space

Im interplanetaren Raum ist die Dichte der Elektronen und Protonen etwa $10^5/\text{m}^3$ [23]. Höhere Dichten findet man in der Umgebung der Sonne, die aufgrund ihrer hohen Oberflächentemperatur (10^6 K, in der Korona sogar 10^9 K) ständig Materie abdampft. Dieser „solare Wind" reicht über 50 Erdbahnradien in den Weltraum [24] und führt in der Nähe der Erdbahn zu Teilchendichten von ungefähr $10^7/\text{m}^3$ [25, 26]. Der Teilchenstrom des solaren Windes hat in der Nähe der Erdbahn eine Geschwindigkeit von etwa 400 km/s und kann zu erheblichen Oberflächenaufladungen, z. B. bei Satelliten, führen. Da es sich bei dem solaren Wind um ein Plasma handelt, wird $|\underline{n}| < 1$ (Gl. (12) mit $\nu = 0$, $B_E = 0$). Oberhalb der Plasmafrequenz ($f > 3$ kHz für $N_e = 10^5/\text{m}^3$, bzw. $f > 30$ kHz für $N_e = 10^7/\text{m}^3$) kann die Ausbreitung als Freiraumausbreitung (s. H 2.1) behandelt werden.

Tabelle 3. Typische Werte von N_e und f_c für die Ionosphärenschichten (vgl. Bild 2). Daten nach [23]. Die sporadische E-Schicht (E_s) bildet dünne Schichten innerhalb des Bereichs der normalen E-Schicht. Die bei der F-Schicht angegebenen Werte beziehen sich auf das Sonnenfleckenmaximum, Werte in Klammern auf das Minimum

Schicht	Höhe km	N_e (Tag) m^{-3}	N_e (Nacht) m^{-3}	f_c (Tag) MHz	f_c (Nacht) MHz	Bedeutung für
D	70 ... 90	10^9	10^5	0,3	0,01	VLF-Ausbreitung, Absorption im VLF-, LF-, MF-, KW-Bereich
E	90 ... 130	10^{11}	10^9	3	0,3	LF-, MF-Ausbreitung, Absorption im KW-Bereich
E_s	90 ... 130	10^{13}		30		Überreichweiten im VHF-Bereich
F	200 ... 500	$5 \cdot 10^{12}$ (10^{12})	$5 \cdot 10^{10}$ (10^{10})	20 (10)	2 (1)	KW-Reflexion, Fernausbreitung

Spezielle Literatur: [1] *Recommendations and Reports of the CCIR, 1990, Vol. V* (Propagation in non-ionized media). Genf: ITU 1990, Rep. 527-2 (Electrical characteristics of the surface of the earth). – [2] *Bean, B. R.; Dutton, E. J.:* Radiometeorology. New York: Dover 1966. – [3] *Berg, H.:* Allgemeine Meterorologie. Bonn: Dümmlers 1948. – [4] *Recommendations and Reports of the CCIR, Vol. V* (Propagation in non-ionized media). Genf: ITU 1990, Rep. 563-4 (Radiometeorological data). – [5] *Großkopf, J.:* Wellenausbreitung, Bd. 1. Mannheim: Bibliograph. Inst. 1970. S. 98. – [6] *Dougherty, H. T.; Hart, B. A.:* Recent progress in duct propagation predictions. IEEE Trans. AP-27 (1979) 542–548. – [7] *Van Vleck, J. H.:* The absorption of microwaves by uncondensed water vapor. Phys. Rev. 71 (1947) 425–433. – [8] Kerr, D. E. (Ed.): Propagation of short radio waves. New York: McGraw-Hill 1951. – [9] *Oguchi, T.:* Attenuation and phase rotation of radiowaves due to rain: Calculations at 19.3 and 34.8 GHz. Radio Sci. 8 (1973) 31–38. – *Morrison, J. A.; Cross, M. Z.:* Scattering of a plane electromagnetic wave by axisymmetric raindrops. Bell Syst. Tech. J. 53 (1974) 955–1019. – [10] *Marshall, J. S.; Palmer, W. Mck.:* The distribution of raindrops with size. J. Met. 5 (1958) 165–166. – *Joss, J.; Waldvogel, A.:* Raindrop size distribution and sampling size errors. J. Atmosph. Sci. 26 (1969) 566–569. – *Laws, J. O.; Parsons, D. A.:* The relation of raindrop size to intensity. Trans. Am. Geophys. Union 24 (1943) 452–460. *Wolf, E.:* Bestimmung von Tropfenspektren an der Wolkengrenze aus vorgegebenen Bodenspektren, Meteorol. Rundsch. 25 (1972) 99–106. – [11] *Brussaard, G.:* A meteorological model for rain-induced cross-polarisation. IEEE Trans. AP-24 (1976) 5–11. – [12] *Valentin, R.:* Probability distribution of rain-induced cross-polarisation. Ann. Telecomm. 36 (1981) 78–82. – [13] *Gleissberg, W.:* Die Häufigkeit der Sonnenflecken. Berlin: Akademie-Verlag 1952. S. 85–86. – [14] *Kiepenheuer, K. O.:* Die Sonne. Berlin: Springer 1957. S. 142–143. – [15] *Davies, K.:* NBS Monograph 80. S. 13. – [16] *Lassen, H.:* Über den Einfluß des Erdmagnetfeldes auf die Fortpflanzung der elektrischen Wellen der drahtlosen Telegraphie in der Atmosphäre. Elektr. Nachr. Tech. 4 (1927) 324–334. – [17] *Davies, K.:* NBS Monograph 80, 63–71. – [18] *Chapman, S.:* The earth's magnetism. London: Methuen 1961. – [19] *Recommendations and Reports of the CCIR, 1990, Vol. VI* (Propagation in ionized media), Genf: ITU 1990, Rec. 373-5 (Definitions of maximum transmission frequencies). – [20] *Smith, N.:* The relation of radio sky-wave transmission to ionospheric measurements. Proc. IRE 27 (1939) 332–347. – [21] *Ogawa, T.; Sinno, K.; Fujita, M.; Awaka, J.:* Severe disturbances of VHF and GHz waves from geostationary satellites during a magnetic storm. J. Atmos. Terr. Phys. 42 (1980) 637–644. – [22] *Giraud, A.; Petit, M.:* Ionospheric techniques and phenomena, geophysics and astrophysics monograph, Vol. 13. Dordrecht: Reidel 1978, pp. 44–55. – [23] *Recommendations and Reports of the CCIR, 1990, Vol. VI* (Propagation in ionized media), Genf: ITU 1990, Rep. 725-2 (Ionospheric properties). – [24] *Davidson, K.; Terzian, Y.:* Dispersion measures of pulsars. Astron. J. 74 (1969) 449–452. – [25] *Giese, R. H.:* Die physikalischen Eigenschaften des Weltraumes. Vakuum Tech. 20 (1971) 161–170. – [26] *Axford, W. I.:* The interaction of the solar wind with the interstellar medium. NASA SP-308 (1972) 609–657. – [27] *Brandt, J. C.:* Introduction to the solar wind: San Francisco: Freeman 1970. – [28] *Recommendations and Reports of the CCIR, 1990, Vol. V* (Propagation in non-ionized media), Genf: ITU 1990, Rec. 370-5 (VHF and UHF propagation curves for the frequency range from 30 MHz to 1000 MHz). [29] *Recommendations and Reports of the CCIR, Vol. V* (Propagation in non-ionized media), Genf: ITU 1990, Rep. 564-4 (Propagation data and prediction methods required for earth-space telecommunication systems).

4 **Funkrauschen.** Radio noise

Rauschen soll hier das durch die Empfangsantenne aufgenommene natürliche Rauschen (radio noise) bezeichnen. Dazu sollen auch industrielle Störungen (man-made radio noise) ohne Nachrichteninhalt gehören, nicht aber „Geräusche", die durch Nebenwellen anderer Sender, Nachbarkanalstörungen, Intermodulation usw. erzeugt werden. Das Rauschen (Übersicht in Bild 1) muß bei der Planung von Funksystemen mit berücksichtigt werden, damit der jeweils erforderliche Mindestrauschabstand (Verhältnis Nutzsignal zu Rauschen) nicht unterschritten wird. Die folgenden Angaben beziehen sich auf Empfänger auf der Erde; für Empfänger in Satelliten gelten u. U. andere Gesetzmäßigkeiten.

Die Intensität des Rauschens wird üblicherweise entweder durch die Rauschtemperatur T_N oder durch das spektrale Leistungsdichtemaß, bezogen auf das des thermischen Rauschens bei $T_0 = 290$ K, ausgedrückt: $s_N = 10 \lg(T_N/T_0)$. Die Rauschleistung in einem Frequenzband der Breite B_N ist dann:

$$P_N = k_B T_N B_N, \qquad (1)$$

wobei $k_B = 1{,}38 \cdot 10^{-23}$ J/K die Boltzmann-Konstante ist. Meist „sieht" eine Antenne in verschiedenen Richtungen unterschiedliche Rauschtemperaturen. Zur Ermittlung der Gesamtrauschleistung muß unter Berücksichtigung des Antennendiagramms über alle Richtungen integriert werden. Dabei kann die (z. B. über Nebenzipfel empfangene) Strahlung des Erdbodens ($T_N = T_0$) einen nicht vernachlässigbaren Beitrag liefern.

4.1 **Atmosphärisches Rauschen unterhalb etwa 20 MHz**

Atmospheric radio noise below about 20 MHz

Dieses Rauschen entsteht überwiegend durch Blitzentladungen (weltweit etwa 100 Blitze/s [1], insbesondere in den Tropen). Die einzelnen, aperiodischen Stromstöße dauern etwa 10 μs und haben ein breites Frequenzspektrum mit einem Maximum bei etwa 10 kHz. Zu höheren Frequenzen nimmt die Rauschleistung rasch ab; sie ist nur bei Frequenzen unter 20 MHz von Bedeutung. Abgesehen von Nahgewittern spielen die ionosphärischen Ausbreitungsverhältnisse für

Spezielle Literatur Seite H 18

die Stärke des Rauschens am Empfangsort eine wichtige Rolle. Im Lang- und Mittelwellenbereich wirken sich Gewitter tagsüber nur im Nahbereich störend aus (Bodenwelle, s. H 6.1), nachts auch in größeren Entfernungen (wegen der fortfallenden Absorption der Raumwelle, s. H 3.3). Im Kurzwellenbereich ist die empfangene Rauschleistung abhängig von den Ausbreitungsverhältnissen (s. H 6.2) zu den Gewitterzonen. Eine Methode zur Abschätzung des atmosphärischen Rauschpegels für die verschiedenen Gebiete der Erde, verschiedenen Jahreszeiten, Tageszeiten, Frequenzen, usw. ist mit den dazugehörenden Tabellen in [2] enthalten.

4.2 Galaktisches und kosmisches Rauschen

Galactic and cosmic radio noise

Der Hauptanteil des galaktischen Rauschens kommt vom Zentrum der Milchstraße und von einzelnen, intensiv strahlenden Radiosternen. Dieses Rauschen kann die Erdoberfläche nur auf Frequenzen oberhalb der Grenzfrequenz der F2-Schicht der Ionosphäre erreichen (s. H 3.3). Die Intensität der galaktischen Strahlung nimmt mit wachsender Frequenz ab, sie kann nur im Bereich von etwa 20 MHz bis 2 GHz höhere Werte als das atmosphärische Rauschen erreichen (s. Bild 1). Bei ungerichtetem Empfang entsteht durch die Erdrotation ein Tagesgang der empfangenen Rauschleistung. Beim Empfang mit Richtantennen ist zu beachten, daß die Radiowellenstrahlung der Sonne oder einzelner besonders intensiv strahlender Radiosterne dann störend wirkt, wenn die Antenne auf diese gerichtet ist. Die Rauschstrahlung der Sonne ist stark veränderlich, sie steigt bei Strahlungsausbrüchen (bursts) kurzzeitig (Sekunden bis Minuten, selten Stunden) um das 10- bis 100fache an.
Die kosmische Hintergrundstrahlung hat eine Strahlungstemperatur von $T_N = 2{,}7$ K. Sie kann im Bereich von etwa 1 bis 10 GHz den äußeren Rauschpegel bestimmen; bei anderen Frequenzen überwiegt das Rauschen der Atmosphäre, bzw. das galaktische oder industrielle Rauschen.

4.3 Atmosphärisches Rauschen oberhalb etwa 1 GHz

Atmospheric radio noise above about 1 GHz

Jedes absorbierende Medium strahlt auch Rauschleistung ab (Planckscher Strahlungsgesetz). Bei Frequenzen oberhalb von 1 GHz kann die Strahlung des Sauerstoffs und Wasserdampfs der Atmosphäre gegenüber anderen Rauschquellen dominieren, insbesondere in den Frequenzbändern maximaler Absorption (s. H 6.4). Niederschläge (vor allem Regen) können vorübergehend Anstiege der Rauschtemperatur bis auf etwa 280 K verursachen. Die Intensität der empfangenen Rauschstrahlung ist u. a. abhängig von der Länge des Ausbreitungswegs im absorbierenden Medium (s. Bild 1, Kurve F).

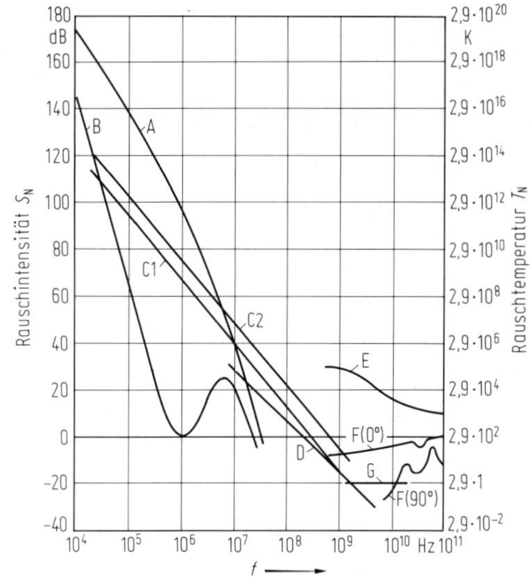

Bild 1. Medianwerte der verschiedenen Rauschintensitäten bzw. Rauschtemperaturen in Abhängigkeit von der Frequenz. Nach [5]. *A* atmosphärisches Rauschen (Maximalwert), *B* atmosphärisches Rauschen (Minimalwert), *C1* industrielles Rauschen (ländlicher Empfangsort), *C2* industrielles Rauschen (Stadt). *D* galaktisches Rauschen, *E* ruhige Sonne (Keulenbreite der Antenne 0,5°), *F* Rauschen infolge Sauerstoff und Wasserdampf, obere Kurve für einen Elevationswinkel von 0°, untere Kurve für 90°, *G* Strahlung des kosmischen Hintergrunds mit 2,7 K

4.4 Industrielle Störungen

Man-made radio noise

Ursache dieser Geräusche ist die elektromagnetische Strahlung von elektrischen Funken und Koronaentladungen. Diese Störungen können insbesondere in dicht besiedelten bzw. industrialisierten Gebieten die anderen Rauschpegel übertreffen. In erster Näherung ist das Rauschleistungsdichtemaß an ländlichen Empfangsorten gegeben durch [3]:

$$s_N/\mathrm{dB} = 67{,}2 - 27{,}2\,\lg(f/\mathrm{MHz}) \qquad (2)$$

mit einer Standardabweichung von 6,5 dB. In besonders ruhigen Gebieten erhält man um etwa 20 dB kleinere, in städtischen Gebieten um etwa 10 dB größere Werte. Bei Frequenzen oberhalb von 1 GHz macht sich die elektrische Umwelt kaum mehr störend bemerkbar [4].

Spezielle Literatur: [1] *Park, C. G.*: Whistlers. In: Handbook of atmospherics, Vol. 2. Volland, H. (Ed.). Florida: CRC Press 1982, pp. 21–77. – [2] *Recommendations and Reports of the CCIR, 1990, Vol. VI* (Propagation in ionized media), Genf: ITU 1990, Rep. 322-3 (Characteristics and applications of atmospheric radio noise data). – [3] *Recommendations and Reports of the CCIR, 1990, Vol. VI* (Propagation in ionized media), Genf: ITU 1990, Rep. 258-4 (Man-made radio noise). –[4] *Pratt, T.; Browning, D. J.; Rahhal, Y.*: Radiometric investigations of the urban microwave noise environment at 1.7, 8.8 and 35 GHz. IEE Conf. Publ. 169 (1978) 28–30. – [5] *Recommendations and Reports of the CCIR, 1982, Vol. I* (Spectrum utilization and monitoring), Genf: ITU 1982, Rep. 670 (Worldwide minimum external noise levels, 0.1 Hz to 100 GHz).

5 Frequenzselektiver und zeitvarianter Schwund

Frequency selective and time variant fading

Allgemeine Literatur: *Kennedy, R.S.*: Fading dispersive communication channels. New York: Wiley 1969. – *Schwartz, M.; Bennett, W.R.; Stein, S.*: Communication systems and techniques. New York: McGraw-Hill 1966. – *Stein, S.; Jones, J.J.*: Modern communication principles. New York: McGraw-Hill 1967.

Inhomogenitäten im Ausbreitungsmedium bewirken Brechung, Reflexion, Streuung und/oder Beugung der Wellen (s. H 2). Dadurch wird deren Ausbreitungsrichtung verändert, so daß die Wellen nicht nur auf dem kürzesten Wege, sondern auch auf Umwegen vom Sender an den Empfänger gelangen können (*Mehrwegeausbreitung*). Am Ort der Empfangsantenne interferieren diese Teilwellen. Die Phasendifferenzen zwischen den Teilwellen verändern sich mit der Frequenz. Dadurch wird die Übertragungsfunktion *frequenzabhängig*.

Häufig verändern die Inhomogenitäten des Ausbreitungsmediums ihre Eigenschaften oder ihre räumliche Lage mit der Zeit (Tagesgänge usw.) oder die Funkstellen werden bewegt (Mobilfunk). Die Phasendifferenzen zwischen den Teilwellen verändern sich dann auch mit der Zeit. Dadurch wird die Übertragungsfunktion *zeitabhängig*.

Man bezeichnet diese Eigenschaften des Ausbreitungskanals als *frequenzselektiven* und *zeitvarianten* Schwund. Dieser führt zu Störungen der Nachrichtenübertragung. Einige grundsätzliche Eigenschaften schwundbehafteter Nachrichtenkanäle können am Zweiwegemodell untersucht werden.

Spezielle Literatur Seite H 22

5.1 Das Modell für zwei Ausbreitungswege (Zweiwegemodell)

The model for two paths of propagation (Two path model)

Zeitinvariante Verzerrung des Übertragungskanals. Ein zur Zeit $t = 0$ gesendeter kurzer Impuls erreicht zur Zeit τ_1 mit der Amplitude a_1 die Empfangsantenne. Zur Zeit τ_2 wird ein Echo mit der Amplitude a_2 empfangen. Das Empfangssignal $y(t)$ ist

$$y(t) = a_1\,\delta(t-\tau_1) + a_2\,\delta(t-\tau_2). \qquad (1)$$

Dabei ist $\delta(t)$ die Impulsfunktion.

Die Übertragungsfunktion ist die Fourier-Transformierte (s. D) der Gl. (1)

$$\underline{Y}(f) = a_1 \exp(-\mathrm{j}\,2\pi f\tau_1) + a_2 \exp(-\mathrm{j}\,2\pi f\tau_2). \qquad (2)$$

Dabei ist f die Frequenz. Zusätzliche Phasendrehungen ψ_1 bzw. ψ_2, die z. B. durch die komplexen Reflexionskoeffizienten (s. B 4) hervorgerufen werden können, werden durch komplexe Koeffizienten $\underline{A}_i = a_i \exp(\mathrm{j}\psi_i)$ berücksichtigt, so daß die Übertragungsfunktion

$$\underline{H}(f) = H(f)\exp(\mathrm{j}\,\varphi) = \underline{A}_1 \exp(-\mathrm{j}\,2\pi f\tau_1) + \underline{A}_2 \exp(-\mathrm{j}\,2\pi f\tau_2) \qquad (3)$$

wird.

Die Laufzeitdifferenz der Teilwellen ist

$$T_\mathrm{M} = \tau_2 - \tau_1. \qquad (4)$$

Der Betrag der Übertragungsfunktion ist

$$H(f) = \sqrt{\underline{H}(f)\,\underline{H}^*(f)} = \sqrt{A_1^2 + A_2^2 + 2A_1A_2\cos(2\pi f\,T_\mathrm{M} + \psi_2 - \psi_1)}. \qquad (5)$$

Die Übertragungsfunktion weist frequenzabhängig periodische Einbrüche auf, die um so ausgeprägter sind, je näher die Amplituden a_1 und a_2 beieinander liegen. Die Abstände sind

$$f_{\mathrm{max,\,m+1}} - f_{\mathrm{max,\,m}} = 1/T_\mathrm{M},$$

sofern $\psi_2 - \psi_1$ frequenzunabhängig ist. Die reziproke Laufzeitdifferenz kennzeichnet also die Frequenzabhängigkeit der Übertragungsfunktion.

Zeitvariante Verzerrung des Übertragungskanals. Die Veränderung der Eigenschaften des Ausbreitungsmediums, räumliche Verschiebungen der Lage von Inhomogenitäten im Medium und/oder Bewegung der Funkstellen führen zu einer Variation der Amplituden, der Phasen und der Laufzeiten der Teilwellen. Für die weitere Analyse beschränken wir uns auf eine lineare Zeitabhängigkeit der Laufzeiten in Gl. (1):

$$\tau_1(t) = w_1 t + \tau_{10} \quad \text{und} \quad \tau_2(t) = w_2 t + \tau_{20}. \qquad (6)$$

Die Koeffizienten w_1 und w_2 kennzeichnen die Veränderung der Laufzeiten mit der Zeit. Einsetzen in Gl. (3) ergibt die zeitabhängige Übertragungsfunktion [22]

$$\underline{H}(f,t) = \underline{A}_1 \exp(-\mathrm{j}2\pi f w_1 t)\exp(-\mathrm{j}2\pi f \tau_{10}) + \underline{A}_2 \exp(-\mathrm{j}2\pi f w_2 t)\exp(-\mathrm{j}2\pi f \tau_{20}). \quad (7)$$

Die Frequenzverschiebung eines Sendesignals der Frequenz f wird als *Doppler-Frequenz*

$$f_{\mathrm{D}1} = -w_1 f \quad \text{bzw.} \quad f_{\mathrm{D}2} = -w_2 f \quad (8)$$

bezeichnet. Die Doppler-Frequenz kann positiv oder negativ sein. Die Differenz der Doppler-Frequenzen ist die Doppler-Bandbreite

$$B_{\mathrm{D}} = |f_{\mathrm{D}2} - f_{\mathrm{D}1}|. \quad (9)$$

Die reziproke Doppler-Bandbreite kennzeichnet die Zeitabhängigkeit der Übertragungsfunktion, d.h. den Rhythmus der Schwankungen.

Charakteristische Eigenschaften des Ausbreitungskanals beim Zweiwegemodell. Die Laufzeitdifferenz T_{M} und die Doppler-Bandbreite B_{D} sind voneinander unabhängig. Im Empfangssignal wechseln relativ breite Bereiche über der Frequenz bzw. Zeit, in denen die Amplitude hoch ist und die Gruppenlaufzeit bzw. die Frequenzablage annähernd konstant ist, mit schmalen Tiefschwundeinbrüchen ab, bei denen eine große Gruppenlaufzeit- bzw. Frequenzablage auftritt.

5.2 Mehrwegeausbreitung
Multipath propagation

Charakterisierung des Ausbreitungskanals. Die beim Zweiwegemodell behandelte Charakterisierung des Ausbreitungskanals läßt sich auf das Mehrwegemodell übertragen [23]. Als Impulsantwort des Ausbreitungskanals ergibt sich ein verbreitertes Empfangssignal: die Laufzeitfunktion $\alpha(\tau)$. Als Maßzahl für die Impulsverbreiterung wird das „delay spread" S_{D} als Quadratwurzel aus dem zweiten Zentralmoment des Profils der Verzögerungsleistungsdichte $a^2(\tau)$ definiert [5]:

$$S_{\mathrm{D}} = \sqrt{\frac{\langle Q^2\rangle}{Q_{\mathrm{m}}} - \left(\frac{\langle Q\rangle}{Q_{\mathrm{m}}}\right)^2}. \quad (10)$$

$$Q_{\mathrm{m}} = \int_{-\infty}^{+\infty} a^2(\tau)\,\mathrm{d}\tau; \quad \langle Q\rangle = \int_{-\infty}^{+\infty} \tau a^2(\tau)\,\mathrm{d}\tau$$

und

$$\langle Q^2\rangle = \int_{-\infty}^{+\infty} \tau^2 a^2(\tau)\,\mathrm{d}\tau.$$

In der Literatur findet sich gelegentlich der Begriff „multipath spread" T_{m} [2, 4, 23], deutsch als „Impulsverbreiterung" bezeichnet. Es gilt: $T_{\mathrm{m}} = 2S_{\mathrm{D}}$. In jüngster Zeit hat sich jedoch der Begriff „delay spread" durchgesetzt [24]. Wenn die Leistungsdichte proportional einer Gauß-Funktion $\alpha^2(\tau) = \exp(-0.5(\tau/\tau_0)^2)$ ist, dann liegen 68 % der Leistung der empfangenen Impulsantwort innerhalb von $T_{\mathrm{m}} = 2S_{\mathrm{D}}$. Für das Beispiel in Bild 1 a mit $S_{\mathrm{D}} = 0{,}8$ µs werden 68 % der Empfangsleistung von Teilwellen beigetragen, deren Laufwege um bis zu 480 m differieren, weil die elektromagnetischen Wellen im freien Raum 300 m/µs zurücklegen. Diese Laufzeit- bzw. Laufwegdifferenz der empfangenen Teilwellen ist eine typische Größenordnung für die Ausbreitung von Meterwellen in leicht hügeligem Gelände bei städtischer Bebauung [3].
Teilt man die Laufzeitfunktion in diskrete Schritte auf und berücksichtigt wie bei der Zweiwegeausbreitung die Zusatzphasen, dann setzt sich die Impulsantwort aus einer Folge von n Teilsignalen mit den komplexen Amplituden $\underline{A}_{\mathrm{n}}$ zusammen, die zu den Zeiten τ_{n} empfangen werden. Daraus ergibt sich, wie in Gl. (3), die Übertragungsfunktion

$$\underline{H}(f) = \sum_{n=1}^{N} \underline{A}_{\mathrm{n}} \exp(-\mathrm{j}2\pi f \tau_{\mathrm{n}}). \quad (11)$$

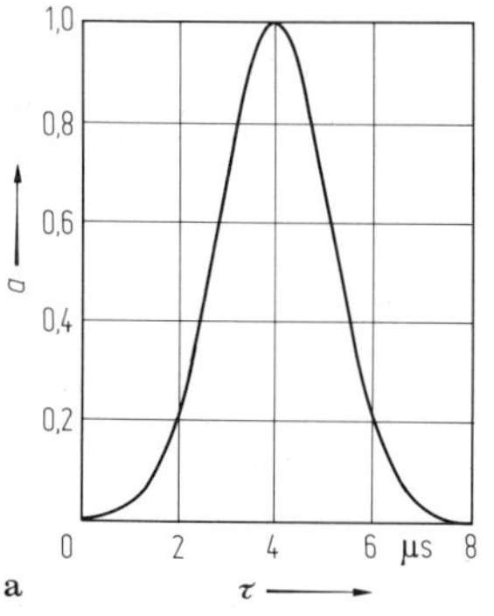

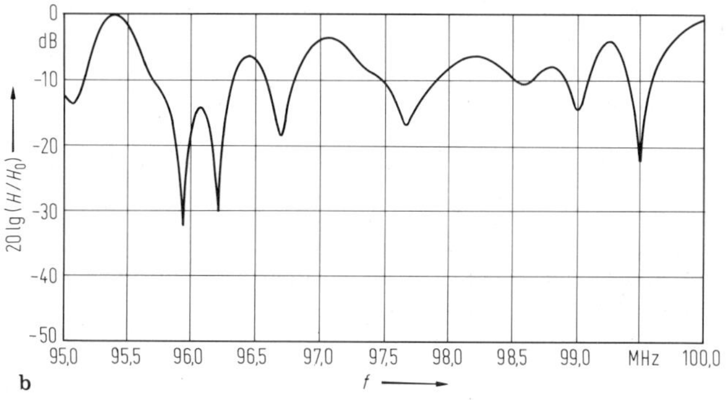

Bild 1. Frequenzabhängigkeit der Übertragungsfunktion bei Mehrwegeausbreitung. Das angenommene Laufzeitdichtespektrum $a(\tau)$ ist gaußförmig, $T_{\mathrm{M}} = 1{,}6$ µs. **a** Laufzeitfunktion; **b** Betrag der Übertragungsfunktion

Das Betragsquadrat ist

$$|\underline{H}(f)|^2 = \underline{H}(f)\,\underline{H}^*(f) = \sum_{n=1}^{N}\sum_{m=1}^{N} \underline{A}_n \underline{A}_m^* \cdot \exp(-\mathrm{j}\,2\pi f(\tau_n - \tau_m)). \qquad (12)$$

Das Argument der Exponentialfunktion in Gl. (12) ist bei den gegebenen Größenordnungen der Frequenz (z. B. 100 MHz) und der Laufzeitdifferenzen ($\simeq 1\,\mu$s) ein hohes Vielfaches von 2π, d. h. die Laufwegunterschiede der Wellen sind sehr viel größer als die Wellenlänge. Daher bewirken kleine Veränderungen der Laufzeitfunktion oder der Frequenz erhebliche Veränderungen der Übertragungsfunktion. Die deterministische Bestimmung der Übertragungsfunktion einer Funkstrecke ist daher praktisch unmöglich.
Bei der Berechnung des Beispiels in Bild 1 b sind die Phasen der Koeffizienten $\underline{A}_n$ zufallsverteilt angesetzt worden. Für jede andere Wahl der Phasen von $\underline{A}_n$ ergibt sich ein anderer Verlauf der Übertragungsfunktion. Bei tiefen Schwundeinbrüchen ergeben sich große Gruppenlaufzeitverzerrungen, jedoch besteht kein eindeutiger funktionaler Zusammenhang zwischen Schwundtiefe und Gruppenlaufzeitverzerrung.
Die Charakterisierung des Nachrichtenkanals erfolgt mit den Methoden der mathematischen Statistik. Dabei wird vorausgesetzt, daß die stochastische Funktion (hier der Übertragungsfaktor über der Frequenz) im weiteren Sinne stationär ist. Das impliziert die Annahme der Frequenzunabhängigkeit der Ausbreitung der Teilwellen.
In Bild 2a ist die Amplitudenverteilung (Überschreitungswahrscheinlichkeit) der in Bild 1 b gezeichneten Übertragungsfunktion in Wahrscheinlichkeitspapier eingezeichnet. Das Liniennetz dieses Papiers ist so gestaltet, daß die Überschreitungswahrscheinlichkeit der Weibull-Verteilung [1] eine Gerade ist. Die Rayleigh-Verteilung ist ein Sonderfall der Weibull-Verteilung mit der Streuung $\sigma = 5{,}57$ dB (Tab. H 1.1). Die für das Beispiel in Bild 2a berechnete Streuung ist $\sigma = 5{,}39$ dB. Das Frequenzband 95 bis 100 MHz des Beispiels nach Bild 1b ist nicht breit genug, um die theoretische Streuung der Rayleigh-Verteilung genauer zu verifizieren. Wenn die Berechnung von $\underline{H}(f)$ mit verschiedenen zufallsverteilten Phasen der $\underline{A}_n$ sehr oft durchgeführt wird, dann ergibt sich als Mittelwert die theoretische Streuung der Rayleigh-Verteilung. Das gleiche sollte für die Mittelung über verschiedene Messungen gelten. In der Terminologie der mathematischen Statistik bedeutet das, daß der Schwund als ergodisch vorausgesetzt wird. Diese Voraussetzung ist allerdings bei Ausbreitungsproblemen nicht immer erfüllt, so daß die Mittelung über verschiedene Messungen zu systematischen Fehlern führen kann.
Die zweite wichtige Kennzeichnung einer stochastischen Funktion ist ihre Autokorrelationsfunktion (AKF), hier die Frequenzkorrelation der Übertragungsfunktion

$$\underline{R}(f_k) = \langle \underline{H}(f)\,\underline{H}^*(f+f_k)\rangle = \int_{-\infty}^{+\infty} \underline{H}(f)\,\underline{H}^*(f+f_k)\,\mathrm{d}f. \qquad (13)$$

Da in der Praxis die Ausbreitung der Teilwellen frequenzabhängig ist, muß die Berechnung der AKF auf ein endliches Frequenzband beschränkt bleiben. Die so bestimmte Funktion $\underline{R}(f_k)$ kann wegen dieser Beschränkung ebenfalls von Beispiel zu Beispiel sehr unterschiedlich sein, für das Beispiel des Bildes 1 b ist die AKF in Bild 2b wiedergegeben. Nach dem Wiener-Khintchine-Theorem kann durch inverse Fourier-Transformation aus der AKF die Leistungsdichtefunktion über der Laufzeit berechnet werden [2, 4, 5]:

$$a^2(\tau) = \int_{-\infty}^{+\infty} \underline{R}(f_k)\exp(\mathrm{j}\,2\pi f_k\tau)\,\mathrm{d}f_k. \qquad (14)$$

Bei bandbegrenzten Übertragungskanälen führt die Interferenz zwischen den Teilwellen unterschiedlicher Laufzeit je nach Phasenlage der einzelnen Teilwellen zu voneinander abweichenden Verläufen der Leistungsdichtefunktion $a^2(\tau)$. Daher resultiert nur aus einer gut gemittelten AKF nach Gl. (14) eine genaue Wiedergabe von $a^2(\tau)$. Die Mittelung darf nur dann durchgeführt werden, wenn der Schwund ein ergodischer Prozeß

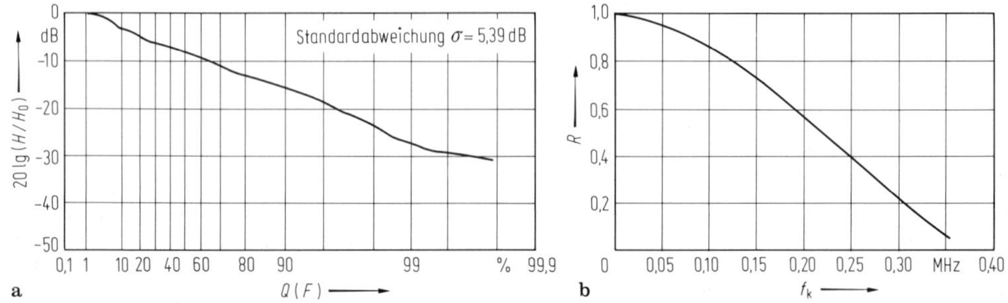

Bild 2. Verteilung (**a**) der Amplituden und (**b**) Frequenzkorrelationsfunktion der Übertragungsfunktion aus dem Beispiel nach Bild 1 b

ist. Veränderungen der Leistungsdichtefunktion wirken sich stark auf den Charakter der Frequenzabhängigkeit der Übertragungsfunktion $\underline{H}(f)$ aus.

Zeitvarianter Ausbreitungskanal. Der Koeffizient $\underline{A}_n$ der Laufzeitfunktion kann sich aus i_n Teilwellen zusammensetzen, deren Laufzeiten sich unterschiedlich mit der Zeit verändern (s. Gl. 6)

$$\tau_{n,in}(t) = w_{in} t + \tau_{n0}. \quad (15)$$

Die Koeffizienten w_{in} sind unterschiedlich, weil die Streuzentren sich i. allg. mit unterschiedlicher Geschwindigkeit und Richtung im Ausbreitungsmedium bewegen. Das Doppler-Spektrum, das beim Zweiwegemodell aus zwei Linien besteht, wird damit kontinuierlich. Die Doppler-Verbreiterung (Doppler spread) wird definiert [2]:

$$B_D = 2\sqrt{\frac{\langle P^2\rangle}{P_m} - \left(\frac{\langle P\rangle}{P_m}\right)^2}, \quad (16)$$

$$P_m = \int_{-\infty}^{+\infty} B^2(f_D)\,df_D; \quad \langle P\rangle = \int_{-\infty}^{+\infty} f_D B^2(f_D)\,df_D$$

und

$$\langle P^2\rangle = \int_{-\infty}^{+\infty} f_D^2 B^2(f_D)\,df_D.$$

Dabei ist $B^2(f_D)$ die Leistungsdichte über der Doppler-Frequenz. Für den Fall, daß zum betrachteten Zeitraum keine Teilwelle empfangen wird, deren Laufzeit zur Zeit $t = 0$ verschieden von τ_{n0} ist, die Übertragungsfunktion $\underline{H}$ also frequenzunabhängig ist, berechnet sich die Laufzeitfunktion dual zu Gl. (11) [6]

$$\underline{H}(t) = \sum_{i=1}^{I_n} \underline{B}_i \exp(j2\pi f_{D_i} t)\exp(-j2\pi f\tau_{n0}). \quad (17)$$

Der Betrag $H(t)$ hat als Zeitfunktion den Charakter des Bildes 1 b, wobei in der Abszisse die Frequenz gegen die Zeit zu vertauschen ist. Ein schmales Dopplerspektrum führt zu einer langsam mit der Zeit veränderlichen Übertragungsfunktion $\underline{H}(t)$, ein breites zu deren zeitlich schneller Variation. Die Phasenänderung der Übertragungsfunktion mit der Zeit verursacht die Frequenzmodulation eines sinusförmigen Signals. Wie bei der Gruppenlaufzeit, die an Tiefschwundstellen erheblich größer sein kann als die maximale Laufzeitdifferenz der Impulsantwort, kann auch die momentane Frequenzablage sehr viel größer sein als die Doppler-Bandbreite [7].

Die allgemeine Übertragungsfunktion $\underline{H}(f, t)$ ist aus der Überlagerung aller I_n Teilwellen jeder der N Laufzeiten zusammengesetzt. Die Amplitudenverteilung und der Charakter des Schwundprozesses verändern sich dadurch nicht grundsätzlich, die Details (Schwundtiefe, Gruppenlaufzeit und Frequenzablage) können aber in einem weiten Bereich variieren.

Frequenzselektivität und Zeitselektivität des Schwundes. Für den Fall, daß die Bandbreite B_N des Nachrichtenkanals

$$B_N \ll 1/S_D \quad (18)$$

ist, bezeichnet man den Schwund als *nicht frequenzselektiv*. Die Übertragungsfunktion ist dann innerhalb der Nachrichtenbandbreite nahezu frequenzunabhängig. Die Degradation der Nachrichtenübertragung kann dann durch Erhöhung der Sendeleistung und/oder der Empfängerempfindlichkeit oder durch Ortsverschiebung der Empfangsantenne an eine Stelle hoher Amplitude und linearer Phase behoben werden.

Ist die Bedingung (18) nicht erfüllt, dann ist der Schwund *frequenzselektiv*. Die genannten Maßnahmen ermöglichen kaum eine Verbesserung des Nachrichtenkanals. Eine begrenzte Verminderung der Verzerrung ist durch Ausgleich der Amplitudenschräglage oder Kombinationsdiversity (adaptive Phasendrehung der Diversity-Zweige) möglich. Bessere Entzerrung erreicht man durch adaptive Laufzeitentzerrung (Transversalfilter als Echoentzerrer [8, 32]) und viele andere Maßnahmen, wie geeignete Kanalkodierungs- und Modulationsverfahren (z. B. nach [25]). Dazu werden die Übertragungseigenschaften des Nachrichtenkanals mit der Korrelationsanalyse bekannter Signalelemente abgeschätzt und der Entzerrer zum Laufzeitausgleich nachgestellt. Für diese Prozedur ist es notwendig, daß der Schwundprozeß im Vergleich zur Dauer eines Signalelements T_S (Taktzeit) zeitlich langsam verläuft:

$$T_S \ll 1/B_D. \quad (19)$$

Dabei ist B_D die maximale Doppler-Verbreiterung. Ist die Bedingung (19) erfüllt, dann wird der Schwund als *nicht zeitselektiv* bezeichnet.

Die Bandbreite bei digitaler Signalübertragung ist näherungsweise

$$B_N \approx 1/T_S. \quad (20)$$

Kombiniert man die Bedingungen (18) und (19) mit Gl. (20), so ergibt sich für nicht frequenzselektiven und nicht zeitselektiven Schwund (time-flat-frequency-flat fading)

$$S_D \ll T_S \ll 1/B_D. \quad (21)$$

Solche Nachrichtenkanäle sind mit dem geringsten Aufwand zu verbessern. Umgekehrt kann für Kanäle, die frequenz- *und* zeitselektiv sind, keine adaptive Entzerrung durchgeführt werden. Zur Charakterisierung der Qualität eines Nachrichtenkanals wird der Spreizfaktor (spread factor)

$$S_F = 2\,S_D\,B_D \quad (22)$$

Tabelle 1. Impuls- und Doppler-Verbreiterung für einige Ausbreitungskanäle

	S_D	B_D	S_F	Erläuterungen und Literaturhinweise
Kurzwellenverbindungen	0,05...2,5 ms	0,1...2 Hz	$10^{-5}...10^{-2}$	S_D wächst mit der Funkfeldlänge [9]
troposphärische Streuausbreitung	0,05...0,25 µs	0,1...20 Hz	$10^{-8}...10^{-5}$	S_D und B_D sind abhängig von Funkfeldlänge und Antennengröße [10, 11]
Mobilfunk	1...10 µs; in Bergen bis 50 µs	10...200 Hz (s. H 6.3)	$10^{-5}...2\ 10^{-2}$	S_D ist vom Gelände abhängig [28]; B_D wächst mit Fahrgeschwindigkeit und Funkfrequenz [5, 12, 13, 29]
Richtfunkstrecken mit freiem erstem Fresnel-Ellipsoid	bis 5 µs	bis 1 Hz	$10^{-9}...10^{-8}$	abhängig von Funkfeldlänge und Bodenfreiheit [14, 15, 31]

definiert. Je kleiner S_F gegenüber 1 ist, desto leichter kann über den Kanal eine große Nachrichtenmenge übertragen werden. In Tab. 1 sind die typischen Werte von S_D, B_D und S_F für wichtige Funkkanäle zusammengestellt.

5.3 Funkkanalsimulation
Fading simulation

Um Funkübertragungssysteme im Labor testen und vergleichen zu können, werden Funkkanalsimulatoren verwendet, die die Übertragungsfunktion des Ausbreitungsmediums nachbilden. Das Prinzip eines nichtfrequenzselektiven Rayleigh-Funkkanalsimulators wurde in [16] beschrieben. Im Mobilfunk überlagern sich dem Rayleigh-Schwund langsame Schwankungen der Mittelwerte. Über einen solchen Simulator wird in [17] berichtet. Die bisher zitierten Simulatoren erzeugen Schwundprozesse mit zeitinvariantem Leistungsdichtespektrum. Um zeitvariante Spektren zu simulieren, werden typische Schwundprozesse nach Amplitude und Phase auf Datenträger aufgezeichnet und zur Simulatorsteuerung verwendet [18]. Für die Simulation frequenzselektiven Schwundes müssen mehrere Rayleigh-Funkkanalsimulatoren über Laufzeitglieder zusammengeschaltet werden, wobei je nach simuliertem Ausbreitungskanal die Laufzeitdifferenzen in der Größenordnung der in Tab. 1 gegebenen Werte für die Impulsverbreiterung T_M liegen müssen [19–21, 26, 27].

Spezielle Literatur: [1] *Müller, P. H.*: Lexikon der Stochastik,. Berlin: Akademie-Verlag 1975. – [2] *Bello, Ph.*: Some techniques for instantaneous real-time measurement of multipath and Doppler-spread. IEEE Trans. COM-13 (1965) 285–292. – [3] *Bajwa, A. S.; Parsons, J. D.*: Small area characterisation of UHF urban and suburban mobile radio propagation. IEE Proc. 129 (1982) 102–109. – [4] *Bello, Ph. A.*: Characterization of random time-variant linear channels. IRE Trans. CS-11 (1963) 360–393. – [5] *Parsons, J. D.; Bajwa, A. S.*: Wideband characterisation of fading mobile radio channels. IEE Proc. 129. Part F (1982) 95–101. – [6] *Bello, Ph.*: Time-frequency duality. IEEE Trans. IT (1964) 18–33. – [7] *Gelbrich, H.-J.; Löw, K.; Lorenz, R. W.*: Funkkanalsimulation und Bitfehler-Strukturmessungen an einem digitalen Kanal. Frequenz 36 (1982) 130–138. – [8] *Möhrmann, K. H.*: Adaptive Verfahren in der Übertragungstechnik. Frequenz 28 (1974) 118–122, 155–161. – [9] *Malaga, A.; McIntosh, R. E.*: Delay and Doppler power spectra of a fading ionospheric reflection channel. Radio Sci. 13 (1978) 859–872. – [10] *Bello, Ph. A.*: A review of signal processing for scatter communications. AGARD Conf. Proc. 244 (1977) 27.1.–27.23. – [11] *Schmitt, F.*: Statistics of troposcatter channels with respect to the applications of adaptive equalizing techniques. AGARD Conf. Proc. 244 (1977) 5.1.–5.15. – [12] *Jakes, W. C.*: Microwave mobile communications. New York: Wiley 1974. – [13] *Cox, D. C.*: Correlation bandwidth and delay spread multipath propagation statistics for 910 MHz urban mobile radio channels. IEEE Trans. COM-23 (1975). – [14] *Stephansen, E. T.; Mogensen, G. E.*: Experimental investigation of some effects of multipath propagation on a line-of-sight path at 14 GHz. IEEE Trans. COM-27 (1979) 643–647. – [15] *Martin, L.*: Study of fading selectivity due to multipath propagation. Proc. URSI Int. Symp. Lennoxville, Canada 1980. – [16] *Arredondo, G. A.* et al.: A multipath fading simulator for mobile radio. IEEE Trans. COM-21 (1973) 1325–1328. – [17] *Lorenz, R. W.; Puhl, M.*: Geräte zur Simulation der Feldstärkeschwankungen zwischen einer ortsfesten und einer bewegten Station. Tech. Ber. FI der DBP, 44 TBr 86 (1981). – [18] *Hagenauer, J.; Papke, W.*: Der gespeicherte Kanal – Erfahrungen mit einem Simulationsverfahren für Fading-Kanäle. Frequenz 36 (1982) 122–129. – [19] *Arnold, H. W.; Brodtmann, W. F.*: A hybrid multi-channel hardware simulator for frequency selective mobile radio paths. IEEE Globecom 1982. A 3-1. – [20] *Valentin, R.; Metzger, K.; Schneckenburger, R.*: Performance analysis of diversity and equalization techniques using a selective fading simulator and computer modeling. IEEE Conf. on Communications, Chicago 1985 (ICC 85), Conf. Rec. Vol 2, 1244–1248. – [21] *Bello, P. A.*: Wideband line-of-sight channel simulation system. AGARD Conf. Proc. 244 (1977) 12.1–12.14. – [22] *Lorenz, R. W.*: Das Zweiwegemodell zur Beschreibung der Frequenz- und der Zeitabhängigkeit der Übertragungsfunktion eines Funkkanals. Der Fernmelde-Ingenieur 39 (1985) Heft 1. – [23] *Lorenz, R. W.*: Zeit- und Frequenzabhängigkeit der Übertragungsfunktion eines Funkkanals bei Mehrwegeausbreitung mit besonderer Berücksichtigung des Mobilfunkkanals. Der Fernmelde-Ingenieur 39 (1985) Heft 4. – [24] *Failli, M.*: COST 207, Digital land mobile radio communications, Final Report. Brüssel, Kommission der Europäischen Gemeinschaften, ISBN 92-825-9946-9, 1989. – [25] *Ariyavisitakul, S.; Yoshida, S.; Ikegami, F.; Takeuchi,*

T.: An improvement effect by a hard-limiter on differential detection performance of PSK in frequency-selective fading. IEEE Trans. VT-36 (1987) 193–200. – [26] *Schüßler, H. W.; Thielecke, J.; Edler, W.; Gerken, M.:* A digital frequency-selective fading simulator. Frequenz 43 (1989) 47–56. – [27] *Lorenz, R. W.:* Messung und Simulation der breitbandigen Übertragungseigenschaften von Mobilfunkkanälen. Nachrichtentechnik Elektronik 39 (1989) 18–19. – [28] *Lorenz, R. W.; Löw, K.; Weber, M.; Kartaschoff, P.; Merki, P.; de Weck, J.-P.:* Excess delay power profiles measured in mountainous terrain. Alta Frequenza LVII (1988) 57–64. – [29] *Eggers, P. C. F.; Bach Andersen, J.:* Measurements of complex envelopes of mobile scenarios at 450 MHz. IEEE Trans. VT-38 (1989) 37–42. – [30] *Rummler, W. D.:* Advances in multipath channel modeling. IEEE Conf. on Communications, 1980 (ICC 80), Conf. Rec., 52.3.1–52.3.5. – [31] *Metzger, K.; Valentin, R.:* On the performance of equalized digital radio systems during frequency-selective fading. AEÜ 44 (1990) 32–42.

6 Planungsunterlagen für die Nutzung der Frequenzbereiche
Planning methods for the utilization of the radio frequency spectrum

Allgemeine Literatur: *Braun, G.:* Planung und Berechnung von Kurzwellenverbindungen. Berlin: Siemens AG 1981. – *Wiesner, L.:* Fernschreib- und Datenübertragung über Kurzwelle. Berlin: Siemens AG 1980. – *Recommendations and Reports of the CCIR, 1990, Vol. V* (Propagation in non-ionized media) und *Vol. VI* (Propagation in ionized media), Genf: ITU 1990.

6.1 Frequenzen unter 1600 kHz (Längstwellen, Langwellen, Mittelwellen)
Frequencies below 1600 kHz (ELF, VLF, LF, MF)

Längstwellenbereich. (VLF = Very Low Frequencies: 3 bis 30 kHz). Die Wellenlänge ist in der Größenordnung des Abstands der Ionosphäre vom Erdboden, bzw. bei ELF (Extremely Low Frequencies: 3 bis 3000 Hz) sogar des Erdumfangs. Hier muß die Ausbreitung im sphärischen Wellenleiter zwischen Erde und Ionosphäre betrachtet werden (geführte Ausbreitung). Darauf beruhen die Methoden zur Berechnung der Feldstärke im Längstwellenbereich [1]. Kompliziertere Verfahren berücksichtigen die unterschiedlichen Eigenschaften des Wellenleiters entlang des gesamten Weges (nichthomogener Wellenleiter), einschließlich einer beliebigen Elektronen- und Ionendichteverteilung in der Ionosphäre [2]. Im Längstwellenbereich ist zwar der Wirkungsgrad der Antennen sehr klein, es genügen aber die geringen abgestrahlten Leistungen zur Überbrückung sehr großer Entfernungen mit geringer Übertragungsgeschwindigkeit.

Die Notwendigkeit, den Raum zwischen Erde und Ionosphäre als Hohlleiter zu betrachten, verliert sich mit zunehmender Frequenz. Bereits im oberen VLF-Bereich kann die Feldstärke der am Boden geführten Welle (Bodenwelle, s. H 2.6) getrennt von dem reflektierten Feld (Raumwelle) betrachtet werden, wobei ggf. die Absorption bei der Reflexion und in tieferen Regionen der Ionosphäre zu berücksichtigen ist (s. H 3.3).

Langwellenbereich. (LF = Low Frequencies: 30 bis 300 kHz). Dieser ist wegen der besonderen Stabilität der Ausbreitung und der großen Reichweite für Zeitzeichenübertragung und Navigationsverfahren geeignet. Die Empfangsfeldstärke wird entweder nach der „Wave-hop"-Methode oder nach der „Waveguide mode"-Methode berechnet [3]. In ersterer werden die Ausbreitungswege der elektromagnetischen Energie geometrisch betrachtet (hops, s. H 3.3), in letzterer wird die Ausbreitung als Summe der verschiedenen Wellentypen im Hohlleiter Erde-Ionosphäre (s. o.) behandelt.

Mittelwellenbereich. (MF = Medium Frequencies: bis 1600 kHz). Er hat Bedeutung für den Rundfunk, da bei großer Sendeleistung (einige 100 kW) eine ausreichend große Bodenwellenfeldstärke (in Entfernungen bis zu einigen 100 km) erzielt wird. Nachts können wegen der fortfallenden Absorption (s. H 3.3) über die Raumwelle größere Entfernungen (um 1000 km) überbrückt werden. Für die Rundfunkplanung gibt es eine Reihe von Methoden zur Berechnung der Raumwellenfeldstärke [4]; eine davon wird vom CCIR empfohlen [5]. Dabei wird die nächtliche Raumwellenfeldstärke, d. h. der höchste innerhalb von 24 Stunden auftretende Wert und von diesem ausgehend werden die Werte für andere Stunden des Tages berechnet. Wegen der örtlichen und zeitlichen Variabilität der Ionosphäre (s. H 3.3) können die tatsächlich auftretenden Feldstärken (die ebenfalls mit Ort und Zeit schwanken) nur abgeschätzt werden (Vergleiche mit gemessenen Werten s. [6]).

Die Berechnung der Bodenwellenfeldstärke für die reale Erdoberfläche ist kompliziert und nur angenähert möglich. Meist werden die für homogene, glatte Erde berechneten Bodenwellenausbreitungskurven des CCIR [7] angewandt (Bilder 1 und 2), in denen neben den Bodeneigenschaften (s. H 2.6) und der Beugung (s. H 2.7) auch die Brechung in der Troposphäre (s. H 2.2) berücksichtigt ist.

Diese Kurven gelten nur für Ausbreitungswege mit homogenen Eigenschaften. Sind die Bodenei-

Spezielle Literatur Seite H 35

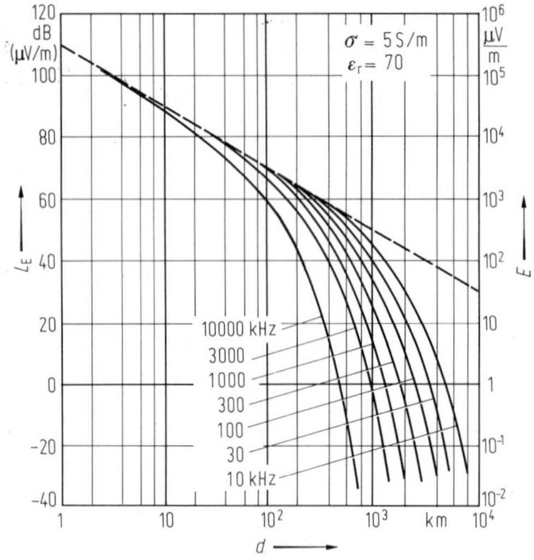

Bild 1. Bodenwellenausbreitungskurven für hohe Bodenleitfähigkeit (Meerwasser). Nach CCIR [7]. Dargestellt ist die Feldstärke eines 1-kW-Senders mit einer kurzen Vertikalantenne für verschiedene Frequenzen

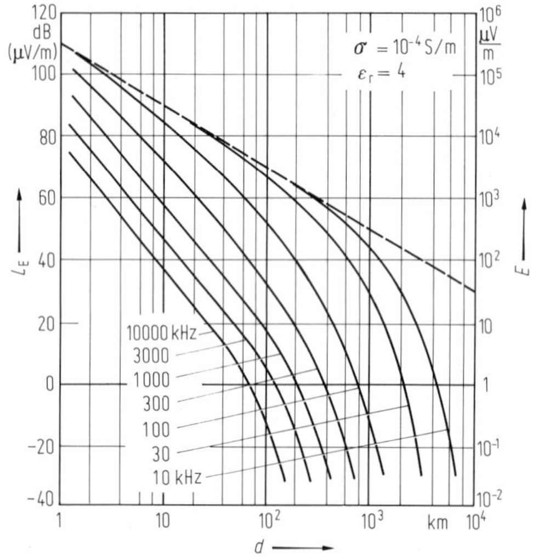

Bild 2. Bodenwellenausbreitungskurven für niedrige Bodenleitfähigkeit (Land). Nach CCIR [7]. Gleiche Darstellung wie Bild 1

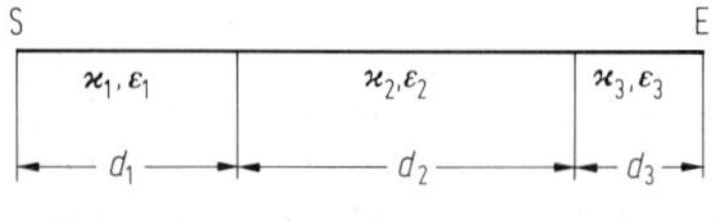

Bild 3. Zur Anwendung der Millington-Methode: Ausbreitung über drei Regionen unterschiedlicher Bodenleitfähigkeit

genschaften inhomogen, kann die von Millington [8] entwickelte halb-empirische Methode angewandt werden. Führt der Ausbreitungsweg über drei Regionen (Strecken d_1, d_2, d_3) mit unterschiedlichen Bodenkonstanten (κ_1, ε_1, κ_2, ε_2, κ_3, ε_3, s. Bild 3), dann ergibt eine erste Berechnung die Feldstärke E_S des Senders S am Empfangsort E:

$$E_S = E_1(d_1) - E_2(d_1) + E_2(d_1 + d_2) - E_3(d_1 + d_2) + E_3(d_1 + d_2 + d_3),$$

wobei die Feldstärken E_1, E_2 und E_3 nach den Bodenwellenkurven bestimmt werden. Anschließend wird die Feldstärke so berechnet, als ob E der Sender und S der Empfänger wäre (Reziprozität):

$$E_E = E_3(d_3) - E_2(d_3) + E_2(d_3 + d_2) - E_1(d_3 + d_2) + E_1(d_3 + d_2 + d_1).$$

Die zu berechnende Feldstärke wird schließlich

$$E = (E_S + E_E)/2. \quad (1)$$

Die nach dieser Methode berechneten Feldstärken stimmen gut mit gemessenen Werten überein [9]. Für manche Zwecke ist eine aus dieser Methode entwickelte graphische Methode brauchbar [10]. Die Millington-Methode ist geeignet zur Abschätzung des „Recovery-Effekts", d.h. einer Zunahme der Feldstärke beim Übergang von Regionen geringer auf Regionen höherer Bodenleitfähigkeit.

6.2 Frequenzen zwischen 1,6 und 30 MHz (Kurzwellen)

Frequencies between 1.6 MHz and 30 MHz (HF range)

Bedeutung hat dieser Frequenzbereich dadurch, daß *weltweite Nachrichtenverbindungen* über eine oder mehrere Reflexionen an der Ionosphäre und am Erdboden (Zick-Zack-Wege) möglich sind. Allerdings sind die Ausbreitungsbedingungen sehr variabel. Ausschlaggebend ist die Wahl der richtigen Frequenz, denn Grenzfrequenz und Absoroption sind mit Tageszeit, Jahreszeit, geographischem Ort und Sonnentätigkeit veränderlich (s. H 3.3). Der häufige, schnelle und frequenzselektive Schwund begrenzt die nutzbare Bandbreite (s. Tab. H 5.1). Damit sind die Kurzwellen für Anwendungen geeignet, die nur eine mäßige Zuverlässigkeit und Übertragungsqualität erfordern. Ihr Vorteil ist die Möglichkeit, Funkverbindungen über große Entfernungen schnell und kostengünstig herzustellen.
Wegen der starken Variabilität der Ausbreitungsbedingungen werden *Langfristprognosen* (Vorhersagen der Monatsmedianwerte) und

Kurzfristprognosen (Vorhersagen der kurzfristigen Abweichungen von diesen Medianwerten) erstellt. Für die Prognose von Monatsmedianwerten ist es notwendig, längs des Ausbreitungswegs den mittleren Ionosphärenzustand vorherzusagen. Aus diesem ergibt sich der nutzbare Frequenzbereich, der nach unten durch die Absorption begrenzt wird (LUF = Lowest Usable Frequency) und nach oben durch die Schräg-Grenzfrequenz (basic MUF, MUF = Maximum Usable Frequency), die nach Gl. H 3 (13) bei gegebener Sprunglänge aus der Senkrechtgrenzfrequenz bestimmt werden kann. Letztere gewinnt man aus Karten (z. B. [11, 12]) oder aus den tabellierten Koeffizienten von Kugelfunktionsentwicklungen, die aus mehrjährigen Messungen des Ionosphärenzustands an vielen Beobachtungsstationen auf der Erde gewonnen wurden [13]. Formelmäßige Ausdrücke zur Berechnung der Grenzfrequenz [14, 15] sind in der Genauigkeit den aus den Koeffizienten gewonnen Werten unterlegen, haben aber den Vorteil der leichteren Anwendbarkeit.

Empfangsbeobachtungen haben gezeigt, daß die „Betriebsgrenzfrequenz" (operational MUF oder auch nur MUF) merklich höher liegen kann als die aus der Strahlenbrechung berechnete Schräggrenzfrequenz. Ursache dafür ist die Streuausbreitung, die auch innerhalb der toten Zone (s. H 3.3) noch eine (relativ kleine) Feldstärke hervorruft. Die Betriebsgrenzfrequenz ist (im Gegensatz zur Schräg-Grenzfrequenz) leistungsabhängig, da die Streufeldstärke mit der Sendeleistung zunimmt (s. H 2.5).

Die Bestimmung von LUF und MUF kann für einfache Planungszwecke schon ausreichen. Für eine genauere Planung und die Festlegung technischer Parameter (Sendeleistung, Antennengewinn usw.) sind jedoch Feldstärke bzw. Rauschabstand (s. H 4) wichtig. Dafür wird zuerst die Freiraumfeldstärke für die Entfernung längs des Zick-Zack-Wegs berechnet. Dann werden die Absorptionsmaße der Welle auf den Wegabschnitten in den unteren Ionosphärenschichten aufaddiert und das so erhaltene Ausbreitungsdämpfungsmaß vom Freiraumfeldstärkemaß (s. H 2.2) subtrahiert. Solche Methoden sind nur für Frequenzen unterhalb der Schräg-Grenzfrequenz brauchbar; sie sind entweder (je nach Ionosphärenmodell) sehr rechenaufwendig (Großrechner [16–18]) oder weniger genau, aber für Taschenrechner geeignet [19, 20].

Ein grundsätzlich anderes Verfahren verwendet einen formelmäßigen Ausdruck für den Verlauf der Feldstärke zwischen LUF und MUF mit empirischen Faktoren. Diese berücksichtigen die Einflüsse von Tageszeit, Jahreszeit, Sonnentätigkeit und geografischer Lage von Sender und Empfänger (Beckmann-Formel) [21, 22]. Die anderen Methoden [16–18] benötigen bei vergleichbarer Genauigkeit sehr viel mehr Rechenzeit. Beispiel einer Prognose nach der Beckmann-Formel in Bild 4.

Monat : Dezember 1982		Sonnenfleckenzahl : 94
Linie :	Frankfurt ——	CIRAF 8
Koordinaten :	50,2°N / 8,6°O	36,0°N / 80,0°W
Azimute :	294,1°	46,3°
Entfernung auf dem Großkreis : 6932 km oder 3741 sm		
Sendeleistung : 1kW		
angegebene Feldstärken sind Medianwerte, d.h. sie werden an 15 Tagen des Monats erreicht oder überschritten		

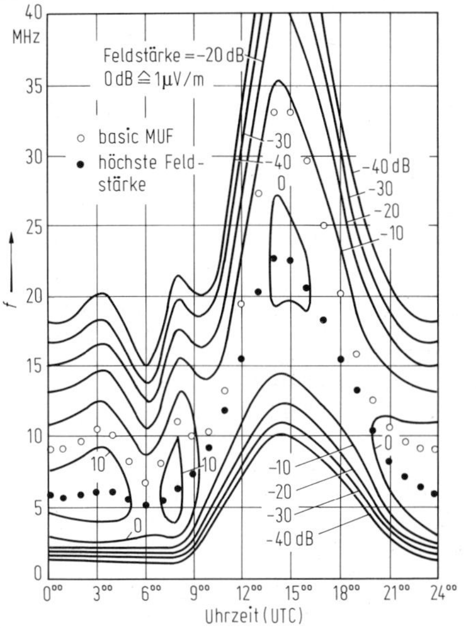

Bild 4. Beispiel einer Funkprognose nach der Beckmann-Formel. Angegeben ist das Feldstärkemaß für eine Linie New-York – Frankfurt, Monat Dezember 1982 und eine Sendeleistung von 1 kW ERP

Die variable Sonnentätigkeit führt zu starken Schwankungen (day-to-day variation) um die vorhergesagten Monatsmedianwerte. Der Bereich, in dem 90 % der in einem Monat zu einer bestimmten Tageszeit beobachteten Stundenmittelwerte der Feldstärke liegen, beträgt in der Nähe der LUF etwa ± 6 dB, in der Nähe der Schräg-Grenzfrequenz ± 25 dB und in der Nähe der MUF ± 8 dB [23]. Schwankungen dieser Art werden unter Berücksichtigung der momentanen Sonnenaktivität in den sog. *Kurzfristvorhersagen* abgeschätzt. Dabei werden Wahrscheinlichkeiten für die Größenordnung der Schwankungen angegeben, und es werden Tendenzen für das Auftreten von Störungen aufgezeigt. Funkdienste, bei denen ein häufiger Frequenzwechsel nicht möglich ist (z. B. Rundfunk), setzen vorzugsweise Frequenzen ein, die etwa 15 bis 20 % unterhalb des Monatsmittels der Schräggrenzfrequenz liegen (FOT = Frequency of Optimum Traffic).

Neben den Schwankungen des mittleren Signalpegels von Tag zu Tag treten auch kurzfristige Schwankungen des Pegels mit Perioden von Bruchteilen von Sekunden bis zu einigen Minuten auf (Schwund). Sie werden z. B. durch veränderliche Absorption oder Überlagerung mehrerer (z. B. auch unterschiedlich polarisierter, s. H 3.3) Teilwellen verursacht, als Folge der inhomogenen Struktur der Ionosphäre. Dieser Schwund ist rayleigh-verteilt (s. H 1).
Zur Verbesserung der Zuverlässigkeit von Kurzwellenverbindungen gibt es „Echtzeit-Verfahren", die die Qualität der empfangenen Sendung laufend prüfen (evtl. auf mehreren Frequenzen) und jeweils die optimale Frequenz auswerten. Andere Verfahren sind Diversity-Verfahren, Spreizbandtechniken (spread-spectrum), Fehlererkennung und ARQ-Verfahren (automatic request), sowie Fehlerkorrekturverfahren (forward error correction).

6.3 Frequenzen zwischen 30 und 1000 MHz (Ultrakurzwellen, unterer Mikrowellenbereich)

Frequencies between 30 and 1000 MHz

Planungsverfahren. In diesem Frequenzbereich wird die Empfangsfeldstärke nur in Ausnahmefällen von der Ionosphäre oder der Bodenleitfähigkeit beeinflußt. Entscheidend für die Ausbreitung zwischen erdgebundenen Funkstellen ist die Rauhikeit der Grenzfläche Erde/Atmosphäre. Durch Beugung, Reflexion oder Streuung wird häufig eine ausreichende Empfangsfeldstärke erreicht, selbst wenn der direkte Weg zwischen den Funkstellen stark abgeschattet ist. Daher ist der Frequenzbereich zwischen 30 und 1000 MHz besonders für Flächenversorgung (Rundfunk und bewegliche Funkdienste) geeignet.
In neuerer Zeit wird für Mobilfunkdienste der Frequenzbereich zwischen 1 GHz und 3 GHz besonders für sehr kurze Reichweiten vorgeschlagen. Planungsverfahren für diesen Frequenzbereich sind allerdings noch nicht entwickelt worden.

Netzstruktur für Flächenversorgung. Für die Grobplanung von Sendernetzen geht man von Rautennetzen aus [25]. In Bild 5 ist die flächendeckende Verteilung von $n = 7$ Kanälen gezeichnet. In den Punkten gleicher Kennzahl werden gleiche Frequenzen benutzt. Der Abstand zwischen zwei Sendern verschiedener Frequenz ist die Netzweite

$$d_N = \sqrt{3}\, R, \tag{2}$$

wobei R der Mindestversorgungsradius eines Senders ist. Der Abstand zwischen zwei Sendern

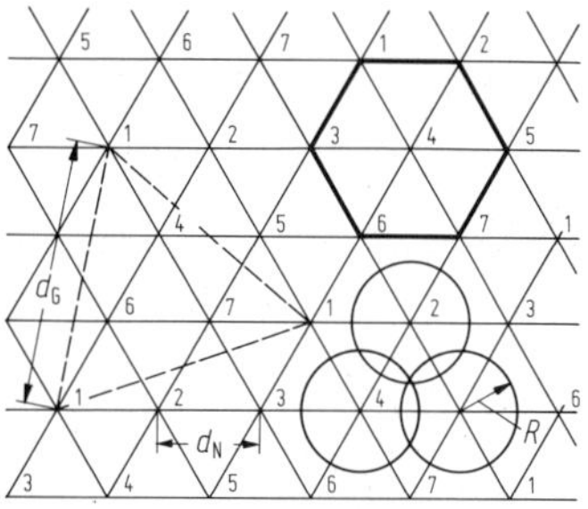

Bild 5. Rautenplan für $n = 7$ Kanäle. Sender in den Knotenpunkten. Das hervorgehobene Sechseck gibt die Kanalanordnung an, R minimaler Versorgungsradius eines Senders; d_N, d_G Abstand zwischen zwei Sendern verschiedener bzw. gleicher Frequenz

gleicher Frequenz, die sich gegenseitig nicht stören sollen, heißt Gleichkanalabstand:

$$d_G = \sqrt{n}\, d_N = \sqrt{3n}\, R. \tag{3}$$

Gleichseitige Gleichkanalabstands-Dreiecke ergeben sich für $n = 3; 4; 7; 9; 13; 16; 19$ usw. Für eine effektive Frequenzbandausnutzung [26] muß n möglichst klein sein. Großräumige Netzplanung ist in [27] beschrieben.

Berechnung der Feldstärke ohne Berücksichtigung der Topographie. Als erster Schätzwert des Feldstärkepegels dient der Freiraumwert (Gl. H 2 (1))

$$F_0/\mathrm{dB}(\mu\mathrm{V/m}) = 10\lg(P_S/\mathrm{W}) + 10\lg(G_S) - 20\lg(d/\mathrm{km}) + 74{,}8, \tag{4}$$

oder der Wert für Ausbreitung über ebener Erde (Gl. H 2 (26))

$$F_{\text{Ebene}} = \begin{cases} F_0 & \text{für } A_{\text{Ebene}} < 0 \\ F_0 - A_{\text{Ebene}} & \text{für } A_{\text{Ebene}} > 0 \end{cases} \tag{5}$$

$$A_{\text{Ebene}} = 20\lg(d/\mathrm{km}) - 20\lg(f/\mathrm{MHz}) - 20\lg(h_S/\mathrm{m}) - 20\lg(h_E/\mathrm{m}) + 87{,}6 \tag{6}$$

(P_S = Leistung des Senders; G_S = Sendeantennengewinn, bezogen auf den Kugelstrahler; d = Abstand von der Sendeantenne; f = Betriebsfrequenz; h_S, h_E = Antennenhöhen am Sender bzw. Empfänger.)
Für die Feldstärke in der Beugungszone (s. H 2.7) sind in [28] Nomogramme zu finden. Durch Troposcatter (s. 6.4) kann allerdings die Feldstärke größer sein als nach der Beugungstheorie berechnet.

Berechnung der Feldstärke mit Berücksichtigung der Topographie durch statistische Kennwerte. Aufbauend auf Ausbreitungsmessungen hat das CCIR Ausbreitungskurven für 30 bis 250 MHz

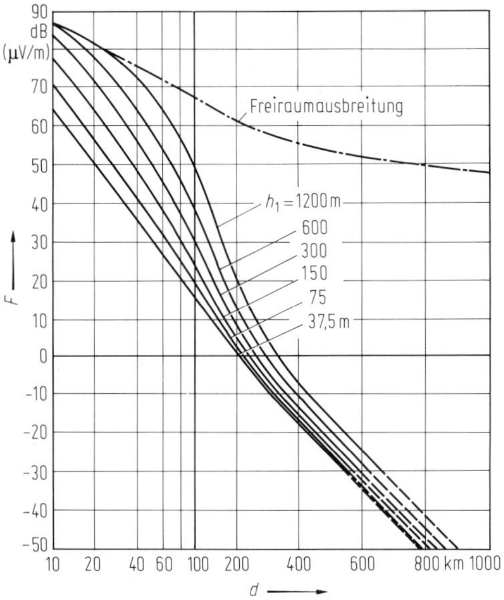

Bild 6. Medianwerte der Feldstärkepegel in dB(μV/m). Nach [30]. Diese Werte werden in 50% der Zeit und an 50% der Orte im Frequenzbereich zwischen 30 und 300 MHz überschritten. Die Ausbreitungskurven gelten über Land im Bereich der Klimazonen zwischen Nordsee und Mittelmeer. Die Sendeleistung beträgt 1 kW ERP (vom verlustlosen $\lambda/2$-Dipol bei 1 kW Einspeisung in Hauptstrahlrichtung abgestrahlt). Parameter: h_1: Sendeantennenhöhe über den zwischen 3 und 15 km in Richtung auf den Empfänger gemittelten Geländehöhen, $h_2 = 10$ m: Empfangsantennenhöhe über Grund und $\Delta h = 50$ m: Geländerauhigkeit

(Rundfunkbänder I bis III) und 450 bis 1000 MHz (Bänder IV und V) veröffentlicht [29, 30], bei denen der Einfluß des Geländes durch statistische Kennwerte erfaßt wird. Die Kurven in [30] gelten für gemäßigte Klimazonen und leicht hügeliges Gelände (Beispiel s. Bild 6). In [30] sind weitere Kurven für 10%, 5% und 1% der Zeit angegeben, getrennt nach verschiedenen Klimagebieten in Europa. Die niedrigen Zeitprozentsätze sind für die Abschätzung von Gleichkanalstörungen bei Überreichweiten wichtig (s. H 7.2). So ist die Feldstärke in 1% der Zeit bei $d = 200$ km über Land etwa um 20 dB, über dem Mittelmeer sogar um etwa 53 dB höher als in Bild 6 angegeben.

Die Topographie wird in dieser Methode durch zwei statistische Kenngrößen charakterisiert: die wirksame Sendeantennenhöhe h_1 (Def. s. Bild 6) und die Geländerauhigkeit Δh. Dies ist die Differenz zwischen den Geländehöhen, die an 10% und 90% der Orte im Entfernungsbereich zwischen 10 und 50 km erreicht werden. Bild 6 gilt für $\Delta h = 50$ m; für andere Werte werden Dämpfungskorrekturen angegeben, die entfernungs- und frequenzabhängig zwischen -10 dB ($\Delta h = 10$ m) und $+28$ dB ($\Delta h = 500$ m) liegen. Weitere Einzelheiten zu dieser Methode in [31].

An verschiedenen Meßpunkten in gleichem Abstand vom Sender und bei gleichen Kennwerten h_1 und Δh werden sehr unterschiedliche Feldstärkepegel gemessen. In erster Näherung ist die *Ortswahrscheinlichkeit* der Feldstärkepegel eine Normalverteilung mit der Standardabweichung σ_L, die nach [29, 31] abgeschätzt werden kann zu

$$\frac{\sigma_L}{\text{dB}} = \begin{cases} 6 + 0{,}69\sqrt{\Delta h/\lambda} - 0{,}0063\,\Delta h/\lambda & \text{für } \Delta h/\lambda \leqq 3000, \\ 25 & \text{für } \Delta h/\lambda > 3000. \end{cases} \tag{7}$$

Die zeitlichen Schwankungen der Ausbreitungsbedingungen durch troposphärische Effekte (s. H 3.2) können nach [29] meist als Normalverteilung der Feldstärkepegel angesetzt werden, typische Standardabweichungen σ_t der *Zeitwahrscheinlichkeit* s. Tab. 1. Die resultierende Standardabweichung ist durch

Tabelle 1. Standardabweichung σ_t/dB der Zeitwahrscheinlichkeit nach [29]

Frequenzbereich in MHz	Entfernung vom Sender in km 50	100	150
30 ... 300	3	7	9 (Land und See)
	2	5	7 (Land)
300 ... 1000	9	14	20 (See)

$$\sigma/\text{dB} = \sqrt{(\sigma_L/\text{dB})^2 + (\sigma_t/\text{dB})^2} \tag{8}$$

gegeben.

Berechnung der Feldstärke im quasi-ebenen Gelände. Aus Messungen im quasi-ebenen Gelände wurde eine Feldstärkeberechnungsmethode entwickelt [32], bei der unter Verwendung zahlreicher Diagramme verschiedene topographische Gegebenheiten berücksichtigt werden. Daraus wurde dann eine empirische Ausbreitungsformel für städtisches Gebiet und vertikale Polarisation hergeleitet [33]:

$$F_{\text{Stadt}} = F_0 - A_{\text{Stadt}}, \tag{9}$$

$$\begin{aligned} A_{\text{Stadt}}/\text{dB} = {} & (24{,}9 - 6{,}5\,\lg(h_S/\text{m}))\,\lg(d/\text{km}) \\ & + (7{,}7 - 1{,}1\,h_E/\text{m})\,\lg(f/\text{MHz}) \\ & + 0{,}7\,h_E/\text{m} - 13{,}8\,\lg(h_S/\text{m}) + 36{,}3 \end{aligned} \tag{10}$$

Gültigkeitsbereich von Gl. (10): $150 \leqq f/\text{MHz} \leqq 1000$;

$1 \leqq d/\text{km} \leqq 20$; $\quad 30 \leqq h_S/\text{m} \leqq 200$ und

$1 \leqq h_E/\text{m} \leqq 10$.

Im Vergleich zu A_{Ebene} nach Gl. (6) ist besonders die ungünstigere Frequenzabhängigkeit von

A_{Stadt} von Bedeutung, die durch Beugungsdämpfung von Bauwerken verursacht wird.
In [32] sind Korrekturfaktoren für andere Geländetypen angegeben, u.a. für

freies Gelände:

$$F_{\text{frei}} \approx F_{\text{Stadt}} + \begin{cases} 18\,\text{dB bei } f = 100\,\text{MHz}, \\ 24\,\text{dB bei } f = 1000\,\text{MHz}, \end{cases}$$

Wasserflächen:

$$F_{\text{Wasser}} \approx F_{\text{frei}} + 15\,\text{dB}.$$

Bei ansteigendem Hang ist eine Erhöhung des Feldstärkepegels um etwa 5 dB zu berücksichtigen. Im Wald ist in erster Näherung $F_{\text{Wald}} \approx F_{\text{Stadt}}$, durch die Belaubung sind saisonale Unterschiede bis zu 10 dB möglich. Bessere Näherungen zur Berücksichtigung von Waldeinflüssen in [34].

Berücksichtigung von Bergen. Zusätzlich zu den bisher beschriebenen Berechnungen muß die Abschattung durch Berge berücksichtigt werden. Liegt im Geländeprofil (s. H 3.1) nur ein Hindernis, so kann näherungsweise mit Kantenbeugung (s. H 2.7) gerechnet werden. Es gilt [28]

$$\frac{A_{\text{Kante}}}{\text{dB}} \approx \begin{cases} 0 & \text{für } v \leqq -1 \\ 6{,}4 + 20\,\lg(\sqrt{v^2+1} + v) & \\ & \text{für } v > -1 \end{cases} \qquad (11)$$

Dabei ist

$$v = (H/\text{m})/(387\,\sqrt{d_{\text{S}}/\text{km}(1 - d_{\text{S}}/d)/(f/\text{MHz})}) \qquad (12)$$

(H = Abstand zwischen der geradlinigen Verbindung Sender – Empfänger und der Kante; d_{S} = Abstand zwischen Sender und Kante; d = Abstand zwischen Sender und Empfänger).
In Ausnahmefällen kann die Feldstärke hinter einem Hindernis größer sein als über ebener Erde. Voraussetzung dafür ist, daß zwischen Sender und Hindernis und zwischen Empfänger und Hinternis je eine gut reflektierende Ebene liegen und das Hindernis eine scharfe Beugungskante darstellt. Dieser Effekt wird Hindernisgewinn genannt [35].
Abgerundete Bergkuppen vergrößern die Dämpfung: Methoden zur Abschätzung sind in [28, 36, 37] beschrieben. Für die Beugung an mehreren Hindernissen wird nach [38] das Hindernis gesucht, das für sich allein die größte Dämpfung ergeben würde (Haupthindernis). Danach werden neue Sichtlinien und Fresnel-Ellipsen vom Sender zur Spitze des Haupthindernisses und von dort zum Empfänger berechnet. Falls in die neuen Fresnel-Ellipsen noch andere Hindernisse hineinragen, ergeben sich weitere Zusatzdämpfungen. Eine Korrektur zu diesem Verfahren ist in [39] hergeleitet.

Zur rechnergestützten Feldstärkeberechnung sind *topographische Datenbanken* erstellt worden, in denen für Flächenelemente bestimmter Größe die Höhe über NN und eine Kennziffer über die Landnutzung gespeichert sind. Vergleiche von Datenbanken und Berechnungsmethoden in [40].

Besonderheiten der Wellenausbreitung beim Mobilfunk. Nahe der Erdoberfläche weist die räumliche Verteilung der Feldstärke durch Überlagerung von Teilwellen starke Amplitudenschwankungen auf, hervorgerufen durch
- Streuung an Geländerauhigkeit, Vegetation und Bauwerken;
- Reflexion an glatten Berghängen oder Häuserfronten;
- Wellenführung in Straßen und in Tälern mit steilen Hängen.

Eine in diesem Wellenfeld bewegte Antenne transformiert die räumlichen in zeitliche Schwankungen des Empfangssignals mit Anteilen von schnellem und langsamem Schwund.

Schneller Schwund entsteht durch Interferenz der Teilwellen. Die Amplituden sind rayleigh-verteilt, wenn keine direkte Sicht zwischen den Funkstellen vorhanden ist, und rice-verteilt, wenn direkte Sicht vorliegt (s. H 1.3). Die Bewegung des Fahrzeugs (Geschwindigkeit v und Winkel α gegen die azimutale Einfallsrichtung der Welle) bewirkt eine Doppler-Verschiebung

$$f_{\text{D}}(\alpha) = v \cos(\alpha)/\lambda. \qquad (13)$$

Da die Teilwellen aus unterschiedlichen Richtungen zur bewegten Antenne gelangen, entsteht ein i. allg. zeitvariantes, kontinuierliches Spektrum (s. H 5.1) im Bereich [41, 42]:

$$f_0 - f_{\text{DM}} \leqq f \leqq f_0 + f_{\text{DM}}, \qquad (14)$$

dabei ist f_0 die Trägerfrequenz und $f_{\text{DM}} = f_{\text{D}}\,(\alpha = 0)$ die maximale Doppler-Frequenz.
Der *langsame Schwund* resultiert aus der Struktur der Bebauung und Vegetation. In städtischen Gebieten ist er häufig normalverteilt: Der gesamte Schwundprozeß kann dann durch eine Mischverteilung (s. H 1.3) beschrieben werden [43, 44]. Wegen der starken Feldstärkeschwankungen im Mobilfunk werden zum Gerätetest Funkkanalsimulatoren benutzt (s. H 5.3).

6.4 Frequenzen über 1 GHz (Mikrowellen)

Frequencies above 1 GHz

Der Frequenzbereich oberhalb 1 GHz wird im wesentlichen für Radar, terrestrischen Richtfunk und Satellitenfunk genutzt. Durch troposphä-

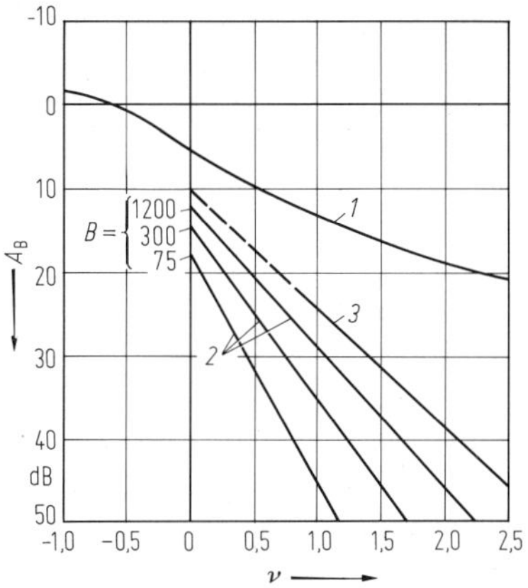

Bild 7. Beugungsdämpfungsmaß A_B als Funktion der normierten Streckenfreiheit v bei *1* Kantenbeugung, *2* Beugung an glatter, sphärischer Erde, *3* Meßergebnisse nach [46]

rische Einflüsse können in gewissen Zeitprozentsätzen große Ausbreitungsdämpfungen auftreten. Diese für die Planung benötigten Zeitprozentsätze werden meist auf ein durchschnittliches Jahr bezogen, manchmal auch auf den ungünstigsten Monat eines Jahres [45].

Terrestrische Funkstrecken

Für Richtfunkverbindungen läßt sich der Einfluß von Hindernissen mit Hilfe des Fresnel-Ellipsoids (s. H 2.7) abschätzen. Häufig wird gefordert, daß das erste Fresnel-Ellipsoid für $k_e = 4/3$ von Hindernissen frei sein soll (Geländeschnitt, s. H 3.1). Dann kann man in guter Näherung mit Freiraumausbreitung (s. H 2.1) rechnen.

Beugungsdämpfung. Wenn Hindernisse in das erste Fresnel-Ellipsoid hineinragen (begrenzte Turmhöhen, kurzzeitige Verringerung des k_e-Werts), tritt eine zusätzliche Beugungsdämpfung auf, die u.a. von der Art des Geländes und der Vegetation abhängt. Bild 7 zeigt Meßergebnisse [46, 47], die zwischen den theoretischen Werten für die Beugung an einer scharfen Kante und an der kugelförmigen Erde liegen, als Funktion der Streckenfreiheit (Beugungsparameter $v = \sqrt{2}\,H/r_F$, s. H 2.7). Für den Fall der glatten Erde ist H die maximale Höhe, mit der die Erdkugel über die direkten Verbindung Sender–Empfänger in der k_e-Darstellung (s. Bild H 3.2b) hinausragt:

$$H = k_e r_E - \sin\alpha (k_e r_E + h_S)(k_e r_E + h_E)/r_d, \quad (15)$$

mit $\alpha = d/(k_e r_E)$.

$$r_d^2 = (k_e r_E + h_S)^2 - 2\cos\alpha (k_e r_E + h_S) \cdot (k_e r_E + h_E) + (k_e r_E + h_E)^2,$$

(d = Abstand Sender–Empfänger; h_S, h_E = Höhe von Sende- bzw. Empfangsantenne).
Weiter hängt die theoretische Kurve für die kugelförmige Erde näherungsweise von einem Parameter B ab, der durch

$$B = k_e^{-1/3}(\sqrt{h_S/m} + \sqrt{h_E/m})^2 \, (f/\mathrm{GHz})^{2/3} \quad (16)$$

gegeben ist [48].

Dämpfung durch Mehrwegeausbreitung. Bei anomalem Verlauf des vertikalen Brechwertgradienten (s. H 3.2) kann durch Defokussierung und Mehrwegeausbreitung selbst bei freiem ersten Fresnel-Ellipsoid am Empfänger kurzzeitig starker Schwund auftreten. Für NW.-Europa läßt sich der Zeitprozentsatz, mit dem ein Dämpfungsmaß A_M bei einer einzelnen Frequenz f überschritten wird, bei tiefem Mehrwegeschwund ($A_M \geqq 15$ dB) abschätzen [47]:

$$Q(A \geqq A_M) = 1{,}7 \cdot 10^{-6}(1 + |\varepsilon_\varrho|) \cdot (f/\mathrm{GHz})^{0{,}89}(d/\mathrm{km})^{3{,}6}\, 10^{-A_M/(10\,\mathrm{dB})}. \quad (17)$$

Dabei ist der Neigungswinkel der Strecke gegeben durch

$$\varepsilon_\varrho = 10^{-3}\, |h'_S - h'_E|/d$$

mit h'_S, h'_E = Höhe von Sende- bzw. Empfangsantenne über Meeresniveau.

Die Überschreitungswahrscheinlichkeit bei einer einzelnen Frequenz (Gl. (17)) ist nicht mehr ausreichend für die Planung von breitbandigen Richtfunksystemen, da die Bedingung für nicht frequenzselektiven Schwund (s. H 5) nicht erfüllt ist. Zur Erfassung der Frequenzselektivität kann der Schwund näherungsweise durch ein Zweiwegemodell beschrieben werden. Dabei wird angenommen, daß die direkte Welle durch troposphärische Effekte (z.B. Defokussierung) gegenüber dem Freiraumwert gedämpft ist. Die Übertragungsfunktion $\underline{H}(\omega) = H(\omega)\exp[\mathrm{j}\varphi(\omega)]$ des Ausbreitungskanals (bezogen auf Freiraumausbreitung) ist dann gegeben durch [49, 50]

$$\underline{H}(\omega) = a[1 - b\exp(-\mathrm{j}(\omega - \omega_0)\tau)]. \quad (18)$$

(a = Verhältnis der Amplitude der direkten Welle zur Amplitude bei Freiraumausbreitung; b = Amplitudenverhältnis von reflektierter zu direkter Welle; $\omega_0 = 2\pi f_0$ = Kreisfrequenz, bei der beide Wellen gegenphasig sind; τ = Laufzeitdifferenz zwischen direkter und reflektierter Welle.)
Die Parameter a, b, ω_0 und τ ändern sich zeitlich; aus Messungen gewonnene statistische Verteilungsfunktionen sind in [50–52] gegeben. Aus-

breitungsdämpfungsmaß A_M und Gruppenlaufzeit τ_g sind:

$$A_M/\mathrm{dB} = -20\lg|\underline{H}(\omega)| = -10\lg[\alpha^2(1-2b\cos((\omega-\omega_0)\tau)+b^2] \quad (19)$$

$$\tau_g = -\frac{d(\arg(\underline{H}(\omega)))}{d\omega} = -\tau\frac{b\cos((\omega-\omega_0)\tau)-b^2}{1-2b\cos((\omega-\omega_0)\tau)+b^2}. \quad (20)$$

Selbst bei ausreichender Empfangsleistung kann die Änderung von Dämpfung und Gruppenlaufzeit innerhalb des zu übertragenden Frequenzbandes, insbesondere bei digitaler Modulation, zu einem Ausfall des Systems führen [53, 54].

Die Auswirkung des Mehrwegeschwundes kann verringert werden durch Diversity-Anordnungen: Die Nachricht wird gleichzeitig auf zwei verschiedenen Trägerfrequenzen (Abstand Δf) übertragen (Frequenzdiversity), mit zwei oder mehreren übereinander angeordneten Antennen (Abstand Δh, Raumdiversity) oder durch eine Antenne mit zwei in der vertikalen Ebene getrennten Richtdiagrammen (Winkeldiversity) [78] empfangen. Ist der Schwund nicht frequenzselektiv, läßt sich der Verbesserungsfaktor D bei Diversity definieren als Quotient der Überschreitungshäufigkeiten für das Ausbreitungsdämpfungsmaß A_M bei Einfach- und Diversityempfang

$$D = \frac{Q(A \geqq A_M)}{Q_D(A \geqq A_M)}. \quad (21)$$

Nach [55] ist bei typischen Sichtstrecken mit Mehrwegeschwund bei Raumdiversity ($\Delta h \leqq 15$ m)

$$D_r \approx 12\cdot 10^{-4}\frac{(\Delta h/\mathrm{m})^2 f/\mathrm{GHz}}{d/\mathrm{km}}10^{A_M/(10\,\mathrm{dB})}, \quad (22)$$

und bei Frequenzdiversity ($\Delta f \leqq 500$ MHz)

$$D_f \approx \frac{1}{12}\frac{\Delta f/\mathrm{MHz}}{d/\mathrm{km}(f/\mathrm{GHz})^2}10^{A_M/(10\,\mathrm{dB})}. \quad (23)$$

Diese Näherungsformeln gelten für $2\,\mathrm{GHz} \leqq f \leqq 11\,\mathrm{GHz}$, $30\,\mathrm{km} \leqq d \leqq 70\,\mathrm{km}$, $30\,\mathrm{dB} \leqq A_M \leqq 50\,\mathrm{dB}$ und $D > 10$. Bei $\Delta h > 150\,\lambda$ bzw. $\Delta f > 150$ MHz wird der Diversitygewinn genügend groß ($D > 10$) [47, 56].

Für digitale Übertragung läßt sich der Verbesserungsfaktor bei frequenzselektivem Schwund definieren durch

$$D = \frac{Q(BER \geqq BER_0)}{Q_D(BER \geqq BER_0)},$$

d.h. als Quotient der Überschreitungshäufigkeit einer bestimmten Bitfehlerquote BER_0 ohne und mit Diversity. Eine einfache Abschätzung für den Verbesserungsfaktor als Funktion des Antennen- oder Frequenzabstands kann nicht mehr angegeben werden. Die Parameter b und ω_0 in Gl. (18), die die Selektivität charakterisieren, sind für die Diversityzweige in guter Näherung unkorreliert [79].

Tabelle 2. Parameter α_1 und b zur Abschätzung der Regendämpfung bei horizontaler (H) und vertikaler (V) Polarisation [56]

f/GHz	α_1^H(dB/km)	α_1^V/(dB/km)	b^H	b^V
10	0,0101	0,00887	1,28	1,26
15	0,0367	0,034	1,15	1,13
20	0,0751	0,0691	1,10	1,07
25	0,124	0,113	1,06	1,03
30	0,187	0,167	1,02	1,00
35	0,263	0,233	0,979	0,963

Dämpfung durch Regen. Bei höheren Frequenzen hat der Regen einen merklichen Einfluß auf die Ausbreitung (s. H 3.2). Der Regendämpfungskoeffizient kann bei gegebener Regenrate R (s. Bild H 3.7) näherungsweise abgeschätzt werden durch

$$\alpha_R = \alpha_1[R/(\mathrm{mm/h})]^b. \quad (24)$$

Werte für die frequenzabhängigen Parameter α_1 und b sind in Tab. 2 aufgeführt.

Es muß berücksichtigt werden, daß die Regenrate entlang des Ausbreitungswegs variiert. Für eine einfache Abschätzung der Regendämpfung für bestimmte Zeitprozentsätze wird aus der Regenrate, die in 0,01 % der Zeit an einem Ort überschritten wird, der Dämpfungskoeffizient nach Gl. (24) berechnet. Die effektive Streckenlänge d_{eff} einer Richtfunkstrecke, entlang der R als konstant angenommen wird, ergibt sich aus der tatsächlichen Streckenlänge d zu

$$d_{eff} = \frac{d}{1+d/d_0} \quad (25)$$

mit $d_0/\mathrm{km} = 35\cdot\exp(-0{,}015\,R_{0,01}/(\mathrm{mm/h}))$.

Das Dämpfungsmaß, das in 0,01 % der Zeit überschritten wird, ergibt sich dann aus

$$A_R(0{,}01\,\%) = \alpha_R d_{eff}. \quad (26)$$

Für andere Zeitprozentsätze Q erzählt man

$$A_R(Q) = A(0{,}01\,\%)(Q/0{,}01\,\%)^{-a} \quad \text{mit} \quad (27)$$

$$a = \begin{cases} 0{,}33 & \text{für } 0{,}001\,\% < Q < 0{,}01\,\%, \\ 0{,}41 & \text{für } 0{,}01\,\% < Q < 0{,}1\,\%. \end{cases}$$

Dämpfung durch atmosphärische Gase. Die Resonanzabsorption elektromagnetischer Energie durch Sauerstoff und Wasserdampf bewirkt Dämpfungsmaxima bei 22 GHz (H_2O), 60 GHz

(O_2), 120 GHz (O_2), 184 GHz (H_2O) und 324 GHz (H_2O) (s. Bild H 3.5).
Das Dämpfungsmaß auf einer Ausbreitungsstrecke der Länge d ist bei gegebenen Dämpfungskoeffizienten α_0 (Sauerstoffanteil) und α_W (Wasserdampfanteil)

$$A_G = (\alpha_0 + \alpha_W)\, d. \tag{28}$$

Die folgenden Näherungsformeln [58]

$$\frac{\alpha_0}{\text{dB/km}} = \begin{cases} 10^{-3}\left[7{,}19 \cdot 10^{-3} + \dfrac{6{,}09}{(f/\text{GHz})^2 + 0{,}227} + \dfrac{4{,}81}{(f/\text{GHz} - 57)^2 + 1{,}50}\right]\left(\dfrac{f}{\text{GHz}}\right)^2 \\ \text{für } f \leqq 57\text{ GHz} \\ 10 \ldots 15 \text{ für } 57\text{ GHz} < f < 63\text{ GHz} \\ 10^{-3}\left[3{,}79 \cdot 10^{-7}\dfrac{f}{\text{GHz}} + \dfrac{0{,}265}{(f/\text{GHz}-63)^2+1{,}59} + \dfrac{0{,}028}{(f/\text{GHz}-118)^2+1{,}47}\right]\left(\dfrac{f}{\text{GHz}}+198\right)^2 \\ \text{für } f \geqq 63\text{ GHz} \end{cases} \tag{29}$$

$$\frac{\alpha_W}{\text{dB/km}} = 10^{-4}\left[0{,}05 + 0{,}0021\,\frac{\varrho_W}{\text{g/m}^3} + \frac{3{,}6}{(f/\text{GHz} - 22{,}2)^2 + 8{,}5} + \frac{10{,}6}{(f/\text{GHz} - 183{,}3)^2 + 9} + \frac{8{,}9}{(f/\text{GHz} - 325{,}4)^2 + 26{,}3}\right]\left(\frac{f}{\text{GHz}}\right)^2 \frac{\varrho_W}{\text{g/m}^3} \quad \text{für } f < 350\text{ GHz} \tag{30}$$

gelten für einen Druck von $p = 1000$ hPa und eine Temperatur von 15 °C, ϱ_w ist die Wasserdampfdichte (s. H 3.2). Die Koeffizienten wachsen bei fallender Temperatur um etwa 1 %/K.

Depolarisation. Die übertragbare Anzahl der Kanäle kann bei gegebener Bandbreite durch Verwendung jeweils zueinander orthogonal polarisierter Wellen verdoppelt werden (frequency re-use). Zur Beschreibung der Depolarisation durch Ausbreitungseffekte werden Kreuzpolarisationsentkopplung X_D und Kreuzpolarisationsisolation X_I benutzt. X_D ist das Verhältnis der kopolaren zu der orthogonal polarisierten Feldstärkekomponente am Empfangsort, wenn nur mit einer Polarisation gesendet wird [59]. Zur Bestimmung von X_I muß in zwei orthogonalen Polarisationsrichtungen gleichzeitig gesendet werden. X_I ist das Verhältnis der Feldstärkekomponente am Empfangsort, die durch die ursprünglich kopolar gesendete Feldstärke entsteht, zu der Komponente, die durch die ursprünglich kreuzpolar gesendeten Feldstärke verursacht wird. X_D ist einfacher zu messen; unter gewissen Voraussetzungen ist $X_D = X_I$ [60]. Manchmal wird X_D und X_I auch in analoger Weise durch das Verhältnis der Leistungen in den beiden Empfangszweigen definiert und enthält dann auch die Einflüsse der Antennen und Polarisationsweichen.
Während Mehrwegeschwunds ist die Änderung von X_D durch Ausbreitungseffekte gering, die über das gesamte System gemessene Entkopplung kann jedoch sehr kleine Werte annehmen. Ursache hierfür sind die verschiedenen Antennendiagramme für ko- und kreuzpolarisierte Komponenten für die durch die Reflexion an den troposphärischen Schichten schräg einfallenden Strahlen. Die Werte für X_D sind damit sehr stark von den verwendeten Antennen abhängig [61].
Beim Durchgang durch ein Niederschlagsgebiet ist die Degradation der Entkopplung für lineare Polarisation geringer als für zirkulare. Bei Regen besteht aber in dem Frequenzbereich, in dem sich eine Änderung der Entkopplung bemerkbar macht, gleichzeitig auch eine starke Dämpfung. Es hängt von der Frequenz und dem Übertragungssystem ab, welcher der beiden Effekte den stärkeren Einfluß ausübt.
Bei gegebener Überschreitungshäufigkeit der Regendämpfung A_R kann die mit gleicher Häufigkeit unterschrittene Entkopplung X_D abgeschätzt werden aus [47]

$$X_D/\text{dB} = U - V \lg(A_R/\text{dB}). \tag{31}$$

Für terrestrische Strecken mit horizontaler oder vertikaler Polarisation ist im Frequenzbereich 8 GHz $\leqq f \leqq$ 35 GHz $U = 15 + 30 \lg(f/\text{GHz})$ und $V = 20$ zu setzen.

Troposphärische Streuausbreitung (Troposcatter). Für große Entfernungen zwischen Sender und Empfänger ist der Empfangspunkt immer durch die Erde abgeschattet. Die gemessenen Dämpfungskoeffizienten sind um eine Zehnerpotenz kleiner als die aus der Beugung an der kugelförmigen Erde berechneten. Ursache ist die Streuung elektromagnetischer Energie an den Brechwertinhomogenitäten in dem Volumen, das von Sende- und Empfangsantenne gemeinsam eingesehen wird. Der Empfangspegel bei Streuausbreitung zeigt schnelle Schwankungen

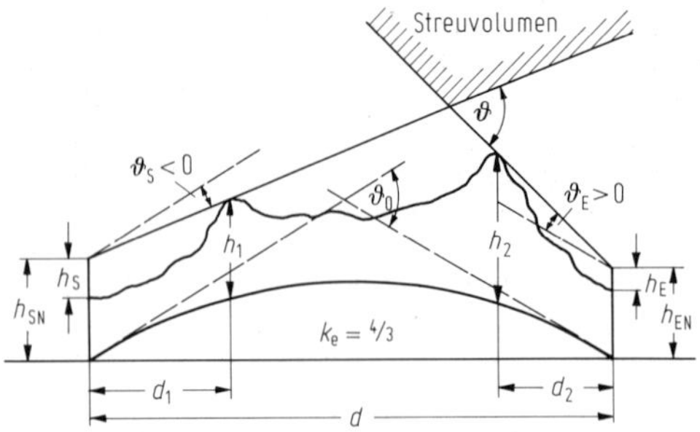

Bild 8. Streckenschnitt bei troposphärischer Streuausbreitung

mit Rayleigh-Verteilung und langsame mit einer Log-Normalverteilung (s. H 1.3). Für den Medianwert der Stundenmittelwerte des Übertragungsdämpfungsmaßes ergibt sich folgender empirischer Zusammenhang [62]:

$$L(50\,\%)/\mathrm{dB} = 30\,\lg(f/\mathrm{MHz}) - 20\,\lg(d/\mathrm{km}) + F(\vartheta d) - g_P/\mathrm{dB} - V(d_e) \quad (32)$$

mit

$$g_P/\mathrm{dB} = g_S/\mathrm{dB} + g_E/\mathrm{dB} - 0{,}07\,\exp[0{,}055(g_S + g_E)/\mathrm{dB}], \quad (33)$$

wobei g_S, g_E die Antennengewinnmaße von Sende- bzw. Empfangsantenne sind (Voraussetzung: $g_S, g_E < 50$ dB). Der Streuwinkel ϑ ist der Winkel, den die beiden von Sende- und Empfangsantenne ausgehenden Sichtbegrenzungslinien bilden (s. Bild 8). Er errechnet sich aus dem Streuwinkel bei glatter Erde ϑ_0 und den beiden Erhebungswinkeln ϑ_S und ϑ_E zu

$$\vartheta = \vartheta_0 + \vartheta_S + \vartheta_E, \quad (34)$$

$$\vartheta_0 = d/(k_e r_E), \quad (35)$$

$$\vartheta_S = [h_1 - h_{SN} - d_1^2/(2k_e r_E)]/d_1, \quad (36)$$

$$\vartheta_E = [h_2 - h_{EN} - d_2^2/(2k_e r_E)]/d_2. \quad (37)$$

Die Größen h_1, h_2, h_{SN}, h_{EN}, d_1 und d_2 müssen aus dem Streckenschnitt gewonnen werden. $F(\vartheta d)$ kann dann aus Bild 9 für das jeweilige N_S (s. H 3.2) abgelesen werden. $V(d_e)$ ist ein Korrekturfaktor, der den Klimaeinfluß berücksichtigt (Bild 10). d_e ergibt sich aus

$$d_e = \begin{cases} (130\,d/(d_{RS} + d_{RE} + d_f))\ \mathrm{km} \\ \quad \text{für } d \leqq d_{RS} + d_{RE} + d_f \\ 130\ \mathrm{km} + d - (d_{RS} + d_{RE} + d_f) \\ \quad \text{für } d > d_{RS} + d_{RE} + d_f \end{cases} \quad (38)$$

dabei sind $d_f/\mathrm{km} = 302(f/\mathrm{MHz})^{-1/3}$, d_{RS} und d_{RE} die Entfernungen zu den Radiohorizonten von Sender und Empfänger bei glattem Gelände gemäß Gl. H 2 (23).

Aus $L(50\,\%)$ können die Stundenmittelwerte für andere Zeitprozentsätze Q bestimmt werden:

$$L(Q) = L(50\,\%) + \Delta L(Q). \quad (39)$$

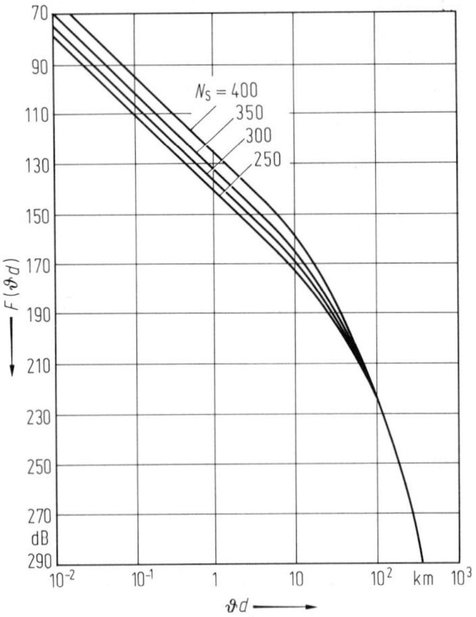

Bild 9. Dämpfungsfunktion $F(\vartheta d/\mathrm{km})$. Parameter N_S nach Gl. H 3 (7)

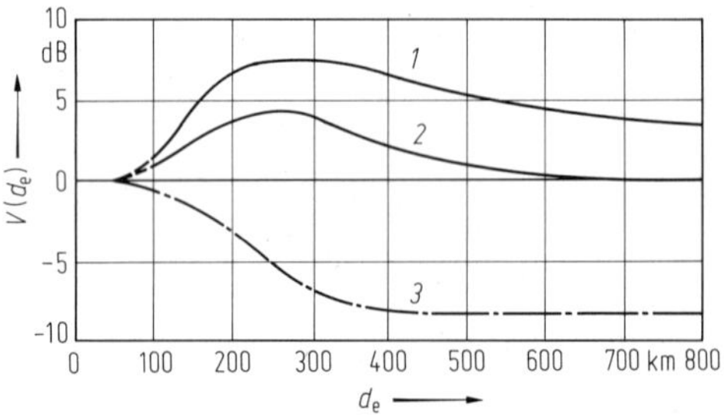

Bild 10. Korrekturfunktion $V(d_e)$ für verschiedene Klimagebiete, *1* Strecken über See, gemäßigtes maritimes Klima; *2* Strecken über Land, gemäßigtes kontinentales Klima; *3* Wüstenklima

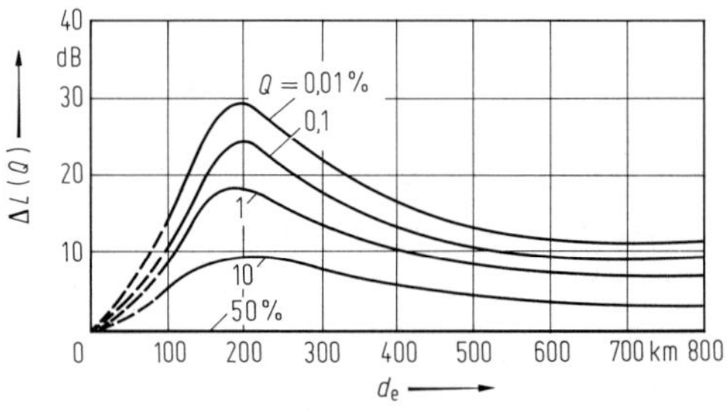

Bild 11. Änderung $\Delta L(Q)$ des Übertragungsdämpfungsmaßes mit d_e für gemäßigtes, kontinentales Klima

Dabei ist $L(Q)$ der Wert des Übertragungsdämpfungsmaßes, der in $Q\%$ der Zeit überschritten wird. Empirische Schätzungen der Funktion $\Delta L(Q)$ in Abhängigkeit der Streckenlänge sind für kontinentales Klima in Bild 11 gezeigt.

Durch den Streuprozeß entsteht am Empfangsort ein Interferenzfeld. Die Laufzeitdifferenzen der Teilwellen bestimmen die Impulsverbreiterung T_M (s. H 5). Die nutzbare Bandbreite, für die aus Tab. H 5.1 eine grobe Abschätzung Werte < 10 MHz ergibt, wird größer, wenn der Antennengewinn vergrößert wird und verringert sich mit wachsender Entfernung.

Satellitenfunkstrecken

Die Ausbreitung auf Satellitenfunkstrecken wird durch die Troposphäre und die Ionosphäre beeinträchtigt. Mit Ausnahme des Einflusses von Eiswolken (in größeren Höhen über Grund) sind die Störungsmechanismen in der Troposphäre weitgehend die gleichen wie auf terrestrischen Strecken (s. oben), aber vom Erhebungswinkel δ abhängig. Bei $\delta > 10°$ können Einflüsse der Erdoberfläche (s. H 3.1) i. allg. vernachlässigt werden. Bei niedrigeren Elevationen muß mit Reflexion und Beugungseinflüssen, bei Elevationen unter 3° auch mit Mehrwege- und Ductausbreitung gerechnet werden.

Der Einfluß der Ionosphäre ist abhängig vom totalen Elektroneninhalt und nimmt mit zunehmender Frequenz ab. Es treten Laufzeitverlängerung, Dispersion und durch den Faraday-Effekt eine Drehung der Polarisationsebene linear polarisierter Wellen auf (Tab. 3).

Dämpfung durch Gase und Regen. Die Dämpfung des Nutzsignals durch Sauerstoff und Wasserdampf und durch Niederschläge kann abgeschätzt werden, wenn die Höhenstruktur und der Laufweg durch das störende Medium bekannt sind. Für Erhebungswinkel $\delta < 10°$ müssen die sphärische Schichtung der Troposphäre und die Strahlenkrümmung berücksichtigt werden (s. H 3.3). Für Sauerstoff wird mit einer äquivalenten homogenen Schicht der Dicke 6 km mit Druckbedingungen des Erdbodens gerechnet, für Wasserdampf mit einer Dicke von etwa 2 km [58]. Die Dämpfung durch Wolken muß bei Frequenzen oberhalb 20 GHz und für Zeitprozentsätze zwischen 1 % und 30 % berücksichtigt werden [13, 14].

Entsprechend wird zur Abschätzung der *Regendämpfung* angenommen, daß der Regen in vertikaler Richtung bis zur Höhe h_R homogen ist (Bild H 3.8). Die aus h_R und δ berechnete Weglänge im Regen muß wegen seiner horizontalen Inhomogenität noch ebenso wie in Gl. (25) reduziert werden. Für $\delta > 10°$ und 0,01 % der Zeit erhält man

$$A_R(0{,}01\,\%) = \alpha_R\, d_{\text{eff}} = \frac{\alpha_r (h_R - h)}{\sin\theta + (h_R - h)\cos\theta / d_0} \tag{40}$$

wobei h die Höhe der Erdfunkstelle über NN bezeichnet. Der Dämpfungskoeffizient α_R hängt ab von der momentanen Regenrate R, der Frequenz f und dem Polarisationswinkel τ gegen den lokalen Horizont (für zirkulare Polarisation ist $\tau = 45°$ zu setzen) [57]:

$$\begin{aligned} \alpha_R &= \alpha_1 [R/(\text{mm/h})]^b, \\ \alpha_1 &= [\alpha_1^H + \alpha_1^V + (\alpha_1^H - \alpha_1^V \cos^2\delta \cos 2\tau]/2, \\ \beta &= [\alpha_1^H b^H + \alpha_1^V b^V + (\alpha_1^H b^H - \alpha_1^V b^V) \\ &\quad \cdot \cos^2\delta \cos 2\tau]/2\alpha_1 . \end{aligned} \tag{41}$$

α_1^H, α_1^V, b^H, b^V sind Tab. 2 zu entnehmen, Gl. (27) erlaubt die Umrechnung auf andere Zeitwahrscheinlichkeiten. Einige Daten über die Zeitdauer einzelner Regendämpfungsereignisse findet man in [64].

Tabelle 3. Maximal zu erwartende Auswirkungen der Ionosphäre auf Satellitensignale für einen einmaligen Durchgang der Welle bei einem Elevationswinkel von etwa 30°. Es ist ein Gesamtelektroneninhalt (TEC) von 10^{18} Elektronen/m^2 zugrunde gelegt, der in niedrigen Breiten zu Zeiten hoher Sonnentätigkeit auftritt. Nach [63]

Effekt	Frequenzabhängigkeit	Trägerfrequenz 1 GHz	3 GHz	10 GHz
Faraday-Rotation	$1/f^2$	108°	12°	1,1°
Verlängerung der Laufzeit	$1/f^2$	250 ns	28 ns	2,5 ns
Dispersion	$1/f^3$	400 ps/MHz	15 ps/MHz	0,4 ps/MHz
Absorption	$1/f^2$	0,01 dB	10^{-3} dB	10^{-4} dB
Brechung (Verringerung des Elevationswinkels)	$1/f^2$	0,6′	4,0″	0,36″
Schwankung der Einfallsrichtung	$1/f^2$	12″	1,3″	0,12″

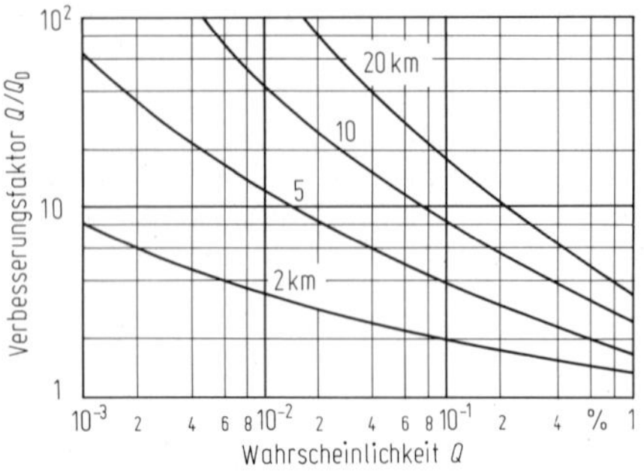

Bild 12. Verbesserungsfaktor bei Standort-Diversity: Q Wahrscheinlichkeit, daß eine bestimmte Regendämpfung an einer Station überschritten wird; Q_D Wahrscheinlichkeit, daß dieselbe Regendämpfung an beiden Stationen gleichzeitig überschritten wird. Parameter: Stationsabstand

Um die Verfügbarkeit einer Funkverbindung bei hoher Regendämpfung vor allem auf höheren Frequenzen zu erhöhen, kann „*Standort-Diversity*" (Umschaltung zwischen zwei, einige km voneinander entfernten Stationen) eingesetzt werden. Die erzielbare Verbesserung Q/Q_D (Bild 12) hängt von der Zeitwahrscheinlichkeit Q ab, mit der an jeder der beiden Stationen eine bestimmte kritische Dämpfung überschritten wird; dies führt zu einer Abhängigkeit von der Klimazone und der Frequenz.

Szintillationen. Szintillationen sind schnelle Schwankungen der Feldstärke und/oder Einfallsrichtung um einen mittleren Wert, hervorgerufen durch Brechwertinhomogenitäten.
Ein Modell zur Abschätzung von Langzeitstatistiken *troposphärischer Szintillationen* findet man in [65]. Als meteorologischer Parameter geht in die Abschätzung der von Turbulenzen hervorgerufenen Szintillationen der feuchtigkeitsabhängige Teil des Brechwertes (zweiter Term von Gl. (3) s. H 3.2) ein. Kleinere Antennen nehmen die Strahlung aus einem größeren Raumwinkel auf, damit werden bei sonst gleichen Bedingungen stärkere Szintillationen beobachtet. Die Standardabweichung der Szintillationsamplitude wächst mit $f^{7/12}$ und nimmt mit kleinen δ zu. Die Grenzfrequenz des Leistungsdichtespektrums der Szintillationen liegt zwischen 1 bis 3 Hz [66, 67]. Troposphärische Szintillationen sind abhängig von der Jahres- und Tageszeit. Sie treten verstärkt in den Sommermonaten zu Zeiten starker Erwärmung auf. Die Szintillationen der Einfallsrichtung sind frequenzunabhängig. In den USA wurden Abweichungen bis 0,1° in 0,01 % der Zeit beobachtet [68]. Bei scharf bündelnden Antennen kann dies zu Störungen der automatischen Antennensteuerung führen.
Szintillationen durch Inhomogenitäten der Elektronendichte in der *Ionosphäre* hängen stark von der Sonnenaktivität ab [69]. Auf Ausbreitungsstrecken, die die Ionosphäre in der Nähe des geomagnetischen Äquators durchdringen, wurden bei 4 und 6 GHz im Sonnenfleckenmaximum Schwankungen von 10 dB in 0,1 % eines Jahres überschritten, im Sonnenfleckenminimum niemals über 1 dB [70]. Diese Szintillationen treten regelmäßig in den Abendstunden (18^{00}–3^{00} OZ) während der Frühjahrs- und Herbst-Äquinoktien auf. In mittleren Breiten werden sie nur bei sehr starken Ionosphärenstürmen beobachtet (in Einzelfällen bei 12 GHz noch Amplituden bis 3,5 dB [71]).

Depolarisation. Bis 6 GHz wird meist zirkulare Polarisation eingesetzt, da die Polarisationsebene linear polarisierter Wellen durch den Faraday-Effekt in der *Ionosphäre* ständigen Schwankungen unterliegt. Bei höheren Frequenzen ist der Einfluß der Ionosphäre meist vernachlässigbar.
In der *Troposphäre* wird mit zunehmender Frequenz der Polarisationszustand durch nicht kugelsymmetrische Hydrometeore verändert. Die Depolarisation ist bei linearer Polarisation (abhängig vom Polarisationswinkel τ) geringer als bei zirkularer.
Nach der vom CCIR [64] vorgeschlagenen halbempirischen Methode ist im Regen die Kreuzpolarisationsentkopplung, die in einem gegebenen Zeitprozentsatz unterschritten wird

$$X_D/\mathrm{dB} = U - V \lg(A_R/\mathrm{dB}).$$

A_R ist die Dämpfung des Nutzsignals, die für den gleichen Zeitprozentsatz überschritten wird. Im Bereich 8 GHz $\leqq f \leqq$ 35 GHz und $10° \leqq \delta \leqq 60°$ gilt für eine pessimistische Abschätzung

$$U = 30 \lg(f/\mathrm{GHz}) - 40 \lg(\cos\delta) - 10 \lg[0{,}516 - 0{,}484 \cos(4\tau)], \quad (42)$$

$$V = \begin{cases} 20 & \text{für } 8\,\mathrm{GHz} \leqq f \leqq 15\,\mathrm{GHz} \\ 23 & \text{für } 15\,\mathrm{GHz} < f \leqq 35\,\mathrm{GHz}. \end{cases} \quad (43)$$

Der letzte Term in Gl. (42) beschreibt die Verbesserung bei linearer Polarisation gegenüber zirkularer.
Zusätzlich zu den Störungen durch nicht-kugelsymmetrische Regentropfen ist auf Satellitenstrecken mit der Anregung einer fehlpolarisierten Komponente durch *Eiskristalle* in Eiswolken zu rechnen [64, 72, 73]. Im 11-GHz-Bereich wurden für zirkulare Polarisation X_D-Werte von etwa 24 dB (maritimes Klima) und 30 dB (kontinentales Klima) in 0,1 % der Zeit überschritten. Depolarisation durch Eiskristalle allein ist kaum mit Dämpfung verbunden; jedoch können Eiswolken und Regen gemeinsam auftreten. Die Eiskristalle (Blättchen oder Nadeln) haben meist horizontale oder vertikale Ausrichtung, diese (und

damit die Depolarisation) kann sich durch starke elektrostatische Felder (z. B. in Gewittern) plötzlich ändern [74, 75]. Die Anregung des fehlpolarisierten Signals wächst etwa proportional zu f^2 [76, 77].

Spezielle Literatur: *Recommendations and Reports of the CCIR, 1990, Vol. VI* (Propagation in ionized media), Genf: ITU 1990, Report 895-2 (Sky-wave propagation and circuit performance at frequencies below about 30 kHz). – [2] *Willim, D. K.:* Sanguine. ELF-VLF propagation. Dordrecht: Reidel 1974. – [3] *Recommendations and Reports of the CCIR, 1990, Vol. VI* (Propagation in ionized media), Genf: ITU 1990, Report 265-7 (Sky-wave propagation and circuit performance at frequencies between about 30 kHz and 500 kHz). – [4] *CCIR Report 575-4* (Methods for predicting sky-wave field strengths at frequencies between 150 kHz and 1705 kHz). – [5] *Recommendation 435-6:* Prediction of sky-wave field strength between 150 and 1600 kHz. – [6] *CCIR Report 432-2:* The accuracy of predictions of sky-wave field strength in bands 5(LF) and 6(MF). – [7] *Recommendations and Reports of the CCIR, 1990, Vol. V* (Propagation in non-ionized media), Genf: ITU 1990, *Recommendation 368-6* (Ground-wave propagation curves for frequencies between 10 kHz and 30 MHz). – [8] *Millington, G.:* Ground-wave propagation over an inhomogeneous smooth earth. Proc. IEE, Part III, 96 (1949) 53–64. – [9] *Damboldt, T.:* HF ground-wave field-strength measurements on mixed land-sea paths. IEE Conf. Publ. 195 (1981) 263–268. – [10] *Stokke, K. N.:* Some graphical considerations on Millington's method for calculating field strength over inhomogeneous earth. Telecomm. J. 42 (1975) 157–163. – [11] *Braun, G.:* Planung und Berechnung von Kurzwellenverbindungen. Berlin: Siemens AG, 1981. – [12] *US Department of Commerce:* Ionospheric predictions, Vol. 1–4, Superintendent of Document, US Government Printing Office, Washington, DC 20402, Stock numbers 03000318, 03000319, 03000320, 03000321. – [13] *CCIR Report 340-5:* CCIR-Atlas of ionospheric characteristics. Genf: ITU 1967. – [14] *Rose, R. B.; Martin: J. N.; Levine, P. H.:* MINIMUF-3: A simplified HF MUF prediction algorithm. Naval Ocean Systems Center Tech. Rep. TR-186, 1. Feb. 1978. – [15] *Rose, R. B.; Martin, J. N.:* MINIMUF-3.5: An improved version of MINIMUF-3. Naval Ocean Systems Center, Tech. Doc. TD-201, 26 Oct. 1978. – [16] *CCIR Report 252-2:* CCIR interim method for estimating sky-wave field strength and transmission loss at frequencies between the approximate limits of 2 and 30 MHz, Genf: ITU 1970. – [17] *CCIR Supplement to Report 252-2:* Second CCIR computer-based interim method for estimating sky-wave field strength and transmission loss at frequencies between 2 and 30 MHz. Genf: ITU 1980. – [18] *Barghausen, A. F.; Finney, J. W.; Proctor, L. L.; Schultz, L. D.:* Predicting long-term operational parameters of high-frequency sky-wave telecommunication systems. ESSA Tech. Rep. ERL 110-ITS 78, Boulder, Colorado 1969. – [19] *Hortenbach, K. J.; Scholz, H.:* Berechnung der Raumwellenfeldstärke und der höchsten übertragbaren Frequenzen im HF-Bereich mit Hilfe eines programmierbaren Taschenrechners (HP 97). Rundfunktech. Mitt. 26 (1982) 52–62. – [20] *Fricker, R.:* An HP 97 calculator method for sky-wave field strength prediction. IEE Conf. Publ. 195 (1981) 237–239. – [21] *Beckmann, B.:* Bemerkungen zur Abhängigkeit der Empfangsfeldstärke von den Grenzen des Übertragungsfrequenzbereiches (MUF, LUF). NTZ 11 (1965) 643–653. – [22] *Damboldt, Th.:* A comparison between the Deutsche Bundespost ionospheric HF radio propagation predictions and measured field strengths. AGARD Conf. Proc. No 173 (1976) 12-1–12-18. – [23] *Forschungsinstitut der Deutschen Bundespost:* Monthly Report. Solar activity, solar terrestrial relations and radio propagation conditions for the frequency range 3 to 30 MHz, Postfach 100003, 6100 Darmstadt. – [25] *Freytag, H. H.; Haas, R.:* Über ein Verfahren zur Bestimmung der minimalen Kanalzahl in flächenhaften Netzen des nichtöffentlichen beweglichen Landfunks. NTZ 18 (1965) 565–568. – [26] *Colavito, C.:* On the efficiency of the radio frequency spectrum utilization in fixed and mobile communication systems. Alta Frequenza (1974) 376–387E. – [27] *Eden, H.; O'Leary, T.:* Die Ergebnisse der 1. Sitzungsperiode der regionalen UKW-Planungskonferenz, Genf, 23.8. bis 17.9.1982. NTG Fachber. 83, Hörrundfunk 6, (1982) 11–28. – [28] *Recommendations and Reports of the CCIR, Vol. V* (Propagation in non-ionized media), Genf: ITU 1990, Rec. 526-1 (Propagation by diffraction), and Rep. 715-3 (Propagation by diffraction). – [29] Siehe [28], Rep. 567-4 (Methods and statistics for estimating field-strength values in the land mobile services using the frequency range 30 MHz to 1 GHz). – [30] Siehe [28], Rec. 370-5 (VHF and UHF propagation curves for the frequency range from 30 to 1000 MHz). – [31] Siehe [28], Rep. 239-7 (Propagation statistics required for broadcasting services using the frequency range 30 to 1000 MHz), pp. 232–244. – [32] *Okumura, Y.* et al.: Field strength and its variability in VHF and UHF mobile radio service. Rev. ECL 16 (1968) 825–873. – [33] *Hata, M.:* Empirical formula for propagation loss in land mobile radio services. IEEE Trans. VT-29 (1980) 317–325. – [34] *Recommendations and Reports of the CCIR, Vol. V* (Propagation in non-ionized media), Genf: ITU 1990, Rep. 236-5 (Influence of terrain irregularities and vegetation on tropospheric propagation). – [35] *Großkopf, J.:* Wellenausbreitung. Mannheim: Bibliograph. Inst. 1970, S. 62 (Bd. I) und S. 399–400 (Bd. II). – [36] *Hacking, K.:* UHF propagation over rounded hills. Proc. IEE 117 (1970) 499–511. – [37] *Assis, M.:* A simplified solution to the problem of multiple diffraction over rounded obstacles. IEEE Trans. AP-19 (1971) 292–295. – [38] *Deygout, J.:* Multiple knife-edge diffraction of microwaves. IEEE Trans. AP-14 (1966) 480–489. – [39] *Causebrook, J. H.:* Tropospheric radio wave propagation over irregular terrain. BBC Res. Dept. 1971. – [40] *IEEE Int. Conf. on Communications,* Boston 1983 (ICC 1983). Conf. Rec. Session A2: „Propagation prediction for mobile radio by the aid of topographical data bases". Vol. 1, pp. 44–81. – [41] *Jakes, W. C.:* Microwave mobile communications. New York, Wiley 1974, pp. 11–131. – [42] *Bajwa, A. S.; Parsons, J. D.:* Small area characterisation of UHF urban and suburban mobile radio propagation. IEE Proc. 129 (1982) 102–109. – [43] *Suzuki, H.:* A statistical model for urban radio propagation. IEEE Trans. COM-25 (1977) 673–680. – [44] *Lorenz, R. W.:* Field strength prediction method for a mobile telephone system using a topographical data bank. IEE Conf. Publ. 188 (1980) 6–11. – [45] *Recommendations and Reports of the CCIR, Vol. V* (Propagation in non-ionized media), Genf: ITU 1990, Rep. 723-3 (Worst-month statistics). – [46] *Vigants, A.:* Microwave radio obstruction fading. Bell Syst. Tech. J. 60 (1981) 785–801. – [47] *Recommendations and Reports of the CCIR, Vol. V* (Propagation in non-ionized media), Genf: ITU 1990, Rep. 338-6 (Propagation data and prediction methods required for terrestrial line-of-sight systems). – [48] *Bullington, K.:* Radio propagation fundamentals. Bell Syst. Tech. J. 39 (1957) 593–626. – [49] *Fehlhaber, L.*: Modulationsverzerrungen bei Schwund im frequenzmodulierten Vielkanal-Richtfunk. NTZ 26 (1973) 70–75. – [50] *Rummler, W. D.*: A new selective fading model: Application to propagation data. Bell Syst. Tech. J. 58 (1979) 1037–1071; *Rummler, W. D.*: More on the multipath fading channel modell. IEEE Trans. COM-29 (1981) 346–352. – [51] *Martin, L.*: Etude de la selectivite des evanouissements dus aux trajets multiples. Ann. Telecomm. 35 (1980) 482–487. – [52] *Metzger, K.; Valentin, R.*: On the performance of equalized digital radio systems during frequency-selective fading. AEÜ 44 (1990) 32–42. – [53] *Greenstein, L. J.; Czekaj-Augun, B. A.*: Performance comparison among digital radio techniques subjected to multipath fading. IEEE Trans. COM-30 (1982) 1084–1197. – [54] *Metzger, K.; Valentin, R.*: An analysis of the sensitivity of digital modulation techniques to frequency-selective fading. IEEE Trans. COM-33 (1985) 986–992. – [55] *Vigants, A.*: Space-diversity engineering. Bell Syst. Tech. J. 54 (1975) 103–142. – [56] *Brodhage, H.; Hormuth, W.*: Planung und Berechnung von Richtfunkverbindungen. Berlin: Siemens AG 1977. – [57] *Recommendations and Reports of the CCIR, Vol. V* (Propagation in non-ionized media), Genf: ITU 1990, Rep. 721-3 (Attenuation by hydrometeors, in particular precipitation, and other atmospheric particles). – [58] Siehe [57] Rep. 719-3 (Attenuation by atmospheric gases). – [59] *Bostian, C. W.; Stutzman, W. L.; Gaines, J. M.*: A review of depolarization modeling for earth-space radio paths at frequencies above 10 GHz. Radio Sci. 17 (1982) 1231–1241. – [60] *Watson, P. A.*: Crosspolarisation measurements at 11 GHz. Proc. IEE 123 (1976) 667–675. – [61] *Valentin, R.*: Zur Messung der durch troposphärische Einflüsse bedingten Depolarisation. Kleinheubacher Ber. 18 (1975) 17–25. – [62] *Recommendations and Reports of the CCIR, Vol. V* (Propagation in non-ionized media), Genf: ITU 1990, Rep. 238-6 (Propagation data and prediction methods required for terrestrial trans-horizon systems). – [63] *Recommendations and Reports of the CCIR, 1990, Vol. VI* (Propagation in ionized media), Genf: ITU 1990, Rep. 263-6 (Ionospheric effects upon earth-space propagation). – [64] *Recommendations and Reports of the CCIR, 1990, Vol. V* (Propagation in non-ionized media), Genf: ITU 1990, Rep. 564-3 (Propagation data and prediction methods required for earth-space telecommunication systems). – [65] Siehe [64], Rep. 718-2 (Effects of tropospheric refraction on radio-wave propagation). – [66] *Cox. D. C.* et al.: Observations of cloud-produced amplitude scintillation on 19 GHz and 28 GHz earth-space paths. IEE Conf. Proc. 195 (1981) 109–112. – [67] *Haddon, I.* et al.: Measurement of micro-wave scintillations on a satellite downlink at X-band. IEE Conf. Proc. 195 (1981) 113–117. – [68] *Baxter, R. A.* et al.: Comstar and CTS angle of arrival measurements. Ann. Telecomm. 35 (1980) 479–481. – [69] *Fang, D. I.*: 4/6 GHz ionospheric scintillation measurements. AGARD Conf. Proc. 284 (1980) 33-1–33-12. – [70] *Fang, D. I.; Lin, C. H.*: Fading statistics of C-band satellite signal during solar maximum years. (1978–1980). AGARD Conf. Proc. 332 (1982) 30-1–30-13. – [71] *Ogawa, T.* et al.: Severe disturbance of VHF and GHz waves from geostationary satellites during a magnetic storm. J. Atmos. Terr. Phys. 42 (1980) 637–644. – [72] *Shutie, P. F.* et al.: Depolarisation measurements at 30 GHz using transmission from ATS-6. ESA Spec. Publ. 131 (1977) 127–134. – [73] *Bostian, C. F.* et al.: Ice-crystal depolarisation of satellite-earth-microwave radio paths. Proc. IEE 126 (1979) 951–960. – [74] *McEwan, N. J.* et al.: OTS-propagation measurements with auxiliary instrumentation. URSI Conf. Proc. Lennoxville (1980) 6.2.1–6.2.8. – [75] *Hendry, A.; McCormick, G. C.*: Radar observations of the alignment of precipitation particles by electrostatic fields in thunderstorms. J. Geophys. Res. 81 (1976) 5353–5357. – [76] *Cox, D. C.*: Depolarization of radio waves by atmospheric hydrometers in earth-space paths: A Review. Radio Sci. 16 (1981) 781–812. – [77] *Howell, R. G.; Thirlwell, J.*: Crosspolarisation measurements at Martlesham Heath using OTS.URSI Conf. Proc. Lennoxville (1980) 6.4.1–6.4.9. – [78] *Valentin, R.; Giloi, H.-G.; Metzger, K.*: Space versus angle diversity – results of system analysis using propagation data. IEEE Int. Conf. on Communications, Conf. Rec. (1989) 762–766. – [79] *Rummler, W. D.*: A statistical model of multipath fading on a space diversity radio channel. Bell Syst. techn. J. 61 (1982) 2185–2190. – [80] *Ortgies, G.* et al.: Statistics of clear air attenuation on satellite links at 20 and 30 GHz. Electronics letters 26(6) (1990) 358–360.

7 Störungen in partagierten Bändern durch Ausbreitungseffekte

Interference due to propagation effects in shared frequency bands

Allgemeine Literatur: *Ranzi, I.* (Ed.): Propagation effects on frequency sharing. AGARD Conf. Proc. 127, 1973. – *Soicher, H.* (Ed.): Propagation aspects of frequency sharing, interference and system diversity. AGARD Conf. Proc. 332, 1983. – *Recommendations and Reports of the CCIR, 1990, Vol. V* (Propagation in non-ionized media, Genf: ITU 1990). – *Recommendations and Reports of the CCIR, 1990, Vol. VI* (Propagation in ionized media, Genf: ITU 1990).

Da das nutzbare Frequenzspektrum begrenzt ist, müssen häufig mehrere Systeme des gleichen oder verschiedener Funkdienste einen Frequenzbereich gemeinsam benutzen. Für eine einwandfreie Übertragung ist außer einem ausreichenden Rauschabstand (s. H 4) ein bestimmter *Mindeststörabstand* (Verhältnis Nutzsignal zu den Signalen störender Aussendungen) am Empfängereingang einzuhalten, abhängig u. a. von

- der Art des gestörten und des störenden Dienstes,
- den benutzen Modulationsverfahren und Bandbreiten,
- der geforderten Übertragungsqualität.

Diejenigen Störabstände, die kurzzeitig unterschritten werden dürfen, sind aus den Empfehlungen des CCIR für die entsprechenden Funkdienste i. allg. für zwei (oder mehr) Wahrscheinlichkeitsniveaus zu entnehmen (z. B. für 20 % eines durchschnittlichen Jahres und 0,1 % des ungünstigsten Monats). Alle geforderten Kriterien müssen gleichzeitig erfüllt sein.

Spezielle Literatur Seite H 39

Für Anmeldung und Registrierung von Funkfrequenzen gelten je nach Art der Funkdienste unterschiedliche Regelungen [1]. Unter anderem ist für die internationale *Koordinierung* einer Erdefunkstelle mit den Funkstellen eines terrestrischen Systems im Bereich 1 bis 40 GHz zunächst das sog. Koordinierungsgebiet zu ermitteln, in dem unter ungünstigen Annahmen über die Eigenschaften einer terrestrischen Station mit gegenseitigen Störungen zu rechnen ist. Das Verfahren hierzu [2] beruht noch auf einer älteren Version von [3].
Bei der Abschätzung eines störenden Signals sind auch Ausbreitungsmechanismen zu berücksichtigen, die nur kurzfristig hohe Feldstärken hervorrufen und für die Berechnung des gewünschten Signals normalerweise nicht in Betracht kommen. Dabei ist die Korrelation zwischen Dämpfungen des gewünschten und Erhöhungen des störenden Signals von besonderer Bedeutung, bisher aber wenig untersucht.

Wegen der Vielzahl möglicher Ausbreitungsmechanismen für Störsignale kann hier nur ein allgemeiner Überblick mit einigen Verweisen auf Spezialliteratur gegeben werden.

7.1 Störungen durch ionosphärische Effekte

Interference due to ionospheric effects

Im Frequenzbereich unter 3 MHz wird das Versorgungsgebiet eines Senders im wesentlichen nur unter Berücksichtigung der Bodenwelle (s. H 6.1) berechnet. Hier kann die Raumwelle schon im Normalfall nachts (bei fehlender Absorption) störende Feldstärkewerte erreichen. Als Ausweg werden folgende Maßnahmen ergriffen: Verwendung besonders flach strahlender, vertikal polarisierter Antennen (zur Unterdrükkung der Raumwellenabstrahlung) oder von Richtantennen (zur Ausblendung bestimmter Richtungen), zeitweise Herabsetzung der Sendeleistung oder Abschaltung des Senders.
Im Kurzwellenbereich (3 bis 30 MHz), teilweise auch im Grenzwellenbereich (1,6 bis 3 MHz) wird eine Funkverbindung i. allg. für die Raumwelle ausgelegt. Wegen der weltweit extremen Überbelegung des Spektrums und der besonders starken Schwankungen der Ausbreitungsbedingungen im Kurzwellenbereich (s. H 3.3, H 6.2) sind gegenseitige Störungen in gewissem Umfang unvermeidbar. Für die Berechnung der Störfeldstärken werden dieselben Methoden angewandt wie für die Nutzfeldstärke (s. H 6.2). Kommerzielle und militärische Funkdienste versuchen, durch geeignete Modulationsverfahren und Kodierung die Auswirkungen gegenseitiger Störungen zu vermeiden.

Auch oberhalb von 30 MHz können außergewöhnliche Ausbreitungsmechanismen in der Ionosphäre gelegentlich zu Störungen führen, da bei den in H 6.3 genannten Planungsverfahren ionospärische Reflexionen nicht berücksichtigt werden. In erster Linie treten Überreichweiten örtlich begrenzt durch Reflexion an der sporadischen E-Schicht in Entfernungen bis etwa 2000 km auf. Der betroffene Frequenzbereich reicht in mittleren Breiten in etwa 1 % der Zeit bis etwa 50 MHz [4] (Häufigkeitsmaxima tagsüber und im Sommer), in Ausnahmefällen bis 200 MHz. Die Störfeldstärken können etwa die gleichen Werte wie bei Freiraumausbreitung erreichen. Einige weitere ionosphärische Erscheinungen geringerer Bedeutung sind in [5] aufgeführt.

7.2 Störungen durch troposphärische Effekte

Interference due to tropospheric effects

Störungen zwischen Funkstellen auf der Erdoberfläche. Befinden sich sowohl die störende Sendestelle als auch die gestörte Empfangsstelle auf oder in der Nähe der Erdoberfläche, hängt es von dem Ausbreitungsweg für das Störsignal, der Winkelentkopplung der beteiligten Antennen und der betrachteten Zeitwahrscheinlichkeit ab, welcher Ausbreitungsmechanismus die höchsten Störfeldstärken erzeugen kann. Ebenso wie bei der Berechnung des gewünschten Signals muß für Frequenzen über 10 GHz die Dämpfung durch die atmosphärischen Gase (s. Gl. H 6 (28)) längs des gesamten Ausbreitungswegs des Störsignals berücksichtigt werden. Um den ungünstigsten Fall zu erfassen, sollten die niedrigsten, im Jahresverlauf zu erwartenden Wasserdampfdichten ϱ_w zugrunde gelegt werden [3].
Eine wesentliche Verbesserung der CCIR-Methoden zur Vorhersage der Störsignalausbreitung oberhalb 1 GHz [3] ist z. Zt. in Arbeit [14].

Abschätzung der Störsignale auf Strecken innerhalb des Radiohorizonts. Falls die erste Fresnel-Zone (s. H 3.1) frei ist, kann die Störfeldstärke nach den Gesetzen der Freiraumausbreitung (H 2.1) berechnet werden. Es ist zu beachten, daß die erste Fresnel-Zone wegen der Schwankungen des Brechwerts u. U. nur zeitweise frei ist; daher ist der für den in Frage stehenden Zeitprozentsatz überschrittene Krümmungsfaktor k_e zugrundezulegen. Kurzzeitige Feldstärkeanstiege infolge von Fokussierung und Mehrwegeausbreitung werden durch eine Korrektur berücksichtigt (Tab. 1). Reduzierung der Störsignale ist u. U. möglich infolge Abschirmung durch natürliche oder künstliche Hindernisse („Site shield-

Tabelle 1. Anstiege des Feldstärkepegels gegenüber dem Langzeit-Bezugswert (Freiraumfeldstärkepegel – Gasdämpfung) infolge von Fokussierung und Mehrwegeausbreitung

Zeitprozentsatz Q	20%	1%	0,1%	0,01%	0,001%
Pegelanstieg in dB	1,5	4,5	6,0	7,0	8,5

ing“), was wie eine „Überhorizontstrecke“ zu behandeln ist.

Abschätzung der Störsignale auf Überhorizontstrecken. Hinter Hindernissen und auf Überhorizontstrecken wird die in 10 bis 50% der Zeit überschrittene Feldstärke u.a. durch *Beugung* oder in größeren Entfernungen durch *Troposcatter* bestimmt (s. H 6.4). Reflexionen an Bergen oder Gebäuden können Signale aus vom direkten Weg abweichenden Richtungen verursachen [13]. Auch für diese Fälle sind die mit dem betrachteten Zeitprozentsatz Q auftretenden Brechwertverhältnisse zugrundezulegen. Für Troposcatter sind die in H 6.4 nur für $Q \geqq 50\%$ angegebenen Verteilungsfunktionen der Feldstärken für $Q < 50\%$ zu extrapolieren, wobei Symmetrie um $Q = 50\%$ angenommen werden kann [3, 6].

Für $Q < 10\%$ der Zeit können weitere Ausbreitungsmechanismen vorübergehend erhebliche Störsignale hervorrufen, nämlich starke Superrefraktion und Duct-Ausbreitung, die im wesentlichen nur in Vorwärtsrichtung wirken, sowie Niederschlagsstreuung und Flugzeugreflexionen, die sich auch in anderen Richtungen auswirken.

Starke Superrefraktion ($\mathrm{d}N/\mathrm{d}h < -100\,\mathrm{km}^{-1}$). Diese leitet mit steiler werdendem Brechwertgradienten $\mathrm{d}N/\mathrm{d}h$ kontinuierlich zur Ausbildung eines *Ducts* ($\mathrm{d}N/\mathrm{d}h \leqq -157\,\mathrm{km}^{-1}$) über (s. H 3.2). In beiden Fällen kann sich ein Störsignal mit relativ geringen Verlusten bis weit über den normalen Radiohorizont ($k_e = 4/3$) ausbreiten. Die für starke Brechwertgradienten verantwortlichen Inversionsschichten (s. H 3.2) bilden sich bevorzugt unter bestimmten Wetterbedingungen aus, z. B. hohe Luftfeuchte über Wasserflächen, starke nächtliche Auskühlung, Überlagerung kühler und feuchter durch trockenere und wärmere Luft. Daher hängen Häufigkeit, Ausdehnung und Dauer von Überreichweiten sehr von meteorologischen und topographischen Verhältnissen ab. In manchen Klimagebieten (z. B. über tropischen Meeren und Küstenzonen) treten sie mit großer Regelmäßigkeit auf. In mittleren Breiten hat man bei Hochdruckwetterlagen mehrere Tage anhaltende Ducts mit Ausdehnungen bis weit über 1000 km beobachtet. Über Land werden Ducts oft durch Bodenerhebungen unterbrochen. Solche Überreichweiten sind im gesamten Frequenzbereich oberhalb 30 MHz möglich. Abschätzung der auftretenden Störfeldstärken in [3].

Die durch Superrefraktion und Duct-Ausbreitung hervorgerufenen Störfeldstärken sind wesentlich höher als die durch Troposcatter erzeugten. Letzteres braucht daher für $Q < 10\%$ i. allg. nicht berücksichtigt zu werden. Nur wenn Superrefraktion und Duct-Ausbreitung nur wenig wirksam sind (vor allem über sehr unregelmäßigem Gelände und/oder bei guter Abschirmung einer oder beider Stationen durch das umgebende Gelände), kann Troposcatter der dominierende Ausbreitungsmechanismus sein (sogar noch für $Q < 1\%$).

Streuung an Niederschlägen [7, 3, 8]. Sie kann zu Störungen führen, wenn innerhalb des Volumens, das von den beiden beteiligten Antennenstandorten gemeinsam eingesehen werden kann, Hydrometeore in fester oder flüssiger Form (Regen, Schnee, Hagel, Nebel, Wasser- oder Eiswolken) auftreten. Infolge der Bewegung der Niederschlagspartikel zeigt das Störsignal schnellen Rayleigh-Schwund (H 1.3) mit Frequenzen bis über 100 Hz [8].

Niederschläge, besonders Starkniederschläge, sind nicht nur zeitlich variabel, sondern auch örtlich inhomogen. Der Hauptbeitrag zu einem Störsignal kommt häufig aus dem Kern der Zellen hoher Niederschlagsintensität, die meist in ausgedehntere Gebiete niedrigerer Intensität eingebettet sind [10]. Die größten Störsignale können auftreten, wenn sich die Hauptkeulen der beiden Antennen innerhalb der Troposphäre schneiden. Da die Streustrahlung im wesentlichen ungerichtet ist, muß jedoch auch Einstreuung aus der Hauptkeule der einen Antenne in die Nebenzipfel der anderen und umgekehrt sowie zwischen den Nebenzipfeln beider Antennen berücksichtigt werden. Auf Frequenzen unter etwa 5 GHz ist eine störende Kopplung meist nur im Fall des Hauptkeulenschnitts und bei extrem starken Niederschlägen zu erwarten. Die Signalintensität nimmt mit der Frequenz zu, da der Streuquerschnitt der Hydrometeore zunächst mit f^4 anwächst (H 2.5). Jedoch erfährt das Streusignal innerhalb des Niederschlagsgebiets auch eine ebenfalls mit der Frequenz zunehmende Dämpfung. Für $f > 8$ GHz tritt daher die höchste Störfeldstärke bereits bei mittleren Regenintensitäten auf; bei stärkeren Niederschlägen überwiegt die Zunahme der Dämpfung gegenüber der des Streuquerschnitts. Bei welcher Regenintensität das Maximum der Störung zu erwarten ist, hängt von Frequenz, Streckengeometrie und Niederschlagsstruktur ab.

Der für die Koordinierung einer Erdfunkstelle im Frequenzbereich 1 bis 40 GHz wichtige Sonderfall, daß die größere der beiden Antennen einen Durchmesser $D \geqq 50\lambda$ hat, wird in [3] behandelt (unter Benutzung des Regenmodells von Crane [10, 11]).

Reflexionen an Flugzeugen. Diese können bei ungünstiger Streckengeometrie (Antennen-Hauptkeulen schneiden sich in einer Flugschneise in der Nähe eines Flughafens) kurzzeitig zu sehr hohen Störsignalen führen [3].

Störungen zwischen einer Funkstelle auf der Erdoberfläche und einer Weltraumfunkstelle. Die mittlere („normale") Stärke von Störsignalen auf einer Erde-Weltraum-Strecke wird nach denselben Methoden berechnet wie die der Nutzsignale (Freiraumausbreitung, Beugung, Gasdämpfung, s. H. 6.4). Um gegenseitige Störungen zu vermeiden, verwendet man orthogonale Polarisation (vgl. aber die Depolarisation durch Niederschläge, H 6.4) und/oder scharf bündelnde Antennen. Dabei sind jedoch Ausbreitungseinflüsse zu berücksichtigen, die kurzzeitig zu einer Erhöhung des Störsignals relativ zum Nutzsignal führen können [12].

Unter Schönwetterbedingungen sind bei sehr niedriger Elevation ($\delta < 3°$) die *Schwankungen des Brechwertgradienten* zu berücksichtigen; für horizontale Ausbreitungswege können Signaländerungen in der Größenordnung von $\pm 1 \dots 2$ dB durch wechselnde Fokussierung auftreten. Dazu kommen schnelle Schwankungen (H 6.4), z. B. wurden Signalerhöhungen von 6 dB in 1% der Zeit gemessen ($f = 7$ GHz, $\delta = 1° \dots 2°$).

Auf Frequenzen über 10 GHz kann ein Anstieg von Störsignalen bei allen Elevationswinkeln vor allem durch *Absinken der Gasabsorption* bei besonders niedrigem Wasserdampfgehalt der Luft hervorgerufen werden. Für eine Abschätzuung kann man z. B. annehmen, daß der Wasserdampfgehalt in 1% (0,01%) der Zeit kleiner als 40% (5%) des mittleren Wertes ist.

Einige weitere Hinweise finden sich in [12].

Spezielle Literatur: [1] *Radio Regulations Vol. I,* Chap. IV: Coordination, notification and registration of frequencies. Genf: ITU 1982. – [2] *Radio Regulations Vol. II,* Appendix 28: Method for the determination of the coordination area around an earth station in frequency bands between 1 GHz and 40 GHz shared between space and terrestrial radiocommunication services. Genf: ITU 1982. – [3] *Recommendations and Reports of the CCIR,* 1990 *Vol. V* (Propagation in non-ionized media). Genf: ITU 1990, Rep. 569-4 (The evaluation of propagation factors in interference problems between stations on the surface of the earth at frequencies above about 0.5 GHz). – [4] *E.B.U. Tech. 3214:* Ionospheric propagation in Europe in VHF television band I, Vol. I and II. Brüssel: E.B.U. Tech. Centre 1976. – [5] *Recommendations and Reports of the CCIR, 1990, Vol. VI* (Propagation in ionized media). Genf: ITU 1990, Rep. 259-7 (VHF propagation by regular layers, sporadic-E or other anomalous ionization). – [6] *Larsen, R.:* Troposcatter propagation in an equatorial climate. AGARD Conf. Proc. 127 (1973) 16-1–16-9. – [7] *Recommendations and Reports of the CCIR, 1990, Vol. V* (Propagation in non-ionized media). Genf: ITU 1990, Rep. 563-4 (Radiometeorological data). – [8] *Crane, R. K.:* Bistatic scatter from rain. IEEE Trans. AP-22 (1974) 312–320. – [9] *Abel, N.:* Beobachtungen an einer 210 km langen 12 GHz Strecke. Tech. Ber. d. FTZ A455 TBr 34, Darmstadt: FTZ 1972. – [10] *Recommendations and Reports of the CCIR, 1990, Vol. V* (Propagation in non-ionized media). Genf: ITU 1990, Rep. 882-2 (Scattering by precipitation). – [11] *Crane, R. K.:* Prediction of attenuation by rain. IEEE Trans. COM-28 (1980) 1717–1733. – [12] *Recommendations and Reports of the CCIR, 1990, Vol. V* (Propagation in non-ionized media). Genf: ITU 1990, Rep. 885-2 (Propagation data required for evaluating interference between stations in space and those on the surface of the earth). – [13] *Recommendations and Reports of the CCIR, 1990, Vol. V* (Propagation in non-ionized media). Genf: ITU 1990, Rep. 1145 (Terrain scatter as a factor in interference). – [14] *COST-Aktion 210:* Einfluß der Atmosphäre auf die Interferenz zwischen Funkverbindungssystemen bei Frequenzen über 1 GHz. Erster Jahresber. Dok. XI/546/86; Zweiter Jahresber. Dok. XIII/189/88; Dritter Jahresber. Dok. XIII/043/87; Vierter Jahresber. Dok. XIII/190/89. Brüssel: COST-Sekretariat (auch in engl. u. franz. Sprache).

I Hochfrequenzmeßtechnik
RF and microwave measurements

H. Dalichau

Allgemeine Literatur: *Adam, S. F.*: Microwave theory and applications. Englewood Cliffs: Prentice Hall 1969. – *Bailey, A. E.* (Hrsg): Microwave measurement. London: Peter Peregrinus 1985. – *Bryant, G. H.*: Principles of microwave measurements. London: Peter Peregrinus 1988. – *CPEM Digest*: Conference on precision electromagnetic measurements. New York: IEEE 1978/80/82. – *Gerdsen, P.*: Hochfrequenzmeßtechnik. Stuttgart: Teubner 1982. – *Ginzton, E. L.*: Microwave measurements. New York: McGraw-Hill 1957. – *Groll, H.*: Mikrowellenmeßtechnik. Wiesbaden: Vieweg 1969. – *Hock, A.* u.a.: Hochfrequenzmeßtechnik, Teil 1/2. Berlin: Expert 1982/80. – *Kraus, A.*: Einführung in die Hochfrequenzmeßtechnik. München: Pflaum 1980. – *Lance, A. L.*: Introduction to microwave theory and measurements. New York: McGraw-Hill 1964. – *Laverghetta, T. S.*: Handbook of microwave testing. Dedham: Artech 1985. – *Laverghetta, T. S.*: Modern microwave measurements and techniques. Dedham: Artech 1988. – *Mäusl, R.*: Hochfrequenzmeßtechnik. Heidelberg: Hüthig 1978. – *Schleifer, Augustin, Medenwald*: Hochfrequenz- und Mikrowellenmeßtechnik in der Praxis. Heidelberg: Hüthig 1981. – *Schiek, B.*: Meßsysteme der HF-Technik. Heidelberg: Hüthig 1984.

1 Messung von Spannung, Strom und Phase
Measurement of voltage, current and phase

1.1 Übersicht: Spannungsmessung
Survey: Voltage-measurement

Standardmultimeter und Digitalvoltmeter messen Wechselspannung durch Diodengleichrichtung bis etwa 100 kHz bzw. 1 MHz. Für höhere Frequenzen werden elektronische HF-Voltmeter eingesetzt. Man unterscheidet drei Einsatzbereiche:
- Spannungsmessung mit hochohmigem Tastkopf, parallel zu einer in der Regel nicht genau bekannten Schaltungsimpedanz (Bild 1 a);
- Spannungsmessung mit hochohmigem Tastkopf und 50-Ω-Durchgangsmeßkopf (Bild 1 b);
- Spannungsmessung mit angepaßten, koaxialen 50-Ω-Meßköpfen (Bild 1 c).

Hochohmige Messungen nach Bild 1 a werden mit zunehmender Frequenz immer problematischer. Oberhalb 100 MHz ist die quantitative Auswertung fragwürdig. Die wesentlichen Fehlerquellen sind:
- Durch die Eingangsimpedanz des Tastkopfes (z.B. 2,5 pF $\hat{=}$ $-$j 637 Ω bei 100 MHz) wird die Signalquelle belastet; Resonanzkreise und Filter werden verstimmt.
- In der Leiterschleife, gebildet aus den Meßleitungen und dem Meßwiderstand, werden Störspannungen induziert.
- Längere Verbindungsleitungen wirken transformierend ($\lambda/10 = 20$ cm bei 100 MHz und $v = 0{,}66\, c_0$).

Spezielle Literatur Seite I 7

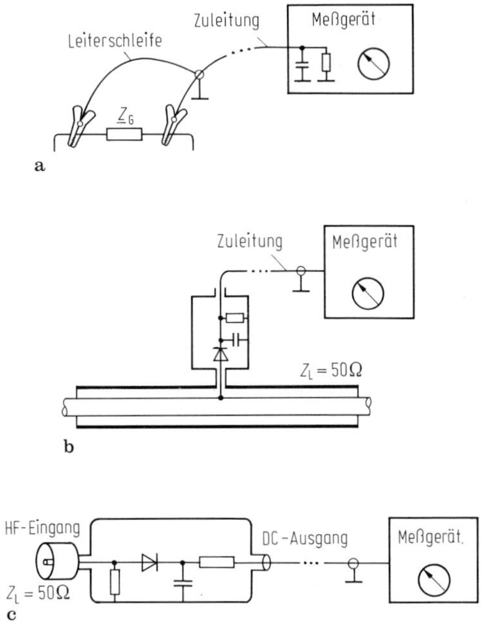

Bild 1. Spannungsmessung. **a** hochohmiger Tastkopf parallel zur Quellenimpedanz $\underline{Z}_G$; **b** hochohmiger Tastkopf als Sonde im abgeschirmten 50-Ω-System; **c** angepaßter Meßkopf als Abschluß einer 50-Ω-Leitung

- Zwischen der Abschirmung der Zuleitung und der näheren Umgebung (Masse) breiten sich Mantelwellen aus.

In Verbindung mit abgeschirmten, reflexionsarmen Durchgangsmeßköpfen, bei denen ein hochohmiger Tastkopf die Spannung in einer 50-Ω-Koaxialleitung (bzw. 75-Ω-Leitung) mißt, lassen sich HF-Voltmeter bis etwa 2 GHz einsetzen. Wird der Durchgangskopf einseitig reflexionsfrei

abgeschlossen, ergibt sich ein Pegeldetektor (Meßverfahren s. I 2 bis I 4).
Durch die Fortschritte in der koaxialen 50-Ω-Breitbandmeßtechnik hat die hochohmige Spannungsmessung stark an Bedeutung verloren. Mit Netzwerkanalysatoren lassen sich ab 5 Hz durch Spannungsmessungen nach Betrag und Phase der komplexe Reflexionsfaktor bzw. die Impedanz eines Eintors und der komplexe Transmissionsfaktor eines Zweitors bestimmen (s. I 4.10).

1.2 Überlagerte Gleichspannung
Superimposed DC-voltage

Die gleichzeitige Messung von Gleich- und Wechselspannung ist mit einem Oszilloskop möglich. Soll nur der Wechselspannungsanteil gemessen werden (Bild 2), wird dem Meßkopf ein Koppelkondensator C_k vorgeschaltet, mit $1/(\omega C_k) \ll Z_E$. Zur Messung des Gleichspannungsanteils wird ein kapazitätsarmer Vorwiderstand R_v (oder eine Drossel) benutzt, mit $R_v \gg 1/(\omega C_E)$ und $R_v \ll R_E$. Bei gleichzeitigem Vorhandensein von Wechselspannungen (gepulst oder sinusförmig), speziell im MHz-Bereich, ist die Messung von Gleichspannung bzw. Gleichstrom mit elektronischen Multimetern bzw. Digitalvoltmetern schwierig, da diese Meßgeräte sehr empfindlich auf überlagerte Wechselfelder reagieren und die Meßwerte völlig verfälscht werden. Besondere Umsicht ist notwendig bei steilflankigen Impulsen, in Leistungsendstufen und im Bereich starker Strahlungsfelder bzw. Sendeantennen. Ob unerwünschte Rückwirkungen, auch solche auf andere NF-Meßgeräte bzw. geregelte Netzgeräte vorhanden sind, ist in jedem Fall vor einer Messung zu klären.

1.3 Diodengleichrichter. Diode detector

Wechselspannungen werden mit Halbleiterdioden in Gleichspannungen umgewandelt; diese werden anschließend verstärkt und angezeigt. Bei Spannungsamplituden im Bereich 350 µV bis 25 mV befindet man sich oberhalb von Rauschstörungen im sogenannten „quadratischen Bereich"

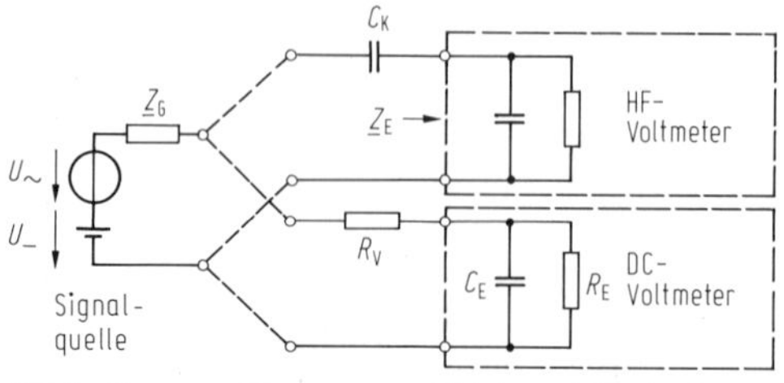

Bild 2. Getrennte Messung von Gleich- und Wechselspannung

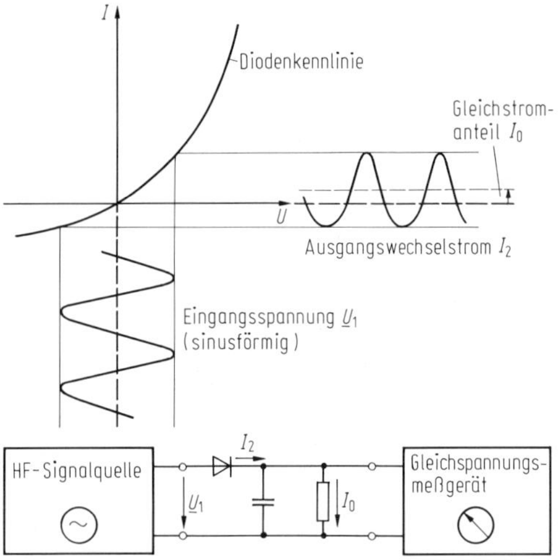

Bild 3. Messen kleiner Wechselspannungen im quadratischen Kennnlinienbereich einer Halbleiterdiode

der Diodenkennlinie: Dort hat die Diodenkennlinie einen exponentiellen Verlauf entsprechend $I = I_{sat}[\exp(U/U_{th}) - 1]$. Wie in Bild 3 skizziert, entsteht dadurch eine Verzerrung des Wechselspannungssignals in der Form, daß ein Gleichspannungsanteil entsteht, der proportional zum Quadrat des Effektivwerts der Eingangswechselspannung (true RMS; Leistungsmessung) ist. Wenn Signale unterschiedlicher Frequenz anliegen, ergibt sich

$$U_{\text{Diode}} \sim [U_1 \cos(\omega_1 t) + U_2 \cos(\omega_2 t)]^2$$
$$= \frac{1}{2}(U_1^2 + U_2^2)$$
$$+ \text{ Wechselspannungsanteile mit}$$
$$\omega_1 - \omega_2,\ 2\omega_1,\ \omega_1 + \omega_2 \text{ und } 2\omega_2.$$

Für größere Eingangswechselspannungen wird die Diodenkennlinie linear (s. I 2.3). Es tritt normale Halbwellengleichrichtung (Hüllkurvendemodulation) auf und am Ausgang des nachgeschalteten Tiefpasses kann eine dem Spitzenwert proportionale Gleichspannung gemessen werden. Im Unterschied zum quadratischen Bereich ist die Ausgangsgleichspannung bei gleichzeitigem Vorhandensein unterschiedlicher Frequenzen abhängig von den Phasenbeziehungen zwischen den einzelnen Spektralanteilen.

1.4 HF-Voltmeter. RF-voltmeter

Neben dem Diodenvoltmeter mit Gleichspannungsverstärker entsprechend Bild 3 sind im unteren MHz-Bereich noch HF-Voltmeter üblich, bei denen der Detektordiode ein Breitbandverstärker vorgeschaltet ist. Beide HF-Spannungsmeßgeräte werden durch Harmonische des zu messenden Signals, sofern diese innerhalb des meßbaren Frequenzbereichs liegen, beeinflußt. Dies ist nicht der Fall bei HF-Voltmetern, die als Überlagerungsempfänger gebaut sind. Man unterscheidet selektive Voltmeter, die von Hand (bzw. rechnergesteuert) auf die gewünschte Frequenz eingestellt werden (Maximumabgleich bei anliegendem Signal) und Sampling-Voltmeter, die sich automatisch auf die größte Spektrallinie innerhalb ihres Betriebsfrequenzbereichs einstellen. Das Überlagerungsprinzip ergibt gegenüber der direkten Diodengleichrichtung eine beträchtliche Empfindlichkeitssteigerung: Es können noch Spannungen unter 1 µV gemessen werden. Der Frequenzbereich dieser Geräte geht bis etwa 2 GHz; die Empfängerbandbreiten liegen bei 1 kHz. Um die Belastung der Signalquelle durch die Kapazität der Verbindungsleitung zum HF-Voltmeter zu vermeiden (s. 1.7), werden die Gleichrichterdiode bzw. die Mischerdioden unmittelbar hinter den Meßspitzen im Tastkopf untergebracht (aktiver Tastkopf).

1.5 Vektorvoltmeter. Vector voltmeter

Bei der Frequenzumsetzung durch Mischung bleiben bei einem zweikanaligen HF-Voltmeter die Amplituden- und Phasenbeziehungen der Eingangswechselspannungen im Zwischenfrequenzbereich erhalten. Mit einem solchen Vektorvoltmeter lassen sich komplexe Reflexions- und Transmissionsfaktoren messen. In Verbindung mit einem einseitig reflexionsfrei abgeschlossenen Durchgangsmeßkopf als angepaßtem Pegeldetektor kommen dafür alle in I 3 und I 4 angegebenen Meßverfahren in Betracht. Unter 100 MHz, wo häufig keine Richtkoppler oder Widerstandsmeßbrücken zur Verfügung stehen, kann eine Schaltung nach Bild 4 benutzt werden. Die Verkopplung zwischen der rechten und der linken Seite des Aufbaus wird entweder ausgeglichen oder beseitigt:

- Bei jeder Messung wird der Quotient $\underline{U}_B/\underline{U}_A$ gebildet,
- der Generatorpegel wird mit U_A geregelt,
- es werden zwei ausreichend große Dämpfungsglieder rechts und links dazwischengeschaltet,
- es wird eine isolierende Verzweigung 3 dB/0° anstelle der fehlangepaßten Verzweigung benutzt.

Für Frequenzen, bei denen die Phasendrehung zwischen dem Meßort für $\underline{U}_B$ und dem Meßobjekt vernachlässigbar klein ist, gilt dann

$$\underline{U}_A = \underline{U}_H$$
$$\underline{U}_B = \underline{U}_H + \underline{U}_R$$
$$\underline{U}_B/\underline{U}_A = 1 + \underline{r} = A \exp(j\vartheta).$$

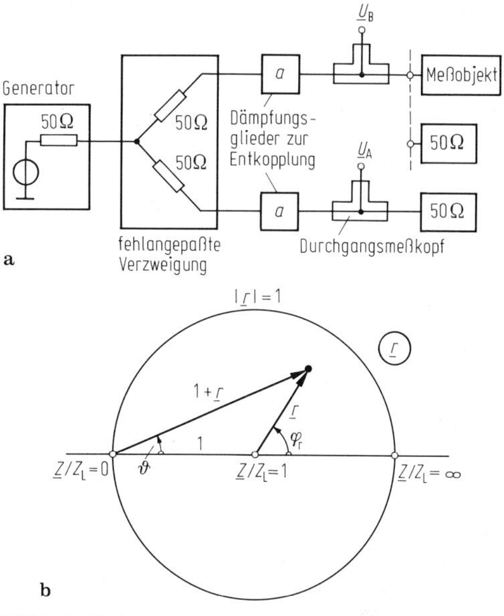

Bild 4. Reflexionsfaktormessung mit dem Vektorvoltmeter bei tiefen Frequenzen. **a** Meßaufbau; **b** Auswertung der Messung im Smith-Diagramm

Die Größe $1+\underline{r}$ kann im Smith-Diagramm (Bild 4b) eingetragen werden. Damit ergibt sich der gesuchte komplexe Reflexionsfaktor $\underline{r}$ graphisch. Für die Zahlenrechnung gilt

$$r = \sqrt{A^2 + 1 - 2A\cos\vartheta}$$
$$\varphi_r = \arcsin(A\sin(\vartheta)/r).$$

Vor der Messung wird die Symmetrie des Meßaufbaus und die der beiden Kanäle des Vektorvoltmeters überprüft, z. B. mit einem angepaßten Abschluß an beiden Enden der Verzweigung (Meßergebnis: gleiche Amplituden) und die Phasenwinkelanzeige wird auf Null gestellt.

1.6 Oszilloskop. Oscilloscope

Zur Darstellung des zeitlichen Verlaufs einer Spannung werden Oszilloskope (alte Bezeichnung: Elektronenstrahloszillografen) eingesetzt.

Analogoszilloskop. Das Standardanalogoszilloskop besteht aus den Komponenten Tastkopf, Verstärker, Zeitbasis und Elektronenstrahlröhre. Bei hochohmigem Verstärkereingang (z. B. 1 MΩ/11 pF) werden Bandbreiten von 0 bis 250 MHz erreicht (Anstiegszeit bis zu 1,4 ns, Amplitudenauflösung 5 mV/Anzeigeeinheit). Mit 50 Ω Eingangsimpedanz kann man Signale bis 1 GHz darstellen (Anstiegszeit bis zu 350 ps, Amplitudenauflösung 10 mV/Einheit, Schreib-

geschwindigkeit des Elektronenstrahls bis zu 20 cm/ns). Mögliche Zusatzfunktionen des Oszilloskops sind Addition und Subtraktion zweier Zeitfunktionen (bis 400 MHz), Multiplikation (bis 40 MHz), X-Y-Betrieb (bis 250 MHz) sowie digitale Zeit- oder Amplitudenmessung zwischen zwei Punkten auf der angezeigten Zeitfunktion (bis 400 MHz). In der Regel entspricht der Aussteuerbereich des Verstärkers der Höhe des Bildschirms. Bei Übersteuerung ist die angezeigte Kurvenform verfälscht.
Ein Oszilloskop mit z. B. 100 MHz Bandbreite stellt Eingangssignale oberhalb von etwa 50 MHz unabhängig von ihrer wahren Kurvenform stets als glatte sin-Schwingungen dar. Durch die Tiefpaßwirkung von Verstärker bzw. Bildröhre werden die Harmonischen ($2f_0, 3f_0 \ldots$) und damit die Feinstruktur des Signals unterdrückt.

Abtastoszilloskop (*Sampling oscilloscope*). Signale im GHz-Bereich werden durch Abtasten in eine niedrigere, darstellbare Frequenz umgesetzt (analog zur scheinbaren Drehzahlverringerung, wenn ein sich schnell drehendes Rad mit einem Stroboskop beleuchtet wird). Es können nur periodische Zeitfunktionen dargestellt werden. Die scheinbare Anstiegszeit eines Abtastverstärkers entspricht etwa der Halbwertsbreite des Abtastimpulses. Für 25 ps entspricht dies einer oberen Grenze des Darstellbereichs von 14 GHz.

Digitaloszilloskop. Ein Digitaloszilloskop (Digital sampling oscilloscope, DSO) [1] besteht (vom Signaleingang aus gesehen) aus einem stufig einstellbaren Dämpfungsglied, einem analogen Vorverstärker und einem Analog-Digital-Wandler (A/D-Converter, ADC). Daran angeschlossen sind ein digitaler Speicher und ein Rechner zur Verarbeitung des digitalisierten Eingangssignals. Neben der herkömmlichen Ausgabe einer Spannungsamplitude als Funktion der Zeit auf einen Bildschirm besteht die Möglichkeit, einen Plotter oder einen externen Rechner anzuschließen. Im Unterschied zum Analogoszilloskop und zum Samplingoszilloskop, die aufwendige Elektronenstrahlröhren benötigen, hat das Digitaloszilloskop einen preiswerten Rasterbildschirm bzw. Farbbildschirm.
Kenngrößen. Abtastrate (Bereich: 10 MSamples/s bis 2 GSamples/s): Bei z. B. 100 MSamples/s (Abtastfrequenz 100 MHz) wird der Momentanwert des Eingangssignals in Abständen von 10 ns gemessen. Um eine Abtastrate von 2 GSamples/s zu erreichen, werden z. B. vier A/D-Wandler mit je 500 MSamples/s parallelgeschaltet, und ihre Abtastzeitpunkte werden durch davorgeschaltete Verzögerungsleitungen um jeweils 0,5 ns gegeneinander verschoben.
Auflösung des A/D-Wandlers (Bereich: 5 Bit bis 15 Bit): Ein A/D-Wandler mit z. B. 10 Bit und einem Meßbereich von $\pm$ 5 V setzt die abgetasteten Meßwerte um in Digitalzahlen mit 10 mV Auflösung.
System-Rauschabstand: Das auf den Eingang bezogene Eigenrauschen des Oszilloskops verringert unter Umständen (z. B. bei der Messung einmaliger Vorgänge) die vertikale Auflösung, die aufgrund der Auflösung des A/D-Wandlers erreichbar wäre.
Speichertiefe (Bereich: 512 bis 10240 Punkte): Die Anzahl der gespeicherten Meßwerte ergibt, multipliziert mit der Zeitdauer zwischen zwei Abtastungen, den Gesamtzeitraum, in dem das Eingangssignal dargestellt werden kann.
Bandbreite für einmalige Signale (real-time sampling, Bereich: 0 bis 500 MHz; Auflösung bis zu 300 ps): Die nutzbare Bandbreite liegt zwischen 1/4 der Abtastfrequenz, wenn man z. B. nur die Kurvenform eines Impulses betrachten will, und 1/10 der Abtastfrequenz, sofern man z. B. Anstiegszeiten genau messen will.
Bandbreite für periodische Signale (repetitive sampling, Bereich: 0 bis 50 GHz; Auflösung bis zu 0,25 ps; Triggerbandbreite bis 40 GHz): Zeitlich periodische Signale können wie beim Abtastoszilloskop bereits bei niedrigen Abtastraten mit hoher zeitlicher Auflösung dargestellt werden.
Meßwertausgabe. Durch die digitale Signalverarbeitung ergibt sich eine Vielfalt von Möglichkeiten, das gemessene Eingangssignal auszuwerten. Standardmäßig werden Spannungsamplituden, Zeiten und Frequenzen als Zahlenwert auf dem Bildschirm ausgegeben, und Rauschstörungen lassen sich durch Mittelwertbildung (averaging) reduzieren. Zusätzlich kann die Zeitfunktion umgerechnet und das Spektrum nach Betrag und Phase als Funktion der Frequenz dargestellt werden. Das Signal kann im Frequenzbereich oder im Zeitbereich gefiltert werden. Bei Zweikanalmessungen kann die Phasenverschiebung zwischen beiden Kanälen als Funktion der Frequenz dargestellt werden. Ein solches mit zusätzlicher Rechenleistung ausgestattetes Digitaloszilloskop (transition analyzer) kann neben den Funktionen eines Standardoszilloskops diejenigen eines Zählers, eines Leistungsmeßgeräts, eines Spektrumanalysators, eines Modulationsmeßgeräts und (zusammen mit entsprechenden Signalteilern) eines Netzwerkanalysators übernehmen.

Kurvenformspeicherung. Zur Speicherung einmaliger Vorgänge stehen je nach Geschwindigkeitsbereich verschiedene Verfahren zur Verfügung:
a) Standardoszilloskop + Bildschirmphotographie (bis 1 GHz);
b) Speicheroszilloskop mit Halbleitermatrix als Zwischenspeicher: Auflösung z. B. 9 bit entsprechend 512 × 512 Bildpunkten (bis 500 MHz);

c) Speicheroszilloskop mit analogem Speicherbildschirm: Speicherzeiten zwischen 30 s und mehreren Stunden (bis 400 MHz);
d) Digitalspeicheroszilloskop: Direkte Analog-Digital-Wandlung des Eingangssignals und anschließende Speicherung der digitalen Daten. Bei 200 MHz Abtastrate bis zu 20 MHz mit 32 dB Dynamik (etwa 5 bit). Häufig fehlt bei den Geräten nach Verfahren b) oder d) der Bildschirm. Die gespeicherten Daten werden direkt von einem Rechner weiterverarbeitet. Die Geräte werden dann als Transientenrekorder oder Waveform-Recorder bezeichnet.

1.7 Tastköpfe. Probes

Durch das Einbringen des Tastkopfes in die zu untersuchende Schaltung wird diese beeinflußt. Der Einfluß dieser Rückwirkung und die Wechselwirkungen zwischen der Impedanz der Quelle einerseits, der Eingangsimpedanz des Verstärkers andererseits und der dazwischenliegenden (elektrisch langen) Tastkopfleitung sind schwer zu überblicken.
Bild 5 zeigt einen passiven Teilertastkopf mit den Ersatzschaltbildern für die Signalquelle und den Verstärkereingang. Für $l_1 \ll \lambda$ wirkt die Leitung als konzentrierte Kapazität $l_1 C'$. Bei Abgleich des Spannungsteilers auf gleiche Zeitkonstanten $R \cdot C$ ergibt sich ein frequenzunabhängiges Teilerverhältnis von 10:1. Dieser Abgleich auf verzerrungsfreie Übertragung, in der Regel mit einem Rechtecksignal, wird vor der Messung durchgeführt. Aus der Abgleichbedingung wird ersichtlich, daß Tastköpfe nicht beliebig ausgetauscht werden können: Ein Teilertastkopf für einen 50-Ω-Eingang oder für einen 1 MΩ/10 pF-Eingang läßt sich meist nicht für einen Verstärker mit 1 MΩ/50 pF benutzen. Weiterhin gilt der Abgleich nur für konstanten Innenwiderstand der Signalquelle: Wenn die Anstiegszeit eines Pulsgenerators mit $R_G = 600\,\Omega$ gemessen werden soll, muß auch die Eichquelle zum Tastkopfabgleich $R_G = 600\,\Omega$ haben. Außerdem muß die Anstiegszeit der Eichquelle kleiner sein als die des zu messenden Signals.
Eine Tastkopfleitung von 1,5 m hat bei 13,2 MHz die elektrische Länge $\lambda/10$ und bei 33 MHz $\lambda/4$. Die transformierende Wirkung der Leitung ist dann nicht mehr vernachlässigbar und macht Absolutmessungen der Amplitude bei unbekannter Signalquellenimpedanz unmöglich.

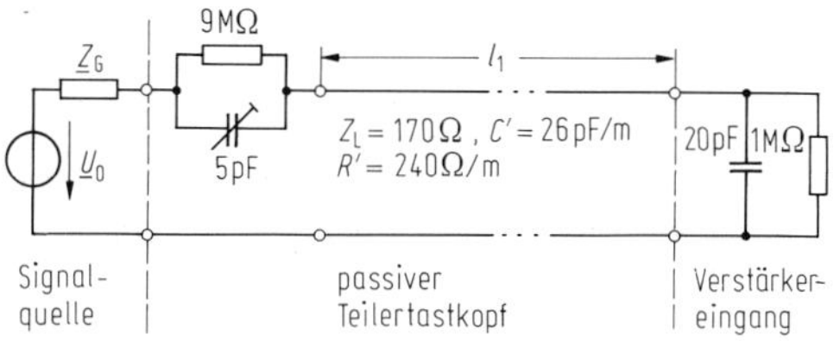

Bild 5. Passiver 10:1-Teilertastkopf mit typischen Bauelementewerten

Bei niedrigeren Frequenzen ist die Belastung durch die Tastkopfimpedanz Hauptfehlerquelle: Ein 10 MΩ/10 pF-Tastkopf bewirkt bei der Messung an 5 kΩ einen Fehler von 20% bei $f = 1$ MHz. Bei komplexer Signalquellenimpedanz wird der Meßfehler größer, es sei denn, der Tastkopf befindet sich bereits beim Abgleich in der Schaltung und seine Kapazität wird in den Abgleich einbezogen. Oberhalb von etwa 100 MHz machen sich zusätzlich Mantelwellen störend bemerkbar (Kontrolle durch Berühren von Tastkopf und Leitung an verschiedenen Stellen).
Durch einen in die Tastkopfspitze eingebauten Vorverstärker (aktiver Tastkopf) wird der Empfindlichkeitsverlust des passiven Teilerkopfes vermieden und die Eingangskapazität läßt sich weiter verringern. Mit 1 MΩ/1 pF wird der nutzbare Frequenzbereich etwa um den Faktor 5 größer gegenüber 10 MΩ/10 pF.
Bei Verstärkern mit 50 Ω Eingangsimpedanz ergibt sich der größte nutzbare Frequenzbereich. Die Einflüsse der Verbindungsleitungen entfallen (für 50 Ω Leitungswellenwiderstand). Sofern dennoch hochohmig gemessen werden soll, können Widerstandsteiler in die Tastkopfspitze eingebaut werden (10:1 mit 500 Ω/0,7 pF und 100:1 mit 5 kΩ/0,7 pF). Oberhalb von etwa 250 MHz lassen sich die in der 50-Ω-Meßtechnik erreichbaren Genauigkeiten mit hochohmigen Tastköpfen jedoch nicht mehr erreichen. Die sinnvolle Anwendung bleibt auf Sonderfälle beschränkt.
Durch Vorschalten eines 50-Ω-Durchführungsabschlusses (feed-through termination) läßt sich ein hochohmiger Verstärker behelfsmäßig umrüsten. Die Parallelkapazität des Verstärkers bleibt dadurch unverändert, die Frequenzgrenze, von der ab sie sich als störender, niederohmiger Nebenschluß bemerkbar macht, wird jedoch zu höheren Frequenzen hin verschoben. Zur Vermeidung von Mehrfachreflexionen werden Durchführungsabschlüsse so eingefügt, daß Verbindungsleitungen beidseitig angepaßt bzw. niederohmig abgeschlossen sind, d. h. der Durchführungsabschluß wird immer unmittelbar an die Eingangsbuchse des Oszilloskops angeschlossen.
Phasenmessungen (s. 1.9) mit dem Oszilloskop sind bei Hochfrequenz in der Regel mit noch größeren Fehlern behaftet als Amplitudenmessungen. Notwendig ist nicht nur, daß beide Kanäle und beide Tastköpfe gleich sind (Kontrolle durch gleichzeitiges Anschließen an den gleichen Meßpunkt), sondern ebenfalls, daß die Innenwiderstände Z_G an beiden Meßpunkten gleich groß

sind. (Zahlenbeispiel: Tastkopf 10 MΩ/10 pF; $\underline{Z}_{G1} = 600\,\Omega$; $\underline{Z}_{G2} = 50\,\Omega$, $f = 50$ MHz, Meßfehler: 53°).

1.8 Strommessung
Current measurement

Die direkte Messung des Stroms wird bei hohen Frequenzen selten durchgeführt:
- Es fehlen brauchbare Verfahren zur Messung von Betrag und Phase;
- die ersatzweise Messung der Leistung bzw. der Spannung ist in der Regel ausreichend;
- die Stromdichte ist ungleichmäßig verteilt (Skineffekt, Proximityeffekt) und der Gesamtstrom als integrale Größe wenig aussagekräftig;
- durch Auftrennen von Strombahnen zur Strommessung wird (sofern es überhaupt möglich ist), die Leitergeometrie häufig zu stark gestört bzw. die Impedanz des Stromkreises zu stark verändert.

Diodengleichrichtung. Die Vielfachinstrumente und Digitalmultimeter der NF-Technik gestatten die direkte Strommessung durch Diodengleichrichtung bis etwa 10 bzw. 100 kHz.

Spannungsmessung. Durch Messen des Spannungsabfalls an einem kleinen (ohmschen) Meßwiderstand, der in den Stromkreis eingefügt wird, kann bei bekanntem Widerstandswert der Strom berechnet werden.

Thermoumformer. Die Erwärmung eines Heizleiters durch den hindurchfließenden HF-Strom und die Messung der Temperaturerhöhung mit einem nur thermisch, nicht galvanisch, angekoppelten Thermoelement erlaubt die Messung des Effektivwerts des Stroms bis zu etwa 100 MHz.

Stromwandler. Durch induktive Kopplung an den stromführenden Leiter lassen sich nach dem Stromwandlerprinzip (Übertrager mit sekundärseitigem Kurzschluß) Ströme im Bereich 1 Hz bis 200 MHz bzw. 1 GHz messen. Zur Messung werden Ferritringkerne benutzt, durch die der zu messende Leiter hindurchgesteckt wird (Bild 6a)

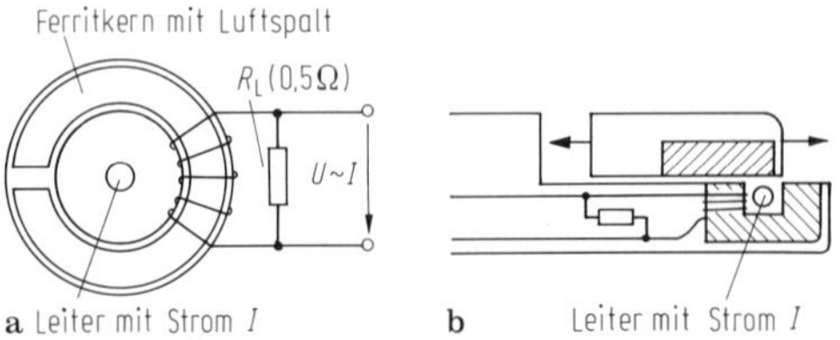

Bild 6. Stommessung mit Stromwandler. **a** Ringkern als Stromwandler; **b** Stromwandlerzange

oder Stromzangen, in die der Leiter eingelegt wird (Bild 6b).

Hall-Effekt. Da die Tangentialkomponente des Magnetfeldes an einer Leiteroberfläche betragsmäßig gleich der Oberflächenstromdichte ist, kann die Messung des Magnetfeldes mit einer Hall-Sonde zur Strommessung benutzt werden. Hall-Sonden werden ebenfalls eingesetzt im Luftspalt eines Stromwandlers bzw. einer Stromzange und erweitern damit deren Einsatzbereich zu tiefen Frequenzen hin bis zur Gleichstrommessung. Die obere Frequenzgrenze wird durch den jeweiligen Aufbau hervorgerufen, nicht durch den Hall-Effekt selbst.

Induktive Sonden. Zur Messung von Oberflächenstromdichten können Induktionsschleifen (Bild 7) benutzt werden. Um Meßfehler durch eine zusätzliche Verkopplung mit dem elektrischen Feld zu vermeiden, werden die Sonden geschirmt. Durch eine drehbare Schleife bzw. zwei senkrecht zueinander angeordnete Koppelschleifen kann die Richtung der Stromdichte ermittelt werden.

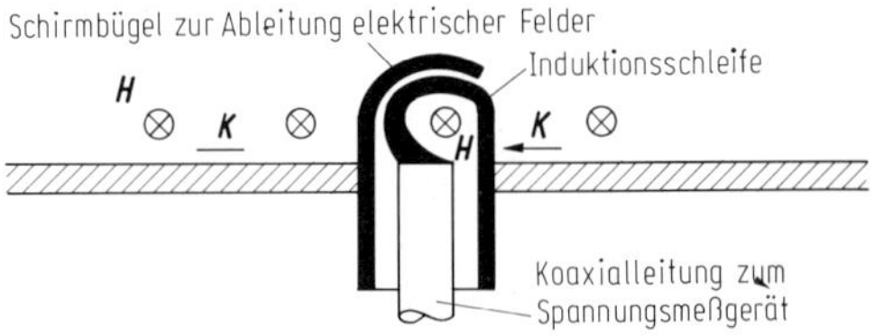

Bild 7. Geschirmte induktive Sonde zur Messung der Oberflächenstromdichte **K**

Schlitzkopplung. Durch Messung der Intensität einer durch einen Schlitz (z. B. in einer Hohlleiterwand) hindurch abgestrahlten Welle kann ebenfalls auf die Oberflächenstromdichte senkrecht zum Schlitz geschlossen werden.

1.9 Phasenmessung. Phase measurement

Frequenzumsetzung durch Mischung. Die beiden Signale $\underline{U}_A$ und $\underline{U}_B$, deren Phasenverschiebung φ gesucht ist, werden mit zwei Mischern und einem Überlagerungsoszillator (L.O.) in eine Zwischenfrequenz im kHz-Bereich umgesetzt und dort nach Verfahren der NF-Technik gemessen. Bei symmetrischem Aufbau werden das Amplitudenverhältnis U_A/U_B und der Phasenwinkel φ durch die Mischung nicht beeinflußt. Dies gilt nicht nur für sin-förmigen L.O. sondern auch für Oberwellenmischung und Abtastung. Im Unterschied dazu wird durch Frequenzvervielfachung bzw. -teilung der ursprüngliche Phasenwinkel vervielfacht bzw. geteilt.

Netzwerkanalysator. Legt man an die Eingänge eines Netzwerkanalysators nicht die hin- und rücklaufenden Wellen $\underline{U}_H$ und $\underline{U}_R$ sondern allgemein die Signale $\underline{U}_A$ und $\underline{U}_B$, so wird statt des Winkels des Reflexionsfaktors der Winkel φ gemessen. Neben den Geräten mit dem oben erwähnten Zweikanalmischer lassen sich damit auch die Meßleitung (I 4.6) und das Sechstorreflektometer (I 4.7) zur Phasenmessung einsetzen.

Phasenmeßbrücke. Da zwei gleichgroße gegenphasige Spannungen sich zu Null addieren, wird in der Phasenmeßbrücke (Bild 8) mit einem der Dämpfungsglieder die Amplitudengleichheit eingestellt und mit dem Phasenschieber die Gegenphase. Der Nullabgleich wird durch abwechselndes Verstellen von Amplitude und Phase erreicht. Sofern bei der vorangegangenen Kalibrierung (Nullabgleich mit $\underline{U}_A$ an beiden Eingängen) der Phasenschieber auf Null gestellt war, kann bei der Messung der Winkel φ an ihm abgelesen werden. Notwendig ist, daß beim Verstellen des Dämpfungsgliedes keine zusätzliche Phasendrehung auftritt.

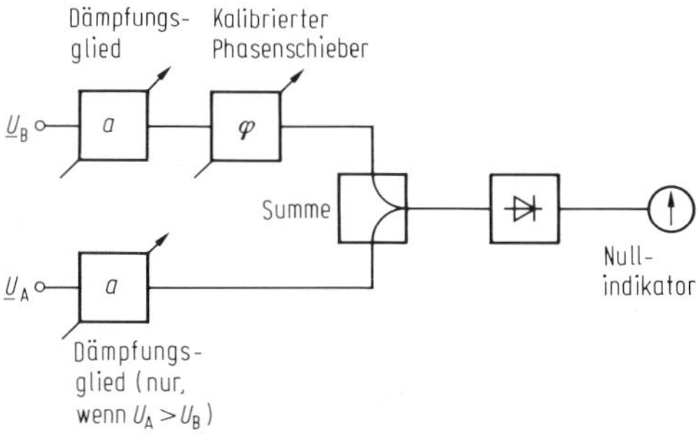

Bild 8. Phasenmeßbrücke

Ringmischer. Bei Beschaltung eines symmetrischen Mischers entsprechend Bild 9 ($\underline{U}_A$ und $\underline{U}_B$ an die Eingänge für HF(R) und L.O.(L), Ausgangsgleichspannung am ZF-Ausgang (I oder X) ergibt sich eine Ausgangsgleichspannung mit cos-förmigem Verlauf als Funktion von φ. Schaltungen dieser Art, die auch mit nur zwei Dioden und Ausgangstiefpaß realisiert werden können, heißen phasengesteuerter Gleichrichter, Synchrondetektor oder kohärenter Demodulator. Die Funktion wird verständlich, wenn man sich die Dioden als Schalter vorstellt, die von $U_A(t)$ betätigt werden. Aus dem gezeichneten Kurvenverlauf erkennt man, daß die Ausgangsspannung für $\varphi = 90°$ und $\varphi = 270°$ zu Null wird. Symmetrische Mischer existieren im gesamten koaxial nutzbaren Frequenzbereich. In Hohlleitertechnik werden die beiden Übertrager durch

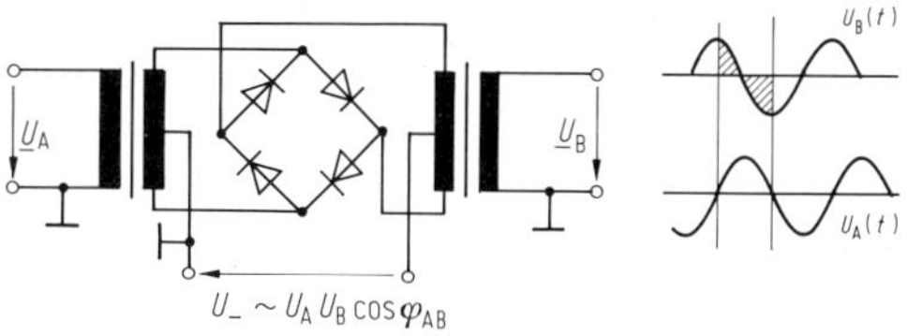

Bild 9. Ringmischer als Phasendetektor

ein Magic-Tee ersetzt. Unter optimierten Bedingungen sind Abweichungen von der cos-Form kleiner als 1‰ erreichbar. Da das Ausgangssignal nicht nur vom Phasenwinkel φ_{AB} sondern auch von den Amplituden abhängt, müssen U_A und U_B gleich groß und konstant sein.

Digitale Zähler. Durch Auszählen der Periodendauer und des Zeitintervalls zwischen zwei benachbarten, gleichsinnigen Nulldurchgängen von $U_A(t)$ und $U_B(t)$ läßt sich der Phasenwinkel φ ermitteln (s. I 6.2).

Oszilloskop. Mit einem Zweikanaloszilloskop läßt sich die Phasenverschiebung aus der gleichzeitigen Darstellung der Nulldurchgänge von $U_A(t)$ und $U_B(t)$ auf dem Bildschirm ermitteln (s. 1.7). Mit einem Einkanaloszilloskop im x-y-Betrieb wird $U_A(t)$ an den Vertikalverstärker und $U_B(t)$ an den Horizontalverstärker angelegt. Auf dem Bildschirm ergibt sich eine Ellipse (Lissajous-Figur), aus deren Abmessungen und Lage der Phasenwinkel φ berechnet werden kann. Sofern die Signalquellen A und B durch die Parallelkapazität hochohmiger Tastköpfe bei hohen Frequenzen nennenswert belastet werden, ist der gemessene Winkel φ nur dann richtig, wenn beide Quellenimpedanzen gleich sind.

Spezielle Literatur: [1] *Hewlett-Packard Druckschrift:* Das Digital-Oszilloskop: ein vielseitiges und leistungsfähiges Meßgerät. Bad Homburg 1987.

2 Leistungsmessung
Power measurement

Allgemeine Literatur: *Herscher, B. A.:* A three-port method for microwave power sensor calibration. Microwave Journal, März 1989, S. 117–124. – *Fantom, A. E.:* Radio frequency and microwave power measurements. Stevenage: Peter Peregrinus 1990.

Spezielle Literatur Seite I 10

2.1 Leistungsmessung mit Bolometer
Power measurement with bolometer

Unter dem Oberbegriff Bolometer werden Bauelemente mit temperaturabhängigem Gleichstromwiderstand, die man zur HF-Leistungsmessung benutzt, zusammengefaßt. Thermistor: Halbleiter mit negativem Temperatur-Koeffizienten (TK) des Widerstands; Barretter: dünner Metalldraht mit positivem TK (wenig überlastbar, daher heute nur noch selten eingesetzt). Der Thermistor wird in einem geeigneten Gehäuse als angepaßter HF-Abschlußwiderstand ausgeführt. Entsprechend der aufgenommenen HF-Leistung erwärmt er sich und somit sinkt sein Gleichstromwiderstand. Damit dennoch die HF-Anpassung erhalten bleibt und damit die stark nichtlineare Kennlinie unberücksichtigt bleiben kann, wird DC- (bzw. NF)-Substitution durchgeführt: Der Thermistor ist Element einer Gleichstrom (DC)-Widerstandsmeßbrücke. Bei Widerstandsänderung durch aufgenommene HF-Leistung wird der Gleichstrom durch den Thermistor so weit verringert, bis die Brücke erneut abgeglichen ist. Die Abnahme der Gleichstromleistung wird gemessen und als Maß für die HF-Leistung angezeigt. Thermische Zeitkonstante: 30 ms bis 1 s. Meßfehler enstehen durch Temperaturdrift, wenn nach der DC-Kalibrierung (Anzeige 0) die Thermistorfassung, z. B. durch die Hand des Bedienenden, erwärmt wird. Abhilfe durch thermische Entkopplung des Meßthermistors und/oder durch Verwendung eines zweiten Thermistors zur Driftkompensation. Meßbereich etwa + 10 dBm bis − 30 dBm.

2.2 Leistungsmessung mit Thermoelement
Power measurement with thermocouple

Die Erwärmung eines angepaßten Lastwiderstands wird als Gleichspannung eines thermisch damit verbundenen Thermoelements gemessen. Da die Thermospannung ein Maß für die Temperaturdifferenz zwischen den Verbindungspunkten zweier Drähte aus unterschiedlichen Metallen ist (heißer Punkt am Lastwiderstand, kalter Punkt am Gehäuse), ist die Kompensation von Schwankungen der Umgebungstemperatur bereits im Sensor enthalten und damit besser als beim Thermistor. Thermische Zeitkonstante: z. B. 120 µs. Meßbereich etwa + 20 dBm bis − 30 dBm. Bei niedrigen HF-Leistungen liegen die auszuwertenden Thermospannungen unter 1 µV. Daraus ergeben sich Anzeigezeitkonstanten bis zu 2 s im niedrigsten Meßbereich. Kalibrieren vor der Messung durch eine HF-Referenzquelle. Bei Leistungsmeßköpfen mit Thermoelementen lassen sich breitbandig sehr kleine Reflexionsfaktoren realisieren.

2.3 Leistungmessung mit Halbleiterdioden
Power measurement with semiconductor diodes

Im quadratischen Bereich (square-law region) ihrer I-U-Kennlinie (s. I 1.3) können Halbleiterdioden zur Absolutmessung von Leistungen eingesetzt werden. Aus Gründen der Reproduzierbarkeit und der mechanischen Stabilität werden nur spezielle Schottky-Dioden benutzt. Der Spannungsabfall an einem angepaßten HF-Abschlußwiderstand wird von der Diode verzerrt (gleichgerichtet). Der Gleichanteil des Diodenausgangssignals wird gemessen und als Maß für die HF-Leistung angezeigt (Bild I 1.3). Meßbereich etwa von − 20 dBm bis − 75 dBm; Frequenzbereich koaxial 0 bis 60 GHz. Zeitkonstante der HF-DC-Wandlung: durch die äußere Beschaltung vorgebbar (s. 2.5). Sofern kleine Leistungen gemessen werden sollen, kommt nur der Kennlinienteil um den Nullpunkt in Betracht, da ein Diodenvorstrom Temperaturdrift und Rauschen vergrößert. Kalibrieren vor der Messung durch eine HF-Referenzquelle. Mit geeigneten Dioden lassen sich die höchsten Umwandlungswirkungsgrade HF-DC erzielen. Bei − 70 dBm beträgt die Ausgangsgleichspannung etwa 50 nV. Diodenmeßköpfe bieten, relativ gesehen, den größten Dynamikbereich. Auch in bezug auf den maximal, ohne Zerstörung des Elements, zulässigen Pegel sind sie den anderen Leistungsmeßköpfen überlegen.
Bild 1 zeigt die Kennlinie einer typischen Detektordiode. Der „quadratische Bereich" der Kennlinie, in dem ein linearer Zusammenhang zwischen Eingangspegel und Ausgangsgleichspannung besteht, läßt sich durch einen geeigneten DC-Lastwiderstand gegenüber dem Leerlauffall vergrößern. Die Empfindlichkeitsgrenze ist für Breitbandmessungen physikalisch vorgegeben. − 70 dBm entspricht nach Gl. (I 7.1) der thermischen Rauschleistung, die ein ohmscher Widerstand bei Zimmertemperatur im Frequenzbereich 0 bis 25 GHz abgibt. Bei niedrigen Pegeln entstehen Meßfehler durch Thermospannungen am HF-Eingang. Bei Verwendung einer Spannungsverdopplerschaltung entsprechend Bild 2 wirken sich diese nicht auf die Ausgangsspannung aus. Zugleich wird die Empfindlichkeit um 3 dB verbessert.
Der Temperaturgang von Detektordioden ist nichtlinear und abhängig vom Lastwiderstand und vom HF-Pegel.

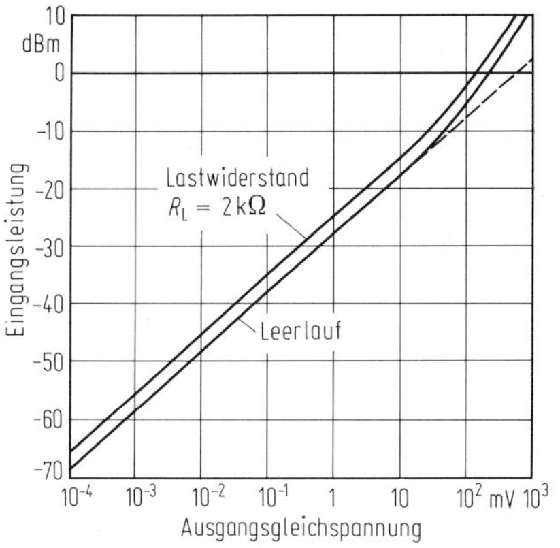

Bild 1. Kennlinie einer typischen Halbleiterdetektordiode. HF-Eingangsimpedanz 50 Ω, NF (DC)-Innenwiderstand 2 kΩ

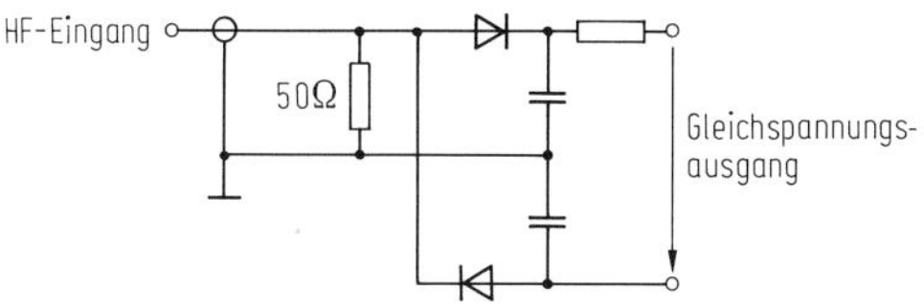

Bild 2. Leistungsmeßkopf mit zwei Dioden

Die Empfindlichkeit einer Detektordiode (etwa 500 μV/μW im Leerlauf) läßt sich um ein Vielfaches (Faktor 20) steigern, wenn statt der breitbandigen Widerstandsanpassung eine schmalbandige Blindabstimmung (Resonanztransformation) am HF-Eingang benutzt wird (tuned detector).

2.4 Ablauf der Messung, Meßfehler

Measurement procedure, errors

Vor der Messung wird die Anzeige ohne HF-Signal auf Null gestellt. Dann wird die Anzeige mit einer Referenzquelle niedriger Frequenz (10 bis 100 MHz) kalibriert (Gleichstrom bei Thermistorkopf). Der bei höheren Frequenzen meist abnehmende Wirkungsgrad des Leistungssensors und die Verringerung des Meßwerts durch den Reflexionsfaktor des Meßkopfes müssen durch einen (an Meßgeräten vor-einstellbaren) frequenzabhängigen Kalibrierfaktor zwischen 0,9 und 1,0 berücksichtigt werden.
Übersteigt die zu messende Leistung den Meßbereich des zur Verfügung stehenden Meßkopfes, werden Dämpfungsglieder bzw. Richtkoppler vorgeschaltet. Ist die zu messende Leistung zu klein, werden schmalbandige Verstärker vorgeschaltet bzw. andere empfindliche, nichtkalibrierte Empfänger eingesetzt, die über vorgeschaltete Dämpfungsglieder mit dem Leistungsmeßgerät kalibriert werden. In allen Fällen sinkt die Genauigkeit der Leistungsmessung. Während der Meßfehler durch das Instrument, die Anzeige, das Referenzsignal oder die Nullstellung bei handelsüblichen Geräten unter ±2% liegt und der Meßfehler durch die Unbestimmtheit des Kalibrierfaktors unter ±3%, können durch die Fehlanpassung zwischen Quelle und Meßkopf wesentlich größere Fehler auftreten. Gemessen werden soll die Leistung P_0, die eine Quelle mit dem Innenwiderstand $\underline{Z}_G$ an einen Normwiderstand R_0 (z. B. 50 Ω in Koaxialsystemen) abgibt. Gemessen wird mit einem Meßkopf mit der Impedanz $\underline{Z}_E$ (Bild 3). Da diese drei Impedanzen in der Regel nicht miteinander übereinstimmen, ergibt sich ein Meßfehler durch Fehlanpassung. Sofern $\underline{r}_G$ und $\underline{r}_E$ nach Betrag und Phase bekannt sind, läßt sich der gesuchte Wert aus dem Meßwert berechnen:

$$P_{\text{gemessen}} = P_0 \frac{1 - r_E^2}{|1 - \underline{r}_E \underline{r}_G|^2} = P_0 \frac{R_E}{R_0} \left| \frac{\underline{Z}_s + R_0}{\underline{Z}_s + \underline{Z}_E} \right|^2 \tag{1}$$

($\underline{r}_G$, $\underline{r}_E$ = Reflexionsfaktor der Quelle bzw. des Meßkopfes, bezogen auf R_0).
Sind nur die Beträge bekannt, kann man den maximalen Meßfehler ermitteln. Für $r_G = r_E = 0{,}1$ liegt der Fehler zwischen +1% und −3%, für $r_G = r_E = 0{,}3$ zwischen +10% und −23%. Die Schwankungsbreite ergibt sich daraus, daß der Zähler $|1 - \underline{r}_E \underline{r}_G|^2$ abhängig von den Phasenwinkeln von $\underline{r}_E$ und $\underline{r}_G$ Werte zwischen $(1 - r_E r_G)^2$ und $(1 + r_E r_G)^2$ annehmen kann. Sofern der Fehleranteil $1 - r_E^2$ bereits im Kalibrierfaktor berücksichtigt ist, verbleibt als Meßunsicherheit nur noch $1/(1 \pm r_E r_G)^2$. Für r_E und r_G kleiner 0,22 ergibt sich ein Bereich unter ±10%.
Durch das Einfügen von Anpaßelementen zwischen Quelle und Leistungsmeßkopf mit anschließendem Abgleich auf maximale Anzeige treten folgende Probleme auf:
- Der Kalibrierfaktor des Meßkopfes gilt nicht mehr.
- Die Zusatzverluste im Anpaßnetzwerk müssen bekannt sein.

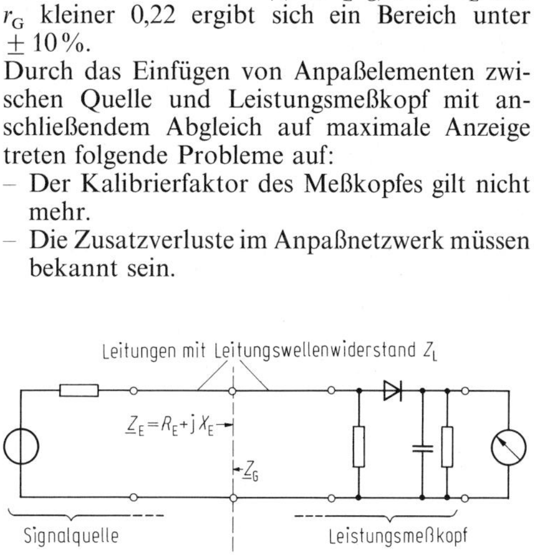

Bild 3. Impedanzen bei der Leistungsmessung

– Gemessen wird nicht P_0, sondern die Leistung, die die Quelle maximal abgeben kann (an eine Last $\underline{Z}_E = \underline{Z}_G^*$).

Eine Möglichkeit zur Kontrolle der fehlanpassungsbedingten Meßfehler liegt in der Auswertung der durch den Faktor $|1 - \underline{r}_E \underline{r}_G|^2$ hervorgerufenen Welligkeit des Meßwerts, entweder durch Zwischenschalten einer längenveränderlichen Leitung (Phasenschieber) oder durch eine Leitung fester Länge und Frequenzmodulation der Quelle (Wobbelmessung).
Durch die Breitbandigkeit der meisten Meßköpfe (z. B. 0,01 bis 18 GHz) entstehen Meßfehler beim Vorhandensein zusätzlicher, unerwünschter Spektrallinien (z. B. durch Harmonische oder durch Kippschwingungen der Quelle). Eine Harmonische, deren Pegel 20 dB unter dem des Trägers liegt (– 20 dBc = – 20 dB below carrier) vergrößert den Meßwert um 1 %, da der Meßkopf die Summenleistung anzeigt.
Verglichen mit den relativ kleinen Meßfehlern, die bei der Messung von z. B. Zeit, Frequenz oder S-Parametern mit handelsüblichen Meßgeräten erreichbar sind, treten bei der Bestimmung der absoluten Leistung wesentlich größere Fehler auf. Die Ermittlung der Meßgenauigkeit eines speziellen Meßaufbaus ist schwierig. Der bei Leistungsmeßgeräten in den technischen Daten angegebene Meßfehler (z. B. ± 1 %) enthält nicht den Fehler des Leistungsmeßkopfs (z. B. ± 5 %). Mit einem hochwertigen Meßaufbau und rechnergesteuerter Fehlerkorrektur lassen sich im Mikrowellenbereich Meßfehler errreichen, die bei mittleren Pegeln etwa ± 3 % und bei sehr großen bzw. bei sehr kleinen Leistungspegeln etwa ± 10 % betragen.

2.5 Pulsleistungsmessung
Pulse power measurement

Mit den bisher beschriebenen CW-Meßverfahren wird bei nichtsinusförmigem Signal der zeitliche Mittelwert gemessen. Der zeitliche Verlauf der Leistung bzw. die Spitzenleistung lassen sich daraus berechnen, sofern die Zeitfunktion des Signals oder dessen Spektrum bekannt sind. Zur direkten Messung von Pulsleistungen, Spitzenleistungen bzw. Leistungs-Zeit-Profilen eignen sich aufgrund ihrer geringen Trägheit Dioden. Bei entsprechend kapazitätsarmer Beschaltung entspricht das Ausgangssignal des Diodenkopfes der Hüllkurve des HF-Eingangssignals. Es kann z. B. mit einer Abtast-Halteschaltung abgefragt und der Abtastwert kann als Momentanwert der Leistung angezeigt werden. Die Breite des Meßfensters liegt in handelsüblichen Geräten bei 15 ns. Bei automatischer Triggerung des Abtastvorgangs durch das Signal kann bei getasteten Signalen die Pulsleistung gemessen werden.

2.6 Kalorimetrische Leistungsmessung
Calorimetric power measurement

Die HF-Leistung wird berechnet aus der gemessenen Erwärmung eines angepaßten Lastwiderstands [1]. Es besteht somit kein prinzipieller Unterschied zur Leistungsmessung mit Thermoelement. Die Bezeichnung kalorimetrische Messung ist jedoch gebräuchlich
– bei der Herstellung von Eichnormalen (z. B. Mikrowellen-Micro-Kalorimeter)
– bei der Messung großer Leistungen.

Im zweiten Fall wird die Temperatur eines Lastwiderstands gemessen bzw. die Temperaturerhöhung des Kühlmittels beim Durchlaufen des Lastwiderstands. Für Wasser als Kühlmittel ergibt sich die Leistung zu

$$P/\mathrm{W} = 4{,}186\,(V/\mathrm{cm}^3)\,(\Delta T/{}^\circ\mathrm{C})/(\Delta t/\mathrm{s})$$

wenn das Wasservolumen V in der Zeit Δt um die Temperatur ΔT erwärmt wird.

Spezielle Literatur: [1] *Lane, J. A.*: Microwave power measurement. London: Peregrinus 1970.

3 Netzwerkanalyse: Transmissionsfaktor
Network analysis: transmission measurement

3.1 Meßgrößen der Netzwerkanalyse
Basic parameters of network analysis

Grundgrößen bei der Analyse eines Netzwerks sind der Reflexionsfaktor $\underline{r}$ und der Transmissionsfaktor $\underline{t}$, jeweils mit Betrag und Phase. Sie ergeben sich elementar aus den zu messenden Wellenamplituden $\underline{a}_1$, $\underline{b}_1$ und $\underline{b}_2$ (Bild 1).
Es werden lineare Netzwerke untersucht, das Eingangssignal ist sin-förmig und die Meßgrößen werden als Funktion der Frequenz dargestellt. Bei nicht-sinusförmigem Ausgangssignal des Netzwerks (z. B. übersteuerter Mischer oder Verstärker) müssen die einzelnen Spektralanteile getrennt voneinander gemessen werden, z. B. mit einem Spektrumanalysator als Empfänger.
Die gemessenen Wellenamplituden, $\underline{a}_1$, $\underline{b}_1$ und $\underline{b}_2$ bzw. die Grundgrößen $\underline{r}$ und $\underline{t}$ werden häufig in andere Größen umgerechnet.

Spezielle Literatur Seite I 17

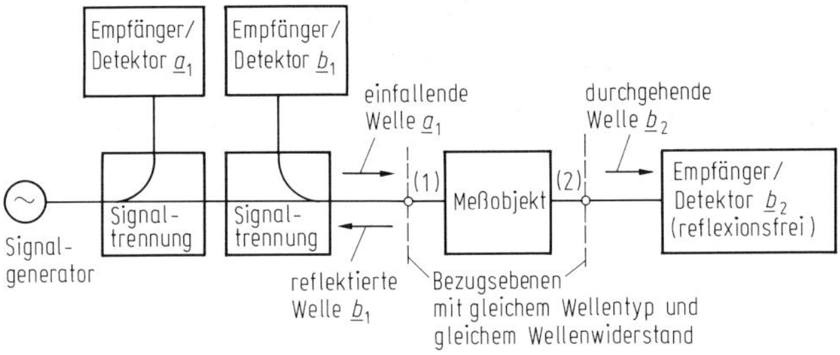

Bild 1. Grundgrößen der Netzwerkanalyse: Reflexionsfaktor $\underline{r} = \underline{b}_1/\underline{a}_1$, Transmissionsfaktor $\underline{t} = \underline{b}_2/\underline{a}_1$

Reflexionsfaktor

$\underline{S}_{ii} = \underline{r}$ Streuparameter eines Mehrtors (Tor i als Eingang, alle Tore reflexionsfrei abgeschlossen),

φ_r = Phasenwinkel des Reflexionsfaktors,

$\underline{Z}/Z_L = (1+\underline{r})/(1-\underline{r})$ Impedanz, normiert auf Z_L,

$a_r = -20\,\lg r = -r/\mathrm{dB}$ Rückflußdämpfung (return loss),

$s = \mathrm{SWR} = \mathrm{VSWR} = (1+r)/(1-r)$ Stehwellenverhältnis,

$m = 1/s$ Anpassungsfaktor (matching factor).

Transmissionsfaktor

$\underline{S}_{ij} = \underline{t}$ Zweitor-Streuparameter (Tor j als Eingang, alle Tore reflexionsfrei abgeschlossen),

$a_t = -20\,\lg t = -t/\mathrm{dB}$ Durchgangsdämpfung bzw. Verstärkung,

φ_t = Phasenwinkel des Transmissionsfaktors,

l/λ = elektrische Länge (s. I 3.10),

$\tau_g = -\mathrm{d}\varphi_t/\mathrm{d}\omega$ Gruppenlaufzeit,

$\tau_g' = \mathrm{d}\tau_g/\mathrm{d}f$ Gruppenlaufzeitverzerrung.

In der Hochfrequenztechnik lassen sich die transformierenden Eigenschaften der Verbindungsleitungen zwischen Detektor und Meßobjekt, bzw. zwischen Generator und Meßobjekt, nicht mehr vernachlässigen. Um reproduzierbare und aussagekräftige Meßergebnisse zu erhalten, werden deshalb Verbindungsleitungen mit definiertem Leitungswellenwiderstand Z_L eingesetzt und Steckverbindungen bzw. Flanschverbindungen, die an diesen Leitungswellenwiderstand angepaßt sind. Bei Koaxialleitungen ist $Z_L = 50\,\Omega$ (unterhalb 2 GHz auch 75 bzw. 60 Ω). Bei Hohlleitern sind die Querschnittsabmessungen genormt. Alle anderen Leitungstypen erhalten zum Messen Präzisionsadapter mit möglichst kleinem Reflexionsfaktor und geringer Dämpfung. Die Kenntnis des normierten Werts $\underline{Z}/Z_L$ ist zur Beschreibung der Eingangsimpedanz eines Netzwerks ausreichend. Der Wert der Impedanz $\underline{Z}$ in Ω wird kaum benötigt. Zur graphischen Darstellung von Ortskurven und für die Umrechnung zwischen $\underline{Z}/Z_L$ und $\underline{r}$ wird üblicherweise das Smith-Diagramm benutzt.

Unter der Voraussetzung, daß die Bezugswiderstände Z_L an Tor 1 und Tor 2 des Meßobjekts gleich groß gewählt werden, sind die Meßergebnisse unabhängig davon, ob zur Ermittlung der Wellengrößen $\underline{a}$ und $\underline{b}$ die Spannung, der Strom, die transversale elektrische Feldstärke oder die transversale magnetische Feldstärke der Welle nach Betrag und Phase gemessen werden; zur Ermittlung der Beträge a bzw. b ist die Messung der Leistung P oder der Strahlungsdichte $\overline{S}$ ausreichend. Mit den Indizes H für die hinlaufende und R für die rücklaufende Welle gilt:

$$\underline{a}_1 \sim \underline{U}_{H1}, \underline{I}_{H1}, \underline{E}_{H1}, \underline{H}_{H1} \qquad a_1 \sim \sqrt{P_{H1}}, \sqrt{\overline{S}_{H1}}$$
$$\underline{b}_1 \sim \underline{U}_{R1}, \underline{I}_{R1}, \underline{E}_{R1}, \underline{H}_{R1} \qquad b_1 \sim \sqrt{P_{R1}}, \sqrt{\overline{S}_{R1}}$$
$$\underline{b}_2 \sim \underline{U}_{H2}, \underline{I}_{H2}, \underline{E}_{H2}, \underline{H}_{H2} \qquad b_2 \sim \sqrt{P_{H2}}, \sqrt{\overline{S}_{H2}}$$

Da $\underline{r}$ und $\underline{t}$ Quotienten sind, besteht weder in der Theorie noch in der Praxis der Meßtechnik eine Notwendigkeit, die Größen der Proportionalitätsfaktoren zu definieren.

3.2 Direkte Leistungsmessung
Direct power measurement

Bei einer festen Frequenz wird zunächst der Ausgangspegel des Generators gemessen, dann wird das Meßobjekt dazwischengeschaltet und erneut der Pegel gemessen (Bild 2). Die Pegeldifferenz entspricht der Dämpfung bzw. Verstärkung des Meßobjekts. Da es sich nicht um eine Absolutmessung der Leistungen handelt, wird beim Kalibrieren (mit überbrücktem Meßobjekt) ein Meßgerät mit linearer Anzeige auf 1 gestellt und ein Meßgerät mit logarithmischer Anzeige auf 0 dB.

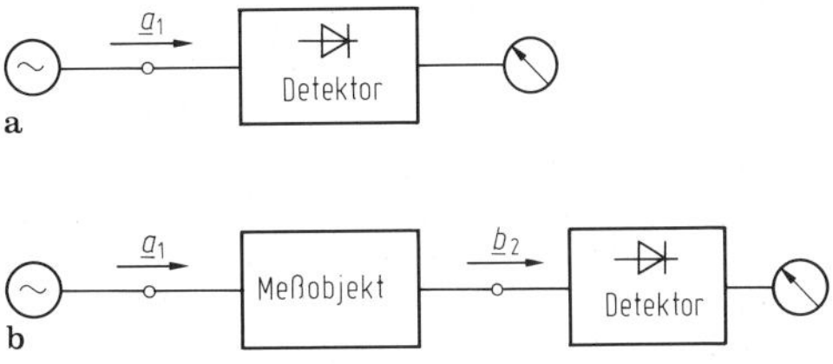

Bild 2. Messung der Durchgangsdämpfung mit reflexionsfreiem Detektor. **a** Messung von a_1; **b** Messung von b_2

Nach Einfügen des zu untersuchenden Zweitors wird der Transmissionsfaktor t direkt abgelesen. Für Wobbelmessungen kann man die Kalibrierwerte punktweise in einem digitalen Speicher (storage normalizer) aufbewahren. Bei der Messung wird jeweils die Differenz in dB zwischen aktuellem Meßwert und gespeichertem Kalibrierwert ausgegeben.

3.3 Messung mit Richtkoppler oder Leistungsteiler

Measurement with directional coupler or power splitter

Bei gleichzeitiger Messung von $\underline{a}_1$ und $\underline{b}_2$ und Quotientenbildung (linear) bzw. Differenzbildung (logarithmisch) entfallen störende Beeinflussungen durch Pegelschwankungen des Generators. Weiterhin läßt sich so auch die Phase des Transmissionsfaktors messen. Zur Auskopplung der einfallenden Welle $\underline{a}_1$ wird entweder ein Richtkoppler (Bild 3a) oder ein allseitig angepaßter, entkoppelter 3-dB-Leistungsteiler (isolated power divider, Bild 3b) oder ein (ausgangsseitig fehlangepaßter) 6-dB-Leistungsteiler mit zwei Widerständen (power splitter, Bild 4a) benutzt.

Bei skalaren Messungen kann die ausgekoppelte Welle $\underline{a}_1$ auch zur Pegelregelung des Generators benutzt werden. Im Idealfall ist damit die einfallende Welle $\underline{a}_1$ bei allen Frequenzen gleich groß und die bei einer Frequenz durchgeführte Kalibrierung der Anzeige auf 0 dB bei überbrücktem Meßobjekt gilt für alle Frequenzen. Sofern das Meßobjekt ohne Adapter und Verbindungskabel direkt an den Generator angeschlossen werden kann, erfüllt eine generatorinterne Pegelregelung den gleichen Zweck.

Bei skalaren Messungen kann die ausgekoppelte Welle $\underline{a}_1$ auch zur Pegelregelung des Generators benutzt werden. Im Idealfall ist damit die einfal-

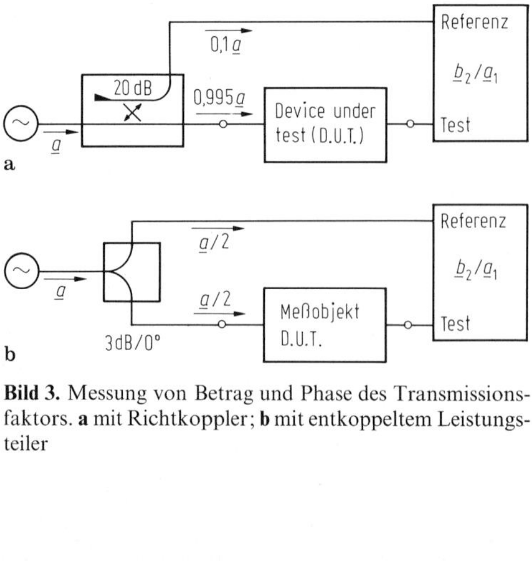

Bild 3. Messung von Betrag und Phase des Transmissionsfaktors. **a** mit Richtkoppler; **b** mit entkoppeltem Leistungsteiler

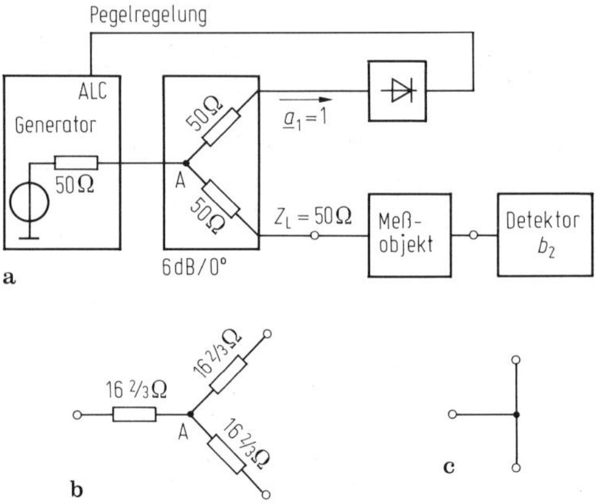

Bild 4. Einsatz eines Leistungsteilers zur Signaltrennung. **a** Leistungsteiler mit zwei Widerständen (6 dB/0°; power splitter): sehr gut geeignet. Meßaufbau dargestellt mit Pegelregelung anstelle der Quotientenmessung; **b** Leistungsteiler mit drei Widerständen (6 dB/0°; power divider): ungeeignet. **c** einfache Verzweigung (Tee): ungeeignet

lende Welle $\underline{a}_1$ bei allen Frequenzen gleich groß und die bei einer Frequenz durchgeführte Eichung der Anzeige auf 0 dB bei überbrücktem Meßobjekt gilt für alle Frequenzen. Sofern das Meßobjekt ohne Adapter und Verbindungskabel direkt an den Generator angeschlossen werden kann, erfüllt eine generatorinterne Pegelregelung den gleichen Zweck.

In der Schaltung nach Bild 3a erzeugt die Regelschleife einen konstanten Pegel im Verzweigungspunkt A, unabhängig von der Belastung durch das Meßobjekt. Damit erhält der Generator den Innenwiderstand 0Ω und der 50-Ω-Widerstand im Leistungsteiler bewirkt, daß das Meßobjekt generatorseitig einen angepaßten Innenwiderstand sieht. Wird dagegen ein allseitig angepaßter 6-dB-Teiler entsprechend Bild 4b für Verhältnismessungen oder zur Pegelregelung benutzt, so erhält auch hier der Verzweigungspunkt A den Innenwiderstand 0 Ω und damit sieht das angeschlossene Meßobjekt einen Quellwiderstand von 16 2/3 Ω. Diese Fehlanpassung des Meßobjekts führt zu Meßfehlern. Ebenfalls ungeeignet für die hier beschriebenen Anwendungen sind einfache T-Stücke entsprechend Bild 4c.

3.4 Empfänger. Receiver

Das in den Bildern 1 bis 4 mit Detektor bezeichnete Gerät zur Messung und Anzeige der Wellenamplitude kann je nach Anwendungsfall eine Detektordiode mit Gleichspannungsmeßgerät bzw. NF-Spannungsmeßgerät, ein angepaßter Abschlußwiderstand mit angeschlossenem hochohmigem Spannungsmeßgerät, ein Überlagerungsempfänger, ein Leistungsmeßgerät oder ein

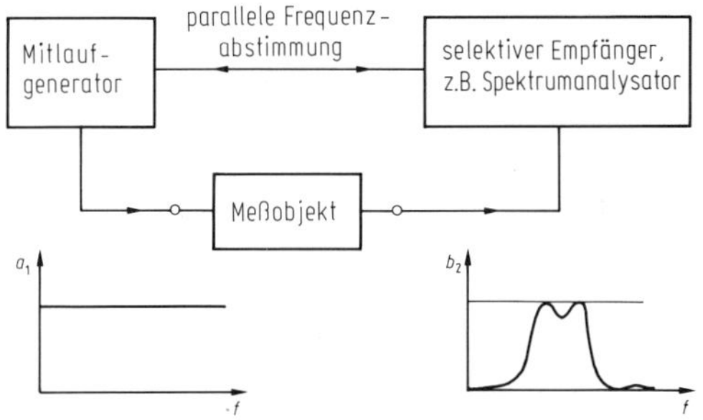

Bild 5. Messung des Transmissionsfaktors mit selektivem Empfänger und Mitlaufgenerator (tracking generator)

Spektrumanalysator sein. Je nach Art des Empfängers ändern sich Lage und Größe des Pegelbereichs, innerhalb dessen die gemessenen Signale ausgewertet werden können. Der Einsatzbereich von Detektordioden liegt etwa zwischen + 15 und −60 dBm und der von Grundwellenmischern zwischen − 10 und − 110 dBm. Durch Dämpfungsglieder oder Verstärker zwischen Generator und Meßobjekt sollte für jede Messung der Pegelbereich eingestellt werden, in dem der jeweils benutzte Empfänger die größte Meßgenauigkeit hat.

Amplitudenmeßplatz mit selektivem Empfänger (z. B. Spektrumanalysator). Stimmt man die Frequenz eines Generators parallel zu der des Überlagerungsoszillators so ab, daß die Generatorfrequenz stets im Empfangsbereich des Empfängers liegt, so hat man einen Amplitudenmeßplatz entsprechend Bild 5. Der Transmissionsfaktor kann direkt gemessen werden (Kalibrierung für 0 dB Durchgangsdämpfung durch Überbrücken des Meßobjekts). Für die Reflexionsfaktormessung wird zusätzlich ein Richtkoppler benötigt (Kalibrierung für 0 dB mit Kurzschluß/Leerlauf am Ausgang des Richtkopplers). Vorteil dieser Anordnung ist der große Dynamikbereich, gegeben durch die Differenz zwischen Ausgangspegel des Generators und Rauschpegel des Empfängers. Wegen der begrenzten Richtwirkung von Richtkopplern ist dieser Vorteil meist nur bei Transmissionsmessungen nutzbar. Nebenwellen des Generators sind bei linearen Meßobjekten unkritisch, ebenso das Intermodulationsverhalten des Mischers im Empfänger. Mit abnehmender Empfängerbandbreite (um einen niedrigen Rauschpegel zu erhalten) steigen die Anforderungen an die Frequenzstabilität und den Gleichlauf.

3.5 Substitutionsverfahren
Substitution methods

Da neben der Fehlanpassung von Generator und Detektor die größten Meßfehler durch die Linearitätsabweichungen des Empfängers entstehen, werden für genaue Messungen Substitutionsverfahren benutzt.

Meßprinzip: Zunächst wird das Meßobjekt gemessen und die Empfängeranzeige registriert (Kalibrierung). Dann wird es ersetzt durch ein kalibriertes Dämpfungsglied und/oder einen kalibrierten Phasenschieber, die so lange verstellt werden, bis die Empfängeranzeige mit Meßobjekt reproduziert ist (Messung). Damit sind die Meßfehler im Empfänger einschließlich des Anzeigefehlers eliminiert. Der Meßwert wird am Dämpfungsglied bzw. am Phasenschieber abgelesen.

Das einfachste Verfahren ist die *HF-Substitution* entsprechend Bild 6:

Stellung des Dämpfungsgliedes mit Meßobjekt: x dB; Stellung des Dämpfungsgliedes ohne Meßobjekt bei gleichem Pegel am Empfänger: y dB

Dämpfung des Meßobjekts: $(y - x)$ dB.

Bei gewobbelten Messungen werden Kalibrierlinien für jeweils definierte Stellungen des Dämpfungsgliedes mit einem X-Y-Schreiber aufgezeichnet. Anschließend wird das Dämpfungsglied durch das Meßobjekt ersetzt und der Frequenzgang des Meßobjekts in die Schar der Kalibrierlinien eingezeichnet.

Bei der *NF-Substitution* (Bild 7) ist das anfangs erwähnte Grundprinzip der Substitution nicht

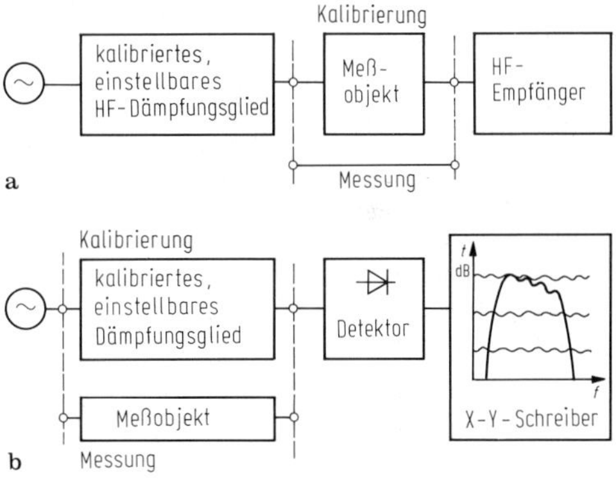

Bild 6. HF-Substitution. **a** punktweise Messung; **b** Wobbelmessung

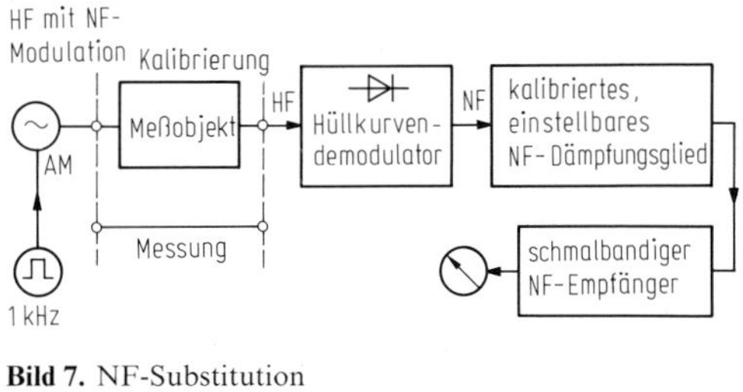

Bild 7. NF-Substitution

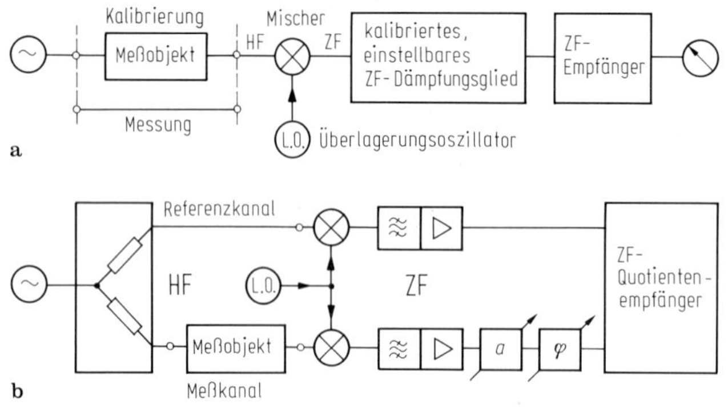

Bild 8. ZF-Substitution. **a** Seriensubstitution für Betragsmessungen; **b** Parallelsubstitution zur Messung von Betrag und Phase

vollständig erfüllt, da sich der Pegel am HF-Detektor zwischen Messung und Kalibrierung ändert. Aber auch hier wird bei überbrücktem Meßobjekt das Dämpfungsglied so lange verstellt, bis die vorherige Anzeige reproduziert ist. Damit entfällt der Anzeigefehler. Der wesentliche Vorteil dieser Schaltung ist jedoch, daß ein NF-Dämpfungsglied benutzt werden kann. Diese lassen sich wesentlich einfacher mit großer Genauigkeit realisieren.

Die *ZF-Substitution* (Bild 8a) vereinigt alle bisher angeführten Vorteile:

- Das Meßergebnis wird am Dämpfungsglied abgelesen;
- die Anzeige des Meßinstruments dient nur zur Reproduktion des Kalibrierwerts;
- am HF-Empfänger (Mischer) liegen bei Kalibrierung und Messung die gleichen Amplituden;
- die Frequenz am Dämpfungsglied ist konstant, unabhängig von der HF-Signalfrequenz;
- die Lage dieser Frequenz kann so gewählt werden, daß sich Dämpfungsglieder höchster Präzision realisieren lassen.

Das Verfahren läßt sich auch für Wobbelmessungen einsetzen (dann wird der Überlagerungsoszillator parallel zum HF-Generator abgestimmt, so daß die Frequenzdifferenz konstant bleibt) und auf Phasenmessungen erweitern (Bild 8b), da der Phasenwinkel zwischen zwei Signalen bei der Frequenzumsetzung mit Mischern erhalten bleibt.

Bild 9 zeigt die *Parallelsubstitution* ohne Mischer. Wesentlich für die Meßgenauigkeit ist die gleichmäßige Aufteilung des Eingangssignals bzw. generell die Symmetrie der Brücke und die Entkopplung beider Brückenzweige voneinander. An Eingang und Ausgang der Brücke können auch synchron betätigte Umschalter eingesetzt werden.

3.6 Meßfehler durch Fehlanpassung

Mismatch error

In der Schaltung nach Bild 10 ist der vom Empfänger angezeigte, gemessene Transmissionsfaktor

$$\underline{S}_{21\mathrm{M}} = \frac{\underline{S}_{21}}{1 - \underline{r}_\mathrm{G}\,\underline{S}_{11} - \underline{r}_\mathrm{E}\,\underline{S}_{22} + \underline{r}_\mathrm{G}\,\underline{r}_\mathrm{E}\,\det(\underline{S})}, \quad (1)$$

während $\underline{S}_{21}$ der gesuchte Transmissionsfaktor ist. Die Abweichung zwischen Meßwert $\underline{S}_{21\mathrm{M}}$ und Sollwert $\underline{S}_{21}$ wird um so geringer, je kleiner die Reflexionsfaktoren vom Meßobjekt aus in Richtung zum Generator ($\underline{r}_\mathrm{G}$) und in Richtung zum Empfänger hin ($\underline{r}_\mathrm{E}$) sind. Für skalare Messungen ergibt sich aus Gl. (1) zur Abschätzung der Meß-

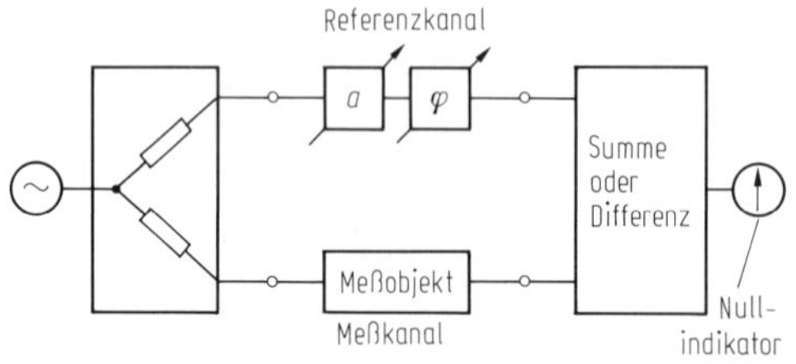

Bild 9. HF-Parallel-Substitution zur Messung von Betrag und Phase des Transmissionsfaktors (Meßbrücke)

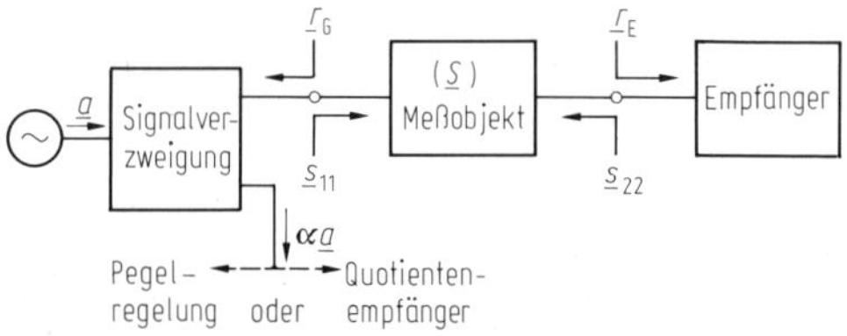

Bild 10. Reflexionsfaktoren, die bei der Messung des Transmissionsfaktors zu berücksichtigen sind

ungenauigkeit

$$F = |S_{21\,M}/S_{21}|$$

$$F_{max} \approx \frac{1 + r_G r_E}{(1 - r_G S_{11})(1 - r_E S_{22}) - r_G r_E S_{12} S_{21}}$$

$$F_{min} \approx \frac{1 - r_G r_E}{(1 + r_G S_{11})(1 + r_E S_{22}) + r_G r_E S_{12} S_{21}}. \quad (2)$$

Beispiel: Für die Messung eines 10-dB-Dämpfungsgliedes mit beidseitig 10% Reflexionsfaktor ergibt sich daraus mit $r_G = 0{,}33$ und $r_E = 0{,}20$ ein Ungenauigkeitsfaktor F zwischen 1,13 und 0,88 bzw. ein Meßfehler von etwa $\pm$ 1,1 dB.
Zur Vermeidung derartiger Meßfehler werden gut angepaßte Empfänger und gut angepaßte Leistungsteiler oder Richtkoppler eingesetzt. Zur weiteren Verbesserung können jeweils vor und hinter dem Meßobjekt

- reflexionsarme Dämpfungsglieder (pads),
- reflexionsarme Richtungsleitungen (isolator),
- Anpaßelemente (stub tuner, slide-screw-tuner, E-H-tuner)

eingeschaltet werden. Diese Komponenten bleiben bei der Kalibrierung im Meßaufbau. Bei Messungen an Zweitoren mit Durchgangsdämpfungen unter 1 dB sind Fehlanpassungen besonders störend. Auch bei der Messung der 3-dB-Frequenzen von Filtern (die ja im Sperrbereich fehlangepaßt sind), sollten die Einflüsse von r_E und r_G berücksichtigt werden.

Dämpfungsdefinitionen. Für die Dämpfung a bzw. die Verstärkung g eines Zweitors existiert eine Vielfalt von Definitionen. Für den Fall, daß $\underline{S}_{11} = \underline{S}_{22} = \underline{r}_G = \underline{r}_E = 0$ ist und die Eingangsimpedanzen des Zweitors gleich dem reellen Bezugswiderstand R_0 sind, ergeben alle Definitionen den gleichen Zahlenwert.
Der *Transmissionsfaktor* (Wellendämpfung) ist unabhängig von $\underline{r}_G$ und $\underline{r}_E$ eine Eigenschaft des Zweitors und ändert sich mit dem gewählten Bezugswiderstand. Fehlanpassungen führen zu den oben angeführten Meßfehlern. Im Unterschied dazu ist die Einfügungsdämpfung (insertion loss) abhängig von den Streuparametern $\underline{S}_{ij}$ sowie von $\underline{r}_G$ und $\underline{r}_E$. Sie kann trotz Fehlanpassung in einer Messung entsprechend Bild 2 fehlerfrei ermittelt werden.

Einfügungsdämpfung = 10 lg (Empfängereingangsleistung P_E bei direktem Anschluß an den Generator/P_E bei eingefügtem Zweitor).
Die gemessenen Werte der Einfügungsdämpfung sind somit nur zusammen mit den Werten für $\underline{r}_E$ und $\underline{r}_G$ des Meßaufbaus interpretierbar und nicht allgemeingültig. So wird z. B. ein 10-dB-Dämpfungsglied mit $Z_L = 75\,\Omega$ in einem 50-Ω-Meßaufbau eine größere Einfügungsdämpfung als 10 dB ergeben und der Frequenzgang eines Filters ändert sich meist beträchtlich, wenn Quellwiderstand und Lastwiderstand nicht den Sollwerten entsprechen.

Betriebsdämpfung (transducer gain):

$$a_B = 10 \lg (P_{G,\,max}/P_E)$$

$P_{G,\,max}$ ist unabhängig vom Zweitor, gemessen bei Leistungsanpassung des Generators ($\underline{Z}_L = \underline{Z}_G^*$).

Leistungsverstärkung (power gain):

$$g = 10 \lg (P_E/P_1)$$

P_1 ist die vom Zweitor aufgenommene, P_E die abgegebene Leistung.

Verfügbare Leistungsverstärkung (available gain):

$$g_{max} = 10 \lg (P_{E,\,max}/P_{1,\,max})$$

Gemessen mit $\underline{r}_G = \underline{S}_{11}^*$ und $\underline{r}_E = \underline{S}_{22}^*$.

3.7 Meßfehler durch Harmonische und parasitäre Schwingungen des Generators
Signal generator harmonics and spurious

Breitbandige Detektoren als Empfänger messen neben dem Sollsignal (der Grundschwingung des Generators), auch noch alle anderen Spektrallinien, die in ihrem Empfangsbereich liegen, so z. B. Harmonische und parasitäre Schwingungen des Generators, von außen eingestreute Funkstörungen oder parasitäre Schwingungen des Meßobjekts (bei Messungen an Verstärkern). Die dadurch entstehenden Meßfehler sind selten so eindeutig wie in Bild 11: Bei Einstellung des Generators auf $f_0/3$ wird diese Frequenz durch das zu messende Bandfilter z. B. um 60 dB gedämpft. Wenn der Generator jedoch zusätzlich die dreifache Frequenz (f_0) abgibt, fällt diese in den

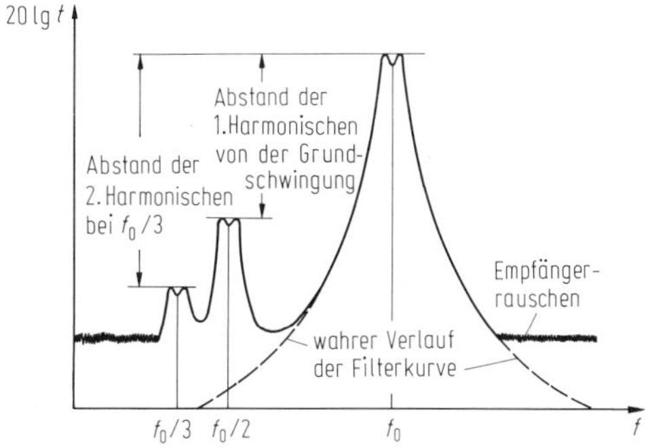

Bild 11. Meßfehler durch Harmonische des Signalgenerators bei breitbandigem Detector

Durchlaßbereich des Bandfilters und wird vom Breitbanddetektor am Ausgang gemessen und angezeigt. Das gleiche passiert bei allen zusätzlich zur Grundschwingung vorhandenen Spektrallinien (Nebenwellen) des Generators. Ein Signalgenerator mit z. B. 25 dB Abstand zwischen der Grundschwingung und der größten zusätzlichen Spektrallinie (25 dB Nebenwellenabstand) erlaubt also nur Messungen mit einem Dynamikbereich von 25 dB. Bei schmalbandigen Messungen helfen vorgeschaltete Filter.
Zur Kontrolle, ob Fremdstörer bzw. parasitäre Schwingungen vorhanden sind (die beide frequenzunabhängig den Rauschpegel anheben), sollte der Signalgenerator ein- und ausgeschaltet werden bzw. der Empfänger ohne Meßobjekt betrieben werden, bei gleichzeitiger Beobachtung des angezeigten Rauschpegels.

3.8 Meßfehler durch Rauschen und Frequenzinstabilität
Noise and frequency instability

Ableseungenauigkeiten durch Empfängerrauschen können durch Tiefpaßfilterung des Ausgangssignals (Videofilter) verringert werden. Die Meßzeit steigt dadurch an. Bei Messungen an Objekten mit starker Frequenzabhängigkeit der Amplitude oder der Phase (z. B. Resonatoren hoher Güte oder elektrisch lange Leitungen) müssen stabile Generatoren mit geringer Stör-FM bzw. mit wenig Phasenrauschen eingesetzt werden. Die Wobbelfrequenz muß niedrig genug gewählt werden, damit der gemessene Frequenzgang das stationäre Verhalten des Meßobjekts wiedergibt. Bei genauen Messungen mit großem Dynamikbereich ($>$ 100 dB) werden der Überlagerungsoszillator des Empfängers und der Signalgenerator phasenstarr gekoppelt. Eine weitere Steigerung der Meßempfindlichkeit läßt sich dann noch durch die Benutzung eines kohärenten Detektors anstelle der sonst üblichen linearen bzw. quadratischen Detektoren erreichen.

3.9 Meßfehler durch äußere Verkopplungen
Isolation errors

Die Möglichkeit der direkten Verkopplung zwischen Signalgenerator und Detektor bzw. zwischen Meßzweig und Referenzzweig ist besonders bei genauer Messung großer Dämpfungen zu kontrollieren. Flexible Koaxialleitungen und Standard-Steckverbindungen haben in der Regel Schirmdämpfungen unter 60 dB. Ein Lecksignal am Detektor, 60 dB unter dem Generatorpegel, bewirkt bei der Messung von 30 dB Durchgangsdämpfung einen Fehler bis zu $\pm$ 0,27 dB.

3.10 Gruppenlaufzeit. Group delay

Bild 12 zeigt den grundsätzlichen Verlauf der Phase φ_t des Transmissionsfaktors. Die Phasenlaufzeit $\tau_p = -\varphi_t/\omega$ ist stets positiv. Die Gruppenlaufzeit τ_g ist die Steigung der Phasenkurve: $\tau_g = -\mathrm{d}\varphi_t/\mathrm{d}\omega = -(1/(2\pi))\,\mathrm{d}\varphi_t/\mathrm{d}f$. Da der Transmissionsfaktor einer verlustlosen Leitung (Länge l) $\exp(\varphi_t) = \exp(-\beta l)$ ist und da die Nachrichtentechnik dementsprechend die Übertragungsfunktion eines Vierpols mit $H(f)\exp(-\mathrm{j}\Phi(f))$ definiert, ergibt sich mit dem Phasenmaß β und dem Phasengang $\Phi(f)$ für die Phasenlaufzeit $\tau_p = \beta l/\omega = \Phi/\omega$ und für die Gruppenlaufzeit $\tau_g = \mathrm{d}\beta/\mathrm{d}\omega = \mathrm{d}\Phi/\mathrm{d}\omega$.
Bei einem idealen Vierpol zur verzerrungsfreien Nachrichtenübertragung nimmt die Phase linear mit der Frequenz ab und die Gruppenlaufzeit ist eine Konstante. Die Gruppenlaufzeit dient dazu, die Abweichungen eines realen Vierpols vom idealen Verhalten beschreiben zu können. Sie ist nur bei solchen Vierpolen sinnvoll, die grundsätzlich phasenlinear sein sollen bzw. nur in den Frequenzbereichen, in denen der Phasengang nur wenig von dem eines linearen Vierpols abweicht.

Statische Messung. (phase-slope-method). Es wird die Änderung $\Delta\varphi$ der Phase des Transmissionsfaktors bei Erhöhung der Frequenz um Δf gemessen (Bild 12). Der Differenzenquotient $-\Delta\varphi/(2\pi\Delta f)$ geht mit abnehmendem Δf gegen die Gruppenlaufzeit. Bei endlichem Δf ergibt sich eine Art Mittelwert im betrachteten Frequenzbereich. Die Feinstruktur der Gruppenlaufzeit innerhalb des Intervalls Δf bleibt unberücksichtigt. Bei Netzwerkanalysatoren mit Rechneranschluß wird τ_g meist durch numerische Differentiation der gemessenen Phasenkurve $\varphi_t(f)$ ermittelt.

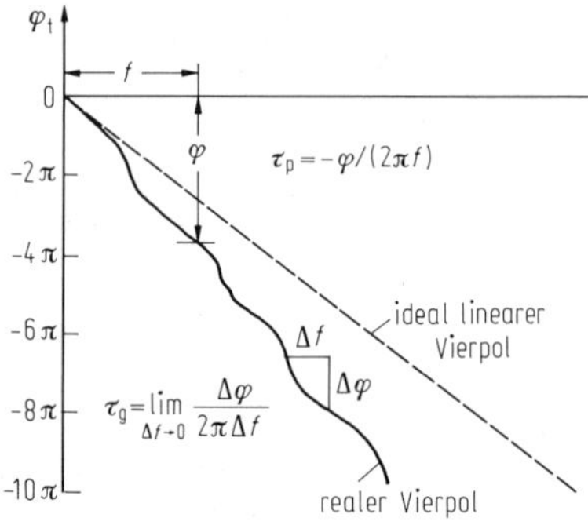

Bild 12. Grundsätzlicher Verlauf der Phase des Transmissionsfaktors $\underline{t}$ als Funktion der Frequenz

AM-Verfahren (Nyquist-Methode). Das Eingangssignal des Vierpols wird mit der Frequenz f_{NF} amplitudenmoduliert. Gemessen wird die Phasenverschiebung der Hüllkurve des AM-Signals: Die Phase $\Delta\varphi$ zwischen dem modulierenden NF-Signal und dem demodulierten Ausgangssignal des Vierpols wird mit einem NF-Phasenmeßgerät ermittelt und die Gruppenlaufzeit daraus berechnet: $\tau_g = \Delta\varphi/(2\pi f_{NF})$. Änderungen von τ_g im Frequenzbereich $2f_{NF}$ bleiben unberücksichtigt.

FM-Verfahren. Analog zum AM-Verfahren kann bei kleinem Modulationsindex auch ein FM-Testsignal benutzt werden. Gemessen wird ebenfalls die Phasenverschiebung zwischen dem demodulierten Eingangssignal und dem demodulierten Ausgangssignal. Einsetzbar für begrenzende Verstärker.

Vergleichsverfahren. Zunächst wird ein Vierpol mit bekannter Gruppenlaufzeit $\tau_{g,\,ref}$ gemessen, Ergebnis $\Delta\varphi_{ref}$, dann der unbekannte Vierpol, Ergebnis $\Delta\varphi$. Die Gruppenlaufzeit ergibt sich zu $\tau_g = \tau_{g,\,ref}\,\Delta\varphi/\Delta\varphi_{ref}$. Im Unterschied zu den vorangegangenen Verfahren muß hier das Frequenzintervall Δf nur konstant gehalten werden, ohne daß seine genaue Größe benötigt wird.

Wobbelverfahren. Als Testsignal wird eine linear ansteigende Frequenz benutzt. Die Differenz zwischen der Rampe, die das Eingangssignal moduliert, und dem demodulierten Ausgangssignal ist eine Gleichspannung, die proportional zur Gruppenlaufzeit des Vierpols bei der jeweiligen Frequenz ist.
Sofern nur der Vierpolausgang zugänglich ist (Streckenmessung) können weder τ_p noch τ_g, sondern nur die Gruppenlaufzeitverzerrung, d. h. die Änderung der Gruppenlaufzeit bezogen auf eine Referenzfrequenz, gemessen werden [1].

Meßfehler. Zur Kalibrierung des Meßaufbaus ist vor der Messung, ohne Vierpol, $\tau_g = 0$ einzustellen. Störabstand und Phasenrauschen des Testsignals (HF und NF) beeinträchtigen die Meßgenauigkeit; Abhilfe durch Mittelwertbildung (Videofilter). Aus der Bestimmungsgleichung $\tau_g = -\Delta\varphi/(2\pi\Delta f)$ läßt sich die Auflösung der Meßgröße berechnen, wenn das Frequenzintervall Δf und die Auflösung des Phasenmeßgeräts $\Delta\varphi$ bekannt sind. Mit $\Delta\varphi = 0{,}1°$ und $\Delta f =$ 278 kHz kann man τ_g auf 1 ns auflösen.

Elektrische Länge. Die elektrische Länge eines Vierpols ist entweder die Angabe der Gesamtphasendrehung $n\,2\pi + \varphi$ zwischen zwei Bezugsebenen an Ein- und Ausgang oder die Angabe, durch welche homogene Referenzleitung der elektrischen Länge l_1/λ_1 der Vierpol bei der Frequenz f_1 ersetzt werden kann, ohne daß sich die Gruppenlaufzeit τ_g ändert.

$$l_{el} = \tau_g v_{ref} \text{ bzw. } l_{el} = n\lambda_{ref}$$
$$(n = \text{bel. pos. Zahl, z. B. } 2{,}35)$$

Messung:
a) Mit dem Impulsreflektometer (s. I. 8.2) bei phasenlinearen Vierpolen,
b) durch Messung der Gruppenlaufzeit,
c) durch Messung der Phase des Reflexionsfaktors bei Kurzschluß am Ausgang und Vergleich der Meßwerte bei mindestens zwei Frequenzen, mit denen der Referenzleitung (nur bei reziproken Vierpolen).

Spezielle Literatur: [1] *Schuon, E.; Wolf, H.:* Nachrichten-Meßtechnik. Berlin: Springer 1987.

4 Netzwerkanalyse: Reflexionsfaktor
Network-analysis: Reflection measurement

Allgemeine Literatur: *Somlo, P. I.; Hunter, J. D.:* Microwave impedance measurements. London: Peter Peregrinus 1985.

4.1 **Richtkoppler.** Directional coupler

Im Meßaufbau nach Bild 1a sind zwei Richtkoppler zur Signaltrennung in die Verbindungsleitung zwischen Signalquelle und Meßobjekt eingefügt. Am Nebenarm des einen wird die Amplitude der hinlaufenden Welle $\underline{a}$ gemessen, am Nebenarm des anderen die Amplitude der rücklaufenden Welle $\underline{b}$ (Grundgrößen der Netzwerkanalyse in I 3.1). Vor der Messung wird zur Kalibrierung ein Kurzschluß (oder Leerlauf) anstelle des Meßobjekts angeschlossen. Damit wird die reflektierte Welle gleich der einfallenden Welle. Der Quotient $\underline{r} = \underline{b}/\underline{a}$ ist -1 ($+1$ bei Leerlauf). Anstelle der zwei Richtkoppler, bei denen jeweils ein Ausgang des Nebenarms reflexionsfrei abgeschlossen ist und der andere zum Messen benutzt wird, kann auch nur ein Richtkoppler verwendet werden, mit je einem Detektor an jedem Ausgang des Nebenarms. Bei nicht reflexionsfreien Detektoren kommt es dann jedoch zu direkten Verkopplungen zwischen den Ausgängen des Nebenarms und damit zu Meßfehlern. Die Meßgenauigkeit steigt daher wesentlich durch die Benutzung von zwei Richtkopplern. Sie läßt sich noch weiter erhöhen, wenn beide Richtkoppler den gleichen Frequenzgang haben. Entsprechend $\underline{b}_M/\underline{a}_M = \underline{b}(1+\delta)/[\underline{a}(1+\delta)] = \underline{b}/\underline{a}$ kom-

Spezielle Literatur Seite I 24

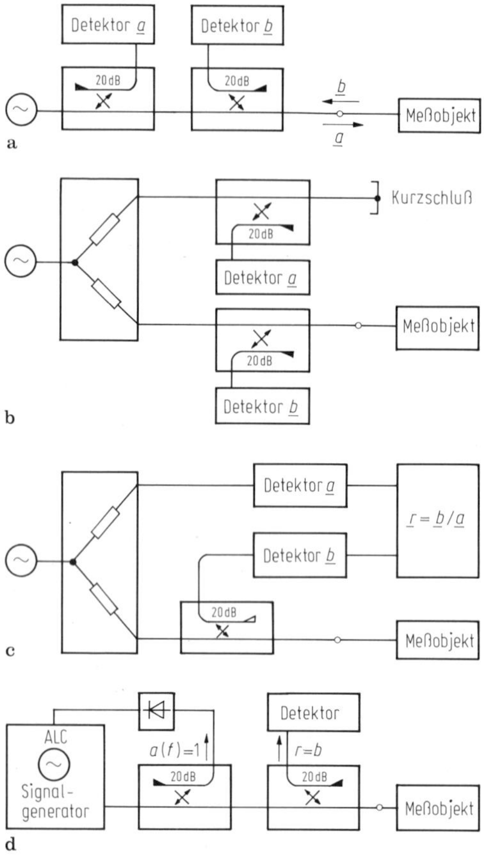

Bild 1. Reflexionsfaktormessung mit Richtkopplern. **a** Reflektometer mit zwei Richtkopplern; **b** Kompensation des Frequenzgangs bei gleichen Richtkopplern; **c** Reflektometer mit Richtkoppler und Leistungsteiler; **d** Reflektometer mit Pegelregelung (nur Betragsmessung)

pensieren sich die Schwankungen der Koppeldämpfung, was speziell bei Wobbelmessungen vorteilhaft ist. Optimale Kompensation erreicht man mit einer Anordnung entsprechend Bild 1b.

Anstelle des Richtkopplers für die hinlaufende Welle kann auch (analog zu I 3.3) ein Leistungsteiler mit zwei Widerständen benutzt werden (Bild 1c). Sofern nur der Betrag des Reflexionsfaktors gemessen werden soll, kann die Quotientenbildung b/a (ebenfalls analog zu I 3.3) ersetzt werden durch Pegelregelung des Signalgenerators (Bild 1d).

4.2 Fehlerkorrektur bei der Messung von Betrag und Phase

Vector error correction

Im realen Reflektometer entstehen Fehler, die zu einer Abweichung des Meßwerts $\underline{r}_M$ vom wahren Wert $\underline{r}$ führen. Einige (systematische) Fehler können nachträglich durch Umrechnen des Meßwertes mit Hilfe von Ergebnissen aus zusätzlichen Kalibriermessungen eliminiert werden:

Richtwirkung der verwendeten Koppler. Aufgrund nichtidealer Richtwirkung mißt Detektor $\underline{a}$ noch Amplitudenteile von $\underline{b}$ und umgekehrt. Diese unerwünschte Kopplung wird noch weiter verschlechtert durch Reflexionen an den Steckverbindungen der Richtkoppler und externe Verkopplungen (leakage). Für Präzisionsmessungen sind hochwertige Stecker zu benutzen und Adapter unzulässig.

Frequenzgangfehler. Durch die Abweichung der Koppeldämpfung vom Nennwert und durch Empfindlichkeitsschwankungen der Detektoren treten Meßfehler proportional zum aktuellen Wert von $\underline{a}$ bzw. $\underline{b}$ auf.

Fehlanpassungsfehler. Dadurch, daß vom Meßobjekt aus in die Meßanordnung hineingesehen keine ideale Anpassung vorliegt, treten Mehrfachreflexionen auf.

Die Fehler lassen sich gedanklich in einem Fehlerzweitor zusammenfassen (Bild 2). Die wahren Größen $\underline{a}$ und $\underline{b}$ werden durch dieses Zweitor in Phase und Amplitude verändert und dann von einem idealen, fehlerfreien Reflektometer gemessen. Bezeichnet man die Streuparameter des Fehlerzweitors mit $\underline{F}_{ij}$, so wird der Meßwert zu

$$\underline{r}_M = \underline{F}_{11} + \underline{r}\,\underline{F}_{21}^2/(1 - \underline{r}\,\underline{F}_{22}). \quad (1)$$

Man kann den Term $\underline{F}_{11}$ der mangelnden Richtwirkung, $\underline{F}_{21}$ dem Frequenzgang und $\underline{F}_{22}$ der Quellenfehlanpassung zuordnen. Nachdem die Streuparameter des Fehlerzweitors durch Kalibriermessungen bestimmt sind, läßt sich der gesuchte, korrigierte Meßwert ausrechnen:

$$\underline{r} = (\underline{r}_M - \underline{F}_{11})/(\underline{F}_{22}(\underline{r}_M - \underline{F}_{11}) - \underline{F}_{21}^2). \quad (2)$$

Zu den (nichtsystematischen) Fehlern, die sich auf diese Weise nicht erfassen lassen, gehören: zeitliche Drift (z. B. thermisch bedingt) der Empfängerempfindlichkeit; Frequenzdrift und FM des Generators; nichtreproduzierbare Veränderungen durch Verbiegen von Anschlußkabeln

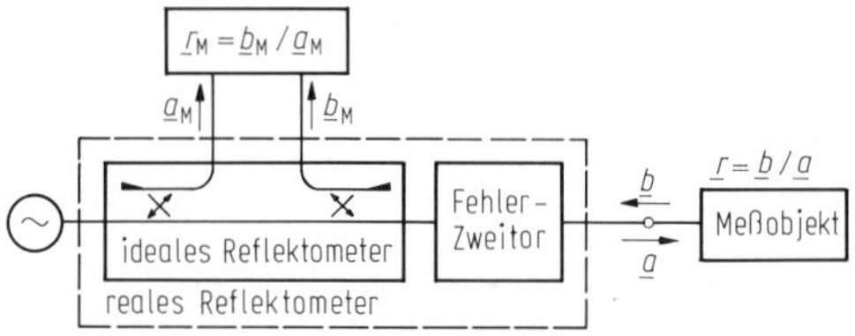

Bild 2. Konzept der rechnerischen Fehlerkorrektur bei der Messung von Betrag und Phase

und beim Anschließen der Steckverbindungen. Störungen durch Rauschen des Generators und des Empfängers lassen sich durch Tiefpaßfiltern (Mittelwertbildung) des Meßwerts vermindern.

4.3 Kalibrierung. Calibration

Zur Ermittlung der drei Streuparameter des Fehlerzweitors können z. B. drei Kalibriermessungen mit drei bekannten, voneinander verschiedenen Reflexionsfaktoren durchgeführt werden. In Koaxialtechnik nimmt man die Werte +1, −1 und 0 (d. h. Leerlauf, Kurzschluß und Anpassung), da sich diese mit recht guter Genauigkeit herstellen lassen. Fehler der Kalibriernormale gehen direkt in das Meßergebnis ein. Weitere Kalibrierverfahren in [9–14].

Kurzschluß. In Koaxialtechnik sind ortsfeste Kurzschlüsse diejenigen Kalibriernormale, die mit höchster Genauigkeit realisiert werden können. Längsverschiebliche Kurzschlüsse erreichen diesen Standard nicht.

Leerlauf. Der Reflexionsfaktor +1 muß in der Ebene erzeugt werden, in der vorher der Kurzschluß auftrat. Damit ist die Bezugsebene der Messung festgelegt. Am offenen Ende einer Leitung existiert ein inhomogenes Feld. Die elektrischen Feldlinien treten aus der Stirnfläche der Leitung aus. Dieses Streufeld wirkt wie eine Zusatzkapazität. Das physische Ende der Leitung ist nicht mehr identisch mit der Leerlaufebene; es tritt eine scheinbare Verlängerung der Leitung auf. Weiterhin entstehen mit der Frequenz ansteigende Abstrahlungsverluste. Das Offenlassen des Anschlußsteckers ist nur bei ausreichend niedrigen Frequenzen oder geeigneten Steckverbindungen mit definierter Leerlauf/Kurzschlußebene (z. B. PC 7) zulässig. Für genaue Messungen werden spezielle, geschirmte Leerlaufnormale, stets gepaart mit einem dazugehörigen Kurzschlußnormal, eingesetzt.

Anpassung. Ein ortsfester angepaßter Abschlußwiderstand ergibt Abweichungen vom Reflexionsfaktor 0 durch Restreflexionen des Widerstandselements und durch Reflexionen an der Steckverbindung. Ein weiterer Meßfehler entsteht durch die endliche Richtwirkung des Richtkopplers. Durch einen längsverschieblichen Abschlußwiderstand lassen sich die Störungen voneinander trennen und damit meßtechnisch eliminieren: Bei Verschieben des Widerstandselements um eine halbe Wellenlänge dreht sich der zu ihm gehörige Reflexionsfaktor um 360°. Im Smith-Diagramm erscheint daher ein Kreis (Bild 3). Sein Mittelpunkt ergibt den Fehler $\underline{F}_{11}$ durch den Stecker und die Richtwirkung. Die

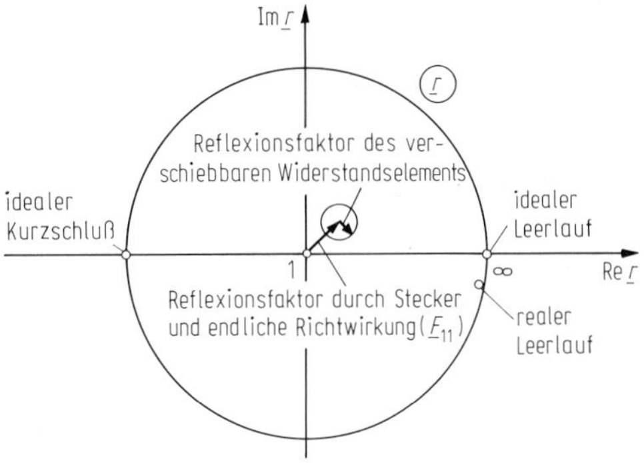

Bild 3. Reale Lage der Kalibriernormale Anpassung und Leerlauf im Smith-Diagramm, bezogen auf die durch den Kurzschluß vorgegebene Bezugsebene

Kalibrierung ist damit zurückgeführt auf den Leitungswellenwiderstand Z_L bzw. die mechanischen Abmessungen der Leitung, in der das Widerstandselement verschoben wird. Die Rückführung des Kalibriernormals „angepaßter Abschlußwiderstand" auf das Kalibriernormal „Leitungswellenwiderstand" ermöglicht nach dem Stand heutiger Technologie eine höhere Meßgenauigkeit.
Sofern kleine Reflexionsfaktoren gemessen werden sollen, ist die komplexe Korrektur $\underline{r} = \underline{r}_M - \underline{F}_{11}$ unumgänglich (s. Gl. (2)).

4.4 Reflexionsfaktorbrücke VSWR-bridge

Analog zur Wheatstone-Brücke der Gleichspannungsmeßtechnik lassen sich auch in der Hochfrequenztechnik Messungen des Reflexionsfaktors mit einer Brücke entsprechend Bild 4 durchführen. Detektor b im Nullzweig der Brücke liefert eine Spannung proportional zur rücklaufenden Welle $\underline{b}$. Der Einsatz einer Meßbrücke entspricht der Benutzung eines Reflektometers mit Richtkopplern bzw. mit Richtkoppler und Leistungsteiler. Auch hier läßt sich eine (endliche) Richtwirkung definieren und messen. Vorteil der Brücke ist, daß (in Koaxialtechnik) mit geringerem Aufwand als bei Richtkopplern große Bandbreiten erzielbar sind (besonders zu niedrigen Frequenzen hin). Bei nicht ausreichender Leistung des Signalgenerators kann die größere Durchgangsdämpfung (> 6 dB) der Brücke nachteilig sein, da dies die Dynamik unmittelbar verringert. Anstelle von Detektor a kann auch eine Impedanz mit bekanntem Reflexionsfaktor angeschlossen werden (Vergleichsmessung). Detektor b zeigt dann die Abweichungen des Meßobjekts von dieser Referenz an.

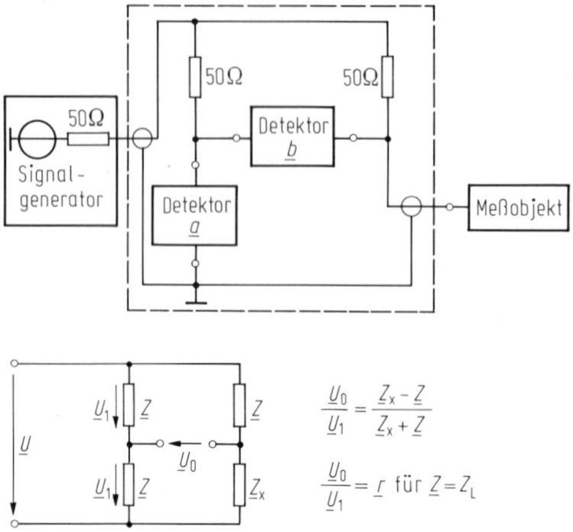

Bild 4. Widerstandsbrücke zur Reflexionsfaktormessung

4.5 Fehlerkorrektur bei Betragsmessungen

Scalar error correction

Meßaufbauten mit Richtkopplern und solche mit Widerstandsbrücken lassen sich bezüglich der auftretenden Meßfehler und ihrer Korrektur gleich behandeln. Zunächst bewirkt die endliche Richtwirkung des Richtkopplers bzw. die nichtideale Symmetrie der Brücke ein konstantes, vom Meßwert unabhängiges Signal am Detektor *b*. Nach der Quotientenbildung entspricht dies einem Meßfehler Δr gleich der Richtwirkung d (directivity). Ein Richtkoppler mit 20 dB Richtwirkung ($d = 0{,}1$) erzeugt einen maximalen Meßfehler $\Delta r = \pm\, 0{,}1$. Ohne fehlerkorrigierende Maßnahmen lassen sich mit einem Reflektometer also keine Reflexionsfaktoren bestimmen, die kleiner sind als die Richtwirkung d.

$$\Delta r_1 = \pm\, d.$$

Weiterhin entsteht ein Meßfehler durch den Reflexionsfaktor der Quelle r_G, der vom Meßobjekt aus in die Meßanordnung hineingesehen auftritt (test port match). Dies ergibt vereinfacht einen maximalen Meßfehler

$$\Delta r_2 = \pm\, r_G r^2,$$

da die vom Meßobjekt reflektierte Welle (r) am Eingang der Meßanordnung reflektiert wird ($r r_G$), wieder ins Meßobjekt zurückläuft, dort erneut reflektiert wird ($r r_G r$) und sich anschließend dem Meßwert r überlagert. Da beide Fehler auch bei der Kalibrierung des Systems auf den Wert $r = 1$ auftreten, ergibt sich ein weiterer Fehleranteil proportional r:

$$\Delta r_3 = (\Delta r_1 + \Delta r_2)\, r.$$

Damit wird der maximale Gesamtfehler zu

$$\Delta r = d + dr + r_G r^2 + r_G r^3. \tag{3}$$

Hierbei sind Fehler durch die Nichtlinearität des Detektors, durch das Anzeigeinstrument und durch Effekte höherer Ordnung nicht berücksichtigt. Der relative Fehler wird zu:

$$\delta = \Delta r / r = d(1 + 1/r) + r_G (r + r^2). \tag{4}$$

Besonders ungenau ist also die Messung sehr kleiner und sehr großer Reflexionsfaktoren (Bild 5).

Aufgrund unterschiedlicher elektrischer Längen von ihrem Entstehungsort bis zum Detektor *b* (Bild 6) drehen sich die Anteile des Zeigers $\Delta \underline{r}$ und der wahre Meßwert $\underline{r}$ unterschiedlich schnell

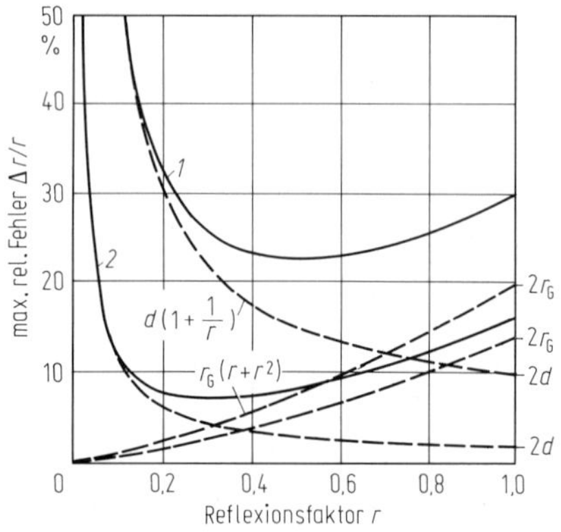

Bild 5. Maximaler relativer Meßfehler $\Delta r/r$ als Funktion des Reflexionsfaktors. Getrennte Darstellung des Anteils, der durch die Richtwirkung d entsteht und des Anteils, der durch die Quellenanpassung r_G entsteht. *1:* $r_G = 0{,}1$ (20 dB), $d = 26$ dB *2:* $r_G = 0{,}07$ (23 dB), $d = 40$ dB

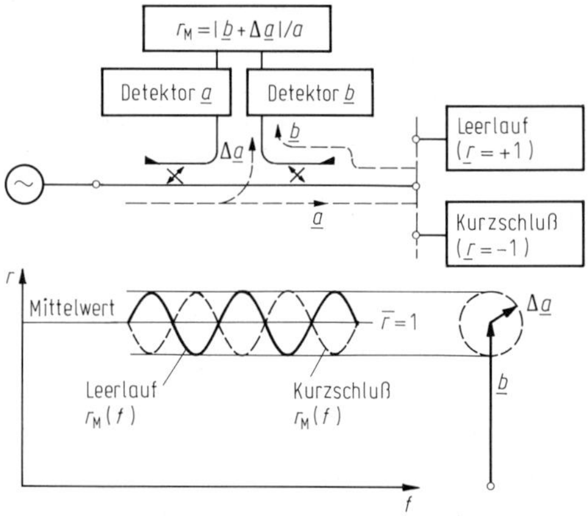

Bild 6. Fehlerkorrektur bei Wobbelmessungen durch Leerlauf-Kurzschlußkalibrierung und anschließender Mittelwertbildung

als Funktion der Frequenz. Dadurch wird beim Meßergebnis $r(f)$ eine Welligkeit erzeugt. Der Effekt läßt sich zur Fehlerkorrektur nutzen. Eine Möglichkeit ist, daß zwei Kalibriermessungen durchgeführt werden, eine mit einem Leerlauf, eine weitere mit einem Kurzschluß. Da sich von der einen zur anderen Kalibriermessung der Phasenwinkel von $\underline{b}$ um 180° ändert, der Phasenwinkel von $\Delta\underline{a}$ (in Bild 6 hervorgerufen durch endliche Richtwirkung) jedoch unverändert bleibt, ergibt sich im Idealfall eine gegenphasige Welligkeit, deren Mittelwert als Kalibrierwert $r = 1$ benutzt wird. Die in Bild 6 veranschaulichten Zusammenhänge gelten in gleicher Weise für den zweiten Anteil von $\Delta\underline{r}$, der durch den Reflexionsfaktor der Quelle $\underline{r}_G$ hervorgerufen wird. Sofern einer der beiden Fehleranteile besonders groß ist, wird er durch die Mittelwertbildung merklich verringert. (Vollständig eliminieren kann man ihn nur mit Verfahren (s. 4.2), die Betrag und Phase berücksichtigen.) Die Anzahl der Maxima und Minima läßt sich bei gleichem Wobbelbereich durch eine zwischen Reflektometer und Meßobjekt eingeschaltete (Präzisions-)Leitung vergrößern. Andere Meßfehler, verursacht durch z.B. Frequenzgang der Komponenten, Nebenwellen des Generators und Fehler der Kalibriernormale werden dadurch nicht beeinflußt.

4.6 Meßleitung. Slotted line

Beim ältesten Verfahren zur Messung komplexer Impedanzen wird mit einer längsverschieblichen Sonde die Ortsabhängigkeit der Amplitude der elektrischen Feldstärke entlang einer speziellen Leitung gemessen (Bild 7). Eine kleine Stabantenne taucht in das Feld der Leitung ein, und zwar nur so wenig, daß ihre Rückwirkung auf das Feld vernachlässigbar klein ist. Die Messung von E_{max} und E_{min} ergibt das Stehwellenverhältnis $s = E_{max}/E_{min}$ bzw. den Betrag des Reflexionsfaktors $r = (E_{max} - E_{min})/(E_{max} + E_{min})$.
Mißt man weiterhin den Abstand z_{min} zwischen dem ersten Minimum und der Bezugsebene, so kann man eine Gerade (z_{min}/λ) und einen Kreis $(r = \text{const})$ in das Smith-Diagramm eintragen. Der Schnittpunkt beider Linien liefert Betrag und Phase des Reflexionsfaktors bzw. die komplexe Impedanz des Meßobjekts in der gewählten Bezugsebene. Bei Längenmessungen werden grundsätzlich die Feldstärkeminima ausgewertet, da sie schärfer sind als die Maxima und sich deshalb genauer ermitteln lassen. Sofern die Frequenz des Generators nicht bekannt ist, wird die Wellenlänge, z.B. durch Messen des Abstands $\lambda/2$ zweier Feldstärkeminima, bestimmt. (Dabei wird das Meßobjekt zweckmäßigerweise durch einen Kurzschluß ersetzt.) Durch Messen von vier skalaren Größen (zwei Entfernungen und

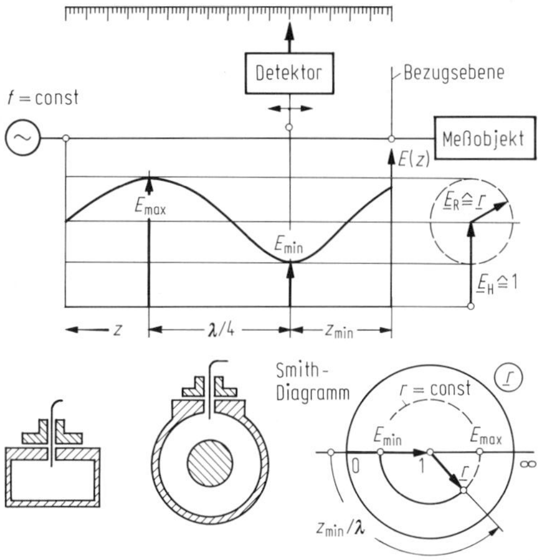

Bild 7. Messung des Reflexionsfaktors mit der Schlitz-Meßleitung. Querschnitt einer koaxialen Meßleitung und einer Hohlleiter-Meßleitung

zwei Feldstärkeamplituden) und Umrechnung mittels Leitungstheorie bzw. graphische Lösung im Smith-Diagramm, wird so der komplexe Zahlenwert von $\underline{r}$ bzw. $\underline{Z}/Z_L$ bestimmt.
Für hohe Meßgenauigkeit sind u.a. folgende Punkte zu beachten: Linearität des Empfängers (Detektor + Meßinstrument), Meßsignal ohne Harmonische und ohne FM, geringe Eintauchtiefe der Sonde (Entkopplung möglichst > 30 dB), konstante Eintauchtiefe der Sonde entlang des Verschiebewegs, konstanter Leitungswellenwiderstand entlang des Verschiebebereichs einschließlich des Schlitzendes, geringe Reflexionen am meßobjektseitigen Anschlußstecker bzw. -flansch. Die Meßleitung kann auch heute noch vorteilhaft eingesetzt werden als kostengünstiges Verfahren zur Messung sehr kleiner Reflexionsfaktoren und zur anschaulichen Demonstration der Feldverhältnisse auf Leitungen. Wird der Ausgang reflexionsfrei abgeschlossen und der Sondenanschluß (ohne Detektor) als Ausgang benutzt, kann die Meßleitung als kontinuierlich einstellbarer Phasenschieber verwendet werden.

4.7 Sechstor-Reflektometer
Six-port reflectometer

Mit dem Oberbegriff Sechstor-Verfahren werden Meßanordnungen zusammengefaßt, bei denen Betrag und Phase des Reflexionsfaktors $\underline{r}$ aus mehreren Amplitudenmessungen an einem passiven, linearen Netzwerk mit minimal fünf Toren berechnet werden [1–3, 15–17, 26–28]. An Tor 1 (Bild 8) ist der Signalgenerator angeschlossen, an Tor 2 das Meßobjekt. Die restlichen Tore sind

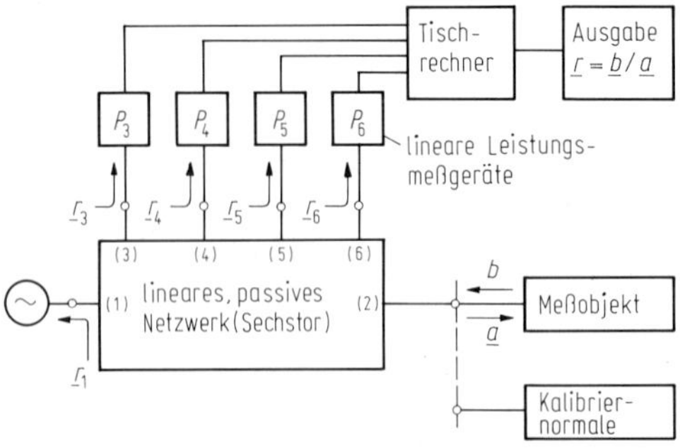

Bild 8. Sechstor-Reflektometer

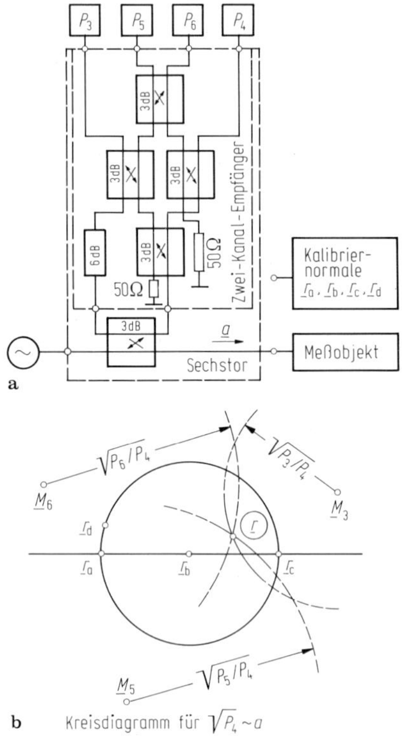

Bild 9. a Schaltungsbeispiel für ein Sechstor mit Richtkopplern; **b** zugehöriges Smith-Diagramm mit Kalibrierpunkten $\underline{M}_3$, $\underline{M}_5$, $\underline{M}_6$, Kalibriernormalen $\underline{r}_a$ bis $\underline{r}_d$ und graphischer Bestimmung des gesuchten Reflexionsfaktors $\underline{r}$

mit Amplitudendetektoren (Leistungsmeßgeräten) abgeschlossen, mit denen die dort bei der Messung auftretenden Signale $P_i = |\underline{A}_i \underline{a} + \underline{B}_i \underline{b}|^2$ gemessen werden. Sofern die komplexen Konstanten $\underline{A}_i$ und $\underline{B}_i$ voneinander verschieden und bekannt sind, läßt sich der Quotient $\underline{b}/\underline{a} = \underline{r}$ aus drei Werten P_i berechnen. Minimal drei Werte P_i zur Bestimmung der zwei Unbekannten r und φ_r sind deshalb notwendig, weil die Zuordnung über Betragsgleichungen gegeben ist. Werden mehr als drei Leistungen P_i gemessen (Sechstor, Siebentor etc.) kann der größte auftretende Meßfehler durch Mittelwertbildung über alle Dreierkombinationen verringert und seine Größe durch Berechnung der mittleren Abweichung abgeschätzt werden. Die komplexen Konstanten $\underline{A}_i$ und $\underline{B}_i$ werden durch Kalibriermessungen bestimmt.

Mathematisch sind die elektrischen Eigenschaften eines Meßaufbaus mit Sechstor vollständig und eindeutig beschrieben durch die 21 komplexen Parameter der zur Hauptdiagonalen symmetrischen Streumatrix des Sechstors und durch die sechs Reflexionsfaktoren der angeschlossenen Komponenten. Mit Hilfe der Netzwerktheorie läßt sich die Berechnung des Reflexionsfaktors am Meßausgang reduzieren auf die Messung von vier Amplituden P_i bei Kenntnis von $3 \times 4 = 12$ reellen Kalibrierkonstanten c_i, s_i und α_i:

$$\underline{r} = (\sum c_i P_i + j \sum s_i P_i)/\sum \alpha_i P_i. \qquad (5)$$

Dividiert man Zähler und Nenner durch eine der Konstanten, verbleiben 11 reelle Konstanten, die für jede Frequenz durch Kalibriermessungen zu ermitteln sind.

Bild 9 zeigt eine mögliche Realisierung des Sechstor-Netzwerks. Aufgrund der frequenzunabhängigen Phasenverschiebung zwischen den Ausgangssignalen der Richtkoppler werden die Wellen $\underline{a}$ und $\underline{b}$ so miteinander verknüpft, daß innerhalb des nutzbaren Frequenzbereichs vier voneinander linear unabhängige Meßgrößen P_3 bis P_6 erzeugt werden. Neben Schaltungen mit Richtkopplern können schmalbandig auch Leitungen mit ortsfesten Sonden und Kombinationen beider Anordnungen benutzt werden.

Eine anschauliche Beschreibung des Verfahrens ist möglich, wenn man vereinfachend davon ausgeht, daß am Meßtor 2 Quellenanpassung vorliegt, und daß P_4 nur eine Funktion der hinlaufenden Welle $\underline{a}$ ist. Die bezogenen Meßwerte $\sqrt{P_3/P_4}$, $\sqrt{P_5/P_4}$ und $\sqrt{P_6/P_4}$ sind dann Kreisradien in der komplexen Reflexionsfaktorebene um die Kalibriermittelpunkte $\underline{M}$ herum. Der im Idealfall gemeinsame Schnittpunkt aller drei Kreise ergibt den gesuchten Reflexionsfaktor $\underline{r}$.

Bei der Kalibrierung des Sechstors durch Messen dreier bekannter Reflexionsfaktoren $\underline{r}_a$ bis $\underline{r}_c$ und der Hilfsgröße $\underline{r}_d$ werden mit den bezogenen Meßwerten Kreise um $\underline{r}_a$ bis $\underline{r}_d$ geschlagen. Die Kalibrierpunkte $\underline{M}$ ergeben sich als Schnittpunkte dieser Kreise. Aus dem Kreisdiagramm erkennt man, daß für $|\underline{r}| \leq 1$ die Meßwerte P_i nie zu Null werden. Ihr Dynamikbereich läßt sich durch entsprechende Dimensionierung des Sechstors vorgeben.

Die zur Herleitung des Kreisdiagramms gemachten Voraussetzungen sind für das allgemeine Sechstor-Verfahren nicht notwendig. Anforderungen an die HF-Komponenten sind: Linearität der Leistungsmeßgeräte, Linearität des Sechstors, reproduzierbare Frequenzeinstellung der Signalquelle bei Kalibrierung und Messung sowie die Qualität der Kalibriernormale.

Vorteile des Sechstor-Prinzips sind:

- Verringerung des Aufwands für die HF-Komponenten (kein Mischer, keine Phasenmessung, keine idealen Bauelemente);
- Nutzbarmachung redundanter Meßwerte zur Verringerung und Abschätzung des Meßfehlers;
- Erhöhung der Meßgenauigkeit durch Amplitudenmessung mit eingeschränkter Dynamik.

Nachteile sind:

- Erheblicher numerischer Aufwand für das Rechnerprogramm;
- Meßfehler durch Harmonische der Signalquelle;
- Erhöhter Leistungsbedarf der Signalquelle (bei mm-Wellen), da Leistungsmeßgeräte unempfindler sind als Überlagerungsempfänger.

Im Vergleich mit anderen Meßverfahren lassen sich mit dem Sechstor-Reflektometer die höchsten Genauigkeiten erzielen.

4.8 Netzwerkanalyse mit zwei Reflektometern

Dual reflectometer network analyzer

Ein lineares Zweitor wird durch vier komplexe Streuparameter beschrieben. Um diese zu messen, sind, sofern ein zweikanaliger Empfänger und ein Reflektometer benutzt werden, vier Messungen notwendig: zwei Reflexionsfaktormessungen und zwei Transmissionsfaktormessungen. Nach jeder Messung wird das Meßobjekt umgedreht oder die Signalwege werden mit HF-Schaltern umgeschaltet. Die dadurch hervorgerufenen Meßfehler lassen sich vermeiden, wenn zwei Reflektometer (Bild 10) eingesetzt werden [4, 18, 26]. Bei der Messung wird das Meßobjekt gleichzeitig von beiden Seiten gespeist, mit $\underline{a}_1$ an Tor 1 und $\underline{a}_2$ an Tor 2. Die Reflektometer messen die Größen $\underline{b}_1/\underline{a}_1 = \underline{S}_{11} + \underline{S}_{12}\,\underline{a}_2/\underline{a}_1$ und $\underline{b}_2/\underline{a}_2 = \underline{S}_{22} + \underline{S}_{21}\,\underline{a}_1/\underline{a}_2$. Bei reziproken Zweitoren mit $\underline{S}_{12} = \underline{S}_{21}$ sind dann drei Messungen bei drei verschiedenen Amplitudenverhältnissen $\underline{a}_2/\underline{a}_1$ ausreichend, um die drei Streuparameter berechnen zu können. Die Werte von $\underline{a}_2/\underline{a}_1$ müssen nicht bekannt sein. Sie werden mit den Dämpfungsgliedern und dem Phasenschieber so eingestellt, daß keine numerischen Probleme bei der Rechnerauswertung auftreten.

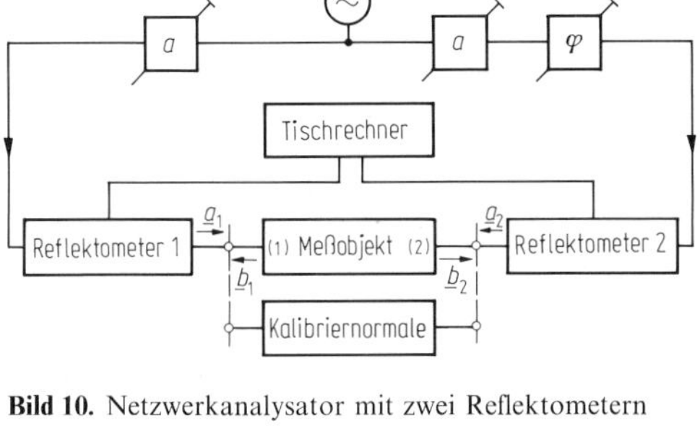

Bild 10. Netzwerkanalysator mit zwei Reflektometern

Ein weiterer Vorteil dieses Verfahrens ist, daß die Anzahl der zum Kalibrieren benötigten Kalibriernormale geringer ist als beim einzelnen Reflektometer. Es gibt verschiedene Methoden zur Kalibrierung [5, 11, 18, 19, 27], eine davon mit folgenden drei Kalibriermessungen: beide Reflektometer mit einem Kurzschluß abgeschlossen, beide Reflektometer direkt miteinander verbunden und beide Reflektometer über eine Leitung miteinander verbunden.

Als Reflektometer können sowohl Sechstor-Schaltungen, mit angschlossenem Digitalrechner, als auch Viertor-Schaltungen (Richtkoppler, Brücken), mit angeschlossenem Mischer und analoger ZF-Amplituden- und Phasenmessung eingesetzt werden [6].

4.9 Umrechnung vom Frequenzbereich in den Zeitbereich

Conversion from frequency domain to time domain

Der Frequenzgang eines passiven, linearen Zweitors ist die Fourier-Transformierte der Impulsantwort. Der als Funktion der Frequenz gemessene komplexe Transmissionsfaktor kann mit der inversen Fourier-Transformation in die Impulsantwort (bzw. in die Sprungantwort) umgerechnet werden. Die erreichbare Zeitauflösung und die Fehler in der Amplitude der Zeitfunktion hängen ab von der höchsten Meßfrequenz und der Anzahl der Meßwerte. Analog zur Impulstransmission läßt sich auch die Impulsreflexion aus dem als Funktion der Frequenz gemessenen komplexen Reflexionsfaktor berechnen [7, 8, 20–23].

Gegenüber dem Impulsreflektometer (s. I 8.2), mit dem diese Zeitfunktionen direkt gemessen werden, ergeben sich zwei Vorteile:

a) Bei Zweitoren mit Hochpaß- bzw. Bandpaßverhalten (z. B. Hohlleiter) läßt sich die Impulsantwort aus dem Frequenzgang im Durchlaßbereich ermitteln (Frequenzfenster).

b) Durch erneute Rücktransformation eines Teils der Zeitfunktion (Zeitfenster [24, 25]) lassen sich Reflexionsfaktor und Transmissionsfaktor von Bereichen innerhalb des Zweitors darstellen, die nicht der direkten Messung zugänglich sind. Im Falle der Reflexionsmessung läßt sich so z. B. die

Bezugsebene in das Bauelement hineinlegen (z. B. hinter den Stecker) und im Falle der Transmissionsmessung können Signalwege mit unterschiedlicher Laufzeit im Zweitor (z. B. Mehrfachreflexionen bei Richtkopplern) getrennt voneinander analysiert werden.

4.10 Netzwerkanalysatoren
Network analyzers

Amplitudenmeßplatz (Scalar network analyzer, SNA). Für die überwiegende Mehrzahl aller Meßaufgaben in der Netzwerkanalyse ist die Kenntnis der Beträge der S-Parameter als Funktion der Frequenz ausreichend. Dazu benötigt man einen Amplitudenmeßplatz, einen Signalgenerator und die entsprechenden Signalteiler und Kalibriernormale. Zur Messung der Wellenamplituden (Bild I 3.1) werden in der Regel gut angepaßte Diodenmeßköpfe eingesetzt. Bei der AC-Detektion wird der Signalgenerator mit einer Frequenz im kHz-Bereich pulsmoduliert, damit das Diodenausgangssignal rauscharm und driftfrei mit schmalbandigen Wechselspannungsverstärkern weiterverarbeitet werden kann. Nur in wenigen Sonderfällen, wie z. B. bei der Messung von Resonatoren hoher Güte und beim Messen des Sättigungsverhaltens von Verstärkern oder Mischern, muß DC-Detektion mit Gleichspannungsverstärkern und unmoduliertem Generatorsignal eingesetzt werden. Aufgrund der fehlenden Phaseninformation sind die Möglichkeiten zur Erhöhung der Meßgenauigkeit, auch bei Rechnereinsatz zur Fehlerkorrektur, stark eingeschränkt.

Automatischer Netzwerkanalysator (ANA, vector network analyzer VNA) zur Messung von Betrag und Phase. Im Gegensatz zu der im Englischen irreführenden Namensgebung werden keine Vektoren gemessen, sondern Betrag und Phase komplexer Zahlen. Unabhängig davon, ob die Meßergebnisse mit Viertor- oder mit Sechstormeßverfahren ermittelt wurden, lassen sich unterschiedliche, der jeweiligen Meßaufgabe angepaßte Kalibriermethoden einsetzen [9, 10, 13]. Mittels eingebauter Mikroprozessoren oder externer Rechner werden durch Fehlerkorrekturverfahren beträchtliche Genauigkeiten ermöglicht [12, 14]. Für höchste Meßgenauigkeit muß als Signalgenerator ein stabiler, reproduzierbar einstellbarer Synthesizer benutzt werden.
In Koaxialtechnik überdecken handelsübliche Geräte den Bereich von 5 Hz bis 60 GHz. Sonderausführungen in Hohlleitertechnik erreichen 350 GHz (1000 GHz). Mit koplanaren Tastköpfen und speziellen Kalibrierverfahren sind direkte Messungen auf Substraten mit integrierten Schaltkreisen bis 60 GHz möglich (on-wafer measurements) [26]. Für Messungen an diskreten Halbleitern gibt es spezielle Testfassungen. Durch die Rechnersteuerung werden zusätzliche Betriebsarten möglich, z. B. das Verschieben der Referenzebenen über störende Adapter hinweg in das Innere eines Bauelements (deembedding) bzw. allgemein die Verarbeitungsmethoden, die durch Umrechnen vom Frequenzbereich in den Zeitbereich (s. 4.9) möglich werden [20–25].
Für Komponenten, die nur mit gepulsten HF-Signalen betrieben werden können, gibt es SNAs und VNAs, die im Pulsbetrieb arbeiten. Weiterhin besteht noch die Möglichkeit, neben den Kenngrößen der Netzwerkanalyse absolute Leistungen und Frequenzen zu messen und Störstellenortung auf Leitungen durchzuführen [20–22].

Spezielle Literatur: [1] *Engen, G. F.; Weidmann, M. P.; Cronson, H. M.; Susman, L.*: Six-port automatic network-analyzer. IEEE-MTT 25 (1977) 1075–1091. – [2] *Stumper, U.*: Sechstorschaltungen zur Bestimmung von Streukoeffizienten. Mikrowellen-Mag. 9 (1983) 669–677. – [3] *Speciale, R. A.*: Analysis of six-port measurement systems. IEEE-MTT-Symp. (1979) 63–68. – [4] *Hoer, C. A.*: A network analyzer incorporating two six-port reflectometers. IEEE-Trans. MTT-25 (1977) 1070–1074. – [5] *Cronson, H. M.; Susman, L.*: A dual six-port automatic network analyzer. IEEE Trans. MTT-29 (1981) 372–377. – [6] *Oltman, H. G.; Leach, H. A.*: A dual four-port for automatic network analysis. IEEE-MTT-S Int. Microwave Symp. (1981) 69–72. – [7] *Stinehelfer, H. E.*: Time-domain analysis stops design guesswork. Microwaves No. 9 (1981) 79–83. – [8] *Hines, M. E.; Stinehelfer, H. E.*: Time-domain oscillographic microwave network analysis using frequency domain data. IEEE Trans. MTT-22 (1974) 276–282. – [9] *Eul, H.-J.; Schiek, B.*: A generalized theory and new calibration procedures for network analyzer self-calibration. IEEE-MTT 39 (1991) 724–731. – [10] *Eul, H.-J.; Schiek, B.*: Breitbandige Selbstkalibrierverfahren für Netzwerkanalysatoren. Frequenz 44 (1990) 149–151. – [11] *Engen, G. F.; Hoer, C. A.*: Thru-Reflect-Line: An improved technique for calibrating the dual six-port automatic network analyzer. IEEE-MTT 27 (1979) 983–987. – [12] *Williams, J.*: Accuracy enhancement fundamentals for vector network analyzers. Microwave J., Mar. (1989) 99–114. – [13] *Williams, D.; Marks, R.; Phillips, K. R.*: Translate LRL and LRM calibrations. Microwaves & RF, Febr. (1991) 78–84. – [14] *Rytting, D.*: Effects of uncorrected RF performance in a vector network analyzer. Microwave J., Apr. (1991) 106–117. – [15] *Dalichau, H.*: Ein breitbandiger Sechstor-Meßplatz zur kostengünstigen Messung komplexer Reflexionsfaktoren. ntz Archiv 9 (1987) 107–114. – [16] *Woods, G. S.; Bialkowski, M. E.*: Integrated design of an automated six-port network analyser. IEE Proc., 137 (1990) 67–74. – [17] *Martius, S.*: Rechnergestützte Reflexionsfaktormessung – Theorie und Anwendung. Frequenz 42 (1988) 121–124. – [18] *Hoer, C. A.; Engen, G. F.*: On-line accuracy assessment for the dual six-port ANA: Extensions to nonmating connectors. IEEE-IM 36 (1987) 524–529. – [19] *Neumeyer, B.*: A new analytical calibration method for complete six-port reflectometer calibration. IEEE-IM 39 (1990) 376. – [20] *Vanhamme, H.*: High resolution frequency-domain reflectometry. IEEE-IM 39 (1990) 369. – [21] *Veijola, T. V.;*

Valtonen, M. E.: Identification of cascaded microwave circuits with moderate reflections using reflection and transmission measurements. IEEE-MTT 36 (1988) H.2. – [22] *MacRae, R.; Hjipieris, G.:* Use scalar data to locate faults in the time domain. Microwaves & RF, Jan. (1989) 105–110. – [23] *Thornton, D.; Beers, R.:* Performing time-domain measurements with a vector network analyzer. Microwave System News, Febr. (1989) 32–35. – [24] *Harris, F. J.:* On the use of windows for harmonic analysis with the discrete fourier transform. Proc. of the IEEE 66 (1978) 51–83. – [25] *Blinchikoff/Zverev:* Filtering in the time and frequency domains. New York: Wiley 1976. – [26] *Bellantoni, J. V.; Compton, R. C.:* Millimeter-wave applications of a vector network analyzer in coplanar probe tips. Microwave J., Mar. (1991) 113–123. – [27] *Bialkowski, M. E.; Woods, G. S.:* Calibration of the six-port reflectometer using a minimum number of known loads. AEÜ 39 (1985) 332–338. – [28] *Berman, M.; Somlo, P. I.; Buckley, J. M.:* A comparative statistical study of some proposed six-port junction designs. IEEE-MTT 35 (1987) 971–977.

5 Spektrumanalyse
Spectrum analysis

Allgemeine Literatur: *Engelson, M.:* Modern spectrum analyzer measurements. Dedham MA: Artech House 1991. – *Engelson, M.:* Modern spectrum analyzer theory and applications. Dedham MA: Artech House 1984. – *Schnorrenberg, W.:* Theorie und Praxis der Spektrumanalyse. Würzburg: Vogel 1990. – *Hewlett-Packard Application Note 243:* The fundamentals of signal analysis. Palo Alto, CA 1985.

5.1 Grundschaltungen. Basic methods

Zur Messung der spektralen Anteile eines zeitlich periodischen Signals kommen zwei Grundschaltungen zur Anwendung. Entsprechend Bild 1 a wird die Mittenfrequenz eines schmalen Bandfilters kontinuierlich innerhalb des interessierenden Bereichs verändert. Solange eine Spektrallinie des Eingangssignals in den Filterdurchlaßbereich fällt, wird ihre Amplitude gemessen und angezeigt.

Bei der zweiten Grundschaltung (Bild 1 b) ist die Mittenfrequenz des Filters fest und die Frequenzlage des Eingangssignals wird mit einem durchstimmbaren Überlagerungsoszillator und einem Mischer kontinuierlich umgesetzt. Solange eine Spektrallinie des Signals mit der Oszillatorfrequenz ein Mischprodukt im Durchlaßbereich des Filters ergibt, wird dessen Amplitude gemessen und angezeigt.

Weitere Möglichkeiten sind die Echtzeit-Spektralanalyse durch die Parallelschaltung vieler festabgestimmter Empfänger mit sich überlappenden Durchlaßbereichen und die rechnerische Spektralanalyse durch Berechnung der Fourier-Transformierten des Signals im Digitalrechner (s. I 1.6) sowie Kombinationen der genannten Verfahren.

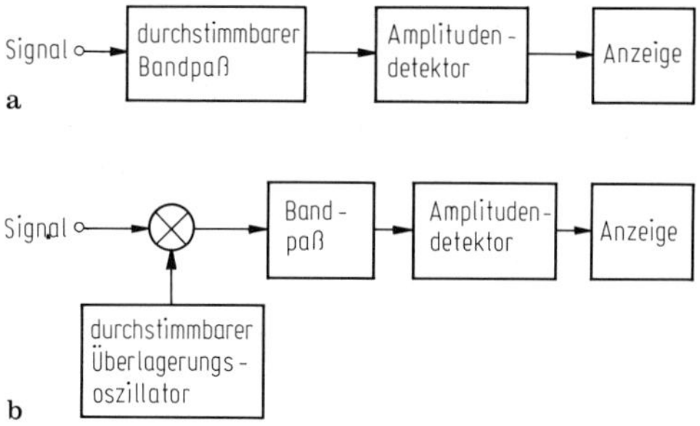

Bild 1. Grundschaltungen zur Analyse eines Frequenzspektrums. **a** durchstimmbares Bandfilter; **b** durchstimmbarer Überlagerungsempfänger

5.2 Automatischer Spektrumanalysator (ASA)
Automatic spectrum analyzer

In der Hochfrequenzmeßtechnik werden meist Spektrumanalysatoren entsprechend Bild 2 eingesetzt, die automatisch den interessierenden Frequenzbereich durchfahren und auf einem Bildschirm die Signalamplitude über der Frequenz als stehendes Bild anzeigen. Gemeinsam mit den Netzwerkanalysatoren bilden die Spektrumanalysatoren das Fundament der Hochfrequenzmeßtechnik. In den folgenden Abschnitten sind die wesentlichen Punkte zusammengestellt, die berücksichtigt werden sollten, damit Meßfehler durch äußere Einflüsse, durch Fehlbedienung des Geräts und durch falsche Interpretation der Anzeige vermieden werden.

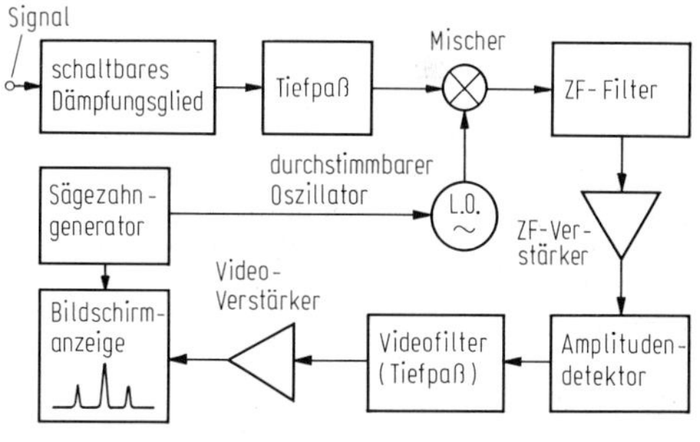

Bild 2. Automatischer Spektrumanalysator (Grundschaltung)

5.3 Formfaktor des ZF-Filters
Formfactor of IF-filter

Bei einer sin-Schwingung als Eingangssignal erscheint am Bildschirm die Durchlaßkurve des ZF-Filters. Sollen zwei dicht benachbarte Spektrallinien gleicher Größe noch unterscheidbar sein, so muß die 3-dB-Bandbreite des ZF-Filters

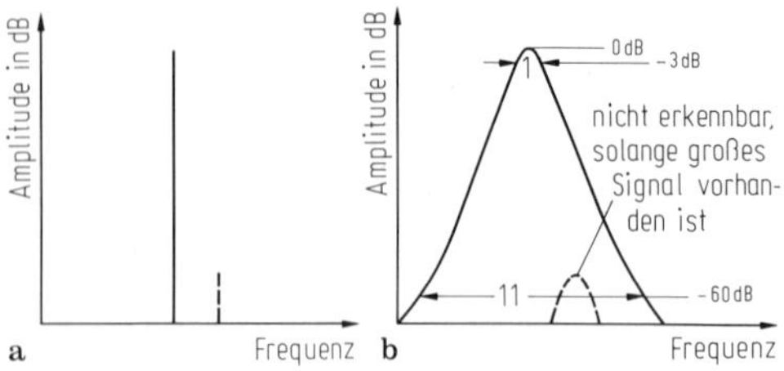

Bild 3. Formfaktor des ZF-Filters (z. B. 11:1). **a** Eingangssignal: eine diskrete Spektrallinie; **b** Anzeige am Bildschirm: ZF-Durchlaßkurve

kleiner als der Abstand dieser Spektrallinien gewählt werden. Soll weiterhin eine kleine Spektrallinie dicht neben einer großen gemessen werden, so muß ein ZF-Filter mit großer Flankensteilheit gewählt werden (Bild 3). Ein Maß dafür ist der Formfaktor des Filters, das Verhältnis der Bandbreite bei 60 dB Durchgangsdämpfung zu der bei 3 dB. Entsprechend der Darstellung in Bild 3 werden kleinere Spektrallinien, die unterhalb der Durchlaßkurve liegen, die das größere Nachbarsignal erzeugt, von dieser verdeckt und sind auf der Bildschirmanzeige nicht sichtbar.

5.4 Einschwingzeit des ZF-Filters
Settling time of IF-filter

Filter mit sehr großem Formfaktor, d. h. mit steilen Flanken, verbessern zwar die Frequenzauflösung, sie erhöhen jedoch gleichzeitig die Meßzeit, da das Eingangssignal an einem schmalen Filter längere Zeit anliegen muß, bevor die Ausgangsamplitude ihren Endwert erreicht. Wenn der Empfänger in der Zeit Δt um den Frequenzbereich Δf durchgestimmt wird, so ist die Wobbelgeschwindigkeit $\Delta f / \Delta t$ und der Empfänger verweilt die Zeitdauer $t_1 = B/(\Delta f / \Delta t)$ im Durchlaßbereich B des Bandfilters. Zusammen mit der Näherung $t_E \approx 1/B$ für die Einschwingzeit (s. I 8.5) und der Bedingung, daß die Verweilzeit t_1 ein Mehrfaches der Einschwingzeit t_E betragen muß, ergibt sich für die Ablenkzeit des Empfängers $\Delta t > \Delta f / B^2$.
Hohe Frequenzauflösung bedingt damit, daß der Frequenzbereich langsam durchfahren werden muß. Zur Anzeige eines stehenden Bildes sind dann Signalspeicher, Speicherbildschirme bzw. Schirme mit langer Nachleuchtdauer erforderlich.

5.5 Stabilität des Überlagerungsoszillators
L.O. stability

Durch die Frequenzumsetzung des Signals mit dem Überlagerungsoszillator (L.O.) sind im Ausgangssignal alle Störungen des L.O., wie z. B. dessen Phasenrauschen, enthalten. Es ist also nicht möglich, das Phasenrauschen von Quellen zu messen, die weniger rauschen als der L.O. (s. I 8.6). Unangenehm bemerkbar macht sich häufig die Frequenzdrift des L.O., die bewirkt, daß die gesuchte Spektrallinie langsam aus dem dargestellten Frequenzbereich hinausläuft. Zur Abhilfe wird der erste L.O. phasenstarr mit einem stabileren Referenzoszillator synchronisiert.

5.6 Eigenrauschen. Receiver noise

Bei reflexionsfrei abgeschlossenem Eingang wird das Eigenrauschen des Spektrumanalysators angezeigt. Daraus läßt sich seine Rauschzahl berechnen (s. Gl. I (7.11)). Typische Werte liegen zwischen 20 und 35 dB. Zur Darstellung kleiner Signale muß das Dämpfungsglied am Analysatoreingang auf Null gestellt und eine möglichst kleine ZF-Bandbreite gewählt werden. Mit dem Videofilter (Tiefpaß hinter dem Detektor) wird durch Mittelwertbildung über das Rauschen die Ablesung erleichtert. Zur weiteren Steigerung der Empfindlichkeit kann ein rauscharmer Verstärker vorgeschaltet werden. Dadurch sinkt der nutzbare Dynamikbereich. Entsprechend Gl. I (7.9) ist der Empfindlichkeitsgewinn (Verminderung der Gesamtrauschzahl des Systems) durch den Rauschbeitrag der zweiten Stufe immer kleiner als die Verstärkung des Vorverstärkers.

5.7 Lineare Verzerrungen
Linear distortions

Wegen des Frequenzgangs der Mischerverluste und der Verstärkung im Analysator und durch die zum Teil beträchtliche Fehlanpassung am Eingang sind Absolutmessungen des Pegels meist mit Fehlern von einigen dB behaftet. Relativmessungen lassen sich genauer durchführen, speziell nach dem Verfahren der ZF-Substitution (s. I 3.5). Signale, die zu nahe am Rauschpegel sind, werden dadurch vergrößert dargestellt. Bei 6 dB Störabstand beträgt der Fehler 1 dB. Zur exakten Messung von Störabständen (unter 10 dB) kann ein Spektrumanalysator nicht benutzt werden, da er Amplituden als Funktion der Frequenz anzeigt. Zur Bestimmung des Störabstands müssen Leistungen gemessen werden.

5.8 Nichtlineare Verzerrungen
Nonlinear distortions

Bei Übersteuerung des Mischers durch zu große Eingangsleistung (Zerstörungsgefahr!) werden

alle Spektrallinien des Signals zu klein angezeigt (Kompression) und zusätzlich erscheinen sehr viele weitere Spektrallinien (Mischprodukte). Wegen der Breitbandigkeit des Mischereingangs ist das Fehlen eines großen Signals innerhalb des angezeigten Frequenzausschnitts keine Gewähr für das Vermeiden der Mischerkompression. Abhilfe schafft das Ausblenden der großen Signale durch ein vorgeschaltetes Filter.
Auch bei Eingangspegeln unterhalb der Kompression erzeugt die nichtideale Kennlinie des Mischers zusätzliche Spektrallinien, die den Dynamikbereich des Geräts begrenzen. Bild 4 zeigt den qualitativen Verlauf der Begrenzungslinien. Bei großen Eingangssignalen am Mischer dominieren die Intermodulationsprodukte 3. Ordnung. Diese sinken mit 3 dB pro 1 dB Änderung des Grundwellenpegels. Im Bereich um −30 dBm sind sie daher klein gegen die Mischprodukte 2. Ordnung, die nur mit 2 dB pro dB zurückgehen. Bei noch kleineren Eingangspegeln wird die Dynamik nur noch durch das Eigenrauschen des Spektrumanalysators begrenzt.
Intermodulationsprodukte lassen sich von echten Signalen dadurch unterscheiden, daß ihre Amplitude bei Erhöhung der Dämpfung vor dem Mischer stärker zurückgeht als es der zugeschalteten Dämpfung entspricht.
Das Diagramm in Bild 4 ist in mehrfacher Hinsicht sehr wesentlich für den Benutzer eines Spektrumanalysators:
a) Ein großer Dynamikbereich ist nur bei relativ kleinen Signalen am Mischereingang gegeben. Der richtige Pegel für die maximale Dynamik muß gezielt eingestellt werden.
b) Ein durch den Bildschirm möglicher Anzeigebereich von z. B. 100 dB und das Vorhandensein von Spektrallinien mit großen Pegelunterschieden sind kein Nachweis des wahren Dynamikumfangs bzw. dafür, daß die angezeigten Signale wahr sind.

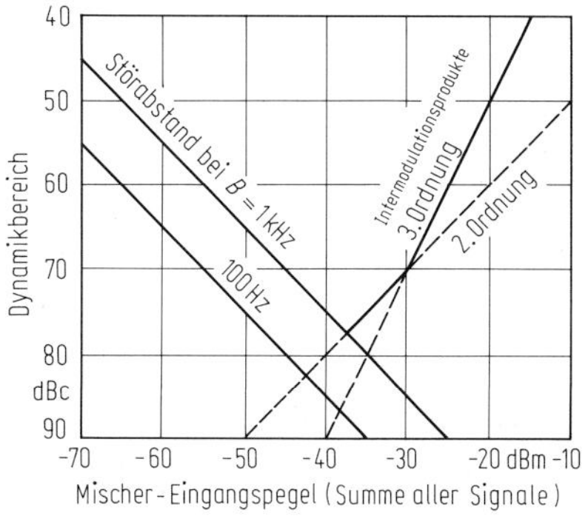

Bild 4. Dynamikbereich eines Spektrumanalysators als Funktion des Mischer-Eingangspegels (typische Werte)

c) Während lineare Spannungsanzeigen, wie z. B. bei einem Oszilloskop, der Vorstellungswelt des Betrachters unmittelbar angepaßt sind, ist eine logarithmische Anzeige mit großer Dynamik gewöhnungsbedürftig. Häufig stellt sich erst nach mühsamen Untersuchungen heraus (wenn überhaupt), daß die vielen Nebenlinien, die man dem Meßobjekt zuschreibt, in Wirklichkeit von Rundfunksendern oder aus dem Nachbarlabor stammen.

5.9 Harmonischenmischung
Harmonic mixing

Um den Frequenzbereich eines Spektrumanalysators zu höheren Frequenzen hin ohne großen Mehraufwand zu erweitern, werden im Mischer nicht nur die Grundschwingung, sondern auch noch Harmonische des Überlagerungsoszillators mit dem Eingangssignal gemischt. Entsprechend der Gleichung

$$f_{ZF} = |f_{Signal} - n f_{L.O.}|$$

erscheinen eine Vielzahl von Spektrallinien unterschiedlichster Amplitude auf dem Bildschirm und der Betrachter hat die Aufgabe, diejenigen herauszufinden, die in dem ihn interessierenden Frequenzbereich wirklich vorhanden sind.
Eine Möglichkeit, dieses Problem zu lösen, besteht darin, den L.O. um einen kleinen Betrag Δf in der Frequenz zu versetzen. Dadurch wird das Mischprodukt „Oberes Seitenband, n-te Harmonische" um den Betrag $-n\Delta f$ versetzt und somit in der Anzeige unterscheidbar von den Spektrallinien mit anderem n und anderem Vorzeichen.
Eine weitere Möglichkeit ist ein vorgeschaltetes Mitlauffilter (Preselector), d.h. ein schmaler Bandpaß, der parallel zum L.O. abgestimmt wird, und zwar so, daß seine Mittenfrequenz stets mit der gerade auf dem Bildschirm angezeigten Frequenz übereinstimmt. Durch das Mitlauffilter wird der Spektrumanalysatoreingang schmalbandig. Damit entfallen die Übersteuerungsprobleme durch starke Signale außerhalb des Darstellungsbereichs. Beachtet werden sollte die extreme Fehlanpassung des Preselector-Eingangs außerhalb seines Durchlaßbereichs. Um Rückwirkungen auf empfindliche Meßobjekte zu vermeiden, sollte ein ausreichend großes Dämpfungsglied vorgeschaltet werden. Das Mitlauffilter bringt durch seine Durchgangsdämpfung zusätzliche Fehlerquellen für die Pegelmessung. Selbst wenn die Durchgangsdämpfung bei der Mittenfrequenz bekannt ist, können Fehler durch Schwankungen des Parallellaufs entstehen. Abhilfe durch Nachstimmen des Filters auf maximale Anzeige vor jeder Pegelmessung.

5.10 Festabgestimmter AM-Empfänger
Tuned AM-receiver

Zur Untersuchung der Amplitudenmodulation von AM-Signalen kann der Spektrumanalysator mit festeingestelltem L.O. als AM-Empfänger benutzt werden. Das Videosignal ist dann die demodulierte Hüllkurve des HF-Trägers. Zur weiteren Untersuchung mit besserer Auflösung als es der HF-Analysator zuläßt, kann das Videosignal mit einem NF-Spektrumanalysator weiterverarbeitet oder, z. B. bei Sprechfunksignalen, mit einem Kopfhörer abgehört werden. FM-Sender lassen sich behelfsweise demodulieren, indem eine Flanke des ZF-Filters zur Umwandlung FM in AM benutzt wird.

5.11 Modulierte Eingangssignale
Modulated signals

Ein Spektrum, das mit einem Analysator gemessen wurde, der nur Amplituden und keine Phasen anzeigt, enthält häufig nicht genug Information, um Art und Stärke der Modulation eindeutig zu messen (Bild 5). Ein unsymmetrisches Spektrum ist typisch für die Überlagerung von AM und FM. Zur Messung der Trägerleistung bei AM wird ein Videofilter zum Ausblenden der Modulation benutzt, dessen Grenzfrequenz unter der niedrigsten Modulationsfrequenz liegt. Der FM-Modulationsindex kann bei sin-förmiger Modulation aus den Seitenbandamplituden berechnet werden.

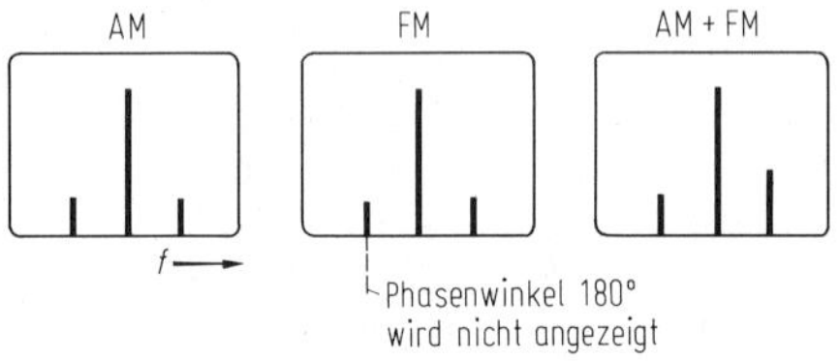

Bild 5. Moduliertes Signal mit geringem Modulationsgrad; spektrale Darstellung mit einem Amplitudenempfänger

5.12 Gepulste Hochfrequenzsignale
Pulsed RF

Bei einem automatischen Spektrumanalysator wird ein Empfänger der Bandbreite B in der Ablenkzeit t_1 von der Frequenz f_1 bis zur Frequenz f_2 durchgestimmt. Die während der Zeit t_1 nacheinander empfangenen Signale werden gespeichert und dann gleichzeitig dargestellt. Dieses Zeitverhalten des Empfängers führt dann, wenn das Empfangssignal sich ebenfalls zeitlich ändert, zu Anzeigen, die sorgfältig interpretiert werden müssen, um Meßfehler zu vermeiden.

Einem zeitlich periodisch auftretenden HF-Signal ist mathematisch über die Fourier-Analyse ein eindeutiges, zeitlich invariantes Linienspektrum (Bild 6) zugeordnet. Um dieses Spektrum auch bei langsamen Pulswiederholfrequenzen messen zu können, muß die Empfängerbandbreite B im Grenzfall gegen Null gehen; damit gehen die Einschwingzeit des Filters und die Meßzeit gegen unendlich.

Bedingung für das Auftreten eines Linienspektrums ist: Bandbreite $B < 0{,}3 \cdot$ Pulswiederholfrequenz. Wird diese Bedingung erfüllt, so ist der Linienabstand unabhängig von der Ablenkzeit t_1, die Linienamplitude unabhängig von B und die Anzeige zeitlich konstant. Wenn nicht, dann ist die Einschwingzeit der Filter kleiner als der zeitliche Abstand der Pulse, der Spektrumanalysator arbeitet quasi im Zeitbereich, wie ein Oszilloskop, und die Bildschirmanzeige heißt Pulsspektrum.

Kennzeichnend für diesen Betriebszustand ist die zu große Empfängerbandbreite. Der Empfänger summiert die Leistungen aller Spektrallinien innerhalb seiner Bandbreite. In der Anzeige erscheint eine Summenlinie, und zwar immer nur dann, wenn das Signal am Empfängereingang anliegt. Treten innerhalb der Ablenkzeit t_1 z. B. drei Pulse auf, so erscheinen drei äquidistante Summenlinien auf dem Bildschirm. Synchronisiert man die Ablenkfrequenz mit der Pulswiederholfrequenz, so ergibt sich wie beim Oszilloskop ein stehendes Bild (Bild 7). Aus dem Linienabstand und der Ablenkzeit t_1 kann die Pulswiederholfrequenz berechnet werden. Bei Verringerung der Ablenkzeit erscheinen entsprechend mehr Linien in der Anzeige.

Die Linienamplitude kann praktisch nicht ausgewertet werden. Sie ist abhängig von der Empfängerbandbreite B. Werden gleich große Linien addiert, steigt die angezeigte Summenlinie proportional B, während der Rauschpegel nur proportional $\sqrt{B}$ zunimmt. Die Hüllkurve des Pulsspektrums ist unabhängig von B und entspricht der des Linienspektrums.

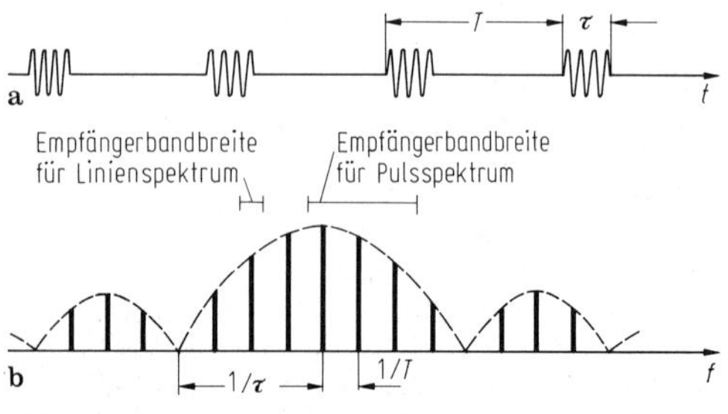

Bild 6. Gepulstes Hochfrequenzsignal. **a** Zeitfunktion; **b** Linienspektrum im Frequenzbereich

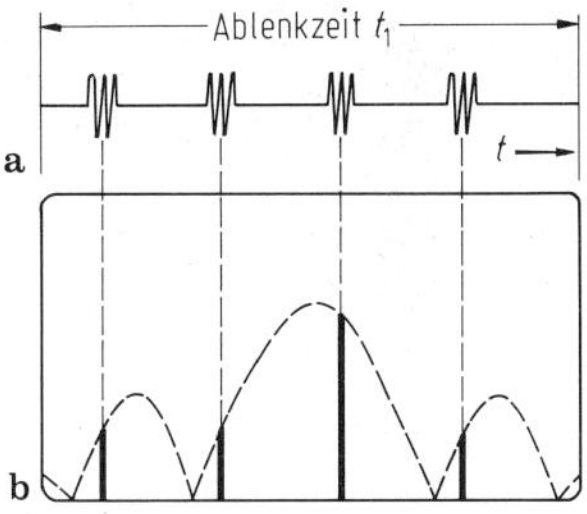

Bild 7. Pulsspektrum bei zu großer Empfängerbandbreite. **a** Verlauf der Zeitfunktion während der Empfängerablenkzeit t_1; **b** zeitsynchrone Anzeige auf dem Bildschirm

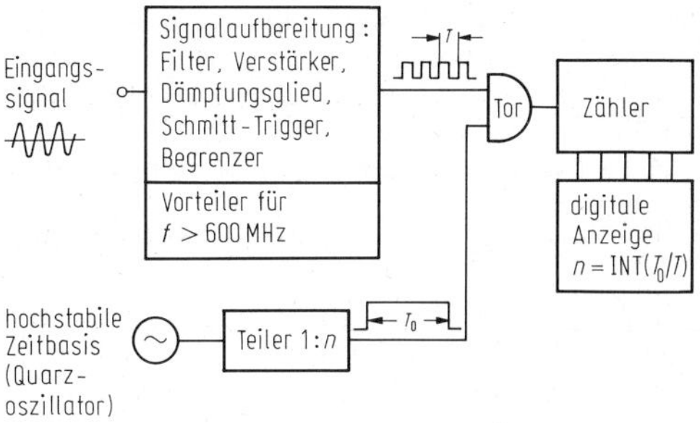

Bild 1. Direkte Frequenzmessung durch Zählen der gleichsinnigen Nulldurchgänge des Eingangssignals innerhalb einer bekannten Torzeit T_0

Ist die Empfängerbandbreite so groß, daß sie alle Spektrallinien in der Umgebung der Trägerfrequenz erfaßt, wird die Linienamplitude wieder unabhängig von B. Der Spektrumanalysator zeigt die Pulsamplitude an. Zu beachten ist, daß für die Übersteuerung bzw. Zerstörung des Empfängereingangs die Pulsspitzenleistung maßgebend ist. Für Rechteckimpulse gilt:

$$\text{Pulsspitzenleistung} = \frac{\text{Leistungssumme aller Spektrallinien}}{\text{Tastverhältnis}}$$

6 Frequenz- und Zeitmessung
Frequency and time measurement

Allgemeine Literatur: *Wechsler, M.*: Characterization of time varying frequency behavior using continous measurement technology. Hewlett-Packard Journal, Febr. (1989) 6–12. – *Stecher, R.*: Messung von Zeit und Frequenz. Berlin: Technik 1990.

6.1 Digitale Frequenzmessung
Digital frequency measurement

Das einfachste Verfahren zur digitalen Frequenzmessung ist das Abzählen der Schwingungen des Signals während einer bekannten Torzeit (Bild 1). Öffnet man das Tor z.B. für eine Sekunde und zählt während dieser Zeit alle Nulldurchgänge mit positiver Steigung, so entspricht der Zählerstand nach dieser Sekunde der Frequenz des Eingangssignals in Hz. Damit werden die wesentlichen Eigenschaften dieses Zählertyps verständlich:

- Angezeigt wird der Mittelwert $\bar{f}$ der Signalfrequenz innerhalb der Torzeit T_0:

$$\bar{f} = T_0 / \int_0^{T_0} T(t)\,\mathrm{d}t.$$

- Die Inkohärenz zwischen Zeitbasis und Signal bewirkt eine Meßunsicherheit von ± 1 in der letzten Stelle des Zählerstands.
- Mit steigender Meßgenauigkeit (mit steigender Anzahl der angezeigten Stellen) nimmt die Torzeit linear zu.
- Die Genauigkeit des Meßwerts hängt ab vom Absolutwert der Frequenz der Zeitbasis.

Da handelsübliche Quarzoszillatoren (in der Regel 10 MHz) eine Alterungsrate unter 10^{-8}/Monat erreichen, ist die Frequenz diejenige Meßgröße der Hochfrequenztechnik, die mit der größten absoluten Genauigkeit bestimmt werden kann.

Die Meßeingänge der Zähler nach dem direkten Abzählverfahren sind in der Regel breitbandig (z.B. 0 bis 10 MHz mit einer Eingangsimpedanz von 1 MΩ/35 pF oder 0 bis 1,5 GHz mit 50 Ω Eingangsimpedanz). Damit ist dem sinusförmigen Eingangssignal stets breitbandiges Rauschen überlagert. Um dadurch bedingte Fehlmessungen zu vermeiden, muß die Hysterese des Schmitt-Triggers im Zähler wesentlich größer sein als die doppelte Amplitude der mittleren Rauschspannung (Bild 2). Unvermeidliche Triggerfehler einzelner Flanken werden durch die Vielzahl der gezählten Flanken herausgemittelt. Aus diesem Grund liegen die Eingangsempfindlichkeiten breitbandiger Zähler bei 25 bis 50 mV für 10 MHz/1 MΩ und 10 bis 25 mV für 1,5 GHz/50 Ω. Sollen Signale mit kleinerer Amplitude gemessen werden, muß ein schmalbandiger Verstärker vorgeschaltet werden.

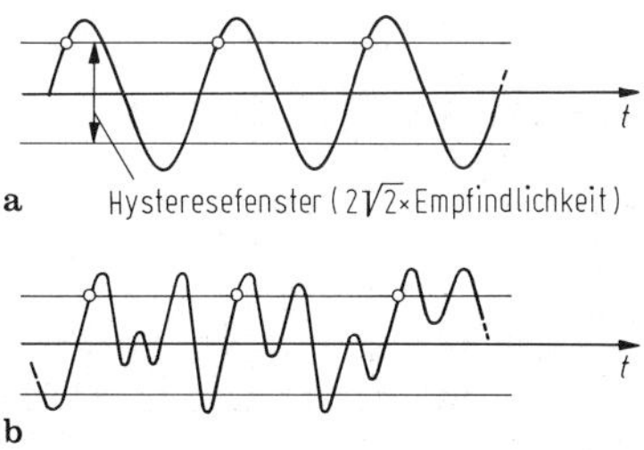

Bild 2. Zur Zählweise des Frequenzzählers. Jeder Punkt entspricht einer Erhöhung des Zählerstandes um 1. **a** sinförmiges Eingangssignal; **b** gestörtes Eingangssignal.

Reziproke Zähler. Nachteilig beim direkten Zählverfahren sind die sich ergebenden langen Torzeiten, wenn niedrige Frequenzen mit großer Auflösung gemessen werden sollen. Der Abgleich eines Oszillators wird zeitraubend, wenn die Torzeit eine Sekunde oder mehr beträgt und nach jeder Verstellung ein vollständiger Meßzyklus abgewartet werden muß. Dieser Nachteil entfällt bei Frequenzzählern, die die Periodendauer des Signals messen und die daraus berechnete momentane Frequenz anzeigen (reziproke Zähler). Zudem ist der Quantisierungsfehler bei diesem Verfahren konstant, was bei niedrigen Frequenzen (unterhalb der Frequenz der Zeitbasis), eine bedeutende Genauigkeitssteigerung bewirkt.
Die Ermittlung der Momentanfrequenz aus der Periodendauer ermöglicht die Messung von Frequenzprofilen, d. h. die Darstellung der momentanen Frequenz über der Zeit, z. B. das Einschwingen eines Oszillators beim Einschalten bzw. beim Pulsbetrieb oder die Frequenzlinearität eines Wobbelgenerators. Zur analogen Anzeige der Frequenzänderung wird bei solchen Messungen ein schneller Digital-Analog-Wandler benötigt. Häufig ist es ausreichend (z. B. für die langsame automatische Frequenznachregelung), nur wenige Stellen der Frequenzanzeige zu wandeln.

Überlagerungsverfahren. Die Obergrenze des direkten Zählverfahrens ist gegeben durch die höchste Schaltfrequenz der benutzten digitalen Schaltkreise. Signale mit höherer Frequenz werden in eine niedrigere Frequenz umgesetzt und dann gemessen. Beim Überlagerungsverfahren wird das Eingangssignal mit einem Überlagerungsoszillator (L.O.) bekannter Frequenz herabgemischt, gefiltert und dann konventionell mit einem Zähler gemessen (Bild 3). Automatische Mikrowellenzähler nach diesem Prinzip erzeugen die Frequenz des Überlagerungsoszillators durch Vervielfachung der Frequenz der Zeitbasis. Die Messung beginnt mit einem Suchvorgang: Die Frequenz des L.O. (z. B. 500 MHz) wird so lange vervielfacht, bis bei $n \cdot 500$ MHz ein Signal im ZF-Bereich detektiert wird. Dann rastet der L. O. in dieser Stellung ein und die Frequenz des ZF-Signals wird kontinuierlich gemessen, umgerechnet und angezeigt. Sind mehrere Spektrallinien am Eingang vorhanden (z. B.

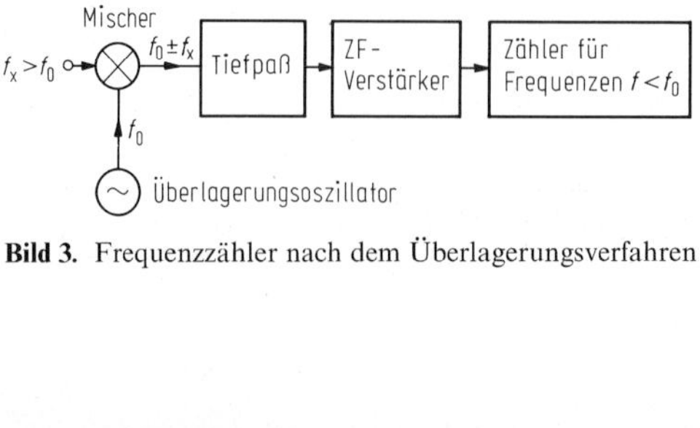

Bild 3. Frequenzzähler nach dem Überlagerungsverfahren

bei nichtsinusförmigen Signalen), kann es passieren, daß der Zähler in unerwünschten Frequenzbereichen einrastet. Zur Vermeidung dieses Problems und um die Meßzeit zu verkürzen, ist bei einigen Zählern der Frequenzbereich, in dem der Suchvorgang abläuft, voreinstellbar.

Transfer-Oszillator-Verfahren. Während das Kernstück des oben beschriebenen Heterodyne-Converters das schaltbare Filter ist, mit dem die Harmonischen des festen L. O. ausgesucht werden, wird beim Transfer-Oszillator-Verfahren ein spannungsgesteuerter Oszillator (VCO) mit vielen harmonischen Spektrallinien als L. O. eingesetzt, dessen Frequenz so lange kontinuierlich verändert wird, bis das Eingangssignal durch die Grundschwingung bzw. eine Harmonische davon auf eine feste Zwischenfrequenz umgesetzt ist. Nach Abschluß dieses Suchlaufs rastet der VCO ein (phase lock) und die Grundschwingung des VCO wird gemessen und entsprechend der Harmonischenzahl n und der festen ZF umgerechnet und angezeigt.

Harmonischenmischung. Ein drittes Verfahren ist der Harmonic-Heterodyne-Converter, bei dem die Frequenz des L.O. stufig verändert wird (Synthesizer), bis ein Signal im ZF-Bereich erscheint. Die Frequenz dieses Signals wird dann konventionell gemessen und entsprechend der Stellung des Synthesizers und der Harmonischenzahl n umgerechnet.
Typische Werte für Zähler nach dem oben beschriebenen Verfahren sind:

- Frequenzbereich: 0 bis 110 GHz.
- Eingangsempfindlichkeit: −20 bis −35 dBm.
- Zulässige AM des Signals: 50 % bis 95 %, wobei die Eingangsempfindlichkeit jedoch nicht unterschritten werden darf.
- Zulässige FM des Signals: 1 bis 50 MHz.
- Maximalpegel eines Störsignals: −2 bis −30 dBc (dBc bedeutet: auf den Pegel des Trägers bezogen).
- Auflösung in der Anzeige: bis zu 10^{-11}.
- Absolute Meßgenauigkeit: Je nach Art und Alter des Quarzes in der Zeitbasis bis zu 10^{-8}.

Frequenzmessung mit dem Spektrum-Analysator. (s. I 5.2) Die Frequenzmessung mit einem (digitalen) Automatischen Spektrumanalysator ist u. U. etwas ungenauer als die mit einem Mikrowellenzähler, sie bietet jedoch folgende Vorteile: Die Empfindlichkeit ist sehr viel größer, d. h. es können wesentlich kleinere Signale noch gemessen werden, und man erkennt deutlich, zu welcher Spektrallinie die gemessene Frequenz gehört, und man kann jede dieser Linien getrennt voneinander messen.

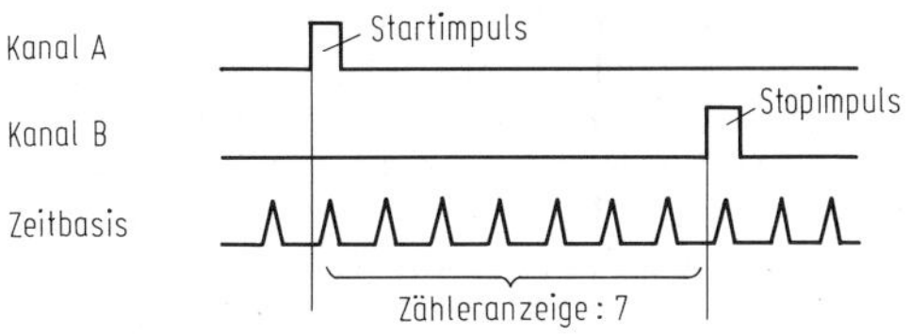

Bild 4. Zeitintervallmessung durch Zählen der Impulse eines Zeitbasisgenerators

6.2 Digitale Zeitmessung
Digital time measurement

Zur Messung eines Zeitintervalls werden die Impulse eines stabilen Zeitbasis-Oszillators, die in den Bereich dieses Intervalls fallen, gezählt. Damit ergibt sich als Grundauflösung (Zählerstand = 1) 100 ns für eine 10-MHz-Zeitbasis und 10 ns für eine 100-MHz-Zeitbasis. Es kann einkanalig gemessen werden: z. B. vom ersten Überschreiten der Triggerschwelle in Kanal A bis zum darauffolgenden Unterschreiten der eingestellten Triggerschwelle durch das zu messende Signal (Periodendauer-Messung bei sin-Signalen) oder zweikanalig: das Zeitintervall von der ersten positiven Flanke an Kanal A bis zur nächsten positiven Flanke an Kanal B (Bild 4) (Messung der Phasenverschiebung bei sin-Signalen der gleichen Frequenz).
Meßfehler entstehen durch die digitale Zählweise (± Grundauflösung), durch die Ungenauigkeit der Zeitbasis, durch die Triggerschwelle (Rauschen oder Verzerrungen auf dem Signal) und durch Ungleichheit der Kanäle (Reflexionsfaktor oder Signallaufzeit unterschiedlich). Bei periodischen Signalen kann der Fehler aufgrund der digitalen Zählweise (± 1 bit) verringert werden durch Messung über n Zeitintervalle. Sofern n Messungen durchgeführt werden und ihr Mittelwert angezeigt wird, verbessert sich die Auflösung nur entsprechend $1/\sqrt{n}$, also z. B. auf 1 ps für 10 ns Grundauflösung und $n = 10^8$. Die Mittelwertbildung verringert außerdem Fehler durch Rauschen oder Jitter.
Bei Einzelmessungen kann die Grundauflösung verbessert werden auf z. B. 20 ps durch Messen der Zeitdifferenz zwischen dem letzten Impuls der Zeitbasis und dem Ende des Meßintervalls (Voraussetzung: synchroner Start der Zeitbasis mit dem Meßintervall): Analoges Verfahren durch Kondensatoraufladung; digitales Verfahren analog zum Nonius an einer Schublehre mit zwei in der Frequenz versetzten Zeitbasissignalen.

6.3 Analoge Frequenzmessung
Analog frequency measurement

Frequenzmessung mit dem Oszilloskop s. I 1.6.

Frequenz-Spannungs-Wandler. a) Wegen $\underline{I} = j\omega C\,\underline{U}$ ergibt ein Signal mit konstanter Spannung $\underline{U}$ einen Kondensatorstrom $\underline{I}$, dessen Amplitude proportional zur Frequenz ansteigt. b) Wenn jeder (gleichsinnige) Nulldurchgang des Eingangssignals einen kurzen, stets gleichgeformten Impuls auslöst, ergibt sich eine Pulsfolge, deren Gleichspannungsanteil proportional zur Frequenz ansteigt.

Interferenzverfahren. Das Eingangssignal wird mit einem Signal bekannter Frequenz (z. B. Synthesizer) verglichen und der Vergleichsgenerator wird auf die gleiche Frequenz nachgestimmt; z. B. in der Form, daß beide Signale auf einen Mischer gegeben werden und am Mischerausgang die Differenzfrequenz ausgewertet wird. Bei Frequenzgleichheit ist das Ausgangssignal des Mischers eine Gleichspannung (Kontrolle mit dem Oszilloskop; beat note) bzw. in der Nähe der Frequenzgleichheit ergibt sich ein niederfrequentes Signal (Pfeifton bei Kontrolle mit dem Kopfhörer).

Resonanzverfahren. Frequenzmessung durch Messen der Wellenlänge a) mit Leitungsresonatoren s. I 8.5; b) mit einer Schlitzmeßleitung s. I 4.6. Zur Umrechnung Wellenlänge λ in Frequenz $f = v_p/\lambda$ muß die Phasengeschwindigkeit v_p der benutzten Leitung bekannt sein.
Durch lose Kopplung des Eingangssignals an einen Resonator hoher Güte, dessen Resonanzfrequenz kontinuierlich (mechanisch oder elektrisch) verändert werden kann, läßt sich die Frequenz messen, wenn vorher der Einstellbereich des Resonators in Frequenzen geeicht wurde (Wellenmesser, wave-meter). Es werden Resonanzkreise mit diskreten Elementen, Leitungsresonatoren und Hohlraumresonatoren benutzt, meist in einer Schaltung entsprechend Bild I 8.10, lose angekoppelt an eine durchgehende Leitung (dip-meter, Absorptionsfrequenzmesser), s. I 8.5. Auf diese Art können auch Frequenzmarken bei Wobbelmessungen erzeugt werden.

Instantaneous Frequency Measurement (IFM). Nach einer Amplitudenbegrenzung wird das Signal in zwei Teilsignale zerlegt, von denen eines

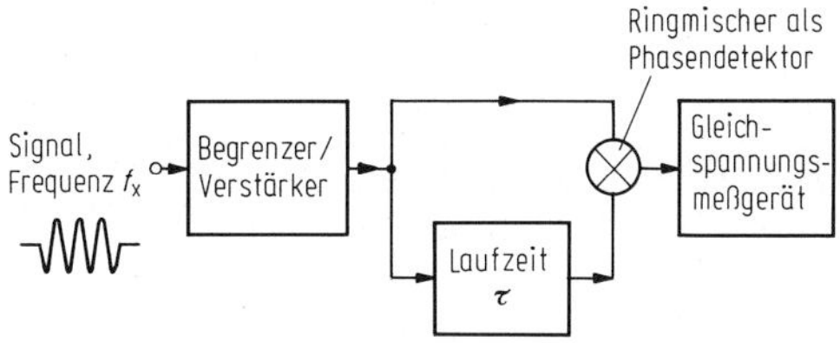

Bild 5. IFM-Empfänger (zur Frequenzmessung an Einzelimpulsen geeignet)

um eine bekannte, frequenzunabhängige Laufzeit τ verzögert wird (Bild 5). Mit einem Mischer, der als Phasendetektor betrieben wird (s. I 1.9) ergibt sich damit eine Ausgangsgleichspannung proportional zum Kosinus der Phasenverschiebung φ zwischen beiden Teilsignalen bzw. mit $\varphi = \omega_x \tau$ proportional zum Kosinus der Signalfrequenz f_x.

7 Rauschmessung
Noise measurement

7.1 Rauschzahl, Rauschtemperatur, Rauschbandbreite
Noise figure, noise temperature, noise bandwidth

Bei der Temperatur T in Kelvin gibt ein realer ohmscher Widerstand im Frequenzintervall der Breite B an einen idealen, nicht selbstrauschenden, gleich großen Widerstand die näherungsweise konstante Rauschleistung P_R ab (Fehler $< 1\,\%$ für $f < 120$ GHz):

$$P_R = kTB \quad \text{mit}$$
$$k = 1{,}38 \cdot 10^{-23}\ \text{Ws/K} \quad (1)$$
(Boltzmann-Konstante).

Die Rauschzahl F gibt an, um welchen Faktor ein Vierpol bei der Referenztemperatur $T_0 = 290\ \text{K} \mathrel{\hat{=}} 16{,}8\ °\text{C}$ das thermische Rauschen $k\,T_0\,B$ des Innenwiderstands der Signalquelle durch sein Eigenrauschen vergrößert.

Definition I:

$$F = P_{R\ \text{Ausgang}}/(k\,T_0 B g) \quad \text{mit} \quad (2)$$
g = Leistungsverstärkung des Vierpols.

Damit ergibt sich z. B. für eine verlustlose Leitung der Minimalwert $F = 1$ bzw. 0 dB (F/dB $= 10 \lg F$).
Eine zweite Definition benutzt den Störabstand an Eingang und Ausgang (Bild 1).

Definition II:

$$F = (P_{\text{Signal}}/P_R)_{\text{Eingang}}/(P_{\text{Signal}}/P_R)_{\text{Ausgang}}. \quad (3)$$

Damit ergibt sich z. B. für ein 3-dB-Dämpfungsglied die Rauschzahl F = 3 dB. Beide Definitionen gehen davon aus, daß Eingang und Ausgang des Vierpols angepaßt sind und gleiche Temperatur haben. Die Umrechnung von Gl. (2) in Gl. (3)

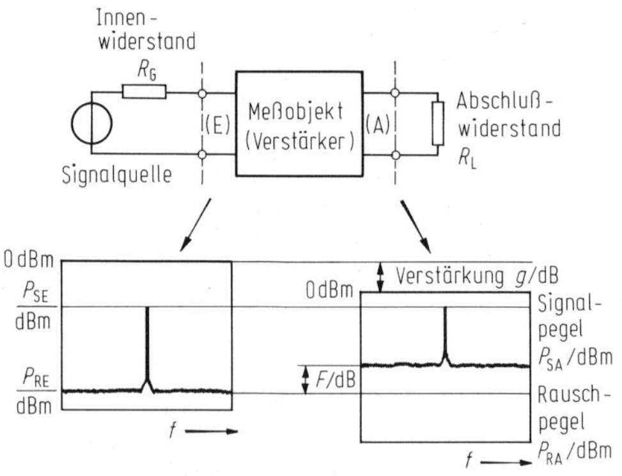

Bild 1. Veranschaulichung der Rauschzahl F als Differenz der Störabstände in dB. (Störabstand in dB = Signalpegel in dBm – Rauschpegel in dBm)

erfolgt über

$$g = P_{\text{Signal Ausgang}}/P_{\text{Signal Eingang}} \quad \text{und}$$
$$P_{R\ \text{Eingang}} = k\,T_0\,B.$$

Gl. (1) kann auch rein formal auf Vierpole angewendet werden, um deren Rauscheigenschaften durch die Angabe einer fiktiven Rauschtemperatur T_R zu beschreiben:

$$T_R = (F - 1)\,T_0. \quad (4)$$

Die Rauschzahl kann entweder breitbandig gemessen werden, dies führt zu einer einzigen Zahl, die den Vierpol charakterisiert, oder sie kann zur genaueren Beschreibung des Vierpols schmalbandig gemessen und als Funktion der Frequenz dargestellt werden. Bei der direkten Messung der Rauschzahl nach Gl. (2) muß der Frequenzgang der Verstärkung des Vierpols $g(f)$ berücksichtigt werden. Da B als Frequenzintervall im weißen Rauschen eingeführt wurde, wird die Rauschbandbreite B_R eines Vierpols definiert aus dem der Fläche unter der Kurve $g(f)$ gleichgroßen Rechteck der Höhe g_{max} und der Breite B_R. Damit ist die Rauschbandbreite ungleich der 3-dB-Bandbreite (s. Gl. (11)).

7.2 Meßprinzip
Measurement procedure

Um die Probleme bei der Bestimmung der Rauschbandbreite und der Verstärkung zu umgehen, wird die Rauschleistung am Ausgang für zwei unterschiedlich große, bekannte Eingangsrauschleistungen gemessen (wobei die Linearität des Vierpols vorausgesetzt wird) [1, 4, 5]. Bild 2 zeigt das Prinzip, Bild 3 den Meßaufbau.

Quellwiderstand mit T_0:

$$P_0 = k\,T_0\,B\,g + P_{\text{Meßobjekt}},$$

Spezielle Literatur Seite I 35

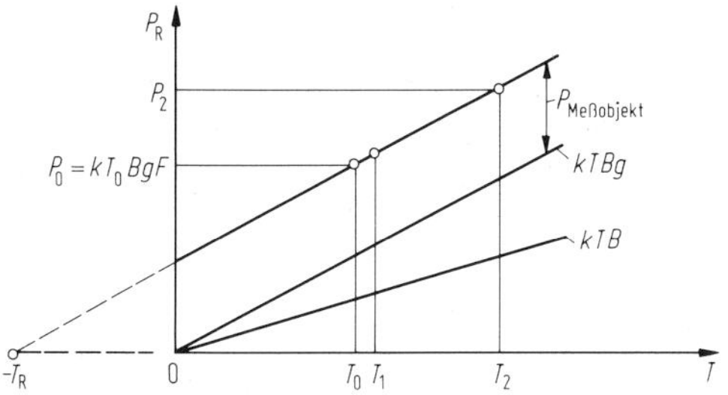

$P_{Meßobjekt}$ konstantes Eigenrauschen des Vierpols
$kTBg$ Rauschleistung von R_G am V.P.-Ausgang
kTB Rauschleistung des Quellwiderstands R_G

Bild 2. Rauschleistung am Vierpolausgang als Funktion der Temperatur des Quellwiderstands bzw. als Funktion der Eingangsrauschleistung

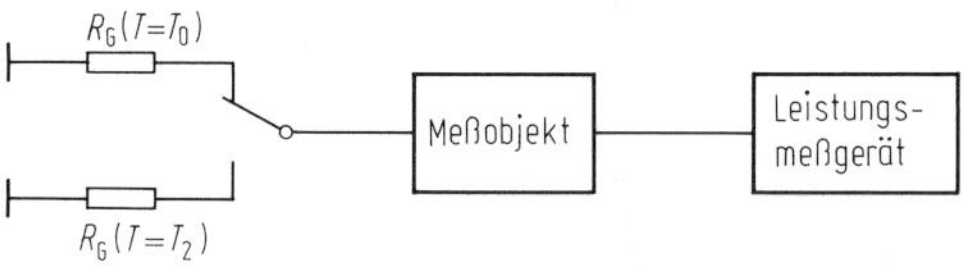

Bild 3. Prinzipschaltung zur Messung der Rauschzahl

Quellwiderstand mit T_2:

$$P_2 = k\,T_2\,B\,g + P_{\text{Meßobjekt}}.$$

Mit Gl. (2) und der Geometrie von Bild 2 ergibt sich:

$$F = (T_2/T_0 - 1)/(P_2/P_0 - 1),$$
$$F/\text{dB} = 10\lg(\Delta T/T_0) - 10\lg(P_2/P_0 - 1). \qquad (5)$$

Anstelle der Temperaturänderung ΔT wird bei Rauschgeneratoren meist die Rauschleistungserhöhung ENR (Excess Noise Ratio) angegeben. Um diesen Faktor steigt die Rauschleistung beim Einschalten des Rauschgenerators.

$$F/\text{dB} = \text{ENR/dB} - 10\lg(Y-1). \qquad (6)$$

Gemessen werden die beiden Leistungen P_2 und P_0. Ihr Quotient ist der Y-Faktor. Daraus wird die Rauschzahl berechnet. Umrechnung auf die Bezugstemperatur T_0, wenn Y bei T_1 und T_2 gemessen wurde:

$$F = 1 + (T_2/T_0 - Y \cdot T_1/T_0)/(Y - 1). \qquad (7)$$

7.3 Rauschgeneratoren
Noise generators

Zur Erzeugung von Rauschleistung mit zwei verschiedenen Pegeln werden benutzt:
- Paare von ohmschen Widerständen mit geregelter, bekannter Temperatur T_1 und T_2 (hot-cold-standards) (als Kalibrierquellen).
- Vakuumdioden (veraltet, ungenau, bis UHF-Bereich).
- Gasentladungsröhren (1 bis 40 GHz).
- Halbleiterrauschquellen (Zener-Dioden in speziellen Fassungen, die ohne Vorstrom als Abschlußwiderstand mit Umgebungstemperatur T_1 und bei eingeschaltetem Gleichstrom als Rauschquelle großer Leistung wirken).

Kenngrößen der Rauschgeneratoren sind ihr Reflexionsfaktor im ausgeschalteten Zustand (Messung von P_0 bei T_0 bzw. P_1 bei T_1) und im eingeschalteten Zustand (Messung von P_2), die Größe und Konstanz der Rauschleistung, der nutzbare Frequenzbereich und eventuell vorhandene Schaltspitzen beim Umschalten von T_0 auf T_2. Angegeben wird meist die Erhöhung der Rauschleistung (ENR in dB) bezogen auf die Rauschleistung im ausgeschalteten Zustand. Sofern die Umgebungstemperatur extrem von T_0 abweicht, muß sie gemessen werden (T_1) und T_2 muß berechnet werden.

$$T_2 = T_0(1 + 10^{0,1\,\text{ENR}}) \qquad (8)$$

ENR ist dabei in dB einzusetzen.
Ein typischer Wert für Halbleiterrauschgeneratoren ist ENR = 15,5 ± 0,5 dB. Dies entspricht einem Temperatursprung von $\Delta T = 10.290$ K. Der Bereich erstreckt sich von 5 bis 100 dB bei Frequenzen zwischen 10 kHz und 40 GHz. Hohe ENR-Werte werden z. B. für Systemanwendungen gebraucht, wenn ein Empfänger während des Bertriebs gemessen und dazu die Rauschleistung über einen Richtkoppler in den Signalweg eingekoppelt wird.

7.4 Meßfehler. Measurement errors

Da die Rauschzahl aus zwei Leistungsmeßwerten berechnet wird, existieren zunächst die in I 2.4 behandelten Fehler der Leistungsmessung. Besonderes Gewicht haben dabei die Fehlanpassungen zwischen den einzelnen Komponenten von der Rauschquelle bis zum Leistungsmeßkopf. Den größten Beitrag zum Meßfehler liefert in der Regel die Ungenauigkeit des ENR-Werts. Ein typischer Wert für eine Diodenquelle (0,01 bis 18 GHz) wäre ± 0,2 bis ± 0,6 dB je nach Frequenz. Zur Vermeidung ungünstiger Anzeigebereiche bei Zeigerinstrumenten kann der ENR-Wert des Rauschgenerators durch ein vorgeschaltetes Dämpfungsglied verringert werden.
Bei zu geringer Verstärkung des zu untersuchenden Vierpols muß dem Leistungsmesser ein Verstärker vorgeschaltet werden, um die sehr kleinen Rauschleistungen von − 174 dBm + 10 lg(B/Hz) messen zu können. Eventuell ist auch ein Mischer notwendig, um den Frequenzbereich des Vierpols auf den des Leistungsmessers umzusetzen (z. B. Spektrumanalysator als

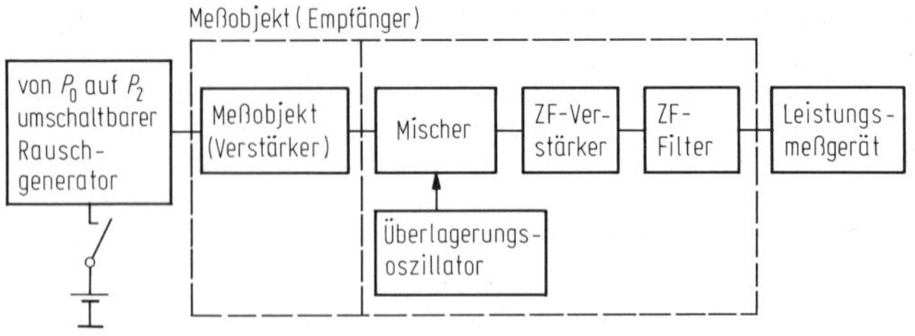

Bild 4. Allgemeiner Meßaufbau zur Ermittlung der Rauschzahl eines Vierpols bzw. eines Empfängers mit Frequenzumsetzung

Leistungsmesser). Bild 4 zeigt den Meßaufbau. In diesem Fall müssen zusätzlich zur Messung des *Y*-Faktors der Gesamtanordnung die Verstärkung g des Vierpols und die Rauschzahl F_2 des nachgeschalteten Systems (Verstärker, Mischer) bestimmt werden. Die gesuchte Rauschzahl F_1 des Vierpols ergibt sich dann aus der gemessenen Rauschzahl F_{12} der Gesamtanordnung zu

$$F_1 = F_{12} - (F_2 - 1)/g. \tag{9}$$

Die Bandbreite der Vierpole sollte vom Rauschgenerator zum Leistungsmeßkopf hin abnehmen. Die Leistungsverstärkung g des Vierpols kann aus den Messungen mit und ohne Meßobjekt berechnet werden (vgl. Bild 2):

$$g = \frac{(P_2 - P_1)\text{ mit Meßobjekt}}{(P_2 - P_1)\text{ ohne Meßobjekt}}. \tag{10}$$

Bei kleinen Rauschzahlen wird der relative Fehler bei der Bestimmung von F besonders groß, da sich ENR-Ungenauigkeit, Leistungsmeßfehler und Anpassungsfehler zu beträchtlichen Gesamtfehlern überlagern können.

Bei sehr großen Rauschzahlen sollte der Leistungsmesser durch einen Spektrumanalysator ersetzt werden, um zu kontrollieren, ob weißes Rauschen vorliegt oder ob Netzbrumm, Einstreuungen oder gefärbtes Rauschen die Vierpolbeschreibung durch eine einzige Rauschzahl verfälschen. Die zur Fehlerkorrektur, Gl. (9), notwendige Rauschzahl F_2 des Spektrumanalysators ergibt sich aus dem angezeigten Rauschpegel P_R bei eingestellter Meßbandbreite B zu

$$F/\text{dB} = P_R/\text{dBm} + 174 - 10\lg(B_R/\text{Hz}) \tag{11}$$

mit $B_R = \alpha B_{3dB}$ und $\alpha = 1{,}2$ für Gauß-Filter. Gl. (11) entspricht Gl. (2) und kann mit $P_R = P_{R\,\text{Ausgang}}/g$ bei Vierpolen mit großer Rauschzahl zur direkten Messung von F eingesetzt werden. Für $F > \text{ENR} + 9$ dB werden die Unterschiede zwischen P_0 und P_2 in Gl. (5) sehr gering ($Y < 0{,}5$ dB) und damit die Auswirkungen von Fehlern bei der Leistungsmessung so groß, daß die *Y*-Methode nicht mehr anwendbar ist.

7.5 Tangentiale Empfindlichkeit
Tangential signal sensitivity (TSS)

Die tangentiale Empfindlichkeit [2, 3] ist ein weniger anspruchsvolles Maß als die Rauschzahl zur Beschreibung der Empfindlichkeit von z. B. (Video-)Verstärkern, Detektorköpfen oder Dioden. Bild 5 zeigt die Meßanordnung. Die Leistung eines getasteten Signalgenerators wird so eingestellt, daß die mittlere Rauschamplitude innerhalb der betrachteten Bandbreite gleich der Signalamplitude ist. Als Kriterium dafür wird die Darstellung auf dem Bildschirm eines Oszilloskops ausgewertet. Der Signalgeneratorpegel, der das angezeigte Rauschspannungsband ge-

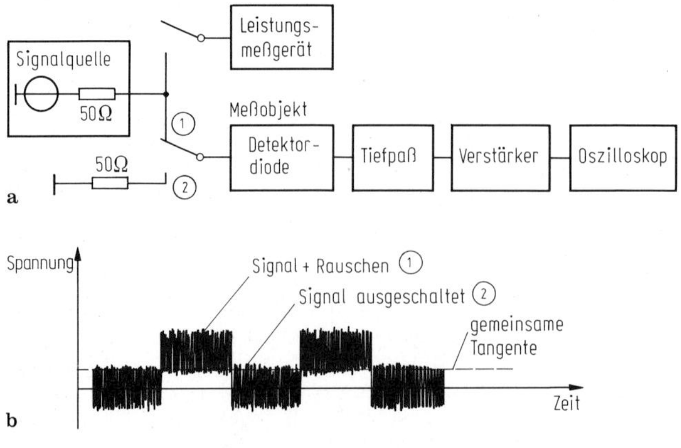

Bild 5. Messung der tangentialen Empfindlichkeit TSS. **a** Meßaufbau; **b** Bildschirmanzeige, wenn Generatorpegel = TSS

rade um seine eigene Amplitude versetzt, wird als Tangential Signal Sensitivity (TSS) bezeichnet. Der Meßwert ist leicht zu interpretieren (z. B. die Angabe TSS = -52 dBm bei $f = 2$ GHz und $B = 1$ MHz für eine Detektordiode) und die Messung ist einfach und in jedem Labor durchführbar. Dies macht den Nachteil der schlechten Reproduzierbarkeit wieder wett. Der Zahlenwert hängt ab von der Einstellung des Oszilloskops, dem Frequenzgang der Anordnung und der subjektiven Entscheidung des Betrachters. Für eine Verfeinerung des Verfahrens besteht jedoch kein Bedarf, da stets auf eine Rauschzahlmessung zurückgegriffen werden kann. Bei einem Signalpegel entsprechend dem TSS-Wert beträgt das Signal/Rausch-Verhältnis am Ausgang etwa 8 dB. Sofern anstelle des Oszilloskops ein Leistungsmeßgerät benutzt wird, ist der TSS-Pegel über diese 8-dB-Änderung definiert. Eine Umrechnung TSS in F erfordert die Kenntnis der Rauschbandbreite B_R.

Die Problematik der TSS-Messung liegt darin, daß die beiden Größen, die miteinander verglichen werden (einmal Rauschen, zum anderen Signal + Rauschen), ungleich sind.

Spezielle Literatur: [1] *Hewlett-Packard Application Note 57-1*: Fundamentals of RF and microwave noise figure measurements (1983). – [2] *Renz, E.*: Pin und Schottky Dioden. Heidelberg: Hüthig 1976. – [3] *Green, H. E.*: A theoretical examination of tangential signal to noise ratio. IEEE-MTT 39 (1991) 566–567. – [4] *Pastori, W. E.*: Bandwidth effects in noise figure measurements. MSN & CT, Apr. (1988) 77–86. – [5] *Tong, P. R.; Moorehead, J. M.*: Noise measurements at mm-wave frequencies. Microwave J., Jul. (1988) 69–86.

8 Spezielle Gebiete der Hochfrequenzmeßtechnik
Miscellaneous topics in RF-measurements

8.1 Messungen an diskreten Bauelementen
Measurement of discrete components

Der auf diskreten Bauelementen aufgedruckte Wert für den ohmschen Widerstand R, die Kapazität C bzw. die Induktivität L ist nur für niedrige Frequenzen gültig. Bei hohen Frequenzen hat jedes Bauelement eine komplexe Impedanz $\underline{Z}$ mit einer bei zunehmender Frequenz immer ausgeprägter werdenden Frequenzabhängigkeit $Z = \underline{Z}(f)$, die Parallel- und Serienresonanzen aufweist. In diesem Kapitel werden Verfahren zur Impedanzmessung unterhalb 30 bzw. 100 MHz beschrieben. Bei höheren Frequenzen wird der Reflexionsfaktor gemessen und in die Impedanz umgerechnet (s. I 4.).

Brückenschaltungen. Die unbekannte Impedanz $\underline{Z}_x$ wird bestimmt durch Vergleich mit bekannten Bauelementen, die stetig oder stufig veränderlich sind. Bild 1a zeigt die allgemeine Wechselstrombrücke. Strom durch $\underline{Z}_5$:

$$I = \underline{U}(\underline{Z}_1 \underline{Z}_x - \underline{Z}_2 \underline{Z}_3) / ((\underline{Z}_2 + \underline{Z}_x)(\underline{Z}_5(\underline{Z}_1 + \underline{Z}_3) + \underline{Z}_1 \underline{Z}_3) + \underline{Z}_2 \underline{Z}_x(\underline{Z}_1 + \underline{Z}_3))$$

und ihre Abgleichbedingungen, Bild 1b bis e die gebräuchlichsten Ausführungsformen und die bei Anzeige 0 am Instrument gültigen Bestimmungsgleichungen. Ob man bei der Berechnung von $\underline{Z}_x$ die Elemente des Parallel- (1b) oder Serien-Ersatzschaltbildes (1c) benutzt, ist für den

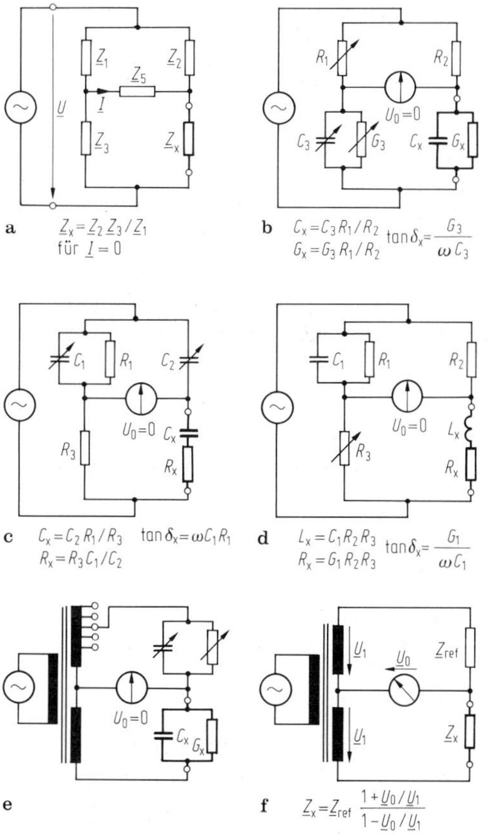

Bild 1. Brückenschaltungen zur Impedanzmessung. **a** allgemeine Meßbrücke; **b** Wien-Brücke; **c** Schering-Brücke; **d** Maxwell-Wien-Brücke; **e** Differential-Übertrager-Brükke; **f** Vergleichsbrücke

Spezielle Literatur Seite I 44

Meßaufbau unerheblich. Für bestimmte Wertebereiche von $\underline{Z}_x$ ist es jedoch zweckmäßig, die Abgleichelemente in Bild 1 b bis e in Serie statt parallel zu schalten, um ungünstige Bauelementegrößen zu vermeiden. Damit Streukapazitäten und Störspannungen keine nennenswerten Meßfehler hervorgerufen, sind die Erdung eines Brückenpunkts und die Schirmung der Bauelemente Problembereiche, die von Fall zu Fall sorgfältig durchdacht werden müssen.
Bei der Vergleichsbrücke in Bild 1f wird kein Nullabgleich durchgeführt, sondern $\underline{U}_0$ hochohmig gemessen. Die Schaltung wird auch zur Reflexionsfaktormessung eingesetzt (s. I 4.4). Zum Einsatz von Doppel-T-Gliedern anstelle der Brückenschaltungen siehe [1].

Resonanzverfahren. a) Der zu messende Kondensator (C_x, tan δ_x) wird mit einer Induktivität bekannter Größe (L_0, tan δ_0) zu einem Parallelschwingkreis (Serienschwingkreis) zusammengeschaltet. Resonanzfrequenz und Güte des Kreises werden gemessen und C_x und tan δ_x daraus berechnet. Bei der Induktivitätsmessung wird in analoger Weise vorgegangen.
b) Eine zu messende hochohmige Impedanz wird einem bekannten Parallelresonanzkreis parallelgeschaltet, eine niederohmige Impedanz einem Serienresonanzkreis in Serie geschaltet. Die gesuchten Größen werden entweder aus der Änderung von Resonanzfrequenz und Güte, oder aus der für gleiche Resonanzfrequenz notwendigen Verstellung eines Kalibrierkondensators berechnet. Zur Gütemessung bei a) und b) kann entweder die 3-dB-Bandbreite des Kreises gemessen werden (s. 8.5) oder die Bestimmung erfolgt über die Resonanzüberhöhung von Strom bzw. Spannung bei Speisung mit konstantem Strom (Parallelkreis) bzw. mit konstanter Spannung (Serienkreis).

Strom-Spannungs-Messung. Entweder der Strom $\underline{I}$ durch das Bauelement oder die Spannung $\underline{U}$ am Bauelement werden konstant gehalten. Die jeweils andere Größe wird nach Betrag und Phase ermittelt. Die gesuchte Impedanz ergibt sich aus $\underline{Z} = \underline{U}/\underline{I}$. Zur Vermeidung von Meßfehlern durch die Induktivität der Anschlußdrähte kann, wie bei der Messung von ohmschen Widerständen in der Gleichstromtechnik, vierpolig gemessen werden.

8.2 Messungen im Zeitbereich
Time domain reflection (TDR)
Time domain transmission (TDT)

Das Impulsreflektometer (TDR) ist ein leitungsgebundenes Pulsradar, mit dem Art und Größe von Reflexionsstellen sowie deren örtliche

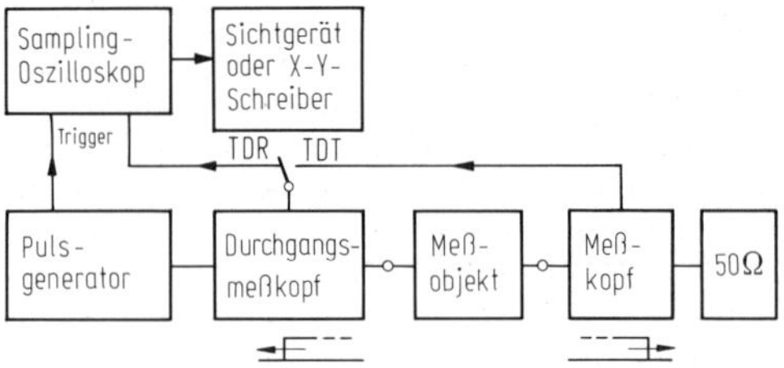

Bild 2. Meßaufbau für Reflexionsmessungen (TDR) und Transmissionsmessungen (TDT) im Zeitbereich

Verteilung längs einer TEM-Wellenleitung gemessen werden. Entsprechend Bild 2 wird von einem Pulsgenerator eine Gleichspannung (z. B. 200 mV) eingeschaltet. Die sehr steile Einschaltflanke läuft durch den Meßkopf zum Meßobjekt. An allen Reflexionsstellen im Meßobjekt wird ein Teil der Einschaltflanke reflektiert, läuft zurück zum Meßkopf und wird gemessen. Der Vorgang wird zeitlich periodisch wiederholt. Dadurch kann die Kurvenform der reflektierten Wellen mit einem Abtastoszilloskop dargestellt werden. Der zeitliche Verlauf der Überlagerung von hinlaufender und reflektierter Welle am Meßkopf wird vom Oszilloskop (bzw. X-Y-Schreiber) als stehendes Bild wiedergegeben. Bei bekannter Ausbreitungsgeschwindigkeit auf dem jeweiligen Leitungsabschnitt kann aus der Laufzeit τ der reflektierten Welle die Entfernung der Störstelle $l_1 = v\tau/2$ berechnet werden. Der Entfernungsbereich, in dem mit handelsüblichen Geräten Störstellen auf Leitungen lokalisiert werden können, liegt zwischen 10 mm und 10 km.
Zwei benachbarte Störstellen im Abstand Δl können in der Anzeige voneinander unterschieden werden, wenn die Anstiegszeit T des Meßimpulses kleiner ist als die doppelte Laufzeit zwischen ihnen: $\Delta l_{\min} > vT/2$. Bei einem Meßimpuls mit 30 ps Anstiegszeit kann also eine Ortsauflösung von 4,5 mm (auf einer Luftleitung mit $v = c_0$) nicht unterschritten werden.
Wegen des z. B. in Bild 3 am Ort des Wellenwiderstandsprungs (Punkt A) gültigen Zusammenhangs $U_1(t) = U_{\mathrm{H}}(t) + U_{\mathrm{R}}(t) = (1 + r)U_{\mathrm{H}}(t)$ und $r = (Z_{\mathrm{L2}} - Z_{\mathrm{L1}})/(Z_{\mathrm{L2}} + Z_{\mathrm{L1}})$ kann man aus dem gemessenen Verlauf von $U_1(t)$ die jeweilige Größe des Leitungswellenwiderstands Z_{L} und die Größe von reellen Abschlußwiderständen Z_2 direkt entnehmen. Zu beachten ist, daß nur die erste Störstelle exakte Ergebnisse liefert. Am Ort der zweiten Störstelle ist die einfallende Wellenfront bereits um die erste Reflexion vermindert und das von hier zurücklaufende Echo wird beim Durchlaufen der ersten Störstelle erneut gedämpft. Die vertikale Achse kann entweder zwischen +1 und −1 linear geteilt den Reflexionsfaktor $r(z)$ anzeigen oder sie wird in Ω skaliert (von 0 bis ∞) zur Ablesung des Wellenwiderstands $Z_{\mathrm{L}}(z)$. Zur Kalibrierung auf $r = 0$ bzw.

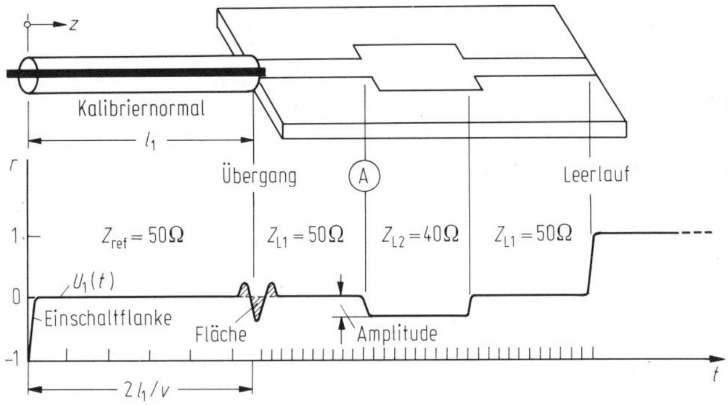

Bild 3. Schematisierte Anzeige eines Impulsreflektometers für einen Koax-Microstrip-Übergang und eine Microstripleitung mit Wellenwiderstandssprung

$Z_L = Z_{ref}$ wird entsprechend Bild 3 dem Meßobjekt eine Präzisions-(Luft)-Leitung mit bekanntem Wellenwiderstand vorgeschaltet.
Bei Störstellen mit kapazitivem bzw. induktivem Verhalten ergeben sich zeitlich ausgedehnte Einschwingvorgänge, die die Ortsauflösung verschlechtern und weniger einfach zu interpretieren sind. Die Sprungantworten und Diskontinuitäten, die sich durch diskrete Bauelemente (Serien-L, Parallel-C, ...) beschreiben lassen, können mit der Laplace-Transformation berechnet werden. Ein Vergleich der gemessenen Kurvenformen mit solchen berechneten Einschwingvorgängen gestattet eine anschauliche Interpretation der Störstellen [2–4]. An die Stelle der Amplitude tritt hier die Fläche als Maß für die Größe der Störung (Bild 3).
Da ein Sprung mit z. B. 25 ps Anstiegszeit alle Frequenzen von 0 bis zu etwa 15 GHz enthält, sind die damit gemessenen Reflexionsfaktoren bzw. Wellenwiderstände Mittelwerte über diesen Frequenzbereich. Obwohl man mit dem TDR kleine Reflexionsfaktoren und Wellenwiderstandsabweichungen im Bereich 0,001 messen kann, setzt diese Mittelwertbildung der numerischen Auswertung der Meßergebnisse Grenzen. Dämpfung und Dispersion entlang der zu untersuchenden Leitung verringern die Amplitudenauflösung und die Ortsauflösung mit zunehmender Entfernung der Störstelle. Zur Abhilfe kann ein Dämpfungsausgleich durch zeitlich ansteigende Verstärkung erfolgen oder eine Rechnerkorrektur der Meßwerte. Mit dem Rechner läßt sich auch aus der mit einem realen Impuls (mit Überschwingern etc.) gewonnenen Meßkurve die ideale Sprungantwort berechnen. Weitere Rechneranwendungen auf Zeitfunktionen in I 4.9.
Bei mehreren Störstellen auf einer Leitung treten Mehrfachreflexionen auf. Mit zunehmender Entfernung werden die Amplitudenverläufe dadurch nicht mehr direkt interpretierbar, und es werden nicht vorhandene Störstellen vorgetäuscht. Je kleiner die Reflexionsfaktoren, desto genauer entspricht das gemessene Echodiagramm dem Impedanzprofil der Leitung. Wenn nur die Entfernung von Störstellen gemessen werden soll, sind kurze Pulse als Testsignal besser geeignet.
Bei der Anwendung des TDR-Prinzips auf Leitungen mit Hochpaß- bzw. Bandpaßcharakter (z. B. Hohlleiter, Lichtwellenleiter) müssen pulsmodulierte Testsignale benutzt werden. Die Bestimmung der Art der Störstelle aus der Form des Echos wird schwieriger als bei Tiefpaßsystemen.
Für Messungen an symmetrischen Zweidrahtleitungen wird das Gegentakt-Impulsreflektometer (differential TDR) eingesetzt. Hierbei werden zwei zeitgleiche, bezüglich Masse gegenphasige Einschaltflanken erzeugt und in die symmetrische Leitung eingekoppelt. Die Reflexionen werden mit einem Gegentakt-Samplingkopf gemessen.
Mit den Komponenten in Bild 2 kann bei Zweitoren die Sprungantwort am Ausgang des Meßobjekts gemessen werden (Time Domain Transmission (TDT) bzw. Time Delay Distortion, s. I 9.3). Damit lassen sich auch Signale mit unterschiedlicher Laufzeit innerhalb des Zweitors getrennt voneinander darstellen.

8.3 Feldstärkemessung
Fieldstrength measurement

Zur Feldstärkemessung [14–18] werden eine Empfangsantenne und ein Empfänger benötigt (Bild 4). Es ist zu unterscheiden zwischen
– breitbandiger Messung der Strahlungsdichte (z. B. zum Zweck der Emissionskontrolle),

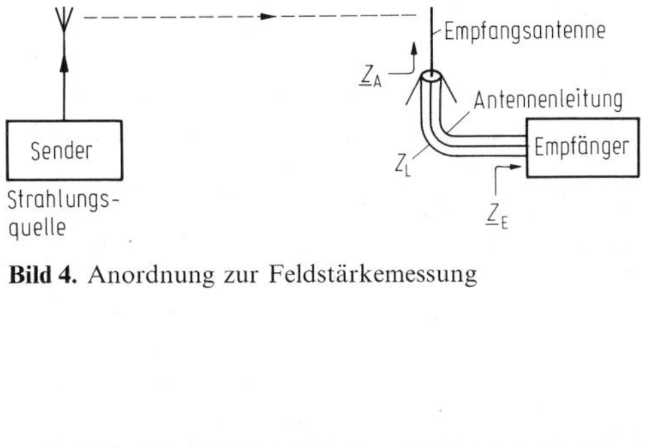

Bild 4. Anordnung zur Feldstärkemessung

- schmalbandiger Messung der Strahlungsdichte (z. B. Messung im Fernfeld einer Sendeantenne),
- schmalbandiger Messung der elektrischen oder magnetischen Feldstärke (z. B. im Bereich einer leitungsgeführten Welle).

Die Problematik der Feldstärkemessung liegt in der Umrechnung des vom Empfänger angezeigten Meßwerts in den Wert der Feldstärke am Meßort vor Einbringen der Meßantenne. Für eine Antenne mit der effektiven Höhe h_{eff} gilt

$$\text{Leerlaufspannung } U_0 = E\,h_{\mathrm{eff}}.$$

Sofern die Antennenimpedanz an das Kabel und das Kabel an den Empfängereingang angepaßt sind, zeigt der Empfänger die Spannung $U = U_0/2$ an und es gilt

$$E = 2\,U/h_{\mathrm{eff}}.$$

Meist wird bei Meßantennen nicht die effektive Höhe sondern der Antennenfaktor k in dB als Funktion der Frequenz angegeben.

$$k = E/U \quad \text{bzw.} \quad k/\mathrm{dB} = 20\lg(k/\mathrm{m}^{-1}).$$

Der Zusammenhang mit dem Antennengewinn G ist gegeben durch:

$$k = f\sqrt{4\pi Z_0/(Z_{\mathrm{A}}\,G)}/c_0$$

mit Z_{A} = reelle Eingangsimpedanz der Antenne.
Für den Logarithmus des Zahlenwerts von k in 1/m gilt bei Luft und $Z_{\mathrm{A}} = 50\,\Omega$:

$$k/\mathrm{dB} = 20\lg(f/\mathrm{MHz}) - G/\mathrm{dB} - 29{,}78\,\mathrm{dB},$$
$$G/\mathrm{dB} = 10\lg G.$$

Bei Verwendung eines angepaßten Empfängers, der die Spannung an Z_{A} anzeigt, ergibt sich die Feldstärke zu

$$20\lg(\hat{E}/\frac{\mu\mathrm{V}}{\mathrm{m}}) = \hat{U}_{\mathrm{E}}/\mathrm{dB\mu V} + k/\mathrm{dB} - a_{\mathrm{L}}/\mathrm{dB}$$

(a_{L} = Dämpfung der Antennenleitung (positiver Zahlenwert))

$$U/\mathrm{dB\mu V} = 20\lg(U/\mu\mathrm{V}).$$

Sofern die Empfängeranzeige in dBm erfolgt, muß umgerechnet werden von Leistung auf Spannung mit $\hat{U} = \sqrt{2PZ_{\mathrm{A}}}$.

$$U/\mathrm{dB\mu V} = P/\mathrm{dBm} + 110 \quad (Z_{\mathrm{A}} = 50\,\Omega).$$

Falls mit Effektivwerten gerechnet wird, gilt: $U/\mathrm{dB\mu V} = P/\mathrm{dBm} + 107$. Als Meßantenne eignen sich bei Fernfeldmessungen alle Antennen, deren Antennenfaktor bekannt oder berechenbar ist. Im Mikrowellenbereich werden bevorzugt Standard-Gain-Hornstrahler benutzt, deren Gewinn sich recht genau aus der Geometrie berechnen läßt. Besonders breitbandig sind kleine Schleifenantennen, da der Kurzschlußstrom frequenzunabhängig ist und kleine Dipolantennen ($l < 0{,}1\,\lambda$), da die effektive Höhe gleich der Länge *eines* Stabes ist und somit die Leerlaufspannung frequenzunabhängig wird. Bei kleinen Schleifen und Stäben (Feldsonden) sind die obigen Gleichungen nicht direkt anwendbar, weil sich die Anpassung zwischen Antenne, Zuleitung und Empfänger nicht erfüllen läßt (Z_{A} induktiv bzw. kapazitiv).

Da bei Messungen im Freien Fehler durch andere Strahlungsquellen (z. B. Rundfunksender) und Mehrwegeausbreitung (z. B. Bodenreflexionen) auftreten können, wird häufig in geschirmten Räumen gemessen, die innen allseitig mit absorbierenden Schichten (für den benötigten Frequenzbereich) ausgekleidet sind (anechoic chamber).

Durch die Antennenzuleitung können bei Fernfeldmessungen Feldverzerrungen hervorgerufen werden (Rückstreufehler) und die Meßantennencharakteristik kann beeinflußt werden. Bei Nahfeldmessungen besteht zusätzlich die Möglichkeit der direkten Rückwirkung auf die Strahlungsquelle, sowohl durch die Zuleitung, als auch durch die Meßantenne.

Abhilfe:

- Antennenzuleitung senkrecht zu den elektrischen Feldlinien verlegen.
- Mantelwellen unterdrücken durch Sperrtöpfe, Dämpfungsperlen etc.
- Hochohmiges Leitermaterial (falls zulässig) benutzen.
- Symetrieebenen des elektrischen Feldes ausnutzen und durch leitende Wände ersetzen. Messung mit Sonden durch Löcher in diesen Wänden hindurch.
- Umsetzung des elektrischen Ausgangssignals der Meßantenne in ein Lichtsignal (Schallsignal) und Weiterleitung per Freiraumausbreitung (z. B. Infrarot) oder Lichtwellenleiter.

Stab- und Schleifenantennen messen jeweils nur eine Polarisationsrichtung des elektrischen bzw. magnetischen Feldes. Sofern ein Feld unbekannter Polarisation ausgemessen werden soll (field mapping), sind Messungen in fünf Raumrichtungen erforderlich. Falls nicht die Richtung sondern nur die Intensität der Strahlung von Interesse ist, werden drei zueinander orthogonale Antennen benutzt und die Ausgangssignale entsprechend $|E| = \sqrt{E_x^2 + E_y^2 + E_z^2}$ kombiniert. Zur Messung von Oberflächenstromdichten bzw. Magnetfeldern an leitenden Flächen s. I 1.8.

8.4 Messungen an Antennen
Antenna measurements

Strahlungscharakteristik. Im Fernfeld einer Antenne sind die Phasenfronten der abgestrahlten

Welle konzentrische Kugelschalen mit dem Phasenzentrum der Antenne als Mittelpunkt. Die Strahlungscharakteristik ist die Feldstärke nach Betrag, Phase und Polarisation auf einer solchen Fernkugelfläche, die sich im Sendefall bei einer festen Frequenz einstellt. Zur graphischen Darstellung im Strahlungsdiagramm muß man sich auf eine Größe und eine festzulegende Querschnittsfläche beschränken.
Nähert man sich der Antenne, so bleibt das Strahlungsdiagramm bis $r = r_{\text{min}}$ unverändert. Für $r < r_{\text{min}}$ wird das Diagramm entfernungsabhängig, und die Richtung der Strahlungsdichte zeigt Abweichungen von der rein radialen Richtung, d.h. die Phasenfronten sind keine Kugelflächen mehr. In der Regel schätzt man ab

$$r_{\text{min}} > 2D^2/\lambda, \quad (1)$$

wobei D die maximale Linearabmessung (z.B. der Durchmesser des Parabols oder die Länge des Stielstrahlers) der untersuchten Antenne ist [5]. Der Bereich $r < r_{\text{min}}$ wird als Nahfeld bezeichnet. Nähert man sich der Antenne noch weiter, so erreicht man ein Gebiet, in dem nicht mehr vernachlässigbare Radialkomponenten von E bzw. H auftreten und in dem die Ortsabhängigkeit der Feldstärken nicht mehr proportional $1/r$ verläuft. Dieses „innere" Nahfeld beginnt etwa in einer Entfernung von $4\lambda \ldots \lambda$ vor den Grenzschichten, die das Strahlungsfeld formen und erzeugen.
Bei einfachen, symmetrischen Antennen beschränkt man die Ermittlung der Strahlungscharakteristik auf eine Polarisationsart und auf die Amplitude der Strahlungsdichte entlang zweier, zueinander senkrechter Umfangslinien einer Fernfeldkugelfläche. Als Schnittpunkt beider Linien wird die Hauptstrahlrichtung der Antenne gewählt. Damit läßt sich die auf den Maximalwert bezogene Strahlungsdichte als Funktion des Winkels in zwei Diagrammen darstellen. Bei überwiegend linearer Polarisation spricht man vom Strahlungsdiagramm in der E-Ebene, wenn die Linie, entlang der gemessen wurde, in der Hauptstrahlrichtung parallel zur elektrischen Feldstärke verläuft; die dazu senkrechte Linie ergibt das Strahlungsdiagramm in der H-Ebene. (Beispiel: Bei einem $\lambda/2$-Dipol liegt der Antennenstab in der E-Ebene, d.h. dort ergibt sich eine Doppel-Acht-Charakteristik und in der H-Ebene ergibt sich ein Kreisdiagramm.)

Fernfeldmessung [19–22]. Entsprechend Bild 5 wird die zu messende Antenne um ihr Phasenzentrum herum gedreht. Sie wird dabei von einer einzigen ebenen Welle beleuchtet und die empfangene Leistung P_E wird als Funktion des Drehwinkels registriert. Um dem Idealfall einer einzigen ebenen Welle (keine Umgebungsreflexionen) möglichst nahe zu kommen, wird eine gut bün-

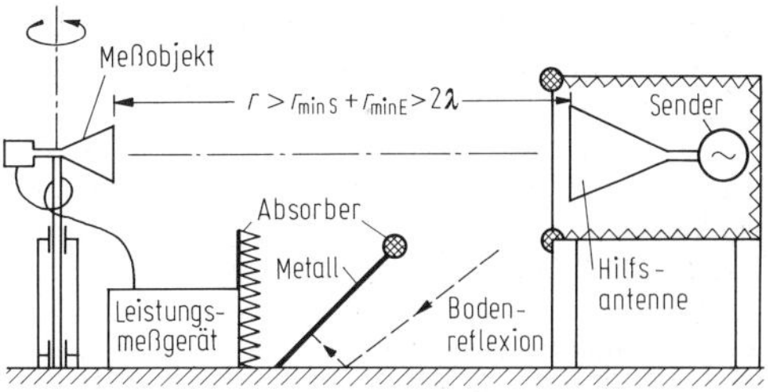

Bild 5. Messung des Strahlungsdiagramms

delnde Hilfsantenne benutzt. Die Fernfeldbedingung Gl. (1) muß für beide Antennen erfüllt sein. Obwohl die umgekehrte Übertragungsrichtung (die zu messende Antenne als Sendeantenne) im Idealfall zu gleichen Ergebnissen führt, sollte die Hilfsantenne senden, damit störende äußere Reflexionen unabhängig von der Drehbewegung bleiben. Innerhalb des Strahlungsfeldes der Hilfsantenne liegende Reflektoren müssen entweder mit absorbierendem Material verkleidet werden, oder die reflektierten Wellen müssen durch Metallschirme (Beugungskanten verkleidet) ausgeblendet werden (Bild 5). Umgebungseinflüsse lassen sich weiterhin eliminieren durch Auswerten der Laufzeit bei Pulsmessungen oder der Welligkeit bei mehreren CW-Messungen in einem größeren Frequenzbereich (s. I 4.9). Wenn Fremdeinstrahlungen stören, wird schmalbandig empfangen oder der Sender wird moduliert.
Kleine Antennen können in einem reflexionsarmen Raum gemessen werden (anechoic chamber), der gegen Fremdfelder geschirmt ist und dessen Innenwände allseitig mit absorbierendem Material verkleidet sind. Bei größeren Meßentfernungen wird im Freien, zwischen zwei Türmen, gemessen. Bei noch größeren Antennen (z.B. Radioastronomie) benutzt man Radiosterne als Hilfsantenne [13].

Nahfeldmessung [23–25]. Großflächige Mikrowellenantennen können auch im Nahfeld mit $r < r_{\text{min}}$ vermessen werden. Dabei wird die Feldstärkeverteilung in einer Ebene (bzw. Zylinder-, Kugelfläche) einige Wellenlängen vor der Antenne mit einer reflexionsarmen Feldsonde nach Betrag und Phase gemessen. Damit ist die Belegung einer fiktiven strahlenden Fläche ermittelt und aus dieser kann das Fernfelddiagramm berechnet werden [6]. Anstelle der Sonde kann auch ein kleiner Reflektor benutzt werden. An die Antenne wird über eine Sende-Empfangs-Weiche sowohl ein Sender als auch ein sehr empfindlicher Empfänger angeschlossen. Ohne Reflektor ist das Empfängersignal 0, mit Reflektor ist es proportional dem Quadrat derjenigen Feldkomponente am Ort des Reflektors, die von diesem reflektiert wurde. Zur Steigerung der Empfindlichkeit wird ein modulierter Reflektor benutzt

(z. B. mechanisch rotierender Dipol oder starrer Dipol mit pin-Diode bzw. Photodiode als schaltbarer Last) [7, 8].

Modellmessungen. Die Eigenschaften großer Antennen können an maßstäblich verkleinerten Modellen bei entsprechend erhöhter Frequenz untersucht werden. Allgemein müssen im Modell und im Original die Konstanten $K_1 = \mu_r \varepsilon_r l^2 f^2$ und $K_2 = \mu_r \kappa l^2 f$ jeweils gleich groß sein, wobei l die jeweiligen Lienearabmessung darstellt und ε_r, μ_r, κ die Materialeigenschaften von Antenne und Umgebung. Im einfachsten Fall ist κ näherungsweise ∞ bzw. 0, damit entfällt K_2 und die Abbildungsbeziehung lautet $l \sim 1/f$ bei unverändertem ε_r und μ_r.

Gewinn. Der Gewinn G kann über die Beziehung für die Ausbreitungsdämpfung zwischen zwei Antennen im freien Raum ermittelt werden.

$$P_E = P_S G_S G_E \lambda^2/(4\pi r)^2. \tag{2}$$

P_E ist die Empfangsleistung einer Antenne mit dem Gewinn G_E, wenn Hauptstrahlrichtung und Polarisation übereinstimmen mit einer Sendeantenne im Abstand $r > r_{\min,S} + r_{\min,E}$, die den Gewinn G_S hat und die Sendeleistung P_S aufnimmt (beide Antennen angepaßt an den jeweiligen Quell- bzw. Lastwiderstand, keine störenden Reflexionen im Bereich des Strahlungsfeldes).
a) Zwei gleiche Antennen: Wegen $G_E = G_S = G$ genügt eine Dämpfungsmessung:

$$G = 4\pi rt/\lambda \quad \text{mit} \quad t = \sqrt{P_E/P_S}.$$

Zur Empfängerkalibrierung auf Transmissionsfaktor $t = 1$ werden Sender und Empfänger ohne Antennen direkt miteinander verbunden.
b) Eine zu messende Antenne mit G_x und eine Referenzantenne mit bekanntem Gewinn G_{ref}: Es sind zwei Dämpfungsmessungen bei gleichem Abstand r durchzuführen. Messung 1 ergibt den Transmissionsfaktor t_{ref} in dB zwischen einer Hilfsantenne (Bild 5) und der Referenzantenne. Messung 2 ergibt t_x in dB zwischen dem Meßobjekt und der Hilfsantenne.

$$G_x/\mathrm{dB} = 0{,}5\,(t_x/\mathrm{dB} - t_{ref}/\mathrm{dB}) + G_{ref}/\mathrm{dB},$$
$$G/\mathrm{dB} = 10\,\lg G.$$

c) Drei Antennen mit unbekanntem Gewinn G_1, G_2, G_3: Es werden für jede Zweierkombination (also insgesamt drei) Dämpfungsmessungen durchgeführt (Meßentfernung r konstant):

$$G_1 = 4\pi r\, t_{12}\, t_{13}/(t_{23}\,\lambda).$$

Antennen unter 100 MHz, Mobilfunkantennen. Bei Antennen auf Fahrzeugen, an tragbaren Geräten und bei Antennen für große Wellenlängen ($f < 100$ MHz) ist die Rückwirkung der Umgebung (z. B. Oberflächenform des Flugzeugs, benachbarte Metallteile etc.) auf das Strahlungsdiagramm und die Eingangsimpedanz zu berücksichtigen. Messungen an verkleinerten Modellen und Messungen unter idealisierten Bedingungen sind in der Regel nicht ausreichend. Hinzu kommen sollten Übertragungsmessungen unter Betriebsbedingungen, die mit statistischen Methoden ausgewertet werden.

8.5 Messungen an Resonatoren

Resonator measurements

Grundlagen. Im Unterschied zu Resonanzkreisen mit diskreten Bauelementen ist bei Leitungsresonatoren, Hohlraumresonatoren und dielektrischen Resonatoren eine getrennte Behandlung von Parallelresonanz und Serienresonanz unzweckmäßig. Die Ortskurve der Eingangsimpedanz eines Resonators ist eine geschlossene Kreisschleife im Smith-Diagramm (Bild 6). Ihre Lage richtet sich nach der Länge der Ankoppelleitung und der Art der Ankopplung. Für die Güte des Resonators gilt

$$Q = \omega \cdot \text{Energieinhalt}/\sum \text{Verlustleistungen}.$$

Gemessen wird in der Regel die 3-dB-Bandbreite B (Bild 7). Daraus ergibt sich $Q = f_{res}/B$. Die Resonanzfrequenz f_{res} ist dadurch gegeben, daß im Abstand einer halben Periodendauer $T_{res} = 1/f_{res}$ jeweils die gesamte elektrische Feldenergie im Resonator in gleichviel magnetische Feldenergie umgewandelt wird und umgekehrt. Da die Resonanzfrequenz das geometrische Mittel der beiden 3-dB-Frequenzen ist (Bild 7) $f_{res} = \sqrt{f_1 f_2}$, liegt sie etwas unterhalb des Mittelwerts $(f_1 + f_2)/2 = f_{res}\sqrt{1 + 1/(4Q^2)}$. Für $Q > 11$ ist die Abweichung kleiner 1‰.
Bei den Verlustleistungen im Resonator sind zu berücksichtigen: Stromwärmeverluste in den Leiteroberflächen, dielektrische Verluste, Ab-

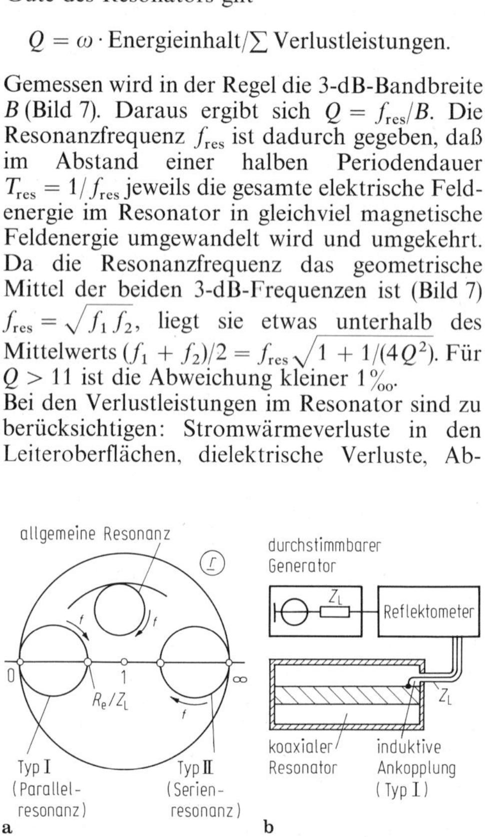

Bild 6. a Beispiele für den Verlauf der Ortskurve der Eingangsimpedanz Z_e eines Resonators im Smith-Diagramm; **b** Schaltungsbeispiel zur Ortskurve Typ I

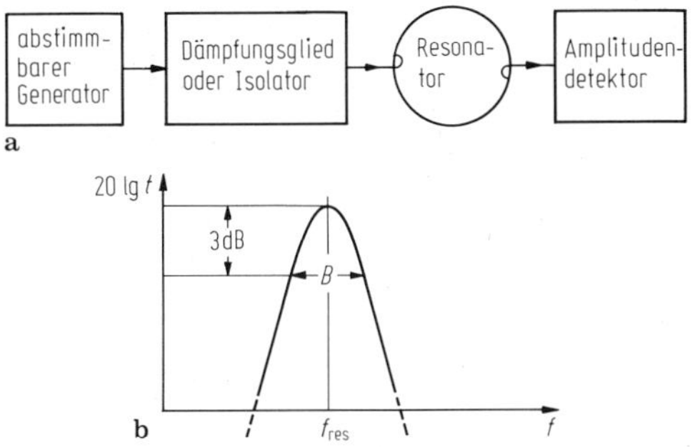

Bild 7. **a** Transmissionsmessung mit getrennter Ein- und Auskopplung; **b** Betrag des Transmissionsfaktors in der Umgebung der Resonanzfrequenz

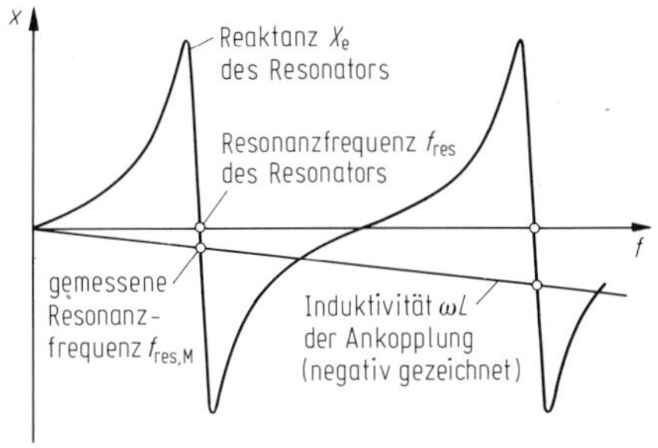

Bild 8. Imaginärteil der Eingangsimpedanz eines $p\lambda/2$-Leitungsresonators mit TEM-Welle (f_{res} bei $X_e = 0$) und Einfluß der Induktivität der Ankopplung auf die Resonanzfrequenz ($f_{res,M}$ bei $(X_e + \omega L_K) = 0$)

strahlungsverluste und Ankopplungsverluste; bei der Ermittlung des Energieinhalts: Feldenergie des Resonators, Feldenergie in der Einkopplung und Auskopplung, magnetische Feldenergie in den Leiteroberflächen. In Resonatoren hoher Güte können durch die, verglichen mit der Einspeisung um den Faktor Q vergrößert auftretenden Ströme, Spannungen und Feldstärken örtliche Erwärmungen oder Glimmentladungen auftreten. Weiterhin sind Störungen durch Temperaturdehnung und Mikrophonie zu berücksichtigen, Zusatzverluste durch Oberflächenrauhigkeit sowie Einflüsse durch Kondenswasser bzw. vom Dielektrikum aufgenommene Feuchtigkeit. Benachbarte Resonanzen sollten ausreichend weit entfernt sein. Als Kriterium dafür kann benutzt werden, daß die betrachtete Kurve unterhalb und oberhalb der Resonanzfrequenz (z. B. über einen Bereich von 20 dB) symmetrisch verläuft.

Bei Messungen an Resonatoren hoher Güte müssen hochstabile, spektral reine Generatorsignale benutzt werden, ohne Harmonische, da im Resonator bei Vielfachen der Meßfrequenz in der Regel ebenfalls Resonanzen auftreten, und ohne Modulation (Diodenmeßkopf mit DC-Detektion), sofern die Resonatorbandbreite kleiner ist als die doppelte Modulationsfrequenz. Das Spektrum des Generatorsignals muß immer wesentlich schmaler als die Resonanzkurve des Meßobjekts sein.

Belastung durch die Ankopplung. Durch die zur Messung notwendige Ankopplung an den Resonator werden Resonanzfrequenz und Güte verändert. Bild 8 zeigt am Beispiel der Eingangsimpedanz eines $p\lambda/2$-Leitungsresonators mit TEM-Welle, daß die Resonanzfrequenz durch induktive Ankopplung erhöht wird. Entsprechend verringert sie sich bei kapazitiver Ankopplung (Korrektur z. B. durch Mittelwertbildung der Ergebnisse beider Ankopplungsarten). Bei Resonatoren, die unterhalb der Resonanzfrequenz kapazitiv sind, kehren sich die Verhältnisse um.

Die gemessene Güte Q_M ist aufgrund der Ankopplungsverluste immer kleiner als die unbelastete Güte Q_0. Bei einer Lage der Resonanzschleife im Smith-Diagramm entsprechend der Parallelresonanz in Bild 6, läßt sich ein Koppelfaktor $k = R_e/Z_L$ definieren, der im Fall einer Transmissionsmessung mit Ein- und Auskopplung in $k = k_1 + k_2$ zerlegt werden kann. Die Leerlaufgüte Q_0 ergibt sich damit zu

$$Q_0 = Q_M(1 + k_1 + k_2) = Q_M(1 + k).$$

Für den Sonderfall $k = 1$ ist der Resonator bei Resonanz an die ankoppelnde Leitung angepaßt (kritische Kopplung). Die Kopplung k läßt sich z. B. einstellen durch Ankoppelelemente, deren Eintauchtiefe in den Resonanzraum variiert werden kann, und durch verdrehbare Koppelschleifen (s. Bild I 1.7). In der Regel mißt man bei loser Kopplung, so daß die gemessenen Werte für f_{res} und Q näherungsweise gleich denen des unbelasteten Resonators sind.

Meßverfahren. Am gebräuchlichsten ist die *Transmissionsmessung* mit getrennter Ein- und Auskopplung (Bild 7). Der Koppelfaktor ergibt sich aus dem Transmissionsfaktor t bei Resonanz zu

$$k = k_1 + k_2 = t/[2(1 - t)].$$

Die unbelastete Güte ist $Q_0 = Q_M/(1 - t)$. Der relative Fehler der Gütemessung ist $\delta(Q) = -t$, so daß bei einer Durchgangsdämpfung von 40 dB die gemessene Güte um 1% unter der Leerlaufgüte liegt. Anstelle des Betrags von t, der bei $f = f_{res}$ ein Maximum hat und damit die Steigung 0, kann u. U. zur genaueren Bestimmung von f_{res} der Phasengang $\varphi_t(t)$ herangezogen werden, der bei $f = f_{res}$ seine größte Steigung hat. Zwischen Generator und Resonator ist in der Regel eine Entkopplung notwendig (Bild 7), um

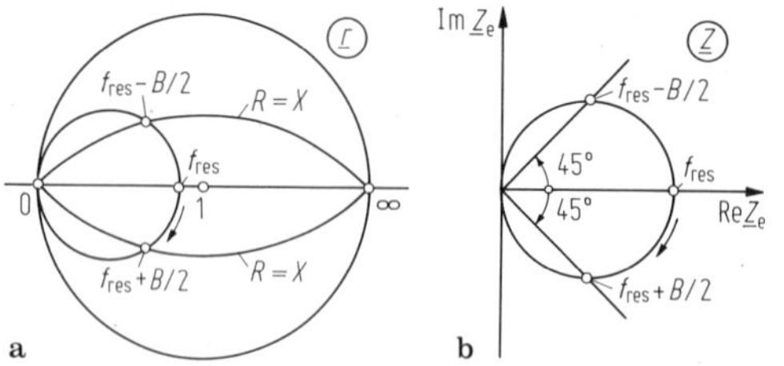

Bild 9. Bestimmung von Güte und Resonanzfrequenz aus der Ortskurve der Eingangsimpedanz. **a** Reflexionsfaktorebene (Smith-Diagramm); **b** Impedanzebene

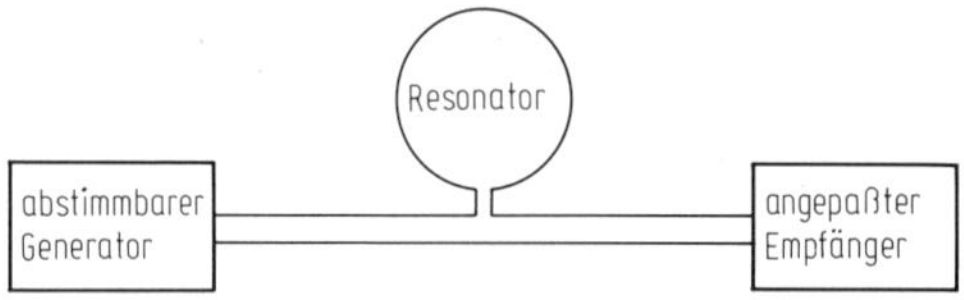

Bild 10. Transmissionsmessung mit einer Ankopplung

Mitzieheffekte beim Abstimmen des Generators zu vermeiden. Bei Wobbelmessungen muß die Wobbelgeschwindigkeit langsam genug gewählt werden, um den Resonator vollständig einschwingen zu lassen (vgl. I 5.4).

Aus der Ortskurve der Eingangsimpedanz ergibt sich f_{res} aus der Symmetrieebene der Kreisschleife und die Bandbreite B aus der Bedingung $\mathrm{Re}\{Z_e\} = \mathrm{Im}\{Z_e\}$ bzw. $\varphi(Z_e) = 45°$ (Bild 9).

Bei der losen Ankopplung eines Resonators an eine durchgehende Leitung (Bild 10) tritt bei Resonanz ein Minimum des Transmissionsfaktors auf; Formeln in [9]. Der Einfluß der Verbindung zwischen Durchgangsleitung und Resonator muß u. U. berücksichtigt werden.

Modulationsverfahren. Im Meßaufbau nach Bild 7 kann die Bandbreite auch dadurch bestimmt werden, daß der Generator fest auf f_{res} abgestimmt ist und die Modulationsfrequenz (AM oder FM mit kleinem Modulationsindex) verändert wird. In den 3-dB-Punkten haben die demodulierten Signale vor und hinter dem Resonator jeweils 45° Phasenverschiebung.

Bei sehr großen Güten kann die Messung im Zeitbereich durchgeführt werden. Der Generator wird auf $f = f_{res}$ eingestellt und pulsmoduliert. Der Rechteckimpuls als Hüllkurve der Pulsmodulation wird beim Durchlaufen des Resonators verzerrt. Die Zeitkonstante $T = Q/(\pi f_{res}) = 1/(\pi B)$ beim Einschwingen bzw. Abklingen der Hüllkurve des Ausgangssignals kann z. B. mit einem Oszilloskop gemessen werden.

Leitungsresonatoren. Eine Leitung mit dem Dämpfungsmaß α und der Energiegeschwindigkeit v_E hat als Leitungsresonator die Güte $Q = \pi f_{res}/(\alpha v_E)$. Für TEM-Wellenleiter wird daraus $Q = \pi/(\alpha \lambda_z)$. Dabei sind die Zusatzverluste in den Enden des Resonators und durch die Ankopplung nicht berücksichtigt. Die Güte eines Resonators der Länge $p\lambda/2$ ist unabhängig von p. Sofern die gemessene Güte Q ausschließlich auf Stromwärmeverluste in den Leiteroberflächen zurückzuführen ist und die Wandstärke groß gegen das Eindringmaß ist, ergibt sich die Veränderung der Resonanzfrequenz aufgrund der induktiven Oberflächenimpedanz (Skineffekt) der Wände zu $\Delta f = f_{res}/(2Q - 1)$.

Messung von Materialeigenschaften ($\underline{\varepsilon}_r$, $\underline{\mu}_r$) mit Resonatoren in [26–30].

8.6 Messungen an Signalquellen

Source measurements

Linien konstanter Ausgangsleistung. Zur Messung der Ausgangsleistung eines Generators oder eines Verstärkers als Funktion der Lastimpedanz kann eine Schaltung nach Bild 11 benutzt werden [31]. Der Netzwerkanalysator zeigt die als jeweilige Belastung eingestellte Impedanz an. Die von der Signalquelle abgegebene Leistung ist $P_{Hin} - P_{Rück}$. Die Kurven konstanter Ausgangsleistung (load-pull-diagram; Rieke-Diagramm) werden punktweise aufgenommen. Zusätzlich sollte die Frequenz der Signalquelle überwacht werden bzw. das Spektrum des Ausgangssignals, um unerwünschte Betriebszustände eindeutig identifizieren zu können.

Innenwiderstand der Signalquelle. Zur Messung der Quellenimpedanz $\underline{Z}_G$ kann die Bedingung benutzt werden, daß bei Abschluß mit $\underline{Z} = \underline{Z}_G^*$ maximale Leistungsabgabe erfolgt. Dies entspricht der Anzeige $P_{Hin} - P_{Rück}$ = Max. im Meßaufbau nach Bild 11. Sofern nur $\underline{Z}_G$ gesucht ist, wird nach dem Maximumabgleich der gesamte Meßaufbau von der Signalquelle getrennt und seine Eingangsimpedanz $\underline{Z}_G^*$ mit einem Netzwerkanalysator gemessen.

Wobbelmessung der Quellenanpassung. Für gut angepaßte Quellen, die mit einem Kurzschluß vermessen werden können, ist der Meßaufbau nach Bild 12 einsetzbar. Wenn am Richtkopplerausgang eine Last mit $\underline{r}_L$ angeschlossen ist, wird die rücklaufende Welle an der Signalquelle reflektiert ($\underline{r}_L \underline{r}_G$) und am Nebenarm des Richtkopplers erscheint $1 + \underline{r}_L \underline{r}_G$. Wenn das Dämpfungsglied die Dämpfung a_0 hat, wird die vom Detektor gemessene Leistung proportional zu $20 \lg |1 + \underline{r}_L \underline{r}_G| - a_0$. Zum Zeichnen von Kalibrierlinien auf dem X-Y-Schreiber wird ein reflexionsfreier Abschluß angeschlossen ($\underline{r}_L = 0$). Die Linie, die idealer Quellenanpassung entspricht, ergibt sich mit dem Dämpfungsglied in Stellung a_0. Dann wird das Dämpfungsglied um jeweils

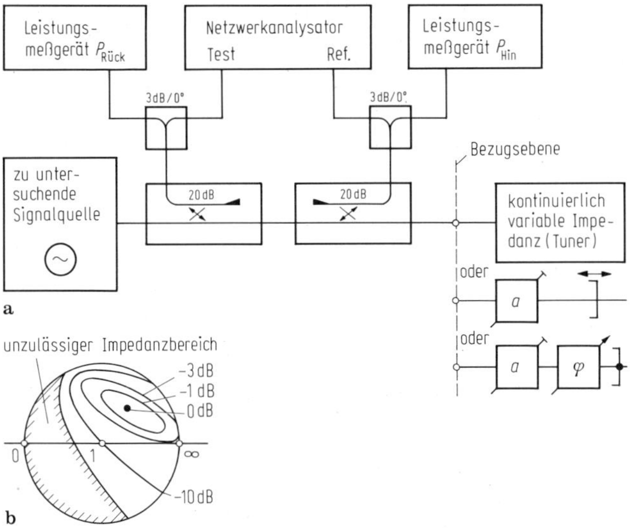

Bild 11. Messung der Ortskurven konstanter Ausgangsleistung. **a** Meßaufbau; **b** Meßergebnis

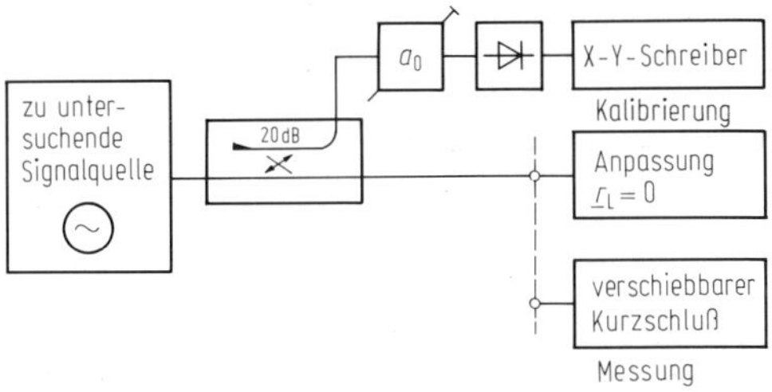

Bild 12. Wobbelmessung der Quellenanpassung

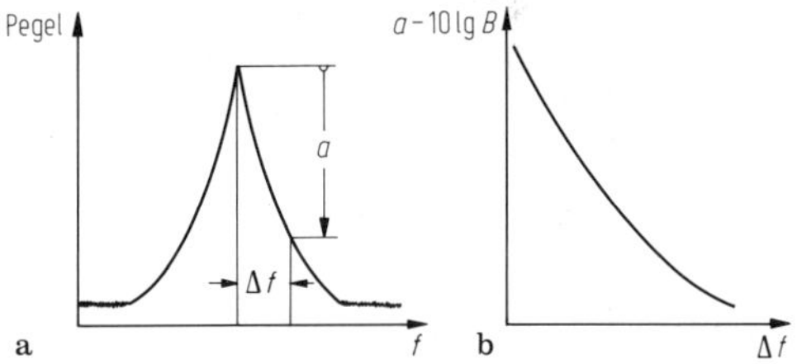

Bild 13. Erläuterung des Phasenrauschens eines Oszillators am Beispiel der Messung des Rauschspektrums mit dem HF-Spektrumanalysator. **a** Anzeige am Spektrumanalysator (Meßbandbreite B); **b** Phasenrauschen in dBc in 1 Hz als Funktion des Abstands Δf vom Träger

1 dB verkleinert bzw. vergrößert und die zugehörigen Kalibrierlinien werden gezeichnet. Zur Messung wird ein verschiebbarer Kurzschluß angeschlossen (Dämpfungsglied in Stellung a_0) und während eines Wobbelhubs möglichst häufig um mehr als $\lambda/4$ hin- und hergeschoben. Mit $r_L = -1$ entsprechen die Maxima und Minima der Meßkurve einer Abweichung von der idealen Quellenanpassung entsprechend $20 \lg(1 \pm r_G) - a_0$.

Phasenrauschen.
Bei der Beschreibung der Frequenzstabilität eines Oszillators unterscheidet man zwischen Langzeitstabilität und Kurzzeitstabilität. Die Langzeitstabilität wird als relative Frequenzabweichung innerhalb eines festen Zeitraums (1 Stunde bis 1 Jahr) angegeben, z. B. in der Form ± 16 ppm/Tag $= \pm 16 \cdot 10^{-6}$/Tag. Zur Messung wird der Momentanwert der Frequenz als Funktion der Zeit registriert, z. B. mit einem Frequenzmesser mit Analogausgang und angeschlossenem x-t-Schreiber oder mit einem Spektrumanalysator mit Speicherbildschirm. Frequenzschwankungen in Zeiträumen von wenigen Sekunden und darunter werden als Frequenz- bzw. Phasenmodulation durch ein Rauschsignal interpretiert (Rausch-FM) und Phasenrauschen genannt [32, 33].

Messung mit dem HF-Spektrumanalysator. Sofern das Amplitudenrauschen des Oszillators (Rausch-AM) vernachlässigbar ist und das Phasenrauschen des Meßobjekts größer ist als das des ersten Überlagerungsoszillators im Spektrumanalysator, kann entsprechend Bild 13 der Betrag des FM-Spektrums gemessen und dargestellt werden. Die Seitenbandamplitude im Abstand Δf vom Träger wird relativ zum Träger abgelesen (z. B. -30 dBc in 10 kHz Abstand) und mit der Empfängerbandbreite B auf 1 Hz Meßbandbreite umgerechnet (Ablesewert $-10 \lg (B/\text{Hz})$). Dieser Zahlenwert mit der Einheit dBc in 1 Hz (häufig auch dBc/Hz), beschreibt das Phasenrauschen des Oszillators im Abstand Δf vom Träger. Zur exakten Auswertung muß die Leistungsdichte auf die Gesamtleistung des

Oszillators bezogen werden:

$$\text{Phasenrauschen in dBc in 1 Hz} = 10 \lg \frac{P_1}{P},$$

P_1 = Einseitenbandleistungsdichte in 1 Hz in W,
P = Gesamtleistung in W.

Messung mit NF-Frequenzzähler. Das zu untersuchende Oszillatorsignal wird mit einem Mischer und einem stabileren Referenzoszillator in eine niedrigere Frequenz f_{NF} umgesetzt. Aus der zeitlichen Änderung von f_{NF} und aus der Meßzeit des Zählers wird das Phasenrauschen berechnet. Das Verfahren eignet sich für Messungen in unmittelbarer Nähe des Trägers ($\Delta f < 100$ Hz ... 10 kHz).

Messung mit FM-Demodulator. Bild 14 zeigt mögliche Meßaufbauten. Die Rauschgrenze steigt zum Träger hin mit $1/\Delta f^2$, so daß Quellen mit sehr kleinem Phasenrauschen nicht mehr gemessen werden können (Grenzwert z.B. − 100 dBc in 1 Hz bei $\Delta f = 1$ kHz). Als FM-Demodulator werden Diskriminatorbrücken, Resonatoren hoher Güte oder Verzögerungsleitungen mit Mischer als Phasendetektor benutzt. Innerhalb des Betriebsbereichs des Demodulators hat eine Frequenzdrift des Oszillators keinen Einfluß. Die Kalibrierung erfolgt z.B. mit einem FM-modulierten Testsignal mit bekannter Seitenbandamplitude (< 20 dBc). Der FM-Demodulator mit Verzögerungsleitung ist wenig empfindlich gegen AM-Rauschen. (Zur Messung des AM-Rauschens wird der Phasenschieber auf 0° gestellt.) Die Größe der Verzögerungszeit ergibt sich aus $\tau < 0{,}07/\Delta f$ für Meßfehler < 1% [10, 11].

Messung mit Referenzquelle. Das zu untersuchende Signal wird mit einem Referenzsignal gleicher Frequenz und größerer Stabilität auf die Zwischenfrequenz 0 umgesetzt. Bei 90° Phasenverschiebung zwischen beiden Signalen erscheint am Mischerausgang nur das Phasenrauschen (Bild 15). Mit diesem Verfahren werden die größten Empfindlichkeiten erreicht (z.B. − 126 dBc in 1 Hz bei $\Delta f = 1$ kHz) [12].

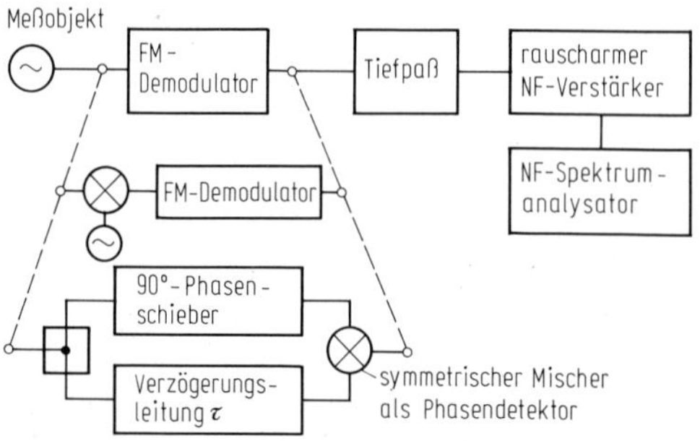

Bild 14. Messung des Phasenrauschens mit FM-Demodulator

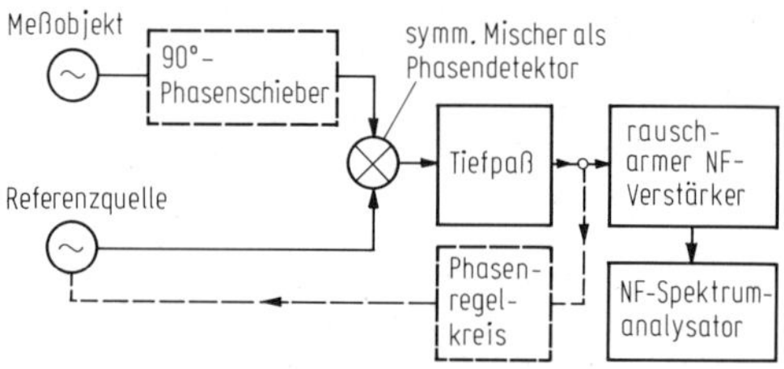

Bild 15. Messung des Phasenrauschens mit Referenzquelle und Phasendetektor

Externe Güte eines Oszillators.
Die nach außen wirksame Güte Q_{ext} eines HF-Oszillators (Frequenz f, Leistung P) kann ermittelt werden durch Messen des Frequenzbereichs Δf, in dem seine Frequenz von einem durchstimmbaren Referenzoszillator mitgezogen wird (frequency pull; injection phase-lock). Bei Überkopplung einer Leistung P_{ref} gilt $Q_{ext} = 2f\sqrt{P_{ref}/P}/\Delta f$ (Bild 16).

Spezielle Literatur: [1] *Kraus, A.:* Einführung in die Hochfrequenzmeßtechnik. München: Pflaum 1980. – [2] *Groll, H.:* Mikrowellenmeßtechnik. Wiesbaden: Vieweg 1969. – [3] *Adam, S. F.:* Microwave theory and applications. Englewood Cliffs: Prentice Hall 1969. – [4] *Schuon, E.; Wolf, H.:* Nachrichten-Meßtechnik. Berlin: Springer 1987. – [5] *Rubin, R.* In: *Jasik, H.:* Antenna engineering handbook. New York: McGraw-Hill 1961. – [6] *Grimm, K. R.:* Antenna analysis by near-field measurements. Microwave J. No. 4 (1976) 43–45, 52. – [7] *King, R. J.:* Microwave homodyne systems. Stevenage: Peregrinus 1978. – [8] *Colligon, G.* et al: Quick microwave field mapping for large antennas. Microwave J. No. 12 (1982) 129–132. – [9] *Tischer, F. J.:* Mikrowellen-Meßtechnik. Berlin: Springer 1958. – [10] *Schiebold, C.:* Theory and design of the delay line discriminator for phase noise measurements. Microwave J. No. 12 (1983) 103–112. – [11] *Labaar, F.:* New discriminator boosts phase-noise testing. Microwaves No. 3 (1982) 65–69. – [12] *Hewlett-Packard Product Note 11 729 B-1:* Phase noise characterization of microwave oscillators (1983). – [13] *Kuz'min, A. D.; Salomonovich, A. E.:* Radioastronomical methods of antenna measurements. New York: Academic Press 1966. – [14] *Landstorfer, F.; Schöffel, P.:* Eine Sonde zur Vermessung räumlicher elektromagnetischer Felder nach Betrag und Phase. Frequenz

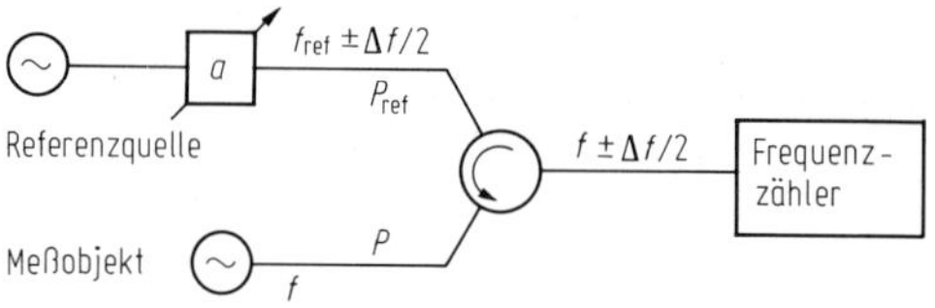

Bild 16. Injektionsphasensynchronisierung ($P_{ref} \ll P$)

38 (1984) 224–230. – [15] *Zimmer, G.; Wunder, H. G.:* Drahtlose H-Feldsonde für VHF und UHF mit Laser als optischem Sender. Frequenz 39 (1985) 272–277. – [16] *Bassen, H. I.; Smith, G. S.:* Electric field probes – A review. IEEE-AP 31 (1983) 710–718. – [17] *Cuny, R. D.:* H-Feld-Meßsonde. Frequenz 38 (1984) 72–73. – [18] *Hoff, D.; Türkner, R. H.:* Feldstärkemeßsonde zur Beurteilung der Personengefährdung im Nahfeld von leistungsstarken Funksendern. Rundfunktechn. Mitteilungen 27 (1983) 171–178. – [19] *Stirner, E.:* Antennen, Bd. 3: Meßtechnik. Heidelberg: Hüthig 1985. – [20] *Hollis, J. S.; Lyon, T. J.; Clayton, L.* (Hrsg.): Microwave antenna measurements. Atlanta, GA: Scientific Atlanta 1970. – [21] *Rudge/Milne/Olver/Knight* (Hrsg.): The bandbook of antenna design. 2. Aufl. London: Peter Peregrinus 1986. – [22] *Evans, G. E.:* Antenna measurement techniques. Dedham, MA: Artech House 1990. – [23] *Hansen, J. E.* (Hrsg.): Spherical near-field antenna measurements. London: Peter Peregrinus 1988. – [24] *Joy, E. B.:* Near-field testing of radar antennas. Microwave J., Jan. (1990) 119–130. – [25] Special issue on nearfield measurements: IEEE-AP, Jun. 1988. – [26] *Deutsch, J.; Lange, K.:* Bestimmung der dielektrischen Eigenschaften von Substraten für Mikrowellen-Streifenleitungen mittels zylindrischer Hohlraumresonatoren. Frequenz 35 (1981) 220–223. – [27] *Traut, R. G.:* Modify test fixtures to determine PTFE dielectric constant. Microwaves & RF, Febr. (1988) 115–124. – [28] *Kent, G.:* Dielectric resonances for measuring dielectric properties. Microwave J., Oct. (1988) 99–114. – [29] *Woolaver, G. I.:* Accurately measure dielectric constant of soft substrates. Microwaves & RF, Aug. (1990) 153–158. – [30] *Mayercik, M. E.:* Resonant microstrip rings aid dielectric material testing. Microwaves & RF, Apr. (1991) 95–102. – [31] *Pollard/Pierpoint/Maury/Simpson:* Programmable tuner system characterizes gain and noise. Microwaves & RF, May (1987) 265–269. – [32] *Merigold, C. M. in Feher, K.* (Hrsg.): Telecommunications – measurements, analysis and instrumentation. New York: Prentice-Hall 1987. – [33] *Faulkner, T. R.:* Residual phase noise measurement. Microwave J. (1989) State of the art reference, 135–143.

9 Hochfrequenzmeßtechnik in speziellen Technologiebereichen
RF-measurements in specific technologies

9.1 Microstripmeßtechnik
Measurements in microstrip

In Microstriptechnik lassen sich die für die Netzwerkanalyse benötigten Eichnormale Leerlauf, Kurzschluß und verschieblicher Abschluß nicht bzw. nicht so präzise wie in der Koaxialtechnik herstellen [14, 16]. Da zudem Steckverbindungen bzw. lösbare Flanschverbindungen zwischen Microstripleitungen fehlen, ist man auf Übergänge zu Koaxialleitungen bzw. Hohlleitern angewiesen. Mit dem Impulsreflektometer lassen sich Übersichtsmessungen durchführen und unerwünschte Störstellen orten. Die gemessenen Reflexionsfaktoren sind Mittelwerte über den gesamten Frequenzbereich. Meßleitungsverfahren mit längsverschieblichen Sonden, die das Feld über der Microstripleitung ausmessen, sind problematisch. Da z. B. für $\varepsilon_r \geq 10$ über 95% der Energie im Dielektrikum geführt wird, ist das Außenfeld der Leitungswelle schwach. Die Längskomponenten des Magnetfeldes und die von Inhomogenitäten abgestrahlten Felder erschweren die Messung. Die direkte Ermittlung des Dämpfungsmaßes α durch Messen des Transmissionsfaktors t ist nur zweckmäßig, wenn der Meßwert wesentlich größer ist als die Meßfehler durch (Mehrfach-)Reflexionen und Abstrahlung. Die konstanten Adapterverluste lassen sich von den längenproportionalen Leitungsverlusten trennen durch die Messung zweier ungleich langer Leitungen. Für die Meßwerte t_1 und t_2 in dB bei Längen l_1 und l_2 in cm ergibt sich

$$\alpha \text{ in dB/cm} = (t_2 - t_1)/(l_2 - l_1).$$

Zur genaueren Bestimmung der Wellenlänge λ und des Dämpfungsmaßes α der Quasi-TEM-Grundwelle werden Resonatormessungen (s. I 8.5) ausgewertet [1–4].

Linearer Resonator. Durch das Streufeld an den beiden leerlaufenden Enden des Resonators treten Meßfehler auf. Durch die Messung zweier verschieden langer Resonatoren (Bild 1 a) läßt sich dieser eliminieren [5].

Kreisringresonator. Durch Verwendung eines Kreisringresonators (Bild 1 b) entfällt das Streufeldproblem [6, 17]. Der Einfluß der Krümmung kann entweder durch Berechnung des Wellenfeldes [1] berücksichtigt werden, oder er entfällt dadurch, daß man kleine Krümmungsradien vermeidet und $D \gg w$ wählt.
In [7] ist ein Verfahren beschrieben, bei dem mit einem Netzwerkanalysator in Koaxialtechnik vier gleichartige, leerlaufende Leitungen unter-

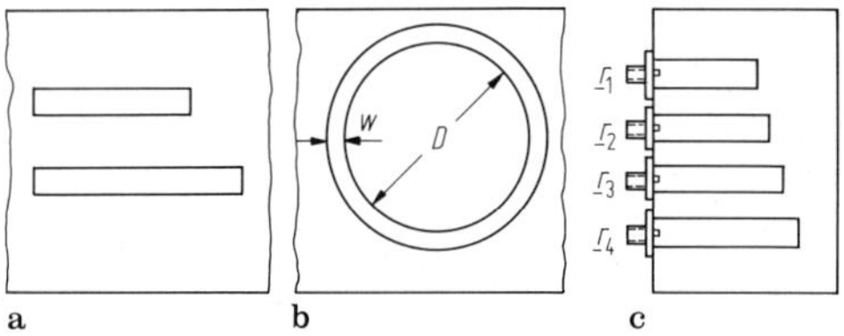

Bild 1. Resonatormessungen bei Microstripleitungen. **a** zwei lineare Resonatoren (Länge $n\lambda/2$); **b** Ringresonator (Umfang $n\lambda$); **c** vier leerlaufende Leitungen

Spezielle Literatur Seite I 49

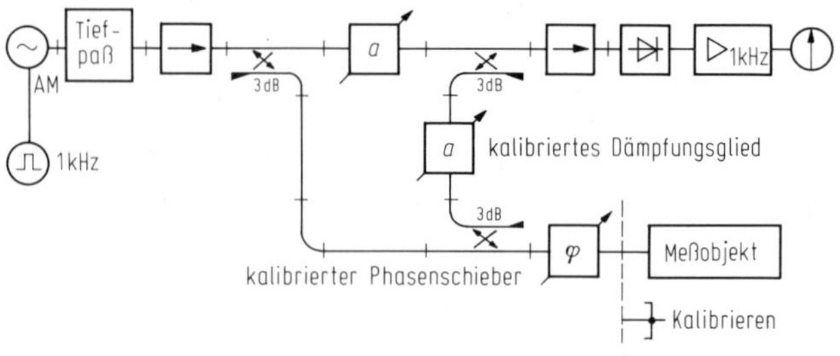

Bild 2. Hohlleiterbrücke zur Messung von Betrag und Phase des Reflexionsfaktors $\underline{r}$

schiedlicher Länge gemessen werden (Bild 1c). Aus den vier Reflexionsfaktoren wird das Phasenmaß β berechnet, wobei der Einfluß des nichtidealen Leerlaufs und des Adapters durch die Bildung des Doppelverhältnisses der vier komplexen Zahlen entfällt.

Bei allen Messungen an Schaltungen in Microstriptechnik sollten folgende Problembereiche beachtet werden: definierte Umgebungsbedingungen (Gehäusedeckel), Abstrahlung von überbreiten Leiterstreifen, saubere Kontaktierung ohne transformierende Umwege zwischen Substratmasse und Gehäuse- bzw. Komponentenmasse, Hohlraumresonanzen im Gehäuse, Feuchtigkeitsaufnahme bei weichen Substraten bzw. Kondenswasserbildung und thermisch, mechanisch hervorgerufene Unterbrechungen.

9.2 Hohlleitermeßtechnik

Waveguide measurements

Standard-Rechteckhohlleiter umfassen den Frequenzbereich von 1 GHz bis 220 GHz bei Querschnittsabmessungen von 16 cm × 8 cm bis 1,3 mm × 0,65 mm (Doppelsteghohlleiter von 1 bis 40 GHz). Am häufigsten eingesetzt wird der Hohlleiter R 100, mit dem Betriebsfrequenzbereich 8,2 bis 12,4 GHz (X-Band). Dementsprechend steht hier die größte Auswahl an Präzisionskomponenten für die Meßtechnik zur Verfügung. Kennzeichnend für Messungen in Hohlleitertechnik ist, daß bei Wechsel des Hohlleiterfrequenzbandes fast alle Komponenten der Meßaufbauten ausgetauscht werden müssen, da sie jeweils nur für einen Hohlleiterquerschnitt geeignet sind. Wegen der geringen relativen Bandbreite von 40% bei Rechteckhohlleitern (80 bis 94% bei Doppelsteghohlleitern) lassen sich viele Komponenten mit höherer Präzision realisieren als bei anderen Leitungsformen (z. B. Richtkoppler mit 50 dB Richtwirkung, Abschlußwiderstände mit $r < 0{,}5\%$, Dämpfungsglieder und Phasenschieber mit $r < 2{,}5\%$), was besonders im Bereich von 8 bis 26 GHz zu höherer Meßgenauigkeit ohne zusätzlichen Aufwand führt.

Harmonische der Signalgeneratoren werden durch Tiefpaßfilter beseitigt, NF-Störungen und Netzbrumm durch isolierende Folien zwischen zwei Planflanschen. Ein Leerlauf ist nicht realisierbar; als Kalibriernormal mit r zwischen 0 und 1 (VSWR-Standard) dienen Hohlleiter mit Querschnittsprung, deren Eigenschaften mit den aus den geometrischen Abmessungen berechneten gut übereinstimmen. Bei Meßaufbauten führt die starre Leitergeometrie häufig zu Passungsproblemen. Zu beachten sind Einflüsse durch Wärmedehnung der Leitungen sowie Reflexionsstörungen durch unsauber montierte Flanschverbindungen. Für genaue Messungen werden Planflansche benutzt.

Netzwerkanalyse. Für Betragsmessungen werden Richtkoppler eingesetzt, in Schaltungen entsprechend Bild I 4.1. Für Messungen von $\underline{r}$ und $\underline{t}$ nach Betrag und Phase lassen sich wegen der geringen Bandbreiten und der frequenzunabhängigen, wiederverwendbaren Rechnerprogramme besonders günstig Sechstor-Meßverfahren anwenden [8–10], außerdem Brückenschaltungen (Bild I 3.9) und Netzwerkanalysatoren mit Zweikanalmischern (Bild I 3.8b). Bild 2 zeigt eine Brücke zur punktweisen Messung von Betrag und Phase des Reflexionsfaktors. Die Kalibrierung erfolgt mit einem Kurzschluß. Zur Steigerung der Empfindlichkeit wird NF-Substitution benutzt. Bild 3 zeigt eine Brücke für Wobbelmessungen mit ZF-Substitution [11]. Um einen handelsüblichen, koaxialen Netzwerkana-

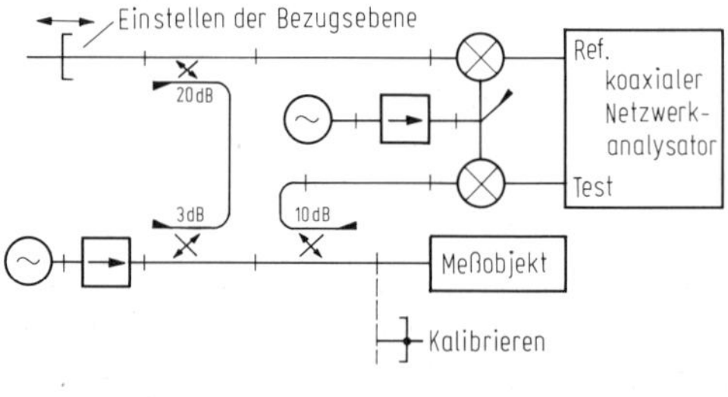

Bild 3. Messung von Betrag und Phase des Reflexionsfaktors $\underline{r}$ im Millimeterwellenbereich mit zusätzlicher Frequenzumsetzung

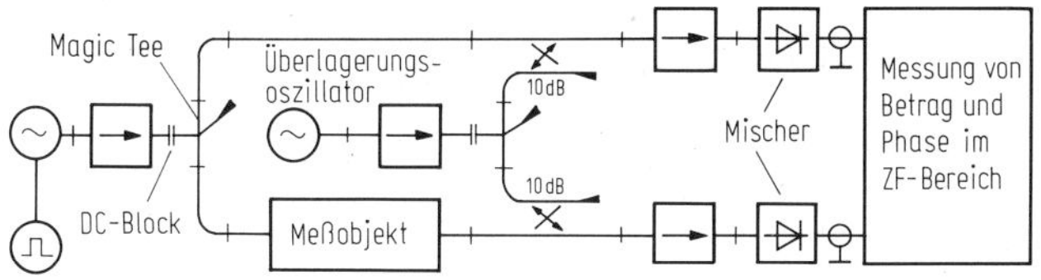

Bild 4. Messung von Betrag und Phase des Transmissionsfaktors $\underline{t}$ im Millimeterwellenbereich mit zusätzlicher Frequenzumsetzung

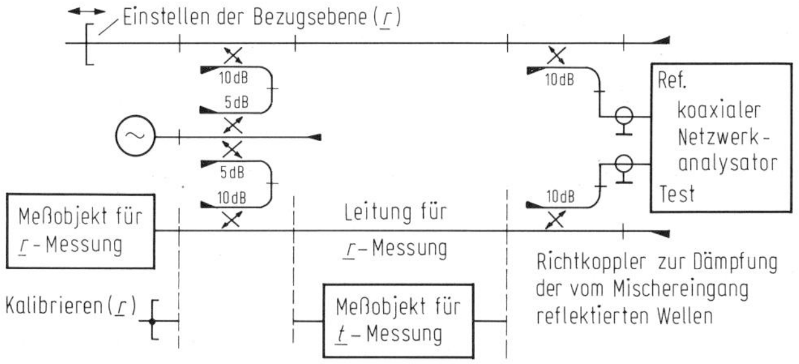

Bild 5. Meßbrücke für $\underline{r}$ mit angeschlossenem koaxialen Netzwerkanalysator (bis 60 GHz)

lysator (mit Zweikanalmischer) einsetzen zu können, wird für höhere Frequenzen eine weitere Frequenzumsetzung vorgeschaltet (Bild 4). Die Hohlleiterbrücke in Bild 5 ist für Wobbelmessungen des Reflexionsfaktors $\underline{r}$ geeignet. Zur Messung des Transmissionsfaktors $\underline{t}$ wird der gesamte linke Schaltungsteil ersetzt durch einen Generator mit angeschlossener angepaßter, entkoppelter E-H-Verzweigung (Magic Tee), wie in Bild 4. Damit wird die für diese Messung notwendige Quellenanpassung erreicht.
Bei beiden Meßaufbauten lassen sich systematische Fehler des Meßaufbaus (z.B. durch Übergänge auf Koaxialleitung) mit rechnerischer Fehlerkorrektur beseitigen (s. I 4.2).

9.3 Lichtwellenleiter-Meßtechnik
Optical fiber measurement techniques

Im interessierenden Wellenlängenbereich der Optoelektronik von 600 nm (200 nm) bis 1.800 nm werden Monomodefasern, Gradientenfasern und Stufenindexfasern unterschiedlichster Abmessungen benutzt. Am häufigsten eingesetzt wird die Gradientenfaser G 50/125 mit 50 μm Kern- und 125 μm Manteldurchmesser. Bei den Wellenlängenbereichen sind 850 nm am gebräuchlichsten, gefolgt von 1.300 nm und 1.550 nm. Insofern sind viele Komponenten und Meßgeräte nur für einen Fasertyp und/oder nur für eine Wellenlänge einsetzbar [12, 13, 15].

Lichtquellen. Als nicht in der Frequenz veränderbare Quellen werden lichtemittierende Dioden (LED, Lumineszenzdiode) mit einer spektralen Breite von 20 bis 150 nm, Laserdioden (Halbleiterlaser) mit etwa 1 bis 2 nm, sowie kohärente, monochromatische Gaslaser eingesetzt. Für Wobbelmessungen stehen abstimmbare Farbstofflaser oder Weißlichtquellen (Halogen-, Xenonlampen) mit vorgeschaltetem, abstimmbarem Bandpaß (Monochromator, spektrale Breite 2 bis 8 nm) zur Verfügung. Wobbelgeneratoren mit Laserdioden für die Netzwerkanalyse haben Durchstimmbereiche bis zu 100 GHz.
Über Lichtwellenleiter werden praktisch ausschließlich digitale Signale übertragen. Die Signalquellen werden zu diesem Zweck intensitätsmoduliert (ein- und ausgeschaltet). Die maximal erreichten Pulsfolgefrequenzen liegen bei 25 GHz mit InGaAsP-Lasern.

Lichtempfänger, Leistungsmessung. Zur Umwandlung von Lichtsignalen in elektrischen Strom dienen Photo-Pin-Dioden und Photo-Lawinen-Dioden (APD) aus Si, Ge, PbS oder GaAs. Pin-Dioden aus Ge und Si zeigen einen näherungsweise linearen Zusammenhang zwischen Strom und einfallender Lichtleistung (Dynamikbereich etwa 60 dB, Meßbereich bis – 80 dBm) und Grenzfrequenzen bis 100 bzw. 300 MHz. Mit InGaAs-Pin-Dioden werden 36 GHz erreicht. Lawinendioden zeigen geringere Linearität, weniger Rauschen und Verstärkungs-Bandbreite-Produkte bis 200 GHz.

Dämpfungsmessung.
Bild 6 zeigt den Aufbau eines Senders für Messungen an Gradientenfasern. Die Lichtquelle wird moduliert, um das Empfangssignal mit einfachen Mitteln selektiv verstärken zu können (NF-Substitution). Zur Erzeugung definierter Einkoppelbedingungen in der Bezugsebene der Messung wird eine Vorlauffaser (vom gleichen Typ wie das Meßobjekt) benutzt. Damit soll sich am Senderausgang eine gleichmäßige Aufteilung der Lichtleistung auf die faserspezifischen Wel-

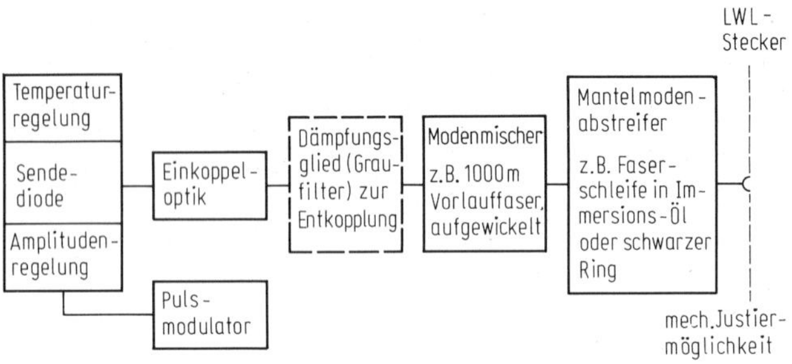

Bild 6. Signalquelle für Messungen an Gradientenfasern

lentypen einstellen (Modengleichgewicht), die notwendig ist, um längenproportionale Dämpfungswerte messen zu können.

Einfügungsdämpfung. Nach der Verbindung von Sender und Empfänger über ein sehr kurzes Faserstück (Eichung 0 dB) wird das Meßobjekt eingefügt und die Durchgangsdämpfung gemessen.

Abschneideverfahren (*cut-back-method*). Nachdem die Leistung P_1 am Ausgang des Meßobjekts der zumeist großen Länge l_1 gemessen wurde, wird die Faser etwa $l_0 = 1$ m ... 20 m vom Sender entfernt abgeschnitten. Am Ausgang dieser sehr kurzen Referenzlänge l_0 wird die Leistung P_0 gemessen.

$$\alpha = 10 \lg(P_1/P_0)/(l_1 - l_0).$$

Durch das Zurückschneiden der Faser von l_1 auf l_0 bleibt die Einkoppelstelle unverändert. Das erneute Justieren des Empfängers (auf max. Anzeige) ist bei großflächiger Empfangsdiode unkritisch.

Impulsreflektometer (OTDR). Messung mit Sampling-Oszilloskop entsprechend I 8.2. Zur Auskopplung der reflektierten Welle werden Strahlteiler bzw. LWL-Richtkoppler benutzt. Die Pulslängen sind z.B. 3 oder 15 ns, was bei einem $\varepsilon_{r,LWL} = 2{,}07 \ldots 2{,}25$ einer Ausdehnung von 0,6 bzw. 3 m entspricht. Ausgewertet wird die längenabhängige Abnahme der Amplitude des Echos einer definierten Reflexionsstelle [18].

Rückstreuverfahren. Das Dämpfungsmaß der Faser $\alpha \approx \alpha_0 + K_R/\lambda^4$ enthält neben einem konstanten Anteil α_0 einen Anteil $\sim 1/\lambda^4$ durch diffuse Lichtstreuung im Glas (Rayleigh-Streuung). Erhöht man die Empfängerempfindlichkeit des Impulsreflektometers durch Korrelationsverfahren (Boxcar-Integrator), so kann man die Amplitude des rückgestreuten Lichts als Funktion der Zeit auswerten und erhält die Faserdämpfung als Funktion des Orts (Bild 7).

Fehlerortung. Da ein senkrecht zur Faser verlaufender Bruch mit Übergang zur Luft nur einen

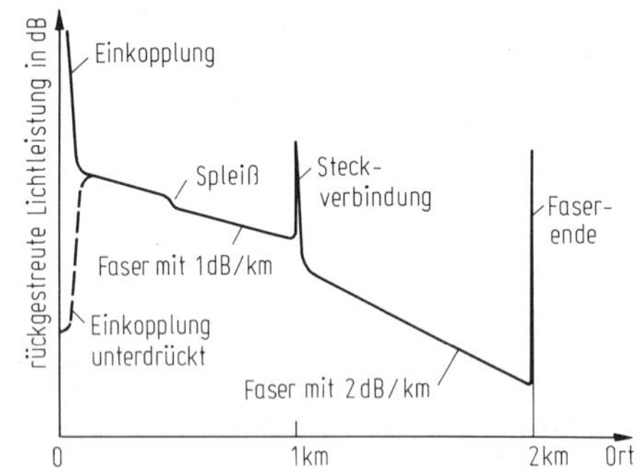

Bild 7. Rückstreudiagramm mit typischen Werten

Reflexionsfaktor von $r = (\sqrt{\varepsilon_r} - 1)/(\sqrt{\varepsilon_r} + 1) = 0{,}2$ erzeugt, sind die auftretenden Echoamplituden relativ klein. Zur Ortung von Faserbrüchen und zur Kontrolle von Spleißverbindungen werden das optische TDR und das empfindlichere Rückstreuverfahren eingesetzt (Bild 7). Optische Impulsreflektometer für 850, 1.300 und 1.550 nm haben bei einer Ortsauflösung von 1 m Entfernungsmeßbereiche bis zu 200 km (Dynamikbereich etwa 28 dB) und bei einer Ortsauflösung von 10 cm Entfernungsmeßbereiche bis zu 15 km. Durch Umrechnen von Meßwerten, die mit einem optischen Netzwerkanalysator [19] im Frequenzbereich gewonnen wurden, in den Zeitbereich (s. I 4.9) können ebenfalls Ort und Amplitude von Reflexionsstellen in optischen Komponenten und in Lichtwellenleitern gemessen werden (Auflösung 2 mm, Bereich 40 km).

Dispersion, Übertragungsfunktion. Zur Messung der Dispersion einer Faser wird die Verbreiterung eines Impulses der (z.B. Halbwerts-)Breite T_0 (< 1 ns) nach Durchlaufen der Faserlänge l_1 (Breite T_1) bzw. l_2 (Breite T_2) gemessen. Die Impulsverbreiterung/Längeneinheit ergibt sich dann zu $\tau' = \sqrt{T_2^2 - T_1^2}/(l_2 - l_1)$. Aus der Impulsverbreiterung (*pulse spreading*) definiert man die Bandbreite B einer Faser der Länge l bzw. die Übertragungskapazität für Digitalsignale zu $B < 1/(2\tau' l)$. Wegen der großen Bandbreiten sind Meßverfahren im Frequenzbereich mit sinusförmig moduliertem Sender seltener. Zur Ermittlung der Übertragungsfunktion $\underline{H}(\omega)$ werden die Zeitfunktionen $f_1(t)$ und $f_2(t)$ der Impulsantworten einer Faserlänge l_1 bzw. l_2 gemessen (Sampling-Oszilloskop + Speicher). Die Übertragungsfunktion $\underline{H}(\omega)$ ergibt sich nach Betrag und Phase als Quotient der Fourier-Transformierten $\underline{G}_1(\omega)/\underline{G}_2(\omega)$, wobei $\underline{G}(\omega)$ die Fourier-Transformierte von $f(t)$ ist.

Abstrahlcharakteristik, numerische Apertur. Analog zur Messung des Strahlungsdiagramms einer Antenne (s. I 8.4) wird das Fernfeld eines offenen Faserendes mit einer kleinen Empfangsdiode ausgemessen. Der Sinus des Winkels ϑ, bei dem die Lichtintensität auf z. B. 10 %, 35 % oder 50 % abgesunken ist, wird als numerische Apertur NA bezeichnet. Bei Nahfeldmessungen (z. B. zur Bestimmung des Brechzahlprofils, der Modenverteilung oder des effektiven Kerndurchmessers) wird das offene Ende mit einem Mikroskop vergrößert abgebildet und dann ausgemessen.

Spektralanalyse. Mit empfindlichen Monochromatoren läßt sich die Leistung als Funktion der Wellenlänge mit Auflösungen weit unter 1 nm messen. Elektrisch abstimmbare Fabry-Perot-Resonatoren ermöglichen Auflösungen von 10 MHz bei Abstimmbereichen von 2 GHz. Breitbandige optische Spektrumanalysatoren haben Auflösungen bis herab zu 100 MHz (0,8 pm), Darstellbereiche bis zu 500 nm und Pegelbereiche zwischen + 10 dBm und − 70 dBm. Mit schmalbandigen Analysegeräten werden bei 1.300 nm und bei 1.550 nm Auflösungen bis zu 20 kHz erreicht.
Zur Messung der Intensitätsmodulation eines optischen Signals werden Mikrowellen-Spektrumanalysatoren mit einem vorgeschalteten breitbandigen, kalibrierten Demodulator (O/E converter) benutzt. Der Demodulator setzt das optische Signal in ein amplitudenmoduliertes elektrisches Signal um, und der Spektrumanalysator ermöglicht die kalibrierte Messung der Rauschpegel und der Spektrallinien der Modulation.

Spezielle Literatur: [1] *Wolff, I.*: Einführung in die Mikrostrip-Leitungstechnik. Aachen: Wolff 1978. – [2] *Gupta; Garg; Bahl:* Microstrip lines and slotlines. Dedham: Artech 1979. – [3] *Hoffmann, R. K.*: Integrierte Mikrowellen-Schaltungen. Berlin: Springer 1983. – [4] *Frey, J.*: Microwave integrated circuits. Dedham: Artech 1975. – [5] *Deutsch, J.; Jung, H. J.*: Messung der effektiven Dielektrizitätszahl von Mikrostrip-Leitungen im Frequenzbereich von 2–12 GHz. NTZ 23 (1970) 620–624. – [6] *Troughton, P.*: Measurement techniques in microstrip. Electron. Lett. 5 (1969) 25–26. – [7] *Bianco, B.; Parodi, M.*: Measurement of the effective relative permittivities of microstrip. Electron. Lett. 11 (1975) 71–72. – [8] *Kohl, W.*: Impedanzmessung bei Millimeterwellen mit einer einfachen Sechstor-Schaltung. NTZ-Arch. 2 (1980) 95–99. – [9] *Riblet, G. P.*: A compact waveguide "resolver" for the accurate measurement of complex reflection and transmission coefficients using the six-port measurement concept. IEEE Trans. MTT-29 (1981) 155–162. – [10] *Martin, E.; Margineda, J.; Zamarro, J. M.*: An automatic network analyzer using a slotted line reflectometer. IEEE Trans. MTT-30 (1982) 667–670. – [11] *Kohl, W.; Olbrich, G.*: Breitbandiges Impedanzmeßverfahren im Frequenzbereich 25,5–40 GHz (K_a-Band) durch Erweiterung eines Netzwerkanalysators. NTZ-Arch. 2 (1980) 127–130. – [12] *Marcuse, D.*: Principles of optical fiber measurements. New York: Academic Press 1981. – [13] *NTG-Fachber. Bd. 75*: Meßtechnik in der optischen Nachrichtentechnik. Berlin: VDE-Verlag 1980. – [14] *Kindler, K.*: Abschätzung der Fehler bei der Streuparameter-Messung von Streifenleitungs-Komponenten mit Hilfe automatischer Netzwerk-Analysatoren. Frequenz 41 (1987) 168–172 (Messung), 197–200 (Kalibrierung). – [15] *Bludau, W.; Gündner, H. M.; Kaiser, M.*: Systemgrundlagen und Meßtechnik in der optischen Übertragungstechnik. Stuttgart: Teubner 1985. – [16] *Curran, J.*: Applying TRL calibration for non-coaxial measurements. Stuttgart: Teubner 1985. – [17] *Mayercik, M. E.*: Resonant microstrip rings aid dielectric material testing. Microwaves & RF, Apr. (1991) 95–102. – [18] *Fleischer-Reumann, M.; Sischka, F.*: A high-speed optical time-domain reflectometer with improved dynamic range. Hewlett-Packard J., Dec. (1988) 6–21. – [19] *Wong/Hernday/Hart/Conrad*: High-speed lightwave component analysis. Hewlett-Packard J., Jun. (1989) 35–51.

10 Rechnergesteuertes Messen
Automated test

10.1 Übersicht
Survey

Die einfachste Form eines Meßsystems ergibt sich, wenn beispielsweise ein Plotter an ein Digitaloszilloskop angeschlossen wird, um den Bildschirminhalt auf ein Blatt Papier zu übertragen. Schließt man an einen solchen Meßplatz noch einen Digitalrechner an, so kann man sowohl die Meßwertverarbeitung als auch die Meßwerterfassung und Meßwertausgabe (Dokumentation und Speicherung) rechnergesteuert durchführen. Komplizierte Meßaufgaben, wie etwa das Überwachen von Kommunikationskanälen (Satellitenverbindung, Funksystem etc.), die Qualitätskontrolle von HF-Geräten am Ende der Produktion, die regelmäßige Überprüfung komplexer Systeme während des Betriebs (built in test BIT), EMV-Serientests oder die Funktionskontrolle der kompletten Avionik eines Flugzeugs, machen den Einsatz von rechnergesteuerten Meßplätzen (automated test equipment ATE) unabdingbar. Ein weiterer Grund, der dazu beigetragen hat, daß die Rechnersteuerung sehr schnell und unproblematisch in die Meßtechnik

Spezielle Literatur Seite I 54

Eingang gefunden hat, ist die Zunahme der digitalen Signalverarbeitung innerhalb moderner Meßgeräte. Infolgedessen ist kein nennenswerter zusätzlicher Aufwand notwendig, um ein Digitaloszilloskop, einen Sythesizer oder einen intern mikroprozessorgesteuerten Spektrumanalysator mit einer Rechnerschnittstelle auszurüsten [6–8, 13–19].

Die Entwicklung der Rechnersteuerung in der Meßtechnik wurde auch wesentlich dadurch erleichtert, daß die notwendige Rechnerkapazität, verglichen mit den Kosten der HF- und Mikrowellenmeßgeräte, stets sehr preiswert war. So entstand zunächst der IEC-Bus, ein Verbindungssystem zwischen systemfähigen, eigenständigen Meßgeräten, Rechnern und Rechnerperipheriegeräten.

Die konsequente Weiterentwicklung der Automatisierung führte dann zu Meßgeräten, die nur noch rechnergesteuert benutzbar waren, ohne Netzteil und ohne Frontplatte. Bedienteil und Anzeigeteil wurden in den Rechner verlagert. So entstanden zum einen preiswerte Meßgeräte, die als Zusatzkarte in einen PC eingesetzt werden, und zum anderen Meßgeräte in Modulbauweise (modular automated test equipment MATE) wie beim VXIbus-System und beim modularen Meßsystem (MMS), die in einem speziellen Grundgerät zu einem automatischen Meßplatz zusammengestellt werden können.

Meßgeräten als Erweiterungskarte für den PC sind enge Grenzen gesetzt: Die elektromagnetische Verträglichkeit mit den Nachbarkarten schafft Probleme, und das Netzteil des Rechners muß ausreichend dimensioniert sein. Außerdem existieren vielfältige Rechnertypen und ein beständiger Modellwechsel, was den universellen Einsatz solcher Karten erschwert.

Der VXIbus ist eine Erweiterung des VMEbus für Meßgeräte. DerVMEbus (VERSA module europe) ist ein Rechnerbus, der auf dem um 1979 von der Firma *Motorola*, USA, entwickelten VERSAbus basiert. Er wird für industrielle Regelung und Steuerung eingesetzt. VXIbus-Geräte sind Eurokassetten ohne Frontplatte und Netzteil, die in ein 19-Zoll-Grundgerät eingebaut werden. Im Unterschied zu den IEC-Bus-Meßgeräten sind VXIbus-Geräte, obwohl sie nennenswert weniger Raum einnehmen, auf einem deutlich höheren Preisniveau. Dies liegt einmal daran, daß der VXIbus wesentlich leistungsfähiger, schneller und flexibler als der IEC-Bus ist, und zum anderen daran, daß diese Geräte primär für umfangreiche Testsysteme und zunächst mit dem Schwerpunkt bei militärischen Anwendungen entstanden.

Der VXIbus und das speziell für den Mikrowellenbereich gedachte MMS sind offene Systemarchitekturen. Sie bieten die Möglichkeit, Meßgeräte verschiedener Hersteller in einem gemeinsamen Grundgerät zu einem individuellen Testsystem zusammenzustellen. Neben diesen beiden Systemen, die im folgenden kurz vorgestellt werden, existieren noch weitere Systeme zur Meßgerätesteuerung, die jedoch entweder nur von einer Herstellerfirma angeboten werden oder eine weitaus geringere Verbreitung bisher gefunden haben. VXIbus und MMS sind verwandte Architekturen. Sie können miteinander kombiniert werden, beispielsweise in einem übergeordneten IEC-Bus-System.

Für die Zukunft sind virtuelle Meßgeräte geplant, wie sie im Elektronikbereich auch zum Teil schon realisiert wurden: Eine Teilgruppe eines Systems universell einsetzbarer Meßgeräte- und Steuerungsmodule wird zunächst entsprechend einer bestimmten Meßaufgabe (zum Beispiel Messen der Rauschzahl eines Empfängers) rechnergesteuert miteinander verbunden. Anschließend erfolgt der eigentliche Meßvorgang, ebenfalls rechnergesteuert. Für spätere, andersartige Meßaufgaben (zum Beispiel Messen des Einschwing- und Übersteuerungsverhaltens des gleichen Empfängers) werden die Module einer anderen Teilgruppe des gleichen Meßsystems vom Rechner neu konfiguriert.

10.2 RS232-Schnittstelle
RS232 interface

Die RS232-Schnittstelle (andere Bezeichnung: EIA RS-232-C, CCITT V.24, V 24, V.28) ist die übliche serielle Schnittstelle eines Rechners [1, 4, 9–11]. Normalerweise ist jeder Rechner serienmäßig mit einer oder zwei solcher Schnittstellen ausgerüstet. Sie dient primär dem Anschluß eines Peripheriegeräts, der Verbindung mit einem anderen Rechner oder zur Datenübertragung mittels Modem, z.B. über eine Fernsprechleitung. Sie eignet sich ebenfalls zum Anschluß eines Meßgeräts. Die Datenübertragung erfolgt asynchron, in beiden Richtungen abwechselnd, bit-seriell und byte-seriell. Die Logikpegel sind + 3 V bis + 15 V für logisch 0 und − 3 V bis − 15 V für logisch 1.

Die Schnittstellenparameter, unter anderem die Übertragungsgeschwindigkeit (75 Baud bis 38.400 Baud) und die Zeichenlänge, auf die das angeschlossene Gerät eingestellt ist, werden dem Rechner vor der Datenübertragung in Form einer Programmzeile mitgeteilt. Eine solche Zeile lautet z.B. in GW-Basic:

```
OPEN "COM1:1200, N, 8, 1" AS # 1.
```

Pro Schnittstelle kann jeweils ein Gerät angeschlossen werden. Es sind verschiedene Steckertypen in Gebrauch. Üblich ist ein 25-poliger (9-poliger) Steckverbinder. Für eine Datenverbindung wird minimal eine Zweidrahtleitung benötigt. Das Standardkabel enthält 5 Adern: zwei

Datenleitungen zum Senden und Empfangen, zwei Handshake-Leitungen und die gemeinsame Masse. Die maximal zulässige Länge des Verbindungskabels (z. B. 10 m) ist abhängig von den an beiden Enden angeschlossenen Leitungstreibern und -empfängern, von der Baudrate und vom Störpegel, dem die Verbindung ausgesetzt ist.

10.3 IEC-Bus

Der IEC-Bus (andere Bezeichnung: Hewlett-Packard Interface Bus HP-IB, General Purpose Interface Bus GPIB, IEC-625, IEEE-488) wurde 1972 von der Firma Hewlett-Packard, USA, für die Steuerung von Meßgeräten mit einem Digitalrechner eingeführt [2–4, 9, 10, 12]. Die digitale Schnittstelle für programmierbare Geräte wurde später zur Norm erhoben entsprechend IEEE 488.1, IEC 625-1, DIN IEC 625 und ANSI-MC 1.1. Der IEC-Bus verbindet Rechner mit Meßgeräten und Peripheriegeräten (Bild 1). Über genormte 24-polige Steckverbinder werden bis zu 15 Geräte mit 24-adrigen Verbindungskabeln (jeweils maximal 4 m lang) parallelgeschaltet. Die größte zulässige Entfernung ist 20 m. Für mehr anzuschließende Geräte und größere Entfernungen (z. B. Übertragung über Fernsprechleitungen oder Lichtwellenleiter) werden Zusatzgeräte benötigt.

Die Datenübertragung erfolgt asynchron mit TTL-Pegel. Es darf jeweils nur ein Gerät senden. Mögliche Geräteverbindungen sind:

a) Meßgerät(e) + Datenendgerät(e) (z. B. Drukker),
b) 1 Rechner + Peripheriegerät(e) (z. B. Plotter),
c) 1 Rechner + Meßgerät(e) + Peripheriegerät(e).

Falls mehrere Rechner an den Bus angeschlossen werden, darf nur jeweils einer aktiv sein. Die Meßdaten werden über 8 Datenleitungen bit-parallel und byte-seriell entweder vom Rechner zu einem Meßgerät oder von einem Meßgerät zum Rechner übertragen. Das Verbindungskabel enthält außerdem noch 3 Leitungen für die Übergabesteuerung (Handshake-Leitungen) und 5 Leitungen für die Schnittstellensteuerung.

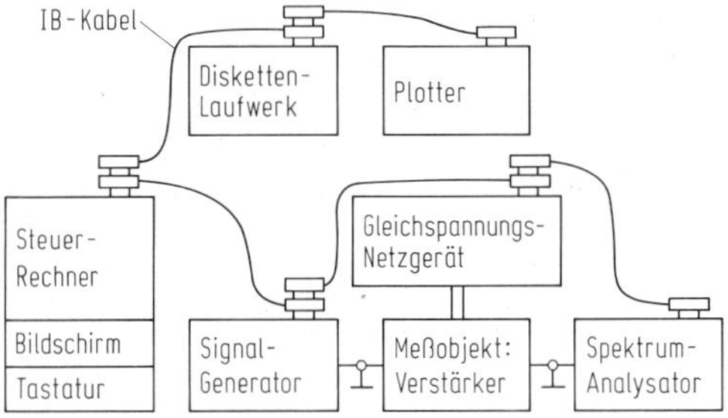

Bild 1. Beispiel für ein IEC-Bus-System

Zum Aufbau eines automatischen Meßplatzes eignet sich praktisch jeder Rechner (16-Bit-PC oder 32-Bit-Arbeitsplatzrechner), der durch eine einfache IEC-Bus-Karte erweitert wird. Spezielle IEC-Bus-Karten mit zusätzlichen Mikroprozessoren und spezielle IEC-Bus-Steuerrechner sind nur in Sonderfällen notwendig. Die anzuschließenden Geräte müssen ebenfalls für den rechnergesteuerten Betrieb geeignet sein und über einen IEC-Bus-Anschluß verfügen. Dabei gibt es folgende Möglichkeiten:

a) Das Meßgerät empfängt nur Daten (Listener) bzw. es wird nur vom Rechner eingestellt (z. B. Wobbelgenerator, HF-Schalter);
b) das Meßgerät sendet nur Daten, sobald es vom Rechner abgefragt wird (Talker) (z. B. Zähler, Leistungsmeßgerät);
c) das Meßgerät sendet und empfängt (Listener/Talker) (z. B. Multimeter, Spektrumanalysator);
d) der angeschlossene Meßplatz (z. B. Netzwerkanalysator) besteht aus mehreren, über einen internen Systembus verbundenen Geräten und kann sowohl senden als auch empfangen und gegebenenfalls bei inaktivem externen Rechner auch steuern (Listener/Talker/Controller).

Die Datenübertragungsgeschwindigkeit beträgt maximal 1 MByte/s. Sie ist jedoch sehr stark von den verwendeten Meßgeräten abhängig. Das langsamste Gerät bestimmt die Übertragungsgeschwindigkeit. Die Dauer einer Abfrage liegt typischerweise im Bereich von Millisekunden. Jedes Gerät wird über seine Adresse gezielt angesprochen. Die Adresse, in der Regel eine Zahl zwischen 0 und 30, wird an jedem Gerät von Hand eingestellt. Am gleichen Bus dürfen nicht zwei Geräte mit der gleichen Adresse angeschlossen sein.

Der IEC-Bus stellt nur die Verbindung zwischen Rechner und Meßgeräten zur Verfügung. Die Programmiersprache ist vom Nutzer frei wählbar. Es wird überwiegend Basic benutzt. Die Programmierbefehle sind unterschiedlich, abhängig vom Meßgerätehersteller und von der verwendeten IEC-Bus-Karte im Rechner. Dadurch ergeben sich häufig zeitraubende Startschwierigkeiten beim Aufbau eines automatischen Meßplatzes, speziell wenn man Meßgeräte unterschiedlicher Hersteller mit einem artfremden Steuerrechner kombiniert. Als Beispiel für typische IEC-Bus-Steuerbefehle die Abfrage des aktuellen Meßwerts bei einem Digitalvoltmeter

```
Input # 24:U5
```

und die Einstellung eines Synthesizers:

```
Print # 19: "IP"; "CW"; 10; "GZ".
```

Da der IEC-Bus in der Regel eigenständige Geräte miteinander verbindet, hat man sowohl die Möglichkeit, alle Geräteeinstellungen und Datenabfragen rechnergesteuert durchzuführen als auch die Möglichkeit, den Meßaufbau von Hand zu kalibrieren und einzustellen und anschließend mit wenigen Befehlen nur die Messungen automatisch ablaufen zu lassen. Der Netzschalter der Meßgeräte ist nicht rechnergesteuert zu betätigen. Wenn ein Gerät innerhalb eines Bus-Systems versehentlich nicht eingeschaltet wurde, wird dieser Fehler vom Rechner nicht notwendigerweise erkannt, und Fehlmessungen sind die Folge. Kabel, Meßgeräte und Rechner am IEC-Bus erzeugen elektromagnetische Störfelder. Bei empfindlichen Meßaufbauten sollten deshalb abgeschirmte Buskabel und ausgesuchte IEC-Bus-Geräte mit geringer Störstrahlung eingesetzt werden.

IEEE 488.2. In der IEEE-Empfehlung 488.1 von 1975/78 wurde der äußere Rahmen für einen Meßgerätebus festgelegt. Die Sprache und die Datenstruktur auf diesem Bus konnte jeder Meßgerätehersteller individuell gestalten. Mit der IEEE-Empfehlung 488.2 von 1987 werden die Syntax, die Datenstrukturen und die Universalsteuerbefehle vereinheitlicht. Die Ansteuerbefehle orientieren sich an den zugehörigen englischen Wörtern im Klartext. Das System ist vom Rechner aus konfigurierbar, das heißt, der Rechner kann feststellen, welche Geräte angeschlossen sind, und er kann ihnen eine Adresse zuteilen.

10.4 VXIbus

Der VXIbus (VMEbus extensions for instrumentation) ist eine Industrienorm für Meßgeräte auf einer Karte bzw. auf einer Leiterplatte [20]. Ein VXIbus-Meßsystem besteht aus mehreren derartigen Geräten in einem gemeinsamen Grundgerät. Die Einzelgeräte kommunizieren über den VXIbus miteinander. Sie sind nicht von Hand bedienbar oder ablesbar. Das Grundgerät hat als Verbindung nach außen meist einen IEC-Bus-Anschluß oder eine RS232-Schnittstelle.
Die VXIbus-Entwicklung begann 1987. Ausgangspunkt waren vorhandene Meßgerätenormen wie IEEE 488.1 und 488.2, der VMEbus, die genormte Europakarte und die 19-Zoll-Bauweise (DIN 41494) [5]. Inzwischen bieten sehr viele Meßgerätehersteller VXI-Geräte an, und praktisch alle modernen Meßgerätetypen sind als kompakte VXI-Version erhältlich (Signalquellen, Oszilloskope, HF-Schalter, Steuerrechner, Datenspeicher etc.). Es gibt vier Kartenformate mit (in Zoll) festgelegten Abmessungen:

Größe A: 10 cm hoch, 16 cm tief, 2 cm breit,
Größe B: 23 cm hoch, 16 cm tief, 2 cm breit,
Größe C: 23 cm hoch, 34 cm tief, 3 cm breit (Standardgröße),
Größe D: 37 cm hoch, 34 cm tief, 3 cm breit.

Die Kartengrößen A und B sind VMEbus-Norm. In einen Steckplatz können mittels Adapter jeweils auch kleinere Karten eingesetzt werden, also beispielsweise die Kartengröße A und B in einen Steckplatz der Größe C. Größere Meßgeräte können mehrere Steckplätze belegen. Ein UNIX-Steuerrechner hat z.B. die Breite von 4 Steckplätzen der Größe C und ein Mikrowellenzähler die von 3 Steckplätzen der Größe C. Die Einzelgeräte haben an der Rückseite (Bild 2) einen (Größe A), zwei (Größe B, C) oder drei (nur bei Kartengröße D) 96-polige Europakartenstecker. Die schmale Frontplatte enthält je nach Gerätetyp Anschlüsse für Meßköpfe, Signaleingänge und -ausgänge oder Steckverbinder für Rechnerschnittstellen. An den Seiten sieht man nicht immer auf die offene Leiterplatte, da einige Geräte elektromagnetisch geschirmt sind.
Das Grundgerät enthält das Netzteil (+5 V, ±12 V, ±24 V, −2 V, −5,2 V), die Lüfter zur Kühlung der VXI-Geräte und die rückwärtige Leiterplatte mit den Verbindungsleitungen zwischen den Steckplätzen. In den Steckplatz 0 kommt eine spezielle Karte zur internen Systembetreuung (resource manager), die auch den Taktgeber und eine Rechnerschnittstelle nach außen enthält. Der VXIbus ist, abhängig vom speziellen Einsatzfall und von der jeweiligen Ausbaustufe, sehr vielseitig einsetzbar: Der Datenbus (maximal 40 MByte/s) kann 8 Bit, aber auch 32 Bit haben, der Takt ist wahlweise 10 MHz oder 100 MHz (ECL), es gibt TTL- und ECL-Triggerleitungen. Ein VXIbus-System besteht aus maximal 256 Geräten oder Subsystemen (Adressen: 0 bis 255). Ein Subsystem besteht aus

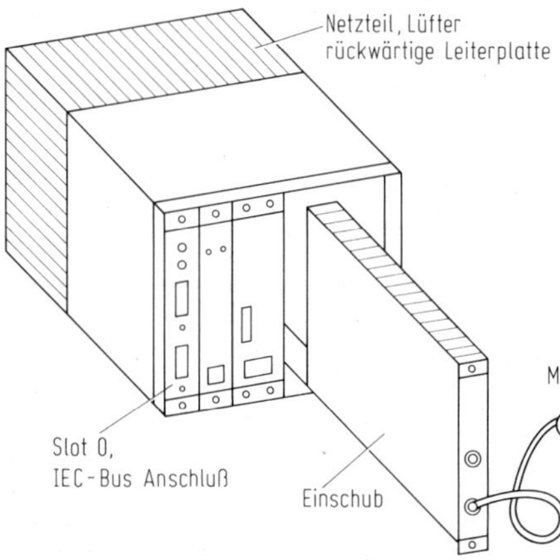

Bild 2. VXI-Grundgerät mit Einschüben

einem Steckplatz 0 und bis zu 12 Geräten. Es paßt somit genau in ein 19-Zoll-Gestell.
Die VXIbus-Architektur läßt mehrere Steuerrechner im gleichen System zu. Das System ist hierarchisch gegliedert. Es gibt mehrere Prioritätsebenen. Die Befehlsübertragung zu den Geräten kann entweder schnell und unmittelbar im Binärformat erfolgen (register-based device, z. B. HF-Schalter) oder, ähnlich wie beim IEC-Bus, asynchron, bit-parallel, byte-seriell mit ASCII-Zeichensatz (message-based device). Zusätzlich können mehrere Geräte über einen lokalen Bus verbunden sein. Herstellerspezifisch lassen sich damit bis zu 200 MByte/s übertragen. Der lokale Bus arbeitet unabhängig vom Datenbus des Gesamtsystems.

10.5 Modulares Meßsystem (MMS)

Modular measurement system

Das modulare Meßsystem MMS wurde von der Firma Hewlett-Packard, USA, 1988 eingeführt. Seither haben sich weitere Meßgerätehersteller angeschlossen und bieten systemkompatible Module an. Das MMS wurde speziell für den Mikrowellenbereich konzipiert. Die Anwendungen erstrecken sich inzwischen bis zum HF-Bereich und bis in die Lichtwellenleitermeßtechnik. Ein System besteht aus bis zu 256 Modulen. Mehrere Module bilden ein Meßgerät. Bis zu vier Meßgeräte können von einem Bildschirm mit Tastatur gesteuert und überwacht werden.
Das Grundgerät enthält die zentrale Stromversorgung, die Lüfter und die Verbindungsleitungen für den speziellen Schnittstellenbus, über den die Module miteinander kommunizieren (modular system interface bus MSIB: asynchron, 9 Bit parallel, maximal 3 MByte/s, zyklische Busvergabe, minimale Zugriffszeit 10 μs). Von außen werden das Meßsystem bzw. die aus einzelnen Modulen zusammengestellten Meßgeräte über den IEC-Bus angesprochen. Die Einschübe (Module) sind einheitlich 48 cm tief und 13 cm hoch. Die Breite der Frontplatte beträgt wahlweise 5, 10, 15 oder 20 cm.
Aufgrund des modularen Aufbaus lassen sich mit dem MMS eine Vielfalt von automatischen Meßplätzen aufbauen, die der jeweiligen Meßaufgabe individuell angepaßt werden können. Das äußere Erscheinungsbild ist dabei entweder das eines herkömmlichen Meßgeräts in Einschubtechnik mit Frontplatte und Bildschirm oder das eines über den IEC-Bus von einem externen Rechner gesteuerten Meßplatzes ohne Bedien- und Anzeigeelemente. Das modulare Meßsystem ist für automatische Testsysteme gedacht, die bezüglich Genauigkeit, Bandbreite und Leistungsfähigkeit im Bereich besonders hoher Anforderungen liegen.

10.6 Programme zur Meßgerätesteuerung

Software for programmable instruments

SCPI. In Erweiterung der Empfehlung IEEE 488.2 wurde 1990 eine genormte Programmiersprache zur Ansteuerung von Meßgeräten (standard commands for programmable instruments SCPI) eingeführt. Sie benutzt ASCII-Zeichen und allgemeinverständliche englische Programmierbefehle im Klartext, beispielsweise in der Form "MEASURE: VOLTAGE?" zum Messen einer Spannung oder "TRIGGER: IMMEDIATE" zum Auslösen eines Vorgangs. Die Sprache ist für alle Meßgerätetypen und alle Meßgerätehersteller gleichermaßen gedacht und wird schrittweise sowohl für IEC-Bus-Geräte als auch für den VXIbus und das modulare Meßsystem eingeführt. Zur Zeit ist SCPI noch ein einfacher Satz von Programmierbefehlen. Für die Zukunft ist die Fortentwicklung als offene Norm zu einer universellen Programmiersprache zur Steuerung von Meßgeräten geplant. Dabei sollen die Bedürfnisse von steckbaren Leiterplatten, Modulen, autonomen Meßgeräten und komplexen Testsystemen berücksichtigt werden.
Während es in einem kleinen Entwicklungslabor meist am schnellsten zum Ziel führt, wenn man im Meßgerätehandbuch die Befehle nachliest und dann sein eigenes Anwenderprogramm zur Meßgerätesteuerung in der Programmiersprache Basic schreibt, gibt es sehr viele Bereiche, in denen dies nicht möglich oder zweckmäßig ist. Für diese Fälle gibt es fertige, innerhalb eines gewissen Rahmens universell einsetzbare Programmpakete. Derzeit sind im Handel Rechnerprogramme sowohl von Meßgeräteherstellern als auch von Software-Häusern für folgende Anwendungsbereiche erhältlich:

- Speichern von Meßdaten, Dateiverwaltung,
- Verarbeiten von Meßwerten, grafische Darstellung, Datenausgabe auf Bildschirmen und Plottern,
- Erstellen von Programmen zum automatischen Testen,
- Ansteuerung bestimmter Meßgeräte, beispielsweise Netzwerkanalysatoren, einschließlich Kalibrieren des Meßplatzes und Herstellen der Verbindung zu Programmen für den rechnerunterstützten Entwurf,
- Programmrahmen zum Erstellen individueller Testprogramme für komplexe Testsysteme,
- Auswahl und Ausführung automatischer Testprogramme.

Üblicherweise sind für die Anwendung derartiger Programme keine Programmierkenntnisse erforderlich. Sie haben in der Regel interaktive Menüführung oder grafische Benutzeroberflächen,

Fenstertechnik und Maussteuerung und enthalten Kataloge von Meßgeräten, Rechnern und Peripheriegeräten mit den dazugehörigen spezifischen Ansteuerbefehlen. Teilweise werden die Originalfrontplatten herkömmlicher Meßgeräte auf dem Bildschirm dargestellt und können per Maus bedient werden. Es existieren Programme für alle gängigen Schnittstellen, einschließlich RS232, IEC-Bus, VXIbus und MSIB. Der Nutzer kann, sofern seine Anwendung, seine Geräte und das Programm hundertprozentig zueinanderpassen, sein individuelles Testprogramm erstellen und rechnergesteuert ablaufen lassen. Das Einschalten der Meßgeräte sowie das Anschließen der Verbindungsleitungen des Meßaufbaus muß in der Mehrzahl aller Anwendungsfälle nach wie vor von Hand durchgeführt werden. Hinzu kommt in jedem Fall die Kontrolle, ob die Rechnersteuerung wie gewünscht funktioniert, und falls nicht, die Suche und das Beheben der Software- und/oder Hardware-Fehler.

Spezielle Literatur: [1] *Kainka, B.:* Messen, Steuern und Regeln über die RS 232-Schnittstelle. München: Franzis 1989. – [2] *Piotrowski, A.:* IEC-Bus. 3. Aufl. München: Franzis 1987. – [3] *Böhm, D.:* Computergesteuerte Meßtechnik. Stuttgart: Frech 1983. – [4] *Färber, G.* (Hrsg.): Bussysteme. 2. Aufl. München: Oldenbourg 1987. – [5] *Hesse, D.* (Hrsg.): Handbuch des Neunzehn-Zoll-Aufbausystems. Haar: Markt & Technik 1986. – [6] *Link, W.:* Messen, steuern und regeln mit PCs. 2. Aufl. München: Franzis 1990. – [7] *Lobjinski, M.:* Meßtechnik mit Mikrocomputern. 2. Aufl. München: Oldenbourg 1990. – [8] *Schummy, H.* (Hrsg.): Personal Computer in Labor, Versuchs- und Prüffeld. 2. Aufl. Berlin: Springer 1990. – [9] *Preuß, L.; Musa, H.:* Computerschnittstellen. München: Hanser 1989. – [10] *Elsing, J.; Wiencek, A.:* Schnittstellen-Handbuch. 2. Aufl. Vaterstetten: IWT 1987. – [11] *Seyer, M. D.:* RS-232 made easy. Englewood Cliffs, NJ: Prentice-Hall 1984. – [12] *Dosch/Gall/Geltinger/Helbing/Jonas:* Selbstbau von IEC-Bus-Meßplätzen. Berlin: VDE 1986. – [13] *Carr, J. J.:* Designing microprocessor-based instrumentation. Reston, VI: Reston Publishing 1982. – [14] *Radnai, R.; Kingham, E. G.:* Automatic instruments and measuring systems. London: Butterworth 1986. – [15] *Barney, G. C.:* Intelligent instrumentation – microprocessor applications in measurement and control. Englewood Cliffs, NJ: Prentice-Hall 1985. – [16] *Frühauf, U.:* Automatische Meß- und Prüftechnik. Berlin: Technik 1987. – [17] *VDI/VDE-GMR Tagung Fellbach:* Automatisierte Meßsysteme. Düsseldorf: VDI 1985. – [18] *Schwarze, H.; Hamann, R.:* Computereinsatz in der Meßtechnik. Stuttgart: Metzler 1988. – [19] *Maier, H.* (Hrsg.): Messen, Steuern, Regeln mit IBM-kompatiblen PCs. Kissing: Interest 1990. – [20] *Jessen, K.:* VXIbus: A new interconnection standard for modular instruments. Hewlett-Packard J., Apr. (1989) 91–97.

K Hochfrequenz-Wellenleiter
Transmission lines and waveguides

J. Bretting (6); **H. Dalichau** (1, 2, 7); **H. Groll** (4); **K. Petermann** (5); **J. Siegl** (3)

1 Zweidrahtleitungen. Two wire lines

1.1 Feldberechnung
Computation of fields

Grundwelle der verlustlosen Zweidrahtleitung (Bild 1) ist die TEM-Welle. Zwei parallele Leiter (Mittelpunktsabstand s, Durchmesser d) in einem transversal homogenem Dielektrikum (Dielektrizitätszahl ε_r) haben bei extremem Skineffekt (Eindringmaß $\delta = 1/\sqrt{\pi \mu f \kappa} \ll d$) den Leitungswellenwiderstand

$$Z_L = Z_0 \ln(s/d + \sqrt{(s/d)^2 - 1})/(\pi \sqrt{\varepsilon_r}), \qquad (1)$$

bzw. umgeformt

$$Z_L = Z_0 \operatorname{arcosh}(s/d)/(\pi \sqrt{\varepsilon_r}) \quad \text{mit}$$
$$Z_0 = 120\,\pi\,\Omega = 377\,\Omega.$$

Näherungsweise gilt für dünne Leiter mit einem Fehler $< 1\,\%$ für $s > 3{,}6\,d$:

$$Z_L \approx 120\,\Omega \ln(2\,s/d)/\sqrt{\varepsilon_r}.$$

Feldbild der TEM-Welle auf der Zweidrahtleitung (Bild 2) ist frequenzunabhängig das bipolare Koordinatensystem. Es ergibt sich mit der konformen Abbildung $x + \mathrm{j}y = a \tanh(\pi \underline{w}/(2a))$ aus einem kartesischen Koordinatensystem mit $\underline{w} = u + \mathrm{j}v$. Jede der magnetischen Feldlinien (Potentiallinien) mit $u = \text{const}$ kann als Leiteroberfläche gewählt werden. Mittelpunkt des Leiters ist $x = s/2$. Die Pole des Koordinatensystems liegen exzentrisch bei $x = a$ mit $a = \sqrt{s^2 - d^2}/2$. Da in jedem Kästchen des Feldbilds die gleiche Leistung transportiert wird, läßt sich deutlich ablesen, daß speziell bei dünnem Leiter die Strahlungsdichte in unmittelbarer Leiternähe sehr stark zunimmt. Für dünne Leiter ($s > 3{,}6\,d$) gilt

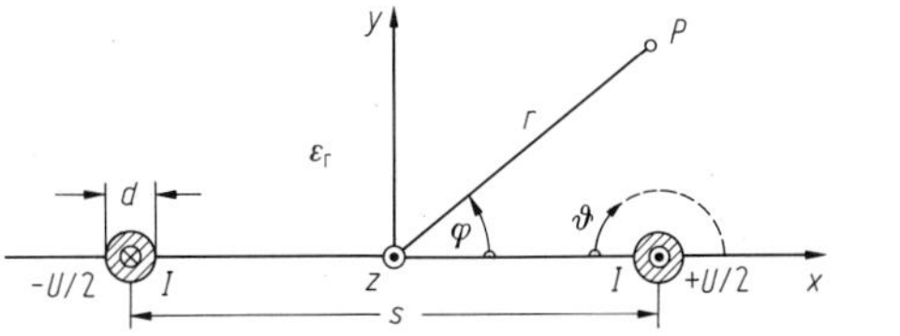

Bild 1. Symmetrische Zweidrahtleitung, Koordinatensystem und Bezeichnungen

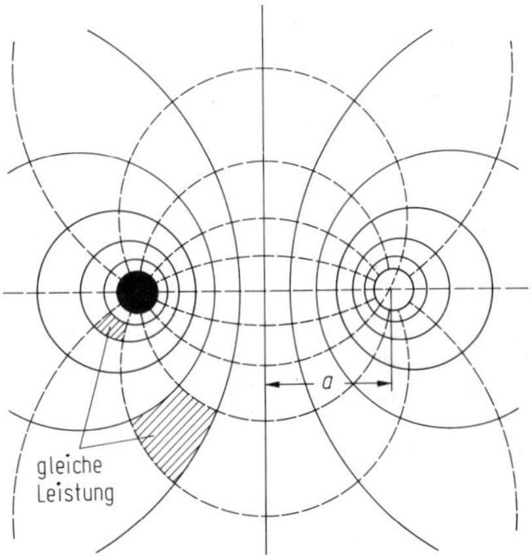

Bild 2. Feldbild der TEM-Welle auf einer Zweidrahtleitung (orthogonale Kreise). Elektrische Feldlinien (gestrichelt) und magnetische Feldlinien (ausgezogene Linien)

$$\begin{aligned} \boldsymbol{H}(x, y) &= (I\,s/(2\pi)) \\ &\quad \cdot (2xy\,\boldsymbol{e}_x - c\,\boldsymbol{e}_y)/(c^2 + 4x^2y^2), \\ \boldsymbol{E}(x, y) &= (U\,s/(2\ln(2\,s/d))) \\ &\quad \cdot (c\,\boldsymbol{e}_x - 2xy\,\boldsymbol{e}_y)/(c^2 + 4x^2y^2) \\ &\quad \text{mit} \quad c = y^2 - x^2 + (s/2)^2. \end{aligned} \qquad (2)$$

Im Fernfeld, bei Abständen $r \gg s$ von den Leitern, ergibt sich das Feld eines Liniendipols

$$\begin{aligned} H(r) &= I\,s/(2\pi r^2) \\ E(r) &= U\,s/(2r^2 \ln(2\,s/d)). \end{aligned} \qquad (3)$$

Leistungsdichte bzw. Feldstärke nehmen bei Abstandsverdopplung um 12 dB ab. Außerhalb des Grenzradius r_g wird nur noch $\Delta\,\%$ der Gesamtleistung transportiert:

$$r_g = 5\,s\sqrt{120/(Z_L \Delta \sqrt{\varepsilon_r})}, \quad (Z_L \text{ in } \Omega). \qquad (4)$$

Spezielle Literatur Seite K 3

Wegen des Proximityeffekts ist die Oberflächenstromdichte K ungleichmäßig am Leiterumfang verteilt:

$$K(\vartheta) = I\sqrt{(s/d)^2 - 1}/[\pi d((s/d) - \cos\vartheta)]. \quad (5)$$

Damit ergibt sich das Dämpfungsmaß durch Leiterverluste zu

$$\alpha_\mathrm{L} = \sqrt{\varepsilon_\mathrm{r}}\, s/(Z_0 d^2 \kappa \delta \sqrt{(s/d)^2 - 1} \cdot \ln((s/d) + \sqrt{(s/d)^2 - 1})). \quad (6)$$

Optimale Dimensionierung in [1].

1.2 Bauformen. Standard constructions

Für die reale Zweidrahtleitung mit transversal inhomogenem Dielektrikum und Leiterverlusten existiert keine geschlossene Lösung. Bei der Ermittlung der Dämpfung weichen berechnete Werte häufig sehr stark von den realen Werten ab, da durch Schmutz, Feuchtigkeit, Eis und benachbarte Wände bzw. leitende Teile in der Umgebung Zusatzverluste auftreten. Mit zunehmender Frequenz nimmt die Bindung der TEM-Welle an die Leiter ab. Die Abstrahlverluste an Knicken und Störstellen steigen etwa mit f^2 an, so daß der Einsatzbereich der Zweidrahtleitungen bei niedrigen Frequenzen im kHz- und MHz-Bereich liegt. Vorteile der Zweidrahtleitung im Vergleich zur Koaxialleitung sind niedrigere Kosten und geringere Dämpfung bei vergleichbaren Außenabmessungen.
Typische Werte für eine handelsübliche Stegleitung (Bild 3b) mit $d = 0{,}9$ mm und $s = 5$ mm sind:

$$Z_\mathrm{L} = 240\,\Omega \pm 10\,\%, \quad v_\mathrm{p} = 0{,}85\, c_0,$$
$$\alpha(30\text{ MHz}) = 2{,}3\text{ dB}/100\text{ m},$$
$$\alpha(300\text{ MHz}) = 8{,}3\text{ dB}/100\text{ m}.$$

Neben 240 Ω sind noch 95 Ω, 120 Ω und 210 Ω als Leitungswellenwiderstand üblich. Um die ungeschirmte Zweidrahtleitung gegen elektrische Störfelder zu schützen, wird sie grundsätzlich symmetrisch gegen Masse betrieben. Dies bedingt spezielle Symmetrierübertrager (s. L 2) beim Übergang auf gegen Masse unsymmetrische Bauteile (z. B. Koaxialleitungen). Zum Schutz gegen magnetische Störfelder und zur Verringerung des Außenfeldes können bei Leitungen aus zwei getrennten Leitern beide Leiter miteinander verdrillt werden. Durch einen zusätzlichen metallischen Schirm (Bild 3e) zur Verbesserung der Störfestigkeit nimmt die Dämpfung zu und der Leitungswellenwiderstand wird kleiner.

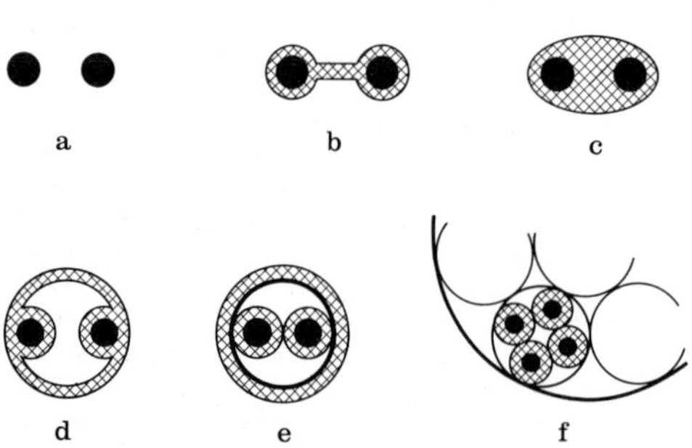

Bild 3. Bauformen von Zweidrahtleitungen. **a** Freileitung; **b** Stegleitung (Bandleitung); **c** Schaumstoffleitung; **d** Schlauchleitung; **e** geschirmte Zweidrahtleitung; **f** symmetrische Vierdrahtleitung (Sternvierer) in einem Fernmeldekabel

1.3 Leitungswellenwiderstände [2–5] Characteristic impedances

Der Kapazitätsbelag eines TEM-Wellenleiters ergibt sich aus dem Leitungswellenwiderstand zu

$$C' = \sqrt{\varepsilon_\mathrm{r}}/(c_0 Z_\mathrm{L}).$$

Der Induktivitätsbelag ergibt sich zu

$$L' = \sqrt{\varepsilon_\mathrm{r}}\, Z_\mathrm{L}/c_0.$$

Zwei Leiter mit unterschiedlichem Durchmesser (Bild 4a):

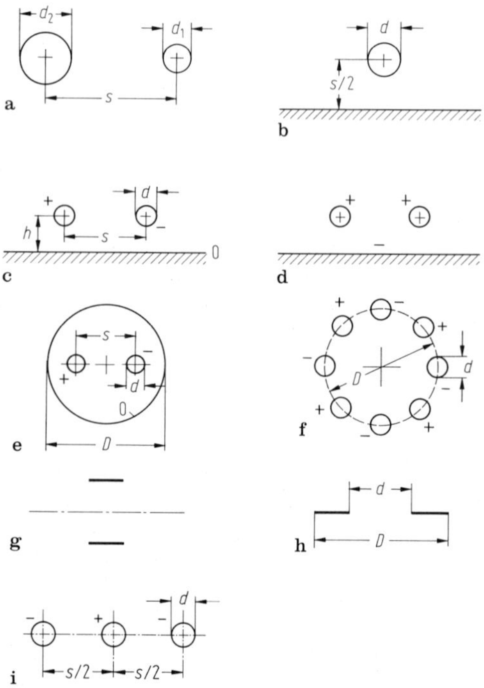

Bild 4. Geometrisch einfache, mit elementaren Funktionen berechenbare Leitungsquerschnitte

$$Z_L = \frac{Z_0}{2\pi\sqrt{\varepsilon_r}} \operatorname{arcosh} \frac{4s^2 - d_1^2 - d_2^2}{2d_1 d_2} \tag{7}$$

Runder Leiter über leitender Ebene (Bild 4b): Halber Wert von Gl. (1).
Zwei Leiter über leitender Ebene (Näherung für dünne Leiter):

Gegentaktbetrieb (Bild 4c):

$$Z_L \approx \frac{60\,\Omega}{\sqrt{\varepsilon_r}} \operatorname{arcosh} \frac{4D^2H^2 - 2|D^2 - H^2| - 1}{2(D^2 + H^2)}$$
$$\text{für } H + D \geqq 4 \tag{8}$$
$$Z_L \approx \frac{120\,\Omega}{\sqrt{\varepsilon_r}} \ln(2H/\sqrt{(h/d)^2 + 1})$$
$$\text{für } H, D \geqq 3{,}5$$

mit $D = s/d$ und $H = 2h/d$

Gleichtaktbetrieb (Bild 4d):

$$Z_L \approx \frac{30\,\Omega}{\sqrt{\varepsilon_r}} \operatorname{arcosh}\left[H\sqrt{\frac{(2H - 1/H^2 + 4D^2}{4D^2 + 1}}\right]$$
$$\text{für } H + D \geqq 4 \tag{9}$$
$$Z_L \approx \frac{30\,\Omega}{\sqrt{\varepsilon_r}} \ln(2H\sqrt{(h/d)^2 + 1})$$
$$\text{für } H, D \geqq 4{,}5$$

mit $D = s/d$ und $H = 2h/d$.

Geschirmte Zweidrahtleitung (Näherung für sehr dünne Leiter, genauere Formel in [1]):

$$Z_L \approx \frac{Z_0}{\pi\sqrt{\varepsilon_r}} \cdot \left\{\ln\left(2p\frac{1 - q^2}{1 + q^2}\right) - \frac{(1 + 4p^2)(1 - 4q^2)}{16p^4}\right\} \tag{10}$$

mit $p = s/d$; $q = s/D$.

Reusenleitung (Bild 4f; Näherung für $2n$ dünne Leiter):

$$Z_L \approx \frac{Z_0}{n\pi\sqrt{\varepsilon_r}} \operatorname{arcosh} \frac{1}{\sin[n \arcsin(d/s)]} \tag{11}$$

Bandleitung (Bild 4g): Doppelter Wert wie die Microstripleitung mit den gleichen Abmessungen (s. K 3) und der Symmetrieebene als Bodenblech.
Planarleitung (Bild 4h):

$$Z_L = AZ_0/\sqrt{\varepsilon_r}. \tag{12}$$

Die Konstante A ist dabei:

für $d/D > 1/\sqrt{2}$:

$$A = \frac{1}{\pi} \ln\left(2\frac{1 + \sqrt{d/D}}{1 - \sqrt{d/D}}\right)$$

für $d/D < 1/\sqrt{2}$:

$$A = \pi/\ln\left(2\frac{1 + \sqrt[4]{1 - (d/D)^2}}{1 - \sqrt[4]{1 - (d/D)^2}}\right)$$

Dreidrahtleitung (Bild 4i):

$$Z_L \approx \frac{30\,\Omega}{\sqrt{\varepsilon_r}} \ln\frac{(D - 1)^3(D + 1)}{2D - 1} \quad \text{für } D \geqq 4$$
$$\text{bzw. } Z_L\sqrt{\varepsilon_r} \geqq 90\,\Omega \tag{13}$$

mit $D = s/d$.

Spezielle Literatur: [1] *Zinke, O., Brunswig, H.:* Lehrbuch der Hochfrequenztechnik, 2. Aufl., Bd. I. Berlin: Springer 1973. – [2] *Gunston, M. A. R.:* Microwave transmission-line impedance data. London: Van Nostrand 1972. – [3] *Hilberg, W.:* Charakteristische Größen elektrischer Leitungen. Berlin: Berliner Union Kohlhammer 1972. – [4] *Hilberg, W.:* Electrical characteristics of transmission lines. Deham: Artech 1979. – [5] *Frankel, S.:* Multiconductor transmission line analysis. Dedham: Artech 1977.

2 **Koaxialleitungen.** Coaxial lines

Allgemeine Literatur: *Barnes, C.C.:* Submarine telecommunication and power cables. Stevenage: Peregrinus 1977. – *Gunston, M.A.R.:* Microwave transmission-line impedance data. London: Van Nostrand 1972. – *Hilberg, W.:* Charakteristische Größen elektrischer Leitungen. Berlin: Berliner Union Kohlhammer 1972. – *Martin, H.E.:* Aufbau und Anwendung von Koaxialkabeln. Nachrichtentech. Fachber. 19 (1960) 117–125. – *Morelli, J.; Summer, P.:* A flexible alternative to semirigid cable. Microwaves No. 10 (1982), 107, 109, 120. – *NTG-Fachber., B. 53:* Stand und Entwicklung auf dem Gebiet der Nachrichtenkabel. Berlin: VDE-Verlag 1975. – *Richards, K.A.:* Flexible Hochleistungs-Mikrowellen-Koaxialkabel-Assemblies. Mikrowellen-Mag. H. 4 (1980) 274–285. – *Saad, T.S.:* Microwave engineers' handbook I. Dedham: Artech 1971. – *Schmid, H.:* Theorie und Technik der Nachrichtenkabel. Heidelberg: Hüthig 1976. – *Schubert, W.:* Nachrichtenkabel und Übertragungssysteme. München: Siemens AG 1980. – *Tillmanns, R.:* Vergleich eines flexiblen Koaxialkabels für den Frequenzbereich bis 18 GHz mit einem Semi-Rigid-Kabel. Mikrowellen-Mag. H.3 (1977) 194–198. – *Wellhausen, H.W.:* Dämpfung, Phase und Laufzeiten bei Weitverkehrs-Koaxialpaaren. Frequenz 31 (1977) 23–28. – *Wong, K.H.:* Using precision coaxial air dielectric transmission lines as calibration and verification standards. Microwave J., Dez. 1988, 83–92. – *Weinschel, B.O.:* Errors in coaxial line standards due to skin effect. Microwave J., Nov. 1990, 131–143. – *Zinke, O.; Brunswig, H.:* Lehrbuch der Hochfrequenztechnik, 4. Aufl., Bd. I, Berlin: Springer 1990.

2.1 Feldberechnung
Computation of fields

Grundwelle der Koaxialleitung (Bild 1) ist die TEM-Welle. Voraussetzungen dafür sind: Extremer Skineffekt mit Eindringmaß $\delta \ll d$ bzw. Leiterinneres feldfrei und nur geringe Leiterverluste. Das magnetische Feld hat nur eine Komponente H_φ, das elektrische Feld nur eine Komponente E_r. Mit dem Gesamtstrom I eines Leiters und der Spannung U zwischen beiden Leitern gilt

$$H_\varphi = I/(2\pi r) \qquad E_r = U/(r \ln(D/d)). \tag{1}$$

Die durch Leiterverluste hervorgerufene Längskomponente (an den Leiteroberflächen ist $E_Z \approx E_r \sqrt{\omega\varepsilon/\kappa}$) kann bei handelsüblichen Leitungen vernachlässigt werden. Das Feldbild ergibt sich aus der konformen Abbildung eines Rechtecks: $x + jy = \exp(u + jv)$ mit den magnetischen Feldlinien (Potentiallinien) $u = \text{const}$. Der Leitungswellenwiderstand ist (mit $Z_0 = 120\pi\,\Omega = 377\,\Omega$):

$$\begin{aligned} Z_L &= Z_0 \ln(D/d)/(2\pi\sqrt{\varepsilon_r}) \\ &= 60\,\Omega \ln(D/d)/\sqrt{\varepsilon_r}. \end{aligned} \tag{2}$$

Die Oberflächenstromdichten sind $K_i = I/(\pi d)$ und $K_a = I/(\pi D)$.
Am Innenleiter (Index i) sind die Stromdichte und die Feldstärken um den Faktor D/d größer als am Außenleiter. Bei niedrigen Frequenzen überwiegt das Dämpfungsmaß durch Leiterverluste

$$\alpha_L = \sqrt{f\mu/(\pi\kappa)}\,(1 + D/d)/(2DZ_L). \tag{3}$$

Das Dämpfungsmaß durch dielektrische Verluste ist wie bei allen TEM-Wellenleitern unabhängig von den Abmessungen:

$$\begin{aligned} \alpha_D &= \pi f \sqrt{2\varepsilon_r}\sqrt{\sqrt{1 + \tan^2\delta} - 1}/c_0, \\ \alpha_D &\approx \sqrt{\varepsilon_r}\,\pi f \tan\delta/c_0 \end{aligned} \tag{4}$$

$\alpha_D \approx 27{,}3 \tan\delta$ dB/Wellenlänge
(Fehler < 1‰ für $\tan\delta < 0{,}1$).

Für das Kabel RG 214/U (s. Tab. 2) wird α_D ab etwa 11 GHz größer als α_L. Bei den Leiterverlusten überwiegt der Anteil des Innenleiters. Da für $Z_L = 50\,\Omega$ und $D = \text{const}$ der Innenleiter mit zunehmendem ε_r dünner wird, bewirkt ein $\varepsilon_r = 2{,}3$ mit $D/d = 3{,}54$ um 37,4% höhere Leitungsverluste als eine Luftleitung mit $D/d = 2{,}3$. Sofern maximaler Außendurchmesser und maximale elektrische Feldstärke vorgegeben sind, ergibt sich

minimale Dämpfung bei

$$Z_L = 77\,\Omega/\sqrt{\varepsilon_r},$$

größte Spannungsfestigkeit bei

$$Z_L = 60\,\Omega/\sqrt{\varepsilon_r},$$

maximale übertragbare Leistung bei

$$Z_L = 30\,\Omega/\sqrt{\varepsilon_r}.$$

Alle Übertragungseigenschaften werden besser bei maßstäblicher Vergrößerung des Querschnitts. Dem ist eine Grenze durch das Auftreten des nächsthöheren Wellentyps, der H_{11}-Welle (s. K 4.9), gesetzt. Ausbreitungsbeginn ab $f_k \approx 2c_0/(\pi\sqrt{\varepsilon_r}(D + d))$.
Sofern das Dämpfungsmaß α_1 bei der Frequenz f_1 bekannt ist, ergibt sich α_2 bei f_2 aus Gl. (3) zu $\alpha_2 = \alpha_1\sqrt{f_2/f_1}$.

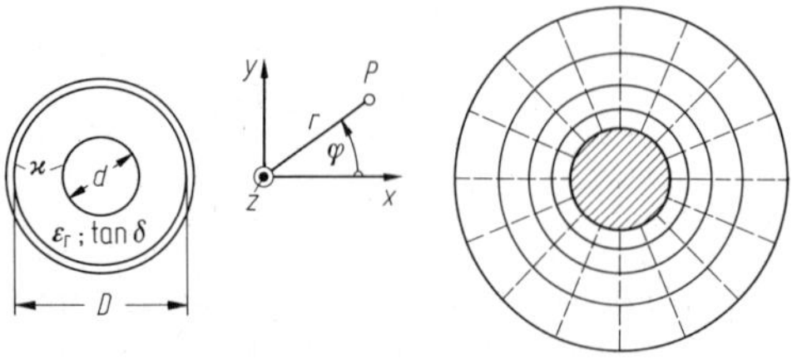

Bild 1. Bezeichnung, Koordinatensystem und Feldbild. Elektrische Feldlinien gestrichelt

2.2 Leitungswellenwiderstände
Characteristic impedances

Exzentrischer Innenleiter (Bild 2a):

$$Z_L = \frac{Z_0}{2\pi\sqrt{\varepsilon_r}} \operatorname{arcosh} \frac{D^2 + d^2 - 4e^2}{2Dd} \tag{5}$$

Näherungen für dünnen Innenleiter:
Längsgeschlitzter Außenleiter (Bild 2b):

$$Z_L \approx \frac{Z_0}{2\pi\sqrt{\varepsilon_r}} \ln \frac{D}{d\cos(\Psi/4)} \tag{6}$$

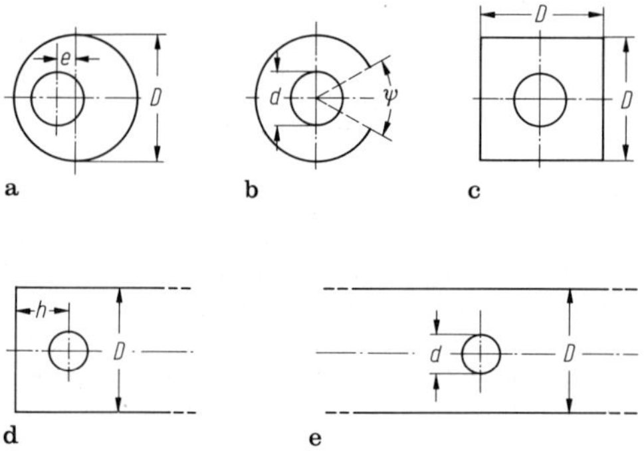

Bild 2. Geometrisch einfache, für dünne Innenleiter (**b** bis **e**) mit elementaren Funktionen berechenbare Leitungsquerschnitte

Quadratischer Außenleiter (Bild 2c), $d/D < 0{,}8$:

$$Z_L \approx 60\,\Omega\,\ln(1{,}07\,D/d)/\sqrt{\varepsilon_r}. \tag{7}$$

Trogförmiger Außenleiter (Bild 2d), $d/D < 0{,}75$ und $h/d > 0{,}65$:

$$Z_L \approx 60\,\Omega\,\ln[4D\tanh(\pi h/D)/(\pi d)]/\sqrt{\varepsilon_r}. \tag{8}$$

Runder Leiter zwischen zwei leitenden Ebenen (round triplate, Bild 2e), $d/D < 0{,}7$:

$$Z_L \approx Z_0 \operatorname{arsinh}\cot(\pi d/(2D))/(2\pi\sqrt{\varepsilon_r}),$$
$$Z_L \approx 60\,\Omega\,\ln(4D/(\pi d))/\sqrt{\varepsilon_r}. \tag{9}$$

2.3 Bauformen. Standard constructions

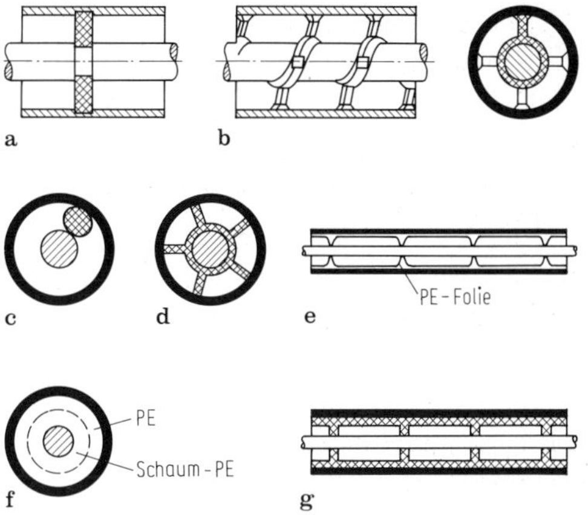

Bild 3. Bauformen koaxialer Leitungen. **a** Scheibenisolierung; **b** offene Stützwendel; **c** Styroflexwendel; **d** längshomogene Stützen; **e** Ballonisolierung; **f** Foam-skin-dielectric; **g** Bambuskabel

Normen. Der größte Teil der im Handel erhältlichen Koaxialleitungen entspricht nationalen oder internationalen Normen. Gemeinsame Normwerte für den Leitungswellenwiderstand sind 50 und 75 Ω, für den Durchmesser D: 0,87; 1,5; 2,95; 3,7; 4,8; 7,25; 11,5 und 17,3 mm. Obwohl Abmessungen, Aufbau und Materialien festgelegt sind, unterscheiden sich Kabel gleichen Typs und unterschiedlicher Hersteller z.T. beträchtlich voneinander bezüglich elektrischer und mechanischer Eigenschaften. Überwiegend wird die Typenbezeichnung nach der USA-Norm MIL-C-17 wie z.B. RG 214/U benutzt. Die Liste geht bis RG 405/U, wobei einzelne Typen noch unterteilt sind mit A, B und C.

Innenleiter. Gezogener Kupferdraht oder Cu-Rohr. Zur Erhöhung der Flexibilität als Litze aus z.B. 7 oder 19 verdrillten dünnen Drähten oder bei größeren Durchmessern als Wellrohr. In beiden Fällen steigt die Dämpfung im Vergleich zur glatten, längshomogenen Leiteroberfläche. Zur Verbesserung der mechanischen Eigenschaften werden z.T. Cu-plattierte (versilberte) Stahldrähte benutzt (CuSt, CuStAg). Oberflächenbehandlung des Kupfers: verzinnt (höhere) bzw. versilbert (geringere Dämpfung).

Isolierung. Ideales Dielektrikum ist Vakuum, bzw. Luft oder Druckgas. Aus mechanischen Gründen benutzt man Kunststoffe (PE, PTFE), massiv, geschäumt oder mit Luftzwischenräumen (Bild 3). Längsinhomogene Isolierungen (Bild 3a bis c, e, g) haben eine obere Grenzfrequenz, gegeben durch phasenrichtige Addition der Teilreflexionen, wenn der Scheibenabstand etwa $\lambda/2$ beträgt oder der Wendelumfang etwa gleich λ ist. Tabelle 1 zeigt den Einfluß des Materials auf die Betriebsdaten eines 7,25-mm-Kabels mit Volldielektrikum. PE-X ist vernetztes Polyäthylen.

Außenleiter. Elektrisch optimal sind nahtlos gezogene Rohre (Festmantelleitung, semi-rigid-line). Der besseren Flexibilität wegen werden gewickelte Folien, Geflechte aus Drähten bzw. Bändern oder Wellrohre benutzt. Materialien: Kupfer oder Aluminium, Oberflächenbehandlung bei Cu: verzinnt oder versilbert. Im Mikrowellenbereich sind doppelte, versilberte Wickel bzw. Geflechte vorteilhaft. Beträchtliche Zusatzverluste treten auf, falls das Geflecht durch Torsion des Kabels aufgeweitet werden kann. Wellrohre ergeben einen als Funktion der Frequenz statistisch schwankenden Reflexionsfaktor.

Mantel. Zum Schutz gegen Umgebungseinflüsse (UV-Strahlen, Wasser, Abrieb) erhalten Geflechtkabel einen Mantel aus PVC, PE, PTFE oder FEP (Erdverlegung in Sand ist generell zulässig). Darüber kann dann noch eine Armierung aus Stahldraht, St-Geflecht oder Aramidfasern kommen, um das Kabel trittfest oder zugfest zu machen.
In Tab. 2 sind die Daten einiger gebräuchlicher Koaxialleitungen zusammengestellt.

2.4 Betriebsdaten. Characteristics

Leitungswellenwiderstand. Neben den Standardwerten 50 und 75 Ω werden für spezielle Anwendungen noch 44 Ω (Seekabel), 60 Ω, 95 Ω und Werte zwischen 100 und 200 Ω (kapazitätsarm) hergestellt. Der Leitungswellenwiderstand steigt mit der Temperatur geringfügig an. Die Änderung bleibt im Nenntemperaturbereich unter 2%. In der HF-Meßtechnik werden Präzisionsluftleitungen als Eichnormale eingesetzt. Für $D = 7$ mm sind Werte von $50\,\Omega \pm 0{,}1\,\Omega$ üblich.

Tabelle 1. Betriebsdaten eines Kabels mit $D = 7{,}25$ mm, $Z_L = 50\ \Omega$ und unterschiedlichem Dielektrikum bei Raumtemperatur (typische Werte)

Dielektrikum	$U_{max,eff}$ kV	α bei 100 MHz dB/m	P_{max} bei 100 MHz W	α bei 1 GHz dB/m	P_{max} bei 1 GHz W
PE	5	0,06	950	0,23	270
PE-X	5	0,06	1800	0,23	500
Schaum-PE	2,2	0,05	500	0,17	150
Schaum-PE-X	1,4	0,05	1000	0,17	300
PTFE	5	0,06	6200	0,22	1700
poröses PTFE	2	0,05	7700	0,17	1850

Leistung. Bild 4 zeigt am Beispiel des Kabels RG 214/U den Verlauf der maximal übertragbaren cw-Leistung als Funktion der Frequenz. Oberhalb des Bereichs, in dem die maximal zulässige Spannung eine Grenze setzt, wird die übertragbare Leistung durch die maximal zulässige Kabeltemperatur beschränkt. Die Verlustleistung, die eine derartige Erwärmung hervorruft, liegt im Bereich 20 W/m (PE) bis 100 W/m (PTFE) (s. Tab. 1). Bei steigender Umgebungstemperatur, abnehmendem Luftdruck und Fehlanpassung am Leitungsende sinkt die maximal übertragbare Leistung (linear bei Temperatur und Druck).

Spannungsfestigkeit. Maßgeblich für die zulässige Maximalfeldstärke im Dauerbetrieb ist nicht die Durchschlagfestigkeit der Isolierung, sondern die Korona-Einsatzgrenze (s. Tab. 1). Ständige Koronaentladung erzeugt Rauschstörungen und zerstört den Isolierstoff. Als Richtwerte gelten $U_{max}(\mathrm{DC}) \approx 4\,U_{max,eff}$ und $U_{max}(\mathrm{Puls}) \approx 2\,U_{max,eff}$. Bei Luftleitungen erhöht Druckluft mit 7 bar die Spannungsfestigkeit um den Faktor 10 und SF_6 mit 3 bar um den Faktor 20.

Elektrische Länge. Temperaturänderung, Biegung und mechanische Belastung ändern die elektrische Länge einer Leitung, z.T. irrever-

Tabelle 2. Daten gebräuchlicher Koaxialleitungen

Bezeichnung, Aufbau (Innenleiter/Isolierung/Außenleiter/Armierung)	Z_L Ω	d/D mm/mm	Außen-Dmr. mm	v/c_0 %	C' pF/m	Dämpfung (Nennwerte)	Üblicher Stecker
RG-58 C/U (verzinnte Cu-Litze/PE/Geflecht aus verzinnten Cu-Drähten)	50 ± 2	0,9/2,95	5	66	101	100 MHz: 0,17 dB/m 1 GHz: 1,3 dB/m	BNC
RG-400/U (versilberte Cu-Litze/PTFE/doppeltes Geflecht versilberter Cu-Drähte	50 ± 2	1,0/2,95	5	69	96	1 GHz: 0,4 dB/m 10 GHz: 2,2 dB/m	SMA
RG-142 B/U (wie RG-400, nur Innenleiter Cu-plattierter, versilberter St-Draht	50 ± 2	0,95/2,95	5	69	96	1 GHz: 0,4 dB/m 10 GHz: 1,8 dB/m	SMA
RG-402/U (Cu-plattierter St-Draht, versilbert/PTFE/nahtloses Cu-Rohr)	50 ± 1	0,91/3,02	3,58 (0.141″)	69	96	100 MHz: 0,1 dB/m 1 GHz: 0,4 dB/m 10 GHz: 1,5 dB/m	SMA
RG-214/U (versilberte Cu-Litze/PE/doppeltes Geflecht versilberter Cu-Drähte)	50 ± 2	2,25/7,25	10,8	66	101	100 MHz: 0,07 dB/m 1 GHz: 0,26 dB/m 10 GHz: 1,5 dB/m	N
RG-393/U (wie RG-400)	50 ± 2	2,38/7,25	9,9	69	96	1 GHz: 0,2 dB/m 10 GHz: 1 dB/m	N
RG-401/U (wie RG-402, nur Innenleiter versilberter Cu-Draht)	50 ± 1	1,64/5,46	6,35 (0.250″)	69	96	1 GHz: 0,3 dB/m 10 GHz: 1 dB/m	PC-7, N
CCI-Kleinkoaxialpaar (Cu/Scheiben- oder Ballonisolierung/Cu-Rohr/2 Lagen Eisenband)	75	1,2/4,4	–	95	46	1 MHz: 5,3 dB/km 60 MHz: 40,6 dB/km 100 MHz: 52,5 dB/km	Fernmeldekabel
CCI-Normalkoaxialpaar (Cu/PE-Scheiben/0,25 mm Cu-Band/2 Lagen Eisenband)	75	2,6/9,5	–	95	46	1 MHz: 2,4 dB/km 60 MHz: 18,5 dB/km 100 MHz: 24 dB/km	Fernmeldekabel

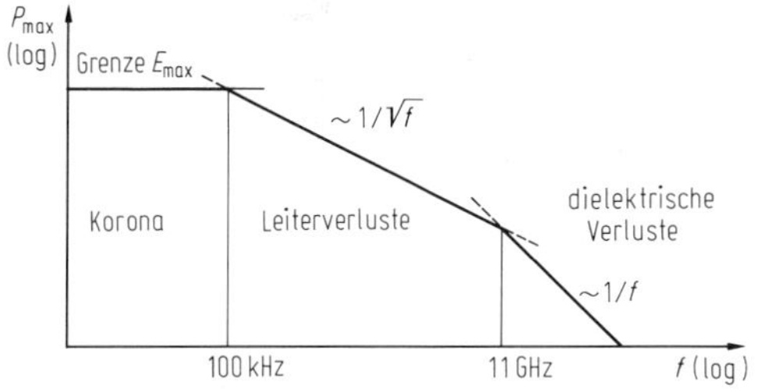

Bild 4. Verlauf der max. übertragbaren cw-Leistung über der Frequenz am Beispiel des PE-Kabels RG 214/U

sibel, z.T. mit hystereseähnlichem Effekt. Flexible Standardkabel liegen etwa im Bereich − 50 (PTFE) bis − 250 (PE) ppm/°C, Spezialkabel bei − 5 ppm/°C.

Schirmdämpfung. Bewertungsmaß ist bei niedrigen Frequenzen der Kopplungswiderstand R'_K, bei hohen Frequenzen die Schirmdämpfung a_s. $R'_K = U/(I\,l)$ gibt an, welche Störspannung U ein auf der Außenseite des Außenleiters fließender Strom I im Kabel erzeugt, R'_K ist bei $f = 0$ gleich dem Widerstandsbelag des Außenleiters und nimmt bei geschlossenen Rohren wegen des Skineffekts mit zunehmender Frequenz ab. Bei Außenleitern aus Bändern oder Litze ergibt sich durch in Spalte und Löcher induzierte Spannungen oberhalb von etwa 1 bis 10 MHz ein Ansteigen des Kopplungswiderstands.
Die Schirmdämpfung a_s (Bild 5) gibt an, um wieviel dB die von einem z. B. 30 cm langen Kabel durch den Schirm hindurch austretende Feldstärke geringer ist als die im Leitungsinneren (Definitionen und Meßvorschriften sind nicht einheitlich). Für Festmantelleitungen ist $a_s > 250$ dB oberhalb von 10 MHz. Damit ist die Abstrahlung von solchen Leitungsanordnungen durch die HF-Dichtheit der Steckverbindungen und der Gehäuse gegeben.

Umgebungseinflüsse. Standard-Betriebstemperaturbereiche für PE-Kabel: − 50 bis + 70 °C und für PTFE-Kabel: − 100 bis + 260 °C.

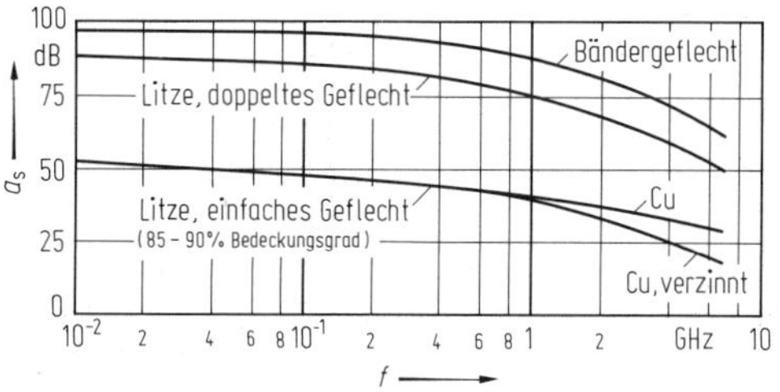

Bild 5. Typischer Verlauf der Schirmdämpfung, gemessen an einem 30 cm langen Kabel

Durch die bei Kunststoffen etwa 10 mal größere Wärmedehnung als bei Kupfer, treten bei hohen Temperaturen bleibende Außenleiterverformungen auf. Bei niedrigen Temperaturen besteht Bruchgefahr beim Biegen versprödeter Kunststoffteile. Für supraleitende Anwendungen werden Niob und PTFE kombiniert, für extrem hohe Temperaturen (900 °C) Kupfer mit SiO_2-Gespinst bzw. -Puder (Quarzsand) als Kabeldielektrikum. Bei Dauerbetrieb oberhalb 80 °C müssen alle Kupferoberflächen einen Korrosionsschutz erhalten. Da es keine wasserdampfdichten Kunststoffkabelmäntel gibt, sind nur nahtlose Metallrohre wirklich dicht. Bei Temperaturschwankungen kondensiert der Wasserdampf im Kabel, und es kann zu schädlichen Wasseransammlungen an der tiefsten Stelle des Leitungszugs kommen. Die kontinuierliche Wasseraufnahme führt zu einer stetigen Verschlechterung der Übertragungseigenschaften (speziell bei Schaum-PE). Abgesehen davon treten bei HF-Leitungen keine nennenswerten Alterungseffekte auf (Ausnahmen: Mantel aus PVC I mit wanderndem Weichmacher; Cu-Oberflächen nicht versilbert; ständige Biegebeanspruchung).

3 Planare Mikrowellenleitungen
Planar Waveguides

Allgemeine Literatur: *Fechner, H.*: Gekoppelte Mikrostreifenleitungen. München: Oldenbourg 1981. – *Gunston, M.A.R.*: Microwave transmission-line impedance data. London: Van Nostrand 1971. – *Gupta, K.C.; Garg, R.; Bahl, I.J.*: Microstriplines and slotlines. Dedham: Artech 1979. – *Hammerstad, E.O.; Bekkadal, F.*: Microstrip handbook: ELAB report STF44 A 74169, University of Trondheim 1975. – *Hoffmann, R.K.*: Integrierte Mikrowellenschaltungen. Berlin: Springer 1983. – *Howe, H.*: Stripline circuit design. Dedham: Artech 1974. – *Wolff, I.*: Einführung in die Microstrip-Leitungstechnik. Aachen: Wolff 1974.

3.1 Anwendung und Realisierung von planaren Mikrowellenleitungen
Application and design of planar strip lines

Planare Wellenleiter sind Mikrowellenleitungen, die in Form von flachen leitenden Streifen auf einem dielektrischen Substrat über einer metallischen Grundplatte ausgeführt sind. Bild 1 zeigt den in der Praxis am häufigsten verwendeten planaren Wellenleiter, die unsymmetrische Streifenleitung oder Mikrostreifenleitung. Die Leitung

---
Spezielle Literatur Seite K 18–20

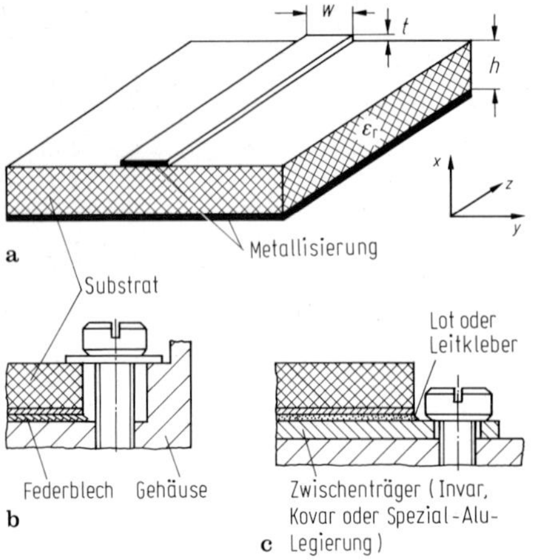

Bild 1. Mikrostreifenleitung auf dielektrischem Substratmaterial mit der Permittivitätszahl ε_r

besteht aus einem verlustarmen dielektrischen Substratmaterial der Dicke h mit einer leitenden Schicht auf der Unterseite des Substrats und einem leitenden Streifen der Breite w auf der Oberseite. Die Mikrostreifenleitung wird wegen des einfachen Aufbaus sehr häufig verwendet. Nachteilig sind die Abstrahlungsprobleme wegen der offenen Struktur, desgleichen die Möglichkeit der Einkopplung von Störsignalen. Neben der Mikrostreifenleitung gibt es noch eine Vielzahl weiterer Streifenleitungsarten für spezielle Anwendungen. In Bild 2 ist der Querschnitt von verschiedenen Modifikationen der Mikrostreifenleitung, von der Koplanarleitung und von der Schlitzleitung bzw. Fin-Leitung skizziert. Verwendet werden die planaren Mikrowellenleitungen als Elemente in integrierten Mikrowellenschaltungen [2–7]. Bild 3 zeigt einen Doppel-Gegentaktmischer, aufgebaut als integrierte Mikrowellenschaltung mit den drei Streifenleitungsarten: Mikrostreifenleitung, Koplanarleitung und Schlitzleitung als Leitungselemente.

Dieses Beispiel verdeutlicht auch die vorteilhafte Miniaturisierung mit planaren Mikrowellenleitungen, da nur so ein günstiger Einbau der modernen Halbleiterbauelemente ermöglicht wird.

Integrierte Mikrowellenschaltungen bieten erhebliche Vorteile gegenüber der Koaxial- oder Hohlleitertechnik wegen der günstigen Verwendung moderner Halbleiterbauelemente, der Gewichtsreduzierung, der einfachen Herstellung komplizierter Strukturen, der Zuverlässigkeit und der guten Reproduzierbarkeit der Schaltungen. Nachteilig sind die vergleichsweise höheren Verluste.

Die Herstellung der leitenden Schichten und Streifen auf dem dielektrischen Trägermaterial

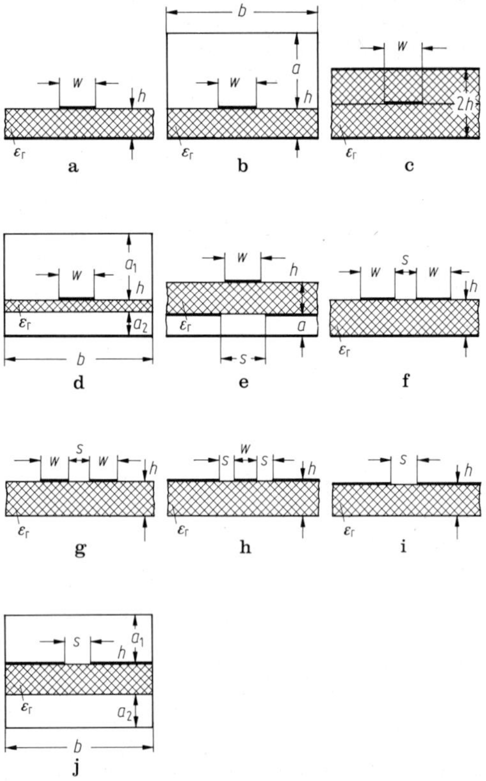

Bild 2. Planare Mikrowellenleitungen. **a** Mikrostreifenleitung; **b** geschirmte Mikrostreifenleitung; **c** „Triplate"-Leitung; **d** „Suspended-Substrate"-Leitung; **e** Mikrostreifenleitung mit Masseschlitz; **f** gekoppelte Mikrostreifenleitungen; **g** koplanare Streifenleitung; **h** Koplanarleitung; **i** Schlitzleitung; **j** geschirmte Schlitzleitung bzw. Fin-Leitung

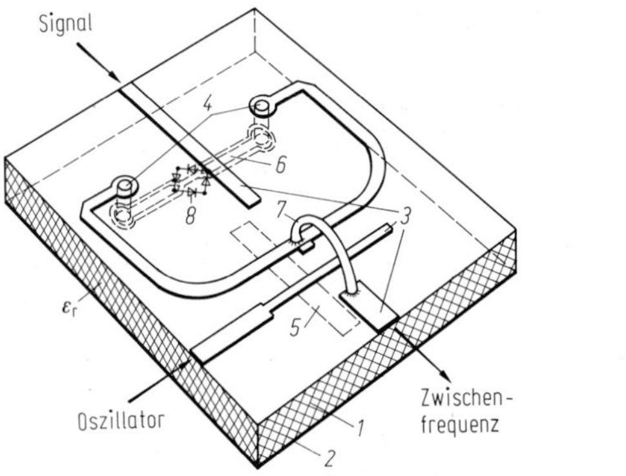

Bild 3. Integrierte Mikrowellenschaltung – Doppel-Gegentaktmischer, nach [8] mit: *1* dielektrisches Substrat, *2* Masse-Metallisierung, *3* Mikrostreifenleitung, *4* Durchkontaktierung, *5* Schlitzleitung, *6* Koplanarleitung, *7* Drahtbügel, *8* Diodenquartett

erfolgt bei keramischen Substraten in Dünnfilmtechnik oder in Dickschichttechnik [1]. Bei den kupferbeschichteten Kunststoffsubstratmaterialien wird die einfache Photoätztechnik verwendet. Mit der Dünnfilmtechnik erzielt man eine reproduzierbare Strukturgenauigkeit von ca. 5 µm. Bei der Realisierung von schmalen Streifenleitungsbreiten (< 100 µm) bzw. schmalen Schlitzbreiten wird ausschließlich die Dünnfilmtechnik verwendet. Weniger genau, jedoch erheblich kostengünstiger, ist die Dickschichttechnik bei keramischen Substratmaterialien.

3.2 Mikrostreifenleitung
Microstrip line

Die in früheren Jahren häufig verwendete Triplate-Leitung [9, 10] (Bild 2c) hat ähnliche Eigenschaften wie die Koaxialleitung, eignet sich aber nicht für integrierte Mikrowellenschaltungen. Wegen der praktischen Bedeutung gilt daher das Hauptinteresse der Mikrostreifenleitung.
Die grundlegende Schwierigkeit bei der theoretischen Behandlung der Mikrostreifenleitung besteht darin, daß es keine geschlossene feldtheoretische Lösung gibt [11–15]. In den letzten Jahren wurden jedoch sehr leistungsfähige numerische Lösungsverfahren entwickelt [17–26]. Damit lassen sich die Eigenschaften der Mikrostreifenleitung und deren Modifikationen berechnen. Einfachere Modelle der Mikrostreifenleitung werden in [21–29] beschrieben.

Statische Eigenschaften. Bild 4 zeigt den näherungsweisen Verlauf der elektrischen und magnetischen Feldlinien der Mikrostreifenleitung in der Querschnittsebene. Bei tiefen Frequenzen

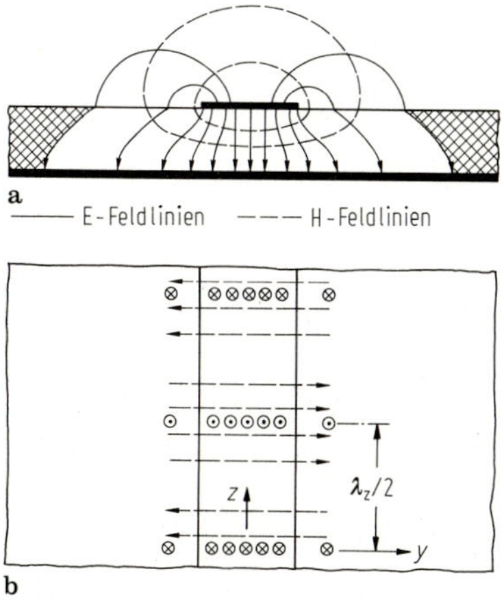

Bild 4. Näherungsweiser Feldlinienverlauf der Mikrostreifenleitung

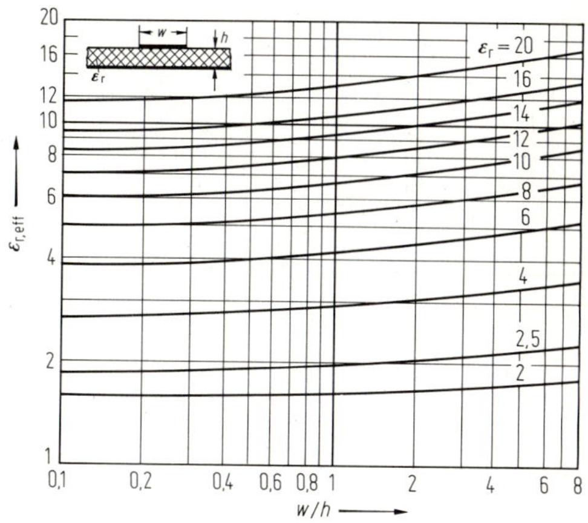

Bild 5. Effektive Permittivitätszahl $\varepsilon_{r,eff}$ der Mikrostreifenleitung in Abhängigkeit von w/h mit ε_r als Parameter; Berechnungsverfahren nach [22, 24]

können die auftretenden Longitudinalkomponenten [16] des elektromagnetischen Feldes vernachlässigt werden. Die charakteristischen Leitungskenngrößen sind die effektive Permittivitätszahl $\varepsilon_{r,eff}$ (Bild 5), der Leitungswellenwiderstand Z_L (Bild 6) und die Dämpfungskonstante α_L (Bild 7). Alle drei Kenngrößen sind abhängig von der Querschnittsgeometrie und der

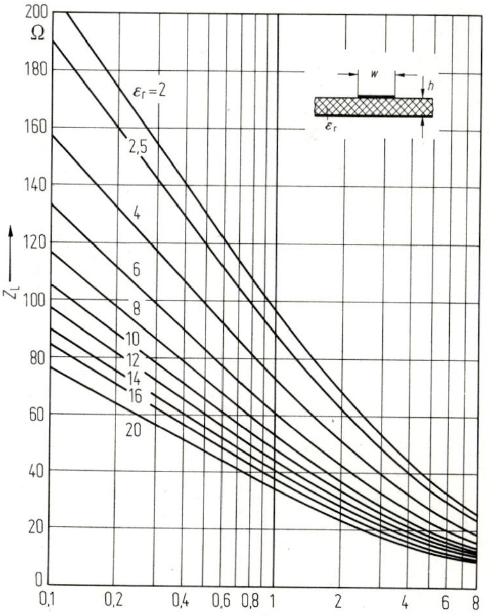

Bild 6. Leitungswellenwiderstand Z_L der Mikrostreifenleitung in Abhängigkeit von w/h mit ε_r als Parameter; Berechnungsverfahren nach [22, 24]

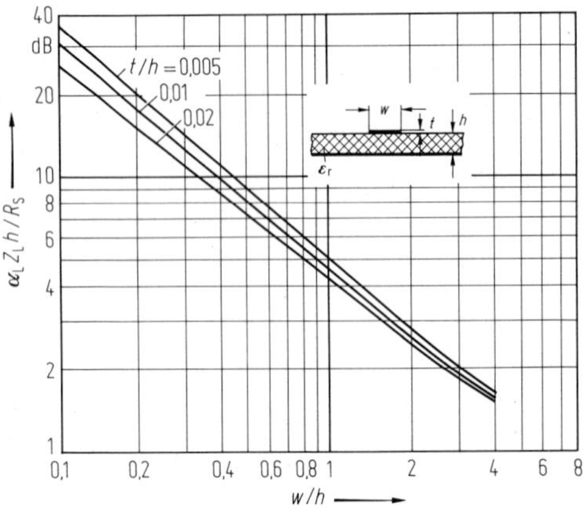

Bild 7. Normierte Leiterdämpfung der Mikrostreifenleitung nach [30] in Abhängigkeit von w/h mit t/h als Parameter; R_s: Oberflächenwiderstand der Metallisierung

Permittivitätszahl ε_r des (isotropen) Substratmaterials. Die effektive Permittivitätszahl $\varepsilon_{r,\text{eff}}$ bestimmt das Phasenmaß β_z (k_0 = Phasenmaß des freien Raums) bzw. die Wellenlänge λ_z (λ_0 = Wellenlänge des freien Raums):

$$\varepsilon_{r,\text{eff}} = (\beta_z/k_0)^2 = (\lambda_0/\lambda_Z)^2. \tag{1}$$

Mit guter Näherung kann $\varepsilon_{r,\text{eff}}$ durch folgenden analytischen Ausdruck beschrieben werden (Fehler $< 1\%$ bei $\varepsilon_r \leqq 16$ und $w/h \geqq 0{,}05$) [14, 15]:

$$\varepsilon_{r,\text{eff}} = (\varepsilon_r + 1)/2 + (\varepsilon_r - 1)\,F(w/h)/2,$$

$$F(w/h) = \tag{2}$$
$$\begin{cases}(1 + 12\,h/w)^{-1/2} + 0{,}04(1 - w/h)^2; & w/h \leqq 1,\\ (1 + 12\,h/w)^{-1/2}; & w/h \geqq 1.\end{cases}$$

Die Bedeutung von $\varepsilon_{r,\text{eff}}$ kommt auch im homogenen Bandleitungsmodell [29] zum Ausdruck. Die in Bild 8 angegebene bezogene effektive Bandleitungsbreite w_{eff}/h ist unabhängig von der Permittivitätszahl ε_r. Für den Wellenwiderstand

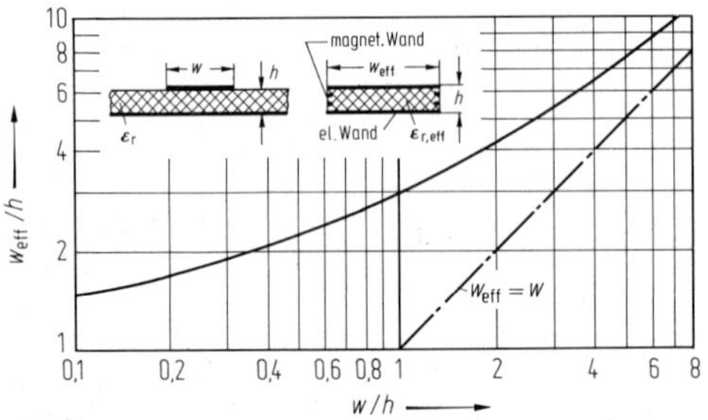

Bild 8. Bezogene Breite des Bandleitungsmodells w_{eff}/h der Mikrostreifenleitung in Abhängigkeit von w/h

Z_L gilt (mit $Z_0 = 120\,\pi\,\Omega$: Wellenwiderstand des freien Raums):

$$Z_L = Z_0/(\sqrt{\varepsilon_{r,\text{eff}}}\; w_{\text{eff}}/h). \tag{3}$$

Die bezogene effektive Bandleitungsbreite bestimmt sich mit guter Näherung aus

$$w_{\text{eff}}/h = \tag{4}$$
$$\begin{cases}2\pi[\ln(8\,h/w + 0{,}25\,w/h)]^{-1}; & w/h \leqq 1,\\ w/h + 2{,}46 - 0{,}49\,h/w + (1 - h/w)^6; & w/h \geqq 1.\end{cases}$$

Bei einer endlichen Leiterdicke t ist näherungsweise die physikalische Streifenbreite w um $w := w + \Delta w$ zu korrigieren (Δw_0: Korrektur bei $\varepsilon_r = 1$).

$$\Delta w_0 = \frac{t}{\pi}\left(1 + \ln\frac{2x}{t}\right), \quad \text{mit}$$

$$x = \begin{cases}h; & w/h > 1/2\pi > 2t/h,\\ 2\pi w; & 1/2\pi > w/h > 2t/h.\end{cases} \tag{5}$$

$$\Delta w_{Z_L} = \Delta w_0(1 + 1/\varepsilon_r)/2.$$

Praktische Dämpfungsmessungen ergeben eine befriedigende Übereinstimmung mit der in [30] angegebenen und in Bild 7 dargestellten Leiterdämpfung. Die Dämpfungskonstante α_L ist dabei auf den Faktor $Z_L h/R_S$ normiert und daher unabhängig von ε_r. Für den Oberflächenwiderstand der Substratmetallisierung gilt

$$R_S = (\pi\,\varrho\,Z_0/\lambda_0)^{1/2}; \text{ mit } \varrho\text{: spez. Widerstand der Metallisierung,} \tag{6}$$

weiterhin ist:

$$\alpha(\text{dB/m}) = 8{,}68\,\alpha\;(1/\text{m}). \tag{7}$$

Bei den üblicherweise verwendeten verlustarmen Substratmaterialien mit einem Verlustfaktor $\tan\delta_\varepsilon$ deutlich kleiner 10^{-3} sind i. allg. die dielektrischen Verluste gegenüber den ohmschen Verlusten vernachlässigbar. Für die dielektrische Dämpfungskonstante α_D des Dielektrikums gilt nach [32] mit q als Füllfaktor:

$$\alpha_D = \pi\,q(\varepsilon_r/\varepsilon_{r,\text{eff}})\tan\delta_\varepsilon/\lambda_z; \quad q = (\varepsilon_{r,\text{eff}} - 1)/(\varepsilon_r - 1). \tag{8}$$

Frequenzabhängige Eigenschaften der Grundwelle. Wegen des geschichteten Mediums Substrat – Luft ist die Grundwelle (HE_0) der Mikrostreifenleitung keine reine TEM-Welle. Es liegt eine sog. *Quasi-TEM*-Welle vor mit schwach frequenzabhängiger Phasengeschwindigkeit (Dispersion). Aus Bild 9 kann die Frequenzabhängigkeit der effektiven Permittivitätszahl $\varepsilon_{r,\text{eff}}$ der am häufigsten verwendeten Substratmaterialien (Al_2O_3-Keramik mit $h = 0{,}635$ mm und glasfaserverstärktes Teflon mit $h = 1{,}6$ mm) entnom-

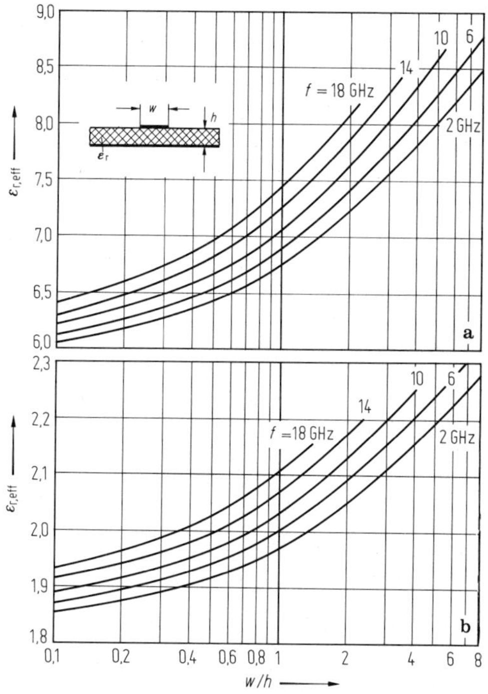

Bild 9. Effektive Permittivitätszahl $\varepsilon_{\mathrm{r,eff}}$ der Mikrostreifenleitung in Abhängigkeit von w/h mit der Frequenz f als Parameter; Berechnungsverfahren nach [22, 24]. **a** $\varepsilon_{\mathrm{r}} = 10$; $h = 0{,}635$ mm; **b** $\varepsilon_{\mathrm{r}} = 2{,}5$; $h = 1{,}6$ mm

men werden. Bei einer 50-Ω-Mikrostreifenleitung auf einer Al_2O_3-Keramik mit der Substratdicke $h = 0{,}635$ mm erhöht sich $\varepsilon_{\mathrm{r,eff}}$ bei der Frequenz 18 GHz um ca. 10% gegenüber dem statischen Wert. Der Leitungswellenwiderstand ist eine aus Spannung $\underline{U}_0$ (Spannung zwischen der Mitte der Streifenleitung und der Grundplatte), Strom $\underline{I}_{\mathrm{z}}$ (Längsstrom im Streifenleiter) oder Leistung $\underline{P}_{\mathrm{z}}$ (transportierte Wirkleistung) abgeleitete Größe:

$$Z_{\mathrm{L}}^{(\mathrm{U,I})} = \frac{U_0}{I_{\mathrm{z}}}, \quad \text{oder} \quad Z_{\mathrm{L}}^{(\mathrm{P,I})} = \frac{2P_{\mathrm{z}}}{I_{\mathrm{z}}^2}, \quad \text{oder} \quad Z_{\mathrm{L}}^{(\mathrm{U,P})} = \frac{U_0^2}{2P_{\mathrm{z}}}. \tag{9}$$

Nur im statischen Grenzfall stimmen alle drei Werte überein. Je nach verwendeter Definition unterscheiden sich in Abhängigkeit von der Frequenz die drei in Gl. (9) angegebenen Leitungswellenwiderstände [33–36]. Die Definition in [34, 36]:

$$Z_{\mathrm{L}}(f) = Z_{\mathrm{L}}(0)\sqrt{(\varepsilon_{\mathrm{r,eff}}(0)/\varepsilon_{\mathrm{r,eff}}(f))} \tag{10}$$

setzt nach Gl. (3) eine dispersionsfreie effektive Breite w_{eff} voraus. In Bild 10 sind die frequenzabhängigen Ergebnisse von $Z_{\mathrm{L}}^{(\mathrm{UI})}$, $Z_{\mathrm{L}}^{(\mathrm{PI})}$ und Z_{L} nach

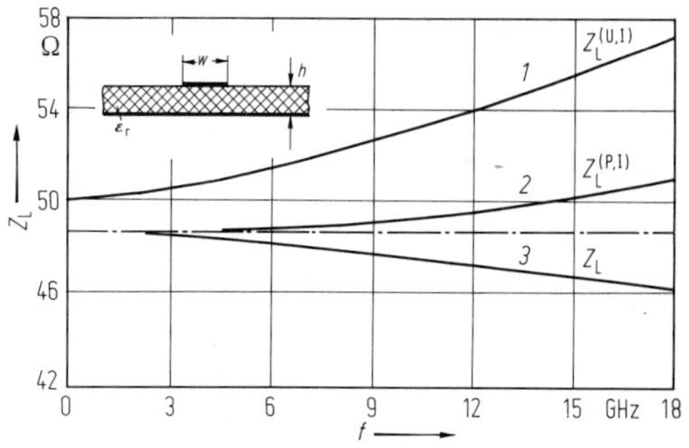

Bild 10. Dispersion des Leitungswellenwiderstands Z_{L} bei $\varepsilon_{\mathrm{r}} = 10$ und $h = 0{,}635$ mm. *1* nach [18] bei $w = 0{,}6$ mm, *2* nach [34] bei $w/h = 1$, *3* nach [22, 24] bei $w/h = 1$

Gl. (10) dargestellt. Die Frage nach der zweckmäßigsten Definition kann nur im Zusammenhang mit Untersuchungen an der Übergangsstelle zweier verschiedener Wellenleiter (z.B. Koaxialleitung auf Mikrostreifenleitung) beantwortet werden. Im allgemeinen gilt als die zweckmäßigste Definition diejenige, womit man das einfachste Ersatzschaltbild der Übergangsstelle erhält.

Die Güte eines Mikrostreifenleitungsresonators (Bild 11)

$$Q = \pi/(\alpha\lambda_{\mathrm{z}}) \tag{11}$$

steigt etwa proportional mit $\sqrt{f}$. Wegen der mit der Frequenz stark zunehmenden Strahlungsverluste einer offenen Struktur stellt sich dennoch bei höheren Frequenzen eine Abnahme der Gesamtgüte eines Mikrostreifenleitungsresonators ein. Bild 11 zeigt den Verlauf der Leitergüte Q_{L}, der Strahlungsgüte Q_{S} und der Gesamtgüte Q_{G} in Abhängigkeit von der Streifenbreite w bzw. des Wellenwiderstands Z_{L} bei einer bestimmten Frequenz. In [31] sind weitere Ergebnisse für unterschiedliche Frequenzen angegeben.

Höhere Wellentypen. In Bild 12 sind beispielhaft nach [17] die berechneten und durch Messungen weitgehend bestätigten Dispersionskurven der höheren Wellentypen HE_1 und HE_2 neben der Grundwelle HE_0 aufgetragen. Näherungsweise errechnet sich die Grenzfrequenz der HE_1-Welle aus (c_0 = Lichtgeschwindigkeit):

$$f_{\mathrm{C,HE_1}} = c_0/(2\,w_{\mathrm{eff}}\sqrt{\varepsilon_{\mathrm{r,eff}}}). \tag{12}$$

Die Längsstromverteilung und die Querstromverteilung der Grundwelle und der höheren Wellentypen sind in Bild 13 beispielhaft dargestellt. Bei offenen Strukturen und dicken Substratmaterialien müssen auch die Oberflächenwellen berücksichtigt werden. Die TM_0-Oberflächenwelle hat ebenso wie die HE_0-Grundwelle der Mikrostreifenleitung keine untere Grenzfrequenz. Die

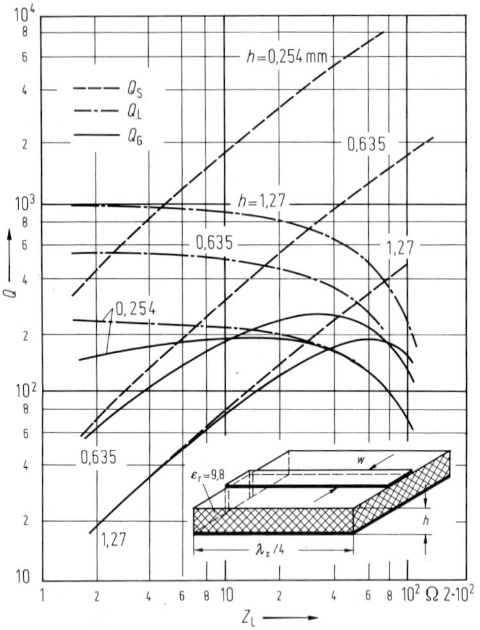

Bild 11. Güte Q eines kurzgeschlossenen $\lambda_z/4$-Mikrostreifenleitungsresonators auf einer Al_2O_3-Keramik ($\varepsilon_r = 9{,}8$) bei verschiedenen Substratdicken h in Abhängigkeit von w/h nach [31] bei $f = 4$ GHz. Q_L beinhaltet Leiterverluste und Verluste des Dielektrikums; Q_S beinhaltet Strahlungsverluste; $Q_G = Q_L Q_S/(Q_L + Q_S)$

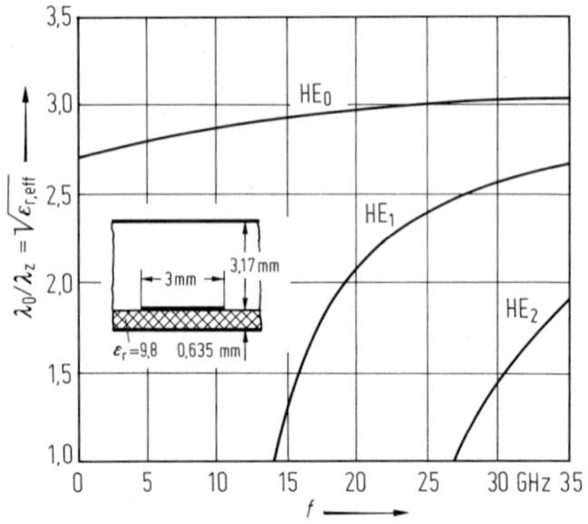

Bild 12. Frequenzabhängigkeit von $\varepsilon_{r,\text{eff}}$ der Grundwelle HE_0 und der höheren Wellentypen HE_1 und HE_2 der Mikrostreifenleitung. Nach [17]

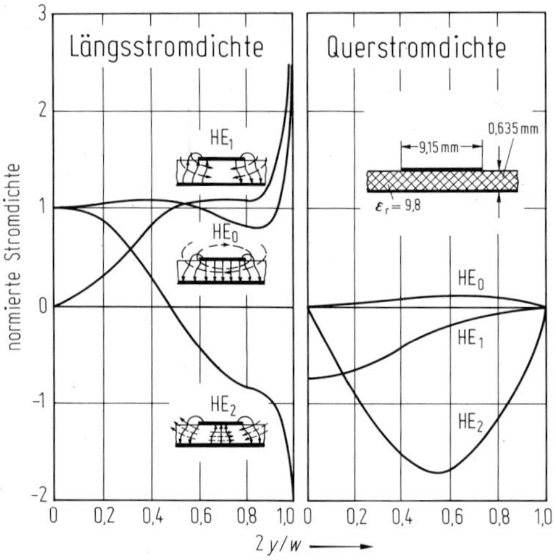

Bild 13. Normierte Längsstromdichte und Querstromdichte der Grundwelle HE_0 und der höheren Wellentypen HE_1 und HE_2 der Mikrostreifenleitung bei $f = 12$ GHz. Nach [18]

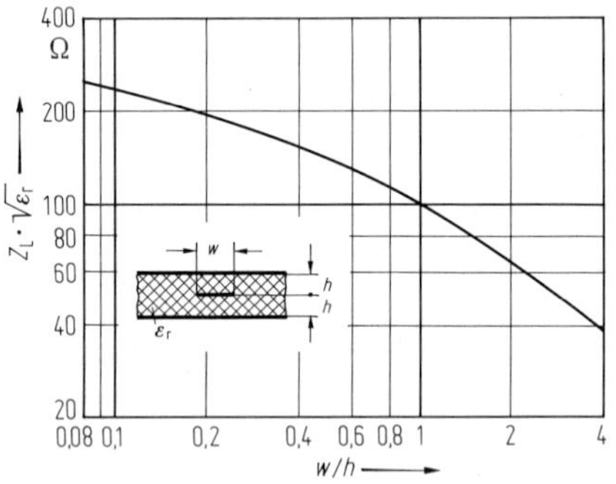

Bild 14. Leitungswellenwiderstand $Z_L \sqrt{\varepsilon_r}$ der „Triplate"-Leitung in Abhängigkeit von w/h

Grenzfrequenz der nächsthöheren TE_1-Oberflächenwelle erhält man aus:

$$f_{C,TE1} = c_0/(4h\sqrt{(\varepsilon_r - 1)}). \quad (13)$$

In geschirmten Hohlraumgebilden sind die Grenzfrequenzen der TE_x- bzw. TM_x-Wellen unter Berücksichtigung der teilweise dielektrischen Füllung zu beachten [19, 20] (Längsschnittwellen). Grundsätzlich können an jeder Leitungsdiskontinuität höhere Wellentypen angeregt werden, die im Frequenzbereich unterhalb der Grenzfrequenz nur Blindenergie speichern (Blindelemente im Ersatzschaltbild an der Stelle der Diskontinuität). Die Betriebsfrequenz sollte deutlich unterhalb der in den Gln. (12) und (13) angegebenen Grenzfrequenz liegen.

Modifikationen der Mikrostreifenleitung. In Bild 14 ist der Wellenwiderstand $Z_L \sqrt{\varepsilon_r}$ der symmetrischen Streifenleitung (Triplate-Leitung) dargestellt. Wegen der homogenen Füllung ist hier $\varepsilon_{r,\text{eff}} = \varepsilon_r$. Den Einfluß einer metallischen Abschirmung oberhalb der Mikrostreifenleitung zeigt Bild 15. Bei einer Abschirmungshöhe $a/h > 10$ kann der Deckeleinfluß vernachlässigt werden. Die Kenngrößen der *Suspended-*

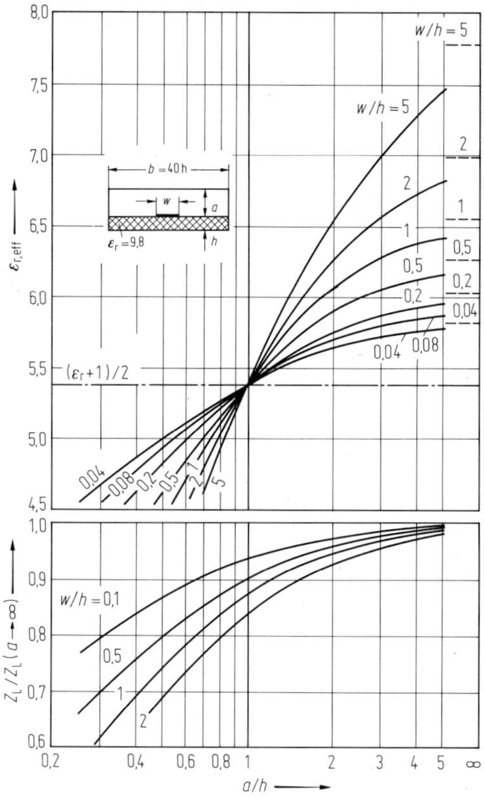

Bild 15. Einfluß der Abschirmungshöhe a/h bei verschiedenen Streifenbreiten w/h auf Al_2O_3-Keramik ($\varepsilon_r = 9{,}8$; $b/h = 40$); Berechnungsverfahren nach [22, 24]. **a** effektive Permittivitätszahl $\varepsilon_{r,eff}$; **b** bezogener Leitungswellenwiderstand $Z_L/Z_L(a \to \infty)$

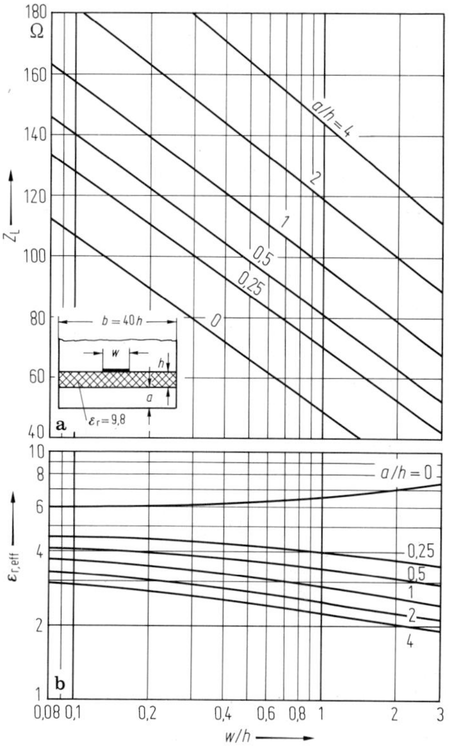

Bild 16. Kenngrößen der „Suspended-Substrate"-Mikrostreifenleitung ($\varepsilon_r = 9{,}8$; $b/h = 40$) in Abhängigkeit von w/h mit der Bodentiefe a/h als Parameter; Berechnungsverfahren nach [22, 24]. **a** Leitungswellenwiderstand Z_L; **b** effektive Permittivitätszahl $\varepsilon_{r,eff}$

Substrate-Mikrostreifenleitung sind in Bild 16 dargestellt. Mit zunehmendem Abstand a/h des Substrats vom Gehäuseboden steigt der Wellenwiderstand und die effektive Permittivitätszahl $\varepsilon_{r,eff}$ nimmt ab. Andererseits muß bei gleichbleibendem Wellenwiderstand die Streifenbreite größer gewählt werden. Eine größere Streifenbreite bedeutet wiederum geringere Leiterverluste. Die Leitungskenngrößen der *Quasi-Suspended-Substrate*-Mikrostreifenleitung (Bild 17) liegen je nach Masseschlitzbreite s zwischen den Grenzfällen der Mikrostreifenleitung und der *Suspended-Substrate*-Mikrostreifenleitung. Die *Suspended-Substrate*-Mikrostreifenleitung findet Anwendung in Filterstrukturen, um geringere Durchgangsverluste zu erzielen.

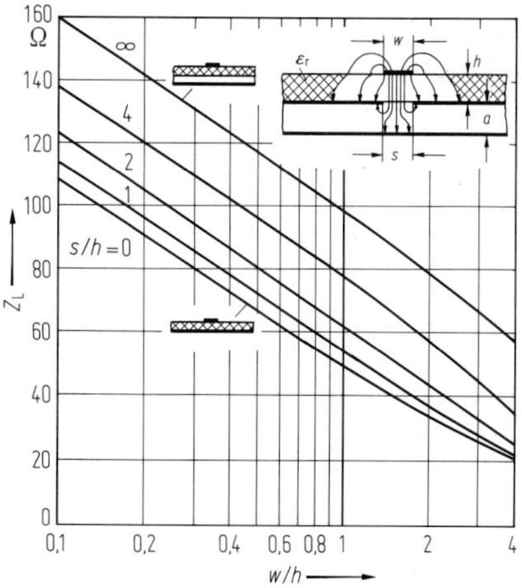

Bild 17. Einfluß eines Masseschlitzes s auf den Leitungswellenwiderstand Z_L einer Mikrostreifenleitung ($\varepsilon_r = 9{,}8$) in Abhängigkeit von w/h mit s/h als Parameter bei einer Bodentiefe $a/h = 1$

3.3 Gekoppelte Mikrostreifenleitungen
Coupled microstrip lines

Werden zwei Mikrostreifenleitungen der Breite w auf einem dielektrischen Substrat der Dicke h

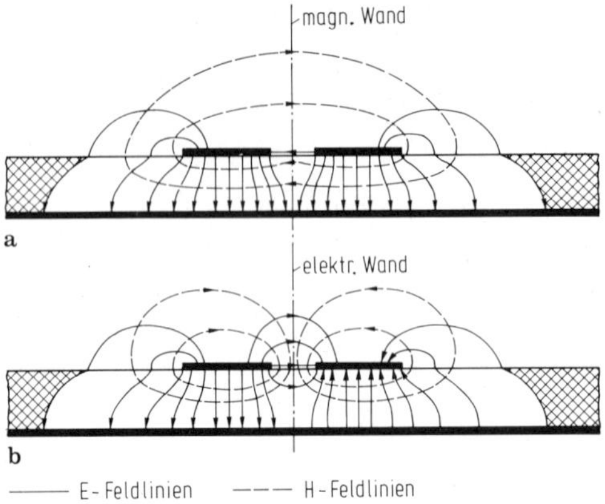

Bild 18. Näherungsweiser Feldlinienverlauf von gekoppelten Mikrostreifenleitungen. **a** Gleichtaktwelle mit magn. Wand in der Symmetrieebene; **b** Gegentaktwelle mit elektr. Wand in der Symmetrieebene

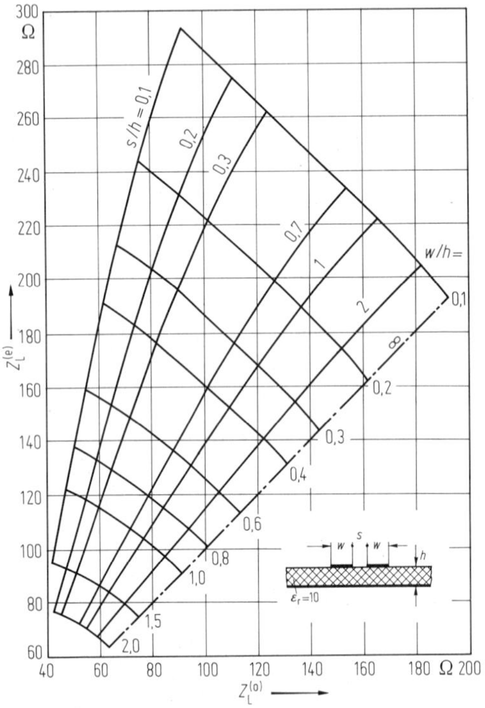

Bild 19. Leitungswelllenwiderstand $Z_L^{(e,o)}$ von gekoppelten Mikrostreifenleitungen ($\varepsilon_r = 2{,}5$) mit den Geometriegrößen s/h und w/h als Parameter; Berechnungsverfahren nach [22, 24]

in einem Abstand s gemäß Bild 2f angeordnet, so tritt eine Verkopplung der elektromagnetischen Felder auf. Bei der in Bild 2f vorliegenden $(N + 1)$-Leiteranordnung (mit $N = 2$ Mikrostreifenleitungen über einer leitenden Grundplatte) können N Grundwellentypen auftreten

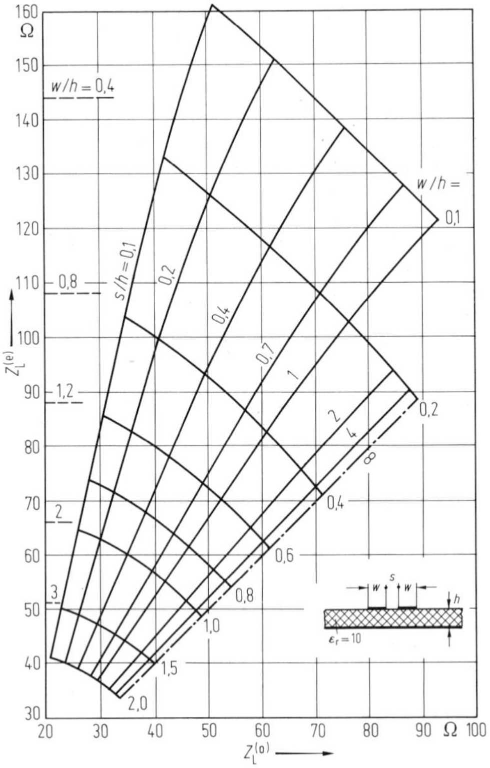

Bild 20. Leitungswellenwiderstand $Z_L^{(e,o)}$ von gekoppelten Mikrostreifenleitungen ($\varepsilon_r = 10$) mit den Geometriegrößen s/h und w/h als Parameter; Berechnungsverfahren nach [22, 24]

[43, 44]. Im symmetrischen Fall zweier gleich breiter Streifen lassen sich die beiden auftretenden Grundwellen durch eine magnetisch leitende Wand ($H_{tan} = 0$; $E_{norm} = 0$) bzw. durch eine elektrisch leitende Wand ($H_{norm} = 0$; $E_{tan} = 0$) in der Symmetrieebene separieren. Im ersten Fall liegt eine Gleichtaktwelle (Index (e)) und im zweiten Fall eine Gegentaktwelle (Index (o)) vor. Bild 18 zeigt den näherungsweisen Verlauf der Feldlinien der beiden Grundwellentypen. Die Berechnung gekoppelter Mikrostreifenleitungen [18, 21, 24, 37–40] erfolgt auf der Grundlage der Berechnung der einzelnen Mikrostreifenleitung [17–26]. Auch hier sind die Leitungskenngrößen $\varepsilon_{r,eff}^{(e,o)}$ und $Z_L^{(e,o)}$ der beiden Grundwellen frequenzabhängig [18, 21, 24, 37, 38]. Für die gebräuchlichsten Substratmaterialien (Al_2O_3-Keramik und glasfaserverstärktes Teflon) werden in Bild 19 und Bild 20 die Wellenwiderstände $Z_L^{(e,o)}$ in Abhängigkeit von der Querschnittsgeometrie angegeben. Für $s/h \to \infty$ wird $\varepsilon_{r,eff}^{(e,o)} = \varepsilon_{r,eff}$ und $Z_L^{(e,o)} = Z_L$ der einzelnen Mikrostreifenleitung. In Bild 21 ist der Verlauf der effektiven Permittivitätszahl $\varepsilon_{r,eff}^{(e,o)}$ (gültig bei tiefen Frequenzen) dargestellt. Grundsätzlich ist wegen der unterschied-

lichen Verteilung des elektrischen Feldes (Bild 18) in Luft und im Dielektrikum $\varepsilon^{(e)}_{r,eff} > \varepsilon^{(o)}_{r,eff}$. Bei $s/h < 1$ bleibt der Einfluß der Spaltbreite gering. Die Frequenzabhängigkeit von $\varepsilon^{(e,o)}_{r,eff}$ zeigt Bild 22 beispielhaft für einen praktisch wichtigen Sonderfall (Richtkoppleranordnung mit 10 dB Koppeldämpfung). Bei $\varepsilon^{(e)}_{r,eff}$ erhöht sich schon im Frequenzbereich bis 12 GHz die effektive Permittivitätszahl um ca. 7%. Angaben über die Dämpfungskonstanten $\alpha^{(e,o)}$ von verkoppelten Mikrostreifenleitungen werden in [45, 46] gemacht. Eine Analyse von unsymmetrisch verkoppelten Anordnungen wird in [41, 42] vorgenommen. Die Behandlung von $(N+1)$-Mikrostreifenleitungssystemen erfolgt u.a. in [44].

3.4 Koplanare Streifenleitung und Schlitzleitung

Coplanar line and slotline

Die Grundwelle einer koplanaren Streifenleitung [47, 48] (Bild 2g) entspricht der Grundwelle bei Gegentaktanregung von verkoppelten Mikrostreifenleitungen ohne leitender Grundplatte. In Bild 23 ist der näherungsweise Verlauf der Feldlinien der koplanaren Streifenleitung skizziert.

Bild 24 zeigt die Leitungskenngrößen $\varepsilon_{r,eff}$ und Z_L. Mit zunehmender bezogener Spaltbreite s/h nimmt bei gleichbleibender Streifenbreite w der Wellenwiderstand Z_L zu und die effektive Permittivitätszahl $\varepsilon_{r,eff}$ ab. Die Schlitzleitung [49–55] (Bild 2i) entspricht der koplanaren Streifenleitung mit unendlich breiten Streifen w. Damit sich eine hinreichende Feldkonzentration um den Schlitz s einstellt muß die Schlitzleitung bei höheren Frequenzen betrieben werden. Bild 25 zeigt den angenäherten Feldlinienverlauf der Grundwelle der Schlitzleitung. Weiterhin ist aus Bild 25 zu entnehmen, daß eine deutliche H-Feldkomponente in Ausbreitungsrichtung z auf-

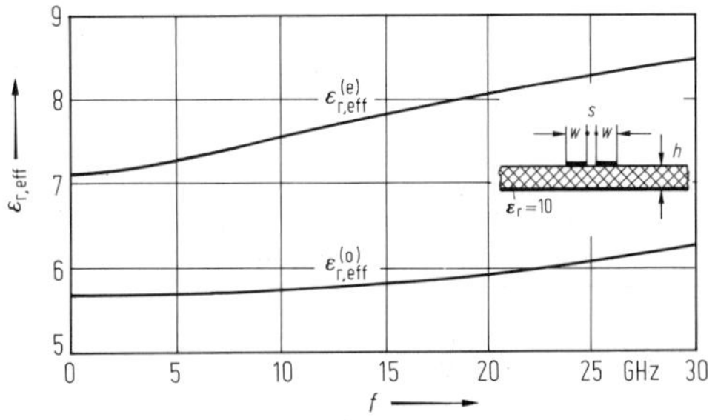

Bild 22. Dispersionsverhalten von $\varepsilon^{(e,o)}_{r,eff}$ von gekoppelten Mikrostreifenleitungen ($\varepsilon_r = 10$; $h = 0{,}635$ mm) bei $w = 0{,}5$ mm und $s = 0{,}2$ mm

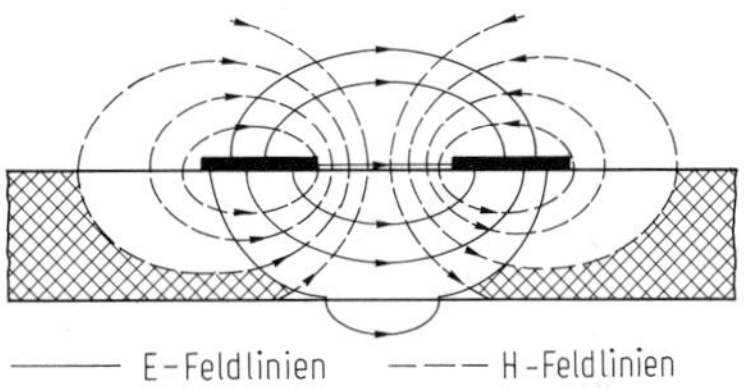

Bild 23. Näherungsweiser Feldlinienverlauf einer koplanaren Streifenleitung

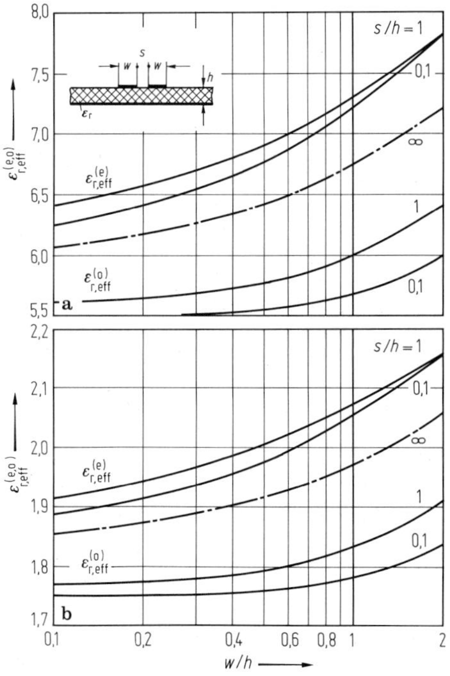

Bild 21. Effektive Permittivitätszahl $\varepsilon^{(e,o)}_{r,eff}$ von gekoppelten Mikrostreifenleitungen in Abhängigkeit von w/h mit s/h als Parameter, Berechnungsverfahren nach [22, 24]. **a** $\varepsilon_r = 10$; **b** $\varepsilon_r = 2{,}5$

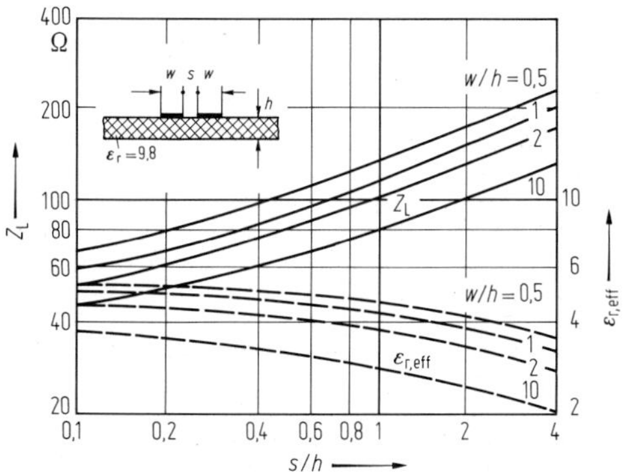

Bild 24. Leitungswellenwiderstand Z_L und effektive Permittivitätszahl $\varepsilon_{r,eff}$ der koplanaren Streifenleitung ($\varepsilon_r = 9{,}8$) in Abhängigkeit von s/h mit w/h als Parameter; Berechnungsverfahren nach [22, 24, 53]

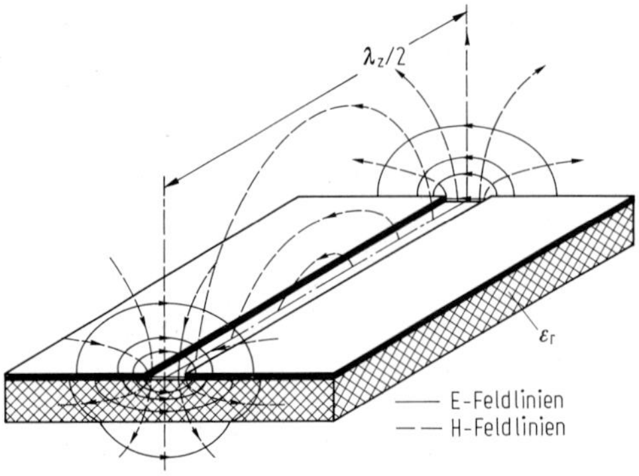

Bild 25. Näherungsweiser Feldlinienverlauf der Schlitzleitung

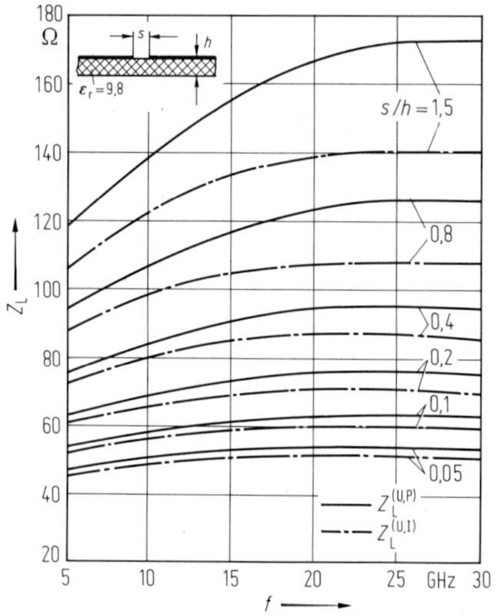

Bild 27. Frequenzabhängiger Leitungswellenwiderstand Z_L einer Schlitzleitung ($\varepsilon_r = 9{,}8$; $h = 0{,}635$ mm) mit Parameter s/h; Berechnungsverfahren nach [54]

tritt (Quasi-H-Welle) [51, 55]. Die Frequenzabhängigkeit der bezogenen Ausbreitungswellenlänge λ_z/λ_0 ist in Bild 26 dargestellt. Die Dispersion ist hier wesentlich stärker ausgeprägt als beispielsweise bei der Mikrostreifenleitung. Beim Leitungswellenwiderstand Z_L (Bild 27) ergeben sich bei größeren Schlitzbreiten beträchtliche Unterschiede zwischen den verschiedenen Definitionen in Gl. (9). Im mm-Wellenbereich wird die geschirmte Schlitzleitung (Bild 2j) oder Finleitung [56–59] angewendet.

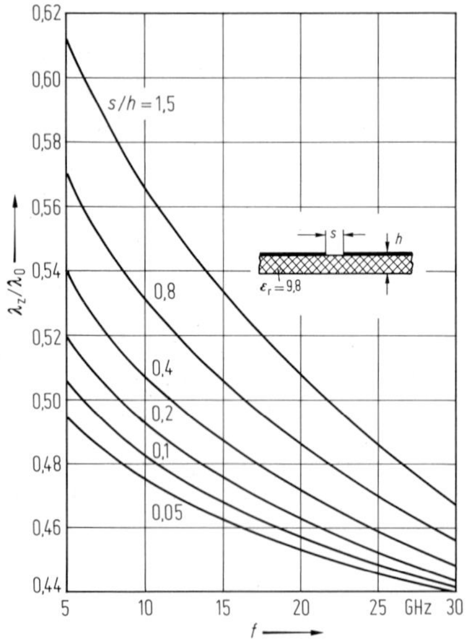

Bild 26. Frequenzabhängige bezogene Ausbreitungswellenlänge λ_z/λ_0 einer Schlitzleitung ($\varepsilon_r = 9{,}8$; $h = 0{,}635$ mm) mit Parameter s/h; Berechnungsverfahren nach [53, 54]

3.5 Koplanarleitung und gekoppelte Schlitzleitungen

Coplanar line and coupled slotlines

Die Koplanarleitung [47, 48, 52, 53] (Bild 2h) ist eine entartete planare Koaxialleitung mit $N + 1 = 3$ Leitern. Demzufolge können $N = 2$ Grundwellentypen auftreten. Die Anordnung der Koplanarleitung (Bild 2h) entspricht der von zwei verkoppelten Schlitzleitungen. Faßt man die äußeren Enden der außen liegenden Metallisierungen als gemeinsamen Bezugspunkt auf, so ergibt sich bei einer elektrisch leitenden Wand in der Symmetrieebene die Gegentaktwelle (Schlitzwelle in der Nähe einer metallischen Wand). Bei einer magnetisch leitenden Wand liegt die Gleichtaktwelle (Koplanarleitungswelle) vor. Den angenäherten Feldlinienverlauf der beiden Grundwellentypen zeigt Bild 28. Die Leitungskenngrößen $\varepsilon_{r,eff}^{(e,o)}$ und $Z_L^{(e,o)}$ sind in Bild 29 und Bild 30 dargestellt. Die Dispersion der Gleichtaktwelle (Quasi-TEM-Welle) ist erheblich geringer als die der Gegentaktwelle (Quasi-H-Welle). Dies verdeutlicht Bild 31.

Bei $w/h \to \infty$ ist $\varepsilon_{r,eff}^{(e,o)} = \varepsilon_{r,eff}$ und $Z_L^{(e,o)} = Z_L$ der einzelnen Schlitzleitung. Des weiteren wird bei $w/h \to 0$ $\varepsilon_{r,eff}^{(o)} = \varepsilon_{r,eff}$ und $Z_L^{(o)} = Z_L/2$ der Schlitzleitung mit doppelter Schlitzbreite $2s$; $\varepsilon_{r,eff}^{(e)}$ strebt dann bei kleinen Schlitzbreiten gegen den Wert $(\varepsilon_r + 1)/2$.

Eine Zusammenstellung der Dämpfungskonstanten α der verschiedenen planaren Mikrowel-

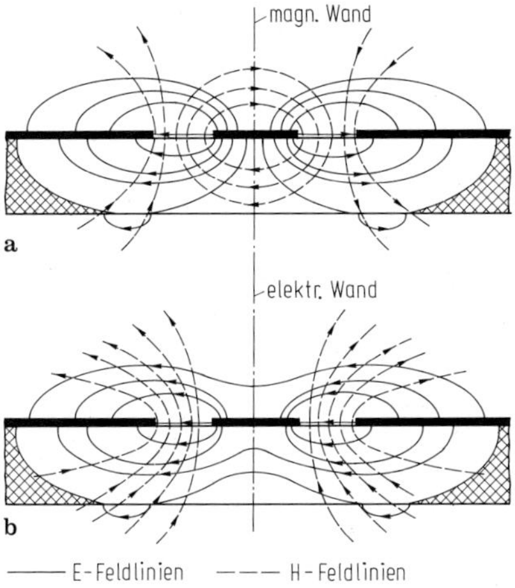

Bild 28. Näherungsweiser Feldlinienverlauf von gekoppelten Schlitzleitungen. **a** Gleichtaktwelle (Koplanarleitungswelle) mit magn. Wand in der Symmetrieebene; **b** Gegentaktwelle (Schlitzleitungswelle) mit elektr. Wand in der Symmetrieebene

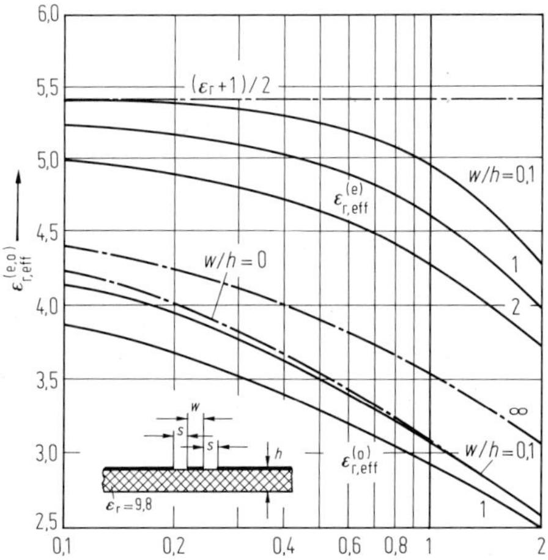

Bild 29. Effektive Permittivitätszahl $\varepsilon^{(e,o)}_{r,eff}$ von gekoppelten Schlitzleitungen ($\varepsilon_r = 9{,}8$; $h = 0{,}635$ mm) in Abhängigkeit von s/h mit w/h als Parameter bei $f = 12$ GHz; Berechnungsverfahren nach [53]

lenleitungen zeigt Bild 32. Nicht berücksichtigt sind dabei die Strahlungsverluste. So können beispielsweise bei offenen Schlitzleitungsgebilden die Strahlungsverluste beträchtlich sein. Ein unmittelbarer Vergleich ist nur bei Leitungen mit gleichem Wellenwiderstand sinnvoll. Bei einem Leitungswellenwiderstand von 50 Ω liegt die Dämpfungskonstante der Koplanarleitung erheblich über der Mikrostreifenleitung. Die Schlitzleitung weist für hochohmige Wellenwiderstände geringere Dämpfungswerte auf,

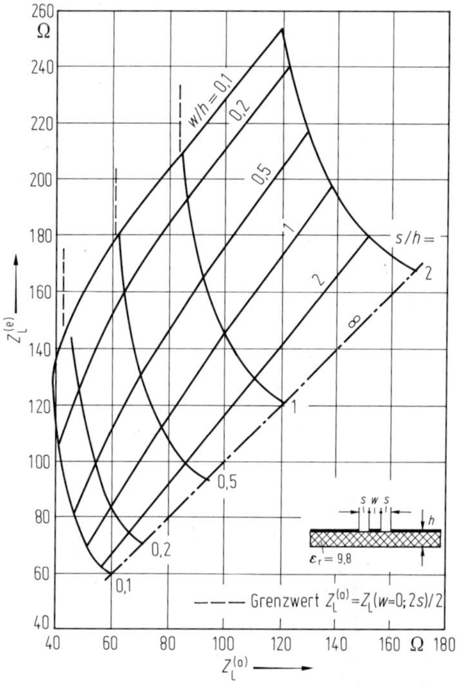

Bild 30. Leitungswellenwiderstand $Z^{(e,o)}_L$ von gekoppelten Schlitzleitungen ($\varepsilon_r = 9{,}8$; $h = 0{,}635$ mm) mit den Geometriegrößen s/h und w/h als Parameter bei $f = 12$ GHz; Berechnungsverfahren nach [53]

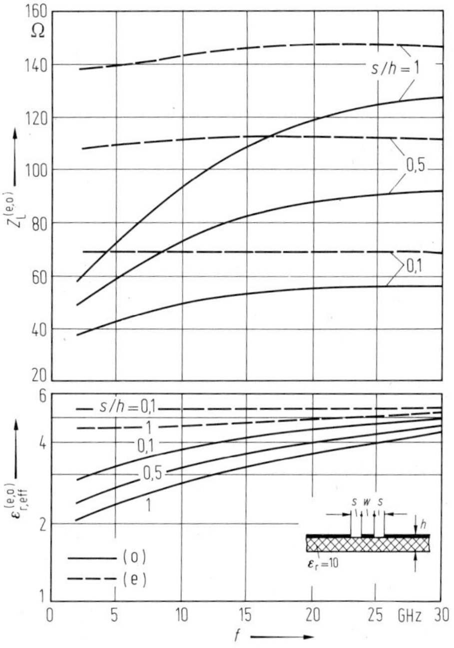

Bild 31. Dispersionsverhalten von $\varepsilon^{(e,o)}_{r,eff}$ und $Z^{(e,o)}_L$ von gekoppelten Schlitzleitungen ($\varepsilon_r = 10$; $h = 0{,}635$ mm; $w/h = 1$) mit s/h als Parameter, Berechnungsverfahren nach [53]

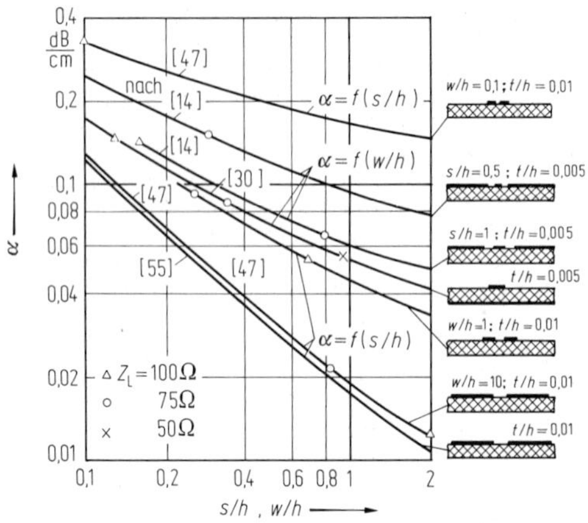

Bild 32. Dämpfungskonstante α verschiedener planarer Mikrowellenleitungen ($\varepsilon_r = 10$; $h = 0{,}635$ mm; $f = 10$ GHz; $R_S = 0{,}032\,\Omega$) in Abhängigkeit von w/h bzw. s/h

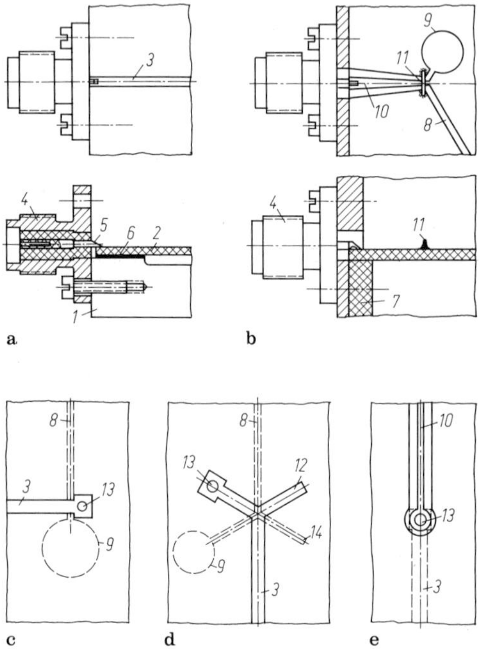

Bild 33. Übergänge. **a** Koaxialleitung auf Mikrostreifenleitung; **b** Koaxialleitung auf Koplanarleitung/Schlitzleitung; **c** und **d** Mikrostreifenleitung auf Schlitzleitung; **e** Mikrostreifenleitung auf Koplanarleitung; 1 Gehäusegrundplatte, 2 Substratmaterial, 3 Mikrostreifenleitung, 4 Koaxialleitungsanschluß, 5 Innenleiter von 4, 6 Grundmetallisierung von 2, 7 Gehäusewand, 8 Schlitzleitung, 9 leerlaufendes Ende einer Schlitzleitung, 10 Koplanarleitung, 11 Kurzschlußbügel, 12 leerlaufendes Ende einer Mikrostreifenleitung, 13 Durchkontaktierung

während die Mikrostreifenleitung bei niederohmigen Wellenwiderständen günstiger liegt.

3.6 Übergänge und Leitungsdiskontinuitäten

Transitions and discontinuities

In Bild 33 sind Übergänge [60–62] von der Koaxialleitung auf die Mikrostreifenleitung (Bild 33 a) bzw. auf die Koplanarleitung und Schlitzleitung (Bild 33 b), sowie von der Mikrostreifenleitung auf die Schlitzleitung (Bild 33 c und d) und auf die Koplanarleitung (Bild 33 e) skizziert. Um breitbandige, reflexionsarme Übergänge zu erhalten muß neben der Wellenwiderstandsanpassung auch nach Möglichkeit Feldanpassung vorliegen. So ist beim Übergang nach Bild 33 a darauf zu achten, daß neben der Gleichheit der Wellenwiderstände auch die Dicken der Dielektrika in etwa übereinstimmen.

In integrierten Mikrowellenschaltungen (Bild 3) ergeben sich an den Enden (Leerlauf oder Kurzschluß) und an den Verbindungsstellen von Mikrostreifenleitungen Feldverzerrungen, die bei einem genauen Schaltungsentwurf in Form von geeigneten Blindelementen berücksichtigt werden müssen. In Bild 34 sind die wichtigsten Leitungsdiskontinuitäten von Mikrostreifenleitungen und deren Ersatzschaltbilder dargestellt. Angaben und Hinweise über die näherungsweise Ermittlung der Elemente der Ersatzschaltbilder werden in [14, 15, 63–67] gemacht. Oft gelten diese Näherungen nur in einem sehr eingeschränkten Geometrie- und Frequenzbereich. Eine weitergehende Analyse wird in [68] mit einem Feldentwicklungsverfahren unter Zugrundelegung des Bandleitungsmodells (Bild 8) für Mikrostreifenleitungen vorgenommen. Mit der daraus berechneten Streumatrix erfolgt die Berücksichtigung des elektrischen Verhaltens der Verzweigungsstelle für den verbesserten Schaltungsentwurf.

Spezielle Literatur: [1] *Lüder, E.*: Bau hybrider Mikroschaltungen. Berlin: Springer 1977. – [2] *Schmitt, H. J.; Lemke, M.*: Miniaturisierte Bauelemente in Streifenleitertechnik. Int. Elektron. Rdsch. 23 (1969) 225–229, 272–279. – [3] *Schneider, M. V.; Glance, B.; Bodtmann, W. F.*: Microwave and millimeter wave hybrid integrated circuits for radio systems, Bell Syst. Tech. J. 48 (1969) 1703–1725. – [4] *Toussaint, H. N.; Hoffmann, R.*: Integrierte Mikrowellenschaltungen, Stand und Tendenzen der Entwicklung. Frequenz 25 (1971) 100–110. – [5] *Schneider, M. V.*: Microstrip lines for microwave integrated circuits. Bell Syst. Tech. J. 47 (1969) 1421–1444. – [6] *Caulton, M.; Sobol, H.*: Microwave integrated-circuit technology – a survey. IEEE J. Solid-State Circuits SC-5 (1970) 292–303. – [7] *Jansen, R. H.*: Probleme des Entwurfs und der Meßtechnik von planaren Schaltungen. NTZ 34 (1981) 412–417, 524–530, 590–599. – [8] *Sedlmair, S.*: Mikrowellenmischer, Patentschrift DE 3 018 307 C 2 vom Mai 1980. – [9] *Cohn, S. B.*: Characteristic impedance of the shielded-strip transmission line. IRE Trans. MTT-2 (1954) 52–57. – [10] *Cohn, S. B.*: Problems in strip transmission lines. IRE Trans. MTT-3

(1955) 119–126. – [11] *Assadourian, F.; Rimai, E.:* Simplified theory of microstrip transmission systems. Proc. IRE 40 (1952) 1651–1657. – [12] *Wheeler, H. A.:* Transmission-line properties of parallel wide strips by a conformal-mapping approximation. IEEE Trans. MTT-12 (1964) 280–289. – [13] *Wheeler, H. A.:* Transmission-line properties of a strip on a dielectric sheet on a plane. IEEE Trans. MTT-25 (1977) 631–647. – [14] *Gupta, K. C.; Garg, R.; Bahl, I. J.:* Microstrip lines and slotlines. Dedham, Mass. (USA): Artech 1979. – [15] *Hammerstad, E. O.; Bekkadal, F.:* Microstrip handbook: ELAB report STF 44 A 74 169, University of Trondheim 1975. – [16] *Grünberger, G. K.; Meinke, H. H.:* Experimenteller und theoretischer Nachweis der Längsfeldstärken in der Grundwelle der Mikrowellen-Streifenleitung. NTZ. 24 (1971) 364–368. – [17] *Ermert, H.:* Guided modes and radiation characteristics of covered microstrip lines. AEÜ 30 (1976) 65–70. – [18] *Jansen, R. H.:* High-speed computation of single and coupled microstrip parameters including dispersion, higher order modes, loss and finite strip thickness. IEEE Trans. MTT-26 (1978) 75–78. – [19] *Kowalski, G.; Pregla, R.:* Dispersion characteristics of shielded microstrips with finite thickness. AEÜ 4 (1971) 193–196. – [20] *Yamashita, E.; Atsuki, K.:* Analysis of microstrip-like transmission lines by nonuniform discretization of integral equations. IEEE Trans. MTT-24 (1976) 195–200. – [21] *Krage, M. K.; Haddad, G. I.:* Frequency-dependent characteristics of microstrip transmission lines. IEEE Trans. MTT-20 (1972) 678–688. – [22] *Pregla, R.; Kowalski, G.:* Simple formulas for the determination of the characteristic constants of microstrips. AEÜ 27 (1973) 339–340. – [23] *Mittra, R.; Itoh, T.:* A new technique for the analysis of the dispersion characteristics of microstrip lines. IEEE Trans. MTT-19 (1971) 47–56. – [24] *Kowalski, G.; Pregla, R.:* Dispersion characteristics of single and coupled microstrips. AEÜ 26 (1972) 276–280. – [25] *Jansen, R. H.:* Microstrip lines with

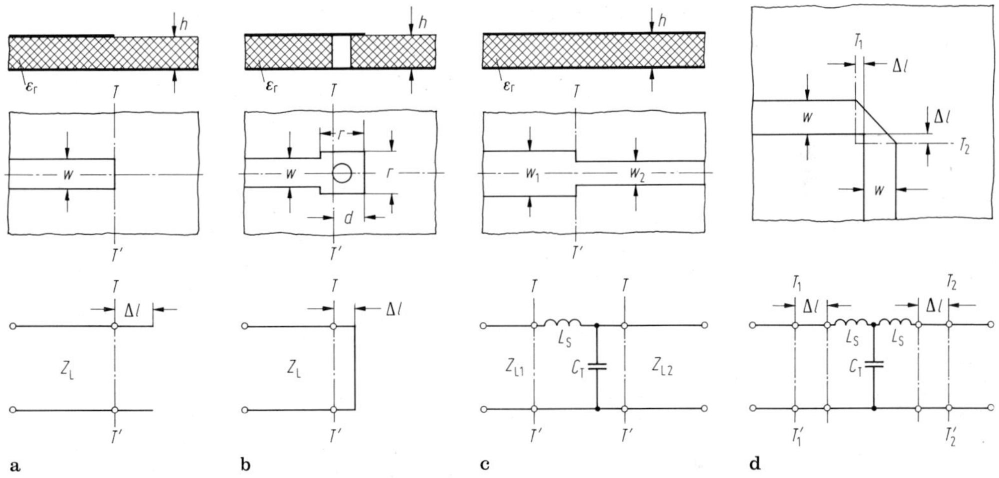

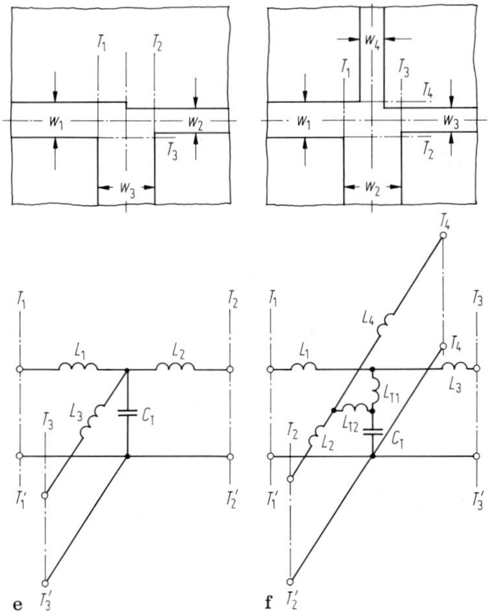

Bild 34. Leitungsdiskontinuitäten und deren Ersatzschaltbilder. **a** offenes Ende, **b** Durchkontaktierung; **c** Wellenwiderstandssprung; **d** Leitungsknick; **e** T-Verzweigung; **f** Leitungskreuzung

partially removed ground metallization, theory and applications. AEÜ 32 (1978) 485–492. – [26] *Denlinger, E. J.*: A frequency dependent solution for microstrip transmission lines. IEEE Trans. MTT-19 (1971) 30–39. – [27] *Getsinger, W. J.*: Microstrip dispersion Model. IEEE Trans. MTT-21 (1973) 34–39. – [28] *Carlin, H. J.*: A simplified circuit model for microstrip. IEEE Trans. MTT-21 (1973) 589–591. – [29] *Kompa, G.; Mehran, R.*: Planar waveguide model for calculating microstrip components. Electron. Lett. 11 (1975) 459–460. – [30] *Pucel, R. A.; Massé, D. J.; Hartwig, C. P.*: Losses in microstrip. IEEE Trans. MTT-16 (1968) 342–350, 1064. – [31] *Belohoubek, E.; Denlinger, E.*: Loss considerations for microstrip resonators. IEEE Trans. MTT-23 (1975) 522–526. – [32] *Denlinger, E. J.*: Losses of microstrip lines. IEEE Trans. MTT-28 (1980) 513–522. – [33] *Bianco, B.; Panini, L.; Parodi, M.; Ridella, S.*: Some considerations about the frequency dependence of the characteristic impedance of uniform microstrip. IEEE Trans. MTT-26 (1978) 182–185. – [34] *Getsinger, W. J.*: Microstrip characteristic impedance. IEEE Trans. MTT-27 (1979) 293. – [35] *Arndt, F.; Paul, G. U.*: The reflection definition of the characteristic impedance of microstrips. IEEE Trans. MTT-27 (1979) 724–731. – [36] *Getsinger, W. J.*: Response to comments on "microstrip characteristic impedance". IEEE Trans. MTT-28 (1980) 152. – [37] *Bryant, T. G.; Weiss, J. A.*: Parameters of microstrip transmission lines and of coupled pairs of microstrip lines. IEEE Trans. MTT-16 (1968) 1021–1027. – [38] *Getsinger, W. J.*: Dispersion of parallel-coupled microstrip. IEEE Trans. MTT-21 (1973) 144–145. – [39] *Bergandt, H. G.; Pregla, R.*: Calculation of the even- and odd-mode capacitance parameters for coupled microstrips. AEÜ 26 (1972) 153–158. – [40] *Wheeler, H. A.*: Transmission-line properties of parallel strips separated by a dielectric sheet. IEEE Trans. MTT-13 (1965) 172–185. – [41] *Tripathi, V. K.*: Asymmetric coupled transmission lines in an inhomogeneous medium. IEEE Trans. MTT-23 (1975) 734–739. – [42] *Tripathi, V. K.*: Equivalent circuits and characteristics of inhomogeneous unsymmetrical coupled-line two-port circuits. IEEE Trans. MTT-25 (1977) 140–142. – [43] *Bergandt, H. G.; Pregla, R.*: Microstrip interdigital filters. AEÜ 30 (1976) 333–337. – [44] *Siegl, J.; Tulaja, V.; Hoffmann, R.*: General analysis of interdigitated microstrip couplers. Siemens Forsch.- u. Entw.-Ber. 10 (1981) 228–236. – [45] *Spielman, B. E.*: Dissipation loss effects in isolated and coupled transmission lines. IEEE Trans. MTT-25 (1977) 648–655. – [46] *Rama, R. B.*: Effect of loss and frequency dispersion on the performance of microstrip directional couplers and coupled line filters. IEEE Trans. MTT-22 (1974) 747–750. – [47] *Müller, E.*: Wellenwiderstand und mittlere Dielektrizitätskonstante von koplanaren Zwei- und Drei-Drahtleitungen auf einem dielektrischen Träger und deren Beeinflussung durch Metallwände. Diss. Univ. Stuttgart 1977. – [48] *Wen, C. P.*: Coplanar waveguide: A surface strip transmission line suitable for nonreciprocal gyromagnetic device applications. IEEE Trans. MTT-17 (1969) 1087–1090. – [49] *Cohn, S. B.*: Slotline on a dielectric substrate. IEEE Trans. MTT-17 (1969) 768–778. – [50] *Mariani, E. A.; Heinzmann, C. P.; Agrios, J. P.; Cohn, S. B.*: Slot-line characteristics. IEEE Trans. MTT-17 (1969) 1091–1096. – [51] *Cohn, S. B.*: Slot-line field components. IEEE Trans. MTT-20 (1972) 172–174. – [52] *Knorr, J. B.; Kuchler, K. D.*: Analysis of coupled slots and coplanar strips on dielectric substrate. IEEE Trans. MTT-23 (1975) 541–548. – [53] *Pregla, R.; Pintzos, S. G.*: Determination of the propagation constants in coupled microslots by a variational method. Proc. of the 5th Col. on Microwave Communications, Budapest (1974), Vol. IV, pp. 491–500. – [54] *Siegl, J.*: Phasenkonstante und Wellenwiderstand einer Schlitzleitung mit rechteckigem Schirm und endlicher Metallisierungsdicke. Frequenz 31 (1977) 216–220. – [55] *Siegl. J.*: Numerische Berechnung der Grundwelle und der höheren Wellentypen auf einer Schlitzleitung mit rechteckigem Schirm und endlicher Metallisierungsdicke. Diss. TU Berlin 1978. – [56] *Meier, P. J.*: Integrated fin-line millimeter components. IEEE Trans. MTT-22 (1974) 1209–1216. – [57] *Hofmann, H.*: Dispersion of planar waveguide for millimeter-wave application. AEÜ 31 (1977) 40–44. – [58] *Siegl, J.*: Grundwelle und höhere Wellentypen bei Fin-Leitungen. Frequenz 34 (1980) 196–200. – [59] *Knorr, J. B.; Shayda, P. M.*: Millimeter-wave fin-line characteristics. IEEE Trans. MTT-28 (1980) 737–743. – [60] *Ajore, S. O.*: Equivalent circuit of coaxial-to-microstrip-connector over the 8-12 GHz range. Electron. Lett. 13 (1977) 465–466. – [61] *Knorr, J. B.*: Slot-line transitions. IEEE Trans. MTT-22 (1974) 548–554. – [62] *Schiek, B.; Köhler, J.*: An improved microstrip-to-microslot transition. IEEE Trans. MTT-24 (1976) 231–233. – [63] *Benedek, P.; Silvester, P.*: Equivalent capacitances of microstrip gaps and steps. IEEE Trans. MTT-20 (1972) 729–733. – [64] *Hoefer, W. J. R.; Chattopadhyay, A.*: Evaluation of the equivalent circuit parameters of microstrip discontinuities through perturbation of a resonant ring. IEEE Trans. MTT-23 (1975) 1067–1071. – [65] *Silvester, P.; Benedek, P.*: Microstrip discontinuity capacitances for right-angle bends, T-junctions and crossings. IEEE Trans. MTT-21 (1973) 341–346. – [66] *Easter, B.*: The equivalent circuit of some microstrip discontinuities. IEEE Trans. MTT-23 (1975) 655–660. – [67] *Thomson, A. F.; Gopinath, A.*: Calculation of microstrip discontinuity inductances. IEEE Trans. MTT-23 (1975) 648–655. – [68] *Menzel, W.; Wolff, I.*: A method for calculating the frequency dependent properties of microstrip discontinuities. IEEE Trans. MTT-25 (1977) 107–112.

4 **Hohlleiter.** Hollow waveguides

Allgemeine Literatur: *Baden Fuller, A.J.*: Microwaves. London: Pergamon 1969. – *Collin, R.E.*: Field theory of guided waves. New York: McGraw-Hill 1960. – *Collin, R.E.*: Grundlagen der Mikrowellentechnik. Berlin: VEB Verlag Technik 1973. – *Unger, H.G.*: Elektromagnetische Theorie für die Hochfrequenztechnik, Teil 1. Heidelberg: Hüthig 1981. – *Unger, H.G.*: Elektromagnetische Wellen I. Braunschweig: Vieweg 1967. – *Unger, H.G.*: Theorie der Leitungen. Braunschweig: Vieweg 1967.

Ein Hohlleiter ist ein Wellenleiter, der durch ein Rohr mit leitenden Wänden nach außen vollständig begrenzt ist. Die meist verwendeten Querschnitte sind rechteckig oder kreisförmig. Da die Abmessungen des Querschnitts in der Größenordnung der Wellenlänge liegen, besitzt ein Hohlleiter nur einen beschränkten Frequenzbereich, in dem elektromagnetische Wellen übertragen werden können. Ebenso sind für verschiedene Frequenzbereiche sehr unterschiedliche Hohlleiterabmessungen im Gebrauch. Hohllei-

Spezielle Literatur Seite K 35, 36

terwellen sind bei genügend hoher Frequenz auch in Koaxialleitungen möglich; sie sollten jedoch vermieden werden.

4.1 Allgemeines über Wellen in Hohlleitern

Waves in hollow conducting tubes

Eine anschauliche Vorstellung der Wellenausbreitung in einem Rechteckhohlleiter nach Bild 1 bietet die Spiegelung einer ebenen Welle an den Seitenwänden, wie dies in Bild 2 angedeutet ist. Wird eine ebene Welle mit dem elektrischen Feldvektor ***E*** parallel zu den Seitenwänden des Hohlleiters und einem magnetischen Feldvektor ***H*** angenommen, so hängt der Winkel ϑ, mit dem sich die Welle gegenüber der Längsrichtung ausbreitet, von der breiten Seite a des Hohlleiters und von der Frequenz bzw. der Freiraumwellenlänge λ_0 ab um die Phasenbedingung bei den mehrfachen Reflexionen zu erfüllen [1]. Diese Bedingung lautet

$$\sin\vartheta = \frac{n\lambda_0}{2a}. \qquad (1)$$

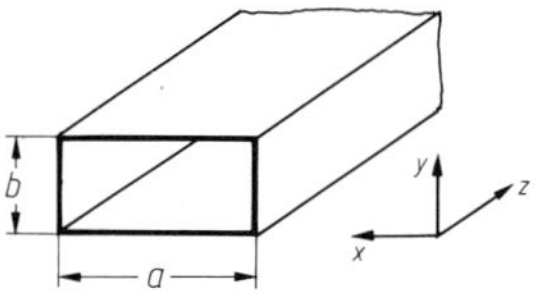

Bild 1. Rechteckhohlleiter

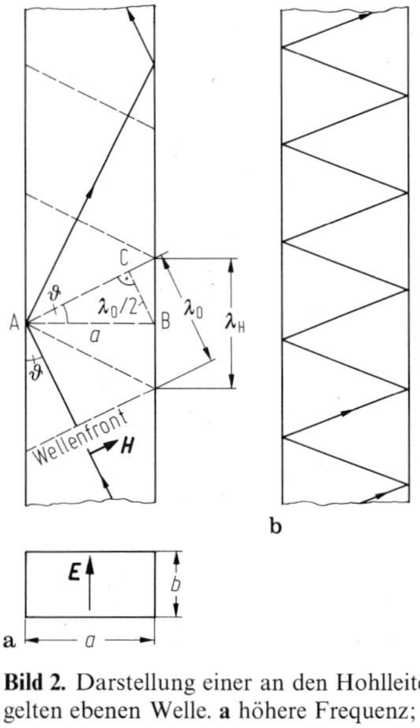

Bild 2. Darstellung einer an den Hohlleiterwänden gespiegelten ebenen Welle. **a** höhere Frequenz; **b** niedrigere Frequenz

Hierbei ist n eine ganze Zahl; $n = 1$ beschreibt die Grundwelle und $n > 1$ ergibt sich für höhere Wellentypen. In Bild 2a sind senkrecht zu dem im Zick-Zack reflektierten Strahl gestrichelte Linien eingezeichnet, die Ebenen konstanter Phase beschreiben (Wellenfront). Der Abstand zweier dieser Ebenen ist die Freiraumwellenlänge λ_0. Der Abstand der Schnittpunkte der Linien konstanter Phase mit der Hohlleiterwand stellt die Hohlleiterwellenlänge λ_H dar. Es ist

$$\lambda_H = \lambda_0/\cos\vartheta. \qquad (2)$$

Mit größer werdender Wellenlänge λ_0 wird ϑ ebenfalls größer und die Reflexionen an der Wand werden häufiger (Bild 2b) bis schließlich in dem hier gewählten Beispiel für $\lambda_0 = 2a$ der Winkel $\vartheta = 90°$ wird (s. Dreieck ABC in Bild 2a) und keine Wellenausbreitung mehr möglich ist. λ_H ist dann unendlich. Diejenige Frequenz, bei der die Hohlleiterwellenlänge und die Phasengeschwindigkeit unendlich wird, nennt man *kritische Frequenz* f_k (engl.: cutoff frequency f_c).
Als kritische Wellenlänge λ_k, oft auch Grenzwellenlänge genannt, bezeichnet man diejenige Wellenlänge im freien Raum, die eine ebene Welle bei der Frequenz f_k haben würde.

$$\lambda_k = c_0/f_k. \qquad (3)$$

Wenn ein Hohlleiter, der mit Luft gefüllt ist, die kritische Frequenz f_k besitzt, so hat der gleiche Hohlleiter mit vollständiger dielektrischer Füllung die kritische Frequenz

$$f_{k\varepsilon} = f_k/\sqrt{\varepsilon_r}. \qquad (4)$$

und die kritische Wellenlänge

$$\lambda_{k\varepsilon} = \lambda_k\sqrt{\varepsilon_r}. \qquad (5)$$

Für Hohlleiter, die nur teilweise mit Dielektrikum gefüllt sind, s. [2–4].
Da die kritische Frequenz eines Hohlleiters vom angeregten Wellentyp abhängt, sei zunächst auf die möglichen Schwingungstypen eingegangen, die sich in zwei Gruppen aufteilen lassen:

Wellentypen. Die H-Wellen, auch TE-Wellen (tansversal-elektrisch) genannt, besitzen eine axiale magnetische Komponente H_z während $E_z = 0$ ist.
Die E-Wellen, auch TM-Wellen (tansversal-magnetisch) genannt, sind durch eine Längskomponente der elektrischen Feldstärke E_z gekennzeichnet, wobei $H_z = 0$ ist.
Längsschnittwellen [5] gelten als Summe von H- und E-Wellen.
Die verschiedenen Wellentypen werden i. allg. mit zwei Indizes versehen, die die Zahl der Maxima in den verschiedenen Koordinatenrichtungen des Querschnitts beschreiben, z.B. H_{11}-Welle. Hierzu ist noch der verwendete

Querschnitt anzugeben. Unter Grundwelle versteht man jenen Wellentyp, der in einem gegebenen Querschnitt die niedrigste kritische Frequenz besitzt; z. B. die H_{10}-Welle im Rechteckquerschnitt. Die kritische Wellenlänge für Hohlleiter mit *Rechteckquerschnitt* nach Bild 1 in Luft ist

$$\lambda_k = \frac{2}{\sqrt{\left(\frac{m}{a}\right)^2 + \left(\frac{n}{b}\right)^2}}. \tag{6}$$

Hierbei sind a und b die Seitenlängen des Rechtecks. Die Indizes der betreffenden Welle sind m und n, also ganze Zahlen. Ist ein Index gleich 0, so bedeutet dies, daß z. B. für die H_{m0}-Welle das λ_k unabhängig von der Seite b ist:

$$\lambda_k = 2a/m. \tag{7}$$

Die wichtigsten Werte von λ_k für Rechteckquerschnitte in Luft kann man aus Bild 3 entnehmen.
Für H_{mn}-Wellen im *Kreisquerschnitt* nach 4.5 gilt in Luft

$$\lambda_k = \pi D/\mathrm{j}_{mn}. \tag{8}$$

Für E_{mn}-Wellen im Kreisquerschnitt nach 4.6 ist entsprechend

$$\lambda_k = \pi D/\mathrm{j}'_{mn}. \tag{9}$$

Hierbei ist D der Rohrdurchmesser und j_{mn} die n-te Nullstelle der Bessel-Funktion $J_m(x)$ und j'_{mn} die n-te Nullstelle des 1. Differentialquotienten dieser Funktion, wobei eventuelle Nullstellen bei $x = 0$ nicht gezählt werden. Über Bessel-Funktionen vgl. [6]. Eine Darstellung der Grenzwellenlänge im Vergleich zum Rohrdurchmesser zeigt Bild 4. Grenzwellenlängen für Rechteckhohlleiter mit Längssteg s. 4.8, für Koaxialleitungen s. 4.9.
Die oben anhand der kritischen Frequenz erwähnte Hochpaßeigenschaft von Hohlleitern geht auch aus ihren Ersatzbildern hervor, die in Bild 5 wiedergegeben sind. Die Schaltzeichen für

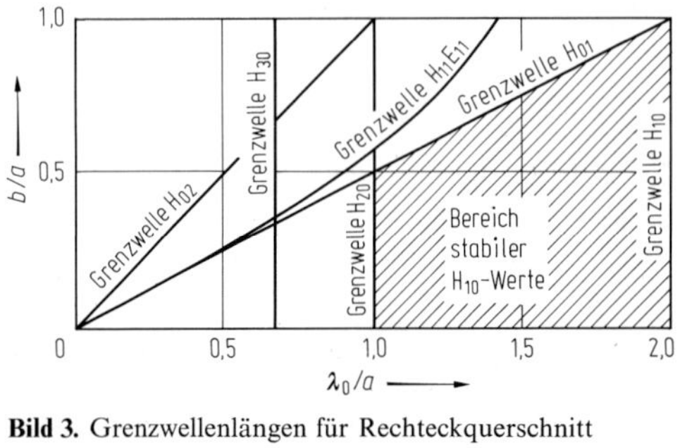

Bild 3. Grenzwellenlängen für Rechteckquerschnitt

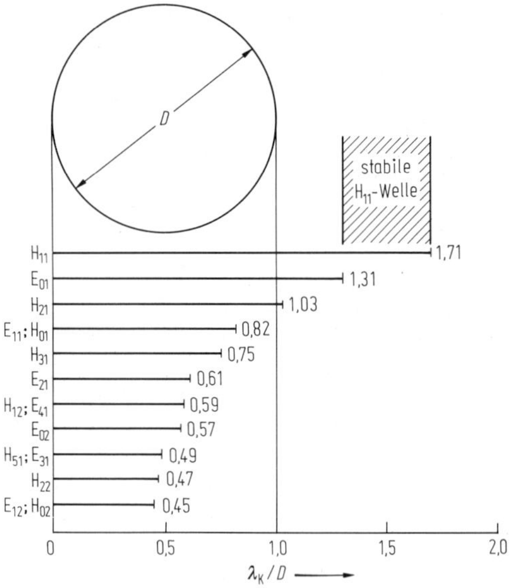

Bild 4. Grenzwellenlängen für Kreisquerschnitt

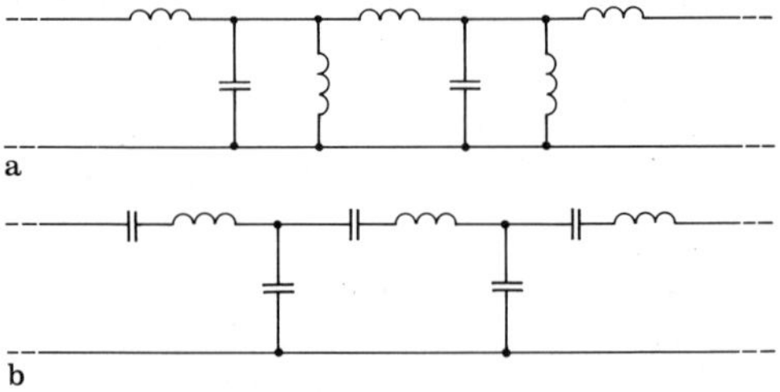

Bild 5. Leitungsersatzschaltung von Hohlleitern. **a** für H-Wellen; **b** für E-Wellen

Bild 6. Schaltzeichen für Hohlleiter

Hohlleiter nach DIN 40711 sind in Bild 6 zu sehen. Ein Strich mit Angabe des Querschnitts und des Wellentyps ist hier üblich.

4.2 Felder unterhalb der kritischen Frequenz

Field distribution below the cutoff frequency

Wird in einem Hohlleiter mit einer Frequenz f, die unterhalb der kritischen Frequenz f_k liegt, ein

Feld angeregt, so sinken alle Feldkomponenten mit wachsendem Abstand z von der Anregungsstelle aperiodisch nach der gleichen Exponentialfunktion ab. Hierbei sei der Hohlleiter in z-Richtung als unendlich lang angenommen. Wenn K_0 der Wert der betrachteten Feldstärkekomponente bei $z = 0$ ist, so hat diese Komponente K am Ort z den Wert

$$K = K_0 \exp(-\alpha z) \quad \text{mit}$$
$$\alpha = \frac{2\pi}{\lambda_k}\sqrt{1-\left(\frac{\lambda_k}{\lambda_0}\right)^2} = \frac{2\pi f_k}{c_0}\sqrt{1-\left(\frac{f}{f_k}\right)^2}. \qquad (10)$$

Für niedrige Frequenzen ($f < 0{,}1 f_k$) wird die Dämpfung nahezu frequenzunabhängig:

$$\alpha = 2\pi/\lambda_k. \qquad (11)$$

Die heraus ermittelte Dämpfung αl eines Hohlleiters der Länge l ergibt sich in Np. Um die Dämpfung in dB zu erhalten, ist der Wert mit dem Faktor 8,68 zu multiplizieren.
Die Eingangsimpedanz eines mit einer H-Welle angeregten Hohlleiters unterhalb der Grenzfrequenz ist induktiv. Die Dämpfung tritt durch Reflexion auf. Der Hohlleiter selbst ist als verlustfrei angenommen. Den Dämpfungsverlauf zu beiden Seiten der Grenzfrequenz zeigt Bild 7.
Praktische Anwendung für Hohlleiter unterhalb der kritischen Frequenz sind Hohlleiterdämpfungsglieder und Lüftungskamine. Für Hohlleiterdämpfungsglieder kommen wegen der Möglichkeit präziser Fertigung nur Hohlleiter mit Kreisquerschnitt und der H_{11}- oder E_{01}-Welle zur Verwendung [7, 8].
Als Lüftungsrohre können Rechteckrohre, Rohre mit Kreisquerschnitt und Bohrungen in dicken Wänden in Betracht gezogen werden. In Tab. 1 sind hierfür die Formeln zur Berechnung der Dämpfung angegeben.
Eine praktische Anwendung des mit Dielektrikum gefüllten Hohlleiters ist die geschirmte Durchführung einer dielektrischen Antriebsachse durch ein Gehäuse. Hier ist die Achse durch ein Rohr zu ummanteln. Die Dämpfungskonstante ist hier

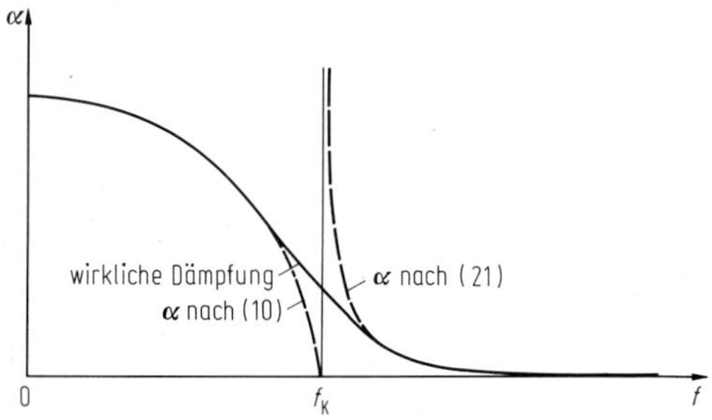

Bild 7. Hohlleiterdämpfung

Tabelle 1. Hohlleiterdämpfung für $f \ll f_k$

Anregung	λ_k	αl/dB
H_{10} im Rechteck	$2a$	$27{,}27\, l/a$
H_{11} im Kreisquerschnitt	$1{,}705\, D$	$31{,}98\, l/D$
E_{01} im Kreisquerschnitt	$1{,}305\, D$	$41{,}78\, l/D$

$$\alpha = \frac{2\pi}{\lambda_k}\sqrt{1-\left(\frac{\lambda_{k\varepsilon}}{\lambda_0}\right)^2} = \frac{2\pi}{\lambda_k}\sqrt{1-\left(\frac{f}{f_{k\varepsilon}}\right)^2}, \qquad (12)$$

mit λ_k aus Gl. (3), $\lambda_{k\varepsilon}$ aus Gl. (5) und $f_{k\varepsilon}$ aus Gl. (4).
Für tiefe Frequenzen bleibt die Dämpfung wie in Gl. (11) unverändert, nur der Frequenzkorrekturfaktor wird durch das Dielektrikum beeinflußt.

4.3 Wellenausbreitung oberhalb der kritischen Frequenz

Wave propagation above the cutoff frequency

Wenn in einem verlustfreien, leeren Hohlleiter eine Schwingung mit $f > f_k$ angeregt wird, kann sich eine ungedämpfte Welle ausbreiten. Wie in 4.1 erwähnt, ist die Hohlleiterwellenlänge λ_H stets größer als die Freiraumwellenlänge λ_0. Es ist

$$\lambda_H = \frac{\lambda_0}{\sqrt{1-\left(\frac{\lambda_0}{\lambda_k}\right)^2}} = \frac{\lambda_k}{\tan\left[\arccos\left(\frac{\lambda_0}{\lambda_k}\right)\right]}. \qquad (13)$$

Umgekehrt gilt

$$\lambda_0 = \frac{\lambda_H}{\sqrt{1+\left(\frac{\lambda_H}{\lambda_k}\right)^2}} = \lambda_k \cos\left[\arctan\left(\frac{\lambda_k}{\lambda_H}\right)\right]. \qquad (14)$$

Der rechte Ausdruck von Gl. (13) und (14) wird für die Benutzung von Taschenrechnern oft bevorzugt. Ähnlich wie die Wellenlängen sind auch die Ausbreitungsgeschwindigkeiten verschieden. Die Phasengeschwindigkeit beträgt

$$v_p = \frac{c_0}{\sqrt{1-\left(\frac{\lambda_0}{\lambda_k}\right)^2}} = c_0\frac{\lambda_H}{\lambda_0}. \qquad (15)$$

Die Gruppengeschwindigkeit ist

$$v_g = c_0\sqrt{1-\left(\frac{\lambda_0}{\lambda_k}\right)^2} = c_0\frac{\lambda_0}{\lambda_H}. \qquad (16)$$

Hierbei ist c_0 die Lichtgeschwindigkeit. Bei Annäherung an die kritische Frequenz nimmt das Verhältnis λ_H/λ_0 ebenso zu wie die Phasenge-

schwindigkeit. Beide Größen werden bei $f = f_k$ unendlich, während die Gruppengeschwindigkeit zu Null wird. Die Phasenkonstante im Hohlleiter $\beta = 2\pi/\lambda_H$ ist wie die Gruppengeschwindigkeit aus der Phasenkonstante des freien Raums $\beta = 2\pi/\lambda_0$ nach Gl. (16) umzurechnen.
Für den verlustfreien *Hohlleiter mit Dielektrikum* muß man die kritische Wellenlänge nach Gl. (5) benutzen; dann ist

$$\lambda_H = \frac{\lambda_0}{\sqrt{\varepsilon_r}\sqrt{1 - \left(\frac{\lambda_0}{\lambda_{k\varepsilon}}\right)^2}}. \tag{17}$$

Die Phasengeschwindigkeit wird entsprechend umgerechnet.

Hohlleiter mit Verlusten. Die Amplituden aller Feldstärkekomponenten sinken in der Fortpflanzungsrichtung nach der gleichen Funktion exponentiell ab. Es gilt hierfür der linke Teil der Gl. (10). Die Dämpfungskonstante α ist vom Wellentyp abhängig und wird in 4.4 bis 4.6 behandelt. Die wirkliche Dämpfung von Hohlleitern hängt stark von der Oberflächenbeschaffenheit der Innenwand ab und liegt oft 20% über dem theoretischen Wert.
In dielektrisch gefüllten Hohlleitern überwiegt meist die Dämpfung durch $\tan\delta_\varepsilon$ die Wandstromverluste.
Zusätzliche Verluste können durch Umwandlung in andere Wellentypen an oft unvermeidlichen Inhomogenitäten entstehen. Aus diesem Grunde ist es zweckmäßig nur *stabile Wellentypen* zu verwenden; dies bedeutet, daß der Hohlleiterquerschnitt so gewählt wird, daß im benutzten Frequenzbereich nur *ein* Wellentyp ausbreitungsfähig ist (siehe z. B. Bild 3).

Feldwellenwiderstand. Der Feldwellenwiderstand Z_F des Hohlleiters kann auf den Feldwellenwiderstand $Z_0 = \sqrt{\mu_0/\varepsilon_0} = 120\,\pi\Omega$ des freien Raums bezogen werden. Für beliebigen Querschnitt gilt für H-Wellen

$$Z_F = \frac{Z_0}{\sqrt{1 - \left(\frac{\lambda_0}{\lambda_k}\right)^2}} \tag{18}$$

und für E-Wellen

$$Z_F = Z_0\sqrt{1 - \left(\frac{\lambda_0}{\lambda_k}\right)^2} = Z_0\frac{\lambda_0}{\lambda_H}. \tag{19}$$

Für mit Dielektrikum gefüllte Hohlleiter ist Z_0 mit $1/\sqrt{\varepsilon_r}$ zu multiplizieren und λ_k durch $\lambda_{k\varepsilon}$ zu ersetzen.
Der *Leitungswellenwiderstand* Z_L ist bei Hohlleitern wegen der Axialkomponenten des Feldes nicht in gewöhnlicher Weise zu definieren. Je nach Bezugsgröße erhält man verschiedene Werte. Üblich ist die Verwendung des leistungsbezogenen Wellenwiderstands; für die H_{10}-Welle s. auch 4.4. [9, 10].

Reflexionsfaktor. Reflexionsfaktor und Widerstandstransformationen lassen sich für Hohlleiter auch ohne klare Definition des Wellenwiderstands berechnen, wenn man den Begriff des relativen Widerstands benutzt. Voraussetzung hierfür ist ein definierter Hohlleiterquerschnitt, in dem nur ein einziger Wellentyp existiert. Dann lassen sich alle Operationen, wie sie für gewöhnliche Leitungen bekannt sind, mit relativen Widerständen durchführen. In der Meßtechnik benutzt man z. B. die Hohlleitermeßleitung oder den Hohlleiterrichtkoppler zur Bestimmung des Relflexionsfaktors.

4.4 Die magnetische Grundwelle
Fundamental magnetic mode

Zu jedem Rohrquerschnitt gibt es eine H-Welle, die unter allen möglichen H-Wellen die größte kritische Wellenlänge hat. Sie wird als magnetische Grundwelle bezeichnet. Da diese eine größere kritische Wellenlänge besitzt als die elektrische Grundwelle im gleichen Querschnitt, stellt nur sie eine völlig stabile Wellenform dar.

Rechteckquerschnitt. Für den am häufigsten angewendeten Rechteckquerschnitt ist die H_{10}-Welle die magnetische Grundwelle. Nach Gl. (6) ist hier

$$\lambda_k = 2a, \quad f_k = c_0/2a. \tag{20}$$

Die Feld- und Stromverteilung dieser Welle geht aus den Bildern 8 bis 12 hervor. Man erkennt in Bild 8, daß sich die Wandströme über die Verschiebungsströme schließen und diese um $\lambda_H/4$ gegenüber den Maxima der elektrischen Feldstärke versetzt sind. In der perspektivischen Darstellung von Bild 9 sieht man, daß es Längs- und Querstromkreise gibt. Die Feldstärkeverteilung im Querschnitt geht aus Bild 10 und die Verteilung der axialen Stromdichten geht aus Bild 11 hervor. Bild 12 zeigt, daß der Rechteckhohlleiter nur in der Mitte der breiten Seite geschlitzt werden darf, wenn man keine Wandströme unterbrechen und so eine Abstrahlung nach außen vermeiden will.
Die von einem derartigen Hohlleiter übertragbare *Pulsleistung* beträgt etwa 400 kW pro cm^2 Querschnittsfläche, wenn man von einer höchsten Feldstärke von 30 kV/cm bei Atmosphärendruck ausgeht und der Hohlleiter reflexionsfrei abgeschlossen ist.
Die durch den Widerstand der leitenden Wände hervorgerufene Dämpfungskonstante beträgt

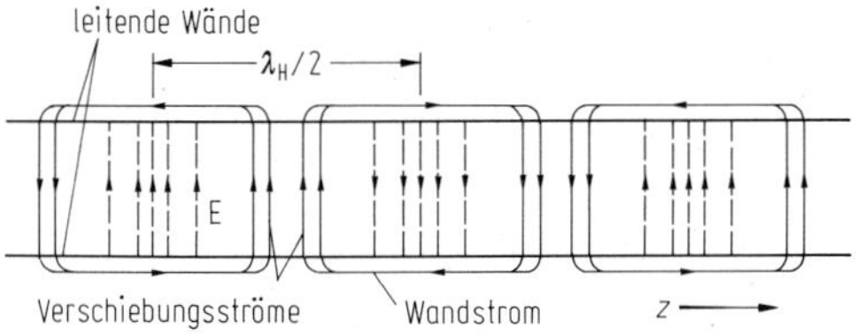

Bild 8. Längsschnitt durch die magnetische Grundwelle

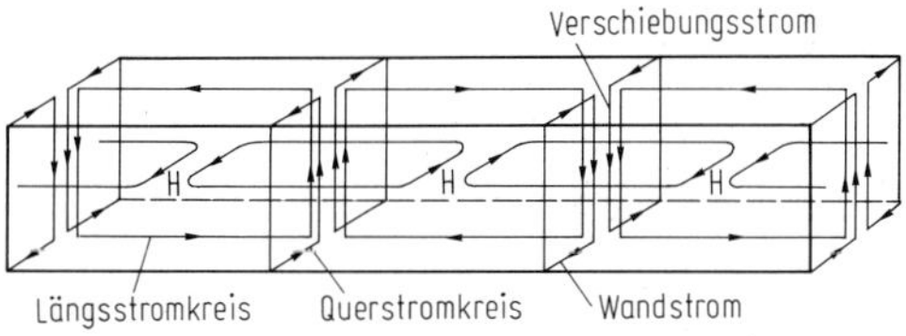

Bild 9. H_{10}-Welle im Momentanbild

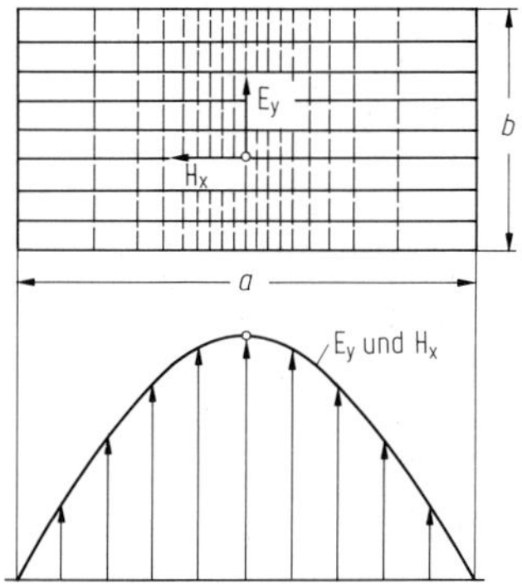

Bild 10. Querschnitt der H_{10}-Welle

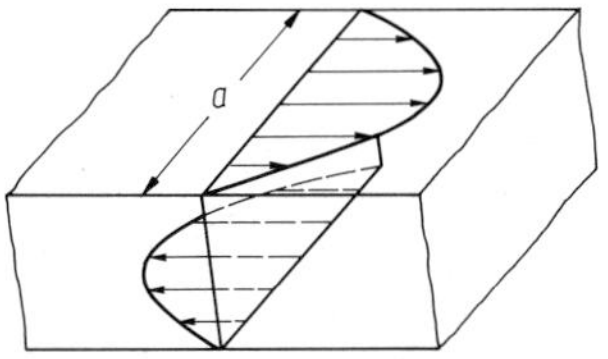

Bild 11. Axiale Stromdichten der H_{10}-Welle

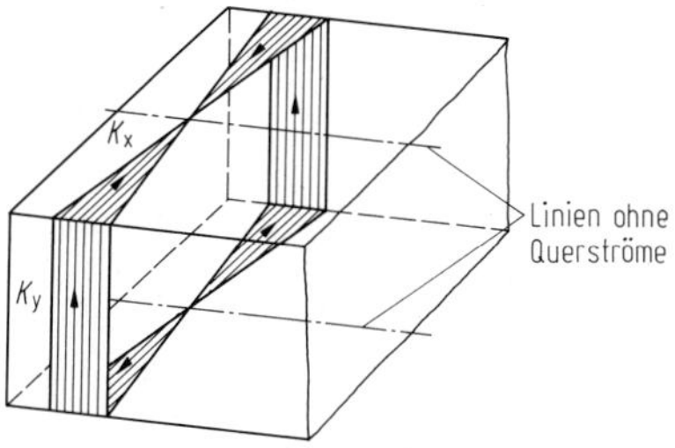

Bild 12. Querströme der H_{10}-Welle

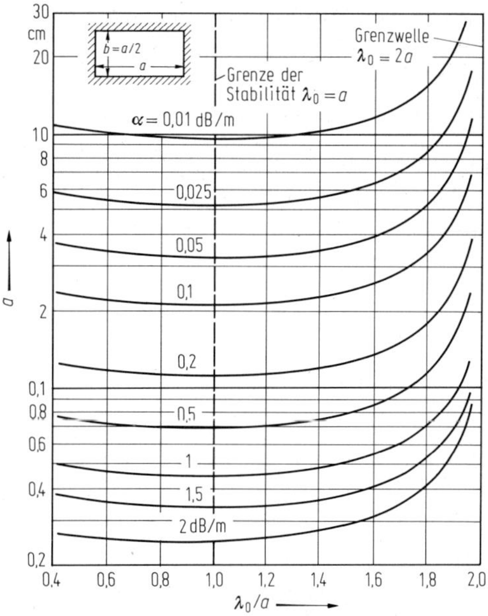

Bild 13. Dämpfung der H_{10}-Welle für Leiter aus Kupfer

$$\alpha\Big/\frac{\text{dB}}{\text{m}} = 0{,}2026 \cdot k_1 \frac{1}{\dfrac{b}{\text{cm}}\sqrt{\dfrac{\lambda_0}{\text{cm}}}} \cdot \frac{\dfrac{1}{2} + \dfrac{b}{a}\left(\dfrac{\lambda_0}{2a}\right)^2}{\sqrt{1-\left(\dfrac{\lambda_0}{2a}\right)^2}}. \tag{21}$$

Die Materialkonstante k_1 hat folgende Werte: Silber 1,00; Kupfer 1,03; Gold 1,17; Aluminium 1,37; Messing 2,2; weitere Werte in Tab. B 5.2. In Bild 13 sind Dämpfungswerte in dB/m für Hohlleiter aus Kupfer angegeben. Theoretische und Maximalwerte nach DIN 47 302 Teil 1, s. auch Tab. 2 in 4.7.

Der leistungsbezogene Wellenwiderstand Z_L für die H_{10}-Welle ist mit Z_F aus Gl. (18)

$$Z_L = Z_F \frac{2b}{a} = \frac{2b \cdot 120\pi}{a\sqrt{1-\left(\dfrac{\lambda_0}{2a}\right)^2}}, \tag{22}$$

für $a = 2b$ wird $Z_L = Z_F$.

Die Anregung der H_{10}-Welle im Rechteckquerschnitt erfolgt häufig durch eine senkrecht zur breiten Seite angeordnete Antenne, die aus dem verlängerten Innenleiter einer Koaxialleitung besteht; s. auch Hohlleiter-Koaxialübergang G 2.

4.5 Andere magnetische Wellentypen
Other magnetic modes

Allgemein lauten die Beziehungen für eine in z-Richtung fortschreitende H_{mn}-Welle mit dem Koordinatensystem nach Bild 1:

$$
\begin{aligned}
\underline{H}_x &= -\underline{A}\,\frac{m}{a}\sin\frac{m\pi x}{a}\cos\frac{n\pi y}{b}\exp(-\mathrm{j}\beta z)\\
\underline{H}_y &= -\underline{A}\,\frac{n}{b}\cos\frac{m\pi x}{a}\sin\frac{n\pi y}{b}\exp(-\mathrm{j}\beta z)\\
\underline{H}_z &= \mathrm{j}\underline{A}\,\frac{2\lambda_H}{\lambda_k^2}\cos\frac{m\pi x}{a}\cos\frac{n\pi y}{b}\exp(-\mathrm{j}\beta z)\\
\underline{E}_x &= -\underline{A}Z_F\,\frac{n}{b}\cos\frac{m\pi x}{a}\sin\frac{n\pi y}{b}\exp(-\mathrm{j}\beta z)\\
\underline{E}_y &= \underline{A}Z_F\,\frac{m}{a}\sin\frac{m\pi x}{a}\cos\frac{n\pi y}{b}\exp(-\mathrm{j}\beta z)\\
\underline{E}_z &= 0.
\end{aligned}
\tag{23}
$$

H_{mn}-Wellen im Rechteckquerschnitt können auf die H_{11}-Welle zurückgeführt werden: Teilt man den Gesamtquerschnitt in $m \times n$ gleiche Teile, so läuft in jedem Teilrechteck eine H_{11}-Welle gleicher Amplitude, jedoch mit entgegengesetztem Vorzeichen zum benachbarten Rechteck.

Das Feldbild der H_{11}-Welle ist in Bild 14 im Querschnitt und in Bild 15 perspektivisch gezeichnet.

H_{m0}-Wellen sind eine Erweiterung der H_{10}-Welle aus 4.4, wobei in x^0-Richtung eine Aufteilung in m Wellen stattfindet, und jede das Feldbild der H_{10}-Welle besitzt. Benachbarte Wellen haben wieder entgegengesetztes Vorzeichen, wie aus Bild 16 für die H_{30}-Welle zu erkennen ist.

Für die H_{0n}-Wellen gelten ähnliche Verhältnisse; hier sind die Seiten a und b vertauscht. So ist z. B. für die H_{01}-Welle die Seite b für die kritische Frequenz verantwortlich. Im Hohlleiter mit quadratischem Querschnitt (s. auch 4.7) wird zur Übertragung beider Polarisationsrichtungen sowohl die H_{10}- als auch die H_{01}-Welle verwendet.

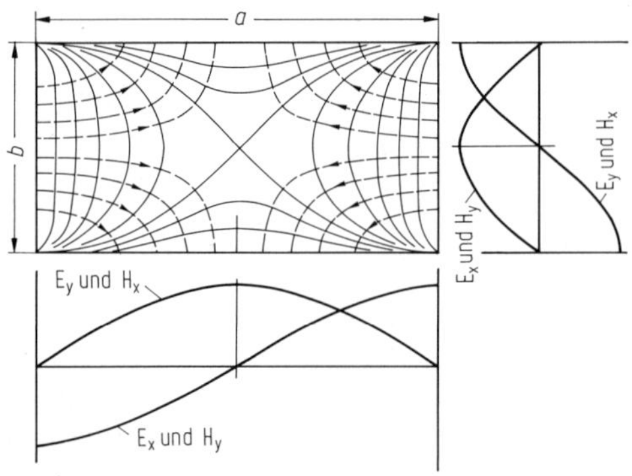

Bild 14. Querschnitt der H_{11}-Welle

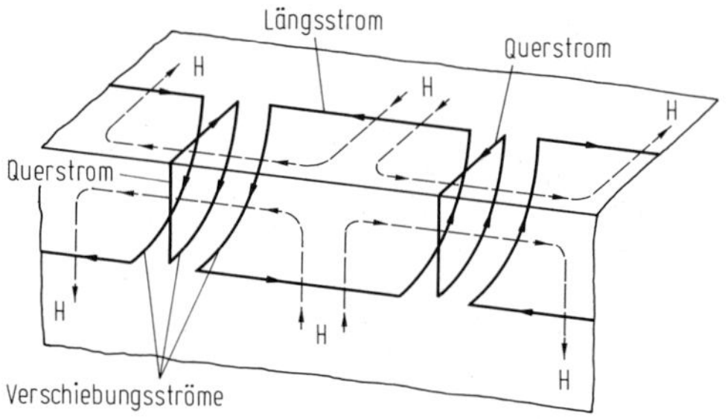

Bild 15. Perspektivische Ansicht eines Teils der H_{11}-Welle

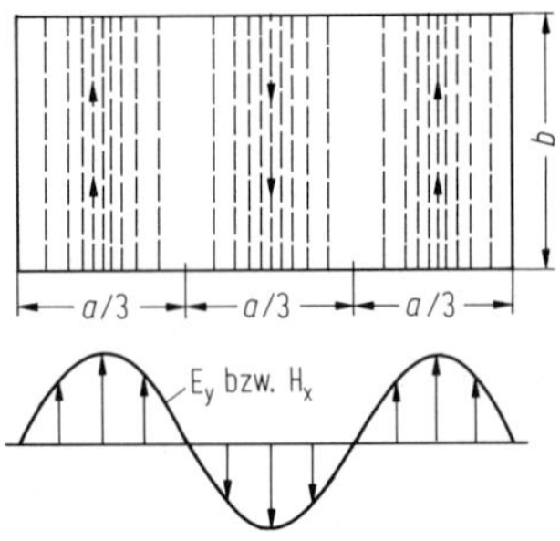

Bild 16. Querschnitt der H_{30}-Welle

H-Wellen im Kreisquerschnitt. Die magnetische Grundwelle im *Kreisquerschnitt* ist die H_{11}-Welle. Hierbei entspricht der erste Index der Anzahl der Perioden des Feldes in Umfangsrichtung, der zweite Index bezeichnet die Anzahl der Nullstellen der E-Komponente, wobei eine Nullstelle im Zentrum nicht gezählt wird. Sie ist in ihrem Feldverlauf der H_{10}-Welle im Rechteck sehr ähnlich und besitzt ebenfalls in Längsrichtung zwei Linien ohne Querströme. Bild 17 zeigt die E-Feldverteilung im Querschnitt, Bild 18 ihre axialen Ströme und Bild 19 den Verlauf der Querströme.

Die H_{11}-Welle im runden Rohr wird oft dadurch angeregt, daß man einen Rechteckhohlleiter stetig in einen Rundhohlleiter übergehen läßt (z. B. Drehdämpfungsglied Abschn. L 4.3). Die übertragbare Leistung ist ähnlich wie bei der H_{10}-Welle im Rechteck 400 kW/cm² Querschnittsfläche.

Die kritische Wellenlänge der H_{11}-Welle im Kreisquerschnitt beträgt $\lambda_k = 1{,}71\,D$ nach Gl. (8). Da der nächstmögliche Wellentyp die E_{01}-Welle ist (vgl. Bild 4), deren $\lambda_k = 1{,}31\,D$ beträgt, wählt man den Durchmesser zweckmäßig so, daß

$$1{,}31\,D < \lambda_0 < 1{,}71\,D$$

ist. In der Praxis empfiehlt sich der Bereich

$$1{,}36\,D < \lambda_0 < 1{,}6\,D \tag{24}$$

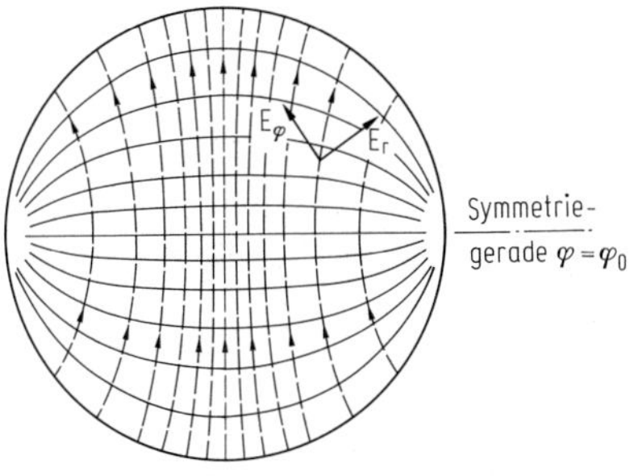

Bild 17. Querschnitt der H_{11}-Welle

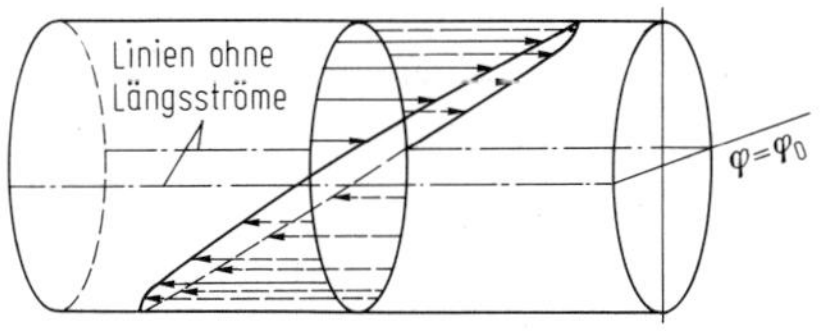

Bild 18. Axiale Ströme der H_{11}-Welle

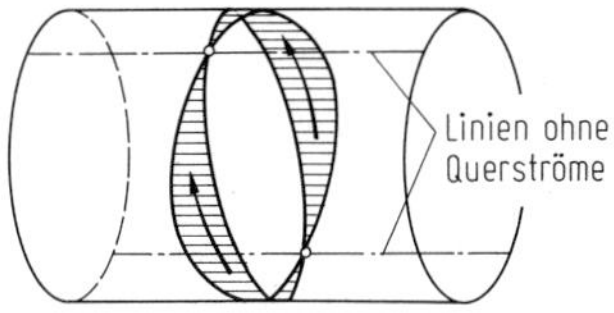

Bild 19. Querströme der H_{11}-Welle

wegen Spannungsfestigkeit und Dämpfung. Die Dämpfungskonstante für die H_{11}-Welle im Kreisquerschnitt ist

$$\alpha\Big/\frac{\mathrm{dB}}{\mathrm{m}} = 0{,}2026 \cdot k_1 \frac{1}{\frac{D}{\mathrm{cm}}\sqrt{\frac{\lambda_0}{\mathrm{cm}}}} \cdot \frac{0{,}42 + \left(\frac{\lambda_0}{\lambda_k}\right)^2}{\sqrt{1-\left(\frac{\lambda_0}{\lambda_k}\right)^2}}, \qquad (25)$$

k_1 s. unter Gl. (21). Deutsche Norm für Rohrdurchmesser DIN 47302, Blatt 2, IEC-Norm 153-4/1973.

Überträgt man zwei aufeinander senkrecht stehende Polarisationsrichtungen der H_{11}-Welle, so sind Inhomogenitäten, z. B. auch elliptische Querschnittsänderungen und Krümmungen zu vermeiden, da diese zur Verkopplung der beiden Polarisationsrichtungen führen können.

Die theoretisch mit steigender Frequenz fallende Dämpfung ist praktisch aus Stabilitätsgründen nicht nutzbar.

H_{01}-Welle im Kreisquerschnitt. Dieser Wellentyp, weist unter allen Hohlleiterwellen die geringste Dämpfung auf. Aus den Feldverteilungen nach Bild 20 bis 23 läßt sich erkennen, daß keinerlei Längsströme auftreten. Die Welle ist rotationssymmetrisch, die Komponenten haben keine Abhängigkeit von φ. Die Dämpfungskonstante ist

$$\alpha\Big/\frac{\mathrm{dB}}{\mathrm{m}} = 0{,}2981 \cdot k_1 \frac{1}{\sqrt{\frac{\lambda_0}{\mathrm{cm}}\frac{D}{\mathrm{cm}}}} \cdot \frac{\left(\frac{\lambda_0}{D}\right)^2}{\sqrt{1-\left(\frac{\lambda_0}{\lambda_k}\right)^2}}. \qquad (26)$$

In Bild 23 sind Dämpfungswerte in dB/m aufgetragen.

Eine anschauliche Vorstellung nach [1] über die Umwandlung eines Rechteckhohlleiters mit großer Höhe, der zu einem Kreis gebogen wird, vermittelt Bild 24. Demnach entfallen zunächst die „breiten" Seiten des Hohlleiters. An den verbleibenden „schmalen" Seiten nimmt mit steigender Frequenz die Zahl der Reflexionen ab (vgl. Bild 2) und damit die Verluste. Im Rundhohllei-

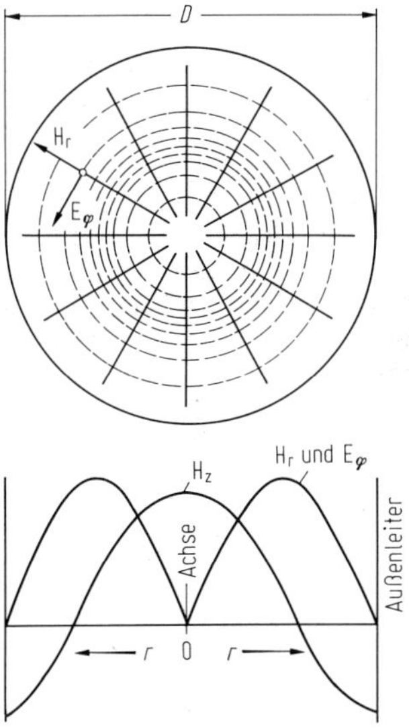

Bild 20. Querschnitt der H_{01}-Welle

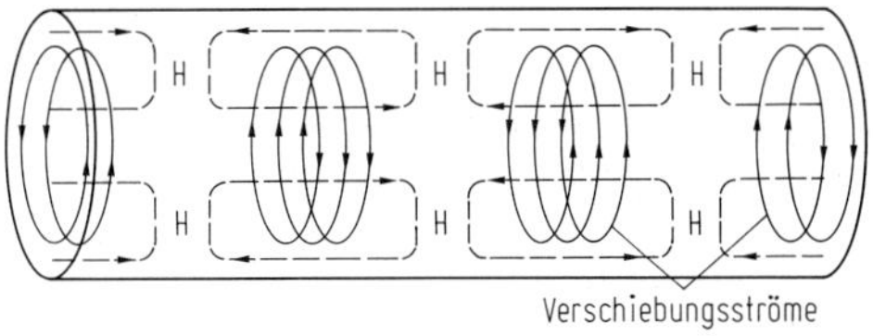

Bild 21. Perspektivische Ansicht der H_{01}-Welle

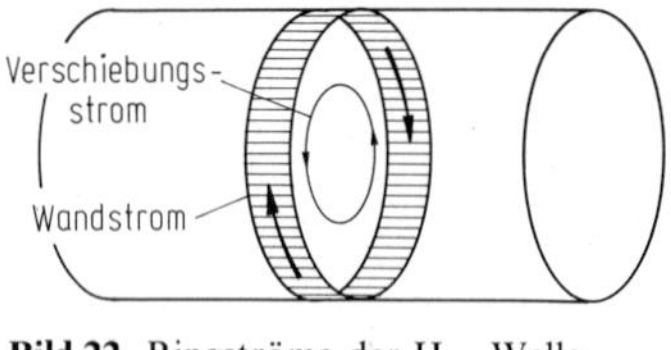

Bild 22. Ringströme der H_{01}-Welle

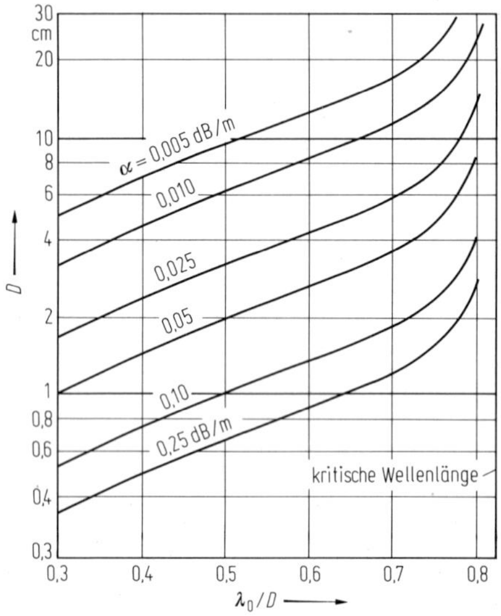

Bild 23. Dämpfung der H_{01}-Welle im Kupferrohr

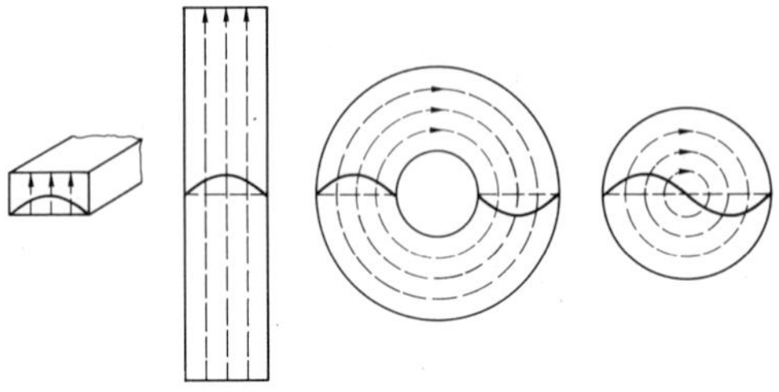

Bild 24. Übergang von der H_{10}-Welle im Rechteck auf die H_{01}-Welle im Kreisquerschnitt. Nach [1]

ter mit H_{01}-Welle werden die Verluste mit steigender Frequenz tatsächlich kleiner und man versuchte über einige Jahre hinweg, diesen Hohlleiter für die Übertragung sehr großer Bandbreiten zu verwenden. Im Bereich um 100 GHz wurden bei $D = 5$ cm Dämpfungswerte von $\alpha \approx 1$ dB/km erreicht. Da dieser Wellentyp keine Längsströme besitzt, wurden auch Hohlleiter aus isolierten Drahtringen oder Drahtspiralen gebaut. Problematisch ist die Wellentypwandlung an Krümmungen und anderen Inhomogenitäten.

H_{mn}-Wellen bzw. H_{0n}-Wellen im Kreisquerschnitt sind ebenfalls möglich, besitzen jedoch keine praktische Bedeutung.

Normen für Hohlleiter mit Kreisquerschnitt findet man in DIN 47 302, Teil 2 bzw. in IEC 153-4, für die zugehörigen Flansche in DIN 47 305, Teil 1 bis 5 bzw. in IEC 154-4.

4.6 Elektrische Hohlleiterwellentypen

Electric or transverse magnetic modes

Elektrische Hohlleiterwellen oder TM-Wellen besitzen Längskomponenten der elektrischen Feldstärke, während magnetische Feldlinien nur innerhalb von Querschnittsebenen des Hohlleiters verlaufen ($E_Z \neq 0$; $H_Z = 0$) und sich ähnlich wie konzentrische Kreise um ein Zentrum gruppieren. Wandströme können deshalb nur in axialer Richtung fließen. Die elektrischen Feldlinien gehen senkrecht von der Hohlleiterwand aus und laufen dann vorwiegend in der Rohrmitte in axialer Richtung und dann wieder zur Wand zurück, wie dies in Bild 25 zu sehen ist. Die Anregung erfolgt durch einen in axialer Richtung in Rohrmitte angeordneten Leiter oder Stempel.

Rechteckquerschnitt. Im Rechteckhohlleiter ist die elektrische Grundwelle die E_{11}-Welle. Für den üblichen Hohlleiter mit $b = 2\,\mathrm{a}$ ist die kritische Wellenlänge für die E_{11}-Welle

$$\lambda_k = 2a/\sqrt{5} = 0{,}8944\,a, \qquad (27)$$

d. h., die kritische Frequenz liegt höher als für die magnetische H_{10}-Welle im gleichen Hohlleiter. Die Feldverteilung und die Lage der Wandströme der E_{11}-Welle sind in den Bildern 26 und

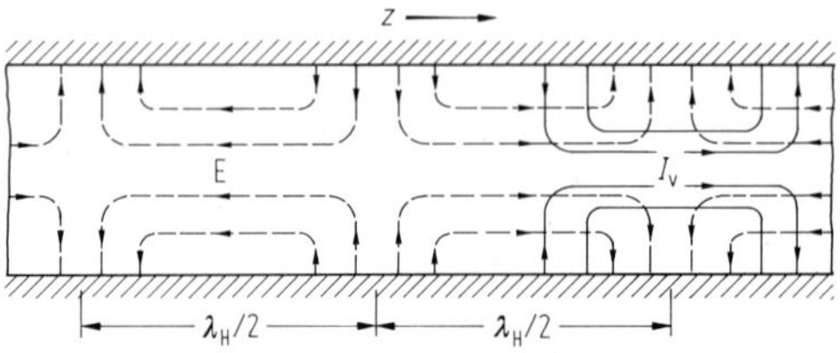

Bild 25. Elektrische Feldlinien im Längsschnitt

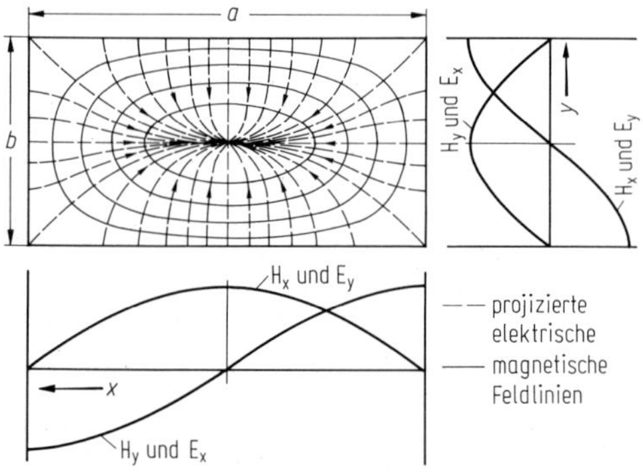

Bild 26. Querschnitt der E_{11}-Welle

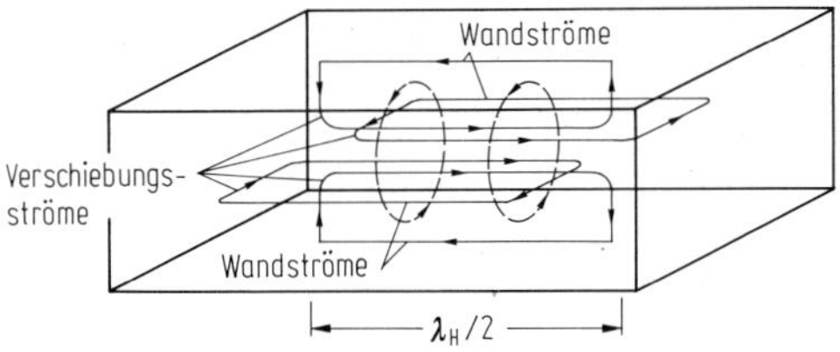

Bild 27. Stromkreise der E_{11}-Welle

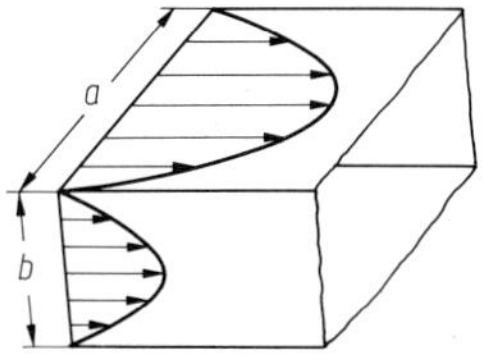

Bild 28. Wandströme der E_{11}-Welle

27 dargestellt. Die Wandstromverteilung erkennt man aus Bild 28.
Höhere Wellentypen (E_{mn}-Wellen) haben einen Feldverlauf, der durch Unterteilung der Querschnittsebene in passende Rechtecke und Zusammensetzung aus mehreren E_{11}-Wellen mit jeweils entgegengesetztem Vorzeichen gewonnen werden kann.
Von technischer Bedeutung sind allenfalls die E_{mn}-Wellen zwischen parallelen Ebenen. Ist b der Abstand der beiden leitenden Ebenen und $a = \infty$, so wird für $n = 1$ die kritische Wellenlänge $\lambda_k = 2b$. Zwischen den beiden Platten ergeben sich elektrische Feldlinien wie in Bild 25, die magnetischen Feldlinien sind Geraden senkrecht zur Zeichenebene von Bild 25.

Kreisquerschnitt. Die elektrische Grundwelle im Kreisquerschnitt ist die E_{01}-Welle. Wie die Bilder 29 und 30 erkennen lassen, ist die Strom- und Feldverteilung ganz ähnlich der koaxialen Leitungswelle. Lediglich der Strom auf dem Innenleiter ist durch einen axialen Verschiebungsstrom im Zentrum des Hohlleiters zu ersetzen. Wegen ihrer Zylindersymmetrie wird die E_{01}-Welle bei drehbaren Bauteilen, z.B. für Drehkupplungen von Radarantennen verwendet. Die übertragbare Leistung beträgt etwa 500 kW pro cm^2 Querschnittsfläche. Die kritische Wellenlänge der E_{01}-Welle ist $\lambda_k = 1{,}31\ D$. Da im runden Hohlleiter auch die H_{11}-Welle mit niedrigerer Grenzfrequenz möglich ist, muß man auf streng zylindersymmetrischen Aufbau achten und darf die Strecke mit E_{01}-Welle nicht zu lang machen. Üblicherweise sollte man die Bedingung $1{,}03\,D < \lambda_0 < 1{,}31\ D$ erfüllen, um die H_{21}-Welle zu vermeiden.
Höhere elektrische Wellentypen (E_{mn}-Wellen) im Kreisquerschnitt haben keine technische Bedeutung.

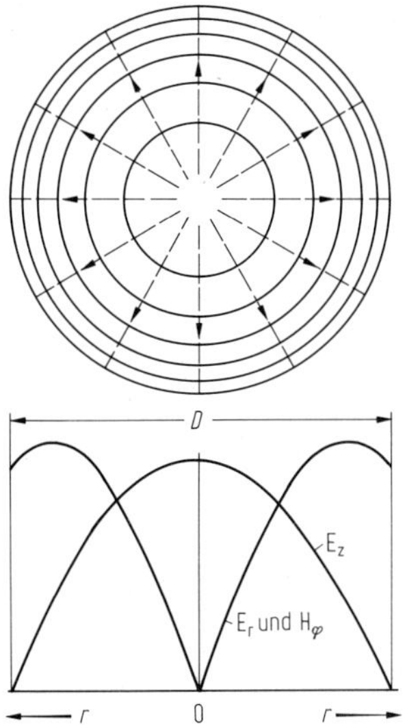

Bild 29. Querschnitt der E_{01}-Welle

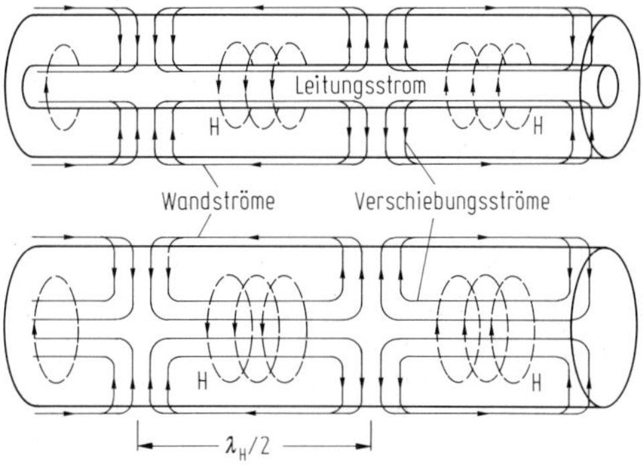

Bild 30. Vergleich der E_{01}-Welle und der koaxialen Leitungswelle

Normen für Hohlleiter mit Kreisquerschnitt s. 4.5.

4.7 Technische Formen für die H_{10}-Welle
Technical designs for the TE_{10}-mode

Die Abmessungen richten sich nach dem zu übertragenden Frequenzbereich. Man wird die kritische Frequenz f_k so wählen, daß die Betriebsfrequenz f möglichst weit von ihr entfernt ist, um höhere Spannungsfestigkeit und kleinere Dämpfung zu erhalten. Andererseits darf man sich der kritischen Frequenz der H_{01}- und der H_{20}-Welle nicht zu sehr nähern, um keine großen Störfelder dieser Schwingungsformen zu erhalten. Üblich ist aus diesem Grund eine Dimensionierung

$b/a = 0{,}5$ und ein Betriebsfrequenzbereich

$$1{,}25 f_k < f < 1{,}9 f_k \quad \text{bzw.} \quad 0{,}8\,\lambda_k > \lambda > 0{,}53\,\lambda_k. \tag{28}$$

In diesem Bereich ist die H_{10}-Welle stabil, so daß man einen Hohlleiter auch in seiner Querschnittsebene verdrehen oder ihn biegen kann. Beim Biegen ist darauf zu achten, daß sich der Querschnitt nicht verformt, z. B. durch Füllung mit Sand oder Öl unter Druck. Der Biegeradius sollte nicht kleiner als $5a$ oder $10b$ sein. Ein spezielles Biegeprofil für Alu-Hohlleiter, das durch geeignet variierte Wandstärken den Innenquerschnitt beim Biegen unverändert erhält, ist in [11–13] beschrieben.

Die Abmessungen von Hohlleitern sind genormt. Einige schon seit geraumer Zeit verwendete Rechteckhohlleiter (R32, R48, R70, R84, R100 und R220) haben nicht das genaue Seitenverhältnis $b/a = 0{,}5$; dies ist auf die geschichtliche Entwicklung zurückzuführen. Für den Einbau in Geräten werden aus Platz- und Anpassungsgründen auch flache (F) und mittelflache (M) Rechteckhohlleiter verwendet, die ein Seitenverhältnis von etwa $b/a = 0{,}12$ bzw. $0{,}25$ besitzen. Die Zahl in der Normbezeichnung beschreibt die Mittenfrequenz in Vielfachen von 100 MHz. Die Normen von Rechteckhohlleitern findet man in DIN 47 302, Teil 1 für R3 bis R2600 und F22 bis F100 bzw. in IEC 153-2 und IED 153-3. Ein Auszug aus der Normliste ist in Tab. 2 wiedergegeben.

Zur unabhängigen Übertragung zweier Polarisationsrichtungen verwendet man auch Hohlleiter mit quadratischem Querschnitt (Q). Hierfür sind die Normen für Q41 bis Q130 in DIN 47 302, Teil 3 bzw. in IEC 153-7 angegeben.

Hohlleiterverbindungen. Mit Hilfe von Flanschen können Hohlleiter verbunden werden. Hier kann es durch die Toleranzen der Hohlleiterabmessungen Δa bzw. Δb und durch den seitlichen Versatz Δ_1 bzw. Δ_2 beim Verschrauben der Flansche zu Reflexionen kommen. Der Reflexionsfaktor r_Z, der Abweichungen des Wellenwiderstands bzw. Toleranzen der Hohlleiterabmessungen zur Ursache hat, ist

$$r_Z \approx \frac{1}{2}\left|\frac{\Delta b}{b} - n\frac{\Delta a}{a}\right| \quad \text{mit} \quad n = 1 + (\lambda_H/2a)^2 = \frac{1}{1-(f_k/f)^2}. \tag{29}$$

Δa und Δb sind die Abweichungen vom Nennmaß gemäß Bild 31. Da sich nach Gl. (22) eine

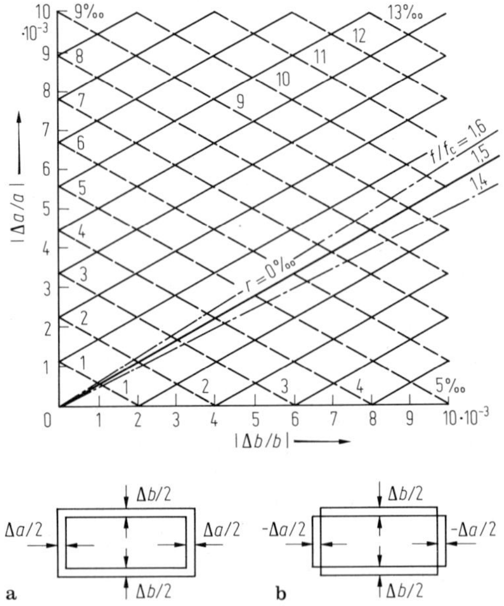

Bild 31. Reflexionsfaktor beim Aneinandersetzen verschiedener Hohlleiter. Die ausgezogenen Kurven gelten für den Fall von Bild 31 a, bei dem Δa und Δb gleiches Vorzeichen haben. Die gestrichelten Kurven gelten für den Fall, daß Δa und Δb von Bild 31 b verschiedenes Vorzeichen haben. Die Kurven gelten für $f/f_k = 1{,}5$ und haben für $f/f_k = 1{,}6$ bzw. 1,4 die gezeichneten abweichenden Steigungen

Tabelle 2. Auszug aus den Normen für Rechteckhohlleiter

Bezeichnung	Frequenzbereich der H_{10}-Welle f/GHz	Innenmaße a/mm	b/mm	Δa/mm = Δb/mm	Radius r/mm	Wandstärke s/mm	Theor. Dämpfung bei f/GHz	dB/m
R32	2,60 … 3,95	72,14	34,04	±0,14	1,2	2,03	3,12	0,0188
R48	3,94 … 5,99	47,549	22,149	±0,095	0,8	1,625	4,73	0,0354
R70	5,38 … 8,17	34,849	15,799	±0,070	0,8	1,625	6,45	0,0575
R100	8,20 … 12,5	22,860	10,160	±0,046	0,8	1,270	9,84	0,110
R140	11,9 … 18,0	15,799	7,899	±0,031	0,4	1,015	14,2	0,176
R220	17,6 … 26,7	10,668	4,318	±0,021	0,4	1,015	21,1	0,368
R260	21,7 … 33,0	8,636	4,318	±0,020	0,4	1,015	26,0	0,436
R320	26,3 … 40,0	7,112	3,556	±0,020	0,4	1,015	31,6	0,583
R620	49,8 … 75,8	3,759	1,880	±0,020	0,2	1,015	59,8	1,52
R900	73,8 … 112	2,5400	1,2700	±0,0127	0,15	0,760	88,5	2,73

Änderung des Quotienten b/a auf den Wellenwiderstand des Hohlleiters auswirkt, kompensieren sich Δa und Δb bei gleichem Vorzeichen annähernd. Der bei der Montage von Hohlleiterflanschen mögliche seitliche Versatz gemäß Bild 32 erzeugt folgende Reflexionsfaktoren [14–16]:

$$r_1 \approx \frac{4\pi^2 b}{5\lambda_H}\left(\frac{\Delta_1}{b}\right)^2, \qquad (30)$$

$$r_2 \approx \frac{\pi^2 \lambda_H}{2a}\left(\frac{\Delta_2}{a}\right)^2. \qquad (31)$$

Diese können sich ebenfalls kompensieren, wenn gleichzeitig Seiten- und Höhenversatz auftritt. Der mögliche Gesamtreflexionsfaktor einer Hohlleiterverbindung ist

$$r_{ges} = \sqrt{r_Z^2 + (r_1 - r_2)^2}. \qquad (32)$$

Der durch Verdrehung der Flansche auftretende Fehler kann vernachlässigt werden, wenn der Verdrehungswinkel $< 2°$ ist. Werden die in den Hohlleiter- und Flanschnormen tolerierten Abweichungen eingehalten, die bei $\Delta a = \Delta b = a/500$ liegen, so ergeben sich Reflexionsdämpfungen, die etwa 40 dB betragen.

Flansche. Die Flansche für Hohlleiter sind zum Teil ebenfalls genormt. In den Flanschbezeichnungen bezeichnet der 1. Buchstabe, ob der Flansch druckdicht (P) – mit Nut für Gummiring – oder ob er nicht druckdicht (U) ist. Der 2. Buchstabe dient zur Typenbezeichnung, der 3. Buchstabe und die Zahl kennzeichnet den zugehörigen Hohlleiter. (Beispiel: PDR 100 bedeutet „druckdicht, Typ D für Rechteckhohlleiter mit 10 GHz Mittenfrequenz"). Die Normung von Flanschen für Rechteck- und quadratische Hohlleiter findet man in DIN 47303 Teil 1 bis 7 bzw. in IEC 154-1 bis 3 und 7, für Kreisquerschnitt in DIN 47305 Teil 1 bis 4 bzw. in IEC 154-4; s. auch [17]; Druckeinfluß auf Hohlleiterwandungen in [17 a].

Für größere Rechteckrohre werden i. allg. auch rechteckige Flansche (z. B. nach Bild 33) verwendet. Für R40 bis R320 findet man sowohl rechteckige als auch runde Flansche. Für kleinere Hohlleiter werden meist runde Flansche benutzt. Für breitbandige Meßaufbauten und im Labor empfehlen sich Planflansche ohne jede Eindrehung, bei Einsatz im Freien sind druckdichte Flansche mit Nut für Gummiring und zusätzlicher Eindrehung nach Bild 34 und 35 vorzuziehen. Hier wird der oxidationsgefährdete metallische Kontakt durch die $\lambda/2$-Transformation eines Kurzschlusses am Ende der Eindrehung ersetzt (Drosselflansch). Wegen des Frequenzgangs dieser Transformation (Bild 36) ist die Anwendung nur in einem beschränkten Bereich des Hohlleiterbandes reflexionsarm [7a, 18].

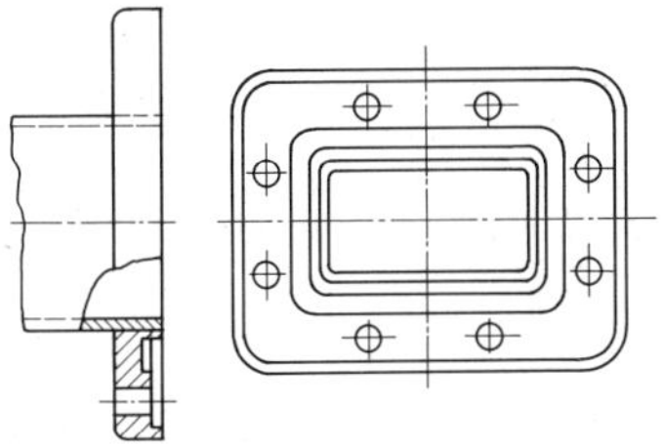

Bild 33. Rechteckflansch (PDR ...)

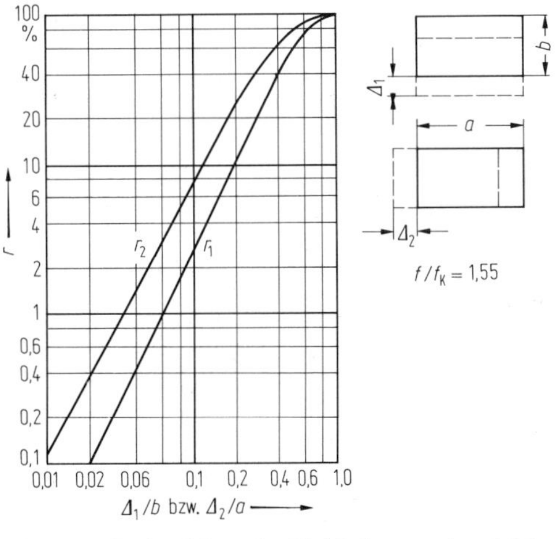

Bild 32. Reflexionsfaktor der Verbindung zweier gleicher Rechteckleiter mit seitlicher Verschiebung für $f/f_k = 1{,}55$

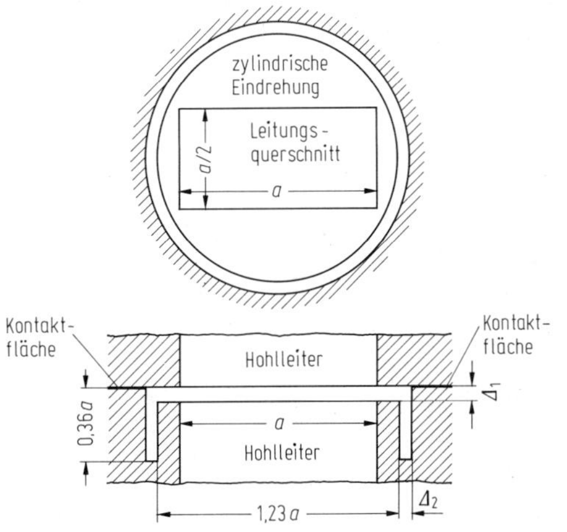

Bild 34. Übliche Flanschverbindung

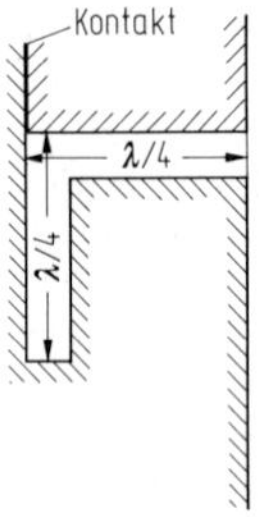

Bild 35. Geknickter Sack

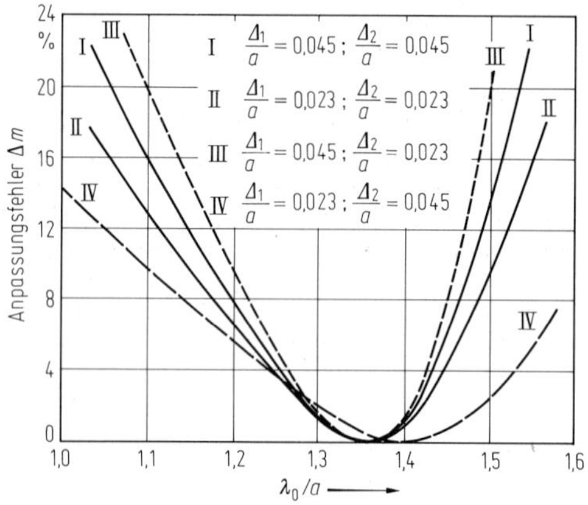

Bild 36. Daten von Flanschverbindungen

4.8 Hohlleiter besonderer Form

Waveguides of special shape

Hohlleiter mit *elliptischem Querschnitt* werden in Form von Wellrohr für biegsame Verbindungen verwendet (Flexwell-Hohll.) [19–21]. Die Grenzwellenlänge geht aus Bild 37 hervor, wobei s den Umfang und e die numerische Exzentrizität der Ellipse bezeichnet.

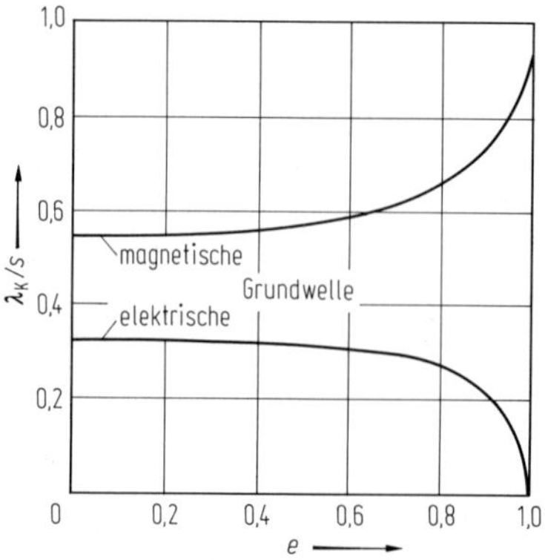

Bild 37. λ_K beim elliptischen Querschnitt, s Umfang, e numerische Exzentrizität

Stellt man den Hohlleiter aus zwei Gußstücken her, so empfiehlt sich ein schwach *sechseckiger Querschnitt* nach Bild 38. Im sechseckigen Hohlrohr mit steileren Winkeln nach Bild 39 ist die Spannungsfestigkeit und die übertragbare Leistung größer als im Rechteckrohr [22]. Allerdings ist die Grenzwellenlänge der H_{10}-Welle kleiner, während die der H_{20}-Welle etwa unverändert dem Rechteckquerschnitt gleicher Fläche entspricht (Bild 38).

Steghohlleiter. Hohlleiter mit *Längssteg* (ridged waveguide) nach Bild 40a werden vielfach zum Einbau diskreter Elemente, z. B. Dioden, zwi-

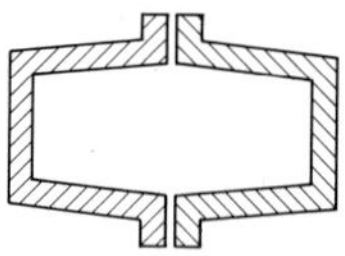

Bild 38. Sechseckiger Hohlleiter aus zwei Gußstücken

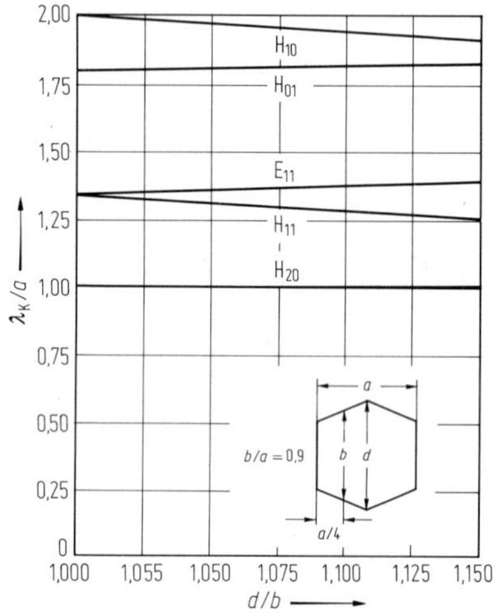

Bild 39. Sechseckquerschnitt; b mittlere Höhe; $b/a = 0{,}9$

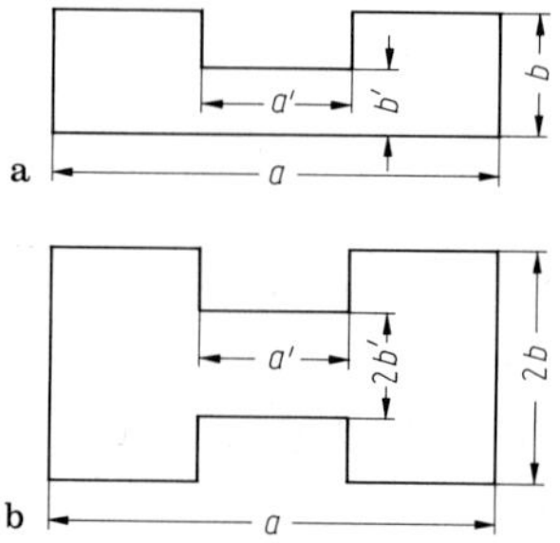

Bild 40. Hohlleiter mit Längsstegen; **a** einseitig; **b** symmetrisch

schen Steg und Wand benutzt. Ferner kann man durch den Steg die äußeren Abmessungen bei gegebener Frequenz herabsetzen. Insgesamt ist der Betriebsfrequenzbereich des Steghohlleiters größer als der des Rechteckhohlleiters, da die kapazitive Belastung des Stegs sich vornehmlich bei der H_{10}-Welle, nicht aber bei der H_{20}-Welle auswirkt. Die Kurven für λ_k in Bild 41 gelten für unsymmetrische und symmetrische Stege, wenn man die in Bild 40a und 40b für b und b' angegebenen Größen benutzt. Die nutzbare Bandbreite $\lambda_{k1}/\lambda_{k2}$ ist in Bild 42 für den symmetrischen Steghohlleiter aus Bild 40b angegeben. Hierbei entspricht λ_{k1} der kritischen Wellenlänge der H_{10}-Welle und λ_{k2} derjenigen der H_{20}-Welle. Die durch die Stege verminderte Spannungsfestigkeit läßt sich durch Stege mit Kreisquerschnitt nach Bild 43 verbessern. Die Grenzwellenlängen für verschiedene Wellentypen findet man in Bild 43.

Einen ähnlichen Effekt wie der metallische Steghohlleiter zeigt auch der Hohlleiter mit *dielektrischem Längssteg* nach Bild 44. Hier kann man ebenfalls λ_{k1} vergrößern ohne λ_{k2} wesentlich zu beeinflussen. Kurven für λ_k in [23].

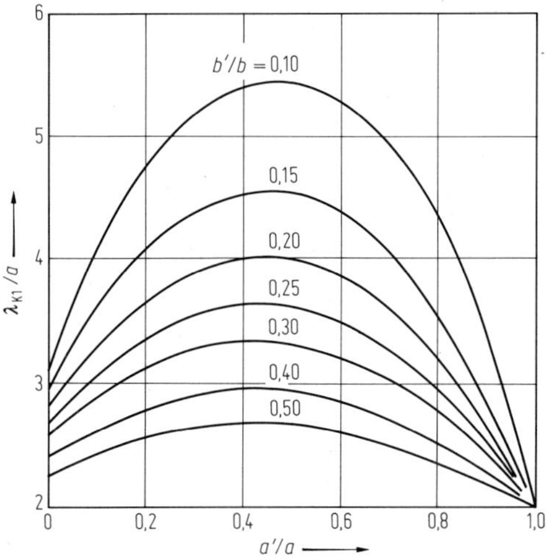

Bild 41. Kritische Wellenlänge des Steghohlleiters für $b/a = 0{,}5$

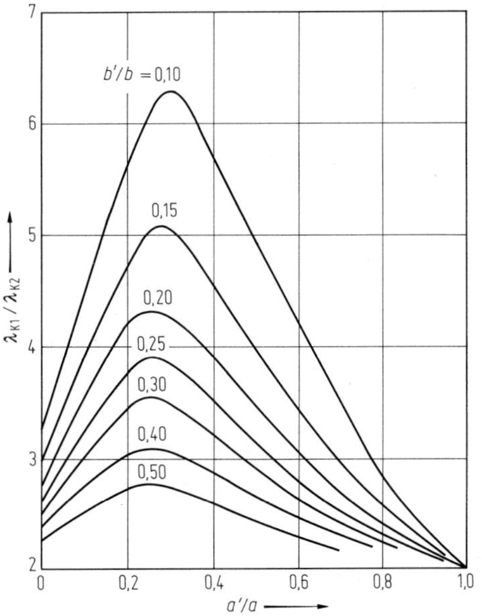

Bild 42. Stabiler Frequenzbereich des Steghohlleiters

Finleitung. Eine Kombination von Steghohlleiter und dielektrischem Längssteg stellt die Flossenleitung oder Finleitung (Finline) dar. Hier wird ein dielektrisches Trägermaterial, das auf der Oberfläche metallisch beschichtet ist, in der Mitte der Breitseite eines Rechteckhohlleiters meist so angeordnet, daß die Metallschicht guten Kontakt mit der Hohlleiterwand besitzt. Die Finleitung eignet sich zum Anschluß von kleinen Bauelementen, z.B. Beam-Lead-Dioden, wobei

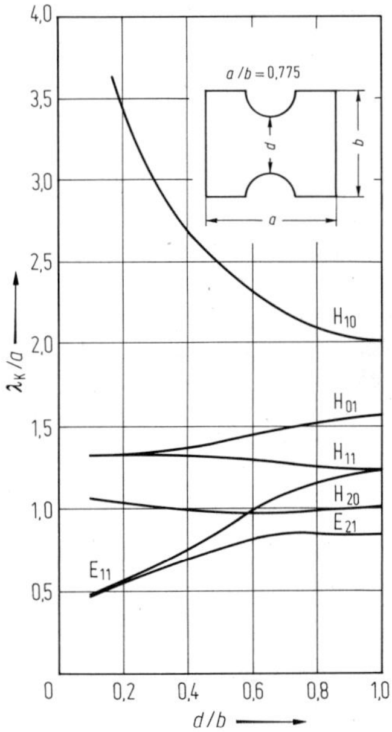

Bild 43. Steghohlleiter mit halbkreisförmigem Steg; $b/a = 0{,}775$

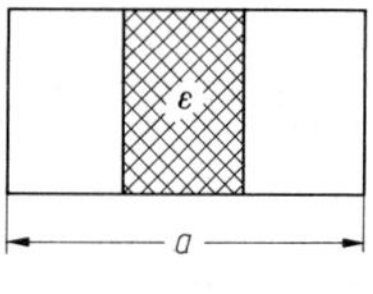

Bild 44. Dielektrischer Längssteg

die Leitungsstruktur durch Photoätztechnik hergestellt wird. Die wesentlichen Arten der Finleitung sind in Bild 45 dargestellt [24–32]. Die Grenzfrequenz λ_{kf} der unilateralen Finleitung mit den Abmessungen aus Bild 46 ist nach [32] in Bild 47 angegeben. Die effektive Dielektrizitätszahl ε_{eff}, welche die Wellenlänge und die Phasengeschwindigkeit auf der Finleitung beeinflußt, ist in Bild 48 abzulesen. Der Leitungswellenwiderstand Z_{Lf} der Finleitung ist ähnlich wie beim unbelasteten Hohlleiter abhängig von der gewählten Definition. Da bei kleinen Spaltabmessungen d/b der Hauptteil der Welle sich auf der Flosse konzentriert, bezieht man sich zweckmäßig auf die am Spalt liegende Spannung und den in der Flosse fließenden Strom. Bild 49 zeigt den dieser Definition entsprechenden Wellenwiderstand der unilateralen Finleitung [32]. Der Wechsel vom unbelasteten Hohlleiter auf die Finleitung wird meist mit einem mehrere λ langen stetigen Übergang (Taper) vorgenommen [33].

Hohlleiter mit verringerter Phasengeschwindigkeit kann man durch Einbringung von Dielektrikum erhalten, doch ist hierbei meist die Dämpfung zu hoch. Größere Wirkungen zeigen metallische Querstege nach Bild 50.

Hohlleiter allgemeinen Querschnitts in [34, 35].

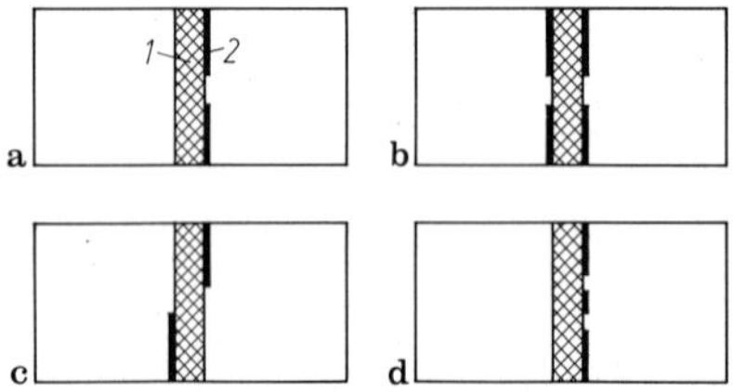

Bild 45. Flossenleitung (Finline) im Hohlleiter. **a** unilaterale Finleitung; **b** bilaterale Finleitung; **c** antipodale Finleitung; **d** koplanare Finleitung; *1* dielektrisches Trägermaterial (Substrat), *2* Metallisierung (Folie)

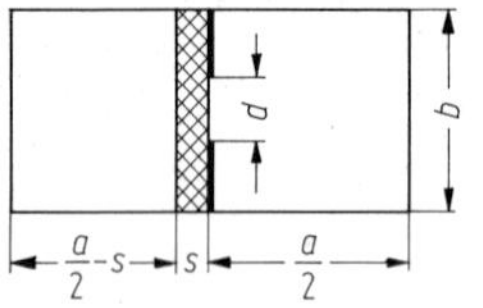

Bild 46. Abmessungen der unilateralen Finleitung

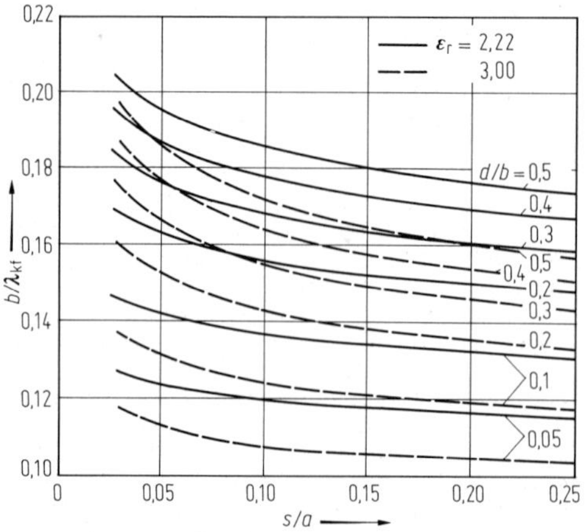

Bild 47. Grenzfrequenz b/λ_{kf} der unilateralen Finleitung für $b/a = 0{,}5$ und $\varepsilon_r = 2{,}22$ (RT-Duroid) bzw. $\varepsilon_r = 3{,}0$ (Kapton). Nach [32]

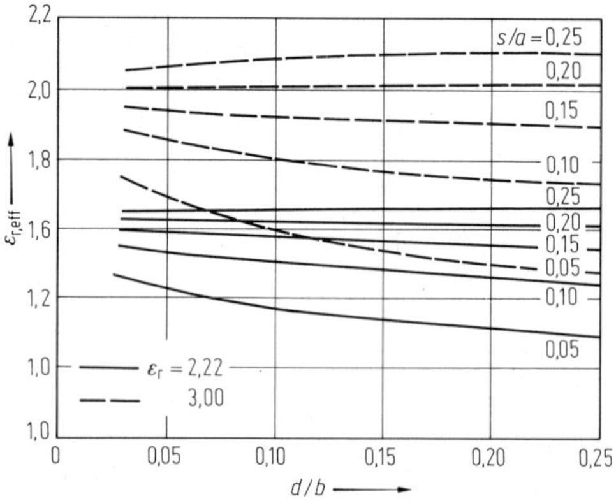

Bild 48. Effektive Dielektrizitätszahl ε_{eff} der unilateralen Finleitung für $b/\lambda = 0{,}3556$, $b/a = 0{,}5$ und $\varepsilon_r = 2{,}22$ bzw. 3,0 [32]

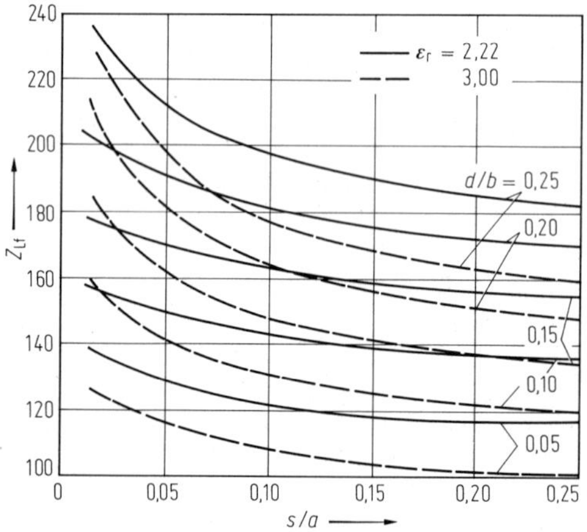

Bild 49. Leitungswellenwiderstand Z_{Lf} der unilateralen Finleitung für $b/\lambda = 0{,}3556$, $b/a = 0{,}5$ und $\varepsilon_r = 2{,}22$ bzw. 3,0. Nach [32]

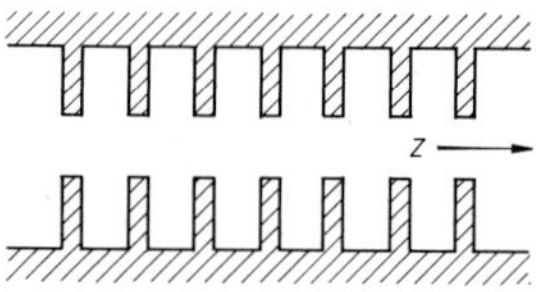

Bild 50. Leitung mit Querstegen

4.9 Hohlleiterwellen der Koaxialleitung
Higher order modes in the coaxial line

In der Koaxialleitung können neben der normalen TEM-Welle (F 2) beim Überschreiten der Grenzfrequenz auch Wellen mit axialen Komponenten entstehen. Diese ähneln bei dünnem Innenleiter den entsprechenden Wellentypen im Hohlleiter mit Kreisquerschnitt. Die tiefste Grenzfrequenz besitzt die H_{11}-Welle, deren Feldverteilung im Querschnitt aus Bild 51 zu entnehmen ist. Das Auftreten einer Hohlleiterwelle in der Koaxialleitung äußert sich durch zusätzliche Reflexionen und Dämpfung. Man muß deshalb mit steigender Frequenz immer kleinere Durchmesser D der Koaxialleitung verwenden, was die übertragbare Leistung stark einschränkt und zu hohen Dämpfungen führt. Die Grenzwellenlängen der Koaxialleitung sind in Bild 52 eingezeichnet. Für die H_{11}-Welle gilt näherungsweise

$$\lambda_k \approx \frac{\pi}{2}(d + D). \tag{33}$$

λ_k entspricht also etwa dem mittleren Umfang des Luftraums der Koaxialleitung. Wenn die Koaxialleitung exakt zylindersymmetrisch ist wird eine H-Welle nicht angeregt. Dann kann nur eine E_{01}-Welle entstehen, deren Grenzfrequenz höher liegt:

$$\lambda_k \approx D - d. \tag{34}$$

In der Praxis ist dies bei Verwendung von Koaxialsteckern jedoch nicht realisierbar. Hier treten oft H_{11}-Resonanzen in den Stützscheiben auf, die durch Unsymmetrien der Stecker-Innenleiter angeregt werden. Diese Resonanzfrequenzen liegen meist tiefer als die Grenzfrequenz der angeschlossenen Koaxialleitung.

Spezielle Literatur: [1] *Unger, H. G.:* Theorie der Leitungen. Braunschweig, Vieweg 1967, S. 97. – [2] *Baier, W.:* Guided waves in homogeneous and inhomogeneous media. Proc. Europ. Microwave Conf. 1969, p. 132. – [3] *Baier, W.:* Berechnung der Grenzfrequenzen inhomogen gefüllter Recheckhohlleiter und der bei diesen Frequenzen auftretenden Feldzustände. AEÜ 23 (1969) 237–241. – [4] *Baier,*

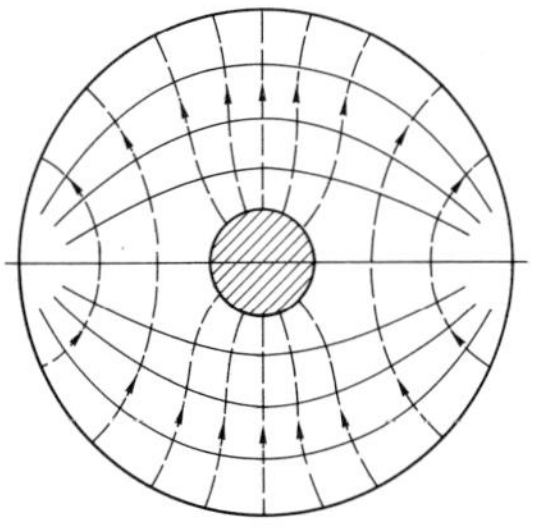

Bild 51. Querschnittsbild der H_{11}-Welle der Koaxialleitung

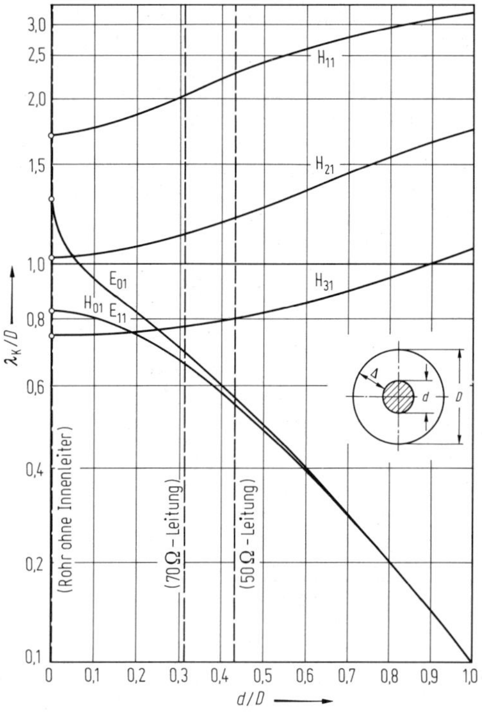

Bild 52. Grenzwellenlängen der Koaxialleitung

W.: Waves and evanescent fields in rectangular waveguides filled with a transversely inhomogeneous dielectric. Trans. Inst. Electr. Electron. Eng. MTT-18 (1970) 696–705. – [5] *Schumann, W. O.:* Elektrische Wellen. München: Hanser 1948, Abschn. IX. – [6] *Jahnke-Emde:* Tafeln höherer Funktionen, 5. Aufl. (Hrsg.: Lösch, F.). Leipzig 1952, Abschn. VIII. – [7] *Montgomery, G. G.; Griesheimer, R. M.:* Techn. of microwave measurements. MIT-Rad. Lab. Ser. Vol. 11, New York: McGraw-Hill, 1947, Chap. 11. – [7a] Desgl. S. 14. – [8] *Prasser, M. E.:* Neue Formen und Meßverfahren für Hohlrohrdämpfungsglieder. Diss. TU München 1968. – [9] *Peter, R.; Dällenbach, H.:* Zur Frage des Wellenwiderstandes von Hohlleitern. Bull. Schweiz. Elektrotech. Ver. 38 (1947) 596. – [10] *Borgnis, F.:* Über die Bedeutung der Leitungsgleichungen und des Wellenwiderstands für beliebige Wellentypen auf zylindrischen Leitungen. AEÜ 5 (1951) 181–189. – [11] *Doehr, P.* et al: A ductible rectangular waveguide with very low reflection. Proc. 4th Europ. Microwave Conf., 1974, pp. 609–612. – [12] *Loew, W.:* Ein sehr reflexionsarmer formbarer Rechteck-Hohlleiter. NTZ 28 (1975) K 174–176. – [13] *Loew, W.:* Eine dämpfungsarme Energieleitung für digitale Richtfunksysteme. Frequenz 36 (1982) 14–19. – [14] *Epprecht, G. W.:* Dimensions- und Montagetoleranzen bei rechteckigen Hohlleitern. Tech. Mitt. Schweiz. PTT 9 (1956) 370–376. – [15] *Kienlin, U. V.; Kürzl, A.:* Reflexionen an Hohlleiter-Flanschverbindungen. NTZ 11 (1958) 561–564. – [16] *Levy, R.:* Reflection coefficient of unequal displaced rectangular waveguide. Trans. Inst. Electr. Electron. Eng. MTT-24 (1976) 480–483. – [17] *Harvey, A. F.:* Microwave engineering. New York: Academic Press 1963, p. 68. – [17a] Desgl. S. 73. – [18] *Ragan, G. L.:* Microwave transmission circuits,

MIT Rad. Lab. Ser., Vol. 9. New York: McGraw-Hill 1948, p. 193. – [19] *Krank, W.; Schüttlöffel, E.*: Trommelbarer Hohlleiter mit elliptischem Querschnitt für Höchstfrequenzen (Flexwell-Hohlleiter), Telefunken-Ztg. 35 (1962) 112–116. – [20] *Scheffler, E.*: Flexwell-Kabel – koaxiale Kabel mit gewelltem Außenleiter. Telefunken-Ztg. 35 (1962) 101–111. – [21] *Krank, W.; Schüttlöffel, E.*: Eine trommelbare Mikrowellen-Energieleitung geringer Dämpfung (Flexwell-Hohlleiter). NTZ 18 (1965) 607–615. – [22] *Meinke, H.; Lange, K.*: Hohlleiter für sehr große Leistungen mit H_{10}-Welle. NTZ 17 (1964) 161–166. – [23] *Marcuwitz, N.*: Waveguide handbook. MIT Rad. Lab. Ser., Vol. 10. New York: McGraw-Hill 1951, Chap. 8. – [24] *Hofmann, H.*: Dispersion of planar waveguides for millimeter-wave applications. AEÜ 31 (1977) 40–44. – [25] *Hofmann, H.*: Anwendung von Galerkin's Methode zur Berechnung von Feldtheoretischen Eigenwertproblemen am Beispiel planarer Wellenleiter. Wiss. Ber. AEG-Telefunken 51 (1978) 161–166. – [26] *Knorr, J. B.; Shayda, P. M.*: Millimeter-wave fin-line characteristics. Trans. Inst. Electr. Electron. Eng. MTT-28 (1980) 737–743. – [27] *Schmidt, L. P.; Menzel, W.*: Berechnung der Leitungsparameter quasiplanarer Wellenleiter für integrierte Millimeterwellen-Schaltungen. Wiss. Ber. AEG-Telefunken 54 (1981) 219–226. – [28] *Schmidt, L. P.*: A comprehensive analysis of quasiplanar waveguides for millimeter-wave application. Proc. 11th Europ. Microwave Conf. 1981, pp. 315–340. – [29] *Schmidt, L. P.; Itoh, T.; Hofmann, H.*: Characteristics of unilateral fin-line structures with arbitrarily located slots. Trans. Inst. Electr. Electron. Eng. MTT-29 (1981) 352–355. – [30] *Saad, A. M. K.; Schüneman, K.*: A simple method for analyzing fin-line structures. Trans. Inst. Electr. Electron. Eng. MTT-26 (1978) 1002–1007. – [31] *Beyer, A.*: Analysis of the characteristics of an earthed fin-line. Trans. Inst. Electr. Electron. Eng. MTT-29 (1981) 676–680. – [32] *Sharma, A. K.; Hoefer, W. J.*: Empirical expressions for fin-line design. Trans. Inst. Electr. Electron. Eng. MTT-31 (1983) 350–356. – [33] *Saad, A. M. K.; Schünemann, K.*: Design of fin-line tapers, transitions and couplers. Proc. 11th Europ. Mircrowave Conf. 1981, pp. 305–308. – [34] *Meinke, H.; Baier, W.*: Die Eigenschaften von Hohlleitern allgemeineren Querschnitts. NTZ 19 (1966) 662–670. – [35] *Meinke, H.; Lange, K.; Ruger, J.*: TE- and TM-waves in waveguides of very general cross section. Proc. Inst. Electr. Electron. Eng. 51 (1963) 1436–1443.

5 Dielektrische Wellenleiter, Glasfaser

Dielectric waveguides, glass fibers

Allgemeine Literatur: *Adams, M.J.*: An Introduction to optical waveguides. New York: Wiley 1981. – *Arnaud, J.A.*: Beam and fiber optics. New York: Academic Press 1976. – *Geckeler, S.*: Lichtwellenleiter für die optische Nachrichtenübertragung. Berlin: Springer 1986. – *Marcuse, D.*: Theory of dielectric optical waveguides. New York: Academic Press 1974. – *Midwinter, J.E.*: Optical fibers for transmission. New York: Wiley 1979. – *Snyder, A.W.; Love, J.D.*: Optical waveguide theory. London: Chapman & Hall 1983. – *Timmermann, C.C.*: Lichtwellenleiter, Braunschweig: Vieweg 1981. – *Unger, H.G.*: Planar optical waveguides and fibres. Oxford: Clarendon 1977.

Spezielle Literatur Seite K 41

Eine Führung elektromagnetischer Wellen in dielektrischen Wellenleitern ist i. allg. dann möglich, wenn ein Bereich I von Bereichen kleinerer Dielektrizitätskonstanten umgeben ist. Die Leistung des elektromagnetischen Wellenfeldes wird dann vorzugsweise im Bereich I geführt. Dielektrische Wellenleiter haben eine Bedeutung für die Führung elektromagnetischer Wellen bei sehr hohen Frequenzen, insbesondere im optischen Spektralbereich.

5.1 Der dielektrische Draht

Dielectric wire

In seiner einfachsten Form besteht ein dielektrischer Wellenleiter aus einem dielektrischen Stab bzw. Draht mit dem Radius a entsprechend Bild 1 mit dem Brechungsindex $n_1 = \sqrt{\varepsilon_{r1}}$, der von einem unendlich ausgedehnten Medium mit dem Brechungsindex $n_2 = \sqrt{\varepsilon_{r2}} < n_1$ umgeben ist [1, 2]. Dieser Wellenleiter führt als Grundwelle die HE_{11}-Welle, deren in Bild 1 gezeigtes Feldbild der H_{11}-Welle im Rundhohlleiter sehr ähnlich ist. Die Leistungsdichte der HE_{11}-Welle ist nur von der radialen Koordinate r abhängig und ist ebenfalls in Bild 1 schematisch eingezeichnet.

Im Gegensatz zu der H_{11}-Welle des Rundhohlleiters ist die HE_{11}-Welle eine hybride Welle, d. h. sowohl das magnetische als auch das elektrische Feld besitzen axiale Komponenten. Der Wellen-

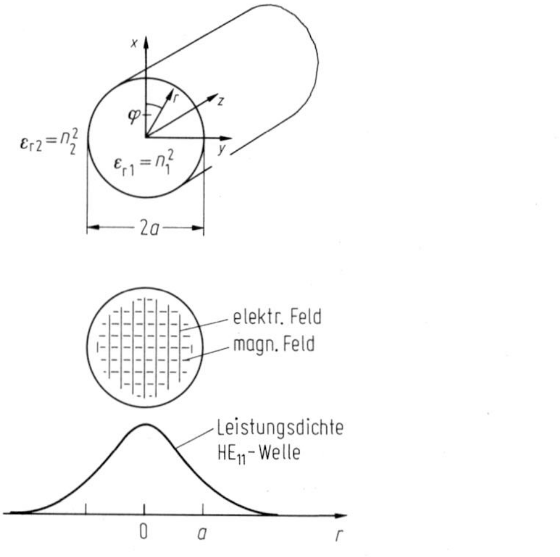

Bild 1. Struktur eines dielektrischen Drahtes und Feldbild der HE_{11}-Grundwelle

leiter wird charakterisiert durch den normierten Frequenzparameter

$$V = \frac{2\pi a}{\lambda}\sqrt{\varepsilon_{r1} - \varepsilon_{r2}} = \frac{2\pi a}{\lambda}\sqrt{n_1^2 - n_2^2}, \qquad (1)$$

wobei λ die Wellenlänge bezeichnet. Die HE_{11}-Grundwelle ist prinzipiell bis zu beliebig kleinen Frequenzen, also beliebig kleinen V-Werten, ausbreitungsfähig. Bei sehr kleinen Frequenzen dehnt sich die Grundwelle jedoch sehr weit in den Außenbereich aus, so daß sie dann nur noch sehr schwach geführt wird.
Solange

$$V < 2{,}405 \qquad (2)$$

gilt, werden höhere Wellen nicht mehr geführt und nur die HE_{11}-Welle mit ihren beiden orthogonalen Polarisationsrichtungen ist ausbreitungsfähig. Die ausbreitungsfähigen Wellen breiten sich in axialer z-Richtung mit der Ausbreitungskonstanten β gemäß

$$\underline{K}(r, \varphi, z) = \underline{K}(r, \varphi)\,\exp(-\mathrm{j}\beta z) \qquad (3)$$

aus, wobei $\underline{K}$ eine beliebige Feldkomponente des elektrischen oder magnetischen Feldes der jeweiligen Welle bezeichnet. Für den insbesondere bei optischen Wellenleitern wichtigen Spezialfall kleiner Brechzahlunterschiede

$$\frac{n_1 - n_2}{n_1} \ll 1$$

zeigt Bild 2 die normierte Ausbreitungskonstante B

$$B = \frac{\beta^2/k^2 - n_2^2}{n_1^2 - n_2^2} \approx \frac{\beta/k - n_2}{n_1 - n_2} \qquad (4)$$

in Abhängigkeit des Parameters V [3] mit der Wellenzahl des freien Raums $k = 2\pi/\lambda$. Die HE_{21}-, H_{01}- und E_{01}-Wellen haben im Grenzfall kleiner Brechzahlunterschiede nahezu die gleiche Ausbreitungskonstante.

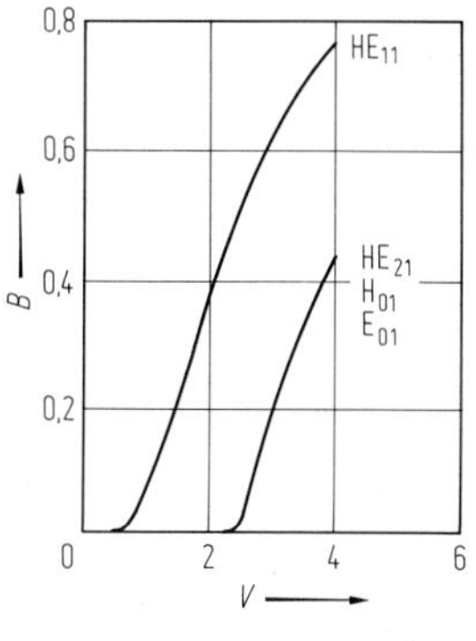

Bild 2. Normierte Ausbreitungskonstante B der HE_{11}-Grundwelle und der nächst höheren HE_{21}-, H_{01}-, E_{01}-Wellen. Nach [3]

Im Außenbereich $r \gg a$ klingen die Felder in radialer Richtung exponentiell ab gemäß $\exp(-wr/a)$, wobei die Abklingkonstante w mit der Ausbreitungskonstanten B zusammenhängt gemäß

$$w = V\sqrt{B}. \qquad (5)$$

Für die HE_{11}-Welle gilt im Bereich von $1{,}5 < V < 2{,}5$ für kleine Brechzahlunterschiede in guter Näherung [4]

$$w = 1{,}1428\,V - 0{,}9960. \qquad (6)$$

5.2 Optische Fasern. Optical fibers

In der einfachsten Form wird der Faserkern durch einen Quarz- oder Glasfaden gebildet, der mit einem Kunststoff niedrigeren Brechungsindex (z. B. Silikonharz) umhüllt ist [5]. Häufiger besteht aber sowohl der Faserkern als auch der Fasermantel aus Glas oder Quarzglas unterschiedlicher Zusammensetzung.
Die gebräuchlichsten Typen optischer Fasern sind in Bild 3 dargestellt, wobei vielwellige Fasern einen Durchmesser des Faserkerns $2a = 50 \ldots 200$ µm aufweisen, verbunden mit einem relativen Brechzahlunterschied zwischen Kern und Mantel von einigen Prozent. Solche Fasern führen einige 100 bis zu einigen 1000 Wellen. Bei einer einwelligen Faser schließlich wird die Dimensionierung (Kerndurchmesser $2a$ und Brechzahlunterschied $(n_1 - n_2)$) so gewählt, daß Gl. (2) erfüllt ist.
Insbesondere optische Fasern, die aus Quarzglas mit Dotierungszusätzen (z.B. GeO_2, P_2O_5, B_2O_3) bestehen, sind außerordentlich dämpfungsarm. Die Dämpfung einer derartigen Faser im nahen Infrarotbereich zeigt Bild 4. Der Dämpfungsanstieg oberhalb einer Wellenlänge von 1,7 µm ist auf die Infrarotabsorption der Gitterschwingungen zurückzuführen. Die Dämpfungsspitzen bei $\lambda = 1{,}39$ µm, 1,25 µm und 0,95 µm sind auf OH-Verunreinigungen zurückzuführen, wobei eine Verunreinigung von nur 1 ppm OH bereits zu einer zusätzlichen Dämpfung von 48 dB/km bei einer Wellenlänge von 1,39 µm führt [6]. Die untere Grenze der erreichbaren Dämpfung wird durch die Rayleigh-

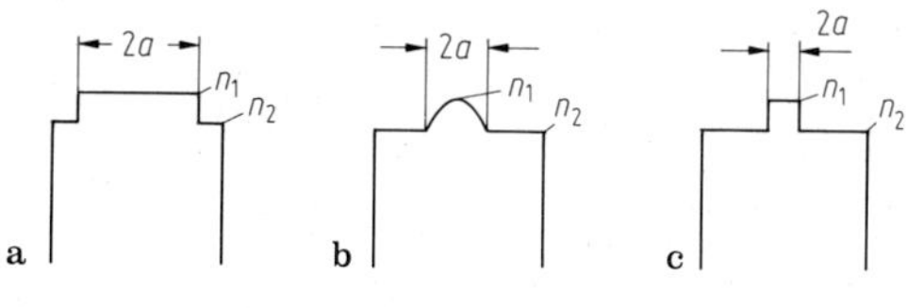

Bild 3. Typen optischer Fasern. Vielwellige Fasern: **a** Stufenprofilfaser; **b** Gradientenprofilfaser; **c** einwellige Faser

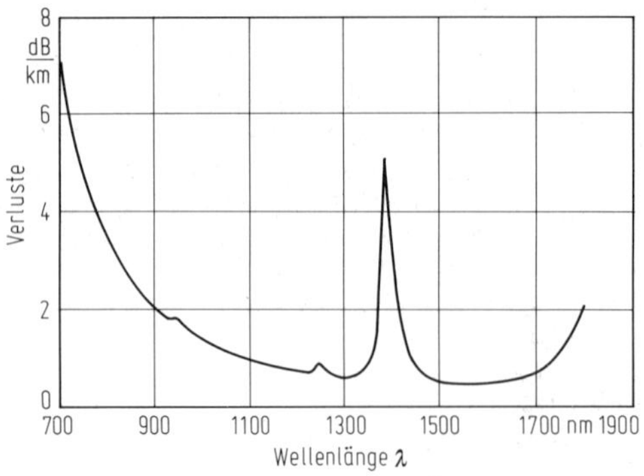

Bild 4. Dämpfung einer typischen Quarzglasfaser in Abhängigkeit der Wellenlänge

Streuung vorgegeben, für die gilt

$$\alpha_R = A/\lambda^4 \tag{7}$$

mit $A \approx 1{,}2\ \mathrm{dB/(km\,\mu m^4)}$ für eine Quarzglasfaser mit Ge- und P-Dotierung [6]. Damit ergibt sich für eine Lichtquelle bei $\lambda = 850$ nm (z. B. GaAlAs-Laser, s. M 2) eine minimal erreichbare Dämpfung von ca. 2,3 dB/km, während sich für $\lambda = 1{,}3$ µm bzw. 1,55 µm Dämpfungen von etwa 0,4 dB/km bzw. 0,2 dB/km erreichen lassen.

Stufenprofilfaser. Den Aufbau einer Stufenprofilfaser zeigt Bild 3 a. Der Faserkern ist homogen und besitzt den Brechungsindex n_1. Er ist umgeben von einem Fasermantel mit dem Brechungsindex $n_2 < n_1$. Die Anzahl N der ausbreitungsfähigen Wellen ergibt sich aus dem Parameter V in Gl. (1) gemäß [7]

$$N = V^2/2, \tag{8}$$

so daß für typische Stufenprofilfasern ($2a = 50 \ldots 200$ µm, $\lambda = 0{,}85 \ldots 1{,}55$ µm, $n_1 = 1{,}46$, $\Delta = (n_1 - n_2)/n_1 = 0{,}01 \ldots 0{,}03$) einige 100 bis zu einigen 10000 Wellen ausbreitungsfähig sind. Aufgrund dieser großen Anzahl ausbreitungsfähiger Wellen ist es zulässig, das Übertragungsverhalten derartiger Fasern mit Hilfe der geometrischen Optik zu betrachten. Ein in Bild 5 unter dem Winkel δ auf die Faserstirnfläche treffender Lichtstrahl breitet sich innerhalb der Faser mit dem Winkel ϑ zur Achse aus, wobei der Lichtstrahl durch fortlaufende Totalreflexion zwischen Kern und Mantel geführt wird. Der Grenzwinkel der Totalreflexion $\vartheta = \vartheta_g$ in der Faser ist gegeben als

$$n_1 \cos\vartheta_g = n_2, \tag{9}$$

woraus sich als maximaler Akzeptanzwinkel $\delta = \delta_g$ ergibt:

$$\sin\delta_g = A_N = \sqrt{n_1^2 - n_2^2}. \tag{10}$$

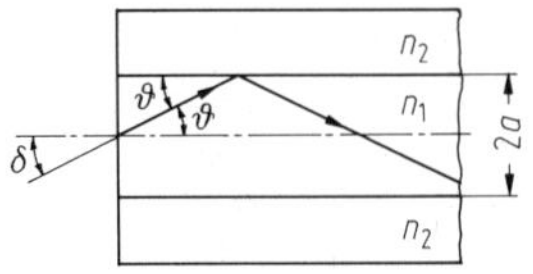

Bild 5. Strahlengang in einer Stufenprofilfaser

Der Sinus des maximalen Akzeptanzwinkels wird entsprechend Gl. (10) auch als Numerische Apertur (A_N) in Analogie zu sonstigen optischen Systemen bezeichnet.
Je größer der Ausbreitungswinkel ϑ der Lichtstrahlen wird, desto länger wird der zurückzulegende optische Weg und damit die Laufzeit (Gruppenlaufzeit) durch die Faser. Der Laufzeitunterschied $\Delta\tau$ zwischen der langsamsten und der schnellsten Welle ergibt sich als

$$\Delta\tau = N_1\left(\frac{1}{\cos\vartheta_g} - 1\right)\frac{l}{c} = \frac{N_1}{n_2(n_1 + n_2)}\,\frac{l}{c}\,A_N^2. \tag{11}$$

l bezeichnet die Faserlänge, c ist die Lichtgeschwindigkeit und N_1 bezeichnet den sog. Gruppenindex des Kernmaterials

$$N_1 = \frac{\mathrm{d}(n_1/\lambda)}{\mathrm{d}(1/\lambda)}, \tag{12}$$

der für die Gruppenlaufzeit in der Faser bestimmend ist. Der Gruppenindex unterscheidet sich vom Brechungsindex i. allg. nur wenig (maximal einige Prozent [8]). Wird ein schmaler Lichtpuls in die Faser bei gleichmäßiger Ausleuchtung des Raumwinkels bis zum Grenzwinkel δ_g eingekoppelt, erhält man am Ausgang der Faser einen Rechteckpuls der Breite $\Delta\tau$. Für eine typische Faser ($N_1 \approx n_1 \approx n_2 \approx 1{,}5$, N.A. $= 0{,}21$) ergibt sich ein $\Delta\tau \approx 50$ ns/km. Aufgrund dieser hohen Pulsverbreiterung ist das Produkt aus Übertragungsbandbreite und Faserlänge bei Stufenprofilfasern auf einige 10 MHz · km beschränkt.

Gradientenprofilfaser. Höhere Übertragungsraten sind möglich mit einer Gradientenprofilfaser, deren Brechzahlprofil in Bild 3 b dargestellt ist. Der Faserkerndurchmesser beträgt i. allg. $2a = 50$ µm und der Außendurchmesser der Faser (ohne Kunststoffumhüllung) beträgt 125 µm. Die Numerische Apertur entsprechend der Definition von Gl. (10) liegt typischerweise bei $A_N = 0{,}2$. Der Strahlengang in einer Gradientenprofilfaser [9] ist in Bild 6 dargestellt. Aufgrund der allmählichen radialen Variation der Brechzahl wird auch der Lichtstrahl allmählich abgelenkt, so daß sich ein ungefähr sinusförmiger Strahlengang ergibt. Der Grundgedanke der Gradientenprofilfaser beruht nun darauf, daß

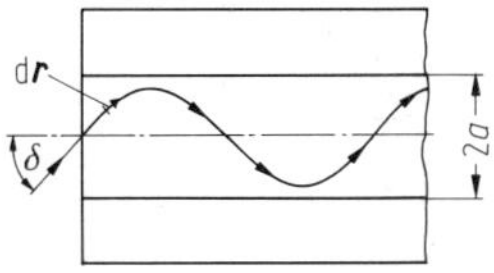

Bild 6. Strahlengang in einer Gradientenprofilfaser

zwar mit zunehmendem δ der Strahlweg länger wird, er aber andererseits in Bereiche mit geringerem Brechungsindex gelangt und damit der Strahl schneller wird. So wird der längere Strahlweg durch eine höhere Geschwindigkeit ausgeglichen. Das Brechzahlprofil $n(r)$ ist für hohe Übertragungsraten derart zu optimieren, daß die Laufzeiten τ der einzelnen Wellen durch die Faser

$$\tau = \frac{1}{c} \int_{\text{Strahlweg}} N(r)\,|\boldsymbol{dr}| \tag{13}$$

annähernd gleich werden. Das Integral in Gl. (13) ist dabei längs des Strahlweges der jeweiligen Welle zu erstrecken. $N(r)$ gibt entsprechend Gl. (12) den Gruppenindex bei der radialen Koordinaten r an und die genaue Form des Strahlwegs wird durch das Brechzahlprofil $n(r)$ vorgegeben [9–12].
Die maximal erzielbare Übertragungsrate wird durch die Streuung der Laufzeiten der ausbreitungsfähigen Wellen in der Faser begrenzt [13]. Für ein gleichförmiges Brechzahlprofil entlang der Faserlänge wäre die Bandbreite umgekehrt proportional zur Faserlänge. Tatsächlich nimmt die Bandbreite mit zunehmender Faserlänge schwächer ab.
Empirisch beschreibt man die Längenabhängigkeit der Bandbreite durch folgende Formel [14]

$$f_{3\,\text{dB}} = A/l^{\gamma} \tag{14}$$

mit der Konstanten A und einem $\gamma = 0{,}5 \ldots 0{,}8$, wobei für 1 km Faserlänge typischerweise Bandbreiten in der Größenordnung von 1 GHz erzielt werden.

Materialdispersion. Neben der vorher beschriebenen Laufzeitstreuung ist für die Pulsübertragung noch die Materialdispersion zu berücksichtigen. Die Laufzeit des Lichts durch die Faser ist wellenlängenabhängig, wobei diese Wellenlängenabhängigkeit im wesentlichen durch das verwendete Fasermaterial, also z. B. Quarzglas vorgegeben ist. Bild 7 zeigt die Materialdispersion $\mathrm{d}\tau/\mathrm{d}\lambda$ für Quarzglas (SiO_2) [15]. Hat die verwendete Lichtquelle eine Spektralbreite $\Delta\lambda$, so führt die Materialdispersion zu einer Pulsverbreiterung von

$$\Delta\tau = \Delta\lambda \frac{\mathrm{d}\tau}{\mathrm{d}\lambda}, \tag{15}$$

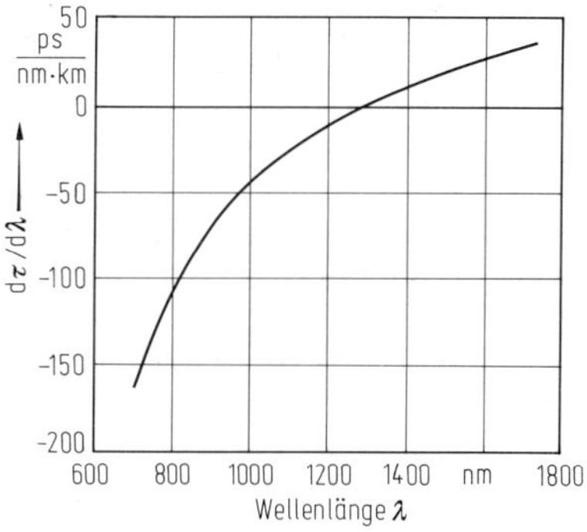

Bild 7. Materialdispersion $\mathrm{d}\tau/\mathrm{d}\lambda$ für Quarzglas. Nach [15]

so daß sich beispielsweise bei Verwendung einer lichtemittierenden Diode (LED, s. M 2) mit einer spektralen Breite von 30 nm bei einer Wellenlänge von 850 nm aufgrund der Materialdispersion $\Delta\tau = 2{,}5$ ns/km ergibt. Bei einer Wellenlänge von ca. 1.3 µm verschwindet die Materialdispersion, so daß dieser Wellenlängenbereich nicht nur wegen der geringen Dämpfung interessant ist.

Einwellige Fasern. Den Aufbau einer einwelligen Faser zeigt Bild 3c. Der Durchmesser des Faserkerns $2a$ und/oder die Numerische Apertur A_N (Gl. 10) sind dabei so weit reduziert, daß Gl. (1) erfüllt ist. Typische einwellige Fasern haben eine Numerische Apertur $A_N \approx 0{,}1$, einen Durchmesser des Faserkerns $2a = 5 \ldots 10$ µm und einen Außendurchmesser der Faser von 125 µm wie bei der Gradientenprofilfaser.
In einwelligen Fasern ist nur die HE_{11}-Grundwelle mit ihren beiden Polarisationsrichtungen ausbreitungsfähig, wobei diese beiden Wellen bei ideal zirkularsymmetrischer Faser die gleiche Ausbreitungskonstante und damit die gleiche Laufzeit besitzen. Die übertragbare Bandbreite wird deshalb in einwelligen Fasern im wesentlichen nur durch die Dispersion (also die wellenlängenabhängige Laufzeit) bestimmt, wobei i. allg. die Materialdispersion dominiert. Zusätzlich zur Materialdispersion ist noch die Eigenwellendispersion zu berücksichtigen [16], die entsteht aufgrund der $B(V)$-Abhängigkeit in Bild 2, die zu einer nichtlinearen Abhängigkeit der Ausbreitungskonstante β von der Lichtfrequenz $f = c/\lambda$ und damit zu einer wellenlängenabhängigen Lichtlaufzeit führt. Für kleine Brechzahlunterschiede ist die Eigenwellendispersion normalerweise gering, aber durch Wahl spezieller Brechzahlprofile [17] kann die Eigenwellendispersion so groß werden, daß sich das Minimum der Dispersion in Bild 7 von $\lambda = 1{,}27$ µm zu Wellenlängen von $\lambda = 1{,}55$ µm verschiebt, um die dort geringere Dämpfung auszunutzen.

5.3 Schichtwellenleiter
Optical film waveguide

Optische Wellen können auch geführt werden in dielektrischen Schichten, die auf einem Substrat entsprechend Bild 8 aufgebracht werden. Das Substrat hat den Brechungsindex n_2 und die aufgebrachte Schicht habe $n_1 \geqq n_2$ und darüber folgt ein Medium, z. B. Luft, mit dem Brechungsindex $n_0 \leqq n_1$. Ähnlich wie im dielektrischen Draht wird der Wellenleiter durch einen Frequenzparameter

$$V = \frac{2\pi d}{\lambda} \sqrt{n_1^2 - n_2^2} \qquad (16)$$

charakterisiert [20]. Es sollen zunächst nur Wellen betrachtet werden, die unabhängig von der x-Koordinate sind. Man erhält dann sowohl E-Wellen (auch als TM-Wellen bezeichnet) mit den Feldkomponenten E_x, H_y und E_z sowie H-Wellen (auch als TE-Wellen bezeichnet) mit den Feldkomponenten H_x, E_y und H_z. Da die Felder unabhängig von x sind, läßt sich für eine Feldkomponente $\underline{F}$ schreiben

$$\underline{F}(y, z) = \underline{F}(y) \exp(-\mathrm{j}\beta z) \qquad (17)$$

mit der Ausbreitungskonstanten β. Bild 9 [21] zeigt die entsprechend Gl. (4) normierte Ausbreitungskonstante B der H_m-Wellen niedriger Ordnung $m = 0$, 1, 2 für verschiedene Asymmetrieverhältnisse

$$a_\mathrm{H} = \frac{n_2^2 - n_0^2}{n_1^2 - n_2^2}. \qquad (18)$$

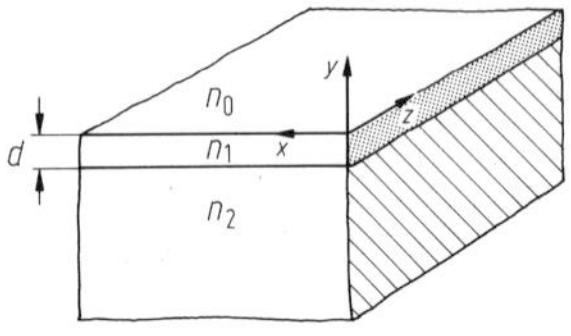

Bild 8. Dielektrische Schicht mit dem Brechungsindex n_1 auf einem Substrat mit dem Brechungsindex n_2

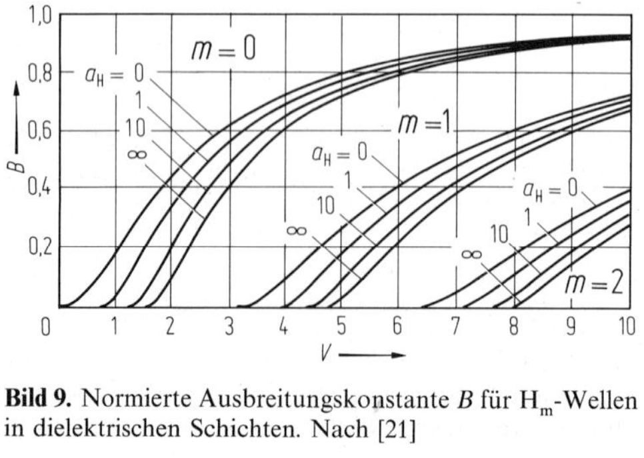

Bild 9. Normierte Ausbreitungskonstante B für H_m-Wellen in dielektrischen Schichten. Nach [21]

Um eine elektromagnetische Welle wirkungsvoll zu führen, ist eine Wellenführung nicht nur in y-Richtung notwendig, sondern auch in x-Richtung, so daß sich Wellenleiter ergeben, wie sie beispielsweise in Bild 10 dargestellt sind. Durch maskiertes Ätzen erhält man beispielsweise einen Rippenwellenleiter entsprechend Bild 10a, während man durch Diffusion in die Wellenleiterschicht einen diffundierten Wellenleiter entsprechend Bild 10b erhält. Einen diffundierten Wellenleiter erhält man auch gemäß Bild 10c, wenn unmittelbar im Substrat ein diffundierter Bereich geschaffen wird. Die exakte Lösung der Maxwellschen Gleichungen für derartige Wellenleiter ist sehr aufwendig, aber für den häufig auftretenden Fall $W \gg d$ ist meistens eine vereinfachte Betrachtung entsprechend der Methode des effektiven Brechungsindex zulässig [22], die anhand von Bild 10a erläutert wird.
Im Fall $W \gg d$ können die Wellen wie im Fall des in x-Richtung unendlich ausgedehnten Schichtwellenleiters näherungsweise als H- und E-Wellen angesehen werden, die auch als H_{mn}-Wellen bzw. E_{mn}-Wellen bezeichnet werden, wobei m die Ordnung in y-Richtung und n die Ordnung in x-Richtung angeben.
Als Beispiel werden die H_{0n}-Wellen betrachtet, die sich aus der H_0-Welle des in x-Richtung unendlich ausgedehnten Schichtwellenleiters ableiten. Die y-Abhängigkeit der Feldkomponenten in den Bereichen I, II entspricht dann der y-Abhängigkeit der Feldkomponenten der H_0-Welle im Schichtwellenleiter mit der jeweiligen Schichtdicke d_I, d_II. Die x-Abhängigkeit der Feldkomponenten läßt sich beschreiben durch effektive Brechungsindizes $n_{\mathrm{eff,I}}$, $n_{\mathrm{eff,II}}$. Zu deren Bestimmung ermittelt man zunächst den Parameter V gemäß Gl. (15) für die Bereiche I, II und die entsprechenden Ausbreitungskonstanten β_I, β_II des jeweiligen unendlich ausgedehnt gedachten Schichtwellenleiters für die H_0-Welle mit Hilfe von Bild 9. Die effektiven Brechungsindizes ergeben sich zu

$$n_{\mathrm{eff,I}} = \beta_\mathrm{I}/k, \qquad (19)$$

$$n_{\mathrm{eff,II}} = \beta_\mathrm{II}/k. \qquad (20)$$

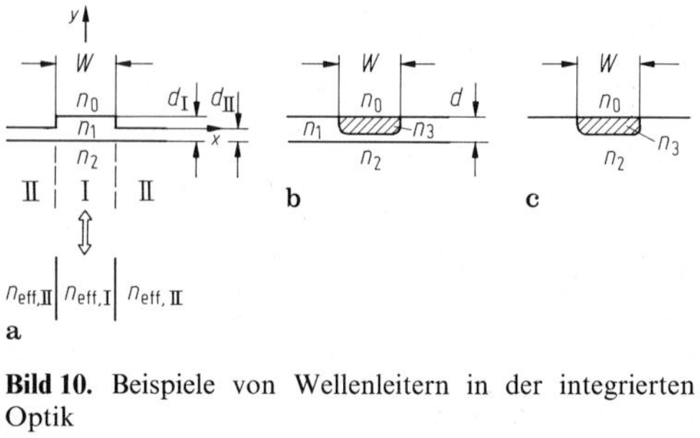

Bild 10. Beispiele von Wellenleitern in der integrierten Optik

Man führt weiterhin einen effektiven Frequenzparameter

$$V' = \frac{2\pi W}{\lambda} \sqrt{(n_{\text{eff,I}})^2 - (n_{\text{eff,II}})^2} \tag{21}$$

ein, mit dessen Hilfe aus Bild 9 mit $a_H = 0$ die normierte Ausbreitungskonstante B der jeweiligen Welle folgt. Für die H_{00}-Welle ist die Ordnung 0 in Bild 9 heranzuziehen, für die H_{01}-Welle die Ordnung 1 usw. Der Zusammenhang zwischen der Ausbreitungskonstanten β der H_{0n}-Welle und B ist schließlich ähnlich gegeben wie in Gl. (4):

$$B = \frac{\beta^2/k^2 - (n_{\text{eff,II}})^2}{(n_{\text{eff,I}})^2 - (n_{\text{eff,II}})^2}. \tag{22}$$

Wellenleiter, wie sie in Bild 10 dargestellt sind, werden beispielsweise für Anwendungen in der integrierten Optik verwendet.

Spezielle Literatur: [1] *Hondros, D.; Debye, P.*: Elektromagnetische Wellen an dielektrischen Drähten. Ann. Phys. 32 (1910) 465–476. – [2] *Schriever, O.*: Elektromagnetische Wellen an dielektrischen Drähten. Ann. Phys. 63 (1920) 645–673. – [3] *Gloge, D.*: Weakly guiding fibers. Appl. Opt. 10 (1971) 2252–2258. – [4] *Rudolph, H. D.; Neumann, E. G.*: Approximations for the eigenvalues of the fundamental mode of a step index glass fiber waveguide. NTZ 29 (1976) 328–329. – [5] *Eickhoff, W.; Huber, H. P.; Krumpholz, O.; Petermann, K.*: Lichtleitfasern für die optische Nachrichtentechnik. Wiss. Ber. AEG-Telefunken 52 (1979) 111–122. – [6] *Nagel, S. R.; McChesney, J. B.; Walker, K. L.*: An overview of the modified chemical vapor deposition (MCVD) process and performance. IEEE J. QE-18 (1982) 459–476. – [7] *Grau, G.*: Optische Nachrichtentechnik. Berlin: Springer 1981. – [8] *Unger, H. G.*: Planar optical waveguides and fibres. Oxford: Clarendon 1977, p. 52. – [9] *Unger, H. G.*: Optische Nachrichtentechnik. Berlin: Elitera 1976, S. 28. – [10] *Olshansky, R.; Keck, D. B.*: Pulse broadening in graded-index optical fibers. Appl. Opt. 15 (1976) 483–491. – [11] *Sladen, F. M. E.; Pagne, D. N.*: Profile dispersion measurements for optical fibres over the wavelength range 350 nm to 1900 nm. Proc. 4th Europ. Conf. on Opt. Comm., Genua Sept. 1978, pp. 48–57. – [12] *Olshansky, R.*: Multiple-α index profiles. Appl. Opt. 18 (1979) 683–689. – [13] *Marcuse, D.*: Calculation of bandwidth from index profiles of optical fibers, 1. Theory. Appl. Opt. 18 (1979) 2073–2080. – [14] *Yoshida, K.; Shibuya, S.; Kokura, K.; Sentsui, S.; Kuroha, T.; Nakahara, M.; Inagaki, N.*: Ultrawide bandwidth optical fibers fabricated by VAD method. Proc. 6th Europ. Conf. on Opt. Comm., York/England 1980, pp. 6–9. – [15] *Payne, D. N.; Gambling, W. A.*: Zero material dispersion in optical fibers. Electron. Lett. 11 (1975) 176–178. – [16] *Timmermann, C. C.*: Lichtwellenleiter. Braunschweig: Vieweg 1981, S. 67 ff. – [17] *Monerie, M.*: Propagation in doubly clad single-mode fibers. IEEE J. QE-18 (1982) 535–542. – [18] *Schultz, P. C.*: Progress in optical waveguide process and materials. Appl. Opt. 18 (1979) 3684–3693. – [19] *Nakahara, M.; Edahiro, T.; Inagaki, M.*: Optical fiber fabrication techniques for medium/small capacity optical transmission systems. Rev. of the Electrical Comm. Lab. 29 (1981) 1256–1266. – [20] Siehe [8], S. 58 ff. – [21] *Kogelnik, H.; Ramaswamy, K.*: Scaling rules for thin-film optical waveguides. Appl. Opt. 13 (1974) 1857–1862. – [22] *Hocker, G. B.; Burns, W. K.*: Mode dispersion in diffused channel waveguides by the effective index method. Appl. Opt. 16 (1977) 113–118.

6 Wellenleiter mit periodischer Struktur
Waveguides with periodic structure

Allgemeine Literatur: *Bevensee, R.M.*: Electromagnetic slow wave systems. New York: Wiley 1964. – *Kleen, W.*: Mikrowellen-Elektronik, Teil I: Grundlagen, Kap. 18 Verzögerungsleitungen. Stuttgart: Hirzel 1952. – *Pöschl, K.*: Mathematische Methoden in der Hochfrequenztechnik, Kap. 138 Verzögerungsleitungen. Berlin: Springer 1956. – *Slater, J.C.*: Microwave Electronic. New York: Van Nostrand 1950.

6.1 Allgemeine Eigenschaften
General properties

Bei Laufzeitröhren mit fortschreitenden Feldern (Wanderfeldröhren, Kreuzfeldröhren) werden als wichtigstes Bauelement Leitungen benötigt, die in der Lage sind, die von ihnen geführten elektromagnetischen Wellen so stark zu verzögern, daß ihre Phasengeschwindigkeit annähernd gleich der Fortpflanzungsgeschwindigkeit der Elektronen ist. Man bezeichnet derartige Leitungen deshalb als Verzögerungsleitungen (VL).

Die wichtigsten Größen der Verzögerungsleitungen sind:

die Phasengeschwindigkeit v_p,
die Gruppengeschwindigkeit v_g,
das Verzögerungsmaß τ,
die Wellenlänge Λ,
der Kopplungswiderstand R_k.

Die Phasengeschwindigkeit muß für Laufzeitröhren gleich der Elektronengeschwindigkeit sein, d. h.

$$v_p \simeq v_e = \sqrt{\frac{2e}{m} U_0};$$

$$v_e \Big/ \frac{\text{m}}{\text{s}} = 5{,}95 \cdot 10^5 \sqrt{U_0/\text{V}}$$

(U_0 = Beschleunigungsspannung).

Die Phasengeschwindigkeit v_p der Komponente des elektrischen Wechselwirkungsfeldes $\underline{E}$ ist mit der Phasenkonstanten β durch die Gleichung

$$\beta = \frac{\omega}{v_p} \tag{1}$$

verknüpft.

Spezielle Literatur Seite K 46

Die Phase der Welle längs eines Weges ist gegeben durch $\varphi = \beta z$. Die Vorzeichen von v_p, β und φ sind stets gleich.
Die Gruppengeschwindigkeit v_g ist die Fortpflanzungsgeschwindigkeit einer Wellenlänge mit engem Frequenzbereich. Sie entspricht in dämpfungsarmen Leitungen der Energiegeschwindigkeit und ist durch die Beziehung

$$v_g = \frac{1}{d\beta/d\omega} \tag{2}$$

mit der Phasenkonstante β verbunden. Es gilt damit auch

$$v_g = v_p + \beta \, dv_p/d\beta \tag{3}$$

v_g ist nur dann von v_p verschieden, wenn die Leitung eine Dispersion aufweist, d.h. wenn die Phasengeschwindigkeit von der Frequenz abhängig ist. Üblicherweise ist

$$dv_p/d\beta < 0 \quad \text{d.h.} \quad v_g < v_p.$$

Das Verhältnis der Lichtgeschwindigkeit c zur Phasengeschwindigkeit v_p bezeichnet man als Verzögerungsmaß τ. Bei Laufzeitröhren liegt τ bei Werten zwischen 5 und 30.
Die Wellenlänge Λ in der Verzögerungsleitung ist gegeben durch

$$\Lambda = v_p T = v_p \frac{2\pi}{\omega} = = v_p \frac{\lambda}{c}, \tag{4}$$

wobei T die Periode der HF-Schwingung ist. Daraus ergibt sich

$$\frac{\lambda}{\Lambda} = \frac{c}{v_p} = \tau.$$

Der Kopplungswiderstand R_K (in Ω/m^2) ist ein Maß für die Wechselwirkung zwischen der Elektronenströmung und dem elektromagnetischen Feld. Die Wechselwirkung ist um so stärker, je größer bei gleicher durch die Leitung fließender Leistung das elektrische Feld am Ort des Elektronenstrahls ist. R_K wird definiert als Verhältnis des Quadrats der elektrischen Feldstärke zu der in die Leitung fließenden Leistung (Poyntingscher Satz).

$$R_K = \frac{\underline{E}_z \cdot \underline{E}_z^*}{2\beta P}. \tag{5}$$

6.2 Die Wellenausbreitung in Leitungen mit periodischer Struktur

Wave propagation in periodic structures

Eine Verzögerung elektromagnetischer Wellen kann man durch eine periodische Leitungsstruktur erreichen, bei der die sich mit c ausbreitende elektrische Welle zu Umwegen gezwungen wird (z.B. durch Vertiefungen oder Schlitze in der Wand) oder durch eine periodische Beschwerung der Leitung (z.B. mit Blenden). Bild 1 zeigt einige Beispiele von Leitungen mit periodischer Struktur. Man kann sich diese Leitungen als Folge von Elementarvierpolen mit endlicher Ausdehnung L in axialer z-Richtung vorstellen. Die Länge L des Elmentarvierpols bezeichnet man als Periodizität der Leitung. Die periodische Struktur der Leitung hat zur Folge, daß zur Erfüllung der Randbedingungen bei der Lösung der Maxwellschen Gleichungen die elektrischen und magnetischen Felder ebenfalls periodische Funktionen von z sein müssen. Das (elektrische und magnetische) Feld am Ort $z + L$ unterscheidet sich gegenüber dem Feld am Ort z nur um einen konstanten Phasenfaktor $\exp(-j\varphi_0)$.
Mit $\varphi_0 = \beta_0 L$ gilt also:

$$\begin{aligned} \underline{E}(x, y, z + L) &= \underline{E}(x, y, z) \exp(-j\varphi_0) \\ &= \underline{E}(x, y, z) \exp(-j\beta_0 L). \end{aligned} \tag{6}$$

Diese Beziehung sagt aus, daß $E(x, y, z + L)$ der Größe $E(x, y, z)$ um den Phasenwinkel φ_0 nacheilt.
Hieraus folgt ferner:

$$\begin{aligned} &\underline{E}(x, y, z + L) \exp(j\beta_0(z + L)) \\ &\quad = \underline{E}(x, y, z) \exp j\beta_0 z. \end{aligned} \tag{7}$$

Da $\underline{E}(x, y, z) \exp(j\beta_0 z)$ eine periodische Funktion von z mit der Periode L ist, kann sie in eine Fourier-Reihe nach z entwickelt werden.

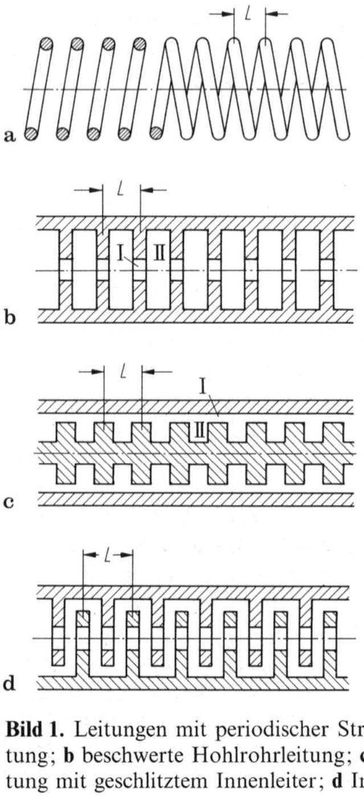

Bild 1. Leitungen mit periodischer Struktur. **a** Wendelleitung; **b** beschwerte Hohlrohrleitung; **c** konzentrische Leitung mit geschlitztem Innenleiter; **d** Interdigitalleitung

$$\underline{E}(x, y, z)\exp(\mathrm{j}\beta_0 z) = \sum_{n=-\infty}^{+\infty} A_n(x, y) \cdot \exp\left(-\mathrm{j}\,\frac{2\pi n z}{L}\right). \tag{8}$$

Daraus ergibt sich

$$\underline{E}(x, y, z) = \sum_{n=-\infty}^{+\infty} A_n(x, y)\exp(-\mathrm{j}\beta_n z) \quad \text{mit} \quad \beta_n = \beta_0 + \frac{2\pi n}{L}. \tag{9}$$

Das Gesamtfeld in Leitern mit periodischer Struktur ergibt sich also als Überlagerung einer unendlichen Anzahl von Wellen mit positiven und negativen Werten von n. Alle diese Wellen, die man als „Teilwellen" oder raumharmonische Wellen bezeichnet, erfüllen nicht einzeln sondern nur gemeinsam die Randbedingungen in periodischen Leitern. Zu den einzelnen Teilwellen gehören die positiven und negativen Phasenkonstanten

$$\beta_n = \frac{\varphi_n}{L} = \frac{\varphi_0 + 2\pi n}{L} = \beta_0 + \frac{2\pi n}{L} \tag{10}$$

und die entsprechenden positiven und negativen Phasengeschwindigkeiten

$$v_{pn} = \frac{\omega}{\beta_n} = \frac{\omega}{\beta_0 + 2\pi n/L}. \tag{11}$$

Die Teilwelle für $n = 0$, die man als Primärwelle bezeichnet, hat die dem Betrage nach kleinste Phasenkonstante β_0 und die größte Phasengeschwindigkeit v_{p0}, während die übrigen Teilwellen langsamer sind. Wegen

$$1/v_g = \mathrm{d}/\beta_n/\mathrm{d}\omega = \mathrm{d}\beta_0/\mathrm{d}\omega$$

haben alle Teilwellen dieselbe Gruppengeschwindigkeit. In Laufzeitröhren kann eine Verstärkung durch Wechselwirkung des Elektronenstrahls mit jeder beliebigen Teilwelle erreicht werden, die am Ort des Elektronenstrahls eine axiale Komponente des elektrischen Wechselfeldes besitzt. Da die Amplituden nahe der Achse mit wachsendem Index jedoch rasch abnehmen wie bei Bessel-Funktionen, beschränkt sich die praktische Anwendung auf Teilwellen mit niedrigem Index (0, ± 1).

Für das Verständnis von VL ist es vielfach zweckmäßig, Ersatzschaltbilder einzuführen. In diesen können die Leitungen mit periodischer Struktur als Filterketten dargestellt werden, bei denen eine Periode der Leitung einem Elementarvierpol eines Kettenleiters entspricht. Die Filtertheorie kann damit zu einer angenäherten Ermittlung der Übertragungseigenschaften von VL herangezogen werden. Die Anwendbarkeit dieses Verfahrens ist jedoch begrenzt, da die Admittanzen des Einzelvierpols numerisch nicht bekannt sind, sondern nur abgeschätzt werden können. Ein Beispiel einer Ersatzschaltung für eine Leitung mit gekoppelten Hohlraumresonatoren zeigt Bild 2. C_1, L_1/k und $L_1/(1-k)$ stellen die Kapazitäten und Induktivitäten des Hohlraums und C_2, L_2 die Kapazitäten und Induktivitäten des Koppelschlitzes dar.

Dispersionskurve. Mit Hilfe des oben erwähnten Periodizitätssatzes von Floquet ist es möglich, für eine VL die Phasenkonstanten β_0, $\beta_1 \ldots \beta_{-1} \ldots$ der einzelnen Teilwellen einer VL zu bestimmen, die den Maxwellschen Gleichungen mit periodischen Randbedingungen genügen. Die Lösungen werden üblicherweise graphisch in Form von Dispersionskurven (Abhängigkeit der Phasenkonstanten β_n von der Frequenz) dargestellt. Manchmal ist es zweckmäßig, anstelle der Phasenkonstante β_n den Phasensprung pro Elementarvierpol $\beta_n L = \varphi_0 + 2\pi n$ der verschiedenen Teilwellen in Abhängigkeit von der Frequenz darzustellen. Bild 3 zeigt die Dispersionskurve für eine Leitung mit Bandpaßcharakter (Durchlaßbereich zwischen ω_1 und ω_2). Für eine bestimmte Betriebsfrequenz ω geben die Punkte P_0, $P_1 \ldots$ die Phasenkonstanten β_0, $\beta_1 \ldots$ der Teilwellen

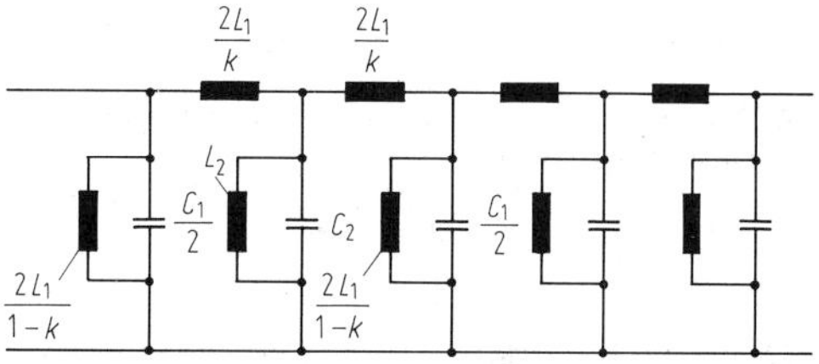

Bild 2. Ersatzschaltbild einer Leitung mit gekoppelten Hohlraumresonatoren

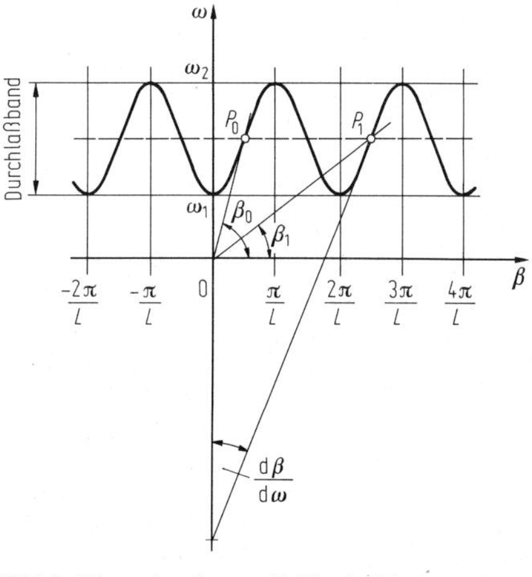

Bild 3. Dispersionskurve (Brillouin-Diagramm)

$n = 0, 1, \ldots$ an. Die Neigung der Verbindungslinien der Punkte P_0, $P_1 \ldots$ mit dem Nullpunkt ist proportional zu den Phasengeschwindigkeiten. Teilwellen mit $v_p > 0$ pflanzen sich in $+z$-Richtung fort, während Teilwellen mit $v_p < 0$ sich in $-z$-Richtung fortpflanzen. Die Neigung der an die Kurve angelegten Tangente ist der Gruppengeschwindigkeit $v_g = d\beta/d\omega$ proportional, die für alle Teilwellen gleich ist. Bei den Grenzfrequenzen ω_1 und ω_2 ist die Gruppengeschwindigkeit $v_g = 0$ d.h. es kann sich keine Energie fortpflanzen.
In manchen Fällen ist es vorteilhaft, die Dispersion der Teilwellen als $\tau = c/v_p = f(\lambda)$ oder $\tau = c/v_p = f(\lambda/L)$ darzustellen.

Systematik der Verzögerungsleitungen. Die Wellenleiter mit periodischer Struktur kann man in zwei Gruppen einteilen, die sich durch die Länge der Elementarvierpole in axialer Richtung unterscheiden. Ist der Elementarvierpol unendlich kurz, so bezeichnet man die Leitung als homogen. Leitungen mit endlicher longitudinaler Ausdehnung des Elementarvierpols bezeichnet man als inhomogen. Inhomogene Leitungen kann man im Bereich $L \ll \Lambda$ praktisch wie homogene behandeln.
In Laufzeitröhren werden Leitungen verschiedener Art verwendet. Von besonderer Bedeutung sind Wendelleitungen (Rundwendeln, Bandwendeln, Bifilarwendeln) die man i. allg. als homogen betrachten kann.
Als zweite Gruppe sind die Verzögerungsleitungen mit gekoppelten Kreisen zu nennen, die in Wanderfeldröhren hoher Leistung und in Magnetrons angewendet werden.

6.3 Wendelleitung. Helix

Die Wendelleitung ist wegen ihrer Breitbandigkeit die am meisten verwendete Verzögerungsleitung bei Wanderfeldröhren. Sie ist geeignet bis zu Spannungen von etwa 10 kV und Leistungen von einigen kW. Mit zunehmender Spannung d.h. mit zunehmender Elektronengeschwindigkeit muß die Steigung der Wendel vergrößert werden, um die Phasengeschwindigkeit zu erhöhen. Dabei geht aber mehr und mehr Energie in die Transversalfelder, die für die Wechselwirkung mit Elektronenstrahlen nicht nutzbar sind. Als Folge davon nimmt der Koppelwiderstand und der Wirkungsgrad ab.
Unter bestimmten Bedingungen kann eine Wendel Leistung in den freien Raum abstrahlen. Die langsamen Wellen werden dann durch Strahlungsverluste stark bedämpft oder anders ausgedrückt, die Wellenfortpflanzung ist „verboten". Diese verbotenen Zonen existieren nur dann, wenn die Wendel sich im freien Raum befindet. Wenn die Wendel von einer leitenden Abschirmung umgeben ist, wird die Abstrahlung begrenzt und eine Fortpflanzung der Welle ohne Verluste ist möglich. Bei Wendelleitungen muß auch der Einfluß der dielektrischen Stäbe, die die Wendel halten, berücksichtigt werden. Solche Stäbe bewirken eine periodische Belastung der Leitung, welche die Phasengeschwindigkeit verringern und den Koppelwiderstand herabsetzen.
Die Wendel ist näherungsweise eine homogene Verzögerungsleitung mit einem Übertragungsbereich zwischen $\omega = 0$ bis $\omega = \infty$. Die Feldverteilung einer Welle längs der Wendel ist für einen unendlich dünnen Wendeldraht [1] für die Bandwendel [2, 3] sowie für Wendeln mit umgebenden koaxialen Metallzylinder [4] untersucht worden. Hier sollen nur einige Hinweise über den Rechnungsgang bei der Bandwendel gebracht werden. Diese wird als eine auf einen Zylinder ($r = a$) mit fester Ganghöhe gewickeltes Band verstanden, das in r-Richtung keine Ausdehnung hat. Dieses Gebilde geht nicht nur bei einer Verschiebung in z-Richtung um die Periode L in sich über, sondern auch dann, wenn z um einen beliebigen Wert z_1 und zugleich das Azimut Φ um $\pm 2\pi/L$ in positiver oder negativer Richtung geändert wird. Es gilt also nicht nur die Beziehung

$$\underline{E}(z + L) = \underline{E}(z) \exp(-j\varphi_0),$$

sondern auch

$$\underline{E}\left(r, \Phi \pm \frac{2\pi z_1}{L}, z + z_1\right) = \underline{E}(r, \Phi, z) \cdot \exp(-j\beta z_1) \tag{12}$$

für alle Werte von r, Φ, z und einen beliebigen Wert z_1. Für $z_1 = L$ folgt durch Vergleich mit früheren Ausführungen $\beta = \beta_0$. Die Funktion $E(r, \Phi, z)$ muß daher das Produkt von $\exp(-j\beta_0 z)$ und einer Funktion G sein, die in sich übergeht, wenn z durch $z + z_1$ und Φ durch $\Phi + 2\pi z_1/L$ ersetzt wird, die also nur von r und $z \pm \Phi L/2\pi$ abhängt:

$$\underline{E}(r, \Phi, z) = \exp(-j\beta_0 z)\, g(r, z \pm \Phi L/2\pi). \tag{13}$$

Da aber $E = \exp(-j\beta_0 z)$ periodisch in z ist, muß E von der Form

$$\underline{E}(r, \Phi, z) = \exp(-j\beta_0 z) \sum_{n=-\infty}^{+\infty} Z_n(r) \cdot \exp\left(-jn\left(\frac{2\pi z}{L} \mp \Phi\right)\right) = \sum_{n=-\infty}^{+\infty} Z_n(r) \cdot \exp(-j\beta_n z \pm jn\Phi) \tag{14}$$

sein, wobei Z_n eine geeignete Zylinderfunktion ist. Im Inneren $r \leqq a$ der Bandwendel ist mit

$$K_n^2 = \beta_n^2 - \beta_c^2 = \left(\frac{w}{v_{pn}}\right)^2 - \left(\frac{w}{c}\right)^2, \quad Z_n = a_n I_n(K_n r) \tag{15}$$

und außerhalb der Wendel bei Fehlen eines umgebenden Leiters

$$Z_n = b_n K_n(K_n r). \quad (16)$$

I_n und K_n sind modifizierte Bessel-Funktionen. Wenn die Wendel durch einen äußeren Zylinder umgeben ist, so ergibt sich das Feld E als lineare Kombination von I_n- und K_n-Komponenten. Die Faktoren a_n, b_n, die die Amplituden der Teilwellen darstellen, müssen aus den Grenzbedingungen bestimmt werden. Außerdem muß die Phasenkonstante β_0 der schnellsten Teilwelle ermittelt werden. Diese Größen sind so zu bestimmen, daß an der Zylinderoberfläche $\underline{E}_{z,n} = 0$ ist.

6.4 Leitungen mit gekoppelten Kreisen
Coupled resonators

Verzögerungsleitungen (VL) mit gekoppelten Kreisen werden in Leistungswanderfeldröhren und in Kreuzfeldröhren (insbesondere in Magnetrons) verwendet. Sie haben gegenüber der Wendel den Vorteil eines kompakteren Aufbaus und einer höheren thermischen Belastbarkeit. Sie weisen jedoch eine geringere Bandbreite auf.
Ein einfaches Beispiel ist ein zylindrisch belasteter Hohlleiter. Man kann diese Leitung als System von gekoppelten Kreisen auffassen, die durch Fenster, die vom Elektronenstrahl durchquert werden, miteinander gekoppelt sind. Weitere Beispiele sind konzentrische Leitungen mit radial geschlitztem Innenleiter, Kammwellenleiter und Interdigitalleiter (s. Bild 1).
Von größerer praktischer Bedeutung sind VL mit gekoppelten Hohlraumresonatoren, die durch einen langen Schlitz in den Resonatorwänden miteinander gekoppelt sind. Bild 4 zeigt als Beispiel eine häufig verwendete Ausführung für Leistungswanderfeldröhren mit Ausgangsleistungen bis zu einigen 100 kW und Bandbreiten von ca. 20 %. Für höhere Leistungen bis zu einigen MW eignet sich die sog. Kleeblattstruktur. Sie ist bequem herzustellen, hat eine hohe Impedanz und eine gute Wärmeabfuhr. Die Bandbreite ist jedoch begrenzt.

Ringförmig geschlossene Leitungen. Bei Magnetrons ist die VL in sich kurzgeschlossen. Es können sich deshalb nur bestimmte Frequenzen (Eigenfrequenzen) erregen. Diese sind bestimmt durch die Bedingung, daß innerhalb der Leitung kein Phasensprung auftreten kann. Dies erfordert, daß die gesamte Phasenverschiebung auf den Umfang der VL ein ganzzahliges Vielfaches von 2π sein muß, oder anders ausgedrückt, daß sich auf den Umfang nur eine ganze Zahl von Wellenlängen ausbilden kann. Ist M die Anzahl der Resonatoren der Leitung und φ_0 der Phasenwinkel der Primärwelle pro Resonator, so muß

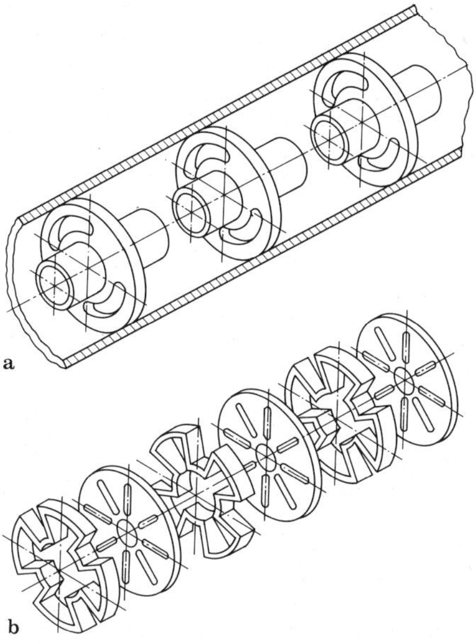

a

b

Bild 4. Leitungen mit gekoppelten Hohlraumresonatoren für Wanderfeldröhren. **a** Chodorov-Nalos-Struktur; **b** Kleeblattstruktur

$$M\varphi_0 = 2\pi k \quad (17)$$

sein, wobei k eine ganze Zahl ist. Da φ_0 im Durchlaßbereich jeder Leitung den Wert π nicht überschreiten kann, so bedeutet das, daß k nur die Werte 0, 1, 2 ... $M/2$ annehmen kann. Für den bei Magnetrons üblicherweise angewendeten Mod mit $\varphi_0 = \pi$ (π-Mod) ist $k = M/2$.
Für jede der Eigenfrequenzen (bzw. für jeden Schwingmod) des Magnetrons existiert, wie bei jeder Leitung mit periodischer Struktur, eine unendliche Anzahl von Teilwellen, die verschiedene Phasenwinkelgeschwindigkeiten ω_p haben. Ist Gl. (17) für die Primärwelle erfüllt, so gilt wegen $\varphi_n = \varphi_0 + 2\pi n$ auch

$$M\varphi_n = M\varphi_0 + M 2\pi n = 2\pi(k + nM) \quad (18)$$

für die höheren Teilwellen mit $n = 0, 1, 2 \ldots -1, -2$.
Man kann also die Phasenwinkelgeschwindigkeit $\omega_{pk,n}$ einer Teilwelle in einer ringförmig geschlossenen Leitung durch zwei Kennzahlen k und n charakterisieren, wobei k die Ordnungszahl des Schwingmods und n die Ordnung der Teilwelle ist. Für eine gegebene Ordnungszahl k ist die Winkelgeschwindigkeit der n-ten Teilwelle gegeben durch $\omega_{pk,n} = \omega_k/\gamma_{n,k}$ wobei die Phasenkonstante $\gamma_{n,k}$ nach Gl. (18) $\gamma_{n,k} = k + nM$ ist. Bei Magnetrons wird meist die Grundwelle mit $n = 0$ angewendet.
Bild 5 zeigt Beispiele von Leitungen mit gekoppelten Kreisen für Magnetrons. Die Kopplung der Kreise erfolgt kapazitiv durch die Kapazität

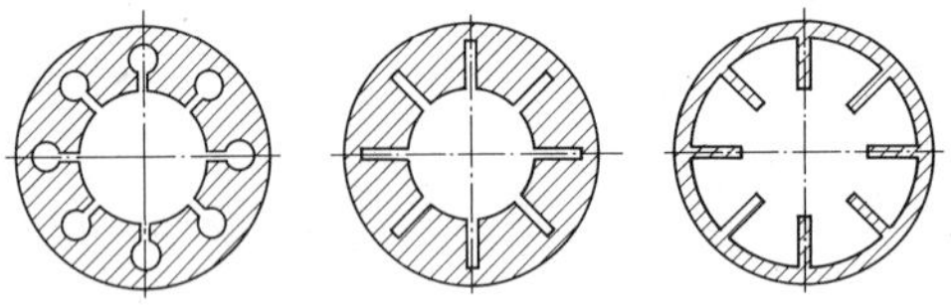

Bild 5. Leitungsstrukturen für Magnetrons

zwischen Anode und Kathode und induktiv durch die magnetische Kopplung am Ende der Resonatoren.

Berechnung der Phasenkonstanten. Zur Berechnung der Phasenkonstanten von Leitungen mit gekoppelten Kreisen muß eine Lösung der Maxwellschen Feldgleichungen durch geeignete Funktionen gesucht werden, welche die Randbedingungen erfüllen. Wegen der Vielfalt der Randbedingungen werden hierzu verschiedene Rechenverfahren z. B. Variationsverfahren angewendet. Als Beispiel soll die Berechnung der Phasenkonstanten bei belasteten Hohlrohrleitungen skizziert werden. Hierzu wird der von den Leitern begrenzte Raum (s. Bild 1) in zwei Teilräume I und II aufgeteilt. Im Raum I pflanzt sich eine fortschreitende Welle fort. Im Raum II, bestehend aus transversalen Schlitzen im Leiter, entstehen infolge der Reflexionen an den Schlitzen stehende Wellen. Für beide Räume werden unabhängig voneinander die Feldgleichungen aufgestellt. Die in diesen Feldgleichungen enthaltenen Konstanten erhält man aus der Bedingung, daß an den Grenzen beider Bereiche die Felder aus Raum I und aus Raum II gleich sein müssen. Diese physikalisch selbstverständliche Bedingung ist mathematisch meist nur näherungsweise zu erfüllen. Die Feldgleichungen in I und II führen dann zu einer Bestimmungsgleichung für die Phasenkonstanten. Durch graphische Auswertung dieser Gleichung erhält man schließlich die Dispersionskurven $\beta_n = f(\omega)$.
Für die in der Praxis besonders wichtigen symmetrischen Leitungen mit gekoppelten Hohlraumresonatoren hat Bevensee [5] Grundgleichungen über den Verlauf der Dispersionskurven aufgestellt, die für die meisten Ausführungen mit Loch- oder Schlitzkopplung anwendbar sind. Unter Symmetrie der Leitung versteht man die Spiegelsymmetrie in Bezug auf jede transversale Ebene, die einen Hohlraum in zwei Teile teilt. Die Symmetrie der Leitungsstruktur bedingt eine Symmetrie des elektrischen Feldes. Dieses hat entweder eine gerade Symmetrie, die gekennzeichnet ist durch eine gerade Anzahl von Feldwechseln längs des Hohlraums, oder eine ungerade Symmetrie mit einer ungeraden Anzahl von Feldwechseln. Für derartige Leitungsstrukturen gilt der Satz, daß der Verlauf der $\omega^2 - \beta_0$-Kurve in erster Näherung unabhängig von der Natur der Kopplung zwischen den Hohlraumresonatoren ist und einer $1 \mp \cos\varphi_0$ Funktion mit $\varphi_0 = \beta_0 L$ entspricht. Das Minuszeichen gilt für Strukturen mit gerader Symmetrie, das Pluszeichen für Strukturen mit ungerader Symmetrie. Diese Aussage gilt für ein Durchlaßband der Leitung, das schmal ist im Vergleich zu den benachbarten Sperrbändern. Für das gemäß Voraussetzung schmale Durchlaßband folgt auch die $\omega - \beta_0$-Kurve der $1 \mp \cos\varphi_0$ Funktion.
Das Durchlaßband für Felder mit gerader Symmetrie wird durch folgende Beziehung beschrieben

$$P_1^2 - \beta_c^2 = \tfrac{1}{2}(P_1^2 - p_1^2)(1 - \cos\varphi_0) = 0 \qquad (19)$$

wobei P_1 die normierte Resonanzfrequenz $P_1 = \omega_K \sqrt{\mu\varepsilon}$ des Kurzschlußmods ist, bei dem die Koppelöffnungen elektrisch kurzgeschlossen sind, und p_1 die normierte Resonanzfrequenz $p_1 = \omega_L \sqrt{\mu\varepsilon}$ des Leerlaufmods ist, bei dem die Öffnungen magnetisch kurzgeschlossen sind. $\beta_c = \omega/c$ ist die Fortpflanzungskonstante im freien Raum. Obige Gleichung liefert $\beta_c^2 = \omega^2 \mu\varepsilon$ in Abhängigkeit von $\varphi_0 = \beta_0 L$ und von den Resonanzfrequenzen des Durchlaßbandes allein, unabhängig von der Größe und Form der Koppelöffnung.

Spezielle Literatur: [1] *Roubine, E.*: Étude des ondes électromagnétiques guidées par les circuits en hélice. Ann. Télécomm. 7 (1952) 200–216, 262–275, 310–324. – [2] *Sensiper, S.*: Electromagnetic wave propagation on helical conductors. Massachusetts Inst. of Technology Res. Lab. Electronics, Tech. Rep. No.: 194 (1951). – [3] *Sensiper, S.*: Electromagnetic wave propagation on helical structures (A review and survey of recent progress). Proc. Inst. Radio Eng. 43 (1955) 149–161. – [4] *Stark, L.*: Lower modes of a concentric line having a helical inner conductor. J. Appl. Phys. 25 (1954) 1155–1162. – [5] *Bevensee, R. M.*: Electromagnetic slow wave systems. New York: Wiley 1964, pp. 92–117.

7 Offene Wellenleiter
Open waveguides

7.1 Nicht-abstrahlende Wellenleiter
Non-radiating waveguides

Betrachtet werden Leitungsstrukturen, bei denen das elektromagnetische Feld in die Umgebung austritt oder bei denen es von außen zugänglich ist. Solche offenen Wellenleiter werden in Funkverbindungen, für die ein linienförmiges Versorgungsgebiet erwünscht ist, eingesetzt. Bild 1 zeigt den prinzipiellen Aufbau eines trassengebundenen Informationsübertragungssystems [4]. Das

Spezielle Literatur Seite K 49

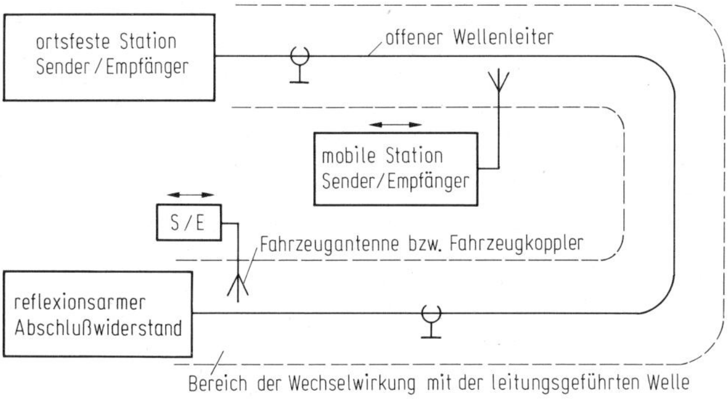

Bild 1. Trassengebundenes Informationsübertragungssystem. Festlegung des linienförmigen Versorgungsgebiets durch einen offenen Wellenleiter

Gebiet, innerhalb dessen wechselseitige Funkverbindungen zwischen mobilen Stationen (Fahrzeuge, Personen) und ortsfesten Stationen möglich sind, wird durch die Lage des offenen Wellenleiters vorgegeben. In Längsrichtung erfolgt die Informationsübertragung durch leitungsgeführte elektromagnetische Wellen. Außer zur Nachrichtenübertragung werden solche Systeme zur Messung von Ort und Geschwindigkeit, zur Spurführung und zum Kollisionsschutz (guided radar) eingesetzt.

Symmetrische Doppelleitung (Bild 2a). Je nach Anwendungsfall und Frequenzbereich werden parallele Leiter, verdrillte Leiter, großflächige Leiterschleifen oder Einzelleiter mit Erde als Rückleitung benutzt. Die Ankopplung an das Feld der TEM-Welle erfolgt induktiv. Die Doppelleitung eignet sich für schmalbandige Signalübertragung und Sprechfunk im Bereich unter 200 bzw. 600 kHz.
Hauptanwendungen: Spurführung (Spurbus, Flurförderer), Eisenbahnsignaltechnik (Linienzugbeeinflussung), Funkverbindungen in Gebäuden, Tunnels, Bergwerken und zu Kraftfahrzeugen (AM-Autoradiodurchsagen).

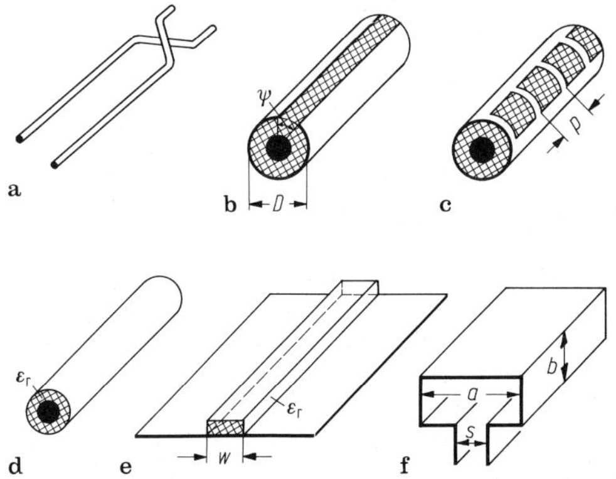

Bild 2. Offene Wellenleiter. **a** symmetrische Doppelleitung; **b, c** geschlitzte Koaxialleitung; **d** Harms-Goubau-Leitung; **e** dielektrische Bildleitung ($w \approx \lambda_\varepsilon/2$); **f** Schlitzhohlleiter

Geschlitzte Koaxialleitung (Bild 2b, c). Die Koaxialleitung mit durchgehendem Längsschlitz bzw. mit periodischen Öffnungen ($p \ll \lambda$) wird im Frequenzbereich 50 bis 500 MHz (bevorzugt 80, 160 und 460 MHz) für Nachrichtenverbindungen zu mobilen Funkgeräten mit Standardantennen eingesetzt (U-Bahn, Tunnelfunk, Gebäude). Der Öffnungswinkel ψ des Außenleiters liegt zwischen 60° und 140°, der Durchmesser D typisch bei 11, 19 und 40 mm. Da keine Energie abgestrahlt wird (obwohl diese Leitungen im Handel als abstrahlende HF-Leitungen bezeichnet werden), ist das Innenfeld bezüglich Längsdämpfung etc. wie bei einer geschlossenen Koaxialleitung zu berechnen [4]. Leitungswellenwiderstand s. Gl. K 2 (6). Das Außenfeld [5] ist für Abstände $r \gg D$ das einer symmetrischen Zweidrahtleitung. Die Koppeldämpfung zu einem $\lambda/2$-Dipol ist bei ungestörten Ausbreitungsbedingungen für Abstände unter 10 m entfernungsunabhängig etwa 80 bis 90 dB. Im Außenraum interferieren an Störstellen abgestrahlte Wellen und parasitäre TEM-Mantelwellen mit dem Außenfeld der Leitung und erzeugen starken frequenzselektiven und ortsselektiven Schwund (20 bis 30 dB). Bei Übertragungsberechnungen geht man deshalb von Orts- bzw. Zeitwahrscheinlichkeiten aus.
Für den Fall, daß die mobile Station sendet, ist im Freien die Summe aus Koppeldämpfung und Leitungsdämpfung größer als bei einer reinen Funkverbindung. Um andere Funkdienste nicht zu stören, können dicht anliegende Nahfeldantennen mit verminderter Rundumstrahlung und erhöhter Verkopplung mit dem Feld der Leitung eingesetzt werden.

Oberflächenwellenleiter (Bild 2d, e). Der Einsatzbereich des Leiters mit dielektrischem Überzug (E_{01}-Welle) liegt oberhalb 500 MHz, der der Dipolwelle (HE_{11}) auf der Dielectric Image Line oberhalb 1 GHz. Aufgrund der vielfältigen Probleme der Oberflächenwellenleiter, wie z. B. Abstrahlung an Störstellen, Beeinflußbarkeit durch Umgebungsbedingungen sowie Dämpfungs- und Laufzeitverzerrungen hat es außer Versuchsstrecken [6, 7] noch keine praktischen Anwendungen im Bereich der trassengebundenen Nachrichtenübertragung gegeben.

Schlitzhohlleiter (Bild 2f). Für breitbandige Nachrichtenverbindungen mit gut spurgeführten Fahrzeugen (Schienenfahrzeuge, Magnetschwebefahrzeuge, Hochregallager, Krananlagen, Aufzüge) werden Schlitzhohlleiter eingesetzt [8, 9]. Dies sind Rechteckhohlleiter mit einem durchgehenden Längsschlitz der Breite $s < 0{,}4a$ in der Mitte der Breitseite. Ein am Fahrzeug angebrachter Fahrzeugkoppler taucht durch diesen Schlitz hindurch in das im Inneren des Hohlleiters geführte Feld der H_{10}-Welle ein und stellt so eine berührungslose Nachrichtenverbindung mit der Qualität einer fest installierten Leitungsverbindung her. Damit durch den Schlitz hindurch keine Abstrahlung ins Freie erfolgt, ist ein Kamin aufgesetzt, in dem das Wellenfeld nach außen zu exponentiell abklingt. Für Kaminhöhen größer als s ist bei symmetrischem Aufbau praktisch kein Außenfeld nachweisbar.
Die Eigenschaften der geführten Welle können mit guter Näherung analog zur H_{10}-Welle im geschlossenen Rechteck ermittelt werden. Die Fahrzeugkoppler sind scheibenförmige Antennenstrukturen, die mit oder ohne Richtwirkung realisierbar sind [10]. Bei starrer Montage am Fahrzeug sind Schwankungen horizontal entsprechend der Schlitzbreite s und vertikal entsprechend der Hohlleiterschmalseite b zulässig. Typische Daten einer Schlitzhohlleiterverbindung sind: Al-Strangpreßprofil mit $a = 2b = 10$ cm, $s = 3$ cm, Frequenzbereich 2,0 bis 3,0 GHz, Leitungsdämpfung 14 dB/km, Koppeldämpfung 5 dB $\pm$ 1,5 dB für Schwankungen von $\pm$ 10 mm horizontal und/oder vertikal.
Besonders günstig für den Einsatz mit elektrisch betriebenen Schienenfahrzeugen ist die Hochpaßeigenschaft des Schlitzhohlleiters. Das energiereiche Störspektrum des Fahrbetriebs und die Induktionswirkungen des Anfahrstroms bleiben ohne Einfluß auf die Nachrichtenverbindung. Sofern der Hohlleiter mit dem Schlitz nach unten montiert wird, haben Umwelteinflüsse unter realistischen Randbedingungen keine nennenswerten Auswirkungen.

7.2 Leckwellenleiter. Leaky waveguides

Ein Wellenleiter, der so gestaltet ist, daß ein geringer Teil der Energie der geführten Welle kontinuierlich nach außen abgestrahlt wird, heißt Leckwellenleiter. Bild 3 zeigt ein Beispiel. Ein geschlossener Wellenleiter wird vom Ort $z = 0$ an so geöffnet, daß die elektrische und magnetische Feldstärke des austretenden Feldes einen Vektor der zeitgemittelten Strahlungsdichte ergeben, der eine transversale Komponente hat. Im Außen-

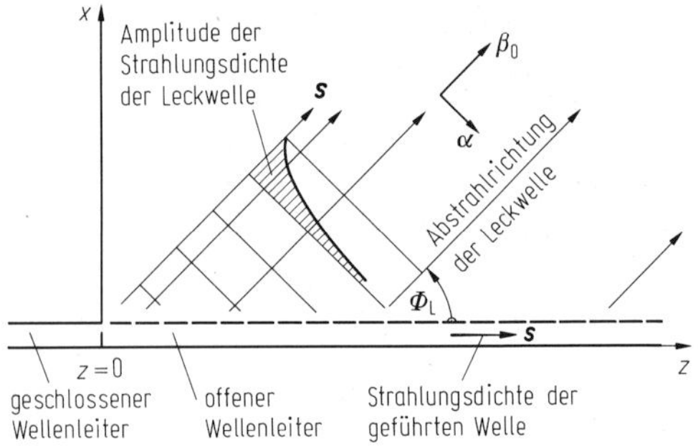

Bild 3. Entstehung einer Leckwelle durch bei $z = 0$ beginnende Abstrahlung von einem Wellenleiter

raum tritt eine Leckwelle (leaky wave) auf [1–4].
Bild 4 zeigt als Beispiel für einen Leckwellenleiter einen längsgeschlitzten Rechteckhohlleiter mit H_{10}-Welle. Unter der Voraussetzung, daß der Schlitz schmal ist, bleibt das Feld der geführten Hohlleiterwelle weitgehend erhalten und damit auch das Phasenmaß β_z in Ausbreitungsrichtung. Da der Hohlleiterwelle aufgrund der Abstrahlung durch den Schlitz kontinuierlich Energie entzogen wird, ergibt sich auch bei Annahme eines sonst verlustlosen Hohlleiters ein Dämpfungsmaß α_z. Aus der charakteristischen Gleichung $\underline{k}_x^2 + \underline{k}_z^2 = k_0^2$ folgt dann mit $\underline{k}_z = \beta_z - j\alpha_z$, daß $\underline{k}_x$ ebenfalls komplex sein muß: $\underline{k}_x = \beta_x - j\alpha_x$. Die Ausbreitungsrichtung der Leckwelle ist $\Phi_L = \arctan(\beta_x/\beta_z)$. Für kleine Dämpfungsmaße α_x und α_z ergibt sich näherungsweise

$$\Phi_L \approx \arccos(\lambda_0/\lambda_z). \tag{1}$$

Die Abstrahlrichtung ändert sich mit der Frequenz. Für die Leckwellenleiter in Bild 4 ergibt sich $\Phi_L \approx \arcsin(f_{krit,H10}/f)$. Beim Ausbreitungsbeginn der H_{10}-Welle wird senkrecht zum Hohlleiter abgestrahlt. Mit wachsender Frequenz neigt sich der Strahl in positiver z-Richtung bis $\Phi_L = 30°$ bei $f = 2f_{krit}$.
Leckwellen haben in Strahlrichtung das gleiche Phasenmaß β_0 wie Raumstrahlungsfelder. Es handelt sich bei ihnen um eine kontinuierliche, geordnete Abstrahlung von Raumwellen mit einer für jeden Wellentyp und jede Frequenz genau

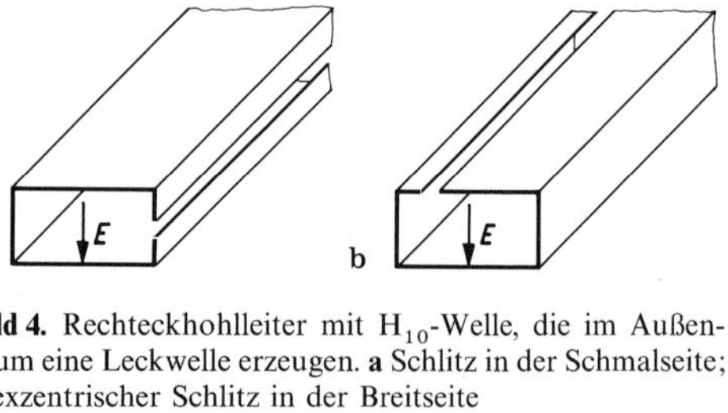

a b

Bild 4. Rechteckhohlleiter mit H_{10}-Welle, die im Außenraum eine Leckwelle erzeugen. **a** Schlitz in der Schmalseite; **b** exzentrischer Schlitz in der Breitseite

definierten Strahlrichtung. Die Strahlrichtung und die komplexe transversale Wellenzahl ($\underline{k}_x$ in Bild 3) bleiben entlang einer homogenen Leitung konstant. Leckwellen bilden diskrete Linien im Modenspektrum eines Wellenleiters.
Praktische Anwendung gefunden haben Leckwellen bisher im wesentlichen bei Mikrowellenantennen [1, 2]. Da sich Anfang und Ende des strahlenden Bereichs (z. B. durch einen allmählichen Übergang) leicht so dimensionieren lassen, daß keine nennenswerten zusätzlichen Strahlungsfelder angeregt werden, stimmt das reale Strahlungsdiagramm in der x-z-Ebene sehr genau mit dem berechneten überein. Durch Frequenzänderung läßt sich der Strahl von etwa $\Phi_L = 80°$ bis $10°$ schwenken, ohne daß die Keulenbreite wesentlich beeinflußt wird.
Reelle Lösungen von Gl. (1) ergeben sich nur für $\lambda_z > \lambda_0$. Daher strahlen Koaxialleitungen mit durchgehendem Längsschlitz keine Leckwellen ab. Durch diskrete, periodisch angeordnete strahlende Schlitze im Außenleiter einer Koaxialleitung läßt sich jedoch ein Stroboskopeffekt erreichen. Die Schlitze wirken als Einzelstrahler, die gegeneinander phasenverschoben gespeist sind. Für Schlitzabstände p im Bereich $\lambda/2$ und darüber werden die Einzelstrahler scheinbar von einer schnellen Welle ($v_p > c_0$) angeregt, die im Inneren der Leitung in negativer z-Richtung läuft. Die Abtastung simuliert im Außenfeld Wellen mit $\beta_{nz} = \beta_z - 2\pi n/p$ mit $n = 0, \pm 1, \pm 2, \ldots$. Bild 5 zeigt die Abstrahlrichtung der ersten vier Leckwellen einer solchen Leitung. Bei $p \approx \lambda/2$ wird die erste Leckwelle ausbreitungsfähig, und zwar als axiale Rückwärtsstrahlung. Der Abstrahlwinkel ist nach Gl. (1) mit $n = \pm 1, \pm 2, \ldots$:

$$\Phi_L = \arccos(\beta_{nz}/\beta_0) \approx \arccos(\sqrt{\varepsilon_r} + n\lambda_0/p). \qquad (2)$$

Die sich für verschiedene n ergebenden Wellentypen heißen auch Raumharmonische (spatial harmonics). Die Darstellung der Phasenmaße als Funktion der Frequenz für eine periodische Leiterstruktur heißt Brillouin-Diagramm oder ω-β-Diagramm (s. K 6.4).
Bei der Anwendung in trassengebundenen Informationsübertragungssystemen ergeben Koaxialleitungen mit Leckwelle im Außenraum im Frequenzbereich 100 bis 900 MHz geringere Koppeldämpfungen (z. B. 50 dB) als nicht-

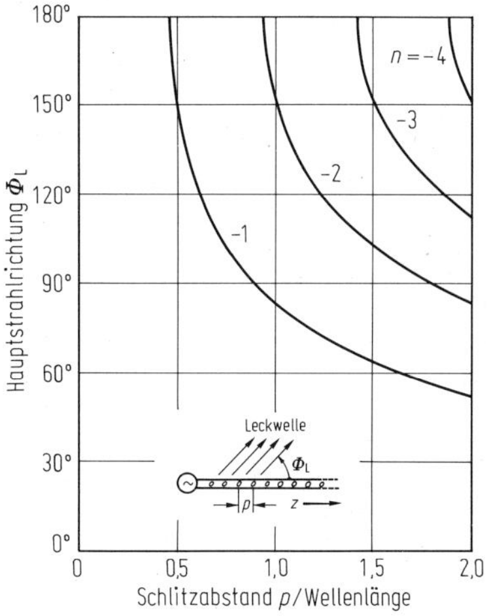

Bild 5. Abstrahlrichtung der ersten vier Leckwellen einer Koaxialleitung mit periodischen, strahlenden Schlitzen ($\varepsilon_r = 1{,}23$ bzw. $v_z = 0{,}9\, c_0$)

strahlende geschlitzte Koaxialleitungen [5, 11]. Die Abstrahlung erhöht die Leitungsdämpfung. Weiterhin werden die Koppeldämpfungsschwankungen infolge Interferenz vermindert, da die Amplitude der Leckwelle im Außenraum dominiert.

Spezielle Literatur: [1] *Collin, R. E.; Zucker, F. J.*: Antenna theory, Part 2. New York: Mc-Graw-Hill 1969. – [2] *Jasik, H.*: Antenna engineering handbook. New York: Mc-Graw-Hill 1961. – [3] *Brown, J.*: Electromagnetic wave theory I. Oxford: Pergamon 1967. – [4] *Dalichau, H.*: Offene Wellenleiter für die Nachrichtenübertragung zu spurgeführten Fahrzeugen. Düsseldorf: VDI-Verlag 1981. – [5] *Petri, U.*: Die Berechnung von geschlitzten Koaxialkabeln für den UKW-Funk. Diss. RWTH-Aachen 1977. – [6] *Beal, J. C.* et al.: Continuous-access guided communication (CAGC) for ground-transportation systems. Proc. IEEE 61 (1973) 562–568. – [7] *Fitzgerrell, R. G.; Haidle, L. L.; Partch, J. E.*: Surface waves for vehicular communications. IEEE-VT 21 (1972) 51–59. – [8] *Lange, K. P.; Dalichau, H.*: Ein Schlitzhohlleiter für breitbandige Nachrichtenverbindungen mit Schienenfahrzeugen. NTZ 30 (1977) 92–94. – [9] *Dalichau, H.; Lange, K. P.; Schuck, W.-D.*: Nachrichtenübertragung mit Schlitzhohlleitern. Frequenz 35 (1981) 318–323. – [10] *Dalichau, H.*: Übergänge und Fahrzeugkoppler für Schlitzhohlleiterstrecken. Frequenz 36 (1982) 169–175. – [11] *Nakahara, T.; Kurauchi, N.* u. a.: Extensive applications of leaky cables. Sumitomo Electr. Tech. Rev. (1971) 27–31.

L Schaltungskomponenten aus passiven Bauelementen
Passive circuit elements

H. Dalichau (2 bis 4); **P. Kleinschmidt** (11); **K. Lange** (9.1 bis 9.6, 10); **F. Pötzl** (8); **P. Röschmann** (9.8); **J. Siegl** (7.1, 7.3); **H. Stocker** (12); **L. Treczka** (1, 5, 6, 7.2, 7.4); **G. Wolfram** (9.7)

1 Transformations- und Anpassungsglieder
Transformation and matching devices

1.1 Verlustbehaftete Widerstandsanpassungsglieder
Resistive network

Um verschiedene Leitungswellenwiderstände reflexionsfrei miteinander zu verbinden, kann ein Anpassungsnetzwerk aus Widerständen benützt werden [23 b]. Die Bandbreite ist von der maximalen Anschlußleistung, bedingt durch die notwendigen Abmessungen der Widerstände, gegeben. Zum Beispiel: bei 1 W Eingangsleistung: 0 bis 3 GHz mit einem maximalen Reflexionsfaktor von 0,03 bei 3 GHz.
Die minimal mögliche Leistungsdämpfung a(dB) sowie die Widerstände R_1 und R_2 in Bild 1 a werden durch die beiden Leitungswellenwiderstände Z_{L1} und Z_{L0} bestimmt ($Z_{L1} > Z_{L0}$).

$$a(\mathrm{dB}) = 10 \lg \cdot \frac{2(Z_{L1} + \sqrt{Z_{L1}(Z_{L1} - Z_{L0})}) - Z_{L0}}{Z_{L0}}, \quad (1)$$

$$R_1 = \sqrt{Z_{L1}(Z_{L1} - Z_{L0})}, \quad (2)$$

$$R_2 = Z_{L0} \sqrt{Z_{L1}/(Z_{L1} - Z_{L0})}. \quad (3)$$

Ist eine Dämpfung a(dB) gegeben, die größer als die minimal mögliche Dämpfung ist, so werden die Widerstände R_1, R_2 und R_3 in Bild 1 b durch den Dämpfungsfaktor $A = 10^{(|a|/10)}$ und die beiden Leitungswellenwiderstände Z_{L1} und Z_{L0} bestimmt ($Z_{L1} > Z_{L0}$).

$$R_2 = \frac{2\sqrt{A Z_{L1} Z_{L0}}}{A - 1}, \quad (4)$$

$$R_1 = Z_{L1}\left(\frac{A+1}{A-1}\right) - R_2, \quad (5)$$

$$R_3 = Z_{L0}\left(\frac{A+1}{A-1}\right) - R_2. \quad (6)$$

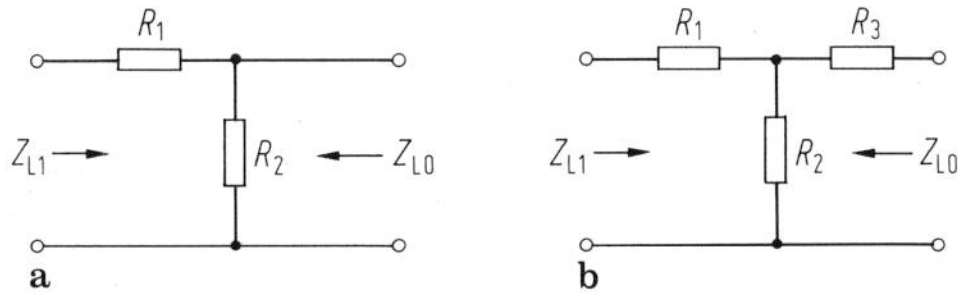

Bild 1. Widerstandsanpassungsschaltung. **a** mit minimal möglicher Dämpfung; **b** mit vorgegebener Dämpfung

Spezielle Literatur Seite L 8, 9

1.2 Transformation mit konzentrierten Blindwiderständen
Transformation by means of LC-networks

Transformation mit zwei konzentrierten Blindwiderständen. Siehe [1, 2], ausführliche Kurven in [3–5]. Es besteht immer wieder die Aufgabe, einen von Z_L abweichenden Wert $\underline{Z}$ in den reellen Abschlußwiderstand von Z_L zu transformieren. Die Transformation wird mit größerer Abweichung des $\underline{Z}$ von Z_L immer schmalbandiger und ist zuletzt nur noch für eine Festfrequenz geeignet. Als Grundlage für die Bestimmung der Blindwiderstände dient das Smith-Diagramm, s. C 6, C 7. Der mit Z_L normierte Wert von $\underline{Z}$ wird in das Kreisdiagramm eingetragen und durch normierte Blindwiderstände auf dem kürzesten Weg in den Wert 1 der reellen Achse transformiert. Die beiden für den Abgleich notwendigen Blindkomponenten jX und jB können dem Diagramm entnommen werden. Wenn die so ermittelten Blindkomponenten noch zusätzlich in ihren Werten fein einstellbar sind, so kann die exakte Anpassung durchgeführt werden.
Sollen zwei verschiedene Leitungswellenwiderstände Z_{L1} und Z_{L0} reflexionsfrei miteinander verbunden werden, so kann die Schaltung gemäß Bild 2a oder 2b benutzt werden; $Z_{L1} < Z_{L0}$, das Wellenwiderstandsverhältnis ist $W = Z_{L0}/Z_{L1}$. Für ein bestimmtes W ist in beiden Schaltungen von Bild 2a und 2b der Wert von X_1 und B_1

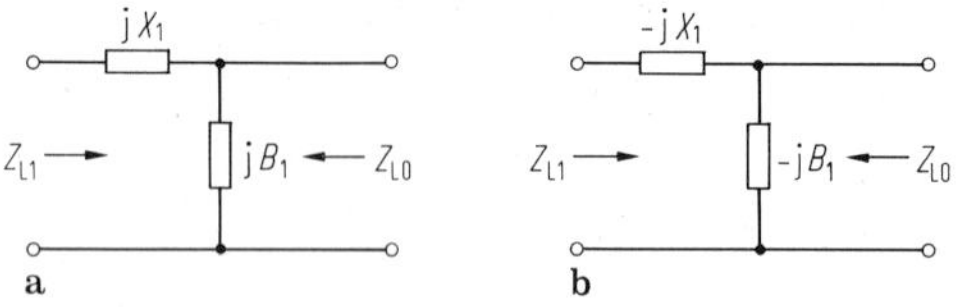

Bild 2. Transformationsschaltung. **a** positives X und B; **b** negatives X und B

ohne Rücksicht auf das Vorzeichen gleich. Reflexionsfreiheit ist exakt nur bei einer Frequenz gegeben.

$$X_1 = Z_{L1}\sqrt{W-1}, \tag{7}$$

$$B_1 = \sqrt{W-1}/(Z_{L1}W). \tag{8}$$

Transformation mit vier konzentrierten Blindwiderständen [1, 2, 6–8]. Eine größere Bandbreite erreicht man, wenn den ersten beiden Blindkomponenten zwei weitere nachgeschaltet werden, die jedoch ein entgegengesetztes Vorzeichen haben und deren zugeordnetes Wellenwiderstandsverhältnis W gleich ist.

Die Vorzeichen der Blindkomponenten in Bild 3a können gemeinsam gegen die Vorzeichen von Bild 3b ausgetauscht werden; an den Transformationseigenschaften wird dadurch nichts geändert. Die beiden Transformationsabschnitte sind geometrisch gestuft.

Entsprechend dem Wellenwiderstandsverhältnis $W = Z_{L0}/Z_{L2} = Z_{L2}/Z_{L1}$, $W > 1$, $Z_{L2} = \sqrt{Z_{L1}Z_{L0}}$, $Z_{L1} < Z_{L0}$, werden die Anschlüsse Z_{L2} von Bild 3a und 3b miteinander verbunden, so kann diese Transformationsschaltung Z_{L1} mit Z_{L0} reflexionsfrei verbinden. Ist f_1 die untere und f_2 die obere Frequenzgrenze, so ist die Mittenfrequenz $f_m = \sqrt{f_1 f_2}$.

$$X_1 = Z_{L1}\sqrt{W-1}, \tag{9}$$

$$B_1 = \sqrt{W-1}/(Z_{L1}W), \tag{10}$$

$$X_2 = Z_{L2}\sqrt{W-1}, \tag{11}$$

$$B_2 = \sqrt{W-1}/(Z_{L2}W). \tag{12}$$

Transformation mit acht konzentrierten Blindwiderständen. Bei noch größeren Bandbreiten oder Leitungswellenwiderstandsverhältnissen Z_{L0}/Z_{L1} kann die Kompensation der Frequenzabhängigkeit weiter verbessert werden. Die Transformationsschaltung von Bild 3 wird beim Anschluß von Z_{L1} durch einen Parallelresonanzkreis und beim Anschluß von Z_{L0} durch einen Serienresonanzkreis ergänzt (Bild 4).

Für die Ermittlung der Werte von X_1, B_1, X_2 und B_2 kann nach den Ausführungen für vier Blindwiderstände verfahren werden.

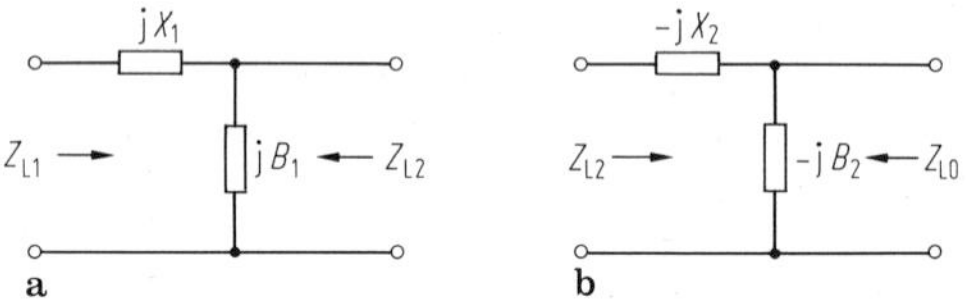

Bild 3. Transformationsschaltung. **a** positives X und B; **b** negatives X und B

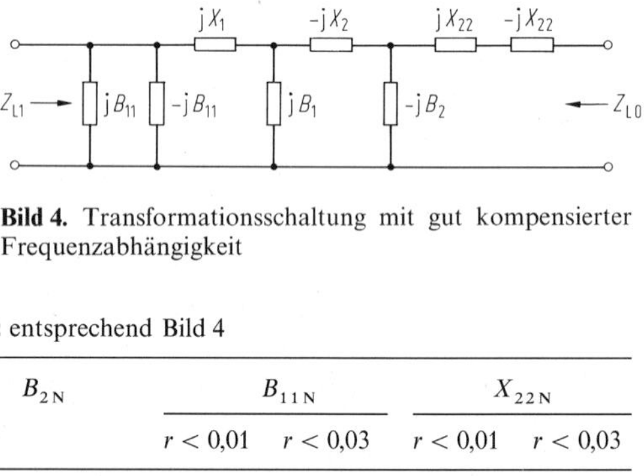

Bild 4. Transformationsschaltung mit gut kompensierter Frequenzabhängigkeit

Tabelle 1. Normierte Transformationselemente mit $Z_{L1} = 1\,\Omega$ entsprechend Bild 4

Z_{L0}/Z_{L1}	f_2/f_1		X_{1N}	B_{1N}	X_{2N}	B_{2N}	B_{11N}		X_{22N}	
	$r < 0{,}01$	$r < 0{,}03$					$r < 0{,}01$	$r < 0{,}03$	$r < 0{,}01$	$r < 0{,}03$
1,5	4,63	6,10	0,4741	0,3871	– 0,5806	– 0,3160	0,2181	0,2370	0,3290	0,3482
2	3,13	4,08	0,6436	0,4551	– 0,9102	– 0,3218	0,2961	0,3218	0,5881	0,6321
3	2,40	2,97	0,8556	0,4940	– 1,4820	– 0,2852	0,3936	0,4278	1,172	1,257
4	2,16	2,56	1,000	0,5000	– 2,000	– 0,2500	0,4600	0,5000	1,842	1,952
5	2,01	2,37	1,112	0,4972	– 2,486	– 0,2224	0,5114	0,5559	2,563	2,749
6	1,90	2,22	1,204	0,4915	– 2,949	– 0,2007	0,5538	0,6020	3,321	3,577
7	1,83	2,13	1,283	0,4849	– 3,394	– 0,1833	0,5901	0,6414	4,121	4,429
8	1,76	2,04	1,352	0,4781	– 3,825	– 0,1690	0,6220	0,6761	4,948	5,330
9	1,72	1,99	1,414	0,4714	– 4,243	– 0,1571	0,6505	0,7071	5,813	6,288
10	1,69	1,93	1,470	0,4650	– 4,650	– 0,1470	0,6764	0,7352	6,739	7,625
11	1,66	1,90	1,522	0,4589	– 5,048	– 0,1384	0,7001	0,7610	7,684	8,265
12	1,63	1,85	1,570	0,4531	– 5,438	– 0,1308	0,7221	0,7849	8,625	9,253
13	1,61	1,82	1,614	0,4477	– 5,820	– 0,1242	0,7425	0,8071	9,593	10,36
14	1,59	1,80	1,656	0,4425	– 6,195	– 0,1183	0,7617	0,8279	10,57	11,46
15	1,57	1,77	1,695	0,4376	– 6,565	– 0,1130	0,7797	0,8476	11,59	12,57
16	1,56	1,75	1,732	0,4330	– 6,928	– 0,1083	0,7967	0,8660	12,69	13,67

X_{22} wird mit einem Rechner durch Optimierung der Anpassung mit einer Einsetzmethode durch Änderung des Wertes von X_{f2} bei der oberen Bandgrenze ermittelt. Zwischen B_{11} und X_{22} besteht folgender Zusammenhang ($f_m = \sqrt{f_1 f_2}$):

$$B_{11} = X_{22} Z_{L1}/Z_{L0}, \tag{13}$$

$$X_{f2} = X_{22}(f_2/f_m - f_m/f_2), \tag{14}$$

$$B_{f2} = B_{11}(f_2/f_m - f_m/f_2). \tag{15}$$

In Tab. 1 sind die normierten Werte der Transformationselemente für ein bestimmtes Wellenwiderstandsverhältnis Z_{L0}/Z_{L1} und einem, zwischen den Frequenzen f_1 und f_2, zugeordneten Reflexionsfaktor $r \leqq 0{,}01$ oder $r \leqq 0{,}03$ berechnet. Aus Spalte 1 ist der mögliche Bandbreitenfaktor f_2/f_1 bei $r \leqq 0{,}01$ bzw. $r \leqq 0{,}03$ zu entnehmen. Die zugeordneten Werte von Wellenwiderstandsverhältnis und Bandbreitenfaktor in Abhängigkeit vom Reflexionsfaktor können auch den Kurven in Bild 5 entnommen werden. Die normierten Tabellenwerte können in die entsprechenden Werte von Induktivitäten und Kapazitäten für jeden beliebigen Wert von Z_{L1} umgerechnet werden. $\omega = 2\pi f_m$ und $f_m = \sqrt{f_1 f_2}$.

$$L_1/\mathrm{H} = X_{1N} Z_{L1}/\omega, \tag{16}$$

$$C_1/\mathrm{F} = B_{1N}/(Z_{L1}\omega), \tag{17}$$

$$C_2/\mathrm{F} = -1/(X_{2N} Z_{L1}\omega), \tag{18}$$

$$L_2/\mathrm{H} = -Z_{L1}/(B_{2N}\omega), \tag{19}$$

$$C_{11}/\mathrm{F} = B_{11N}/(Z_{L1}\omega), \tag{20}$$

$$L_{11}/\mathrm{H} = -Z_{L1}/(B_{11N}\omega), \tag{21}$$

$$L_{22}/\mathrm{H} = X_{22N} Z_{L1}/\omega, \tag{22}$$

$$C_{22}/\mathrm{F} = -1/(X_{22N} Z_{L1}\omega). \tag{23}$$

Die Abhängigkeit des Bandbreitenfaktors f_2/f_1 von dem Wellenwiderstandsverhältnis Z_{L0}/Z_{L1} bei einem Reflexionsfaktor $r \leqq 0{,}01$ bzw. $r \leqq 0{,}03$ entsprechend den verschiedenen Transformationsschaltungen ist in Bild 5 wiedergegeben. Die Transformation mit acht Blindwiderständen bringt mit Abstand die besten Ergebnisse.

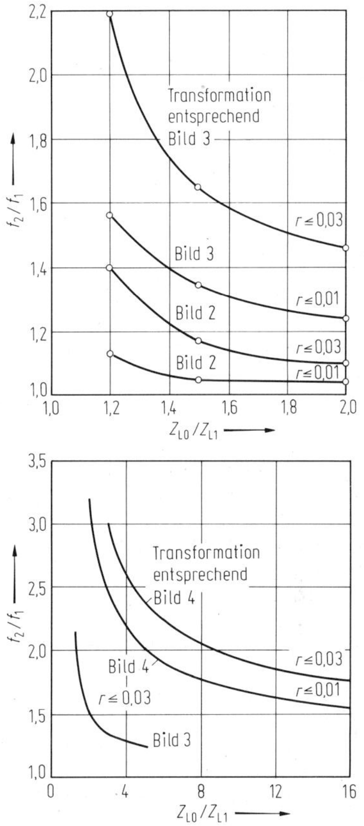

Bild 5. Frequenzabhängigkeit der verschiedenen Transformationen mit konzentrierten Blindwiderständen

1.3 Leitungslängen mit unterschiedlichem Wellenwiderstand

Impedance steps in coaxial lines

Bei der Transformation mit Leitungslängen sind die Abmessungen direkt mit der Frequenz verknüpft, da die einzelnen Transformationselemente überwiegend Leitungslängen in der Größe $\lambda/4$ haben.

Transformationen mit Leitungslängen $l/\lambda < 0{,}1$. Mit der nachfolgenden Transformation können zwei verschiedene Leitungswellenwiderstände Z_{L1} und Z_{L0} reflexionsfrei verbunden werden, wobei die gesamte Transformationslänge kleiner $\lambda/4$ ist (Bild 6).

Das Transformationsverhältnis ist $T = Z_{L1}/Z_{L0}$, $T < 1$; das Wellenwiderstandsverhältnis ist $W = Z_{L1}/Z_{L2}$, $W = Z_{L3}/Z_{L0}$, $W < 1$; die Mittenfrequenz ist $f_m = (f_1 + f_2)/2$.

Ein Wert, W oder l/λ, kann gewählt werden.

$$l/\lambda = 0{,}159 \arctan \sqrt{\frac{1-T}{(T/W^2) - W^2}}, \tag{24}$$

$$W = \sqrt{\sqrt{T + \left(\frac{1-T}{2\tan(\exp(2))\, 2\pi l/\lambda}\right)\exp(2)} - \frac{1-T}{2\tan(\exp(2))\, 2\pi l/\lambda}}. \tag{25}$$

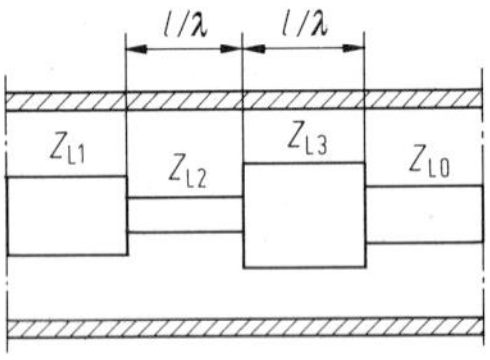

Bild 6. $\lambda/10$-Transformator

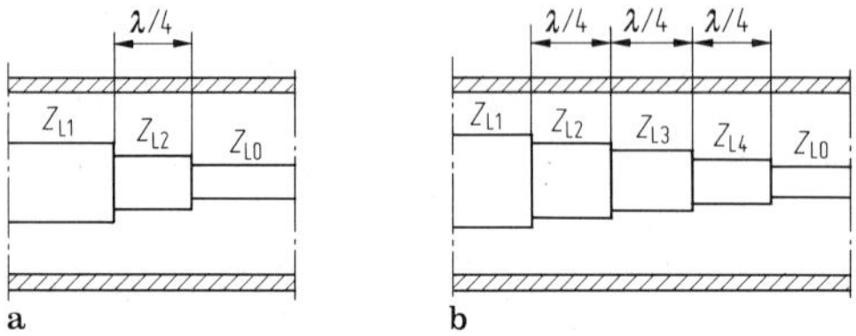

Bild 7. $\lambda/4$-Transformator; **a** einmal $\lambda/4$; **b** dreimal $\lambda/4$

Transformationen mit Leitungslängen $\lambda/4$ [9–22]. Transformationen mit $\lambda/4$-Leitungen können ein- oder mehrstufig durchgeführt werden. Die $\lambda/4$-Leitungslänge ist auf die Mittenfrequenz $f_m = (f_1 + f_1)/2$ bezogen (Bild 7).

Die Leitungswellenwiderstände Z_{L1} und Z_{L0} können unter folgenden Bedingungen reflexionsfrei verbunden werden:

Das Transformationsverhältnis ist $T = Z_{L1}/Z_{L0}$, $T < 1$; das Wellenwiderstandsverhältnis ist $W = T_i \exp(1/i)$ mit i Stufen zwischen Z_{L1} und Z_{L0}; mit einer geometrischen Stufung der Wellenwiderstände ist

$$Z_{L2} = Z_{L1}/\sqrt{W}, \tag{26}$$

$$Z_{L3} = Z_{L2}/W, \tag{27}$$

$$Z_{L4} = Z_{L3}/W. \tag{28}$$

Bei einem Tschebyscheff-Verlauf des Reflexionsfaktors können etwas größere Bandbreiten mit mehrstufigen $\lambda/4$-Transformationen erreicht werden. Der Rechenaufwand ist jedoch erheblich größer. Es können gute Ergebnisse der Transformationseigenschaften erreicht werden, wenn bei der einmal $\lambda/4$- und zweimal $\lambda/4$-Transformation die Frequenzabhängigkeit besser kompensiert wird.

Kompensierte einmal $\lambda/4$-Transformation. Zur besseren Kompensation des Frequenzgangs wird auf der niederohmigen Seite der $\lambda/4$-Transformationleitung eine kurzgeschlossene $\lambda/4$-Leitung parallelgeschaltet und an der hochohmigen Seite eine am Ende offene $\lambda/4$-Leitung in Serie geschaltet (Bild 8).

Die Berechnung der Kompensationsglieder ist gegeben durch die Forderung, daß die Transformationsschaltung bei den Frequenzpunkten f_1, f_m und f_2 die beiden Leitungswellenwiderstände

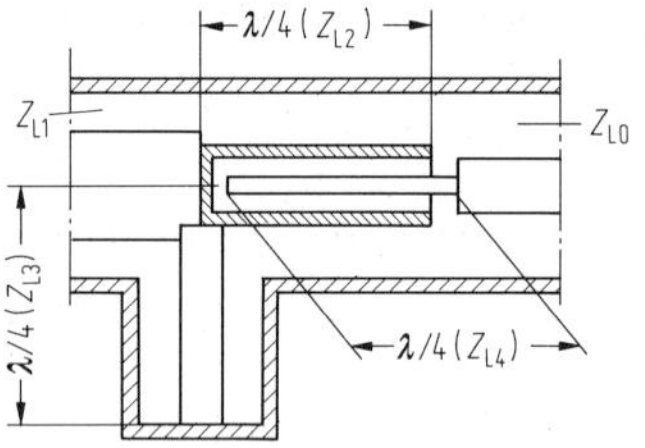

Bild 8. Einmal $\lambda/4$-Transformation mit Kompensation der Frequenzabhängigkeit

Z_{L1} und Z_{L0} reflexionsfrei verbindet. Die Mittenfrequenz $f_m = (f_1 + f_2)/2$.

$$Z_{L2} = \sqrt{Z_{L1} Z_{L0}}, \tag{29}$$

$$Z_{L3} = Z_{L2} \cot(\pi f_1/(2 f_m))/X_{34}, \tag{30}$$

$$Z_{L4} = Z_{L0} Z_{L1}/Z_{L3}, \tag{31}$$

$$\varphi = \pi[3 - (f_1/f_m)]/4, \tag{32}$$

$$K = 1/(2\sqrt{Z_{L0}/Z_{L1}} \sin\exp(2)\,\varphi), \tag{33}$$

$$m = K + \sqrt{K \exp(2) - \cot\exp(2)\,\varphi}, \tag{34}$$

$$X_{34} = \sin 2\varphi \bigg/ \left(\left(\frac{1 + m \exp(2)}{1 - m \exp(2)} \right) + \cos 2\varphi \right). \tag{35}$$

Eine noch bessere Kompensation der Frequenzabhängigkeit wird erreicht, wenn die einmal $\lambda/4$-Transformation durch eine zweimal $\lambda/4$-Transformation ersetzt wird.

Kompensierte zweimal $\lambda/4$-Transformation. Bei der in Bild 9 gezeigten Kompensation der Frequenzabhängigkeit gilt das gleiche wie für die $\lambda/4$-Transformation.

Die Werte für Z_{L2} und Z_{L3} sind gemäß Gl. (26) und (27) zu berechnen. Z_{L4} wird mit einem Rechner durch Optimierung der Anpassung mit einer Einsetzmethode durch Änderung des Wertes von Z_{L4} und Berechnung der Anpassung bei der oberen Bandgrenze f_2 ermittelt. Zwischen Z_{L4} und Z_{L5} besteht folgender Zusammenhang (Mittenfrequenz $f_m = (f_1 + f_2)/2$):

$$Z_{L5} = Z_{L0} Z_{L1}/Z_{L4}. \tag{36}$$

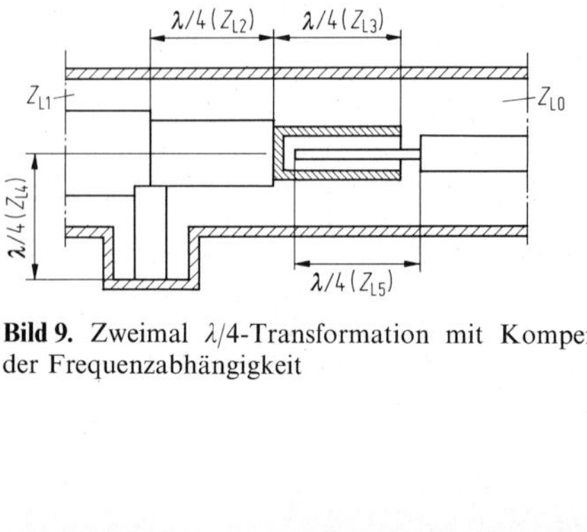

Bild 9. Zweimal $\lambda/4$-Transformation mit Kompensation der Frequenzabhängigkeit

Tabelle 2. Normierte Leitungswellenwiderstände mit $Z_{L1} = 1$, entsprechend Bild 9

Z_{L0}/Z_{L1}	f_2/f_1		Z_{L2}/Z_{L1}	Z_{L3}/Z_{L1}	Z_{L4}/Z_{L1}		Z_{L5}/Z_{L1}	
	$r < 0{,}01$	$r < 0{,}03$			$r < 0{,}01$	$r < 0{,}03$	$r < 0{,}01$	$r < 0{,}03$
1,5	3,84	7,33	1,1067	1,3554	8,9821	7,7364	0,1680	0,1944
2	3,76	4,97	1,1892	1,6818	5,4204	4,8257	0,3723	0,4159
3	2,85	3,6	1,3161	2,2795	3,4807	3,1638	0,8697	0,9523
4	2,45	3,08	1,4142	2,8284	2,7424	2,5424	1,4201	1,5834
5	2,28	2,8	1,4954	3,3437	2,350	2,2008	2,0478	2,2888
6	2,11	2,6	1,5651	3,8337	2,2254	1,9892	2,8391	3,0428
7	2,05	2,48	1,6266	4,3046	2,0563	1,8289	3,6457	4,3035
8	1,99	2,35	1,6818	4,7568	1,8842	1,7223	4,3699	4,6968
9	1,94	2,28	1,7321	5,1962	1,7633	1,6231	5,1696	5,5605
10	1,90	2,23	1,7783	5,6234	1,6541	1,5287	5,9407	6,4569
11	1,86	2,17	1,8212	6,0401	1,5988	1,4722	6,8609	7,4429
12	1,82	2,13	1,8612	6,4474	1,5483	1,4207	7,7827	8,4190
13	1,79	2,08	1,8928	6,8463	1,4876	1,3733	8,6941	9,3742
14	1,78	2,03	1,9343	7,2376	1,4310	1,3588	9,5946	10,5034
15	1,75	2,01	1,9680	7,6220	1,4080	1,3118	10,6619	11,5475
16	1,74	1,9	2,0000	8,0000	1,3682	1,2675	11,6766	12,5754

Ist der richtige Wert von Z_{L4} durch den Rechner ermittelt, so sind die Leitungswellenwiderstände Z_{L1} und Z_{L0} durch die Transformationsschaltung von Bild 9 bei den Frequenzen f_1, f_m und f_2 reflexionsfrei verbunden. In dem Frequenzbereich von f_1 bis f_m und f_m bis f_2 ist die Anpassung nur bedingt erfüllt. Bei einem vorgegebenen Reflexionsfaktor $r \leqq 0{,}01$ und $r \leqq 0{,}03$ kann das zugeordnete Transformationsverhältnis Z_{L0}/Z_{L1} sowie das Bandbreitenverhältnis f_2/f_1 aus Bild 10b entnommen werden.

In Tab. 2 sind die normierten Leitungswellenwiderstände der Transformationsschaltung nach Bild 9 für ein bestimmtes Wellenwiderstandsverhältnis Z_{L0}/Z_{L1} und einem zwischen den Frequenzen f_1 und f_2 zugeordneten Reflexionsfaktor $r \leqq 0{,}01$ bzw. $r \leqq 0{,}03$ zu entnehmen. Die zugeordneten Werte von Wellenwiderstandsverhältnis und Bandbreitenfaktor in Abhängigkeit vom Reflexionsfaktor können auch den Kurven in Bild 10 entnommen werden.

Für ein vorgegebenes Transformationsverhältnis Z_{L0}/Z_{L1} und einem maximal zulässigen Reflexionsfaktor $r \leqq 0{,}01$ oder $r \leqq 0{,}03$ erhält man die Werte der Leitungswellenwiderstände Z_{L2} bis Z_{L5} durch Multiplikation der entsprechenden Tabellenwerte mit Z_{L1} der verwendeten Transformationsschaltung.

Bei allen diesen Transformationsschaltungen ist zu beachten, daß an den Sprungstellen mit zwei verschiedenen Leitungswellenwiderständen Feldstörungen vorhanden sind, die, wenn notwendig, durch eine Änderung der Leitungslänge $\lambda/4$ korrigiert wird. Eine weitere Störung ist gegeben an den Verzweigungspunkten, die durch eine Serien- oder Parallelschaltung mehrerer Leitungswellenwiderstände entsteht. Die vorgenannten Feldstörungen können vernachlässigt werden, wenn bei einem koaxialen System die

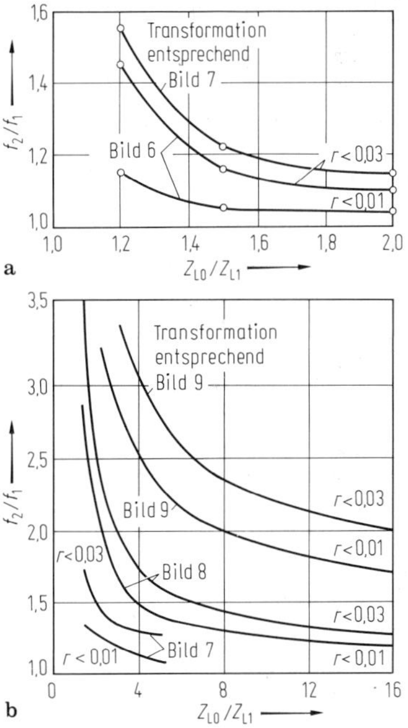

Bild 10. Frequenzabhängigkeit der verschiedenen Leitungstransformationen. **a** $l/\lambda = 0{,}05$ und entsprechend Bild 7 mit l = einmal $\lambda/4$; **b** mit l = zweimal $\lambda/4$

Leitungsabmessungen kleiner $0{,}6\,f_c$ gewählt werden.

1.4 Inhomogene verlustfreie Leitungen

Inhomogeneous loss-free lines

Das Verhalten inhomogener Leitungen [23–37] ist vollständig bekannt, sobald eine Lösung $\underline{Z}(z)$ der Leitungsgleichungen bekannt ist. Die ein-

Tabelle 3. Exakt berechenbare inhomogene Leitungen

Z_L (Kurven in Bild 11)	$\underline{Z}(z) = R(z) + \mathrm{j}X(z)$	$b = \dfrac{2\pi z}{\lambda}$
Koordinate z nach: $\Delta z = A\sqrt{\Delta L\,\Delta C}$ und $\beta_0 = \dfrac{2\pi}{\lambda_0} = \dfrac{\omega}{c_0}$		
I. $K z^2$	$Z_L\left(1 + \mathrm{j}\dfrac{1}{\beta_0 z}\right)$	$\beta_0 z$
II. $K \exp(az)$	$Z_L \exp\left[\mathrm{j}\arcsin\left(\dfrac{a}{2\beta_0}\right)\right]$	$z\sqrt{\beta_0^2 - \dfrac{a^4}{4}}$
III. $K \cosh^2(az)$	$Z_L\left[\sqrt{1 - \dfrac{a^2}{\beta_0^2}} + \mathrm{j}\dfrac{a}{\beta_0}\tanh(az)\right]$	$z\sqrt{\beta_0^2 - a^2}$
IV. $K \cos^2(az)$	$Z_L\left[\sqrt{1 + \dfrac{a^2}{\beta_0^2}} - \mathrm{j}\dfrac{a}{\beta_0}\tan(az)\right]$	$z\sqrt{\beta^2 + a^2}$
Koordinate z nach: $\Delta z = A\,\Delta C$		
V. $\dfrac{K}{(1-nz)^2}$	$Z_L\left[1 + \mathrm{j}\dfrac{\lambda_0}{2\pi} n(1 - nz)\right]$	$\dfrac{2\pi}{\lambda_0}\dfrac{z}{1 - nz}$

fachsten Leitungstypen sind in Tab. 3 zusammengestellt. Die zugehörigen Wellenwiderstandskurven findet man in Bild 11.

K ist eine beliebige reelle Zahl. $\beta_0 = 2\pi/\lambda_0$; λ_0 = Wellenlänge im freien Raum für Leitungen ohne Dielektrikum. Statt z (beliebiger Ort in der Leitung) kann in allen Formeln der Tab. 3 $(z + z_0)$ mit beliebigem positivem oder negativem z_0 gesetzt werden, solange auf der ganzen Leitung $Z_L \neq 0$ oder $Z_L \neq \infty$ bleibt.

Exponentialleitung. Die entsprechenden Zuordnungen zeigt Bild 12. (Daten aus Tab. 3, Zeile II). a berechnet sich aus den Wellenwiderständen $Z_L(l)$ und $Z_L(0)$ an den Leitungsenden durch

$$a = \frac{1}{l}\ln\frac{Z_L(l)}{Z_L(0)}. \tag{37}$$

$\underline{U}_2, \underline{I}_2, \underline{Z}_2$ und $Z_L(0)$ sind die Werte am Leitungsende $z = 0$ (s. Bild 12). Für beliebiges z längs der Leitung gilt dann

$$\underline{U} = \underline{U}_2 \frac{\exp\left(\dfrac{az}{2}\right)}{\cos\zeta} \cdot \left[\cos(b + \zeta) + \mathrm{j}\frac{Z_L(0)}{\underline{Z}_2}\sin b\right], \tag{38}$$

$$\underline{I} = \underline{I}_2 \frac{\exp\left(-\dfrac{az}{2}\right)}{\cos\zeta} \cdot \left[\cos(b - \zeta) + \mathrm{j}\frac{\underline{Z}_2}{Z_L(0)}\sin b\right], \tag{39}$$

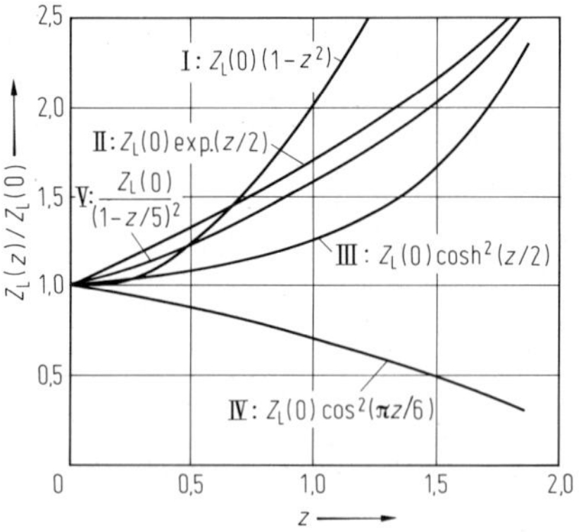

Bild 11. Wellenwiderstandskurven inhomogener Leitungen (Tab. 3, erste Spalte)

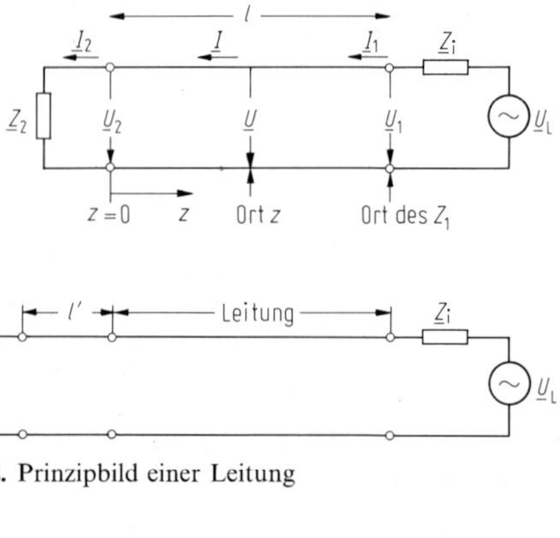

Bild 12. Prinzipbild einer Leitung

$$\sin\zeta = \frac{a\lambda_0}{4\pi} = \frac{1}{4\pi}\frac{\lambda_0}{l}\ln\frac{Z_L(l)}{Z_L(0)}; \qquad b = \beta z. \quad (40)$$

Diese Formeln gelten nur für $\sin\zeta < 1$ (Durchlaßbereich). Im Sonderfall fortschreitender Wellen ist die Leitung mit

$$\underline{Z}_2 = \underline{Z}(0) = Z_L(0)\exp(\mathrm{j}\zeta) \quad (41)$$

abgeschlossen. Dann ist

$$\underline{U} = \underline{U}_2 \exp\left(\left(\frac{az}{2}\right) - \mathrm{j}b\right), \quad (42)$$

$$\underline{I} = \underline{I}_2 \exp\left(-\frac{az}{2} - \mathrm{j}b\right). \quad (43)$$

Transformation bei kleiner Fehlanpassung. Inhomogene Leitungen verwendet man fast ausschließlich zur Widerstandstransformation für Verbraucher, die in der Nähe des Abschlußwellenwiderstands $Z_L(0)$ liegen. Diese werden durch die Leitung in die Nähe des Eingangswellenwiderstandes $Z_L(l)$ transformiert, sobald die Leitungslänge größer als $\lambda/2$ ist. Von besonderem Interesse sind Leitungen, die mit dem reellen Widerstand $\underline{Z}_2 = Z_L(0)$ abgeschlossen sind. Den Eingangswiderstand einer so abgeschlossenen Exponentialleitung zeigt Bild 13.

Mit wachsender Frequenz nähert sich der Eingangswiderstand $\underline{Z}_1$ immer mehr dem reellen Wert $Z_L(l)$. Die Abweichung des Eingangswiderstands vom Wert $Z_L(l)$ zeigt Bild 14 in Kurve $K = 0$ für eine Exponentialleitung mit $Z_L(l)/Z_L(0) = 2{,}7$ (Kurve $K = 0$ in Bild 15). Durch Kombination der Exponentialleitung mit Blindwiderständen an den Leitungsenden kann man die Fehler verkleinern.

Kleinere Abweichungen des $\underline{Z}_1$ vom $Z_L(l)$ erhält man auch durch Leitungen, deren Z_L am Eingang und Ausgang geringere Änderungen als in der Leitungsmitte besitzt. Bild 14 zeigt die Widerstandsabweichungen für Wellenwiderstandskurven

$$Z_L = Z_L(0)\exp\left(az - K\sin\frac{2\pi z}{l}\right) \quad (44)$$

mit verschiedenem K; Wellenwiderstandskurven in Bild 15.

Mit wachsendem K werden die Widerstandsabweichungen oberhalb einer Grenzfrequenz f_c kleiner, solange $K < al/(2\pi)$. Jedoch wächst auch die Grenzfrequenz mit wachsendem K, so daß die Leitung länger werden muß, wenn in einem vorgeschriebenen Frequenzbereich eine vorgeschriebene Widerstandsabweichung nicht überschritten werden soll. Bei der Realisierung inhomogener Leitungen sind Abweichungen des wirklichen Z_L von den theoretischen Werten unvermeidbar, so daß auch Abweichungen des Eingangswiderstandes von einigen Prozent von den theoretischen Werten zu erwarten sind. Die Feinheiten der bisher bekannten Theorien sind daher kaum realisierbar.

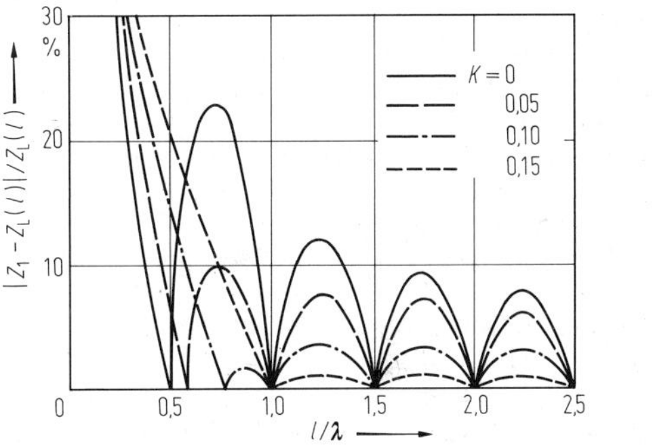

Bild 14. Relativer Anpassungsfehler des Eingangswiderstands $\underline{Z}_1$ für die Wellenwiderstandskurven von Bild 15

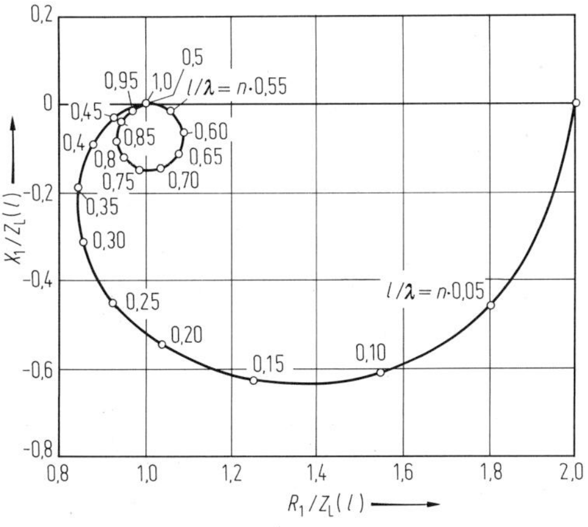

Bild 13. Eingangswiderstand einer Exponentialleitung mit reellem Abschluß $\underline{Z}_2 = Z_L(0)$ und $Z_L(0)/Z_L(l) = 2$

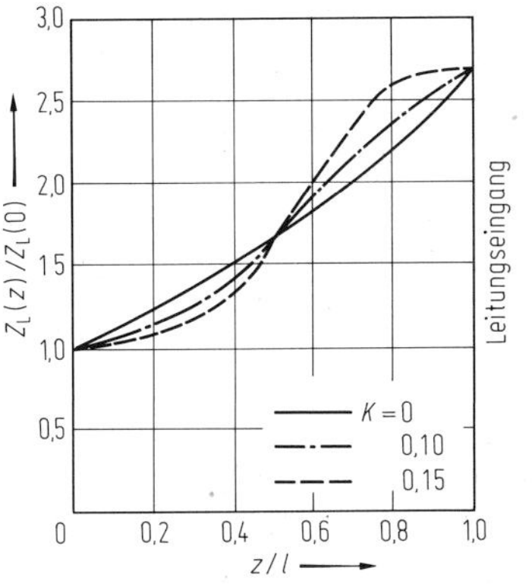

Bild 15. Wellenwiderstandskurven nach Gl. (44)

1.5 Transformation bei einer Festfrequenz
Transformation for one fixed frequency

Es besteht häufig die Aufgabe, einen komplexen Wert Z_1 des Verbrauchers in den reellen Wert des Abschlußwiderstands R_0 der HF-Leitung Z_{L0} zwischen Generator und Verbraucher zu transformieren.

Vier Abgleichstempel mit λ/8-Abstand. Das Abgleichelement in Bild 16a kann jeden Wert des $\underline{Z}_1$ auf den reellen Wert R_0 abgleichen, der abzugleichende Reflexionsfaktor sollte jedoch den Wert von 0,25 nicht überschreiten, da sonst die Spannungsfestigkeit bei höheren Leistungen Schwierigkeiten bereitet.

Zwei Abgleichstempel mit λ/8-Abstand. Das Abgleichelement in Bild 16b vermag das gleiche zu leisten wie das nach Bild 16a. Durch eine induktive Vorgabe am Ort des Abgleichstempels, die dem maximal abzugleichenden Reflexionsfaktor entspricht, kann mit einem Abgleichstempel eine induktive Komponente im ausgefahrenden Zustand eingestellt werden. Diese Anordnung eignet sich besonders für einen automatischen Abgleich.

Abgleichelement im Rechteckhohlleiter. Die dargestellten Hohlleiter-Abgleichanordnungen in Bild 17 sind mit ihren Abgleichmöglichkeiten mit den in Bild 16 gezeigten vergleichbar.

Abgleichanordnung mit zwei Kurzschlußleitungen. Die Abgleichanordnung in Bild 18 ist mit der Darstellung in Bild 16b vergleichbar, es können jedoch auch noch wesentlich größere Werte des Reflexionsfaktors abgeglichen werden.

Abgleichanordnung mit Phasenschieber und Kurzschlußleitung. Die Transformationsschaltung in Bild 19 ist bezogen auf die Abgleichmöglichkeiten mit der Schaltung in Bild 18 vollständig vergleichbar, jedoch sind die Baulängen um λ/4 kleiner. Auch ist ein Frequenzwechsel nach höheren Frequenzen ohne Einschränkung der Abgleichmöglichkeiten möglich.

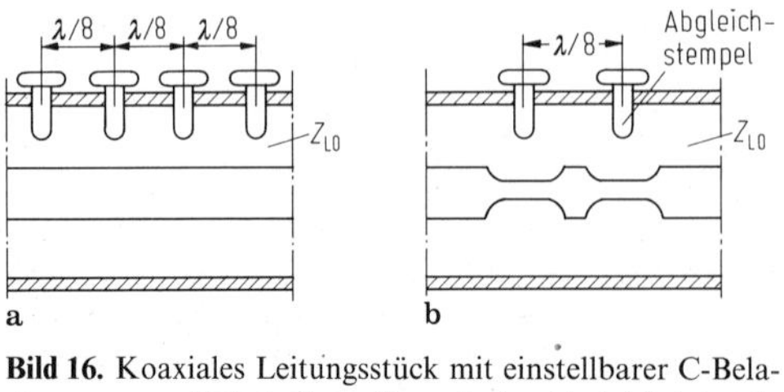

a b

Bild 16. Koaxiales Leitungsstück mit einstellbarer C-Belastung. **a** ungestörte Leitung Z_{L0} mit vier Abgleichstempeln im Abstand λ/8; **b** induktiv gestörte Leitung Z_{L0} im Bereich der zwei Abgleichstempel

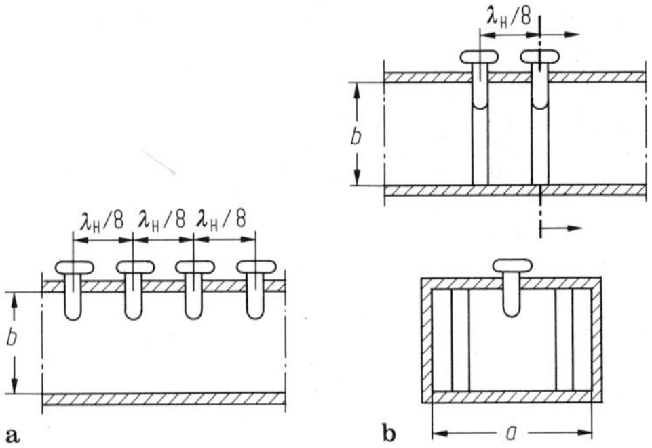

Bild 17. Hohlleiter-Leitungsstück mit einstellbarer C-Belastung. **a** Hohlleiter-Leitungsstück mit vier Abgleichstempeln im Abstand $\lambda_H/8$; **b** induktiv belasteter Hohlleiter im Bereich der zwei Abgleichstempel

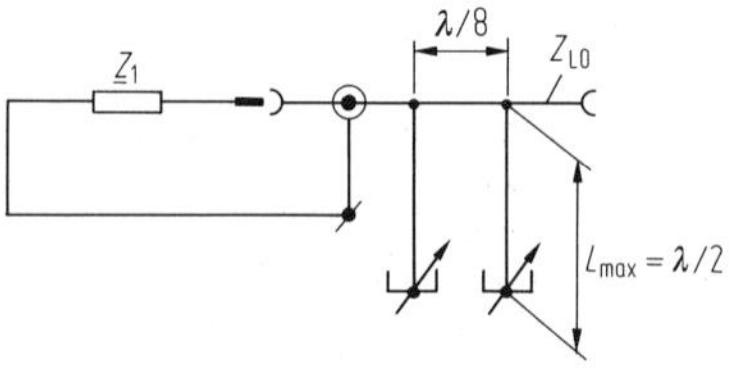

Bild 18. Im Abstand λ/8 parallelgeschaltete λ/2 lange einstellbare Kurzschlußleitungen

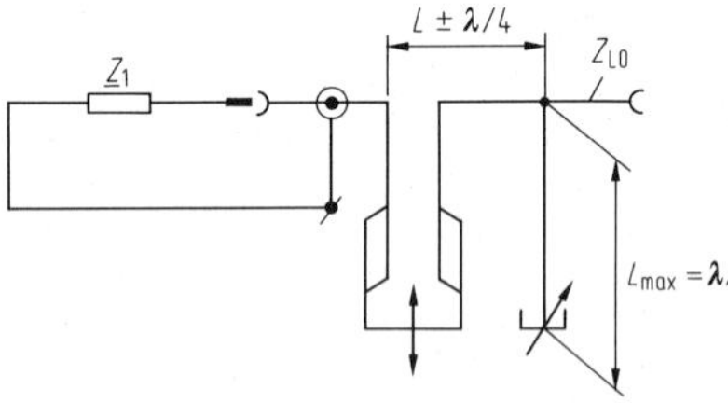

Bild 19. Serienschaltung eines Phasenschiebers mit Parallelschaltung einer einstellbaren Kurzschlußleitung

Spezielle Literatur: [1] *Meinke, H.*: Komplexe Berechnung von Wechselstromschaltungen, 3. Aufl. Berlin: Göschen 1965. – [2] *Meinke, H.*: Einführung in die Elektrotechnik höherer Frequenzen, Bd. 1, 2. Aufl. Berlin: Springer 1965. – [3] *Weber, K. H.*: Kurven der Frequenz- und Zeitabhängigkeit elektrischer Schaltungen, Bd. 1. Berlin 1953. – [4] *Schwarz, E.*: AEÜ 23 (1969) 169–176. – [5] *Schwarz, E.*: AEÜ 24 (1970) 179–186. – [6] *Meinke, H.*: Theorie der Hochfrequenzschaltungen. München: Oldenbourg 1951, §16, §17. – [7] *Merten, R.*: Fernmeldetech. Z. 8 (1955) 387–393. – [8] *Merten, R.*: Forschungsbericht Wirtschafts- und Verkehrsministerium Nordrh.-Westf. Nr. 549, Köln 1958. – [9] *Zinke, O.*: Transformationsprinzipien in Physik und Hochfrequenztechnik. Phys. Bl. 13 (1957) 60–72. – [10] *Riblet, H. J.*: General synthesis of quarter-wave impedance transformers. Trans. Inst. Radio Eng. MTT-5 (1957) 36–43; MTT-6 (1958) 331–332; MTT-7 (1959) 297–298, 477–478. – [11] *Young, L.*: Tables for cascaded homogeneous quarter-wave transformers. Trans. Inst. Radio Eng. MTT-7 (1959) 233–237. – [12] *Schreiber, H.*: Zur Dimensionierung n-stufiger Leitungstransformatoren. AEÜ 15 (1961) 84–90. – [13] *Zinke, O; Brunswig, H.*: Lehrbuch der Hochfrequenztechnik, Bd.1, Berlin: Springer 1965, S. 83–89. – [14] *Mayer, K.*: Mehrstufige $\lambda/4$-Transformatoren. AEÜ 21 (1967) 131–139. – [15] *Zinke, O.*: Vergleich von Breitband-Transformatoren und Breitband-Richtkopplern für hohe Frequenzen. AEÜ 21 (1967) 147–151. – [16] *Gledhill, C. S.; Issa, A. M. H.*: Exact solutions of stepped impedance transformers having maximally flat and Chebyshev characteristics. Trans. Inst. Elect. Electron. Eng. MTT-17 (1969) 379–386. – [17] *Mayer, K.*: Ein Beitrag zur Berechnung von kompensierten $\lambda/4$-Transformatoren. NTZ 23 (1970) 345–346. – [18] *Horton, M. C.; Wenzel, R. J.*: General theory and design of optimum quarter-wave TEM-filters. Trans. Inst. Elect. Electron. Eng. MTT-13 (1965) 316–327. – [19] *Wenzel, R. J.*: Exact design of TEM microwave networks using quarterwave lines. Trans. Inst. Elect. Electron. Eng. MTT-12 (1964) 94–111. – [20] *Mayer, K.*: Synthese von optimalen mehrstufigen $\lambda/4$-Transformatoren mit Stichleitungen. Diss. TH Darmstadt 1970. – [21] *Collin, R. E.*: Theory and design of wide-band multisection quarterwave transformers. Proc. Radio Eng. 43 (1955) 179–185. – [22] *Mayer, K.*: Synthese von optimalen mehrstufigen $\lambda/4$-Transformatoren mit Stichleitungen. AEÜ 25 (1971) 61–68. – [23] *Meinke, H.; Gundlach, F. W.* (Hrsg.): Taschenbuch der Hochfrequenztechnik, 3. Aufl. Berlin: Springer 1968, S. 273, 301–304, 1628. – [24] *Meinke, H.*: Theorie der Hochfrequenzschaltungen. München: Oldenbourg 1951, Abschn. V. – [25] *Cards, O.*: Z. Hochfrequenztech. 50 (1937) 105. – [26] *Ruhrmann, A.*: Z. Hochfrequenztech. 58 (1941) 61–69. – [27] *Meinke, H.*: NTZ 9 (1956) 99–106. – [28] *Meinke, H.*: NTZ 11 (1958) 333–339. – [29] *Ruhrmann, A.*: Verbesserung der Transformationseigenschaften der Exponentialleitung durch Kompensationsschaltungen. AEÜ 4 (1950) 23–31. – [30] *Zinke, O.*: Die Exponentialleitung als Transformator. Funk u. Ton 1 (1949) 119–129. – [31] *Lewis, I. A.; Wells, F. H.*: Millimicrosecond pulse techniques. London: Pergamon 1954, Sect. 3.4. – [32] *Zinke, O.*: Transformationsprinzipien in Physik und Hochfrequenztechnik. Phys. Bl. 13 (1957) 60–62. – [33] *Mayer, K.*: Mehrstufige $\lambda/4$-Transformatoren und inhomogene Leitungen. AEÜ 23 (1969) 626–628. – [34] *Bolinder, F.*: Fourier transforms in the theory of inhomogeneous transmission lines. Trans. Roy. Inst. Technol. (1951) No. 48. – [35] *Ruhrmann, A.*: Die Energieausbreitung auf Leitungen mit exponentiell veränderlichem Wellenwiderstand. Z. Hochfrequenztech. 58 (1941) 61–69. – [36] *Klopfenstein, R. W.*: A transmission line taper of improved design. Proc. IRE (Jan. 1956) 31–35. – [37] *Mayer, K.*: Synthese der kompensierten inhomogenen Leitung mit Tschebyscheffschen Verlauf des Eingangsreflexionsfaktors. AEÜ 25 (1971) 217–220.

2 Stecker und Übergänge
Connectors and transitions

2.1 Koaxiale Steckverbindungen
Coaxial connectors

Steckverbindungen sind lösbare, möglichst reflexionsarme Verbindungen zwischen zwei Leitungen mit gleichem Wellenwiderstand. Man unterscheidet zwei Gruppen: Symmetrische Stecker (sexless connectors) wie z. B. PC-7, Dezifix A, B, Prezifix A, B, GR 874, GR 900 und unsymmetrische, polarisierte Stecker, bei denen für eine Steckverbindung jeweils eine Buchse (plug, weiblich, female) mit einem Stecker (jack, männlich, male), gekennzeichnet durch einen zentralen Innenleiterstift, gepaart werden muß. Außen haben die Stecker meist eine Überwurfmutter mit Schraubgewinde oder Bajonettverschluß (Bild 1).

Spezielle Literatur Seite L 16, 17

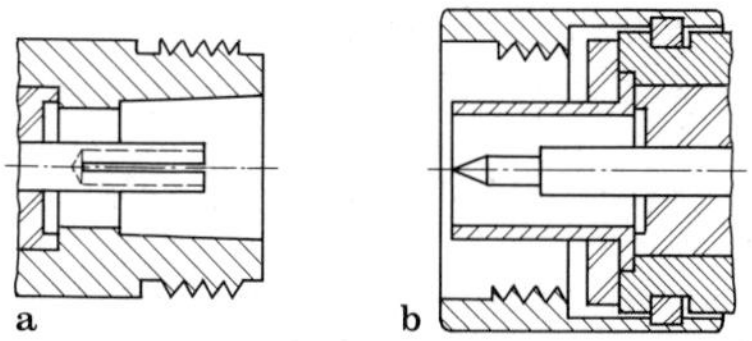

Bild 1. N-Steckverbindung. **a** Buchse; **b** Stecker mit Überwurfmutter. Toleranz der mechanischen Abmessungen bis herab zu $\pm$ 25 µm bzw. $\pm$ 5 µm

Jeder Stecker läßt sich nur mit ganz bestimmten, vom Hersteller festgelegten Leitungstypen verbinden. Um breitbandig einen möglichst niedrigen Reflexionsfaktor zu erhalten, sollte die Montage, speziell im Mikrowellenbereich, exakt nach den Vorschriften des Steckerherstellers erfolgen. Die Qualität der Verbindung wird mit einem Impulsreflektometer kontrolliert. Kritischer Punkt bei koaxialen Steckverbindungen ist der Innenleiterkontakt wegen der großen Stromdichte, der kleinen Kontaktfläche und der geringeren mechanischen Stabilität. Grundprinzipien beim Entwurf von Steckverbindern sind kompensierte Querschnittsprünge, galvanische Mehrfachkontakte, zentrische Kontakte durch Klemmkonus, selbstreinigende Kontakte und federnd angedrückte, plane metallische Flächen [1]. Um Übergangswiderstände durch korrodierte Oberflächen zu vermeiden, sind die Metallteile aus rostfreiem Stahl oder aus Messing (Be-Bronze, Kupfer) mit vergoldeter (versilberter) bzw. passivierter Oberfläche.

Der Frequenzbereich handelsüblicher Stecker reicht bis etwa 65 GHz [55, 56]. Die Frequenzobergrenze für jeden Typ ist durch das Auftreten von Hohlraumresonanzen gegeben [57–59]. Maximal zulässige Spannungen und Leistungen entsprechen meist denen der zugehörigen Koaxialleitung. Für spezielle Anwendungen gibt es Sonderausführungen der Standardtypen, die wasserdicht, vakuumdicht oder druckdicht sind.

Die gebräuchlichsten Steckertypen (Leitungswellenwiderstand $Z_L = 50\ \Omega$) sind:

UHF: Preiswerter Stecker für 7-mm-Kabel bis 300 MHz; $Z_L = 50 \ldots 75\ \Omega$.

BNC: (Bayonet Navy Connector) Robuster, preiswerter Standardstekker für den MHz-Bereich mit $Z_L = 50\ \Omega$ und $Z_L = 75\ \Omega$. Einsetzbar bis 4 GHz; für 3,5-mm-Kabel.

TNC: (Threaded Navy Connector) BNC mit Schraubverschluß; dadurch verringerte Abstrahlung bei hohen Frequenzen. Bis 18 GHz einsetzbar [3]; Standard TNC bis 15 GHz.

N: (Navy Connector) Wasserdichter, robuster, preiswerter Standardstecker für 7-mm-Kabel bis 12 GHz (Bild 1). Präzision-N bis 18 GHz. Reflexionsfaktor einer Steckverbindung typisch $r = 0{,}015 + 0{,}0015\ f/\mathrm{GHz}$. Mit dünnerem Innenleiter auch für $Z_L = 75\ \Omega$.

C: N-Stecker mit Bajonettverschluß; bis 11 GHz einsetzbar.

SMA: (Sub-Miniatur-A) Standardstecker für Mikrowellenkomponenten und -systeme. Für 3,5-mm-Kabel bis 24 GHz. Reflexionsfaktor typisch $r = 0{,}025 + 0{,}0025\ f/\mathrm{GHz}$. Begrenzte Lebensdauer (ca. 500 Betätigungen), da mechanisch empfindlich. Andere Bezeichnungen: OSM, RiM, KMR, WPM.

SMC; SMB: (Sub-Miniatur-C bzw. B) Mechanisch wenig beanspruchbarer Mikrominiaturstecker für den Video- und ZF-Bereich, speziell für geräteinterne Schraubverbindungen (SMC) oder Steckverbindungen (SMB); SMB bis 4 GHz, SMC bis 10 GHz einsetzbar; kleiner als SMA; Überwurfmutter an der Buchse. Andere Bezeichnungen: OSMC, Subvis, KMV; OSMB, Subclic, KMC.

PC-7: (Precision Connector 7 mm) Präzisionsstecker für Meßzwecke bis 18 GHz; Reflexionsfaktor typisch $r = 0{,}002 + 0{,}001\ f/\mathrm{GHz}$.

PC-3,5: (Precision Connector 3,5 mm) Mechanisch robustere Präzisionsausführung des SMA-Steckers (kompatibel), bis 34 GHz [4, 5].

2,92 mm: Kompatibel mit SMA und 3,5 mm; bis 40 GHz einsetzbar.

2,4 mm: Es existieren drei Ausführungen: a) preiswerte Standardbauform (production grade) zum (einmaligen) Einbau in Geräte, b) für Meßgeräte (instrument grade), mit geringen Reflexionen und hoher Lebensdauer, c) für Kalibrierzwecke (metrology grade). Einsetzbar bis 50 GHz; für 2,4-mm-Festmantelleitung (0.096 Zoll) [2].

1,85 mm: Kompatibel mit 2,4-mm-Steckern; bis 65 GHz einsetzbar.

Eine 1-mm-Steckverbindung (Innendurchmesser des Außenleiters 1 mm, Dielektrikum: Luft), die bis 110 GHz einsetzbar sein soll, befindet sich derzeit in der Entwicklung. Koaxiale Steckverbinder für Einschubtechnik, die nicht geschraubt, sondern nur gesteckt werden (blindmate connectors), gibt es in verschiedenen Bauformen, z. B. als 3,5-mm-Stecker (BMA, bis 22 GHz einsetzbar) und als 2,4-mm-Stecker (bis 40 GHz). Im Unterschied zum SMB-Stecker, bei dem eine Schnappverbindung hergestellt wird (snap on), rasten diese Stecker nicht ein (slide on).

2.2 Übergänge zwischen gleichen Leitungen mit unterschiedlichem Querschnitt

Transmission line tapers and step discontinuities

Eine abrupte Änderung des Innenleiterquerschnitts (Bild 2a) oder des Außenleiterquerschnitts (Bild 2b) einer koaxialen Leitung bedeu- nusübergang (s. 2.3) ist der kompensierte Sprungübergang (Bild 2c). Zur Kompensation tet eine Änderung des Leitungswellenwiderstands. Daraus resultiert ein Reflexionsfaktor $r_0 = (Z_{L2} - Z_{L1})/(Z_{L2} + Z_{L1})$. Da der Querschnittsprung das Feld der homogenen TEM-Welle verzerrt (in unmittelbarer Umgebung der Sprungstelle treten elektrische Längsfeldstärken auf) und da diese Verzerrungen sich mit abnehmender Wellenlänge stärker auswirken, wird der Reflexionsfaktor mit zunehmender Frequenz

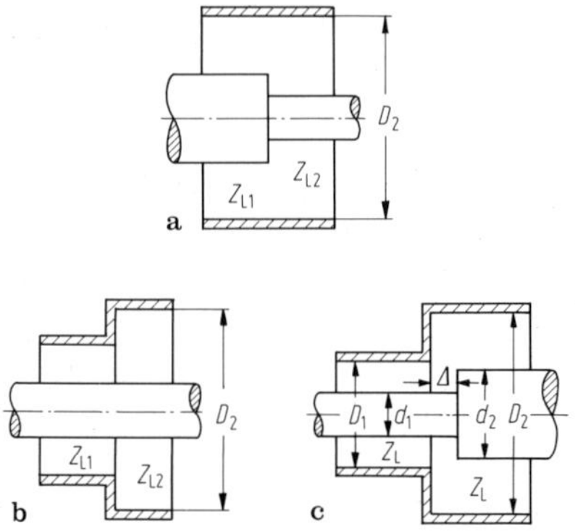

Bild 2. Koaxiale Querschnittsprünge. **a** Innenleitersprung; **b** Außenleitersprung; **c** Querschnittsprung ohne Wellenwiderstandsänderung mit kompensierter Feldstörung

größer als r_0. Die Konzentration der elektrischen Feldlinien an der jeweiligen Außenkante bewirkt einen Überschuß an elektrischer Feldenergie (Parallelkapazität im Ersatzschaltbild). Für Frequenzen mit $\lambda_0 > 5\,D_2$ ist der Wert dieser Kapazität näherungsweise konstant und kann aus dem statischen Feld ermittelt werden [6, 7, 21]. Bei noch höheren Frequenzen nimmt die Längsausdehnung des inhomogenen Feldbereichs zu. Der Ausbreitungsbeginn höherer Wellentypen ist zu beachten.

Durch einen allmählichen Übergang von einem Leitungsquerschnitt zum anderen kann man erreichen, daß der Reflexionsfaktor mit zunehmender Frequenz kleiner wird als r_0. Solche Leitungsübergänge (taper) lassen sich in verschiedenster Form ausführen (kontinuierlich oder mehrstufig) und rechnerisch optimieren. Ziele sind dabei z. B. kurze Baulänge, einfache Herstellbarkeit und ein kleiner Reflexionsfaktor innerhalb eines vorgegebenen Frequenzbereichs. Microstrip-taper und Querschnittsprünge in [9–12, 25] Hohlleitertaper und Querschnittsprünge in [13–20]. Finline-taper in [22, 23, 60].

Auch beim Übergang zwischen zwei Koaxialleitungen mit gleichem Wellenwiderstand aber unterschiedlichen Querschnittsabmessungen, läßt sich kein idealer Übergang angeben, sondern nur ein z. B. bezüglich der Baulänge optimierter. Kürzer und einfacher herstellbar als der Konusübergang (s. 2.3) ist der kompensierte Sprungübergang (Bild 2c). Zur Kompensation des durch die Außenkanten entstehenden Überschusses an elektrischer Feldenergie wird der dünne Innenleiter um Δ verlängert. Die in diesem Bereich bezogen auf Z_L erhöhte Oberflächenstromdichte im Innenleiter vergrößert die magnetische Feldenergie und wirkt damit wie eine Serieninduktivität im Ersatzschaltbild (Tiefpaßkompensation). Für Luftleitungen mit $Z_L = 50 \ldots 75\,\Omega$ und $D_2/D_1 > 2$ gilt näherungsweise $\Delta = 0{,}12\,D_2$ [8].

Eine abrupte Änderung der Dielektrizitätszahl bei konstantem Leiterquerschnitt erzeugt den Reflexionsfaktor

$$r = (1 - \sqrt{\varepsilon_{r2}/\varepsilon_{r1}})/(1 + \sqrt{\varepsilon_{r2}/\varepsilon_{r1}}).$$

Sofern die Grenzschicht wie in Bild 3a parallel zu den elektrischen Feldlinien verläuft, entsteht

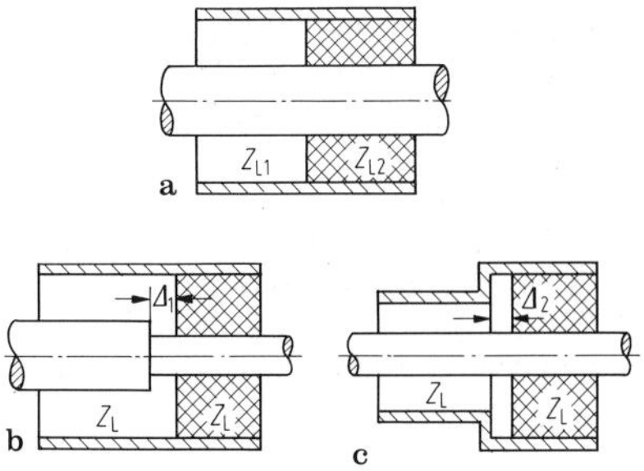

Bild 3. Abrupter Übergang von Luft in ein Dielektrikum. **a** konstanter Reflexionsfaktor; **b**, **c** tiefpaßkompensierter, reflexionsarmer Übergang

keine Feldverzerrung und der Reflexionsfaktor ist frequenzunabhängig. Bei konstantem Leitungswellenwiderstand müssen sich auch die Leiterquerschnitte ändern. Die dann auftretende Feldstörung läßt sich durch Versetzen der dielektrischen Grenzschicht um die Länge Δ gegen die Ebene des Querschnittsprungs breitbandig kompensieren (Bild 3b, c).

Glatte Isolierstützen (Bild 4a) [57] wirken als Querkapazität, solange $d\sqrt{\varepsilon_r} << \lambda_0$ gilt. Der Reflexionsfaktor einer solchen Isolierstoffscheibe ist dann für $r < 0{,}1$ näherungsweise $r = \pi d f(\varepsilon_r - 1)/c_0$. Zur Verringerung der Reflexionen werden zunächst die Querschnittsabmessungen im Bereich der Stütze so verändert, daß der gleiche Leitungswellenwiderstand auftritt (Bild 4b, c, d). Die verbleibende kapazitive Störung an beiden Enden der Stütze wird minimiert durch Tiefpaßkompensation und Einsatz von möglichst wenig Material mit kleinem ε_r [58]. Periodisch angeordnete Stützen ergeben einen großen Reflexionsfaktor bei Frequenzen, für die der Stützenabstand jeweils Vielfache von $\lambda_0/2$ beträgt (Sperrstellen) [61].

Kompensierte, stabförmige Isolierstützen (Bild 4e) ergeben noch geringere Reflexionen. Sie werden in Steckern und Adaptern zur Fixierung des Innenleiters benutzt (captured center contact).

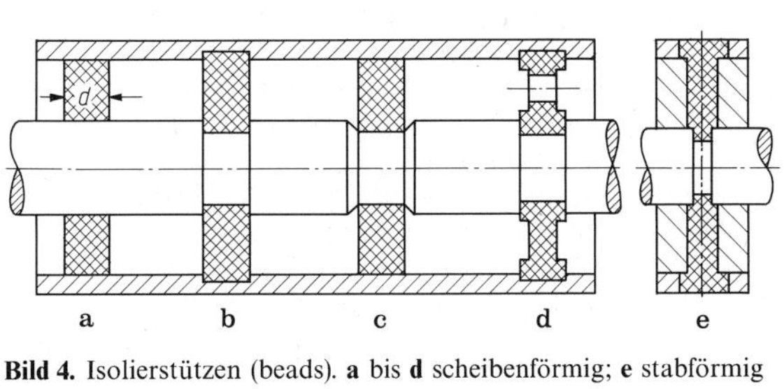

Bild 4. Isolierstützen (beads). **a** bis **d** scheibenförmig; **e** stabförmig

2.3 Konusleitung, Konusübergang
Conical line, conical transition

Leitungen, deren Leiter aus zwei Kegeln mit gemeinsamer Spitze bestehen, haben als Grundwelle die TEM-Welle (geführte Kugelwelle). Der Leitungswellenwiderstand ist konstant, wie bei einer in Längsrichtung homogenen Leitung. Für koaxiale Kegel (Bild 5) gilt

$$Z_L = \frac{Z_0}{2\pi\sqrt{\varepsilon_r}} \ln \frac{\tan(\Theta_2/2)}{\tan(\Theta_1/2)}. \quad (1)$$

Sonderfälle sind $\Theta_2 = 90°$ (Kegel gegen leitende Ebene) mit $Z_L = 60\,\Omega \ln(\cot(\Theta_1/2))/\sqrt{\varepsilon_r}$ und $\Theta_2 = \pi - \Theta_1$ (bikonische Antenne) mit dem doppelten Wert. Die Feldstärken, sowie Strom und Spannung einer laufenden Welle sind:

$$\underline{E}_\Theta = U_0 \exp(-\mathrm{j}\beta r)/(r \sin\Theta), \quad (2)$$

$$H_\varphi = \underline{E}_\Theta/\sqrt{\mu/\varepsilon}, \quad (3)$$

$$U = U_0 \ln(\tan(\Theta_2/2)/\tan(\Theta_1/2)), \quad (4)$$

$$I = 2\pi U_0/\sqrt{\mu/\varepsilon}. \quad (5)$$

Die Konusleitung wird eingesetzt als reflexionsarmer Übergang zwischen zwei Koaxialleitungen unterschiedlichen Querschnitts, außerdem als Breitbandantenne (Kegel gegen leitende Ebene) und als Übergang vom Innenleiter einer koaxialen Speiseleitung auf einen Antennenstab (Bild 7e).
Bild 6a zeigt einen Konusübergang. Trotz des sich für konstantes Z_L geometrisch bereits ergebenden Versatzes der Übergangsstellen zwischen Konus und Zylinder, verbleibt eine Feldstörung (durch eine Serieninduktivität im Ersatzschaltbild beschreibbar), die z. B. durch Versatz der Kegelspitzen (Bild 6b) kompensiert werden kann. Konusübergänge haben eine höhere Spannungsfestigkeit als die im vorangegangenen Abschnitt betrachteten, kompensierten Sprungübergänge.

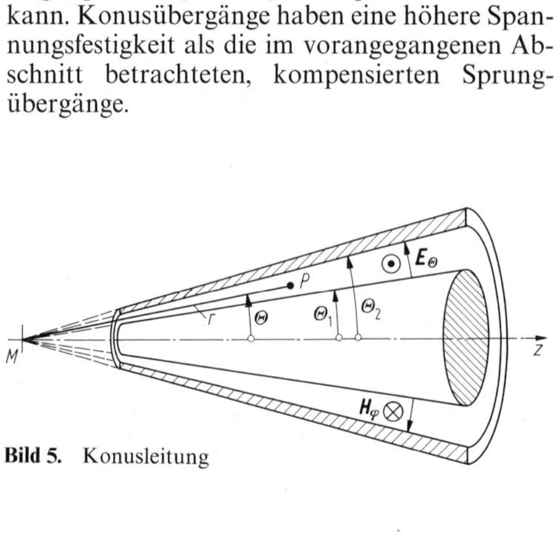

Bild 5. Konusleitung

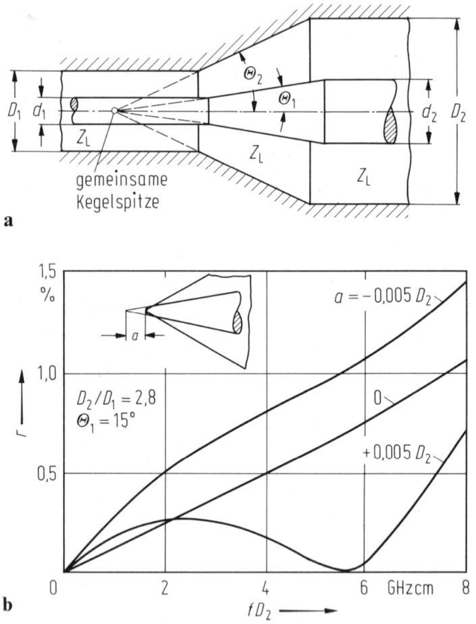

Bild 6. **a** Konusübergang; **b** Reflexionsfaktor eines Konusübergangs bei Versatz der Kegelspitzen um *a*

2.4 Übergang zwischen Koaxial- und Zweidrahtleitung
Transition from unbalanced to balanced transmission line

Beim Übergang von einem gegen Masse symmetrischen Wellenfeld zu einem gegen Masse unsymmetrischen Wellenfeld müssen spezielle Symmetrierschaltungen (baluns) eingefügt werden, um eindeutige, stabile Strom- und Spannungsverhältnisse (bzw. Strahlungsdiagramme im Fall von Antennen) zu erzielen. Neben der Symmetrierung ist häufig noch eine Impedanztransformation z. B. 1 : 4 von 60-Ω-Koaxialleitung auf 240-Ω-Zweidrahtleitung notwendig. Außer dem direkten Einsatz bei der Verbindung einer Zweidrahtleitung mit einer Koaxialleitung finden solche Schaltungen Verwendung beim Anschluß einer symmetrischen Antenne an eine Koaxialleitung und bei der Verbindung eines Gegentaktverstärkers mit einem Eintaktverstärker bzw. mit einer unsymmetrischen Anschlußleitung.
Bild 7a zeigt in der einfachsten Form den Übergang von zwei gegenphasig gespeisten Koaxialleitungen auf eine Zweidrahtleitung, z. B. für Meßzwecke. Bei niedrigen Frequenzen erfüllt ein fest gekoppelter Übertrager mit Wicklungen alle Anforderungen hinsichtlich Symmetrierung und Impedanztransformation (Bild 7b), für Schmalbandanwendungen ist eine Brückenschaltung (Bild 7c) ausreichend.

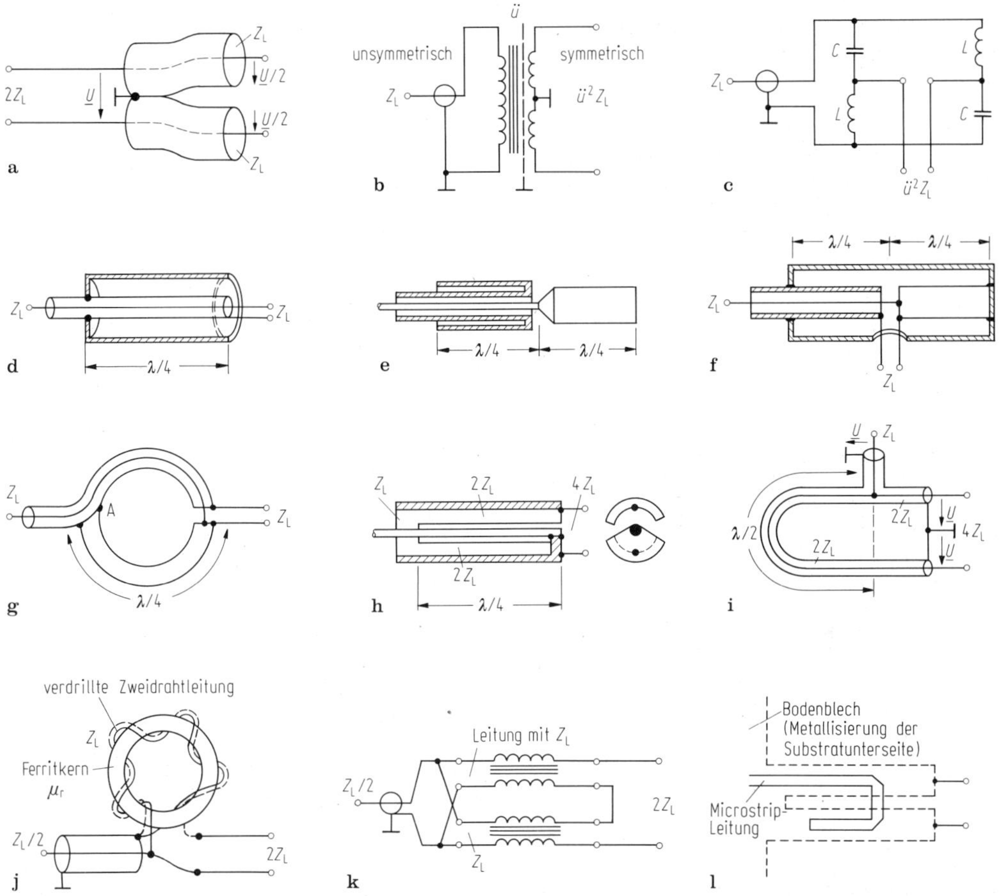

Bild 7. Symmetrierschaltungen (baluns). **a** Übergang von einer Zweidrahtleitung auf zwei Koaxialleitungen (Serienverzweigung); **b** Symmetrierübertrager mit Wicklungen; **c** Brückenschaltung mit diskreten Bauelementen; **d** koaxialer Sperrtopf (nicht abstrahlend); **e** $\lambda/2$-Dipol mit Sperrtopf (abstrahlend); **f** Symmetriertopf (nicht abstrahlend); **g** Symmetrierschleife (Schleifenantenne); **h** Schlitzübertrager; **i** $\lambda/2$-Umwegleitung; **j** Verdrahtungsbeispiel für eine 4 : 1-Transformation mit einem Leitungsübertrager; **k** Ersatzschaltbild für eine 4 : 1-Transformation mit zwei Leitungsübertragern; **l** Übergang von Microstripleitung auf symmetrische Zweidrahtleitung

Bei der unmittelbaren Verbindung zwischen Koaxial- und Zweidrahtleitung tritt in der einen Übertragungsrichtung eine Aufteilung der eingespeisten Welle in eine Gleichtakt- und eine Gegentaktwelle auf, bzw. in der umgekehrten Richtung in eine reguläre TEM-Welle innerhalb der Koaxialleitung und eine in der Regel unerwünschte TEM-Welle (Mantelwelle) zwischen dem Außenleiter der Koaxialleitung und Masse (Umgebung). Durch einen Kurzschluß in der Entfernung $\lambda/4$ wird die Mantelwelle reflektiert (Bild 7d) und erhält damit eine sehr hochohmige Impedanz (Leerlauf) an ihrem Entstehungsort. Der koaxiale Sperrtopf wirkt nicht direkt symmetrierend, er verhindert nur schmalbandig das Auftreten von Strömen auf der Außenseite des Außenleiters der angeschlossenen Koaxialleitung.

Das gleiche Grundprinzip findet beim Anschluß einer symmetrischen $\lambda/2$-Dipolantenne (bzw. eines $\lambda/4$-Stabs mit Gegengewicht) an eine Koaxialleitung Verwendung (Bild 7e). Die Anordnung wird breitbandiger, wenn der Sperrtopf (und auch der Antennenstab) nicht streng parallel zur Speiseleitung verläuft, sondern kegelförmig erweitert wird (Regenschirmantenne). Die Erweiterung der Anordnung zu einem Symmetriertopf (Bild 7f) bewirkt, daß die Symmetriebedingung unabhängig von der Frequenz immer erfüllt ist. Bei Abweichungen von der Betriebsfrequenz treten nur Fehlanpassungen auf, da die Mantelwellen eine endliche Lastimpedanz vorfinden.

Nach dem gleichen Prinzip, nur geometrisch anders angeordnet und ohne Abschirmung, arbeitet die Symmetrieschleife (EMI-Schleife, Bild 7g).

Die auf dem Außenleiter der Koaxialleitung und auf der massiven Nachbildung (untere Hälfte) fließenden Ströme werden im Punkt A kurzgeschlossen, so daß der Mantel der nach links abgehenden Koaxialleitung stromlos bleibt. Ohne weiterführende Zweidrahtleitung ergibt sich eine gegen elektrische Felder abgeschirmte, magnetische Schleifenantenne (s. Bild I 1.7). Eine Sonderform der Symmetrierschleife mit Impedanztransformation 4:1 ist der Schlitzübertrager (Bild 7h) [24]. Die Koaxialleitung mit Z_L wird durch die Schlitze aufgeteilt in zwei parallele $\lambda/4$-Leitungen mit $2Z_L$. Die eine ist am Ende kurzgeschlossen (Eingangsimpedanz ∞), die andere transformiert $4Z_L$ in Z_L.
Die $\lambda/2$-Umwegleitung (Bild 7i) bewirkt eine 4:1-Impedanztransformation. Die Symmetrierung erfolgt unabhängig von etwaigen Fehlanpassungen schmalbandig nur bei den Frequenzen, bei denen der über den Umweg zum Ausgang gelangende Signalanteil gegenphasig zu dem des direkten Wegs ist. Geradzahlige Vielfache der Signalfrequenz werden nicht symmetriert.
Leitungsübertrager (transmission line transformers) [26–31] sind eine Kombination von Leitungsbauelementen und Wicklungen. Ausgehend von der Grundidee, daß sich eine Gleichtakt- bzw. Mantelwelle unterdrücken läßt, indem man die betreffende Leitung zu einer Luftspule aufwickelt oder mit einem Ferrit-Rohrkern (Dämpfungsperle) umgibt, werden bei Leitungsübertragern (verdrillte) Zweidrahtleitungen mit definiertem Leitungswellenwiderstand Z_L auf einen Ferrit-Ringkern gewickelt (Bild 7j). Bei niedrigen Frequenzen (unterhalb etwa 10 MHz) wirkt die Schaltung wie ein Spartransformator, bei dem die Koaxialleitung zwischen der gemeinsamen Masse und der Mittenanzapfung angeschlossen ist. Die untere Grenzfrequenz (bis herab zu einigen kHz) ist eine Funktion der Permeabilitätszahl μ_r, der Wickelgeometrie und der Impedanzverhältnisse. Für hohe Frequenzen wird die Funktion aus der in Bild 7k dargestellten Variante deutlich: Auf der Koaxialseite sind zwei Leitungen parallelgeschaltet, auf der Zweidrahtseite in Serie. Die Leitungen selbst sind jeweils bifilare Wicklungen auf dem Ringkern, so daß die Gegentaktwelle davon unbeeinflußt bleibt. Zudem geht der Wert von μ_r, materialbedingt, mit zunehmender Frequenz gegen 1. Die obere Grenzfrequenz (bis etwa 2 GHz) ergibt sich aus der Leitungslänge ($l/\lambda < 0{,}2$) und den Impedanzverhältnissen.
Leitungsübertrager lassen sich auch mit anderen Transformationsverhältnissen als 4:1 realisieren. Neben der Symmetrierung kann man Phasenumkehr oder Leistungsteilung bzw. -addition erreichen. Es sind sehr breitbandige Schaltungen mit geringen Verlusten, d. h. für hohe Leistungen geeignet, sowie die Kettenschaltung mehrerer Stufen möglich.

2.5 Übergang zwischen Koaxial- und Microstripleitung

Transition from coaxial to microstrip line

Da die Feldbilder der TEM-Welle auf einer Koaxialleitung und der TEM-ähnlichen EH_0-Welle auf einer Microstripleitung unterschiedlich sind, treten bei einem abrupten Übergang zwischen beiden Leitungstypen – auch bei gleichen Leitungswellenwiderständen – Feldverzerrungen auf. Der dadurch hervorgerufene Reflexionsfaktor wird mit zunehmender Frequenz größer. Zur Beschreibung der Frequenzabhängigkeit eines solchen Übergangs wird entweder ein Π-Glied mit diskreten Bauelementen (zwei Parallel-C, ein Serien-L) [33, 34] oder die Streumatrix eines Ersatzzweitors [35] benutzt. Ein allmählicher Übergang zu Meßzwecken (8–18 GHz, $r < 3{,}5\,\%$) von Microstripleitung auf PC-7-Stecker ist in [32] beschrieben. Weitere Bauformen und Literatur in [11, 62, 66].
Bild 8 zeigt einen Standardübergang von einer SMA-Buchse auf eine Microstripleitung im Metallgehäuse. Vom Koaxialeingang her gesehen kommt zunächst ein koaxialer Querschnittsprung, um den Radius der Koaxialleitung an die Höhe der Microstripleitung anzugleichen. Dann kommt der abrupte Übergang. Der koaxiale Innenleiter geht über in eine dünne, mechanisch empfindliche Anschlußfahne. Die galvanische

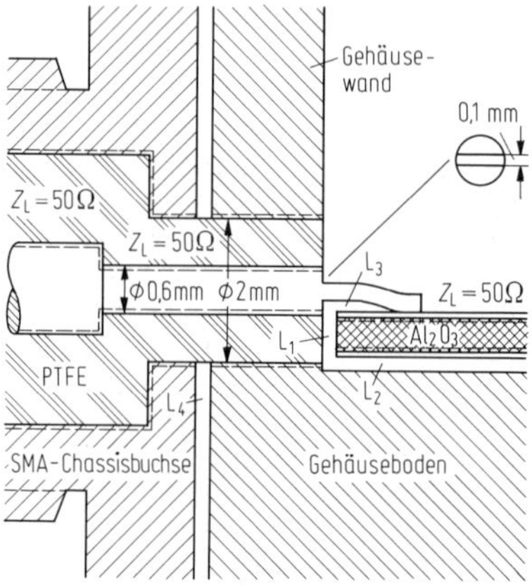

Bild 8. Standardübergang von Koaxialleitung auf Microstripleitung mit vergrößert dargestellten Luftspalten L_1 bis L_4, durch die Fehlanpassungen hervorgerufen werden. Die Oberflächenströme der homogenen Leitungswelle sind gestrichelt eingetragen

Verbindung zwischen Innenleiter und Streifenleiter erfolgt durch Anlöten oder Anpressen der Anschlußfahne. In Bild 8 sind Luftspalte L_1 bis L_4 eingetragen, durch die das elektrische Verhalten des Übergangs u. U. gravierend beeinflußt wird. Luftspalt L_1 wirkt wie eine Serieninduktivität. Er ist aufgrund unterschiedlicher thermischer Ausdehnungskoeffizienten und mechanischer Toleranzen bei der Serienfertigung nie völlig vermeidbar (Abhilfe durch kleine Substrate und spezielles Gehäusematerial, z. B. Kovar, Invar bei Al_2O_3-Substrat, Al bei weichen Substraten). L_2 und L_3 bewirken Stromumwege (im Ersatzschaltbild darstellbar als am Ende kurzgeschlossene Stichleitungen). Sie können schmalbandige Spitzen im Frequenzgang der Anordnung verursachen.
Abhilfemaßnahmen: L_2: Aufpressen bzw. -löten des Substrats auf den Gehäuseboden; Federblech oder leitfähiger Kleber zwischen Substrat und Boden; Substrat ohne metallisierte Unterseite benutzen. L_3: Gehäusewand in der Vertikalen verschiebbar; Luftspalt und Lötzinn ausfüllen. L_4: umlaufenden Kontaktring einfügen bzw. andrehen.
Für hermetisch dichte Microstripschaltungen und für solche mit auswechselbarem Koaxialanschluß wird die Koaxialleitung im Bereich der Gehäusewand (Bild 8) als Glasdurchführung eingelötet und die Chassisbuchse wird auf den aus dem Gehäuse herausragenden Innenleiterstift aufgesteckt.
Feinabstimmung des Reflexionsfaktors in einem vorgegebenen Frequenzbereich: L_1 variieren; Aussparungen in der Bodenmetallisierung kombiniert mit Abstimmschrauben im Gehäuseboden; Beeinflussen der Koaxialleitung in der Gehäusewand durch Querschnittsprünge, Zurückschneiden des Dielektrikums oder Konusübergang zwischen Innenleiter und Anschlußfahne.
Übergang von Microstripleitung auf Schlitzleitung in [25, 37], auf Hohlleiter in [38–40, 53, 54, 63–65]. Übergang von Suspended Stripline auf Hohlleiter in [36].

2.6 Übergang zwischen Koaxialleitung und Hohlleiter

Transition from coaxial line to waveguide

Übergänge von Koaxialleitung auf Rechteckhohlleiter mit H_{10}-Welle sind in einer Vielfalt von Bauformen möglich. Bild 9a zeigt den Standardübergang. Der Innenleiter der Koaxialleitung ragt als kurze Stabantenne in den Hohlleiterquerschnitt hinein. Das kapazitive Nahfeld

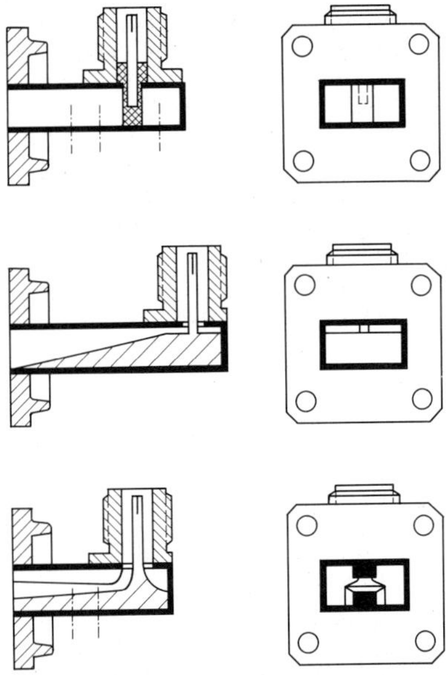

Bild 9. Übergänge von Koaxialleitung auf Rechteckhohlleiter (**a**, **b**) bzw. Doppelsteghohlleiter (**c**) mit H_{10}-Welle

des Antennenstabes wird kompensiert durch die induktive Eingangsimpedanz des nach rechts abgehenden, am Ende kurzgeschlossenen Hohlleiters mit $l < \lambda_H/4$. Das Dielektrikum dient zur mechanischen Halterung. Die wesentlichen Einflußgrößen sind Eintauchtiefe, Durchmesser und etwaiger Mittenversatz des Antennenstabes sowie die Länge der kurzgeschlossenen Leitung. Der Reflexionsfaktor handelsüblicher Übergänge liegt unter 10%, für Präzisionsadapter (evtl. mit Abstimmschrauben für den Feinabgleich an den gestrichelt eingetragenen Stellen) unter 2,5% im gesamten Hohlleiterband.
Bild 9b zeigt eine andere Bauform, die u. a. für hohe Leistungen besser geeignet ist. Der zur Impedanzanpassung dienende Keil kann alternativ stufig oder als Steg ausgeführt werden. Im Unterschied zu Bild 9a ist die Koaxialleitung für Gleichstrom und Niederfrequenz kurzgeschlossen. Bild 9c zeigt eine Weiterentwicklung dieses Adapterprinzips für Doppelsteghohlleiter. Trotz der doppelten relativen Bandbreite sind auch hier Reflexionsfaktoren unter 10% breitbandig erreichbar.
Weitere Bauformen und Literatur in [13, 41, 52], Übergang von Koaxialleitung auf Rundhohlleiter in [42], auf Schlitzhohlleiter in [45]. Übergänge von Rechteckhohlleiter auf Rundhohlleiter in [44], auf Microstripleitung in [38–40, 53, 54], auf Finleitung in [23, 43], auf Suspended Stripline in [36]. Übergänge auf Oberflächenwellenleiter in [46–51].

Spezielle Literatur: [1] *Powell, R. C.*: Precision coaxial connectors. In: *Young, L.* (Ed.): Advances in microwaves, Vol. 6. New York: Academic Press 1971. – [2] *Browne, J.*: Precision coaxial cables and connectors reach 45 GHz. Microwaves and RF, No. 9 (1983) 131, 134, 136. – [3] *Kubota, J.*: TNC connectors meet new performance criteria. Microwaves No. 2 (1981) 77–79. – [4] *Adam, S. F.* et al.: A high performance 3,5 mm connector to 34 GHz. Microwave J. No. 7 (1976) 50–54. – [5] *Maury, M. A.*: Improving SMA tests with APC 3.5 hardware. Microwaves No. 9 (1981) 71–76. – [6] *Whinnery, J. R.; Jamieson, H. W.*: Equivalent circuits for discontinuities in transmission lines. Proc. IRE 32 (1944) 98–114. – [7] *Whinnery, J. R.; Jamieson, H. W.; Robbins, T. E.*: Coaxial line discontinuities. Proc. IRE 32 (1944) 695–709. – [8] *Meinke, H.; Scheuber, A.*: Zylindersymmetrische Bauelemente koaxialer Leitungen. NTZ 5 (1952) 109–114. – [9] *Khilla, A. M.*: Optimum continuous microstrip tapers are amenable to computer-aided design. Microwave J. No. 5 (1983) 221–224. – [10] *Khilla, A. M.*: Computer aided design of an optimum Chebyshev microstrip taper. AEÜ 35 (1981) 133–135. – [11] *Hoffmann, R. K.*: Integrierte Mikrowellenschaltungen. Berlin: Springer 1983. – [12] *Schilder, D.*: Zur Berechnung des optimalen kontinuierlichen Übergangs zwischen Streifenleitungen verschiedener Wellenwiderstände. Nachrichtentechnik 21, H. 10 (1971) 342–346. – [13] *Sporleder, F.; Unger, H. G.*: Waveguide tapers, transitions and couplers. Stevenage: Peter Peregrinus 1979. – [14] *Chakraborty, A.; Sanyal, G. S.*: Transmission matrix of a linear double taper in rectangular waveguide. IEEE. Trans. MTT-28 (1980) 577–579. – [15] *Piefke, G.*: Reflexion und Transmission beim Einfall einer H_{0n}-Welle auf einen kugelförmigen Übergang zwischen zwei Hohlleitern. AEÜ 15 (1961) 444–454. – [16] *Piefke, G.; Strube, R.*: Reflexion und Transmission bei Einfall einer H_{10}-Welle auf eine sprunghafte Änderung eines Rechteckhohlleiters in der E-Ebene. AEÜ 19 (1965) 231–243. – [17] *Lucas, I.*: Reflexionsfaktoren an Versetzungen in Rechteckhohlleitern. AEÜ 20 (1966) 683–690. – [18] *v. Kienlin, U.; Kürzl, A.*: Reflexion an Hohlleiterflanschverbindungen. NTZ 11 (1958) 561–564. – [19] *Levy, R.*: Reflection coefficient of unequal displaced rectangular waveguides. IEEE Trans. MTT-24 (1976) 480–483. – [20] *Schwinger, J.; Saxon, D. S.*: Discontinuities in waveguides. New York: Gordon and Breach 1968. – [21] *Saad, T. S.*: Microwave engineers' handbook I. Dedham: Artech House 1971. – [22] *Hinken, J. H.*: Simplified analysis and synthesis of fin-line tapers. AEÜ 37 (1983) 375–380. – [23] *Saad, A. M. K.; Schünemann, K.*: Design of finline tapers, transitions and couplers. Amsterdam: E.M.C. 1981 pp. 305–308. – [24] *Zinke, O.; Brunswig, H.*: Lehrbuch der Hochfrequenztechnik I. Berlin: Springer, 4. Aufl. 1990. – [25] *Gupta, K. C.; Garg, R.; Bahl, I. J.*: Microstrip lines and slotlines. Dedham: Artech House 1979. – [26] *Ruthroff, C. L.*: Some broad-band transformers. Proc. IRE 47 (1959) 1337–1342. – [27] *Pitzalis, G.; Couse, T. P.*: Practical design information for broadband transmission line transformers. Proc. IEEE (1968) 738–739. – [28] *Rotholz, E.*: Transmission-line transformers. IEEE Trans. MTT-29 (1981) 327–331. – [29] *Sevick, J.*: Broadband matching transformers can handle many kilowatts. Electronics, Nov. 25 (1976) 123–128. – [30] *Matick, R. E.*: Transmission line pulse transformers-theory and applications. Proc. IEEE 56 (1968) 47–62. – [31] *Lampert, E.*: Leitungsübertrager mit beliebigem, ganzzahligem Übersetzungsverhältnis. AEÜ 23 (1969) 49–59. – [32] *Eisenhart, R. L.*: A better microstrip connector. IEEE-MTT-Symp. (1978) 318–320. – [33] *Majewski, M. L.; Rose, R. W.; Scott, J. R.*: Modeling and characterization of microstrip-to-coaxial transitions. IEEE Trans. MTT-29 (1981) 799–805. – [34] *Chapman, A. G.; Aitchison, C. S.*: A broad-band model for a coaxial-to-microstrip transition. IEEE Trans. MTT-28 (1980) 130–136. – [35] *Souza, J. R.; Talboys, E. C.*: S-parameter characterization of coaxial to microstrip transition. Proc. IEE 129 (1982) 37–40. – [36] *Galin, I.*: New transition expands options for SSS users. Microwaves and RF, No. 1 (1983) 72–73. – [37] *El Minyawi, N. M.*: A new microstrip-slotline transition. Microwave J., No. 10 (1983) 140–141. – [38] *Bharj, S. S.; Mak, S.*: Waveguide-to-microstrip transition uses evanescent modes. Microwaves and RF, No. 1 (1984) 99–100, 134. – [39] *Neidert, R.*: Waveguide-to-coax-to-microstrip transition for mm-wave monolithic circuits. Microwave J., No. 6 (1983) 93–101. – [40] *Kompa, G.*: Zum Frequenzverhalten eines Microstrip-Hohlleiter-Übergangs. AEÜ 35 (1981) 69–71. – [41] *Williamson, A. G.*: Analysis and modeling of two-gap coaxial line rectangular waveguide junctions. IEEE Trans. MTT-31 (1983) 295–302. – [42] *Desphande, M. D.; Das, B. N.*: Analysis of an end launcher for a circular cylindrical waveguide. IEEE Trans. MTT-26 (1978) 672–675. – [43] *Mehran, R.*: Computer aided design of integrated waveguide-fin line and waveguide-microstrip transitions. Mikrowellen-Mag. 10, No. 4 (1984) 360–361. – [44] *Du, L. J.; Scheer, D. J.*: Equivalent circuit of a microwave transition connecting rectangular and circular waveguides. Microwave J., No. 1 (1983) 112–120. – [45] *Dalichau, H.*: Übergänge und Fahrzeugkoppler für Schlitzhohlleiterstrecken. Frequenz 36 (1982) 169–173. – [46] *Trinh, T. N.; Malherbe, J. A. G.; Mittra, R.*: A metal-to-dielectric waveguide transition with application to millimeter-wave integrated circuits. IEEE-MTT-Symp. (1980) 205–207. – [47] *Malherbe, J. A. G.; Trinh, T. N.; Mittra, R.*: Transition from metal to dielectric waveguide. Microwave J., No. 11 (1980) 71–74. – [48] *Bhooshan, S.; Mittra, R.*: On the design of transition between a metal and inverted strip dielectric waveguide for millimeter waves. IEEE Trans. MTT-29 (1981) 263–265. – [49] *Du Hamel, R. H.; Duncan, J. W.*: Launching efficiency of wires and slots for a dielectric rod waveguide. IRE Trans. MTT (1958) 277–284. – [50] *Dewar, W. J.; Beal, J. C.*: Coaxial-slot surface wave launchers. IEEE Trans. MTT-18 (1970) 449–455. – [51] *McRitchie, W. K.; Beal, J. C.*: Yagi-Uda array as a surface wave launcher for dielectric image lines. IEEE Trans. MTT-20 (1972) 493–496. – [52] *Harvey, A. F.*: Microwave engineering. London: Academic Press 1963. – [53] *Singh, D. R.; Seashore, C. R.*: Straightforward approach produces broadband transitions. Microwaves and RF, No. 9 (1984) 113–118. – [54] *Dydyk, M.; Moore, B. D.*: Shielded microstrip aids V-band receiver designs. Microwaves No. 3 (1982) 77–82. – [55] *Weinschel, B.*: Coaxial connectors: A look to the past and future. Microwave System News, Februar 1990, 24–31. – [56] *Pustai, J.; Manz, B.; Browne, J.; Banning, H.*: Special section: Connectors. Microwaves & RF, November 1986, 70–108. – [57] *Olbrich, G.*: Resonanzeffekte in dielektrischen Stützen von Koaxialsteckern. Frequenz 38 (1984) H. 7/8, 166–171. – [58] *Boillot, L.; Constantin, B.; Vignard, P.*: New concept of dielectric bead for 46 GHz coaxial connectors. Mikrowellen Magazin 14, Nr. 6 (1988) 571–573. – [59] *Botka, J.*: Major improvement in measurement accuracy using precision slotless connectors. Microwave J., März 1988, 221–226. – [60] *Bhat, B.; Koul, S. K.*: Analysis, design and applications of fin lines. Dedham: Artech House, 1987. – [61] *Dalichau, H.*: Periodische Störstellen auf Leitungen. Frequenz 42 (1988) H. 9, 238–246. – [62] *Izadian, J. S.; Izadian, S. M.*: Microwave transition design. Dedham: Artech House 1988. – [63] *Shih, Y. C.; Ton,*

T. N.; Bui, L. Q.: Waveguide-to-microstrip transitions for millimeter-wave applications. IEEE MTT-S Digest (1988), 473–475. – [64] *Beaudette, R. G.; Kushner, L. J.:* Waveguide-to-microstrip transitions. Microwave J., September 1989, 211–216. – [65] *Ponchak, E. G.; Downey, A. N.:* A new model for broadband waveguide-to-microstrip transition design. Microwave J., Mai 1988, 333–343. – [66] *Baumer, C.; Bochtler, U.; Landstorfer, F.:* Reflexionsarme Übergänge von Koaxialleitung auf Mikrostreifen- und Suspended-Substrate-Leitungen in einfacher Bauform. Mikrowellen & HF-Magazin, Bd. 15, Nr. 1 (1989), 62–66.

3 Reflexionsarme Abschlußwiderstände
Matched terminations

Kennwerte. Reflexionsarme Abschlußwiderstände werden benutzt, um HF-Leitungen mit ihrem Leitungswellenwiderstand abzuschließen. Sie bestehen in der Regel aus einem Stecker (bzw. Flansch, Buchse), der den Anschluß an die Leitung gestattet, einem Widerstandselement, das die Energie der einfallenden Welle in Wärme umsetzt, und einem mehr oder weniger großen Kühlkörper, der die Wärme an die Umgebung weiterleitet. Kenngrößen sind: Frequenzbereich, Reflexionsfaktor, maximale Eingangsleistung und Leitungswellenwiderstand bzw. Steckertyp. Falls statt des Reflexionsfaktors r das Stehwellenverhältnis s bzw. $VSWR$ angegeben ist, so gilt für die hier interessierenden kleinen Werte von r: $r \approx (VSWR - 1)/2$.

Voraussetzung für geringe Reflexionen ist zunächst eine gut kontaktierende, saubere Steckverbindung. (Steckerreflexionen lassen sich nicht dadurch minimieren, daß die Verbindung mit maximaler Kraft angezogen wird!) Der Reflexionsfaktor ändert sich nicht nur mit der Frequenz, sondern auch mit der Temperatur, die zum einen von der Umgebungstemperatur abhängt, zum anderen linear mit der aufgenommenen Leistung ansteigt. Ein Präzisionsabschluß mit $r = 1\,\%$ bei 25 °C und einem Temperaturkoeffizienten von 300 ppm/°C hat also bei 125 °C heißem Widerstandselement bereits 4 % Reflexionsfaktor. Die maximal zulässige Eingangsleistung nimmt linear mit der Umgebungstemperatur ab, z. B. von 1 W bei 25 °C auf 0 W bei 125 °C. Als Widerstandselement werden Widerstandsfilme auf Keramikträger, stark verlustbehaftete Mischdielektrika (auf Epoxidharzbasis oder als Sinterkeramik) und Ferrite eingesetzt. Für Sonderanwendungen wird Ruß und/oder Eisenpulver mit Silikongummi, PVC oder Polyurethanschaum gemischt. Materialien mit magnetischen Eigenschaften sind bei hohen Frequenzen besonders geeignet, da die Frontreflexionen der elektromagnetischen Welle beim Eintritt in das Absorbermaterial um so geringer sind, je weniger die Feldwellenwiderstände von Leitungsdielektrikum $Z_F = \sqrt{\mu_0/(\varepsilon_0 \varepsilon_r)}$ und Absorbermaterial $\underline{Z}_F = \sqrt{(\mu_0 \underline{\mu}_r)/(\varepsilon_0 \underline{\varepsilon}_r)}$ voneinander abweichen.

Spezielle Literatur Seite L 19

Abschlußwiderstände für Koaxialleitungen. Bild 1 zeigt eine Übersicht über gängige Bauformen: In Bild 1 a ist die Standardausführung für niedrige Leistungen skizziert. Der Abschluß ist ein 50-Ω-Miniaturwiderstand mit Abmessungen, die klein gegen die Wellenlänge sind. Bild 1 b zeigt die Ausführung als Querwiderstand. In Bild 1 c bis e ist das Widerstandselement als verlustbehaftete Leitung ausgeführt [1]. In Bild 1 c mit kompensiertem Sprungübergang, in Bild 1 d (Standardbauform) mit Übergang auf eine Exponentialleitung und in Bild 1 e in der inversen Form als Konusleitung (gute Wärmeabfuhr). Für geringe Leistungen existieren Miniaturausführungen, die nicht größer als das jeweilige Steckergehäuse sind. Typische Daten im Bereich 0 bis 18 GHz sind für SMA-Stecker z. B. $r = 0{,}025 + 0{,}004\,f/\text{GHz}$ und für PC-7-Stecker z. B. $r = 0{,}01 + 0{,}001\,f/\text{GHz}$ (Präzisionsabschluß). Sonderformen sind: für den Mikrowellenbereich relativ baulange, verlustbehaftete Leitungen (lossy line absorber, z. B. 2 bis 18 GHz); Durchführungsabschlüsse (feed-through-termination, Bild 2 a) für Frequenzen unter 1 GHz, um Leitungsreflexionen an hochohmigen Geräteeingängen zu vermeiden (z. B. Oszilloskopeingänge); verschiebbare Abschlußwiderstände (Bild 2 b) als Eichnormal in der Hochfrequenzmeßtechnik (s. I 4.3).

Abschlußwiderstände für Microstripleitungen. Die einfachste Methode, eine Microstripleitung reflexionsfrei abzuschließen, ist häufig der Übergang auf Koaxialleitung und der Anschluß eines koaxialen-(SMA)-Abschlußwiderstands. Alternativ können Chipwiderstände mit $R = Z_L$ zwi-

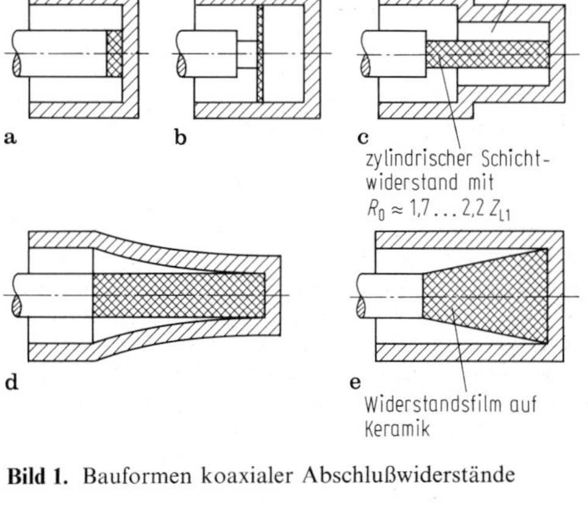

Bild 1. Bauformen koaxialer Abschlußwiderstände

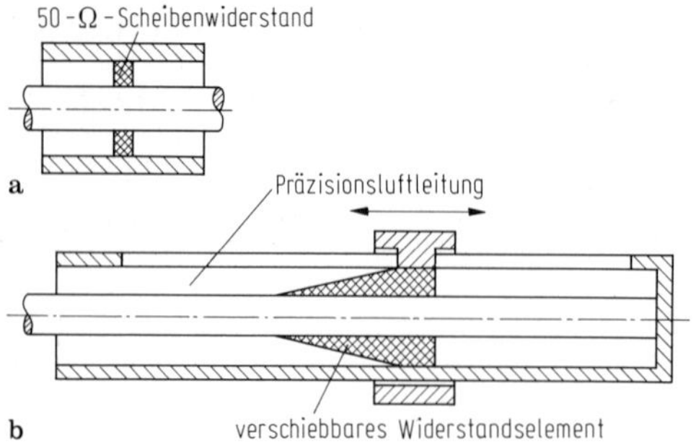

Bild 2. **a** Durchführungsabschluß; **b** verschiebbarer Abschlußwiderstand (sliding load)

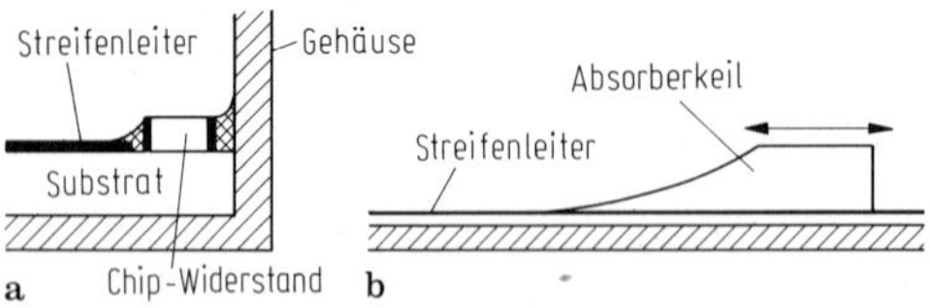

Bild 3. Abschlußwiderstände für Microstripleitungen

schen ein offenes Leitungsende und die als Kurzschluß gegen Masse wirkende Gehäusewand eingelötet werden (Bild 3a). Als verschiebbarer Lastwiderstand eignet sich ein Keil aus Absorbermaterial bzw. Absorberfolie (Bild 3b), der wesentlich breiter als der Leiterstreifen und am Eingang pyramidenartig zugespitzt ist. Verschiebbare Absorberplatte in [2].

Abschlußwiderstände ohne Massekontakt. In der Grundform des Abschlußwiderstands ohne Masseanschluß (Bild 4a) wird eine leerlaufende $\lambda/4$-Leitung benutzt, um einen Kurzschluß an das Ende des 50-Ω-Widerstands zu transformieren. Damit erreicht man relative Bandbreiten von etwa 1,3:1, in denen der Reflexionsfaktor der Anordnung kleiner als -20 dB ist. Für größere Bandbreiten muß die $\lambda/4$-Leitung niederohmig ausgeführt werden, z.B. in der Form wie in Bild 4b (Bandbreite 3:1) und in Bild 4c (4:1). Die starke Abstrahlung von niederohmigen, am Ende offenen Leitungen und das Absinken der Grenzfrequenz des nächsthöheren Wellentyps läßt sich in einer Anordnung wie in Bild 4d [3] vermeiden (Bandbreite bis zu 10:1). Weitere Verfahren, um große Bandbreiten zu erhalten, sind das Vorschalten eines mit Hilfe der Filtertheorie berechenbaren, verlustlosen Anpaßnetzwerks [4] und die Kettenschaltung mehrerer Widerstände (Bild 4f, Bandbreite z.B. 14:1). Weiterhin können verlustbehaftete Leitungsstrukturen wie in Bild 4g [5] und Kombinationen der aufgezeigten Verfahren eingesetzt werden.

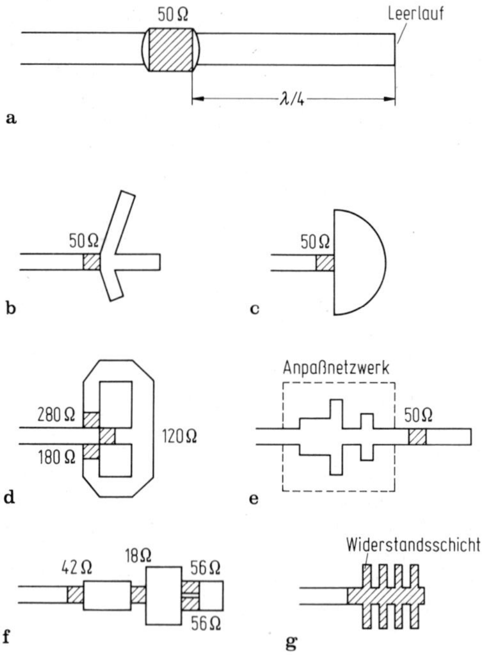

Bild 4. Abschlußwiderstände für Microstripleitungen, die keinen Massekontakt benötigen

Absorber für Rechteckhohlleiter. Bild 5 zeigt verschiedene Ausführungsformen, um Rechteckhohlleiter mit H_{10}-Welle ohne Reflexionen abzu-

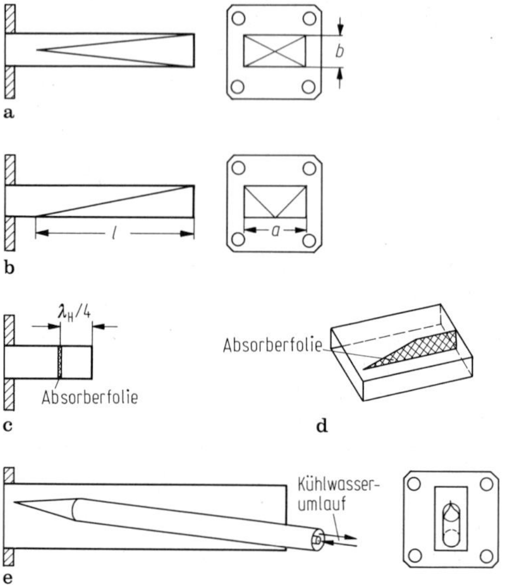

Bild 5. Abschlußwiderstände für Rechteckhohlleiter mit H_{10}-Welle. **a** Pyramidenabsorber; **b** Keilabsorber; **c** schmalbandiger Folienabsorber; **d** breitbandiger Folienabsorber; **e** Wasserlast

schließen. Bei Pyramiden- und Keilabsorbern erreicht man bei sehr feiner Spitze und einem Verhältnis $l/a > 5$ im gesamten Hohlleiterband Reflexionsfaktoren unter 1% (< −40 dB). Beim Keilabsorber ist der Wärmeübergang zwischen Absorbermaterial und Hohlleiterwand günstiger als beim Pyramidenabsorber (für Meßzwecke). Bei der querstehenden Folie in Bild 5c wird die Frontreflexion an der Folie durch die am $\lambda/4$ entfernten Kurzschluß reflektierte Welle ausgelöscht, so daß bei dieser Frequenz gute Anpassung auftritt. Die keilförmige Folie in Bild 5d ist eine Variante des Keils in Bild 5b. Bei hohen Leistungen wird entsprechend Bild 5e ein Glasrohr mit umlaufendem Kühlwasser in das Hohlleiterinnere geschoben.

Sonderformen verlustarmer Hohlleiterabschlüsse sind verschiebbare Lastwiderstände für die Meßtechnik, asymmetrische Pyramidenabsorber und besonders kurze, in den Flansch integrierte Absorber, bei denen ein schlitzgekoppelter kleiner Hohlraumresonator mit einem asymmetrisch vor einer Kurzschlußwand angebrachten Stück Dämpfungsmaterial kombiniert ist.

Spezielle Literatur: [1] *Kraus, A.*: Einführung in die Hochfrequenzmeßtechnik. München: Pflaum 1980. – [2] *Olbrich, G. R.; Hartmann, T. M.*: Microstrip sliding load. Frequenz 36 (1982) 295–301. – [3] *Ashoka, H.; Khilla, A. M.*: New type of broadband termination. 18th European Microwave Conf. (1988) 583–587. – [4] *Linner, L. J. P.; Lunden, H. B.*: Theory and design of broad-band nongrounded matched loads for planar circuits. IEEE-MTT 34, Nr. 8 (1986) 892–896. – [5] *Buoli, C.*: Microstrip attenuators and terminations realized with periodic electromagnetic structures. 18th European Microwave Conf. (1988) 593–598.

4 Dämpfungsglieder. Attenuators

4.1 Allgemeines. Introduction

Kenngrößen. Dämpfungsglieder sind lineare, reziproke, zumeist passive Leitungsbauelemente (Zweitore), die die Leistung eines hochfrequenten Eingangssignals verringern. Die Dämpfung a wird im logarithmischen Maß angegeben und ist definiert für angepaßte Abschlüsse an beiden Toren (Bild 1):

$$a/\mathrm{dB} = 10\lg(P_1/P_2) = -20\lg S_{21} \qquad (1)$$
$$\text{für } \underline{r}_G = \underline{r}_E = 0 \text{ bzw. } \underline{Z}_G = \underline{Z}_E = Z_L\,.$$

Spezielle Literatur Seite L 23, 24

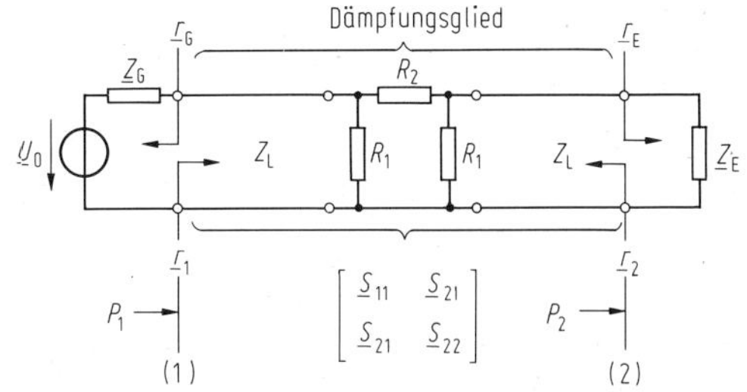

Bild 1. Dämpfungsglied mit Ersatzschaltbild, Bezeichnungen und äußerer Beschaltung

Die Verringerung der Ausgangsleistung P_2 ergibt sich durch Reflexion am Eingang und durch Umsetzen in Wärme im Innern des Bauelements.

$$P_2 = P_1 - P_{\mathrm{refl.}} - P_{\mathrm{absorb.}}\,. \qquad (2)$$

Absorbierende Dämpfungsglieder ohne Reflexion ($S_{11} = S_{22} = 0$) sind universell einsetzbar. Die Rückwirkungen des Dämpfungsglieds auf die angeschlossenen Bauelemente sind dann am geringsten und die Abweichung der Einfügungsdämpfung (Gl. (4)) von der auf dem Dämpfungsglied aufgedruckten Dämpfung a (Gl. (1)) ist überschaubar. Reflektierende Dämpfungsglieder sollten nur mit angepaßten Abschlüssen an beiden Toren benutzt werden, da andernfalls die Einfügungsdämpfung sehr stark von den Reflexionsfaktoren der angeschlossenen Bauelemente abhängt. Fehlanpassungen sind besonders störend bei geringen Dämpfungswerten, bei denen das Dämpfungsglied sozusagen noch durchsichtig ist und eingangs- und ausgangsseitige Reflexionen miteinander interferieren.

Mit Ausnahme einiger Hochleistungsdämpfungsglieder, bei denen der Eingang mehr Verlustwärme abführen kann als der Ausgang, sind Eingang und Ausgang vertauschbar. Wesentliche Kenngrößen von Dämpfungsgliedern sind: Sollwert der Dämpfung bzw. Verstellbereich der Dämpfung, maximaler Eingangsreflexionsfaktor, Frequenzbereich, Steckertyp, maximale Abweichung zwischen Istwert und Sollwert der Dämpfung, Schwankungsbereich des Istwerts als Funktion der Frequenz, maximal aufnehmbare Dauerleistung bzw. Puls-Spitzen-Leistung als Funktion der Umgebungstemperatur, Änderung der Dämpfung als Funktion der Umgebungstemperatur sowie als Funktion der aufgenommenen Leistung, elektrische Länge als Funktion der Frequenz bzw. als Funktion der eingestellten Dämpfung (Phasenlinearität).

Anwendungen

Verringern eines Signalpegels: Im Idealfall allseitiger Anpassung ($S_{11} = S_{22} = r_E = r_G = 0$) wird der Pegel durch Einfügen des Dämpfungsglieds um a reduziert. Im realen Fall entsprechend Bild 1 ergibt sich ein Transmissionsfaktor

$$\underline{t} = \underline{a}_E/\underline{b}_G = \underline{S}_{21}/(1 - \underline{r}_G \underline{S}_{11} - \underline{r}_E \underline{S}_{22} - \underline{r}_G \underline{r}_E \underline{S}_{21}^2 + \underline{r}_G \underline{r}_E \underline{S}_{11} \underline{S}_{22}), \quad (3)$$

wobei $\underline{b}_G$ die vom Generator bei Abschluß mit Z_L ablaufende Welle und $\underline{a}_E$ die auf den Empfänger zulaufende Welle ist. Durch das Einfügen des Dämpfungsglieds verringert sich die vom Empfänger aufgenommene Leistung um den Faktor

$$\begin{aligned} &P_E \text{ mit Dämpfungsglied}/P_E \text{ ohne Dämpfungsglied} = |\underline{t}^2(1 - \underline{r}_E \underline{r}_G)^2| \\ &\text{Einfügungsdämpfung/dB} = -10 \lg |\underline{t}^2(1 - \underline{r}_E \underline{r}_G)^2|. \end{aligned} \quad (4)$$

Verringern eines Reflexionsfaktors, Entkopplung zwischen zwei Bauelementen: Bei einem fehlangepaßten Bauelement mit dem Reflexionsfaktor $\underline{r}_E$ wird durch Vorschalten eines idealen Dämpfungsgliedes ($\underline{S}_{11} = \underline{S}_{22} = 0$) die reflektierte Welle um $2a$ verringert.

$$r_1/\text{dB} = r_E/\text{dB} - 2a/\text{dB}. \quad (5)$$

Im realen Fall ergibt sich

$$\underline{r}_1 = \underline{S}_{11} + \underline{r}_E \underline{S}_{21}^2/(1 - \underline{r}_E \underline{S}_{22}). \quad (6)$$

Messen der Verstärkung bzw. Dämpfung eines Zweitors durch HF- *oder* ZF-*Substitution* (s. 13.5): Für diese Anwendung werden langzeitstabile Präzisionsdämpfungsglieder benötigt, die sowohl einen kleinen Reflexionsfaktor als auch einen sehr genau bekannten Absolutwert der Dämpfung aufweisen müssen. Als Eichnormale werden stetig veränderbare Dämpfungsglieder benutzt, bei denen sich die Dämpfungsänderung durch Messen einer mechanischen Größe exakt ermitteln läßt (Bild 3a und 5c) [1].

4.2 Festdämpfungsglieder
Fixed attenuators, pads

Bis zu Frequenzen von einigen GHz lassen sich angepaßte Dämpfungsglieder in Π- oder T-Schaltung mit geeigneten diskreten Widerständen aufbauen. Für das Π-Glied (Bild 1) gilt mit Gl. (1):

$$\begin{aligned} R_1 &= Z_L(S_{21} + 1)/(1 - S_{21}), \\ R_2 &= Z_L(1 - S_{21}^2)/(2S_{21}), \end{aligned} \quad (7)$$

und für das T-Glied mit zwei Längswiderständen R_2 und einem Querwiderstand R_1 (Bild 3g):

$$\begin{aligned} R_1 &= 2S_{21} Z_L/(1 - S_{21}^2), \\ R_2 &= Z_L(1 - S_{21})/(S_{21} + 1). \end{aligned} \quad (8)$$

Die Widerstände werden als Dünnfilm-Widerstandsschicht auf nichtleitendem Trägermaterial realisiert. Um die in der Widerstandsschicht entstehende Verlustwärme gut abführen zu können, wird Al_2O_3-Keramik, Saphir oder BeO-Keramik als Substratmaterial benutzt. Die obere Frequenzgrenze ist dadurch gegeben, daß der Widerstandswert aufgrund des Skineffekts frequenzabhängig wird, sobald die Schichtdicke nicht mehr klein gegen das Eindringmaß δ ist.

$$\text{Schichtdicke} \ll \delta = 1/\sqrt{\pi \mu f \kappa}.$$

Weiterhin dadurch, daß die Abmessungen nicht mehr klein gegen die Wellenlänge sind (Berücksichtigung der endlichen Länge als gedämpfte Leitung, Bauform analog zu Bild 2a, in [2]).

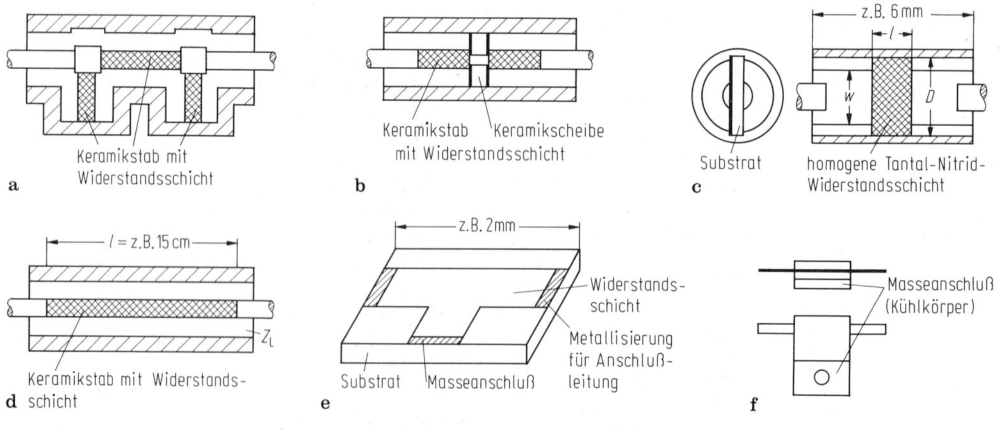

Bild 2. Bauformen von Festdämpfungsgliedern. **a** Π-Schaltung mit Stabwiderständen; **b** T-Schaltung mit Stabwiderständen und Scheibenwiderstand; **c** Dünnschicht-Dämpfungsglied; **d** Lossy line attenuator ($f > 1$ GHz), **e** Dünnschicht-Dämpfungsglied für Microstripschaltungen, ohne Gehäuse (Chip-Dämpfungsglied); **f** Microstrip-Leistungsdämpfungsglied mit Gehäuse

Bild 2 b zeigt ein T-Glied in Koaxialtechnik mit zwei zylindrischen Längswiderständen und einem Scheibenwiderstand.
Standardbauform für den Frequenzbereich 0 bis 18 GHz, Leistungen bis 2 W und Reflexionsfaktoren unter 10% ist das Dünnschicht-Dämpfungsglied entsprechend Bild 2c. Der koaxiale Innenleiter geht über in einen Streifenleiter auf einem Keramiksubstrat. Dann kommt der abrupte Übergang auf eine homogene Widerstandsschicht mit dem Flächenwiderstand R_F. Faßt man diese Schicht als verlustbehaftete R-G-Leitung mit $l \ll \lambda$ auf, so ergibt sich mit

$$R' = R_F/w \quad \text{und} \quad G' = 4/(R_F(D-w)):$$

$$Z_L = R_F\sqrt{D-w}/\sqrt{4w} \quad \text{und} \qquad (9)$$
$$\alpha = 2/\sqrt{w(D-w)}$$

und damit eine Dämpfung $a/\text{dB} = 8{,}686\,\alpha l$, die nur eine Funktion der Geometrie ist. Die Dämpfung von Dünnschicht-Dämpfungsgliedern ist deshalb in erster Näherung unabhängig von der Frequenz, der Temperatur und von der Leitfähigkeit der Widerstandsschicht.
Dämpfungsglieder aus einer Leitung mit ausschließlichen Längsverlusten ($G' = 0$) haben große Baulänge (günstig zur Wärmeableitung) und eine untere Grenzfrequenz (Bild 2d). Für $R'/(\omega L') \ll 1$, daraus folgt $f \gg c_0 R'/(2\pi Z_L)$, ist die Dämpfung konstant: $a/\text{dB} = 4{,}343\,l R'/Z_L$.
Bild 2e zeigt ein Chip-Dämpfungsglied für Microstripleitungen ohne Gehäuse (Bild 2f mit Gehäuse). Um eine hohe obere Grenzfrequenz zu erreichen, muß ein induktivitätsarmer Masseanschluß realisiert werden.
Zum Ausgleich des Frequenzgangs von z. B. Verstärkern oder Leitungen werden Dämpfungsglieder mit vorgegebener, dem zu kompensierenden Verlauf entgegengesetzter Dämpfungscharakteristik eingesetzt (gain equalizer) [3–6].

4.3 Veränderbare Dämpfungsglieder
Variable attenuators

Stufig veränderbare Dämpfungsglieder. Man unterscheidet zwei Bauformen:

Dämpfungspatronen entsprechend Bild 2c werden in einer drehbaren Trommel angeordnet und jeweils eine wird über koaxiale Kontakte mit den Anschlußleitungen verbunden.

In Serie geschaltete Dämpfungsglieder werden je nach Bedarf durch parallelgeschaltete verlustlose Leitungen überbrückt. Die mechanisch bzw. elektromechanisch betätigbaren Umschaltkontakte werden als TEM-Leitungen mit konstantem Wellenwiderstand ausgeführt.
Beidseitig angepaßte, geeichte, einstellbare Dämpfungsglieder werden auch als Eichleitung bezeichnet.

Stetig veränderbare Dämpfungsglieder. Kontinuierlich einstellbare Dämpfungsglieder werden seltener eingesetzt als stufig schaltbare, da sie weniger breitbandig herstellbar sind und stärkere Abweichungen vom angestrebten idealen Verhalten aufweisen. Beim Hohlleiterspannungsteiler (Bild 3a) wird die exponentielle Entfernungsabhängigkeit des aperiodischen Feldes in einem Hohlleiter weit unterhalb der kritischen Frequenz ausgenutzt [1]. Oberhalb einer Mindestentfernung $l_0 \approx d$, bzw. einer Grunddämpfung $a_0 \approx 30$ dB steigt die Dämpfung

$$a = a_0 + 32\,\text{dB}\,(l - l_0)/d$$

linear mit dem Abstand der Koppelschleifen bis auf Werte von z. B. 120 dB. Die elektrische Länge bleibt in diesem Bereich konstant. Für Abstände kleiner als l_0 ändert sich die Dämpfung stärker als im linearen Bereich. Die Anordnung wirkt reflektierend, läßt sich jedoch schmalbandig durch Impedanztransformation anpassen. Für den universellen Einsatz als breitbandiges, angepaßtes Dämpfungsglied werden zwei fehlangepaßte Dämpfungsglieder entsprechend Bild 3b mit zwei 3-dB-Richtkopplern kombiniert. Die Summe der reflektierten Wellen erscheint dann im Idealfall an den internen Abschlußwiderständen, die Differenz, d. h. Null bei symmetrischem Aufbau, am Eingang bzw. Ausgang.
Nach dem gleichen Prinzip wie in Bild 3a, angewandt auf ein stationäres Strömungsfeld in einer Widerstandsschicht, arbeitet das logarithmische Potentiometer (Bild 3c). Zur Veranschaulichung sind einige Potentiallinien zwischen der punktförmigen Einspeisung und der linienförmigen Massekontaktierung eingezeichnet. Die Ausgangsspannung wird mit einem Schleifkontakt abgegriffen. Das Verfahren ist bis etwa 4 GHz einsetzbar.
Bild 3d zeigt einen Richtkoppler mit variabler Koppeldämpfung, Bild 3e und 3f Dämpfungsglieder, die auf Leistungsabsorption durch einstellbare Leitungsverluste basieren ($f > 1$ GHz). Beim T-Glied in Bild 3g ($f < 1$ GHz) wird durch unterschiedliche Formgebung der Widerstandsschichten erreicht, daß Gl. (8) stets erfüllt ist und damit Anpassung vorliegt.

Elektronisch veränderbare Dämpfungsglieder. Pin-Dioden lassen sich oberhalb von 1 MHz bis herauf in den Millimeterwellenbereich als gleichstromgesteuerte ohmsche Widerstände einsetzen [7–11]. Für Dämpfungsglieder werden meist mehrere Dioden in Schaltungen entsprechend Bild 4a, b kombiniert eingesetzt. So läßt sich beispielsweise die Wirkung von Paralleldioden vervielfachen, wenn die Dioden nicht unmittelbar

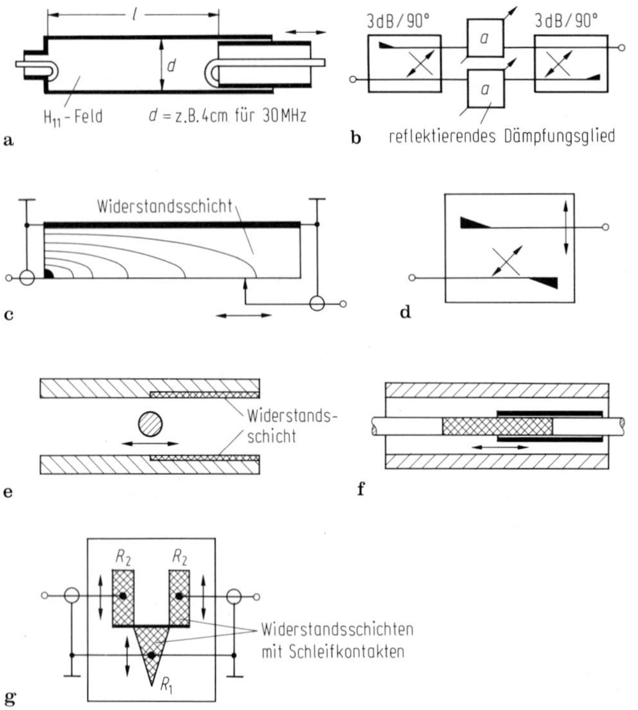

Bild 3. Stetig veränderbare Dämpfungsglieder. **a** Hohlleiterspannungsteiler (piston); **b** breitbandig angepaßtes Dämpfungsglied; **c** logarithmisches Potentiometer; **d** variabler Richtkoppler; **e** Außenleiter mit Verlusten; **f** Innenleiter mit Verlusten; **g** variables T-Glied

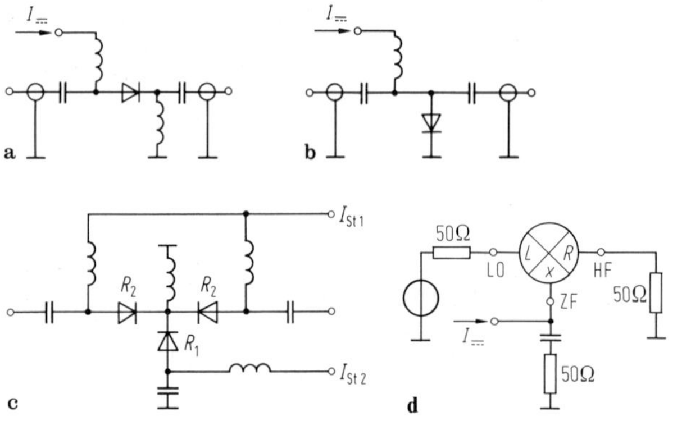

Bild 4. Pin-Dioden-Dämpfungsglied mit **a** Seriendiode; **b** Paralleldiode; **c** T-Glied; **d** symmetrischer Mischer als Dämpfungsglied

parallelgeschaltet werden, sondern wenn jeweils eine $\lambda/4$-Leitung zwischen den einzelnen Dioden eingefügt wird. Die Dämpfung entsteht überwiegend durch Reflexion. Mit zunehmender Dämpfung wird der Eingangsreflexionsfaktor solcher *reflektierender* Dämpfungsglieder immer größer (z.B. $r = 0{,}85$ bei $a = 30$ dB). Typische Daten: $a = 1 - 80$ dB, $I = 0 - 30$ mA, $P_{max} = 100$ mW. In einer Schaltung entsprechend Bild 3b läßt sich die Anpassung wesentlich verbessern und die zulässige Eingangsleistung auf z.B. 2 W erhöhen. Das so entstandene *absorbierende* Dämpfungsglied ist unabhängig von der Größe des eingestellten Dämpfungswerts gut angepaßt. Die erreichbare relative Bandbreite liegt bei 3:1. Ebenfalls wenig reflektierend und zudem extrem breitbandig (z.B. 0,3 bis 18 GHz) läßt sich ein Pin-Diodendämpfungsglied entsprechend Bild 4c aufbauen. Die Steuerströme I_{St1} und I_{St2} werden so gewählt, daß die Widerstände der Pin-

Dioden jeweils Gl. (8) erfüllen. Für relative Bandbreiten bis zu 2 : 1 lassen sich die beiden Seriendioden durch Paralleldioden ersetzen, wobei ein dazwischengeschaltetes, verlustloses Transformationsnetzwerk dafür sorgt, daß die Anordnung elektrisch äquivalent ist.
Ein symmetrischer Mischer ist auch bei niedrigen Frequenzen, wo Pin-Dioden versagen, als Dämpfungsglied einsetzbar (Bild 4d). Er arbeitet ebenfalls reflektierend. Der Dämpfungsbereich erstreckt sich von 2 ... 3 dB bei $I = 10 \ldots 20$ mA bis etwa 40 dB (LO-RF-Isolation) bei $I = 0$. Die obere Leistungsgrenze ist durch den 1-dB-Kompressionspunkt gegeben. Während mit Pin-Diodendämpfungsgliedern Umschaltzeiten in der Größenordnung von 10 ns erreichbar sind, lassen sich mit GaAs-FET-MMICs (s. F 6) Zeiten unterhalb von 1 ns verwirklichen. Die Ansteuerung erfolgt leistungsarm über Gleichspannungen im Bereich von 0 V bis etwa −2 V. Bild 5 zeigt ein einfaches Schaltungsbeispiel. GaAs-FET-Dämpfungsglieder haben in der Regel die untere Grenzfrequenz 0 (Bandbreite z. B. 0 bis 50 GHz). Sie sind bei entsprechender Auslegung und Ansteuerung gut angepaßte, absorbierende Dämpfungsglieder. Die minimal erreichbare Durchgangsdämpfung beträgt bei tiefen Frequenzen etwa 1 dB und steigt bei 50 GHz auf etwa 3 dB an.
Die oben angeführten, elektronisch veränderbaren Dämpfungsglieder sind alle auch als Schalter oder als Amplituden-Modulator einsetzbar.

4.4 Hohlleiterdämpfungsglieder

Waveguide attenuators

Als Festdämpfungsglieder werden in der Hohlleitertechnik Richtkoppler eingesetzt. Zur Herstellung variabler Dämpfungsglieder benutzt man dünne Widerstandsfolien, die, sofern sie parallel zu den elektrischen Feldlinien angeordnet sind, die Welle durch dielektrische Verluste dämpfen. Ein allmählicher Übergang in den Bereich hoher Dämpfung vermeidet Reflexionen. In Bild 6a und b sind die beiden üblichen Ausführungsformen für die H_{10}-Welle im Rechteckhohlleiter skizziert.
Das Rotationsdämpfungsglied in Bild 6c wird über einfache, allmähliche Übergänge an Rechteckhohlleiter angeschlossen. Eine von links ein-

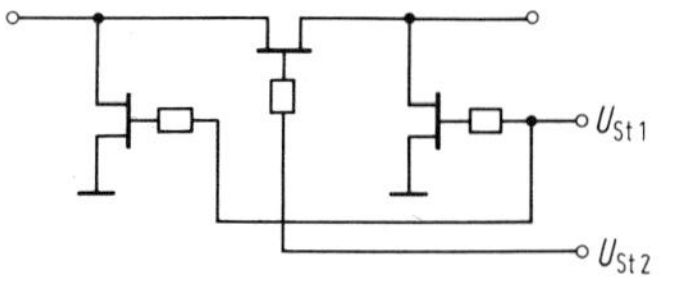

Bild 5. Dämpfungsglied mit GaAs-MESFETs

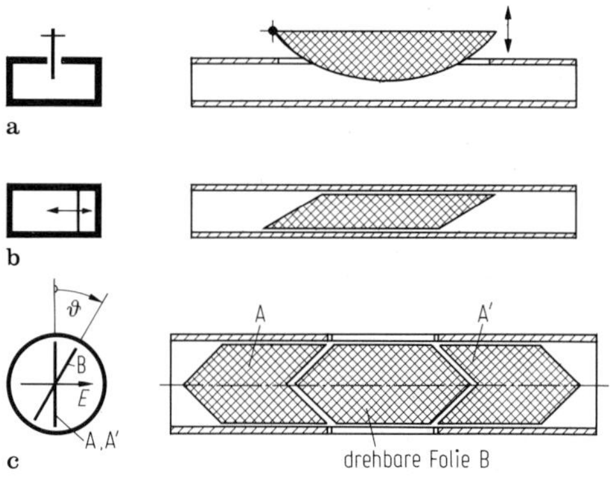

Bild 6. Hohlleiterdämpfungsglieder. **a** Dämpfungsfolie mit variabler Eintauchtiefe (flap attenuator); **b** Dämpfungsfolie mit einstellbarem Abstand zur Seitenwand; **c** Rotationsdämpfungsglied (rotary vane attenuator) für die H_{11}-Welle im Rundhohlleiter

fallende Welle mit der Amplitude E_0 durchläuft zunächst ohne Reflexion und Dämpfung Folie A (E senkrecht zur Folie). Im drehbaren Bereich B ($\vartheta = 0$ bis 90°) wird die zur Folie tangentiale Feldstärkekomponente vollständig gedämpft, so daß eine Welle mit der Amplitude $E_0 \cos \vartheta$ und einer um ϑ gedrehten Polarisationsebene in den Bereich der Folie A' eintritt. Hier wird wiederum die zu dieser Folie parallele Komponente der elektrischen Feldstärke gedämpft. Die austretende Welle ist normal polarisiert ($\vartheta = 90°$) und hat die Amplitude $E_0 \cos^2 \vartheta$. Die Dämpfung $a = -20 \lg(\cos^2 \vartheta)$ ist damit nur eine Funktion des Drehwinkels, also weitgehend unabhängig von der Frequenz, der Temperatur, der Luftfeuchtigkeit, der Leitfähigkeit der Folie etc. Typische Daten (X-Band): $a = 0{,}5 - 50$ dB, $\Delta a = \pm\, 0{,}1$ dB, $r < 7\,\%$, $P_{max} = 10$ W, elektrische Länge unabhängig von der eingestellten Dämpfung.
Neben diesen mechanisch einstellbaren Dämpfungsgliedern werden in der Hohlleitertechnik ebenfalls elektronisch steuerbare Pin-Diodendämpfungsglieder eingesetzt.

Spezielle Literatur: [1] *Weinschel, B.O.*: New attenuation standard uses laser interferometer. Microwave J., No. 8 (1984) 145–148. – [2] *Kraus, A.*: Einführung in die Hochfrequenzmeßtechnik. München: Pflaum 1980. – [3] *Weidmann, J.*: Procedure yields effective matched slope-equalizer design. Microwave System News, Juli 1986, 107–115. – [4] *Barbaria, R.G.*: Coaxial resonators precisely adjust equalization curves. Microwaves & RF, Mai 1988, 184–192. – [5] *Redus, J.*: Gain equalization for 2–6 GHz amplifier chains. Applied Microwave, Nov./Dez. 1989. – [6] *Marcovic, Z.M.*: Designing frequency dependent attenuators for broadband microwave circuits. Microwave Journal, Mai 1991, 242–260. – [7] *Mortenson, K.E.*; *Borrego, J.M.*: Design, performance and applications of microwave semiconductor control components. Dedham: Artech House 1972. – [8] *Garver, R.V.*: Microwave diode control devices. Dedham: Artech House 1976. – [9] *Renz, E.*: Pin and Schottky Dioden. Heidelberg: Hüthig 1976. – [10] *White, J.F.*: Microwave semiconductor engineering. New York: Van Nostrand Reinhold 1982. – [11] *Kesel, G.; Hammerschmitt, J.; Lange, E.* Signalverarbeitende Dioden. Berlin: Springer 1982.

5 Verzweigungen. Branching devices

5.1 Angepaßte Verzweigung mit Widerständen

Matched powersplitting by a resistive network

Bei einer angepaßten Verzweigung mit Widerständen kann über einen sehr großen Frequenzbereich der Reflexionsfaktor – in alle Anschlüsse hineingemessen – sehr klein gehalten werden. Der Eingang und die Ausgänge haben gleichen Wellenwiderstand. Zum Beispiel ist bei einer Verzweigung mit einem Eingang, drei Ausgängen und 1 W Belastung im Frequenzbereich von 0 bis 3 GHz ein maximaler Reflexionsfaktor von 0,03 möglich.

Die Leistungsdämpfung a vom Eingang zu einem Ausgang oder der verschiedenen Ausgänge untereinander ist (alle freien Ausgänge sind mit dem Abschlußwiderstand von Z_{L2} abgeschlossen; i entspricht der Anzahl der Ausgänge):

$$a(\mathrm{dB}) = 20 \lg\left(\frac{1}{i}\right). \tag{1}$$

In Bild 1 ist $i = 3$.

Die Widerstände R_{20} für die beste Anpassung aller Anschlüsse sind

$$R_{20} = Z_{L2} \frac{i-1}{i+1}. \tag{2}$$

Ist der Wellenwiderstand zwischen Eingang und Ausgang verschieden, so kann die Anpassungsschaltung von Bild L 1.1 a dem Eingang der Schaltung von Bild 1 vorgeschaltet werden. Die Leistungsdämpfungen a(dB) von Gl. (1) und Gl. L 1 (1) addieren sich.

Spezielle Literatur Seite L 26

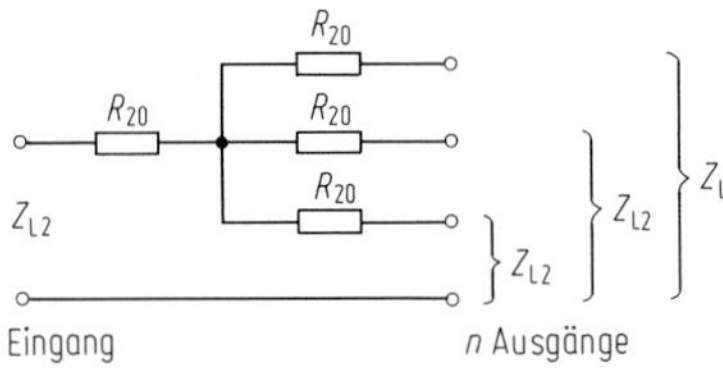

Bild 1. Widerstandsanpaßschaltung einer Verzweigung

5.2 Leistungsverzweigungen

Power divider

Parallelverzweigungen werden in [1–9] eingehend behandelt.

Angepaßte Parallelverzweigung. (Bild 2). Bei der angepaßten Parallelverzweigung entsteht im Verzweigungspunkt, bedingt durch die Feldverzerrungen, ein Reflexionsfaktor. Bei Leitungsabmessungen mit einer Grenzfrequenz $f/f_c < 0{,}6$ bleibt der Reflexionsfaktor kleiner 1,5%.

$$Z_{L0} = Z_{L1} Z_{L2}/(Z_{L1} + Z_{L2}). \tag{3}$$

Sind die verzweigenden Leitungen Z_{L1} und Z_{L2} mit ihren Abschlußwiderständen R_1 und R_2 exakt abgeschlossen, so ist die Leistungsteilung

$$P/P_1 = 1 + R_1/R_2, \tag{4}$$

$$P/P_2 = 1 + R_2/R_1. \tag{5}$$

Die gesetzmäßige Leistungsaufteilung mit einer annehmbaren Bandbreite ist nur gewährleistet, wenn die Leitungswellenwiderstände Z_{L1} und Z_{L2} nicht mehr als 20% zueinander abweichen und die abzweigenden Leitungen am Verzweigungspunkt symmetrisch aufgebaut sind. Damit die vorgesehene Leistungsteilung durch die Festlegung von Z_{L1} und Z_{L2} nicht verändert wird, sollte der durch die Abschlußwiderstände transformierte Reflexionsfaktor von Z_{L1} und Z_{L2} am Verzweigungspunkt kleiner 5% sein. Ein weiterer Nachteil ist die geringe Entkopplung zwischen den verzweigenden Leitungen. Die Anpassung des Verzweigungssystems ist nur bei Einspeisung in den Summenanschluß gegeben, wenn alle verzweigenden Leitungen richtig abgeschlossen sind. Bei Einspeisung in einen verzweigenden Anschluß und richtigen Abschluß aller übrigen Leitungen ist die Anpassung schlecht.

Verzweigung mit großem Teilverhältnis. Bei größeren Abweichungen der verzweigenden Teillei-

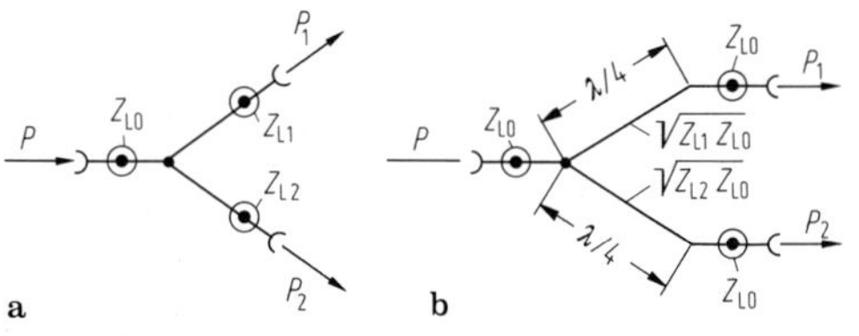

Bild 2. Leistungsverzweigungen. **a** mit verschiedenen abzweigenden Leitungswellenwiderständen; **b** Z_{L1} und Z_{L2} durch eine Transformationsschaltung von Z_{Li} nach Z_{L0} ersetzt

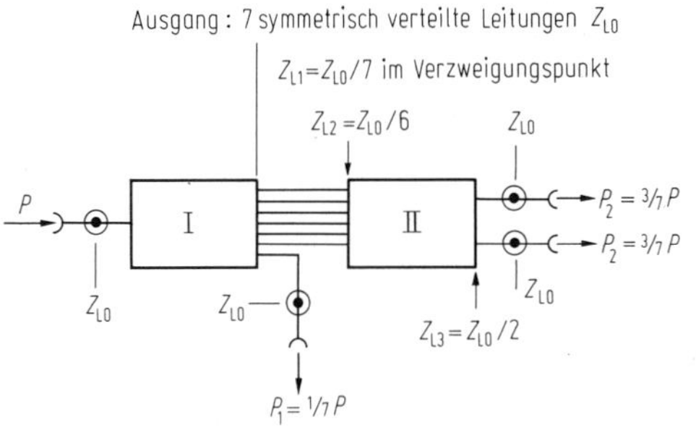

Bild 3. Transformationsschaltung einer Verzweigung

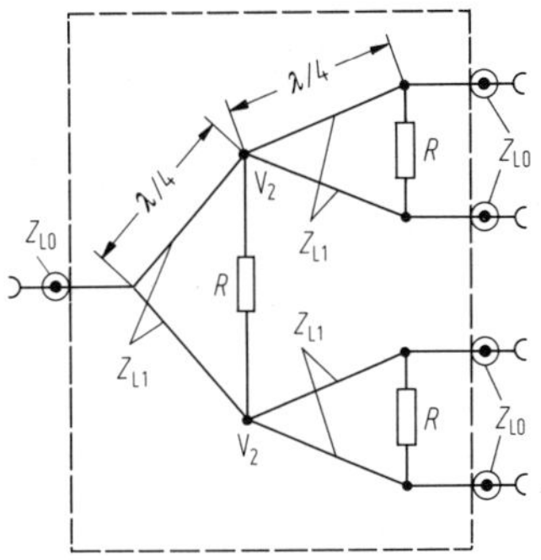

Bild 4. Parallelverzweigung mit $\lambda/4$-Leitungen

tungen kann durch guten symmetrischen Aufbau und durch Serienschaltung der Transformationsschaltung für die verschiedenen Teilleistungen eine breitbandige Verzweigungsschaltung aufgebaut werden.
Zum Beispiel:

$$P = P_1 + 2P_2,$$
$$P_1 = P/7,$$
$$P_2 = P3/7.$$

Die Transformationsschaltung I in Bild 3 mit dem Übersetzungsverhältnis $Z_{L0}/Z_{L1} = 7/1$ und die Transformationsschaltung II mit dem Übersetzungsverhältnis $Z_{L2}/Z_{L3} = 1/3$ können L 1 entnommen werden.

5.3 Verzweigungen mit λ/4-Leitungen und gleichen Leistungen

λ/4-branching devices with equal power ratio

Der Summenanschluß, die Verzweigungspunkte V_2 und die Verzweigungsausgänge haben den gleichen Leitungswellenwiderstand Z_{L0}. Die $\lambda/4$-Leitungen haben den gleichen Leitungswellenwiderstand Z_{L1} (Bild 4). Bei Einspeisung in den Summenanschluß und einem symmetrischen Aufbau der Schaltung sind die Widerstände R entkoppelt [10–15].

$$Z_{L1} = Z_{L0}\sqrt{2}, \tag{6}$$
$$R = 2Z_{L0}. \tag{7}$$

Das transformierende Leitungsstück $\lambda/4$ kann, wenn geringere Frequenzabhängigkeit gewünscht wird, durch ein Transformationselement (s. L 1.3) ersetzt werden. Durch die Abschlußwiderstände R in der Verzweigungsschaltung wird die Entkopplung der Ausgänge gegeneinander verbessert. Es ist auch eine geringere Abhängigkeit der Leistungsteilung bei einem schlechten Abschlußwiderstand an den Ausgängen gegeben.

5.4 Verzweigung mit Richtkoppler

Branching devices made out of directional coupler

λ/4-Richtkoppler. Der Richtkoppler ist ein ideales Verzweigungselement bei einer Bandbreite von $f_1/f_2 = 2$. Die Ausgänge 2 und 3 in Bild 5 haben eine Entkopplung > 30 dB. Alle vier Anschlüsse haben den gleichen Leitungswellenwiderstand Z_{L0}. Der Reflexionsfaktor ist kleiner 0,025, in jeden Anschluß hineingemessen, wenn alle anderen Anschlüsse mit ihrem richtigen Abschlußwiderstand abgeschlossen sind. Die Belastung des Abschlußwiderstandes R am Anschluß 4 muß durch die mögliche rücklaufende Leistung an den Anschlüssen 2 und 3 abgeschätzt werden.
Es muß aber beachtet werden, daß die HF-Leistung am Ausgang 2 eine Phasendifferenz von $-90°$, bezogen auf die HF-Leistung am Ausgang 3, hat. Der Richtkoppler kann mit jeder Koppeldämpfung hergestellt werden, um verschiedene Teilerverhältnisse zu erstellen.
Die Koppeldämpfung a in dB bei einem gegebenen Leistungsverhältnis P_2/P_3 beträgt

$$a = 10\,\lg(1/(1 + P_2/P_3)). \tag{8}$$

Die Phasendifferenz zwischen den Ausgängen kann in den einzelnen Zweigen durch nachge-

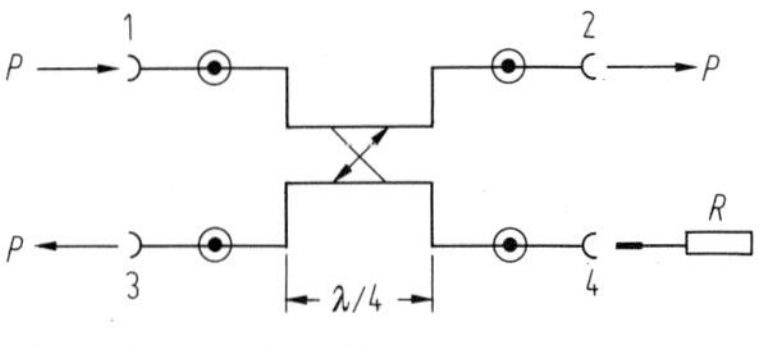

Bild 5. $\lambda/4$-Richtkoppler

schaltete Phasenkorrekturen ausgeglichen werden.

Serienschaltung von Richtkopplern. Mit einer Serienschaltung von Richtkopplern unterschiedlicher Koppeldämpfung kann jede Leistungsteilung durchgeführt werden. Sollen nicht nur die Beträge an den Ausgängen, sondern auch die Phasen gleich sein, muß nach jedem Richtkoppler an den Ausgang, der galvanisch mit dem Anschluß der Leistung P_1 verbunden ist, ein frequenzunabhängiger Phasenschieber von ca. 90° nachgeschaltet werden. Die Leitungslängen zwischen den Anschlüssen der Teilleistungen und dem Eingang am ersten Verzweigungspunkt müssen elektrisch gleich lang sein.
Für die Leistungsteilung können auch die in 5.1 bis 5.4 dargestellten Leistungsteiler in verschiedener Kombination untereinander zusammengeschaltet werden (Bild 6).

Spezielle Literatur: [1] *Meinke, H.*: Theorie der Hochfrequenzschaltungen. München: Oldenbourg 1951 §40. – [2] *Meinke, H.*: Kurven, Formeln und Daten der Dezimeterwellentechnik. München 1949, Abschn. VII. – [3] Fernmeldetech. Z. 4 (1951) 385. – [4] *Goubau, G.*: Elektromagnetische Wellenleiter und Hohlräume. Stuttgart: Wiss. Verlagsges. 1953, Kap. 3. – [5] *Montgomery, C. G.; Dicke, R. H.; Purcell, E. M.*: Principles of microwave circuits. MIT Rad. Lab. Ser. Vol. 9. New York: McGraw-Hill 1948. – [6] *Ragan, G. L.*: Microwave transmission circuits. MIT Rad. Lab. Ser. Vol. 9. New York: McGraw-Hill 1948. – [7] *Weißfloch, A.*: Z. Hochfrequenztech. 61 (1943) 100. – [8] *Weißfloch, A.*: Schaltungstheorie und Meßtechnik des Dezimeter- und Zentimeterwellengebiets. Basel 1954, Abschn. III. – [9] *Lammel, A. E.*: Proc. Symp. on modern network synthesis. Polytechnic Institute Brooklyn, New York 1952, pp. 259–276. – [10] *Minner, W.*: Bauelemente in Mikrostrip-Ausführung. NTZ-Kurier, S. K 163–K 167. – [11] *Cohn, S. B.*: A class of broadband three-port TEM-mode hybrids. IEEE Trans. MTT-16, No. 2 (1968) 110–116. – [12] *Ekinge, R. B.*: A new method of synthesizing matched broad-band TEM-mode three-ports. IEEE Trans. MTT-19 (1971) 81–88. – [13] *Nyström, G. L.*: Analysis and synthesis of broad-band symmetric power dividing trees. IEEE Trans. MTT-28 (1980) 1182–1187. – [14] *Bert, A. B.; Kaminsky, D.*: The traveling-wave divider combiner. IEEE, MTT-28 (1980) 1468–1473. – [15] *Naga, N.; Maekawa, E.; Ono, K.*: New n-way hybrid power divider. IEEE Trans. MTT-25 (1977) 1008–1012.

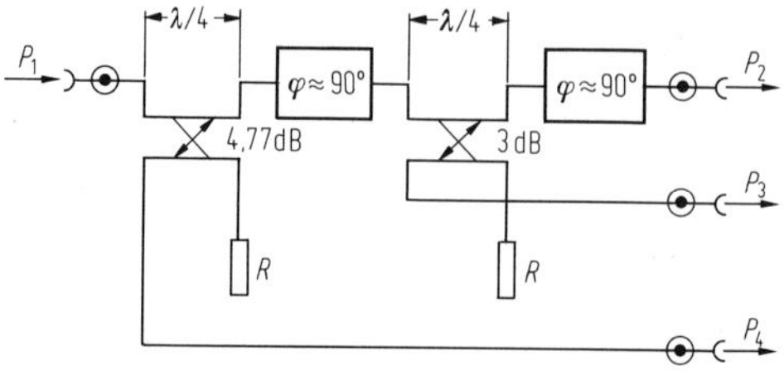

Bild 6. Richtkoppler-Leistungsteiler $P_2 = P_3 = P_4$

6 Phasenschieber. Phase shifter

6.1 Phasenschiebung durch Serienwiderstand

Phase shifting by means of a series resistor

Besteht der Vierpol aus einem Serienwiderstand $\underline{Z}$ nach Bild 1, so ist stets $\delta_I = 0$ ($I_1 = I_2$) und es wird nur die Phase der Spannung verschoben. Die gesuchte Phasendifferenz δ_U ist der Winkel zwischen den Zeigern $\underline{Z}_2$ und $\underline{Z}_1 = \underline{Z}_2 + \underline{Z}$ (Eingangswiderstand des Vierpols), und zwar ist δ positiv, wenn in Bild 1 der Phasenwinkel φ_2 des $\underline{Z}_2$ größer als der Phasenwinkel φ_1 des $\underline{Z}_1$ ist, wenn also die Drehung von $\underline{Z}_2$ nach $\underline{Z}_1$ im Uhrzeigersinn erfolgt [2, 3].

Einfache Beispiele:
Bild 2a zeigt einen LR-Phasenschieber

$$\delta_U = -\arctan(\omega L/R_2). \tag{1}$$

δ_U ist stets negativ und erreicht im Höchstfall $-\pi/2$ für $L = \infty$. Bild 2b zeigt einen CR-Phasenschieber mit

$$\delta_U = \arctan(1/\omega C R_2) \tag{2}$$

δ_U ist stets positiv und erreicht im Höchstfall $\pi/2$ für $C = 0$.

Spezielle Literatur Seite L 29

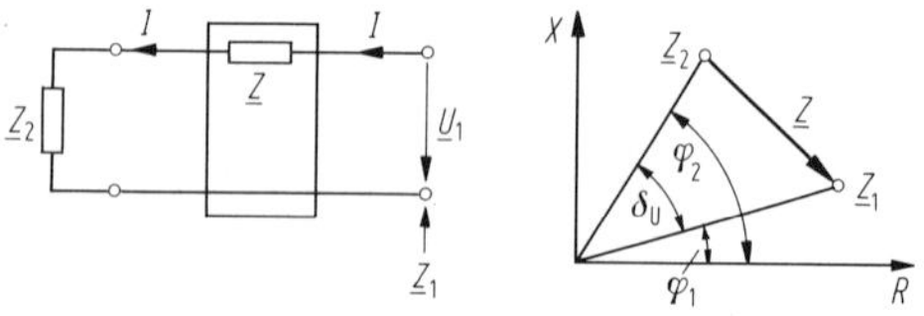

Bild 1. Drehung der Spannungsphase durch Serienwiderstand

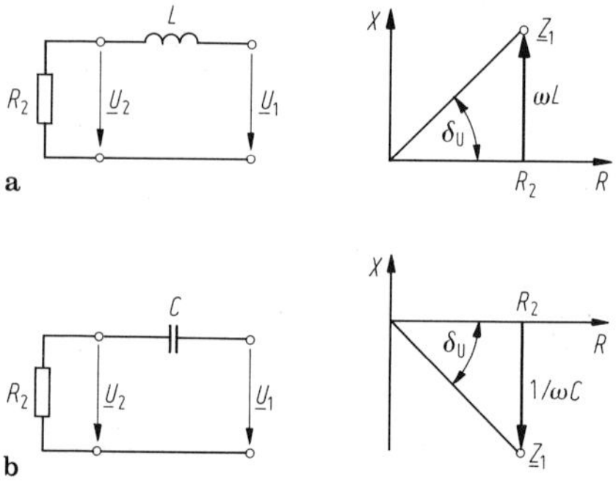

Bild 2. a LR-Phasenschieber der Spannung; **b** CR-Phasenschieber der Spannung

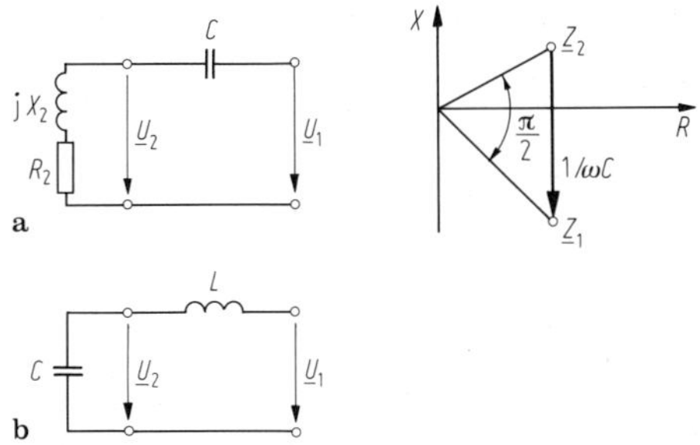

Bild 3. **a** 90°-Phasenschieber der Spannung; **b** 180°-Phasenschieber der Spannung

Wenn man einen solchen Phasenschieber für eine Verschiebung um $\pi/2$ mit endlichem C bauen will, muß man einen Verbraucher $\underline{Z}_2$ mit induktiver Komponente nach Bild 3a wählen. Für $\underline{Z}_2 = R_2 + \mathrm{j}X_2$ gilt dann die Bedingung

$$1/\omega C = (R_2^2 + X_2^2)/X_2. \tag{3}$$

Das komplexe $\underline{Z}_2$ kann man aus einem Wirkwiderstand mit in Serie oder parallel geschalteter Induktivität erzeugen.
Bild 3b zeigt einen LC-Phasenschieber, der für $\omega L < 1/\omega C$ keine Phasendrehung und für $\omega L > 1/\omega C$ eine Drehung π erzeugt.

6.2 Phasenschiebung durch Parallelwiderstand

Phase shifting by means of a shunt resistor

Besteht der Vierpol aus einem parallelgeschalteten Leitwert $\underline{Y}$ nach Bild 4, so ist $\delta_\mathrm{U} = 0$ ($\underline{U}_1 = \underline{U}_2$), und es wird nur die Phase des Stroms geschoben. Die gesuchte Phasendifferenz ist der Winkel zwischen den Zeigern $\underline{Z}_2$ und $\underline{Z}_1$ (Eingangswiderstand des Vierpols), und zwar ist δ_I positiv, wenn der Phasenwinkel φ_2 des $\underline{Z}_2$ kleiner als der Phasenwinkel φ_1 des $\underline{Z}_1$ ist, wenn also die Drehung von $\underline{Z}_2$ nach $\underline{Z}_1$ gegen den Uhrzeigersinn erfolgt. Wenn man in der Leitwertebene nach Bild 4 arbeitet, liegt δ_I zwischen dem Zeiger $\underline{Y}_2 = 1/\underline{Z}_2$ und dem Zeiger $\underline{Y}_1 = \underline{Y}_2 + \underline{Y} = 1/\underline{Z}_1$, und zwar ist δ_I positiv, wenn die Drehung von $\underline{Y}_2$ nach $\underline{Y}_1$ im Uhrzeigersinn erfolgt.

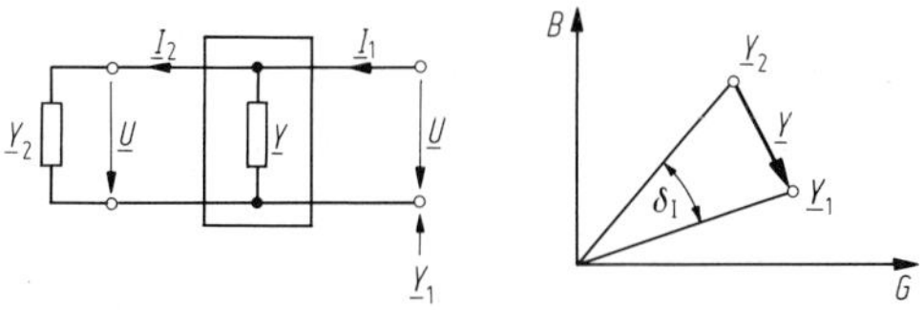

Bild 4. Drehung der Stromphase durch Parallelwiderstand

Einfache Beispiele:
Bild 5a zeigt einen LR-Phasenschieber mit

$$\delta_\mathrm{I} = \arctan(R_2/\omega L). \tag{4}$$

δ_I ist stets positiv und erreicht $\pi/2$ für $L = 0$.
Bild 5b zeigt einen CR-Phasenschieber mit

$$\delta_\mathrm{I} = -\arctan(\omega C R_2). \tag{5}$$

δ_I ist stets negativ und erreicht $-\pi/2$ für $C = \infty$.
Wenn man eine Drehung um $\pi/2$ endlichem L erzeugen will, muß man von einem Verbraucher $\underline{Y}_2$ mit kapazitiver Phase nach Bild 6a ausgehen. Für den Leitwert $\underline{Y}_2 = G_2 + \mathrm{j}B_2$ gilt dann die Bedingung

$$\omega L = B_2/(G_2^2 + B_2^2). \tag{6}$$

Ist in Bild 6b $1/\omega L > C$, so wird die Phase des Stroms um π gedreht.

6.3 Nichttransformierende Phasenschieber [1, 3]

Nontransforming phase shifter

Ein symmetrischer Vierpol, der mit seinem Wellenwiderstand $\underline{Z}_\mathrm{L}$ abgeschlossen ist, hat auch den Eingangswiderstand $\underline{Z}_\mathrm{L}$. Er transformiert also

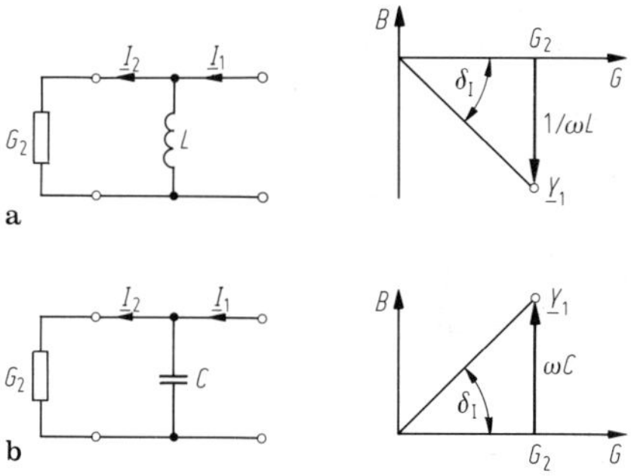

Bild 5. **a** LR-Phasenschieber des Stroms; **b** CR-Phasenschieber des Stroms

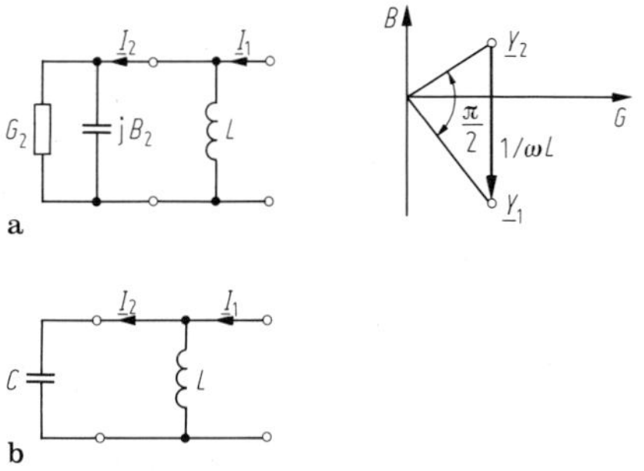

Bild 6. **a** 90°-Phasenschieber des Stroms; **b** 180°-Phasenschieber des Stroms

den Widerstand und den Absolutwert der Spannung nicht. Strom und Spannung haben dann gleiche Phasendrehung. Die einfachsten symmetrischen Schaltungen aus reinen Blindwiderständen zeigt Bild 7a und 7b.
Der Wellenwiderstand für die Schaltung in Bild 7a ist

$$\underline{Z}_L = \sqrt{(1 - XB)\,X/B}. \tag{7}$$

Dieses $\underline{Z}_L$ ist reell für $XB < 1$. Die Phasendrehung beträgt bei Abschluß mit $R_2 = \underline{Z}_1$ in diesem Frequenzbereich

$$\delta_U = \delta_I = -2\arctan(X/R_2). \tag{8}$$

Für Bild 7b lautet der Wellenwiderstand

$$\underline{Z}_L = \sqrt{(X/B)/(1 - XB)}. \tag{9}$$

Dieses $\underline{Z}_L$ ist reell für $XB < 1$. Die Phasendrehung beträgt bei Abschluß mit $R_2 = \underline{Z}_L$ in diesem Frequenzbereich

$$\delta_U = \delta_I = -2\arctan(BR_2). \tag{10}$$

Ein Beispiel ist ein Tiefpaß nach Bild 7b.

$$R_2 = \underline{Z}_L = \sqrt{(L/C)/(1 - \omega^2 LC)}. \tag{11}$$

Mit der Dimensionierung

$$L = CR_2^2/(1 + (\omega CR_2)^2), \tag{12}$$

$$\delta_I = \delta_U = -2\arctan(\omega CR_2). \tag{13}$$

Bild 8 zeigt den Wellenwiderstand $\underline{Z}_L$ nach Gl. (11) und die Phasendrehung nach Gl. (13) in Abhängigkeit von R_2, L und C.
$\underline{Z}_L$ hat ein Minimum

$$Z_{L,\min} = \sqrt{L/2C} \tag{14}$$

bei $\omega^2 LC = 0{,}5$ und die Phase dreht dort um 90°. Im Minimum des Z_L kann man bei nahezu konstantem Z_L die Phasendrehung durch reine C-Variation verändern.

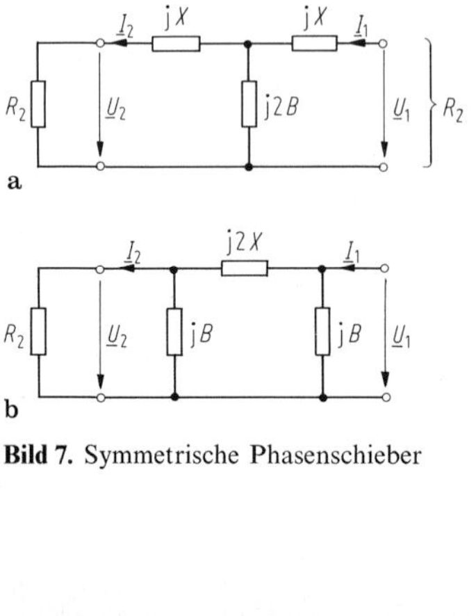

Bild 7. Symmetrische Phasenschieber

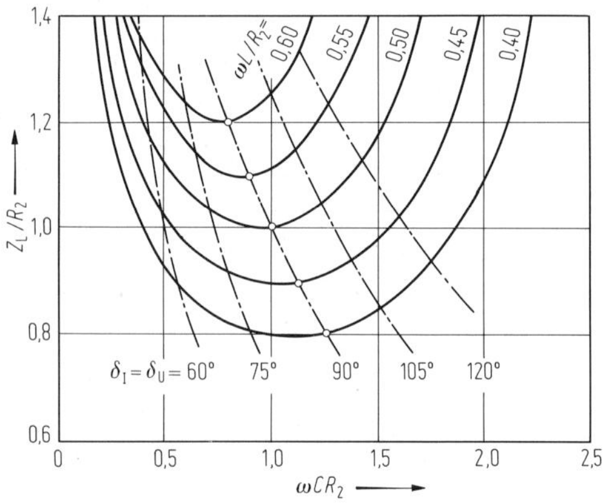

Bild 8. Wellenwiderstand nach Gl. (11) und Phasendrehung nach Gl. (13) zum LC-Phasenschieber nach Bild 7b

6.4 Phasenschiebung durch Ausziehleitung
Phase shifting by means of a line stretcher

Die Ausziehleitung ist eine koaxiale Leitung, deren Leitungslänge zwischen l_1 und l_2 stetig einstellbar ist. Der charakteristische Leitungswellenwiderstand Z_{L0} bleibt über die gesamte Auszugslänge unverändert. Die Änderungslänge $\Delta l = l_2 - l_1$ erzeugt eine Phasenänderung

$$\Delta\varphi^\circ = 360 \cdot \Delta l/\lambda^*. \tag{15}$$

λ^* ist die Wellenlänge in der koaxialen Leitung mit der mechanischen Länge Δl. Die relative Dielektrizitätskonstante der luftgefüllten Leitung Δl ist $\varepsilon_r = 1{,}00062$.

6.5 Phasenschiebung durch Richtkoppler
Phase shifting by means of directional coupler

Der 3-dB-Richtkoppler kann als Phasenschieber benützt werden. Wenn die Abschlußwiderstände an den Anschlüssen 2 und 3 durch zwei gleiche Blindwiderstände ersetzt werden, wird die gesamte in den Anschluß 1 eingespeiste Leistung an den vorher entkoppelten Anschluß 4 geführt.
Die Phasenänderung $\Delta\varphi^\circ$ am Ausgang 4 ist

$$\Delta\varphi^\circ = -360 \cdot 2\Delta l/\lambda^*. \tag{16}$$

Diese Eigenschaft ist bei jedem 3-dB-Richtkoppler gegeben, unabhängig von der Kopplungsart und vom Leitungssystem.
Wird der Richtkoppler ohne die Änderungslänge Δl (Bild 9) in einer Schaltung mit einer größeren Bandbreite, ca. eine Oktave, benützt, so ist die

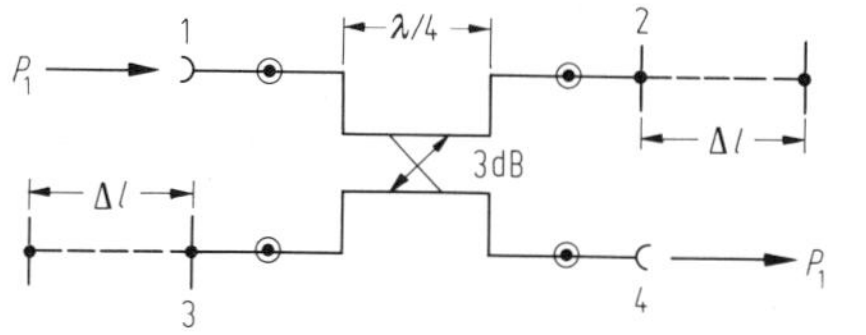

Bild 9. Richtkoppler mit zwei veränderbaren Kurzschlußleitungen

Phasenänderung am Ausgang 4 bezogen auf den Eingang 1 gegeben durch

$$\varphi_1 = \varphi_K + \varphi_f. \qquad (17)$$

φ_K ist eine frequenzunabhängige Größe, die durch die Kopplung gegeben ist, und beträgt beim 3-dB-Richtkoppler 52°. φ_f ist eine frequenzabhängige Größe, die durch die Leitungslängen im Richtkoppler bestimmt wird. Die kurzgeschlossenen Anschlüsse 2 und 3 müssen bis zum Koppelbereich des $\lambda/4$-Richtkopplers gleich lang sein. Die Länge ist gleich l_1. Die Länge vom Ausgang 4 bis zum Koppelbereich ist gleich l_4, die Länge des Koppelbereichs ist gleich l_K.

$$\varphi_f = -\,360(l_K/\lambda^* + l_1/\lambda^* + l_4/\lambda^* + 2l_{2,3}/\lambda^*). \qquad (18)$$

Es kann also durch eine Serienschaltung von zwei kurzgeschlossenen 3-dB-Richtkopplern eine frequenzunabhängige Phasenänderung von 104° erzeugt werden (Bild 10).
Die frequenzabhängige Phasendifferenz von − 90° an den Ausgängen von RK_1, bezogen auf P_3, wird durch eine Serienschaltung von RK_2 und RK_3 mit einer frequenzunabhängigen Phasendrehung von + 104° korrigiert. Innerhalb des Frequenzbereichs von einer Oktave kann mit der Länge von l_3 die Phasendifferenz zwischen P_2 und P_3 an den Bereichsgrenzen auf ± 7° eingestellt werden.

Spezielle Literatur: [1] *Meinke, H.:* Kurven, Formeln und Daten der Dezimeterwellentechnik. München 1949, Abschn. XVI. – [2] *Meinke, H.:* Komplexe Berechnung von Wechselstromschaltungen. Berlin 1957. – [3] *Meinke, H.:* Theorie der Hochfrequenzschaltungen. München: Oldenbourg 1951, § 19.

$$\begin{pmatrix} \underline{b}_1 \\ \underline{b}_2 \\ \underline{b}_3 \\ \underline{b}_4 \end{pmatrix} = \exp(-\mathrm{j}\beta l)\cdot \begin{pmatrix} 0 & \mathrm{j}k & \sqrt{1-k^2} & 0 \\ \mathrm{j}k & 0 & 0 & \sqrt{1-k^2} \\ \sqrt{1-k^2} & 0 & 0 & \mathrm{j}k \\ 0 & \sqrt{1-k^2} & \mathrm{j}k & 0 \end{pmatrix} \cdot \begin{pmatrix} \underline{a}_1 \\ \underline{a}_2 \\ \underline{a}_3 \\ \underline{a}_4 \end{pmatrix}. \qquad (1)$$

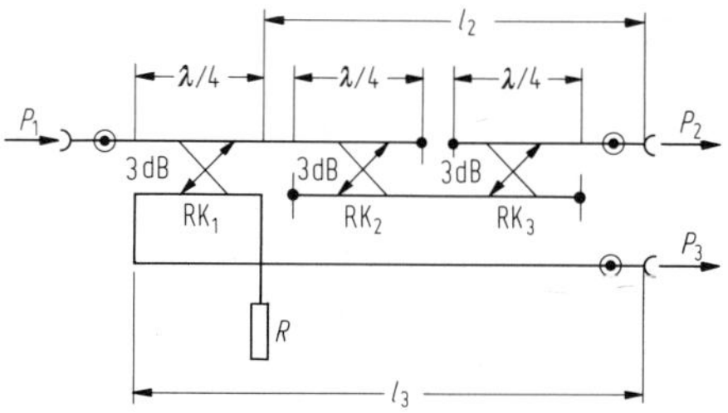

Bild 10. Phasenkorrigierter 3-dB-Richtkoppler als Zweifachverteiler

7 **Richtkoppler.** Directional coupler

Allgemeine Literatur: *Buntschuh, C.:* Octave-bandwidth, highdirectivity microstrip couplers. NTIS-USA, Rep. RADC-TR-73-396, 1974. – *Gunston, M.A.R.:* Microwave transmission line impedance data. London: Van Nostrand 1972. – *Louisell, W.H.:* Coupled mode and parametric electronics. New York: Wiley 1960. *Matthaei, G.L.; Young, L.; Jones, E.M.T.:* Microwave filters, impedance-matching networks and coupling structures. New York: McGraw-Hill 1964. *Miller, S.E.:* Coupled wave theory and waveguide applications. Bell Syst Techn. J. (May 1954) 661–719. *Young, L.:* Parallel coupled lines and directional couplers. Dedham Mass. Artech House, 1972.

7.1 **Wirkungsweise und Anwendung** Operation and application

Ein idealer Richtkoppler [1–5] ist ein reziprokes verlustfreies Viertorgebilde mit zwei voneinander entkoppelten Toren ähnlich einer Brückenschaltung. In Bild 1 ist eine Richtkoppleranordnung, bestehend aus zwei kontinuierlich gekoppelten homogenen Leitungen skizziert. Wird bei reflexionsfreiem Abschluß aller vier Tore an Tor 1 eine Leistung $P_1 = |\underline{a}_1^2/2|$ eingespeist, so erfolgt eine Leistungsaufteilung auf Tor 2 und 3, während am entkoppelten Tor 4 keine Leistung auftritt. Gleiches gilt bei Einspeisung an den übrigen Toren. Idealisiert gilt folgender Zusammenhang der Wellengrößen (s. Gl. (1)).

Spezielle Literatur Seite L 37

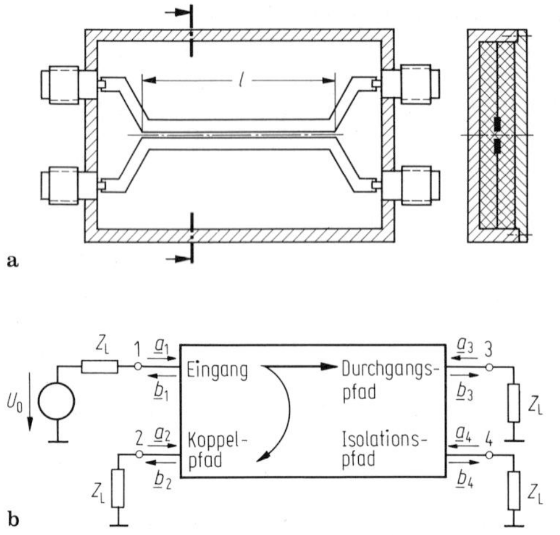

Bild 1. Beispiel eines Richtkopplers. **a** Anordnung aus zwei gekoppelten Triplate-Leitungen der Länge l; **b** Blockschaltbild mit Torbezeichnung

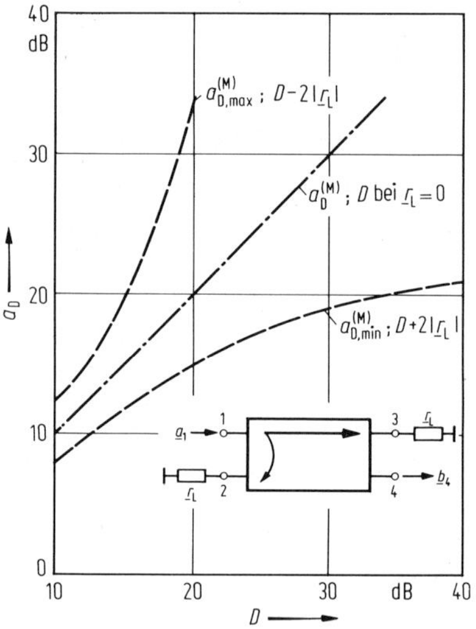

Bild 2. Verfälschung der Richtdämpfung a_D durch nicht ideale Abschlüsse r_L; $a_D^{(M)}$: meßbare Richtdämpfung bei $r_L = 4\%$

Zwischen dem Durchgangspfad und dem Kopplungspfad liegt bei der Anordnung in Bild 1 eine Phasendifferenz von $\varphi = 90^\circ$ vor. Charakterisiert wird der Richtkoppler durch die Koppeldämpfung

$$a_K = -20 \lg k; \quad \text{mit} \quad k = |\underline{b}_2/\underline{a}_1| \qquad (2)$$

und die Richtdämpfung

$$a_D = -20 \lg |\underline{b}_4/\underline{b}_2| = -10 \lg P_4/P_2 \qquad (3)$$

bei reflexionsfreiem Abschluß. Die Richtdämpfung (directivity) ist das logarithmische Maß des Verhältnisses der unerwünschten übergekoppelten Leistung P_4 zur erwünschten gekoppelten Leistung P_2.

Bei der meßtechnischen Ermittlung der Richtdämpfung a_D ist besonders auf reflexionsarme Abschlüsse zu achten. Bild 2 zeigt bei kleinem Koppelfaktor k die mögliche Verfälschung der Richtdämpfung a_D bei nicht idealen Abschlüssen je nach Frequenz und Phasenlage der sich überlagernden Wellengrößen. Die gemessene Richtdämpfung $a_D^{(M)}$ kann zwischen $a_{D,\,max}^{(M)}$ und $a_{D,\,min}^{(M)}$ liegen. Neben den in einem Koppelabschnitt kontinuierlich elektromagnetisch gekoppelten Leitungen in Bild 1 gibt es Richtkoppler mit an diskreten Stellen durch Löcher, Schlitze oder Verbindungsleitungen gekoppelten Wellenleitern. Bild 3 zeigt Beispiele derartiger Richtkoppler vom Verzweigungstyp. Bei geeigneter Dimensionierung und reflexionsfreien Abschlüssen erfolgt bei Einspeisung an Tor 1 eine Überlagerung der übergekoppelten Teilwellen an Tor 4 und eine Auslöschung an Tor 2.

Richtkoppler finden Anwendung in der Meßtechnik zur getrennten Messung der hin- und

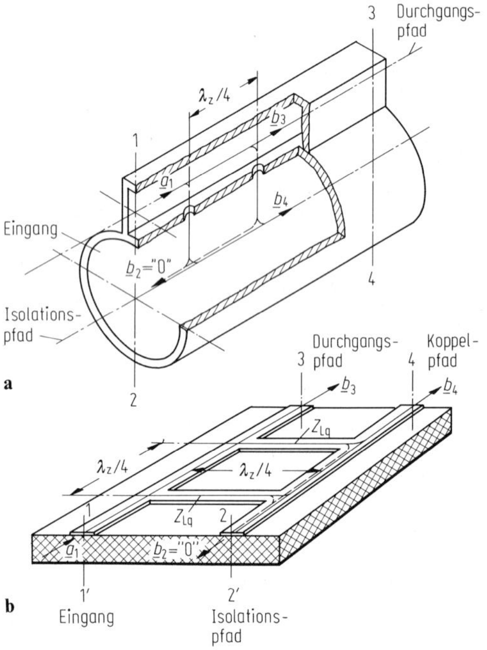

Bild 3. Richtkoppler vom Verzweigungstyp. **a** Hohlleiter-Richtkoppler mit Lochkopplung; **b** Branchline-Koppler in Mikrostreifenleitungstechnik

rücklaufenden Welle einer Leitung oder eines Meßobjekts. In der Schaltungstechnik werden Richtkoppler sehr vielfältig als richtungsabhängig entkoppelte Leistungsteiler in Dämpfungsgliedern, Phasenschiebern, Mischern und Verstärkern verwendet.

7.2 Richtkoppler mit Koaxialleitungen
Coaxial directional coupler

Richtkoppler mit konzentrierten Blindwiderständen. Richtkoppler nach Bild 4 haben einige sehr brauchbare Eigenschaften:

a) Die Koppelelemente C_1 und L_2 können so angeordnet werden, daß sie den Leitungsquerschnitt nicht einschränken (Spannungsfestigkeit).
b) Der Abschlußwiderstand R_2 kann gleich Z_{L1} sein.
c) Die Bandbreite ist bei < 20 MHz größer 1:10 und bei < 100 MHz größer 1:4.
d) Die Koppeldämpfung ist in diesem Bereich frequenzunabhängig mit einer Genauigkeit von ± 0,5 dB an den Bandgrenzen.
e) Die Richtdämpfung ist > 35 dB innerhalb der genannten Bandbreiten, wenn $R_1 = Z_{L1}$, die Leitung also exakt abgeschlossen ist.
f) Die Koppeldämpfung sollte ≧ 50 dB sein.

Zum Aufbau kann folgendes gesagt werden:
Bei $f < 30$ MHz muß L_2 einen Ferritkern haben, ωL_2 muß groß gegen R_L bei der unteren verwendeten Bandgrenze sein. C_2 muß weitgehend induktionsfrei und $1/\omega C \ll R_2$ sein; R_c dient einer Phasenkorrektur im unteren Frequenzbereich; C_1 ist ein Koppelzylinder, der möglichst dem Durchmesser des Außenleiters entspricht.
Beim abgeglichenen Richtkoppler und wenn $R_1 = Z_{L1}$ ist, gilt: die Koppeldämpfung ist $a_K(\mathrm{dB}) = -20 \lg(U_2/U_1)$. Am Vorlauf-Richtkoppler ist die Spannung $\underline{U}_C$ am C-Teiler gleich der Spannung $\underline{U}_L$ am Widerstand R_L des Stromwandlers.
$\underline{U}_2 = 2\underline{U}_C = 2\underline{U}_L$. Beim Rücklauf-Richtkoppler ist unter gleichen Bedingungen wie zuvor dargelegt, die Phase von $\underline{U}_L$ jedoch gegenphasig zu $\underline{U}_C$, also $U_2 = 0$. Wenn $R_2 > 10$ kΩ, z.B. bei nachfolgendem Gleichrichternetzteil, kann die Koppeldämpfung ≧ 40 dB gewählt werden, ohne die Qualität des Richtkopplers einzuschränken.

Richtkoppler mit einstellbarer Koppeldämpfung. Bei dieser Art des Richtkopplers wird eine Leitung mit der Länge l_1 und dem durchgehenden Leitungswellenwiderstand Z_{L2} entsprechend Bild 5 zwischen den Anschlüssen 2 und 4 mit einer Leitung Z_{L1} gekoppelt.
Die Koppeldämpfung ist frequenzabhängig. Wenn $l_1 < \lambda/10$, so ist die Änderung der Koppeldämpfung $\Delta a_K(\mathrm{dB})$:

$$\Delta a_K(\mathrm{dB}) = -20 \lg(f_2/f_1).$$

Die Koppeldämpfung wird größer, wenn die Frequenz kleiner wird. Die kapazitive Kopplung wird im wesentlichen Anteil durch die Änderung von l_2, die induktive Kopplung im wesentlichen Anteil durch eine Drehung des Koppelsystems eingestellt. Die Richtdämpfung eines abgeglichenen Richtkopplers ist größer 34 dB mit einer Bandbreite 1:10 im Frequenzbereich $f < 1$ GHz.

λ/4-Richtkoppler mit zwei gekoppelten Leitungen [27]. Ist der Koppelbereich des Richtkopplers mit zwei getrennten koaxialen Leitungen für die Mittenfrequenz f_m $\lambda_m/4$ lang, so ist die Koppeldämpfung bei einer Frequenzänderung $f_2/f_1 = 2$ nahezu frequenzunabhängig, z.B. bei einem 3-dB-Richtkoppler ± 0,4 dB

$$f_m = (f_1 + f_2)/2.$$

Bei einem koaxialen 3-dB-Richtkoppler ist der Abstand zwischen den beiden gekoppelten Leitungen schon sehr klein. Innerhalb des Koppelbereichs werden daher zweckmäßigerweise die zwei Koaxialleitungen in Bandleitungen überführt (entsprechend Bild 6).
Bei Koppeldämpfungen ≧ 5 dB kann bei kleineren Leistungen der Aufbau mit runden Innenleitern erfolgen.
Richtkoppler mit einem symmetrischen Aufbau von zwei Rundinnenleitern in einem gemeinsamen Außenleiter gemäß Bild 7 haben bei einer kleinen Koppeldämpfung eine Richtdämpfung > 50 dB im Frequenzbereich $f_m/f_1 = 20/1$.

λ/4-Richtkoppler mit Schlitzkopplung. Zwei getrennte koaxiale Leitungen können über einen $\lambda/4$ langen Schlitz in ihren beiden Außenleitern miteinander gekoppelt werden (s. Bild 8).
Bei den Richtkopplern gemäß Bild 8 überwiegt die induktive Kopplung mit einer Richtdämpfung von ca. 20 dB. Die Richtdämpfung kann

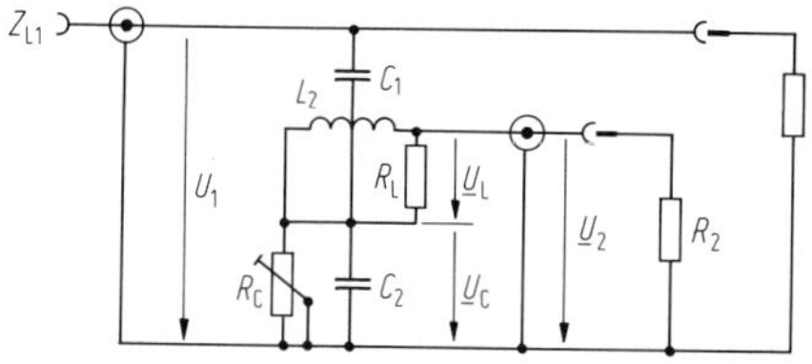

Bild 4. Richtkoppler mit konzentrierten Blindwiderständen

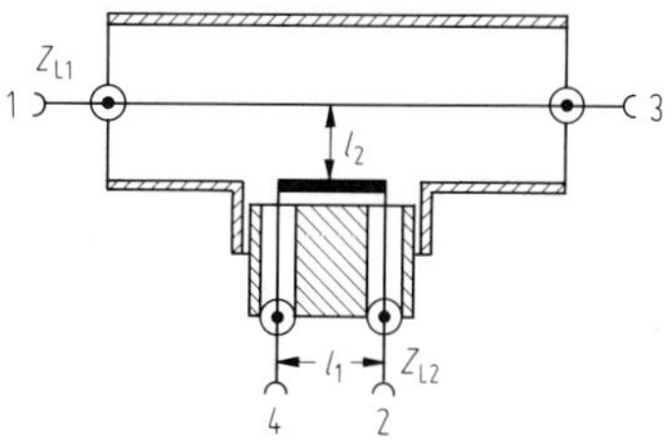

Bild 5. Richtkoppler mit einstellbarer Koppeldämpfung

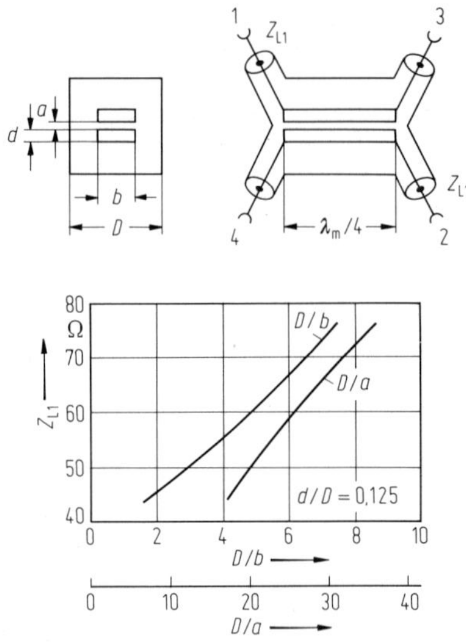

Bild 6. Z_{L1} eines abgeglichenen 3-dB-Richtkopplers

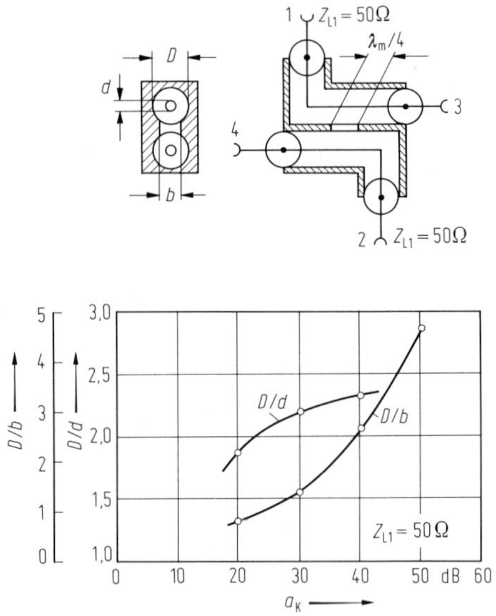

Bild 8. Richtkoppler mit zwei gleichen Leitungsquerschnitten und einem Koppelschlitz

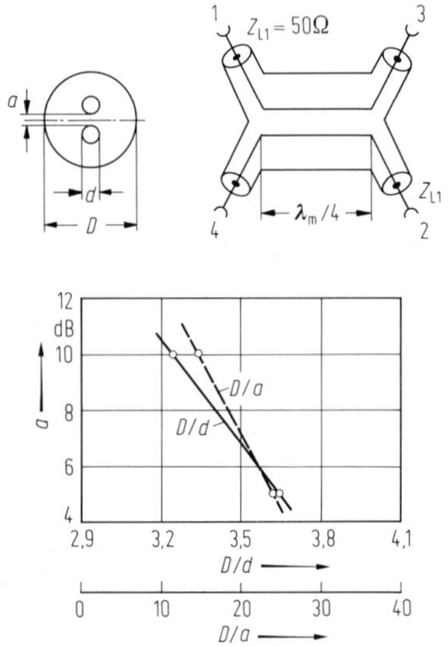

Bild 7. $\lambda/4$-Richtkoppler mit zwei runden Innenleitern

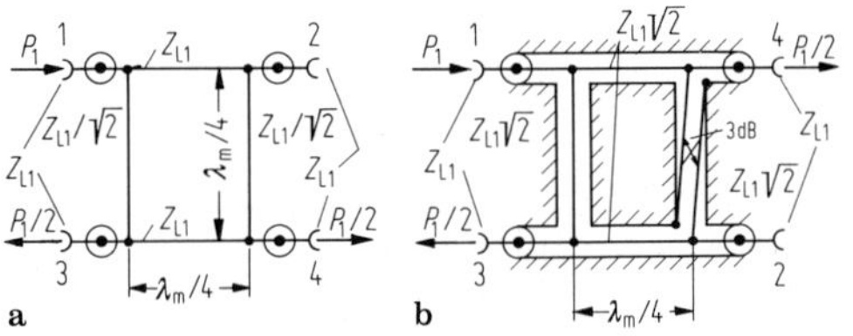

Bild 9. 3-dB-Richtkoppler mit Ringleitungslänge $4\lambda/4$. **a** 3-dB-Ausgänge mit 90° Phasendifferenz; **b** 3-dB-Ausgänge mit 0 oder 180° Phasendifferenz

verbessert werden durch eine zusätzliche kapazitive Kopplung zwischen den beiden Innenleitern.

Ringleitungs-Richtkoppler. Der Ringleitungs-Richtkoppler besteht aus vier $\lambda/4$ langen Leitungslängen, die zu einem Ring verbunden sind (s. Bild 9).

Die Ringleitungs-Richtkoppler sind im Aufbau sehr einfach. Die Leistungsbelastung entspricht der zulässigen Leistung für den gewählten Leitungsquerschnitt, gute Richtkopplereigenschaften sind allerdings nur sehr schmalbandig gegeben. Die Bandbreite des Richtkopplers in Bild 9b ist gegenüber dem Richtkoppler in Bild 9a um den Faktor 3 besser. Wird der Richtkoppler in Bild 9a an den Anschlüssen 3 und 4 mit $R_1 = Z_{L1}$ abgeschlossen, so sind die Eingänge 1 und 2 gegeneinander entkoppelt; das gleiche gilt auch für die Eingänge 3 und 4, wenn die Anschlüsse 1 und 2 mit $R_1 = Z_{L1}$ abgeschlossen sind. Die Phasendifferenz zwischen den beiden Ausgangsleistungen an 3 und 4 beträgt, bezogen auf 3 und Einspeisung bei 1, − 90°, bei Einspeisung in den Anschluß 2 jedoch + 90°. Was über die Entkopplung gesagt wurde, gilt mit der gleichen Anschlußbezeichnung auch für den Richtkoppler in Bild 9b; die Phase zwischen 3 und 4, bezogen auf 3, beträgt bei Einspeisung in 1 0° und bei Einspeisung in 2 − 180°.

Der Richtkoppler in Bild 10 hat die Eigenschaften des Richtkopplers in Bild 9b, jedoch ist die Bandbreite kleiner als die Bandbreite des Richtkopplers in Bild 9a – bedingt durch die $\lambda/2$ lange Zusatzleitung für die notwendige 180° Phasen-

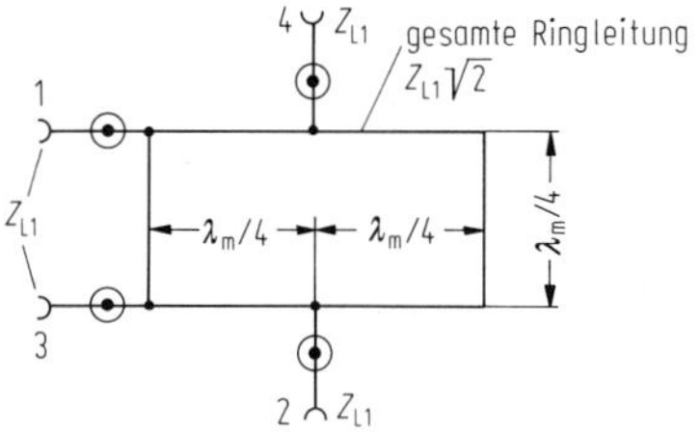

Bild 10. 3-dB-Richtkoppler mit Ringleitungslänge $6\lambda/4$

drehung zwischen den Abzweigungen der Anschlüsse 2 und 4.

7.3 Richtkoppler mit planaren Leitungen
Planar line directional couplers

Bis auf den in Tab. C 7.1 skizzierten *Combline*-Koppler (Vorwärtskoppler) [6] sind die in der Praxis verwendeten Richtkoppler aus planaren Leitungen den Rückwärtskopplern zuzurechnen. Tabelle 1 zeigt eine Übersicht der Querschnittsanordnungen von Richtkopplern aus planaren Leitungen. Der Gesamtaufbau einer Anordnung nach Tab. 1 (a) mit den Anschlußelementen ist in Bild 1 dargestellt.

Bei vorgegebenem Koppelfaktor $k = k_r$ und vorgegebenem Wellenwiderstand Z_L der Anschlußleitungen lassen sich aus Gl. C 7 (20) die Wellenwiderstände $Z_L^{(e)}$ und $Z_L^{(o)}$ bestimmen. Aus Dimensionierungskurven $Z_L^{(e,o)} = f$ (Querschnittsgeometrie; ε_r) – z. B. Bild K 3.19 und K 3.20 für die Anordnung in Tab. 1 (c) – kann die erforderliche Querschnittsgeometrie ermittelt werden. Für einige wichtige Anwendungsfälle sind in Tab. 1 die Querschnittsabmessungen der jeweiligen Anordnungen angegeben; ebenso die Literaturhinweise [7–22] für die Berechnungsverfahren zur Bestimmung der Leitungskenngrößen $Z_L^{(e,o)}$, $\varepsilon_{r,eff}^{(e,o)}$ der verkoppelten Leitungen.

Bei einer Koppellänge

$$l = \lambda_z/4 = \lambda_0/(4\sqrt{\varepsilon_{r,eff}}) \quad (4)$$

ergibt sich der Transmissionsfaktor $\underline{S}_{31}$ und der Koppelfaktor $\underline{S}_{21}$ in der Nähe der Mittenfrequenz f_0 nach Gl. C 7 (22). Bild 11 zeigt den gemessenen Frequenzgang von S_{21} und S_{31} eines 3-dB-Kopplers und eines 15-dB-Kopplers. Um die Koppeldämpfung über einen größeren Frequenzbereich nahezu konstant zu halten (Breitbandkoppler), schaltet man mehrere Koppelabschnitte unterschiedlicher Koppeldämpfung hintereinander [26]. Ein Beispiel zeigt Bild 12. Durch die Kaskadenschaltung eines 10-dB- und eines 3-dB-Kopplers entsteht ein breitbandigerer 5-dB-Koppler.

Tabelle 1. Richtkoppler aus gekoppelten planaren Leitungen; $\bar{\varepsilon}_{r,eff}$: mittlere effektive Permittivitätszahl $(\varepsilon_{r,eff}^{(e)} + \varepsilon_{r,eff}^{(0)})/2$; a_K Koppeldämpfung; a_D Richtdämpfung; mit: **a** koplanar verkoppelten „Triplate"-Leitungen; **b** breitseitig verkoppelten „Triplate"-Leitungen; **c** koplanar verkoppelten Mikrostreifenleitungen; **d** wie **c**), jedoch mit „Overlay"; **e** wie **c**), jedoch mit „Masseschlitz"; **f** Vierleiter/Interdigital-Koppler; **g** „Streifen/Schlitz"-Koppler

Bauform	Dim. nach	$\bar{\varepsilon}_{r,eff}$	a_K in dB	Querschnitts-abmessungen	$a_{D,theor.}$ in dB bei f_0
a 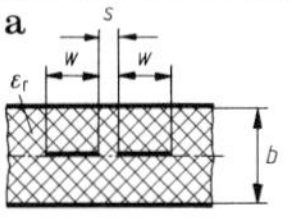	[7] [8]	 2,5 2,5 2,5	 10 15 20	$\varepsilon_r = 2{,}5$: $w/b = 0{,}62; s/b = 0{,}05$; $w/b = 0{,}7; s/b = 0{,}17$; $w/b = 0{,}74; s/b = 0{,}32$;	 ∞ ∞ ∞
b 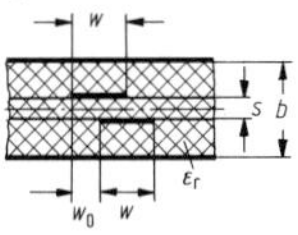	[9] [10]	 2,5 2,5	 3 10	$\varepsilon_r = 2{,}5; s/b = 0{,}1$: $w/b = 0{,}4; w_0/b = 0$; $w/b = 0{,}65$ $w_0/b = 1{,}03$;	 ∞ ∞
c 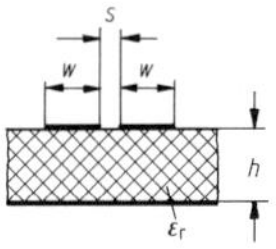	[11] [12] [13]	 1,99 6,39 6,41 6,47	 10 10 15 20	$\varepsilon_r = 2{,}5$: $w/h = 2{,}35; s/h = 0{,}1$ $\varepsilon_r = 10$: $w/h = 0{,}82; s/h = 0{,}28$; $w/h = 0{,}91; s/h = 0{,}75$; $w/h = 0{,}95; s/h = 1{,}4$;	 ca. 15 ca. 12 ca. 7 ca. 3
d 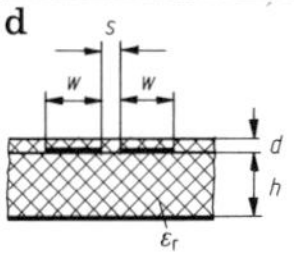	[14] [15]	 7,85 8,41	 10 15	$\varepsilon_r = 10$: $d/h = 0{,}2; w/h = 0{,}69$; $s/h = 0{,}42$; $d/h = 0{,}4; w/h = 0{,}68$; $s/h = 1{,}02$;	 ca. 35 ca. 28
e 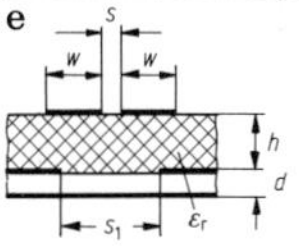	[16] [17]	 5,54 5,61	 10 15	$\varepsilon_r = 10; d/h = 0{,}79$: $w/h = 1{,}26; s/h = 0{,}55$; $s_1/h = 2{,}76$; $w/h = 1{,}46; s/h = 1{,}1$: $s_1/h = 3{,}39$;	 > 25 > 25
f 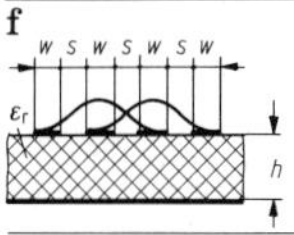	[18] [19]	 5,88	 3	$\varepsilon_r = 10$: $w/h = 0{,}1$; $s/h = 0{,}071$; 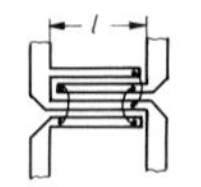	
g 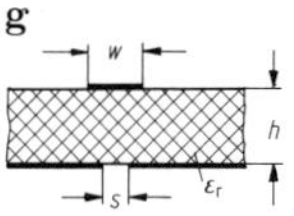	[20] [21] [22]	 5,2	 3	$\varepsilon_r = 10; h/\lambda_0 = 0{,}02$: $w/h = 0{,}66$; $s/h = 0{,}06$; 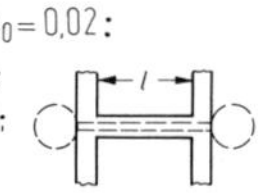	

Nicht alle Anordnungen in Tab. 1 eignen sich für die Realisierung einer festen Kopplung, insbesondere einer 3-dB-Koppeldämpfung (z. B. wegen einer zu geringen Spaltbreite). Für feste Kopplung geeignet sind die Anordnungen in Tab. 1 (b), (f) und (g) sowie der Branchline-Koppler in Bild 3 b bzw. in Tab. 2 und der Hybrid-Ringkoppler (rat race) in Tab. 2. Beim zweiarmigen 3-dB-Branchline-Koppler mit zwei

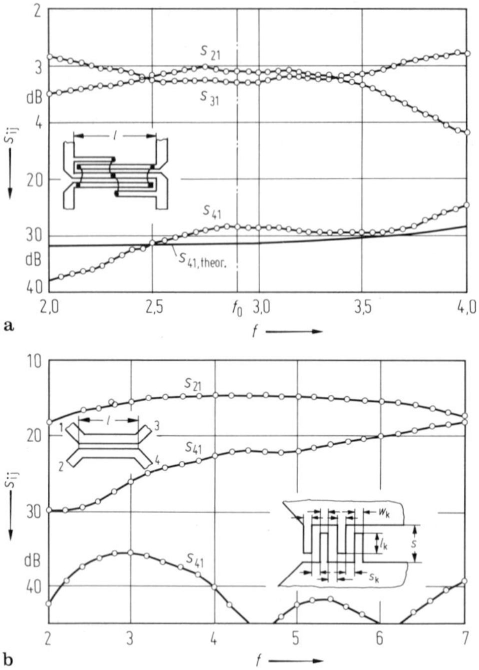

Bild 11. Meßergebnisse der Koppeldämpfung S_{21} (dB), der Durchgangsdämpfung S_{31} (dB) und der Isolationsdämpfung S_{41} (dB) von Richtkopplern auf einer 0,635 mm dicken Al_2O_3-Keramik ($\varepsilon_r = 10$). **a** 3-dB-Interdigital-Koppler (Querschnittsabmessungen: Tab. 1 (f)) mit $l = 10{,}8$ mm; **b** 15-dB-Koppler mit $l = 5{,}4$ mm; oben: ohne Kompensation, unten: mit C-Kompensation mit $w_k = s_k = 0{,}05$ mm, $l_k = 0{,}3$ mm

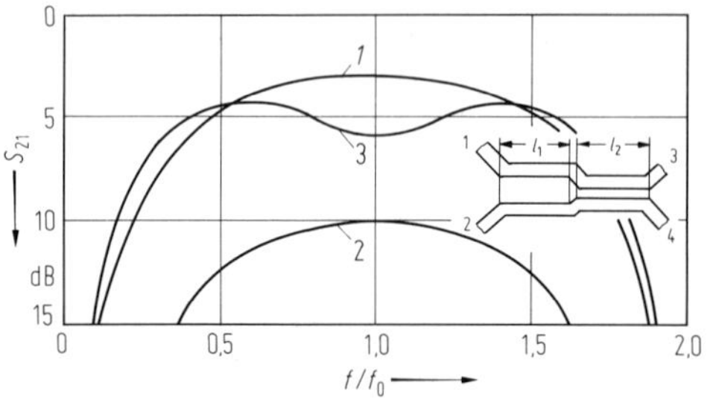

Bild 12. Richtkoppler aus zwei Koppelabschnitten. *1*) 3-dB-Koppler ($l_2 = \lambda_z/4$); *2*) 10-dB-Koppler ($l_1 = \lambda_z/4$); *3*) Kaskadenschaltung aus *1*) und *2*)

Tabelle 2. Ausführungen spezieller 3-dB-Streifenleitungs-Richtkoppler

Branchline-Koppler
(Zweiarm., 90°-Hybrid)

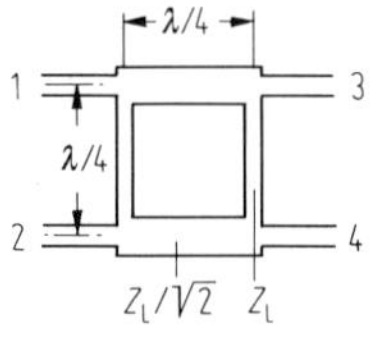

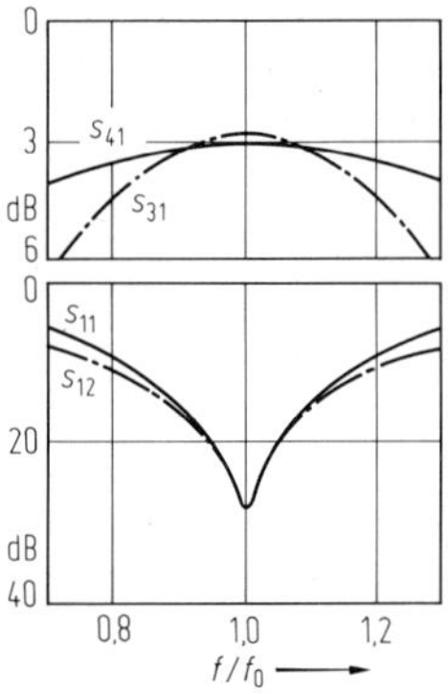

Branchline-Koppler
(Dreiarm., 90°-Hybrid)

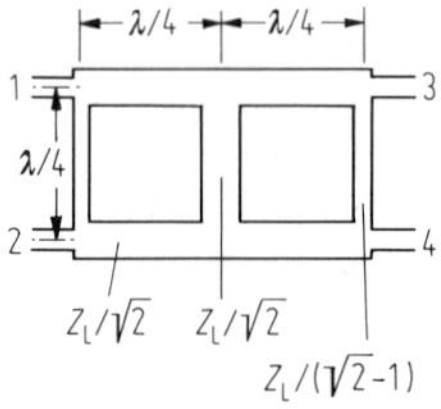

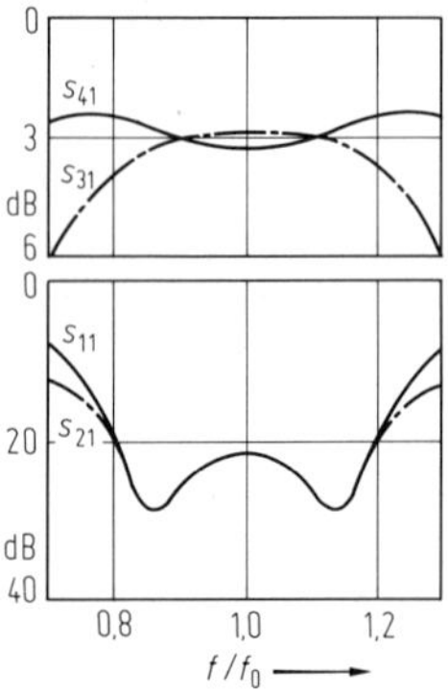

Ring-Koppler
(Rat-Race, 180°-Hybrid)

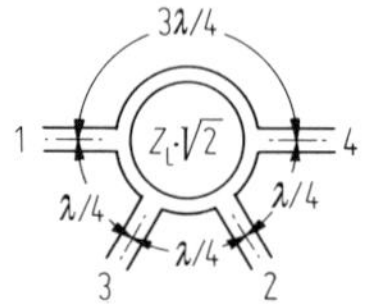

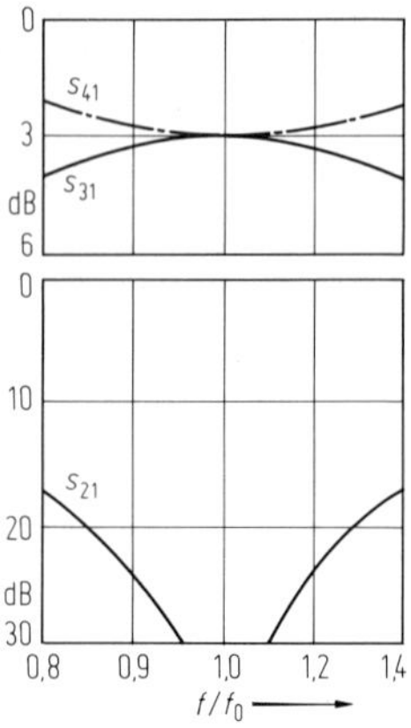

$\lambda_z/4$ langen Querleitungen ($Z_{Lq} = Z_L$; $Z_{L1} = Z_L/\sqrt{2}$) im Abstand von $l = \lambda_z/4$ (Bild 3b) ist die Bandbreite bei einer Richtdämpfung von $a_D \geqq 20$ dB auf ca. $\pm 5\%$ der Mittenfrequenz begrenzt. Im Gegensatz dazu liegt bei den Anordnungen mit 3-dB-Koppeldämpfung nach Tab. 1 (b), (f) und (g) breitbandig eine hohe Richtwirkung vor. Dies zeigt die Isolationsdämpfung S_{41} (dB) in Bild 11a. Daß die gemessene Isolationsdämpfung eine starke Welligkeit aufweist liegt an den nicht ideal reflexionsfrei angeschlossenen Anschlußleitungen (Bild 2).

Für integrierte Mikrowellenschaltungen nicht geeignet sind die Anordnungen in Tab. 1 (a) und (b), so daß sich für die Realisierung einer losen Kopplung ($a_K > 8$ dB) wegen des einfachen Aufbaus die Anordnung in Tab. 1 (c) anbietet. Aufgrund der inhomogenen Querschnittsaufteilung Dielektrikum/Luft ergeben sich hier unterschiedliche effektive Permittivitätszahlen $\varepsilon_{\text{r,eff}}^{(e)}$ und $\varepsilon_{\text{r,eff}}^{(o)}$ der beiden Eigenwellen (Gleichtaktwelle (e) und Gegentaktwelle (o)). Damit wird $\beta^{(e)} \neq \beta^{(o)}$; es liegt kein idealer Rückwärtskoppler vor. Die Streukoeffizienten dieses realen Kopplers sind aus Gl. C 7 (17) zu entnehmen. Bei

$$\Theta^{(e)} \approx \Theta^{(o)} \approx \Theta = 2\pi l \bar{\varepsilon}_{\text{r,eff}}^{1/2}/\lambda_0 \quad \text{mit}$$

$$\bar{\varepsilon}_{\text{r,eff}} = (\varepsilon_{\text{r,eff}}^{(e)} + \varepsilon_{\text{r,eff}}^{(o)})/2,$$

sowie mit $r^{(e)} = -r^{(o)} = r$ wird bei der Mittenfrequenz ($\Theta = \pi/2$) die Richtdämpfung

$$a_D = (1 - k^2)/k \, \sin(\pi/4(\varepsilon_{\text{r,eff}}^{(e)\,1/2} - \varepsilon_{\text{r,eff}}^{(o)\,1/2})/\bar{\varepsilon}_{\text{r,eff}}^{1/2}). \tag{5}$$

Die erzielbare Richtdämpfung bei der Mittenfrequenz ist abhängig vom Koppelfaktor k und vom Verhältnis $\varepsilon_{\text{r,eff}}^{(e)}/\varepsilon_{\text{r,eff}}^{(o)} = (v^{(o)}/v^{(e)})^2$ der Phasengeschwindigkeiten der beiden Eigenwellen (Bild 13). Bei koplanar gekoppelten Leitungen (Tab. 1(c)) auf einem Al_2O_3-Keramik-Substrat ($\varepsilon_r = 10$) beträgt – weitgehend unabhängig von der Koppeldämpfung a_K – das Verhältnis der Phasengeschwindigkeiten $v^{(o)}/v^{(e)} \approx 1{,}1$ (Bild K 3). Daraus erkennt man, daß mit zunehmender Koppeldämpfung a_K die Anordnung nach Tab. 1 (c) wegen mangelnder Richtwirkung (Tab. 1, letzte Spalte) ungeeignet ist. Eine Angleichung der unterschiedlichen Phasengeschwindigkeiten $v^{(o)}$ und $v^{(e)}$ erreicht man durch eine weitere dielektrische Schicht oberhalb der verkoppelten Leitungen (Tab. 1 (d)) oder durch teilweise Öffnung der unteren Metallisierung über die Spaltbreite s_1 im Bereich der Koppelzone (Tab. 1 (e)) oder durch sägezahnförmige Ausbildung der verkoppelten Leitungen im Bereich des Koppelspaltes [25]. Eine vierte Möglichkeit zur Verbesserung der Richtdämpfung der Anordnung in Tab. 1 (c) besteht in der Beschaltung der beiden Enden der Koppelanordnung mit einer Querkapazität [23, 24]. Das Meßergebnis der Isolationsdämpfung S_{41} in dB bei Beschaltung mit einer konzentrierten Interdigital-Kapazität zeigt Bild 11 b. Die Richtdämpfung läßt sich damit über einen großen Frequenzbereich erheblich verbessern.

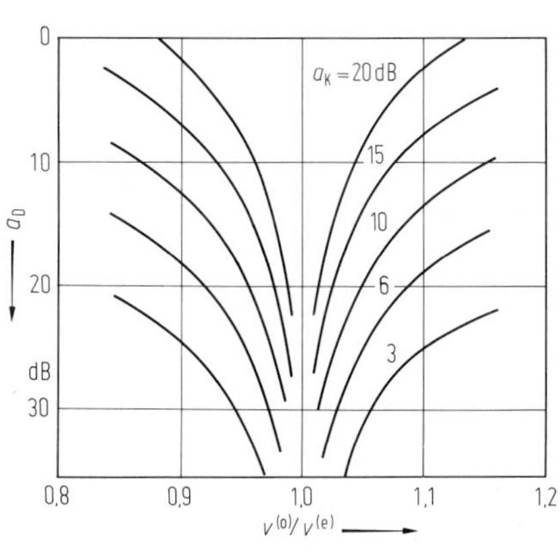

Bild 13. Richtdämpfung a_D bei der Mittenfrequenz ($\Theta = \pi/2$) bei Richtkopplern mit unterschiedlichen Phasengeschwindigkeiten $v^{(0)}$ und $^{(e)}$; a_K Koppeldämpfung

7.4 Hohlleiterrichtkoppler

Waveguide directional coupler

Der 3-dB-Einloch-Richtkoppler (Bild 14) wird vorzugsweise bei großen Pulsleistungen eingesetzt; die Koppelöffnung vermindert die Spannungsfestigkeit des verwendeten Hohlleiterquerschnitts nur geringfügig.

Gute Richtkopplereigenschaften sind nur schmalbandig möglich, $f_2/f_1 = 1{,}05$ bei einer Richtdämpfung > 30 dB.

Das Magic-Tee als Richtkoppler ist nur möglich mit zusätzlich eingebrachten Transformationselementen im Kreuzungspunkt der vier Hohlleiter.

Werden die Arme 3 und 4 in Bild 15 reflexionsfrei abgeschlossen, so sind bei einem abgeglichenen Magic-Tee als Richtkoppler folgende Daten schmalbandig erreichbar:

Die Entkopplung zwischen Arm 1 und 2 ist > 40 dB bei Einspeisung in Arm 1 oder 2. Die Leistung wird zu gleichen Teilen auf die Arme 3 und 4 aufgeteilt (− 3 ± 0,05 dB). Die Entkopplung ist dabei > 30 dB zwischen Arm 3 und 4.

Der Reflexionsfaktor, in jeden Arm hineingemessen, ist < 2,5 %, wenn die anderen 3 Arme reflexionsfrei abgeschlossen sind.

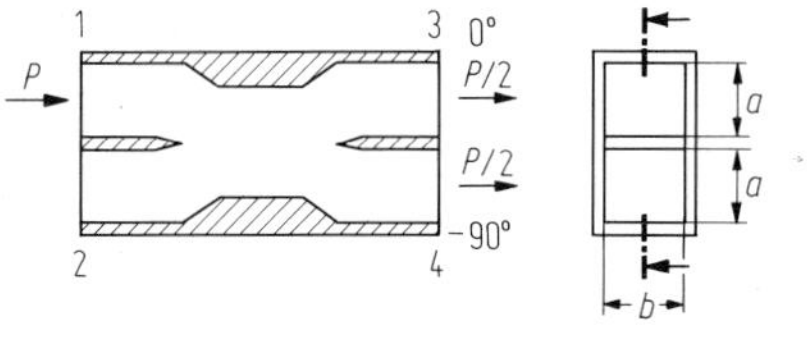

Bild 14. Rechteckhohlleiter-Einloch-Richtkoppler

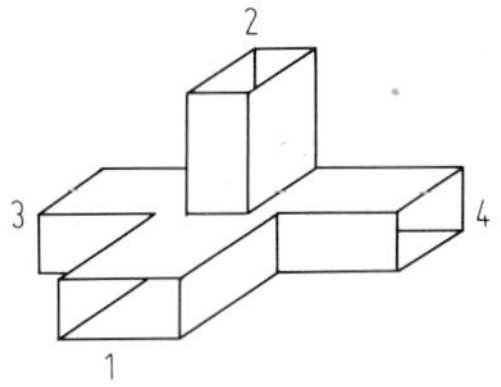

Bild 15. Magic-Tee

Die Phasendifferenz zwischen Arm 3 und 4, an gleichen Bezugsebenen gemessen, beträgt bei Einspeisung in Arm 1 0° und bei Einspeisung in Arm 2 180°.

Zwei Koppelöffnungen mit $\lambda_H/4$ Abstand. Werden zwei Hohlleiter durch zwei gleiche Koppelöffnungen in einem Abstand von $\lambda_H/4$ verbunden (entsprechend Bild 16), so ist eine Richtkopplereigenschaft vorhanden.
Wird in Arm 1 eingespeist, so wird über die Koppelöffnung am Ort I und II ein Teil der Leistung in den Hohlleiter 2–4 gekoppelt. Ist dieser Anteil an beiden Orten gleich groß, so löschen sich die Anteile, die sich in Richtung zum Arm 2 ausbreiten, vollständig aus, da zwischen beiden Anteilen eine Phasendifferenz von 180° besteht.
In Richtung zum Arm 4 addieren sich die Anteile, da eine Gleichphasigkeit vorliegt.
Die Richtkopplereigenschaft ist unabhängig von den gekoppelten Anteilen des elektrischen und magnetischen Feldes; es kann zum Beispiel auch ein reines magnetisches Feld im Koppelbereich gegeben sein. Werden jedoch beide Felder, das elektrische und das magnetische, über die Koppelöffnung gekoppelt, so gibt es günstige Koppelstellen im Hohlleiter, bei welchen schon eine einzelne Koppelöffnung eine Richtdämpfung hat.
Bei zwei Koppelöffnungen im $\lambda_H/4$-Abstand ergibt sich damit eine größere Bandbreite der Richtdämpfung. Es lassen sich mit zwei Koppelöffnungen schmalbandige Richtkoppler mit einer Koppeldämpfung $a_K \geqq 3$ dB herstellen, die Bandbreite ist hier um den Faktor 2 besser als beim Magic-Tee. Die Phasendifferenz zwischen Arm 3 und 4, bezogen auf Arm 3, beträgt − 90°.

Kreuzkoppler. Beim Kreuzkoppler sind die Achsen der beiden Hohlleitersysteme im Winkel von 90° an der Koppelstelle verbunden (s. Bild 17).
Der Kreuzkoppler wird bei Koppeldämpfungen $a_K > 20$ dB eingesetzt. Bei $a_K \geqq 30$ dB ergeben die Koppelöffnungen (Bild 17) die größte Bandbreite. Erfolgt die Einspeisung in Arm 1 und sind die Arme 3 und 4 reflexionsfrei abgeschlossen, kann mit dem Winkel φ der Koppelschlitze ein Optimum der Richtdämpfung in Arm 2 eingestellt werden. Die Abmessungen L, d und t be-

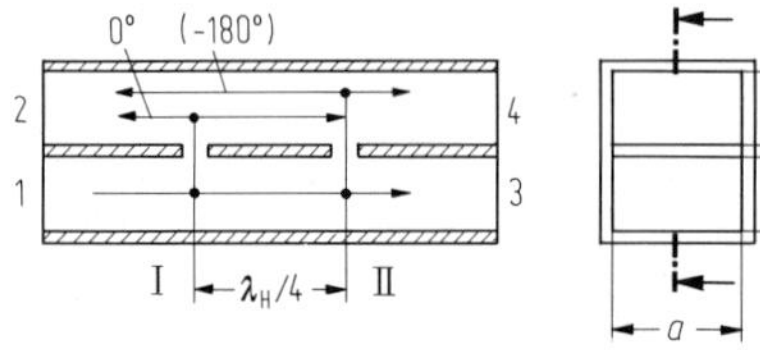

Bild 16. Hohlleiter-Richtkoppler mit zwei Koppelöffnungen

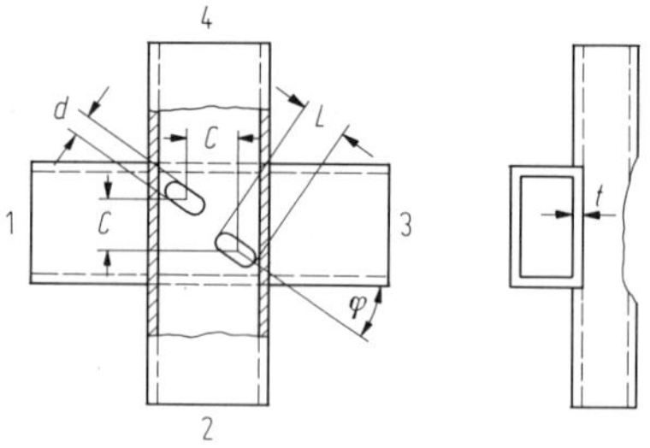

Bild 17. Kreuzkoppler

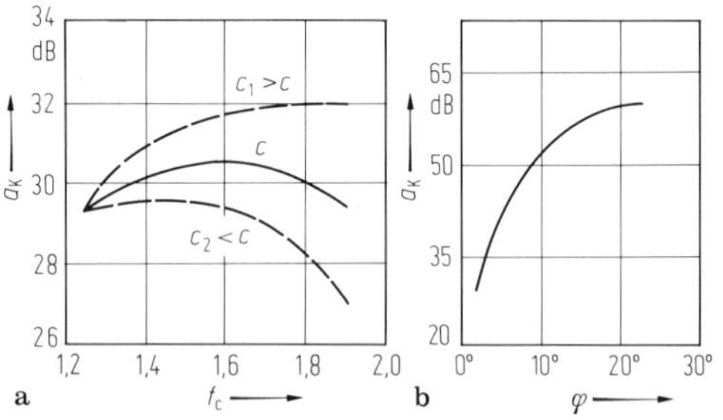

Bild 18. Diagramm für Kreuzkoppler. **a** Koppeldämpfung a_K bei $1{,}9 f_c$ als Funktion des Abstands C; **b** Winkel für optimale Richtdämpfung

stimmten im wesentlichen die Koppeldämpfung a_K.
Der richtige Abstand C kann dazu benutzt werden, in einem Teilbereich des Hohlleiterbereichs eine sehr geringe Änderung der Koppeldämpfung zu erreichen (Bild 18).

Mehrloch-Richtkoppler [28, 29]. Der Mehrloch-Richtkoppler ist eine Weiterentwicklung des Richtkopplers nach Bild 16. Durch die größere Anzahl der Koppelöffnungen wird die Bandbreite vergrößert.

Richtkoppler durch Hohlleiterkopplung. Die Hohlleiterkopplung hat den Vorteil einer sehr geringen Änderung der Koppeldämpfung über den gesamten Hohlleiterbereich. Die Richtkopplereigenschaft baut sich auf dem gleichen Prinzip auf, wie in Bild 16 dargestellt (Bild 19).
Durch Vergrößerung der Anzahl der Koppelelemente und einer binomischen Stufung der Kopplung durch die Abmessungen ergibt sich eine größere Bandbreite der Richtdämpfung und des Reflexionsfaktors.

Richtkoppler mit zwei verschiedenen Hohlleitersystemen. Ein Richtkoppler mit zwei verschiedenen Hohlleitersystemen kann zum Beispiel sein: als Hauptleitung (1, 3) ein Rundhohlleiter mit dem Feldtyp H_{11} und als gekoppelte Leitung

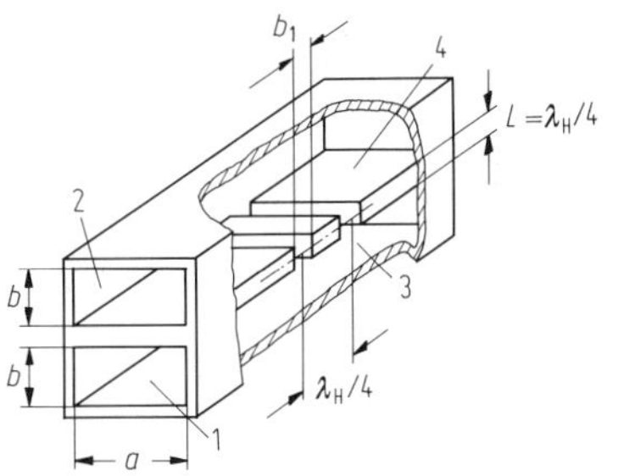

Bild 19. Richtkoppler durch Hohlleiterkopplung

(2, 4) ein Rechteckhohlleiter mit dem H_{10}-Feld. Die Hohlleiterseite a_1 wird so gewählt, daß bei der genutzten Bandbreite λ_{H11} nahezu gleich λ_{H10} ist. Außerhalb des Koppelbereichs kann das spezielle Maß a_1 durch Transformation auf ein genormtes Maß a gebracht werden.

Richtkoppler mit Hohlleiter und koaxialer Leitung. Bei Hohlleiterabmessungen, die größer als R 48 sind, und wo die Koppeldämpfung $\geqq$ 30 dB zulässig ist, kann es zweckmäßig sein, den Richtkoppler aus der Kombination Hohlleiter – koaxiale Leitung aufzubauen (Bild 20).
Der koaxiale Leitungsteil entspricht dem bei Bild 5 beschriebenen und mit Z_{L2} bezeichneten Teil.
Die Koppeldämpfung a_K wird durch d oder l_2 eingestellt. Sind die Anschlüsse 3 und 4 reflexionsfrei abgeschlossen und wird bei 1 eingespeist, so kann an 2 die größte Richtdämpfung durch drehen des koaxialen Leitungsteils eingestellt werden. Der eventuell bei großen Koppelöffnungen vorhandene Reflexionsfaktor im Hohlleitersystem wird durch eine zusätzliche C-Belastung korrigiert. Bei einer Richtdämpfung von > 34 dB ist eine Bandbreite von $f_2/f_1 = 1{,}1$ möglich.

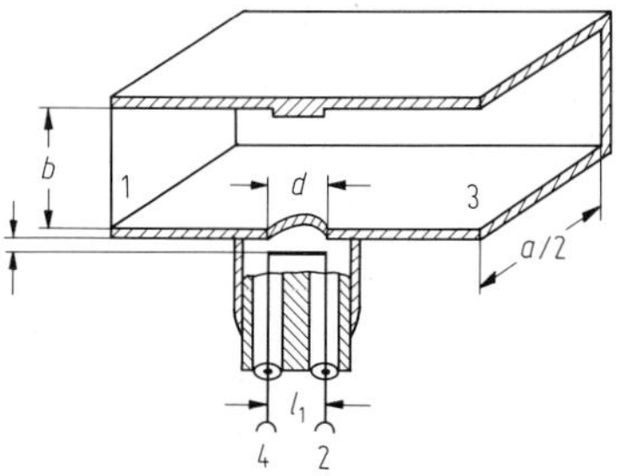

Bild 20. Richtkoppler aus Hohlleiter und koaxialer Leitung

Spezielle Literatur: [1] *Caswell, W. E.: Schwartz, R. F.:* The directional coupler – 1966, IEEE Trans. MTT-15 (1967) 120–123. – [2] *Wolf, H.:* Gekoppelte Hochfrequenzleitungen als Richtkoppler. NTZ (1956) 375–382. – [3] *Burkhardtsmaier, W.; Buschbeck, W.:* Gekoppelte Leitungen mit gleicher und verschiedener Phasengeschwindigkeit der Gleich- und Gegentaktwelle. AEÜ-16 (1962) 192–197. – [4] *Oliver, B. M.:* Directional electromagnetic couplers. Proc. IRE 42 (1954) 1686–1692. – [5] *Jones, E. M. T.; Bolljahn, J. T.:* Coupled-strip-transmission-line filters and directional couplers. IRE Trans. MTT-4 (1956) 75–81. – [6] *Gunton, D. J.:* Design of wideband codirectional couplers and their realization at microwave frequencies using coupled comblines. Microwaves, Opt. Accust. 1 (1978) 19–30. – [7] *Cohn, S. B.:* Shielded coupled-strip transmission lines. IRE Trans. MTT-3 (1955) 19-38. – [8] *Getsinger, W. J.:* Coupled rectangular bars between parallel plate. IRE Trans. MTT-10 (1962) 65–72. – [9] *Cohn, S. B.:* Characteristic impedances of broadside-coupled strip transmission lines. IRE Trans. MTT-8 (1969) 633–637. – [10] *Shelton, J. P.:* Impedances of offset parallel-coupled strip transmission lines. IEEE Trans. MTT-14 (1966) 7–15. – [11] *Pregla, R.; Kowalski, G.:* Simple formulas for the determination of the characteristic constants of microstrips. AEÜ-27 (1973) 339–340. – [12] *Bryant, T. G.; Weiss, J. A.:* Parameters of microstrip transmission lines and coupled pairs of microstrip lines. IEEE Trans. MTT-16 (1968) 1021–1027. – [13] *Garg, R.; Bahl, I. J.:* Characteristics of coupled microstrip lines, IEEE Trans. MTT-27 (1979) 700–705. – [14] *Paolino, D. D.:* MIC overlay coupler design using spectral domain techniques. IEEE Trans. MTT-26 (1978) 646–649. – [15] *Sheleg, B.; Spielman, B. E.:* Broad-band directional couplers using microstrip with dielectric overlays. IEEE Trans. MTT-22 (1974) 1216–1220. – [16] *Itoh, T.; Hebert, A. S.:* A generalized spectral domain analysis for coupled suspended microstrip lines with tuning septums. IEEE Trans. MTT-26 (1978) 820–826. – [17] *Jansen, R. H.:* Microstrip lines with partially removed ground metallization, theory and application. AEÜ-32 (1978) 485–492. – [18] *Lange, J.:* Interdigitated stripline quadratur hybrid. IEEE Trans. MTT-17 (1969) 1150–1151. – [19] *Siegl, J.; Hoffmann, R.; Tulaja, V.:* Calculated and measured parameters of interdigitated microstrip couplers. Siemens Forsch. u. Entwickl. Ber. 10 (1981) 271–279. – [20] *De Ronde, F. C.:* A new class of microstrip directional couplers. Proc. IEEE Int. Microwave Symp. (1970), pp. 184–186. – [21] *Schiek, B.; Köhler, J.:* Improving the isolation of 3 dB-couplers in microstrip-slotline technique. IEEE Trans. MTT-26 (1978) 5–7. – [22] *Hoffmann, R.; Siegl, J.:* Microstrip-slot coupler design. IEEE Trans. MTT-30 (1982) 1205–1216. – [23] *Schaller, G.:* Optimization of microstrip directional couplers with lumped capacitors. AEÜ-31 (1977) 301–307. – [24] *Herzog, H. J.:* Verbesserung der Richtdämpfung für Richtkoppler aus gekoppelten Mikrostrip-Leitungen. Deutsche Bundespost – FTZ – Bericht 452 TBr 34 (1977). – [25] *Podell, A.:* A high directivity microstrip coupler technique, G-MTT International Microwave Symp. Digest (1970), Cat.No. 70C-MTT, pp. 33–36. – [26] *Kammler, D. W.:* The design of discrete N-section and continiuously tapered symmetrical microwave TEM directional couplers. IEEE Trans. MTT-17 (1969) 577–590. – [27] *Meinke, H.; Gundlach, F. W.* (Hrsg.): Taschenbuch der Hochfrequenztechnik, Berlin: Springer 1962, S. 380. – [28] *Levy, R.:* Analysis and synthesis of waveguide multiaperture directional couplers. IEEE Trans. MTT-16 (1968) 995–1006. – [29] *Levy, R.:* Improved single and multiaperture waveguide coupling theory, including explanations of mutual interactions. IEEE Trans. MTT-28 (1980) 331–338.

8 Zirkulatoren und Einwegleitungen
Circulators and isolators

Allgemeine Literatur: *Helszajn, J.*: Principles of microwave ferrite engineering. London: Wiley 1969. – *Helszajn, J.*: Nonreciprocal microwave junctions and circulators. New York: Wiley 1975. – *Knerr, R.*: An annotated bibliography of microwave circulators and isolators: 1968–1975. IEEE-Trans. MTT-23 (1975) 818–825. – Publication 50 (901A), Sect. 901–05 der International Electrotechnical Commission: Terms and definitions relating to non-reciprocal electromagnetic components, 1975. – Tech Briefs, A basic introduction to the properties and uses of microwave ferrimagnetic materials. Firmenpublikation der Trans-Tech. Inc. 1973.

8.1 **Zirkulatoren.** Circulators

Zirkulatoren (im folgenden abgekürzt Zkl.) sind passive, nichtreziproke Mehrtore mit mindestens drei Toren, bei denen die in ein Tor 1 eingespeiste Leistung um eine geringe Durchgangsdämpfung n_d geschwächt nur an einem Tor 2 angeboten wird, während alle anderen Tore weitgehend entkoppelt sind, nämlich an ihnen nur die um eine hohe Sperrdämpfung n_D verminderte Leistung angeboten wird; für den Zkl. läßt sich eine Torreihenfolge (z.B. 1-2-3-1) angeben, die das Weiterreichen der Leistung beschreibt. Die Nichtreziprozität wird ermöglicht durch ein gyrotropes Medium, *Mikrowellenferrit*, das unter dem Einfluß eines statischen Magnetfeldes gyrotropes Verhalten annimmt. Die Ferrite (polykristalline Granate und Spinelle) sind magnetostatisch weiche Werkstoffe und dielektrisch verlustarm (Granate: $\tan\delta_E$ einige 10^{-4}, Spinell: einige 10^{-3}) mit $\varepsilon_r = 12 \dots 16$. Aus Beziehungen an einem spinnenden und um die Richtung des statischen Magnetfeldes H_z präzessierenden Elektrons ergeben sich die Bewegungsgleichungen

$$\frac{dm_x}{dt} = m_y\gamma(H_z + h_z) - h_y\gamma(M_z + m_z),$$
$$\frac{dm_y}{dt} = -m_x\gamma(H_z + h_z) + h_x\gamma(M_z + m_z), \quad (1)$$
$$\frac{dm_z}{dt} = m_x\gamma h_y - m_y\gamma h_x,$$

die eine Verknüpfung des anregenden Wechselfeldes h_x, h_y, h_z mit den resultierenden Wechselmagnetisierungen m_x, m_y, m_z ergeben [1]. $M_z = M$ ist die durch $H_z = H_i$ hervorgerufene statische Magnetisierung (Induktion $B = M + \mu_0 H$), γ die gyromagnetische Konstante

$$\gamma = (-)\, g\,\mu_0\, e/(2m) \quad (2)$$

(e/m-spezifische Elektronenladung; μ_0-Permeabilität des freien Raumes; g-spektroskopischer Splittingfaktor, bei Granaten nahe 2, bei Spinels 1,4 ... 2). Für $g = 2$ wird $\gamma = (-)\,2{,}211 \cdot 10^7$ cm/(As). Sind die Wechselgrößen klein gegen die statischen Größen, liefert das linearisierte Gleichungssystem den Suszeptibilitätstensor $[\chi]$ bzw. den Permeabilitäts- oder Poldertensor $[\chi] + [1]$, der die Wechselfelder $\underline{h}$ mit den Wechselinduktionen $\underline{b}$ verknüpft

$$\begin{pmatrix} \underline{b}_x \\ \underline{b}_y \\ \underline{b}_z \end{pmatrix} = \mu_0 \begin{pmatrix} \mu & -j\kappa & 0 \\ j\kappa & \mu & 0 \\ 0 & 0 & 1 \end{pmatrix} \begin{pmatrix} \underline{h}_x \\ \underline{h}_y \\ \underline{h}_z \end{pmatrix}. \quad (3)$$

Hierbei ist

$$\mu = 1 + \frac{\gamma^2 H_i M/\mu_0}{(\gamma H_i)^2 - \omega^2},$$
$$\kappa = \frac{\omega\gamma M/\mu_0}{(\gamma H_i)^2 - \omega^2}.$$

Wird der Ferrit mit einem inneren statischen Feld H_i betrieben, das oberhalb des Resonanzfeldes für die Betriebsfrequenz liegt, $H_i > \omega/\gamma$, liegt Oberresonanzbetrieb (OR) vor (M annähernd Sättigungsmagnetisierung M_s, H_i einige 100 A/cm), bei kleinerem statischen Feld, $H_i < \omega/\gamma$, ist Unterresonanzbetrieb (UR) gegeben ($M \approx 2/3 \dots 3/4\, M_s$, H_i einige A/cm). Bei der Auslegung von Zirkulatoren sind neben μ und κ vor allem die effektive (relative) Permeabilität μ_e, die für die Ausbreitung einer Welle in einem quer zur Ausbreitungsrichtung magnetisierten Ferrit maßgeblich ist

$$\mu_e = \frac{\mu^2 - \kappa^2}{\mu} = \frac{(1 + a) - f^2}{a(1 + a) - f^2};$$
$$a = \frac{H_i}{M/\mu_0}; \quad f = \frac{\omega}{\gamma M/\mu_0} \quad (4)$$

sowie der Splittingfaktor κ/μ

$$\kappa/\mu = \frac{f}{a(1 + a) - f^2} \quad (5)$$

von Bedeutung. Bei negativem μ_e ($f = \sqrt{a(1 + a)} \dots 1 + a$) ist keine Wellenfortpflanzung möglich. Für die magnetischen Verluste ist die Linienbreite ΔH ein Maß. Sie findet formale Berücksichtigung durch Einführen einer komplexen Feldstärke $H_i + j\Delta H/2$.
Die wohl häufigste Anwendung von Zirkulatoren besteht in der Entkopplung: Reflektierte Leistung, aber auch Fremdsignale sollen gemäß der Torreihenfolge 1-2-3-1 von aktiven Stufen ferngehalten werden, indem die in Tor 2 rücklaufende Leistung nicht an den Eingang 1, sondern an das nächste Tor 3 weitergeleitet und dort absorbiert wird. Der Zkl. wird mit dieser Beschaltung zur Einwegleitung.

Spezielle Literatur Seite L 44, 45

Spezifikation. Bei einem Zkl. wird für einen Frequenzbereich, einen Temperaturbereich und bis zu einer maximalen Spitzen- und Dauerstrichleistung eine maximale Durchgangsdämpfung (wenige Zehntel dB) und eine minimale Sperrdämpfung (z. B. 20 dB) gefordert, wobei für diese Werte unterstellt wird, daß alle bei der Messung nicht benutzten Tore angepaßt abgeschlossen sind. Bei der Zusammenschaltung von Sendern und/oder Empfängern Forderungen bezüglich Intermodulation [2–4] oder Unterdrückung von Harmonischen oder Rauschen; eventuell Anpassung an eine im Oszillator erzeugte 2. Harmonische; Forderungen zur elektrischen und magnetischen Schirmung; Anschlüsse und Außenmaße.

Allgemeine Beziehungen. Unabhängig von der Konstruktion können einige allgemeine Beziehungen für 3-Tor-Zirkulatoren aufgestellt werden. Es werden dabei alle Tore gleichwertig angenommen (Rotationssymmetrie), was praktisch hinreichend gegeben ist. Aus der Impedanzmatrix $(\underline{Z})$ des Zirkulators

$$\begin{pmatrix} \underline{U}_1 \\ \underline{U}_2 \\ \underline{U}_3 \end{pmatrix} = \begin{pmatrix} \underline{Z}_1 & \underline{Z}_2 & \underline{Z}_3 \\ \underline{Z}_3 & \underline{Z}_1 & \underline{Z}_2 \\ \underline{Z}_2 & \underline{Z}_3 & \underline{Z}_1 \end{pmatrix} \cdot \begin{pmatrix} \underline{I}_1 \\ -\underline{I}_2 \\ -\underline{I}_3 \end{pmatrix} \tag{6}$$

mit dem Drehsinn 1-2-3-1 (Bild 1, [5]), folgt mit der Forderung nach Entkopplung des dritten Tores ($\underline{U}_3 = 0$; $\underline{I}_3 = 0$), daß das zweite Tor mit $\underline{Z}_i$ beschaltet sein muß und daß dann die Eingangsimpedanz $\underline{Z}_E$ wird.

$$\begin{aligned} \underline{Z}_i &= \underline{U}_2/\underline{I}_2 = -\underline{Z}_1 + \underline{Z}_3^2/\underline{Z}_2; \\ \underline{Z}_E &= \underline{U}_1/\underline{I}_1 = \underline{Z}_1 - \underline{Z}_2^2/\underline{Z}_3. \end{aligned} \tag{7}$$

Bei verlustlosem Zkl. ist $\underline{Z}_1$ rein imaginär, $\underline{Z}_2 = \underline{Z}_3^*$ und damit $\underline{Z}_i = \underline{Z}_E^*$. Ist der Zkl. verlustbehaftet und Tor 2 und 3 mit $\underline{Z}_i$ abgeschlossen, so daß Tor 3 entkoppelt ist, und Tor 1 mit einer Spannungsquelle mit dem Innenwiderstand $\underline{Z}_i$

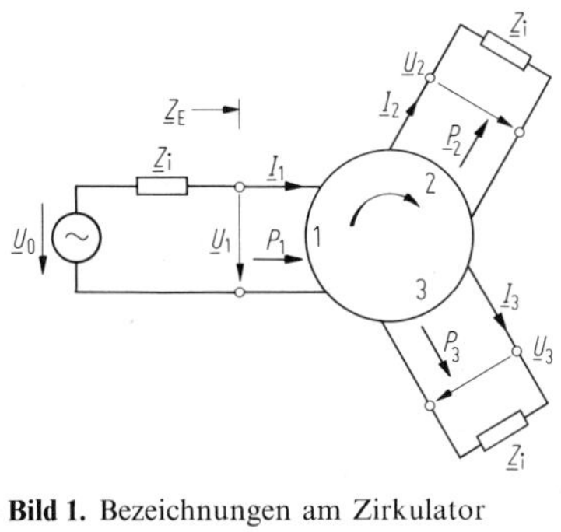

Bild 1. Bezeichnungen am Zirkulator

verbunden, die maximal P_{max} an $\underline{Z}_i^*$ abgeben kann, wird die Durchgangsdämpfung

$$\begin{aligned} n_d/\mathrm{dB} &= 10 \lg(P_2/P_{max}) \\ &= 20 \lg \left|\frac{\underline{Z}_2}{\underline{Z}_3}\right| \frac{2\,\mathrm{Re}(\underline{Z}_i)}{|\underline{Z}_i + \underline{Z}_E|}. \end{aligned} \tag{8}$$

Der Anteil n_{dr} ist dabei Reflexionsverlust an Tor 1

$$\begin{aligned} n_{dr}/\mathrm{dB} &= 10 \lg(P_1/P_{max}) \\ &= 10 \lg \frac{4\,\mathrm{Re}(\underline{Z}_i)\,\mathrm{Re}(\underline{Z}_E)}{|\underline{Z}_i + \underline{Z}_E|^2}. \end{aligned} \tag{9}$$

Aus der Streumatrix S des symmetrischen Zirkulators

$$\begin{pmatrix} \underline{b}_1 \\ \underline{b}_2 \\ \underline{b}_3 \end{pmatrix} = \begin{pmatrix} \underline{S}_1 & \underline{S}_2 & \underline{S}_3 \\ \underline{S}_3 & \underline{S}_1 & \underline{S}_2 \\ \underline{S}_2 & \underline{S}_3 & \underline{S}_1 \end{pmatrix} \cdot \begin{pmatrix} \underline{a}_1 \\ \underline{a}_2 \\ \underline{a}_3 \end{pmatrix} \tag{10}$$

ergeben sich für Verlustlosigkeit nach [6] Bereiche für mögliche Wertekombinationen von z. B. $|\underline{S}_1|$ (numerische Eingangsreflexion) und $|\underline{S}_3|$ (numerische Sperrdämpfung), die *Butterweck*-Ellipsen (Bild 2a).

In [7] Erweiterung auf verlustbehaftete Zirkulatoren (Bild 2b). Die Beziehung $|\underline{S}_1| \approx |\underline{S}_3|$ (Rückflußdämpfung etwa gleich n_D) erleichtert die Fehlerabschätzung beim Messen von Welligkeit und n_D mit fehlerbehafteten Meßhilfsmitteln, beispielsweise mittels Signalflußdiagramm [8]. Bild 2c zeigt das Signalflußdiagramm des 3-Tor-Zkl. Die für den Wärmeumsatz heranzuziehende Leistungsbelastung P_e bei erheblicher Reflexion der Nutzlast und/oder Leistungseinspeisung über mehr als ein Tor ist näherungsweise

$$P_e = \sum_i P_i n_i, \tag{11}$$

wobei P_i die in die einzelnen Tore eingespeisten oder reflektierten Leistungen sind und n_i die Anzahl der inneren Wegabschnitte 1-2, 2-3, 3-1, die der jeweilige Leistungsanteil P_i durchläuft. Die wirksame Spitzenleistungsbelastung $P_{e,max}$ ist mit gleichen Einheiten für $P_{e,max}$ und P_i

$$P_{e,max} = \left(\sum_i \sqrt{P_i}\, n_i\right)^2. \tag{12}$$

Bei Einspeisung von P in Tor 1, Totalreflexion an Tor 2 und angepaßtem Abschluß an Tor 3 wird $P_e = 2P$ und $P_{e,max} = 4P$.

3-Tor-Zirkulatoren können durch Zusammenbau zu Zirkulatoren mit vier oder mehr Toren erweitert werden (*unechter* 4-Tor-Zkl.). Gemäß den durchlaufenen Einzelwegen erhöht sich dabei n_d. Bei n_D ist wegen Teilreflexionen an den inneren Verbindungen die Auswahl der Tore maßgebend, ob es zu einer Vervielfachung gegenüber dem 3-Tor-Element kommt (Bild 3).

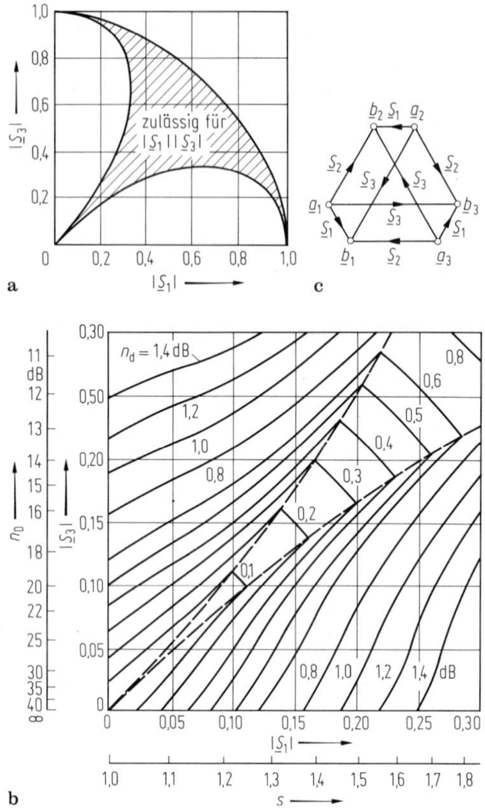

Bild 2. **a** „Butterweck"-Ellipsen; **b** zulässige Bereiche für $|S_1|$, $|S_3|$ bei gegebener n_d; **c** Signalflußdiagramm des 3-Tor-Zirkulators

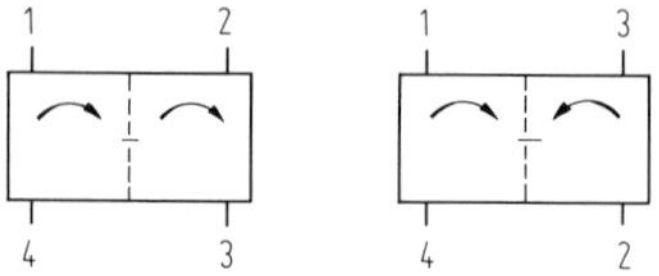

Bild 3. Unechte 4-Tor-Zirkulatoren; die elektrische Torreihenfolge muß nicht durch geometrische Nachbarschaft gegeben sein. $n_D(1-4)$ liegt wegen Reflexionen an der inneren Verbindung nur in der Größenordnung des 3-Tor-Elements, bei $n_D(2-1)$ wird etwa der doppelte Wert erreicht

Bauarten. *Verzweigungszirkulatoren* (junction-circulator) weisen einen gyrotropen Resonator auf, bei dem die Überlagerung von links- und rechtsdrehenden Wellenanteilen das erwünschte nichtreziproke Verhalten hervorruft [9]. Bei *koaxialen Zirkulatoren* mit Koaxialleitungsanschlüssen wird die Leitung im Gehäuse als Streifenleitung (Tri-Plate-Leitung) fortgesetzt

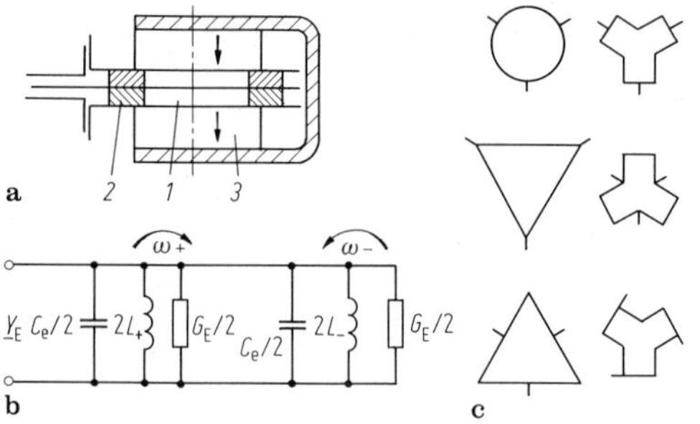

Bild 4. **a** Grundaufbau des koaxialen Verzweigungszirkulators; *1* MW-Ferrit, *2* dielektrische Ringe, *3* Permanentmagnet; **b** zur Schaltungstheorie des Zirkulators; **c** häufig benutzte Scheibenresonatoren mit 3 × 120°-Symmetrie

(Bild 4a). Die Resonatorform ist im Innenleiter flächenhaft mit einer 3 × 120°-Symmetrie ausgebildet (Bild 4c) [10–14], der Zwischenraum zu den beiden auf gleichem HF-Potential liegenden Außenleiter durch flache Ferritscheiben gefüllt. Die Anpassung von den drei Resonatoranschlüssen zum Wellenwiderstand der Stecker besorgen Anpaßnetzwerke ($\lambda/4$-Transformatoren, flächenhaft ausgebildete L-C-Glieder); Ausnutzung der dielektrischen Verkürzung zwischen den Ferritscheiben oder zwischen den die Ferritscheiben umgebenden dielektrischen Ringen. Der Resonator muß bei einer mittleren Betriebsfrequenz Resonanz aufweisen (1. Zkl.-Bedingung, Anpaßforderung). Außerdem müssen die Teiladmittanzen für die rechts- und linksdrehende Welle Phasenwinkel von $\pm 30°$ aufweisen (2. Zkl.-Bedingung, Entkopplungsforderung), damit das dritte Tor entkoppelt wird. Nach Bild 4b ergibt sich nach der Schaltungstheorie des Zkl. [15].

$$\underline{Y}_E = G_E + \mathrm{j}\left[\left(\frac{\omega C_e}{2} - \frac{1}{2\omega L_+}\right) + \left(\frac{\omega C_e}{2} - \frac{1}{2\omega L_-}\right)\right]. \tag{13}$$

Die Resonanzfrequenz wird $\omega_0 = 1/\sqrt{L_e C_e}$ mit

$$L_\pm = L(\mu \pm \kappa);$$
$$L_e = \frac{2L_+L_-}{L_+ + L_-} = \frac{\mu^2 - \kappa^2}{\mu} L = \mu_e L; \tag{14}$$
$$C_e = \varepsilon_r C.$$

Die Entkopplungsforderung führt auf die innere belastete Güte Q des Resonators

$$Q = \frac{1}{\sqrt{3}} \frac{\mu}{\kappa} \approx \frac{1}{\sqrt{3}} \frac{\omega_0}{\omega_+ - \omega_-}. \tag{15}$$

Die Schaltung kann zur Berücksichtigung höherer Resonanzen des Scheibenresonators erweitert werden. Daneben existiert insbesondere für Kreisscheibenresonatoren nach [16–18] auch eine Feldtheorie. Für die Grundresonanz bei $x = j'_{1,1} = 1{,}841 = \omega\sqrt{\varepsilon_0\varepsilon_r\mu_0\mu_e}\,R$ führt dies unter Berücksichtigung der Störungen durch Anschlüsse, aber Vernachlässigung höherer Schwingungsformen, auf den Eingangsleitwert $\underline{Y}_E = G_E + j B_E$ am Resonatorrand [17]

$$\underline{Y}_E = \frac{4}{3}\,\frac{\sqrt{\varepsilon_0/\mu_0}\,\lambda_0/w}{\ln[(w+h)/(w+t)]}\left(\sqrt{3}\,\frac{\lambda}{\lambda_0}\,\frac{\kappa}{\mu\mu_e} - j\,\frac{\lambda}{\lambda_0}\,\frac{x}{\mu_e}\,\frac{J'_1(x)}{J_1(x)}\right) \quad (16)$$

mit λ als Resonanzwellenlänge, w Leiterbreite des Anschlusses, h Außenleiterabstand, t Innenleiterdicke. Damit wird die nur von den Ferriteigenschaften und dem statischen Feld abhängige Güte Q

$$Q = \frac{\omega_0 (\mathrm{d}B_E/\mathrm{d}\omega)_{\omega_0}}{2G_E}; \quad (17)$$

$$Q = 0{,}69\,\frac{[a(1+a) - f^2]^2 + a(1+a)^2}{f\,|(1+a)^2 - f^2|} \quad (18)$$

und G_E (Gyrator-Konduktanz) bei der Resonanz ω_0

$$G_E = \frac{4}{3}\,\frac{\sqrt{\varepsilon_0/\mu_0}\,\lambda_0/w}{\ln[(w+h)/(w+t)]}\,F_1, \quad (19)$$

$$F_1 = \frac{\sqrt{3}\,\kappa}{\mu\mu_e}\,\frac{\sqrt{3}\,f}{|(1+a)^2 - f^2|}. \quad (20)$$

Berücksichtigt man zudem die magnetischen Verluste des MW-Ferrites nach Gl. (8), so wird ihr Anteil $n_{d\Delta H}$ an n_d

$$n_{d\Delta H}/\mathrm{dB} = 20\lg\,(1 - F_2\,d/2),$$
$$\text{mit}\quad F_2 = \frac{(1+a)^2 + f^2}{f\,|(1+a) - f^2|}. \quad (21)$$

Die dielektrischen Verluste sind bei Granaten vernachlässigbar und liegen bei Spinellen in der gleichen Größenordnung wie die magnetischen Verluste. Die Leitungsverluste in den Anpaßnetzwerken und der Resonatorfläche können 0,1 ... 0,3 von n_d betragen. – Zur Breitbandanpassung des inneren Resonators werden einfache oder zweifache $\lambda/4$-Transformatoren oder L-Glieder oder inhomogene Leitungsstücke verwendet. Da bei Leistungen etwa unter 300 W häufig Innenleiter aus beidseitig kupferkaschierten Glasfaserplatten verwendet werden, bei denen die Leiterstruktur auf photochemischem Wege gewonnen wird, sind der Formgebung kaum Grenzen gesetzt. Bei Leistungstypen auch gefräste oder gestanzte oder geätzte Bleche. Trotz wertvoller theoretischer Ansätze [19–23] und numerischer Optimierungsverfahren (CAD) bleibt ein beträchtlicher Rest experimenteller Entwicklungsarbeit. Praktisch sind auf 20-dB-Niveau und für 0 bis 60 °C im Oberresonanzbetrieb (OR, hohes statisches Feld, $f \leqq 1{,}5$ GHz) beispielsweise 200 bis 230 MHz oder 600 bis 800 MHz, in Unterresonanzbetrieb (UR, $f \geqq 1$ GHz) aber Oktaven realisierbar (weiteres Frequenzsplitting, tracking-circulator [24]). Für mäßige Anforderungen liefert Bild 5 eine Abschätzung der inneren Abmessungen.

Das statische Magnetfeld wird wegen des Temperaturverhaltens im OR bevorzugt durch hartmagnetische Ferrite, im UR durch Stahlmagnete aufgebracht. Weitergehende Temperaturkompensation durch Nickel-Eisen-Legierungen im Magnetkreis, deren Curie-Punkt etwa 65 bis 100 °C gewählt werden kann.

Das Prinzip des Verzweigungszirkulators mit innerem Resonator wird auch verbreitet bei den *Hohlleiterzirkulatoren* eingesetzt [25–30]. Da Hohlleiter weitgehend oberhalb 1,2 GHz verwendet werden, wird UR bevorzugt. Bei den H-Ebenen-Verzweigung des mit der H_{10}-Welle betriebenen Rechteckhohlleiters sitzt der Ferrit im Zentrum der 3 × 120°-Verzweigung (Bild 6a) mit der Weite L. Die einzelnen Ferritscheiben oder die paarig an den Breitseiten angeordneten Scheiben stellen bei hohem ε_r näherungsweise

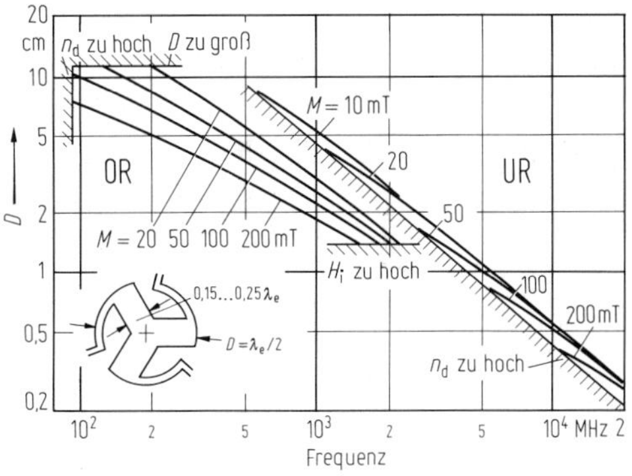

Bild 5. Abschätzung des Ferritscheibendurchmessers $D = \lambda_e/2$ ($\lambda_e = \lambda_0/\sqrt{\varepsilon_r\mu_{eff}}$) für $\varepsilon_r = 15$; $\kappa/\mu = \pm\,0{,}5$ bei gedrängter Bauweise

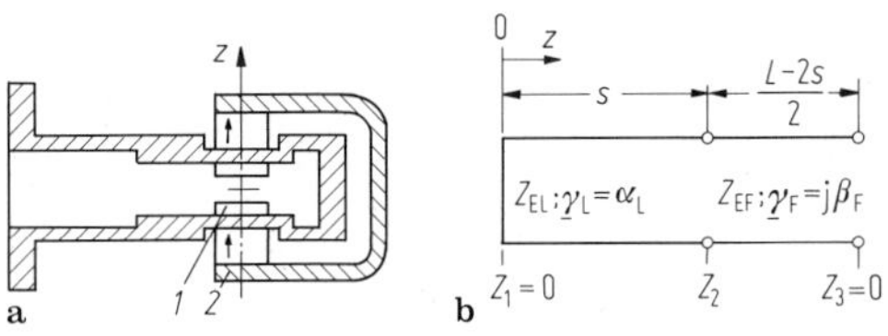

Bild 6. **a** Grundaufbau des Hohlleiter-Verzweigungszirkulators, H-Typ; *1* Ferrit, *2* Permanentmagnet; **b** Leitungsschaltung Ferritscheibe mit Luftspalt; Indizes; E E-Welle, L Luft, F Ferrit

Stücke eines zylindrischen, dielektrischen Wellenleiters (Durchmesser $2R$) für E-Wellen in der Achsenrichtung dar, der im Fortpflanzungsbereich betrieben wird; dem anschließenden Luftspalt der Weite $2s$ wird dieses Wellenfeld aufgezwungen; der Luftspalt mit dem empirisch erweiterten Durchmesser $2R + s$ stellt einen Wellenleiter dar, der unterhalb seiner Grenzfrequenz betrieben wird.
Für eine breitbandige Anpassung können die Ferritscheiben von dielektrischen Ringen oder Dreiecken umgeben sein. Häufig sind im Hohlleitergehäuse dreieckige oder runde Metallpodeste vorgesehen, welche die Hohlleiterhöhe L im Bereich der Ferrite auf 0,6 ... 0,7 der Normhöhe b einengen und praktisch $\lambda/4$-Transformatoren für alle drei Wege darstellen. Besonders breitbandige Zirkulatoren sind durch Ferriteinsätze mit in Achsenrichtung veränderlichem Querschnitt [31] (z.B. Pyramidenstumpf mit gleichseitigem Dreieck als Grundfläche) realisiert worden. Auch durch etwa $\lambda_H/2$-lange Steghohlleiter-Taperungen oder gestaffelte $\lambda/4$-Steghohlleiter-Transformatoren kann auf 20-dB-Niveau annähernd der Betriebsbereich (1,25 ... 1,9) · Grenzfrequenz (entsprechend $\lambda_{H\max}/\lambda_{H\min} = 2{,}15$) abgedeckt werden. Für hohe Dauerstrichleistungen können im Verzweigungsbereich in H-Ebenen-Richtung metallische Zwischenwände eingefügt werden [32], die den dann aufgeteilten Ferritscheiben vermehrte Wärmeableitmöglichkeit bieten (Serienschaltung mit Leistungsteilung). Wärmespannungen im Ferrit werden ohne Beeinträchtigung der Scheibenresonanz besser beherrscht, wenn beispielsweise eine Kreisscheibe durch schmale Radialschnitte in Sektoren aufgetrennt wird. Bei hohen Spitzenleistungen sind einerseits die Regeln zur Spannungsbeherrschung zu beachten (Kantenrundungen, luftspaltfrei mit elastischem Kleber eingefügte Zwischenscheiben mit Außenwulst zur Verlängerung der Überschlagsstrecke), andererseits ist der Ferrit magnetostatisch im UR in einem Arbeitspunkt zu betreiben, in dem noch keine Begrenzungseffekte (Zunahme von n_d) auftreten ($H_i \approx (0{,}6 \ldots 0{,}8)\,\omega/\gamma$; [33, 34]).
Zirkulatoren kleiner Einbaulänge ergeben sich mit E-Ebenen-Verzweigungen [35]. Das Verhalten des Ferritresonators läßt sich durch Serienresonanz beschreiben [36]. Bandbreite kann durch Formgebung des Ferrits, dielektrische Scheiben oder $\lambda/4$-Transformatoren gewonnen werden. In Verbindung mit Finleitungen wird der E-Typ-Zirkulator häufig im mm-Wellenbereich eingesetzt.

Konzentrierte Zirkulatoren. Bei den LC-Zirkulatoren (Lumped-Circuit-Zkl., konzentrierter Zkl. Konishi-Zkl. [37–46, 62]) kreuzen sich zwischen zwei Ferritscheiben drei Leiter unter 3 × 120° (Bild 7a) bei gegenseitiger Isolierung; häufig sind die Leiter auf eine paarige Anzahl von parallelen Strompfaden aufgeteilt und die Strompfade der drei Leiter gegeneinander verflochten (Bild 7b). Die Durchmesser der Ferritscheiben sind kleiner oder gleich $\lambda_{\text{eff}}/4$ (λ_{eff} effektive Wellenlänge im Ferrit, $\lambda_{\text{eff}} = \lambda/\sqrt{\varepsilon_r \mu_{\text{eff}}}$) und insofern unabhängig von der Betriebsfrequenz. Bei niedrigen Frequenzen können kleine Zkl. gebaut werden, während bei den Verzweigungstypen etwa < 150 MHz unakzeptable Ferritscheibendurchmesser (s. Bild 5) erforderlich wären. Wegen der Strompfadüberkreuzungen ergeben sich aber Leistungsbeschränkungen. Bis 200 MHz sind z.B. 100-W-Typen üblich. Aus dem Grundaufbau eines Isoduktors [62], das ist ein LC-Zirkulator ohne Anpaßnetzwerke, ergeben sich die Elemente der Impedanzmatrix zu

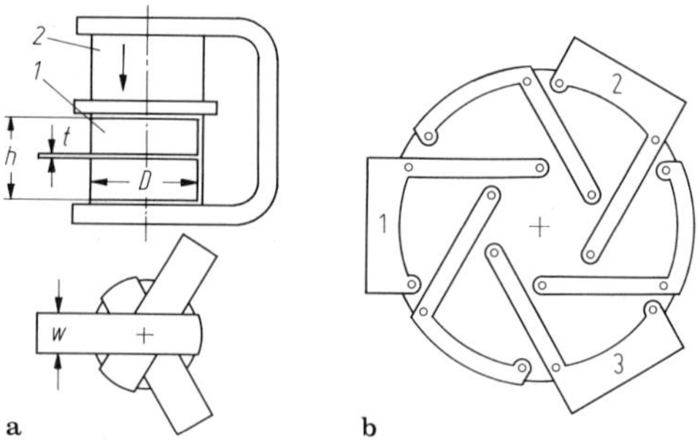

Bild 7. **a** Grundaufbau eines Isoduktors; *1* Ferrit, *2* Permanentmagnet; **b** Beispiel für Innenleitergeflecht, hier mit zwei Strompfaden je Leiterbahn

$$\underline{Z}_1 = \mathrm{j}\omega L_0 \mu; \qquad \underline{Z}_{2/3} = -\mathrm{j}\omega L_0(\mu/2 \pm \kappa\sqrt{3}/2) \tag{22}$$

mit L_0 als Luftinduktivität einer Leiterschleife (Bild 7a).

$$L_0 \approx D\frac{\mu_0}{4}\ln[(w+h)/(w+t)] \tag{23}$$

oder nach [42]. Mit Gl. (8) wird die Eingangsadmittanz $\underline{Y}_E = G_E + \mathrm{j}B_E$

$$\underline{Y}_E = \frac{1}{\underline{Z}_E} = \frac{2}{3}\frac{1}{\omega L_0}\frac{\sqrt{3}\kappa - \mathrm{j}\mu}{\mu^2 - \kappa^2} = \frac{2}{3}\frac{1}{\gamma(M/\mu_0)L_0} \cdot \left(\frac{\sqrt{3}}{(1+a)^2 - f^2} - \mathrm{j}\frac{1}{f}\frac{a(1+a) - f^2}{(1+a)^2 - f^2}\right). \tag{24}$$

G_E ist bei niedrigen Frequenzen frequenzunabhängig, B_E verhält sich annähernd wie eine Induktivität. Wird B_E durch eine parallelgeschaltete Kapazität C bei ω eliminiert, ergibt sich die Güte zu

$$Q = \frac{1}{\sqrt{3}} \left| \frac{f^4 - 2f^2 a(1+a) + a(1+a)^3}{f[(1+a)^2 - f^2]} \right| . \quad (25)$$

n_d bestimmen 3 Hauptverlustquellen [43]: Der Leiterwiderstand R (Anteil n_{dR} die magnetischen Verluste (Anteil $n_{d\Delta H}$), und die Anpaßschaltungen [44].

$$n_{dR}/\mathrm{dB} \approx 20\lg\left(1 - \frac{2}{3\sqrt{3}} \frac{R F_1}{\gamma(M/\mu_0) L_0}\right), \quad \text{mit}$$

$$F_1 = \frac{1}{f^2} \frac{[a(1+a) - f^2]^2 + 3f^2}{|(1+a)^2 - f^2|}, \quad (26)$$

$$n_d/\mathrm{dB} \approx -20\lg(1 + Q \tan\delta_\mu)$$
$$= -20\log\left(1 + \frac{\Delta H F_2}{2\sqrt{3}(M/\mu_0)}\right), \quad \text{mit} \quad (27)$$
$$F_2 = \frac{1}{f} \left| \frac{f^4 - 2f^2 a(1+a) + a(1+a)^3}{a(1+a) - f^2} \cdot \frac{(1+a)^2 - f^2}{[(1+a)^2 - f^2]^2} \right| .$$

Phasenschieber-Zirkulatoren. Bei Frequenzen, wo Rechteckhohlleiter sinnvoll eingesetzt werden, sind die aufwendigen Phasenschieber-Zirkulatoren (differential phase shift circulator, [47, 48]) prädestiniert für hohe Spitzen- und Dauerstrichleistungen (z. B. 500 MHz, 1,5 MW Dauerstrich [49]; 9,6 GHz, 1 MW Spitzenleistung [50]). Von den möglichen Bauformen hat sich praktisch nur die Kombination Magic Tee – 2 nichtreziproke 90°-Phasenschieber – 3-dB-Koppler durchgesetzt, weil dann beide Phasenschieber gleichartig aufgebaut sind (Bild 8). Weitere Bauformen, wie Ringzirkulatoren [51] oder Faraday-Rotationszirkulatoren [52] mit nichtreziproker Polarisationsdrehung treten in der technischen Praxis kaum mehr auf. Über Schaltzirkulatoren s. z. B. [53, 54].

8.2 Einwegleitungen (Richtungsleitung)
Isolators

Ein erheblicher Teil der technisch eingesetzten Einwegleitungen (im folgenden EL.) sind 3- oder 4-Tor-Zirkulatoren mit ein- oder angebauten Abschlußlasten (iso-circulator; ungewendelte Schichtwiderstände, Chip.-W.; für $f > 2$ GHz auch Absorbermassen). Bei höheren Leistungen thermische Entkopplung der Last vom Zirkulatorgehäuse erforderlich. Bei Hohlleiterzirkulatoren für wenige W haben sich kleine block-, E- oder U-förmige Absorberstücke auf einer Kurzschlußplatte bewährt, mit der einer der Flansche abgeschlossen wird. Bei sehr hohen Leistungen Wasserlasten. – Als echte EL. mit Koaxialleitungsanschlüssen sind bis jetzt die Peripheral-Mode-Einwegleitungen (Feldverdrängungs-EL., edge-guided-mode-isolator) [55, 56] anzusehen. Bei einer flächenhaften Struktur nach Bild 9a und senkrecht dazu aufgebrachtem H_i ergeben sich Feldkomponentenverteilungen für die Grundmode mit dem gemeinsamen Faktor $\exp(-x/x_0)\exp(-\mathrm{j}\beta y)$ mit

$$x_0 = \frac{\lambda\sqrt{\mu}}{2\pi\sqrt{\varepsilon_r}\,\kappa} = \frac{c}{\gamma(M/\mu_0)\sqrt{\varepsilon_r}} F;$$

$$F = \sqrt{[a(1+a) - f^2](a^2 - f^2)}/f^2 \quad (28)$$

$$x_0/\mathrm{cm} = \frac{0{,}171 \cdot F}{M/\mathrm{T} \cdot \sqrt{\varepsilon_r}}, \quad F \text{ siehe Bild 9b.}$$

$$\beta = \frac{2\pi}{\lambda}\sqrt{\varepsilon_r \mu}. \quad (29)$$

Die transversale Eindringtiefe x_0 ist für niedriges n_d an der oberen Betriebsfrequenz noch deutlich kleiner als der Abstand x_1 des Absorberfilms von der Durchlaufkante zu halten (hinreichende Feldverdrängung). Zur Vermeidung von Niederfeldverlusten $f \geqq 1$. Höhere Moden mit den Fortpflanzungskonstanten β_n, die ab

$$\beta_n = 0 = \sqrt{\left(\frac{2\pi}{\lambda}\right)^2 \varepsilon_r \mu_e - \frac{n^2 \pi^2}{x_2}} \quad (30)$$

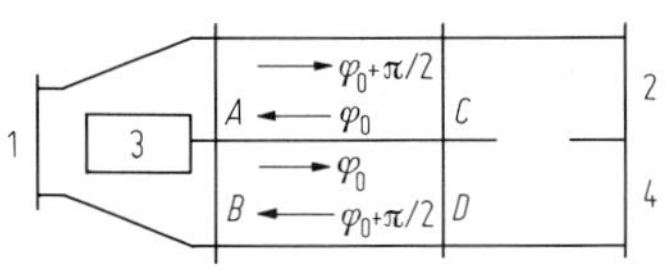

Bild 8. Phasenschieber-Zirkulator, schematischer Aufbau

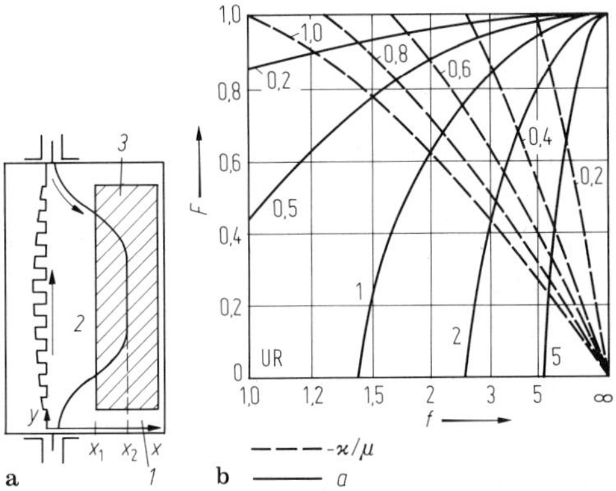

Bild 9. Periphal-Mode-Einwegleitung; **a** Grundaufbau; *1* Ferrit mit senkrecht zur Zeichenebene angeordnetem Magnetfeld, *2* Leiterstruktur, *3* Widerstandsfilm; **b** Hilfsfunktion F (Gl. (11))

auftreten können, sind durch sorgfältigen Aufbau zu vermeiden. Große Bandbreite mit möglichst geringer Frequenzabhängigkeit von x_0. Die Zahnung an der Durchlaufkante dient der empirischen Kompensation des induktiven Anteils des Wellenwiderstands. Inhomogene Leitungen werden für den reflexionsarmen Ein- und Auslauf benutzt. An Bandbreite übertrifft dieses Prinzip mit z.B. 3,5 ... 12 GHz bei $n_D > 20$ dB und Welligkeit $s \leqq 1{,}5$ alle anderen Konstruktionen. Andererseits liegt n_d mit Werten 0,8 ... 1,5 dB relativ hoch.

Hohlleiter-Einwegleitungen. Eine Hohlleiter-Einwegleitung nach dem Feldverdrängungsprinzip (field displacement isolator, [57, 58]) stellt Bild 10a dar. Die hinlaufende Welle wird so verzerrt, daß im Bereich der Widerstandsschicht das E-Feld nahezu verschwindet (z.B. $n_d \approx 0{,}2$ dB); für die rücklaufende Welle ergibt die richtungsabhängige Verzerrung einen Größtwert des E-Feldes, so daß die Widerstandsschicht diese Welle wirkungsvoll dämpft (Bild 10b; z.B. bei 50 mm Länge im X-Band $n_D \geqq 30$ dB). Der Keramikstreifen hilft als zusätzliche kapazitive Belastung ($\varepsilon_r = 10 \dots 18$) durch „Festhalten" des Spannungsminimums über die Frequenz die Betriebsbandbreite zu vergrößern. Zur Vermeidung der H_{20}-Welle im Ferritbereich Hohlleiterverschmalerung.

„Slim-Line"-Einwegleitungen (Bild 11) sind kurzgebaute H-Typ-Hohlleiter-Zirkulatoren, bei denen der Platz für den dritten Hohlleiteranschluß fehlt und an dessen Stelle eine stark dämpfende Koaxialleitung (angespitzter oder gezahnter Absorber als Innenleiter mit dielektrischer Hülse) getreten ist. Die dielektrische Hülse um den Ferrit verbessert die Bandbreite; wegen der geringen Baulänge aber nur Einkreis-Anpassung (z.B. 300 MHz mit $n_D \geqq 20$ dB bei 10 GHz und für $-40 \dots +85$ °C). – Die klassische Faraday-Rotations-EL. mit nichtreziproker Polarisationsdrehung der H_{11}-Welle im zylindrischen Hohlleiter und freigespannten Widerstandsfolien ist nur noch vereinzelt bei mm-Wellen in Gebrauch und durch die dargestellten einfacheren, kleineren und leistungsstärkeren Baukonzepte verdrängt worden. Weitgehend verschwunden sind ebenfalls die EL. mit Resonanzabsorption [59–61], denen die neueren Prinzipien bezüglich n_d, Temperaturverhalten, Leistungsvermögen und Linearität überlegen sind.

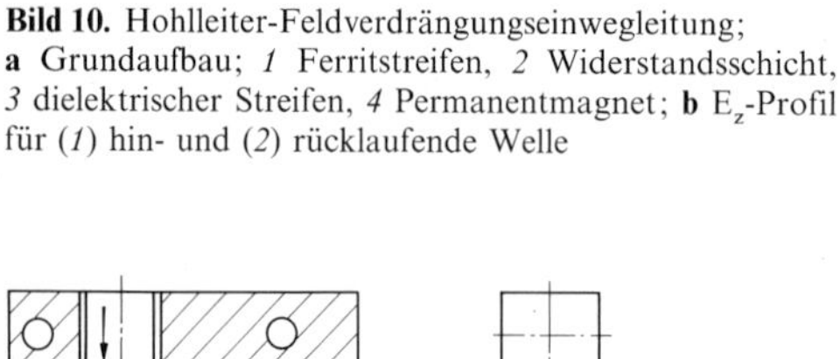

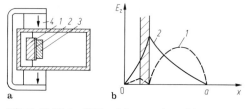

Bild 10. Hohlleiter-Feldverdrängungseinwegleitung; **a** Grundaufbau; *1* Ferritstreifen, *2* Widerstandsschicht, *3* dielektrischer Streifen, *4* Permanentmagnet; **b** E_z-Profil für (*1*) hin- und (*2*) rücklaufende Welle

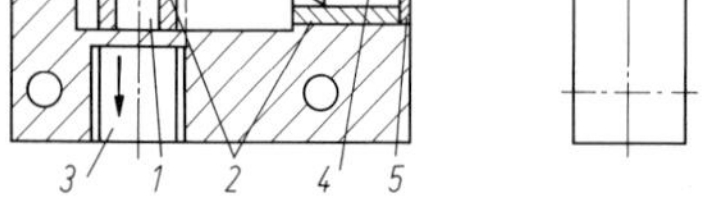

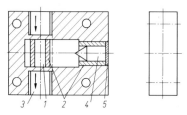

Bild 11. „Slim-Line"-Einwegleitung: *1* Ferrit, *2* dielektrische Hülsen, *3* Permanentmagnet, *4* Absorber, *5* Kurzschlußscheibe

Spezielle Literatur: [1] *Helszajn, J.*: Nonreciprocal microwave junctions and circulators. New York: Wiley 1975. – [2] *Pötzl, F.*: Antennenweichen mit Einkreisfilter und Einwegleitungen. Funk-Tech. (1978) 225–230, 244–248. – [3] *Severin, H.*: Ferrite bei hohen Mikrowellenleistungen. NTZ 18 (1965) 7–16. – [4] *Wu, Y. S.*: A study of nonlinearities and intermodulation characteristics of 3-port distributed circulators. IEEE Trans. MTT (1976) 69–77. – [5] *Schwartz, E.*: Über nichtreziproke, symmetrische Dreitore und Zirkulatoren. NTZ 20 (1967) 329–332. – [6] *Butterweck, H. J.*: Der Y-Zirkulator. AEÜ 17 (1963) 163–176. – [7] *Schwartz, E.; Bex, H.*: Grenzen für die Beträge der Streumatrixelemente von rotationssymmetrischen, passiven Dreitoren, insbesondere Zirkulatoren. AEÜ 26 (1972), 336–342. – [8] Valvo Technische Information 790420 (1979) 26–32. – [9] *Bosma, H.*: Junction circulators. Adv. Microwaves (1971) 125–257. – [10] *Pötzl, F.*: Dreieckresonatoren für Tri-Plate-Leitungen. Frequenz 34 (1980) 19–24. – [11] *Helszajn, J.* et al.: Circulators using planar triangular resonators. IEEE Trans. MTT (1979) 188–193. – [12] *Helszajn, J.* et al.: Characteristics of circulators using planar triangular and disk resonators symmetrically loaded with magnetic ridges. IEEE Trans. MTT (1980) 616–621. – [13] *Helszajn, J.*: Standing wave solutions of planar irregular hexagonal and WYE resonators. IEEE Trans. MTT (1981) 562–567. – [14] *Helszajn, J.* et al.: Circulators using planar WYE resonators. IEEE Trans. MTT (1981) 689–699. – [15] Siehe [1], S. 212ff. – [16] *Bosma, H.*: On stripline Y-circulation at UHF. IEEE Trans. MTT (1964) 61–72. – [17] *Bosma, H.*: A general model for junction circulators; choice of magnetization and bias field. IEEE Trans. Magn. (1968) 587–596. – [18] *Fay, C. E.; Comstock, R. L.*: Operation of the ferrite junction circulator. IEEE Trans. MTT (1965) 15–27. – [19] *Wu, Y. S.; Rosenbaum, F. J.*: Wide-band operation of microstrip circulators. IEEE Trans. MTT (1974) 849–856. – [20] *Ayter, S.; Ayasli, Y.*: The frequency behavior of stripline circulator junctions. IEEE Trans. MTT (1978) 197–202. – [21] *Uzdy, Z.*: Computer-aided design of stripline ferrite junction circulators. IEEE Trans. MTT (1980) 1134–1136. – [22] *Hansson, B.; Filipsson, G.*: Synthesis of transformator coupled multiple frequency circulators with Chebyshev characteristics.

IEEE Trans. MTT (1981) 1165–1173. – [23] *Helszajn, J.*: Quarter-wave coupled junction circulators using weakly magnetized disk resonators. IEEE Trans. MTT (1982) 800–806. – [24] *Helszajn, J.*: Operation of tracking circulators. IEEE Trans. MTT (1981) 700–707. – [25] *Denlinger, E. J.*: Design of partial height ferrite waveguide circulators. IEEE Trans. MTT (1974) 810–813. – [26] *Akaiwa, Y.*: Operation modes of a waveguide Y circulator. IEEE Trans. MTT (1974) 954–960. – [27] *Helszajn, J.; Tan, F.*: Design data for radial-waveguide circulators using partial-height ferrite resonators. IEEE Trans. MTT (1975) 288–298. – [28] *Khilla, A.; Wolff, I.*: Field theory treatment of H-plane waveguide junction with triangular ferrite post. IEEE Trans. MTT (1978) 279–287. – [29] *Devis, L. E.* et al.: Four port crossed waveguide junction circulators. IEEE Trans. MTT (1964) 43–47. – [30] *Helszajn, J.*: Waveguide and stripline 4-port single-junction circulators. IEEE Trans. MTT (1973) 630–633. – [31] *Khilla, A.*: Aufbau von breitbandigen H-Ebenen-Hohlleiter-Y-Zirkulatoren. Mikrowellen-Mag. (1982) 268–272. – [32] *Okada, F.; Ohwi, K.*: Design of a high-power CW Y-junction waveguide circulator. IEEE Trans. MTT (1978) 364–369. – [33] *Helszajn, J.*: High-power waveguide circulators using quarterwave long composite ferrite/dielectric resonators. IEE Proc. (1981) 268–273. – [34] *Helszajn, J.; Powlesland, M.*: Low-loss high-peak-power microstrip circulators. IEEE Trans. MTT (1981) 572–578. – [35] *El-Shandwily, M. E.* et al.: General field-theory treatment of E-plane waveguide junction circulators. IEEE Trans. MTT (1977) 784–803. – [36] *Solbach, K.*: Equivalent circuit representation for the E-plane circulator. IEEE Trans. MTT (1982) 806–809. – [37] *Konishi, Y.*: Lumped element Y circulator. IEEE Trans. MTT (1965) 852–864. – [38] *Bex, H.; Schwartz, E.*: Wirkungsweise konzentrierter Zirkulatoren. Frequenz (1970) 288–293. – [39] *Konishi, Y.; Hoshimo, N.*: Design of a new broad-band isolator. IEEE Trans. MTT (1971) 260–269. – [40] *Bex, H.*: Über konzentrierte Zirkulatoren. NTZ (1971) 249–254. – [41] *Knerr, R. H.*: An improved equivalent circuit for the thin-film lumped-element circulator. IEEE Trans. MTT (1972) 446–452. – [42] *Helszajn, J.*: The junction inductance of a lumped-constant circulator. IEEE Trans. MTT (1970) 50–52. – [43] *Pötzl, F.*: VHF-Breitbandzirkulatoren in konzentrierter Bauweise. Valvo-Ber. Bd. XIX, Heft 1, S. 19–28. – [44] *Schwartz, E.*: Zur Theorie der Anpassung mit zwei Reaktanzen. AEÜ 24 (1970) 169–176. – [45] *Schwartz, E.*: Die Bandbreite von Anpassungsvierpolen mit zwei Reaktanzen. AEÜ 24 (1970) 179–186. – [46] *Schiefer, G.*: VHF-UHF-Breitbandzirkulatoren. Philips Techn. Rundschau (1976) 271–279. – [47] *Pivit, E.; Stösser, W.*: Der Mikrowellenzirkulator. Frequenz 14 (1960 77–84. – [48] *Pivit, E.*: Phasenschieber-Zirkulatoren in der Mikrowellentechnik. Diss. RWTH Aachen 1962. – [49] *Pivit, E.*: Ein Hochleistungszirkulator für das deutsche Elektronen-Synchrotron DESY. Int. Elektr. Rundsch. (1971) 101–103. – [50] *Helszajn, J.*: Operation of high peak power differential phase shift circulators at direct magnetic fields between subsidiary and main resonances. IEEE Trans. MTT (1978) 653–658. – [51] *Ewing, S.; Weiss, J.*: Ring circulator theory, design, and performance. IEEE Trans. MTT (1967) 623–628. – [52] *Ohm, E. A.*: A broadband microwave circulator. Bell Lab. Rec. (1957) 293–297. – [53] *Betts, F.* et al.: A switching circulator: S-band, stripline, remanent, 15 kilowatts, 10 microseconds, temperaturestable. IEEE Trans. MTT (1966) 665–669. – [54] *Siekanowicz, W. W.; Schilling, W. A.*: A new type of latching switchable ferrite junction circulator. IEEE Trans. MTT (1968) 177–183. – [55] *Hines, M.*: Reciprocal and nonreciprocal modes of propagation in ferrite stripline and microstrip devices. IEEE Trans. MTT (1971) 442–451. – [56] *Lemke, M.; Schilz, W.*: Breitband-Richtungsleitungen bis 18 GHz. Valvo-Ber. Bd. XVIII, Heft 42, S. 243–250. – [57] *Button, K. J.*: Theoretical analysis of the operation of the field-displacement ferrite isolator. IRE Trans. MTT (1958) 303–308. – [58] *Comstock, R. L.; Fay, C. E.*: Operation of the field displacement isolator in rectangular waveguide. IRE Trans. MTT (1960) 605–611. – [59] *Steinhart, R.*: Die physikalische Wirkungsweise und die Theorie der Ferrit-Resonanz-Richtungsleitung. NTZ 13 (1960) 119–128. – [60] *Davies, J. B.*: Theoretical study of non-reciprocal resonant isolators. Philips Res. Rep. (1960) 401–432. – [61] *Rennicke, H.*: Koaxiale Ferrit-Resonanz-Richtungsleitung für Dezimeter- und Zentimeterwellen. Nachrichtentechnik (1965) 355–359. – [62] Isoduktoren. Valvo-Brief (1980), Firmenpublikation der Valvo UB Bauelemente der Philips GmbH.

9 **Resonatoren.** Resonators

Allgemeine Literatur: *Collin, R.E.*: Grundlagen der Mikrowellentechnik, Berlin: VEB Verlag Technik 1973. – *Helszajn, J.*: Principles of Microwave Ferrite Engineering, London: Wiley 1969. – *Lax, B.; Button, K.J.*: Microwave Ferrites and Ferrimagnetics, New York: McGraw-Hill 1962. – *Matthaei, G.L.; Young, L.*: Impedance-Matching Networks, and Coupling Structures, New York: McGraw-Hill 1964. – *Plourde, J.K.* und *Ren, Chr.*: Application of dielectric resonators in microwave components. IEEE Trans. MTT-29 (1981), 754–770. – *Pöbl, K.* und *Wolfram, G.*: Dielectric resonators, new components for microwave circuits. Siemens Components XVII (1982), 14–18. – *Winkler, G.*: Magnetic Garnets, Vieweg Tracts in Pure and Applied Science, Vol. 5, Braunschweig: Vieweg 1981.

9.1 **Schwingkreise.** Resonant circuits

Resonatoren lassen sich bezüglich ihres Verhaltens in der Umgebung der Resonanzfrequenz auf die Ersatzschaltung Bild 1 zurückführen. Dabei repräsentiert L die im Resonator mögliche Speicherung von magnetischer Energie W_m, C die Speichermöglichkeit von elektrischer Energie W_e. G repräsentiert die mittlere Verlustleistung P.

Beim Parallelresonanzkreis in Bild 1 bleibt bei konstanter Amplitude U die maximal gespei-

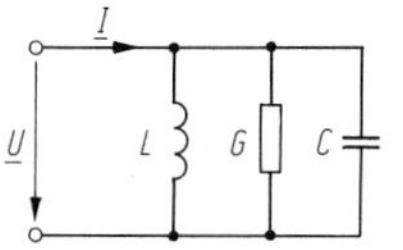

Bild 1. Resonatorersatzschaltbild

Spezielle Literatur Seite L 55

cherte Energie in C mit wachsender Frequenz konstant, die in L gespeicherte Energie nimmt jedoch ab. Resonanz liegt vor, wenn beide Energien gleich groß sind.
Bei Resonanz muß dem Resonator über die Ankopplung ausschließlich die Verlustleistung zugeführt werden, bei anderen Frequenzen auch der Anteil an Blindleistung, der nicht im Resonator intern ausgeglichen werden kann. Beim Resonator nach Bild 1 wird also unterhalb der Resonanz die Eingangsimpedanz induktiv, oberhalb kapazitiv sein. Die Güte eines Resonators ist

$$Q = \frac{\omega W}{P}. \tag{1}$$

W ist der Maximalwert der gespeicherten elektrischen oder magnetischen Energie, P ist die zeitlich gemittelte Verlustleistung. Als Verlustfaktor des Resonators bezeichnet man

$$d = 1/Q. \tag{2}$$

Der Gesamtverlustfaktor d ist die Summe der einzelnen Verlustanteile

$$d = d_1 + d_2 + d_3. \tag{3}$$

Dabei kann d_1 die Wandstromverluste, d_2 dielektrische Verluste und d_3 die Bedämpfung durch den Generatorinnenwiderstand bedeuten.
Das Abklingen der in einem Resonator vorhandenen Feldgrößen U, I oder E und H erfolgt mit der Funktion $\exp(-Dt)$. Die verfügbare Energie nimmt ab entsprechend

$$W(t) = W\exp(-2Dt), \tag{4}$$

mit

$$D = \omega_R/2Q = \omega_R d/2. \tag{5}$$

Die 3-dB-Bandbreite eines Resonators ist

$$B = f_R/Q = f_R d. \tag{6}$$

9.2 Leitungsresonatoren
Transmission line resonators

Bei jedem $\lambda/4$-langen, am Ende kurzgeschlossenen homogenen Leitungsstück sind elektrische und magnetische Energie gleich groß. Eine solche Leitung wirkt am offenen Ende wie ein Parallelresonanzkreis entsprechend Bild 1. Im Gegensatz zum Resonanzkreis aus idealen konzentrierten Elementen mit einer einzigen Resonanzfrequenz hat ein Leitungsresonator unendlich viele Resonanzen. Hochohmige Eingangsimpedanzen (Parallelresonanzen) und niederohmige (Serienresonanzen) wechseln beim einseitig kurzgeschlossenen Resonator ab. Durch die Periodizität können Harmonische der Betriebsfrequenz unerwünscht angehoben werden.
Durch Anschluß eines Kondensators C am offenen Leitungsende kann die Leitungslänge verkürzt werden. Die Resonanzfrequenz ergibt sich aus der Bedingung

$$1/\omega_R C = Z_L \tan(\omega_R \sqrt{\varepsilon_r}\, l_0/c_0).$$

Dabei ist Z_L der Wellenwiderstand der Leitung, ε_r die effektive Dielektrizitätszahl, l_0 die Leitungslänge und c_0 die Lichtgeschwindigkeit. Mit variablem C kann die Resonanzfrequenz verändert werden. Bei Resonatoren, die sowohl aus Leitungen als auch aus konzentrierten Elementen bestehen, liegen die höheren Resonanzfrequenzen nicht bei Vielfachen der Grundfrequenz.
Die Güte eines Leitungsresonators wird i. allg. durch die Leiterverluste bestimmt. Damit erhält man

$$Q = \omega_R L'/R',$$

wobei L' und R' die Leitungsbeläge (s. C 6) sind.
Hohe Güten erfordern lose Ankopplung. Diese kann entweder durch eine sehr kleine Koppelkapazität am offenen Ende oder durch induktive Verkopplung in Kurzschlußnähe erfolgen. In Analogie zur transformatorischen Ankopplung bei Spulen kann man ein Übersetzungsverhältnis $ü = U_1/U_2$ definieren. Ist U_1 die Spannung am speisenden Eingang und U_2 diejenige am offenen Ende, dann gilt $ü = \sin(\pi l/l_0)$.
Koaxiale Leitungsresonatoren sind meist allseitig geschlossen und werden als Topfkreise bezeichnet (Bild 2). Die Kapazität des offenen Leitungsendes gegen die benachbarte Wand erfordert eine kürzere Leitungslänge als $\lambda/4$. Durch Verdickung des Innenleiters am offenen Leitungsende können kurze, durch kapazitiv wirkende Schrauben auch abstimmbare Resonatoren aufgebaut werden. Die Ankopplung erfolgt meistens über Koppelschleifen in Kurzschlußnähe oder kapazitiv in der Nähe des offenen Leitungsendes.
Bei Streifenleitungen sind Kurzschlüsse schwer herstellbar. Resonatoren werden daher i. allg. etwa $\lambda/2$ lang ausgeführt und sind an beiden Enden offen. Unvermeidliche Streukapazitäten an den Leitungsenden erfordern eine Leitungsverkürzung. Mit einer ringförmigen Leitungsstruk-

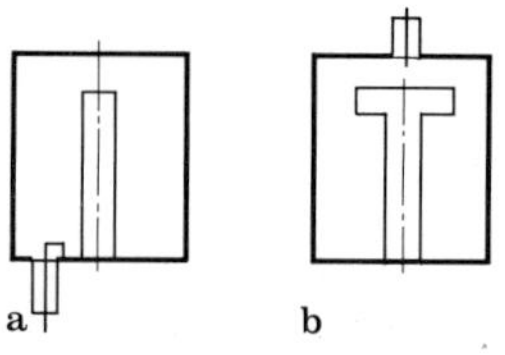

Bild 2. Topfkreise. **a** mit induktiver Ankopplung; **b** mit Zusatzkapazität und kapazitiver Ankopplung

tur, deren Umfang gleich der Resonanzwellenlänge ist, lassen sich Endkapazitäten vermeiden. Die Ankopplung kann mittels paralleler Leitungsstücke, induktiv an Strommaxima oder kapazitiv an den Spannungsmaxima erfolgen.

Güten. Für jeden Leitungstyp gibt es eine Querschnittsdimensionierung und damit einen Wellenwiderstand, bei dem die Leitungsdämpfung α minimal ist. Derartig aufgebaute Resonatoren haben maximale Güte. Der Zusammenhang zwischen α_{opt} und $Q_{\max}$ ist gegeben durch

$$Q_{\max} = \pi/(\alpha_{\text{opt}} \lambda_{\text{R}}).$$

Typische Güten von Leitungsresonatoren liegen bei 1000.

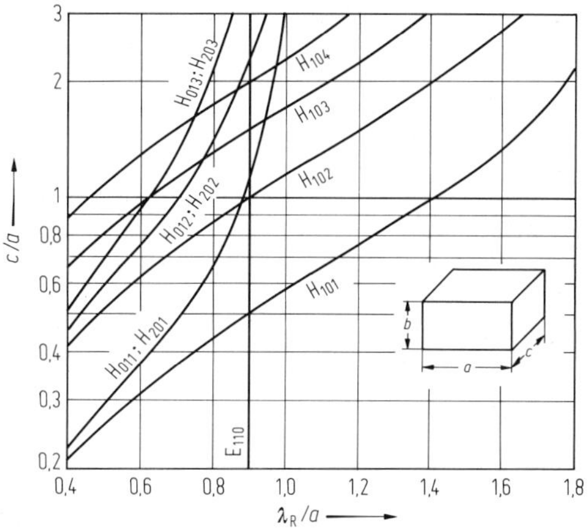

Bild 3. Resonanzen eines Quaders

9.3 Hohlraumresonatoren
Cavity resonators

Wellenfelder in Hohlleitern haben als Periodizität die Hohlleiterwellenlänge $\lambda_{\text{H}}/2$. Ein Kurzschluß wird also nach dieser Länge oder Vielfachen davon wieder in einen Kurzschluß transformiert. Jeder H_{mn}- oder E_{mn}-Wellentyp kann ein entsprechendes Resonanzfeld in einem beidseitig kurzgeschlossenen Hohlleiterstück der Länge $c = p\lambda_{\text{H}}/2$ erzeugen. Die entsprechende Resonanz wird mit H_{mnp} bzw. E_{mnp} bezeichnet. Ist einer der Indizes Null, dann ist die Resonanzfrequenz unabhängig von der Ausdehnung des Hohlleiters in der dem Index entsprechenden Richtung. Für $p = 0$ ist die Resonanzfrequenz bei E_{mn}-Wellen gleich der kritischen Frequenz des Hohlleiters. Das elektrische Feld verläuft dann ausschließlich in Längsrichtung. Mit Hohlraumresonatoren lassen sich hohe Güten erzielen. Typische Werte liegen bei 10000. Bei besonders verlustarmen Wellentypen (H_{01} im Kreisquerschnitt) und großen Resonatorabmessungen (viele weitere Wellentypen möglich) lassen sich Güten von 50000 erreichen. Hohe Güten erfordern ein möglichst großes Verhältnis Volumen/Oberfläche. Quader sind aus Hohlleiterstücken einfach herstellbar. Zylinderförmige Resonatoren können mit verschieblichen Kolben bei geeigneten Wellen (H_{0n}-Wellen) ohne Wandstromprobleme abstimmbar gebaut werden.

Quader. Allgemein gilt für H_{mnp}- und E_{mnp}-Resonanzen

$$\lambda_{\text{R}} = \frac{c_0}{f_{\text{R}}} = \frac{2}{\sqrt{\left(\frac{m}{a}\right)^2 + \left(\frac{n}{b}\right)^2 + \left(\frac{p}{c}\right)^2}}, \tag{7}$$

wobei a, b und c die Abmessungen entsprechend Bild 3 sind. In diesem Bild ist für einen Resonator mit dem üblichen Seitenverhältnis $a/b = 2$ die Abhängigkeit λ_{R}/a für verschiedene Längen c dargestellt. Die tiefste Resonanzfrequenz hat die H_{101}-Resonanz. Für $c < a$ erhält man den größten Frequenzbereich, in dem keine zusätzliche Resonanz möglich ist. Die E_{110}-Resonanz ist die tiefste E-Resonanz, ihre Resonanzfrequenz ist unabhängig von der Länge c.

H_{101}-Resonanz. Wegen ihrer Eindeutigkeit hat sie besondere technische Bedeutung. Ihre Feldverteilung zeigt Bild 4. Die Wandstromverteilung ist in Bild 5 dargestellt. Für ein Koordinatensystem, dessen Ursprung an einer Resonatorecke liegt, sind die Feldamplituden gegeben durch

$$\begin{aligned} E_y(x, z) &= H_z Z_0 \frac{2a}{\lambda_{\text{R}}} \sin\frac{\pi x}{a} \sin\frac{\pi z}{c}, \\ H_x(x, z) &= H_z \frac{a}{c} \sin\frac{\pi x}{a} \cos\frac{\pi z}{c}, \\ H_z(x, z) &= H_z \cos\frac{\pi x}{a} \sin\frac{\pi z}{c}. \end{aligned} \tag{8}$$

Die Flächenstromdichten K an den Innenwänden sind gleich den dort vorhandenen magnetischen Tangentialfeldstärken. An den Seitenwänden fließen Ströme ausschließlich in y-Richtung, Deckel und Boden weisen Flächenstromdichten $K = \sqrt{H_x^2 + H_z^2}$ auf. Die Güte ist

$$Q = \frac{\lambda_{\text{R}}}{\delta} \frac{b}{2} \frac{(a^2 + c^2)^{3/2}}{c^3(a + 2b) + a^3(c + 2b)} \tag{9}$$

mit der äquivalenten Leitschichtdicke δ aus Gl. B 5 (2). Für einen vollständig mit verlustlosem Dielektrikum gefüllten Quader ist $\lambda_{\text{R}} = c_0/(f_{\text{R}} \sqrt{\varepsilon_{\text{r}}})$ einzusetzen.

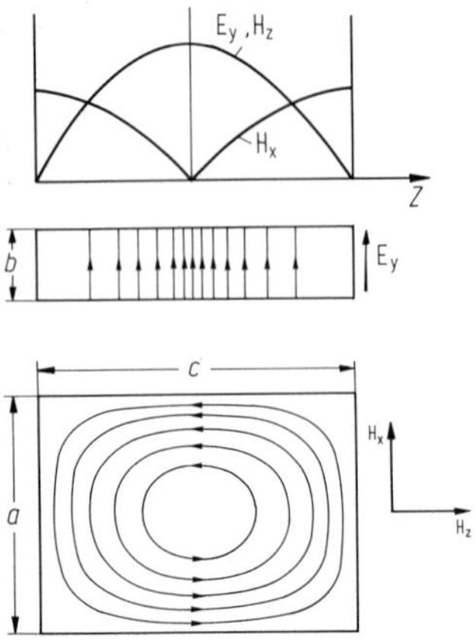

Bild 4. Feldverteilung der H_{101}-Resonanz

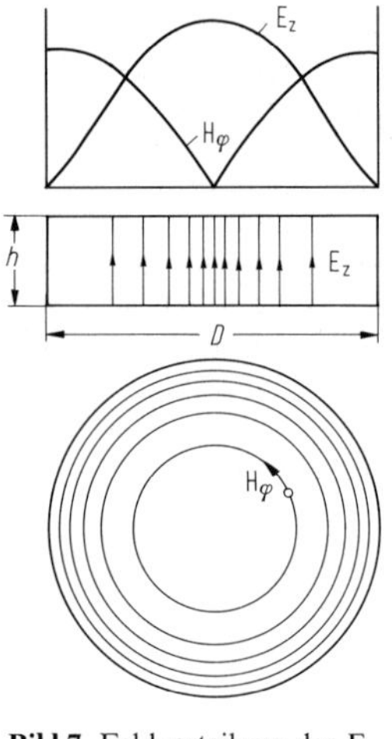

Bild 7. Feldverteilung der E_{010}-Resonanz

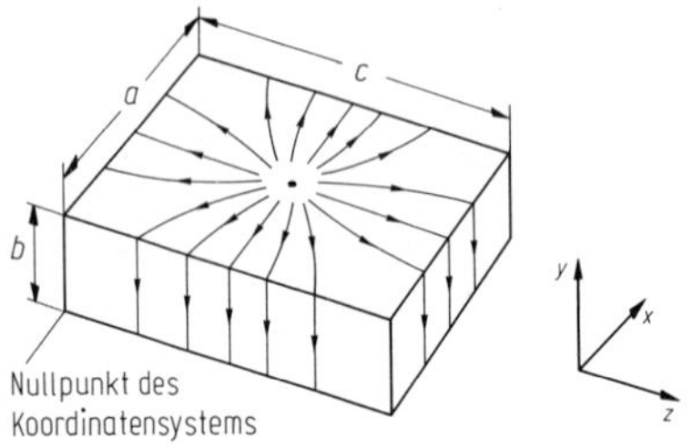

Bild 5. Wandströme der H_{101}-Resonanz

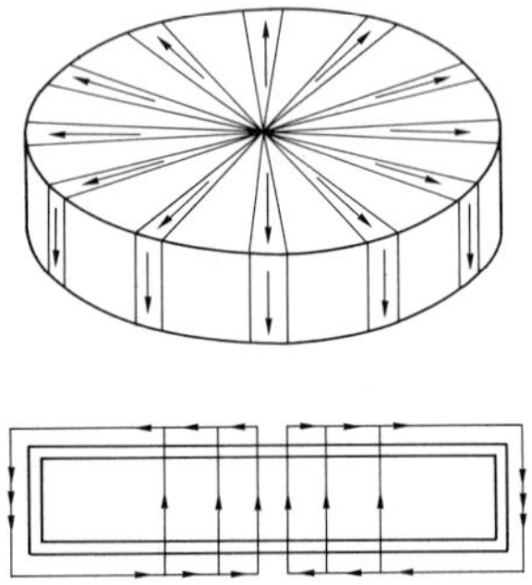

Bild 8. Wandströme der E_{010}-Resonanz

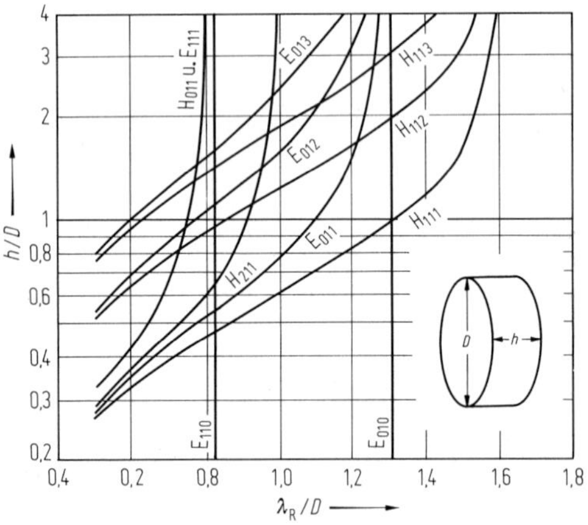

Bild 6. Resonanzen eines runden Resonators

Hohlraumresonatoren mit Kreisquerschnitt. Bild 6 zeigt mögliche Resonanzen. Die Resonanzwellenlänge ist

$$\lambda_{\mathrm{R}} = \frac{\lambda_{\mathrm{k}}}{\sqrt{1 + \left(\frac{p\,\lambda_{\mathrm{k}}}{2h}\right)^2}}. \tag{10}$$

Die tiefste Resonanzfrequenz hat die H_{111}-Resonanz. Dieser Typ ist jedoch ohne technische Bedeutung. Einen großen Eindeutigkeitsbereich erhält man mit der E_{010}-Resonanz für $h/D < 0{,}9$. Durch geeignete Art der Ankopplung kann auch bei möglichen anderen Wellentypen deren Auftreten vermieden werden. Mit speziellen Dämpfungsmaßnahmen kann man die Güte unerwünschter Resonanzen erheblich herabsetzen.

E_{010}-Resonanz. Bild 7 zeigt die Felder dieses Feldtyps, Bild 8 die Wandstromverteilung. Die Resonanzwellenlänge ist $\lambda_{\mathrm{R}} = 1{,}31\,D$. Sie ist unabhängig von h. Für die Amplituden gilt:

$$\begin{aligned} E_z(r) &= H Z_0 \mathrm{J}_0(4{,}81\,r/D), \\ H_\varphi(r) &= H \mathrm{J}_0'(4{,}81\,r/D). \end{aligned} \tag{11}$$

Die Güte ist

$$Q = 0{,}38\,\frac{\lambda_{\mathrm{R}}}{\delta}\,\frac{1}{1 + 0{,}50\,D/h}. \tag{12}$$

H_{011}-Resonanz. Bei dieser Resonanz fließen ausschließlich Kreisströme. Bild 9 zeigt die Feldverteilung, Bild 10 die Wandströme. Entlang der umlaufenden Kanten sind die Wandströme Null. Dadurch wird ein kontaktfreies Verschieben des Deckels im zylindrischen Rohr zwecks Abstimmung möglich. Beim Verschieben der Deckelplatte müssen durch geeignete Dämpfungsmaßnahmen in den Nebenräumen mögliche Resonanzen vermieden werden. Mit Resonatoren des H_{0np}-Feldes erreicht man höchste Gütewerte. Für die Amplitudenverteilung der H_{011}-Resonanz gilt

$$E_\varphi(r, z) = H_z Z_0 \frac{\lambda_k}{\lambda_0} J_0'(7{,}66\, r/D) \sin\frac{\pi z}{h},$$
$$H_r(r, z) = H_z \frac{\lambda_k}{2h} J_0'(7{,}66\, r/D) \cos\frac{\pi z}{h}, \qquad (13)$$
$$H_z(r, z) = H_z J_0(7{,}66\, r/D) \cos\frac{\pi z}{h}$$

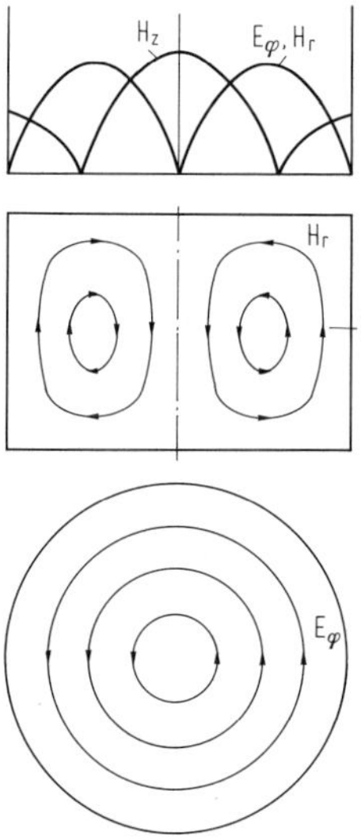

Bild 9. Feldverteilung der H_{011}-Resonanz

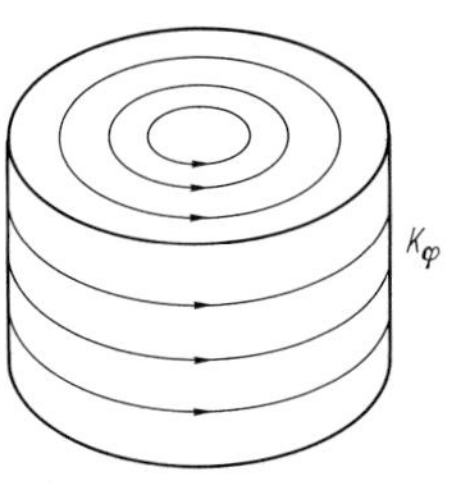

Bild 10. Wandströme der H_{011}-Resonanz

mit $\lambda_k = 0{,}82\, D$. J_0 bzw. $J_0' = J_1$ sind Besselfunktionen. Die Güte ist

$$Q = 0{,}61 \frac{\lambda_R}{\delta} \frac{[1 + 0{,}17(D/h)^2]^{3/2}}{1 + 0{,}17(D/h)^3}. \qquad (14)$$

δ ist die Leitschichtdicke nach Gl. B 5 (2) für die Resonanzfrequenz. Für einen vollständig mit verlustlosem Dielektrikum gefüllten Resonator ist $\lambda_R = c_0/(f_R \sqrt{\varepsilon_r})$ einzusetzen.

9.4 Abstimmung von Hohlraumresonatoren
Tuning of cavities

Bei größeren Frequenzbereichen und hohen Güten sind H_{011}-Resonatoren (s. 9.3) zweckmäßig. Eine mögliche Ausführung zeigt Bild 11. Mit Kurzschlußschiebern (s. L 10) lassen sich sonst meistens keine optimalen Güten erreichen. Zur Feinabstimmung von Resonatoren werden Schrauben verwendet, die an Orten großer elektrischer Feldstärke wie eine Parallelkapazität wirken (Bild 12). Kurze Stifte am elektrischen Feldstärkemaximum bewirken tiefere Resonanz-

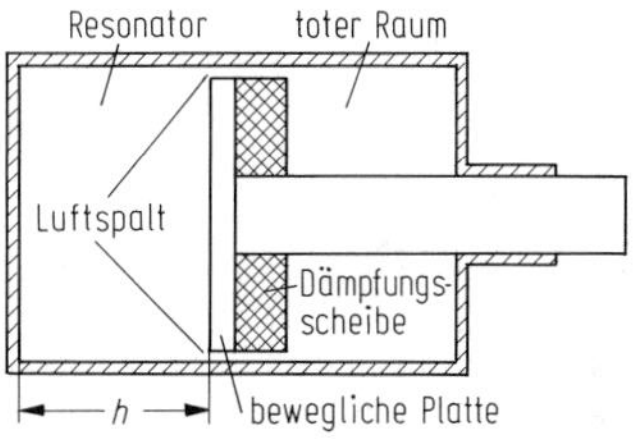

Bild 11. Abstimmbarer H_{011}-Resonator

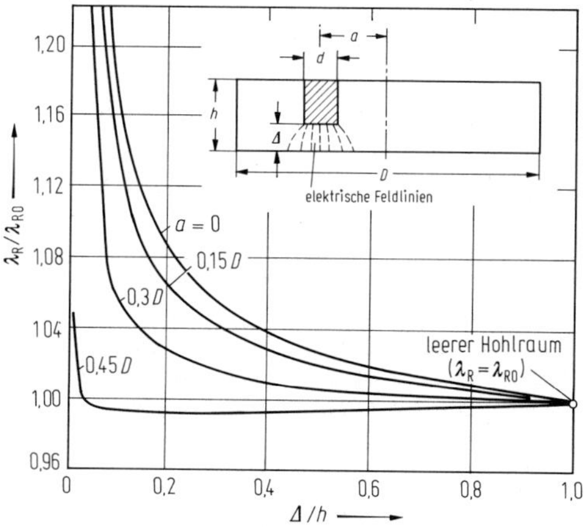

Bild 12. Einfluß eines Abstimmstifts

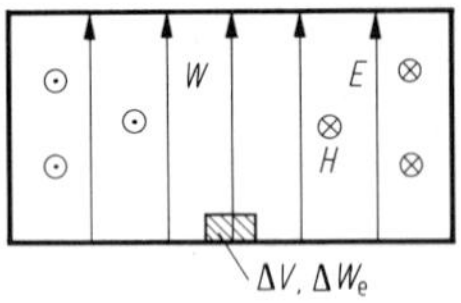

Bild 13. Abstimmelement im Resonator

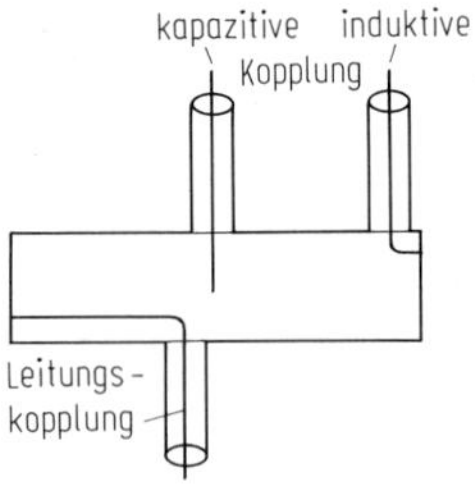

Bild 14. Ankopplungsmöglichkeiten bei Resonatoren

frequenz. Längere Stifte können durch Magnetfeldkonzentration in ihrer unmittelbaren Nähe induktiv wirken und durch hohe Stromdichten die Gesamtgüte herabsetzen. Metallteile im Bereich geringer elektrischer aber hoher magnetischer Felder wirken dort feldverdrängend. Der Resonator wird scheinbar verkleinert und die Resonanzfrequenz steigt.
Wird durch Metall oder Dielektrikum nur ein kleiner Feldbereich beeinflußt, kann mit einer Störungsrechnung näherungsweise die Veränderung der Resonanzfrequenz berechnet werden [34, 35]. Für eine kleine Verformung der Hohlleiterwand ist die relative Resonanzfrequenzänderung

$$\Delta f/f_R = (\Delta W_m - \Delta W_e)/2\,W. \qquad (15)$$

Dabei ist W die im Resonatorvolumen maximal auftretende magnetische oder elektrische Energie. Diese ist durch Integration von $0{,}5\,\varepsilon E^2$ oder $0{,}5\,\mu H^2$ über das Volumen des ungestörten Resonators zu berechnen. ΔW_m ist der durch das Volumen ΔV der Verformung des Resonators verdrängte (ΔW_m positiv) oder hinzugekommene magnetische Energieanteil des ungestörten Feldes (Bild 13). Grundsätzlich erfordert dies eine Integration über die innerhalb des Verformungsbereichs beim unverformten Hohlraum maximal auftretende Energie. Bei kleinen Störungen (Schrauben, Bohrungen) kann man den örtlichen Mittelwert des Feldes mit dem Volumen der Verformung multiplizieren. Wird elektrisches Feld verdrängt, ergibt sich für $\Delta f/f_R$ ein negativer Wert, die Resonanzfrequenz sinkt. Formveränderungen an Orten gleich großer elektrischer und magnetischer Energiedichte haben auf die Resonanzfrequenz keinen Einfluß. Näheres auch über Wirkungen von Materialproben, die den Resonator nur teilweise füllen in [35].

9.5 Ankopplung an Hohlraumresonatoren
Coupling to cavities

Verschiedene Kopplungsarten sind in Bild 14 dargestellt.

Induktive Ankopplung. Eine Koppelschleife wird so im Bereich großer magnetischer Feldstärke angeordnet, daß der magnetische Fluß durch die Fläche A der Koppelschleife hindurchtritt. Die vom Resonator in ihr induzierte Leerlaufspannung ist entsprechend dem Induktionsgesetz $\underline{U} = \mathrm{j}\omega\mu\underline{H}A$, also proportional zur Schleifenfläche. Koppelschleifen werden angewandt, wenn Gleichstromrückschluß (z. B. bei Dioden) erforderlich ist. Durch drehbare Koppelschleifen kann die Ankopplung verändert werden. Durch induktive Ankopplung wird die Resonanzfrequenz i. allg. erhöht. Wenn die Länge der Leiterschleife nicht mehr kurz gegen $\lambda/4$ ist, spricht man von Leitungskopplung. Mit der Leitungskopplung kann durch Wahl der Leitungslänge und des Wellenwiderstands die Frequenzabhängigkeit der Ankopplung beeinflußt werden, da sowohl magnetische als auch elektrische Kopplung erfolgt.

Kapazitive Kopplung. Hier ragt das Ende einer offenen Leitung in den Hohlraum hinein. Diese Ankopplung sollte dort erfolgen, wo große elektrische Feldstärke auftritt. Der Ankoppelstift liegt zweckmäßigerweise in Richtung des elektrischen Feldes und kann für feste Kopplung am Ende mit einer Scheibe versehen werden. Kapazitive Ankopplungen lassen sich durch Verändern der Eintauchtiefe in einfacher Weise variieren und sind, im Gegensatz zu Koppelspulen, unempfindlich gegen Verdrehen. Kapazitive Ankopplung erniedrigt im allgemeinen die Resonanzfrequenz.

Lochkopplung. Hohlraumresonatoren werden an Hohlleiter oder mit anderen Resonatoren im allgemeinen über kreisförmige Löcher gekoppelt. Es können sowohl elektrische oder magnetische Felder gekoppelt werden. Für feste Kopplung müssen die entsprechenden Feldkomponenten in beiden Bereichen parallel zueinander verlaufen. Die Kopplung wächst mit größer werdendem Durchmesser des Koppellochs. Die Wanddicke soll für feste Kopplung klein gegen den Lochdurchmesser sein. Die magnetische Koppelwirkung ist bei runden Löchern doppelt so stark wie die elektrische. Näheres s. [36]. Schlitze in den Wänden von Hohlleitern und Hohlraumresonatoren ermöglichen eine Verkopplung, wenn sie quer zum Wandstromverlauf liegen. Mit wachsender Schlitzlänge wächst die Kopplung.

9.6 Fabry-Perot-Resonator
Fabry-Perot-resonator

Für sehr kurze Wellenlängen und im optischen Bereich können Resonatoren aus zwei leitenden Ebenen gebildet werden, die parallel zueinander angeordnet sind. Der Abstand beträgt oft mehrere Tausend Wellenlängen. Zwischen beiden Platten bilden sich für die Resonanzfrequenzen stehende Wellenfelder aus. Die Anregung kann dadurch erfolgen, daß die Platten mehrere Koppellöcher aufweisen oder bei optischen Frequenzen teildurchlässig verspiegelt sind und außerhalb des Resonanzvolumens axial gerichtete Strahler zur Ein- und Auskopplung der Felder angeordnet sind. Um Unempfindlichkeit bezüglich der Plattenparallelität zu erreichen, werden anstelle ebener Platten meist leicht sphärisch gekrümmte Platten, also Hohlspiegel mit großer Brennweite verwendet.

9.7 Dielektrische Resonatoren
Dielectric resonators

Allgemeines. Ein dielektrischer Resonator (DR) ist ein Körper möglichst einfacher Form aus einem isolierenden Material mit mittlerer Dielektrizitätszahl ε_r ($30 < \varepsilon_r < 200$) und geringen dielektrischen Verlusten. Wegen der einfachen technischen Herstellung werden meist Zylinderresonatoren verwendet. Dielektrische Resonatoren lassen sich im Frequenzbereich $1 < f < 30$ GHz anstelle von Koaxial- und Hohlraumresonatoren einsetzen. Dadurch können Größe und Kosten von Resonatoren und auf ihnen basierenden Bauelementen wie Filtern und stabilisierten Oszillatoren beträchtlich reduziert werden. Besonders einfach lassen sich dielektrische Resonatoren mit MIC-Schaltungen kombinieren. Die heute verfügbaren Dielektrika ermöglichen bei sorgfältigem Design eine Temperaturkonstanz der Resonanzfrequenz in der Größenordnung 10^{-6}/K.

Wenn ein dielektrischer Körper mit hinreichend hohem ε_r in ein elektromagnetisches Wechselfeld geeigneter Frequenz gebracht wird, kann sich in ihm wegen des Sprungs des ε_r-Wertes an seiner Oberfläche eine stehende Welle, also eine resonante Schwingung, ausbilden. Die Schwingungen des DR lassen sich wie beim Hohlraumresonator als transversal-elektrische TE-(H-)Moden und transversal-magnetische TM-(E-)Moden klassifizieren. Daneben können auch hybride HE- und EH-Moden auftreten.

Bei einem Zylinderresonator, dessen Höhe L kleiner als sein Durchmesser D ist, ist die vorherrschende Schwingungsform der $TE_{01\delta}$-Modus, der auch technisch am meisten genutzt wird. Bild 15a zeigt sein Feldlinienbild und die Feldverteilung. Die Randbedingungen beim DR sind zu denen des Hohlraumresonators invers: am Rand treten Maxima der elektrischen und Minima der magnetischen Feldstärke auf. Die Felder sind im wesentlichen im Dielektrikum konzentriert, und zwar um so mehr, je höher ε_r ist. Nach außen fallen sie schnell ab. Der Tatsache, daß die Felder auch in den Außenraum reichen, trägt der Index $\delta < 1$ Rechnung.

Da der DR selbst nicht von metallischen Flächen begrenzt ist, wird die Güte im wesentlichen durch die dielektrischen Verluste des Materials bestimmt. Um Energieabstrahlung zu verhindern, muß der DR allerdings in einigem Abstand mit einer metallischen Abschirmung umgeben werden. Wenn diese ca. einen Abstand $D/2$ vom DR hat, sind die Leitungsverluste vernachlässigbar. Leitungen lassen sich einfach und wirkungsvoll über das Magnetfeld an die $TE_{01\delta}$-Schwingung des DR ankoppeln. Drei mögliche Ausführungsformen sind in Bild 15b skizziert.

Materialien. Kommerziell erhältlich sind DR aus Keramik aus den Bariumtitanaten $BaTi_4O_9$ oder $Ba_2Ti_9O_{20}$, aus Zirkontitanat $ZrTiO_4$, das mit Zinn (Sn) modifiziert ist und aus modifiziertem Barium-Zinkat-Tantalat $Ba(Zn_{1/3}Ta_{2/3})O_3$. Die

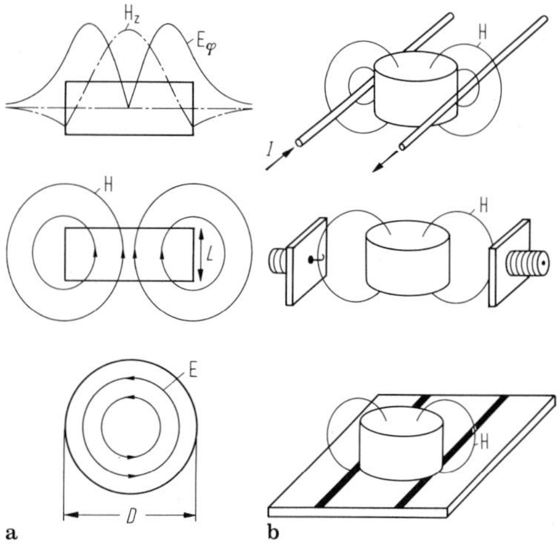

Bild 15. **a** Feldverteilung und Feldlinienbild des $TE_{01\delta}$-Modus eines dielektrischen Resonators; **b** verschiedene Ankopplungsmöglichkeiten an die $TE_{01\delta}$-Schwingung

einschlägigen Eigenschaften sind in Tab. 1 aufgeführt. In allen Stoffen nimmt die dielektrische Güte mit zunehmender Frequenz ab. $(ZrTiSn)O_4$ und $Ba(Zn_{1/3}Ta_{2/3})O_3$ haben den Vorteil eines variablen Temperaturkoeffizienten der Resonanzfrequenz, der über die chemische Zusammensetzung in einem weiten Bereich einstellbar ist. In Zukunft werden voraussichtlich temperaturstabile Materialien hoher Güte auch mit höherem ε_r zur Verfügung stehen.

Dimensionierung. In der Regel ist es am günstigsten, den $TE_{01\delta}$-Grundmodus des DR zu nutzen. Ein Anwendungsfall, in dem TM-Moden genutzt werden, ist in [1] beschrieben. Die Resonanzfrequenzen eines zylindrischen DR hängen von seinem Durchmesser D, seiner Höhe L, der Dielektrizitätszahl ε_r und seiner Umgebung ab. (Bei den in der Praxis verwendeten Stoffen ist $\mu_r = 1$.) Besonders ausgezeichnet ist das Verhältnis der Abmessungen $L/D = 0{,}4$, bei dem der maximale Störmodenabstand erreicht wird. Wege zur Berechnung der Frequenzen der $TE_{01\delta}$-Schwingung wurden von mehreren Autoren angegeben [2–5].
Zur Abschätzung der Größe eines DR ist im Bild 16 der Zusammenhang zwischen der Frequenz des $TE_{01\delta}$-Modus und den Abmessungen für die Dielektrizitätszahl $\varepsilon_r = 37$ aufgetragen. Die Kurven für höhere ε_r-Werte weichen nur unwesentlich nach oben ab.

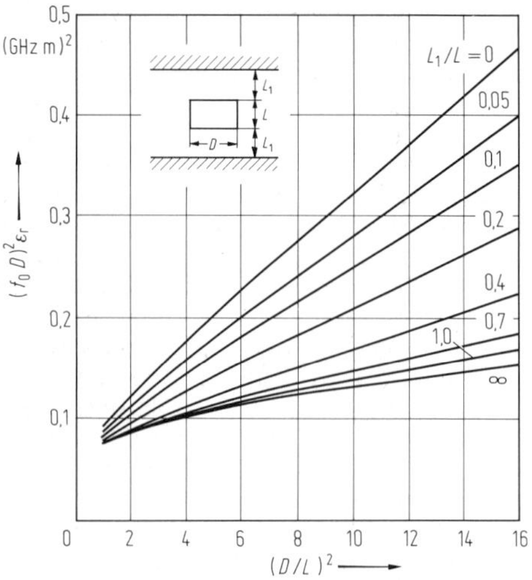

Bild 16. Frequenz der $TE_{01\delta}$-Schwingung bei verschiedenen Geometrien

Temperaturabhängigkeit der Resonanzfrequenz. Die Abhängigkeit der Resonanzfrequenz des freien DR von der Temperatur wird durch den Temperaturkoeffizienten TKf beschrieben:

$$\mathrm{TKf} = \frac{1}{f_0}\frac{\Delta f_0}{\Delta T} \approx -\frac{1}{2}\frac{1}{\varepsilon_r}\frac{\Delta \varepsilon_r}{\Delta T} - \alpha_1$$

(α_1 = linearer Wärmeausdehnungskoeffizient). Mit den heute verfügbaren Keramiken ist TKf = 0 ± 1 ppm/K im Temperaturbereich -40 bis $+80\,°C$ erreichbar. Der TKf kann aber auch z. B. bei $(ZrTiSn)O_4$-Keramik in einem weiten Bereich über die chemische Zusammensetzung reproduzierbar eingestellt werden. Dies ist deshalb von Vorteil, weil die Stabilität der Resonanzfrequenz in einer realen Anordnung zusätzlich von der thermischen Änderung der Befestigung des DR und gegebenenfalls vom TKε des Substrats abhängt. Eine theoretische Analyse der thermischen Stabilität der Resonanzfrequenz wurde von Higashi und Makino durchgeführt [6].

Ankopplung an eine Leitung. Der Faktor für die Kopplung eines DR an eine Leitung ist gegeben durch

$$\beta_0 = \frac{Q_0}{Q_{ext}} = \frac{Q_0 n^2}{2 Z_0}.$$

Dabei sind Q_0 und Q_{ext} die unbelastete und externe Güte des Resonators, Z_0 der Wellenwiderstand der Leitung. n^2 kann aus der Feldverteilung berechnet werden [7, 8]. Die Kopplung einer Mikrostreifenleitung an einen zylindrischen DR ist maximal bei einem lateralen Abstand $d \approx 0{,}33 \cdot D$ der Leitung von der Achse des DR, praktisch unabhängig vom Abstand des DR über dem Substrat.

Tabelle 1. Materialeigenschaften dielektrischer Resonatoren

Keramik	ε_r	TKf ppm/K	Q_0			$10^6 \cdot \alpha_1$
			2	6	10 GHz	
$Ba_2Ti_9O_{20}$	40	+2	15000	7000	5000	9
$Zr_xTi_ySn_zO_4$	32 … 42	−20 … +50	15000	7000	5000	6
$BaZn_{1/3}(Nb_xTa_{1-x})_{2/3}O_3$	31 … 41	0 … +28	> 20000	16000	9000	10,5
Nd-Ba-Titanat	80 … 100	> +6	2500	1100		9

Experimentell kann der Kopplungsfaktor β_0 aus dem Eingangsreflexionsfaktor r des sekundär unbelasteten Resonators bestimmt werden:

$$\beta_0 = \frac{1 \pm |r|}{1 \mp |r|} \quad \text{für } \beta_0 \gtrless 1.$$

Kopplung zwischen dielektrischen Resonatoren. In den meisten praktischen Fällen interessiert die Kopplung der $TE_{01\delta}$-Moden von zwei gleichen dielektrischen Resonatoren mit parallelen Achsen in transversaler Anordnung. Zur Berechnung der Kopplung k werden die Resonatoren durch zwei Leiterschleifen dargestellt [9]. Die Rechnung liefert aber i. allg. nur ungenaue Resultate, da die genaue Kenntnis der Felder erforderlich ist. Es empfiehlt sich deshalb, den Kopplungskoeffizienten z. B. aus der Aufspaltung der Übertragungscharakteristik empirisch zu ermitteln [10]. Für Mittelpunktabstände $s > D$ gilt praktisch

$$k \sim \exp(-\beta s).$$

9.8 Ferrimagnetische Resonatoren

Ferrimagnetic resonators

Magnetisch abstimmbare ferrimagnetische Resonatoren weisen im Frequenzbereich zwischen 300 MHz bis etwa 100 GHz eine ausreichend hohe Resonanzgüte für den Einsatz als frequenzbestimmendes Element in abstimmbaren Halbleiteroszillatoren und Filtern auf [11–15]. Die Wirkungsweise beruht auf der Anregung der ferrimagnetischen Resonanz (FMR) in vormagnetisierten Ferritkugeln oder -scheiben durch ein Wechselmagnetfeld mit Richtung senkrecht zum Vormagnetisierungsfeld H_0. Als Festkörpereffekt ist die FMR unmittelbar mit der Kreiseleigenschaft des Elektronenspins verknüpft, die in der angeregten Ferritprobe zu einer Präzessionsbewegung der Drehimpulsachsen der Elektronenspins um die Richtung von H_0 führt (gyromagnetischer Effekt). Die Spinpräzessionsresonanz hängt über das gyromagnetische Verhältnis $\gamma = 35{,}2$ kHz m/A linear mit H_0 zusammen. Technisch genutzt wird die gleichförmige (uniforme) Präzessionsresonanz (UPR), die der Grundschwingung der sog. magnetostatischen Eigenschwingungen [16, 17] entspricht. Deren Eigenfrequenzen sind in guter Näherung unabhängig von den Abmessungen des Resonators. Für die Resonanzfrequenz der UPR in axial magnetisierten Rotationsellipsoiden gilt

$$f_0 = \gamma[H_0 + H_A + (N_T - N_Z)\, M_s], \tag{16}$$

wobei H_A das Kristallanisotropiefeld ist, dessen Größe und Vorzeichen von der Kristallorientierung bezüglich H_0 abhängen. Die Sättigungsmagnetisierung M_s ist ein Maß für die Dichte der wirksamen Elektronenspins im Resonatormaterial. N_T und N_Z bezeichnen den transversalen bzw. axialen Entmagnetisierungsfaktor. Für Kugeln gilt aus Symmetriegründen $N_T = N_Z = 1/3$, für Scheiben erhöht sich wegen $(N_T - N_Z) \approx -1$ das Abstimmfeld um M_s. Infolge der endlichen Resonatorabmessungen entstehen Resonanzverschiebungen durch Spiegeleffekte an umgebenden metallischen Wellenleiteroberflächen [18] und durch die in der magnetostatischen Näherung vernachlässigte Wellenausbreitung [19]. Bei typischen Kugelabmessungen, zwischen 0,3 und 1 mm liegt die Abweichung von Gl. (16) unter 0,1 %.

Für H_0 im Bereich der magnetischen Sättigung nimmt die Resonanzgüte Q_0 stark ab, da die Elektronenspins nicht mehr parallel ausgerichtet sind. Wegen des Entmagnetisierungsfeldes $N_Z M_s$ ergibt sich aus Gl. (16) eine untere Grenzfrequenz:

$$f_g = \gamma(H_A + N_T M_s), \tag{17}$$

die für Scheiben mit $N_T \to 0$ niedriger als für Kugeln ist.

Neben der UPR existieren höhere magnetostatische Eigenschwingungen, deren Resonanzfrequenzen f_n in einem die UPR umschließenden Frequenzband liegen:

$$f_0 - \gamma N_T M_s < f_n < f_0 + \gamma(0{,}5 - N_T)\, M_s. \tag{18}$$

Es gibt Eigenschwingungstypen mit linearem und nichtlinearem Abstimmverhalten $f_n(H_0)$, deren Abstand zur UPR bzw. Entartung bei bestimmten Frequenzen hängt von M_s ab. Für homogene Kristalle in ausreichend homogenen Wechselmagnetfeldern ist die Anregung schwach und beschränkt sich auf wenige Eigenschwingungen mit niedriger Ordnungszahl wegen der starken Ortsabhängigkeit der Spinpräzessionsamplitude und -phase [20]. Da harmonische Resonanzen nicht auftreten, läßt sich die UPR eindeutig und in guter Näherung linear über mehr als eine Frequenzdekade bei hoher Resonanzgüte abstimmen.

Bei großen Signalamplituden zeigen ferrimagnetische Resonatoren eine Leistungsbegrenzung. Niedrige Schwellwerte um 10 µW ergeben sich, wenn HF-Signale bei f_0 parametrisch Spinwellen mit $f_0/2$ anregen können. Dies ist möglich in einem Frequenzband mit der oberen Grenze: $f_1 = \gamma 2 N_T M_s$. Für Signale mit Frequenzen oberhalb von f_1 liegt der Schwellwertpegel typisch zwischen 10 und 100 mW. Das nichtlineare Leistungsverhalten wird zum Aufbau passiver, selektiver Leistungsbegrenzer genutzt [21].

Die Temperaturabhängigkeit der Resonanzfrequenz wird in Kugelresonatoren hauptsächlich durch den Temperaturgang von H_A bestimmt und kann bei geeigneter kristallographischer

Orientierung bezüglich H_0 auf Werte unter 50 kHz/°C eingestellt werden [22]. Bei Scheibenresonatoren spielt meistens der Temperaturgang von M_s die Hauptrolle, der nur in Sonderfällen durch ein geeignetes $H_A(T)$ kompensiert werden kann.

Wegen der im Vergleich zur Wellenlänge kleinen Abmessungen entspricht das Ersatzschaltbild eines FMR-Resonators einem konzentrierten Parallelresonanzkreis. Die externe Koppelgüte Q_{ext} als Maß für die Schaltungsbelastung ist umgekehrt proportional zur Anzahl der wirksamen Elektronenspins:

$$Q_{ext} = K/(V_m M_s), \tag{19}$$

wobei V_m das Volumen des Resonators ist. Die Konstante K wird durch Lastwiderstand und Leitungsgeometrie bestimmt und läßt sich für Hohlleiter und Streifenleiter exakt berechnen [11]. Am häufigsten werden zur Signalankopplung Leiterschleifen mit einer halben bis zu zwei Windungen um die Kugel verwendet [12, 18, 23–25]. Bei orthogonaler Schleifenanordnung findet in der FMR infolge der Präzession der Magnetisierung eine Signalübertragung zwischen Ein- und Ausgangsschleife statt, die außerhalb der FMR gut entkoppelt sind. Für diese Anordnung ist die Signalphase übertragungsunsymmetrisch. Nichtreziproke Amplitudenübertragung ergibt sich bei Anregung mit zirkular polarisierten Wechselmagnetfeldern [26].

Die für technische Anwendungen wichtigen Materialparameter M_s und Q_0 sind für verschiedene Ferrittypen [27, 28] in Bild 17 und 18 dargestellt. Wegen der hohen erreichbaren Resonanzgüte werden einkristalline Yttrium-Eisen-Granate am häufigsten verwendet; aus diesem Grund hat die Abkürzung YIG, aus dem Englischen für yttrium iron garnet, Eingang in Texte und Stichwortverzeichnisse der Fachliteratur gefunden. Bei teilweiser Substitution des Eisens in YIG durch Gallium oder Aluminium erniedrigt sich M_s und nach Gl. (17) die untere Betriebsfrequenzgrenze für Kugeln auf Werte bis etwa 300 MHz.

Neben der höheren Resonanzgüte unterhalb von 2 GHz bieten YIG-Scheibenresonatoren die Vorteile der für Integration geeigneten planaren Form und der einfacheren Herstellung durch Flüssigphasenepitaxie auf passenden, unmagnetischen Substratkristallen [29]. Schwierigkeiten bereitet bei Scheiben das ungünstige Temperaturverhalten von f_0, das nur bei speziellen Substitutionen in YIG kompensiert werden kann.

In substituiertem YIG kann die Kationenverteilung auf den verschiedenen Gitterplätzen durch Wärmebehandlung bei 500 bis 1200 °C verändert und danach eingefroren werden. Damit ergibt sich die Möglichkeit, nach der Herstellung des Resonators die Sättigungsmagnetisierung gezielt auf gewünschte Werte einzustellen [30].

Im allgemeinen sind hohe Resonanzgüten der FMR nur mit Einkristallen erreichbar. Ein Sonderfall sind dicht gesinterte polykristalline, mit Indium, Kalzium, Vanadium oder Germanium substituierte Yttrium-Eisen-Granate, deren Resonanzgüte bis zu 50 % des Wertes vergleichbarer Einkristalle erreicht [31].

Die in Bild 18 gezeigten unbelasteten Resonanzgüten wurden bei loser HF-Kopplung und Raumtemperatur gemessen. Der Temperaturgang von Q_0 ist i. allg. schwach in dem für technische Anwendungen wichtigen Bereich zwischen − 40 und + 80 °C. Verunreinigungen und Fehlstellen im Kristall, ungenügende Oberflächen-

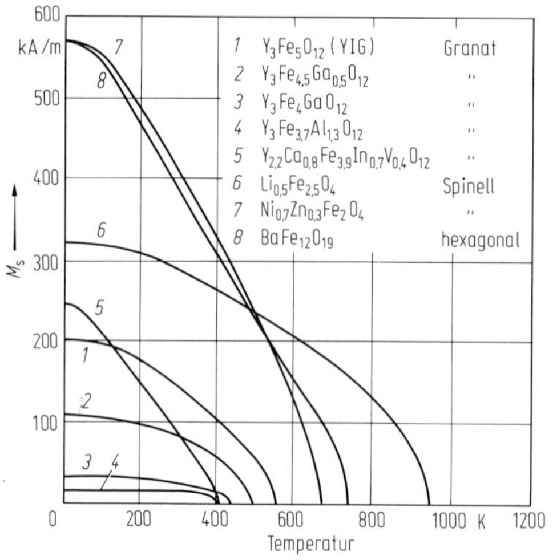

Bild 17. Sättigungsmagnetisierung in Abhängigkeit von der Temperatur für verschiedene Ferrite, die für ferrimagnetische Resonatoren geeignet sind

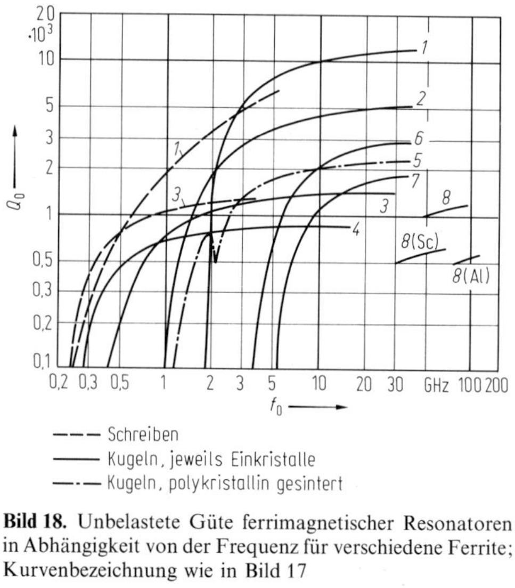

Bild 18. Unbelastete Güte ferrimagnetischer Resonatoren in Abhängigkeit von der Frequenz für verschiedene Ferrite; Kurvenbezeichnung wie in Bild 17

politur und herstellungsbedingte mechanische Spannungen verringern die Resonanzgüte, Verbesserungen können durch Tempern bei etwa 1000 °C erreicht werden [32]. Neben den inneren Resonanzverlusten durch Materialeigenschaften und Oberflächenbeschaffenheit treten noch äußere Verluste auf, die durch das HF-Strahlungsfeld des Resonators über induzierte Wirbelströme in metallischen Wänden der angekoppelten Wellenleiter entstehen können [18].

Als Resonatormaterial mit hoher Sättigungsmagnetisierung und ausreichender Güte eignen sich Lithium-Ferrit und Nickel-Zink-Ferrit [27], M_s ist bei Raumtemperatur zwei- bis dreimal so hoch und Q_{ext} nach Gl. (19) um den gleichen Faktor kleiner als für YIG. Mit diesen Spinellen sind abstimmbare Filter oberhalb 5 GHz mit 3 dB Bandbreiten bis zu 500 MHz realisierbar.

Eine obere Frequenzgrenze für Anwendungen ferrimagnetischer Resonatoren aus Granaten oder Spinellen mit typischen Anisotropiefeldern zwischen 4 und 10 kA/m ergibt sich bei etwa 50 GHz; bei dem erforderlichen Abstimmfeld von ca. 1400 kA/m nimmt wegen der einsetzenden Sättigung weichmagnetischer Eisenlegierungen der technische Aufwand für den Abstimm-Magneten stark zu. Für Anwendungen oberhalb von 50 GHz eignen sich Bariumferrite mit hexagonaler Kristallstruktur [14, 27, 33], die ein im Raumtemperaturbereich nahezu konstantes Anisotropiefeld von 1350 kA/m aufweisen. Durch Substitution mit Scandium oder Aluminium können Werte zwischen 500 kA/m $< H_A < 2500$ kA/m erreicht werden, um die sich nach Gl. (16) das Abstimmfeld H_0 verringert.

Spezielle Literatur: [1] *Kobayashi, Y.; Yoshida, S.*: Bandpass filters using TM_{010} dielectric rod resonators. 1978 IEEE MTT-S 233–235. – [2] *Cohn, S. B.*: Microwave bandpass filters containing high-Q dielectric resonators. IEEE Trans. MTT-16 (1968) 218–227. – [3] *Bonetti, R. R.; Atia, A. E.*: Design of cylindrical dielectric resonators in inhomogeneous media. IEEE Trans. MTT-29 (1981) 323–326. – [4] *Itoh, T.; Rudokas, R. S.*: New method for computing, the resonant frequencies of dielectric resonators. IEEE Trans. MTT-25 (1977) 52–54. – [5] *Pospieszalski, M. W.*: Cylindrical dielectric resonators and their applications in TEM line microwave circuits. IEEE Trans. MTT-27 (1979) 233–238. – [6] *Higashi, T.; Makino, T.*: Resonant frequency stability of the dielectric resonator on a dielectric substrate. IEEE Trans. MTT-29 (1981) 1048–1052. – [7] *Kamatsu, Y.; Murakami, Y.*: Coupling coefficient between microstrip line and dielectric resonator. IEEE Trans. MTT-31 (1983) 34–40. – [8] *Bonetti, R. R.; Atia, A. E.*: Analysis of microstrip circuits coupled to dielectric resonators. IEEE Trans. MTT-29 (1981) 1333–1337. – [9] *Skalicky, P.*: Direct coupling between two dielectric resonators. Electr. Lett. 18 (1982) 332–334. – [10] *Zinke, O.; Brunswig, H.*: Lehrbuch der Hochfrequenztechnik, 2. Aufl. Bd. I. Berlin: Springer 1973, S. 16ff. – [11] *Carter, P. S.*: Side wall coupled strip transmission line magnetically tunable filters employing ferrimagnetic YIG resonators. IEEE Trans. MTT-13 (1965) 306–315. – [12] *Röschmann, P.*: YIG filter. Philips Tech. Rundsch. 32 (1971/72) 344–349. – [13] *Magarshack, J.*: Gunn-Effekt-Oszillatoren und -Verstärker. Philips Tech. Rundsch. 32 (1971/72) 424–431. – [14] *Lemke, M.; Hoppe, W.; Tolksdorf, W.; Welz, F.*: Bariumferrit – ein Material für Millimeterwellen. Mikrowellen Mag. 7 (1981) 286–290. – [15] *Trew, R. J.*: Design theory for broad-band YIG-tuned FET oscillators. IEEE Trans. MTT-27 (1979) 8–14. – [16] *Walker, L. R.*: Magnetostatic modes in ferromagnetic resonance. Phys. Rev. 105 (1957) 390–399. – [17] *Brand, H.; Döring, H.*: Theorie und Anwendung magnetostatischer und magnetodynamischer Eigenschwingungen in Mikrowellenferriten. Telefunken-Ztg. 39 (1966) 389–403. – [18] *Tokheim, R. E.*: Equivalent circuits aid YIG filter design. Microwaves (1971) 54–59. – [19] *Mercereau, J. E.*: Feromagnetic resonance g factor to order $(kR_0)^2$. J. Appl. Phys. 30 (1959) 184S–185S. –[20] *Röschmann, P.; Dötsch, H.*: Properties of magnetostatic modes in ferrimagnetic spheroids. Phys. Stat. Sol. (b) 82 (1977) 11–57. – [21] *Comstock, R. L.*:Synthesis of filter-limiters using ferrimagnetic resonators. IEEE Trans. MTT-12 (1964) 599–607. – [22] *Tokheim, R. E.; Johnson, G. F.*: Optimum thermal compensation axes in YIG and GaYIG ferrimagnetic spheres. IEEE Trans. MAG-7 (1971) 267–276. – [23] *Bex, H.*: Theorie des magnetisch abstimmbaren Bandpaßfilters. NTZ (1972) 390–394. – [24] *Helszajn, J.*: Scattering parameters of loop coupled YIG resonators. Microwave J. (1978) 53–57. – [25] *Rothe, L.; Benedix, A.*: Untersuchung der Ankopplung magnetostatischer Resonatoren an Microstripstrukturen. Nachrichtentech. Elektron. 30 (1980) 244–251. – [26] *Tokheim, R. E.; Greene, C. K.; Hoover, J. C.; Peter, R. W.*: Nonreciprocal YIG filters. IEEE Trans. MAG-3 (1967) 383–392. – [27] *Landolt-Börnstein*: Zahlenwerte und Funktionen aus Naturwissenschaften und Technik (Neue Serie). Gesamtherausgabe: *K-H. Hellwege*. Gruppe III: Kristall- und Festkörperphysik, Magnetische und andere Eigenschaften von Oxiden und verwandten Verbindungen, Bd. 4b (1970) und Bd. 12a (1978) Berlin: Springer. – [28] *Winkler, G.*: Magnetic garnets. Vieweg tracts in pure and applied science, Vol. 5. Braunschweig: Vieweg 1981. – [29] *Röschmann, P.; Tolksdorf, W.*: Epitaxial growth and annealing control of FMR properties of thick homogeneous Ga substituted yttrium iron garnet films. Mat. Res. Bull. 18 (1983) 449–459. – [30] *Röschmann, P.; Hansen, P.*: Molecularfield coefficients and cation distribution of substituted yttrium iron garnets. J. Appl. Phys. 52 (1981) 6257–6269. – [31] *Röschmann, P.; Winkler, G.*: Relaxation processes in polycrystalline substituted garnets with low ferrimagnetic resonance linewidth. J. Magn. Magnetic Material 4 (1977) 105–115. – [32] *Röschmann, P.*: Annealing effects on FMR linewidth in Ga substituted YIG. IEEE Trans. MAG-17 (1981) 2973–2975. – [33] *Winkler, G.; Dötsch, H.*: Hexagonal ferrites at millimeter wavelengths. Conf. Proc. Europ. Microwave Conf. 9 (1979) 13–24. – [34] *Ramo, S.; Whinnery, J. R.; van Duzer, T.*: Fields and waves in communication theory. New York: Wiley 1965. – [35] *Waldron, R. A.*: Theory of guided electromagnetic waves. London: Van Norstrand 1969. – [36] *Kaden, H.*: Wirbelströme und Schirmung in der Nachrichtentechnik. Berlin: Springer 1959. – [37] *Collin R. E.*: Grundlagen der Mikrowellentechnik. Berlin: VEB Verlag Technik 1973.

10 Kurzschlußschieber
Movable shorts

An einem Ende kurzgeschlossene Leitungen veränderlicher Länge (Blindleitungen) werden in koaxialem Aufbau und als Hohlleiter für Abstimmzwecke verwendet. Bei nicht allzu hohen Anforderungen hinsichtlich der Kreisgüte kann mit einem verschiebbaren Kurzschluß auch ein Leitungs- oder Hohlraumresonator aufgebaut werden. Insbesondere bei abstimmbaren Röhrensendern für höhere Leistungen werden Kurzschlußschieber angewandt. Bei Koaxialleitungen werden i. allg. Kurzschlußschieber verwendet, die Innen- und Außenleiter galvanisch verbinden. Entsprechend Bild 1 a ist an einem ringartigen, verschiebbaren Körper innen und außen je ein Ring aus dicht nebeneinanderliegenden Federn angebracht. An den Enden der Federn befinden sich Kontakte, welche am Innen- bzw. Außenleiter schleifen. Zweckmäßigerweise werden diese Kontakte auf der dem Wellenfeld zugewandten Seite des Kurzschlußschiebers angebracht.

Der Bereich innerhalb der Federn hat einen kleineren Wellenwiderstand als die übrige Leitung. Daher liegt die wirksame Kurzschlußebene kurz vor der durch den Körper gebildeten Ebene. Die Lage der Kurzschlußebene ist frequenzabhängig. Bei Blindleitungen mit Längenskala muß diese Lage bei Variation der Meßfrequenz gegebenenfalls neu meßtechnisch bestimmt werden. Maximaler Strom fließt an der Oberfläche des Körpers. Infolge der cos-Verteilung des Wandstroms längs der Leitung ist der Strom über die Kontakte kleiner. Besonders günstig sind Federn, die $\lambda/4$ lang sind (Bild 1 b). In diesem Fall sind die Kontakte stromlos und damit eventuelle Übergangswiderstände ohne Bedeutung.

Insbesondere bei Hohlleitern können bei engen Frequenzbereichen Kurzschlußschieber nach Bild 2 verwendet werden, bei denen der Kontakt durch eine $\lambda/4$ lange Kurzschlußleitung innerhalb des Kurzschlußkörpers stromlos ist. Durch eine weitere $\lambda/4$-Transformation im Zwischenraum zwischen Hohlleiterwand und verschiebbarem Körper transformiert man wieder einen Kurzschluß an die Frontebene des Körpers. Derartige Kurzschlußschieber lassen sich sehr nahe an ein in den Hohlleiter eingebautes Schaltelement (beispielsweise eine Diode) heranführen und verbessern das Frequenzverhalten gegenüber Kurzschlüssen, die Vielfache von $\lambda/2$ vom zu kompensierenden Element entfernt sind. Derartige $\lambda/4$-Leitungsstücke mit Kontakten müssen bei Hohlleitern für die H_{10}-Welle nur an den Breitseiten des Hohlleiters vorgesehen werden. An den Schmalseiten fließen nur Querströme, Kontakte sind dort nicht erforderlich.

Kontaktlose Kurzschlußschieber [1]. Bei häufig bewegten Schiebern sollten aus Verschlußgründen und wegen der besseren Reproduzierbarkeit Schleifkontakte vermieden werden. Kontaktfreie Schieber entsprechend Bild 3 a wirken wie eine verschiebbare Parallelkapazität, wenn sie kürzer als $\lambda/4$ sind. Durch Anwendung von Leitungstransformationen kann bei den Ausführungen in Bild 3 b und c eine verbesserte Wirkung erreicht werden. Besonders günstig sind $\lambda/4$ lange Resonanzbereiche (Bild 3 d), mit denen in einem allerdings engen Frequenzbereich auch ohne Kontakte nahezu ideale Kurzschlüsse erreicht

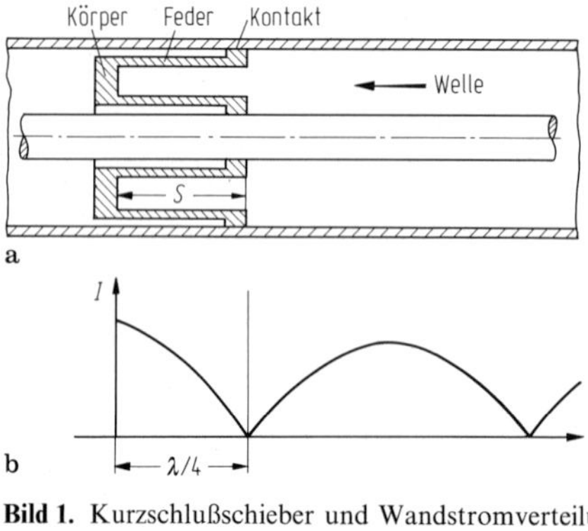

Bild 1. Kurzschlußschieber und Wandstromverteilung

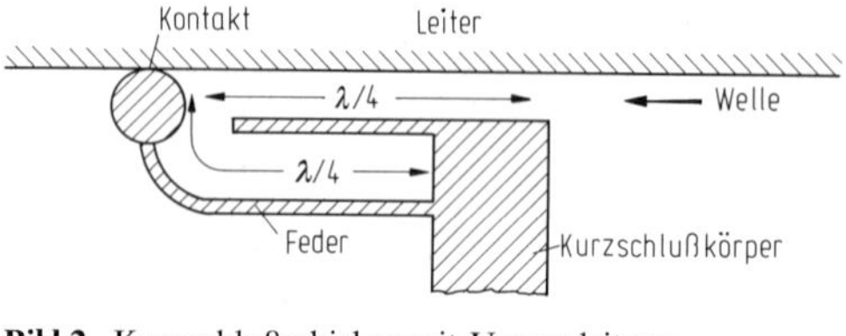

Bild 2. Kurzschlußschieber mit Umwegleitung

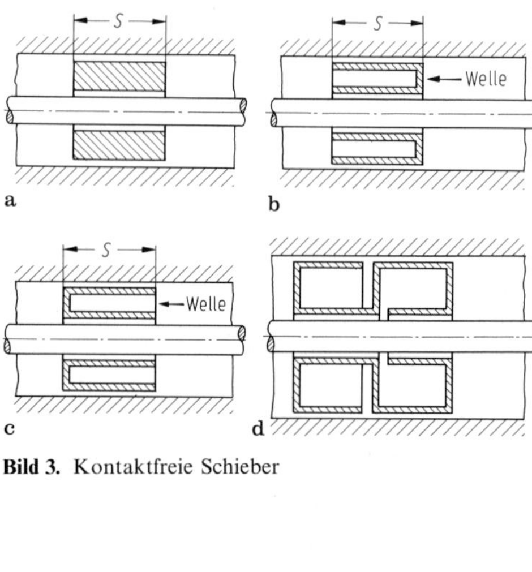

Bild 3. Kontaktfreie Schieber

Spezielle Literatur Seite L 57

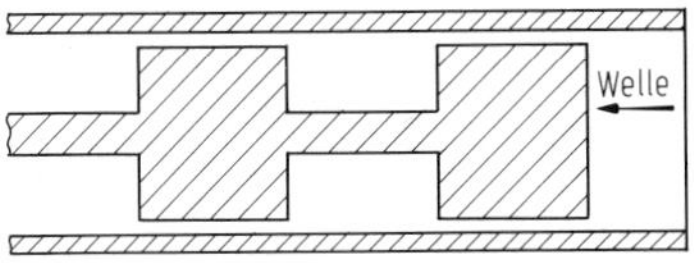

Bild 4. Schieber mit fehlangepaßten $\lambda/4$-Leitungen

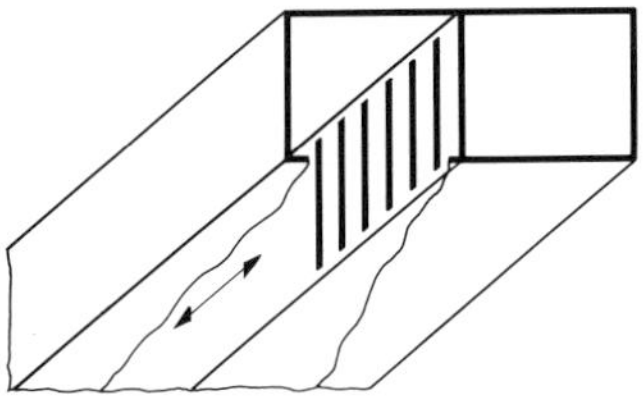

Bild 5. Schieber mit geätzten Querleitern

werden können. Insbesondere bei Hohlleitern lassen sich mehrere $\lambda/4$ lange verschiebbare Leitungsbereiche mit abwechselnd stark unterschiedlichen Wellenwiderständen hintereinander anordnen. Durch mehrfache Fehlanpassung erreicht man ohne Kontakte nahezu vollständige Reflexion. Bild 4 zeigt einen Längsschnitt. Die verschiebbare Struktur braucht nicht dem Rechteckquerschnitt des Hohlleiters zu entsprechen, sondern kann auch als Drehteil ausgeführt werden. Verschiebbare Bleche nach Bild 5, die kontaktfrei in Längsrichtung des Hohlleiters angeordnet sind und so geschlitzt sind, daß Längsströme vermieden werden [2], haben sich auch als geeignete Kurzschlußschieber bewährt. Für einfachere Anwendungen wurden auch einfach gebogene Drahtanordnungen verwendet. Bei allen derartigen kontaktfreien Kurzschlußschiebern wird im der Welle abgewandten Hohlleiterstück ein schwaches Feld angeregt. Durch Dämpfungsmaßnahmen in diesem Bereich müssen Resonanzen sicher vermieden werden, die andernfalls Störungen der beabsichtigten, niederohmigen Impedanz des Kurzschlußschiebers bewirken können.

Spezielle Literatur: [1] *Deutsch, J.; Zinke, O.*: Kontaktlose Kolben für Mikrowellen-Meßgeräte. Fernmeldetech. Z. 7 (1954) 419. – [2] *Dalichau, H.*: Übergänge und Fahrzeugkoppler für Schlitzhohlleiterstrecken. Frequenz 36 (1982) 169.

11 Elektromechanische Resonatoren und Filter

Electromechanical resonators and filters

Allgemeine Literatur: *Herzog, W.*: Siebschaltungen mit Schwingkristallen. Braunschweig: Vieweg 1962. – *Joson, R.A.*: Mechanical filters in electronics. New York: Wiley 1983. – *Mason, W.P.*: Physical acoustics, Vol. 1A. New York: Academic Press 1964.

11.1 Allgemeines. General

Mechanische Resonatoren mit piezoelektrischer oder magnetostriktiver Anregung werden als frequenzbestimmende Bauelemente in elektronischen Oszillatoren und Filtern eingesetzt. Ihr wesentlicher Vorteil gegenüber Schaltungen mit Spulen, Kondensatoren und Widerständen sind die hohe Resonanzgüte und Frequenzstabilität, die geringe Temperaturabhängigkeit und Alterung sowie die hohe Zuverlässigkeit. Die Resonatoren bestehen aus dämpfungsarm gehalterten und mit Anregungselektroden versehenen, zumeist plattenförmigen Körpern aus piezoelektrischen Einkristall- oder Keramikmaterialien bzw. aus passiven mechanischen Resonatoren mit piezoelektrischer Anregung. Die magnetostriktive Anregung ist demgegenüber in den Hintergrund getreten.

11.2 Resonatoren. Resonators

Schwingungsformen. Je nach Einsatzgebiet, z. B. als hochstabile Frequenznormale, als Filterelemente in der Nachrichtentechnik, als Taktgeber für Uhren oder Rechner, werden neben unterschiedlichen Anforderungen an Güte und Toleranz sehr unterschiedliche Werte für die Resonanzfrequenz gefordert. Dementsprechend werden bei Piezoresonatoren verschiedene mechanische Schwingungsformen genutzt: Biegeschwingungen, Flächenschwingungen, Dickenschwingungen und deren Oberschwingungen [1].
Bei handhabbaren Gehäuseabmessungen überdeckt man so einen Frequenzbereich von etwa 1 kHz bis 200MHz. Mit besonderen Techniken wie auf 4 µm dünn geätzten Quarzmembranen wurden Frequenzen von 1,2 GHz erreicht [2]. Für Frequenzen oberhalb von 30 MHz bis hin zu 1000 MHz werden statt Volumenschwingungen auch Oberflächenwellen genutzt (s. G 12). Bild 1 gibt einen Überblick über die gebräuchlichsten Schwingungsformen und die damit abgedeckten Frequenzbereiche.

Spezielle Literatur Seite L 65

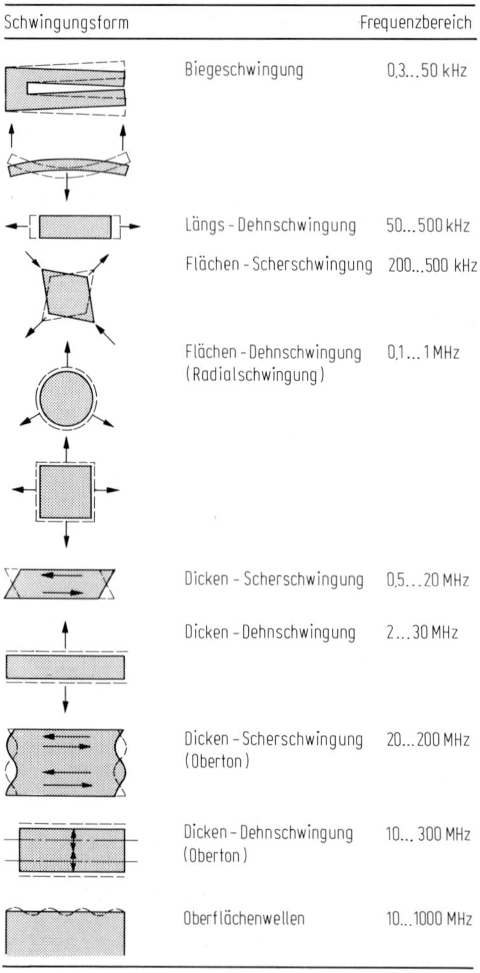

Bild 1. Gebräuchliche Schwingungsformen piezoelektrischer Resonatoren

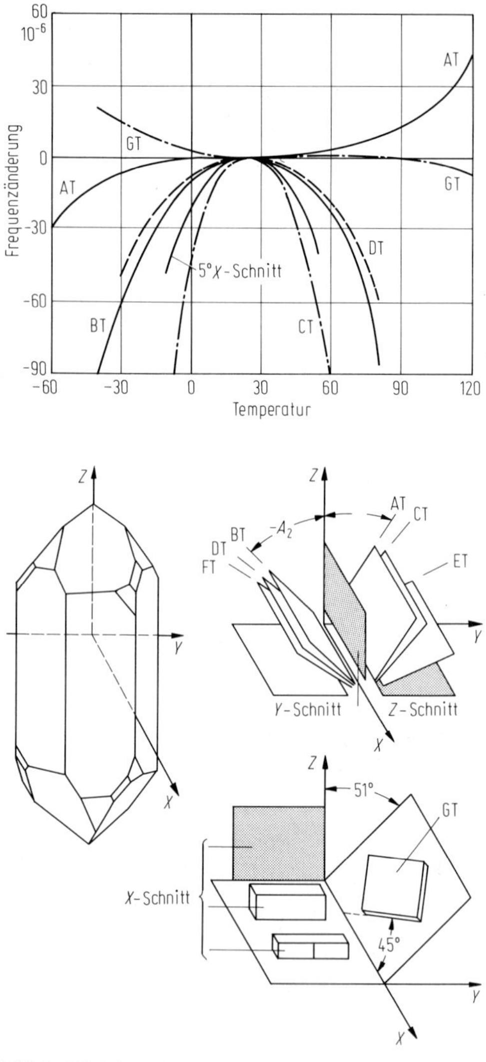

Bild 2. Wichtige Quarzschnitte und deren Frequenz-Temperaturgänge. Nach [1]

Werkstoffauswahl. Bei mäßigen Ansprüchen an Frequenztoleranz, Temperatur- und Alterungsverhalten (z. B. Frequenzfehler $\leq 1\,\%$ im Bereich $-20\,°C$, $+80\,°C$ und 10 Jahren) bzw. für Filter mit großer Bandbreite ist der Einsatz piezokeramischer Materialien vorteilhaft. Sie finden einen breiten Einsatz bei ZF-Filtern in der Rundfunktechnik, für die Anregung mechanischer Filter in der kommerziellen Nachrichtentechnik und als Taktgeber für Mikroprozessoren.
Das verbreiteste einkristalline Material ist der Quarz, daneben finden auch Lithiumniobat ($LiNbO_3$) und Lithiumtantalat ($LiTaO_3$) Verwendung [4]. Wegen ihres höheren Kopplungsfaktors sind mit $LiNbO_3$ und $LiTaO_3$ breitbandigere Filter als mit Quarz realisierbar (s. E 7.5).

Kristallschnitte. Zur effektiven Anregung der in Bild 1 dargestellten Schwingungen sind spezielle Orientierungen der polaren Achse der Kristalle vorzusehen. Neben hoher elektromechanischer Kopplung interessiert vor allem die Temperaturunabhängigkeit der Resonanzfrequenz. Eine Reihe von Orientierungen der polaren Achse (sog. Kristallschnitte) führt bei Resonatoren zu einem Temperaturgang, der einen Umkehrpunkt besitzt. Schnitte, bei denen der Umkehrpunkt bei 25 °C liegt, die sog. Nullschnitte, sind für Quarz international einheitlich festgelegt und mit Buchstaben bezeichnet. Bild 2 vermittelt einen Eindruck von der Lage der wichtigsten Schnitte und Nullschnitte bei Quarz. Werte für den Kopplungsfaktor, die Schwinggüte sowie die Ersatz-

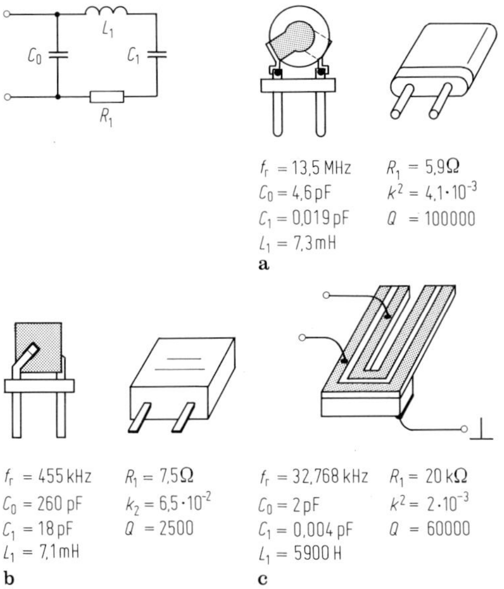

Bild 3. Aufbau und elektrische Daten typischer Piezoresonatoren. **a** Quarz-AT-Dickenscherschwinger; **b** piezokeramischer Flächendehnschwinger; **c** Quarz-Stimmgabelresonator

bildgrößen bezüglich der verschiedenen Schwingungsformen, Materialien und Schnitte finden sich u.a. in [1, 5].

Kennwerte und Bauformen. Die elektromechanische Beschreibung, Impedanzverlauf und elektrisches Ersatzschaltbild eines Resonators ist in E 7.3 und E 7.4 angegeben.
Die Schwinggüte von piezoelektrischen Keramiken liegt je nach Typ zwischen $Q = 50$ und $Q = 2000$, bei Einkristallen sind Werte von 10^5 bis 10^6 typisch, Werte bis $> 10^7$ sind erreichbar [6]. Daten und Bauformen von Piezoresonatoren sind in Bild 3 an drei typischen Beispielen dargestellt. Oberflächenwellenresonatoren werden im Gegensatz zu Volumenschwingungen i.allg. als Vierpole realisiert (s. G 12).

11.3 Filter. Filters

Überblick. Die Realisierung von Filtern mit steilen Flanken erfordert Resonatoren hoher Schwinggüte. Zusätzlich besteht i.allg. die Forderung nach entsprechend engen Toleranzen und hoher Stabilität der Resonatoreigenschaften. Bezüglich Schwinggüte, Temperaturkoeffizient und Langzeitstabilität der Resonanzfrequenz sind mechanische Resonatoren elektrischen LC-Kreisen weit überlegen und werden daher als Selektionsmittel in mechanischen Filtern verwendet. Allen mechanischen Filtern ist gemeinsam, daß elektrische Energie in mechanische Energie von Schwingungen oder Wellen umgewandelt, durch Resonanz oder Interferenzeffekte gefiltert und wieder in elektrische Energie zurückverwandelt wird [8, 9].
Die Realisierung der Filterfunktion erfolgt im einfachsten Fall als Kette diskreter zweipoliger elektromechanischer Resonatoren (Abzweigfilter) oder als Brückenschaltung von Resonatorzweipolen. Technisch bedeutsamer sind heutzutage Koppelfilter mit elektrisch oder mechanisch gekoppelten Resonanzvierpolen (z.B. piezokeramische Konturschwinger, H-Filter, Trapped-energy-Filter) bis hin zu den vielkreisigen monolithischen Filtern auf piezoelektrischen Substraten. Für tiefere Frequenzen (50 bis 200 kHz) werden für die Selektion mechanisch gekoppelte Stahlresonatoren verwendet, die piezoelektrisch oder piezomagnetisch (magnetostriktiv) angeregt werden, während für Frequenzen oberhalb von 20 MHz entsprechend hochwertige Filter mit Oberflächenwellen realisiert werden (s. G 12).

Abzweigfilter. Besonders toleranzunempfindlich und einfach im Aufbau sind Kettenschaltungen von Reaktanzbauteilen in π- oder T-Konfiguration. Bei diesen mechanischen Filtern werden als wesentliche Reaktanzbauteile Piezoresonatoren (seltener magnetostriktive Resonatoren) in Kombination mit Kondensatoren oder mit Spulen eingesetzt.
Bild 4 zeigt Aufbau und Dämpfungsverlauf eines Abzweigfilters mit drei Serien und zwei Parallelzweigen [3]. Solche Ketten kann man sich aus Halbgliedern gemäß Bild 5 zusammengesetzt denken. Unter Vernachlässigung der Verluste gilt dafür das in Bild 5 dargestellte elektrische Ersatzschaltbild und die daraus resultierenden Frequenzgänge der Blindimpedanzen im Längs- und Querzweig. Die Resonanzfrequenzen wur-

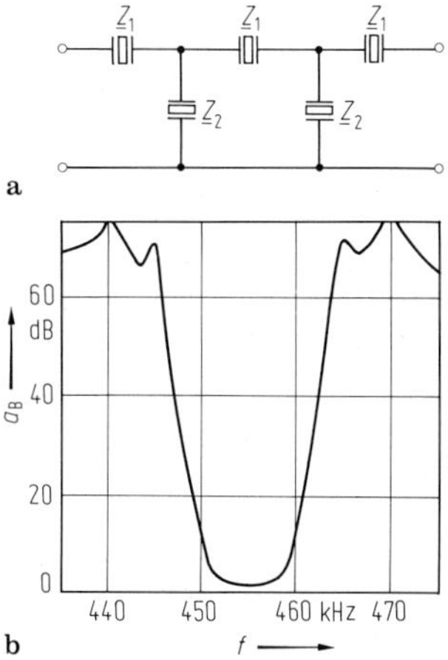

Bild 4. Abzweigfilter mit drei gleichen piezokeramischen Resonatoren Z_1 im Längszweig und zwei Resonatoren Z_2 im Querzweig. **a** Schaltbild; **b** Dämpfungsverlauf

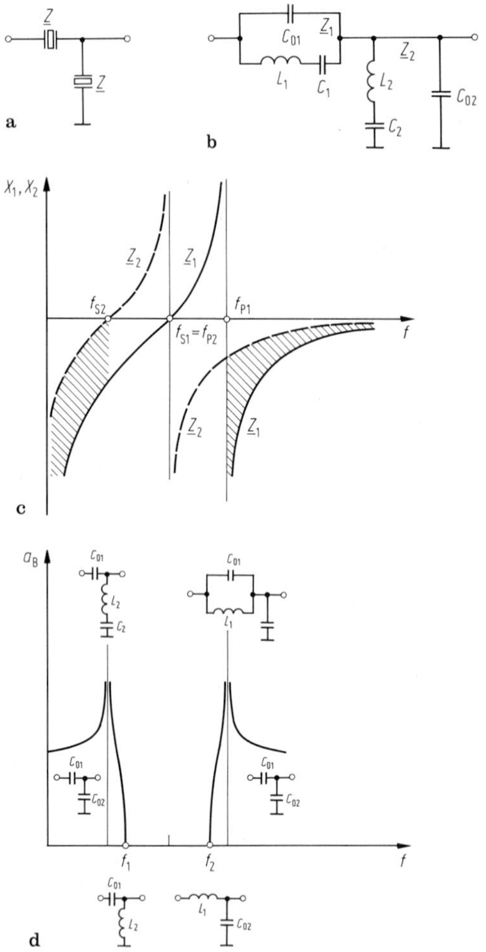

Bild 5. Überschlägige Konstruktion des Dämpfungsverlaufs eines Abzweigfilters. **a** Filterstruktur; **b** elektrisches Ersatzschaltbild ohne Verluste; **c** Frequenzgang des Imaginärteils der Impedanz von $\underline{Z}_1$ (durchgehend) und von $\underline{Z}_2$ (unterbrochen); **d** resultierender Dämpfungsverlauf

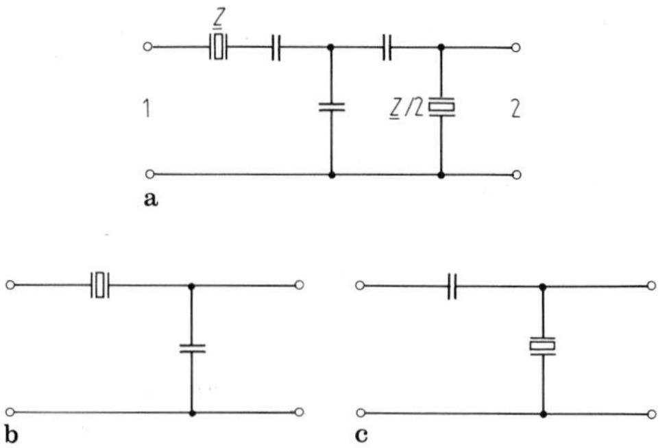

Bild 6. Halbglieder für Abzweigfilter. **a** Filter mit identischen Resonatoren; **b** Filter ohne unteren Sperrpol; **c** Filter ohne oberen Sperrpol

den wie üblich so gewählt, daß die Serienresonanz des Längsresonators f_{s1} mit der Parallelresonanz des Querresonators f_{p2} zusammenfällt. In Bild 5 ist weiter gezeigt, wie sich der Dämpfungsverlauf abschnittweise aus den jeweils dominierenden Größen des Ersatzschaltbildes konstruieren läßt. Berechnungsgrundlagen finden sich u. a. in [12, 13].

An Bild 5 lassen sich grundsätzliche Eigenschaften elektromechanischer Filter erkennen. Der Durchlaßbereich des Halbgliedes ist von Dämpfungspolen eingeschlossen. Für Resonatoren gleicher piezoelektrischer Kopplung k gilt mit Gl. E 7 (16) für die erreichbare Bandbreite

$$\Delta f/f_{s1} < \frac{f_{p1}-f_{s2}}{f_{s1}} = 2\,\frac{f_{p1}-f_{s1}}{f_{s1}} \approx k^2.$$

Wie auch in E 7.4 gezeigt, ist die maximale Bandbreite durch das Quadrat des elektromechanischen Kopplungsfaktors k^2 gegeben. Mit Quarz läßt sich eine Bandbreite bis ca. 0,5% erreichen, bei Schnitten mit geringer Kopplung oder Oberwellenbetrieb entsprechend weniger. Mit piezokeramischen Materialien sind Bandbreiten von über 10% erreichbar. Eine Vergrößerung der Bandbreite über diese Grenze hinaus ist durch eine Parallelschaltung von Induktivitäten zu den piezoelektrischen Resonatoren möglich [12]. Die Werte der Spulenverluste müssen dabei kleiner als der Betrag der gewünschten relativen Bandbreite sein.

Aus Bild 5 geht ebenfalls hervor, daß der Beitrag zur Weitabselektion jedes Halbgliedes von dem Verhältnis der Grundkapazitäten C_{02}/C_{01} der beiden Resonatoren abhängig ist. Hohe Weitabselektion wird durch große Kettenlänge erreicht.

Neben dem Halbglied mit zwei unterschiedlichen Piezoresonatoren sind eine Reihe weiterer Konfigurationen von Bedeutung.

Filterketten nach Bild 4 können mit einem einzigen Resonatortyp ausgeführt werden, wenn gemäß Bild 6a Kondensatoren in Serie und parallel geschaltet werden [13]. Kann auf Dämpfungspole unterhalb oder oberhalb des Durchlaßbereichs und die damit erreichbare hohe Flankensteilheit verzichtet werden, lassen sich die Quer- bzw. Längsresonatoren durch Kondensatoren ersetzen.

Brückenfilter. Eine wichtige Filtergrundschaltung mit elektromechanischen Resonatoren ist die Brückenschaltung. Vorteilhaft gegenüber der Abzweigschaltung ist, daß Verluste kompensierbar sind, daß eine höhere Weitabselektion erreichbar ist und daß die Lage der Dämpfungspole unabhängig vom Durchlaßbereich dimensionierbar ist. Bild 7a zeigt die X-Struktur der Brückenschaltung.

Praktisch verwendet wird die äquivalente unsymmetrisch betreibbare Differentialbrückenschaltung (Bild 7b) mit einem 1:1 Spulenübertrager.
Ersetzt man in einem Arm den Piezoresonator durch einen Kondensator, so erhält man die einfachste Form des Brückenfilters mit maximal einem Dämpfungspol. Das Sperrverhalten des Filters nach Bild 7b läßt sich dadurch verbessern, daß in einem oder beiden Armen der Brücke zwei Piezoresonatoren parallel geschaltet werden. Formeln zur Dimensionierung von Brückenfiltern findet man in [1].

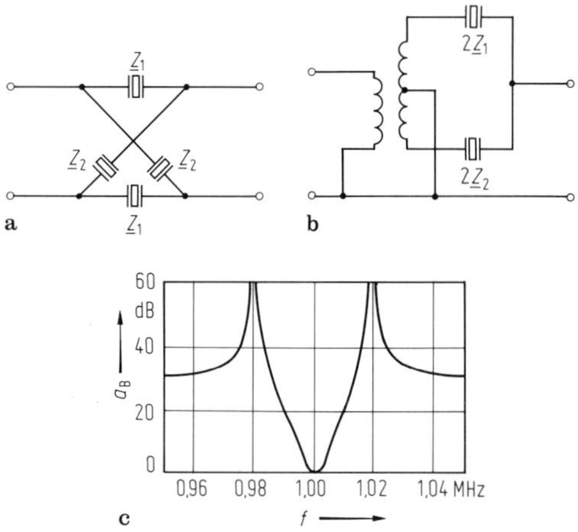

Bild 7. Brückenfilter, meist als die der Grundschaltung **a** äquivalente Brückenschaltung **b** ausgeführt. Den typischen Dämpfungsverlauf eines Quarzbrückenfilters zeigt **c**

Neben den Abzweig- und Brückenfiltern sind eine Reihe von speziellen Filterschaltungen wie überbrückte T-Glieder, Emitterimpedanzen und Kombinationen mit LC-Schwingkreisen bekannt geworden [12].

Filter mit Resonanzvierpolen. Ein Resonanzvierpol besteht aus einem piezoelektrischen Resonator, der einen Bereich mit einem Eingangselektrodenpaar zur elektrischen Anregung des mechanischen Schwingers und einen Bereich mit Ausgangselektrodenpaar zur Abnahme des elektrischen Signals besitzt. Das elektrische Ersatzschaltbild eines Resonanzvierpols folgt gemäß Bild 8 aus den Eigenschaften seiner Teilbereiche. Denkt man sich z. B. einen vierpoligen Dickenschwinger zunächst in zwei unabhängige zweipolige Teilresonatoren zerlegt, so lassen sich diese gemäß E 7.3 im Resonanzbereich vereinfachend durch ideale Wandler und mechanische Resonatoren mit konzentrierten Elementen beschreiben. Mit den entsprechenden elektromechanischen Analogien erhält man das elektrische Ersatzschaltbild. Die Ströme $\underline{I}_1$ und $\underline{I}_2$ entsprechen dabei den Geschwindigkeiten $\underline{v}_1$ und $\underline{v}_2$ der einzelnen Schwingungsbewegungen. Die einheitliche Schwingung des zusammengesetzten Wandlers mit $\underline{v} = \underline{v}_1 = \underline{v}_2$ führt im Ersatzschaltbild auf die Forderung der Gleichheit der Ströme $\underline{I} = \underline{I}_1 = \underline{I}_2$, dargestellt durch einen idealen Übertrager mit 180° Phasendrehung. Bei symmetrischen Anordnungen ist sein Übersetzungsverhältnis $ü = 1$. Im allgemeinen ist die Kopplung zwischen den Teilbereichen nicht absolut starr. Von besonderem Interesse sind Anordnungen, bei denen konstruktiv eine lockere elastische Kopplung vorgesehen wird.

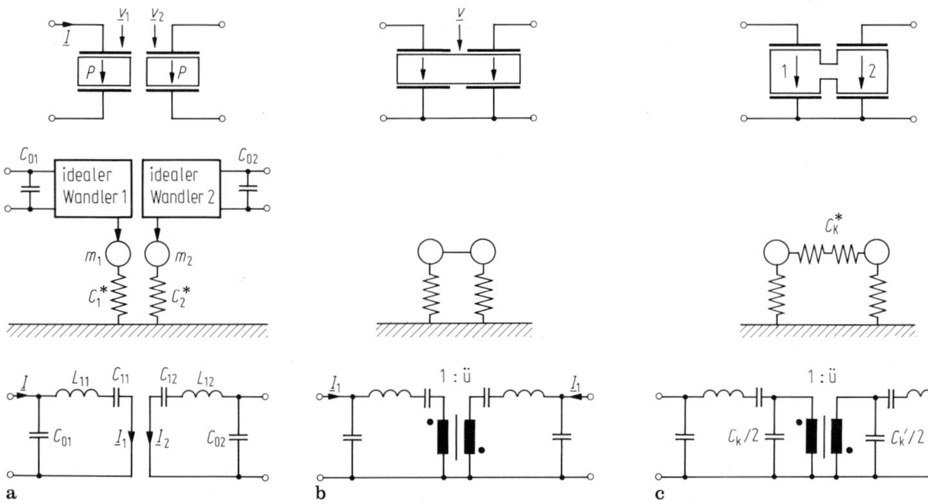

Bild 8. Piezoelektrischer Resonanzvierpol (prinzipieller Aufbau, elektrische und mechanische Ersatzgrößen, und elektrisches Ersatzschaltbild). **a** zwei Einzelresonatoren ohne gegenseitige Kopplung; **b** Resonator aus fest gekoppelten Teilresonatoren mit gemeinsamem Schwingungsmodus; **c** mechanisch schwach gekoppelte Teilresonatoren, $C_K \gg C_{11}$

Bild 8c zeigt das mechanische und elektrische Ersatzschaltbild eines solchen gekoppelten Resonanzvierpols mit nur schwacher Kopplung $C_K \gg C_{11}$. Nach Transformation der Reaktanzelemente auf die Primärseite und Berücksichtigung der Verluste ergeben sich für den einzelnen und für den gekoppelten Resonanzvierpol die in Bild 9 gezeigten elektrischen Ersatzschaltbilder. Die folgenden, weit verbreiteten, diskret und monolithisch aufgebauten Filterschaltungen leiten sich von diesen Grundtypen ab.

Piezokeramische ZF-Filter. Für den Frequenzbereich 200 kHz bis 1 MHz insbesondere für ZF-Filter im Bereich von 455 kHz dominieren Filter mit Radial- bzw. Flächen-Dehnschwingungen (s. G 12.1). Besonders bekannt sind die für Rundfunkgeräte gedachten Filter mit zwei Resonanzvierpolen.

Bild 10 zeigt schematisch Aufbau, Ersatzschaltbild und Dämpfungsverlauf bei Beschaltung mit einem Koppelkondensator. Die beiden quadratischen Resonatorplatten mit einem zentralen Einkoppel- und einem äußeren Auskoppelbereich sind über Federkontakte in einem gemeinsamen Gehäuse gehaltert [14].

Für den gleichen Frequenzbereich werden sog. H-Filter angegeben [3], bei denen ähnlich Bild 8c zwei Resonatoren elastisch miteinander verkoppelt sind. Die Filter bestehen aus einer H-förmig eingesägten Platte aus Piezokeramik. Die Schenkel bilden die beiden Längsschwinger, der Steg überträgt Scher- und Kompressionskräfte. Bild 11 zeigt Schaltung und Dämpfungsverlauf

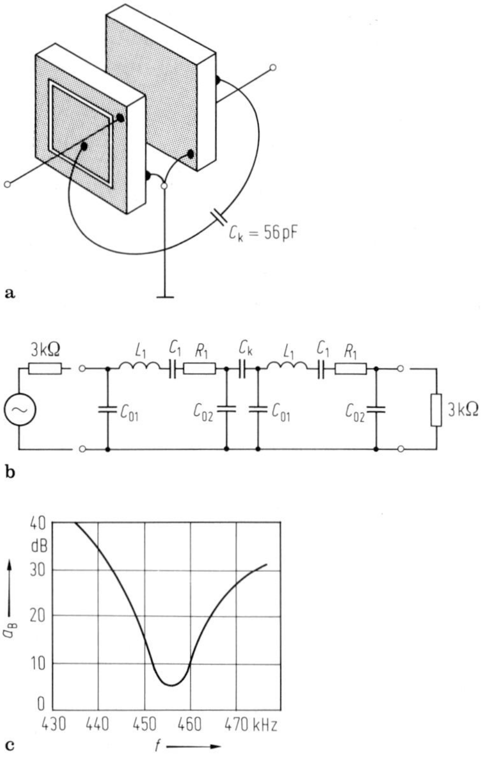

Bild 10. Piezokeramisches 455-kHz-ZF-Filter (Murata SFD 455 D) mit zwei Resonanzvierpolen. **a** Aufbau schematisch; **b** Ersatzschaltbild; **c** Dämpfungsverlauf

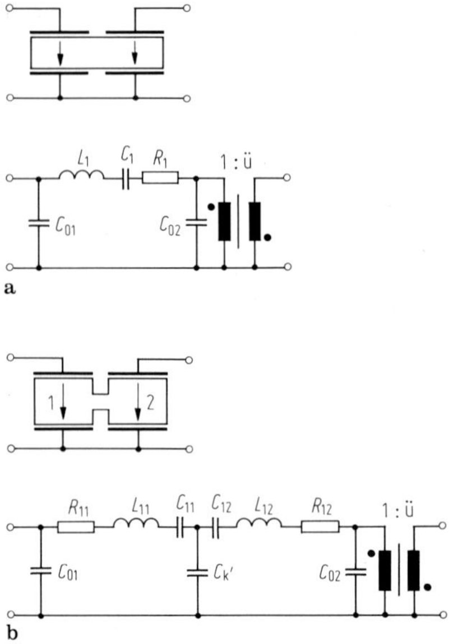

Bild 9. Allgemeines elektrisches Ersatzschaltbild eines piezoelektrischen Resonanzvierpoles mit **a** starker und **b** schwacher Kopplung

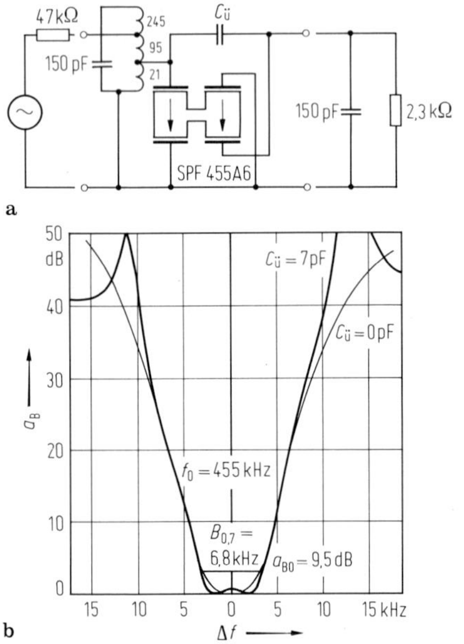

Bild 11. Piezokeramisches 455-kHz-Filter mit H-Schwingern. Nach [16]. **a** Aufbau; **b** Dämpfung für unterschiedlicher $C_ü$

eines H-Filters für 455 kHz nach [15]. Mit einem Überbrückungskondensator werden zwei Dämpfungspole erzeugt.

Monolithische „Trapped energy"-Filter. Für Frequenzen oberhalb von 1 MHz kommen als Resonanzschwingung vor allem die Dicken-Dehnschwingung und die Dicken-Scherschwingung in Betracht. Durch besondere Bemessung ist es möglich, auf einer Platte aus piezolektrischem Material mehrere lokalisierte Resonatoren zu realisieren, die sich weder gegenseitig stören noch durch die Halterung beeinflußt werden. Die Theorie dieses energy trappings wurde von Shockley, Cuiron und Koneval [16] entwickelt. Das Prinzip ist folgendes: Eine piezoelektrische Platte wird so dünn gewählt, daß für den betrachteten Frequenzbereich eine Wellenausbreitung in der Platte gerade nicht mehr möglich ist. Ein resonanzfähiger Bereich 1 wird entsprechend Bild 12 durch Masseauftrag auf das Piezosubstrat erzeugt, z. B. durch ausreichend dicke metallische Elektrodenflecken. In diesem „trap" mit niedriger Schallgeschwindigkeit bilden sich stehende Wellen aus, während die Energie außerhalb dieses Bereichs exponentiell mit dem Abstand vom Rand abnimmt. Ordnet man in einiger Entfernung einen weiteren gleichartigen Resonator 2 an, so herrscht entsprechend dem gegenseitigen Abstand d eine definierte mechanische Kopplung zwischen ihnen. Nach diesem Prinzip ist die überwiegende Zahl von monolithischen Kristall- und Keramikfiltern im Frequenzbereich von 1 bis ca. 30 MHz aufgebaut. Meist werden Dicken-Scherschwingungen sowohl mit Scherbewegung in wie auch solche mit Scherbewegung senkrecht zur Ausbreitungsrichtung verwendet. Oberwellenresonatoren mit getrappten Dicken-Dehnschwingungen sind bis 200 MHz [17] und z. T. noch höher realisiert worden. Das Ersatzschaltbild eines zweikreisigen piezokeramischen Trapped-energy-Filters ergibt sich in voller Analogie zu Bild 9 b. Der Kopplungskondensator C_u beschreibt den Übergriff über den Spalt d. Bild 13 zeigt Aufbau und Dämpfung eines in großen Stückzahlen produzierten piezokeramischen 10,7-MHz-ZF-Filters für den Unterhaltungssektor [14]. Das Filter besteht aus zwei durch eine Einsägung mechanisch getrennten und nur elektrisch miteinander verbundenen Trapped-energy-Doppelresonatoren. Der Vorteil solcher piezomechanischer Filter im Zusammenhang mit integrierten Schaltungen ist, daß sämtliche Selektionsmittel preisgünstig in einem Block vereinigt sind. Aus einer Vielzahl von Trapped-energy-Resonatoren bestehen die monolithischen Quarzfilter für kommerziellen Einsatz. Bild 14 zeigt den Aufbau, Ersatzschaltbild

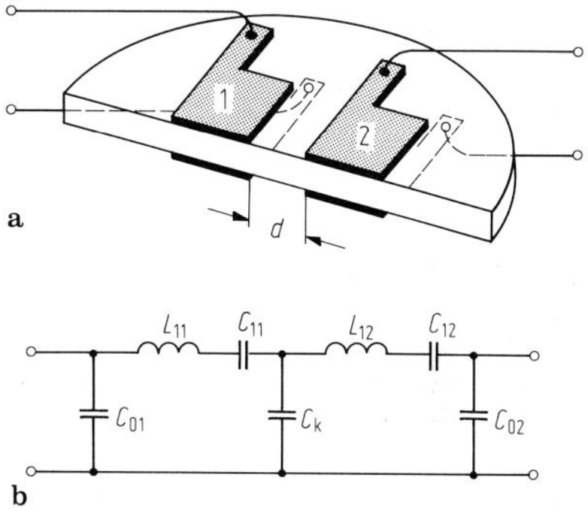

Bild 12. „Trapped energy"-Filter. **a** Aufbau schematisch; **b** Ersatzschaltbild

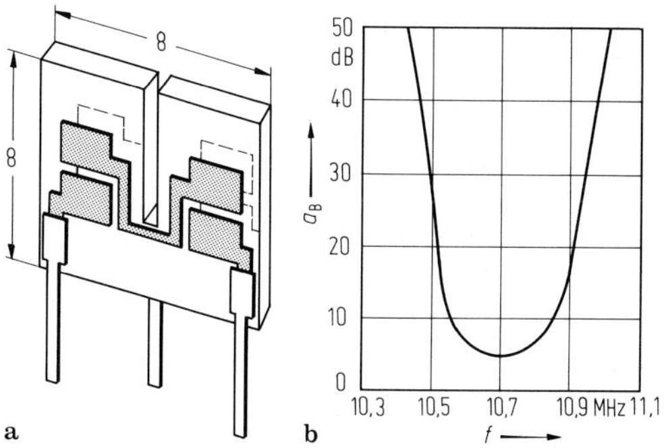

Bild 13. Monolithisches piezokeramisches Trapped energy-Filter (SPE 10.7 MS 2 der Fa. Murata.) **a** Aufbau (Gehäuse entfernt); **b** Dämpfungsverlauf

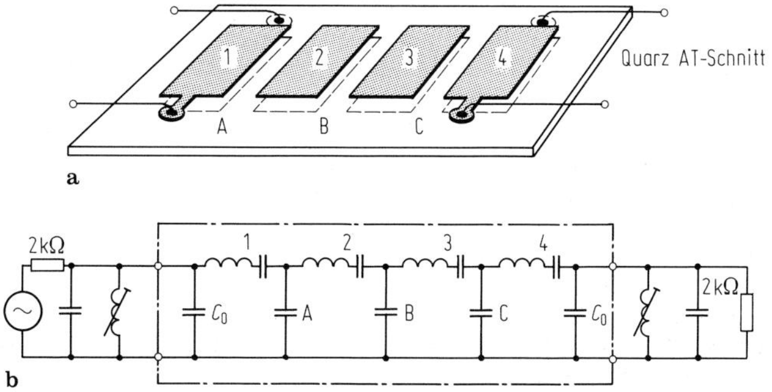

Bild 14. Monolithisches Kristallfilter. **a** Aufbau; **b** Ersatzschaltbild und externe Beschaltung. Die Breite der Lücken A, B und C wird durch die Größe der Koppelkondensatoren A, B und C bestimmt

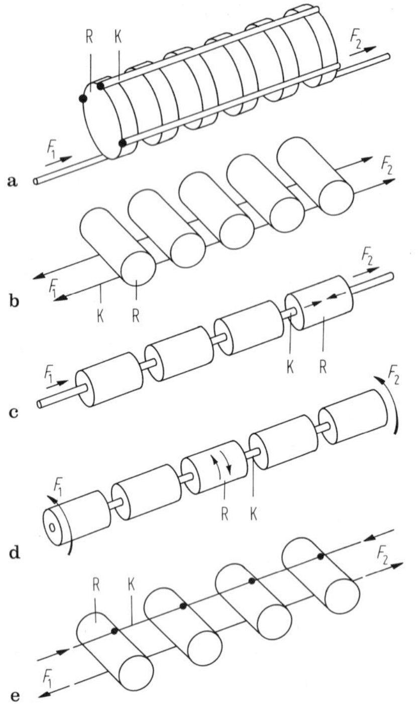

Bild 15. Mechanische Filterketten aus Resonatoren R und Koppelfedern K (F_1 Anregekraft, F_2 ausgekoppelte Kraft. **a** Scheiben-Biegeschwinger; **b** Balken-Biegeschwinger; **c** Zylinder-Kompressionsschwinger; **d** Zylinder-Torsionsschwinger längs; **e** Zylinder-Torsionsschwinger quer

und elektrische Beschaltung eines 10,7-MHz-Kanalfilters mit 15 kHz Bandbreite. Man erreicht eine Frequenzstabilität von $\pm 3 \cdot 10^{-5}$ im Bereich von -20 bis $+70\,°C$ und eine Weitabselektion von mehr als 90 dB.

Filter mit passiven Resonatoren. Im Frequenzbereich unter 500 kHz werden mechanische Filter hoher Selektion und Stabilität in Form einer Kette diskreter miteinander gekoppelter mechanischer Resonatoren aufgebaut. Die elektrische Ein- und Auskopplung erfolgt piezoelektrisch oder magnetostriktiv [18]. In neueren Konzepten wird die piezoelektrische Anregung bevorzugt, da die Wandler besser miniaturisiert werden können und unempfindlich gegenüber magnetischen Feldern sind.
Als Resonatorelemente kommen scheiben- oder balkenförmige Biegeschwinger, Torsionsschwinger oder auch Longitudinalschwinger (Kompressionsschwinger) infrage. Als Resonatormaterial werden spezielle Legierungen vorwiegend aus Eisen und Nickel benutzt, die eine Schwinggüte von ca. 20 000, eine extrem geringe Temperaturabhängigkeit der Schallgeschwindigkeit von weniger als $5 \cdot 10^{-6}/°C$ und Alterungsraten von weniger als 10^{-6}/Dekade besitzen.

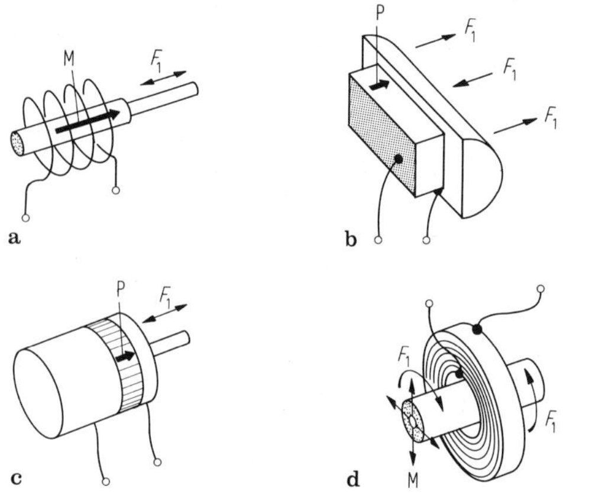

Bild 16. Wandler für mechanische Filterketten (M Magnetisierung, P Polarisation, F_1 Anregekraft). **a** magnetostriktiver Longitudinalwandler; **b** piezoelektrischer Biegewandler; **c** piezoelektrischer Longitudinalwandler; **d** magnetostriktiver Torsionswandler

Bild 15 zeigt die gebräuchlichsten mechanischen Filterketten. Die im elektromechanischen Eingangswandler erzeugte Kraft F_1 wird über meist als elastische Drähte ausgebildete Koppelelemente K auf die Resonatoren geleitet, von Resonator zu Resonator weitervermittelt und die abgebende Kraft F_2 wird dem Ausgangswandler zugeleitet [19].
Bild 16 zeigt einige typische Wandlerausführungen. Eingangs- und Ausgangswandler eines Filters sind gleichartig aufgebaut. Für die magnetostriktive Anregung werden die in Richtung M permanent vormagnetisierte Ferritkörper (s. E 8) über Spulen angeregt. Bei der piezoelektrischen Anregung werden die piezokeramischen Wandlerkörper durch Klebung oder Lötung mit einem Resonatorkörper starr verbunden. Spezielle piezokeramische Werkstoffe mit angepaßtem Temperaturkoeffizienten wurden entwickelt [10]. Das Übertragungsverhalten der mechanischen Filterketten ist meist vom Tschebyscheff-Typ. Die Berechnung erfolgt nach den Regeln der elektrischen Filtertheorie. Der Übergang zu den mechanischen Größen erfolgt mit elektromechanischen Analogien (s. E 7.3).

11.4 Elektromechanische Verzögerungsleitungen

Electromechanical delay lines

Da sich Schallwellen in Festkörpern 10^{-5}fach langsamer ausbreiten als elektromagnetische Wellen, ergeben sich auf mechanischen Lauf-

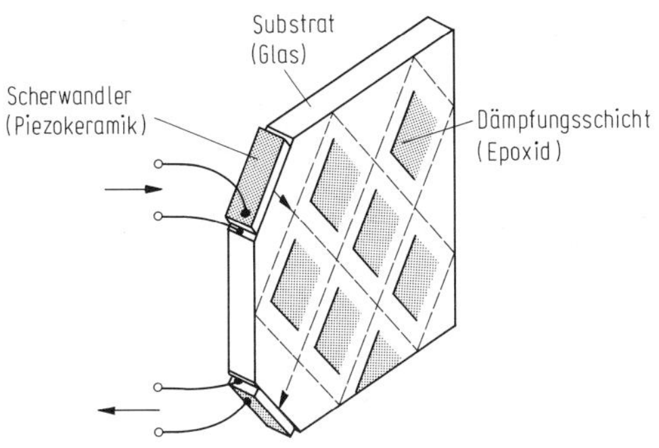

Bild 17. PAL-Verzögerungsleitung aus Glas (64 µs). Der Ausbreitungsweg der Scherwellen ist achtfach gefaltet, parasitäre Schallwege sind mit Epoxidflecken gedämpft

strecken erhebliche Signalverzögerungszeiten in der Größenordnung von 3 µs je cm. Die elektrischen Signale werden mit piezoelektrischen oder magnetostriktiven Wandlern in mechanische Wellen und am Ende der Laufstrecke in elektrische Signale zurückverwandelt.

Man unterscheidet nichtdispersive Leitungen, bei denen die Laufzeit unabhängig von der Signalfrequenz ist, von dispersiven Leitungen, bei denen bewußt unterschiedliche Laufzeiten für Signale unterschiedlicher Frequenz erzeugt werden.

Nichtdispersive Leitungen werden zur impulstreuen Verzögerung von Signalen z. B. in der Radartechnik zum Vergleich zweier aufeinanderfolgender Echogruppen (Festzielunterdrückung) oder in der Fernsehtechnik als PAL-Verzögerungsleitung zum Zwischenspeicher einer Bildzeile verwendet. Wichtig ist dabei die Wahl möglichst dispersionsfreier akustischer Wellentypen, wie hochfrequente Torsionswellen auf Drähten, die Grundwelle des Dicken-Schermodes in Blechen und Platten, Scherwellen im Volumen und Oberflächenwellen auf Substraten [11]. Die Draht- und Blechplattenspeicher mit Verzögerung bis zu 10 ms sind heutzutage durch Halbleiterschaltungen verdrängt worden. Bild 17 zeigt den Aufbau einer PAL-Verzögerungsleitung aus Glas mit piezoelektrischer Scherwellenanregung. Durch mehrfache Faltung des Schallwegs werden Verzögerungszeiten von 64 µs bei kleinen Abmessungen erreicht. Besondere Bedeutung in der Radartechnik haben die Verzögerungsleitungen mit Oberflächenwellenbauteilen erlangt, insbesondere die dispersiven Laufzeitleitungen zur Pulskompression (s. G 12).

Spezielle Literatur: [1] *Mason, W. P.*: Physical acoustics. Vol. 1 A. New York: Academic Press 1964, pp. 361–380. – [2] *Castellano, R. N.; Hokanson, J. L.*: A survey of ion beam milling techniques for piezoelectric device fabrication. Proc. of 29th annual frequency control symp. US Army Electrical Command, Ft. Monmouth, N.J., 1975, pp. 128–134. – [3] *Martin, H. J.*: Die Ferroelektrika. Leipzig: Akademische Verlagsges. 1976. – [4] *Cady, W. G.*: Piezoelectricity. New York: Dover 1964. – [5] *Adamowicz, T.*: Handbuch der Elektronik. München: Franzis 1979, S. 278–287. – [6] *White, D. L.*: High-Q quartz crystals at low temperature. J. Appl. Phys. 29 (1958) 856–857. – [7] *Omlin, L.*: Analyse und Dimensionierung von Quarzoszillatoren. Elektroniker 6 (1977) 30–36; 8 (1977) 11–16. – [8] *Mason, W. P.*: Electromechanical transducers and wave filters. New Jersey: Van Norstrand 1948. – [9] *Katz, H. W.*: Solid state magnetic and dielectric devices. New York: Wiley 1959. – [10] *Thomann, H.; Wersing, W.*: Principles of piezoelectric ceramics for mechanical filters. Ferroelectrics 40 (1982) 189–202. – [11] *Mason, W. P.*: Physical acoustics, Vol. 1 A. New York: Academic Press 1964, pp. 418–499. – [12] *Herzog, W.*: Siebschaltungen mit Schwingkristallen, 2. Aufl. Braunschweig: Vieweg 1962. – [13] *Sauerland, W.*: Entwurfsverfahren für piezoelektrische Abzweigfilter. Diss. RWTH Aachen 1969. – [14] Firmenschrift Murata: Ceramic filters. – [15] Firmenschrift VEB Keramische Werke Hermsdorf: Piezofilter. – [16] *Curran, D. R.; Koneval, D. J.*: Energieeinfang und der Entwurf von Ein- und Mehrelektroden-Filterkristallen (engl.). Proc. 18th frequ. contr. symp. 1964, pp. 93–119. – [17] *Uno, T.*: 200 MHz thickness extensional mode $LiTaO_3$ monolithic crystal filter. IEEE Trans. SU-22, No. 3 (1975). – [18] *Sheahan, D. F.; Jonson, R. A.*: Modern crystal and mechanical filters. New York: IEEE 1983. – [19] *Joson, R. A.*: Mechanical filters in electronics. New York: Wiley 1983.

12 Akustische Oberflächenwellen-Bauelemente
Surface acoustic wave devices

Allgemeine Literatur: *Campbell, C.*: Surface acoustic wave devices and their signal processing applications. Boston: Academic Press 1989. – *Datta, S.*: Surface acoustic wave devices. New York: Prentice Hall 1986. – *Feldmann, M.*: Surface acoustic waves for signal processing. Boston, London: Artech House 1989. – *Matthews, H.*: Surface wave filters-design, construction and use. New York: Wiley 1977. – *Morgan, D.P.*: Surface wave devices for signal processing. Amsterdam: Elsevier 1985. – *Oliner, A.A.*: Acoustic surface waves, Berlin: Springer 1978.

12.1 Übersicht. Review

Akustische Oberflächenwellen-Bauelemente beruhen auf dem piezoelektrischen Effekt und auf der oberflächengebundenen und mit niedriger Geschwindigkeit auftretenden Ausbreitung elastischer Wellen. Auf piezoelektrischen Substraten lassen sich mit planaren Elektrodenstrukturen elektroakustische Wandler, deren Übertragungs-

Spezielle Literatur Seite L 73, 74

verhalten nach Betrag und Phase einstellbar ist, Koppler, Reflektoren und Wellenleiter realisieren. Aus diesen Funktionselementen werden Filter, Verzögerungsleitungen, Resonatoren und Korrelatoren aufgebaut. Die Bauelemente werden auf piezoelektrischen Einkristallen mittels moderner fotolithografischer Verfahren der Mikroelektronik hergestellt, so daß im Frequenzbereich 10 MHz bis über 1,5 GHz hohe elektrische Güten, Temperaturstabilität, Reproduzierbarkeit und niedrige Alterung erreicht werden. Oberflächenwellen-Bauelemente finden Einsatz in der Fernseh-, Funk-, Radar- und Übertragungstechnik.

12.2 Interdigitalwandler
Interdigital transducers

Akustische Oberflächenwellen [1]. Eine akustische Oberflächenwelle oder Rayleigh-Welle ist eine an der Grenzfläche eines Festkörpers geführte elastische Welle mit elliptischer Teilchenauslenkung und einer Eindringtiefe von etwa einer Wellenlänge. Die Ausbreitung auf einer hochpolierten Substratoberfläche ist nahezu ungedämpft und dispersionsfrei. Die Ausbreitungsgeschwindigkeit liegt bei den gebräuchlichsten Substraten zwischen 3000 und 4000 m/s.

Interdigitalwandler [2]. Wirksame Wandler zwischen elektrischen Signalen und akustischen Oberflächenwellen sind interdigitale Elektrodenstrukturen auf piezoelektrischen Substraten (Bild 1). Ein an der Sammelschiene eines Interdigitalwandlers angelegter δ-förmiger elektrischer Impuls bewirkt wegen des piezoelektrischen Effekts eine dem Feld zwischen den Elektroden (Fingern) unterschiedlicher Polarität proportionale mechanische Verformung der Oberfläche des Substrats. Die als Abbild der Fingerüberlappungen eingeprägte Verformung breitet sich als Oberflächenwelle nach beiden Richtungen aus. Umgekehrt verursacht eine in den Wandler einlaufende Oberflächenwelle durch den piezoelektrischen Effekt ein der Fingerstruktur proportionales Signal an den Sammelschienen.

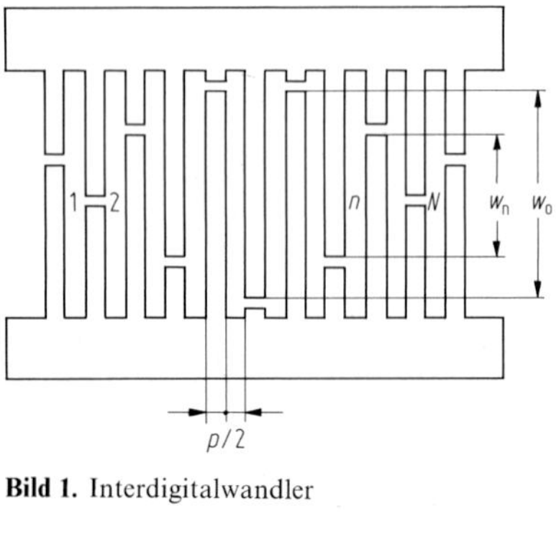

Bild 1. Interdigitalwandler

Diese einfachste Modellvorstellung für einen Interdigitalwandler führt auf die Struktur eines Transversalfilters. Die Laufzeiten der Welle zwischen aufeinanderfolgenden Fingerüberlappungen werden durch die Verzögerungsglieder und die verschieden langen Fingerüberlappungen durch die einstellbaren Gewichte des Transversalfilters beschrieben. Wenn N die Zahl der Finger, v die Ausbreitungsgeschwindigkeit der Oberflächenwelle, $p/2$ die Fingerbreite und der Fingerabstand, w_n die Länge der n-ten Fingerüberlappung und w_0 die maximale Überlappungslänge ist, so ist in Abhängigkeit von der Frequenz f die Übertragungsfunktion

$$\underline{H}(f) = \sum_{n=1}^{N} (-1)^n w_n/w_0 \exp(-\mathrm{j}2\pi f n p/v). \quad (1)$$

Bei der Mittenfrequenz $f_0 = v/2p$ überlagern sich alle Wellen phasenrichtig, so daß maximale Übertragung auftritt.
Im Falle gleichlanger Finger ($w_n = w_0$, $n = 1, \dots, N$) liefert Gl. (1) einen $\sin(f')/f'$-förmigen Betragsverlauf der Übertragungsfunktion mit $f' = N\pi/2\ (f - f_0)/f_0$. Die für 4 dB Amplitudenabfall definierte Bandbreite des Wandlers beträgt $B = 2f_0/N$. Die Betriebsübertragungsfunktion eines Interdigitalwandlers läßt sich unter Anwendung elektromechanischer Ersatzschaltbilder berechnen [3]. Für die Eingangsadmittanz eines Wandlers erhält man das in Bild 2 gezeigte Ersatzschaltbild. Für gleichlange Finger ergibt sich der Strahlungsleitwert

$$G_a(f') = \hat{G}_a(\sin(f')/f')^2, \quad \text{mit} \qquad \hat{G}_a = 4 f_0 k^2 C_s N^2 w_0, \quad (2)$$

d. h., die Leistung in der Oberflächenwelle nimmt quadratisch mit der Anzahl N und linear mit der Überlappungslänge w_0 zu. Die Materialparameter k^2 und C_s sind piezoelektrische Kopplungskonstante und Kapazitätsbelag der Interdigitalstruktur. Bei der beschriebenen Wandlerausführung gilt für die Strahlungssuszeptanz

$$B_a(f') = \hat{G}_a(\sin(2f') - 2f')/(2f'^2). \quad (3)$$

Die statische Kapazität des Interdigitalwandlers beträgt

$$C_T = N C_s w_0. \quad (4)$$

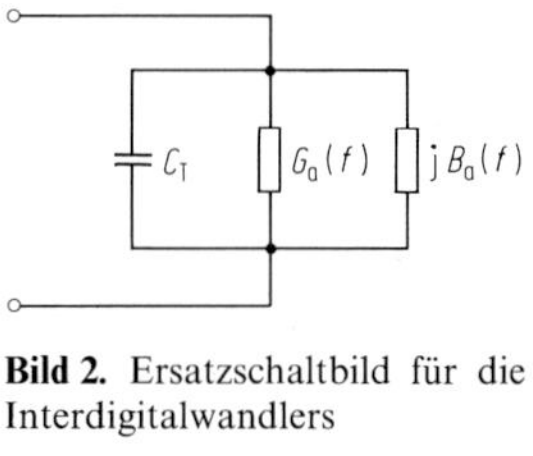

Bild 2. Ersatzschaltbild für die Eingangsadmittanz eines Interdigitalwandlers

Wird der Wandler an dem Lastleitwert G_L betrieben, so berechnet sich bei der Mittenfrequenz f_0 die Einfügungsdämpfung [4]

$$D/\mathrm{dB} = -10\lg(2\hat{G}_a G_L/((\hat{G}_a + G_L)^2 + (2\pi f_0 C_T)^2). \quad (5)$$

Durch ein Anpassungsnetzwerk, das im einfachsten Falle aus einer Spule besteht, kann die Kapazität C_T kompensiert und die Einfügungsdämpfung D verringert werden. Die Übertragungsfunktion des Wandlers wird von der Geometrie und von der elektrischen Belastung bestimmt. Da die Bandbreite des elektrischen Kreises größer sein muß als die Bandbreite des Wandlers, ergibt sich eine materialabhängige obere Grenze für die relative Bandbreite, nämlich

$$B_{max}/f_0 = 2/N = 4k^2/\pi)^{1/2}, \quad (6)$$

bei der noch Anpassung erreichbar ist.

Piezoelektrische Substrate [5]. Für Oberflächenwellen-Bauelemente werden bestimmte Kristallschnitte bevorzugt verwendet. Wegen des großen piezoelektrischen Kopplungsfaktors ($k^2 = 4{,}5\,\%$) und der starken linearen Temperaturabhängigkeit der Laufzeit (der Temperaturkoeffizient beträgt etwa 90 ppm/K) werden Bauelemente auf dem Y, Z-Schnitt von Lithiumniobat ($C_s = 2{,}3$ pF/cm) zur Realisierung von Übertragungsfunktionen großer relativer Bandbreiten ($B/f_0 > 5\,\%$) eingesetzt. Quarz (ST, X-Schnitt) ist wegen der geringen Kopplung ($k^2 = 0{,}16\,\%$) und des niedrigen Temperaturkoeffizienten zweiter Ordnung (0,03 ppm/K^2) für relative Bandbreiten $\leqq 5\,\%$ zu bevorzugen ($C_s = 0{,}25$ pF/cm). Der Scheitelpunkt der geringen parabolischen Temperaturabhängigkeit der Laufzeit und damit der Mittenfrequenz eines Wandlers kann durch Variation des Schnittwinkels zwischen -10 und $+80$ °C gewählt werden. Lithiumtantalat nimmt als Substratmaterial eine Zwischenstellung ein.

Technologieabhängige Realisierungsgrenzen. Fotolithografische Verfahren ermöglichen eine reproduzierbare Herstellung von Fingerbreiten $\geqq 0{,}8$ µm auf Substraten in Form runder Wafer. Es stehen Wafer mit einem Durchmesser von 76 mm und einer Dicke von 0,5 mm zur Verfügung. Aus der Ausbreitungsgeschwindigkeit und der Eindringtiefe der Oberflächenwellen ergibt sich somit der Realisierungsbereich für die Mittenfrequenz eines Interdigitalwandlers von 10 MHz bis über 1,5 GHz, wobei die relativen Abweichungen der Wandlermittenfrequenzen eines Herstellungsloses auf $\pm$ 50 ppm beherrscht werden.

12.3 Reflektoren, Koppler und Wellenleiter

Reflectors, couplers and waveguides

Reflektoren. Elektrodenkanten reflektieren Oberflächenwellen. Die Reflexion an einer ansteigenden und an einer abfallenden Elektrodenkante erfolgt mit umgekehrtem Vorzeichen. Ist bei gegebener Wellenlänge λ die Elektrodenbreite $\lambda/4$, dann überlagern sich die reflektierten Oberflächenwellen gleichphasig. Der zur Wirkung kommende Reflexionsmechanismus hängt vom Substrat- und Elektrodenmaterial ab [6]. Bei Lithiumniobat wird der Reflexionsfaktor r vom Kurzschluß des tangentialen elektrischen Feldes unter einer Elektrode dominiert ($r = 1{,}1\,\%$). Wegen des niedrigen piezoelektrischen Kopplungsfaktors von Quarz wird der Reflexionsfaktor durch die Höhe und die Materialdichte eines Reflektorstreifens bestimmt. Für einen Reflektorstreifen der Höhe h aus Aluminium gilt $r = 0{,}5\,h/\lambda$. Reflektorstreifen werden mit $h/\lambda \leqq 1\,\%$ ausgeführt. Es sind aber auch Reflektorstreifen in Form geätzter Rillen verwendbar [6].

Bei einer periodischen Anordnung von N Reflektorstreifen (Bild 3) addieren sich bei der durch Ausbreitungsgeschwindigkeit v und Periodizität d gegebenen Frequenz $f_s = v/2d = v/\lambda$ alle reflektierten Oberflächenwellen phasenrichtig auf. Der resultierende Reflexionsfaktor beträgt nach [7]

$$R = \tanh(Nr). \quad (7)$$

Wegen der schwachen Reflexion eines einzelnen Reflektorstreifens tritt ein effektives Reflexionszentrum (Spiegelebene) erst in einem Abstand

$$l_s = \lambda/(4r) \quad (8)$$

vom Reflektoranfang auf. Den Reflektor kann man sich daher durch einen einzelnen Streifen im Abstand l_s mit dem Reflexionsfaktor R ersetzt

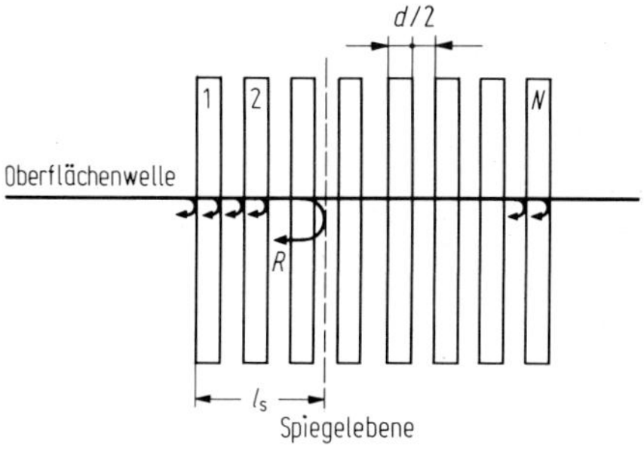

Bild 3. Reflektor aus periodischen Streifen

denken. Die Oberflächenwellen werden vom Reflektor in dem Frequenzband

$$B_s/f_s = 2r/\pi \qquad (9)$$

maximal reflektiert. Dieser Bereich wird als Sperrband bezeichnet.

Multistripkoppler [8]. Eine Oberflächenwelle mit dem im Bild 4 gezeigten Amplitudenprofil 1 soll in eine periodische Anordnung von N Elektrodenstreifen eingestrahlt werden. Die über die Breite a gegebene Amplitudenverteilung kann über die Breite b in einen symmetrischen und einen antisymmetrischen Modus aufgeteilt werden. Das elektrische Feld, das in einem piezoelektrischen Kristall die Oberflächenwelle begleitet, erzeugt im Falle des antisymmetrischen Modus in jedem Elektrodenstreifen einen Ladungsausgleich. Gegenüber dem symmetrischen Modus ist die Ausbreitungsgeschwindigkeit des antisymmetrischen im Bereich der N Elektrodenstreifen um $\Delta v/v = k^2/4$ verringert. Bei gegebener Wellenlänge λ und Streifenperiodizität d erfährt der antisymmetrische Modus nach der Länge

$$l_T = N d = \frac{2\lambda}{k^2}\left[\frac{\dfrac{\pi d}{\lambda}}{\sin\left(\dfrac{\pi d}{\lambda}\right)}\right]^2, \qquad (10)$$

der Transferlänge des Multistripkopplers, die Phasenverschiebung π. Das aus symmetrischem und antisymmetrischem Modus am Ausgang zusammensetzbare Amplitudenprofil 2 erstreckt sich über die Breite $b - a$, d.h., der Multistripkoppler kann die volle Leistung der Oberflächenwelle von der oberen in die untere Spur koppeln. Selbstverständlich wird $d \neq \lambda/2$ gewählt, so daß der Multistripkoppler nicht im Sperrband der periodischen Elektrodenanordnung betrieben wird. Eine kleine Transferlänge l_T wird nur bei Verwendung von Substraten mit großem k^2, wie z.B. Lithiumniobat ($l_T \approx 45\lambda$), erreicht.

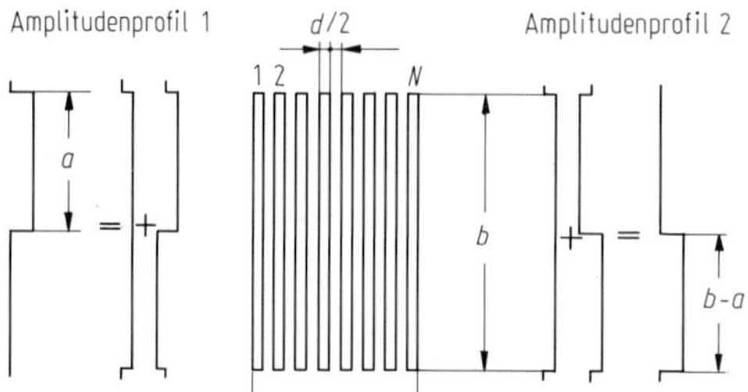

Bild 4. Periodische Elektrodenstreifen als Koppler

Bei einer Multistripkopplerlänge $l < l_T$ wird die Leistung der Oberflächenwelle auf die obere und untere Spur entsprechend aufgeteilt. Solche Koppler werden in Filtern eingesetzt [9]. Im Fall $l = l_T$ und $b - a \ll b$ wird der Multistripkoppler als Strahlkompressor [10] in akustischen Konvolvern (s. 12.6) verwendet.

Wellenleiter [11]. In einer langen schmalen Elektrode wird eine eingestrahlte Oberflächenwelle geführt, weil ihre Ausbreitungsgeschwindigkeit im Elektrodenbereich um $\Delta v/v = k^2/2$ gegenüber der angrenzenden, unbedeckten Oberfläche des piezoelektrischen Kristalls verringert ist. Es treten Wellenleitermoden auf, deren Ausbreitungsgeschwindigkeit dispersiv ist. Durch eine geeignet eingestellte Elektrodendicke auf einem Lithiumniobat-Substrat kann die Dispersion des Grundmodus über einen weiten Bereich minimiert werden. Daher wird der Strahlkompressor eines akustischen Konvolvers (s. 12.6) so ausgebildet, daß nur der Grundmodus im benötigten Wellenleiter eingekoppelt wird [10].

12.4 Filter. Filters

Grundstruktur. Zwei sich gegenüberstehende Interdigitalwandler auf einem piezoelektrischen Substrat ergeben die einfachste Bauform eines Filters (Bild 5). Die resultierende Übertragungsfunktion des Filters ist das Produkt der Übertragungsfunktionen beider Wandler, weil man sich vorstellen kann, daß im Falle der Anregung mit dem δ-Impuls sich die vom ersten Wandler erzeugte Oberflächenwellenverteilung beim Durchlaufen des zweiten Wandlers mit dessen Fingerstruktur faltet. Im Falle gleichlanger Finger ergibt sich ein $(\sin(f')/f')^2$-förmiger Betragsverlauf der Übertragungsfunktion (s. 12.2). Die gesamte Einfügungsdämpfung des Filters beträgt $D_F = D_1 + D_2$ (s. auch Gl. (5)). Auch bei Anpassung ist ein Verlust von mindestens 6 dB in Kauf zu nehmen, weil die Wandler bidirektional abstrahlen und daher je die halbe Leistung ungenutzt an den Wellensumpf am Substratende abgegeben.

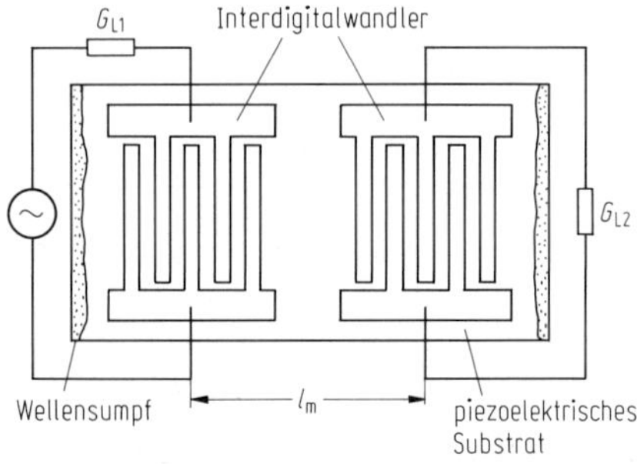

Bild 5. Grundstruktur eines Filters (Verzögerungsleitung)

Die Laufzeit $\tau = l_m/v$ der Oberflächenwelle ist durch die Ausbreitungsgeschwindigkeit v und durch den Mittenabstand l_m der Wandler bestimmt. Die Impulsantwort des Filters ist daher um τ verzögert. Nach 3τ ergibt sich ein Echosignal, das Triple-Transit-Signal, das durch Reflexion von Oberflächenwellen an den Wandlern entsteht. Wegen der Bidirektionalität der Wandler ist die Reflexion bei Anpassung maximal. Das mit der Verzögerung 2τ der Hauptantwort nachlaufende Echo ist in erster Näherung um $2D_F$ gedämpft, weil es in jedem Wandler zwei zusätzliche Wandlungen erfährt [4]. Die Übertragungsfunktion des Filters ist durch eine Welligkeit mit der Periode $1/(2\tau)$ gestört. Durch gezielte Fehlanpassung der Wandler kann die Amplitude der Welligkeit ausreichend niedrig gehalten werden. Daher liegt häufig Einfügungsdämpfung eines Oberflächenwellenfilters bei $\geqq 20$ dB.
Zwischen den Anschlußklemmen eines Oberflächenwellenfilters kann elektromagnetisches Übersprechen auftreten, das mit einem Zeitabstand τ dem Hauptimpuls vorläuft und in der Übertragungsfunktion eine Welligkeit der Periode $1/\tau$ verursacht. Die Amplitude der Welligkeit ist durch Schirmung der Filteranschlüsse bzw. durch kopplungsarme Leitungsführung ausreichend niedrig zu halten.

Verzögerungsleitungen. Filter mit der einfachen Grundstruktur (Bild 5) werden als Verzögerungsleitungen bezeichnet. Ihre Selektion beträgt nur 26 dB. Verzögerungszeit, Mittenfrequenz und Bandbreite sind durch Wandlerabstand, Fingerperiode und Fingerzahl wählbar.
Verzögerungsleitungen werden z. B. als frequenzbestimmende Elemente in Taktregeneratoren von digitalen Lichtwellenleiter-Übertragungsstrecken mit hoher Bitrate [12] und in Oszillatoren [13] eingesetzt. Als Kenngröße dient die durch die Gruppenlaufzeit gegebene Phasensteilheit $\Delta\varphi/\Delta f = -2\pi\tau$ bzw. die daraus abgeleitete Güte $Q_v = 2\pi f_0 \tau$, die die gesamte Phasendrehung im Bauelement beschreibt. Zur eindeutigen Erfüllung der Schwingungsbedingung in einer Oszillatorschaltung wird die Verzögerungsleitung so ausgelegt, daß innerhalb der Übertragungsbandbreite nur die Phasendrehung $\Delta\varphi < \pi$ erfolgt. In der Praxis erreicht die Güte Q_v Werte bis einige tausend.
Mit mehreren geeignet gepolten und hintereinander angeordneten Interdigitalwandlern sind angezapfte Verzögerungsleitungen realisierbar, die zur Generation und Korrelation von PSK-modulierten Impulsen verwendet werden [14]. Speziell gestaltete Wandlerformen [15] ermöglichen auch flache Übertragungsbereiche und große relative Bandbreiten ($< 60\%$).

Bandpaßfilter. Der in Bild 1 dargestellt Interdigitalwandler hat folgende Nachteile: Erstens ist die Periodizität der Fingerkanten so, daß im Übertragungsband der Reflexionseffekt maximal stört. Zweitens ist die nach Gl. (1) realisierbare Klasse von Übertragungsfunktionen auf symmetrische Betrags- und lineare Phasenverläufe eingeschränkt. Das in Bild 6 dargestellte Filter besteht aus einem Wandler mit unterschiedlichen Fingerlängen (gewichtet) und einem mit gleichen und maximalen Fingerlängen (ungewichtet), damit alle vom gewichteten Wandlern abgestrahlten Oberflächenwellen vom ungewichteten Wandler empfangen werden können. In den Wandler werden statt zwei Fingern pro Wandlerperiode vier verwendet, um den Bereich maximaler Reflexion auf das zweifache der Mittenfrequenz zu verschieben.
Weitere Übertragungsbereiche sind bei allen ungeradzahligen Vielfachen des ersten Übertragungsbereichs möglich. Wegen der technologischen Grenze für die minimale Fingerbreite ($\geqq 0{,}5$ µm) ist die Mittenfrequenz des ersten Übertragungsbereichs eines derartigen Wandlers auf rund 800 MHz beschränkt.
Realisierbar sind Bandpaßübertragungsfunktionen mit beliebigen und voneinander unabhängigen Betrags- und Phasenverläufen. Die Flankensteilheit und die Sperrselektion eines Filters sind umgekehrt proportional zur Summe der Längen beider Wandler [2]. Die Überlappungslängen der Finger des gewichteten Wandlers werden beim Entwurf des Filters so berechnet, daß für festgelegte Lastwiderstände und unter Berücksichtigung der wesentlichen Effekte der Oberflächenwellenanregung und -ausbreitung die geforderte Übertragungsfunktion möglichst genau angenähert wird [16, 17]. Bei Einsatz rechnerunterstützter Entwurfsverfahren erreicht man Betragsabweichungen $\leqq 0{,}1$ dB und Phasenabweichungen $\leqq 0{,}5°$ zwischen Messung und Rechnung. Die Sperrdämpfung liegt typisch zwischen 40 und 70 dB im unteren Sperrbereich. Im oberen Sperrbereich werden diese Werte nur bis etwa der 1,5fachen Mittenfrequenz eingehalten, weil zusätzliche Übertragungsbereiche durch Ausbreitung akustischer Wellen im Kristallinneren auftreten.

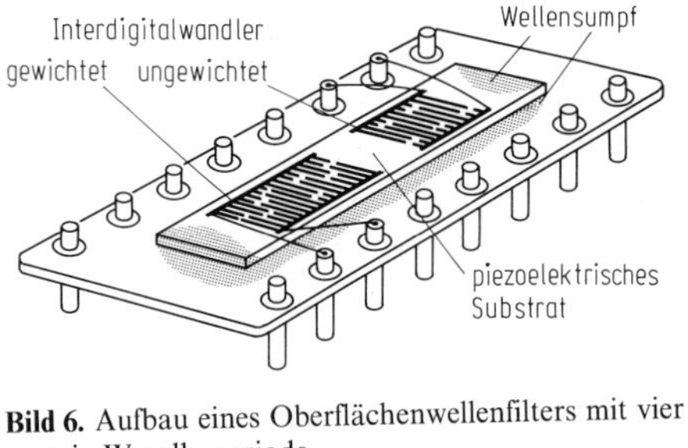

Bild 6. Aufbau eines Oberflächenwellenfilters mit vier Fingern je Wandlerperiode

Die Filter werden dort eingesetzt, wo genaue signalangepaßte Übertragungsfunktionen, miniaturisierte Bauform und Kristallstabilität gefordert werden. Da die hohe notwendige Einfügungsdämpfung durch Verstärker ausgeglichen werden muß, werden Oberflächenwellenfilter der beschriebenen Bauform vorwiegend in Zwischenfrequenzstufen verwendet.
In Bild 7 ist die Übertragungsfunktion eines Fernseh-Zwischenfrequenzfilters gezeigt [18], das auf einem nur $2 \times 10\ \mathrm{mm}^2$ großen Lithiumniobat-Substrat realisiert werden kann. Die Übertragungsfunktion eines spektrumformenden Filters für ein digitales Richtfunksystem ist in Bild 8 dargestellt [19]. Das schmalbandige Filter besteht aus einem $5 \times 20\ \mathrm{mm}^2$ großen Quarzsubstrat. Die an $50\ \Omega$ gemessenen Einfügungsdämpfungen der Filter betragen 16 bzw. 38 dB.

Filter mit unidirektionalen Wandlern [20, 21]. In Hochfrequenz-Eingangsstufen stört die hohe Einfügungsdämpfung von Filtern mit bidirektional abstrahlenden Wandlern. Elektrisch mehrphasig angeregte und genau angepaßte Interdigitalwandler können Oberflächenwellen unidirektional abstrahlen. Die Einfügungsdämpfung von Filtern mit derartigen Wandlern ist gering (1 bis 5 dB). Ihre Übertragungsfunktionen sind nur bedingt einstellbar und weniger reproduzierbar als bei der vorher besprochenen Ausführung, weil sie nicht nur von der präzisen Filtergeometrie, sondern auch wesentlich von Anpassungselementen in herkömmlicher Technik bestimmt werden.

Dispersive Filter [22]. Interdigitalwandler können auch mit nicht konstanten Fingerbreiten und -abständen ausgeführt werden. Die Antwort eines Filters, das einen Wandler mit monoton zu- oder abnehmenden Fingerbreiten und -abständen enthält, auf einen δ-förmigen Impuls ist ein frequenzmoduliertes Schwingungspaket (Chirp) mit Dauer T und Bandbreite B, die Wandlerlänge und Geometrieänderung der Finger entsprechen (Bild 9). Das zugehörige Optimalfilter läßt sich durch Vertauschen der Reihenfolge beider Wandler leicht gewinnen. Die Antwort des Kompressionsfilters auf den Chirp ist eine kurze impulsförmige Schwingung der Dauer $1/B$ und ist dessen Autokorrelationsfunktion. Die Zeitdauer des expandierten und des

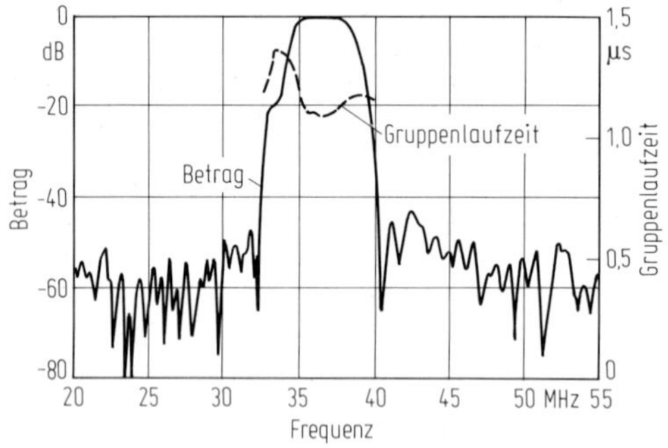

Bild 7. Gemessene Übertragungsfunktion eines Fernseh-Zwischenfrequenzfilters nach der B/G-Norm. Die Einfügungsdämpfung des Filters auf einem Lithiumniobat-Kristall beträgt 16 dB

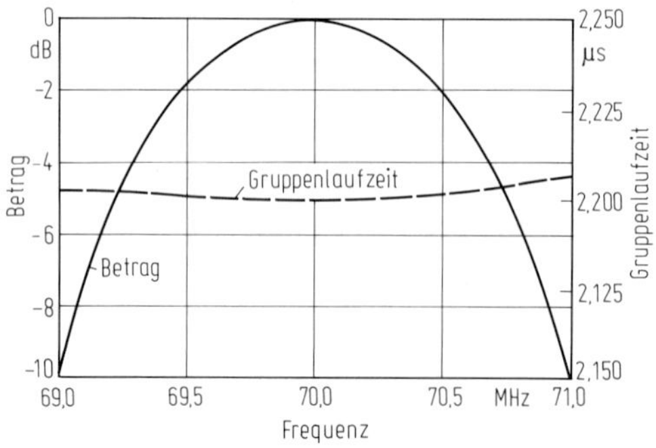

Bild 8. Gemessene Übertragungsfunktion eines spektrumformenden Filters für Digitalrichtfunk. Die Einfügungsdämpfung des Filters auf einem Quarzkristall beträgt 38 dB

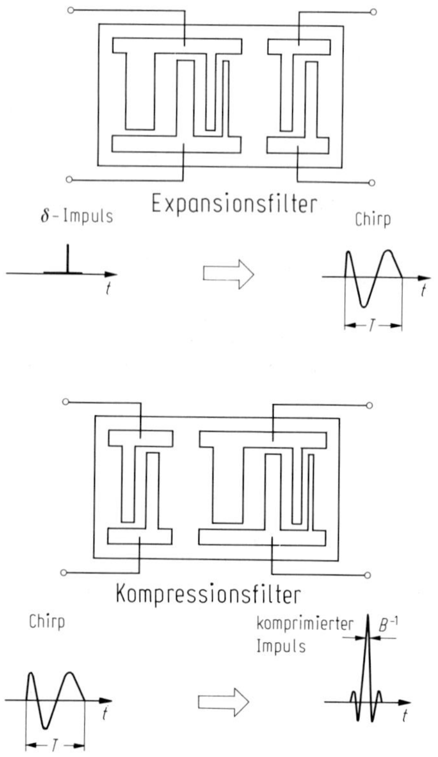

Bild 9. Dispersive Filter und Signalverläufe eines Pulskompressionssystems

komprimierten Impulses verhalten sich wie TB, das Zeit-Bandbreite-Produkt. Die Amplituden verhalten sich umgekehrt, wobei der komprimierte Impuls einen Korrelationsgewinn von 10 lg (TB) aufweist [23]. Zur Reduktion der unerwünschten Nebenmaxima des komprimierten Impulses kann das Kompressorfilter durch entsprechend eingestellte Elektrodenlängen gewichtet werden.

Dispersive Filter für lineare oder nichtlineare Frequenzmodulation werden in Pulskompressions-Radargeräten eingesetzt [24]. Die Filter werden mit TB-Produkten bis 1000 hergestellt. Dabei können die Nebenmaxima des komprimierten Impulses bis zu 40 dB unterdrückt werden [25].

12.5 Resonatoren und Reflektorfilter

Resonators and reflective filters

Resonatoren [26]. Ein Oberflächenwellenresonator besteht aus Reflektoren (s. 12.3) und dazwischen angebrachten Interdigitalwandlern (Bild 10). Der Abstand beider Reflektoren $l_c = n\lambda_0/2$ muß ein ganzzahliges Vielfaches der halben Wellenlänge λ_0 bei der Resonanzfrequenz sein. Die Interdigitalwandler koppeln maximal, wenn ihre Finger in die Maxima der sich im Resonator ausbildenden Stehwelle positioniert werden. Daher beträgt der Abstand zwischen Wandlerende und Reflektoranfang $l_w = (m - 1/4)\,\lambda_0/2$ für Reflektorstreifen aus Aluminium auf Quarz-Substraten. Damit nur eine Resonanzspitze im Sperrband des Reflektors auftreten kann, muß bei gegebenem Abstand der Spiegelebene l_s, s. Gl. (8), die Bedingung $l_c < 2\,l_s$ gelten. Die Güte Q_0 des unbelasteten Resonators wird durch den Abstand l_c, den Reflexionsfaktor eines Reflektors und die auftretenden Verluste bestimmt. Wegen der Ausbreitungsdämpfung und der Umwandlung von Oberflächenwellen in Volumenwellen nehmen die Verluste quadratisch mit der Frequenz und der Dicke der Reflektorstreifen zu. Bei 1 GHz beträgt $Q_0 \approx 10^4$.

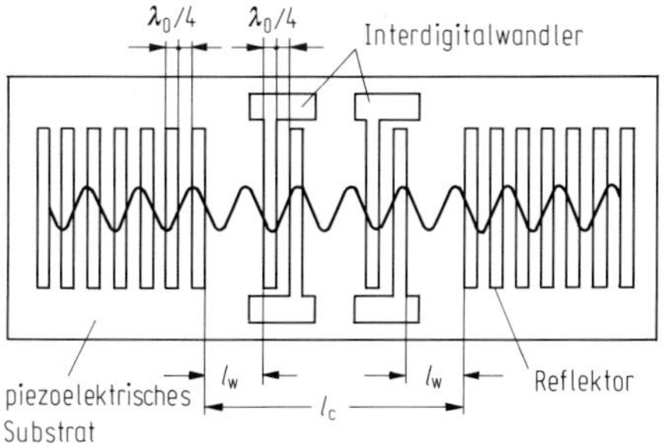

Bild 10. Oberflächenwellenresonator. Die bei der Resonanzfrequenz sich ausbildende Stehwelle ist eingezeichnet

Die gemessene Übertragungsfunktion eines Resonators mit 700 Reflektorstreifen je Reflektor auf einem Quarzsubstrat ist in Bild 11 zu sehen ($h/\lambda_0 = 1\,\%$). Im Bereich der Resonanzspitze gilt das im Bild 12 gezeigte Ersatzschaltbild [27]. Die Interdigitalwandler werden durch die Kapazität C_T und den Strahlungsleitwert G_a (s. 12.2) dargestellt. Die Resonanzspitze wird durch den aus R_0, C_0 und L_0 gebildeten gedämpften Serienschwingkreis beschrieben. Die Einfügungsdämpfung des Resonators kann durch Anpassen der Interdigitalwandler reduziert werden. Der Resonator wird dadurch zusätzlich bedämpft. Für die sich einstellende belastete Güte gilt $Q_L < Q_0$. Während der Frequenzbereich von Schwingquarzen (s. 11) auf etwa 100 MHz begrenzt ist, ermöglichen Oberflächenwellenresonatoren einen bis über 1 GHz nutzbaren Bereich und eine miniaturisierte Bauweise (z. B. TO5-Gehäuse). Die Temperaturstabilität des bei Oberflächenwellen-Bauelementen zu verwendenden ST-Quarzschnitts ist jedoch geringer als die des AT-Schnitts für Schwingquarze. Oberflächenwellenresonatoren erreichen nach kurzer Voralterung gute Frequenzstabilität (< 0,1 ppm/Jahr) [28]. Ein kompakter Oszillator entsteht, wenn zwischen den Anschlußklemmen eines Resonators ein Verstärker und ein Phasenschieber angeordnet und die Schwingungsbedingung erfüllt wird. Die Einseitenband-Phasenrauschleistungsdichte des Oszillators fällt bis zu dem Frequenzabstand $\Delta f/f_s = Q_L^{-1}$ von der Schwingfrequenz f_s mit 20 dB/Dekade bzw. durch das $1/f$-Rauschen mit 30 dB/Dekade ab. Darüber hinaus hängt der konstante Verlauf der Rauschleistungsdichte von der Rauschzahl des Verstärkers

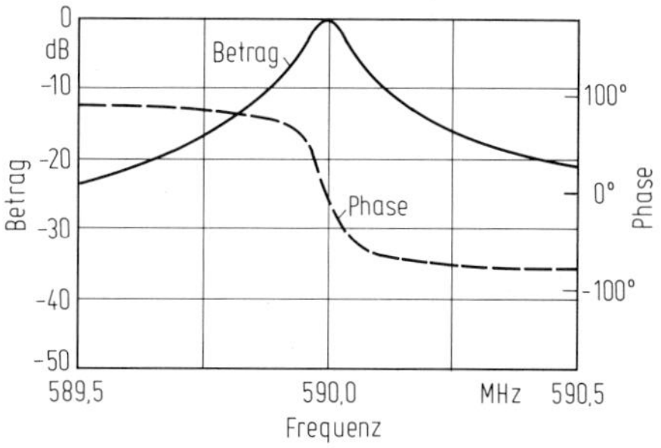

Bild 11. Gemessene Übertragungsfunktion eines Resonators nach Betrag und Phase

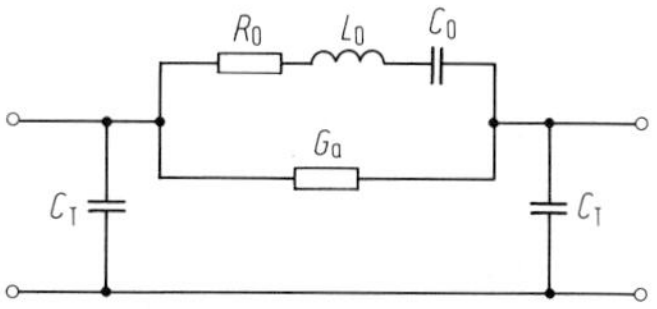

Bild 12. Ersatzschaltbild eines Resonators

und von der vom Resonator aufgenommenen Leistung ab. Da Resonatoren mit hohen Leistungen ($\leqq 10$ dBm) beaufschlagt werden können, sind Rauschleistungsdichten $\leqq -160$ dBc/Hz erzielbar. Auch ist der Oberflächenwellenresonator im Gegensatz zu Volumenschwingern wesentlich unempfindlicher gegenüber mechanischen Beschleunigungen [29].

Resonatorfilter [30]. Mit gekoppelten Resonatoren sind unter Anwendung der bekannten Entwurfsverfahren für LC-Filter Übertragungsfunktionen mit Butterworth-, Tschebyscheff-, Gauß-Verhalten usw. realisierbar. Die Resonatoren werden elektrisch oder akustisch gekoppelt. Bei akustischer Kopplung verwendet man teilweise transmittierende Reflektoren innerhalb einer Ausbreitungsspur oder mehrere parallel versetzte Ausbreitungsspuren, die mit Interdigitalwandlern, Multistripkopplern oder Reflektoren verkoppelt werden.
Die Einfügungsdämpfung bei Resonatorfiltern ist i. allg. niedrig (< 10 dB), weil – im Gegensatz zu Filtern mit nur bidirektional abstrahlenden Interdigitalwandlern – weder gezielt fehlangepaßt noch die halbe Leistung im Wellensumpf ungenutzt absorbiert werden muß. Die Filtergüten sind entsprechend der bei Resonatoren genannten Werte hoch.

Dispersives Reflektorfilter (*Reflective Array Compressor-RAC*) [31]. Bei der in Bild 13 gezeigten Anordnung werden geneigte Reflektoren zum Umlenken der von dem Interdigitalwandler in einer Spur angeregten Oberflächenwellen in die zweite Spur mit dem Empfangswandler verwendet. Als Reflektorstreifen eignen sich Aluminiumelektroden oder aufwendiger herzustellende geätzte Rillen. Zur lokalen Einstellung des Reflexionsfaktors werden Oberflächenwellen durch alternierende Streifenverschiebungen zur Interferenz gebracht [32] oder durch entsprechend tief geätzte Rillen verschieden stark reflektiert [33].

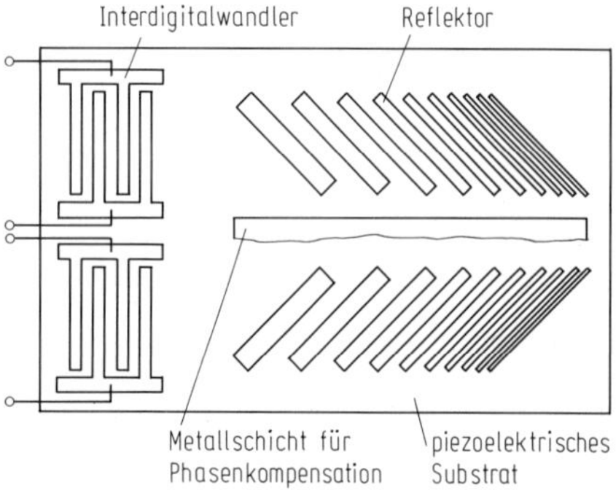

Bild 13. Dispersives Reflektorfilter (Reflective Array Compressor)

In einem Reflective Array Compressor (RAC) nehmen die Abstände und die Breiten der Reflektorstreifen monoton ab oder zu. In Abhängigkeit von der Frequenz des angelegten Signals werden die Oberflächenwellen im Bereich passender Periodizität der Reflektorstreifen in die benachbarte Spur reflektiert. Damit ist die Laufzeit der Oberflächenwelle frequenzabhängig und der RAC ein dispersives Filter (s. 12.4).
Gegenüber dispersiven Filtern mit Interdigitalwandlern hat der RAC die Vorteile der Verdopplung der Chirpdauer bei gleicher Baulänge, weniger Nebeneffekte und daher erhöhte Realisierungsgenauigkeit und dazu noch die Möglichkeit der Phasenkorrektur durch Laufzeitausgleich mit einem Metallfilm zwischen den Reflektoren (Bild 13). Daher werden diese Bauelemente vorwiegend für große Chirpdauern und für hohe Zeit-Bandbreite-Produkte (TB $\geqq 500$) eingesetzt. Realisierbar sind TB $\leqq 15000$.
Hohe TB-Produkte werden zur schnellen Verarbeitung von Radarsignalen benötigt. Mit drei dispersiven Filtern kann die Chirp-z-Transformation [34], die einer Fourier-Transformation komplexer Signale entspricht, realisiert werden.

12.6 Konvolver und Korrelatoren

Convolvers and correlators

Akustischer Konvolver [35]. Im Falle großer Oberflächenwellenamplituden wird die Nichtlinearität des piezoelektrischen Effekts wirksam. Bei dem im Bild 14 gezeigten Bauelement ist die Apertur der auf einem Lithiumniobat-Substrat aufgebrachten Interdigitalwandler für optimale Anpassung an die üblichen 50 Ω Lastimpedanz ausgelegt. Die mit breitem Profil und kleiner Amplitude von den Wandlern abgestrahlten Oberflächenwellen werden durch den als Strahlkompressor verwendeten Multistripkoppler (s. 12.3) transformiert, so daß dem Wellenleiter geeignet schmale Profile mit hoher Amplitude angeboten werden können. Die von beiden Seiten in den Wellenleiter eintretenden Oberflächenwellen laufen mit einer der doppelten Ausbreitungsgeschwindigkeit entsprechenden Rela-

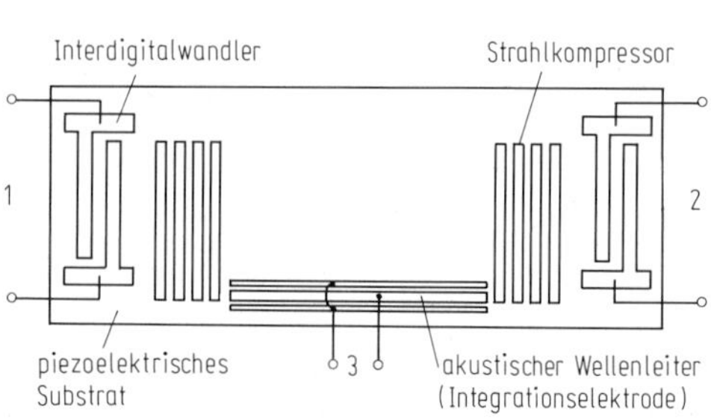

Bild 14. Akustischer Konvolver

tivgeschwindigkeit aufeinander zu und erzeugen durch nichtlineare Wechselwirkung ein sich mit der Summe der Signalfrequenzen veränderndes elektrisches Ausgangssignal an der Sammelelektrode (Wellenleiter). Wenn $s_1(t)\exp(\mathrm{j}\,2\pi f t)$ und $s_2(t)\exp(\mathrm{j}\,2\pi f t)$ die an die Interdigitalwandler angelegten Signale der Frequenz f sind, so entsteht an der Sammelelektrode das Signal

$$\underline{s}_3(t) \sim \exp(\mathrm{j}4\pi f t) \int s_1(2t-\tau)\, s_2(\tau)\, \mathrm{d}\tau .$$

Das bei der Frequenz $2f$ auftretende Signal $\underline{s}_3(t)$ entspricht, abgesehen von einer um den Faktor 2 komprimierten Zeitfunktion, der Faltung beider Eingangssignale.
In der praktischen Anwendung stört weder das um den Faktor 2 verkürzte Faltungsprodukt noch eine mögliche Mehrdeutigkeit [36]. Eine wichtige Kenngröße eines akustischen Konvolvers ist die Faltungseffizienz. Sie stellt im Spektralbereich das Verhältnis von Ausgangssignal zum Produkt der Eingangssignale dar. Wegen der schwachen Nichtlinearität liegen typische Werte im Bereich − 60 bis − 80 dBm. Akustische Konvolver werden für Signalbandbreiten mit mehr als 100 MHz und Integrationszeiten bis über 15 µs gebaut. Sie werden in Übertragungssystemen nach dem Bandspreizverfahren zur schnellen Korrelation kurzer phasenmodulierter Signale eingesetzt.

Akustoelektrischer Korrelator [37]. Beim akustoelektrischen Korrelator wird die Integrationselektrode des akustischen Konvolvers durch eine in unmittelbarer Nähe zur Kristalloberfläche angebrachte Diodenmatrix ersetzt. Durch einen kurzen Impuls kann die augenblickliche Potentialverteilung einer Oberflächenwelle mit der Diodenmatrix abgetastet und bis über 100 ms gespeichert werden. Je nachdem, ob ein Signal am linken oder rechten Interdigitalwandler angelegt wird, ergibt sich am Substratanschluß der Diodenmatrix die Faltung oder die Kreuzkorrelation mit dem gespeicherten Ladungsmuster.

Spezielle Literatur: [1] *Farnell, G. W.:* Types and properties of surface waves, in acoustic surface waves. Berlin: Springer 1978, pp. 13–60. – [2] *Tancrell, R. H.:* Principles of surface wave filter design, in surface wave filters – design, construction and use. New York: Wiley 1977, pp. 109–164. – [3] *Smith, W. R.; Gerard, H. M.; Collins, J. H.; Reeder, T. M.; Shaw, H. J.:* Analysis of interdigital surface wave transducers by use of an equivalent circuit model. IEEE Trans. MTT-17 (1969) 856–873. – [4] *Smith, W. R.:* Key Tradeoffs in SAW transducer design and component specification, 1976 IEEE Ultrasonic Symp. Proc., pp. 547–532. – [5] *Slobodnik, A. J.:* Materials and their influence on performance, in acoustic surface waves. Berlin: Springer 1978, pp. 225–303. – [6] *Dunnrowicz, C.; Sandy, F., Parker, T.:* Reflection of surface waves from periodic discontinuities, 1976 IEEE Ultrasonic Symp. Proc., pp. 386–390. – [7] *Cross, P. S.:* Properties of reflective arrays for surface acoustic resonators. IEEE Trans. SU-23 (1976) 255–262. – [8] *Marshall, F. G.; Newton, C. D.; Paige, E. G. S.:* Theory and design of the surface acoustic wave multistrip coupler. IEEE Trans. MTT-21 (1973) 206–215. – [9] *Marshall, F. G.; Newton, C. O.; Paige, E. G. S.:* Surface acoustic wave multistrip components and their applications. IEEE Trans. SU-20, (1973) 134–143. – [10] *Maerfeld, C.; Farnell, G. W.:* Nonsymmetrical multistrip coupler as a surface wave beam compressor of large bandwidth. Electron. Lett. 9 (1973) 115–116. – [11] *Schmidt, R. V.; Coldren, L. A.:* Thin film acoustic waveguides on anisotropic media. IEEE Trans. SU-22 (1975) 115–122. – [12] *Rosenberg, R. L.; Ross, D. G.; Trischitta, P. R.; Fishmann, D. A.; Aunitage, C. B.:* Optical fiber repeated transmission systems utilizing SAW filters, 1982 IEEE Ultrasonics Symp. Proc., pp. 238–246. – [13] *Lewis, M.:* The surface acoustic wave oscillator – a natural and timely development of the quartz crystal oscillator. Proc. 28th Ann. Frequency Control Symp., 1974, pp. 304–314. – [14] *Bell, D. T.; Clairborn, L. T.:* Phase code generators and correlators, in surface wave filters – design construction and use. New York: Wiley 1977, pp. 307–346. – [15] *Stocker, H.; Bulst, W. E.; Eberharter, G.; Veith, R.:* Octave high performance SAW delay line, 1980 IEEE Ultrasonics Symp. Proc., pp. 386–390. – [16] *Skeie, H.; Engan, H.:* Second-order effects in acoustic surface wave filters: Design methods. Radio Electron. Eng. 45 (1975) 207–220. – [17] *Mader, W. R.; Ruppel, C.; Ehrmann-Falkenau, E.:* Universal method for compensation of SAW diffraction and other second order effects, 1982 IEEE Ultrasonics Symp. Proc., pp. 23–28. – [18] *Veith, R.; Kriedt, H.; Rehak, M.:* Bild-Zf-Teil mit Oberflächenwellenfilter. Funkschau H. 5 (1979) 226–230. – [19] *Stocker, H.:* Spectrum shaping SAW-filters for digital radio relay system. telcom Rep. 6 (1983) 245–249. – [20] *Hartmann, C. S.; Jones, W. S.; Vollers, H.:* Wideband unidirectional interdigital surface wave transducers. IEEE Trans. SU-19 (1972) 368–377. – [21] *Yamanouchi, K.; Nyffeler, F. M.; Shibayama, K.:* Low insertion loss acoustic surface wave filter using group-type unidirectional transducer, 1975 IEEE Ultrasonics Symp. Proc., pp. 317–321. – [22] *Gerard, H. M.:* Surface wave interdigital electrode chirp filters, in surface wave filters-design, construction and use. New York: Wiley 1977, pp. 347–380. – [23] *Klauder, J. R.:* The theory and design of chirp radars. Bell Syst. Tech. J. 39 (1960) No. 4. – [24] *Maines, J. D.:* Surface wave devices for radar equipment in surface wave filters - design, construction and use. New York: Wiley 1977, pp. 443–476. – [25] *Stocker, H.; Veith, R.; Willibald, E.; Riha, G.:* Surface wave pulse compression filters with long chirp time, 1981 IEEE Ultrasonics Symp. Proc., pp. 78–82. – [26] *Tanski, W. J.:* Surface acoustic wave resonators on quartz. IEEE Trans. SU-26 (1979) 93–104. – [27] *Shreve, W. R.:* Surface wave two port resonator equivalent circuit, 1975 IEEE Ultrasonics Symp. Proc., pp. 295–298. – [28] *Bulst, W. E.; Willibald, E.:* Ultrareproducible SAW resonator production. Proc. 36th Ann. Frequency Control Symp., 1982, pp. 442–452. – [29] *Wilkinson, V. J.; Farr, A. N.; Gratze, S. C.; Salter, L. J.:* Some recent developments in surface acoustic wave oscillators. Marconi Rev. Sec. Quarter (1980) 96–114. – [30] *Coldren, L. A.; Rosenberg, R. L.:* Surface acoustic wave resonator filters. Proc. IEEE 67 (1979) 147–158. – [31] *Williamson, R. C.:* Reflection grating filters, in surface wave filters-design, construction and use. New York: Wiley 1977, pp. 381–442. – [32] *Riha, G.; Stocker, H.; Veith, R.; Bulst,*

W. E.: RAC-filters with position weighted metallic strip arrays, 1982 IEEE Ultrasonics Symp. Proc., pp. 83–87. – [33] *Williamson, R. C.:* The use of surface-elastic-wave reflection gratings in large time-bandwidth pulse-compression filters. IEEE Trans. SU-20 (1973) 113–123. – [34] *Jack, M. A.; Grant, P. M.; Collins, J. H.:* The theory, design, and applications of surface acoustic wave Fourier-transform processors. Proc. IEEE 68 (1980) 450–468. – [35] *Morgan, D. P.; Selviah, D. R.; Warne, D. H.; Purcell, J. J.:* Matched filtering using surface acoustic wave convolvers. Proc. Int. Conf. Radar 82, London, pp. 321–325. – [36] *Brodtkorb, D.; Laynor, J. E.:* Fast synchronization in a spread-spectrum system based on acoustoelectric convolvers, 1978 IEEE Ultrasonics Symp. Proc., pp. 561–566. – [37] *Defranould, P.; Gautier, H.; Maerfeld, C.; Tournois, P.:* P-N diode memory correlator, 1976 IEEE Ultrasonics Symp. Proc., pp. 336–347.

M Aktive Bauelemente
Active Devices

J. Bretting (4.1 bis 4.10); **H. Döring** (4.11); **K.-H. Horninger** (1.3); **K. Petermann** (2); **E. Pettenpaul** (1.2); **H.-J. Pfleiderer** (1.3); **P. Russer** (3); **H. Schrenk** (1.2); **R. Weigel** (3); **A. W. Wieder** (1.1, 1.3)

Allgemeine Literatur: *Gerlach, W.*: Thyristoren. Berlin: Springer 1981. – *Gerthsen, C.*: Physik, Berlin: Springer 1966 (14. Aufl. 1982: Gerthsen; Kneser; Vogel). – *Gray, P.R.; Meyer, R.G.*: Analysis and design of analog integrated circuits. New York: Wiley 1977. – *Harth, W.; Claassen, M.*: Aktive Mikrowellendioden. Berlin: Springer 1981. – *Kesel, G.; Hammerschmitt, J.; Lange, E.*: Signalverarbeitende Dioden. Berlin: Springer 1982. – *Kittel, C.*: Introduction to solid state physics. New York: Wiley 1967. – *Müller, R.*: Grundlagen der Halbleiter-Elektronik, 4. Aufl. Berlin: Springer 1984. – *Rein, H.-M.; Ranfft, R.*: Integrierte Bipolarschaltungen. Berlin: Springer 1980. – *Schrenk, H.*: Bipolare Transistoren. Berlin: Springer 1978. – *Spenke, E.*: Elektronische Halbleiter, 2. Aufl. Berlin: Springer: 1965. – *Sze, S.M.*: Physics of semiconductor devices. New York: Wiley 1981. – *Tietze, O.; Schenk, Ch.*: Halbleiter-Schaltungstechnik, 9. Aufl. Berlin: Springer 1989. – *Weiß, H.; Horninger, K.*: Integrierte MOS-Schaltungen. Berlin: Springer 1982.

1 Aktive Halbleiterbauelemente
Semiconductor devices

Aktive Halbleiterbauelemente bestimmen maßgeblich Schalt- und Verstärkerfunktionen im gesamten Bereich der Elektronik von der Leistungselektronik über Höchstfrequenzanwendungen bis zu hochkomplexen integrierten Schaltungen. Neben der Möglichkeit, durch Halbleiterbauelemente neuartige, anders nicht zu realisierende Funktionen herzustellen, ist bei integrierten Schaltungen die drastische Reduktion der Kosten für die einzelne elektrische Schalt- und Verstärkerfunktion (Bild 1) der eigentliche Motor für den erstaunlichen Siegeszug der Mikroelektronik mit ihrem ungebrochenen Trend zu verbesserten und komplexeren Schaltungen (Bild 2), dessen Auswirkungen im Bereich von Technik und Gesellschaft noch kaum abzusehen sind.

Spezielle Literatur Seite M 46

1.1 Physikalische Grundlagen für Halbleitermaterialien
Physics of semiconductors

In diesem Abschnitt sind die physikalischen Grundlagen für das elektrische Verhalten der Halbleiterbauelemente zusammengestellt. Auf die drei wichtigsten Halbleiter Germanium (Ge), Silizium (Si) und Gallium-Arsenid (GaAs) wird

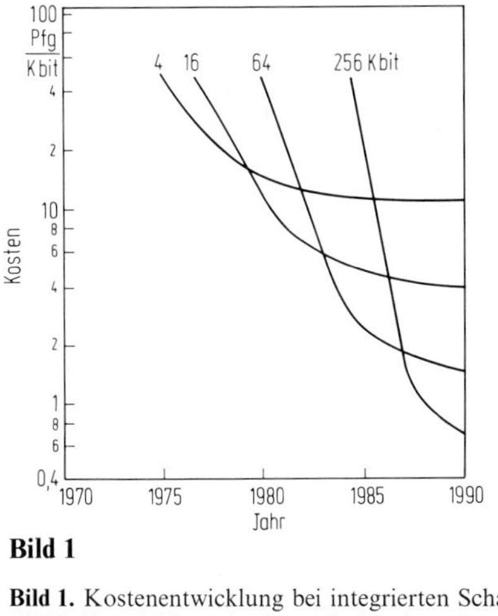

Bild 1

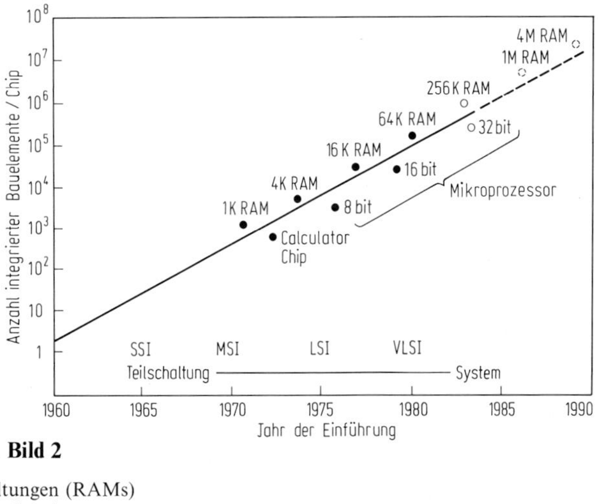

Bild 2

Bild 1. Kostenentwicklung bei integrierten Schaltungen (RAMs)
Bild 2. Entwicklung der Komplexität integrierter Schaltungen

entsprechend ihrer Bedeutung besonders hingewiesen. Bez. der Grundlagen der technologischen Herstellungsprozesse bzw. der Halbleiterphysik wird hier nur auf das einschlägige Schrifttum verwiesen [1–4].

Grundbegriffe. *Aufbau der Halbleiter.* Halbleiter sind meist kristallin aufgebaute Stoffe mit verschiedenen Kristallstrukturen, die durch Valenzbindungskräfte zusammengehalten werden. Ihr spezifischer Widerstand erstreckt sich von ca. 10^{-5} Ωcm bis zu 10^{+5} Ωcm. Stoffe mit geringerem Widerstand (bis zu 10^{-20} Ωcm) bezeichnet man als Metalle, Stoffe mit höherem Widerstand (bis zu 10^{+20} Ωcm) als Isolatoren [4, S. 271]. Wesentlicher aber als diese wertemäßige Unterscheidung ist der unterschiedliche Leitungsmechanismus, der für diese um ca. 40 Zehnerpotenzen variierende Stoffkonstante verantwortlich ist. Während die Atome eines metallischen Kristallgitters spontan Elektronen für die Leitfähigkeit abgeben, müssen in halbleitenden Materialien die zur Leitfähigkeit beitragenden Valenzelektronen erst durch Energiezufuhr von außen freigesetzt werden; die Leitfähigkeit der Halbleiter steigt daher mit steigender Temperatur. Bei Isolatoren ist die erforderliche Energiezufuhr so groß, daß sich keine nennenswerte Leitfähigkeit erzeugen läßt.

Bändermodell. Die quantenmechanische Betrachtung eines Einzelatoms ergibt für die energetische Elektronenanordnung nur einzelne Energiewerte. In einem Kristallverband sind nun die Einzelatome so nahe benachbart, daß sie in energetische Wechselwirkung treten analog zu gekoppelten elektrischen schwingungsfähigen Systemen. Dadurch spalten die diskreten Energieniveaus in „erlaubte" Energiebänder auf, die durch „verbotene" Bandlücken der Breite E_g getrennt sind – analog zu den frequenzmäßigen Durchlaß- und Sperrbereichen elektrischer Filter, die aus LC-Ketten aufgebaut sind. Nur Elektronen in teilweise besetzten Energiebändern können zur Leitfähigkeit beitragen; denn in unbesetzten Bändern ist kein elektronischer Transport möglich, und in voll besetzten Bändern verlangt die Bewegung eines Elektrons von einem Atom zum Nachbarn eine gleichzeitige elektronische Gegenbewegung als Folge des Pauli-Prinzips, so daß der Nettostrom verschwindet.
Bei Metallen ist nun das oberste noch besetzte Energieband nur teilweise besetzt, so daß die Elektronen sofort Transportenergie aufnehmen können (Bild 3a), während bei Halbleitern die Elektronen erst durch äußere Energiezufuhr in das nächst höhere Band angehoben werden müssen, bevor sie für einen Ladungstransport zur Verfügung stehen (Bild 3b). Bei Isolatoren ist die Energielücke so groß, daß die für höhere Leitfähigkeit erforderliche Energiezufuhr zur Kristallzerstörung führen würde (Bild 3c).

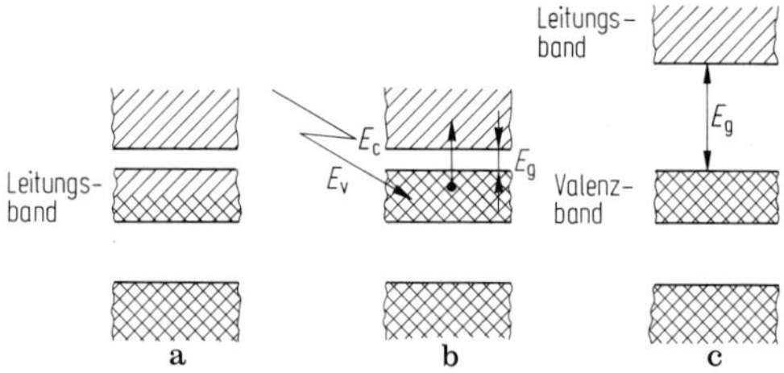

Bild 3. Bändermodell und Elektronenbesetzung (Doppelschraffur) im **a**) Metall; **b**) Halbleiter (E_g typisch 1 eV); **c**) Isolator

Ladungsträger. Im Kristallverband sind entsprechend der Valenzbindung die Valenzelektronen modellartig den Verbindungslinien der Nachbaratome zugeordnet. Durch äußere Energiezufuhr können einige Elektronenbrücken aufbrechen und damit Elektronen – von ihren Bindungsaufgaben befreit – als quasi-freie Ladungsträger für den Ladungstransport im Kristall zur Verfügung stellen. Als weitere Besonderheit der Halbleiter verbleiben an den aufgebrochenen Elektronenbrücken entsprechend dem Elektronenmangel positiv geladene, bewegliche elektronische Fehlstellen, die infolge Platzwechsel von Elektronen ebenfalls ihren Ort verändern können. Diese sich bewegenden Quasi-Ladungsträger nennt man Defektelektronen oder Löcher. Entsprechend dem Bändermodell werden durch Energiezufuhr für den Ladungstransport im Kristall sowohl Elektronen in das höher gelegene Leitungsband gehoben als auch das darunterliegende vorher voll besetzte Valenzband um einige Elektronen entleert, so daß auch dort ein elektronischer Transport möglich wird, der als Defektelektronen- oder Löcherstrom beschreibbar ist. Dieser den Halbleitern eigene Leitungsmechanismus ist gegenüber Störungen im Kristall äußerst empfindlich; so kann die Leitfähigkeit des Halbleiterkristalls z.B. dadurch um Größenordnungen verändert werden, daß anstelle von Wirtskristallatomen gezielt sog. Dotierstoffatome eingebaut werden, welche schon bei Zufuhr von Energien $E \ll E_g$ (typisch 100 meV) Valenzelektronen als freie Elektronen für den Ladungstransport an den Kristall abgeben (Donatoren) bzw. aus dem Kristall aufnehmen (Akzeptoren).

Halbleiter im thermischen Gleichgewicht. *Undotierte Halbleiter.* Zur Berechnung der Leitfähigkeit muß neben der Beweglichkeit der freien Ladungsträger ihre Konzentration bekannt sein. Die Konzentration der Elektronen im Leitungsband ergibt sich als Integral über die Dichte der möglichen Elektronenzustände $D(E)$, gewichtet

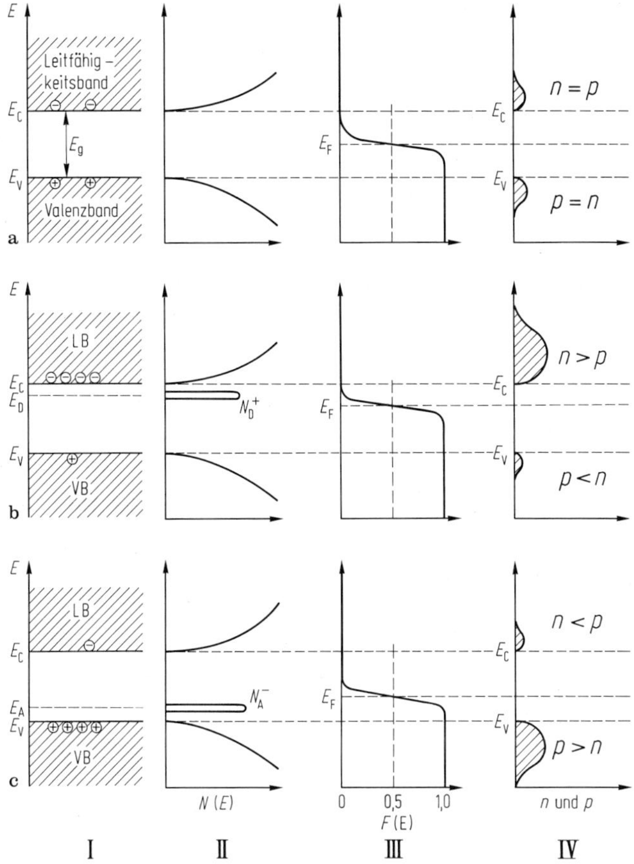

Bild 4. Bändermodell (I), Zustandsdichte (II), Fermi-Verteilung (III) und Ladungsträgerverteilung (IV) für einen **a**) intrinsischen; **b**) n-dotierten; **c**) p-dotierten Halbleiter im thermischen Gleichgewicht

mit der Fermi-Verteilung $f(E)$:

$$\left.\begin{aligned} n &= \int_{E_C}^{\infty} D(E) f(E)\,\mathrm{d}E, \\ f(E) &= \{1 + \exp[(E - E_F)/kT]\}^{-1}. \end{aligned}\right\} \quad (1)$$

$f(E)$ beschreibt die Besetzung der elektronischen Zustände des Energieniveaus E entsprechend dem quantenmechanischen Pauli-Prinzip, wobei E_F das energetische Niveau mit der Besetzungswahrscheinlichkeit $f(E_F) = 1/2$ ist. Bei bekannter Zustandsdichte $D(E)$, die aus der Lösung der Schrödinger-Gleichung folgt, ergibt sich n nach Gl. (1) als Funktion von E_C und E_F.

Im undotierten (sog. intrinsischen) Halbleiter ist die Elektronen- (n) und Löcherdichte (p) aus Gründen der Ladungsneutralität gleich groß und wird als intrinsische Konzentration $n_i = n = p$ bezeichnet; sie ist eine Materialkonstante und nur von der Temperatur T und E_g abhängig (Bild 4a, s. auch Gl. (6)):

$$n_i \sim \exp(E_g/2kT). \quad (2)$$

Hierbei liegt das Fermi-Niveau entsprechend der gleichzeitigen Entstehung von Löchern und Elektronen etwa in der Mitte der Bandlücke.

Dotierte Halbleiter. Auch in dem mit Fremdatomen dotierten Halbleiter stellt sich das Fermi-Niveau so ein, daß Ladungsneutralität ($\varrho = 0$) herrscht:

$$\varrho = e[p + N_D^+ - (n + N_A^-) = 0, \quad (3)$$

wobei weiterhin das Massenwirkungsgesetz gilt:

$$n p = n_i^2. \quad (4)$$

N_D und N_A bzw. N_D^+ und N_A^+ bezeichnen die Konzentrationen der in den Kristall eingebauten bzw. ionisierten Donatoren und Akzeptoren. Die Ionisierung der Fremdatome ist entsprechend der Fermi-Statistik wiederum nur eine Funktion ihres energetischen Abstands vom Fermi-Niveau. Im Falle von Akzeptoren gilt

$$N_A^- = N_A\{1 + 2\exp[(E_A - E_F)/kT]\}^{-1}. \quad (5)$$

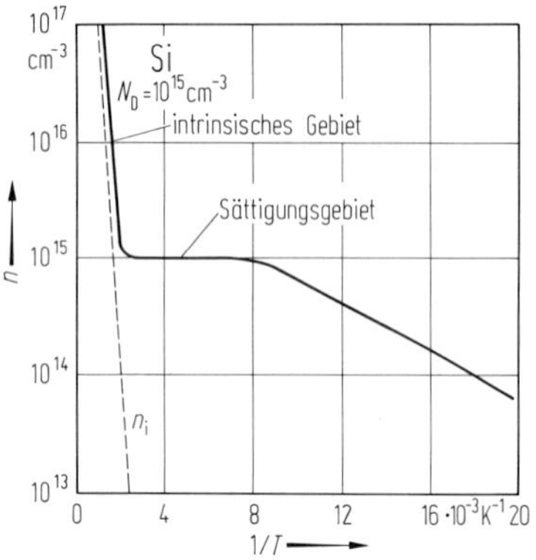

Bild 5. Elektronenkonzentration als Funktion der Temperatur

Mit der analogen Beziehung für Donatoren ist damit die Elektronen- und Löcherdichte im Halbleiter im thermischen Gleichgewicht vollständig bestimmt. In Bild 4b und c sind die entsprechenden Verteilungen schematisch dargestellt. Für einen *n*-dotierten Si-Halbleiter mit einer Fremdatomkonzentration von $N_D = 10^{15}$ cm^{-3} ist in Bild 5 die Temperaturabhängigkeit der Elektronenkonzentration aufgetragen. Oberhalb von ca. 180 K sind die Fremdatome (Phosphor) vollständig ionisiert (Sättigungsgebiet), und ab ca. 500 K übersteigt die intrinsische Trägerkonzentration die der eingebauten Fremdatome (intrinsisches Gebiet).

Die Fermi-Statistik kann durch die mathematisch einfacher zu behandelnde Boltzmann-Statistik approximiert werden, solange das Fermi-Niveau genügend weit von den Bandkanten entfernt ist, d.h. $|E_C - E_F|, |E_V - E_F| \gg kT$. Mit der weiteren, für nicht allzu hohe Dotierungen gerechtfertigten Annahme $D(E) \sim \sqrt{E - E_C}$ bzw. $\sim \sqrt{E_V - E}$ ergeben sich aus den Gl. (1) bis (5) die vereinfachten Beziehungen

$$\left.\begin{aligned} n &= N_C \exp[-(E_C - E_F)/kT] \\ p &= N_V \exp[-(E_F - E_V)/kT] \\ np = n_i^2 &= N_C N_V \exp(E_g/kT), \end{aligned}\right\} \quad (6)$$

wobei N_C, N_V, die sog. effektiven Zustandsdichten bezeichnen.

Halbleiter bei Abweichungen vom thermischen Gleichgewicht. *Transportgleichung; Trägerbeweglichkeit.* Die Gesamtstromdichte im Halbleiter setzt sich aus der Elektronen-Stromdichte im Leitungsband und der Löcher-Stromdichte im Valenzband zusammen:

$$\boldsymbol{j} = \boldsymbol{j}_n + \boldsymbol{j}_p\,. \quad (7)$$

Jeder Teilchenstrom ist gemäß der Näherung der Boltzmannschen Transportgleichungen proportional zur Teilchenkonzentration und zum Gradienten eines treibenden elektrochemischen Potentials Φ (oder auch Quasi-Fermi-Potentials); die Proportionalitätskonstante ist die Beweglichkeit μ der Elektronen bzw. Löcher, d.h.

$$\begin{aligned} \boldsymbol{j}_n &= -\,e\,\mu_n\,n\,\nabla\Phi_n\,, \\ \boldsymbol{j}_p &= -\,e\,\mu_p\,p\,\nabla\Phi_p\,. \end{aligned} \quad (8)$$

Bei kleinen Abweichungen vom Gleichgewicht und bei Konzentrationen N_A, $N_D \ll N_C, N_V$ lassen sich die Transportgl. (8) auch in drift- und diffusionsbestimmte Terme zerlegen:

$$\begin{aligned} \boldsymbol{j}_n &= e\,\mu_n\,n\,\boldsymbol{E} + e\,D_n\,\nabla n \\ \boldsymbol{j}_p &= e\,\mu_p\,p\,\boldsymbol{E} - e\,D_p\,\nabla p\,, \end{aligned} \quad (9)$$

wobei $\boldsymbol{E} = -\,\nabla\psi$ das elektrische Feld, ψ das elektrostatische Potential bezeichnet und die Einstein-Relation

$$\mu_{n,p} = D_{n,p}/U_T \quad (10)$$

gilt ($U_T = kT/e$ = Temperaturspannung). Entsprechend den Streuprozessen, welche die beweglichen Ladungsträger im Kristall erfahren, ergibt sich die Beweglichkeit bei nicht allzu großen Feldstärken ($< 10^3$ V/cm) als Proportionalitätsfaktor zwischen Geschwindigkeit und angelegtem elektrischen Feld. Gegenüber der durch Gitterschwingungen bestimmten Grundbeweglichkeit wird μ durch weitere Streuprozesse an ionisierten Fremdatomen (Bild 6) [3, S. 29], an Ober-

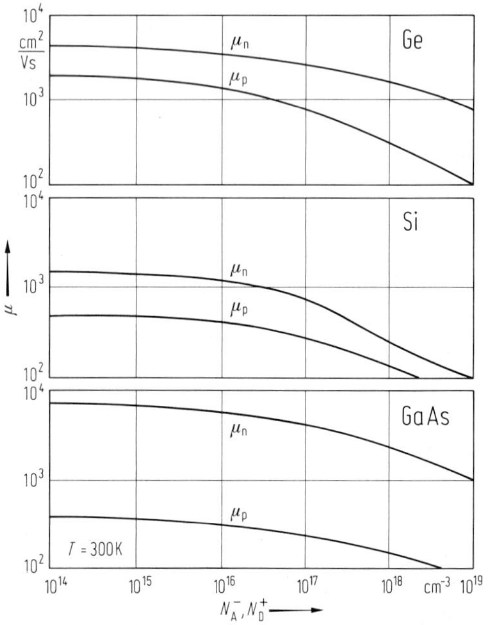

Bild 6. Beweglichkeit der Ladungsträger als Funktion der Fremdatomkonzentration. Nach [3]

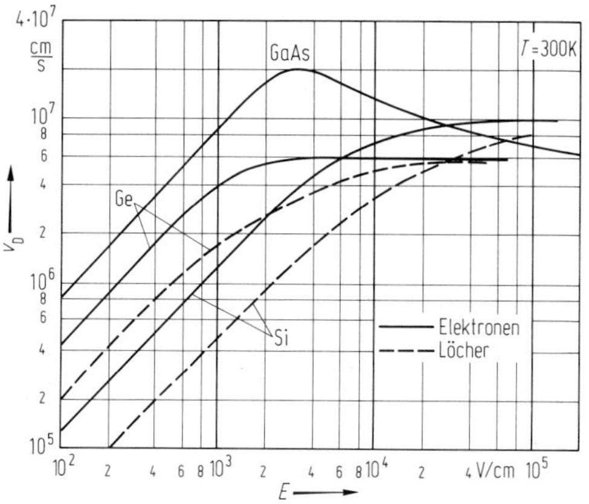

Bild 7. Driftgeschwindigkeit ($v_D = \mu E$) als Funktion des angelegten elektrischen Feldes in undotierten Materialien. Nach [5]

und Grenzflächen [5] und an anderen beweglichen Trägern reduziert [6].

Weiterhin verringert sich die Beweglichkeit in Gebieten höherer elektrischer Feldstärke ($|\boldsymbol{E}| > 10^3$ V/cm) durch verstärkte Abgabe von transversalen Gitterschwingungen, so daß die Driftgeschwindigkeit der freien Ladungsträger nicht mehr proportional zur Feldstärke ansteigen kann und eine Sättigungscharakteristik aufweist (Bild 7) [3, S. 46]. Die Überhöhung der Elektronenbeweglichkeit bei GaAs ist durch seine spezielle Bandstruktur bedingt; die Ausnutzung dieses Effekts in ballistischen Bauelementen, bei denen die Träger aufgrund der kleinen Elementabmessungen nur vernachlässigbare Streuungen erfahren, kann für Höchstgeschwindigkeitsanwendungen große Bedeutung bekommen [7].

Kontinuitätsgleichung; Rekombinations-Generations-Mechanismen. Die Kontinuitätsgleichung $\nabla \boldsymbol{j} = \partial \varrho / \partial t$ fordert für jede Trägerart ein detailliertes Gleichgewicht von räumlichen Stromdichte- und zeitlichen Raumladungsänderungen. Letztere können im Halbleiter sowohl durch zeitliche Änderungen der Teilchenkonzentration als auch durch unterschiedliche Raten der Rekombination (R) und der Generation (G) verursacht sein, d.h.

$$\begin{aligned} \nabla \boldsymbol{j}_n &= e(R_n - G_n) + e\,\partial n/\partial t, \\ \nabla \boldsymbol{j}_p &= -\,e(R_p - G_p) - e\,\partial p/\partial t. \end{aligned} \tag{11}$$

Die Elektronen- und Löchergenerationsraten $G_{n,p}$ werden durch äußere Einflüsse verursacht, z.B. durch optische Anregung oder durch Avalanche-Ionisation bei großen elektrischen Feldern entsprechend

$$e\,G_{AV} = \alpha_n\,|\boldsymbol{j}_n| + \alpha_p\,|\boldsymbol{j}_p|; \tag{12}$$

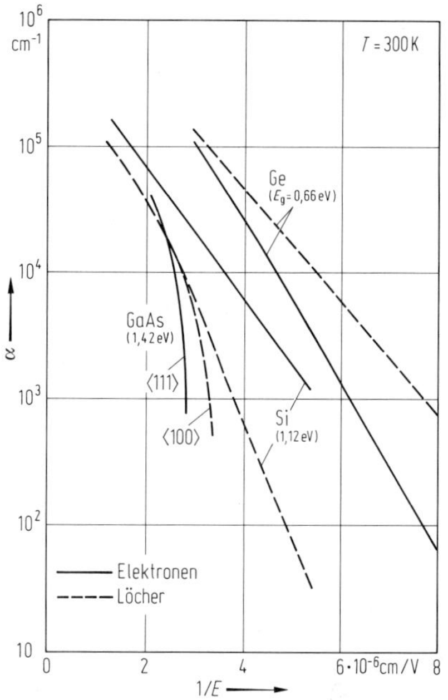

Bild 8. Ionisationsraten für Löcher α_p und Elektronen α_n als Funktion des reziproken elektrischen Feldes E. Nach [3]

im letzteren Fall nimmt die erforderliche ionisierende Feldstärke mit dem Bandabstand des Halbleitermaterials zu (Bild 8).

Der Mechanismus der Rekombination wirkt bei Abweichungen vom thermischen Gleichgewicht (d.h. hier $np < n_i^2$) durch Ladungsträgerabbau diesen von außen verursachten Störungen entgegen. Hierbei sind für die Bestimmung der Rekombinationsraten $U_{n,p}$ je nach Art der Abgabe der frei werdenden Energie (in Form von Strahlung oder kinetischer Energie oder in Auger-Prozessen an andere freie Ladungsträger) verschiedene Mechanismen zu unterscheiden, die sowohl direkt von Band zu Band (GaAs) als auch indirekt über Haftstellen (traps) in der Bandlücke (Ge, Si) ablaufen können. Abhängig von Halbleitermaterial, Dotierung und Injektionsbedingungen überwiegt der eine oder andere Mechanismus [1]; die Rekombinationsrate ist dabei stets proportional zur Gleichgewichtsabweichung und bei Haftstellenprozessen linear, bei Band-Band-Prozessen quadratisch und bei Auger-Prozessen kubisch von der Ladungsträgerkonzentration abhängig. Die Effektivität der Rekombinationsprozesse wird durch Minoritätsträger-Lebensdauern τ charakterisiert, die den zeitlichen Abbau von Überschußladungen beschreiben. In Bild 9 sind die τ-Werte für verschiedene Fremdatomkonzentrationen in Si aufgetragen; der steile Abfall im Bereich hoher Konzentrationen ist durch Auger-Prozesse verursacht [8].

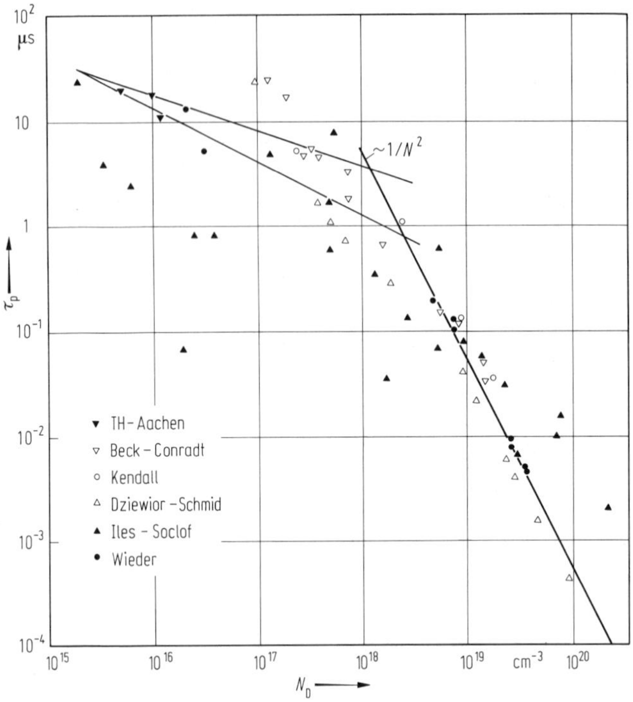

Bild 9. Minoritätslebensdauer τ als Funktion der Fremd-atomkonzentration in Silizium. Nach [9]

Grundgleichungen für das elektrische Verhalten von Halbleiterbauelementen. Zur Beschreibung der Energievariation eines quasistationär längs der Bandkanten bewegten Elektrons bzw. Lochs wird das elektrostatische Potential ψ entsprechend $E = -e\psi + \text{const}$ eingeführt, dessen willkürlich wählbare Konstante aus Symmetriegründen durch die Forderung $\psi(E_i) = 0$ festgelegt ist (Bild 10). Das elektrostatische Potential ergibt sich, abhängig von der Raumladung, als Lösung der Poisson-Gleichung

$$\left.\begin{aligned} &\operatorname{div}(\varepsilon \boldsymbol{E}) = \varrho \quad \text{mit} \\ &\boldsymbol{E} = -\nabla\psi, \quad \varrho = e(p - n + N_D^+ - N_A^-, \end{aligned}\right\} \quad (13)$$

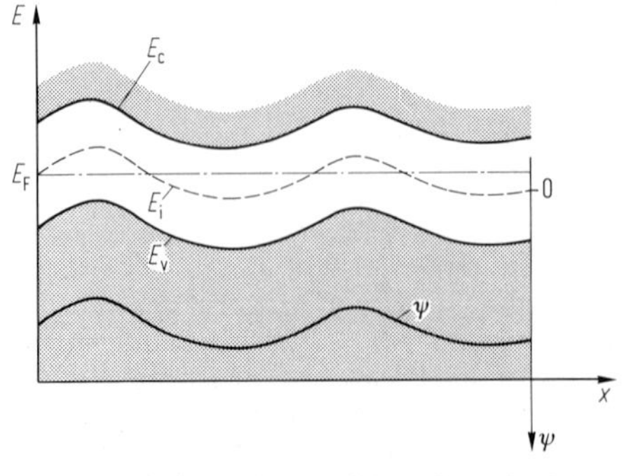

Bild 10. Energie- und Potentialverteilung im inhomogen dotierten Halbleiter

die zusammen mit den Transport-Gln. (8), den Kontinuitäts-Gln. (11) und den Relationen (1) und (2), welche die Trägerdichten und Potentiale verknüpfen, das elektrische Verhalten des Halbleiters eindeutig bestimmt. Die Relationen (1), (2) können entsprechend der Boltzmann-Approximation (s. Gln. (6)) durch

$$\left.\begin{aligned} n &= n_{i,\mathrm{eff}} \exp[(\psi - \Phi_n)/U_T] \\ p &= n_{i,\mathrm{eff}} \exp[(\Phi_p - \psi)/U_T] \end{aligned}\right\} \quad (14)$$

angenähert werden, wobei Degradationserscheinungen wie Hochdotierungseffekte und Fermi-Entartung im hochdotierten Halbleiter durch die dotierungsabhängige effektive intrinsische Dichte $n_{i,\mathrm{eff}}$ berücksichtigt werden [9].

Das Gleichungssystem (8), (11), (13), (14) schließt Leitungsvorgänge aus, die auf Schottky- [10], Frenkel-Poole- [11], Zener- bzw. Feld- [1, S. 211] und Tunnelemissionen [12] oder Transferelektron- oder Gunn-Effekten [13] beruhen. Die bei Einbeziehung dieser Effekte zu berücksichtigenden Gleichungen können aus der genannten Literatur entnommen werden.

Das Gleichungssystem muß auch dann erweitert werden, falls das elektronische Rauschen im Halbleiter berücksichtigt werden soll; es hat verschiedene Ursachen [14]: Zum einen verursacht die thermische Bewegung von Kristallgitter und Ladungsträgern spontane Stromfluktuationen.

Weiterhin ist als wesentliche Rauschquelle das Schrotrauschen zu berücksichtigen, das auf stochastische Vorgänge bei der Überwindung von Energiebarrieren zurückzuführen ist. Im Gegensatz zu diesen weitgehend frequenzunabhängigen Rauschquellen weist das Funkelrauschen näherungsweise eine Verteilung der spektralen Leistungsdichte $\sim 1/f$ auf, die auf Generationsvorgänge über Haftstellen (traps) in Raumladungsgebieten, im „Bulk" und an den Oberflächen zurückzuführen ist. Halbleiter mit direkter Bandstruktur und überwiegender Band-Band-Rekombination wie GaAs sind entsprechend rauschärmer. Neben der statistischen Natur von Avalanche-Generationen, die zu einem verstärkten elektronischen Rauschen führen, sind noch weitere bauelementspezifische Rauschquellen zu beachten, wie das Stromverteilungsrauschen bei bipolaren und das von Oberflächenhaftstellen abhängige Rauschen bei MOS-Transistoren. Entsprechend nimmt der Rauschpegel von Transistoren in der Reihenfolge MOSFETs, hochverstärkende Bipolar-Transistoren, JFETs zu MESFETs in GaAs-Technik ab.
Das System der Grundgleichungen (13), (14) gestattet es, für bestimmte Geometrie- und Kontaktanordnungen (die im Halbleitermaterial ein bestimmtes Bauelement definieren) und für bestimmte Strom- und Spannungsbedingungen an den Bauelementklemmen (die bestimmte Arbeitspunkte festlegen) das elektrische Verhalten des Bauelements eindeutig zu berechnen. Für die Beschreibung der Rekombination, Generation und Trägerbeweglichkeiten müssen die für das jeweilige Halbleitermaterial gültigen Modelle in die Gln. (8) und (11) eingesetzt werden.
Die Lösung des Gleichungssystems kann vollständig nur numerisch [9, 15–17] oder mit entsprechenden Vereinfachungen für einzelne Fälle – mit beschränktem Gültigkeitsbereich – auch analytisch erfolgen.

Der pn-Übergang. Als Beispiel für eine approximative Lösung des Gleichungssystems sei das elektrische Verhalten eines pn-Übergangs in Silizium behandelt, der abrupt und unsymmetrisch dotiert ist ($N_A = \text{const} \gg N_D = \text{const}$).
Bei einer angelegten äußeren Spannung U ergibt die Integration der Poisson-Gl. (13) unter Vernachlässigung des Einflusses der freien Ladungsträger auf die Raumladung im Übergangsgebiet einen linearen Feldstärke- und einen parabolischen Potentialverlauf. Die Raumladungszone hat die Weite

$$W = L_D \sqrt{2(N_A^-/N_D^+ + 1)(U_D - U)/U_T}; \quad (15)$$

hierin ist

$$L_D^A = \sqrt{\varepsilon U_T / e N_A^-} \quad (16)$$

die extrinsische Debye-Länge auf der Akzeptorseite.
Als charakteristische Länge der Poisson-Gleichung stellt die Debye-Länge L_D ein Maß für räumliche Potentialänderungen im thermischen Gleichgewicht und im stationären Fall bei kleinen Stromdichten dar. U_D in Gl. (16) ist die sog. Diffusionsspannung. Diese ergibt sich durch Integration der Transportgleichungen im thermischen Gleichgewicht $j_{n,p} = 0$ über die Raumladungszone bei vollständiger Ionisation der Dotierungsatome (die bei Raumtemperatur vorausgesetzt werden kann) zu:

$$\begin{aligned} U_D &= \int_{\psi(p)}^{\psi(n)} \nabla\psi \, ds \\ &= U_T \ln \Big|_{n(p^+)}^{n(n^+)} \approx U_T \ln \frac{N_A^- N_D^+}{n_{i,\text{eff}}^2}. \end{aligned} \quad (17)$$

Mit der Annahme, daß die Spannungsabfälle über den Bahngebieten vernachlässigbar sind, so daß die äußere Spannung U praktisch voll über dem pn-Übergang abfällt, gilt $U \approx \Phi_p - \Phi_n$, und damit folgt aus Gl. (14)

$$\begin{aligned} np &= n_{i,\text{eff}}^2 \exp[(\Phi_p - \Phi_n)/U_T] \\ &\approx n_{i,\text{eff}}^2 \exp(U/U_T) \end{aligned} \quad (18)$$

Wegen $p_p \approx N_A^-$ und $n_n \approx N_D^+$ gilt für die Minoritäts-Trägerdichten am p- und n-seitigen Rand der Raumladungszone

$$\begin{aligned} n_p &\approx n_{i,\text{eff}}^2/N_A^- \exp(U/U_T), \\ p_n &\approx n_{i,\text{eff}}^2/N_D^+ \exp(U/U_T). \end{aligned} \quad (19)$$

Diese durch die angelegte Flußspannung ($U > 0$) angehobenen Minoritätsträgerdichten klingen in den Bahngebieten ab und führen dort im wesentlichen durch Diffusion zu Minoritätsträgerinjektionsströmen. Bei Annahme eines einfachen Rekombinationsmodells nach Shockley-Read-Hall (SRH) für die Bahngebiete ergibt sich durch Integration der Kontinuitäts-Gln. (9), (11) für den stationären Fall und für lange Bahngebiete ($L_{N_A} \gg L_n = \sqrt{D_n \tau_n}$, $L_{N_D} \gg L_p = \sqrt{D_p \tau_p}$) die Strom-Spannungs-Charakteristik des pn-Übergangs

$$\begin{aligned} j &= j_D^s [\exp(U/U_T) - 1], \\ j_D^s &= j_{D,n}^s + j_{D,p}^s = \frac{e D_p n_i^2}{L_p N_D^+} + \frac{e D_n n_i^2}{L_n N_A^-}. \end{aligned} \quad (20)$$

Dabei wurde allerdings der Sättigungssperrstrom j_D^s durch die alleinige Berücksichtigung des Diffusionssperrstroms in den Bahngebieten als zu klein abgeschätzt. Es sind noch die Generationsbeiträge in der Sperrschicht selbst zu addieren, die sich mit der SRH-Beziehung (11) und der Bedingung $n, p < n_i$ für die Raumladungszone aus der Kontinuitäts-Gl. (11) ergeben

$$j^{\mathrm{s}}_{\mathrm{GEN}} = e\, n_{\mathrm{i}}\, w/(\tau_{\mathrm{n}} + \tau_{\mathrm{p}}), \tag{21}$$

so daß gilt

$$j = j_{\mathrm{s}}[\exp(U/U_{\mathrm{T}}) - 1], \qquad j_{\mathrm{s}} = j^{\mathrm{s}}_{\mathrm{D}} + j^{\mathrm{s}}_{\mathrm{GEN}}. \tag{22}$$

Je nach Halbleitermaterial überwiegt $j^{\mathrm{s}}_{\mathrm{D}}$ (Ge) oder $j^{\mathrm{s}}_{\mathrm{GEN}}$ (Si). Die quadratische bzw. lineare Abhängigkeit der Restströme von n_{i} gemäß Gl. (20) bzw. (21) erklärt auch deren unterschiedliche Temperaturabhängigkeit (s. Gln. (2) und (5)).
Die bei Spannungsänderungen ∂U auftretenden Umverteilungen der Ladungsträger in den Raumladungsgebieten $\partial Q_{\mathrm{RLZ}}$ und in den Bahngebieten $\partial Q_{\mathrm{Bahn}}$ werden üblicherweise mit flächenspezifischen Sperrschicht- (C_{sp}) und Diffusionskapazitäten (C_{D}) beschrieben.

$$C_{\mathrm{pn}} = \frac{\partial Q/\partial t}{\partial U/\partial t} = \frac{\partial Q}{\partial U} = \frac{\partial Q_{\mathrm{RLZ}}}{\partial U} + \frac{\partial Q_{\mathrm{Bahn}}}{\partial U} = C_{\mathrm{sp}} + C_{\mathrm{D}}. \tag{23}$$

Durch Integration der Poisson-Gleichung ergibt sich die Sperrschichtkapazität pro Flächeneinheit explizit zu

$$C_{\mathrm{sp}} = \varepsilon/w, \tag{24}$$

während die in den Bahngebieten gespeicherte Minoritätsträgerladung (Ladung der beweglichen Träger in Bahngebieten und Raumladungszone) entsprechend Gln. (19), (20) die Kapazität

$$C_{\mathrm{D}} = C^{\mathrm{n}}_{\mathrm{D}} + C^{\mathrm{p}}_{\mathrm{D}} = \frac{\tau_{\mathrm{n}} j_{\mathrm{n}}}{2\,U_{\mathrm{T}}} + \frac{\tau_{\mathrm{p}} j_{\mathrm{p}}}{2\,U_{\mathrm{T}}} \tag{25}$$

verursacht.

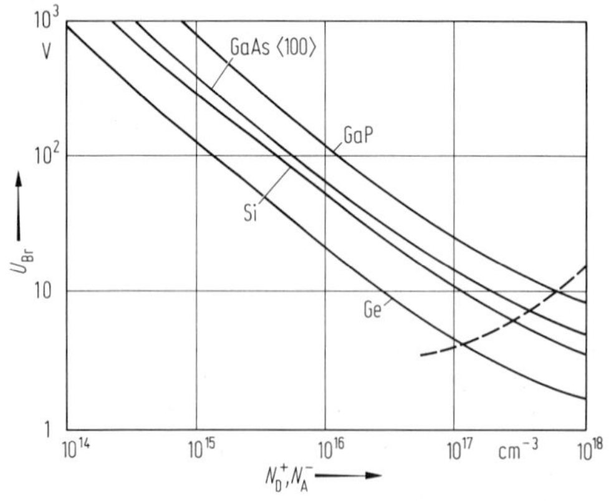

Bild 11. Lawinendurchbruchspannung als Funktion der Fremdatomkonzentration für einen einseitig abrupten pn-Übergang. Rechts der gestrichelten Linie ist der Durchbruch von Tunnelmechanismen nach [18] bestimmt

Die zur Lösung verwendeten Vereinfachungen schließen eine Gültigkeit im Hochstrombereich (bei dem maßgebliche Spannungsabfälle in den Bahngebieten auftreten [9]) und im Durchbruchsbereich aus, da keinerlei Lawinen-, Zener- oder Tunneleffekte berücksichtigt wurden (Bild 11). Durch Wahl von anderen Vereinfachungen und Randbedingungen können aber auch diese Betriebsbedingungen recht gut analytisch simuliert werden, wobei sich eine Verifikation der Ergebnisse durch einige ausgewählte, numerisch berechnete Fälle empfiehlt.

Charakteristische Materialunterschiede. Neben den bisher schon genannten Materialunterschieden (s. insbesondere die Bilder 6 bis 8, 11) sei noch auf einige Besonderheiten hingewiesen, die sich im wesentlichen aus den unterschiedlichen Bandstrukturen der Halbleiter ergeben (Bild 12). Ge und Si sind im Gegensatz zu GaAs demnach als „indirekte" Halbleiter zu bezeichnen, da die Energieniveaus, welche die Bandlücke E_{g} definieren, nicht zum gleichen Wellenvektor gehören und damit Bandübergänge nicht direkt, sondern nur über Störstellen- oder Gitterschwingungs-Wechselwirkungen erfolgen können. GaAs als „direkter" Halbleiter ist noch durch eine weitere Besonderheit ausgezeichnet, da es zwei Leitungsbänder aufweist, wobei das untere durch eine große Krümmung (s. Bild 12) und damit durch hochbewegliche Elektronen kleiner „effektiver Masse" und das obere durch eine geringe Krümmung mit entsprechend weniger beweglichen Elektronen gekennzeichnet ist. Der Transfer von Elektronen vom unteren zum höheren Leitungsband infolge großer elektrischer Felder kann in einem negativen differentiellen Widerstand resultieren, der in Transferred Electron Devices (TED) bzw. Gunn-Elementen [13] genutzt wird (vgl. die Bilder 7 und 12).
Weiterhin unterscheiden sich auch die Werte für die Energiebandlücke E_{g}; sie beträgt bei Raumtemperatur 0,66 eV für Ge, 1,12 eV für Si und 1,42 eV für GaAs. Dadurch erklärt sich auch die in dieser Reihenfolge abfallende Strahlungsempfindlichkeit der mit diesen Materialien hergestellten Bauelementfunktionen. Gleichfalls ergeben sich daraus die unterschiedlichen intrinsischen Trägerkonzentrationen (Bild 13). Bei höheren Dotierstoffkonzentrationen ($> 10^{17}\ \mathrm{cm}^{-3}$) ergeben sich infolge von Bandaufweichung und Störbandaufspaltung allerdings höhere intrinsische Dichten [9]. In Bild 14 ist der spezifische Widerstand für die verschiedenen Materialien als Funktion der Störstellenkonzentration dargestellt. Weitere für das elektrische Verhalten interessante Daten sind die intrinsischen Debye-Längen; sie betragen bei Raumtemperatur 0,7 µm für Ge, 25 µm für Si und 2250 µm für GaAs. Für die Minoritätsträgerlebensdauern in hochreinem Material gilt entsprechend 10^{-3} s,

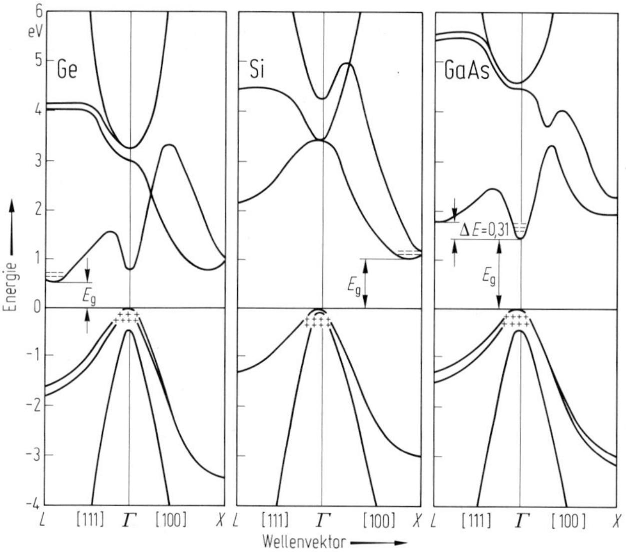

Bild 12. Energiebandstrukturen für Ge, Si und GaAs. Plus- und Minuszeichen geben Löcher und Elektronen in den Valenz- und Leitungsbändern an; deren effektive Masse ist umgekehrt proportional zur dortigen Bandkrümmung. Nach [19]

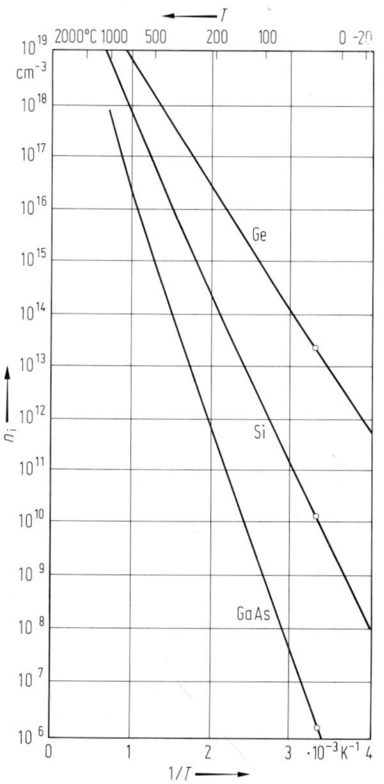

Bild 13. Intrinsische Trägerkonzentration als Funktion der Temperatur in hochreinem Ge, Si und GaAs. Nach [3]

$2{,}5 \cdot 10^{-3}$ s und 10^{-8} s: Die für hochintegrierte Schaltungen wesentliche Fähigkeit, die in den Bauelementen erzeugte Verlustwärme abzuführen, wird durch die thermische Leitfähigkeit bei Raumtemperatur entsprechend zu 0,6; 1,5 und 0,46 W/cm °C charakterisiert [15].

Neben den klassischen vierwertigen Elementhalbleitern wie Ge und Si, das aufgrund seiner weitentwickelten Prozeßtechnologie den weitaus größten Bedarf an Halbleiterbauelementen für Leistungs-, Analog-, Digital- und Hochfrequenzanwendungen abdeckt, gewinnt das III-V- Material GaAs wegen seiner höheren Beweglichkeitswerte und in zunehmendem Maße verschiedene andere Materialien vom Typ III-V, II-VI aufgrund ihrer teils extremen Beweglichkeitsdaten für Hochgeschwindigkeitsschaltungen an Bedeutung: Bei Raumtemperatur gilt 10^4 cm^2/Vs für InGaAs und für GaAs/GaAlAs [16] und bei $T = 77$ K 10^5 cm^2/Vs für GaAs/GaAlAs [17]; die technologischen Grundvoraussetzungen sind hier allerdings noch zu entwickeln.

Transistormodelle. Nur durch den verstärkten Rechnereinsatz bei der Dimensionierung und Optimierung von integrierten Schaltungen lassen sich Entwicklungskosten und Entwicklungszeiten von komplexen integrierten Schaltungen auf wirtschaftlich vertretbare Dimensionen reduzieren, so daß das Gebiet des „computer aided design“ (CAD) in den letzten Jahren verstärkt entwickelt wurde. Der Einsatzbereich der verschiedenen CAD-Werkzeuge erstreckt sich prak-

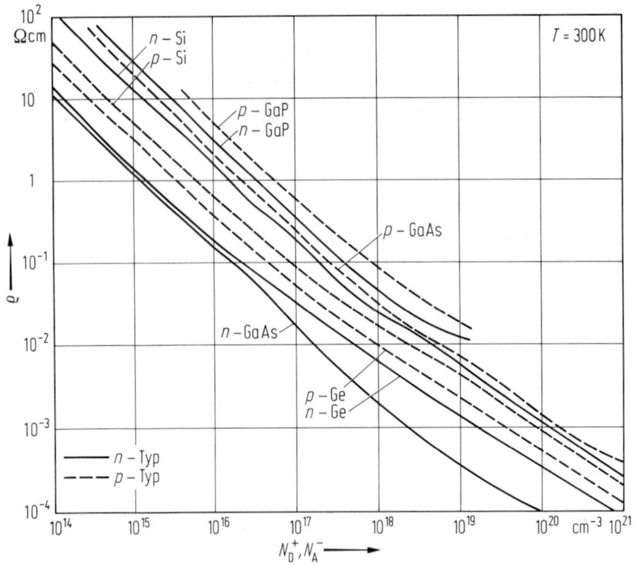

Bild 14. Spezifischer Widerstand bei Raumtemperatur für Ge, Si und GaAs als Funktion der Fremdatomkonzentration. Nach [3]

tisch über alle Entwicklungsstufen von der Simulation einzelner Prozeßschritte bis zur Simulation des Zusammenspiels ganzer Rechnersysteme [20–27].

Die in der Netzwerkanalyse verwendeten Modelle für die Schaltelemente werden im folgenden behandelt; Weiteres s. in 1.3 unter „Integrierte Schaltungen (CAD)". Wegen der besonderen Bedeutung der Großsignalmodelle für das Schaltverhalten sind im folgenden die entsprechenden Grundmodelle für Bipolar- und MOS-Transistoren angegeben.

Die Ebers-Moll-Gleichungen

$$\begin{aligned} I_E &= -I_{s,BE}[\exp(U_{BE}/U_T) - 1] \\ &\quad + \alpha_I I_{s,BC}[\exp(U_{BC}/U_T) - 1] \\ I_C &= -\alpha_N I_{s,BE}[\exp(U_{BE}/U_T) - 1] \\ &\quad - I_{s,BC}[\exp(U_{BC}/U_T) - 1] \end{aligned} \tag{26}$$

beschreiben das Großsignalverhalten von Bipolartransistoren (s. 1.2) als das Zusammenspiel zweier „back to back" geschalteter Dioden mit gemeinsamer Basisstrecke. Hierbei bezeichnen $I_{s,BE}$ und $I_{s,BC}$ die für die jeweiligen Diodenstrecken wirksamen Restströme und α_N und α_I die Stromverstärkungen in Normal- und Inversbetrieb, wobei die Reziprozitätsbedingung

$$\alpha_N I_{s,BE} = \alpha_I \cdot I_{s,BC}$$

zu berücksichtigen ist. Dieses Modell des inneren Transistors mit den Knotenpotentialen E', B' und C' ist in Bild 15 gestrichelt umrandet

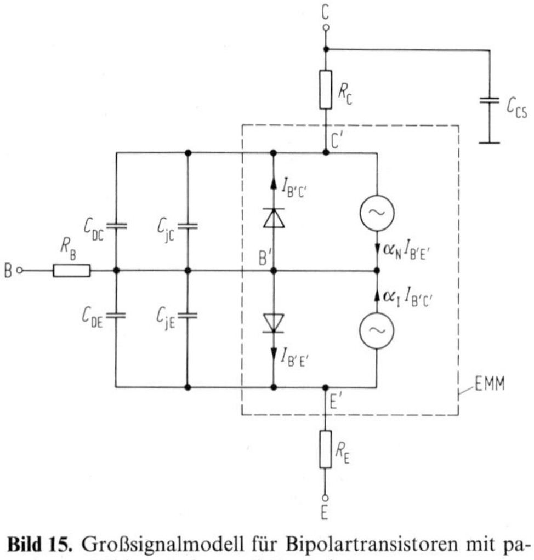

Bild 15. Großsignalmodell für Bipolartransistoren mit parasitären Widerständen und Kapazitäten

(EMM) [28] und um die parasitären Serienwiderstände der Emitter-, Basis- und Kollektorstrekken und um die parasitären pn-Sperrschicht- und Diffusionskapazitäten der Basis-Emitter-, Basis-Kollektor- und Kollektor-Substrat-Dioden erweitert dargestellt. Eine genauere Beschreibung des Großsignalverhaltens erlaubt das Gummel-Poon-Modell (GPM) [29], das mit Hilfe der Device-Simulation entwickelt wurde. Zu Modellen, die das Kleinsignalverhalten [30], das Rauschverhalten [31] und das Großsignalverhalten detaillierter beschreiben [32], sei auf diese Lite-

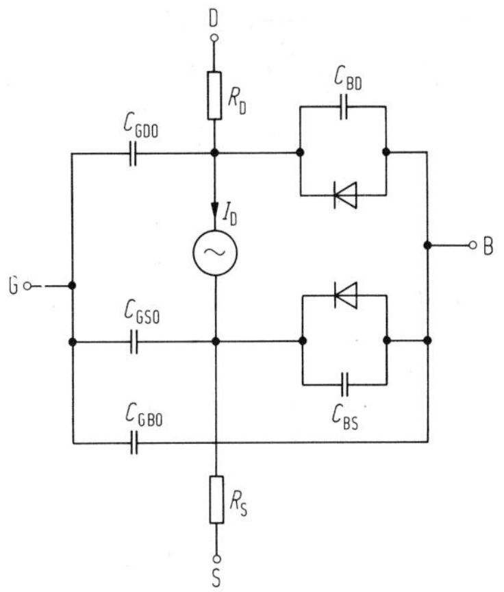

Bild 16. Großsignalmodell für MOS-Transistoren mit parasitären Widerständen und Kapazitäten

raturzitate und auf 1.3 unter „Integrierte Schaltungen (CAD)" verwiesen.

Das Großsignalverhalten von MOS-Transistoren (s. 1.2) wird durch eine spannungsgesteuerte Stromquelle zwischen Source- und Draingebiet beschrieben, wobei die Gatespannung Akkumulation, Verarmung oder Inversion in dem die Source- und Draingebiete verbindenden Kanalbereich bewirkt, während die Drainspannung einen von dieser Kanalladung abhängigen Strom verursacht (Bild 16). Die kapazitive Kopplung des isolierten Gates an die Source- (C_{GS}), Drain- (C_{GD}) und Substratbereiche (C_{GB} wird durch spannungsabhängige Kapazitäten beschrieben. Die bei üblichen Betriebsbedingungen gesperrten pn-Übergänge der Source- und Drainberandung werden durch Diodenstrecken entsprechend Gl. (22) und durch parallel geschaltete Sperrschichtkapazitäten nachgebildet. Den ohmschen Spannungsabfällen im Source- und Draingebiet tragen die Serienwiderstände R_S und R_D Rechnung.

Entsprechend der „gradual channel approximation" [33], die den Einfluß der Minoritätsträger im Kanalbereich vernachlässigt und im wesentlichen die Kanalladung in einen vom Gatepotential gesteuerten und einen vom Drainpotential gesteuerten Bereich unterteilt, es gilt mit der vorab bestimmten ortsabhängigen Kanalladung die Grundbeziehung für den Gate- (U_{GS}), Drain- (U_{DS}) und Substratspannungsabhängigen (U_{SB}) Drainstrom I_D

$$I_D = \beta[(U_{GS} - U'_{th}) \cdot U_{DS} - \tfrac{1}{2} U_{DS}^2] \quad \text{für } U_{GS} > U'_{th},\; U_{DS} < U_{GS} - U'_{th} \tag{27}$$

mit

$$U'_{th} = U_{th} + \gamma\left(\sqrt{2\phi_F + U_{SB}} - \sqrt{2\phi_F}\right) \tag{28}$$

und

$$\beta = \mu C_{ox} W/L, \quad \gamma = \sqrt{2 e \varepsilon_{Si} N_A}/C_{ox}, \quad \phi_F = U_T \ln \frac{N_A}{n_i} \tag{29}$$

(W = Kanalweite, L = Kanallänge, C_{ox} = Gateoxidkapazität, N = Kanaldotierung, μ = Kanalträgerbeweglichkeit, U_{th} = Transistor-Einsatzspannung bei $U_{SB} = 0$ V). Durch die Berücksichtigung von beweglichkeitsreduzierenden Streumechanismen an der Oberfläche und von Driftgeschwindigkeitssättigungseffekten bei hohen elektrischen Feldern [34] verfeinert, ist dieses Grundmodell [35] in den meisten Netzwerkanalyseprogrammen enthalten und beschreibt das elektrische Verhalten von Langkanal-MOS-Transistoren zufriedenstellend.

Eine genauere Simulation des Schaltverhaltens erfordert zusätzlich die Berücksichtigung der Vorgänge bei der Kanalbildung [36], während die Simulation von Transistoren kurzer Kanallänge (< 2 µm) der zwei-, oft sogar der dreidimensionalen Natur der Bauelemente Rechnung tragen muß und die Auswirkungen der hohen Feldstärken vor dem Draingebiet auf die Trägerinjektion ins Oxid (hot electrons) und die verstärkte Trägergeneration durch Lawineneffekte berücksichtigen muß. Noch kürzere Transistoren ($L < 0{,}1$ µm), bei denen die Kanallänge kleiner als die freie Weglänge der beweglichen Träger ist, erfordern zusätzlich eine individuelle, statistische Betrachtung der Flugbahnen der freien Ladungsträger [37].

Netzwerkanalyseprogramme gehören heute zu den wichtigsten Werkzeugen bei der Entwicklung integrierter Schaltungen (s. 1.3).

1.2 Diskrete Halbleiterbauelemente
Discrete semiconductor devices

Signalverarbeitende Dioden [38, 39]. Eine pn-Diode besteht aus zwei aneinandergrenzenden, unterschiedlich dotierten Halbleiterzonen (Bild 17 a). An der Grenzschicht baut sich eine

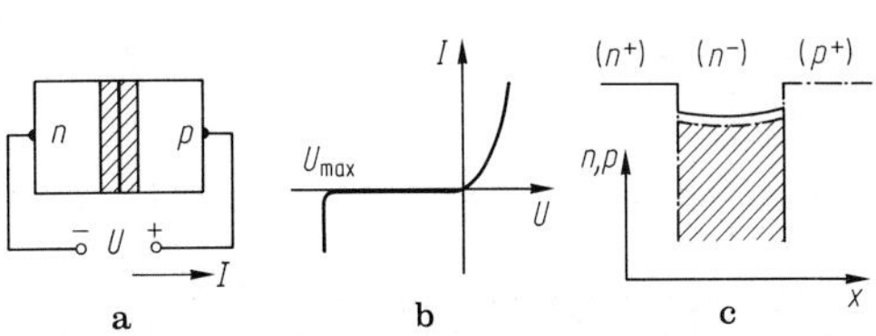

Bild 17. pn-Diode (schematisch). **a**) Dotierungsfolge und Beschaltung (Feldzone schraffiert); **b**) Gleichrichterkennlinie; **c**) Ladungsträgerverteilung $n(x)$ der Elektronen (ausgezogen) und $p(x)$ der Defektelektronen (strich-punktiert) in einer $n^+n^-p^+$-Diode bei Flußpolung; Injektionsladungen schraffiert

nahezu ladungsträgerfreie Feldzone auf. Elektronen und Defektelektronen diffundieren entsprechend dem Konzentrationsgradienten auf die jeweils andere Seite der Dotierungsgrenze. Feldströme und Diffusionsströme halten sich im Gleichgewicht. Die Weite W der Feldzone hängt nach Gl. (16) von der anliegenden Spannung U ab. Bei Flußpolung wie in Bild 17 a können beide Trägerarten leicht die schmaler werdende, trennende Zone durchqueren. Bei Sperrpolung verbreitert sich das trägerfreie Raumladungsgebiet. Es fließt nur ein kleiner Reststrom, bis bei U_{max} der Strom durch Stoßprozesse und Lawinenmultiplikation plötzlich ansteigt (Durchbruchspannung). Die pn-Anordnung hat eine Strom-Spannungs-Kennlinie entsprechend Bild 17 b bzw. Gl. (23).
Nach diesem Schema arbeiten alle Universaldioden, die heute als Flächendioden in Planartechnik für Schalter- und Gleichrichteranwendungen eingesetzt werden. Sie haben die früher benutzten Spitzendioden weitgehend verdrängt. Daneben gibt es noch eine Reihe von Varianten mit angepaßten Dotierungsverteilungen für spezielle Anwendungen:

$n^+n^-p^+$-Diode. Eine hohe Lawinendurchbruchspannung setzt voraus, daß die maximale Feldstärke an der pn-Grenze niedrig ist ($< 10^5$ V/cm). Gemäß der Poisson-Gl. (13) sind dazu ausreichend dicke und niedrig dotierte Halbleitergebiete auf der n- oder p-Seite erforderlich.
Für große Wechselspannungen und Ströme zeigt deshalb die pn-Anordnung nach Bild 17 a auch einen erhöhten Spannungsabfall in Flußrichtung. Im $n^+n^-p^+$-Leistungsgleichrichter nach Bild 17 c ist die Feldzone bei Sperrpolung überwiegend in der schwach dotierten n^--Zwischenschicht lokalisiert. In Flußrichtung wird die Feldzone durch Ladungsträgerinjektion aus den stark dotierten n^+- und p^+-Bereichen überflutet. Dadurch ist die Leitfähigkeit des Bahngebietes bei annähernd aufrechterhaltener Gesamtneutralität durch Speicherladungen erhöht (Leitfähigkeitsmodulation).

pin-Diode. Eine pin-Diode hat das gleiche Dotierungsschema wie ein Leistungsgleichrichter und wird als Dämpfungsglied und Schalter bei hohen Frequenzen bis in das Mikrowellengebiet verwendet. Dabei wird ausgenutzt, daß sich durch Leitfähigkeitsmodulation der hochohmigen i-Zone bei fließendem Diodengleichstrom der HF-Leitwert in weiten Bereichen ändert.

Zener-Diode. Der plötzliche Stromanstieg nach Erreichen einer Spannung U_{max} (Bild 17 b) wird als Referenz- und Stabilisierspannung herangezogen. Ursache des scharfen Kennlinienknicks ist bei mäßigen Dotierungen und $U_{max} > 8$ V der Lawineneffekt, bei starker Dotierung und kleineren Spannungen dagegen der Zener-Effekt, d. h. der direkte Tunnelübergang (Band-Band-Übergang) durch die Feldzone.

Sperrschichtvaraktor oder Kapazitätsdiode. Die Feldzone einer in Sperrichtung gepolten pn-Diode hat eine Eigenkapazität, die spannungsabhängig von der Weite der Raumladungszone abhängt (Sperrschichtkapazität vgl. Gln. (16) und (25)). Diese Eigenschaft wird in der Kapazitätsdiode angewendet, z. B. zur elektronischen Abstimmung von Resonanzkreisen über den Betrag der an der Sperrschicht stehenden Gleichspannung (Abstimmdiode) oder zur Mischung (s. G 1.4).

Speichervaraktor oder Step-recovery-Diode. Das Aufbauschema ist ähnlich dem der pin-Diode und entspricht Bild 17 c. Die in einer Flußphase gespeicherten Injektionsladungen werden während der negativen Halbwelle abrupt herausgezogen. Die kurzen und steilen Rückstromimpulse haben einen hohen Oberwellenanteil und erlauben den Einsatz dieser Diode als Frequenzvervielfacher.

Schottky-Diode. Eine Schottky-Diode besteht aus einer Schichtenfolge Metall/Halbleiter. An der Grenzfläche befindet sich wie beim pn-Übergang eine ladungsfreie Raumladungszone und eine Potentialbarriere, die den Ladungstransport behindert. Die Raumladung hat zwei Ursachen:

- An der Oberfläche eines n-Halbleiters ist die Austrittsarbeit für Elektronen kleiner als an einer Metalloberfläche. Bei gegenseitigem Kontakt treten so lange Elektronen aus dem n-Gebiet in das Metall über, bis sich ein Gleichgewicht einstellt, in dem der Halbleiter über seine ionisierten Donatoren positiv gegenüber dem Metall aufgeladen ist.
- An der Halbleiteroberfläche befinden sich elektrisch wirksame Störstellen, die ebenfalls Elektronen an das Metall abgeben können und sich dabei aufladen.

Die Strom-Spannungs-Kennlinie hat Diodencharakteristik (s. Bild 17 b; vgl. Gl. (22))

$$I = I_S[\exp(U/U_T) - 1]. \qquad (30)$$

Die Weite der trägerfreien Zone des Schottky-Kontakts wird wie im Fall der pn-Diode durch die anliegende Spannung verändert. Mit gesperrter Diode ($U < 0$) verbreitert sich die Raumladungszone. Der Sättigungssperrstrom I_S ist ein Maß für die Anzahl der Elektronen, die innerhalb des Metalls thermisch gegen die Potentialbarriere an der Grenzschicht anlaufen. Für $U > 0$ (Metall positiv) können die Elektronen als Majoritätsträger leicht aus dem n-Halbleiter in das Metall übertreten. Im Gegensatz zur pn-

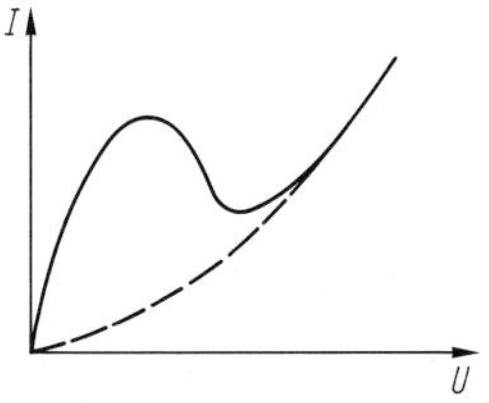

Bild 18. Strom-Spannungs-Kennlinie einer Tunneldiode

Diode gibt es keine Trägheitseffekte durch Minoritätsträgerinjektion. Schottky-Dioden arbeiten daher als Gleichrichter bis zum Mikrowellenbereich. Weitere Vorteile sind der im Vergleich zur pn-Diode niedrigere Spannungsabfall in Flußrichtung und das niedrige Rauschen.

Aktive Mikrowellendioden [40]. Die im vorangehenden Abschnitt beschriebenen Diodentypen nutzen die gleichrichtende Wirkung einer Diode aus und dienen je nach Aufbau speziellen Aufgaben der Signalverarbeitung oder Umformung. Im folgenden werden Dioden diskutiert, die aufgrund einer teilweise fallenden Strom-Spannungs-Kennlinie aktiv zur Erzeugung und Verstärkung von Mikrowellensignalen bis 100 GHz eingesetzt werden.

Tunneldiode. Der fallende Kennlinienast in Flußrichtung (Bild 18) wird bei dieser pn-Struktur über extrem hohe Donator- und Akzeptorkonzentrationen erzeugt. Für sehr kleine Durchlaßspannungen fließt aufgrund der starken Verbiegung von Leitungs- und Valenzband ein Tunnelstrom. Bandverbiegung und Tunnelstrom nehmen aber mit zunehmender Spannung ab. Der Strom geht auf ein Minimum zurück, bis bei weiterer Spannungserhöhung der reguläre Diodeninjektionsstrom einsetzt. Ein Tunnelprozeß ist als Majoritätsträgereffekt extrem schnell und erlaubt den Einsatz dieser Dioden bis zu höchsten Frequenzen, die nur durch die Sperrschichtkapazitäten begrenzt sind.

Elektronentransfer- oder Gunn-Dioden. Diese Bauelemente besitzen streng genommen keine Diodenstruktur, da sie aus homogenem Halbleitermaterial hergestellt sind, und eine pn-Grenze daher fehlt. Der negative HF-Widerstand ist durch die spezielle Bandstruktur von GaAs bedingt. Im thermischen Gleichgewicht haben die Elektronen im Leitungsband einen Zustand großer Trägerbeweglichkeit. Bei elektrischen Feldstärken oberhalb von 3000 V/cm gelangen die Elektronen in einen Zustand geringer Beweglichkeit. Durch den Elektronentransfer sinkt die mittlere Trägergeschwindigkeit und damit der Strom trotz zunehmender Feldstärke (negative differentielle Beweglichkeit).

Mit dieser Bandstruktur ist eine homogene Feldverteilung im Halbleiter instabil. Durch die Raumladung der driftenden Ladungen entstehen örtlich Bereiche mit hohem Spannungsabfall und hoher Feldstärke, die sich als sog. Domänen im elektrischen Feld bewegen. In dem Moment, in dem sich eine Domäne an einer Elektrode bildet, sinken die effektive Bahnspannung und der fließende Strom. Strom und Feldstärke steigen erst wieder an, nachdem die Domäne den aktiven Bereich des Halbleiters durchquert und die Gegenelektrode erreicht hat. Damit sind gleichzeitig die Bedingungen zur Entstehung der nächsten Domäne erfüllt. Der Strom in dieser laufzeitbedingten Betriebsart mit Domänen, die zuerst von Gunn gefunden wurden [41], besteht aus Impulsen (Gunn-Diode).
Bei spezieller Ausführung und Ansteuerung kann im sog. LSA-Betrieb (Limited Space charge Accumulation) die Domänenbildung auch unterdrückt und dadurch die Beweglichkeitsabnahme besonders effektiv ausgenutzt werden. Gunn- und LSA-Dioden sind rauscharm, haben jedoch vergleichsweise geringe Ausgangsleistungen und niedrigen Wirkungsgrad. Sie werden z. B. als Oszillatoren in Sendern oder Empfängern oder in Vorverstärkern eingesetzt.

Lawinen-Laufzeit-Diode. Eine Lawinen-Laufzeit-Diode (LLD) oder Impatt-Diode (Impact avalanche transit time) besteht aus der Hintereinanderschaltung einer Lawinenzone, in der Ladungsträger durch Lawinenmultiplikation erzeugt werden und einer Driftzone, in der die Elektronen aus dem Lawinenprozeß mit konstanter Sättigungsgeschwindigkeit laufen ($\approx 10^7$ cm/s für Si). Die von Read vorgeschlagene Zonenfolge zeigt Bild 19 [42].
An den Elektroden liegt eine Gleichspannung U_0, bei der in der gesperrten p^+n^--Feldzone gerade Lawinenmultiplikation einsetzt. Ist eine Wechselkomponente $u(t)$ überlagert, so fließt ein Lawinenstrom, der so lange zunimmt, wie die Lawinenmultiplikation andauert. Der Strom erreicht damit erst am Ende der positiven Halbwelle von $u(t)$ das Maximum. Die nachfolgende Driftstrecke ist so bemessen, daß die in den Lawinenprozessen freigewordenen Elektronen die gesamte negative Halbwelle von $u(t)$ zur Durchquerung benötigen und dabei einen In-

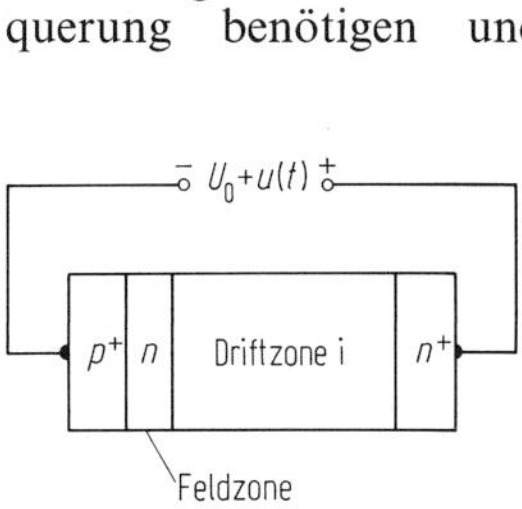

Bild 19. Aufbau und Dotierungsschema einer Read-Diode (schematisch)

fluenzstrom an den Kontakten bewirken. Strom und Spannung sind um eine halbe Wellenlänge gegeneinander versetzt, der Innenwiderstand ist negativ.
Besonders leistungsstark ist die Trapatt-Betriebsart (Trapped plasma avalanche triggered transit), mit der sich hohe Impulsleistungen und Wirkungsgrade erreichen lassen [43]. Die LLD arbeitet dabei wie ein Schalter. Wegen der großen Verstärkung und Ausgangsleistung werden LLDs hauptsächlich in Oszillatoren und Leistungsverstärkern bis zum Millimeterwellengebiet verwendet. Für Kleinsignalbetrieb sind sie wegen ihres Rauschens ungeeignet.

Barritt-Diode (Barrier injection transit time). Mit einer Zonenfolge p^+np^+ ist sie ebenfalls ein Laufzeitbauelement, in dem jedoch der negative, differentielle HF-Widerstand als Folge raumladungsbegrenzter Ströme zustande kommt [44]. Im Vergleich zu Lawinenlaufzeitdioden ist die erzeugbare Wirkleistung gering, aber auch das Rauschen kleiner.

Bipolare Transistoren [45]. Den schematischen Aufbau eines npn-Transistors zeigt Bild 20a. Die Zonenfolge stellt zwei hintereinandergeschaltete Dioden dar, siehe die Ersatzschaltung in Bild 20b. Beide Dioden haben die *p*-dotierte Basis gemeinsam. Im aktiven Bereich des Transistors ist die Emitterdiode zwischen Basis B und Emitter E durch eine kleine Spannung U_{BE} in Flußrichtung gepolt. Dadurch werden beim npn-Transistor Elektronen aus dem Emitter in die Basis injiziert. Die Kollektordiode zwischen Kollektor C und der Basis ist durch die angelegte Spannung U_{CE} in Sperrichtung gepolt.
Die Basiszone ist nun so dünn, daß die aus dem Emitter in die Basis injizierten Elektronen als Minoritätsträger bis an das kollektorseitige Feldgebiet diffundieren und in den Kollektorraum gezogen werden (Bild 21). Der Kollektorstrom I_C ist bei Vernachlässigung von Restströmen also ein Diffusionsstrom und deshalb im Ersatzschaltbild als parallel zur Kollektordiode liegender Stromgenerator zu berücksichtigen (Bild 20b). In bezug auf die Kollektorspannung

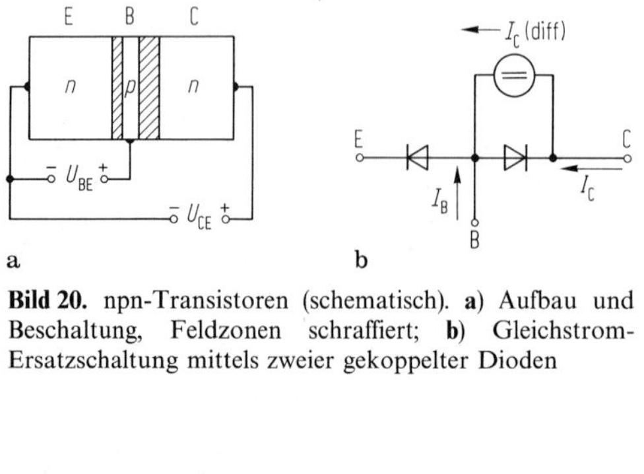

Bild 20. npn-Transistoren (schematisch). **a)** Aufbau und Beschaltung, Feldzonen schraffiert; **b)** Gleichstrom-Ersatzschaltung mittels zweier gekoppelter Dioden

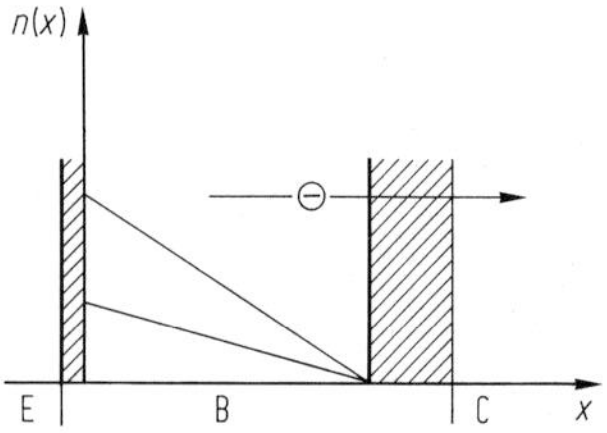

Bild 21. Minoritätsträgerverteilung $n(x)$ in der Basis bei fließendem Strom $I_C \sim dn/dx$; Feldzone schraffiert.

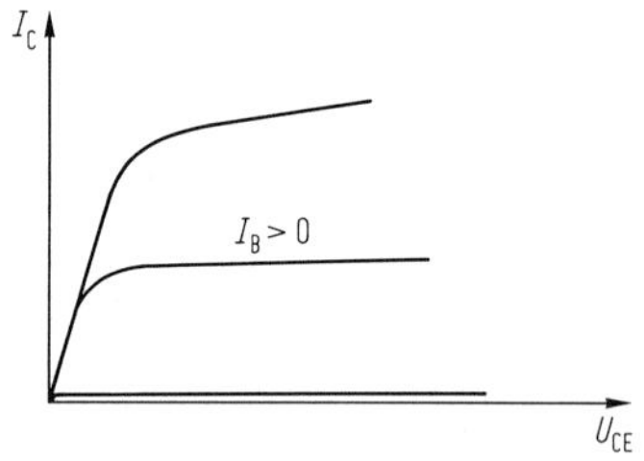

Bild 22. Ausgangskennlinienfeld des npn-Transistors (Emitterschaltung)

besitzt I_C Sättigungscharakter (s. das Ausgangskennlinienfeld Bild 22).
Im Gegensatz zur Elektronenröhre oder zum Feldeffekttransistor erfolgt die Steuerung eines bipolaren Transistors nicht leistungslos. Der Diffusionsstrom zwischen Emitter und Kollektor hängt von der Minoritätsträgeranhebung in der Basis ab (Speicherladungen, s. Bild 21). Wegen der begrenzten Lebensdauer der Minoritätsträger gehen auch Majoritätsträger ständig durch Rekombinationsvorgänge verloren. Diese Ladungsverluste müssen über den äußeren Basisstrom I_B ersetzt werden, solange ein Kollektorstrom fließt.
Der Basisstrom zeigt damit ebenso wie I_C eine exponentielle Abhängigkeit von der Eingangsspannung U_{BE}:

$$I_C \simeq B\,I_B \simeq \mathrm{const}\,B \exp(U_{BE}/U_T)\,. \qquad (31)$$

Das Verhältnis $B = I_C/I_B$ heißt Stromverstärkung in Emitterschaltung.
Mit abnehmender Spannung U_{CE} gelangt der bipolare Transistor bei einer „Kniespannung" aus dem aktiven in den sog. gesättigten Zustand, in dem die Kollektordiode ebenfalls zu injizieren beginnt. Dadurch wird der Injektionsstrom aus dem Emitter teilweise kompensiert, der resultierende Kollektorstrom nimmt ab. Neben dem hier beschriebenen npn-Transistor gibt es auch die komplementäre pnp-Ausführung, in der sich alle Strom- und Spannungsrichtungen umkehren.
Ein moderner bipolarer Si-Transistor für kleine bis mittlere Signale hat einen vom Schema in

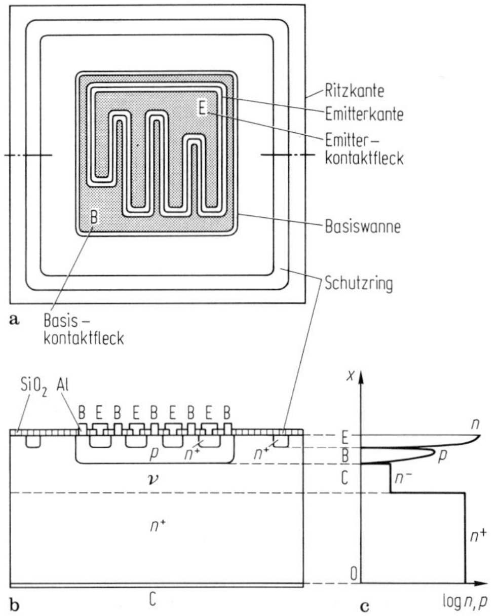

Bild 23. Aufbau eines NF-Planar-Epitaxialtransistors mit Fingerstruktur. **a**) Aufsicht; **b**) Schnittzeichnung; **c**) Dotierungsverlauf zwischen Emitter E und Kollektor C (Nach [45])

Bild 20 a abweichenden Aufbau und Dotierungsverlauf (s. Bild 23). Wesentlich ist die zwischen Basis und Kollektor eingefügte, schwach *n*-dotierte *ν*-Zone; sie dient entsprechend der gewünschten Kollektor-Basis-Durchbruchspannung zur Aufnahme der Raumladungszone. Vorteil dieser Ausführung ist ein gutes Sperrverhalten trotz dünner Basis, die wiederum hohe Stromverstärkung und gutes dynamisches Verhalten sicherstellt. Die Restspannung des bipolaren Transistors im durchgesteuerten Zustand ist im Vergleich zu der des Feldeffekttransistors kleiner, da das schwach dotierte *ν*-Bahngebiet als Folge der injizierten Minoritätsträger gut leitend ist. Die gespeicherten Ladungen verschlechtern andererseits das Schalt- und das HF-Verhalten bipolarer Transistoren.

Nach diesem Aufbauschema werden Transistoren vom npn- und vom pnp-Typ in Planar-Epitaxial-Technik als Verstärker und Schalter für niedrige Frequenzen bis 100 MHz gebaut. HF-Transistoren für den Betrieb bis zu einigen GHz sind zwar grundsätzlich ähnlich ausgeführt, doch steigt mit der Betriebsfrequenz auch der technische Aufwand. Eine kurze Trägerlaufzeit setzt einmal extrem kleine Abmessungen in vertikaler Richtung voraus (Bild 23 b). Um parasitäre Kapazitäten und Bahnwiderstände in der Basis zu vermeiden, sind auch die lateralen Abmessungen gering. Die Stromdichten in den feinen Strukturen sind so groß, daß auch die thermische

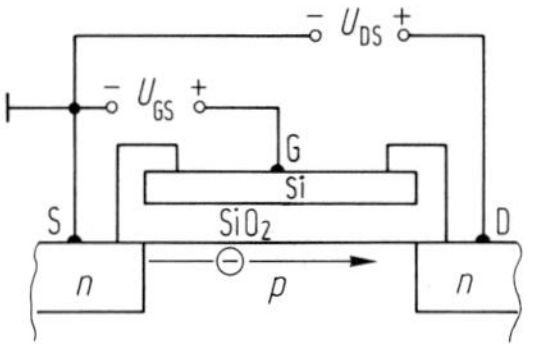

Bild 24. Aufbau eines n-Kanal-MOSFETs (schematisch)

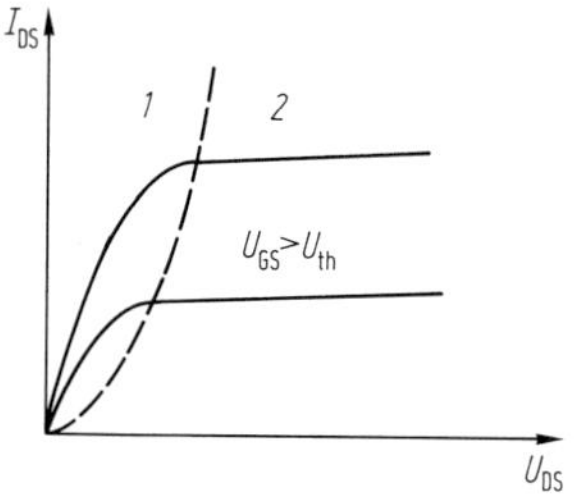

Bild 25. Ausgangskennlinienfeld eines n-Kanal-MOSFETs. *1* Anlaufbereich, *2* Sättigungsbereich

Belastung und Zuverlässigkeit der Anschlußkontakte Schwierigkeiten bereitet. Zur Optimierung dieser Eigenschaften hat man für HF-Transistoren neben feinen Fingerstrukturen ähnlich Bild 23 a auch spezielle Emittergeometrien und Technologien entwickelt, z.B. die Overlay-Struktur oder den Mesh-Emitter [46, 47].

Feldeffekttransistoren. *MOS-Transistoren.* Die Wirkungsweise von FETs (Field Effect Transistor) als ladungsgesteuerte Bauelemente läßt sich anhand der Schemazeichnung eines MOS (Metal Oxide Semiconductor)-FETs verstehen (s. Bild 24). Die Strecke zwischen den Elektroden Source (S) und Drain (D) ist ohne Spannung am Steuergate G nichtleitend. Als Ladungsträger sind nur die Defektelektronen des Substrats verfügbar, für die aber wenigstens eine der pn-Grenzen von S und D in Sperrichtung gepolt ist, also praktisch nicht leitet. Wenn die Gateelektrode in Bild 24 jedoch positiv vorgespannt ist, werden unterhalb der Elektrode im Substrat Elektronen influenziert. An der Oberfläche bildet sich bei hinreichend großer Elektronenkonzentration ein leitender Kanal zwischen S und D (Inversion), so daß bei anliegender Drain-Source-Spannung U_{DS} ein Drainstrom I_{DS} fließt. Der MOSFET stellt einen kapazitiv über U_{GS} steuerbaren Widerstand dar. Die Steuerung ist bei statischem Betrieb nahezu leistungslos.

Den Mindestwert der Gatespannung, bei der die Leitfähigkeit infolge Inversion einsetzt, nennt man Schwellen- oder Einsatzspannung U_{th} (th = threshold). Der beschriebene MOSFET sperrt für $U_{GS} = 0$; man nennt ihn Anreicherungs- (enhancement-)Typ. Er wird in der Praxis bevorzugt eingesetzt. Der Kanalstrom hängt

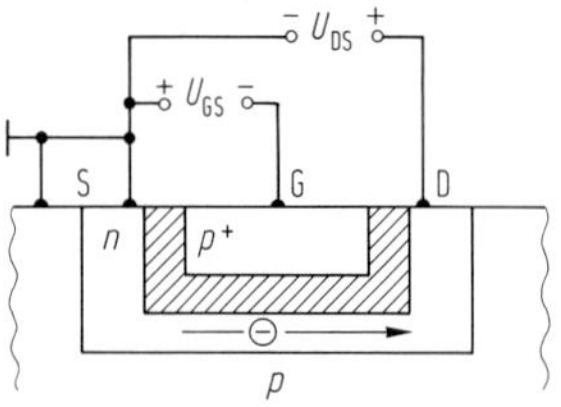

Bild 26. Aufbau eines n-Kanal-Sperrschicht-FETs; Feldzone schraffiert

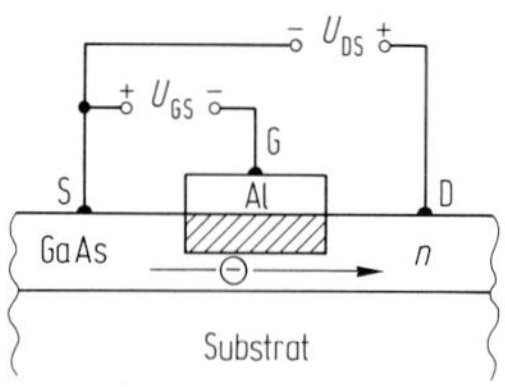

Bild 27. Aufbau eines n-Kanal GaAs-MESFETs; Feldzone schraffiert

auch von U_{DS} ab, wie das Ausgangskennlinienfeld in Bild 25 zeigt (Anlaufbereich). Für niedrige D-Spannungen reicht der Kanal von S bis D. Der Strom nimmt mit der effektiven Steuerspannung $U_{GS} - U_{th}$ und mit U_{DS} zu (vgl. Gl. (27)):

$$I_{DS} = \text{const}\,[(U_{GS} - U_{th})\,U_{DS} - 1/2\,U_{DS}^2]\,. \quad (32)$$

Der Kanal verhält sich bei kleinen Werten U_{DS} wie ein ohmscher Leitwert G, der linear mit der effektiven Steuerspannung zunimmt:

$$G \simeq I_{DS}/U_{DS} \simeq \text{const}\,(U_{GS} - U_{th})\,. \quad (33)$$

Bei großen Spannungen $U_{DS} \geqq U_{GS} - U_{th}$ ist dagegen die Einsatzspannung des FETs am drainseitigen Ende des Kanals unterschritten; der Kanal reicht daher nicht mehr bis zur D-Elektrode. Der Strom bleibt auf einem Sättigungswert, der quadratisch von $U_{GS} - U_{th}$ abhängt:

$$I_{DS} = 1/2\,\text{const}(U_{GS} - U_{th})^2\,. \quad (34)$$

In der Praxis findet man auch MOSFETs vom p-Kanaltyp, überragende Bedeutung haben aber die n-Kanaltypen in Si-Gate-Technik. Die Gateelektrode wird in einem selbstjustierenden Herstellverfahren meistens aus polykristallinem Si aufgebracht. MOSFETs dieser Technik stellen heute in Kleinsignalausführung die Basis der digitalen und analogen MOS-IC-Technik dar (vgl. 1.3). Diskret aufgebaut sind sie überwiegend als Leistungs-FETs von Bedeutung (s. unter „MOS-Leistungstransistoren").

Sperrschicht-Feldeffekttransistoren. Ebenfalls aus Si werden auch Sperrschicht-FETs (= Junction-FET, JFET) hergestellt. Der Kanal wird von einer Diffusionswanne in einem p-Substrat gebildet, in die eine p^+-Schicht als Steuerelektrode eingebracht worden ist (Bild 26). Gesteuert wird der Junction-FET über die Kanaltiefe, die von der Ausdehnung der Raumladungszone an der p^+n-Grenze und damit von der Gatespannung abhängt. JFETs dieser Technik werden als diskrete Verstärker- und Schaltstufen für kleine und große Signale bei hohen Frequenzen eingesetzt.

GaAs-Feldeffekttransistoren [48]. Sie haben als Verstärker (rauscharme Verstärker, Regelverstärker, Leistungsverstärker), Mischer, Oszillatoren, Schalter, Phasenschieber u. a. bei Frequenzen oberhalb ca. 2 GHz wegen der gegenüber dem Si höheren Elektronenbeweglichkeit und Sättigungsdriftgeschwindigkeit große Bedeutung gewonnen.
Die Steuerelektrode bildet ein sperrender Schottky-Kontakt (s. unter „Signalverarbeitende Dioden" und Bild 27), weshalb dieser Typ auch als MESFET bezeichnet wird. Die Wirkungsweise entspricht der eines Sperrschicht-FETs. Der Kanal liegt in einer dünnen, epitaktisch oder durch Ionen-Implantation erzeugten n-GaAs-Schicht. Die Herstellung der Elektroden erfolgt durch Aufdampf- und Abhebetechnik mit Ohm-Kontakten aus GeAuCrAu und Schottky-Kontakten aus Al oder TiPtAu. Die Gatelängen der Steuerelektroden bewegen sich zwischen 1,0 und 0,25 μm, hergestellt mit Feinstruktur-Lithographieequipment wie Optischer Stepper oder Elektronenstrahlschreiber.
In größerem Umfang werden inzwischen auch bereits monolithische GaAs-MESFET-Schaltungen hergestellt, die sog. MMICs (Monolithic Microwave Integrated Circuits), die auf kleinster Fläche aktive Bauelemente und passive Bauelemente (Streifenleiter, Spiralspuler, Dünnfilmkondensatoren, Interdigitalkondensatoren) zusammenfügen.

GaAs-Heterostrukturtransistoren. Die Beweglichkeit der Ladungsträger im Transistor läßt sich wesentlich erhöhen, wenn zwei Halbleiter mit unterschiedlichem Bandabstand und verschiedener Ladungsträger-Konzentration, aber sehr ähnlicher Kristallgitterkonstanten, epitaktisch aufeinander aufwachsen [49]. Besonders geeignet ist die Kombination der binären III-V-Verbindung Gallium-Arsenid (GaAs) mit der ternären III-V-Verbindung Gallium-Aluminium-Arsenid (GaAlAs).
Der daraus entstandene Transistor wird als High Electron Mobility Transistor (HEMT) bezeichnet. Aus dem Vergleich der Bilder 28 a und b wird deutlich, daß der HEMT wie der MESFET ein Feldeffekttransistor mit Steuerung über einen Schottky-Kontakt ist. Der physikalische Grund der erhöhten Beweglichkeit ist die energetisch tiefere Lage des Leitungsbandminimums im GaAs gegenüber dem AlGaAs. Demzufolge kön-

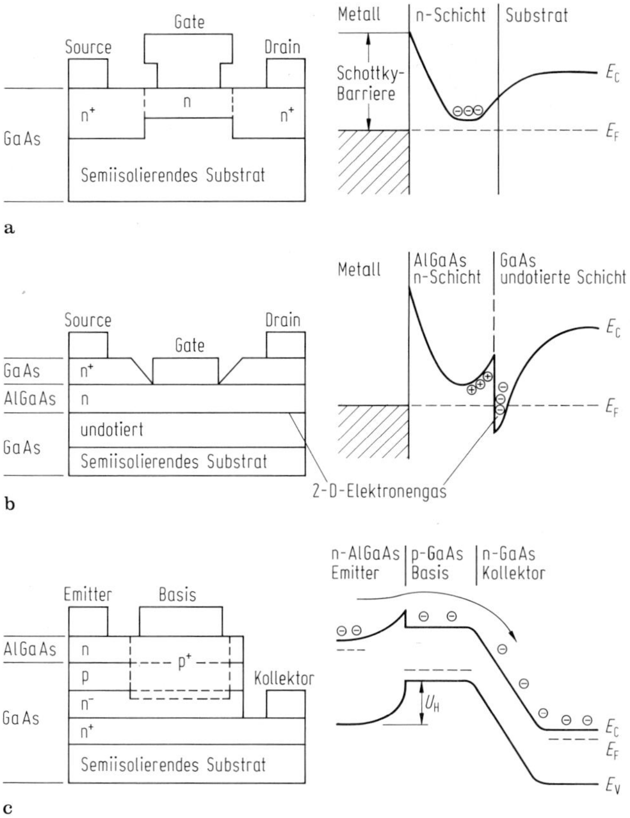

Bild 28. Querschnitte und Banddiagramme für **a)** MESFET; **b)** HEMT; **c)** HBT

nen sich Elektronen aus der dotierten AlGaAs-Schicht in die nahezu undotierte GaAs-Schicht hineinbewegen und erfahren dort wegen des nahezu völligen Fehlens ionisierter Störstellen nur noch eine reduzierte Streuung. Man sagt, es entsteht an der Grenzfläche von GaAs und AlGaAs ein zweidimensionales (2D-)Elektronengas.

Die Kommerzialisierung des HEMT begann etwa 1985, nachdem mit der Molekularstrahlepitaxie (Molecular Beam Epitaxy, MBE) die Realisierung von Heteroschichten im 0,1-nm-Bereich gelang. Heute werden die HEMTs wie die MESFETs mit Gatelängen von 0,5 µm bzw. 0,3 µm produziert.

Der Einsatzbereich entspricht dem des GaAs-MESFET, d.h. sie werden vornehmlich als rauscharme Verstärker, Mischer und Oszillatoren im Mikrowellen- und Millimeterwellen-Bereich eingesetzt. Der HEMT weist dabei aufgrund seiner höheren Transitfrequenz f_T eindeutig Vorteile oberhalb ca. 10 GHz auf, wie Tab. 1 zeigt.

Darüber hinaus gewinnt zunehmend ein zweiter Heterotransistor an Bedeutung, der Heterojunction Bipolar Transistor (HBT, s. Bild 28c). Er vereint in sich die hohe Elektronenbeweglichkeit der III-V-Halbleiter mit der hohen Steilheit der bipolaren Transistoren. Das wird durch die Verwendung eines AlGaAs-Emitters erreicht, der im Vergleich zur GaAs-Basis eine größere Energiebanddifferenz $E_c - E_v$ aufweist (sog. Wide Gap-Emitter) und daher eine Löcherinjektion wirksam unterdrückt. Dies erlaubt eine Optimierung von Basiswiderstand und Emitter-Basis-Kapazität bei Erhaltung einer hohen Emitter-Injektion und damit insgesamt verbesserte HF-Eigenschaften.

Zur Realisierung ist wiederum eine zuverlässige Dünnfilm-Heteroepitaxie notwendig, in diesem

Tabelle 1. Minimale Rauschzahl (F), zugehöriger verfügbarer Gewinn (G_a) und Transitfrequenz (f_T) von MESFET und HEMT.

0,3 µm FET	12 GHz F dB	G_a dB	18 GHz F dB	G_a dB	f_T GHz
MESFET	1,3	9,5	1,9	6,0	30
HEMT	1,0	11,0	1,4	9,0	55

Fall die MOVPE (Metal Organic Vapour Phase Epitaxy). Diskrete HBTs werden insbesondere für Leistungsverstärker Bedeutung gewinnen. Für den HEMT wie HBT ist in Analogie zum MESFET die Realisierung von monolithischen Schaltkreisen von großem Interesse. Bei den HEMT IC stehen die Millimeterwellenschaltungen für Anwendungen in der Nachrichtenübertragung, hochauflösende Radarsysteme, optoelektronische Komponenten, aber auch schnelle digitale Schaltungen im Mittelpunkt. Die HBT IC eignen sich für alle Sendestufen im Mikro- und Millimeter-Wellenbereich. Darüber hinaus sind sie aufgrund der gegenüber den besten Si-Schaltungen wesentlich geringeren Gatterlaufzeit auch für Speicherbausteine interessant.

Leistungshalbleiter. *Bipolare Leistungstransistoren* [45]. Im Vordergrund steht bei Leistungstransistoren der zuverlässige Betrieb bei großen Spannungen und Strömen, d.h. große elektrische Belastbarkeit und große Sicherheit gegen thermische Instabilitäten (Zweiter Durchbruch). Zu Gunsten der Robustheit und der wirtschaftlichen Fertigung großflächiger Chips geht man bei NF-Leistungstypen meistens von der Planartechnik zu angepaßten Mesa-Technologien über (Mesa (span.) = Tafelberg). Die Mesatechnik wurde vor Einführung der Planartechnik schon zur Herstellung von Kleinsignaltypen verwendet.

Beim *Einfachdiffusionstransistor* (hometaxial, single diffused, Bild 29a, b) wird der Dotierungsverlauf mit einem einzigen Diffusionsschritt eingestellt. Die Transistoren haben höchste Belastbarkeit, sind aber langsam; sie werden bevorzugt als Regler eingesetzt.

Der *Epibasistransistor* (homobase) hat als Besonderheit eine ganzflächig epitaktisch auf das gut leitende Kollektorsubstrat aufgebrachte Basisschicht. Gegenüber einfachdiffundierten Typen ist das dynamische Verhalten verbessert. Außerdem sind komplementäre npn- und pnp-Ausführungen für Gegentaktendstufen verfügbar.

Einfachdiffusions- und Epibasistransistoren entsprechen dem einfachen Dotierungsschema von Bild 20a und sind für Maximalspannungen bis 100 V verfügbar. Höhersperrende Typen bis 3000 V werden als *Dreifachdiffusionstransistoren* (triple diffused) hergestellt; sie haben wie Planartypen einen zusätzlichen schwach *n*-leitenden *ν*-Bereich (Bild 30a, b). Die Technik mit diffundiertem Kollektor ergibt den für Hochspannungstransistoren vorteilhaften stetigen Dotierungsübergang zwischen n^+- und *ν*-Zone, der sonst nur mit einer abgestuften Folge mehrerer übereinanderliegender Epischichten zu erreichen ist. In Bild 30b ist dies gestrichelt angedeutet.
Transistoren dieser Bauart haben sich aufgrund ihres guten Hochstromverhaltens universell als Schalter für induktive Lasten eingeführt, z.B. in Horizontalendstufen von Fernsehgeräten oder in Schaltnetzteilen.
Daneben gibt es auch für NF-Anwendungen Leistungstransistoren in Planartechnik. Dagegen haben legierte oder diffundierte Germaniumtypen heute keine praktische Bedeutung mehr. Wenn zur Ansteuerung bipolarer Transistoren nur wenig Steuerleistung verfügbar ist, setzt man auch monolithisch integrierte Darlington-Typen ein, die aus zwei hintereinandergeschalteten Einzeltransistoren bestehen, so daß sich deren Stromverstärkungen annähernd multiplizieren (s. Gl. I 2.8).
Im Falle von HF-Leistungstransistoren sind Betriebsstromdichten und spezifische elektrische Anforderungen im Vergleich zu den Vorstufentypen nicht sehr verschieden. Für die Herstellung in Frage kommt grundsätzlich nur die Planartechnik mit einer Vermehrung der auf einem Chip nebeneinanderliegenden, feinen Emitterstrukturen, wie sie auch bei Kleinsignal-HF-Transistoren üblich sind.

MOS-Leistungstransistoren [50]. Diese sind neuerdings neben die bipolaren Leistungstransistoren getreten. Da eine laterale Anordnung von Source und Drain gemäß Bild 24 nur für kleine Ströme und Spannungen günstig ist, sind bei Lei-

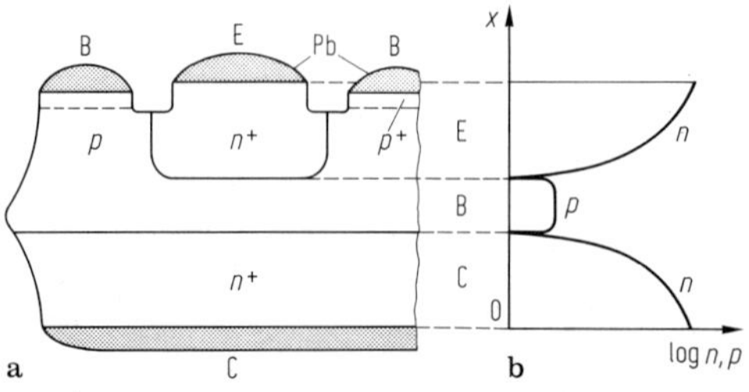

Bild 29. Aufbauschema eines einfachdiffundierten Transistors. **a**) Schnittzeichnung; **b**) Dotierungsverlauf zwischen Emitter und Kollektor

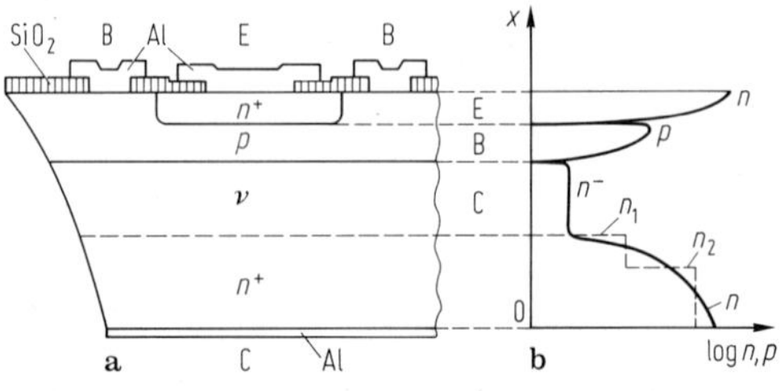

Bild 30. Aufbau eines dreifachdiffundierten Transistors (schematisch). **a**) Schnittzeichnung (trenngeätzte Ausführung); **b**) Dotierungsverlauf zwischen Emitter und Kollektor (gestrichelt ein Dotierungsprofil mit mehrfach-epitaxialem Kollektor)

stungstypen die S- und D-Bereiche vertikal wie Emitter und Kollektor in einem bipolaren Transistor angeordnet (Bild 31). Die gesteuerten Kanäle liegen als laterale Strukturen an der Chipoberseite, der Drainanschluß auf der Chiprückseite. Dazwischen befindet sich wie bei bipolaren Transistoren eine hochohmige n^--Schicht zur Aufnahme einer Raumladungszone. Mit einer großen Anzahl parallel liegender S-Inseln kann beinahe die gesamte Chipfläche für den Stromfluß durch das schwach leitende Bahngebiet ausgenutzt werden. Eine Herstell-Variante sind V-MOS-FETs, bei denen der Steuerkanal entlang der Wände V-förmig geätzter Gräben an der Chipoberseite liegt [51].
MOS-Leistungs-FETs sind bipolaren Transistoren bezüglich des dynamischen Verhaltens überlegen, da die Minoritätsträgerinjektion entfällt. Aus den gleichen Gründen ist auch die Belastbarkeit größer, die Ansteuerleistung geringer und die Schaltungstechnik einfacher. Sie sind daher optimal als schnelle Schalter oder zur Verstärkung hochfrequenter Signale geeignet. Allerdings fehlt mit den Speicherladungen auch die Leitfähigkeitsmodulation der Bahnwiderstände. MOS-Leistungs-FETs haben daher entweder größere Restspannungen, oder sie müssen parallel geschaltet werden.

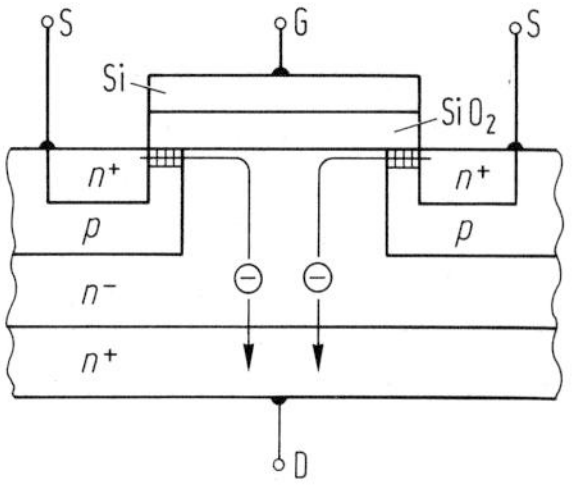

Bild 31. MOS-Leistungstransistor (Flächenelement, Kanal schraffiert)

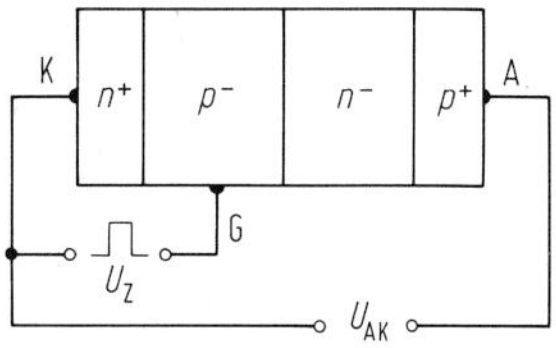

Bild 32. Schematischer Aufbau eines Thyristors mit Last- und Steuerkreis

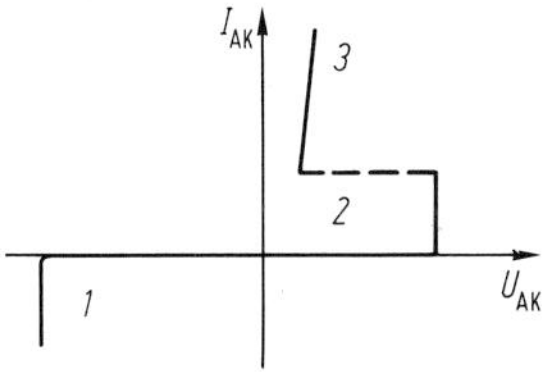

Bild 33. Kennlinienäste eines Thyristors. *1* Sperrbereich, *2* Blockierbereich, *3* Durchlaßbereich

Thyristoren [52]. Der Thyristor oder SCR (Silicon Controlled Rectifier) ist ein steuerbarer Gleichrichter, der nahezu ausschließlich in der Wechselstrom- und Starkstromtechnik zur Regelung und Umformung von Strömen und Spannungen eingesetzt wird. Vom Aufbau her ist er ein Vierschichtelement der Folge $p^+n^-p^-n^+$ mit schwach dotierten inneren Zonen (Bild 32). Die Gleichrichterkennlinie zeigt Bild 33.
Wenn die Anode A negativ gegenüber der Kathode K vorgespannt ist, ist sowohl die n^+p^-- als auch die n^-p^+-Grenzschicht für den Ladungsträgertransport gesperrt (Sperrbereich). Bei geerdeter Gateelektrode G ist der Thyristor auch mit positiver Anodenspannung U_{AK} nicht leitend (Blockierbereich), da in diesem Fall der n^-p^--Übergang gesperrt bleibt. Mit einem positiven Zündimpuls am Steuergate G wird nun das p^--Gebiet gegenüber der Kathode in Flußrichtung gepolt. Von der Kathode her setzt ein Injektionsstrom von Elektronen ein, die durch das p^--Gebiet hindurch bis in die n^--Zone diffundieren. Durch die negative Elektronenladung wird seinerseits das n^--Gebiet gegenüber der Anode in Flußrichtung vorgespannt. Von der Anode wird daher ein Defektelektronenstrom durch die n^--Schicht bis in die p^--Zone injiziert, wo er sich zum extern eingegebenen Zündstrom addiert. Ist der Zündvorgang einmal in Gang gekommen, so fließen die Injektionsströme sich gegenseitig unterstützend ohne äußere Steuerung weiter. Der Thyristor springt aus dem Blockierzustand auf die Durchlaßkennlinie (Bild 33). Die verbleibende Flußspannung ist klein, da die Minoritätsträgerüberschwemmung der inneren, schwach leitenden Bahngebiete denen einer $p^+n^-n^+$-Diode nach Bild 17c entspricht. Durch Wahl des Zündzeitpunkts läßt sich z.B. der Stromflußwinkel einer Wechselstromhalbwelle steuern.
Der Flußstrom darf einen Mindestwert, den Haltestrom, nicht unterschreiten, da sonst der Stromfluß abreißt. Der Blockierzustand kann wiederum auch ohne Zündimpuls in den Durchlaßzustand übergehen, wenn der Spannungsanstieg $\mathrm{d}U_{AK}/\mathrm{d}t$ zu rasch erfolgt. Eine Trägerinjektion kommt an beiden Elektroden unter Umständen nämlich bereits durch den kapazitiven Entladestrom beim Aufbau der Feldzone an der p^-n^--Grenze in Gang. Ein Thyristor ist erst wieder sperrfähig, wenn die äußere Spannung U_{AK} für kurze Zeit negativ war (Sperrverzögerung). Die Blockierfähigkeit bei positiver Spannung U_{AK} erlangt ein Thyristor erst nach weiterer Verzögerung (Freiwerdezeit), während der die Speicherladungen aus dem hochohmigen Gebiet

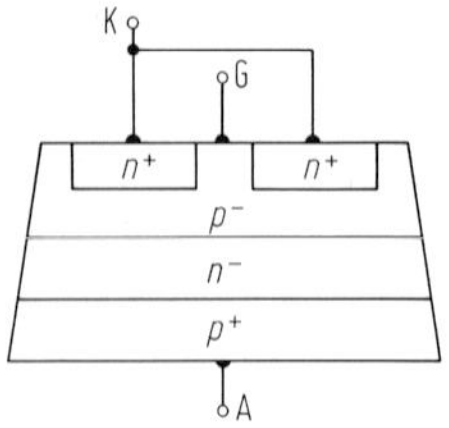

Bild 34. Aufbau eines Scheibenthyristors

entfernt worden sind. Die zum Löschen eines Thyristorstroms erforderlichen Bedingungen stellen sich bei Wechselspannungsbetrieb während der negativen Halbwelle von selbst ein (Kommutierung). Eine Ausführung von Thyristoren für große Ströme bis über 1000 A zeigt Bild 34.
Thyristoren lassen sich als GTO-Thyristoren über das Gate abschalten (Gate Turn Off, [52, Kap. 9]). Mit dem Thyristor verwandt ist auch der bidirektionale Thyristor (Triac), in dem durch Antiparallelschaltung zweier Thyristorstrukturen der Stromfluß in beiden Halbwellen über die Gateelektrode steuerbar ist [52, Kap. 9].

1.3 Integrierte Schaltungen
Integrated circuits

Technologie und Bauelemente integrierter Schaltungen. Das Prinzip des Planarprozesses [3] gestattet die gleichzeitige Herstellung von vielen Bauelementen wie Transistoren, Dioden, Widerständen, etc. auf einer Siliziumscheibe und von elektrischen Verbindungen, die diese Bauelemente zu Schaltungen verknüpfen. Im einzelnen sind hierzu Prozeßschritte zur Herstellung der eigentlichen Bauelemente, zur Sicherstellung der elektrischen Isolation der Bauelemente gegeneinander und zur Realisierung der Schaltungsverknüpfungen zu unterscheiden. In derzeitigen Schaltungen wird die Isolation von MOS- und Bipolartransistoren in der Regel durch das hochohmige Verhalten von in Sperrichtung gepolten pn-Übergängen bewirkt. Allerdings ist zur Verringerung der Bauelementwechselwirkungen (CMOS-Latch-Up) und zur platzsparenden Isolation (LOCOS = *L*ocal *O*xidation of *S*ilicon) von Bipolartransistoren ein Trend zur vollständigen dielektrischen Isolation zu erkennen.
In den Bildern 35 und 36 sind die Grundprozesse der Planartechnologie für Bipolar- und MOS-Transistoren dargestellt [53]. Durch wiederholte Anwendung von Photolacktechniken, die eine Photolackbeschichtung, eine ortsselektive Belichtung und eine anschließende Lackentwicklung beinhalten, wird mittels geeigneter Masken die Scheibenoberfläche an bestimmten Stellen physikalischen und chemischen Prozessen ausgesetzt, während andere Stellen entsprechend „maskiert" bleiben. Neben den in den Bildern dargestellten Grundschritten sind noch einige zusätzliche bzw. alternative Prozeßschritte üblich, die letztlich der Erhöhung der Packungsdichte der einzelnen Bauelemente auf dem Chip und der Erhöhung der Schaltgeschwindigkeit der Bauelemente bei gleichzeitiger Verringerung der auf dem Chip erzeugten Verlustleistung dienen, so daß derzeit ca. 14 Maskierungsschritte bei Bipolar- und CMOS-Prozessen üblich sind.
Übliche Verteilungen der Dotierstoffkonzentrationen (Dotierungsprofile) sind in Bild 37 dargestellt, wobei generell mit fortschreitender Weiterentwicklung der Technologie ein Trend zu „flachen" Profilen mit höheren Dotierstoffkonzentrationen festzustellen ist.
Neben den aktiven Elementen wie Transistoren und Dioden werden auch Widerstände und Kondensatoren verwendet, wobei auf Induktivitäten verzichtet werden muß. Schottky-Dioden sind als Majoritätsträgerdevices wegen ihres guten Schaltverhaltens interessant, zumal sie wegen ihrer kleinen Schwellspannungen vorteilhaft als „Clampingdioden" zur Verhinderung der „tiefen Sättigung" von Bipolartransistoren benutzt werden können [8]. Konventionelle Schaltdioden werden in der Regel aus Transistoren durch Kurzschluß von Basis- und Kollektorkontakt verschaltet, während die Zusammenschaltung von Emitter- und Kollektoranschlüssen Speicherdioden z. B. für DTL- und TTL-Anwendungen ergibt. Für integrierte Widerstände lassen sich Emittergebiete mit Schichtwiderständen von ca. 20 Ω und Basisgebiete mit ca. 500 Ω verwenden, wobei Widerstandswerte nur mit ca. 20% Toleranz, Widerstandsverhältnisse allerdings wesentlich kontrollierter ($<2\%$) herstellbar sind. Durch Variation von Länge und Breite der Widerstandsgeometrie lassen sich verschiedene Widerstandswerte mit den festgelegten Schichtwiderständen einstellen. Diese Widerstände im Bulkmaterial sind stets mit den entsprechenden Sperrschichtkapazitäten parasitär belastet. Daher werden zunehmend Widerstände in Polysiliziumschichten verwendet, die ohne diese Nachteile herstellbar sind.
Für Kapazitäten können bei entsprechender Polung die Emitter-Basis- bzw. die Basis-Kollektor-Sperrschichtkapazitäten mit den flächenspezifischen Werten von 3 $\mathrm{fF/\mu m^2}$ bzw. ca. 0,3 $\mathrm{fF/\mu m^2}$ verwendet werden, wobei die Emitter-Basis-Sperrspannung auf 2 bis 8 V und die Basis-Kollektor-Sperrspannung auf ca. 15 bis 30 V beschränkt ist. Spannungsunabhängige Kapazitäten ergeben sich durch Verwendung von isolierenden Dielektrika zwischen Polysilizium- oder Metallschichten, wobei die flächenspezifischen Werte durch die Dicke des Isolationsoxids bestimmt sind.

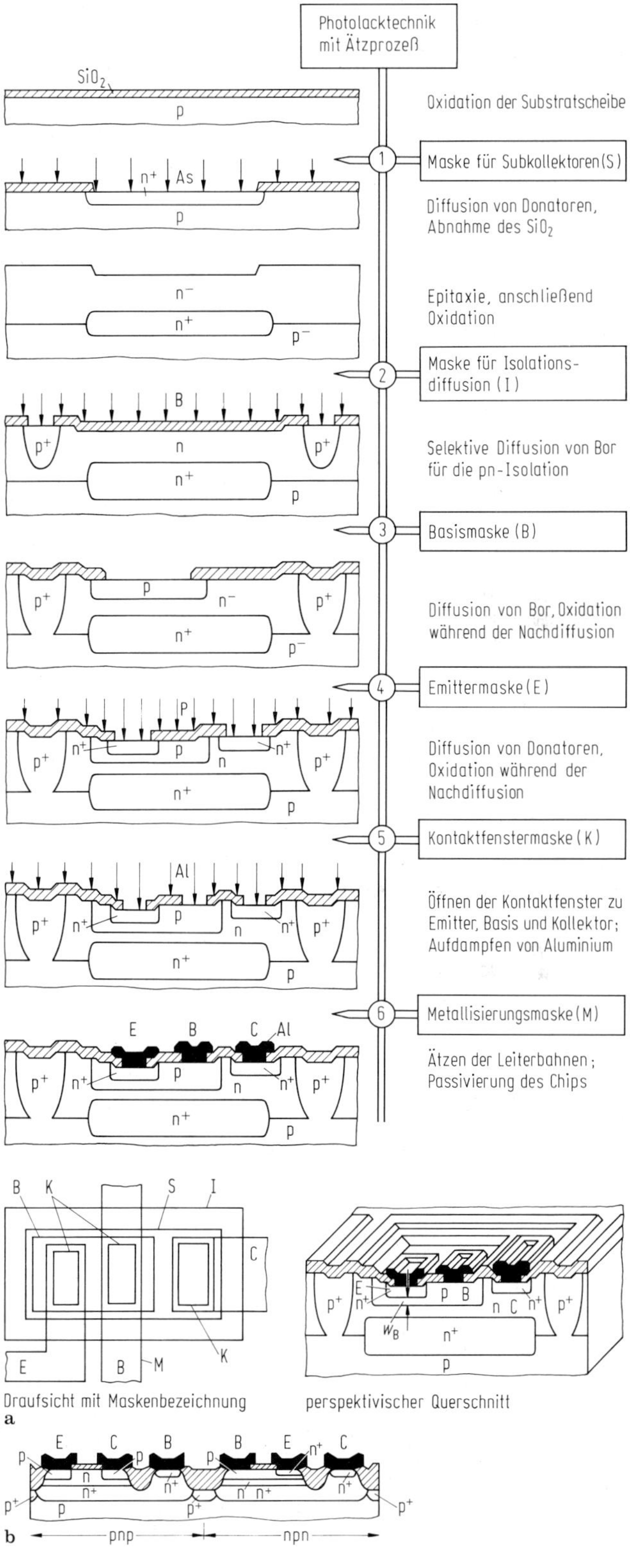

Bild 35. a) Standardprozeß und damit realisierter npn-Bipolartransistor;
b) Querschnitt von pnp- und npn-Bipolartransistoren, realisiert in einem fortschrittlichen LOCOS-Prozeß

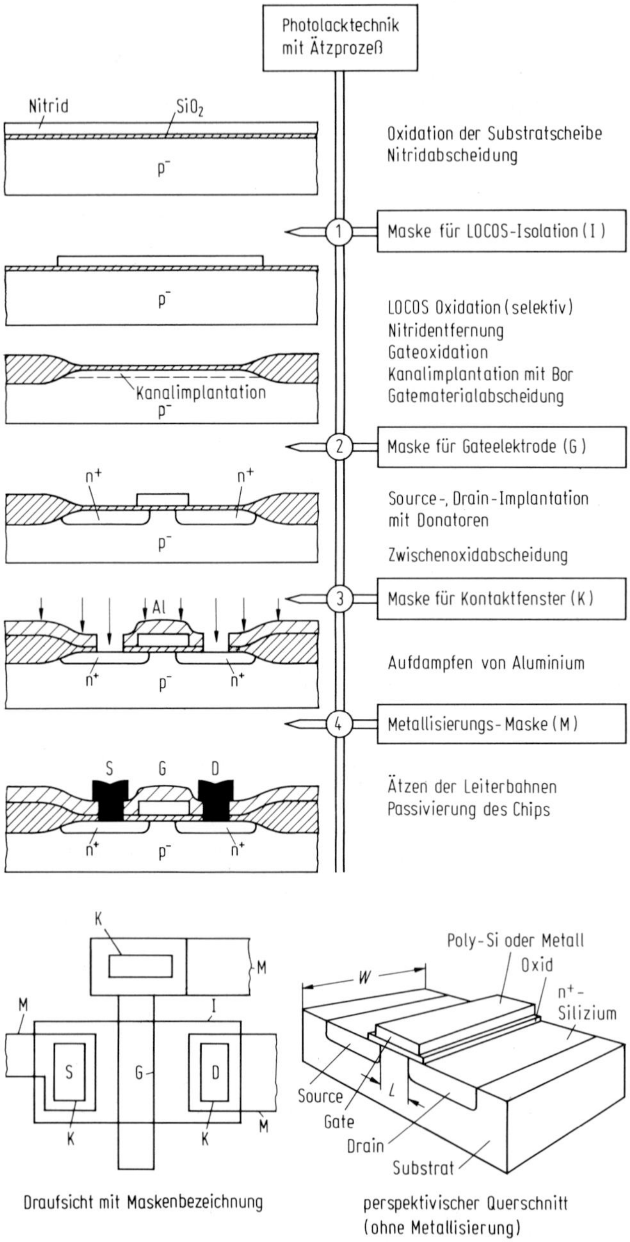

Bild 36. Standardprozeß für MOS-Transistoren (n-Kanal)

Depletion- und Enhancement-MOS-Transistoren unterscheiden sich durch ihren Leitungszustand bei fehlender Gatevorspannung ($U_{GS} = 0$ V). Durch Donatorimplantationen in das Kanalgebiet eines n-Kanal-Transistors werden üblicherweise Gate- und Sourceanschlüsse verbunden, und der Transistor wird selbstleitend und kann als „Depletionlast" verwendet werden. Durch Variation der Kanalimplantation lassen sich Transistoren mit verschiedenen Einsatzspannungen, z.B. „Nullvolt-Transistoren" mit $U_{th} = 0$ V, für die verschiedenen schaltungstechnischen Aufgaben herstellen, wobei dafür jeweils eine Ionenimplantationsmaske erforderlich ist. Komplementäre MOS-Schaltungen – CMOS – bestehen im Prinzip aus Serienschaltungen von n-Kanal und p-Kanal-Transistoren mit parallelgeschalteten „Gates", wie ein Querschnitt in Bild 38 dargestellt. Da entweder der n-Kanal oder der p-Kanal-Transistor leitet, wird in dieser Technik praktisch keine Ruheverlustleistung, sondern lediglich dynamische Verlustleistung

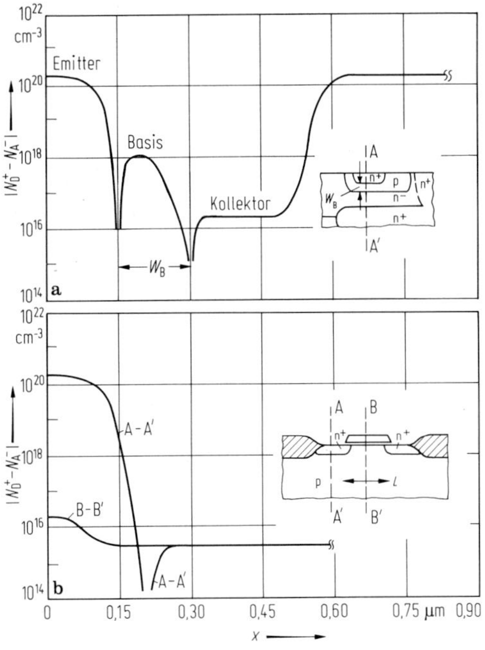

Bild 37. Resultierende Dotierungsprofile. **a**) npn-Bipolartransistor-Dotierungsprofil, Schnitt A—A′ W_B = Basisweite; **b**) n-Kanal MOS-Transistor-Dotierungsprofil, Schnitt A—A′, B—B′ L_G = Gatelänge

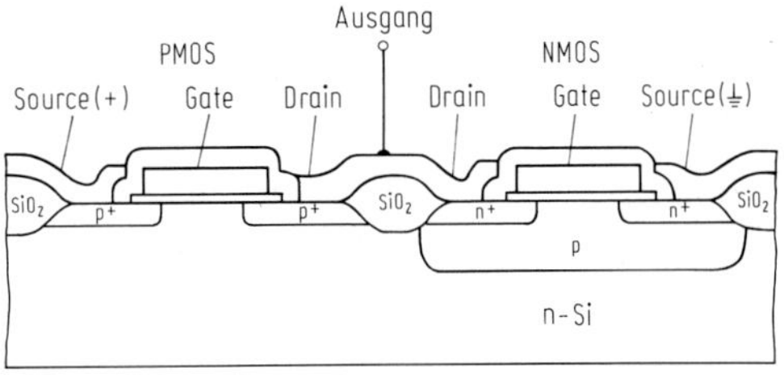

Bild 38. Querschnitt durch eine CMOS-Struktur in p-Wannen-Technik

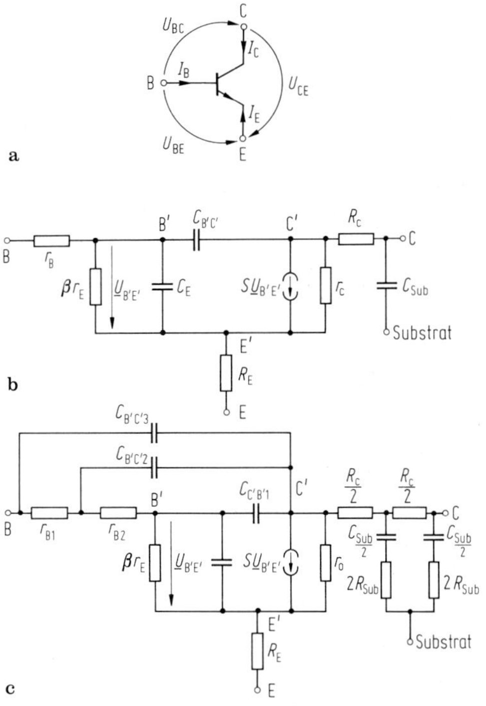

Bild 39. Integrierter npn-Transistor. **a** Pfeilung der Ströme und Spannungen; **b** Kleinsignal-Ersatzschaltung $U_{BE}(t) = U_{BEO} + u_{BE}(t)$, $u_{BE}(t)$ ○—● $\underline{U}_{BE}$; **c** Hochfrequenz-Ersatzschaltung ($f \lesssim f_T/3$)

verbraucht, so daß diese Schaltungstechnik für hochkomplexe Systeme vorteilhaft ist. Nachteilig ist die relativ hohe kapazitive Belastung. Der große Platzbedarf und damit die vergleichsweise geringe Integrationsdichte ergeben sich aus der Forderung, n-Kanal- und p-Kanal-Transistoren nicht zu eng zu plazieren, da sonst interne oder extern induzierte Störungen zum Zünden der durch den Aufbau bedingten parasitären npnp-Thyristoren führen, wodurch der „Chip" zerstört wird. Dieser gefürchtete „Latch-up"-Effekt kann durch verschiedene geometrische Anordnungen und optimierte Dotierungsprofile behindert und durch dielektrische Isolation verhindert werden. Moderne Verfahren zur Latch-Up-Verhinderung führen zu dreidimensionalen Bauelementanordnungen, bei denen in den verschiedenen Polysiliziumschichten, die durch Dielektrika voneinander isoliert sind, Transistoren übereinander angeordnet sind.

Problematisch sind derzeit hierbei noch die ungenügend gute Kristallisation der Siliziumschichten und die zu hohe Dichte der Energiezustände an den Silizium/Oxid-Grenzflächen.

Analoge Grundschaltungen. Der Entwurf von integrierten Analogschaltungen wird dadurch sehr erschwert, daß die Parameter der zur Verfügung stehenden Bauelemente großen Streuungen unterworfen sind. Die Kleinsignal-Stromverstärkung $\beta \approx B$ von bipolaren Transistoren, die zu verschiedenen Zeiten, jedoch im gleichen Prozeß hergestellt worden sind, können z.B. zwischen $100 < \beta < 500$ schwanken. Weiter können aus Kostengründen einzelne Eigenschaften eines Bauelements nicht wie bei diskreten Elementen optimiert werden, da sonst der Standardprozeß geändert werden müßte. Auf der anderen Seite kann man davon ausgehen, daß gleichzeitig hergestellte und benachbarte Bauelemente weitgehend identische Parameter und gute Gleichlaufeigenschaften aufweisen. Damit werden neue Möglichkeiten eröffnet, insbesondere da viele

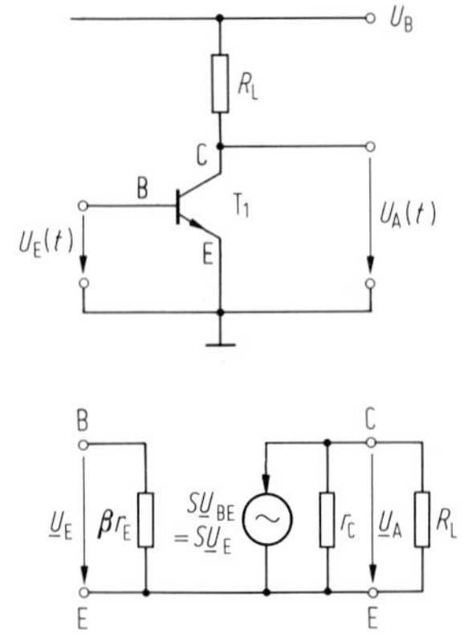

Bild 40. Stromlaufplan sowie vereinfachte Kleinsignal-Ersatzschaltung der Emitterschaltung

Bauelemente kostengünstig auf einem Chip realisiert werden können.
Unter normalen Betriebsbedingungen ist die Basis-Emitter-Diode eines Transistors in Durchlaß-, die Basis-Kollektor-Diode in Sperrrichtung geschaltet (Bild 39a). Eine unter diesen Bedingungen aus Bild 15 für einen Arbeitspunkt abgeleitete Kleinsignalersatzschaltung ist in Bild 39b gezeigt [54]; in Bild 39c sind weitere Elemente aufgenommen, welche die Aufteilung der parasitären Substratkapazität C_{Sub} und des Basisbahnwiderstandes r_B auf die Rückwirkungskapazität $C_{B'C'}$ berücksichtigen. Dieses recht aufwendige Ersatzschaltbild kann zur Simulation des Frequenzverhaltens von bipolaren Transistoren bis zu einem Drittel der Transitfrequenz f_T herangezogen werden. Für die Steilheit S gilt

$$S = (\partial I_C/\partial U_{BE})_{U_{CE}=\text{konst}} = 1/r_E = I_c/U_T$$

$$(S = 40 \text{ mS bei } I_C = 1 \text{ mA und } U_T = 25 \text{ mV}).$$

Bei der Emitterschaltung, bei der die Emitterklemme des gesteuerten Transistors dem Ein- und Ausgang gemeinsam ist, ist bei tiefen Frequenzen keine Rückwirkung vorhanden. Wie man dann anhand des vereinfachten Ersatzschaltbildes (Bild 40) ableitet, ist die Spannungsverstärkung dieser Stufe $V = -S R_L \| r_C$ (vgl. Gl. I3(3)). Für eine hohe Verstärkung benötigt man einen großen Lastwiderstand R_L. Dieser erfordert sowohl eine hohe Versorgungsspannung U_B als auch viel Fläche. Diese Nachteile werden durch eine aktive Beschaltung vermieden: Dazu wird im Kollektorzweig des npn-Transistors T_1 ein lateraler pnp-Transistor T_2 (Bild 41) als Stromquelle eingesetzt. Die Dualität beider Transistoren ist notwendig, um bei den anliegenden Spannungen den richtigen Arbeitspunkt einstellen zu können. Bild 42 zeigt die sog. Stromspiegelschaltung (s. auch Bild 43). Der Strom I_v fließt wegen $\beta \gg 1$ nahezu vollständig über den als Diode ($U_{CB3} = 0$) geschalteten Transistor T_3. Infolge der Kollektorstromabhängigkeit $I_C \approx I_S \exp(U_{BE}/U_T)$ (s. Gl. (26)) stellt sich eine Diodenspannung I_{BE3} in der Größe von 0,5 bis 0,8 V ein, so daß I_v über $I_v = -(U_B - U_{BE3})/R_v$ ermittelt bzw. eingestellt werden kann. Bei gleichzeitig hergestellten, d.h. nahezu gleichen Transistoren T_3 und T_2 muß bei identischer Basis-Emitter-Spannung ein zu I_v gleich großer, d.h. „gespiegelter", Kollektorstrom I_{C2} fließen. Eine reproduzierbare Abweichung des Kollektorstroms I_{C2} gegenüber I_v ist möglich, wenn T_2 und T_3 verschiedene Emitterflächen und damit verschiedene Sättigungsströme I_S aufweisen. Das Stromspiegelprinzip ist in Bild 43b für npn-Transistoren gezeichnet. Auch hier wird der Strom I_v in den Ausgangstransistor T_2 gespiegelt; die Schaltung stellt eine Konstantstromquelle dar, deren Ausgangswiderstand gleich dem Ausgangswiderstand r_{C2} von T_2 – bei $I_{C2} = 1$ mA etwa 100 kΩ – und damit hochohmig ist. Die in Bild 43c dargestellte Schaltung erhöht den Ausgangswiderstand durch eine interne Gegenkopplung; Bild 43d zeigt eine Schaltung, mit der kleine Ströme im Bereich μA eingestellt werden können.

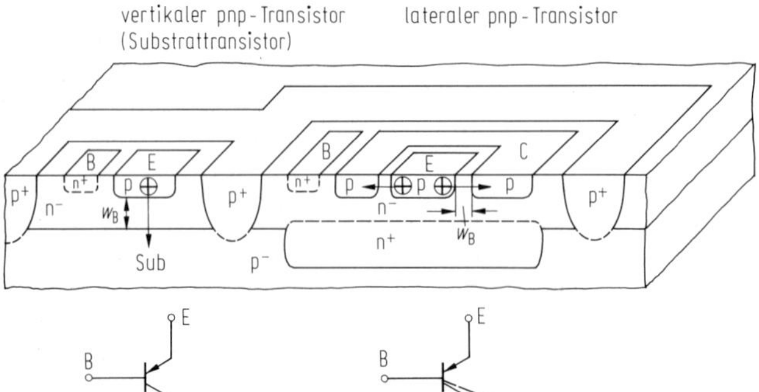

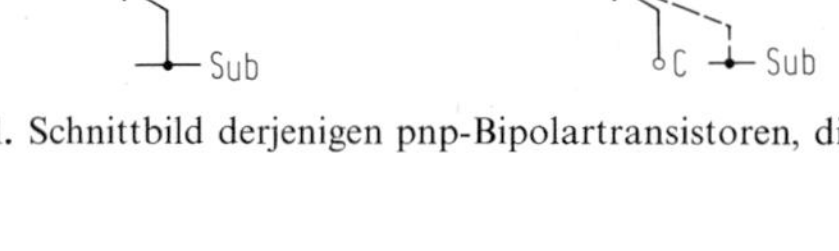

Bild 41. Schnittbild derjenigen pnp-Bipolartransistoren, die im Standardprozeß realisiert werden können

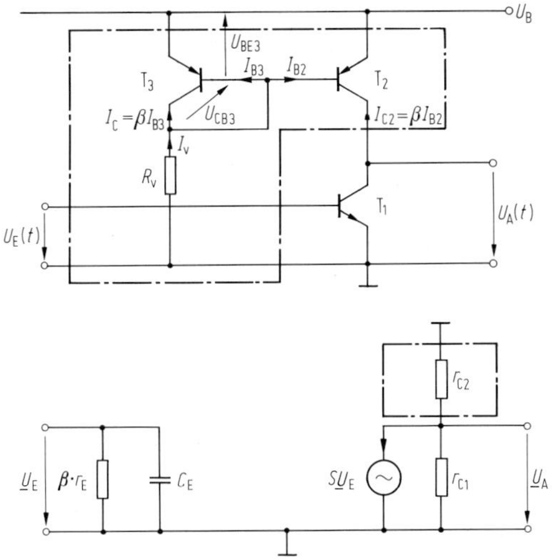

Bild 42. Integrationsgerechte Emitterschaltung. Die eingerahmte Stromspiegelschaltung hat die Funktion eines extrem hochohmigen Lastwiderstands

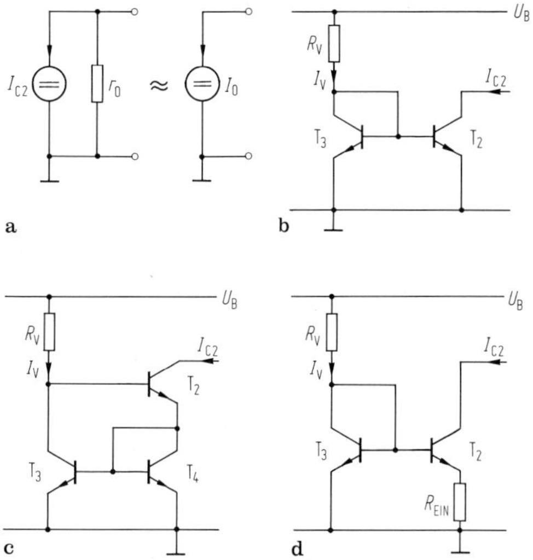

Bild 43. Konstantstromquelle. **a**) Ersatzschaltbild nichtideal, ideal; **b**) Stromspiegelschaltung; **c**) Stromspiegelschaltung mit erhöhtem Innenwiderstand; **d**) Stromspiegelschaltung für kleinen Konstantstrom (μA)

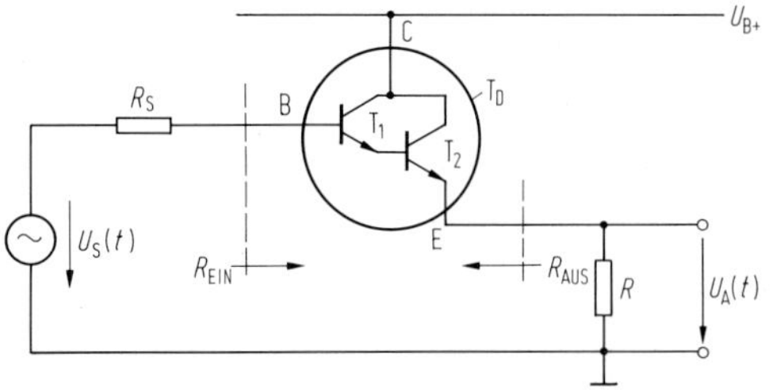

Bild 44. Kollektorschaltung (Emitterfolger). Zwischen den Klemmen E, B und C ist entweder ein Einzeltransistor oder der gezeichnete Darlington-Transistor mit der Stromverstärkung $\beta_D = \beta_1 \beta_2$ eingesetzt

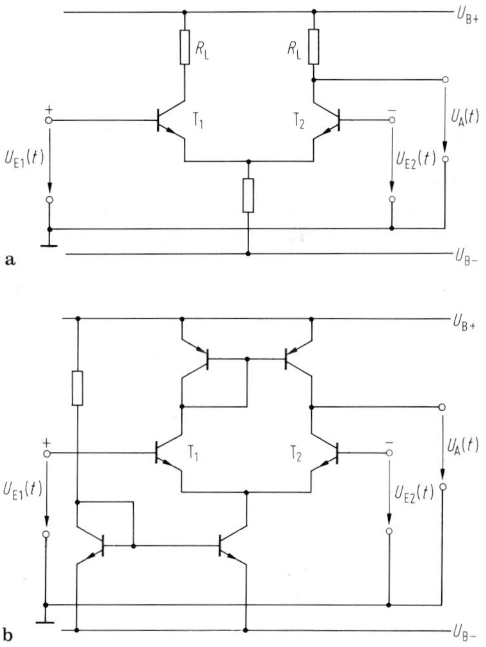

Bild 45. Differenzverstärkerstufe. **a**) Prinzipschaltung; **b**) integrationsgerechter Stromlaufplan

Eine weitere Grundschaltung ist die Kollektorschaltung nach Bild 44. Diese auch Emitterfolger genannte Grundschaltung hat bei vernachlässigbarem Innenwiderstand R_S der ansteuernden Quelle die Spannungsverstärkung $V = 1/[1 + 1/(SR)] < 1$; für $SR \to \infty$ gilt $V \to 1$. Der Eingangswiderstand ist $R_{EIN} = \beta r_E + (1 + \beta) R \approx \beta R \gg R$. Eine Spannung kann daher mit dieser Kollektorschaltung um so besser rückwirkungsfrei ausgekoppelt werden, je größer β ist. Eine hohe Stromverstärkung erzielt man, wenn anstelle eines Einzeltransistors der aus zwei Transistoren bestehende Darlington-Transistor T_D mit der Stromverstärkung $\beta_D = \beta_1 \beta_2$ eingesetzt wird. Der Ausgangswiderstand ist $R_{AUS} = 1/S + R_S/\beta \approx R_S/\beta$, d.h. ein hochohmiger Widerstand R_S kann durch den Emitterfolger an eine niederohmige Last R angepaßt werden.

Eine weitere Grundschaltung ist die Basisschaltung, die insbesondere für hochfrequente Schaltungen wegen der guten Entkopplung zwischen Ein- und Ausgangskreis Verwendung findet (s. hierzu auch I 3.1).

Eine vielverwendete Grundschaltung in integrierter Technik ist die Differenzverstärkerstufe,

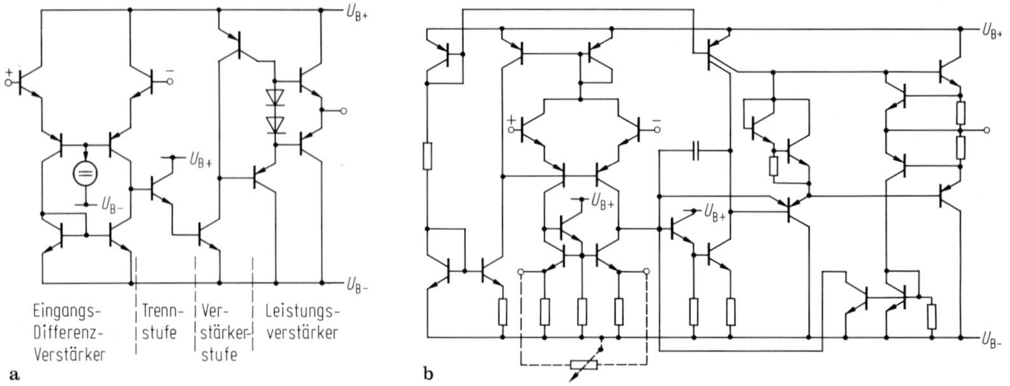

Bild 46. Stromlaufplan des Operationsverstärkers μA 741. **a**) vereinfachtes Schaltbild; **b**) realisierte Schaltung

deren Prinzipschaltbild und eine integrationsgerechte Lösung in Bild 45 gezeigt werden. Erstrebt wird eine möglichst hohe Verstärkung des Eingangsdifferenzsignals $U_{E1} - U_{E2}$ und eine weitgehende Unterdrückung des den Eingangssignalen gemeinsamen Gleichanteils. Als letzte Grundschaltung soll hier noch eine Ausgangsstufe erwähnt werden. Ein Gegentaktverstärker, wie er zur Leistungsverstärkung als letzte Stufe in Bild 46 a verwendet wird, erzielt im Vergleich zum Emitterfolger einen besseren Wirkungsgrad. Der verwendete pnp-Transistor muß einen verhältnismäßig großen Strom liefern. Da dessen Kollektor jedoch an der Substratklemme liegt, kann der flächengünstige Substrat-pnp-Transistor eingesetzt werden.

Eine der wesentlichsten analogen integrierten Schaltungen, die aus den erwähnten Grundschaltungen aufgebaut ist, ist der Operationsverstärker. Das Schaltbild eines vielverwendeten Operationsverstärkers zeigt Bild 46. Auffallend ist, daß außer Transistoren, Dioden und Widerständen und einem mitintegrierten Kondensator, der sich aus Stabilitätsüberlegungen ergibt, keine weiteren Bauelemente verwendet werden. Trennkondensatoren entfallen, da durch den Wechsel von npn- und pnp-Transistorstufen eine durchgehende Gleichstromkopplung möglich ist. Obwohl die Eigenschaften gleichartiger Chips große Streuungen aufweisen, können infolge der zur Verfügung stehenden extrem hohen Verstärkung durch präzise externe Bauelemente und Gegenkopplungsmaßnahmen genaue Anforderungen erfüllt werden. Mögliche Anwendungen für Operationsverstärker sind Entscheider, Gleichrichter, Integratoren sowie aktive Filterschaltungen.

In den letzten Jahren wurden auch für MOS-Prozesse geeignete integrierte Analogschaltungen entwickelt. Im Vergleich zum bipolaren Transistor ist die Steilheit des MOS-Transistors wesentlich geringer, er reagiert empfindlich auf hohe Belastung. Auf der anderen Seite wird weniger Fläche pro Transistor benötigt, so daß hier nicht nur Operationsverstärker, sondern Systeme bzw. Teilsysteme integriert werden können. So ist z. B. ein PCM-Tiefpaßfilter aus mehreren Operationsverstärkern zur Frequenzbandbeschneidung der Sprache auf einem Chip integriert worden [55]. Dies bedeutet, daß keine MOS-Universalverstärker existieren, sondern je nach Aufgabenstellung optimal angepaßte Operationsverstärker entworfen werden [56].

Im Gegensatz zur Basis des bipolaren Transistors stellt das Gate des MOS-Transistors eine rein kapazitive Belastung dar, es fließt kein Eingangsgleichstrom. Andererseits ist von der Drain-Ausgangsklemme eine kapazitive Rückwirkung vorhanden, die sich als sog. Miller-Kapazität meist ungünstig auf das Frequenzverhalten auswirkt. Weiter wird der Drainstrom nicht nur von der Gate-Source-Spannung U_{GS} beeinflußt, sondern ebenfalls von der über das rückwärtige Gate wirkenden Substratvorspannung; diese vierte Klemme des MOS-Transistors wirkt sich besonders nachteilig auf den Ausgangswiderstand aus.

Die CMOS-Technik ermöglicht wie die Bipolartechnik komplementäre Transistoren. Dadurch können die bei bipolaren Schaltungen bekannten Schaltungsprinzipien wie z. B. die Stromspiegelschaltung übernommen werden (Bild 47). Wesentlich schwieriger gestaltet sich der Entwurf von NMOS-Operationsverstärkern, bei denen die benötigten hochohmigen Lastwiderstände durch Depletiontransistoren realisiert werden [54]. Typische Werte eines CMOS-Operationsverstärkers sind eine Verstärkung zwischen 60 und 80 dB, eine Grenzfrequenz von 4 MHz bei einer Verlustleistung von 0,5 mW und eine Fläche von 0,1 mm^2. Die Schwellwertspannung eines MOS-Transistors ist durch die Summe mehrerer Technologieparameter bestimmt und streut daher mehr als die für einen bestimmten Strom erforderliche Basis-Emitter-

Spannung eines bipolaren Transistors, die entsprechend $U_{BE} = U_T \ln(I_C/I_S)$ nur logarithmisch von Technologieparametern (I_S) abhängt. Unter anderem bewirkt dieser Umstand bei MOS-Operationsverstärkern eine größere Offsetspannung; das ist die Ausgangsspannung des Operationsverstärkers bei kurzgeschlossenem Eingang, dividiert durch die Leerlaufspannungsverstärkung.

Geringe Verlustleistung sowie geringer Flächenverbrauch und die Möglichkeit, nahezu ideale Schalter in MOS-Technik realisieren zu können, haben zur Entwicklung der analogen Abtastfilter geführt. Neben der Speicherung von Analogwerten in Form von Ladungspaketen auf einem Kondensator werden Widerstände benötigt; diese werden durch geschaltete Kondensatoren realisiert (Bild 48). Wenn der Schalter mit einer hohen Taktfrequenz f_c vor- und zurückgeht, so fließt im Mittel ein Strom $I = C(U_2 - U_1)f_c$; die Größe des äquivalenten Längswiderstands ist damit $R = 1/(f_c C)$. Ein RC-Glied, dessen Grenzfrequenz im kHz-Bereich liegt, kann so aus zwei Kondensatoren und zwei Transistoren auf einer Fläche von ca. 0,01 mm^2 realisiert werden. Wesentlicher ist aber, daß die Grenzfrequenz dieses RC-Gliedes durch das Verhältnis zweier Kondensatoren bestimmt wird, welches innerhalb gewisser Grenzen im Promille-Bereich und besser eingehalten werden kann [57]. Der Durchbruch dieser Schaltungstechnik kam indessen, als mit dieser Technik der geschalteten Kondensatoren (switched capacitor, SC-Filtertechnik) beidseitig abgeschlossene, passive RLC-Filter simuliert wurden. Der eigentliche Grundbaustein ist mit der Übertragungsfunktion

$$\underline{U}_A = -(C_S/C_1)\,\underline{U}_1 + 1/(j\omega R C_1)(\underline{U}_3 - \underline{U}_2)$$

in gewohnter Schaltungstechnik in Bild 49a angegeben, die zeitdiskrete SC-Filterlösung, die näherungsweise denselben Frequenzgang besitzt, daneben [55, 58]. Eine integrations-technische Notwendigkeit besteht noch darin, unvermeidliche parasitäre Kapazitäten dadurch auszuschalten, daß diese an niederohmigen Spannungsquellen bzw. auf virtueller Masse liegen. Eine weitere Möglichkeit, Filteranforderungen auch bei höheren Frequenzen mit integrierten Bauelementen zu erfüllen, bieten CCDs (Charge Coupled Device) [59, 60].

Digital-Analog-Wandler. Ein Verfahren für D/A-Wandler verwendet die rückwirkungsfreie Addition von dual abgestuften Strömen mit Hilfe eines an eine Sammelschiene angeschlossenen Operationsverstärkers. Die Ströme werden entsprechend der Wertigkeit des dualen Code $d_1 \dots d_n$ aus einer Referenzspannung U_{Ref} über entsprechend abgestufte Widerstände erzeugt (Bild 50). Um den Temperatureinfluß der als

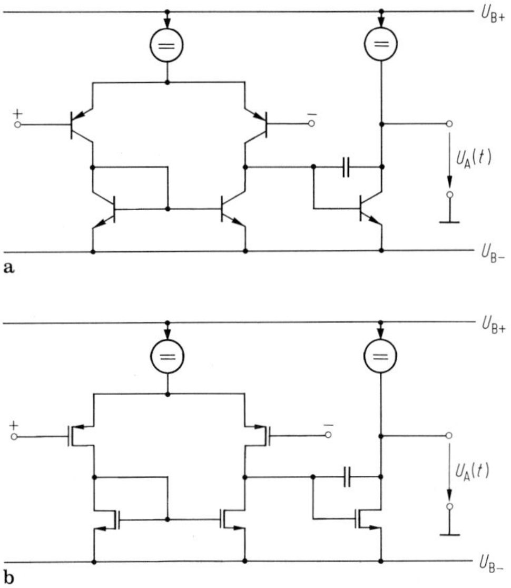

Bild 47. Zweistufiger Operationsverstärker realisiert in **a**) bipolarer Technologie; **b**) CMOS-Technologie

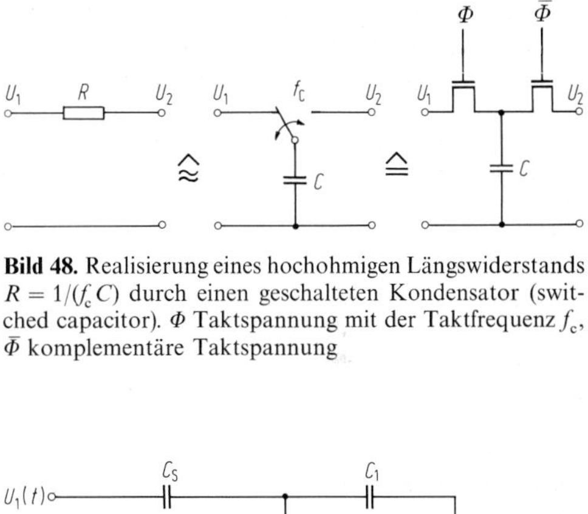

Bild 48. Realisierung eines hochohmigen Längswiderstands $R = 1/(f_c C)$ durch einen geschalteten Kondensator (switched capacitor). Φ Taktspannung mit der Taktfrequenz f_c, $\bar{\Phi}$ komplementäre Taktspannung

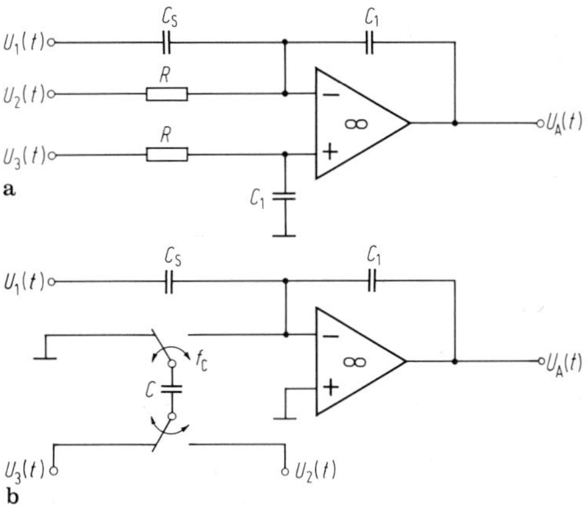

Bild 49. Grundbaustein eines Filters. **a**) Analogrechnerschaltung; **b**) integrationsgerechte SC-Realisierung mit $C_1 R = C_1/(f_C C)$

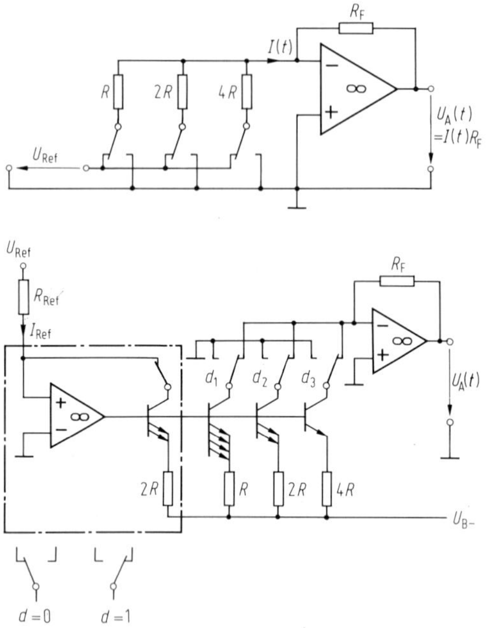

Bild 50. D/A-Wandler mit binär gewichteten Stromquellen. Gestrichelt gezeichnet ist die Temperaturkompensationsschaltung.

$U_A = U_{Ref}(2R_F/R)((1/2)d_1 + (1/4)d_2 + \ldots + (1/2^n)d_n)$

Stromschalter verwendeten bipolaren Transistoren gering zu halten, wird mit skalierten Emitterflächen gearbeitet, d. h. durch gleiche Stromdichten wird der gleiche Temperaturgang bei allen Transistoren erreicht. Eine möglichst identisch aufgebaute Regelschaltung sorgt dafür, daß der extern zugeführte Referenzstrom I_{Ref} über das Referenzelement fließt und dadurch eine vorhandene Temperaturabhängigkeit kompensiert wird. Da die notwendigen Präzisionswiderstände nur in einem begrenzten Wertebereich herstellbar sind, wird oft die Stromwichtung über ein aus gleich großen Widerständen aufgebautes R-$2R$-Netzwerk realisiert (Bild 51). Durch Laser-Trimmen der Widerstände ist eine Genauigkeit von 18 bit im Audiobereich erzielbar [61], 8 bit Genauigkeit bei einer Konversionsrate von 1 Gbit/s [62].

Bei MOS-Schaltungen haben sich andere Verfahren bewährt. Einmal wird eine Referenzspannung in die benötigte Anzahl von quantisierten Spannungen unterteilt, indem auf die entsprechende Anzahl von 2^n Serienwiderständen bei einem n-bit-Wort zurückgegriffen wird (Bild 52). Eine Dekodierschaltung 1 aus 2^n läßt sich sehr kompakt mit MOS-Transistoren realisieren, 10 bis 12 bit Genauigkeit sind basierend auf diesem Konzept erzielt worden [63]. Mit einem dualen Schaltungskonzept, bei dem gleich große Ströme mit Hilfe eines auf dem Chip integrierten, selbstkalibrierenden Verfahrens hergestellt werden, wurden 16 bit Auflösung im Audiobereich erreicht [64]. Bei hohen Frequenzen wurden 8 bit bei 80 MHz erzielt [65].

Die Spannungsverteilung kann aber auch algorithmisch erzeugt werden, indem z. B. Kondensatoren als passive Elemente verwendet werden (Bild 53) [66]. Zu Beginn wird die Deckelektrode des Kondensators auf Massepotential gelegt. Anschließend werden die entsprechenden Schalter an der Gegenelektrode von Masse an die Referenzspannung umgeschaltet. Für die Ladungsumverteilung auf der Deckelektrode gilt

$$U_A = U_{Ref} \sum_{i=1}^{n} d_i 2^{-i}.$$

Ein konzeptionell anderer Weg besteht darin, im Audiobereich ein interpolatives Verfahren einzusetzen (siehe A/D-Wandler) [67].

Analog-Digital-Wandler. Grundtypen von A/D-Wandlern sind Wandler nach dem Zählverfahren (seriell), dem Wägeverfahren und dem Parallelverfahren. Allen gemeinsam ist, daß eine genaue Spannung, die mit einer Probe des Analogsignals verglichen wird, durch einen D/A-Wandler realisiert wird. Neben diesen Verfahren werden durch die Großintegration neue Möglichkeiten eröffnet, die Unzulänglichkeiten der Technologie durch anschließende angepaßte Si-

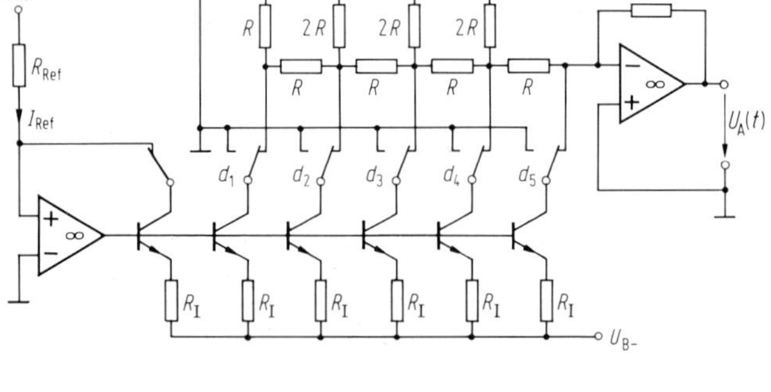

Bild 51. D/A-Wandler mit R-$2R$-Netzwerk

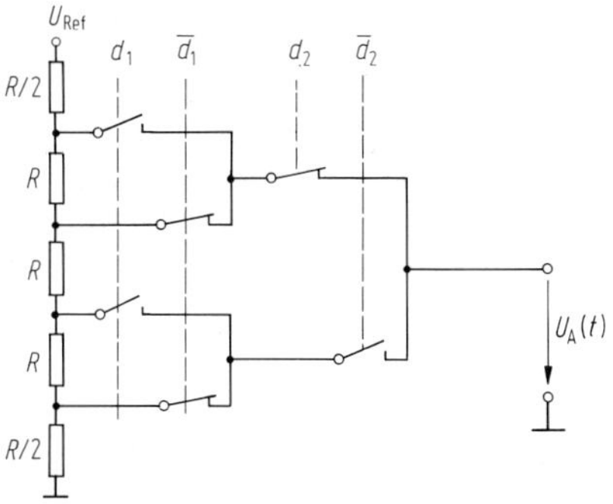

Bild 52. D/A-Wandler mit Widerstandsnetzwerk ($\bar{d}_i$ ist komplementär zu d_i)

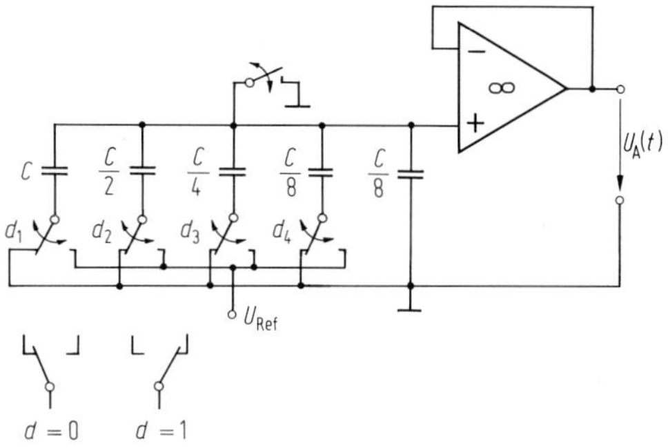

Bild 53. D/A-Wandler mit Kondensatornetzwerk

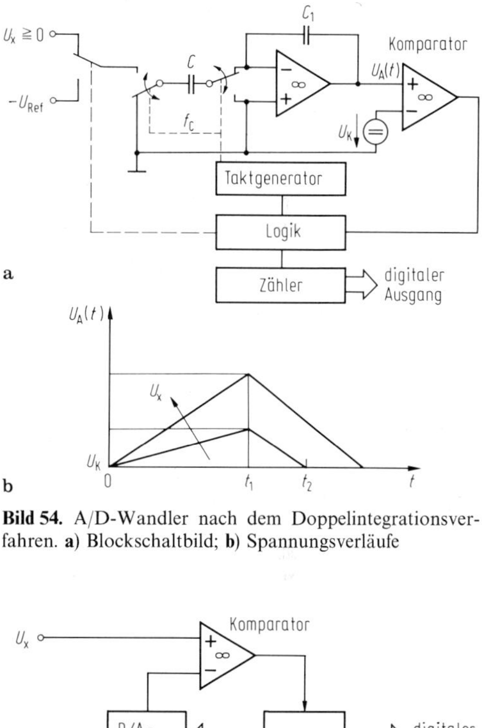

Bild 54. A/D-Wandler nach dem Doppelintegrationsverfahren. **a**) Blockschaltbild; **b**) Spannungsverläufe

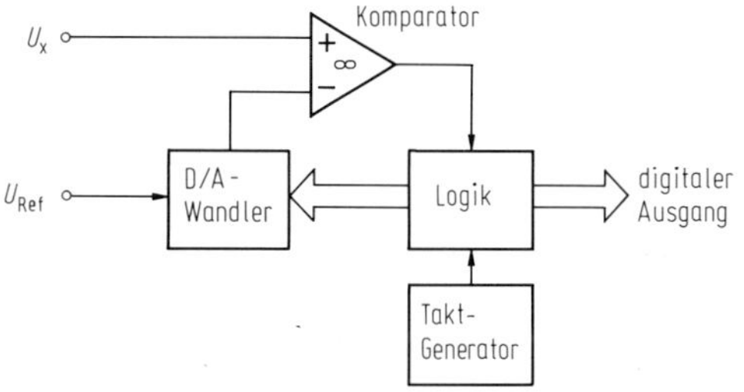

Bild 55. Blockschaltbild eines A/D-Wandlers nach dem Wägeverfahren

gnalverarbeitung zu überwinden. Zum Beispiel wird beim interpolativen A/D-Wandler leicht erreichbare Geschwindigkeit zugunsten schwer erzielbarer Genauigkeit ausgetauscht [68–70].

Zählverfahren: Dieser Typ ist geeignet für geringe Bandbreite (< 100 Hz) und hohe Genauigkeit (> 12 bit). Beim als Beispiel herangezogenen Doppelintegrationsverfahren nach Bild 54 wird während des Ablaufs der meßwertunabhängigen Zeit $t_1 = N_{Ref}/f_C$ ausgehend von der Komparatorschwellwertspannung U_K der Kondensator C über den „geschalteten Widerstand" R von der zu messenden Spannung $U_X \geqq 0$ *aufgeladen.* Durch das Integrationsverfahren kann die vom Netz eingestreute Brummspannung vollkommen unterdrückt werden, sofern die Zeit t_1 ein ganzzahliges Vielfaches der Periode der Netzfrequenz ist. Nach Ablauf der Zeit t_1 wird die negative Referenzspannung U_{Ref} anstelle von U_X an den Integrator gelegt und die Zeit $t_2 - t_1 = N/f_C$ ausgezählt, bis der Komparator anspricht. Dadurch, daß N keine Funktion der Schwellwertspannung U_K des Komparators ist und durch das Doppelintegrationsverfahren die Absolutwerte des Integrators eliminiert werden, ist die Genauigkeit nur noch durch das Rauschen des Komparators und die Ungenauigkeit des Schalters begrenzt.

Wägeverfahren: Mit diesem für die Signalverarbeitung bedeutsamen Verfahren können Signale mit hoher Genauigkeit und Bandbreite bis zu den Grenzen digitaler MOS-Prozessoren realisiert werden (Bild 55). Der benötigte D/A-Wandler kann verschieden realisiert werden, solange nur alle diskreten Spannungswerte in wenigen Taktzyklen erzielt werden können. Mittels einer sorgfältig durchgeführten Folge von Vergleichen wird innerhalb von n Zyklen eine n-bit-Wandlung erreicht. Beim ersten Test wird nachgeschaut, ob das Eingangssignal im oberen oder unteren erlaubten Signalbereich, d.h. zwischen 0 und $U_{Ref}/2$ bzw. $U_{Ref}/2$ und U_{Ref} liegt. Die Geschwindigkeitssteigerung wird dadurch erzielt, daß dann, wenn die Spannung U_X z.B. im Bereich $0 \leqq U_X \leqq U_{Ref}/2$ liegt, die Tests im oberen Bereich nicht mehr durchgeführt werden müssen und umgekehrt. Als nächstes wird ein Vergleich durchgeführt, ob das Eingangssignal in der oberen oder unteren Hälfte des verbleibenden Bereichs liegt usw.. 12 bit Genauigkeit und

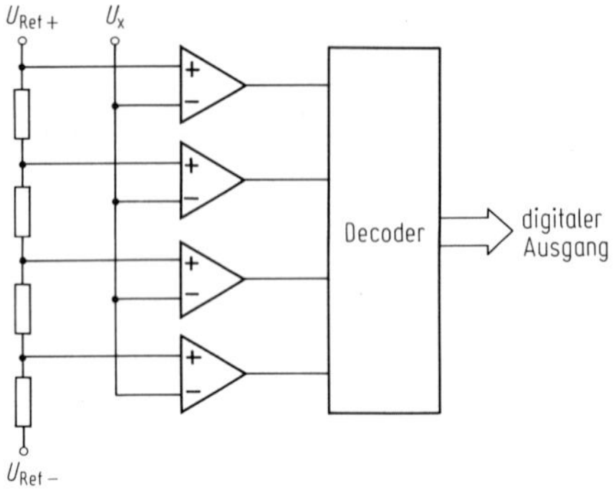

Bild 56. A/D-Wandler nach dem Parallelverfahren

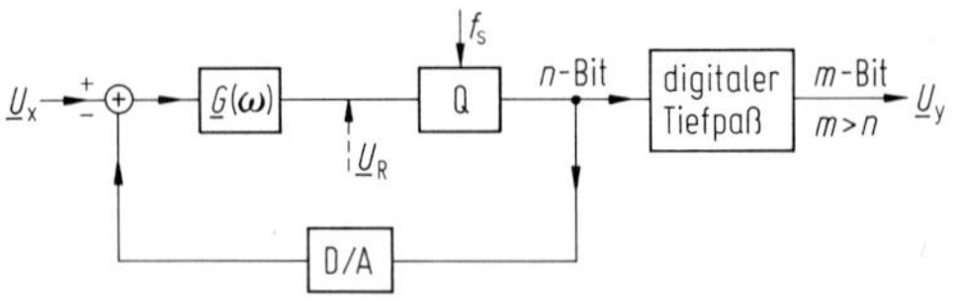

Bild 57. Block-Diagramm eines interpolativen Wandlers

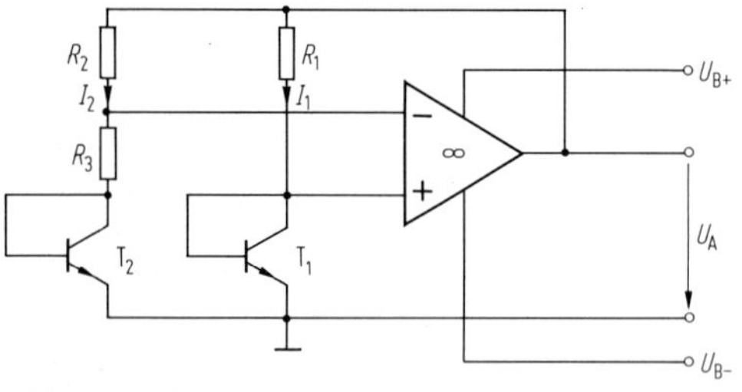

Bild 58. Bandabstandsreferenz

mehrere MHz [71] bzw. 8 bit und 50 ns Wandlungszeit sind technisch realisierbar [72].
Parallelverfahren: Die Bandbreite kann auf Kosten der Siliziumfläche erhöht werden. Dies ist einerseits durch eine zeitlich gestaffelte Fließbandverarbeitung [73], andererseits durch reine Parallelverarbeitung nach Bild 56 möglich. Für eine n-bit-Wandlung werden n Komparatoren benötigt. Die Wandlungszeit entspricht gerade der Zeit, die ein Komparator für seine Entscheidung benötigt und ist damit extrem kurz. Der Schaltungsaufwand aber ist entsprechend hoch; z.B. werden bei 6 bit 64 Komparatoren benötigt. Ein nach diesem Prinzip weiter entwickelter CMOS-Wandler erreicht bei 50 MHz Taktrate 8 bit Auflösung [74]. Eine bipolare Version erreicht 6 bit bei 200 MHz Taktfrequenz [75].
Interpolare Verfahren: Wie erwähnt, wird bei den interpolativen Verfahren [69] die zu fordernde Genauigkeit bei der Amplitudenauflösung gegen Zeitauflösung ausgetauscht. Das in Bild 57 dargestellte Block-Diagramm zeigt einen interpolativen Wandler, wobei die Taktfrequenz f_S des Quantisierers Q einem Vielfachen der höchsten Signalfrequenz entspricht. In einem linearisierten Modell wird der durch die Quantisierung entstehende Fehler an der im Bild 57 gestrichelt eingezeichneten Stelle berücksichtigt. Die Übertragungsfunktion lautet dann

$$\underline{U}_y = \frac{\underline{G}}{1+\underline{G}}\,\underline{U}_x + \frac{1}{1+\underline{G}}\,\underline{U}_R,$$

wobei $\underline{G}/(1+\underline{G})$ Tiefpaßcharakter und $1/(1+\underline{G})$ Hochpaßcharakter aufweisen; z.B. gilt im Durchlaßbereich des Tiefpasses mit $|\underline{G}(\omega)| \gg 1$, daß das Nutzsignal nahezu ungeschwächt, das Fehlersignal im Rauschübertragungspfad hingegen mit $1/|\underline{G}(\omega)|$ geschwächt wird. Die Energie des Fehlersignals wird auf hohe Frequenzen verlagert (noise shaping) [70].

Referenzschaltungen. Stabile Spannungs- oder Stromquellen sind ein wesentlicher Bestandteil vieler Systeme. Der Absolutwert einer Referenzquelle ist oft nicht so bedeutsam, da er durch den Systementwurf kompensiert werden kann. Hingegen sind die Langzeitstabilität und Unempfindlichkeit gegenüber Versorgungsspannungs- und Temperaturschwankungen kritisch.
Bei der Zener-Referenz wird (vgl. 1.2) die Basis-Emitter-Diode eines Transistors in Sperrichtung gepolt und bei der Durchbruchspannung U_{EBO}, die zwischen 5 und 8 V liegt, betrieben. Da hierzu jedoch eine Versorgungsspannung von 10 V und mehr notwendig ist, setzt sich bei integrierten Schaltungen ein anderes Prinzip (Bild 58) durch: Infolge der sehr hohen Verstärkung des Operationsverstärkers gilt $I_2 R_2 = I_1 R_1$. Die Ströme I_1 und I_2 bilden die Kollektorströme der beiden Transistoren T_1 und T_2; somit ist die Differenz der Basis-Emitter-Spannungen

$$\begin{aligned} U_{BE1} - U_{BE2} &= U_T \ln(I_1/I_{S1}) - U_T \ln(I_2/I_{S2}) \\ &= U_T \ln((R_2/R_1)(I_{S2}/I_{S1})) \\ &= R_3 I_2 . \end{aligned}$$

Die stabilisierte Ausgangsspannung U_A ist damit

$$\begin{aligned} U_A &= U_{BE1} + (R_2/R_3)\, U_T \ln((R_2/R_1)(I_{S2}/I_{S1})) \\ &= U_{BE1} + \gamma\, U_T . \end{aligned}$$

Die näherungsweise gültige Temperaturabhängigkeit der Basis-Emitter-Spannung von -2 mV/°C kann durch den zur absoluten Temperatur proportionalen Term γU_T kompensiert werden. Die erzeugte Referenzspannung entspricht etwa dem für $T \to 0$ extrapolierten Wert des Bandabstands, es hat sich daher der Name Bandabstandsdifferenz eingebürgert. In einem Temperaturbereich von -25 °C bis $+75$ °C ergibt sich eine parabelförmige Abhängigkeit der Ausgangsspannung von der Temperatur und eine gesamte Abweichung $\Delta U_A/U_A$ von 0,08% [76]. Kompensiert man zusätzlich den quadratischen Term, so ist in einem Bereich von − 55 °C bis + 125 °C nur noch eine Abweichung von $\Delta U_A/U_A = 0{,}08\,\%$ vorhanden [77]. Bei CMOS-Schaltungen wird ebenfalls die Bandabstandsreferenzschaltung eingesetzt, da im CMOS-Prozeß bipolare Transistoren und damit Dioden realisiert werden können [78]. Bei NMOS-Schaltungen hingegen nutzt man aus, daß die Schwellwertspannungen verschieden stark implantierter MOS-Transistoren ähnliche Temperaturabhängigkeiten aufweisen und damit deren Differenz nahezu konstant ist. Ein Temperaturkoeffizient von $(\Delta U_A/U_A)/\Delta T \approx 5$ ppm/°C wurde damit erzielt [79].

Integrierte Digitalschaltungen. *Bipolare Logikschaltungen.* In der Bipolartechnik gibt es zwei grundlegende Schaltungstechniken: die gesättigte Schaltungstechnik und die nicht gesättigte Schaltungstechnik. Die gemeinsame Grundschaltung ist ein einfacher Inverter mit Lastwiderstand und Transistor (z. B. ein npn-Transistor) als aktivem Element, dessen Funktionsweise daher zunächst beschrieben wird (Bild 59) [80].

Bei Kurzschluß der Basis-Emitter-Strecke sperrt der Transistor, sein Ausgangswiderstand ist einige MΩ groß, das Ausgangssignal ist der Betriebsspannungspegel. Wird der Transistor über die Emitter-Basis-Strecke leitend geschaltet, so sinkt der Ausgangswiderstand auf einige Ω, so daß das Ausgangspotential gleich dem Massepotential ist.

Beim Durchsteuern des Transistors geht er aus dem „aktiven" (nicht gesättigten) Zustand in die Sättigung über. Durch den Kondensator *C* wird der Transistor durch den Spannungssprung kurzzeitig übersteuert und damit die Abfallzeit des Kollektorpotentials beträchtlich verkürzt. Im Sättigungszustand des Transistors sind im Kollektor-Basis-Übergang Minoritätsträger angehäuft. Daher ist zur Rückführung des Transistors in den ausgeschalteten Zustand eine bestimmte Zeit erforderlich.

Für die Realisierung sehr schneller Schaltvorgänge muß der Transistor im ungesättigten Bereich arbeiten, die Anhäufung von Minoritätsträgern in dem Kollektor-Basis Übergang muß verhindert werden. Dies kann mit Hilfe einer Schottky-Barrier-Diode erfolgen. Hierbei wird der normale pn-Übergang einer üblichen Diode durch einen Metall-Halbleiter-Übergang ersetzt (s. 1.2 unter „Signalverarbeitende Dioden"). Dieser besitzt nur einen minimalen Speichereffekt für Minoritätsträger. Diese Schottky-Barrier-Diode wird zwischen Basis und Kollektor eines Transistors geschaltet (gestrichelt in Bild 59) und verhindert, daß der Transistor in die Sättigung gerät, wenn $U_{BE} > U_{CE}$ wird.

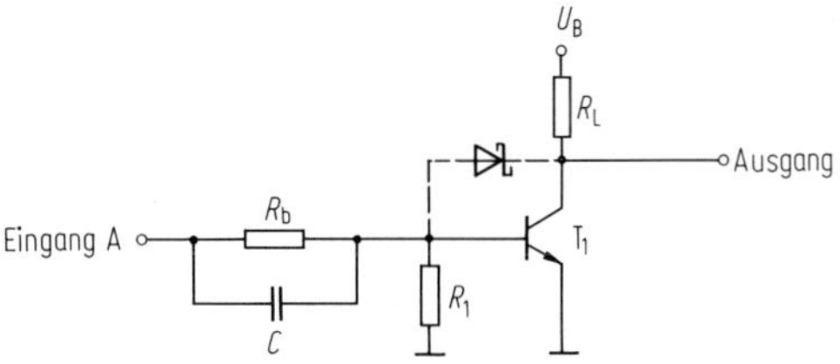

Bild 59. Inverter mit einem Bipolartransistor (npn-Typ) und einem Widerstand (R_L) als Lastelement

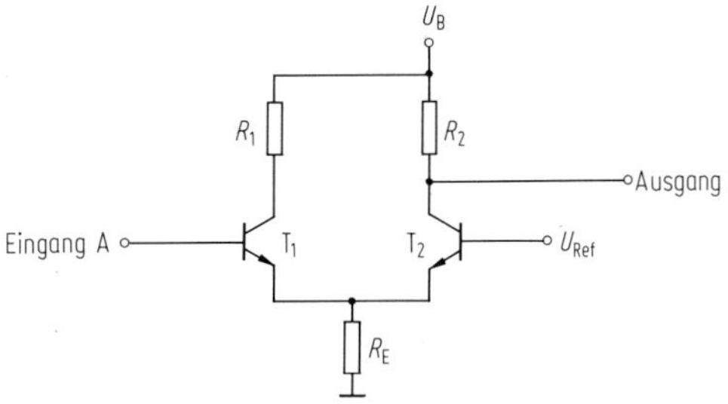

Bild 60. Inverter mit Bipolartransistoren (npn-Typ) für den ungesättigten Betrieb

Bild 60 zeigt eine zweite Möglichkeit zur Vermeidung der Minoritätsträgeranhäufung: Zwei Transistoren sind als emittergekoppelte Verstärker geschaltet. Die Basis von T_1 liegt auf einer Referenzspannung U_{ref}. Der gemeinsame Emitterwiderstand R_E, der als Konstantstromquelle betrachtet werden kann, ist relativ hochohmig; R_1 und R_2 werden so gewählt, daß der Strom durch R_E doppelt so groß ist wie der Strom durch R_1 und R_2 (vgl. Bild 44a).

Liegt der Eingang A an Massepotential, so sperrt T_1, und T_2 muß den gesamten Strom der Konstantstromquelle führen. Für eine positive Spannung am Eingang wird T_1 leitend, der Emitterstrom von T_1 wird größer und damit der Strom durch T_2 geringer. Jetzt sperrt T_2, und T_1 leitet. Wegen der begrenzten Emitterströme gelangt die Schaltung nicht in die Sättigung. Die nachteilige relativ hohe Ausgangsimpedanz dieser Schaltung kann man durch Anordnung eines zusätzlichen Emitterfolgers am Ausgang kompensieren. Bei den im folgenden näher erläuterten Schaltungsfamilien RTL-, DCTL-, DTL-, TTL-, ECL- und I^2L-Logik [81, 82] wird auf die grundlegenden Schaltungsversionen „gesättigt" und „nicht gesättigt" hingewiesen.

Resistor Transistor Logik ist eine Weiterentwicklung der Schaltung nach Bild 59, bei der mehrere Eingänge parallel angeordnet sind. Wegen der großen Anzahl zu integrierender Widerstände ist diese Technik kostspielig und hat sich nicht durchgesetzt.

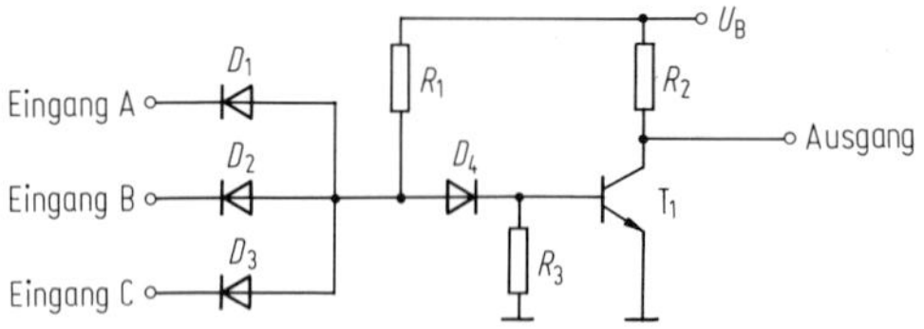

Bild 61. Dreifach-NAND-Gatter in DTL-Schaltungstechnik

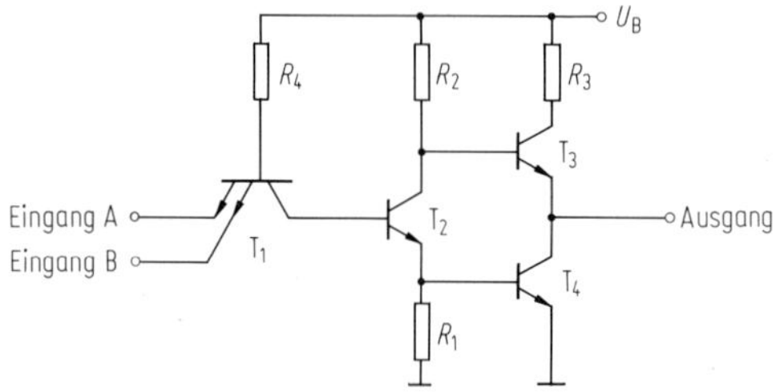

Bild 62. Zweifach-NAND-Gatter in Standard-TTL-Schaltungstechnik

Direct Coupled Transistor Logik. Diese Logikfamilie stand als erste in integrierter und standartisierter Form zur Verfügung.

Die Diode Transistor Logik hat im Vergleich zur RTL-Logik verschiedene Vorteile, z. B. geringere Verlustleistung, höhere Geschwindigkeit etc. Die Logikfunktion des NAND-Gatters (Bild 61) wird durch die Dioden D_1 bis D_3 gebildet. Das Eingangssignal wird über D_4 an den als Inverter geschalteten Transistor gelegt. Wird an den Eingang 1 ein „low"-Pegel gelegt, während die anderen Eingänge auf „high" sind, so leitet die entsprechende Eingangsdiode D_i, und der Strom fließt von der Versorgungsspannung U_B über R_1 und D_i zum vorhergehenden Gatter. Die Spannung an der Anode von D_4 ist dann gleich dem Spannungsabfall an D_i, welche somit nicht leitet: der Transistor sperrt. Springt nun der Eingang B von „high" auf „low", so leitet D_i, wenn die Eingangsspannung kleiner als 0,7 V ist; an ihr entsteht ein Spannungsabfall von 0,7 V.

Eine Abart der DTL-Logik ist die Langsame Störsichere Logik (LSL). Hierbei wird durch Verwendung einer Zener-Diode in der Eingangsstufe und Erhöhung der Versorgungsspannung auf 12 bis 15 V ein Störabstand erreicht, der um ein Vielfaches höher ist als bei DTL. Gleichzeitig wird jedoch auch die Signallaufzeit verlängert.

Transistor Transistor Logik – dies ist heute die am meisten verbreitete Logikfamilie, es gibt derzeit 4 Ausführungsformen der TTL-Serie: Standard, „low power" (langsamer und verlustärmer als Standard), Schottky und „high power" (schneller und verlustreicher als Standard), „low power"-Schottky (Geschwindigkeit vergleichbar mit Standard, aber geringere Verlustleistung).

Man kann sich ein TTL-Gatter aus einem DTL-Gatter entstanden vorstellen, indem die Dioden durch mehrere Basis-Emitter-Übergänge und einen Basis-Kollektor-Übergang ersetzt wurden. Die TTL-Schaltung besitzt daher auch einen einzigen Transistor für mehrere Eingänge (Multiemittertransistor). Der Basis-Kollektor-Übergang dient als Seriendiode. Beim NAND-Gatter der Standard-TTL Serie (Bild 62) ist der Multiemittertransistorstufe eine Transistorstufe zur Phasenaufteilung und Stromverstärkung nachgeschaltet. Diese Stufe steuert eine Gegentaktausgangsstufe („totempole output") an. Die kurzen Schaltzeiten dieser Logikfamilie sind eine Folge des Multiemittereingangs, während die Ausgangsstufe den Störabstand verbessert.

Die Schaltung der gleichen Funktion kann auch in low power-Schottky-TTL realisiert werden. Hierbei wird die Sättigung der Transistoren durch Schottky-Dioden in der Basis-Kollektor-Strecke verhindert.

Die TTL-Familie wird ständig erweitert, besonders auch durch spezielle MSI- und LSI-Schaltungen. Es stehen komplette Funktionsblöcke zur Verfügung wie arithmetische Schaltungen, Datenpfade und Speicher [83, 84].

Emitter Coupled Logik – bei dieser Logikfamilie werden die Schalttransistoren nicht in Sättigung gesteuert. Im Basis-Kollektor-Übergang sind daher keine Minoritätsträgerüberschüsse vorhanden, was sehr kurze Schaltzeiten ermöglicht. Diese Schaltungstechnik wird auch oft „Current Mode Logic" (CML) genannt.

Eine ODER/NOR-Schaltung in dieser Technik zeigt Bild 63 (vgl. das Schaltprinzip gemäß Bild 60). Die Transistoren T_1 bis T_3 bilden den emittergekoppelten Verstärker. R_E arbeitet als Konstantstromquelle. Sind beide Eingänge logisch „0" (= −400 mV), so bleiben T_1 und T_2 gesperrt; ihr gemeinsames Kollektorpotential ist dann U_{CC}, und T_4 leitet: der NOR-Ausgang liegt somit auf hohem (H-)Pegel.

Durch U_{Ref} (= Massepotential) ist T_3 leitend und der Strom fließt vollständig durch T_3, während

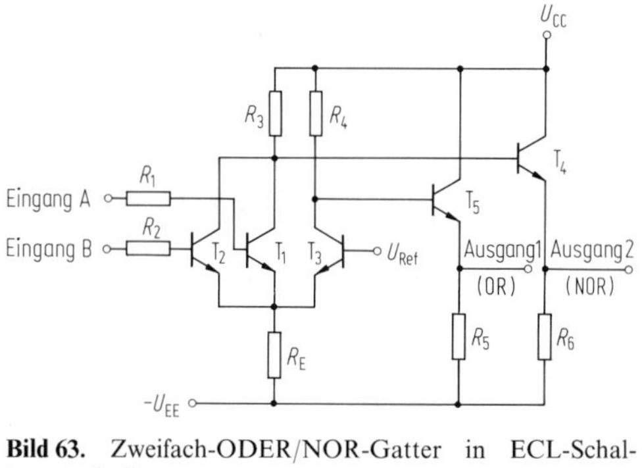

Bild 63. Zweifach-ODER/NOR-Gatter in ECL-Schaltungstechnik

T_5 sperrt: der ODER-Ausgang liegt auf niedrigem (L-)Pegel. Wird nun einer der Eingänge auf logisch „1“ geschaltet, so leitet der entsprechende Transistor; das Kollektorpotential sinkt, und T_4 sperrt: der Ausgang geht auf L-Pegel. Wenn das logische „1“-Signal (= + 400 mV) größer als U_{Ref} ist, so sperrt T_3, und der Strom durch R_E fließt vollständig durch den leitenden Eingangstransistor. Jetzt leitet T_5, sein Ausgang liegt nun auf dem H-Pegel.
Die ECL-Technik wird dort eingesetzt, wo kurze Schaltzeiten erforderlich sind und die Verlustleistung von geringerer Bedeutung ist; der Störabstand für ECL beträgt 200 mV. Außer einfachen Gatterfunktionen gibt es noch Flipflops, Rechenmodule und Schaltungen mit mehreren Funktionen. Dabei geht man immer von der in Bild 63 beschriebenen ODER/NOR-Schaltung aus.
Integrierte Injektions-Logik. I^2L-Schaltkreise bestehen aus einem npn-Transistor, der als invertierender Schalter arbeitet und einem pnp-Transistor, der als Stromquelle betrieben wird und die Belastung der Schaltung bildet; ohmsche Widerstände sind daher nicht erforderlich (Bild 64a). Der Emitter des npn-Inverters wird Injektor genannt. Die Schaltung hat einen Eingang und mehrere Ausgänge C_i. Die Anordnung des npn-Transistors und des Stromquellentransistors auf dem Chip zeigt Bild 64b. Im Betrieb injiziert die laterale pnp-Stromquelle Minoritätsträger in den Emitterbereich des pnp-Inverters. Der Kollektor-Emitter-Übergang ist bei Kurzschluß der Stromquelle hochohmig, sonst niederohmig. Für das Zusammenspiel mit TTL-Schaltungen müssen auf dem Chip Spannungsanpaßstufen vorgesehen werden. Die mit dieser Technik erreichbare hohe Integrationsdichte erklärt sich daraus, daß bei der Herstellung des Chips im Prinzip nicht mehr Diffusionsstufen erforderlich sind als zur Herstellung eines Planartransistors. Die I^2L-Technik wird daher vornehmlich für LSI-Schaltungen eingesetzt.

MOS-Logikschaltungen. Die Grundschaltung für Logikschaltungen, Schieberegister, Speicher etc. ist der Inverter, d. h. eine Stufe, deren Ausgangs- und Eingangsspannungen jeweils einen entgegengesetzten („inversen“) Verlauf über der Zeit haben [85]. Neben der Signalinvertierung wird mit einem Inverter auch meist das Signal verstärkt, d. h. $\Delta U_A \geqq \Delta U_E$. Das Grundprinzip eines Inverters erkennt man aus Bild 65. Der Drainanschluß des MOS-Transistors T_S ist über den Lastwiderstand R_L mit der Versorgungsspannung U_B verbunden. Gleichzeitig ist diese Verbindung auch der Inverterausgang. Der Sourceanschluß liegt an Masse, an die Gateelektrode wird die Eingangsspannung angelegt. Das Substrat des Transistors liegt auf einem Potential U_{Sub}, das zum einfacheren Verständnis zunächst 0 V sein soll. Ist die Eingangsspannung U_E kleiner als die Einsatzspannung U_{th} des Transistors, so sperrt T_S, durch den Widerstand R_L fließt kein Strom, und die Ausgangsspannung U_A liegt auf Batteriepotential U_B. Wird jedoch die Spannung U_E über die Einsatzspannung hinaus erhöht, so wird der Transistor T_S leitend, es fließt ein Strom durch den Widerstand R_L und den Transistor, und die Ausgangsspannung U_A sinkt auf einen Wert, der durch die Spannungsteilung zwischen dem leitenden Transistor und dem Lastwiderstand gegeben ist. Bei MOS-Logikschaltungen muß die Ausgangsspannung U_A unter die Einsatzspannung des nachfolgenden Transistors sinken, damit dieser sperrt. Diese Restspannung

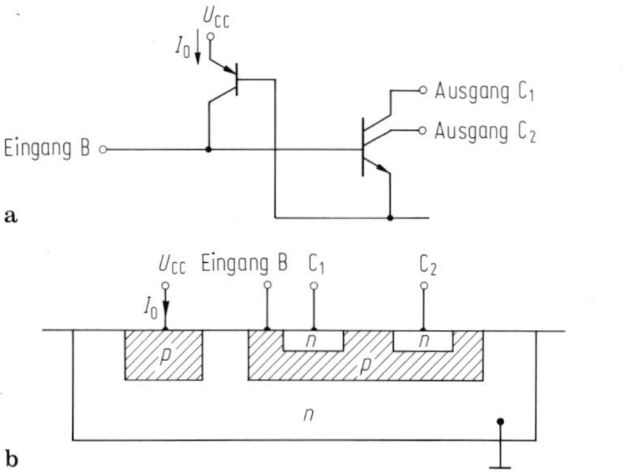

Bild 64. I^2L-Schaltung bestehend aus einem npn-Inverter und einer pnp-Transistorstromquelle (**a**), Chipquerschnitt eines I^2L-Gatters (**b**)

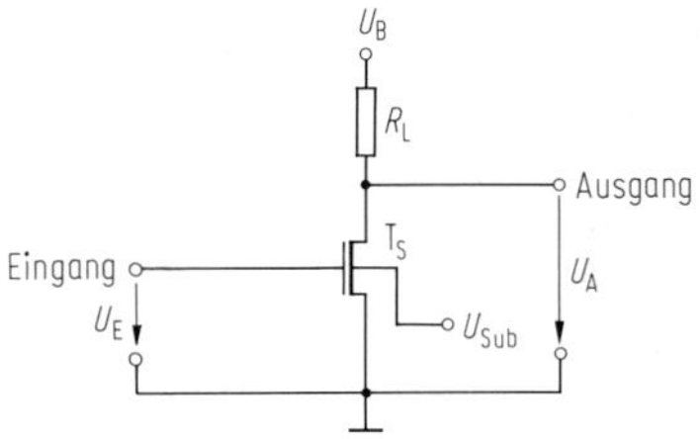

Bild 65. Inverter mit einem MOS-Transistor (n-Kanal) und einem Widerstand (R_L) als Lastelement

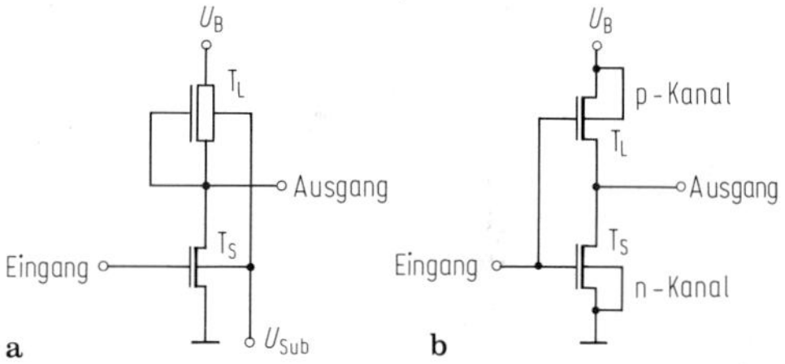

Bild 66. Inverter mit Lasttransistor T_L vom Verarmungstyp, dessen Gate mit Source verbunden ist (**a**), Inverter mit Komplementär-Kanal-Transistoren (n- und p-Kanal) (**b**)

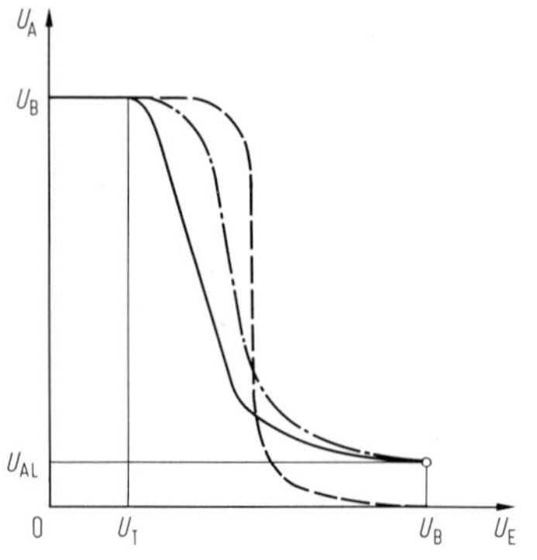

Bild 67. Statische Transferkennlinien von verschiedenen Invertern nach Bildern 65 (——), 66a (–·–·–) und 66b (––––).

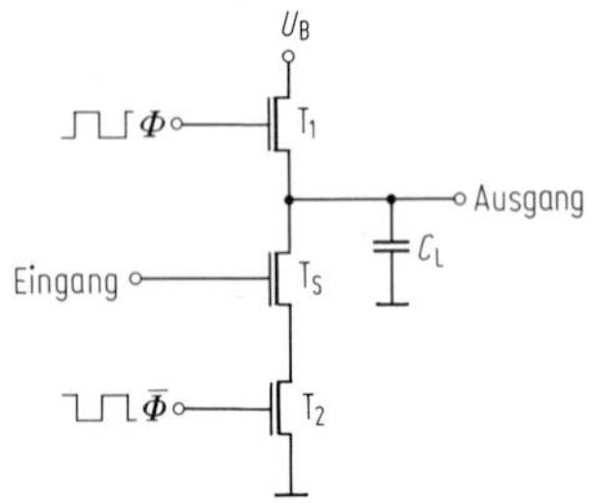

Bild 68. Schaltbild eines MOS-Inverters für dynamischen Betrieb (Φ, $\bar{\Phi}$: gegenphasige Takte)

hängt vom Widerstandsverhältnis zwischen Transistor und Widerstand und damit auch von der Eingangsspannung U_E am Transistor ab. Im Gegensatz zur bipolaren Technik werden in integrierten MOS-Schaltungen kaum Inverter mit ohmschen Lastwiderständen verwendet, da der höhere Innenwiderstand von MOS-Transistoren sehr hochohmige Lastwiderstände notwendig macht, die als diffundierte Bahnwiderstände sehr viel Platz benötigen. Bei integrierten MOS-Invertern verwendet man daher nahezu ausschließlich MOS-Transistoren als Lastwiderstände. Die gebräuchlichsten Möglichkeiten, MOS-Last- und -Schalttransistoren zu verbinden, zeigt Bild 66a, b.

Hat man Transistoren vom Verarmungstyp als Lastelement, so verbindet man das Gate des Lasttransistors mit seinem Source. Der Transistor T_L hat daher eine konstante Gate-Source-Spannung von 0 V (Bild 66a). Bei dieser Inverterschaltung muß man mit Hilfe der geometrischen Verhältnisse zwischen Schalt- und Lasttransistor dafür sorgen, daß die Ausgangsspannung U_A bei leitendem Schalttransistor T_S (die sog. Restspannung) klein genug ist, um die nächstfolgende Stufe zu sperren („ratio logic").

Hat man jedoch Komplementär-Kanal-Transistoren (n- und p-Typ) auf einem Chip, so kann man den Inverter nach Bild 66b realisieren. Hier steuert das Eingangssignal beide Transistoren an, und in den beiden Endspannungswerten von U_E ist immer einer der Transistoren gesperrt. Man erhält daher den vollen Spannungshub am Ausgang und die Verhältnisse der Geometrien spielen für die Restspannung keine Rolle.

Die Übertragungskennlinien der einzelnen Inverter zeigt Bild 67. Man erkennt, daß die Schaltung nach Bild 66b ein symmetrisches Schaltverhalten aufweist (hohe Störsicherheit). Neben der hohen differentiellen Verstärkung haben beide Inverter nach Bild 66a, b auch eine sehr gute Ladecharakteristik für eine am Ausgang liegende Lastkapazität und sind daher geeignet, sehr schnelle Logikschaltkreise zu realisieren. Moderne MOS-Logikbausteine werden daher heute ausschließlich in einer dieser Schaltungstechniken (und Technologien) realisiert [86, 87].

Neben diesen statischen Inverterschaltungen kann in der MOS-Technik wegen des hohen Eingangswiderstandes des MOS-Transistors (ca. 10^{12} bis 10^{14} Ω) ein Inverter auch mit Hilfe dynamischer Schaltungstechniken realisiert werden. In Bild 68 ist so ein dynamischer Inverter mit den dazugehörigen Impulsformen dargestellt. Das Prinzip beruht darauf, daß während einer Vorladephase der Ausgangsknoten auf die Betriebsspannung vorgeladen wird. Hierbei ist der Zustand des Schalttransistors nicht von Bedeutung, solange der Transistor zu Masse gesperrt bleibt. Ist die Vorladephase abgeschlossen, so leitet nur der Transistor gegen Masse, und je nach dem Signal am Eingang des Schalttransistors wird der Ausgangsknoten gegen Masse entladen oder er bleibt auf dem Vorladepotential. Die Schaltungstechnik heißt dynamisch, da die Vorladespannung am Ausgangsknoten bei gesperrtem Schalttransistor langsam über die Leckströme der gesperrten pn-Übergänge absinkt. Der Betrieb eines dynamischen Inverters darf daher eine untere Grenzfrequenz nicht unterschreiten. Bei dieser dynamischen Technik kann man die Transistorgeometrien (nahezu) in beliebigen Verhältnissen wählen („ratioless logic"), da ja immer nur einer der Pfade zwischen den Betriebsspannungen und dem Ausgang leitend ist. Mit Hilfe dieser Schaltungstechnik können Logikschaltungen unterschiedlicher Komplexität aufgebaut werden [88].

Bild 69a zeigt ein zweifaches NAND-Gatter in Komplementär-Kanal-Technik. Beim NAND-Gatter liegen die n-Kanal-Transistoren in Serie, die p-Kanal-Transistoren sind parallel geschaltet. Bei einem NOR-Gatter ist diese Anordnung umgedreht. Auf diese Art können Gatter unterschiedlicher Komplexität aufgebaut werden. Auch die Mischung von Serien- und Parallelschaltungen ist möglich und wird in der MOS-

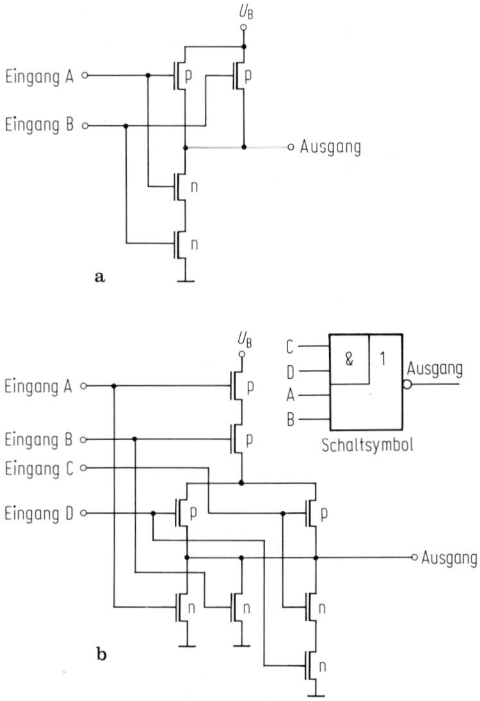

Bild 69. Zweifach-NAND-Gatter in CMOS (**a**), Mischgatter mit vier Eingängen in CMOS und das dazugehörige Schaltsymbol (**b**)

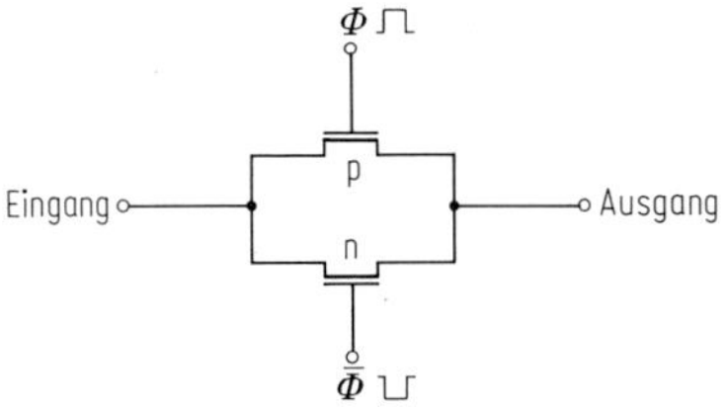

Bild 70. Transfergate in CMOS-Technik

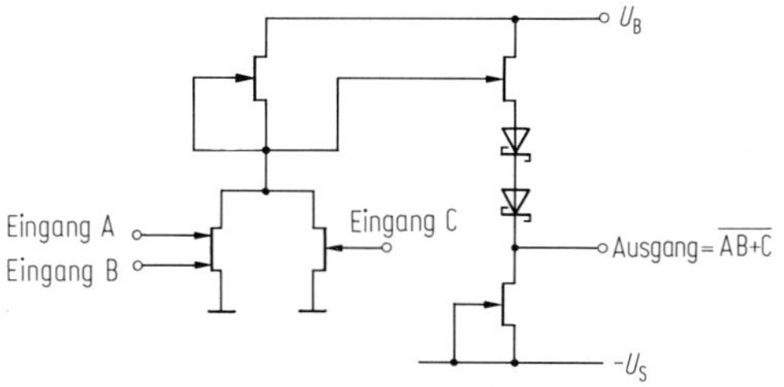

Bild 71. Logikgatter mit GaAs-MESFETs mit „Normally-on"-Transistoren und „Depletion"-lastelementen (BFL-Technik)

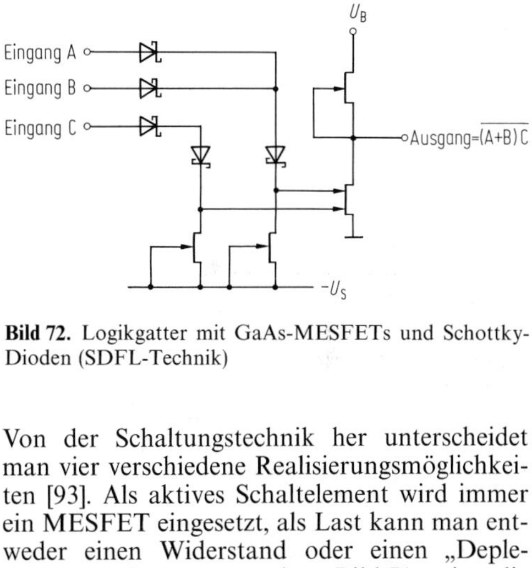

Bild 72. Logikgatter mit GaAs-MESFETs und Schottky-Dioden (SDFL-Technik)

Technik sehr oft verwendet. Bild 69 b zeigt Schaltbild und Schaltsymbol eines Vierfach-Mischgatters in CMOS-Technik [89, 90].
Ein in der MOS-Technik sehr oft verwendetes Schaltelement ist das Transfergatter. Hierbei wird die Tatsache ausgenützt, daß bei einem MOS-Transistor Drain und Source gleich ausgebildet sind und er daher unidirektional ist. Man kann den Transistor als unidirektionalen Schalter einsetzen. Im leitenden Zustand kann der Strom in beide Richtungen fließen (je nach Potentialzustand an den Elektroden), im gesperrten Zustand fließt kein Strom. Ein solches Transfergatter ist in Bild 70 in CMOS-Technik dargestellt. Die beiden Transistoren werden gegenphasig angesteuert, so daß entweder beide sperren oder beide leiten [91].

Logikschaltungen mit GaAs-Transistoren. Neben Logikschaltungen in Silizium (mit bipolaren und mit MOS-Transistoren) werden in zunehmendem Maße auch integrierte Schaltungen mit GaAs-Transistoren aufgebaut. Da hierbei die hohe Beweglichkeit von GaAs ausgenutzt wird, sind solche Schaltungen vornehmlich für hohe Betriebsfrequenzen geeignet. Demgegenüber ist die Integrationsdichte von GaAs-ICs noch recht bescheiden, die Entwicklung ist hier noch voll im Fluß [92]

Von der Schaltungstechnik her unterscheidet man vier verschiedene Realisierungsmöglichkeiten [93]. Als aktives Schaltelement wird immer ein MESFET eingesetzt, als Last kann man entweder einen Widerstand oder einen „Depletion"-Transistor verwenden. Bild 71 zeigt die Realisierung eines Gatters mit „Depletion"-Lastelementen und „Normally-on"-Schalttransistoren. Damit die darauffolgende Schaltstufe gesperrt werden kann, muß man mit einer Pegelanpaßstufe und zwei Betriebsspannungen arbeiten. Der Vorteil dieser Anordnung ist die hohe Arbeitsgeschwindigkeit, der Nachteil die hohe Verlustleistung und große Zahl von Bauelementen. In der FET-Logik mit Schottky-Dioden (Bild 72) setzt man diese Schottky-Dioden auch zur Realisierung der Logik ein. Auch hier werden wieder eine Stufe zur Pegelanpassung sowie zwei Betriebsspannungen benötigt.

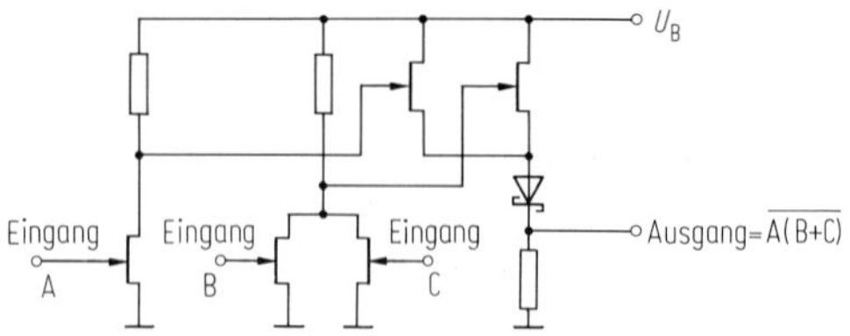

Bild 73. Logikgatter mit GaAs-MESFETs mit „Normally-off"-Transistoren und Widerstände als Lastelemente (DCFL-Technik)

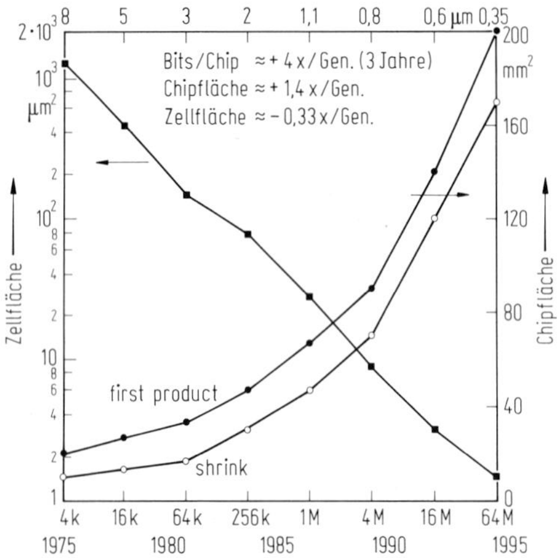

Bild 74. Zeitliche Entwicklung von DRAM Zell- und Chip-Fläche

Hat man GaAs-MESFETs vom „Normally-off"-Typ zur Verfügung, so kann man ein Logikgatter nach Bild 73 realisieren. Die „Pinch-off"-Spannung solcher Transistoren liegt im Bereich von ca. ± 100 mV und muß sehr genau eingestellt werden. Dies ist noch der derzeitige Nachteil dieser Schaltungstechnik. Ansonsten sind die geringe Verlustleistung und die Verwendung von nur einer Betriebsspannung der Vorteil dieser Anordnung. Eine genauere Beschreibung dieser Schaltungstechniken sowie die verschiedenen, mit diesen Techniken realisierten Schaltungen ist in [93, 94] zu finden. Teilerketten, 8×8-bit-Multiplizierer, Wortgeneratoren sowie statische Speicher mit 4 Kbit sind derzeit die komplexesten Bausteine, die als Labormuster bereits realisiert worden sind. Weltweit wird in den Entwicklungslabors an größeren und komplexeren ICs mit GaAs-Transistoren gearbeitet. Inwieweit der Geschwindigkeitsvorteil des Materials durch den höheren Integrationsgrad von bipolaren- und MOS-ICs in Silizium kompensiert werden kann, ist derzeit noch schwer zu sagen. Jedenfalls stoßen heute schon ICs mit bipolaren- oder MOS-Transistoren mit extrem feinen Strukturen in den Geschwindigkeitsbereich von GaAs-ICs vor.
Eine weitere Entwicklung in Richtung Hochgeschwindigkeits-ICs dürfte sich mit dem Einsatz von High-electron-mobility-Transistoren anbahnen. Erste integrierte Schaltungen mit diesen Bauelementen sind bereits realisiert worden. Laufzeiten von unter einer Nanosekunde für einen Speicher mit 1 Kbit sind realisierbar (allerdings bei einer Temperatur von 77 K [95].

Digitale Halbleiterspeicher. Bei digitalen Halbleiterspeichern wird das Informationsbit in einer Halbleiterschaltung gespeichert und bei Bedarf ausgelesen. Das Einschreiben der Information erfolgt entweder elektrisch (Schreib/Lese-Speicher, elektrisch programmierbare Festwertspeicher) oder während der Herstellung (Festwertspeicher). Auf einem Chip sind meist viele solcher Speicherschaltungen integriert, und die Großintegration ist zu einem sehr großen Teil von der Entwicklung auf dem Speichergebiet beeinflußt und vorangetrieben worden (Bild 74).
Man kann zunächst die Speicher nach der verwendeten Technologie einteilen, es gibt bipolare- und MOS-Speicher. Speicher in GaAs sind erst seit kurzem in verschiedenen Forschungslaboratorien vorgestellt worden.
Von der Organisation her kann man die Speicher in Registerspeicher und Speicher mit wahlfreiem Zugriff einteilen. Registerspeicher bestehen aus hintereinandergeschalteten Schieberegisterzellen. Zum Auslesen einer Information muß eine bestimmte Anzahl von Schiebeimpulsen angelegt werden, bis das gewünschte Informationsbit am Ausgang anliegt. Es kann also nicht wahlfrei an jedem Speicherplatz zugegriffen werden. Die große Mehrheit der Halbleiterspeicher ist aber als Speicher mit wahlfreiem Zugriff organisiert. Hierbei wird die gewünschte Speicherzelle mit Hilfe eines Adreßwortes ausgewählt. Das Adreßwort bestimmt die Speicherplätze innerhalb einer Speichermatrix, die zum Schreiben oder Lesen von Information aktiviert werden sollen. Ein Speicher mit wahlfreiem Zugriff besteht aus einem Adreßdecoder, der eigentlichen Speichermatrix sowie einer Schreib/Lese-Schaltung (Bild 75). Bei Festwertspeichern entfällt die Schreibschaltung. Der Adreßdecoder ist meist zweigeteilt und besitzt einen x- und einen y-Decoder. Durch Koinzidenz der beiden Adressen wird eine bestimmte Speicherzelle ausgewählt (bitweise Organisation). Wird beim Anlegen einer x- und einer y-Adresse mehr als ein bit (z. B. gleich 2, 4 oder 8 bit) ausgelesen, so spricht man von einer wortweisen Organisation.
Als weitere Ausführungsform von Halbleiterspeichern sollen noch die assoziativen oder inhaltsadressierbaren Speicher erwähnt werden. Hier wird die eingeschriebene Information mit einer eingelesenen verglichen und, bei Übereinstim-

mung, die entsprechende Adresse oder weitere, unter dieser Adresse stehende Informationen, ausgegeben [96].
Schließlich kann man Halbleiterspeicher auch noch nach Art ihrer Informationsspeicherung unterteilen. Es gibt dynamische Speicher, bei denen die Information in vorgegebenen Zeitabständen (für jede Speichergeneration genormt, z. B. bei 1-M-Speichern 8 ms, bei 4-M-Speichern 16 ms usw.) regeneriert werden muß, um nicht verloren zu gehen. Weiters gibt es statische Speicher, die ihre Information so lange behalten, solange die Betriebsspannung eingeschaltet ist. Wird sie abgeschaltet, geht die Information verloren. Schließlich gibt es noch nichtflüchtige Speicher, die ihre Information auch bei Spannungsausfall noch behalten. Im folgenden werden die beiden großen Gruppen – bipolare Speicher und MOS-Speicher – behandelt. Die jeweilige Speicherzelle wird beschrieben, und ihre Einsatzart wird diskutiert.

Bipolare Speicher. Generell kann man sagen, daß bipolare Speicher eine höhere Funktionsgeschwindigkeit, jene in MOS-Technologie dagegen eine höhere Integrationsdichte aufweisen. Mit der zunehmenden Strukturverkleinerung werden jedoch auch MOS-Speicher immer schneller und erzielen teilweise Geschwindigkeiten, die an jene von bipolaren Speichern heranreichen. In der Bipolartechnik werden ausschließlich Speicher mit statischen Speicherzellen sowie Festwertspeicher hergestellt. In Bild 76a ist eine TTL-Speicherzelle dargestellt. Die Zelle besteht aus zwei Multiemittertransistoren, wobei jeweils ein Emitter zur Ein- und Ausgabe der Daten benötigt wird. Im Ruhezustand liegt auf der Wortleitung ein „0“-Potential, und einer der beiden Transistoren ist leitend. Nach dieser Schaltung gilt, daß eine „0“ gespeichert ist, wenn T_1 leitend ist, und eine „1“, wenn T_2 leitend ist. Zum Lesen werden die Wortleitungen auf „1“-Potential und die beiden Datenleitungen auf „0“-Potential gelegt [97].
Während des Lesevorgangs fließt auf der Datenleitung ein Strom, der von einem Leseverstärker zu der entsprechenden Information verstärkt wird. Die Information in der Zelle wird beim Auslesen nicht verändert (zerstörungsfreies Auslesen).
Für das Schreiben werden die Wortleitungen und eine der beiden Datenleitungen auf „0“-Potential gelegt. Soll z. B. eine „0“ eingeschrieben werden, dann wird mit „1“-Potential auf der „1“-Datenleitung T_2 gesperrt und mit „0“-Potential auf der „0“-Datenleitung T_1 leitend. Die Auswahl der Speicherzelle zum Schreiben und zum Lesen erfolgt über die Wortleitung und Datenleitung.
Für eine koinzidente Ansteuerung der Speicherzelle müssen dagegen beide Transistoren in

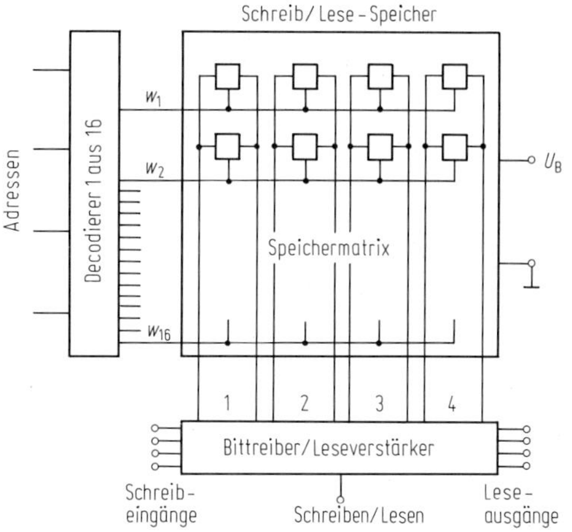

Bild 75. Prinzipielle Organisation eines Halbleiterspeichers

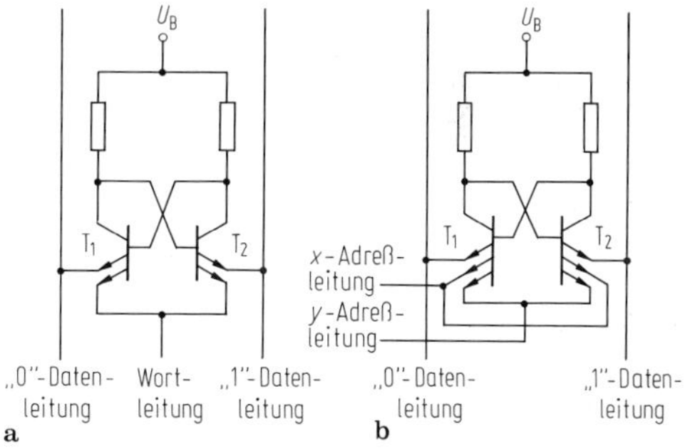

Bild 76. Speicherzelle in TTL-Technik für bitweise Adressierung (**a**), Speicherzelle in TTL-Technik für koinzidente Adressierung (**b**)

Bild 76a um einen zusätzlichen Emitter erweitert werden. Eine solche Speicherzelle zeigt Bild 76b. Die Aufgabe der Wortleitung wird jetzt von den beiden Adreßleitungen übernommen. Ist die Zelle nicht in Betrieb, so führen die *x*- und *y*-Adreßleitungen „0“-Potential, die Zelle ist über die UND-Verknüpfung der Multiemittertransistoren gesperrt. Erst wenn beide Adreßleitungen auf „1“-Potential liegen, ist ein Einschreiben oder Auslesen von Information möglich.
Neben den eben beschriebenen Schreib/Lese-Speichern haben Festwertspeicher einen fest vorgegebenen Inhalt, der während des Einsatzes des Speichers nicht veränderbar ist. Ein solcher Speicher besitzt somit nur eine Lesefunktion. Festwertspeicher lassen sich unterteilen in [81]

- inversible Festwertspeicher (in bipolarer und MOS-Technologie),
- reversible Festwertspeicher (in MOS-Technologie).

Inversible Festwertspeicher werden entweder direkt beim Hersteller während der Herstellung

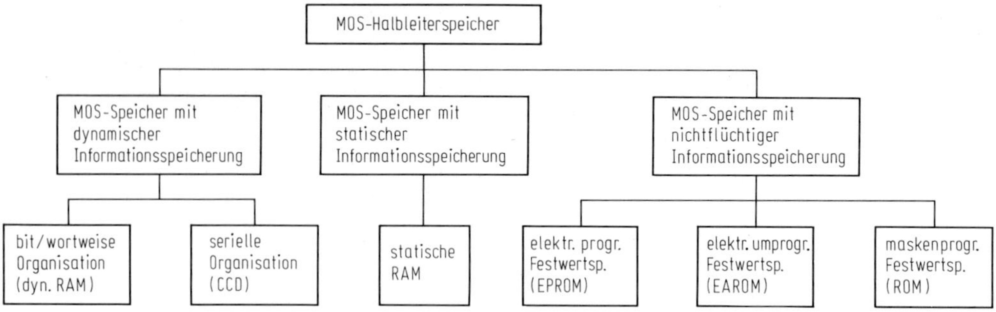

Bild 77. Arten der Informationsspeicherung bei MOS-Halbleiterspeichern

(ROM) oder durch einen speziellen Programmierablauf beim Anwender programmiert (PROM). Für diesen Programmiervorgang werden besondere Programmiergeräte benötigt.
Wird die Programmierung des Speicherbausteins beim Hersteller durchgeführt, so muß der Anwender ihm eine Tabelle des gewünschten Speicherinhalts liefern. Diese wird dann auf dem Chip durch eine Maskenprogrammierung erstellt. Da dieses Programmierverfahren aufwendig und nur bei hohen Stückzahlen wirtschaftlich ist, gibt es für Laborzwecke und kleine Stückzahlen Festwertspeicher, die beim Anwender pro-

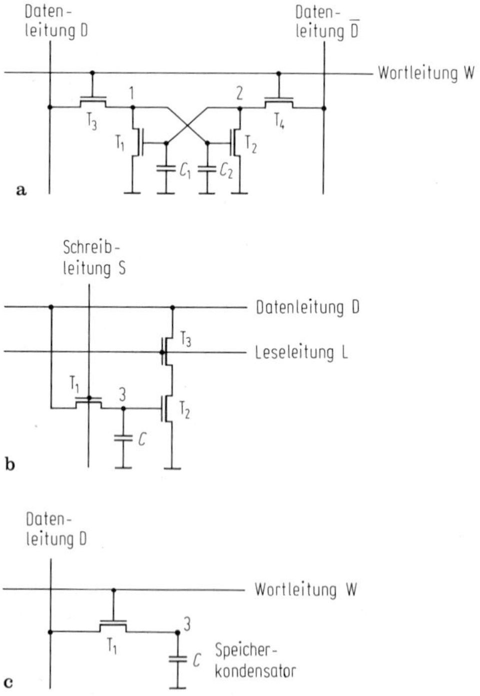

Bild 78. Dynamische MOS-Speicherelemente mit vier Transistoren (**a**), drei Transistoren (**b**), einem Transistor (**c**)

grammiert werden können (PROM). Hier wird an den Kreuzungspunkten der Speichermatrix eine Reihenschaltung eines aktiven Elements (Diode oder Bipolartransistor) mit einem Widerstand (z.B. Nickel-Chrom) vorgesehen. Dieser Widerstand erfüllt die Aufgabe einer Schmelzsicherung und wird beim Programmieren durch einen geeigneten Überstrom zerstört. An dieser Stelle ist dann die Verbindung unterbrochen.

MOS-Speicher. Man kann MOS-Speicher nach verschiedenen Gesichtspunkten unterteilen. Im folgenden wird zunächst die Aufteilung nach Art ihrer Informationsspeicherung vorgenommen (Bild 77) [98]. Die erste Gruppe sind Speicher mit dynamischer Informationsspeicherung, die zweite Gruppe sind die statischen Speicher und die dritte Gruppe von Speichern sind die Speicher mit nichtflüchtiger Informationsspeicherung.

– Speicher mit dynamischer Informationsspeicherung

Im Bestreben, möglichst wenig Schaltelemente zur Speicherung eines Informationsbits zu verwenden, gelangte man von der statischen Sechs-Transistor-Zelle zur dynamischen Vier- (Bild 78a), später Drei- (Bild 78b) und schließlich zur Ein-Transistor-Zelle (Bild 78c). In allen drei Fällen wird die Information in einem MOS-Kondensator gespeichert. Für dynamische Speicher hat sich die Ein-Transistor-Zelle (Bild 78c) durchgesetzt, so daß nur diese Zelle genauer beschrieben werden soll.
Zum Speichern der Information benötigt man bei dieser Zelle nur mehr einen Speicherkondensator C und einen Schalttransistor T_1, um den Kondensator an die Datenleitung D (Schreib/Lese-Leitung) anzuschließen bzw. von ihr zu trennen. Die Zahl der Elemente zur Speicherung eines Informationsbits ist so auf ein Minimum reduziert worden.
Soll in die Zelle von Bild 78c die Information „0" eingeschrieben werden, so wird an die Datenleitung D eine Spannung 0V angelegt und

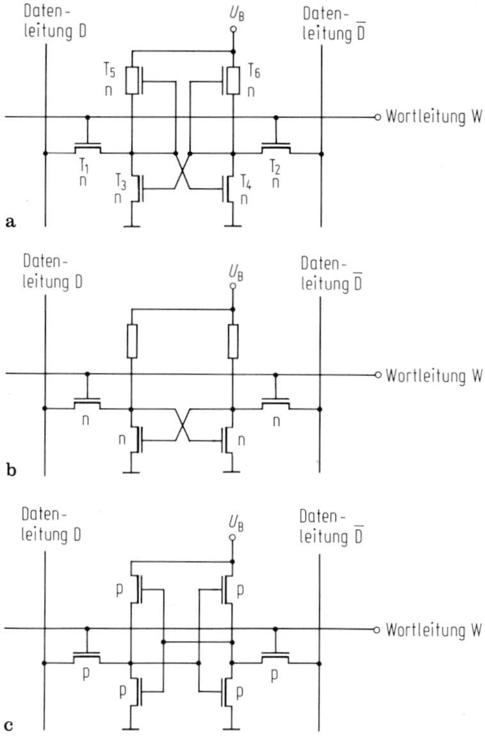

Bild 79. Statische Speicherzellen mit Lasttransistoren vom Verarmungstyp (**a**), mit Lastwiderständen (**b**), sowie in Komplementär-Kanal-Technik (**c**)

gleichzeitig über die Wortleitung W der Auswahltransistor T_1 eingeschaltet. Das Potential am Speicherkondensator, der als MOS-Kondensator realisiert ist, wird auf 0 V gelegt. Nach dem Abschalten des Transistors T_1 bleibt diese Information gespeichert. Da diese Information auch dem Gleichgewichtszustand des MOS-Kondensators entspricht, muß dieser Zustand nicht regeneriert werden. Soll eine „1" eingeschrieben werden, so legt man die Schreibspannung U_S (meist $U_S = U_B$) an die Datenleitung und schaltet den Transistor T_1 wieder ein. Nun liegt der Speicherkondensator auf dem Potential U_S. Die an der Grenzfläche (Si/SiO_2) des MOS-Kondensators vorhandenen beweglichen Ladungsträger werden über T_1 von der an der Datenleitung liegenden Spannung abgesaugt, und es entsteht unter der Speicherelektrode eine tiefe Raumladungszone.

Da der MOS-Kondensator jetzt nicht mehr im thermischen Gleichgewicht ist, werden an der Oberfläche und aus dem Gebiet um die Raumladungszone herum Ladungsträger erzeugt, die an die Grenzfläche wandern und das Potential an dieser Stelle erniedrigen. Wartet man lange genug (einige 100 ms bis s), stellt sich also wieder der „0"-Zustand (Gleichgewichtszustand) ein. Der „1"-Zustand muß daher in periodischen Abständen regeneriert werden (auch bei den Schaltungen in Bild 78 a und b notwendig). Dies erfolgt durch Auslesen, Verstärken und neuerliches Einschreiben der Information.

Zum Auslesen der Information wird die Datenleitung D zunächst auf einen definierten Pegel vorgespannt und dann von der Spannungsquelle abgetrennt. Anschließend öffnet man den Auswahltransistor T_1, und die Ladung im Speicherkondensator und auf der Datenleitung können sich ausgleichen. Dieser Ladungsausgleich verursacht eine Spannungsänderung auf der Datenleitung, die noch verstärkt an den Ausgang des Speichers gebracht wird. Das Auslesen der Information erfolgt bei der Ein-Transistor-Zelle zerstörend, d.h. nach jedem Lesevorgang muß die Information wieder eingeschrieben werden. Dies erfolgt mit Hilfe eines Flipflops, das gleichzeitig auch als Leseverstärker verwendet wird.

Zur Gruppe von Speichern mit dynamischer Informationsspeicherung gehören auch die CCD-Speicher [99].

– Speicher mit statischer Informationsspeicherung

Die Speicherzelle bei statischen MOS-Speichern ist das kreuzgekoppelte Flipflop (Bild 79 a, b, c). Die zwei Auswahltransistoren T_1 und T_2 stellen die Verbindung zwischen den beiden Bitleitungen und den Flipflopknoten her. Je nachdem, ob der linke Flipflopknoten an Masse liegt oder auf dem Potential der Versorgungsspannung, ist eine logische „0" oder „1" gespeichert (die Zuteilung ist willkürlich).

Es gibt verschiedene MOS-Techniken, mit denen statische Speicher aufgebaut werden können. Die verlustärmste Technik ist die CMOS-Technik (Bild 79 c). In beiden Zuständen fließt in dieser Zelle kein Strom zwischen U_B und Masse, da in beiden Flipflopzweigen einer der Transistoren gesperrt, der andere leitend geschaltet ist.

Hat man eine Ein-Kanal-Technik (z. B. n-Kanal) zur Verfügung, so fließt in einem der beiden Zweige immer ein Querstrom, der eine Verlustleistung bewirkt und daher so klein wie möglich gehalten werden muß. Dies erreicht man durch möglichst hochohmige Lasttransistoren. Verwendet man als Lastelemente MOS-Transistoren vom Verarmungstyp (Bild 79 a), so müssen diese Transistoren eine große Kanallänge und geringe Kanalweite haben.

Eine elegante und platzsparende Lösung ist die Verwendung von Polysilizium-Lastwiderständen (Bild 79 b). Hier wird für die Lastelemente undotiertes Polysilizium mit einem Widerstand von ca. 50 GΩ/sq. verwendet. Man erzielt hiermit nicht nur eine geringere Verlustleistung, da die Querströme meist ≤ 1 µA sind, sondern auch ei-

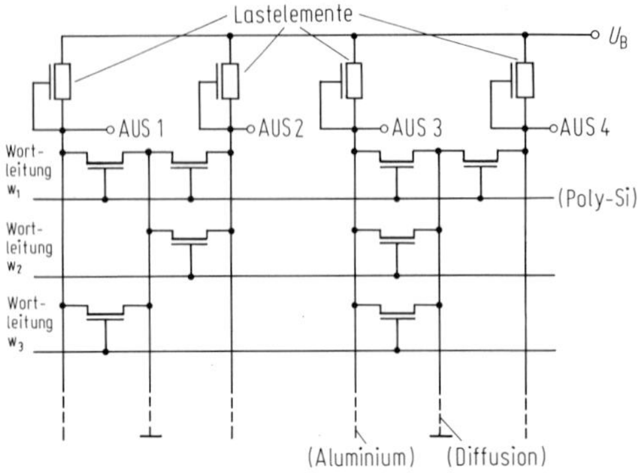

Bild 80. Schaltbild eines Festwertspeichers (ROM)

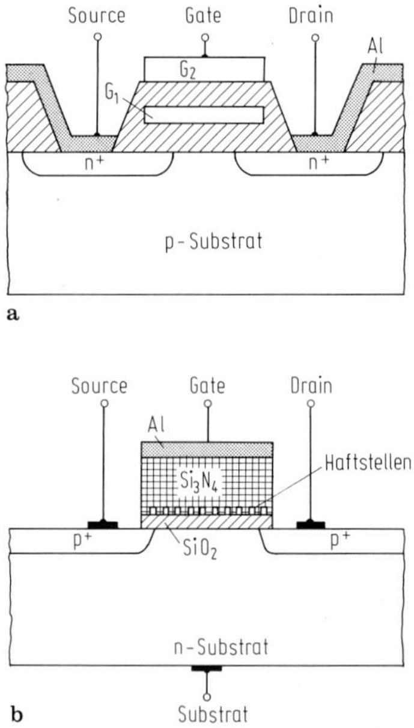

Bild 81. Querschnitt durch einen MOS-Transistor mit schwebendem Gate G_1 (**a**), Querschnitt durch einen MNOS-Transistor (**b**)

ne kleinere Zellenfläche, da das Flipflop platzsparender aufgebaut werden kann [100].

Im Vergleich zu dynamischen Speichern haben statische Speicher i. allg. immer eine um den Faktor 4 bis 8 geringere Bitdichte. Infolge des Wegfalls von empfindlichen Leseverstärkern kann die Peripherie von statischen Speichern einfacher gehalten werden. Auch sind die meisten statischen Speicher schneller als die entsprechenden dynamischen Speicher.

Statische Speicher können sowohl bitweise als auch wortweise organisiert sein, d. h. beim Anlegen einer Adresse wird nur ein einzelnes bit ausgelesen (bitweise Organisation) oder ein ganzes Wort (üblich sind 4-bit- und 8-bit-Worte).

Auf der Basis von statischen und dynamischen Speicherzellen gibt es mehrere Vorschläge für assoziative Speicher. Jeder der Speicherzellen hat hierbei eine Vergleichslogik, die ein Signal abgibt, falls die gespeicherte und angelegte Information identisch sind.

– Speicher mit nichtflüchtiger Informationsspeicherung

Nur-Lese-Speicher (ROM): Die einfachste Form von Halbleiterspeichern mit nichtflüchtiger Informationsspeicherung sind sog. Nur-Lese-Speicher. Hier sind die Transistoren matrixförmig angeordnet, und das Vorhandensein bzw. Nichtvorhandensein eines Transistors entspricht einer gespeicherten „1“ bzw. „0“ (Bild 80). Die Lage der Transistoren bzw. der Leerstellen muß vor der Herstellung des Schaltkreises bekannt sein. Die Programmierung des ROM kann man in verschiedenen Ebenen des Herstellungsprozesses vornehmen. Die Anordnung mit geringstem Flächenbedarf ist jene, bei der die Programmierung in der Diffusionsebene erfolgt. Man kann die Programmierung auch in der Metallisierungsebene durchführen, muß dann allerdings mehr Fläche pro bit vorsehen. Solche Speicher sind vorwiegend wortweise organisiert und nur dann wirtschaftlich interessant, wenn der Anwender große Stückzahlen benötigt. Klassische Anwendungsgebiete für Nur-Lese-Speicher sind Tabellen, Codeumwandlungen oder Mikroprogramme.

Elektrisch programmierbare Festwertspeicher (PROM, EPROM): In der MOS-Technik wird für elektrisch programmierbare Festwertspeicher ein anderes Prinzip verwendet als bei bipolaren Speichern und zwar das der „schwebenden“ Gateelektrode („floating gate“). Es werden Ladungsträger aus dem Substrat mit Hilfe von hohen elektrischen Feldern (Durchbruch der Drain-Substrat-Diode) auf die isolierte Gateelektrode G_1 (Bild 81 a) gebracht. Die so aufgeladene Elektrode beeinflußt den Stromfluß im Kanal. Die Elektrode G_2 dient dazu, die Ladungsträger mit hoher Energie aus dem Substrat durch das dünne Gateoxid auf die schwebende Elektrode G_1 zu beschleunigen. Der Speicher kann mit Hilfe von UV-Strahlen auch wieder gelöscht werden (Ladungsausgleich der aufgeladenen Elektrode G_1). Speicherfelder mit diesen Elementen werden so wie ROMs (Bild 80) aufgebaut. Nur sitzt hier an jedem Platz ein Transistor, dessen Einsatzspannung über geeignete elektrische Impulse verändert wird oder nicht [101].

Elektrisch umprogrammierbare Festwertspeicher (EAROM bzw. EEPROM): Die meisten Halbleiterspeicher haben den Nachteil, daß die gespeicherte Information nach dem Abschalten der Versorgungsspannung verlorengeht. Elektrisch programmierbare Festwertspeicher, wie die eben beschriebenen, speichern zwar die Infor-

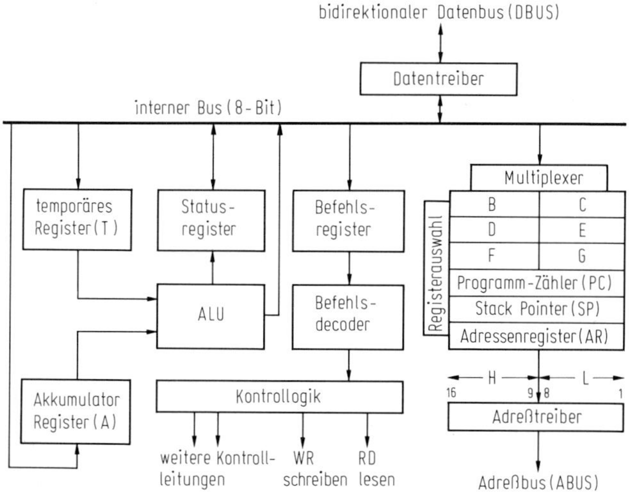

Bild 82. Blockschaltbild eines Mikroprozessors

mation auch nach dem Abschalten der Spannung, die Information kann jedoch nicht elektrisch umgeschrieben werden. Die erste Lösung für einen elektrisch umprogrammierbaren Festspeicher konnte mit Hilfe von MNOS-Transistoren [102] realisiert werden. Bei diesem Transistor wird der Gateisolator aus zwei verschiedenen Isolatorschichten gebildet, einer dünnen Siliziumdioxidschicht von ca. 2 nm und einer dickeren Siliziumnitridschicht von ca. 40 nm (Bild 81 b). An der Grenzfläche der beiden Isolatoren entstehen Haftstellen, die man mit Hilfe von elektrischen Impulsen laden und entladen kann. Der Ladungszustand der Haftstellen beeinflußt die Einsatzspannung (und damit auch den Stromfluß) des Transistors. Somit können zwei logische Zustände (leitender und nichtleitender Transistor) gespeichert werden. Der Aufbau und der Betrieb eines mit MNOS-Transistoren aufgebauten Speichers entspricht dem eines ROM bzw. EPROM.

Heutzutage werden EEPROMs jedoch ausschließlich mit Hilfe von Zellen realisiert, die ähnlich wie in Bild 81 a aufgebaut sind. Das Einschreiben erfolgt mit der bereits beim EPROM beschriebenen Methode der „heißen Elektronen". Beim Löschen der Information wird über eine geeignet hohe Spannung am Steuergate G_2 und einem Gebiet mit sehr dünnem Zwischenoxid die aufgeladene Elektrode G_1 wieder entladen. Der hierbei ausgenutzte physikalische Mechanismus wird Fowler-Nordheim-Tunneln genannt [103]. Der Aufbau eines Speicherfeldes mit solchen Transistoren erfordert allerdings einen weiteren „normalen" MOS-Transistor (nur eine Steuerelektrode) in Serie mit dem Speichertransistor. Die Packungsdichte von EEPROM-Speichern ist daher geringer als die von EPROM-Speichern.

Mikroprozessoren. Als die Integrationstechnik so weit fortgeschritten war, daß ein Prozessor auf einem Chip integriert werden konnte, entstand eine weitere interessante Schaltungsart – der Mikroprozessor. Eine derartige Schaltung kann für verschiedene Anwendungsfälle herangezogen werden, da die jeweiligen Besonderheiten nicht in der Schaltung, sondern in dem in einem Speicher eingeschriebenen Programm liegen. Damit kommt diese Schaltungsart besonders den Wünschen der Halbleiterhersteller entgegen, von einer Chipart große Mengen produzieren zu können. Andererseits besteht die Möglichkeit, mit einem Programm einfache Arbeitsabläufe festzulegen und somit menschliche Denkarbeit zu minimieren.

Ein Mikroprozessor besteht im wesentlichen aus einem Rechenwerk (Volladdierer mit Überlauflogik), Registern, Befehlsdecodierern, Taktschaltungen und Eingangs/Ausgangs-Schaltungen [104, 105]. Die Funktionsweise einer solchen Schaltung (Bild 82) ist folgende: Zwei Daten werden von außen in die Register geladen. Ein Befehl – ebenfalls von außen – wird decodiert und das Rechenwerk davon informiert, auf welche Weise die beiden Daten verknüpft werden sollen. Das Ergebnis wird im Register abgespeichert, um dann nach außen abgegeben werden zu können. Es gibt Mikroprozessoren mit 4 bit, 8 bit und 16 bit breiten Datenkanälen. Modernste Mikroprozessoren haben 32 bit breite Datenkanäle [106].

Wie aus dieser kurzen Funktionsbeschreibung folgt, braucht der Mikroprozessor noch andere integrierte Schaltungen: Speicherbausteine, in die die zu verarbeitenden und die verarbeiteten Daten geschrieben und in denen Befehle (Programme) festgehalten werden; Taktgenerator, Peripherieschaltungen, die Daten von der

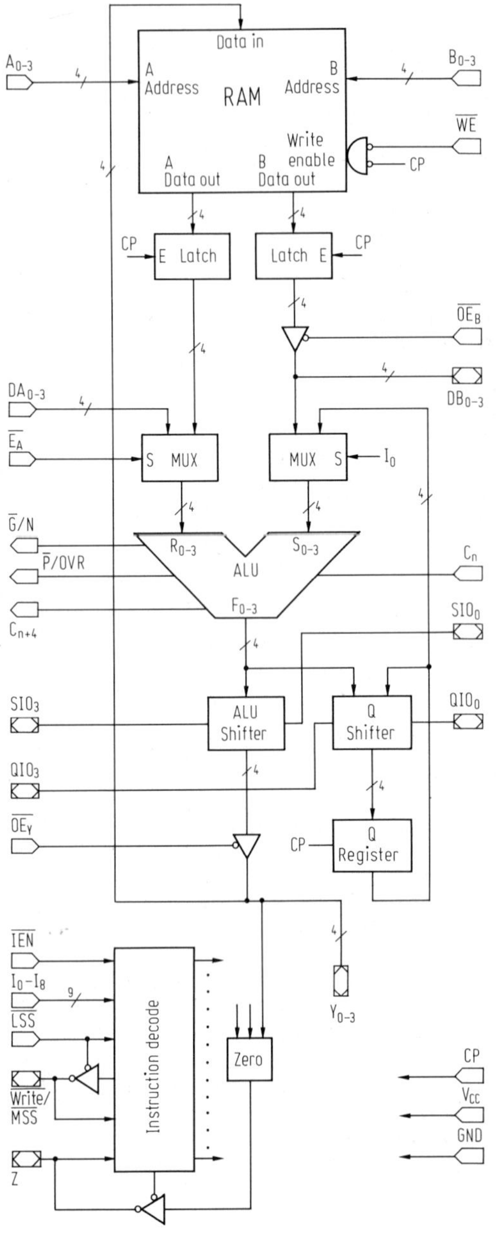

Bild 83. Blockschaltbild einer Datenpfad-Struktur („bit-slice“) mit 4 bit breiten Daten

Außenwelt entgegennehmen und umsetzen und wiederum die verarbeiteten Daten abgeben. All diese Bausteine mit dem Mikroprozessor zusammen nennt man Mikrocomputer [107]. Neben dem Mikroprozessor gibt es sog. Mikrocontroler, die in erster Linie für einfache Steuerungen eingesetzt werden.

Datenpfad-Strukturen („*bit-slice*“). Bei der Entwicklung von kompletten Rechnern bzw. Prozessoren für unterschiedliche Anwendungen werden sehr oft zur Verarbeitung der Daten dieselben Grundfunktionen benötigt. Solche Grundfunktionen können sein: Speichern in einem Register, Verschieben der Daten um eine bestimmte Anzahl von bits oder die Verknüpfung von Daten (z. B. UND, ODER, Addition etc.). Man hat daher integrierte Schaltungen entwickelt, mit denen man diese verschiedenen Datenoperationen durchführen kann. Solche Schaltungen werden in einer bestimmten Datenbreite (meist 4 bit, aber auch 8 bit breit) realisiert. Durch Parallelschaltung können dann Datenpfade mit beliebiger Bitbreite realisiert werden [108]. In Bild 83 ist das Blockschaltbild eines solchen integrierten Datenpfades („bit-slice“) dargestellt. Aus dem Speicher kann die Information in das Register eingelesen und von dort der ALU (arithmetic logic unit = arithmetisch logische Einheit) über einen Multiplexer zugeführt werden. Der Multiplexer dient zur Zuführung von internen oder externen Daten. In der ALU werden die zwei 4-bit breiten Daten (in dem Beispiel in Bild 83) verknüpft (z. B. addiert, subtrahiert oder logisch verknüpft) und das Ergebnis an ein Schieberegister ausgegeben. Hier kann die Information dann nach links oder rechts verschoben oder an den Ausgang des Chips abgegeben werden. Über ein weiteres Register kann das Ergebnis der ALU wieder an den Eingang der ALU gebracht und mit weiteren Daten verknüpft werden. Den Ablauf des Datenflusses kann man mit Hilfe von sog. Steuerleitungen beeinflussen (s. Bild 83). Diese Leitungen werden meist von einer Steuerlogik, die auch als integrierter Baustein zur Verfügung steht und die auf den Datenpfad-Baustein zugeschnitten ist, angesteuert [109]. Darüber hinaus kann man diese Steuerlogik auch mit Hilfe von TTL-Bausteinen oder mit einem PLA aufbauen.

Der große Vorteil solcher Datenpfad-Strukturen ist, daß man mikroprogrammierbare Prozessoren bauen kann, deren Befehlssatz auf die individuelle Anwendung hin zugeschnitten ist. Man ist nicht mehr auf einen starren Befehlssatz, wie bei Verwendung eines Mikroprozessors, festgelegt. Auch die Datenbreite kann variabel gewählt werden. Solche Bausteine werden derzeit ausschließlich in bipolarer Technologie realisiert (TTL- und ECL-Technik).

Ein Datenpfad und die dazugehörige Steuerlogik sind natürlich auch immer Bestandteil eines kompletten Mikroprozessors oder Mikrocomputers. Darüber hinaus sind solche Blöcke (Datenpfad und Steuerlogik) wichtige Bestandteile von Zellenbibliotheken und stehen dem Entwickler von integrierten Systemlösungen als Zelle (auch oft als „core“ bezeichnet) zur Verfügung (s. unter „CAD“).

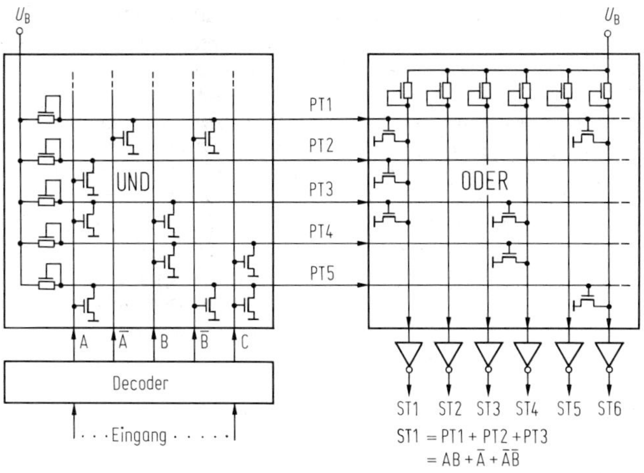

Bild 84. Prinzipieller Aufbau eines PLAs mit Produktermen (PT) und Summentermen (ST)

PLA (*Programmable Logic Array*). Ein PLA ist eine regelmäßig aufgebaute programmierbare Logikschaltung [110], die für die Implementierung von kombinatorischer Logik (Schaltnetze) und mit Rückkopplungselementen auch für sequentielle Logik (Schaltwerke) Verwendung findet [111]. Bild 84 zeigt den prinzipiellen Aufbau eines PLAs. Die charakteristischen Elemente sind die logische UND-Ebene und die logische ODER-Ebene. In der UND-Ebene werden aus den PLA-Eingangsgrößen Produktterme erzeugt und aus diesen in der ODER-Ebene Summenterme gebildet. Bei der Decoder-Eingangsstufe handelt es sich im einfachsten Fall um eine Schaltung, die die logischen Eingangssignale in invertierter und nichtinvertierter Form der UND-Ebene des PLAs anbietet. Für spezielle Anwendungen wird ein Decoder mit zwei oder auch mit vier Eingängen eingesetzt [112].
Die schaltungstechnische Realisierung einer logischen UND-Verknüpfung erfolgt meist durch eine NOR-Implementierung der UND-Ebene. Es wird dabei die De Morgan-Regel angewendet [83, 84]. Häufig wird auch die ODER-Ebene aus einzelnen NOR-Gattern aufgebaut. In diesem Fall liegen an den PLA-Ausgängen die Summenterme in invertierter Form vor:

$$\overline{\mathrm{ST}} = \overline{\mathrm{PT}_i + \ldots + \mathrm{PT}_n}$$

Ein dem PLA nachgeschalteter Inverter führt zum nichtinvertierten Ergebnis

$$\mathrm{ST} = \mathrm{PT}_i + \ldots + \mathrm{PT}_n .$$

In Bild 84 ist ein Beispiel für eine Produkt- und Summentermbildung dargestellt. Die Programmierung der UND- und ODER-Ebene erfolgt durch Erzeugung oder Weglassen von Transistoren innerhalb der zu den einzelnen Produkt- und Summentermen gehörigen NOR-Gatter. Diese Programmierung erfolgt während des Herstellprozesses des PLAs. Bei den vom Anwender selbst programmierbaren PLAs werden, ähnlich wie bei den programmierbaren Festwertspeichern (PROM), Sicherungsstrecken durchgebrannt, wodurch Transistoren gezielt von den Ausgangsleitungen der UND- und ODER-Matrix getrennt werden (FPLA = Field programmable PLA). Diese PLAs sind wegen der zur Durchschmelzung notwendigen hohen Ströme meist in bipolarer Technologie realisiert. Typische Anwendungen von PLAs liegen bei allgemeinen Ablaufsteuerungen, wie z.B. bei der Realisierung von Steuerfunktionen im Leitwerk von Mikroprozessoren. Neben PLAs für rein kombinatorische Logik ist es auch möglich, durch Rückkopplungen sequentielle Logikfunktionen mit Hilfe von PLAs zu realisieren. Hierbei wird ein Teil der Ausgänge des PLAs über ein getaktetes Speicherelement (z.B. Flipflop) wieder in die UND-Ebene eingespeist. Man kann z.B. auch Zähler mit rückgekoppelten PLAs realisieren [88].

CAD (*Computer Aided Design*) – *Hilfsmittel und rechnergestütztes Entwurfsverfahren.* Nur durch den verstärkten Rechnereinsatz bei der Dimensionierung und Optimierung von integrierten Schaltungen lassen sich Entwicklungskosten und Entwicklungszeiten von komplexen integrierten Schaltungen auf wirtschaftlich vertretbare Dimensionen reduzieren, so daß das Gebiet des „computer aided design“ (CAD) in den letzten Jahren verstärkt entwickelt wurde. Der Einsatzbereich der verschiedenen CAD-Werkzeuge erstreckt sich praktisch über alle Entwicklungsstufen von der Simulation einzelner Prozeßschritte bis zur Simulation des Zusammenspiels ganzer Rechnersysteme [85, 113–115]. In Tab. 1 sind die verschiedenen Simulationsebenen dargestellt, wobei die darin verwendeten Modelle für die Schaltelemente und Teilsysteme mit

Tabelle 1. Übersicht über die verschiedenen CAD-Werkzeuge.

Simulationsart	Physikalische Modelle	Makro-Modelle	Anzahl der zu simulierenden Transistorfunktionen
Prozeß-Simulation	× × ×		1
Device-Simulation	× × ×		1 ... 3
Netzwerk-Simulation	× ×	×	10^3
Timing-Logik-Simulation	×	× ×	10^4
Register-Transfer-Simulation		× × ×	10^5

zunehmender Komplexität des zu simulierenden Systems weniger auf den physikalischen Eigenschaften der Schaltelemente beruhen und zunehmend den Charakter von allgemeinen übergeordneten Makromodellen annehmen.
Neben diesen einzelnen CAD-Programmen sind in den letzten Jahren ganze Entwurfssysteme entwickelt worden, mit denen ein Entwickler mit nur sehr geringem IC-spezifischem Wissen in der Lage ist, seine spezielle integrierte Schaltung bis hin zum fertigen Maskensteuerband zu entwikkeln. Hierbei wird er von einem ganzen Programmpaket unterstützt, das von der Stromlaufeingabe bis zur Erstellung des Maskensteuerbands alles umfaßt. Die Schaltung wird aus vorbereiteten Grundzellen, deren Daten der Entwickler kennt, aufgebaut. Diese Entwurfsmethoden werden oft als „semi-custom" bezeichnet, und die folgenden Verfahren der Gate-Arrays und Standardzellen gehören dazu.

– Gate-Arrays

Hierunter versteht man einen Schaltkreis mit einer festen Anzahl von Grund- oder Basiszellen, die mit Hilfe einer oder mehrerer Verdrahtungsebenen zu den benötigten Funktionen wie Gatter, Flipflop, Zähler, Register, aber auch Operationsverstärker zusammengeschaltet werden können [116]. Die Grundzellen sind in der Bipolartechnik eine Anzahl von Transistoren und Widerständen. Die verwendete Schaltungstechnik ist fast ausschließlich die ECL-Technik. Derzeit sind ECL-Gate-Arrays mit 5000 bis 15000 Grundzellen üblich, ihr Einsatzgebiet sind Schaltungen, in denen die hohe Arbeitsgeschwindigkeit Vorrang hat vor der Verlustleistung (z.B. Kerne von Großrechnern). In der MOS-Technik werden Gate-Arrays nur in der CMOS-Technologie realisiert. Hier besteht die Grundzelle meist aus einer Anordnung mit zwei p-Kanal- und zwei n-Kanal-Transistoren. Bei MOS-Gate-Arrays werden auch oft die Verdrahtungsgassen zwischen den aufgereihten Grundzellen weggelassen, so daß die Verdrahtung der Funktionsblöcke über den Grundzellen erfolgt (Prinzip des „sea-of-gates"). Die Komplexität von MOS-Gate-Arrays bewegt sich derzeit im Bereich zwischen 10000 und 200000 Grundzellen. Die Bauelemente der Grundzellen (Transistoren und Widerstände bzw. p- und n-Kanal-Transistoren) werden in fester Matrixanordnung auf dem Chip („master") vorgefertigt. Mit Hilfe der Verdrahtungsebenen werden diese Grundzellen dann zu den gewünschten Funktionen verbunden (oft auch personalisieren genannt), wobei durchaus ein Teil der Bauelemente auch unbenutzt bleiben kann. Der ganze Entwurfsprozeß läuft dann folgendermaßen ab: Der Stromlaufplan der zu realisierenden Schaltung wird an einem graphischen Arbeitsplatz eingegeben. Diese Information dient zum Anstoßen der Logiksimulation, mit der festgestellt wird, ob die Schaltung die geforderten Funktionen erfüllt. Sobald dies stimmt, kann man mit Hilfe eines rechnergesteuerten Plazierungs- und Verdrahtungsprogrammes die Zellen auf dem vorgefertigten „master" plazieren und verdrahten. In der Fertigung müssen dann nur mehr diese individuellen Masken gefertigt werden, die Prozeßschritte bis zum fertigen Bauelement sind ja einheitlich für alle Scheiben schon durchgeführt worden. Durch das stark rechnerunterstützte Entwurfsverfahren und die geringe Anzahl von notwendigen Prozeßschritten kann die Zeit vom Logikentwurf bis zum ersten realisierten Chip kurz gehalten werden.
Gate-Arrays sind aber auch interessant für Schaltungen, die nur in geringer Stückzahl benötigt werden. Bei solchen Schaltungen ist ja die Entwicklungsdauer von großer Bedeutung, so daß das Gate-Array-Verfahren dieser Art von Schaltungen sehr entgegenkommt.
Neben den Logikzellen sind auf manchen Gate-Arrays auch Bereiche vorgesehen, in denen Speicherzellen realisiert werden können. Es gibt auch spezielle Gate-Arrays, auf denen die Grundzellen für Analogschaltungen verwendet werden können (z.B. Operationsverstärker), allerdings ist die überwiegende Anzahl der Anwendungsfälle im digitalen Bereich [117].

– Standardzellen

Eine weitere Methode, Entwicklern ohne spezielles IC-Entwurfswissen den Bau einer integrierten Schaltung zu ermöglichen, ist, das IC mit Hilfe von vorentworfenen Funktionsblöcken zu realisieren. Diese entworfenen Funktionsblöcke oder Zellen sind in ihren geometrischen Abmessungen und in ihrer Funktion fest vorgegeben. Die

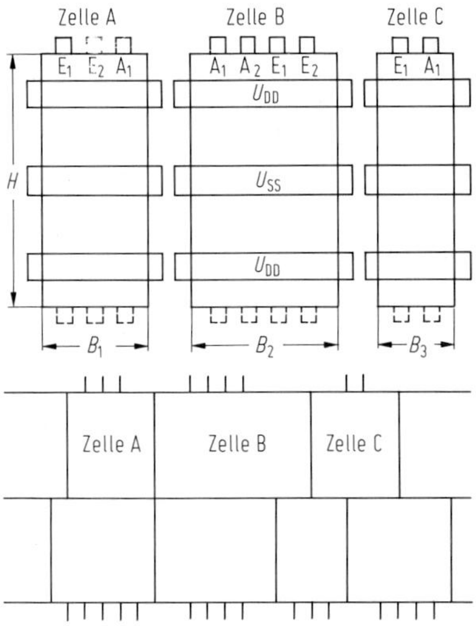

Bild 85. Prinzip des Standardzellenkonzepts

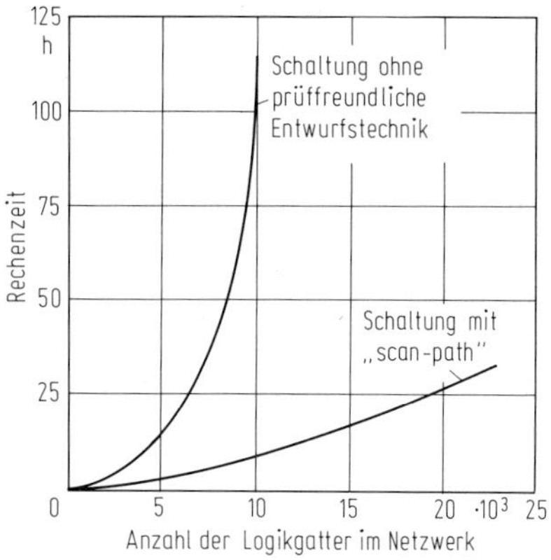

Bild 86. Anstieg der Zeit für die Testbitmustergenerierung in Abhängigkeit von der Zahl der Logikgatter. Nach [123]

Funktionen entsprechen weitgehend den bekannten Logikfunktionen, z. B. Gatter, Treiber, Flipflops, Multiplexer etc. Die Höhe dieser Zellen ist konstant, die Breite variabel. Dadurch können diese Zellen sehr leicht von einem automatischen Plazierungs- und Verdrahtungsprogramm angeordnet und verdrahtet werden (Bild 85). Da die Versorgungsleitungen in allen Zellen in der gleichen Höhe horizontal verlaufen, werden diese bei der Aneinanderreihung automatisch verbunden. Die Ein- und Ausgänge der Zellen liegen an einer Seite oder an beiden Seiten der Zellen, je nach dem eingesetzten Verdrahtungsprogramm, das von einer Netzliste ausgehend die entsprechenden Leitungen legt. Der Entwickler muß also, wie bei Gate-Arrays, nach der Beschreibung (graphisch oder alphanumerisch) seiner Schaltung zunächst simulieren. Anschließend muß er den Stromlauf seiner Schaltung, die aus den Standardzellen aufgebaut werden soll, in das Plazierungs- und Verdrahtungsprogramm eingeben. Es entsteht dann das komplette Layout der integrierten Schaltung. Bei manchen Kombinationen kann es notwendig sein, Verbindungen, die das Programm nicht gefunden hat, manuell nachzulegen. Aber auch hier wird der Entwickler so unterstützt, daß er keine falschen Verbindungen legen kann [118].
Neben diesen Standardzellen, die zunehmend die Entwicklungen von Spezial-ICs wirtschaftlich möglich machen, werden manchmal auch schon komplexere Zellen eingesetzt, die nicht mehr Standardhöhe besitzen (z. B. RAM, ROM, PLA). Diese Entwurfsmethode, mit vorentwickelten (Standard- oder allgemeinen) Zellen ganze integrierte Schaltungen zu entwickeln, hat sich weltweit sehr rasch durchgesetzt und bietet dem Entwicklungsingenieur die Möglichkeit, ganze Systemlösungen rasch und fehlerfrei auf einem Siliziumchip zu integrieren.
Weiterentwicklungen in der Richtung von vollautomatischen Entwurfsverfahren (auch bereits mit Hilfe der Methoden der Künstlichen Intelligenz) sind der „silicon compiler" [119] und der „chip assembler" [120]. Hier sind in den letzten Jahren enorme Fortschritte gemacht worden.
Nachdem mit Hilfe umfangreicher und ausgeklügelter CAD-Programmsysteme der Systementwickler ohne IC-Wissen seine Schaltung entwickeln kann, bleibt die Frage offen, wo diese dann in Silizium realisiert werden soll. Hier hat sich in den letzten Jahren eine Entwicklung angebahnt, die im englischen „silicon-foundry" (= Siliziumgießerei) [121] genannt wird. Man versteht hierunter einen Halbleiterhersteller, der nur integrierte Schaltungen fertigt, jedoch nicht entwickelt. Nach dem Erstellen der Masken muß also der Entwickler diese an eine geeignete „Gießerei" abliefern. Dort wird dann die integrierte Schaltung gefertigt. Meist übernimmt die „Gießerei" auch das Testen des Bausteins (nach den Angaben des Entwicklers) sowie den Einbau in ein geeignetes Gehäuse.

Prüfen. Anfang der 70er Jahre konnten die damaligen integrierten Schaltungen mit weniger als 100 Schaltelementen (SSI- und MSI-Schaltungen) noch durch Anlegen einer relativ geringen Anzahl von Eingangsimpulsen (Prüfvektoren) vollständig geprüft werden. Es waren daher keine besonderen Überlegungen für das Prüfen auf der Bausteinebene notwendig. Mit steigender Komplexität der Bausteine konnte zunächst das Prüfproblem durch schnellere Prüfautomaten gelöst werden. Für die schwierigeren Aufgaben der Prüfbitmustergenerierung und -simulation wurden CAD-Hilfsmittel entwickelt [122]. Trotzdem ist heute das vollständige Prüfen von LSI- und VLSI-Schaltungen oft nicht mehr möglich. Für manche Schaltungen kann sogar die Prüfbitmustergenerierung nicht mehr wirtschaftlich sein. Ihre Kosten steigen exponentiell mit der Komplexität der Schaltkreise (Bild 86). Verbesserte CAD-Hilfsmittel für die Fehlersimulation und leistungsfähigere Prüfautomaten können die steil ansteigende Kurve nur in geringem Maße abflachen. Es müssen neue Verfahren entwickelt werden, um das grundlegende Problem lösen zu können [124].

Das Prüf- oder Testproblem führt auch zu einem Umdenken bei den Schaltungsentwicklern, deren Ziel es bis jetzt meist war, eine Schaltung auf möglichst wenig Siliziumfläche unterzubringen. Für VLSI-Logikschaltkreise wird die Testbarkeit von solch großer Bedeutung sein, daß eine Flächenvergrößerung von 10% oder sogar mehr durch zusätzliche Schaltungen die die Testbarkeit erhöhen, durchaus gerechtfertigt erscheint.

In den letzten Jahren sind verschiedene Vorschläge veröffentlicht worden, mit denen die Prüfbarkeit von komplexen Logikschaltkreisen verbessert werden kann. Diese Vorschläge beruhen i. allg. auf den folgenden Grundprinzipien:

- Verbesserung der Kontrollierbarkeit und Beobachtbarkeit der schaltungsinternen Knoten. Ein sehr effektives Verfahren ist der Prüfbus („scan-path"), der in [125] für integrierte Schaltungen vorgeschlagen wurde. In den letzten Jahren sind einige Variationen dieses Verfahrens entwickelt worden, unter anderem das LSSD („level sensitive scan design")-Verfahren [126, 127].
- Unterteilung komplexer Schaltungen in einfachere Funktionseinheiten
  In vielen VLSI-Schaltungen ist die Aufteilung in einzelne Funktionsblöcke durch die häufig verwendete Busstruktur gegeben. Es ist daher meistens nur notwendig, einige wenige Funktionsblöcke, die keinen Zugriff zum Bus besitzen, mit Hilfe von zusätzlichen Multiplexern und Ausleseschaltungen an den Bus anzuschließen.
- Die Verwendung von Schaltungstechniken, die eine einfache Prüfbitmustergenerierung erlauben und bestimmte Fehler von vornherein ausschließen (Schaltkreisregeln für die Prüfbarkeit).
- Einsatz von selbsttestenden und -überwachenden Schaltungen.

Die zwei grundsätzlichen Verfahren für diesen letzten Punkt sind:

- Selbsttest mit einem gespeicherten Mikrogramm,
- Selbsttest mit Pseudorandom-Mustern [128].

Spezielle Literatur: [1] *Spenke, E.*: Elektronische Halbleiter, 2. Aufl. Berlin: Springer 1965. – [2] *Kittel, C.*: Introduction to solid state physics. New York: Wiley 1967. – [3] *Sze, S.M.*: Physics of semiconductor devices. New York: Wiley 1981. – [4] *Gerthsen, C.*: Physik. Berlin: Springer 1966 (14. Aufl. 1982: *Gerthsen; Kneser; Vogel*). – [5] *Yamaguchi, K.*: Mobility model for carriers in the MOS inversion layer. IEEE ED-30 (1983) 658–663. – [6] *Dannhäuser, F.*: Abhängigkeit der Trägerbeweglichkeit von der Konzentration der freien Ladungsträger. Solid State Electron. 15 (1972) 1371–1375. – [7] *Eastman, L.F.* et al.: Ballistic electron motion in GaAs. Electron. Lett. 16 (1980) 524–525. – [8] *Wieder, A.W.*: Emitter effects in shallow bipolar devices. IEEE ED-27 (1980) 1402–1408. – [9] *Engl, W.; Manck, O.; Wieder, A.*: Modeling of bipolar devices in process and device modeling. NATO ASI Ser. E-21. Leyden: Noordhoff 1977. – [10] *Crowell, C.; Sze, S.M.*: Current transport metal-semiconductor carriers, Solid State Electron. 9 (1966) 1035–1048. – [11] *Frenkel, J.*: Pre-breakdown phenomena in insulators. Phys. Rev. 54 (1983) 647–648. – [12] *Esaki, L.*: Discovery of the tunnel diode. IEEE Trans. Ed-23 (1976) 644–647. – [13] *Bosch, B.; Engelmann, R.*: Gunn-effect-electronics. London: Pitman Publ. 1975. – [14] *Van der Ziel, A.; Cenette, C.*: Noise in solid state devices, Adv. Electronics, Vol. 46, New York: Academic Press 1978. – [15] *Moll, J.*: Physics of semiconductors. New York: McGraw-Hill 1964. – [16] *Morkoc, H.* et al.: High Mobility in GaAs for high performance MESFETs. Proc. Cornell EE-Conf., Ithaca 1979. – [17] *Abe, M.; Memura, T.; Yokoyama, N.; Suyama, K.*: Advanced Technology for high speed GaAs VLSI, ESSDERC München 1982. Physik Verlag Weinheim 1983. – [18] *Sze, S.M.; Gibbons, G.*: Avalanche breakdown of pn-junctions. Appl. Phys. Lett. 8 (1966) 111–113. – [19] *Chelikowsky, J.; Cohen, M.*: Electronic structure of semiconductors. Phys. Rev. 14 (1976) 556–582. – [20] *Dutton*: SUPREM, Programm zur Prozeß-Simulation. University Standford. – [21] *Ryssel*: ICECREM, Programm zur Prozeß-Simulation. TH, München. – [22] *Tielert, R.*: Numerical simulation of impurity redistribution near mask edges in process and device simulation for MOS circuits. NATO ASI Ser. E-62. *Nijhoff, The Hague*, 1983. – [23] *Oldham*: SAMPLE, Programm zur Prozeß-Simulation. University Berkeley. – [24] *Pötzl*: MINIMOS, Programm zur MOS-Device Simulation. Univ. Wien. – [25] *Dutton*: CADDET, Programm zur MOS-Device-Simulation. University Standford. – [26] *Engl*: GALATEA, Programm zur Device-Simulation. RWTH Aachen. – [27] *Engl*: MEDUSA, Programm zur Device- und Netzwerk-Simulation. RWTH Aachen. – [28] *Ebers, J.; Moll, J.*: Large-signal behavior of junction transistors. Proc. IRE 42 (1954) 1761–1772. – [29] *Gummel, H.; Poon, H.*: Integral charge control model of bipolar transistors. Bell. Syst. Tech. J. 49 (1970) 827–852. – [30] *Müller, R.*: Bauelemente der Halbleiterelektronik, S. 35. Berlin: Springer 1973 (2. Aufl. 1979). – [31] *Van der Ziel, A.*: Noise, sources, characteristics and measurements. Englewood Cliffs: Prentice Hall 1970, p. 100. – [32] *Engl, W.; Dirks, H.*: Functional device simulation by merging numerical building blocks. Proc. NASECODE II. Dublin: Boole Press 1981. – [33] *Shockley, W.*: An unipolar "field effect" transistor. Proc. IRE 40 (1952) 1365–1376. – [34] *Frohmann-Bentchkowsky, D.; Grove, A.*: Conductance of MOS-transistors. IEEE ED-16 (1969) 108–113. – [35] *Shichman, H.; Hodges, D.*: Modeling and simulation of insulated-gate FET-switching circuits. IEEE J. SC-3 (1968) 285–289. – [36] *Goser, K.*: Channel formation in an IGFET. IEEE Solid State Circuits Conf. Digest (1970) 98–100. – [37] *Einspruch, N.G.*: VLSI elektronic, Vol. I, 231–263, Vol. II, 68–108, New York, Academic Press 1981. – [38] *Kesel, G.; Hammerschmitt, J.; Lange, E.*:

Signalverarbeitende Dioden. Berlin: Springer 1982. – [39] *Müller, R.*: Grundlagen der Halbleiter-Elektronik. Berlin: Springer 1979 (4. Aufl. 1984). – [40] *Harth, W.; Claassen, M.*: Aktive Mikrowellendioden. Berlin: Springer 1981. – [41] *Gunn, J.B.*: Microwave oszillators of current in III–V semiconductors. Solid State Commun. 1 (1963) 88–91. – [42] *Read, W.T.*: A proposed high-frequency negative resistance diode. Bell Syst. Tech. J. 37 (1958) 401–446. – [43] *Scharfetter, D.L.; Bartelink, D.J.; Johnston, R.L.*: Computer simulation of low-frequency high-efficiency oscillation in germanium impatt-diodes. IEEE Trans. ED-15 (1968) 691. – [44] *Colemann, D.J.; Sze, S.M.*: A low noise metal – semiconductor-metal-oscillator. Bell Syst. Tech. J. 50 (1971) 1695–1699. – [45] *Schrenk, H.*: Bipolare Transistoren. Berlin: Springer 1978. – [46] *Gri, N.J.*: Microwave transistors from small signal to high power. The Microw. J. (1971) 45–62. – [47] *Jacobson, D.S.*: What are the tradeoffs in rf transistor design? Microwaves 11 (1972) 46–51. – [48] *Kellner, W.; Kniepkamp, H.*: GaAs-Feldeffekttransistoren. Berlin: Springer 1985. – [49] *Dingle, R. et al.*: Appl. Phys. Lett. 33 (1978) 33. – [50] *Krausse, J.; Tihany, J.*: SIPMOS: Microcomputer und LSI-kompatible Leistungsschalter. Elektronik 29 (1980) 61–64. – [51] *Sonderheft* über dreidimensionale Halbleiter-Bauelemente: IEEE Trans. ED-25 (1978) 1204–1240. – [52] *Gerlach, W.*: Thyristoren. Berlin: Springer 1981. – [53] *Maly, W.*: Atlas of IC technologies: An introduction of VLSI processes. Menlo Park, CA: The Benjamin/Commings Publishing Company. – [54] *Getreu, I.E.*: Modeling the bipolar transistor. Amsterdam: Elsevier 1978. – [55] *Gray, P.R.; Senderowicz, D.; Ohara, H.; Warren, B.M.*: A single-chip NMOS dual channel filter for PCM. IEEE J. SC-14 (1979) 294–303. – [56] *Gray, P.R.; Meyer, R.G.*: MOS operational amplifier design – a tutorial overview. IEEE J. SC-17 (1982) 966.–982. – [57] *McCreary, J.L.*: Matching properties, and voltage and temperature dependence of MOS capacitors. IEEE J. SC-16 (1981) 608–616. – [58] *Martin, K.*: Improved circuits for the realization of switched-capacitor filters. IEEE Trans. CAS-27 (1980) 237–244. – [59] *Sequin, C.H.; Tompsett, M.F.*: Charge transfer devices. New York: Academic Press 1975. – [60] *Klar, H.; Mauthe, M.; Pfleiderer, H.-J.; Ulbrich, W.*: Passive CCD resonators. – *Schreiber, R.; Feil, M.; Betzl, H.; Bardl, A.; Traub, K.*: Passive CCD resonator filters. IEEE J. SC-16 (1981) 125.–135. – [61] *Baginski, P.; Brokaw, P., Wurcer, S.*: A complete 18-bit Audio D/A converter. Digest ISSCC (1990) 202–203, 296. – [62] *Kamoto, T.; Akazawa, Y.; Shingawa, M.*: An 8-bit 2-ns monolithic DAC. IEEE Solid-State Circuits, 23 (1988) 142–146. – [63] *Pelgrom, M.*: A 50-MHz 10-bit CMOS digital-to-analog converter with 75 Ω buffer. Digest ISSCC (1990) 200–201, 295. – [64] *Wouter, D.; Broeneveld, J.; Schouwenaars, H.; Thermeer, H.; Bastiaansen, C.*: A self-calibration technique for monolithic high-resolution D/A converters. IEEE Solid-State Circuits 24 (1989) 1517–1522. – [65] *Miki, T.; Nakamura, Y.; Kakaya, M.; Asai, S.; Akasaka, Y.; Horiba, Y.*: An 80-MHz 8-bit CMOS D/A converter. IEEE Solid-State Circuits SC-21 (1986) 983–988. – [66] *McCreary, J.L.; Gray, P.R.*: All-MOS charge redistribution analog-to-digital conversion techniques, Part I. IEEE J. SC-10 (1975) 371.–379. – [67] *Matsuya, Y.; Uchimura, K., Iwata, A.; Kaneko, T.*: A 17-bit oversampling D-to-A conversion technology using multistage noise shaping. IEEE Solid-State Circuits 24 (1989) 969–975. – [68] *Candy, J.C.*: A use of limit cycle oscillations to obtain robust analog-to-digital converters. IEEE Trans. COM-22 (1974) 298–305. – [69] *Claasen, T.A.C.M.; Mecklenbräuker, W.F.G.; Peek, J.B.H.; van Hurck, N.*: Signal processing method for improving the dynamic range of A/D and D/A converters. IEEE Trans. ASSP-28 (1980) 529–538. – [70] *Dijkmans, E.C.; Nans, P.J.A.*: Sigma-delta versus binary weighted AD/DA conversion, what is the most promising? ESSCIRC (1989) Vienna/Austria, 35–63. – [71] *Fotouhi, B.; Hodges, J.A.*: High-resolution A/D conversion in MOS/LSI. IEEE J. SC-14 (1979) 920–926. – [72] *Blauschild, R.A.*: An 8 b 50 ns monolithic A/D converter with internal S/H. Digest ISSCC (1983) 178–179. – [73] *Seitzer, D.*: Elektronische Analog-Digital-Umsetzung. Berlin: Springer 1977, Kap. 8.3. – [74] *Matsuura, T. et al.*: An 8-bit 20 MHz CMOS half-flash A/D converter. Digest ISSCC (1988) 220–221. – [75] *Zojer, B.; Petschacher, R.; Luschnig, W.*: A 6-bit/250 MHz full Nyquist A/D converter. IEEE J. Solid-State Circuits SC-20 (1985) 780–786. – [76] *Palmer, C.R.; Dobkin, R.C.*: A curvature corrected micropower voltage reference. Digest ISSCC (1981) 58–59. – [77] *Meijer, G.C.; Schmale, P.C.; van Zalinge, K.*: A new curvature corrected bandgap reference. IEEE J. SC-17 (1982) 1139–1143. – [78] *Song, B.S.; Gray, P.R.*: A precision curvature-compensated CMOS bandgap reference. Digest ISSCC (1983) 240–241, 312. – [79] *Blauschild, R.A.; Tucci, P.A.; Muller, R.S.; Meyer, R.G.*: A new NMOS temperature-stable voltage reference. IEEE J. SC-13 (1978) 767–774. – [80] *Rein, H.-M.; Ranft, R.*: Integrierte Bipolarschaltungen. Berlin: Springer 1980. – [81] *Waldschmidt, K.*: Schaltungen der Datenverarbeitung. Stuttgart: Teubner 1980. – [82] *Zuiderveen, E.A.*: Handbuch der digitalen Schaltungen. München: Franzis 1981. – [83] *Tietze, U.; Schenk, Ch.*: Halbleiter-Schaltungstechnik. 6. Aufl. Berlin: Springer 1983. – [84] *Reiß, K.; Liedl, H.; Spichall, W.*: Integrierte Digitalbausteine. Berlin: Siemens 1970. – [85] *Weiss, H.; Horninger, K.*: Integrierte MOS-Schaltungen. Berlin: Springer 1982. – [86] *Höfflinger, B.*: Großintegration. München: Oldenbourg 1978. – [87] *Mead, C.; Conway, L.*: Introduction to VLSI systems. Reading: Addison-Wesley 1980. – [88] *Carr, W.N.; Mize, J.P.*: MOS/LSI: Design and application. New York: McGraw-Hill 1972. – [89] *Mano, M.*: Digital logic and computer design. Englewood Cliffs: Prentice-Hall 1979. – [90] *Taub, H.; Schilling, D.*: Digital integrated electronics. New York: McGraw-Hill 1977. – [91] *Mowle, F.J.*: A systematic approach to digital logic design. Reading: Addison-Wesley 1976. – [92] *Burbe, D.F.*: VLSI. Berlin: Springer 1980. – [93] *Nuzillat, G.* et al.: GaAs MESFET IC's for Gbit logic applications. IEEE J. SC-17 (1982) 568–584. – [94] *DiLorenzo, J.V.; Kandelwall, D.D.*: GaAs FET principles and technology. Dedham: Artech House 1982. – [95] *Nishiuchi, K.* et al.: A subnanosecond HEMT 1 Kbit SRAM. ISSCC Dig. Tech. Papers 27 (1984) 48–49. – [96] *Kohonen, T.*: Content-addressable memories. Berlin: Springer 1980. – [97] *Glaser, A.B.; Subak-Sharpe, G.E.*: Integrated circuit engineering. Reading: Addison-Wesley 1977. – [98] *Elmasry, M.I.*: Digital MOS integrated circuits. New York: Wiley 1980. – [99] *Barbe, D.F.*: Charge-coupled devices. Berlin: Springer 1980. – [100] *Capece, R.P.*: Schnelle statische RAM-Bausteine. Elektronik. 20 (1979) 39–50. – [101] *Adam, M.; Smith, S.*: Update on EPROMs, Comput. Des. 18 (1979) 162–168. – [102] *Ross, E.C.; Wallmark, J.T.*: Theory of the switching behaviour of MIS memory transistors. RCA Rev. 30 (1969) 366–384. – [103] *Rößler, B.; Müller, R.G.*: Erasable and electrically reprogrammable read-only memory using the n-channel SIMOS one-transistor cell. Siemens Forsch. u. Entwickl.-Ber. 4 (1975) 345–351. – [104] *Hilburn, J.L.; Julich, P.M.*: Microcomputers/microprocessors. Englewood Cliffs: Prentice-Hall 1976. – [105] *Greenfield, S.E.*: The architecture of microcomputers. Cambridge: Winthrop Publ. 1980. – [106] *Gupta, A.; Toong, H.*: Advanced microprocessors.

New York: Wiley 1983. – [107] *Mano, M.M.:* Computer system architecture. Englewood Cliffs: Prentice-Hall 1976. – [108] *Lewin, D.:* Theory and design of digital computer systems. Walton-on-Thames: Nelson 1981. – [109] *Advanced Micro Devices* (AMD): Firmenschrift „Build an Am2900 Microcomputer“, 1978. – [110] *Fleisher, H.; Maissel, L.I.:* An introduction to array logic. IBM J. Res. Dev. 19 (1975) 98–109. – [111] *Horninger, K.:* A high-speed ESFI SOS programmable logic array with an MNOS version. IEEE J. SC-10 (1975) 331–336. – [112] *Schmookler, M.S.:* Design of large ALUs using multiple PLA macros. IBM J. Res. Dev. 24 (1980) 2–14. – [113] *Schwärtzel, H.G.:* CAD für VLSI. Berlin: Springer 1982. – [114] *Calahan, D.:* Rechnerunterstützter Schaltungsentwurf. München: Oldenbourg 1973. – [115] *Herskowitz, G.J.:* Computer-aided integrated circuit design. New York: McGraw-Hill 1968. – [116] *Bräckelmann, W.* et al.: A masterslice LSI for subnanosecond random logic. ISSCC Dig. Tech. Papers (1977) 108–109. – [117] *Burkard, W.D.:* Semicustom LSI at storage technology corporation. VLSI Design, 3rd Quarter 1981, 14–18. – [118] *Beresford, R.:* Comparing gate array and standard-cell ICs. VLSI Design, Dec. 1983, 30–36. – [119] *Werner, J.:* The silicon compiler: Panacea, Wishfil Thinking or Old Hat? VLSI Design, Sept/Oct. 1982, 46–52. – [120] *Randell, B.; Treleaven, D.C.:* VLSI architecture. Englewood Cliffs: Prentice Hall 1983. – [121] *NN:* Survey of silicon foundries. VLSI Design, July/August 1982, 42–48. – [122] *Bouricius, W.G.* et al.: Algorithms for detection of faults in logic circuits. IEEE Trans. C-20 (Nov. 1971). – [123] *Stewart, J.H.:* Application of scan/set for error detection and diagnosis. Proc. Sem. Test Conf. 1978. – [124] *Breuer, M.A.; Friedman, A.D.:* Diagnosis and reliable design of digital systems. Woodland Hills: Pitman 1976. – [125] *Williams, M.J.Y.; Angell, J.B.:* Enhancing testability of large-scale integrated circuits via test points and additional logic. IEEE Trans. C-22 (Jan. 1973). – [126] *Eichelberger, E.B.; Williams, T.W.:* A logic structure for LSI testability. Proc. 14th Design Autom. Conf. (1977) 462–468. – [127] *Williams, T.; Parker, K.:* Design for testability – a survey. Proc. IEEE 71 (1983) 98–112. – [128] *Koenemann, B.* et al.: Signaturregister für selbsttestende ICs. NTG Fachber., Bd. 68. NTG-Fachtagung: Höchstintegrierte Schaltungen 1979.

2 Optoelektronische Halbleiterbauelemente
Optoelectronic semiconductor devices

Allgemeine Literatur: *Agrawal, G.P.; Dutta, N.K.:* Long-wavelength semiconductor lasers. New York: Van Nostrand Reinhold 1986. – *Casey, Jr., H.C.; Panish, M.B.:* Heterostructure lasers, Part A: Fundamental principles. New York: Academic Press 1978. – *Casey, Jr., H.C.; Panish, M.B.:* Heterostructure lasers, Part B: Materials and operating characteristics, New York: Academic Press 1978. – *Kressel, H.; Butler, I.K.:* Semiconductor lasers and heterojunction LEDs. New York: Academic Press 1977. – *Melchior, H.:* Demodulation and photodection techniques. In: Arrechi; Schulz-Dubois (Ed.): Laser handbook Vol. Z. Amsterdam: North-Holland 1972, pp. 725–835. – *Schlachetzki, A.; Müller, J.:* Photodiodes for optical communication. Frequenz 33 (1979) 283–290. – *Petermann, K.:* Laser diode modulation and noise. Dordrecht: Kluwer Academic; Tokio: KTK Scientific, 1988. – *Stillman, G.E.; Cook, L.W.; Bulman, G.E.; Tatabaie, N.; Chim, R.; Dapkus, P.D.:* Long wavelength (1.3 to 1.6 µm) detectors for fibre optical communications. IEEE Trans. ED-29 (1982) 1355, 1371. – *Thompson, G.H.B.:* Physics of semiconductor laser devices. Chichester: Wiley 1980.

Spezielle Literatur Seite M 58

2.1 Einleitung. Introduction

Optoelektronische Halbleiterbauelemente im engeren Sinne dienen zur Emission und Detektion von Licht. Halbleiter-*Lichtemitter* zeichnen sich dadurch aus, daß sie ein weitgehend monochromatisches Licht mit einer materialabhängigen Wellenlänge (vom sichtbaren Spektralbereich bis in den Infrarotbereich) emittieren. Für Anwendungen in der HF-Technik ist vor allem die direkte Modulierbarkeit der Emission über den Strom bis in den GHz-Bereich von Bedeutung. Halbleiter-*Detektoren* besitzen einen hohen Quantenwirkungsgrad und geringe detektierbare Mindestleistungen bei hohen Demodulationsfrequenzen. Beide Bauelementetypen sind mit Halbleiterschaltungen kompatibel. Im weiteren Sinne gehören zu den optoelektronischen Bauelementen auch Halbleiterbauelemente, in denen Licht infolge elektronischer Wirkungen phasen- oder intensitätsmoduliert, verstärkt oder räumlich verzweigt wird [1]. Deren Entwicklung ist jedoch gegenwärtig noch nicht bis zur technischen Anwendung fortgeschritten.
Im folgenden werden nur solche optoelektronischen Bauelemente beschrieben, die vor allem für Anwendungen in der HF-Technik, insbesondere für die Nachrichtentechnik, wichtig sind (s. R 5). Das Gebiet der Visualisierung von Informationen (Anzeigelämpchen und Displays) sowie Infrarotempfänger zur Bildgewinnung oder Solarzellen werden nicht behandelt, obwohl diese mit den Photodioden viele gemeinsame Funktionsprinzipien besitzen.

2.2 Lichtemission und -absorption in Halbleitern
Emission and absorption of light in semiconductors

Halbleiter sind dadurch gekennzeichnet, daß sie zwei erlaubte energetische Bereiche haben – Valenzband und Leitungsband –, die durch die Bandlücke E_g getrennt sind (s. Bilder M 1.3 und 4). Die einfachsten Wechselwirkungsprozesse zwischen Elektronen und Photonen (Absorption, spontane Emission und stimulierte Emission) sind in Bild 1 schematisch dargestellt [2].

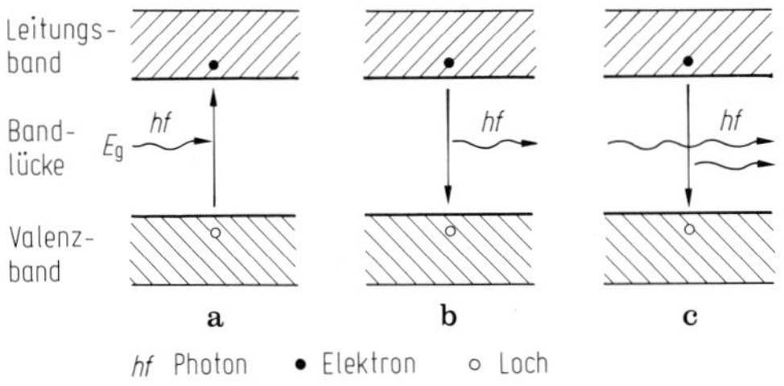

Bild 1. Schematische Darstellung der Wechselwirkung zwischen Elektronen und Photonen im Halbleiter. **a**) Absorption; **b**) spontane Emission; **c**) stimulierte Emission

Die Photonen werden durch ihre Energie hf beschrieben, die einer Lichtwellenlänge

$$\lambda = 1{,}24/(hf|\text{eV}) \quad \text{in } \mu\text{m}$$

entspricht.

Bei der *Absorption* wird ein in den Halbleiter eingestrahltes Photon vernichtet zugunsten der energetischen Anhebung eines Elektrons aus dem Valenzband in das Leitungsband, wobei es dort ein Loch hinterläßt. Die *spontane Emission* (Lumineszenz) entsteht durch Rekombination überschüssiger Elektronen im Leitungsband mit Löchern im Valenzband, wobei pro verschwindendem Elektron-Loch-Paar ein Photon emittiert wird; dessen Energie ist gleich dem energetischen Abstand des Elektrons vom Loch. Von *stimulierter Emission* (auch induzierte Emission genannt) spricht man, wenn im Halbleiter befindliche Photonen überschüssige Elektronen und Löcher zur strahlenden Rekombination anregen. Das emittierte Licht ist dabei in Wellenlänge und Phase identisch mit dem anregenden Licht.

Für die Halbwertsbreite der spontanen Emission gilt näherungsweise in der Nähe der Raumtemperatur

$$\Delta\lambda \gtrsim 3{,}5 \cdot 10^{-2} \cdot \lambda^2/\mu\text{m}^2 \quad \text{in } \mu\text{m}.$$

Neben der strahlenden Rekombination gibt es noch die nichtstrahlende Auger-Rekombination, deren Einfluß zu kleinen Bandlücken hin zunimmt [3].

Hinsichtlich der strahlenden Rekombination lassen sich die Halbleiter in zwei Klassen einteilen (s. hierzu Bild M 1.12); Halbleiter mit direkter Bandlücke wie z. B. bei GaAs haben eine um mehrere Größenordnungen höhere Übergangswahrscheinlichkeit für optische Übergänge als Halbleiter mit einer indirekten Lücke (wie Ge und Si) und dementsprechend Quantenwirkungsgrade η_{Qu} bis nahe an 100%. Der Unterschied zwischen Halbleiter mit direkter und indirekter Bandlücke zeigt sich auch in der Absorption.

Direkte Halbleiter (GaAs, InP) zeigen eine steile Absorptionskurve, indirekte (Si, Ge) eine mehr oder weniger flache. Die Größe des Absorptionskoeffizienten bestimmt die Länge der Zone im Halbleiter, in der Elektronen-Loch-Paare als Folge der Absorption entstehen und spielt daher für Photodioden eine wichtige Rolle.

Die Ausnützung der Emissionseffekte in Halbleitern ist in weitgehend idealer Weise mit Hilfe eines pn-Übergangs möglich, mit dem Überschußladungsträger durch Anlegen einer Flußspannung im Bereich nahe des pn-Übergangs injiziert werden können (Injektionslumineszenz). Lumineszenz- und Laserdioden basieren auf diesem Effekt. Ein pn-Übergang ist auch das Kernstück von Photodioden, in denen die durch Absorption entstandenen Elektronen-Loch-Paare mit dem elektrischen Feld der Raumladungszone getrennt werden.

2.3 Werkstoffe und Technologie

Materials and processes

Zur Zeit wichtigste Werkstoffgruppe für Lumineszenz- und Laserdioden sind die $A_{III}B_V$-*Halbleiter*. Diese sind in einem weiten Bereich mischbar, wodurch die Bandlücke der *Mischkristalle* in weiten Grenzen eingestellt werden kann [4]. Schichtstrukturen aus solchen Mischkristallen werden auf einer einkristallinen Unterlage (Substrat) mit Hilfe eines Kristallabscheideverfahrens (*Epitaxie*) aufgebracht. Von praktischer Bedeutung sind die Flüssigphasen-, die Gasphasen- und die Molekularstrahlepitaxie [5]. Man erreicht die für optoelektronische Bauelemente erforderliche Qualität der Schichtstrukturen (z. B. das weitgehende Fehlen von Versetzungen und Verspannungen, welche die Lichtausbeute reduzieren) nur dann, wenn die Mischkristalle und das Substrat die gleiche Gitterkonstante haben (Gitteranpassung). Die Verfügbarkeit von Substraten schränkt daher die möglichen Mischkristalle ein. Schichtstrukturen mit Mischkristallen unterschiedlicher Bandlücke werden als Heterostrukturen bezeichnet und sind eine unabdingbare Voraussetzung für Laserdioden, die bei Raumtemperatur im Dauerbetrieb funktionieren. Praktische Bedeutung haben insbesondere das Mischkristallsystem GaAlAs auf GaAs-Substrat ($\lambda = 0{,}7 \ldots 0{,}9$ µm) und InGaAsP auf InP-Substrat ($\lambda = 1{,}2 \ldots 1{,}6$ µm). Alternativ zu InGaAsP erlangt auch InGaAlAs eine zunehmende Bedeutung, da es kein Phosphor enthält und damit eine Realisierung der Schichten mit der Molekularstrahl-Epitaxie ermöglicht [6]. GaAlAs zeichnet sich dadurch aus, daß keine Maßnahmen zur Gitteranpassung notwendig sind, weil GaAs und AlAs von vornherein nahezu die gleiche Gitterkonstante besitzen. Bild 2 zeigt die Wellenlänge der Emission als Funktion der Zusammensetzung für die Mischkristallsysteme GaAlAs und InGaAsP.

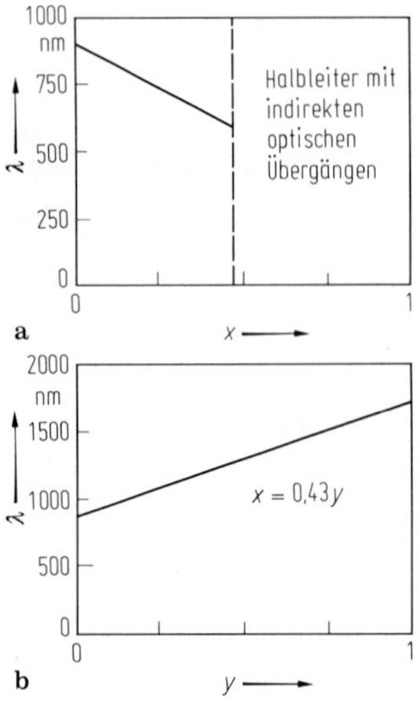

Bild 2. Wellenlänge der Lichtemission bei Raumtemperatur für **a)** $Ga_{1-x}Al_xAs$ und **b)** $In_{1-x}Ga_xAs_yP_{1-y}$ gitterangepaßt an InP

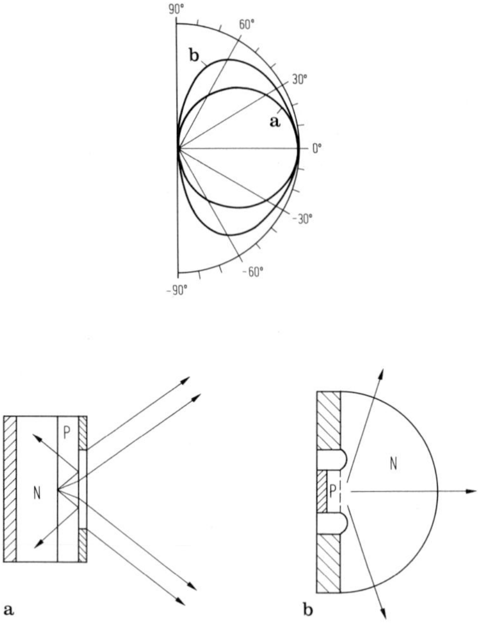

Bild 3. Grenzfälle von praktischen LED-Strukturen. **a)** Lichtaustritt aus einer Fläche mit $\eta_{opt} = [(\bar{n} + 1)^2 \bar{n}]^{-1}$; **b)** Lichtaustritt aus Halbkugeloberfläche mit $\eta_{opt} = 2\bar{n}/(\bar{n} + 1)^2$ mit den entsprechenden Winkelverteilungen der Strahlung

GaAs und InP können als sog. semiisolierende Kristalle (spezifischer Widerstand > 10^6 Ωcm) hergestellt werden; dadurch wird die Integration von optoelektronischen Bauelementen möglich [1].

2.4 Lichtemittierende Dioden (LED)
Light emitting diodes

Eine lichtemittierende Diode ist im Prinzip ein *pn-Übergang*, in dem die bei Betrieb in Flußrichtung injizierten Ladungsträger unter spontaner Emission von Licht rekombinieren. Wichtige Kenngrößen sind die Wellenlänge und die Halbwertbreite der Emission, der Wirkungsgrad, die Abstrahlcharakteristik und die Modulationsgrenzfrequenz. Typische Halbwertbreiten von GaAlAs/GaAs-LED mit einer Emissionswellenlänge $\lambda = 0{,}83$ μm liegen bei etwa 45 nm, für GaInAsP/In-LED mit $\lambda = 1{,}3$ μm bei etwa 90 nm.

Der äußere *Wirkungsgrad* (= Zahl der Photonen pro Elektron) ist

$$\eta = \eta_{Inj}\,\eta_{Qu}\,\eta_{opt}\,.$$

Der Injektionswirkungsgrad η_{Inj} gibt an, welcher Anteil des Stroms in das Gebiet injiziert wird, in dem die gewünschte strahlende Rekombination stattfindet; er entspricht formal dem Emitterwirkungsgrad eines Transistors. Mit der Einführung der Heterostruktur läßt sich nahezu $\eta_{Inj} = 1$ erreichen. Während bei GaAlAs/GaAs-LED Quantenwirkungsgrade nahe an 100 % erreicht werden, liegt der Quantenwirkungsgrad bei GaInAsP/InP-LED wegen der Auger-Rekombination deutlich darunter. Der optische Wirkungsgrad η_{opt} einer LED wird einerseits von der Absorption des Lichts beim Durchgang durch den Halbleiter bestimmt, zum anderen aber von den Reflexionsverlusten an der Grenzfläche des Halbleiters zum äußeren Medium. Für die Größe des Reflexionsverlustes ist die geometrische Form der LED bestimmend. Bild 3 zeigt zwei idealisierte Grenzfälle von praktischen Diodenstrukturen mit den berechneten Werten von η_{opt} [8]. Die Absorption kann durch einen geeigneten Bauelementeaufbau weitgehend reduziert werden. In der Burrus-Diode ist dies durch Ausätzen eines Fensters geschehen (Bild 4) [9]. Ist wie bei GaInAsP/InP-LED das Substrat transparent, kann zusätzlich durch eine integrierte Linse die Auskopplung des Lichts aus der Diode verbessert werden [10].

Die in Bild 4 dargestellten LED bezeichnet man als Flächenemitter. Das in der aktiven Zone der LED erzeugte Licht strahlt im wesentlichen isotrop in den Halbleiter. Beim Durchgang durch brechende Grenzflächen wird die Winkelverteilung der Lichtintensität geändert, je nach Form der Grenzflächen ergibt sich eine spezifische Winkelverteilung (Bild 3). In den sog. Kantenemittern wird die Strahlung in der Ebene des pn-Übergangs durch einen Wellenleiter konzen-

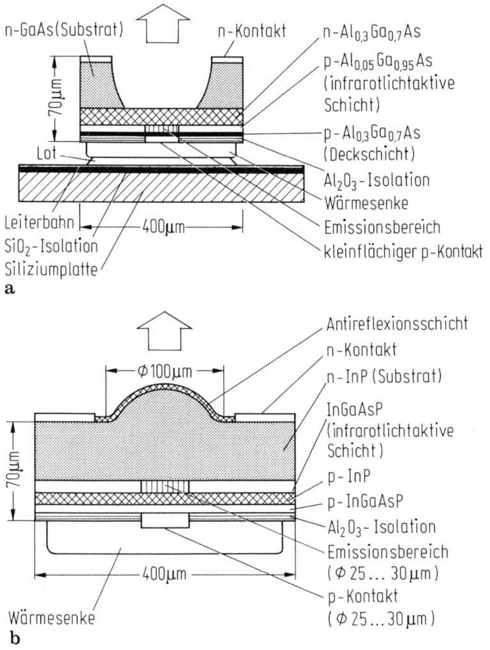

Bild 4. Zwei praktische Ausführungen von LED für die optische Nachrichtentechnik. **a**) Burrus-Diode mit ausgeätztem Substrat; **b**) Diode mit transparentem Substrat und integrierter Linse

triert (ähnlich wie in der Laserdiode, s. 2.5). Dadurch wird eine engere Abstrahlcharakteristik als beim Flächenemitter erreicht [11]. Die Einkopplung des Lichts von lichtemittierenden Dioden in eine Glasfaser wird in R 5.2 beschrieben (s. Bild R 5.4).

Die Intensität des von einer LED ausgesandten Lichts kann direkt mit dem Diodenstrom moduliert werden. Die *Modulation* wird durch die sog. Bilanzgleichung beschrieben, die für injizierende Elektronen lautet:

$$\frac{\partial n}{\partial t} = D\frac{\partial^2 n}{\partial x^2} - R_{st}(n) - R_{nst}(n)$$

(n = Elektronenkonzentration, D = Diffusionskoeffizient, $R_{st}(n)$ = Rate der strahlenden Rekombination, $R_{nst}(n)$ = Rate der nichtstrahlenden Rekombination).

Der Einfluß der Raumladungskapazität ist zu vernachlässigen, wenn die LED mit einem Vorstrom betrieben wird.

Im Falle der GaAlAs/GaAs-LED mit einer vernachlässigbaren nichtstrahlenden Rekombination lassen sich einfache Ausdrücke aus der Bilanzgleichung ableiten [12]. Mit dem Ansatz $R_{st}(n) = n/\tau$ erhält man für die sog. Lichtleistung $P = R_{st}\,Vhf\eta$ (V = aktives Volumen) eine Abhängigkeit von der Modulationsfrequenz ω des Diodenstroms entsprechend

$$P(\omega) = P(0)/\sqrt{1 + \omega^2\tau^2}$$

($P(0)$ = Lichtleistung bei der Modulationsfrequenz $\omega = 0$).

In der Literatur finden sich zwei Definitionen einer 3-dB-Grenzfrequenz, je nachdem, ob die Lichtleistung oder die bei der Detektion des Lichts entstehende elektrische Leistung interessiert; im letzteren Fall gilt $f_{3dB} = 1/(2\pi\tau)$.

Die Lebensdauer τ hängt im wesentlichen von der Dotierung der aktiven Zone ab; gemessene Werte liegen bei 5 bis 15 ns. Streng genommen ist der lineare Ansatz $R_{st} = n/\tau$ bei hohen Dichten der injizierten Ladungsträger nicht mehr gültig. Eine genauere Analyse ergibt eine Zunahme der Grenzfrequenz mit wachsender Stromdichte und abnehmender Dicke der aktiven Zone, die an GaAlAs/GaAs-LED auch gemessen worden ist [13]. Auch durch Erhöhung der Dotierung der aktiven Zone kann die Grenzfrequenz erhöht werden, allerdings unter Einbuße am Quantenwirkungsgrad. Immerhin sind Werte für f_{3dB} von einigen hundert MHz erreicht worden [14].

Im Falle der GaInAsP/InP-LED ist die nichtstrahlende Rekombination nicht mehr zu vernachlässigen [15]. Sie erhöht zwar die Grenzfrequenz, aber η_{Qu} nimmt dafür ab. Die nichtstrahlende Rekombination verursacht auch die unterlineare Abhängigkeit der Lichtleistung vom Diodenstrom und einen höheren Oberwellengehalt bei der Analogmodulation [7].

Alle Verluste an Ladungsträgern durch die nichtstrahlende Rekombination, Lichtverluste durch Absorption und der ohmsche Widerstand des Bahngebiets des pn-Übergangs führen zur Erwärmung der LED. Eine einfache Kenngröße ist der sog. Wärmewiderstand, der strenggenommen aus mehreren Anteilen besteht entsprechend den Verlustmechanismen und den Materialien, durch welche die Wärme abfließt. Für die Temperaturerhöhung der aktiven Zone gilt vereinfachend

$$\Delta T = R_{th}\,P$$

(R_{th} = Wärmewiderstand, P = gesamte elektrische Leistung).

R_{th} nimmt bei der Verkleinerung des Durchmessers des aktiven Volumens der LED zu, daher sind der Anpassung des Durchmessers an Glasfasern zur besseren Einkopplung Grenzen gesetzt. Für LED mit einer GaAlAs/GaAs-Doppelheterostruktur für Anwendungen in der optischen Nachrichtentechnik (s. R 5), die auf einer Cu-Wärmesenke aufgebaut sind, sind Werte für R_{th} von 50 bis 100 K/W typisch [16]. Die thermischen Zeitkonstanten liegen dann unter 1 ms. Thermische Effekte sind neben der nichtstrahlenden Rekombination auch für die Nichtlinearität der Licht-Strom-Kennlinie verantwortlich. Bei sorgfältiger Dimensionierung der LED lassen sich z. B. für den Klirrfaktorkoeffizienten k_3 Werte unter 60 dB erreichen [17].

2.5 Halbleiterlaser
Semiconductor laser

Im Prinzip ist ein Halbleiterlaser eine lichtemittierende Diode in Verbindung mit einem wellenlängenselektiven Element, im einfachsten Fall ist das ein Fabry-Perot-Resonator. Dessen Moden haben die Wellenlänge

$$\lambda = 2 l \bar{n}/m \qquad m = 1, 2, 3, \ldots$$

(l = Länge des Resonators, $\bar{n}$ = Brechungsindex).
Diese Moden erfahren im Halbleiter je nach ihrer Photonenenergie eine Absorption, die mit zunehmender Konzentration an Überschußladungsträgern geringer wird und im Fall der stimulierten Emission sogar negativ wird, d. h. das Licht wird verstärkt [18]. Bild 5 zeigt den Absorptionskoeffizienten von GaAs als Funktion der Photonenenergie und der Injektionsrate (die etwa proportional zur Konzentration der injizierten Ladungsträger ist) [19]. Übertrifft die Verstärkung (= negative Absorption) gerade alle Verluste, die die Moden beim Durchgang durch den Resonator erfahren, so ist die Laserschwelle erreicht. Gibt es senkrecht zur Längsachse des Fabry-Perot-Resonators keine Photonenverluste, so sind nur die Auskoppelverluste an den Endflächen des Resonators zu kompensieren. Für GaAs ($\bar{n} = 3{,}6$) folgt daraus mit $\alpha_{eff} = (1/l)\ln(1/R)$ und $R = (\bar{n}-1)/(\bar{n}+1)$ (l = Länge des Fabry-Perot-Resonators, R = Reflexionsfaktor der Endflächen) für z. B. $l = 200$ µm ein notwendiger Verstärkungskoeffizient von 60. Aus Bild 5 folgt daraus für Raumtemperatur eine Stromdichte von etwa 10 000 A/cm^2, falls das aktive Volumen eine Dicke von z. B. nur 2 µm hat. Solch hohe Stromdichten verursachen eine so starke Erwärmung, daß der Dauerbetrieb bei Zimmertemperatur unmöglich wird.
Dieses Problem wird nahezu ideal durch die *Doppelheterostruktur* gelöst. Sie besteht im Prinzip aus einer aktiven Halbleiterschicht, die von je einer *n*- und *p*-leitenden Mantelschicht eines anderen Halbleiters mit größerer Bandlücke begrenzt wird. Die größere Bandlücke der Mantelschichten bildet eine Barriere, welche die von der n-Seite injizierten Elektronen und die von der p-Seite injizierten Löcher an der Ausbreitung außerhalb der aktiven Zone hindert [20]. Die Dicke der aktiven Zone kann dadurch nahezu beliebig verkleinert werden, z. B. in sog. quantum-well-Lasern auf 10 bis 30 nm [21].
Mit der größeren Bandlücke der Mantelschichten ist eine niedrigere Brechzahl als in der aktiven Zone verknüpft, wodurch der entstehende dielektrische Wellenleiter die Photonen auch in Richtung senkrecht zur Längsachse des Fabry-Perot-Resonators konzentriert. Die Doppelfunktion der Doppelheterostruktur ist in Bild 6 schematisch dargestellt.
Die Photonendichte im dielektrischen Wellenleiter ergibt sich aus der Lösung der Wellengleichung. Das Beispiel in Bild 7 gilt für eine Doppel-

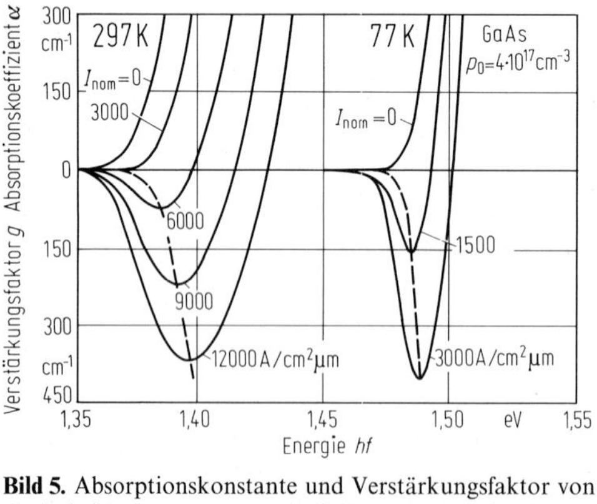

Bild 5. Absorptionskonstante und Verstärkungsfaktor von GaAs bei Raumtemperatur und 77 K. Der maximale Verstärkungsfaktor (gestrichelte Line) ist näherungsweise eine lineare Funktion von I_{nom}. I_{nom} ist die auf eine Schichtdicke von 1 µm bezogene Stromdichte, β und I_0 sind die Koeffizienten der linearen Funktion

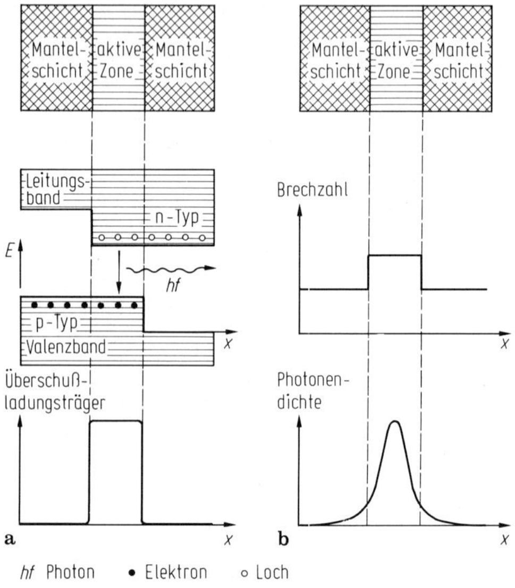

Bild 6. Doppelfunktion der Doppelheterostruktur. **a)** räumliche Konzentrierung der Überschußladungsträger; **b)** Konzentrierung der Photonen im Wellenleiter

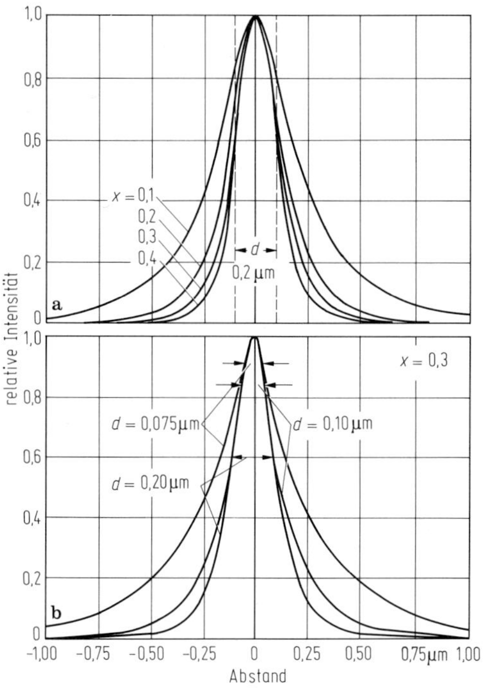

Bild 7. Photonendichteverteilung in einem Wellenleiter aus $Ga_{1-x}Al_xAs/GaAs/Ga_{1-x}Al_xAs$ für **a**) verschiedene x und **b**) verschiedene Dicken der GaAs-Zone

heterostruktur, die aus einer aktiven GaAs-Zone der Dicke d und zwei Mantelschichten aus $Ga_{1-x}Al_xAs$ besteht. Für die angegebenen Parameterwerte ist nur ein Modus, der sog. Grundmodus, möglich. Die Photonendichte (die proportional zum Quadrat der elektrischen Feldstärke ist) breitet sich umso weniger in die Mantelschichten aus, je dicker die aktive Zone und je höher der Al-Gehalt der Mantelschichten ist. Aus den Kurven kann der Füllfaktor Γ entnommen werden, der angibt, welcher Anteil der Photonen auf die aktive Zone entfällt [22]. Der maximale Verstärkungsfaktor g_{max} in Bild 5 kann (im Fall von GaAs gilt das für $g_{max} \gtrsim 50\ cm^{-1}$) näherungsweise durch den Ausdruck

$$g_{max} = \beta(I_{nom} - I_0)$$

ausgedrückt werden; β, I_{nom} und I_0 folgen aus Bild 5. Für den Fabry-Perot-Resonator mit dielektrischem Wellenleiter gilt dann an der Laserschwelle

$$\Gamma g_{max} = 1/l \ln(1/R) + \alpha_f .$$

α_f berücksichtigt die Absorption durch freie Ladungsträger. Für GaAs folgt daraus für die Schwellenstromdichte eines breiten Lasers [23]

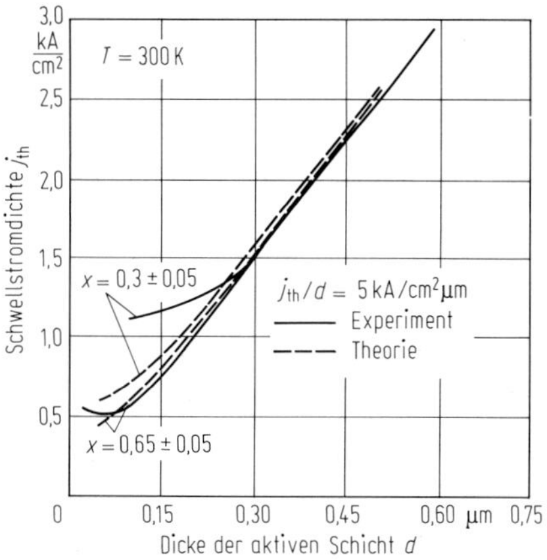

Bild 8. Experimentelle und berechnete Werte der Schwellenstromdichte von $Ga_{1-x}Al_xAs/GaAs$-DH-Lasern als Funktion der Dicke d der aktiven Zone

$$j_{th} = 4{,}5 \cdot 10^3 \cdot d + 20(d/\Gamma)(\alpha_f + (1/l)\ln(1/R)) \quad \text{in A/cm}^2 \quad (1)$$

Die Formel gibt die experimentellen Ergebnisse gut wieder (s. Bild 8). Der Anstieg von j_{th} bei kleinen Dicken d entsteht durch das starke „Auslaufen" der Photonen aus der aktiven Zone. Für α_f wurden Werte um $10\ cm^{-1}$ eingesetzt.

Für einen stabilen Betrieb (ohne konkurrierende Moden) muß der Halbleiterlaser so strukturiert werden, daß ein lateraler Wellenleiter mit nur einem Modus entsteht. Diese Aufgabe ist durch eine Vielzahl von Laserstrukturen gelöst worden; sie lassen sich in zwei Strukturfamilien einordnen.

Bei den sog. *index-geführten* Halbleiterlasern wird bei der Herstellung ein laterales Profil des Realteils des Brechungsindex erzeugt. Im BH (buried heterostructure)-Laser (s. Bild 9) wird das durch seitliche Mantelschichten mit niedrigerem Brechungsindex erreicht. Im CSP (chanelled substrate planar)-Laser wird ein Wellenführungseffekt dadurch bewirkt, daß links und rechts von einem Streifen durch eine dünnere Mantelschicht die Photonendichteverteilung so verändert wird, daß der effektive Brechungsindex niedriger wird. Andere Typen von indexgeführten Lasern sind u.a. der TS (terraced substrate)-Laser [24] und der MCRW (metal clad ridge waveguide)-Laser [25].

Bei den sog. *gewinn-geführten* Halbleiterlasern entsteht die laterale Wellenführung erst durch die Ladungsträger, die beim Stromfluß in die aktive Zone injiziert werden. Die Verstärkung im Gebiet der Ladungsträgerinjektion entspricht formal einer Änderung des Imaginärteils des Brechungsindex gegenüber dem Gebiet ohne Ladungsträgerinjektion. Dadurch wird ein Wellen-

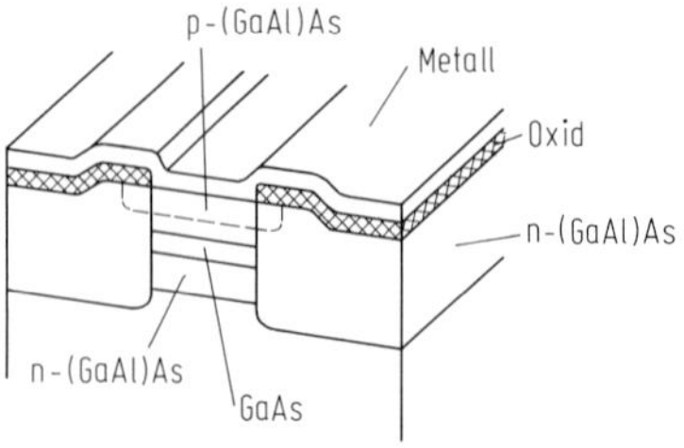

Bild 9. Schematische Darstellung eines BH (buried heterostructure)-Lasers

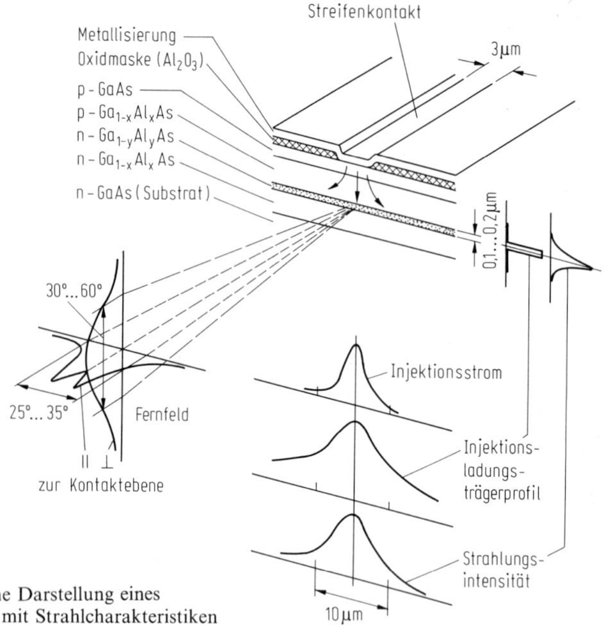

Bild 10. Schematische Darstellung eines Oxid-Streifen-lasers mit Strahlcharakteristiken

führungseffekt erzielt, der allerdings durch die gleichzeitig auftretende Abnahme des Realteils des Brechungsindex abgeschwächt wird. Weil der Wellenführungseffekt nur bei Stromfluß wirksam ist, spricht man auch von aktiver Wellenführung im Gegensatz zu passiver Wellenführung bei index-geführten Lasern. Ein Beispiel für den gewinn-geführten Laser ist der Oxid-Streifenlaser in Bild 10 [26]. Die laterale Injektionsbegrenzung erfolgt durch einen Streifenkontakt, der durch die isolierende Al_2O_3-Schicht gebildet wird. Andere Typen sind der V-Nut-Laser [27] und der protonenisolierte Streifenlaser [28], die sich im wesentlichen nur durch die Art der Injektionsbegrenzung unterscheiden. Eine Folge der aktiven Wellenführung ist das Auftreten von gekrümmten Phasenfronten des Lichtes in der Ebene des pn-Übergangs. Das führt zur Bildung einer virtuellen Strahltaille im Innern des Lasers, diese liegt in typischen Lasern mit einigen μm Streifenbreiten bis zu 30 μm vor dem Spiegel. Auch das Auftreten von zwei Fernfeldmaximen im lateralen Grundmodus ist eine Besonderheit von gewinn-geführten Lasern (s. Bild 10).

Index-geführte Laser emittieren im Dauerbetrieb und bei nicht zu hohen Modulationsraten im wesentlichen nur einen longitudinalen Modus, gewinn-geführte dagegen mehrere. Der Modenabstand beträgt

$$\Delta\lambda \approx \frac{\lambda^2}{2\bar{n}l}\left|1 - \frac{\lambda}{\bar{n}}\frac{\mathrm{d}\bar{n}}{\mathrm{d}\lambda}\right|$$

(λ = Wellenlänge des zentralen Modus). Entsprechend der Modenzahl liegt die Kohärenzlänge bei index-geführten Lasern bei einigen 10 m, bei gewinn-geführten Lasern bei einigen cm [29]. Die Emission ist räumlich kohärent, da sie transversalen Moden des Feldes entspricht; sie läßt sich im Prinzip auf den Modus eines anderen Wellenleiters, z. B. einer Glasfaser, abbilden, so daß hohe Koppelwirkungsgrade erreicht werden können [12]. In der Richtung senkrecht zum pn-Übergang läßt sich die Photonendichteverteilung mit guter Näherung durch einen Gaußschen Strahl liefern. Damit vereinfachen sich Berechnungen im Zusammenhang mit optischen Abbildungen oder der Einkopplung in andere Wellenleiter wesentlich. Wegen der geringen Ausdehnung der Wellenleiter sind die Divergenzwinkel des abgestrahlten Lichts relativ groß. Bild 11 zeigt die Licht-Strom-Kennlinien eines InGaAsP/InP-Halbleiterlasers [30] („double-channel planar buried heterostructure", Abkürzung DC-PBH) für verschiedene Temperaturen. Die Licht-Strom-Kennlinie besteht aus zwei Abschnitten: Für Ströme unterhalb des Schwellenstromes wirkt der Halbleiterlaser wie eine LED (ähnlich dem Kantenmitter). Die Temperaturabhängigkeit des Schwellenstromes $I_{th}(T)$ wird beschrieben durch

$$I_{th}(T) = I_{th}(T_R)\,\exp([T - T_R]/T_0),$$

wobei T_R eine willkürliche Bezugstemperatur (z. B. Raumtemperatur) darstellt. Die Temperaturabhängigkeit des Schwellenstromes wird

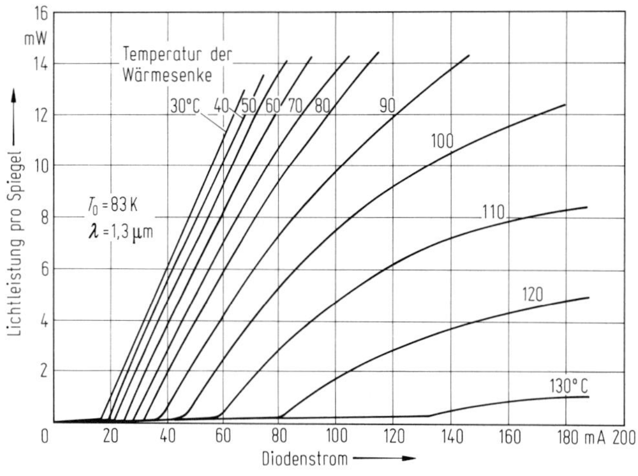

Bild 11. Licht-Strom-Kennlinien in Dauerstrichbetrieb für einen InGaAsP/InP-Halbleiterlaser bei verschiedenen Temperaturen [30]

durch den Parameter T_0 repräsentiert mit $T_0 = 150 \ldots 240$ K für GaAlAs/GaAs-Laser und $T_0 = 40 \ldots 80$ K für InGaAsP/InP-Laser. Oberhalb des Schwellenstroms setzt die stimulierte Emission von Licht ein, deren Anstieg mit dem Strom durch den differentiellen Wirkungsgrad η [W/A] charakterisiert wird. Der maximal mögliche Wert η_{max}, für eine Endfläche gerechnet, ist [22]

$$\eta_{max} = (hf/e)[1 + (1/\alpha_f l)\ln(1/R)]^{-1}$$

Je nach Art der lateralen Strukturierung liegen praktische Schwellenstromdichten mehr oder weniger über den durch Gl. (1) gegebenen Werten, in gleicher Weise liegen gemessene differentielle Wirkungsgrade unter η_{max}.

Ursache dafür können auch Leckströme sein, die nicht zur Verstärkung beitragen. Experimentelle Werte von η liegen bei GaAlAs/GaAs-Lasern zwischen 0,1 und etwa 0,4 W/A. Die Nichtlinearität der Licht-Strom-Kennlinien oberhalb der Schwelle wird in R 5.3 behandelt.

Für die Beschreibung der *Modulation* von Halbleiterlasern eignen sich die Bilanzgleichungen für die Ladungsträger und die Photonen, die einfache Ausdrücke für zwei Grenzfälle ergeben: Im ersten Fall wird der Halbleiterlaser mit einem stufenförmigen Puls betrieben und wirkt zunächst als Lumineszenzdiode. Bei einem linearen Rekombinationsgesetz ergibt sich aus dem Anstieg der Konzentration der injizierten Ladungsträger die bis zum Erreichen der Laserschwelle verstreichende Verzögerungszeit t_v zu [22]

$$t_v = \tau \ln(1/(1 - I_{th}/I))$$

(τ = Trägerlebensdauer, I_{th} = Schwellenstrom, I = Pulsstrom). Im zweiten Fall wird der Halbleiterlaser von der Schwelle aus mit einem Strompuls ΔI betrieben. Es ergeben sich dann bei einem linearen Rekombinationsmodell Relaxationsschwingungen mit der Frequenz [31]

$$f = ((\Delta I/I_{th})/(\tau\,\tau_p))^{1/2}/2\pi$$

Mit typischen Werten von einigen ps für die Photonenlebensdauer τ_p und einigen ns für τ erhält man Frequenzen bis in den GHz-Bereich. Als Folge der Relaxationsschwingungen tritt bei hohen Modulationsraten ein Nebeneffekt auf; wegen der Variation der Ladungsträgerkonzentration mit der Zeit ändert sich die spektrale Lage des maximalen Verstärkungsfaktors, und die Laseremission wird longitudinal vielmodig [31].

Um eine auch unter Modulationsbedingungen stabile, longitudinal einwellige Emission zu erhalten, muß der betreffende Lasermodus stabilisiert werden.

Beim DFB (distributed feedback)-Laser [32, 33] in Bild 12a wird die Dicke der aktiven Zone periodisch variiert, so daß sich mit dieser Gitterstruktur eine verteilte Rückkopplung (distributed feedback) ergibt. Diese Laser-Rückkopplung ist in hohem Maße wellenlängenselektiv, so daß nur der Lasermodus anschwingen kann, dessen Wellenlänge der Gitterperiode im wesentlichen

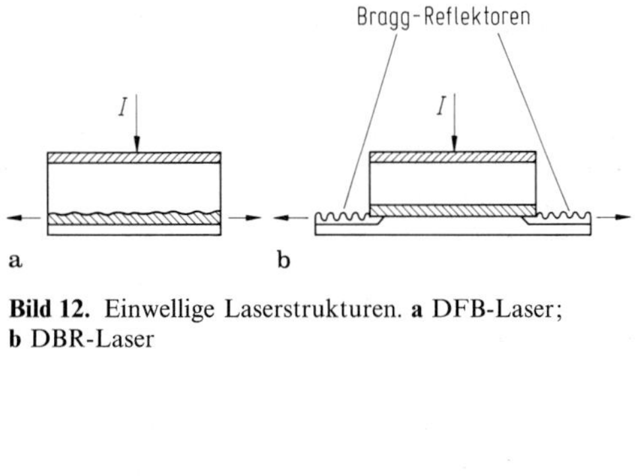

Bild 12. Einwellige Laserstrukturen. **a** DFB-Laser; **b** DBR-Laser

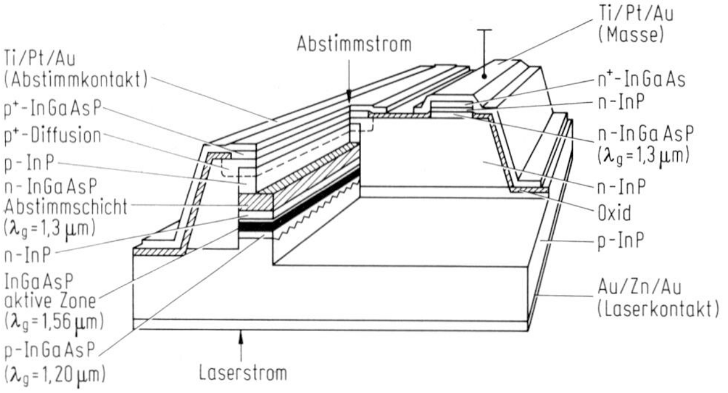

Bild 13. In der Emissionswellenlänge abstimmbare DFB-Laserstruktur [37]

entspricht. Beim DBR (distributed Bragg-reflector)-Laser [34] in Bild 12 b werden mit Hilfe von Gitterstrukturen wellenlängenselektive Reflektoren realisiert, mit deren Hilfe ebenfalls eine longitudinal einwellige Laseremission erreicht wird. DFB- und DBR-Laser werden bevorzugt im langwelligen Spektralbereich $\lambda = 1{,}3$ bis $1{,}6\ \mu m$ auf der Basis des Materialsystems InGaAsP/InP realisiert. DFB-Laser auf der Basis von GaAlAs/GaAs sind auch möglich, sie weisen jedoch relativ hohe Schwellenströme auf [35].

Besonderes Interesse verdienen einwellige Laserstrukturen, bei denen die Laseremissionswellenlänge abstimmbar ist. Derartige abstimmbare Laser werden beispielsweise für die kohärente optische Nachrichtenübertragung (siehe R 5.6) benötigt. Abstimmbereiche für die Laseremissionsfrequenz bis zu ca. 1000 GHz bei Linienbreiten unterhalb 50 MHz wurden erreicht [36, 37]. Es handelt sich hierbei entweder um axial gekoppelte Lasersegmente [36], bei denen zum Zwecke der Abstimmung die einzelnen Segmente mit unterschiedlichen Strömen angesteuert werden, oder z. B. um eine lateral gekoppelte Struktur gemäß Bild 13 [37]. Bild 13 zeigt im wesentlichen eine DFB-Laserstruktur, wobei die optische Welle im Laserresonator nicht nur den DFB-Gitterbereich sieht, sondern sich auch im Bereich der Abstimmschicht ausbreitet. Die Brechzahl dieser Abstimmschicht wird durch den Abstimmstrom gesteuert, wodurch sich die Emissionswellenlänge ändert.

Mit Einzellasern lassen sich optische Dauerstrichleistungen bis zu einigen 100 mW erzielen; höhere Leistungen sind möglich, wenn man Laser zu Laserzeilen (laser arrays) integriert. Beispielsweise werden so Dauerstrichleistungen von mehr als 50 W bei einer gesamten Emissionsbreite von 1 cm (200 Laserstreifen) erzielt [38].

Die bisher diskutierten Halbleiterlaser emittieren parallel zur Schichtenfolge. Von zunehmender Bedeutung sind flächenemittierende Laser [39, 40], bei denen die Lichtemission ähnlich wie bei der flächenemittierenden LED in den Bildern 3 und 4 senkrecht zur Schichtenfolge erfolgt. Flächenemittierende Laser sind ähnlich aufgebaut wie beispielsweise die LED in Bild 4 a, nur daß oberhalb und unterhalb der aktiven Schicht Schichtenfolgen vorgesehen sind, die als hochreflektierende Spiegel (Reflexionsvermögen $R^2 > 99{,}9\,\%$) wirken. Derartige Laser wurden bereits mit Schwellenströmen von nur ungefähr 1 mA realisiert [40]. Der Vorteil flächenemittierender Laser besteht auch darin, daß sie zu zweidimensionalen Feldern (arrays) integriert werden können.

2.6 Photodioden. Photodiodes

In Photodioden wird neben der Absorption von Licht der Effekt ausgenutzt, daß durch das Feld der Raumladungszone Elektronen-Loch-Paare getrennt werden können. Die Funktionsweise der Photodioden ist schematisch in Bild 14 dargestellt. Es zeigt den in Sperrichtung gepolten pn-Übergang einer Photodiode. In der Raumladungszone herrschen Feldstärken bis zu einigen 10^5 V/cm; dort befindliche Ladungsträger erreichen daher die Sättigungsgeschwindigkeit v_s, in

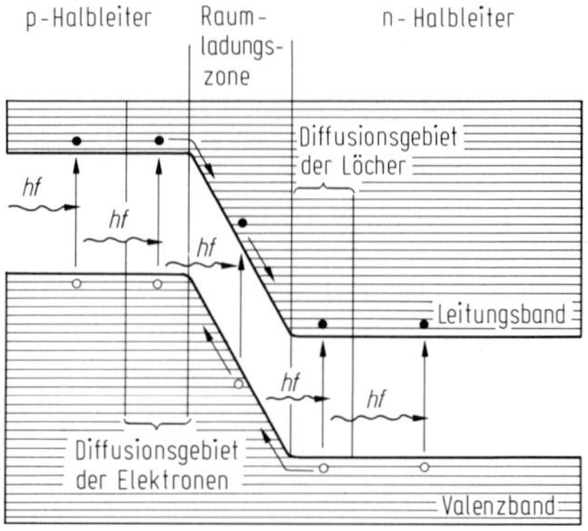

Bild 14. Schematische Darstellung der Funktionsweise einer Photodiode

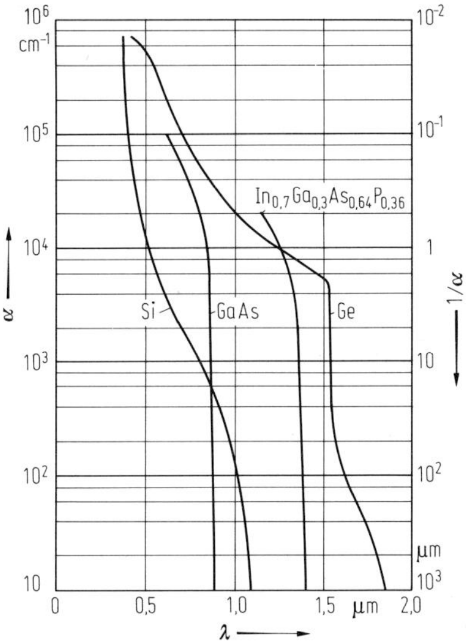

Bild 15. Absorptionskonstanten α als Funktion der Wellenlänge λ für vier Halbleiter

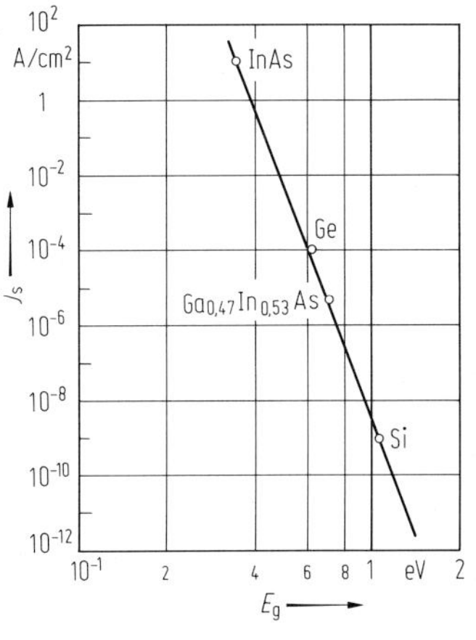

Bild 16. Typische Dunkelstromdichten von pn-Übergängen bei Raumtemperatur als Funktion der Bandlücke E_g

den meisten Halbleitern Werte von einigen 10^6 cm/s bis über 10^7 cm/s. In der Raumladungszone entstandene Elektronen-Loch-Paare werden getrennt und an den Rand der Raumladungszone transportiert. Dadurch entsteht ein Strom im äußeren Stromkreis. Einen Beitrag zum Strom liefern auch die Minoritätsladungsträger, die etwa bis zu einem Abstand einer Diffusionslänge, im sog. Diffusionsgebiet, generiert werden. Außerhalb des Diffusionsgebietes erzeugte Elektronen-Loch-Paare tragen nicht zum Strom bei.

Der *Wirkungsgrad* η von Photodioden (= Zahl der Elektronen pro Photon) ist $\eta = \eta_{opt}\,\eta_{int}$. Der optische Wirkungsgrad η_{opt} ist im wesentlichen durch die Reflexionsverluste bei Eintritt des Lichts in den Halbleiter gegeben, die durch den Brechungsindex festgelegt sind. Mit optischer Verspiegelung lassen sich die Reflexionsverluste weitgehend unterdrücken, praktisch werden Werte von η_{opt} nahe bei 100% erreicht. Für den Fall, daß sich das aktive Volumen (Diffusionsgebiete und Raumladungszone) bis zur Oberfläche erstreckt, gilt

$$\eta_{int} \approx 1 - \exp[-\alpha/(w + w_n + w_p)] \qquad (2)$$

(α = Absorptionskoeffizient, w_n, w_p = Länge des Diffusionsgebiets der Elektronen bzw. Löcher, w = Länge der Raumladungszone).

Damit ergibt sich der im äußeren Stromkreis einer Photodiode fließende Photostrom I_{ph} zu

$$I_{ph} = \eta\, e\, P/hf$$

(e = Elementarladung, P = Lichtleistung in W).

Eine erste Auswahl eines für die Detektion von Licht einer bestimmten Wellenlänge geeigneten Halbleiters ergibt sich aus der Forderung $E_g \leqq hf$.

In Bild 15 ist der Verlauf der Absorptionskonstante als Funktion der Wellenlänge für verschiedene Halbleiter wiedergegeben [12]. Nach Gl. (2) werden große η_{int}-Werte durch großes α erreicht. Bei einer Wellenlänge von z.B. 0,9 μm (Emissionswellenlänge einer GaAs-LED) gilt für Si $\alpha \approx 10^3\ cm^{-1}$, was sinnvollerweise eine Länge der aktiven Zone von über 10 μm erfordert. Halbleiter mit dichter Bandlücke dagegen haben einen steilen Anstieg von α auf Werte über $10^4\ cm^{-1}$, so daß eine Länge der aktiven Zone von wenigen μm ausreicht, um $\eta_{int} \approx 1$ zu erreichen. Eine andere wichtige vom Bandabstand E_g abhängige Größe ist die Dunkelstromdichte j_s von Photodioden (Bild 16) [12].

Eine optimale Photodiode sollte aus einem Halbleiter mit einer Bandlücke bestehen, die nur wenig unter der Photonenenergie liegt.

Weitere Kriterien für den Aufbau einer Photodiode ergeben sich aus der Forderung nach einer hohen *Demodulations*grenzfrequenz. Im Diffusionsgebiet generierte Ladungsträger tragen z.B. in Si wegen der im Vergleich zu direkten Halbleitern hohen Lebensdauer einen Anteil zum Photostrom mit einer niedrigen Grenzfrequenz bei. w_n und w_p werden daher in Photodioden für Anwendungen in der Nachrichtentechnik so weit wie möglich gegenüber w reduziert [41]. Wichtig bleibt dann als begrenzende Zeit die Laufzeit $\tau_L = w/v_s$ der Ladungsträger durch die Raumladungszone.

Dafür folgt bei sinusförmiger Modulation des Lichts eine Grenzfrequenz $f_{3dB} = K/\tau_L$, wobei K ein Koeffizient der Größenordnung eins ist. Für Halbleiter mit direkten Bandlücken ergeben sich Werte bis über 10 GHz. Ein anderer begrenzen-

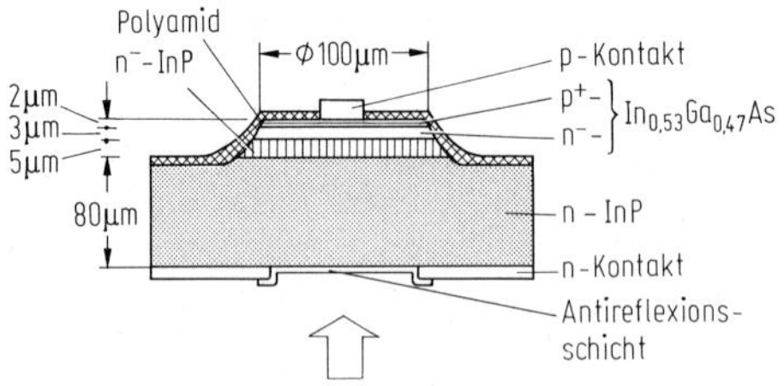

Bild 17. Schematischer Aufbau einer pin-Photodiode für den Wellenlängenbereich von 1,0 bis 1,6 µm

der Faktor ist die Zeitkonstante aus der Kapazität C der Photodiode und dem Lastwiderstand. Eine kleine Zeitkonstante erfordert eine kleine Fläche der Photodiode und wegen $C \sim 1/w$ eine möglichst dicke Raumladungszone w. Das Erreichen einer maximalen nachweisbaren Lichtleistung (definiert z.B. durch ein vorgegebenes Signal/Rausch-Verhältnis bei einer bestimmten Modulationsfrequenz) ist daher eine Optimierungsaufgabe (s. auch R 5.4). Bild 17 zeigt als Beispiel den schematischen Aufbau einer Photodiode, die für Wellenlängen zwischen 1,0 und 1,6 µm geeignet ist [42].

In Lawinen-Photodioden (Avalanche-Photodioden) werden die in der Raumladungszone des pn-Übergangs befindlichen Ladungsträger durch Stoßionisation vervielfacht. Dazu muß die Photodiode bis in den Durchbruch vorgespannt werden. Wichtige Voraussetzung ist eine über die Fläche der Photodiode homogene Multiplikation, d.h. die Abwesenheit von sog. Vordurchbrüchen. Praktisch können Multiplikationsfaktoren des Photostroms bis zu etwa 100 genutzt werden, bei höheren Faktoren steigt ein durch die Multiplikation verursachtes Zusatzrauschen stark an (s. R 5.3) [43].

Spezielle Literatur: [1] *Bar-Chaim, N.; Margalit, S.; Yariv, A.; Ury, I.:* Gallium arsenide integrated optoelectronics. IEEE Trans. Electron Devices ED-29 (1982) 1372–1381. – [2] *Mollwo, E.; Kaule, W.:* Maser and laser. Mannheim: Bibliogr. Inst. 1966. – [3] *Sugimura, A.:* Band-to-band Auger effect in long wavelength multinary III–V alloy semiconductor lasers. IEEE J. QE-18 (1982) 352–363. – [4] *Beneking, H.:* Material engineering in optoelectronics. Festkörperprobleme XVI (1976) 195–216. – [5] *Casey, Jr., H.C.; Panish, M.B.:* Heterostructure lasers, Part B: Materials and operating characteristics. New York: Academic Press 1978. – *Kawamura, Y.; Asahi, H.; Wakita, K.:* InGaAs/InGaAlAs/InAlAs/InP SCH-MQW laser diodes grown by molecular-beam epitaxy. Electron. Lett. 20 (1984) 459–460. – [7] *Goodfellow, R.C.; Carter, A.C.; Rees, G.J.; Davis, R.:* Radiance saturation in small-area GAInAsP/InP and GaAlAs/GaAs LED's. IEEE Trans. Ed-28 (1981) 365–371. – [8] *Galginaitis, S.V.:* Improving the external efficiency of electroluminescent diodes. J. Appl. Phys. 36 (1965) 460–461. – [9] *Burrus, C.A.:* Radiance of small-area high current-density electroluminescent diodes. Proc. IEEE 60 (1972) 231–232. – [10] *Wada, O.; Yamakoshi, S.; Abe, M.; Akita, K.; Toyama, Y.:* A new type InGaAsP/InP DH LED for fiber optical communication system at 1.2 to 1.3 µm. Proc. Optical Communication Conf. (Amsterdam) Paper 4.6 (1979). – [11] *Kressel, H.; Butler, J.K.:* Semiconductor lasers and heterojunction LEDs. New York: Academic Press 1977, Chap. 14. – [12] *Grau, G.:* Optische Nachrichtentechnik. Berlin: Springer 1981. – [13] *Lee, T.P.; Dentai, A.G.:* Power and modulation bandwidth of GaAs-GaAlAs high radiance LEDs for optical communication systems. IEEE J. QE-14 (1978) 150–159. – [14] *Grothe, H.; Proebster, W.:* Influence of Mg doping on cutoff frequency and light output of InGaAsAsP/InP heterojunction LEDs. IEEE Trans. ED-18 (1981) 371–373. – [15] *Heinen, J.; Albrecht, H.; Weyrich, C.:* Determination of the recombination coefficients in undoped (In,Ga) (As,P) from transient optical output analysis of (In,Ga) (As,P)-InP double heterostructure LEDs. J. Appl. Phys. 53 (1982) 1800–1803. – [16] *Kamata, N.; Kamiya, T.; Yanai, H.:* Accurate determination of temperature rise in Burrus-type LEDs by using resonant reflection spectra. IEEE Trans. ED-28 (1981) 379–384. – [17] *Hasegawa, O.; Yagawa, N.:* Low-frequency response to AlGaAs double heterojunction LEDs. IEEE Trans. ED-28 (1981) 385–389. – [18] *Yariv, A.:* Introduction to optical electronics. New York: Holt, Rinehart and Winston 1976, Chap. 4. – [19] *Stern, F.:* Calculated spectral dependence of gain in excited GaAs. J. Appl. Phys. 47 (1976) 5382–5386. – [20] *Kroemer, H.:* A proposed class of heterojunction injection lasers. Proc. IEEE (Correspond.) 51 (1963) 1782–1783. – [21] *Tsang, W.T.:* Extremely low threshold (AlGa)As modified multi-quantum well heterostructure lasers grown by molecular beam epitaxy. Appl. Phys. Lett. 39 (1981) 786–788. – [22] *Casey, Jr., H.C.; Panish, M.B.:* Heterostructure lasers, Part A: Fundamental principles. New York: Academic Press 1978. – [23] *Aiki, K.; Nakamura, M.; Kuroda, T.; Umeda, J.:* Channeled-substrate planar structure (AlGa)As injection lasers. Appl. Phys. Lett. 30 (1977) 649–651. – [24] *Sugino, T.; Wada, M.; Shimizu, H.; Itoh, K.; Teramoto, I.:* Terraced substrate GaAs-(GaAl)As injection lasers. Appl. Phys. Lett. 34 (1979) 270–272. – [25] *Amann, M.-C.:* New stripe-geometry laser with simplified fabrication process. Electron. Lett. 15 (1979) 441–442. – [26] *Wolf, H.D.; Mettler, K.; Zschauer, K.-H.:* High performance 880 nm (GaAl)As/GaAs oxide stripe lasers with very low degradation rates at temperatures up to 120 °C. Jap. J. Appl. Phys. 9 (1981) L693–L696. – [27] *Marschall, P.; Schlosser, E.; Wölk, C.:* New diffusion type stripe-geometry injection laser. Electron. Lett. 15 (1979) 38–39. – [28] *Dixon, R.W.; Nash, F.R.; Hartmann, R.L.; Hepplewhite, R.T.:* Improved light-output linearity in stripe-geometry double-heterostructure (Al,Ga)As lasers. Appl. Phys. Lett. 29 (1976) 372–374. – [29] *Elsässer, W.; Göbel, O.; Kuhl, J.:* Coherence properties of gain- and index-guided semiconductor lasers. IEEE J. QE-19 (1983) 981–985. – [30] *Mito, I.; Kitamura, M.; Kobayashi, Ke.; Kobayashi, Ko.:* Double-channel planar buried heterostructure laser diode with effective current confinement. Electron. Lett. 18 (1982) 953–954. – [31] *Arnold, G.; Russer, P.; Petermann, K.:* Modulation of laser diodes. In: *Kressel, H.* (Ed.): Topics in Appl. Phys., Vol. 39. Berlin: Springer 1982, pp. 213–242. – [32] *Kogelnik, H.; Shank, C.V.:* Coupled-wave theory of distributed feedback lasers. J. Appl. Phys. 43 (1972) 2327–2335. – [33] *Utaka, K.; Akiba, S.; Sakai, K.; Matsushima, Y.:* Room-temperature cw operation of distributed-feedback buried-heterostructure InGaAsP/InP lasers emitting at 1.57 µm. Electron. Lett. 17 (1981) 961–963. – [34] *Suematsu, Y.; Arai, S.; Koyama, F.:* Dynamic-single-mode lasers. Optica Acta 32

(1985) 1157–1173. – [35] *Takigawa, S.; Tomoaki, U.; Kume, M.; Hamada, K.; Yoshikawa, N.; Shimizu, H.; Kano, G.*: 50 mW stable single longitudinal mode operation of a 780 nm GaAlAs DFB laser. IEEE J. Quant. Electron. 25 (1989) 1489–1494. – [36] *Murata, S.; Mito, I.; Kobayashi, K.*: Over 720 GHz (5.8 nm) frequency tuning by a 1.5 μm DBR laser with phase and Bragg wavelength control regions. Electron. Lett. 23 (1987) 403–405. – [37] *Schanen, C.F.J.; Illek, S.; Lang, H.; Thulke, W.; Amann, M.C.*: Fabrication and lasing characteristics of $\lambda = 1.56$ μm tunable twin-guide (TTG) DFB-lasers. IEE Proc. part J, 137 (1990) 69–73. – [38] *Sakamoto, M.; Welch, D.F.; Endriz, J.G.; Scifres, D.R.; Streifer, W.*: 76 W continuous-wave monolithic laser diode arrays. Appl. Phys. Lett. 54 (1989), 5. Juni. – [39] *Iga, K.; Uchiyama, S.*: GaInAsP/InP surface-emitting laser diode. Opt. and Quant. Electron. 18 (1986) 403–422. – [40] *Lee, Y.H.; Jewell, J.L; Scherer, A.; McCall, S.L; Harbison, J.P.; Florez, L.T.*: Room-temperature continuous-wave vertical-cavity single-quantum-well microlaser diodes. Electron. Lett. 25 (1989) 1377–1378. – [41] *Krumpholz, O.; Maslowski, S.*: Theorie des Verhaltens von Photodioden gegenüber kurzen Lichtimpulsen. Telefunken-Ztg. 39 (1966) 373, 380. – [42] *Trommer, R.; Kunkel, W.*: $In_{0.53}Ga_{0.47}As/InP$ pin and avalanche photodiodes for the 1 to 1.6 μm wavelength range. Siemens Forsch.- u. Entwickl.-Ber. 11 (1982) 216–220. – [43] *Forrest, S.R.; Williams, G.F.; Kim, O.K.; Smith, R.G.*: Excess-noise and receiver sensitivity measurements of $In_{0.53}Ga_{0.47}As/InP$ avalanche photodiodes. Electron. Lett. 17 (1981) 917–919.

3 Quantenphysikalische Bauelemente
Quantumphysical devices

Allgemeine Literatur: *Arecchi, F.T.; Schulz-Dubois, E.O.*: Laser handbook I. Amsterdam: North-Holland 1972. – *Barone, A.; Paterno, G.*: Physics and applications of the Josephson effect. New York: Wiley 1982. – *Bergmann, L.; Schäfer, C.*: Lehrbuch der Experimentalphysik, Bd. III: Optik, 7. Aufl., Berlin: de Gruyter 1978. – *Brunner, W.; Junge, K.*: Lasertechnik. Leipzig: Hüthig 1982. – *Grau, G.*: Quantenelektronik. Braunschweig: Vieweg 1978. – *Loudon, R.*: The quantum theory of light. Oxford: Clarendon Press 1973. – *Paul, H.*: Nichtlineare Optik, Bd. I u. II. Berlin: Akademie Verlag 1973. – *Pressley, R.J.*: Handbook of lasers with selected data on optical technology. Cleveland: Chemical Rubber 1971. – *Siegman, A.E.*: An introduction to lasers and masers. New York: McGraw-Hill 1971. – *Solymar, L.*: Superconducting tunneling and applications. London: Chapman & Hall 1972. – *Weber, H.; Herziger, G.*: Laser. Weinheim: Physik-Verlag 1978.

3.1 Physikalische Grundlagen
Physical fundamentals

Die Energie eines mit der Frequenz f schwingenden harmonischen Oszillators kann sich nur um ganzzahlige Vielfache von

$$E = hf \tag{1}$$

Spezielle Literatur Seite M 70

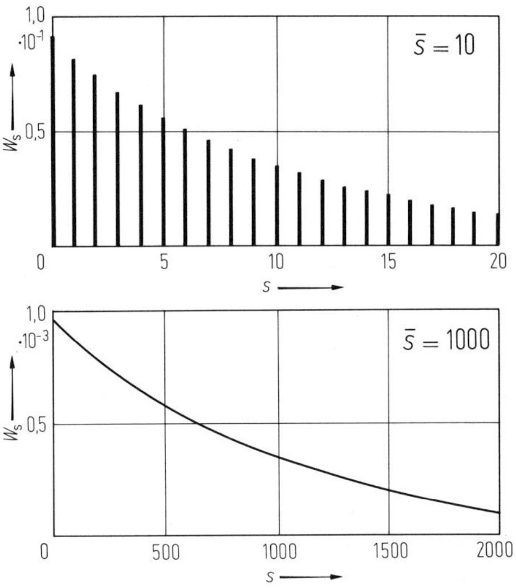

Bild 1. Wahrscheinlichkeitsverteilung W_s der Photonenzahl s inkohärenten Lichts für $\bar{s} = 10$ und $\bar{s} = 1000$

ändern ($h = 6{,}626 \cdot 10^{-34}\ \mathrm{VAs^2}$ = Plancksches Wirkungsquantum) [1, 2]. Die Energiezustände E_s eines *elektromagnetischen Modus* mit der Frequenz f sind durch

$$E_s = (s + \tfrac{1}{2})\,hf, \qquad s = 0, 1, 2 \ldots \tag{2}$$

gegeben. Im niedrigsten Energiezustand E_0 enthält jeder Modus die Nullpunktenergie $hf/2$. Ein Schwingungsquant mit der Energie hf wird als Photon bezeichnet. Der mit der Energie E_s angeregte Modus enthält s Photonen.
Bei endlichen Temperaturen sind die Moden eines elektromagnetischen Feldes thermisch angeregt. Die mittlere *Photonenzahl* im Modus ist

$$\bar{s} = \frac{1}{\exp\dfrac{hf}{kT} - 1}, \tag{3}$$

($k = 1{,}38 \cdot 10^{-23}$ VAs/K = Boltzmann-Konstante, T = absolute Temperatur). Die Wahrscheinlichkeit W_s für das Vorhandensein von s Photonen im Modus ist [2, S. 218]

$$W_s = \frac{\bar{s}^s}{(1 + \bar{s})^{s+1}}. \tag{4}$$

Bild 1 zeigt W_s für $\bar{s} = 10$ und $\bar{s} = 1000$. Diese Wahrscheinlichkeitsverteilung gilt nicht nur für thermisches Licht, sondern allgemein für das bei spontanen Emissionen erzeugte inkohärente bzw. chaotische Licht. Die allgemein durch

$$\sigma_s^2 = \overline{s^2} - (\bar{s})^2 \tag{5}$$

definierte Varianz σ_s^2 der Photonenzahl s ist

$$\sigma_s^2 = (\bar{s})^2 + \bar{s}. \tag{6}$$

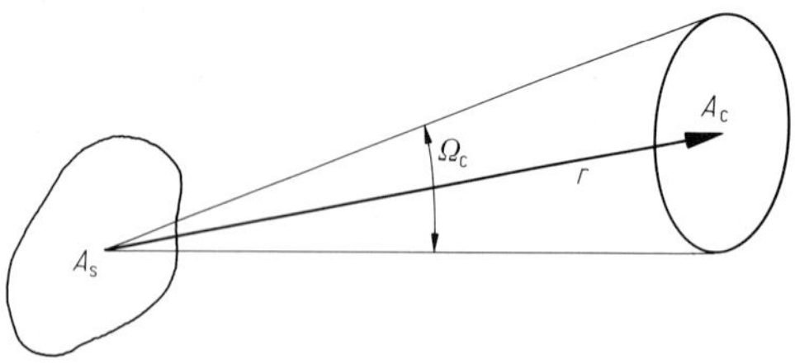

Bild 2. Transversale Kohärenz eines inkohärenten Strahlers

Die Streuung σ_s der Photonenzahl s eines Modus liegt also in der Größenordnung des Erwartungswertes $\bar{s}$ der Photonenzahl.
Bei N Moden mit gleichem Mittelwert $\bar{s}$ und gleicher Varianz σ_s^2 der Photonenzahl sind Mittelwert und Varianz der gesamten Photonenzahl

$$\bar{s}_{ges} = N\,\bar{s}, \tag{7}$$

$$\sigma_{ges}^2 = N\,[(\bar{s})^2 + \bar{s}] = \frac{1}{N}\,\bar{s}_{ges}^2 + \bar{s}_{ges}. \tag{8}$$

Bei der Überlagerung von N Moden mit gleichem Erwartungswert der Photonenzahl gilt für $\bar{s} \gg 1$

$$\frac{\sigma_{ges}}{\bar{s}_{ges}} \doteq \frac{1}{\sqrt{N}}. \tag{9}$$

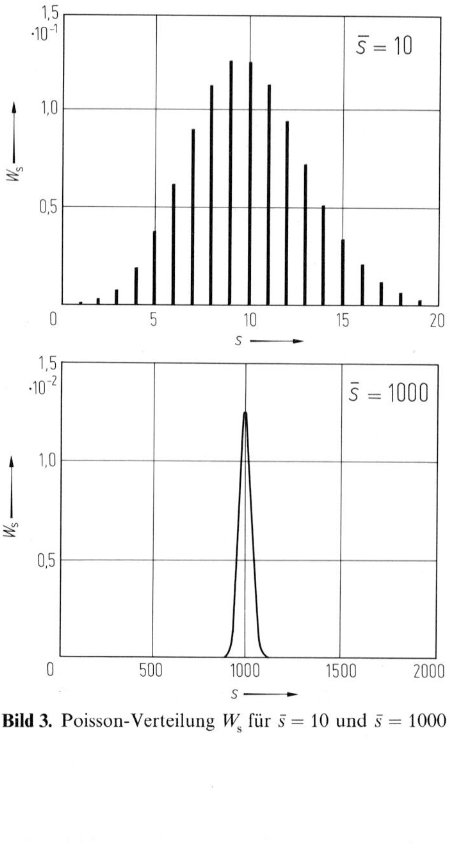

Bild 3. Poisson-Verteilung W_s für $\bar{s} = 10$ und $\bar{s} = 1000$

Die Anzahl der longitudinalen Moden, die auf einer Leitung im Frequenzintervall Δf und im Zeitintervall τ laufen, ist durch $\Delta f\tau$ gegeben. Ein statistisches Signal mit der spektralen Breite Δf hat die Kohärenzzeit [2, 3]

$$\tau_c = \frac{1}{\Delta f}, \tag{10}$$

innerhalb welcher es mit sich selbst korreliert ist. Breitet sich das Signal in einem vielwelligen Wellenleiter oder im freien Raum aus, so ist auch die Anzahl der transversalen Moden zu berücksichtigen. Die Modenzahl N ergibt sich dann als Produkt der Zahl der longitudinalen Moden und der Zahl der transversalen Moden. Die transversale Kohärenz einer Strahlung wird durch die Kohärenzfläche oder den Kohärenzraumwinkel charakterisiert (Bild 2). Die Kohärenzfläche A_c und der Kohärenzwinkel Ω_c [3, S. 103] eines inkohärenten Strahlers mit der Emissionswellenlänge λ und der Emissionsfläche A_s sind durch

$$A_c = r^2 \qquad \Omega_c = \frac{r^2\,\lambda^2}{A_s} \tag{11}$$

gegeben (Bild 2). Die Anzahl der von einem Detektor mit der Fläche A im Zeitintervall τ gemessenen Moden ist

$$N = \frac{A\tau}{A_c\,\tau_c}. \tag{12}$$

Inkohärente elektromagnetische Strahlung ist nur dann als Nachrichtenträger geeignet, wenn bei der Detektion über viele Moden gemittelt wird. Erfolgt eine transversal einwellige Übertragung, so ist $N = \tau/\tau_c = \Delta f/B$ (Δf = Trägerbandbreite, B = Signalbandbreite), und es muß $\Delta f \gg B$ sein [4].
Während die Intensität thermischen oder chaotischen Lichts starken Schwankungen unterworfen ist, kann mit dem Laser in guter Näherung kohärentes Licht erzeugt werden. Die Photonenzahl folgt der Poisson-Verteilung [2, 3]

$$W_s = \frac{\bar{s}^s}{s!}\,e^{-\bar{s}} \tag{13}$$

(Bild 3). Die Varianz der Photonenzahl ist

$$\sigma_s^2 = \bar{s}. \tag{14}$$

3.2 Der Laser. The laser

Beim Laser (Light Amplification by Stimulated Emission of Radiation) wird das Maser-Prinzip im optischen Bereich angewandt [2, 3, 5–8]. Einer oder mehrere Moden eines optischen Resonators werden durch Wechselwirkung mit ei-

nem durch Pumpen optisch aktiv gemachten Medium soweit entdämpft, daß Schwingungen angefacht werden. Bei dem optisch aktiven Medium kann es sich um ein Gas, einen Festkörper oder eine Flüssigkeit handeln.
Zur Verstärkung der elektromagnetischen Strahlung werden stimulierte Quantenübergänge ausgenutzt.
Zwischen atomaren Energieniveaus E_1 und E_2 sind Übergänge möglich, wobei ein Übergang von oben nach unten unter Emission eines Photons mit der Frequenz

$$f_{21} = (E_2 - E_1)/h, \tag{15}$$

ein Übergang von unten nach oben unter Absorption eines Photons erfolgt. Dabei sind stimulierte und spontane Emissionen zu unterscheiden. Die Änderungsrate der Photonenzahl s ist durch die Bilanzgleichung [3, S. 472]

$$\frac{\mathrm{d}s}{\mathrm{d}t} = \frac{\mathrm{h}f}{\Delta f} B_{12}[(n_2 - n_1)s + n_2] \tag{16}$$

gegeben, wobei n_1 bzw. n_2 die Anzahl der Atome pro Volumeneinheit im Energieniveau E_1 bzw. E_2 ist. Der erste Term in der runden Klammer beschreibt die stimulierten Prozesse und der zweite Term die spontanen Prozesse (B_{12}... Einstein-Koeffizient [3, S. 450], Δf... natürliche Linienbreite des atomaren Übergangs [3, S. 464]. Die spontanen Prozesse sind von s unabhängig und mit dem bereits vorhandenen Photonenfeld nicht korreliert. Sie entsprechen einem Rauschen. Die stimulierten Prozesse sind mit dem vorhandenen Photonenfeld korreliert.

Bilanzgleichungen. Bild 4a zeigt das Termschema eines Dreiniveausystems (z. B. Rubinlaser). Im optischen Bereich gilt $hf \gg kT$, so daß ohne Pumpen nur der Grundzustand angeregt ist. Die Energieniveaus E_1 und E_2 gehören zum Grundzustand und zum ersten angeregten Zustand. Eine größere Anzahl höherer angeregter Zustände bilden ein Energieband, welches vereinfacht als Zustand 3 dargestellt wird. Durch Einstrahlung von Licht, dessen Frequenz der Energiedifferenz $E_3 - E_1$ entspricht, werden pro Volumeneinheit und Zeiteinheit R_p Atome vom Grundzustand in den Zustand 3 angehoben (R_p = Pumprate). Von dort fallen die Atome sowohl aufgrund strahlender als auch aufgrund nichtstrahlender Übergänge in die Zustände 1 und 2 zurück. Da die Zeitkonstante τ_{32} für den Übergang 3 → 2 um den Faktor 100 kleiner ist als τ_{31} für den Übergang 3 → 1, ist die Übergangsrate vom Zustand 3 in den Zustand 2 hundertmal so groß wie die Übergangsrate vom Zustand 3 in den Grundzustand 1. Die Zeitkonstante τ_{21} für den Übergang von 2 nach 1 aufgrund spontaner Prozesse ist mit 10^{-3} s sehr groß. Man bezeichnet den Zustand 2 daher als metastabil.

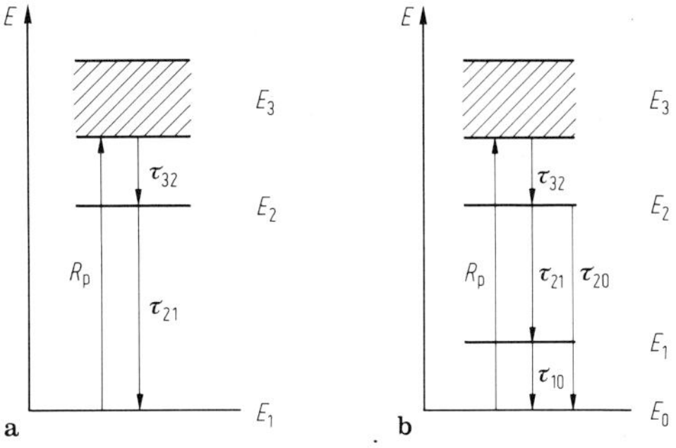

Bild 4. Dreiniveausystem des Rubinlasers (**a**) und Vierniveausystem des Neodymlasers (**b**)

Im Vierniveausystem nach Bild 4b (z. B. Neodymlaser) tritt bereits bei sehr kleinen Pumpleistungen Inversion zwischen den Zuständen 2 und 1 auf. Da der Zustand 1 nicht der Grundzustand ist, ist er von vornherein unbesetzt. Durch den Pumpvorgang wird der Zustand 2, nicht jedoch der Zustand 1 besetzt. Die von 2 nach 1 übergehenden Atome gehen praktisch sofort in den Grundzustand über. Ist im Vierniveausystem n_1 vernachlässigbar, so gelten unter Berücksichtigung zusätzlicher Übergänge sowie der Pumpprozesse nach Bild 4b die Bilanzgleichungen [5, S. 437]

$$\frac{\mathrm{d}s}{\mathrm{d}t} = K n_2(s+1) - \frac{s}{\tau_\mathrm{ph}}, \tag{17}$$

$$\frac{\mathrm{d}n_2}{\mathrm{d}t} = R_\mathrm{p} - \frac{n_2}{\tau_2} - K s n_2, \tag{18}$$

mit $\tau_2^{-1} = \tau_{20}^{-1} + \tau_{21}^{-1}$ und $K = \dfrac{hf}{\Delta f} B_{12}$.

Die Photonenlebensdauer τ_ph ist durch

$$\tau_\mathrm{ph} = \frac{\bar{n}}{c_0}\left(2\alpha_0 - \frac{1}{l}\ln R_1 R_2\right)^{-1} \tag{19}$$

gegeben, wobei R_1 und R_2 die Leistungsreflexionsfaktoren der Spiegel, l ihr Abstand, α_0 der Dämpfungskoeffizient und $\bar{n}$ der Brechungsindex des Mediums sind [5, S. 394].
Die Laserschwelle ist erreicht, wenn die Inversion $\Delta n = n_2 - n_1$ so groß ist, daß der Zuwachs der Photonendichte aufgrund der stimulierten Prozessse der Abnahme der Photonendichte aufgrund der endlichen Photonenlebensdauer die Waage hält. Die Pumprate $R_\mathrm{p,s}$ an der Schwelle ist

$$R_\mathrm{p,s} = (K\tau_2\tau_\mathrm{ph})^{-1}. \tag{20}$$

Im stationären Zustand folgt aus den Gln. (17) und (18) die Photonenzahl in Abhängigkeit von der Pumprate

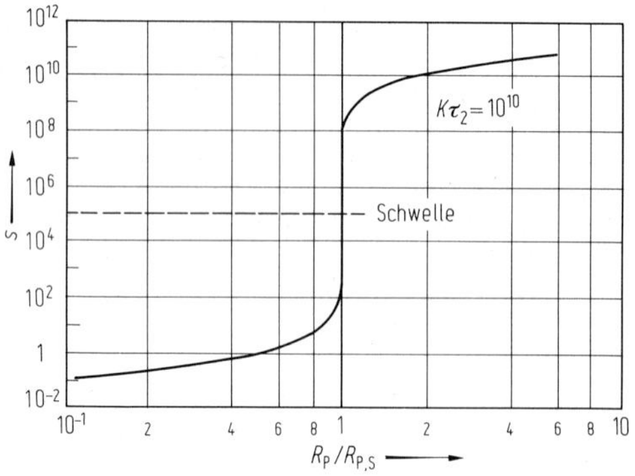

Bild 5. Abhängigkeit der Photonenzahl von der Pumprate

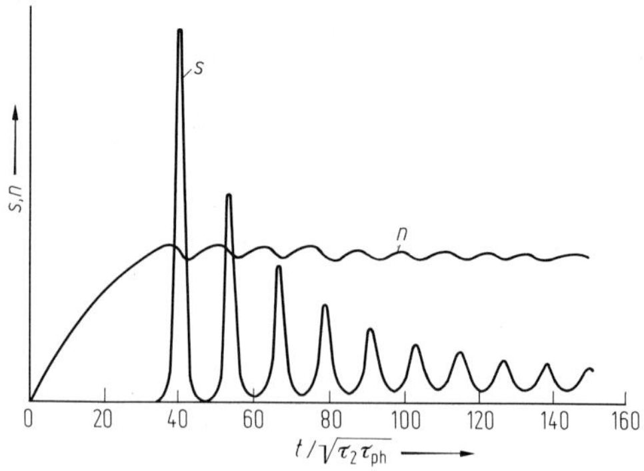

Bild 6. Einschwingverhalten des Lasers

$$s = \frac{1}{2K\tau_2} \cdot \left[\frac{R_p}{R_{p,s}} - 1 + \sqrt{\left(\frac{R_p}{R_{p,s}} - 1\right)^2 + \frac{4K\tau_2 R_p}{R_{p,s}}}\right] \quad (21)$$

für den in einem Modus oszillierenden Laser (Bild 5). Wird der Pumpvorgang plötzlich eingeschaltet, so schwingt der Laser aufgrund der Ratengl. (17) und (18) unter Relaxationsschwingungen nach Bild 6 in den stationären Zustand ein (spiking) [5, S. 443].

Weit oberhalb der Schwelle nähert sich die Wahrscheinlichkeitsverteilung der Photonenzahl immer mehr der Poisson-Verteilung an [2, S. 254]. Die (wegen der homogenen Linienverbreiterung) theoretisch erreichbare minimale Linienbreite des Lasers ist [3, S. 525]

$$\Delta f_1 = \frac{\pi(\Delta f)^2 h f_0}{P_0} = \frac{\pi(\Delta f)^2 \tau_{ph}}{s} \quad (22)$$

(f_0 = Mittenfrequenz, Δf = natürliche Linienbreite der spontanen Emission, P_0 = emittierte Gesamtleistung). Der homogenen Linienverbreiterung mit Lorentzscher Linienform $[(f - f_0)^2 + (\Delta f)^2]^{-1}$ ist eine inhomogene Linienverbreiterung mit i. allg. Gaußscher Linienform überlagert (z. B. Doppler-Verbreiterung) [3, S. 468]. Die inhomogene Linienverbreiterung führt i. allg. dazu, daß der Laser in mehreren Longitudinalmoden schwingt.

Optische Resonatoren sind i. allg. groß gegen die Wellenlänge und werden als offene Resonatoren ausgebildet, so daß höhere Transversalmoden aufgrund der höheren Beugungsverluste unterdrückt werden. Eine Ausnahme bildet der Halbleiterinjektionslaser, bei dem die transversalen Abmessungen der aktiven Zone in der Größenordnung der Wellenlänge liegen und trotz transversaler Wellenführung eine transversale Einwelligkeit erreicht werden kann. Eine longitudinale Modenselektion erfolgt, wenn nur einer oder wenige Longitudinalmoden innerhalb der natürlichen Linienbreite des aktiven Mediums liegen. Der optische Resonator wird von zwei ebenen oder sphärischen Spiegeln gebildet (Bild 7). Im Falle kreisrunder Spiegel ist der Grundmodus (TEM_{00}-Modus) ein Gaußscher Strahl, dessen Intensitätsverlauf durch

$$I(r, z) = I_0 \left(\frac{r_0}{r(z)}\right)^2 \exp\left(-2\frac{r^2}{r(z)^2}\right) \quad (23)$$

gegeben ist. Der Strahldurchmesser $2r(z)$ wächst mit zunehmender Entfernung z von der Strahltaille $2r_0$ gemäß

$$r(z) = r_0 \sqrt{1 + \left(\frac{\lambda z}{\pi r_0^2}\right)^2}. \quad (24)$$

Der halbe Öffnungswinkel ϑ des Strahls ist im Fernfeld

$$\vartheta = \lambda/\pi r_0. \quad (25)$$

Festkörperlaser [6, 7]. Beim Rubinlaser (Bild 8) befinden sich ein Rubinkristall und eine als Pumplichtquelle dienende Xenon-Blitzlampe jeweils in der Brennlinie eines verspiegelten elliptischen Zylinders. Rubinlaser werden in erster Linie gepulst betrieben und liefern eine Strahlung bei $\lambda = 628$ nm. In ähnlicher Weise funktioniert der Neodymlaser. Beim Neodymlaser sind

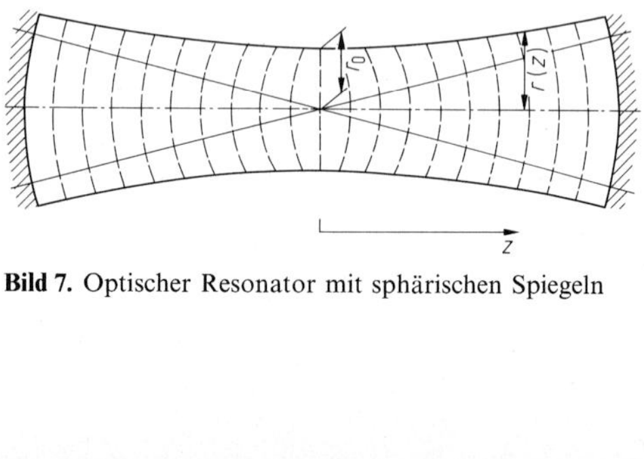

Bild 7. Optischer Resonator mit sphärischen Spiegeln

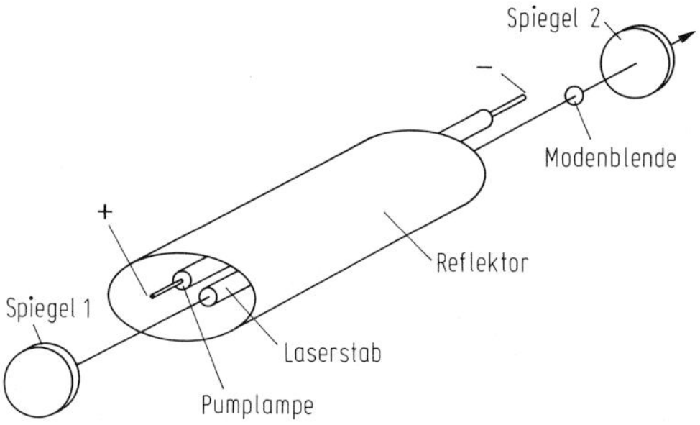

Bild 8. Schematischer Aufbau des Rubinlasers

aktive Nd^{3+}-Ionen mit einer Konzentration von 0,5 bis 8 % in Glas eingebettet. Das Fluoreszenzspektrum hat drei Linien bei $\lambda = 920$, 1060 und 1370 nm. Die Emissionslinie bei 1060 nm ist am intensivsten und wird vorzugsweise für den Laserbetrieb ausgenutzt. Das optische Pumpen erfolgt in einem der Maxima des Absorptionsspektrums zwischen 500 und 900 nm. Beim Neodym-YAG-Laser wird mit 0,5 bis 3,5 % Nd^{3+}-dotiertes Yttrium-Aluminium-Granat ($Y_3Al_5O_{12}$) als Laserkristall verwendet. Mit dem Neodym-YAG-Laser lassen sich hohe Leistungen sowohl in kontinuierlichem Betrieb als auch im Impulsbetrieb erreichen. Gegenüber den drei Wellenlängen des Neodym-Glaslasers tritt hier ein zusätzlicher Laserübergang bei $\lambda = 1{,}438$ µm auf. Neodym-YAG-Laser und LNP-Laser ($LiNdP_4O_{12}$) lassen sich kompakt aufbauen und können aufgrund des geringen Pumpleistungsbedarfs mit Lumineszenzdioden gepumpt werden.

Gaslaser [6, 7]. Hier befindet sich das aktive Medium in der Gas- oder Dampfphase; es kann aus ionisierten oder neutralen Atomen oder aus Molekülen bestehen. Die Pumpenergie wird durch eine elektrische Gasentladung zugeführt, wobei zur Erzielung der Inversion zusätzlich zum laseraktiven Gas noch ein Pumpgas erforderlich ist, welches ein metastabiles Niveau besitzt, von dem aus das obere Laserniveau angeregt wird. Im Helium-Neon-Laser (Bild 9) wird atomares Neon als aktives Medium und Helium als Pumpgas verwendet. Im Neon sind zehn Laserübergänge möglich. Die stärksten Spektrallinien liegen bei $\lambda = 0{,}6328$; 1,1523 und 3,3913 µm. Ohne zusätzliche frequenzselektive Maßnahmen schwingt der He-Ne-Laser auf seiner stärksten Linie bei 632,8 nm. Durch die unter dem Brewster-Winkel gegen die Strahlachse geneigten, am Ende des Entladungsrohrs aufgekitteten Fenster kann das Licht, welches in Richtung der Einfallsebene polarisiert ist, ohne Reflexionsverluste hindurchtreten. Dadurch wird die Polarisationsrichtung des Lasermodus bestimmt.

Der CO_2-Laser verfügt über 300 Spektrallinien im Bereich von 9 bis 11 µm und schwingt bevorzugt bei 10,6 µm. Es lassen sich Dauerstrichleistungen bis zu 1 kW erzeugen.

Die mit Gaslasern heute erzeugbaren Laserlinien reichen von 116 nm (H_2-Laser) bis 1,965 mm (CH_3Br-Laser).

Farbstoff- oder Flüssigkeitslaser [6, 7]. Hier werden in Wasser oder Alkohol aufgelöste Farbstoffe als aktives Medium verwendet. Als Pumpquellen werden Blitzlampen oder Laser verwendet. Bild 12 zeigt den typischen Aufbau eines Farbstofflasers. Farbstoffmoleküle sind in einem weiten Spektralbereich laseraktiv. Zur Abstimmung wird daher in den Strahlengang des optischen Resonators ein Prisma oder Beugungsgitter eingefügt. Für eine Übersicht über laseraktive Farbstoffmoleküle s. [8, S. 351–353]. Rhodamin 6 G ist innerhalb eines Bereichs von 6000 nm laseraktiv. Der Laser kann vom roten bis in den grünen Bereich abgestimmt werden.

3.3 Der Maser. The maser

Das Wort Maser ist ein Akronym für Microwave Amplification by Stimulated Emission of Radiation. Dabei werden stimulierte Quantenübergänge zwischen Energiezuständen E_i (mit Besetzungsdichten n_i) zur Verstärkung elektromagnetischer Strahlung im Mikrowellenbereich ausgenutzt [5, 9, 10].

Der Inversionsfall $n_2 > n_1$ (mit $E_2 > E_1$) entspricht einer negativen Temperaur und kann nur durch künstliche Aufrechterhaltung eines Nichtgleichgewichtszustandes erreicht werden. Die Güte des Mediums ist durch

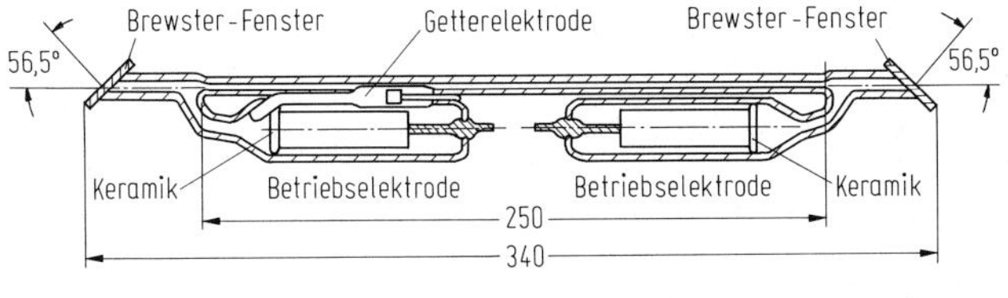

Bild 9. Schematischer Aufbau des He-Ne-Lasers (Nach Weber/Herziger)

$$Q_m = -\frac{2\pi\Delta f}{h B_{12}(n_2 - n_1)} \tag{26}$$

gegeben; im Fall der Inversion ist Q_m negativ. Ein Maser wird durch einen Mikrowellenresonator (Resonatormaser) oder durch eine Leitung (Leitungsmaser, Wanderwellenmaser) realisiert, die jeweils mit einem strahlungsverstärkenden Material (Gas, Festkörper) gefüllt sind.

Festkörpermaser. Im Festkörpermaser werden magnetische Dipolübergänge ausgenutzt, im Rubinmaser z. B. die Übergänge der C_r^{3+}-Ionen. Dabei wird die Zeeman-Aufspaltung der Energieniveaus im statischen Magnetfeld ausgenutzt.

Beim *Resonatormaser* wird der optisch aktive Kristall in einem Resonator angebracht und entdämpft diesen. Der Resonatormaser kann als Durchgangsmaser nach Bild 10a oder als Reflexionsmaser nach Bild 10b ausgebildet sein. Der Reflexionsmaser wird mit einem Zirkulator betrieben, wodurch Eingang und Ausgang entkoppelt werden und der Gewinn um 6 dB erhöht wird. Die belastete Güte Q_L des Resonators des Durchgangsmasers folgt aus der unbelasteten Güte Q_0 und den beiden externen Güten Q_{e1} und Q_{e2} nach $Q_L^{-1} = Q_0^{-1} + Q_{e1}^{-1} + Q_{e2}^{-1}$. Mit optisch aktivem Medium folgt daraus die Güte $Q_{Lm} = (Q_L^{-1} - |Q_m|^{-1})^{-1}$.

Der Gewinn g des Durchgangsmasers ist [9, S. 262]

$$g = \frac{1}{4}\frac{Q_{Lm}^2}{Q_{e1}Q_{e2}}\frac{1}{1 + Q_{Lm}^2 v^2} \tag{27}$$

mit der Verstimmung $v = \frac{f}{f_0} - \frac{f_0}{f}$ gegenüber der Mittenfrequenz f_0. Der Reflexionsmaser mit Zirkulator [9, S. 260] hat den Gewinn

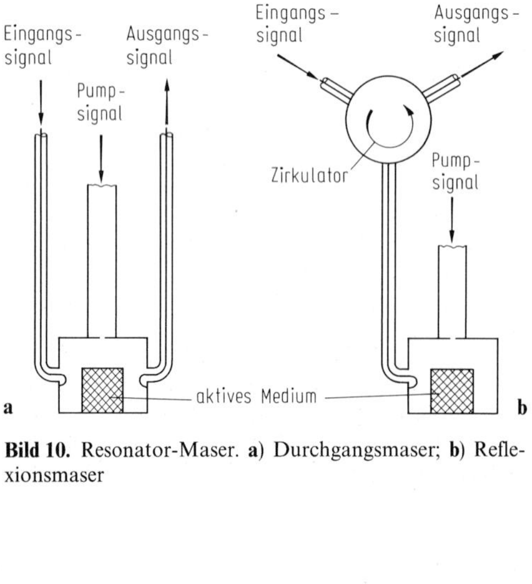

Bild 10. Resonator-Maser. **a**) Durchgangsmaser; **b**) Reflexionsmaser

$$g = (Q_L^{-1} + |Q_m|^{-1})^2 Q_{Lm}^2 \frac{1}{1 + Q_{Lm}^2 v^2}. \tag{28}$$

Das Produkt aus der Wurzel des Gewinns und der 3-dB-Bandbreite Δf_1 ist für den Durchgangsmaser

$$\sqrt{g}\,\Delta f_1 = \frac{f_0}{\sqrt{Q_{e1}Q_{e2}}} \tag{29}$$

und für den Reflexionsmaser mit Zirkulator

$$\sqrt{g}\,\Delta f_1 = 4\frac{f_0}{Q_L}. \tag{30}$$

Im *Wanderwellenmaser* [9–12] wird das aktive Medium in einem elektromagnetischen Wellenleiter angeordnet, so daß eine in dem Wellenleiter fortschreitende elektromanetische Welle entdämpft wird. Um eine möglichst lange Wechselwirkung zwischen elektromagnetischer Welle und aktivem Medium zu erzielen und dadurch eine hohe Verstärkung zu erreichen, wird der Wellenleiter als Verzögerungsleitung ausgebildet.

Der Gewinn des Wanderwellenmasers in dB ist

$$10\log g = 10\log\frac{P(l)}{P(0)} = 27{,}3\cdot\frac{l f_0}{|Q_m|\,v_g}$$

$$= 27{,}3\left(\frac{l}{\lambda_0}\right)\left(\frac{c_0}{v_g}\right)\frac{1}{|Q_m|} \tag{31}$$

(v_g = Gruppengeschwindigkeit der elektromagnetischen Welle, l = Länge des Wanderwellenverstärkers). Gegenüber dem Resonatormaser weist der Wanderwellenmaser den Vorteil einer höheren Bandbreite auf; sie ist durch [9, S. 315]

$$\Delta f_1 = \sqrt{\frac{3}{10\log g - 3}}\,\Delta f \tag{32}$$

gegeben, wobei Δf die Linienbreite des aktiven Mediums ist. Im Gegensatz zum Resonatormaser ist beim Wanderwellenmaser das Produkt $\sqrt{g}\,\Delta f_1$ nicht konstant, sondern wächst mit der Verstärkung. Die Verzögerungsleitung wird durch eine periodische Struktur oder durch eine Leitung mit einem geeigneten Dielektrikum realisiert.

Rauschverhalten. Die Rauschzahl F des Durchgangsmasers ist für $Q_{e1} = Q_{e2} \doteq 2|Q_m| \ll Q_0$ und $hf \ll kT$ näherungsweise

$$F \doteq 1 + \frac{T_2}{T_1} + 2\frac{|T_m|}{T_1} \tag{33}$$

mit der negativen Temperatur des aktiven Mediums

$$T_m = hf/k\ln(n_1/n_2). \tag{34}$$

Die Rauschzahl des Reflexionsverstärkers mit einem als verlustfrei angenommenen Zirkulator ist für $Q_{e1} \cong |Q_m| \ll Q_0$ und $hf \ll kT$ näherungsweise [9, S. 395]

$$F = 1 + |T_m|/T_1 . \tag{35}$$

Die Rauschzahl des Wanderwellenmasers ist für $hf \ll kT$ [9, S. 398]

$$F \doteq 1 + \left(1 - \frac{1}{g}\right) \cdot \left(\frac{|\alpha_m|}{|\alpha_m| - \alpha_0} \frac{|T_m|}{T_1} + \frac{\alpha_0}{|\alpha_m| - \alpha_0} \frac{T_0}{T_1}\right) \tag{36}$$

(α_0 Dämpfungskoeffizient des Wellenleiters, $\alpha_m = \omega / Q_m v_g$).

3.4 Nichtlineare Optik. Nonlinear optics

Bei sehr hohen elektrischen Feldstärken besteht ein nichtlinearer Zusammenhang zwischen elektrischem Feld $\underline{E}(\omega)$ und Polarisation $\underline{P}(\omega)$ [1–3, 6, 13]. Es gilt

$$P_i(\omega) = \varepsilon_0 \sum_{j=1}^{3} \chi_{ij}(\omega) E_j(\omega) + \sum_{j,k=1}^{3} \chi_{ijk}(\omega; \omega_1', \omega_2') E_j(\omega_1) E_k(\omega_2) + \sum_{j,k,l=1}^{3} \chi_{ijkl}(\omega; \omega_1'', \omega_2'', \omega_3'') \cdot E_j(\omega_1) E_k(\omega_2) E_l(\omega_3) + \ldots \tag{37}$$

mit

$$\omega = \omega_1' + \omega_2' = \omega_1'' + \omega_2'' + \omega_3'' , \tag{38}$$

wobei die χ_{ij} die linearen und die χ_{ijk} und χ_{ijkl} die nichtlinearen (quadratischen und kubischen) Suszeptibilitäten sind. Mit $E_j(-\omega) = E_j^*(\omega)$ gilt die Gleichung auch für negative Frequenzen.
Nichtlineare optische Phänomene lassen sich zur *Frequenzverdopplung, -umsetzung, parametrischen Verstärkung* und *Gleichrichtung* im optischen Bereich ausnutzen.
Bei der Mischung zweier Kreisfrequenzen ω_1 und ω_2 entstehen die Kombinationsfrequenzen

$$\omega_{mn} = m\omega_1 + n\omega_2 . \tag{39}$$

Die Mischung erfolgt verteilt im Kristall. Die Teilwellen überlagern sich konstruktiv, wenn die Wellenvektoren die Phasenanpassungsbedingung

$$\boldsymbol{k}_{mn} = m\boldsymbol{k}_1 + n\boldsymbol{k}_2 \tag{40}$$

erfüllen. Aufgrund des quadratischen Terms in Gl. (37) treten nur die Kombinationsfrequenzen mit $(m, n) = (\pm 1, \pm 1)$ (2,0) und (0,2) auf. Eine Phasenanpassung ist trotz Dispersion durch Ausnutzung der Doppelbrechungseigenschaften nichtlinearer Kristalle möglich.

Unter den kubischen Effekten spielen die Raman-Streuung, die Brillouin-Streuung und die Rayleigh-Streuung eine besondere Rolle. Die Streuungen sind auf Wechselwirkung des Lichts mit den schwingenden Molekülen des Mediums zurückzuführen. Die schwingenden Moleküle weisen äquidistante Energieniveaus auf. Fällt das Molekül in den ursprünglichen Zustand zurück, so wird wieder ein Photon mit der Frequenz f_s emittiert (Rayleigh-Streuung).
Bei der Raman-Streuung im Stokes (Anti-Stokes)-Fall fällt das Molekül auf ein höheres (niedrigeres) Energieniveau zurück, und die Frequenz des gestreuten Lichts ist um f_R oder ein ganzzahliges Vielfaches davon gegenüber f_s verringert (vergrößert).
Die kubischen Suszeptibilitätsterme für die Rayleigh- und Raman-Streuung sind durch

$$\left.\begin{array}{ll} \chi_{ijkl}(\omega_s; \omega_s, -\omega_s, \omega_s), & \text{Rayleigh} \\ \chi_{ijkl}(\omega_s - \omega_R; \omega_s, -\omega_s, \omega_s - \omega_R), & \text{Raman-Stokes} \\ \chi_{ijkl}(\omega_s + \omega_R; \omega_s, -\omega_s, \omega_s + \omega_R), & \text{Raman-Antistokes} \end{array}\right\} \tag{41}$$

gegeben. Bei sehr starken Lichtintensitäten tritt der induzierte Raman-Effekt auf [13, S. 470]. Hierbei wird das bei der Stokesschen Frequenz $f_s - f_R$ erzeugte Licht durch induzierte Prozesse verstärkt. Bei hinreichend starker Raman-Streuung werden im Medium soviele Moleküle angeregt, daß auch induzierte Anti-Stokes-Streuung erfolgen kann. Sowohl die induzierte Stokes-Streuung als auch die induzierte Anti-Stokes-Streuung können zur parametrischen Verstärkung ausgenutzt werden.
In optischen Fasern treten nichtlineare Effekte bereits im mW-Bereich auf [14].

3.5 Supraleitende Bauelemente
Superconducting Components

Supraleitende Materialien. Die Supraleitfähigkeit wurde im Jahre 1911 von H. Kamerlingh Onnes entdeckt. Nach einer Reihe von halbphänomenologischen Theorien verschiedener Autoren wurde 1956 von Bardeen, Cooper und Schriefer eine Theorie der Supraleitung auf der Basis der Vielteilchenquantenmechanik veröffentlicht [15, 16]. Die bis zum Jahre 1986 bekannten Supraleiter (Nb, $NbNO_2$, Nb_3Sn, Nb_3Ge) weisen sehr niedrige kritische Temperaturen T_c zwischen 4.2 K und 23 K auf. Ende 1986 wurde entdeckt, daß die Verbindung La-Ba-Cu-O eine Übergangstemperatur bei 30 K besitzt [17]. Im Anschluß daran wurden weitere hochtemperatursupraleitende Materialien (YBaCuO mit

$T_c = 90$ K, BiSrCaCuO mit $T_c = 110$ K, TlBaCaCuO mit $T_c = 123$ K) gefunden. Bei höheren Übergangstemperaturen können wesentlich einfacher handhabbare Kühlmittel oder Kühlelemente verwendet werden als bei Tieftemperatursupraleitern. Supraleiter werden nach Möglichkeit bei Temperaturen unterhalb 0,66 T_c betrieben, weil oberhalb dieses Wertes wesentliche Parameter wie zum Beispiel die kritische Stromdichte und die Energiebandlücke stark abfallen [18].

Mikrowelleneigenschaften. Die Flächenimpedanz $\underline{Z}_A$ eines Supraleiters ist durch

$$\underline{Z}_A = \sqrt{\frac{j\,2\pi f \mu_0}{\underline{\sigma}}} = R_A + j\,X_A \tag{42}$$

gegeben mit der komplexen Leitfähigkeit [19]

$$\underline{\sigma} = \sigma_1 - j\sigma_2 = \frac{1}{2\pi\mu_0\lambda_L^2}\left[\frac{1}{f_0} + \frac{1}{jf}\right], \tag{43}$$

wobei

$$f_0 = f_0(T) = \frac{1}{2\pi\mu_0\sigma_n(T)\,\lambda_L^2} \tag{44}$$

ist. Hierbei ist $\sigma_n(T)$ die reelle und frequenzunabhängige Leitfähigkeit im normalleitenden Zustand und $\lambda_L(T)$ die temperaturabhängige Eindringtiefe, die für $T/T_c \leqq 0{,}9$ näherungsweise durch

$$\lambda_L(T) \doteq \frac{\lambda_L(0)}{\sqrt{1 - \left(\frac{T}{T_c}\right)^4}} \tag{45}$$

gegeben ist. Damit folgt aus Gl. (42) für einen normalen Leiter

$$R_A = X_A = \sqrt{\frac{\pi f \mu_0}{\sigma_n}} \tag{46}$$

und für einen Supraleiter für $f \ll f_0$

$$R_A = \frac{\pi\mu_0\lambda_L f^2}{f_0} \tag{47}$$

und

$$X_A = 2\pi f \mu_0 \lambda_L\,. \tag{48}$$

Somit nehmen bei einem normalleitenden Metall die Ohmschen Verluste proportional zu $\sqrt{f}$ zu, wohingegen die Verluste bei einem Supraleiter mit f^2 anwachsen und in einem weiten Frequenzbereich sehr viel kleiner sind. In Bild 11 wird dieses Verhalten am Beispiel von experimentellen Ergebnissen mit epitaktischem $YBa_2Cu_3O_{7-x}$ bei 77 K aufgezeigt [20]. Bild 11 enthält auch Simulationsergebnisse für Kupfer, Niob und Nb_3Sn bei $T/T_c = 0{,}84$.

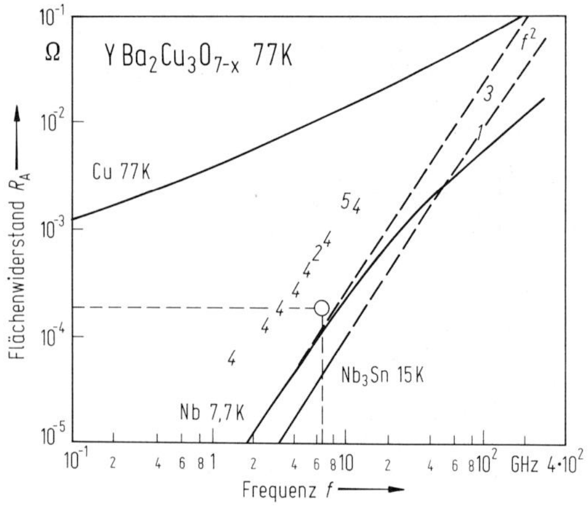

Bild 11. Frequenzabhängigkeit des Flächenwiderstandes epitaktischer Filme. 1 Wuppertal Univ.; 2 Cornell Univ.; 3 Los Angeles UCLA; 4 Princeton DSRC; 5 STI, Santa Barbard, CA; O Siemens/TU München [20]

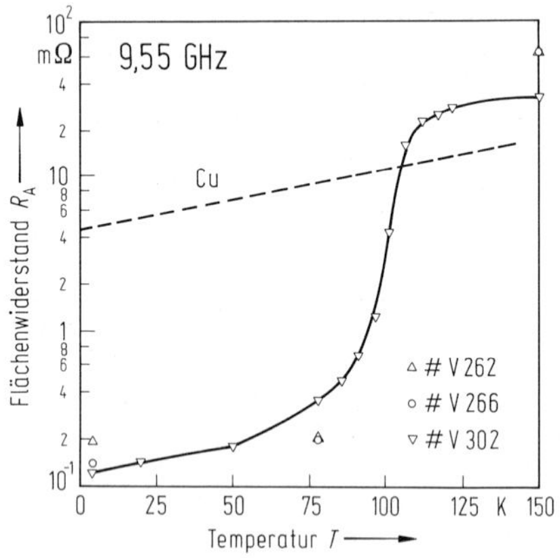

Bild 12. Temperaturabhängigkeit verschiedener Tl-Ca-Ba-Cu-O-Filme (nach [21])

In Bild 12 ist bei 9,55 GHz für Kupfer und für drei Tl-Ca-Ba-Cu-O-Filme der Flächenwiderstand in Abhängigkeit von der Temperatur aufgetragen [21].

Im Gegensatz zu normalleitenden Metallen hängt bei supraleitenden Metallen aufgrund des Meissner-Ochsenfeld-Effektes die Eindringtiefe des Feldes nicht von der Frequenz, sondern nur von den Materialeigenschaften ab. Bei einem sehr guten Dünnfilmsupraleiter ist die Eindringtiefe etwa 200 nm. Im Vergleich dazu hat etwa Gold bei 1 GHz eine Eindringtiefe von 2000 nm. Mit Supraleitern lassen sich planare Leitungen realisieren [22]. Unterhalb der durch die Energielücke gegebenen Grenzfrequenz f_g ist die Dämpfung supraleitender Streifenleitungen um Größenordnungen kleiner als die normalleitender

Streifenleitungen. Des weiteren sind supraleitende Streifenleitungen in einem weiten Frequenzbereich dispersionsfrei. Hier ist die Frequenzgrenze etwa durch $\frac{f_g}{2}$ gegeben und liegt typisch bei einigen 100 GHz [19].

Die Herstellung supraleitender Filme geschieht mit Verfahren der Dünnfilmtechnik [23, 24]. Die für Mikrowellenanwendungen am besten geeigneten Substratmaterialien sind Magnesiumoxid (MgO) und Lanthalaluminat ($LaAlO_3$), die geringe Verluste und Dielektrizitätskonstanten von 10 bzw. 24 aufweisen.

Die Güte eines planaren Resonators Q_0 wird von der Güte des Leiters Q_c, der durch Abstrahlungsverluste bestimmten Güte Q_r und der Güte des Dielektrikums Q_d bestimmt:

$$\frac{1}{Q_0} = \frac{1}{Q_c} + \frac{1}{Q_r} + \frac{1}{Q_d} \tag{49}$$

In Tab. 1 werden gemessene und berechnete Werte für die jeweiligen Güten für verschiedene Leiter und Substratmaterialien bei Frequenzen im Mikrowellenbereich angegeben [25]. Planare supraleitende Schaltungen können interessante Anwendungen in der analogen Verarbeitung von Mikrowellensignalen erschließen [26]. Dazu gehören Filter hoher Güte und Filter mit ähnlichen Eigenschaften wie SAW-Bauelemente.

Mit *SIS* (*Supraleiter-Isolator-Supraleiter*)-*Tunnelelementen* lassen sich *Detektoren* und *Mischer* für Frequenzen bis weit oberhalb 100 GHz realisieren, deren Empfindlichkeit bis an das Quantenlimit reicht [27–29]. SIS-Tunnelelemente bestehen aus zwei supraleitenden Schichten, welche durch eine isolierende Barriere mit der Dicke *d* in der Größenordnung von 1 nm getrennt sind; sie werden in Dünnfilmtechnik durch Aufdampfen oder Sputtern der Metallschichten hergestellt. Die Oxidschicht wird durch Oxidation oder Plasmaoxidation erzeugt. Beim SIS-Tunnelelement wird die normalleitende Phase des Tunnelstroms (= Quasiteilchen-Tunnelstrom) ausgenutzt. Wird eine Gleichspannung U_0 angelegt, so fließt der Gleichstrom (Bild 13) [27, S. 39]

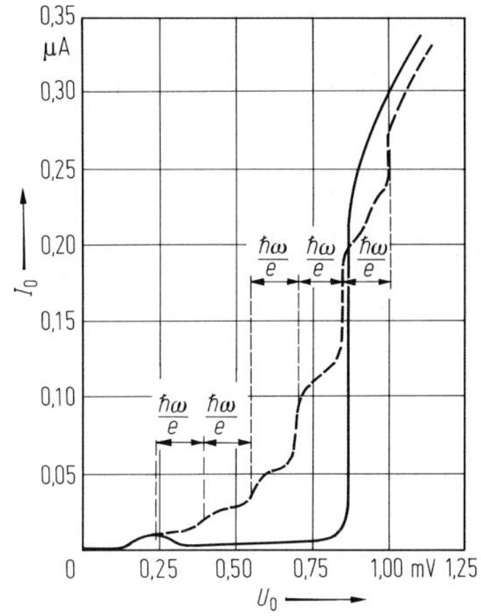

Bild 13. Strom-Spannungscharakteristik eines SIS-Tunnelelements —— ohne und --- mit Mikrowelleneinstrahlung (nach [27])

$$I = \frac{1}{e R_N} \int_{-\infty}^{+\infty} \mathrm{Re}\left\{\frac{|E - e U_0|}{\sqrt{(E - e U_0)^2 - E_{p,1}^2}}\right\} \cdot \mathrm{Re}\left\{\frac{|E|}{\sqrt{E^2 - E_{p,2}^2}}\right\} [f(E - e U_0) - f(E)]\, dE \tag{50}$$

mit

$$f(E) = \frac{1}{\exp\frac{E}{k T} + 1} \tag{51}$$

(e = Elementarladung, R_N = ohmscher Widerstand des normalleitenden SIS-Tunnelelements).

Tabelle 1. Zusammenfassung der experimentellen und theoretischen Ergebnisse. Elektrodenfilmdichte t, Substratdicke h, Resonanzfrequenz f_0

T K	Elektroden-material	t μm	Substrat	h mm	f_0 GHz	R_A mΩ	theoretisch Q_c	Q_d	Q_r	Q_0	experimentell Q_0
300	Au	3	Saphir/ Luft	0,5	9,2	28,6	57	11000	49000	57	40
300	Cu	18	RT-Duroid/ Luft	0,64	10,6	26,7	91	480	14000	76	55
77	Au	3	Saphir/N_2	0,5	9,1	13,0	124	11000	50000	122	77
77	Cu	18	RT-Duroid/ LN_2	0,64	9,8	10,7	209	480	18000	144	94
77	YBCO	0,35	MgO/LN_2	1	8,8	0,61	2100	7000	12000	1420	1300
4,2	YBCO	0,35	MgO/LHe	1	9,1	0,1	12800	( )	12000	( )	3300

Die Paarbindungsenergie des Supraleiters ist weit unterhalb T_c durch

$$2E_p \doteq 3{,}5\,kT_c \tag{52}$$

gegeben. Parallel zum Quasiteilchen-Tunnelstrom fließt der (durch ein schwaches Magnetfeld leicht unterdrückbare) Josephson-Tunnelstrom. Liegt am SIS-Element die Spannung $u(t) = U_0 + U_1 \cos \omega t$, so sind der Gleichanteil I_0 (Bild 13) und die Grundwellenamplitude I_1 des Tunnelstroms durch

$$I_0 = \sum_{n=-\infty}^{\pm\infty} J_n^2\left(\frac{eU_1}{\hbar\omega}\right) I\left(U_0 + \frac{n\hbar\omega}{e}\right), \tag{53}$$

$$I_1 = \sum_{n=-\infty}^{+\infty} J_n\left(\frac{eU_1}{\hbar\omega}\right) \cdot \left[J_n\left(\frac{eU_1}{\hbar\omega}\right) + J_{n-1}\left(\frac{eU_1}{\hbar\omega}\right)\right] \cdot I\left(U_0 + \frac{n\hbar\omega}{e}\right), \tag{54}$$

gegeben (J_n = gewöhnliche Bessel-Funktion n-ter Ordnung, $\hbar = h/2\pi$).

Die Stromempfindlichkeit eines SIS-Detektors ist das Verhältnis von Gleichstromänderung ΔI_0 zu der vom SIS-Element aufgenommenen Hochfrequenzleistung P_1 [29].

Im Grenzfall $\hbar\omega \ll eU_0$

$$\frac{\Delta I_0}{P_1} \doteq \frac{1}{2}\left(\frac{d^2 I_0}{dU_0^2}\right) \bigg/ \left(\frac{dI_0}{dU_0}\right).$$

Im Grenzfall $hf \gg kT$ kann der Tunnelstrom bei der Spannung $U_0 - \hbar\omega/e$ vernachlässigt werden, und es wird

$$\frac{\Delta I_0}{P_1} \doteq \frac{e}{\hbar\omega}. \tag{55}$$

Das Schrotrauschen des SIS-Tunnelelements ist im Frequenzintervall $[f, f + \Delta f]$ durch

$$\overline{\delta i_r^2} = 2eI_0 \coth\left(\frac{hf}{2kT}\right)\Delta f \tag{56}$$

gegeben [30].

Josephson-Elemente sind Anordnungen aus schwach gekoppelten Supraleitern, die außer durch die beschriebenen Tunnelelemente (Bild 14a) auch durch Brückenelemente (Bild 14b) und Spitzenkontakte (Bild 14c) realisiert werden [27, 28, 31, 32]. Brückenelemente bestehen aus einer einzigen Metallschicht von etwa 100 nm Dicke mit einer Einschnürung auf 0,1 bis 5 µm Breite. Teilweise wird im Einschnürungsbereich eine Reduktion der Filmdicke auf bis zu 10 nm vorgenommen. Die Abmessungen der Einschnürung müssen klein gegen die sog. Kohärenzlänge des Supraleiters sein, welche weit unterhalb der kritischen Temperatur im Bereich von einigen 100 nm liegt und in der Nähe der kritischen Temperatur stark ansteigt. Der Spitzenkontakt besteht aus einer supraleitenden Metallspitze, welche eine supraleitende Metallfläche berührt. Als Materialien werden bevorzugt Niob und Tantal verwendet. Der Josephson-Strom wird von der supraleitenden Elektronenphase transportiert und ist

$$i(t) = I_{max} \sin\varphi(t) \tag{57}$$

wobei die Quantenphasendifferenz $\varphi(t)$ entsprechend

$$\frac{d\varphi}{dt} = \frac{2eu(t)}{\hbar} \tag{58}$$

von der angelegten Spannung abhängt. Der maximale Josephson-Strom ist [33]

$$I_{max} = \frac{\pi E_p}{2eR_N} \tanh\frac{E_p}{2kT}. \tag{59}$$

Bei angelegter Gleichspannung U_0 fließt durch das Josephson-Element ein Wechselstrom mit der Amplitude I_{max} und der Frequenz

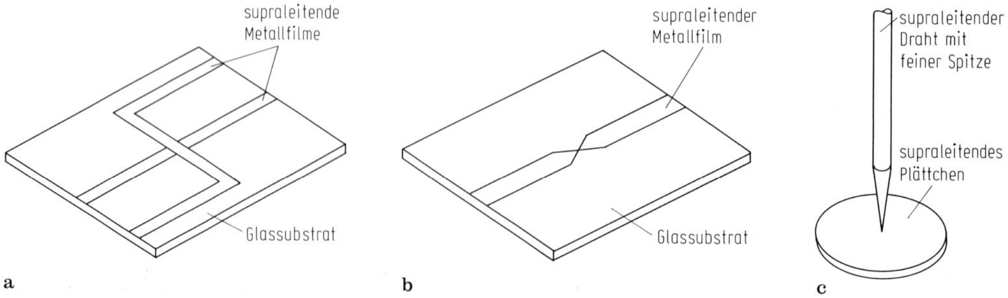

Bild 14. Ausführungsform von Josephson-Elementen. **a**) Tunnelelement; **b**) Brückenelement; **c**) Spitzenkontakt

$$f_0 = \frac{2eU_0}{h} = 483{,}6\ U_0 \quad \text{in GHz/mV}. \tag{60}$$

Parallel zum Josephson-Strom fließt der Quasiteilchenstrom; er ist für SIS-Tunnelelemente durch Gl. (50) gegeben und kann für Spannungen $u \ll 2E_p/e$ vernachlässigt werden. Der Quasiteilchenstrom durch Brücken- und Spitzenelemente ist ohmsch und wird durch den Widerstand R_N (des normalleitenden Josephson-Elements) parallel zu einem durch die Gln. (57) und (58) beschriebenen idealen Josephson-Element berücksichtigt.

Ist das ideale Josephson-Element in ein Netzwerk eingebettet, welches am Josephson-Element das Auftreten von Spannungen bei den Frequenzen f_1 und f_2 sowie bei beliebigen Kombinationsfrequenzen $mf_1 + nf_2$ mit ganzzahligen m und n zuläßt und enthält die Spannung eine Gleichstromkomponente U_0, welcher nach der Spannungs-Frequenz-Beziehung Gl. (60) die Frequenz $f_0 = m_0 f_1 + n_0 f_2$ mit ganzzahligen m_0 und n_0 entspricht, so gelten für das Josephson-Element die Leistungsbeziehungen [34]

$$\sum_{m=1}^{\infty} \sum_{n=-\infty}^{+\infty} \frac{m P_{mn}}{mf_1 + nf_2} = -\frac{P_0}{f_0} m_0, \tag{61}$$

$$\sum_{m=-\infty}^{+\infty} \sum_{n=1}^{\infty} \frac{n P_{mn}}{mf_1 + nf_2} = -\frac{P_0}{f_0} n_0, \tag{62}$$

(P_{mn} = bei der Frequenz $mf_1 + nf_2$ in das Josephson-Element hineinfließende Wirkleistung, P_0 = hineinfließende Gleichstromleistung). Aufgrund dieser Gleichungen können Josephson-Elemente in *Mischoszillatoren* und gleichstromgepumpten *parametrischen Verstärkern* eingesetzt werden [35].

Für extrem rauscharme Anwendungen ist die Möglichkeit der Erzeugung kohärenter Zweiphotonenzustände, sog. „squeezed states", von Interesse [36, 37]. Wenn an einem idealen Josephson-Element die Spannung $u(t) = U_0 + U_1 \cos\omega t$ anliegt, so folgt aus den Gln. (57) und (58) der Josephson-Strom

$$i(t) = I_{max} \sum_{n=-\infty}^{+\infty} \cdot J_n\left(\frac{2eU_1}{\hbar\omega}\right) \sin[(\omega_0 + n\omega)t + \varphi_0]. \tag{63}$$

Ist die der Gleichspannung U_0 entsprechende Kreisfrequenz ω_0 ein ganzzahliges Vielfaches der Kreisfrequenz ω, so enthält der Josephson-Strom $i(t)$ eine Gleichstromkomponente. Prak-

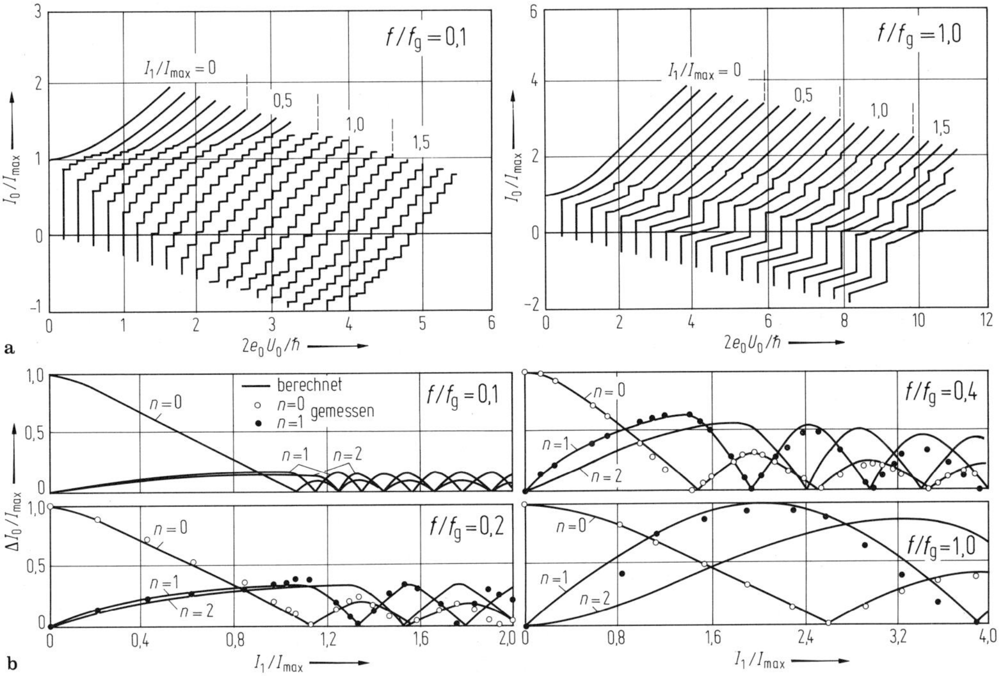

Bild 15. a) Berechnete Gleichstromcharakteristik eines Josephson-Elements mit ohmschem Parallelwiderstand. Nach [23]; **b)** Berechnete (nach [23]) und gemessene (nach [24]) Abhängigkeit der Stufenhöhe von der Hochfrequenzamplitude. (Messungen bei 1 GHz an implantiertem Molybdän-Brückenelement)

tisch ist für Josephson-Elemente eher Stromeinprägung realisierbar. Die Gleichstromcharakteristik des Josephson-Elements (Bild 15a) hat Stromstufen bei den Spannungen $U_0 = nhf/2e$ [38, 39]. Die Grenzfrequenz des Josephson-Elements mit Parallelwiderstand R_N ist

$$f_g = \frac{2eI_{max}R_N}{h}. \qquad (64)$$

Bild 15b zeigt die Abhängigkeit der Stufenhöhe von der Stromamplitude I_1. Das Josephson-Element kann im Bereich der nullten Stromstufe als quadratischer breitbandiger *Detektor*, im Bereich der ersten Stromstufe als linearer frequenzselektiver Detektor verwendet werden.
Mit dem Gleichanteil I_0 des Josephson-Stroms ist im Frequenzintervall $[f, f + \Delta f]$ ein Schrotrauschen

$$\delta \overline{i_r^2} = 2eI_0 \cdot \left[\coth\frac{h(f_0+f)}{2kT} + \coth\frac{h(f_0-f)}{2kT}\right]\Delta f \qquad (65)$$

verknüpft (f_0 entspricht nach Gl. (60) der angelegten Gleichspannung) [40].
Supraleitende Tunnelelemente können als schnelle Schalter betrieben werden, wobei vom supraleitenden in den normalleitenden Zustand geschaltet wird. Die Schaltzeit ist durch die Quantengrenze gegeben, d.h. mit einem Supraleiter mit z.B. $T_c = 100$ K können 0,01 ps erreicht werden. Mit Josephson-Elementen lassen sich extrem schnelle logische Gatter [41] und Speicher [42] ebenso realisieren wie A/D-Wandler [43].

Hybride Supraleiter-Halbleiter Bauelemente. Technisch wichtige Halbleiter weisen bei Temperaturen nahe bei oder unterhalb von 77 K Maxima der Ladungsträgerbeweglichkeit und der thermischen Leitfähigkeit auf. Unterhalb von 10 K geht allerdings ihre Leitfähigkeit aufgrund des *Freeze-out*-Effektes gegen Null [44]. Somit eignet sich gerade der Temperaturbereich von Hochtemperatursupraleitern besonders für Halbleiterschaltkreise. Der hybride Aufbau von passiven verlustarmen und dispersionsfreien Hochtemperatursupraleiter- und Halbleiter-Schaltkreisen verbindet die jeweiligen Vorzüge beider Technologien und kann zu völlig neuen Bauelemente- und Schaltkreiskonzepten führen.

Spezielle Literatur: [1] *Bergmann, L.; Schäfer, C.*: Lehrbuch der Experimentalphysik, Bd. III; Optik, 7. Aufl., Berlin: de Gruyter 1978. – [2] *Loudon, R.*: The quantum theory of light. Oxford: Clarendon Press 1973. – [3] *Grau, G.*: Quantenelektronik. Braunschweig: Vieweg 1978. – [4] *Grau, G.*: Temperatur- und Laserstrahlung als Informationsträger. AEÜ 18 (1964) 1–4. – [5] *Siegman, A.E.*: An introduction to lasers and masers. New York: McGraw-Hill 1971. – [6] *Brunner, W.; Junge, K.*: Lasertechnik. Leipzig: Hüthig 1982. – [7] *Arecchi, F.T.; Schulz-Dubois, E.O.*: Laser handbook I. Amsterdam: North-Holland 1972. – [8] *Pressley, R.J.*: Handbook of lasers with selected data on optical technology. Cleveland: Chemical Rubber 1971. – [9] *Siegman, A.E.*: Microwave solid-state masers. New York: McGraw-Hill 1964. – [10] *Troup, G.*: Molekularverstärker. München: Oldenbourg 1967. – [11] *Kollberg, E.L.; Lewin, P.T.*: Traveling wave masers for radio astronomy in the frequency range 20 to 40 GHz. IEEE Trans. MTT-24 (1976) 718–725. – [12] *Yngvesson, K.S.; Cheung, A.C.; Chui, M.F.; Cardiasmenos, A.G.; Wang, S.Y.; Townes, C.H.*: *K*-band traveling-wave laser using ruby. IEEE Trans. MTT-24 (1976) 711–717. – [13] *Paul, H.*: Nichtlineare Optik, Bd. I u. II. Berlin: Akademie Verlag 1973. – [14] *Stolen, R.H.*: Nonlinear properties of optical fibres. In: *Miller, S.E.; Chynoweth, A.G.* (Eds.): Optical fiber telecommunications. New York: Academic Press 1977. – [15] *Tinkham, M.*: Introduction to superconductivity. New York: McGraw-Hill 1975. – [16] *Bardeen, J.; Cooper, L.N.; Schriefer, J.R.*: Theory of superconductivity. Phys. Rev. 108 (1957) 1175–1204. – [17] *Bednorz, J.G.; Müller, K.A.*: Possible high T_c superconductivity in the Ba-La-Cu-O system. Z. Phys. 64 (1986) 189–193. – [18] *Nisenhoff, M.*: Superconducting electronics: current status and future prospects. Cryogenics 28 (1988) 47–56. – [19] *Kautz, R.L.*: Picosecond pulses on superconducting striplines. J. Appl. Phys. 49 (1978) 308–314. – [20] *Dill, R.; Russer, P.; Sölkner, G.; Valenzuela, A.A.; Wolfgang, E.*: Testchip for high temperature superconductor passive devices. Proc. MTT Workshop on Superconducting Microwave Applications. Dallas, Mai 1990. – [21] *Hammond, R.B.; Negrete, G.V.; Schmidt, M.S.; Moskowitz, M.J.; Eddy, M.M.; Strother, D.D.; Skoglund, D.L.*: Superconducting Tl-Ba-Ca-Cu-O thin film microstrip resonator and its power handling performance at 77 K. IEEE MTT-S Digest (1990) 867–870. – [22] *Keßler, J.; Dill, R.; Russer, P.; Valenzuela, A.A.*: Property calculations of a superconducting coplanar waveguide resonator. Proc. 20th European Microwave Conference, Budapest (1990) 798–803. – [23] *Schultz, L.; Roas, B.; Schmitt, P.; Endres, G.*: Preparation and characterization of pulsed laser deposited HTSC films. Proc. SPIE, vol. 1187, Processing of films for high T_c superconducting electronics (1989) 204–215. – [24] *Beasley, M.R.*: High-temperature superconductive thin films. Proc. IEEE 77 (1989) 1155–1163. – [25] *Valenzuela, A.A.; Russer, P.*: High Q coplanar transmission line resonator for $YBa_2Cu_3O_{7-x}$ on MgO. Appl. Phys. Lett. 55 (1989) 1029–1031. – [26] *Withers, R.S.; Ralston, R.W.*: Superconductive analog signal processing. Proc. IEEE vol. 77, no. 8 (1989) 1247–1263. – [27] *Solymar, L.*: Superconducting tunneling and applications. London: Chapman & Hall 1972. – [28] *Duke, C.B.*: Tunneling in solids. New York: Academic Press 1969. – [29] *Tucker, J.R.*: Quantum limited detection in tunnel junction mixers. IEEE J. QE-15 (1979) 1234–1258. – [30] *van der Ziel, A.*: Noise in SIS microwave mixers. IEEE J. QE-19 (1983) 799. – [31] *Barone, A.; Paterno, G.*: Physics and applications of the Josephson effect. New York: Wiley 1982. – [32] *Russer, P.*: Die Anwendung von Josephson-Elementen in Mikrowellenempfängern. NTZ 31 (1978) 604–612. – [33] *Ambegaokar, V.; Baratoff, A.*: Tunneling between superconductors. Phys. Res. Lett. 10 (1963) 486–489, errat. Phys. Lev. Lett. 11 (1963) 104. – [34] *Russer, P.*: General energy relations for Josephson junctions. Proc. IEEE 59 (1971) 282–283. – [35] *Richards, P.L.; Hu, Q.*: Superconducting components for infrared and millimeter-wave receivers. Proc. IEEE 77 (1989) 1233–1246. – [36] *Yurke, B.; Kaminsky, P.G.; Miller, R.E.; Whit-*

tacker, E.A.; Smith, A.D.; Silver, A.H.; Simon, R.W.: Observation of 4.2-K equilibrium-noise squeezing via a Josephson-parametric amplifier. Phys. Rev. Lett. 60 (1988) 764–767. – [37] Russer, P.; Kärtner, F.X.: Squeezed-state generation by a dc pumped degenerate Josephson parametric amplifier. AEÜ 44 (1990) 216–224. – [38] Russer, P.: Influence of microwave radiation on current-voltage characteristic of superconducting weak links. J. Appl. Phys. 43 (1972) 2008–2010. – [39] Harris, E.P.; Laibowitz, R.B.: Properties of superconducting weak links prepared by ion implantation and by electron beam lithography. IEEE Trans. MAG-13 (1977) 724–730. – [40] Rogovin, D.; Scalapino, D.J.: Fluctuation phenomena in tunnel junctions. Ann. Phys. 86 (1974) 1–90. – [41] Hasuo, S.; Imamura, T.: Digital logic circuits. Proc. IEEE 77 (1989) 1177–1193. – [42] Wada, Y.: Josephson memory technology. Proc. IEEE 77 (1989) 1194–1207. – [43] Lee, G.S.; Petersen, D.A.: Superconductive A/D converters. Proc. IEEE 77 (1989) 1264–1273. – [44] Kroger, H.; Hilbert, C.; Gibson, D.A.; Ghoshal, U.; Smith, L.N.: Superconductor-semiconductor hybrid devices, circuits, and systems. Proc. IEEE 77 (1989) 1287–1301.

4 **Elektronenröhren.** Electron tubes

Allgemeine Literatur: *Chodorow, M.*: Microwave tubes. AD-A 088 745 (Stanford University) 1980. – *Espe, W.*: Werkstoffkunde der Hochvakuumtechnik. Bd. 1–3. Berlin: Deutscher Verlag d. Wissenschaften 1959–1961. – *Kleen, W.*: Einführung in die Mikrowellen-Elektronik, Teil I: Grundlagen. Stuttgart: Hirzel 1952. – *Kleen, W.; Pöschl, K.*: Einführung in die Mikrowellen-Elektronik, Teil II: Lauffeldröhren. Stuttgart: Hirzel 1958. – *Kohl, W.E.*: Handbook of materials and techniques for vacuum devices. New York: Reinhold 1967. – *Kowalenko, W.F.*: Mikrowellenröhren. Berlin: Verlag Technik 1957. – *Okress, E. et al.*: Crossed field microwave devices, Vol. I and II. New York: Academic Press 1961. – *Pierce, J.R.*: Traveling wave tubes. New York: Van Nostrand 1950. – *Rothe, H.; Kleen, W.*: Hochvakuum-Elektronenröhren, Bd. I: Physikalische Grundlagen Frankfurt: Akad. Verlagsges. 1955. – *Spangenberg, K.*: Vacuum tubes. New York: McGraw-Hill 1948.

4.1 **Elektronenemission**
Electron emission

In Metallen und Halbleitern existiert eine große Zahl von quasifreien Elektronen, die sich mit verschiedenen Geschwindigkeiten bewegen und durch Feldkräfte gehindert werden, aus der Oberfläche auszutreten. Um ein Elektron zum Austritt aus der Oberfläche eines Festkörpers zu veranlassen, muß Arbeit aufgewendet werden (Austrittsarbeit). Diese kann dem Elektron zugeführt werden durch Wärme (thermische Emission), durch ein elektrisches Feld (Feldemission), durch elektromagnetische Strahlung (Photoemission) oder durch Primärelektronen (Sekundäremission).

Spezielle Literatur Seite M 91

Thermische Emission. Die bei thermischer Emission (Glühemission) aus einem Festkörper austretende Elektronenstromdichte (Sättigungsstromdichte) ist durch die Richardsonsche Gleichung gegeben

$$j_s = A T^2 \exp(-e\Phi/kT) \tag{1}$$

(A = Mengenkonstante, T = absolute Temperatur der Oberfläche in K, $e\Phi$ = Austrittsarbeit in eV, k = Boltzmann-Konstante). Eine möglichst hohe Emission bei niedrigen Temperaturen erfordert Materialien mit einer möglichst niedrigen Austrittsarbeit. Umgekehrt verleiht man der Oberfläche von Gittern und Anoden zur Vermeidung einer unerwünschten thermischen Emission durch eine geeignete Materialbedeckung eine möglichst hohe Austrittsarbeit (sog. passivierte Oberflächen), z.B. mit Gold $e\Phi = 4 \dots 5{,}1$ eV oder mit Zirkon $e\Phi = 4{,}1$ eV.

Feldemission. Eine hohe Feldstärke E senkrecht zur Oberfläche, wie sie vor allem an darauf befindlichen Spitzen auftritt, setzt die Austrittsarbeit um den Betrag $e\Phi_E$ herab (Schottky-Effekt). Dementsprechend ist die Richardsonsche Gleichung (1) für den Emissionsstrom durch den Schottky-Term $\exp(e\Phi_E/kT)$ mit $e\Phi_E = -3{,}79 \cdot 10^4 \sqrt{E/\mathrm{V/cm}}$ zu ergänzen, der wegen des exponentiellen Charakters von Gl. (1) eine beträchtliche Erhöhung der Elektronenemission bewirken kann.
Die durch Feldemission bewirkte Emissionsstromdichte bei 0 K ist gegeben durch die Gleichung von Fowler und Nordheim

$$j = 1{,}54 \cdot 10^{-6} \frac{E^2}{e\Phi} \exp[-6{,}83 \cdot 10^7 (e\Phi)^{3/2}/E] \tag{2}$$

Die Feldemission hat wegen der begrenzten Standfestigkeit der Spitzen nur eine beschränkte Anwendung in Feldemissionskathoden gefunden [1]. Bei Temperaturen $T > 0$ überlagert sich der Feldemission die thermische Emission.

Sekundäremission. Wenn Elektronen mit einer Energie von mindestens 10 eV ($\gg e\Phi$) auf einen Festkörper auftreffen, so lösen sie aus diesem Sekundärelektronen aus. Die pro auftreffendem Primärelektron ausgelöste Zahl der Sekundärelektronen bezeichnet man als Sekundärelektronenausbeute δ; sie hängt außer von der Energie der Primärelektronen vom Material und vom Auftreffwinkel ab. Bei streifendem Aufprall ist δ am größten, weil nur die Oberflächenschichten zur Sekundärelektronenemission herangezogen werden. Sehr hohe δ-Werte haben Metalloxide (z.B. BeO und MgO, $\delta \approx 10$), Metallchloride (z.B. KCl, $\delta \approx 6 \dots 8$), Legierungen (z.B. CuMg, $\delta \approx 13$) sowie spezielle Halbleiterschichten (z.B. Si:CsO, GaP:Cs, $\delta > 50$). Eine beson-

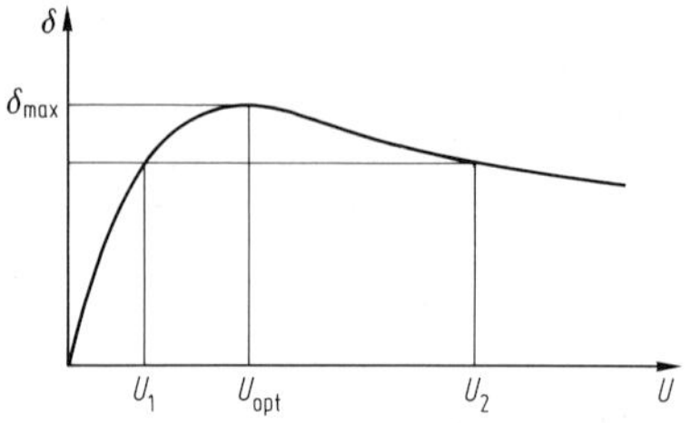

Bild 1. Sekundärelektronenausbeute δ in Abhängigkeit von der Beschleunigungsspannung U der Primärelektronen

ders niedrige Ausbeute, $\delta < 0{,}5$, haben poröse Oberflächen (Kohlenstoff als Ruß und als pyrolythischer Graphit). Geringe Ausbeuten sind z. B. für Gitter von Senderöhren und Kollektoren von Wanderfeldröhren von Bedeutung.
Die prinzipielle Abhängigkeit des Sekundäremissionsfaktors von der Beschleunigungsspannung zeigt Bild 1. Bei Spannungen unterhalb U_1 reicht die Energie der meisten Primärelektronen nicht zur Auslösung von Sekundärelektronen aus. Bei Spannungen oberhalb U_2 werden die Sekundärelektronen in so tiefen Schichten erzeugt, daß die meisten auf ihrem Weg zur Oberfläche wieder eingefangen werden. Dies hat zur Folge, daß sich ein Isolator, der mit Elektronen beschossen wird, nur bis zur Spannung U_2 aufladen kann (für Glas ist $U_2 \approx 3800$ V) [2, 3].

4.2 Glühkathoden. Thermionic cathodes

In der Röhrentechnik werden als Emissionsquellen überwiegend Glühkathoden verwendet, die man in folgende Gruppen einteilen kann:

Reine Metallkathoden. Am bekanntesten ist die Wolframkathode mit Kathodentemperaturen bis zu 2500 K, die z. B. bei Röntgenröhren verwendet wird.

Metallfilmkathoden. Durch einen adsorbierten Film an der Oberfläche des Grundmetalls wird die Austrittsarbeit erniedrigt, wie z. B. bei der thorierten Wolframkathode, die in Senderöhren hoher Leistung angewendet wird. Durch geeignete thermische Behandlung von W-Drähten mit ThO_2-Zusätzen (ca. 1,5 %) bildet sich auf der Drahtoberfläche eine Th-Schicht. Zur Verbesserung der Kathodenlebensdauer wird die Oberflächenschicht durch Brennen in einer Kohlewasserstoffatmosphäre (Karburieren) in Wolframkarbid umgewandelt.

Schichtkathoden. Hier ist die Emissionssubstanz in einer auf das Grundmetall (meist Ni) aufgetragenen Schicht enthalten. Der am meisten verwendete Vertreter ist die Oxidkathode mit einer Mischung von Erdalkalioxiden und einer Dicke von 25 bis 100 µm. Da die Erdalkalioxide an Luft instabil sind, muß die Emissionsschicht vor dem Evakuieren der Röhre in Form von Erdalkalikarbonaten aufgetragen werden, die beim Erhitzen auf 500 bis 600 K in Oxide umgesetzt werden. Das Grundmetall enthält Zusätze von Mg und Zr zur Reduktion der Oxide im Verlauf der Lebensdauer.
Die Oxidkathode zeichnet sich gegenüber anderen Glühkathoden durch eine niedrige Betriebstemperatur von 900 bis 1000 K, durch einen hohen thermischen Wirkungsgrad, eine gute Lebensdauer sowie niedrige Herstellkosten aus. Für verschiedene Anwendungen reichen jedoch die Emissionsstromdichten von bis zu 300 mA/cm^2, die relativ geringe Hochspannungsfestigkeit (Spratzen) sowie die geringe Widerstandsfähigkeit gegen Ionenbeschuß nicht aus.

Vorratskathoden vermeiden die eben erwähnten Nachteile. Sie enthalten eine größere Menge Emissionsmaterial in einem besonderen Behälter oder in einem porösen Metallkörper (Matrix) [4, 5]:

Metallkapillarkathode (*L-Kathode*). Das Emissionsmaterial (Erdalkalikarbonat, das an der Pumpe in Oxid umgewandelt wird), ist in einem Vorratsraum untergebracht. Dieser ist durch einen gesinterten porösen Wolframkörper gegen den Entladungsraum hin abgeschlossen (Bild 2a). Bei Erwärmung wird das im Vorratsraum vorhandene BaO durch Wolfram zu freiem Barium reduziert, welches durch die Poren wandert und an der Oberfläche eine sehr dünne Ba-Schicht bildet; diese setzt die Austrittsarbeit des Wolframs stark herab.

Imprägnierte Kathode. Das Emissionsmaterial wird durch Tränken in den porösen Wolframkörper (Bild 2b) eingebracht (imprägniert) und

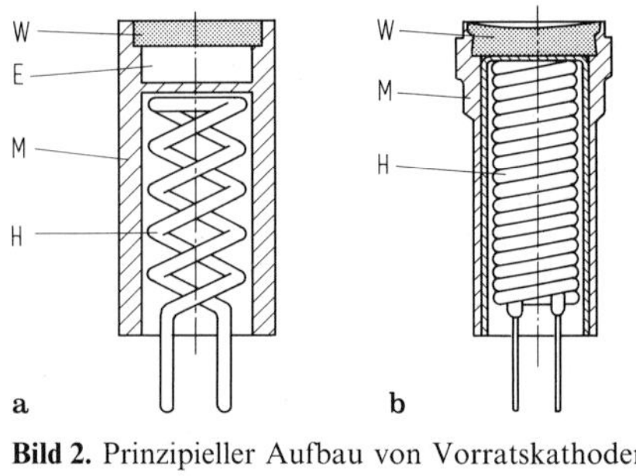

Bild 2. Prinzipieller Aufbau von Vorratskathoden. **a**) Metallkapillarkathode: W Wolframmatrix, M Molybdänhalter, E Raum für Emissionsmaterial, H Heizer; **b**) imprägnierte Kathode: W Wolframmatrix M Molybdänhalter, H eingebetteter Heizer

besteht überwiegend aus Barium-Calcium-Aluminat-Verbindungen, (z. B. 5 BaO, 3 CaO, $2\,Al_2O_3$ oder 4 BaO, 1 CaO, 1 Al_2O_3), aber auch aus Barium-Scandat-Verbindungen, mit denen eine gute Emission bei niedriger Verdampfungsrate und hoher Lebensdauer erreicht wird, oder Barium-Strontium-Wolframat $(Ba, Sr)_3\ WO_6$ mit besonders niedriger Austrittsarbeit.
Die imprägnierte Kathode ermöglicht einen einfacheren Aufbau des Kathodensystems und ist leichter herzustellen als die L-Kathode. In den letzten Jahren wurden folgende Weiterentwicklungen durchgeführt:

Gepreßte Kathode. Sie unterscheidet sich von den imprägnierten Kathoden dadurch, daß bei der Herstellung das Metallpulver (Wolfram oder Wolfram-Iridium) mit dem Emissionsmaterial gemischt wird. Das Gemisch wird anschließend in Wasserstoff erhitzt, gepreßt und gesintert.

M-Kathode. 1964 wurde entdeckt, daß durch Bedeckung der imprägnierten Kathode mit einer dünnen Schicht von Osmium, Ruthenium oder Iridium die Austrittsarbeit wesentlich herabgesetzt und dadurch die Betriebstemperatur bei gleichbleibender Emission um ca. 100 K verringert werden kann. Eine Fortentwicklung dieser M-Kathode ist die Mischmetall-Matrix-Kathode (MM-Kathode), bei der Ir, Os, Ru in den porösen Metallkörper eingebaut wird. Auf diese Weise wird nicht nur die Widerstandsfähigkeit gegen Ionenbeschuß erhöht, sondern auch die mechanische Stabilität der Kathode. Besonders erfolgversprechend ist die W-Ir-Kathode (giftig!). Eine noch geringere Austrittsarbeit und damit einen höheren Sättigungsstrom erreicht man mit einer Mischmetall-Matrix-Kathode, die mit einem Metallfilm bedeckt ist (CMM-Kathode). Die bei den verschiedenen Arten von imprägnierten Kathode erreichten Austrittsarbeiten zeigt Tab. 1.

Tabelle 1. Effektive Austrittsarbeiten verschiedener Kathodensysteme

Kathodensystem	Austritts-arbeit eV	Kathoden-temperatur K
Barium-Aluminat-Kathode (5 BaO; 3 CaO: $2\,Al_2O_3$)	2,13	1450
Barium-Aluminat-Kathode (4 BaO: CaO: Al_2O_3)	2,08	1450
Barium-Scandat-Kathode	2,06	1450
M-Kathode (Ir-Bedeckung) (4 BaO, CaO, Al_2O_3)	2,01	1450
Barium-Wolframat-Kathode $(Ba_5Sr(WO_6)_2)$	1,94	1450
M-Kathode (Os-Bedeckung)	1,94	1330
MM-Mischmetall-Matrix-Kathode (W + Os)	1,94...1,91	1330
Mischmetall-Matrix-Kathode mit Metallfilm (CMM)	1,86	1330

4.3 Grundgesetze der Elektronenbewegung in elektrischen und magnetischen Feldern [6]

Fundamental laws of electron motion in electric and magnetic fields

Die Bewegung eines Elektrons in elektrischen und magnetischen Feldern wird bestimmt durch die Bewegungsgleichung

$$m_0\,\mathrm{d}^2\boldsymbol{r}/\mathrm{d}t^2 = -\underbrace{e\boldsymbol{E}}_{\text{elektrische Feldkraft}} - \underbrace{e(\boldsymbol{v}\times\boldsymbol{B})}_{\text{Lorentz-Kraft}} \qquad (3)$$

Elektronenbahnen in homogenen elektrostatischen Feldern. Es soll der Eintritt mit einer Anfangsgeschwindigkeit $v = (2\,e\,U/m_0)^{1/2}$ und mit dem Winkel α gegen die Richtung der Kraftlinien erfolgen. Die Elektronen beschreiben dann Parabelbahnen, die für $\alpha = 0$ zu einer Geraden werden. Bild 3 zeigt die Parabelbahn eines Elektrons, das an der Stelle $x = 0,\ y = 0$ mit der Geschwindigkeit $v_x = v\cos\alpha,\ v_y = v\sin\alpha$ in ein konstantes Gegenfeld mit der Feldstärke $E_x = -\,\partial U/\partial x < 0,\ E_y = 0$ eintritt. Mit diesen Annahmen hat die Bewegungsgleichung (3)

$$\frac{\mathrm{d}^2 x}{\mathrm{d}t^2} = -\frac{e}{m_0}E < 0; \qquad \frac{\mathrm{d}^2 y}{\mathrm{d}t^2} = 0$$

die Lösungen

$$x = -\frac{e}{m_0}E\frac{t^2}{2} + v\,t\cos\alpha;$$

$$y = v\,t\sin\alpha = \sqrt{\frac{2\,e\,U_1}{m_0}}\,t\sin\alpha,$$

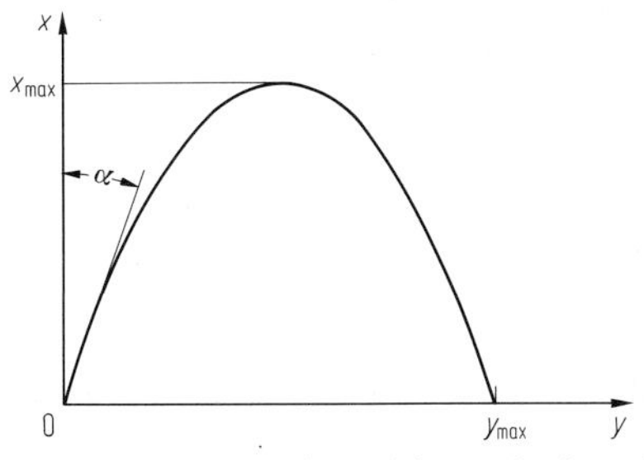

Bild 3. Parabelbahn eines Elektrons in einem homogenen Verzögerungsfeld

und daraus

$$x = \frac{-E}{4U_1 \sin^2 \alpha} y^2 + \cot \alpha\, y. \tag{4}$$

Das Elektron dringt bis zum Punkt

$$x_{max} = \frac{U_1}{E} \cos^2 \alpha \tag{5}$$

in das Gegenfeld ein und kehrt an der Stelle

$$y_{max} = \frac{2U_1}{E} \sin 2\alpha \tag{6}$$

wieder zur Ebene $x = 0$ zurück. Das Potential U_0 im Umkehrpunkt ist

$$U_0 = U_1 + E\,x_{max} = U_1 \sin^2\alpha. \tag{7}$$

Gl. (7) ist das Gesetz der totalen Reflexion. Danach können Elektronen eine in einem homogenen Gegenfeld liegende Elektrode mit einem Potential $U_2 < U_1$ nur dann erreichen, wenn $U_2 \geqq U_1 \sin^2 \alpha$ ist, anderenfalls werden die Elektronen reflektiert.

Elektronenbewegung im homogenen Magnetfeld. Hier ist es zweckmäßig, die Anfangsgeschwindigkeit der Elektronen in zwei Komponenten zu zerlegen, von denen eine ($v \cos \alpha$) in Richtung des Magnetfeldes, die andere ($v \sin \alpha$) senkrecht dazu gerichtet ist (α = Winkel zwischen $\boldsymbol{v}$ und $\boldsymbol{B}$). In Richtung des Magnetfeldes bewegt sich dann das Elektron mit der konstanten Geschwindigkeit $v \cos \alpha$ fort. Als Folge der Geschwindigkeitskomponente $v \sin \alpha$ entsteht eine Lorentz-Kraft senkrecht zu $v \sin \alpha$ und $\boldsymbol{B}$ und von konstantem Betrag. Sie bewirkt eine Drehbewegung des Elektrons um eine Achse in $\boldsymbol{B}$-Richtung. Der Krümmungsradius R und die Winkelgeschwindigkeit ω dieser Drehbewegung ergeben sich aus den Gleichgewichtsbedingungen

$$\left.\begin{aligned} &\text{Lorentz-Kraft } -e B v \sin \alpha \\ &= \text{Zentrifugalkraft } m_0 \omega^2 R \\ &\text{und} \\ &\text{Geschwindigkeit der Drehbewegung} \\ &\omega R = v \sin \alpha \end{aligned}\right\} \tag{8}$$

d. h.

$$\omega = -\omega_c = -\frac{e}{m_0} B \tag{9}$$

Die Zyklotronfrequenz ω_c hängt allein von B ab. Infolge der Translationsbewegung $v \cos \alpha$, die der Rotationsbewegung mit der Frequenz ω_c überlagert ist, bewegt sich das Elektron auf einer wendelförmigen Bahn; ihre Steigung ist $s = v \cos \alpha\, 2\pi/\omega_c$, d. h.

$$s = -2\pi \frac{m_0}{eB} v \cos \alpha = -\frac{4\pi U^{1/2}}{\left(\dfrac{2e}{m_0}\right)^{1/2} B} \cos \alpha. \tag{10}$$

Für kleine Winkel α ist $\mathrm{d}s/\mathrm{d}\alpha \approx 0$. Hierauf beruht das Prinzip der Fokussierung von Elektronenstrahlen durch magnetische Längsfelder.

Elektronenbewegung in gekreuzten elektrischen und magnetischen Feldern. Ein Elektron mit beliebiger Anfangsgeschwindigkeit soll in ein paralleles Elektrodensystem eingeschossen werden, wobei in y-Richtung ein konstantes elektrisches Feld $E_y = -\partial U/\partial y > 0$ herrscht. Ein homogenes magnetisches Feld mit der Induktion B ist senkrecht zur x, y-Ebene gerichtet und übt auf ein in $+y$-Richtung sich bewegendes Elektron eine Lorentz-Kraft aus, die es in x-Richtung ablenkt. Mit $B_z = B$ und ω_c nach Gl. (9) liefert die Bewegungsgleichung (3) die Lösung

$$\left.\begin{aligned} x &= \frac{E_y}{B} t + R \sin(\omega_c t - \varphi_0) + C_1 \\ y &= R \cos(\omega_c t - \varphi_0) + C_2 \end{aligned}\right. \tag{11}$$

Die Konstanten ergeben sich aus den Anfangsbedingungen; man erhält für $t = 0$, $x = 0$, $y = 0$

$$\frac{\mathrm{d}x}{\mathrm{d}t} = \frac{\mathrm{d}x_0}{\mathrm{d}t}, \quad \frac{\mathrm{d}y}{\mathrm{d}t} = \frac{\mathrm{d}y_0}{\mathrm{d}t}:$$

$$C_1 = R \sin \varphi_0; \qquad C_2 = R \cos \varphi_0$$

$$\tan \varphi_0 = \frac{\dfrac{\mathrm{d}y_0}{\mathrm{d}t}}{\dfrac{\mathrm{d}x_0}{\mathrm{d}t} - \dfrac{E_y}{B}};$$

$$R = \frac{1}{\omega_c} \sqrt{\left(\frac{\mathrm{d}x_0}{\mathrm{d}t} - \frac{E_y}{B}\right)^2 + \left(\frac{\mathrm{d}y_0}{\mathrm{d}t}\right)^2}. \tag{12}$$

Hiernach setzt sich die Bahn eines Elektons aus einer geradlinigen Translationsbewegung (Leitbahnbewegung) in x-Richtung mit konstanter Geschwindigkeit $v = \mathrm{d}x/\mathrm{d}t = E_y/B$ und einer überlagerten Drehbewegung (Rollkreisbewegung) mit der Winkelgeschwindigkeit ω_c und dem Radius R zusammen.
Je nach der Größe von R erhält man für die Bahnen verschiedene Formen (verschlungene Zykloide bei $R > v_L/\omega_c$, Zykloide bei $R = v_L/\omega_c$, verkürzte Zykloide bei $R < v_L/\omega_c$).

4.4 Röhrentechnologie

Electron tube technology

Die Herstellung der Röhren setzt Verfahren zur Herstellung der Vakuumgefäße voraus. Hierzu ist neben Metallen mit geringem Dampfdruck für die Elektroden und hochwertigen Isoliermaterialien wie Glas und Keramik vor allem die Technik vakuumdichter Verbindungen zwischen Glas/

Glas, Glas/Metall, Metall/Keramik und Metall/Metall wichtig.

Glas [7–10] wird wegen der guten Isoliereigenschaften und der leichten Verarbeitung häufig für Vakuumgefäße verwendet. Technisches Glas, Kieselsäure SiO_2 und andere Glasbildner, bildet eine durch Unterkühlung amorph erstarrte Schmelze, die keinen Schmelzpunkt, sondern nur einen Erweichungsbereich besitzt. Der spezifische Widerstand bei Raumtemperatur ist sehr hoch (10^{13} bis 10^{23} Ω cm); mit steigender Temperatur nimmt er exponentiell ab. Man kennzeichnet das Isolationsvermögen einer Glassorte durch die Angabe des sog. TK-100-Punktes: Das ist die Temperatur, bei welcher der spezifische Widerstand auf 100 MΩ cm abgesunken ist. Für die Bearbeitung des Glases ist der Verlauf der Viskosität mit der Temperatur wichtig.
Glas/Glas-Verbindungen werden meist durch Verschmelzen mit einer Gebläseflamme bei > 800 K oder Löten mit geeigneten Glasloten bei ca. 700 K hergestellt.
Bei den Glas/Metall-Verbindungen (sog. Anglasungen) ist eine weitgehende Übereinstimmung der thermischen Ausdehnungskoeffizienten des Glases und Metalls wichtig, damit keine mechanischen Spannungen auftreten, die zu Glassprüngen führen. Wird das Glas fest, (Punkt P in Bild 4), so ist ein Ausgleich der Ausdehnungsunterschiede nicht mehr möglich, und es entstehen bei weiterer Abkühlung Spannungen ($\Delta = PP'$ in Bild 4). An der Trennlinie zwischen den Werkstoffen Glas und Metall wird bei Abkühlung das Material mit kleinerer Ausdehnung vom Material mit größerer Ausdehnung zusammengedrückt. Dieses selbst wird auseinandergezogen. Im Fall der Umschließung treten senkrecht zur Grenzfläche in einem Material Druck-, im anderen Zugspannungen auf. Diese Restspannungen müssen nach Fertigstellung der Glas/Metall-Verbindungen beseitigt werden, indem man das Werkstück in einem Ofen über den Transformationspunkt (Knickpunkt der Ausdehnungskurve des Glases, dynamische Viskosität 10^{12} Pa s) erhitzt und die Temperatur langsam bis unter die untere Kühltemperatur (dynamische Viskosität $10^{13.6}$ Pa s) senkt. Um eine einwandfreie Verbindung zu erhalten, muß das Metall frei von gasbildenden Beimengungen und frei von Rissen sein. Vor dem Anglasen wird das Metall oxidiert. Die Dicke und Beschaffenheit der Oxidschicht sind wichtig für eine gute Haftfestigkeit zwischen Glas und Metall. Als Metalle werden Wolfram, Molybdän, Nickel, Kupfer sowie Fe-Ni-Co-, Fe-Ni und Fe-Cr-Ni-Legierungen verwendet.

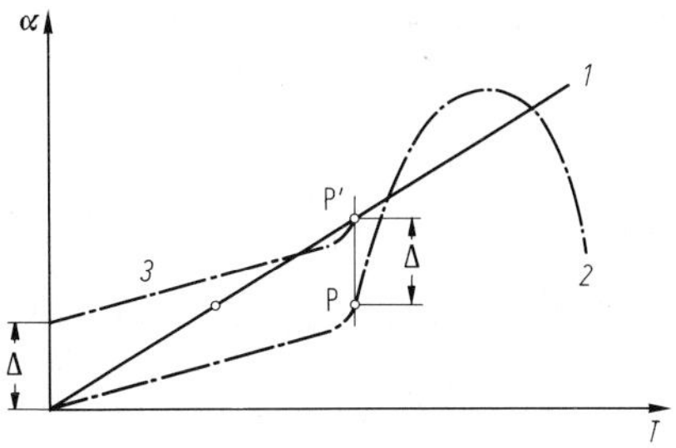

Bild 4. Entstehen von Spannungen bei der Herstellung einer Glas/Metall-Verbindung. *1* Ausdehnungskurve des Metalls, *2* Ausdehnungskurve des Glases, *3* parallel verschobene Ausdehnungskurve des Glases

Keramik [11, 12] wird wegen ihrer hohen mechanischen und thermischen Festigkeit in zunehmendem Maße im Röhrenbau verwendet. Gegenüber dem Glas bietet sie den Vorteil kleinerer Abmessungen, engerer Toleranzen und einer höheren Betriebstemperatur. In modernen Röhren wird wegen der hohen mechanischen Festigkeit und der Undurchlässigkeit für Gase vorwiegend 98 bis 99 % reines Al_2O_3 verwendet; ihm werden häufig Glasphasenzusätze beigegeben, die einen wesentlichen Einfluß auf die Metallisierung der Keramikoberfläche haben.
Ähnlich wie Aluminiumoxid weist auch Berylliumoxid eine hohe Stabilität auf. Es wird wegen der außerordentlich hohen Wärmeleitfähigkeit dort eingesetzt, wo es auf eine möglichst gute Wärmeabfuhr ankommt. Tabelle 2 zeigt die wichtigsten thermischen und elektrischen Eigenschaften von Al_2O_3- und BeO-Keramiken.
Eine zuverlässige vakuumdichte Verbindung Metall/Keramik, besonders für Teile des Vakuumgefäßes, muß die Wärmezyklen aushalten, die bei der Herstellung und beim Betrieb der Röhre auftreten. Es müssen deshalb die mechanischen Spannungen in der Verbindung und in der Keramik selbst so gering wie möglich gehalten werden, d.h. Metall und Keramik sollen möglichst

Tabelle 2. Eigenschaften von Keramikmaterialien

		Linearer Ausdehnungskoeffizient	Wärmeleitfähigkeit W/mK	Rel. Dielektrizitätskonstante ε	Verlustfaktor δ	Druckfestigkeit 10^6 N/m^2	Biegefestigkeit 10^6 N/m^2
Al_2O_3	99,8 %	$8 \cdot 10^{-6}$	35 (293 K)	1,0	0,0001	~ 3000 (300 K)	~ 300 (300 K)
BeO	99,8 %	$9 \cdot 10^{-6}$	250 (293 K)	7,4		~ 2000 (300 K)	~ 200 (300 K)

gleiche Ausdehungskoeffizienten über den ganzen Temperaturbereich (häufig 200 bis 1000 K) haben.
Für die Herstellung von Metall/Keramik-Verbindungen haben sich das Sinterverfahren und das Aktivlotverfahren bewährt. Beim Sinterverfahren wird eine Metallpulvermischung (z. B. 80 % Mo und 20 % Mn) mit Hilfe eines Bindemittels auf die mit dem Metall zu verbindende Keramik aufgebracht und in einem Wasserstoffofen 10 bis 30 min bei einer Temperatur zwischen 1580 und 1900 K je nach Art der Keramik und Größe des Stücks gesintert. Eine besonders hohe mechanische Festigkeit der Verbindung erhält man durch einen Zweischicht-Metallisierungsprozeß. Um eine gute Benetzung der Metallisierungsschicht beim Löten zu erreichen, wird diese mit einer Ni-Schicht bedeckt [12].
Bei dem Aktivlotverfahren werden die Verbindungsflächen mit Titanhydrid bestrichen und dann unter Zugabe einer Silber- oder Silber-Kupfer-Legierung im Vakuum oder in Wasserstoff bei 1200 bis 1300 K verlötet.

Vakuumtechnologie [13]. Für Röhren ist die Aufrechterhaltung eines hohen Vakuums ($p < 10^{-7}$ Pa) erforderlich, um eine Vergiftung der Kathode durch Gase zu vermeiden. Hierzu ist es notwendig, die in den Röhrenteilen an der Oberfläche adsorbierten und die im Innern absorbierten Gase zu entfernen. Zum Entgasen werden im wesentlichen drei Verfahren angewendet:
- Das Glühen in Öfen unter Vakuum oder Schutzgasatmosphäre (1000 bis 1200 K).
- Das HF-Glühen von Metallteilen meist in der fertig aufgebauten Röhre während des Pumpens der Röhren (bis zu 1200 K).
- Der Elektronenbeschuß, üblicherweise beim Pumpen der Röhre (bei bis zu 1500 K). Seine Wirkung wird durch eine vorhergehende sorgfältige Reinigung der Röhrenteile unterstützt.

Typische Gase, die aus Metallen freigesetzt werden, sind H_2, N_2, O_2, CO, CO_2 und H_2O. Glas wird durch Erhitzung beim Pumpen auf eine Temperatur von 650 bis 800 K entgast, wobei vorwiegend H_2O freigesetzt wird. Keramikwerkstoffe können bis ca. 900 K entgast werden. Die während des Betriebs noch austretenden Gase müssen durch Getter gebunden werden. Die Gasbindung erfolgt entweder durch Adsorption, Absorption oder Chemiesorption. Die Getter kann man nach ihrer Wirkungsweise in Verdampfungsgetter und in nicht verdampfende Getter unterteilen. Verdampfungsgetter sind Metalle (meist Ba), die durch Erhitzen in der Röhre verdampft werden und sich dann als Getterspiegel auf der Kolbenwand niederschlagen. Da Ba leicht oxidiert oder Wasser aufnimmt, werden zum Schutz hiergegen dem Ba etwas Mg oder Al beigegeben.

Nicht verdampfende Getter (Aktivgetter) sind Metalle mit relativ hohem Schmelzpunkt und niedrigem Dampfdruck (z. B. Titan, Thorium, Zirkon und Legierungen dieser Metalle mit Zusätzen von Cer und Lanthan). Wegen der größeren Beständigkeit verwendet man meist Metallhydride, die sich beim Glühen in reine Metalle umsetzen. Aktivgetter müssen im Vakuum geglüht werden, damit Verunreinigungen ins Vakuum abgeführt werden. Nicht verdampfende Getter haben den Vorteil, daß sie wesentlich höhere Betriebstemperaturen vertragen als Verdampfungsgetter. Die Gasaufzehrung ist stark von der Temperatur abhängig.

4.5 Gittergesteuerte Röhren für hohe Leistungen

Grid-controlled tubes for high powers

Sie haben als Senderöhren in Nachrichtensendern hoher Leistung immer noch ein breites Anwendungsgebiet. Ihr Aufbau wird durch die Leistung und durch den Frequenzbereich bestimmt. Während bei geringeren Leistungen die Verlustwärme der Anode durch Strahlung abgeführt werden kann, ist für größere Leistungen die Verwendung von Außenanoden mit Kontakt-, Luft-, Wasser- oder Verdampfungskühlung erforderlich. Richtwerte für die maximale Belastbarkeit der inneren Anodenfläche sind: Bei Kontaktkühlung 10 W/cm^2, bei Luftkühlung 50 W/cm^2, bei Wasserkühlung 150 W/cm^2, bei Verdampfungskühlung über 500 W/cm^2, Kombination der Siedekühlung mit einer Zirkulation von destilliertem Wasser in einem geschlossenen Kreislauf 2 kW/cm^2. Statt der Anodenverlustleistung ist die Verlustleistung des Gitters maßgebend für die maximal erreichbare Röhrenleistung [14].
Die für Senderendstufen geforderten hohen Leistungen lassen sich praktisch nur mit Anodenspannungen von über 10 kV erzeugen. Für diese Spannungen wird statt der Oxidkathode die thorierte Wolframkathode eingesetzt (s. unter 4.2). Sie besteht aus mehreren zylinderförmig angeordneten thorierten Wolframdrähten, die am oberen Ende korbförmig miteinander verbunden sind, oder sie hat die Form einer Reuse (Maschenkathode).
Von Senderöhren wird ein möglichst hoher Wirkungsgrad gefordert, der nur durch Aussteuerung der Röhre in das Gitterstromgebiet und starken C-Betrieb (s. G 3 und P 2.2) erreicht werden kann, wobei die zulässige Gitterverlustleistung Grenzen setzt. Um diese möglichst groß zu machen, werden häufig Wickelgitter aus Mo- oder W-Drähten verwendet, die mit Zirkon oder noch besser mit Zirkonkarbid versehen werden, das anschließend mit einer dünnen Platinschicht bedeckt wird. Damit läßt sich eine geringe ther-

mische und Sekundäremission auch bei hohen Gittertemperaturen von 1500 K erreichen. Eine weitere wesentliche Erhöhung der zulässigen Gitterverlustleistung wird durch Einführung von Gittern aus pyrolythischem Graphit erreicht. Dieser hat eine sehr hohe Wärmeleitfähigkeit ($\approx$ gleich Cu) senkrecht zur Ablagerungsrichtung. Da der Ausdehnungskoeffizient bis $T \approx 2300$ K nahezu Null ist, lassen sich sehr enge Toleranzen erreichen. Diese Gitter weisen eine hohe mechanische Festigkeit, eine hohe Widerstandsfähigkeit gegen thermische Schocks bei geringer Sekundäremission auf. Die thermische Emission ist bedeutend niedriger als bei Metall-Drahtgittern [14].
Um einen Betrieb der Senderöhren auch bei höheren Frequenzen zu ermöglichen, wird ein Aufbau mit induktionsarmen Elektrodenzuleitungen gewählt. Das Gitterkathodensystem wird üblicherweise auf einen konzentrischen Fuß in Metall/Keramik-Technik aufgebaut. Die auf diese Weise aufgebauten Röhren ermöglichen Leistungen über 1 MW bei relativ kleinen Abmessungen.
Gittergesteuerte Senderöhren werden zur Leistungserzeugung von einigen kW bis zu einigen MW in Mittelwellen-, Kurzwellen- und UKW-Sendern und in Industriegeneratoren eingesetzt (z. B. 1 MW bei 50 MHz) sowie für schnelle Gleichstromschalter mit Sperrspannungen bis 120 kV in Kernfusionsanlagen [15].

4.6 Laufzeitröhren für hohe Frequenzen
Transit-time tubes for high frequencies

Systematik. Bei raumladungsgesteuerten Röhren nimmt der Wirkungsgrad bei Frequenzen über 10^8 Hz infolge der Laufzeiteffekte, der Kreisverluste und der Impedanzen der Elektroden ab. Für diesen Frequenzbereich werden deshalb sog. Laufzeitröhren eingesetzt, bei denen die endliche Laufzeit der Elektronen bewußt zur Verstärkung bzw. Erzeugung elektromagnetischer Schwingungen bzw. Wellen ausgenutzt wird. Dabei wird entweder die kinetische oder potentielle Energie der Elektronen eines Elektronenstrahls in HF-Energie umgesetzt; dies erfolgt durch Wechselwirkung zwischen den elektromagnetischen Feldern von HF-Kreisen und den in einem Elektronenstrahl ausbreitungsfähigen Raumladungswellen.
Die üblichen Laufzeitröhren (Klystrons, Wanderfeldröhren, Kreuzfeldröhren) beruhen auf einer Wechselwirkung zwischen einem Elektronenstrahl und einer sog. *langsamen* elektromagnetischen Welle. Hierzu muß die Phasengeschwindigkeit der elektromagnetischen Welle annähernd so groß wie die Geschwindigkeit des Elektronenstrahls sein.
Zur Erreichung einer genügend starken Wechselwirkung müssen die Elektronenbahnen in der Nähe der Leitungswände liegen. Der zulässige Abstand hängt dabei von der Wellenlänge der elektromagnetischen Welle ab. Der Bau von Röhren mit langsamer Welle stößt daher bei sehr hohen Frequenzen und großen Leistungen auf Grenzen. Diese können durch neu entwickelte Röhren mit *schnellen* Wellen überwunden werden: Bei diesen Röhren wird die Wechselwirkung eines Elektronenstrahls mit einer elektromagnetischen Welle ausgenutzt, deren Phasengeschwindigkeit gleich oder größer als die Lichtgeschwindigkeit ist. Die Grundidee dieser Röhren besteht darin, eine transversale periodische Bewegung des Elektronenstrahls zu erzeugen, entweder durch Anwendung eines magnetischen Wechselfeldes oder durch Injektion des Elektronenstrahls in ein axiales magnetisches Gleichfeld, das eine Rotation der Elektronen mit der Zyklotronfrequenz bewirkt.

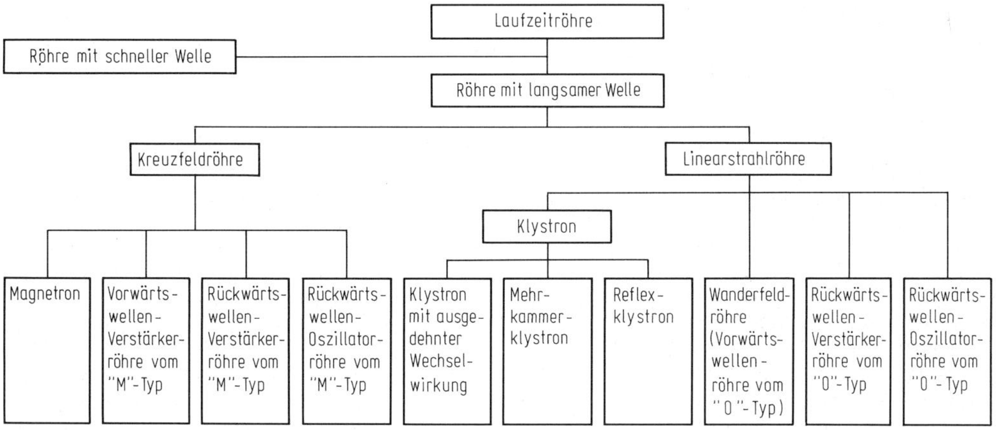

Bild 5. Einteilung der Laufzeitröhren

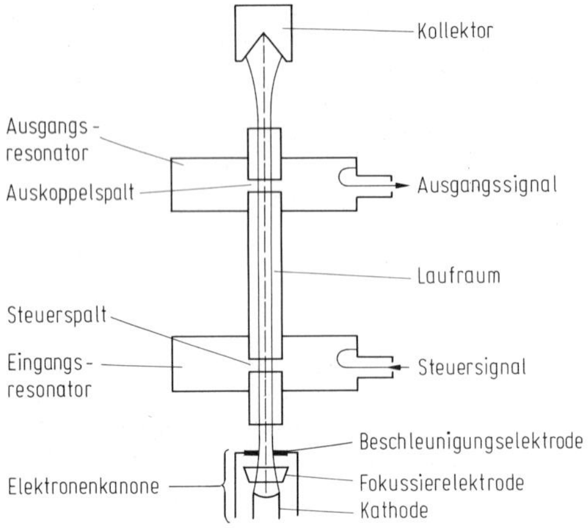

Bild 6. Prinzipieller Aufbau des Zweikammerklystrons

Die Laufzeitröhren lassen sich demnach in zwei Hauptgruppen einteilen (Bild 5 [16, 17]). Die Röhren mit *langsamer* Welle werden unterteilt in Linearstrahlröhren (O-Typ-Röhren) und in Kreuzfeldröhren (M-Typ-Röhren).

Prinzipielle Wirkungsweise von Laufzeitröhren [17]. Die verschiedenen Laufzeitröhren besitzen trotz erheblicher Unterschiede in ihren Arbeitsweisen folgende grundsätzliche Gemeinsamkeiten:

- Ein Elektronenstrahl hoher Dichte wird durch Gleichspannungen auf eine verhältnismäßig hohe Geschwindigkeit gebracht. Er muß i. allg. durch magnetische oder elektrische Felder fokussiert werden, damit eine Wechselwirkung mit den elektromagnetischen Feldern erfolgen kann.
- Durch Einwirkung der zeitlich veränderlichen elektromagnetischen Felder auf die Elektronen wird die Geschwindigkeit der Elektronen in Betrag und/oder Richtung geändert.
- Diese sog. Geschwindigkeitsmodulation verursacht Änderungen der zeitlich aufeinanderfolgenden Elektronenbahnen in Abhängigkeit von der Eintrittsphase der Elektronen in das modulierende Feld. Dadurch verwandelt sich der ursprünglich homogene Elektronenstrahl mit konstanter Dichte in einen Elektronenstrahl mit zeitabhängiger Dichte (Dichtemodulation). Dieser Umwandlungsvorgang (Phasenfokussierung) verläuft bei den einzelnen Röhrenarten sehr unterschiedlich: Bei Klystrons und Wanderfeldröhren holen die energiereicheren Elektronen die energieärmeren ein bzw. überholen sie; bei Kreuzfeldröhren und Röhren mit schneller Welle ist das Vorhandensein transversaler magnetischer Felder für die Umwandlung maßgebend.
- Der dichtemodulierte Strom, der durch die elektromagnetischen Felder von Hohlraumresonatoren oder Leitern fließt, gibt bei geeigneter Phasenlage Leistung an das HF-Feld ab.
- Die noch vorhandene kinetische Energie der Elektronen wird schließlich an einer Kollektorelektrode in Wärme umgesetzt. Klystrons und Wanderfeldröhren besitzen eine von der Verzögerungsleitung (VL) getrennte Kollektorelektrode, während sie bei Magnetrons Teil der VL ist. Eine getrennte Kollektorelektrode kann mit einem gegenüber der VL herabgesetzten Potential betrieben werden. Die Elektronen treffen dann auf den Kollektor mit niedrigerer kinetischer Energie, wodurch eine Einsparung an der zugeführten Gleichstromleistung erreicht wird.

4.7 Klystrons. Klystrons

Wirkungsweise. Die grundsätzliche Arbeitsweise von Klystrons kann am einfachsten am Beispiel des Zweikammerklystrons erklärt werden, dessen prinzipieller Aufbau in Bild 6 dargestellt ist. Die Elektronenkanone erzeugt einen homogenen Elektronenstrom mit konstanter Geschwindigkeit, der den Eingangsspalt, den Laufraum und den Ausgangsspalt durchläuft und schließlich zum Kollektor gelangt, der die abgearbeiteten Elektronen aufnimmt [18].

Durch das elektrische Wechselfeld am Eingangsspalt wird die Geschwindigkeit der in den Spalt eintretenden Elektronen beeinflußt. Die dabei gewonnene bzw. verlorene kinetische Energie wird der elektromagnetischen Schwingung entnommen bzw. zugeführt.

Da bei einem homogenen Elektronenstrom und bei sinusförmiger Wechselspannung gleichviel Elektronen in der Bremsphase wie in der Beschleunigungsphase in den Eingangsspalt eintreten, ist die in der Bremsphase von der elektromagnetischen Schwingung aufgenommene Energie gleich der in der Beschleunigungsphase abgegebenen; die Geschwindigkeitsmodulation des Elektronenstromes erfolgt also (abgesehen von Kopplungsverlusten und Verlusten des Eingangskreises) leistungslos, m. a. W.: Wenn der Elektronenstrom Nettoenergie an die elektromagnetische Schwingung abgeben soll, muß die in der Bremsphase von der elektromagnetischen Schwingung gewonnene Energie stets größer sein als die in der Beschleunigungsphase abgegebene. Dies erreicht man dadurch, daß man den geschwindigkeitsmodulierten Strahl so umwandelt, daß die Elektronenstromdichte in der Bremsphase größer ist als in der Beschleunigungsphase (Phasenfokussierung). Der dichtemodulierte Elektronenstrom erzeugt dann im Ausgangsspalt einen Influenzwechselstrom, der über dem Spalt eine Wechselspannung aufbaut.

Die Phasenfokussierung in stehenden Feldern. Die Elektronen treten mit einer gleichmäßigen Anfangsgeschwindigkeit

$$v_0 = \sqrt{\frac{2eU_0}{m_0}}$$

in den kurz gedachten Steuerspalt ein, an dem eine sinusförmige Wechselspannung $u(t) = \hat{u} \sin \omega t$ liegt. Nach Verlassen des Spaltes haben die Elektronen eine Geschwindigkeit $v = v(t_{ein}) = \sqrt{(U_0 + \hat{u} \sin \omega t_{ein})\, 2e/m_0}$, mit der sie in den feldfreien Laufraum eintreten. In diesem Laufraum holen die schnelleren Elektronen die vor ihnen fliegenden langsameren Elektronen nach einem bestimmten Laufweg ein (Bild 7; die Schnittpunkte der Weg-Zeit-Kurven $x = v(t_{ein})\, t$ häufen sich in der Nähe der eingezeichneten Punkte, es bilden sich also sog. Elektronenpakete).

Der Elektronenfahrplan berücksichtigt die gegenseitige Abstoßung der Elektronen nicht. Die Abstoßungskräfte nehmen mit wachsender Elektronendichte zu und wirken der Phasenfokussierung entgegen. Dies bedeutet aufgrund des Energiesatzes, daß sich mit wachsender Phasenfokussierung die kinetische Energie der Elektronen, d.h. ihre Wechselgeschwindigkeit $\tilde{v}$ verringert. Es wird schließlich ein Punkt erreicht, in dem $\tilde{v} = 0$ ist, dort erreicht die Dichtemodulation ihr Maximum. Jenseits dieses Punkts zerfließen die Elektronenpakete durch die Wirkung der Abstoßungskräfte wieder, und die Elektronen erhalten erneut eine Geschwindigkeitsmodulation, die sich bis zum ursprünglichen Wert steigert. Es findet also längs des Elektronenstrahls ein ständiger Austausch zwischen kinetischer und potentieller Energie statt mit einem entsprechenden Wechsel von Geschwindigkeits- und Dichtemodulation. Mathematisch kann man den Vorgang der Phasenfokussierung bei Berücksichtigung der Raumladungskräfte als Überlagerung zweier (ungedämpfter) Raumladungswellen auffassen, die durch eine Geschwindigkeitsmodulation am Eingang des Laufraums entstehen; ihre Phasenkonstanten sind

$$\beta_1 = \beta_e(1 + \Omega/\omega), \qquad \beta_2 = \beta_e(1 - \Omega/\omega), \tag{13}$$

wobei $\beta_e = \omega/v_e$ die Phasenkonstante des Strahls und

$$\Omega = \sqrt{e\varrho_0/m_0\varepsilon_0} \tag{14}$$

die Plasmafrequenz für einen transversal unendlich ausgedehnten Strahl ist. Die beiden Wellen pflanzen sich also mit Geschwindigkeiten fort, die etwas kleiner bzw. größer sind als die Elektronengeschwindigkeit v_e:

$$v_1 = v_e \Big/ \left(1 + \frac{\Omega}{\omega}\right), \qquad v_2 = v_e \Big/ \left(1 - \frac{\Omega}{\omega}\right). \tag{15}$$

Die Gruppengeschwindigkeit $d\beta/d\omega$ jeder der beiden Raumladungswellen ist gleich der Elektronengeschwindigkeit v_e. Die Wellenlänge der Stromdichteschwankungen längs der Strahlachse ist $\Lambda = 2\pi v_e/\Omega$, d.h. in Abständen $\Lambda/4$ wechseln maximale Geschwindigkeits- und Dichtemodulation miteinander ab. Daher ist auch die optimale Länge des Laufraums nur von der Plasmawellenlänge (d.h. von der Raumladung) und von der Strahlgeschwindigkeit v_e abhängig.

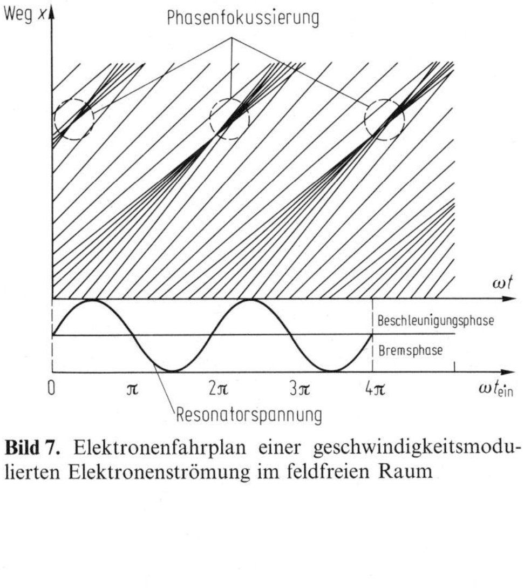

Bild 7. Elektronenfahrplan einer geschwindigkeitsmodulierten Elektronenströmung im feldfreien Raum

Strahlfokussierung. Der aus der Elektronenkanone austretende Elektronenstrahl hat infolge der Coulombschen Abstoßungskräfte das Bestreben, seinen Querschnitt zu erweitern. Das muß durch elektrische oder magnetische Fokussierfelder verhindert werden.

Da eine Fokussierung durch elektrostatische Felder wegen der benötigten hohen Spannungen nur in Sonderfällen möglich ist, wird üblicherweise ein magnetisches Gleichfeld oder ein räumlich periodisches Wechselfeld zur Fokussierung verwendet. Einen zur Achse parallelen Strahl mit konstantem Querschnitt erhält man bei der sog. Brillouin-Feldstärke

$$B_B = \left(\frac{2I_0}{\varepsilon_0 \pi b^2 v_0} \frac{m_0}{e}\right)^{1/2} \tag{16}$$

(b = Strahlradius, I_0 = Strahlstrom, v_0 = Strahlgeschwindigkeit). In der Praxis muß zur einwandfreien Strahlführung eine um den Faktor 1,2 bis 2 höhere Flußdichte gewählt werden.

In den letzten Jahren ist man dazu übergegangen, räumlich periodische magnetische Felder zur Fokussierung zu verwenden. Diese werden mit Permanentmagneten in der Anordnung NS-SN-NS... erzeugt und bringen gegenüber magnetischen Gleichfeldern eine bedeutende Gewichts- und Materialersparnis. Bei geeigneter

Wahl der Polschuhe erhält man einen sinusförmigen Verlauf des Magnetfeldes; es hat dieselbe fokussierende Wirkung wie ein Gleichfeld, dessen Flußdichte so groß ist wie der Effektivwert der Flußdichte des Wechselfeldes. Hierbei muß aber für die Periodenlänge l_m des sinusförmigen Wechselfeldes die Bedingung

$$l_m < 418\, U_0/(B_B^2\, e/m_0)$$

eingehalten werden. Die Entwicklung neuer magnetischer Materialien mit sehr hohen magnetischen Flußdichten (z. B. Samarium-Kobalt-Magnete) hat wesentlich zur verstärkten Anwendung der ppm-Fokussierung anstelle der Elektromagnetfokussierung beigetragen. Ein Nachteil der ppm-Fokussierung besteht darin, daß der Elektronenstrahl für Spannungen unterhalb der Betriebsspannung nicht gut fokussiert ist. Dies ist ein Nachteil bei Impulsbetrieb der Röhren.
Zur Strahlfokussierung kann auch eine annähernd rechteckförmige Flußdichteverteilung angewendet werden; sie ermöglicht eine weitere Gewichtsersparnis.

Leistungsauskopplung. Für die Auskopplung der Leistung ist die endliche Laufzeit τ der Elektronen im Koppelspalt von Bedeutung [20]. Der Einfluß des Laufwinkels $\Theta = \omega\tau$ auf die Kopplung ist durch den longitudinalen Kopplungsfaktor

$$K_l = \sin(\Theta/2)/(\Theta/2) \tag{17}$$

gegeben; danach wird die stärkste Kopplung für $\Theta = \omega\tau = 0$ erreicht. In der Praxis können die Spaltabstände jedoch nicht beliebig klein gemacht werden, weil sonst die Kapazität des Schwingkreises zu groß und damit die Kreisgüte zu klein wird.
Da die Feldstärke des elektromagnetischen Feldes zur Strahlachse hin abnimmt, hängt die Kopplung zwischen Strahl und Schwingkreis auch vom Verhältnis des Spaltradius r zum Strahlradius b ab. Sie wird durch den tranversalen Kopplungsfaktor

$$K_t = I_0(\beta_e r)/I_0(\beta_e b) \tag{18}$$

bestimmt ($I_0(z)$ = modifizierte Bessel-Funktion erster Art und nullter Ordnung; $\beta_e = \omega/v_e$ = der Elektronengeschwindigkeit v_e zugeordnete Phasenkonstante). Der gesamte Koppelfaktor

$$K = K_l K_t \tag{19}$$

bestimmt die Größe der von einem gegebenen Konvektionsstrom im Spalt induzierten Spannung und ist damit auch ein Maß für den Wirkungsgrad. Bis 1 GHz sind K-Werte von 0,85 bis 0,9 erreichbar.

Der im Spalt induzierte Influenzstrom i_{infl} ist dem Konvektionswechselstrom i_1 proportional:

$$i_{\text{infl}} = i_1\, K \exp\left(-\mathrm{j}\,\frac{\Theta_2}{2}\right)$$

(Θ_2 = Laufwinkel im Ausgangsspalt). Der Influenzstrom erzeugt am Ausgangsspalt eine Wechselspannung $\hat{U}_2 = \hat{I}_{\text{infl}}/G_2$, wobei G_2 der Gesamtspaltleitwert des Ausgangskreises ist.
Die vom Ausgangskreis an den Lastleitwert G_L abgegebene Leistung ist

$$P_2 = \frac{1}{2}\left(\frac{\hat{I}_{\text{infl}}}{G_2}\right)^2 G_L = \frac{1}{2}\,\hat{U}_2^2\, G_L .$$

Mehrkammerklystrons. Die Verstärkung und der Wirkungsgrad von Zweikammerklystrons sind begrenzt. In der Praxis verwendet man deshalb Klystrons mit drei bis sechs Hohlraumresonatoren, wobei die Anzahl der Resonatoren sowohl die Verstärkung wie den erreichbaren Wirkungsgrad bestimmt. Durch Verwendung mehrerer Resonatoren erhält man eine stärkere Strommodulation, die zu einer höheren HF-Ausgangsspannung führt, welche in der Größe der zugeführten Gleichspannung liegen kann. Durch geeignete Einstellung der Resonatoren auf unterschiedliche Resonanzfrequenzen und entsprechende Bedämpfung der Resonatoren kann eine Bandfiltercharakteristik mit entsprechend hoher Bandbreite (bis ca. 8 %) erreicht werden.
Mehrkammerklystrons werden in allen jenen Fällen verwendet, in denen hohe Impuls- oder Dauerleistungen benötigt werden. Vorteilhaft sind ihre hohe Verstärkung, ihre Stabilität, ihre Rauscharmut und die Freiheit von unerwünschten Schwingungen. Bezüglich des Einsatzes in Teilchenbeschleunigern wird auf P 4.1 verwiesen. In der Radartechnik verwendet man Klystrons mit Impulsleistungen von 0,5 bis etwa 15 MW. Dauerstrichklystrons für Senderendstufen von Fernsehsendern erreichen Leistungen von einigen 100 kW. Der Wirkungsgrad von Klystrons kann bis zu 65 % betragen. Dieser Wirkungsgrad gilt für einen Kollektor mit demselben Potential wie die Resonatoren. Eine Herabsetzung des Kollektorpotentials bringt nur

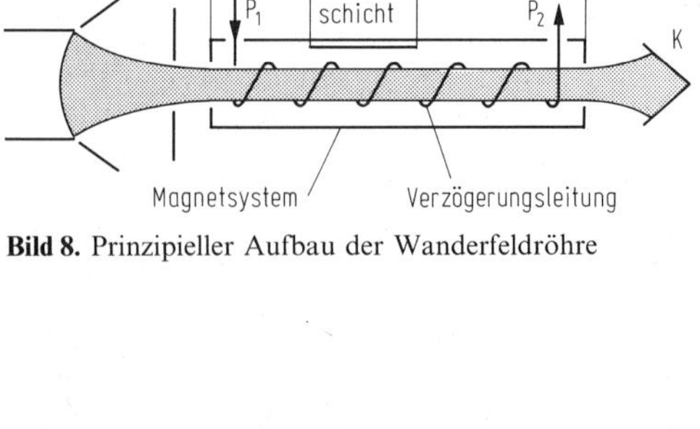

Bild 8. Prinzipieller Aufbau der Wanderfeldröhre

eine geringe Verbesserung von 5 bis 10 %, da die nach der Wechselwirkung vorhandene Elektronenenergie ein breites Spektrum aufweist. Die Verstärkung von Mehrkammerklystrons reicht von 30 bis 80 dB mit Bandbreiten von einem Bruchteil eines Prozents bis 8 %.

4.8 Wanderfeldröhren
Travelling-wave tubes

Aufbau und Wirkungsweise. Bild 8 zeigt den prinzipiellen Aufbau einer Wanderfeldröhre (WFR). In der Elektronenkanone EK, die aus der Kathode, der Fokussierelektrode und der Beschleunigungselektrode besteht, wird ein homogener Elektronenstrahl mit vorgegebenem Strom und vorgegebener Geschwindigkeit erzeugt, der die Verzögerungsleitung VL durchläuft. Der Kollektor K nimmt dann den abgearbeiteten Elektronenstrahl auf.
Die HF-Welle wird bei *1* eingekoppelt und bei *2* ausgekoppelt. Man erhält eine Verstärkung der HF-Welle ($P_2 > P_1$), wenn sie eine axiale Feldstärkekomponente aufweist und ihre Phasengeschwindigkeit v_p annähernd gleich der Elektronengeschwindigkeit v_e ist. Ferner müssen v_p und die für den Energietransport maßgebliche Gruppengeschwindigkeit v_g die gleiche Richtung haben. Zur Erreichung eines Gleichlaufs von Elektronenstrahl und (einer Raumharmonischen) der HF-Welle muß die axiale Fortpflanzungsgeschwindigkeit v_p der HF-Welle auf v_e verzögert werden. Dies erreicht man durch Leitungen mit periodischer Struktur (Verzögerungsleitung VL, s. K 4). Ein Fokussiersystem, z. B. ein längs der Achse konstantes oder periodisches Magnetfeld (vgl. 4.7), sorgt dafür, daß der Durchmesser des Strahls längs der VL annähernd konstant bleibt.
Mathematisch kann die Wechselwirkung zwischen Elektronenstrahl und elektromagnetischer Welle am besten als Kopplung zwischen den Raumladungswellen des Elektronenstrahls und je einer vor- bzw. rückwärts laufenden elektromagnetischen Teilwelle auf der VL dargestellt werden. Als Folge dieser Kopplung treten vier Koppelwellen auf; von diesen nimmt nur bei einer die Amplitude exponentiell mit dem Weg zu, d. h. nur diese Welle trägt zur Verstärkung bei.
Bei der einfachen Wanderfeldröhre erfolgt über die VL eine Rückkopplung vom Ausgang zum Eingang; diese kann bereits bei geringer Fehlanpassung am Ausgang zu einer Selbsterregung führen. Zur Vermeidung dieser Rückkopplung dient eine Dämpfschicht D auf einem Leitungsabschnitt der Länge l_2. Dadurch werden die beim Betrieb der Wanderfeldröhre auf der VL sich fortpflanzenden Koppelwellen stark absorbiert, während die Raumladungswellen im Elektronenstrahl nur wenig beeinflußt werden; sie

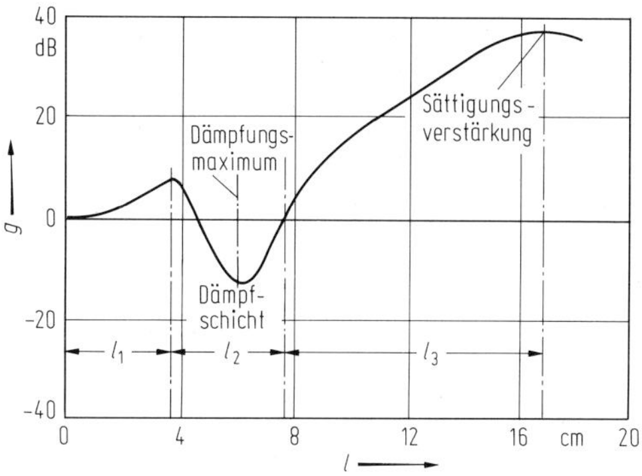

Bild 9. Berechneter Verlauf der HF-Leistung längs der Wendel im Sättigungsbereich der Röhre

regen hinter der Dämpfschicht rasch erneut Koppelwellen an, von denen eine verstärkt wird. Bereits die längs l_1 erreichte Verstärkung trägt zur Gesamtverstärkung bei (Bild 9).
Ein exponentieller Anstieg der HF-Welle liegt bei WFR nur vor, solange ein vernachlässigbar kleiner Teil der kinetischen Energie der Elektronen in HF-Energie umgewandelt wird bzw. solange die Wechselgrößen des Elektronenstrahls klein sind im Vergleich zu den Gleichgrößen. In diesem Bereich der sog. Kleinsignalverstärkung haben die Elektronen über die gesamte VL die optimale Überschußenergie. Ist dies bei zunehmender Eingangsleistung oder bei entsprechender Länge der VL nicht mehr der Fall, so nimmt die mittlere Elektronenenergie am ausgangsseitigen Ende ab, und die Ausgangsleistung erreicht unter bestimmten Bedingungen einen Maximalwert (Sättigungsleistung); dieser hängt bei konstantem Strahlstrom von der Spannung der VL ab. Die Leistungsverstärkung $g = 10 \log P_2(\omega)/P_1(\omega)$ ist abhängig von der Eingangsleistung P_1.
Die am häufigsten verwendete Verzögerungsleitung bei WFR bei Spannungen $\leqq 10$ kV ist die Wendel. Sie ermöglicht wegen ihrer geringen Dispersion eine sehr hohe Bandbreite (mehrere Oktaven). Für Spannungen > 10 kV und Leistungen $>$ einige kW verwendet man VL aus gekoppelten Hohlraumresonatoren (vgl. K 4). Die Vorteile der VL mit gekoppelten Hohlraumresonatoren gegenüber der Wendel sind der stabile Aufbau und die hohe thermische Belastbarkeit. Sie kann deshalb für Spannungen bis 100 oder 200 kV und mit geeigneter Ausführung (Kleeblattstruktur) bis zu Spitzenleistungen von einigen MW verwendet werden.
Ein wichtiges Maß für die Wechselwirkung zwischen dem Elektronenstrahl und der HF-Welle ist der Koppelwiderstand

$$R_k = \underline{\hat{E}}_z \underline{\hat{E}}_z^* / 2\beta_0^2 P, \tag{20}$$

wobei $\underline{\hat{E}}_z$ die maximale Feldstärke in axialer Richtung, P die in der VL fließende Leistung und

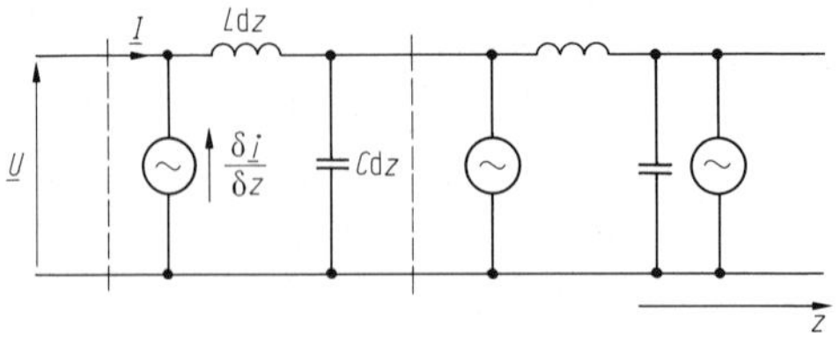

Bild 10. Äquivalentes Ersatzschaltbild einer Wendelleitung

$\beta_0 = \omega/v_{p0}$ die Phasenkonstante der Systemwelle ist.

Kleinsignaltheorie. Der Wechselwirkungsmechanismus der Wanderfeldröhre kann in allgemeiner Form durch Lösung der Maxwellschen Gleichungen, der Poisson-Gleichung und der Bewegungsgleichung beschrieben werden. Üblicherweise wird jedoch für die WFR ein vereinfachtes Modell der VL verwendet. Wie in K 4 gezeigt wird, spaltet sich jede HF-Welle wegen der periodischen Struktur der VL in eine Summe von Raumharmonischen (Teilwellen) auf, die unterschiedliche Phasengeschwindigkeiten, aber gleiche Gruppengeschwindigkeit haben. Eine Teilwelle (i. allg. die Grundwelle) tritt mit dem Elektronenstrahl in Wechselwirkung. Nach Pierce [19] kann für jede Teilwelle eine äquivalente Leitung aus konzentrierten Schaltelementen angegeben werden; Bild 10 zeigt dies für eine Wendelleitung. Die Vierpoltheorie liefert hierfür die Phasengeschwindigkeit $v_{p0} = 1/\sqrt{LC}$ und den Wellenwiderstand $Z_0 = \sqrt{L/C}$.
Für den Elektronenstrahl wird vereinfachend angenommen, daß sich die Elektronen nur in axialer Richtung bewegen. Alle Wechselgrößen hängen deshalb nur von z ab und sind, da es sich um eine Wellenausbreitung handelt, proportional zu $\exp(-\Gamma z)$, z. B.

$$\underline{\tilde{E}}_z = \underline{\hat{E}}_z \exp(j\omega t - \underline{\Gamma} z)$$

mit $\underline{\Gamma}$ = komplexe Fortpflanzungskonstante $\alpha + j\beta$; bei Abwesenheit der Elektronenströmung ist die Fortpflanzungskonstante der auf der Verzögerungsleitung laufenden Vorwärtswelle $\underline{\Gamma}_0 = \alpha_0 + j\beta_0$.
Da der in der Verzögerungsleitung fließende Signalstrom von der Einwirkung des Elektronenstrahls auf die Verzögerungsleitung abhängt und umgekehrt die Felder der Verzögerungsleitung durch Einwirkung auf die Elektronen den Elektronenstrom beeinflussen, kann man den Rechengang in zwei Teile teilen:

- Ermittlung des Feldes, das durch den Konvektionsstrom erzeugt wird,
- Ermittlung der Störungen des Elektronenstroms durch das auf die Elektronen einwirkende Feld.

Aus der Kombination der Lösungen beider Teile ergibt sich dann das Gesamtverhalten der WFR, insbesondere die Bestimmungsgleichung für die Fortpflanzungskonstante $\underline{\Gamma}$ der erregten Koppelwellen; bei Berücksichtigung der Raumladung ergibt sich (s. z. B. [19, S. 109ff.])

$$\frac{j I_0 \beta_e \underline{\Gamma} Z_0}{2 v_e (j\beta_e - \underline{\Gamma})^2}\left[\frac{\underline{\Gamma}\Gamma_0}{(\Gamma_0^2 - \underline{\Gamma}^2)} - \frac{\omega_q^2}{\omega^2}\beta_e^2\right] = 1, \quad (21)$$

(ω_q = reduzierte Plasmafrequenz). Diese Beziehung dient heute allgemein als Grundlage zur Behandlung der linearen Vorgänge in Wanderfeldröhren. Da Gl. (21) $\underline{\Gamma}$ in der vierten Potenz enthält, bedeutet das, daß durch die Anwesenheit der Elektronenströmung aus einer Systemwelle vier gekoppelte Wellen entstehen. Von diesen hat nur eine Welle eine wachsende Amplitude; diese Welle ist langsamer als der Strahl. Eine zweite Welle hat eine abnehmende Amplitude, eine dritte ungedämpfte Welle pflanzt sich schneller als der Strahl fort, während eine vierte ungedämpfte Welle sich in einer dem Strahl entgegengesetzten Richtung fortpflanzt. In der Praxis kann man sich auf die erste Welle mit der Fortpflanzungskonstanten

$$\Gamma_1 = \alpha_1 + j\beta_1 = \beta_e C x_1 + j\beta_e(1 - C y_1) \quad (22)$$

beschränken; hierin ist

$C = \left(\frac{\beta_0^2}{\beta_e^2}\frac{R_K I_0}{4 U_0}\right)^{1/3} \approx \left(\frac{R_K I_0}{4 U_0}\right)^{1/3}$
= Verstärkungsparameter mit R_K nach Gl. (20)

x_1 = reduzierte Fortpflanzungskonstante, abhängig vom sog. Raumladungsparameter $4QC = (\omega_q/\omega C)^2$.

$y_1 = (\beta_e - \beta_1)/\beta_e C = (v_{p1} - v_e)/v_{p1} C$
= Maß für die Differenz der Phasengeschwindigkeit v_{p1} der gekoppelten Welle nach Gl. (22) und der Elektronengeschwindigkeit v_e.

Die Leistungsverstärkung einer WFR mit der wirksamen Länge $l_w = l_1 + l_3$ (Bild 8) ist

$$\left.\begin{aligned} &g = D_a D \exp(2\alpha_1 l_w) \\ &\text{bzw.} \\ &g/\mathrm{dB} = D_a/\mathrm{dB} + D_{\mathrm{dB}} + 8{,}7\,\alpha_1 l_w . \end{aligned}\right\} \quad (23)$$

Hierbei berücksichtigt D_a den Einfluß der Aufteilung der Feldstärke auf drei Koppelwellen, wodurch $D_a < 1$ wird (ca. − 10 dB), und D den Einfluß der lokalisierten Dämpfung.

Großsignaltheorie. Da die lineare Kleinsignaltheorie grundsätzlich keine Aussagen über die Sättigungsverstärkung, die Sättigungsleistung, den Wirkungsgrad sowie über die Amplituden-

und Phasennichtlinearitäten machen kann, war es notwendig, zu einer Großsignaltheorie überzugehen [20]. Diese geht wie die Kleinsignaltheorie von dem in Bild 10 dargestellten Leitungsersatzschaltbild aus. Da für große Signale die Bewegungsgleichung und die Kontinuitätsgleichung wegen $i = \varrho v$ und wegen der nichtlinearen Abhängigkeit der RL-Feldstärke von i bzw. v nicht mehr linear sind, kann der Verstärkungsmechanismus von WFR nicht mehr als Überlagerung der aus der Kleinsignaltheorie bekannten Wellen dargestellt werden. Bei starker Geschwindigkeitsmodulation können ferner Überholungen von Elektronen auftreten, so daß Elektronengeschwindigkeit und die Ladungsdichte keine eindeutigen Funktionen des Ortes z mehr sind.

Zur Beschreibung des Verhaltens von WFR im nichtlinearen Bereich wird ein schon von Lagrange bei der Behandlung hydrodynamischer Probleme eingeführtes Rechenverfahren angewendet [20]. Bild 9 zeigt das mit Hilfe der Großsignaltheorie errechnete Anwachsen der HF-Welle längs der Verzögerungsleitung.

Wirkungsgradverbesserung durch Reduzierung des Kollektorpotentials. Im Gegensatz zu Klystrons ist der bei WFR erreichbare elektronische Wirkungsgrad auf 20 bis 30% begrenzt. Man ist deshalb bestrebt, den Gesamtwirkungsgrad durch eine Herabsetzung des Kollektorpotentials zu erhöhen. Zur optimalen Auslegung von Kollektoranordnungen ist eine Kenntnis des Geschwindigkeitsspektrums des abgearbeiteten Elektronenstrahls erforderlich. Man erhält die Geschwindigkeitsverteilung der Elektronen, indem man mit Hilfe der Großsignaltheorie die Geschwindigkeiten der in gleichen Zeitabständen in den Wechselwirkungsraum eintretenden Elektronengruppen beim Verlassen des Wechselwirkungsraums berechnet.

Da ein Elektron nur dann von einer Elektrode aufgenommen werden kann, wenn seine Energie $\geqq 0$ ist, muß seine Anfangsenergie $e U_0$, vermindert um die an die HF-Welle abgegebene Energie $e \Delta U$, stets größer oder gleich der durch Abbremsen widergewonnenen Energie sein.

$$e(U_0 - \Delta U) \geqq e(U_0 - U_c). \tag{24}$$

Ein Elektron kann also nur dann von einem Kollektor bzw. bei mehrstufigen Kollektoren von einer Kollektorstufe aufgenommen werden, wenn die Spannung des Kollektors U_c bezogen auf die Kathode größer ist als das Spannungsäquivalent ΔU der abgegebenen kinetischen Energie.

Da die Elektronen am Ende der Verzögerungsleitung ein relativ breites Geschwindigkeitsspektrum haben, muß man zur Erhöhung des Leistungsentzugs aus dem Elektronenstrahl einen Kollektor mit mehreren Stufen verwenden, an denen gestaffelte Spannungen liegen: Die Elektronenoptik des Mehrstufenkollektors ist so auszulegen, daß die langsamsten Elektronen auf die erste Kollektorstufe mit niedrigem Bremspotential (hoher Kollektorspannung), die schnelleren Elektronen auf die nachfolgenden Stufen mit höherem Bremspotential (niedrigerer Kollektorspannung) auftreffen. Durch geeignete Gestaltung des Kollektors (z. B. Einführung einer Blende) und durch Herabsetzung des Sekundäremissionsfaktors der Kollektorwände (z. B. durch Bedeckung mit pyrolythischem Graphit) muß dafür gesorgt werden, daß Sekundärelektronen den Kollektor nicht verlassen können.

Die im vorangegangenen Abschnitt zur Wirkungsgradverbesserung beschriebene Berechnungsmethode wird auch angewandt, um die Wechselwirkung zwischen Elektronenstrahl und einer VL mit längs der Achse veränderlicher Phasengeschwindigkeit („getaperte“ Leitung) zu ermitteln. Es gelingt unter Benutzung von Leitungen mit kontinuierlicher Abnahme der Phasengeschwindigkeit (soft taper) und durch sprungartige Veränderung (step taper) [21], dem Elektronenstrahl 2- bis 3mal mehr Leistung als mit einer homogenen VL zu entziehen und gleichzeitig die nichtlinearen Phasenverzerrungen zu reduzieren. Durch Kombination dieser sogenannten Resynchronisationstechniken mit Mehrstufen-Kollektoren werden zur Zeit Wirkungsgrade von 60% erreicht.

4.9 Rückwärtswellenröhren vom O-Typ
Backward-wave tubes (O type)

Die Wechselwirkung bei Rückwärtswellenröhren vom O-Typ erfolgt mit einer HF-Welle, bei der Phasen- und Gruppengeschwindigkeit v_p, v_g entgegengesetzte Richtung haben (Rückwärtswelle). Da auch hier ein Gleichlauf zwischen dem Elektronenstrahl (v_e) und der Phase des HF-Feldes vorliegen muß, laufen also die Elektronen und die Phase in eine dem Energietransport entgegengesetzte Richtung (Bild 11). Wie in K 4 gezeigt wurde, existieren in Leitungen mit periodi-

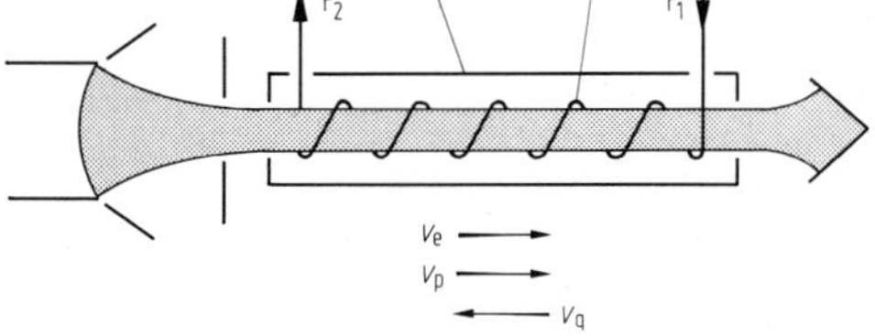

Bild 11. Schematische Darstellung einer Rückwärtswellenröhre vom O-Typ

scher Struktur stets auch Rückwärtswellen. Üblicherweise wird eine VL gewählt, bei der die Primärwelle eine Rückwärtswelle ist, weil bei dieser der Kopplungswiderstand (R_K) am größten ist.

Die Rückwärtswellenröhre weist infolge der entgegengesetzt gerichteten Gruppen- und Phasengeschwindigkeit eine innere Rückkopplung auf; sie kann daher mit einem bestimmten Mindestwert des Strahlstroms (Anschwingstrom) zum Oszillator werden. Wegen der starken Dispersion der verwendeten VL hängt die Phasengeschwindigkeit stark von der Frequenz ab (s. K 4). Wenn man v_e durch Änderung der Strahlspannung ändert, so ändert sich damit auch die Frequenz, für die ja $v_e \approx v_p$ gelten muß. Man kann also bei Rückwärtswellenröhren die Frequenz allein durch Änderung der Strahlspannung in einem weiten Bereich ändern.

4.10 Kreuzfeldröhren
Crossed field tubes

Allgemeines. Die prinzipielle Wirkungsweise der Kreuzfeldröhren wird anhand des schematischen Bildes 12 erklärt [22], das in seiner Grundlage auch für das Magnetron zutrifft (planparalleles System anstelle des radialsymmetrischen Systems). Zwischen zwei parallelen Elektroden *1* und *2* herrschen ein elektrisches Gleichfeld E und senkrecht dazu ein Magnetfeld B. Letzteres dient nicht zur Strahlfokussierung, sondern ist entscheidend für den Prozeß der Energieumwandlung von Gleichstromenergie in HF-Energie. Für dieses System gilt die Bewegungsgleichung (3): Die Elektronen bewegen sich bei Abwesenheit von Wechselfeldern senkrecht zu $\boldsymbol{E}$ und $\boldsymbol{B}$ mit der Leitbahngeschwindigkeit $v_L = E/B$. Dieser Transversalbewegung ist eine Rotationsbewegung (Rollkreisbewegung) mit der Winkelgeschwindigkeit $\omega_c = (e/m_0)\,B$ (Zyklotronfrequenz) überlagert.

Als Elektrode *2* dient eine VL, längs der sich elektromagnetische Wellen fortpflanzen. Eine

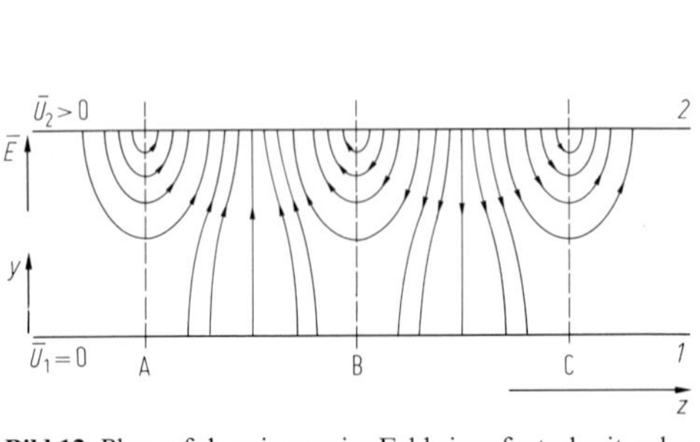

Bild 12. Phasenfokussierung im Feld einer fortschreitenden Welle bei gekreuzten statischen elektrischen und magnetischen Feldern

dieser Wellen (Teilwelle) hat eine Phasengeschwindigkeit $v_p \approx v_L$. Das elektrische Feld der Welle hat für einen mit der Welle sich fortbewegenden Beobachter den im Bild 12 dargestellten schematischen Verlauf. Die longitudinale Komponente $\tilde{E}_z$ ist Null an der Elektrode *1* und nimmt mit der Annäherung an die Elektrode *2* zu. Der räumliche Verlauf von $\tilde{E}_z$ sowie das positive Vorzeichen von $\partial \tilde{E}_z/\partial y$ sind von entscheidender Bedeutung für die Arbeitsweise. Da der Verstärkungsmechanismus von Kreuzfeldröhren im Gegensatz zu dem von WFR ein zweidimensionaler Vorgang ist, ist es notwendig, auch die transversale Feldkomponente $\tilde{E}_y$ der Welle zu berücksichtigen; diese hat im Bereich AB die gleiche, im Bereich BC die entgegengesetzte Richtung wie das statische elektrische Feld $\bar{E}_y$. Die Elektronen, die sich synchron mit der HF-Welle bewegen, werden im Bereich AB beschleunigt ($E_y > \bar{E}_y$) und im Bereich BC verzögert ($E_y < \bar{E}_y$). Es entsteht also eine Phasenfokussierung (Paketbildung) der Elektronen in der Umgebung von B. In diesem Bereich ist aber gleichzeitig das bremsende longitudenale Feld $\tilde{E}_z$ der HF-Welle wirksam. Nach der Bewegungsgleichung bewegt sich ein Elektron unter dem Einfluß des Bremsfeldes in $+\,y$-Richtung. Diese Transversalbewegung erfolgt ohne Änderung der kinetischen Energie des Elektrons $m_0 v_L^2/2$, da sich die Leitbahngeschwindigkeit v_L nicht ändert. Das Elektron gelangt jedoch auf ein höheres Potential U, für das $eU > m_0 v_L^2/2$ ist. Nach dem Energierhaltungssatz ist dies nur möglich, wenn gleichzeitig die der Potentialdifferenz entsprechende potentielle Energie der HF-Welle zugeführt wird, wodurch deren Amplitude zunimmt.

Die Phasenfokussierung bei Kreuzfeldröhren erfolgt durch die elektrische Transversalkomponente $\hat{E}_y$ und die Umwandlung in elektromagnetische Energie durch die elektrische Longitudinalkomponente der Welle $\tilde{E}_z$. Die Energieabgabe der Elektronen an die HF-Welle beruht nicht auf einer Bremsung der Elektronen, sondern auf einer Verringerung der potentiellen Energie der Elektronen infolge ihrer Bewegung in einem elektrostatischen Gleichfeld bei konstanter kinetischer Energie.

Diese Betrachtungen ermöglichen bereits eine rohe Abschätzung des erreichbaren Wirkungsgrades von Kreuzfeldröhren. Bei genügend langem Weg oder genügend großer Feldstärke der Welle gelangt das Elektron zur Elektrode *2* mit der Spannung U_2, wobei seine Geschwindigkeit gleich der Leitbahngeschwindigkeit $v_L = E/B$ ist. Der elektronische Wirkungsgrad der Röhre ist dann gleich dem Verhältnis der an die HF-Welle abgegebenen potentiellen Energie zur zugeführten Gleichstromenergie $e\,U_2$, d.h.

$$\eta_{el} \simeq (e\,U_2 - m_0 v_L^2/2)/e\,U_2; \qquad (31)$$

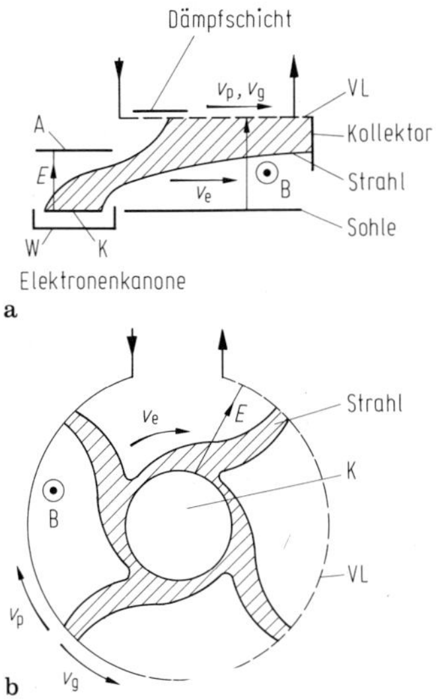

Bild 13. Schematische Darstellung von Kreuzfeldröhren. **a**) Verstärkerröhre mit Vorwärtswelle und eingeschossenem Elektronenstrahl; **b**) Amplitron

bei entsprechend großen Werten von B kann η_{el} dem Wert 1 angenähert werden. Ein hoher Wirkungsgrad ist nach Gl. (31) nur dann zu erreichen, wenn die kinetische Energie der Elektronen wesentlich niedriger als die verfügbare potentielle Energie ist; dazu muß der Elektronenstrahl bei abgeschaltetem HF-Feld der Kathode dicht benachbart sein. Kreuzfeldröhrenverstärker mit Vorwärts- oder Rückwärtswellen besitzen meist eine außerhalb des Wechselwirkungsraums angeordnete Elektronenkanone, die einen Elektronenstrahl mit einer bestimmten Geschwindigkeit in den Wechselwirkungsraum einschießt, der sich zwischen der an positiver Spannung liegenden VL und einer Elektrode (Sohle) mit der Spannung Null oder negativer Spannung befindet. Die Elektronen werden nach Verlassen des Wechselwirkungsraumes von einem Kollektor aufgenommen. Eine Dämpfschicht verhindert das Auftreten von Schwingungen. Bild 13a zeigt eine Prinzipdarstellung einer derartigen Verstärkerröhre mit Vorwärtswelle. Andere Kreuzfeldverstärkerröhren haben einen dem Magnetron entsprechenden zylindrischen Aufbau mit einem zentralen Kathodenzylinder und einer konzentrischen Anode. Ein Beispiel ist das Amplitron, bei dem die VL (Rückwärtswellenleitung) aufgetrennt ist, um eine Rückkopplung zu vermeiden (Bild 13b). Ähnlich aufgebaut sind auch die Rückwärtswellenoszillatoren.

Wegen der stets vorhandenen inneren Rückkopplung ist die Verstärkung für einen stabilen Betrieb auf 10 bis 20 dB beschränkt. Daneben machen sich starkes Rauschen sowie Instabilitäten bemerkbar, z. B. der Diokotroneffekt (Instabilität des Elektronenstrahl in gekreuzten elektrischen und magnetischen Feldern). Von Vorteil sind der kompakte Aufbau, der sehr hohe Wirkungsgrad und die wesentlich niedrigere Betriebsspannung als bei Linearstrahlröhren gleicher Frequenz und gleicher Leistung. Bei Rückwärtswellenverstärkerröhren erreicht man Bandbreiten von 7 bis 8 %, bei Vorwärtswellenverstärkerröhren von 10 bis 12 %. Der Wirkungsgrad liegt zwischen 50 und 75 %. Bei den entsprechenden Kreuzfeldoszillatorröhren erhält man Wirkungsgrade in vergleichbarer Höhe.

Das Magnetron. Das Magnetron hat eine zylindrische Kathode, die konzentrisch von einer in sich geschlossenen VL (Anode) umgeben ist (Bilder 14, 15). Die von der Kathode kommenden Elektronen werden unter Einwirkung des radialen elektrischen Feldes zwischen Kathode und Anode beschleunigt. Beim nichtschwingenden Magnetron werden die Bahnen der Elektronen unter dem Einfluß des axialen Magnetfeldes gekrümmt. Mit zunehmender Induktion B wird bei gleichbleibender elektrischer Feldstärke E schließlich ein kritischer Wert B_c erreicht, bei dem die Elektronen wieder zur Kathode zurückkehren. In diesem sog. Sperrzustand sinkt der Anodenstrom plötzlich auf Null ab; hierfür gilt die Grenzbedingung von Hull

$$U_A = B_c^2 r_a^2 \left(1 - \left(\frac{r_k}{r_a}\right)^2\right)^2 e/8m_0 \qquad (25)$$

(r_a = Anodenradius, r_k = Kathodenradius). Diese trennt für ein nichtschwingendes Magnetron die Gebiete mit und ohne Anodenstrom voneinander.

Das Gebiet, in dem ein Anodenstrom fließt, ist für den Betrieb unbrauchbar, weil die Elektronen schon nach einem halben Umlauf zur Anode gelangen, ohne volle Schleifenbahnen zu bilden, die für eine Energieabgabe an das HF-Feld notwendig sind. Bei gegebener magnetischer Flußdichte B_c liefert Gl. (25) die höchste Anodenspannung,

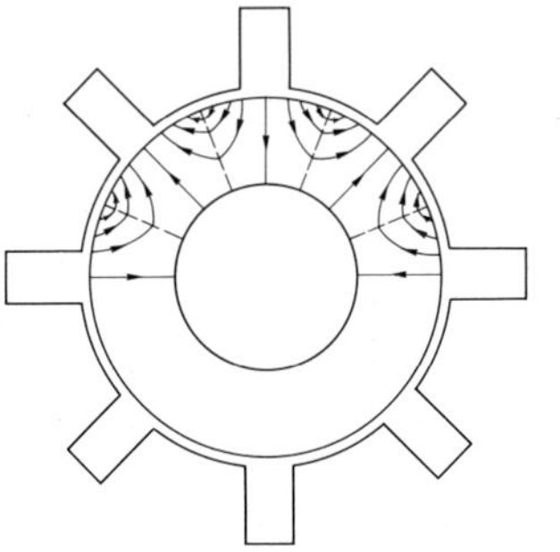

Bild 14. Verteilung des elektrischen Feldes im Magnetron für den π-Mod

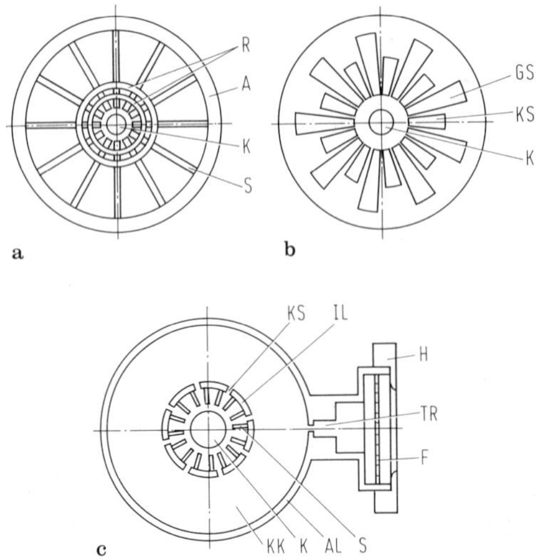

Bild 15. Verbesserte Modentrennung in Magnetrons **a**) Stegmagnetron mit Koppelstegen: K Kathode, A Anode, S Stege, R Koppelringe; **b**) Sonnenmagnetron: GS große Schwingkammer, KS kleine Schwingkammer, K Kathode; **c**) Koaxialmagnetron: K Kathode, KS Koppelschlitz, S Steg, KK Koaxialresonator, IL Innenleiter, AL Außenleiter, TR Transformator, F Keramikfenster, H Hohlleiterflansch

bei deren Überschreitung das Magnetron nicht mehr schwingt.

Unter der Wirkung der Raumladung und bei einer Anfangsgeschwindigkeit der Elektronen > 0 kehren auch im Sperrzustand nicht alle Elektronen zur Kathode zurück. Ein gewisser Bruchteil bewegt sich mit der Leitbahngeschwindigkeit parallel zur VL. Die statistischen Schwankungen der Elektronengeschwindigkeit verursachen statistische Schwankungen der Elektronenstromdichte, die ihrerseits Rauschströme in der VL induzieren. Diese führen bei der Resonanzfrequenz der VL zu erhöhten elektrischen Wechselfeldern, die sich den statischen Feldern überlagern und die oben beschriebene Verstärkung der HF-Welle bewirken. Da die VL beim Magnetron in sich kurzgeschlossen ist, kann sich nur eine diskrete Anzahl von Frequenzen erregen. Ist M die Anzahl der Resonatoren der VL und φ_0 die Phasenverschiebung der Primärwelle zwischen benachbarten Resonatoren, so muß

$$M\varphi_0 = 2\pi k_M \tag{26}$$

sein, wobei k_M eine ganze Zahl (Modzahl) ist. Da φ_0 im Durchlaßbereich jeder VL den Wert π nicht überschreiten kann, bedeutet Gl. (26), daß die Modzahl k_M nur die Werte 0, 1, 2 ... $M/2$ annehmen kann.

Jeder Mod ist nicht nur durch eine bestimmte Frequenz, sondern auch durch ein bestimmtes Feldbild gekennzeichnet. Die Felder eines Mods kann man sich – ähnlich wie bei Wanderfeldröhren – zusammengesetzt denken aus einer unendlichen Anzahl von Teilwellen, die sich in beide Richtungen mit derselben Frequenz, aber mit verschiedenen Phasenwinkelgeschwindigkeiten und verschiedenen Amplituden fortpflanzen. Ist Gl. (26) für die Primärwelle erfüllt, so muß wegen $\varphi_n = \varphi_0 + 2\pi n$ auch für die Sekundärwellen gelten

$$M\varphi_n = M\varphi_0 + M\,2\pi n = 2\pi(k_M + nM), \tag{27}$$

wobei n eine ganze positive oder negative Zahl einschließlich Null ist. Für eine Magnetron-VL mit M Resonatoren ist die Folge der Teilwellenzahlen also gegeben durch

$$\gamma = k_M + nM. \tag{28}$$

Die Teilwelle mit $n = 0$ bezeichnet man als Grundwelle; alle Impulsmagnetrons arbeiten mit dieser Welle. Die Winkelgeschwindigkeit der Grundwelle im Wechselwirkungsraum ist ω/k_M, wobei ω die Winkelgeschwindigkeit der HF ist. Zur Erreichung eines möglichst hohen Wirkungsgrades wird bei Magnetrons üblicherweise der π-Mod angewendet, bei dem die Phasendifferenz zwischen benachbarten Resonatoren π ist (Bild 14).

Zur Aufrechterhaltung von Schwingungen muß U_A größer als die Hartree-Schwellspannung [23] sein:

$$U_{A,\,Sch} = B(r_a^2 - r_k^2)\,\omega/2\gamma - m r_a^2 (\omega/\gamma)^2/2e. \tag{29}$$

Aus Gl. (29) geht hervor, daß sowohl ω als auch γ Einfluß auf die Schwellspannung haben. Bei zunehmender Spannung ist es deshalb möglich, daß nacheinander verschiedene Moden erregt werden. Um dies zu verhindern, ist man bemüht, die Frequenzen der Moden bei den VL möglichst weit auseinander zu ziehen. Hierzu verwendet man bis etwa 10 GHz meistens Koppelringe (Bild 15 a). Durch einen Koppelring werden alle geradzahligen Resonatoren, durch einen zweiten alle ungeradzahligen Resonatoren miteinander verbunden. Für höhere Frequenzen wird das sog. Sonnenmagnetron (Bild 15 b) verwendet, bei dem die Frequenztrennung durch unterschiedliche Resonanzfrequenzen der Resonatoren erreicht wird.

Das Koaxialmagnetron, das insbesondere für Frequenzen über 10 GHz mit Erfolg verwendet wird, ähnelt dem Sonnenmagnetron, ist aber von einem äußeren Hohlraumresonator umgeben [24]. Jeder zweite Resonator des inneren Magnetrons ist durch Koppelschlitze mit dem äußeren (Koaxial-)Resonator verbunden. Dadurch wird die Resonanzfrequenz jedes zweiten Resonators erhöht oder erniedrigt, je nachdem ob die Resonanzfrequenz des äußeren Resonators unter oder über der Frequenz des Außenkreises liegt. Auf diese Weise ergibt sich eine synchronisierende

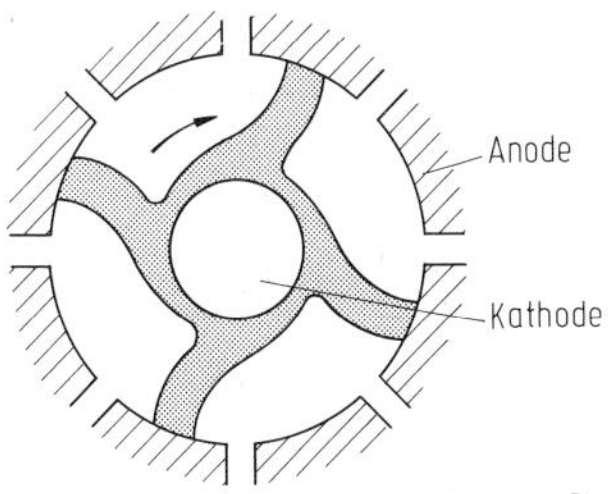

Bild 16. Speichenförmige Elektronenverteilung im Magnetron

Wirkung durch den Außenkreis. Da die Anzahl der Resonatoren wesentlich größer als bei Magnetrons mit Koppelringen sein kann, wird eine höhere Leistung und ein höherer Wirkungsgrad erzielt. Wegen der zum größten Teil im Außenkreis gespeicherten Energie ist die Rückwirkung des Stroms auf die Betriebsfrequenz gering. Der Welligkeitsfaktor des angeschlossenen Hohlleitersystems hat nur einen geringen Einfluß auf die Sendefrequenz (geringe Lastverstimmung).

Beim Magnetron bildet sich infolge des Gleichlaufes der Elektronenbewegung mit der Phasengeschwindigkeit einer Teilwelle auf der VL der ursprünglich homogene Elektronenstrom zu einer speichenförmigen Elektronenwolke aus, deren Dichte von der Kathode zur Anode hin zunimmt (Bild 16). Die Speichen der Elektronenwolke, die sich in der maximalen Bremsphase ausbilden, bewegen sich beim π-Mod von einem Spalt zum nächsten in einer halben Periode. Etwa die Hälfte der Elektronen gelangt, nach mehreren Umläufen, zur Anode. Die Elektronen, die sich in der Beschleunigungsphase der HF-Welle befinden, nehmen Energie aus der HF-Welle auf und kehren in ca. einer halben Periode zur Kathode zurück, an die sie ihre Energie (ca. 5 bis 10% der dem Magnetron zugeführten Gleichstromenergie) abgeben. Die Kathode wird dadurch aufgeheizt, und die Heizleistung der Kathode kann im Betrieb verringert werden. Die durch die rückkehrenden Elektronen ausgelösten Sekundärelektronen tragen zur Aufrechterhaltung der Raumladungswolke um die Kathode bei.

Die HF-Leistung und der Wirkungsgrad von Magnetrons in Abhängigkeit von den Strom- und Spannungswerten sowie von der magnetischen Flußdichte werden für eine feste Last in Form eines Arbeitsdiagrammes angegeben. Die Leistung und die Frequenzänderung eines Magnetrons in Abhängigkeit von der Lastanpassung für einen gegebenen Strom und eine gegebene magnetische Flußdichte werden im Rieke-Diagramm dargestellt (s. Bild P 4.11).

Magnetrons werden als Impulsmagnetrons in Puls-Leistungssendern für zivile und militärische Radarsysteme eingesetzt. Die Betriebsfrequenzen reichen von etwa 1 bis 1000 GHz, die Impulsleistungen von 1 kW bis zu mehreren MW. Dauerstrichmagnetrons mit Leistungen bis zu mehreren kW werden wegen ihres hohen Wirkungsgrades zur Mikrowellenerwärmung herangezogen.

4.11 Gyrotrons. Gyrotrons

Für die energetische Wechselwirkung mit einem Elektronenstrahl werden hier die Querkomponenten der Elektronengeschwindigkeit (*gyr*ating elec*trons*) und des elektrischen Wechselfeldes in einem Resonator oder in einer Leitung ausgenützt und nicht, wie beim Klystron, die Längskomponenten. Es lassen sich damit sowohl Oszillatoren als auch Verstärker realisieren. Die Frequenz der im Gyrotron-Oszillator erzeugten Schwingung ist durch ein axiales magnetisches Gleichfeld B_0 (Zyklotronfrequenz) bestimmt. Sie muß mit einer Eigenfrequenz des überdimensionierten Hohlraumresonators übereinstimmen. Da der Resonator nicht, wie in anderen Mikrowellenröhren, bei seiner Grundschwingung (niedrigste Resonanzfrequenz) betrieben wird, stehen beim Gyrotron für den durchtretenden Elektronenstrahl wesentlich größere Querschnittsflächen zur Verfügung; es können höhere Strahlleistungen verarbeitet und daher auch höhere Nutzleistungen erzielt werden [25–34].

Bild 17 zeigt schematisch ein Gyromonotron (Oszillator). Die vom Mantel M der kegelstumpfförmigen Kathode K austretenden Elektronen werden unter den Einflüssen eines elektrischen Gleichfeldes vor der Beschleunigungsanode A und eines axialen magnetischen Gleichfeldes zu wendelförmigen Bahnen gezwungen (s. 4.3). Dadurch erhalten ihre Geschwindig-

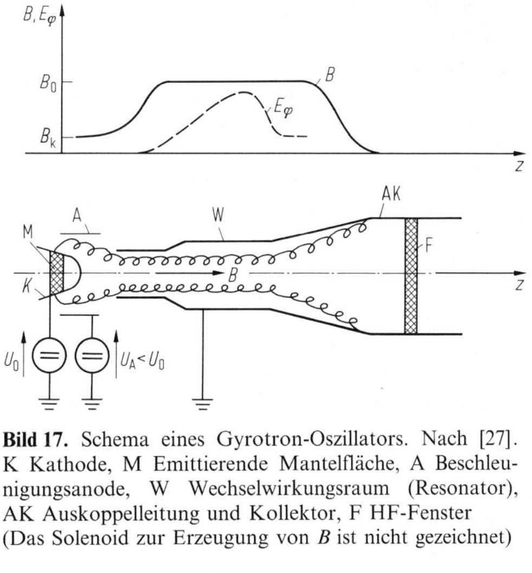

Bild 17. Schema eines Gyrotron-Oszillators. Nach [27]. K Kathode, M Emittierende Mantelfläche, A Beschleunigungsanode, W Wechselwirkungsraum (Resonator), AK Auskoppelleitung und Kollektor, F HF-Fenster (Das Solenoid zur Erzeugung von B ist nicht gezeichnet)

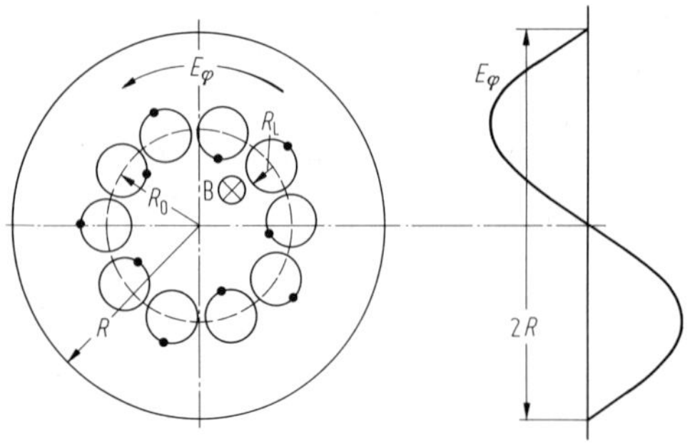

Bild 18. Querschnitt durch den Wechselwirkungsraum mit azimutaler Feldverteilung bei einer H_{011}-Schwingung

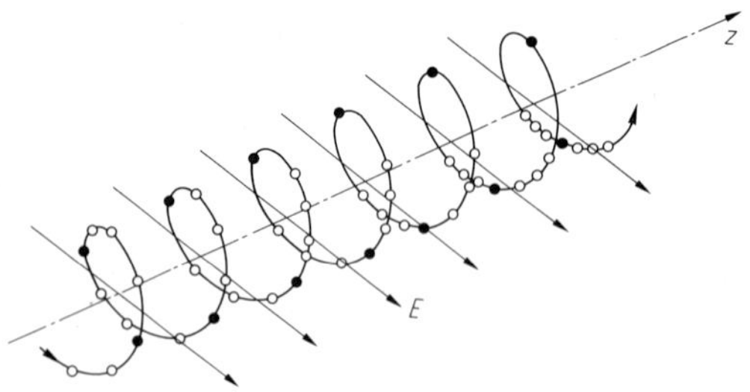

Bild 19. Schematische Darstellung der Phasenfokussierung im Wechselwirkungsraum für $\omega > \omega'_c$. Nach [26]

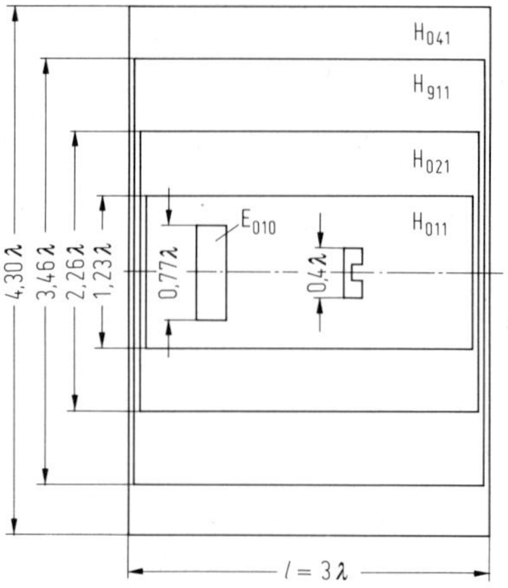

Bild 20. Längsschnitte von vier in Gyrotrons verwendeten, idealisierten H-Typ-Hohlraumresonatoren im Vergleich zu zwei E_{010}-Resonatoren gleicher Resonanzfrequenz. Nach [31] (λ Wellenlänge im freien Raum)

keiten die für die Wechselwirkung erforderlichen Querkomponenten. Der so erzeugte Hohlstrahl erfährt durch das in z-Richtung ansteigende Magnetfeld eine Kompression, wodurch das Verhältnis Quer- zu Längsgeschwindigkeit der einzelnen Elektronen vergrößert wird. Die Elektronen treten dann in den Wechselwirkungsraum W ein, das ist ein beiderseits offener Resonator, in dem ein stehendes elektromagnetisches Feld herrscht, das als H-Typ angenommen wird. Die Elektronen bewegen sich dort unter dem Einfluß des axialen magnetischen Gleichfeldes B_0. Ein Querschnitt durch den Resonator (Bild 18) zeigt schematisch den an der Stelle maximaler azimutaler elektrischer Feldstärke E_φ einer H_{011}-Schwingung durchtretenden Elektronenhohlstrahl, dessen mittlerer Radius $R_0 \sim 0{,}48\,R$ viel größer ist als der Larmor-Radius R_L (vgl. Gl. (8)) der einzelnen Wendelbahnen. Die Entdämpfung kommt folgendermaßen zustande: Die Elektronen werden im Resonator vorwiegend durch das azimutale elektrische Feld in ihrer Geschwindigkeit gesteuert. Unter Berücksichtigung der relativistischen Massenänderung der Elektronen kommt es nach mehreren Umläufen im elektrischen Feld (Bild 19) durch Phasenfokussierung zu einer Ladungsanhäufung am Wendelumfang (Dichtemodulation). Durch Abbremsen der in dem Resonator entstehenden „Ladungspakete“ im elektrischen Wechselfeld wird dem Elektronenstrahl Energie entzogen und an das Resonatorfeld abgegeben. Wegen der Notwendigkeit relativistischer Elektronengeschwindigkeiten v_0 werden derzeit Beschleunigungsspannungen U_0 zwischen 20 und 100 kV verwendet. Durch Reduktion des magnetischen Führungsfeldes im Bereich hinter dem Resonator erreicht man, daß der Strahl aufspreizt, so daß die Strahlelektronen auf die großflächige, von außen gut zu kühlende Wand der Auskoppelleitung AK auftreffen. Diese als „Kollektor“ wirkende Auskoppelleitung muß in der Lage sein, die volle Leistung des unmodulierten Elektronenstrahls aufzunehmen und abzuführen. Die in der AK entstehende fortschreitende H_{01}-Welle wird hinter dem vakuumdichten Hochfrequenzfenster F dem Verbraucher zugeführt [30]. Neben dieser klassischen Erklärung der Wirkungsweise ist auch eine quantentheoretische Erklärung möglich, beruhend auf der von oszillierenden freien Elektronen hervorgerufenen kohärenten Emission elektromagnetischer Strahlung [25]. Daher werden derartige Anordnungen auch als Zyklotronresonanzmaser (CRM) bezeichnet.

Die im Gyrotron verwendeten Schwingungstypen müssen azimutale elektrische Feldkomponenten aufweisen. Neben den heute vorwiegend verwendeten zirkularsymmetrischen H_{0n1}-Typen sind auch H_{mn1}-Typen mit $m \gg 1$ und $n = 1, 2$ (Whispering-Gallery-Modes) sowie sog. Volumenmoden mit $n > 3$ möglich. Bild 20 zeigt die Längsschnitte von idealisierten, beiderseits geschlossenen Hohlraumresonatoren mit der Länge $l = 3\lambda$ für vier H-Schwingungstypen gleicher Frequenz. Zum Vergleich sind die Durchmesser des ungestörten und des kapazitätsbelasteten E_{010}-Resonators (Klystron-Resonator) angegeben. Danach sind beim Gyrotron die für den durchtretenden Elektronenstrahl maßgebenden Querabmessungen wesentlich größer als beim Klystron [32]. Dies gilt vor allem für Volumenmoden, bei denen sich die energetische Wechselwirkung in dem jetzt nahe der Resonatorwand konzentrierten elektrischen Feld abspielt.

Der Resonator des realen Gyrotrons weicht von dieser idealisierten Form ab: Er ist beiderseits offen, damit der Elektronenstrahl durchtreten bzw. Hochfrequenzleistung ausgekoppelt werden kann; er ist nicht rein zylindrisch, sondern teilweise konisch, um in z-Richtung eine unsymmetrische, für den Wirkungsgrad günstigere E_φ-Verteilung zu erzeugen (s. Bild 17). Für die abgegebene Hochfrequenzleistung ist die belastete Güte des Resonators wesentlich, ihre untere Grenze ist $Q_D = 4\pi(L/\lambda)^2$ [26]. Eine schwache Taperung des axialen Magnetfeldes kann den Wirkungsgrad erhöhen. Neben der Bauform mit einem Resonator werden neuerdings zwei gekoppelte Resonatoren mit z.B. einer H_{021}- und H_{041}-Schwingung als Wechselwirkungsraum verwendet. Man erreicht dadurch eine Verringerung der Zahl der sich anregenden Moden gegenüber dem überdimensionierten Einzelresonator.

Einen Vorstoß in den Bereich unter 1 mm Wellenlänge bei höheren Leistungen erwartet man von der Verwendung quasi-optischer Resonatoren, da sie für die Wechselwirkung ein noch größeres Volumen zur Verfügung stellen als offene zylindrische Hohlraumresonatoren [29, 30]. Bild 21 zeigt schematisch einen Längsschnitt durch ein quasi-optisches Gyrotron (ohne Vakuumhülle). Im Raum zwischen den beiden sphärischen Spiegeln (Fabry-Perot-Resonator) bildet sich eine TEM_{00q}-Schwingung mit Gaußscher Verteilung aus. Der anregende Elektronenhohlstrahl durchsetzt den Resonator senkrecht zu dessen Achse. Die energetische Wechselwirkung spielt sich zwischen den Querkomponenten der Elektronengeschwindigkeit und den ebenfalls

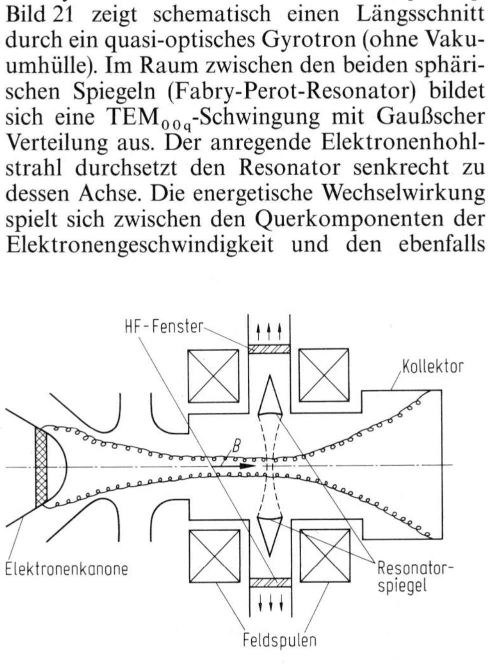

Bild 21. Längsschnitt durch ein quasi-optisches Gyrotron (ohne Vakuumhülle)

senkrecht zur Zeichenebene verlaufenden elektrischen Feldkomponenten im Resonator ab. Die Leistungsauskopplung erfolgt durch einen (oder zwei) teilweise transparente Resonatorspiegel. Durch geeignete Dimensionierung des Resonators (Spiegelabstand und -durchmesser) kann man die Leistungsdichte an den Spiegeln reduzieren und einen einmodigen Betrieb erreichen. Durch Verändern der Magnetfeldstärke und des Spiegelabstandes läßt sich diese Bauform eines Gyrotrons verstimmen. Auch eine Wirkungsgraderhöhung ist möglich. Da der Kollektor außerhalb des Hochfrequenzbereiches liegt, kann die Röhre mit (stufenweise) abgesenkter Kollektorspannung betrieben werden.

Die Strahlelektronen bewegen sich in dem Wechselwirkungsraum aufgrund des axialen magnetischen Gleichfeldes B_0 auf Wendelbahnen mit der Zyklotronfrequenz (vgl. Gl. (9)):

$$\omega_c' = \frac{e B_0}{\gamma_0 m_0}; \quad \text{bzw.} \quad f_c'/\mathrm{GHz} = \frac{28}{\gamma_0} B_0/\mathrm{T}.$$

Darin ist m_0 die Ruhemasse des Elektrons und γ_0 der relativistische Faktor:

$$\gamma_0 = \left[1 - \left(\frac{v_0}{c}\right)^2\right]^{-1/2} = 1 + \frac{U_0/\mathrm{kV}}{511} \quad \text{mit}$$
$$\frac{v_0}{c} = \left[1 - \frac{1}{\left(1 + \frac{U_0/\mathrm{kV}}{511}\right)^2}\right]^{1/2} \tag{30}$$

(U_0 = Beschleunigungsspannung der Elektronen, c = Lichtgeschwindigkeit im freien Raum). Der Larmor-Radius R_L und die Steigung S_L der Wendelbahnen sind gegeben durch

$$R_L = 1{,}71 \frac{\beta_\perp}{B_0/\mathrm{T}} \left(1 + \frac{U_0/\mathrm{kV}}{511}\right) \quad \text{in mm},$$
$$S_L = 10{,}71 \frac{\beta_\parallel}{B_0/\mathrm{T}} \left(1 + \frac{U_0/\mathrm{kV}}{511}\right) \quad \text{in mm}$$

mit

$$\beta_\perp = \frac{v_\perp}{c} = \frac{\mu}{\sqrt{1+\mu^2}} \frac{v_0}{c},$$
$$\beta_\parallel = \frac{v_\parallel}{c} = \frac{1}{\sqrt{1+\mu^2}} \frac{v_0}{c};$$
$$v_0 = \sqrt{v_\parallel^2 + v_\perp^2}$$

μ ist das Verhältnis von Quer- zu Längskomponente der Elektronengeschwindigkeit beim Eintritt in den Wechselwirkungsraum. Derzeit wird üblicherweise $\mu = 1{,}5$ angenommen.

Der aus der Kathode mit dem mittleren Radius r_k austretende Elektronenhohlstrahl wird vor dem Eintritt in den Wechselwirkungsraum durch das von B_k auf B_0 ansteigende magnetische Gleichfeld auf den mittleren Strahlenradius r_0 komprimiert:

$$r_0 = \sqrt{r_\mathrm{L}^2 + r_\mathrm{k}^2 \cdot \frac{B_\mathrm{k}}{B_0}} \approx r_\mathrm{k} \cdot \sqrt{\frac{B_\mathrm{k}}{B_0}} \quad \text{für } r_1 \ll r_0. \tag{31}$$

Für den Oszillatorbetrieb ist es erforderlich, daß die Betriebsfrequenz f_0 etwas größer als die Zyklotronfrequenz bzw. ein ganzzahliges Vielfaches von ihr ist.

$$f_0 = K s f_\mathrm{c}' \quad \text{mit } K \geqq 1; \quad s = 1, 2, 3 \ldots$$

Der Betrieb bei Harmonischen der Zyklotronfrequenz bietet den Vorteil einer geringeren Magnetfeldstärke, führt aber zu niedrigeren Wirkungsgraden.
Der elektronische Wirkungsgrad wird aus dem Strahlleistungsverlust im Wechselwirkungsraum berechnet:

$$\eta_\mathrm{el} = \frac{\text{erzeugte HF-Leistung}}{\text{Strahlleistung}} = \frac{P_0 - P_\mathrm{m}}{P_0}$$

$$\left.\begin{aligned} P_0 &= U_0 I_0 = \text{Strahlleistung} \\ &\quad \text{beim Eintritt in den} \\ P_\mathrm{m} &= \text{mittlere Strahlleistung} \\ &\quad \text{beim Austritt aus dem} \end{aligned}\right\} \text{Wechselwirkungsraum.}$$

Unter den Annahmen, daß im Wechselwirkungsraum kein zusätzliches Gleichfeld vorhanden ist und unterwegs keine Elektronen verlorengehen, gilt

$$\eta_\mathrm{el} = \frac{\gamma_0 - \gamma_\mathrm{AM}}{\gamma_0 - 1} \tag{32}$$

mit γ_0 nach Gl. (30); γ_AM ist der Mittelwert des relativistischen Faktors für die mit verschiedenen Geschwindigkeiten austretenden Elektronen. Durch die Verluste im Resonator und in der Auskoppelleitung wird der tatsächliche (Nutz-)Wirkungsgrad gegenüber η_el verringert.
Bis 1989 wurden u.a. folgende charakteristische, mit Gyromonotrons (s. Bild 22a) erzielte Dauer- bzw. Langpulsleistungen bekannt: 1 MW bei 8 GHz (Pulslänge 1 s), 342 kW bei 28 GHz, 240 kW bei 70 GHz (3 s) und 100 kW bei 140 GHz. Hochfrequenzverluste im Resonator und im Ausgangsfenster setzen bei dieser Betriebsart Grenzen. In Kurzpulsbetrieb werden z.B. folgende Leistungen genannt: 940 kW bei 140 GHz (200 μs) unter Verwendung von Whispering-Gallery-Moden sowie in einem Gyrotron mit gepulstem Magnetfeld (80 μs) 60 kW bei 555 GHz. Die in verstimmbaren Gyrotrons mit quasi-optischem Resonator erzielten Leistungen liegen bei 425 kW im Bereich um 115 GHz (15 μs) [34]. Außer für den Oszillatorbetrieb wird die Gyrotron-Wechselwirkung auch in Verstärkern ausgenutzt. Der Gyroklystron-Verstärker (Bild 22b) besitzt wie das Klystron einen

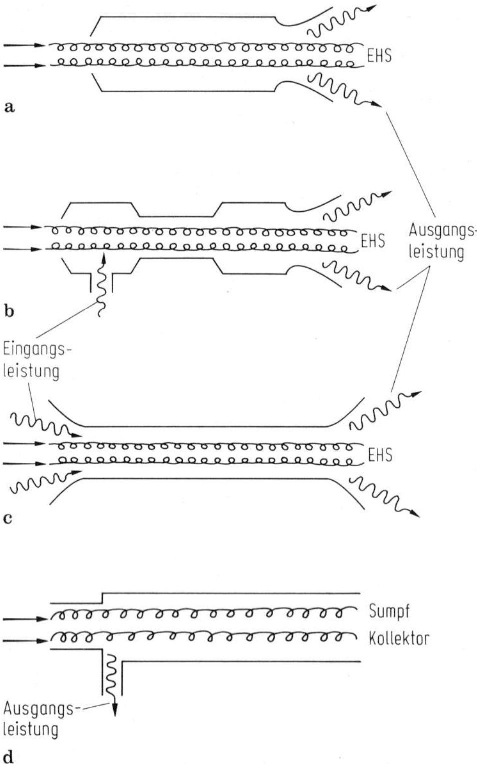

Bild 22. Bauformen von Gyrotrons. **a**) Gyromonotron (Oszillator); **b**) Gyroklystron-Verstärker; **c**) Gyrowanderfeld-Verstärker; **d**) Gyrorückwärtswellen-Oszillator; EHS: Elektronen-Hohlstrahl (Kathode und Kollektor nicht gezeichnet)

feldfreien Laufraum zwischen den beiden Wechselwirkungsräumen. Der breitbandigere Gyrowanderfeld-Verstärker in seiner grundsätzlichen Form (Bild 22c) arbeitet mit einem innen glatten Hohlleiter, in dem der Elektronenstrahl mit der Hohlleiterwelle ($v_\mathrm{Ph} > c$) in Energieaustausch tritt. Es wird keine Verzögerungsleitung benötigt, ein echter Vorteil dieser Anordnung [26, 27]. Im Gyro-Rückwärtswellenoszillator (Bild 22d) läuft die erzeugte elektromagnetische Welle entgegengesetzt zur Elektronenbewegung. Sie wird am kathodenseitigen Ende der Wechselwirkungsleitung ausgekoppelt. Der Kollektor wirkt gleichzeitig als Wellensumpf.
Als Hauptanwendungsgebiet der Gyrotrons sieht man heute die Aufheizung von Plasmen über die Elektronen-Zyklotronresonanz-Absorption bei Fusionsexperimenten. Man benötigt dazu Gyrotrons mit ca. 1 MW Dauer- bzw. Langpulsleistung bei Frequenzen um 140 GHz, was aber noch keineswegs realisiert ist. Ebensolche Leistungen braucht man für die Lower-Hybrid-Heizung bei Frequenzen um 8 GHz. Da-

neben sieht man vor allem für die sich ebenfalls noch in der Entwicklung befindlichen Gyro-Klystron-Verstärker Anwendungen bei der Ansteuerung von Hochenergie-Teilchenbeschleunigern sowie in der Radartechnik.

Spezielle Literatur: [1] *Dyke, W.P.; Dolen, W.W.*: Field emission. Adv. Electron. Electron Phys. 8 (1956) 90–185. – [2] *Bruining, H.*: Physics and applications of secondary electron emission. London: Pergamon Press 1954. – [3] *Zwicker, H.R.*: Photoemissive detectors. In: Topics in applied physics, 1977. – *Keyes, R.J.* (Ed.): Optical and infrared detectors, 149–196. – [4] *Cronin, J.L.*: Modern dispenser cathodes. Proc. IEE 128, Part I (1981) 19–32. – [5] *Shroff, A.M.; Palluel, P.*: Les cathodes imprégnées. Rev. Tech. Thomson-CSF No. 3 (1982). – [6] *Rothe, H.; Kleen, W.*: Hochvakuum-Elektronenröhren, Bd. I: Physikalische Grundlagen. Frankfurt/M: Akad. Verlagsges. 1955, 147–185. – [7] *Scholze, H.*: Glas: Natur, Struktur und Eigenschaften. Braunschweig: Vieweg 1965 (2. Aufl. Berlin: Springer 1977). – [8] *Zincke, A.*: Technologie der Glas-Verschmelzungen. Leipzig: Akad. Verlagsges. 1961. – [9] *Reutenbach, R.; Zincke, A.*: Die Glasverschmelzung als Bauelement der Vakuumtechnik. Feinwerktechnik 62 (1958) 194–213. – [10] *Roth, A.*: Vacuum sealing techniques. Oxford: Pergamon Press 1966. – [11] *te Gude, H.*: Fortschritte in der Elektronenröhrentechnik durch Keramik-Metallbauweise NTZ 15 (1962) 553–564. – [12] *Beck, A.H.* (Ed.): Handbook of vacuum physics, Vol. 3, Part 1: *Kohl, W.H.*: Ceramics and ceramic to metals sealing. Part 2: *Kohl, W.H.*: Soldering and brazing. – [13] *Roth, A.*: Vacuum technology. Amsterdam: North-Holland 1976. – [14] *Gerlach, P.*: Neue Fortschritte bei Leistungsröhren für Großleistungssender. Rundfunk-Tech. Mitt. 4 (1977) 158–161. – [15] *Bachmann, R.; Kuse, D.* u.a.: Elektronenröhren. Schweiz. Tech. Z. 77 (1980) 952–953. – [16] *DIN-IEC 235 Teil 1*: Messung der elektrischen Eigenschaften von Mikrowellenröhren. Teil 1: Begriffe (1978). – [17] *Chodorow, M.*: Microwave tubes. AD A 088 745 (Stanford University) 1980. – [18] *Schmidt, W.*: Hochleistungsklystrons für Fernsehsender im Frequenzbereich IV/V. Valvo-Ber. VIII (1962) 119–150. – [19] *Pierce, J.R.*: Traveling wave tubes. New York: Van Nostrand 1950. – [20] *Rowe, J.E.*: Nonlinear electron-wave interaction phenomena. New York: Academic Press 1955. – [21] *Bretting, J.*: Technische Röhren, Kap. 3.1. Heidelberg: Hüthig 1990. – [22] *Kleen, W.*: Einführung in die Mikrowellen-Elektronik, Teil I: Grundlagen. Stuttgart: Hirzel 1952. – [23] *Okress, E.* et al.: Crossed fielld microwave devices, Vol. I and II. New York: Academic Press 1961. – [24] *Schmitt, H.*: Koaxialmagnetrons. Tech. Mitt. AEG-Telefunken 64 (1974) 222–226. – [25] *Hirshfield, J.L.*: Gyrotrons. In: *Button, K.J.* (Ed.): Infrared and millimeter waves, Vol. 1: sources of radiation. New York: Academic Press 1979, 1–54. – [26] *Symons, R.S.; Jory, H.R.*: Cyclotron resonance devices. Adv. Electron. Electron Phys. 55 (1981) 1–75. – [27] *Granatstein, V.L.; Read, M.E.; Barnett, L.R.*: Measured performance of gyrotron oscillators and amplifiers. In: *Button, K.J.* (Ed.): Infrared and millimeter waves, Vol. 5, Part 1. New York: Academic Press 1982, 267–304. – [28] *Andronov, A.A.* et al.: The gyrotron. Infrared Phys. 18 (1978) 385–393. – [29] *Sprangle, P.; Vomvoridis, J.L.; Manheimer, W.M.*: A classical electron cyclotron quasioptical maser. Appl. Phys. Lett. 38 (1981) 310–313. – [30] *Jödicke, B.* u.a.: Entwicklung von Hochleistungs-Gyrotrons in der Schweiz. ITG-Fachbericht 95 (1989) 191–195. – [31] *Döring, H.*: Stand der Gyrotronentwicklung. NTG-Fachber. 85 (1983) 112–117 u. 95 (1986) 54–62. – [32] *Flyagin, V.A.; Nusinovich, G.S.*: Gyrotron oscillators. Proc. IEEE 76 (1988) 644–656. – [33] *Döring, H.*: Gyrotrons. In: Handbuch der Vakuumelektronik. Eichmeier, J.; Heynisch, H. (Hrsg.). München: Oldenbourg 1989. – [34] Gyrotron Sonderhefte 1 bis 6, Intern. J. Electronics. 1-51 (1981) 275–606. 2-53 (1982) 501–754. 3-57 (1984) 786–1246. 4-61 (1986) 689–1153. 5-64 (1988) 3–165. 6-65 (1988) 271–733.

N Antennen
Antennas

B. Adelseck (10.2); **K.-P. Dombek** (13.2, 15); **H. Hollmann** (14.2); **V. Hombach** (12.2, 12.3, 13.1); **E. Kühn** (12.1); **F. Landstorfer** (1 bis 3, 8, 16); **K. Lange** (4, 5, 7); **H. Lindenmeier** (11); **J. Reiche** (6); **H. Scheffer** (12.1); **L. P. Schmidt** (10.1); **H. Thielen** (14.1); **M. Uhlmann** (9)

Allgemeine Literatur: *Balanis, C.*: Antenna theory, analysis and design. New York: Harper and Row 1982. – *Kraus, D.*: Antennas. New York: McGraw-Hill 1988. – *Rudge, A.W.; Milne, K.; Olver, A.D.; Knight, P.* (Eds.): The handbook of antenna design. London: Peregrinus 1982. – *Schelkunoff, S.A.; Friis, H.T.*: Antenna theory and practice. New York: Wiley 1966. – *Stutzmann, W.L.; Thiele, G.A.*: Antenna theory and design. New York: Wiley 1981.

1 Grundlagen über Strahlungsfelder und Wellentypwandler
Basics of radiation fields and wave-mode converters

Grundlage jeder drahtlosen Nachrichtenübermittlung ist die Eigenschaft bestimmter elektromagnetischer Wellentypen, sich auch im völlig materielosen Raum ausbreiten zu können. Der Sendeantenne kommt dabei die Aufgabe zu, die vom Sender in der Regel in Form einer Leitungswelle gelieferte hochfrequente Leistung in eine derartige nicht-leitungsgebundene Freiraumwelle umzuwandeln, während die Empfangsantenne einen Bruchteil der mit dieser Welle transportierten Leistung wiederum rückwandelt in eine Leitungswelle, die den Empfänger speist. Bild 1 zeigt das Blockschaltbild einer drahtlosen Übertragungsstrecke. Wenn auch im Einzelfall die Leitungsstücke längs derer die Hochfrequenzenergie in Form einer Leitungswelle geführt werden sehr kurz sein können, so ist es trotzdem grundsätzlich möglich, jede Antenne als Wellentypwandler mit der Eigenschaft, eine Leitungswelle in eine Raumwelle umzuwandeln und umgekehrt, aufzufassen. Bei optimaler Ausführung paßt die Antenne den Leitungswellenwiderstand Z_L an den Feldwellenwiderstand des freien Raums $Z_{F0} = 120\,\pi\,\Omega$ an [1]. Bild 2 zeigt in einem Feldlinienmomentanbild die am Ein- und Ausgang einer Sendeantenne auftretenden Wellentypen. Die spezielle Ausführung der Antenne als Wellentypwandler hängt wesentlich vom gewünschten Betriebsfrequenzbereich und der geforderten Antennenrichtcharakteristik ab.

Bei einer normalen Freiraumübertragungsstrekke ist der Abstand r zwischen Sende- und Empfangsantenne sehr groß, verglichen mit den Abmessungen der Sendeantenne und auch groß gegenüber der Freiraumwellenlänge λ_0. Vom Empfangsort aus betrachtet scheint dann die Antennenstrahlung, in Bild 3 charakterisiert durch den Vektor der elektromagnetischen Leistungsdichte $\boldsymbol{S}$ (Poynting-Vektor), von einem einzigen Punkt, dem Phasenzentrum, auszugehen. Wenn diese Voraussetzungen vorliegen, befindet sich der Empfangsort in der *Fernfeldregion* der Sendeantenne, die häufig verkürzt als „Fernfeld"

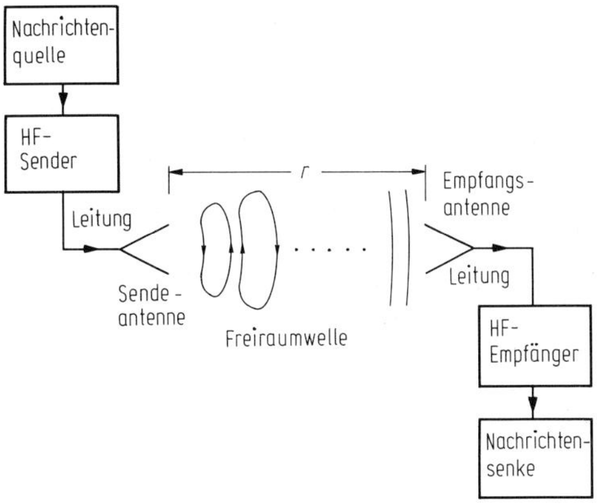

Bild 1. Blockschaltbild einer drahtlosen Nachrichtenübertragungsstrecke

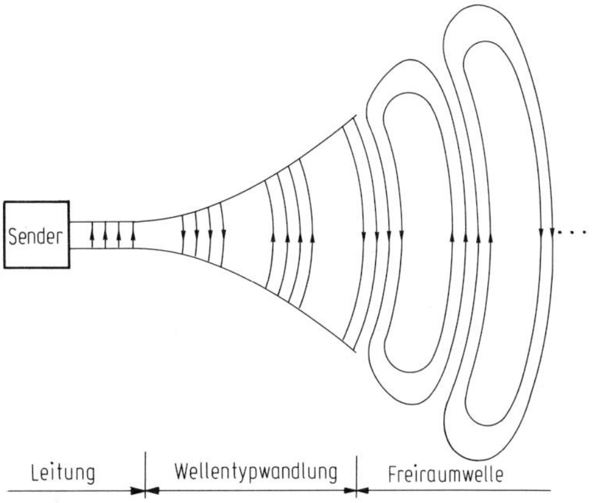

Bild 2. Verschiedene Wellentypen bei einer Sendeantenne

Spezielle Literatur Seite N 3

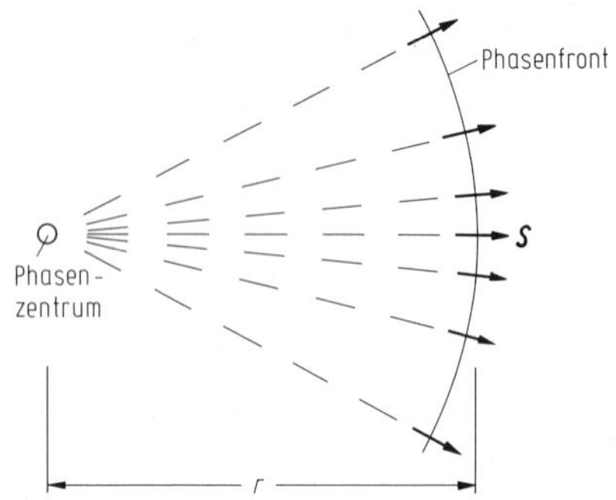

Bild 3. Phasenzentrum und Poynting-Vektor im Antennenfeld

bezeichnet wird, und es gelten – wie nachstehend gezeigt – vereinfachte Beziehungen. Streng genommen liegen nur für $r \to \infty$ reine Fernfeldbedingungen vor. In diesem Fall können die sphärischen Phasenfronten bereichsweise als *eben* angenommen werden und die am Empfangsort einfallende Welle ist eine ebene Welle für deren elektrische und magnetische Feldstärken die Beziehung

$$\underline{E}/\underline{H} = Z_{\mathrm{F}0} = 120\,\pi\,\Omega \tag{1}$$

gilt. Die Leistungsdichte S ergibt sich, wenn E und H senkrecht aufeinanderstehen und gleichphasig sind, aus

$$S = \tfrac{1}{2} E H = \tfrac{1}{2} E^2 / Z_{\mathrm{F}0}. \tag{2}$$

E bzw. H sind dabei Scheitelwerte.
Näherungsweise treten diese Verhältnisse auch schon in endlichem Abstand r von der Sendeantenne auf. Als Grenze r_2 für den Beginn der Fernfeldregion definiert man in der Praxis bei Quer- und Aperturstrahlern mit der größten geometrischen Abmessung D_0 näherungsweise

$$r_2 = 2 D_0^2 / \lambda_0, \tag{3}$$

wobei $D_0 > \lambda_0$ vorausgesetzt ist. Gl. (3) wird aus der Bedingung erhalten, daß der Weglängenunterschied Δr zwischen zwei am Empfangsort einfallenden Strahlen, von denen der eine vom Antennenmittelpunkt und der andere vom Antennenrand ausgeht, der Bedingung $\Delta r \leqq \lambda_0/8$ genügt.
Obgleich auf einer etwas unterschiedlichen Definition basierend, wird die Fernfeldregion häufig mit der Frauenhofer-Region gleichgesetzt. Voraussetzung für alle diese Betrachtungen ist jedoch, daß die Sendeantenne auf einen Punkt im unendlichen fokussiert ist.
Zwischen der Sendeantenne und der Fernfeldregion liegt die *Nahfeldregion* oder kürzer das *Nahfeld.* Bei elektrisch größeren Antennen kann dieser Bereich in die *Blind-Nahfeldregion* und das *strahlende Nahfeldgebiet* [1–3] unterteilt werden.
In der Blind-Nahfeldregion, die unmittelbar die Antenne umschließt, dominieren die mit r^{-2} bzw. r^{-3} abfallenden reaktiven Feldstärkekomponenten.
Im strahlenden Nahfeldgebiet, das wiederum in Anlehnung an die Terminologie der Optik auch manchmal als *Fresnel-Region* bezeichnet wird (Voraussetzung: Fokussierung der Antenne aufs Unendliche) und das an die Blind-Nahfeldregion anschließt, hängt im Gegensatz zum Fernfeld die Winkelverteilung der Feldstärke von der Entfernung r ab. Die Grenze r_1 zwischen der Blind-Nahfeldregion und dem strahlenden Nahfeldgebiet wird unter der Voraussetzung $D_0 > \lambda_0$ häufig mit der Beziehung

$$r_1 = 0{,}62 \sqrt{D_0^3/\lambda_0} \tag{4}$$

abgeschätzt. Bei Dipolen und Schleifenantennen, deren Abmessungen wesentlich unter der Wellenlänge liegen, entfällt das strahlende Nahfeldgebiet, da hier die Winkelabhängigkeit der Feldstärken sehr einfachen Gesetzmäßigkeiten gehorcht und schon relativ nahe an der Antenne entfernungsunabhängig ist. Ihre Blind-Nahfeldregion erstreckt sich etwa bis

$$r_1 \approx \lambda_0/(2\pi). \tag{5}$$

Bei einer Freiraum-Übertragungsstrecke, bei der sich die Empfangsantenne im Fernfeld der Sendeantenne im Abstand r befindet, erhält man für die Leistungsdichte am Ort der Empfangsantenne

$$S = \frac{P_{\mathrm{t}} D}{4 r^2 \pi} = \frac{P_{\mathrm{t}0} G}{4 r^2 \pi} = P_{\mathrm{ei}}/(4 r^2 \pi). \tag{6}$$

Hierin ist $P_{\mathrm{t}0}$ die zugeführte, P_{t} die abgestrahlte Leistung und P_{ei} (s. Gl. (O 3.3)) die äquivalente isotrope Strahlungsleistung der Sendeantenne. D ist der Richtfaktor und G der Gewinn.
Die Amplituden der elektrischen und magnetischen Feldstärken am Ort der Empfangsantenne ergeben sich aus Gl. (6) mit Gl. (2). Für die Leistungsübertragung zwischen zwei Antennen, die bezüglich ihrer Richtcharakteristik und Polarisation optimal zueinander ausgerichtet sind, gilt:

$$P_{\mathrm{r}} = S A_{\mathrm{er}} = P_{\mathrm{t}0} \frac{G_{\mathrm{t}} G_{\mathrm{r}} \lambda_0^2}{(4\pi r)^2} = P_{\mathrm{t}0} \frac{A_{\mathrm{er}} A_{\mathrm{et}}}{(\lambda_0 r)^2}. \tag{7}$$

Hierin ist P_{r} die verfügbare Wirkleistung der Empfangsantenne, A_{et} und A_{er} sind die wirksamen Flächen und G_{t}, G_{r} die Gewinne von Sende- und Empfangsantenne.

Reziprozität. Eine Anordnung mit zwei Antennen nach Bild 4 kann als Vierpol betrachtet wer-

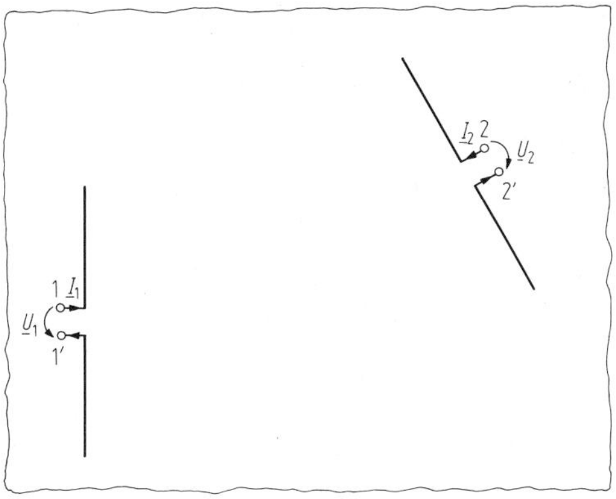

Bild 4. Antennenanordnung als Vierpol

den, dessen Ströme und Spannungen z. B. durch eine Z-Matrix verknüpft sind.

$$\underline{U}_1 = \underline{I}_1 \underline{Z}_{11} + \underline{I}_2 \underline{Z}_{12},$$
$$\underline{U}_2 = \underline{I}_1 \underline{Z}_{21} + \underline{I}_2 \underline{Z}_{22}.$$

Reziprozität liegt vor für $\underline{Z}_{12} = \underline{Z}_{21}$, was bei normalen Antennenanordnungen, die keine speziell nichtreziproken Bauteile wie Ferrite oder Verstärker enthalten und die in einem linearen, passiven, isotropen Medium arbeiten, als gegeben angenommen werden kann.
Aus der Reziprozität folgt die Identität der Impedanz, des Richtdiagramms, des Richtfaktors und des Gewinns sowie der wirksamen Länge und Fläche einer Antenne im Sende- und Empfangsfall.

Spezielle Literatur: [1] *Koch, G.F. in:* Handwörterbuch des elektrischen Fernmeldewesens, Bd. I. Bonn: Bundesministerium für das Post- und Fernmeldewesen 1970. – [2] *Rudge, A.W.; Milne, K.; Olver, A.D.; Knight, P.* (Eds.): The handbook of antenna design. London: Peregrinus 1982. – [3] Balanis, C.: Antenna theory, analysis and design. New York: Harper and Row 1982.

2 Elementare Strahlungsquellen
Elementary radiation sources

Allgemeine Literatur s. unter N 1

2.1 Isotroper Kugelstrahler
Isotropic radiator

Eine verlustlose Antenne, die gleichmäßig in alle Raumrichtungen abstrahlt (vgl. Bild N 3.3), bzw. aufgrund der vorausgesetzten Reziprozität gleichmäßig aus allen Raumrichtungen empfängt, wird „isotroper Kugelstrahler" genannt. Als Sendeantenne erzeugt sie im Abstand r winkelunabhängig die Leistungsdichte

$$S_\text{i} = \frac{P_\text{t}}{4 r^2 \pi}, \tag{1}$$

die elektrischen und magnetischen Feldstärken ergeben sich mit Gl. (1). P_t ist die Strahlungsleistung der Antenne.
Für vorgegebene lineare Polarisation ist ein solcher Strahler zwar nicht realisierbar, als theoretische Vergleichsantenne jedoch durchaus sinnvoll.

Spezielle Literatur Seite N 6

2.2 Hertzscher Dipol. Hertzian dipole

Als „Hertzscher Dipol" wird ein fiktiver Strahler mit infinitesimal kurzer Länge Δ und konstantem Strombelag I_0 bezeichnet (Bild 1 a). Eine Antenne, die in der Praxis ähnliche Eigenschaften wie der Hertzsche Dipol zeigt, wird nach Bild 1 b durch einen Dipol, dessen Länge L klein gegenüber der Wellenlänge λ_0 ist, gebildet. Großflächige Elektroden, die als Dachkapazitäten wirken, sorgen dafür, daß sich der Antennenstrom in den Raum hinein als Verschiebungsstrom I_V fortsetzen kann, wodurch eine annähernd konstante Strombelegung längs des Dipols entsteht.
Das Gesamtfeld des Hertzschen Dipols ergibt sich mit

$$\beta_0 = 2\pi/\lambda_0 = \omega/c_0 \tag{2}$$

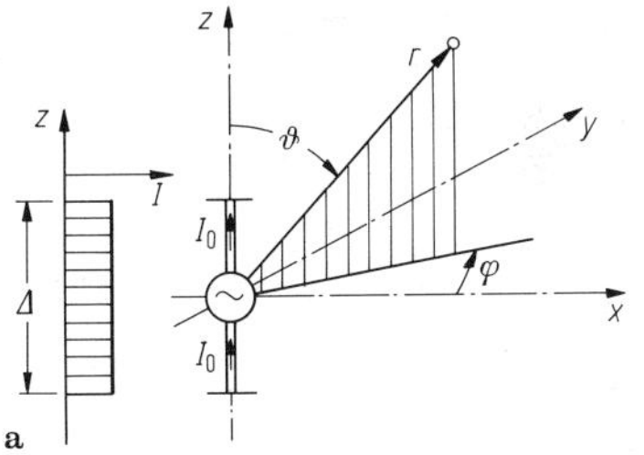

a

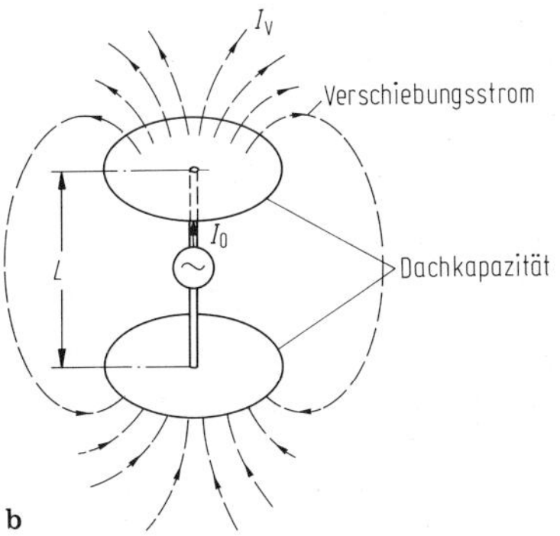

b

Bild 1. Hertzscher Dipol. **a** Bezeichnungen; **b** realer Dipol mit Dachkapazität als Näherung eines Hertzschen Dipols

in Kugelkoordinaten zu:

$$\underline{E}_r = Z_{F0} \frac{\underline{I}_0 \Delta \cos\vartheta}{2\pi r^2} \left[1 + \frac{1}{j\beta_0 r}\right] \cdot \exp(-j\beta_0 r), \quad (3)$$

$$\underline{E}_\vartheta = j Z_{F0} \frac{\beta_0 \underline{I}_0 \Delta \sin\vartheta}{4\pi r} \left[1 + \frac{1}{j\beta_0 r} - \frac{1}{(\beta_0 r)^2}\right] \cdot \exp(-j\beta_0 r), \quad (4)$$

$$\underline{H}_\varphi = j \frac{\beta_0 \underline{I}_0 \Delta \sin\vartheta}{4\pi r} \left[1 + \frac{1}{j\beta_0 r}\right] \cdot \exp(-j\beta_0 r). \quad (5)$$

Es kann aus dem Hertzschen Vektor $\underline{\boldsymbol{\Pi}}$

$$\underline{\boldsymbol{\Pi}} = \frac{1}{j 4\pi \omega \varepsilon_0} \underline{I}_0 \Delta \frac{\exp(-j\beta_0 r)}{r}, \quad (6)$$

dessen Richtung identisch mit der Dipolachse ist, gemäß

$$\underline{\boldsymbol{E}} = \beta_0^2 \underline{\boldsymbol{\Pi}} + \operatorname{grad}(\operatorname{div} \underline{\boldsymbol{\Pi}}), \quad (7)$$

$$\underline{\boldsymbol{H}} = j\omega\varepsilon_0 \operatorname{rot} \underline{\boldsymbol{\Pi}} \quad (8)$$

abgeleitet werden. Da der Hertzsche Dipol das Feld eines elementaren Stromelements beschreibt, können die Felder stromführender Leiter aus der Überlagerung äquivalenter Hertzscher Dipole berechnet werden. Häufig ist es dabei günstiger, nicht die Felder selbst zu summieren, sondern den resultierenden Hertzschen Vektor gemäß Gl. (6) zu ermitteln, aus dem dann mit Hilfe der Beziehungen nach Gl. (7) und Gl. (8) die einzelnen Feldstärken berechnet werden können.

Bild 2a zeigt ein Momentanbild der elektrischen Feldlinien des Hertzschen Dipols sowie Bild 2b sein Richtdiagramm. Die magnetischen Feldlinien bilden konzentrische Kreise um die Dipolachse. Wegen $\underline{E}/\underline{H} = Z_{F0}$ ist ihre Konzentration für nicht zu kleine Abstände dort maximal, wo auch die elektrische Feldstärke maximal ist.

Für große Abstände $r \gg \lambda_0$ können die Glieder mit r^{-2} und r^{-3} in den Gln. (3) bis (5) vernachlässigt werden, und man erhält die *Fernfeldnäherung*:

$$\underline{E}_\vartheta = j Z_{F0} \frac{\beta_0 \underline{I}_0 \Delta}{4\pi r} \sin\vartheta \exp(-j\beta_0 r), \quad (9)$$

$$\underline{H}_\varphi = j \frac{\beta_0 \underline{I}_0 \Delta}{4\pi r} \sin\vartheta \exp(-j\beta_0 r). \quad (10)$$

Es treten nur noch die Feldstärken $\underline{E}_\vartheta$ und $\underline{H}_\varphi$ auf, die miteinander, wie bei einer ebenen Welle, den konstanten Quotienten $Z_{F0} = 120\,\pi\ \Omega$ bilden. Die Richtcharakteristik $C(\vartheta)$ ergibt sich aus den Gln. (9) oder (10) und ist aufgrund der Rotationssymmetrie der Anordnung nur abhängig von ϑ:

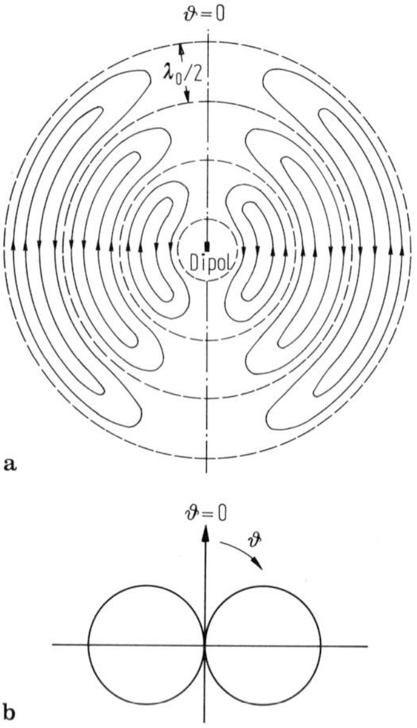

Bild 2. Hertzscher Dipol. **a** Momentanbild der elektrischen Feldlinien; **b** Richtdiagramm in der E-Ebene

$$C(\vartheta) = |\sin(\vartheta)|. \quad (11)$$

Das Richtdiagramm gemäß Gl. (11) ist in Bild 2b dargestellt.

2.3 Magnetischer Elementardipol

Magnetic elementary dipole

Der Hertzsche Dipol ist durch einen eingeprägten elektrischen Strom $\underline{I}_0$ längs seiner infinitesimal kurzen Länge Δ gekennzeichnet. Setzt man anstelle des elektrischen Leitungsstroms als duale Größe einen eingeprägten magnetischen Strom der Amplitude $\underline{I}_{M0}$, der ebenfalls auf einer Länge Δ konstant sein soll, so erhält man den magnetischen Elementardipol (Fitzgeraldscher Dipol, Bild 3a). Sein Feld ist dual zum Feld des elektrischen Dipols, d. h. durch Vertauschen von E und H erhält man aus den Feldstärken des Hertzschen – bis auf das Vorzeichen – diejenigen des Fitzgeraldschen Dipols und umgekehrt.

$$\underline{H}_r = \frac{\underline{I}_{M0} \Delta \cos\vartheta}{2\pi r^2 Z_{F0}} \left[1 + \frac{1}{j\beta_0 r}\right] \cdot \exp(-j\beta_0 r), \quad (12)$$

$$\underline{H}_\vartheta = j \frac{\beta_0 \underline{I}_{M0} \Delta \sin\vartheta}{4\pi r Z_{F0}} \left[1 + \frac{1}{j\beta_0 r} - \frac{1}{(\beta_0 r)^2}\right] \cdot \exp(-j\beta_0 r), \quad (13)$$

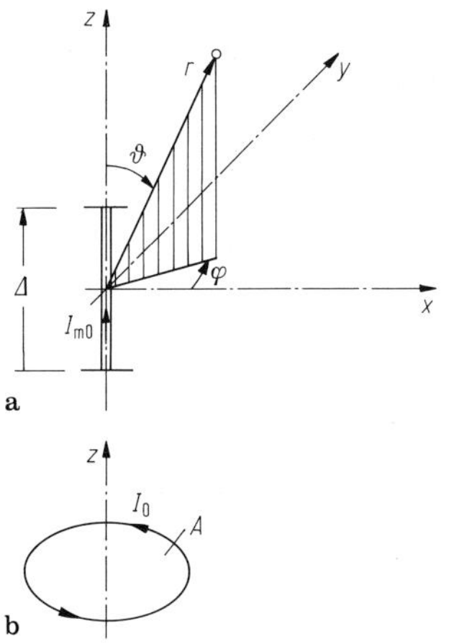

Bild 3. Magnetischer Elementardipol. **a** Bezeichnungen; **b** äquivalente Leiterschleife

$$\underline{E}_\varphi = \frac{-\mathrm{j}\beta_0 \underline{I}_{\mathrm{M}0} \Delta \sin\vartheta}{4\pi r}\left[1+\frac{1}{\mathrm{j}\beta_0 r}\right] \cdot \exp(-\mathrm{j}\beta_0 r). \tag{14}$$

In der Praxis kann der magnetische Strom $\underline{I}_{\mathrm{M}0}$ mit dem Dipolmoment $\underline{I}_{\mathrm{M}0}\Delta$ durch eine elektrisch kleine Leiterschleife (an sich beliebiger Form) der Fläche A, die den konstanten Strom I_0 führt und die wie in Bild 3b orientiert ist, ersetzt werden. Es gilt

$$\underline{I}_{\mathrm{M}0}\Delta = \mathrm{j}\omega\mu_0 \underline{I}_0 A. \tag{15}$$

Aufgrund der gegebenen Dualität sind das Richtdiagramm des magnetischen und des elektrischen Elementardipols identisch. Auch beim magnetischen Elementardipol können die Feldstärken aus einem übergeordneten Vektor, dem *magnetischen Hertzschen Vektor*

$$\underline{\boldsymbol{F}} = \frac{\underline{I}_{\mathrm{M}0}\Delta}{\mathrm{j}4\pi\omega\mu_0}\frac{\exp(-\mathrm{j}\beta_0 r)}{r}, \tag{16}$$

dessen Richtung identisch mit der Richtung des magnetischen Stroms $I_{\mathrm{M}0}$ ist, mit Hilfe der dualen Formeln

$$\underline{\boldsymbol{H}} = \beta_0^2 \underline{\boldsymbol{F}} + \mathrm{grad}(\mathrm{div}\,\underline{\boldsymbol{F}}), \tag{17}$$

$$\underline{\boldsymbol{E}} = -\mathrm{j}\omega\mu_0 \,\mathrm{rot}\,\underline{\boldsymbol{F}} \tag{18}$$

abgeleitet werden.

2.4 Huygenssche Elementarquelle

Huygens source

Nach dem Huygensschen Gesetz kann jeder Punkt einer primären Wellenfront als Erregungszentrum einer sekundären Kugelwelle be-

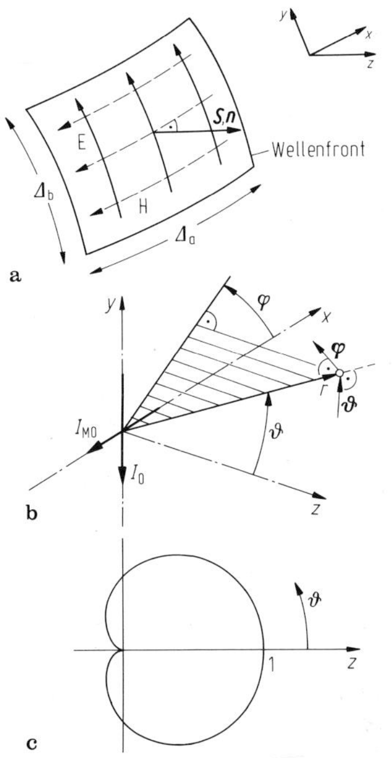

Bild 4. a Ausschnitt einer primären Wellenfront; **b** Ersatzquellen, Huygenssche Quelle im Kugelkoordinatensystem, räumliche Einheitsvektoren **ϑ** und **φ**; **c** Richtdiagramm der Huygensschen Elementarquelle in einer Ebene φ = const.

trachtet werden. Bei elektromagnetischen Wellen entspricht diese Aussage dem *Prinzip der äquivalenten Quellen* [2]. Innere Quellen eines abgeschlossenen Volumens können demnach durch Ersatzquellen, die sich aus den tangentialen Feldstärken an der Oberfläche des Volumens ergeben, ersetzt werden. Es gilt

$$\underline{\boldsymbol{M}} = \underline{\boldsymbol{E}} \times \boldsymbol{n}, \tag{19}$$

$$\underline{\boldsymbol{G}} = \boldsymbol{n} \times \underline{\boldsymbol{H}}. \tag{20}$$

Hierin ist $\underline{\boldsymbol{M}}$ ein magnetischer, $\underline{\boldsymbol{G}}$ ein elektrischer Flächenstrom und $\boldsymbol{n}$ ein von der Oberfläche des betrachteten Volumens nach außen weisender Normalenvektor. $\underline{\boldsymbol{E}}$ ist die elektrische, $\underline{\boldsymbol{H}}$ die magnetische Tangentialfeldstärke.

Betrachtet man einen näherungsweise rechteckigen Ausschnitt einer Wellenfront mit den Seitenlängen Δ_a und Δ_b (Bild 4a), so bedeutet dies, daß man die von diesem Ausschnitt ausgehende Sekundärwelle als Überlagerung der von den beiden, gemäß Bild 4b orthogonal stehenden, elektrischen und magnetischen Elementardipolen ausgehenden Strahlung beschreiben kann. Zur Berechnung der Sekundärfeldstärken ist in den Gln. (3) bis (5) das elektrische Dipolmoment durch

$$\underline{I}_0 \Delta = \underline{H}\,\Delta_\mathrm{a}\Delta_\mathrm{b}, \tag{21}$$

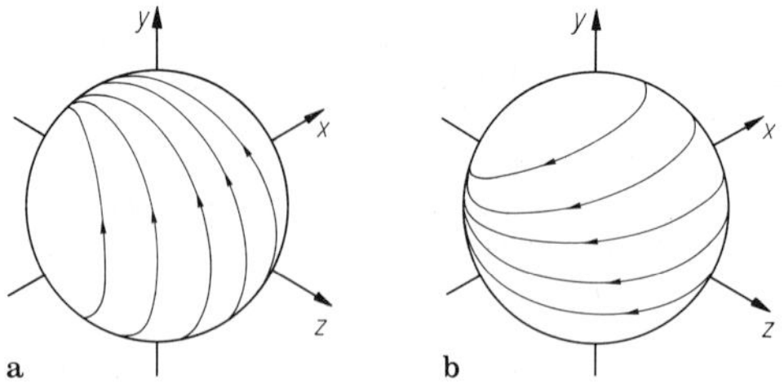

a b

Bild 5. Elektrische Feldlinien im Fernfeld einer Huygensschen Quelle. **a** nach Bild 4b; **b** orthogonal zu Bild 4b

und das magnetische Dipolmoment durch

$$\underline{I}_{M0}\Delta = \underline{E}\Delta_a\Delta_b \tag{22}$$

zu ersetzen.
Sind elektrische und magnetische Feldstärke des Primärfeldes über den Feldwellenwiderstand des freien Raums über Z_{F0} miteinander verknüpft, wie dies grundsätzlich im Antennenfernfeld der Fall ist, so besteht diese Beziehung auch zwischen den Gln. (21) und (22). Die Kombination aus Hertzschem und Fitzgeraldschem Dipol nach Bild 4b wird in diesem Fall als Huygenssche Quelle bezeichnet. Ihre Felder ergeben sich mit $\underline{E}/\underline{H} = Z_{F0}$ aus den Gln. (4), (5), (13), (14) sowie (21) und (22) [3]. Für die Fernfeldregion erhält man:

$$\underline{E}_\vartheta = \frac{\mathrm{j}\underline{E}\Delta_a\Delta_b}{2\lambda_0 r}(1+\cos\vartheta)\,\sin\varphi\,\exp(-\mathrm{j}\beta_0 r) = Z_{F0}H_\varphi, \tag{23}$$

$$\underline{E}_\varphi = \frac{\mathrm{j}\underline{E}\Delta_a\Delta_b}{2\lambda_0 r}(1+\cos\vartheta)\,\cos\varphi\,\exp(-\mathrm{j}\beta_0 r) = -Z_{F0}H_\vartheta. \tag{24}$$

Für Ebenen $\varphi = \text{const}$ ist die Richtcharakteristik für alle auftretenden Feldstärkekomponenten durch

$$C(\vartheta) = \tfrac{1}{2}|\cos\vartheta + 1| \tag{25}$$

gegeben; das Richtdiagramm ist in Bild 4b in der E- und H-Ebene dargestellt. Die Hauptstrahlrichtung der Huygensschen Quelle entspricht der in Bild 4a durch den Poynting-Vektor dargestellten Richtung des Energieflusses der Primärwelle; in entgegengesetzter Richtung liegt eine Nullstelle des Elementarstrahlers. Die elektrischen Feldlinien im Fernfeld der Quelle nach Bild 4a finden sich in Bild 5a.
Bei (annähernd) bekannter Feldverteilung über der Apertur kann mit Hilfe der Gln. (23) und (24) durch Integration über alle Huygensschen Quellen das Strahlungsfeld einer Aperturantenne berechnet werden.

Spezielle Literatur: [1] *Koch, G.F. in:* Handwörterbuch des elektrischen Fernmeldewesens, Bd. I. Bonn: Bundesministerium für das Post- und Fernmeldewesen 1970. – [2] *Unger, H.-G.:* Elektromagnetische Wellen I. Braunschweig: Vieweg 1967. – [3] *Schelkunoff, S.A.; Friis, H.T.:* Antenna theory and practice. New York: Wiley 1966.

3 Kenngrößen von Antennen
Antenna properties

Allgemeine Literatur s. unter N 1.

Die in diesem Kapitel verwendeten Definitionen orientieren sich an den entsprechenden ITG-Empfehlungen, DIN-Normen und IEEE Festlegungen [1–4]; die verwendeten Formelzeichen weichen dort ab, wo es im Interesse einer einheitlichen Darstellung notwendig ist.

3.1 Leistungsgrößen, Strahlungswiderstand, Verlustwiderstand
Power notations, radiation resistance, loss resistance

Sofern nicht besonders gekennzeichnet, handelt es sich bei allen folgenden Leistungsbegriffen um Wirkleistung. Die von einer Antenne insgesamt in Strahlung umgesetzte Leistung ist ihre *Strahlungsleistung* P_t. Sie ergibt sich aus der Differenz zwischen *Eingangsleistung* P_{t0} und der in der Antenne in Wärme umgesetzten *Verlustleistung* P_l.

$$P_t = P_{t0} - P_l. \tag{1}$$

Der *Antennenwirkungsgrad*, oft präziser Strahlungswirkungsgrad genannt, ist das Verhältnis

$$\eta = P_t/P_{t0}. \tag{2}$$

Wird die Strahlungsleistung P_t mit dem Richtfaktor D multipliziert, bzw. die Eingangsleistung P_{t0} mit dem auf den isotropen Strahler bezogenen Gewinn G (s. 3.3), so erhält man die *äquivalente isotrope Strahlungsleistung* (EIRP = Equivalent Isotropic Radiated Power) P_{ei} der Antenne.

$$P_{ei} = P_t D = P_{t0} G. \tag{3}$$

Sie ist diejenige Leistung, die man einem isotropen Kugelstrahler zuführen muß, damit dieser die gleiche Leistungsdichte (vgl. Gl. N 2.1) bzw. die gleichen Feldstärken erzeugt, wie die betrachtete Richtantenne in Hauptstrahlrichtung bei gleichem Abstand.
Soll die gleiche Leistungsdichte nicht durch einen isotropen Kugelstrahler sondern durch ei-

Spezielle Literatur Seite N 11

nen verlustlosen Halbwellendipol als Vergleichsstrahler erzeugt werden, so wird die diesem zuzuführende Leistung *effektive Strahlungsleistung* (ERP = Effective Radiated Power) P_{ed} genannt. Es gilt:

$$P_{ed} = P_{ei}/1{,}64 = P_{t0}\,G_d\,. \qquad (4)$$

Hierin stellt der Zahlenwert 1,64 den Gewinn des Halbwellendipols, bezogen auf den isotropen Strahler, und G_d den Antennengewinn, bezogen auf den Halbwellendipol dar.

Der *Strahlungswiderstand* R_r verknüpft die Strahlungsleistung P_t mit einem bestimmten Antennenstrom I gemäß der Beziehung

$$R_r = \frac{2P_t}{I^2}\,. \qquad (5)$$

Als Bezugsströme werden sowohl der Strombauch I_{max} der Antennenstromverteilung bei Linearantennen als auch der Antenneneingangsstrom I_A verwendet. Bezieht man auf den Eingangsstrom, so ist bei verlustlosen Antennen der Strahlungswiderstand gleich dem Realteil R_A der Eingangsimpedanz $\underline{Z}_A = R_A + j\,X_A$.

Der Strahlungswiderstand des Hertzschen Dipols ergibt sich zu:

$$R_r = 80\,\pi^2(\Delta/\lambda_0)^2\,\Omega\,. \qquad (6)$$

Der *Verlustwiderstand* R_l errechnet sich ähnlich wie der Strahlungswiderstand aus

$$R_l = \frac{2P_l}{I^2}\,. \qquad (7)$$

Bezieht man auf den Antenneneingangsstrom, so ergibt sich der Realteil R_A der Eingangsimpedanz aus der Summe von Strahlungswiderstand R_r und Verlustwiderstand R_l.

3.2 Kenngrößen des Strahlungsfeldes
Radiation field characteristics

Polarisation (s. B 3). Eine Antenne wird in der Regel für die Abstrahlung bzw. den Empfang elektromagnetischer Wellen einer bestimmten Polarisation (Nutzpolarisation, Kopolarisation) ausgelegt. Die dazu orthogonale, i. allg. unerwünschte Polarisation wird Kreuzpolarisation genannt. Gilt das Reziprozitätsgesetz, so sind für eine gegebene Antenne die genannten Polarisationen im Sende- und Empfangsfall identisch.

Während bei der zirkularen Polarisation die Begriffe „Ko-" und „Kreuzpolarisation" völlig eindeutig sind, bedürfen sie bei linearer und elliptischer Polarisation einer Festlegung. Für die lineare Polarisation wurden in [5] von A. C. Ludwig drei mögliche, sinnvolle Definitionen vorgeschlagen, die sich allgemein durchgesetzt haben. Die erste bezieht sich auf eine feste Raumrichtung (z. B. die Vertikale) und legt als Ko- bzw. Kreuzpolarisation die Richtung des elektrischen Feldstärkevektors parallel bzw. orthogonal zu dieser Raumrichtung fest. Diese Art der Festlegung ist i. allg. nur bei Empfangsantennen und für Spezialfälle, wie z. B. Navigationsantennen, üblich.

Weiter verbreitet sind Ludwigs zweite und dritte Definition. Bei der *zweiten* werden die Einheitsvektoren ϑ und φ in Kugelkoordinaten (vgl. Bild N 2.4) als Bezugsrichtung genommen. Dabei muß noch die Lage der z-Achse vereinbart werden. Die so definierten orthogonalen Polarisationsrichtungen sind in Bild 1 auf der Oberfläche einer Kugel dargestellt. Bei der praktischen Vermessung einer Antenne ergeben sich die Verhältnisse von Bild 1, wenn die Gegenstelle in Richtung der z-Achse angeordnet ist, wahlweise mit einer zur x- bzw. y-Richtung parallelen Polarisation arbeitet und die Testantenne auf einem zweiachsigen Drehstand montiert ist, bei dem das *Azimut über der Elevation* variiert werden kann.

Besonders für Richtantennen hat sich international Ludwigs *dritte* Definition durchgesetzt. Sie geht vom Polarisationsverhalten einer Huygensschen Quelle (s. N 2.4) als Referenz für die Kopolarisation aus und definiert als Kreuzpolarisation die Polarisation einer identischen, aber um 90° in der Aperturebene (d. h. um die z-Achse in Bild N 2.4 b) gedrehten Quelle. Bild N 2.5 zeigt die so definierte Ko- und Kreuzpolarisation auf der Oberfläche einer Kugel. Bei praktischen Antennenmessungen erhält man Ergebnisse nach der dritten Definition, wenn die Gegenstation wiederum in Richtung der z-Achse angeordnet ist und ein Drehstand mit Variation der *Elevation über dem Azimut* verwendet wird.

Richtcharakteristik. Die Richtcharakteristik, auch Strahlungscharakteristik (radiation pattern) genannt, gibt im Sendefall die Richtungs-

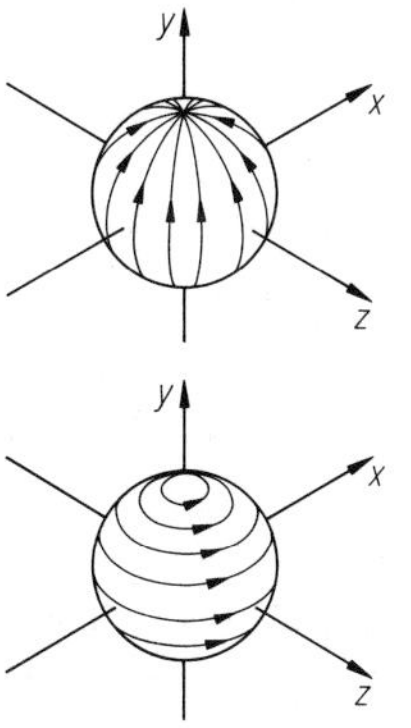

Bild 1. Linien orthogonaler Polarisation nach A. C. Ludwigs *zweiter* Definition

abhängigkeit der von einer Antenne erzeugten Feldstärke nach Amplitude, Phase und Polarisation in einem konstanten Abstand r unter Fernfeldbedingungen an.
Im Empfangsfall erfaßt sie die Richtungsabhängigkeit der von einer Antenne aus einem ebenen Wellenfeld vorgegebener Polarisation aufgenommenen Empfangsspannung nach Amplitude und Phase. Bei einer reziproken Antenne ist die Richtcharakteristik im Sende- und Empfangsfall identisch.
Zur Kennzeichnung der Richtungsabhängigkeit werden i. allg. Kugelkoordinaten r, ϑ, φ verwendet; die Richtcharakteristik ist dann eine Funktion von ϑ und φ.
In der Praxis wird diese Richtungsabhängigkeit häufig durch die *Amplitude* $E(\vartheta, \varphi)$ oder $H(\vartheta, \varphi)$ der elektrischen oder magnetischen Feldstärke einer bestimmten Polarisation oder durch die von einer Antenne aus einem ebenem Wellenfeld bestimmter Polarisation aufgenommene Empfangsspannung U beschrieben. Üblicherweise bezieht man die Richtcharakteristik auf den Maximalwert, z. B.:

$$C_E = \frac{E(\vartheta, \varphi)}{E_{max}}, \quad C_U = \frac{U(\vartheta, \varphi)}{U_{max}}. \tag{8}$$

Beispiele für Amplituden-Richtcharakteristiken geben u. a. die Gln. (N 2.11) und (N 2.25).
Da im allgemeinen Fall im Fernfeld elliptische Polarisation vorliegt, sind zur vollständigen Beschreibung der Richtcharakteristik der Gesamtamplitude die beiden Richtcharakteristiken $C_1(\vartheta, \varphi)$ und $C_2(\vartheta, \varphi)$ orthogonaler Polarisationskomponenten notwendig. Es ist dabei üblich, sowohl C_1 als auch C_2 auf den Maximalwert E_{max} der größeren Komponente zu normieren.

$$C_1 = \frac{E_1(\vartheta, \varphi)}{E_{max}}, \quad C_2 = \frac{E_2(\vartheta, \varphi)}{E_{max}}, \tag{9}$$

$$C_{ges} = \frac{\sqrt{C_1^2 + C_2^2}}{\sqrt{(C_1^2 + C_2^2)_{max}}}. \tag{10}$$

Richtdiagramm. Das Richt- oder Strahlungsdiagramm ist die graphische Darstellung der Richtcharakteristik in einer anzugebenden Schnittebene. Ohne besonderen Zusatz versteht man darunter in der Regel die Darstellung der Winkelabhängigkeit der Amplitude meist in Form eines Polardiagramms, bei stark bündelnden Antennen aber auch in kartesischen Koordinaten. Das Richtdiagramm des Hertzschen Dipols findet sich als Beispiel in Bild N 2.2 b, das der Huygenschen Quelle in Bild N 2.4 c. In den genannten Bildern ist die Richtcharakteristik linear aufgetragen, zur besseren Auflösung der Minima werden die Feldstärken- bzw. Spannungsverhältnisse aber häufig auch in logarithmischem Maßstab (in dB) dargestellt. Die Darstellung der Winkelabhängigkeit der Phase der abgestrahlten Welle bzw. der Empfangsspannung wird auch als *Phasendiagramm* bezeichnet.
Obwohl bei nichtelementaren Antennen zur Gesamtdarstellung der Richtcharakteristik durch Richtdiagramme im Prinzip unendlich viele Schnittebenen notwendig sind, beschränkt man sich in der Praxis meist auf einige wenige, die in der Regel die Hauptstrahlrichtung enthalten.
Bei einer überwiegend linear polarisierten Antenne wählt man z. B. häufig die durch die Hauptstrahlrichtung und den elektrischen bzw. magnetischen Feldvektor gebildete Ebene und erhält damit das *E*- bzw. *H-Ebenen-Diagramm* (Bild 2 a). Das in Bild N 2.2 b gezeigte Richtdiagramm des Hertzschen Dipols ist ein E-Ebenen-Diagramm, das H-Ebenen-Diagramm wird wegen der Rotationssymmetrie der Antenne durch einen Kreis beschrieben. Durch Bezug auf die Erdoberfläche kommt man analog zum *Vertikal*- bzw. *Horizontaldiagramm.*
Bei Richtantennen werden zur Darstellung der Richtungsabhängigkeit der Strahlung auch Höhenlinien, die konstante relative Amplitude bzw.

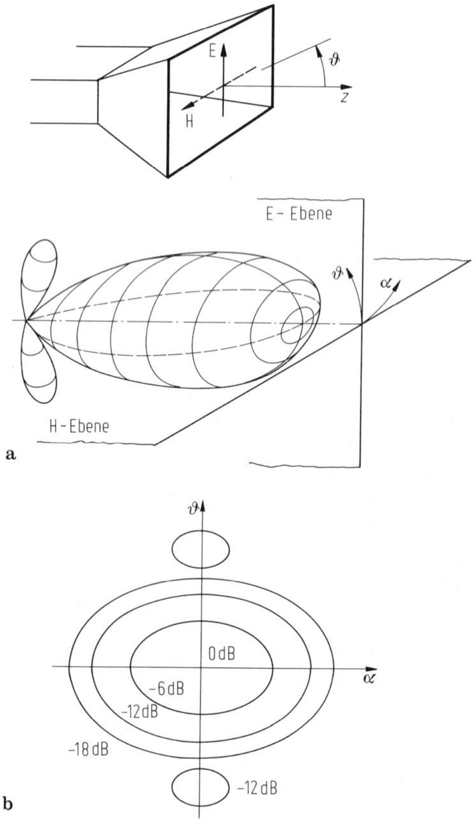

Bild 2. Richtdiagramm. **a** räumliche Darstellung und Definition der E- und H-Ebene; **b** Höhenliniendarstellung

Leistungsdichte in einem orthogonalen Winkelkoordinatensystem zeigen, benutzt (Bild 2 b).

Strahlungskeule. Bei Antennen, deren Strahlung, wie das Richtdiagramm in Bild 2 zeigt, in gewissen Sektoren konzentriert ist, ist der Begriff der Strahlungskeule vorteilhaft. Sie ist definiert als jener Teil der Richtcharakteristik, der durch Winkel mit minimaler Feldstärke begrenzt wird. Enthält die betrachtete Strahlungskeule die Hauptstrahlrichtung wird sie als *Hauptkeule*, andernfalls als *Nebenkeule* oder *Nebenzipfel* bezeichnet.

Die *Keulenbreite* z. B. $\vartheta_{10\,\text{dB}}$ gibt die winkelmäßige Ausdehnung der Hauptkeule in einem Richtdiagramm an. Innerhalb der Keulenbreite liegt die Hauptstrahlrichtung; die seitliche Begrenzung ist durch das Absinken der relativen Feldstärke oder der relativen Spannung auf einen zu definierenden Wert (z. B. -10 dB, -20 dB) gekennzeichnet (Bild 3).

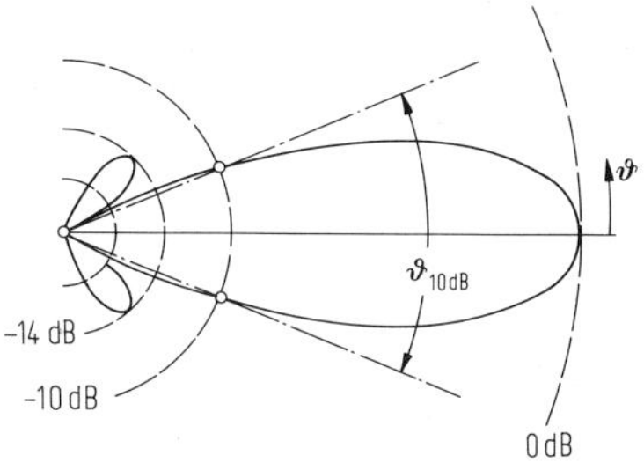

Bild 3. Keulenbreite und Nebenkeulendämpfung

Wählt man als Definitionswert -3 dB, d. h. Absinken der Feldstärke auf $1/\sqrt{2}$ bzw. der Strahlungsdichte auf die Hälfte des Maximalwerts, so erhält man die *Halbwertsbreite* oder *3-dB-Breite* z. B. $\vartheta_{3\,\text{dB}}$.

Die minimale Dämpfung der Nebenkeulen relativ zum Hauptkeulenmaximum in einem interessierenden Winkelbereich wird als *Nebenkeulendämpfung* oder *Nebenzipfeldämpfung* bezeichnet. Für den in Bild 3 dargestellten Winkelbereich ist die Nebenzipfeldämpfung z. B. 14 dB.

Der Wert der Nebenkeulendämpfung in einem anzugebenden – bezogen auf die Hauptstrahlrichtung – rückwärtigen Winkelbereich ist das *Vor-Rück-Verhältnis* (da es sich um einen logarithmischen Verhältniswert in dB handelt, eigentlich richtiger: *Vor-Rück-Maß*).

3.3 Richtfaktor und Gewinn

Directivity, gain

Der *Richtfaktor* (directivity) D einer Antenne ist vollständig durch deren Strahlungsfeld, d. h. durch ihre Richtcharakteristik beschrieben. Er ist ein Maß für die Eigenschaft der Antenne, Energie vorzugsweise nur in eine Richtung abzustrahlen, bzw. nur aus einer Richtung zu empfangen. Im Sendefall gilt

$$D = S_\text{R}/S_\text{i}\,. \tag{11}$$

S_R und S_i sind die von der betrachteten Antenne in Hauptstrahlrichtung bzw. von einem isotropen Kugelstrahler erzeugten Strahlungsdichten unter der Voraussetzung identischer Strahlungsleistung P_t beider Antennen und gleichen Abstands r des Aufpunkts (Bild 4). Bei einer in Kugelkoordinaten ϑ, φ gegebenen Richtcharakteristik der Gesamtamplitude $C_\text{ges}(\vartheta, \varphi)$ läßt sich D berechnen aus:

$$D = \frac{4\pi}{\int_0^{2\pi}\int_0^{\pi} C_\text{ges}^2(\vartheta, \varphi)\,\sin\vartheta\,\text{d}\vartheta\,\text{d}\varphi}\,. \tag{12}$$

Für eine Antenne, deren Richtcharakteristik sich im wesentlichen durch die Hauptkeule beschreiben läßt, so daß die Nebenkeulen vernachlässigt werden können, erhält man den Richtfaktor näherungsweise aus [6]

$$D = \frac{41\,000}{\vartheta_{\text{A}\,3\,\text{dB}}\,\vartheta_{\text{B}\,3\,\text{dB}}}\,. \tag{13}$$

Hierin sind $\vartheta_{\text{A}\,3\,\text{dB}}$ und $\vartheta_{\text{B}\,3\,\text{dB}}$ die in Grad ausgedrückten Halbwertsbreiten der Richtdiagramme in zwei zueinander orthogonalen Ebenen (z. B. E- und H-Ebene oder Ebenen $\varphi = \text{const}$ und $\vartheta = \text{const.}$).

Bei Antennen, deren Nebenkeulen nicht vernachlässigbar klein sind, liefert Gl. (13) zu hohe Werte für D. Bei Planargruppen ergeben sich z. B. bessere Ergebnisse wenn man die Konstante im Zähler von Gl. (13) durch den Wert 32400 [7] ersetzt.

Im Empfangsfall kann man den Richtfaktor wie folgt definieren:

$$D = P_{\text{r}\,0}/P_{\text{r}\,\text{i}}\,. \tag{14}$$

Hierin ist $P_{\text{r}\,0}$ die von der betrachteten Antenne bei optimaler Orientierung und Polarisation sowie Leistungsanpassung des Verbrauchers *aus dem Wellenfeld* aufgenommene Leistung, $P_{\text{r}\,\text{i}}$ die Empfangsleistung des isotropen Kugelstrahlers.

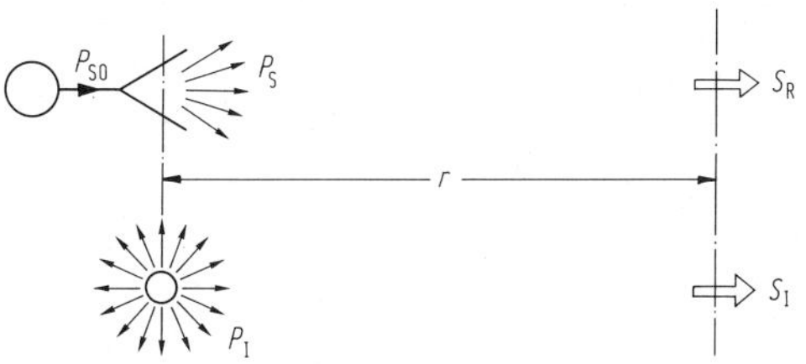

Bild 4. Zur Definition von Richtfaktor und Gewinn

Wenn Reziprozität vorliegt, ist der Richtfaktor im Sende- und Empfangsfall identisch.
Häufig wird der Richtfaktor statt als lineares Verhältnis in logarithmischem Maß ausgedrückt:

$$D'/\mathrm{dB} = 10 \lg D. \tag{15}$$

Der *Gewinn* (gain) G einer Antenne ist ähnlich definiert wie der Richtfaktor. Im Sendefall gilt Gl. (11) auch für den Gewinn, unter der Voraussetzung, daß die Strahlungsleistung des isotropen Kugelstrahlers genau so groß gemacht wird, wie die *Eingangsleistung* P_{t0} der betrachteten Antenne. Mit Gl. (2) erhält man

$$G = \eta D. \tag{16}$$

Bei verlustlosen Antennen sind Gewinn und Richtfaktor identisch! Im Empfangsfall gilt

$$G = P_r/P_{ri}. \tag{17}$$

Im Unterschied zu Gl. (14) tritt an die Stelle der dem Wellenfeld entnommenen Leistung P_{r0} die an den Verbraucher bei Leistungsanpassung und optimaler Orientierung und Polarisation *abgegebene* Empfangsleistung P_r.
Die Gewinne im Sende- und Empfangsfall sind bei vorliegender Reziprozität wiederum identisch. Ebenso wie beim Richtfaktor wird auch der Gewinn meist in logarithmischem Maß angegeben:

$$G'/\mathrm{dB} = 10 \lg G. \tag{18}$$

Um zu dokumentieren, daß für die Gewinnangabe der isotrope Kugelstrahler als Vergleich dient, wird für G' häufig dBi (dB isotrop) anstelle dB als Benennung angegeben.
Vor allem im Bereich niedrigerer Frequenzen, wo hauptsächlich Dipole und Gruppen von Dipolen als Antennen zur Anwendung kommen, wird als Bezugsantenne für die Ermittlung des Gewinns häufig statt des isotropen Kugelstrahlers der verlustlose *Halbwellendipol* verwendet. Da der *isotrope Gewinn* dieser Antenne

$$G = 1{,}64 \quad \text{oder} \quad G' = 2{,}15\ \mathrm{dBi} \tag{19}$$

beträgt, erhält man für den auf den Halbwellendipol bezogenen Gewinn

$$G_d = G/1{,}64 \quad \text{oder} \quad G'_d/\mathrm{dB} = G'/\mathrm{dBi} - 2{,}15. \tag{20}$$

Unsymmetrische Antennen, wie z. B. ein Viertelwellenmonopol mit einer sehr großen leitenden Fläche als Gegengewicht, strahlen nur in einen Halbraum. Dementsprechend erhöht sich ihr Gewinn bzw. der Richtfaktor fast um den Faktor 2 verglichen mit äquivalenten symmetrischen Antennen (z. B. Halbwellendipol). Dies gilt jedoch nur, wenn man das Gegengewicht als zur Antenne gehörig auffaßt. Damit die Übertragungsformeln, wie z. B. Gl. (N 1.7) ein richtiges Ergebnis liefern, darf der Einfluß der leitenden Ebene auf den Gewinn bei der zweiten Antenne im Übertragungssystem *nicht* mehr berücksichtigt werden. Benützen Sende- und Empfangsantenne die gleiche (theoretisch unendlich ausgedehnte) Ebene als Gegengewicht, so muß bei beiden Antennen mit den Gewinnwerten der äquivalenten symmetrischen Anordnung gerechnet werden. Vorstehende Überlegungen gelten in gleichem Maße für die wirksame Fläche und die wirksame Länge.

3.4 Wirksame Fläche, wirksame Länge
Effective area, effective length

Die einer Empfangsantenne bei optimaler Orientierung und Polarisation maximal entnehmbare Empfangsleistung P_r ist proportional zur Leistungsdichte S der einfallenden ebenen Welle. Der Proportionalitätsfaktor hat die Dimension einer Fläche und wird folglich *wirksame Fläche* oder auch *effektive Fläche* A_e genannt.

$$A_e = P_r/S. \tag{21}$$

A_e kann man sich als zur Ausbreitungsrichtung senkrechte Fläche vorstellen, durch die bei gegebener Strahlungsdichte S die Leistung P_r hindurchtritt (Bild 5a).
Die Gestalt dieser Fläche kann numerisch aus dem Empfangsfeld berechnet werden [8]; Bild 5b gilt für elektrisch kurze Dipole.
Die wirksame Fläche einer Antenne ist proportional zu ihrem Gewinn. Es gilt die Beziehung

$$A_e = \frac{\lambda_0^2}{4\pi} G. \tag{22}$$

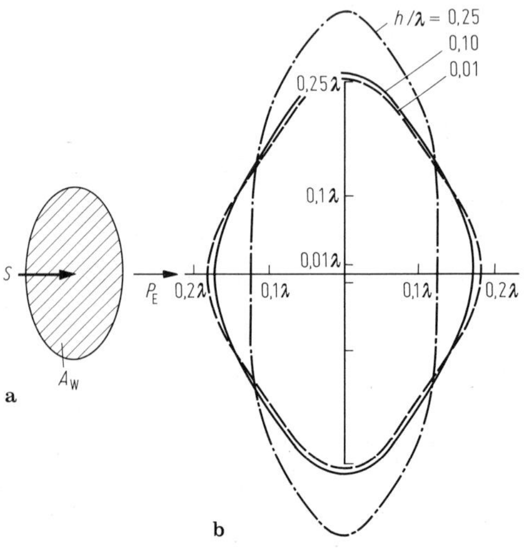

Bild 5. Wirksame Fläche. **a** Prinzip; **b** tatsächliche Gestalt für elektrisch kurze Dipole

Bei Aperturantennen besteht eine gewisse Beziehung zwischen der geometrischen Aperturfläche A_g und der wirksamen Fläche. Man setzt

$$A_e = q\eta A_g \tag{23}$$

und nennt q die *Flächenausnutzung* oder auch den „Flächenwirkungsgrad".

Jede Empfangsantenne kann bezüglich ihrer Ausgangsklemmen 1–1′ (Bild 6a) durch das Ersatzschaltbild nach Bild 6b ersetzt werden. Hierin ist U_0 die Leerlaufspannung der Antenne und $\underline{Z}_A = R_A + jX_A$ ihr komplexer Innenwiderstand. Bei reziproken Antennen sind die Eingangsimpedanz im Sendebetrieb und die innere Impedanz im Empfangsbetrieb identisch.

Zwischen der an den Klemmen 1 – 1′ auftretenden Leerlaufspannung $\underline{U}_0$ und der elektrischen Feldstärke der einfallenden Welle besteht Proportionalität. Der Proportionalitätsfaktor hat die Dimension einer Länge und wird *wirksame Länge* oder *effektive Höhe* genannt.

$$\underline{l}_e = \underline{U}_0/\underline{E}. \tag{24}$$

Obwohl dieser Begriff grundsätzlich auf alle Antennen angewendet werden kann, wird er hauptsächlich in Zusammenhang mit linearen Antennen benutzt. Dabei beschränkt man sich in der Regel auf die Angabe des Betrags von $\underline{l}_e$.

Mit Hilfe des Reziprozitätstheorems kann die wirksame Länge bei Linearantennen aus der gegenüber dem Empfangsbetrieb einfacheren Stromverteilung im Sendebetrieb berechnet werden. Für den Dipol nach Bild 6c gilt

$$\underline{l}_e = \int_{-h}^{h} \frac{\underline{I}(z)\,dz}{\underline{I}_A}. \tag{25}$$

$\underline{I}(z)/\underline{I}_A$ ist die auf den Eingangsstrom normierte Sendestromverteilung der Antenne. Bei elektrisch kurzen Dipolen mit dreiecksförmiger Sendestromverteilung gilt

$$l_e \approx 0{,}5\,L = h. \tag{26}$$

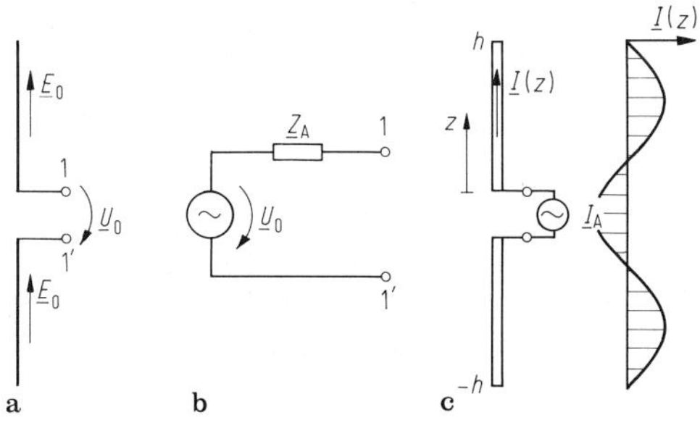

Bild 6. Wirksame Länge. **a** Empfangsantenne; **b** Ersatzschaltbild zu a); **c** Stromverteilung im Sendefall

Mit der wirksamen Fläche A_e ist die wirksame Länge durch folgende Beziehung verknüpft:

$$l_e = 2\sqrt{\frac{A_e R_r}{Z_{F0}}} \quad \text{bzw.} \quad A_e = \frac{l_e^2 Z_{F0}}{4R_r}. \tag{27}$$

Wie beim Gewinn und Richtfaktor gelten für unsymmetrische Antennen besondere Bedingungen. Zählt man das Gegengewicht zur Antenne, so ergibt Gl. (27) eine wirksame Länge, die (bei unendlich großer, leitender Ebene) indentisch mit der der entsprechenden symmetrischen Antenne ist. Sie gibt den Proportionalitätsfaktor an, mit dem man die elektrische Feldstärke E der einfallenden Welle, wie sie sich am Empfangsort *ohne Antenne und Gegengewicht* ergibt, multiplizieren muß, um die Antennenleerlaufspannung $\underline{U}_0$ zu erhalten. Häufig bezieht man sich in Gl. (24) aber auf die am Ort der Empfangsantenne herrschende Feldstärke $\underline{E}$, wenn zwar die Antenne, nicht aber das Gegengewicht entfernt ist. Die so definierte wirksame Länge ist halb so groß wie die der entsprechenden symmetrischen Antenne. Ähnliche Überlegungen gelten auch für die wirksame Fläche. Gl. (22) gilt unter der Voraussetzung, daß man das Gegengewicht als zur Antenne gehörig betrachtet.

Spezielle Literatur: [1] ITG 2.1/01, Empfehlung 1986: Begriffe aus dem Gebiet der Antennen. Elektrische Eigenschaften. NTZ 39 (1986) 669–672. – [2] *DIN 45030*: Begriffe aus dem Gebiet der Antennen, Antennengattungen und Antennenformen. Berlin: Deutscher Normenausschuß 1969. – [3] IEEE-standard dictionary of electrical and electronic terms. New York: IEEE 1977. – [4] IEEE-standard definition of terms for antennas. IEEE Trans. AP-17 (1969) 262–269. – [5] *Ludwig, A.C.*: The definition of cross polarization. IEEE Trans. AP-21 (1973) 116–119. – [6] *Kraus, D.*: Antennas. New York: McGraw-Hill 1988. – [7] *Balanis, C.*: Antenna theory, analysis and design. New York: Harper and Row 1982. – [8] *Müller, B.*: Energy flow in the nearfield of a receiving antenna. AEÜ 26 (1972) 443–449.

4 Einfache Antennen
Elementary antennas

Allgemeine Literatur: *Jasik, H.*: Antenna engineering handbook. New York: McGraw-Hill 1961. – *Kraus, J.*: Antennas. New York: McGraw-Hill 1950. – *Weeks, W.L.*: Antenna engineering. New York: McGraw-Hill 1968.

4.1 Stabantennen und Dipole
Linear antennas, dipoles

Die einfachste Antennenform bei unsymmetrischer (koaxialer) Speisung ist die senkrecht auf einer leitenden Ebene stehende Stabantenne (Monopol) entsprechend Bild 1. In der Praxis

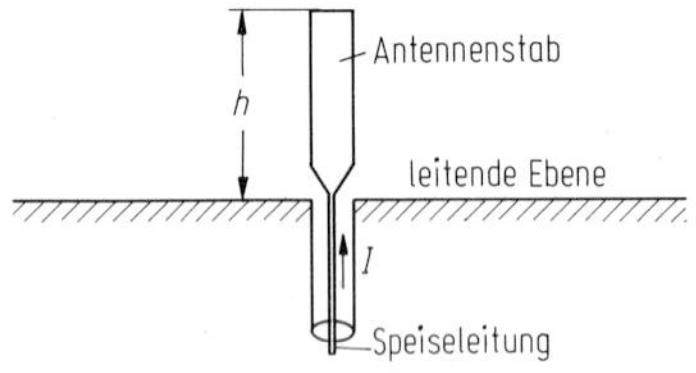

Bild 1. Stabantenne

werden meist Stäbe verwendet, die $\lambda/4$ lang oder kürzer sind. Die Stromverteilung auf dem Antennenstab entspricht weitgehend derjenigen bei einer am Ende offenen Leitung. Im Sendefall ist die Welle vertikal polarisiert und wird in der Horizontalebene ungerichtet abgestrahlt. Die vertikalen Strahlungsverteilungen und die Amplitudenverteilung des Stroms auf dem Antennenstab zeigt Bild 2 für verschiedene Verhältnisse von Stab- zu Wellenlänge. Bei symmetrischer Speisung ist die einfachste Antennenform ein Dipol (Bild 3). Die Eigenschaften von einfachem Stab über einer leitenden Ebene und einem Dipol sind bezüglich der Stromverteilung, der Richtwirkung und des Impedanzverhaltens gleich, weil die untere Dipolhälfte als das Spiegelbild des Antennenstabs bezüglich der leitenden Ebene betrachtet werden kann. Auch die auf den Speisestrom bezogenen Feldstärken im Fernfeld sind gleich. Im Fall der symmetrischen Speisung liegt zwischen beiden Leitern die doppelte Spannung gegenüber der Spannung am Antennenfußpunkt bei koaxialer Speisung an. Diese doppelte Leistung wird beim Dipol aber auch in den gesamten umgebenden Raum abgestrahlt, während der Monopol die ihm zugeführte Leistung nur in einen Halbraum abgibt. Die Eingangsimpedanz am Antennenfußpunkt ist beim Dipol mit symmetrischer Speisung zweimal so groß wie die Fußpunktimpedanz des Monopols.

Fußpunktimpedanz von Monopolen. Stabantennen, deren Länge kleiner als $\lambda/4$ ist, haben eine Impedanz, deren Ersatzschaltung die Reihenschaltung einer Kapazität und eines Wirkwiderstands ist. Die im ohmschen Widerstand verbrauchte Leistung entspricht der in das Fernfeld abgestrahlten Leistung sowie der Verlustleistung, die von der Antenne in Wärme umgesetzt wird. Bei sehr kurzen Stäben ist die Impedanz fast rein reaktiv. Allerdings kann durch geeignete Transformationsschaltungen der kleine Wirkwiderstand an den Generatorinnenwiderstand angepaßt werden. Derartige Resonanztranformationen haben stets nur sehr geringe Bandbreite und kleinen Wirkungsgrad infolge der Eigenverluste. Bild 4a zeigt die Feldverteilung für eine sehr kurze Antenne und nebenstehend Spannungs- und Stromverteilung bei einem entsprechenden, am Ende offenen Leitungsstück. Wegen des Spannungsmaximums am offenen

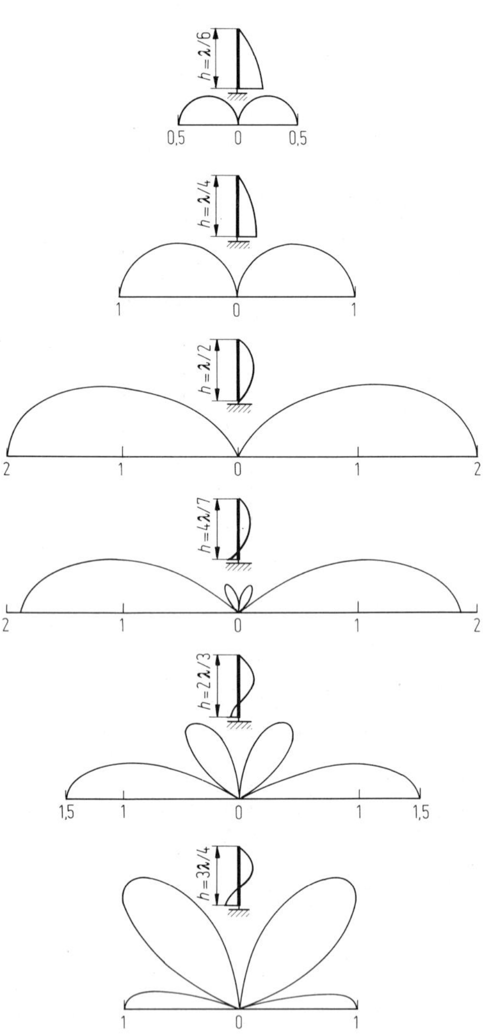

Bild 2. Strahlungsverteilung einer Vertikalantene in einer beliebigen Vertikalebene durch die Antenne

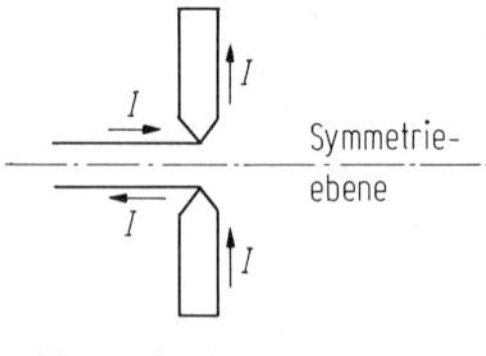

Bild 3. Dipol

Ende besteht ein Überschuß an elektrischem Feld. Die Impedanz ist daher kapazitiv. In Bild 4b erkennt man für den $\lambda/4$-Stab elektrische Felder, die vorwiegend vom Stabende ausgehen und Magnetfelder, die sich um den Fußpunkt konzentrieren. Die Spannungs- und Stromverteilung zeigt beide Feldarten im Gleichgewicht. Die Fußpunktimpedanz ist ohmisch. Beim längeren

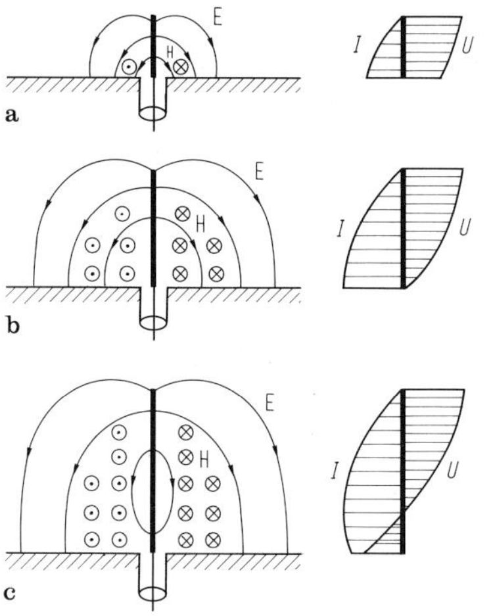

Bild 4. Feldverhältnisse bei Stabantennen. **a** $h < \lambda/4$; **b** $h = \lambda/4$; **c** $\lambda/4 > h > \lambda/2$

Stab (Bild 4c) überwiegt das Magnetfeld und bewirkt eine induktive Impedanz. Mit wachsendem h/λ steigt der Wirkanteil der Impedanz (Strahlungswiderstand) quadratisch an. Für $h = \lambda/4$ wird die Eingangsimpedanz reell. Nahezu unabhängig von der Dicke des Antennenstabes findet man $R \approx 40\,\Omega$ (beim Dipol $R \approx 80\,\Omega$). Bild 5 zeigt Impedanzverläufe für Antennen mit unterschiedlichem Durchmesser. Die Ersatzschaltung für $\lambda/4$-lange Antennen ist ein Serienresonanzkreis, bei $h = \lambda/2$ ein Parallelresonanzkreis. Je dicker die Antenne ist, desto ausgeprägter ist die durch die Strahlung bedingte Bedämpfung des reaktiven Verhaltens. Dicke Antennen sind also für größere Bandbreiten geeignet als schlanke Antennen. Der bei $h \approx \lambda/2$ auftretende reelle Eingangswiderstand ist bei dicken Antennen wesentlich niederohmiger als bei dünnen. Wellenablösung und damit Strahlung tritt erst in den Bereichen auf, in denen die elektrischen Feldlinien Ausdehnungen von mehr als $\lambda/2$ haben. Im Nahbereich sind Blindfelder vorhanden, die r^{-2} oder r^{-3} als Entfernungsabhängigkeit aufweisen, im Gegensatz zur r^{-1}-Feldstärkeabhängigkeit der abgestrahlten Welle. Leiter, die den Antennen dicht benachbart sind, beeinflussen das Impedanzverhalten wesentlich. Entfernungen von mehr als einer Wellenlänge sind dagegen meist unkritisch.

Wirksame Länge. Bei Antennen, die viel kürzer als $\lambda/4$ sind, ist die wirksame Länge oder effektive Höhe (vgl. N 3.4) gleich der halben geometrischen Antennenlänge. Allgemein ist bei einer geraden Stabantenne der Höhe h die senkrecht auf einer leitenden Ebene steht

$$h_{\text{eff}} = \frac{\lambda}{2\pi} \, \frac{1 - \cos(2\pi h/\lambda)}{\sin(2\pi h/\lambda)}. \qquad (1)$$

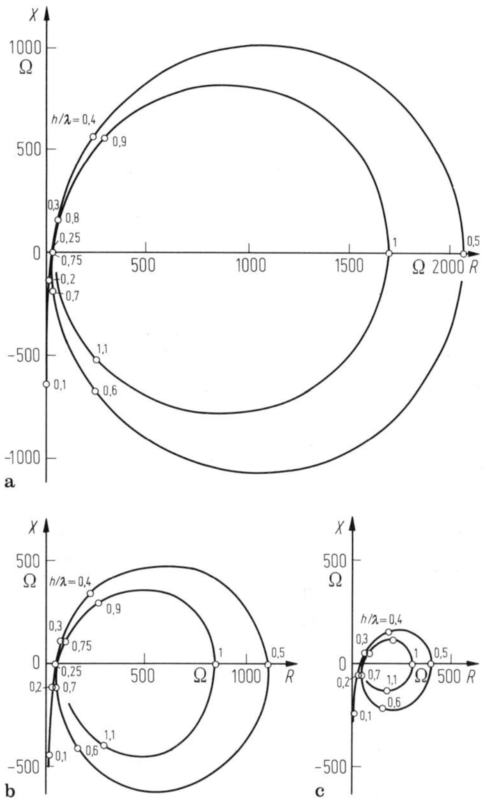

Bild 5. Ortskurven oder Fußpunktimpedanz von Stabantennen mit verschiedenen Verhältnissen Höhe h zu Durchmesser d: **a** h/d 2000; **b** h/d 200; **c** h/d 20

Für einen Dipol mit der Gesamtlänge l erhält man als effektive Länge

$$l_{\text{eff}} = \frac{\lambda}{\pi} \, \frac{1 - \cos(\pi l/\lambda)}{\sin(\pi l/\lambda)}. \qquad (2)$$

Beim Halbwellendipol ist $l_{\text{eff}} = \lambda/\pi$.
Gl. (1) gibt beim Sendefall die Stablänge an, bei welcher der im Fußpunkt eingespeiste Strom mit unveränderter Amplitude und Phase auf der gesamten Stablänge wirksam wäre und die somit die gleichen Fernfeldstärken in der Horizontalebene erzeugt wie der reale Stab mit sinförmiger Amplitudenbelegung. l_{eff} ist bei kurzen Antennen ($l < \lambda/4$) stets kleiner als die geometrische Abmessung. Für Stäbe mit größerer Länge ($\lambda/4 < l < \lambda/2$) ist l_{eff} größer als die geometrische Länge, weil dann der Strom auf dem Stab örtlich größer als der Strom im Fußpunkt ist. Im Empfangsfall kann h_{eff} aus der Beziehung zwischen Fußpunktspannung und einfallender Feldstärke bestimmt werden.
Die Stromverteilung kann bei kurzen Antennen durch kapazitive Belastungen an den Enden (Dachkapazität) verbessert werden (Bild 6). Das

Antennenart	Darstellung, Belegung	Richtfaktor, Gewinn linear; (in dB)	wirksame Antennenfläche	effektive Höhe	Strahlungs-Widerstand	vertikales Richtdiagramm (3-dB-Bereich)	horizontales Richtdiagramm
isotrope Antenne	fiktiv	1; (0 dB)	$\frac{\lambda^2}{4\pi} = 0{,}08\lambda^2$	—	—	+	+
Hertzscher Dipol, Dipol mit Endkapazität		1,5; (1,8 dB)	$\frac{3\lambda^2}{8\pi} = 0{,}12\lambda^2$	l	$80\left(\frac{\pi l}{\lambda}\right)^2 \Omega$	90°	$\vartheta = 90°$
kurze Antenne mit Dachkapazität auf leitender Ebene $h \ll \lambda$		3; (4,8 dB)	$\frac{3\lambda^2}{16\pi} = 0{,}06\lambda^2$	h	$160\left(\frac{\pi h}{\lambda}\right)^2 \Omega$	45°	$\vartheta = 90°$
kurze Antenne auf leitender Ebene $h \ll \lambda$		3; (4,8 dB)	$\frac{3\lambda^2}{16\pi} = 0{,}06\lambda^2$	$\frac{h}{2}$	$40\left(\frac{\pi h}{\lambda}\right)^2 \Omega$	45°	$\vartheta = 90°$
$\lambda/4$-Antenne auf leitender Ebene		3,28; (5,1 dB)	$0{,}065\lambda^2$	$\frac{\lambda}{2\pi} = 0{,}16\lambda$	$40\,\Omega$	39°	$\vartheta = 90°$
kurzer Dipol $l \ll \lambda$		1,5; (1,8 dB)	$\frac{3\lambda^2}{8\pi} = 0{,}12\lambda^2$	$\frac{l}{2}$	$20\left(\frac{\pi l}{\lambda}\right)^2 \Omega$	90°	$\vartheta = 90°$
$\lambda/2$-Dipol		1,64; (2,1 dB)	$0{,}13\lambda^2$	$\frac{\lambda}{\pi} = 0{,}32\lambda$	$73\,\Omega$	78°	$\vartheta = 90°$
λ-Dipol		2,41; (3,8 dB)	$0{,}19\lambda^2$	$\gg \lambda$	$200\,\Omega$	47°	$\vartheta = 90°$
$\lambda/2$-Schleifendipol		1,64; (2,1 dB)	$0{,}13\lambda^2$	$\frac{2\lambda}{\pi} = 0{,}64\lambda$	$290\,\Omega$	78°	$\vartheta = 90°$
Schlitzantenne in Halbraum strahlend		3,28; (5,1 dB)	$0{,}26\lambda^2$	—	$\approx 500\,\Omega$	78°; $-90° \leq \varphi \leq 90°$	$\vartheta = 90°$
kleiner Rahmen, n-Windungen, beliebige Form		1,5; (1,8 dB)	$\frac{3\lambda^2}{8\pi} = 0{,}12\lambda^2$	$\frac{2\pi n A}{\lambda}$	$\frac{31000\,n^2 (A/m)^2}{(\lambda/m)^4}$	90°; $\varphi = 90°$	90°; $\varphi = 0°$; $\vartheta = 90°$
Spulenantenne auf langem Ferritstab $l \gg D$		1,5; (1,8 dB)	$\frac{3\lambda^2}{8\pi} = 0{,}12\lambda^2$	$\frac{\pi^2 n \mu_r D^2}{2\lambda}$	$19100\,n^2 \mu_r^2 \left(\frac{D}{\lambda}\right)^4$	90°; $\varphi = 90°$	90°; $\varphi = 0°$; $\vartheta = 90°$
Linie aus Hertzschen Dipolen $l \gg \lambda$		$\approx \frac{4}{3}\,\frac{l}{\lambda}$	$\frac{l\lambda}{8} \approx 0{,}12\,l\lambda$	—	—	$50°\,\lambda/l$	$\vartheta = 90°$
Zeile aus Hertzschen Dipolen $l \gg \lambda$		$\approx \frac{8}{3}\,\frac{l}{\lambda}$	$\frac{l\lambda}{4} = 0{,}25\lambda$	—	—	$51°\,\lambda/l$	90°; $\varphi = 0°$; $\vartheta = 90°$
einseitig strahlende Fläche $a \gg \lambda$, $b \gg \lambda$		$\approx \frac{6{,}5 \cdot 10^6\, ab}{\lambda^2}$	ab	—	—	$51°\,\lambda/b$; $\varphi = 0°$	$51°\,\lambda/a$; $\vartheta = 90°$
Yagi-Uda-Antenne mit 4 Direktoren		$\approx 5 + 10\,l/\lambda$	—	—	—	50°; $\varphi = 0°$	40°; $\vartheta = 90°$; $\varphi = 0°$

Tabelle 1. Zusammenstellung grundlegender Antennenwerte

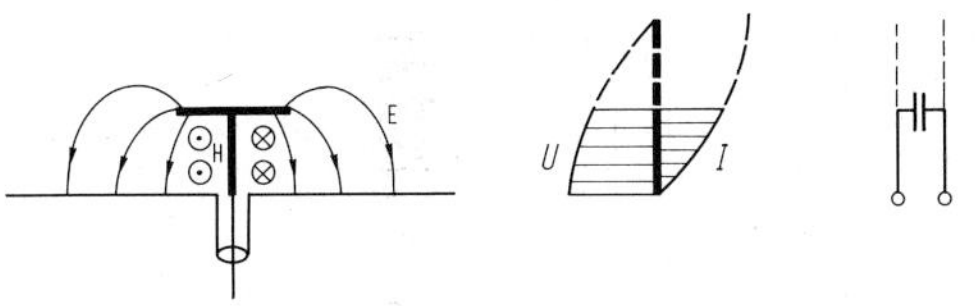

Bild 6. Stabantenne mit Dachkapazität, Leitungsäquivalent mit Parallel-C

Magnetfeld wird vom gesamten Stab verursacht und die elektrischen Felder greifen, von der Dachkapazität ausgehend, weiter in den Raum hinaus als beim einfachen Stab. Die effektive Höhe entspricht bei großen Dachkapazitäten weitgehend der geometrischen. Eine Dachkapazität kann auch durch radial ausgespannte Drähte realisiert werden. Bei Sendeantennen über dem Erdboden muß durch im Boden verlegte radiale Drähte für gute Leitfähigkeit gesorgt werden, damit sich die durch die Verschiebungsströme gebildeten Strompfade möglichst verlustarm schließen können. Andernfalls wird ein wesentlicher Teil des Antennenwirkwiderstands durch diese Verluste bestimmt und die Antenne hat nur geringen Wirkungsgrad.

Breitbanddipole. Grundkonzept ist meist eine Konusleitung. Diese Leitungsstruktur hat als Innenleiter eines koaxialen Systems, bei dem die Grundebene den Außenleiter darstellt, einen definierten, in Bild 7 gezeigten Leitungswellenwiderstand. Für symmetrische Dipole entspricht der Außenleiter der Symmetrieebene. Die Impedanzwerte verdoppeln sich dann. Eine an der Konusspitze eingespeiste Welle wird von der Kegelleitung geführt, wobei die Feldlinien mit wachsendem Weg länger werden. Mit wachsender Länge werden die Feldlinien instabiler und können, wenn sie $\lambda/4$ erreichen, geschlossene Verläufe bilden, die abgestrahlt werden. Durch Inhomogenitäten (Änderung des Konuswinkels mit wachsender Länge) kann der Ablösevorgang günstig beeinflußt werden. Das Antennenende ist praktisch feldfrei, wenn alle eingespeiste Leistung im Zwischenbereich abgestrahlt wurde. Die geometrische Form des Antennenendes ist dann unkritisch. Breitbandantennen werden in ihrer Größe durch die tiefste abzustrahlende oder zu empfangende Frequenz bestimmt. Besondere Aufmerksamkeit ist dem Antennenfußpunkt zu widmen, der einen möglichst reflexionsarmen, breitbandigen Übergang von der Speiseleitung zur Kegelantenne darstellen muß. Die Richtdiagramme ähneln denen von $\lambda/4$-Stäben. Für den MHz-Bereich werden Breitband-Vertikalantennen auch als Reusen aufgebaut, bei denen das Antennenelement aus einer Vielzahl von Einzeldrähten besteht, die im Fußpunkt zusammenlaufen und gemeinsam den Konus bilden.

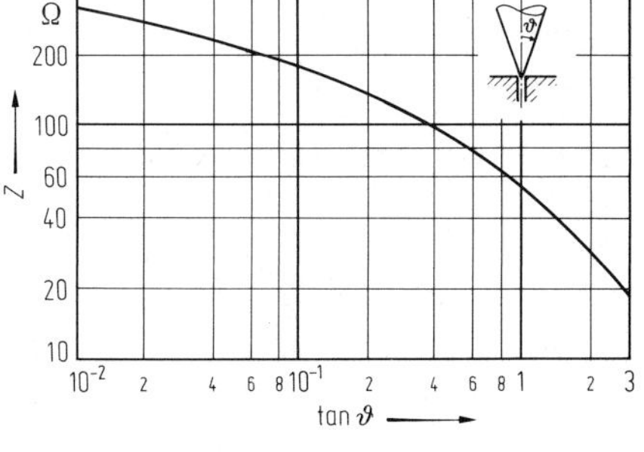

Bild 7. Wellenwiderstand der Konusleitung

Faltdipol. Für symmetrische Speisung mit Bandkabeln mit Wellenwiderständen von 200 bis 300 Ω eignen sich Faltdipole. Entsprechend Bild 8 besteht ein solcher aus zwei dicht benachbarten $\lambda/2$-Dipolen, die an den Enden verbunden sind und von denen aber nur einer gespeist wird. Wegen der Stromlosigkeit an den Enden kann sich in beiden Dipolen die gleiche Stromrichtung einstellen. Beide Dipole unterstützen sich in ihren Wirkungen. Durch unterschiedliche Dicken beider Dipole läßt sich durch transformatorische Effekte die Eingangsimpedanz verändern.

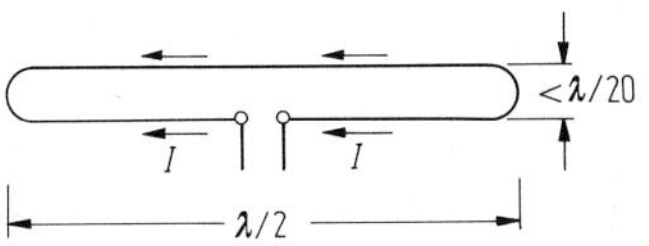

Bild 8. Schleifendipol

4.2 Langdrahtantennen

Long-wire antennas

Hauptanwendungsgebiet ist als Sendeantenne im Kurzwellenbereich. In der einfachsten Form wird ein mehrere Wellenlängen langer Draht in einer Höhe zwischen einer halben und einer Wellenlänge über dem Erdboden gespannt (Bild 9). Bei offenem Leitungsende bilden sich auf der Leitung stehende Wellen und das Strahlungsdiagramm weist Symmetrie auf. Bei möglichst reflexionsfreiem Abschluß des Leitungsendes mit dem durch das System Leitung – Erdboden gebildeten Wellenwiderstand zeigt sich eine Vorzugsrichtung der Strahlung auf einem Kegelmantel, dessen Achse durch die Leitung gebildet wird. Die Anzahl der Maxima im Strahlungsdiagramm ist doppelt so groß wie l/λ der Leitung. Bild 9 b und c zeigen das grundsätzliche Verhalten einer 3λ langen Antenne. Durch Kombination zweier V-förmig zueinander verlaufender, gemeinsam gespeister Drähte kann eine Konzen-

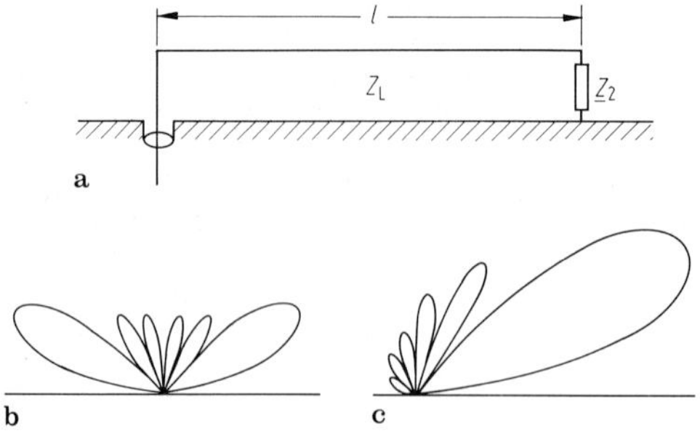

Bild 9. **a** Langdrahtantenne; **b** Strahlungsdiagramm für offenes Ende ($Z_2 = \infty$) bei $l = 3\lambda$; **c** Strahlungsdiagramm für $Z_2 = Z_L$ bei $l = 3\lambda$

tration der Strahlung in den Zwischenbereich erreicht werden. Sonderformen stellen Rhombusantennen dar, bei denen die beiden Drähte vom Speisepunkt zunächst auseinander und dann in Form einer Raute wieder zusammengeführt werden. An diesem Verknüpfungspunkt kann ein Abschlußwiderstand angeordnet werden, so daß stehende Wellen vermieden werden.

4.3 Rahmenantennen. Loop antennas

Bild 10 zeigt Grundformen von Rahmenantennen. Das Richtdiagramm einer Rahmenantenne, deren Abmessung klein gegen die Wellenlänge ist, zeigt Bild 11.
Der Strahlungswiderstand ist klein. Er ist näherungsweise

$$R_S/\Omega \approx 31\,000 \left(\frac{nA}{\lambda^2}\right)^2, \tag{3}$$

wobei n die Windungszahl, A die Rahmenfläche und λ die Wellenlänge ist. Mit dem unvermeidlichen Spulenwiderstand ergibt sich im Sendefall nur ein geringer Wirkungsgrad. Rahmenantennen werden daher fast ausschließlich für Empfangszwecke verwendet. Gegen elektrische Beeinflussung wird dann häufig die in Bild 10b dargestellte geschirmte Ausführung verwendet. Die Leerlaufempfangsspannung ist

$$U_0/\mathrm{V} = \frac{2\pi n (A/\mathrm{m}^2)}{\lambda/\mathrm{m}} \left(E\middle/\frac{\mathrm{V}}{\mathrm{m}}\right) \cos\varphi. \tag{4}$$

Dabei ist n Windungszahl, A Rahmenfläche, λ Wellenlänge, E elektrische Feldstärke des Feldes und φ der Winkel zwischen Rahmenebene und Sender. Durch Kombination einer Rahmenantenne und eines Antennenstabes entsteht bei Amplitudengleichheit als Richtdiagramm eine Kardioide mit nur einer Nullstelle. Derartige Antennen werden für Peilzwecke verwendet.
Mit einer Parallelkapazität kann man die Rahmenantenne für die Empfangsfrequenz auf Reso-

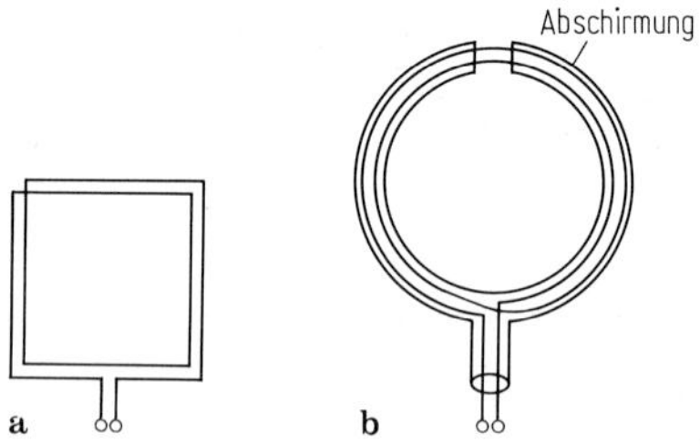

Bild 10. **a** Rechteckrahmen; **b** elektrisch geschirmter Rahmen

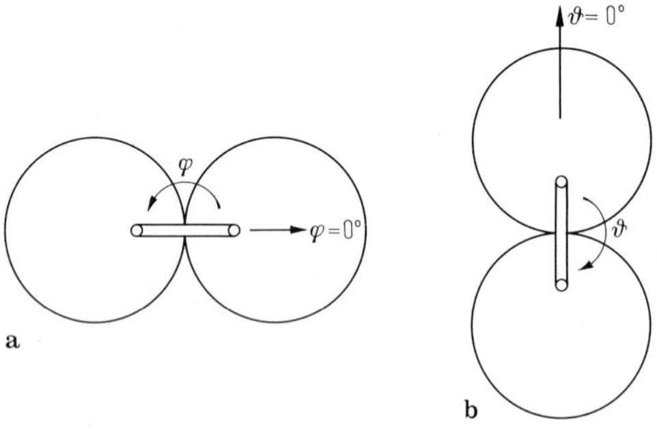

Bild 11. **a** Horizontaldiagramm ($\vartheta = 90°$); **b** Vertikaldiagramm ($\varphi = 90°$)

nanz abgleichen. Die Leerlaufspannung vergrößert sich dann um den Faktor der Kreisgüte Q.

$$U_{0,\mathrm{Res}} = Q\,U_0 = U_0\,\sqrt{L/C}/R. \tag{5}$$

L ist die Induktivität des Rahmens, C die Parallelkapazität und R der durch den Skineffekt bestimmte ohmsche Widerstand der Schleifen. Der Strahlungswiderstand kann wegen seiner geringen Größe bei der Güteberechnung vernachlässigt werden.

Ferritantennen. Für tragbare Empfänger können im Lang-, Mittel- und Kurzwellenbereich als Antenne Spulen verwendet werden, die auf einen Ferritstab gewickelt sind und durch eine Kapazität auf Resonanz abgestimmt wurden. Üblich sind Ferritstäbe von 150 bis 200 mm Länge mit einem Durchmesser von etwa 10 mm. Die Spule kann als Kreuzwickel möglichst in der Stabmitte angeordnet, oder, besser, sich über die Stablänge verteilen. Für langgestreckte Ferritstäbe (Depolarisierungsfaktor in Längsrichtung ≈ 0) gilt näherungsweise

$$U_0 = \frac{2\pi n (A/\mathrm{m}^2)}{\lambda/\mathrm{m}}\, \mu_r \left(E\middle/\frac{\mathrm{V}}{\mathrm{m}}\right) \cos\varphi. \tag{6}$$

μ_r ist die relative Permeabilität und A die Querschnittsfläche des Ferritstabes, n die Windungszahl. $\varphi = 0$ entspricht der Achse des Stabes. Die

Richtcharakteristik entspricht der eines Rahmens. Durch die kapazitive Abstimmung vergrößert sich die Leerlaufspannung entsprechend Gl. (5).

4.4 Schlitzantennen. Slot antennas

Diese Antennenart ist zweckmäßig, wenn beispielsweise bei Flugzeugen keine Strahler über die Außenhaut hinausragen dürfen. Auch bei UKW-Sendeantennen haben sich Schlitzstrahler in Rohrmasten bewährt. Die grundsätzliche Bauform einer Schlitzantenne ist in Bild 12a dargestellt. In einer leitenden Ebene befindet sich ein Schlitz, dessen Länge meist etwa $\lambda/2$ ist. Auf der Rückseite befindet sich oft ein Hohlraumresonator oder ein Hohlleiter, über den die Speisung erfolgt. Die Erregung des Schlitzes kann jedoch auch über eine Koaxialleitung (Bild 12b) erfolgen. Gefaltete oder ringförmige Schlitzantennen (Bild 12c bzw. d) sind möglich. Die Erregung erfolgt stets so, daß die elektrische Feldstärke quer über den Schlitz verläuft. Schlitzantennen nach Bild 12a haben einen hochohmigen Strahlungswiderstand. Wenn der Schlitz selbst als Resonator betrieben wird, ist eine geeignete Teilankopplung zur Anpassung möglich. Antennendiagramme eines Längsschlitzes in einem Rohr zeigt Bild 13 für verschiedene Rohrdurchmesser. Für unendlich großen Durchmesser erhält man das Richtdiagramm eines Schlitzes in einer großen Ebene. Theoretisch können die Eigenschaften eines Schlitzes analog zum Verhalten eines Dipols berechnet werden, wenn E und H gegenseitig vertauscht werden.

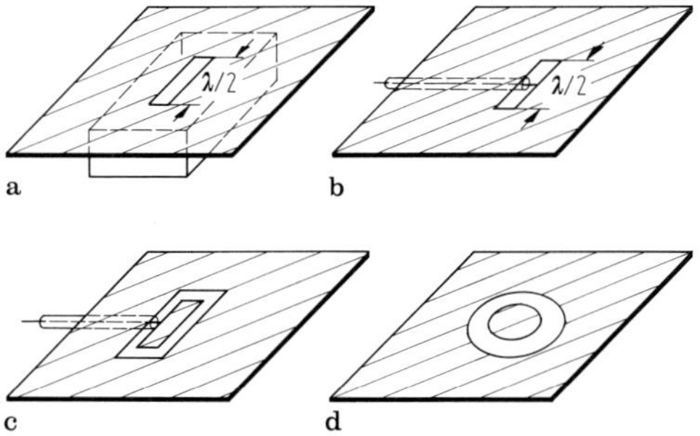

Bild 12. Schlitzantennen. **a** mit rückseitigem Hohlraumresonator; **b** mit koaxialer Speisung; **c** gefalteter Schlitz; **d** Ringschlitz

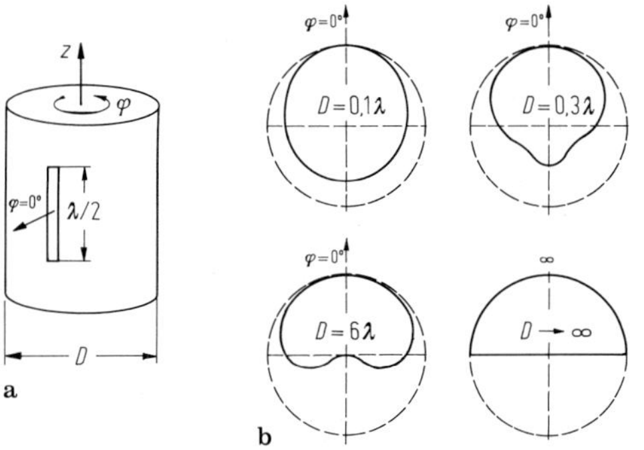

Bild 13. Rohr mit Längsschlitzantenne. **a** Koordinatensystem; **b** Strahlungsdiagramme für $E\varphi$ für verschiedene Rohrdurchmesser

4.5 Zusammenstellung wichtiger Eigenschaften

Summary of properties

In Tab. 1 sind für einfache Antennentypen die wichtigsten Eigenschaften zusammengestellt. Es sind sowohl Antennen aufgeführt, die in den gesamten umgebenden Raum strahlen, als auch solche, die auf einer sehr groß angenommenen leitenden Ebene stehen und daher nur mit Feldern im oberen Halbraum in Wechselwirkung stehen. Um Fehlinterpretationen zu vermeiden, sollen die Zusammenhänge hier noch einmal kurz aufgeführt werden (s. auch N 3).

Der Gewinn ist in Tab. 1 auf eine fiktive isotrope Antenne bezogen, die auf den gesamten umgebenden Raum gleichmäßig einwirkt. Ein kurzer Dipol der Länge l mit oder ohne Endkapazität hat den Gewinn 1,5. Steht eine Hälfte dieses Dipols als Monopol der Höhe $h = l/2$ auf einer leitenden Ebene, so verteilt sich die eingespeiste Leistung nur auf den Halbraum. Die entstehende Strahlungsdichte verdoppelt sich gegenüber dem symmetrischen Fall und damit der Gewinn auf den Wert 3.

Die Wirkfläche gibt an, wieviel Leistung einem Strahlungsfeld mittels einer Antenne entnommen werden kann. Auf den Dipol wirkt der gesamte umgebende Raum ein. Ein Monopol auf der leitenden Ebene, der nur einer Hälfte des Dipols entspricht, kann bei gleicher Strahlungsdichte des umgebenden Feldes einem Verbraucher nur die halbe Leistung zuführen. Damit gilt für die Wirkflächen $A_{\mathrm{w,\,Monopol}} = A_{\mathrm{w,\,Dipol}}/2$.

Für kurze Antennen (l bzw. $h \ll \lambda$) ist die Wirkfläche unabhängig von der Länge l bzw. h, weil die Leerlaufspannung mit der Länge linear zunimmt ($U_0 = E l_{\mathrm{W}}$), aber der Realteil des Strahlungswiderstands quadratisch mit der Länge anwächst. Entsprechend der verfügbaren Leistung $P \sim U^2/R$ bleibt P konstant. Bei längeren Antennen ist l meist ein Vielfaches von $\lambda/4$. Damit steht dann die Wirkfläche in direkter Beziehung zur geometrischen Länge.

Ein isotroper Strahler, der die Leistung P abstrahlt, erzeugt im Fernfeld in einer Entfernung r folgende Scheitelwerte der Feldstärken $E_{\mathrm{isotrop}} = \sqrt{2PZ_0/(4\pi r^2)}$. Die Empfangsfeldstärken in der Hauptstrahlungsrichtung vergrößern sich infolge des Gewinns G bei realen Strahlern um den Faktor $\sqrt{G}$. Damit gilt für den Scheitelwert

$$E/(\mathrm{V/m}) = \sqrt{60\,G(P/\mathrm{W})}/(r/\mathrm{m}),$$

und für den Effektivwert

$$E_{\mathrm{eff}}/(\mathrm{V/m}) = \sqrt{30\,G(P/\mathrm{W})}/(r/\mathrm{m}).$$

Die magnetische Feldstärke am Empfangsort ergibt sich aus $H\Big/\dfrac{\mathrm{A}}{\mathrm{m}} = \left(E\Big/\dfrac{\mathrm{V}}{\mathrm{m}}\right)\Big/377$ mit dem Feldwellenwiderstand des freien Raums $Z_0 = \sqrt{\mu_0/\varepsilon_0} = 377\ \Omega$.

Für Richtantennen mit einer Bündelung der Energie in horizontaler Richtung innerhalb eines Winkelbereichs $\Delta\varphi$ (zwischen den beiden 3-dB-Punkten) und in vertikaler Richtung innerhalb $\Delta\vartheta$ kann der Gewinn abgeschätzt werden aus

$$G \approx \frac{27000}{\Delta\varphi\,\Delta\vartheta} \quad \text{bzw.} \quad G/\mathrm{dB} = 10\lg\frac{27000}{\Delta\varphi\,\Delta\vartheta}.$$

Dabei sind $\Delta\varphi$ und $\Delta\vartheta$ in Grad einzusetzen.

5 Grundlagen über Richtantennen
Fundamentals on directional antennas

Allgemeine Literatur: *Meinke, H.H.:* Einführung in die Elektrotechnik höherer Frequenzen, 2. Aufl. Bd. II. Berlin: Springer 1966.

5.1 Systeme mit zwei Strahlern
Systems of two radiators

Mit zwei Strahlern, deren gegenseitiger Abstand zwischen $\lambda/4$ und $\lambda/2$ liegt, lassen sich gewisse Richtwirkungen erzielen, insbesondere wenn die Phasenlage der Speiseströme geeignet gewählt wird. Derartige Systeme werden insbesondere im MHz-Bereich angewendet, da bei höheren Frequenzen auch Kombinationen von mehreren, meist strahlungsgekoppelten Elementen möglich sind, deren Gesamtabstände mehrere Wellenlängen groß sein können.

Bei zwei Antennen, deren gegenseitiger Abstand d ist und bei denen der Speisestrom des Strahlers B in Bild 1 gegen den Strom des Strahlers A um den Winkel δ nacheilt, ist im Fernfeld die Feldstärke bei gleicher Stromamplitude in beiden Stäben gegeben durch

$$E(\varphi) = E_0\left(1 + \cos\left(\frac{2\pi d}{\lambda}\cos\varphi - \delta\right)\right), \qquad (1)$$

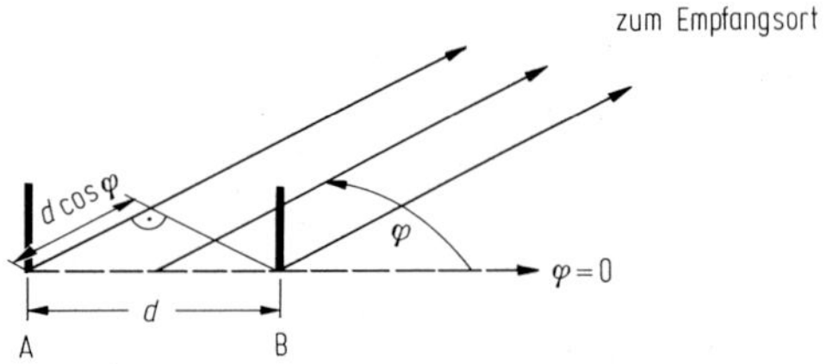

Bild 1. Zwei Stabantennen, Bildung des Horizontaldiagramms

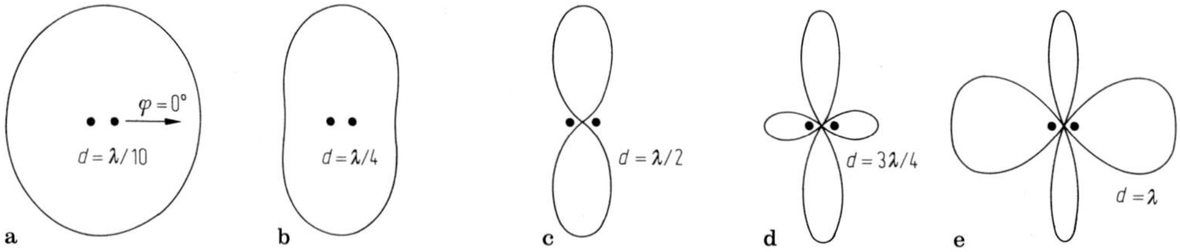

Bild 2. Horizontaldiagramm zweier gleichphasig gespeister Stabantennen

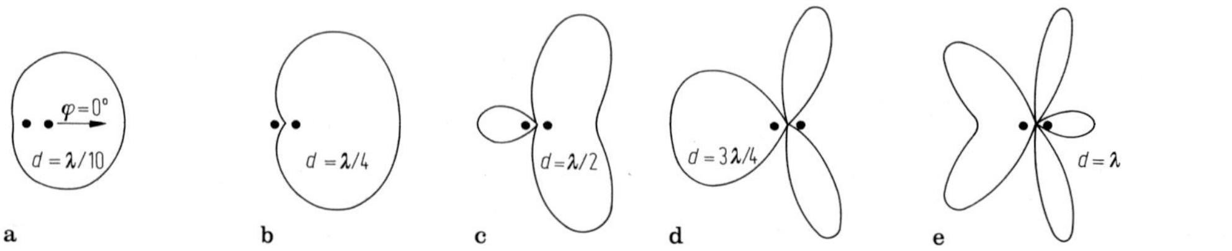

Bild 3. Horizontaldiagramm zweier Stabantennen. Speisestrom des rechten Strahlers eilt 90° nach

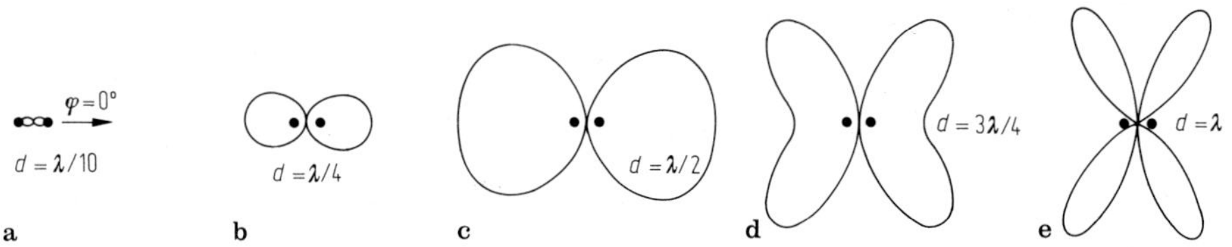

Bild 4. Horizontaldiagramm zweier Stabantennen mit gegenphasiger Speisung

wobei E_0 die Empfangsfeldstärke bei Speisung nur einer der beiden Antennen ist.

In Bild 2 bis 4 sind Beispiele für verschiedene Abstände und Phasenverschiebungen angegeben. Grundsätzlich kann eine achtförmige, horizontale Richtcharakteristik beispielsweise sowohl durch zwei Stäbe mit einem Abstand von $\lambda/2$ und gleichphasiger Speisung (Bild 2c) oder durch zwei Stäbe im Abstand $\lambda/2$ und gegenphasiger Speisung (Bild 4c) erreicht werden. Die Nullstellen haben in beiden Fällen verschiedene Richtungen und sind auch unterschiedlich scharf. Dies ergibt sich dadurch, daß bei einer Lage des Empfangsorts bei $\varphi = 0°$ geringe Abweichungen von dieser Winkellage kaum Änderungen der Weglängen zu den einzelnen Strahlerorten ergeben und damit auch kaum gegenseitige Phasenverschiebungen der beiden Empfangsfeldstärken. Die in dieser Richtung vorhandene resultierende Empfangsamplitude, Nullstelle bzw. Maximum bleibt daher auch bei kleinen Abweichungen von der Richtung erhalten, ist im Richtdiagramm also relativ breit. Lageschwankungen bei $\varphi = 90°$ bewirken ausgeprägte Wegdifferenzen und deutliche Änderungen der resultierenden Amplituden. Nullstellen bzw. Maxima bei $\varphi = 90°$ und $\varphi = 270°$ sind also stets schmaler als bei $\varphi = 0°$ oder $\varphi = 360°$. Auch bei Kombination mehrerer Antennen gilt allgemein, daß bei gleicher geometrischer Ausdehnung Querstrahler und äquivalente Formen (strahlende Flächen, Parabolspiegel) besser bündeln als Längsstrahler (Yagi-Uda-Antennen s. N 8).

5.2 Strahlende Linie
Radiating linear array

Eine Vielzahl dicht benachbarter Einzelantennen kann als strahlende Linie betrachtet werden. Im Fernfeld addieren sich die Einzelwirkungen, wobei die unterschiedlichen Amplituden der Einzelstrahler (Belegung) und die verschiedenen Laufzeiten zum Empfangsort berücksichtigt werden müssen. Bei einer strahlenden Linie nach Bild 5, bei der alle Einzelelemente mit gleicher Amplitude und gleichphasig erregt sind, wird an einem weit entfernten Empfangsort maximale Feldstärke auftreten, wenn dieser bei $\varphi = 0$ liegt. Alle Einzelwirkungen addieren sich dann gleichphasig. Bei Abweichungen von dieser Richtung ist die Wegstrecke vom Einzelelement im Abstand s vom Strahlermittelpunkt um $d = s \sin\varphi$ größer, die Phase des Elements erscheint am Empfangsort gegen die Phase des Mittelteils um $\delta = -2\,\pi d/\lambda$ verschoben. Bild 6 zeigt die Addition der Einzelfeldgrößen zur gesamten Empfangsamplitude. Die Summe der Bogenlänge bleibt dabei immer gleich. Die erste Nullstelle ergibt sich, wenn die Summe aller Einzelwirkungen einen geschlossenen Weg bildet. Für größere Winkel φ kehrt sich die Phase in jeder Nebenkeule gegenüber der Hauptstrahlungsrichtung um.

Für eine strahlende Linie erhält man durch Integration der differentiellen Einzelelemente bei

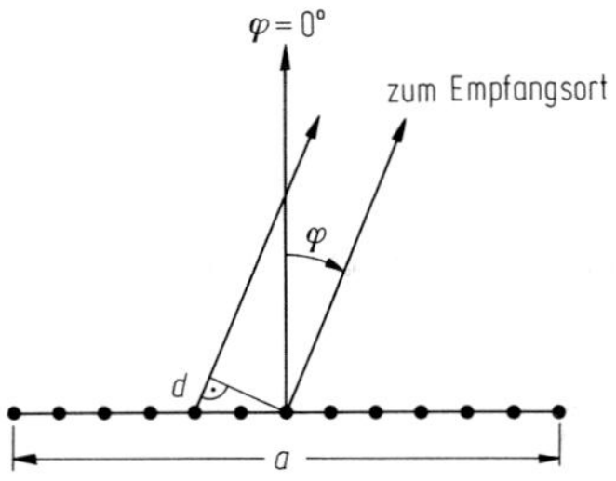

Bild 5. Strahlende Linie

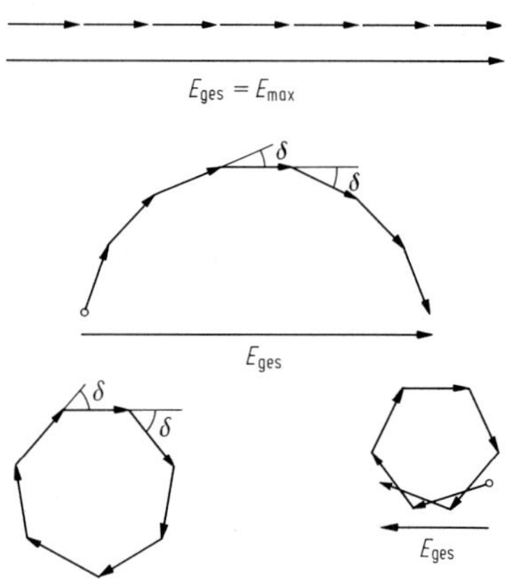

Bild 6. Addition der Einzelwirkungen von sieben angenommenen Strahlungszentren gleicher Amplitude

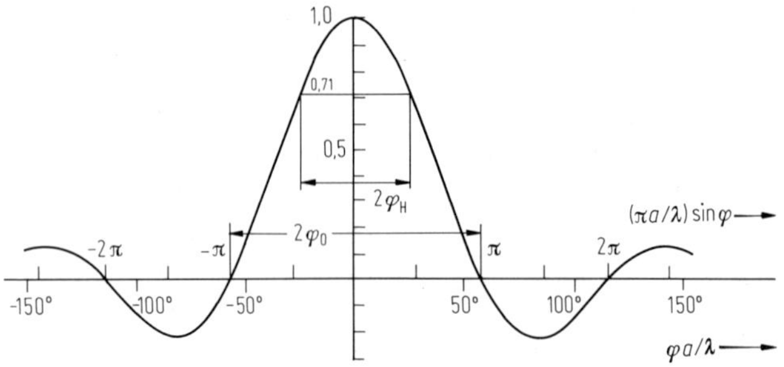

Bild 7. Funktion nach Gl. (2). Für $a/\lambda > 10$ kann $\sin\varphi \approx \varphi$ gesetzt werden. Für die Abszisse gilt dann die untere Teilung, wobei φ in Grad einzusetzen ist

konstanter Amplitudenbelegung

$$E = E_{\max} \frac{\sin((\pi a/\lambda)\sin\varphi)}{(\pi a/\lambda)\sin\varphi}. \tag{2}$$

Dieses ist die optimale Richtwirkung, die man in einfacher Weise erzielen kann. Bild 7 zeigt diese Funktion. Für $a/\lambda > 10$ ist der Bereich halber Empfangsleistung $2\varphi_H = 51° \; a/\lambda$ und die Lage der ersten Nullstellen bei $2\varphi_0 = 114° \; a/\lambda$. Die Amplitude der ersten Nebenkeulen liegt bei 21 %, das entspricht $-13{,}5$ dB. Durch geringere Erregung der Außenbereiche kann die Amplitude der Nebenkeule verringert werden, die Hauptkeule verbreitert sich jedoch.
Für flächige Strahleranordnungen können diese Betrachtungen auf beide Richtungen erweitert werden. Gute Bündelung in einer Ebene erfordert stets große Antennenabmessungen in der Richtung, die in dieser Ebene liegt. Die Abstände der Einzelstrahler sind im allgemeinen bei etwa $\lambda/2$. Größere Abstände können dazu führen, daß sich neben dem Hauptmaximum weitere Maxima mit gleicher Amplitude ausbilden. Strahlschwenkungen sind durch Speisung der Einzelstrahler mit unterschiedlicher Phase möglich (s. N 15).

6 Rundfunk- und Fernsehantennen
Radio and TV-antennas

Neuerungen im Bereich der Rundfunk- und Fernsehantennen sind vor allem durch verbesserte Materialeigenschaften, z. B. glasfaser-verstärkte Kunststoffe, mechanisch hochbelastbare Keramiken, durch Anwendung multiplex-polarisierter Sendesignale und aktiver Empfangsantennen, sowie durch den Einsatz von Digitalrechnern für das Design von Antennen bzw. Antennensystemen gegeben.
Bei ihrer Planung sind außer den hochfrequenztechnischen auch die mechanischen Anforderungen [1] zu beachten.

Spezielle Literatur Seite N 23

Sendeantennen. Als Sendeantennen dienen hauptsächlich vertikal- bzw. horizontal-polarisierte Dipole oder gegen Erde erregte vertikalpolarisierte Monopole. Ihre Strahlungscharakteristik wird bestmöglich an das zu versorgende Gebiet angepaßt. Einzelantennen besitzen immer nur eine eingeschränkte Richtwirkung. Daher ordnet man mehrere Einzelstrahler zu Strahlergruppen an. Innerhalb der Gruppe können die Einzelstrahler direkt oder durch Strahlungskopplung erregt sein.

Kilometerwellenantennen. Der Kilometerwellenbereich zeichnet sich durch die große Reichweite seiner Bodenwelle aus [13–16]. Man verwendet praktisch nur vertikal-polarisierte Antennen. Sie werden als selbststrahlende Stahlmaste oder Stahltürme ausgeführt und gegen Erde erregt. Die Maste werden durch Abspannseile (sog. Pardunen) gehalten, die Türme sind selbsttragend. Die übliche Höhe der Bauwerke beträgt 200 bis 300 m, daher sind vor allem im unteren Frequenzbereich die Antennenhöhen viel kleiner als die Betriebswellenlänge λ.
Dies hat zur Folge, daß keine Bündelung im Vertikaldiagramm auftritt (cos-förmiger Verlauf) und daß die Fußpunktimpedanz der Antenne einen kleinen Realteil in Serie mit einer hochohmigen, kapazitiven Reaktanz aufweist. Letzeres wiederum bedeutet:
a) Hohe Fußpunktspannungen, die durch den Aufwand für die Isolation [16–19] die Senderleistung begrenzen (typisch sind Werte zwischen 100 bis 800 kW Trägerleistung).
b) Mit der zur Abstimmung notwendigen Induktivität ergibt sich ein nur schwach bedämpfter und damit schmalbandiger Serienresonanzkreis, dessen Dämpfungswiderstände zum einen der Strahlungswiderstand der Antenne, zum anderen die Verlustwiderstände wie Stromwärmeverluste im Erdboden und in den zur Anpassung notwendigen Abstimmelemente sind.
Für Sendeantennen im Kilometerwellenbereich ist daher stets das Verhältnis von Bandbreite und Wirkungsgrad zu optimieren. Der Wirkungsgrad läßt sich durch Herabsetzen der Verluste im Erdboden (Auslegen von Erdnetzen [4, 16, 20]) und durch Verwendung von Abstimmspulen ho-

her Güte verbessern. Üblicherweise liegen die Erdnetzverluste im Bereich von 1 bis 3 Ω, die Spulengüten im Bereich $Q = 400 \dots 800$.
Strahlungswiderstand und Bandbreite werden durch Anbringen von Dachkapazitäten, z. B. beliebig geformte Drahtflächen erhöht, da durch die Wirkung einer Endkapazität die Antenne elektrisch verlängert wird [4, 16–18, 21]. Übliche Ausführungsarten sind L-Antennen, T-Antennen und Schirmantennen (Bild 1).

Hektometerwellenantennen. Im Hektometerwellenbereich ist die Versorgung mit Bodenwelle auf mittlere Reichweiten beschränkt [13–16]. Sie betragen bei Ausbreitung über Land hunderte, über See etwa 1000 km, wobei die Bodendaten erhebliche Unterschiede bedingen. Man arbeitet überwiegend mit vertikal polarisierten Antennen. Dabei entsteht jedoch durch Überlagerung von Boden- und Raumwelle ein relativ großer Bereich selektiven Fadings.
Der Einsatz sog. schwundmindernder Antennen (anti-fading antennas) [4, 17, 18, 23] verlagert diese störende Interferenzzone in Gebiete, die einen größeren Abstand von der Sendeantenne haben. Charakteristisch für schwundmindernde Antennen ist, daß ihre Stromverteilung im unteren Drittel des Strahlers eine Nullstelle aufweist. Typische Ausführungsformen sind Vertikalantennen mit elektrischen Höhen größer $\lambda/2$ oder mittengespeiste Maste oder Türme [23, 24].
Eine Möglichkeit die störende Interferenzzone zu vermeiden, ist durch Einsatz horizontaler Sendeantennen gegeben. Hier werden die Hörer in den Abend- und Nachtstunden ausschließlich durch Raumwelle versorgt [25–27]. Der Aufbau und die Speisung dieser Antennen setzt ein genaues Studium der ionosphärischen Ausbreitungsbedingungen für den Standort der Antennen voraus [28–30]. Diese horizontalen Sendeantennen werden für spezielle Versorgungsaufgaben eingesetzt. Üblich sind Vertikalantennen, die als selbststrahlende Stahlmaste oder Stahltürme ausgeführt und gegen Erde erregt sind [17–29, 31]. Die Höhe der Bauwerke

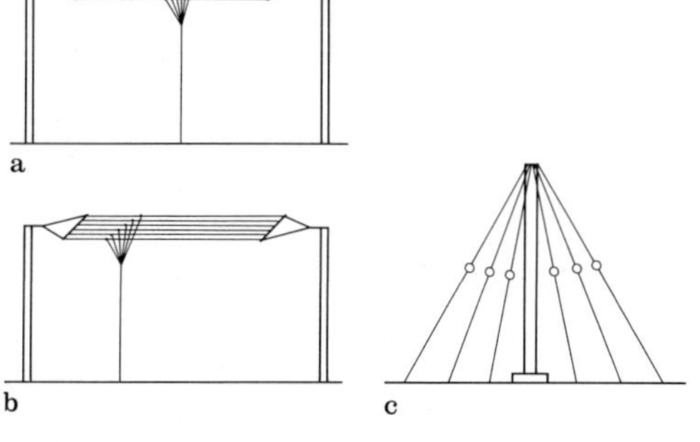

Bild 1. Prinzipielle Ausführungsformen mit Dachkapazitäten. **a** T-Antenne; **b** L-Antenne; **c** Schirmantenne

beträgt das 0,2- bis 0,6fache der Betriebswellenlänge. Bei gut leitendem Boden liegt die Richtung maximal abgestrahlter Leistung in der Horizontalebene. Mit ansteigendem Verhältnis von Antennenhöhe zu Wellenlänge tritt die Bündelung im Vertikaldiagramm auf, der Antennengewinn und damit die abgestrahlte Leistung in der Horizontalebene nimmt zu (Bild 2).
Ist der Boden schlecht leitend, so können merkliche Einzüge in der Horizontalebene und hohe Stromwärmeverluste im Erdboden auftreten. Um dies zu vermeiden, werden Erdnetze ausgelegt [20].
Zur Erregung der Vertikalantennen wird die Fußpunktimpedanz auf den Wellenwiderstand der Speiseleistung transformiert, und zwar üblicherweise durch Tiefpaß-T-Glieder [4, 17]. Die Verluste in den Abstimmelementen und im Erdnetz können so gering gehalten werden, daß ein guter Wirkungsgrad erzielt wird (bis 98 %). Auch die geforderte Bandbreite von ± 4,5 kHz ist leicht erreichbar.
Bei den heute benutzten Senderleistungen, die teilweise über 1000 kW liegen, treten jedoch an den Antennen hohe HF-Spannungen auf. Die Fußisolation und die Pardunenisolation der Maste muß für diese Spannungen ausgelegt sein. Eine Reduzierung des Aufwands für die Pardunenisolation wird neuerdings dadurch erzielt, daß die oberste Pardunenebene aus nicht unterteilten Pardunen ausgeführt wird [19, 23].

Dekameterwellenantennen. Die Antennen werden je nach Anforderung schmal- oder breitban-

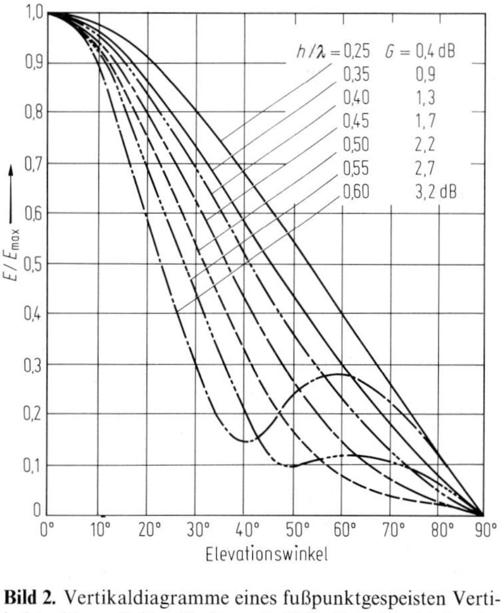

Bild 2. Vertikaldiagramme eines fußpunktgespeisten Vertikalstrahlers (Schlankheitsgrad 108) über ideal-leitender Ebene. h/λ Verhältnis von Strahlenhöhe zu Betriebswellenlänge, G Gewinn, bezogen auf den kurzen Vertikalstrahler

dig ausgeführt. Bei Großanlagen ist die Kombination von mehreren Antennen für verschiedene Versorgungsaufgaben gebräuchlich. Für geringe Entfernungen werden Antennen benötigt, deren Vertikaldiagramm ein Strahlungsmaximum unter steilen Erhebungswinkeln aufweist und dies in einem möglichst großen Azimutbereich. Für große Entfernungen (über etwa 1500 km) sind flach abstrahlende Richtantennen mit hoher Bündelung im Vertikal- und Horizontaldiagramm erforderlich.

Monopole, Dipole, Faltdipole. Die einfachste Ausführung einer breitbandigen Vertikalantenne ist ein isoliert abgespannter Rohrmast von 12 bis 18 m Höhe, der gegen Erde erregt wird und in dessen oberen Drittel eine Widerstandsanordnung zur Bedämpfung integriert ist (Monopol). Als Gegengewicht wird ein Erdnetz strahlenförmig verlegt. Da das Vertikaldiagramm dieser Antennen nach oben eine Nullstelle aufweist, sind sie für die Übertragung über kurze Entfernungen (bis etwa 500 km) nicht geeignet. Hierfür werden besser horizontale, symmetrische Dipole eingesetzt die höchstens $\lambda/3$ über Erde aufgehängt sind. Sie werden als Flachreusen ausgeführt und aus Gründen der Breitbandigkeit durch eine Widerstandsanordnung bedämpft.
Bedämpfte Antennen haben einen geringeren Wirkungsgrad (50 bis 80% mit der Frequenz steigend). Daher wird durch besondere Formgebung (fächerartige oder kegelförmige Reusen) die benötigte Bandbreite ohne Dämpfungswiderstände erzielt.
Faltdipole sind relativ schmalbandig. Ihre Eingangsimpedanz läßt sich jedoch durch die Anzahl der verwendeten Drähte, ihrer Durchmesser und Abstände beeinflussen [4, 36, 37]. So kann man gute Anpassung an die Speiseleitung durch geeigneten Aufbau erreichen.

Langdraht- und Rhombusantennen. Die einfachste Form einer Langdrahtantenne besteht aus einem geraden, mehrere Wellenlängen langen Draht, der horizontal in einer Höhe von ca. 0,5 bis 1,0 λ über dem Erdboden gespannt ist. Diese Antenne kann durch fortschreitende oder stehende Wellen gespeist werden, je nachdem ob die Antenne mit einem Wirkwiderstand abgeschlossen wird, der gleich dem Wellenwiderstand des Drahtes gegen Erde ist, oder ob die Antenne am Ende offen ist. Im Fall der fortschreitenden Wellen ist das Strahlungsdiagramm einseitig gerichtet, im Fall der stehenden Wellen ist es symmetrisch [4, 5, 17, 21].
Die Rhombusantenne kann als Sonderform der gespreizten Doppelleitung aufgefaßt werden, die vorwiegend durch fortschreitende Wellen gespeist wird. Sie ist hinsichtlich ihres Eingangswiderstands sehr breitbandig, die Strahlungseigenschaften allerdings schränken die Breitbandigkeit auf den Frequenzbereich von etwa 1:3 ein [4, 5, 17].

Dipolvorhangantennen. Sie sind aus horizontalen Ganzwellen- oder Faltdipolen aufgebaut, die über- und nebeneinander angeordnet und zwischen zwei selbsttragenden geerdeten Türmen oder zwei abgespannten, geerdeten Masten aufgehängt sind. Man unterscheidet horizontale Dipolzeilen und vertikale Dipolspalten. Der Mittenabstand zwischen den Zeilen beträgt eine halbe mittlere Wellenlänge, die sich aus dem Frequenzbereich der Antenne ergibt. Ganzwellendipole werden als Flachreusen ausgeführt, Faltdipole firmenabhängig, als Reusen mit rundem oder quadratischem Querschnitt. Die Aufhängehöhe der untersten Dipolzeile bestimmt den Erhebungswinkel maximaler Abstrahlung. Bei der Speisung der Dipole unterscheidet man Schmalband- und Breitbandspeisung [4, 17]. Im ersten Fall wird jeweils eine Dipolspalte durch eine senkrecht geführte Speiseleitung erregt. Gegeben durch den Abstand einer halben mittleren Wellenlänge der übereinander angeordneten Dipole müssen die Anschlüsse an die Speiseleitung abwechselnd gekreuzt werden, um Gleichphasigkeit aller Dipole zu erreichen. Die Breitbandspeisung ist dadurch gekennzeichnet, daß in jeder Spalte zwei übereinander angeordnete Dipole mittels gleichlanger Zuleitungen parallel geschaltet werden. Die so entstehenden Zweiergruppen einer Spalte werden nochmals über gleichlange Leitungen parallel geschaltet und über eine weitere nach unten führende Leitung eingespeist.
Es ist möglich, eine geänderte Azimutrichtung des Abstrahlmaximums gegenüber der sonst Geradeausstrahlung senkrecht zur Antennenwand zu erreichen, indem man die Spalten ungleichphasig speist. Der maximal mögliche sog. Schielwinkel beträgt bei Faltdipolantennen etwa $\pm 30°$, bei Ganzwellendipolantennen etwa $\pm 15°$. Zu beachten sind die bei starker Schwenkung entstehenden Beugungskeulen.
Der Frequenzbereich der Vorhangantennen umfaßt vier benachbarte Rundbänder bei einer maximal zulässigen Fehlanpassung von $s < 1{,}5$. Die hohen Antennentragwerke bedingen, daß man Vorhangantennen reversibel ausführt, d.h. das Strahlungsmaximum kann in der einen oder der um 180° gedrehten Richtung senkrecht zur Wand liegen. In diesem Fall dient als Reflektor eine zweite gegenphasig eingespeiste, gleichartig aufgebaute Dipolanordnung.
Eine andere Möglichkeit ist dadurch gegeben, daß man vor einem Gitterreflektor beiderseits zwei Antennen für verschiedene Frequenzbereiche aufhängt. Zur Versorgung großer Azimutbereiche ist eine Kombination von Vorhangantennen gebräuchlich oder man verwendet sog. Drehstandantennen.

Meter- und Dezimeterwellenantennen. Im Meter- und Dezimeterwellenbereich erfolgt die Versorgung bevorzugt innerhalb der geometrischen Sicht. Durch die hoch über Erde aufgebauten Antennen erhält man einen sog. Höhengewinn [14, 32].

Zu berücksichtigen sind Beugungen an Bodenhindernissen und troposphärische Ausbreitung [14, 38–40]. Letztere führt zu Reichweiten über die geometrische Sicht hinaus (Inversionsausbreitung, Streuausbreitung).

Für die Antennen gelten die nachstehend zusammengefaßten Forderungen:

- Das Horizontaldiagramm soll rund (Unrundheit < -2 dB bez. auf die Diagrammaxima) oder optimal an das Versorgungsgebiet angepaßt sein (Richtdiagramm).
- Das Vertikaldiagramm soll das Strahlungsmaximum horizontal oder in Richtung zum Horizont gesenkt aufweisen. Es soll breitbandig eine gute Anpassung an Verteiler und Leitungssysteme gegeben sein ($s < 1{,}2$ im Meterwellenbereich und $s < 1{,}05$ im Dezimeterwellenbereich).
- Es soll Halbantennenbetrieb möglich sein, ebenso wie die Möglichkeit, Sender verschiedener Frequenz auf eine Antenne zu schalten.

Die Antennen bestehen meist aus Anordnungen gleichartiger Elementstrahler, die zu Gruppen zusammengefaßt werden. Das Strahlungsdiagramm ergibt sich durch Multiplikation der Einzelcharakteristik mit der Gruppencharakteristik [4, 8, 11, 41]. Typische Elementstrahler im Meterwellenbereich sind Drehkreuzstrahler, Dipolrahmenstrahler und Schlitzstrahler. Typische Elementstrahler des Dezimeterwellenbereichs sind Drehkreuzstrahler, Schmetterlingsstrahler und Scheibenstrahler [4, 5, 17, 18, 43, 44].

Darüber hinaus ist es üblich, horizontale Ganzwellendipole, die im Spannungsknoten an metallischen Tragstützen befestigt sind, zu sog. Zweier- bzw. Vierer- oder Achterfeldern zusammenzufassen und vor einem horizontal polarisierten Gitterreflektor aufzubauen. Dadurch wird mit Ausnutzung der Strahlungskopplung die Bandbreite erhöht.

Neuerdings werden orthogonale, entkoppelte Dipolgruppen verwendet, die in Verbindung mit einem Flächen- und Maschenreflektor zu einem Richtstrahlfeld ergänzt werden, um zirkular oder elliptisch polarisierte Wellen abzustrahlen. Die orthogonale Strahleranordnung wird so gewählt, daß die resultierende Strahlungsquelle eines vertikalen Strahlerpaars mit der des dazwischenliegenden Horizontalstrahlers die gleiche geometrische Lage aufweist, wodurch aufgrund der etwa gleichartigen Strahlungscharakteristiken die Konstanz der gewünschten Polarisation im gesamten Azimutbereich und im interessanten Elevationsbereich erreicht werden kann [42]. Mit Antennen aus solchen Richtstrahlfeldern lassen sich multiplex-polarisierte Sendesignale gleichzeitig abstrahlen.

Der Aufbau von Meter- und Dezimeterwellenantennen erfolgt aus Kostengründen fast immer auf dem gleichen Tragwerk. Zur Vermeidung gegenseitiger Störungen ist daher eine Entkopplung von mindestens 30 bis 40 dB erforderlich. Werden die Antennensysteme übereinander installiert, so müssen ihre Vertikaldiagramme nach oben und unten eine Nullstelle möglichst hoher Ordnung aufweisen.

Die Sendeleistungen im Meterwellenbereich liegen zwischen 50 W und 10 kW, die im Dezimeterwellenberich zwischen 1 und 20 kW.

Empfangsantennen. Man unterscheidet von der Aufgabe her Rundempfangsantennen mit Dipol- und Monopolcharakter und Richtantennen.

Die Unterteilung in einzelne Wellenbereiche ist bei den Rundempfangsantennen kaum möglich, da sie extrem breitbandig eingesetzt werden. Richtantennen werden vorzugsweise bei kommerziellen Empfangsanlagen im Dekameterwellenbereich, sowie fast ausschließlich im Meter- und Dezimeterwellenbereeich eingesetzt (Rhombusantennen bzw. Yagi-Strukturen).

Maßgebend für Empfangsantennen ist das Signal/Rausch-Verhältnis, das sie im Empfangssystem entstehen lassen. Darüber hinaus sind, vor allem bei stationären Empfangsantennen, in der näheren Umgebung befindliche Rückstreuer zu beachten [45] und die bei rein passiven Antennen erhöht auftretende, gegenseitige Beeinflussung durch Strahlungskopplung.

Spezielle Literatur: [1] Senderbetriebsleiter-Konferenz: Allgemeine Richtlinien für Antennentragwerke, Richtlinie Nr. 5 R1, Juni 1981, Institut für Rundfunktechnik GmbH. – [2] *King, R. W. P.*: The theory of linear antennas. Cambridge, Mass.: Harvard University Press 1956. – [3] *Bruger, P.*: Ermittlung der Stromverteilung und Feldstärken von dicken Antennen, insbesondere von rotationssymmetrischen Sendeantennen. Diss. TU München 1972. – [4] *Meinke, H.; Gundlach, F. W. F.* (Hrsg.): Taschenbuch der Hochfrequenztechnik, 3. Aufl. Berlin: Springer 1968. – [5] *Heilmann, A.*: Antennen II. Mannheim: Bibliograph. Inst., Hochschultaschenbücher-Verlag 1970. – [6] *Jordan, E. C.*: Electromagnetic waves and radiating systems. Prentice-Hall 1968. – [7] *King, R. W. P.; Mack; Sandler:* Arrays of cylindric dipoles. Cambridge University Press 1968. – [8] *Collin, R. E.; Zucker, F. J.*: Antenna theory, Part I. New York: McGraw-Hill 1969. – [9] *Idselis, M.; Reiche, J:* Diagrammsynthese von MW-Gruppenstrahlern. NTG-Fachber. 56, (1977) 63–70. – [10] *Maunz, P.; Petri, U.; Borgmann, D.; Konrad, F.*: Rechnergestützer Entwurf von Antennen. Wiss. Ber. AEG-Telefunken 52 (1979) 56–63. – [11] *Stark, A.*: Rechnereinsatz bei der Entwicklung von Antennen, Neues von Rohde & Schwarz, Ausg. 90, (Sommer 1980) 26–31. – [12] *Kuo, D. C.; Strait, B. J.*: Computer programs for radiation and scattering by arbitrary configurations of bent wires. Syracuse University, Res. Inst. Electr. Eng. Dept. (Sept 1970). – [13] *CCIR Recommendation 368-4:* Ground-wave propagation curves for frequencies between 10 kHz and 30 MHz, (1982). –

[14] *Großkopf, J.*: Wellenausbreitung I. Mannheim: Bibliograph. Inst. Hochschultaschenbücher-Verlag 1979. – [15] *Stokke, K. N.*: Problems concerning the measurement of ground conductivity, E.B.U. Rev. Tech. Part No. 169 (June 1978) 106–111. – [16] *Watt, A. D.*: VLF-radio engineering. New York: Pergamon 1967. – [17] *Jasik, H.*: Antenna engineering handbook. New York: McGraw-Hill 1984. – [18] *Becker, R.*: Abschnitt „Antennen" in Hütte IVB, Fernmeldetechnik, Verlag Berlin: Ernst & Sohn 1962. – [19] *Bruger, R.; Waniewski, B.*: Pardunenisolation von MW- und LW-Antennen, NTG-Fachber. 56 (1977) 55–62. – [20] *Tippe, W.*: Zur Dimensionierung von Erdnetzsystemen für vertikale LW- bzw. MW-Monopolantennen. Rundfunktech. Mitt. 24, Nr. 4 (1980) 154–164. – [21] *Eyraud, L.; Grange, G.; Ohanessian, H.*: Théorie et technique des antennes. Paris: Librairie Vuibert 1973. – [22] Final Acts of the Regional Administrative LF/MF Broadcasting Conf. (Region 1 and 3), International Telecommunication Union, Genf 1976. – [23] *Bruger, P.; Waniewski, B.*: Directional dual frequency anti-fading antenna. IBC Conf. Proc. 1978, pp. 154–157. – [24] *Knight, P.*: The design of cage-driven M.F. aerials. Tech. Memorandum No. E-1080, Res. Dept. (Feb. 1963). – [25] *Ebert, W.*: Mittelwellen-Steilstrahlung unter besonderer Berücksichtigung der Frequenz 1562 kHz. Tech. Mitt. PTT 6 (1970) 237–257. – [26] *Bruger, P.; Tippe, W.*: The design of a horizontally-polarized HF-aerial for near and distant coverage by sky-wave. E.B.U. Rev. Tech. Part No. 135 (Oct. 1972) 214–220. – [27] *Bruger, P.; Reiche, J.*: Horizontale Drehkreuzantenne für Mittelwellen Rundfunksender. NTG-Fachber. – [28] *Knight, P.*: M.F. propagation, a wave-hop method for ionospheric field-strength prediction. BBC Res. Dept Rep. No. 13 (1973) 22–34. – [29] *CCIR Recommendation 435-4*: Prediction of sky-wave field-strength between 150 and 1600 kHz. XVth Plenary assembly, Vol. VI, Genf 1982, pp. 310–331. – [30] *Ratcliffe, J. A.*: The magneto-ionic theory. Cambridge University Press 1959. – [31] *Bruger, P.*: Pardunenisolation der Mittelwellenantenne Langenberg des Westdeutschen Rundfunks. Rundfunktech. Mitt. 13 (1969) 235–243. – [32] *Villard, O. G.*: Progress in ionospheric radio. Radio Sci. 4 (1969) 603–622. – [33] Kleinheubacher Ber. Band 11 (1966). – [34] *Großkopf, J.*: Wellenausbreitung II, Mannheim: Bibliograph. Inst., Hochschultaschenbücher-Verlag 1970. – [35] *CCIR Report 252-2 (Rev. 76)*: Second CCIR computer based interim method for estimating sky-wave field strength and transmission loss at frequencies between 2 and 30 MHz. – [36] *Gürtler, R.*: Impedance transformation in folded dipoles. Proc. IRE 38 (1950) 1042–1047. – [37] *Zuhrt, H.*: Elektromagnetische Strahlungsfelder. Berlin: Springer 1953. – [38] *Owolabi, I. E.; Lane, J. A.*: Transhorizon propagation on VHF and UHF radio links in the United Kingdom. Proc. IEE 20, No. 2, (Feb. 1973) 165–172. – [39] *Majumdar, S. C.*: Some observations on distance dependence in the tropospheric propagation beyond radio horizon. Radio Electron. Eng. 44 (1974) 63–69. – [40] *CCIR Report 259-5;* VHF propagation by regular layers sporadic-E or other anomalous ionizations. Vol. 6, Genf 1982. – [41] *Breitkopf, K.*: Die Berechnung von Antennendiagrammen mit Hilfe eines programmierbaren Taschenrechners. Rundfunktech. Mitt. Nr. 6 (1979) 281–290. – [42] *Thomanek, L.*: Multiplex-polarisierte VHF-Sendeantenne für Simultan- und Monobetrieb. Neues von Rhode & Schwarz, Ausg. 74, Juli 1976. – [43] *Thomanek, L.*: UHF-Fernseh-Sendeantennen mit Rund- oder Richtstrahlcharakteristik. Neues von Rohde & Schwarz, Ausg. 78, Juli 1979. – [44] *Bruger, P.; Zander, H.*: Fernseh-Sendeantenne aus Drehkreuzstrahlern für den UHF-Bereich. Tech. Mitt. AEG-Telefunken 61, Nr. 3 (1971). – [45] *Mönich, G.*: Handformeln zur Erfassung radialsymmetrisch rückstrahlender Streukörper im elektromagnetischen Wellenfeld. Nachrichten Elektronik, Nr. 6 (1980) 185–188. – [46] *CCIR Report 322-1:* World distribution and characteristics of atmospheric radio noise. Vol. VI, Kyoto 1978.

7 Planare Antennen
Planar antennas

Allgemeine Literatur: *James, J.R.; Hall, P.S.; Wood, C.*: Microstrip antenna. Stevenage: Peregrinus 1981. *Dubost, G.*: Flat radiating dipoles and application to arrays. Chichester: Wiley 1981.

Antennen in Streifenleitungstechnik haben nur eine geringe Bauhöhe und werden dort eingesetzt, wo eine Abstrahlung quer zu einer leitenden Ebene gefordert ist und kein Platz für Resonatoren, wie sie beispielsweise hinter Schlitzstrahlern in der Regel nötig sind, vorhanden ist. Üblicherweise werden mehrere planare Einzelstrahler zu Feldern kombiniert, mit denen dann Richtwirkungen erzielt werden. Planarantennen können durch Ätzen oder als Siebdruck in gut reproduzierbarer Weise billig hergestellt werden. Im allgemeinen ist jedoch die erzielbare Bandbreite klein (einige Prozent) und der Wirkungsgrad ungünstig.

Inhomogenitäten in Leitungen bewirken Wellentypwandlungen und damit Möglichkeiten zur Abstrahlung. Insbesondere offene Enden bei Microstripleitungen strahlen bei kurzen Wellenlängen. Bild 1 zeigt ein rechteckförmiges planares Strahlerelement (patch), das als Grundelement von zusammengesetzten Planarantennen betrachtet werden soll. Die Entwicklung ist auf diesem Gebiet noch im Fluß. Viele unterschiedliche Formen sind möglich und werden zur Erzielung bestimmter Richtwirkungen und Polarisationen in vielfältiger Weise kombiniert.

Das rechteckige Strahlerelement ist ein langes Stück Mikrostripleitung, dessen Länge $l = \lambda/2$ ist. Das Feld im Dielektrikum zwischen Leiterstreifen und leitender Grundplatte entspricht dann im wesentlichen dem eines an beiden Enden offenen Leitungsresonators. In Bild 1 b und c sind einige der elektrischen und der eine Viertelperiode später auftretenden magnetischen Feldlinien skizziert. Diese Felder sind mit der im Resonator schwingenden Energie verknüpft. An den Rändern, insbesondere an den gegenphasig erregten Enden im Abstand $\lambda/2$ treten die Felder so weit heraus, daß sich ein Teil oberhalb des Leitungsstücks zusammen mit den dort vorhandenen magnetischen Feldern als Welle ablösen

Spezielle Literatur Seite N 26

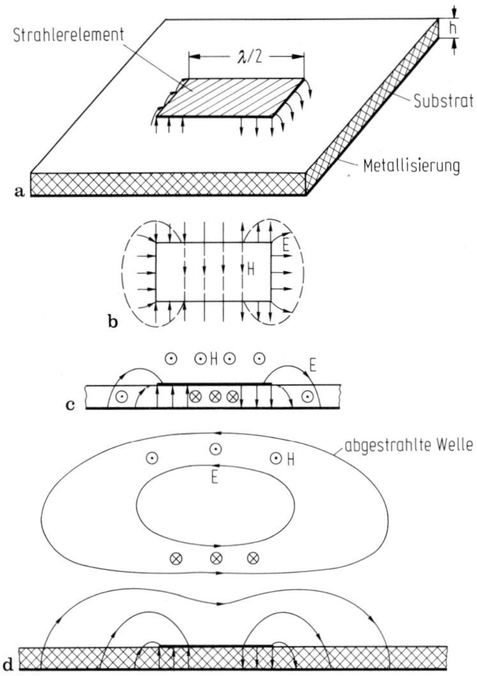

Bild 1. a Streifenleitungsstrahlerelement; **b** Aufsicht; **c** Längsschnitt; **d** Längsschnitt mit Wellenablösung

kann. Die Abstrahlung erfolgt dabei vorwiegend normal zur Leiterfläche (Bild 1d). Theoretisch läßt sich die Strahlung im Fernfeld mit Ansätzen berechnen, die auch bei Schlitzstrahlern angewandt werden. Als Basis dient jeweils das Feld im Dielektrikum am offenen Leitungsende. Andere Berechnungsmöglichkeiten gehen von der Stromverteilung auf dem Leiterstreifen aus. Bei sehr kleinem Abstand h/λ ist die Abstrahlung gering, die Resonatorgüte also durch die Verluste der Struktur bedingt. Abstände h/λ zwischen 0,1 und 0,2 begünstigen die Strahlungswirkung und geben Verhältnisse, die denen von Dipolen vor leitenden Wänden nahe kommen. Allerdings ist zu berücksichtigen, daß bei Streifenleitungsantennen das Feld im Dielektrikum konzentriert ist. Vorzugsweise werden daher Materialien mit geringem ε_r angewandt. Je größer die Leiterbreite ist, desto höher ist die im Resonator schwingende Energie und desto mehr wird abgestrahlt. Durch unterschiedliche Breiten kann bei der Kombination mehrerer Strahler zu Feldern eine Belegungsfunktion erzielt werden, welche die Nebenkeulen verringert.

Die Speisung eines Elements kann entsprechend Bild 2 durch Streifenleitungsanschlüsse an geeigneten Stellen des Resonators, durch Zuleitungen durch die leitende Grundebene oder bei übereinander geschichteten Dielektrika mittels dazwischen eingefügter Zuleitungen erfolgen.

Für die Kombination mehrerer Einzelelemente zu einer Richtantenne gibt es eine Vielzahl vorgeschlagener Möglichkeiten, von denen einige Beispiele dargestellt sind. Bild 3a zeigt eine Anordnung mehrerer Elemente im Abstand von jeweils einer Wellenlänge. Mit 32 Elementen und gewichteter Belegung lassen sich bei 12 GHz und 1,6 mm Substratdicke bei $\varepsilon_r = 2{,}35$ Halbwertbreiten von ca. $\pm 10°$ bei 25 dB Nebenkeulendämpfung erzielen. Die Bandbreite ist dabei kleiner als 1 %.

Eine andere Ausführung zeigt Bild 3b [2]. Hier sind die Einzelelemente im Abstand von etwa $\lambda/2$ angeordnet. Die speisende Welle im Dielektrikum kehrt jeweils ihre Richtung nach $\lambda/2$ um, die tangentialen Felder an den Resonatorenden unterstützen sich jedoch. Wichtig ist, daß die Einzelstrahler über ihre gesamte Breite gleichphasig erregt werden. Dies ist bei Resonanz meist sichergestellt. Durch die Nachbarschaft anderer Elemente mit phasengleichem Verhalten kann dies positiv beeinflußt werden.

Es können auch sehr breite $\lambda/2$-Leitungen angewandt werden [3], wenn durch eine gleichphasig anregende Speisestruktur die längenunabhängige Phasenbelegung sichergestellt ist (Bild 3c). Bei allen derartigen Aufbauten muß durch die Konstruktion (symmetrischer Aufbau) und durch Wahl eines geeigneten Substratmaterials eine reproduzierbare, phasenrichtige Speisung der einzelnen Strahlerelemente garantiert werden, die unabhängig von Umgebungseinflüssen ist. Andernfalls ändert sich die Hauptstrahlungsrichtung in unkontrollierter Weise.

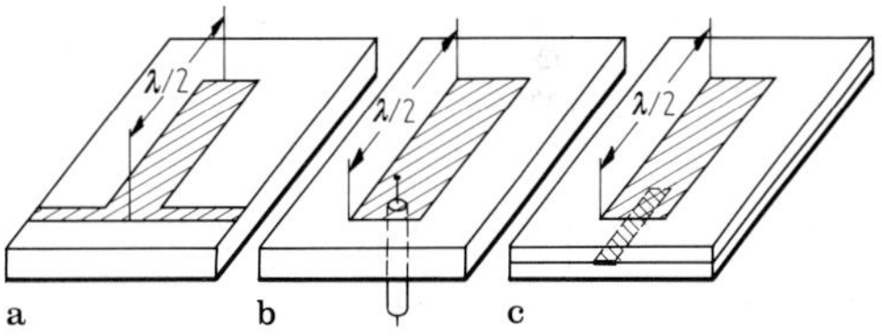

Bild 2. Ankopplung an Streifenleitungsstrahler **a** direkter Anschluß; **b** Speisung durch Grundplatte hindurch; **c** kapazitive Kopplung über Zwischenschicht

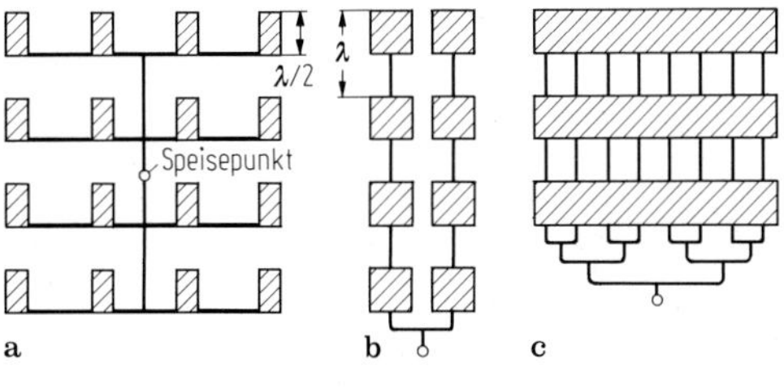

Bild 3. Anordnung zu strahlenden Feldern. **a** Parallelschaltung; **b** Reihenschaltung; **c** phasengleiche Speisung breiter Streifen

Spezielle Literatur: [1] *Solbach, K.*: Aufbau und Skalierung einer 32-Element Microstrip-Antennen-Gruppe. Mikrowellen Mag. 7 (1981) 461–465. [2] *Menzel, W.*: Eine 40-GHz-Mikrostreifenleitungsantenne. Mikrowellen Mag. 7 (1981) 466–469. – [3] *van der Neut, C.A.*: Long-patch array produces pencil beam. Microwaves and RF 20, No. 5 (1981) 130–131.

8 Yagi-Uda-Antennen
Yagi-Uda arrays

Die nach ihren Erfindern S. Uda und H. Yagi [1] benannte Antenne stellt einen Längsstrahler, bestehend aus mehreren Dipolen dar, bei dem die für das Zustandekommen der gewünschten Richtwirkung erforderlichen Ströme durch Strahlungskopplung erzeugt werden. Daher besitzt diese Antenne neben einer Reihe von parasitären Elementen nur *einen* gespeisten Strahler (Erreger) und zeichnet sich durch einfachen Aufbau und unkomplizierte Speiseverhältnisse aus. Sie wird meist im VHF- und UHF-Bereich eingesetzt.

Die allgemeine Konfiguration einer Yagi-Uda Antenne zeigt Bild 1. Vor dem gespeisten Strahler sind in Richtung der gewünschten Hauptstrahlung parasitäre Dipole angeordnet, die als Direktoren wirken, während ein meist einzelner Stab hinter dem Erreger als Reflektor arbeitet. Zur Ausbildung der Richtstrahlung müssen die als Direktoren wirkenden Stäbe kürzer und der als Reflektor arbeitende Stab länger als der bei Resonanz arbeitende Erreger sein.

Eine Näherungsvorstellung über die Arbeitsweise einer Yagi-Uda Antenne erhält man, wenn man die Direktoren als Wellenleiterstruktur auffaßt längs derer sich eine Oberflächenwelle ausbreitet, deren Phasengeschwindigkeit von den Elementabmessungen abhängt. Die Wirkung der Direktorenkette entspricht damit der eines künstlichen Dielektrikums. Die längs der Struktur geführte Oberflächenwelle weist am Antennenende über eine gewisse Querschnittsfläche eine annähernd ebene Wellenfront auf, so daß sich eine gerichtete Abstrahlung ähnlich wie bei einer Aperturantenne ergibt. Ehrenspeck und Poehler [2] konnten experimentell nachweisen, daß bei gegebener Antennenlänge ein bestimmtes Verhältnis der Phasengeschwindigkeit der Oberflächenwelle zur Lichtgeschwindigkeit maximalen Gewinn liefert und daraus erste Näherungswerte für die Dimensionierung gewinnoptimierter Yagis ableiten.

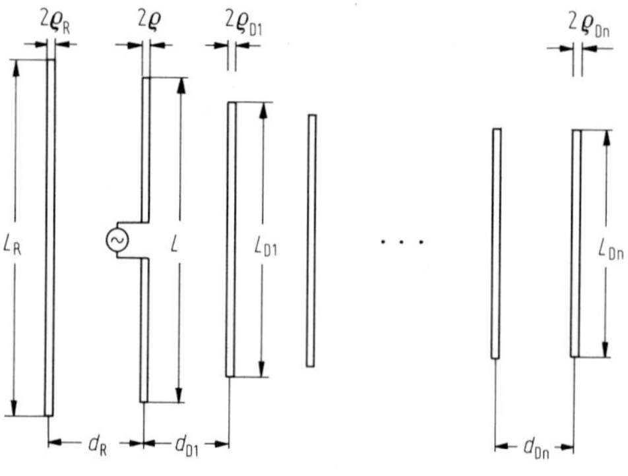

Bild 1. Prinzipielle Anordnung und Abmessungen einer Yagi-Uda-Antenne

Bis vor einigen Jahren war man bei der Entwicklung von Yagi-Uda Antennen fast ausschließlich auf derartige Grundvorstellungen, experimentelle Erfahrungen sowie einige prinzipielle Erkenntnisse über die Rolle der verschiedenen Antennenbereiche angewiesen [3]. Es hat sich z.B. gezeigt, daß man Yagi-Uda Antennen mit höherer Elementzahl näherungsweise in zwei Wirkungsgebiete aufteilen kann, nämlich das Erregerzentrum, das den gespeisten Strahler samt Reflektor umfaßt und die Direktorenkette als Wellenleiter. Während das Erregerzentrum vor allem die Eingangsimpedanz, das Vor-Rück-Verhältnis und die Bandbreite bestimmt, ist der Wellenleiter für die Ausbildung der Richtwirkung verantwortlich und stellt grundsätzlich eine breitbandige Anordnung, allerdings mit Tiefpaßcharakter, dar. Maßnahmen, um eine Yagi-Uda Antenne breitbandig zu gestalten, betreffen daher in erster Linie das Erregerzentrum. So werden z.B. die grundsätzlich breitbandigeren Ganzwellendipole verwendet oder – bei großen Anforderungen an die Bandbreite – auch kleine logarithmisch periodische Antennen [3]. Ersetzt man den einzelnen Reflektorstab durch nicht abgestimmte Reflektorwände, so lassen sich auch breitbandig hohe Werte des Vor-Rück-Verhältnisses erzielen. Mit den genannten Maßnahmen gelingt es, Breitband-Yagi-Antennen bis zu einer Bandbreite von 1 : 2 zu realisieren [4].

Die sich bei einfachen Erregerdipolen ergebenden niedrigen Eingangsimpedanzen werden meist durch den Einsatz von Faltdipolen vermieden.

Zwischen dem Erregerzentrum und dem Wellenleiter wird oft eine Übergangszone aus dichter gestaffelten Direktoren vorgesehen, die die Anregung der Oberflächenwelle verbessert. Bild 2 zeigt an einem Beispiel die verschiedenen Wirkungsgebiete innerhalb einer Yagi-Antenne.

Eine ausführliche Sammlung von empirisch gewonnenen Konstruktionsdaten für optimierte Yagi-Uda-Antennen findet sich in [4].

Als Beispiel für die mit derartigen Antennen erreichbare Richtwirkung zeigt Bild 3 das Richtdiagramm einer nach [4] dimensionierten, wie in

Spezielle Literatur Seite N 28

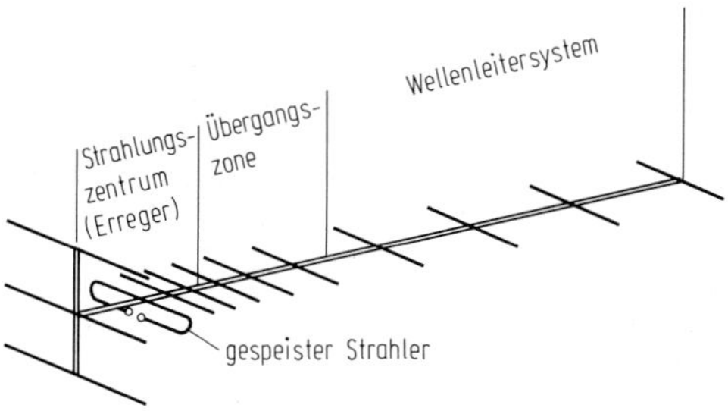

Bild 2. Verschiedene Wirkungszonen einer Yagi-Uda-Antenne. Nach [3]

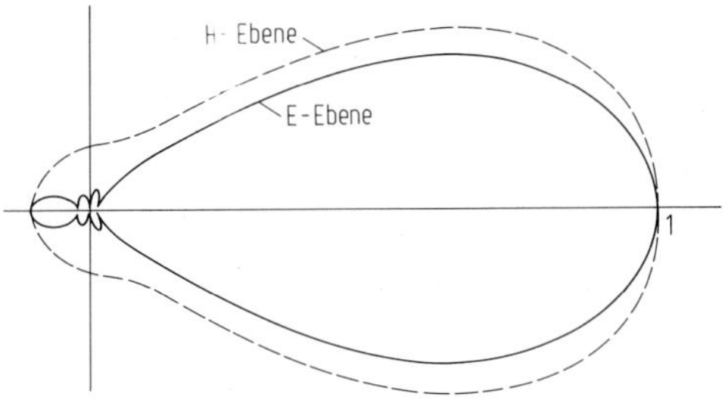

Bild 3. E- und H-Ebenen-Richtdiagramm einer 10-Element-Yagi-Uda-Antenne. Nach [4]

Bild 1 aufgebauten 10-Element-Antenne. Der maximale Gewinn beträgt 12,3 dBi, das Vor-Rück-Verhältnis ca. 20 dB.

Durch den Einsatz moderner numerischer Rechenverfahren, wie etwa der Momentenmethode, ist es heute prinzipiell möglich, die Stromverteilung auf allen Elementen und damit alle interessierenden Parameter einer Yagi-Uda-Antenne beliebig genau zu berechnen und Konstruktionsdaten für optimale Konfigurationen anzugeben. Als Beispiel sind in Tab. 1 die Abmessungen und Kenngrößen für optimierte Yagi-Uda-Antennen mit Direktoren konstanter Länge und konstanten gegenseitigen Abstands nach [5] aufgeführt. Der Durchmesser aller Elemente ist mit 0,005 λ_0 angenommen.

Der mit ähnlichen Antennen erreichbare Gewinn ist in Bild 4 über der Zahl n der Elemente aufgetragen. Mit zunehmender Zahl der Direktoren ist die Steigerung des Gewinns durch Hinzunahme weiterer Elemente nur noch gering, weil der durch Strahlungskopplung in diesen Elementen erzeugte Strom aufgrund des verhältnismäßig großen Abstands vom Erreger auch nur klein ist. Höhere Gewinne als sie durch die ausgezogenen Kurven in Bild 4 repräsentiert werden, kann man

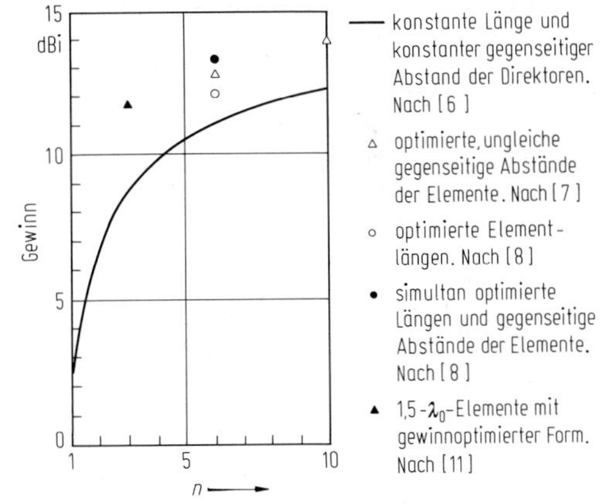

Bild 4. Gewinn optimierter Yagi-Uda-Antennen in Abhängigkeit von der Zahl n der Elemente.

Tabelle 1. Konstruktionsdaten und Kennwerte von Yagi-Uda-Antennen nach Bild 1 mit Direktoren konstanter Länge L_D und konstantem gegenseitigen Abstand d aller Elemente. Elementdurchmesser $2\varrho = 0{,}005\ \lambda_0$. Nach [5]. V-R-V: Vor-Rück-Verhältnis, Z_A:Erregerimpedanz, NZD: Nebenkeulendämpfung.

Elementzahl n	d/λ_0	L_R/λ_0	L/λ_0	L_D/λ_0	G'/dBi	V-R-V in dB	Z_A/Ω	NZD/dB H-Ebene	NZD/dB E-Ebene
3	0,25	0,479	0,453	0,451	9,4	5,6	22 + j15	11,0	34,5
4	0,15	0,486	0,459	0,453	9,7	8,2	37 + j10	11,6	22,8
4	0,20	0,503	0,474	0,463	9,3	7,5	6 + j21	5,2	25,4
4	0,25	0,486	0,463	0,456	10,4	6,0	10 + j24	5,8	15,8
4	0,30	0,475	0,453	0,446	10,7	5,2	26 + j23	7,3	18,5
5	0,15	0,505	0,476	0,456	10,0	13,1	10 + j13	8,9	23,2
5	0,20	0,486	0,462	0,449	11,0	9,4	18 + j18	8,4	18,7
5	0,25	0,477	0,451	0,442	11,0	7,4	53 + j 6	8,1	19,1
5	0,30	0,482	0,459	0,451	9,3	2,9	19 + j39	3,3	9,5
6	0,20	0,482	0,456	0,437	11,2	9,2	51 + j 2	9,0	20,0
6	0,25	0,484	0,459	0,446	11,9	9,4	23 + j21	7,1	13,8
6	0,30	0,472	0,449	0,437	11,6	6,7	61 + j 8	7,4	14,8
7	0,20	0,489	0,463	0,444	11,8	12,6	21 + j17	7,4	14,1
7	0,25	0,477	0,454	0,434	12,0	8,7	57 + j 2	8,1	15,4
7	0,30	0,475	0,455	0,439	12,7	8,7	36 + j22	7,3	12,6

wie in [7, 8] gezeigt, dadurch erreichen, daß man sowohl die gegenseitigen Abstände der Direktoren voneinander als auch ihre jeweilige Länge unterschiedlich groß macht. Der Hauptgewinnzuwachs entsteht, wie die in Bild 4 eingetragenen Ergebnisse verschiedener Optimierungsstufen zeigen, durch die Variation der Elementabstände.

Eine alternative Methode, höhere Gewinnwerte mit einer Yagi-Uda-Anordnung zu erzielen, besteht darin, als Einzelelemente gewinnoptimierte krummlinige 1,5-λ_0-Dipole zu verwenden [10–14]. Bild 5 zeigt als Beispiel einen derartigen Drei-Element-Yagi, bestehend aus einem numerisch optimierten Erreger sowie einem Reflektor und einem Direktor, deren Form empirisch gefunden wurde. Der meßtechnische ermittelte Gewinn beträgt 11,5 dBi, das Vor-Rück-Verhältnis 20 dB. Das Richtdiagramm ist in Bild 6 dargestellt.

Bei allen für maximale Richtwirkung optimierten Antennen muß bedacht werden, daß die Gewinnmaximierung zu einer Bandbreitenreduktion führt. Dabei ist für Yagi-Uda-Anordnungen typisch, daß ihr Gewinn oberhalb der Frequenz für die sie optimiert wurden, sehr viel steiler abfällt als bei tieferen Frequenzen. Dies kann im wesentlichen als Folge der Tiefpaßeigenschaft der Wellenleiter interpretiert werden, deren Grenzfrequenz durch die Optimierung in die Nähe der Mittenfrequenz des Erregersystems geschoben wird. Aus diesem Grunde liegen die – durch die Frequenzabhängigkeit des Gewinns gegebenen – relativen Bandbreiten gewinnoptimierter Yagi-Uda-Antennen bei ca. 5 % [9], während z. B. die Antenne nach Bild 3 etwa 20 % relative Bandbreite aufweist.

Da die Eigenschaften einer Yagi-Uda-Anordnung besonders stark von den Abmessungen ihrer parasitären Strahler abhängen, kann sich ihr Strahlungsdiagramm durch Vereisung der Elemente sehr leicht ändern. Messungen [15] zeigten, daß es bei starkem Eisansatz im UHF-Gebiet und bei höheren Frequenzen sogar zu einer Umkehrung der Hauptstrahlrichtung kommen kann, wenn keine großvolumige Ummantelung der Strahler vorgesehen ist.

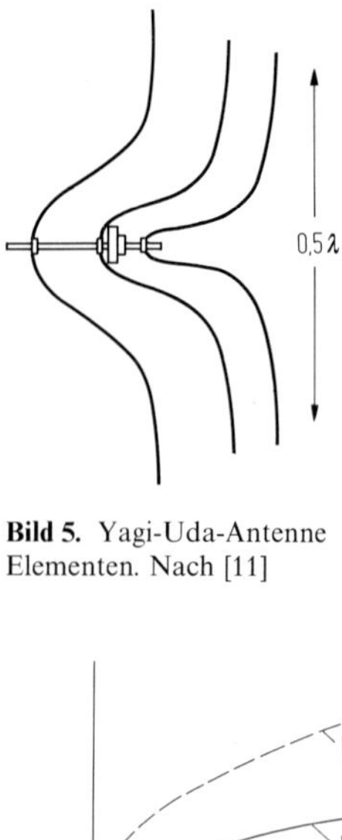

Bild 5. Yagi-Uda-Antenne mit drei gewinnoptimierten Elementen. Nach [11]

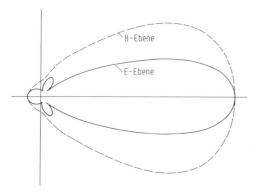

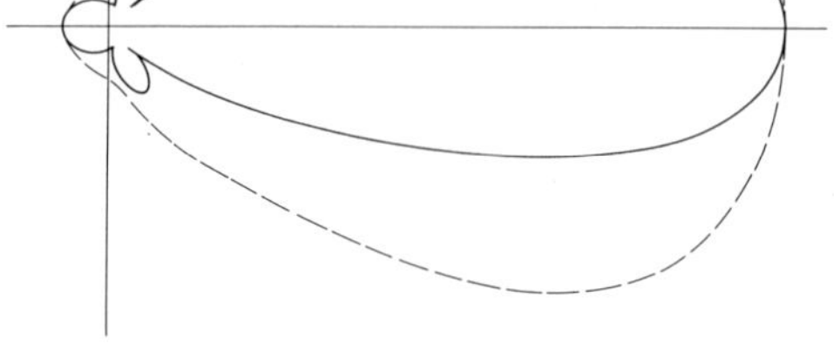

Bild 6. Richtdiagramm der Antenne nach Bild 5

Spezielle Literatur: [1] *Yagi, H.:* Beam transmission of ultra-short waves. Proc. IRE 16 (1928) 715. – [2] *Ehrenspeck, H. W.; Poehler, H.:* A new method for obtaining maximum gain from Yagi-antennas. IRE Trans. AP-7 (1959) 379–386. – [3] *Spindler, E.; Rothe, G.:* Antennenpraxis. Berlin: VEB-Verlag Technik 1971. – [4] *Spindler, E.:* Antennen. Berlin: VEB-Verlag Technik 1968. – [5] *Stutzmann, W. L.; Thiele, G. A.:* Antenna theory and design. New York: Wiley 1981. – [6] *Green, H. E.:* Design data for short and medium length Yagi-Uda arrays. Inst. Eng. (Australia), Electr. Eng. Trans. (1966) 1–8. – [7] *Cheng, D. K.; Chen, C. A.:* Optimum element spacing for Yagi-Uda arrays. IEEE Trans. AP-21 (1973) 615–623. – [8] *Chen, C. A.; Cheng, D. K:* Optimum element lenghts for Yagi-Uda arrays. IEEE Trans. AP-23 (1975) 8–15. – [9] *Takla, N. K.; Shen, L.-C.:* Bandwidth of a Yagi array with optimum directivity. IEEE Trans. AP-25 (1977) 913–914. – [10] *Landstorfer, F.:* Neue Wege zur Optimierung des Empfangs, Kleinheubacher Ber. 19 (1975) 95–105. – [11] *Landstorfer, F.:* Zur optimalen Form von Linearantennen. Frequenz 30 (1976) 344–349. – [12] *Landstorfer, F.:* New developments in VHF/UHF-antennas. Proc. 1st Int. Conf. Antennas and Propagation. IEE Publ. No. 169 (1978) 132–141. – [13] *Cheng, D. K.; Liang, C. H.:* Shaped wire antennas with maximum directivity. Electron. Lett. 18 (1982) 816–818. – [14] *Liang, C. H.; Cheng, D. K.:* Directivity optimization for Yagi-Uda arrays of shaped dipoles. IEEE Trans. AP-31 (1983) 522–525. – [15] *Lohr, M.:* Das Strahlungsdiagramm vereister Yagi Antennen. Radio Mentor (1963) 420–424.

9 Logarithmisch-periodische Antennen

Logarithmically periodic antennes

9.1 Einführung. Introduction

Das Breitbandverhalten der Logarithmisch-Periodischen Antennen (LP-Antennen) läßt sich

Spezielle Literatur Seite N 32

darauf zurückführen, daß hier das für frequenzunabhängige Antennen generell gültige sog. Winkelprinzip in weitem Maße berücksichtigt wird [12].
Das Winkelprinzip besagt, daß eine unendlich ausgedehnte Antennenstruktur dann für alle Frequenzen die gleiche Strahlungscharakteristik aufweist, falls die Geometrie der Struktur ausschließlich durch Winkel beschrieben wird (Bild 1). Da in der Praxis eine Antenne mit unendlichen Abmessungen nicht zu verwirklichen ist, müssen die Bemühungen dahingehen, daß für den interessierenden Frequenzbereich die elektrischen Eigenschaften einer endlichen Struktur denen eines unendlich ausgedehnten Gebildes möglichst gut angenähert werden. Eine starke Konvergenz ist dabei dann gegeben, wenn eine eingespeiste Leitungswelle ein hohes Maß an Strahlungsdämpfung erfährt. In diesem Fall kann die Strombelegung außerhalb des abstrahlenden Bereichs („aktive" Zone) der Antennenstruktur als stark verringert angenommen werden, so daß eine Begrenzung des zunächst als unendlich ausgedehnten Gebildes dann keine nachteilige Beeinflussung durch „Endeneffekte" verursacht.
Bei LP-Antennen ist nun das Winkelprinzip dahingehend modifiziert, daß das primär durch Winkel bestimmte Antennengebilde aus resonanzfähigen Strukturelementen zusammengesetzt ist. Mittels dieser Resonanzelemente wird die gewünscht hohe Strahlungsdämpfung der eingespeisten Leitungswelle erreicht und damit eine sehr gute Abschwächung der o. a. Endeneffekte sichergestellt. Die Einführung von Resonanzelementen in die Antennenstruktur bewirkt, daß kein völlig homogener Frequenzgang der elektrischen Daten erreicht wird. Vielmehr werden gleiche Antenneneigenschaften jeweils dann gezeigt, wenn durch die Betriebsfrequenz eine Resonanzstelle der Antenne getroffen wird. Werden diese Resonanzstellen jedoch ausreichend eng gelegt, so verbleiben die Änderungen der elektrischen Eigenschaften zwischen den Resonanzpunkten gering. Letztlich kann dann von einer pseudofrequenzunabhängigen Antenne gesprochen [3, 4] werden.
Das Prinzip der Logarithmisch-periodischen Antennen setzt voraus, daß die Abmessungen der Resonanzelemente gemäß den Gliedern einer geometrischen Reihe abgestuft sind. Die charakteristischen elektrischen Eigenschaften der Antenne wiederholen sich dann periodisch mit dem Logarithmus der Frequenz – dieses Verhalten stand ursprünglich auch Pate bei der Namensgebung für diese Antennenart.

9.2 Dimensionierung. Design

In Bild 2 sind zwei häufig verwendete Ausführungsformen von LP-Antennen dargestellt, an denen sich die Dimensionierungskriterien besonders deutlich aufzeigen lassen. Wesentlich ist, daß gemäß der vorgegebenen geometrischen Abstufung der Resonanzelemente die Abmessungen aufeinanderfolgender Strukturteile um einen konstanten Faktor τ unterschiedlich sind. Bei der planaren LP-Antenne in Bild 2a bedeutet dies, daß die Radien der zahnförmig ausgebildeten Resonanzelemente durch die Beziehung

$$\tau = \frac{R_n}{R_{n-1}} = \frac{l_n}{l_{n-1}}$$

festgeschrieben sind, während der Strukturwinkel α konstant bleibt.
Die gleichen Beziehungen gelten für das in Bild 2b gezeigte Schema einer LP-Dipolantenne (LPD), deren Strahlungsmechanismus erstmals in [5] theoretisch analysiert wurde und die heute in vielen Ausführungsformen Anwendung findet. Die maximal erforderlichen Abmessungen einer

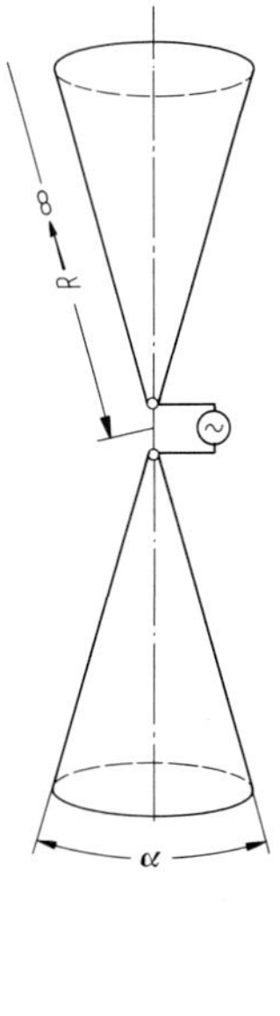

Bild 1. Frequenzabhängige Antenne nach dem sog. Winkelprinzip

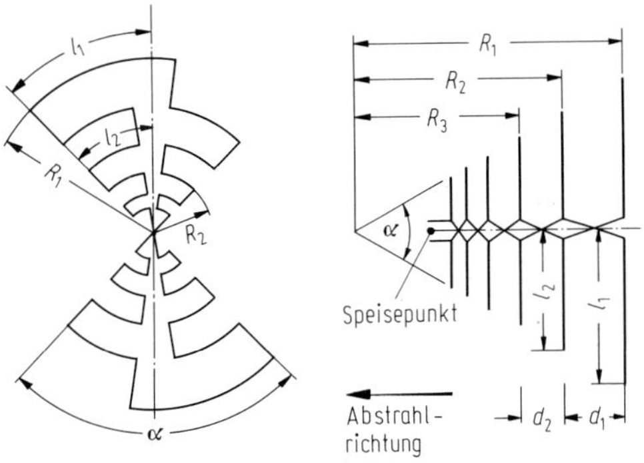

a b

Bild 2. Typische Struktur von logarithmisch-periodischen Antennen. **a** planar; **b** Dipolantenne

LP-Antenne sind generell durch die unterste Grenzfrequenz f_u bzw. Wellenlänge λ_u des gewünschten Frequenzbereichs bestimmt. Als zweckmäßigste Dimensionierung erweist sich dabei, für die Länge des größten Resonanzelements $l_1 = 0{,}25 \ldots 0{,}27\,\lambda_u$ zu wählen. Analog gilt, daß die Abmessungen der kleinsten Strukturelemente mit der Viertelwellenlänge der obersten Betriebsfrequenz in Einklang zu bringen sind.

In Bild 3 sind Einzelheiten des Aufbaus einer LP-Dipolantenne skizziert. Der Anschluß eines koaxialen Speisekabels erfolgt am „kleinen Ende" der Struktur, wobei der Kabelinnenleiter auf den gegenüberliegenden Teil der Doppelleitung geführt wird. Der gemäß dem Anschlußprinzip nach Bild 3b erforderliche Polaritätswechsel benachbarter Strukturelemente ist durch wechselweises Vertauschen der Dipolanschlüsse auf der Doppelleitung realisiert. Von der Einspeisestelle am kleinen Ende der LP-Struktur läuft eine Leitungswelle die Doppelleitung entlang und speist die Dipole. Eine starke Abstrahlung wird dann in dem Strukturbereich erzeugt, in dem die Dipole angenähert eine Halbwellenlänge aufweisen

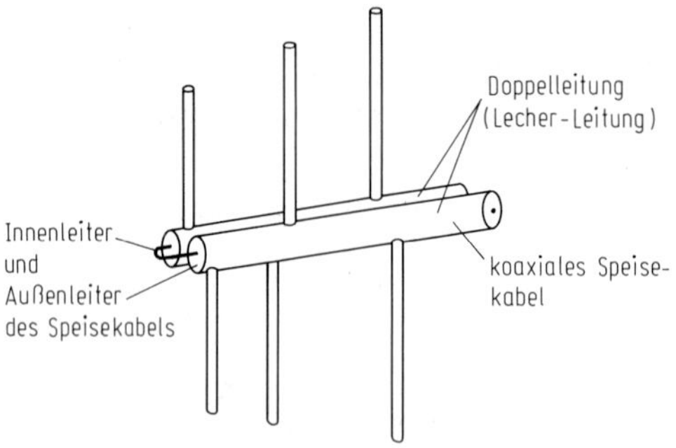

Bild 3. Praktischer Aufbau einer logarithmisch-periodischen Dipolantenne

($2l_n \approx \lambda/2$). In dieser aktiven Zone wird der Großteil der Leitungswelle in eine Strahlungswelle umgesetzt; nur noch ein relativ kleiner Anteil erreicht bei einer gut dimensionierten LPD-Antenne den Bereich mit den langen Dipolen und schließlich das Strukturende. Das Maximum des resultierenden Strahlungsdiagramms zielt in Richtung auf die Strukturspitze.

Für die Dimensionierung einer LP-Dipolantenne empfehlen sich folgende Schritte:

a) Festlegung der Strukturparameter τ und σ mittels des Nomogramms im Bild 4 unter Berücksichtigung eines gewünschten Richtfaktors D_{LP} und eines vorgegebenen Strukturwinkels α. Zu beachten ist, daß mit abnehmendem Wert für α die Strukturlänge ansteigt.

Für die engere Auswahl von τ und σ ist auch noch der Vergleich der Impedanz- und Diagrammwerte in den Bildern 4 bis 7 zweckmäßig.

b) Festlegung der Dipollängen:

$$l_1 = \lambda_{u/4}, \qquad l_{min} = \frac{l_1}{\lambda_u/\lambda_0\, B_{AZ}}.$$

Der Wert für die rel. Breite B_{AZ} der aktiven Zone kann aus Bild 8 entnommen werden.

c) Anzahl der Dipole:

$$\text{Aus } \frac{l_1}{l_{min}} = \frac{1}{\tau^{N-1}} \text{ folgt } N = \frac{\ln(l_{min}/l_1)}{\ln \tau} + 1\,.$$

d) Bei der Dimensionierung der Doppelleitung sind kleinstmögliche Abmessungen anzustreben. Für den gegenseitigen Abstand b gilt

$$\operatorname{arcosh}(b/D) = \frac{Z_0}{120} = \frac{R_0\,C}{120}.$$

R_0 beschreibt die gewünschte Fußpunktimpedanz – z. B. $R_0 = 50\,\Omega$, der Impedanzkorrekturfaktor C kann aus Bild 9 entnommen werden.

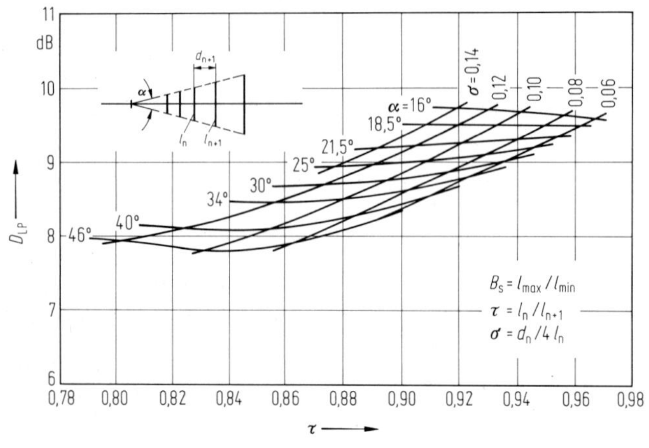

Bild 4. Richtgewinn D_{LP} in Abhängigkeit vom Stufungsfaktor τ und vom Strukturwinkel α (rechn. Werte nach [5])

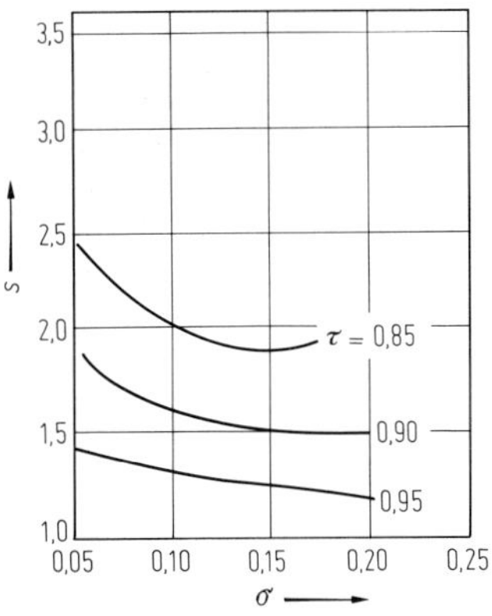

Bild 5

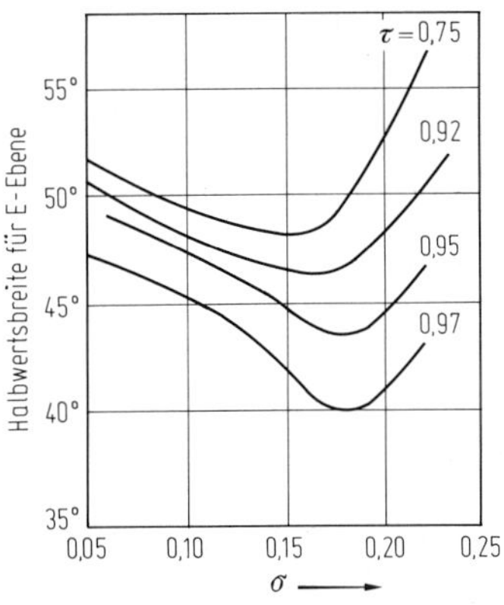

Bild 6

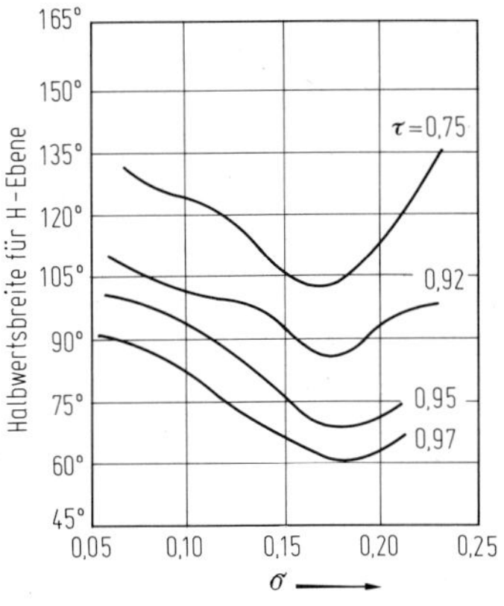

Bild 7

Bild 5. Fehlanpassung s in Abhängigkeit von den LP-Faktoren τ und σ (bez. auf $R_0 = 50\,\Omega$)

Bild 6. Gerechnete Diagramm-Halbwertsbreiten in Abhängigkeit von den LP-Strukturfaktoren τ und ε (für E-Ebene). Nach [5]

Bild 7. Gerechnete Diagramm-Halbwertsbreiten in Abhängigkeit von den LP-Strukturfaktoren τ und σ (für H-Ebene). Nach [5]

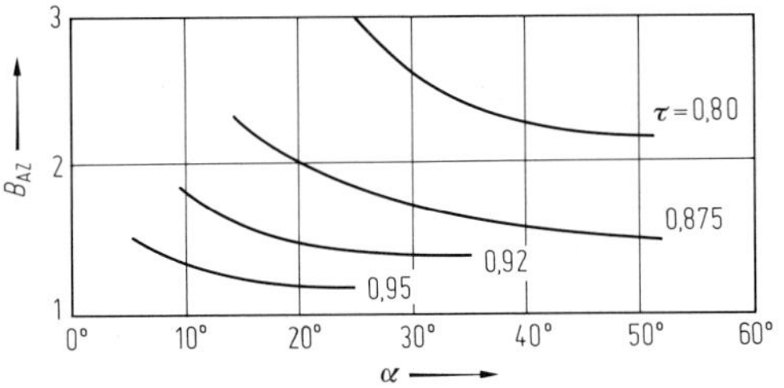

Bild 8. Normierte Breite der „aktiven Zone" bei LP-Dipolantennen in Abhängigkeit von α und τ. Nach [5]

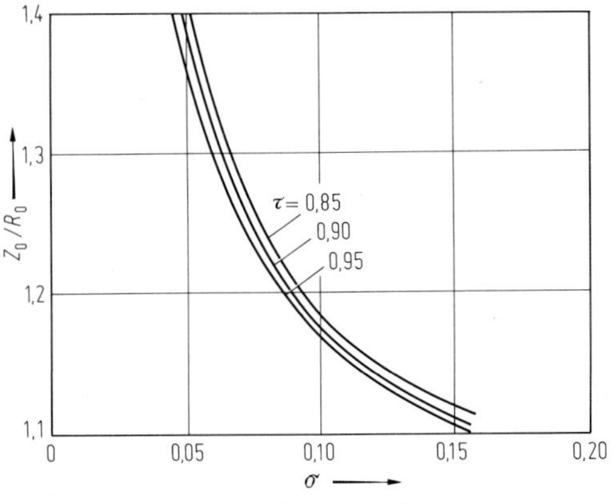

Bild 9. Impedanzverhältnis Z_0/R_0 in Abhängigkeit von den LPD-Strukturfaktoren τ und σ

9.3 Weitere Ausführungsformen von logarithmisch-periodischen Antennen
Other designs of logarithmic periodic antennas

Mit der in Bild 2a skizzierten planaren LP-Antennen wird eine bidirektionale Charakteristik erzeugt, deren beide Maxima orthogonal zur Antennenebene ausgerichtet sind. Eine einseitig gerichtete Strahlungskeule läßt sich dann erreichen, wenn die LP-Struktur vor einer Reflektorfläche angeordnet wird. Die nutzbare Bandbreite ist in diesem Fall auf Werte $B = 2 \ldots 3$ beschränkt.

Eine einseitig gerichtete Strahlungskeule über eine sehr viel größere Bandbreite ($B = 10 \ldots 50$) kann erreicht werden, falls die beiden planaren Strukturhälften zueinander gefaltet werden. Zwei Antennenstrukturen liegen dabei auf den gegenüberliegenden Seiten einer spitzwinkligen Pyramide, wobei die Speisung an der Pyramidenspitze erfolgt [6, 7]. Diese Antennenform ermöglicht vielfältige Einsatzmöglichkeiten, sei es z. B. als Richt-Empfangs/Sende-Antenne oder aber auch als Erregerantenne in Reflektorsystemen [8–10]. Bei diesen Antennen lassen sich die flächenhaften Zahnstrukturen, z. B. mit Trapez- oder Dreieckszähnen, auch durch Drahtgebilde ersetzen, mit denen nur die äußeren Konturen der ursprünglichen LP-Geometrie nachgebildet werden. Angaben über Diagrammbreiten und Impedanzverhalten in [7].

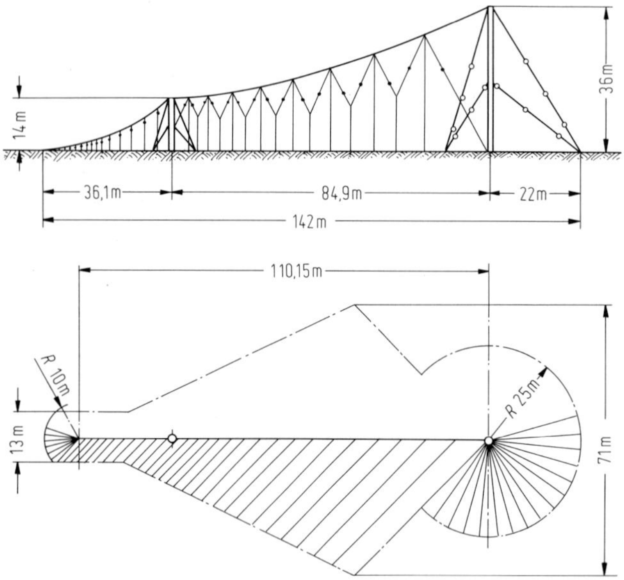

Bild 10. LP-Monopolantenne für den Kurzwellenbereich ($f = 1{,}5 \dots 30$ MHz)

In Bild 10 ist eine LP-Monopolantenne für den Kurzwellenbereich ($f = 1{,}5 \dots 30$ MHz) gezeigt, bei der die Antennenelemente durch vertikal über den Erdboden gespannte Drähte gebildet werden. Um die erforderliche Phasenumkehr zwischen aufeinanderfolgenden Antennenelementen einhalten zu können, wird in den Monopolfußpunkten jeweils alternierend ein Phasenumkehrtransformator zwischengeschaltet. Bei LP-Monopolantennen für den VHF- und UHF-Bereich wird die Phasenumkehr einfacherweise durch reaktiv wirkende Stichleitungselemente realisiert [11] (Bild 11).

Durch V-förmiges Einknicken der Dipole einer LP-Dipolantenne läßt sich eine sog. LPV-Antenne realisieren (Bild 12), die sich durch erhöhten Richtgewinn auszeichnet [12]. In ähnlicher Weise zielt die in Bild 13 skizzierte Antennengeometrie auf eine Verbesserung der Antennenstrahlungscharakteristik [13].

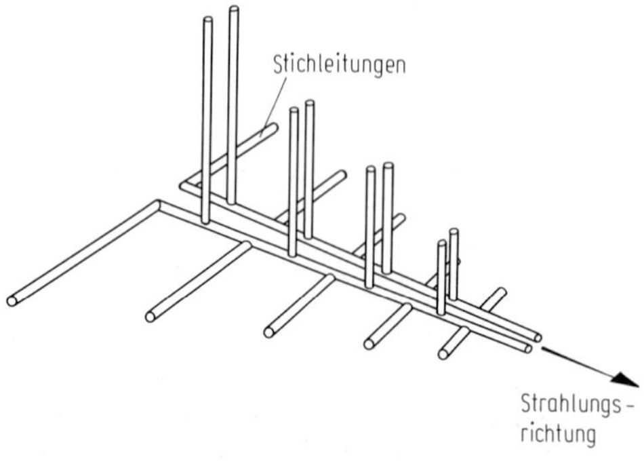

Bild 11. LP-Monopolantenne mit Stichleitungen

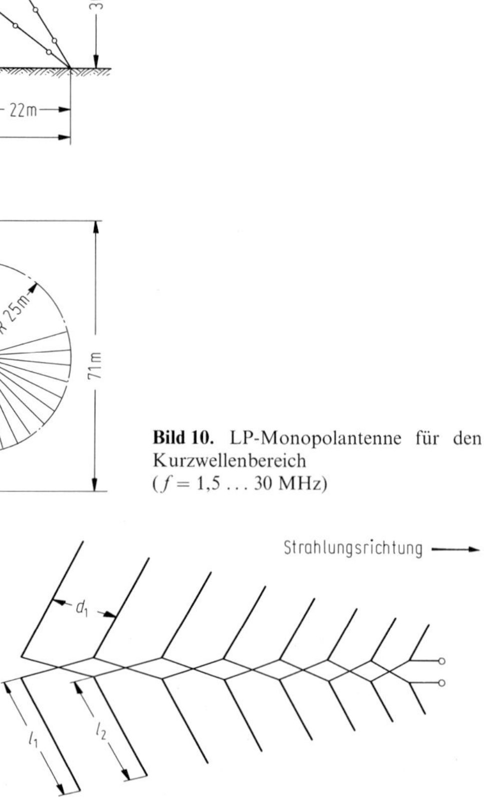

Bild 12. Logarithmisch-periodische V-Antenne

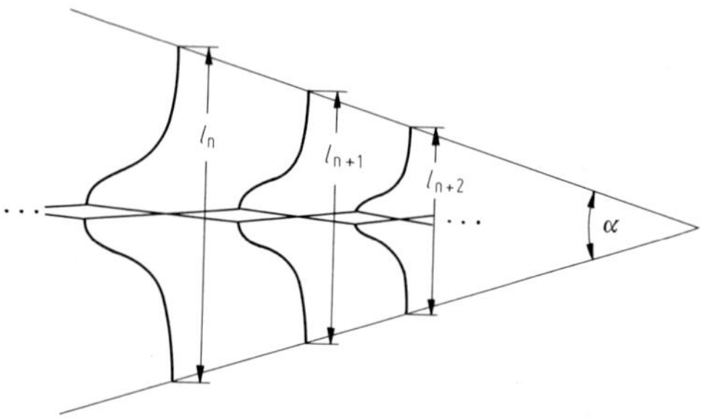

Bild 13. LPD-Antenne mit gewinnoptimierter Dipolkontur

Eine ausführliche Zusammenstellung der verschiedenen LP-Antennentypen und einiger Modifikationen ist in [14] in übersichtlicher Form gegeben.

Spezielle Literatur: [1] *Du Hamel, R. H.; Isbell, D. E.:* Broadband logarithmically periodic antenna structures. IRE Nat. Conv. Rec., Part I (1957) 119–128. – [2] *Rumsey, V. H.:* Frequency independent antennas. IRE Nat. Conv.

Rec., Part I (1957) 114–118. – [3] *Isbell, D. E.:* Non-planar logarithmically periodic antenna structures. University of Illionois, Antenna Lab. TR 30, 1958, Contract AF 33 (616)–3220. – [4] *Du Hamel, R. H.; Ore, F. R.:* Logarithmically periodic antenna designs. IRE Nat. Conc. Rec., Part 1, (1958) 139–151. – [5] *Carrel, R.:* The design of logarithmically periodic dipole antennas. IRE Int. Conc. Rec. (1961) 61–75. – [6] *Du Hamel, R. H.; Berry, D. G.:* Logarithmically periodic antenna arrays. IRE Wescon Conv. Rec. (1958) 161–174. – [7] *Du Hamel, R. H.:* Logarithmically periodic antennas break bandwidth barriers. Space-Aeronautics (1963) 141–148. – [8] *Isbell, D. E.:* A logarithmically periodic reflector feed. Proc. Inst. Radio Eng. (1957) 1152–1153. – [9] *Greif, R.:* Logarithmisch-periodische Antennen. Nachrichtentech. Fachber. NTF 23 (1961) 81–93. – [10] *Uhlmann, M.:* Logarithmisch-periodische Erreger-Antenne für ein Paraboloid. NTZ 21 (1968) 352–362. – [11] *Nowatzky, D.:* Logarithmisch-periodische Dipolantennen. Tech. Mitt. RFZ 7 (1963) 127–133. – [12] *Mayes, P. E.; Carrel, R. L.:* Logarithmically periodic resonant-V arrays. IRE Wescon Conv. Rec. (1961) 266–274. – [13] *Landstorfer, F.:* On the optimum shape of linear antennas. IEEE Symp. AP. Amherst (1976) 167–172. – [14] *Wohlleben, R.:* Die Typen linearpolarisierter logarithmisch-periodischer Antennen. NTZ 22 (1969) 531–539.

10 Spiral- und Wendelantennen
Spiral and helical antennas

Allgemeine Literatur: *Dubost, G.; Zisler, S.:* Breitband-Antennen. München: Oldenbourg 1977.

10.1 Spiralantennen. Spiral antennas

Mit Spiralantennen können extrem große Bandbreiten von 40:1 und mehr bei zirkular polarisierter Abstrahlung erreicht werden. Theoretische und praktische Arbeiten s. [1–13]. In [14] und [15] gute Zusammenfassungen und weitere Literaturhinweise.

Ausgehend von der Idee, daß Antennenstrukturen, deren Geometrien nur durch Winkel bestimmt sind, frequenzunabhängige Eigenschaften (Impedanz, Strahlungsdiagramm, Polarisation) aufweisen, wurden vielfältige Formen von logarithmischen Spiralantennen untersucht. Praktische Bedeutung haben vor allem zwei- und vierarmige Spiralantennen, entweder auf einer Kegeloberfläche (konisch) oder in einer Ebene angeordnet (Bild 1). Die Kanten eines Spiralarms einer ebenen logarithmischen Spiralantenne werden in Polarkoordinaten (r, φ) durch folgende Gleichungen beschrieben:

$$r_1 = k \exp(a\varphi),$$

$$r_2 = k \exp[a(\varphi - \delta)] = K r_1,$$

Spezielle Literatur Seite N 36

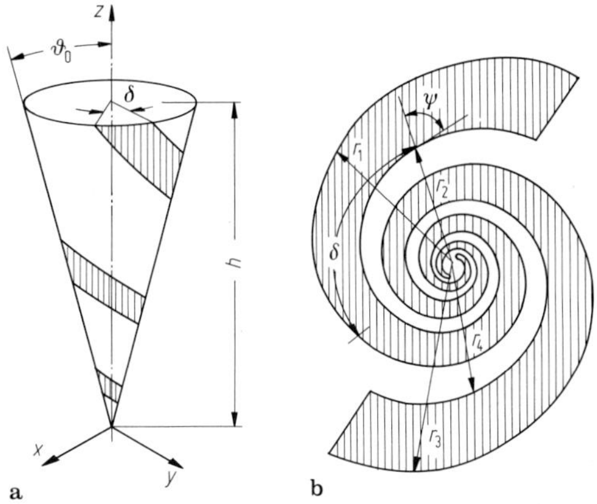

a b

Bild 1. Logarithmische Spiralantennen. **a** konisch; **b** eben

wobei a und k positive Konstanten sind und $K = \exp(-a\delta) < 1$ ist. Der zweite Spiralarm ist definiert durch

$$r_3 = k \exp[a(\varphi - \pi)],$$

$$r_4 = k \exp[a(\varphi - \pi - \delta)] = K r_3.$$

Die beiden Arme dieser Spiralantenne werden gegenphasig angeregt. Der Winkel φ zwischen Radiuskoordinate r und Spiraltangente ist konstant; daher die Bezeichnung *winkelkonstante* Spiralantenne. Abstrahlung erfolgt näherungsweise an den Stellen, wo der Umfang der Spirale ca. eine Wellenlänge ist. Eine Frequenzänderung wirkt sich nur in Form einer Drehung des im Idealfall rotationssymmetrischen Strahlungsdiagramms aus, d.h. die Antenneneigenschaften sind frequenzunabhängig. Reale Spiralantennen haben, bedingt durch die endliche Ausdehnung der Anregungszone, eine obere Grenzfrequenz. Sie ergibt sich aus dem Anfangsradius r_0 der Arme, wobei $2r_0/\lambda < 0{,}1$ sein sollte. Oberhalb dieser Frequenzgrenze wird die Polarisation zunehmend elliptisch. Da der Strom in den Spiralarmen nach Passieren der Abstrahlungszone exponentiell abklingt, können die Spiralarme ohne Störung im endlichen abgeschnitten werden. Die untere Bandgrenze ist durch die ausgeführte Länge der Spiralarme

$$L = [a^{-2} + 1]^{1/2}(r - r_0)$$

und den Tangentenwinkel φ bestimmt. Bei enger gewickelten Spiralen mit geringerer Steigung klingt der Strom in den Spiralarmen schwächer ab. Ist der Strom in den Spiralarmen am Ende der Arme noch nicht abgeklungen, so ergibt sich durch Reflexion eine schwächere rücklaufende Welle mit entgegengerichteter Polarisation, die durch Überlagerung zu elliptischer Polarisation führt. Ein Achsenverhältnis der Polarisationsellipse von 2:1 wird häufig als Grenzwert zur Bandbreitedefinition herangezogen.

Die Abstrahlung erfolgt in beide Richtungen senkrecht zur Antennenebene mit großer Halbwertsbreite (typ. 75°). Wird δ zu 90° gewählt, so entsteht eine selbstkomplementäre Antenne, deren Eingangsimpedanz theoretisch $Z_E = 60\pi\Omega$ ist. Messungen ergaben niedrigere Werte um 110 Ω. Schmalere Arme führen zu höheren Impedanzen.
Um eine gute Rotationssymmetrie der Strahlungscharakteristik zu erreichen, empfiehlt es sich, die Spirale eng und lang zu wickeln. Werte für $a < 0{,}13$ ergeben befriedigende Ergebnisse. Konstante Armdicken bei sonst logarithmischen Verlauf verringern die Bandbreite der Struktur.
Eine einfache Möglichkeit, die Antenne koaxial ohne Einschränkung der Bandbreite zu speisen, besteht darin, die Speiseleitung auf einen der Antennenarme aufzulöten.
Ein Entwurfsdiagramm für ebene logarithmische Spiralantennen findet man in [14].
Anstelle von zwei Armen lassen sich auch Antennen mit mehreren Armen realisieren. Speziell vier Arme bei abwechselnder Anregung sind mehrfach untersucht worden [2, 15]. Man erreicht auf diese Weise bessere Halbwertsbreiten. Auch wird die Kreispolarisation genauer eingehalten. Bei gleicher Halbwertsbreite wie bei der zweiarmigen Antenne sind die Arme weiter wickelbar, die Stromverteilung in den Leitern wird praktisch frequenzunabhängiger.
Ist die beidseitige Abstrahlung der ebenen logarithmischen Spiralantenne nicht erwünscht, so kann eine Richtung abesumpft werden oder es kann im Abstand von $\lambda/4$ ein ebener Reflektor angebracht werden. Letzteres verbessert die Abstrahlung in die andere Richtung um nahezu 3 dB, beeinträchtigt jedoch die Stromverteilung und führt zu einer beträchtlichen Verringerung der Bandbreite. Eine bessere Möglichkeit besteht in der Projektion der ebenen Spiralantenne auf die Oberfläche eines Kegels (*konische Spiralantenne*, Bild 1 a). Für Kegelspitzenwinkel $\vartheta_0 \leqq 15°$ strahlt die Antenne nur noch in Richtung der Konusspitze ab. Die besten Ergebnisse erzielte Dyson [8] mit der Kombination $\vartheta_0 = 10°$; $\alpha = 70°$; $\delta = 90°$ d.h. selbstkomplementär. Die Halbwertsbreite liegt dabei in der Größe von 40° bis 50°. Für große Bandbreiten werden diese Antennen sehr lang, so daß durch Vergrößerung des Winkels ϑ_0 ein Kompromiß zu suchen ist. Die Abstrahlung ist in weiten Bereichen von ϑ ($< 60°$) zirkularpolarisiert. Bild 2 zeigt die Eingangsimpedanz solcher konischen Antennen. Auffallend ist, daß der Widerstand der selbstkomplementären ($\delta = 90°$) fast dem theoretischen Wert von $60\pi\Omega$ entspricht. Eine einfache Realisierungsmöglichkeit besteht darin, zwei Koaxialkabel als Spiralarme aufzuwickeln, wobei das eine gleichzeitig als Speiseleitung dient. Durch die konstante Armdicke wird allerdings die Bandbreite reduziert.

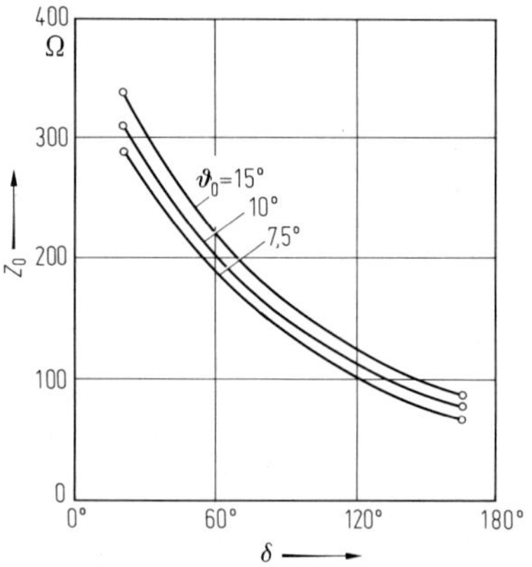

Bild 2. Wellenwiderstand einer zweiarmigen konischen logarithmischen Spiralantenne. Nach [15]

Noch bevor die Entwicklung von logarithmischen Spiralantennen begann, wurden *archimedische Spiralantennen* als Breitbandantennen vorgeschlagen (nach [7]). Seither wurde dieser Antennentyp in einer Vielzahl von Arbeiten untersucht und weiterentwickelt (z. B. [16–22]). In [15] ist eine umfassende Zusammenfassung der wichtigsten Ergebnisse enthalten.
Im Gegensatz zur logarithmischen Spiralantenne ist bei der archimedischen Spiralantenne der Abstand zwischen zwei benachbarten Armen und die Armdicke immer konstant (Bild 3). Sie zählt daher nicht zu den winkel- und damit frequenzunabhängigen Antennen. Durch enges Wickeln der Antennenarme mit geringer Steigung ergibt sich jedoch von Windung zu Windung nur eine sehr geringe Änderung des Winkels φ zwischen Radiuskoordinate r und Spiraltangente, so daß auch mit diesem Antennentyp extrem große Bandbreiten ($> 20:1$) erreicht werden konnten.
Bei gerader Anzahl p der Antennenarme werden

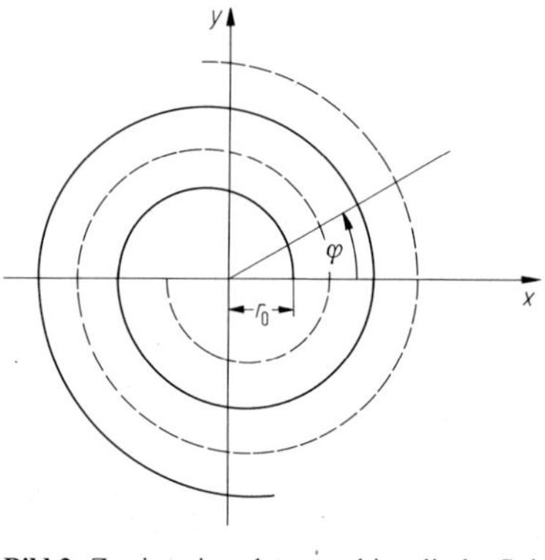

Bild 3. Zweiarmige ebene archimedische Spiralantenne

die Leiterkoordinaten durch

$$r = r_0 + c\,t$$
$$\varphi = t + 2\pi k/p$$

mit $k = 1, 2 \ldots p$ beschrieben.
Für die Antenneneigenschaften gilt praktisch das gleiche wie für eng gewickelte logarithmische Spiralantennen. Der Drehsinn der in Achsenrichtung zirkular polarisierten Abstrahlung entspricht dem Wicklungssinn der Spirale in Ausbreitungsrichtung. Diese Antenne strahlt ebenfalls in beide Achsenrichtungen. Halbwertsbreiten für E_ϑ und E_φ von ca. 60° bis 75° stellen sich ein. Nach [17] beträgt der Eingangswiderstand einer selbstkomplementären Struktur $Z_e \approx 100\,\Omega$, obwohl sich $60\,\pi\,\Omega$ ergeben müßten. Der Richtfaktor beträgt ca. 3 dB. Er läßt sich ebenfalls auf 6 dB verbessern durch Montage eines ebenen metallischen Reflektors in ca. $\lambda/4$ Abstand bei Frequenzbandmitte. Bei kleineren Abständen bilden sich immer stärkere Nebenzipfel; entspricht der Abstand $\lambda/2$, so erfolgt keine Abstrahlung in Achsenrichtung. Man erkennt, daß die erlangte Verbesserung mit einer starken Verschlechterung der Bandbreite erkauft wird, jedoch ist sie in der Praxis immer noch besser als eine Oktave. Sehr breitbandige Antenneneigenschaften bei einseitiger Abstrahlung werden durch Montage der Antenne über einem teilweise mit Absorbermaterial gefüllten Hohlraum erreicht. Zur Verbesserung der Abstrahlung bei tiefen Frequenzen kann der archimedischen Spiralkontur eine „hochfrequente" Sinusfunktion überlagert werden [21]. Das Achsenverhältnis der Polarisationsellipse kann bei tiefen Frequenzen zusätzlich durch Absumpfen der Armenden verbessert werden.

10.2 Wendelantennen. Helical antennas

Wendelantennen, auch Helix- oder Spulenantennen genannt, strahlen je nach Dimensionierung und Betriebsfrequenz in zwei verschiedenen Formen:
- in Richtung der Wendelachse (axialer Mode);
- senkrecht zur Wendelachse (omnidirektionaler Mode).

Beide Abstrahlungsarten sind zirkular polarisiert. Grundlegende Arbeiten zum axialen Mode wurden in [23, 26–29] veröffentlicht. Kurze Zusammenfassungen enthalten [24, 25]. Das prinzipielle Aussehen einer Wendelantenne zeigt Bild 4.
Wird der Umfang einer Wendel $C = \pi D$ zu ungefähr einer Wellenlänge gewählt, so zeigt die Hauptkeule der Antenne in Richtung der Wendelachse. Jede einzelne Wendel verhält sich näherungsweise wie zwei dicht benachbarte Dipole. Infolge der Phasenlage zueinander wird die Abstrahlung in Achsenrichtung zirkular polarisiert, in davon abweichende Richtungen elliptisch. Aus Messungen können Funktionsbereiche in einem Diagramm dargestellt werden (Bild 5).

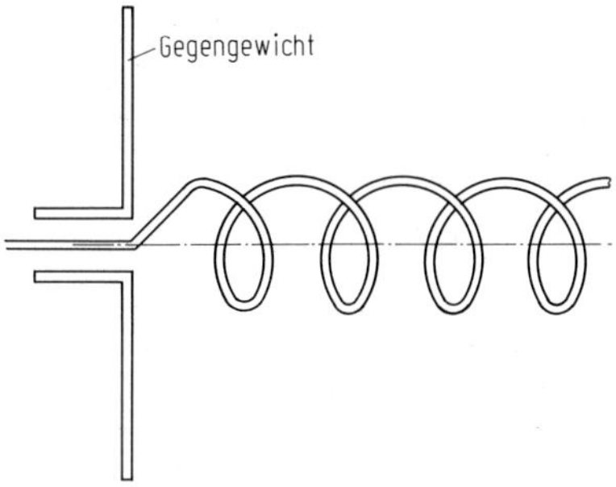

Bild 4. Wendelantenne

Die drei eingezeichneten Bereiche haben folgende Bedeutung:
- Strahlungscharakteristik: Innerhalb dieses Bereichs liegt die Halbwertsbreite der Hauptkeule zwischen 30° und 60°.
- Polarisation: In diesem Bereich ist das Achsenverhältnis der Polarisationsellipse $\leqq 1{,}25$.
- Impedanz: Hier liegt die Eingangsimpedanz der Antenne zwischen 100 und 150 Ω und ist weitgehend reell.

Man erkennt, daß der Steigungswinkel α der Antenne um 14° gewählt werden sollte. Zur Erreichung größtmöglicher Bandbreite wähle man weiterhin $S/\lambda \approx 0{,}24$ und $D/\lambda \approx 0{,}31$. Daraus ergibt sich eine nutzbare Bandbreite von ca. $f_2/f_1 = 1{,}67/1$.
Die Wahl der Windungszahl n beeinflußt die Elliptizität des elektrischen Feldes.

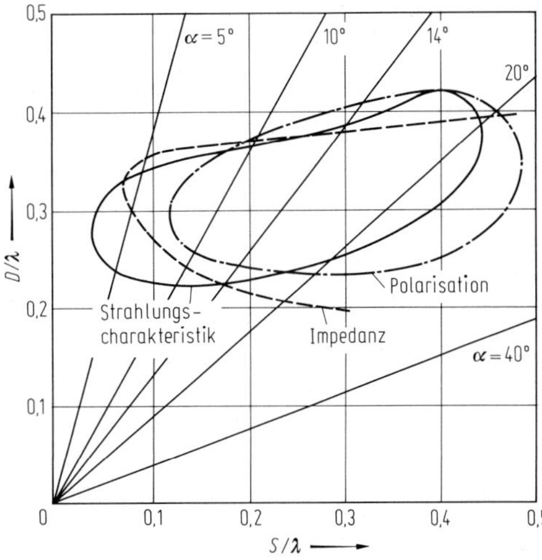

Bild 5. Gemessene Funktionsbereiche einer in Achsenrichtung strahlenden Wendelantenne. Nach [25]

Das Achsenverhältnis ergibt sich zu

$$P = (2n + 1)/(2n)$$

n sollte nicht kleiner als 3 sein.
Die Halbwertsbreite der Hauptkeule ist

$$\vartheta_{3\,\mathrm{dB}} = 52\,\lambda/(C\sqrt{nS/\lambda})\ \mathrm{Grad}$$

und der Gewinn

$$G \approx 11{,}8 + 10 \cdot \lg((C/\lambda)^2\, nS/\lambda)\ \mathrm{dB}.$$

Die Größe des Gegengewichtes sollte 0,8 λ nicht unterschreiten, der Drahtdurchmesser 0,02 λ nicht überschreiten.
Die Strahlungscharakteristik bestimmt sich in erster Näherung zu

$$E \sim \sin(90°/n)\cos\varphi\ \sin(n\psi/2)/\sin(\psi/2),$$

wobei

$$\psi = 360° \cdot ((1 - \cos\varphi)\, S/\lambda + 1/(2n))$$

ist. φ ist der Winkel mit der Wendelachse.
Größere Richtwirkungen unter Beibehaltung der zirkularen Polarisation lassen sich mit Wendelantennen in den folgenden Anordnungen erreichen:

- Als Element in einem Array, wobei der Abstand von Antenne zu Antenne 1,5 λ betragen sollte;
- als Speiseantenne in einem konischen Hornstrahler, oder
- als Anregung im Brennpunkt eines Parabolspiegels, dessen Krümmung jedoch nicht zu groß sein sollte, da sonst die zirkulare Polarisation zu stark beeinträchtigt würde.

Es sei noch erwähnt, daß durch geeignete Kombination von links- und rechtsgedrehten Wendeln auch lineare Polarisation erzeugt werden kann.
Werden die Wendelabmessungen klein gegen die Wellenlänge, so strahlt die Antenne senkrecht zur Wendelachse ab. Auf diese Weise läßt sie sich als „omnidirektionale" Antenne benutzen, wenn Durchmesser und Windungshöhe geeignet gewählt werden. Jedoch sind bei dieser Betriebsart kaum große Bandbreiten und Wirkungsgrade zu erreichen.

Spezielle Literatur: [1] *Mayes, P. E.*: Frequency independent antennas: Birth and growth of an idea. IEEE-AP Newsletter (August 1982) 5–8. – [2] *Rumsey, V. H.*: Frequency independent antennas. IRE Nat. Conv. Rec., Part 1 (1957) 114–118. – [3] *Rumsey, V. H.*: Frequency independent antennas. New York: Academic Press 1966. – [4] *Dyson, J. D.*: The equiangular spiral antenna. IRE Trans. AP-7 (1959) 181–187. – [5] *Dyson, J. D.*: The unidirectional equiangular spiral antenna. IRE Trans. AP-7 (1959) 329–334. – [6] *Dyson, J. D.; Mayes, P. E.*: New circularly polarized frequency independent antennas with conical beam or omnidirectional patterns. IRE Trans. AP-9 (1961) 334–342. – [7] *Dyson, J. D.*: A survey of the very wide band and frequency independent antennas – 1945 to the present. J. Res. NBS 66 D, No. 1 (1962). – [8] *Dyson, J. D.*: The characteristics and design of the conical log-spiral antenna. IEEE Trans. AP-13 (1965) 488–499. – [9] *Cheo, B. R.; Rumsey, V. H.; Welch, W. J.*: A solution to the frequency independent antenna problem. IRE Trans. AP-9 (1961) 527–534. – [10] *Jordan, E. C.; Deschamps, G. A.; Dyson, J. D.; Mayes, P. E.*: Developments in broadband antennas. IEEE Spectrum (1964) 58–71. – [11] *Yeh, Y. S.; Mei, K. K.*: Theory of conical equiangular spiral antennas, Part 1: Numerical technique. IEEE Trans. AP-15 (1967) 634–639. – [12] *Yeh, Y. S.; Mei, K. K.*: Theory of conical equiangular spiral antennas, Part 2: Current distributions and input impedance. IEEE Trans. AP-16 (1968) 14–21. – [13] *Atia, A. E.; Mei, K. K.*: Analysis of multiple-arm conical log-spiral antennas. IEEE Trans. AP-19 (1971) 320–331. – [14] *Jasik, H.*: Antenna engineering handbook. New York: McGraw-Hill 1961. – [15] *Dubost, G.; Zisler, S.*: Breitband-Antennen. München: Oldenbourg 1977. – [16] *Curtis, W. L.*: Spiral antennas. IRE Trans. AP (1960) 298–306. – [17] *Kaiser, J. A.*: The Archimedean two-wire spiral antenna. IRE Trans. AP (1960) 312–323. – [18] *Wolfe, J. J.; Bawer, R.*: Printed-circuit spiral antennas. Electronics (1961) 99–103. – [19] *Bawer, R.; Wolfe, J. J.*: The spiral antenna. IRE Int. Conv. Rec. 8 (1960) 84–95. – [20] *Nakano, H.; Yamauchi, J.*: A theoretical investigation of the two-wire round spiral antenna – Archimedean type. IEEE-AP-S-Digest, 1 (1979) 387–390. – [21] *Nakano, H.; Yamauchi, J.*: Characteristics of modified spiral and helical antennas. IEE Proc., 129, Part. H., (1982) 232–237. – [22] *Nakano, H.; Yamauchi, J.; Hashimoto, S.*: Numerical analysis of 4-arm Archimedean spiral antenna. Electron. Lett. 19 (1983) 78–80. – [23] *Kraus, J. D.*: Antennas, New York: McGraw-Hill 1950, Chap. 7. – [24] *Jasik, H.*: Antenna engineering handbook. New York: McGraw-Hill 1961, Chap. 7. – [25] *Dubost, G.; Zisler, S.*: Breitband-Antennen. München: Oldenbourg 1977. – [26] *Kraus, J. D.*: Helical beam antenna. Electronics, 20 (1947) 109–111. – [27] *Kraus, J. D.; Williamson, J. C.*: Characteristics of helical antennas radiating in the axial mode. J. Appl. Phys., 19 (1948) 87–96. – [28] *Kraus, J. D.*: Helical beam antennas for wide-band applications. Proc. IRE 36 (1948) 1236–1242. – [29] *Kraus, J. D.*: The helical antenna. Proc. IRE 37 (1949) 263–272.

11 Aktive Empfangsantennen
Active receiving antennas

Die Antenne ist der Teil eines Empfangssystems, der die empfangene Raumwelle in eine leitungsgeführte Welle transformiert. Eine Antenne kann daher als ein Vierpol angesehen werden, der im Falle der transistorierten oder aktiven Antenne einen „integrierten aktiven" Teil enthält [1]. Im Gegensatz zu einer passiven Antenne mit nachgeschaltetem Antennenverstärker existiert in einer aktiven Antenne keine Schnittstelle mit der Impedanz des Wellenwiderstands einer gewöhnlichen Leitung. Die Bildung einer optimalen Einheit aus passiven Antennenteilen und Verstärkerelementen unter Vermeidung einer

Spezielle Literatur Seite N 40

Schnittstelle mit einschränkenden Impedanzforderungen ermöglicht es jedoch, auch breitbandig hochempfindliche Empfangssysteme mit kleinen Antennen zu schaffen [9, 10].

Mit dem Einbau aktiver Bauelemente erhält die Antenne eine innere Verstärkung (Bild 1) und liefert einen Beitrag zum elektronischen Rauschen des Empfangssystems [2, 3]. Sie kann somit nicht uneingeschränkt linear und reziprok sein, wie es bei passiven Antennen der Fall ist. Wesentliche Gesichtspunkte bei der Entwicklung aktiver Antennen sind die Minimierung des Rauschens [4, 8] und die Linearisierung zur Vermeidung von Kreuzmodulation und Intermodulation [4–6, 14]. Aktive Antennen haben den Vorteil kleiner Antennenabmessungen auch für niedrige Empfangsfrequenzen.

Eine wichtige Eigenschaft für den Einsatz von transistorierten Empfangsantennen in Antennengruppen ist auch die kleine gegenseitige Verkopplung zwischen benachbarten Antennenelementen.

Da die effektive Fläche eines elektrisch kurzen, idealen, verlustlosen Strahlers von den Antennenabmessungen unabhängig ist, stellen bei der realen, elektrisch kleinen Antenne der erreichbare Wirkungsgrad und die geforderte Bandbreite die entscheidenden Kenngrößen dar. Die Bandbreitenbegrenzung eines Strahlers ist

$$b_{ro} = (2\pi a/\lambda_0)^3, \tag{1}$$

wobei a die größte Abmessung des Strahlers nach Bild 2 darstellt. Selbst unter der Annahme einer beliebig komplexen Antennenstruktur wurde als Grenze für die erreichbare relative Bandbreite $2\pi b_{ro}/\ln 2$ ermittelt, innerhalb derer $P/P_{max} \geqq 1/2$ ist.

Bei einem Empfangssystem jedoch ist das Signal/Rausch-Verhältnis die einzige maßgebliche Größe anstelle der Leistung. Folglich ist hier die Bandbreite des Signal-Rausch-Verhältnisses entscheidend und nicht die Leistungsbandbreite.

Bild 3 zeigt die komplexe Impedanzebene mit der Impedanz $\underline{Z}$ des passiven Teils der Antenne. Ein Maximum der empfangenen Leistung $P_{e,max}$ erhält man für $\underline{Z} = \underline{Z}_{opt}$. Hierbei ist $\underline{Z}_{opt}$ der jeweils konjugiert komplexe Wert zu der Lastimpedanz bzw. der Generatorimpedanz. Für die normierte Leistung ergibt sich

$$P_e/P_{e,max} = \frac{1}{1 + \chi(\underline{Z})/\vartheta_p}, \tag{2}$$

wobei $\vartheta_p = 4$ und $\chi(\underline{Z}) = |\underline{Z} - \underline{Z}_{opt}|^2/(R\,R_{opt})$ ist. Wird der passive Antennenteil in Bild 2 mit der Eingangsimpedanz eines Transistors abgeschlos-

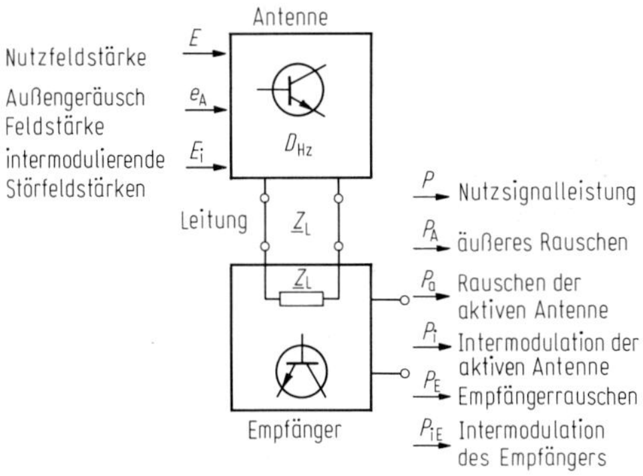

Bild 1. Empfangssystem mit Störungen durch Rauschen und nichtlineare Effekte

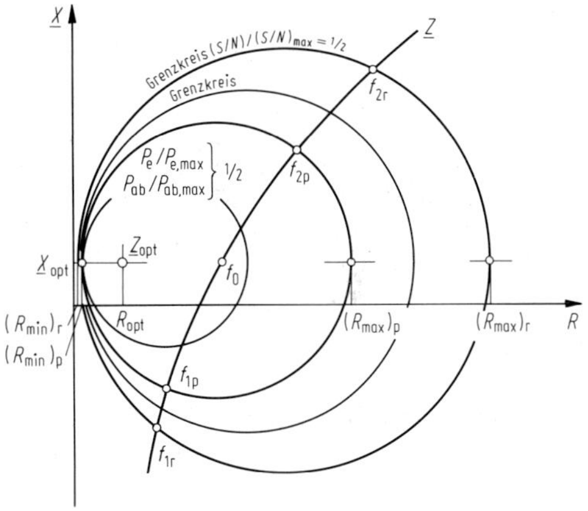

Bild 3. Verlauf der Antennenimpedanz

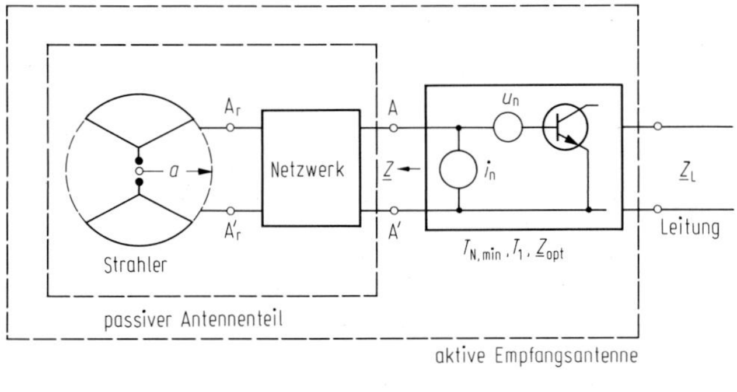

Bild 2. Aktive Empfangsantenne

sen, dessen Rauscheigenschaften durch seine bei Rauschanpassung erreichbare minimale Rauschtemperatur $T_{N,min}$ sowie durch seine charakteristische Temperatur T_1 beschrieben werden können, so ergibt sich für das relative Signal/Rausch-Verhältnis einer aktiven Antenne die Beziehung

$$\frac{S/N}{(S/N)_{max}} = \frac{1}{1 + \chi(\underline{Z})/\vartheta_n}, \tag{3}$$

wobei $\vartheta_n = (1 + T_A/T_{N,min})/(T_1/T_{N,min})$ ist. Die Leistungsbandbreite bzw. die Bandbreite des Signal/Rausch-Verhältnisses werden durch den Frequenzbereich bestimmt, für den $\underline{Z}$ in Bild 3 innerhalb des Grenzkreises für $P/P_{max} = 1/2$ und $(S/N)/(S/N)_{max} = 1/2$ liegt. Den normierten Durchmesser des Grenzkreises δ erhält man mit

$$\delta_n = \frac{R_{max} - R_{min}}{R_{opt}} = \vartheta_n \sqrt{1 + 4/\vartheta_n};$$
$$\delta_p = \frac{R_{max} - R_{min}}{R_{opt}} = \vartheta_p \sqrt{1 + 4/\vartheta_p} = 4\sqrt{2}. \tag{4}$$

Da $T_A/T_{N,min}$ mit abnehmender Frequenz schnell ansteigt, ändert sich $\delta_{n,p}$ innerhalb des Bereichs von 30 (bei 100 MHz) bis etwa 10^{16} (bei 10 kHz) und ist viel größer als $\delta_p = 4\sqrt{2}$. Deswegen ist die Bandbreite des Signal/Rausch-Verhältnisses bei einem elektrisch kurzen Strahler mit vorgegebener Höhe wesentlich größer als die Leistungsbandbreite. Dies bedeutet andererseits, daß die Abmessungen einer Empfangsantenne einige Größenordnungen kleiner gewählt werden können als bei der entsprechenden Sendeantenne.

Mit einer kurzen Antenne, in der Rauschanpassung bei Mittenfrequenz ($R = R_{opt}$) mit Hilfe einer einkreisigen Resonanzschaltung erreicht wird, erhält man die zugehörige Signal/Rausch-Bandbreite

$$b_n/b_{ro} = \sqrt{2(\sqrt{1 + (\delta_n/2)^2} - 1)}. \tag{5}$$

Hieraus ergibt sich für große Werte von δ_n das Verhältnis $b_n/b_{ro} \approx \sqrt{\delta_n}$. Ein Maximum der Bandbreite kann nach der in [4] angegebenen Dimensionierung erreicht werden. Diese lautet:

$$(b_n)_{max}/b_{ro} = \delta_n/2. \tag{6}$$

Allgemein kann der passive Teil einer elektrisch kurzen Antenne niemals als verlustlos angesehen werden. Mit Q als Güte der Anpaßschaltung erhält man als Wirkungsgrad

$$\eta = \frac{b_{ro}Q}{1 + b_{ro}Q} \leq \frac{(2\pi a/\lambda_0)^3 Q}{1 + (2\pi a/\lambda_0)^3 Q}. \tag{7}$$

Antennenverluste, die in den Wirkungsgrad mit eingehen, reduzieren die Größe des Grenzkreises, vergrößern jedoch auch die Impdanzbandbreite des passiven Teils der Antenne.

In der Praxis sind die erforderliche Signal/Rausch-Bandbreite, die realisierbare Güte Q und die Außenrauschtemperatur T_A am Empfangsort bekannt. Damit kann die minimal erforderliche Strahlerbandbreite errechnet werden. Die Minimalhöhe h_{min} eines Stabstrahlers wurde in [12] für unterschiedliche Außenrauschtemperaturen untersucht.

Bild 4 zeigt, daß die erforderliche Höhe einer Empfangsantenne bei keiner Frequenz den Wert von 80 cm überschreitet, wenn man mittlere Werte von T_A zugrunde legt.

Bei niedrigen Frequenzen kann ihre Höhe weitaus geringer sein als jene, die für Sendeantennen erforderlich wäre. Eine Kapazität C, die den imaginären Anschlußstellen A_r und A_r' (Bild 2) eines kapazitiven Strahlers mit der Kapazität C_r parallel geschaltet ist, muß als Teil der Antenne betrachtet werden. Die effektive Bandbreite wird durch die Parallelschaltung auf

$$b_{ro}' = b_{ro}/(1 + C/C_r) \tag{8}$$

verkleinert. Dieser Effekt reduziert sowohl den Wirkungsgrad als auch die erzielbare Bandbreite des Signal/Rausch-Abstands. Aus dieser Sicht ist die induktive Abstimmung einer kapazitiven Antenne der kapazitiven Abstimmung vorzuziehen. Dies gilt entsprechend für induktive Antennen, die kapazitiv abgestimmt werden sollten. Ein ähnlicher Effekt einer Reduktion der Bandbreite entsteht, wenn die Antenne durch die Kapazität einer Zuleitung belastet wird.

Bandpaßantennen. Bei geeigneter Auslegung der Anpaßschaltung kann der Verlauf der Antennenimpedanz $\underline{Z}$ in Bild 3 so geformt werden, daß diese eine Schleife um Z_{opt} bildet, also die Impedanz eines Zweikreisfilters besitzt. Anstelle einer

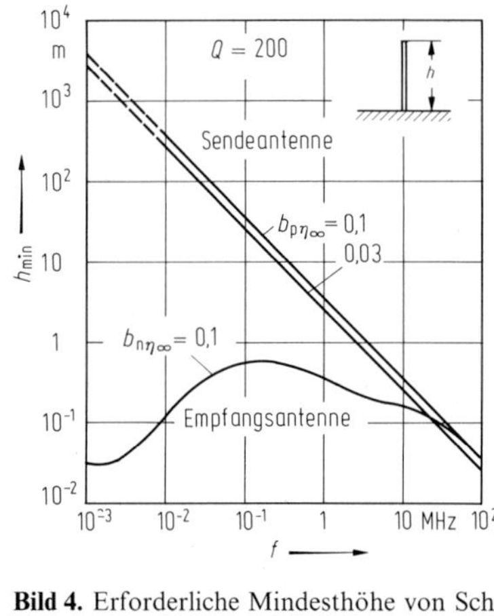

Bild 4. Erforderliche Mindesthöhe von Schmalbandantennen

derartigen Antenne kann auch eine Vielfachresonanzantenne verwendet werden, deren Impedanzkurve mehrere Schleifen um $\underline{Z}_{opt}$ bildet. Dieses Prinzip der Rauschanpassung mit Bandpaßcharakteristik wird hauptsächlich bei Frequenzen über 50 MHz angewandt, wo aufgrund der niedrigen Werte von T_A die zulässige Impedanzabweichung von $\underline{Z}_{opt}$ kleiner ist. Bei einem vorgegebenen zu überdeckenden Frequenzband, einem festliegenden Verhältnis $T_A/T_{N,min}$ des aktiven Elements und einer bestimmten Güte der Anpaßelemente kann die minimal erforderliche Antennenhöhe ermittelt werden. Man erhält die optimale Güte der Anpaßschaltung und damit auch die minimal möglichen Antennenabmessungen, wenn die Anpaßschaltung mit der Antenne so integriert wird, daß räumlich große und somit verlustarme Blindelemente verwirklicht werden können.

Extrem breitbandige aktive Empfangsantennen [7, 9–11]. Bei niedrigen Frequenzen sind die Grenzkreise aufgrund der großen Antennentemperatur T_A sehr groß. Deshalb kann das aktive Element direkt mit einem Stabstrahler verbunden werden, ohne daß dessen Impedanz durch eine komplizierte Antennenstruktur oder ein Netzwerk transformiert wird. Im Fall der kapazitiven Antenne ist die optimale Signal/Rausch-Bandbreite durch Auswahl eines geeigneten aktiven Elements mit dem geeigneten Arbeitspunkt erreichbar. Bild 5 zeigt das Ersatzschaltbild einer kurzen, aktiven Stabantenne mit der Antennenkapazität C_A und direkt verbundenem FET-Verstärker. C_a repräsentiert die unvermeidbare Eingangskapazität des Verstärkers, die so klein wie möglich sein sollte, da die erforderliche Stablänge proportional zum Faktor $(1 + C_a/C_A)$ ist. Anhand dieses Prinzips sind Breitbandantennen entwickelt worden, die den Frequenzbereich von 10 kHz bis 100 MHz überdecken. Bild 6 zeigt einen Vergleich der optimalen Antennenhöhen für passive und aktive Antennen. Für die optimale Positionierung des Antennenverstärkers [7, 11, 19] innerhalb einer Stabantenne gelten folgende Überlegungen: Es ist bekannt, daß bei einer Stabantenne mit vorgegebener Gesamthöhe h_t die effektive Höhe h_{eff} nicht den maximal möglichen Wert annimmt, wenn der Speiseschlitz am

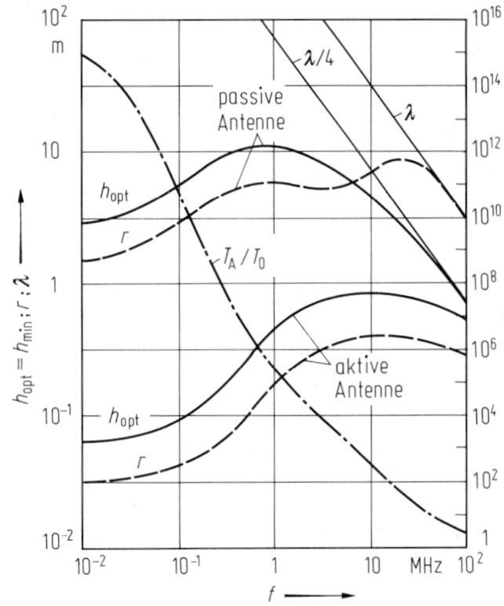

Bild 6. Optimale Antennenhöhe einer aktiven und einer passiven Breitbandantenne

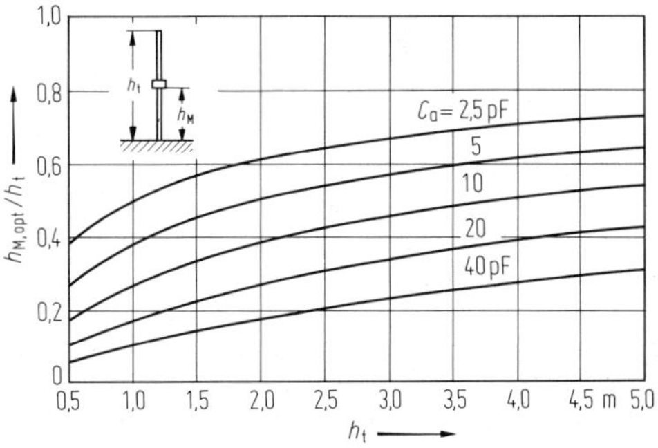

Bild 7. Optimale Höhe $h_{M,opt}$ für die Anbringung des Antennenverstärkers

Fußpunkt des Stabes liegt. An dieser Stelle wird jedoch die maximale Antennenkapazität C_A gemessen. Betrachtet man die Quellenspannung in Verbindung mit der Spannungsteilung zwischen dem passiven Antennenteil und dem Verstärkereingang, so ergibt sich eine optimale Höhe $h_{M,opt}$ (Bild 7) für optimale Signal/Rausch-Bandbreite am aktiven Antennenausgang. Angenähert gilt

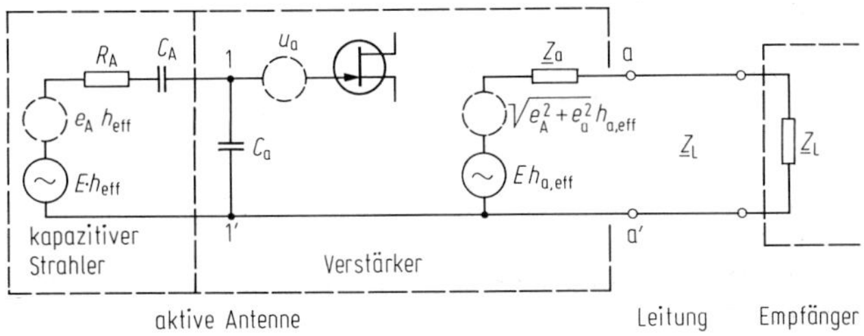

Bild 5. Ersatzschaltbild für eine kurze, aktive Stabantenne

für $h_{M,opt}$:

$$\frac{h_{M,opt}}{h_t} \approx \left(1 + \frac{C_a}{C' h_t}\right) - \sqrt{\left(1 + \frac{C_a}{C' h_t}\right)^2 - 1}. \quad (9)$$

$C' = C_A/h_t$ ist der Kapazitätsbelag einer Stabantenne.
Näheres über realisierte Ausführungsformen aktiver Antennen findet sich in den angegebenen Literaturstellen. Ein Überblick ist in [13] enthalten.

Spezielle Literatur: [1] *Meinke, H.*: Zur Definition einer aktiven Antenne. NTZ 29 (1976) 55. – [2] *Copeland, J. R.; Robertson, W. J.; Vertraete, R. G.*: Antennafier arrays. IEEE Trans. AP-12 (1964) 227–233. – [3] *Meinke, H.*: Das Rauchen nichtreziproker, verstärkender Empfangsantennen. NTZ 21 (1968) 322–329. – [4] *Lindenmeier, H.*: Einige Beispiele rauscharmer, transistorierter Empfangsantennen. NTZ 22 (1969) 381–387. – [5] *Flachenecker, G.*: Eine blitzgeschützte, transistorierte Empfangsantenne. NTZ 22 (1969) 557–564. – [6] *Landstorfer, F.*: Kurze transistorierte Empfangsantennen im Frequenzbereich von 30–200 MHz. NTZ 23 (1969) 694–700. – [7] *Lindenmeier, H.*: Die transistorierte Empfangsantenne mit kapazitiv hochohmigem Verstärker als optimale Lösung für den Empfang niedriger Frequenzen. NTZ 27 (1974) 411–418. – [8] *Lindenmeier, H.*: Optimum Bandwidth of signal-to-noise ratio of receiving systems with small antennas. AEÜ 30 (1976) 358–367. – [9] *Lindenmeier, H.*: Kleinsignaleigenschaften und Empfindlichkeit einer aktiven Breitbandempfangsantenne mit großem Aussteuerbereich. NTZ 30 (1977) 95–99. – [10] *Lindenmeier, H.*: Kenngrößen zur Beurteilung der Linearität aktiver Breitbandempfangsantennen mit großem Aussteuerbereich. NTZ 30 (1977) 169–173. – [11] *Lindenmeier, H.*: Design of electrically small broadband receiving antennas under consideration of nonlinear distortions in amplifier elements, Ant. a. Prop. Soc. Int. Symp. at Amherst 1976, pp. 242–245. – [12] *Lindenmeier, H.*: Relation between minimum antenna height and bandwidth of the signal-to-noise ratio in a receiving system. Ant. a. Prop. Soc. Symp. at Amherst 1976, pp. 246–249. – [13] *Lindenmeier, H.*: New methods to solve the nonlinearity problem in active receiving antennas; Summaries of Papers 1978, Int. Symp. on Ant. a. Prop. Sendai, Japan. I.E.C.E. of Japan, 525–529. – [14] *Landstorfer, F.; Lindenmeier, H.; Meinke, H.*: Transistorierte Empfangsantennen bei Mikrowellen. NTZ 24 (1971) 5–9.

12 Hohlleiter- und Hornstrahler
Waveguide and horn antennas

Allgemeine Literatur: *Love, A.W.* (Ed.): Electromagnetic horn antennas. New York: IEEE 1976. – *Rudge, A.W.; Milne, K.; Olver, A.D.; Knight, P.* (Eds.): The handbook of antenna design, Vol. I. London: Peregrinus 1982. – *Silver, S.*: Microwave antenna theory and design. New York: McGraw-Hill 1949.

Bei Hohlleiter- und Hornstrahlern wird die im Wellenleiter geführte Leistung über das offene Leitungsende abgestrahlt. Anwendung finden diese Strahler im gesamten Mikrowellenbereich als Erreger von Reflektor- und Linsenantennen, als Einzelstrahler in Gruppenantennen sowie als direkt strahlende Antennen. Ihre wichtigsten Ausführungsformen sind zylindrische Hohlleiter und hohlleitergespeiste Hörner mit rundem oder rechteckigem Querschnitt und mit glatter (ein- oder mehrmodige Strahler) oder gerillter (Hybridwellenstrahler) Innenwand. Wie bei anderen Aperturstrahlern wird das abgestrahlte Feld mit zunehmender Öffnungsfläche stärker gebündelt (Ausnahme: quasioptische Hörner); ebenso nimmt dabei der Einfluß des abrupten Übergangs zwischen dem Hohlleiter bzw. Horn und dem freien Raum auf das Strahlungsfeld ab. Letzterer führt zu einer Reflexion der speisenden Welle(n) und zur Anregung anderer Wellentypen in der Apertur.
Mit Ausnahme des Einsatzes zu Peilzwecken werden Hohlleiter- und Hornstrahler so angeregt, daß im Fernfeld die größte Strahlungsdichte in Achsrichtung auftritt. Bei Strahlern mit punktsymmetrischem Aperturquerschnitt (z. B. Kreis, Rechteck, Ellipse) verschwindet dann die Kreuzpolarisation in den Hauptebenen (E- und H-Ebene) vollständig [1].
Für die Anwendung als Erreger von Reflektor- und Linsenantennen spielt die Lage des Phasenzentrums eine wichtige Rolle; es liegt normalerweise auf der Achse innerhalb des Strahlers [2, 3]. Hohlleiter- und Hornstrahler mit kleinem Öffnungswinkel haben Phasenzentren in Aperturnähe; mit wachsendem Öffnungswinkel wandert bei Hörnern das Phasenzentrum zum Hornscheitel. Wenn die Phasenzentren in den verschiedenen Diagrammebenen nicht zusammenfallen, ergeben sich bei der Ausleuchtung von Reflektor- und Linsenantennen Phasenfehler in der Aperturbelegung.
Bei den meisten Strahlern sind die ohmschen Verluste vernachlässigbar, so daß Gewinn und Richtfaktor angenähert gleich sind ($G \approx D$); dies gilt nicht mehr für Strahler mit Längen, die größer als 10 λ sind und solche aus nichtmetallischen Werkstoffen (z. B. metallisiertes Trägermaterial, kohlefaserverstärkte Kunststoffe).

12.1 In der Grundwelle erregte Hohlleiter- und Hornstrahler
Dominant-mode excited waveguide and horn radiators

Hohlleiterstrahler. Einwellige offene Hohlleiter mit rundem oder rechteckigem Querschnitt sind die einfachsten Vertreter dieses Typs. In Bild 1 sind die wichtigsten Eigenschaften eines mit der H_{11}-Welle gespeisten Rundhohlleiterstrahlers zusammengestellt, dessen Wandstärke 10%

Spezielle Literatur Seite N 46

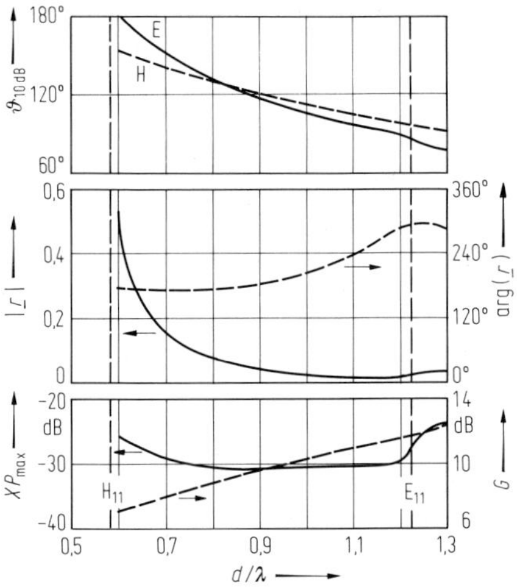

Bild 1. Eigenschaften von runden Hohlleiterstrahlern (Durchmesser d, Wandstärke 0,1 d) bei Speisung mit der H_{11}-Welle,
$\vartheta_{10\,dB}$: 10-dB-Breite der Hauptkeule (E → E-Ebene, H → H- Ebene);
$|\underline{r}|$, arg($\underline{r}$): Betrag und Phase des Reflexionsfaktors $\underline{r}$ der H_{11}-Welle in der Apertur;
XP_{max}: maximale Kreuzpolarisation innerhalb der 10-dB-Breite der Hauptkeule in der 45°-Ebene (bezogen auf die Hauptpolarisation in Hauptstrahlrichtung);
G Gewinn

seines Durchmessers beträgt. Diese Daten wurden mit Hilfe eines Integralgleichungsverfahrens berechnet [4]. Aufgrund der 10-dB-Breite ihrer Hauptkeule sind Rundhohlleiterstrahler als Primärfokuserreger für Parabolspiegel (s. N 14) geeignet. Geringe Aperturreflexion (< 10%) weisen diese Strahler erst für $d/\lambda > 0{,}75$ auf; der mit ihnen erreichbare Gewinn ist dann > 8,5 dB. Wegen der Anregung der E_{11}-Welle in der Apertur (und möglicherweise auch bei der Einspeisung) sind diese Strahler nur unterhalb der Grenzfrequenz dieser Welle ($d/\lambda = 1{,}22$) nutzbar. Die maximale Kreuzpolarisation tritt in den beiden Ebenen auf, die gegen die E- und H-Ebene um 45° geneigt sind. Diagrammsymmetrie und Polarisationsreinheit lassen sich bei diesen Strahlern verbessern, wenn man in die Stirnfläche wenige $\lambda/4$ tiefe Rillen axial eindreht [5, 6].

Offene Rechteckhohlleiter besitzen ähnliche Eigenschaften wie Rundhohlleiterstrahler [1, 7]. Bei diesen Strahlern kann die Rotationssymmetrie der Hauptkeule durch geeignete Wahl der Hohlleiterhöhe optimiert werden; der resultierende Aperturquerschnitt ist normalerweise nicht quadratisch und damit nicht für die Abstrahlung orthogonal polarisierter Wellen mit gleicher Richtcharakteristik geeignet. Die Kreuzpolarisation ist bei rechteckigen wie quadratischen Hohlleiterstrahlern größer als beim Rundhohlleiter, sofern nur die Grundwellen ausbreitungsfähig sind.

Dimensionierungsvorschriften für offene Hohlleiter optimierten Querschnitts als Erreger für primärfokusgespeiste Parabolantennen (s. N 14) sind in Bild 7 angegeben.

Hornstrahler. In der trichterförmigen Erweiterung des Hornstrahlers wird ein dem eingespeisten Wellentyp ähnlicher Wellentyp bis zur Aperturöffnung weitergeführt, während wegen der Diskontinuität am Hornhals angeregte höhere Wellentypen – bei nicht zu großem Hornöffnungswinkel – stark (reaktiv) gedämpft werden und zur Strahlung kaum beitragen. Die gebräuchlichsten Ausführungen glattwandiger Hörner sind in Bild 2 dargestellt. Beim E-Sektorhorn ist der Rechteckhohlleiter in der E-

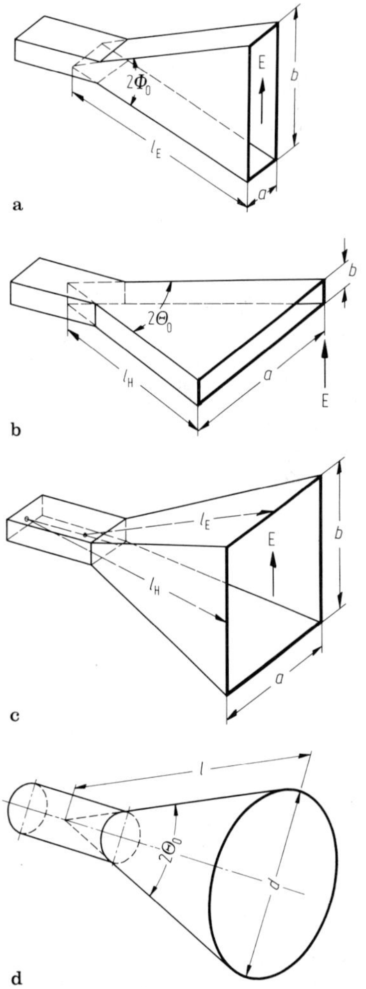

Bild 2. a E-Sektorhorn; **b** H-Sektorhorn; **c** Pyramidenhorn; **d** Kegelhorn

Ebene, beim H-Sektorhorn in der H-Ebene aufgeweitet. Das Pyramidenhorn kann bezüglich seiner Strahlung als Kombination von E- und H-Sektorhorn aufgefaßt werden. Näherungsweise gilt bei Rechteckhornstrahlern, die mit der H_{10}-Welle angeregt werden, daß die Richtdiagramme in der E-Ebene außer vom Öffnungswinkel $2\Phi_0$ nur von der Kantenlänge b und in der H-Ebene außer vom Öffnungswinkel $2\Theta_0$ nur von der Kantenlänge a der Strahleröffnung abhängen. Bei Sektorhörnern entsprechen die Richtdiagramme in den Ebenen, in denen diese Hörner nicht aufgeweitet sind, weitgehend denjenigen des frei strahlenden Speisehohlleiters. In Bild 3 sind die Richtdiagramme von Sektor- und Pyramidenhörnern mit Kantenlängen $\geqq 2\lambda$ wiedergegeben; für kleinere Kantenlängen s. [7]. Die Wölbung der Phasenfront in der Trichteröffnung ist durch die Gangunterschiede δ_E, δ_H in E- bzw. H-Ebene gegeben [8]. Das Kegelhorn (Bild 2d), das mit der H_{11}-Welle angeregt wird, ist in seinen Strahlungseigenschaften dem Pyramidenhorn ähnlich [9] (Bild 4).

Pyramiden- und Kegelhörner mit $\delta/\lambda > 0{,}5$ haben besondere Strahlungseigenschaften (quasioptische Hörner). Sie können nicht mehr aus den Bildern 3 bzw. 4 entnommen werden. Insbesondere ändert sich die Hauptkeule nur wenig mit der Frequenz (15-dB-Breite $\approx$ Hornöffnungswinkel $2\Phi_0$ bzw. $2\Theta_0$).

Der Gewinn eines Hornstrahlers [10] ist

$$G/\mathrm{dB} = \begin{cases} 10\lg(32ab/(\pi\lambda^2)) - 10\lg R_E - 10\lg R_H \\ \text{Pyramidenhorn} \\ 10\lg(8{,}25\,d^2/\lambda^2) - 10\lg R \\ \text{Kegelhorn.} \end{cases} \qquad (1)$$

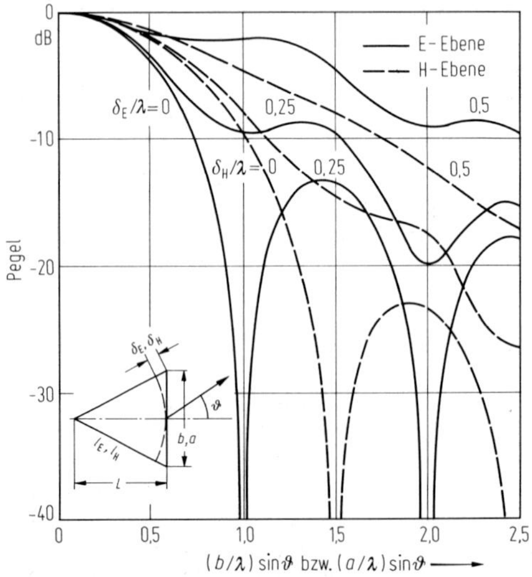

Bild 3. Richtdiagramme von Hornstrahlern mit rechteckiger Apertur

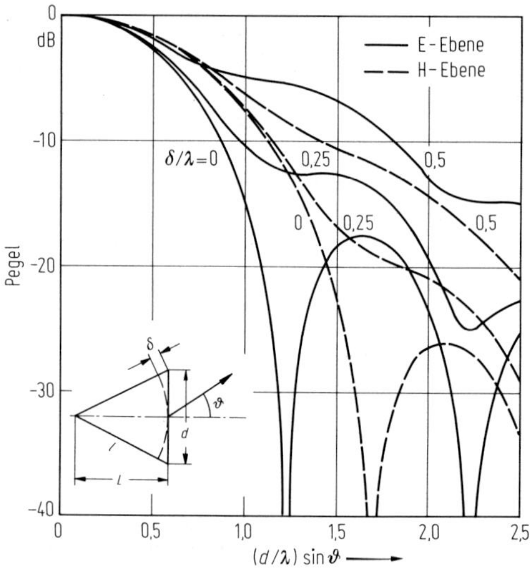

Bild 4. Richtdiagramme von Kegelhörnern

Der erste Term in Gl. (1) stellt den Gewinn des mit der Grundwelle gespeisten Hohlleiterstrahlers gleicher Aperturgröße dar (konphase Aperturbelegung). Die Korrekturterme mit R_E, R_H, R sind in Bild 5 aufgetragen. Der Fehler von Gl. (1) liegt bei $G \geqq 17$ dB unter 0,1 dB und bei $G \geqq 10$ dB unter 1 dB. Die Gewinne des E- und des H-Sektorhorns ergeben sich, wenn man die Terme $10\lg R_H$ bzw. $10\lg R_E$ streicht. Für den Gewinn eines Rechteckhornstrahlers im Nahfeld s. [11].

Der mit einem Hornstrahler der Länge L (s. Bilder 3 und 4) maximal erreichbare Gewinn (optimum horn [12, 13]) ist in Bild 6 angegeben. Er ist für Pyramiden- und Kegelhörner nahezu

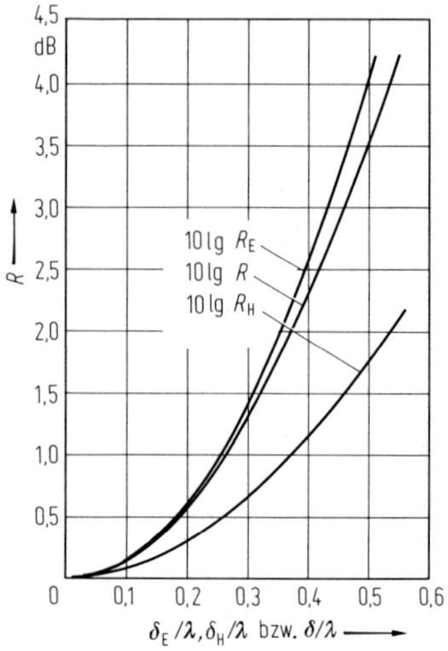

Bild 5. Korrekturterme zur Berechnung des Gewinns nach Gl. (1)

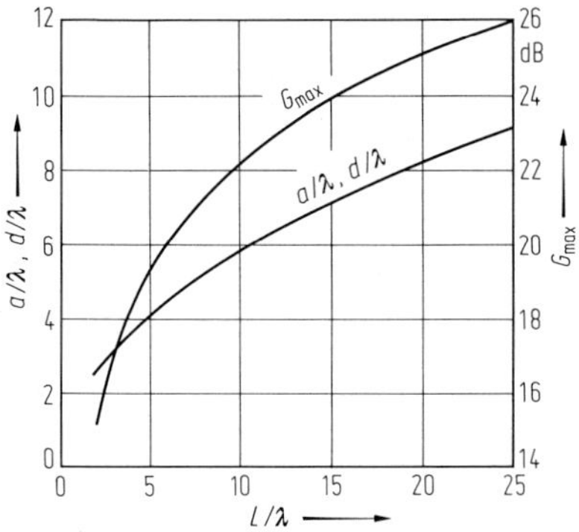

Bild 6. Maximal erreichbarer Gewinn eines Hornstrahlers der Länge L und zugehörige Aperturabmessungen

gleich. Aus Bild 6 ist ebenfalls die hierzu notwendige Kantenlänge a des Pyramidenhorns bzw. der Aperturdurchmesser d des Kegelhorns zu entnehmen. Die Bedingung für die Kantenlänge b des „optimalen" Pyramidenhorns lautet: $b = 0{,}83 \cdot a$.

Bild 7 gibt Aufschluß über die optimale Dimensionierung von Pyramiden- und Kegelhörnern mit kleinem Öffnungswinkel (Wölbung der Phasenfront in der Apertur vernachlässigbar) beim Einsatz als Erreger für Parabolantennen mit maximalem Gewinn (Randabfall in der Erregercharakteristik 10 dB bis 15 dB, s. N 14). Die Erreger werden bei großem Öffnungswinkel ψ_1 des Reflektors als Hohlleiterstrahler (s. 12.1) ausgeführt [14].

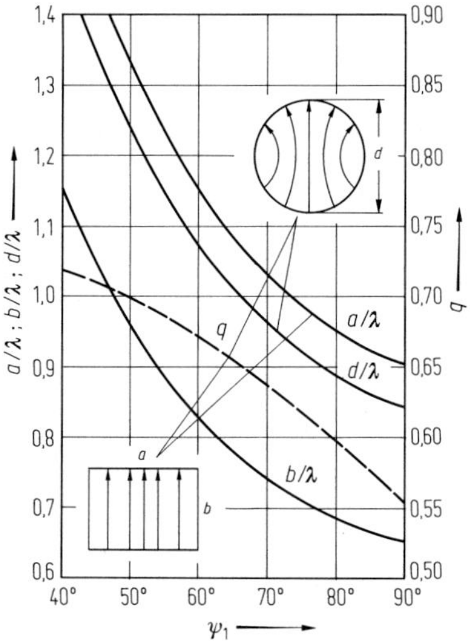

Bild 7. Optimale Aperturabmessungen von Hohlleiter- und Hornstrahlern als Erreger für primärfokus-gespeiste Parabolantennen und erreichbarer Flächenwirkungsgrad q der Parabolantenne in Abhängigkeit vom halben Öffnungswinkel ψ_1 des Spiegels

Steghornstrahler [15–17] lassen in Analogie zum Steghohlleiter die eindeutige Anregung der Grundwelle über eine relative Bandbreite von mindestens 6:1 zu. Beim Pyramidenhorn ohne Stege beträgt die Bandbreite wegen der Anregung der H_{30}-Welle demgegenüber nur 3:1.

Zur Verbesserung der Strahlungseigenschaften (Senkung des Nebenkeulenpegels) von Hornstrahlern mit starker Wölbung der Phasenfront in der Apertur kann man dielektrische Phasenkorrekturlinsen einsetzen, welche die sphärische in eine ebene Phasenfront umwandeln. Wegen der verhältnismäßig geringen Dicke lassen sich derartige Linsen wie quasioptische Linsen berechnen [13] (s. N 14.2).

12.2 Strahler mit höheren Wellentypen

Radiators employing higher-order modes

Durch gezielte Anregung mehrerer ausbreitungsfähiger Wellentypen mit geeigneter Amplitude und Phase und deren Überlagerung in der Apertur lassen sich vorgegebene Strahlungscharakteristiken synthetisieren (Mehrmodenstrahler) [18]. Die Anregung der höheren Wellentypen erfolgt im Horn durch Querschnittssprünge [19], abschnittsweise Änderung des Öffnungswinkels [20], Stifte [21] oder Blenden. Da sich die einzelnen Wellentypen mit unterschiedlichen Phasengeschwindigkeiten ausbreiten, können die Phasen in der Apertur durch die Wahl der Weglänge zwischen Anregungsort und Apertur vorgegeben werden; man muß dabei jedoch eine Einschränkung der Bandbreite des Strahlers auf wenige Prozent in Kauf nehmen. In der Praxis ist es kaum möglich, mehr als drei bis vier Wellentypen zur Aperturfeldsynthese zu benutzen.

Das Potter-Horn (Bild 8) [22] ist ein Kegelhorn, bei dem in der Apertur H_{11}- und E_{11}-Welle gleichphasig überlagert werden, so daß die Feldlinien hier nahezu parallel verlaufen. Da die E_{11}-Welle keinen Einfluß auf das Diagramm in der H-Ebene hat, kann sie benutzt werden, um das Richtdiagramm in der E-Ebene an das in der H-Ebene anzupassen und so eine bezüglich Amplitude und Phase weitgehend rotationssymmetrische Strahlungscharakteristik zu erzeugen.

Beim Koaxialstrahler (Bild 9) [14, 23, 24] werden H_{11}-, E_{11}- und H_{12}-Welle in einem solchen Amplituden- und Phasenverhältnis in der Apertur überlagert, daß sich eine sektorähnliche Strahlungscharakteristik ergibt. Die Einsattelung der Strahlungscharakteristik in Achsrichtung ist dabei zur Erzeugung höherer Flankensteilheit notwendig (vgl. Boxhorn [25]). Mit Koaxialstrahlern läßt sich bei der Ausleuchtung von Reflektorantennen ein hoher Flächenwirkungsgrad erreichen (typisch 70%).

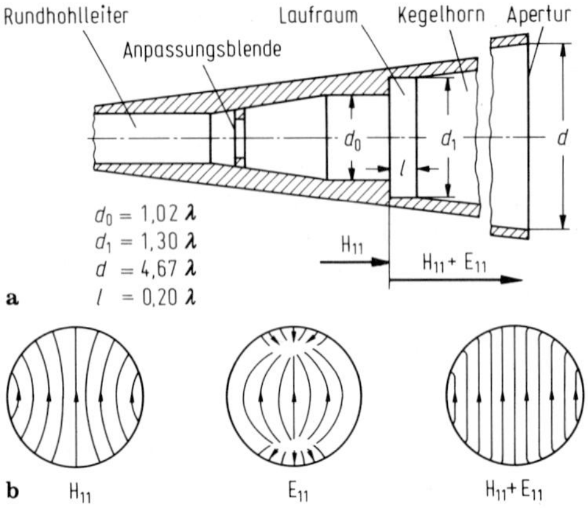

Bild 8. Mehrmodenhorn (**a**) nach Potter [22] und zugehörige Feldlinienbilder (**b**)

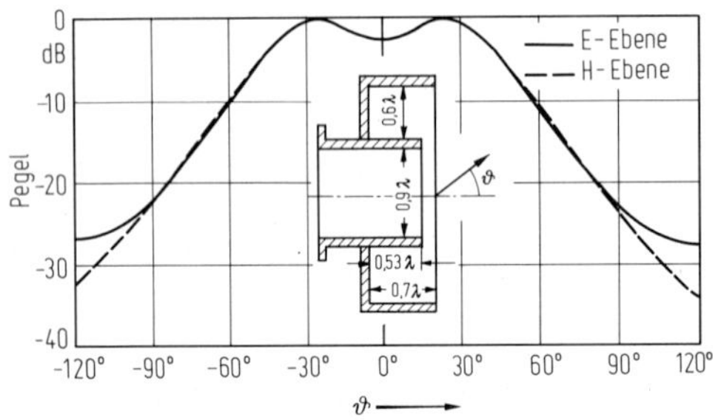

Bild 9. Aufbau und Richtdiagramme eines Koaxialstrahlers. Nach [24]

Aus der Analyse von primärgespeisten, asymmetrischen Reflektorantennen (s. N 14.1) lassen sich Mehrmodenerreger ableiten, die den Kreuzpolarisationsbeitrag des Spiegelsystems kompensieren [26, 27]. Dazu müssen bei einem kreisförmigen Erreger die H_{11}-, E_{11}- und H_{21}-Wellen, bei einem Rechteckerreger die H_{10}-, $H_{11} - E_{11}$-Wellen bzw. die H_{01}-, H_{20}-Wellen in einem bestimmten Amplituden- und Phasenverhältnis in der Apertur vorhanden sein.

Höhere Wellentypen, die in der Richtcharakteristik einen Nulleinzug in Richtung der Hornachse besitzen (im Kegelhorn insbesondere E_{01}-, H_{01}- und H_{21}-Wellen) [28, 29], können in Peilantennen, die nach dem Monopulsprinzip arbeiten, durch getrennte Auskopplung zur Erzeugung eines Ablagesignals benutzt werden.

12.3 Hybridwellenstrahler

Hybrid-mode radiators

Zur Erzeugung breitbandig kreuzpolarisationsarmer Strahlungscharakteristiken eignen sich Rillenhohlleiter und insbesondere Rillenhörner (corrugated horns) (Bilder 10a; 11a, b). Aufgrund der großen Anzahl von Rillen pro Wellenlänge (wenigstens vier) kann bei ihnen die (quasi-) periodische Rillenstruktur als homogene, anisotrope Impedanzwand betrachtet werden [30, 31]. Setzt man das Feld im Rillenhohlleiter als Summe von E- und H-Wellen an, so sind aufgrund der Randbedingung an der Impedanzwand E- und H-Wellen gleicher Umfangsabhängigkeit miteinander zu einer Hybridwelle verknüpft. Der Hybridfaktor $\Lambda = \mathrm{j}\, Z_0\, H_z/E_z$ ($Z_0 =$ Wellenwiderstand des freien Raums) kennzeichnet das Verhältnis der longitudinalen Feldstärken. Für $\Lambda > 0$ bezeichnet man die Hybridwellen als HE_{mn}-Wellen (Wandimpedanz kapazitiv, Rillentiefe zwischen $\lambda/4$ und $\lambda/2$), für $\Lambda < 0$ als EH_{mn}-Wellen (Wandimpedanz induktiv, Rillentiefe zwischen 0 und $\lambda/4$). Besondere Bedeutung hat der Fall $\Lambda = 1$ (balanced hybrid condition), für den Hybridwellenstrahler in der Regel dimensioniert werden, weil dann die HE_{11}-Welle ein Transversalfeld mit nahezu parallel verlaufenden Feldlinien besitzt (s. Bild 10b). Die dazu notwendige Rillentiefe ist vom Innenradius des Hohlleiters abhängig (Bild 10c); bei Rillenhörnern muß sie deshalb

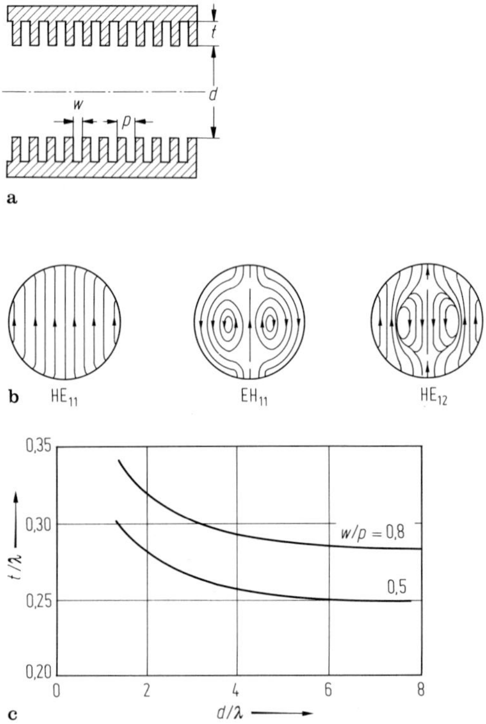

Bild 10. a Rillenhohlleiter; **b** Feldlinienbilder einiger Hybridwellen; **c** optimale Rillentiefe t bei Ausbreitung der HE_{11}-Welle mit dem Hybridfaktor $\Lambda = 1$

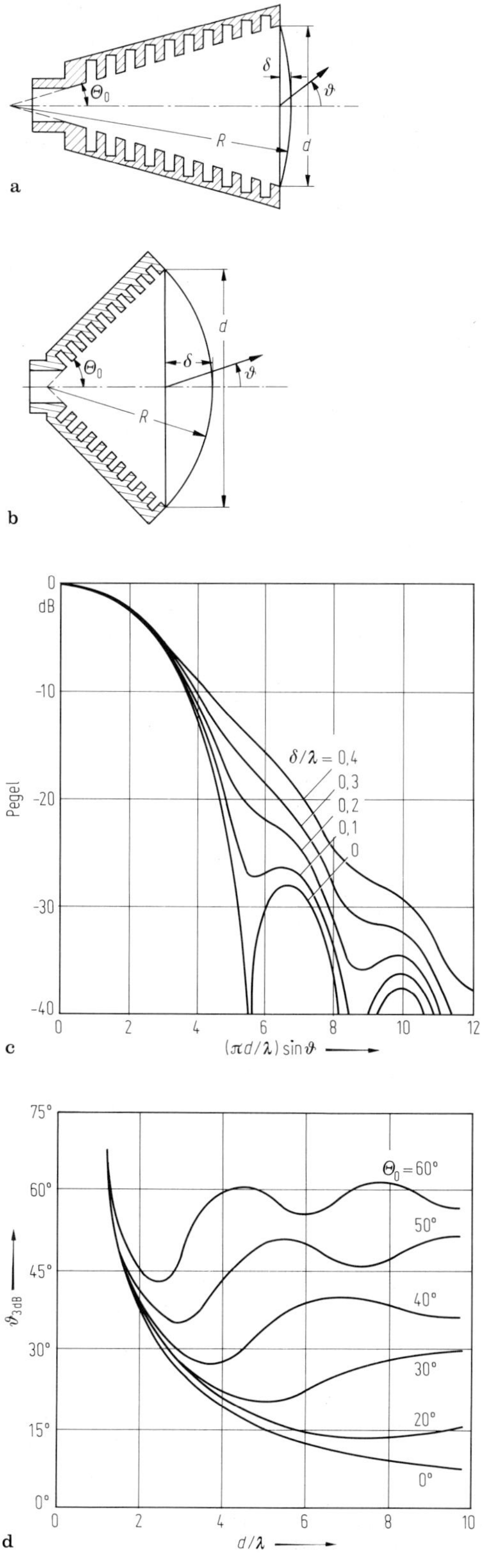

von der Apertur zum Hornhals zunehmen. Aufgrund der einheitlichen Phasengeschwindigkeit aller Feldkomponenten der Hybridwelle lassen sich bei Rillenhohlleitern und -hörnern wesentlich größere Bandbreiten (etwa 20 bis 40%) als bei Mehrmodenstrahlern verwirklichen. Eine theoretische Analyse und Optimierung von Rillenstrukturen kann näherungsweise nach dem Wandimpedanzkonzept [30] oder exakt über eine modulare Analyse [32] erfolgen.

Als Erreger von Reflektorantennen haben im wesentlichen zwei Arten von Rillenhörnern Bedeutung erlangt:

a) Bei Rillenhörnern mit kleinem Öffnungswinkel (Bild 11 a, $\delta < \lambda/5$) läßt sich die Strahlungscharakteristik in guter Näherung wie bei Rillenhohlleitern ermitteln. Ihre Hauptkeulenbreite nimmt mit wachsendem Aperturdurchmesser ab (Bild 11 c) [31, 33]. Ihr Phasenzentrum wandert mit wachsendem δ/λ von der Hornöffnung zum Scheitel und ist in seiner Lage frequenzabhängig.

b) Kurze Rillenhörner mit großem Öffnungswinkel (Bild 11 b) oder sehr lange, schlanke Hörner (jeweils $\delta > \lambda/2$) besitzen quasi-optische Eigenschaften. Bei ihnen stimmt die 15-dB-Breite des Strahlungsdiagramms über eine große Bandbreite (bis zu 50%) recht gut mit dem Öffnungswinkel $2\Theta_0$ überein [31, 34]. Die Lage des Phasenzentrums ist nahezu frequenzunabhängig.

Bild 11 d zeigt die Halbwertsbreite $\vartheta_{3\,\mathrm{dB}}$ von Rillenhörnern in Abhängigkeit von Aperturdurchmesser und Öffnungswinkel. Benötigt man einen besonders kreuzpolarisationsarmen Erreger (z.B. Kreuzpolarisation breitbandig unter -40 dB), so ist das Rillenhorn so zu bemessen, daß die Anregung höherer Wellentypen (vor allem der EH_{12}-Welle) am Hornhals, längs der Hornwand und in der Öffnung vermieden wird [35]. Durch Vertiefung der Rillen am Hornhals oder Einfügung eines geeigneten Modenwandlers [36] läßt sich die Anpassung verbessern. Die Bandbreite von Rillenhörnern wird durch den Einsatz hinterdrehter Rillen vergrößert [37]. Für den Betrieb in zwei auseinanderliegenden Frequenzbändern werden Rillenstrukturen mit alternierender Tiefe eingesetzt [38]. Rillenhörner elliptischen [39] und rechteckigen [40] Querschnitts werden als Erreger von Satellitenantennen verwendet, wenn eine gebietsangepaßte elliptische Strahlungskeule mit geringer Kreuzpolarisation benötigt wird.

Bild 11. a Rillenhorn mit geringer Phasenfrontwölbung in der Apertur; **b** quasioptisches Rillenhorn; **c** Richtdiagramme von Rillenhörnern mit unterschiedlichen Phasenfrontwölbungen in der Apertur; **d** Halbwertsbreite von Rillenhörnern in Abhängigkeit vom Aperturdurchmesser d und halben Öffnungswinkel ϑ_0

Spezielle Literatur: [1] *Silver, S.*: Microwave antenna theory and design. New York: McGraw-Hill 1949, pp. 334–347. – [2] *Muehldorf, E. I.*: The phase center of horn antennas. IEEE Trans. AP-18 (1970) 753–760. – [3] *Zocher, E.*: Rechnerische und meßtechnische Bestimmung von Phasenzentren einiger Hornstrahlertypen. NTG-Fachber. Antennen 57 (1977) 76–80. – [4] *Hombach, V.*: Radiation from flanged waveguide. Proc. 1983 URSI Int. Symp. electromagnetic theory, pp. 77–80. – [5] *Geyer, H.*: Runder Hornstrahler mit ringförmigen Sperrtöpfen zur gleichzeitigen Übertragung zweier polarisationsentkoppelter Wellen. Frequenz 20 (1966) 22–28. – [6] *Hombach, V.; Severin, H.*: Berechnung der Kreuzpolarisation im Fernfeld von Hohlleitungsstrahlern. AEÜ 37 (1983) 101–107. – [7] *Dombek, K.-P.*: Einfluß der Aperturreflexion auf die Berechnung der Richtcharakteristik von Hohlleiterstrahlern. AEÜ 23 (1969) 553–560. – [8] *Jasik, H.*: Antenna engineering handbook. New York: McGraw-Hill 1961, pp. 10.1–10.18. [9] *Milligan, T.*: Universal patterns ease circular horn design. Microwaves (March 1981) 83–86. – [10] *Jull, E. V.*: Aperture antennas and diffraction theory. London: Peregrinus 1981, pp. 55–66. – [11] *Jull, E. V.*: Finite-range gain of sectoral and pyramidal horns. Electron. Lett. 6 (1970) 680–681. – [12] *King, A. P.*: The radiation characteristics of conical horn antennas. Proc. IRE 38 (1950) 249–251. – [13] *Collin, R. E.; Zucker, F. J.*: Antenna theory, Part 1. New York: McGraw-Hill 1969, pp. 632–653. – [14] *Ries, G.*: Brennpunktsfeld und Hornerreger bei Parabolantennen mit kleinem f/D-Verhältnis. NTG-Fachber. Antennen 45 (1972) 126–130. – [15] *Kerr, J. L.*: Short axial length broad-band horns. IEEE Trans. AP-21 (1973) 710–715. – [16] *Shimizu, J. K.*: Octave-bandwidth feedhorn for paraboloid. IRE Trans. AP-9 (1961) 223–224. – [17] *Landstorfer, F. M.; Sacher, R. R.*: Very short horn antennas for arbitrary polarisation. Proc. 9th Europ. Microwave Conf., 1979, pp. 186–190. – [18] *Ludwig, A. C.*: Radiation pattern synthesis for circular aperture horn antennas. IEEE Trans. AP-14 (1966) 434–440. – [19] *Agarwal, K. K.; Nagelberg, E. R.*: Phase characteristics of a circularly symmetric dual-mode transducer. IEEE Trans. MTT-18 (1970) 69–71. – [20] *Turrin, R. H.*: Dual mode small aperture antennas. IEEE Trans. AP-15 (1967) 307–308. – [21] *Clavin, A.*: A multimode antenna having equal E- and H-planes. IEEE Trans. AP-23 (1975) 753–757. – [22] *Potter, P. D.*: A new horn antenna with suppressed sidelobes and equal beamwidths. Microwave J. (1963) 71–78. – [23] *Koch, G. F.*: Coaxial feeds for high aperture efficiency and low spillover of paraboloidal reflector antennas. IEEE Trans. AP-21 (1973) 164–169. – [24] *Scheffer, H.*: Improvements in the development of coaxial feeds for paraboloidal reflector antennas. Proc. 5th Europ. Microwave Conf. 1975, pp. 46–50. – [25] *Silver, S.*: Microwave antenna theory and design. New York: McGraw-Hill 1949, pp. 377–380. – [26] *Rudge, A. W.; Adatia, N. A.*: New class of primary-feed antennas for use with offset parabolic-reflector antennas. Electron. Lett. 11 (1975) 597–599. – [27] *Scheffer, H.*: Mehrmodenerreger für asymmetrische Parabolantennen. NTG-Fachber. 78 (1982) 73–77. – [28] *Fasold, D.*: Das Fernfeld von Kegelhornantennen bei Anregung durch E_{mn}- und H_{mn}-Wellen. NTZ 30 (1977) 324–329. – [29] *Reitzig, R.*: Automatische Eigennachführung von Antennen. Nachrichtentech. Fachber. Antennen 32 (1967) 45–51. – [30] *Clarricoats, P. J. B.; Saha, P. K.*: Propagation and radiation behaviour of corrugated feeds. Proc. IEE 118 (1971) 1167–1186. – [31] *Rudge, A. W.; Milne, K.; Olver, A. D.; Knight, P.*: The handbook of antenna design, Vol. 1. London: Peregrinus 1982, pp. 359–371. – [32] *Kühn, E.; Hombach, V.*: Computer-aided analysis of corrugated horns with axial or ring-loaded radial slots. Proc. 3rd IEE Int. Conf. on antennas and propagation 1983, pp. 127–131. – [33] *Thomas, B. MacA.*: Design of corrugated conical horns. IEEE Trans. AP-26 (1978) 367–372. – [34] *Simmons, A. J.; Kay, A. F.*: The scalar feed – a high-performance feed for large paraboloid reflectors. IEE Conf. Publ. 21 (1966) 213–217. – [35] *Mahmoud, S. F.; Clarricoats, P. J. B.*: Radiation from wide flare-angle corrugated conical horns. IEE Proc. 129 (1982) 221–228. – [36] *James, G. L.; Thomas, B. MacA.*: TE_{11} to HE_{11} cylindrical waveguide mode converters using ring-loaded slots. IEEE Trans. MTT-30 (1982) 278–285. – [37] *Takeda, F.; Hashimoto, T.*: Broadbanding of corrugated conical horns by means of the ring-loaded corrugated waveguide structure. IEEE Trans. AP-24 (1976) 786–792. – [38] *Kühn, E.; Philippou, G. Y.*: Fully computer-optimized design of circular corrugated horns. Proc. 14th Europ. Microwave Conf., 1984, pp. 228–233. – [39] *Vokurka, V. J.*: Elliptical corrugated horn for broadcasting-satellite antennas. Electron. Lett. 15 (1979) 652–654. – [40] *Kühn, E.; Watson, B. K.*: Rectangular corrugated horns – analysis, design and evaluation. Proc. 14th Europ. Microwave Conf., 1984, pp. 221–227.

13 Dielektrische Antennen
Dielectric antennas

Allgemeine Literatur: *Kiely, D.G.*: Dielectric aerials. Methuen's monograph on physical subjects 1953. – *Kühn, R.*: Mikrowellenantennen. Berlin: VEB Verlag Technik 1964, Kap. 10. – *Rudge, A.W.; Milne, K.; Olver, A.D.; Knight, P.*: The handbook of antenna design, Vol. 1. London: Peregrinus 1983, pp. 549–562.

Bei dielektrischen Antennen werden verlustarme dielektrische Materialien zur Führung und Abstrahlung elektromagnetischer Wellen verwendet. Die wesentlichen Freiheitsgrade für die Beeinflussung ihrer Strahlungseigenschaften liegen in der Wahl der Abmessungen, der Oberflächenform und der Dielektrizitätszahl ε_r. Ausgehend vom Verhältnis ihrer Längs- und Querabmessung kann man unterscheiden zwischen (Bild 1)

- schlanken dielektrischen Antennen, deren Wirkungsprinzip primär auf der Führung von Oberflächenwellen beruht (Stielstrahler);
- kurzen, dielektrischen Antennen, die zusätzlich eine den Linsen ähnliche Funktion erfüllen (Nahfeldlinsenantennen).

Dielektrische Antennen finden Verwendung als direkt strahlende Antennen, Einzelstrahler von Gruppenantennen oder Erreger bei Spiegelantennen. Sie zeichnen sich i.allg. durch große Bandbreite und hohen Gewinn bei kleinen Querabmessungen aus. Wegen der verhältnismäßig aufwendigen Berechnung haben sie in der Vergangenheit trotz ihrer vorteilhaften Eigenschaf-

Spezielle Literatur Seite N 48

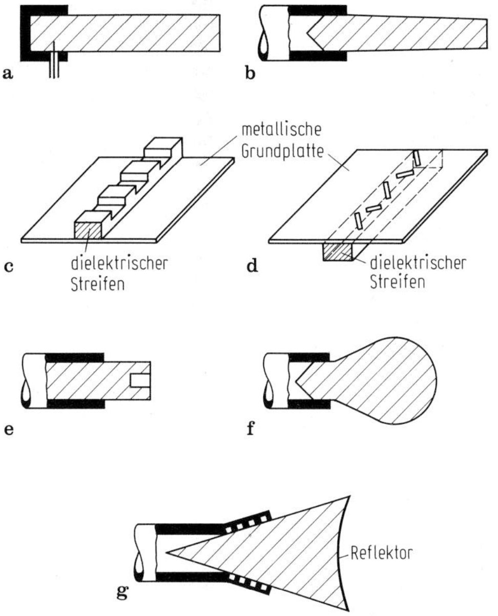

Bild 1. Verschiedene Ausführungsformen dielektrischer Antennen. **a** Stielstrahler; **b** Stielstrahler mit Querschnittsverjüngung; **c** Bildleitung mit Querschnittssprüngen; **d** Bildleitung mit Schlitzen in der Grundplatte; **e** kurzer Stielstrahler; **f** Nahfeldlinsenantenne; **g** dielektrischer Kegel mit Hilfsreflektor

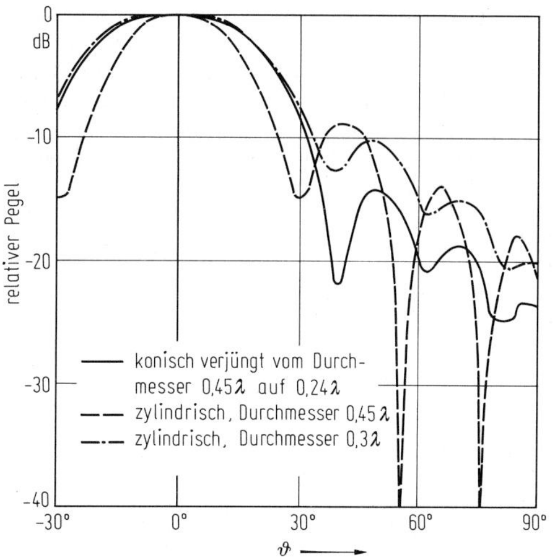

Bild 2. Richtdiagramme von 3 λ langen Stielstrahlern in der H-Ebene ($\varepsilon_r = 2{,}5$)

ten nur wenig Verbreitung gefunden. Mit der Verfügbarkeit geeigneter Entwurfsverfahren ist ihre Auslegung jedoch inzwischen einfacher durchführbar.
Als Material für die dielektrischen Antennen hat Polystyrol ($\varepsilon_r = 2{,}5$; $\tan\delta = 0{,}0004$) besondere Bedeutung, da es leicht verarbeitbar ist und geringe Verluste aufweist. Die Einfügungsdämpfung einer typischen dielektrischen Antenne aus Polystyrol liegt in der Größenordnung einiger Zehntel dB. Zur Abstrahlung hoher Leistungen werden dielektrische Werkstoffe auf Quarzbasis eingesetzt. Neben den natürlichen dielektrischen Stoffen existieren künstliche Dielektrika. Sie bestehen aus im Verhältnis zur Wellenlänge kleinen, metallischen Streukörpern, die in einem meist geschäumten, dielektrisch kaum wirksamen Trägermaterial verteilt sind; dem Vorteil des geringeren Gewichts steht bei ihnen der Nachteil höherer Verluste und eingeschränkter Bandbreite entgegen. Auch Yagi-, Wendel- und Rillenstrukturen können im weiteren Sinne als künstliche Dielektrika aufgefaßt werden.

13.1 Stielstrahler

Dielectric rod antennas

Die geläufigste dielektrische Antenne, der Stielstrahler [1] (Bild 1 a), gehört zu den schlanken Antennen. Sie besteht aus einem runden oder rechteckigen dielektrischen Stab, auf dem eine Oberflächenwelle geführt wird. Diese Oberflächenwelle wird an einem Stabende von einem Hohlleiter oder einem Dipol mit Reflektorplatte angeregt und breitet sich sowohl im Dielektrikum als auch im äußeren Luftraum längs des Stabes aus. Ihre Feldstärke fällt im Außenraum exponentiell mit dem Abstand von der Staboberfläche ab. Der im Außenraum geführte Leistungsanteil der Welle ist umso größer, je kleiner Stabquerschnitt und Dielektrizitätskonstante sind. Die Grundwelle auf dieser Struktur ($\underline{\mathrm{HE}}_{11}$-Welle) besitzt keine Grenzfrequenz. Die Oberflächenwelle strahlt lediglich an Diskontinuitäten des Stabes Energie ab. Das Strahlungsfeld des zylindrischen Stielstrahlers setzt sich daher im wesentlichen aus dem am Speisepunkt unmittelbar abgestrahlten Anteil und dem von der Oberflächenwelle am Stabende ausgehenden Anteil zusammen, wobei die Phasendifferenz zwischen beiden Anteilen die Richtcharakteristik maßgeblich beeinflußt. Um Gleichphasigkeit der Anteile in Hauptstrahlrichtung und damit größte Bündelungsschärfe zu erreichen, muß nach der Hansen-Woodyard- Bedingung [2] die Differenz der Phasenänderungen von Oberflächen- und Freiraumwelle über der Länge des Stabs etwa 180° betragen. Die für dielektrische Antennen charakteristischen hohen ersten Nebenkeulen lassen sich durch Verringerung des Stabquerschnitts zum Ende hin vermindern (Bild 2). Detaillierte Ausführungen zum Strahlungsmechanismus schlanker dielektrischer Antennen findet man in [3], Näherungsberechnungen für das Strahlungsfeld in [4, 5].
Im Millimeterwellenbereich werden häufig dämpfungsarme dielektrische Wellenleiter ver-

wendet. Diese können durch das Anbringen von Diskontinuitäten, wie z. B. Querschnittsänderungen [6], metallischen Störkörpern [7] oder Aussparungen in der metallischen Grundfläche von Bildleitungen [8] zur Strahlung angeregt werden. Die Diskontinuitäten werden dabei meistens periodisch angeordnet.

13.2 Nahfeldlinsenantennen

Near field lens antennas

Bei Nahfeldlinsenantennen unterscheiden sich die Längs- und Querabmessungen des dielektrischen Körpers nicht wesentlich voneinander. Sie werden auf die gleiche Art wie die schlanken Ausführungen angeregt, ihr Strahlungsverhalten läßt sich jedoch nicht mehr allein mit Hilfe von Oberflächenwellen erklären, sie beeinflussen vielmehr zusätzlich das elektromagnetische Feld nach Art einer Linse. Dieser Linseneinfluß läßt sich jedoch nicht durch eine Fernfeld-Strahlenbetrachtung berücksichtigen, sondern erfordert die Berechnung des von der Anregungsapertur ausgehenden Nahfeldes, daher die Bezeichnung Nahfeldlinsenantenne. Zur Berechnung ihrer Richtcharakteristik hat sich ein zweistufiges Näherungsverfahren bewährt [9], das auch bei nichtzylindrischen Strahlerformen anwendbar ist.

Kurze Strahler mit Abmessungen in der Größenordnung von $\lambda/2$ sind besonders als Erreger für tiefe Parabolspiegel geeignet. In Bild 3 ist die Abhängigkeit der erzielbaren 3-, 10- und 20-dB-Breiten in den beiden Hauptebenen als

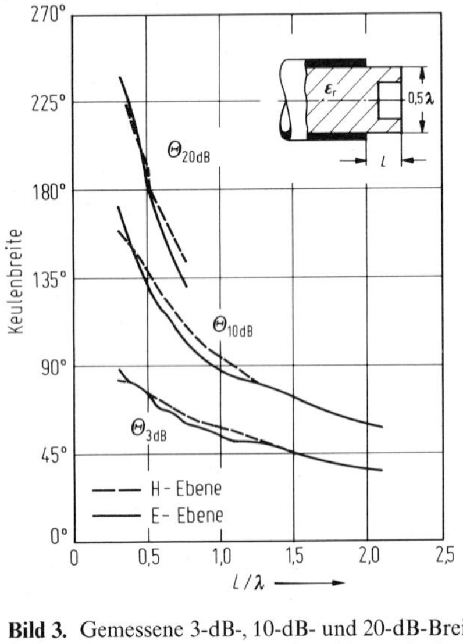

Bild 3. Gemessene 3-dB-, 10-dB- und 20-dB-Breiten in den Hauptebenen von kurzen Stielstrahlern mit einem Durchmesser von 0,5 λ in Abhängigkeit von der Strahlerlänge L ($\varepsilon_r = 2{,}5$). Nach [10]

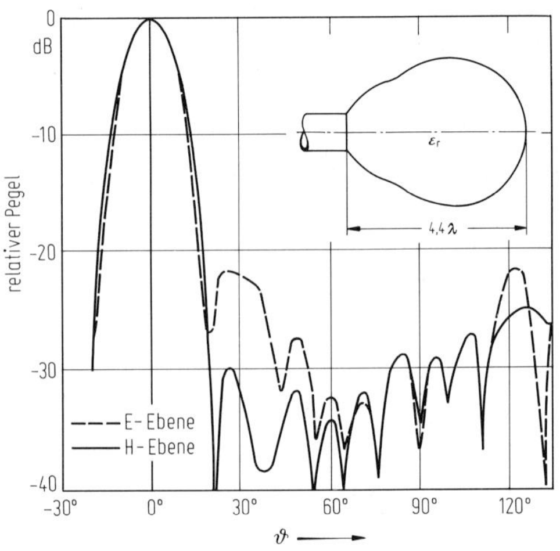

Bild 4. Richtdiagramme einer Nahfeldlinsenantenne ($f = 11$ GHz, $\varepsilon_r = 2{,}5$). Nach [9]

Funktion der Länge eines zylindrischen Strahlers dargestellt [10].

Durch optimale Nutzung des Freiheitsgrades der Formgebung lassen sich die Strahlungseigenschaften dielektrischer Antennen (Gewinn, Nebenzipfeldämpfung, Polarisationsreinheit, Bandbreite) verbessern. Als Beispiel ist in Bild 4 Form und Richtdiagramm einer 4,4 λ langen, hohlleitergespeisten, dielektrischen Antenne wiedergegeben, mit der trotz eines Nebenzipfelpegels von nur etwa -20 dB ein Gewinn von 23 dB erreicht wird.

Als eine der vielfältigen Möglichkeiten, Dielektrika als Hilfsmittel in Antennen einzusetzen, ist der Kegel aus geschäumtem dielektrischen Material zu erwähnen, der in Doppelreflektorantennen zur Halterung des Fangreflektors und gleichzeitig zur Verbesserung der Erregerbündelung verwendet werden kann (Bild 1 g) [11]. In einem solchen dielektrischen Wellenleiter wird ein Teil der Erregerstrahlung, der sonst den Fangreflektor nicht erreicht, durch Totalreflexion an der Kegelwand zusätzlich auf diesen gelenkt. Die vom Fangreflektor reflektierten Strahlen durchdringen dann aufgrund ihres kleineren Einfallswinkels die Grenzschicht Dielektrikum/Luft nahezu ungehindert.

Spezielle Literatur: [1] *Mallach, P.:* Dielektrische Richtstrahler. Fernmeldetech. Z. 2 (1949) 33–39. – [2] *Hansen, W. W.; Woodyard, J. R.:* A new principle in directional antenna design. Proc. IRE 26 (1938) 333–345. – [3] *Andersen, J. B.:* Metallic and dielectric antennas. Lyngby, Denmark: Polyteknik Forlag 1971, pp. 115–143. – [4] *Kühn, R.:* Mikrowellen Antennen. Berlin: VEB Verlag Technik 1964, S. 613–623. – [5] *James, J. R.:* Theoretical investigation of cylindrical dielectric-rod antennas. Proc. IEE 114 (1967) 309–319. – [6] *Schwering, F. K.; Peng, S.-T.:* Design of dielectric grating antennas for millimeter-wave applications. IEEE Trans. MTT-31 (1983) 199–209. –

[7] *Solbach, K.; Adelseck, B.*: Dielectric image line leaky wave antenna for broadside radiation. Electron. Lett. (1983) 640–641. – [8] *Toshikazu, H.; Takao, I.*: Circular polarized linear array antenna using a dielectric image line. IEEE Trans. MTT-29 (1981) 967–970. – [9] *Dombek, K.-P.*: Dielektrische Antennen nichtzylindrischer Form. NTZ 26 (1973) 529–535. – [10] *Dombek, K.-P.*: Dielektrische Antennen geringer Querabmessungen als Erreger für Spiegelantennen. NTZ 28 (1975) 311–315. – [11] *Clarricoats, P. J. B.; Salema, C. E. R. C.*: Antennas employing conical dielectric horns. Proc. IEE 120 (1973) 741–756.

14 Reflektor- und Linsenantennen
Reflector and lens antennas

Allgemeine Literatur: *Clarricoats, P.J.B.*: Some recent advances in microwave reflector antennas. Proc. IEE 126 (1979) 9–25. – *Collin, R.; Zucker, F.*: Antenna theory, Part 2. New York: McGraw-Hill 1969. – *Kühn, R.*: Mikrowellen-Antennen. Berlin: VEB-Verlag Technik 1964. – *Love, A.W.*: Reflector antennas. New York: IEEE Press 1978. – *Rudge, A.W.; Milne, K.; Olver, A.D.; Knight, P.* (Eds.): The handbook of antenna design, Vol. I. London: Peregrinus 1982. – *Rusch, W.V.T.; Potter, P.D.*: Analysis of reflector antennas. New York: Academic Press 1970. – *Silver, S.*: Microwave antenna theory and design. New York: McGraw-Hill 1949. – *Sletten, C.J.*: Reflector and lens antennas. *Norwood, MA*: Artech House 1988. – *Wood, P.J.*: Reflector antenna analysis and design. London: Peregrinus 1980.

Reflektor- und Linsenantennen werden bei Frequenzen oberhalb von etwa 1 GHz eingesetzt, wenn eine starke Bündelung der Strahlung, d. h. ein hoher Gewinn gefordert ist (s. R 4). Da diese Antennen hierfür groß im Vergleich zur Wellenlänge sein müssen, beruht ihre Wirkungsweise auf quasioptischen Prinzipien. Die Antennen bestehen im einfachsten Fall aus einem Erreger (Primärstrahler) und einem Reflektor bzw. einer Linse. Durch geeignete Wahl von Form und Material der Reflektorfläche bzw. des Linsenkörpers wird die Erregerstrahlung so umgeformt, daß die gewünschte Richtcharakteristik entsteht. Bei Antennen aus mehreren Reflektoren bzw. Linsen bestehen weitere Freiheitsgrade für den Entwurf.

14.1 Reflektorantennen
Reflector antennas

Rotationsparabolantennen. Die am häufigsten verwendete Reflektorantenne ist die Parabolantenne (Bild 1). Ihr Reflektor hat die Form eines Rotationsparaboloids, in dessen Brennpunkt der Erreger bzw. sein Phasenzentrum angeordnet ist. Die Erregerstrahlung muß eine kugelförmige Phasenfront aufweisen, damit in der Apertur (Öffnungsfläche) des Reflektors eine konphase

Spezielle Literatur Seite N 55

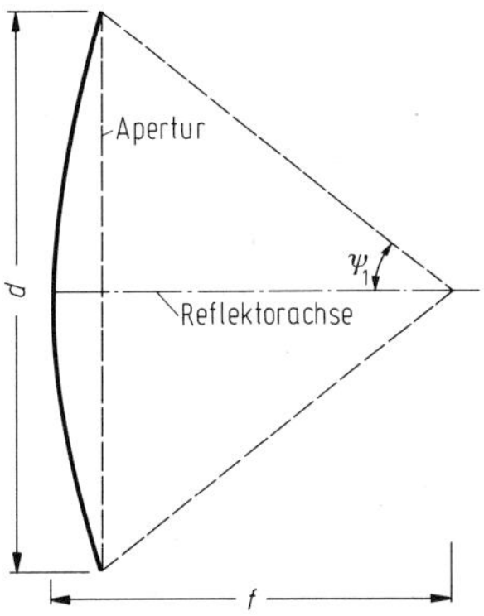

Bild 1. Parabolantenne; d Durchmesser, f Brennweite

(gleichphasige) Belegung vorhanden ist. In diesem Fall erhält man eine scharfe Bündelung der Antennenstrahlung. Die wichtigsten geometrischen Abmessungen einer Parabolantenne (Bild 1) sind Aperturdurchmesser d, Brennweite f und Reflektoröffnungswinkel $2\psi_1$. Dabei gilt

$$\tan(\psi_1/2) = d/(4f). \quad (1)$$

Der Richtfaktor D einer Parabolantenne ist

$$D = q(d\pi/\lambda)^2 \quad \text{mit} \quad q = A/(\pi d^2/4). \quad (2)$$

Der Faktor q wird als Flächenwirkungsgrad bezeichnet und ist gleich dem Verhältnis von Wirkfläche A zur geometrischen Fläche der Apertur. Der Maximalwert $q = 1$ wird nur erreicht, wenn homogene Aperturbelegung vorliegt und die gesamte Erregerstrahlung auf den Reflektor trifft. In der Praxis wird der Flächenwirkungsgrad herabgesetzt durch zum Rand abfallende Aperturbelegung, Strahlung des Erregers über den Spiegelrand (Überstrahlung), Aperturabschattung durch Erreger und Erregerstützen [1], Ungenauigkeiten der Reflektoroberfläche [2, 3] sowie Beugung am Reflektorrand. Bei üblichen Parabolantennen (z. B. Richtfunkantennen) ist $q = 0{,}5 \ldots 0{,}6$. Wegen der geringen ohmschen Verluste von Reflektoren und Erregern sind Gewinn und Richtfaktor nahezu gleich: $G \approx D$.
Im Mikrowellenbereich werden vorwiegend Hohlleiter- und Hornstrahler als Erreger von Parabolantennen eingesetzt, in Sonderfällen auch Dipole, dielektrische Antennen oder Spiralantennen. Der Erreger wird so dimensioniert, daß seine Richtcharakteristik den Spiegel bezüglich des Flächenwirkungsgrades optimal ausleuchtet. Dies wird erreicht, wenn die Erregercharakteristik in Richtung zum Spiegelrand eine Absenkung von 10 bis 15 dB aufweist (s. Bild N 12.7).
Die Richtcharakteristik einer Parabolantenne (z. B. Bild 2) hat eine scharf gebündelte Haupt-

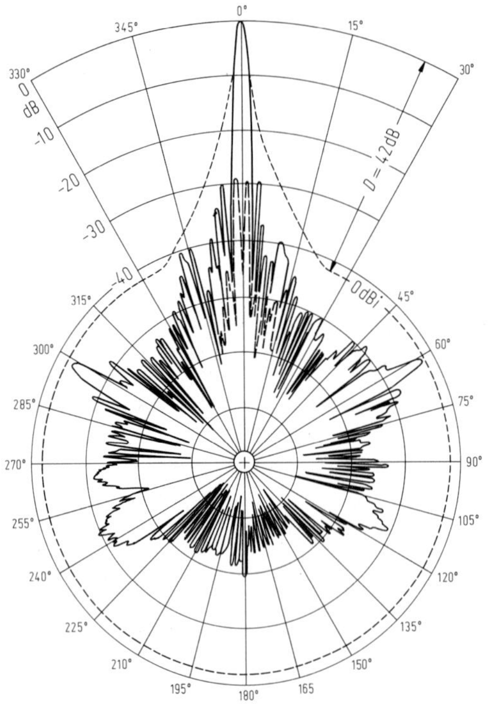

Bild 2. Richtdiagramm einer Parabolantenne ($d = 1{,}5$ m, $f/d = 0{,}48$)

keule mit einer Halbwertsbreite von

$$\vartheta_{3\,\mathrm{dB}} \approx \frac{70°}{d/\lambda}. \tag{3}$$

Die Höhe der Nebenmaxima im hauptkeulennahen Bereich wird im wesentlichen durch die Belegung bestimmt [4]. Homogene Belegung bewirkt verhältnismäßig hohe Nebenkeulen (erstes Nebenmaximum bei kreisförmiger Apertur bei etwa − 17 dB), zum Rand abfallende Belegung niedrige Nebenkeulen (erste Nebenkeule bei etwa − 20 bis − 30 dB). Im hauptkeulenfernen Bereich wird der Nebenzipfelpegel vorwiegend beeinflußt von: Überstrahlung des Erregers, Sekundärstrahlung der Erregerstützen [5], Streustrahlung infolge Reflektorungenauigkeiten [2, 3], Beugung am Reflektorrand. Für die Oberflächenfehler des Reflektors gilt als einfache Regel, daß der mittlere quadratische Fehler (rms-Wert) bei Antennen hoher Qualität einen Wert von $0{,}01\,\lambda$ und bei Antennen mittlerer Qualität $0{,}02\,\lambda$ nicht überschreiten darf.
Die Kreuzpolarisation hat bei korrekter Erregerpositionierung in Hauptstrahlrichtung ein Minimum (Bild 2). Sie erreicht bei linearer Polarisation ihren Maximalwert in den Diagrammebenen, die gegen den $\boldsymbol{E}$-Vektor in der Hauptstrahlrichtung um $\pm 45°$ geneigt sind. Die Kreuzpolarisationsmaxima befinden sich an der Flanke der Hauptkeule. Der Kreuzpolarisationspegel ist wesentlich von dem des Erregers abhängig [6]. Eine kreuzpolarisationsarme Richtcharakteristik erhält man, wenn die Erregercharakteristik nach Amplitude und Phase rotationssymmetrisch ist [7]. Rillenhörner (s. N 12) erfüllen diese Bedingung weitgehend.
Zur Planung von Funkstrecken werden vom CCIR Referenzdiagramme [8] empfohlen, die den Maximalpegel der Antennenrichtdiagramme außerhalb der Hauptkeule festlegen (s. Bild 2).
Eine Schwenkung der Strahlrichtung durch seitliches Verschieben des Erregers aus dem Brennpunkt (senkrecht zur Parabolachse) ist für einen eng begrenzten Winkelbereich möglich, ohne daß dabei die Strahlungseigenschaften wesentlich beeinträchtigt werden [9]. Wenn z. B. die Gewinnabnahme höchstens 0,5 dB betragen soll, ist bei einem tiefen Spiegel ($f/d = 0{,}25$) eine Strahlschwenkung von 1,2 Halbwertsbreiten zulässig, bei einem flacheren Parabolspiegel ($f/d = 0{,}5$) eine Schwenkung von 4 Halbwertsbreiten.
Ein Teil der am Spiegel reflektierten Strahlung gelangt in den Erreger zurück und führt zur Verschlechterung seiner Anpassung. Diese Reflexion kann man z. B. durch eine Metallplatte vor dem Reflektorscheitel kompensieren [10, 11].

Doppelreflektorantennen. Die bekannteste Doppelreflektorantenne ist die Cassegrain-Antenne (Bild 3). Sie besteht aus einem parabolischen Hauptreflektor und einem konvexen, hyperbolischen Hilfsreflektor. Das Hyperbol ist so angeordnet, daß der eine Brennpunkt F′ mit dem Phasenzentrum des Erregers, der andere mit dem Brennpunkt F des Hauptreflektors zusammenfällt. Dadurch wird eine vom Primärstrahler ausgehende, auf den Hilfsreflektor fallende Kugelwelle so umgelenkt, als ob sie vom Brennpunkt des Hauptreflektors käme [12].
Bei der Gregory-Antenne (Bild 4) befindet sich ein konkaver, elliptischer Hilfsreflektor jenseits des Hauptreflektorbrennpunktes F. Wie bei der Cassegrain-Antenne fällt der eine Brennpunkt des Hilfsreflektors mit dem Phasenzentrum des Erregers bei F′, der andere mit dem Brennpunkt F des Hauptreflektors zusammen.
Strahlungsmäßig gleichen Cassegrain- und Gregory-Antenne einer in ihrem Brennpunkt gespeisten Parabolantenne mit der um den Faktor m (Vergrößerungsfaktor) verlängerten Brennweite $f_{\text{äq}}$. Es gilt

$$m = \frac{f_{\text{äq}}}{f} = \frac{\varepsilon + 1}{\varepsilon - 1} = \frac{\tan(\psi_1/2)}{\tan(\psi_2/2)}, \tag{5}$$

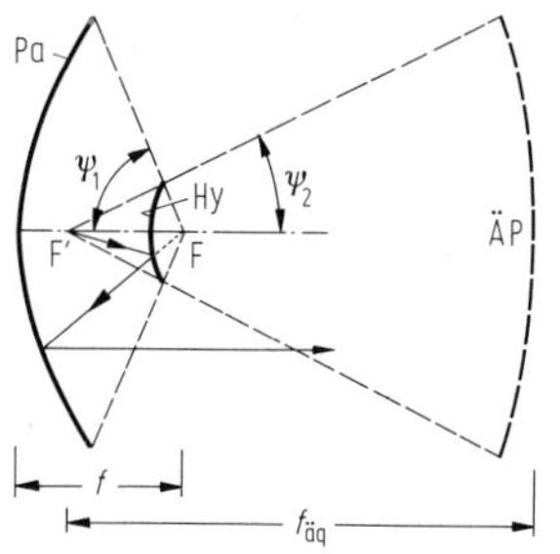

Bild 3. Cassegrain-Antenne. Pa Paraboloid, Hy Hyperboloid, ÄP Äquivalentes Paraboloid

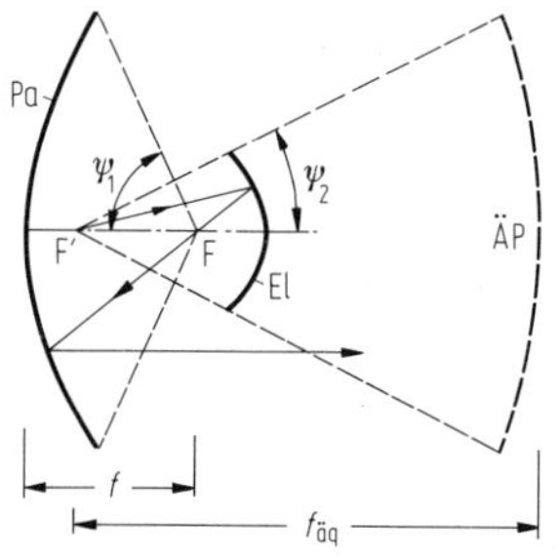

Bild 4. Gregory-Antenne. Pa Paraboloid, El Ellipsoid, ÄP Äquivalentes Paraboloid

wobei ε die numerische Exzentrizität des elliptischen bzw. hyperbolischen Hilfsreflektors ist. Die anderen Größen können Bild 3 und 4 entnommen werden. Bei gleichem Vergrößerungsfaktor m hat die Cassegrain-Antenne einen kleineren Hilfsreflektor als die Gregory-Antenne; dadurch ist auch die Aperturabschattung geringer.

Bei der Nahfeld-Cassegrain bzw. Nahfeld-Gregory-Antenne ist der Primärstrahler (meistens ein Hornparabol) so groß, daß sich der Hilfsreflektor in dessen Nahfeld befindet und daher von einer ebenen Welle ausgeleuchtet wird. Er muß in diesem Fall eine parabolische Form haben [13].

Die Vorteile von Doppelreflektorantennen ergeben sich aus der Anbringung des Erregers in der Nähe des Parabolscheitels (kompakte Bauform), der kurzen Leitungsführung (geringe Verluste), sowie der Möglichkeit, tiefe Parabolspiegel zu verwenden (bessere Abschattung des rückwärtigen Halbraums). Doppelreflektorantennen werden vor allem eingesetzt, wenn ein hoher Gewinn und somit ein großer Hauptreflektor erforderlich ist (Bodenstationen für Satellitenfunk [13, 14] (s. R 4.5), Antennen für Radioastronomie [15] und für Streustrahlverbindungen).

Bei Bodenstationsantennen werden häufig Strahlwellenleiter als Speisesysteme verwendet [16]. Diese bestehen aus zwei oder vier asymmetrischen Reflektoren, die so angeordnet sind, daß der Erreger bei einer Bewegung des Hauptreflektors entweder nicht oder nur um die Azimutachse bewegt werden muß. Dadurch wird es möglich, die Eingangsstufe des Empfängers in einem feststehenden Betriebsraum unterzubringen.

Asymmetrische Reflektorantennen. Der Reflektor dieser Antennen besteht aus einem Paraboloidausschnitt (Bild 5), der den Scheitelbereich (normalerweise) nicht enthält [17]. Da weder der Erreger noch seine Stützen im Strahlengang liegen, vermeidet man Aperturabschattung und Rückstrahlung vom Reflektor in den Erreger. Um den Reflektor optimal auszuleuchten, muß der Erreger gegen die Parabolachse gekippt werden; dadurch ist bei linearer Polarisation die Kreuzpolarisation bei asymmetrischen Reflektorantennen höher (um etwa 10 bis 15 dB) als bei rotationssymmetrischen Antennen; bei Zirkularpolarisation tritt deswegen bei asymmetrischen Reflektorantennen ein Schielen der Hauptkeule (beam squint) senkrecht zur Symmetrieebene (Zeichenebene in Bild 5) auf. Der Schielwinkel beträgt bei gebräuchlichen Antennen 1/10 Halbwertsbreite; sein Vorzeichen hängt vom Drehsinn der Zirkularpolarisation ab [18].

Bekannte Ausführungsformen von Antennen mit asymmetrischen Reflektoren sind die Muschel- (Bild 5 a) und die Hornparabolantenne (Bild 5 b). Beide Antennen sind seitlich und unten durch Metallwände abgeschlossen, sowie in der Apertur mit einer dielektrischen Abdeckung versehen [19]. Die Wände sind teilweise mit Absorbern belegt. Die Speisung erfolgt bei der Muschelantenne durch einen im Brennpunkt angebrachten Erreger, bei der Hornparabolantenne durch ein großes, pyramidenförmiges Horn, dessen Spitze sich im Brennpunkt befindet.

Bei asymmetrischen Doppel-Reflektorantennen (Bild 6) kann der Kreuzpolarisationsbeitrag des Spiegelsystems kompensiert werden, wenn die Bedingung

$$\tan(\alpha/2) = m \tan(\beta/2) \tag{6}$$

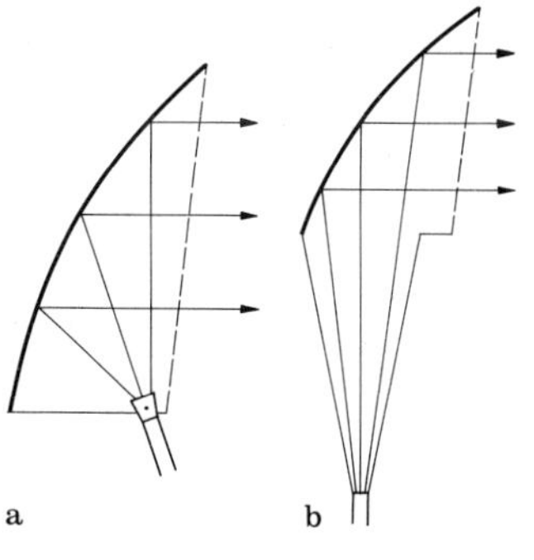

Bild 5. Asymmetrische Spiegelantennen. **a** Muschelantenne; **b** Hornparabolantenne

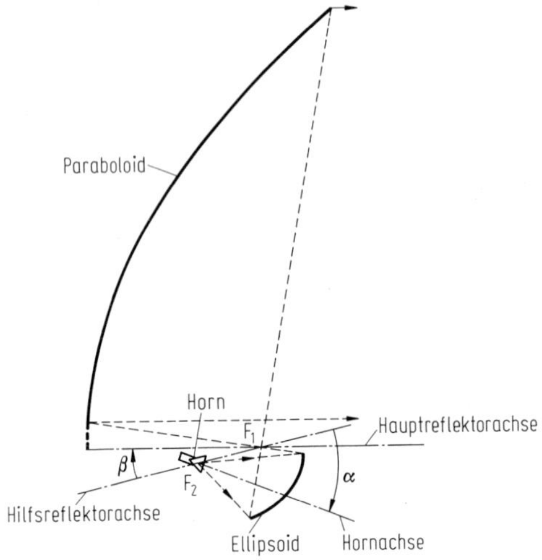

Bild 6. Asymmetrische Gregory-Antenne.

erfüllt ist [20, 21]. *m* ist der Vergrößerungsfaktor nach Gl. (5).

Bei Nachrichten- und Rundfunksatelliten werden vorwiegend asymmetrische Reflektorantennen verwendet. Die Anpassung der Strahlungskeule an die Form des terrestrischen Versorgungsgebiets kann sowohl durch den Einsatz von Gruppenerregern (s. N 15) als auch durch die Verwendung von Reflektoren mit elliptischer Apertur oder speziell geformten Oberflächen realisiert werden [22, 23].

Antennen mit speziell geformten Reflektoroberflächen. Der Entwurf geformter Reflektorsysteme erfolgt im allgemeinen nach zwei unterschiedlichen Methoden. Beim *geometrisch-optischen Verfahren* werden die gewünschte Richtcharakteristik, der Reflektordurchmesser und die Erregercharakteristik vorgegeben. Die Form der Reflektoroberfläche wird anschließend nach den Gesetzen der geometrischen Optik (Reflexionsgesetz, Energieerhaltungssatz) so berechnet, daß die Vorgaben erfüllt werden [24–27]. Beim *Optimierungsverfahren* werden die Reflektoroberflächen durch Reihenansätze mit einer endlichen Zahl unbekannter Entwicklungskoeffizienten unter Einbeziehung von Beugungseffekten beschrieben. In einer Optimierungsschleife erfolgt bei jedem Schritt eine vollständige Berechnung des Strahlungsfeldes des Reflektorsystems; dabei werden die Entwicklungskoeffizienten so bestimmt, daß eine optimale Übereinstimmung von Soll- und Ist-Diagramm erreicht wird [28, 29]. Das Optimierungsverfahren, das auch Beugungseffekte mitberücksichtigte, ist im allgemeinen genauer, aber auch rechenzeitintensiver. Man benötigt dafür eine gute Startlösung, die häufig mit Hilfe des geometrisch-optischen Verfahrens gewonnen wird.

Die Reflektorformung wird bei Bodenstationsantennen für Satellitenfunk angewandt, um den Flächenwirkungsgrad zu erhöhen. Das Ziel ist es dabei, eine möglichst homogene Aperturbelegung zu erzeugen. In der Praxis erreicht dabei der Flächenwirkungsgrad Werte zwischen 0,8 und 0,9 [30]. In der Radartechnik erzeugt man mit geformten Reflektoren kosekansförmige Vertikaldiagramme [31]. Von Satellitenantennen verlangt man häufig, daß ihre Strahlungskeule der Form des irdischen Versorgungsgebietes angepaßt ist, um den Gewinn zu optimieren und die Überstrahlung zu minimieren [32, 33].

Antennen mit sphärischen Reflektoren. Antennen mit sphärischen Reflektoren sind aus Symmetriegründen zur weiten Strahlschwenkung durch Bewegen des Erregers besonders gut geeignet [34, 35]. Die Erregerbewegung erfolgt auf einer zum Spiegelmittelpunkt konzentrischen Kreislinie im halben Abstand zur Reflektoroberfläche. Der Erreger muß dabei stets radial ausgerichtet sein. Der Nachteil besteht jedoch darin, daß ein linienförmiger Erreger eingesetzt werden muß, um die durch Abweichung der Kugel vom Paraboloid entstehenden Phasenfehler zu kompensieren.

Eine Übergangsform zwischen sphärischer Reflektorantenne und Parabolantenne stellt die Paraboltorusantenne dar [36, 37]. Der Reflektor dieser Antenne weist unterschiedliche Krümmungen in den beiden Hauptschnittebenen auf. In der Horizontalebene ist er kreisförmig gekrümmt; daher kann die Strahlungskeule in dieser Ebene über einen größeren Winkelbereich geschwenkt werden. In der Vertikalebene ist der Reflektor parabolisch gekrümmt, so daß in dieser Ebene eine stärkere Bündelung der Strahlung erfolgt.

Frequenzselektive und polarisationssensitive Reflektoren. Bei Antennensystemen, die in zwei unterschiedlichen Frequenzbändern betrieben werden, kann man zur Trennung dieser Bänder frequenzselektive Reflektoren einsetzen [38–40]. Ein derartiger Reflektor besteht aus einer regelmäßigen Anordnung von Streuelementen, die auf einem dielektrischen Trägermaterial aufgebracht sind. Die frequenzselektive Fläche verhält sich im Bereich der Resonanzfrequenz ihrer Elemente (d.h. im höheren Frequenzband) wie ein Reflektor; im tieferen Frequenzband ist sie dagegen durchlässig. Als Resonanzelemente werden Ringstrahler, Dipole, Tripole, Kreuzdipole (Bild 7a) und „Jerusalem“-Kreuze (Bild 7b) verwendet. Die elektrischen Eigenschaften des frequenzselektiven Reflektors werden von den geometrischen Abmessungen der Streuelemente, von ihrem Abstand und vom Trägermaterial bestimmt.

Bild 7. Frequenzselektive Oberfläche aus **a** Kreuzdipolen; **b** „Jerusalem"-Kreuzen

Durch Verwendung von zwei oder mehreren übereinander angebrachten, frequenzselektiven Schichten erreicht man eine höhere Bandbreite und außerdem eine bessere Entkopplung der beiden Frequenzbänder.
Polarisationssensitive Reflektoren bestehen aus dünnen, parallel angeordneten Metallstreifen auf einem isolierenden Trägermaterial [41]. Diese Struktur ist durchlässig für Wellen mit senkrechter Polarisation; Wellen mit paralleler Polarisation werden reflektiert. Dadurch erreicht man bei Linearpolarisation eine gute Kreuzpolarisationsentkopplung. Polarisationssensitive Parabolreflektoren werden im Satellitenfunk beim Betrieb mit zwei orthogonalen Polarisationen eingesetzt. Hierzu werden zwei asymmetrische Reflektoren, deren Metallstreifen zueinander um 90° verdreht sind, so hintereinander angeordnet, daß ihre Hauptachsen parallel verlaufen, ihre Brennpunkte sich aber an verschiedenen Orten befinden.

Berechnung des Strahlungsfeldes. Das bekannteste Verfahren zur Berechnung des Strahlungsfeldes, die Stromverteilungsmethode (physical optics), beruht auf der Kirchhoffschen Beugungstheorie. Hierbei wird die auf der Reflektoroberfläche A_r induzierte Stromverteilung $\underline{\boldsymbol{J}} = 2(\boldsymbol{n} \times \underline{\boldsymbol{H}}_i)$ ($\underline{\boldsymbol{H}}_i$: magnetische Feldstärke der vom Erreger einfallenden Welle, $\boldsymbol{n}$ = Flächennormale) als Quelle der Reflektorstrahlung zugrundegelegt. Auf der Reflektorrückseite wird $\underline{H}_i = 0$ (Schattenzone) angenommen. Für einen Punkt mit den sphärischen Koordinaten r, ϑ und φ im Fernfeld der Antenne gilt dann für die elektrische Feldstärke [42, 43]:

$$\underline{\boldsymbol{E}}(r, \vartheta, \varphi) = \frac{\mathrm{j}\omega\mu \exp(-\mathrm{j}kr)}{2\pi r} \iint\limits_{(A_r)} \boldsymbol{e}_r x[\boldsymbol{e}_r x(\boldsymbol{n} \times \underline{\boldsymbol{H}}_i)] \exp(\mathrm{j}k(\boldsymbol{p}\boldsymbol{e}_r))\,\mathrm{d}S \qquad (7)$$

mit $\boldsymbol{e}_r$: Einheitsvektor vom Koordinatenursprung zum Aufpunkt, $\boldsymbol{p}$: Vektor vom Koordinatenursprung zum Quellpunkt, $\mathrm{d}S$: Flächenelement, $k = 2\pi/\lambda$.
Die Stromverteilungsmethode liefert im Bereich der Hauptkeule und der hauptkeulennahen Nebenmaxima gute Ergebnisse sowohl für die Haupt- als auch für Kreuzpolarisation. Zur Berechnung der Richtcharakteristik im hauptkeulenfernen und rückwärtigen Bereich von scharfbündelnden Antennen wird die Geometrische Theorie der Beugung (geometrical theory of diffraction, GTD) bevorzugt [44]. Hier werden dem nach den Gesetzen der geometrischen Optik (Strahlenoptik) bestimmten Strahlungsfeld die durch die Kantenbeugung erzeugten Strahlen überlagert. Die Rechenzeiten sind bei der GTD wesentlich kürzer als bei der Stromverteilungsmethode.

14.2 Linsenantennen. Lens Antennas

Mikrowellenlinsen bestehen – wie bei Linsen in der Optik – aus einem Linsenkörper mit brechenden Eigenschaften zur Bündelung oder Streuung elektromagnetischer Wellen. Der Strahlungsmechanismus der Linsenantennen entspricht weitgehend dem der Reflektorantennen (s. 14.1). Eine charakteristische Größe zur Beschreibung des brechenden Mediums der Linsen ist der Brechungsindex $n = \lambda/\lambda_\varepsilon = \sqrt{\varepsilon_r}$ (λ = Freiraumwellenlänge; λ_ε = Wellenlänge im Medium; ε_r = Dielektrizitätszahl). Mikrowellenlinsen mit $n > 1$ bezeichnet man als Verzögerungslinsen, solche mit $n < 1$ als Beschleunigungslinsen. Der Linsenkörper kann sowohl aus natürlichen Dielektrika ($n > 1$), wie Polystyrol ($\varepsilon_r = 2{,}5$), Plexiglas ($\varepsilon_r = 3{,}5$) oder Keramik (ε_r = 6 bis 100) bestehen als auch aus künstlichen Dielektrika ($n > 1$), bei denen leitende Elemente – periodisch verteilt – in einem natürlichen Dielektrikum eingebettet sind [45–47]. Zu den gebräuchlichsten künstlichen Dielektrika mit einem Brechungsindex $n < 1$ zählen Hohlleiteranordnungen und Metallplatten parallel zur Polarisationsrichtung.

Homogene dielektrische Linsen. Bei einfachen Ausführungsformen besitzt der homogene Linsenkörper eine gekrümmte und eine ebene Begrenzungsfläche (Bild 8 a). Da die den Linsenkörper durchdringende Erregerstrahlung an der ebenen Begrenzungsfläche gleichphasig austreten soll, müssen die elektrischen Längen der vom Brennpunkt F ausgehenden Strahlen gleich sein. Legt man diese Bedingung der Berechnung der Kontur $y(x)$ des rotationssymmetrischen Linsenkörpers zugrunde, so ergibt sich mit f als Brennweite

$$y^2 = x^2(n^2 - 1) + 2fx(n - 1). \qquad (8)$$

Die Gleichung beschreibt für $n > 1$ eine Hyperbel, für $n < 1$ eine Ellipse [45].
Das Gewicht von Linsenantennen kann durch eine Zonenteilung (Bild 8 b) des Linsenkörpers verkleinert werden [48], wobei sich die Strahlen-

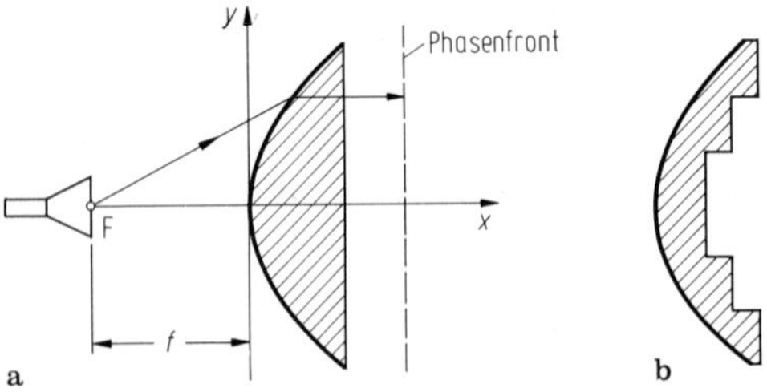

Bild 8. Dielektrische Linse. **a** Linsenkörper aus Vollmaterial; **b** Linsenkörper mit Zonenteilung

wege in benachbarten Zonen um eine Wellenlänge unterscheiden. Verluste im brechenden Medium und Reflexionen an den Grenzflächen Luft/Dielektrikum beeinflussen die Strahlungseigenschaften der Linse nachteilig. Die Reflexionen, die insbesondere an der ebenen Begrenzungsfläche nach Bild 8a entstehen, können durch eine $\lambda/4$-Transformationsschicht auf der Linsenoberfläche oder durch eine Krümmung der ebenen Begrenzungsfläche verringert werden. Die Verluste sind bei Linsen mit kleiner Dicke vernachlässigbar niedrig.
Eine Verschiebung des Erregers in der Brennpunktsebene (senkrecht zur Achse) führt zu einer Strahlschwenkung. Dabei treten bei Linsen in der Form nach Bild 8a Abbildungsfehler auf, die durch eine Veränderung der Krümmung beider Begrenzungsflächen minimiert werden können [49].

Inhomogene dielektrische Linsen. Die bekannteste Linse mit einem ortsabhängigen Brechungsindex ist die Luneburg-Linse (Bild 9a). Auf ihrer kugelförmigen Oberfläche befindet sich im Brennpunkt F der Erreger. Die von ihm ausgehenden Strahlen durchdringen den Linsenkörper in der kürzesten Laufzeit (Fermatsches Prinzip) auf geodätischen Bahnen [50, 51]. Diese sind elliptisch gekrümmt, wenn der Brechungsindex der Bedingung

$$n = n_1 \sqrt{2 - (\varrho/\varrho_1)^2} \tag{9}$$

genügt (Bild 9b), und die Strahlen die Linsen achsenparallel verlassen. Der Brechungsindex n fällt danach vom Wert $\sqrt{2}\,n_1$ im Zentrum auf n_1

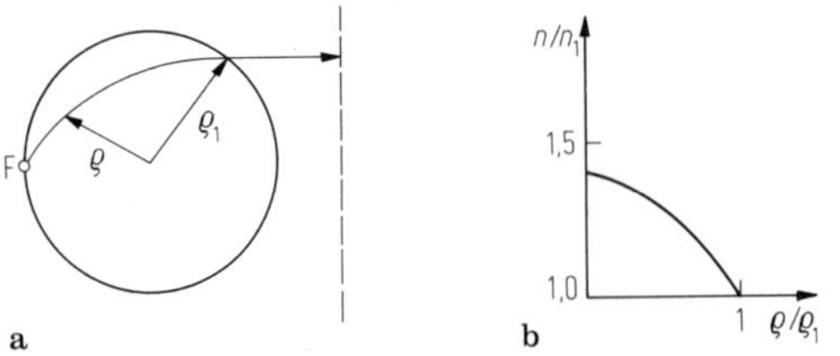

Bild 9. Luneburg-Linse. **a** Strahlengang; **b** Profil des Brechungsindex

am Rand ab. Für die technische Realisierung des Linsenkörpers genügt ein gestufter Aufbau aus kugelförmigen Schalen mit jeweils konstantem Brechungsindex [52].
Mit mehreren an der Linse versetzt angeordneten Erregern lassen sich verschieden ausgerichtete Strahlungskeulen erzeugen [48]. Diese Eigenschaft wurde früher in der Radartechnik genutzt; heute hat die Luneburg-Linse noch als passiver Radarreflektor Bedeutung.

Hohlleiterlinse. Ihr brechendes Medium besteht aus einwellig betriebenen parallelen Hohlleitern mit quadratischem Querschnitt (Bild 10). Dabei wird zur Fokussierung die Eigenschaft genutzt, daß die Phasengeschwindigkeit im Hohlleiter größer ist als die Lichtgeschwindigkeit im freien Raum (Beschleunigungslinse, $n < 1$). Die Hohlleiter zwingen die Wellen sich in Richtung der Hohlleiterachse auszubreiten. Der Brechungsindex beträgt

$$n = \lambda/\lambda_H = [1 - (\lambda/\lambda_k)^2]^{1/2} \tag{10}$$

(λ_k = Grenzwellenlänge des Hohlleiters; λ_H = Hohlleiterwellenlänge).
Für die erregerseitige Oberflächenkontur einer Hohlleiterlinse in der in Bild 10a gezeigten einfachen Ausführungsform mit einer achsparallelen Hauptstrahlrichtung gilt Gl. (8). Wenn dagegen zum Zwecke der Strahlschwenkung [53] mehrere Erreger in der Brennpunktsebene angeordnet sind, müssen die dabei auftretenden Abbildungsfehler durch Krümmung beider Linsenoberflächen und der Brennpunktsebene verringert werden [54].

TEM-Leitungslinse. Im Gegensatz zu den bisher behandelten Linsen besitzt die TEM-Linse kein wellenverzögerndes oder beschleunigendes Dielektrikum. Vielmehr treten bei ihr an die Stelle des Linsenkörpers zahlreiche Module (Bild 11), von denen jedes aus einer Kollektor- und Emitterantenne (z. B. Hohlleiter- oder Hornstrahler, Dipol- oder Wendelantenne) besteht, die über ein für alle Module gleichlanges TEM-Leitungsstück verbunden sind (bootlace lens) [55–57]. Dabei beruht die Umwandlung der sphärischen Wellenfront des Erregers in eine ebene Wellenfront darauf, daß die Kollektor- bzw. Emitterantennen auf kugelförmigen bzw. ebenen Flächen angeordnet sind. Solche Antennen entsprechen in ihrer Funktion den strahlungsgespeisten Gruppenstrahlern (s. N 15.4).
Eine der Leitungslinse verwandte Struktur ist die Rotman-Linse [58–60]. Bei ihr bedecken zwei zur Zeichenebene des Bildes 11 parallele Metallplatten den Strahlungsraum zwischen dem Erreger und den Kollektorantennen. Eine solche nur auf die ebene Ausführungsform beschränkte Anordnung wird bei Gruppenantennen als Lei-

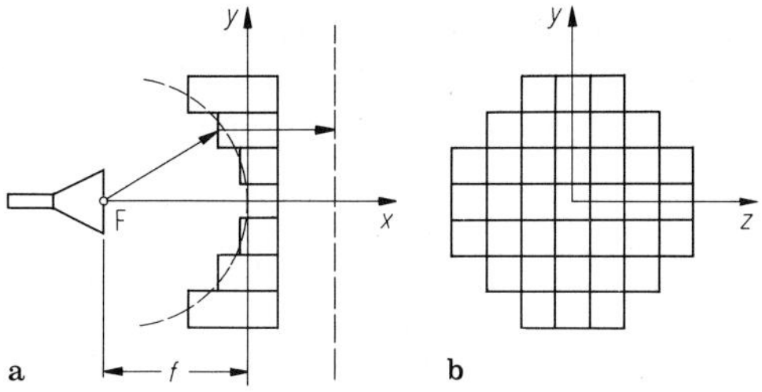

Bild 10. Hohlleiterlinse. **a** Seitenansicht; **b** Vorderansicht

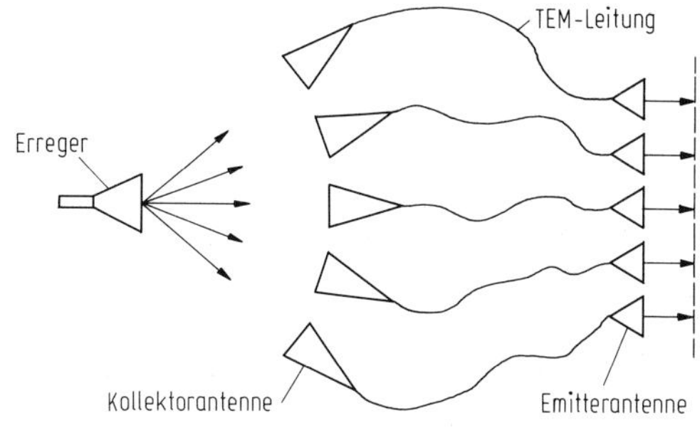

Bild 11. TEM-Leitungslinse

stungsteiler mit einem Eingang (Erreger) und mehreren Ausgängen (Kollektorantennen) verwendet.

Spezielle Literatur: [1] *Ruze, J.*: Feed support blockage loss in parabolic antennas. Microwave J. (1968) No. 12, 76–80. – [2] *Ruze, J.*: Antenna tolerance theory – a review. Proc. IEEE 54 (1966) 633–640. – [3] *Vu, T. B.*: Influence of correlation interval and illumination taper in antennas tolerance theory. Proc. IEE 116 (1969) 195–202. – [4] *Sciambi, A. F.*: The effect of the aperture illumination on the circular aperture antenna pattern characteristics. Microwave J. (1965) No. 8, 79–84. – [5] *Thielen, H.; Hombach, V.; Busse, W.*: Maßnahmen zur Verminderung von Störwirkung von Erregerstützen bei Spiegelantennen. NTG-Fachber. 78 (1982) 86–90. – [6] *Leupelt, U.*: Ursachen und Verringerung von Depolarisationseinflüssen bei dual polarisierten Mikrowellenantennen. Frequenz 35 (1981) 110–117. – [7] *Ludwig, A. C.*: The definition of cross polarisation. IEEE Trans. AP-21 (1973) 116–119. – [8] *Recommendations and reports of the CCIR:* Vol. IV, Part 1 (Fixed satellite service); Rec. 580-2; Rep. 391-5; Vol. IX, Part 1 (Fixed service using radio-relay systems); Rep. 614-2. Genf ITU 1990. – [9] *Ruze, J.*: Lateral-feed displacement in a paraboloid. IEEE Trans. AP-13 (1965) 660–665. – [10] *Kühn, R.*: Mikrowellen-Antennen. Berlin: VEB-Verlag Technik 1964, S. 495–496. – [11] *Wood, P. J.*: Reflector antenna analysis and design. London: Peregrinus 1982, pp. 210–212. – [12] *Rudge, A. W.; Milne, K.; Olver, A. D.; Knight, P.* (Eds.): The handbook of antenna design. London: Peregrinus 1982, pp. 162–185. – [13] *v. Trentini, G.; Romeiser, K. P.; Jatsch, W.*: Dimensionierung und elektrische Eigenschaften der 25-m-Antenne der Erdefunkstelle Raisting für Nachrichtenverbindungen über Satelliten. Frequenz 19 (1965) 402–421. – [14] *Rebhan, W.; Vallentin, W.*: Die Antenne der Erdefunkstelle Raisting 4, eine kreuzpolarisationsarme 32-m-Antenne für Doppelpolarisationsbetrieb. NTG-Fachber. 78 (1982) 129–133. – [15] *Hachenberg, O.; Grahl, B. H.; Wieblebinski, R.*: The 100-meter radio telescope at Effelsberg. Proc. IEE 61 (1973) 1288–1295. – [16] *Rebhan, W.; Vallentin, W.*: Entwicklung eines Zwei-Spiegel-Erregersystems für Cassegrain-Antennen von Satellitenbodenstationen. Frequenz 34 (1980) 274–284. – [17] *Rudge, A. W.; Milne, K.; Olver, A. D.; Knight, P.* (Eds.): The handbook of antenna design. London: Peregrinus (1982) 185–243. – [18] *Chu, T. S.; Turrin, R. H.*: Depolarisation properties of offset reflector antennas. IEEE Trans. AP-21 (1973) 339–345. – [19] *von Trentini, G.*: Übersicht der heute in der Technik verwendeten stark bündelnden Mikrowellenantennen. Teil 1. Frequenz 29 (1975) 158–164. – [20] *Gillitzer, E.; Löw, W.*: Schrägparabolantenne mit kompensierter Kreuzpolarisation. NTG-Fachber. 78 (1982) 63–67. – [21] *Hombach, V.*: Crosspolarization properties of dual-offset reflector antennas. ntzArchiv 10 (1988) 29–37, 69–79. – [22] *Rudge, A. W.; Milne, K.; Olver, A. D.; Knight, P.* (Eds.): The handbook of antenna design. Vol. 1. London: Peregrinus (1982) 260–276. – [23] *Fasold, D.; Heichele, L.; Lieke, M.; Pecher, H.; Rüthlein, A.*: Der Entwicklungsstand der Sendeantenne des Fernsehrundfunksatelliten TV-SAT, NTZ 35 (1982) 592–595. – [24] *Galindo, V.*: Design of dual-reflector antennas with arbitrary phase and amplitude distributions. IEEE Trans. AP-12 (1964) 403–408. – [25] *Cha, G. A.*: Wide-band diffraction improved dual-shaped reflectors. IEEE-Trans. AP-30 (1982) 173–176. – [26] *Westcott, B. S.*: Shaped reflector antennas design. Letchwood: Research Studies Press LTD 1983. – [27] *Galindo-Israel, V.; Imbriale, A.; Mittra, R.*: On the theory of the synthesis of single and dual offset shaped reflector antennas. IEEE Trans. AP-35 (1987) 887–896. – [28] *Schindler, G.; Schlobohm, B.*: Neues Verfahren zur Formgebung von Reflektorantennen im Vergleich. ITG-Fachber. 111 (1990) 91–95. – [29] *Bergmann, J. R.; Brown, R. C.; Clarricoats, P. J. B.*: Dual reflector synthesis for specified aperture power and phase. Elect. Lett. 21 (1985) 820–821. – [30] *Cha, A. G.*: An offset dual shaped reflector with 84.5 percent efficiency. IEEE Trans. AP-31 (1983) 896–902. – [31] *Brunner, A.*: Möglichkeit der Dimensionierung von doppelt gekrümmten Reflektoren für Rundsuch-Radarantennen. Frequenz 23 (1969) 152–159. – [32] *Jorgensen, R.*: Coverage shaping of contoured-beam antennas by aperture field synthesis. Proc. Inst. Elec. Eng. 127 (1980) 201–208. – [33] *Cherrette, A. R.; Lee, S. W.; Acosta, R. J.*: A method for producing a shaped contour radiation pattern using a single shaped reflector and a single feed. IEEE Trans. AP-37 (1989) 698–705. – [34] *Collin, R.; Zucker, F.*: Antenna theory. Part 2. New York: McGraw-Hill 1969, pp. 69–83. – [35] *Love, A. W.*: Reflector antennas. New York: IEEE Press 1978, pp. 337–417. – [36] *Boswell, A. G. P.*: The parabolic torus antenna. Marconi Rev. 41 (1978) 237–248. – [37] *Chu, T.; Iannone, P. P.*: Radiation Properties of a parabolic torus reflector. IEEE Trans. AP-37 (1989) 865–874. – [38] *Kraus, J. D.*: Antennas. New York: McGraw-Hill 1988, pp. 600–605. – [39] *Schennum, G. H.*: Frequency-selective surfaces for multiple-frequency antennas. Microwave J. 16 (May 1973) 55–57. – [40] *Tsao, C. H.; Mittra, R.*: Spectral-domain analysis of frequency selective surfaces comprised of periodic arrays of cross dipoles and Jerusalem crosses. IEEE Trans. AP-32 (1984) 478–486. – [41] *Habersack, J.* u. a.: Development of a polarization sensitive reflector system for an offset paraboloidal antenna fed by an horn cluster. ICAP 85, IEE Conf. Publ. No. 248 (1985) 353–357. – [42] *Kühn, R.*: Mikrowellen-Antennen. Berlin: VEB-Verlag Technik 1964, S. 261–262; 462–473. – [43] *Silver, S.*: Microwave antenna theory and design. New

York: McGraw-Hill 1949, pp. 146–149. – [44] *James, G. L.*: Geometrical theory of diffraction for electromagnetic waves. London: Peregrinus 1976. – [45] *Kühn, R.*: Mikrowellenantennen. Berlin: VEB Verlag Technik 1964, S. 404–459. – [46] *Tsai, L. L.; Te-Kao Wu; Mayhan, J. T.*: Scattering by multilayered lossy periodic strips with application to artificial dielectrics. IEEE Trans. AP-26 (1978) 257–260. – [47] *Collin, R. E.; Zucker, F. J.*: Antenna theory, Part 2. New York: McGraw-Hill 1969, pp. 104–150. – [48] *Johnson, R. C.; Jasik, H.*: Antenna engineering handbook. New York: McGraw-Hill 1984, Chapt. 16. – [49] *Cloutier, G. G.; Bekefi, G.*: Scanning characteristics of microwave aplanatic lenses. IRE Trans. AP-5 (1957) 391–396. – [50] *Schroeder, D.*: Die Luneburg-Linse in der Radartechnik. Fernmelde-Ing. 34 (1980) 5. – [51] *Morgan, S. P.*: General solution of the Luneberg lens problem. J. Appl. Phys. 29 (1958) 1358–1368. – [52] *Goldberg, H. B.; Schnitzer, H. S.*: Foamed-epoxy lens antenna for Doppler system. Electr. Des. News 9 (1964) 66–71. – [53] *Dion, A. R.; Ricardi, L. J.*: A variable-coverage satellite antenna system. Proc. IEEE 59 (1971) 252–262. – [54] *Rudge, A. W.; Milne, K.; Olver, A. D.; Knight, P.*: The handbook of antenna design, Vol. 2. London: Peregrinus 1982, pp. 293–315. – [55] *Gent, H.*: The bootlace aerial. Royal Radar Establishment J. (1957) 47–57. – [56] *Shelton, J. P.*: Focussing characteristics of symmetrically configured bootlace lenses. IEEE Trans. AP-26 (1978) 513–518. – [57] *Rapport, C. M.*: 3-D bootlace lens with optimized curved feed locus for wide scanning. IEEE Trans. AP-33 (1985) 1227–1236. – [58] *Rotman, W.; Turner, R. F.*: Wide-angle-microwave lens for line source applications. IEEE Trans. AP-11 (1963) 623–632. – [59] *Maybell, M. J.*: Printed Rotman lens-fed array having wide bandwidth, low sidelobes, constant beamwidth and synthesized radiation pattern. Proc. Int. IEEE/APS Symp. and Nat. Radio Science Meeting, Vol. 2, Houston, USA 1983, pp. 373–376. – [60] *Kraus, J. D.*: Antennas. New York: McGraw-Hill 1988, Chapt. 14.

15 Gruppenantennen. Array antennas

Allgemeine Literatur: *Hansen, R.C.*: Microwave scanning antennas, Vol. I–III. New York: Academic Press 1969. – *Hansen, R.C.*: Significant phased array papers. Dedham, Mass.: Artech 1973. – *Heilmann, A.*: Antennen II; BI-Hochschultaschenbücher 534/534a, Mannheim: Bibliograph. Inst. 1970, S. 11–82. – *Kraus, J.D.*: Antennas. New York: McGraw-Hill 1988. – *Ma, M.T.*: Theory and application of antenna arrays. New York: Wiley 1974. – *Mailloux, R.J.*: Phased array theory and technology. Proc. IEEE 70 (1982) 246–291. – *Oliner, A.A.; Knittel, G.H.*: Phased array antennas. Dedham, Mass.: Artech 1972. – *Rudge, A.W.; Milne, K.; Olver, A.D.; Knight, P.*: The handbook of antenna design, Vol. 2. London: Peregrinus 1983. – Special issue on electronic scanning. Proc. IEEE 56 (1968) 1761–2048.

Spezielle Literatur Seite N 65

15.1 Prinzipieller Aufbau und Anwendungsgebiete

Basic configurations and applications

Gruppenantennen bestehen aus mehreren zusammengeschalteten, meist gleichen Einzelantennen (Einzelstrahlern). In linearen und ebenen Gruppenantennen sind diese Einzelantennen fast immer gleich ausgerichtet und polarisiert. Bei Anordnungen auf gekrümmten Flächen liegen die Einzelstrahler normalerweise konform mit diesen Flächen (conformal arrays), so daß sie in unterschiedliche Richtungen orientiert sind. Die Richtcharakteristik einer Gruppenantenne wird erst durch die phasen- und amplitudenbewertete Überlagerung der Beiträge der Einzelantennen im Speisenetzwerk geformt. Der Zusammenhang mit den kontinuierlich belegten Aperturstrahlern (z.B. Spiegelantennen) wird deutlich, wenn man die Anregung der Einzelstrahler als Abtastwerte einer kontinuierlichen Aperturbelegung auffaßt. Liegen diese Abtastwerte genügend dicht (mehr als zwei Werte pro Wellenlänge, vgl. Abtasttheorem), so geht die Richtcharakteristik der Gruppenantenne in die der kontinuierlich belegten Antenne über. In Bild 1 ist dies für drei verschiedene Belegungen einer 4,5 λ langen, linearen Antenne gezeigt. Neben dem Richtdiagramm des homogen belegten Strahlers ist das sich eng anschmiegende Diagramm einer gleich großen Gruppenantenne aus isotropen Einzelstrahlern mit einem Abstand von 0,45 λ wiedergegeben. Das Diagramm für einen Einzelstrahlerabstand von 0,9 λ weist bereits deutliche Abweichungen mit der Tendenz zur Ausbildung sekundärer Hauptkeulen (Gitterkeulen (grating lobes)) auf. Prinzipiell können Gruppenantennen aus belie-

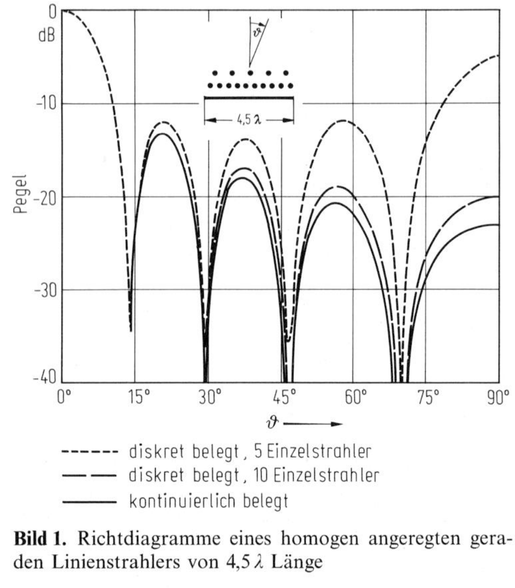

Bild 1. Richtdiagramme eines homogen angeregten geraden Linienstrahlers von 4,5 λ Länge

bigen Einzelstrahlern aufgebaut werden. Die Vielfalt reicht von Strahlern mit Abmessungen in der Größenordnung einer halben Wellenlänge (Dipol-, Hohlleiter-, Schlitz-, Streifenleitungsantenne) über Mittelgewinnantennen („Short backfire"-Antenne, dielektrische Antenne, Horn-, Wendel-, Yagi-Antenne) bis zu großen Spiegelantennen für Interferometer.

Gruppenantennen mit fester Strahlrichtung. Durch geeignete Wahl der Zahl der Einzelstrahler, ihrer Abstände und der Amplituden und Phasen ihrer Einspeisung lassen sich vorgegebene Richtcharakteristiken sehr gut annähern. Bei niedrigen Frequenzen bis hinauf in den UHF-Bereich wird häufig durch feste Zusammenschaltung mehrerer Einzelstrahler die Bündelung verbessert oder die Richtcharakteristik speziell geformt. Für Rundfunk- und Fernsehversorgungsantennen werden meist Dipolantennen als Einzelstrahler verwendet. Übereinander angeordnete Dipolstrahler (Dipolspalte) werden zur Verbesserung der vertikalen Bündelung eingesetzt; durch horizontal benachbarte Dipolstrahler (Dipolzeilen) lassen sich Gruppenantennen aufbauen, deren horizontales Richtdiagramm an den Versorgungsbereich angepaßt ist (Rundstrahlung, Sektorstrahlung, Ausblendung von bestimmten Winkelbereichen). Kombiniert man beides, kommt man zu den üblichen Dipolfeldern. Bei Heimempfangsantennen im UHF- und VHF-Bereich wird die Gruppenbildung vornehmlich zum Erreichen einer hohen Bündelung und damit eines hohen Gewinns eingesetzt, wozu die Signale der Einzelstrahler gleichphasig überlagert werden.

Phasengesteuerte Gruppenantennen. Verwendet man im Speisenetzwerk einer Gruppenantenne elektronisch steuerbare Phasenschieber oder Laufzeitglieder, auch kombiniert mit Richtkoppleranordnungen, so lassen sich Amplitude und Phase der Einzelstrahlersignale vor ihrer Überlagerung verändern und damit die Richtcharakteristik in weiten Grenzen beeinflussen. Um eine elektronische Schwenkung der Hauptstrahlrichtung zu erreichen, beschränkt man sich meist auf eine reine Phasensteuerung (daher phasengesteuerte Gruppenantenne (phased array)). Im Gegensatz zur Strahlschwenkung durch mechanische Bewegung der Antenne (z. B. bei Rundsuchradar-Spiegelantennen) erfolgt die elektronische Strahlschwenkung nahezu verzögerungsfrei und ohne mechanisch bewegte Teile. Will man Gruppenantennen in der Radartechnik einsetzen, so wird wegen der erforderlichen scharfen Bündelung eine große Anzahl von Einzelstrahlern mit einem entsprechend komplizierten Speisenetzwerk benötigt. Dem Vorteil hoher Geschwindigkeit und mechanischer Robustheit steht der Nachteil der relativ aufwendigen Konstruktion gegenüber. Trotz dieses Aufwandes werden phasengesteuerte Gruppenantennen in modernen Radarsystemen eingesetzt (meist im militärischen Bereich), weil nur sie hohe Anforderungen an Geschwindigkeit und Flexibilität erfüllen können. Hier sind z. B. Multifunktionsradarsysteme zu nennen, die in der Lage sind, im Zeitmultiplex neben der Ortung und Bahnverfolgung mehrerer Ziele, Datenverkehr mit unterschiedlichen Gegenstationen abzuwickeln.

Hybridantennen. Für Anwendungen, bei denen ein eingeschränkter Schwenkbereich ausreicht (Satellitenbordantennen und Antennen für Mikrowellenlandesysteme), lassen sich scharf bündelnde, elektronisch steuerbare Antennen kostengünstig als Hybridantennen [1] realisieren. Hierbei wird eine aus Spiegeln und/oder Linsen aufgebaute Fokussiereinrichtung von einem Gruppenerreger gespeist.

Ordnet man einen Gruppenerreger im Fokus eines Parabolspiegels bzw. einer Linse an, so wird die sphärische Abstrahlung jedes Erregers in eine ebene Welle in der Apertur der Gesamtantenne transformiert (abgebildet). Die Neigung der Phasenfront dieser ebenen Welle und damit die Abstrahlrichtung hängen vom Ort des Erregers innerhalb der Fokalebene ab. Jedem Einzelstrahler ist also im Fernfeld eine eigene Hauptkeule zugeordnet. Eine Strahlschwenkung ist dann nur durch Verschiebung des Schwerpunktes der Amplitudenbelegung möglich. Im einfachsten Fall wird dies durch sukzessive Umschaltung auf benachbarte Erreger realisiert. Werden die Signale der einzelnen Erreger (oder von Erregeruntergruppen) getrennt genutzt, so führt dies zu Antennen mit mehreren voneinander unabhängigen Hauptkeulen (Mehrstrahlantennen). Eng benachbarte Erreger erzeugen hierbei überlappende Hauptkeulen. Eine Erregergruppe, deren Form einem Ausleuchtgebiet ähnlich ist, gestattet bei gemeinsamer Speisung der Erreger die Erzeugung einer gebietsangepaßten Richtcharakteristik, wie sie von Satellitenbordantennen häufig gefordert wird.

Man kann auch in umgekehrter Weise einen Spiegel oder eine Linse dazu verwenden, eine von einem phasengesteuerten Gruppenerreger ausgehende, ebene Welle in einem Punkt abzubilden. Dieser Punkt liegt dann in der Brennebene mit einem von der Phasenprogression des Gruppenerregers abhängigen Abstand von der Spiegelachse. Liegt die Abbildung gleichzeitig in der Brennebene einer zweiten Fokussiereinrichtung, so kommt man zu einer Anordnung aus *zwei* Linsen oder Spiegeln, die eine Strahlschwenkung durch reine Phasensteuerung zuläßt. Ein wesentlicher Vorteil dieser Anordnung ergibt sich aus der direkten Abbildung der Amplitudenbelegung des Gruppenerregers in die abstrahlende Apertur. Hierdurch ist es einfach möglich, eine Ver-

minderung der Nebenkeulen der Gesamtantenne durch eine abfallende Belegung des Gruppenerregers zu erreichen.
Ersetzt man den Gruppenerreger und den von ihm gespeisten parabolischen Hilfsreflektor durch einen Gruppenerreger mit einem Matrixspeisesystem, so lassen sich ähnliche Eigenschaften bzüglich der Strahlschwenkung erzielen. Dieses Ausführungsbeispiel basiert darauf, daß ein Matrixspeisesystem (s. 15.4) zwischen Ein- und Ausgängen Transformationseigenschaften besitzt, die den prinzipiellen Abbildungseigenschaften der Fokussiereinrichtungen gleichen.
Ordnet man den Gruppenerreger außerhalb der Brennebene an, so ergeben sich eine Reihe weiterer Möglichkeiten zur Strahlschwenkung. In diesem Fall muß jedoch der Gruppenerreger entweder nichteben ausgeführt sein oder Phasen- und Amplitudensteuerung zulassen, oder es muß eine überdimensionierte (nicht voll ausgeleuchtete) Fokussiereinrichtung verwendet werden.
Zur Strahlschwenkung geeignete Hybridantennen können auch unter Verwendung von in N 14.1 beschriebenen hyperbolischen (Cassegrain-Antenne), elliptischen (Gregory-Antenne) oder konvex parabolischen (Nahfeld-Cassegrain-Antenne) Hilfsreflektoren sowie von Streulinsen aufgebaut werden. Durch geeignete Wahl der freien Parameter einer solchen Anordnung lassen sich dann die erzielbaren Schwenkwinkel vergrößern oder die Verformung der Richtcharakteristik bei der Strahlschwenkung verringern.

15.2 Strahlungseigenschaften
Radiation characteristics

Betrachtet man N Einzelstrahler, jeder gekennzeichnet durch seine Richtcharakteristik $\underline{C}_{\mathrm{en}}$, seine effektive Anregungsgröße $\underline{A}_{\mathrm{n}}$ und seinen Ortsvektor $\boldsymbol{r}_{\mathrm{n}}$, so ergibt sich das Gesamtfeld $\underline{\boldsymbol{E}}_{\mathrm{P}}$ im durch den Ortsvektor $\boldsymbol{r}$ gekennzeichneten Aufpunkt P (s. Bild 2) zu

$$\underline{\boldsymbol{E}}_{\mathrm{P}} = \sum_{n=1}^{N} \underline{A}_{\mathrm{n}} \underline{\boldsymbol{C}}_{\mathrm{en}} \exp(-\mathrm{j} k R_{\mathrm{n}})/R_{\mathrm{n}} \tag{1}$$

mit der Wellenzahl $k = 2\pi/\lambda$ und $\boldsymbol{R}_{\mathrm{n}} = \boldsymbol{r} - \boldsymbol{r}_{\mathrm{n}}$. Für Aufpunkte im Fernfeld kann man die radiale Feldabhängigkeit gemäß $\underline{\boldsymbol{E}}_{\mathrm{P}} = \underline{\boldsymbol{E}}_{\mathrm{Po}} \exp(-\mathrm{j} k r)/r$ abspalten, und es verbleibt

$$\underline{\boldsymbol{E}}_{\mathrm{Po}} \approx \sum_{n=1}^{N} \underline{A}_{\mathrm{n}} \underline{\boldsymbol{C}}_{\mathrm{en}} \exp(-\mathrm{j} k (R_{\mathrm{n}} - r)), \tag{2}$$

wobei mit den Ortskoordinaten $\boldsymbol{r}_{\mathrm{n}} = \boldsymbol{e}_{\mathrm{x}} x_{\mathrm{n}} + \boldsymbol{e}_{\mathrm{y}} y_{\mathrm{n}} + \boldsymbol{e}_{\mathrm{z}} z_{\mathrm{n}}$ des n-ten Strahlers

$$R_{\mathrm{n}} - r \approx \boldsymbol{r}_{\mathrm{n}} \cdot \boldsymbol{e}_{\mathrm{r}} = x_{\mathrm{n}} \sin\vartheta \cos\varphi + y_{\mathrm{n}} \sin\vartheta \sin\varphi + z_{\mathrm{n}} \cos\vartheta \tag{3}$$

gilt.

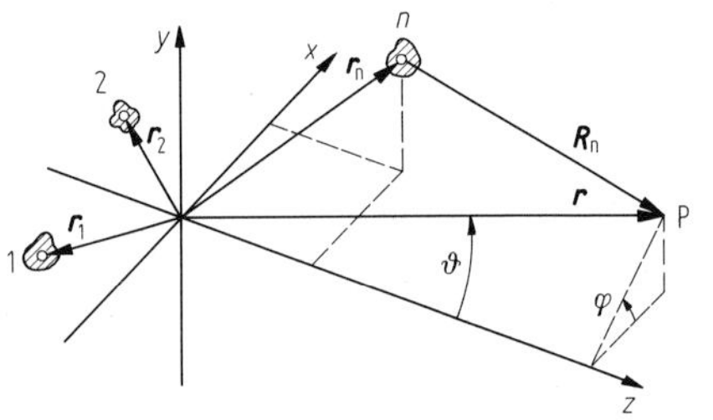

Bild 2. Verwendetes Koordinatensystem

Bei dem überwiegenden Teil technisch interessanter Gruppenantennen (außer bei konformen Gruppenantennen) verwendet man gleichartige, gleich orientierte und gleich polarisierte Einzelstrahler. In diesen Fällen kann man in Gl. (2) die Richtcharakteristik der Einzelstrahler vor die Summe ziehen und erhält

$$\underline{\boldsymbol{E}}_{\mathrm{Po}} \approx \underline{\boldsymbol{C}}_{\mathrm{e}} \sum_{n=1}^{N} \underline{A}_{\mathrm{n}} \exp(-\mathrm{j} k (R_{\mathrm{n}} - r)) = \underline{\boldsymbol{C}}_{\mathrm{e}} \underline{E}_{\mathrm{g}}, \tag{4}$$

d.h. die Gesamtrichtcharakteristik ergibt sich als Produkt der Richtcharakteristik $\underline{\boldsymbol{C}}_{\mathrm{e}}$ des Einzelstrahlers und der absoluten (nichtnormierten) Gruppencharakteristik $\underline{E}_{\mathrm{g}}$. Normiert man $\underline{E}_{\mathrm{g}}$ auf den Wert $\underline{E}_{\mathrm{gH}}$ in Hauptstrahlrichtung, so erhält man die relative Gruppencharakteristik $\underline{C}_{\mathrm{g}} = \underline{E}_{\mathrm{g}}/\underline{E}_{\mathrm{gH}}$. Die Gruppencharakteristik ist nur von den Anregungsgrößen und den Ortskoordinaten der Einzelstrahler abhängig; sie ist bei linearen und ebenen Gruppenantennen reell.

Lineare Gruppenantennen. Besonders übersichtlich lassen sich die Strahlungseigenschaften bei linearen Gruppenantennen beschreiben. Ordnet man die Einzelstrahler längs der x-Achse an (vgl. Bild 2), so gilt nach Gl. (3) in der $x - z$-Ebene

$$R_{\mathrm{n}} - r \approx x_{\mathrm{n}} \sin\vartheta. \tag{5}$$

Für eine äquidistante Anordnung der Strahler im Abstand d zueinander und Anregung mit Signalen deren Amplituden gleich sind und deren Phasen mit x linear von Strahler zu Strahler um jeweils $\alpha = 2u_0$ abnehmen, läßt sich Gl. (4) auf eine einfache Form bringen. Die absolute Gruppencharakteristik wird dabei reell, wenn man den Koordinatenursprung (Bezugspunkt) in die Mitte der Antenne legt. Für die relative Gesamtrichtcharakteristik ergibt sich:

$$\underline{\boldsymbol{C}} = \underline{\boldsymbol{C}}_{\mathrm{e}} \underline{C}_{\mathrm{g}} = \underline{\boldsymbol{C}}_{\mathrm{e}} \frac{\sin N u}{N \sin u} \tag{6}$$

mit $u = (\pi d/\lambda) \sin\vartheta - (\pi d/\lambda) \sin\vartheta_0$, wobei ϑ_0 die gewünschte Hauptstrahlrichtung kennzeichnet. Die Strahlerzahl beeinflußt nur die Anzahl und Höhe der Seitenkeulen sowie die Breite der Hauptkeulen. Dagegen hängt das Auftreten von

sekundären Hauptkeulen nur vom Elementabstand und der Strahlschwenkung ab.
Die primäre Hauptstrahlrichtung erhält man aus Gl. (6) für $u = 0$ zu $\vartheta_H = \vartheta_0$ und die sekundären Hauptstrahlrichtungen für $u = m\pi$ zu

$$\vartheta_H = \arcsin(\sin\vartheta_0 + m\lambda/d) \tag{7}$$

mit $m = \pm 1, \pm 2 \ldots$.
Die jeweils zwischen den Hauptkeulen eines Strahlungshalbraums liegenden $N - 1$ Nullstellen ergeben sich für $Nu = m\pi$ zu

$$\vartheta_z = \arcsin[\sin\vartheta_0 + m\lambda/(Nd)] \tag{8}$$

sofern m kein ganzzahliges Vielfaches von N ist (sonst liegt gemäß Gl. (7) eine Hauptkeule vor).

Querstrahler. Für Abstrahlung quer zur Gruppenantenne ($\vartheta_0 = 0°$) müssen die Strahler gleichphasig angeregt werden. In diesem Fall treten nach Gl. (7) keine sekundären Hauptstrahlrichtungen auf, solange die Strahlerabstände unter einer Wellenlänge liegen.

Längsstrahler. Will man die Gruppenantenne als Längsstrahler betreiben, ($\vartheta_0 = \pm 90°$), so ist die hierfür notwendige Phasendifferenz der Anregung $\alpha = 2u_0 = \pm 2\pi d/\lambda$. Sollen auch hierbei keine sekundären Hauptkeulen auftreten, so müssen die Strahlerabstände unter einer halben Wellenlänge liegen.

Ungleiche Strahlerabstände. Bei vorgegebener Strahlerzahl läßt sich die Bündelungsschärfe durch Vergrößern des Einzelstrahlerabstandes erhöhen. Für die Unterdrückung der dann auftretenden sekundären Hauptkeulen gibt es prinzipiell zwei Möglichkeiten. Einmal läßt sich eine Unterdrückung durch stärker bündelnde Einzelstrahler erreichen, hierbei wird jedoch der zur Strahlschwenkung verfügbare Winkelbereich eingeengt. Eine andere Möglichkeit besteht in der Vermeidung der regelmäßigen Gitterstruktur durch geeignete Wahl ungleicher Strahlerabstände. In der Regel ergibt sich hierbei jedoch ein relativ hohes Nebenzipfelniveau. Bei großen Antennengruppen kann man eine Störung der Gitterstruktur durch eine nichtsystematische Aussparung von Einzelstrahlern in einer an sich regelmäßigen Einzelstrahleranordnung (Verdünnung) erreichen [2, 3]. Hierdurch kann gleichzeitig die Zahl der Einzelstrahler erheblich vermindert werden.

Nichthomogene Belegung. Wie bei den kontinuierlich belegten Antennen lassen sich auch bei Gruppenantennen die Nebenzipfel durch eine zum Rand der Antenne hin abfallende Amplitudenbelegung absenken. Hierbei vermindert sich jedoch die Bündelungsschärfe. Die Ausbildung sekundärer Hauptkeulen läßt sich wegen der unveränderten Gitterstruktur durch die Amplitudenbelegung nicht beeinflussen. Die Aufgabe, durch eine geeignete, zur Antennenmitte symmetrische, gleichphasige Anregung der Einzelstrahler bei größter Bündelungsschärfe die Nebenkeulen gleichgroß und unter einem vorgegebenen Wert zu halten, wird von der Belegung nach Dolph-Tschebyscheff erfüllt. Diese basiert darauf, daß das obige Extremwertproblem für eine Gruppe aus N Strahlern durch ein Tschebyscheffsches Polynom $(N - 1)$ten Grades gelöst wird. Durch Umformung des Gruppendiagramms aus Gl. (4) und Koeffizientenvergleich mit diesem Polynom lassen sich Ausdrücke für die Belegungsamplituden gewinnen [4]. Für den Extremfall völliger Nebenkeulenfreiheit ergeben sich daraus als Belegungsamplituden die Binominalkoeffizienten der $(N - 1)$ten Potenz. Als Beispiel sind in Bild 3 Richtdiagramme für eine Gruppenantenne aus acht isotropen, gleichphasig gespeisten Strahlern für unterschiedliche Anregungsamplituden wiedergegeben. Die Anregungsamplituden sind zur Mitte der Antenne symmetrisch. Für die auf den außenliegenden Strahler bezogenen Werte wurde verwendet:
Homogene Belegung:

$$\underline{A}_1/\underline{A}_4 = \underline{A}_2/\underline{A}_4 = \underline{A}_3/\underline{A}_4 = 1;$$

Dolph-Tschebyscheff-Belegung für − 35-dB-Nebenzipfelpegel:

$$\underline{A}_1/\underline{A}_4 = 5{,}22; \ \underline{A}_2/\underline{A}_4 = 4{,}09; \ \underline{A}_3/\underline{A}_4 = 2{,}42;$$

Binominal-Belegung für Nebenkeulenfreiheit:

$$\underline{A}_1/\underline{A}_4 = 35; \ \underline{A}_2/\underline{A}_4 = 21; \ \underline{A}_3/\underline{A}_4 = 7.$$

Richtfaktor. Im Fall der linearen, homogen angeregten Gruppenantenne aus N äquidistant angeordneten, isotropen Einzelstrahlern ergibt sich

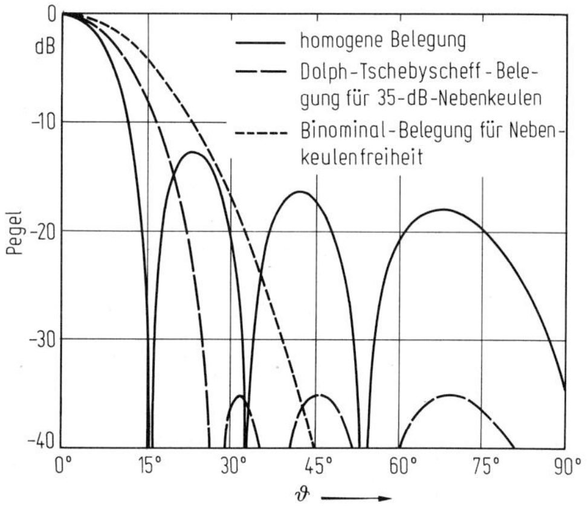

Bild 3. Gruppendiagramme für jeweils acht gleichphasig angeregte, äquidistante Einzelstrahler mit unterschiedlicher Anregungsamplitude

der Richtfaktor nach [5] zu

$$D = N^2 \Big/ \left[N + 2 \sum_{n=1}^{N-1} \frac{(N-n)\sin(2n\pi d/\lambda)}{2n\pi d/\lambda} \right]. \quad (9)$$

Hieraus folgt für die Sonderfälle $d/\lambda = 0{,}5; 1; 1{,}5; \ldots : D = N$.

Wie man aus den in Bild 1 wiedergegebenen Richtdiagrammen erkennt, liegt der Richtfaktor bei diskreter Belegung (wegen der höheren Nebenkeulen) immer etwas unter dem bei entsprechender homogener Belegung. Der Grenzwert des Richtfaktors einer homogen belegten Linienquelle großer Länge aus N Elementen der Länge d ist

$$D \approx 2Nd/\lambda. \quad (10)$$

Diese Beziehung stellt auch für kleine Strahlerzahlen eine gute Näherung für den Richtfaktor nach Gl. (9) dar. Sie gilt auf etwa 5% genau

$$\begin{aligned} &\text{bei } N \geqq 2 \quad \text{für } 0{,}35 < d/\lambda < 0{,}65,\\ &\text{bei } N \geqq 3 \quad \text{für } 0{,}2 < d/\lambda < 0{,}7, \\ &\text{bei } N \geqq 6 \quad \text{für } 0{,}1 < d/\lambda < 0{,}9. \end{aligned} \quad (11)$$

Variiert man in einer linearen Gruppe bei gleichphasiger Belegung die relativen Amplitudenwerte, so ist der Richtfaktor stets kleiner als der bei gleichen Amplituden. Läßt man dagegen ungleiche Phasen zu, so sind Belegungen möglich, die auf wesentlich höhere Richtfaktoren als die nach Gl. (9) führen. Antennen mit solchen Belegungen (Übergewinnantennen) haben nur wenig praktische Bedeutung, da die Realisierung der hierfür notwendigen extrem ungleichförmigen Belegung schnell an technische Grenzen stößt. Allen Übergewinnantennen gemeinsam ist ihre geringe Bandbreite, ihre hohe Empfindlichkeit gegenüber Fertigungs- und Belegungstoleranzen und ihr schlechter Wirkungsgrad bei einem im Verhältnis zu ihren Abmessungen hohen Richtfaktor [6, 7].

Aufteilung in Untergruppen. Auch bei räumlich beliebig angeordneten Einzelstrahlern gilt für das Fernfeld die Gl. (2) bzw. für gleichartige, gleich orientierte und gleich polarisierte Einzelstrahler die Gl. (4). Ordnet man im letzteren Fall die Einzelstrahler in gleichartigen Untergruppen an, so läßt sich die Richtcharakteristik der Gesamtantenne in übersichtlicher Produktform schreiben. Hierzu bestimmt man zuerst die Richtcharakteristik der Untergruppe in bezug auf einen zur Geometrie der Untergruppe spezifischen Bezugspunkt. Faßt man dann die einzelnen Untergruppen als fiktive Einzelstrahler auf, so kann man unter Verwendung ihrer Bezugspunkte als Strahlerort wieder eine Gruppencharakteristik bestimmen. Diese ergibt dann multipliziert mit der Richtcharakteristik der Untergruppe die Gesamtrichtcharakteristik. Dieses Prinzip läßt sich je nach Periodizität der Anordnung mehrmals anwenden.

Ebene Gruppenantennen. Im Fall einer rechteckig begrenzten, im rechteckigen Raster mit Einzelstrahlern belegten, ebenen Gruppe läßt sich die Richtcharakteristik nach dem Prinzip der Untergruppenbildung einfach berechnen. Hierzu faßt man z. B. die Zeilen als Untergruppe auf, so daß zur Berechnung jeweils die Gl. (6) verwendet werden kann. Ist die Antenne in der x-y-Ebene angeordnet und besteht sie aus M Zeilen im Abstand d_y, wobei jede Zeile aus N Einzelstrahlern im Abstand d_x gebildet wird (Bild 4), so ergibt sich für die Richtcharakteristik:

$$\underline{C} = \underline{C}_e C_{gx} C_{gy} = \underline{C}_e \frac{\sin Nu}{N \sin u} \frac{\sin Mv}{M \sin v}, \quad (12)$$

mit

$$\begin{aligned} u &= (\pi d_x/\lambda) \sin\vartheta \cos\varphi + \alpha_x/2, \\ v &= (\pi d_y/\lambda) \sin\vartheta \cos\varphi + \alpha_y/2. \end{aligned} \quad (13)$$

Schreibt man

$$\begin{aligned} u_0 &= -\alpha_x/2 = (\pi d_x/\lambda) \sin\vartheta_0 \cos\varphi_0, \\ v_0 &= -\alpha_y/2 = (\pi d_y/\lambda) \sin\vartheta_0 \cos\varphi_0, \end{aligned} \quad (14)$$

so sind die Phasendifferenzen benachbarter Elemente in x-Richtung α_x und in y-Richtung α_y direkt der Hauptkeulenschwenkung (ϑ_0, φ_0) zugeordnet.

Das Auftreten sekundärer Hauptkeulen in Abhängigkeit von der räumlichen Strahlauslenkung und von den gewählten Strahlerabständen läßt sich einfach aus einer Betrachtung der Gruppencharakteristik in der u-v-Ebene (Bild 5) abschätzen. Sekundäre Hauptkeulen können nur auftreten, wenn u und v gleich Null oder gleich einem ganzzahligen Vielfachen von π sind. In Bild 5 sind die möglichen Orte sekundärer Hauptkeulen durch kleine Kreise markiert: Für $u_0 = v_0 = 0$ (keine Strahlauslenkung) werden nach Gl. (13) die Orte für konstantes $\vartheta = \vartheta_1$ in

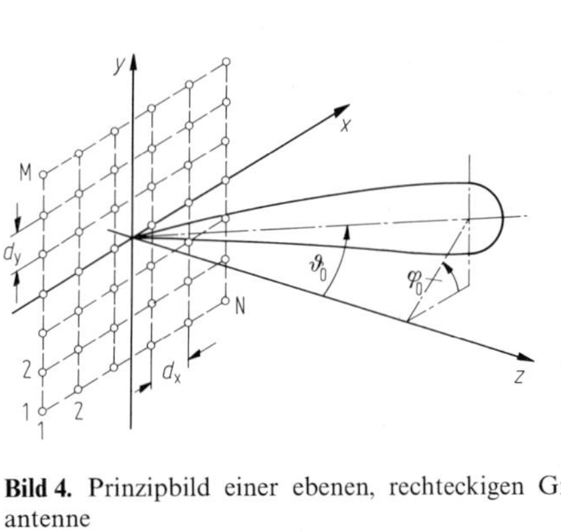

Bild 4. Prinzipbild einer ebenen, rechteckigen Gruppenantenne

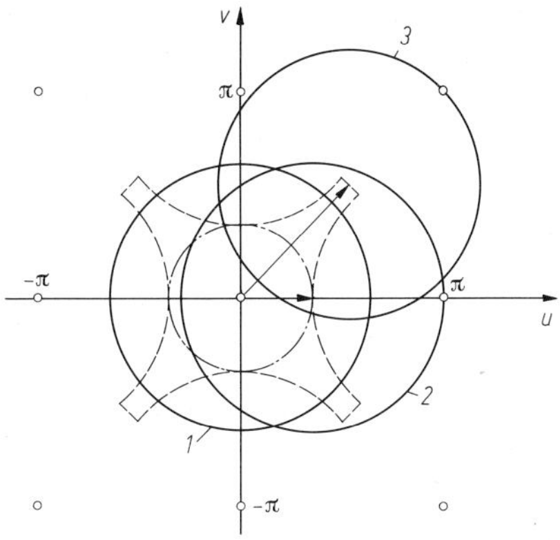

1 ungeschwenkt; 2 in der $\varphi = 0°$-Ebene geschwenkt;
3 in der $\varphi = 45°$-Ebene geschwenkt;
--- Ort der geschwenkten Hauptkeule, an dem die erste sekundäre Hauptkeule auftritt;
o Markierung der möglichen sekundären Hauptkeulen

Bild 5. Abbildung des Strahlungshalbraums ($\vartheta_1 = 90°$) in der u-v-Ebene für $d_x = d_y = 0{,}64\,\lambda$

eine Ellipse mit den Halbachsen

$$u_1 = (\pi d_x/\lambda)\sin\vartheta_1 \quad \text{und} \qquad v_1 = (\pi d_y/\lambda)\sin\vartheta_1 \tag{15}$$

um den Koordinatenursprung abgebildet. Bei Strahlschwenkung erfolgt lediglich eine Linearverschiebung dieser Ellipse in der $u - v$-Ebene um $u = u_0$ und $v = v_0$. In Bild 5 ist dies am Beispiel einer ebenen Gruppe mit quadratischem Strahlerraster mit $d_x = d_y = 0{,}64\,\lambda$ veranschaulicht. Hier stellen die Kreise 1, 2 und 3 die jeweilige Begrenzung des vorderen Strahlungshalbraums ($\vartheta_1 = 90°$) dar. Dabei entspricht der Strahlungshalbraum von Kreis 1 dem ungeschwenkten Fall, während der von Kreis 2 bzw. 3 für den Fall gilt, in dem eine Schwenkung in der Diagrammebene $\varphi = 0°$ bzw. $\varphi = 45°$ bis zum Auftreten der ersten sekundären Hauptkeule erfolgt ist. Die gestrichtelte Linie gibt die Begrenzung wieder, bis zu der geschwenkt werden darf, ohne daß eine sekundäre Hauptkeule auftritt. Der strichpunktierte Innenkreis gibt dann den größten konischen Schwenkbereich unter dieser Voraussetzung wieder. Rechnerisch folgt der größte Strahlerabstand d_x/λ bei vorgegebenem Schwenkwinkel ϑ_2 in der Hauptebene $\varphi = 0°$, bei dem gerade die erste sekundäre Hauptkeule auftritt, aus:

$$u(\vartheta = -90°;\ \vartheta_0 = \vartheta_2;\ \varphi_0 = \varphi = 0°) = -\pi$$
$$\text{zu} \quad d_x/\lambda = 1/(1 + \sin\vartheta_2). \tag{16}$$

In Bild 5 erkennt man einen großen Flächenunterschied zwischen dem gestrichelt und dem strichpunktiert umrandeten Schwenkbereich. Zu einer günstigeren Nutzung der Einzelstrahlerzahl in bezug auf einen großen konischen Schwenkbereich kommt man, wenn die Einzelstrahler nicht in einem quadratischen Raster, sondern an den Eckpunkten gleichseitiger Dreiecke angeordnet werden [8].

Konforme Gruppenantennen [9] bestehen aus Einzelstrahlern (z. B. Streifenleitungsantennen auf dielektrischem Trägermaterial oder Schlitzstrahlern), die in die nichtebene Oberfläche eines Körpers (z. B. Flugkörper) integriert sind. Die Hauptbedeutung liegt bei Antennen, deren Einzelstrahler sich auf Kugel-, Zylinder- oder Kegeloberflächen befinden.
Wegen der meist unterschiedlichen Ausrichtung der Einzelstrahler muß zur Feldberechnung von Gl. (2) ausgegangen werden. Für eine gebündelte Abstrahlung wird die Phase der Speisung so gewählt, daß sich die Teilwellen in Hauptstrahlrichtung gleichphasig überlagern. Es werden meist nur die Einzelstrahler gespeist, deren Abstrahlung die Hauptstrahlrichtung unterstützt. Bei größeren Schwenkwinkeln muß deshalb die aktiv gespeiste Zone umgeschaltet werden. Erfolgt die Speisung mit gleichen Amplituden, so ergeben sich hohe Nebenzipfel im Richtdiagramm, da die in Hauptstrahlrichtung projizierte Belegung zum Rande hin zunimmt. Durch andere Belegungen lassen sich die Nebenzipfel absenken und z. B. in erwünschten Richtungen breite Nulleinzüge erzeugen. Zur Berechnung konformer Gruppenantennen ist es oft zweckmäßig, sie in kreisförmige Untergruppen zu zerlegen.

Kreisgruppenantennen. Gruppenantennen, deren Einzelstrahler äquidistant auf einem Kreis angeordnet sind, haben wesentliche Bedeutung für die Funknavigation erlangt. Im allgemeinen bestehen Kreisgruppenantennen aus Einzelstrahlern, die beliebig auf einem Kreis bzw. Kreisbogen angeordnet sind. Legt man diesen Kreis mit dem Durchmesser D um den Koordinatenursprung in die x-y-Ebene (s. Bild 2), so kann man den Ort des n-ten Strahlers mit dem Ortsvektor $r_n = (e_x \cos\varphi_n + e_y \sin\varphi_n)D/2$ kennzeichnen. Aus Gl. (3) folgt

$$R_n - r \approx \frac{D}{2}\sin\vartheta\cos(\varphi - \varphi_n). \tag{17}$$

Für Einzelstrahler mit Bündelung in der Kreisebene muß man Gl. (17) in Gl. (2) einführen, bei Einzelstrahlern mit Rundstrahldiagramm (z. B. Dipole oder Monopole senkrecht zur Kreisebene) kann man dagegen von Gl. (4) ausgehen. Bei Speisung mit gleichen Amplituden folgt im letzteren Fall:

$$\underline{E}_{Po} = \underline{C}_e(\vartheta) \sum_{n=1}^{N} \cdot \exp\left\{-j\left[\pi\frac{D}{\lambda}\sin\vartheta\cos(\varphi - \varphi_n) - \alpha_n\right]\right\}. \tag{18}$$

Ist der gesamte Kreisumfang äquidistant mit Einzelstrahlern belegt und die Phasendifferenz der Anregung aufeinanderfolgender Strahler gleich, so lassen sich die Phasen als Abtastwerte einer linearen, stetigen Phasenbelegung auffassen. Das bedeutet, die Phase der Anregung muß zum Azimutwinkel proportional sein und über dem Umfang summiert zu einem m-fachen von 2π führen (m-ter Phasenmode):

$$(\alpha_{n+1} - \alpha_n)\, N = 2\pi m \qquad \alpha_n = 2\pi m n / N \qquad m = 0, \pm 1, \pm 2 \ldots . \tag{19}$$

Für $N \to \infty$ (kontinuierlich belegter Ringstrahler) geht die Summe in Gl. (18) in ein Integral über, und man erhält die Lösung:

$$\underline{E}_{\text{Po}} = \text{j}^m \exp(-\text{j}\, m \varphi)\, \underline{C}_\text{e}(\vartheta)\, J_\text{m}\left(\pi \frac{D}{\lambda} \sin\vartheta\right), \tag{20}$$

wobei J_m für die Bessel-Funktion erster Art und m-ter Ordnung steht. Für $m = 0$ ergibt sich hieraus das Fernfeld bei gleichphasiger Speisung, für $m \neq 0$ das bei Speisung im m-ten Phasenmode (Drehfeldspeisung). Gl. (20) zeigt, daß die Amplitude des Fernfeldes unabhängig vom Azimutwinkel ist (Rundstrahlung), während die Phase des Fernfeldes so vom Azimutwinkel φ abhängt wie die Phase der Speisung. Da die einzelnen Phasenmoden orthogonal zueinander sind, eignet sich ihre Überlagerung zur Synthese vorgegebener Richtdiagramme in der Kreisebene.

15.3 Verkopplung. Mutual coupling

Die gegenseitige Beeinflussung der Einzelstrahler in einer Gruppenantenne (Verkopplung) führt häufig dazu, daß sich die effektive Anregung deutlich von der primär eingespeisten unterscheidet. Die Verkopplung nimmt mit zunehmendem Strahlerabstand ab. Bei schärfer bündelnden Einzelstrahlern ist sie meist vernachlässigbar; nicht dagegen bei Gruppen aus schwach bündelnden Einzelstrahlern, insbesondere für große Schwenkwinkel.

Das Strahlungsfeld einer Gruppenantenne ergibt sich aus der Überlagerung der Teilstrahlungsfelder ihrer verkoppelten Einzelstrahler. Zu deren Berechnung werden die jeweiligen Einzelstrahler entweder

a) innerhalb der restlichen passiv abgeschlossenen Einzelstrahler betrachtet mit einer Anregung, die der primären Speisung entspricht oder
b) isoliert betrachtet mit einer Anregung, wie sie sich effektiv bei gleichzeitiger Speisung aller Strahler ergeben würde.

Das *Verfahren a)* basiert auf dem in linearen Systemen gültigen Überlagerungssatz. Neben der prinzipiellen Möglichkeit der Berechnung gestattet es die Bestimmung der Strahlungseigenschaften unter Verwendung von Meßergebnissen. Dazu muß für jeden Einzelstrahler bei passivem Abschluß aller anderen die Elementgewinnfunktion, d. h. die auf den isotropen Strahler bezogene Richtcharakteristik, bestimmt werden. In den einzelnen Elementgewinnfunktionen ist jeweils der Verkopplungseinfluß enthalten, so daß sie zur Bestimmung des Gesamtstrahlungsfeldes nur rechnerisch – mit der erwünschten primären Anregung bewertet – überlagert werden müssen. Vorteilhaft ist hierbei, daß sich die Strahlungseigenschaften schon vor Fertigstellung des eigentlichen Speisenetzwerks bestimmen lassen.

Sieht man von Sonderfällen extrem starker Verkopplung ab, so bleibt die Richtcharakteristik des Einzelstrahlers bzw. die seiner zu berücksichtigenden Wellentypen von der Verkopplung unbeeinflußt. Dann läßt sich der Überlagerungssatz nicht nur auf die Teilfelder sondern auch auf deren Anregung anwenden (*Verfahren b)*). In diesem Fall kann man aus den direkten und den übergekoppelten Anteilen der primären Anregung eine effektive Anregung berechnen, die den Verkopplungseinfluß enthält. Sieht man von bestimmten längsstrahlenden Einzelstrahlern ab, so läßt sich der Einfluß von Verkopplung und Abstrahlung hier durch eine Ersatzschaltung aus Impendanzen bzw. Admittanzen darstellen. Eine Gruppenantenne aus N Einzelstrahlern ist dann als N-Tor bzw. bei mehrwelligen Strahlern mit M zu berücksichtigenden Wellentypen als $M \cdot N$-Tor auffaßbar.

Beschreibt man dieses N-Tor durch seine Streumatrix $(\underline{S})$, so verknüpft diese die rücklaufenden Wellen $\underline{b}_\text{n}$ auf den Speiseleitungen mit den hinlaufenden Wellen $\underline{a}_\text{n}$:

$$(\underline{b}) = (\underline{S})\,(\underline{a}). \tag{21}$$

Hierbei entsprechen die hinlaufenden Wellen direkt der primären Speisung. Diese Darstellung ist besonders bei hohlleitergespeisten Antennen vorteilhaft.

Die Diagonalelemente der Streumatrix stellen die Eingangsreflexionsfaktoren und die anderen Elemente die Koppelkoeffizienten zwischen jeweils zwei Antennenelementen dar, wenn alle anderen Strahler mit ihrem Wellenwiderstand abgeschlossen sind. Von Nachteil ist hierbei jedoch die komplexe Natur der Koppelkoeffizienten. Sie beinhalten die Wechselwirkung aller Einzelstrahler untereinander, so daß weder für ihre Berechnung noch für ihre Messung die Betrachtung von zwei einzelnen Antennenelementen genügt. Mißt man jedoch die Elemente der Streumatrix in der kompletten Gruppe, so kann man mit Hilfe der Richtcharakteristik des isoliert betrachteten Einzelstrahlers die gesamte Abstrahlung berechnen.

Beschreibt man das N-Tor durch seine Admittanzmatrix

$$(\underline{I}) = (\underline{Y})\,(\underline{U}), \tag{22}$$

so verknüpft diese die primäre eingeprägte Spannungsanregung mit der effektiven Stromanregung. Die Diagonalelemente der Admittanzmatrix $(\underline{Y})$ stellen hierbei die Eingangskurzschlußadmittanzen dar, während die anderen Elemente Kurzschlußkoppeladmittanzen zwischen je zwei Einzelantennen repräsentieren. Zur Bestimmung der Kurzschlußkoppeladmittanz zwischen zwei Einzelstrahlern müssen die restlichen Strahler kurzgeschlossen werden. Dies bedeutet, daß man inbesondere bei Schlitzstrahlern mit guter Näherung zwei Strahler auch ohne Vorhandensein der anderen Strahler einfach in einer leitenden Ebene betrachten kann. Es können daher direkt Rechenergebnisse [10] bzw. Meßergebnisse der Verkopplung zwischen zwei Einzelstrahlern verwendet werden. Für Gruppen aus Dipolstrahlern im freien Raum ist eine entsprechende Beschreibung des N-Tors mit einer Impedanzmatrix zweckmäßig.
Betrachtet man die n-te Zeile aus Gl. (22)

$$\underline{I}_{\rm n} = \sum_{k=1}^{N} \underline{Y}_{\rm nk}\,\underline{U}_{\rm k}, \tag{23}$$

so ergibt sich die Eingangsadmittanz des n-ten Strahlers zu

$$\underline{Y}_{\rm en} = \underline{I}_{\rm n}/\underline{U}_{\rm n} = \sum_{k=1}^{N} \underline{Y}_{\rm nk}\,\underline{U}_{\rm k}/\underline{U}_{\rm n}. \tag{24}$$

Aus Gl. (24) erkennt man, daß sich die Eingangsadmittanz bei Strahlschwenkung verändert, da hierbei die Phasendifferenzen zwischen den Spannungen $\underline{U}_1 \ldots \underline{U}_{\rm N}$ verändert werden müssen. Die Anpassung des Einzelstrahlers ist durch das Verhältnis der Eingangsadmittanz zum Wellenleitwert der Speiseleitung festgelegt. Die über dem Schwenkwinkel entstehenden Fehlanpassungen können zu erheblichen Einbußen an abgestrahlter Leistung führen. Im Extremfall können Schwenkwinkel auftreten, bei denen vorwiegend Oberflächenwellen angeregt werden, ohne daß die erwünschte Abstrahlung erfolgt (blinde Winkel). Daher stellt die Kompensation der sich über dem Schwenkwinkel ergebenden Fehlanpassungen [11] eine wesentliche Aufgabe bei der Entwicklung großer Gruppenantennen dar.
Bei großer Strahlerzahl ist die direkte Anwendung der Verfahren a) oder b) oft nur schwer möglich. Aus diesem Grunde geht man zur analytischen Behandlung von unendlich ausgedehnten Gruppenantennen aus. Damit lassen sich unter Nutzung der Eigenschaften periodischer Strukturen Aussagen über die untereinander gleichen Verkopplungseigenschaften erzielen, die für alle nicht in Randnähe angeordneten Einzelstrahler gelten [12]. In Randnähe und für kleine Gruppen bleibt jedoch nur die Anwendung direkter Rechenverfahren oder meßtechnischer Methoden.

15.4 Speisenetzwerk. Feeding network

Die phasen- und amplitudenbewertete Aufteilung bzw. Zusammenfassung der Einzelstrahlersignale im Empfangsfall bzw. Sendefall erfolgt im Speisenetzwerk. Bei nichtgesteuerten Gruppenantennen wählt man die Länge der einzelnen Speiseleitungen und die Polarität ihres Anschlusses so, daß sich die gewünschten Phasenwerte an den Einzelstrahlern ergeben. Die Verzweigung oder Zusammenfassung der einzelnen Speiseleitungen erfolgt in einem Leistungsteiler (z. B. TEM-Leistungsteiler, quasioptischer Teiler oder Richtkopplernetzwerk). Bei phasengesteuerten Gruppenantennen wird in der Zuleitung jedes Antennenelementes oder jeder Untergruppe ein elektronisch steuerbarer Phasenschieber (z. B. Dioden- oder Ferritphasenschieber [13]) vorgesehen, s. Bild 6. Diese Phasenschieber gestatten kontinuierliche oder quantisierte Phasenänderungen bis zu 360°. Im letzteren Fall stellen 4-bit-Ausführungen mit Stufen von 22,5°; 45°; 90° und 180° einen guten Kompromiß zwischen Aufwand und erzielbarer Genauigkeit dar. Für breitbandig gebündelte Antennenelementes oder jeder Untergruppe ein elektronisch steuerbarer Phasenschieber (z. B. Dioden- oder Ferritphasenschieber [13]) vorgesehen, s. Bild 6. Diese Phasenschieber gestatten kontinuierliche oder quantisierte Phasenänderungen bis zu 360°. Im letzteren Fall stellen 4-bit-Ausführungen mit Stufen von 22,5°; 45°; 90° und 180° einen guten Kompromiß zwischen Aufwand und erzielbarer Genauigkeit dar. Für breitbandig gebündelte Abstrahlung einer Gruppenantenne müssen die Laufzeiten über alle Signalzweige zwischen der Quelle und einer Ebene quer zur Hauptstrahlrichtung gleich sein. Kürzt oder verlängert man

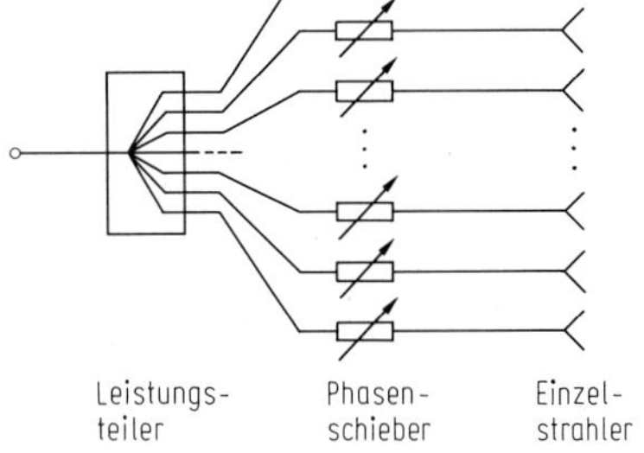

Bild 6. Prinzipieller Aufbau einer parallel gespeisten phasengesteuerten Gruppenantenne

einzelne Signalzweige um Vielfache der Wellenlänge bei einer Frequenz, so bleiben bei dieser Frequenz die effektiven Phasenwerte und damit die Strahlungseigenschaften der Gesamtantenne erhalten, sie verändern sich jedoch bei Abweichungen von dieser Frequenz. Daher müssen für sehr breitbandige Gruppenantennen die leichter zu realisierenden Phasenschieber durch steuerbare Laufzeitglieder ersetzt werden.

Frequenzgesteuerte Gruppenantennen. Sieht man absichtlich unterschiedliche Laufzeiten in den einzelnen Signalzweigen vor, so ergibt sich hierdurch für schmalbandige Systeme eine sehr einfache Möglichkeit zur elektronischen Strahlschwenkung durch Variation der Frequenz. Hierzu erfolgt die Speisung meist seriell über TEM-Leitungen, deren Längen deutlich über den für die Hauptstrahlrichtung notwendigen Leitungslängen liegen (s. Bild 7), oder über Hohlleiter, die nahe der Grenzfrequenz, wo die Dispersion besonders ausgeprägt ist, betrieben werden.

Strahlungsgespeiste Gruppenantennen. Die Leistungsaufteilung führt speziell bei großen Strahlerzahlen zu einem erheblichen Aufwand. Rüstet man jeden mit einem Phasenschieber kombinierten Einzelstrahler zusätzlich mit einem der Strahlungsquelle zugewandten Kollektorantennenelement aus, so läßt sich dieser Aufwand vermindern. Bei den strahlungsgespeisten Gruppenantennen unterscheidet man den Linsentyp und den Reflektortyp, s. Bild 8. Beim Reflektortyp übernimmt der Einzelstrahler auch die Aufgabe

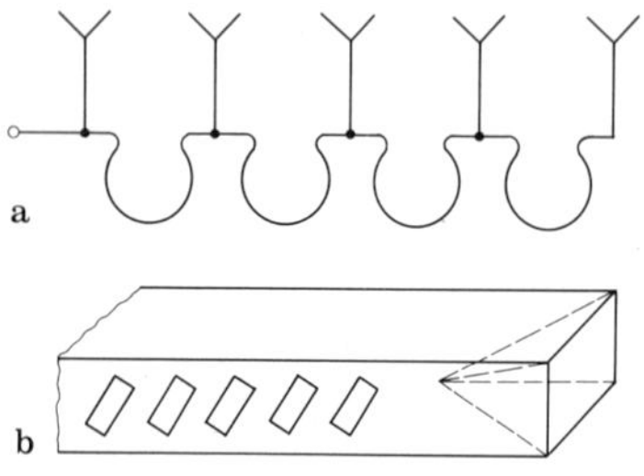

Bild 7. Prinzipieller Aufbau frequenzgesteuerter Gruppenantennen. **a** Speisung über TEM-Umwegleitungen; **b** Speisung über Hohlleiter

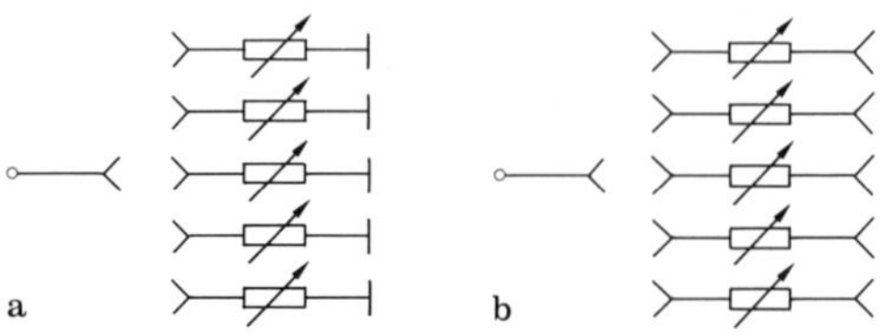

Bild 8. Prinzipieller Aufbau strahlungsgespeister Gruppenantennen. **a** Linsentyp; **b** Reflektortyp

des Kollektorantennenelements; der Phasenschieber wird zweimal durchlaufen. Da bei strahlungsgespeisten Antennen sowohl die Einzelantennen als auch die Phasenschieber untereinander gleich sind, lassen sie sich zweckmäßig komplett als leicht duplizierbare Streifenleitungsmodule aufbauen. Der Reflektortyp findet wegen des kompakten Aufbaus und der guten Zugänglichkeit der Module hauptsächlich bei sehr großen Antennen Verwendung. Bei kleineren Antennen wird oft der Linsentyp eingesetzt, da hier in der Apertur keine störenden Abschattungen auftreten und durch absorbierende Verkleidung auf der Speiseseite unerwünschte Strahlungsanteile (Erregerüberstrahlung, Kollektorrückstrahlung) gut beherrschbar sind.
Bei breitbandigen, strahlungsgespeisten Gruppenantennen wird die sphärische Erregerwelle durch entsprechend bemessene unterschiedliche Leitungslängen zwischen Kollektorantenne und Einzelstrahler in eine ebene Welle umgeformt. Etwas schmalbandiger kann diese Umformung bei gleichen Leitungslängen durch eine entsprechende Phasenkorrektur erfolgen, die von den vorhandenen Phasenschiebern zusätzlich übernommen werden muß. Wie bei Spiegelantennen lassen sich auch bei strahlungsgespeisten Gruppenantennen Peildiagramme durch Einsatz von Monopulserregern erzeugen.

Strahlformung in der ZF-Ebene. Bei Mischung mit einer festen Frequenz bleiben die relativen Phasen- und Amplitudenwerte erhalten, so daß sich die gesamte Signalaufbereitung auch in einer Zwischenfrequenzebene durchführen läßt. In dieser Frequenzlage können Phasenschieber, Laufzeitglieder und Richtkoppler wesentlich einfacher realisiert werden. Das Prinzip ist auch im Sendebetrieb anwendbar. Dabei kann jeder Einzelstrahler mit einem eigenen kleinen phasensynchronisierten Halbleiteroszillator versehen werden, wodurch sich die verfügbare Strahlungsleistung entsprechend der Zahl der Strahler vervielfachen läßt. Im Empfangsfall kann man noch einen Schritt weitergehen, indem man die phasenbehafteten Einzelsignale in einer niedrigeren Frequenzebene digitalisiert. Dann ist es sehr einfach möglich, aus diesen Beiträgen parallel unterschiedliche Summen zu errechnen, d. h. unterschiedliche Richtcharakteristiken simultan zu realisieren. Die für Empfangs- und Sendebetrieb für jeden Einzelstrahler erforderlichen Schaltungen lassen sich in Streifenleitungstechnik zu kompletten Modulen zusammenfassen [14, 18], womit sich ein flexibles Antennenkonzept ergibt. Zu einer insbesondere für große Antennen interessanten Variante kommt man, wenn diese aktiven Module über Lichtwellenleiter mit Signal-, Phasenbezugs- und Steuerinformationen versorgt werden [19]. Hierbei können dann auch Leistungsaufteilung und Laufzeitsteuerung in

Lichtwellenleitertechnologie ausgeführt werden [20].

Matrixspeisesysteme. Auch in der Hochfrequenzebene lassen sich bei ein und derselben Frequenz simultan mehrere voneinander unabhängige Richtcharakteristiken bilden. Hierzu muß jedem Eingangstor eine bestimmte lineare Phasenbelegung der Ausgangstore (Einzelstrahler) zugeordnet werden. Dies läßt sich mit einem Netzwerk aus Richtkopplern erreichen. Wegen des Zusammenhangs von Ein- und Ausgängen über eine Koppelkoeffizientenmatrix spricht man hier von einem Matrix-Speisesystem. Als Beispiel aus der Vielzahl möglicher Kopplerspeisenetzwerke [15] ist in Bild 9a eine Butler-Matrix für eine Gruppe aus vier Einzelstrahlern mit vier unabhängigen Eingängen wiedergegeben. Sie besteht aus 3-dB-Kopplern und festen Phasenschiebern und ermöglicht die verlustfreie, entkoppelte Speisung mit vier verschiedenen linearen Phasenbelegungen, die in Bild 9b angedeutet sind.

Adaptive Speisesysteme. Durch geeignete Phasen- und Amplitudenbelegung einer Gruppenantenne lassen sich nicht nur die Hauptstrahlrichtung, sondern auch die Lage und Breite der Nulleinzüge steuern. Dadurch wird es möglich, winkelmäßig vom Nutzsignal abgesetzte Störer selektiv zu unterdrücken. Erfolgt diese Unterdrückung automatisch angepaßt an die momentane Empfangskonstellation, so spricht man von adaptiven Antennen [16, 17]. Dieses Verhalten läßt sich durch Regelkreise realisieren, indem man die Amplituden und Phasen der Einzelstrahlersignale vor ihrer Überlagerung so steuert, daß der Signal/Störgeräusch-Abstand des Gesamtantennensignals optimal wird.

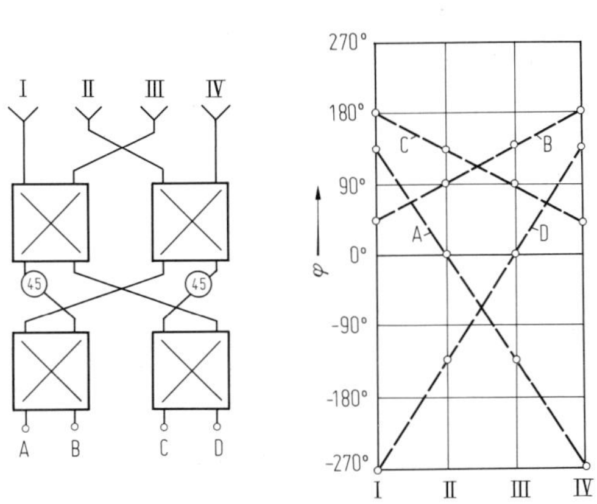

Bild 9. Butler-Matrix mit vier Eingängen (A, B, C, D) und vier Ausgängen (Einzelstrahler I, II, III, IV) aufgebaut aus 3-dB-Kopplern und festen 45°-Phasenschiebern. **a** prinzipieller Aufbau; **b** den einzelnen Eingängen zugeordnete Phase der Einzelstrahler

Spezielle Literatur: [1] *Mailloux, R. J.*: Hybrid antennas. In: *Rudge, A. W.; Milne, K.; Olver, A. D.; Knight, P.* (Eds.): The handbook of antenna design, Vol. 2. London: Peregrinus 1983, pp. 415–463. – [2] *Steinberg, B. D.*: Comparison between the peak sidelobe of the random array and algorithmically designed aperiodic arrays. IEEE Trans. AP-21 (1973) 366–370. – [3] *Gobert, J. F.; Reitzig, R.; Degler, B.*: Mittlerer Wert und Varianz des Strahlungsgewinns einer statistisch verdünnten Strahlergruppe. Frequenz 27 (1973) 127–129. – [4] *Kühn, R.*: Mikrowellen-Antennen. Berlin: VEB Verlag Technik 1964, S. 223–229. – [5] *Hansen, R. C.*: Linear arrays. In: *Rudge, A. W.; Milne, K.; Olver, A. D.; Knight, P.* (Eds.): The handbook of antenna design, Vol. 2. London: Peregrinus 1983, p. 14. – [6] *Bloch, A.; Medhurst, R. G.; Pool, S. D.*: A new approach to the design of super-directive areal arrays. Proc. IEE 100, Part III (1953) 303–314. – [7] *Salt, H.*: Practical realization of superdirective arrays. Radio Electron. Eng. 47 (1977) 143–156. – [8] *Sharp, E. D.*: A triangular arrangement of planar-array elements that reduces the number needed. IRE Trans. AP-9 (1961) 126–129. – [9] Special issue on conformal arrays. IEEE Trans. AP-22 (1974) 1–97. – [10] *Oliner, A. A.; Malech, R. G.*: Radiating elements and mutual coupling. In: *Hansen, R. C.* (Ed.): Microwave scanning antennas, Vol. II. New York: Academic Press 1969, pp. 157–194. – [11] *Knittel, G. H.*: Wide-angle impedance matching of phased array antennas – a survey of theory and practice. In: *Oliner, A. .A.; Knittel, G. H.* (Eds.): Phased array antennas. Dedham, Mass.: Artech 1972, pp. 157–172. – [12] *Oliner, A. A.; Malech, R. G.*: Mutual coupling in infinite scanning arrays. In: *Hansen, R. C.* (Ed.): Microwave scanning antennas, Vol. II. New York: Academic Press 1969, pp. 195–333. – [13] *Temme, D. H.*: Diode and ferrite phaser technologie. In: *Oliner, A. A.; Knittel, G. H.* (Eds.): Phased array antennas. Dedham, Mass.: Artech 1972, pp. 212–218. – [14] *Austin, J.; Forrest, J. R.*: Design concepts for active phased-array modules. IEE Proc. F, Commun., Radar & Signal Proc., Vol. 127, No. 4, (1980) 290–300. – [15] *Butler, J. L.*: Digital, matrix, and intermediate-frequency scanning. In: *Hansen, R. C.* (Ed.): Microwave scanning antennas, Vol. III. New York: Academic Press 1969, pp. 241–268. – [16] Special issue on adaptive arrays. IEE Proc. H, Vol. 130, No. 1 (1983) 1–125. – [17] *Hudson, J. E.*: Adaptive array principles. (IEE Electromagnetic Waves Series, 11), London: Peregrinus 1981. – [18] *Lockerd, R. M.; Crain, G. E.*: Airborn active element array radars come of age. Microwave J. 1 (1990) 101–107. – [19] *Wallington, J. R.; Griffin, J. M.*: Optical techniques for signal distribution in phased arrays. GEC J. research, Vol. 2, No. 2 (1984) 66–75. – [20] *Herczfeld, P. R.; Daryoush, A. S.*: Fiber-optic feed network for large aperture phased array antennas. Microwave J. 8 (1987) 160–166.

16 Berechnung von Drahtantennen mit der Momentenmethode

Calculation of wire-antennas by the method of moments

16.1 Grundlagen

Fundamentals

Unter Drahtantennen versteht man Antennen, deren Länge L die Querabmessungen um Grö-

Spezielle Literatur Seite N 67

ßenordnungen übertrifft. Bei kreisförmigem Querschnitt gilt (Bild 1)

$$L \gg \varrho \,. \tag{1}$$

Drahtantennen spielen seit den Anfängen der Funktechnik vom Bereich der Längstwellen bis hinauf zu den Dipolantennen des UHF-Bandes eine besonders große Rolle. Mit der Voraussetzung nach Gl. (1) kann der Antennenstrom $\underline{I}$ in guter Näherung in der Längsachse z' als konzentriert angenommen werden (Fadenstromtheorie). Ist im Sendefall, bei gegebener Erregung (z. B. durch eine angelegte Fußpunktsspannung $\underline{U}_g$), die Stromverteilung $\underline{I}(z')$ längs der Antenne bekannt, so läßt sich das elektromagnetische Feld des Strahlers berechnen, woraus wiederum alle interessierenden elektrischen Parameter gewonnen werden können. Ziel bei der Berechnung einer Drahtantenne ist daher stets die Ermittlung der Stromverteilung $\underline{I}(z')$.
Eine Integralgleichung, aus der $\underline{I}(z')$ numerisch berechnet werden kann, erhält man aufgrund folgender Überlegung (s. Bild 1):
Aus der Stromverteilung kann auch die elektrische Tangentialfeldstärke $\underline{E}_t$ in einem bestimmten Aufpunkt P auf der Leiteroberfläche mit der Längskoordinate z berechnet werden:

$$\underline{E}_t = \int_{(L)} \underline{I}(z')\, \underline{K}(z, z')\, \mathrm{d}z' \,. \tag{2}$$

Der Integralkern $\underline{K}(z, z')$ berechnet sich aus der Greenschen Funktion des freien Raumes und der räumlichen Orientierung des Stromelementes $\underline{I}\,\mathrm{d}z'$ und des Leiterelements bei P.
Mit der Ausnahme von Speisezonen ist die an der Oberfläche einer Drahtantenne herrschende elektrische Tangentialfeldstärke $\underline{E}_t$ sehr gering, bei guten Leitern darf

$$\underline{E}_t = 0 \tag{3}$$

gesetzt werden. Damit ergibt sich die Pocklingtonsche Integralgleichung [1]

$$\underline{E}_t = \int_{(L)} \underline{I}(z')\, K(z, z')\, \mathrm{d}z' = \underline{E}_{gt} \,, \tag{4}$$

wobei $\underline{E}_{gt}$ die durch den Generator eingeprägte elektrische Tangentialfeldstärke darstellt (dabei wird ein enger Speiseschlitz angenommen), die außerhalb der Speisezone verschwindet.
Die Integralgleichung (4) kann mit den im Abschnitt 16.3 beschriebenen Methoden numerisch nach der unbekannten Stromverteilung $\underline{I}(z')$ aufgelöst werden.

16.2 Drahtgittermodelle
Wire-grid models

Die Bedeutung der in Abschnitt 16.3 beschriebenen Programmpakete zur Berechnung von Drahtantennen beruht vornehmlich nicht auf der Tatsache, daß man damit die Eigenschaften einfacher Drahtantennen, wie z. B. schlanker Dipole, ermitteln kann, da für letztere auch alternative Methoden (z. B. erweiterte Leitungstheorie, Theorie nach Schelkunoff) zur Verfügung stehen, vielmehr kann man mit ihnen auch sehr komplizierte Antennen berechnen, vorausgesetzt, sie lassen sich durch ein Drahtgittermodell hinreichend genau nachbilden.
Bild 2a zeigt als einfacheres Beispiel eine durch ein Drahtgittermodell angenäherte Breitband-Antenne [2], bestehend aus einem Winkeldipol und einem formoptimierten Reflektor; Bild 2b gibt für verschiedene Frequenzen das räumliche Strahlungsdiagramm, berechnet mit dem Programmpaket NEC [3].
Prinzipiell können durch Drahtgittermodelle leitende Antennen von beliebiger Gestalt modelliert werden. Die Maschenweite sollte maximal etwa ein Zehntel der Freiraumwellenlänge λ_0 betragen [4]. Für den optimalen Drahtdurchmesser gilt nach Ludwig [5] die Faustformel, daß die

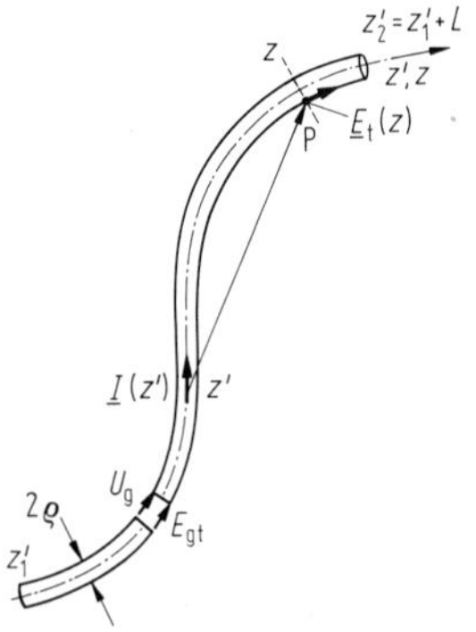

Bild 1. Allgemeine Drahtantenne: Bezeichnungen

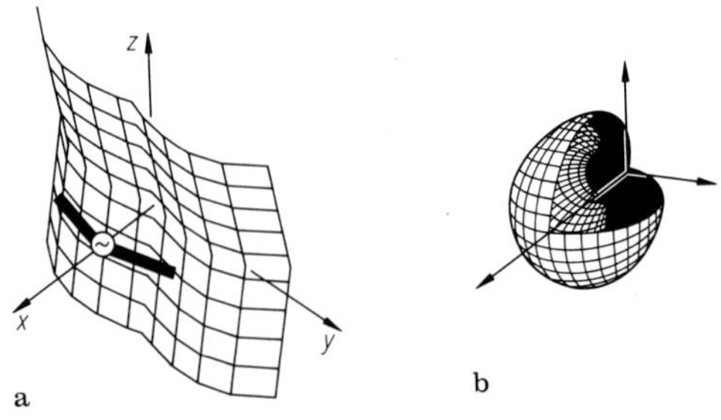

Bild 2. Formoptimierte UHF-Breitband-Reflektorantenne. **a** Geometrie; **b** räumliche Strahlungscharakteristik gültig im Frequenzbereich $0{,}73\,f_m$ bis $1{,}47\,f_m$ (f_m Mittenfrequenz)

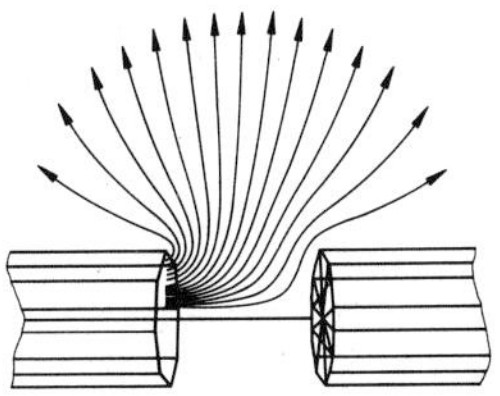

Bild 3. Energieströmung im Zentrum eines koaxial gespeisten, durch ein Drahtgittermodell nachgebildeten dicken Dipols

gesamte Oberfläche der zu einer Polarisationsrichtung parallelen Drähte gleich groß wie die zu modellierende Fläche sein sollte.
Die Möglichkeiten von Drahtgittermodellen sind selbstverständlich nicht auf die Modellierung von Reflektoroberflächen beschränkt. So können z.B. auch dicke Strahler aus vielen dünnen Drähten nachgebildet werden, wie dies Bild 3 am Beispiel der zeitgemittelten Energieströmung in der koaxialen Speisezone eines dicken Dipols zeigt [2].

16.3 Berechnungsverfahren
Method of calculation

Zur Auflösung der Gl. (4) oder ähnlicher Integralgleichungen nach der unbekannten Stromverteilung $\underline{I}(z')$ wird heute vorwiegend die Methode der Momente [6] eingesetzt.
Dabei wird die Stromverteilung als Summe von N bekannten, von einander unabhängiger Basisfunktionen $b(z')$ angesetzt.

$$\underline{I}(z') = \sum_{n=1}^{N} \underline{I}_n b_n(z') \,. \tag{5}$$

Einfachste Basisfunktionen sind z.B. Pulse nach Bild 4, d.h. der Strom wird abschnittsweise als konstant angenommen. Andere Ansätze verwenden überlappende Dreiecke oder auch trigonometrische Funktionen.

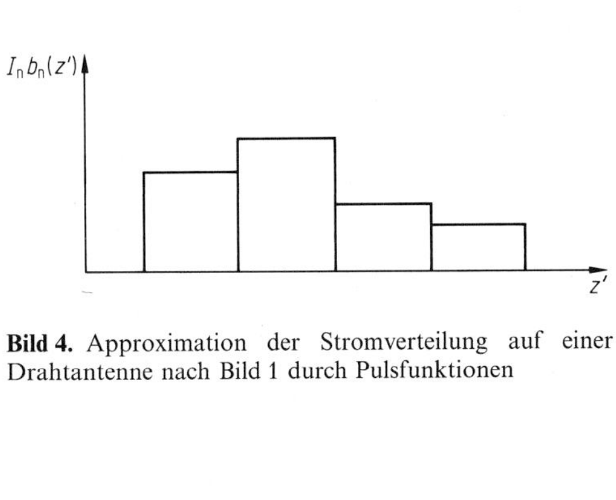

Bild 4. Approximation der Stromverteilung auf einer Drahtantenne nach Bild 1 durch Pulsfunktionen

Mit dem Ansatz nach Gl. (5) wird die Berechnung der Stromverteilung auf die Ermittlung der N unbekannten Koeffizienten $\underline{I}_n$ zurückgeführt. Zu diesem Zweck werden auf beiden Seiten von Gl. (4) mit Gl. (5) Momente gebildet, d.h. es wird nacheinander mit N bekannten Testfunktionen $T_m(z)$ multipliziert und über die gesamte Drahtlänge L über der Variablen z integriert. Nach Vertauschung der Reihenfolge von Integration und Summation sowie der Reihenfolge der Integrationsvariablen ergibt sich folgende Gleichung:

$$\sum_{n=1}^{N} \left\{ \underline{I}_n \int_{(L)} b_n(z') \int_{(L)} T_m(z) \, \underline{K}(z, z') \, \mathrm{d}z \, \mathrm{d}z' \right\} = \int_{(L)} T_m(z) \, \underline{E}_{gt} \, \mathrm{d}z \,. \tag{6}$$

Da sich die Integrationen über bekannte Funktionen erstrecken, können sie zumindest numerisch durchgeführt werden, so daß sich für N verschiedene, voneinander unabhängige Testfunktionen ein lineares Gleichungssystem mit N Zeilen ergibt, aus dem die N unbekannten Koeffizienten $\underline{I}_n$ ermittelt werden können.
Auf der Basis der vorstehenden Überlegungen gibt es Programmpakete, die die Berechnung fast beliebig komplizierter Drahtstrukturen erlauben. Das bekannteste dieser Programme, NEC [3], verwendet als Basis trigonometrische Funktionen und als Testfunktionen Diracstöße (point matching). In einer PC-Version, MININEC [7], werden Pulse sowohl als Basis- als auch als Testfunktionen verwendet (Galerkin-Methode). Das NEC-Programm erlaubt neben Drahtstrukturen auch geschlossene metallische Oberflächen (sog. patches) als Bauelemente, so daß damit sehr komplexe Antennenprobleme behandelt werden können. In späteren Versionen werden auch Einflüsse eines nicht ideal leitenden Erdbodens berücksichtigt.

Spezielle Literatur: [1] *Pocklington, H. C.:* Electrical oscillations in wires. Cambridge Phil. Soc. Proc. 9 (1897) 324–332. – [2] *Stocker, K. E.:* Formoptimierung dipolgespeister UHF-Reflektorantennen. Dissertation, Universität Stuttgart, 1990. – [3] *Burke, G. J.; Poggio, A. J.:* Numerical electromagnetics code – method of moments. Naval Ocean Syst. Center, San Diego, CA, NOSC Techn. Document 116 (1981). – [4] *Poggio, A. J.; Miller, E. K.:* Integral equation solutions of three-dimensional scattering problems. In: Computational Techniques for Electromagnetics, Mittra, R. (Ed.), Elmsford NY, Pergamon Press (1973). – [5] *Ludwig, A. C.:* Wire grid modelling of surfaces. IEEE Transactions AP, 35 (1987) 1045–1048. – [6] *Harrington, R. F.:* Field computation by moment methods. New York: Macmillan 1968. – [7] *Logan, J. C.; Rockway, J. W.:* A mini-numerical electromagnetic code. Naval Ocean Systems Center, San Diego CA, Techn. Document 938 (1986).

O | Modulation und Demodulation
Modulation and demodulation

K.M. Gier (1); **C. Heckel** (5.2, 5.3, 5.5); **J. Reutter** (3); **W. Schmid** (4); **S. Schmoll** (2);
H. Tschiesche (5.1, 5.4)

Im nachrichtentechnischen Sinne dienen Modulation und Demodulation zur Aufarbeitung von Nachrichten in eine Signalform, die die Übertragung der Nachrichten über eine größtmögliche Entfernung unter Wahrung des erforderlichen Störabstands gewährleistet, wobei die spezifischen Eigenschaften des Übertragungsmediums zu berücksichtigen sind:
Frequenzabhängige Dämpfung:

$$a(\Omega) = a_0 + a_1(\Omega - \Omega_0) + a_2(\Omega - \Omega_0)^2 + a_3(\Omega - \Omega_0)^3 \ldots \quad (1)$$

Frequenzabhängiges Phasenmaß:

$$\varphi(\Omega) = b_0 + b_1(\Omega - \Omega_0) + b_2(\Omega - \Omega_0)^2 + b_3(\Omega - \Omega_0)^3 \ldots \quad (2)$$

Die Modulation bzw. Demodulation kann entweder direkt erfolgen (d.h. bei der Sendefrequenz) oder auch indirekt (bei einer Zwischenfrequenz), wobei dann aber eine Umsetzung auf die Sendefrequenz notwendig ist. Modulation und Demodulation haben zueinander inverse Übertragungsfunktionen. Primär unterscheidet man analoge (zeitkontinuierliche) und digitale (zeitdiskrete) Modulationsverfahren.

1 Analoge Modulationsverfahren
Methods for analog modulation

Allgemeine Literatur: *Fagot, J.*; *Magne, P.*: Frequency modulation theory. Oxford: Pergamon Press 1961. – *Geschwinde, H.*: Einführung in die PLL-Technik, 2. Aufl. Braunschweig: Vieweg 1980. – *Giacoletto, L.J.*: Electronics designer's handbook. New York: McGraw-Hill 1972. – *Prokott, E.*: Modulation und Demodulation, 2. Aufl. Berlin: Elitera 1978. – *Stadler, E.*: Modulationsverfahren. Kamparth-Reihe Technik, Würzburg: Vogel 1976. – *Woschni, E.G.*: Informationstechnik. Signal-System-Information, 2. Aufl. Berlin: Verlag Technik 1981.

Unter analoger Modulation einer Trägerschwingung $u_0(t)$ versteht man die stetige zeitliche Veränderung einer oder mehrerer Parameter von $u_0(t)$ im Sinne einer oder mehrerer Signalfunktionen $s(t)$. Eine Trägerschwingung $u_0(t)$ ist i. allg. durch die zeitabhängigen Parameter Momentanamplitude $\hat{u}_0(t)$, Momentanphase $\varphi(t)$ und Momentanfrequenz $\Omega_0(t)$ beschrieben:

$$u_0(t) = \hat{u}_0(t) \cos \varphi(t) \quad (3)$$

mit

$$\varphi(t) = \Omega_0 t + \Delta\varphi(t) + \varphi_0,$$
$$\Omega_0(t) = \mathrm{d}\varphi(t)/\mathrm{d}t = \Omega_0 + \mathrm{d}\Delta\varphi(t)/\mathrm{d}t. \quad (4)$$

Das Signal $s(t)$ sei beschrieben durch $s(t) = \hat{u}_s \cos(\omega t + \varphi_s)$. Die Modulationsverfahren werden den zeitabhängigen Parametern nach eingeteilt in Amplituden-, Phasen- und Frequenzmodulation. Die folgenden Betrachtungen sind eingeschränkt auf Modulationsvorgänge, bei denen jeweils nur ein Parameter im Sinne des Signals verändert wird.

1.1 Amplitudenmodulation (AM)
Amplitude modulation

Ist die momentane Amplitude $\hat{u}_0(t)$ eine Funktion von $s(t)$, so liegt definitionsgemäß Amplitudenmodulation vor. Man unterscheidet Zweiseitenband-AM, Zweiseitenband-AM mit unterdrücktem Träger und Einseitenband-AM.

Zweiseitenband-Amplitudenmodulation (ZSB-AM). Bei ZSB-AM gilt für die Momentanamplitude $\hat{u}_0(t) = \hat{u}_T[1 + m \cos(\omega t + \varphi_s)]$, wobei $m = \hat{u}_s/\hat{u}_T$ den Modulationsgrad bezeichnet. Bei Momentanphasenanteil $g(t) = 0$ ist dann

$$u_0(t) = \hat{u}_T[1 + m \cos(\omega t + \varphi_s)] \cdot \cos(\Omega_0 t + \varphi_0). \quad (5)$$

Aus der Schreibweise

$$u_0(t) = \hat{u}_T \cos(\Omega_0 t + \varphi_0) + \hat{u}_T \frac{m}{2} \cos((\Omega_0 - \omega)\, t + \varphi_0 - \varphi_s) + \hat{u}_T \frac{m}{2} \cos((\Omega_0 + \omega)\, t + \varphi_0 + \varphi_s) \quad (6)$$

Spezielle Literatur Seite O 15

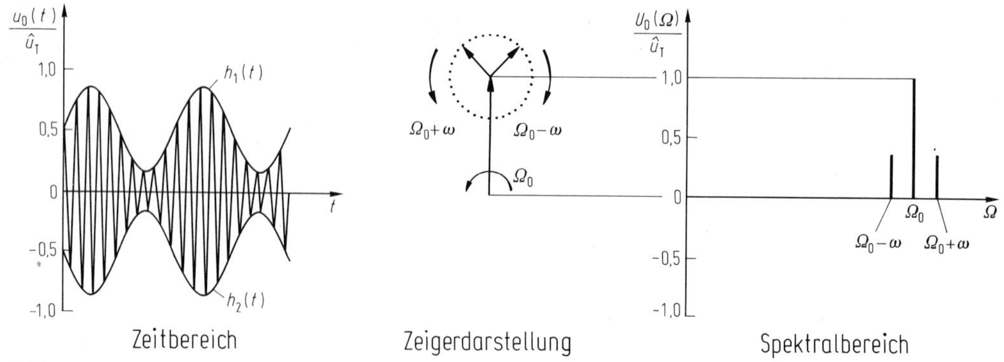

Bild 1. ZSB-AM mit $\Omega_0/\omega = 10$ und $m = 0{,}7$

entnimmt man die Spektralanteile $U_0(\Omega)$ von $u_0(t)$: die modulationsunabhängige Trägerschwingung mit der Amplitude $\hat{u}_T$ und außerdem zwei zum Träger symmetrische Spektrallinien bei $\Omega_0 + \omega$ (Frequenzgleichlage) bzw. $\Omega_0 - \omega$ (Frequenzkehrlage), deren Leistungen quadratisch mit m wachsen und bei $m = 1$ jeweils 1/4 der Trägerleistung erreichen. Aus der komplexen Darstellung von $u_0(t)$

$$u_0(t) = \mathrm{Re}\left(\hat{u}_T\, e^{j(\Omega_0 t + \varphi_0)} + \hat{u}_T \frac{m}{2}\, e^{j((\Omega_0 - \omega)t + \varphi_0 - \varphi_s)} + \hat{u}_T \frac{m}{2}\, e^{j((\Omega_0 + \omega)t + \varphi_0 + \varphi_s)}\right), \quad (7)$$

läßt sich die Zeigerdarstellung des ZSB-AM-Signals als quasistroboskopische Aufnahme des mit der Kreisfrequenz Ω_0 rotierenden Summenzeigers $\underline{u}_0(t)$ ableiten, wobei die Aufnahmefrequenz ebenfalls Ω_0 beträgt. Bild 1 zeigt ein ZSB-AM-Signal im Zeitbereich, in Zeigerdarstellung und im Spektralbereich.

Die Darstellung im Zeitbereich läßt die Hüllkurven $h_1(t)$ und $h_2(t)$ [1] erkennen, für die hier gilt

$$h_1(t) = -h_2(t) = \hat{u}_T[1 + m\cos(\omega t + \varphi_s)]. \quad (8)$$

Besonders anschaulich ist die Zeigerdarstellung, die in einem mit der Kreisfrequenz Ω_0 im entgegengesetzten Uhrzeigersinn (bei $\exp(j\,\Omega_0 t)$ rotierenden Koordinatensystem den Trägerzeiger mit konstanter Phase abbildet. Der Summenzeiger $\underline{u}_0(t)$ ergibt sich aus der vektoriellen Addition des somit als ruhend abgebildeten Trägerzeigers, des nacheilenden Zeigers für $\Omega_0 - \omega$, der bezogen auf den Träger mit ω im Uhrzeigersinn dreht und des voreilenden Zeigers für $\Omega_0 + \omega$, der bezogen auf den Träger mit ω gegen den Uhrzeigersinn rotiert.

Das Spektrum der ZSB-AM-Schwingung ist charakterisiert durch die modulationsunabhängige Amplitude $\hat{u}_T$ der Trägerschwingung mit der Kreisfrequenz Ω_0 und die beiden Seitenlinien bei $\Omega_0 \pm \omega$, deren Amplituden jeweils $\hat{u}_T m/2$ betragen (bei FM haben die Amplituden der entsprechenden Seitenlinien entgegengesetztes Vorzeichen (s. 1.2)). Die Nachricht wird dabei redundant in beide Seitenbänder transponiert; die im Träger transportierte Leistung ist an der Nachrichtenübermittlung nicht beteiligt. Das Verhältnis der Leistung einer Seitenlinie zur Gesamtleistung beträgt

$$V_{AM}(m) = m^2/2(2 + m^2). \quad (9)$$

Es erreicht bei $m = 1$ den Maximalwert 1/6.

Wird bei ZSB-AM statt einer Signalfrequenz ω ein niederfrequentes Band $B_{NF} = \omega_{max}/2\pi$ übertragen, so beträgt die erforderliche HF-Bandbreite

$$B_{HF} = 2\,B_{NF}. \quad (10)$$

Die *Messung des Modulationsgrades m* kann z. B. mittels eines Oszillographen erfolgen, wobei die y-Ablenkung durch das AM-Signal $u_0(t)$ und die x-Ablenkung durch das NF-Signal $s(t)$ bewirkt wird. Dadurch wird das sog. Modulationstrapez dargestellt, aus dessen vertikalen Kantenlängen a und b der Modulationsindex $m = |a - b|/(a + b)$ berechnet werden kann. Aus dieser Darstellungsform lassen sich außerdem qualitative Aussagen über Verzerrungen des AM-Signals ableiten, die durch Krümmungen der Kanten angezeigt werden. Ebenso kann aus Lissajous-Figuren auf eine Phasenverschiebung zwischen dem NF-Signal und der Hüllkurve des AM-Signals geschlossen werden.

Ein sehr einfaches *Schaltungsbeispiel zur Erzeugung von ZSB-AM* ist in Bild 2 angedeutet. Mittels zweier Übertrager, deren Spannungsübersetzungsverhältnis hier zu 1 angenommen wurde, werden an einer Diode die Spannungen $s(t)$ und $u_T(t) = \hat{u}_T\cos(\Omega_0 t + \varphi_0)$ überlagert. Der resultierende Diodenstrom $i_D(t)$ mit $i_D(t) = I_s\{\exp[(u_T(t) + s(t))/U_T] - 1\}$ enthält einen Gleichstromanteil, einen Signalstromanteil, einen Trägerstromanteil, die beiden Seitenband-

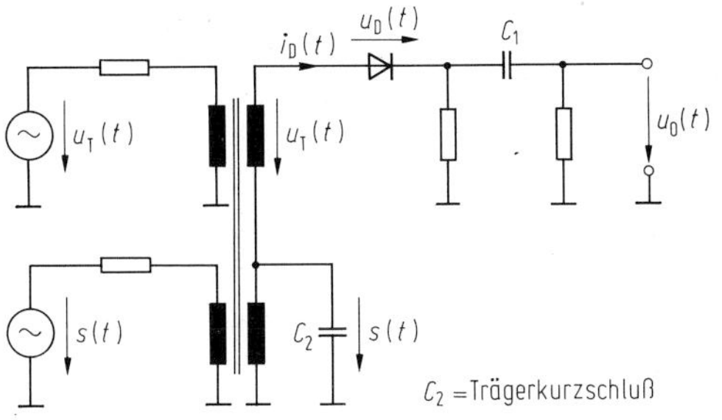

Bild 2. Amplitudenmodulator (ZSB-AM)

stromanteile und außerdem Mischströme höherer Ordnung:

$$
\begin{aligned}
i_D(t) = i_0 \Big\{ & I_0(\hat{u}_T/U_T)\, I_0(\hat{u}_s/U_T) - 1 \quad \text{(Gleichstrom)} \\
& + 2 I_0(\hat{u}_T/U_T)\, I_1(\hat{u}_s U_T) \\
& \quad \cdot \cos(\omega t + \varphi_s) \quad \text{(Signalstrom)} \\
& + 2 I_0(\hat{u}_s/U_T)\, I_1(\hat{u}_T/U_T) \\
& \quad \cdot \cos(\Omega_0 t + \varphi_0) \quad \text{(Trägerstrom)} \\
& + 2 I_1(\hat{u}_s/U_T)\, I_1(\hat{u}_T/U_T) \\
& \quad \cdot \cos((\Omega_0 \pm \omega)\, t + (\varphi_0 \pm \varphi_s) \quad \left(\begin{array}{l}\text{Seiten-}\\ \text{band-}\\ \text{ströme}\end{array}\right) \\
& + 4 \sum_{n=2}^{\infty} I_n(\hat{u}_T/U_T) \cos n(\Omega_0 t + \varphi_0) \\
& \quad \cdot \sum_{m=2}^{\infty} I_m(\hat{u}_s/U_T) \cos m(\omega t + \varphi_s) \Big\} \\
& \quad \left(\begin{array}{l}\text{Mischströme}\\ \text{höherer Ordnung}\end{array}\right).
\end{aligned}
$$

$I_n(\hat{u}/U_T)$ stellen die modifizierten Bessel-Funktionen n-ter Ordnung vom Argument $(\hat{u}/U_T)$ dar [2].

Der Gleichstromanteil wird durch den Kondensator C_1 vom Ausgang abgetrennt, ebenso wie bei geeigneter Dimensionierung auch der Signalstromanteil. Die Mischströme höherer Ordnung können z. B. durch nachgeschaltete Tiefpaßfilterung unschädlich gemacht werden.

Zweiseitenband-Amplitudenmodulation mit unterdrücktem Träger (ZSB-AM-uT). Wird bei einem ZSB-AM-Signal die Trägerleistung vollständig unterdrückt, so erhält man analog zur ZSB-AM folgende Darstellung:

$$
\begin{aligned}
u_0(t) &= \frac{m}{2}\, \hat{u}_T \cos((\Omega_0 - \omega)\, t + \varphi_0 - \varphi_s) \\
&\quad + \frac{m}{2}\, \hat{u}_T \cos((\Omega_0 + \omega)\, t + \varphi_0 + \varphi_s). \quad (12)
\end{aligned}
$$

Wie bei ZSB-AM gilt auch hier für den Modulationsgrad $m = \hat{u}_s/\hat{u}_T$. Man beachte jedoch, daß hier $\hat{u}_T$ nicht die Amplitude des Trägers im ZSB-AM-uT-Spektrum ist, sondern die Amplitude eines Trägergenerators (z. B. nach Bild 2 $u_T(t) = \hat{u}_T \cos(\Omega_0 t + \varphi_0)$.

In Bild 3 ist der für ZSB-AM-uT charakteristische 180°-Phasensprung von $u_0(t)$ im Nulldurchgang der Hüllkurve erkennbar. Zur Regeneration des Trägersignals im Demodulator ist senderseits ein leichter Trägerzusatz erforderlich, was in Bild 3 angedeutet ist.

Bild 4 zeigt ein *Schaltungsbeispiel* zur multiplikativen Erzeugung eines ZSB-AM-uT-Signals. Dabei werden das Signal $s(t)$ und der Träger $u_T(t)$ auf einen Ringmischer geschaltet, dessen Ausgangssignal im idealisierten Fall lediglich die beiden Seitenlinien $\Omega_0 \pm \omega$ enthält. Das Signal $s(t)$ wird über einen Symmetrierübertrager an das Diodenquartett angeschaltet; zusätzlich gelangt an den Mittenanzapfungen des Eingangs- und Ausgangsübertragers eingespeist, das Trägersignal an die Dioden. Die entstehenden Diodenströme werden im Ausgangsübertrager so zusammengefaßt, daß sich alle unerwünschten Spektralkomponenten aufheben, die erwünschten Seitenlinienströme sich jedoch gleichphasig überlagern (Tab. 1; $\varphi_0 - \varphi_s$ ist die Phase des

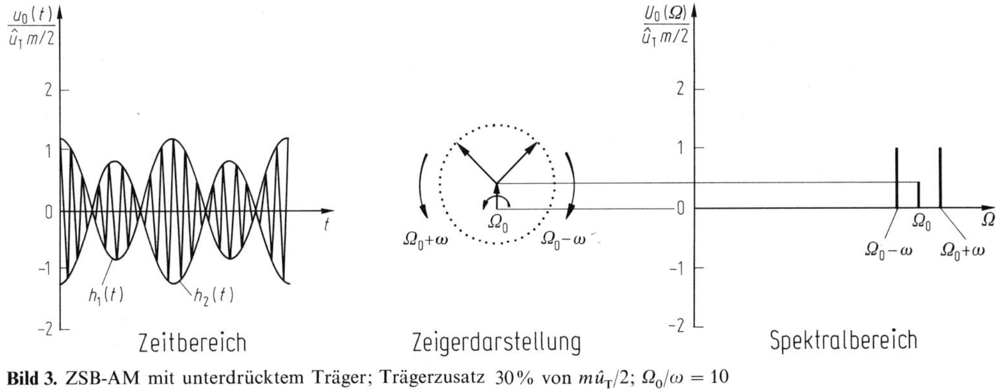

Bild 3. ZSB-AM mit unterdrücktem Träger; Trägerzusatz 30% von $m\hat{u}_T/2$; $\Omega_0/\omega = 10$

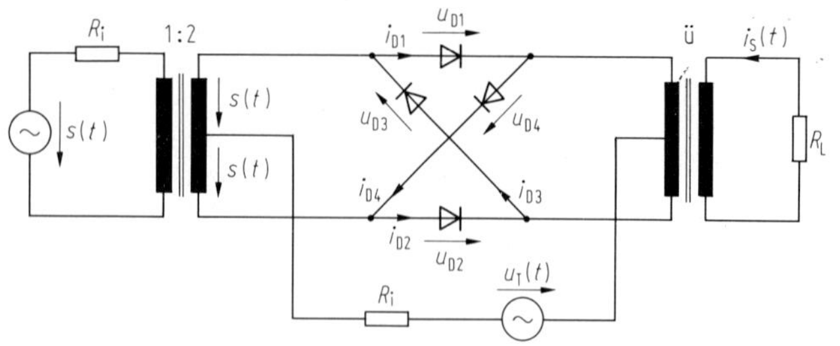

Bild 4. Ringmischer zur Erzeugung von ZSB-AM mit unterdrücktem Träger; die Zeitabhängigkeiten der Diodenströme und -spannungen sind hier nicht expliziert angegeben

Tabelle 1. Phasenlagen beim Ringmischer

$u_{Di}(t)$	Summen-spannung	$\varphi_0(i_{Di})$	$\varphi_s(i_{Di})$	$\varphi_0+\varphi_s(i_{Di})$	$\varphi_0-\varphi_s(i_{Di})$
$u_{D1}(t)$	$s(t)+u_T(t)$	0°	0°	0°	0°
$u_{D2}(t)$	$-s(t)+u_T(t)$	0°	180°	180°	180°
$u_{D3}(t)$	$-s(t)-u_T(t)$	180°	180°	0°	0°
$u_{D4}(t)$	$s(t)-u_T(t)$	180°	0°	180°	180°

Stroms im unteren Seitenband, $\varphi_0+\varphi_s$ die Phase des Stroms im oberen Seitenband).

In Bild 4 ist ohne Beschränkung der Allgemeinheit das Spannungsübersetzungsverhältnis des ersten Übertragers 1:2 gewählt worden.

Der Gesamtstrom $i_S(t)$ durch den Ausgangsübertrager setzt sich zusammen aus

$$i_S(t)=\ddot{u}(i_{D1}(t)-i_{D4}(t)-(i_{D2}(t)-i_{D3}(t))).$$

Die negativen Vorzeichen von i_{D2} und i_{D4} bewirken eine zusätzliche Phasendrehung von 180° bei der Addition der Einzelströme. Daraus folgt, daß sich die Trägerströme paarweise (D1, D2 und D3, D4) im Ausgangsübertrager auslöschen. Außerdem löschen sich die Diodenpaarströme bei der Signalfrequenz gegenseitig aus. Alle Seitenbandströme hingegen überlagern sich im Ausgangsübertrager gleichsinnig, so daß am Ausgang lediglich die Frequenzen $\Omega_0 \pm \omega$ auftreten.

Beim realen Ringmischer ist die Unterdrückung der Signal- und Trägerfrequenz wegen der stets vorhandenen Unsymmetrie der Dioden und der Übertrager unvollständig.

Einseitenband-Amplitudenmodulation (ESB-AM). Ein ESB-AM-Signal (Bild 5) kann beschrieben werden durch

$$u_0(t)=\frac{m}{2}\hat{u}_T\cos((\Omega_0\pm\omega)\,t+\varphi_0\pm\varphi_s) + K\,\hat{u}_T\cos(\Omega_0 t+\varphi_0), \qquad (13)$$

wobei K den Trägerunterdrückungsgrad bezeichnet. Es existieren drei Verfahren zur Erzeugung von ESB-AM: die Filtermethode, die Phasenmethode und die Pilottonmethode.

Bei der *Filtermethode* wird aus einem ZSB-AM-Signal das erwünschte Seitenband ausgefiltert;

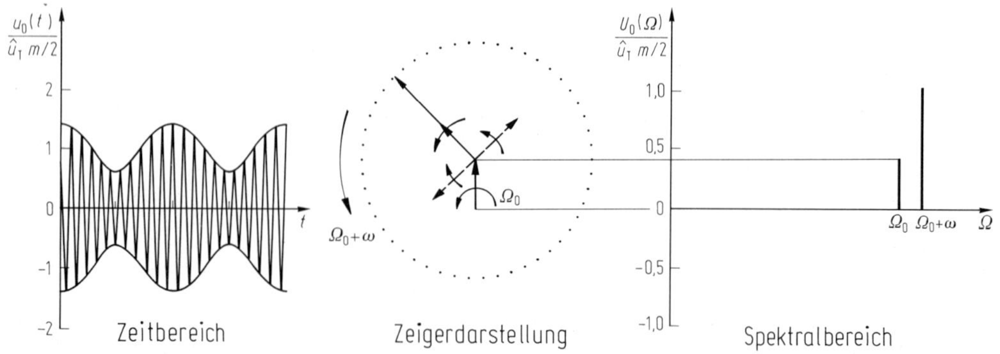

Bild 5. ESB-AM mit $\Omega_0/\omega=10$; Trägerzusatz 40%

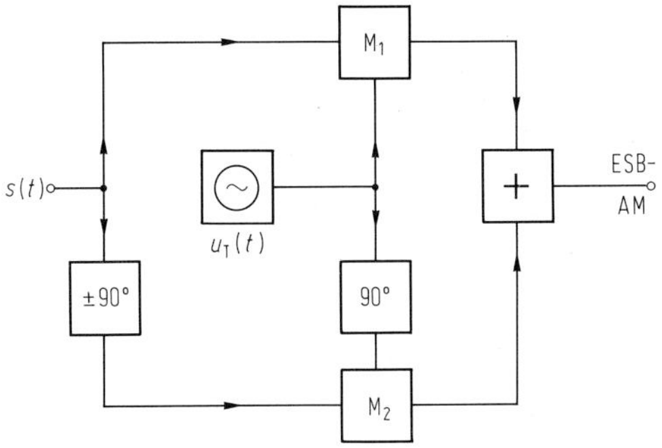

Bild 6. Phasenmethode zu Erzeugung von ESB-AM

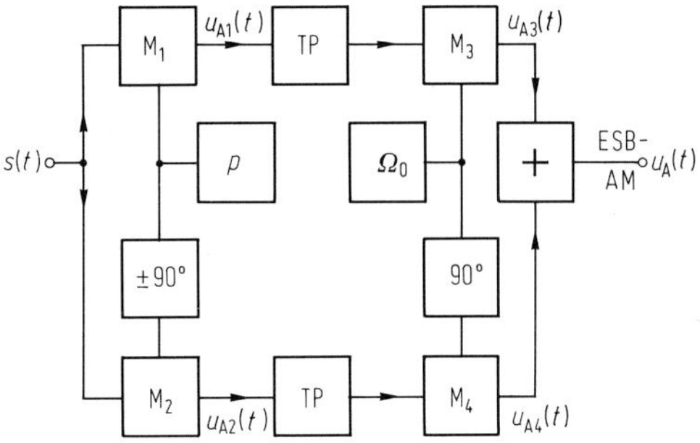

Bild 7. Pilottonverfahren

da in der Praxis in Ermangelung hinreichend linearer Leistungsverstärker die Filterung in der Leistungsebene erfolgen muß, ist auch hier die Ausnutzung der Ausgangsleistung des ZSB-Modulators wie bei ZSB-AM schlecht, so daß bei dieser Methode nur die Bandbreitenreduktion auf $B_{\mathrm{HF}} = B_{\mathrm{NF}}$ als Vorteil nutzbar ist.

Bei der *Phasenmethode* [3, 4] werden in zwei getrennten Mischern M_1 und M_2 jeweils beide Seitenbänder erzeugt, die sich je nach Phasendrehung ($\pm$ 90°) der Signalspannung $s(t)$ bei Quadraturansteuerung der Mischer durch den Träger $u_{\mathrm{T}}(t)$ im folgenden Addierer so überlagern, daß entweder das untere oder das obere Seitenband verstärkt und das jeweils andere Seitenband unterdrückt wird (Bild 6). Ebenso kann der Träger mit einer Phasendrehung von ($\pm$ 90°) zugeführt werden. Zur Demodulation von ESB-AM ist ein Trägerzusatz erforderlich, der zur Synchronisation im Empfänger gebraucht wird (s. Bild 9). Dies ist in Bild 6 nicht explizit dargestellt, praktisch jedoch in der unvollständigen Trägerunterdrückung der Mischer M_1 und M_2 enthalten.

In der Praxis bereitet es große Schwierigkeiten, einen breitbandigen Phasenschieber für $s(t)$ zu erhalten.

Das *Pilottonverfahren* (Bild 7) [5] vermeidet dieses Problem durch die Mischung von $s(t)$ mit einem Pilotton $p(t) = \hat{p}\cos(\omega_{\mathrm{p}} t + \varphi_{\mathrm{p}})$, der im In-Phase-Zweig (M_1, M_3) ohne Phasenverschiebung und im Quadraturzweig (M_2, M_4) mit 90°-Phasenverschiebung zugeführt wird. Die beiden Seitenbänder des In-Phase-Zweigs bzw. des Quadraturzweigs überlagern sich im folgenden Addierer derart, daß sich je nach Vorzeichen der Phase des Pilottonphasenschiebers die oberen oder unteren Seitenbänder verstärken und sich die jeweils anderen auslöschen. Das Pilottonverfahren benötigt somit nur je einen Schmalband-Phasenschieber für die Sendefrequenz und die Pilottonfrequenz, die gleich der Mittenfrequenz des Signalbandes zu wählen ist.

Für die ZSB-AM-uT-Signale am Ausgang der beiden Mischer M_1 und M_2 gilt dann:

$$u_{\mathrm{A}\,1}(t) = \hat{u}_{\mathrm{A}\,1}[\cos((\omega_{\mathrm{p}} - \omega)\,t + (\varphi_{\mathrm{p}} - \varphi_{\mathrm{s}})) + \cos((\omega_{\mathrm{p}} + \omega)\,t + (\varphi_{\mathrm{p}} + \varphi_{\mathrm{s}}))] \quad (14)$$

$$u_{\mathrm{A}\,2}(t) = \hat{u}_{\mathrm{A}\,2}[\cos((\omega_{\mathrm{p}} - \omega)\,t + (\varphi_{\mathrm{p}}(\pm)\,90^\circ - \varphi_{\mathrm{s}})) + \cos((\omega_{\mathrm{p}} + \omega)\,t + (\varphi_{\mathrm{p}}(\pm)\,90^\circ + \varphi_{\mathrm{s}}))]. \quad (15)$$

Über die Tiefpaßfilter gelangen nur die unteren Seitenbänder (Kehrlage) auf die folgenden Ringmischer M_3 und M_4, denen auch der Träger mit einem Phasenunterschied von 90° zugeführt wird. Demnach erhält man mit $\omega' = \omega_{\mathrm{p}} - \omega$ und $\varphi'_{\mathrm{s}} = \varphi_{\mathrm{p}} - \varphi_{\mathrm{s}}$ nach den Ausgangsübertragern die Spannungen:

$$u_{\mathrm{A}\,3}(t) = \hat{u}_{\mathrm{A}\,3}[\cos((\Omega_0 - \omega')\,t + (\varphi_0 - \varphi'_{\mathrm{s}})) + \cos((\Omega_0 + \omega')\,t + (\varphi_0 + \varphi'_{\mathrm{s}}))], \quad (16)$$

$$u_{\mathrm{A}\,4}(t) = \hat{u}_{\mathrm{A}\,4}[\cos((\Omega_0 - \omega')\,t + (\varphi_0 + 90^\circ - \varphi'_{\mathrm{s}}(\mp)\,90^\circ)) + \cos((\Omega_0 + \omega')\,t + (\varphi_0 + 90^\circ + \varphi'_{\mathrm{s}}(\pm)\,90^\circ))]. \quad (17)$$

Für $u_{\mathrm{A}}(t) = u_{\mathrm{A}\,3}(t) + u_{\mathrm{A}\,4}(t)$ erhält man bei $\hat{u}_{\mathrm{A}} = \hat{u}_{\mathrm{A}\,3} = \hat{u}_{\mathrm{A}\,4}$

$$u_{\mathrm{A}}(t) = 2\hat{u}_{\mathrm{A}}\cos((\Omega\,(\mp)\,\omega')\,t + (\varphi_0(\mp)\,\varphi_{\mathrm{s}})). \quad (18)$$

Somit ist das Seitenband wählbar durch das Vorzeichen der Pilotton-Phasenverschiebung.

Wie bei der Zeigerdarstellung in Bild 5 angedeutet, kann man sich ein ESB-AM-Signal zu gleichen Teilen aus der Überlagerung eines ZSB-AM-Signals und eines dazu synchronen PM-Signals (s. 1.3) entstanden denken, wobei die oberen Seitenbänder der beiden Modulationsarten sich gleichphasig überlagern, die beiden unteren Seitenbänder jedoch gegenphasig sind und sich demzufolge auslöschen. Diese Tatsache wird z. B. in [6] zur Leistungsverstärkung von ESB-AM-

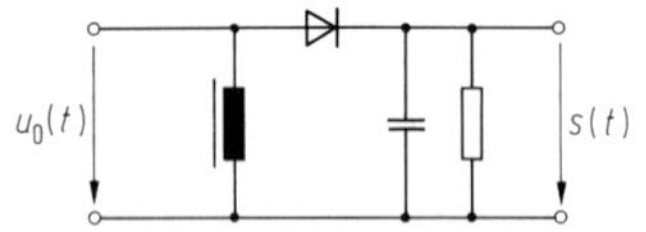

Bild 8. Spitzenwertgleichrichter

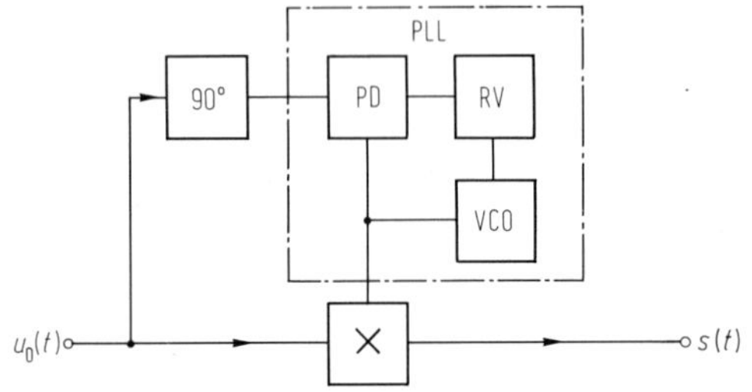

Bild 9. Synchrondemodulator. (RV Regelverstärker, PD Phasendetektor, VCO spannungsgesteuerter Oszillator)

Signalen ausgenutzt (Leistungsverstärkung des mittels Begrenzer abgespaltenen PM-Anteils und anschließende Hüllkurvenregeneration mittels geregelter Verstärker).

Das bekannteste Verfahren zur *Demodulation von AM-Signalen* ist die Spitzenwertgleichrichtung (Bild 8). Sie eignet sich ausschließlich zur Detektion von ZSB-AM-Signalen mit Träger, wobei es natürlich auch möglich ist, empfängerseits einem ZSB-AM-Signal mit unterdrücktem Träger das regenerierte Trägersignal mit entsprechender Amplitude zu überlagern. Die Regeneration des Trägers kann dabei z. B. durch Begrenzung von $u_0(t)$, Filterung und Verstärkung oder durch eine Phasenregelschleife (PLL = phase locked loop) erfolgen. Zur verzerrungsfreien Demodulation von ESB-AM-Signalen ist lediglich der Synchrondemodulator geeignet (Bild 9). Er besteht aus einer trägerregenerierenden Phasenregelschleife (PLL), einem Mischer und einem 90°-Phasenschieber, der entweder vor der PLL, zwischen PLL und Mischer oder vor dem Mischer angeordnet sein kann. Durch die 90°-Phasenverschiebung des regenerierten Trägers gegenüber $u_0(t)$ wird eine Abtastung der Signalspannung in ihren Spannungsmaxima erreicht, äquivalent zu einer Spitzenwertgleichrichtung.

Die beiden Modulationsarten ZSB-AM-uT und ESB-AM sind unterschiedlich empfindlich auf Phasenfehler φ_T des empfangsseitig zugesetzten Trägers:

Modulationsart	Demoduliertes Signal	Art der Signalbeeinflussung
ZSB-AM-uT	$K_D \cos \omega t \cos \varphi_T$	Dämpfung
ESB-AM	$K_D \cos(\omega t + \varphi_T)$	Phasenverzerrung

Störabstand bei AM. Beide ZSB-AM-Verfahren arbeiten auf der HF-Ebene mit der doppelten Signalbandbreite; durch die Modulation wird das Signalband redundant in zwei Seitenbänder transponiert. Die aus beiden Seitenbändern demodulierten Rauschspannungen sind aber nicht korreliert, so daß ZSB-AM-uT demzufolge eine Rauschabstandsverbesserung um den Faktor 2 liefert; bei ZSB-AM mit Träger wird die Rauschabstandsverbesserung verringert sein um das Verhältnis von gesamter Seitenbandleistung zur Gesamtleistung, da der Leistungsanteil des Trägers keine Information transportiert. Bei ESB-AM hingegen liegt keine Redundanz in der HF-Ebene vor, so daß die Demodulation hier keinen Gewinn an Störabstand erbringen kann (Tab. 2).

Tabelle 2. Verbesserung des Rauschabstands bei AM

Modulationsart	$(S/N)_A/(S/N)_E$
ZSB-AM	$2m^2\,\overline{s^2(t)}/(1 + m^2\,\overline{s^2(t)})$
ZSB-AM-uT	2
ESB-AM	1

Das Demodulationsverfahren hat oberhalb des sog. Schwellwerts keinen Einfluß auf den Störabstand; allerdings sind die Schwellwerte vom Demodulationsverfahren abhängig ($\geqq$ 10 dB beim Hüllkurvendetektor, $\geqq$ 3 dB beim Synchrondemodulator). – Unter dem Schwellwert eines Demodulators versteht man denjenigen Signalrauschabstand $(S/N)_E$ am Eingang des Demodulators, bei dem das Verhältnis von ausgangsseitigem Signalrauschabstand zu eingangsseitigem Signalrauschabstand $(S/N)_A/(S/N)_E$ um 1 dB kleiner ist als der asymptotische Wert dieses Verhältnisses. –

Lineare Verzerrungen bei AM. Eine Schaltung, deren Dämpfungsmaß $a(\Omega)$ frequenzunabhängig ist und deren Phasenmaß $\varphi(\Omega)$ linear mit der Frequenz wächst, d. h.: $\partial\varphi/\partial\Omega = t_g = \text{const}$, überträgt ein AM-Signal unverzerrt. Bei frequenzabhängiger Dämpfung werden die beiden Seitenbandzeiger unterschiedlich groß, so daß ihr Summenzeiger nicht mehr auf einer gedachten Geraden durch den Träger endet, sondern auf einer Ellipse verläuft, deren große Achse in Richtung des Trägerzeigers weist. Es entsteht demnach Phasenmodulation. Bei frequenzabhängiger Gruppenlaufzeit $t_g(\Omega)$ und frequenzunabhängiger Dämpfung beschreibt der Summenzeiger beider Seitenbänder eine Gerade, die zum Träger um den Winkel ψ geneigt ist, woraus ebenfalls zusätzliche Phasenmodulation resultiert. Treten beide Frequenzabhängigkeiten zusammen auf, so beschreibt der Summenzeiger

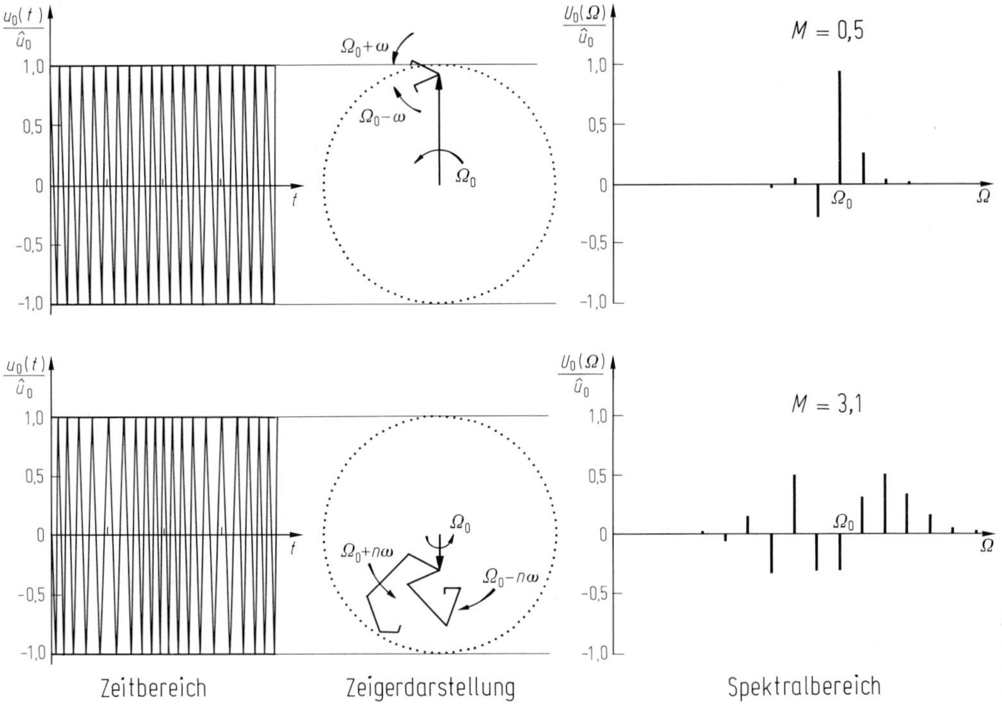

Bild 10. Frequenz-, Phasenmodulation mit $\Omega_0/\omega = 10$

eine Ellipse, deren lange Achse zum Träger geneigt ist.
Ergänzende Literatur zu AM in [7–12].

1.2 Frequenzmodulation (FM)
Frequency modulation

Wenn die Momentanfrequenz $\Omega_0(t)$ der Signalspannung $s(t)$ proportional ist, so spricht man von Frequenzmodulation: $\Omega_0(t) = \Omega_0 + \Delta\Omega_0\, s(t)$ mit $\Delta\Omega_0 \sim \hat{u}_s$. Daraus folgt für $u_0(t)$ gemäß Gl. (4) mit dem Modulationsindex (Phasenhub)

$$M = \Delta\Omega_0/\omega \tag{19}$$

$$u_0(t) = \hat{u}_0 \cos(\Omega_0 t + M \sin(\omega t + \varphi_s) + \varphi_0). \tag{20}$$

Statt M wird mitunter auch das Symbol η benutzt. Die komplexe Darstellung des FM-Signals lautet bei Verwendung der Bessel-Funktionen $J_n(M)$, die für $0 \leqq M \leqq 5$ in Bild 11 dargestellt sind,

$$u_0(t) = \hat{u}_0 \operatorname{Re}\left[\sum_{n=-\infty}^{\infty} J_n(M) \cdot \exp(\mathrm{j}((\Omega_0 + n\omega)\,t + \varphi_0 + n\varphi_s))\right]. \tag{21}$$

Bild 10 zeigt für die beiden Modulationsindizes $M = 0{,}5$ (Schmalband-FM) und $M = 3{,}1$ (Breitband-FM) die charakteristischen Darstellungen im Zeitbereich und Spektralbereich sowie die Zeigerdarstellung mit den Einzelzeigern für alle relevanten Seitenlinien.
Bei $M = 0{,}5$ ist im Zeitbereich keine wesentliche Verschiebung der Nulldurchgänge des Trägersignals zu erkennen; äquivalent dazu ist die geringe Größe der beiden Seitenbandzeiger für $\Omega_0 \pm \omega$ bzw. der beiden Seitenlinien im Spektralbereich. Bei $M = 3{,}1$ sind die Verschiebungen der Nulldurchgänge im Zeitbereich deutlich erkennbar, äquivalent dazu die zusätzlichen Seitenbandzeiger bzw. Spektrallinien bei den Frequenzen $\Omega_0 \pm n\omega$. Man beachte hierbei insbesonders die ungeraden Seitenlinien ($n = 1, 3, 5, \ldots$), die bei FM immer unterschiedliche Vorzeichen aufweisen. Mit handelsüblichen Spektrumanalysatoren wird nicht das hier dargestellte Spektrum der HF-Spannung angezeigt, sondern das Leistungsspektrum; dabei geht selbstverständlich die Phaseninformation verloren. Für kleine Modulationsindizes ($M \ll 1$) treten bei FM näherungsweise nur der Träger und die beiden Modulationsseitenlinien bei $\Omega_0 \pm \omega$ auf; mit zunehmendem Modulationsindex nimmt die Anzahl der relevanten Spektralkomponenten linear zu. Die Bandbreite des FM-

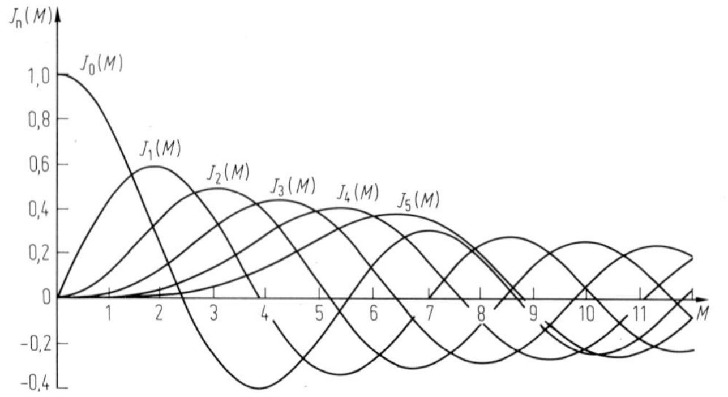

Bild 11. Bessel-Funktionen $J_n(M)$.

$$J_n(M) = \sum_{k=0}^{\infty} \frac{(-1)^k (M/2)^{n+2k}}{k!\,(n+k)!};$$
$$J_{-n}(M) = (-1)^n J_n(M)$$

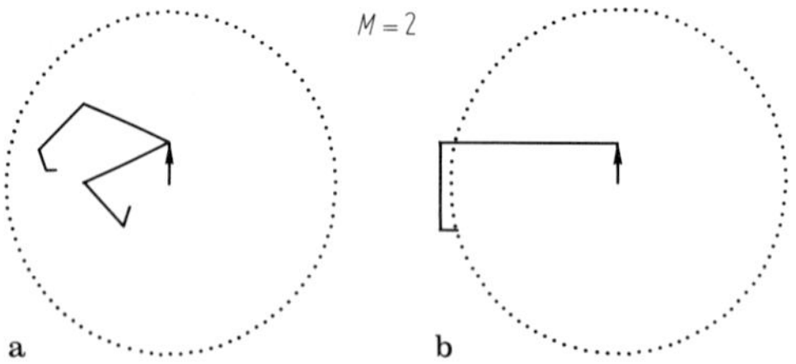

Bild 12. FM-Zeigerdarstellung. **a** Einzelzeiger; **b** Summenzeiger jeweils zweier zu Ω_0 symmetrischer Einzelzeiger

Signals, definiert als derjenige Frequenzbereich, in dem 99% der übertragenen Leistung liegen, beträgt

$$B_{\mathrm{HF}} = 2(M + 1)\, B_{\mathrm{NF}} \tag{22}$$

(Carson-Formel [13–15]). Die für die Amplituden der Spektrallinien maßgeblichen Bessel-Funktionen [2] sind für $0 \leqq M \leqq 12$ bis zur 5. Ordnung in Bild 11 dargestellt; der erste Nulldurchgang des Trägers liegt bei $M = 2{,}4$, derjenige der ersten Seitenlinien bei $M = 3{,}8$ usw.
Die Leistung des modulierten Signals ist bei FM (und PM) gleich der Leistung des unmodulierten Trägers.
In der Zeigerdarstellung des FM-Signals [16] verläuft der Summenzeiger immer auf einem Kreis mit dem Radius $\hat{u}_0$; die Resultierenden zweier zu Ω_0 symmetrischer Seitenlinienzeiger stehen immer senkrecht auf den Resultierenden der benachbarten Zeigerpaare (s. Bild 12).

Preemphase, Deemphase. Da bei FM der Modulationsindex der Modulationsfrequenz umgekehrt proportional ist, resultiert bei sehr kleinen Modulationsfrequenzen ein sehr großer Modulationsindex, was i. allg. unerwünscht bzw. unnötig ist. Als Preemphase bezeichnet man die senderseitige Verringerung des Modulationsindex bei niedrigen Modulationsfrequenzen. Diese frequenzabhängige Vorverzerrung des Signals muß im Empfänger rückgängig gemacht werden (Deemphase).

FM-Erzeugung mittels Kapazitätsdioden. Zur elektronischen Veränderung der Frequenz eines Oszillators hat sich die Kapazitätsdiode bewährt, ein Halbleiterbauelement, dessen Sperrschichtkapazität eine Funktion der Sperrspannung ist: $C(u) = C_0(1 - u/\Phi)^{-\gamma}$ (vgl. Gln. H 1 (16) und (25)). Der Exponent γ kann vom Diodenhersteller durch die Wahl des Dotierungsprofils verändert werden, wodurch auch die Linearität der Abstimmdiode beeinflußt wird. Durch hyperabrupte Dotierung z. B. wird die Kapazitätsabhängigkeit $C(u) = C_0/u^2$ in einem bestimmten Vorspannungsbereich realisiert. Solche Dioden kann man als ideale Abstimmdioden bezeichnen, weil mit ihnen lineare Abhängigkeit von Oszillatorfrequenz und Steuerspannung erreicht wird. Nachteilig ist die geringere Güte und die größere Streuung dieser hyperabrupten Dioden.
Zur Erhöhung der Linearität von Frequenzmodulatoren [17] eignet sich u. a. die Frequenzvervielfachung, da wegen der Hubvervielfachung die Aussteuerung der Dioden bei der Oszillatorfrequenz klein gehalten werden kann. Der Nachteil dieses Verfahrens besteht in der unvermeidlichen Vervielfachung des durch thermisches Rauschen verursachten Störphasenhubs und außerdem in der erforderlichen Intermodulationsarmut der Frequenzvervielfacher. Die Nichtlinearitäten einer Abstimmdiode können auch durch frequenzabhängige Lastrückwirkung auf den Oszillator kompensiert werden, die durch ein Netzwerk zwischen Oszillator und Last einstellbar ist. Mit solchen Netzwerken können sowohl quadratische als auch kubische Verzerrungen ausgeglichen werden. Ein Verfahren zur ausschließlichen Reduktion von quadratischen Verzerrungen stellt bekanntermaßen die Gegentaktansteuerung dar (Bild 13); eine Erweiterung ist die Gegentaktansteuerung zweier Frequenzmodulatoren (Bild 14), wobei in einem Mischer die beiden Oszillatorsignale zusammengeführt werden und

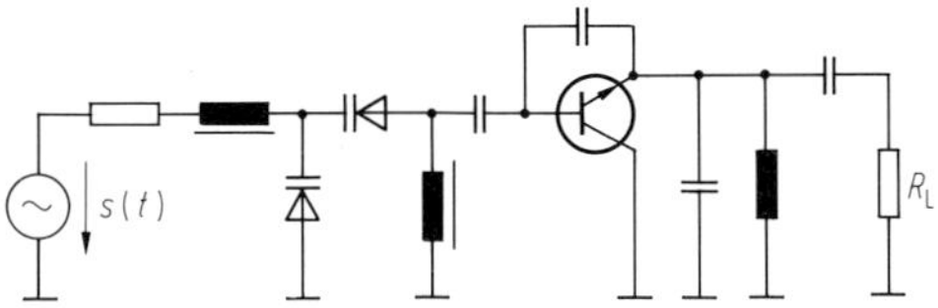

Bild 13. Frequenzmodulator mit zwei Kapazitätsdioden im Gegentakt

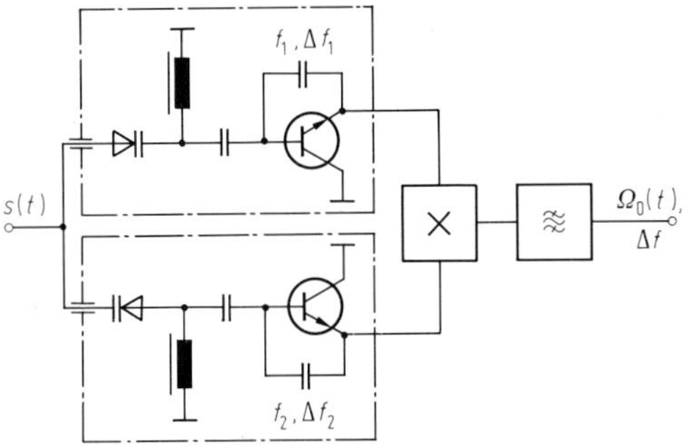

Bild 14. Gegentaktmodulator

die entstehende Differenzfrequenz den Summenhub beider Frequenzmodulatoren aufweist. Als zusätzlicher Vorteil kann hier genutzt werden, daß bei $f_1, f_2 > \Omega_0/2\pi$ die Hübe bei f_1 und f_2 um das Verhältnis von ungefähr $2\pi f_1/\Omega_0$ kleiner gewählt werden können als das im Frequenzbereich von Ω_0 erforderlich wäre ($\Delta f = \Delta f_1 + \Delta f_2$).

Demodulation von FM-Signalen. Die gängigste Form der Frequenzdemodulation besteht in der Umwandlung des FM-Signals in ein ZSB-AM-Signal und anschließender Amplitudendemodulation. Dabei erfolgt die Modulationswandlung an einer möglichst steilen und linearen Filterflanke wie beim *Flankendiskriminator* nach Bild 15 oder an der gemeinsamen Flanke zweier gegeneinander verstimmter Filter wie beim *Gegentaktflankendiskriminator* (oder auch Differenzdiskriminator) nach Bild 16.

Der größte Nachteil des Flankendiskriminators ist seine Empfindlichkeit gegenüber Amplitudenschwankungen des Eingangssignals, da die Ausgangsspannung $u_0'(t)$ des einfachen Modulationswandlers vom eingespeisten Strom $i_0(t)$ abhängig ist und bei verschwindendem Hub $\Delta\Omega_0$ nicht Null ist. Zwar ist auch beim Gegentaktflanken-

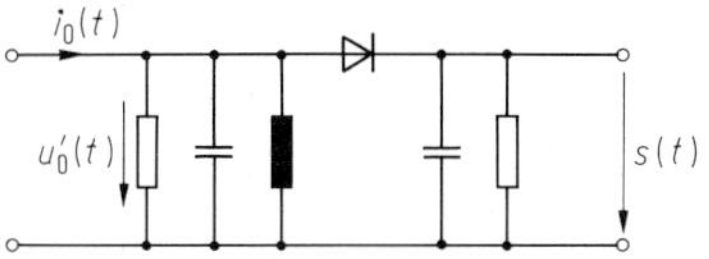

Bild 15. Flankendiskriminator

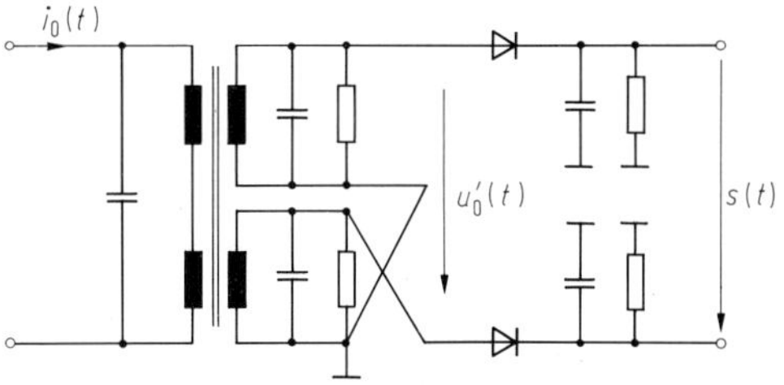

Bild 16. Differenzdiskriminator

diskriminator $u_0'(t)$ von $i_0(t)$ abhängig, jedoch ist hier bei $\Delta\Omega_0 \to 0$ die Ausgangsspannung sehr klein, so daß Schwankungen von $i_0(t)$ nur geringe Auswirkungen auf $u_0'(t)$ haben (Bild 17).
Die Empfindlichkeit auf Schwankungen von $i_0(t)$ nimmt beim Gegentaktflankendiskriminator mit zunehmendem Frequenzhub zu. In beiden Fällen wird i. allg. jedoch die Empfindlichkeit durch vorgeschaltete Begrenzer weitgehend unterdrückt.
Weitere Möglichkeiten der indirekten Frequenzdemodulation bieten der *Riegger-Kreis* (auch Foster-Seeley-Kreis oder Armstrong-FM-Demodulator genannt) nach Bild 18 und der *Ratiodetektor* nach Bild 19, die beide als Modulationswandler ein lose gekoppeltes Bandfilter (L_1, L_2) und einen fest gekoppelten Übertrager (L_1, L_3) enthalten. Dabei sind Eingangskreis und Ausgangskreis (C_2, L_2) auf die Trägerfrequenz Ω_0 abgestimmt, so daß für $\Omega = \Omega_0$ die Spannung $\underline{U}_2(t)$ um 90° phasenverschoben ist zu $\underline{U}_0$. Die Phasendifferenz zwischen $\underline{U}_0$ und $\underline{U}_2(t)$ wird je nach Verstimmung $v = \Omega/\Omega_0 - \Omega_0/\Omega$ größer ($\Omega > \Omega_0$) oder kleiner ($\Omega < \Omega_0$). Ist k_{12} die Kopplung zwischen L_1 und L_2, sind ferner die Verlustleitwerte der Einzelkreise gleich ($G_1 = G_2 = G$) und wird mit $V = Qv = 2\Delta\Omega/B2\pi$ die normierte Verstimmung bezeichnet, so gilt für die Spannungsübertragungsfunktion des Wandlerfilters

$$\underline{U}_2(t)/\underline{I}_0 = -\mathrm{j}k_{12}/G/ (1 + k_{12}^2 - V(t)^2 + \mathrm{j}2V(t)). \quad (23)$$

Sowohl beim Riegger-Kreis als auch beim Ratiodetektor betragen somit bei $k_{13} = 1$ die Diodenspannungen $\underline{U}_{\mathrm{D}1}(t)$ und $\underline{U}_{\mathrm{D}2}(t)$

$$\underline{U}_{\mathrm{D}1}(t) = \underline{U}_3 + \underline{U}_2(t)/2 = \frac{1 + \mathrm{j}V(t) - \mathrm{j}k_{12}/2}{1 + k_{12}^2 - V(t)^2 + \mathrm{j}2V(t)} \underline{I}_0/G, \quad (24)$$

$$\underline{U}_{\mathrm{D}2}(t) = \underline{U}_3 - \underline{U}_2(t)/2 = \frac{1 + \mathrm{j}V(t) + \mathrm{j}k_{12}/2}{1 + k_{12}^2 - V(t)^2 + \mathrm{j}2V(t)} \underline{I}_0/G. \quad (25)$$

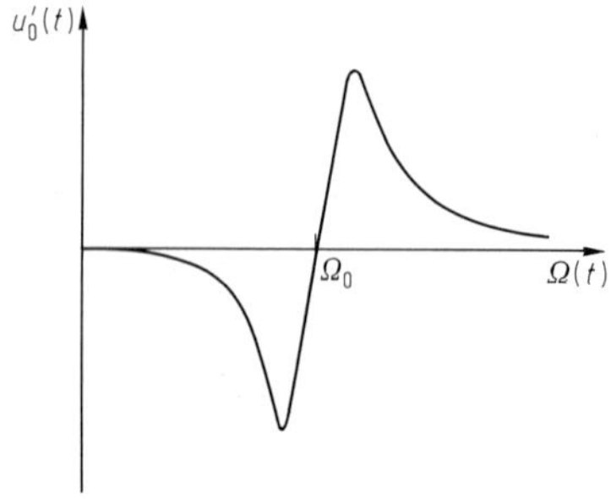

Bild 17. Übertragungsfunktion des Wandlerfilters nach Bild 16

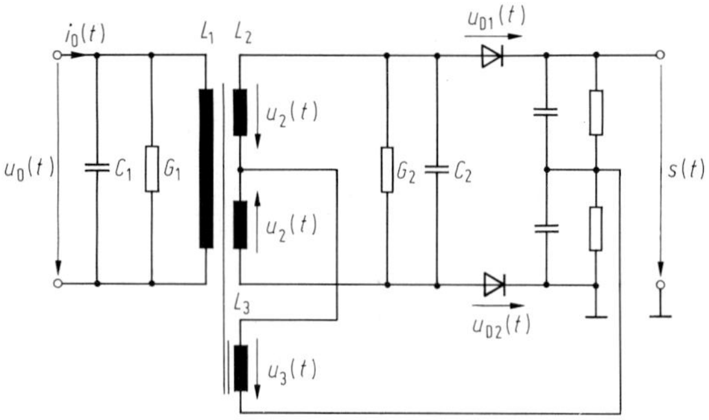

Bild 18. Riegger-Kreis

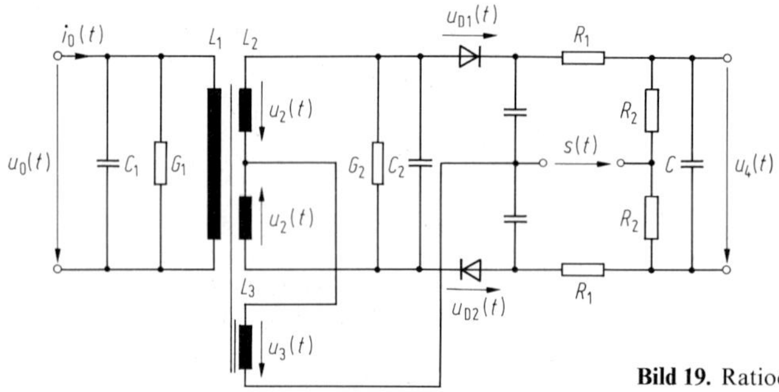

Bild 19. Ratiodetektor

Bei beiden Detektoren ist somit wegen $s(t) = k_0(|\underline{U}_{D1}(t)| - |\underline{U}_{D2}(t)|)$ die Ausgangsspannung

$$s(t) = k_0 \frac{|\underline{I}_0|}{G} \cdot \frac{\sqrt{1 + (V(t) - k_{12}/2)^2} - \sqrt{1 + (V(t) + k_{12}/2)^2}}{\sqrt{(1 + k_{12}^2 - V^2(t))^2 + 4V^2(t)}}. \tag{26}$$

Der Ratiodetektor hat sich in Rundfunkgeräten weitgehend gegen den Riegger-Kreis durchgesetzt, da er einerseits mit kleineren Eingangsspannungen als der Riegger-Kreis auskommt und zudem den Vorteil der Amplitudenbegrenzung liefert. Bestimmend für die Amplitudenbegrenzung ist der Kondensator C, der über die beiden Widerstände mit je R_1 aufgeladen wird auf $u_4(t) = |\underline{U}_{D1}(t)| + |\underline{U}_{D2}(t)|$. Steigt die Spannung $\underline{U}_2(t)$ infolge höherer Eingangsspannung an, so belastet der Ladestrom den Sekundärkreis zusätzlich, was einem Ansteigen von $\underline{U}_2(t)$ entgegenwirkt; andererseits wird der Sekundärkreis bei abfallender Spannung $u_0(t)$ durch den Entladestrom von C entlastet, was ebenfalls eine Stabilisierung von $\underline{U}_2(t)$ bewirkt. Dabei kann R_1 zum Teil oder auch vollständig durch den Verlustwiderstand der Diode gebildet werden.

Eine weitere Schaltungsvariante eines FM-Demodulators ist der *Phasendetektor* (Bild 20), bei dem das modulierte Eingangssignal zusammen mit der z. B. in einer Phasenregelschleife regenerierten Trägerschwingung mittels zweier Dioden gemischt wird. Über einen Tiefpaß gelangt das Signal zu einem Differenzierglied, an dessen Ausgang die demodulierte Signalspannung abgegriffen werden kann. Eine Schaltungsvariante, die wegen ihres günstigen Schwellwerts zunehmende Bedeutung erlangt, ist der *Synchrondemodulator* nach Bild 21 (vgl. Bild 9) [18, 19]. Er besteht aus einem spannungsgesteuerten Oszillator (VCO), einem Mischer (M), einem Tiefpaß (TP) und einem Regelverstärker (RV). Ändert sich beim synchronisierten PLL die Phase von $u_0(t)$, so entsteht am Ausgang des Mischers eine Regelspannung, die, sofern ihre Änderungsgeschwindigkeit nicht größer als die Grenzfrequenz des Tiefpaßfilters ist, über den Regelverstärker an den spannungsgesteuerten Oszillator gelangt; ist die Polarität der Regelspannung richtig gewählt, so bewirkt die Regelspannung eine Phasenkorrektur des Oszillators in Richtung kleinerer Regeldifferenz. Sofern ein linearer Zusammenhang zwischen Regelspannung und Momentanfre-

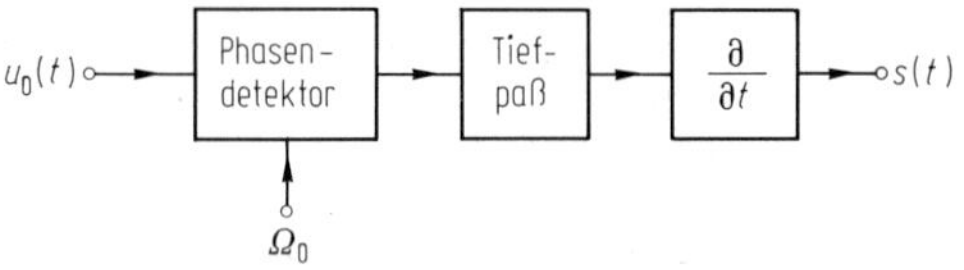

Bild 20. Phasendetektor mit Differenzierglied als FM-Demodulator

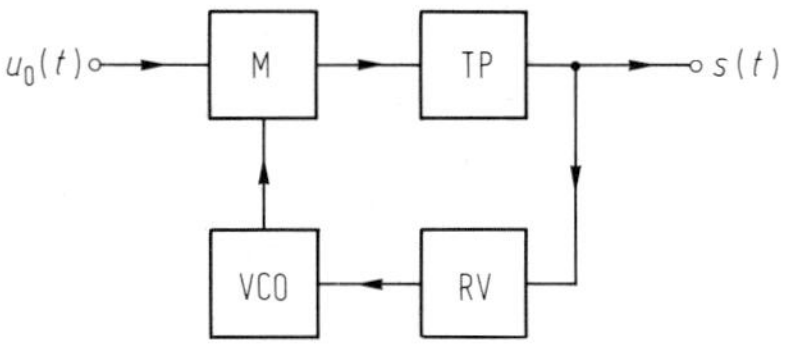

Bild 21. Synchrondemodulator

quenz besteht, ist die Regelspannung ein getreues Abbild der Momentanfrequenz des Eingangssignals $u_0(t)$. Entscheidend für den Schwellwert des Synchrondemodulators sind wie in [1, 20] gezeigt, Ausrastvorgänge des PLL, da sie zusätzliche Rauschleistung erzeugen. Derartige Ausrastspikes werden verursacht durch einen Vorzeichenwechsel von $\hat{u}_0(t) \sin x(t)$, wobei $x(t)$ die Phasendifferenz zwischen Eingangssignal und VCO-Signal beschreibt; der Vorzeichenwechsel kann sowohl von der Hüllkurve $\hat{u}_0(t)$ als auch von $x(t)$ verursacht sein. Üblicherweise wird die Umlaufverstärkung (Verstärkung der offenen Regelschleife) relativ groß gewählt; dann aber wachsen durch Störungen verursachte Ausrastspikes schnell zu großen Spannungen an. Wird hingegen die Umlaufverstärkung hinreichend klein gemacht, so können Störungen nicht so weit anwachsen, daß die Phasendifferenz $x(t)$ das Stabilitätsintervall verläßt. Der Synchrondemodulator weist zusätzlich den Vorteil seiner Adaptivität auf, d.h. daß Signale mit großem Störabstand anders verarbeitet werden als Signale mit geringem Störabstand: Da die Umlaufverstärkung der Spannung des Eingangssignals proportional ist, arbeitet dieser Demodulator bei geringem Signalstörabstand mit einer geringeren Bandbreite als bei großem Störabstand. Daraus folgt aber, daß die demodulierte Eingangsgeräuschleistung $N = k T B$ kleiner ist als bei großer Bandbreite. Demnach ist der Synchrondemodulator in der Lage, sich gewissermaßen dem Eingangsstörabstand anzupassen (Adaptivität); selbstverständlich kann dieser Vorteil nur genutzt werden, wenn dem Demodulator keine Begrenzer vorgeschaltet sind.

Es sei darauf verwiesen, daß auch konventionelle Demodulatoren wie der Ratiodetektor aufgrund von Hüllkurvennulldurchgängen Spikes bei der Demodulation erzeugen. Hier jedoch kann wegen des recht großen Schwellwerts des Hüllkurvengleichrichters durch Vermeiden der Spikes, d.h. durch Weglassen des Begrenzers, keine wesentliche Reduktion des Schwellwerts erzielt werden.

Leitungsdemodulator. Die in Bild 22 gezeigte Version eines Leitungsdemodulators besteht aus einer am Ende kurzgeschlossenen Leitung der Länge $3\lambda_0/4$ (λ_0 = Wellenlänge der Trägerfrequenz). Zwei Dioden, die symmetrisch zum

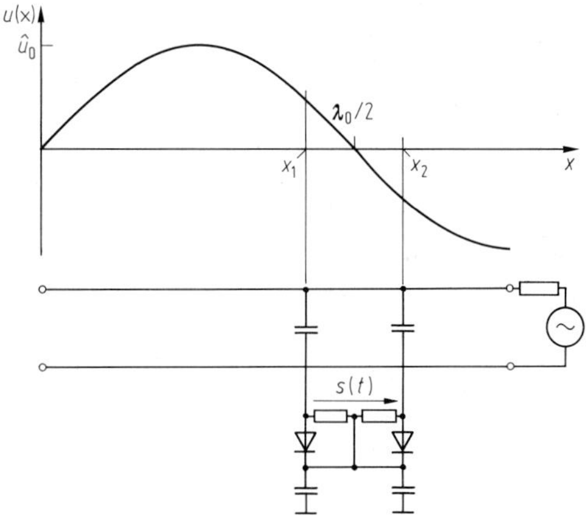

Bild 22. Leitungsdemodulator

Spannungsknoten in $x_0 = \lambda_0/2$ angeordnet sind, bilden die Summe $s(t)$ der gleichgerichteten Spannungen $u(x_1)$ und $u(x_2)$; für den Spannungsverlauf gilt hier:

$$u(x) = \hat{u}_0 \sin(2\pi x/\lambda(t)). \qquad (27)$$

Mit $x_1 = (1 - \Delta x)\,\lambda_0/2$ und $x_2 = (1 + \Delta x)\,\lambda_0/2$ ergibt sich die Ausgangsspannung zu

$$s(t) = \hat{u}_0(\sin \pi(1 - \Delta x)\,\Omega(t)/\Omega_0 + \sin \pi(1 + \Delta x)\,\Omega(t)/\Omega_0) \qquad (28)$$

mit $\Omega(t) = \Omega_0 + \Delta\Omega(t)$. Für $\Delta\Omega \ll \Omega_0$ gilt in guter Näherung

$$s(t) = 2\pi(\Delta\Omega(t)/\Omega_0)\,\hat{u}_0 \cos \pi\,\Delta x\,\Delta\Omega(t)/\Omega_0. \qquad (29)$$

Nur für hinreichend kleinen Abstand ($\Delta x\,\lambda_0$) beider Dioden und kleine relative Frequenzhübe $\Delta\Omega/\Omega_0$ kann eine lineare Gleichrichtung angenommen werden, d.h. $s(t) \sim \Delta\Omega(t)$. Eine Variante eines Leitungsdemodulators besteht aus zwei jeweils $\lambda_0/8$-langen Leitungsstücken, wobei die eine Leitung am Ende kurzgeschlossen, die andere leerlaufend ist. Mittels zweier Dioden an den Eingängen der beiden Leitungen wird die Differenz der gleichgerichteten Spannungen beider Leitungen gebildet. Weitere Demodulationsverfahren werden z.B. in [21–23] beschrieben.

Störabstand bei FM. Am Eingang des FM-Demodulators stehen die beiden amplituden- und bandbegrenzten Spannungen $u_{ZF}(t)$ und $r_{ZF}(t)$, wobei $u_{ZF}(t)$ die Signalspannung und $r_{ZF}(t)$ die Rauschspannungen darstellen (Bild 23).

Die verfügbaren Eingangsleistungen des Demodulators betragen

$$\text{Signal:}\quad S_E = \frac{\overline{|u_{ZF}(t)|^2}}{4 R_E} = \frac{\hat{u}_{ZF}^2}{8 R_E}$$

$$(R_E = \text{Eingangswiderstand})$$

$$\text{Rauschen:}\quad N_E = k\,T\,B_{ZF}.$$

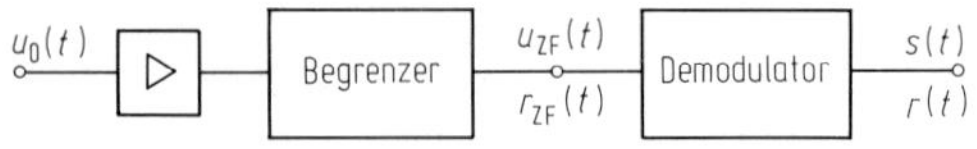

Bild 23. FM-Demodulator mit Begrenzer

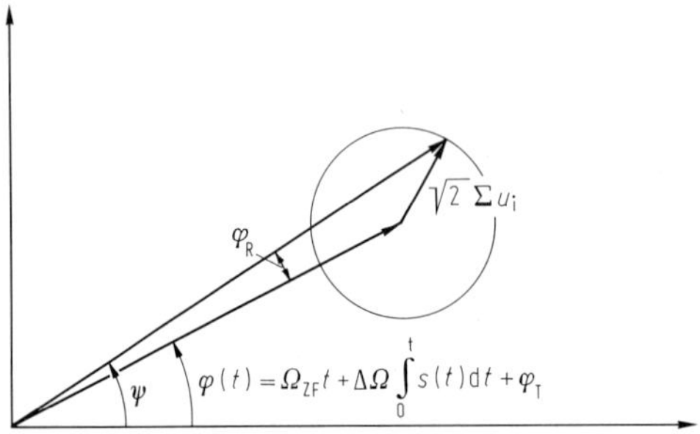

Bild 24. Momentanphase bei FM mit additivem Rauschen

Unter der Annahme eines linearen Demodulators mit $u_{NF}(t) = K_D \Omega_{ZF}(t)$, wobei $\Omega_{ZF}(t)$ die Momentanfrequenz der Signal- und Rauschspannung ist, gilt für die Signalleistung am Ausgang des Demodulators

$$S_A = \frac{\overline{|u_{NF}(t)|^2}}{4R_A} = (K_D \Delta\Omega/\sqrt{2})^2/4R_A.$$

Zur Berechnung des Störphasenanteils φ_R ist in Bild 24 die Überlagerung der ZF-Signalspannung und der Rauschspannung $\sqrt{2}\,u_i$ gezeigt (u_i = effektive Rauschspannung). Der Störphasenanteil errechnet sich dabei aus:

$$\begin{aligned}\varphi_R &= \psi(t) - \varphi(t) \\ &= \arctan \frac{\sum\limits_{i=-n}^{n} \sqrt{2}\,u_i \sin(i\Delta\omega t + \varphi_i)}{\hat{u}_{ZF} + \sum\limits_{i=-n}^{n} \sqrt{2}\,u_i \cos(i\Delta\omega t + \varphi_i)}.\end{aligned} \tag{30}$$

Dabei wird die Rauschspannung aufgeteilt in einen zu $u_{ZF}(t)$ kophasalen Anteil und in einen Quadraturanteil. Nach zeitlicher Differentiation der Momentanphase $\varphi(t)$ erhält man bei Beschränkung auf $\hat{u}_{ZF} \gg \sqrt{2}\,u_i$ die Momentanfrequenz

$$\begin{aligned}\Omega_{ZF}(t) &= \Omega_{ZF} + \Delta\Omega s(t) + i\Delta\omega \frac{\sqrt{2}\,u_i}{\hat{u}_{ZF}} \\ &\quad \cdot \cos(i\Delta\omega t + \varphi_i).\end{aligned} \tag{31}$$

Am Ausgang des Demodulators ist somit die Rauschleistung N_A verfügbar:

$$\begin{aligned}N_A &= \frac{K_D^2 \overline{\left| \sum\limits_{i=-n}^{n} \sqrt{2}\,u_i(i\Delta\omega) \cos(i\Delta\omega t + \varphi_i) \right|^2}}{4R_A\,|\hat{u}_{ZF}|^2} \\ &= (2\pi)^2 \frac{K_D^2 kT}{|\hat{u}_{ZF}|^2} \frac{2}{3} B_T^3.\end{aligned}$$

Dabei ist B_T die Grenzfrequenz des im Demodulator enthaltenen Tiefpaßfilters. Dann ergibt sich folgendes Verhältnis der Signal/Stör-Abstände:

$$\frac{S_A/N_A}{S_E/N_E} = \frac{3}{2}\left(\frac{\Delta f}{B_T}\right)^2 \frac{B_{ZF}}{B_T} = 3\left(\frac{\Delta f}{B_T}\right)^2 \left(\frac{\Delta f}{B_T} + 1\right) \quad \text{für } R_A = R_E. \tag{32}$$

Dieses Verhältnis gilt für Signal/Rausch-Abstände oberhalb des Demodulator-Schwellwerts. Für kleinere Störabstände nimmt der Ausgangs-Störabstand mit dem Eingangs-Störabstand rascher als linear ab [14, 18].

Nichtlineare Verzerrungen bei FM. Ein frequenzmoduliertes Signal $u_0(t)$ wird durch ein Übertragungssystem, das durch das Dämpfungsmaß $a(\Omega)$ und das Phasenmaß $\varphi(\Omega)$ gemäß Gln. (1), (2) beschrieben sei, umgewandelt in ein Signal

$$u_0(1 + r(t)) \cos(\Omega_0 t + \Delta\varphi(t) + \varphi_0 + \psi(t)).$$

Die Stör-Amplitudenmodulation $r(t)$ und die Stör-Phasenmodulation $\varphi(t)$ haben dann die in Tab. 3 angegebenen Werte (s. hierzu [16, 21, 24–30].

Tabelle 3. Nichtlineare Verzerrungen bei Frequenzmodulation

Kenngröße	$r(t)$	$\varphi(t)$	
lineare Dämpfung a_1	$a_1\dot{\varphi} - 1/2\,a_1^2\dot{\varphi}^2 + 1/3\,a_1^3\dot{\varphi}^3$		
quadr. Dämpfung a_2	$a_2\dot{\varphi}^2 + 1/2\,a_2^2\ddot{\varphi}^2$	$-a_2\ddot{\varphi} + a_2\dot{\varphi}^2\ddot{\varphi}$	
kub. Dämpfung a_3	$-a_3\dddot{\varphi} + a_3\dot{\varphi}^3$	$-3a_3\dot{\varphi}\ddot{\varphi}$	$\dot{\varphi} = \frac{d\varphi}{dt}$
quadr. Laufzeit b_2	$b_2\ddot{\varphi} + 2b_2\dot{\varphi}\ddot{\varphi} + b_2^2\ddot{\varphi}^2$	$-1/2\,b_2\dddot{\varphi} + b_2\dot{\varphi}^2$	
kub. Laufzeit b_3	$3_{b_3}\dot{\varphi}\ddot{\varphi}$	$-b_3\dddot{\varphi} + b_3\dot{\varphi}^3$	

1.3 Phasenmodulation (PM)
Phase modulation

Wenn der Momentanphasenanteil $g(t)$ zur Signalspannung $s(t)$ proportional ist, so spricht man von Phasenmodulation:

$$\Delta\varphi(t) = \Delta\varphi\, s(t) = M \cos(\omega t + \varphi_s). \quad (33)$$

Für den Modulationsindex gilt bei $\Delta\varphi \sim \hat{u}_s$: $M = \Delta\varphi$.
Für $u_0(t)$ nach den Gln. (3) und (4) gilt somit

$$u_0(t) = \hat{u}_0 \cos[\Omega_0 t + M\cos(\omega t + \varphi_s) + \varphi_0]. \quad (34)$$

Phasenmodulation und Frequenzmodulation unterscheiden sich lediglich in ihrem Verhalten gegenüber der Signalfrequenz ω: da die Momentanfrequenz $\Omega_0(t)$ bei FM durch zeitliche Integration aus $g(t)$ bei Phasenmodulation hervorgeht, kann nach Integration der Signalspannung mittels eines PM-Modulators FM erzeugt werden (Bild 25) ebenso wie nach Differentiation von $s(t)$ mittels eines FM-Modulators PM erzeugt werden kann (Bild 26).
Bei konstanter Signalamplitude $\hat{u}_s$ bleiben bei PM die Seitenlinien des Spektrums entsprechend dem frequenzunabhängigen Modulationsindex M unabhängig von der Modulationsfrequenz; bei FM jedoch ist, bedingt durch die Integration der Signalspannung, der Modulationsindex M proportional $1/\omega$.
Neben dem *indirekten Phasenmodulationsverfahren* mittels Frequenzmodulator und Differentiator existieren auch *direkte* Phasenmodulationsverfahren wie die Filter-Phasenmodulation nach Bild 27. Hierbei wird z. B. die Kapazität eines Parallelresonanzkreises durch die Signalspannung moduliert; der Parallelresonanzkreis ist dabei für $s(t) = 0$ auf Ω_0 abgestimmt. Für kleine Signalamplitude $\hat{u}_s$, also bei nur geringfügiger Änderung der Resonanzfrequenz des Kreises, erhält man für die Phase $g(t)$ der Kreisadmittanz:

$$\Delta\varphi(t) = -\arctan\frac{\Omega_0 C(t) - L/\Omega_0}{G}. \quad (35)$$

Mit $C(t) = C_0\left(1 + \dfrac{U_v + s(t)}{U_D}\right)$ folgt für $|s(t)| \ll U_v$

$$\Delta\varphi(t) = \frac{\gamma}{(U_D + U_V)\,\Omega_0 L G}\, s(t) = \Delta\varphi\, s(t) = M\cos(\omega t + \varphi_s). \quad (36)$$

Die Amplitude der PM-Schwingung ist wegen des frequenzabhängigen Betrages Y von $\underline{Y} = G + j\omega C - j1/\omega L$ nicht konstant:

$$u_0(t) = \frac{\hat{i}_0}{Y}\,\mathrm{Re}\exp[j(\Omega_0 t + M\cos(\omega t + \varphi_s) + \varphi_0)]. \quad (37)$$

Ein ergänzendes Beispiel zur Phasenmodulation ist in [31] beschrieben.

Demodulation von PM. Zur Demodulation von PM eignet sich der Phasendetektor nach Bild 28. Dabei wird auf zwei Dioden das PM-Signal im Gegentakt und die regenerierte Trägerfrequenz im Gleichtakt geschaltet. Aus den in beiden Dioden entstehenden Mischströmen werden über zwei Tiefpaßfilter die erwünschten unteren Seitenbänder ausgefiltert, so daß für die Ausgangsspannung $s(t)$ gilt:

$$s(t) = c R \hat{u}_T \hat{u}_0 \cos(g(t) + \varphi_0 - \varphi_T). \quad (38)$$

(c = Diodenkonstante). Danach bzw. nach Bild 29 erzeugt $s(t)$ dann maximale Änderungen über $\Delta\varphi(t)$, wenn die Quadraturbedingung $\varphi_0 - \varphi_T = \pm(2n+1)\,\pi/2$ mit ganzzahligem n erfüllt ist.
Die Demodulationskennlinie kann sowohl positive als auch negative Steigung aufweisen, je nach der Phasendifferenz $(\varphi_0 - \varphi_T)$. Die Demodula-

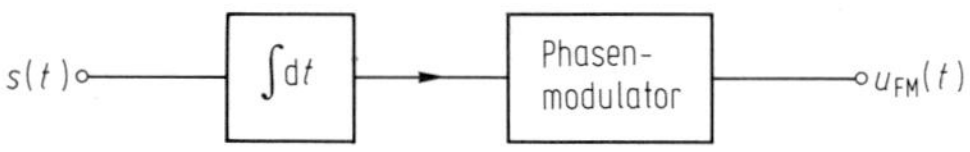

Bild 25. FM-Erzeugung mittels Integrator und Phasenmodulator

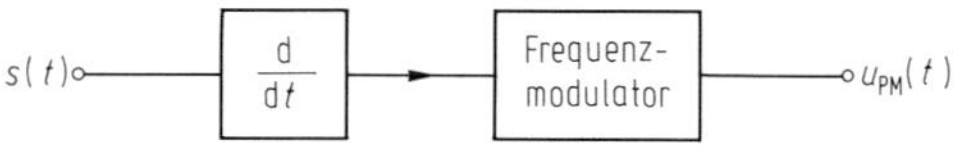

Bild 26. PM-Erzeugung mittels Differentiator und Frequenzmodulator

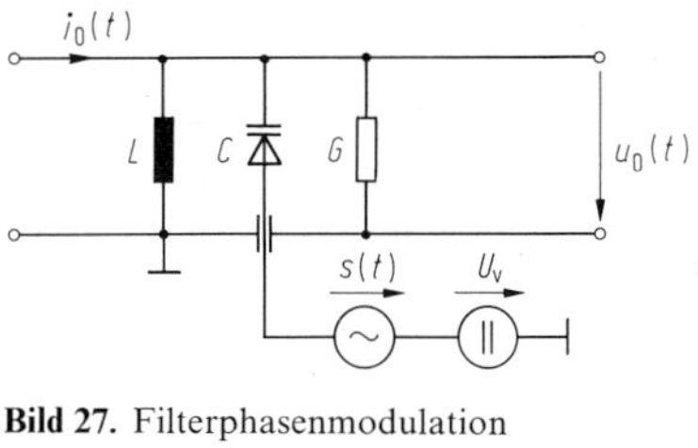

Bild 27. Filterphasenmodulation

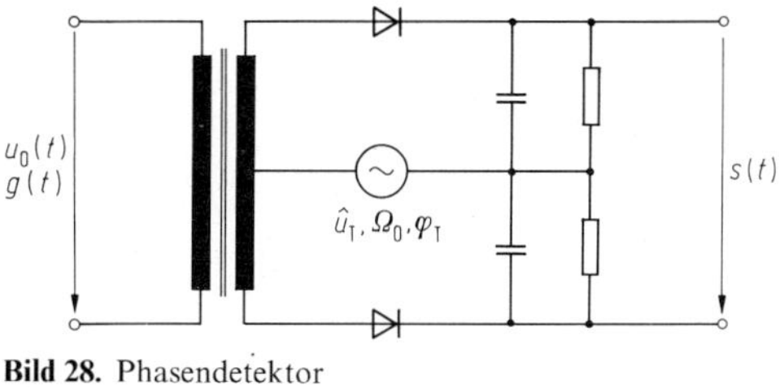

Bild 28. Phasendetektor

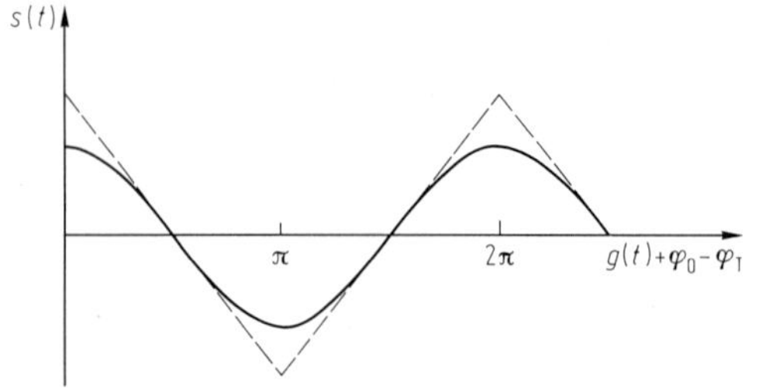

Bild 29. Phasendetektorkennlinie

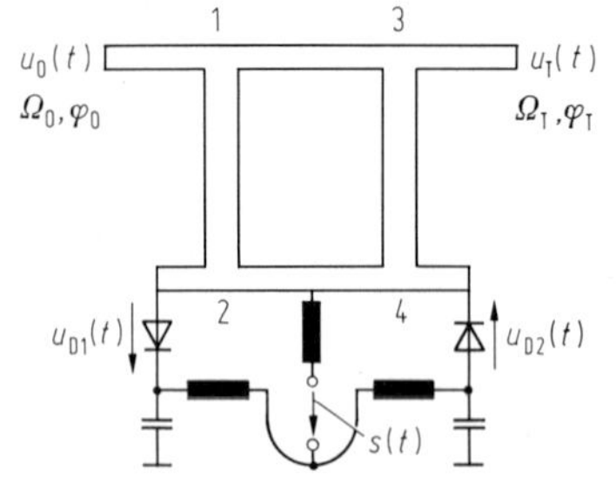

Bild 30. Mikrowellen-Phasendetektor

Tabelle 4. Phasenlagen in Bild 30

Punkt 2	Punkt 4	u_{D1}	u_{D1}
$\varphi_0 + 90°$	$\varphi_0 + 180°$	$\varphi_0 + 90°$	φ_0
$\varphi_T + 180°$	$\varphi_T + 90°$	$\varphi_T + 180°$	$\varphi_T - 90°$

tionskennlinie ist für $\hat{u}_T/\hat{u}_s \gg 1$ oder $\hat{u}_s/\hat{u}_T \ll 1$ cosinusförmig; sie geht für $\hat{u}_T = \hat{u}_s$ in eine nahezu dreiecksförmige Kennlinie über.
Bild 30 zeigt die Auslegung eines Phasendetektors im Mikrowellenbereich. Der dabei verwendete Branchline-Koppler bewirkt die Phasendrehungen, die in Tab. 4 eingetragen sind. An den Toren 2 und 4 ist dabei jeweils die Hälfte der beiden Eingangsleistungen verfügbar. Wie aus Tab. 4 ersichtlich ist, bewirkt die Schaltung nach Bild 30 Quadratursteuerung beider Dioden. Unter bestimmten Bedingungen ist mit einem Phasendetektor ähnlich Bild 30 auch eine Phasendetektion bei verschiedenfrequenten Eingangssignalen möglich [32], zumindest immer dann, wenn die Eingangsfrequenz Ω_0 in einem ganzzahligen Verhältnis zu der Trägerfrequenz Ω_T steht. In diesem Fall werden Mischströme höherer Ordnung gemäß $\Delta\varphi = \Omega_0 t + \varphi_0 - n(\Omega_T t + \varphi_T)$ die Ausgangsspannung erzeugen. Die Quadraturbedingung ist entsprechend zu modifizieren. Dieser Oberwellenphasendetektor bringt immer dann Vorteile, wenn die Regeneration des Trägersignals in der Ω_0-Ebene zu aufwendig wird und stattdessen die Regeneration von Ω_0/n erfolgt.

Störabstand bei PM. Die Momentanphase $\varphi(t)$ des phasenmodulierten Signals mit additivem Rauschen ist dieselbe wie bei FM. Die Demodulationskennlinie ist hier jedoch charakterisiert durch:

$$u_{NF}(t) = K_D\,\varphi(t).$$

Gegenüber FM erhält man somit als Signal-Ausgangsleistung

$$S_A = \left(\frac{K_D \Delta\varphi}{\sqrt{2}}\right)^2 \frac{1}{4R_A}$$

und als Rausch-Ausgangsleistung

$$N_A = 2K_D^2 kT B_{NF}/(|\hat{u}_{ZF}|^2)$$

und damit für das Verhältnis der Signal/Rausch-Abstände bei

$$R_A = R_E \quad \text{und} \quad B_{ZF} = 2B_{NF}$$

$$\frac{S_A/N_A}{S_E/N_E} = \Delta\varphi^2. \qquad (39)$$

1.4 Vergleich der analogen Modulationsverfahren

Comparison of methods for analog modulation

Kriterium	ZSB-AM	ZSB-AM-uT	ESB-AM	FM	PM
Bandbreite	$2B_{NF}$	$2B_{NF}$	B_{NF}	$2(M+1)B_{NF}$	$2(M+1)B_{NF}$
Störabstands-verbesserung	$2\frac{m^2\overline{s(t)^2}}{1+m^2\overline{s(t)^2}}$	2	1	$3\left(\frac{\Delta f}{B_T}\right)^2\left(\frac{\Delta f}{B_T}+1\right)$	$\Delta\varphi^2$
Anforderung bei Mehrfach-ausnutzung des HF-Kanals	Amplituden-linearität		Phasenlinearität		

Spezielle Literatur: [1] *Hoffmann, M.H.W.:* Verrauschte FM-Signale und ihre Demodulation durch PLL-FM-Demodulatoren; Diss. Univ. Saarbrücken 1980. – [2] *Bronstein, I.N.; Semendjajew, K.A.:* Taschenbuch der Mathematik. Frankfurt/M.: Deutsch 1976. – [3] *Giordano, M.; Martinelli, M.; Santucci, S.:* SSB-Modulators: discrete or integrate. Mircrowaves 18 (1979) 59–63. – [4] *Norgaard, D.E.:* The phase shift method of single-sideband generation. Proc. IRE 44 (1956) 1718–1956. – [5] *Weaver, D.K.:* A third method of generation of single-sideband signals. Proc. IRE 44 (1956) 1703–1705. – [6] *Kahn, R.:* Single-sideband transmission by envelope elimination and restoration. Proc. IRE 40 (1952) 803–806. – [7] *Costas, J.P.:* Synchronous communications. Proc. IRE 44 (1956) 1713–1718. – [8] *Dixon, P.G.:* Principles of analogue modulation. Electro Technol. (July 1981) 87–90. – [9] *Holzwarth, H.:* Einseitenbandmodulation in der Richtfunktechnik. NTF 19 (1960) 86–91. – [10] *Tong, D.A.:* Phase locked detector for double-sideband, diminished carrier reception. Wireless World (Sept. 1981) 79–83. – [11] *Dillon, C.:* Sensitivity considerations in cascaded lattice-type quadrature-modulation networks. IEEE Proc. 128 (1981) Part G, 154–157. – [12] *Kühne, F.:* Modulationssysteme mit Sinusträger. AEÜ 24 (1970) 139–150; AEÜ 25 (1971) 117–128. – [13] *Anuff, A.; Lion, M.L.:* A note on necessary bandwidth in FM-systems. Proc. IEEE 59 (1971) 1522–1523. – [14] *Maurer, R.:* Vorlesung HF-Technik I bis IV; Univ. d. Saarlandes, Math.-Naturwiss. Fak. – [15] *Kuhn, H.:* FM-Spektren bei Modulation mit Vielkanal-Trägerfrequenzsignalen. AEÜ 24 (1970) 91–98. – [16] *Müller, M.:* Die Zeigermethode, Ein anschauliches Verfahren zur Behandlung von Verzerrungen der Kleinhub-FM mit Anwendung auf FM-Technik. AEÜ 16 (1962) 25–99. – [17] *Gabler, E.; Leysieffer, H.:* Neuzeitlicher Halbleiter-Frequenzmodulator für Breitband-Richtfunksysteme. NTZ 18 (1965) 186–190. – [18] *Hoffmann, M.H.W.:* Estimation functions for noisy signals and their application to a phaselocked FM demodulator. AEÜ 36 (1982) 192–198. – [19] *Hoffmann, M.H.W.:* Rausch- und Selektionseigenschaften von Phaselock-Demodulatoren. NTG Fachber. 81, „Rundfunk-Satellitensysteme" (1982) 212–218. – [20] *Hoffmann, M.H.W.:* On modulation theory and FM spike noise. AEÜ 35 (1981) 333–342. – [21] *Stojanovic, Z.D.; Dukic, L.; Stojanovic, I.S.:* A new demodulation method improving FM system interference immunity. IEEE Trans. COM-29 (1981) 1001–1011. – [22] *Wiley, R.G.:* Approximate FM demodulation using zero crossings. IEEE Trans. COM-29 (1981) 1061–1065. – [23] *Lutz, J.F.:* Synchronous delay-line detector provides wideband performance. Microwaves & RF (Nov. 1982) 71–79. – [24] *Cross, C.T.:* Intermodulation noise in FM-systems due to transmission deviations and AM/PM conversion. IEEE Trans. COM-16 (1966) 1749–1773. – [25] *Dick, R.:* Die Erkennbarkeit von Fehlern im Übertragungsweg von FM-Signalen. Frequenz 24 (1971) 1–11. – [26] *Garrison, G.J.:* Intermodulation distortion in frequency-division-multiplex FM-systems – A Tutorial Summary. IEEE Trans. COM-16 (1968) 289–303. – [27] *Hölzler, E.:* Über die Wirkung von Verzerrungen bei der Übertragung frequenzmodulierter Schwingungen. ENT 18 (1941) 106–117. – [28] *Kettel, E.:* Die nichtlinearen Verzerrungen bei Frequenzmodulation. Telefunken-Ztg. 23 (1950) 167–174. – [29] *Pontano, B.A.; Fuenzalida, J.C.; Chitre, N.K.M.:* Interference into angle-modulated systems carrying multichannel telephony signals. IEEE Trans. COM-21 (1973) 714–727. – [30] *Rice, S.O.:* Distortion produced in a noise modulated FM signal by nonlinear attenuation and phase shift. Bell Syst. Tech. J. 36 (1957) 879–889. – [31] *Rother, D.:* Analoge Phasenmodulation mit minimaler Bandbreite und optimalem Modulationsindex. NTZ 28 (1975) 2–6. – [32] *Gier, K.M.:* Phasendetektor für HF-Signale ungleicher Frequenz. Patentanmeldung P 3 034 437.

2 Modulation digitaler Signale
Modulation of digital signals

Allgemeine Literatur: *Bennett, W.R.; Davey, J.R.:* Data transmission. New York: McGraw-Hill 1965. – *Bocker, P.:* Datenübertragung, Bd. I u. II. Berlin: Springer 1983/1979. – *Gurow, W.S.:* Grundlagen der Datenübertragung. Leipzig: Akad. Verlagsges. 1969. – *Hölzler, E.; Holzwarth, H.:* Pulstechnik, Bd. I u. II. Berlin: Springer 1982/1976. – *Lucky, D.W.; Salz, J.; Weldon, E.J.:* Principles of data communication. New York: McGraw-Hill 1968. – *Viterbi, A.J.:* Principles of coherent communication. New York: McGraw-Hill 1966.

2.1 **Einführung.** Introduction

In der modernen Übertragungstechnik treten die Signale immer häufiger als digitale binäre Zeichen auf, die über vorhandene analoge Verbindungswege übertragen werden müssen. Das binäre Signal besteht aus einer Rechteckimpulsfolge, die einen hohen zeitlichen Mittelwert (Gleichspannung) besitzt und deren Spektrum sich bis zu sehr hohen Frequenzen erstreckt. Es ist deshalb in seiner ursprünglichen Form für die Übertragung nicht geeignet, es muß entweder in seiner Impulsform geändert oder moduliert werden.

Wird nur eine Impulsformung vorgenommen – man spricht dann von *Basisband-Übertragungsverfahren* –, so beginnt das benötigte Spektrum bei sehr niedrigen Frequenzen. Dieses Verfahren ist nur für Kabelstrecken brauchbar [1, 2]. Steht nur ein nach niedrigen und hohen Frequenzen begrenzter Bereich zur Verfügung, z. B. in einem Trägerfrequenzensystem, so muß das binäre Signal einer Trägerfrequenz aufmoduliert werden. Dafür kommen grundsätzlich die drei in O 1.1 bis O 1.3 beschriebenen Modulationsarten in Frage: Amplituden-, Frequenz- und Phasenmodulation. Es ergeben sich aber gegenüber der Modulation von analogen Signalen Vereinfachungen, da die digitalen Signale nicht wertekontinuierlich sind. In der Praxis werden höchstens 16 verschiedene Kennzustände verwendet und von einem Kennzustand zum anderen gesprungen. Deshalb spricht man nicht mehr von Modulation, sondern von *Umtastung* oder in der englischsprachigen Literatur von „shift keying".

Spezielle Literatur Seite O 29

Wenn die binären Daten direkt umgetastet werden, so daß nur zwei Kennzustände auftreten, dann entspricht die Übertragungsgeschwindigkeit $v_{\text{ü}}$ [bits/s] der binären Daten der Schrittgeschwindigkeit v_s des modulierten Signals. v_s gibt die Anzahl der Kennzustandswechsel pro Sekunde an und wird in Bd gemessen. Bei der binären Umtastung entsteht ein Signal, das sehr unempfindlich gegen Störungen ist, das aber auch eine große Bandbreite benötigt. Zur besseren Ausnutzung der vorhandenen Bandbreite wird die Zahl der Kennzustände auf n erhöht ($2 \leq n \leq 16$), wodurch $v_{\text{ü}}$ bei gleichbleibendem v_s auf Kosten einer größeren Empfindlichkeit gegen Störer und eines Schaltungsmehraufwands zunimmt:

$$v_{\text{ü}} = v_s \, \text{ld}(n); \quad (2 \leq n \leq 16).$$

Die Empfindlichkeit gegen Störer wird verbessert, wenn nicht nur eine, sondern zwei Bestimmungsgrößen, z. B. Amplitude und Phase gleichzeitig verändert werden. Dies wird vor allem bei Stufenzahlen $n \geq 8$ ausgenützt. Wird die Trägerfrequenz mit Rechteckimpulsen moduliert (harte Tastung), so entsteht ein unendlich breites Frequenzband, das für die Übertragung ungeeignet ist. Das modulierte Signal muß deshalb nach der Modulation durch einen Bandpaß auf das verfügbare Frequenzband begrenzt werden. Es kann auch bereits das digitale Signal (Basisbandsignal) durch Impulsformung abgerundet und damit in seinem Frequenzband beschnitten sein, es muß dann aber wie ein analoges Signal moduliert werden [3–5].

Bei der Bandbegrenzung eines Dirac-Impulses durch einen idealen Tiefpaß mit der Grenzfrequenz f_g entsteht ein Impuls der Form

$$s(t) = \sin(2\pi f_g t)/\pi t = 2f_g \, \text{si}(2\pi f_g t)$$

mit einem Amplitudenmaximum bei $t = 0$ und Nulldurchgängen bei $t = n/2\pi f_g$. Aus diesem Sachverhalt leitet sich die erste Nyquist-Bedingung [6] ab, wonach eine Übertragung bei einem ideal bandbegrenzten System ohne gegenseitige Impulsbeeinflussung möglich ist, wenn mit einer Schrittgeschwindigkeit von $v_s = 2f_g$ übertragen und exakt in Schrittmitte abgefragt wird.

Bei realisierbaren Systemen kann nicht mit Dirac-Stößen und idealer Bandbegrenzung gearbeitet werden. In diesen Fällen wird die zweite Nyquist-Bedingung [6] angewendet, nach der die Maxima und die Nulldurchgänge der Impulsfolge erhalten bleiben, wenn ihr Spektrum eine abfallende Flanke besitzt, die symmetrisch zur Grenzfrequenz f_g verläuft. Ein besonders geeigneter Frequenzverlauf hat eine Flanke mit einem $\cos^2$-förmigen Übergang, dessen Steilheit durch den Roll-off-Faktor $r (0 \leq r \leq 1)$ angegeben wird. Es ist $r = 1$, wenn die abfallende Flanke bereits

$\underline{S}(f) = 1$ für $f \leq (1-r)f_g$

$\underline{S}(f) = \frac{1}{2}\left[1 - \sin\dfrac{\pi}{2f_g \cdot r}(f - f_g)\right]$

für $(1-r)f_g \leq f \leq (1+r)f_g$

$\underline{S}(f) = 0$ für $f \geq (1+r)f_g$

$s(t) = \dfrac{\sin 2\pi f_g t}{2\pi f_g t} \cdot \dfrac{\cos 2\pi f_g \cdot r \cdot t}{1 - (4f_g \cdot r \cdot t)^2}$

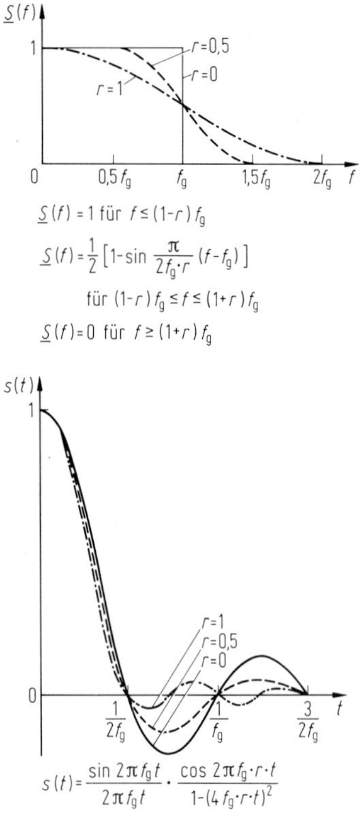

Bild 1. Spektrale Leistungsdichte und Zeitverlauf für verschiedene roll-off-Faktoren

bei $f = 0$ beginnt und $r = 0$ bei rechteckigem Verlauf (Bild 1).

Mit wachsendem r wird ein immer breiteres Frequenzband beansprucht bis $B = 2f_g$ für $r = 1$, dafür werden aber die Überschwinger und damit die gegenseitige Beeinflussung bei nichtidealer Abfrage immer kleiner.

2.2 Amplitudenmodulation
Amplitude modulation

Die Amplitudenmodulation mit unterschiedlichen Pegeln der Trägerschwingung wird zum Übertragen digitaler Zeichen wegen der Empfindlichkeit gegen Pegelschwankungen nur noch in Ausnahmefällen angewendet. Sie bietet aber als einzige Modulationsart die Möglichkeit der *Einseitenbandübertragung*, was zu einer erheblichen Bandbreiteeinsparung führt, besonders bei einer Impulsvorformung nach dem partial-response-Prinzip. Oftmals ist aber die Unterdrückung des unerwünschten Seitenbandes schwierig, weil die Lücke des Spektrums in der Nähe der Trägerfrequenz zu schmal ist. Dann hilft die *Restseitenbandmodulation*, die nur eine kleine

Verbreiterung des erforderlichen Frequenzbandes benötigt. Der Dämpfungsanstieg des Filters zur Unterdrückung des unerwünschten Seitenbandes verläuft dabei symmetrisch zur Trägerfrequenz, so daß vom unerwünschten Seitenband genau der Anteil passieren kann, der vom erwünschten Seitenband unterdrückt wird. Da die Information in beiden Seitenbändern jeweils vollständig enthalten ist, kann das Signal unverzerrt demoduliert werden.
Aufwendig ist bei Einseiten- und Restseitenbandverfahren die Rückgewinnung des frequenz- und phasenrichtigen Trägers, der zur Demodulation unbedingt benötigt, aber zur Einsparung von Sendeleistung nicht übertragen wird. Häufig wird die Frequenz des Trägers von mitübertragenen Pilotfrequenzen oder von beigefügten Trägerresten abgeleitet und nur die Phase nachgeregelt, wozu die Form des demodulierten Signalimpulses herangezogen werden kann, also Symmetrie oder Abstand der Nulldurchgänge.

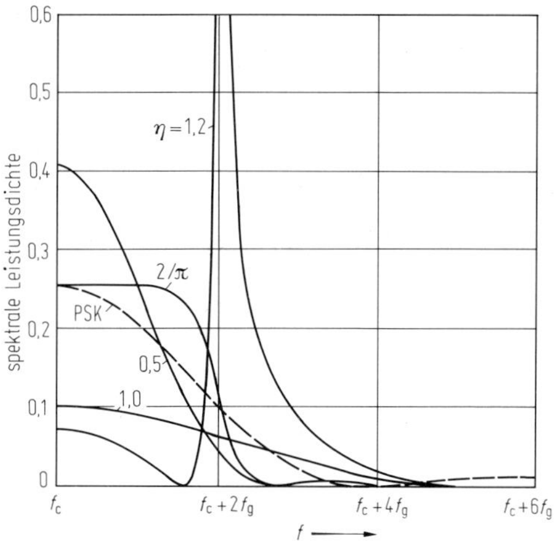

Bild 2. Spektrale Leistungsdichte bei FSK in Abhängigkeit vom Modulationsindex η

2.3 Frequenzumtastung (FSK)

Frequency shift keying

Die Frequenzumtastung wird fast ausschließlich bei binärer und dabei häufig bei anisochroner, also nicht taktgebundener Übertragung verwendet. Die Kennzustände werden bei dieser Modulationsart durch zwei unterschiedliche Frequenzen dargestellt, zwischen denen meist hart umgetastet wird, damit die Modulatorschaltung einfach wird. Die notwendige Bandbegrenzung muß in diesem Fall durch ein nachgeschaltetes Filter erreicht werden. Bei einer speziellen Ausführungsform stehen die Kennfrequenzen zur Übertragungsgeschwindigkeit in einem festen Verhältnis, so daß neben den unterschiedlichen Frequenzen auch definierte Phasen auftreten, die detektiert werden können.
Beim *Minimum Frequency Shift Keying* (MSK) sind Frequenzhub und Übertragungsgeschwindigkeit gleich groß, so daß im Abfragezeitpunkt ein auf die Mittenfrequenz bezogener Phasenhub von $\pm 90°$ auftritt [7, 8]. Bei der *„gezähmten" Frequenzumtastung* (ZFM) [9] entstehen Phasenhübe, die Vielfache von 45° sind.
Bei Frequenzumtastung kann das Signal ohne Rückgewinnung des Trägers demoduliert werden. Sie ist störungsunempfindlich, da die bevorzugt auftretenden additiven Amplitudenstörungen im Empfänger durch einen vorgeschalteten Begrenzerverstärker entfernt werden können. Dafür ist aber die Bandbreitenausnutzung nicht günstig, da immer beide Seitenbänder übertragen werden müssen, weil es sich um eine nichtlineare Umsetzung handelt. Die Breite des bei der Modulation entstehenden Spektrums ist vom Modulationsindex η abhängig (Carson-Formel s. Gl. O 1 (22)).
Wie aus Bild 2 zu entnehmen ist, ergibt sich ein besonders günstiger Verlauf der spektralen Leistungsdichte, wenn der Modulationsindex η zwischen 0,5 und 0,8 liegt, weil dann das Spektrum sehr schmal und die Leistung gleichmäßig verteilt ist.
Zum Vergleich ist der Verlauf der spektralen Leistungsdichte für ASK und PSK eingetragen, d. h.

$$((\sin \pi x)/\pi x)^2 \quad \text{mit} \quad x = (f - f_0)/4f_g.$$

Modulationsverfahren für FSK. Es können natürlich alle in O 1.2 beschriebenen Frequenzmodulatoren verwendet werden, wenn ein höherer Aufwand erlaubt oder die weiche Tastung von vorgeformten Basisbandimpulsen notwendig ist. Diese Vorformung kann notwendig werden, wenn die Schrittgeschwindigkeit in der Nähe der Trägerfrequenz liegt, weil dann bei der harten Tastung Spektralanteile, die zu negativen Frequenzen führen würden, in das übertragene Spektrum gespiegelt werden und sich störend auswirken.
Bei der harten Tastung können nicht zwei unabhängig voneinander erzeugte Frequenzen ein- und ausgeschaltet werden, weil dabei Phasensprünge im Umschaltezeitpunkt auftreten können, welche sich bei der Demodulation störend auswirken. Es wird deshalb ein LC-Oszillator mit umschaltbarer Induktivität verwendet. Bei dieser Umschaltung bleibt die Energie im Umschaltezeitpunkt unverändert, so daß kein Phasensprung auftritt, was bei Umschaltung der Kapazität des Schwingkreises nicht gewährleistet ist.

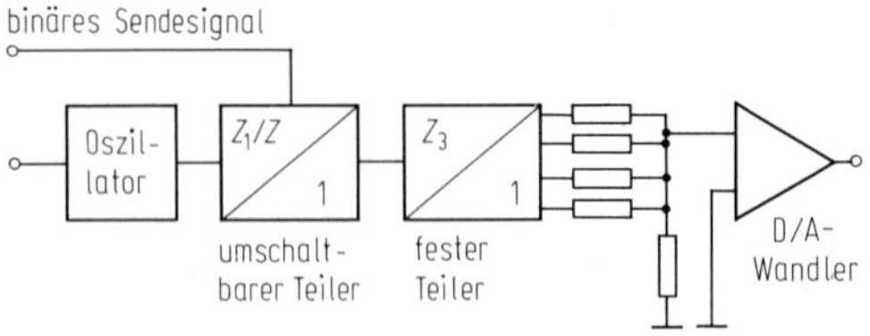

Bild 3. Frequenzumtastung durch umschaltbaren Teiler

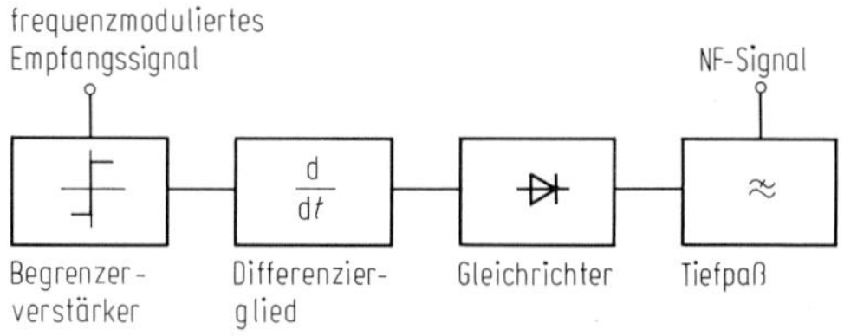

Bild 4. Empfängerschaltung für frequenzumgetastete Signale

Tritt bei der Umtastung trotzdem ein Phasenfehler auf, so kann dessen Einfluß vermindert werden, wenn die Umtastung bei höheren Frequenzen erfolgt, die anschließend in Zählerketten heruntergeteilt werden. Davon macht man auch bei der digitalen Frequenzumtastung Gebrauch, die in Bild 3 gezeigt ist. Dabei wird die Frequenz eines hochfrequenten und meist sehr genauen Oszillators auf einen umschaltbaren Teiler gegeben, dessen Teilerverhältnis in Abhängigkeit vom Eingangssignal umgeschaltet wird. Bei dieser Umschaltung entstehen Phasensprünge, deren Größe vom Unterschied der Signalfrequenz und damit von den Teilerverhältnissen Z_1 und Z_2 abhängig ist. Der maximale Phasenfehler wird

$$\Delta\varphi = \frac{Z_2 - Z_1}{Z_2}\, 360^\circ .$$

Dieser Phasenfehler muß durch einen nachfolgenden festen Teiler Z_3 auf den zulässigen Wert reduziert werden. Wird der Teiler oder ein Teil davon als Schieberegisterzähler mit Summiernetzwerk ausgeführt, so läßt sich ein sinusförmiges Sendesignal durch eine Treppenkurve annähern.

Demodulationsverfahren für FSK. Bei der Frequenzdemodulation wird das Empfangssignal am Empfängereingang zunächst in einem Begrenzerverstärker hart begrenzt, um Störungen zu eliminieren, die als Amplitudenschwankungen auftreten (Bild 4). Anschließend wird das Signal differenziert, wobei die Frequenzmodulation in eine Amplitudenmodulation umgewandelt wird, aus der dann ein Gleichrichter mit Tiefpaß den ursprünglichen Signalimpuls ableitet. Von den bei den analogen Signalen verwendeten Demodulatoren, die eine Differentiation im Frequenzbereich vornehmen, sind bei der Frequenzumtastung vor allem die *Phasenregelschleife* (*PLL*) und der passive *Flankendiskriminator* in Gegentaktschaltung mit zwei gekoppelten Parallelschwingkreisen unterschiedlicher Mittenfrequenz in Gebrauch (Bild 5).

Beide Schaltungen haben den Vorteil der Frequenzselektion, so daß außerhalb des Nutzbandes liegende Störfrequenzen schon bei der Demodulation unterdrückt werden, was die Forderungen an den nachfolgenden Demodulationstiefpaß wesentlich erniedrigt.

Bei der Frequenzumtastung werden häufig Demodulatoren verwendet, die zur Demodulation nur die Nulldurchgänge des hart begrenzten Empfangssignals beachten. Die einfachste Anwendung bedeutet dabei der sog. *Zähldiskriminator*, bei dem der Abstand zweier Nulldurchgänge mit hoher Frequenz ausgezählt wird und der nur angewendet werden kann, wenn die Kennfrequenzen sehr viel höher als die Schrittgeschwindigkeit sind.

Die verbreitetste Art des Nulldurchgangsdiskriminators verwendet einen *Markierer*, der z.B. durch monostabile Multivibratoren realisiert werden kann (Bild 6). Zuerst wird in jedem Nulldurchgang positiver und negativer Richtung ein kurzer Impuls erzeugt, der eine monostabile Schaltung zur Abgabe eines Impulses konstanter Länge veranlaßt. Der Gleichstrommittelwert dieses pulsabstandsmodulierten Signals, der ein Maß für die Frequenz des empfangenen Signals ist, wird in einem Tiefpaß ausgefiltert und auf eine nachfolgende Schwelle gegeben, die daraus wieder ein rechteckförmiges Basisbandsignal er-

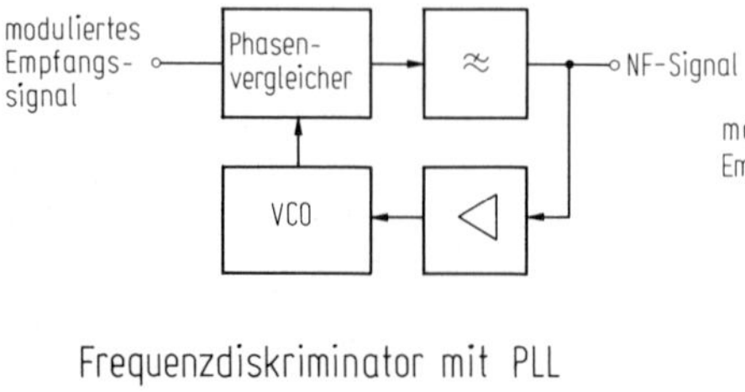

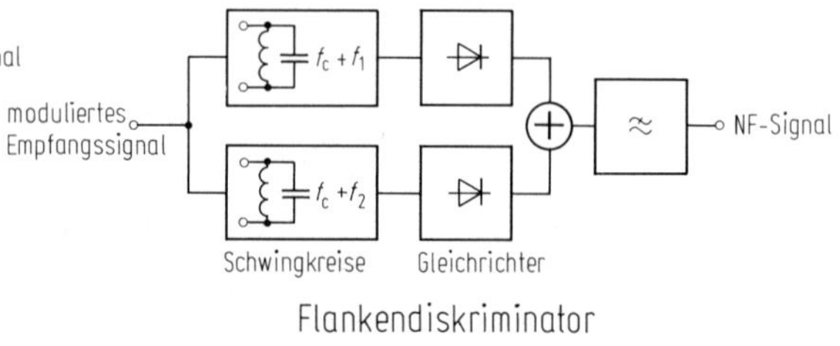

Bild 5. Analoge Demodulatoren für frequenzumgetastete Signale

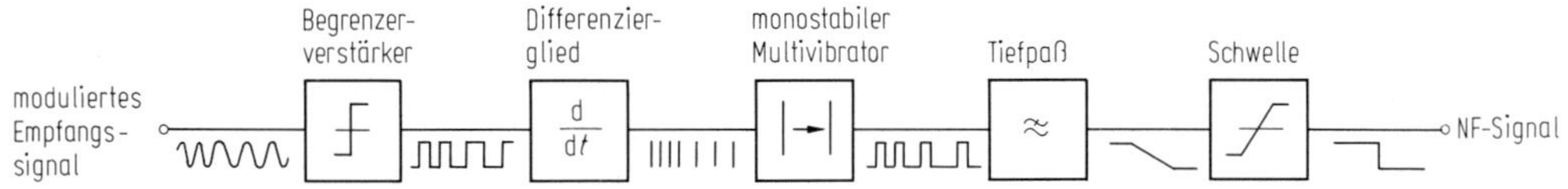

Bild 6. Nulldurchgangsdiskriminator für frequenzumgetastete Signale mit Signalverlauf

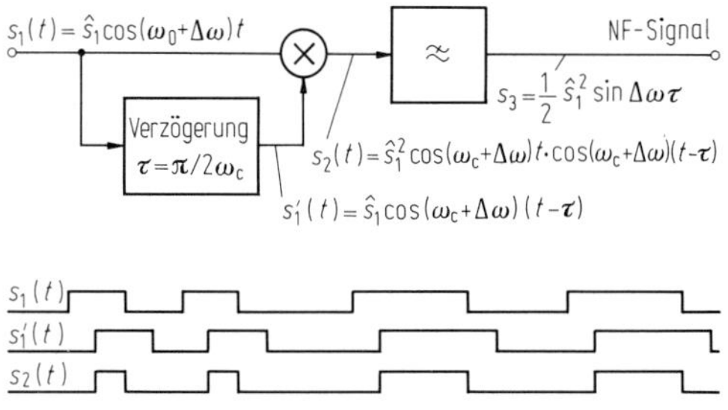

Bild 7. Synchrondemodulator für frequenzumgetastete Signale mit Signalverlauf

zeugt. Die Grenzfrequenz des Tiefpasses muß so gewählt werden, daß die Frequenz des Nutzsignals (= Schrittgeschwindigkeit/2) noch im Durchlaßbereich liegt und nicht gedämpft wird, während der niederstfrequente störende Anteil mit dem doppelten Wert der tieferen Kennfrequenz schon möglichst gut unterdrückt wird.
Beim *Synchrondemodulator* (Bild 7) wird das Empfangssignal um eine Zeit τ verzögert, die einem Viertel der Periodenlänge des Trägers $f_c = (f_1 + f_2)/2$ entspricht. Dieses verzögerte Signal wird mit dem unverzögerten multipliziert und das Produkt in einem anschließenden Tiefpaß von den höherfrequenten Anteilen befreit [10].
Bei hart begrenzten Signalen kann das Verzögerungsglied durch ein Schieberegister und der Multiplizierer durch eine Exklusiv-ODER-Schaltung ersetzt werden, so daß eine sehr einfache Realisierung möglich ist.

2.4 Phasenumtastung (PSK)

Phase shift keying

Die Phasenumtastung, die eine besonders einfache Art der Quadraturamplitudenmodulation (QAM) ist, besitzt eine geringe Empfindlichkeit gegen Störungen; mit ihr lassen sich leicht mehrstufige Signale bis zu 16 Kennzuständen verwirklichen. Deshalb ist sie die am häufigsten verwendete Modulationsart, wenn größere Anforderungen in bezug auf Übertragungsqualität und Einsparung an Bandbreite gestellt werden. Wie bei der Frequenzmodulation handelt es sich bei der Phasenmodulation eigentlich um eine nichtlineare Modulationsart, die sich aber im Spezialfall der Phasenumtastung linear verhält. Es müssen beide Seitenbänder übertragen werden, eine Einseitenbandtechnik zur Einsparung von Bandbreite ist nicht möglich. Ein geringerer Bandbreitebedarf kann nur durch die Übertragung von mehreren Kennzuständen erreichet werden, allerdings auf Kosten erhöhter Empfindlichkeit gegen Störer.
Bei der Phasenumtastung wird die Information durch die Phase der Träger während eines Übertragungsschritts dargestellt. Dabei werden zwei Verfahren unterschieden, die *Bezugscodierung*, bei der die gesendete Trägerphase auf die Phase eines ungetasteten Trägers bezogen ist, und die *Differenzcodierung*, bei der die Information durch den Phasenunterschied des gesendeten Trägers in zwei aufeinanderfolgenden Übertragungsschritten dargestellt wird. Die Phasendifferenzumtastung wird häufiger verwendet, weil bei der Demodulation der Träger oder wenigstens seine richtige Nullphase nicht vorhanden sein muß.
Bei der *binären Phasenumtastung* enthält das modulierte Signal Phasensprünge des Trägers von 180°, sie läßt sich somit auch als Amplitudenmodulation des Trägers durch ein bipolares Rechtecksignal mit den Amplituden ± 1 deuten. Dabei entsteht ein Zweiseitenbandsignal mit unterdrücktem Träger.
Den zeitlichen Verlauf des Signals und das Signalzustandsdiagramm in der komplexen Ebene zeigt Bild 8. Als Entscheidungsbereich bei der Demodulation dienen die linke und die rechte Halbebene des Zustandsdiagramms, Fehler entstehen also erst dann, wenn ein Phasenfehler von $\pm 90°$ oder ein Störer mit der Amplitude $\cos 90° = 1$ auftritt.
Die Zweiphasenumtastung wird aber wegen des großen Bandbreitebedarfs ($B \approx 1{,}3\ v_{ü}$) nur ganz selten verwendet, es wird vielmehr eine mehrwertige bandbreitesparende Modulation benutzt, z. B. eine Vier- oder Achtphasenmodulation, welche nur die Hälfte bzw. ein Drittel dieser Bandbreite benötigen. Die mehrwertige Modulation muß immer taktgebunden durchgeführt werden, damit die Serienparallelwandlung beim Sender und die Parallelserienwandlung im Empfänger ausgeführt werden kann. Die quaternäre Modulation (*Vierphasenumtastung*) mit vier unterschiedlichen Phasenlagen ist das verbreitetste Verfahren, wobei zwischen zwei Versionen unterschieden wird, deren Phasenzuordnung Tab. 1

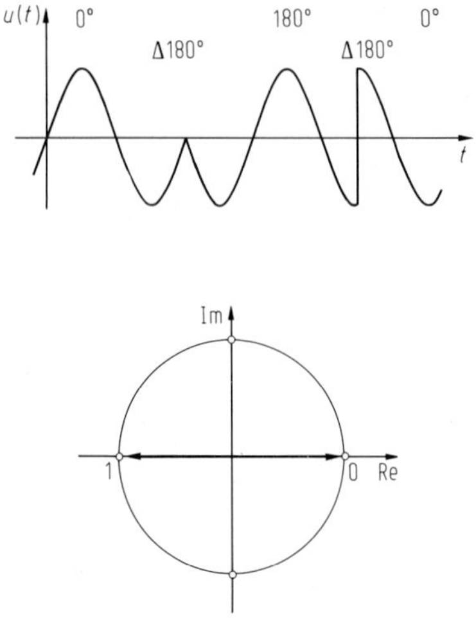

Bild 8. Signalverlauf und Signalzustandsdiagramm bei Zweiphasenumtastung. Die Binärzeichen an den Phasensternen in den Bildern 8 bis 11 kennzeichnen den Phasensprung ausgehend von der Phase 0°

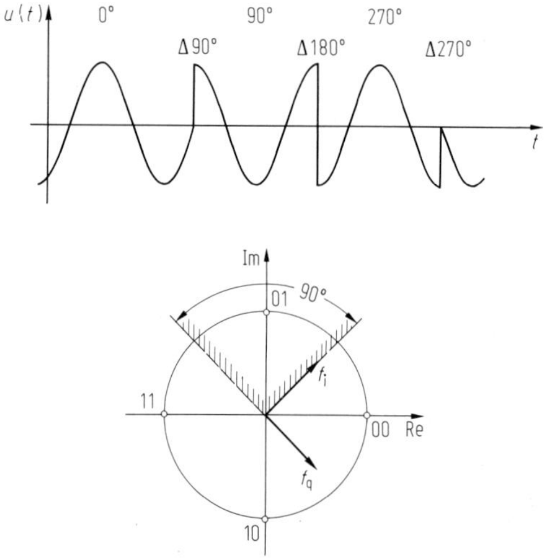

Bild 9. Signalverlauf und Signalzustandsdiagramm bei Vierphasenumtastung Version A

Tabelle 1. Phasenzuordnung bei Vierphasenumtastung

	Version A	Version B
00	0°	45°
01	90°	135°
10	270°	315°
11	180°	225°

zeigt. Die Version B bietet den Vorteil, daß bei der Differenzcodierung auch bei langen Nullfolgen im Signal immer noch Phasensprünge im Träger auftreten, die eine Taktableitung im Empfänger erlauben.

Die Vierphasenumtastung läßt sich auch darstellen als die Summe von zwei um 90° gegeneinander phasenverschobener Träger gleicher Frequenz, die jeweils binär phasenumgetastet sind. Dies entspricht nach dem oben Gesagten der Amplitudenmodulation von zwei in Quadratur zueinander stehenden Trägern jeweils mit einem bipolaren Rechtecksignal, weshalb diese Modulationsart auch als QAM bezeichnet wird. Bei der Vierphasenumtastung entsteht wieder ein Zweiseitenbandsignal mit unterdrücktem Träger. Bild 9 zeigt den zeitlichen Verlauf und das Signalzustandsdiagramm in der komplexen Ebene. Als Entscheidungsbereiche bei der Demodulation dienen die Quadranten im Zustandsdiagramm von z. B. $-45°$ bis $+45°$. Ein Fehler tritt also bei einer Phasenverfälschung um $\pm 45°$ oder bei einem Störer mit der Amplitude $\cos 45° = 0{,}707$ auf.

Im Störabstand gegen breitbandige Amplitudenstörer erreicht die Vierphasenumtastung bei gleicher Übertragungsgeschwindigkeit denselben Wert wie die Zweiphasenumtastung. Zwar wird die Empfindlichkeitsschwelle wegen der vier Phasenzustände um den Faktor $\sqrt{2}$ kleiner, gleichzeitig halbiert sich aber der notwenige Frequenzbereich, so daß eine ebenfalls um den Faktor $\sqrt{2}$ verringerte Störleistung empfangen wird. Steht für beide Verfahren dasselbe Frequenzband zur Verfügung, so nimmt der Störabstand bei Vierphasenumtastung zwar um 3 dB ab, dafür kann aber die doppelte Übertragungsgeschwindigkeit verarbeitet werden. Die Zuordnung der aus den zwei zusammengefaßten Binärzeichen entstehenden „Dibit" zu den Phasenunterschieden (Tab. 1) erfolgt mit einer Gray-Codierung, damit bei Verfälschungen des Signals von einem Entscheidungsbereich in den anderen, was einen Übergang von einem Dibit in ein anderes bewirkt, immer nur ein Bitfehler auftritt.

Reicht bei vorgegebener Übertragungsgeschwindigkeit die verfügbare Bandbreite nicht aus, so kann auch ein okternäres Verfahren, die *Achtphasenmodulation*, verwendet werden. Bei diesem Verfahren, das eng verwandt mit der Vierphasenmodulation ist, werden drei aufeinanderfolgende Binärzeichen zu einem „Tribit" zusammengefaßt, dem nach der Gray-Code-Tabelle eine von acht möglichen Phasenlagen zugeordnet wird. Die Schrittgeschwindigkeit und damit die notwendige Bandbreite verringern sich auf ein Drittel der Übertragungsgeschwindigkeit. Der Störabstand gegen weißes Rauschen geht beträcht-

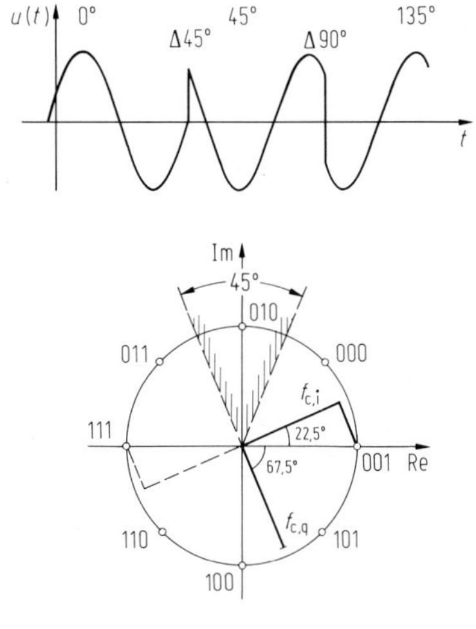

Bild 10. Signalverlauf und Signalzustandsdiagramm bei Achtphasenumtastung mit Entscheidungsbereich für + 90°

lich zurück, nämlich um 5,3 dB, verglichen mit Vierphasenumtastung und 8,3 dB, verglichen mit Zweiphasenumtastung, weil die Entscheidungsbereiche nur noch Sektoren mit 45° Öffnungswinkel sind (Bild 10). Die modulierenden Signale bei der Quadraturamplitudenmodulation sind nun nicht mehr bipolar, sie müssen vielmehr vier Zustände aufweisen, nämlich $\pm 0{,}94$ ($\pm \cos 22{,}5°$) und $\pm 0{,}38$ ($\pm \sin 22{,}5°$).

Wenn die Übertragungsgeschwindigkeit bei vorgegebener Bandbreite noch weiter heraufgesetzt werden muß, so werden Verfahren mit 16 Kennzuständen verwendet, bei denen vier Binärzeichen zu einem „Quadbit" zusammengefaßt und einem der Kennzustände zugeordnet werden. Die Schrittgeschwindigkeit ist dann nur noch ein Viertel der Übertragungsgeschwindigkeit. Zur Modulation werden dabei keine reinen Phasenumtastungen mehr verwendet, sondern kombinierte Amplituden- und Phasenumtastungen (PSK-ASK) [11–13]. Damit lassen sich die Entscheidungsbereiche bei der Demodulation günstiger einteilen, wodurch eine größere Störunempfindlichkeit erreicht wird, für die aber ein größerer Schaltungsaufwand in Kauf genommen werden muß. Bild 11 zeigt die Signalzustandsdiagramme für die beiden am häufigsten verwendeten Verfahren der Amplituden-Phasen-Umtasung mit 16 Kennzuständen und die dazugehörigen Entscheidungsgebiete.

Beide Verfahren stellen wiederum eine Quadraturamplitudenumtastung dar, bei der acht- bzw. vierstufige Rechtecksignale als modulierte Signale verwendet werden müssen. Bei dem PSK-ASK-Verfahren wird durch das erste bit(X) bestimmt, ob bei der entsprechenden Phasenlage

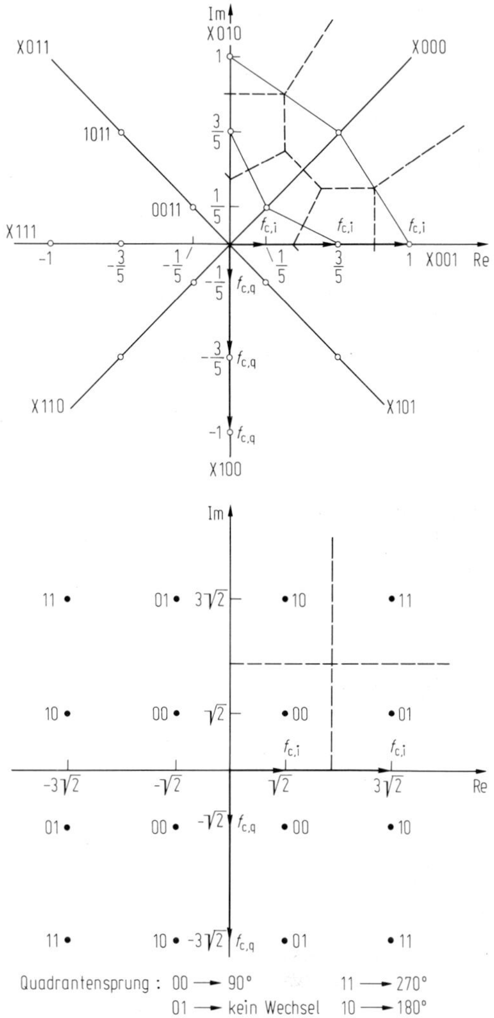

Bild 11. Signalzustandsdiagramme für 8-PSK/4-ASK und 16 QAM mit Entscheidungsbereichen im ersten Quadranten

die große (1) oder die kleine (0) Amplitude ausgesendet wird, während durch die drei folgenden bits eine Achtphasenmodulation wie oben beschrieben gesteuert wird. Bei der 16-QAM bestimmen die beiden ersten bits, in welchen Quadranten beim nächsten Übertragungsschritt gesprungen wird, während durch die beiden restlichen bits die Lage von vier Kennzuständen pro Quadrant festgelegt wird.

Die hart phasengetasteten Signale erzeugen ein unendlich breites ($\sin x'/x'$)-förmiges Spektrum (Bild 1), das normalerweise bandbegrenzt werden muß, bevor es auf das Übertragungsmedium gegeben wird. Dabei werden die Phasensprünge zu kontinuierlichen Phasenübergängen verschliffen, die Amplitude des modulierten Signals ist nicht mehr konstant, sie ändert sich in Abhängigkeit von der Schrittgeschwindigkeit und der Größe des Phasensprungs. Bei 180°-Phasensprüngen kann der Amplitudenwert bis auf 0 zurückgehen. Dies ist für die Aussteuerung der Übertragungssysteme ungünstig, deshalb sind Verfahren zur Vierphasenmodulation bekannt geworden, bei denen die 180°-Sprünge aus zwei 90°-Sprüngen zusammengesetzt werden, die im Abstand der halben Schrittgeschwindigkeit stattfinden (*Offset Keyed*-PSK). Dafür müssen die beiden Basisbandsignale bei der Modulation der beiden Quadraturträger um 180° gegeneinander verschoben und diese Verschiebung durch entsprechende Empfangstakte bei der Demodulation berücksichtigt werden.

Für die Übertragung mit noch höheren Geschwindigkeiten bei vorgegebener Bandbreite der Übertragungsstrecke, wie es z. B. beim digitalen Richtfunk gefordert wird, werden QAM-Verfahren mit 64 und 256 Signalzuständen eingesetzt. Die Signalzustandsdiagramme sind wie bei 16-QAM aufgebaut, enthalten aber pro Quadrant 16 bzw. 64 symmetrisch im Bereich angeordnete Signalzustände. Diese Verfahren sind wegen der kleinen Abstände der Signalzustände sehr störanfällig, deshalb wird neben verbesserter Trägerrückgewinnung und aufwendigen automatischen Entzerrern eine trellis-codierte Modulation angewendet; diese bringt eine Störabstandsverbesserung von mindestens 3 dB. Bei diesem Verfahren wird das Sendesignal nach einem „Viterbi-Algorithmus" vorcodiert, um auf der Empfangsseite aus der Folge der Signalzustände den wahrscheinlichsten Wert errechnen zu können. Zusätzlich wird die Zahl der Signalzustände gegenüber der notwendigen Zahl verdoppelt, um für den Entscheidungsprozeß Redundanz zu gewinnen. Diese verbessert den Störabstand so weit, daß der Verlust durch die Zustandsverdoppelung weit überkompensiert wird. Schließlich werden zur weiteren Verbesserung des Korrekturprozesses, im Gegensatz zu den herkömmlichen Fehlererkennungsverfahren, schon die „analogen" Demodulatorausgangssignale vor den Entscheidungsschwellen herangezogen [14].

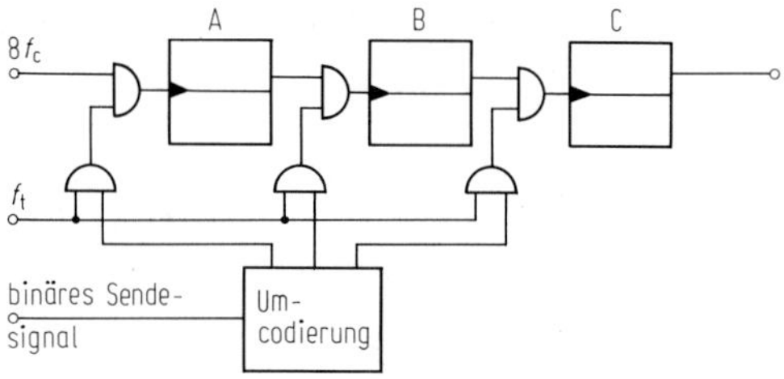

Bild 13. Phasenumtastung durch Frequenzteilersteuerung

Modulationsverfahren für PSK. Die phasenumgetasteten Signale lassen sich direkt durch das Ein- und Ausschalten verschiedener Träger gleicher Frequenz mit unterschiedlicher Phase, bei den 16-stufigen Verfahren auch mit unterschiedlicher Amplitude, erzeugen. Die Träger werden wegen der erforderlichen hohen Frequenzstabilität aus einem Oszillator abgeleitet und die verschiedenen Phasenlagen durch Phasenschiebernetzwerke (z. B. Allpaßglieder oder Streifenleitungen) und die Amplituden durch Dämpfungsglieder dargestellt. Bei nicht zur hoher Trägerfrequenz können die einzelnen Träger auch mit Hilfe von digitalen Teilerketten (z. B. Johnson-Teiler) aus einem Vielfachen der gewünschten Trägerfrequenz erzeugt werden. Bei der Phasendifferenzumtastung ist noch ein Phasenrechner notwendig, der aus der Phase des gesendeten Trägers und dem zu übertragenden Phasensprung die Phase des zu sendenden Trägers im nächsten Übertragungsschritt ausrechnet. Diese Modulatorschaltung ist in Bild 12 dargestellt.

Bei einem anderen Verfahren, das ebenfalls mit Hilfe von digitalen Teilern arbeitet, wird die Phasendifferenzumtastung direkt erzeugt. Im Ausgangssignal des Teilers treten Phasensprünge unterschiedlicher Größe auf, wenn die entsprechenden Teilerstufen verschiedener Wertigkeit entsprechend der Sendesignalfolge gekippt oder am Kippen gehindert werden. Bei diesem Verfahren sind aber eine feste Phasenbeziehung zwischen Takt und Träger und eine konstante Amplitude notwendig. Die Schaltung ist in Bild 13 gezeigt.

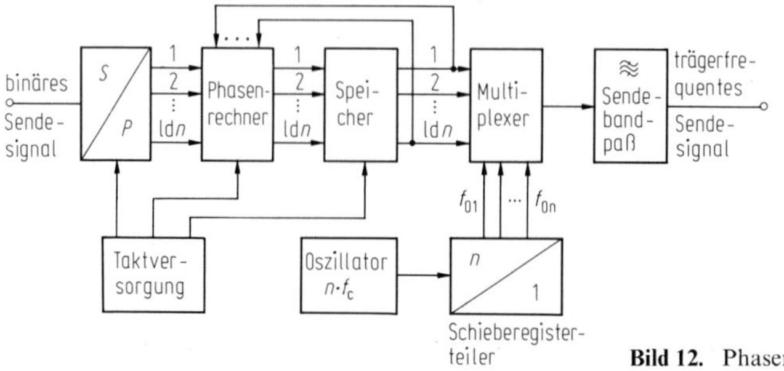

Bild 12. Phasenumtastung durch Trägerdurchschaltung

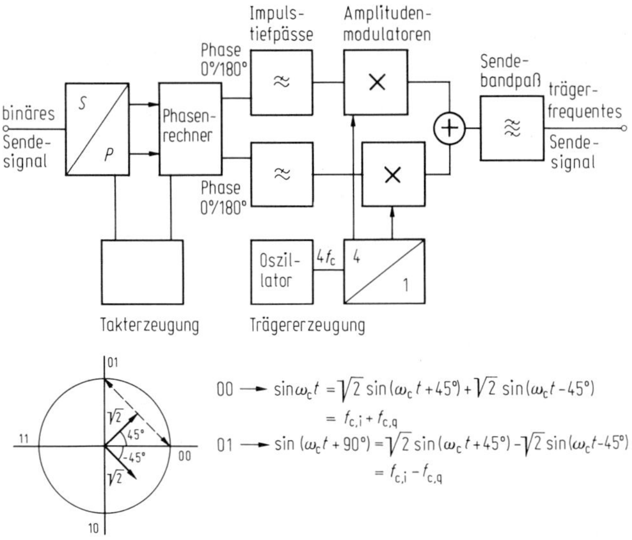

Bild 14. Vierphasenumtastung durch Quadraturamplitudenmodulation

Wird Teilerstufe A gekippt, so entsteht im Ausgangssignal von A ein 180°-Phasensprung, der sich im Sendesignal als 45°-Sprung auswirkt. Entsprechend kann mit B und C ein 90°- bzw. ein 180°-Sprung im Sendesignal erzeugt werden.

Bei den oben beschriebenen Verfahren erfolgt eine harte Tastung mit anschließender Frequenzbandbeschneidung durch einen Sendebandpaß. Dabei treten aber Störungen durch den sog. „Umfalteffekt“ auf, wenn die Trägerfrequenz nicht wesentlich größer als die Schrittgeschwindigkeit ist. Bei dieser „Umfaltung“ spiegeln sich die Anteile des unendlich breiten Spektrums, welche in den Bereich negativer Frequenzen fallen müßten, an der Nullfrequenz und treten als Störer im Nutzband auf.

Dieser Effekt läßt sich nur durch „weiche Tastung“ vermeiden. Dazu verwendet man die QAM und formt die beiden Basisbandsignale, mit denen die um 90° verschobenen Träger amplitudenmoduliert werden, durch Frequenzbandbeschneidung in Impulstiefpässen vor. Die verschobenen Träger für die QAM können wieder durch Phasenschieber oder durch Frequenzteilung gewonnen werden, Bild 14 zeigt die zugehörige Schaltung. Bei der Vierphasenmodulation fällt die Amplitudenbewertung weg, die Impulse in beiden Kanälen haben eine gleichbleibende Höhe.

Bei der Achtphasenmodulation werden die amplitudenbestimmenden Steuerleitungen so geschaltet, daß in einem Kanal die kleine Amplitude eingestellt wird, wenn im anderen eine große eingeschaltet ist und umgekehrt. Das Signalzustandsdiagramm für die Achtphasenumtastung zeigt Bild 10. Die beiden Trägerschwingungen haben die Phasen von $+22{,}5°$ und $-67{,}5°$ und jeweils zwei mögliche Amplituden von $\sin(22{,}5°)$ und $\sin(67{,}5°)$. Damit lassen sich alle acht Kennzustände im Signalzustandsdiagramm darstellen, z. B.

$$\sin(\omega_c t + 180°) = \underbrace{-\cos 22{,}5°\,\sin(\omega_c t + 22{,}5°)}_{s_{c,ig}(t)} \underbrace{-\sin 22{,}5°\,\sin(\omega_c t - 67{,}5°)}_{s_{c,qk}(t)}.$$

Das Bildungsgesetz für die 8-PSK/4-ASK und die 16 QAM mit Hilfe der QAM läßt sich aus dem Zustandsdiagramm (Bild 11) leicht herleiten. Bei 8-PSK/4-ASK werden zwei Träger mit 0° und $-90°$ Phasenverschiebung verwendet. Sie können die Amplitudenwerte 0, 1/5, 3/5 und 1 annehmen, womit sich die gewünschten Phasen und Amplituden des modulierten Trägers erzeugen lassen. Die 16-QAM ist etwas einfacher zu realisieren, es werden Träger mit 0° und $-90°$ Phasenverschiebung und nur zwei Amplitudenwerte $\sqrt{2}$ und $3\sqrt{2}$ verwendet.

Demodulationsverfahren für PSK. Im Empfänger wird das phasenumgetastete Signal zur Verbesserung des Störabstands durch den Empfangsbandpaß auf den Frequenzbereich beschränkt, in dem Nutzinformation übertragen wird. Da für die Demodulation die Kenntnis der Nulldurchgänge des Signals genügt, wird das Signal in einem Begrenzerverstärker auf konstante Amplitude gebracht, womit ein Teil der additiven Geräuschstörung unterdrückt werden kann.

Zur Demodulation aller PSK- und PSK-ASK-Signale werden *Produktdemodulatoren* verwen-

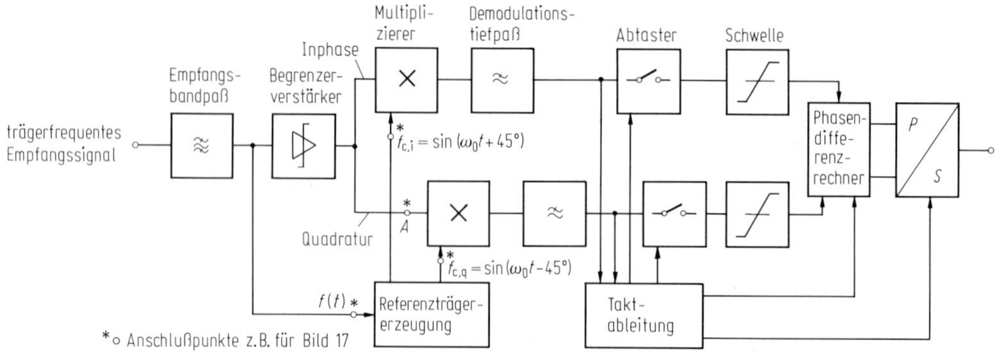

Bild 15. Empfängerschaltung zur Demodulation eines Vierphasendifferenzsignals

det, die invers zu den oben beschriebenen Quadraturamplitudenmodulatoren arbeiten. Ein Demodulator für Vierphasenmodulation ist in Bild 15 dargestellt.

Das gefilterte und begrenzte Empfangssignal wird in einen In-Phase- und einen Quadraturkanal aufgeteilt und mit einem entsprechenden In-Phase-Träger I oder einem um 90° in der Phase dazu versetzten Quadraturträger Q multipliziert.

In-Phase-Kanal:

$$\left.\begin{aligned}
&\underbrace{\sin[\omega_c t + \varphi(t)]}_{\text{Signal}} \cdot \underbrace{\sin(\omega_c t + n \cdot 90° + 45°)}_{\text{Referenzträger I}} \\
&\quad = 1/2 \cos[\varphi(t) + n \cdot 90° + 45°] \\
&\qquad - 1/2 \cos[2\omega_c t + n \cdot 90° + 45° + \varphi(t)] \\
&\textit{Quadraturkanal:} \\
&\underbrace{\sin[\omega_c t + \varphi(t)]}_{\text{Signal}} \cdot \underbrace{\sin(\omega_c t + n \cdot 90° - 45°)}_{\text{Referenzträger Q}} \\
&\quad = 1/2 \cos[\varphi(t) + n \cdot 90° - 45°] \\
&\qquad - 1/2 \cos[2\omega_c t + n \cdot 90° - 45° + \varphi(t)]
\end{aligned}\right\} \quad (1)$$

Die Gewinnung der Referenzträger aus dem Zweiseitenbandsignal mit unterdrücktem Träger

Tabelle 2. Amplituden der Basisband-Signale

$\varphi + n \cdot 90°$	In-Phase-Kanal		Quadraturkanal	
	analog	binär	analog	binär
0°	cos 45° = 0,7	0	cos(− 45°) = 0,7	0
90°	cos 135° = − 0,7	1	cos 45° = 0,7	0
180°	cos 225° = − 0,7	1	cos 135° = − 0,7	1
270°	cos 315° = 0,7	0	cos 225° = − 0,7	1

ist schwierig und nur mit nichtlinearen Operationen möglich, wobei eine konstante Phasenunsicherheit von $n \cdot 90°$ nicht zu vermeiden ist. – Auf die Verfahren zur Trägerzurückgewinnung wird in 2.5 näher eingegangen. – $\varphi(t)$ ist die umgetastete Phasenfunktion, welche die Information enthält; $n \cdot 90°$ steht für die konstante Phasenunsicherheit.

Nach der Multiplikation werden in einem Tiefpaß die Anteile mit der doppelten Trägerfrequenz unterdrückt, so daß nur noch die Terme übrig bleiben, die proportional vom Phasenunterschied $\varphi(t)$ zwischen Signal- und Referenzträger abhängen. Durch Auswertung des In-Phase- und des Quadraturkanals nach Abfrage in einer Schwellenschaltung entsteht eine binäre Darstellung der vier möglichen Phasenunterschiede (Tab. 2).

Die Phase ist also bis auf die konstante Phasenunsicherheit $n \cdot 90°$ bekannt. Da aber bei der Differenzmodulation die Information durch den Phasenunterschied des Trägers in zwei aufeinanderfolgenden Übertragungsschritten dargestellt wird, muß im Demodulator zur Rückgewinnung der Information ebenfalls die Phasendifferenz gebildet werden, und dabei wird dann die Phasenunsicherheit der Trägerrückgewinnung beseitigt:

$$\begin{aligned}\Delta\varphi &= \varphi(t_2) + n \cdot 90° - (\varphi(t_1) + n \cdot 90°) \\ &= \varphi(t_2) - \varphi(t_1).\end{aligned}$$

Der Demodulator arbeitet taktgebunden, damit die Parallelserienwandlung richtig ausgeführt und der Demodulatorausgang wegen der besseren Störungsunterdrückung in Schrittmitte abgefragt werden kann. Der Takt muß dazu in einer Taktrückgewinnungsschaltung aus dem trägerfrequenten Empfangssignal oder aus dem Signal hinter dem Demodulationstiefpaß abgeleitet werden (s. 2.6).

Eine geringere Empfindlichkeit gegen additive Amplitudenstörungen läßt sich bei taktgebunde-

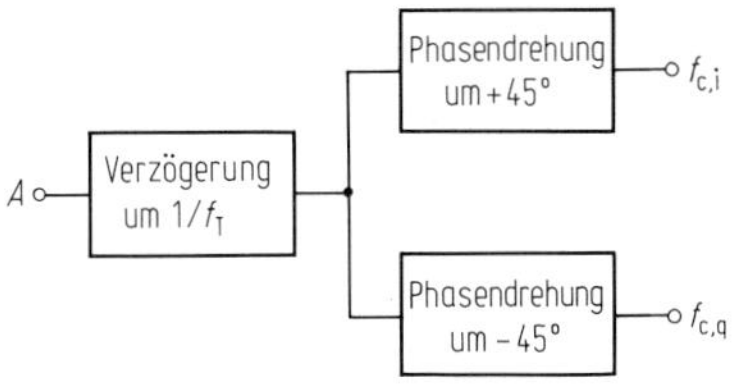

Bild 16. Ersatz der Referenzträgererzeugung bei Differenzdemodulation

ner Demodulation mit dem Verfahren „integrate and dump" erreichen. Dabei wird das Ausgangssignal des Demodulatortiefpasses über eine Schrittlänge aufintegriert und der Integrationsspeicher am Schrittende nach Abfrage durch die Schwelle wieder gelöscht.

Neben der oben beschriebenen Methode der *kohärenten Demodulation* mit einem Referenzträger kann bei Phasendifferenzumtastung auch die *Differenzdemodulation* verwendet werden, wenn man die Trägerrückgewinnung vermeiden will. Dabei wird das Empfangssignal in den Multiplizierern anstatt mit den Referenzträgern mit dem Empfangssignal verglichen, das um die Dauer eines Übertragungsschritts verzögert ist. Anstelle der Trägerrückgewinnung sind hierbei also ein Verzögerungsglied für eine Schrittlänge und Phasendrehglieder um $\pm 45°$ für das gesamte Spektrum des Empfangssignals notwenig, wie dies in Bild 16 dargestellt ist.

Dieses Verfahren bringt aber im Vergleich zur kohärenten Demodulation bereits einen theoretischen Störabstandsverlust von mehr als 2 dB, weil anstelle störungsfreier Referenzträger Bezugsgrößen verwendet werden, die denselben Störbelag wie das Empfangssignal haben.

Die oben beschriebene Demodulatorschaltung wird auch für mehrstufige Phasenumtastungen und für kombinierte Amplituden-Phasen-Umtastungen eingesetzt. Bei *Achtphasenumtastung* muß die Schwellschaltung 2-stufig sein und zusätzlich zur Polaritätsauswertung noch die Größe des Ausgangssignals bewerten. Bei den höherstufigen Verfahren müssen zur Auswertung der komplizierteren Entscheidungsgebiete anstelle der einfachen Schwelle komplizierte Gebietsauswerter eingesetzt werden, die nur mit Hilfe von aufwendigen Logikschaltungen oder Mikrorechnern realisiert werden können.

2.5 Trägerrückgewinnung

Carrier recovery

Der zur kohärenten Demodulation notwendige Referenzträger ist in dem Zweiseitenbandsignal mit unterdrücktem Träger nicht enthalten, er muß deshalb entweder als Pilotton mitübertragen oder durch nichtlineare Operationen aus

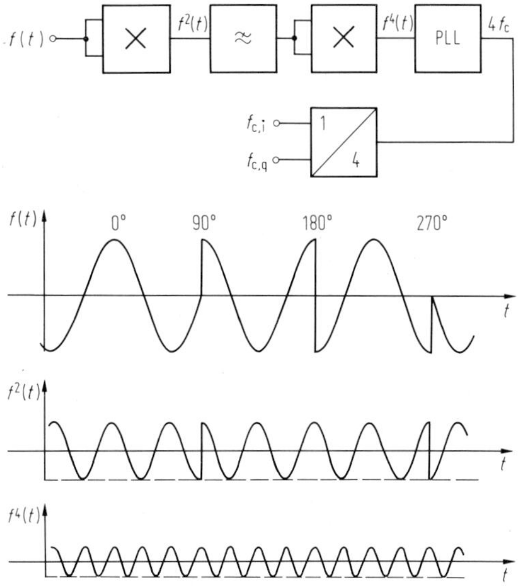

Bild 17. Trägerrückgewinnung aus einem vierphasengetasteten Signal durch Frequenzvervierfachung

dem Empfangssignal abgeleitet werden. Das Pilotverfahren wird selten angewendet, denn es erhöht die Leistung des übertragenen Signals und legt nur die Frequenz genau fest, während die Phase trotzdem mit Hilfe von Kriterien nachgeregelt werden muß, die aus dem Datensignal abzuleiten sind.

Mit den nichtlinearen Operationen kann der Träger direkt aus dem trägerfrequenten Empfangssignal oder aus dem demodulierten Basisbandsignal oder aus beiden Signalen gemeinsam abgeleitet werden.

Bei einem einfachen Verfahren zur Trägerrückgewinnung aus dem trägerfrequenten Signal wird das Prinzip der *Frequenzvervielfachung* angewendet. Dazu wird das Empfangssignal (ld n)-mal quadriert, wenn n die Zahl der Kennzustände ist. Dadurch entsteht im Signal eine Frequenz mit exakt der n-fachen Trägerfrequenz und der richtigen Phasenlage. In Bild 17 ist dies für ein vierphasenumgetastetes Signal bei idealen Verhältnissen dargestellt.

Bei der Quadratur des Empfangssignals wird die Frequenz verdoppelt, die 180°-Sprünge verschwinden und die 90°-Phasensprünge werden in 180°-Sprünge umgewandelt. Der im Signal außerdem enthaltene Gleichspannungsanteil wird unterdrückt, bevor das Signal noch einmal quadriert wird, um ein phasenrichtiges Signal mit vierfacher Frequenz $4f_c$ zu erzeugen. Aus der vierfachen Frequenz können die Referenzträger durch Teilung abgeleitet werden, wobei die Phasenunsicherheit von $n \cdot 90°$ erzeugt wird. Bei dieser Teilung lassen sich auch sogleich zwei um 90° phasenverschobene Träger ableiten.

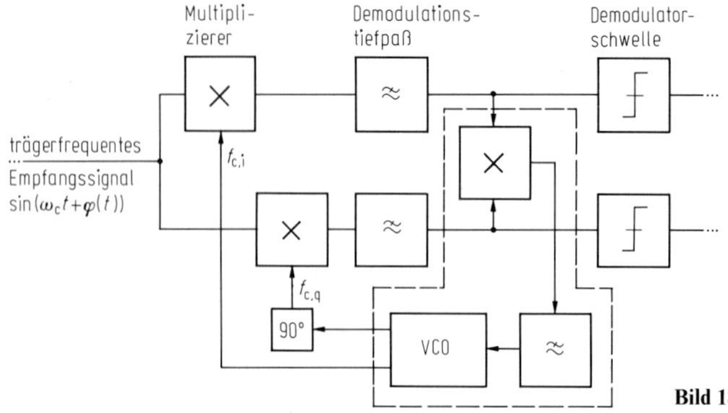

Bild 18. Trägerregelung mit Costas-Regelschleife

Bei nichtidealen Verhältnissen treten nach dem Quadrieren natürlich noch viele unerwünschte Frequenzen auf, so daß der vierfache Referenzträger durch ein schmales Filter aus diesem Frequenzgemisch ausgefiltert werden muß. Dazu werden vorzugsweise Phasenregelkreise (PLL) verwendet, weil diese auch kleinen Frequenzverschiebungen folgen können [15, 16].

Der Nachteil des Quadrierverfahrens liegt darin, daß bei Trägern höherer Frequenz durch die Vervielfachung sehr hohe und schwierig zu verarbeitende Frequenzen auftreten und daß beim Quadrieren die Schwankung der Einhüllenden, die bei bandbegrenzten Signalen unvermeidlich ist, ebenfalls quadriert wird. Dies führt bei mehrfacher Quadrierung zu starken Amplitudeneinbrüchen, die sehr störend sind. Deshalb wird dieses Verfahren bei Signalen mit mehr als vier Kennzuständen selten angewendet.

Bei einem zweiten häufig verwendeten Verfahren, das als *Costas-Regelschleife* bekannt ist, werden die Demodulatorausgangssignale des In-Phase- und des Quadraturkanals verglichen, um ein Regelkriterium für die Phase des Referenzträgers zu erhalten (Bild 18) [17]. Nach Gl. (1) entstehen als Ausgangssignale der Demodulatortiefpässe die Signale

$$\cos(\underbrace{\varphi(t) + n \cdot 90^\circ}_{\Delta\varphi(t)} + 45^\circ) \quad \text{und}$$

$$\cos(\underbrace{\varphi(t) + n \cdot 90^\circ}_{\Delta\varphi(t)} - 45^\circ).$$

Darin erfaßt $\Delta\varphi(t)$ den Phasenunterschied zwischen Referenz- und Signalträger sowie die Phasenunsicherheit des Referenzträgers.

Die Multiplikation beider Signale liefert:

$$\cos(\Delta\varphi(t) + 45^\circ) \cdot \cos(\Delta\varphi(t) - 45^\circ) = \tfrac{1}{2}\cos 2\,\Delta\varphi(t).$$

Wenn mit diesem Signal ein veränderbarer Oszillator (VCO) gesteuert wird, dessen Mittenfrequenz mit der Trägerfrequenz übereinstimmt, so ändert dieser seine Frequenz so lange, bis sie in Frequenz und Phase mit der Signalträgerfrequenz übereinstimmt. Da die Regelkennlinie $\cos 2\Delta\varphi(t)$ mehrere stabile Punkte hat, wird auch hier eine Phasenunsicherheit erzeugt.

Bei taktgebundener Vierphasenumtastung kann eine Sonderausführung verwendet werden, bei der nur die Beträge der Abtastwerte am Schwelleneingang von In-Phase- und Quadraturkanal verglichen werden. Wenn die Referenzträgerphase stimmt, müssen beide Abtastwerte denselben Betrag haben.

Zwei weitere Verfahren, die eng miteinander verwandt sind und die vor allem bei hohen Übertragungsgeschwindigkeiten angewendet werden, sind die Regeneration und Remodulation. Bei

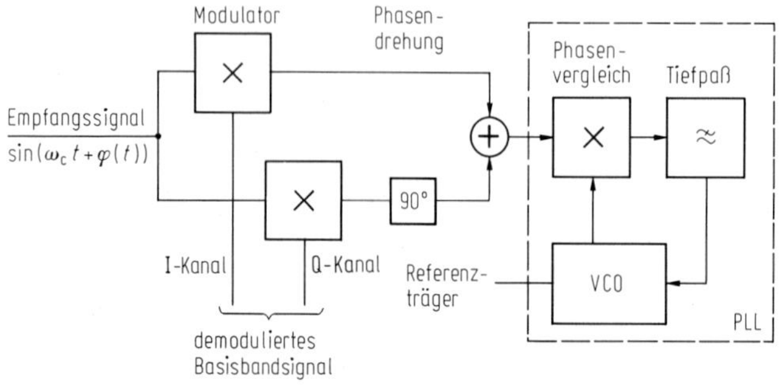

Bild 19. Trägerrückgewinnung durch Regeneration

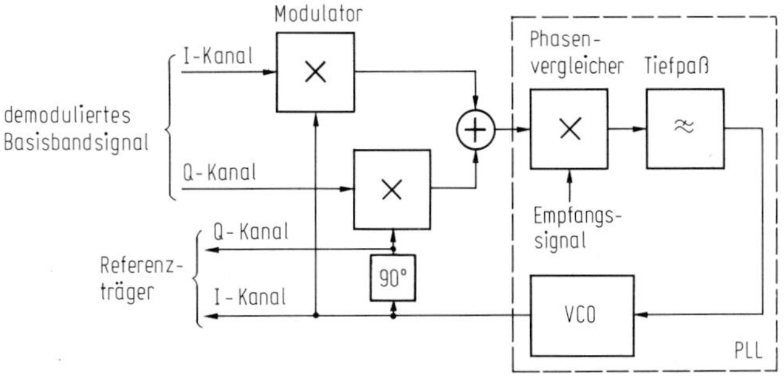

Bild 20. Trägerrückgewinnung durch Remodulation

der *Regeneration* wird das demodulierte Basisbandsignal dazu benützt, die Phasensprünge im Empfangssignal rückgängig zu machen, so daß ein phasenkontinuierliches Signal entsteht. Dieses Signal wird in einem Phasenkomparator mit dem örtlich erzeugten Referenzträger verglichen und daraus ein Regelsignal für den Referenzträgeroszillator abgeleitet. Die Regeneration (Eliminierung der Phasensprünge) kann durch Einschalten von Phasendrehgliedern oder besser durch Modulation des phasengetasteten Empfangssignals mit dem demodulierten Basisbandsignal erreicht werden (Bild 19). Die notwendige 90°-Phasendrehung des Signals im Quadraturkanal kann ohne Beeinträchtigung auch nach der Multiplikation durchgeführt werden, wo die Drehung nur für die Trägerfrequenz notwendig und deshalb einfacher auszuführen ist.

Eine ähnliche Schaltung wird bei der *Remodulation* verwendet (Bild 20). Dabei wird der örtlich erzeugte Referenzträger mit dem demodulierten Basisbandsignal moduliert, so daß ein Signal entsteht, das im eingeregelten Zustand die gleiche Momentanphase wie das empfangene trägerfrequente Signal hat. So können beide Signale in einem Phasenkomparator verglichen werden, um ein Regelsignal für den Referenzträgeroszillator abzuleiten.

Die beiden Verfahren der Regeneration und der Remodulation benötigen für die genaue Regelung des Trägers den phasen- und frequenzrichtigen Takt, was Nachteile im Einschwingverhalten bringt. Im eingeschwungenen Zustand des Systems wird aber ein gutes Regelverhalten erreicht, weil die Phasenwerte in Schrittmitte abgefragt werden, wo sie gut stimmen. Eine Grobeinphasung ist aber bereits mit nicht phasenrichtigem Takt möglich.

2.6 Taktableitung. Clock recovery

Bei der taktgebundenen Übertragung muß der Takt aus dem Empfangssignal frequenz- und phasenrichtig abgeleitet werden. Erste Voraussetzung hierfür ist, daß im gesendeten Signal genügend Taktinformation vorhanden ist, daß also keine langen Folgen ohne Zustandswechsel auftreten. Wenn dies vom zu übertragenden Signal nicht gewährleistet ist, muß das Signal durch einen sog. „scrambler“ verwürfelt werden, um eine Pseudozufallsfolge zu schaffen.

Wenn das phasenumgetastete Signal bandbegrenzt wird, so entsteht immer auch eine Amplitudenmodulation mit Taktfrequenz. Der Verlauf der *Einhüllenden* des Signals kann deshalb zur Taktableitung benützt werden, allerdings mit dem schwerwiegenden Nachteil großer Empfindlichkeit gegen Geräuschstörungen.

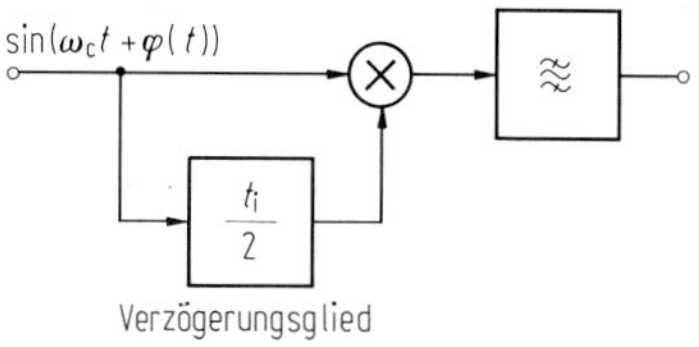

Bild 21. Taktableitung mit Synchrondemodulator

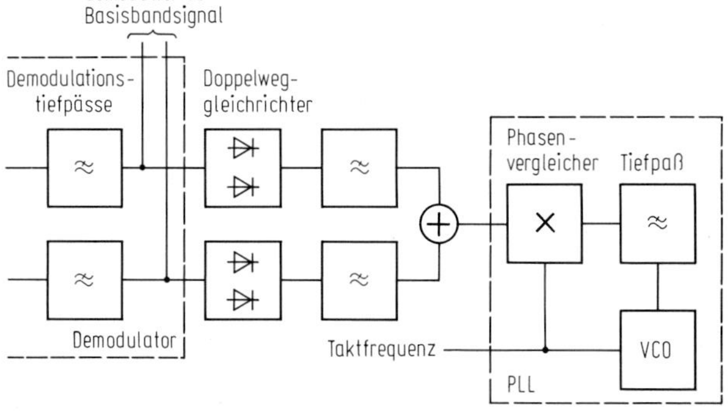

Bild 22. Taktableitung aus dem demodulierten Basisbandsignal

Ein anderes Prinzip nützt die Tatsache, daß ein Phasensprung bei der Frequenzdemodulation einen kurzen Impuls erzeugt. Deshalb wird das phasengetastete Empfangssignal auf einen *Synchrondemodulator* gegeben, wie er bei der Frequenzdemodulation beschrieben und in Bild 21 noch einmal gezeigt ist. Dabei wird das Empfangssignal mit dem um $t_i/2$ verzögerten Empfangssignal multipliziert und aus dem entstehenden Signal mit einem Bandpaß die Taktfrequenz f_t herausgefiltert. Als Verzögerungszeit wird häufig die halbe Schrittlänge gewählt, die optimale Verzögerungszeit kann aber, je nach Verlauf des Spektrums des empfangenen Signals, auch bei anderen Werten liegen.

Das *demodulierte Signal* kann auch zur Taktrückgewinnung herangezogen werden (Bild 22). Die Ausgangssignale der beiden Demodulatortiefpässe werden dabei in einem Doppelweggleichrichter gleichgerichtet und addiert, damit die Information aus beiden Quadraturkanälen ausgewertet wird. Aus diesem Signal wird dann durch einen Bandpaß die Taktfrequenz herausgesiebt. Für die genaue Taktregelung ist bei diesem Verfahren der phasenrichtige Referenzträger notwendig, eine Grobregelung ist aber ohne eingeregelten Referenzträger schon möglich.

Anstelle von passiven Bandpässen werden bei der Taktrückgewinnung oft *Phasenregelschleifen* verwendet, die das Fehlen eines Taktregelkriteriums für einen kurzen Zeitraum überbrücken und bei Ausfall der Taktinformation einen ungeregelten, aber frequenzrichtigen Takt liefern können. Als VCO kann ein umschaltbarer Teiler verwendet werden, der von einem hochkonstanten Oszillator gespeist wird und dessen Teilerverhältnis in Abhängigkeit vom Phasenunterschied zwischen Ausgangssignal der Doppelweggleichrichter und abgeleiteter Taktfrequenz verändert wird.

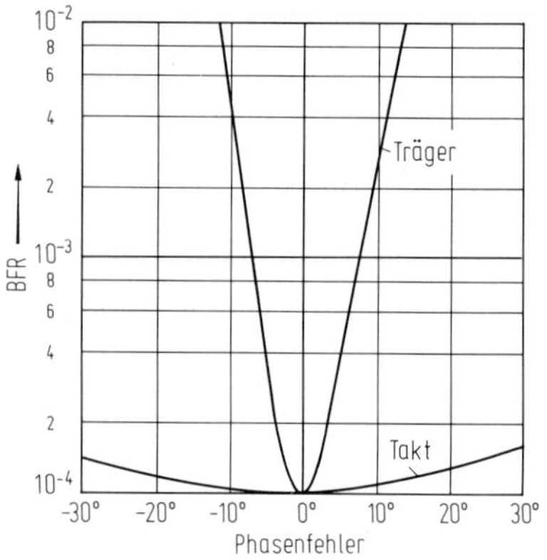

Bild 24. Bitfehlerrate in Abhängigkeit vom Phasenfehler des Referenzträgers und des Takts

2.7 Vergleich der verschiedenen Verfahren

Comparison of the different techniques

Zur Beurteilung der Qualität eines demodulierten Signals wird die sog. *Bitfehlerrate* (BFR) herangezogen. Sie wird gemessen als das Verhältnis der verfälschten zu den übertragenen bits, wenn als Störer weißes Rauschen mit Gaußscher Amplitudenverteilung verwendet wird; dessen Größe wird durch den Wert von S/N angegeben. Dabei ist S/N das Verhältnis des mittleren Effektivwerts der Signalleistung S bezogen auf die Rauschleistung N in dem Frequenzbereich, der bei idealen Verhältnissen für die Übertragung notwendig wäre (Nyquist-Bandbreite), also 1 Hz Rauschbandbreite pro 1 Bd Schrittgeschwindigkeit bei Zweiseitenbandübertragung.

Bild 23 zeigt den theoretischen Verlauf der Bit-

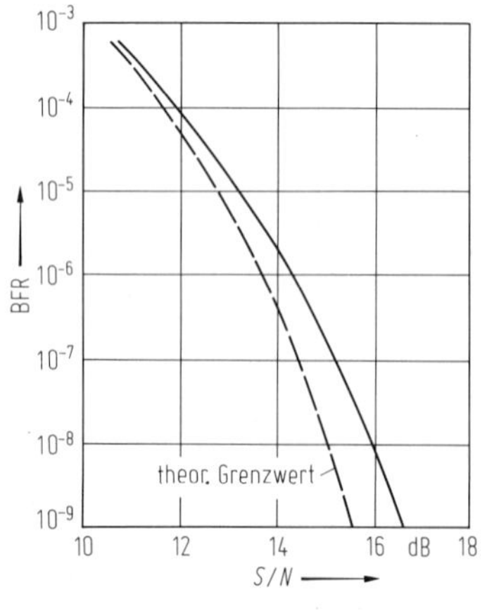

Bild 23. Bitfehlerrate in Abhängigkeit vom Signal/Rausch-Verhältnis

Tabelle 3. Störabstände bei verschiedenen Verfahren

	Binär dB	Quaternär dB	Okternär dB
Amplitudenumtastung mit Synchrondemodulation	~ 11,5	~ 20	~ 27
binäre Amplitudenumtastung mit Ein- und Restseitenbandübertragung	~ 13[a]	~ 16[a]	–
Frequenzumtastung	~ 11,5	~ 21	~ 28
Phasenumtastung mit kohärenter Demodulation	~ 8,5	~ 11,5	~ 17

[a] Dieses Modulationsverfahren benötigt gegenüber den anderen nur etwas mehr als die halbe Bandbreite, so daß hier das binäre Verfahren mit den quaternären der anderen Modulationsarten verglichen werden kann

fehlerrate über dem Störabstand für Vierphasenumtastung bei idealen Verhältnissen, d. h. für einen $\cos^2$-Verlauf des Spektrums sowie frequenz- und phasenrichtigen Takt und Träger. Zum Vergleich ist in das Diagramm die Fehlerratenkurve eines realisierten Systems eingezeichnet. In Bild 24 ist die Abhängigkeit der Fehlerrate vom Phasenfehler des Referenzträgers und von der Phase des Takts dargestellt, wenn der Störabstand so gewählt ist, daß bei 0° Phasenfehler eine Fehlerrate von 10^{-4} erreicht wird. Man sieht, daß das System auf Phasenfehler des Referenzträgers sehr empfindlich reagiert und Abweichungen der Taktphase besser verträgt.

Tabelle 3 enthält einen Vergleich der Störabstände, die bei den verschiedenen Verfahren für eine Bitfehlerrate von 10^{-4} notwendig sind, wenn bei vorgegebener Bandbreite immer die schnellste Übertragungsgeschwindigkeit verwendet wird [18–20].

Aus Tab. 3 ist auch ersichtlich, daß die Phasenmodulation bzgl. Störabstand wesentliche Vorteile gegenüber den anderen Verfahren hat. Die Differenzdemodulation bringt gegenüber der kohärenten Demodulation, wie bereits oben angegeben, einen Störabstandsverlust von ungefähr 2 dB.

Bei den Verfahren mit mehr als acht Kennzuständen wird nur noch die kombinierte Amplituden-Phasen-Umtastung verwendet, weil dadurch die Entscheidungsgebiete im Signalzustandsdiagramm größer werden. Bei den 16-stufigen Verfahren stehen drei zu Auswahl, die Sechzehnphasenumtastung ohne Amplitudenänderung (16-PSK), die Achtphasen-Vieramplitudenumtastung (8-PSK/4-ASK) und die Sechzehn-Quadraturamplitudendemodulation (16-QAM). Diese Verfahren benötigen für eine Fehlerrate von 10^{-4} bei idealen Verhältnissen folgende Störabstände:

$$\begin{aligned} \text{16-PSK} &\sim 23\,\text{dB} \\ \text{8-PSK/4-ASK} &\sim 20\,\text{dB} \\ \text{16-QAM} &\sim 19\,\text{dB}. \end{aligned}$$

Dabei ist aber zu berücksichtigen, daß bei der praktischen Realisierung mehrstufiger Verfahren z. B. durch die Takt- und Trägerableitung eine Verschlechterung des Störabstands auftritt, die mit wachsender Stufenzahl zunimmt.

Bei der kombinierten Amplituden-Phasen-Umtastung muß außerdem die *Aussteuerfähigkeit* des Übertragungskanals berücksichtigt werden, da die maximale Amplitude erheblich größer als der Effektivwert wird, bei 8-PSK/4-ASK und 16-QAM etwa um den Faktor 1,35.

Neben den Amplitudenstörern, zu denen auch Dämpfungsverzerrungen gezählt werden können, treten bei der praktischen Übertragung immer Gruppenlaufzeitverzerrungen auf, welche die Übertragungsqualität erheblich mindern. Bei den Gruppenlaufzeitverzerrungen muß unterschieden werden zwischen linearem und quadratischem Verlauf. Die Frequenzumtastung ist dabei gegenüber quadratischen Laufzeitverzerrungen unempfindlicher als die Amplituden- und die Phasenumtastung, während bei linearen Verzerrungsverläufen die Amplitudenumtastung am unempfindlichsten ist [21, 22].

Bei der Übertragung über Trägerfrequenzabschnitte können die Signale noch durch *Frequenzversatz* und *-jitter* bzw. durch *Phasensprünge* und *-jitter* gestört werden. Der Frequenzversatz stört bei der Frequenzumtastung, er kann bei der Amplituden- und der Phasenumtastung mit Hilfe der Phasenregelung bei der Trägerrückgewinnung kompensiert werden. Die schnellen Änderungen beim Frequenzjitter wirken bei allen Verfahren störend, da sie nicht ausgeregelt werden können. Auch Phasensprünge und Phasenjitter beeinträchtigen alle Modulationsarten.

Spezielle Literatur: [1] *Brust, L.; Oehlen, H.:* Spektrale Energie- und Leistungsdichte technisch interessanter Impulsformen und Impulsfolgen. AEÜ 22 (1968) 79–86. – [2] *Appel, L.; Tröndle, H.:* Zusammenstellung und Gruppierung verschiedener Codes für die Übertragung digitaler Signale. NTZ 23 (1970) 11–16. – [3] *Schmidt, K.H.:* Datenübertragung mit kontrollierter Nachbarzeichenbeeinflussung. Elektr. Nachrichtenwes. 48 (1973) 129–141. – [4] *Kabal, P.; Pasupathy, S.:* Partial response signalling. IEEE Trans. COM-23 (1975) 921–934. – [5] *Kretzmer, E.R.:* Generalization of a technique for binary data communication. IEEE Trans. COM-14 (1966) 67–68. – [6] *Nyquist, H.:* Certain topics in telegraph transmission theory. AIEE Trans. 47 (1928) 617–640. – [7] *Gronemeyer, S.A.; McBride, A.L.:* MSK and offset QPSK modulation IEEE Trans. COM-24 (1978) 809–819. – [8] *Pasupathy, S.:* Minimum shift keying: A spectrally efficient modulation. IEEE COM MAG-17 (1979) 14–22. – [9] *De Jager, F.; Dekker, C.B.:* Tamed frequency modulation, a novel method to achieve spectrum economy in digital transmission. IEEE Trans. COM-26 (1978) 534–542. – [10] *Ruopp, G.:* Frequenzdemodulation durch Verzögerung. NTZ 30 (1977) 571–577. – [11] *Schmidt, W.:* Untersuchung vielstufiger und hybrider Modulationsverfahren zur schnellen, synchronen Datenübertragung über Fernsprechkanäle. Diss. Univ. Stuttgart 1979. – [12] *Hancock, J.C.; Lucky, R.W.:* Performance of combined amplitude and phase modulated communication systems. IRE Trans. CS-8 (1960) 232–237. – [13] *Salz, J.; Sheehan, J.R.; Paris, D.J.:* Data transmission by combined AM and PM. BSTJ 50 (1971) 2399–2419. – [14] *Ungerboeck, G.:* Trellis-coded modulation with redundant signal sets. IEEE Communic. Magazine Vol. 25, No 2 (1987) 5-21. – [15] *Gardner, F.M.:* Phaselock techniques. 2. Aufl. New York: Wiley 1979. – [16] *Best, R.:* Theorie und Anwendungen des Phase-locked loops. 4. Aufl. Aarau: AT-Verlag 1987 – [17] *Costas, J.P.:* Synchronous communications. Proc. IRE 44 (1956) 1713–1718. – [18] *Kettel, E.:* Die Fehlerwahrscheinlichkeit bei binärer Frequenzumtastung. AEÜ 22 (1968) 265–275. – [19] *Glenn, A.B.:* Comparison of PSK vs FSK and PSK-AM vs FSK-AM binary-coded transmission systems. IRE

Trans. CS-8 (1960) 87–100. – [20] *Held, H.J.:* Fehlersicherheit binärer Übertragungen bei verschiedenen Modulationsarten. NTZ 11 (1958) 286–292. – [21] *Sunde, E.V.:* Pulse transmission by AM, FM and PM in the presence of phase distortion. BSTJ 40 (1961) 353–422. – [22] *Rother, D.:* Der Einfluß von Gruppenlaufzeit- und Dämpfungsverzerrungen auf verschiedene Modulationsverfahren der Nachrichtenübertragung. Diss. Univ. Stuttgart 1971.

3 Digitale Signalaufbereitung
Digital signal processing

3.1 Einführung. Introduction

Bei den Verfahren der digitalen Signalaufbereitung unterscheidet man zwischen der Quellencodierung und der Codierung der zur Übertragung des digitalen Signals vorgegebenen Kanäle bzw. Leitungen.

Das Ziel der *Quellencodierung* besteht darin, den Nachrichtenfluß der Quelle durch möglichst wenig binäre Zeichen je Zeiteinheit zu beschreiben.

Für die Anwendung der Quellencodierung in der Übertragungstechnik wurden Verfahren wie Pulsamplituden-, Pulsphasen-, Pulscode- und die Deltamodulation entwickelt, wobei besonders die beiden letztgenannten (diskontinuierlichen) Modulationsverfahren an Bedeutung gewonnen haben. Sie werden daher in 3.2 bzw. 3.3 näher beschrieben.

Die *Kanal- bzw. Leitungscodierungen* (s. O 2 und [1]) haben zum Ziel, die durch die Quellencodierung erhaltenen Codewörter so umzucodieren, daß eine optimale Anpassung an einen gegebenen Verbindungsweg gewährleistet ist.

Spezielle Literatur Seite O 41

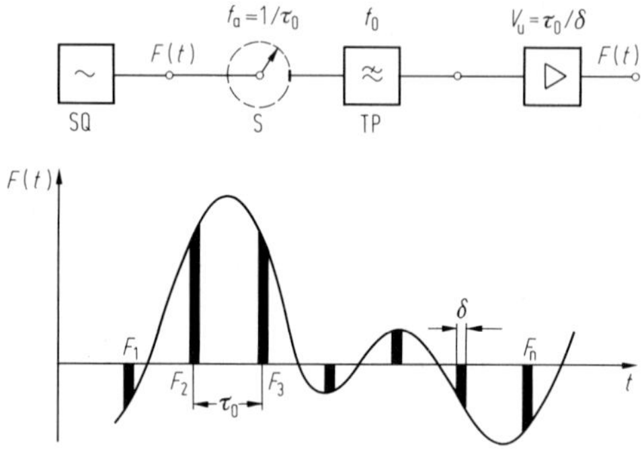

Bild 1. Abtasttheorem

Abtasttheorem. Die Grundlage aller diskontinuierlichen Modulationsverfahren ist das Abtasttheorem nach Shannon [2] (s. auch D 2.5). Danach läßt sich eine Signalfunktion mit der Bandbreite $B = f_o - f_u$ (wobei f_o die höchste und f_u die niedrigste Frequenz ist) vollständig durch diskrete Ordinaten im Abstand von $\tau_o = 1/2f_o$ bestimmen.

In Bild 1 ist der Vorgang des Abtastens, d.h. die Gewinnung von amplitudenmodulierten Impulsen, und die Wiederherstellung der Ursprungsfunktion dargestellt.

Eine Signalquelle SQ liefert hierbei die Signalfunktion $F(t)$, deren Frequenzband sich von 0 bis f_o erstreckt. Ein nachfolgender Schalter S, der konstant mit der Frequenz $f_a = 1/\tau_o$ rotiert, verbindet bei jeder Umdrehung für eine Zeit δ die Signalquelle mit einem idealen Tiefpaß TP, an dessen Eingang sich somit die in Bild 1 dargestellten Impulse $F_1, F_2, F_3 \dots F_n$ (Abstand τ_o, Breite δ) ergeben.

Nach dem Abtasttheorem kann aus diesen Impulsen die Ursprungsfunktion $F(t)$ dann zurückgewonnen werden, wenn die Abtastfrequenz $f_a \geqq 2f_0$ ist. Hierzu braucht die Ausgangsspannung des Tiefpasses nur einem linearen Spannungsverstärker mit der Verstärkung $V_u = \tau_o/\delta$ zugeführt zu werden, so daß an dessen Ausgang Impulse der Form

$$V_n = F_n \frac{\sin x}{x} \tag{1}$$

entstehen, wobei

$$x = \frac{\pi}{\tau_o}(t - n\tau_o) \tag{2}$$

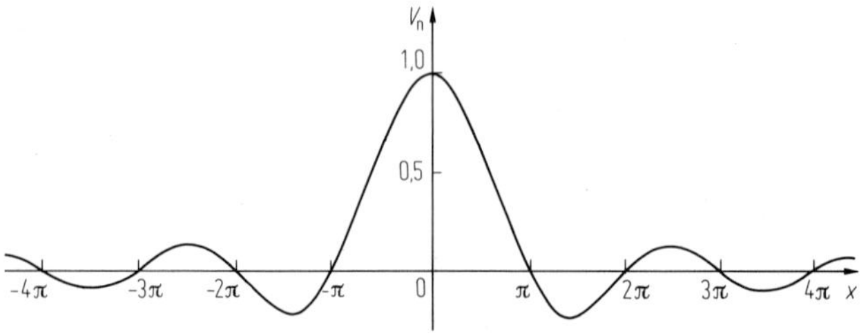

Bild 2. Ausgangsimpuls

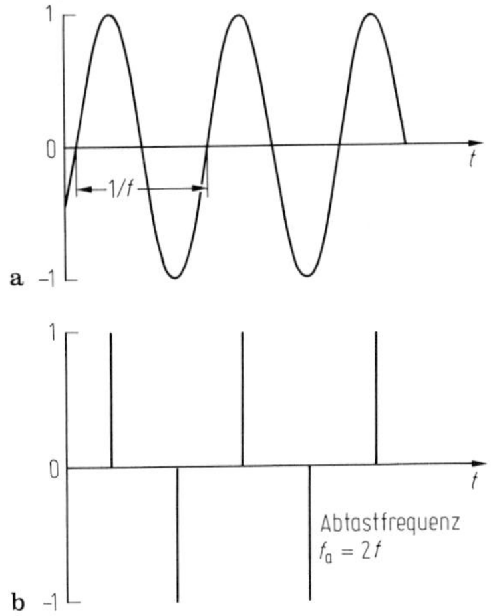

Bild 3. Sinussignal und Abtastwerte. **a** Sendesignal; **b** Abtastwerte des Sendesignals

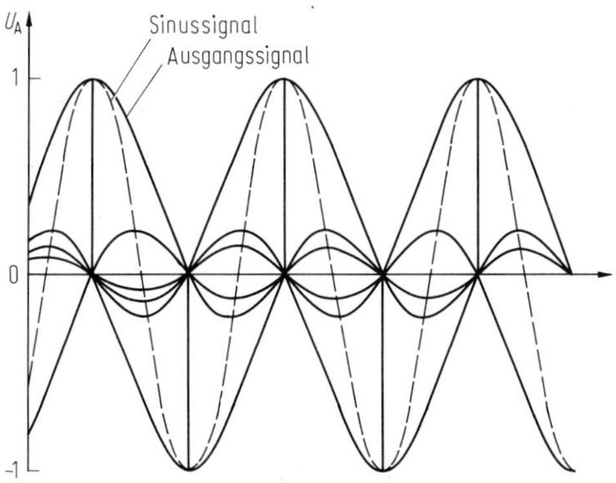

Bild 4. Rückgewinnung des Sinussignals

ist. Wichtig dabei ist, daß der zeitliche Abstand der aufeinanderfolgenden Impulse nicht größer als

$$\tau_o = 1/2 f_o \tag{3}$$

ist, wobei es gleichgültig ist, an welchen Stellen die Signalfunktion abgetastet wird.
In Bild 2 ist der Ausgangsimpuls für $F_n = 1$ in Abhängigkeit von x dargestellt. Er gruppiert sich symmetrisch um den Abtastzeitpunkt $x = 0$, bei dem er auch seinen Maximalwert

$$V_{n,\max} = F_n = 1 \tag{4}$$

hat. Bei jedem anderen Abtastzeitpunkt $x = m\pi$ wird der Impuls zu Null, so daß sich die Ausgangsimpulse nicht gegenseitig stören. Die Ausgangsfunktion als Summe aller Ausgangsimpulse V_n stimmt daher an den Abtastzeitpunkten und an allen anderen Punkten mit der Signalfunktion $F(t)$ überein, und es gilt mit den Gln. (1) und (2)

$$F(t) = \sum_{-\infty}^{+\infty} V_n = \sum_{-\infty}^{+\infty} F_n \frac{\sin x}{x}. \tag{5}$$

Hieraus folgt, daß eine Signalfunktion $F(t)$ mit der oberen Bandgrenze f_o durch die Gesamtheit ihrer Werte im Abstand $\tau_o \leqq 1/2f_o$ dargestellt werden kann.
Zur näheren Erläuterung des Vorangegangenen ist in Bild 3 ein Sinussignal der Frequenz f und dessen Abtastwerte dargestellt. Die Abtastung erfolgt dabei mit der Frequenz $2f$ immer im Maximum des Sinussignals. Mit einer Anordnung nach Bild 1 muß sich aus den Abtastwerten und der entsprechenden Überlagerung der Ausgangsimpulse nach Bild 3 wieder das ursprüngliche Sinussignal der Frequenz f und der Amplitude 1 zurückgewinnen lassen (s. Bild 4).
Aus diesem Beispiel ist zu erkennen, daß man für $f_a = 2f_o$ nur bedingt ein richtiges Ergebnis erhält, wenn die abzutastende Signalfunktion ein Sinussignal darstellt. Würden in Bild 3 alle Abtastzeitpunkte gleichmäßig verschoben – sie dürfen ja an beliebiger Stelle sein – so würde die zurückgewonnene Amplitude kleiner als 1 werden und sogar ganz verschwinden, wenn die Abtastzeitpunkte genau mit den Nulldurchgängen des Sinussignals zusammenfallen. Um dies zu vermeiden, wird i.allg. die Abtastfrequenz etwas größer als $2f_o$ gewählt. So wurde für die Abtastung von Sprachsignalen mit einer Bandbegrenzung von 300 Hz bis 3400 Hz international als Abtastfrequenz 8 kHz festgelegt [3].

3.2 Pulscodemodulation
Pulscode modulation

Prinzip. Es besteht darin, jedem Abtastwert eine Codekombination mit konstanter Anzahl Binärzeichen zuzuordnen. Damit liegt die übertragene Information nicht mehr in der Amplitude des Abtastwerts, sondern in der zugehörigen Codekombination, die aus einer Folge von Einschalt- und Ausschaltimpulsen besteht. Am Empfänger muß dann festgestellt werden, ob in einem bestimmten Zeitabstand, der durch die Abtastfrequenz und die Anzahl Binärzeichen pro Codekombination gegeben ist, ein Einschalt- oder Ausschaltimpuls vorliegt und welche Binärzeichen zu einer Codekombination gehören [4–11].
Da am Empfänger für die Impulse nur zwischen den Amplitudenwerten „Ein“ und „Aus“ unterschieden werden muß, ist es möglich, die bei der Übertragung aufgetretenen Impulsstörungen durch eine Regeneration zu eliminieren, sofern diese Störungen eine bestimmte Größe nicht überschreiten. Nach der Regeneration, die sich sowohl für die zeitliche Impulslage als auch für die Impulshöhe durchführen läßt, stehen unver-

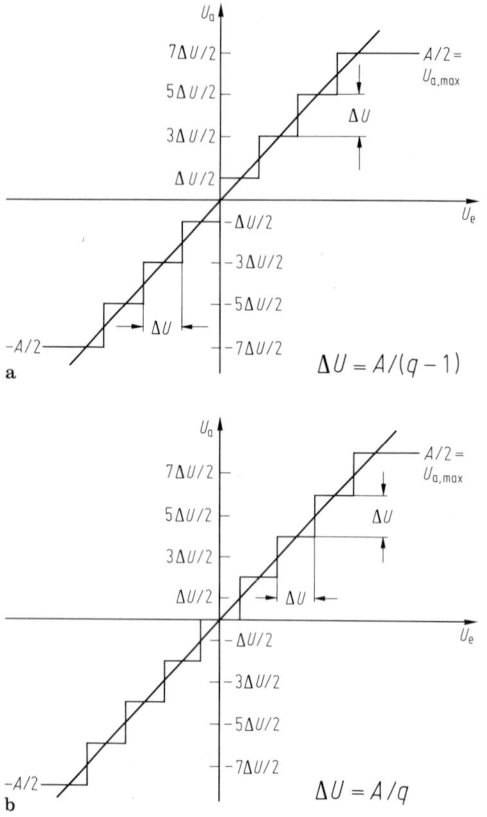

Bild 5. Kennlinie für lineare Codierung mit $n = 3$

zerrte Impulse für eine weitere Übertragung oder die Rückgewinnung der Abtastwerte zur Verfügung.

Je größer die Anzahl der Binärzeichen pro Codewort ist, um so mehr unterschiedliche Abtastwerte lassen sich unterscheiden. Besteht jede Codekombination aus Binärzeichen, so ergeben sich 2^n unterschiedliche Kombinationen, die sich den einzelnen Abtastwerten zuordnen lassen.

Quantisierungsverzerrungen bei linearer Codierung. Bei der Abtastung von kontinuierlichen Signalfunktionen wie z. B. Sprachsignalen, Sinussignalen usw. ergibt sich zu den Abtastzeitpunkten eine unendlich große Anzahl von möglichen Amplitudenwerten, obwohl der Amplitudenbereich der abzutastenden Signale endlich ist. Da bei einer Codierung mit n Binärzeichen nur

$$q = 2^n \tag{6}$$

diskrete Abtastwerte zur Verfügung stehen, werden die möglichen Amplitudenwerte in Bereiche zusammengefaßt und jedem Bereich ein diskreter Abtastwert zugeordnet. Wenn diese Bereiche alle gleich groß sind, spricht man von einer linearen

Tabelle 1. Quantisierung und Codierung für $n = 3$

U_e	U_a	z
$3\Delta U < U_e$	$\frac{7}{2}\Delta U$	111
$2\Delta U < U_e \leqq 3\Delta U$	$\frac{5}{2}\Delta U$	110
$\Delta U < U_e \leqq 2\Delta U$	$\frac{3}{2}\Delta U$	101
$0 < U_e \leqq \Delta U$	$\frac{\Delta U}{2}$	100
$0 \geqq U_e > -\Delta U$	$-\frac{\Delta U}{2}$	011
$-\Delta U \geqq U_e > -2\Delta U$	$-\frac{3}{2}\Delta U$	010
$-2\Delta U \geqq U_e > -3\Delta U$	$-\frac{5}{2}\Delta U$	001
$-3\Delta U \geqq U_e$	$-\frac{7}{2}\Delta U$	000

Codierung. Die Bereichsgröße ΔU ergibt sich dann aus dem abzutastenden Amplitudenbereich A und dem Wert q zu

$$\Delta U = \frac{A}{q-1} \quad \text{bzw.} \quad \Delta U = \frac{A}{q}. \tag{7}$$

Die Kennlinie zwischen der Eingangsspannung U_e und der Ausgangsspannung U_a ist stufenförmig (s. Bild 5 für eine Codierung mit $n = 3$).

Die als Gerade eingezeichnete ideale Kennlinie zeigt, daß nur für vier positive und vier negative Werte die Ausgangsspannung U_a exakt mit der Eingangsspannung U_e übereinstimmt. Für alle anderen Werte weicht U_a unterschiedlich stark vom Sollwert ab und bleibt konstant ab einer bestimmten Größe von U_e, d. h. bei hohen Eingangsspannungen tritt ein Begrenzungseffekt auf.

In Tab. 1 ist die Quantisierung dargestellt, d. h. die Zuordnung zwischen den Eingangsspannungsbereichen und den diskreten Amplitudenwerten entsprechend der Kennlinie nach Bild 5a. Die Tabelle gibt gleichzeitig eine Vorschrift für die Codierung an, d. h. für die Zuordnung binärer Ordnungszahlen zu den diskreten Amplitudenwerten.

Mit dieser Zuordnung läßt sich die Quantisierung und Codierung nach Bild 6 darstellen: Eine Signalfunktion $F(t)$ wird in konstanten Abständen τ_0 abgetastet. Unter der Annahme, daß zwischen der Abtastfrequenz f_a und der Signalfrequenz keine feste Phasenbeziehung besteht, wird $F(t)$ gleich häufig an allen Punkten abgetastet. Damit ergibt sich eine Funktion $F_0(t)$ mit einem maximalen Fehler $U_0/2$ bezogen auf $F(t)$. Die Differenz beider Funktionen

$$U_Q(t) = F(t) - F_0(t) \tag{8}$$

ist die Spannung der Quantisierungsverzerrung (s. Bild 6b).

Da angenommen wurde, daß alle Werte für U_0 gleich wahrscheinlich sind, ist der quadratische Mittelwert der durch die Quantisierung erzeug-

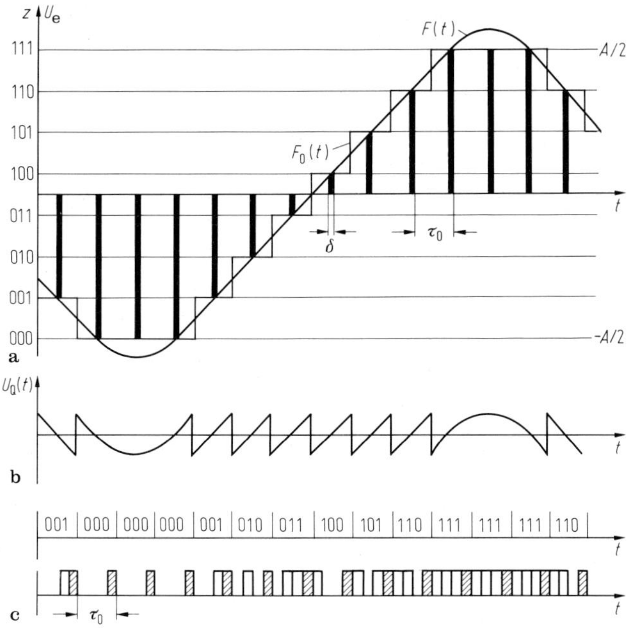

Bild 6. Codierung mit $n = 3$. **a** Quantisierung und Codierung; **b** Quantisierungsverzerrungen; **c** binäre Impulsfolge

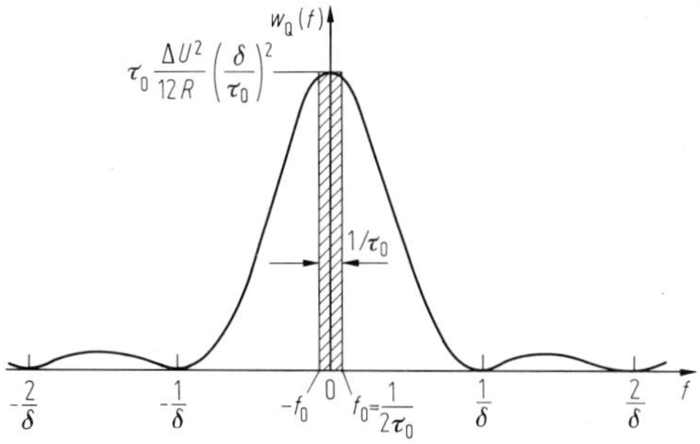

Bild 7. Mittlere Leistungsdichte des Quantisierungsgeräuschs

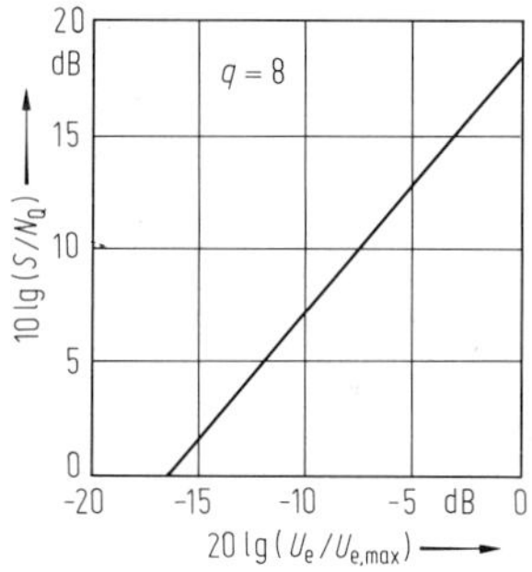

Bild 8. Quantisierungsverzerrungsabstand mit Sinussignal

ten Fehlerspannung am Ausgang des Tiefpasses nach Bild 1

$$\overline{U_Q^2} = \left(\frac{\delta}{\tau_o}\right)^2 \frac{1}{\Delta U} \int_{-\frac{\Delta U}{2}}^{\frac{\Delta U}{2}} u^2 \, du = \left(\frac{\delta}{\tau_o}\right)^2 \frac{\Delta U^2}{12\,R}. \quad (9)$$

Für $U_Q^2(t)$ ergibt sich mit Hilfe der Fourier-Transformation das Leistungsdichtespektrum

$$w_Q(f) = \left(\frac{\delta}{\tau_o}\right)^2 \frac{\Delta U^2}{12R}\, \tau_o \left[\frac{\sin(\pi f \delta)}{\pi f \delta}\right]^2 \quad (10)$$

für das durch die Quantisierung erzeugte Quantisierungsgeräusch (Bild 7).

Nach dem Tiefpaß mit der Grenzfrequenz $f_o = 1/2\,\tau_o$ ist die Störleistung infolge des Quantisierungsgeräuschs annähernd frequenzunabhängig, wenn die Breite δ des Abtastimpulses wesentlich kleiner als die Abtastperiode τ_o gewählt wird. In diesem Fall ist das Quantisierungsgeräusch N_Q gleich der schraffierten Fläche in Bild 7, d.h.

$$N_Q = \frac{w_Q(0)}{\tau_o} = \left(\frac{\delta}{\tau_o}\right)^2 \frac{\Delta U^2}{12R}. \quad (11)$$

Daraus folgt für eine Kennlinie nach Bild 5a

$$N_Q = \frac{1}{3}\left(\frac{\delta}{\tau_o}\right)^2 \frac{U_{a,\,max}^2}{R(q-1)^2} \quad (11\,a)$$

und für eine Kennlinie nach Bild 5b

$$N_Q = \frac{1}{3}\left(\frac{\delta}{\tau_o}\right)^2 \frac{U_{a,\,max}^2}{R_q^2}. \quad (11\,b)$$

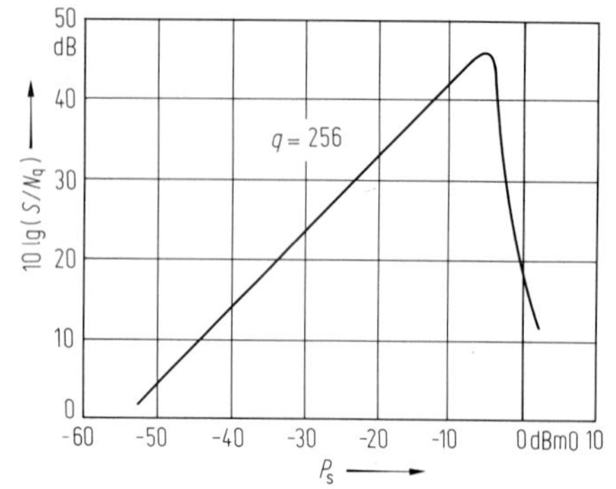

Bild 9. Quantisierungsverzerrungsabstand mit weißem Rauschen

Wird das System mit einem Sinussignal $u = U_e \sin \omega t$ beaufschlagt, so ergibt sich am Ausgang des Tiefpasses hierfür eine Signalleistung

$$S = [U_e^2/(2R)]\,(\delta/\tau_o)^2 \qquad (12)$$

und mit Gl. (11) der sog. Quantisierungsverzerrungsabstand

$$S/N_Q = (U_e^2/2)/(\Delta U^2/12) = 6(U_e/\Delta U)^2. \qquad (13)$$

Mit Gl. (7) folgt

$$S/N_Q = 6(U_e/A)^2 (q-1)^2. \qquad (14)$$

Stellt $A = 2U_{e,max}$ die Aussteuergrenze für ein Sinussignal dar, so wird

$$10 \lg(S/N_Q = 10 \lg[(U_e/U_{e,max})^2 (q-1)^2\, 3/2] \qquad (15)$$

(s. Bild 8). Der Quantisierungsverzerrungsabstand erreicht bzgl. U_e seinen Höchstwert für $U_e = U_{e,max}$:

$$10 \lg \left.\frac{S}{N_Q}\right|_{max} = 10 \lg \left[\frac{3}{2}(q-1)^2\right]. \qquad (16)$$

Bild 9 zeigt für $q = 256$ und eine Aussteuerung mit weißem Rauschen ebenfalls den Quantisierungsverzerrungsabstand bei einer linearen Codierung. Theoretisch würde sich für $q = 256$ bei einer Aussteuerung mit einem Sinussignal ein maximaler Abstand von 49,9 dB ergeben. Daß dieser Wert mit weißem Rauschen nicht erreicht wird, liegt daran, daß bei hohen Leistungspegeln P_s des Rauschsignals einzelne Amplitudenspitzen bereits schon begrenzt werden.

Quantisierungsverzerrungen bei nichtlinearer Codierung. Bei einer linearen Codierung fällt S/N_Q nach kleiner Aussteuerung hin ab. Dadurch wird der Dynamikbereich für die Sendefunktion $F(t)$ unerwünscht begrenzt. Im allgemeinen ist damit zu rechnen, daß unter Berücksichtigung von laut und leise sprechenden Teilnehmern, sowie Anschlußleitungen mit kleiner und großer Dämpfung ein Dynamikbereich von ca. 40 dB erforderlich ist. Soll dabei ein S/N_Q-Wert von mindestens 20 dB eingehalten werden, so ergibt sich aus Gl. (15) mit

$$20 \lg U_e/U_{e,max} = -40 \text{ dB}$$

die erforderliche Anzahl Quantisierungsstufen zu $q = 817$.

Die genannten Forderungen lassen sich mit einer geringeren Anzahl Stufen erfüllen, wenn man eine Kompandierung einführt.

Dabei werden die kleineren und mittleren Signalpegel auf der Sendeseite gegenüber den hohen Pegeln etwas verstärkt, d. h. es tritt eine Kompression ein. Auf der Empfangsseite wird dieser Vorgang durch eine Expansion wieder rückgängig gemacht, so daß das Übertragungssystem eine lineare Charakteristik aufweist. Da der untere und mittlere Dynamikbereich wesentlich stärker ausgenutzt wird als der obere, ist die mit der Kompandierung verbundene Reduzierung des Quantisierungsverzerrungsabstands – gegenüber einer linearen Codierung mit der gleichen Stufenzahl – bei hohen Pegeln ohne Bedeutung.

Für die Kompandierung stehen mehrere Möglichkeiten zur Verfügung; eine besteht z. B. darin, daß einem linearen Codierer ein Momentanwertkompressor vorgeschaltet wird. Auf der Empfangsseite folgt dementsprechend nach dem linearen Decodierer ein Momentanwertexpander, der die zum Momentanwertkompressor inverse Funktion ausführt. In der Praxis ist es nicht einfach, dieses exakt zu realisieren. So können z. B. schon die unterschiedlichen Umgebungstemperaturen oder Betriebsspannungen zwischen Sende- und Empfangsstelle zu Abweichungen und damit zu zusätzlichen Verzerrungen führen.

Eine zweite, wesentlich bessere Methode besteht darin, daß die Codierung und Decodierung nichtlinear erfolgen. Hierfür wurde international [3] eine Kompressorkennlinie $y = f(x)$ vorgeschlagen, die durch 13 lineare Segmente angenähert wird:

$$\begin{aligned} y &= \frac{1 + \ln(Ax)}{1 + \ln A} &&\text{für } \frac{1}{A} \leqq x \leqq 1, \\ y &= \frac{Ax}{1 + \ln A} &&\text{für } 0 \leqq x \leqq \frac{1}{A}. \end{aligned} \qquad (17)$$

(sog. A-Kennlinie mit $A = 87{,}6$). Zwischen den normierten Aussteuerungen vor bzw. nach der Quantisierung

$$x = U_e/U_{e,max}, \qquad (18)$$

bzw.

$$y = U_a/U_{a,max} \qquad (19)$$

sowie den Ordnungszahlen z für die Quantisierungsstufen bestehen dabei die folgenden Beziehungen für positive Werte von x:

$$y = \frac{x}{4} + \frac{3}{4} \quad \text{für} \quad \frac{1}{2} \leqq x \leqq 1$$

$$y = \frac{x}{2} + \frac{5}{8} \quad \text{für} \quad \frac{1}{4} \leqq x \leqq \frac{1}{2}$$

$$y = x + \frac{1}{2} \quad \text{für} \quad \frac{1}{8} \leqq x \leqq \frac{1}{4}$$

$$y = 2x + \frac{3}{8} \quad \text{für} \quad \frac{1}{16} \leqq x \leqq \frac{1}{8}$$

$$y = 4x + \frac{1}{4} \quad \text{für} \quad \frac{1}{32} < x \leqq \frac{1}{16}$$

$$y = 8x + \frac{1}{8} \quad \text{für} \quad \frac{1}{64} < x \leqq \frac{1}{32}$$

$$y = 16x \quad \text{für} \quad 0 < x \leqq \frac{1}{64}$$

$$z = 2^n \quad \text{für} \quad x = 1$$

$$z = \frac{15}{16} 2^n \quad \text{für} \quad x = \frac{1}{2}$$

$$z = \frac{14}{16} 2^n \quad \text{für} \quad x = \frac{1}{4}$$

$$z = \frac{13}{16} 2^n \quad \text{für} \quad x = \frac{1}{8}$$

$$z = \frac{12}{16} 2^n \quad \text{für} \quad x = \frac{1}{16}$$

$$z = \frac{11}{16} 2^n \quad \text{für} \quad x = \frac{1}{32}$$

$$z = \frac{10}{16} 2^n \quad \text{für} \quad x = \frac{1}{64}$$

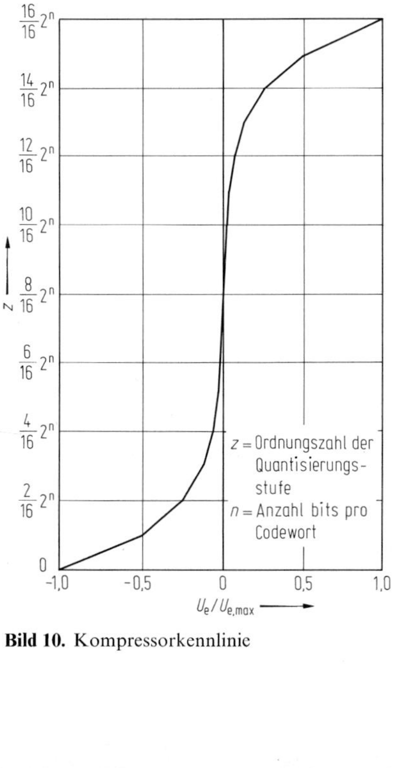

Bild 10. Kompressorkennlinie

Für negative Werte von x lassen sich entsprechende Beziehungen angeben, so daß man die in Bild 10 dargestellte Kompressorkennlinie erhält. Die Steigung im Nulldurchgang

$$K_g = 20 \lg \frac{A}{1 + \ln A} = 24{,}09\,\text{dB} \quad \text{für } A = 87{,}6 \tag{20}$$

ist der sog. „Kompandergewinn"; das ist der Faktor, um den sich der Quantisierungsverzerrungsabstand gegenüber einer linearen Codierung bei einer Aussteuerung in dem Segment mit $z = \frac{6}{16} 2^n$ und $z = \frac{10}{16} 2^n$ erhöht.
Die mittlere Quantisierungsverzerrungsleistung bei einer nichtlinearen Quantisierung ergibt sich zu:

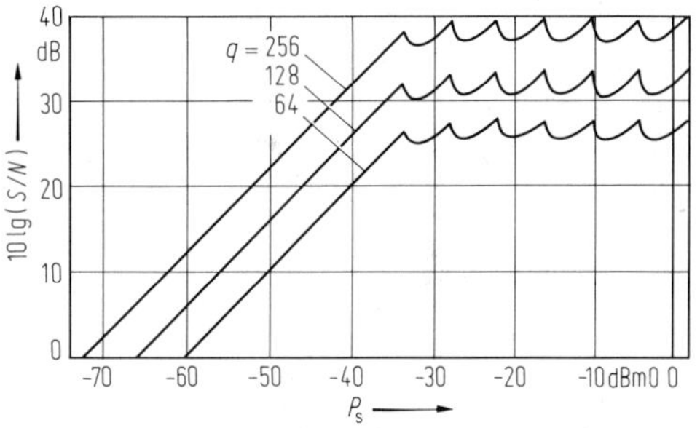

Bild 11. Quantisierungsverzerrungsabstand bei Aussteuerung mit Sinussignalen und nichtlinearer PCM-Codierung

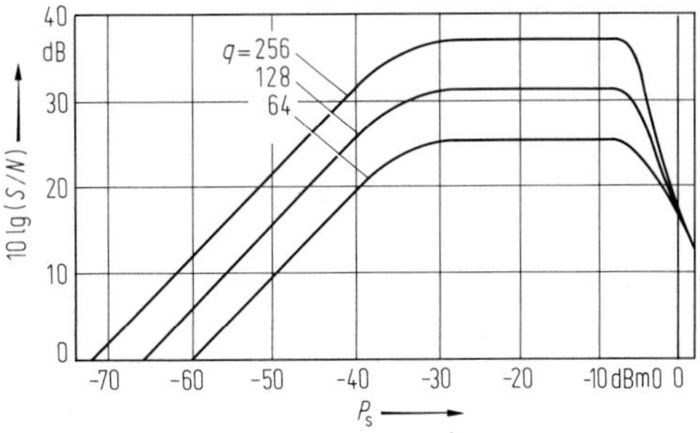

Bild 12. Quantisierungsverzerrungsabstand bei Aussteuerung mit weißem Rauschen und nichtlinearer PCM-Codierung

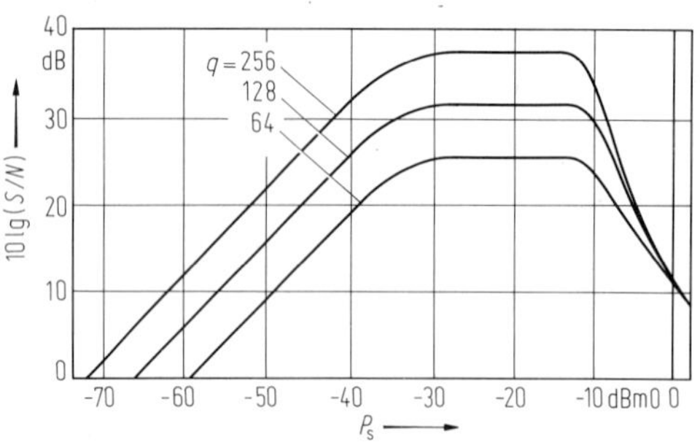

Bild 13. Quantisierungsverzerrungsabstand bei Aussteuerung mit Sprachsignalen und nichtlinearer PCM-Codierung

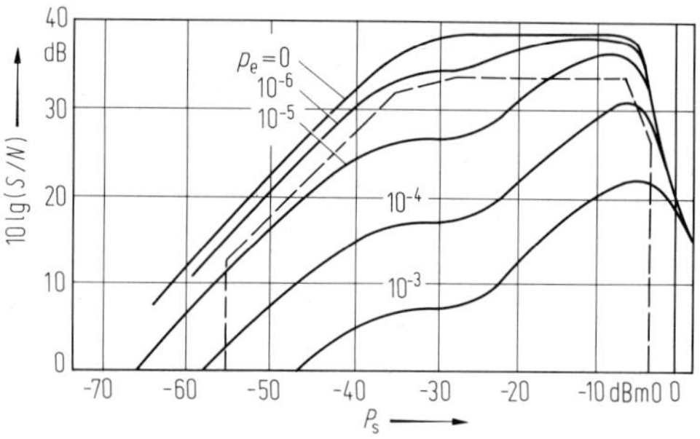

Bild 14. Quantisierungsverzerrungsabstand bei Aussteuerung mit weißem Rauschen und nichtlinearer PCM-Codierung für $q = 256$ (--- CCITT-Empfehlung G 712)

$$\overline{N_Q(x)} = \frac{2}{3(q-1)^2} \int_0^\infty \frac{p(x)}{y(x)^2}\,\mathrm{d}x = N. \tag{21}$$

In dieser Gleichung ist x der Effektivwert für die normierte Aussteuerung, $y(x)$ die Kompressorkennlinie und $p(x)$ die Wahrscheinlichkeitsdichte der Amplituden von $F(t)$.
Für den auf die Signalleistung

$$S(x) = x^2 \tag{22}$$

bezogenen Quantisierungsverzerrungsabstand folgt damit

$$\frac{S}{N} = \frac{3}{2}(q-1)^2 x^2 \Big/ \int_0^\infty \frac{p(x)\,\mathrm{d}x}{[y(x)]^2}. \tag{23}$$

Die nach Gl. (23) mit Hilfe eines Rechnerprogramms ermittelten Werte für eine Aussteuerung mit Sinussignalen, weißem Rauschen und Sprachsignalen sind in den Bildern 11 bis 13 dargestellt.
Ein Vergleich mit Bild 9 zeigt, daß der Dynamikbereich beträchtlich erweitert wurde. Das Verhältnis $\bar{S}/\bar{N}$ ist bei nichtlinearer Codierung in einem großen Teil der Aussteuerung konstant, d.h. $\bar{N}$ steigt in diesem Bereich proportional mit der Aussteuerung an. Die Bilder 11 bis 13 zeigen ferner, daß sich für die verschiedenen Signale, mit denen eine Codiereinrichtung ausgesteuert werden kann, unterschiedliche $\bar{S}/\bar{N}$-Werte im Bereich mittlerer und hoher Signalpegel ergeben.
Der Einfluß des Quantisierungsgeräuschs auf eine Sprachübertragung kann mit einem thermischen Geräusch verglichen werden. Es ist jedoch nicht so störend wie dieses, da es in den Signalpausen nicht auftritt.

Ruhegeräusch. Das Ruhegeräusch bei einem nicht mit einer Sendefunktion $F(t)$ beaufschlagten System hat seine Ursache in der Verschiebung der Codierkennlinie, z.B. infolge von Temperaturänderungen. Tritt dabei eine Gleichspannungsverschiebung auf, so können schon sehr kleine Eingangsstörspannungen eine rechteckförmige Ausgangsstörspannung erzeugen. Deren Spitze-Spitze-Wert ist dabei gleich der kleinsten Stufenhöhe ΔU des nichtlinearen Coders, wenn nur eine Stufenhöhe ausgesteuert wird, d.h. die Störleistung des Ruhegeräuschs ist bei einem rechteckförmigen Verlauf

$$N_R = (\Delta U/2)^2/R. \tag{24}$$

Wird diese Leistung auf einen linearen Coder bezogen, der die gleiche Aussteuergrenze hat wie der nichtlineare Coder, so ergibt sich für ein Sinussignal bei dem linearen Coder die Aussteuergrenze zu:

$$S_L = \left(2^{n+4}\frac{\Delta U}{2\sqrt{2}}\right)^2 \Big/ R. \tag{25}$$

Danach muß der lineare Coder eine um 4 bit erweiterte Codierung gegenüber dem nichtlinearen Coder haben, der für die Codierung pro Codewort nur n bit verwendet. Arbeitet z.B. ein nichtlinearer Coder mit $q = 2^8 = 256$ Stufen, so müßte ein linearer Coder mit $q = 2^{12} = 4096$ Stufen arbeiten.
Für den Ruhegeräuschabstand folgt aus den Gln. (24) und (25)

$$S_L/N_R = (2^{n+4})^2/2 = 2^7 \cdot q^2$$

bzw.

$$\begin{aligned} 10\lg S_L/N_R &= (20\lg q + 21)\,\mathrm{dB} \\ &= (6n + 21)\,\mathrm{dB}. \end{aligned} \tag{26}$$

Das ist für $n = 6$ bit

$$10\lg S_L/N_R = 57\,\mathrm{dB}.$$

Begrenzungsgeräusch. Es ist besonders für Breitbandcodierung von FDM-Signalen wichtig und läßt sich berechnen, wenn die Amplitudenverteilung von $F(t)$ bekannt ist. Im allgemeinen wird die Aussteuergrenze so gewählt, daß das Begrenzungsgeräusch nur einen sehr geringen Anteil zum Gesamtgeräusch beiträgt.

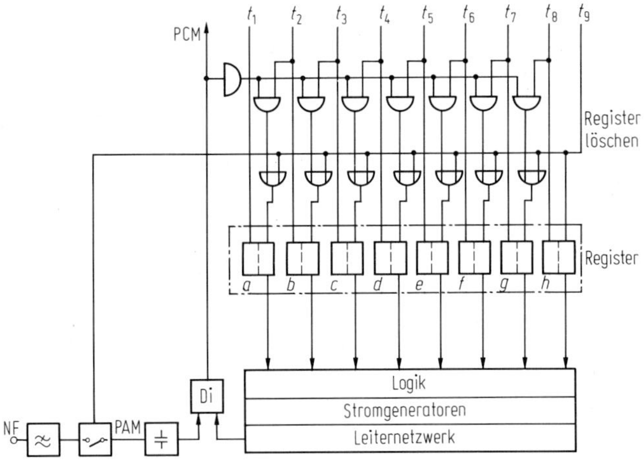

Bild 15. Blockschaltung des 8-bit-Coders

Impulsfehlergeräusch. Es entsteht durch Störungen auf der Übergangsstrecke. Zu seiner Berechnung muß die Amplitudenverteilung von $F(t)$ und die Verteilung der Fehler bekannt sein. Untersuchungen [12] zeigen, daß bei einer hohen Bitfehlerwahrscheinlichkeit p_c auf der Übertragungsstrecke der Signal/Geräusch-Abstand stark reduziert wird (Bild 14).

Codierung. Hierunter wird i. allg. bei der PCM die Zuordnung zwischen den quantisierten Amplitudenwerten und den für die Übertragung vorgesehenen Ordnungszahlen z verstanden. In der Regel werden die Ordnungszahlen im Dualzahlensystem dargestellt, da sich dieses sehr gut für eine Realisierung mit elektrischen Schaltungen eignet.

Bei einer Codierung mit n bit sind auch n Glieder mit Zweierpotenzen zu wählen. Für eine Codierung mit $n = 3$ bit ergeben sich für einen Binärcode die $2^3 = 8$ Dualzahlen nach dem folgenden Schema

$$z = a \cdot 2^2 + b \cdot 2^1 + c \cdot 2^0 . \quad (27)$$

Hierbei können a, b und c nur die Werte 0 oder 1 einnehmen. In einer elektrischen Schaltung kann dann z. B. die 1 „Strom" und die 0 „kein Strom" bedeuten.

Für die Dualzahl 0 sind a, b und c Null, d. h. $z_0 = 0 + 0 + 0 = 0$. Entsprechend lautet die Dualzahl 7: $z_7 = 1 \cdot 2^2 + 1 \cdot 2^1 + 1 \cdot 2^0 = 4 + 2 + 1 = 7$. Liegt das Codiergesetz, z. B. für den Binärcode nach Gl. (27) vor, dann genügt für die eindeutige Definition der einzelnen Dualzahlen die Angabe der Werte von a, b und c. Dabei repräsentiert $a(c)$ das bit mit der höchsten (geringsten) Wertigkeit.

In Bild 6 ist die Zuordnung der Dualzahlen zu den diskreten Amplitudenwerten mit angegeben. Bei einer Codierung kann es aus übertragungstechnischen Gründen zweckmäßig sein, die Ordnungszahlen den diskreten Amplitudenstufen nicht wie in Bild 6 zuzuordnen. Die Ordnungszahlen lassen sich vielmehr beliebig vertauschen.

Nachfolgend sind für $n = 3$ die Zuordnungen für verschiedene Codes angegeben.

Normaler Binärcode	Symmetrischer Binärcode	Invertierter symmetrischer Binärcode
111	111	000
110	110	001
101	101	010
100	100	011
–	–	–
011	000	111
010	001	110
001	010	101
000	011	100

Der invertierte symmetrische Binärcode hat dabei gebenüber dem normalen Binärcode u. a. den Vorteil, daß bei kleiner Aussteuerung, die am häufigsten vorkommt, die größtmögliche Eins-Dichte auftritt, was die Taktableitung vereinfacht. Ferner gibt eine Impulsstörung des höchstwertigen bit bei kleiner Aussteuerung eine geringere Störung als beim normalen Binärcode.

In Bild 6c ist für den normalen Binärcode die Impulsfolge für das codierte Signal $F(t)$ angegeben. Erfolgt die Codierung beim Teilnehmer, so muß zusätzlich zu diesen Impulsen noch die Information übertragen werden, welche Impulse zu einer Ordnungszahl z gehören. In Bild 6c wurden zu diesem Zweck schraffierte Impulse eingefügt, die die einzelnen Ordnungszahlen voneinander trennen, so daß sie sich auf der Empfangsseite wieder richtig decodieren lassen.

Coder. Für die Codierung steht eine Anzahl von Methoden zur Verfügung, wie z. B. die Zähl-, Direkt-, Iterativmethode usw. Hiervon hat sich besonders die letzte, welche acht Normale erfordert, als zweckmäßig erwiesen.
In Bild 15 ist die Blockschaltung für einen Iterativcoder mit $n = 8$ bit angegeben; hierbei sind acht Schritte erforderlich. Beim ersten Schritt wird mit t_1 das größte Normal, das dem höchstwertigen bit entspricht, angelegt und geprüft, ob der anliegende Amplitudenwert (PAM) größer oder kleiner ist. Ist er größer, entsteht am Ausgang der Differenzschaltung (Di) eine 1, und das Normal wird belassen; ist er kleiner, entsteht am Ausgang von Di eine 0, und es wird wieder entfernt.
In gleicher Weise wird mit Hilfe der Takte t_2 bis t_8 verfahren, bis das bit mit der geringsten Wertigkeit bestimmt ist. Zum Zeitpunkt t_g werden alle Speicher *a* bis *h* auf 0 gesetzt, und ein neuer Codiervorgang kann beginnen.

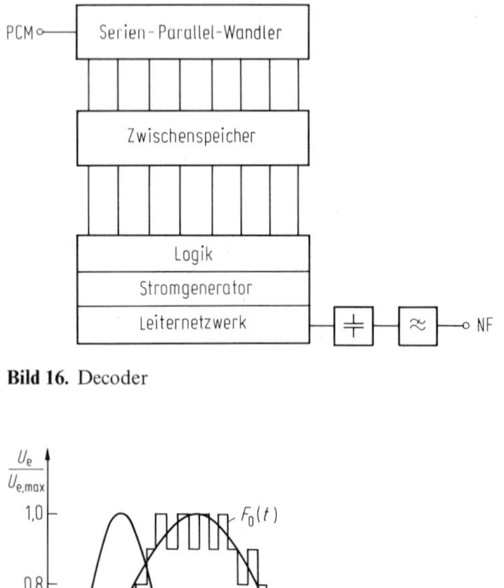

Bild 16. Decoder

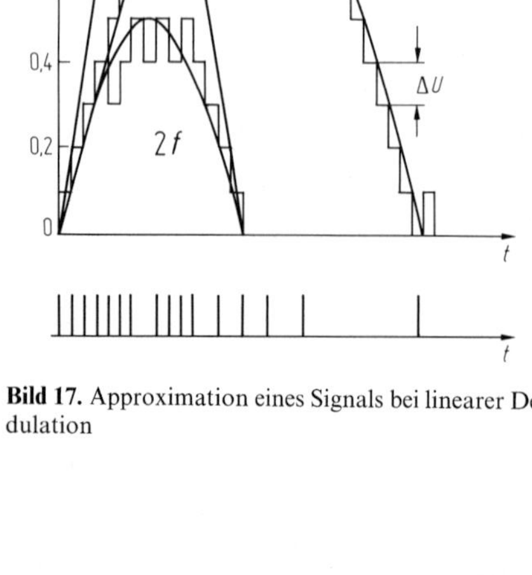

Bild 17. Approximation eines Signals bei linearer Deltamodulation

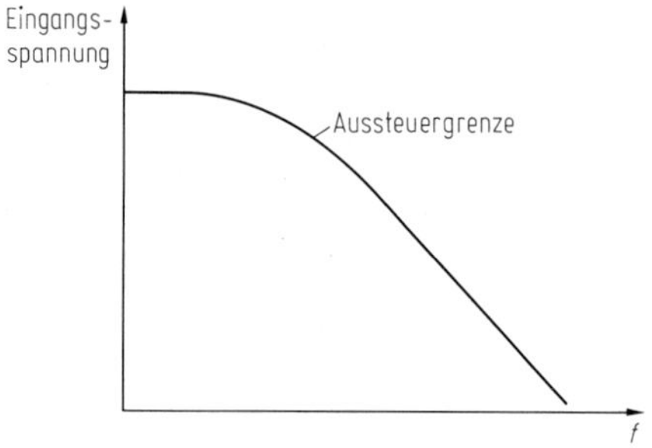

Bild 18. Frequenzabhängigkeit der Aussteuergrenze bei Deltamodulation

Decoder. Für den Decoder werden die gleichen Schaltungseinheiten verwendet wie für den Coder. Sie sind lediglich noch durch einen Serien-Parallel-Wandler und einen Zwischenspeicher zu ergänzen (Bild 16).

3.3 Deltamodulation. Delta modulation

Prinzip. Die zu übertragende Sendefunktion $F(t)$ wird durch eine Treppenkurve $F_0(t)$ approximiert. Dabei werden zwei aufeinanderfolgende Werte miteinander verglichen und die Differenz mit einem bit codiert. Ist die Differenz positiv, d. h. der nachfolgende Wert größer als der vorangegangene, so wird eine Stufenhöhe ΔU zur Approximationsfunktion $F_0(t)$ hinzugeschaltet und dieses als binäre Eins codiert. Ist die Differenz negativ, d. h. der nachfolgende Wert kleiner, wird $F_0(t)$ um ΔU reduziert und dieses als binäre Null codiert [4, 13–17]. Eine wesentliche Eigenschaft der Deltamodulation besteht darin, daß mit einer geringen Bitrate eine gute Übertragungsqualität erzielt werden kann, wenn die charakteristischen Merkmale der Deltamodulation beachtet werden, z. B. daß die Aussteuergrenze von der Frequenz abhängig ist: Soll z. B. ein Sinussignal $u = U_e \sin(2\pi f t)$ codiert werden, so ist bei einer Codierung mit der Stufenhöhe ΔU die erforderliche Abtastfrequenz

$$f_a = 2\pi U_e f / \Delta U. \qquad (28)$$

Danach muß bei festen Werten von f_a und ΔU die Aussteuerung U_e reduziert werden, wenn die Frequenz f erhöht wird (Bild 17): Wenn ein Sinus mit der Frequenz f und der Amplitude $U_e/U_{e,max} = 1$ durch die Stufenhöhe ΔU approximiert werden kann, so geht die Aussteuergrenze um den Faktor 2 zurück, wenn die Frequenz verdoppelt wird.
Die Aussteuergrenze hat daher allgemein einen Verlauf gemäß Bild 18.

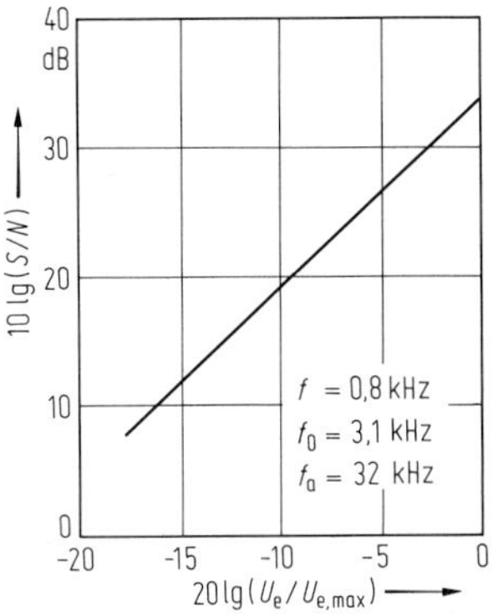

Bild 19. Quantisierungsverzerrungsabstand als Funktion der Aussteuerung

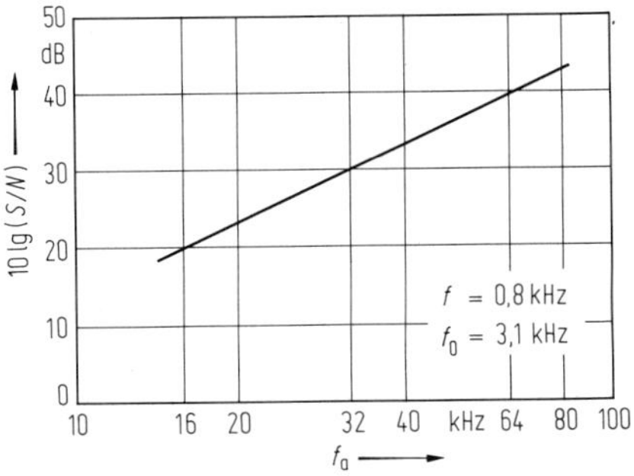

Bild 20. Quantisierungsverzerrungsabstand für $U_e = U_{e,max}$ als Funktion der Abtastfrequenz

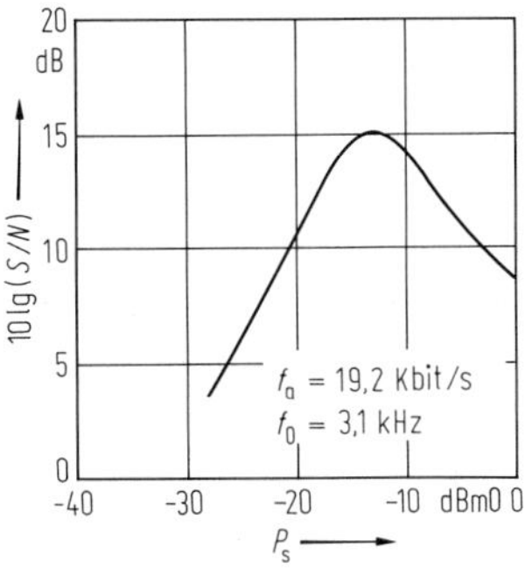

Bild 21. Quantisierungsverzerrungsabstand bei Aussteuerung mit weißem Rauschen und linearer DM-Codierung

Quantisierungsverzerrungen. Es gelten die gleichen Überlegungen wie für die PCM. Auch bei der Deltamodulation sind die niedrigsten Werte für die Quantisierungsverzerrungen zu erreichen, wenn eine hohe Abtastfrequenz und eine Kompandierung gewählt werden.

Quantisierungsverzerrungen bei linearer Codierung. Hierbei erfolgt die Approximation der Sen-

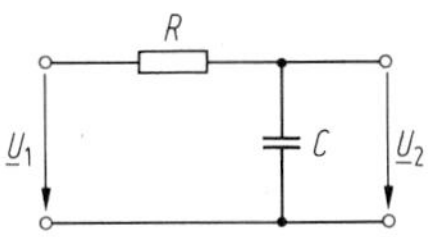

Bild 22. Netzwerk für einfache Integration

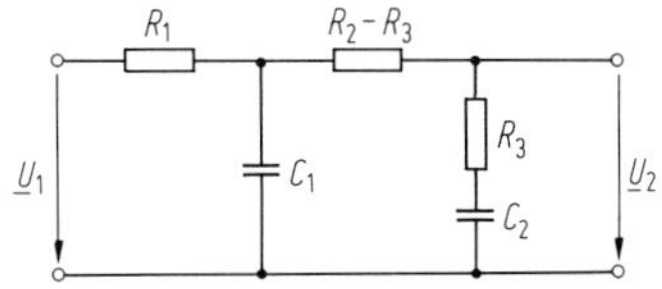

Bild 23. Netzwerk für Doppelintegration

defunktion $F(t)$ durch eine Treppenfunktion $F_0(t)$ mit konstanter Stufenhöhe ΔU (Bild 17). Für den Quantisierungsverzerrungsabstand wurde bei einfacher Integration (s. Bild 22) folgende Gleichung für eine Aussteuerung mit einem Sinussignal ermittelt [13]:

$$10\lg\frac{S}{N} = 20\lg 0{,}261\,\frac{f_a^{3/2}}{f\sqrt{f_o}}\,\frac{U_e}{U_{e,max}} \qquad (29)$$

(f_a = Abtastfrequenz, f_o = Grenzfrequenz des Tiefpasses, f = Frequenz des Sendesignals, $U_e/U_{e,max}$ = normierte Aussteuerung).

Der Quantisierungsverzerrungsabstand ist gemäß Gl. (29) bei Vollaussteuerung $U_e = U'_{e,max}$ am größten und nimmt von dort aus proportional mit $\lg U_e/U_{e,max}$ ab (Bild 19). Damit ergibt sich wieder eine Benachteiligung bei einer kleinen Aussteuerung und ein entsprechend kleiner Dynamikbereich.

Ein ähnlicher Verlauf ergibt sich für $U_e = U_{e,max}$ in Abhängigkeit von der Abtastfrequenz f_a (Bild 20).

Bild 21 zeigt den mit weißem Rauschen gemessenen Quantisierungsverzerrungsabstand in Abhängigkeit von der Aussteuerung und einer linearen DM-Codierung.

Hieraus ist besonders deutlich zu ersehen, wie wichtig eine Kompandierung zur Erhöhung des Dynamikbereichs bei kleinen Aussteuerungen ist. Daß bei dieser Messung der theoretische Wert für Sinussignale (23,9 dB) nicht erreicht wird, liegt an der Begrenzung, die einige Amplitudenspitzen des Rauschsignals erfahren.

Unter der o. g. einfachen Integration ist die Bildung von $F_0(t)$ mit einem Integrationsnetzwerk gemäß Bild 22 zu verstehen.

Die Übertragungsfunktion ist

$$\underline{H}_1(f) = \underline{U}_2/\underline{U}_1 = 1/(1 + \mathrm{j}f/f_1) \qquad (30)$$

mit der Grenzfrequenz

$$f_1 = 1/(2\pi RC). \qquad (31)$$

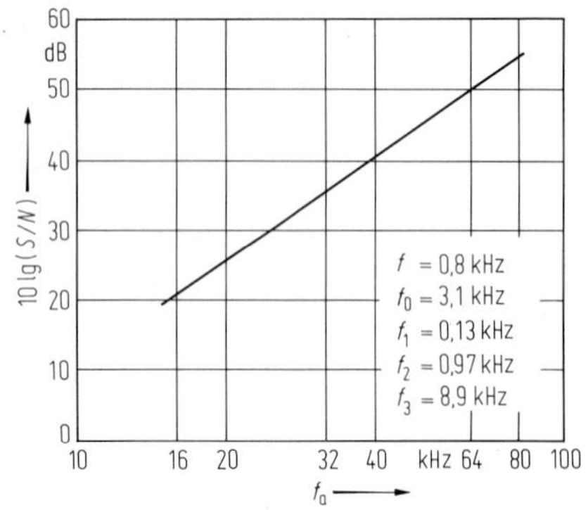

Bild 24. Quantisierungsverzerrungsabstand nach Gl. (32) bei Vollaussteuerung ($U_e = U_{e,\max}$) mit einem Sinussignal und linearer Codierung

Bei einer Doppelintegration, die auf

$$10 \lg \frac{S}{N} = 20 \lg 0{,}0226 \frac{f_a^{5/2}}{f \sqrt{f_o} \sqrt{f^2 + f_2^2}} \cdot \frac{U_e}{U_{e,\max}} \tag{32}$$

führt, liegt eine RC-Kombination gemäß Bild 23 vor.

Dafür gilt

$$\frac{\underline{U}_2}{\underline{U}_1} = \underline{H}_2(f) = \frac{\left(1 + \mathrm{j}\frac{f}{f_3}\right)}{\left(1 + \mathrm{j}\frac{f}{f_1}\right)\left(1 + \mathrm{j}\frac{f}{f_2}\right)} \tag{33}$$

mit

$$\left.\begin{aligned} f_1 &= 1/[2\pi R_1 C_1 (1 + C_2/C_1)], \\ f_2 &= 1/\{2\pi R_2 C_2 \\ &\quad \cdot [1 - \tfrac{1}{4}(1 + R_1/R_2)^2 R_2 C_2/R_1 C_1]\} \\ f_3 &= 1/(2\pi R_3 C_2). \end{aligned}\right\} \tag{34}$$

Bei geeigneter Wahl von f_1, f_2 und f_3 wird mit doppelter Integration eine Verbesserung des Quantisierungsverzerrungsabstands erzielt (Bild 24).

Quantisierungsverzerrungen bei nichtlinearer Codierung. Die nichtlineare Codierung hat bei der Deltamodulation die gleichen Auswirkungen wie bei der PCM (s. 3/2), d.h. Verbesserung des Quantisierungsverzerrungsabstands bei kleinen Pegeln und damit eine Erweiterung des Dynamikbereichs. Bei der Wahl der erforderlichen Kompandierung ist es wieder wichtig, daß die Gesetzmäßigkeit auf der Empfangsseite unverfälscht zur Verfügung steht und durch eine Expandierung rückgängig gemacht werden kann. Da hierfür aber kein zusätzlicher Informationsfluß zur Verfügung steht, wird das Kompandierungsgesetz aus der Eins-Null-Dichte abgeleitet.

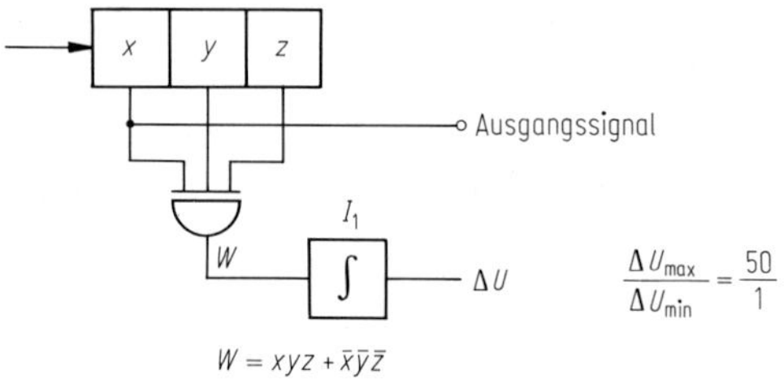

Bild 25. Schaltungsbeispiel der digitalen Überwachung

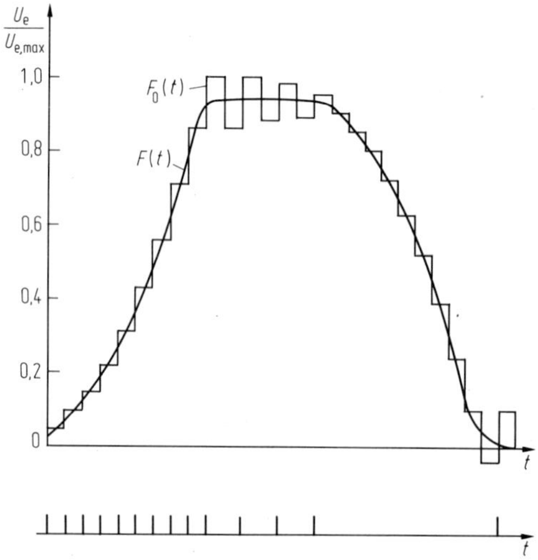

Bild 26. Approximation eines Signals bei nichtlinearer Deltamodulation

Bei der Deltamodulation kann aus einer Einsfolge auf einen Spannungsanstieg, aus einer Nullfolge auf einen Spannungsabfall und aus einer Eins-Null-Folge auf Spannungskonstanz geschlossen werden. Es lag daher nahe, diese Gesetzmäßigkeit für die Gewinnung des Kompandierungsgesetzes auszunützen, so daß keine zusätzliche Information für die Expandierung übertragen werden muß. Der als „Digital Controlled Delta Modulation" (DCDM) bezeichnete Prozeß verläuft so, daß das digitale Ausgangssignal einem in einem Rückkopplungskreis liegenden 3-bit-Schieberegister zugeführt wird (Bild 25).

Die drei Ausgänge des Schieberegisters sind mit einer EXOR-Schaltung verbunden. An deren Ausgang steht eine logische „1", wenn alle drei bits im Schieberegister 1 oder 0 sind. Sind diese drei bits im Schieberegister nicht gleich, gibt die EXOR-Schaltung eine logische „0" ab. Diese

von der EXOR-Schaltung abgegebenen Impulse bewirken am Ausgang des nachgeschalteten Integrators eine Spannungsänderung ΔU. Die Zeitkonstante des Integrators wird dabei so gewählt, daß sie der mittleren Silbenlänge der Sprache entspricht. Bei langen 1- oder 0-Folgen wird $\Delta U = \Delta U_{max}$ bzw. bei laufendem 1/0-Wechsel $\Delta U = \Delta U_{min}$.
Für die Bildung der Funktion $F_0(t)$ stehen damit je nach Steigung von $F(t)$ Stufen der Höhe ΔU_{min} bis ΔU_{max} zur Verfügung. In Bild 26 ist die Approximation von $F(t)$ durch $F_0(t)$ für die DCDM dargestellt.
Daraus ist zu ersehen, wie gut $F(t)$ nachgebildet werden kann und wie die Quantisierungsverzerrungen bei kleinen Pegeln abnehmen.
In Bild 27 ist der mit weißem Rauschen gemessene Quantisierungsverzerrungsabstand bei nichtlinearer Codierung dargestellt.
Der Vergleich mit Bild 21 zeigt die starke Erweiterung des Dynamikbereichs durch eine nichtlineare Codierung.

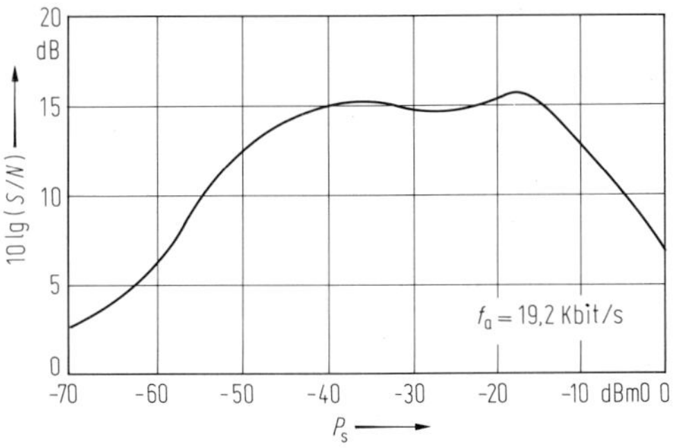

Bild 27. Quantisierungsverzerrungsabstand bei Aussteuerung mit weißem Rauschen und nichtlinearer DM-Codierung

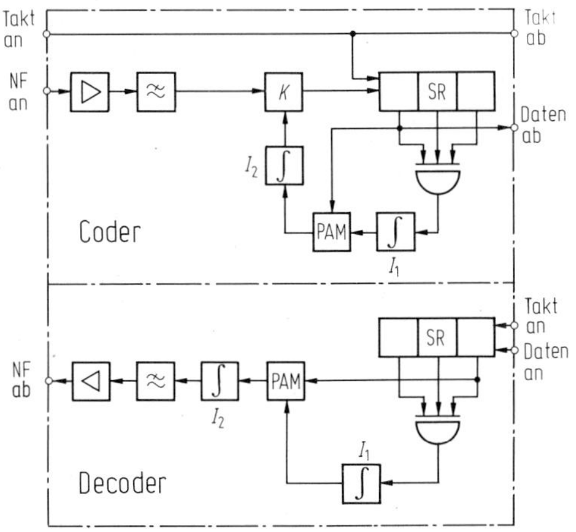

Bild 28. Blockschaltbild von Coder und Decoder im Falle der DCDM

Ruhegeräusch. Das Ruhegeräusch läßt sich, wie in 3.2 für die PCM, berechnen, wenn der nichtlineare Coder wieder durch einen linearen mit der kleinsten Stufenhöhe ersetzt wird.

Begrenzungsgeräusch. Wie in 3.2 für die PCM.

Impulsfehlergeräusch. Wie in 3.2, jedoch nicht so stark von der Bitfehlerhäufigkeit abhängig, da keine Korrelation zwischen den übertragenen bits besteht.

Codierung. Die Codierung erfolgt sowohl für lineare als auch für nichtlineare Deltamodulation dadurch, daß die zu codierende Funktion $F(t)$ in einem durch die Abtastfrequenz f_a gegebenen Zeitabstand mit einer Approximationsfunktion $F_0(t)$ verglichen wird. Wenn im Vergleichsmoment $F(t) > F_0(t)$ ist, so wird eine logische „1" gesendet, für $F(t) < F_0(t)$ eine logische „0".
Die Bilder 17 und 26 zeigen die entsprechenden Impulsfolgen. Im Gegensatz zur PCM ist die Übertragung von zusätzlicher Information für die richtige Decodierung nicht erforderlich.
Zur Realisierung der Codierung stehen mehrere Methoden zur Verfügung, wie z. B. exponentielle Deltamodulation, Delta-Sigma-Modulation, Digital Controlled Deltamodulation (DCDM) usw. Die letztere hat sich als besonders zweckmäßig erwiesen (Bild 28).

Spezielle Literatur: [1] *Bennett, W.R.; Davey, J.R.:* Data transmission. New York: McGraw-Hill 1965. – [2] *Shannon, C.E.:* A mathematical theory of communication. Bell Syst. Tech. J. 27 (1948). – [3] *CCITT:* Recommendation G.711 Pulse code modulation (PCM) of voice frequencies. Geneva, 1982; amended at Geneva (1976). – [4] *Dietze, W.:* Fortbildungslehrgang an der Bundesakademie für Wehrverwaltung und Wehrtechnik, Mannheim 1978. – [5] *Reeves, A.H.:* Franz. Pat. 833 929 (18. 06. 37); Franz. Pat. 852 183 (23. 10. 39). – [6] *Hölzler, E.; Holzwarth, H.:* Pulstechnik, Bd. II: Anwendungen und Systeme. Berlin: Springer 1976. – [7] *Hölzler, E.; Thierbach, D.:* Nachrichtenübertragung. Grundlagen und Technik. Berlin: Springer 1966. – [8] *Rowe, H.E.:* Signals and voice in communication systems. New York: Van Nostrand 1965. – [9] *Herter, E.; Röcker, W.:* Nachrichtentechnik. Übertragung und Verarbeitung. München: Hanser 1976. – [10] *Meinke, H.; Gundlach, F.W.* (Eds.): Taschenbuch der Hochfrequenztechnik, 3. Aufl. Berlin: Springer 1968. – [11] *Wellhausen, H.W.: Hessenmüller, H.:* Grundparameter eines PCM-Nahverkehrssystems. Der Fernmelde-Ingenieur. Jg. 23/1969, Nr. 3. – [12] *Gatfield, A.G.:* COMSAT. Tech. Rev. 7 (1977) 625–637. – [13] *Greffkes, J.A.; de Jager, F.:* Continuous delta modulation. Philips Res. Rep. 23 (1968) 233–246. – [14] *Greffkes, J.A.; Riemens, K.:* Codemodulation mit digital gesteuerter Kompandierung für Sprachübertragung. Philips Tech. Rundsch. 31 (1970/71) 351–370. – [15] *Jayant, N.S.:* Digital coding of speech waveforms. Proc. IEEE 62 (1974) 621–632. – [16] *Block, R.:* Adaptive Deltamodulationsverfahren für Sprachübertragung – eine Übersicht. NTZ 25 (1973) 499–502. – [17] *Schindler, H.R.:* Digitale Sprachcodierung mittels logarithmisch kompandierter Deltamodulation. Nachrichtentech. Fachber. 40 (1971) 28–30. – [18] *de Jager, F.*: Deltamodulation, a methode of PCM transmission using 1-unit-code. Philips Res. Rep. 7 (1952) 442–466.

4 Mehrfachmodulation
Multiple modulation

Allgemeine Literatur: *Bennett, W.R.; Davey, J.R.*: Data transmission, McGraw-Hill 1965. – *Dixon, R.C.*: Spread spectrum systems. New York: Wiley 1976. – *Herter, E.; Röcker, W.; Lörcher, W.*: Nachrichtentechnik, 2. Aufl. München: Hanser 1981. – *Hölzler, E.; Holzwarth, H.*: Pulstechnik, Bd. I, 2. Aufl. Berlin: Springer 1982.

4.1 Einführung. Introduction

Nachdem in O 1 bis O 3 die Verfahren zur Basisbandmodulation sowie die entsprechenden Signalaufbereitungsverfahren behandelt wurden, soll im folgenden näher auf Prinzipien eingegangen werden, die für die Übertragung von Nachrichten zweckmäßig erscheinen. Am Eingang eines Übertragungssystems liegt die Nachrichtenquelle, z. B. ein Fernsprechteilnehmer oder eine Datenstation (s. Bilder D 1.1 und D 1.2). Die an ihren Ausgängen auftretenden primären Signale lassen sich mittels geeigneter Modulationsverfahren zu einem sekundären Signal zusammenfassen (*bündeln*). Ist es notwendig, das gebündelte Signal an den Übertragungskanal anzupassen, kann im Signalsender noch eine weitere Modulation durchgeführt werden. Das ist z. B. bei Funkübertragung in der Regel der Fall. Man spricht bei einem derartigen Übertragungssystem von Mehrfachmodulation. Dieser Begriff wird immer dann verwendet, wenn mehrere Modulationsvorgänge aufeinander folgen, bei denen das Modulationsprodukt des einen Vorgangs das modulierende Signal des nächsten Vorgangs wird.

Bei der Mannigfaltigkeit der Modulationsverfahren erscheint es angebracht, eine Übersicht der in der Nachrichtenübertragungstechnik verwendeten Verfahren voranzustellen (Bild 1), diese werden durch drei Merkmale definiert:

1. Die Art des Modulationsträgers.
2. Die Wahl des Signalparameters des Modulationsträgers.
3. Die Eigenschaft des modulierenden Signals hinsichtlich seines Wertbereichs.

Bezüglich des Zwecks der Modulation kann nach Bündelungs- (= Multiplex)Verfahren sowie nach Verfahren zur *Anpassung* an die jeweilige Übertragungsstrecke unterschieden werden (Bild 2). Bei Anwendung von Mehrfachmodulation ist es zweckmäßig, die Anpassungsverfahren nach Struktur oder Eigenschaften der Übertragungssysteme zu gruppieren: In der Praxis finden Mehrfachmodulationsverfahren vorzüglich in Übertragungssystemen Anwendung, bei denen das Übertragungsmedium Bandpaßcharakter aufweist. Dies ist hauptsächlich bei Funksystemen der Fall, in zunehmendem Maße aber auch bei Systemen mit Lichtwellenleitern als Übertragungsmedium.

Das zur Begriffsbestimmung eingangs angeführte Systembeispiel ist die in der Praxis bedeutendste Anwendung von Mehrfachmodulation. Hierbei dient die erste Modulation zum Zweck der Bündelung und die zweite Modulation zur

Spezielle Literatur Seite O 50

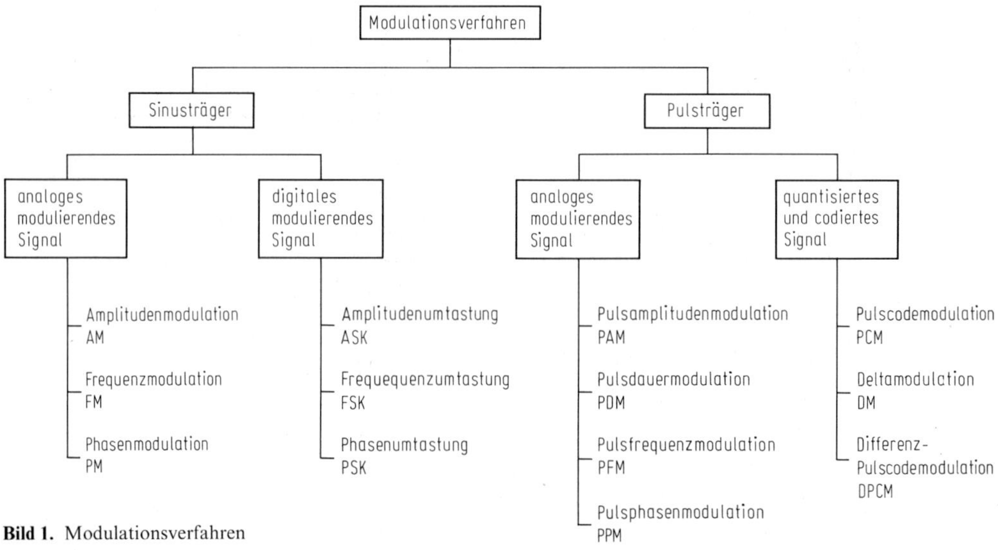

Bild 1. Modulationsverfahren

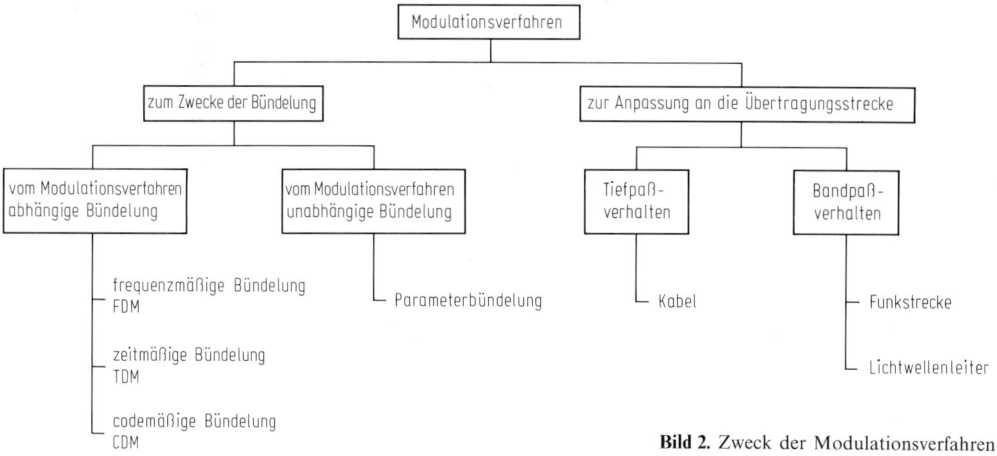

Bild 2. Zweck der Modulationsverfahren

Anpassung an den Übertragungskanal. Beispiele für derartige Funksysteme sind:

- Ein ganzes Bündel von Einseitenbandsignalen (FDM) wird einem Sinusträger als Frequenzmodulation aufgeprägt (ESB-FM).
- Ein PCM-Multiplexsignal (TDM) wird einem Sinusträger als Phasenmodulation aufgeprägt (PCM–4-PSK).

Wenn Lichtwellenleiter als Übertragungsmedium eingesetzt werden, so kommt neben der in der konventionellen HF-Technik üblichen Amplituden-, Phasen- und Frequenzmodulation bei kohärenten Lichtwellen auch noch die *Intensitätsmodulation* (IM) in Frage, bei der das Quadrat der Wellenamplitude und damit die Intensität bzw. Leistung des Lichts im Takt der Signalamplitude geändert wird. IM hat für Lichtwellen deshalb besondere Bedeutung, weil sie sich auch auf partiell kohärentes oder sogar inkohärentes Licht anwenden läßt und weil die Ausgangssignale vieler Lichtempfänger der einfallenden Lichtintensität proportional sind. Tabelle 1 gibt einen knappen Überblick der verschiedenen optischen Modulationsarten und Ansteuerungsmethoden [1, 2].

Bei einer anderen Gruppe von Mehrfachmodulation werden *mehrere Signalparameter* eines Trägers unabhängig voneinander moduliert. So kann man z. B. durch ein erstes Signal die Amplitude eines Trägers und durch ein zweites Signal seine Phase oder Frequenz modulieren. Es kann auch ein frequenzmodulierter HF-Träger zusätzlich mit 2-PSK moduliert werden. Während das 2-PSK-Signal Fernsprechkanäle mit zeitlicher Bündelung (TDM) enthält, wird mit der Frequenzmodulation des Trägers noch ein zusätzlicher Dienstkanal gewonnen. Ein weiteres Beispiel ist das Farbfernsehsignal: Hier liegt im Gleichanteil des Signals die Helligkeit, in seiner Amplitudenmodulation die Farbsättigung und in seiner Phasenmodulation der Farbton.

Tabelle 1. Lichtmodulationsverfahren

Modulationsverfahren	AM PM FM	IM
Lichtquelle	kohärent	kohärent und inkohärent
modulierendes Signal	analog digital	anolog digital

4.2 Digitale Modulationsverfahren mit zusätzlicher analoger Modulation
Digital methods of modulation with additional analog modulation

Aufgrund der ständig wachsenden Bedeutung der digitalen Nachrichtenübertragung sollen im folgenden Mehrfachmodulationsverfahren behandelt werden, bei denen das modulierende Signal selbst das Ergebnis einer digitalen Modulation (O 3) ist, z. B. einer PCM, und seinerseits einen sinusförmigen Träger moduliert. Signalparameter können dabei die Amplitude, die Phase und die Frequenz sein. Für die verschiedenen Signalparameter gibt es jeweils eine Reihe von Varianten, die sich durch die Modulations- und Demodulationsmethoden unterscheiden. Hauptanwendungsgebiet derartiger Verfahren sind der terrestrische Richtfunk, Satellitenverbindungen sowie die Übertragung von Signalen über Lichtwellenleiter. In [3] ist die Literatur über Modulationsverfahren auf dem Gebiet der digitalen Funkübertragung zusammengestellt. In [4] werden die zur Zeit bekannten Modulations- und Demodulationsverfahren von einem übergeordneten Gesichtspunkt aus betrachtet sowie deren Gemeinsamkeiten und Unterschiede hervorgehoben. Aus der Vielfalt der Möglichkeiten (Bild 3) werden nur die wichtigsten Verfah-

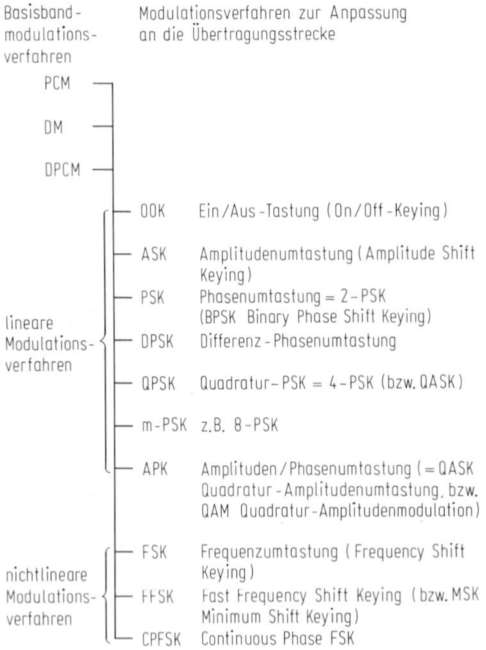

Bild 3. Modulationsverfahren für die digitale Nachrichtenübertragung

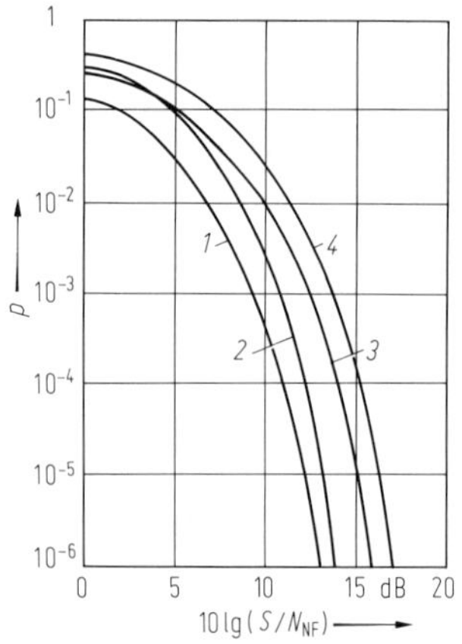

Bild 4. Fehlerwahrscheinlichkeit p in Abhängigkeit vom Signal/Rausch-Abstand $10\lg(S/N_{NF})$ für verschiedene Modulationsverfahren. *1*: ESB und 2-PSK (kohärente Demodulation); *2*: 2-DPSK; *3*: 2-FSK (kohärente Demodulation); *4*: 2-FSK (inkohärente Demodulation)

ren ausgewählt und näher betrachtet und hinsichtlich der erforderlichen Bandbreite und der Abhängigkeit der Bitfehlerrate vom Signal/Rausch-Abstand miteinander verglichen (Bild 4). Als Störquelle wird ein Rauschsignal mit gaußscher Amplitudenverteilung (Normalverteilung) angenommen.

Am einfachsten liegen die Verhältnisse bei der *Einseitenband-Amplitudenmodulation*. Obwohl die Amplitudenverfahren bei der Übertragung digital modulierter Signale von geringem Interesse sind, werden sie hier, insbesondere zu Vergleichszwecken, behandelt. Die hochfrequente Signalbandbreite B_{HF} ist gleich der Bandbreite B_{NF} des Basissignals. Da die Empfangsdemodulatoren Signal und Rauschen gleich behandeln, wird der Signal/Rausch-Abstand durch die Demodulation nicht verändert, d. h. die Einseitenbandübertragung bringt gegenüber der Basisbandübertragung weder einen Gewinn noch einen Verlust; dementsprechend beträgt bei kohärenter Demodulation die Fehlerwahrscheinlichkeit

$$p_E = \frac{1}{2}\left[1 - \Phi\left(\sqrt{\frac{S}{2N_{NF}}}\right)\right] \quad (1)$$

(S = Signalleistung eines Binärsignals mit Rechteckimpulsen bei Gleichverteilung der beiden Zustandswerte, N = effektive Geräuschleistung im Basisband des Digitalsignals, Φ = Gaußsches Fehlerintegral). Bei der *Zweiseitenbandübertragung* (ASK) ist $B_{HF} = 2B_{NF}$; es wird eingangs die doppelte Geräuschleistung wirksam, daher gilt für die Fehlerwahrscheinlichkeit anstelle von Gl. (1)

$$p_Z = \frac{1}{2}\left[1 - \Phi\left(\sqrt{\frac{S}{4N_{NF}}}\right)\right]. \quad (2)$$

Diese Beziehung gilt auch für Frequenzumtastung mit zwei Frequenzen (2-FSK) und kohärente Demodulation. Die *Zweiphasenumtastung* (2-PSK) eines Trägers $A_0\cos(\omega_0 t + \varphi)$ mit $\Delta\varphi = \pm\pi/2$ (im Takte des binären Nachrichtensignals) führt bei phasenkohärenter Demodulation ebenfalls zu einer Fehlerwahrscheinlichkeit entsprechend Gl. (1).

Bei der *differentiellen Zweiphasenumtastung* (2-DPSK) wird derart moduliert, daß für den Zustand 0 z. B. die Trägerphase um π verändert wird, für den Zustand L jedoch unverändert bleibt (s. O 2.5). Bei gleichem Bandbreitenbedarf wie bei der 2-PSK gilt hier

$$p \approx 1/2\exp[-(S/2N_{NF})]. \quad (3)$$

Alle hier genannten Verfahren erfordern also bei vorgegebener Fehlerwahrscheinlichkeit mindestens den Signal/Rausch-Abstand der ESB (Bild 4; s. auch O 2.7). Für die Herleitung der Gln. (1) bis (3) wird auf die einschlägige Literatur [5–7] verwiesen.

Bei allen beschriebenen Verfahren ist auch eine Mehrstufenübertragung möglich. Auch hier muß der Gewinn an Übertragungsbandbreite mit einer Erhöhung des Signal/Rausch-Abstands bezahlt werden. Eine Ausnahme bildet

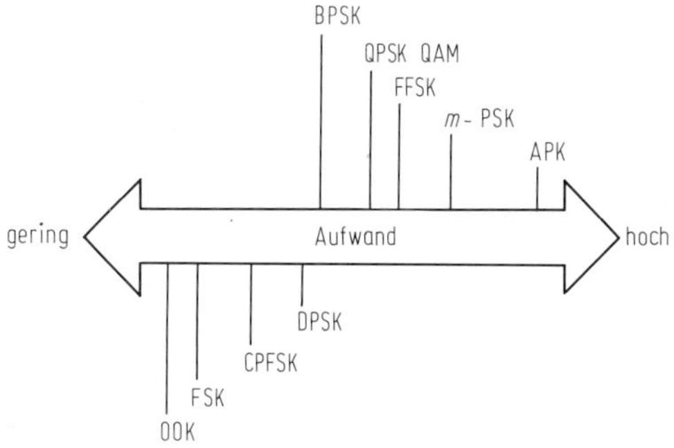

Bild 5. Aufwand der Modulationsverfahren für die digitale Nachrichtenübertragung

der Übergang von 2-PSK auf 4-PSK. Da den vier um π/2 gegeneinander versetzten Phasenlagen die Informationsmenge von 2 bit zugeordnet werden kann, kommt man bei gleichem Informationsfluß mit der halben Übertragungsbandbreite aus. Aus diesem Grunde hat die Vierphasenumtastung bei der praktischen Anwendung die größte Bedeutung erlangt.
Eine Gegenüberstellung nach Aufwand und Komplexität (Bild 5) soll als weiteres Kriterium für die praktische Anwendung der bisher besprochenen Modulationsverfahren dienen.
Als Beispiel wird zum Abschluß die Funktionsweise eines Digitalrichtfunksystems für Signale mit Bitraten von 34-Mbit/s anhand des Blockschaltbildes für Sender und Empfänger erklärt (Bild 6). Prinzipiell benötigt man drei Funktionsbaugruppen, um das modulierende Signal an die Übertragungsstrecke anzupassen. Eine Schnittstelle zur Anpassung des Basisbandsignals an das Übertragungssystem, eine Signalaufbereitung zur geeigneten Ansteuerung des Modulators sowie den Modulator selbst. Auf der Empfangsseite müssen die entsprechenden inversen Funktionseinheiten realisiert werden. Am Basisbandanschluß des Senders decodiert die Schnittstellenschaltung das HDB3-codierte Signal und liefert ein binäres 34-Mbit/s-Signal an den Scrambler SCR zur Kurzperiodenunterdrückung ab. Die Basisbandaufbereitung teilt das Signal in zwei parallele Signale der Bitrate 17184 Kbit/s auf und gibt sie zusammen mit dem zugehörigen Takt an den Differenzcodierer COD weiter, der den vierstufig schaltbaren Phasenmodulator MOD ansteuert. Je nach Binärwert der an seinen Steuereingängen liegenden Signale dreht er die Phase des von der Trägerversorgung TV gelieferten 15-GHz-Trägers um 0°, +90°, −90° oder 180°. Für die eindeutige Demodulierbarkeit des 4-PSK-Signals sorgt der zwischengeschaltete Differenzcodierer, indem er die auf zwei Leitungen parallel angelieferten 2-bit-Wörter jeweils in einen Phasensprung umsetzt. Die Wörter »00«, »01«, »10« und »11« entsprechen den Phasensprüngen 0°, +90°, −90° oder 180°. Neben der Basisbandübertragung ist noch ein „analoger" Dienstkanal DL mit einer Bandbreite von 12 kHz vorgesehen, der durch Frequenzmodulation des 15-GHz-Trägers realisiert ist.
Empfangsseitig erhält der Demodulator DEM ein auf die Amplitude geregeltes Signal. Mit Hilfe der rückgewonnenen Trägerschwingung wird das ZF-Signal kohärent in zwei Basisbandsignale mit annähernd $\cos^2$-förmigen Impulsen demoduliert. An zwei weiteren Ausgängen liefert der Demodulator das demodulierte Signal des „analogen" Dienstkanals DL und ein Kriterium zum Regeln der Frequenz des Empfangsoszilla-

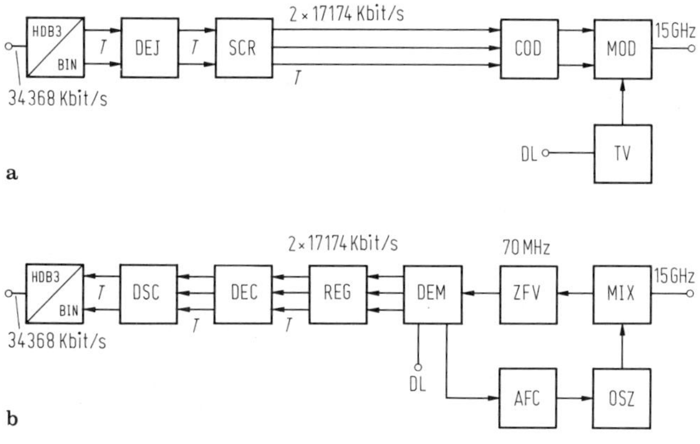

Bild 6. Blockschaltbild eines Digitalrichtfunksystems
a Sender; **b** Empfänger.
AFC: Frequenzstabilisierung; BIN: Binärcode; COD: Differenzcodierer; DEC: Differenzdecodierer; DEJ: Dejitterizer; DEM: Demodulator; DL: Dienstkanal; DSC: Descrambler; HDB3: HDB3-Code; MIX: Empfangsumsetzer; MOD: Phasenmodulator; REG: Regenerator; OSZ: Empfangsoszillator; SCR: Scrambler; T: Taktleitung; TV: Trägerversorgung; ZFV: Zwischenfrequenz-(ZF-)Verstärker und Filter

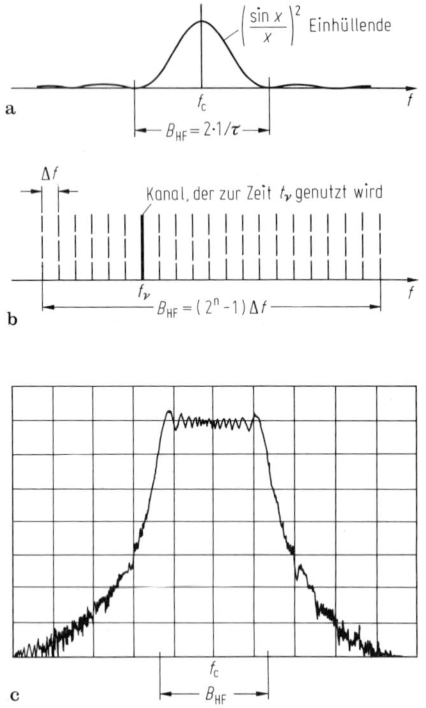

Bild 7. Ideale Spektren typischer gespreizter Signale
a Direct Sequence-Signal; **b** Frequency Hopping-Signal; **c** CHIRP-Signal (f_c Trägerfrequenz, τ Bitdauer der periodischen Spreizfunktion, $x = \pi\tau(f - f_c)$

tors OSZ. Aus den beiden vom Demodulator abgegebenen Basisbandsignalen gewinnt der Regenerator REG den systemeigenen Takt. Nach Amplituden- und Zeitentscheidung werden die regenerierten Basisbandsignale zusammen mit dem Takt der Basisbandaufbereitung zugeführt, wo sie zu einem 34 368 Kbit/s-Signal zusammengesetzt, entscrambelt und über die Schnittstelle im HDB3-Code abgegeben werden.

4.3 Signalspreizung
Spread Spectrum Techniques

Bisher wurden Modulationsverfahren besprochen, bei denen das Trägersignal einen sinus- oder pulsförmigen Verlauf aufweist und deren RF-Bandbreiten (ESB, ZSB-AM, Schmalband-FM) sich in gleicher Größenordnung bewegen wie die Basissignalbandbreite.
Hier sollen nun Modulationsverfahren vorgestellt werden, bei denen das modulierende Signal über ein großes Frequenzband gespreizt wird (Bild 7). Ein Beispiel für Signalspreizung kann in konventioneller FM mit einem großen Modulationsindex gesehen werden (Breitband-FM).

Im Zusammenhang mit dem Begriff „Signal-Spreizung“ oder „Spread Spectrum“ (SS) sind jedoch im engeren Sinne nur solche Verfahren von Interesse, bei denen nicht die zu übertragende Information zur Bandspreizung verwendet wird, sondern andere Signale benutzt werden, z.B. Codefolgen. Grundlage der Spread Spectrum-Technik ist die Formulierung der Kanalkapazität von Shannon [8–10]:

$$C = B \,\mathrm{ld}\,(1 + S/N) \approx B \cdot 1{,}44 \ln(1 + S/N). \quad (4)$$

(vgl. Gl. D 5 (5); C = Kanalkapazität in bit/s, B = Bandbreite des Übertragungskanals, S = Nutzsignalleistung, N = Störsignalleistung). Gemäß Gl. (4) kann man einen bestimmten Nachrichtengehalt unter gegenseitigem Austausch von Bandbreite und Störabstand übertragen. Für Spread Spectrum-Systeme bedeutet dies, daß durch die große Bandbreite des Sendesignals ein Übertragungskanal mit entsprechend schlechtem Störabstand belegt werden kann. Wichtige Systemeigenschaften einer Informationsübertragung mit gespreizten Signalen sind die Art und Weise der Bandspreizung eines Signals, die Übertragung des gespreizten Signals sowie die Rücktransformation des gespreizten Spektrums in die erwünschte Original-Informationsbandbreite. Bei der Signalspreizung kommen je nach Anwendung drei grundlegende Modulationsverfahren zur Anwendung: Direct Sequence-Modulation (DS), Frequency Hopping-Modulation (FH) und CHIRP-Modulation.
Bild 7 zeigt typische Spektralverläufe gespreizter Signale. Es stellt sich die Frage, weshalb derart komplizierte Verfahren Anwendung finden. Die Antwort liegt in den Eigenschaften, die das Resultat des codierten Signalformats und der sich ergebenden großen Signalbandbreite sind:
- Selektive Adressierungsmöglichkeit,
- Vielfachzugriff durch Codemultiplex,
- Nachrichtenverschleierung,
- Störunempfindlichkeit,
- geringe spektrale Leistungsdichte für Signal- oder Abhörschutz,
- Eignung für hochauflösende Entfernungsmeßverfahren.

Der Schlüssel zur Realisierbarkeit dieser Modulationsverfahren liegt in der Verfügbarkeit hochintegrierter Schaltkreise sowie geeigneter HF-Transistoren.

Verfahren zur Spreizung des Sendesignalspektrums. Im folgenden werden die drei grundlegenden Modulationsverfahren bei Signalspreizung genauer beschrieben sowie ihre Anwendungsmöglichkeiten aufgezeigt. Auf Demodulationsverfahren wird in O 5.4 eingegangen.
Als Ergänzung werden weitere SS-Verfahren sowie hybride Formen von SS-Modulation kurz

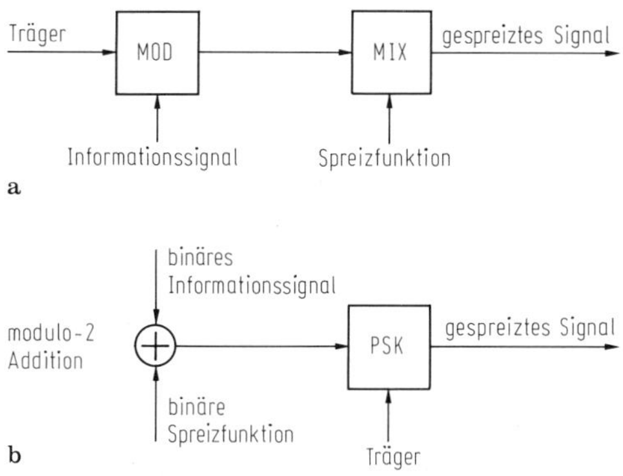

Bild 8. Direct Sequence-Modulatoren
a DS-Modulator für analoges Informationssignal;
b DS-Modulator bei direkter Codemodulation

behandelt. Im Anschluß daran werden Merkmale geeigneter Codefolgen angegeben, da die Eigenschaften eines SS-Systems wesentlich von der zur Bandspreizung verwendeten Codefolge mitbestimmt werden.

Das *Direct Sequence-Verfahren* (DS) ist das bekannteste und am weitesten verbreitete Verfahren, es ist auch unter der Bezeichnung „Direct Spread" oder „Pseudonoise-Verfahren" bekannt. Unter DS-Modulation versteht man im allgemeinen die Modulation eines Trägers durch eine digitale Codefolge, deren Bitrate sehr viel höher ist als die Bandbreite des Informationssignals [11]. Als Modulation kann AM, FM oder jegliche andere Art von Amplituden- oder Winkelmodulation verwendet werden. Anwendung findet jedoch fast ausschließlich 2-PSK. Die Struktur des Modulators ist vom Signalformat der zu übertragenden Information abhängig. Hier unterscheidet man zwei Arten (Bild 8): Wenn die zu übertragende Information ein kontinuierliches Signalformat besitzt (Analogsignal), so wird üblicherweise zuerst der Träger in einem ersten Modulationsschritt in Amplitude, Frequenz oder Phase mit dem zu übertragenden Informationssignal moduliert. Der zweite Modulationsschritt beinhaltet die Multiplikation des modulierten Trägers mit der als Spreizfunktion verwendeten digitalen Codefolge (Bild 8a). Am häufigsten ist jene Anordnung anzutreffen, bei der die zu übertragende Information ein digitales Signalformat aufweist (Bild 8b). Ist dies nicht der Fall, so wird zunächst durch eine A/D-Wandlung das Analogsignal in ein Digitalsignal umgewandelt, bevor das zu übertragende Informationssignal mit der binären Spreizfunktion modulo-2 addiert wird, um anschließend eine PSK-Modulation des Trägers durchführen zu können. In Bild 9 sind dem zuletztgenannten Verfahren zugeordnete Signalverläufe in Zeit- und Frequenzbereich angegeben. Für die Beschreibung des Modulations-Demodulations-Prozesses wird von dem zuerst beschriebenen Verfahren ausgegangen, bei dem der RF-Träger vor der Codemodulation mit dem Basisbandsignal moduliert wurde. Im Empfänger dieses Systems wird das empfangene Signal verstärkt und mit der sendeseitigen Codefolge multipliziert. Sind der sende- und empfangsseitige Code synchron, so wird der ursprüngliche Träger zurück-

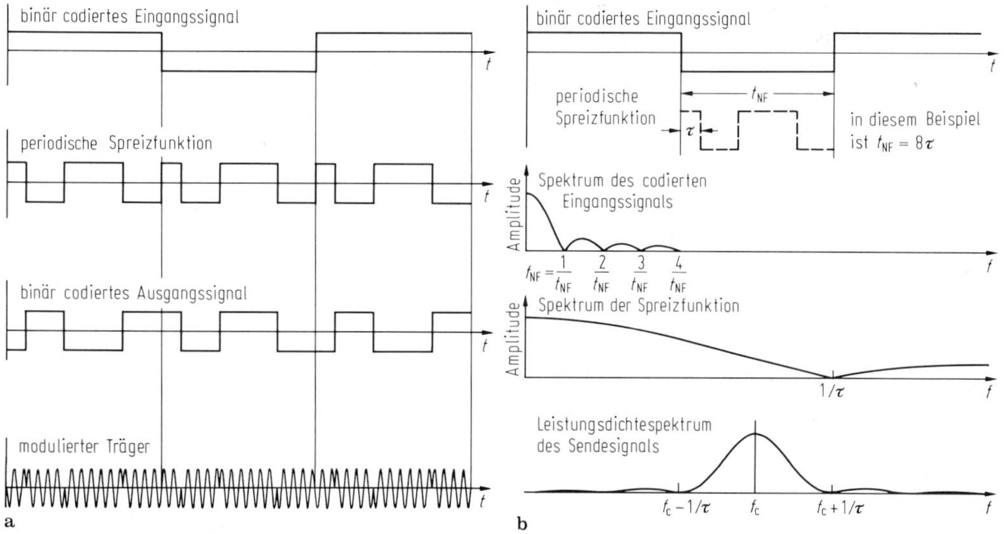

Bild 9. Vergleich der Signale eines DS-Spread-Spectrum-Systems
a Zeitbereich; **b** Frequenzbereich.
f_c Trägerfrequenz, $f_{NF} = 1/t_{NF}$ Niederfrequenz, τ Bitdauer der periodischen Spreizfunktion

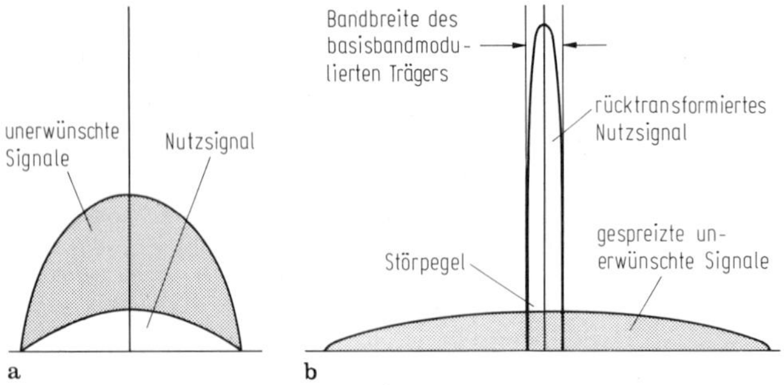

Bild 10. Spread Spectrum-Empfangsdemodulationsprozeß für Nutz-, Stör- und Rauschsignale. **a** Empfangssignal plus breitbandige Störsignale und Geräusch; **b** Demodulator-Ausgangssignal

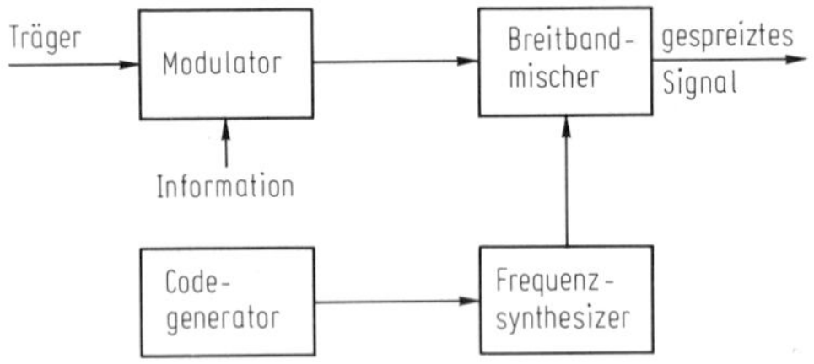

Bild 11. Blockschaltbild eines FH-Modulators

gewonnen. Das zurückgewonnene Trägersignal wird mit Hilfe eines Bandpasses mit der Bandbreite des basisbandmodulierten Trägers aus dem Signal herausgefiltert. Nichterwünschte Signale werden demselben Prozeß unterzogen. Jedes empfangene Signal, das nicht mit der empfangsseitigen Codereferenz synchron ist, wird auf eine Bandbreite gespreizt, die der eigenen plus der Codereferenzbandbreite entspricht.

Das bedeutet: Der Empfänger transformiert das synchrone Eingangssignal von der codemodulierten Bandbreite auf die basisbandmodulierte Bandbreite. Zur gleichen Zeit werden nichtsynchrone Eingangssignale auf die codemodulierte Bandbreite gespreizt. Bild 10 zeigt den SS-Korrelationsprozeß von erwünschten und nicht erwünschten Signalen.

Hinter dem Begriff *Frequency Hopping-Modulation* (FH) verbirgt sich eine normale Frequenzumtastung mit der Besonderheit, daß nicht wie üblicherweise zwei Frequenzen, sondern sehr viele äquidistante Frequenzen, meist tausend und mehr, zur Verfügung stehen, zwischen denen in Abhängigkeit von einer Codefolge umgeschaltet wird. Bild 11 zeigt ein verallgemeinertes FH-Modulator-Schaltbild. Ein grundlegendes Merkmal, wie bei der DS-Methode, sind die Codegeneratoren auf der Sende- und Empfangsseite, die identische Codes mit guten Synchronisationseigenschaften erzeugen [12]. Wie bei DS gibt es keine Einschränkungen in der Wahl des Informationsmodulationsverfahrens. Die Bandbreite, über welche die Energie gespreizt wird, ist unabhängig von der Taktfrequenz des Codes und kann durch die Anzahl und den Abstand der Frequenzen gewählt werden. Das idealisierte Sendesignalspektrum eines FH-Systems zeigt Bild 7b. Es besitzt eine rechteckige Einhüllende und erstreckt sich über eine Bandbreite $B_{HF} = (2^n - 1)\,\Delta f$; hierbei ist n die Anzahl der zur Codegenerierung verwendeten Stufen im Schieberegister und Δf der Frequenzabstand zwischen den einzelnen Frequenzen. Δf sollte mindestens so groß wie die Informationsbandbreite sein, in der Praxis wird er aber meist viel größer gewählt. Schaltet man den Oszillator des Empfängers mit dem synchronisierten duplizierten Sendecodewort um, werden die Frequenzsprünge auf der Empfangsseite aufgehoben, und zurück bleibt das original modulierte Signal, welches auf konventionelle Weise demoduliert wird.

Eine Art der Spread Spectrum-Modulation, die nicht notwendigerweise eine Codierung enthält, aber dennoch eine größere RF-Bandbreite als die unbedingt notwendige verwendet, ist die *Pulsed FM* oder *Chirped-Modulation* (CHIRP). Diese Form hat ihre Hauptanwendung in der Radartechnik gefunden, aber sie ist ebenso in anderen Bereichen anwendbar. Chirp-Übertragungen sind durch gepulste RF-Signale charakterisiert, deren Trägerfrequenz während einer definierten Pulsbreite über einen bestimmten Frequenzbereich gewobbelt wird. Der Vorteil dieser Übertragungstechnik besteht in der Möglichkeit, die Sendeleistung bemerkenswert zu reduzieren. Das Sendesignal kann auf verschiedene Arten erzeugt werden. Die einfachste Methode besteht darin, einen VCO mit einem linearen Spannungshub anzusteuern. Eine Alternative zum VCO bietet das Chirp Generating Filter [13]. Der für Chirp-Signale benutzte Empfänger ist ein „matched filter". Das Dispersionsfilter im Chirp-Empfänger ist eine Speicher- und Summationseinheit, welche die über ein Intervall empfangene Energie speichert, zusammenbindet und in einem zusammenhängenden Puls ausgibt. Wir können uns die Arbeitsweise des Filters [14] vergegenwärtigen, indem wir uns einen Sender vorstellen, der eine Serie von Signalen über eine Zeitperiode aussendet. Jedes der Signale sei auf irgend eine Weise markiert. Der Empfänger sortiert die Signale

entsprechend ihrer Markierung und setzt sie so zusammen, daß sie in einer viel kürzeren Zeitperiode zusammen auftreten und ein sehr viel stärkeres Signal ergeben.
Zur Vollständigkeit werden *weitere SS-Verfahren* sowie *hybride Formen* angegeben. Im Gegensatz zu FH-Systemen finden auch Time Hopping-Systeme Anwendung. Bei dieser Form der Pulsmodulation wird eine Codefolge dazu benutzt, den Sender ein- und auszuschalten [14]. Ein weiteres Verfahren benutzt nicht-sinusförmige Träger (NSC-Modulation), um den Modulationsgewinn zu erhöhen [15]. Zu den gebräuchlichsten SS-Modulationsverfahren wurden zusätzlich hybride Formen entwickelt, die besondere Eigenschaften der einzelnen Verfahren miteinander verbinden, z. B. FH/DS-Modulation, Time Frequency Hopping und Time Hopping Direct Sequence [14].

Codefolgen für Spread Spectrum-Systeme. Die im Zusammenhang mit Spread Spectrum-Verfahren interessierenden Codefolgen haben eine sehr große Länge, verglichen mit jenen, die normalerweise zum Codieren in der Nachrichtenübertragungstechnik verwendet werden. Für SS-Systeme erlangen Maximal-Lineare-Codes die größte Bedeutung. Dies sind per Definition die längsten Codes, die mit einem gegebenen Schieberegister generiert werden können. Mit binären Schieberegistern ist die maximale Länge einer Codefolge $2^n - 1$ bits, wobei n die Anzahl der Stufen des Schieberegisters darstellt. Ein derartiger Codegenerator besteht aus einem Schieberegister in Verbindung mit einem geeigneten Schaltnetz, das eine logische Kombination der Zustände von zwei oder mehr Stufen des Schieberegisters auf den Eingang zurückkoppelt.
Alle Maximal-Linearen-Codefolgen haben folgende Eigenschaften:
- Die Anzahlen der Einsen und Nullen unterscheiden sich bei jeder Folge um Eins, d. h. die Gleichstromkomponente der Codefolge ist für lange Folgen vernachlässigbar.
- Die statistische Verteilung der Einsen und Nullen ist definiert und immer gleich, die relative Position jedoch von Folge zu Folge verschieden. Der Vergleich der Codefolge mit weißem Rauschen zeigt, daß die Verteilung der bits statistisch unabhängig ist.
- Die Autokorrelationsfunktion eines Maximal-Linearen-Codes nimmt für jeden Phasenversatz den Wert -1 an, ausgenommen im Bereich 0 ± 1 bit. Die Autokorrelationseigenschaften sowie das gleichbedeutende Kreuzkorrelationsverhalten sind für die Synchronisation sowie bei der Anwendung in Kommunikationssystemen von Interesse.
- Die Modulo-2-Addition einer Maximal-Linearen-Codefolge mit der phasenverschobenen gleichen Folge ergibt wieder dieselbe Folge, jedoch mit neuer Phasenlage. Diese Eigenschaft läßt sich vorteilhaft für Synchronisationszwecke ausnutzen.
- Maximal-Lineare-Codefolgen besitzen spezielle Kombinationseigenschaften. Diese werden dazu benutzt, auf relativ einfache Weise eine große Anzahl geeigneter Codefolgen zu generieren.

Zur Vertiefung sowie für Beispiele zur praktischen Realisierung der Codes wird auf [11, 12, 16] verwiesen.

Einflüsse von Störungen und Geräusch bei Spread Spectrum-Systemen. Nach der Vorstellung der verschiedenen SS-Verfahren soll nun auf das Störverhalten bei der Anwendung dieser Technik eingegangen werden [17]. Bei SS-Modulationsverfahren erfährt das Nachrichtensignal durch die Multiplikation mit einer Pseudo-Random-Codefolge zusätzlich eine Frequenzspreizung auf Bandbreiten, die tausendmal oder mehr größer sind als es die benötigte Informationsrate verlangt. Wie Bild 10 zeigt, wird das gespreizte Nachrichtensignal mit zusätzlichen unkorrelierten Störsignalen sowie Geräusch empfangen. Der empfangsseitige Korrelationsprozeß entfernt die Codierung vom Nutzsignal, und zurück bleibt ein schmalbandiges, mit der Nachricht moduliertes Signal. Die unkorrelierten Signale werden mit der empfangsseitigen Codefolge gespreizt. Es ist deutlich sichtbar, daß bei größer werdendem Verhältnis der Bandbreiten von gespreiztem Signal und Informationssignal der Einfluß von Signalstörungen kleiner wird. Wir können festhalten, daß am Korrelatoreingang das Signal/Stör-Verhältnis etwa den Wert

$$(S/I)_{\mathrm{Ein}} = S/(I(f)\,B_{\mathrm{HF}}) \qquad (5)$$

hat und am Ausgang den Wert

$$(S/I)_{\mathrm{Aus}} = S/(I(f)\,B_{\mathrm{NF}}), \qquad (6)$$

wobei $I(f)$ die spektrale Leistungsdichte der Störsignale ist und B_{HF} sowie B_{NF} die Bandbreiten des gespreizten Signals und des Informationssignals darstellen. Das gesamte Störspektrum setzt sich aus einzelnen Störsignalen zusammen, die sich linear addieren und zusammen eine spektrale Leistungsdichte ergeben, die in guter Näherung rauschähnliches Verhalten aufweist. Der Modulationsgewinn für die vorausgehend beschriebenen DS-Spread Spectrum-Verfahren beträgt

$$g_{\mathrm{DS}} = (S/I)_{\mathrm{Aus}}/(S/I)_{\mathrm{Ein}}\,. \qquad (7)$$

Daraus darf man allerdings nicht schließen, daß der Betrag des Modulationsgewinns durch Erhöhen der HF-Bandbreite auf jeden gewünschten Wert gesteigert werden kann, denn dieser Prozeß ist nur soweit fortführbar, bis der durch unerwünschte Signale erzeugte Störpegel klein wird

Tabelle 2. Anwendung der Spread Spectrum-Verfahren

Einsatzgebiet	Anwendung	Systemtyp
Raumfahrt	Nachrichtenübertragung Entfernungsmeßtechnik Vielfachzugriffsverfahren	DS FH
Luftfahrt	Nachrichtenübertragung Positionsbestimmung Radartechnik selektive Adressierungsverfahren Störschutz Abhörschutz	DS FH CHIRP DS/FH
Testsysteme und Einrichtungen	Bitfehlererkennung In-Service Testsysteme Generierung von Zufallssignalen	DS
Signalschutz	Störbefreiung Sprach- und Datenschutz	DS
Positionsbestimmung	Entfernungsmeßtechnik Peileinrichtungen Kollisionsschutz	DS

gegenüber dem thermischen Rauschen des Empfängers.
Jede weitere Erhöhung der HF-Bandbreite würde das Signal/Rausch-Verhältnis nicht verbessern. Für die praktische Anwendung muß ferner die Notwendigkeit eines brauchbaren Signal/Rausch-Abstands am Systemausgang sowie die Systemdämpfung selbst mit in Betracht gezogen werden. Eine Störspanne (Margin) [16], die dann erzielt werden kann, beträgt:

$$M_\mathrm{I} = g - a_\mathrm{E} - (S/N)_\mathrm{Aus} \quad \text{in dB}. \tag{8}$$

(g = Modulationsgewinn des Spread Spectrum-Prozesses, a_E = Einfügungsdämpfung des Systems, $(S/N)_\mathrm{Aus}$ = am Ausgang geforderter Signal/Rausch-Abstand). Wie bei DS-SS-Verfahren ergibt sich für FH-Systeme bei gleichmäßiger Verteilung der Störsignale über die HF-Bandbreite ein Modulationsgewinn von

$$g_\mathrm{FH} = B_\mathrm{HF}/B_\mathrm{NF}. \tag{9}$$

Anwendung der Spread Spectrum-Verfahren. Aufgrund der zu Beginn erwähnten Eigenschaften der Spread Spectrum-Verfahren finden diese zur Zeit erfolgreich ihre Hauptanwendung im Bereich der Luft- und Raumfahrt sowie bei Testsystemen und Testeinrichtungen (Tab. 2), [18, 19]. Die Entwicklung von Spread Spectrum-Systemen diente in der Vergangenheit hauptsächlich der Nachrichtenübertragung unter besonders schwierigen Bedingungen, z. B. bei sehr kleinem Signal/Rausch-Abstand (infolge hoher Gleichkanalstörung), bei kleinen Signalpegeln (wie sie bei sehr langen Übertragungsstrecken auftreten, z. B. bei Satelliten zur Erforschung des Weltalls), bei der Nachrichtenübertragung, die einen gewissen Abhörschutz erfordert sowie der Radartechnik und Naviagation.
Die zukünftigen Einsatzmöglichkeiten von Spread Spectrum-Verfahren sind bei der Lösung von Aufgaben zur effizienteren Nutzung des Frequenzspektrums (Überlagerung von Spread Spectrum- und Schmalbandsystemen, Einrichtungen spezieller Frequenzbänder für Spread Spectrum-Systeme) und bei einer zunehmend anwenderfreundlicheren Systemgestaltung zu sehen.

Spezielle Literatur: [1] *Grau, G.*: Optische Nachrichtentechnik. Berlin: Springer 1981. – [2] *Unger, H.G.*: Optische Nachrichtentechnik. Berlin: Elitera 1976. – [3] *Oetting, J.D.*: A comparsion of modulation techniques for digital radio. IEEE Trans. COM-27 (1979) 1752–1762. – [4] *Lindner, J.*: Modulationsverfahren für die digitale Nachrichtenübertragung. Wiss. Ber. AEG-Telefunken 54 (1981) 44–57, 107–114. – [5] *Hölzler, E.; Holzwarth, H.*: Pulstechnik, Bd. I, 2. Aufl. Berlin: Springer 1982, Abschn. 105. – [6] *Bennett, W.R.; Davey, J.R.*: Data transmission. McGraw-Hill 1965, Chap. 8.6. – [7] *Bylanski, P.; Ingram, D.G.W.*: Digital transmission systems. IEE Telecommunications Ser. No. 4 (1980) Chap. 13. – [8] *Steinbuch, K.; Rupprecht, W.*: Nachrichtentechnik. 2. Aufl. Berlin: Springer 1973, Abschn. 9.2 (3. Aufl. in 3 Bänden: 1982). – [9] *Lüke, H.D.*: Signalübertragung, 2. Aufl. Berlin: Springer 1983, Abschn. 8.4.2. – [10] *Woschni, E.G.*: Informationstechnik. Heidelberg: Hüthig 1974, Abschn. 4.5.2. – [11] *Gold, R.*: Optimal binary sequences for spread spectrum multiplexing. IEEE Trans. IT-13 (1967) 619–621. – [12] *Lee, J.; Smith, D.R.*: Families of shift-register sequences with impulsive correlation properties. IEEE Trans. IT-22 (1974) 255–261. – [13] *Brunsweig, J.; Woolridge, J.*: Ranging and data transmission using digital encoded FM-"chirp" surface acoustic wave filters. IEEE Trans. MTT-21 (1973) 272–279. – [14] *Dixon, R.C.*: Spread spectrum systems. New York: Wiley 1976, Chap. 2.4. – [15] *Working Group 1-A* (Ed.): Spread spectrum techniques (Study Programme 18B/1). CCIR Study Groups Period 1978–1982, Rep. 651 (Oct. 1981). – [16] *Utlaut, W.F.*: Spread-spectrum principles and possible application to spectrum utilization and allocation. Telecommun. J. 45 (I/1978) 20–32. – [17] *Alcuri, L.; Mamola, G.; Randazzo, E.*: Signal-to-noise ratio in bandpass direct-sequence-spread-spectrum modulation systems. IEEE Trans. COM-30 (1982) 522–531. – [18] *Aldinger, M.; Herold, W.E.; Krick, W.*: Spektrale Spreizung als Multiplex-Verfahren. NTZ 28 (1975) 79–88. – [19] *Ribchester, E.*: The Jaguar V frequency-hopping radio. Electron. Power 27 (1981) 627–629.

5 Vielfach-Zugriffsverfahren
Multiple access systems

Allgemeine Literatur: *Aldinger, M.; Herold, W.H.; Krick, W.*: Spektrale Spreizung als Multiplex-Verfahren – Eine Einführung. NTZ 28 (1975) 79–88. – *Cooper, G.R.; McGillem, C.D.*: Modern communications and spread spectrum. New York: McGraw-Hill 1986. – *Dixon, R.C.*: Spread

Spezielle Literatur Seite O 64

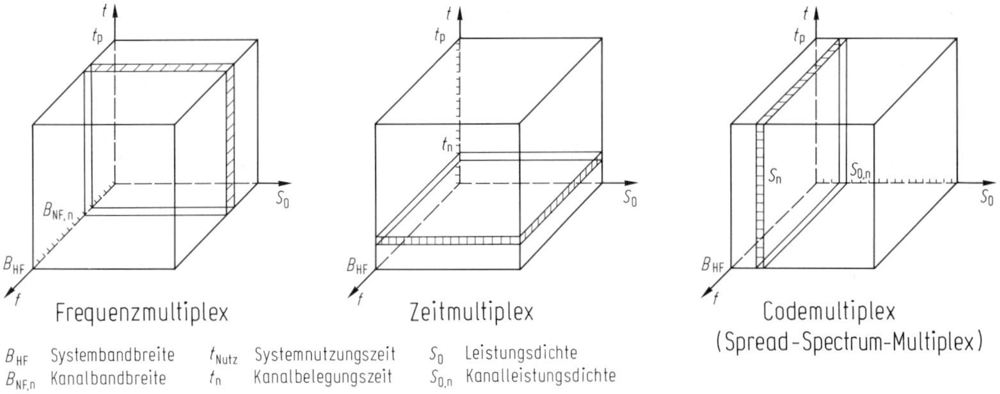

Bild 1. Nachrichtenquader

spectrum systems. New York: Wiley 1984. – *Hartl, Ph.*: Fernwirktechnik der Raumfahrt. Berlin: Springer 1977. – *Herter, E.*; *Rupp, H.*: Nachrichtenübertragung über Satelliten. Berlin: Springer 1979. – *Miya, K.*: Satellite communications technology. Tokyo: KDD Engeneering and Consulting, 1981.

5.1 Einführung. Introduction

Unter einem Vielfachzugriffssystem versteht man ein Nachrichtensystem, bei dem ein gemeinsamer Übertragungsweg (Funkstrecke oder Leitung) von einer Anzahl von Teilnehmern benutzt wird. Die Signale müssen daher so aufbereitet werden, daß jede teilnehmende Empfangsstation (Teilnehmer) im System in der Lage ist, die für sie bestimmte Nachricht anhand der Signalstruktur von den übrigen Nachrichten zu trennen. Die Trennung der Kanäle bzw. von Teilnehmern im System erfolgt durch die Multiplextechnik. Hierbei wird eine möglichst einfache Trennung der Kanäle ohne gegenseitige Beeinflussung der Signale angestrebt. Man unterscheidet drei Grundverfahren der Multiplextechnik bzw. die entsprechenden Vielfachzugriffsverfahren:

Frequenzmultiplex
– FDMA (Frequency Division Multiple Access)
Zeitmultiplex
– TDMA (Time Division Multiple Access)
Codemultiplex
– CDMA (Code Division Multiple Access) oder Spread Spectrum-Multiplex
– SSMA (Spread Spectrum Multiple Access)

Der Unterschied in den Prinzipien der drei Verfahren läßt sich am einfachsten durch den „Nachrichtenquader" mit seinen drei Achsen Frequenz, Zeit und Leistungsdichte zeigen (Bild 1).

Die *Frequenzmultiplextechnik* erfordert eine Trennung der Frequenzspektren. Die Gesamtbandbreite B_{HF} des Systems wird in eine Anzahl schmaler Frequenzbänder $B_{NF,n}$ unterteilt, die jeweils einem Nachrichtenkanal entsprechen. Das einzelne Frequenzband steht dem Teilnehmer für die gesamte Sendezeit T zur Nachrichtenübermittlung zur Verfügung.

Die *Zeitmultiplextechnik* erfordert eine zeitliche Verschachtelung und Wiederauftrennung der Nachrichtenkanäle. Jedem Teilnehmer steht für kurze Zeitabschnitte t_n (Bursts) die gesamte Bandbreite B des Systems zur Verfügung.

Ein Übertragungskanal in der *Codemultiplextechnik* ist weder in der Zeit noch innerhalb der Bandbreite des Systems beschränkt, dafür aber bezüglich der spektralen Leistungsdichte S_0. Im Übertragungsband überlappen sich sowohl die Spektren als auch die Zeitsignale. Ein Nachrichtenkanal entspricht hier einem Codewort, das zur spektralen Spreizung verwendet wird. Die Signaltrennung erfolgt durch unterschiedliche Codeworte, d.h. durch spektrale Decodierung.

5.2 Vielfachzugriff im Frequenzmultiplex (FDMA)

Frequency division multiple access

Die Trennung der Kanäle bzw. Teilnehmer erfolgt bei der Frequenzmultiplextechnik in der Frequenzebene. Die Gesamtbandbreite des gemeinsamen Übertragungskanals wird in eine Anzahl Frequenzbänder $B_{NF,n}$ unterteilt, die jeweils einem Nachrichtenkanal entsprechen.

Das FDMA-Verfahren ist heute noch das am häufigsten angewandte Zugriffsverfahren – insbesondere in der Nachrichtensatellitentechnik [1]. Je nach Art der Zusammenfassung der Nachrichtenkanäle kann man zwischen Vielkanal- und Einzelkanal-Trägersystemen unterscheiden.

Bei den *Vielkanalträgersystemen* werden jedem Träger mehrere Kanäle aufmoduliert. Die Ka-

näle eines Trägers können an unterschiedliche Empfänger gerichtet sein. Grundlagen für die Planung analoger Vielkanalsysteme sind in [2, 3] ausführlich dargestellt.
Wesentliche Einflüsse auf die Systemplanung ergeben sich durch die gegenseitige Beeinflussung der verschiedenen Träger im FDMA-System und durch eine notwendige Geräuschaufteilung. Beispiele für den Einsatz der FDMA-Technik bei Nachrichtensatellitensystemen sind in [4, 5] zu finden. Häufig werden diese Systeme zur Übertragung von Fernsprechkanälen verwendet. Man unterstellt dann eine psophometrisch bewertete Geräuschleistung von 10 000 pW am Punkt des relativen Nullpegels als Mittelwert in einer beliebigen Stunde, bezogen auf eine Signalleistung von 1 mW. Beiträge zu dieser Geräuschleistung kommen von Intermodulationsgeräuschen der Sende- und Empfangseinrichtungen, durch nicht entzerrte Gruppenlaufzeit der Gesamtverbindung, Interferenzgeräusche durch andere Systeme, thermische Geräusche der Empfänger und Intermodulationsgeräusche durch Mehrkanalverstärkung.
Solche Systeme haben den Nachteil, daß alle Vielkanalträger mit Antwortkanälen demoduliert werden müssen, so daß eine kurzfristige laufende Bedarfsanpassung praktisch undurchführbar ist. Eine solche Bedarfsanpassung ist i. allg. mit dem Austausch von Baugruppen verbunden und vergrößert das Intermodulationsgeräusch, da über den Übertragungskanal mehr Träger gehen. Ein Einmessen der Übertragungsstrecke ist erforderlich.
Deshalb sind als Alternative *Einzelkanalträgersysteme* entwickelt worden. FDMA-Systeme mit separaten Trägern für jeden zu übertragenden Kanal werden auch als „Single Channel per Carrier" (SCPC) bezeichnet. Als Modulationstechnik für die Einzelträger kommen sowohl analoge als auch digitale Verfahren in Frage; besonders vorteilhaft ist der Einsatz von SCPC, wenn die Benutzer des Übertragungskanals nur geringe Verkehrsaufkommen aufweisen. Für die flexible Zuteilung von Kanälen kann der Träger ein-/aus-geschaltet werden bzw. die Kanalzuweisung bedarfsweise erfolgen. Bei der „*Träger-Ein/Aus*"-Methode (Aktivierungsmethode) werden die Einzelkanalträger nur dann gesendet, wenn der Kanal aktiv ist. Bei Sprechkanälen bedeutet dies, daß jeder Simplexkanal eines Gesprächs nur zu 40% benutzt wird. Dadurch wird eine Reduzierung der Intermodulationsgeräusche erreicht. Der Übertragungskanal kann also besser ausgenutzt werden. Bei *bedarfsweiser Kanalzuweisung* ist allen Teilnehmern die gesamte Übertragungs-

Tabelle 1. Systemparameter des INTELSAT SCPC

Funktion	Sprachübertragung	Datenübertragung
Sprachcode	7-bit PCM A-Gesetz abhängig ($A = 87{,}6$)	–
Scrambler/Descrambler	–	CCITT Rec. V. 35
Bitrate	64 Kbit/s	64 Kbit/s oder 66,6 Kbit/s
Modulationsart	QCPSK	QCPSK
Träger Ein/Aus	Sprachaufruf	kontinuierlich oder Burst mode
Bitfehlerkorrektur	–	$R = 3/4$ oder $7/8$, Konvolutionalcode

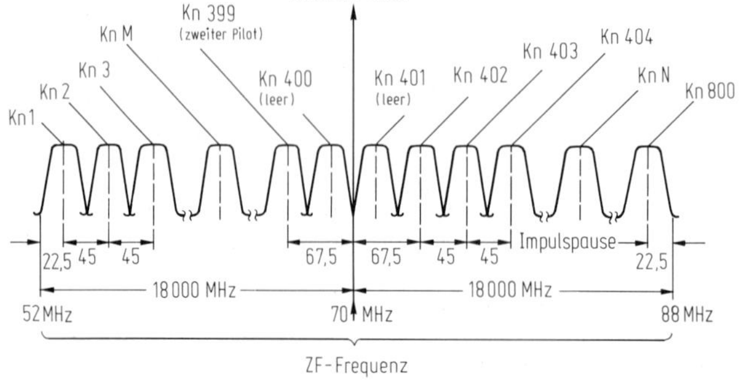

Bild 2. Frequenzaufteilung des Intelsat SCPC in einem 36-MHz-Transponder

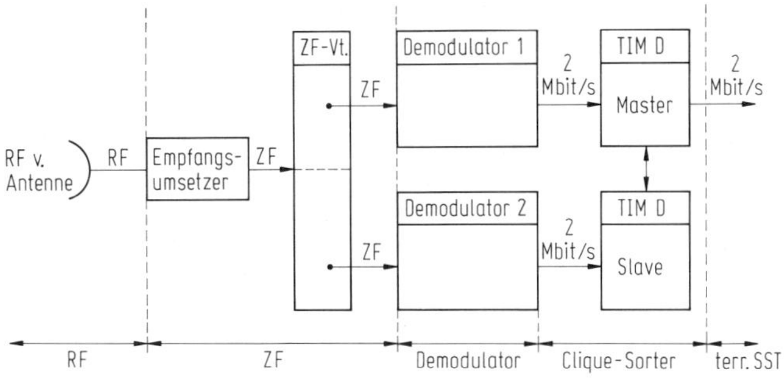

Bild 3. Clique-Sorter der Empfangsseite (2 × 2 Mbit/s → 2 Mbit/s)

kanalkapazität zugänglich (Poolbildung). Tritt der Wunsch nach einer Nachrichtenverbindung auf, können beliebige innerhalb des gemeinsam genutzten Übertragungskanals freie Kanäle benutzt werden, weil alle nicht genutzten Kanäle an den „Pool" zurückgegeben werden. Auch dies führt zu einer besseren Nutzung des Übertragungskanals.

Als praktisches Beispiel kann das bei „Intelsat" eingeführte digital modulierte SCPC-System betrachtet werden [6, 7]. Verfahren mit *fester Kanalzuordnung* und mit *bedarfsweiser Kanalzuordnung* kommen zur Anwendung. Die Systemparameter sind in Tab. 1 dargestellt. Das System mit bedarfsweiser Kanalzuordnung ist unter dem Namen SPADE (Single channel per carrier PCM multiple Access Demand assignment Equipment) bekannt (Bild 2).

Bei Einzelträgersystemen wird die Zahl der zugreifenden Träger so groß, daß eine sorgfältige Auslegung notwendig ist. Die Intermodulationsgeräusche hängen stark von der Lage der verschiedenen Träger ab. Die kleinsten Intermodulationsgeräusche ergeben sich bei der mit „Babcock spacing" [8] bezeichneten nichtlinearen Verteilung, wie sie z. B. beim MARISAT-System [8] verwendet wird.

Durch den Einsatz von digitaler Modulation haben FDMA-Systeme wieder größere Bedeutung erlangt. In den INTELSAT-Netzen werden IBS-(Intelsat Business Services) [9] und IDR-(Intermediate Data Rate) Dienste [10] und bei EUTELSAT werden SMS-(Satellite Multi Service) Dienste [11] angeboten. Besonders vorteilhaft ist beim Einsatz dieser Systeme die flexible Anpassungsmöglichkeit an geänderte Verkehrsbeziehungen sowie die einfache und damit robuste Technik. In Bild 3 ist die Funktion der Ein- und Auskopplung für Punkt- zu Mehrpunkt-Verbindungen dargestellt. Dabei werden die ZF-Signale von solchen Verbindungen zwei Demodulatoren zugeführt. Nach der Demodulation werden die gewünschten Zeitschlitze entsprechend den vorgegebenen Verkehrsbeziehungen durch die TIMs (Terrestrial Interface Module) zu einem gemeinsamen 2 Mbit/s-Datenstrom zusammengeführt. Diese Dienste werden für Bitraten zwischen 48 kbit/s und 8448 kbit/s eingesetzt.

Für eine Gegenüberstellung mit anderen Vielfachzugriffsverfahren s. 5.5.

5.3 Vielfachzugriff im Zeitmultiplex (TDMA)

Time division multiple access

Beim Vielfachzugriff im Zeitmultiplex senden die Teilnehmer periodisch *Impulsbündel* (*Bursts*) aus. Die Sendezeitpunkte der von den verschiedenen Teilnehmern abgeschickten Impulsbündel sind so gegeneinander verschoben, daß sich die Bursts am Eingang des gemeinsamen Verstärkers möglichst lückenlos aneinander anreihen, ohne sich jedoch gegenseitig zu überlappen. Dies wird dadurch erreicht, daß jeder Teilnehmer seinen Burst in bezug zu einem Referenzburst absendet und die Sendephase des eigenen Bursts mit Hilfe des Referenzbursts kontrolliert und korrigiert. Eine Serie von Kontrollprozessen dieser Burstphase(n) wird als *Burstsynchronisation* bezeichnet.

Zu jedem Zeitpunkt liegt immer nur das Signal eines einzigen Teilnehmers am Eingang des Empfängers an. Störende Intermodulationsprodukte treten selbst bei hoher Aussteuerung nicht auf.

Bedingt durch Frequenzversatz und sonstige Veränderungen muß sich der Empfänger auf jedes eintreffende Impulsbündel neu synchronisieren.

Entsprechend Bild 4 kann sich der Pulsrahmen je nach Anzahl und Verkehrsaufkommen der zugreifenden Teilnehmer in unterschiedliche Impulsbündel gliedern; diese sind durch Schutzabstände getrennt. Jedes Impulsbündel enthält nicht nur die zu übertragenden Nutzdaten, sondern davor noch die Präambel, bestehend aus Synchronisiervorlauf, Burstbeginnkennzeichen,

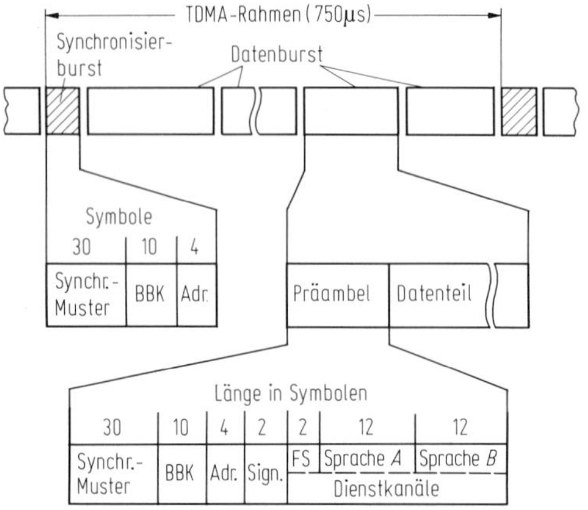

Bild 4. Rahmen- und Burstformat (Beispiel TDMA-S2)

Absenderadresse, evtl. systeminterne Datenkanäle.

Der *Synchronisiervorlauf* ist eine festliegende Codefolge, mit der eine schnelle Träger- und Taktsynchronisierung ermöglicht werden soll. Da es unbekannt bleibt, an welcher Stelle des Vorlaufs der Empfänger synchronisiert hat, muß durch das *Burstbeginnkennzeichen* eine Stelle im Bitstrom genau gekennzeichnet werden.

Das Blockschaltbild einer Endstelle des Systems TDMA-S1 ist in Bild 5 vereinfacht dargestellt. Dieses System war für die Übertragung von PCM-codierten Sprechkanälen vorgesehen. Als PCM-Einrichtungen kommen Multiplexgeräte des Systems PCM 30 zum Einsatz [12]. Die Codierer und Decodierer arbeiten kontinuierlich; die Anpassung an den Burstbetrieb auf der Strecke geschieht über Zwischenspeicher. Die Burstphasenregelung ist ein Teil der Ablaufsteuerung. Durch diese werden die sendeseitigen Zwischenspeicher zum richtigen Zeitpunkt mit der Systembitrate ausgelesen.

Das System erlaubt den Betrieb mit richtungsvariablen Kanälen. Über die Zeichenkanäle tauschen die Stationen untereinander Informationen aus. Dadurch wird erreicht, daß in die empfangsseitigen Zwischenspeicher nur die Partnerkanäle der eigenen Sendekanäle aufgenommen werden. Sende- und empfangsseitige Zwischenspeicher haben also die gleiche Größe. Durch ein azyklisches Ansteuern der Kanalverteilerschalter wird auf einfache Weise die Vierdrahtbildung (Vermittlung) erreicht.

Die Rahmenaufteilung kann während des Betriebs mit Hilfe einer speziellen Zeichengabe laufend geändert werden. Dadurch ist die Betriebsart „variable Kapazität" möglich.

Will eine Station neu auf ihren Platz im Rahmen zugreifen (Erstzugriff), so wird die richtige Sendephase mit Hilfe einer unterlagerten PN-Folge bestimmt, welche die anderen Stationen nicht stört.

TDMA-S1 wurde von AEG-Telefunken, Siemens AG und Standard Elektrik Lorenz AG (SEL) unter Federführung von SEL im Auftrag des Bundesministeriums für Bildung und Wissenschaft entwickelt und 1971 erfolgreich getestet [13, 14].

Einen Vergleich mit amerikanischen (seit 1966) und japanischen Versuchssystemen dieser Forschungsphase (erste Generation) findet man in [15].

Basierend auf diesen Erkenntnissen ist in den letzten Jahren eine ganze Reihe von Prototypen und betriebsfähigen Systemen entstanden. Zunehmend Bedeutung findet dieses Zugriffsverfahren bei der Mobilkommunikation und Systemen zur Versorgung ländlicher Gebiete [16].

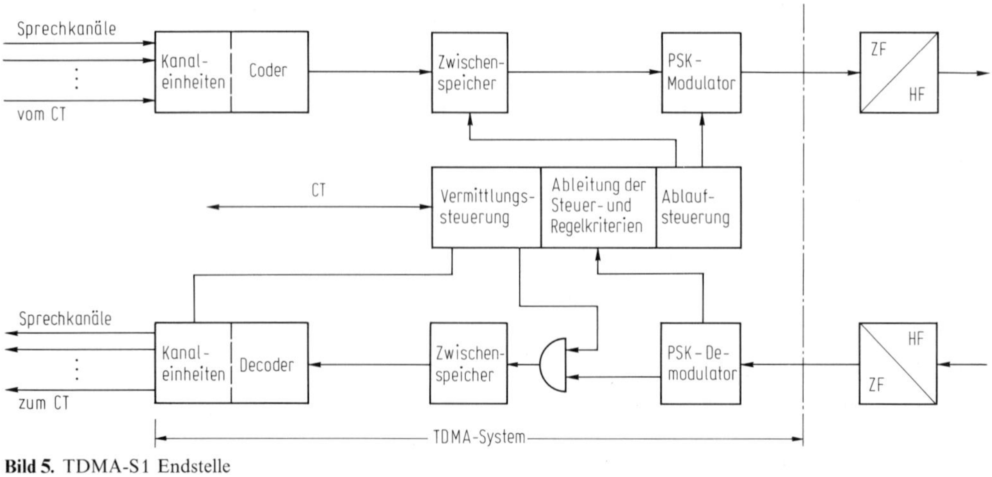

Bild 5. TDMA-S1 Endstelle

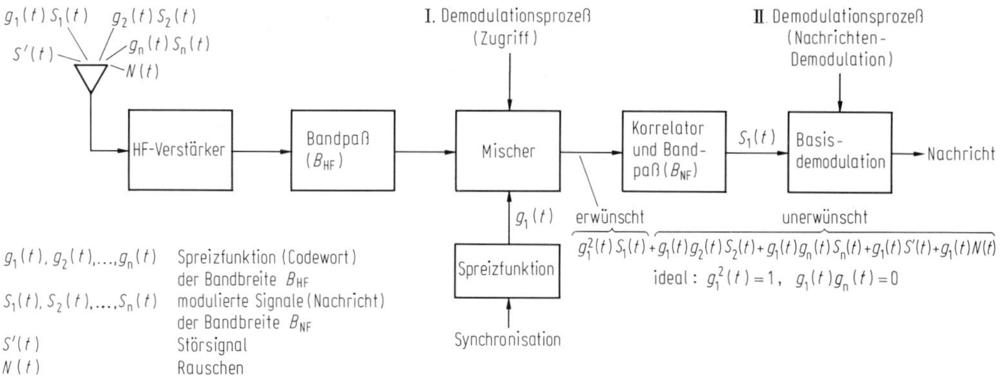

Bild 6. Verarbeitung des Empfangssignals bei Codemultiplexsystemen

5.4 Codemultiplex (CDMA) = Spread Spectrum-Multiplex (SSMA)
Code division multiple access or spread spectrum multiple access

Die Hauptaufgaben eines Empfängers in einem Codemultiplex- bzw. Spread-Spectrum-Multiplex-System sind: Entdeckung des Signals, Entspreizung des Signals und Demodulation der Nachricht. Der Empfänger muß entsprechend den beiden Modulationsvorgängen bei der Sendesignalaufbereitung (s. O 4.3) zwei Demodulationsprozesse durchführen. Hierbei gewinnt er die erwünschte Nachricht aus dem im Übertragungsband vorhandenen Gemisch vieler spektral codierter Nachrichten anhand des ihm bekannten Codewortes bzw. der Spreizfunktion. Bild 6 zeigt das Funktionsprinzip der Signalverarbeitung in einem SSMA-Empfänger. Der erste Demodulationsvorgang (Multiplexdemodulation) ermöglicht den Zugriff und ist ein Korrelationsprozeß. Hierbei wird durch Hinzufügen der (mit der Sendeseite identischen und synchronisierten) Spreizfunktion die spektrale Spreizung aufgehoben, wodurch die Energie des gewünschten Signals wieder in das der Basismodulation entsprechende Frequenzband komprimiert wird. Unerwünschte Signale wie Nachbarkanäle mit anderen Codewörtern, Störsignale und Rauschen werden hingegen zusätzlich spektral gespreizt („verschmiert") und lassen sich durch ein Bandpaßfilter der Bandbreite B_{NF} proportional dem Spreizungsfaktor B_{HF}/B_{NF} unterdrücken. Die Bestimmung des Prozeßgewinns g ist bereits in O 4.3 angegeben, übliche Werte für g liegen im Bereich 10^2 bis 10^4. Der zweite Demodulationsvorgang übernimmt die Basisdemodulation der Nachricht entsprechend der Sendeseite.

Die nachfolgenden Abschnitte befassen sich im wesentlichen mit der Synchronisation und Demodulation von Codemultiplexsignalen unter Verwendung von PN-Codes (PN = Pseudo Noise). Die Signalerzeugung der „Spread Spectrum"-Signale für die drei Hauptverfahren der SSMA-Technik, Direct-Sequence-Modulation (DS) oder PN-Modulation, „Frequency Hopping" (FH) und „Pulsed FM"- oder „CHIRP"-Modulation ist in O 4.3 beschrieben.

Für den empfängerseitigen Korrelationsprozeß benötigt man in Codemultiplexsystemen geeignete Codefolgen (Codewörter) mit günstigen Eigenschaften der Auto- und Kreuzkorrelationsfunktion (AKF bzw. KKF), d.h. eine möglichst niedrig verlaufende KKF und nach Möglichkeit eine zweiwertige AKF. Daher werden hauptsächlich Binärfolgen mit statistischen („Pseudo Noise", PN) oder orthogonalen Codewörtern angewendet. Bestimmung und Eigenschaften der AKF und KKF finden sich u.a. in [17, 18]. Wegen ihrer einfachen Erzeugung durch Schiebere-

Tabelle 2. PN-Codekollektiv

Codewort Länge m	Anzahl der PN-Codeworte	Register-stufen
7	2	3
15	2	4
31	6	5
63	6	6
127	18	7
255	16	8
511	48	9
1 023	60	10
2 047	176	11
4 095	144	12
8 191	630	13
16 383	756	14
32 767	1 800	15
65 535	2 048	16
131.071	7.710	17
524.287	27.594	19
8.388.607	356.960	23
2.147.483.647	69.273.666	31

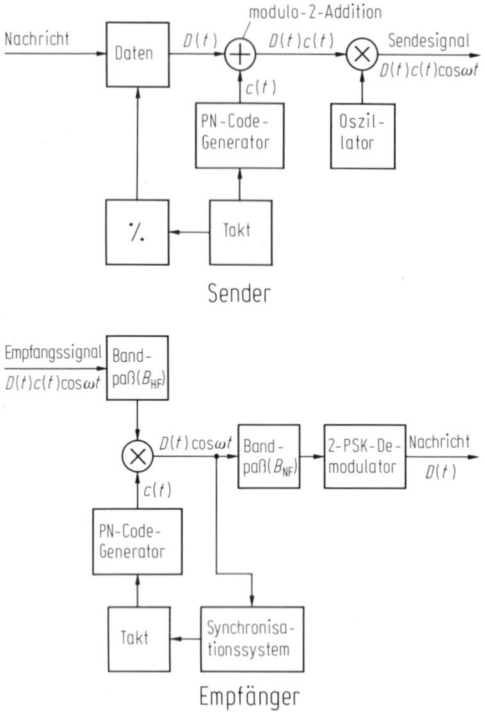

Bild 7. Prinzip der DS-Modulation und -Demodulation

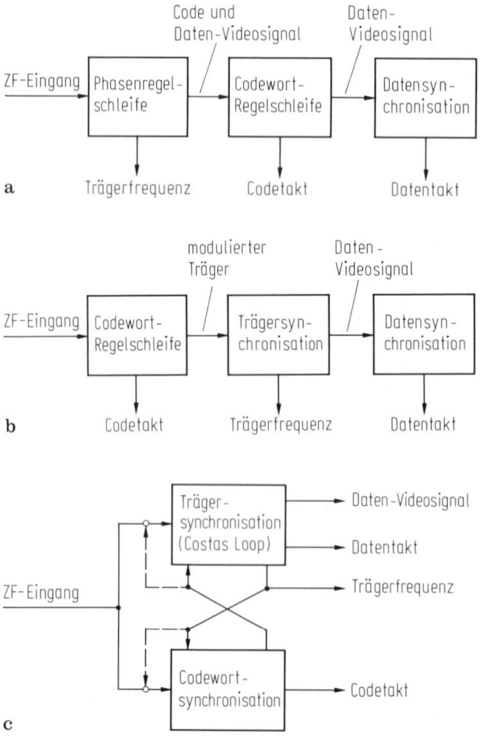

Bild 8. Schaltungsvarianten für Synchronisation

gister werden meist PN- oder Gold-Codeworte verwendet [19, 20]. Tabelle 2 zeigt den Zusammenhang zwischen Anzahl der Registerstufen und der Anzahl der Codewörter für linear rückgekoppelte Schieberegisterfolgen maximaler Länge, (m-Sequenzen).

Demodulation von PN-modulierten Signalen. Von den „Pseudo Noise"-Verfahren wird die direkte PN-Phasenmodulation oder Direct Sequence-Modulation (DS-Modulation) am häufigsten benutzt, (auch als 2-PSK/2-PSK-System bezeichnet) da sie am einfachsten zu realisieren ist. Bild 7 zeigt das Prinzip der Signalerzeugung im Sender und der Demodulation im Empfänger. Hauptproblem für den Empfänger in einem DS-System ist die Synchronisation des lokal erzeugten Codewortes auf das zu empfangende Codewort und die Demodulation der Daten. Die Synchronisationsschaltungen bilden daher die zentralen Empfängerbausteine; man kann sie in drei Klassen einteilen (Bild 8):

a) Mit vorgeschalteter Trägersynchronisation,
b) mit vorgeschalteter Codewortsynchronisation,
c) mit miteinander vermaschten Regelschleifen.

Die Schaltung a) hat den Vorteil, daß die Codewortsynchronisation im Basisband betrieben werden kann. Es zeigt sich jedoch bei der Phasenregelschleife, daß die Nachteile, vor allem bei Störsignalen, eine Anwendung dieser Schaltungsvariante normalerweise nicht empfehlenswert machen. Die Schaltungsklasse b) hat eine hohe Störfestigkeit und wird daher am häufigsten angewendet. Zur Schaltungsvariante c) gehören alle Systeme, die in ihrer Funktionsweise aufeinander einwirken. Diese Schaltungskonfiguration hat gegenüber den anderen Varianten Nachteile während der Akquisitionsphase, jedoch eindeutige Vorteile in der Nachlaufphase, da hier durch die gegenseitige Unterstützung mit schmaleren Bandbreiten in den Regelschleifen gearbeitet werden kann. Sie neigt jedoch bei Störungen leichter zum Verlust der Synchronisation.

Im folgenden werden einige Schaltungsvarianten zur Codewortsynchronisation vorgestellt. Man unterscheidet dabei die kohärenten und die nichtkohärenten Synchronisationsverfahren. Kohärente Verfahren arbeiten im Basisband, d.h. die Trägersynchronisation ist bereits erfolgt und die Daten werden in der Codewort-Regelschleife kohärent eliminiert, hier können daher Tiefpässe eingesetzt werden. Bei den nichtkohärenten Verfahren arbeitet die Codewort-Regelschleife im ZF-Bereich, d.h. im Regelkreis sind Bandpässe erforderlich. Die bekanntesten Synchronisatisationsverfahren sind die Verzögerungsverfahren mittels „Delay-Lock Loop" bzw. „τ-Dither Loop" und das „Split Phase"-Verfahren.

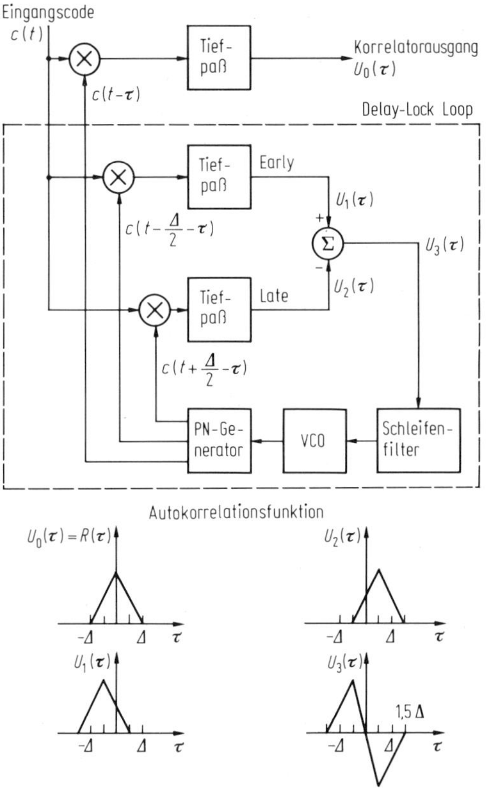

Bild 9. Kohärenter Delay Lock Loop

$U_1(t) = D(t)c(t)\cos\omega t$
$U_{2-}(t) = D(t)c(t)c(t-(\Delta/2)-\tau)\cos\omega t$
$U_{2+}(t) = D(t)c(t)c(t+(\Delta/2)-\tau)\cos\omega t$
$U_{3-}(t) = D(t)U_1(\tau)\cos\omega t$
$U_{3+}(t) = D(t)U_2(\tau)\cos\omega t$
$U_4(t) = \alpha U_3^2(t)$
$U_5(t) = $ Diskriminatorkennlinie Gl.(2)
$U_6(t) = $ Regelspannung
$U_0(t) = D(t)R(\tau)\cos\omega t$

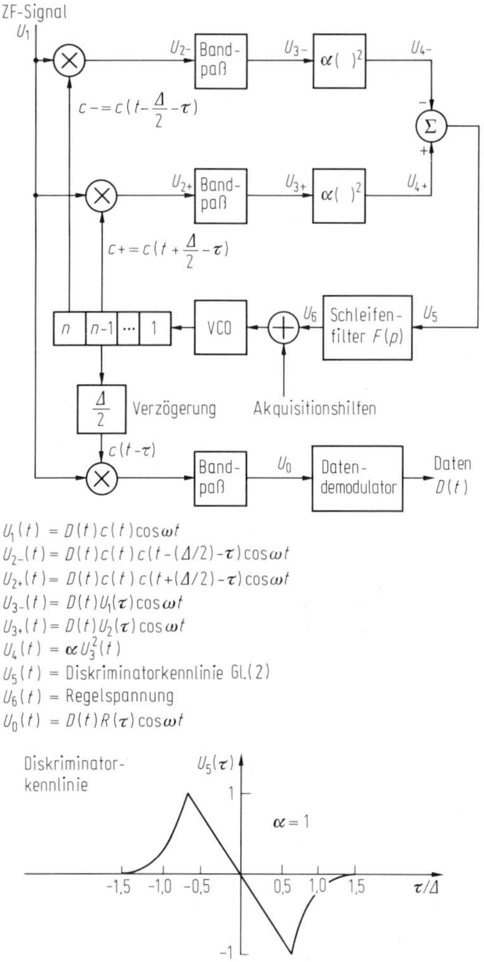

Bild 10. Codewort-Regelschleife mit Hüllkurvendemodulation (DLL)

Verzögerungsverfahren. Zum besseren Verständnis des *Delay Lock Loop*'s (DLL) wird die Funktionsweise zunächst im Basisband und ohne Datenmodulation zunächst im Basisband und ohne Datenmodulation beschrieben. Bild 9 zeigt das Blockschaltbild und die Spannungen in den einzelnen Zweigen. Zunächst wird das Eingangssignal $c(t)$ mit der im Codegenerator erzeugten Codefolge multipliziert. Im oberen Zweig läuft die Codefolge gegenüber der mittleren Codefolge um einen halben Bittakt $\Delta/2$ vor, im unteren Zweig um einen halben Bittakt $\Delta/2$ nach (Early- bzw. Late-Signal). Daraus resultiert im oberen und unteren Zweig ein Gleichspannungsanteil $U_1(\tau)$ bzw. $U_2(\tau)$, der nur von der Verschiebung τ zwischen den Codefolgen abhängt. Die beiden Spannungen U_1 und U_2 werden voneinander subtrahiert und bilden die Spannung $U_3(\tau)$. Sie stellt die Diskriminatorkennlinie des Regelkreises dar und steuert nach einer weiteren Bandbegrenzung im Schleifenfilter den Taktgeber (VCO), der den PN-Codegenerator treibt. Sie bewirkt z. B. im Falle einer negativen Phasenverschiebung des Codewortes eine Erhöhung der Taktfrequenz, so daß die lokale PN-Folge wieder mit dem empfangenen Code in Übereinstimmung kommt. Dieser Regelungsvorgang funktioniert jedoch nur, wenn die Verschiebung der beiden Codeworte ca. $\pm 1/2$ bit beträgt. Aufgabe von Zusatzeinrichtungen ist es daher, diese Anfangssynchronisation möglichst schnell herzustellen (s. unter „Akquisition"). Der oberste Zweig zeigt die Multiplikation des unverzögerten Referenzcodes $c(t-\tau)$ mit dem Eingangssignal $c(t)$. $U_0(\tau)$ ist die durch einen Tiefpaß integrierte Ausgangsspannung als Funktion der Verschiebung τ und entspricht der AKF

$$R(\tau) = \lim_{T\to\infty} \frac{1}{2T} \int_{-T}^{+T} c(t)\,c(t-\tau)\,dt \qquad (1)$$

der Codefolge. Die Integrationszeit muß sehr viel größer als die Dauer eines Codebits sein und wird durch die Grenzfrequenz des Tiefpasses bestimmt.

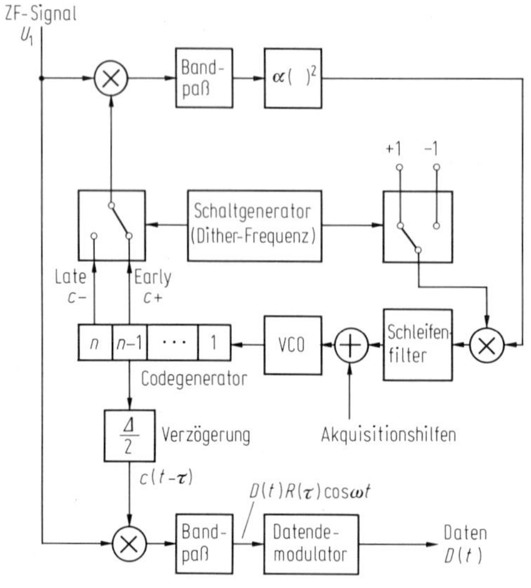

Bild 11. Hüllkurvendemodulation mit „τ-Dither Loop"

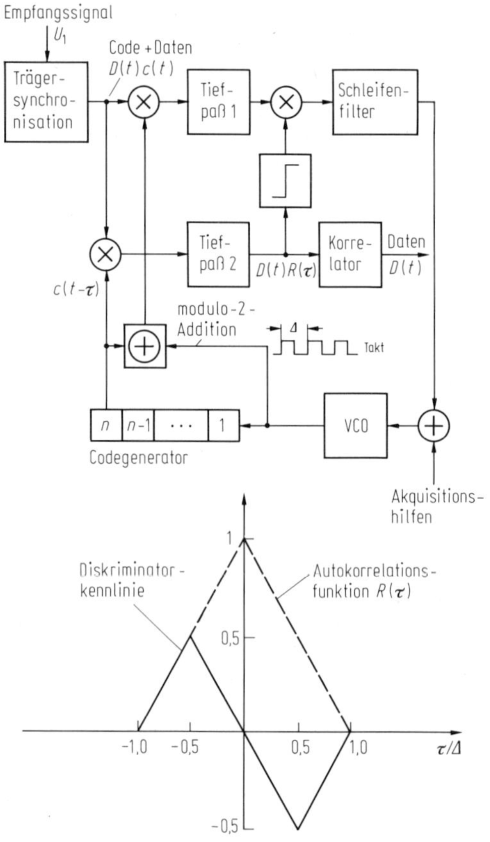

Bild 12. Split Phase-Verfahren

Das Bild 10 zeigt den Aufbau einer inkohärenten Codewort-Regelschleife mit Hüllkurvendemodulation nach dem DLL-Prinzip. Das Eingangssignal U_1 liegt im ZF-Bereich und wird wie in Bild 8 mit den um $\Delta/2$ vor- bzw. nacheilenden Codefolgen multipliziert. Wenn der Code des Eingangssignals und die interne Codefolge synchron sind, dann entsteht durch die Multiplikation ein CW-Signal, das nur noch durch die Daten moduliert ist (U_{2-} bzw. U_{2+}). Die Bandbreite des nachfolgenden Bandpasses sollte wegen des ebenfalls vorhandenen Rausch- und Störspektrums möglichst klein sein, muß jedoch für die Daten (unter Berücksichtigung einer eventuellen Doppler-Verschiebung) durchlässig bleiben. Die anschließende Quadrierung erzeugt aus diesem Signal eine Gleichspannung, die von den Daten unabhängig ist und deren Amplitude von der Verschiebung des Codes quadratisch abhängt (U_{4-} bzw. U_{4+}). Zwischen den Ausgangssignalen des oberen und des unteren Zweiges wird die Differenz gebildet. Die Gleichstromkomponente dieser Differenz dient als Regelsignal und hat, abhängig von der Codeverschiebung τ, die bekannte Form einer Diskriminatorkennlinie

$$U_5(\tau) = R^2\left(\tau + \frac{\Delta}{2}\right) - R^2\left(\tau - \frac{\Delta}{2}\right), \qquad (2)$$

jedoch mit einem quadratischen Anstieg und Abfall. Das nachfolgende Schleifenfilter $F(p)$ wird meist als Optimalfilter realisiert. Die Dimensionierung erfolgt nach denselben Gesichtspunkten wie bei Phasenregelkreisen (PLL, Costas Loop oder „Squaring" Loop, siehe z. B. [17, 18, 21, 22]). Eine weitere Schaltungsvariante eines Verzögerungsverfahrens ist der sogenannte *τ-Dither Loop* [19] (Bild 11). Hier wird periodisch durch einen Schaltgenerator zwischen vor- und nachlaufendem Code umgeschaltet. Die „Dither"-Frequenz muß groß sein im Vergleich zur Grenzfrequenz des Schleifenfilters, aber nicht so groß, daß die Bandpässe unnötig breit ausgelegt werden müssen; deren Bandbreite ist durch die Datenmodulation vorgegeben. Durch das periodische Umschalten des Codes und der Regelspannung wird eine Vereinfachung der Schaltungsanordnung gegenüber einem DLL erreicht. Dies geht allerdings auf Kosten der Empfindlichkeit; diese ist gegenüber einem DLL um mindestens 3 dB geringer.

Beim *„Split Phase"-Verfahren* ergibt sich ebenfalls eine einfachere Realisierung als beim DLL (Bild 12). Das im Schieberegister erzeugte Codewort wird zu dem Taktsignal mit einem Tastverhältnis von 1 : 1 modulo-2-addiert und das entstehende „Split-Phase"-Codewort mit dem Empfangssignal multipliziert. Am Ausgang des Tiefpasses TP_1 entsteht ein Signal mit der dargestellten Diskriminatorkennlinie. Sie entsteht aus der AKF durch das Aufspalten eines jeden Codewortzeichens in zwei Hälften mit entgegengesetzten Vorzeichen und ist noch mit den Daten moduliert. Dieses Signal wird nun mittels der im anderen Korrelationszweig gewonnenen Daten durch Umpolung vor dem Schleifenfilter vom Dateneinfluß befreit. Die Empfindlichkeit dieser Schaltung ist gegenüber einem DLL um ca. 3 dB geringer.

Kohärente vermaschte Systeme. Als Beispiele für kohärente vermaschte Systeme zur Codewort- und Datensynchronisation zeigen die Bilder 13 bis 15 verschiedene Schaltungsvarianten. Bild 14 zeigt eine Schaltungsvariante, bei der mit der Summe und der Differenz des Early- und Late-Signals korreliert wird. Durch dieses Verfahren erreicht man eine gleiche Störsicherheit wie bei der Quadriermethode in Bild 10 mit dem Vorteil, daß am Ausgang des E/L Summenkorrelatorzweiges gleichzeitig die Daten gewonnen werden und somit der Aufwand für einen weiteren Korrelationszweig für die Daten entfallen kann. Bild 15 zeigt einen Aufbau, bei dem die Regelschleifen über einen Prozessor geschlossen werden. Dies erscheint zwar aufwendiger, läßt sich aber ohne viele Abgleichelemente weitgehend digital und hochintegriert realisieren. Der analoge VCO wird hierbei durch einen „Numerical Controlled Oscillator" (NCO) ersetzt.

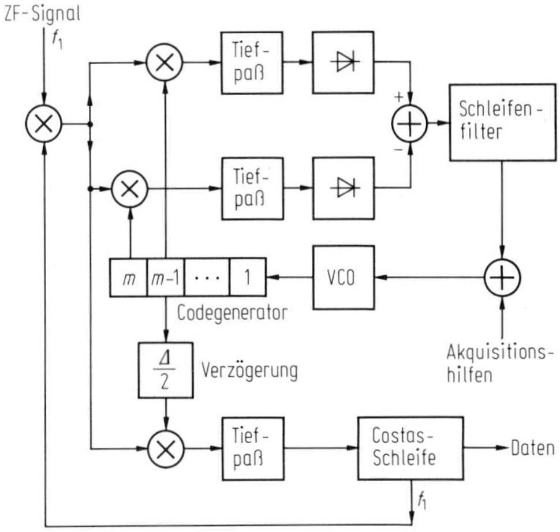

Bild 13. Vermaschtes System mit Costas-Trägersynchronisation und Hüllkurvendemodulation der Codewort-Regelschleife

Akquisition. Die Anfangssynchronisation (Akquisition) in einem Codemultiplexsystem soll in möglichst kurzer Zeit das lokal erzeugte Codewort mit dem zu empfangenden Codewort synchronisieren, um dann anschließend im soge-

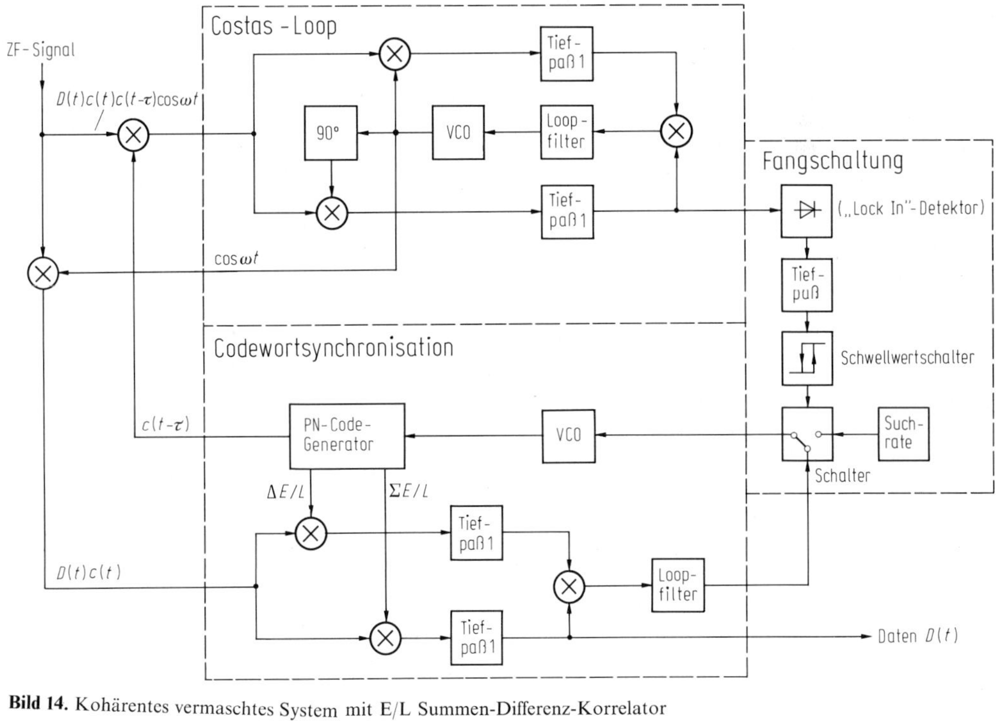

Bild 14. Kohärentes vermaschtes System mit E/L Summen-Differenz-Korrelator

nannten Nachlaufbetrieb (tracking) die Daten decodieren zu können. Zur Realisierung der Anfangssynchronisation gibt es verschiedene Verfahren, die alle bei den bisher gezeigten Schaltungsvarianten angewendet werden können. Das einfachste Verfahren ist das kontinuierliche oder auch schrittweise Verschieben des lokal erzeugten Codes (in Bruchteilen eines Bittakts) gegenüber dem empfangenen Code (sliding correlator). Die Codeverschiebung wird durch eine Frequenzdifferenz zwischen der Taktfrequenz des gesendeten Codes und der Taktfrequenz des Empfängercodes vorgenommen. Sie wird auch als Suchrate r (bit/s) bezeichnet. Sobald die Phasendifferenz geringer als ein bit(Δ) geworden ist, kann die Feinsynchronisation (tracking) durch die vorhandene Diskriminatorcharakteristik der Codewort-Regelschleife übernommen werden. Dieses Verfahren und die Umschaltung ist bereits in Bild 14 durch die Fangschaltung dargestellt. Die maximale Suchrate im ungestörten Fall wird bestimmt durch die Bandbreite B_K des Korrelators in der Fangschaltung bzw. durch die daraus resultierende Anstiegszeit t_a bis zur Erkennung des Synchronisationspunkts. Dieser Zusammenhang beträgt in erster Näherung

$$t_a = 0{,}35/B_K. \tag{3}$$

Da die AKF 2 bit breit ist, ergibt sich die maximale Suchrate r_{max} näherungsweise zu

$$r_{max} = \frac{2}{t_a} \cong 5{,}71\ B_K. \tag{4}$$

In der Praxis sind jedoch immer Störungen vorhanden, so daß die Suchrate $r \leqq r_{max}$ gewählt werden muß. Die in [23] angegebene Näherung gilt unter der Voraussetzung, daß die Störleistung N, welche sich einem Codewortzeichen additiv überlagert, aus vielen gleichartigen Codewortzeichen (z. B. von Nachbarkanälen) und thermischen Rauschen besteht und Gausschen Charakter hat. Es lassen sich dann Wahrscheinlichkeiten für richtige und falsche Synchronisation (p_r bzw. p_f) angeben. Ist S die Empfangsleistung eines Codeworts und Δ die Dauer eines Codewortzeichens und soll die Synchronisation in $p_r = 0{,}96$ aller Fälle richtig sein, in $p_f = 10^{-6}$ aller Fälle falsch und in den restlichen Fällen nicht gelingen, so ergibt sich folgende Beziehung zwischen der Suchrate r und dem Signal/Rausch-Verhältnis S/N

$$r = \frac{6{,}9 \cdot 10^{-3}}{\Delta}\ (S/N)\ \text{bit/s}. \tag{5}$$

Die Suchrate muß um so kleiner gewählt werden, je kleiner der Störabstand des Systems ist. Für definierte Suchraten beträgt die mittlere Synchronisationszeit

$$t_{syn} = \frac{m}{2}\,\frac{1}{r}, \tag{6}$$

da die beiden Codewörter im Mittel um eine halbe Codewortlänge $m/2$ gegeneinander verschoben werden müssen. Dieses Verfahren erlaubt zwar dem Störabstand angepaßte Suchraten und damit die Bestimmung von t_{syn}, führt jedoch bei Codes großer Wortlänge m sehr rasch zu unverhältnismäßig großen Synchronisationszeiten. Eine Ausweg ist z. B. der Einsatz von kurzen Codesequenzen für die Akquisition, der es erlaubt, anschließend auf den Code mit großer Wortlänge überzugehen (Anwendung z. B. beim

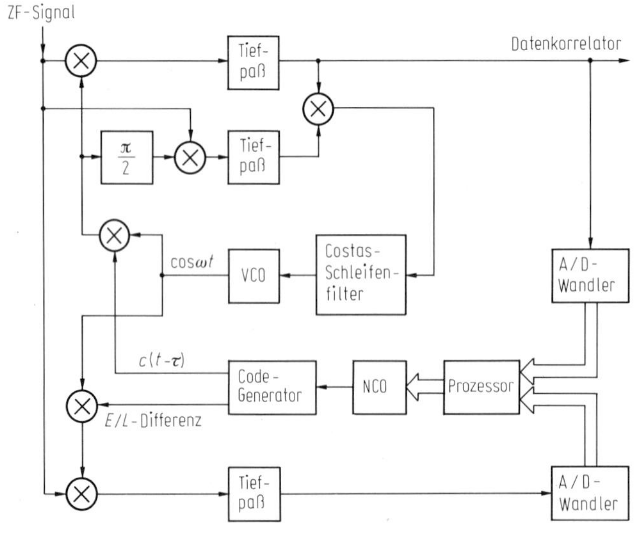

Bild 15. Kohärentes vermaschtes System mit digitaler Codewort-Regelschleife

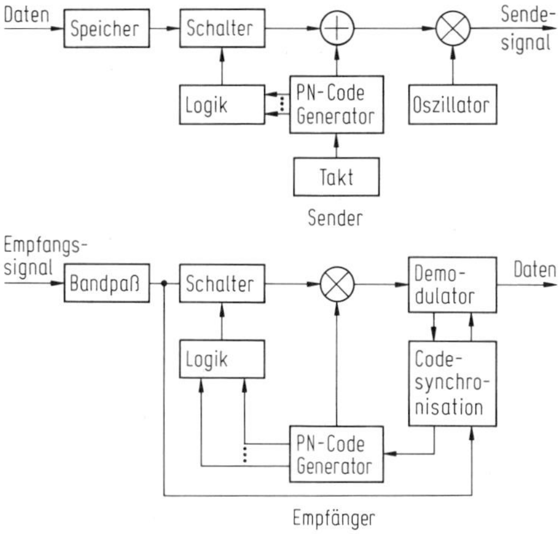

Bild 16. Time Hopping-System

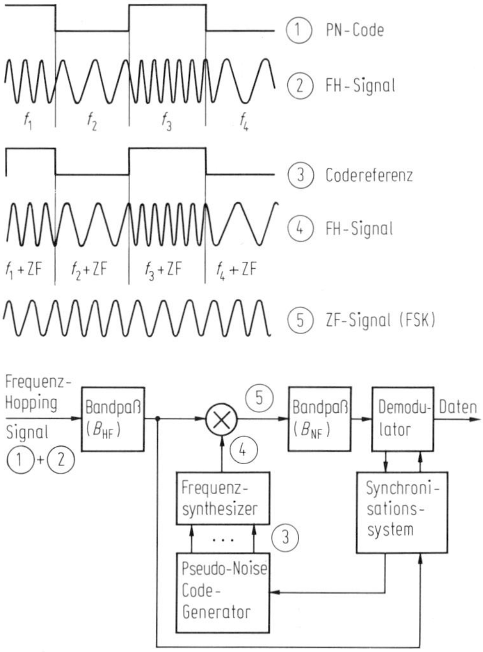

Bild 17. Prinzip eines FH-Empfängers

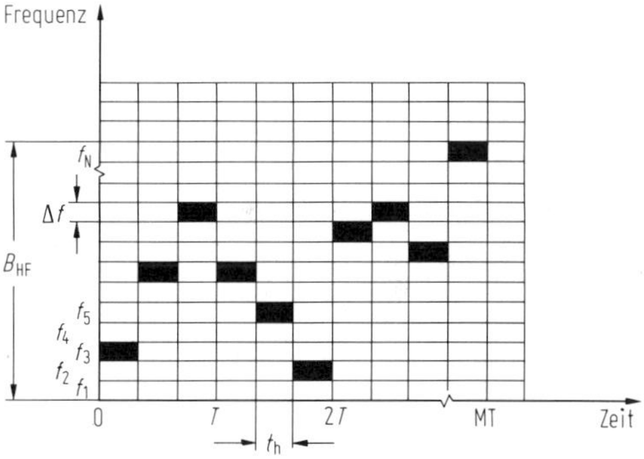

Bild 18. Zeit-Frequenz-Diagramm bei FH

Satellitennavigationssystem NAVSTAR/GPS), oder die Verwendung mehrerer paralleler Korrelatoren mit zueinander phasenverschobenen Codewörtern der gleichen Codefolge. Andere Verfahren sind RASE (Rapid Acquisition by Sequential Estimation) und RARASE (Recursion Aided Rase) [24, 25] oder der Einsatz von „matched" Filtern [26].

Time Hopping (TH). Ein Time Hopping-System [19, 27, 28] nutzt im Unterschied zu dem in 5.3 beschriebenen TDMA-Verfahren keine fest zugeordneten Zeitschlitze (Bursts), sondern durch eine PN-Folge festgelegte Bursts. Innerhalb eines Rahmens der Dauer T wird nur ein Zeitschlitz t_m mit hoher Datenrate und einer geeigneten Modulationsart benutzt (meist BPSK). Bild 16 zeigt das Blockschaltbild des Senders und Empfängers eines Time Hopping-Systems. Der Zugriff und die Signalakquisition erfolgen ähnlich wie in einem DS-System.

Frequency Hopping (FH). Der Empfänger in einem Frequency Hopping-System [19, 27, 28] besteht im wesentlichen aus einem Codegenerator mit entsprechenden Einrichtungen zur Synchronisation, einem Frequenz-Synthesizer und einem konventionellen Demodulator für die jeweils verwendete Basismodulation, wobei meist FSK benutzt wird (Bild 17). Wenn Sender- und Empfängercode synchron sind, werden die Frequenzsprünge des Eingangssignals durch den Frequenz-Synthesizer im Mischer auf eine konstante ZF umgesetzt. Es bleibt das modulierte Signal zurück, welches dann noch demoduliert werden muß, um die Daten zu erhalten. Bild 18 zeigt den Zusammenhang zwischen Gesamtbandbreite B_{HF}, dem Frequenzabstand Δf (der mindestens so groß wie die Informationsbreite B_{NF} des modulierten Signals sein soll) und der Verweildauer t zwischen den Frequenzsprüngen; d.h. alle t_h Sekunden springt die Trägerfrequenz auf einen anderen Wert, der durch den PN-Codegenerator vorgegeben ist. Die Anzahl der Sprünge beträgt $n_S = B_{HF}/\Delta f = 2^n - 1$.
Die Unterteilung in „Slow"- and „Fast"-Frequency-Hopping erfolgt anhand der Dauer t_p eines Datenbits.

Slow: Verweildauer $t_h = t_p$,
Fast: Verweildauer $t_h < t_p$, d.h. $t_h = t_p/v$ mit v als Unterteilung in Subintervalle von t_p, die ein ganzzahliges Vielfaches der Dauer eines Codebits sind.

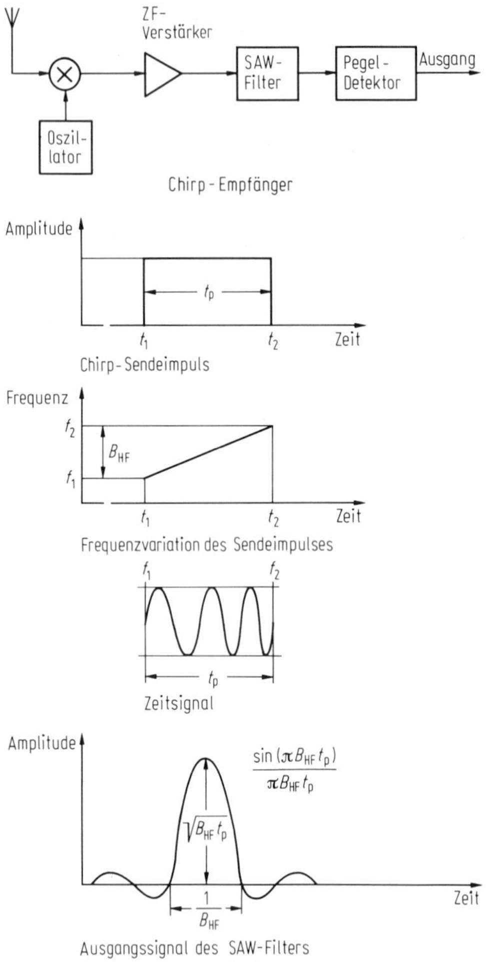

Bild 19. Blockschaltung und Signale eines Chirp-Systems

Der Prozeßgewinn g_p beträgt, ähnlich wie bei der PN-Modulation, für $B_{NF} \leqq \Delta f$:

$$g_p = B_{HF}/B_{NF} = 2^n - 1 = n_s. \quad (7)$$

Unkorrelierte breitbandige Störsignale werden ähnlich wie bei der PN-Demodulation durch die Multiplikation mit der lokalen Referenz gespreizt und durch den Bandpaß der Bandbreite b entsprechend unterdrückt. CW-Störer größer als das Nutzsignal auf einer der diskreten Frequenzen $n_s \Delta f$ führen jedoch zu Störungen; z. B. ergibt sich bei $n_s = 1000$ eine Bitfehlerrate von $1 \cdot 10^{-3}$. Daher empfiehlt sich bei diesen Anwendungen das Fast-FH-Verfahren oder die Verwendung von fehlerkorrigierenden Datenübertragungsverfahren für die Basismodulation. Weitere Angaben über den Zusammenhang zwischen Störungen und Bitfehlerrate und entsprechende Abhilfe findet man in [19] und [27].

Pulsed FM oder CHIRP. Das Verfahren der linearen Frequenzmodulation (pulsed FM oder CHIRP) wird in der Übertragungstechnik nur in Verbindung mit anderen SS-Verfahren angewendet (siehe bei „Hybride Verfahren"), da die Chirp-Modulation in reiner Form keine große Signalformvielfalt bietet wie es für Vielfachzugriffsverfahren notwendig ist. Trotzdem wird hier kurz das System und der Empfänger vorgestellt. Chirp-Systeme unterscheiden sich normalerweise nur in der Bandbreite $B_{HF} = |f_2 - f_1|$ und der Dauer t_p des Chirp-Signals. Ein Chirp-Empfänger „sammelt" die gesendete Leistung über die Chirp-Signaldauer t_p und gibt sie in komprimierter Form als Puls der Dauer $1/B_{HF}$ als Ausgangssignal ab. Die Störsignalunterdrükkung ist ähnlich wie bei den beiden Verfahren DS und FH jedoch mit dem Unterschied, daß Störsignale nicht abgeschwächt, sondern daß das gewünschte Signal herausgehoben wird. Der Prozeßgewinn ist daher $g_P \cong B_{HF} t_p$. Bild 19 zeigt das Blockschaltbild und die Signale eines Chirp-Empfängers. Als frequenzabhängige Verzögerungsleitung (DLL = Dispersive Delay Line) werden meist SAW-Komponenten eingesetzt (SAW = Surface Accustic Wave), die als „matched filter" wirken [19, 28].

Hybride Spread Spectrum-Systeme. Hybride Verfahren sind meist aus zwei der bisher beschriebenen Verfahren, PN-Modulation, Time Hopping, Frequency Hopping and Chirp-Modulation zusammengesetzt. Sie gewinnen für

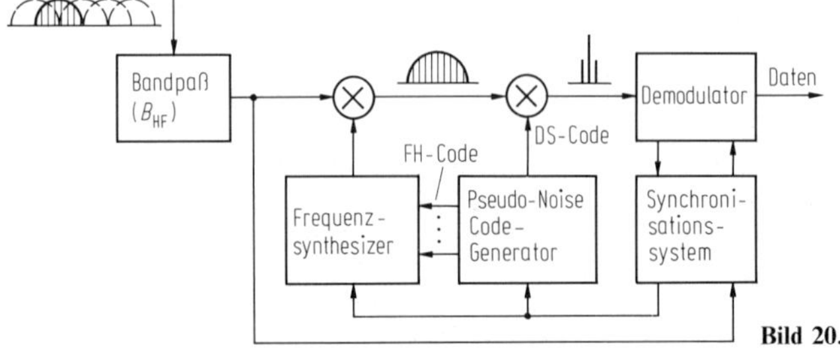

Bild 20. Prinzip eines FH/DS-Empfängers

spezielle Anwendungsfälle, vor allem im militärischen Bereich immer mehr an Bedeutung, wo es auf hohe Störfestigkeit gegen absichtliche Störer und/oder geschützten Zugriff ankommt. Die bekanntesten Systeme sind [19, 22, 28, 29]:
- Frequency Hopping/Direct Sequence, FH/DS bzw. FH/PN (Bild 20).
- Time Frequency Hopping, TH/FH.
- Time Hopping/Direct Sequence, TH/DS (Bild 21).
- Chirp-PN-PSK.

Die hybriden Verfahren erreichen gegenüber den einzelnen Verfahren verbesserte Systemeigenschaften, wobei der Systemaufwand nicht unbedingt doppelt so hoch ist. Einige Vorteile sind z. B. bei FH/DS: noch größere Spreizung und ein verbesserter Vielfachzugriff; bei Time-Frequency-Hopping-System erreicht man bei mehreren Sendestellen durch eine Frequenz- und Zeitzuteilung eine bessere gleichzeitige Nutzung; ähnlich ist es bei einem TH/DS-System, wobei noch die Vorteile der DS-Modulation hinzukommen, Chirp-PN-PSK-Systeme haben durch die PN-Modulation eine große Signalformvielfalt und durch die Chirp-Modulation eine geringe Degradation bei Mittenfrequenzverschiebungen (z. B. durch Doppler- oder Frequenz-Abweichung zwischen Sender und Empfänger).

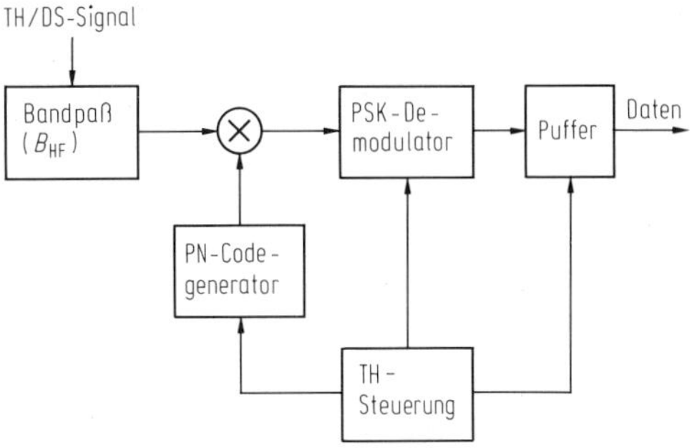

Bild 21. Prinzip eines TH/DS-Empfängers

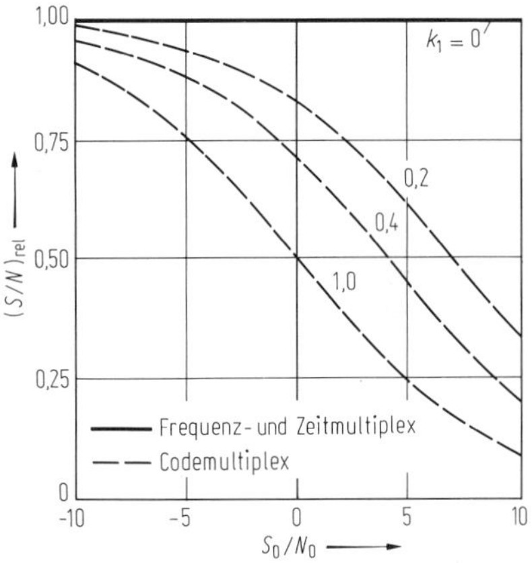

Bild 22. Störabstandsvergleich

5.5 Verfahrensvergleich
Systems comparison

Vielfachzugriff kann über verschiedene Techniken durchgeführt werden. Die wesentlichen Merkmale, Vorteile und Nachteile der in 5.2 bis 5.4 behandelten Verfahren sind in Tab. 3 zusammengefaßt. Selbstverständlich kann ein einziges Zugriffsverfahren nicht alle Anwendungsfälle abdecken. – Eine mögliche, hier nicht näher betrachtete Anwendungsart besteht darin, daß sich zwei Netze mit unterschiedlicher Modulationstechnik einen Übertragungskanal teilen, z. B. ein Netz mit TDMA, das andere Netz mit SSMA. Abschließend sollen noch drei Auslegungsmerkmale betrachtet werden.

Übertragungsbandbreite. Ein wichtiges Problem in der Auslegung eines Vielfachzugriffsystems liegt in der Sicherstellung der Kompatibilität zwischen Übertragungskanal und den Empfangsstationen (hinsichtlich Antenne, Sendeleistung, Rauschtemperatur des Empfängers). Die unterschiedlichen Eigenschaften der Empfangsstationen beeinflussen die Systemauslegung hinsichtlich der Übertragungskanalbandbreite und der Wahl der Vielfachzugriffsmodulation und der Systemorganisation. Es ist notwendig, daß das Verhältnis zwischen Datenrate, Anzahl der aktiven Teilnehmer und unterschiedlicher Leistungsfähigkeit der Teilnehmerstationen in die Systemauslegung mit einbezogen wird.

Netzsynchronisierung. Sie dient dazu, alle beteiligten Teilnehmer eines Vielfachzugriffssystems zu synchronisieren, d. h. sie mit der gleichen Zeitinformation (Takt) zu versorgen. Die Netzsynchronisierung kann mit Ausnahme der FDMA-Technik jedes Vielfachzugriffsverfahren verbessern. Für TDMA ist sie zwingend notwendig.

Betriebsgrundsätze. Die Auswahl eines entsprechenden Modulationsverfahrens ist unvollständig, wenn nicht auch entsprechende Betriebsgrundsätze berücksichtigt werden. Die Zugriffskanäle können nur für eine bestimmte Zeit (wenn der Teilnehmer sie benötigt) zugewiesen werden (demand assignment) oder sie können ständig für einen Teilnehmer bereit gehalten werden (preassignment). Von den untersuchten Verfahren ist SSMA für eine feste Kanalzuordnung geeignet, da die große Anzahl der möglichen Träger als Adresse genutzt werden kann. Bei FDMA und TDMA sind die möglichen (verfügbaren) Kanäle mehr eingeschränkt, so daß diese beiden Verfahren eher für bedarfsweise Zuteilung der Kanäle verwendet werden. Ein Störabstandsvergleich dieser drei Multiplexverfahren nach der Demodulation ist in [19] enthalten. Bild 22 zeigt den auf Frequenz- bzw. Zeitmultiplex bezogenen (relativen) Störabstand $(S/N)_{rel}$ als Funktion des Störabstands S_0/N_0 der Übertragungsstrecke mit dem Korrelationsfaktor K_1 als Parameter. Demnach verringert sich der Unterschied mit geringer werdendem Störabstand. CDMA-Verfahren bieten Vorteile bei Übertragungsstrecken mit großen Eigenstörungen, wie z. B. Raumsondenüberwachung.

Spezielle Literatur: [1] *Herter, E.; Rupp, H.*: Nachrichtenübertragung über Satelliten. Berlin: Springer 1979. – [2] *Holbrook, B.D.; Dixon, I.T.*: Load rating theory for multichannel amplifiers. Bell Syst. Tech. J. 18 (1939) 624–644. – [3] *Hölzer, E.; Thierbach, D.*: Nachrichtenübertragung. Berlin: Springer 1966. – [4] *Miya, K.*: Satellite communications technology. Tokyo: KDD Engineering and Consulting 1981. – [5] *Koch, E.*: Übertragungsparameter für frequenzmodulierte Fernsprechträger der Intelsat IV- und IV-A Satellitensysteme. Taschenbuch der Fernmeldpraxis 1976, S. 276–291. – [6] *Werth, A.M.*: SPADE: A PCM FDMA demand assigment system for satellite communications. INTELSAT/IEE Conf. on Digital Satellite Communications. IEE Conf. Publ. 59 (1969) 51–68. – [7] *Edelson, B.I.; Werth, A.M.*: SPADE system progress and application. COMSAT Tech. Rev. 2 (1972) 1 221–242. – [8]

Tabelle 3. Vergleich der Vielfachzugriffsverfahren

	Merkmale	Vorteile	Nachteile
FDMA	Signale haben konstante Umhüllende und besitzen Spektren derart, daß nichtüberlappende Frequenzbänder im Zugriffskanal sichergestellt werden. Vielfachzugriff wird erreicht durch Filter, die auf ein bestimmtes Frequenzband abestimmt sind. Die Nachricht kann durch irgendeine Art von Winkelmodulation übertragen werden.	FDMA verwendet existierende und bekannte Technologien, wie sie z. B. in der Richtfunktechnik auch vorkommen. Eine Synchronisierung des Netzes ist nicht notwendig.	Da mehr als ein Signal am Eingang des Verstärkers zur gleichen Zeit vorhanden ist, treten Intermodulationsgeräusche auf. Probleme können durch unterschiedliche spektrale Leistungsdichten in verschiedenen Teilen des gemeinsamen Nutzkanals auftreten, die die Verwendung von unterschiedlich empfindlichen Empfängern erschweren. Normalerweise ist eine Regelung der Ausgangsleistung der einzelnen Sender notwenig.
TDMA	Träger werden ein-/ausgeschaltet in einer solchen Weise, daß die Signale von unterschiedlichen Teilnehmern sich zeitlich nicht überlappen. Vielfachzugriff im Empfänger wird durch Zeitselektion erreicht. Die Nachricht kann durch irgendeine Art von Winkelmodulation übertragen werden.	Diese Technik verhindert Beeinflussung von Signalen verschiedener Herkunft, die durch einen gemeinsamen Verstärker gehen müssen Zugriffstechnik ist besonders vorteilhaft bei vorhandenen digitalen Netzen und Datenübertragung. Bedarfsweise Anpassung der Stationskapazität einfach realisierbar.	Synchronisierung des Netzes ist notwendig. Analoge Signale müssen oft in digitale umgesetzt werden.
SSMA	Signale haben eine konstante Umhüllende, und die Spektren reichen bis zur Kanalbandbreite. Das Spektrum eines Trägers ist durch Anwendung einer Winkelmodulation gespreizt, wobei eine spezielle Signalfolge für eine Phasen- oder Frequenzverschiebung verwendet wird. Die Demodulation eines Vielfachzugriffsignals wird dadurch erreicht, daß der Empfänger auf den Träger synchronisiert und die entsprechende Signalfolge für die Phasen- oder Frequenzverschiebung zusetzt. Die Nachricht kann durch irgendeine Art von Winkelmodulation übertragen werden.	Durch die Spektrumsspreizung wird ein Kodierungsgewinn erzielt. Für Träger mit breitbandiger Phasenkodierung kann ein hart begrenzender Verstärker wie ein Verstärker mit idealer automatischer Verstärkungsregelung arbeiten. Die nahezu unbegrenzte Anzahl von unabhängigen Trägern erlaubt eine feste Adressenzuweisung. Das Netz kann ohne zentrale Synchronisierung auskommen und benötigt nur ein Minimum an Disziplin, zur Nutzung der vollen Kapazität des gemeinsamen Übertragungskanals.	Jeder Träger besetzt eine große Bandbreite. Eine Synchronisierung des Übertragungsabschnitts ist notwendig und kann Probleme verursachen. Hochentwickelte Methoden sind für die Bestimmung der Kanallast notwendig. Koordinierung der Sendeleistung ist notwendig um die Nutzung der vollen Kanalkapazität sicherzustellen.

Spilker, J.J.: Digital communications by sattelite. Englewood Cliffs: Prentice Hall 1977. – [9] Intelsat Document IESS-309, Rev. 1. QPSK/FDMA Performance characteristics for intelsat business services (IBS), 1986. – [10] Intelsat Document IESS-308, Rev. 5. Performance characteristics for intermediate data rate (IDR) digital carriers, 1989. – [11] Eutelsat Document ELS/C 21–20, Rev. 2E. ECS Multiservice system specification, 1984. – [12] *Klink, D.:* Multiplexgeräte der PCM-Technik. Taschenbuch der Fernmeldepraxis 1976, S. 147–207. – [13] *Eckhardt, G.; Häberle, H.; Reidel, B.; Rupp, H.:* Results of German TDMA experiments. – *Bargelini, P.L.:* Communications satellite technology (Progress in Astronautics and Aeronautics, Vol. 33). Cambridge: MIT Press 1974, pp. 431–453. – [14] *Häberle, H.; Knabe, F.:* Vielfachzugriff zu Nachrichtensatelliten im Zeitmuliplex. Elektr. Nachrichtenwes. 48 (1973) 99–104. – [15] *Rupp, H.:* Zeitmultiplexverfahren mit Vielfachzugang (TDMA). Nachrichtentechnische Fachber. 43 (1971) 159–182. – [16] *Ligotky, H.K.:* Electrical communication. Vol. 63. No. 3, 1989. – [17] *Herter, E.; Röcker, W.; Lörcher, W.:* Nachrichtentechnik, 2. Aufl. München: Hanser 1981. – [18] *Hartl., Ph.:* Fernwirktechnik der Raumfahrt. Berlin: Springer 1977. – [19] *Dixon, R.C.:* Spread spectrum systems. New York: Wiley 1984. – [20] *Gold, R.:* Optimal binary sequences for spread spectrum multiplexing. IEEE Trans. IT-13 (1967) 619–621. – [21] *Gardner, F.M.:* Phase-lock techniques. 2nd edn. New York: Wiley 1979. – [22] *Jaffe, R.; Rechtin, E.:* Design and performance over a wide range of input signal and noise levels. IRE-Trans. IT-1 (1955) 66–76. – [23] *Aldinger, M.; Herold, W.H.; Krick, Wl.:* Spektrale Spreizung als Multiplex-Verfahren – Eine Einführung. NTZ 28 (1975) 79–88. – [24] *Ward, R.B.:* Acquisition of pseudonoise signals by sequential estimation. IEEE Trans. COM-13 (1965) 475–483. – [25] *Ward, R.B.; Yiu, K.P.:* Acquisition of pseudonoise signals by recursion-aided sequential estimation. (NTC 1977) Paper 35:1. – [26] *Baier, P.W.; Simons, R.; Waibel, H.:* Chirp-PN-PSK-Signale als Spread Spectrum-Signalformen geringer Dopplerempfindlichkeit und großer Signalformvielfalt. ntz Arch. 3 (1981) 29–33. – [27] *Torrieri, D.J.:* Principles of military communication systems, 2nd edn. Artech House. – [28] *Cooper, G.R.; McGillem, C.D.:* Modern communications and spread spectrum. New York: McGraw-Hill 1986. – [29] *Holmes, J.K.:* Coherent spread spectrum systems. New York: John Wiley & Sons, 1982.

P Sender
Transmitters

J. Bretting (4.2); **E. Demmel** (4.1); **H. Lustig** (4.3, 4.4); **B. Wysocki** (1 bis 3)

1 Übersicht. Survey

Allgemeine Literatur zu P1 bis P3): *Barkhausen, H.*: Elektronen-Röhren, Bd. 1 bis 4. Leipzig: Hirzel 1954. – *Burkhardtsmaier, W.*: 75 Jahre Sendertechnik bei AEG-Telefunken, Ulm: AEG-Telefunken 1978. – *DIN IEC 244*: Meßverfahren für Funksender 1982. – *Henney*: Radio engineering handbook, New York: McGraw-Hill 1959. – *Hütte*, Des Ingenieurs Taschenbuch, Fernmeldetechnik, 28. Aufl. Berlin: Ernst & Sohn 1962. – *Meinke, H.H.*: Einführung in die Elektrotechnik höherer Frequenzen, Bd. 1 u. 2, 2. Aufl. Berlin: Springer 1965/1966. – *N.A.B.*: Engineering handbook. Washington, D.C.: National Association of Broadcasters 1975. – *Pappenfus, E.W.*; *Bruene, W.B.*; *Schoenike, E.O.*: Single sideband principles and circuits. New York: McGraw-Hill 1964. – *Prokott, E.*: Modulation und Demodulation. Berlin: Elitera 1975. – *Recommendations and reports of the CCIR, 1982.* XVth Plenary Assembly, Geneva 1982. – *Rothe, H.*; *Kleen, W.*: Elektronenröhren als End- und Senderverstärker. Leipzig: Geest & Portig 1953. – *Stokes, V.O.*: Radio transmitters. London: Van Nostrand 1970. – *Terman, F.E.*: Electronic and radio engineering. New York: McGraw-Hill 1955. – *Vilbig, F.*: Lehrbuch der Hochfrequenztechnik, Bd. I u. II. Leipzig: Geest & Portig 1958. – *Zinke, O.*; *Brunswig, H.*: Lehrbuch der Hochfrequenztechnik, 2. Aufl. Bd. II, Berlin: Springer 1974.

1.1 Allgemeines. General

Sender sind Einrichtungen zur Erzeugung modulierter Hochfrequenzschwingungen für die Nachrichtenübertragung. Der Sender ist ein Glied im Signalweg zwischen Signalquelle und Empfänger. Er liegt zwischen den Einrichtungen der Signalaufbereitung und der Antenne.
Die technische Qualität der abgestrahlten modulierten Schwingung hat inzwischen einen hohen Stand erreicht. In vielen nationalen und internationalen Forderungen und Empfehlungen, die sich in den wesentlichen Punkten wenig voneinander unterscheiden, sind Qualitätsstandards festgelegt [1–4]. Neuere Entwicklungstrends zielen auf die Senkung der Betriebskosten durch Energieersparnis, Reduzierung von Verschleißteilen (Röhren), Automatisierung von Betrieb und Überwachung.

Spezielle Literatur Seite P 3

1.2 Grundsätzliche Wirkungsweise eines Senders
Functioning principle of the transmitter

Bild 1 zeigt die Funktionseinheiten eines Senders; es gilt – mit Ausnahme der Parallelschaltung – für alle Sender. Über den Signaleingang erhält der Sender das zu übertragende Nachrichtensignal. Bei Tonrundfunksendern ist das ein tonfrequentes Signal, meistens mit einem Pegel von + 6 dB (1,55 V), bei Fernsehsendern ein Videosignal ($U_{ss} = 1$ V) und bei Telegraphiesendern ein Tastzeichensignal.
Das Nachrichtensignal moduliert die Trägerschwingung des Senders, und zwar je nach Sendeart deren Amplitude (Zweiseitenband, Einseitenband, Restseitenband), Frequenz und/oder Phase. Die Zweiseitenband-Amplitudenmodulation wird bei Großsendern aus Gründen des Wirkungsgrades meistens in der RF-Endstufe als Anodenmodulation durchgeführt. Bei den übrigen Sendearten geschieht die Modulation in der Vorstufe, hierbei bilden die *Modulationseinrichtung* und die Einrichtung zur *Frequenzerzeugung* oft eine gemeinsame Funktionseinheit (Steuervorsatz). Die Leistungsverstärkung des vom Steuervorsatz abgegebenen Signals auf den Pegel der Senderausgangsleistung geschieht bei den amplitudenmodulierten Signalen mit Linearverstärkerstufen (geringer Wirkungsgrad), bei phasen- und frequenzmodulierten Signalen mit begrenzenden Verstärkern (hoher Wirkungsgrad).
Die *Leistungsauskopplung* transformiert den Antennenwiderstand so, daß die Endröhre auf den für sie erforderlichen Lastwiderstand arbeitet. Außerdem muß die gewünschte Oberwellensiebung erreicht werden.
Einrichtungen zur *Parallelschaltung* dienen dazu, mehrere Sender auf eine gemeinsame Antenne bzw. Last zu schalten. Bei Parallelschaltung zur Leistungserhöhung verwendet man vorwiegend Brücken ohne Selektionsmittel. Sollen jedoch die Ausgangsschwingungen von Sendern unterschiedlicher Frequenz zusammengefaßt werden, so sind häufig Selektionsmittel erforderlich (Sternpunktweiche, Bild-Ton-Weiche).

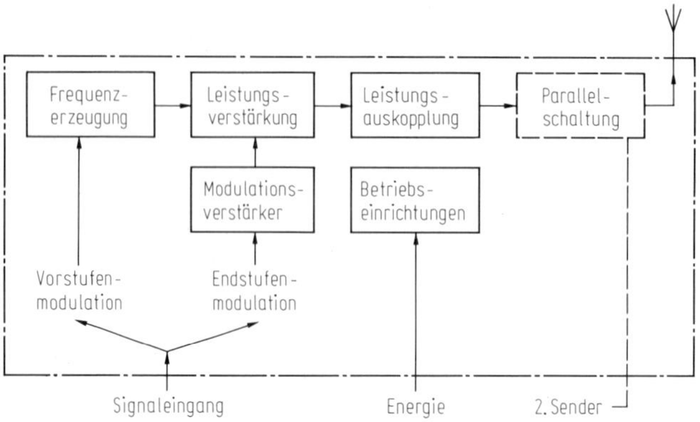

Bild 1. Prinzipschaltung eines Senders

Die *Betriebseinrichtungen* sorgen dafür, daß alle Funktionsgruppen Betriebsspannungen erhalten, daß deren Verlustleistung abgeführt wird, der Betriebsablauf in der richtigen Reihenfolge gesteuert wird (Ein → Luft → Wasser → Heizung → Steuergitterspannung → Anodenspannung → Schirmgitterspannung → RF-Leistung → Modulation) und teure Bauelemente geschützt werden.

1.3 Bezeichnungen von erwünschten Aussendungen

Designation of wanted emissions

Seit dem 1. Januar 1982 gelten neue Bezeichnungen für Aussendungen [5, 2, 6]. Die vollständige Bezeichnung ist neunstellig, die ersten vier Stellen sind für die Bandbreite vorgesehen, die fol-

Tabelle 1. Bezeichnung einiger Sendearten

	Bezeichnung alt	neu
RF-Schwingung ohne Modulation	AO, FO	NON
Amplitudenmodulation:		
Telegraphie, tonlos für Hörempfang	A1	A1A
Telegraphie, tonlos für automat. Empfang	A1	A1B
Telegraphie, tönend für Hörempfang	A2	A2A
Telegraphie, tönend für automat. Empfang	A2	A2B
Telephonie, Zweiseitenband-Tonrundfunk	A3	A3E
Telephonie, Einseitenband, Träger vermindert	A3A	R3E
Telephonie, Einseitenband, Träger voll	A3H	H3E
Telephonie, Einseitenband, Träger unterdrückt	A3J	J3E
Telephonie, zwei unabhängige Seitenbänder	A3B	B8E
Bildfunk, Faksimile	A4	A3C
Fernsehen, Restseitenband	A5C	C3F
Mehrfachtelegraphie, Einseitenband, Träger unterdrückt	A7J	J7B
Tonfrequente Mehrfachtelegraphie, in zwei voneinander unabhängigen Seitenbändern	A7B	B7B
Telephonie und Telegraphie in zwei voneinander unabhängigen Seitenbändern	A9B	B9W
Frequenzmodulation:		
Fernschreibtelegraphie,		
Frequenzumtastung für Hörempfang	F1	F1A
für automat. Empfang	F1	F1B
Datenübertragung, Telemetrie, Frequenzumtastung	F1	F1D
Telephonie, Tonrundfunk	F3	F3E
Faksimile, Frequenzumtastung digitale Information ohne modul. Hilfsträger	F4	F1C
Fernschreibtelegraphie, Vierfrequenzumtastung 2 Kanäle, für automat. Empfang	F6	F7B

genden drei Stellen für die Sendeart und die letzten beiden Stellen für Zusatzmerkmale. Die Bezeichnung 5K75J3EJN kennzeichnet eine Sendeart mit 5,75 kHz Bandbreite – Amplitudenmodulation, Einseitenband mit unterdrücktem Träger, mit analogen Signalen, Fernsprechen (J3E) – Ton in kommerzieller Qualität (J) – kein Multiplexverfahren (N). Die vollständige Kennzeichnung ist in den seltensten Fällen erforderlich. Meistens genügt die Angabe der Sendeart. Tabelle 1 enthält die häufigsten Sendearten.
Neben den genormten Bezeichnungen der Sendearten gibt es noch die folgenden, weltweit eingeführten Bezeichnungen, die seit ihrer Einführung unverändert geblieben sind:

AM Zweiseitenband-Amplitudenmodulation mit vollem Träger;
AME (Amplitude Modulation Equivalent) Einseitenband mit vollem Träger;
DAM AM mit gesteuertem Träger in Abhängigkeit von der Modulationsdynamik;
SSB (Single Side Band) Einseitenband;
ISB (Independent Sideband) zwei unabhängige Seitenbänder;
CW (Continuous Wave) Telegraphie, tonlos;
FSK (Frequency Shift Keying) Frequenzumtastung;
PSK (Phase Shift Keying) Phasenumtastung;
FAX Faksimile Bildfunk;
TV (Television) Fernsehen.

1.4 Bezeichnungen von unerwünschten Aussendungen [7]
Designation of unwanted emissions

Man unterscheidet zwischen den unerwünschten Aussendungen innerhalb der *erforderlichen Bandbreite*, die qualitätsmindernd die Aussendung beeinflussen und den Aussendungen außerhalb des *zugeteilten Frequenzbandes*, die andere Funkverbindungen stören. Aussendungen im Frequenzbereich unmittelbar neben der erforderlichen Bandbreite, die vom Modulationsprozeß abhängig sind, nennt man *Randaussendungen* [1, Rec. 328-5], alle übrigen heißen *Nebenaussendungen* [1, Rec. 329-4].
Unerwünschte Aussendungen im Frequenzbereich der erforderlichen Bandbreite machen sich nach Demodulation als *Fremdspannungen* bzw. Verzerrungsprodukte bemerkbar. Fremdspannungen (unweighted noise) sind alle Störspannungen, die nicht unmittelbar mit dem Modulationssignal zusammenhängen (Brumm, Rauschen). Werden Fremdspannungen über ein Ohrkurvenfilter bewertet gemessen, dann nennt man sie *Geräuschspannungen* (weighted noise). Verzerrungsprodukte hängen unmittelbar vom Modulationssignal ab, sie werden als *Klirrfaktoren, Modulationsfaktoren* oder *Differenztonfaktoren* angegeben.

Spezielle Literatur: [1] *Recommendations and reports of the CCIR, 1982.* XVth Plenary Assembly, Geneva 1982. – [2] *VO-Funk* (Vollzugsordnung für den Funkdienst), Genf 1982. Deutsch herausgegeben vom Bundesministerium für das Post- und Fernmeldewesen, Bonn. – [3] *Techn. Pflichtenhefte der ARD* 5/4.1 (1984); 5/2.1 (1982). Inst. f. Rundfunktechnik (IRT), München. – [4] *IEC-Recommendations:* Publication 244... (1972), Geneva 1978. – [5] *WARC* (World Administrative Radio Conference) Genf 1979, Artikel 4. – [6] *Freyer, U.:* Funkaussendungen richtig kennzeichnen. nachrichten elektronik + telematik 38 (1984), Heft 2, 57–60. – [7] *DIN 45010:* Funksender Begriffe, Kennzeichnungen (1966).

2 Funktionseinheiten der Sender
Functional units of transmitters

Allgemeine Literatur s. unter P 1

2.1 Frequenzerzeugung
Frequency generation

Das für Nachrichtenübermittlung genutzte Frequenzband ist weltweit mehrfach mit Sendekanälen belegt. Ausreichende geographische Entfernung der Sender und Abstrahlung über Richtantennen schaffen eine Voraussetzung für einen brauchbaren Betrieb. Zusätzlich sorgt die Einhaltung enger Frequenztoleranzen [1, Bd. 2, Anh. 7] dafür, daß gegenseitige störende Beeinflussungen der Sender gemindert werden.
Die folgenden Begriffe im Zusammenhang mit der Frequenzerzeugung sind genormt [2].
Die Funktionseinheit *Frequenzerzeugung* hat die Aufgabe, die gewünschte Schwingung, die bei Vorstufenmodulation entsprechend der gewünschten Sendeart moduliert ist, innerhalb der festgelegten Toleranzgrenzen an den Leistungsverstärker zu liefern.
In diesem Zusammenhang sind die wichtigsten Angaben für einen Steuersender der *Größtwert des Frequenzfehlers* (einschließlich *Frequenzeinstellfehler*), der bei der ungünstigsten Kombination von Betriebsbedingungen (Temperatur, Betriebsspannung usw.) gemessen wird, und die Frequenzdrift, die bei guten Oszillatoren nur noch von der Alterung des Schwingquarzes abhängt.

Spezielle Literatur Seite P 20

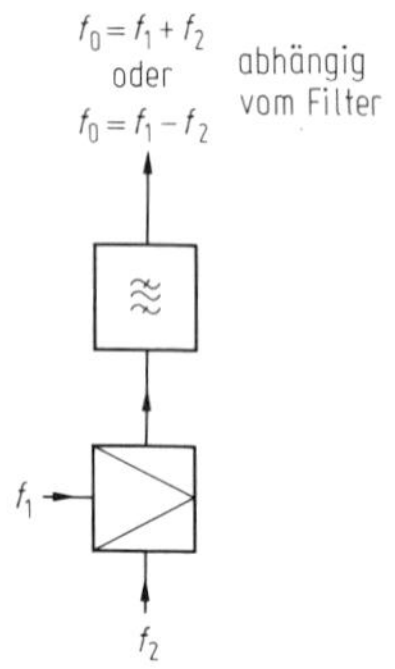

Bild 1. Direkte Frequenzsynthese

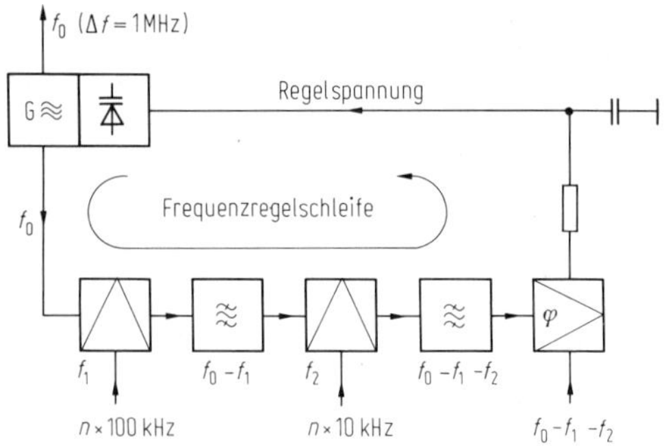

Bild 2. Frequenzanalyseverfahren

Frequenzstabilität (stability) nennt man die Abweichung der *charakteristischen Frequenz* (Betriebsfrequenz des Senders) innerhalb eines bestimmten Betriebsintervalls (z. B. 24 h) unter den wahrscheinlichen Betriebsbedingungen.

Dekadisch einstellbare Steuersender oder Synthesizer leiten die Ausgangsfrequenz von einem hochstabilen Quarzoszillator ab. Frequenzteilung, Frequenzvervielfachung, Filterung, Mischung, Frequenzregelung sind die hierbei angewandten Verfahren [3].

Zur Frequenzaufbereitung werden bei den Synthesizern einige grundsätzlich unterschiedliche Verfahren angewendet: die direkte Frequenzsynthese, die Frequenzanalyse (indirekte Synthese) und die Rechnersynthese (s. hierzu auch Q 2.4).

Bild 1 zeigt die *direkte Synthese.* Aus zwei Frequenzen wird direkt durch Mischung und Filterung eine dritte gebildet. Vorteil der Synthese ist die Möglichkeit der Frequenzumsetzung einer modulierten Schwingung. Nachteilig sind die im Prinzip begründeten Nebenschwingungen, die aber durch geeignete Frequenzwahl und entsprechenden Filteraufwand hinreichend klein gehalten werden können. Bei den Steuersendern mit Vorstufenmodulation werden die modulierten Signale entsprechend der gewünschten Sendeart auf einer Zwischenfrequenz erzeugt und dann nach mindestens einer Frequenzumsetzung mit der gewünschten Ausgangsfrequenz geliefert. Bei Vorstufenmodulation kann man auf die direkte Frequenzsynthese nicht verzichten.

Bei dem *Frequenzanalyseverfahren* wird die Frequenz f_0 eines freischwingenden Oszillators in mehreren (dekadischen) Stufen auf eine feste Frequenz heruntergemischt und mit einer Referenzfrequenz in einem Phasendiskriminator verglichen (Bild 2). Eine Regelspannung sorgt dafür, daß der Oszillator auf der Frequenz schwingt, welche die Bedingungen der Regelschleife (PLL) erfüllt [4]. Die Oszillatorfrequenz wird gewissermaßen in mehreren dekadischen Stufen analysiert. Bei dem abgewandelten Verfahren nach Bild 3 schwingt der freischwingende Oszillator (gegenüber dem Referenzoszillator) auf einer um den Teilerfaktor n höheren Frequenz [5].

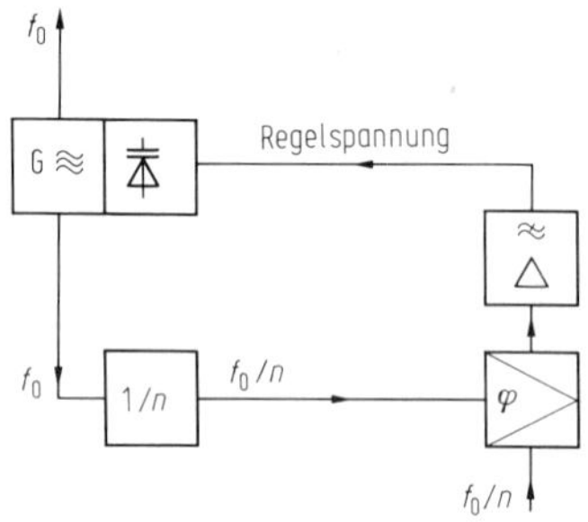

Bild 3. Frequenzanalyse Teilerverfahren

Schließlich kann eine gewünschte Frequenz durch eine *Rechnersynthese* zusammengesetzt werden. Ein Digital-Analog-Wandler formt aus einem errechneten Digitalwert die gewünschte Schwingung. Dieses Verfahren eignet sich z. Z. nur für tiefere Frequenzen [6].

Die vier Grundschaltungen werden in Steuersendern zu umfangreichen Strukturen zusammengesetzt. Dabei ergeben sich meist zahlreiche Möglichkeiten zur Bildung von nichtharmonischen Nebenschwingungen.

Die Rauschwerte sind besonders für die Sender von Bedeutung, in deren unmittelbarer Nähe Empfänger betrieben werden [7].

2.2 Leistungsverstärkung

Power amplification

Für Leistungsverstärker in Sendern werden alle Verstärkerklassen verwendet ([8], s. auch G 3):

Klasse-A-Verstärker vorzugsweise bei kleiner Leistung.

Klasse-B-Verstärker als Gegentakt-B-Verstärker für Niederfrequenz und als Eintakt-B-Verstärker für Linearverstärker höherer Leistung bei vorstufenmodulierten Sendern (TV-Sender, SSB-Sender).

Klasse-C-Verstärker für vorstufenmodulierte FM-Sender (UKW) und für endstufenmodulierte AM-Sender. Bei der sehr verbreiteten Anodenmodulation wird der Leistungs-C-Verstärker gleichzeitig als Endstufenmodulator verwendet.

Schaltverstärker mit Pulsdauermodulation als NF-Leistungsverstärker.

Senderverstärker benötigen nur für die Betriebsfrequenz den optimalen reellen Lastwiderstand, bei allen anderen Frequenzen soll er Null sein. Damit kann im B- oder C-Betrieb der impulsförmige Strom stets eine sinusförmige Spannung am Ausgang erzeugen. Für die Berechnung der Ausgangsspannung und des Gleichstroms werden die Spektralkomponenten I_n des Stroms benötigt, diese hängen hauptsächlich vom Spitzenstrom I_s und vom Stromflußwinkel Θ gemäß

$$I_n(\Theta) = I_s f_n(\Theta) \tag{1}$$

ab. $f_n(\Theta)$ ist die sog. Stromflußwinkelfunktion (s. G 2.3). Ihre Abhängigkeit vom Verlauf der Kennlinie des verstärkenden Elements ist nicht groß; daher genügt es meist, die Zusammenhänge für geknickt geradlinige Kennlinien zu betrachten. Dafür liefert die Fourier-Analyse der impulsförmigen Sinuskuppen (vgl. Gln. G 2 (16) bis (18))

$$f_0(\Theta) = \frac{\sin\Theta - \Theta\cos\Theta}{\pi(1-\cos\Theta)}, \tag{2}$$

$$f_n(\Theta) = 2 f_0(\Theta) \frac{\sin n\Theta \cos\Theta - n\sin\Theta\cos n\Theta}{n(n^2-1)(\sin\Theta - \Theta\cos\Theta)} \quad (n \geqq 1).$$

(s. Bild 4 für $n = 0, \dots, 5$).

Barkhausen [9] zeigte an einem Vergleich von neun völlig unterschiedlichen Röhren, daß die Kennlinie bei kleinen Strömen immer mit einer e-Funktion beginnt, mit steigenden Strömen in einen quadratischen Bereich übergeht, um schließlich bei hohen Strömen dem $U^{3/2}$-Gesetz zu folgen.

Das Verhalten von Leistungs-Linearverstärkern läßt sich aus den Kennlinienfeldern der verwendeten Röhren ermitteln.

Bei denjenigen Senderverstärkern, bei denen es nicht auf Linearität, sondern nur auf hohen Wirkungsgrad ankommt, läßt sich das Verhalten ohne genaue Kenntnis der Kennlinienfelder allein mit den Grenzdaten und dem inneren Lastwiderstand R_{iL} beschreiben [10]. R_{iL} ist durch den Röhrenaufbau gegeben, bestimmt wesentlich die Wirkungsweise der Röhren und kann nicht durch äußere Maßnahmen beeinflußt werden.

Durch genügend hohe Steuerspannung wird die Röhre immer bis zu einer Restspannung U_r ausgesteuert. Nach Bild 5 gilt

$$U_r = U_0 - U_a = I_s R_{iL}. \tag{3}$$

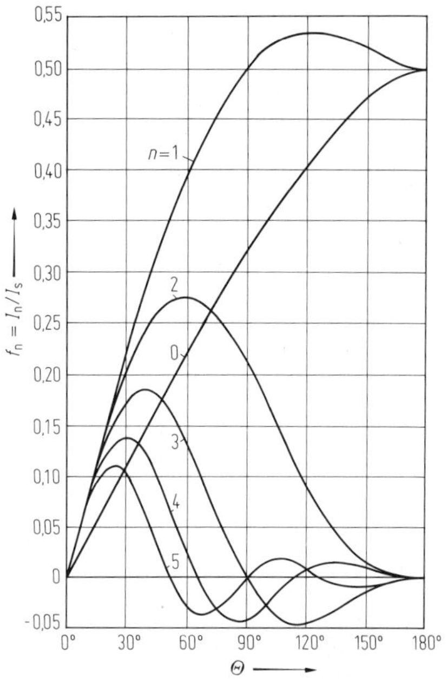

Bild 4. Stromflußwinkelfunktionen für eine geknickt-geradlinige Kennlinie (n Ordnungszahl der Harmonischen)

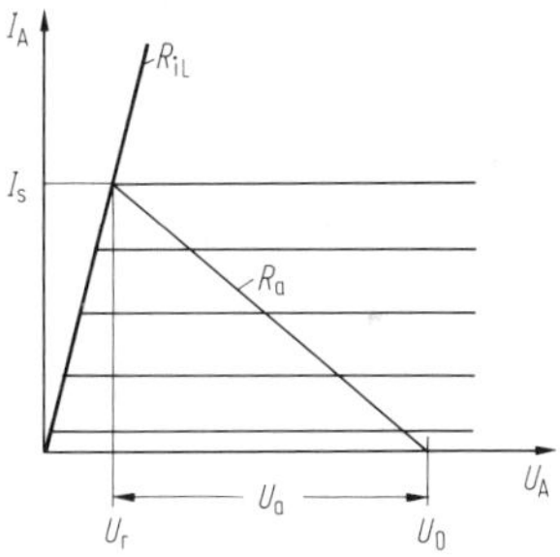

Bild 5. Idealisiertes Ausgangskennlinienfeld Anodenstrom/Anodenspannung

Mit der Stromflußwinkelfunktion $f_1(\Theta)$ für die Grundschwingung nach Gl. (1) erhält man die Amplitude der Anodenspannung U_1 und des Anodenstroms I_1.

$$U_1 = R_a I_1 = R_a U_0/(R_a + R_{iL}/f_1(\Theta)). \tag{4}$$

Aus Gl. (4) folgt die anodenseitige Ersatzschaltung des Senderverstärkers in Bild 6.

Aus Gl. (4) folgt die abgegebene Wechselstromleistung

$$P_{a,\max} = \frac{U_a I_1}{2} = \frac{U_0^2 R_a/R_{iL}}{2R_{iL}(R_a/R_{iL} + 1/f_1(\Theta))^2}; \tag{5}$$

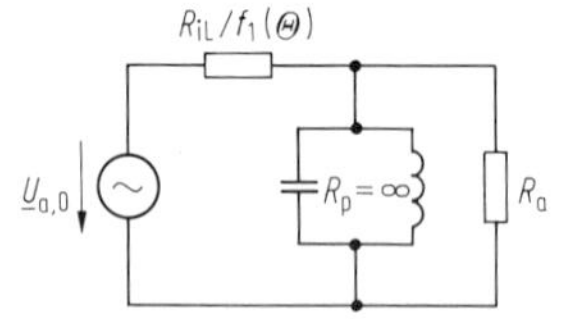

Bild 6. Ausgangs-Ersatzschaltung eines bis zur Grenzkennlinie ausgesteuerten Senderverstärkers

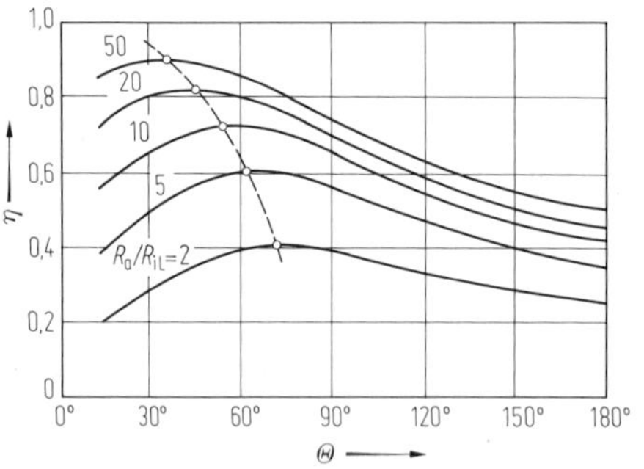

Bild 7. Wirkungsgrad des Senderverstärkers als Funktion des Stromflußwinkels Θ bei verschiedenen Außenwiderständen R_a

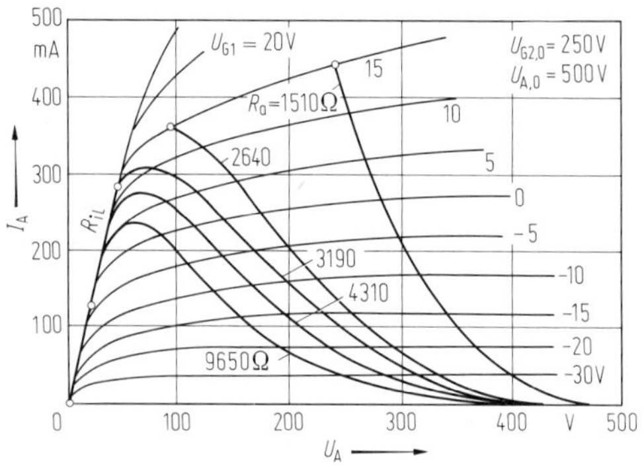

Bild 8. Aussteuerungskurven eines Senderverstärkers (Pentode) bei verschiedenen Außenwiderständen R_a

bezogen auf die aufgenommene Gleichstromleistung

$$P_{0,\max} = U_a I_s f_0(\Theta) = \frac{f_0(\Theta)}{f_1(\Theta)} \frac{U_0^2}{R_{iL}} \frac{1}{(R_a/R_{iL} + 1/f_1(\Theta))} \tag{6}$$

ergibt sich der Wirkungsgrad

$$\eta = \frac{P_{a,\max}}{P_{0,\max}} = \frac{f_1(\Theta)}{2 f_0(\Theta)} \frac{R_a/R_{iL}}{R_a/R_{iL} + 1/f_1(\Theta)} = \frac{1}{2} \frac{I_1}{I_0} \frac{U_a}{U_0} = \frac{1}{2} h_u h_i \tag{7}$$

(h_i = Stromaussteuerung, h_u = Spannungsaussteuerung, I_0 = Anodengleichstrom).

Der Wirkungsgrad durchläuft als Funktion des Stromflußwinkels Θ ein flaches Maximum (Bild 7). Daher genügt es, wenn man bei der Optimierung von η nur annähernd ($\pm 15°$) den gewünschten Stromflußwinkel einstellt. Ein etwas größerer Stromflußwinkel hat den Vorteil, daß bei vorgegebener Anodenspannung und Ausgangsleistung der Spitzenstrom stark abnimmt.

Betriebszustände und Stromübernahme. An dem ohmschen Anodenwiderstand einer Röhre stehen Strom und Spannung in einem linearen Zusammenhang. Die Arbeitslinie im Ausgangskennlinienfeld der Röhre ist eine Gerade. Ist jedoch der Anodenwiderstand ein belasteter Schwingkreis und nur für eine Komponente eines verzerrten Stroms reell, so hängen Strom und Spannung nicht nur über den Resonanzwiderstand, sondern auch über eine Stromflußwinkelfunktion zusammen; diese Abhängigkeit ist nichtlinear. Im Ausgangskennlinienfeld der Röhre erhält man keine Arbeitsgeraden mehr, sondern gekrümmte Arbeitslinien (Bild 8).

Im sog. *unterspannten Zustand* wird die Anodenspannung nicht voll ausgesteuert. Sie erreicht bei $R_a = 1510\,\Omega$ mit ihrer unteren Spitze ca. 250 V. Da dort die Schirmgitterspannung den gleichen Wert hat, beginnt das Schirmgitter in Abhängigkeit von der Aussteuerung etwas Kathodenstrom zu übernehmen (Bild 9).

Der *Grenzzustand* tritt bei $R_a \approx 3000\,\Omega$ ein. Hier beginnt die Anodenstromkurve abzuflachen. Die Aussteuerung hat die R_{iL}-Gerade erreicht. In diesem Zustand hat der Verstärker einen hohen Wirkungsgrad und liefert die höchste Leistung.

Der *überspannte Zustand* ist durch eine Einsattelung des Anodenstroms gekennzeichnet. Bei weiterer Erhöhung des Außenwiderstands wird die Einsattelung stärker, der Anodenstrom nimmt ab, und im gleichen Maß nimmt der Schirmgitterstrom zu. Nach Bild 10 ist der Anodenwirkungsgrad η_A (s. Gl. (8)) im überspannten Betrieb fast konstant. Die Ausgangsleistung fällt jedoch und damit auch der Gesamtwirkungsgrad des Senders. Der stark überspannte Zustand sollte daher kein Betriebszustand sein. Im Störungsfall jedoch, wenn plötzlich die Antennenbelastung abgetrennt wird, kann dieser Zustand eintreten, wenn z. B. in einer elektrischen Entfernung von $\lambda/4 + n\lambda/2$ der Lastwiderstand durch einen Lichtbogen überbrückt wird. Der Anodenschwingkreis erreicht dadurch eine hohe Güte, kann besonders bei Schirmgitterröhren frei schwingen und eine Spannung aufbauen, die viel höher als die Anodengleichspannung ist. Die Amplitude der negativen Spannungsspitzen, bei denen der Anodenstrom jetzt Null ist, wird nicht mehr durch die R_{iL}-Gerade begrenzt.

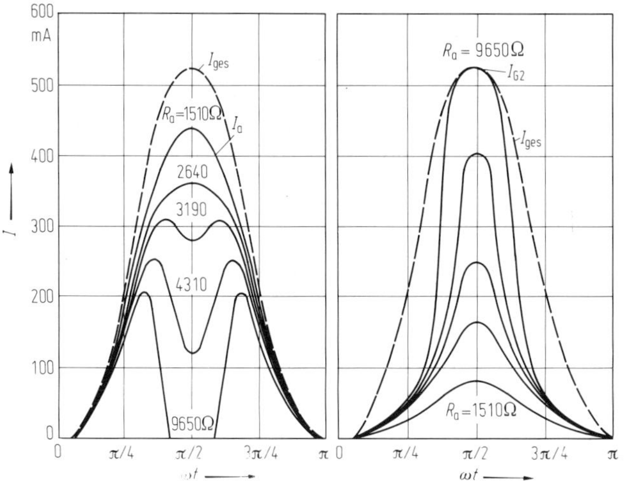

Bild 9. Zeitlicher Verlauf des Anoden- und Schirmgitterstroms für das Aussteuerungsbeispiel in Bild 8

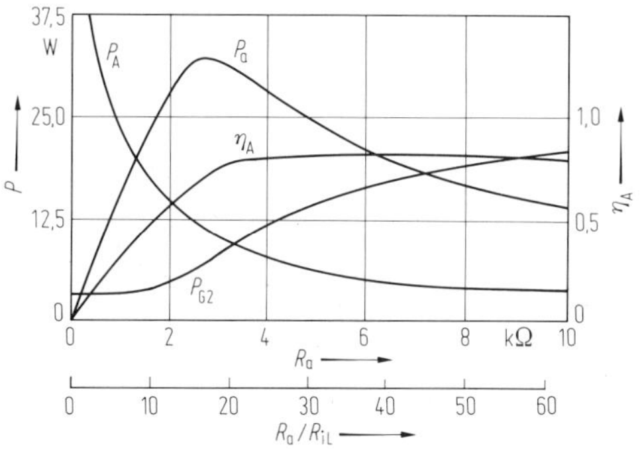

Bild 10. Ausgangsleistung P_a, Anodenwirkungsgrad η_A sowie Anoden- und Schirmgitterverlustleistung P_A und P_{G2} in Abhängigkeit vom Außenwiderstand R_a bei Aussteuerung einer Pentode nach Bild 9

Neutralisation umfaßt schaltungstechnische Maßnahmen zur Verminderung von Rückwirkungen [11, 12 (Teil O)]. Die Gitter-Anoden-Kapazität C_{GA} einer Triode bzw. die Kollektor-Basis-Kapazität eines Transistors verursacht in der Regel die störende Rückwirkung.
Im Zusammenhang mit Neutralisation unterscheidet man *Rückkopplung* als Mitkopplung oder Gegenkopplung auf den Eingang des verstärkenden Elements, *Rückwirkung* auf den Ausgang des Treibers, *Leistungsübergang* vom Treiber zum Ausgang des verstärkenden Elements.
Das C_{GA} kann schmalbandig durch eine parallelgeschaltete Induktivität weggestimmt werden. Diese Neutralisationsmethode, die sich nicht auf eine Brückenschaltung zurückführen läßt, wird häufig bei UHF-Topfkreisen angewendet. Eine Gegenüberstellung der wichtigsten Neutralisationsschaltungen durch Brückenschaltungen zeigt Bild 11.

Die vollkommenste Neutralisationsschaltung ist die Gegentaktneutralisation.
Obwohl die Anodenneutralisation umfassender als die Gitterneutralisation wirkt, wird letztere bei Großsendern häufig verwendet, weil sie leichter zu realisieren ist und in einem großen Frequenzbereich zuverlässig arbeitet. Rückwirkungen können aber auch noch in einem großen Abstand vom Betriebsfrequenzbereich Störungen verursachen. Dort kann durch Gitterbasisschaltung, Schirmgitterröhren und induktionsarmen Röhrenaufbau die Ursache der Rückwirkung vermindert werden. Es ist inzwischen gelungen, die Röhren und den Schaltungsaufbau so rückwirkungsarm auszuführen, daß die Neutralisation hier an Bedeutung verloren hat.

Lineare RF-Leistungsverstärker werden bei Einseitenbandsendern und Fernsehsendern zur verzerrungsarmen Verstärkung von amplitudenmodulierten Schwingungen verwendet [13]. Im Gegensatz zu breitbandigen NF-Leistungsverstärkern interessieren Verzerrungsprodukte hier nur dann, wenn sie in den Durchlaßbereich des meist schmalbandigen Verstärkers fallen. Gelegentlich wurden auch Breitband-Kettenverstärker verwendet [14]. Bei Erhöhung der Aussteuerung steigt zwar der Wirkungsgrad des Senders, aber noch stärker steigen die Verzerrungen. Es gibt mehrere Methoden zur Verzerrungsminderung, von denen manche mitunter gleichzeitig an einem Verstärker im Einsatz sind.

RF-Gegenkopplung. Bei Sendern mit großem Frequenzbereich ist die phasenrichtige Rückführung der Gegenkoppelspannung schwierig [15].

Hüllkurvengegenkopplung. Die Hüllkurve einer unverzerrten Schwingung wird mit der Hüll-

Neutralisationschaltung	äquivalente Brücke	Eigenschaften
Gitterneutralisation 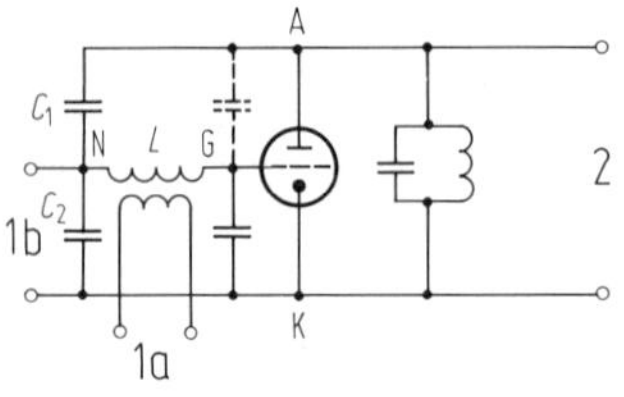	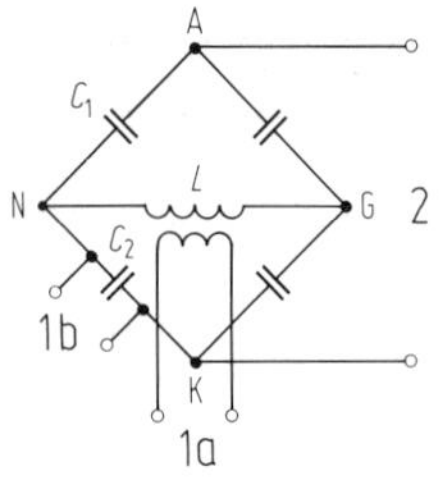	Einspeisung 1a 1. Rückkopplung vorhanden als Gegenkopplung (Austausch von $C_1 - L_1$, $C_2 - L_2$ und $L - C$ gibt Mitkopplung). 2. Treiber entkoppelt. 3. Kein Leistungsübergang. Einspeisung 1b 1. Rückkopplung vorhanden. 2. Treiber nicht entkoppelt. 3. Leistungsübergang vorhanden. Keine Selbsterregung, weil Induktivitäten entkoppelt sind. Schaltung einfach zu realisieren.
Anodenneutralisation 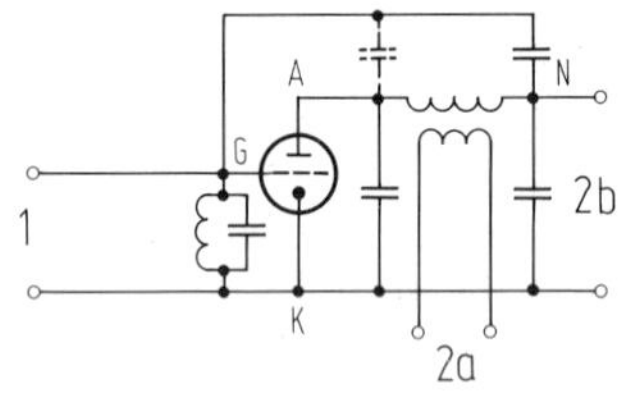	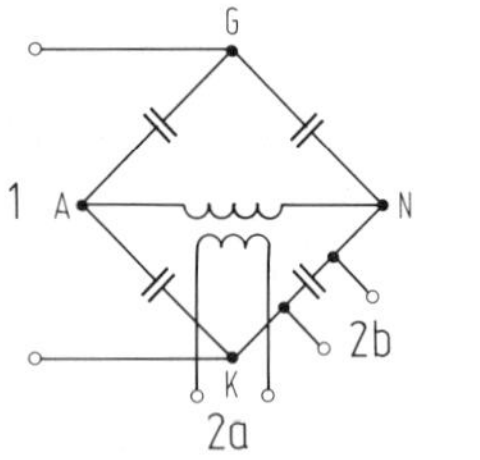	Ausgang 2a 1. Keine Rückkopplung. 2. Treiber entkoppelt. 3. Kein Leistungsübergang. Ausgang 2b 1. Keine Rückkopplung. 2. Treiber entkoppelt. 3. Leistungsübergang vorhanden.
Gegentaktneutralisation 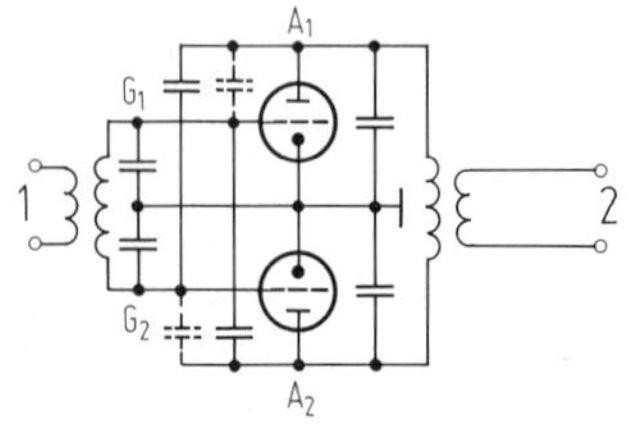	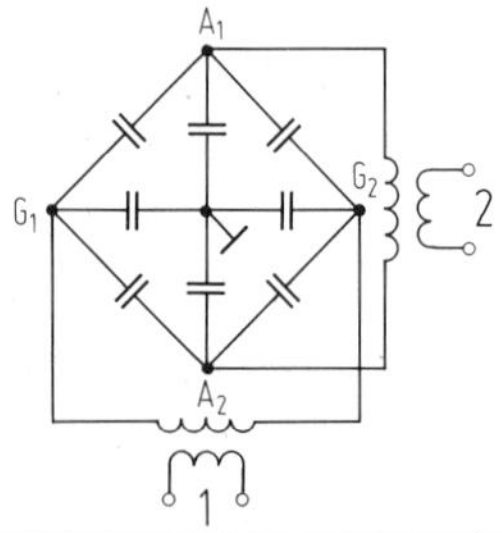	1. Keine Rückkopplung. 2. Treiber entkoppelt. 3. Kein Leistungsübergang. Selbst bei ohmschen Anteilen in den Brückenzweigen werden alle Rückwirkungen verhindert (einwandfreier Gegentaktbetrieb vorausgesetzt).

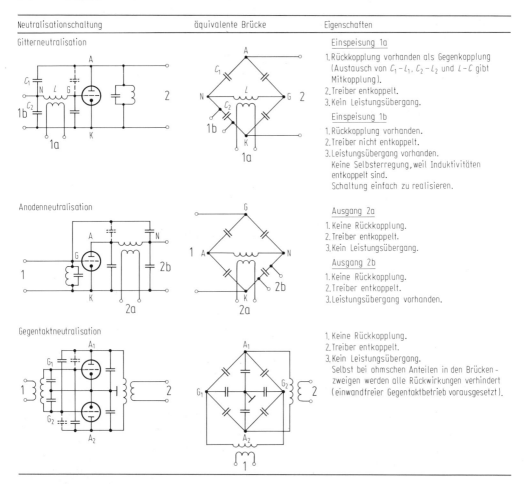

Bild 11. Neutralisationsbrücken

kurve der Ausgangsschwingung verglichen. Die Differenzschwingung (eine Schwingung, die praktisch nur aus den Verzerrungen besteht) wird in eine Eingangsstufe des Senderverstärkers zur Gegenkopplung eingespeist. Bei Einseitenbandverstärkern kann außer einer Amplitudengegenkopplung noch eine Phasengegenkopplung erforderlich sein, weil sich die Einseitenbandschwingung auch aus einer Amplituden- und Phasenmodulation zusammensetzen läßt [16].

Vorverzerrung. Dieses Verfahren wird besonders oft bei Fernsehsendern praktiziert. Es gibt Vorverzerrungen für Amplitude und Phase. In letzter Zeit ist eine adaptive Vorentzerrung bekanntgeworden, die, abhängig von der Spannung in einer Frequenzlücke am Ausgang des Senders, eine Steuerspannung ableitet, die den adaptiven Entzerrer nach Amplitude und Phase so einstellt, daß die Spannung in dieser Lücke ein Minimum wird [17].

Verfahren zur Wirkungsgradverbesserung. Ein Linearverstärker im AB-Betrieb hat ohne Aussteuerung bereits einen gewissen Ruhestrom. Die Betriebsspannung (Anodenspannung) muß mindestens so hoch gewählt werden, daß noch die höchsten Hüllkurvenspitzen verstärkt werden können. Bei geringerer Aussteuerung entstehen dann aber hohe Verluste. Eine Steuerung der Betriebsspannung in Abhängigkeit von der Hüllkurve erhöht den Wirkungsgrad des Senders bei programmodulation erheblich (10 bis 20 Prozentpunkte) [18]. Bei diesem Verfahren muß dafür gesorgt werden, daß die Hüllkurvensteuerung keine unerwünschte Modulation erzeugt und laufzeitgleich mit dem modulierten RF-Signal wirksam wird.

Klasse C-Verstärker finden Anwendung in abgestimmten RF-Verstärkern mit hohem Wirkungsgrad. Mit abnehmenden Stromflußwinkeln fließt

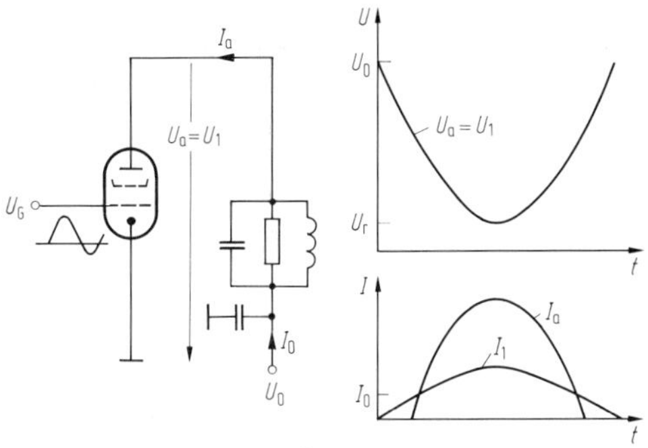

Bild 12. RF-Endstufe im C-Betrieb

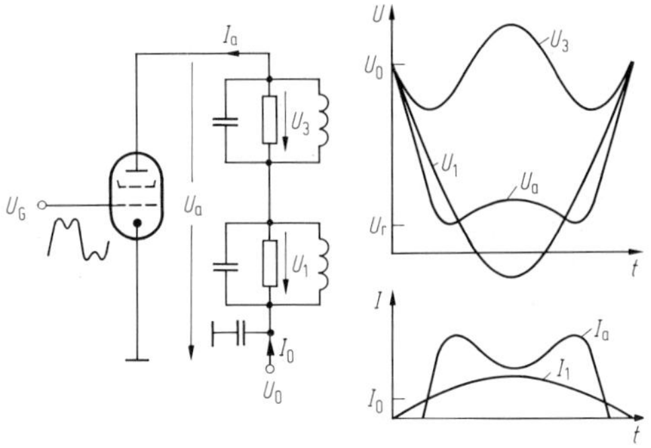

Bild 13. RF-Endstufe mit $3f$-Zusatz

der Strom immer mehr in den Zeiten kleiner Anodenspannung (Bild 12).
Der Anodenwirkungsgrad ist

$$\eta_A = \frac{U_1/\sqrt{2}\ I_1/\sqrt{2}}{U_0 I_0} = (U_a/U\ I_1/I)/2$$
$$= h_u h_i/2. \qquad (8)$$

Im Idealfall ist $R_{iL} = 0$; $h_u = 1$; $h_i = 2$, d. h. $\eta = 1$; im Realfall ist bei $R_{iL} \neq 0$ für $\Theta = 60°$ $h_u = 0{,}9$ und $h_i = 1{,}8$, d. h. $\eta = 0{,}81$.
Bei weiterer Verminderung des Stromflußwinkels muß für eine gegebene Ausgangsleistung der Spitzenstrom größer werden, dadurch steigt die nicht aussteuerbare Restspannung U_r, und die Spannungsansteuerung h_u wird kleiner. Der maximale Spitzenstrom ist durch den Röhrentyp begrenzt.
Es ist praktisch nicht sinnvoll, den Stromflußwinkel so weit zu verkleinern, daß nur im Spannungsminimum der gesamte Strom fließt. Wohl aber ist eine Wirkungsgraderhöhung durch Verbreiterung des Spannungsminimums zu erreichen; diese Veränderung der Sinusform erreicht man durch Oberwellenzusatz in geeigneter Phasenlage [19]. Dieser Oberwellenzusatz wird erfolgreich praktiziert bei Sendern, die selten umgestimmt werden müssen. Bild 13 zeigt das Schaltungsprinzip des $3f$-Zusatzes, das bei fast allen neuen LF- und MF-Großsendern angewendet wird. Bei Transistorleistungsverstärkern im UKW-Bereich erreicht man Wirkungsgradverbesserungen durch $2f$-Zusatz, weil sich die zugehörige Schaltung bei den niedrigen Impedanzen der Transistoren besser als bei $3f$-Zusatz verwirklichen läßt [20, Chap. 18]. Die erforderliche höhere Kollektorspannungsfestigkeit muß hierbei berücksichtigt werden. Die Grundschwingungsamplitude ist bei diesen Schaltungen höher als die Spitzenspannung an der Ausgangselektrode. Die Spannungsaussteuerung h_u für die Grundschwingung wird größer als 1. Bei dem optimalen $3f$-Zusatz $U_3 = U_1/6$ ist die Spannungsaussteuerung $h_u = \sqrt{4/3}\ h_u = 1{,}15\ h_u$ und der Wirkungsgrad $\eta = 0{,}86$. Gegenüber der Schaltung nach Bild 12 ist hier die Stromaussteuerung kleiner ($h_i = 1{,}65$).
Die Grenze für die negativen Spitzen der Anodenspannung (U_A klein, I_A groß) wird gebildet durch die Restspannung, die vom inneren Lastwiderstand R_{iL} verursacht wird, durch Spannungsabfälle außerhalb der Röhre (z. B. im Bereich der Kathodenzuleitung) und durch unvermeidliche Anteile von Harmonischen an der Anode mit unerwünschter Phasenlage. Die nichtaussteuerbare Anodenspannung kann hierbei größer sein als in den Röhrendaten angegeben ist. Die Grenze für die positiven Spitzen der Anodenspannung (U_A groß, I_A null) bildet die höchstzulässige Spannung für die Röhre und die an der Anode liegenden Bauelemente. Die üblichen Betriebsspannungen bei Großsendern liegen heute zwischen 11 und 14 kV, d. h. $U_A = (44 \ldots 56)$ kV (Anodenmodulation). An der oberen Grenze hat man den Vorteil des höheren Wirkungsgrades, an der unteren Grenze hat man den Vorteil der geringeren Spannungsbelastung.
Diese Spannung, die sich aus Gleichspannungsanteilen, Niederfrequenzanteilen und Hochfrequenzanteilen zusammensetzt, kann aus Gründen der Spannungsfestigkeit nicht unmittelbar auf die Senderabstimmittel gegeben werden. Deshalb muß man einen Trennkondensator und eine Drossel zur Anodenspannungsversorgung vorsehen. Durch diese Maßnahme erniedrigt sich die Scheitelspannung an den Abstimmitteln auf $\pm$ 22 bis 28 kV.

Transistorverstärker [20–23]. Es gibt bereits serienmäßig 10-kW-VHF-Transistorsender. Dies ist heute die Leistungsgrenze, oberhalb der ein Betrieb mit Röhren wirtschaftlicher wird.
Halbleiter haben eine Lebensdauer [21], die meistens eine Größenordnung höher ist als die von Röhren, so daß während der Lebensdauer eines

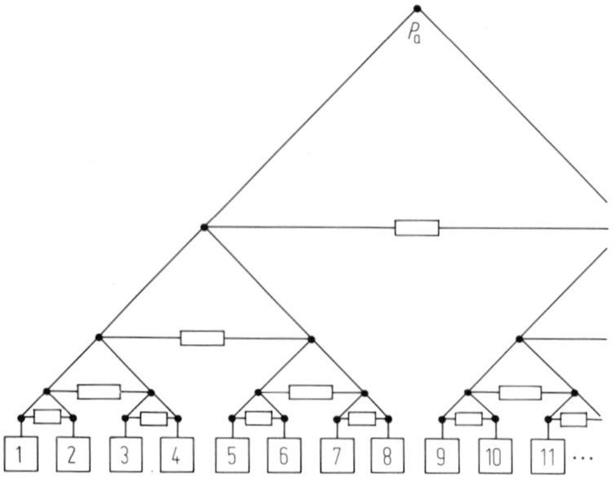

Bild 14. Parallelschaltnetzwerk für 16 Verstärker

Geräts von 10 bis 20 Jahren keine Halbleiter wegen Alterung ausgewechselt werden müssen.

Mit steigender Frequenz nimmt die Leistungsgrenze von Transistoren sehr rasch ab. Bei 1 GHz liegt sie bei einigen W.

Die Einteilung in Verstärkerklassen (A, B, C) sowie die meisten grundsätzlichen Betrachtungen für Röhren gelten für Transistoren analog. Bei den Leistungstransistoren jedoch, die im Gegensatz zur Röhre „niederohmige Verstärkerelemente" sind, stören bei der Schaltungsdimensionierung die hohen Ströme und die unerwünschten Zuleitungsinduktivitäten.

Für die RF-Frequenzbereiche bis einschließlich 100 MHz liegt die obere Leistungsgrenze der Transistoren bei etwa 100 W. Wird eine höhere Leistung benötigt, so muß man die Leistung mehrerer Stufen addieren. Hierzu müssen eingangs- und ausgangsseitig Koppelnetzwerke vorgesehen werden, z.B. Übertrager, Combiner, Hybridkoppler, Aufteilungs- und Parallelschaltbrücken [24–28]. Bei einer entkoppelten Zusammenfassung hat jeder Einzelverstärker stets Anpassung, unabhängig vom Zustand der restlichen Verstärker des Parallelschaltnetzwerks. Mit zunehmender Leistung steigt der Aufwand. Da es sich jedoch um gleichartige Baugruppen handelt, die in elektrischer Hinsicht durch die Parallelschaltnetzwerke übersichtlich gegliedert sind, ist eine schnelle Fehlerlokalisierung möglich.

Bild 14 zeigt das Parallelschaltnetzwerk eines 5-kW-VHF-Senders, bei dem 16 Verstärkereinheiten über Kabelbrücken zusammengefaßt sind. Die eingezeichneten Lastausgleichswiderstände verbrauchen im Idealbetrieb keine Leistung. Jede Verstärkereinheit besteht aus zwei Moduln, auf denen je zwei Leistungstransistoren in einer Gegentaktschaltung arbeiten. Um eine Ausgangsleistung $P_a = 5$ kW zu liefern, sind 64 Leistungstransistoren erforderlich.

Die über Brücken entkoppelte Aufteilung hat folgende Vorteile:

- Ein Leistungstransistor hat z.B. einen Eingangswiderstand von 0,8 Ω + j 0,3 Ω. Dieser niedrige Wert läßt sich gerade noch vernünftig auf übliche Kabelwellenwiderstände von 50 Ω transformieren. Unmittelbare Parallelschaltung von mehreren Transistoren würde den resultierenden Eingangswiderstand zu nicht mehr transformierbaren Werten erniedrigen (2 mm Länge der Transistorzuleitung haben 1 Ω induktiven Widerstand bei 100 MHz).
- Die Verlustleistung der Transistoren läßt sich bei verteiltem Aufbau besser abführen als bei konzentriertem Aufbau bei unmittelbarer Parallelschaltung.
- Entkoppelte Zusammenfassung erhöht die Betriebszuverlässigkeit. Bei Ausfall von n Verstärkern ist die verbleibende Leistung

$$P_n = P_{ges}[(m - n)/m]^2 \qquad (9)$$

(P_{ges} = Gesamtleistung im Idealbetrieb, m = Gesamtzahl der Verstärker).

In unserem Beispiel mit 32 Gegentaktverstärkern sinkt die Nutzleistung bei Ausfall eines Verstärkers ohne weitere Betriebsstörung von 5 auf 4,7 kW.

Die Ausführung einer Grundeinheit als Gegentaktverstärker hat den Vorteil, daß man gut neutralisieren kann, und daß durch die Symmetrie die geradzahligen Harmonischen gedämpft werden.

Auf der Ausgangsseite ist die Transformation etwas einfacher durchzuführen, da der erforderliche Lastwiderstand, den das Transformationsnetzwerk dem Transistor anbieten muß, einige Ω beträgt.

Die Niederohmigkeit hat den Nachteil, daß der Strom groß ist und alle Längsimpedanzen (Induktivitäten) bei der Schaltungsdimensionierung stören, aber andererseits den Vorteil, daß die Spannung klein ist und damit die Querimpedanzen (Kapazitäten) wenig Einfluß haben. Aus diesem Grunde sind Transistoren für Breitbandverstärker besser geeignet als Röhren. Es ist üblich, die Leistungsverstärkereinheiten für den gesamten Kurzwellenbereich von 1,6 bis 30 MHz breitbandig auszuführen einschließlich der Anpassung auf 50 Ω. Im HF-Bereich werden für die Transformationen streuungsarme Ferritübertrager sowie Leitungsübertrager verwendet [25, 26]. In höheren Frequenzbereichen kommen Leitungstransformationen in Koaxial- und Striplinetechnik hinzu [29]. Beim Betrieb auf eine Antenne wird dem Verstärker noch ein Netzwerk zur Siebung der Harmonischen und zur Transformation des Antennenwiderstands nachgeschaltet.

Ein Transistorverstärker muß beim Einsatz in Sendern gelegentlich kurzzeitig hohe Spannungsspitzen ertragen, wenn er als Treiber an das Steuergitter einer Hochleistungsröhre ange-

schlossen wird und diese Röhren zu Hochspannungsüberschlägen neigen. Das Steuergitter erhält dann kurzzeitig das Potential der benachbarten Elektrode, das sie im Falle des Überschlags angenommen hat. Bei einer Triode ist das die Anodenspannung (12 bis 48 kV); bei einer Tetrode ist diese Spannung wesentlich niedriger und liegt etwas über der Schirmgitterspannung (< 3 kV). Wird ein Transistorverstärker unmittelbar an eine Antenne angeschlossen, so kann Gewitterelektrizität zu hohen Spannungen führen.
Gegen Überspannungen ist ein Transistor viel empfindlicher als eine Röhre und muß daher besonders geschützt werden. Die Hochspannungsbeeinflussung hat als nichtperiodischer Vorgang ein kontinuierliches Spektrum, das nach tiefen Frequenzen ansteigt. Hochpaßglieder in den Ausgangskreisen mit galvanisch leitenden Querdrosseln verhindern statische Aufladungen und sind bei VHF-Verstärkern ein ausreichender Schutz. In tieferen Frequenzbereichen haben i. allg. Querdrosseln höhere Blindwiderstände, so daß die Schutzeinrichtungen durch Bauelemente wie Funkenstrecken, Zener-Dioden, Suppressordioden erweitert werden müssen [30, 31].

2.3 Modulationsverstärker
Modulation amplifier

Der Modulationsverstärker muß die Leistung für die Seitenbänder aufbringen, d. h. bei 100%iger AM liefert z. B. ein 1-MW-Sender an die Antenne 1 MW Trägerleistung und 500 kW Seitenbandleistung. Wegen der Röhrenverluste muß der Modulationsverstärker etwa 625 kW liefern. Neben der NF-Übertragungsqualität, die fast als selbstverständlich vorausgesetzt wird, ist damit ein hoher Wirkungsgrad ein wesentliches Merkmal.
Zur Verstärkung auf das hohe Leistungsniveau benutzt man heute zwei grundsätzlich unterschiedliche Verfahren: Linearverstärker und Schaltverstärker [32–35].

B-Verstärker. Der Anodenwirkungsgrad eines idealen B-Verstärkers beträgt $\pi/4 \approx 0{,}79$ bei $\Theta = 90°$ und 100% Modulation. Diese Verstärker wurden zum Zwecke der Anodenmodulation bereits Ende der zwanziger Jahre eingeführt. Das Schaltungsprinzip zeigt Bild 15. Die Röhren mußten mit hohem Ruhestrom betrieben werden, um die nichtlinearen Verzerrungen infolge des Kennlinienverlaufs im B-Punkt auf eine erträgliche Größe zu bringen. Dadurch ging der Gesamtwirkungsgrad (einschließlich Hilfsspannungen) bei einem Modulationsgrad $m = 1$ auf 55% zurück. Mitte der 60er Jahre, als durch Einführung von Schaltverstärkern die Wirkungsgrade der Sender in die Höhe schnellten, sind

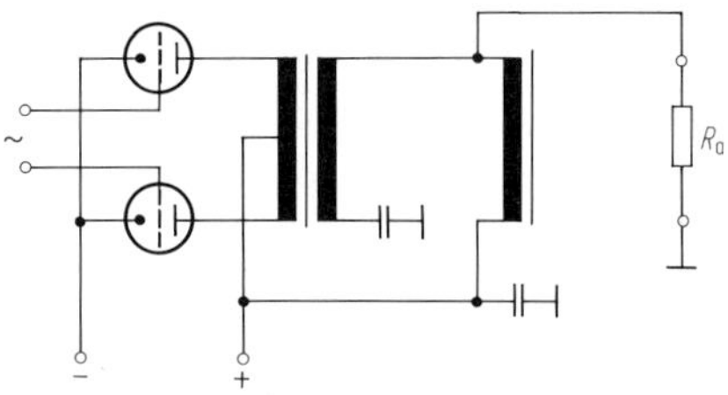

Bild 15. Gegentakt-B-Modulationsverstärker

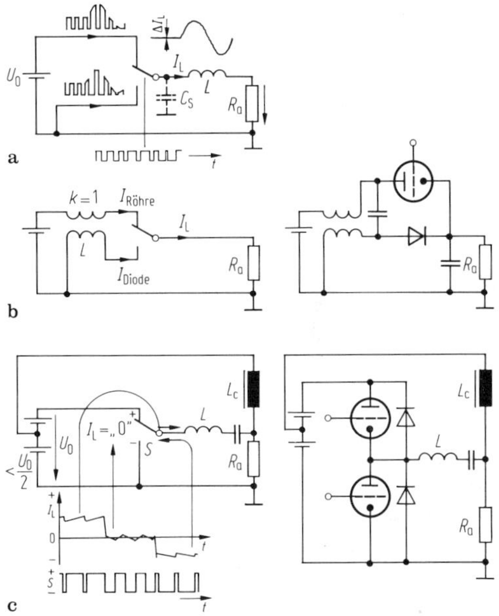

Bild 16. Schaltverstärker mit Pulsdauermodulation. **a** Standard PDM; **b** PANTEL; **c** PULSAM

auch die Wirkungsgrade der Gegentakt-B-Verstärker erheblich verbessert worden. Der Ruhestrom wurde bis auf wenige mA herabgesetzt und die nichtlinearen Verzerrungen durch eine Vorverzerrung kompensiert. Als Folge davon erreicht der Gesamtwirkungsgrad des Modulationsverstärkers fast 70% [36].

Schaltverstärker. Ein weiterer Schritt zur Energieeinsparung gelang durch den Einsatz von Schaltverstärkern [37–46]. Sie finden Anwendung in Modulationsverstärkern, die nach dem Prinzip der Pulsdauermodulation (PDM) arbeiten und solchen, bei denen die Modulationsspannung stufenweise durch aufgestockte Spannungen angenähert wird (PSM).
Drei Prinzipschaltungen von PDM-Verstärkern sind in Bild 16 zu sehen. Zur Erläuterung der Wirkungsweise wurde ein Umschaltkontakt als Ersatzschaltung für die in der Praxis verwendeten Röhren und Dioden gewählt.

Bei der Übertragung der Ersatzschaltung in eine realisierbare Schaltung ist zu beachten, daß bei Röhren und Dioden der Strom im Gegensatz zum Kontakt nur in eine Richtung fließen kann. In Bild 16a und b entspricht die obere Kontaktlage der leitenden Röhre und die untere Kontaktlage der leitenden Diode. In Bild 16c kann der Strom in jeder Kontaktlage in beiden Richtungen fließen. Deshalb ist hier jeder Röhre eine Diode parallelgeschaltet.

In Bild 16a liegt in der gekennzeichneten Kontaktstellung („Einschaltzeit") die Spannungsdifferenz $U_0 - U_a$ an der Speicherspule L. Der Spulenstrom steigt gemäß

$$\mathrm{d}I_L/\mathrm{d}t = (U_0 - U_a)/L \tag{10}$$

linear mit der Zeit.

Ist der Schalter in der unteren Kontaktlage („Ausschaltzeit"), so fällt der Strom gemäß

$$\mathrm{d}I_L/\mathrm{d}t = -\,U_a/L \tag{11}$$

linear mit der Zeit ab.

Da die Stromänderung während der Einschaltzeit betragsmäßig gleich der Stromänderung während der Ausschaltzeit ist, gilt

$$\Delta I_L = (U_a/L)\,t_{aus} = (U_0 - U_a)\,t_{ein}/L. \tag{12}$$

Aus dieser Beziehung folgt die PDM-Übertragungsformel

$$U_a = U_0\,t_{ein}/T = U_0\,V_T, \tag{13}$$

die den linearen Zusammenhang zwischen Ausgangsspannung und Tastverhältnis V_T zeigt (t_{ein} = Kontaktzeit für die obere Kontaktlage (Röhre), t_{aus} = Kontaktzeit für die untere Kontaktlage (Diode), $T = t_{ein} + t_{aus}$ = Periodendauer der Schaltschwingung).

Der Speicherspulenstrom fließt durch R_a und erzeugt die Ausgangsgleichspannung mit einer kleinen überlagerten Schaltspannungswelligkeit, die durch ΔI_L erzeugt wird, von L abhängig ist und für $L \to \infty$ verschwindet. In der Praxis wird die Restwelligkeit durch einen nachgeschalteten Tiefpaß auf die erforderlichen Werte abgesenkt [39]. L muß mindestens so groß sein, daß während einer Periode der Schaltschwingung der Strom I_L nie bis auf Null absinken kann. Diese Stromunterbrechnung würde einen unerwünschten Einschwingvorgang auslösen, weil sowohl Schaltröhre als auch Freilaufdiode nur in Durchlaßrichtung leitend sind.

Bei einer praktischen Realisierung der Schaltung nach Bild 16a liegt an der Stelle der Schalterwurzel die Kathode der Schaltröhre. Mit der Kathode sind einseitig alle Betriebsspannungsquellen der Röhre mit Ausnahme der Anodenspannung unmittelbar verbunden. Diese Spannungsquellen haben gegen Masse eine unvermeidliche Kapazität von einigen nF; diese Kapazität wird ständig mit der Frequenz der rechteckförmigen Schaltschwingung umgeladen, wodurch Verluste und nichtlineare Verzerrungen entstehen. Bei einer Amplitude der Schaltschwingung von 26 kV, einer Streukapazität C_s von 2 nF und einer Schaltfrequenz von 54 kHz beträgt die Verlustleistung $P_{C_s} = f\,C_s^2\,U_0 =$ 73 kW.

Legt man die Kathode der Röhre an Masse, dann verschwindet der schädliche Einfluß dieser Kapazität. Der Lastwiderstand, d.i. die RF-Endstufe des Senders, muß dann allerdings erdfrei angeordnet sein. Dies ist insbesondere bei durchstimmbaren Hochleistungssendern im Kurzwellenbereich untragbar [37, 39–41].

In Bild 16b sind die Punkte mit hoher Schaltspannung kapazitätsarm. Die Ströme in den drei Verbindungsleitungen zum Umschalter sind bei der PANTEL-Schaltung die gleichen wie bei der Standard-PDM-Schaltung, sofern C_s vernachlässigt wird.

Standard-PDM und PANTEL liefern nicht nur die Modulationsschwingung, sondern auch den Gleichstrom für die Trägerschwingung an den Lastwiderstand. Da der reale Wirkungsgrad der PDM-Umwandlung kleiner als 1 ist, muß von der Batterie „U_0" etwas mehr Gleichstromleistung geliefert werden als der Lastwiderstand R_a erhält.

Die bei der Übertragung der Gleichstromleistung entstehenden Verluste vermeidet die PULSAM-Schaltung [42] (Bild 16c). Die Batterie ist in zwei Teilspannungen unterteilt. Über eine Drosselspule L_c erhält die Last R_a eine Spannung, die etwas kleiner ist als die halbe Batteriespannung, unabhängig von der Arbeitsweise des PDM-Schalter. Bei einem Tastverhältnis $V_T = 0{,}5$ fließt in der Drossel L kein Strom. Nur die schädliche Kapazität an der Schalterwurzel wird umgeladen. Dieser Zustand entspricht dem Trägerwert. Bei positiven Momentanwerten der Modulation fließt der Strom in die Speicherspule hinein und erhöht die Spannung an R_a. Bei negativen Momentanwerten der Modulation fließt der Strom aus der Speicherspule heraus und erniedrigt die Spannung an R_a.

Modulationsverstärker, die nach dem Puls-Step-Modulationsverfahren (PSM) arbeiten, lassen sich ohne Röhren mit schnellschaltenden Leistungstransistoren aufbauen.

Da die Senderendstufe eine hohe Spannung benötigt, schnellschaltende Leistungstransistoren aber nur für etwa 1/50 dieser Spannung verfügbar sind, wird das Prinzip der Spannungsaufstockung verwendet (Bild 17) [45]. PSM ist das neueste Verfahren zur Verstärkung der Modulationsschwingung bei Großsendern. Nach einer Kurvenformanalyse der Modulationsschwingung folgt die Verarbeitung der digitalen Werte einschließlich Verstärkung und anschließend eine Kurvenformsynthese durch Aufstocken von

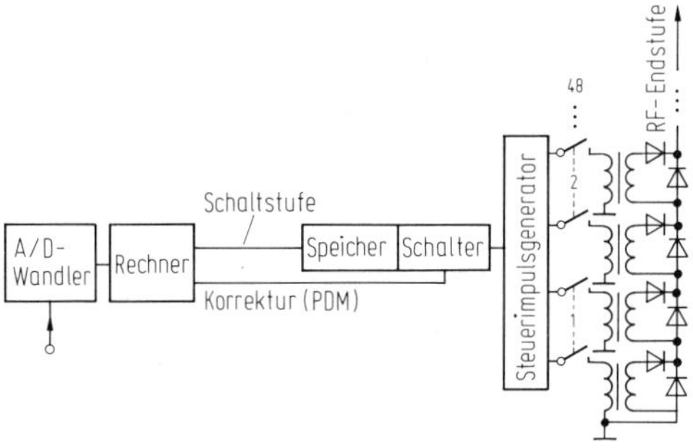

Bild 17. Schaltverstärker mit Spannungsaufstockung

Spannungspaketen mit unterschiedlicher Einschaltdauer. Für den gesamten Spannungsbereich werden in dem angeführten Beispiel 48 Verstärkerpaare aufgestockt. Da 48 Stufen zu wenig sind, um die Qualitätsforderungen im Zusammenhang mit Klirrfaktor und Geräuschspannung zu erfüllen, ist noch zusätzlich eine korrigierende Pulsdauermodulation vorgesehen. Diese Pulsdauermodulation wirkt wie eine Interpolation zwischen den Stufen. Die Aufbereitung der Steuerspannung für die 48 Stufen einschließlich der korrigierenden Pulsdauermodulation erfolgt mit einem Analog-Digital-Wandler und anschließender Weiterverarbeitung in Rechnerbausteinen.

Mit den heute verfügbaren steuerbaren Halbleitergleichrichtern (Thyristoren) ist es möglich, unmittelbar eine „Modulation des Speisegleichrichters" [12, Teil U] durchzuführen und dadurch den Senderwirkungsgrad noch ein wenig zu erhöhen.

Dynamikgesteuerte Amplitudenmodulation (DAM). Alle Modulationsverstärker, die außer der Modulationsschwingung auch die Gleichspannung für die Verstärkung der Trägerschwingung an die RF-Endstufe liefern, bieten die Möglichkeit, in Abhängigkeit der Modulationsdynamik den Träger zu steuern [36, 41, 47, 48]. Dabei muß sichergestellt sein, daß bei kleiner Modulationsamplitude und vermindertem Träger die Übertragungsqualität (Klirrfaktor, Geräuschspannung) noch zufriedenstellend ist. In Anlehnung an die Bezeichnung für die konventionelle Amplitudenmodulation AM wird diese Sendeart DAM genannt [49, 50].

Die Leistung einer amplitudenmodulierten Schwingung ist bei einem typischen effektiven Modulationsgrad $m = 0{,}25$

$$P = P_C(1 + m^2/2) = P_C \cdot 1{,}03. \quad (14)$$

Das bedeutet, daß nur 3 % der abgestrahlten Leistung die Nachricht enthalten. Der Träger wird im Empfänger zur einfachen kostengünstigen Demodulation und zur Steuerung der Schwundregelung benötigt. Zur Erfüllung der Demodulationsforderung müßte der Träger nur so groß sein wie die momentane Summe der Seitenschwingung, d. h. bei fehlender Modulation wäre kein Träger vorhanden. Diese DAM-Einstellung hätte den Trägerrest $\varrho = 0$. Ein Betrieb mit $\varrho = 0$ erreicht die höchste Energieeinsparung, verursacht aber auf der Empfängerseite im Zusammenhang mit der Schwundregelung hörbare Verzerrungen.

Durch sorgfältige Hörproben [51, Rec. 562] wurde ermittelt, daß bis $\varrho = 0{,}6$ die Qualitätsminderung kaum wahrnehmbar ist. Wie Bild 18 zeigt, hat man bereits bei geringen Trägerreduzierungen große Ersparnisse und bei einem $\varrho = 0{,}6$ schon mindestens 3/4 der möglichen Einsparungen erreicht. Daher werden heute DAM-Sendungen mit $\varrho = 0{,}6$ ausgestrahlt.

Das Schaltungsprinzip einer DAM-Aufbereitung zeigt Bild 19. Eine Spannung, die von der Dynamik des Eingangssignals abhängig ist, dient zur Bestimmung der Schwelle eines gesteuerten Clippers und in Verbindung mit einem Gleichspannungszusatz [52, 53], der den Trägerrest be-

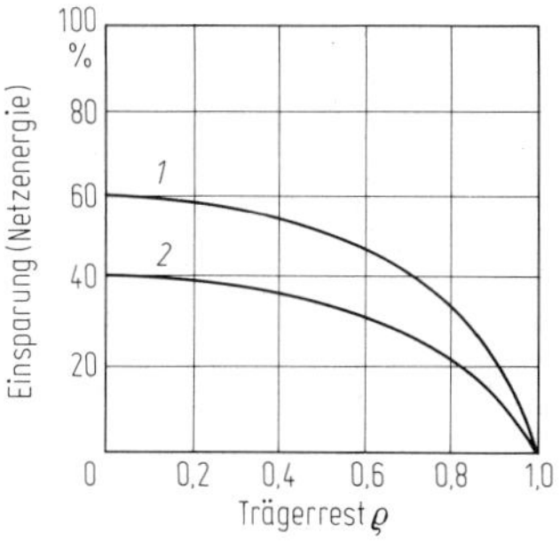

Bild 18. Energieersparnis bei DAM, gemessen mit Standard-Prüfprogramm (Sprache, Musik) *1* ohne Kompression, *2* mit Kompression

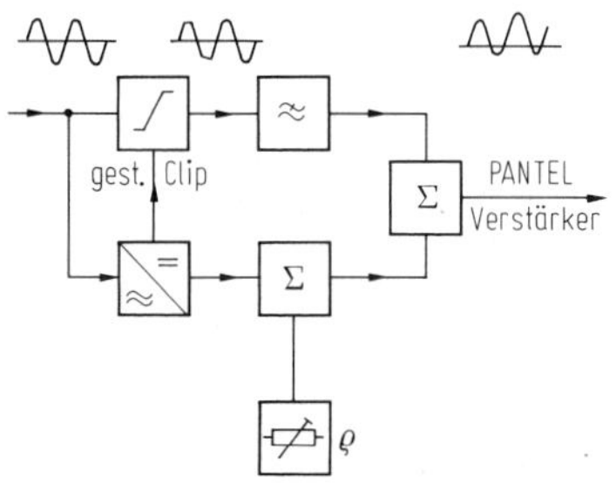

Bild 19. DAM-Aufbereitung

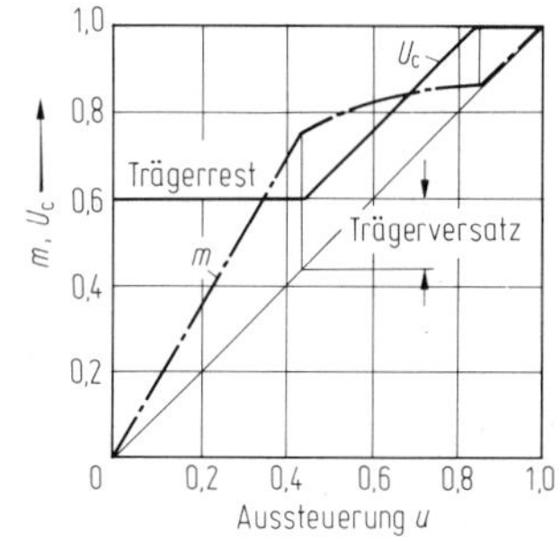

Bild 20. DAM-Steuerkennlinie mit Trägerversatz

stimmt, zur Trägersteuerung. Eine Anstiegszeit von 0,2 ms und der gesteuerte Clipper sind wichtig für die Einhaltung der Randaussendungsforderung. Der gesteuerte Clipper sorgt dafür, daß die Endstufe nie mehr Modulationsspannung bekommt als Trägerspannung vorhanden ist, wodurch die Randaussendungsforderungen eingehalten werden.

Der Zusammenhang zwischen Trägerspannung U_C und eingangsseitiger Aussteuerung u (= Eingangsspannung/Bezugswert) ist in gewissen Grenzen frei wählbar, eine geknickt-geradlinige Kennlinie nach Bild 20 hat jedoch den Vorteil, daß $m = 1$ erst bei $u = 1$ erreicht wird. Dadurch erhält man geringe nichtlineare Verzerrungen. Bei $u < 0{,}45$ ist die Trägerspannung konstant, daraus ergibt sich auf der Empfängerseite der gleiche Rauschabstand wie bei AM.

Die bei DAM praktizierte schnelle Änderung des Gleichspannungswerts läßt sich auch bei Einseitenbandsendern zur Wirkungsgradverbesserung durch hüllkurvenabhängige Steuerung der Anodenspannung vorteilhaft einsetzen [18].

2.4 Endstufenmodulation

Final stage modulation

Von den vielen Verfahren zur Amplitudenmodulation bei Rundfunksendern [54, 55] haben sich im Laufe der Jahre zwei Verfahren durchgesetzt: die Anodenmodulation und die Doherty-Modulation. Während bei der Anodenmodulation die RF-Endstufe als Modulator arbeitet, werden bei der Doherty-Modulation mit den beiden Endstufenröhren zwei modulierte Schwingungen in einer eleganten Weise zusammengesetzt [12, Teil U].

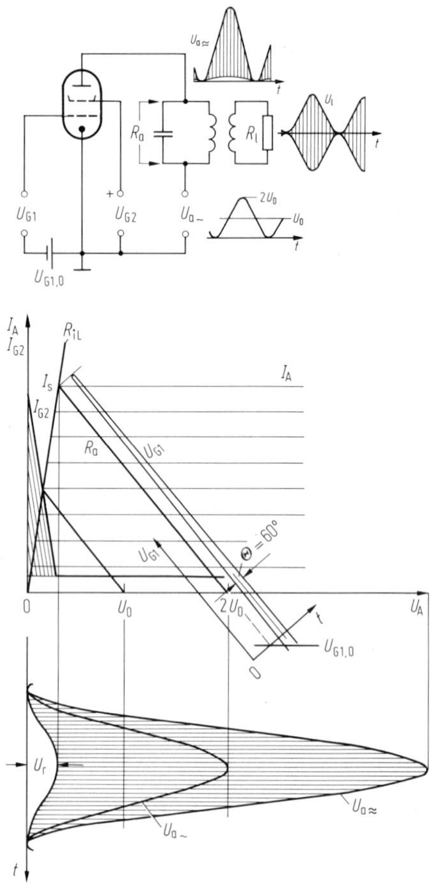

Bild 21. Wirkungsweise der Anodenmodulation im idealisierten Ausgangskennlinienfeld

Anodenmodulation. Die überwiegende Zahl aller heute gebauten Sender arbeitet mit Anodenmodulation. Die RF-Endröhre dient gleichzeitig als Modulator und RF-Verstärker. Der hohe Wirkungsgrad der anodenmodulierten Endstufe wird dadurch erzielt, daß die Röhre in jedem Zeitpunkt nur so viel Anodenspannung erhält, wie zum Modulationsprozeß erforderlich ist und sie außerdem im C-Betrieb arbeitet. Mit allen Maßnahmen zur Wirkungsgradverbesserung sind schon Anodenwirkungsgrade bis zu 90% erreicht worden.

Zur Erläuterung der Wirkungsweise soll das idealisierte Anodenstrom-Anodenspannungs-Diagramm Bild 21 dienen. Ohne Modulation beträgt die Anodenspannung U_0. Mit 100% Modulation soll bei Oberstrich die Anodenspannung $2\,U_0$ sein. Die Gitterwechselspannung ist so groß, daß sie bei Oberstrich das Kennlinienfeld bis I_s durchsteuert. Die Gittervorspannung $U_{G1,0}$ wird für geeigneten C-Betrieb eingestellt (z.B. $\Theta = 60°$). Bei Oberstrich, wenn $U_{a\approx}$ den höchsten Wert $2\,U_0$ erreicht hat, arbeitet die Röhre im Grenzzustand. In diesem Zustand ist der minimale Momentanwert der Anodenspannung U_r (Restspannung) und der maximale Momentanwert $4\,U_0$.

Mit abnehmender Modulationsspannung nimmt auch die Anodenwechselspannung linear ab. Der minimale Momentanwert der Anodenspannung kann nicht kleiner werden als durch den inneren Lastwiderstand R_{iL} vorgegeben ist, solange noch Anodenstrom fließt. Um zu verhindern, daß bei weiterem Abfall von $U_{a\approx}$ die Röhre noch stärker überspannt betrieben wird (mit allen Nachteilen, wie geringerer Wirkungsgrad, Aussetzen des Anodenstroms, Überschwingen der Anodenspannung ins Negative und Überlastung des Schirmgitters), muß eine zusätzliche Mitmodulation eingeführt werden; diese kann am Steuergitter oder Schirmgitter erfolgen. Eine Niederfrequenzdrossel in der Schirmgitterzuleitung erzeugt durch den stark ansteigenden Schirmgitterstrom I_{G2} bei kleinen Anodenspannungen eine für diesen Zweck hinreichend große Spannung. Bei Verwendung dieser Drossel, die im Prinzipschaltbild nicht eingezeichnet ist, tritt der stark überspannte Zustand mit seinen Nachteilen nicht mehr auf. Die Linearität dieses Modulators ist im ganzen Aussteuerbereich gut [35].

Modulationsgrad. Der Wirkungsgrad ist meistens vom Modulationsgrad abhängig (Verhältnis der Hüllkurvenamplitude zur Trägeramplitude, s. Bild O 1.2), so daß man ihn prinzipiell durch Auswertung eines Oszillogramms ermitteln könnte. Aus folgenden Gründen führt das meistens zu sehr ungenauen Ergebnissen:

- In Abhängigkeit vom Modulationsgrad ist eine Trägerabsenkung zulässig (maximal 8 % Leistungsminderung).
- Es gibt Modulationsverfahren, die mit steigendem Modulationsgrad den Trägerwert erhöhen (DAM).
- Es gibt nichtsinusförmige Modulationsschwingungen.
- Es gibt Modulationsverfahren, die „125 %" Modulation ermöglichen.

Bild 22 zeigt eine amplitudenmodulierte Schwingung mit einem sehr starken Anteil der zweiten Harmonischen (26 %), wodurch die Hüllkurve unsymmetrisch wird. Es müssen dann zwei Modulationsgrade angegeben werden, ein positiver m_p und ein negativer m_n:

$$m_p = (\hat{a} - A_c)/A_c = (\hat{a}/A_{co})(A_{co}/A_c) - 1, \quad (15)$$

$$m_n = (A_c - \check{a})/A_c = 1 - (\check{a}/A_{co})(A_{co}/A_c). \quad (16)$$

Die Faktoren $\hat{a}/A_{co}$ und $\check{a}/A_{co}$ können aus der Zeitfunktion entnommen werden; für A_{co}/A_c ist eine selektive Messung erforderlich.

Bei 100 % Modulation haben die positiven Modulationsspitzen die doppelte Spannung und die vierfache Leistung, bezogen auf den Trägerwert. Daher ist m_p für die Sendung bedeutungsvoller als m_n. Wenn ein Modulationsgrad m ohne Index angegeben wird, kann man davon ausgehen, daß der positive Modulationsgrad gemeint ist.

Bei sinusförmiger Hüllkurve ist

$$m_p = m_n = m \quad \text{und damit}$$

$$m = (\hat{a} - \check{a})/(\hat{a} + \check{a}). \quad (17)$$

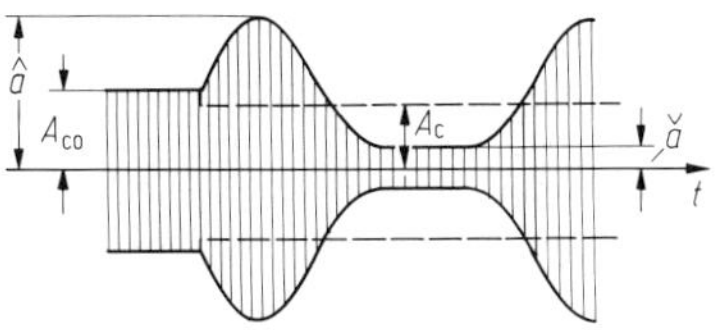

Bild 22. Amplitudenmodulierte Schwingung mit unsymmetrischer Hüllkurve (26 % 2f-Anteil)

Aus der Abhängigkeit zwischen Wirkungsgrad und Modulationsgrad m läßt sich auf den tatsächlichen Energieverbrauch im Programmbetrieb nicht schließen. Der Modulationsgrad schwankt je nach Lautstärke statistisch zwischen 0 % und 100 %. Durch länger (1 Tag) integrierende Messungen kann der effektive Modulationsgrad m_{eff} des untersuchten Programmteils ermittelt werden. Würde man den gleichen Sender im gleichen Zeitraum mit einem sinsuförmigen Ton mit dem Modulationsgrad m_{eff} modulieren, so wäre der Energieverbrauch im Regelfall abweichend. Er ist nur dann gleich, wenn $\eta = f(m) = \text{const}$ ist. Da bei einem Sender normalerweise $\eta = f(m) \neq \text{const}$ ist, wird der Energieverbrauch zusätzlich durch die Dynamik des Programms beeinflußt. Ein Prüfprogramm zur Ermittlung des Energieverbrauches eines Senders muß deshalb den mittleren effektiven Modulationsgrad und die Dynamik eines mittleren Rundfunkprogrammes aufweisen. Prüfprogramme, die nur den gleichen effektiven Modulationsgrad haben (z. B. Sinuston, Rauschen, getasteter Sinuston), sind hierfür nicht geeignet.

Ein Gedankenexperiment soll den Dynamikeffekt am Beispiel des getasteten Sinustons verdeutlichen: Die Funktion $\eta = f(m)$ habe nur bei $m = 0$ und $m = 1$ einen sehr hohen Wert, dazwischen soll der Wirkungsgrad sehr klein sein. Mit einem integrierenden Verfahren wurden für die Sendung $m_{eff} = 0{,}3$ ermittelt. Verwendet man als Ersatzmodulation einen Dauerton mit $m_{eff} = 0{,}3$, so wird der Wirkungsgrad des Senders niedrig sein. Verwendet man als Ersatzmodulation eine zwischen $m = 0$ und $m = 1$ getastete Schwingung mit einem Tastverhältnis, das $m_{eff} = 0{,}3$ ergibt, so wird der Sender einen ausgezeichneten Wirkungsgrad haben. Die Betrachtung zeigt, daß heute für die Messung des Energieverbrauches als Prüfprogramm nur ein Standardprogramm bestimmter Dauer dienen kann, an dessen Anfang und Ende ein Pegelton für $m = 1$ enthalten ist (IRT-Tonband mit Standard-Prüfprogramm).

2.5 Leistungsauskoppelung [12, Teil W] Loading

Der Leistungsverstärker arbeitet dann mit bestem Wirkungsgrad, wenn der reelle Lastwiderstand R_a so groß ist, daß bei vorgegebener Leistung P_a die aussteuerbare Betriebsspannung voll ausgenutzt wird (s. Bild 5), d. h.

$$R_a = (U_0 - U_r)^2 / 2 P_a \quad (18)$$

($U_0 - U_r$ = aussteuerbare Betriebsspannung). Diesen optimalen Arbeitswiderstand erreicht man durch Transformation des Sender-Lastwiderstandes, wobei gleichzeitig die Blindkomponente weggestimmt wird. Da die Leistungsverstärker neben der Nutzschwingung noch erhebliche Anteile von unerwünschten Harmonischen liefern, ist außer der Anpassung noch Siebung erforderlich. Netzwerke aus Blindwiderständen können beide Aufgaben gleichzeitig erfüllen. Bei modernen Kleinsendern mit Transistorleistungsstufen sind diese Aufgaben unterteilt. Der „Sender" hat eine feste, breitbandige Anpaßschaltung mit Übertrager, nichttransformierende Filter sorgen für die Dämpfung der Harmonischen. An den Ausgang kann unmittelbar ein 50-Ω-Kabel angeschlossen werden.

Abstimmung und Koppelung. Durch ein transformierendes Netzwerk soll ein komplexer Antennenwiderstand an die RF-Endstufe „angepaßt" werden, d.h. die RF-Endstufe sieht den reellen Lastwiderstand, an dem die abgegebene Leistung ihren Größtwert hat.

Ist der Widerstand höher, so ist die Last zu lose gekoppelt, ist er niedriger, so ist die Last zu fest gekoppelt. In beiden Fällen ist die abgegebene Leistung geringer.

Ein Verstärker im überspannten Zustand hat im Idealfall eine lastunabhängige Ausgangsspannung ($R_i = 0$). Die Ausgangsspannung eines Linearverstärkers ist linear-abhängig vom Außenwiderstand ($R_i = \infty$). Es gibt jedoch auch Linearverstärker, bei denen durch Gegenkoppelung der Innenwiderstand gleich dem Außenwiderstand gemacht wurde ($R_i = R_a$). Dadurch haben Lastschwankungen einen geringeren Einfluß auf die Ausgangsleistung [56].

Die komplizierten Zusammenhänge können durch geeignete geometrische Darstellungen in der komplexen Ebene veranschaulicht werden. Von den bekannten Kreisdiagrammen ist für die Darstellung der Transformationswege das komplexe Widerstandsdiagramm besonders gut geeignet [57].

Es genügen zwei Blindwiderstände, um jeden komplexen Widerstand (reine Blindwiderstände ausgenommen) in einen gewünschten reellen Widerstand zu transformieren [58]. Da sich diese beiden Blindwiderstände bei langen Transformationswegen manchmal nicht realisieren lassen bzw. zu großen Blindleistungen führen, müssen meistens mehr als zwei Blindwiderstände verwendet werden.

Bei dem Transformationsnetzwerk eines Senders sind folgende Gesichtspunkte zu beachten:

- Kleine Ströme, Spannungen, Verluste;
- einfache Realisierbarkeit unter Berücksichtigung von Störgrößen (Eigenkapazität, Zuleitungsinduktivitäten u.ä.);
- unkritisches Verhalten gegenüber kleinen Änderungen der Widerstandswerte und der Betriebsfrequenz (kurze Transformationswege);
- Siebwirkung für unerwünschte Frequenzen (Tiefpaßtransformation);
- Abstimmkonvergenz bei automatischer Abstimmung;
- ausreichende Bandbreite für das Nachrichtenband (Langwelle);
- ausreichendes Blindleistungsverhältnis an der Anode ($\approx 3 \ldots 5$), um Harmonische zu vermeiden, die meistens einen wirkungsgradverschlechternden Einfluß haben.

Ändert sich während des Betriebs der Eingangswiderstand der Antenne, dann ändert sich auch der Lastwiderstand des verstärkenden Elements. Da die relativen Änderungen des Eingangs- und des Lastwiderstands dabei dem Betrage nach gleich sind, arbeitet das verstärkende Element jetzt nicht mehr auf den optimalen Lastwiderstand.

Leitungsanalogie. Jeder passive lineare Vierpol kann nach einem Gesetz der Vierpoltheorie für eine Frequenz als eine Kettenschaltung von Leitung und Übertrager beschrieben werden [59 (1.II), 60]. Bild 23 zeigt das Ersatzschaltbild mit der Kettenmatrix für den vorliegenden Anwendungsfall. Leitung und Übertrager sind ideal. Am Beispiel der $1/4\,\lambda$ und der $3/8\,\lambda$-Abstimmschaltung, die beide praktische Bedeutung haben, wird gezeigt, wie man durch Vergleich der Elemente der Leitwertmatrizen die Blindwiderstände der Schaltung erhält.

$3/8\,\lambda$-Schaltung

$$X_1 = \ddot{u}^2 Z/(1 + \ddot{u}\sqrt{2}), \qquad X_2 = \ddot{u} Z/\sqrt{2}, \qquad X_3 = \ddot{u} Z/(\ddot{u} + \sqrt{2}); \tag{19}$$

$1/4\,\lambda$-Schaltung

$$X_1 = X_2 = X_3 = \ddot{u} Z. \tag{20}$$

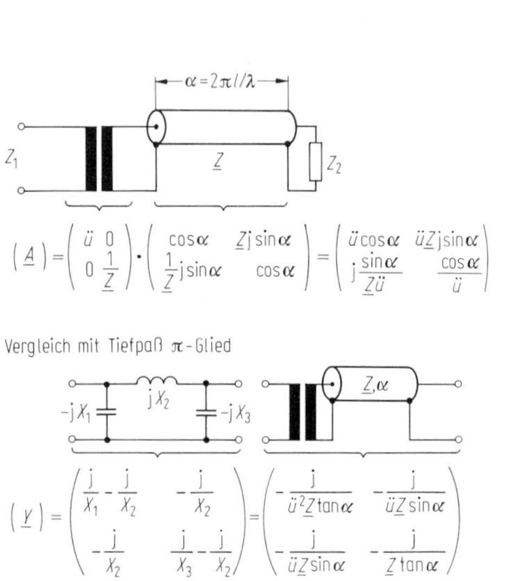

Bild 23. Analogie zwischen Tiefpaß-π-Glied und idealer verlustloser Leitung mit Übertrager

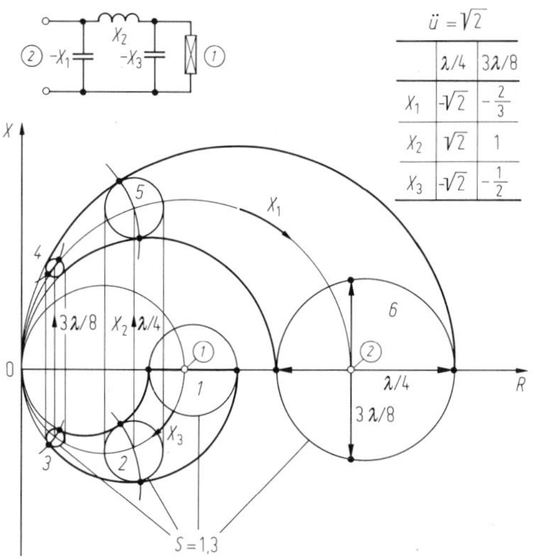

Bild 24. Transformation durch λ/4- und 3λ/8-Tiefpaß

Die λ/4-Schaltung hat einen symmetrischen Durchlaßbereich und ist daher bei Langwellensendern vorzuziehen.

Bei der 3/8 λ-Schaltung läßt sich die Transformation mit den beiden Kondensatoren einstellen. Bei der λ/4-Schaltung ist das nicht möglich, es muß die Induktivität verändert werden. Bild 24 zeigt anschaulich den Transformationsweg der beiden Schaltungen. Der Lastwiderstand hat den normierten Wert ① mit einem Fehlanpassungskreis $S = 1{,}3$. Mit dem Kondensator X_3 wird er bei dem λ/4-Glied zum Kreis *2* und bei dem 3/8λ-Glied zum Kreis *3* transformiert. Die Induktivität verschiebt die Kreise *2* bzw. *3* nach *5* bzw. *4*. Die Kapazität X_1 schließlich dreht in die endgültige Position Kreis *6*.

Ohne Nachstimmung transformiert sich ein Fehlanpassungskreis mit gleichem S-Wert vom Ausgang bis zum Eingang, wie es nach dem Leitungsersatzbild auch sein muß.

Ändert sich bei dem normierten Lastwiderstand ① nur der Realteil, so ändert sich am Eingang ② nach einer λ/4-Transformation auch der Realteil und nach einer 3/8λ-Transformation nur der Blindanteil.

Durch Abgleich der Kondensatoren kann der Fehlanpassungskreis *1* in den gewünschten reellen Punkt ② mit der 3/8λ-Transformation gebracht werden. Bei λ/4 beseitigt man nur die Änderungen des Blindanteils. Die relle Fehlanpassung bleibt unverändert. Um bei λ/4 den Anpassungspunkt zu erreichen, müssen X_2 und X_1 abgestimmt werden.

Um bei Großsendern die erforderliche Dämpfung der Harmonischen zu erreichen, sind zwei von den beschriebenen π-Gliedern und ein zusätzlicher Pol für die zweite Harmonische erforderlich.

Symmetrierung. Bei Gegentakt-Sendern waren Einrichtungen erforderlich, die aus der symmetrischen Spannung eine unsymmetrische erzeugten. Die X/2-Schaltung oder die Boucherot-Brücke [12, Teil W] dienten hierzu. Wegen des großen Schaltungsaufwands werden die RF-Endstufen von Röhrensendern heute nicht mehr symmetrisch ausgeführt. Inzwischen gibt es auch für jede gewünschte Leistung leistungsstarke Röhren, so daß die Zusammenfassung der Leistung mehrerer Röhren nicht mehr erforderlich ist. Bei Transistorsendern ist jedoch die Zusammenfassung der Leistung Stand der Technik. Gegentaktschaltungen kommen häufig vor. Bei Frequenzen unterhalb 100 MHz verwendet man vorwiegend Übertrager mit fester Kopplung, bei

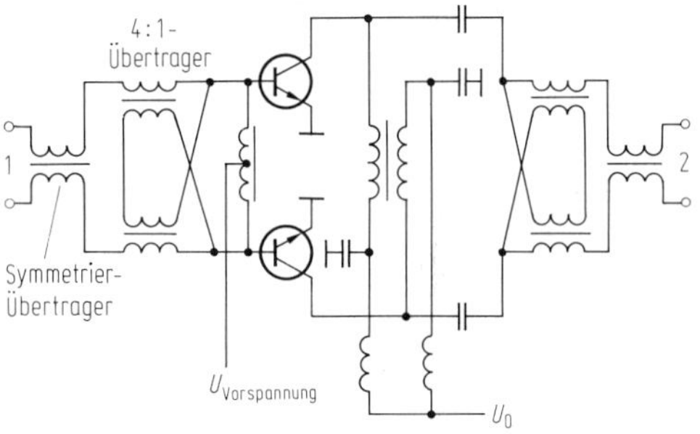

Bild 25. Gegentakt-Transistorverstärker, Schaltungsprinzip

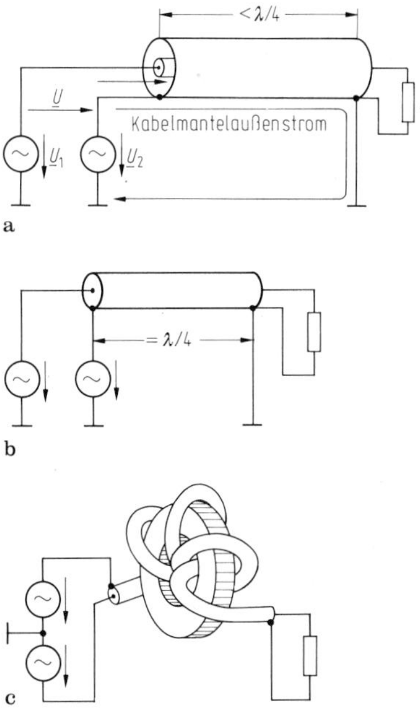

Bild 26. (**a**) Symmetrierung durch ein RF-Kabel. Der Kabelmantelaußenstrom wird bei (**b**) durch ein λ/4-langes Kabel und bei (**c**) durch Erhöhung der Außeninduktivität vermindert

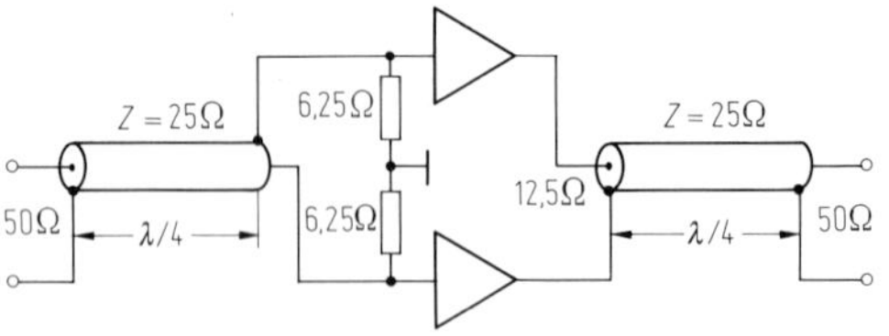

Bild 27. Symmetrierung mit gleichzeitiger Transformation durch $\lambda/4$-Leitungen

höheren Frequenzen Brücken aus Leitungsschaltungen in Stripline-Technik. Bild 25 zeigt die Prinzipschaltung eines Gegentakt-Transistorverstärkers mit Symmetrier- und Transformationsgliedern. In Bild 26 wird die Wirkungsweise der Kabelsymmetrierung gezeigt [20, 22]. In Bild 26a fließt ein sehr großer Kabelmantelaußenstrom und schließt die Quelle $\underline{U}_2$ kurz. Die Bilder 26b und c zeigen Möglichkeiten, den Kabelmantelaußenstrom zu vermindern, ohne den Kabelmantelinnenstrom zu beeinflussen.
Bei Anwendung der $\lambda/4$-Leitung besteht die Möglichkeit, nach Bild 27 gleichzeitig zu symmetrieren und zu transformieren.

2.6 **Parallelschaltung** [12, Teil W]
Paralleling

Innerhalb der Verstärker gibt es die direkte Parallelschaltung, die Verbindung über Kettenleiter (Kettenverstärker) oder über Brücken. Brükken werden bei Transistorverstärkern hoher Leistung und bei der Parallelschaltung von Großsendern gern verwendet. Die Energiequellen sind dann voneinander entkoppelt, wodurch das ganze System eine hohe Zuverlässigkeit erhält. Der Ausfall einer Energiequelle wird in den seltensten Fällen zum Ausfall der Nachrichtenverbindung führen. Wegen dieser aktiven Reserve schaltet man gern zwei Sender über eine Brücke auf eine gemeinsame Antenne. Bei Ausfall eines Senders liefert der arbeitende Sender seine Ausgangsleistung zu gleichen Teilen in die Antenne und in einen Lastausgleichswiderstand. Wird die Brücke mit Schaltern umgangen, kann der arbeitende Sender seine gesamte Ausgangsleistung zur Antenne liefern. Für diese Anwendungsfälle ist es vorteilhaft, wenn in allen Betriebsfällen ohne Umstimmung die Last angepaßt ist, jeder Sender völlig unabhängig vom anderen arbeiten kann (Entkopplung) und bei gleichzeitigem Betrieb beider Sender die gesamte Leistung in die Antenne geht.
Die Senderkombination mit Brücke hat einige besondere Eigenschaften. Der Modulationsgrad beider Sender und die Phase der Modulation brauchen nicht genau übereinzustimmen. Die linearen und nichtlinearen Verzerrungen am Summenausgang sind kleiner als am Ausgang des schlechteren Einzelsenders. Das Störgeräusch ist ebenfalls geringer.
Grundsätzlich läßt sich jede Brücke zur Parallelschaltung verwenden. Von den zahlreichen Möglichkeiten [12, Teil W] haben sich einige für die meisten Anwendungsfälle der Praxis als besonders günstig gezeigt und werden häufig angewendet. Je nachdem, wie die Phasenlage der beiden Sender ist, spricht man von 0° (180°)-Brücken oder von 90°-Brücken. Die Brückenzweige können aus Leitungen bestehen oder aus konzentrierten Elementen. Die Leitungsbrücke wird auch Hybrid genannt.

0° (180°)-Brücken. Eine viel verwendete Brücke ist die Posthumus-Brücke. Im Mittelwellenbereich wird sie mit konzentrierten Bauelementen aufgebaut, im UKW-Bereich als Hybrid. Bild 28 zeigt drei Varianten. Bei den Bildern a und b liegt der Lastausgleichswiderstand LAW einseitig nach Masse, in der äquivalenten Schaltung Bild c symmetrisch. Der Einfachheit halber sind nur die Innenleiter der Leitungen dargestellt und die Widerstände auf den Lastwiderstand A ($R = 1$) normiert. Bild 28a zeigt die Schaltung mit konzen-

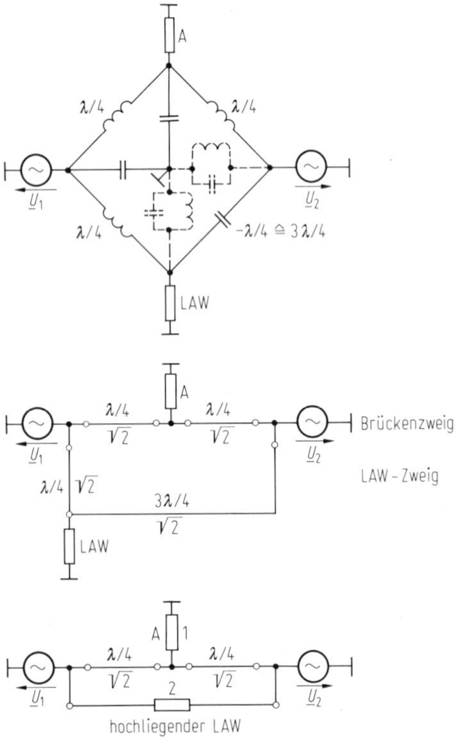

Bild 28. Varianten der Posthumus-Brücke. **a** mit konzentrierten Elementen; **b** Hybrid mit LAW gegen Masse; **c** Hybrid mit hochliegendem LAW

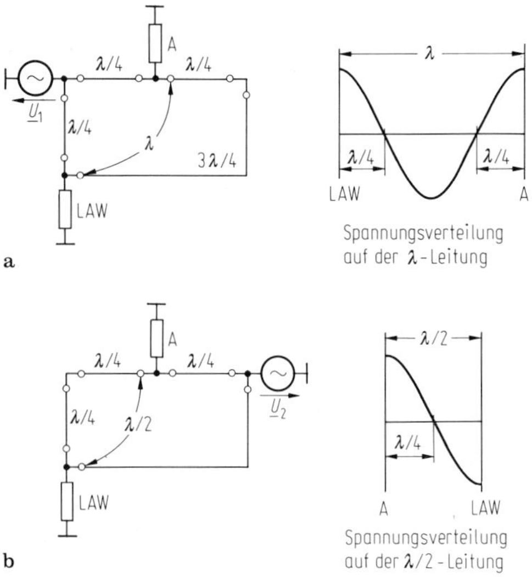

Bild 29. Entkoppelnde Wirkung der Posthumus-Brücke. **a** Quelle U_2 abgetrennt; **b** Quelle U_1 abgetrennt

trierten Elementen. Sie besteht wie die Schaltung Bild 28 b aus drei $\lambda/4$-Gliedern und einem $3/4\,\lambda$-Glied, das mit einem $-\lambda/4$-Glied identisch ist. Die Querzweige zur Masse am $-\lambda/4$-Glied ergänzen sich mit den Querzweigen der benachbarten $\lambda/4$-Glieder zur Parallelresonanz und können entfallen. Der Lastausgleichszweig von Bild 28 c hat die gleiche Wirkung wie bei Bild 28 b.

In Bild 29 wird die entkoppelnde Wirkung der Variante Bild 28 b erläutert. Man sieht, daß in beiden Fällen die Spannung an der fehlenden Quelle Null ist. Durch einen Widerstand an dieser Stelle fließt kein Strom.

90°-Brücken. Fehlanpassungen des Brückenausganges erscheinen an den Quellen der 0°-Brücke gleichartig und bei der 90°-Brücke invertiert. Die invertierte Belastung hat bei der Zusammenfassung von Verstärkern folgende Vorteile. Der Eingangswiderstand einer Aufteilungsbrücke bleibt bei gleichartiger Fehlanpassung der beiden Ausgänge annähernd konstant. Der Innenwiderstand einer Parallelschaltungsbrücke ist gleich dem Widerstand des Lastausgleichswiderstands. Die Schwingneigung, die beim Einzelverstärker bei großer Fehlanpassung besonders ausgeprägt ist, ist wegen der Widerstandsinvertierung an den Verstärkerausgängen in Verbindung mit der 90°-Brücke sehr gering. Der Lastausgleichswiderstand wirkt stabilisierend. Die Dämpfung von mischfrequenten Nebenschwingungen, die durch ausgangsseitige Verkoppelung von Sendern entsteht, ist 10 dB höher als bei der 0°-Brücke. Um diese Vorzüge bei einem Transistorleistungsverstärker zu nutzen, genügt es, wenn man innerhalb eines umfangreichen Parallelschaltnetzwerks nur unmittelbar an den Eingängen und Ausgängen der Verstärkermodulen 90°-Brücken vorsieht. Die restlichen Parallelschaltungen werden vorzugsweise mit 0°-Brücken ausgeführt (Bild 28 c).

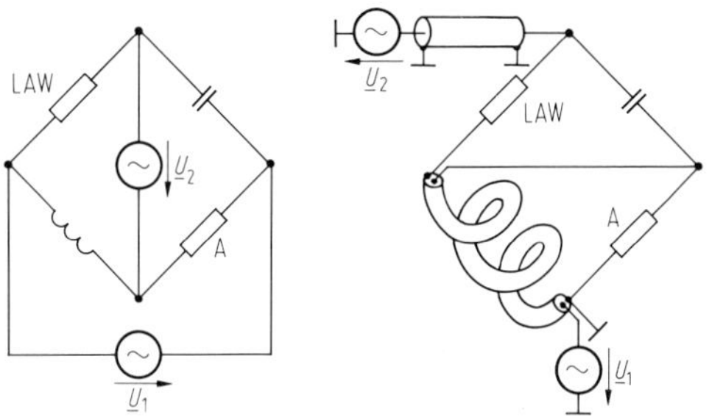

Bild 30. Varianten der Maxwell-Wien-Brücke

Eine sehr bekannte 90°-Brücke ist der 3-dB-Koppler [61]. In einem $\lambda/4$-langen Koaxialleitungssystem bilden die Enden der beiden gut gekoppelten Innenleiter je einen Brückenanschluß.

An den Anfang des einen Leiters und an das Ende des zweiten Leiters werden die Quellen angeschlossen und an die anderen Brückenanschlüsse die Ausgangslast und der Lastausgleichswiderstand.

Einen besonders geringen Aufwand erfordert die Maxwell-Wien-Brücke. Sie besteht aus einem Kondensator, einer Spule und dem Lastausgleichswiderstand. Bild 30 zeigt die Grundschaltung und eine für Parallelschaltungen geeignete Variante, bei der der Anschlußpunkt für eine Quelle über eine Kabelspule nach Masse gezogen ist. Das zusätzliche Kabel erzeugt die gleiche Phasendrehung wie das Kabel, das zur Kabelspule aufgewickelt wurde.

Weichen. Filterweichen werden benötigt bei der Zusammenfassung von Sendern, deren Betriebsfrequenzen relativ weit auseinander liegen. Bild 31 zeigt als Beispiel eine Weiche für zwei Mittelwellensender.

Für Frequenzen, die dicht beieinander liegen, müssen Brückenweichen verwendet werden, d.h. Kombinationen aus Brücken und Filtern. Ein

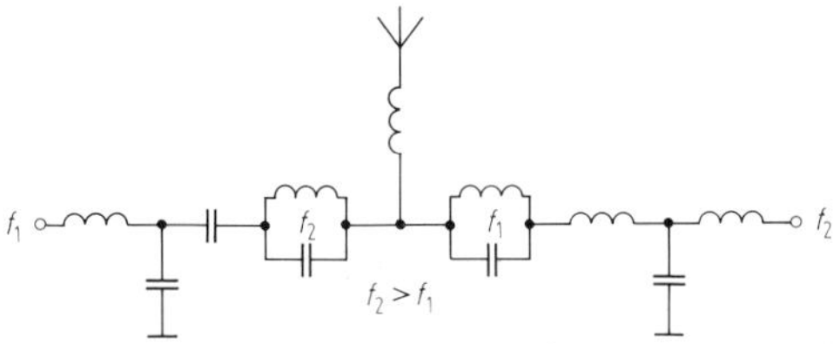

Bild 31. Filterweiche für zwei Sender

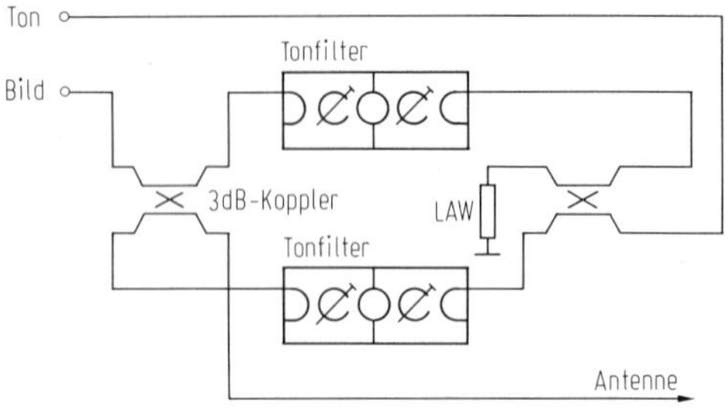

Bild 32. Bild-Ton-Weiche

sehr häufiger Anwendungsfall ist die Bild-Ton-Weiche von Fernsehsendern, bei denen das Bildsignal und das Tonsignal in getrennten Verstärkern verstärkt werden [62]. Bild 32 zeigt eine Bild-Ton-Weiche, die die Anforderungen für einen zweiten Fernseh-Tonkanal erfüllt.

2.7 Betriebseinrichtungen
Operating units

Neben den Einrichtungen, die zur Erfüllung der nachrichtentechnischen Senderaufgaben dienen, wie Erzeugung und Verstärkung der RF- und NF-Schwingung einschließlich Modulation, werden noch viele Betriebseinrichtungen benötigt, und zwar u. a. für Steuerung, Schutz von wertvollen Bauteilen, Automatik, Stromversorgung und Kühlung [63]. Bei einem Großsender beträgt der Aufwand für Betriebseinrichtungen etwa die Hälfte vom Gesamtsender.

Spezielle Literatur: [1] *VO-Funk* (Vollzugsordnung für den Funkdienst) Genf 1982. Deutsch herausgegeben vom Bundesministerium für das Post- und Fernmeldewesen, Bonn. – [2] *DIN IEC 244 Teil 1*, 1982. – [3] *Frühauf, T.*: Die Technik der Frequenzsynthese. Elektronik 22 (1973) 133–138. – [4] *Best, R.*: Theorie und Anwendung des Phase-locked Loops, 3. Aufl., Aarau: AT-Verlag 1982. – [5] *Sülzer, P.*: Phasengeregelte Oszillatoren. Elektronik 23 (1974) 425–428, 473–476. – [6] *Mehrgardt, S.; Alrutz, H.*: Digitaler Sinusgenerator hoher Präzision. Elektronik 32 (1983) 53–57. – [7] *Scherer, D.*: Design principles and measurement of low phase noise rf and microwave sources. Hewlett Packard 1979. – [8] *Vilbig, F.*: Lehrbuch der Hochfrequenztechnik, Bd. 2, 5. Aufl. Leipzig: Geest & Portig 1958. – [9] *Barkhausen, H.*: Elektronen-Röhren, Bd. 2, 6. Aufl. Leipzig: Hirzel 1954. – [10] *Rothe, H.; Kleen, W.*: Elektronenröhren als End- und Senderverstärker. Leipzig: Geest & Portig 1953. – [11] *Buschbeck, W.*: Grundlagen der Neutralisation. Diss. Univ. München 1942. – [12] *Meinke, H.; Gundlach, F.W.* (Hrsg.): Taschenbuch der Hochfrequenztechnik, 3. Aufl. Berlin: Springer 1968. – [13] *Burkhardtsmaier, W.*: Neue Kurzwellensender für Einseitentelephonie. Telefunken-Ztg. 29 (1956) 236–244. – [14] *Nielinger, H.*: Leistungs-Kettenverstärker bei fehlangepaßter Last. AEÜ 22 (1968) 282–292. – [15] *Burkhardtsmaier, W.*: Kurzwellen-Linearverstärker für 100 kW und 30 kW. Telefunken-Ztg. 40 (1967) 328–332. – [16] *Burkhardtsmaier, W.*: Neuer 20-kW-Einseitenband-Senderverstärker mit automatischer Abstimmung. Telefunken-Ztg. 35 (1962) 314–323. – [17] *Schneider, W.; Maly, H.*: Entzerrer mit Laufzeitgliedern und Bewertungsgliedern (Adaptiver Entzerrer). Deutsches Patent, Offenlegungsschrift P 3047292.5 (1980). – [18] *Zeis, J.*:Amplitudenmodulierter Sender für Einseitenbandbetrieb, Deutsches Patent DE 3040272 C2 (1980). – [19] *Krebs, H.*: Die neue Mittelwellensenderanlage des Westdeutschen Rundfunks in Langenberg. Rundfunktech. Mitt. 13 (1969) 214–219. – [20] *Johnson, J.*: Solid circuits. Communications Transistor Company, San Carlos Calif., 1973. – [21] *Moutoux, T.; Reber, B.*: Reliability for solid circuits. Communications Transistor Company San Carlos Calif., 73. – [22] *Euler, G.*: Hochfrequenz-Leistungstransistoren. Valvo Hamburg 1975. – [23] *Technisches Informationsblatt:* 5-kW-UKW-Rundfunksender S 3206. AEG-Telefunken, Fachbereich Sender Berlin, 1982. – [24] *Nielinger, H.*: Optimale Dimensionierung von Breitbandanpassungsnetzwerken. NTZ 21 (1968) 88–91. – [25] *Lampert, E.*: a) Leitungsübertrager mit beliebigem ganzzahligem Übersetzungsverhältnis. AEÜ 23 (1969) 49–79; b) Theorie des Leitungsübertragers zur Potentialumkehr von Nanosekunden-Impulsen. AEÜ 22 (1968) 537–548. – [26] *Hilberg, W.*: a) Die Eignung des Leitungsübertragers für die Impulstechnik. NTZ 18 (1965) 219–230; b) Einige grundsätzliche Betrachtungen zu Breitbandübertragern. NTZ 19 (1966) 527–538. – [27] *Buschbeck, W.*: Entkopplungsbrücken zur Parallelschaltung von Sendern des Kurzwellen- und UKW-Bereiches. NTZ 14 (1961) 567–575. – [28] *Buschbeck, W.; Burkhardtsmaier, W.*: Entkopplungsbrücken zur Parallelschaltung von Sendern des Kurzwellen- und UKW-Bereiches. NTZ 15 (1962) 181–189. – [29] *Geschwinde, H.; Krank, W.*: Streifenleitungen. Füssen: Wintersche Verlagshdlg. 1960. – [30] *Kleische, W.*: Schutzeinrichtung für ein Hochfrequenzleistung abgebendes, aktives Bauelement. Deutsches Patent 2 427 419 (1974). – [31] *Schmid, O.P.*: Moderner Überspannungsschutz. bauteile report 17 (1979) 169–173. – [32] *Redl, R.*: Die Übertragungseigenschaften von Modulatoren der Betriebsart D in Serienschaltung. Rundfunktech. Mitt. 17 (1973) 149–153. – [33] *Gschwindt, A.*: Betrachtungen über zukünftige Senderkonzepte für den amplitudenmodulierten Tonrundfunk. Rundfunkttech. Mitt. 15 (1971) 201–205. – [34] *Wysocki, B.*: PDM-Verfahren System „Telefunken" mit hohem Wirkungsgrad. nachrichten elektronik 10 (1976) 234–236. – [35] *Woodard, G.W.*: Efficiency comparison of AM broadcast transmitters. Western Association of Broadcast Engineers (1981) Conf. Publication, 1–40. – [36] *Tschol, W.; Kane, J.*: New directions in high power broadcast transmitter design. London, New York: IEE 1982 IBC Conf. Publication, 10' –111. – [37] *Leifer, A.*: Modulationsschaltung zur Anodenspannungsmodulation einer Hochfrequenzsenderendstufe. Deutsches Patent 1 218 557 (1963). – [38] Swanson, H.: The pulse duration modulator: A new method of high-level modulation in broadcast transmitters. IEEE Trans. BC-17 (1971) 89–92. – [39] *Wysocki, B.*: Pulsdauermodulation für Hochleistungsrundfunksender. Rundfunktech. Mitt. 21 (1977) 153–157. – [40] *Wysocki, B.*: Die neue Hochleistungssender-Familie PANTEL von AEG-Telefunken. Tech. Mitt. AEG-Telefunken 69 (1979) 86–90. – [41] *Zeis, J.*: Pulsdauermodulation in AM-Rundfunksendern. Tijdschr. va het Ned. Elektronica – en Radiogenootschap deel 44, Nr. 3 (1979) 147–152. – [42] *Bowers, D.F.*: PULSAM a new amplitude-modulation system. Sonderdr. Marconi Communication Systems Limited, Chelmsford, England CM1 1PL (1981). – [43] *Brett, J.E.; Molineux-Berry, R.B.*: Pulse with modulator drive for AM broadcast transmitters.

London, New York: IEE 1982 IBC Conf. Publication, 112–116. – [44] *Furrer, A.* et al.: Verfahren zum Verstärken eines analogen NF-Signals mit einem Schaltverstärker. Europäische Patentmeldung 0058443 A1. – [45] *Sempert, M.*: Neue Wege in der Entwicklung von Hochleistungs-Rundfunksendern. Bull. SEV/VSE 73 (1982) 903–907. – [46] *Langmeier, F.; Furrer, A.*: Der neue 250-kW-Kurzwellensender. Brown Boveri Mitt. 6 (1982) 212–217. – [47] *Harbig, H.; Pungs, L.; Gerth, G.*: Modulation mit veränderlichem Trägerwert. Hochfrequenztech. Elektroakust. 47 (1936) 141–147. – [48] *Wysocki, B.*: Amplitudenmodulierter Sender. Deutsches Patent 2720930 (1977). – [49] *Petke, G.; Mielke, J.*: Neue Messungen zur Energieeinsparung mit dynamikgesteuerter Amplitudenmodulation. Inst. f. Rundfunktechnik (IRT), Tech. Ber. 36/81 (1981). – [50] *Wysocki, B.; Breitkopf, K.*: Energy savings with modern PDM-Type high-power transmitters. London, New York: IEE 1982 IBC Conf. Publication, 117–124. – [51] *Recommendations and reports of the CCIR, 1982.* XVth Plenary Assembly, Geneva 1982. – [52] *Kroll, D.*: Sender mit dynamikgesteuertem Trägerwert. Deutsches Patent DE 3037901 C 2 (1980). – [53] *Schneider, B.; Kroll, D.*: Amplitudenmodulierter Sender mit Arbeitspunktsteuerung der Trägergeschwindigkeit. Deutsches Patent DE 3037902 C 2 (1980). – [54] *Lamberts, K.*: Modulation I. In: Fortschritte der Hochfrequenztechnik, Bd. 2. Leipzig: Becker & Erler 1945. – [55] *Prokott, E.*: Modulation und Demodulation. Berlin: Elitera 1975. – [56] *Buschbeck, W.*: Breitbandige Gegenkopplung bei Mehrgitterröhren im Kurzwellenbereich. Telefunken-Ztg. 40 (1967) 315–321. – [57] *Meinke, H.H.*: Einführung in die Elektrotechnik höherer Frequenzen, Bd. 1, 2. Aufl. Berlin: Springer 1965. – [58] *Schwarz, E.*: Zur Theorie der Anpassung mit zwei Reaktanzen. AEÜ 23 (1969) 169–176. – [59] *Hütte,* Des Ingenieurs Taschenbuch IVB. Berlin: Ernst & Sohn 1962. – [60] *Feldtkeller, R.*: Einführung in die Vierpoltheorie der elektrischen Nachrichtentechnik. Leipzig: Hirzel 1948. – [61] *Application information and technical data:* Passive couplers dividers and feed networks. Anaren Microwave, Syracuse New York 1976. – [62] *Bild-Ton-Weiche* 10/1 kW Bd. IV/V. Firmendruckschrift Spinner GmbH, München, 1982. – [63] *Zehnel, P.G.*: Die Betriebsgeräte für den 30-kW-Kurzwellen-Einseitenbandsender mit Abstimmautomatik. Telefunken-Ztg. 40 (1967) 332–339.

3 Senderklassen
Types of transmitters

Allgemeine Literatur s. unter P 1

3.1 Amplitudenmodulierte Tonrundfunksender
Amplitude modulated sound broadcasting transmitters

Rundfunksendungen dienen zum Empfang durch die Allgemeinheit, unabhängig vom momentanen Bedarf. Zur besseren Anpassung an Versorgungsgebiete und Verringerung von Störungen werden Rundfunksendungen häufig gerichtet abgestrahlt. Im

LF-Bereich (Langwelle),	150 ... 285 kHz
MF-Bereich (Mittelwelle),	525 ... 1605 kHz,

und in den Rundfunkbändern des

HF-Bereichs (Kurzwelle),	3,9 ... 26,5 MHz,

die nur für Tonrundfunksendungen benutzt werden, gibt es als einzige Sendeart die Zweiseitenband-Amplitudenmodulation. Mit Ausnahme von wenigen Sendern kleiner Leistung wird wegen des guten Wirkungsgrades Endstufenmodulation bevorzugt. Für die Zukunft ist ein Übergang auf Einseitenbandbetrieb geplant.

LF- und MF-Sender. Die meisten Sender dieses Bereichs sind Festfrequenzsender. Falls einmal eine Frequenzänderung erforderlich sein sollte, so nimmt man eine längere Frequenzwechselzeit in Kauf (> 1 h). Alle zugeteilten Frequenzen sind Vielfache von 9 kHz. Sie sind weltweit mehrfach belegt. Durch größere geographische Entfernung und Richtbetrieb lassen sich gegenseitige Störungen zumindest während des Tages in erträglichen Grenzen halten. Bei der Nachtversorgung erhöht sich die Reichweite, und es treten häufig Störungen auf.
Es gibt Sender, bei denen für den Nachtbetrieb die Leistung reduziert wird. Gelegentlich wird auch ein Frequenzwechsel mit einer Tag-Nacht-Umschaltung vorgenommen bzw. die Strahlungsrichtung der Antenne geändert.
Der Versorgungsbereich der MF- und LF-Sender ist leistungsabhängig und nicht durch die „optische Sichtweite" begrenzt. Für die Versorgung von dünnbesiedelten Gebieten und für Autofahrer ist diese Eigenschaft besonders wertvoll. Die Senderleistungen liegen zwischen 1 kW und einigen MW. Mit vielen Sendern kleiner Leistung, die im Gleichkanalbetrieb arbeiten, kann die Versorgung eines Gebietes verbessert werden, das durch Sender großer Leistung gestört ist. Einen besseren Empfang auf den überbelegten Bändern erreicht man mit verhältnismäßig schmalbandigen Empfängern. Die übertragbare NF-Bandbreite der handelsüblichen Empfänger liegt heute zwischen 2 und 3 kHz.
Eine weitere Verbesserung wird erreicht, wenn auch die Senderbandbreite eingeschränkt wird. Von systemgerechter Bandbreite spricht man, wenn die Senderbandbreite gleich der Empfängerbandbreite ist. In Westeuropa hat man die Senderbandbreite auf 4,5 kHz eingeschränkt. Es gibt aber noch andere Länder, wo 7,5 kHz, ja sogar 10 kHz verlangt werden.

HF-Sender. Die zuteilbaren Frequenzen haben ein Raster von 5 kHz. Für die Versorgung sehr

---
Spezielle Literatur Seite P 25

ferner Zielgebiete verwendet man Richtantennen. Aber auch rundstrahlende Antennen werden eingesetzt, besonders für die Nahversorgung bei tiefen Frequenzen. Die Ausbreitung ist abhängig von Frequenz, Jahreszeit, Tageszeit und Sonnenfleckeneinfluß (s. H). Der Betriebsablauf der Sender ist durch viele tägliche Frequenz- und Antennenwechsel gekennzeichnet. Deshalb werden neue Sender als Automatik-Sender oder Preset-Sender ausgeführt. In zunehmendem Maße wird der Betriebsablauf durch Prozeßrechner gesteuert.
Der Antenneneingangswiderstand hat eine „Welligkeit" von $S < 2$. Die Antennen haben breitbandige Abstimmittel am Fußpunkt. Bei Wind und Vereisungen treten Anpassungsänderungen auf, die vom Sender während des Betriebs automatisch ausgeregelt werden müssen.
Bei Hochleistungs-HF-Sendern kommen die Abmessungen der Bauelemente in die Größenordnung der Betriebswellenlänge. Die Vermeidung von unerwünschten Resonanzen ist ein wichtiges Ziel der Senderentwicklung und beeinflußt stark die konstruktive Gestaltung des Senders. Wegen des großen Frequenzbereichs von 3,9 bis 26,5 MHz ist hierzu viel Erfahrung erforderlich. Die untere Frequenzgrenze liegt im Konstruktionsbereich der MF-Sendertechnik mit konzentrierten Bauelementen, bei denen die Länge der Verbindungsleitungen nicht die entscheidende Rolle spielt. Die obere Frequenzgrenze liegt im Bereich der Topfkreistechnik. In der Regel wird ein Kompromiß zwischen konzentrierten Bauelementen und Leitungstechnik gewählt.

Gleichkanal-Rundfunk (Gleichwellenbetrieb) [1]. Die verfügbaren Frequenzbereiche sind zu klein, um alle Versorgungswünsche zu befriedigen. Der Betrieb mehrerer Sender an verschiedenen Orten mit der gleichen Betriebsfrequenz und der gleichen Modulation kann hier Erleichterung schaffen. An Orten, wo die Feldstärken von den beteiligten Sendern fast gleich sind, befinden sich Verwirrungsgebiete, in denen kein brauchbarer Empfang möglich ist.
Betreibt man in einem Zweisender-Gleichkanal-Rundfunk-System einen Sender mit AM und den anderen mit DAM, so wandert das Verwirrungsgebiet in Abhängigkeit von der Modulationsdynamik. Die qualitätsmindernde Auswirkung der Verwirrung wird durch DAM nicht verändert.

Einseitenband-Rundfunk (SSB-broadcasting) [2–5]. Die Zweiseitenband-Amplitudenmodulation stammt aus den Anfangstagen des Rundfunks. Ihr Vorteil ist die einfache Demodulation im Empfänger, die mit einem einzigen Gleichrichter (Kristalldetektor) durchgeführt werden konnte.
Einseitenbandmodulation führt zur Einsparung von Energie, zur Verdoppelung der Rundfunkkanäle und zu störungsärmerem Empfang. Das SSB-Signal wird im Steuervorsatz des Senders aus einem DSB-Signal durch Unterdrückung des unerwünschten (unteren) Seitenbandes gewonnen. Zur Unterdrückung benutzt man meistens Filter (Filtermethode). Bei geringeren Ansprüchen ist auch eine Unterdrückung durch Kompensation (Phasenmethode) möglich [6, Teil U]. Bei dem geplanten Einseitenband-Rundfunk soll in der Einführungsphase mit vollem Träger gesendet werden [7].

3.2 Frequenzmodulierte Tonrundfunksender

Frequency modulated sound broadcasting transmitters

In dem VHF-Bereich zwischen 87,5 und 108 MHz – Ultrakurzwelle (UKW) genannt – und in den Fernseh-Frequenzbereichen benutzt man Frequenzmodulation für Tonübertragung. Dadurch wird störungsfreier Empfang mit höchster Qualität erreicht.
Bei UKW-Sendern kann die Endstufenschaltung je nach Leistung mit konzentrierten Bauelementen oder koaxialen Topfkreisen ausgeführt werden. Koaxiale Topfkreise sind bei ca. 10 kW die elektrisch günstigere Lösung. Die Strombelastung der Röhre ist gleichmäßiger, und die störenden Schaltungskapazitäten sind geringer. Für die Tonsender der Fernsehsender im UHF-Bereich werden auch bei niedrigeren Leistungen ($>$ 100 W bei UHF) koaxiale Topfkreise verwendet.

3.3 Nachrichtensender

Communication transmitters

Diese Sender dienen zur Übertragung von Nachrichten, die für einen bestimmten Empfänger oder einen bestimmten Empfängerkreis bestimmt sind, aber nicht für die Allgemeinheit. Der Punkt-zu-Punkt-Verkehr ist vorherrschend, d.h. ein bestimmter Sender steht in Verbindung mit einem bestimmten Empfänger.
Abgesehen von einigen Ausnahmen (z.B. Bildfunk) kommt es bei den Nachrichtensendern in erster Linie auf die Übertragung des Nachrichteninhalts an, die Natürlichkeit einer Sprache ist von untergeordneter Bedeutung. Verglichen mit Rundfunksendern bestehen hier geringere Anforderungen an Klirrfaktor, Fremd- und Geräuschspannungsabstand.

Sender für feste Dienste. Für elektrische Nachrichtenübertragung gibt es heute die drei Methoden: Kabelübertragung (s. R 1), Terrestrischer Funk (s. R 3), Satellitenfunk (s. R 4).

Seit Einführung des Satellitenfunks ist der Bedarf an leistungsstarken Nachrichtensendern (20 bis 100 kW) zwar zurückgegangen, viele Dienste können jedoch auf den terrestrischen Funk nicht voll verzichten. Ein Dritter kann den Empfang zwar stören, den Funkweg aber nicht unterbrechen. Verglichen mit Satellitenübertragung ist der technische Aufwand gering.

Zur Übertragung der benötigten Betriebsarten Telegraphie, Telephonie und Bildfunk wurde eine große Anzahl von Sendearten eingeführt. Es handelt sich hierbei um Modifikationen von Amplituden-, Frequenz-, Phasenmodulation und um deren Kombinationen. Etwa 20 Sendearten sind im Einsatz.

Die Modulation wird in der Regel am Eingang des Senders in einem Modulationsgerät auf einer niedrigen Trägerfrequenz durchgeführt (z. B. 200 kHz).

Bei kleineren Sendern, die meistens in beweglichen Diensten [8 (4.VI), 9] eingesetzt werden, wird oft nur ein Einseitenbandmodulator vorgesehen. Alle Signale für Telegraphie, Telephonie und Bildfunk werden dem Sender als tonfrequente Signale zugeführt und mit dem Einseitenbandmodulator in die Ausgangsfrequenzlage umgesetzt.

Telephonie wird heute nur noch in Einseitenband-Sendearten abgewickelt. Die großen Nachrichtensender (10 kW) können gleichzeitig vier Fernsprechkanäle übertragen. Sie liefern zwei voneinander unabhängige Seitenbänder mit je 6 kHz Breite.

In allen Frequenzbereichen des für Funkzwecke verfügbaren Frequenzspektrums arbeiten Sender, die als Nachrichtensender bezeichnet werden können. Sender für Funkortung (Radionavigation) gehören nicht hierzu.

Längstwellensender zwischen 10 und 40 kHz mit Leistungen zwischen 100 und 1000 kW werden wegen der extrem schmalen Bandbreite (100 Hz), die mit Längstwellenantennen erzielbar ist, nur als Telegraphiesender eingesetzt (A1A, F1B). Mit Längstwellen ist eine Versorgung von getauchten U-Booten möglich.

Langwellensender zwischen 40 und 150 kHz mit Leistungen bis 50 kW dienen zur Übertragung von Telegraphie, Telephonie und Bildfunk.

Im unteren *Mittelwellenbereich* gibt es Landstationen für den Seefunktelegraphiebetrieb mit Leistungen bis etwa 5 kW.

Kurzwellensender im Frequenzbereich von 1,6 bis 30 MHz mit Leistungen bis zu 30 kW (100 kW) dienen zur Abwicklung aller Betriebsarten. In diesem Frequenzbereich werden die meisten Nachrichtensender betrieben. Häufig befinden sich mehrere Sender in einer Sendestelle mit einer umfangreichen Antennenanlage [10].

Wegen der Ausbreitungsbedingungen und des Betriebsablaufs sind häufige Frequenz- und Antennenwechsel in diesem Frequenzbereich erforderlich. Moderne Sender werden daher meistens als fernbedienbare Automatiksender ausgeführt. Von einer abgesetzten Betriebsstelle werden alle für den Betrieb erforderlichen Umschaltungen ausgeführt, wie z. B. Wahl der Leitung, Sendeart, Frequenz, Sendeleistung, Antenne. Für die häufigsten Kombinationen können bis zu 30 Voreinstellungen (Preset) gewählt werden.

3.4 Fernsehsender [11]
Television transmitter

Die Ausgangsschwingung eines Fernsehsenders enthält Toninformationen (auch stereo), Bildinformationen, Hilfsinformationen zum synchronen Aufbau des Bildes (Impulse) und Prüfinformationen (Prüfzeilen). Die Toninformationen werden mit Frequenzmodulation übertragen (Sendeart F3E (F8E)). Für die Bildübertragung verwendet man die Restseitenbandmodulation (Sendeart C3F). Zur Aufbereitung dient das bei den SSB-Nachrichtensendern bereits erwähnte Filterverfahren. Die spektrale Frequenzbelegung zeigt Bild 1. Der als „Luminanz" gekennzeichnete Bereich enthält sowohl die Schwarz/Weiß-Bildinformationen als auch die Hilfsinformationen. Es handelt sich hierbei im wesentlichen um ein Linienspektrum mit stark ausgeprägten Linien der Harmonischen der Zeilenfrequenz (15 625 kHz) mit dicht benachbarten Seitenschwingungen. Zwischen diesen Linien sind bei Schwarz/Weiß-Übertragung ungenutzte Lücken. Bei Farbübertragung wurde die Farbhilfsträgerfrequenz von 4,43 MHz so gewählt, daß die Harmonischen des Linienspektrums der Chrominanzinformation in diese Lücken fallen (Verkämmung). Die Farbfernsehsendung hat dadurch keinen zusätzlichen Bandbreitenbedarf.

Der Sender erhält an seinen Eingängen ein NF-Signal für die Toninformation (zwei Kanäle bei Stereo) und ein komplettes Videosignal für die Bildinformation. Das in Bild 2 dargestellte

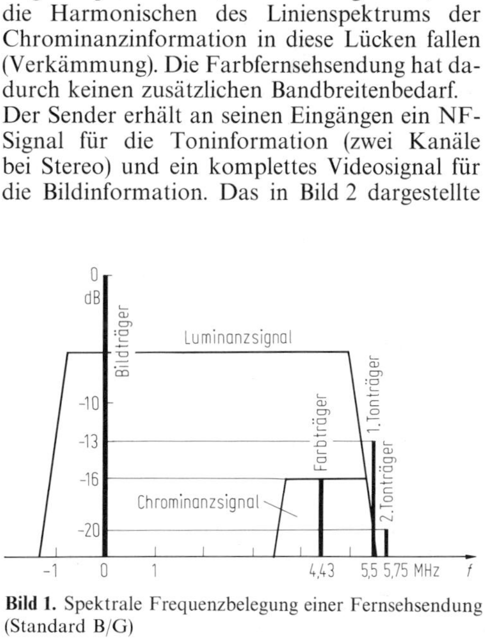

Bild 1. Spektrale Frequenzbelegung einer Fernsehsendung (Standard B/G)

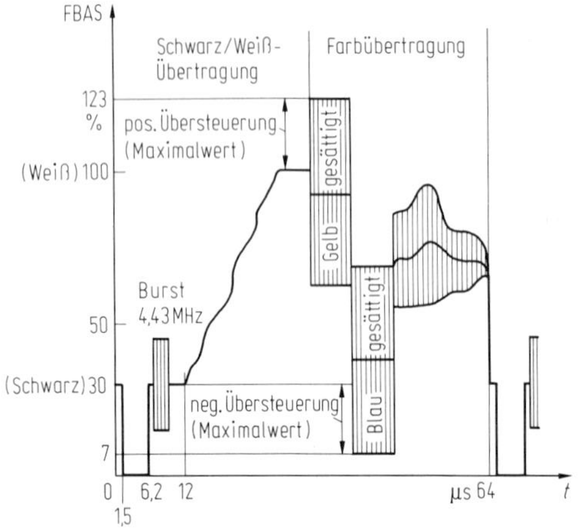

Bild 2. Zeilenperiode eines Videosignals (FBAS)

Videosignal heißt FBAS-Signal (Farbe, Bild, Austast-, Synchronimpuls).
Im vollständigen Zeitdiagramm kommen an den Stellen des Bildwechsels noch die Bildsynchronsignale hinzu.
Für die Bildzerlegung und Frequenzbandbelegung gibt es weltweit mehrere Normen (13 internationale TV-Standards).
In Deutschland benutzt man im VHF-Bereich den Standard B und im UHF-Bereich den Standard G. Der Unterschied besteht im RF-Kanalabstand; 7 MHz bei B, 8 MHz bei G. Der B/G-Standard wird vom CCIR empfohlen.
Zusätzlich zur Angabe des Standards muß zur eindeutigen Kennzeichnung des Übertragungsverfahrens noch das Farbübertragungssystem angegeben werden [12]. Es gibt drei Farbfernsehsysteme: NTSC (National Television System Committee), PAL (Phase Alternating Line) und SECAM (Séquentielle à memoire).
Standard B/G schreibt eine Negativmodulation vor. Das bedeutet, daß bei der modulierten Schwingung die Synchronimpulse die höchste Leistung haben. 10% der Maximalaussteuerung hat der Weißwert und 73% der Schwarzwert. Von Störimpulsen wird das Bild schwarzgetastet.
Die Modulation selbst wurde anfänglich auf der Endfrequenz durchgeführt, häufig als Gittermodulation der Endstufe. Bei modernen Sendern gibt es nur noch die Zwischenfrequenzmodulation (38,9 MHz). Das hat den Vorteil, daß unabhängig von der Ausgangsfrequenz immer das gleiche Kleinsignal-Restseitenbandfilter verwendet werden kann. Die 38,9-MHz-Schwingung enthält das komplette RF-Bildsignal in einer inversen Seitenbandlage. Das Restseitenband hat die höhere Frequenz. Der folgende Endumsetzer bringt bei gleichzeitigem Seitenbandwechsel das Signal auf die Betriebsfrequenz. Die Bildendstufen müssen dieses so erzeugte Signal auf die gewünschte Leistung linear verstärken.
Bei einem Fernsehsender werden die Bild- und die Toninformationen über eine gemeinsame Antenne abgestrahlt. Die Zusammenfassung beider Informationen geschieht bei getrennter Verstärkung von Bild und Ton (split carrier) in der Bild-Ton-Weiche, bei gemeinsamer Verstärkung von Bild und Ton (combined carrier) im ZF-Teil der Vorstufe [13].
Die Anforderungen an die lineare Verstärkung sind bei diesem Sender sehr hoch. Wegen der unvermeidbaren Verzerrungen werden Sender höherer Leistung (> 10 kW) vorwiegend mit getrennter Bild-Ton-Verstärkung ausgeführt.

TV-Endstufen. Die Nennleistung eines TV-Senders ist die Synchronspitzenleistung. In der Bundesrepublik Deutschland sind Werte bis 20 kW üblich. Die Tonsenderleistungen betragen 1/20 der Bildsenderleistung. Im Ausland gibt es auch TV-Sender höherer Leistung und auch höhere Tonsender-Leistungsanteile.
In fünf Frequenzbändern werden TV-Programme abgestrahlt:
Band I: 41 bis 68 MHz; Band III: 174 bis 223 MHz; Band IV: 470 bis 582 MHz; Band V: 582 bis 860 MHz; Band VI: 11,7 bis 12,3 GHz.
Band II ist der UKW-Tonrundfunkbereich.
Die Wahl der aktiven Elemente im Leistungsverstärker ist abhängig von Ausgangsleistung und Frequenzband.
Bei *Transistorverstärkern* bestimmen die Halbleiterpreise die wirtschaftliche Leistungsgrenze. Sie liegt bei TV-Sendern wegen der Linearitätsforderung und der hohen Betriebsfrequenzen wesentlich niedriger als bei UKW-FM-Sendern. Mit Ausnahme von Band VI sind bei Leistungen unter 50 W Halbleiterverstärker vorteilhaft.
Tetrodenverstärker [14] können mit modernen Tetroden für Frequenzen bis 860 MHz mit Leistungen bis 20 kW bei brauchbarer Lebensdauer realisiert werden. Als Abstimmelemente werden von Band III aufwärts vorwiegend koaxiale Topfkreise verwendet.
Klystronverstärker [15] werden im Band IV/V bei größeren Leistungen eingesetzt (> 10 bis 40 kW). In diesem Bereich haben Tetrodenverstärker eine Verstärkung von etwa 16 dB, Klystronverstärker dagegen 40 dB. Bei 20 kW Ausgangsleistung werden nur 2 W Steuerleistung benötigt.
Wanderfeldröhrenverstärker finden im Band VI Verwendung, für Endverstärker benutzt man aber auch Klystrons.
Zur Erzielung eines annehmbaren Wirkungsgrades werden sowohl Tetroden als auch Klystrons weit ausgesteuert. Hierdurch entstehen Linearitätsverzerrungen (differential gain) und Phasenverzerrungen (differential phase). Diese Verzer-

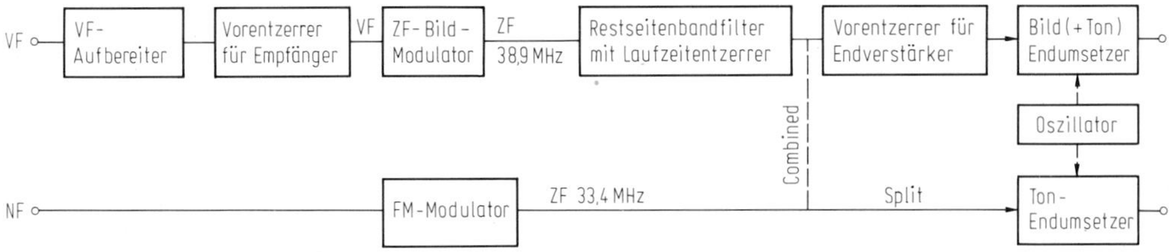

Bild 3. TV-Vorstufen

rungen werden in den Vorstufen in der ZF-Ebene kompensiert.

TV-Vorstufen [16]. Die TV-Vorstufen haben die Aufgabe, die vom Studio gelieferten Signale so aufzubereiten, daß am Senderausgang das normgerechte Signal mit der geforderten Qualität erscheint. Der Aufbereitungsprozeß kann nach Bild 3 in mehrere Funktionsgruppen gegliedert werden.

Der *VF-Aufbereiter* hat folgende Aufgaben:

- Schwarzwerthaltung (clamping) sorgt dafür, daß der Schwarzwert des FBAS-Signals einen definierten Pegel – unabhängig vom Bildinhalt – erhält.
- Synchronimpulsregeneration wird durchgeführt, damit die Synchronimpulse nach Länge, Breite, Höhe und Form der Norm entsprechen.
- Weißwertbegrenzung ist erforderlich, damit nicht bei Übermodulation die Trägerschwingung aussetzt und dadurch die Tondemodulation im Empfänger (Intercarrier-Verfahren) gestört wird.
- Farbträgeramplitudenregelung.

Empfängerlaufzeit-Vorentzerrer. In den Empfängerfiltern treten Laufzeitverzerrungen auf. Ein Teil dieser Verzerrungen wird im Sender durch Vorentzerrung ausgeglichen.

ZF-Bildmodulator moduliert den ZF-Bildträger (38,9 MHz) mit dem Videosignal.

Restseitenbandfilter begrenzt den Übertragungsbereich für das ZF-Bildsignal entsprechend Bild 1. Die Laufzeitverzerrungen, die durch das Restseitenbandfilter entstehen, müssen in einem Laufzeitentzerrer ausgeglichen werden. Bei Sendern mit gemeinsamer Bild-Ton-Verstärkung wird hinter dem Restseitenbandfilter die Bild-ZF und die Ton-ZF zusammengefaßt.

Sender-Vorentzerrer. Aussteuerungsabhängige Verzerrungen, die alterungsunabhängig sind und zwischen dem ZF-Teil und dem Senderausgang liegen, können in dieser Funktionsgruppe ausgeglichen werden. Es werden getrennte Einstellelemente zur Korrektur differentieller Phasen- und Verstärkungsfehler vorgesehen.

Endumsetzer. Je nach Senderkonzept werden Bild und Ton gemeinsam oder getrennt voneinander in den Endumsetzer auf die Sendefrequenz umgesetzt. Bei getrennter Bild-Ton-Verstärkung wird für beide Endumsetzer die gleiche Oszillatorfrequenz gewählt, sie liegt 38,9 MHz über der Senderfrequenz. Diese Oszillatorfrequenz und die Bild-ZF können aus einer Normalfrequenz abgeleitet sein. Ein Verfahren, bei dem alle Hilfsträger von einer Normalfrequenz abgeleitet sind und bei dem man die Senderfrequenz in Schritten von 25 Hz verschieben kann, macht die Anwendung von Präzisionsoffset möglich [17].

Spezielle Literatur: [1] *E.B.U. Technical Document No. 3210:* Synchronised groups of transmitters in LF and MF broadcasting. Bruxelles: European Broadcasting Union 1974. – [2] *Petke, G.:* Energiesparende Modulationstechniken bei AM-Rundfunksendern. Rundfunktech. Mitt. 26 (1982) 97–105. – [3] *Pappenfus, E.W.; Bruene, W.B.; Schoenike, E.O.:* Single sideband principles and circuits. New York: McGraw-Hill 1964. – [4] *E.B.U.:* Possibilities for energy economics with SSB, TEMP 11 (Brux., 10.82). – [5] *CCIR:* Single-sideband systems. Rep. 458-3 (1982). – [6] *Meinke, H.; Gundlach, F.W.* (Hrsg.): Taschenbuch der Hochfrequenztechnik, 3. Aufl. Berlin: Springer 1968. – [7] *Gröschel, G.:* Technische Parameter für ein zukünftiges Übertragungssystem im Kurzwellen-Tonrundfunk mit Einseitenbandmodulation. Rundfunktech. Mitt. 27 (1983) 231–246. – [8] *Hütte,* Des Ingenieurs Taschenbuch IVB. Berlin: Ernst & Sohn 1962. – [9] Bewegliche Funkanlagen. In: Hilfsbuch der Elektrotechnik, Bd. 2. Berlin: AEG-Telefunken 1979. – [10] *Kußmann, H.; Vogt, K.:* Die Entwicklung der sendetechnischen Einrichtungen bei den Küstenfunkstellen. Arch. Post- u. Fernmeldewes. 29 (1977) 195–360. – [11] *Vogt, N.:* Entwicklung der Fernsehsender für den UHF-Bereich. Ing. d. Deutschen Bundespost 24 (1975) 47–52. – [12] *Bernath, K.W.:* Grundlagen der Fernseh-System- und Schaltungstechnik. Berlin: Springer 1982. – [13] *Irmer, J.; Müller, G.:* Die Technik der gemeinsamen Verstärkung von Bild- und Tonkanal bei Fernsehsendern mittlerer Leistung. Elektr. Nachrichtenwes. 47 (1972) 151–156. – [14] TV and FM-radio powergrid tubes and matched rf-circuit assemblies. Thomson-CSF, Division Tubes Electroniques, 1982. – [15] *Schmidt, W.:* Neue Entwicklungen von Klystrons für VHF-Fernsehsender. Mikrowellen magazin 7 (1981) 456–459. – [16] *Irmer, J.:* Eine halbleiterbestückte Sendervorstufe der zweiten Generation. Elektr. Nachrichtenwes. 48 (1973) 378–385. – [17] *Aigner, M.:* Der Einfluß des Offsetbetriebes von Fernsehsendern auf den Tonstörabstand beim FM/FM-Multiplexverfahren und beim Zweiträgerverfahren. Rundfunktech. Mitt. 22 (1978) 185–194.

4 Sender mit Laufzeitröhren
Transmitters with transit-time tubes

4.1 Klystronsender
Klystron transmitters

Aufbau des Verstärkerklystrons (Bild 1). *Elektronenstrahl.* Der aus der Kanone (s. Bild M 4.6) austretende Strahl wird durch ein axiales magnetisches Feld geführt, das meistens durch eine das Klystron koaxial umgebende Spulenanordnung erzeugt wird. Die Höhe des Achsenfeldes ist durch die Strahldaten und die Betriebsfrequenz bestimmt; bei Verwendung des 1,2- bis 2fachen Brillouin-Feldes (s. Gl. M 4 (16)) ergeben sich Werte zwischen 0,03 und 0,3 T. Vielfach ist Zwangskühlung der Spulen erforderlich.
Bei kleinen und mittleren Abmessungen können auch Permanentmagnete zur Erzeugung des homogen axialen Feldes benutzt werden (PM-Fokussierung). Ein deutlich geringeres Gewicht und Streufeld haben Permamentmagnetanordnungen mit einer entlang der Achse alternierenden Feldrichtung (PPM-Fokussierung). Klystrons bis zu 25 kW Ausgangsleistung im UHF-Frequenzbereich sind mit PPM-Fokussierung entwickelt worden [1].

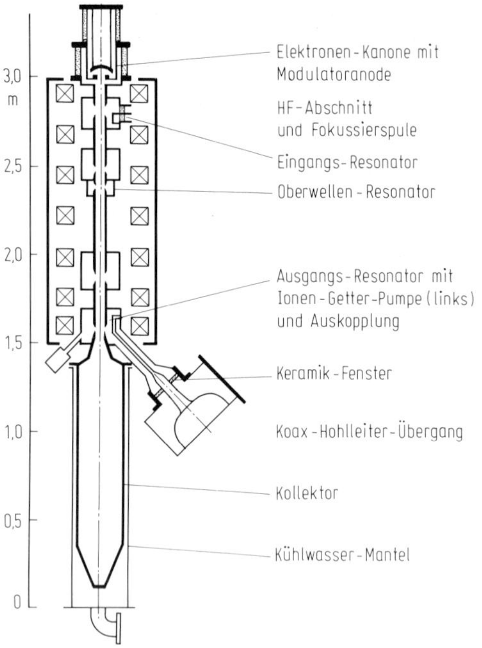

Bild 1. 500-MHz-Klystron YK 1301 für 800-kW-CW-Leistung (Aufbauschema)

HF-Abschnitt. Bei Innenkammerklystrons sind die Resonatoren integrale Bestandteile des Klystronkörpers und bilden mit ihren Außenwänden einen Teil der Vakuumhülle. Die Frequenzabstimmung ist dabei auf ca. 20% beschränkt. Wesentlich größere Werte bis zu einer Oktave (z. B. von 450 bis 900 MHz in Fernsehklystrons bis 60 kW) erreicht man mit Außenkammerklystrons [2].
Die HF-Leistung wird über einen Koaxial- oder Hohlleiter ausgekoppelt, wobei der Vakuumabschluß durch ein „HF-Fenster", meistens aus verlustarmer Aluminium- oder Berylliumoxidkeramik (s. M 4.4) erfolgt. Aufgrund der hohen Leistungsdichte, der Gefährdung durch Anregung ungedämpfter „ghost modes" [3], sowie durch Anfachung von Sekundärelektronenschwingungen auf der vakuumseitigen Oberfläche des Fensters (Multipaktorschwingungen) [4] ist das Fenster häufig ein kritisches und leistungsbegrenzendes Bauteil.

Kollektor. Die Belastbarkeit der Stromaufnahmeflächen beträgt je nach verwendeter Kühlart (Luft-, Flüssigkeits-, Siede- und Siedekondensationskühlung) 200 bis 1000 W/cm². In der Praxis werden jedoch zumeist geringere mittlere Werte zugrunde gelegt, da eine homogene Belastungsverteilung nicht für alle Betriebsfälle gleichzeitig gegeben ist.
Vielfach ist der Kollektor elektrisch durch einen Keramikring vom Röhrenkörper isoliert, wodurch die Messung des auf den Röhrenkörper entfallenden Stromanteils (Triftstrom) ermöglicht wird. Durch Betrieb des Kollektors auf einem niedrigeren Potential als dem des Röhrenkörpers erreicht man eine Anhebung des Wirkungsgrades η (s. M 4.7). Die damit erzielbaren η-Gewinne sind bei Sättigungsansteuerung allerdings wegen des bereits hohen Grundwirkungsgrades des Klystrons geringer als bei Wanderfeldröhren.

Charakteristische Daten (Tab. 1). *Betriebsdaten.* Eine wichtige Kenngröße des Elektronenstrahls ist seine Perveanz K_0 (s. M 4.7), wobei der praktisch verwendete Bereich unterhalb $2{,}5 \cdot 10^{-6}\,\mathrm{AV}^{-3/2}$ liegt. Daraus errechnete Werte für die Strahlspannung sind als Funktion der HF-Ausgangsleistung im Bild 2 gegeben. Bis zu 80 kV wird für den Kanonenbereich Luftisolation benutzt, darüber befindet sich die Kanone i. allg. in einem Öltank. Bei hohen Spannungen ist eine Abschirmung gegen Röntgenstrahlung erforderlich.

HF-Daten. Moderne Mehrkammerklystrons haben Verstärkungswerte von 30 bis 60 dB, die sich bei einer 1-dB-Bandbreite von ca. 1% mit vier

Spezielle Literatur Seite P 37

Tabelle 1. Datenbeispiele für Hochleistungsklystrons

Type		YK 1233	YK 1350	YK 1600
Betriebsart Anwendung		AM – TV Fernsehen	CW Hochenergie-physik	Puls Radar + Hoch-energiephysik
Frequenz	GHZ	0,47 ... 0,86	0,35	3,0
Leistung	MW	0,025	1,1	35
Verstärkung	DB	35	45	53
Bandbreite (– 1 dB)	MHZ	8	2	30
Wirkungsgrad	%	45	68	45
Spannung	kV	20	90	270
Baulänge	M	1,4	4,2	1,7

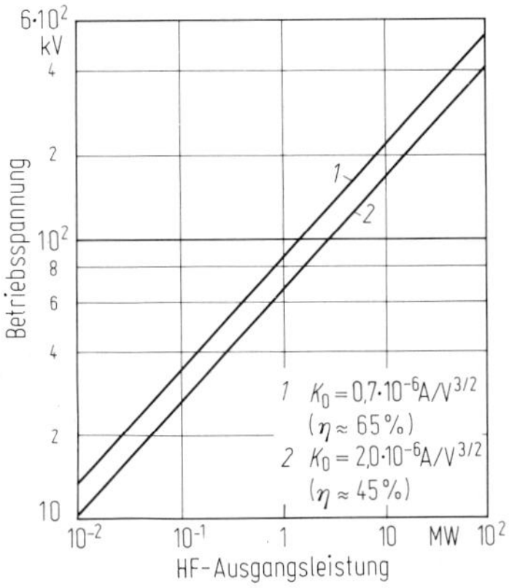

Bild 2. Betriebsspannung von Hochleistungsklystrons. Parameter: Strahlperveanz K_0

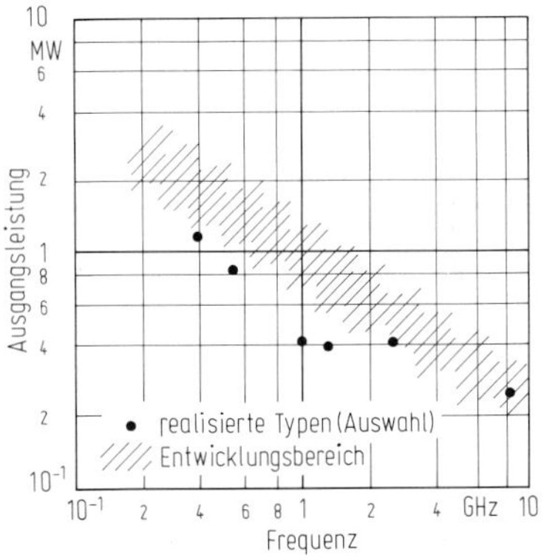

Bild 3. Ausgangsleistung von CW- und Langpulsklystrons als Funktion der Frequenz

bis sechs Resonatoren realisieren lassen. Höhere Bandbreiten können im Austausch gegen Verstärkung oder durch Erhöhung der Resonatorzahl erreicht werden, doch stellt die Bandbreite des Ausgangsresonators eine endgültige Begrenzung dar.
Die für Kühlzwecke gute Zugänglichkeit der HF-Struktur ermöglicht sehr hohe HF-Leistungen im CW- und Pulsbetrieb. Wachsende Verlustleistungsdichten in den Resonatoren und im Fenster, zunehmende Anforderungen an die Fokussierung sowie an die Gleich- und HF-Spannungsfestigkeit der internen Elektrodenabstände bewirken jedoch beim Klystron, daß die erreichbare Leistung zu höheren Betriebsfrequenzen und damit geringeren Abmessungen abnimmt (Bild 3).
Der Wirkungsgrad moderner Klystrons konnte in den letzten Jahren deutlich verbessert werden und liegt heute zwischen 45 und 70 %.

Senderanlagen (Beispiele). *UHF-Fernsehsender* (470 bis 860 MHz). Der Einsatz der Klystrons erfolgt als Bild-Endstufe im Bereich 10 bis 60 kW (Synchronimpulsleistung) und als Ton-Endstufe mit entsprechendem Leistungsabstand (– 5 bis – 13 dB) [5–7]. Seltener wird gemeinsame Bild-Ton-Verstärkung angewendet. Die Übertragung des amplituden-modulierten Bildsignals bei einer Bandbreite von 5 bis 8 MHz erfordert wegen der nichtlinearen Aussteuercharakteristik des Klystrons eine kompensierende Aufbereitung des Eingangssignals nach Amplitude und Phase. Fortschritte auf diesem Gebiet erlauben Ansteuerung bis in die Sättigung, wodurch der hohe Grundwirkungsgrad des Klystrons nutzbar wird.
Ein Verfahren zur weiteren Anhebung des Betriebswirkungsgrades nutzt den Umstand, daß die max. Senderleistung nur während der Zeitdauer des aufgetasteten Synchronimpulses benötigt wird.
Die Übertragung des Bildinhalts kann mit niedrigerer Strahlleistung erfolgen, wenn der Strahlstrom entsprechend der momentanen Ausgangsleistung moduliert wird, z. B. mittels einer Steuerelektrode, die ringförmig die Kathode umgibt und mit einem geringen Spannungshub den Ar-

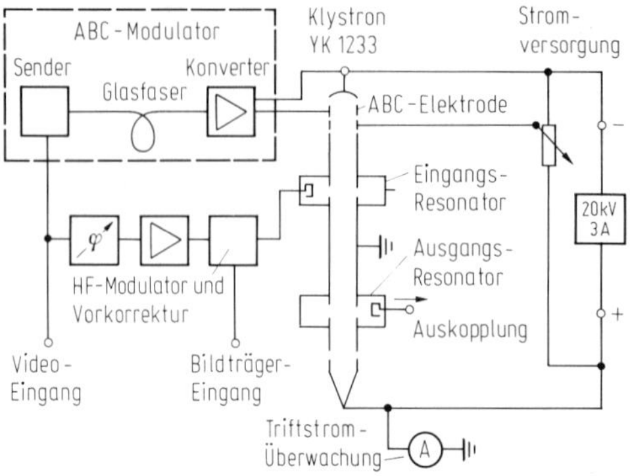

Bild 4. Prinzipschaltung einer 25-kW-UHF-Fernseh-Bildendstufe mit ABC-Modulation

beitspunkt steuert. Dieses als ABC-Modulation (Annular Beam Control) eingeführte Verfahren senkt die Leistungsaufnahme des Senders gegenüber der herkömmlichen Beschaltung um ca. ein Drittel (Bild 4) [8].

Pulssender. Pulsklystrons für Radar-Endstufen kommen zwischen 0, 4 bis 10 GHz, für Linearbeschleuniger vornehmlich bei 1, 2 und 3 GHz zum Einsatz [9, 10]. Dabei werden Spitzenleistungen bis zu 100 MW erreicht. Verfahren zur Pulsung der Senderleistung sind:

- Pulsung der Strahlspannung mit Laufzeitkettenmodulator, vornehmlich für feste Betriebseinstellungen und geringe Pulsbreiten (< 10 µs).

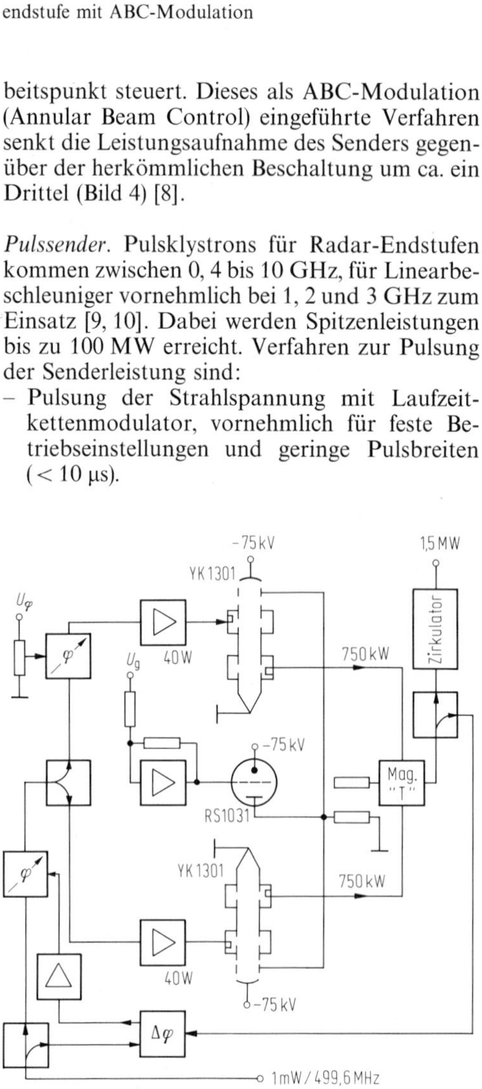

Bild 5. Prinzipschaltung eines 500-MHz-1,5 MW-Doppelsenders mit Anodenmodulation (mit Genehmigung des DESY, Hamburg)

- Strompulsung durch Längsmodulatorröhre oder mittels Klystron-integraler Steuerelektroden (Mod.-Anode bzw. Gitter) für flexible Betriebsbedingungen.

Höchstleistungs-CW-Sender. In Anlagen der physikalischen Großforschung (Beschleuniger, Kernfusion) kommen Klystronsender für höchste CW- bzw. Langpulsleistungen von 0,2 bis zu mehreren GHz zur Anwendung [11–13]. Bild 5 zeigt das Beispiel eines 500-MHz–1,5 MW-Doppelsenders mit Leistungssteuerung über die Modulationsanoden.

4.2 Wanderfeldröhrensender
TWT Transmitters

Anforderungen und Aufbau. Der WFR-Sender muß nicht nur die gewünschte Leistung, Bandbreite, Verstärkung und Linearität besitzen, sondern je nach Verwendungszweck zusätzliche spezielle Anforderungen erfüllen, wie einfacher Betrieb, leichte Wartung, kompakter Aufbau usw. Die Eigenschaften des Senders und auch seine Lebensdauer hängen in erster Linie von der Wanderfeldröhre ab, die in vielen Fällen speziell für den gewünschten Betrieb ausgelegt werden muß. Um eine Übertragung breiter Frequenzbänder zu ermöglichen, erfolgt die Ein- und Auskopplung der Leistung bei modernen Röhren meist über Koaxialleitungen.
Der Schaltungsaufbau von WFR in Leistungssendern ist in einer Vielzahl von Veröffentlichungen dargestellt [14]. Die für den Einsatz in Sendern wichtigen WFR-Eigenschaften werden im folgenden beschrieben.

Mehrfachreflexion. Da die WFR ein verstärkendes Bauelement mit großer Bandbreite ist (Bild 6), muß bei WFR-Sendern mit Mehrfachreflexionen gerechnet werden. Interne Reflexionen an der Entkopplungsdämpfschicht, an Störungen der Periodizität der Verzögerungsleitung VL oder am Übergang zwischen der VL und dem HF-Anschluß (Koaxialstecker, Hohlleiter) bewirken, daß am Ein- und Ausgang die Kaltfehlanpassung (bei abgeschaltetem Kathodenstrom) bzw. die Warmfehlanpassung (bei eingeschaltetem Kathodenstrom) besonders bei WFR mit hoher Verstärkung (> 40 dB) beträchtlich ist [15] und auch je nach angelegter Spannung oder Größe der Ansteuerleistung beträchtlichen Schwankungen im Betrieb unterliegt. Daher werden WFR meist zwischen Richtungsleitungen betrieben.
Die Mehrfachreflexionen, vorzugsweise zwischen HF-Ankopplung und Entkopplungsdämpfschicht, führen zu Amplituden- und Phasenmodulationsverzerrungen. In einem phasenmodu-

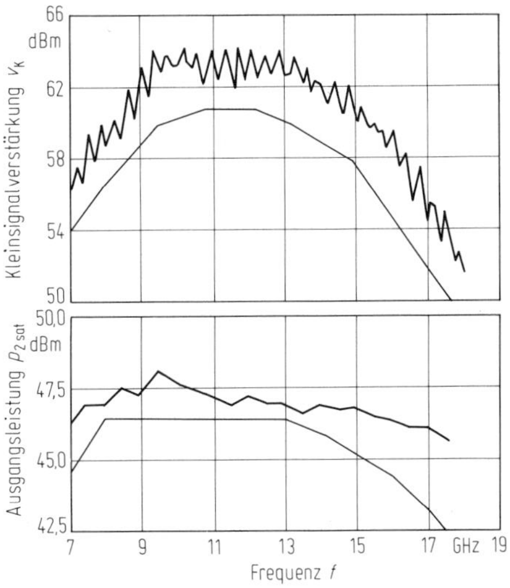

Bild 6. Verstärkung und Leistung einer Breitband-Wanderfeldröhre

lierten Übertragungssystem wirkt sich dies wie eine Laufzeitverzerrung $\Delta\tau$ aus [15]:

$$\Delta\tau = \frac{d\varphi}{d\omega} = \frac{l}{v_p} \frac{1 - r^2 + \frac{v_p}{l} r' \sin 2\beta l}{1 + r^2 - 2r \cos 2\beta l}$$

(l = Länge der VL zwischen den Reflexionsstellen; v_p = Phasengeschwindigkeit der VL; r_1, r_2 = Kaltreflexionsfaktoren an den Reflexionsstellen; $r = r_1^* r_2$, $r' = dr/d\omega$, $\beta \approx \omega/v_p$).

Störsignale. *Rauschen.* Der komprimierte Elektronenstrahl enthält z.T. beträchtliche Rauschwechselgrößen ($\tilde{v}, \tilde{i}$), die wie ein Nutzsignal breitbandig verstärkt werden. Auch bei Leistungsverstärkern, z.B. für Richtfunk, kann das Rauschen des WFR-Verstärkers (z.B. $F_0 = 35$ dB) die Größe des notwendigen Eingangssignals und damit die obere Grenze für die nutzbare Verstärkung festlegen, auch dann, wenn durch „laminare" Elektronenströmung das Auftreten von „anomalem" Rauschen [16] vermieden wird. Mit Hilfe der Raumladungswellentransformation ist es bei WFR mit nicht komprimiertem Elektronenstrahl gelungen, Rauschzahlen F_0 von 2 bis 3 dB bei 4 GHz zu erreichen [17]. Derartige „rauscharme" WFR sind jedoch heute vollkommen durch FET-Verstärker ersetzt worden.

Rückwärtswellen können die Funktion einer WFR mit höherer Leistung, insbesondere bei Verwendung einer VL aus gekoppelten Hohlraumresonatoren, beträchtlich stören; sie entstehen oberhalb eines bestimmten sog. Anschwingstroms infolge Verkopplung zwischen höheren Raumharmonischen und der Raumladungswelle.
Bei Wanderfeldröhren mit reduziertem Kollektorpotential kann ein kleiner vom Kollektor zur Kathode zurücklaufender Strom von Sekundärelektronen mit breitem Geschwindigkeitspektrum auftreten. Dieser kann mit diversen Raumharmonischen in Wechselwirkung treten und Störsignale in einem breiten Frequenzbereich erzeugen. Er wird meist als selektive Überhöhung des Rauschspektrums beobachtet (spurious modulation).

Ionenschwingungen. In der Vakuumhülle der WFR verbliebene Gasmoleküle können axiale oder radiale Plasmaschwingungen des Elektronenstrahls verursachen, die sich als Amplituden- oder Phasenmodulation auf das Nutzsignal auswirken [18].

Modulationsstörungen durch Versorgungssysteme. Alle Betriebsspannungen beeinflussen mehr oder weniger Amplitude und Phase des zu verstärkenden Signals; den bei weitem stärksten Einfluß hat die Spannung U der Verzögerungsleitung. Die Phase ändert sich in Abhängigkeit von U gemäß

$$\Delta\varphi = (1/v)(\Delta U)/U.$$

Danach darf U nur einige mV Brummspannung aufweisen, um unzulässige Störungen der Übertragungsqualität zu vermeiden.
Sehr häufig wird in WFR-Verstärkern eine Modulationsstörung beobachtet, die von der Wirkung des Magnetfeldes des Kathodenheizers auf die Form des Elektronenstrahls herrührt und durch einen Toroidheizer oder einen Heizer mit Kehrdoppelwendel vermieden werden kann.

Nichtlineare Effekte. *Nichtlineare Verzerrungen.* Durch den nichtlinearen Charakter der Wechselwirkung zwischen Elektronenstrahl und HF-Welle werden bei Großsignalbetrieb Amplituden- und Phasennichtlinearitäten erzeugt [19]. Diese werden i.allg. durch den Amplitudenkompressionsfaktor

$$c = 1 - (\Delta P_2/P_2)/(\Delta P_1/P_1)$$

(P_1, P_2 = Eingangs- bzw. Ausgangsleistung, $\Delta P_{1,2}$ = deren Änderung) bzw. durch den AM-PM-Umwandlungsfaktor

$$k_p = P_1(\Delta\varphi/\Delta P_1)\,[°/\text{dB}]$$

beschrieben. c und k_p bestimmen den kubischen Differenzfaktor

$$D_3 = 10 \log((c/2)^2 + k_p^2),$$

der bei der Aussteuerung der WFR in den quasilinearen Bereich eine Rolle spielt [20]. Die Meß-

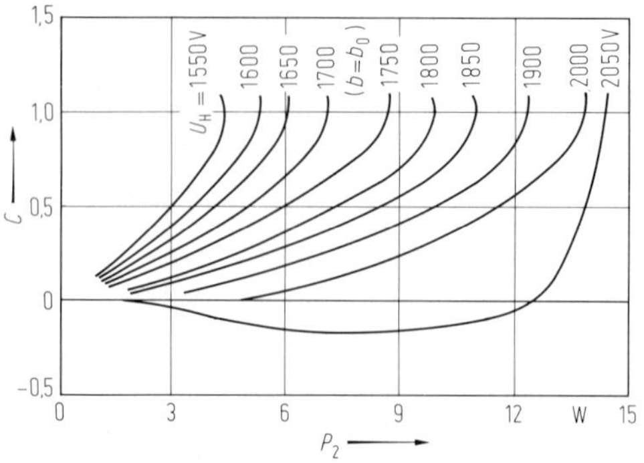

Bild 7. Amplitudenkompressionsfaktor als Funktion der Ausgangsleistung einer WFR

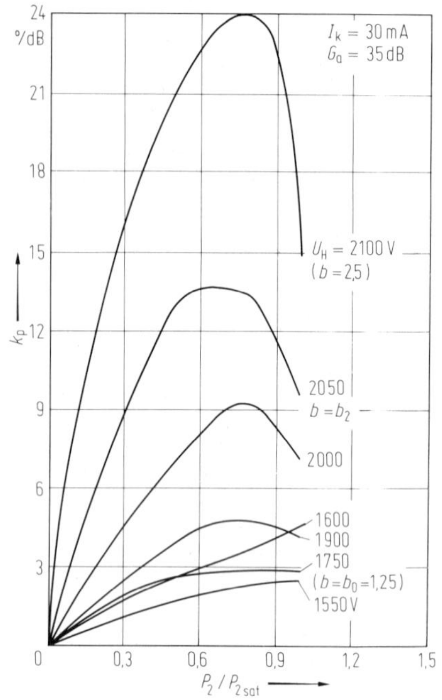

Bild 8. AM-PM-Umwandlungsfaktor k_p einer WFR als Funktion der Ausgangsleistung

werte von c und k_p (Bilder 7 und 8) werden z.T. stark durch Mehrfachreflexionen und VL-Spannungsänderungen als Folge leistungsabhängiger Stromübernahme auf die Wendel bei endlichem Innenwiderstand der VL-Spannungsquelle beeinflußt.

Oberwellen. Wegen der Breitbandigkeit des Verstärkungsmechanismus und der nichtlinearen Kennlinie der WFR sind im Ausgangssignal, besonders nahe der Sättigung, auch Oberwellen des zu verstärkenden Nutzsignals mit enthalten [21], die durch einen Tiefpaß am Ausgang in die WFR zurück reflektiert werden.

Parallelschaltung zweier WFR. Der Wirkungsgrad der Gesamtschaltung hängt von der Leistungs- und Phasendifferenz der beiden WFR ab [22]; letztere kann mit einem breitbandigen Phasenschieber (z.B. in Bandmitte bei Nominalleistung) auf Null abgeglichen werden.

4.3 Magnetronsender

Magnetron transmitters

Blockschaltbild eines Magnetronsenders. Magnetrons sind Leistungsoszillatoren. Legt man bei einem Magnetron zwischen Kathode und der meist mit Masse verbundenen Anode eine negative Gleichspannung an, so kann dem Ausgang der Röhre HF-Leistung

$$P_0 = P_M \eta \qquad (1)$$

entnommen werden (P_M = Kathodenspannung $U_K \cdot$ Kathodenstrom I_K; η = Wirkungsgrad).
Die Leistungserzeugung geschieht ohne äußere Schaltelemente durch selbsterregtes Schwingen infolge interner Rückkopplung in der Röhre (s. M 4.10).
Je nach Art der Eingangsleistung unterscheidet man Dauerstrichsender (U_K und I_K sind Gleichgrößen) und Impulssender (U_K und I_K werden gepulst angelegt).
Dauerstrich-Magnetronsender werden vor allem wegen des hohen Wirkungsgrades ($\eta \leqq 67\,\%$) zu Erwärmungszwecken in Haushalt (Mikrowellenherd) und Industrie (Vulkanisation) angewendet.
Die überwiegende Mehrheit von Magnetrontypen wird jedoch gepulst betrieben. Weltweit war und ist der gepulste Magnetronsender der „Standard"-Sender in nichtkohärenten zivilen und militärischen Radaranlagen.
Die wichtigsten Baugruppen eines Impuls-Magnetronsenders zeigt Bild 9. Ein an das Versorgungsnetz der Radaranlage angeschlossenes Gleichspannungsnetzgerät speist den Modulator.
Dieser erzeugt durch geeignete Schaltungen der Leistungselektronik Hochspannungsimpulse, welche an die Kathode des Magnetrons angelegt

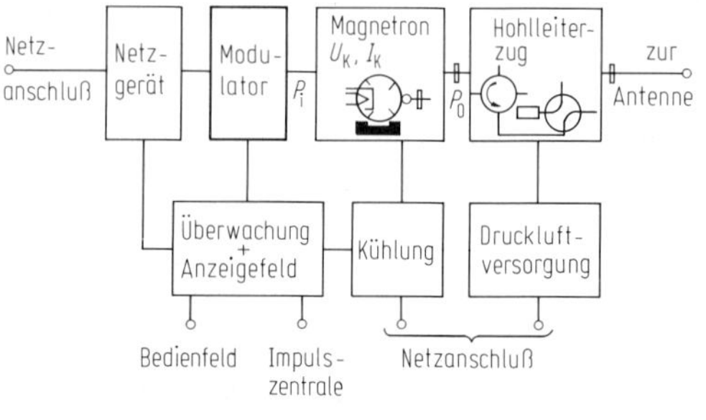

Bild 9. Blockschaltbild Magnetronsender

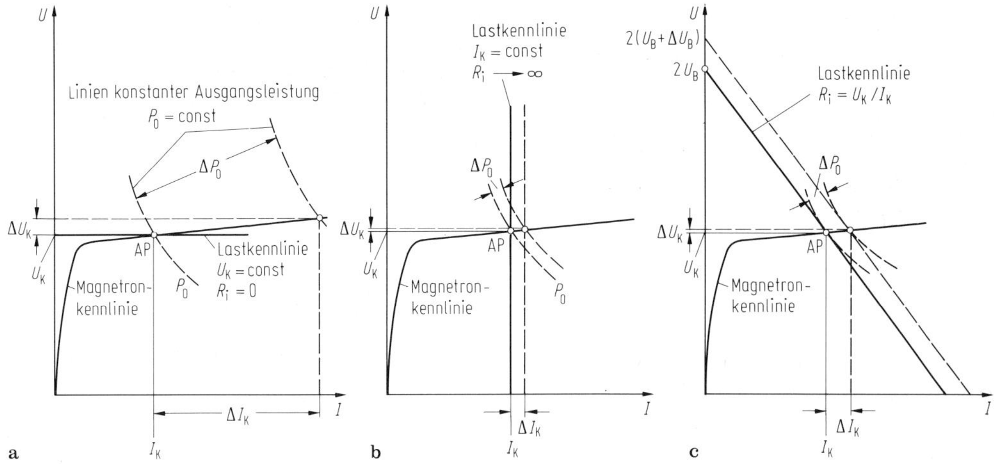

Bild 10. Modulatorkennlinien. **a** Konstantspannungsmodulator $R_i = 0$; **b** Konstantstrommodulator $R_i = \infty$; **c** Laufzeitkettenmodulator $R_i = U_K/I_K$; AP = Arbeitspunkt des Magnetrons

werden. Während der Impulsbreite t_p fließt der Kathodenstrom I_K, und dem HF-Ausgang der Röhre kann die Spitzenleistung P_0 entnommen werden; die mittlere Ausgangsleistung P_{av} ist

$$P_{av} = P_0 t_p f_p = P_0 d_u \tag{2}$$

(f_p = Impulsfolgefrequenz, $d_u = t_p f_p$ = Tastverhältnis).

Da Radarsender vorwiegend bei Frequenzen über 1 GHz betrieben werden, erfolgt die Speisung der Antenne über Hohlleiter im Hohlleiterzug. Gefährliche Betriebszustände eines Magnetronsenders werden von der Baugruppe „Überwachung“ erkannt und abgeschaltet, die Fehlermeldung erfolgt über das „Anzeigefeld“. Die am Magnetron anfallende Verlustleistung wird durch ein „Kühlaggregat“ abgeführt. Um die Durchschlagsfestigkeit der Luft bei hoher HF-Spitzenleistung zu steigern, kann ein „Druckluftaggregat“ nötig werden.

Die Schaltungsauslegung der Senderbaugruppen wird vor allem durch die Systemforderungen der Radaranlage (z. B. P_0, t_p, f_p) erfolgen. Darüber hinaus werden die übrigen elektrischen Daten, besonders des Modulators, durch die Schnittstelleneigenschaften des ausgewählten Magnetrons festgelegt.

Schnittstelleneigenschaften von Magnetrons. Nach Bild 9 hat das Magnetron in einem Sender elektrische Schnittstellen zum Modulator (Magnetronkennlinie) und zum Hohlleiterzug (Rieke-Diagramm).

Magnetronkennlinie. Die wichtigsten Eigenschaften des Magnetrons als Last für den Modulator kann man aus der Magnetronkennlinie, ergänzt durch Lastkennlinien (Innenwiderstandsgeraden) des Modulators, entnehmen (Bild 10). Bei Modulatoren mit sehr kleinem Innenwiderstand R_i (Bild 10a) ergeben geringste Änderungen ΔU_K der Speisespannung große Änderungen ΔI_K im Kathodenstrom und damit in der Ausgangsleistung (ΔP_0); ähnliches gilt, wenn das Magnetron auf verschiedene Frequenzen abgestimmt wird. Diese Änderungen ΔI_K können zur Zerstörung des Magnetrons führen; Konstantspannungsmodulatoren ($R_i \to 0$) sind also zum Betrieb von Magnetrons ungeeignet. Der Konstantstrommodulator ($R_i \to \infty$, Bild 10b) vermeidet diese Nachteile. Die Einhaltung der Forderung nach konstantem Kathodenstrom bei unterschiedlichen Speisespannungswerten ist besonders bei kurzen Impulsen sehr aufwendig und mit geringem Modulatorwirkungsgrad verbunden. Ein guter Kompromiß zwischen Aufwand und Modulatoreigenschaften ist eine Lastkennlinie nach Bild 10c. Hier erhält man bei Leistungsanpassung $R_i = U_K/I_K$ einen hohen Modulatorwirkungsgrad und geringe Ausgangsleistungsänderung bei Speisespannungsschwankungen (ΔU_B). Diese Art von Modulatoren, besonders in der Form des Laufzeitkettenmodulators wird in Magnetronsendern bevorzugt angewendet.

Rieke Diagramm. Es beschreibt die Rückwirkungen des Hohlleiterzugs als Hochfrequenzlast auf die Eigenschaften des Magnetrons (Bild 11). In dieser Darstellung ist der Betrag des Spannungs/Stehwellen-Verhältnisses (VSWR) als Radius und seine Phase als Winkel aufgetragen. Eingezeichnet sind Kurven konstanter Ausgangsleistung P_0 und Kurven konstanter Frequenz f. Das Zentrum des Rieke-Diagramms gilt für exakte Anpassung (VSWR = 1). Soll aus Systemgründen das Ausgangssignal frequenzstabil sein, so

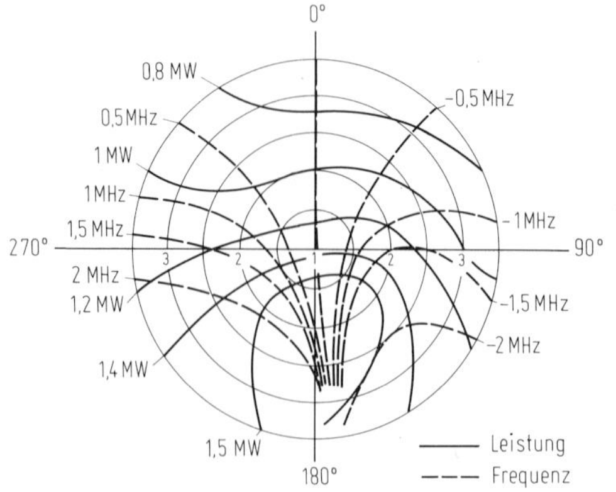

Bild 11. Rieke-Diagramm eines L-Band Magnetrons bei $f = 1300$ MHz. —— Leistung, --- Frequenz

sind VSWR-Schwankungen vom Magnetron möglichst fernzuhalten (z. B. durch Zirkulatoren).

Röhrendaten. Neben den Schnittstellen zu Modulator und Hohlleiterzug stellt ein Magnetron im Sender noch eine Vielzahl zusätzlicher Anforderungen an seine Umgebung (z. B. Röhrenheizung, Kühlung, Druckluft, Mechanik usw.). Ausführliche Informationen darüber enthalten die Datenblätter der Röhrenhersteller.

Modulatoren für Magnetronsender. Die für Impulsmagnetrons fast ausschließlich verwendete Modulatorart ist der Laufzeitkettenmodulator (LZK-Modulator). Die wichtigsten Gründe dafür sind der relative geringe Schaltungsaufwand zur Erzeugung hoher Impulsleistung, Leistungsanpassung zwischen Modulator und Magnetron, Schutz des Magnetrons bei Röhrenüberschlag und hoher Modulatorwirkungsgrad.
Bild 12 zeigt das Prinzipschaltbild des LZK-Modulators; seine Bezeichnung leitet sich von der zur Ladungsspeicherung nötigen Laufzeitkette ab, welche die Nachbildung einer einseitig offenen Leitung darstellt. Beim Betrieb des Modulators wird die Laufzeitkette von dem Gleichspannungsnetzgerät über die Ladedrossel und Ladediode aufgeladen. Dabei macht man von dem Resonanzladeprinzip Gebrauch (Ladedrossel und LZK-Kapazität sind in Resonanz) und erhält eine LZK-Spannung, die dem doppelten Wert der Speisespannung entspricht. (Die Resonanzfrequenz des Ladekreises muß natürlich auf die gewünschte Impulsfolgefrequenz abgestimmt sein.) Nach abgeschlossener Ladung trennt die Ladediode CR_1 die LZK von Ladedrossel und Netzgerät. Zum Zeitpunkt eines Modulatorimpulses wird der Leistungsschalter (Thyratron, Thyristor) durch einen Triggerimpuls leitfähig, die LZK entlädt sich nun mit der Impulsbreite t_p über die Primärseite des Impulstransformators. Dieser erhöht die Amplitude der Impulsspannung auf den Wert der Kathodenspannung. An die Sekundärseite ist das Magnetron angeschlossen. Das Übersetzungsverhältnis des Impulstransformators ist so gewählt, daß der Wellenwiderstand Z der Laufzeitkette gleich dem auf die Primärseite des Impulstransformators übersetzten Lastwiderstand des Magnetrons ist (Leistungsanpassung). Bei jedem Impuls wird die LZK total entladen, da in der LZK nur jeweils die Energie eines Impulses gespeichert ist, wird auch bei Störungen im Magnetron (z. B. Kurzschluß durch Röhrenüberschlag) die Energie nur eines Impulses in der Röhre umgesetzt; das Magnetron wird so vor Beschädigung geschützt. Der LZK-Modulator wird deshalb auch Konstantenergie-Modulator genannt. Wird der Modulator bei einem Lastkurzschluß betrieben (Röhrenüberschlag), so erfolgt eine negative Umladung der LZK (Reflexion am Kurzschluß). Diese negative Restspannung (Bild 12c) würde im folgenden Ladevorgang zur Spannungserhöhung an der LZK führen. Durch den Clipperkreis (CR_2, R_{CL}) wird die negative Restladung im Bruchteil eines Impulsabstands von der LZK abgeführt. Die Diode CR_3 bedämpft positive Überschwinger an der Primärseite des Impulstransformators.
Die Dimensionierung des Laufzeitkettenmodulators bei vorgegebenen Werten von P_0 geschieht wie folgt:

Impulsenergie:

$$E = U_K I_K t_p \tag{3}$$

(U_K, I_K: Arbeitspunkt für P_0).

Modulator Spitzenleistung:

$$P_M = U_K I_K . \tag{4}$$

Übers. Verh. Impulstrafo:

$$\ddot{U} \geqq 2\, U_K / U_A \tag{5}$$

(U_A = Anodenspannung des gewählten Thyratrons).

Primärspannung Impulstrafo:

$$U_1 = U_K / \ddot{U} \leqq U_A / 2 . \tag{6}$$

Primärstrom Impulstrafo:

$$I_1 = I_K \ddot{U} \leqq I_A \tag{7}$$

(I_A = Anodenstrom des gewählten Thyratrons).

Laufzeitkettenspannung:

$$U_{LZK} = 2\, U_1 . \tag{8}$$

LZK-Kapazität:

$$C_{LZK} = 2\, E / U_{LZK}^2 . \tag{9}$$

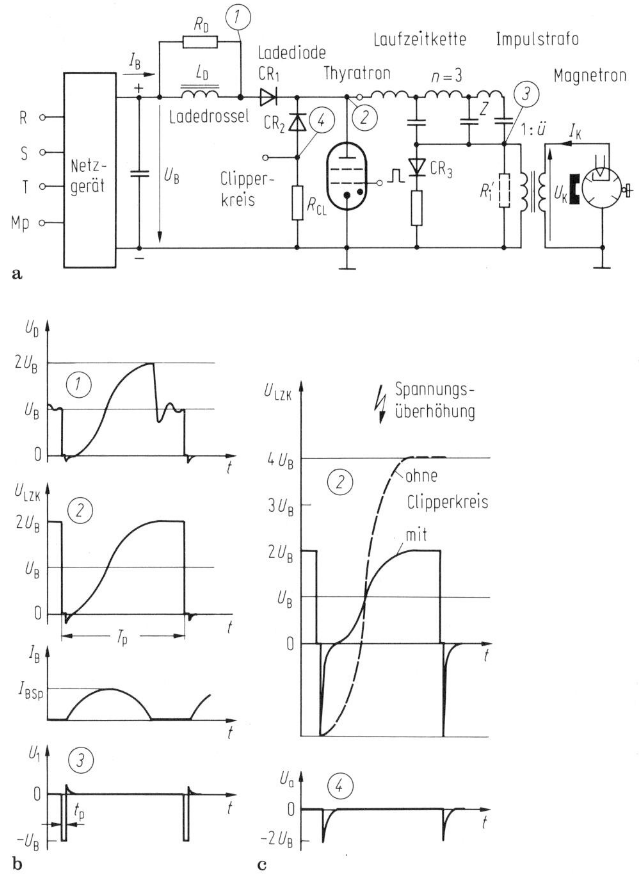

Bild 12. Laufzeitkettenmodulator.
a Schaltbild (═ lamellierter Kern); **b, c** zeitlicher Strom- und Spannungsverlauf an den Punkten *1* bis *4*; **b** Normalbetrieb; **c** kurzgeschlossene Last

LZK-Induktivität:

$$L_{LZK} = t_p^2/4 \cdot C_{LZK}. \qquad (10)$$

Maschenzahl d. LZK:

$$n = t_p/t_{on} \qquad (11)$$

(t_{on} = Anstiegszeit von U_K).

Einzel „C" und „L":

$$C_n = C_{LZK}/n;\ L_n = L_{LZK}/n. \qquad (12);(13)$$

Wellenwiderstand:

$$Z = \sqrt{L_{LZK}/C_{LZK}}. \qquad (14)$$

Speisespannung:

$$U_B = (U_1 + I_1 Z)/2. \qquad (15)$$

Mittl. Speisestrom:

$$I_B = E f_p / U_B \eta_{mod} \qquad (16)$$

(η_{mod} = Modulatorwirkungsgrad = 0,6 ... 0,8)

Induktivität d. Ladedrossel:

$$L_D = 1/\pi^2 f_{p,max}^2 C_{LZK}. \qquad (17)$$

Hiernach erhält man jedoch nur Nährungswerte für die einzelnen Bauelemente, da hauptsächlich Verluste die theoretischen Ergebnisse verfälschen. Darüber hinaus sind ausreichende Lebensdauerwerte der Bauelemente in der Hochleistungselektronik nur zu erwarten, wenn die Betriebsdaten der Bauelemente nicht voll ausgenutzt werden (Ausnutzungsfaktor 0,7 bis 0,8).

Leistungsschalter. Zur Entladung der LZK in Magnetronsendern mit Ausgangsleistungen im MW-Bereich werden fast ausnahmslos Thyratrons (geheizte Ein- oder Mehrgitterröhren), welche mit Wasserstoff mit vermindertem Druck gefüllt sind, als Leistungsschalter benutzt [23]. Wird das Steuergitter gegenüber der Kathode um mehrere hundert Volt positiv angesteuert, so zündet die Anoden-Kathoden-Strecke mit geringer Verzugszeit (< 0,2 µs) und großer Stromanstiegsgeschwindigkeit (bis zu 10 kA/µs). Die Restspannung (Brennspannung) im durchgeschalteten Zustand beträgt nur einen Bruchteil der zu schaltenden Spannung (Größenordnung 100 V), so daß die Röhrenverlustleistung relativ gering bleibt. Die Röhre verbleibt im durchge-

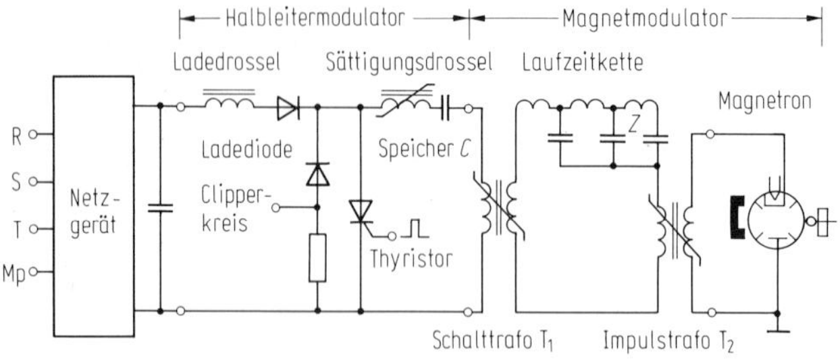

Bild 13. Halbleitermodulator mit Magnetmodulator (= lamellierter Kern)

zündeten Zustand, bis die Anodenspannung unter die Brennspannung abgesunken ist. Das Verlöschen kann im LZK-Modulator durch geringe negative Fehlanpassung ($Z > U_1/I_1$) verbessert werden.
Nach dem Verlöschen benötigt das Thyratron eine Zeit von ca. 10 bis 50 µs zur Entionisierung und Wiedererlangung ausreichender Spannungsfestigkeit. Wasserstoffthyratrons werden von verschiedenen Herstellern für Spannungen bis 160 kV und Spitzenströme bis 6000 A hergestellt. Diese für LZK-Modulatoren eigentlich ideale Röhre hat jedoch den Nachteil einer prinzipiell begrenzten Lebensdauer. (Im Mittel 3000 bis 5000 Betriebsstunden.) Dies hat schon früh dazu geführt, Halbleiter als Leistungsschalter einzusetzen. Im Laufe vieler Untersuchungen haben sich vor allem *Thyristoren* als geeignet erwiesen. Die elektrische Funktion des Thyristors ähnelt in vielen Eigenschaften der des Thyratrons. Im Gegensatz zum Thyratron liegen die maximalen Sperrspannungen bei etwa 2000 V und die für LZK-Modulatoren nutzbaren Ströme bei 1 kA. Die zulässige Stromanstiegsgeschwindigkeit liegt bei etwa 1 kA/µs. Die zur Zeit verfügbaren Thyristoren machen es notwendig, die für Magnetronsender nötige Modulatorleistung P_M durch Leistungsaddition mehrerer Halbleiterschalter (Serien- oder Parallelschaltung) zu erzeugen. Aber auch dann ist ein direkter Ersatz des Thyratrons in einem LZK-Modulator z. B. durch eine Serienschaltung von Thyristoren nicht möglich. Nach Triggerung der Thyristorkette ist nämlich nicht sofort die gesamte Halbleiterfläche des Einzelthyristors leitend. Vielmehr breitet sich die wirksame leitfähige Zone im µs-Bereich, von der Gatestruktur ausgehend, über den Halbleiterchip aus. Zur Vermeidung einer örtlichen Überhitzung muß der Stromeinsatz des Leistungsschalters verzögert gegenüber der Gateansteuerung erfolgen; in der Praxis wird dazu eine Drossel in Serie mit dem Thyristor geschaltet (Bild 13). Der Kern dieser Induktivität besitzt eine rechteckförmige Magnetisierungskurve (Sättigungsdrossel). Dieses passive Bauelement verzögert den Stromeinsatz durch den Thyristor um 2 bis 6 µs gegenüber der Gateansteuerung. Wegen der begrenzten maximal zulässigen Stromanstiegsgeschwindigkeit derzeit verfügbarer Thyristoren ist ein derartiger Modulator nur für Impulsbreiten $t_p > 2$ µs einsetzbar. Zur Erzeugung kürzerer Impulse ist dem Thyristormodulator ein *Magnetmodulator* nachzuschalten (Bild 13).
Der erste Teil des sog. „Halbleiter-Magnetmodulators" weist grundsätzlich dieselbe Anordnung der Bauelemente auf wie der LZK-Modulator. Das Thyratron ist durch einen Thyristor ersetzt. Anstelle der Laufzeitkette tritt eine einfache Speicherkapazität. Eine Sättigungsdrossel in Serie mit dem Thyristor verzögert den Stromeinsatz. Der Thyristor entlädt nach Triggerung, die Speicherkapazität über die Primärwicklung des Schalttransformators T_1, wodurch nun die eigentliche Laufzeitkette im Sekundärkreis von T_1 geladen wird. Ist die gesamte Energie des Speicherkondensators in die Laufzeitkette umgeladen, wird der Kern von T_1 durch die nun einsetzende Stromumkehr magnetisch gesättigt. Da er ebenfalls aus Material mit rechteckförmiger Magnetisierungsschleife besteht, wird die Induktivität der Sekundärwicklung im Sättigungszustand äußerst klein (Größenordnung einer LZK-Einzelinduktivität). Die Laufzeitkette entlädt sich nun während der Impulsbreite t_p vorwiegend über die Primärwicklung des Impulstransformators T_2, dessen Kern zur Impulsformung ebenfalls Rechteckcharakteristik besitzt. Bei diesem kombinierten Modulator wird der Thyristor mit einem relativ breiten Stromimpuls (5 bis 10 µs) während der Ladung der Laufzeitkette belastet; der eigentliche Impuls (z. B. mit $t_p = 0{,}5$ µs) wird danach durch Entladung der Laufzeitkette im Magnetmodulator erzeugt. So erreicht man kleine Werte für die Stromanstiegsgeschwindigkeit am Thyristor, kombiniert mit kleiner Impulsbreite für den Kathodenspannungsimpuls des Magnetrons. Neben Thyristoren als Leistungsschalter sind vereinzelt speziell für diesen Zweck entwickelte „reverse switching rectifiers", eine Art Vierschichtdiode für hohe Schaltleistungen, eingesetzt worden [24].

Netzgeräte. Die zur Speisung der Impulsmodulatoren nötigen Gleichspannungsnetzgeräte sind für Ausgangsspannungen von 6 bis 15 kV (für Thyratronmodulatoren) bzw. von 200 bis 500 V (für Halbleitermodulatoren) ausgelegt. Stan-

Tabelle 2. Elektrische Daten einiger Magnetronsender

Type		KR75	KR75B	SRELL-1
Anwendung		Küstenradar	Küstenradar	ziv. Flugsicherung
Frequenz	MHz	8875 ... 9225	8875 ... 9225	1250 ... 1350
Ausg. Sp. Leistung P_0	MW	0,07	0,2	5
HF-Impulsbreite t_p	µs	0,1/0,25	0,5	5
Impulsfolgefrequenz f_p	kHz	2,4/4,8	2,4	0,4
Tastverhältnis d_u	max.	0,0012	0,0012	0,002
Magnetrontyp	–	YJ1464	YJ1210	YJ1230
Kathodenspannung U_K	kV	20	22	70
Kathodenstrom I_K	A	11	28	160
Energie pro Puls	Ws	0,03/0,06	0,3	56
Modulatorart	–	Thyratron Modulator	Halbl. + Magnet-Modulator	Thyratron-modulator
Speisespannung	kV	3,7	0,200	12,5
Speisestrom	A	0,11	6,2	2,1
Netzgeräte Leistung	kW	0,41	1,24	26
Mod. Wirkungsgrad η_{Mod}	(%)	67	60	85
Kühlmittel	–	Luft	Luft	Wasser
Hohlleiterüberdruck	bar	0	0	1

dard-Netzgeräte sind thyristorgeregelt. Die niedrige Speisespannung für Halbleitermodulatoren ermöglicht eine direkte Gleichrichtung der Netzspannung, wobei der große und schwere Netztransformator entfallen kann. Da Störspannungen (z. B. Netzbrumm) über den „pushing factor" des Magnetrons zur Frequenzmodulation der HF-Ausgangsleistung führen und damit die Festziellöschung (MTI improvement factor) der Radaranlage verschlechtern, sind oft aufwendige Siebschaltungen im Netzgerät nötig. Will man große Siebkondensatoren vermeiden, kann man durch schnelle Regelkreise, z. B. gesteuerte Ladung oder gesteuerte Bedämpfung der Ladedrossel („de-Q-ing"), die erforderliche Stabilität von Impuls zu Impuls oft wirkungsvoller erreichen [25, 26].

Senderüberwachung. Durch Meßstellen im Magnetronsender werden die wichtigsten Betriebswerte erfaßt und mit elektronischen Schwellwertschaltern (Komparatoren) bewertet. Deren Ausgänge werden in Schaltkreisen miteinander logisch verknüpft und schalten (oft in µs) gefährliche Betriebszustände des Senders ab.

Hilfsaggregate. Impulsmagnetrons müssen wegen ihres begrenzten Wirkungsgrades (η ca. 40%) ausreichend (mit Luft oder Wasser) gekühlt werden. Luftkühlung erfordert geringeren Aufwand. Wasser als Kühlmittel wird zur Senderkühlung überwiegend in einem geschlossenen Kühlsystem eingesetzt. Das Kühlmittel gibt seine Wärmeenergie in einem Wärmetauscher an die Umgebungsluft ab. Zur Kühlung von Röhrenteilen, die mit Hochspannung verbunden sind, muß entionisiertes Wasser (durch Ionentauscher gereinigt) verwendet werden. Hohlleiter am Ausgang des Magnetrons werden oft mit hohen HF-Spitzenleistungen belastet. Bei speziellen Hohlleiterbauelementen (Filter, Zirkulatoren etc.) sowie großer Aufstellungshöhe der Radaranlage oder hoher Luftfeuchtigkeit besteht die Gefahr eines Hohlleiterüberschlags. Zur Vermeidung solcher Störungen wird dem Hohlleiterzug Druckluft von 0 bis 1 bar Überdruck zugeführt. Tabelle 2 gibt einen Überblick über die elektrischen Daten einiger bei AEG-Telefunken entwickelter Magnetronsender.

4.4 Senderendstufen mit Kreuzfeldverstärkerröhren (CFA)

Final transmitter stages with crossed-field amplifiers

Blockschaltbild. Das im Bild 9 angegebene Blockschaltbild eines Magnetronsenders gilt auch für eine Senderendstufe mit einem Kreuzfeldverstärker (CFA: Crossed-Field Amplifier). Da CFAs als Mikrowellenverstärkerröhren eingesetzt werden, muß nur die Baugruppe „Hohlleiterzug" durch zusätzliche Teile ergänzt werden, welche dem CFA die HF-Eingangsleistung zuführen. Genauso wie Magnetrons sind die meisten CFAs kathodengetastete Mikrowellenröhren. Auch die Röhrenkennlinien $U_K = U_K(I_K)$ stimmen mit den entsprechenden Kennlinien von Magnetrons prinzipiell überein. Ein Modulator für einen

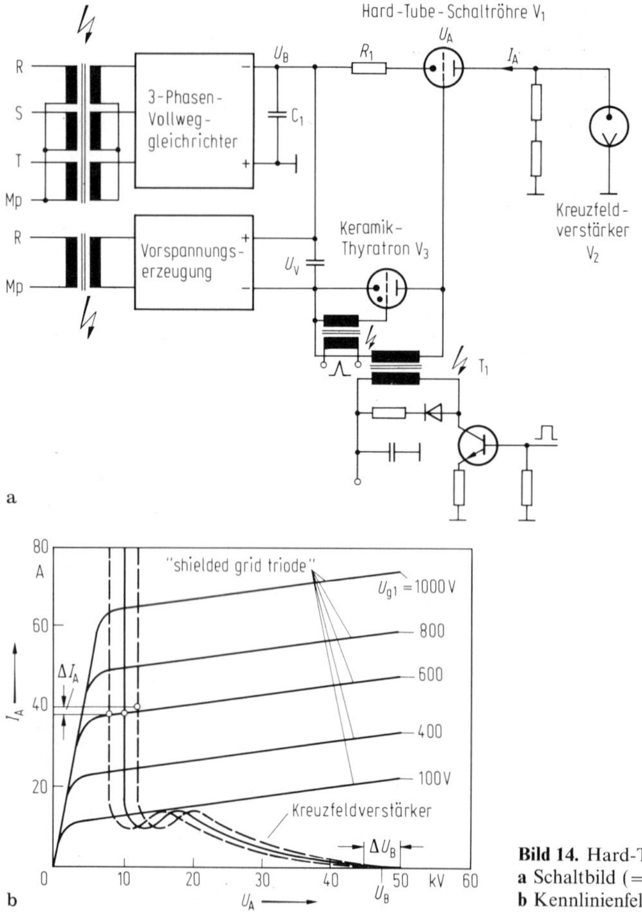

Bild 14. Hard-Tube-Modulator.
a Schaltbild (== lamellierter Kern);
b Kennlinienfeld

Kreuzfeldverstärker muß daher die gleichen Eigenschaften aufweisen wie für ein Magnetron (s. auch Bild 10).

Modulatoren für Kreuzfeldverstärker. CFAs werden hauptsächlich als Endverstärkerstufen in kohärenten Sendern mit zeitlich veränderlichen Impulsprogrammen (in Impulsbreite und -abstand) eingesetzt. Hierbei scheiden natürlich Laufzeitkettenmodulatoren mit ihrer fest vorgegebenen Impulsbreite aus. Der sogenannte „Hard Tube-(HT-)Modulator" vermeidet diese Nachteile. Besonders in der Form des Konstantstrom-HT-Modulators ist er geeignet, Kreuzfeldverstärkerröhren zu betreiben [27, 28] (Bild 14a, vgl. Bild 10b). Der Speicherkondensator C_1 wird durch ein Hochspannungnetzteil auf die Speisespannung U_B aufgeladen. In Reihe mit dem CFA (V_2) ist die gittergesteuerte Hochvakuumröhre V_1 angeordnet. In der Tastpause ist deren Steuergitter durch eine negative Vorspannung gesperrt.

Soll an die Kathode des CFA ein Spannungsimpuls angelegt werden, muß die Schaltröhre V_1 durch einen positiven Gitterimpuls über den hochspannungstrennenden Impulstransformator T_1 aufgetastet werden. Das Kennlinienfeld der Schaltröhre mit einem Kreuzfeldverstärker als Last zeigt Bild 14b. Die Kostantstromeigenschaften des Modulators werden durch zwei Maßnahmen sichergestellt:

- Verwendung einer Tetrode oder einer „shielded grid triode" als Schaltröhre. Im Gegensatz zu herkömmlichen Trioden besitzen diese Röhrentypen bereits Kennlinien mit hohem dynamischen Innenwiderstand.
- Einführung eines Gegenkopplungswiderstands (R_1 in Bild 14a) in den Kathoden- bzw. Gitterkreis der Schaltröhre.

Mit diesen Maßnahmen kann der Kathodenstrom des CFA trotz Speisespannungsschwankungen oder Frequenzänderungen konstant gehalten werden. Zur Erhöhung der Abschaltgeschwindigkeit der Schaltröhre kann zusätzlich ein Thyratron kleiner Leistung (V_3 in Bild 14a) im Gitterkreis notwendig werden. Derartige Senderendstufen mit Kreuzfeldverstärkerröhren haben eine HF-Leistungsverstärkung von etwa 10 dB. Neben kathodengetasteten Kreuzfeldverstärkerröhren sind vereinzelt auch Röhren mit Gleichspannungsversorgung entwickelt worden. Derartige Röhren werden allein durch den HF-Eingangsimpuls moduliert. In neuerer Zeit werden bei einzelnen Herstellern von CFAs in den USA Versuche unternommen, die geringe Leistungsverstärkung von ca. 10 dB zu erhöhen. Bei Versuchsröhren wird dazu die HF-Leistung nicht nur dem HF-Eingang der Röhre, sondern auch der Kathode zugeführt. Dadurch gelingt es, die Leistungsverstärkung auf Werte von ca. 25 dB zu vergrößern, wobei gleichzeitig verbesserte Rauscheigenschaften erzielt werden. Zum Schutz der Röhren wird meistens zusätzlich eine getriggerte Funkenstrecke in den Modulator eingebaut. Sie entlädt den Speichenkondensator C_1 im Falle eines Röhrenüberschlags in kurzer Zeit (µs).

Spezielle Literatur: [1] *Bohlen, H.*: Strahlfokussierung von Hochleistungsklystrons durch annähernd räumlich periodische Felder. Valvo-Ber. VIII (1967) 136–148. – [2] *Pötzl, F.*: Resonatoren für Außenkammer-Klystrons, Entwicklungsprobleme und charakteristische Eigenschaften. Valvo-Ber. VIII (1967) 109–135. – [3] *Forrer, M.P.; Jaynes, E.T.*: Resonant modes in waveguide windows. IRE Trans. MTT-8 (1960) 117–150. – [4] *Preist, D.H.; Talcott, R.C.*: On the heating of output windows of microwave tubes by electron bombardment. IRE Trans. ED-8 (1961) 243–251. – [5] *Schmidt, W.*: Hochleistungsklystrons für Fernsehsender im Bereich IV/V. Valvo-Ber. VIII (1962) 119–150. – [6] *Schmidt, W.*: Leistungsklystrons für UHF-Fernsehsender. Funkschau (1975) H. 15, 22–26. – [7] *Vogt, N.*: Entwicklung der Fernsehsender für den UHF-Bereich. Ing. d. Deutschen Bundespost 24 (1975) H. 2, 47–52. – [8] *Bohlen, H.*: Reduzierung der Leistungsaufnahme von FS-Klystronröhren durch Strahlmodulation. NTG-Fachber. 85 (1983) 108–111. – [9] *Pittack, U.J.P.*: Hochleistungsklystrons in Linearbeschleunigern. Valvo-Ber. XIV (1968) 1–25. – [10] *Metivier, R.*: Broadband klystrons for multimegawatt-klystrons. Microwave J. 15 (1971) No. 4, 29–32. – [11] *Demmel, E.*: Hochleistungsklystrons für den Sub-UHF-Bereich. NTG-Fachber. 85 (1983) 98–102. – [12] *Faillon, G.; Bastian, C.H.; Bergmann, H.*: Ein neues Hochleistungsklystron für die Plasmaphysik. Mikrowellen-Mag. 8 (1982) 148–151. – [13] *Musfeldt, H.; Kumpfert, H.; Schmidt, W.*: A new generation of high power CW-klystrons for accelerator and storage ring applications, practical experience and aspects for future developments. IEEE Trans. NS-28 (1981) 2833–2835. – [14] *Herter, E.; Rupp, H.*: Nachrichtenübertragung über Satelliten. Nachrichtentechnik, Bd. 6, S. 99, 122. Berlin: Springer 1983. – [15] *Bretting, J.; Roesler, R.D.*: Laufzeitverzerrungen durch Mehrfachreflexionen bei Leistungswanderfeldröhren für Richtfunk. Telefunken-Röhre H. 43 (1963) 85–108. – [16] *Louis, H.*: Untersuchungen über das anomale Rauschen in magnetisch fokussierten Wanderfeldröhren für Richtfunk. Tech. Mitt. (schweiz.) PTT 1958, Nr. 9, 333–348. – [17] *Currie, M.R.; Forster, D.A.*: New mechanism of noise reduction in electronic beams. J. Appl. Phys. 30 (1959) 264–275. – [18] *Eberhardt, N.*: Ionen-Relaxationsschwingungen in gebündelten Elektronenströmungen. Z. Angew. Phys. 16 (1963) 360–369. – [19] *Foster, J.H.; Kunz, W.E.*: Mikrowellenröhren-Vorträge. 5. Int. Tagung Paris, 1964. Braunschweig: Vieweg. – [20] *Nilson, O.*: Nonlinear distortion in TWT. Res. Lab. of Electric Chalmers University of Technology, Gothenburg. Res. Rep. No. 67 (1966) 7. – [21] *Putz, J.*: Non-linear behavior of TWTs. Mikrowellenröhren-Vorträge. 5. Int. Tagung Paris, 1964. Braunschweig: Vieweg. – [22] *Bretting, J.; Böhm, W.; Tan, P.G.*: Erhöhung der Sendeleistung durch Parallelschaltung von Wanderfeldröhren. Telefunken-Röhre H. 47 (1967) 193–206. – [23] *Hydrogen thyratrons product data.* Preamble English Electric Valve Comp. Ltd. Chelmsford, July 1980. – [24] *Brewster, B.; Pittman, F.*: A new solid-state switch for power pulse modulator applications, the reverse switching rectifier. IEEE Conf. Rec. 1973, 11th Modulator Symp. pp. 6–11. – [25] *Skolnik, M.*: Radar handbook. New York: McGraw-Hill 1970. – [26] *Magnetron modulators.* SFD Lab. (Varian) Inc. March 1968. – [27] *Chieco, A.; Scearch, G.*: The use of amplitrons as microwave amplifiers in high power radar systems with frequency agility. Int. J. Electron. 26 (1969) 237–252. – [28] *Käs, G.* u.a.: Radartechnik. Grafenau: Expertverlag 1981.

Q Empfänger
Receivers

R. Esprester (1.1, 2.2); **H.-J. Fliege** (3.2); **K.-D. Humann** (1.3, 3.1); **W.D. Lange** (3.3); **G. Lingenauber** (2.5, 2.6, 3.4); **V. Renkert** (1.3, 2.4); **W. Schaller** (1.2, 3.4); **H. Schöffel** (1.3); **H. Schuster** (2.3); **H. Söllner** (1.3, 2.1, 3.4); **H. Supritz** (2.6 bis 2.8).

1 Grundlagen. Fundamentals

Allgemeine Literatur: *Braun, G.*: Planung und Berechnung von Kurzwellenverbindungen. Berlin, München: Siemens AG, Abt.-Verl., 1981. – *CCIR Rep. 670*: Worldwide minimum exteral noise levels, 0,1 Hz to 100 GHz. Vol. I. Geneva 1982. – *Davies, K.*: Ionospheric radio propagation. New York: Dover, 1966. – *ESSA*: Tech. Rep. ERL 110-ITS 78, ERL 131-ITS 92. – *Fink, D.G.*: Electronics engineers handbook. New York: McGraw-Hill 1979. – *Frequenz* 36 (1982) H. 4–5. – *Hütte*, Des Ingenieurs Taschenbuch. Berlin: Ernst & Sohn 1962. – *Kupfmüller, K.*: Die Systemtheorie der elektrischen Nachrichtentechnik. Stuttgart: Hirzel 1974. – *Reference data for radio engineers*: Howard W. Sams & Co., 1979. – *Schwarz, M.*: Information, transmission, modulation and noise. New York: McGraw-Hill 1980. – *Skolnik, M.*: Introduction to radar systems. New York: McGraw-Hill 1980.

1.1 Definitionen. Definitions

Empfänger im Sinne der elektrischen Nachrichtentechnik dienen der frequenzselektiven Verstärkung von radiofrequenten Signalen im Frequenzbereich von 75 Hz (z. B. Unterwasserfunk) bis 100 GHz (z. B. Satellitenfunk). In diesem Teil wollen wir uns auf den Frequenzbereich bis 1 GHz beschränken. In der Regel besitzt ein Empfänger Einrichtungen zur Demodulation genormter Modulationsarten und ist für Frequenzteilbereiche gebaut, z. B. Rundfunkempfänger für MW, KW und UKW (s. R 2).

Die zu fordernde *Empfindlichkeit* (s. 1.3) eines Empfängers bzw. eines Empfangssystems soll sicherstellen, daß der Signal- zu Geräuschabstand am Empfängerausgang praktisch nur von dem am Empfängereingang anliegenden *Außengeräusch* (s. H 4) im jeweiligen Frequenzteilbereich bestimmt wird, während das Eigenrauschen des Empfängers vernachlässigbar ist. Durch Wahl von geeigneten Antennen mit ausreichender Nutzhöhe läßt sich diese Forderung, zumindest im Frequenzteilbereich bis 1 GHz, mit erträglichem Aufwand einhalten.

Es wird zwischen der *Empfangsbandbreite* (= ZF-Bandbreite; vor der Demodulation) und der *Auswertebandbreite* (= NF-Bandbreite; nach der Demodulation) unterschieden; bei FM-Systemen ist die ZF-Bandbreite immer größer als die NF-Bandbreite.

Im allgemeinen steigt die verwendbare Empfangsbreite des nutzbaren Kanals mit der verwendeten Radiofrequenz. So sind z. B. im VLF-Bereich (3 bis 30 kHz) Bandbreiten um 100 Hz, im VHF-Sprechfunk (30 bis 300 MHz) um 15 kHz, in TV-Bändern um 5 MHz nötig; weitere Beispiele sind in [1] zusammengestellt.

Besonders wichtig ist der im Empfänger vor der Demodulation angeordnete Bandpaß zur Trennung des Nutzsignals vom Nachbarkanalsignal (*Nachbarkanalselektion*, meist > 60 dB), bzw. von im Frequenzbereich weitab liegenden Signalen (*Weitabselektion* > 80 dB).

Bei kommerziellen Empfängern sind der Nebenwellenempfang und die Empfindlichkeitsminderung durch sog. *Blocking* (in [2] Sperrung) zu spezifizieren; darunter versteht man i. allg. eine Reduzierung des Signalgeräuschabstands am Empfängerausgang infolge eines hohen Störsignalpegels auf einer (vorzugsweise benachbarten) Frequenz. *Nebenwellenempfang* ist bei Überlagerungsempfängern z. B. auf der (nicht ausreichend gedämpften) Spiegelfrequenz bzw. allgemein auf allen Kombinationsfrequenzen

$$|mf_O \pm nf_E| = f_Z \tag{1}$$

möglich; bei Mehrfachsupern kann $f_Z = f_{Z1}$ bzw. f_{Z2} usw. sein.

Dabei sind f_O die Oszillator-, f_E die Empfangs- und f_Z die im Empfänger vorliegende(n) Zwischenfrequenz(en). Bei den Nebenwellen unterscheidet man zwischen inneren (sog. Eigenpfeifstellen infolge unzureichend entkoppelter Oszillatoren bei mehrfacher Überlagerung) und äußeren (spurious responses). Die inneren Pfeifstellen erklären sich nach Gl. (1), wenn f_{O2} für f_E eingesetzt wird:

$$|mf_{O1} \pm nf_{O2}| = f_Z. \tag{2}$$

Das *reziproke Mischen* ist eine Wechselwirkung zwischen den Rauschseitenbändern des (der) Oszillator(en) und dem empfangenen Signal. Während dieser Effekt noch zu den quasilinearen Erscheinungen zählt, ist die *Intermodulation* auf

---

Spezielle Literatur Seite Q 17

nichtlineare Zusammenhänge zweiter und dritter Ordnung zurückzuführen (s. 1.3 unter „Nichtlineare Eigenschaften").

Die *wirksame Selektion* ist gleich der Pegeldifferenz (in dB) von Störsignal und Nutzsignal am Eingang des Empfängers für ein bestimmtes Signal- zu Störspannungs-Verhältnis (s. Störabstand) am Ausgang des Empfängers. Die wirksame Selektion ist vom Pegel des Nutzsignals und vom Frequenzabstand Nutz/Stör-Signal abhängig. Dies gilt z. B. für die sog. *Kreuzmodulation*, welche eine Folge von nichtlinearen Bauelementeeigenschaften im Empfänger ist; dabei überträgt ein außerhalb des Nutzkanals einfallender Störsender seine Modulation auf das Nutzsignal.

Der *Störabstand* eines Nutzsignals wird am Empfängerausgang definiert, und zwar als Leistungsverhältnis (dB) von Nutzsignal zur Summe aller Störsignale einschließlich des Rauschens.

Unter *Störstrahlung* versteht man beim Empfänger i. allg. das von ihm selbst erzeugte und elektromagnetisch abgestrahlte Störsignal, im besonderen die an der Antennenbuchse meßbare Störsignalspannung (z. B. die Oszillatorrestspannung bei Überlagerungsempfängern). Aus Gründen der *elektromagnetischen Verträglichkeit* (EMV) darf diese Störstrahlung einen Höchstwert nicht überschreiten (s. 1.3 unter „EMV").

Eingangsperipherie. Dazu zählen z. B. die Antenne(n) (s. N 4), aber auch *Antennenverteiler*, falls mehrere Empfänger von einer Antenne versorgt werden sollen. Diese können sowohl *aktiv* (ohne Signaldämpfung) als auch *passiv* gestaltet sein (N:1-Teiler der Signalleistung, wobei N die Anzahl der zu versorgenden Empfänger ist).

Es muß gewährleistet sein, daß die am jeweiligen Empfänger ankommende Leistung des Außengeräuschs über dem Eigenrauschen des Empfängers liegt. Dies ist mit entsprechend großen Nutzhöhen der verwendeten Antenne(n) realisierbar. Ein aktiver Antennenverteiler entspricht der Cascadierung von einem Breitbandverstärker und einem passiven N:1-Teiler. Damit hat der aktive Antennenverteiler den Vorteil, (beliebig) viele Empfänger an eine Antenne anschließen zu können. Die Zahl N ist jedoch durch die Linearitätseigenschaften des Verstärkers begrenzt. Im allgemeinen liegt eine geringe Verteilerverstärkung von + 1 dB vor, so daß die erforderliche Nutzhöhe der verwendeten Antennen vielfach geringer sein darf als bei den passiven Antennenverteilern.

Mit zur Eingangsperipherie zählt auch das *Ausbreitungsmedium.* Von der gewählten Kanal- oder Empfangsbandbreite hängt bei gegebener Sendeleistung, Antenneneigenschaften, Modulationsart usw. die Reichweite ab, weil i. allg. die Intensität der Störsignale (wie etwa das weiße Gaußsche Rauschen) mit $\sqrt{B}$ steigt, die Empfangsspannung des Nutzsignals dagegen von der Empfangsbandbreite unabhängig ist.

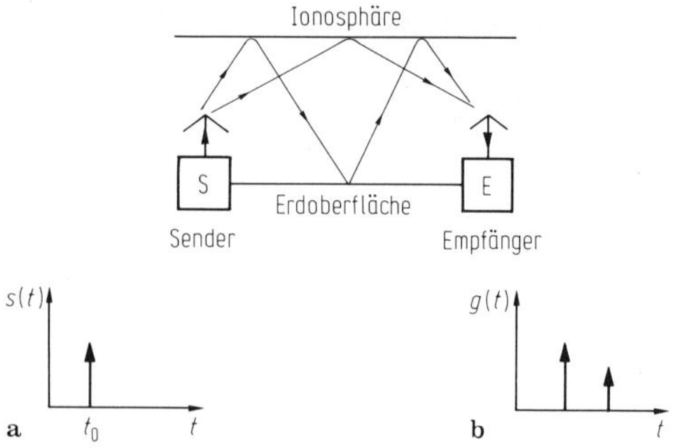

Bild 1. Die Mehrwegeausbreitung am Beispiel des ionosphärischen Zweipfades. **a** Sendeimpuls $s(t) = \delta(t - t_0)$; **b** Impulsantwort $g(t)$ des Kanals

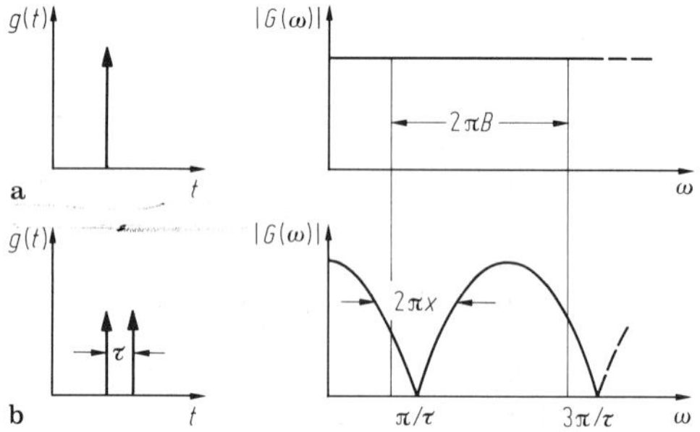

Bild 2. Mehrwegeausbreitung und Übertragungsfunktion, Impulsantwort $g(t)$ und spektrale Leistungsdichte $G(\omega)$. **a** des echofreien Kanals (Einpfad); **b** bei zwei Pfaden gleicher Intensität (ergibt Selektivschwund)

Mit abnehmender Wellenlänge wird es schwieriger, große Bodenwellenreichweiten zu erzielen. So liegt z. B. die Reichweite im V/UHF-Bereich (mobile Bodenstationen) zwischen 10 und 50 km (s. [3] und H 5).

In Fällen mit überwiegender Raumwellenausbreitung, wie etwa im Kurzwellenbereich infolge Ionosphärenreflektion, sind Vielfache der Bodenwellenreichweite erzielbar (Bild 1). Nachteilig an der Mehrwellen- bzw. indirekten Ausbreitung sind die damit verbundenen Laufzeitdifferenzen; dies sei an einem Zweipfad gleicher Intensität erläutert (Bild 2): Bild 2a entspricht dem echofreien Kanal mit ebenem Frequenzgang der Amplitude. Wenn dagegen zwei Pfade mit gleicher Intensität existieren, zwischen denen eine Laufzeitdifferenz $\tau \geqq 1/B$ besteht (B = Empfangsbandbreite), so entsteht der sog. Selektivschwund (s. in Bild 2b die Stellen $\omega = \pi/\tau, 3\pi/\tau, \ldots$). Die selektive Schwundbreite x wird schmäler als die im Bild 2a eingezeichnete Kanalbandbreite B; somit ergibt sich ein unerwünscht starker Frequenzgang der Amplitude dieses Übertragungskanals. Im Kurzwellenbereich hat τ die Größenordnung ms [4], dies ergibt selektive Schwundbreiten von ca. 100 Hz bis 1 kHz [5]. Entsprechende Werte für τ im V/UHF-Bereich liegen bei etwa 10 µs [6] (Troposphäreneinfluß, Überreichweiten s. H 3). Die Mehrwegeausbreitung ist dann zeitlich variant, wenn entweder der Empfänger sich bewegt oder Umwege erzeugende Medien zeitvariant sind (Ionosphäre im KW-Bereich, Troposphäre im V/UHF-Bereich). Bezüglich der Mehrwegeeffekte in troposphärischen Scatterverbindungen wird auf [7] verwiesen. Kanalmodelle erlauben die Simulation dieser Effekte im Labor bzw. mit Hilfe von programmierbaren Rechnern [8–10].

Die Auswirkung der Mehrwegeausbreitung auf die Funkpeilung (kohärenter Mehrwelleneinfall) wird in S 2.1 diskutiert. Für Funksysteme mit digitaler Datenübertragung gilt, daß die Schrittgeschwindigkeit v_T nicht höher sein darf als der Kehrwert der Laufzeitdifferenz τ, wenn kein Entzerrer auf der Empfangsseite eingesetzt wird, d. h. $v_T < 1/\tau$; z. B. wird $v_T \leqq 100$ Bd für $\tau = 5$ ms, wie für ionosphärische Telegraphieverbindungen üblich.

Im Kurzwellenbereich sind heute schon adaptive Entzerrer [11] bekannt, welche diese Grenze zu überwinden gestatten. Im Bild 3 sind Bitfehlerkurven angegeben, die aus Simulationen mit Rechnern stammen [12]; sie gelten für zwei verschiedene Kanalstoßantworten, nämlich den Zweipfad und den Dreipfad gleicher Intensität, wobei ein Entzerrer mit quantisierter Rückführung zugrunde gelegt wurde [11]. Zum Vergleich zeigt die Kurve *1* in Bild 3 den echofreien Kanal. Mit solchen Entzerrerverfahren sind also Schrittgeschwindigkeiten $v_T \gg 1/\tau$ möglich, für Kurzwelle mehr als 2400 Bd, statt wie herkömmlich nur 200 Bd.

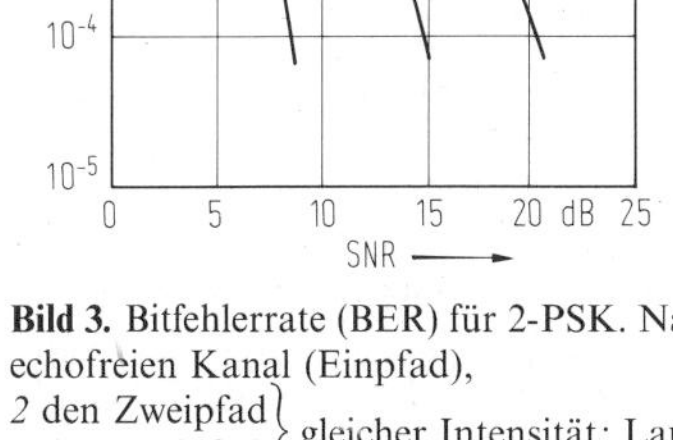

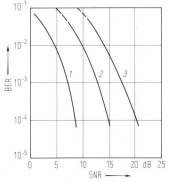

Bild 3. Bitfehlerrate (BER) für 2-PSK. Nach [12]. *1* für den echofreien Kanal (Einpfad), *2* den Zweipfad, *3* den Dreipfad gleicher Intensität; Laufzeitdifferenz der Pfade $\tau = 1/v_T$. SNR = Signal zu Rausch-Verhältnis (bei weißem Gaußschen Rauschen)

Entsprechend den Anwendungen in den verschiedenen Frequenzbereichen sind verschiedene Empfängergattungen zu unterscheiden. Während für den tiefstfrequenten (ELF-) Bereich wie Bergwerksfunk oder Unterwasser-Meeresverbindungen nur dem jeweiligen Anwendungsfall speziell angepaßte Empfänger in Frage kommen, sind bereits für den Bereich von 10 kHz bis 30 MHz sog. *Funk-Verkehrsempfänger* als kommerzielle Standardgeräte erhältlich. Sie beherrschen den Längst-, Lang-, Mittel-, Grenz- und Kurzwellenbereich; ein Beispiel wird in Q 3.1 beschrieben.

Neben den im V/UHF-Bereich üblichen Kanalempfängern, welche nicht kontinuierlich abstimmbar sind, sondern nach genormten Frequenzrastern eingestellt werden (z. B. 25 kHz Frequenzabstand), sind für den Bereich von 20 bis 1000 MHz einsetzbare *Überwachungsempfänger* zu erwähnen; ein Beispiel für einen VHF/UHF-*Aufklärungsempfänger* findet man in Q 3.1.

Ausgangsperipherie. Darunter versteht man die verschiedenen Signalverarbeitungseinrichtungen, aber auch (Daten-) Senken am Ausgang eines Empfängers. Am häufigsten sind dies die *menschlichen Sinnesorgane*, z. B. bei Rundfunk – oder Überwachungsempfängern das menschliche Gehör, welches über Lautsprecher oder Kopfhörer den Inhalt einer empfangenen Sendung wahrnimmt, aber auch das menschliche Auge zur Kontrolle der Abstimmanzeige.

Vielfach müssen die empfangenen Modulationssignale über Fernleitungen weitergegeben werden; dabei ist je nach Anwendung zwischen *Telephonie* und *Telegraphie* mit unterschiedlichen Betriebsarten zu unterscheiden. Bei Telegraphie im Sinne von Datenübertragung ist zu beachten, daß zur Überleitung in Drahtnetze MODEMs am Ausgang des Empfängers einzusetzen sind.

Die Schnittstelle zum Demodulatoreingang kann sowohl auf der ZF- als auch der NF-Ebene liegen. Die ZF-Ebene wird vorwiegend für nichtlineare Modulationsarten (FM) gewählt, aber auch für Frequenzumtastung (FSK, s. Q 2.6 unter „F-Demodulation") bei digitalen Signalen; der NF-Ausgang wird z. B. für Mehrton-Telegraphie benutzt, etwa in der Betriebsart „Einseitenband" (s. Q 2.6 unter „A-Demodulation"). Die digitale Schnittstelle am Daten-Demodulator-Ausgang ist vielfach genormt, z. B. nach V 24 oder RS 232, MIL-STD 188 (s. Q 2.8).

Der Datendemodulator kann entweder für spezielle Übertragungsverfahren gebaut sein (z. B. Echoentzerrer [11]) oder auch als Allzweckgerät für mehrere Verfahren bzw. Betriebsarten, z. B. ein- und mehrkanalige Frequenzmultiplex-Fernschreibverfahren (im HF-Bereich sind vier je 3 kHz breite Mehrfachtelegraphiekanäle in der Betriebsart B7B möglich).

Zur Ausgangsperipherie der Empfänger zählen noch die sog. Panoramageräte und Wellenanzeiger sowie Geräte zur Modulationsart- und Frequenzüberwachung. *Panoramageräte* sollen die Signalamplituden der dem Nutzkanal benachbarten Kanäle übersichtlich darstellen; dabei ist besonderer Wert auf die aktuelle Information zu legen. Beim *Wellenanzeiger* handelt es sich um die Darstellung eines möglichst breiten Frequenzbandes. Während Panoramageräte vorwiegend der Funküberwachung dienen, zählt der Wellenanzeiger wie der *Funkpeiler* (s. Q 3.2) zur Kategorie der Funkaufklärungsgeräte; ein modernes Ausführungsbeispiel wird in Q 3.3 beschrieben.

1.2 Empfängerkonzepte
Receiver concepts

Ein Empfänger kann seine Funktion, einen Ausschnitt aus einem Frequenzspektrum oder -angebot zu selektieren und die darin enthaltene Signalspannung zu demodulieren, nach verschiedenen Prinzipien erfüllen; diese unterscheiden sich im technischen Aufwand und in der Leistungsfähigkeit. Bild 4 zeigt die grundsätzlichen Realisierungsmöglichkeiten.
Die einfachste Lösung bietet der Detektorempfänger mit einer Diode zur Gleichrichtung bzw. Demodulation des Signals. Bei den üblichen kleinen Signalpegeln ist der Detektorempfänger nichtlinear, da der Kennlinienknick der Diode im Vergleich zur Signalamplitude nicht scharf genug ist. Dieser Empfängertyp wird quadratischer Detektor genannt.
Eine Linearisierung der Demodulation wird durch Vorverstärkung des Signals erreicht, so

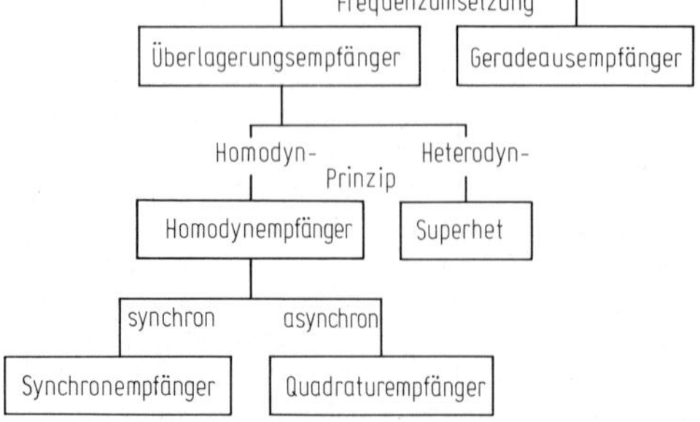

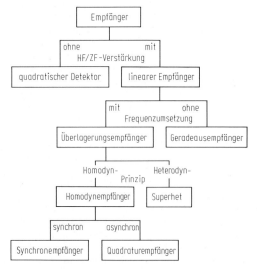

Bild 4. Empfängerkonzepte

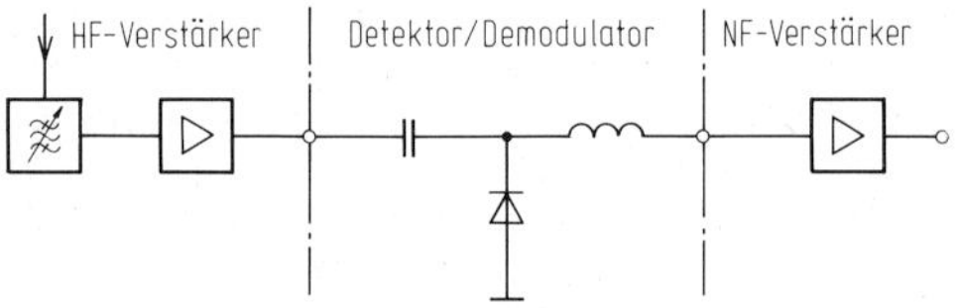

Bild 5. Empfänger ohne Frequenzumsetzung

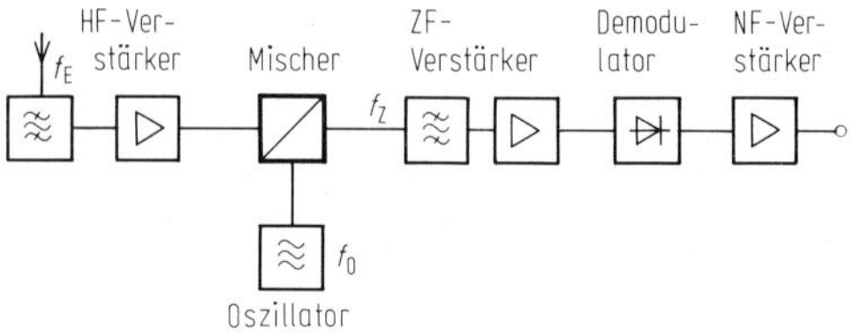

Bild 6. Überlagerungsempfänger

daß es groß im Vergleich zur Schwellspannung der Diode ist. Der einfachste lineare Empfänger ist der Geradeausempfänger (Bild 5). Die Schwierigkeit, den Geradeausempfänger im Betrieb auf unterschiedliche Frequenzen abzustimmen, haben zum heute vorherrschenden Konzept des Überlagerungsempfängers mit Umsetzung des Empfangssignals auf eine feste Zwischenfrequenz geführt (Bild 6). Seine Ausführungsformen Superhet und Synchron- bzw. Quadraturempfänger unterscheiden sich durch unterschiedliche Lage der Zwischenfrequenz.
Die Empfängertypen werden nachfolgend im Detail beschrieben. Der *quadratische Detektor* ist die einfachste Realisierung eines Empfängers. Er ist zwar zum Empfang bzw. Nachweis von unmodulierten oder amplitudengetasteten Trägern prinzipiell geeignet, hat aber lediglich in der Meßtechnik, insbesondere bei sehr hohen Frequenzen, eine nennenswerte Bedeutung erlangt. (In Gestalt des Photodetektors ist der quadratische Detektor als inkohärenter optischer Empfänger sehr verbreitet.) Die Detektordiode erzeugt mit dem quadratischen Anteil ihrer Kennlinienfunktion aus dem Empfangssignal mit der Amplitude $\hat{U}_{HF}$ u.a. eine schwache Gleichspannungskomponente

$$U_R = C_R \hat{U}_{HF}^2, \qquad \hat{U}_{HF} \ll 0{,}1 \text{ V} \tag{3}$$

(s. G 2). Die Konstante C_R hängt von der Kennlinienform ab; wenn Halbleiterdioden verwendet werden, ist der theoretische Bestwert $C_R = 1/4\,U_T$), d.h. 10 V^{-1} für eine Temperaturspannung $U_T = 25$ mV.
Nach Gl. (3) wird der quadratische Detektor für abnehmende HF-Signalpegel schnell sehr unempfindlich. Er besitzt zwischen Rauschgrenze und Aussteuergrenze nur etwa den halben dynamischen Bereich (gemessen in dB) im Vergleich mit einem linearen Empfänger.

Der NF-Verstärker hinter dem Detektor muß eine hohe Verstärkung aufweisen, wenn schwache HF-Signale nachgewiesen werden sollen. Wenn es sich dabei um unmodulierte Träger handelt (Meßtechnik), wendet man oft eine nachträgliche Modulation im Empfänger an, damit der NF-Verstärker nicht gleichspannungsgekoppelt sein muß.

Geradeausempfänger (Bild 5). Er unterscheidet sich vom quadratischen Detektor durch eine zusätzliche HF-Verstärkung. Die HF-Verstärkung ist, in dB ausgedrückt, doppelt so wirksam wie eine NF-Verstärkung nach dem quadratischen Detektor; die NF-Verstärkung braucht daher nur noch gering zu sein. Die Demodulatordiode wird hier im linearen Bereich betrieben.
Die Empfindlichkeit dieses Empfängertyps ist nur noch durch das Rauschen der Eingangsstufe begrenzt. Die Selektion der Empfangsfrequenz wird vor oder im HF-Verstärker durch ein oder mehrere Bandpaßfilter realisiert. Da die Zahl der abzustimmenden Filterkreise zur hinreichend scharfen Trennung vom Nachbarkanal mindestens zwischen 5 und 10 liegen sollte, ist dieser Empfängertyp für die übliche Anwendung mit variabler Abstimmung zu aufwendig. Er ist daher nur als Festfrequenzempfänger im Lang- und Längstwellenbereich verwendbar. In höheren Frequenzbändern sind Geradeausempfänger auch für Festfrequenzbetrieb nicht mehr realisierbar, da die benötigten kleinen relativen Bandbreiten wegen der begrenzten Güte der Filterkreise nicht erreichbar sind.

Überlagerungsempfänger (Bild 6). Er vermeidet die Nachteile des Geradeausempfängers durch Umsetzung der Empfangsfrequenz in eine Zwischenfrequenzlage (ZF). Die Frequenzabstimmung des Empfängers (Eingangsfrequenz f_E) erfolgt durch geeignete Einstellung der Oszillatorfrequenz f_O; damit wird in der Mischstufe (s. G 1, Q 2.3) die Frequenz f_E gemäß der Beziehung

$$f_Z = |mf_E \pm nf_O|, \qquad m, n = 0, 1, 2, 3, \ldots \tag{4}$$

in die ZF-Lage verschoben. Nur der Teil des Signalspektrums, der danach in die Durchlaßbreite des nachfolgenden selektiven ZF-Verstärkers fällt, wird weiter verstärkt. Da die Beziehung (4) nicht eindeutig ist, muß durch eine Vorselektion vor der Mischstufe der gewünschte Empfangsbereich (i. allg. $m = 1$, $n = 1$) von den unerwünschten ($m \neq 1$, $n \neq 1$) getrennt werden. Bei geschickter Wahl von f_O und f_Z, läßt sich über einen gewissen Durchstimmbereich ein so großer Abstand zwischen der Frequenz des Nutzsignals und den unerwünschten Empfangsstellen einhalten, daß die Trennschärfe der Vorselektion erheblich niedriger sein darf als die der Hauptselektion im ZF-Verstärker.

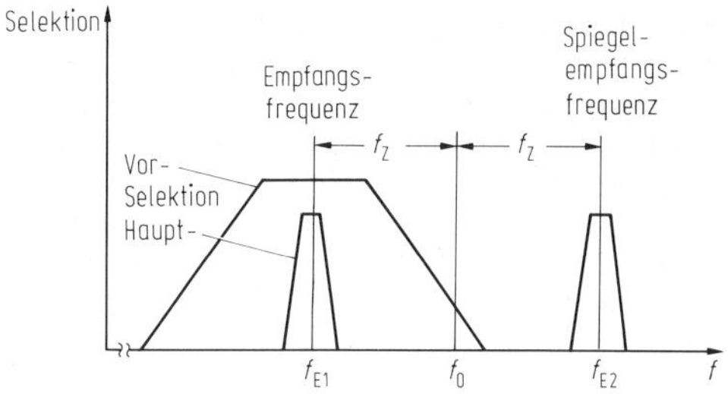

Bild 7. Selektionsschema des Superhets

Mit hochwertigen Mischstufen läßt sich bis zu den größten vorkommenden Empfangspegeln sicherstellen, daß nur für $m = 1$ ZF-Beträge über dem Rauschen entstehen (Quasilinearität der Mischstufe). Wenn zweckmäßigerweise auch noch $f_O > f_Z$ gewählt wird, reduziert sich die Vieldeutigkeit auf zwei Empfangsfrequenzen je Oszillatorhamornische nf_O:

$$f_Z = |f_E - nf_O|, \tag{5}$$

$$(f_E)_{n,1} = nf_O - f_Z, \tag{6}$$

$$(f_E)_{n,2} = nf_O + f_Z. \tag{7}$$

Üblicherweise liegen die zu $n > 1$ gehörenden Empfangsfrequenzen hinreichend weit weg, so daß die Vorselektion die hauptsächliche Aufgabe hat, die im Abstand $f_{E2} - f_{E1} = 2f_Z$ liegende unerwünschte „Spiegelempfangsfrequenz“ zu unterdrücken (Bild 7).
Die Vorselektion ist einfach, wenn die Zwischenfrequenz hoch gewählt wird; dafür wird die Hauptselektion auf der ZF-Ebene erschwert. Dazwischen ist ein Kompromiß zu suchen. Hochwertige Empfänger (mit guter Speigelselektion) sind als *Doppelsuper* aufgebaut. Ihre erste Zwischenfrequenz liegt hoch und wird in einer zweiten Mischstufe auf eine zweite, niedrige Zwischenfrequenz umgesetzt, bei der in der Regel die Hauptselektion erfolgt. Die Selektion bei der ersten Zwischenfrequenz hat dann hauptsächlich die Aufgabe, die Spiegelempfangsfrequenz der zweiten Zwischenfrequenz zu unterdrücken.
Die Vorselektion zur Spiegelunterdrückung (vor der ersten Mischstufe) muß bei der Frequenzeinstellung des Empfängers immer dann mit abgestimmt werden, wenn der Abstimmbereich nicht klein gegenüber dem Spiegelabstand $2f_Z$ ist. Zur Vermeidung des damit verbundenen Aufwands geht man zunehmend dazu über, die erste Zwischenfrequenz eines Mehrfachsupers höher als die maximale Empfangsfrequenz zu legen. Dann läßt sich der Spiegelempfang (und der direkte Durchgang eines auf der Zwischenfrequenz empfangenen Eingangssignals) mit einem einfachen, fest abgestimmten Tiefpaß unterdrücken. Das einzige Abstimmelement eines solchen Empfängers ist die Frequenzeinstellung des Oszillators.

Da infolge der breitbandigen Ansteuerung die Mischstufe gleichzeitig von allen im Abstimmbereich liegenden Empfangssignalen getroffen wird, ist die Anforderung an die Linearität der Umsetzung ($m = 1$) besonders hoch, um unerwünschte Empfangsfrequenzen durch Intermodulation zwischen starken Sendern zu vermeiden.
Ein Überlagerungsempfänger mit

$$f_O \neq f_E, \quad \text{d.h.} \; f_Z \neq 0 \qquad (8)$$

wird als „Heterodynempfänger" (oder Superhet) bezeichnet. Sofern

$$f_O = f_E, \quad \text{d.h.} \; f_Z = 0 \qquad (9)$$

ist, spricht man von einem „Homodynempfänger". Wegen $f_Z = 0$ fällt die Spiegelempfangsfrequenz f_{E2} mit der Sollempfangsfrequenz f_{E1} zusammen, so daß keine Vorselektion möglich ist. Obwohl der Spiegelempfang die gleiche abgestimmte Frequenz hereinbringt, entsteht dennoch eine Störung und zwar dadurch, daß durch die Frequenzumsetzung $f_O - f_E$ entsprechend Gl. (6) das Signalspektrum in Kehrlage auftritt, während es durch die gleichzeitig wirksame Frequenzumsetzung $f_E - f_O$ entsprechend Gl. (7) in Normallage anfällt. Die Störung beim Homodynempfang besteht also darin, daß infolge Zusammenfallens von f_{E1} und f_{E2} das Empfangsband in Normal- und Kehrlage summiert wird, wodurch eine Verfälschung entsteht.
Es gibt zwei Möglichkeiten, diese Störung unwirksam zu machen, und dementsprechend zwei Prinzipien für den Homodynempfang: den Synchronempfänger (oder direktmischenden Empfänger) und den Quadraturempfänger. Beim *Synchronempfänger* (Bild 8) wird die Mischung zur kohärenten Demodulation (s. O 24). Infolge der streng trägergleichen Lage von Signal und Spiegel nach der Mischung fallen die (geraden) AM-Seitenbänder passend aufeinander, bei 90°-phasiger Mischung die (ungeraden) PM/FM-Seitenbänder. Die jeweils andere Komponente hebt sich auf.

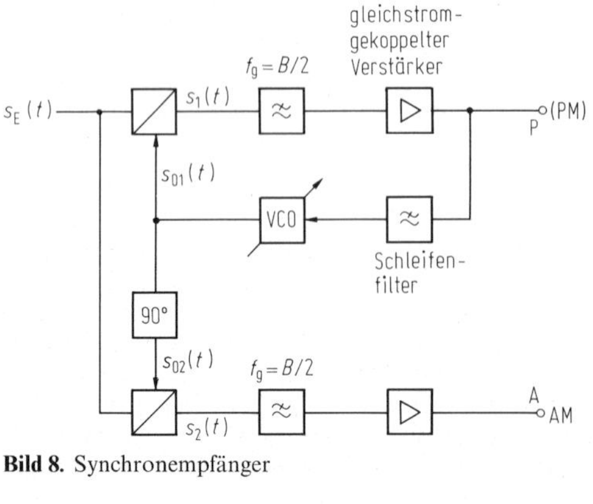

Bild 8. Synchronempfänger

Das Oszillatorsignal wird über eine Phasenregelschleife mit dem Empfangssignal synchronisiert. Der FM-Zweig des Empfängers ist als PLL-Schaltung (s. O 1, O 2) realisiert. Bei Empfangssignalen mit unterdrücktem Träger ist an diese Stelle eine Costas-Regelschleife (s. O 25) erforderlich. Die Mischstufe wird zum Phasendetektor. Am Ausgang des gleichspannungsgekoppelten ZF = NF-Verstärkers ist im eingeschwungenen Zustand der Regelschleife bei unmoduliertem Träger die Spannung gleich Null, ausreichend große Schleifenverstärkung vorausgesetzt. Ist der Träger jedoch phasenmoduliert mit einer oberhalb der Grenzfrequenz der Phasenregelschleife liegenden Modulationsfrequenz, so läßt sich das Modulationssignal (bei kleinem Phasenhub) am Ausgang P des Synchronempfängers abnehmen.
Zur Verarbeitung einer Amplitudenmodulation benötigt der Synchronempfänger einen zusätzlichen zweiten Empfangszug (Ausgang A). Dieser arbeitet mit um 90° gedrehter Oszillatorphase. Da das Oszillator-Signal im eingeschwungenen Zustand der PLL um 90° gegenüber dem Empfangssignal gedreht ist (Mischer als Phasendiskriminator), bringt die zusätzliche Drehung des Oszillator-Signals für dem AM-Mischer der Signale wieder in Phase, so daß letzterer als gesteuerter Gleichrichter wirkt und unter Unterdrückung der PM-Komponente das AM-Modulationssignal abliefert. Ein Tiefpaß trennt, wie auch im PM-Zweig, Frequenzanteile aus den Nachbarkanälen ab. Der Tiefpaß hat beim Synchronempfänger die Aufgabe der Hauptselektion.
Die Gln. (10) bis (14) beschreiben die Funktion des Synchronempfängers in komplexer Signaldarstellung (s. C). Das allgemeine Empfangssignal $s_E(t)$ wird amplituden- und phasenmoduliert vorausgesetzt:

$$s_E(t) = \mathrm{Re}[\underline{s}_E(t)], \quad \underline{s}_E(t) = \underline{S}_E \exp(\mathrm{j}\,\omega_E t) \qquad (10)$$

mit der komplexen Amplitude

$$\underline{S}_E(t) \sim [1 + a(t)] \exp(\mathrm{j}\,\varphi(t)). \qquad (11)$$

In den Mischstufen wird es mit den Oszillatorsignalen

$$\begin{aligned} s_{O1}(t) &= \sin \omega_E t \\ &= (\exp(\mathrm{j}\omega_E t) - \exp(-\mathrm{j}\omega_E t))/2\mathrm{j} \\ \text{bzw.} & \qquad (12) \\ s_{O2}(t) &= \cos \omega_E t \\ &= (\exp(\mathrm{j}\omega_E t) + \exp(-\mathrm{j}\omega_E t))/2 \end{aligned}$$

multipliziert. Hinter den Mischern entstehen so die Signale

$$s_1(t) \sim \mathrm{Re}[\underline{s}_E(t)\, s_{O1}(t)] \sim [1 + a(t)] \sin \varphi \qquad (13)$$

bzw.

$$s_2(t) \sim \mathrm{Re}[\underline{s}_E(t)\, s_{O2}(t)] \sim [1 + a(t)] \cos\varphi. \quad (14)$$

Die gesuchten AM- bzw. PM-Modulationsfunktionen lassen sich also im Prinzip den Mischprodukten A und P direkt entnehmen. Die bei der Mischung entstandenen Signalkomponenten bei $2\omega_E$ werden durch die Tiefpässe unterdrückt.

Der *Quadraturempfänger* (Bild 9) unterscheidet sich vom Synchronempfänger durch fehlende Synchronisation der Oszillatorfrequenz mit der Empfangsfrequenz. Er wird zwar auf nominelle Frequenzgleichheit abgestimmt, aber wegen der endlichen Genauigkeit der Sende- und Empfangsoszillatoren bleibt eine Differenz

$$|f_O - f_E| = |f_Z| \ll B, \quad (15)$$

die für eine ungestörte Funktion des Quadraturempfängers klein gegen die Kanalbandbreite B sein muß.

Die Hauptselektion wird auch hier durch zwei Tiefpässe vorgenommen, in deren Durchlaßbereich der Empfangsträger mit seinen Seitenbändern durch Abstimmung des Oszillators gebracht wird. Das Signal ist wegen fehlender Synchronisation nicht bereits durch den Mischprozeß demoduliert. Vielmehr erscheint es auf einen nahe Null liegenden ZF-Träger aufmoduliert, was hinter dem Basisband-(ZF)-Verstärker einen recht komplizierten Demodulator erfordert.

Dieser Empfängertyp läßt sich durch Rückgriff auf die komplexe Signaldarstellung nach Gl. (11) anschaulich und zugleich exakt beschreiben. Dazu werden die beiden Basisbandsignale in den Empfängerzweigen als Real- und Imaginärteil eines gedachten komplexen Signals aufgefaßt. Die beiden Mischer aus Bild 9 lassen sich entsprechend zu einem komplexen Mischer zusammenziehen, der von einem reellen Eingangssignal und einem komplexen Oszillatorsignal gespeist wird:

Empfangssignal:

$$s_E(t) = \tfrac{1}{2}\,[\underline{S}_E \exp(\mathrm{j}\omega_E t) + \underline{S}_E^* \exp(-\mathrm{j}\omega_E t)]. \quad (16)$$

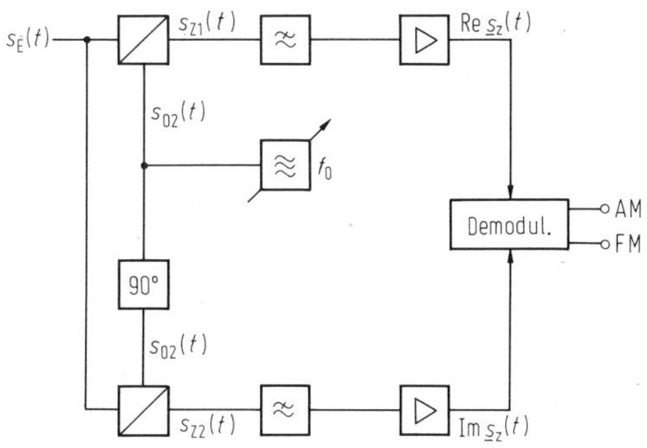

Bild 9. Quadraturempfänger

Oszillatorsignal:

$$\underline{s}_O(t) = \exp(-\mathrm{j}\omega_O t) = s_{O1}(t) + \mathrm{j}\,s_{O2}(t). \quad (17)$$

Mischer 1:

$$s_{Z1}(t) = s_E(t)\, s_{O1}(t) = s_E(t) \cos\omega_O t. \quad (18)$$

Mischer 2:

$$s_{Z2}(t) = s_E(t)\, s_{O2}(t) = -\, s_E(t) \sin\omega_O t.$$

Komplexes ZF-Signal:

$$\underline{s}_Z(t) = s_{Z1}(t) + \mathrm{j}\,s_{Z2}(t) = s_E(t) \exp(-\mathrm{j}\omega_O t). \quad (19)$$

Mit Gl. (16) folgt

$$\underline{s}_Z(t) = \tfrac{1}{2}\,\underline{S}_E \exp[\mathrm{j}(\omega_E - \omega_O)\,t] + \tfrac{1}{2}\,\{\underline{S}_E \exp[\mathrm{j}(\omega_E + \omega_O)\,t]\}^*. \quad (20)$$

Nach Selektion durch die Tiefpässe ist die Summenfrequenz $f_E + f_O$ unterdrückt, so daß nur die Komponente bei der Zwischenfrequenz $f_Z = f_E - f_O$ übrigbleibt:

$$\underline{s}_{Z,TP}(t) \sim \underline{S}_E \exp(\mathrm{j}\omega_Z t). \quad (21)$$

Der zweikanalige Basisband-ZF-Ausgang des Quadraturempfängers liefert also das komplexe Empfangssignal in transponierter Frequenzlage. Zur Demodulation ist dem ZF-Signal die komplexe Hüllkurve $\underline{S}_E(t)$ zu extrahieren. Dazu realisiert der Amplitudendemodulator die Funktion

$$1 + a(t) \sim s_Z(t) = (\mathrm{Re}^2\, \underline{s}_Z(t) + \mathrm{Im}^2\, \underline{s}_Z(t))^{1/2} \quad (22)$$

und der Frequenzdemodulator

$$2\pi\,[f_Z + f_m(t)] = \frac{\mathrm{d}}{\mathrm{d}t} \arctan(\mathrm{Im}\, \underline{s}_Z(t) / \mathrm{Re}\, \underline{s}_Z(t)). \quad (23)$$

Diese nichtlinearen Operationen lassen sich mit analoger Schaltungstechnik nur aufwendig und unvollkommen lösen. Daher wird das Konzept des Quadraturempfängers fast ausschließlich für digitale Realisierungen des Demodulators benutzt (s. Q 3.4).

Die in Gl. (22) vorhandene Pegelabhängigkeit sowie die in Gl. (23) vorhandene Vorzeichenmehrdeutigkeit können beseitigt werden. Im ersteren Fall ist eine Pegelregelung nötig, die auch Teil des Demodulators sein kann:

$$a(t) = s_Z(t)/\bar{s}_Z - 1. \quad (24)$$

Der Mittelwert $\bar{s}_Z$ wird mit einem Tiefpaß gebildet, dessen Grenzfrequenz unterhalb der tiefsten Modulationsfrequenz liegt (s. Q 2.6). Die Vorzeichenmehrdeutigkeit der arctan-Funktion läßt sich durch Auswertung der Einzelvorzeichen von $\mathrm{Im}(\underline{s}_Z(t))$ und $\mathrm{Re}(\underline{s}_Z(t))$ beseitigen. Kompliziertere Modulationsverfahren als die hier zugrunde gelegten lassen sich beim Quadraturempfänger natürlich auch demodulieren, wenn die Demodulatorstruktur entsprechend gewählt wird [13, 14].

Vergleich der Empfängerkonzepte. Im folgenden werden die Vor- und Nachteile des Superhet-, des Synchron- und des Quadraturempfängers gegenübergestellt. Das Superhetkonzept gestattet, die unerwünschten Mischprodukte gemäß Gl. (4) durch geschickte Wahl der Zwischenfrequenz und der Vorselektion zu unterdrücken. Diesen Freiheitsgrad besitzt man beim Homodynkonzept nicht; dem Vorteil der Aufwandsersparnis bei der Vorselektion steht so der Nachteil geringerer Empfangsqualität gegenüber.
Unter bestimmten Voraussetzungen kann jedoch das Konzept des Homodynempfängers durchaus Vorteile bieten. Der Hauptvorteil besteht in der besseren Eignung dieses Konzepts für eine monolithische Integration des ganzen Empfängers, weil die Selektion hier in das Basisband verlegt ist. Allerdings muß die Mischstufe des Homodynempfängers hochlinear sein. Sie sollte möglichst exakt das Produkt aus Eingangs- und Oszillatorspannung bilden. Das ist entweder dadurch zu erreichen, daß das Empfangssignal bereits vor der Mischstufe digitalisiert und die Mischung durch eine numerische Multiplikation ersetzt wird (Digitaler Empfänger, s. Q 3.4), oder durch extrem hochgezüchtete analoge Multiplizierschaltungen. Da aber die Genauigkeit realisierbarer breitbandiger Multiplizierschaltungen den dynamischen Anforderungen von Empfängern noch nicht genügt, müssen weitere Maßnahmen hinzukommen. Die Multiplizierschaltung kann z.B. als Gegentakt- oder Doppelgegentaktmischer ausgeführt sein, wie sie in den modernen Superhets mit Tiefpaßvorselektion verwendet werden. Damit erreicht man den Stand der Superhettechnik hinsichtlich der Vieldeutigkeit bez. m in Gl. (4). Gegen die dann aber unvermeidliche Vieldeutigkeit bzgl. n infolge der für die Mischung wirksamen Oszillatoroberwellen muß der Empfangsbereich durch eine Vorselektion auf weniger als eine Oktave eingeschränkt werden. Ist der Empfangsbereich größer, muß ein Suboktavfilter als Vorselektion zusammen mit der Empfängerabstimmung in Stufen geschaltet werden (s. Q 2.1).
Weitere Gründe, die bisher den Einsatz von Homodynempfängern beschränken, sind in der Nullage der Zwischenfrequenz zu finden. Wenn der ZF = NF-Verstärker gleichspannungsgekoppelt sein muß (einfache PLL-Synchronisation wie in Bild 8), ergeben sich erhebliche Probleme bei der Nullpunktdrift. Ein verwandtes Phänomen ist das Funkelrauschen im NF-Verstärker. Es setzt die Empfindlichkeit des Homodynempfängers bei kleiner Empfangsbandbreite ($\ll 10$ kHz) herab. Eine weitere Rauschquelle sind die Seitenbänder des Oszillators, die bei nicht ideal multiplizierendem Mischer in abgeschwächter Form in das Basisband transponiert werden. Eine Lösung dieser Probleme mit den Mitteln moderner Technologie wird gesucht. Wegen der großen Vorteile des Homodynkonzepts in Hinblick auf die Integrierbarkeit des Empfängers wird daran in der Forschung mit Nachdruck gearbeitet [15, 16].
Von den beiden Homodynempfängervarianten, Synchronempfänger und Quadraturempfänger, ist der erste besonders attraktiv, weil er die Mischung mit der Demodulation verbindet und wenig Aufwand erfordert. Seine Abstimmung erfolgt durch Eingriff in die Phasenregelschleife. Der VCO wird aus dem Haltebereich der Regelung herausgezogen und rastet auf den nächsten benachbarten Empfangsträger.
Der Quadraturempfänger vermeidet die regelungstechnischen Probleme des Synchronempfängers und verhält sich grundsätzlich wie ein normaler Superhet. Der Nachteil seines größeren Aufwands ist durch Realisierung mit speziellen hochintegrierten Schaltkreisen aufzufangen. Es gibt kommerzielle Anwendungen für Meldeempfänger [17]. In komplexen Systemen (z.B. Radarempfänger) ist der Quadraturempfänger in digitaler Ausführung gebräuchlich. Auch in hochwertigen Nachrichtenempfängern wird diese Technik jetzt eingeführt. Dabei wird die Digitalisierung des Signals und damit der Übergang in Quadraturform frühestens nach der zweiten Mischstufe vorgenommen. Der Trend geht aber zu einer weiter vorn liegenden Digitalisierung bis hin zu einer Digitalisierung im HF-Teil vor der ersten Mischstufe [15].
Zum parallelen Empfang eines Bündels äquidistant gestaffelter Empfangskanäle wurde in jüngster Zeit eine Reihe von Empfangskonzepten entwickelt, die auf der Durchführung der Fourier-Transformation in Realzeit beruhen. Anwendungen sind u.a. die Funkaufklärung und die Trägerfrequenztechnik. Unter den analogen Verfahren hat ein akustisches und ein optisches Verfahren Bedeutung erlangt. Das akustische Verfahren [18] basiert auf der sog. Chirp-Z-Transformation [19]. Dafür wird die Fourier-Transformation in eine Reihe von Schritten zerlegt, deren wichtigster eine Allpaßfilterung mit einer frequenzlinearen Laufzeitdispersion ist. Dieses Filter läßt sich als akustisches Oberflächenwellenfilter [20] mit Bandbreiten bis zu 1 GHz herstellen. Das optische Verfahren verwendet eine Bragg-Zelle zur frequenzproportionalen Ablenkung eines monochromatischen Lichtstrahls [21]. Die erreichbare Bandbreite ist etwas größer als beim Oberflächenwellenverfahren. Beiden Verfahren gemeinsam ist die simultane Erzeugung des Signal-Kurzzeitspektrums. Dies läßt sich andererseits auch digital mit einem schnellen Spezialrechner für die Fourier-Transformation (s. Q 3.4) realisieren; die erreichbare Bandbreite ist in diesem Fall ein bis zwei Zehnerpotenzen niedriger.

1.3 Empfängereigenschaften
Receiver specifications

Empfindlichkeit. Die Empfindlichkeit ist die Leistung eines hochfrequenten – mit einer Nachricht modulierten – Signals am Eingang des Empfängers, die erforderlich ist, um am Ausgang des Empfängers die Nachricht mit ausreichender Güte einer Senke zur Verfügung zu stellen. Bei analogen Modulationsarten ist es üblich, als Gütemaß einen Nutzsignal/Rausch-Abstand $(S/N)_{NF}$ am Ausgang des Empfängers festzulegen (s. D 3). Es gibt jedoch auch andere Gütemaße wie z. B. die Entdeckungswahrscheinlichkeit für Suchempfänger (s. 3.3) [22, 23], die Bit- oder Zeichenfehlerwahrscheinlichkeit [24–28] bei digitalen Nachrichtensignalen oder die Azimut- bzw. Elevationsstreuung bei Funkpeilern [29]. Sie lassen sich alle auf einen Nutzsignal/Rausch-Abstand zurückführen.
Die Empfindlichkeit eines Empfängers wird gemessen mit einem modulierbaren HF-Signalgenerator und entsprechender Nachrichtenquelle (z. B. NF- oder Daten-Generator) einerseits und einer die Nachrichtensenke nachbildenden Einrichtung für die Nutzsignal/Rausch-Abstandsmessung oder für die Fehlerzählung am Ausgang des Empfängers andererseits.
Die Empfindlichkeit ist abhängig von
- der spektralen Rauschzahl F des Empfängers (s. Gln. D 3 (60), D 3 (64)),
- der wirksamen Rauschbandbreite B_n (s. Gl. D 3 (85)),
- der Modulationsart und den Eigenschaften des Demodulators,
- dem erwünschten Nutzsignal/Rausch-Abstand $(S/N)_{NF}$ am Ausgang des Empfängers.

Rauschzahl F. Die Rauschzahl wird gemäß der Friisschen Formel (s. Gl. D 3 (78), [30–32]) überwiegend durch die ersten Verstärker-, Misch- und ZF-Filterstufen des Empfängers verursacht und am Ausgang des linearen Teils des Empfängers, vorzugsweise am letzten ZF-Ausgang vor den Demodulatoren gemessen. Die in der Regel vorhandene automatische Verstärkungsgregelung (s. 2.5) muß dabei ausgeschaltet und die Verstärkung so eingestellt werden, daß die Linearität gesichert ist. Die bei der Messung (s. I 7) mit einem geeichten Rauschgenerator am Eingang zugeführte Rauschleistung bei Anpassung entspricht dann der Eigenrauschleistung des Empfängers, wenn die ZF-Ausgangsspannung um 3 dB ansteigt. Die so ermittelte dimensionslose Rauschzahl F beschreibt die Rauscheigenschaften des Empfängers für seinen linearen Teil und wird oft als logarithmische Größe $F_{dB} = 10 \log F$ [dB] angegeben und im angelsächsischen Sprachgebrauch auch als noise factor bezeichnet [25].

Bei der Messung der Rauschzahl ist wegen der Reproduzierbarkeit auf folgendes zu achten:
- Anpassungs- und Dämpfungsänderungen durch zu lange HF-Kabel, Einfluß ca. ± 1 dB [33].
- Eindringen von Störspannungen in den Meßaufbau oder Messung auf einer Eigenempfangsstelle des Empfängers.
- Die Messung darf gegenüber dem automatischen Regelzustand bei nicht zu hoher Verstärkung (wegen der Begrenzung), aber auch nicht bei zu geringer Verstärkung (wegen Zunahme der Empfängerrauschzahl) erfolgen [34].
- Ungenügende Unterdrückung der Spiegelfrequenz oder anderer Nebenempfangsstellen verursacht eine Erhöhung bis zu + 3 dB.
- Die Messung der Rauschleistung nach einem nichtlinearen Gleichrichter, z. B. in der NF-Ebene, liefert einen bis zu 5 dB zu guten Wert.
- Messung der Rauschzahl bei verschiedenen Empfängerbandbreiten. Definitionsgemäß ist die Rauschzahl unabhängig von der Bandbreite B_{ZF} des Empfängers. Bei den modernen Empfängerkonzepten ist die Selektion im Signalweg möglichst vor der Hauptverstärkung angeordnet (s. Q 2.5). Bei schmalen ZF-Bandbreiten kann daher das breitbandige ZF-Rauschen einen Einfluß auf die Rauschzahl bis zu 5 dB haben.

Spektrale Rauschleistungsdichte. Der ideale Empfänger hat (bei Raumtemperatur) die Rauschzahl $F_0 = 1$ (s. Gln. D 3 (72), D 3 (64 a)). Die entsprechende spektrale Rauschleistungsdichte, bezogen auf den Eingang des Empfängers, ist $N_0 = k\,T_0$ [Ws] mit $k = 1{,}38 \cdot 10^{-23}$ [WsK^{-1}] und $T_0 = 290$ K. Bezogen auf die in der HF-Technik übliche Leistung von 1 mW = 0 dBm ergibt sich $N_0 \mathrel{\hat{=}} -174$ [dBm/Hz].
Bei Temperaturen $T \neq T_0$ gilt $N_0 \mathrel{\hat{=}} 10 \log T/T_0 - 174$ [dBm/Hz]. Für einen realen Empfänger mit der Rauschzahl F gilt für die Rauschleistungsdichte: $N_0 \mathrel{\hat{=}} F_{dB} - 174$ [dBm/Hz].
In der Praxis der Empfängertechnik interessiert die *Rauschleistung*, die einem Empfänger am Eingang zugeführt werden muß, damit am Ausgang des linearen Empfängerteils der Rauschabstand gerade 1 ist (s. Gl. D 3 (64 d)):

$$P = k\,T_0\,F\,B_R \text{ [W]} \quad \text{oder}$$

$$P_{dB} = F_{dB} + 10 \log(B_R/\text{Hz}) - 174 \text{ [dBm]}.$$

Beispiel: $F_{dB} = 10$ dB, $B_R = 3000$ Hz : $P_{dB} = -129$ dBm.
Diese Rauschleistung wird gelegentlich auch *Grenzempfindlichkeit* genannt, da sie einer Signalleistung entspricht, die gerade so groß ist wie das Eigenrauschen des Empfängers mit der Rauschbandbreite B_R. Diese ist nicht mit der

Signal- oder ZF-Bandbreite identisch (s. Gln. D 3 (83), D 3 (85)). In der Praxis der Empfängertechnik werden wegen der erforderlichen Selektionseigenschaften mehrpolige Filter eingesetzt, so daß der Unterschied hier keine Bedeutung hat [35]. Die Rauschbandbreite muß nicht immer die ZF-Bandbreite sein, maßgebend ist die kleinste, für die Übertragung des Nachrichteninhalts notwendige Bandbreite B_{NF}.

Eingangsrauschspannung. Die der Grenzempfindlichkeit äquivalente Quellenspannung (EMK) mit dem Quellenwiderstand R ist nach Gl. D 3 (45) $E_R = \sqrt{4kT_0FBR}$ [V]. In der HF-Technik wird vorzugsweise $R = 50\ \Omega$ verwendet; damit erhält man $E_R = 0{,}9\sqrt{FB/\mathrm{Hz}}$ [nV]. Beispiel: $F = 10$, $B = 3000$ Hz, $E_R = 156$ nV. Im folgenden sind die Empfindlichkeiten bei verschiedenen Modulationsarten zusammengestellt:

Modulationsart A1A, A1B, J3E. Hierfür werden lineare Frequenzenumsetzer mit Ringmischstufen (Produktdetektoren) eingesetzt (s. Q 2.6). Ist die Oszillatoramplitude größer als das umzusetzende Nachrichtensignal, so sind Ein- und Ausgangsrauschabstand S/N gleich, und es gilt für die notwendige Eingangs EMK $E = \sqrt{(S/N)\,4kTFRB}$ [V] bzw. Eingangsleistung (für $R = 50\ \Omega$ und $T = T_0$)

$$P_{dB} = (S/N)_{dB} + F_{dB} + 10 \log(B/\mathrm{Hz}) - 174\ \mathrm{dBm}$$

(B = kleinere der beiden Bandbreiten B_{ZF}, B_{NF}). Beispiel J3E: HF-Empfänger mit $F_{dB} = 12$ dB, $B_{ZF} = 2700$ Hz, $B_{NF} = 6000$ Hz, $S/N = 20$ dB ergibt $P_{dB} = -108$ dBm. Die Empfindlichkeitsangabe bezieht sich auf einen NF-Ton im Seitenband der J3E-Modulation.

Modulationsart A3E. Die Demodulation erfolgt mit einem Hüllkurvendemodulator, am einfachsten mit einer durch den Träger des Signals selbst vorgespannten Diode. Bei ausreichender, weit über der Schwellspannung der Dioden liegender Richtspannung erhält man eine lineare Gleichrichtung, die den Rauschabstand nicht verschlechtert; die für einen Ausgangsstörabstand $(S/N)_{NF}$ notwendige Träger-EMK beträgt $E = \sqrt{(S/N)\,8kTmFRB_{NF}}/$[V] und die Trägerleistung (für $R = 50\ \Omega$ und $T = T_0$)

$$P_{dB} = (S/N)_{dB} + F_{dB} + 10 \log(B_{NF}/\mathrm{Hz}) + 20 \log(1/m) - 171\ [\mathrm{dBm}],$$

wobei m der Modulationsgrad der A3E und B_{NF} die NF-Bandbreite oder die halbe ZF-Bandbreite ist, je nachdem, welche die kleinere von beiden ist.
Die Rauschabstandsverbesserung bei der Demodulation der A3E-Signale beträgt 3 dB, sofern der Eingangsrauschabstand am Demodulator den Schwellwert von ca. 10 dB übersteigt (s. O 1.1: Störabstand bei AM).
Bezieht man sich bei der Spannungsangabe auf den Effektivwert des modulierten Signals, so ist sein Verhältnis $\sqrt{1 + m^2/2}$ zur Trägeramplitude zu berücksichtigen (m = Modulationsgrad); die Korrektur beträgt 1 dB für $m = 0{,}3$ und etwa 2 dB für $m = 0{,}5$. Erfahrungsgemäß rechnet man sowohl bei A3E als auch bei J3E mit folgenden erforderlichen Störabständen [47, 48]:
- Gespräche zwischen Funkern, Muttersprache $(S/N)_{NF} = 6$ dB,
- Mindestgüte für Gespräche, die ins öffentliche Netz weitervermittelt werden $(S/N)_{NF} = 15$ dB,
- Fernsprech- und Rundfunkqualität $(S/N)_{NF} = 33$ dB.

Beispiel A3E: $F_{dB} = 12$ dB, $B_{NF} = 2700$ Hz, $(S/N)_{NF} = 20$ dB, $m = 0{,}5$ ergibt: $P_{dB} = -99$ dBm.
Anmerkungen: Empfängt man von einer A3E-Sendung nur ein Seitenband in der Demodulationsart J3E des Empfängers (um z. B. Verzerrungen durch selektive Trägerschwund-Übermodulation zu vermeiden oder das gestörte Seitenband auszublenden) so muß man einen 3 dB kleineren Störabstand erwarten, da vom Einseitenbandfilter die Leistung des anderen Seitenbandes unterdrückt wird.

Modulationsart F1A, F1B, F1C. Bei dieser Modulationsart (s. Q 2.6) strahlt der Sender ein Signal mit konstanter Amplitude aus, jedoch mit einer Frequenz, die im Takt der zu übertragenen binären Nachrichtensignale zwischen zwei Werten f_1, f_2 geschaltet wird. Die erforderliche ZF-Bandbreite B_{ZF} wird durch den Linienabstand (shift) $\Delta f = |f_2 - f_1|$ (Hz) und durch die Tastgeschwindigkeit v (Bd) des Fernschreib-, Daten- oder Faksimilesignals festgelegt. Man definiert einen Modulationsindex $M = \Delta f/v$.
Die Bandbreite des bei der Umtastung entstehenden Frequenzspektrums wird über eine Fourier-Analyse [36] gewonnen und kann mit ausreichender Genauigkeit wie folgt beschrieben werden [37]:

$$B_{ZF} = 1{,}3\ \Delta f + 0{,}55\, v \quad \text{für } 1{,}5 < M < 5{,}5,$$

$$B_{ZF} = 1{,}05\ \Delta f + 1{,}99\, v \quad \text{für } 5{,}5 \leqq M \leqq 20.$$

Wegen weiterer Literatur betr. die Bandbreite wird auf [38, 39] verwiesen. Im VLF/HF-(VHF/UHF)-Bereich sind Linienabstände von 10 bis 2000 Hz (bis 32 kHz) und Tastgeschwindigkeiten von 0 bis 4000 Bd (bis 64 kBd) üblich. Die ZF-Bandbreite B_{ZF} des Empfängers wird entsprechend der Spektrumsbandbreite gewählt. Die Empfindlichkeit wird durch die Güte des Demodulators, insbesondere jedoch durch den nachfolgenden Tiefpaß bestimmt, der zur Unterdrükkung des Rauschens optimal an die zu übertragende Tastgeschwindigkeit angepaßt sein sollte. Im allgemeinen ist die Tiefpaßbandbreite $B_{NF} = v \dots 2v$ (typ. Wert $B_{NF} = 1{,}4\,v$). Bei der Berechnung der Empfindlichkeit bezieht man sich auf die kleinste, rauschbegrenzende Bandbreite $B_{NF} = v$ und erhält:

$$E = \sqrt{4\,kTvFR(S/N)}\,[\text{V}]$$

bzw. für $R = 50\,\Omega$ und $T = T_0$:

$$P_{dB} = (S/N)_{dB} + F_{dB} + 10\log(v/\text{Bd}) - 174\,\text{dBm}.$$

Für eine relative Bitfehlerzahl von 10^{-3} wird ein Störabstand von mindestens $S/N = 11$ dB benötigt [27, 40]. Für eine Start/Stop-Fernschreibzeichenübertragung rechnet man bei Gaußschem Rauschen mit $S/N = 13$ dB [28]. Abweichungen praktischer Meßwerte (bis zu 6 dB) haben folgende Ursachen:
Einflüsse des oben erwähnten breitbandigen Rauschens des ZF-Verstärkers (bis zu 2 dB); ZF-Filter mit zu großer Gruppenlaufzeitdifferenz im Durchlaßbereich verursachen bereits Verzerrungen des Nachrichtensignals bei großen Störabständen [41]; ungenügende Ausnutzung des störabstandsverbessernden Begrenzers (max. 3 dB); an die Tastgeschwindigkeit nicht optimal angepaßte Filter hinter dem Demodulator (1 bis 3 dB). Aus dem Meßwert des Störabstands in der ZF-Bandbreite (B_{ZF}) folgt $(S/N)_{NF} = (S/N)_{ZF} \cdot B_{ZF}/B_{NF}$.

Modulationsart F3E. Der Nachrichteninhalt des Signals liegt ausschließlich in der Frequenz- bzw. Phasenänderung des ausgestrahlten Trägers (s. O 1.2, O 1.3). Seine Amplitude bleibt konstant, und Änderungen auf dem Übertragungsweg haben bei der Demodulation nur einen geringen Einfluß. Dies wird durch einen einschwingfreien, breitbandigen Begrenzerverstärker hohen Dynamikbereichs vor dem Frequenzdiskriminator erreicht. Man definiert einen Modulationsindex: $M = H/B_{NF}$ mit $H = \Delta\Omega_0/2\pi$ = Frequenzhub und B_{NF} = höchste NF-Frequenz.
Das bei der Frequenzmodulation entstehende Spektrum ist von diesen beiden Größen abhängig, und die notwendige ZF-Bandbreite kann näherungsweise mit der Carsonschen Formel (s. Gl. O 1 (22)) berechnet werden.
In der Praxis werden die Bandbreiten von Funkempfängern aus folgenden Gründen abweichend dimensioniert:

- Kleinere Bandbreiten, wenn eine hohe Selektion gegen den Nachbarkanal erforderlich ist (Sprechfunkkanäle), wobei ein erhöhter Klirrfaktor in Kauf genommen wird.
- Größere Bandbreiten, wenn hohe Qualitätsforderungen erfüllt werden müssen (Ton- und Fernsehrundfunk).

Verwendet man gruppenlaufzeitgeebnete ZF-Filter, so lassen sich beide Forderungen hinreichend erfüllen.
Oberhalb der sog. FM-Schwelle wird die Rausch-Amplitudenmodulation durch den Begrenzer vollständig unterdrückt, und das Verhältnis zwischen dem Rauschabstand am Eingang und dem am Ausgang beträgt $(S/N)_{NF}/(S/N)_{ZF} = 3M^2(M+1)$ (Verbesserungsfaktor), bezogen auf die oben definierte ZF-Bandbreite (s. Gl. O 1.2 (32)). Vergleicht man die FM (F3E) mit SSB (J3E), so sinkt dieser Verbesserungsfaktor auf $1{,}5\,M^2$. Die Empfindlichkeit eines FM-Empfängers wird wie folgt berechnet:

$$P_{dB} = (S/N)_{NF} + F_{dB} + 10\log(B_{NF}/\text{Hz}) - 10\log 1{,}5\,M^2 - 174\,[\text{dBm}].$$

1. Beispiel F3E: $F_{dB} = 12$ dB, $B_{NF} = 2700$ Hz, $(S/N)_{NF} = 20$ dB, $H = 1{,}75$ kHz: $M = 0{,}65$, $B_{ZF} = 9$ kHz, $P_{dB} = -106$ dBm.
2. Beispiel F3E: $F_{dB} = 12$ dB, $B_{NF} = 15$ kHz, $(S/N)_{NF} = 20$ dB, $H = 75$ kHz: $M = 5$, $B_{ZF} = 180$ kHz, $P_{dB} = -116$ dBm.

Man hat nun zu prüfen, ob die FM-Schwelle mit dem Signal tatsächlich überschritten wird. Der Einsatzpunkt der FM-Schwelle kann nach [42] näherungsweise berechnet werden:

$$(S/N)_{ZFO} = 10\log[4{,}25 + 2{,}6\log B_{ZF}H/B_{NF}^2] = 10\log[4{,}25 + 2{,}6\log 2M(M+1)].$$

Sie liegt i. allg. zwischen 7 und 10 dB; der tatsächliche Rauschabstand in der ZF-Ebene sollte größer als dieser Wert sein: $(S/N)_{ZF} = (S/N)_{NF} - 10\log 3M^2(M+1) > (S/N)_{ZFO}$.
Im obigen ersten Beispiel ist $(S/N)_{ZF} = 17$ dB $> 7{,}1$ dB, im obigen zweiten Beispiel ist $(S/N)_{ZF} = -6$ dB $< 9{,}5$ dB.
Hieraus folgt, daß im zweiten Beispiel die FM-Schwelle nicht überschritten wird, so daß bei der berechneten Empfindlichkeitsangabe der am Ausgang erwünschte Signal/Rausch-Abstand nicht erwartet werden kann. Erst bei einer um ca. 16 dB höheren Eingangsleistung wird die FM-Schwelle überschritten, wobei der Ausgangsrauschabstand dann bei ca. 36 dB liegt.

Pre-, Deemphasis (s. O 1.2) durch ein RC-Glied mit einer Zeitkonstanten von 50 μs bringt bei FM-Rundfunk eine zusätzliche Verbesserung des Ausgangsrauschabstands von 10 dB, da senderseitig die Amplitude der hohen Nachrichtenfrequenzen angehoben wird und somit empfängerseitig zusammen mit den höherfrequenten Rauschanteilen abgesenkt werden kann.
Außer dem Eigenrauschen des Empfängers sind folgende, den Signal/Rausch-Abstand am Ausgang reduzierende Einflüsse vorhanden:

- Bildung von Oberwellen im Demodulator oder NF-Verstärker (Klirrfaktor).

- Bildung von Intermodulationsprodukten zwischen zwei oder mehreren Frequenzen des Nutzsignals, die in den Ausgangsfrequenzbereich des Empfängers fallen.
- Alle im Empfänger, insbesondere im NF-Verstärker entstehenden Geräuschspannungen (wie z. B. aus der Stromversorgung).
- Phasenrauschen im Nahbereich der verschiedenen Umsetzeroszillatoren.
- Eigenverzerrungen des Empfängers für frequenz- oder phasenumgetastete Nachrichtensignale, verursacht durch Gruppenlaufzeitdifferenzen im Durchlaßbereich der ZF-Filter, im Demodulator, der Nachselektion und den anschließenden Impulsformerstufen (s. Q 2.6).

Die ersten drei Einflüsse sind abhängig von der Größe des Eingangssignals bzw. vom Regelzustand des Empfängers. Sie liegen bei hochwertigen kommerziellen Empfängern 45 bis 55 dB unter dem erwünschten Nachrichtensignal, so daß die Empfindlichkeit für z. B. 20 dB Störabstand allein durch das Eigenrauschen des Empfängers bestimmt wird. Man definiert eine *Betriebsempfindlichkeit* [42, 43]: Sie ist gleich dem Pegel eines hochfrequenten, definiert modulierten Eingangssignals, das am Empfängerausgang für die Bezugsausgangsleistung einen festgelegten Wert des Verhältnisses SND/ND = (Signal + Geräusch + Verzerrung)/(Geräusch + Verzerrung) erzeugt; aus meßtechnischen Gründen wird oftmals auch nur auf „Geräusch" bezogen. Die Messung erfolgt bei eingeschalteter automatischer Regelung des Empfängers für ein Verhältnis $SND/ND = 20$ dB (oftmals nur 10 dB) mit folgenden Definitionen der Signalmodulation: für A3E: 1000 Hz Ton und Modulationsgrad $m = 0{,}3$; für F3E: 1000 Hz Ton und ± 3 kHz Frequenzhub; für J3E: 1000 Hz Ton im Seitenband (für gleichzeitige Messung der Innerband-Intermodulation 2. und 3. Grades: zwei Töne bei 1000 und 1700 Hz, die zusammen die Bezugsausgangsleistung ergeben); für F1B: Linienabstand 400 Hz, Tastgeschwindigkeit $v = 50$ Bd für eine auf $\pm$ 20% begrenzte Verzerrung der digitalen Signale mit einer Zeitwahrscheinlichkeit von 10^{-3} oder einer Zeichenfehlerzahl von 10^{-2} [28].

Empfindlichkeit bei überwiegendem Außenrauschen. Für die Empfindlichkeitsbetrachtung sind nicht mehr die Rauschquellen des Empfängers maßgebend, sondern das von der Antenne aus verschiedenen Azimut- und Elevationsbereichen aufgenommene Rausch- bzw. Störgeräusch (athmospheric und man-made noise). Sie sind im VLF- bis HF-Bereich vom geographischen Empfangsort abhängig und starken jahres- sowie tageszeitlichen Schwankungen unterworfen [44]. Die Empfangsanlage wird deshalb so dimensioniert, daß ihre Eigenrauschleistung im Mittel um 6 dB unter der von der Antenne an den Empfänger abgegebenen Geräuschleistung liegt. Deshalb sollte die Wirkfläche bzw. Nutzhöhe (s. N 3.2) der Antenne ausreichend groß sein, jedoch nicht überdimensioniert werden, da sonst stark einfallende Sender Intermodulationsrauschprodukte erzeugen können. Die optimale Anpassung im HF-Bereich an den Empfänger ist wegen der Frequenzabhängigkeit schwierig, gelegentlich werden Außengeräuschentzerrer [45, 46] und oft das Außengeräusch mindernde, raumselektive Antennen (s. N 15) eingesetzt. Da die Amplituden- und Phasenstatistik des Außengeräuschs [40] nicht mehr gaußverteilt ist, müssen die der Berechnung zugrunde zu legenden Ausgangs-Signal/Rausch-Abstände erhöht werden. Erforderliche Rauschabstände für die Übertragung von Fernschreibsignalen über HF-Strecken sind in [28, 47] angegeben. Tabelle 1 enthält einen Auszug aus umfangreichen Untersuchungen [47, 48].

Tabelle 1. Notwendige Rauschleistungsdichte (dB/Hz) für HF-Ausbreitung. (1 = Stabile Übertragungsbedingungen, 2 = Fading ohne Diversity, 3 = Fading mit Diversity)

Modulationsart	1	2	3	Bemerkungen
A1A, Morse 8 Bd	31	38		
F1B, Fernschreiber 50 Bd	45	53	45	10^{-2} Zeichenfehler
A3E, Telephonie	50	51	48	gerade brauchbar
J3E, Telephonie	47	48	45	gerade brauchbar
J7B, Mehrkanaltelegraphie	59	67	59	10^{-2} Zeichenfehler

Selektion. Damit ein Empfänger einen Nachrichtenkanal endlicher Frequenzbreite aus einem breiten Frequenzspektrum herausfiltern kann, muß er eine ausreichende Selektion besitzen. Sie soll im Signalweg möglichst weit vorne erfolgen, um die nachfolgenden Stufen von unerwünschten starken Signalen zu schützen. Da es aus technischen Gründen nicht möglich und beim heute ausschließlich üblichen Überlagerungsempfänger auch nicht sinnvoll ist, die gesamte notwendige Selektion von ca. 120 dB in einer einzigen Stufe zu konzentrieren, erfolgt eine Aufteilung auf verschiedene Baugruppen des Empfängers. Man unterscheidet hierbei (s. Bild 10)

- HF-Selektion auf der variablen Empfangsfrequenz,
- ZF-Vorselektion auf der ersten Zwischenfrequenz sowie (bei Mehrfachüberlagerung)

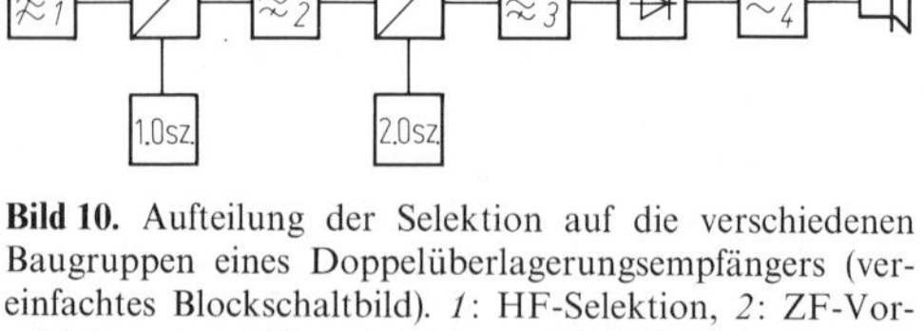

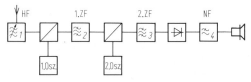

Bild 10. Aufteilung der Selektion auf die verschiedenen Baugruppen eines Doppelüberlagerungsempfängers (vereinfachtes Blockschaltbild). *1*: HF-Selektion, *2*: ZF-Vorselektion, *3*: ZF-Hauptselektion, *4*: NF-Selektion

– ZF-Hauptselektion auf der zweiten (bzw. letzten) Zwischenfrequenz,
– NF-Selektion.

Bild 10 zeigt die prinzipielle Anordnung der verschiedenen Selektionsstufen beim Doppelüberlagerungsempfänger.
Die HF-Selektion (vor der ersten Mischstufe) trägt wegen der relativ großen Bandbreite nur sehr wenig zur Nachbarkanaltrennung bei; sie ist jedoch nötig zur Vermeidung bzw. Verminderung von

– linearen Nebenempfangsstellen: ZF-Durchschlag, Spiegelwellenempfang, reziprokes Mischen;
– nichtlinearen Nebenempfangsstellen: Intermodulation, vorwiegend 2. und 3. Ordnung, Oberwellenbildung;
– Übersteuerung durch unerwünschte starke Eingangssignale: Kreuzmodulation, Begrenzung und Blocking;
– unerwünschte Ausstrahlung des eigenen ersten Oszillators über den Antenneneingang.

Die bei weitem wichtigsten Kriterien sind ZF-Durchschlag und Spiegelwellenempfang. Hier sind, je nach Frequenzbereich und -abstand, Selektionswerte zwischen 80 und 100 dB notwendig und üblich.
Durch Wahl eines geeigneten Frequenzkonzepts (erste Zwischenfrequenz liegt oberhalb der höchsten Empfangsfrequenz) kann die Zwischenfrequenz und die Spiegelwelle sehr weit außerhalb des Empfangsfrequenzbereichs gelegt werden, wodurch die Selektionsforderung auch mit sehr einfachen Filtern, z. B. Tiefpaßfiltern, erfüllt werden kann. Sehr viele Nachrichtenempfänger, vor allem im Kurzwellenbereich, arbeiten mit einer solchen breitbandigen Vorselektion. Nachteilig ist bei diesen breitbandigen Filtern die fehlende Selektion gegen Signale innerhalb des Abstimmbereichs, so daß alle in diesem Frequenzbereich liegenden starken Eingangssignale durch Mischung untereinander (Intermodulation) neue, ursprünglich nicht vorhandene Signale erzeugen und auch durch Kreuzmodulation Störungen der Modulation des Nutzsignals bewirken können.
Eine Verbesserung der Großsignalfestigkeit, d. h. Verringerung der nichtlinearen Nebenempfangsstellen, gelingt durch zusätzliche möglichst schmalbandige Vorselektion.
Intermodulation 2. Ordnung ($f_E = f_1 \pm f_2$ oder auch $f = 2f_1$) kann weitgehend vermieden werden durch eine breitbandige Vorselektion (Bandbreite $B < f_E/2$; sog. Suboktavfilter, s. Q 2.1). Als Selektion genügen i. allg. ca. 30 dB.
Intermodulation 3. Ordnung ($f_E = 2f_1 \pm f_2$) und auch Kreuzmodulation wird hierdurch nur dann verbessert, wenn die störenden Signale außerhalb des Durchlaßbereichs des jeweiligen Filters liegen.

Eine schmalbandige HF-Selektion (relative Bandbreite von einigen Prozent der Empfangsfrequenz) verbessert die Sicherheit gegen Störungen durch starke Fremdsender wesentlich, sie erfordert jedoch eine automatische Abstimmung des HF-Filters (gekoppelt an die Empfängerabstimmung). Bei sehr großen Störfeldstärken, z. B. bei Duplexbetrieb auf Schiffen, ist ein solches Filter notwendig. Bei kreuzmodulationsarmen Empfängern (s. Q 3.1) genügt hier eine Sperrdämpfung von ca. 30 dB, um eine Spannungsfestigkeit des Empfängers bis 50 V zu erreichen.
ZF-Vorselektion auf der ersten Zwischenfrequenz ist vor allem nötig zur Unterdrückung der Spiegelwelle des zweiten Mischers. Die konstante Spiegelfrequenz des zweiten Mischers liegt um den doppelten Betrag der zweiten Zwischenfrequenz von der ersten Zwischenfrequenz entfernt; es genügt meist eine Sperrdämpfung von ca. 80 bis 100 dB für diese Spiegelfrequenz.
Um jedoch die nachfolgenden Stufen vor unerwünscht starken Signalen zu schützen, wird hier meist ein möglichst schmalbandiges (Quarz-) Filter mit einer Nahbereichselektion von ca. 40 dB verwendet, das jedoch bei der Spiegelfrequenz des zweiten Mischers eine Weitabselektion von mindestens 80 dB erreichen muß.
Da jedoch auf der meist sehr hohen Zwischenfrequenz die benötigte Nachbarkanalselektion aus technologischen Gründen nicht zu erreichen ist, erfolgt i. allg. eine Umsetzung auf eine so niedrige zweite Zwischenfrequenz, daß die benötigten Schmalbandfilter mit Sperrdämpfungen von 80 dB realisierbar sind.

Verzerrungen. Die *linearen Verzerrungen* bei AM-, FM-, PAM- und PPM-Signalen sowie die Probleme des Mehrfachempfangs bei AM- und FM-Signalen werden ausführlich in [49, 50] behandelt. Betreffend AM- und PM-Modulationsverzerrungen, gekennzeichnet durch die zeitlichen Schwankungen des Übertragungsfaktors und Übertragungswinkels, wird auf [24, 51–54] verwiesen.

Phasen- und Frequenz-Störhub. Das in den Mischstufen eines Empfängers auf das Nutzsignal übertragene Phasenrauschen des Oszillatorsignals führt zu Phasenschwankungen und Frequenzschwankungen des Nutzsignals und damit zu von der Modulationsart abhängigen Verzerrungen und Verminderung des Signal/Rausch-Abstands des demodulierten Signals [55].

– $\Phi_e(f)$ [dBc/Hz] beschreibt das ESB-Phasenrauschen, bezogen auf die Signalamplitude des Oszillators mit f als Frequenzabstand zur Oszillatorfrequenz.
– $S_{\delta\Phi}(f)$ [rad^2/Hz] stellt die spektrale Leistungsdichte der Phasenschwankungen am Ausgang eines Phasendemodulators dar.

– $S_{\delta f}(f)$ [Hz²/Hz] ist die spektrale Leistungsdichte der Frequenzschwankungen am Ausgang eines Frequenzdemodulators.
Bei geringem Phasenrauschen des Oszillators, d.h. für

$$\int_0^\infty S_{\delta\Phi}(f)\,\mathrm{d}f \ll 1\ \mathrm{rad}^2,$$

gilt

$$\Phi_e(f) = 1/2\, S_{\delta\Phi}(f). \tag{25}$$

Damit ergibt sich für den mittleren Phasenstörhub des Oszillator- bzw. des Nutzsignals

$$\beta_\Phi = \sqrt{\int_{f_a}^{f_b} S_{\delta\Phi}(f)\,\mathrm{d}f} = 2\sqrt{\int_{f_a}^{f_b} \Phi_e(f)\,\mathrm{d}f} \tag{26}$$

(f_a, f_b = Frequenzgrenzen des zu übertragenden NF-Bandes).
Der Zusammenhang zwischen der spektralen Leistungsdichte der Phasen- und der Frequenzschwankungen ist nach Gl. D 3 (33)

$$S_{\delta\Phi}(f) = 1/f^2\, S_{\delta f}(f). \tag{27}$$

Damit folgt für den Frequenzstörhub des Oszillator- bzw. Nutzsignals

$$\beta_f[\mathrm{Hz}] = 2\sqrt{\int_{f_a}^{f_b} f^2\, \Phi_e(f)\,\mathrm{d}f}. \tag{28}$$

Bei Vernachlässigung von Preemphasis und Deemphasis eines frequenzmodulierten Nutzsignals ist in erster Näherung die Nutzsignalleistung proportional dem mittleren Nutzfrequenzhub $\overline{(\Delta f)^2}$ und die Störsignalleistung proportional dem mittleren Störfrequenzhub $\overline{(\beta_f)^2}$ des Nutzsignals, d.h.

$$S/N = \overline{(\Delta f)^2}/\overline{(\beta_f)^2}. \tag{29}$$

Da das ESB-Rauschen des Oszillatorsignals $\Phi_e(f)$ meist bekannt bzw. z.B. über das reziproke Mischen einfach meßbar ist, kann der Phasenstörhub β_Φ oder der Frequenzstörhub β_f durch numerische Integration berechnet werden.

Reziprokes Mischen. Die Eingangssignale eines Empfängers gelangen nach Vorselektion und Verstärkung auf die erste Mischstufe und werden mit dem Oszillatorsignal in die ZF-Lage umgesetzt. Bei dieser Umsetzung übernimmt jedes Signal die Seitenbänder des Phasenrauschens des Oszillatorsignals.
Die Rauschanteile, die in die Empfangsbandbreite fallen, erhöhen die Rauschzahl des Empfängers (sog. reziprokes Mischen) [55]. Die durch ein Signal verursachte zusätzliche Rauschzahl hängt ab von der Amplitude des Signals, vom Frequenzabstand Δf zur eingestellten Empfangsfrequenz und von dem Phasenrauschen des

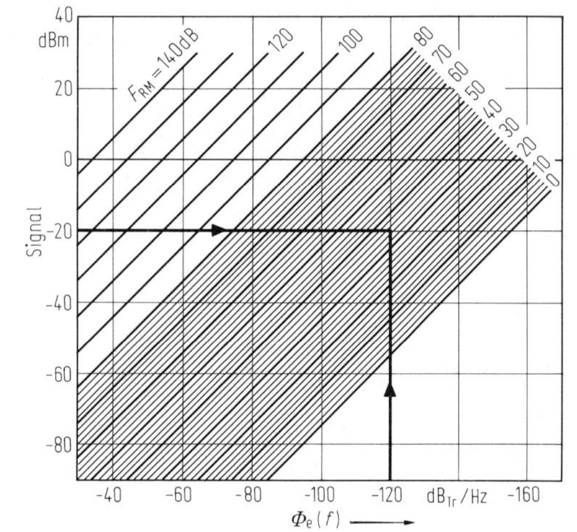

Bild 11. Zusätzliche Rauschzahl F_{RM} durch reziprokes Mischen in Abhängigkeit von der Signalamplitude und dem ESB-Phasenrauschen $\Phi_e(f)$ des Oszillatorsignals

Oszillatorsignals im Abstand Δf von der Oszillatorfrequenz (Bild 11). Die resultierende Rauschzahl F_{res} bei n Signalen ergibt sich somit aus der Rauschzahl des Empfängers F_E und der durch das reziproke Mischen zusätzlich verursachten Rauschzahl $\sum_{i=1}^{n} F_{RM_i}$ zu

$$F_{res}[\mathrm{dB}] = 10 \log\left(10 \exp F_E[\mathrm{dB}]/10 + \sum_{i=1}^{n} 10 \exp F_{RM_i}[\mathrm{dB}]/10\right).$$

Nichtlineare Eigenschaften. An den nichtlinearen Kennlinien von Übertragungsgliedern werden aus mehreren anliegenden Signalen neue, unerwünschte Signale erzeugt [56]. Der Vorgang wird *Intermodulation* genannt, die entstehenden Signale Intermodulationsprodukte. An dem Vorgang sind ein Nutzsender und i. allg. n Störsender beteiligt. Die Intermodulationsprodukte werden nach folgendem Gesetz gebildet:

$$f_{IM} = |m_1 f_{ST1} + m_2 f_{ST2} + \ldots| \qquad m_\nu = 0, \pm 1, \pm 2, \ldots. \tag{30}$$

Üblicherweise wird bei Empfängern nur der Fall $n = 2$ mit $|m_1|, |m_2| = 1$; bzw. $|m_1| = 2$; $|m_2| = 1$ betrachtet:

$$f_{IM} = |f_{ST1} \pm f_{ST2}| \quad \text{2. Ordnung (IM2)} \qquad f_{IM} = |2f_{ST1} \pm f_{ST2}| \quad \text{3. Ordnung (IM3).} \tag{31}$$

Ein Intermodulationsprodukt stört dann, wenn es in das Nutzband des Empfängers fällt. Dazu muß bei IM2 einer der beiden Störsender von der Nutzsenderfrequenz f_N um mehr als 0,5 f_N entfernt sein. Bei IM3 muß der Frequenzabstand

des einen Störsenders zum Nutzsender doppelt so groß sein wie der des anderen: $f_{ST2} - f_N = 2(f_{ST1} - f_N)$.
Man spricht von Außerband- (Innerband-)-Intermodulation, wenn sich die beteiligten Störsender außerhalb (innerhalb) der Nutzbandbreite des Empfängers befinden. Für die zahlenmäßige Beschreibung der Intermodulation sind folgende Angaben üblich, die bei den beteiligten Störsendern gleichen Pegel voraussetzen.

Intermodulationsabstand

$$P_{IM2}/P_{ST} = S_2 P_{ST}; \quad P_{IM3}/P_{ST} = S_3 P_{ST}^2. \tag{32}$$

Er wird in dB angegeben, die Störsender werden durch ihre EMKs oder ihre verfügbaren Leistungen gekennzeichnet.

Intermodulations-Störabstand. Es werden die EMKs oder die verfügbaren Leistungen der Störsender und des Nutzsenders für einen gegebenen IM-Störabstand P_{IM}/P_N des Nutzsenders (meist 20 dB) angegeben.

$$\begin{aligned} P_{IM2}/P_N &= S_2 P_{ST}(P_{ST}/P_N); \\ P_{IM3}/P_N &= S_3 P_{ST}^2(P_{ST}/P_N). \end{aligned} \tag{33}$$

Interceptpoint (IP 2, IP 3). Es werden die EMKs oder die verfügbaren Leistungen der Störsender für IM-Abstand 0 dB angegeben:

$$P_{IP2} = 1/S_2; \quad P_{IP3} = \sqrt{1/S_3}. \tag{34}$$

Die Faktoren S_2, S_3 sind i. allg. frequenz- und pegelabhängig. Nur im definierten Aussteuerbereich können sie als pegelunabhängig angenommen werden.
Man unterscheidet zwischen Output- und Input-Interceptpoint (OPIP bzw. IPIP), je nachdem die Angabe auf den Ausgang oder Eingang des betrachteten Übertragungsgliedes bezogen ist.
1-dB-*Kompressionspunkt.* Dieser wird bei Baugruppen häufig zur Beschreibung der IM 3 benutzt; er kennzeichnet diejenige verfügbare Eingangsleistung (bzw. EMK), bei der sich die Verstärkung der Baugruppe gegenüber dem Kleinsignalwert um 1 dB reduziert.
Kreuzmodulation. Kreuzmodulation ist ein Sonderfall der IM 3. Die Modulation des amplitudenmodulierten Störsenders wird auf den Nutzsender übertragen gemäß

$$f_{KM} = \underbrace{(f_{ST} \pm f_{mod})}_{f_{ST1}} - \underbrace{f_{ST}}_{f_{ST2}} + \underbrace{f_N}_{f_{ST3}} = f_N \pm f_{mod}.$$

Der durch Kreuzmodulation verursachte Störabstand im Niederfrequenzband ist

$$P_{KM}/P_N = 16 \cdot S_3 P_{ST}^2, \tag{35}$$

gleichen Modulationsgrad bei Nutz- und Störsender vorausgesetzt. Er ist unabhängig vom Pegel des Nutzsenders.

Blocking. Hiermit bezeichnet man die Dämpfung des Nutzsenders, die durch einen gleichzeitig anliegenden Störsender verursacht wird. Näherungsweise gilt für die Dämpfung a des Nutzsenders

$$a < 1 + S_3 P_{ST}^2; \tag{36}$$

Als „Blocking"-Wert wird die EMK oder die verfügbare Leistung des Störsenders angegeben, die eine bestimmte Dämpfung des Nutzsenders bewirkt (meist um 3 dB).
Nutzsenderpegel und Frequenzabstand sind notwendige Parameter bei der Angabe der IM-Eigenschaften eines Empfängers. Der Nutzsenderpegel wird als Nutzsender-Rauschabstand angegeben oder direkt als EMK oder verfügbare Leistung.
Am wichtigsten für gutes IM-Verhalten eines Empfängers sind den Anforderungen entsprechend dimensionierte Verstärker, Mischer, Regelglieder und Filter. Bei der Zusammenschaltung der Baugruppen führt breitbandig-reeller Abschluß in der Regel zum besten Ergebnis. Durch geeignete Wahl von Verstärkung und Selektion im Empfängerzug sind die Störsenderpegel an den Baugruppen möglichst klein zu halten. Dazu sind die Selektionsmittel möglichst weit vorne im Empfängerzug anzuordnen: schmalbandige Filter vor der ersten ZF-Stufe, durchstimmbare oder geschaltete Filter, insbesondere zur Verminderung der IM 2-Produkte, unmittelbar nach dem Empfängereingang.
Vor der Hauptselektion ist die Verstärkung so klein zu halten, wie es unter Berücksichtigung der Rauschzahl möglich ist; durch Regelglieder kann die Verstärkung bei ausreichend großem Nutzsenderpegel weiter reduziert werden.

Dynamikbereich. Die vorstehend genannten empfindlichkeitsmindernden Einflüsse können in zwei Dynamikdiagrammen zusammengefaßt werden, welche die technischen Eigenschaften des Empfängers bei Außerband- bzw. Innerbandstörungen beschreiben. Bild 12 zeigt qualitativ den Zusammenhang zwischen Nutzsignal und zulässigem Störsignalpegel für Außerbandstörungen; er ist numerisch abhängig vom gewünschten Ausgangsstörabstand, der Demodulationsart, der Bandbreite und dem Frequenzabstand zwischen Nutz- und Störsignal. Die Basislinie (A—B) entspricht der *Empfindlichkeit* des Empfängers; ab dem Punkt B setzt der Einfluß des *reziproken Mischens* den erforderlichen Nutzpegel linear mit dem Störpegel herauf. Ist der Störsender moduliert, so wird am Punkt C der Bereich der zulässigen Störspannung abrupt durch die vom Nutzpegel unabhängige Kreuzmodulation unterbrochen gemäß der Linie

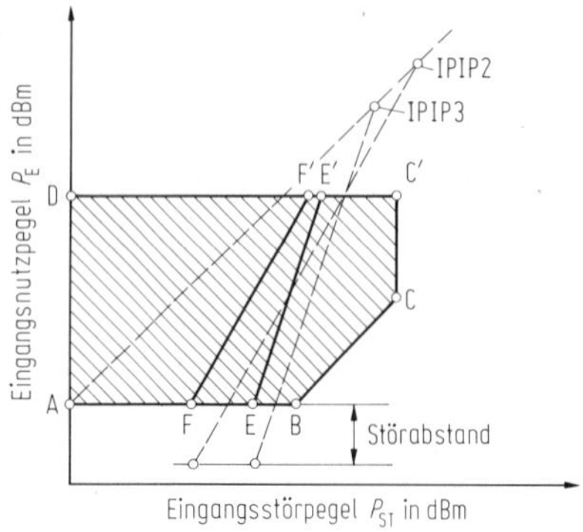

Bild 12. Außerband-Dynamikbereich. A Empfindlichkeit; B, C reziprokes Mischen; C, C′ Kreuzmodulation; D max. Eingangsnutzpegel; E, E′ Intermodulation 3. Ordnung, Außerband; F, F′ Intermodulation 2. Ordnung, Außerband; IPIP Input-Interceptpoint

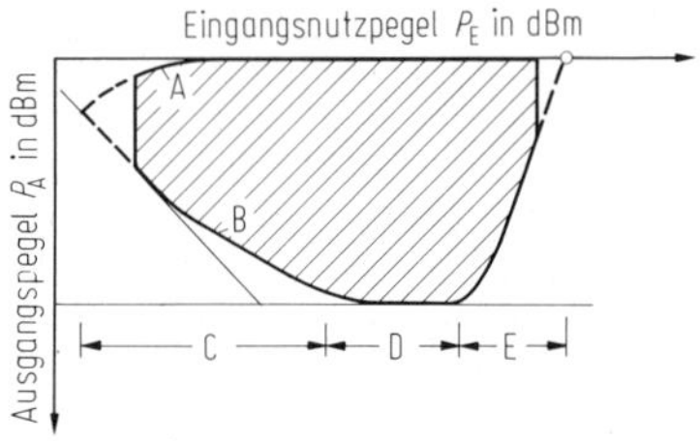

Bild 13. Innerband-Dynamikbereich. A NF-Ausgangspegel oder Fehlerwahrscheinlichkeit; B Ausgangsstörpegel; C Rauschen der HF/ZF-Stufen; D Rauschen des Oszillators, NF-Störspannungen; E Intermodulation und Oberwellen der Nutzsignale

C—C′. Höhere Störpegel verursachen Störungen, die einen kleineren als den gewünschten Ausgangsstörabstand zur Folge haben. Der so gebildete Kurvenzug wird nach oben hin durch die Linie D—C′ begrenzt; diese beschreibt im Bereich kleiner Störpegel d. h. beim Punkt D den maximalen Eingangsnutzpegel zweier Signale im Band, bei dem die Innerband-Intermodulationsprodukte bzw. die Oberwellen den Ausgangsstörabstand bestimmen.
Diese Linie neigt sich mit zunehmendem Störpegel zum Punkt C′ wegen des Blocking-Effekts in den ersten Verstärker- oder Mischstufen des Empfängers. Alle innerhalb des Kurvenzugs A—D liegenden Punkte erfüllen die Bedingung des vorgegebenen Ausgangsstörabstands.
Sind am Empfängereingang zugleich mit dem Nutzsignal zwei oder mehrere Störsignale vorhanden, so bilden sich Intermodulationsprodukte, die in den Nutzkanal des Empfängers fallen können, wenn die oben genannten Frequenzenzbedingungen zutreffen. Die Störungen durch Intermodulationsprodukte 3. Ordnung (IM 3) beginnen am Punkt E und steigen mit der dritten Potenz des Störpegels bis zum Punkt E′ an. Störungen durch Intermodulationsprodukte 2. Ordnung (Linie F—F′) treten seltener auf, da mindestens eine der Störfrequenzen mehr als 50% von der Nutzfrequenz entfernt sein muß und durch Suboktavfilter oder durch eine schmalbandige Empfängervorselektion wirkungsvoll unterdrückt werden kann. Die gestrichelten Linien zeigen den Zusammenhang zwischen den IM 2 – bzw. IM 3 – Produkten und dem Input-Interceptpoint IPIP 2 bzw. IPIP 3.
Bild 13 zeigt ein Diagramm zum Innerband-Dynamikbereich bei Einseitenbandmodulation; es ist numerisch abhängig von der Demodulationsart und von der vorgegebenen Bandbreite.

In Abhängigkeit vom Nutzsignal zeigt Kurve A den ausgeregelten NF-Ausgangspegel des Empfängers und Kurve B den Störpegel; dieser wird im Bereich C durch das Eigenrauschen des Empfängers bestimmt, im Bereich D durch im Gerät selbst erzeugte Störspannungen (z. B. Netzrestbrummspannungen) und im Bereich E durch Intermodulation bzw. Oberwellen.
Der dargestellte Bereich gilt so lange wie die Außerband-Störpegel den Punkt F des Bildes 12 nicht überschreiten; danach wird auch der Innenband-Dynamikbereich durch die Störpegel außerhalb des Nutzbandes bestimmt.

Elektromagnetische Verträglichkeit (EMV). Die EMV von elektrischen Anlagen, Geräten und Baugruppen mit ihrer Umgebung wird durch die Aussendung von und die Beeinflussung durch elektromagnetische Störungen bestimmt [57–60]. Diese erfolgen entweder durch Strahlung oder über die angeschlossenen Leitungen und können sowohl ein diskretes als auch ein kontinuierliches Frequenzspektrum aufweisen.
Die interne und die externe EMV eines Empfängers wird durch sein elektrisches Schaltungskonzept (Siebaufwand, Erdungskonzept, Pegelplan, Leistung der Störquellen, Signalumsetzungen usw.) und seinen konstruktiven Aufbau (Aufteilung, Aufbau und Anordnung der Baugruppen, Leitungsführung, Schirmungen, elektromagnetische Dichtigkeit, Leitfähigkeit der Metalloberflächen, Kontaktwiderstände usw.) festgelegt.
Die internen Störungen in einem Empfänger (Eigenpfeifstellen und Nebenempfangsstellen durch Oberwellenmischungen, galvanische, induktive oder kapazitive Signalverkopplungen usw.) entstehen durch die gegenseitigen Beeinflussungen seiner Baugruppen. Hierbei wird unterschieden zwischen den störungserzeugenden Baugruppen (Oszillatoren, Synthesizer, Begrenzerverstärker, NF-Endverstärker, Schaltnetzteile), Baugruppen mit digitaler Signalverarbeitung (Mikroprozessoren, schnelle Frequenzzähler, Taktgeneratoren) und den beeinflußbaren Baugruppen im Empfangssignalweg (Eingangsfilter, HF-

Verstärker, Mischstufen, ZF-Verstärker, Regelverstärker, Demodulatoren, NF-Vorverstärker usw.). Die Entkopplung zwischen den störungserzeugenden und den -aufnehmenden Baugruppen muß teilweise bis zu 180 dB betragen, wie z. B. zwischen dem Eingang eines VLF/HF-Empfängers und dem Schaltnetzteil mit der im Empfangsfrequenzbereich liegenden Schaltfrequenz Entkopplungen dieser Größenordnung können nur durch mehrere gestaffelte Maßnahmen [57–59] verwirklicht werden, die sowohl bei den störungs-erzeugenden als auch bei den -empfindlichen Baugruppen vorzusehen sind.

Von außen eingestrahlte oder nach außen abgestrahlte Störungen werden durch einen kompakten Aufbau des Empfängers mit einem dichten, schirmenden Gehäuse ohne Potentialunterschiede auf der Außenoberfläche bzw. durch entsprechend dichte, geschirmte Baugruppen vermieden.

Direkt an den Ein- und Ausgängen eines Empfängers bzw. seiner Baugruppen angeordnete Filter, die alle Signale außerhalb des Nutzfrequenzbereichs der empfangenen und abgegebenen Signale sperren, vermindern bzw. unterdrücken die geleiteten Störungen. Damit wird außerdem verhindert, daß die angeschlossenen Leitungen außerhalb des Nutzfrequenzbereichs der übertragenen Signale strahlen können. Störungen im Nutzfrequenzbereich werden durch ein- oder mehrfach geschirmte Kabel eingeschränkt, wobei eine niederohmige, in sich geschlossene Verbindung der Schirmaußenoberfläche mit der Gehäuseaußenoberfläche des Empfängers äußerst wichtig ist.

Zum Schutz gegen Zerstörungen im Empfänger durch zu hohe Eingangssignale, z. B. durch benachbarte Sendeanlagen oder durch Impulsstörungen, z. B. durch Blitze oder EMP [61, 62], enthalten die Ein- und Ausgänge von Empfängern häufig zusätzliche Schutzschaltungen, welche die Störsignale begrenzen bzw. die Ein- und Ausgänge abschalten oder kurzschließen.

National und international geltende Bestimmungen [63–67] legen die Grenzwerte der zulässigen elektromagnetischen Störungen für das Zusammenwirken der unterschiedlichsten Geräte in Anlagen und Systemen fest und beschreiben die Meßverfahren und -anordnungen zur Überprüfung der Grenzwerte. Für den militärischen Bereich gelten besonders detailliert ausgearbeitete, scharfe Bestimmungen [68, 69].

Spezielle Literatur: [1] *Vollzugsordnung für den Funkdienst*, Genf 1976, Bd. 2, Anh. 5. – [2] *FTZ-Richtlinien 171 R 11* (Juli 1982) 21. – [3] *CCIR-Rep.* New Delhi 1970. – [4] *Davies, K.*: Ionospheric radio propagation. New York: Dover 1966. – [5] *Filter, J.H.J.; Arazi, B.*: The fadeogram, a sonogram-like display of the time-varying frequency response of the HF-SSB radio channels. IEEE Trans. COM-26 (1978) 913–917. – [6] *Ladell, L.*: Multipath characteristics at UHF in rural irregular terrain. AGARD Conf. Proc. No. 244, 1978, Cambridge/Ma, USA. – [7] *Ince, A.N.; Vogt, I.M.; Williams, H.P.*: A review of scatter communication. AGARD Conf. Proc. No. 244 (1978) Cambridge/Ma, USA. – [8] *CCIR* 14. Plenary assembly on mobile services, Kyoto, 1978, Vol. VIII, REC. 549. – [9] *A Bello, Ph.A.*: troposcatter channel model. IEEE Trans. COM-17 (1969), 130–137. – [10] *Frequenz* 36 (1982) H. 4–5. – [11] *Esprester, R.*: Ein schnell adaptierendes Datenübertragungsverfahren für linear verzerrende, zeitvariante Medien. Diss. RWTH Aachen 1981. – [12] *Proakis, J.G.*: In: Advances in communication systems, Vol. 4. New York: Academic Press 1975. – [13] *Freeny, S.D.* et al.: Systems analysis of a TDM-FDM translator/digital A-type channel bank. IEEE Trans. COM-19 (1971) 1050–1059. – [14] *Spaulding, D.A.*: A new digital coherent demodulator. IEEE Trans. COM-21 (1973) 237–238. – [15] *Fink, K.R.; Hölzel, F.*: Der digitale Empfänger. ntz Arch. 5 (1983) 353–358. – [16] *Maurer, R.* et al.: Direktmischendes Empfangssystem, dt. Offenlegungsschrift P 2902952.5, Anmeldetag 26. 1. 79. Offenlegetag 31. 7. 80. – [17] *Smith, K.*: Radio receiver chip demodulates FSK data at 200 MHz; Electronics 30 (1982) 3E–4E. – [18] *Jack, M.A.* et al.: The theory, design and application of surface acoustic wave Fourier-transform processors. Proc. IEEE 68 (1980) 450–468. – [19] *Rabiner, L.R.; Schafer, R.W.; Rader, C.M.*: The chirp z-transform algorithm. IEEE Trans. AU-17 (1969) 86–92. – [20] Surface acoustic waves (special issue). Proc. IEEE 64 (1976) No. 5. – [21] *Turpin, T.M.*: Spectrum analysis using optical processing. Proc. IEEE 69 (1981) 79–92. – [22] *Skolnik, M.*: Introduction to radar systems. New York: McGraw-Hill 1962. – [23] *N.N.*: What does receiver sensitivity mean? MSN (July 1978) 54–63. – [24] *Panter, P.F.*: Modulation, noise, and spectral analysis. New York: McGraw-Hill 1965. – [25] *Reference data for radio engineers*. Howard W. Sams & Co. 1972, Chap. 21. – [26] *Schwartz, M.; Bennett, W.; Stein, S.*: Communication systems and techniques. New York: McGraw-Hill 1966. – [27] *Beßlich, P.*: Fehlerwahrscheinlichkeit binärer Übertragungsverfahren. AEÜ 17 (1963) 185–197. – [28] *CCIR-Rep. 345-2:* Performance of telegraph systems on HF radio, CCIR-Rep. 195. Prediction of the performance of telegraph systems in terms of bandwidth and signal-to-noise ratio in complete systems, Vol. III, 1982. – [29] *Baur, K.*: Über den Rauscheinfluß auf die Peilgenauigkeit beim Watson-Watt-Verfahren. Wiss. Ber. AEG-Telefunken 50 (1977) 120–128. – [30] *Winterhalder, P.*: Intermodulation und Rauschen in Empfangsanlagen. Neues von Rhode & Schwarz 78, 7 (1977) 28–31. – [31] *Adamy, D.L.*: Calculate receiver sensitivity. Electron. Des. 25 (1973) 118–121. – [32] *Norton, D.E.*: The cascading of high dynamic range amplifiers. Microwave J. 16 (1973) No. 6, 57–58, 70–71. – [33] *Rudkin, A.M.*: Receiver sensitivity measurements – how accurate are they? Electron. Instrumentat 9 (1978) 25–31. – [34] *Humann, K.*: Definition und Messung der Empfindlichkeit von Funkempfangs- und Peilgeräten. Tech. Mitt. AEG-Telefunken 67 (1977) 323–330. – [35] *Kraus, J.D.*: Radio astronomy, Chap. 8. New York: McGraw-Hill 1982. – [36] *Prabhu, V.K.*: Spectral occupancy of digital angle modulated signals. Bell Syst. Tech. J. 55 (1976) 429–453. – [37] *CCIR-Recommendation 328-3:* Spectra and bandwidths of emission, Vol. I, Geneva 1982. – [38] *Zastrow, F.*: Einfluß des Telegramminhaltes auf das Frequenz-Spektrum bei bitserieller Datenübertragung mit Frequenzmodulation. Tech. Mitt. AEG-Telefunken 69 (1979) 124–127. – [39] *Korn, I.*: Error probability and bandwidth of digital modulation. IEEE Trans. COM-28 (1980) 287–290. – [40] *Yain, V.*: Digital communication systems in impulsive atmospheric radio noise. IEEE Trans. AES-15 (1979) 228–236. – [41] *Thompson, R.; Clouting, D.R.*: Digital angle modulation. Wireless World (Febr. 1977) 69–72. – [42] *CCIR-Recommendation 331-4:* Noise and sensitivity of receivers, Vol. I, Geneva 1982. – *CCIR-Rep. 533-1:* Sensitivity of radio receivers for class of emission F3E, Vol. III, 1982. – [43] *FTZ-Richtlinien 171 R 11*, July 1982. – [44] *CCIR Rep. 670:* Worldwide minimum external noise levels, 0,1 Hz to 100 GHz, Vol. I, Geneva 1982. – [45] *Fischer, K.*: DBP 1112147, Kommerzielle Funkempfangsanlage mit Breitbandantenne für Lang-, Mittel- oder Kurzwellen, Telefunken GmbH. – [46] *Belyaer, V.N.*: Adaption of receiver sensitivity to magnitude of noise in antenna. Radioelectron. Commun. Syst. 21 (1978) , 85–86. [47] *CCIR-Recommendation 339-5:* Bandwidths, signal-to-noise ratio and fading allowances in complete systems, Vol. III, Geneva 1982. – [48] *ESSA:* Tech. Rep. ERL 110-ITS 78, ERL 131-ITS 92. – [49] *Küpfmüller, K.*: Die Systemtheorie der elektrischen Nachrichtentechnik. Stuttgart: Hirzel 1968. – [50] *Schröder, H.; Rommel, G.*: Elektrische Nachrichtentechnik. Heidelberg: Hüthig u. München: Pflaum, Bd. 1a 1978, Bd. 1b 1980, Bd. 2 1981. – [51] *Schwarz, M.*: Information, transmission, modulation and noise. New York: McGraw-Hill 1980. – [52] *Lüke, H.D.*: Signalübertragung, 2. Aufl. Berlin: Springer 1983. – [53] *Bocker, P.*: Datenübertragung. Berlin: Springer 1983 (Bd. I, 2. Aufl.), 1979 (Bd. II). – [54] *Bennett, W.R.; Davey, J.R.*: Data transmission. New York: McGraw-Hill 1965. – [55] *Grebenkemper, C.J.*: Local oscillator phase noise and its effect on receiver performance. Tech-notes Watkins-Johnson Comp., Palo Alto, Vol. 8, No. 6, Nov./Dez. 1981. – [56] *Parlow, S.M.*: Third-order distortion in amplifiers and mixers. RCA Rev. 37 (1976) 234–263. – [57] *Wilhelm, J.* u. a.: Elektromagnetische Verträglichkeit (EMV). Grafenau u. Berlin: expert-Verlag u. VDE-Verlag 1981. – [58] *Stoll, D.*: EMC, Elektromagnetische Verträglichkeit. Berlin: Elitera 1976. – [59] *Morrison, R.*: Grounding and shielding techniques in instrumentation. New York: Wiley 1977. – [60] *Warner, A.*: Taschenbuch der Funk-Entstörung. Berlin: VDE-Verlag 1965. – [61] *Wiesinger, J.; Haase, P.*: Handbuch für Blitzschutz und Erdung. München: Pflaum u. Berlin: VDE-Verlag 1977. – [62] *Neuheuser, H.*: Nuklearer Elektromagnetischer Puls: Bedrohung und Schutzmaßnahmen gegen den EXO-NEMP. Wehrtechnik 2 (1983) 28–34. – [63] *CISPR Publication 1:* Specification for C.I.S.P.R. radio interference measuring apparatus for the frequency range 0.15 to 30 MHz, Bureau Central de La C.E.I., Geneva. – [64] *CISPR Publication 2.:* Specification for C.I.S.P.R. radio interference measuring apparatus for the frequency range 25 to 300 MHz. Bureau Central de la C.E.I., Geneva. – [65] *CISPR Report* of the plenary session Philadelphia 1961, Rep. No. R.J. 15, pp. 31–56: Recommandations of the C.I.S.P.R., pp. 100–129: Survey of limits in use by different countries. Bureau Central de la C.E.I., Geneva. – [66] *I.E.C. Publication 69:* Recommended methods of measurement on receivers for amplitude-modulation, frequency-modulation and television broadcast transmissions. Bureau Central de la C.E.I., Geneva. – [67] *VDE 0871:* Funkstör-Grenzwerte für Hochfrequenzgeräte und -anlagen (Vorschriften). *VDE 0872:* Funk-Entstörung von Ton- und Fernseh-Rundfunk-Empfangsanlagen, Teil 1: Regeln für die zulässigen Grenzwerte der von Empfängern ausgehenden Funkstörungen. *VDE 0874:* Richtlinien für Maßnahmen zur Funk-Entstörung. *VDE 0875:* Bestimmungen für die Funk-Entstörung von Geräten, Maschinen für Nennfrequenzen von 0 bis 10 kHz. *VDE 0876:* Vorschriften für Funkstör-Meßgeräte. *VDE 0877:* Leitsätze für das Messen von Funkstörungen, Teil 1: Das Messen von Funkstörspannungen, Teil 2: Das Messen von Störfeldstärken. Berlin: VDE-Verlag. – [68] *MIL-STD-461 B:* Electromagnetic interference, characteristics requirements for equipment. *MIL-STD-462, Notice 3:* Electromagnetic interference, characteristics measurement of equipment sub-system and system. *MIL-STD-463, Notice 1:* Definitions and systems of units, electromagnetic interference technologie. – [69] *VG 95 370:* Elektromagnetische Verträglichkeit von und in Systemen. *VG 95 371 EMV:* Allgemeine Grundlagen. *VG 95 372 EMV:* Übersicht. *VG 95 373:* Elektromagnetische Verträglichkeit von Geräten. *VG 95 374 EMV:* Programme und Verfahren. *VG 95 375 EMV:* Grundlagen und Maßnahmen für die Entwicklung von Systemen. *VG 95 377 EMV:* Meßeinrichtungen und Meßgeräte. Köln: Beuth.

2 Baugruppen eines Mehrfach-Überlagerungsempfängers

Modules of a multiple conversion superhet receiver

Allgemeine Literatur: *Bocker, P.*: Datenübertragung. Berlin: Springer 1983 (Bd. I, 2. Aufl.), 1979 (Bd. II). – *Der Dienst bei der deutschen Bundespost:* Datenübertragungstechnik, Teilbd. II. Hamburg: v. Deckers, G. Schenck 1971. – *Kennedy, G.*: Electronic communication systems. New York: McGraw-Hill 1977. – *Kovács, F.*: Hochfrequenzanwendungen von Halbleiterbauelementen. München: Franzis, 1977. – *Lehnert, J.*: Einführung in die Fernschreibtechnik. Siemens AG, München 1968. – *Lüke, H.D.*: Signalübertragung, 2. Aufl. Berlin: Springer 1983. – *Philippow, E.*: Taschenbuch Elektrotechnik, Bd. 3: Nachrichtentechnik. Berlin: VEB-Verlag Technik 1967. – *Rohde, U.L.*: Digital PLL frequency synthesizers, theory and design, Englewood Cliffs: Prentice Hall 1983. – *Saal, R.; Entenmann, W.*: Handbuch zum Filterentwurf, AEG-Telefunken 1979. – *Schönhammer, K.; Voss, H.*: Fernschreib-Übertragungstechnik. München: Oldenbourg 1966. – *Stadler, E.*: Modulationsverfahren, 2. Aufl. Würzburg: Vogel 1980. – *Temes, L.*: Communication electronics for technicians. New York: McGraw-Hill 1974. – *Temes, L.*: Electronic communication (Schaum): Including 175 solved problems, New York: McGraw-Hill 1979. – *Tietze, U.; Schenk, Ch.*: Halbleiter-Schaltungstechnik, 6. Aufl. Berlin: Springer 1983. – *Wiesner, L.*: Fernschreib- und Datenübertragung über Kurzwelle – Grundlagen und Netze. Siemens AG, München 1980. – *Zinke, O.; Brunswig, H.*: Lehrbuch der Hochfrequenztechnik, 2. Aufl. Bd. I u. II. Berlin: Springer 1973/1974.

Die einzelnen Baugruppen des Gesamtempfängers sind auf mehreren Leiterkarten untergebracht. Dadurch kann die bei hohen Frequenzen ($f > 100$ MHz) zunehmende kapazitive und induktive Verkopplung kleingehalten werden. Zur Vereinfachung der Prüfung werden die HF-Schnittstellen durchweg für eine Impedanz von 50 Ω dimensioniert.

Spezielle Literatur Seite Q 47

2.1 HF-Selektion. RF Filtering

Da die HF-Selektion meist unmittelbar am Empfängereingang liegt, ist außer den Selektionsforderungen (s. Q 1.3 „Selektion") ein Schutz des Empfängeres gegen Antennenüberspannung nötig; diese kann verursacht sein durch

- athmosphärische Entladungen. Zur Vermeidung statischer Antennenaufladung ist ein Gleichstromweg nach Masse nötig; zur Spannungsbegrenzung werden häufig Gasentladungsstrecken parallelgeschaltet;
- zu hohe Signalspannungen. Diese werden durch antiparallel geschaltete Begrenzerdioden (mit und ohne Vorspannung) begrenzt. Bei zu erwartenden sehr großen Überspannungen wird die Antenne durch Relais abgeschaltet, um eine Überhitzung der Begrenzerdioden zu vermeiden.

Breitband-Vorselektion. Bei einer genügend weit über der höchsten Empfangsfrequenz liegenden ersten Zwischenfrequenz des Empfängers genügt ein Tiefpaßfilter zur Vermeidung linearer Nebenempfangsstellen. Meist wird ein Cauer- oder Tschebyscheff-Filter mit Polstellen im Sperrbereich gewählt; zur Erhöhung der Sperrdämpfung bei der ersten Zwischenfrequenz kann eine der Polstellen auf diese Frequenz gelegt werden (s. F 1.4 und [1–3]).
Liegt die untere Grenze des Empfangsbereichs oberhalb eines Frequenzbereichs mit nennenswerten Feldstärken, so wird ein zusätzliches Hochpaßfilter in Reihe geschaltet.
Es genügt eine Sperrdämpfung von ca. 20 dB. Jedoch ist eine hohe Flankensteilheit wünschenswert, um den Übergangsbereich klein zu halten. Die Dimensionierung erfolgt zweckmäßigerweise als Cauer-Filter. Wegen ihrer Einfachheit, die eine Fernbedienung des Empfängers erleichtert, und ihrer sehr geringen Durchlaßdämpfung (< 1 dB), wird diese einfache HF-Selektion in vielen Überlagerungsempfängern verwendet. Hierbei können jedoch in den nachfolgenden Stufen Intermodulationsprodukte 2. Ordnung entstehen, die im Empfangsbereich liegen. Sie können um so besser unterdrückt werden, je besser die Symmetrie der Gegentaktschaltung aller folgenden breitbandigen Stufen ist. Die maximal zulässige Antennenspannung für beginnende Kreuzmodulation (s. unter Q 1.3 „Nichtlineare Eigenschaften") wird durch die lineare Aussteuerfähigkeit der folgenden Stufen begrenzt; es sind Werte bis 10 V erreichbar (s. Q 3.1).

Suboktavfilter. Ist der zu überdeckende Gesamtfrequenzbereich des Empfängers wesentlich größer als etwa 1 : 1,5, so ist er in mehrere, aneinander grenzende Teilbereiche aufzuteilen. Die entsprechende Auswahl der richtigen Filter aus einer „Filterbank" erfolgt automatisch durch die eingestellte Empfangsfrequenz, die Umschaltung erfolgt entweder durch Relais oder Schaltdioden. Die Selektion verringert weitgehend die Intermodulation 2. Ordnung (auch Oberwellenbildung), somit können nachfolgende Stufen wieder als Eintaktstufen ausgebildet werden. Die Intermodulation 3. Ordnung wird nicht prinzipiell verringert, sondern nur insoweit, als weitabliegende Störsignale von den folgenden Stufen ferngehalten werden. Eine Weitabselektion von ca. 30 dB ist hierfür üblich und ausreichend. Aus Gründen der Spiegelfrequenzselektion wird jedoch eine Weitabselektion von mehr als 80 dB gefordert. Da diese Forderung besonders bei hohen Frequenzen einen hohen Aufwand erfordert, wird in Reihe zu der Suboktavfilterbank ein Tiefpaßfilter geschaltet.
Von Vorteil ist die geringe Durchlaßdämpfung solcher Suboktavfilter (ca. 1 dB). Die höchstzulässige Antenneneingangsspannung im Sperrbereich wird begrenzt durch die Sperrvorspannung der Schaltdioden, im Durchlaßbereich durch die Aussteuerfähigkeit der nachfolgenden Stufen.

Schmalband-Vorselektion. In Fällen sehr großer Feldstärken eines oder mehrerer Sender, wie z. B. an Bord von Schiffen mit eigenen Sendern, kann Duplexbetrieb nur mit Empfängern extrem guter Großsignalfestigkeit durchgeführt werden. Empfangsantennen liefern hierbei im HF-Bereich Spannungen von 50–100 V EMK, die den Empfang schwacher Signale nicht nennenswert beeinträchtigen dürfen. Voraussetzung ist allerdings ein Mindestabstand zwischen Sende- und Empfangsfrequenz, der in der Regel 10 % der jeweiligen Empfangsfrequenz beträgt. Dies wird durch eine schmalbandige, mit der Empfängerabstimmung mitlaufende Vorselektion erreicht.
Für Störspannungen bis zu etwa 50 V EMK reicht meist die Selektion eines zweikreisigen Bandfilters aus (Bild 1). Der gesamte HF-Bereich (1,5–30 MHz) ist in vier Teilbereiche mit jeweils unterschiedlicher Spulendimensionierung aufgeteilt. Innerhalb eines Teilbereichs erfolgt die Abstimmung durch digital gestufte Festkapazitäten, die durch Relais zugeschaltet werden. Im gesamten HF-Bereich beträgt die Filterbandbreite etwa 3 % der jeweiligen Mittenfrequenz. Die Ansteuerung der Relais in Abhängigkeit von der Empfangsfrequenz geschieht durch entsprechend programmierte PROMs. Durch Zu- bzw. Abschalten von einzelnen Kondensatoren ergibt sich eine quasikontinuierliche Abstimmung (kleinster Frequenzschritt 10 kHz). Für Spannungen > 50 V EMK sind mehrkreisige Filter nötig, wobei wegen der dann hohen Durchlaßdämpfung die Selektion auf zwei einzelne Filterblöcke aufgeteilt wird, die durch einen rauscharmen, aber sehr großsignalfesten Zwischenverstärker getrennt sind.

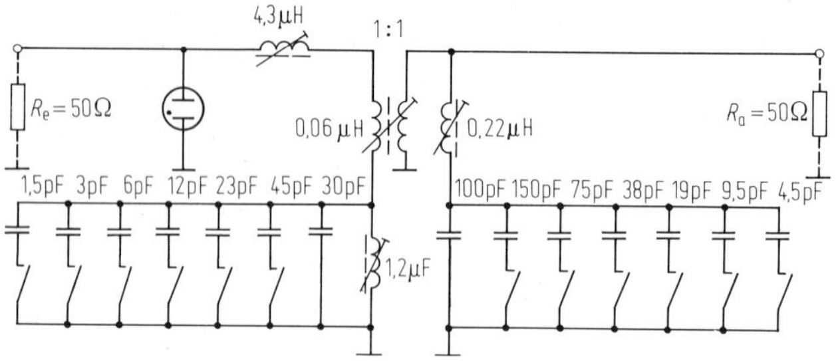

Bild 1. Vereinfachtes Schaltbild eines Zweikreisfilters für den Teilbereich 14,5 bis 30 MHz mit quasikontinuierlicher Abstimmung. Für andere Teilbereiche werden lediglich andere Spulen eingeschaltet

2.2 HF-Verstärkung. RF Amplification

Der HF-Verstärker ist die vor dem ersten Frequenzumsetzer eines Überlagerungsempfängers (s. Q 1.2) angeordnete Verstärkerstufe (Bild 2); alle folgenden Verstärkerstufen befinden sich im ZF- oder NF-Bereich. Gemäß Bild 2 befindet sich am Ein- und Ausgang des HF-Vorverstärkers eine selektive Baugruppe (*1* bzw. *3*). Für bestimmte Anwendungen ist diese Selektion schmalbandig, z. B. für Hörrundfunkempfänger und Sprechfunkempfänger begrenzter Kanalzahl. In solchen Fällen genügt eine Verstärkerstufe mit einem Transistor, der auch für die Verstärkungsregelung herangezogen werden kann. In kommerziellen Breitband-Überwachungsempfängern ist das Prinzip der schmalbandigen, mitlaufenden Vorselektion wegen der damit verbundenen Gleichlaufprobleme [4] mit dem Hauptoszillator verlassen worden. In modernen Geräten wird die Vorselektion mit schaltbaren Bandpässen realisiert, die Vorverstärkung mit einem Breitbandverstärker. Der Durchlaßbereich der schaltbaren Bandpässe bzw. deren elektrische Daten und Anzahl werden bzgl. des Aufwands optimiert (s. 2.1). Der Frequenzgang des Betrags der Verstärkung des Breitband-Vorverstärkers soll bei Anpassung möglichst flach dimensioniert sein (Frequenzgang < 0,5 dB). Die Werte für die Verstärkung liegen etwa zwischen 10 und 20 dB. Bezüglich der Gesamtrauschzahl eines Empfängers wird auf Q 1.3 verwiesen (s. unter „Empfindlichkeit").

Die *Anforderungen* an die (den) Verstärker sind

1. hohe Bandbreite,
2. hohe Empfindlichkeit (niedrige Rauschzahl),
3. gute Anpassung (VSWR < 2:1)
4. geringe Rückwirkung (Vermeidung von Schwingneigung),
5. hohe Linearität und Pegelfestigkeit
6. geringer Stromverbrauch,
7. kleines Volumen.

Die Forderungen 1. bis 4. sind im Bereich 300 Hz bis 1 GHz sowohl mit bipolaren als auch mit unipolaren (FET-)Transistoren mit Bandbreiten bis 200 MHz erfüllbar (s. Bild 3). Meist können integrierte Verstärker eingesetzt werden.

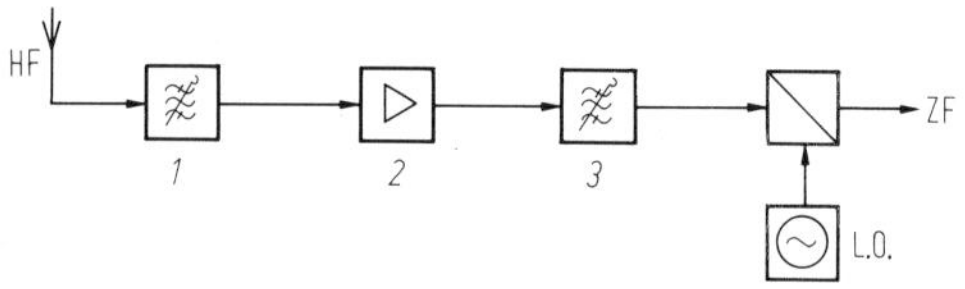

Bild 2. Vorverstärkung, Vorselektion und erste Umsetzung. *1* Schutz von *2* gegen Außenbandstörer, *2* Erhöhung der Empfindlichkeit, *3* Unterdrückung des Spiegelrauschens von *2*

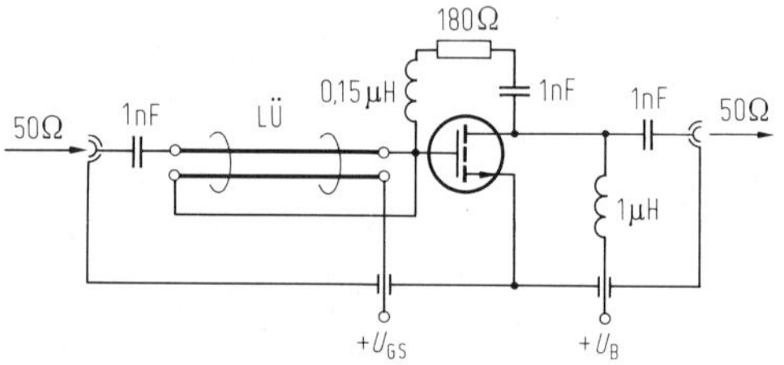

Bild 3. Breitbandverstärker für 20 bis 200 MHz mit *n*-Kanal enhancement Power V-MOS-FET VMP 4. Verstärkung 10 dB ±0,5 dB, Rauschzahl < 7 dB ($\hat{=}$ < 5 kT_0), VSWR < 2 (ein- wie ausgangsseitig), Verlustleistung < 5 W. Leitungsübertrager *LÜ*: Vier Windungen einer Zweidrahtleitung mit Z < 50 Ω in einem Lochkern N 30

Die Forderungen 5. bis 7. sind gegeneinander abzuwägen: Hohe Linearität ist im Widerspruch zu geringem Stromverbrauch. Kleines Volumen läßt wegen kühltechnischer Probleme ebenfalls keine hohe Verlustleistung zu.

Für Frequenzen unter 200 MHz sind HF-Transistoren verfügbar, deren Steilheitsphase eine so geringe Frequenzabhängigkeit hat, daß durch geeignete Gegenkopplungsmaßnahmen durchaus die geforderten Werte für Linearität und Pegelfestigkeit erreichbar sind. Die Linearität eines Verstärkers wird mit der Zweitonmethode gemessen und mit dem sog. Interceptpoint 2. und 3. Ordnung charakterisiert, die Pegelfestigkeit ist durch den 1-dB-Kompressionspunkt definiert (s. Q 1.3 unter „Nichtlineare Eigenschaften").

Mit der in Bild 2 angegebenen Verstärkerschaltung werden folgende Werte erreicht, jeweils bezogen auf 50 Ω:

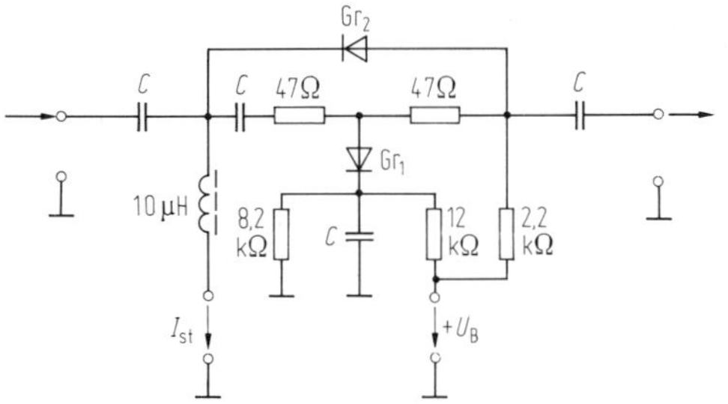

Bild 4. pin-Dioden-Abschwächer für 10 bis 100 MHz Gr_1, Gr_2 = pin-Dioden; I_{st} Steuerstrom (ca. 0 bis 4 mA), U_B Betriebsspannung (12 V); sämtliche C = 4,7 nF

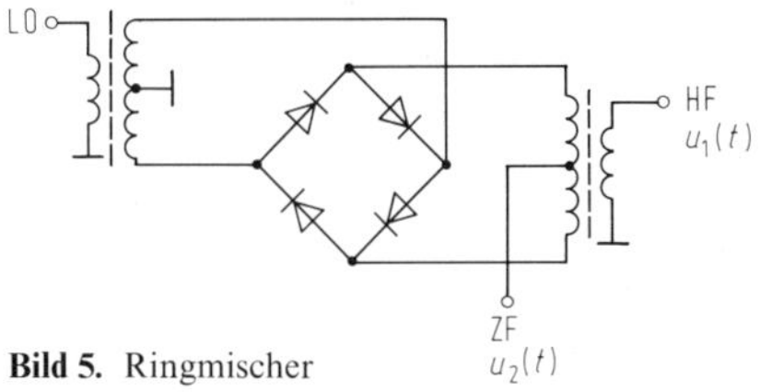

Bild 5. Ringmischer

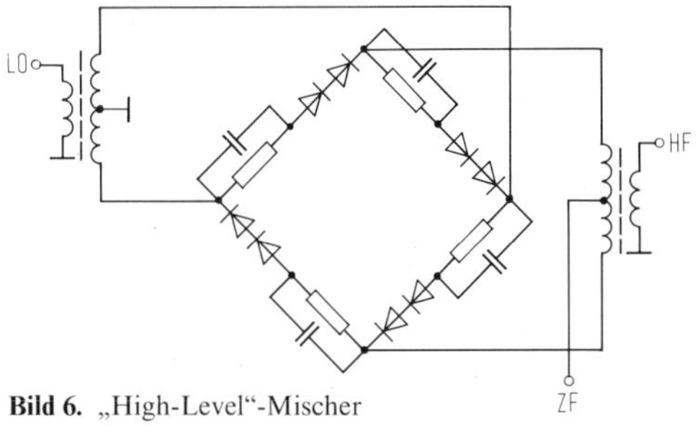

Bild 6. „High-Level"-Mischer

Interceptpoint 3. Ordnung: 40 dBm,
Interceptpoint 2. Ordnung: 50 dBm,
1-dB-Kompressionspunkt: 1 V EMK.
Diese Werte können unter 200 MHz als Standard angesehen werden. Soll der Interceptpoint 2. Ordnung möglichst hoch sein, empfehlen sich Gegentaktanordnungen. Allgemein reduzieren sich diese Werte mit steigender Frequenz, z. B. bei 1000 MHz um etwa 10 dB.

Zur *Verstärkungsregelung in HF-Vorstufen* von Rundfunkempfängern bzw. Empfängern für weniger hohe Anforderungen hinsichtlich Kreuzmodulations- und Pegelfestigkeit wird häufig die von der Röhrentechnik her bekannte Arbeitspunktregelung auch in mehr oder minder breitbandigen HF-Vorstufen angewendet. Die Änderung der Verstärkung beruht hierbei auf der Abhängigkeit der Steilheit des jeweiligen Verstärkerelements vom Betriebsstrom. Im allgemeinen ergibt sich die stärkste Änderung im Bereich geringen Betriebsstroms; dort treten aber auch bevorzugt nichtlineare Störeffekte (KM, IM, s. Q 1.3 unter „Nichtlineare Eigenschaften") auf; dies gilt besonders für bipolare Transistoren. Wenn man anstelle eines aktiven Bauelements ein passives verwendet, das sich in erster Näherung wie ein regelbarer ohmscher Widerstand verhält, so können damit breitbandige regelbare Dämpfungsglieder realisiert werden. Als passive Elemente eignen sich für den Frequenzbereich über 10 MHz pin-Dioden (s. M 1.2, [5]). Bild 4 zeigt ein Beispiel mit den Daten VSWR < 2 : 1, Sperrdämpfung > 30 dB, Durchlaßdämpfung < 1 dB. Für Frequenzen unter 10 MHz eignen sich Heißleiter und Photowiderstände. Infolge der Trägheit, mit der diese Bauelemente in Abhängigkeit des steuernden Stroms bzw. Lichts ihren hochfrequenten Widerstand ändern, sind sie vorzüglich geeignet für Frequenzen bis herunter zu 10 kHz [6].

2.3 Mischstufen. Mixer stages

Im Frequenzbereich bis zu einigen GHz werden sehr häufig Diodenringmischer nach Bild 5 verwendet [7]. Sie zeichnen sich durch Breitbandigkeit aus (ihre Ein- und Ausgänge werden i. allg. in 50-Ω-Technik betrieben), durch gute Entkopplung des Oszillators vom Signalweg und durch relative hohe Intermodulationsfestigkeit. Das Eingangssignal $u_1(t)$ wird im Rhythmus der Oszillatorfrequenz umgepolt. Die theoretische Mischdämpfung beträgt $\pi/2$ bzw. 3,92 dB, in der Praxis sind je nach Frequenzbereich Werte zwischen 5 und 8 dB zu erwarten, bedingt durch zusätzliche Verluste in den Dioden und den Übertragern. Aufgebaut sind solche Ringmischer mit schnell schaltenden Schottky-Dioden und kleinen Ferrit-Ringkernen, die mit verdrillten Drähten bewickelt sind. Mit einer Oszillatorleistung von + 7 dBm wird ein Interceptpoint 3. Ordnung von etwa + 10 dBm und ein 1-dBm-Kompressionspunkt von etwa 0 dBm erreicht. Mit größeren Oszillatorleistungen und in Reihe geschalteten Dioden mit RC-Kombinationen (Bild 6) lassen sich höhere Werte erreichen; sie steigen mit der Oszillatorleistung etwa proportional an.

Passive FET-Mischer. Mit den heute verfügbaren FETs ist es möglich, Ringmischer ähnlich Diodenringmischern aufzubauen. Bei dem Schaltungsbeispiel in Bild 7 dienen die Transformatoren T_2 und T_3 zur symmetrischen Aussteuerung der FETs, womit eine Kompensation der geradzahligen Intermodulationsprodukte erreicht wird. Es ergibt sich eine wesentlich höhere Intermodulationsfestigkeit und eine bessere Oszillatorunterdrückung als bei konventionellen Diodenringmischern. Der Interceptpoint 3. Ordnung beträgt bei einer solchen Mischstufe

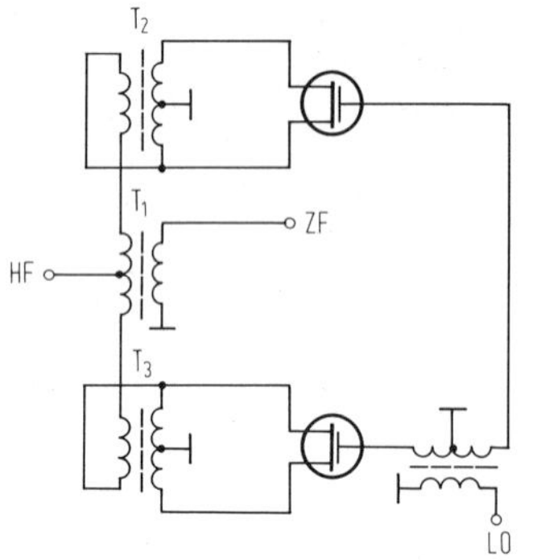

Bild 7. Passiver FET-Mischer

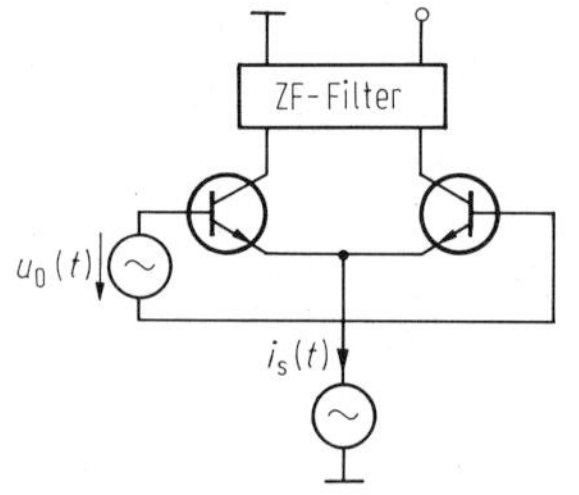

Bild 9. Gegentaktmischstufe mit Transistoren

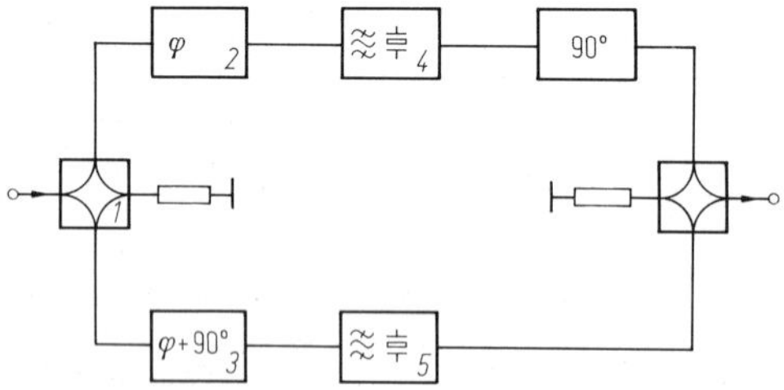

Bild 8. Mischerabschlußschaltung
1 Leistungsverteiler, 2/3 90° Differenzphasenschieber, 4/5 gleich aufgebaute schmalbandige (häufig Quarz-)Filter

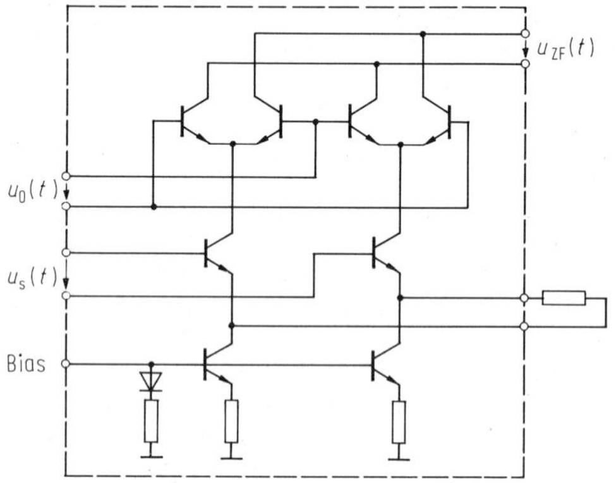

Bild 10. Monolithisch integrierte Mischstufe (MC 1496 von Motorola)

+ 40 dBm, der 1-dB-Kompressionspunkt etwa + 30 dBm.

Breitbandiger Abschluß für Mischerschaltungen. Ringmischer erreichen ihre optimalen Intermodulationseigenschaften bei einem breitbandigen, ohmschen Abschluß für alle am ZF-Ausgang entstehenden Mischprodukte. An dieser Stelle befindet sich jedoch die schmalbandige Selektion der ersten Zwischenfrequenz des Empfängers, die die nachfolgenden Stufen vor starken, unerwünschten Signalen schützen soll. Die Schaltung nach Bild 8 ermöglicht einen breitbandigen Abschluß des Mischerausgangs unabhängig vom Eingangswiderstand des Filters, sowohl im Durchlaß- als auch im Sperrbereich, sofern beide Filter gleich sind [8]. Die Dämpfung dieser Schaltung wird im wesentlichen durch die Quarzfilter bestimmt, die bei einfachen Brückenfiltern etwa 1 dB beträgt. Ein mit dieser Anordnung und einem passiven FET-Mischer realisiertes Empfängerkonzept (s. Q 3.1) erreicht folgende Daten: Frequenzbereich: 10 kHz bis 30 MHz; Rauschzahl: 12 dB; $IPIP_2$: 75 dBm; $IPIP_3$: 40 dBm Kreuzmodulationsfestigkeit: 10 V EMK.

Aktive Mischstufen [9]. Bild 9 zeigt eine Gegentaktmischstufe, die mit zwei npn-Transistoren aufgebaut ist. Sie wird von einer Stromquelle $i_s(t)$ angesteuert, welche das HF-Signal und den Ruhestrom liefert. Das zur Frequenzumsetzung erforderliche Oszillatorsignal $u_o(t)$ wird den Basisanschlüssen der Transistoren zugeführt und so groß gewählt, daß die Transistoren im Schaltbetrieb arbeiten. Solche Schaltungen sind leicht monolithisch integrierbar; Bild 10 zeigt ein typisches Beispiel. Eingangssignal und Oszillatorsignal werden im Gegentakt zugeführt, die Zwischenfrequenz wird symmetrisch abgenommen. Damit erreicht man eine Verringerung der Intermodulationsprodukte gerader Ordnung und eine Unterdrückung des Oszillatorsignals. Eine gute Symmetrierung ist bei aktiven Mischstufen i. allg. wegen der Toleranzen der Transistorparameter schwerer zu erreichen als bei passiven Mischern.

Besonders einfache und damit preisgünstige Mischerschaltungen lassen sich mit Dual-Gate-FETs aufbauen [10, 11]. Bei dem Schaltungsbeispiel in Bild 11 wird das Eingangssignal $u_1(t)$ dem Gate 1, das Oszillatorsignal $u_o(t)$ dem Gate 2 zugeführt, die Zwischenfrequenz wird über einen Resonanzkreis am Drain abgenommen. Das Oszillatorsignal erscheint hier allerdings in voller Stärke am Ausgang und muß durch Selektionsmittel unterdrückt werden.

Die Verstärkung aktiver Mischstufen liegt zwischen 3 und 10 dB, ihre Rauschzahl bei etwa

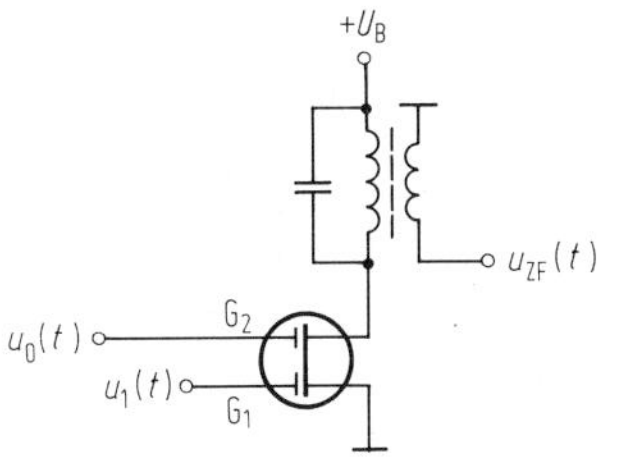

Bild 11. Dual-Gate-FET-Mischstufe

6 dB. Intermodulations- und Kreuzmodulationsdaten können bei genügend groß dimensionierten Arbeitsströmen die Werte von Diodenringmischern erreichen.

2.4 Oszillatoren und Synthesizer
Local oscillators and synthesizers

Oszillatorkenngrößen. Die Anforderungen an Oszillatoren, die in kommerziellen Funkempfängern für die Frequenzumsetzungen und zur Demodulation eingesetzt werden, sind durch die Anwendung von Modulationsarten mit verbesserter Bandbreitenausnutzung (z. B. AM mit einem oder zwei unabhängigen Seitenbändern, Quadratur-AM, schmalbandige FM, mehrwertige PhDM) und die Entwicklung neuer Funkübertragungsverfahren (z. B. Frequenzsprungtechnik, Kurzzeitübertragungen) erheblich gestiegen. Zur Beschreibung der Oszillatoreigenschaften werden folgende Kenngrößen benutzt:
Einstellgenauigkeit der Empfangs- bzw. Oszillatorfrequenz (Treffsicherheit). Sie hängt ab von der Auflösung der Einstellanzeige (Anzeigeskala, mechanisches Zählwerk, digitaler Frequenzzähler, kleinste Schrittweite des Synthesizers) und von der Frequenzinkonstanz.
Frequenzinkonstanz durch Änderung der Umgebungstemperatur, Schwankungen der Versorgungsspannung (Energieversorgung), Alterung der frequenzbestimmenden Bauelemente des Oszillators (Langzeitstabilität).
Phasenrauschen. Es wirkt sich innerhalb der eingestellten Empfangsbandbreite um die Oszillatorfrequenz als Störphasen- bzw. Störfrequenzmodulation aus (Kurzzeitstabilität). Außerhalb der Empfangsbandbreite beeinträchtigt es die Empfangsempfindlichkeit durch reziprokes Mischen, wenn ein Empfänger neben einem schwachen Nutzsignal zusätzlich starke, frequenzbenachbarte Signale aufnimmt.
Mikrophonie, d. h. Phasen- und Frequenzsprünge oder -modulation, hervorgerufen durch mechanische Erschütterungen der frequenzbestimmenden Bauelemente des Oszillators.
Nichtharmonische Nebenwellen des Oszillatorsignals schränken den Dynamikbereich des Empfängers ein. Ein zur eingestellten Empfangsfrequenz benachbartes Empfangssignal wird mit einer nichtharmonischen Nebenwelle des Oszillatorsignals bei entsprechendem Frequenzabstand von der Mischstufe als Störsignal in das Zwischenfrequenzband umgesetzt. Treten nichtharmonische Nebenwellen mit dem Abstand der Zwischenfrequenz zur Oszillatorfrequenz auf oder fallen sie direkt auf oder in die unmittelbare Nähe der Zwischenfrequenz, so führen sie zu Eigenempfangsstellen.
Einstell- bzw. Abstimmgeschwindigkeit. Sie ist eine wesentliche Eigenschaft von Such- und Panoramaempfängern sowie von Empfängern für Frequenzsprung- oder Kurzzeitübertragungen.

Abstimmbare Oszillatoren. Sie setzen sich zusammen aus einem abstimmbaren Resonanzkreis und einer mitgekoppelten Verstärkerstufe (Bipolar-, Feldeffekttransistor, Avalanche-Diode, Röhre). Die Frequenzeinstellung bzw. die Abstimmung des Resonanzkreises erfolgt entweder kontinuierlich (mechanisch durch einen Drehkondensator oder ein Variometer bzw. elektronisch durch eine oder mehrere Kapazitätsdioden) oder schrittweise mit mechanisch bzw. elektrisch geschalteten Kapazitäten oder Induktivitäten. Die Einstellgenauigkeit von einem mechanisch über einen Drehknopf abgestimmten Oszillator ist eingeschränkt durch den verbleibenden Restfehler bei der Linearisierung des Zusammenhangs zwischen der Frequenz- und der Kapazitätsänderung (linearer Plattenschnitt des Drehkondensators) bzw. der Induktivität (z. B. veränderliche Steigung der Windungen einer einlagigen Variometerspule), durch das realisierbare Übersetzungsverhältnis, durch das verbleibende Spiel der mechanischen Übersetzung und den daraus resultierenden Anzeige- bzw. Ablesefehler der Frequenzeinstellung. Die Anzeige der eingestellten Frequenz erfolgt mit einem über eine Skala bewegten Zeiger, über ein an einem Zeiger vorbeigeführtes Skalenband oder über ein mechanisches Zählwerk.
Die Kompensation der Temperaturabhängigkeit der Oszillatorfrequenz durch Resonanzkreisbauelemente mit entsprechendem Temperaturverhalten wird erschwert durch den frequenzabhängigen Temperaturkoeffizienten des Resonanzkreises und durch das teilweise nichtlineare Temperaturverhalten der Bauelemente. Typische Werte für einen über eine Oktave abstimmbaren temperaturkompensierten Oszillator liegen je nach Frequenzbereich zwischen $1 \cdot 10^{-4}/\,^\circ C$ und $2 \cdot 10^{-5}/\,^\circ C$ und mit Thermostat bei etwa $1 \cdot 10^{-6}/\,^\circ C$.
Eine Änderung der Versorgungsspannung beeinflußt die Aussteuerung der Verstärkerstufe des Oszillators. Die damit verbundene Auswirkung auf die in den Schwingkreis transformierten

komplexen Widerstände des Verstärkers verändert die Schwingfrequenz. Durch sorgfältige Stabilisierung und Temperaturkompensation der Versorgungsspannung, eine möglichst lose Ankopplung des Verstärkers an den Schwingkreis sowie durch Stabilisierung der Schwingamplitude mit einer Amplitudenregelung oder einer -begrenzung kann der Durchgriff von Spannungsänderungen auf die Schwingfrequenz vermindert werden.

Die Alterung der Bauelemente eines Oszillators beeinflußt seine Langzeitstabilität. Mit hochwertigen, vorgealterten Spulen und Kondensatoren für den Schwingkreis können je nach Frequenzbereich Frequenzänderungen $\Delta f/f$ zwischen $5 \cdot 10^{-4}$ und $1 \cdot 10^{-5}$, bezogen auf ein Jahr, erreicht werden.

Ein geringes Phasenrauschen der Oszillatoren erfordert nach [12–14] eine möglichst hohe Schwingkreisgüte, hohe Blindenergie, d.h. hohe Schwingspannung am Resonanzkreis mit niederohmigen Blindwiderständen, eine Begrenzung der Schwingamplitude ohne Einfluß auf die Schwingkreisgüte, Verstärker mit guten HF- und NF-Rauscheigenschaften, ein hohes Signal/Rausch-Verhältnis am Eingang der Verstärkerstufe und die Entnahme von nur so viel Oszillatorleistung, wie es für den Endrauschabstand des Ausgangssignals nötig ist. Der Phasenrauschabstand im Frequenzabstand $\Delta f \geqq 0{,}01 f_0$ (End-Phasenrauschabstand) wird meist durch das Eigenrauschen der zur Entkopplung vorgesehenen Trennverstärker bestimmt. Typische Werte liegen zwischen -140 und -166 dB, bezogen auf die Ausgangsleistung bei 1 Hz Meßbandbreite. Da in den meisten kommerziellen Empfängern symmetrische, die Oszillatorsignalamplitude begrenzende Mischstufen eingesetzt werden, kann das Amplitudenrauschen des Oszillatorsignals vernachlässigt werden.

Auch bei stabilem mechanischem Aufbau sind mechanisch abgestimmte Oszillatoren empfindlich gegen Schock-, Stoß- und Vibrationsbelastungen, wie sie z.B. bei mobilem Einsatz der Empfänger auftreten können. Dies äußert sich durch eine entsprechende Frequenz- und Phasenmodulation des Oszillatorsignals. Die Auswirkung ist eine Verschlechterung des Signal/Stör-Abstands am Empfängerausgang.

Eigenerregte Oszillatoren erzeugen keine nichtharmonischen Nebenwellen. Die harmonischen Nebenwellen können meist vernachlässigt werden, da sie auch in den Empfängermischstufen entstehen.

Bei einem Oszillator mit mechanisch bewegten Abstimmelementen ist die erreichbare Abstimmgeschwindigkeit begrenzt. Für eine Frequenzoktave benötigt z.B. ein über ein mechanisches Zählwerk auf eine Einstellgenauigkeit von $3 \cdot 10^{-4}$ abgestimmter Oszillator Abstimmzeiten um 10 s.

Freischwingende, mechanisch oder elektrisch abgestimmte Oszillatoren werden zur Zeit noch aus Kostengründen überwiegend in den relativ breitbandigen Rundfunkempfängern eingesetzt. Sie können jedoch auch bei hohem Kompensations- und Abgleichaufwand die an kommerziell eingesetzte Funkempfänger gestellten Anforderungen bez. Einstellgenauigkeit, Frequenzkonstanz, Störfrequenz- bzw. Störphasenmodulation bei weitem nicht erfüllen.

Quarzoszillatoren. Sie sind die wichtigsten nicht abstimmbaren Oszillatoren für den Frequenzbereich von 1 kHz bis 250 MHz [15]. Ihr frequenzbestimmender Resonator ist ein Schwingquarz, der von dem mitgekoppelten Verstärker angeregt auf seiner Grundwelle oder bei entsprechender Schaltung auf einer ungeraden Harmonischen schwingt.

Die Schwingfrequenz eines Quarzes läßt sich durch Parallel- oder Serienschalten eines Trimmerkondensators, einer Kapazitätsdiode oder einer einstellbaren Spule nur in sehr engen Grenzen ändern (Grundwelle: $\Delta f/f = 1 \cdot 10^{-4} \dots 1 \cdot 10^{-3}$, Harmonische: $\Delta f/f = 1 \cdot 10^{-5} \dots 1 \cdot 10^{-4}$). Dies wird häufig zum Ausgleich der Herstellgenauigkeit oder Alterung des Quarzes genutzt. Ein Maß für die Zieheigenschaften eines Quarzes ist das Verhältnis von Parallelkapazität C_0 zur dynamischen Kapazität des Quarzes C_s (s. E 7 und G 4.3). Typische Werte sind $C_0/C_s = 10^2 \dots 10^4$. Die Kompensation von C_0 bei der Schwingfrequenz mit einer entsprechenden Induktivität erweitert den Ziehbereich des Quarzes. Eine zusätzlich in Serie geschaltete, auf die Quarzdaten abgestimmte Induktivität linearisiert den Ziehbereich. Die von der Schwingungsform des Quarzes und von seinem Schnittwinkel bestimmte Temperaturabhängigkeit ist sehr gering ($\Delta f/f_{res} = 5 \cdot 10^{-5} \dots 5 \cdot 10^{-4}$ im Temperaturbereich $\Delta T = -55 \dots +125$ °C). Der nichtlineare Zusammenhang zwischen Frequenzabweichung $\Delta f/f$ und Temperatur T($\Delta f/f \sim T^2$ oder T^3, je nach Schwingungsform des Quarzes) ermöglicht eine Kompensation durch temperaturabhängige Ziehelemente nur für einen eingeschränkten Temperaturbereich (z.B. bei AT-Quarzschnitten $\Delta f/f = 2 \cdot 10^{-10} \dots 2 \cdot 10^{-7}$ bei $\Delta T = 1$ °C). Ein TCXO ist ein Quarzoszillator, der über eine Kapazitätsdiode und ein temperaturabhängiges Widerstandsnetzwerk in einem größeren Bereich temperaturkompensiert ist (z.B. $\Delta f/f \leqq 1 \cdot 10^{-6}$ bei $\Delta T = -55 \dots +125$ °C). Befindet sich ein Quarzoszillator in einem Thermostaten, dessen Innentemperatur (typ. Wert zwischen $+60$ und $+100$ °C) eine über einen Regelkreis gesteuerte Heizung weitgehend unabhängig von der Außentemperatur konstant hält, so werden noch geringere Temperaturabhängigkeiten erreicht, vor allem wenn der Wendepunkt der Temperaturabhängigkeit des Quarzes mit der Thermostateninnentemperatur übereinstimmt. Die Einlaufzeit eines Quarzoszillators in einem Thermostaten nach dem Einschalten hängt ab von der Temperaturdifferenz zwischen Außen- und Sollinnentemperatur, von der Heizleistung, vom Temperaturdurchgriff und von den Regeleigenschaften des Thermostaten. Für eine Frequenzablage $\Delta f/f = 1 \cdot 10^{-7}$ liegt die Einlaufzeit zwischen 10 und 30 min. Quarzoszillatoren, die sich in einem proportional geregelten Thermostaten befinden, erreichen im Bereich von -20 bis $+70\,^\circ$C Frequenzabhängigkeiten von typ. $\Delta f/f = 1 \cdot 10^{-8}$ bzw. bei einem Doppelthermostat von typ. $\Delta f/f = 3 \cdot 10^{-9}$. Die Standardfrequenzen solcher als Referenzquellen benutzter Quarzoszillatoren mit Thermostaten sind 0,1; 1; 5 und 10 MHz.

Die sehr hohen Resonanzgüten der Schwingquarze ($Q = 1 \cdot 10^4 \ldots 1 \cdot 10^6$) erlauben eine sehr lose Ankopplung des aktiven Oszillatorteils an den Schwingquarz. Damit wird die Schwingfrequenz durch Schwankungen der Versorgungsspannung U auch ohne zusätzliche Stabilisierungsmaßnahmen sehr wenig beeinflußt ($\Delta f/f = 2 \cdot 10^{-8} \ldots 1 \cdot 10^{-9}$ bei $\Delta U/U = 0{,}01$). Die mit der losen Ankopplung verbundene geringe Belastung des Schwingquarzes (z.B. bei AT-Schnittquarzen $1 \cdot 10^{-6} \ldots 1 \cdot 10^{-4}$ W) vermindert den Einfluß der Belastung auf die Alterung. Im ersten Betriebsjahr liegt die durch die Alterung verursachte Frequenzabweichung $\Delta f/f$ zwischen $1 \cdot 10^{-7}$ und $1 \cdot 10^{-5}$; sie verringert sich im Normalfall logarithmisch mit der Zeit.

Durch die hohe Resonanzgüte der Schwingquarze weisen Quarzoszillatoren im Nahbereich um die Schwingfreqenz ein sehr niedriges Phasenrauschen auf. Typische Werte sind -115 dB bei $\Delta f = 100$ Hz und -125 dB bei $\Delta f = 1$ kHz, bezogen auf die Amplitude des Oszillatorausgangssignals bei 1 Hz Meßbandbreite. Die Pegelverhältnisse am Eingang der zur Entkopplung zwischen Oszillator und Oszillatorausgang vorgesehenen Trennverstärker und ihre Rauscheigenschaften bestimmen das Phasenrauschen im größeren Abstand von der Schwingfrequenz (bei $\Delta f \geqq 10$ kHz zwischen -165 und -135 dB, bezogen auf das Oszillatorausgangssignal bei 1 Hz Meßbandbreite). In den Oszillatorsignalweg geschaltete schmalbandige Quarzfilter können das Phasenrauschen noch verbessern.

NF-Schwingquarze sind gewichtsbedingt empfindlich gegen mechanische Belastungen (Mikrophonie). Frequenzen unter 500 kHz werden deshalb häufig über hochfrequentere Oszillatoren mit anschließender Frequenzteilung erzeugt.

Die besonders bei Oberwellenquarzen auftretenden Nebenresonanzen können durch folgende Maßnahmen unterdrückt werden: Unterschied der Resonanzwiderstände der Quarze zwischen Haupt- und Nebenresonanz von mindestens 4 dB, Auswahl einer für die Schwingfrequenz geeigneten Oszillatorschaltung, geringe Quarzbelastung und bei besonders kritischen Fällen zusätzliche Kompensationsreaktanzen in Serie oder/und parallel zum Schwingquarz.

Mit Quarzen können die an die Oszillatoren kommerzieller Funkempfänger gestellten Anforderungen bez. Lang- und Kurzzeitkonstanz sowie Rauschabstand eingehalten werden.

Wird ein Signal mit nur wenigen festen Frequenzen in einem eingeschränkten Frequenzbereich benötigt, so kann es durch einen Oszillator mit umschaltbaren Quarzen erzeugt werden.

Interpolationsoszillator. Bei einer einstufigen Interpolation wird das Ausgangssignal eines in äquidistanten Frequenzschritten einstellbaren Oszillators (Frequenz f_1) in einer Mischstufe mit dem Signal eines kontinuierlich über die Schrittweite des ersten Oszillators abgestimmten sog. Interpolationsoszillators (Frequenz $f_2 < f_1$) gemischt. Durch entsprechende Einstellung der beiden Oszillatoren kann die Frequenz $f_1 \pm f_2$ des Mischerausgangssignals über die Summe bzw. die Differenz der Abstimmbereiche der beiden Oszillatoren kontinuierlich eingestellt werden. Bei gleichen Eigenschaften, wie Einstellgenauigkeit, Frequenzinkonstanz und Störfrequenz- bzw. Störphasenmodulation, bestimmt im wesentlichen der hochfrequentere erste Oszillator die Eigenschaften des Ausgangssignals. Die Eigenschaften des Interpolationsoszillators wirken sich im Verhältnis der beiden Signalfrequenzen f_2/f_1 vermindert auf das Ausgangssignal aus. Wird f_1 durch einen umschaltbaren Quarzoszillator erzeugt, so verbessern sich die Eigenschaften des Mischerausgangssignals gegenüber einem kontinuierlich durchstimmbaren Oszillator mit ensprechendem Abstimmbereich beträchtlich. Dennoch reichen diese verbesserten Oszillatoreigenschaften für moderne kommerzielle Empfänger in vielen Fällen nicht mehr aus. Dagegen können Oszillatorsignale, die durch mehrfache Interpolation aus umschaltbaren Quarzoszillatoren über Mischungen z.B. dekadisch zusammengesetzt werden, bei entsprechendem technischen Aufwand alle gestellten Anforderungen erfüllen.

Synthesizer. Synthesizer sind Generatoren, die ihre in Stufen einstellbare Ausgangsfrequenz von einer festen Referenzfrequenz ableiten [16–19]. Damit steht die Ausgangsfrequenz eines Synthesizers in einem festen Verhältnis zur Frequenz seiner Referenzquelle. Die Frequenzinkonstanz der Referenzquelle bestimmt die Frequenzinkonstanz und Einstellgenauigkeit des Synthesizers. Er verbindet die Vorteile eines abstimmbaren Oszillators mit den Eigenschaften seiner Referenzquelle (temperaturkompensierter Quarzoszillator bzw. Quarzoszillator mit Thermostat).

Die technische Entwicklung der integrierten Schaltkreise, insbesondere der schnellen Digitalschaltungen, hat die Synthesizer-Schaltungstechnik entscheidend beeinflußt.
Synthesizer erzeugen Überlagerungssignale mit den Eigenschaften, die es modernen kommerziellen Funkempfängern ermöglichen, ohne Einschränkung schmalbandige Signale aufzunehmen, zu verstärken und zu demodulieren. Das Ausgangssignal eines Synthesizers wird entweder nach dem Verfahren der direkten analogen Frequenzsynthese, der direkten digitalen Frequenzsynthese, der Frequenzanalyse oder der indirekten Frequenzsynthese erzeugt.

Direkte analoge Frequenzsynthese. Hierbei setzt sich das Ausgangssignal aus mehreren von einer Referenzquelle abgeleiteten Einzelsignalen zusammen; deren Anzahl zusammen mit der Anzahl der vorgesehenen Frequenzumsetzungen bestimmen dabei die Frequenzschrittweite des Ausgangssignals. Die am häufigsten eingesetzten breitbandigen, rauscharmen Diodenbrückenmischer unterdrücken durch ihren symmetrischen Aufbau an ihrem Ausgang die Eingangssignale, deren harmonische und einen großen Teil der nichtharmonischen Nebenwellen (Mischprodukte). Die Wirksamkeit der Unterdrückung hängt dabei von den Pegeln der Eingangssignale, von den Symmetrieeigenschaften des Mischers, vom Frequenzbereich und bei den Mischprodukten von den Abschlußwiderständen des Mischers ab. Bei der direkten analogen Synthese wird der End-Phasenrauschabstand des Ausgangssignals ($= |\Phi_e(f)|_{max}$ [dBc/Hz]) außer von den Rauscheigenschaften der Mischstufen und Verstärker vor allem durch die gewählten Pegelverhältnisse im Hauptsignalweg beeinflußt. Die im Ausgangssignal enthaltenen nichtharmonischen Nebenwellen werden von dem Frequenzkonzept für die Mischungen, von der Linearität der Mischstufen und von den Pegeln an den Signaleingängen der Mischstufen bestimmt. Da für großes $|\Phi_e(f)|_{max}$ die Pegel im Signalweg möglichst groß, für einen hohen Abstand der nichtharmonischen Nebenwellen dagegen die Pegel an den Signaleingängen der Mischstufen möglichst klein sein sollen, ist der für einen direkten Synthesizer gewählte Pegelplan meist ein Kompromiß dieser beiden wichtigsten Eigenschaften.
Die Einzelsignale für die Mischungen im Hauptsignalweg des Synthesizers werden durch Frequenzteilung oder -vervielfachung aus dem Referenzsignal abgeleitet. Zur Frequenzteilung dienen fast ausschließlich integrierte Digitalschaltkreise mit nachgeschalteten Tief- oder Bandpässen. Der Phasenrauschabstand und der Nebenwellenabstand des Eingangssignals erhöhen sich bei idealen Frequenzteilern um den Teilungsfaktor n^2 bzw $20 \log n$ (dB). Der Frequenzabstand zwischen dem Eingangssignal und seinen Nebenwellen bleibt durch die Frequenzteilung unverändert. $|\Phi_e(f)|_{max}$ beträgt am Ausgang von ECL-Frequenzteilern typ. 145 bis 155 dB/Hz, bezogen auf den Pegel des Ausgangssignals bei 1 Hz Meßbandbreite. TTL-Frequenzteiler erreichen noch etwas bessere Werte.
Zur schmalbandigen Frequenzvervielfachung werden Schaltdioden-, Varaktordioden-, Speicherdioden- oder Transistorvervielfacher eingesetzt mit nachgeschaltetem Bandpaß für das vervielfachte Signal. Zusätzliche Sperrkreise auf den unerwünschten Harmonischen des Eingangssignals können den Wirkungsgrad erheblich steigern. Der Phasenrauschabstand und der Abstand der im Eingangssignal enthaltenen Nebenwellen verringern sich bei idealen Frequenzvervielfachern innerhalb des Durchlaßbereichs um den Vervielfachungsfaktor n^2 bzw. $-20 \log n$ (dB).
Der Frequenzabstand zwischen dem Eingangssignal und den in ihm enthaltenen Nebenwellen bleibt bei der Vervielfachung erhalten. $|\Phi_e(f)|_{max}$ wird im Durchlaßbereich des Vervielfachers durch den Pegel des Eingangssignals und durch die Rauscheigenschaften des Vervielfachers bestimmt. Für eine Ausgangsfrequenz bis etwa 250 MHz bietet ein Quarzoszillator, der über einen Phasenregelkreis mit der entsprechenden Harmonischen des Eingangssignals synchronisiert ist (s. Frequenzanalyse), eine weitere, häufig angewendete Möglichkeit einer Frequenzvervielfachung. Dabei bildet der Oszillator mit dem Regelkreis einen sehr schmalbandigen Bandpaß, der die übrigen Nebenwellen außerhalb der Bandbreite des Regelkreises wirkungsvoll unterdrückt. Der Ausgangspegel des Quarzoszillators bzw. die Rauscheigenschaften der Entkoppelstufen bestimmen $|\Phi_e(f)|_{max}$.
Typisch für die direkte analoge Synthese ist das Zusammensetzen der Ausgangsfrequenz eines Synthesizers in mehreren hintereinandergeschalteten Frequenzdekaden. Eine Frequenzdekade enthält ein, zwei oder vier Mischstufen, Verstärker und Bandpässe sowie für die niederwertigen Stellen der Ausgangsfrequenz einen 10:1-Frequenzteiler am Ausgang. Zur Einstellung der 10 Frequenzschritte einer Dekade werden bei einer Mischstufe 1 aus 10, bei zwei Mischstufen 1 aus 2 bzw. 1 aus 5 und bei vier Mischstufen 4 mal 1 aus 2 Hilfssignale entsprechend der gewählten Frequenzeinstellung über einen Auswahlschalter zugeführt. Durch die sich anschließende 10:1-Frequenzteilung vermindert sich die in der Dekade zusammengesetzte Frequenzstelle um den Faktor 10. Werden z. B. vier völlig gleich aufgebaute Dekaden mit 10:1-Frequenzteilern hintereinandergeschaltet, so wird aus einem in der ersten Dekade eingestellen 100-kHz-Schritt am Ausgang der vierten Dekade ein 10-Hz-Schritt. Die Anzahl der benötigten Hilfssignale unterschiedlicher Frequenz ist dabei unabhängig von

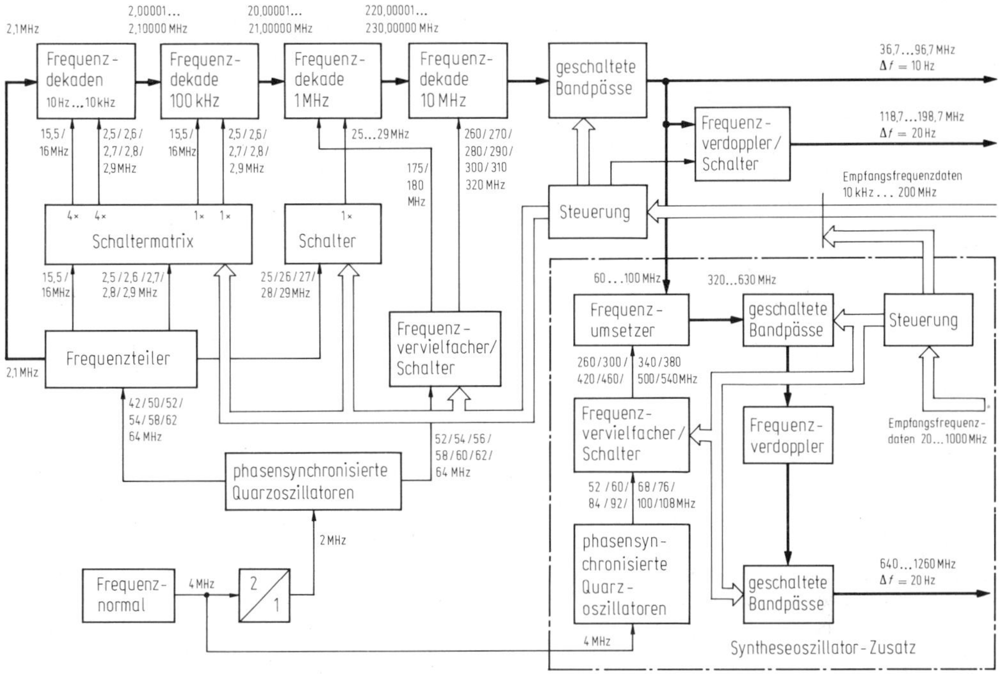

Bild 12. Syntheseoszillator SO 1260 LV und Syntheseoszillator-Zusatz SZ 1260 VU für die Suchempfängerfamilie E 1260 (AEG-Telefunken)

der Anzahl der Dekaden. Durch zusätzliche Frequenzdekaden kann somit die Frequenzschrittweite beliebig verkleinert werden.

Bild 12 zeigt die Blockschaltung eines dekadisch aufgebauten, direkten analogen Synthesizers für einen schnellen Suchempfänger mit dem Empfangsfrequenzbereich 10 kHz bis 1 GHz.

Die Einstellgenauigkeit (Treffsicherheit) eines direkten analogen Synthesizers wird durch die Anzahl der Frequenzdekaden und die Frequenzinkonstanz des Referenzsignals bestimmt; sie liegt je nach Frequenzbereich zwischen 1 Hz und 100 kHz. Die Frequenzinkonstanz des Ausgangssignals hängt allein von der des Referenzsignals ab. Im Umgebungstemperaturbereich von − 25 bis + 55 °C beträgt die maximale Frequenzänderung typisch $\Delta f/f = 2 \cdot 10^{-8}$.

Der Phasenrauschabstand im Nahbereich um die Frequenz des Ausgangssignals ($f \leqq 10$ kHz) ergibt sich aus dem Phasenrauschen des Referenzsignals, aus dem Vervielfachungsfaktor f_{Ausg}/f_{Ref} sowie aus dem Phasenrauschen, das bei der Hilfssignalerzeugung entsteht. Bezogen auf den Ausgangspegel, ergeben sich folgende typischen Phasenrauschabstände:

− 100... − 90 dB/Hz bei $\Delta f = 100$ Hz,
− 110... − 103 dB/Hz bei $\Delta f = 1$ kHz
− 140... − 123 dB/Hz bei $\Delta f \geqq 10$ kHz.

Der End-Phasenrauschabstand beträgt bei $f \geqq 50$ kHz typisch − 140... − 123 dB/Hz. Durch geschaltete Bandpässe im Hauptsignalweg des Synthesizers kann der End-Phasenrauschabstand bei $f \geqq 10$ MHz auf − 160... − 140 dB/Hz verbessert werden.

Direkte analoge Frequenzsynthesizer sind unempfindlich gegen Mikrophonie.

Der Abstand der nichtharmonischen Nebenwellen, bezogen auf den Ausgangspegel des Synthesizers, wird durch das Frequenzkonzept und durch die Pegelverhältnisse vor allem an den letzten Mischstufen im Signalweg und deren Eigenschaften festgelegt. Typische Werte für den Abstand der nichtharmonischen Nebenwellen liegen bei Frequenzen unter 100 MHz bei ≦ − 80 dB und über 100 MHz bei ≦ − 70 dB.

Die Einstellzeiten eines direkten analogen Frequenzsynthesizers setzen sich zusammen aus den Signallaufzeiten in den Frequenzdekaden, ihrem Ein- und Ausschwingverhalten und aus den Umschaltzeiten für die Hilfssignale. Typische Werte liegen bei 10 bis 20 µs bei Umschaltvorgängen in der ersten Frequenzdekade im Signalweg. Umschaltungen in den höheren Dekaden verlaufen mit entsprechend verkürzten Umschaltzeiten.

Direkte digitale Frequenzsynthese. Hier entsteht ein periodisches Signal aus einer Folge von digitalen arithmetischen Operationen [20–24]. Die Stabilität des Ausgangssignals eines direkten digitalen Synthesizers wird durch die Stabilität des

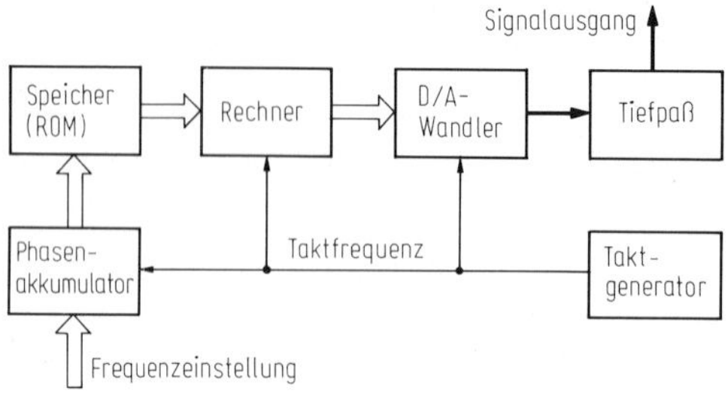

Bild 13. Direkte digitale Frequenzsynthese

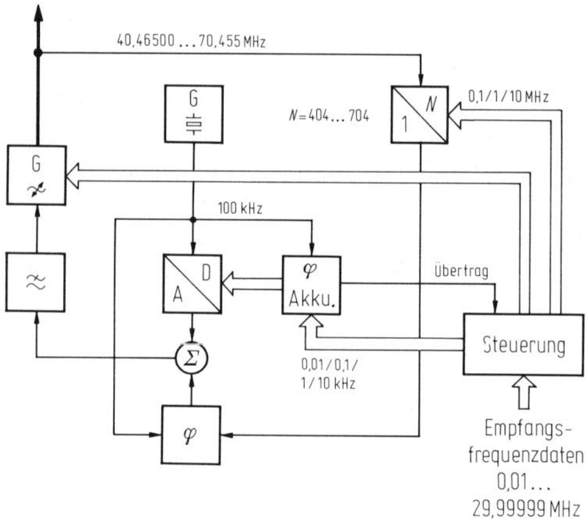

Bild 14. Synthesizer mit Frequenzanalyse und direkter digitaler Frequenzsynthese der LF/MF/HF-Empfänger RA 1792 und RA 6790 (Racal) [25]

aus dem Referenzsignal abgeleiteten Abtastsignals bestimmt. Die Blockschaltung in Bild 13 zeigt die wesentlichen Baugruppen eines mit konstanter Abtastrate arbeitenden Synthesizers. Der Phasenakkumulator erzeugt den quantisierten, linear ansteigenden Phasenbetrag für das sinusförmige Ausgangssignal des Synthesizers. Die Phasenschrittweite wird dabei durch die Abtastfrequenz festgelegt. Der Phasenzuwachs je Schritt ist der eingestellten Frequenz direkt proportional. Der Speicher (ROM) enthält als Sinusfunktionstabelle die digitalen Amplitudenwerte für mindestens einen Quadranten einer Sinuswelle. Mit den digitalen Phasenwerten aus dem Akkumulator als Adressen gibt der Speicher die Abtastwerte aus, aus denen sich der erste Quadrant der Sinuswelle zusammensetzt. Die übrigen drei Quadranten entstehen im Rechner durch entsprechende Rechenoperationen. Der wie der Akkumulator und der Rechner von dem Abtastsignal gesteuerte D/A-Wandler bildet aus den digitalen Abtastwerten der Sinuswelle eine treppenförmige Annäherung des Synthesizer-Ausgangssignals. Der nachfolgende Tiefpaß unterdrückt schließlich das Abtastsignal mit seinen harmonischen Nebenwellen. Nach dem Abtasttheorem von Shannon [23] ist die maximal mögliche Ausgangsfrequenz gleich der halben Abtastfrequenz. Die bei der D/A-Wandlung zur Zeit maximal erreichbare Geschwindigkeit begrenzt die maximal erreichbare Frequenz auf einige MHz. Die Auflösung der Quantisierung bestimmt den Signalstörabstand des Ausgangssignals (Quantisierungsrauschen). Vorteilhafte Eigenschaften sind: kurze Einstellzeiten bis unter 1 µs, phasenkontinuierliches Schalten bei Frequenzänderungen (keine Phasensprünge) und hohe Amplitudenstabilität.
Die Blockschaltung in Bild 14 zeigt ein Anwendungsbeispiel für die Kombination der direkten digitalen Synthese mit der Frequenzanalyse [25]. Im Analyseschaltungsteil bestimmen die Einstelldaten des digitalen Frequenzteilers in der Phasenregelschleife (PLL) die 0,1-, 1- und 10-MHz-Stelle der Frequenz des Synthesizer-Ausgangssignals. Die Frequenz des Referenzsignals beträgt dabei 100 kHz. Im Schaltungsteil für die direkte digitale Synthese mit einer Abtastfrequenz von 100 kHz legen die Einstelldaten für den Phasenakkumulator die Frequenzstellen unter 100 kHz fest. Die Einstellspannung für die Frequenz des Oszillators setzt sich zusammen aus den Ausgangssignalen des Phasendetektors und des D/A-Wandlers, wobei sich die Wechselspannungsanteile kompensieren. Nach dem Tiefpaß bleibt die der Frequenzeinstellung des Synthesizers entsprechende Gleichspannung übrig. Hat der Phasenakkumulator nach einer von seinen Einstelldaten abhängigen Zeit seinen Maximalwert erreicht (Überlauf), so erhöht er mit seinem Übertragschaltsignal für den Rest der Zykluszeit den eingestellten Teilungsfaktor des Frequenzteilers in der PLL um Eins. Das Verhältnis der Zeiten pro Zyklus, zwischen denen der Frequenzteiler durch n und durch $n + 1$ teilt, bestimmt die Frequenzeinstellung des Oszillators zwischen den 100-kHz-Schritten.

Frequenzanalyse. Hierbei erzeugt ein mit einem Referenzsignal in einer Phasenregelschleife (PLL) synchronisierter, mittels Varaktordiode abstimmbarer Oszillator (VCO) das Ausgangssignal des Synthesizers, wie die Blockschaltung in Bild 15 zeigt [20, 26–30]. Im eingeschwungenen Zustand liefert der Phasendetektor eine Regelspannung, die dem Phasenunterschied zwischen dem Oszillatorsignal und der entsprechenden Oberwelle des Referenzsignals proportional ist. Die Auswahl der Oberwelle erfolgt über die Voreinstellung des Oszillators. Bei konstanter Phasendifferenz φ besteht wegen $\omega(t) = \mathrm{d}\varphi(t)/\mathrm{d}t$ keine Frequenzabweichung zwischen dem Oszillatorsignal und der entsprechenden Oberwelle des Referenzsignals (Integralregler), so daß das Oszillatorsignal die

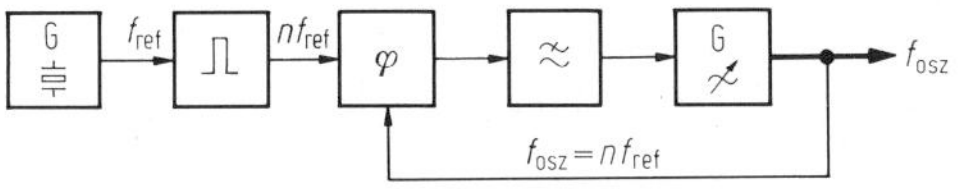

Bild 15. Abstimmbarer Oszillator mit Phasenregelkreis (PLL)

Frequenzinkonstanz des Referenzsignals übernimmt. Bei idealer, d.h. beliebig schneller Phasenregelung überträgt die PLL die sehr geringe Stör- bzw. Störphasenmodulation des Referenzsignals unter Berücksichtigung des Vervielfachungsfaktors f_{osz}/f_{fres} auf das Oszillatorsignal und verbessert damit seine Eigenschaften im Nahbereich um die Oszillatorfrequenz erheblich. Die Grenze für die Verbesserung gegenüber den Eigenschaften des nicht synchronisierten Oszillators bilden das Eigenrauschen des Phasen-/Frequenzdetektors und die in einigen PLLs zusätzlich eingesetzten Regelverstärker oder aktiven Filter. Bei der für die Frequenz als Integralregler wirkende Phasenregelung nimmt die Regelverstärkung mit ansteigender Frequenzablage ab. Während sehr niederfrequente Störungen völlig ausgeregelt werden, verringert sich die Wirksamkeit der Störausregelung mit steigender Frequenzablage.

Nach dem für die Analyse der Stabilität von Regelkreisen häufig angewendeten Bode-Diagramm [31] beträgt der Verstärkungsabfall für die offene Phasenregelschleife 1. oder 2. Ordnung − 6 dB oder − 6 dB bzw. − 12 dB je Frequenzoktave bei einer Phasendrehung zwischen 0 und − 180°, abhängig von dem eingesetzten Tiefpaß bzw. von dem betrachteten Frequenzbereich. Bei der Phasenregelschleife wird die Umgebung um die Einrastfrequenz des Oszillators in mehrere Bereiche aufgeteilt [26, 27]. Der Haltebereich $\Delta\omega_H$ (hold-in range) liegt innerhalb der statischen Stabilitätsgrenzen des Regelkreises (dynamisch stabil). Innerhalb des Ziehbereichs $\Delta\omega_P$ (pull-in range) wird die Oszillatorfrequenz f_{osz} allmählich auf die Referenzfrequenz f_{ref} bzw. eine Oberwelle $n \cdot f_{ref}$ gezogen (dynamisch bedingt stabil). Der Ausrastbereich $\Delta\omega_{PO}$ (pull-out range) ist begrenzt durch den maximal zulässigen Frequenzsprung, bei dem der Regelkreis gerade noch nicht ausrastet (dynamisch bedingt stabil). Im Fangbereich $\Delta\omega_L$ (lock-in range) rastet die Regelschleife innerhalb einer Periode der Differenzfrequenz $\mp f_{osz} \pm f_{ref}$ bzw. $\pm nf_{ref}$ ein (dynamisch stabil). Für die vier Bereiche gilt somit:

$$\Delta\omega_L < \Delta\omega_{PO} < \Delta\omega_P < \Delta\omega_H .$$

Ein Phasenregelkreis arbeitet unter folgenden Bedingungen stabil:

- Die Oszillatorfrequenz f_{osz} liegt innerhalb $\Delta\omega_H$.
- Durch Änderungen von f_{osz} wird die Ausrastgrenze nicht überschritten, d.h. bei einem Frequenzwechsel tritt kein Phasensprung auf. Die Umschaltung erfolgt phasenkohärent.
- Die Änderungsgesschwindigkeit $\Delta\omega_{osz}/\Delta t$ bleibt kleiner als ω_n^2 (ω_n = Eigenfrequenz des Regelkreises = Resonanzfrequenz, für die PLL übernommen aus der Theorie des Schwingkreises).

Das Einschwingverhalten bzw. die Umschaltgeschwindigkeit der PLL bei einem Frequenzwechsel innerhalb $\Delta\omega_L$ hängt ab von der Ordnungszahl der PLL (= Ordnungszahl bzw. Grad des Filters + 1) [26], vom Typ des Tiefpasses sowie von der Eigenfrequenz ω_n und von der Dämpfung ζ des Regelkreises.

Das Ausgangssignal einer PLL enthält keine nichtharmonischen Nebenwellen, sofern die beiden im Phasendetektor miteinander verglichenen Signale mit ihren Harmonischen durch die Tiefpaßwirkung der PLL ausreichend unterdrückt werden. Die maximal mögliche Bandbreite der PLL wird durch die Referenzfrequenz bestimmt.

Als Phasendetektoren werden in den PLL sowohl analoge als auch digitale Schaltungen verwendet. Ein Teil dieser Schaltungen ist zusätzlich als Frequenzdetektor wirksam, was vorteilhaft zur Grobabstimmung des Oszillators benutzt werden kann. Folgende Schaltungen werden als Phasendetektor eingesetzt [20, 26–28]:

1. Vierquadrant-Multiplizierer (z.B. symmetrische Ringmischer).
2. Exklusives ODER-Gatter.
3. Flankengetriggertes JK-Master-Slave-Flipflop.
4. Aus vier RS-Flipflops mit zusätzlichen logischen Verknüpfungsschaltungen zusammengesetzter Tri-state Phasen-/Frequenzdetektor (Typ 4 nach [26]).
5. Abtastdetektor [32].

Der nutzbare Phasenbereich liegt je nach Schaltung bei $\pm \pi/2$ (1., 2.), $\pm \pi$ (3., 5.) oder $\pm 2\pi$ (4.). Das Ausgangssignal der Phasendetektoren nach dem Integrator bzw. nach dem Halteglied ist entweder sinusförmig (1.), dreieckförmig (1., 2.) oder sägezahnförmig (3., 4., 5.). Am häufigsten werden die Schaltungen 1., 4. oder 5. eingesetzt.

Die Art und die Dimensionierung des für die PLL verwendeten Tiefpasses haben einen beträchtlichen Einfluß auf ihre Eigenschaften (Zeitkonstanten bzw. Eigenfrequenz, Dämpfungsfaktor). Es werden passive oder aktive Tiefpässe hauptsächlich 1. Ordnung eingesetzt, wobei die aktiven Tiefpässe aufgrund ihrer günstigen Eigenschaften (z.B. fast idealer Integrator durch hohe Verstärkung) häufig bevorzugt werden [20, 26–30].

Der Abstimmbereich von Empfängeroszillatoren umfaßt häufig eine Frequenzoktave und mehr. Der Fangbereich der PLL ist jedoch beschränkt auf den nutzbaren Phasenbereich des Phasendetektors bzw. durch die mit der Schaltungsdimensionierung der Regelschleife festgelegten Eigenschaften. Enthält die PLL einen Frequenzteiler für das Oszillatorsignal, so erweitert sich der Fangbereich der PLL um den Teilungsfaktor. Durch einen Frequenzdetektor oder einen Fangoszillator (sweep oscillator), der nur im ausgerasteten Zustand der PLL eingeschaltet ist, kann der Fangbereich ebenfalls erweitert werden. Da diese Maßnahmen jedoch meist nicht ausreichen, müssen Empfängeroszillatoren, die nach dem Analyseverfahren arbeiten, zusätzlich in ihrer Frequenz voreingestellt werden. Die Steuersignale zur Voreinstellung werden aus der digitalen Einstellinformation für die Oszillatorfrequenz abgeleitet. Die Voreinstellung kann durch folgende Schaltungsmaßnahmen bewirkt werden:

1. Aufteilung des Frequenzbereichs auf mehrere Oszillatoren.
2. Umschaltung der frequenzbestimmenden Resonanzkreiselemente (Kapazitäten, Induktivitäten oder/und Resonanzkreise).
3. Voreinstellung über zusätzliche Kapazitätsdioden mit einem entsprechenden Einstellbereich. Die Einstellinformation wird dabei über einen D/A-Wandler in die zugehörige Abstimmspannung für die Kapazitätsdioden umgewandelt.

Häufig werden die Voreinstellmöglichkeiten auf 1., 2. und 3. auch kombiniert.

Wie die Blockschaltung in Bild 16 zeigt, wird für den Phasenvergleich mit dem Referenzsignal die Frequenz des Oszillatorsignals f_{osz} vorwiegend über digitale Frequenzteiler auf die Frequenz des Referenzsignals f_{ref} geteilt [33]. Je nach Anforderung bezüglich der maximal zu teilenden Frequenz und des Frequenzbereichs können folgende Varianten für den zwischen Oszillator und Phasendetektor eingefügten digitalen Frequenzteiler gewählt werden:

1. Fester Frequenzteiler (Teilungsfaktor n_f), $f_{ref} = f_{osz} / n_f$.
2. Voreinstellbarer Frequenzteiler (n_v), $f_{ref} = f_{osz} / n_v$.
3. Voreinstellbarer Frequenzteiler (n_v) mit zusätzlichem festem Vorteiler (n_f), $f_{ref} = f_{osz} / n_f \, n_v$.
4. Voreinstellbarer Frequenzteiler (n_{v1}) mit einem weiteren voreinstellbaren Hilfsteiler für die niederwertigste Frequenzdekade (n_{v2}), umgeschaltet durch den umschaltbaren Vorteiler (p, $p + 1$), $f_{ref} = f_{osz} / (n_{v1} \, p + n_{v2})$; der maximale Teilungsfaktor für den Hilfsteiler ist $n_{v2,max} = p - 1$. Mit $n_{v1,min} = p$ und $n_{v2,min} = 0$ ergibt sich der kleinste Gesamtteilungsfaktor zu $n_{min} = p^2$.
5. Abwärtsmischen mit einem Festfrequenzsignal der Frequenz f_f und einem voreinstellbaren Frequenzteiler (n_v), $f_{ref} = (f_{osz} - f_f) / n_v$.

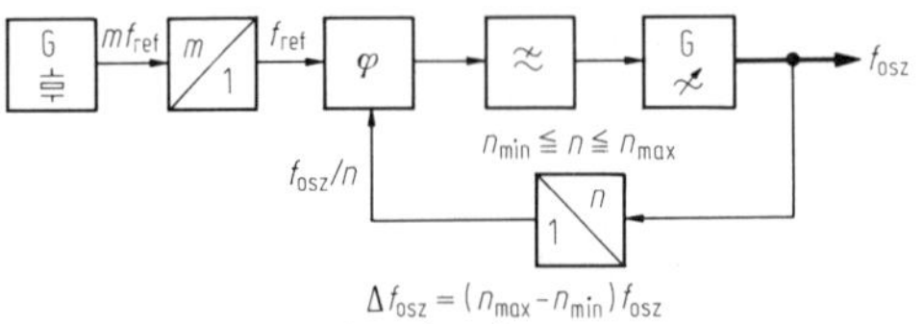

Bild 16. Abstimmbarer Oszillator mit Phasenregelkreis (PLL) und einstellbarem Frequenzteiler

Da bei einem voreinstellbaren Frequenzteiler die maximal zulässige Frequenz des Eingangssignals gegenüber einem nicht einstellbaren Frequenzteiler erheblich tiefer liegt, werden die Varianten 3., 4. und 5. zur Frequenzbereichserweiterung häufig eingesetzt. Mit der Variante 3. können z. B. zur Zeit Signale mit einer Frequenz von bis zu 1,5 GHz geteilt werden. Für die voreinstellbaren Frequenzteiler werden meist programmierbare Abwärtszähler eingesetzt, die z. B. bei dekadischen Zählern mit dem Neunerkomplement des gewünschten Teilungsfaktors voreingestellt werden. Erreicht der Frequenzzähler den voreingestellten Wert, so wird er wieder auf den Ausgangszustand zurückgesetzt, und es beginnt ein neuer Zählzyklus. Eine Frequenzteilung durch n erhöht den Abstand des Phasenrauschens und der nichtharmonischen Nebenwellen des Ausgangs- gegenüber dem Eingangssignal um n^2 bzw. $20 \log n$ (dB), solange das Eigenrauschen des Frequenzteilers nicht erreicht wird (ECL-Teiler: typisch − 155 dB/Hz, TTL-/CMOS-Teiler: typisch − 166 dB/Hz). Amplitudenstörungen des Eingangssignals und Amplitudenrauschen des Frequenzteilers werden durch die Begrenzungseigenschaften des digitalen Frequenzteilers fast völlig unterdrückt, können sich jedoch auf das Phasenrauschen des Ausgangssignals auswirken. Bei einer Phasenregelschleife mit Frequenzteilung durch n werden die Störungen, die in den Durchlaßbereich des Phasendetektors und des Tiefpasses fallen, um den Teilungsfaktor n verstärkt auf das Ausgangssignal des Oszillators übertragen.

Phasenregelschleifen, die mit einem digitalen Phasendetektor und/oder mit einem digitalen Frequenzteiler arbeiten, werden allgemein digitale PLL genannt.

Die in Bild 17 dargestellte Blockschaltung eines Synthesizers nach dem Analyseverfahren wird prinzipiell sowohl für einen VLF/HF-Empfänger (Empfangsfrequenzbereich 0,01 bis 30 MHz, erste Zwischenfrequenz 42,2 MHz) als auch für einen VHF/UHF-Empfänger (Empfangsfrequenzbereich 20 bis 1000 MHz, erste Zwischenfrequenz 681,4 bzw. 181,4 MHz) eingesetzt. Der voreingestellte Frequenzteiler mit umschaltbarem Vorteiler teilt die Frequenz des Oszillatorsignals auf die Frequenz des Referenzsignals 0,1 bzw. 1 kHz. In dem VHF/UHF-Synthesizer ist dem umschaltbaren Vorteiler (10/11) zusätzlich ein 10:1-Festteiler vorgeschaltet. Zwischen dem

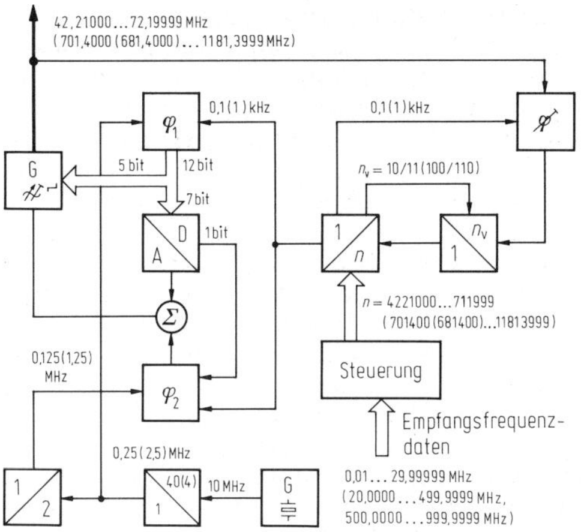

Bild 17. Synthesizer der LF/MF/HF-Empfänger E 1700 und E 1800 bzw. der VHF/UHF-Empfänger E 1600 und E 1900 (AEG-Telefunken)

Oszillator und den einstellbaren Frequenzteilern befindet sich ein periodisch geschalteter Phasenschieber (Allpässe + Diodenschalter + Summiernetzwerk), der alle 10 bzw. 1 ms die Phase des Oszillatorsignals periodisch um $n \cdot 36°$ ($0 \leqq n \leqq 9$) entsprechend der Frequenzeinstellung der 10- bzw. 100-Hz-Dekade weiterschaltet. Damit wird die kleinste Frequenzschrittweite ohne Vergrößerung der Frequenzeinstellzeit auf 10 bzw. 100 Hz gebracht. Der Phasendetektor enthält einen Schaltungsteil mit digitalem Ausgangssignal (φ_1) und einen zweiten Schaltungsteil mit analogem Ausgangssignal (φ_2). Der digitale Teil besteht aus einem Aufwärtszähler, der das aus der Referenzquelle abgeleitete Signal mit der Frequenz 0,25 oder 2,5 kHz zählt. Alle 10 bzw. 1 ms wird der Zählerstand über das Ausgangssignal des einstellbaren Frequenzteilers abgefragt, gespeichert und der Zähler für den nächsten Zählzyklus auf Null gesetzt. Mit den fünf hochwertigen Binärstellen des 12-bit-Abfrageergebnisses (ein Wert aus 32 möglichen) erfolgt die Voreinstellung des Oszillators (vier schaltbare Kapazitäten, eine schaltbare Induktivität). Mit den sieben niederwertigen Binärstellen wird über einen D/A-Wandler die Grobstufe (ein Wert aus 128) für die Abstimmdiode des Oszillators gewonnen [34]. Die diesen Grobstufen der Abstimmspannung über eine Summierspannung überlagerte, kontinuierlich veränderliche Feinabstimmspannung liefert ein Abtast-Phasendetektor (φ_2). Als Referenzsignal dient ihm das aus der Referenzquelle abgeleitete Sägezahnsignal mit 0,125 bzw. 1,25 MHz. Das Abtastsignal mit der Impulsperiode 10 bzw. 1 ms wird aus dem Ausgangssignal des einstellbaren Frequenzteilers abgeleitet. Abhängig von der Phasenlage des Oszillatorsignals, bezogen auf die der Grobabstimmstufe der Abstimmdiode entsprechende Phase, wird der Verlauf der Ausgangsspannung des Abtast-Phasendetektors invertiert.

Indirekte Frequenzsynthese. Hier wird die Frequenz des Ausgangssignals eines Synthesizers z. B. in zwei oder mehreren phasengerasteten Regelschleifen über Mischstufen zusammengesetzt [29]. Die indirekte Frequenzsynthese bietet zwei Vorteile:

1. Der kleinste Frequenzschritt kann kleiner sein als die Frequenz des Referenzsignals. Damit können die mit einem niederfrequenten Referenzsignal verbundenen langen Frequenzeinstellzeiten vermieden werden.
2. Bei Synthesizern für höhere Frequenzen werden durch Mischung mit von der Referenzquelle abgeleiteten Festfrequenzsignalen die hochfrequenten, einstellbaren Frequenzteiler mit hohen Teilerfaktoren umgangen.

In den Bildern 18 und 19 sind die Blockschaltungen von Synthesizern mit einer indirekten

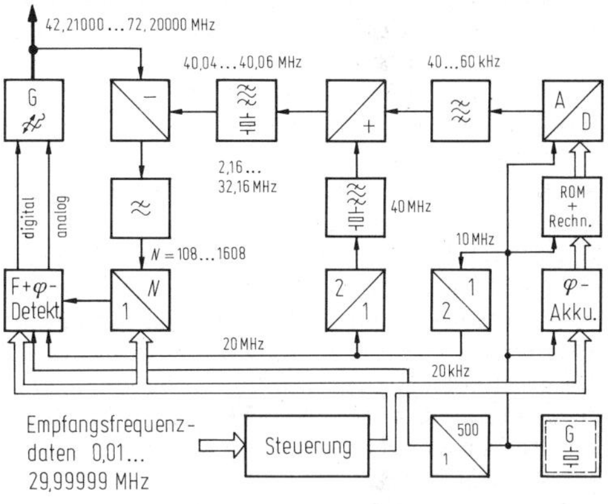

Bild 18. Synthesizer des LF/MF/HF-Suchempfängers E 1800 (AEG-Telefunken)

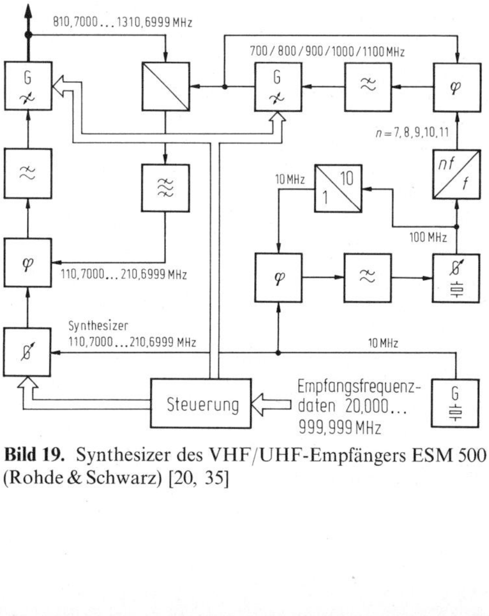

Bild 19. Synthesizer des VHF/UHF-Empfängers ESM 500 (Rohde & Schwarz) [20, 35]

Frequenzsynthese dargestellt. Bild 18 zeigt einen in 10-Hz-Schritten abstimmbaren Synthesizer für einen VLF/HF-Empfänger ($f_E = 0{,}01 \ldots 30$ MHz, $f_{ZF,1} = 42{,}2$ MHz; s. Q 3.1) wobei die Frequenzschritte $\leqq 20$ kHz über eine direkte digitale Frequenzsynthese erzeugt werden. Bild 19 zeigt einen in 1-kHz-Schritten abstimmbaren Synthesizer für einen VHF/UHF-Empfänger ($f_E = 20 \ldots 1000$ MHz, $f_{ZF,1} = 790{,}7$ bzw. 310,7 MHz; s. Q 3.1) [35].

Eine *Gegenüberstellung der Synthesizer*, die ihre Ausgangssignale nach den unterschiedlichen Verfahren aufbereiten, zeigt folgende typische Unterschiede:
Synthesizer mit der direkten Frequenzsynthese erreichen gegenüber der Frequenzanalyse oder der indirekten Frequenzsynthese im Nahbereich um die Frequenz des Ausgangssignals einen höheren Phasenrauschabstand ($\Delta \Phi_e(f)$ typisch 20 ... 30 dB bei $\Delta f = 100$ Hz bzw. typisch 10 ... 20 dB bei $\Delta f = 1 \ldots 10$ kHz). Der Phasenrauschabstand bei $\Delta f \geqq 50$ kHz ist dagegen bei den Synthesizern mit der Frequenzanalyse oder indirekten Frequenzsynthese um typisch 20 dB höher.
Die Mikrophonieempfindlichkeit ist bei Synthesizern mit Frequenzanalyse oder indirekter Frequenzsynthese vor allem bei niederfrequenten Referenzsignalen höher, da die schmalbandigen Phasenregelschleifen diese Störungen häufig nicht völlig ausregeln können.
Im Gegensatz zu den Synthesizern mit der direkten analogen Synthese haben Synthesizer mit Frequenzanalyse oder indirekter Frequenzsynthese normalerweise keine nichtharmonischen Nebenwellen im Ausgangssignal, außerhalb der Bandbreite der PLL.
Mit um den Faktor 10^2 bis 10^3 schnelleren Frequenz-Einstellzeiten liegen die Vorteile eindeutig bei den Synthesizern mit der direkten Frequenzsynthese, was diese besonders für sehr schnelle Suchempfänger geeignet macht.
Dagegen können Synthesizer mit Frequenzanalyse oder indirekter Frequenzsynthese mit erheblich geringerem Schaltungsaufwand und damit erheblich kostengünstiger und kompakter entwickelt bzw. hergestellt werden. Deshalb enthalten heute alle modernen kommerziellen Funkempfänger als Überlagerungsoszillator einen Synthesizer mit Frequenzanalyse oder indirekter Frequenzsynthese.

2.5 ZF-Teil. IF Section

Die wesentlichen Funktionen des ZF-Teils im Überlagerungsempfänger sind die Selektion des gewünschten Empfangssignals sowie seine Verstärkung einschließlich Verstärkungsregelung bzw. die Begrenzung des selektierten Signals.

Selektion. Hierunter ist die frequenzmäßige Trennung des Empfangssignals von allen unerwünschten Signalen (benachbarte Sendesignale, breitbandiges Rauschen) zu verstehen. Dazu müssen die Selektionsmittel eine möglichst hohe Dämpfung für alle Signale außerhalb der Durchlaßbandbreite und eine möglichst geringe Dämpfung und Verzerrung für Signale innerhalb der notwendigen Durchlaßbandbreite aufweisen. Die Bandbreite kann von z. B. 100 Hz bis zu einigen 10 MHz reichen und hängt von der Modulation des Empfangssignals ab (s. hierzu 2.6).
Die ZF-Selektion stellt die Hauptselektion des Empfängers dar, wobei je nach Demodulationsart eine zusätzliche NF-Selektion wirksam werden kann. Als Selektionsmittel finden Filter mit Bandpaßcharakter Verwendung, wobei statt der früher üblichen verteilten Selektion mit Bandfiltern zwischen den einzelnen ZF-Verstärkerstufen die konzentrierte Selektion mittels vielkreisiger Filter verwendet wird. Dabei können die Empfänger entweder mit nur einem Filter der erforderlichen Bandbreite oder mit einer Anzahl von Filtern unterschiedlicher Bandbreite ausgestattet sein (Filterbank). Von diesen wird dann wahlweise eines mit mechanischen oder elektronischen Schaltern in den Signalweg geschaltet. Die gewünschte Bandbreite der Filter ist mitentscheidend für die Wahl der Zwischenfrequenz (ZF), da die Filter nur in einem Teilbereich der relativen Bandbreite optimal dimensioniert werden können. In Empfängern mit einer sehr großen Zahl einstellbarer Bandbreiten werden deshalb die großen Bandbreiten auf einer höheren ZF (z. B. 10,7 oder 21,4 MHz), die kleineren Bandbreiten nach einer weiteren Frequenzumsetzung auf eine niedrigere ZF (z. B. 200 kHz) realisiert (Bild 20):

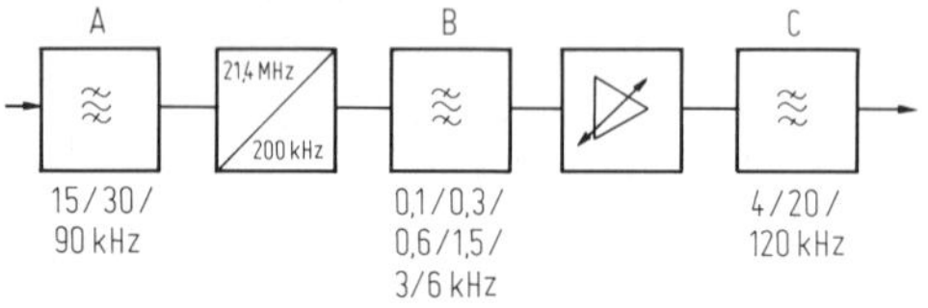

Bild 20. Blockschaltplan eines ZF-Teils

Bei Benutzung der größeren Bandbreiten werden dabei die Filter (B) der niedrigen ZF breitbandig überbrückt. Für die kleineren Bandbreiten wird dagegen das schmalste Filter der ersten Filtergruppe (A) mit der höheren ZF als Vorselektion eingeschaltet. Dadurch ist für die notwendige Spiegelfrequenzunterdrückung vor der Frequenzumsetzung gesorgt, und außerdem sind die nachfolgenden Schaltungen (Umsetzer, Verstärker) am besten vor großen Störsignalen außerhalb des Nutzbereichs geschützt.
Wegen der Gefahr der Übersteuerung darf die Signalverstärkung vor der Selektion nicht zu hoch sein. Deshalb trägt der ZF-Verstärker nach

der Selektion mit seinem Breitbandrauschen zum Gesamtrauschen des Empfängers bei. Es ist meistens notwendig, ein Rauschbegrenzungsfilter (C) am Ausgang des ZF-Teils vorzusehen.

An die Filtereigenschaften werden unterschiedliche Forderungen gestellt, die größtenteils von der jeweiligen Modulationsart abhängen; wichtige Kenngrößen sind Durchlaßdämpfung (insertion loss), Welligkeit, Flankensteilheit (Formfaktor z. B. 60 dB / 3 dB-Bandbreite), Weitabselektion, Phasenlinearität oder konstante Gruppenlaufzeit bei frequenz- oder phasenmodulierten Signalen sowie das Ein- und Ausschwingverhalten z. B. bei Pulsübertragung.

Da ein einziger Filtertyp allen diesen Anforderungen nicht genügen kann, muß für den jeweiligen Einsatzfall die günstigste Filtercharakteristik ausgewählt werden, z. B. die nach Tschebyscheff, Cauer, Butterworth oder Bessel (s. F und [2, Kap. 3]).

Zur Realisierung der ZF-Filter sind eine Anzahl verschiedener Technologien gebräuchlich. Für Bandbreiten bis zu einigen kHz können mit mechanischen Filtern sehr gute Eigenschaften erzielt werden. Sie bestehen aus einer Anzahl mechanischer Resonatoren, die mechanisch gekoppelt sind und über elektromechanische Wandler angeregt werden [36, 37]. Diese Filter vereinigen viele Vorzüge wie hohe Flankensteilheit, geringe Durchlaßdämpfung und Welligkeit, hohe Selektion (bis 100 dB), geringe Datentoleranz über Temperatur und Alterung. Es können Bandbreiten von 100 bis 6000 Hz realisiert werden. Wegen der hohen Flankensteilheit (typ. 20 bis 50 dB / 100 Hz) sind sie auch zur Selektion von Einseitenbandsignalen geeignet; hier ist die ausreichende Unterdrückung des Trägers und des nicht gewünschten Seitenbandes von Bedeutung.

Für die nächsthöhere Bandbreitengruppe (einige kHz bis etwa 100 kHz Mittenfrequenz) werden vorzugsweise Quarzfilter eingesetzt. Es sind 4- bis 10-polige Filter üblich; sie werden als Quarzbrückenfilter oder auch als monolythische Filter gebaut [38]. Diese bieten neben ihren guten Werten der Selektion, Durchlaßdämpfung, Welligkeit und Datenkonstanz vor allem auch wegen der geringen Abmessungen vielfache Einsatzmöglichkeiten.

Das klassische LC-Filter aus diskreten Spulen und Kondensatoren wird auch in modernen Empfängern besonders bei großen Bandbreiten meist in Form 4- bis 8-kreisiger Bandpässe eingesetzt [1, 39, 40]. Es wird bei höheren Frequenzen auch in Form von zylindrischen Bandpässen mit konzentrischen Elementen verwendet (tubular filter).

Weitere Möglichkeiten sind mit akustischen Oberflächenwellenfiltern (Surface Acoustic Wave Filter, SAW) gegeben, die sich besonders für größere Bandbreiten (einige MHz) eignen; nachteilig sind dabei z. Z. noch höhere Durchlaßdämpfungen und geringe Weitabselektion [41, 42]. Für noch größere Bandbreiten (einige 10 MHz) werden Hohlraumfilter (cavity filter) und Wendelfilter (helical filter) eingesetzt [2, Kap. 9].

Alle diese Filter sind passive Elemente und liefern damit im Signalweg keinen wesentlichen Rauschbeitrag. Außerdem können die meisten auch sehr große Signale verzerrungsfrei übertragen und sind damit für den im Empfänger auftretenden hohen Dynamikumfang gut geeignet. Dagegen haben sich aktive Filter (RC, SC, CCD, digitale Filter) im ZF-Bereich der Empfänger bisher noch nicht in größerem Maße durchgesetzt.

ZF-Verstärker. Nach der Selektion hat das ZF-Teil die Aufgabe, das bisher relativ gering verstärkte Empfangssignal auf einen zur Demodulation geeigneten Pegel anzuheben. Nach dem beispielhaften Pegeldiagramm im Bild 21 sind dazu für geringe Eingangssignale mehr als 120 dB Verstärkung vom Antenneneingang bis zum ZF-Ausgang erforderlich, von denen mehr als 100 dB auf das ZF-Teil entfallen.

Bei linearer Amplitudenübertagung muß die Verstärkung außerdem in weiten Grenzen regelbar sein, damit auch sehr große Eingangssignale (bis 1 V) möglichst unverzerrt demoduliert werden können. Es kann dazu ein Regelumfang von bis zu 150 dB erforderlich sein. Hiervon entfallen auf die Regelung des HF-Teils z. B. ca 40 dB, auf den ZF-Verstärker ca. 100 bis 120 dB.

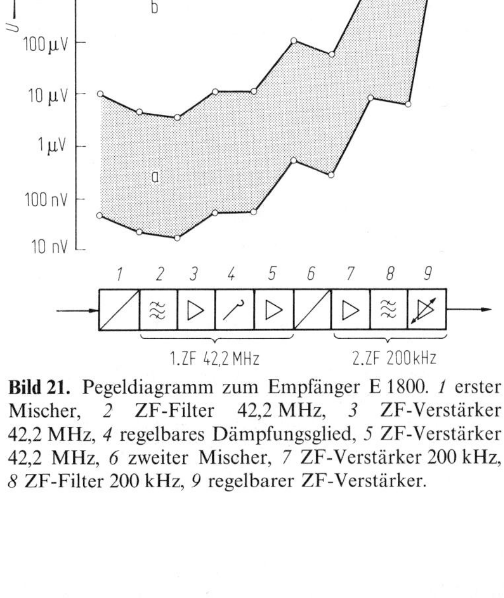

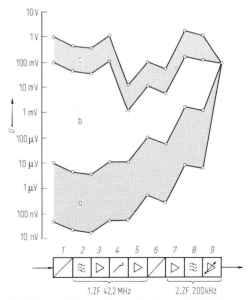

Bild 21. Pegeldiagramm zum Empfänger E 1800. *1* erster Mischer, *2* ZF-Filter 42,2 MHz, *3* ZF-Verstärker 42,2 MHz, *4* regelbares Dämpfungsglied, *5* ZF-Verstärker 42,2 MHz, *6* zweiter Mischer, *7* ZF-Verstärker 200 kHz, *8* ZF-Filter 200 kHz, *9* regelbarer ZF-Verstärker.

Die Einbeziehung des HF-Teils in die Verstärkungsregelung hat den Vorteil, daß die nachfolgenden Schaltungen bis zum geregelten ZF-Verstärker nur noch einen verminderten Dynamikbereich des Nutzsignals linear übertragen müssen. Außerdem wird in diesem Fall der Empfänger besser vor Verzerrungen geschützt, die durch große Antennensignale außerhalb der Empfangsbandbreite verursacht werden können (Intermodulation, Kreuzmodulation, Blocking, reziprokes Mischen; s. Q 1.3 unter „Verzerrungen" und „Nichtlineare Eigenschaften").
Ein wesentlicher Nachteil der HF-Regelung ist die Verringerung der Empfindlichkeit im zugeregelten Zustand [43]. Deshalb soll die HF-Regelung nicht zusammen mit der ZF-Regelung einsetzen, sondern erst bei etwas größeren Eingangspegeln, wenn der Rauschabstand schon z. B. 40 dB erreicht hat. Die Regelung erfolgt auf diese Weise in mehreren Abschnitten. Ausgehend von der höchsten Verstärkung bei kleinen Eingangssignalen wird zunächst nur der ZF-Verstärker geregelt (Bereich a in Bild 21); dabei nimmt der Rauschabstand am ZF-Ausgang linear mit dem Eingangspegel zu (s. Bild Q. 1.13). Vom HF-Regeleinsatz an wird das Hochteil allein oder zusammen mit dem ZF-Verstärker geregelt (Bereich b in Bild 21). Hierbei nimmt der Rauschabstand nicht oder nur gering zu. Am Ende des HF-Regelbereichs wird der ZF-Verstärker wieder allein geregelt (Bereich c in Bild 21); dabei nimmt der Rauschabstand weiter bis zum Endstörabstand zu (ca. 50 bis 60 dB).
Mögliche Ausführungen der geregelten Verstärkerstufen sind

- Transistorverstärkerstufen (bipolar oder FET). Sie werden durch Verschiebung des Arbeitspunkts in ihrer Steilheit verändert [44]. Nachteile: Nichtlineare Regelkennlinie und Signalverzerrungen bei geringer Verstärkung wegen zu geringem Kollektorstrom.
- FETs mit mehreren Steuereingängen (Dual-Gate-MOS-FETs) [45].
- Konstant-Verstärkerstufen mit zusätzlichen geregelten Dämpfungsgliedern, deren variable Elemente aus Dioden oder Transistoren bestehen können [46].
- Geschaltete Verstärker- und Dämpfungsstufen aus Widerständen.

Regelung. Sie wird allgemein als Rückwärtsregelung ausgeführt; Bild 22 zeigt ein vereinfachtes Beispiel eines analogen Regelkreises: Als Regelkriterium wird der ZF-Ausgangspegel herangezogen. Dazu wird die ZF-Spannung in (*2*) gleichgerichtet und von den Wechselspannungsanteilen (ZF- und Modulationsfrequenzen) in einem Siebglied (*3*) getrennt. Es bildet außerdem die sog. Regelzeitkonstante, welche die Regelgeschwindigkeit bestimmt. Die so gewonnene Gleichspannung wird in einem Regelverstärker

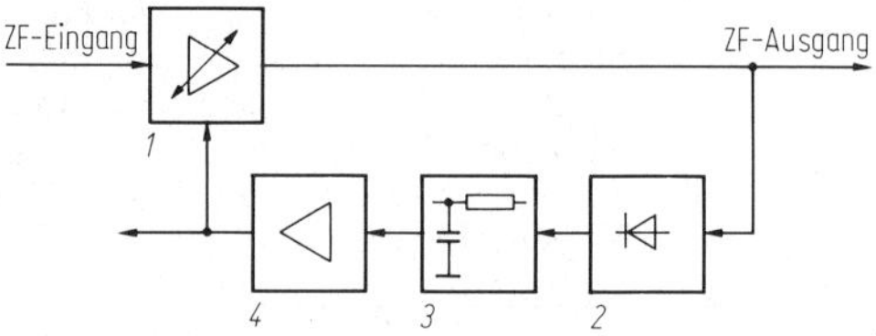

Bild 22. Blockschaltplan eines geregelten ZF-Verstärkers

(*4*) verstärkt und als Regelspannung U_R dem ZF-Verstärker (*1*) als Steuerspannung zugeführt. Es bleibt prinzipiell eine Restschwankung des Ausgangspegels von einigen dB bestehen. Dieser Proportionalregelkreis wird nach den üblichen Grundsätzen der Regelungstechnik dimensioniert [47].
Für ZF-Verstärker mit größerem Regelumfang werden meistens mehrere hintereinandergeschaltete Verstärkerstufen verwendet.
Da die Regelspannung ein direktes Maß für die Verstärkung des Empfängers ist, kann sie bei Vernachlässigung des Regelrestfehlers auch als Anzeige des Eingangspegels bzw. der Empfangsfeldstärke benutzt werden. Dazu sollten die geregelten Verstärkerstufen idealerweise eine logarithmische Kennlinie besitzen, die aber – auch mit erhöhtem Aufwand – nur näherungsweise zu erreichen ist.

Dynamisches Regelverhalten. Die automatische Regelung (Automatic Gain Control, AGC) soll Pegelunterschiede verschieden großer Empfangssignale ausgleichen, nicht aber solche, die aufgrund von Modulation des Signals entstehen. Daher ist für die verschiedenen Modulationsarten unterschiedliches Regelverhalten erforderlich.

1. Zweiseitenbandmodulation (A2A, A3E): Die Regelung reagiert auf das Summensignal von Träger und Seitenbändern, soll aber so verzögert sein, daß sie nicht den Schwankungen der Modulationshüllkurve folgen kann. Daher muß die Regelzeitkonstante für die niedrigste zu übertragende Modulationsfrequenz dimensioniert werden (z. B. 300 Hz bei Sprechfunk, 50 Hz bei Tonrundfunk).
2. Einseitenbandmodulation mit Restträger (R3E): Der Restträger kann zur Amplituden- (und Frequenz-)Regelung benutzt werden, muß dazu aber vor der Gleichrichtung in einem speziellen schmalen Trägerfilter vom Modulationsseitenband getrennt werden. Wegen der inzwischen verfügbaren genaueren Sender- und Empfängeroszillatoren ist diese Modulationsart heute nur noch von geringer Bedeutung.
3. Einseitenbandmodulation ohne Restträger (J3E), Telegraphie durch Trägertastung (A1A), Pulsmodulation: Hier kann die Regelung nicht nach einem konstanten Pegel, sondern

nur nach dem Spitzenwert erfolgen. Dazu soll der Empfänger bei einsetzendem Signal in möglichst kurzer Zeit (attack time) zugeregelt werden. Bei Tast- bzw. Sprechpausen soll seine Haltezeit (hold time) verhindern, daß die Regelung dem Modulationsrhythmus folgt. Die Hochregelzeit (decay time) soll nach Ablauf der Haltezeit ein abruptes Hochregeln verhindern, andererseits aber den Schwunderscheinungen des Empfangspegels genügend schnell folgen können.

4. Frequenzmodulation (F1B, F3E, F1C, F7B): Da bei diesen Modulationsarten die Amplitude keine Information enthält und ohnehin eine Amplitudenbegrenzung stattfindet, ist eigentlich keine ZF-Regelung erforderlich. Wegen der meistens aber notwendigen HF-Regelung zum Schutz gegen starke Störsignale und zur Eingangsspannungsanzeige durch die Regelspannung wird bei aufwendigeren Empfängern nicht auf die Amplitudenregelung verzichtet. Die Regelzeiten können dabei sehr klein gehalten werden.

Handregelung. In vielen Fällen ist es neben der automatischen Regelung wünschenswert, die Verstärkung von Hand einzustellen. Dazu wird die Regelspannung nicht vom Regelgleichrichter abgeleitet, sondern mit einer einstellbaren Gleichspannungsquelle verbunden. Bei dieser berHandregelung (Manual Gain Control, MGC) wird die Verstärkung konstant gehalten, so daß die Ausgangsspannung proportional der Eingangsspannung folgt (Bild 23); hier ist gemäß Darstellung (*2*) die Verstärkung so eingestellt, daß die Eingangsspannung U_s dieselbe Ausgangsspannung erzeugt wie bei automatischer Regelung (*1*). Durch Veränderung der Handregelspannung wird die Kennlinie parallel verschoben.

Die Verknüpfung von (*1*) und (*2*) ergibt die automatische Regelung mit Schwelle, auch als „verzögerte" Regelung bekannt [48]. Dabei wird oberhalb einer einstellbaren Eingangspegelschwelle U_s automatisch geregelt, bei kleineren Pegeln dagegen die Verstärkung wie in Handregelung konstant gehalten (s. (*3*) in Bild 23). Geringere Eingangspegel und Rauschen werden in gleichem Maße geschwächt hörbar, wie sie unterhalb der Regelschwelle liegen. Es ergibt sich für amplitudenmodulierte Empfangssignale eine ähnliche Wirkung wie bei einer Rauschsperre. In Empfängern mit einer geschalteten Rauschsperre wird diese meistens im NF-Signalweg angeordnet (s. 2.7), bei frequenzmodulierten Signalen ist dies ohnehin die einzige Möglichkeit. Soll dabei die Rauschsperre trägergesteuert sein, also vom Pegel des empfangenen Signals abhängen, so wird wiederum die Regelspannung im Vergleich zur Schwellenspannung als Abschaltkriterium herangezogen. Das Wiedereinschalten geschieht mit einem um die Hysterespannung ΔU höheren Pegel (s. (*4*) in Bild 23).

Digitale Regelsteuerung. Neben der bisher beschriebenen Analogregelung ist auch die digitale Steuerung der Regelung im Empfänger möglich; Bild 24 zeigt das Prinzip. Es sind ein analoger ZF-Verstärker (*1*), ein Regelgleichrichter (*2*) sowie ein Siebglied (*3*) vorhanden. Die so gewonnene Gleichspannung wird in einem Fensterkomparator (*4*) mit zwei Schwellenspannungen verglichen. Dabei werden zwei digitale Regelbefehle „Aufwärts-/Abwärts-Regeln" und „Regelstop" erzeugt, die einem vor-/rückwärts-zählenden Binärzähler (*5*) zugeführt werden.

Außerdem wird eine Taktfrequenz f_o von einem Pulsgenerator (*6*) benötigt. Der Zählerstand gelangt in paralleler Form zu einem Digital-Analog-Wandler (*7*), der daraus die analoge Spannung U_R zur Regelung des ZF-Verstärkers (und Hochteils) gewinnt.

Dieser Regelkreis wirkt als integrierender Regler, da der Regelvorgang unabhängig von der Größe des Eingangspegels erst dann zur Ruhe kommt, wenn die gleichgerichtete Ausgangsspannung in

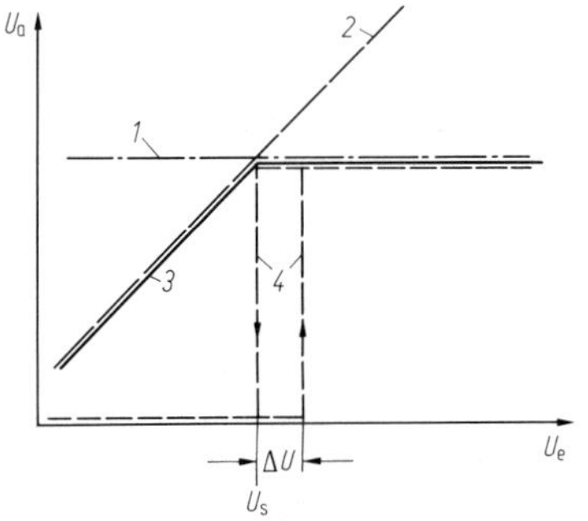

Bild 23. Wirkungsweise der verschiedenen Regelarten. *1* automatische Regelung (AGC), *2* Handregelung (MGC), *3* automatische Regelung mit Schwelle, *4* automatische Regelung mit Rauschsperre

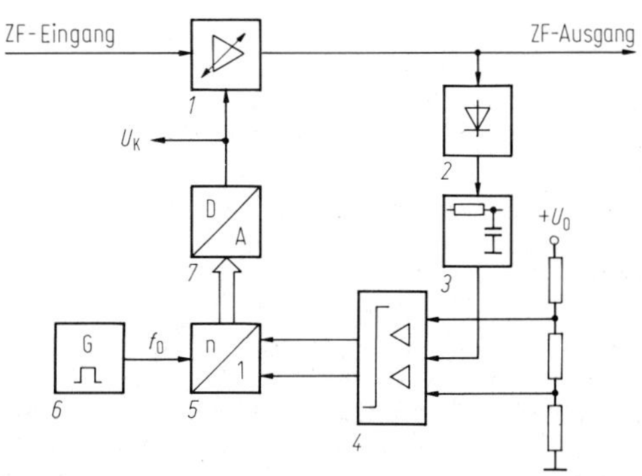

Bild 24. Blockschaltplan einer digitalen Regelsteuerung

den Ruhebereich des Fensterkomparators fällt. Dieser Ruhebereich ist zur Regelstabilität notwendig [47]; er verursacht aber einen Regelrestfehler, der über den ganzen Regelbereich konstant ist; im Empfänger liegt er bei etwa 1 dB.
Die Regelung wirkt nicht stetig, sondern in Quantisierungsschritten, deren Größe von der Auflösung des Zählers und des D/A-Wandlers abhängt. Für die Empfängerregelung sind 8 bis 10 bit erforderlich, die bei einem Regelumfang von z. B. 100 dB eine Schrittweite von 0,1 bis 0,4 dB ergeben.
Die Regelgeschwindigkeit wird nicht von der Zeitkonstante des Siebgliedes (*3*), sondern ausschließlich von der Taktfrequenz f_0 bestimmt. Deren Umschaltung in Abhängigkeit von Modulationsart, Regelrichtung, Pegelabweichung und anderen Kriterien ergibt das gewünschte Regelzeitverhalten. Haltezeiten werden mit monostabilen Schaltern erzeugt, die einen Regelstop des Zählers auslösen. Weitergehende Ausführungsformen der digitalen Regelsteuerung sind in [49–51] beschrieben.
Eine konsequente Weiterführung der Digitalisierung kann mit einem geschalteten ZF-Verstärker vorgenommen werden. Dieser besteht aus einer Kette von gleichartigen Verstärkerstufen, deren Verstärkung umgeschaltet werden kann und deren Verstärkungsunterschiede ΔV im Binärcode gestaffelt sind (Bild 25).
Dabei muß die Genauigkeit des Verstärkungshubes ΔV in allen Stufen größer sein als es dem kleinsten Quantisierungsschritt entspricht; deshalb sind Schaltstufen mit sehr hohem Verstärkungshub nur schwer zu realisieren. Sie werden besser durch eine Reihe von gleich dimensionierten Verstärkern ersetzt (Stufen 1 bis 7 im Bild 25), deren Ansteuerung nicht direkt aus dem Binärzähler erfolgt, sondern über eine Decodierschaltung [52].
Die einzelnen Verstärkerstufen können z. B. geschaltete Gegenkopplungswiderstände enthalten. Es lassen sich auf diese Weise Verstärkungseinstellungen mit einer Genauigkeit von 0,1 dB erzielen. Ein solcher ZF-Verstärker besitzt im Rahmen der Quantisierungsgenauigkeit eine absolut lineare Regelkennlinie. Dabei ist auch die

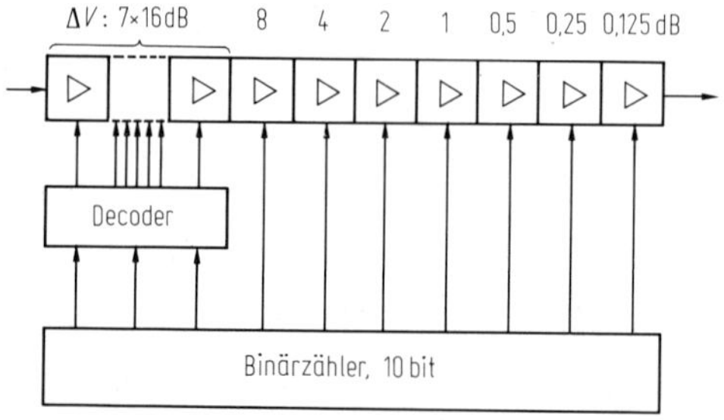

Bild 25. Digitale ZF-Regelung

Übereinstimmung zwischen beliebig vielen Empfangskanälen mit derselben Genauigkeit gegeben. Dies wird z. B. in mehrkanaligen Peilern angewendet (s. auch S 2.1).

Logarithmische Verstärker. Zur Videodarstellung von Pulssignalen oder eines breiteren Frequenzbereichs (Panoramadarstellung) ist es nützlich, den großen Dynamikbereich der Empfangspegel in einem logarithmischen ZF-Verstärker zu komprimieren. Dabei ist zu unterscheiden zwischen Verstärkern mit logarithmischem ZF-Ausgang und den gebräuchlicheren Verstärkern mit logarithmischem Videoausgang, welche eigentlich Amplitudendemodulatoren mit logarithmischer Demodulationskennline sind. Von logarithmischen „Verstärkern" werden Dynamikwerte von 60 bis 90 dB erreicht [53, 54].

Begrenzerverstärker. Für frequenz- oder phasenmodulierte Signale werden zur Unterdrückung von Amplitudenmodulation im ZF-Teil Begrenzerverstärker verwendet, und zwar entweder anstelle oder zusätzlich zum geregelten ZF-Verstärker. Eigenschaften eines guten Begrenzerverstärkers sind niedriger Begrenzungseinsatz, gute statische und dynamische Begrenzerwirkung (d. h. kleines Verhältnis der Änderungen von Ausgangsspannung zu Eingangsspannung), große Bandbreite zur verzerrungsfreien Übertragung des Frequenzspektrums, geringe Phasenänderung bei Eingangspegeländerung, nahezu kein Einschwingvorgang bei einem Sprung des Eingangspegels. Die Begrenzereigenschaften bestimmen zusammen mit dem FM-Demodulator die Güte des demodulierten Signals (s. hierzu 2.6).
Als Begrenzerverstärker eignen sich mehrstufige Differenzverstärker, die oft mit dem FM-Demodulator in einer integrierten Schaltung vereinigt werden [55].

2.6 **Demodulation.** Demodulation

Die Demodulationseinrichtungen im Empfänger haben die Aufgabe, aus dem im ZF-Teil selektierten und auf konstanten Pegel geregelten bzw. begrenzten ZF-Signal das niederfrequente Signal (Telefonie, Telegrafie, Video) zurückzugewinnen. Dazu sind je nach Modulationsart unterschiedliche Demodulationsschaltungen erforderlich.

A-Demodulation. A2A, A3E. Die einfachste Form zur Demodulation dieser amplitudenmodulierten Signale ist der *Hüllkurvendemodulator* (s. Bild O 1.8 und [56]). Er liefert außer der Wechselspannung, welche die demodulierte Niederfrequenz darstellt, auch eine Gleichspannungskomponente, die im Empfänger zur Schaltungsvereinfachung sinnvoll als Regelkriterium oder di-

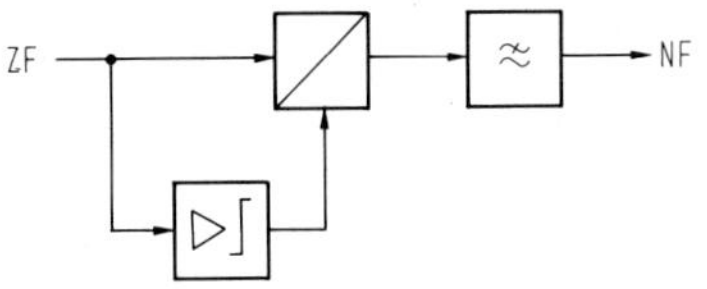

Bild 26. A3A-Demodulator mit Trägergewinnung durch Begrenzer

rekt zur Erzeugung der Regelspannung benutzt werden kann (s. 2.5).
Die Hüllkurvendemodulatoren haben den Nachteil, daß sie empfindlich gegen selektiven Schwund sind, was besonders im Kurzwellenempfänger stört (s. unter Q 1.1 und [57]). Hierbei kann kurzzeitig eine Verminderung des Trägers gegenüber den Modulationsseitenbändern auftreten, die einer Übermodulation gleichkommt und im Hüllkurvendemodulator starke Verzerrungen des NF-Signals verursacht.
Eine Verbesserung bringt der *Synchrondemodulator*. Hierbei wird der Träger durch Selektion oder durch Begrenzung aus dem modulierten ZF-Signal gewonnen und als Zusatzträger einem Produktdetektor zugeführt (Bild 26; s. auch Bild O 1.9 und [58]). Pegelschwankungen des Trägers sind hier weit weniger schädlich als im Hüllkurvendemodulator.

A1A. Um trägergetastete Signale hörbar zu machen, muß das ZF-Signal in einem Produktdetektor demoduliert werden. Dieser kann z. B. aus einem passiven Diodenmischer (s. G 1.3) oder auch aus einer aktiven, meist integrierten Schaltung bestehen. In jedem Fall wird dabei die ZF durch Frequenzmischung in die NF-Lage umgesetzt. Dazu ist eine Überlagerungsfrequenz erforderlich, die z. B. um 1 kHz über oder unter der Nenn-ZF liegt. Es entsteht dann bei exakter Abstimmung des Empfängers auf die Sendefrequenz ein NF-Signal von 1 kHz, das im Telegraphierhythmus des Senders getastet ist und dem Funker das Mithören ermöglicht oder auch zur weiteren Übertragung auf Fernsprechleitungen geeignet ist. Die Erzeugung des Überlagerungssignals geschieht mit einem Oszillator (Beat Frequency Oscillator, BFO), der meistens in einem Bereich von z. B. ± 3 kHz bzgl. der ZF-Mittenfrequenz einstellbar ist. Damit kann das demodulierte A1A-Signal in den gehörmäßig günstigsten Frequenzbereich gelegt werden. Dies ist besonders bei Kurzwelle von Bedeutung, wo die Empfangssignale häufig durch Rauschen oder andere Sender gestört sind. Der variable Überlagerungsoszillator besteht entweder aus einem frei schwingenden Oszillator, der z. B. mit einer Kapazitätsdiode verstimmt wird, oder aus einem Synthesizer, der mit dem Frequenznormal des Empfängers verbunden ist. Die Frequenzvariation kann dabei schrittweise, z. B. im 10-Hz-Raster, erfolgen. Dem geringeren Schaltungsaufwand des frei schwingenden Oszillators steht die wesentlich höhere Genauigkeit und Stabilität sowie leichte Fernbedienbarkeit des Synthesizers gegenüber. – Dieselbe Demodulationseinrichtung mit frequenzversetztem Überlagerungssignal wird auch zur Umsetzung von frequenzmodulierten Telegraphiesendungen F1B oder F7B in tonfrequente Telegraphie benutzt. –

J3E/J7B. Die Demodulation dieser Einseitenbandsignale erfolgt im Empfänger mit *Seitenbandfiltern* durch Frequenzumsetzung des ZF-Signals in die NF-Lage. Dazu wird ein Produktdetektor wie bei A1A verwendet, dessen Überlagerungsfrequenz gleich der ZF-Trägerfrequenz ist.
Bei allen Demodulationsverfahren, die einen Produktdetektor verwenden, ist diesem am NF-Ausgang ein Tiefpaß nachgeschaltet, dessen Grenzfrequenz mindestens der höchsten Modulationsfrequenz entspricht (Bild 26). Es sollen hiermit das bei der Frequenzmischung entstehende Summensignal aus ZF und Überlagerungsfrequenz sowie restliche Anteile von ZF und Überlagerungsfrequenz unterdrückt werden.
Eine andere Möglichkeit zur Einseitenbanddemodulation ist die *Phasenmethode*, welche die Einseitenbandselektion in der ZF ersetzt. Durch zweimalige Frequenzumsetzung mit je 90°-Phasenverschiebung in einem ZF- und NF-Zweig wird bei anschließender Summierung der NF-Signale wahlweise eines der Seitenbänder unterdrückt, wobei allerdings nur etwa 30 bis 40 dB Seitenbandselektion erreichbar sind [59].
Ein weiteres Verfahren ist die sog. 3. *Methode*. Hier werden die Vorteile der Phasenkompensation und NF-seitiger Selektion miteinander verbunden [60, 61].
Beide Methoden werden wegen ihres relativ hohen Schaltungsaufwands im Empfänger seltener als die Filtermethode angewendet.

B8E/B7B. Zur Demodulation von Empfangssignalen mit zwei unabhängigen Seitenbändern werden zwei gleichartige ZF-Teile und Demodulatoren verwendet. Dazu wird das ZF-Signal mit zwei Seitenbandfiltern in das obere und untere Seitenband aufgeteilt und zwei getrennten ZF-Verstärkern und J3E-Demodulatoren zugeführt, die zwei NF-Signale abgeben.
Die Regelung der ZF-Verstärker erfolgt entweder gemeinsam mit Hilfe des herausgefilterten Trägerrestes wie bei R3E oder unabhängig voneinander jeweils nach dem Pegel jedes Seitenbandes wie bei J3E. Die gemeinsame HF-Regelspannung wird durch eine Verknüpfung der beiden ZF-Regelspannungen erzeugt, wobei das Seitenband mit dem höheren Pegel die HF-Regelung steuert.

Notwendige Bandbreite bei A-Modulationsarten, (s. auch O 1.1). Zum Erreichen der höchstmöglichen Empfindlichkeit und zur Unterdrückung von Nachbarkanalsendern versucht man, mit möglichst geringen Bandbreiten auszukommen. Dem stehen zunehmende Verzerrungen des Nutzsignals entgegen, die hauptsächlich von der Modulationsart abhängen.
Für A1A-Signale können sehr schmale Bandbreiten gewählt werden, es genügt dazu das Doppelte der Telegraphiefrequenz [62]. Bei Einseitenbandempfang wird die Bandbreite der übertragenen NF benötigt (ca. 3 kHz für Sprechfunk), bei A3E-Sendungen die doppelte Bandbreite der modulierten Niederfrequenz, also z. B. 9 kHz bei AM-Rundfunk.

Rauschabstand. Während bei A1A- und J3E-Demodulation der in der Zwischenfrequenz erreichbare Rauschabstand erhalten bleibt, ist die A3E-Demodulation mit einem Rauschabstandsverlust verbunden, der vom Modulationsgrad abhängt (z. B. 6 dB bei $m = 0{,}5$) [63], s. auch Tab. O. 1.2. A3E-Sendungen können auch mit Einseitenbanddemodulatoren empfangen werden, wodurch man bei Störungen durch Nachbarkanalsender auf den Empfang des ungestörten Seitenbandes ausweichen kann.
Dabei muß wegen der fehlenden Information des zweiten Seitenbandes eine weitere Rauschabstandsverringerung von 3 dB in Kauf genommen werden. Außerdem ist zu beachten, daß bei Einseitenbandempfang nur geringe Frequenzabweichungen zulässig sind (ca. 20 bis 50 Hz für Sprache, bzw. 2 bis 5 Hz für Musik), während A3E-Demodulatoren auch größere Frequenzabweichungen des Empfängers vertragen.

F-Demodulation F3E. Zur Demodulation von frequenzmodulierten Signalen steht eine Anzahl verschiedener Schaltungsprinzipien zur Auswahl (s. O 1.2). Davon haben Flankendemodulator und Riegger-Kreis keine praktische Bedeutung mehr. Auch der früher meistens verwendete Verhältnisdetektor (Ratiodetektor) ist inzwischen vielfach durch andere Demodulatoren abgelöst worden, die vor allem weniger oder gar keine Abgleichelemente enthalten.
Sehr große Verbreitung hat der Quadraturdemodulator (Koinzidenzdemodulator) gefunden. Er wird meistens mit einem mehrstufigen ZF-Begrenzerverstärker zusammen in einer integrierten Schaltung verwendet und benötigt nur einen abzugleichenden äußeren Schwingkreis oder einen Quarz [64]. Dieser Demodulator findet weitgehend Verwendung in Rundfunk- und Fernsehempfängern (Tonteil) sowie bei FM-Sprechfunkgeräten. Bild 27 zeigt ein Schaltungsbeispiel.
Als weitere Demodulatorschaltung kommen der Phase-Locked-Loop-Demodulator (PLL), der

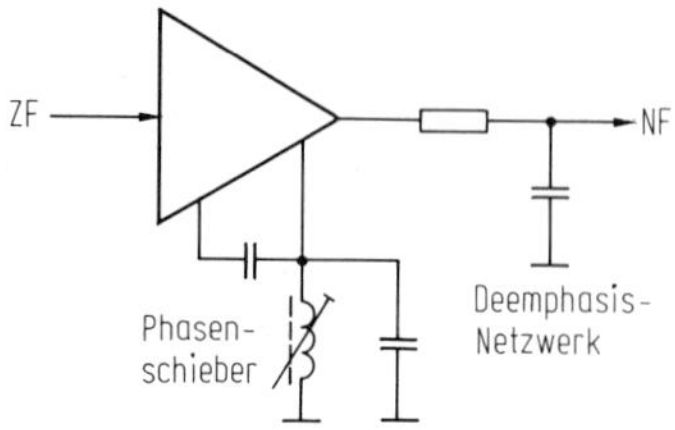

Bild 27. Quadraturdemodulator

Leitungsdemodulator und der Zähldiskriminator in Betracht (s. O 1.2 und [65]).
Die Frequenzlinearität des Demodulators ist zusammen mit dem Phasenverlauf des ZF-Filters entscheidend für die Verzerrungsfreiheit des demodulierten Signals. Eine ausreichende Bandbreite des Demodulators (und des Begrenzerverstärkers) ist Voraussetzung für gute Empfängerdaten wie dynamische Selektion und Fangverhältnis (Übernahmeverhältnis, capture ratio) [66].
Zur Verbesserung des Rauschabstands ist es bei Frequenzmodulation in vielen Fällen üblich, den Hub für höhere Modulationsfrequenzen oberhalb einer definierten Grenzfrequenz $1/2\pi\tau$ (z. B. $\tau = 50\ \mu s$ bei UKW-Rundfunk in Europa) frequenzproportional anzuheben (Preemphasis); dabei geht die Frequenzmodulation in eine Phasenmodulation über. Im Empfänger ist es notwendig, den NF-Frequenzgang nach der Demodulation mit derselben Zeitkonstante τ zu entzerren (Deemphasis). Diese Entzerrung wird mit einem einfachen RC-Tiefpaß vorgenommen (Bild 27).

FSK-Demodulatoren. Als FSK (Frequency Shift Keying) werden ganz allgemein die zur binären Datenübertragung benutzten Frequenzumtastverfahren (Sendearten F1B, F1C und F7B) bezeichnet (s. O 2.3, P 1.3). Im Gegensatz zur analogen Frequenzmodulation (O 1.2) wird hier die vom Sender abgestrahlte Frequenz im Rhythmus des binären Datenstroms verändert (getastet). Auf der Empfangsseite wird dann umgekehrt durch Detektion der Frequenzsprünge die Binärinformation wieder zurückgewonnen. Je nachdem, ob eine einkanalige (F1B) oder zweikanalige (F7B oder auch Twinplex, Duoplex bzw. DFSK = Double Frequency-Shift Keying) Übertragung vorliegt, kann die abgestrahlte Frequenz zwei oder vier Frequenzzustände annehmen. Das FSK-Signal liegt dabei immer symmetrisch zur Bezugsfrequenz f_0, und der Frequenzabstand (Shift = doppelter Frequenzhub) zwischen den Frequenzsprüngen ist nach CCIR [67 a] bei F7B gleich groß. Die Zuordnung zwischen dem binären Zustand (0 oder 1) und der jeweils abgestrahlten Frequenz ist international genormt [67 b] (Tab. 1). Die Tastgeschwindigkeiten der beiden Kanäle bei F7B können unterschiedlich sein. Code 1 und Code 2 sind die bei F7B benutzten Codierungen, wobei Code 1 relativ selten vorkommt. Die Entscheidungsschwelle liegt also für F1B bzw. F7B-Kanal A genau bei der Bezugsfrequenz f_0. Der F7B-Kanal B-Betrieb erfordert zwei weitere Schwellen, die genau in der Mitte zwischen f_1 und f_2 sowie zwischen f_3 und f_4 liegen (Bild 29).

Frequenzdiskriminatoren (s. auch O 1.2, [68, 69]). Das zu demodulierende FSK-Signal wird dem ZF-Verstärker (s. 2.5) des Funkempfängers entnommen. Die ZF-Bandfilter sind optimal dem Linienabstand und der Tastgeschwindigkeit angepaßt (s. Q 1.3. unter „Empfindlichkeit"). Die im ZF-Signal enthaltenen Amplitudenschwankungen, die z. B. durch schnellen Selektivschwund (s. Q 1.1) (Fading) [70, 71] verursacht werden, können von der Empfängerregelung (s. 2.5) nicht ausgeglichen werden. Daher ist vor dem Diskriminator ein möglichst einschwingfreier und symmetrischer Begrenzerverstärker mit 60 bis 70 dB Dynamik erforderlich. Ein Tiefpaß (Post-Detection-Filter) [72] nach dem Diskriminator soll die Rauschbandbreite auf das für die jeweilige Tastgeschwindigkeit optimale Maß einengen. Er muß ebenso wie der gesamte ZF-Signalweg gute Gruppenlaufzeiteigenschaften besitzen. Dies ist insbesondere für die einwandfreie Verarbeitung von Wetterkartensendungen (F1C) wichtig, weil hier sehr kurze Impulse (bis etwa 270 µs ≙ 3700 Bd) vorkommen [73]. Nach dem Tiefpaß wird das demodulierte FSK-Signal mittels eines Schwellenwertdetektors (Decision-Komparator) für die weitere Verarbeitung in Rechtecksignale geformt. Zur Realisierung der einzelnen Funktionsstufen werden ganz unterschiedliche Techniken angewendet. Dies trifft besonders auf den eigentlichen Frequenzdiskriminator zu, der aus dem FSK-ZF-Signal die niederfrequente Binärfolge generiert. Die dazu notwendige Bezugsfrequenz (Diskriminator-Nullpunkt) kann passiv oder aktiv sein. Im FSK-Demodulator (Bild 28) ist die Bezugsfrequenz durch die Nullstellen eines verlust- und temperaturkompensierten Serienresonanzkreises passiv festgelegt [74]. Aus der Phasenbeziehung zweier Spannungen $u_1(t)$, $u_2(t)$ wird in einem Phasendetektor der ursprüngliche Frequenzsprung in einen Spannungssprung umgesetzt (Bild 29 a). Da die erreichbare Resonanzschärfe nicht so groß ist, daß innerhalb von etwa ± 5 Hz ein Wechsel des binären Zustands möglich ist – wie es zur Demodulation von Sendungen mit kleinem Linienabstand notwendig wäre –, enthält der Demodulator einen umschaltbaren Frequenzvervielfacher; dadurch werden kleine Linienabstände auf ein für den Demodulator optimales Maß vergrößert. Wird der Serienresonanzkreis mit einem in Reihe liegenden Parallelresonanzkreis so ergänzt, daß oberhalb oder unterhalb der Bezugsfrequenz f_0 je eine weitere Nullstelle auftritt, so wird die Demodulation von F7B-Signalen ermöglicht (Bild 29 b). Nach dem Phasendetektor wird das Signal einem laufzeitentzerrten, für verschiedene Tastgeschwindigkeitsbereiche dimensionierten LC-Tiefpaß zugeführt, der die Rausch- und Störsignale auf ein Maß reduziert, das allein durch die Telegraphiegeschwindigkeit bestimmt wird.
Dieser Tiefpaß hat die kleinste Bandbreite im gesamten Signalweg des Empfängers und bestimmt letztlich die kleinste Eingangsspannung des Empfängers, bei der eine Demodulation des frequenzumgetasteten Signals noch fehlerfrei erfolgt (s. Q 1.3. unter Empfindlichkeit). Die so regenerierten Datensignale werden nach dem Schwellwertkomparator in Doppel- oder Einfachstrom- bzw. in Tontastsignale umgesetzt (s. 2.8), so daß sie den verschiedensten Nachrichtensenken – wie z. B. Fernschreibern und Wetterkartendruckern – direkt zugeführt werden können.
Entsprechend dem technologischen Stand werden heute digitale Frequenz- und Phasendiskriminatoren [75] bevorzugt eingesetzt. Bild 30 zeigt den Übersichtsschaltplan eines digitalen F1B/F1C-/F7B-Demodulators. Als Bestandteil einer fernbedienbaren Funkempfangsanlage sind seine sämtlichen Bedienfunktionen durch logische Pegel einstellbar. Ein Decoder sorgt dafür,

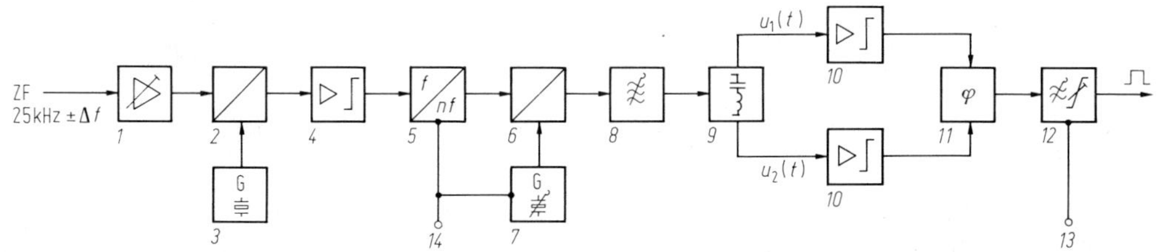

Bild 28. Übersichtsschaltplan des FSK-Demodulators im Telegraphiegerät TG 455 (AEG-Telefunken). *1* Anpaßverstärker, *2* erster Umsetzer, *3* Quarzoszillator, *4* Begrenzerverstärker, *5* umschaltbarer Frequenzvervielfacher, *6* zweiter Umsetzer, *7* umschaltbarer Quarzoszillator, *8* schaltbarer Bandpaß, *9* Frequenzdiskriminator, *10* Begrenzerverstärker, *11* Phasendetektor, *12* Tiefpaß und Schwellwertdetektor, *13* Tastgeschwindigkeit, Einstellung, *14* Linienabstand, Einstellung

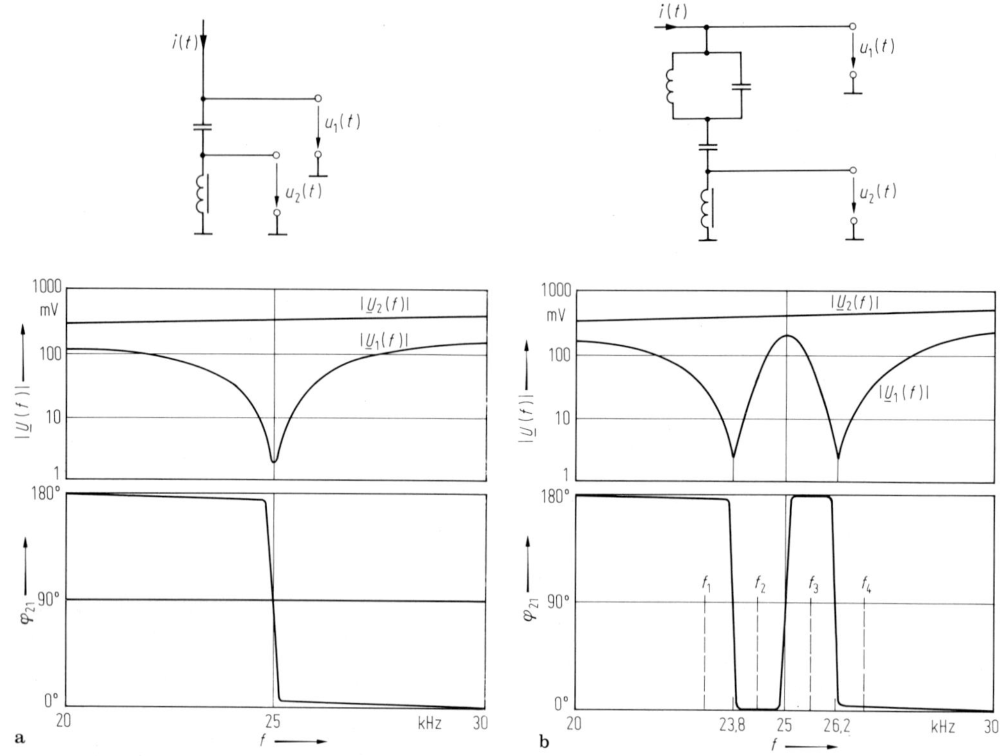

Bild 29. **a** F1B/F7B-Kanal A-Demodulationswandler; **b** F 7 B (Code II)-Demodulationswandler
$u_{1,2}(t) = \mathrm{Re}[\underline{U}_{1,2}(f) \cdot \exp(j\omega t)]$; $\varphi_{21} = \arg \underline{U}_2(f) - \arg \underline{U}_1(f)$

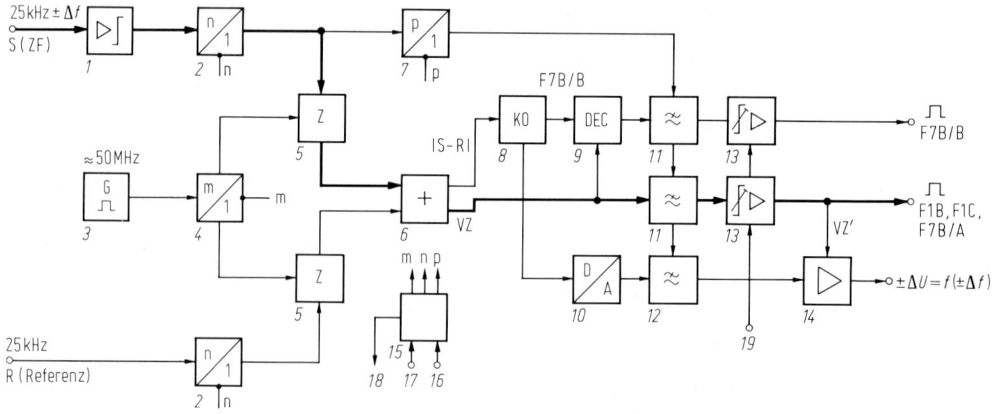

Bild 30. Übersichtsschaltplan des digitalen F1B/F1C/F7B-Demodulators TG 1260 (AEG-Telefunken). *1* Begrenzerverstärker, *2* Frequenzteiler n:1, 3 50-MHz-Taktgenerator, *4* Frequenzteiler m:1, *5* Impulszähler, *6* Addierer, *7* Frequenzteiler p:1, *8* digitaler Komparator, *9* F7B-Decoder, *10* D/A-Wandler, *11* digitaler Tiefpaß, *12* schaltbarer Tiefpaß, *13* Schwellwertkomparator mit Rauschsperre, *14* Verstärker mit Polaritätsumschaltung, *15* Decoder, *16* Linienabstand, Einstellung, *17* Tastgeschwindigkeit, Einstellung, *18* Empfängerbandbreite, Steuerung, *19* Rauschsperre EIN/AUS

Tabelle 1. Zuordnung der Frequenzen bei F7B

abgestrahlte Frequenz	f_1	f_2	f_0	f_3	f_4
F7B A-Kanal ≙ F1B, F1C	1	1		0	0
F7B B-Kanal Code 1	1	0		0	1
oder Code 2	1	0		1	0

1 ≙ Mark ≙ A ≙ Startsignal für Fernschreiber
0 ≙ Space ≙ Z ≙ Stoppsignal für Fernschreiber

daß in Abhängigkeit von Linienabstand und Tastgeschwindigkeit die Bandbreite des Empfängers immer optimal ausgewählt wird. Die Bezugsfrequenz wird aus der Normalfrequenz des Empfängers abgeleitet, so daß umwelt- und alterungsbedingte Änderungen des Nullpunkts ausgeschlossen sind. Die Arbeitsweise des Diskriminators beruht auf dem Prinzip der Periodenmessungen. Das in die Zwischenfrequenz umgesetzte FSK-Signal S und das der ZF-Mitte entsprechende Referenzsignal R (Bezugsfrequenz) werden mit einer hohen Frequenz (50 MHz) ausgezählt und in einem Addierer ausgewertet. Dieser liefert an seinem Ausgang das Vorzeichen VZ und den Betrag |S − R|. VZ entspricht bereits dem Nachrichteninhalt des F1B-Signals und |S − R| der Frequenzablage. Der Vergleich des Betrages mit einer festen Betragsschwelle in einem digitalen Komparator liefert bei F7B-Betrieb die zusätzliche Entscheidungsschwelle. Die logische Verknüpfung (s. Tab. 1) von F1B (≙ F7B Kanal A) mit dem Ausgangssignal des Komparators, ergibt den F7B Kanal B. Beide Signale (F7B Kanal A und F7B Kanal B) werden zur Reduzierung der Rauschbandbreite mit einem digitalen Tiefpaß (Transversalfilter) [76, 77] nachgefiltert. Sein Durchlaßbereich läßt sich mit einer Taktfrequenz kontinuierlich verändern und somit sehr einfach an die jeweilige Tastgeschwindigkeit anpassen. Die binären Ausgangssignale beider Kanäle F1B/F7BKanal A/F1C und F7BKanal B werden durch Schwellwertvergleich gewonnen. Die Schwelle ist zur Einstellung minimaler Schrittverzerrung einstellbar. Eine sich daran anschließende sog. Telegraphie-Rauschsperre (Squelch) sorgt in beiden Kanälen dafür, daß bei fehlendem oder stark verrauschtem Empfangssignal an den Ausgängen des Demodulators statische Signale (Stoppolarität für Fernschreiber) erzeugt werden. Mit diesem Demodulator werden folgende technische Daten erreicht:

Linienabstand:	10 bis 4000 Hz,
Tastgeschwindigkeit:	0 bis 4000 Bd,
Eigenverzerrung:	$\pm$ 4% bis 200 Bd und
	$\pm$20% bei 4000 Bd.

Der Diskriminator hat eine Umschlagsschärfe von etwa ± 2 Hz. Bild 31 zeigt die sog. Betriebsempfindlichkeit der Empfangsanlage mit dem di-

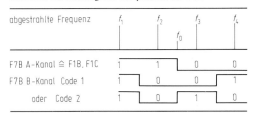

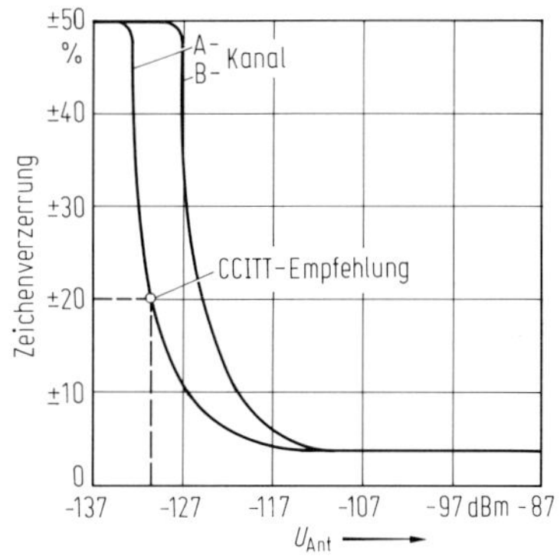

Bild 31. Betriebsempfindlichkeit des digitalen F1B/F7B-Demodulators TG 1260 (AEG-Telefunken). F7B-Betrieb. Linienabstand: $\Delta F = 400$ Hz. Tastgeschwindigkeit: $v = 50$ Bd (CCITT-Text). Rauschzahl des Empfängers: $F = 7$

gitalen FSK-Demodulator. Sie gibt die durch das Eigenrauschen des Empfängers verursachte Zeichenverzerrung [78] in Abhängigkeit von der Empfänger-Eingangs-EMK an. Dabei ist mit Rücksicht auf den Verzerrungsspielraum ($\pm$40%) der Fernschreibmaschine die $\pm$20%ige Zeichenverzerrung nach [79, 80] als Betriebsempfindlichkeit definiert und dient als Gütekriterium für FSK-Empfänger.
Seine Eingangs-EMK sollte dabei für 10^{-3} Zeichenfehler bei etwa

$$P_{db} = (S/N)_{db} + F_{db} + 10 \log(v/\text{Bd}) - 174 \text{ dBm}$$

liegen (s. auch Q 1.3 unter „Empfindlichkeit"). Dabei ist (S/N) der notwendige Störabstand für F1B (im Mittel 13 dB) und v die Schrittgeschwindigkeit in Bd.
Die Grundverzerrung des FSK-Empfängers ist abhängig von der Bandbreite und den Gruppenlaufzeiteigenschaften der ZF-Filter sowie vom Telegraphietiefpaß.

FSK-Quadraturdemodulator [81] (vielfach auch Koinzidenz- oder Phasendemodulator genannt). Bild 32 zeigt den Übersichtsschaltplan eines modernen F1B/F1C-Telegraphiedemodulators mit großem Bereich für Linienabstand (20 Hz bis 4 kHz) und Tastgeschwindigkeit (0 bis 3600 Bd). Das in die Zwischenfrequenz umgesetzte Empfangssignal wird nach der Begrenzung der Frequenzvervielfachung mit zwei um 90° gegeneinander verschobenen Hilfssignalen gleicher Frequenz gemischt (verglichen). Dabei liegt die sehr stabile, vom Quarznormal des Empfängers abgeleitete Hilfsfrequenz f_0 genau in der Mitte zwischen den beiden Umtastfrequenzen und bildet somit den „Diskriminatornullpunkt". Durch die Vervielfachung der Frequenz und damit auch des

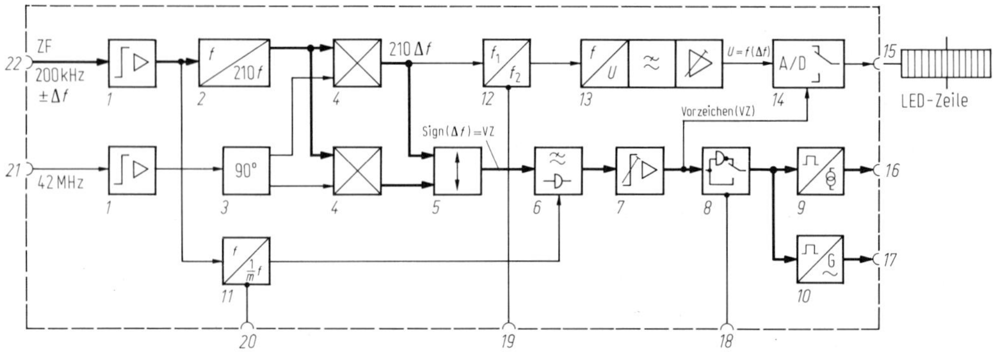

Bild 32. Telegraphiemodulator TD 1700 (AEG-Telefunken). *1* Begrenzerverstärker, Impulsformer, *2* Frequenzvervielfacher (PLL), *3* 90° Phasenschieber, *4* digitaler Mischer (D-Flipflop), *5* Kippstufe (D-Flipflop), *6* digitaler Tiefpaß, Transversalfilter, *7* einstellbare Schwelle (Komparator), *8* Zeichenumkehr, *9* Einfach-/Doppelstromrelais, *10* Tontaste, *11* Takt für digitalen Tiefpaß 6, *12* Frequenzteiler, *13* Frequenz-Spannungs-Wandler, *14* Analog-Digital-Wandler, *15* Ausgang für Abstimmanzeige (LED-Zeile), *16* Einfach-/Doppelstrom, *17* Tontastung, *18* Zeichenumkehr (Normal-Invers), *19* Linienabstand (Auflösung LED-Zeile), *20* Tastgeschwindigkeit Einstellung (F1B/F1C), *21* Normalfrequenz (42 MHz), *22* Zwischenfrequenz (200 kHz)

Hubs wird das Verhältnis Linienabstand/Tastgeschwindigkeit für den nachfolgenden Diskriminator günstiger [75].

Am Ausgang des digital aufgebauten Mischers entstehen zwei gleiche Differenzfrequenzsignale, deren Phasenlage zwischen $+90°$ und $-90°$ umspringt, je nachdem ob die vervielfachte ZF größer oder kleiner als die Hilfsfrequenz ist. Die logische Verknüpfung der Mischerausgänge in einem Flipflop wandelt die der Tastung entsprechenden Phasensprünge in Polaritätswechsel der Ausgangsspannung um. Im Polaritätswechsel steckt der Nachrichteninhalt und in der Differenzfrequenz die Frequenzablage. Das Vorzeichen (VZ) wird entsprechend der Tastgeschwindigkeit in einem digitalen Tiefpaß [76, 77] gefiltert und nach dem Schwellwertkomparator den Ausgangsschnittstellen (Tontastung, V. 28 und Einfach-/Doppelstrom) zugeführt. Aus dem Differenzfrequenzsignal wird durch Frequenzspannungswandlung eine frequenzproportionale Spannung gewonnen, die zusammen mit dem Vorzeichensignal eine optoelektronische Abstimmhilfe steuert. Das Vorzeichen gibt dabei die Abstimmrichtung an. Der Demodulator hat eine Umschlagschärfe von etwa ± 2 Hz und ist damit zur Verarbeitung von sehr kleinen Linienabständen geeignet. Die erreichbare Grenzempfindlichkeit für F1B entspricht dem A-Kanal des digitalen FSK-Demodulators in Bild 31.

PLL-FSK-Demodulator [26, 82–85]. Zur Demodulation von FSK-Signalen mit festen Linienabständen und eng begrenztem Tastgeschwindigkeitsbereich (z. B. bei MODEMS) wird der PLL-Demodulator wegen seines einfachen Aufbaus vorteilhaft eingesetzt. Vom Prinzip her ist der PLL-Demodulator ein Phasen- und Frequenz-Regelkreis bestehend aus: Begrenzerverstärker, Phasendetektor, Tiefpaßfilter und einem Spannungs- oder stromgesteuerten Oszillator (VCO = Voltage Controlled Oszillator) oder (CCO = Current Controlled Oszillator). Bild 33 a zeigt das allgemein gültige Blockschaltbild einer PLL-Schaltung und Bild 33 b die typische Frequenz-Spannungs-Kennlinie.

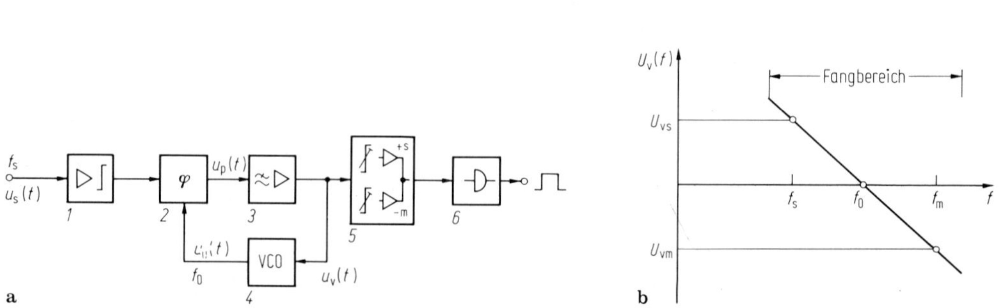

Bild 33. **a** PLL-FSK-Demodulator. *1* Begrenzerverstärker, *2* Phasen- und Frequenzdetektor, *3* Schleifentiefpaß, *4* gesteuerter Oszillator, *5* Fensterkomparator, *6* Mark-Hold-Automatik; **b** Frequenz-Spannungs-Kennlinie des PLL-FSK-Demodulators U_{vm} Mark-Schwelle, U_{vs} Space-Schwelle

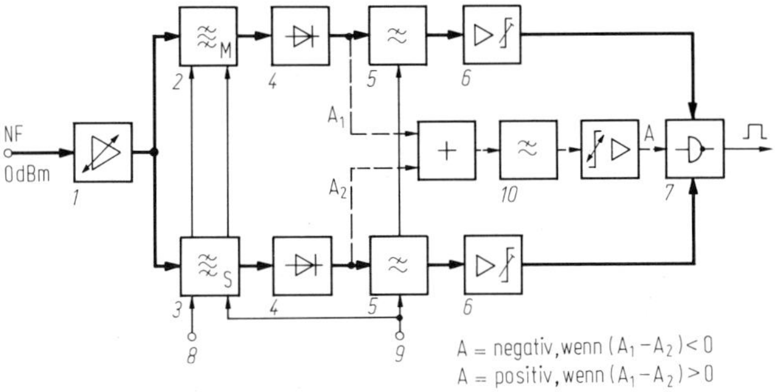

Bild 34. Übersichtsschaltplan FSK-Zweitondemodulator. *1* AGC-Eingangsverstärker, *2* Bandpaß für Mark-Frequenz, *3* Bandpaß für Space-Frequenz ($f_s < f_m$), *4* Umhüllenden-Gleichrichter (envelope-detector), *5* Telegraphietiefpaß, *6* Schwellwertkomparator, *7* Mark-/Space-Entscheidungslogik und Mark-Automatik, *8* Linienabstand, Einstellung, *9* Tastgeschwindigkeit, Einstellung, *10* Summierer, Telegraphietiefpaß, mitlaufende Schwelle mit Komparator

Ohne Eingangssignal f_s ist die Nachstimmspannung $U_v(t) = 0$, und der Oszillator schwingt auf seiner eingestellten Ruhefrequenz f_o. Sobald dem Eingang ein Signal $U_s(t)$ zugeführt wird, vergleicht der Phasendetektor Frequenz und Phase der beiden Signale $U_s(t)$ und $U_o(t)$. Liegt die Frequenz f_s im Fangbereich (tracking range) des PLL, so rastet die Schleife ein, und f_o „folgt" der Eingangsfrequenz f_s. Ein Schwellwertkomparator tastet die Nachstimmspannung $U_v(t)$ ab und erzeugt eine logische 1 (= Mark) oder eine logische 0 (= Space), je nachdem, ob die Schwelle U_{vm} oder U_{vs} überschritten wird. Der Komparator muß als sog. „Fensterkomparator" [86] ausgelegt sein, damit sowohl bei fehlendem Eingangssignal als auch in der Tastpause ein statischer Trennschritt (Mark) erzeugt wird. Die Grenzempfindlichkeit wird auch hier in starkem Maße vom Tiefpaß (Schleifentiefpaß) bestimmt. Seine Grenzfrequenz ist im Hinblick auf eine möglichst geringe Rauschbandbreite gerade so hoch zu wählen, daß die Regelschleife der Tastung noch folgen kann. Da die Ruhefrequenz f_o mit einem freischwingenden Oszillator erzeugt wird, sind temperatur- und alterungsbedingte Änderungen unausweichlich. Die Verarbeitung von FSK-Sendungen mit kleinen Linienabständen (< 50 Hz) ist dadurch problematisch.

Zweiton-FSK-Demodulator [87–89]. Demodulatoren mit Frequenzdiskriminator oder PLL haben große Vorteile, sind aber anfällig gegen Selektivschwund (Fading) [71, 90–92]. Man kann zwar durch den Einsatz von Diversity-Verfahren [85, 93–95] die Fehlerhäufigkeit bei Schwund stark verringern, doch ist dies immer mit erhöhtem Geräteaufwand verbunden. Der Zweitondemodulator kompensiert diesen Nachteil bis zu einem gewissen Grad dadurch, daß die F1B-Tastung wie zwei gegenphasige A1B-Tastungen (ASK = Amplitude Shift Keying) verarbeitet wird. Bei genügend großem Linienabstand (≧ 200 Hz) ist durch zahlreiche Funkversuche [70, 71, 90, 91, 96] erwiesen, daß die Wahrscheinlichkeit für die Störung unmittelbar aufeinanderfolgender Mark-Space-Frequenzen infolge Selektivschwund sehr gering ist. Dies aber bedeutet, daß am Empfangsort mit großer Wahrscheinlichkeit immer eine der beiden F1B-Frequenzen zu empfangen ist, in deren Tastung die vollständige Binärnachricht steckt. Bild 34 zeigt den grundsätzlichen Aufbau eines FSK-Zweitondemodulators (AFSK = Audio Frequency Shift Keying).

Das in die NF-Lage umgesetzte FSK-Signal wird durch die beiden Bandpässe in Mark- und Space-Töne getrennt. Danach werden die Signale gleichgerichtet, nachgefiltert und in einer Entscheidungslogik mit Diversity-Auswahl (Inband-diversity) ausgewertet. Diese besteht im einfachsten Falle aus je einem Schwellwertkomparator für Mark und Space sowie einem Speicher, der den binären Zustand der vorangegangenen Mark- oder Space-Frequenz bis zum nächsten Wechsel speichert und außerdem bei fehlender Tastung einen statischen Mark-Schritt erzeugt. Nachteilig ist dabei die fest eingestellte Schwelle; nach [97, 98] ist es zur Erzielung einer geringen Fehlerrate besser, wenn die Schwelle eine monoton steigende Funktion des Signal/Rausch-Abstands ist. Eine Verbesserung um etwa 3 dB (s. Bild 35) erhält man durch den Vergleich der

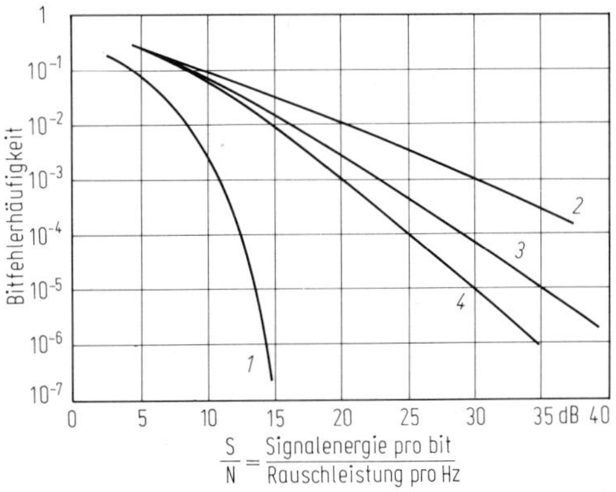

Bild 35. Fehlerhäufigkeit mit und ohne Fading. *1* FSK-Signal ohne Fading, *2* FSK-Signal mit Rayleigh Fading, *3* ASK-Zweifachdiversity mit Rayleigh Fading, *4* FSK mit variabler Schwelle bei Rayleigh Fading

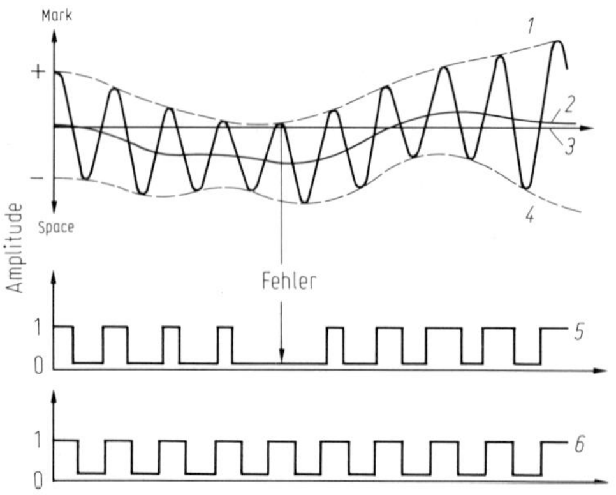

Bild 36. Verhalten des FSK-Zweitondemodulators mit fester und variabler Schwelle bei Fading. *1* Markumhüllende bei Fading, *2* variable Schwelle, *3* feste Schwelle, *4* Spaceumhüllende bei Fading, *5* Ausgang bei fester Schwelle, *6* Ausgang bei variabler Schwelle

bewerteten Summe aus den Mark-Space-Hüllkurvenspannungen mit einer vom Signalschwund abhängigen (mitlaufenden) Schwelle (in Bild 31 gestrichelt dargestellt) [87]: Ist die Summe größer (kleiner) als die Schwelle, so wird ein Mark-(Space)-Schritt erzeugt (Bild 36). Für den universellen Einsatz des Zweitondemodulators müssen Bandbreite und Mittenfrequenz der Mark-Space-Filter sowie die Grenzfrequenz der Tiefpässe in weiten Grenzen variabel sein.

2.7 **NF-Teil.** AF Section

Das NF-Teil eines kommerziellen Empfängers besteht aus einem *Leitungsverstärker* mit erdfreiem 600-Ω-Ausgang sowie dem *Mithörverstärker*, der den Lautsprecher und einen Kopfhörerausgang speist. Je nachdem, ob es ein VLF/HF- oder VHF/UHF-Empfänger ist, sind Frequenzbereich und Wiedergabegüte unterschiedlich. Beim VLF/HF-Empfänger reicht mit Rücksicht auf den geringen Nachbarkanalabstand (≦ 9 kHz) eine obere Frequenzgrenze von etwa 6 kHz aus. Die Bandbreite soll aber mindestens den Bereich eines Telephoniekanals 300 Hz bis 3,4 kHz umfassen.

Anders ist es bei einem VHF/UHF-Empfänger, der auch breitbandige FM-Sendungen zu verarbeiten hat. Der Mithörverstärker hat deswegen hier oft eine Bandbreite von 50 Hz bis 15 kHz und der Leitungsverstärker (dessen Ausgang hier geerdet ist) eine Bandbreite bis zu 100 kHz, so daß diese Empfänger auch als Meßempfänger (UKW-Ballempfänger) für UKW-Stereosendungen verwendbar sind. Die Klanggüte hängt im wesentlichen vom Lautsprecher und dessen Anordnung im Empfänger ab. Meist wird wegen des geringen Volumens ein Kompromiß zwischen Lautsprechergröße und Klanggüte gemacht. Die maximale Leistung liegt bei etwa 2 W mit einem Klirrfaktor $K \leqq 5\%$. Als Verstärker kommen heute fast nur noch integrierte Kleinleistungsverstärker in Gegentakt B-Schaltung zur Anwendung (Bild 37), [99]. Die Leistungsabgabe des Leitungsverstärkers (Bild 38) beträgt selbst bei einem Pegel von 10 dBm nur 10 mW, so daß man hier mit einfachen Verstärkerschaltungen auskommt.

Der Leitungsausgang ist insbesondere bei HF-Empfängern für Telephoniesendungen von Bedeutung, da hier zum Teil direkt in das öffentliche Telephonnetz eingespeist wird. Damit keine Brummschleifen entstehen, müssen Stromversorgungs- und Telephonnetz galvanisch getrennt sein. Diese Funktion übernimmt der sog. Leitungsübertrager, dessen Isolationsfestigkeit mindestens 1000 V betragen sollte. Der Signal/Fremdspannungs-Abstand der Verstärker muß so hoch sein, daß dadurch der Endstörabstand des Empfängers nicht beeinflußt wird. Als Richtwert für VLF/HF-Empfänger sind ≧ 50 dB und für den VHF/UHF-Empfänger ≧ 60 dB realistisch.

Mit Zusatzeinrichtungen wie Störbegrenzer, Rauschsperre und Sperrfilter läßt sich die NF-Wiedergabe bei bestimmten Empfangsverhältnissen besonders im VLF/HF-Bereich verbes-

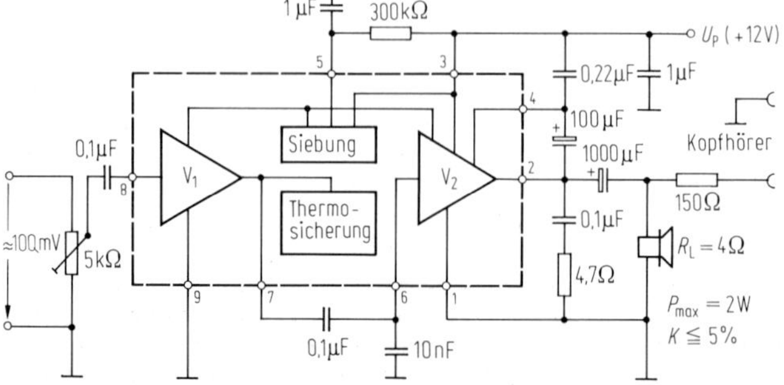

Bild 37. Mithörverstärker TDA 1011 (Valvo-Kleinleistungsverstärker)

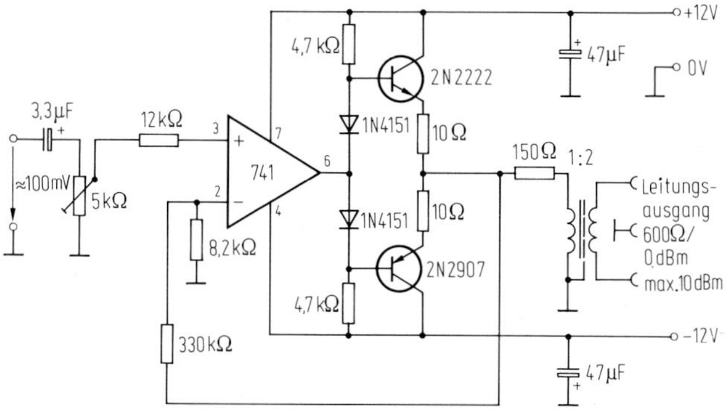

Bild 38. Leitungsverstärker mit Überträger

sern. Der Störbegrenzer bewirkt eine weiche Begrenzung der Störspitzen, die um einen vorgegebenen Betrag über der nominellen NF-Spannung liegen. Noch wirksamer können sog. *Störaustaster* [100] sein, wenn sie in der 1. ZF-Ebene vor den steilflankigen ZF-Filtern arbeiten. Durch die *Rauschsperre* wird der NF-Signalweg weich unterbrochen, wenn entweder bei automatischer Regelung des Empfängers die Regelspannung einen zu geringen Antennenpegel signalisiert oder bei automatischer Regelung mit Schwelle (s. 2.5 und „Handregelung") die einstellbare Schwelle unterschritten wird.
Das *Sperrfilter* (auch als Lochfilter bzw. Notch-Filter bezeichnet) dient zur Unterdrückung eines schmalen Frequenzbandes (etwa 2 bis 3% von f_{NF}), in dem sich der Störer befindet [101, 102]. Es ist zu diesem Zweck im Bereich von 300 Hz bis etwa 6 kHz durchstimmbar und hat eine Dämpfung von $\geqq$ 40 dB. Besonders hilfreich ist diese Einrichtung beim Empfang von A1A-Morsesignalen, weil dadurch ein Störsignal im Band (Gleichkanalstörer) ausgeblendet werden kann. Pfeifstörungen, wie sie z. B. durch zu geringen Nachbarkanalabstand entstehen (Interferenzpfeifen durch Nachbarkanalträger), lassen sich ebenfalls wirkungsvoll unterdrücken.
Wegen der geringen Bandbreite des Lochfilters ist die Abstimmung auf das Störminimum recht schwierig. Es werden daher auch Filter mit umschaltbarer Bandpaß-/Bandsperrren-Charakteristik verwendet, so daß man zunächst mit dem Bandpaß auf das Maximum bei der Störfrequenz abstimmt und dann auf Bandsperre umschaltet. Bei Empfängern, die im ZF-Teil kein ausgesprochenes Schmalbandfilter haben (Bandbreite $\leqq$ 300 Hz), kann das NF-Filter als schmaler NF-Bandpaß verwendet werden. Ein Nachteil dieser NF-Nachselektion ist, daß sie nicht mit in die automatische Verstärkungsregelung des Empfängers einbezogen ist. Dadurch kann ein sehr starker Nachbarsender (Störer) den Empfänger so zuregeln (blockieren), daß ein Nutzsignal unhörbar wird.

2.8 Schnittstellen. Interfaces

Das sind von außen zugängliche, elektrische Verbindungen des Empfängers.

Eingangsschnittstellen. *Antenneneingänge.* Ihre Anzahl hängt vom Empfangsbereich des Empfängers ab. So hat z. B. ein sog. Allwellenempfänger (10 kHz bis 30 MHz) zwei Eingänge zum Anschluß von getrennten VLF- und HF-Antennen (Eingangsimpedanzen 50 Ω, Welligkeitsfaktor (VSWR) < 2). Als Steckverbinder kommen hauptsächlich BNC- und N-Typen zur Anwendung, wobei die N-Ausführung verschraubbar ist und von der Baugröße her etwas besser zu den bevorzugten Antennenkabeln mit etwa 10 mm Außendurchmesser paßt. Oft werden die Empfangsgeräte in unmittelbarer Nähe von Sendeanlagen betrieben (z. B. Schiffsfunk), so daß an den Antenneneingängen sehr hohe Spannungen stehen. Durch entsprechende Schutzbeschaltung der Antenneneingänge (Begrenzerdioden und Glimmstrecken) wird die Zerstörung der nachfolgenden HF-Verstärker verhindert (s. 2.1).

Stromversorgung. Der weitaus größte Teil der Empfangsgeräte wird aus dem Wechselstromnetz versorgt und nur ein geringer Prozentsatz aus 24 V-Batterien. Der Eingangsspannungsbereich des Netzteils ist wegen unterschiedlicher Netzsysteme mindestens für die hauptsächlich vorkommenden Netzspannungen 115 V ± 15% (USA) und 220 V ± 15% (Europa) umschaltbar. Der zulässige Frequenzbereich sollte im Bereich 44 bis 470 Hz liegen. Optimal sind Netzgeräte (Schaltnetzteile), die ohne Umschaltung den Spannungsbereich von 90 bis 250 V und den genannten Frequenzbereich verarbeiten. Die Bestimmungen über die elektrische Sicherheit (Isolationsfestigkeit) und die zulässige Störspannung am Netzeingang sind in den einzelnen Ländern sowohl im zivilen als auch im militärischen Anwendungsbereich unterschiedlich. Von besonderer Bedeutung ist der sog. Störgrad [103, 104] bei

Schaltnetzteilen, da deren Taktfrequenz (10 bis 200 kHz) in den Empfangsbereich fällt. Es müssen also im Netzeingang wirksame Siebmittel vorhanden sein, die in beiden Richtungen für das Störsignal eine genügend hohe Dämpfung aufweisen. In der Regel reichen die in den Bestimmungen [103, 104] festgelegten Werte für Empfangsanlagen nicht aus.
Als Netzsteckverbindung für stationär betriebene Empfangsgeräte hat sich die sog. Kaltgerätesteckerverbindung mit voreilendem Erdkontakt durchgesetzt. Für mobile und durch Vibration stark beanspruchte Geräte bevorzugt man mechanisch verriegelbare Steckverbinder (Schraub- oder Bajonettverschluß). Batteriegespeiste Stromversorgungen sind entsprechend dem Schwankungsbereich einer Bleibatterie für einen weiten Eingangsspannungsbereich ausgelegt.
Die Anschlußtechnik ist nicht genormt, man setzt aber vorwiegend verriegelbare Rundsteckverbinder ein. Empfangsgeräte, die jederzeit betriebsbereit sein müssen (Notbetrieb), sind häufig mit kombinierten Netz-/Batterie-Stromversorgungen bestückt. Bei Netzausfall wird automatisch ohne Unterbrechung auf Batteriebetrieb umgeschaltet.

Ausgangsschnittstellen. Je nach Verwendungszweck hat ein Empfangsgerät entweder nur den NF-Ausgang für tonmodulierte (Telephonie, Sprechfunk) und trägergetastete (Morse) Sendungen oder, wenn es auch Telephonie-/Daten- und Faksimilesendungen verarbeitet, die dafür notwendigen Datenausgänge. Vielfach sind zusätzlich noch ZF-Signale und die Normalfrequenz herausgeführt.

NF-Ausgang (Leitungsausgang). Er ist erdsymmetrisch und vom Gerät galvanisch getrennt (s. 2.7). Sein Ausgangspegel ist üblicherweise nominal 0 dBm an 600 Ω, läßt sich aber bei den meisten Empfängern auf + 10 dBm einstellen. Der 3-dB-Frequenzbereich liegt zwischen 100 Hz und ≧ 6000 Hz mit einem Klirrfaktor meist unter 1 %. Aus dem Leitungsausgang werden AFSK-Demodulatoren (s. 2.6), Morsekonverter und Faksimilegeräte gespeist, aber auch Telephoniefernleitungen. Er dient außerdem als Meßausgang z. B. zur Bestimmung der Empfindlichkeit des Empfängers. Als Steckverbinder werden am häufigsten Klinkenstecker sowie NF-Rundstecker verwendet.

ZF- und Normalfrequenz-Ausgang. Normalerweise haben die Empfänger einen Breitband- und einen Schmalband-ZF-Ausgang (s. 2.5). Sie dienen zum Anschluß von speziellen Demodulatoren, Abstimmanzeigen und Panoramaempfängern sowie als Meßausgänge. Ihre Pegel (an 50 Ω) liegen im Bereich 50 bis einige 100 mV. Die Normalfrequenz wird primär für Meßzwecke verwendet, kann aber auch zur Synchronisation anderer Geräte dienen, um den Frequenzfehler in einem System gering zu halten. Es werden vorzugsweise die Frequenzen 1 MHz, 5 MHz und 10 MHz benutzt. Die Frequenzstabilität ist in der Regel besser als 0,5 ppm im gesamten Arbeitstemperaturbereich des Empfängers, z. B. − 25 °C bis + 55 °C.

Datenausgänge. Es kommen vorwiegend die drei Datenquellen Einfach-/Doppelstrom, Tontastung vor sowie die Schnittstelle V.28.
Der Einfach- oder Doppelstromausgang ist galvanisch (durch Optokoppler) von der Elektronik des Empfängers getrennt [105]. Er dient ausschließlich zur Versorgung von Fernschreibmaschinen und sonstigen Fernschreibeinrichtungen bis zu einer maximalen Tastgeschwindigkeit von etwa 200 Bd (bei Einfachstrom) und 4000 Bd (bei Doppelstrom). Das Signal entstammt bei modernen Empfängern einer Konstantstromquelle, die im Rhythmus des binären Telegraphiesignals getastet wird. Bei Einfachstrom (unipolare Tastung) wird der Strom zwischen 0 und dem Maximalwert (40 bis 60 mA) geändert, bei Doppelstrom (bipolare Tastung) die Polarität des Stroms (± 20 bis ± 30 mA). Die EMK der Quelle liegt bei Einfachstrom zwischen 80 und 120 V und bei Doppelstrom zwischen ± 40 und ± 60 V. Der Doppelstrom ist wegen seiner hohen Störfestigkeit zur Fernübertragung von Telegraphiesignalen besonders gut geeignet.

Der V. 28-Ausgang [106–108] häufig auch mit RS232C bezeichnet, liefert ein geerdetes Doppelspannungssignal (± 5 bis ± 15 V) aus einer niederohmigen, durch den binären Datenstrom getasteten Quelle ($R_i \leqq 300\,\Omega$). Er dient bei Empfängern zum Anschluß von Empfangsfernschreibern modernerer Bauart sowie als universelle Datenquelle für kurze Übertragungsstrecken (bis 20 m) und Datengeschwindigkeiten bis etwa 10 000 Bd.

Der Tontastausgang ist ein erdfreier Wechselstrom-Datenausgang mit hoher Isolationsfestigkeit (500 bis 1000 V). Sein Normpegel ist 0 dBm an 600 Ω, läßt sich aber ebenso wie beim NF-Leitungsausgang auf + 10 bis + 15 dBm einstellen. Das Signal ist im Rhythmus des binären Datenstroms amplitudengetastet, wobei die Trägerfrequenz je nach Anwendung aus einer Reihe von Festfrequenzen (z. B. 1 kHz, 1,8 kHz, 5 kHz) ausgewählt wird. Ihre Frequenzinstabilität sollte ≦ 3 % und der Störabstand (Ein/Aus-Amplitudenverhältnis) ≧ 40 dB sein. Verwendet wird die Tontastung zur Fernübertragung von Telegraphiedaten (bis 10 km), als Eingangssignal für Wetterkartenschreiber (bis etwa 3600 Bd), Hörbarmachung des binären Datenstroms und all-

Tabelle 2. Zuordnung der Schnittstellenzustände zu den Binärzeichen (s. auch Tab. 1 in 2.6)

Binärzeichen	0 (L = Low)	1 (H = High)
Bezeichnung nach CCITT	A (Start)	Z (Stop)
englische Bezeichnung	Space	Mark
Einfachstrom	kein Strom	Strom (40 mA)
Doppelstrom	Minus (−20 mA)	Plus (+20 mA)
V.28 / RS232 C	Plus (+3...+15 V)	Minus (−3...−15 V)
Tontastung	kein Ton	Ton (0 dBm)
Leitungsausgang		
A1-Tastung	kein Ton	Ton (0 dBm)
Doppeltontastung	hohe NF-Frequenz (0 dBm)	tiefe NF-Frequenz (0 dBm)

gemein zur problemlosen Verteilung von Datensignalen bis 2400 Bd. Zur Rückgewinnung der Gleichstromtastung (Einfach-/Doppelstrom oder V.28) verwendet man sog. Tonrückumsetzer. Tabelle 2 zeigt die Zuordnung der elektrischen Zustände zu den Binärzeichen. Leider wird diese zum Teil nach CCITT genormte Vereinbarung nicht immer eingehalten, so daß die meisten Empfangsgeräte neben der Möglichkeit zur Erzeugung des Stopschritts auch eine Polaritätsumschaltung (Zeichenumkehr) besitzen.

Steuerschnittstellen. Bei Empfangsanlagen mit mehreren Empfängern erfolgt die Bedienung heute fast ausschließlich zentral über ein abgesetztes Bedienfeld oder einen Rechner mit Bildschirmdarstellung (Terminal). Je nach Entfernung und Datengeschwindigkeit werden unterschiedliche, genormte Datenschnittstellen verwendet.

Für kurze Übertragungsstrecken (etwa bis 20 m) und Datenraten bis 20 kBd wird am häufigsten die erdunsymmetrische RS232-C-V.24 Schnittstelle eingesetzt [106]. Größere Entfernungen (bis 1000 m) erfordern störsichere erdsymmetrische RS422- oder koaxiale RS423-Schnittstellen. Bei der RS 422-Norm verwendet man verdrillte Doppelleitungen geringer Impedanz (100 Ω) mit etwa 50 pF/m, so daß Übertragungsgeschwindigkeiten bis 10 kBd möglich sind. Die unsymmetrische, für koaxiale (50 Ω) Übertragung ausgelegte Schnittstelle RS423 läßt hier noch bis 1 kBd zu. Alle drei RS- Schnittstellen sind für serielle Übertragung binärer Signale ausgelegt. Zur Bedienung mehrerer Empfänger von einer Bedieneinheit (Bedienfeld oder Terminal) aus sind entsprechende Schnittstellenverteiler (Datenkoppler) erforderlich. Als Steckverbindung wird für V.24 der nach [106] internationale genormte 25-polige Cannonstecker verwendet.

Die unter der Bezeichnung IEC-625 genormte Schnittstelle IEC-Bus (Internationale Elektronische Commission) ermöglicht die direkte Zusammenschaltung mehrerer gleichartiger oder verschiedener IEC-kompatiblen Geräte nach dem Bussystem [109]. Die Datenübertragung erfolgt bitparallel/byteseriell mit nach ASCII codierten Zeichen. Die IEC-Schnittstelle kann wegen des parallelen Bus-Systems (bis zu 16 Leitungen) nur für kurze Datenstrecken (20 m) verwendet werden. Historisch bedingt, sind für den IEC-Bus (auch als GPIB = General Purpose Interface Bus bekannt) zwei Steckverbindungstypen im Gebrauch: der 25-polige Cannonstecker und der 24-polige Amphenolstecker (US-Norm), wobei dem ersteren der Vorzug gegeben wird. Die gemischte Verwendung ist aber unproblematisch, da es auf dem Markt passende Adapterkabel und Übergangsstecker gibt.

Spezielle Literatur: [1] *Saal, R.; Entenmann, W.:* Handbuch zum Filterentwurf. AEG-Telefunken 1979. – [2] *Zverev, A.J.:* Handbook of filter synthesis. New York: Wiley 1967. – [3] *Pfitzenmaier, G.:* Tabellenbuch Tiefpässe. Siemens AG, München 1971. – [4] *Meinke, H.H.; Gundlach, F.W.* (Hrsg.): Taschenbuch der Hochfrequenztechnik, 3. Aufl. Berlin: Springer 1968, Kap. X, 14. – [5] *Tietze, U.; Schenk, Ch.:* Halbleiter – Schaltungstechnik, 6. Aufl. Berlin: Springer 1983. – [6] *Esprester, R.:* Regelung mit Heißleitern. Patentanmeldung P 1616511, 1965, Telefunken GmbH. – [7] *Kovacs, F.:* Hochfrequenzanwendungen von Halbleiter-Bauelementen. München: Franzis 1978. – [8] *Egger, A.; Kreutzer, P.:* Sehr breitbandige Richtkoppler aus konzentrierten Bauelementen. NTZ 2 (1970) 69–74. – [9] *Reiter, L.:* Rauschen und Linearität von Hochfrequenzmischstufen. Diss. TU München 1980. – [10] *Kleinmann, H.M.:* Application of dual-gate-MOSFET. IEEE Trans. BTR-13 (1967) 72–81. – [11] *Kriebel, H.:* HIFI-Tuner-Stand der Technik. Funkschau 45 (1973) 681–683. – [12] *Scherer, D.:* Today's lesson – learn about low-noise design. Microwaves 18 (1979) 73–77; 116–122. – [13] *Leeson, D.B.:* A simple model of feedback oscillator noise spectrum. Proc. IEEE 54 (1966) 329–330. – [14] *Sauvage, G.:* Phase noise in oscillators: A mathematical analysis of Leeson's model. IEEE Trans. IM-26 (1977) 408–410. – [15] *Frerking, M.E.:* Crystal oscillators design and temperature compensation. New York: Van Nostrand 1978. – [16] *Kroupa, V.F.:* Frequency synthesis. London: Griffin 1973. – [17] *Manassewitsch, V.:* Frequency synthesizers, theory and design, 2nd edn. New York: Wiley 1980. – [18] *Frühauf, T.:* Die Technik der Frequenzsynthese. Elektronik 22 (1973) 133–138. – [19] *Klinger, R.:* Vielkanaloszillatoren hoher Frequenzkonstanz für Funkverbindungen. Frequenz 25 (1971) 30–36. – [20] *Rohde, U.L.:* Digital PLL frequency synthesizers, theory and design. Englewood Cliffs: Prentice Hall 1983. – [21] *Schiffer, V.; Evans, W.A.:* Approximations in sinewave generation and synthesis. Radio Electron. Eng. 48 (1978) 53–57. – [22] *Mehrgardt, S.; Alratz, H.:* Digitaler Sinusgenerator hoher Präzision. Elektronik 32 (1983) 53–57. – [23] *Shannon, C.E.:* Communication in the presence of noise. Proc. IRE 37 (1949) 355–359. – [24] *Braymer, N.B.:* Frequency synthesizer, U.S. Patent Office Nr. 3 555 446, 12. Jan. 1971. – [25] *Twibell, G.*: High-performance hf-receiver cashes in on diverse digital functions. Electronics 30 (1982) 156–158. – [26] *Best, R.*: Theorie und Anwendung des Phase-Locked-Loops, 3. Aufl. Stuttgart: AT-Verlag 1982. – [27] *Gardener, F.M.*: Phaselock techniques, 2nd edn. New York: Wiley 1979. – [28] *Blanchard, A.*: Phase-locked loops, application to coherent receiver design. New York: Wiley 1976. – [29] *Sülzer, P.*: Phasengeregelte Oszillatoren. Elektronik 23 (1974) 425–428, 473–476. – [30] *Kroupa, V.F.*: Noise properties of PLL systems. IEEE Trans. COM-30 (1982) 2244–2252. – [31] *Bode, H.W.*: Network analysis and feedback amplifier design. New York: Van Nostrand 1945. – [32] *Blanchowicz, L.F.*: Dial any channel to 500 MHz. Electronics 39 (1966) 60–69. – [33] *Siebert, H.-P.*: Programmierbare Frequenzteiler für VHF- und UHF-Signale. Funktechnik 31 (1976) 488–493. – [34] *Schuster, H.*: Patentanmeldung P 2312326, 9. März 1973. – [35] *Zirwik, K.*: VHF/UHF-Empfängerfamilie ESM 500 für 20 bis 1000 MHz. Neues von Rohde & Schwarz 92, 4–7. – [36] *Börner, M.; Dürre, E.; Schüßler, H.*: Mechanische Einseitenbandfilter, Telefunken-Ztg. 36 (1963) 272–280. – [37] *Schüßler, H.*: Mechanische Filter mit piezoelektrischen Wandlern. Telefunken-Ztg. 39 (1966) 429–439. – [38] *Neubig, B.*: Monolithische Quarzfilter. Funkschau 50 (1978) 438–441. – [39] *Reference data for radio engineers*, ITT, 6th edn. 1974, Chap. 8, pp. 1–50. – [40] *Skwirynski, J.K.*: Design theory for electrical filters. London: Van Nostrand 1965. – [41] *Schmitt, E.J.*: Signalverarbeitung mit akustischen Oberflächenwellen. Elektronik 23 (1974) 433–436. – [42] *Veilleux, O.*: Oberflächenwellen-Bauelemente. Elektronik 30 (1981) 35–41. – [43] *Fischer, K.*: Rauschabstand von Kurzwellenempfängern in Abhängigkeit von der Eingangsspannung. Telefunken-Ztg. 26 (1953) 43–48. – [44] *Telefunken-Laborbuch*, Bd. 2, 4. Aufl. 1966, S. 230–233. – [45] *Sanquini, R.L.*: MOS field-effect transistors. RCA Technical Presentation 1166-6.68 (1968) 11–16. – [46] *Kadar, N.*: This voltage-controlled rf attenuator. Electron. Des. 15 (1971) 66–67. – [47] *Oppelt, W.*: Kleines Handbuch technischer Regelvorgänge, 4. Aufl. Weinheim: Verlag Chemie 1964, S. 316ff. – [48] *Pitsch, H.*: Lehrbuch der Funkempfangstechnik, Bd. 2, 3. Aufl. Leipzig: Akad. Verlagsges. Geest & Portig 1960, S. 742. – [49] *Basu, D.K.; Das, S.; Datta Gupta, R.*: A digitally controlled variable-gain amplifier. Int. J. Electron. 29 (1970) 241–247. – [50] *Schöffel, H.; Lingenauber, G.*: Regeleinrichtung. DBP 2161657 (1982). – [51] *Lingenauber, G.*: Schaltungsanordnung für Schwundausgleich. DBP 2164846 (1979). – [52] *Farley, M.F.*: Digital approach provides precise programable AGC. Electronics 44 (1971) 52–56. – [53] *Glathe, W.*: Ein logarithmischer Verstärker hoher Stabilität und Genauigkeit. Frequenz 22 (1968) 144–151. – [54] *Gay, M.J.*: Logarithmic IF strips use cascaded ICs. Electron. Des. 14 (1966) 56–59. – [55] *Avins, J.*: Gleichspannungsgekoppelter Begrenzerverstärker. DBP 2142659 (1974). – [56] *Zinke, O.; Brunswig, H.*: Lehrbuch der Hochfrequenztechnik, 2. Aufl. Bd. II. Berlin: Springer 1974, Abschn. 12.2.4. – [57] *Küpfmüller, K.*: Die Systemtheorie der elektrischen Nachrichtenübertragung, 4. Aufl. Stuttgart: Hirzel 1974. – [58] *Macario, R.C.V.*: How important is detection. Wireless World 74 (1968) 52–57. – [59] *Norgaard, D.E.*: The phase-shift method of single-sideband signal reception. Proc. IRE 44 (1956) 1735–1743. – [60] *Weaver, D.K.*: A third method of generation and detection of single-sideband signals. Proc. 44 (1956) 1703–1705. – [61] *Aspinwall, J.F.H.*: The third method. Wireless World 65 (1959) 39–43. – [62] *Prokott, E.*: Modulation und Demodulation, 2. Aufl. Berlin: Elitera 1978, S. 69. – [63] *Humann, K.*: Definition und Messung der Empfindlichkeit von Funkempfangs- und Peilgeräten. Tech. Mitt. AEG-Telefunken 67 (1977) 323–330. – [64] *Neubig, B.*: Monolithische Quarzfilter. Funkschau 50 (1978) 438–441. – [65] *Limann, O.*: Der „Ratio" bekommt Konkurrenz. Funkschau 42 (1970) 367–370. – [66] *v. Recklinghausen, D.*: Die Eigenschaften eines UKW-Empfangsteiles. Funkschau 37 (1965) 147–150, 197–200. – [67] *CCIR*, Documents of the Xth plenary assembly. Geneva 1963 a) Rec. 346 (2), b) Rec. 346 (1). – [68] *Zschunke, W.*: Einige neue Prinzipien für Frequenzdiskriminatoren bei Datenübertragung. Frequenz 27 (1973) 175–183. – [69] *Meyerhoff, A.A.; Mazer, W.M.*: Optimum binary FM reception using discriminator detection and IF shaping. RCA Rev. 22 (1961) 698–728. – [70] *Kronjäger, W.; Vogt, K.*: Planung von Überseefunkempfangsstellen. Fernmelde-Ing. 16 (1962) H. 3. – [71] *Retting, H.; Vogt, K.*: Schwunddauer und Schwundhäufigkeit bei Kurzwellenübertragungsstrecken. NTZ 17 (1964) 58–62. – [72] *Sullivan, N.J.*: Transient-response considerations in limiter-discriminator detection of binary frequency shift keying. Proc. IEE 116 (1969) 1827–1829. – [73] *Lehmann, G.*: Bedingungen für einwandfreie Übertragung von Faksimile-Wetterkarten. Fernmelde-Praxis 39 (1962) Nr. 6, 265–291. – [74] *Reubold, K.*: Telefunken-Patent Nr. 1050801 (1959). – [75] *Lochmann, D.*: Ein digitaler Diskriminator für die Datenübertragung mit Frequenzumtastung. Nachrichtentechnik 19 (1969) 396–400. – [76] *Leuchthold, P.*: Filternetzwerke mit digitalen Schieberegistern. Philips Res. Reps. 5 (1967) 1–123. – [77] *French, R.C.*: Binary transversal filters in data modem. Radio Electron. Eng. 44 (1974) 357–362. – [78] *Bocker, P.*: Datenübertragung, Bd. II, Berlin: Springer 1979, Kap. 11. – [79] *Jasienicki, W.*: Über die Messung der verzerrungsbegrenzten Betriebsempfindlichkeit von Funk-Telegrafie-Empfängern. NTZ 14 (1961) 478–480. – [80] *CCIR*, Documents of the IXth plenary assembly. Los Angeles 1959, Vd. I, Geneva 1959, Rec. No. 234, 56–74 (Noise and sensitivity of receivers). – [81] *Humann, K.; Röthig, R.*: Telefunken-Patent Nr. 1190495 (1965). – [82] *Donnevert, J.*: Der Phasenregelkreis. Fernmelde-Ing. 33 (1979) H. 7. – [83] *Murthi, A.; Enjeti, N.*: Monolithic phase-locked loop with post detection processor. IEEE J. SC-14 (1979) 155–161. – [84] *Lindsey, W.C.*: Detection of digital FSK and PSK using a first-order phase-locked loop. IEEE Trans. COM-25 (1977) 200–214. – [85] *Kronjäger, W.; Vogt, K.*: Einrichtung zum Diversity-Empfang mit Antennenschaltung. Telefunken-Patent Nr. 1013717 (1958). – [86] *Gehring, G.; Anderson, D.*: Integrierter Fensterdiskriminator TCA 965. Siemens Bauteile Rep. 14 (1976) H. 1, 24–28. – [87] *Watson, B.*: FSK-signals and demodulation. Watkins-Jonson Tech. Notes 7 (1980) No. 5, 1–15. – [88] *Glenn, A.B.*: Comparison of PSK vs FSK and PSK-AM vs FSK-AM binary-coded transmission systems. IRE Trans. CS-7 (1960) 87–100. – [89] *Bearrd, J.V.*: Comparison between alternativ HF telegraph system point to point. Telecommunications 4 (1960) 20–48. – [90] *Law, H.B.*: The signal/noise performance rating of receivers for long-distance synchronous radio telegraph system using frequency modulation. Proc. IEE, Part B, 104 (1957) 130–140. – [91] *Law, H.B.*: The detectability of fading radiotelegraph signals in noise. Proc. IEE, Part B, 104 (1957) 130–140, 147–152. – [92] *Beslich, Ph.*: Fehlerwahrscheinlichkeit binärer Übertragungsverfahren bei Störung durch Rauschen und Schwund. AEÜ 17 (1963) 185–197. – [93] *Heidester, R.; Henze, E.*: Empfangsverbesserung durch Diversity-Betrieb. AEÜ 10 (1956) 107–116. – [94] *Tomlinson, M.*: A probability diversity combiner for digital h.f. transmission. Radio Electron. Eng. 46 (1976) 527–532. –

[95] *Tschimpke, L.; Flachenecker, G.*: Statistische Beschreibung von Diversity-Verfahren, erläutert am Empfangsfeld mit Rayleigh-Verteilung. Frequenz 35 (1981) 298–305. – [96] *CCIR-Rep. C.g. (III)*: Performance of telegraph systems on hf radio circuits. Geneva, Oct. 1968, 77–95. – [97] *Beger, H.*: Fehlerhäufigkeit von A1- und F1-Telegraphieübertragungssystemen insbes. bei weißem Rauschen. Telefunken-Ztg. 29 (1956) 245–255. – [98] *Held, H.-J.*: Fehlersicherheit binärer Übertragung bei verschiedenen Modulationsarten. NTZ 11 (1958) 286–292. – [99] *VALVO*: Technische Informationen für die Industrie Nr. 810 513, Mai 1981. – [100] *Martin, M.*: Großsignalfester Störaustaster für Kurzwellen- und UKW-Empfänger mit großem Dynamikbereich. UKW-Ber. 2/79 Teil 1, 77–83; 4/79 Teil 2, 200–211. – [101] *Bainter, J.R.*: Active filter has stable notch, and response can be regulated. Electronics (1975) 115–117. – [102] *Löffler, D.*: Mit einem Element abstimmbare RC-Sperrfilter für selektive Verstärker und Oszillatoren. Rohde & Schwarz-Mitt. Ausg. 21, Nov. 1967, 307–316. – [103] *VDE-Bestimmung 0871/6.78*: Funk-Entstörung von Hochfrequenzgeräten für industrielle, wissenschaftliche, medizinische und ähnliche Zwecke. Berlin: Beuth 1978. – [104] *VG-Norm 95 373, Teil 21*: Elektromagnetische Verträglichkeit von Geräten (Grenzwerte für Störspannungen). Köln: Beuth. – [105] *Pelka, H.*: Bistabile Kippschaltungen für Doppelstromsteuerungen. Siemens Bauteile Information 7 (1969) 164–166. – [106] *DIN 66 020 Blatt 1*: Anforderungen an die Schnittstelle bei Übergabe bipolarer Datensignale. Berlin: Beuth, Sept. 1974. – [107] *Folts, H.C.; Karp, H.R.*: Data communications standards. New York: McGraw-Hill 1978. – [108] *Tatom, C.*: Low-speed modem are easy to design. Electron. Des. 18 (1971) 50–52. – [109] *IEC-BUS*: Grundlagen-Technik-Anwendung. Elektronik Sonderheft Nr. 47, 2. Aufl. München: Franzis 1981.

3 Anwendungen. Applications

Allgemeine Literatur: *Fink, K.R.; Hölzel, F.*: Der digitale Empfänger; ntz Arch. 5 (1983) 353–358. – *Gerzelka, G.E.*: Funkfernverkehrssysteme in Design und Schaltungstechnik. München: Franzis 1982. – *Hesselmann, N.*: Digitale Signalverarbeitung. Würzburg: Vogel 1983. – *Hilfsbuch der Elektrotechnik*, Bd. 2, 11. Aufl., Berlin: AEG-Telefunken 1979, Abschn. 6.11. – *Schwarz, M.*: Information transmission, modulation, and noise. Tokyo: McGraw-Hill 1980, p. 117 ff. – *Skolnik, M.I.*: Radar handbook. New York: McGraw-Hill 1980. – *Sabin, W.E.; Schoenicke, E.O.*: Single-sideband systems and circuits. New York: McGraw-Hill 1987. – *Rohde, U.L.; Bucher, T.T.N.*: Communications receivers: principles and design. New York: McGraw-Hill 1988. – *Jondral, F.*: Kurzwellenempfänger mit digitaler Signalverarbeitung. Bulletin SEV/VSE 81 (1990) 5, 11–21.

3.1 Nachrichtenempfänger
Communication receiver

Der Stand der Technik wird anhand von zwei industriellen, in großen Stückzahlen gefertigten Nachrichtenempfängern dargestellt, die sich von Rundfunkempfängern (s. R 2) durch erhöhte technische Eigenschaften hinsichtlich Großsignalverhalten, Frequenzgenauigkeit und -stabilität, Demodulation der in den verschiedenen Frequenzbereichen üblichen Modulationsarten, Eigentesteinrichtung und Widerstandsfähigkeit gegen extreme Umweltbedingungen (z. B.: Temperaturbereich −40 °C bis +70 °C, Feuchtefestigkeit bis 95 %, Schüttel- und Stoßfestigkeit über die normalen Transportbedingungen hinaus) unterscheiden [1]. Bezüglich weiterer Forderungen an die Gerätetechnik und ihre Realisierung für Nachrichtenempfänger des Frequenzbereichs 10 kHz bis 1 GHz wird auf [2] verwiesen, bzgl. Design und Schaltungstechnik von HF-Empfängern auf [3, 4].

Spezielle Literatur Seite Q 62

VLF-HF Empfänger 10 kHz bis 30 MHz. Bild 1 zeigt die Blockschaltung des Empfängers E1800 aus dem *Betriebs-* und *Aufklärungsempfängerprogramm* der Firma AEG-Telefunken [5–7]. Der Einsatz von HF-Richtantennen mit großen Nutzhöhen (s. N 15) sowie die unmittelbare Nähe von Sendeantennen zu einer Empfangsstation, wie z. B. auf einem Schiff, stellen hohe Anforderungen an die Eigenschaften des Empfängers [5] hinsichtlich des reziproken Mischens (s. Q 2.4) sowie der Kreuz- und Intermodulationsfestigkeit (s. Q 1.3 unter „Nichtlineare Eigenschaften"); die Anforderungen hinsichtlich Rauschen sind im HF-Bereich wegen des allgemein hohen Außenrauschens sekundär (s. Q 1.3 unter „Empfindlichkeit").
Konstruktionsrichtlinien bei diesen Empfängern waren daher
- extrem rauscharmer erster Umsetzeroszillator ($-155\ dB_c$ / Hz);
- Verzicht auf HF-Verstärker und automatische Regelung vor der ersten Mischstufe;
- spannungsfeste Hochleistungsmischstufe mit breitbandigem ZF-Abschluß (s. Q 2.3).

Die Forderung nach hoher Spiegelfrequenzunterdrückung und nach einer Hauptselektion mit den für verschiedene Modulationsarten notwendigen Bandbreiten unmittelbar nach der ersten Mischstufe läßt sich z. Z. nicht ausreichend realisieren. Es wurde daher das *Doppelüberlagerungsprinzip* mit einer oberhalb des Empfangsfrequenzbereichs liegenden ersten Zwischenfrequenz (42,2 MHz) und einer zweiten Umsetzung in eine zweite Zwischenfrequenz (200 kHz) gewählt, bei der schmale (50 Hz) und breite (6 kHz) Bandfilter mit hoher Selektion (100 bis 500 Hz/60 dB) realisierbar sind. Zur Verbesserung des dynamischen Amplitudenfrequenzverhaltens wurden Filter mit geebneter Gruppenlaufzeit eingesetzt. Nach dieser Hauptselektion folgt die eigentliche, automatisch geregelte Hauptverstärkung des Empfängers mit einem hochlinearen, digital geregelten ZF-Verstärker (s. Q 2.5). Die Empfänger können alle im VLF-HF-Bereich angewandten Modulationsarten de-

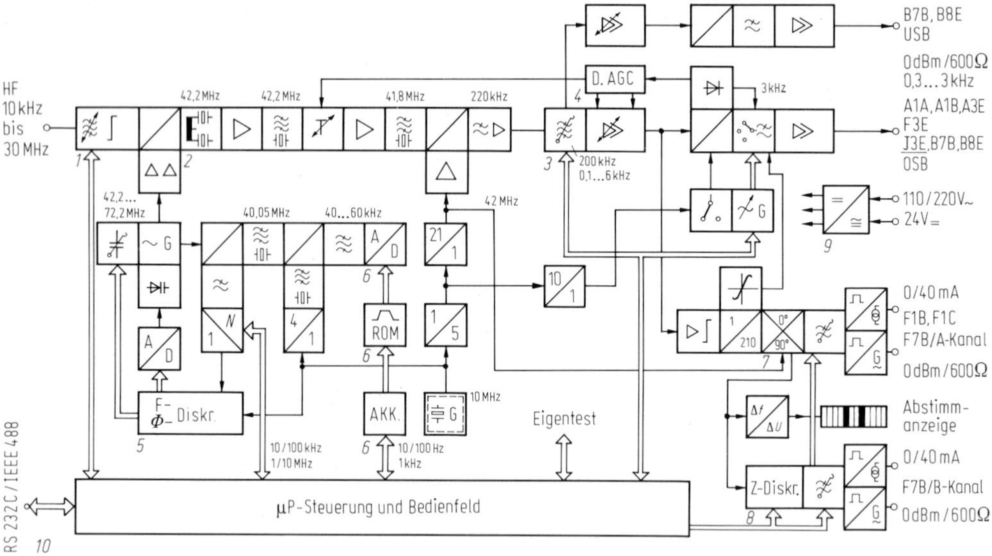

Bild 1. Blockschaltung VLF/HF-Empfänger E1800 (AEG-Telefunken). *1* schmalbandige HF-Selektion; *2* spannungsfeste Hochleistungsmischstufe (s. Q 2.3); *3* mechanische ZF-Filter; *4* digitale automatische Verstärkungsregelung (s. Q 2.5); *5* digitaler Phasen-Frequenzdiskriminator (s. Q 2.4); *6* digitaler Synthesizer für 10-, 100- und 1000-Hz-Schritte; *7* FSK-Quadraturdetektor (s. Q 2.6); *8* F7B-Zähldiskriminator für Code 1 oder 2; *9* Netz- und Batterie-Stromversorgung; *10* serielle oder parallele Datenschnittstelle

modulieren (alte Bezeichnungen in Klammern):
A1A, A1B (A1) mit Hilfe eines analog oder digital in der Frequenz einstellbaren Überlagerungsoszillators (197 bis 203 kHz);
A2A, A2B (A2); A3E (A3) mit Hilfe eines Hüllkurvendetektors;
J3E (A3J), J7B (A7J) mit Hilfe einer Abwärtsmischung in die NF;
F1A, F1B (F1), F1C (F4) mit Hilfe eines hochkonstanten, quasidigitalen Frequenzdiskriminators (s. Q 2.6);
F3E (F3) mit Hilfe eines PLL-Demodulators für maximale Frequenzhübe bis ± 2,5 kHz;
F7B (F6) über einen digitalen Diskriminator mit drei Nullstellen (s. Q 2.6);
B8E (A3B), B7B (A7B), B9W (A9B) mit einer zweiten ZF-Verstärker und -Demodulator-Baugruppe.
Ein hochkonstanter, rauscharmer *Zweischleifen-Synthesizer* ermöglicht die Abstimmung in 10-Hz-Schritten mit Frequenzumschaltzeiten < 1 ms (s. Bild Q 2.18).
Die in Q 2.1 beschriebene HF-Selektion kann als Baugruppe in den Empfänger integriert werden, wenn in unmittelbarer Nähe von Sendern *Simultanempfang* notwendig ist. Bezüglich Demodula-

Technische Daten E1800-Telefunken	Ohne HF-Selektion	Mit HF-Selektion
Rauschzahl HF/VLF	12/20 dB	18/20 dB
J3E-Empfindlichkeit für $S/N = 20$ dB, Bandbreite 3 kHz	− 107 dBm	− 101 dBm
F1B-Empfindlichkeit für 1% Fehler, $\Delta f = 400$ Hz, v = 50 Bd	− 117 dBm	− 127 dBm
Reziprokes Mischen (J3E) für $S/N = 20$ dB, Bandbreite 3 kHz	− 3 dBm	+ 25 dBm
Kreuzmodulation ($m = 0{,}5$) für ein Nutzsignal von − 87 dBm und einen Signal-Störabstand von 20 dB	+ 20 dBm	+ 41 dBm
IPIP3	+ 40 dBm	+ 55 dBm
IPIP2	+ 75 dBm	+ 90 dBm
Frequenzinkonstanz	$\pm 2 \cdot 10^{-8}$	–
Oszillatorrauschen nah	− 140 dB_c/Hz	− 140 dB_c/Hz
fern	− 155 dB_c/Hz	− 180 dB_c/Hz
ZF-Bandfilter 6/60 dB	100/500 Hz; 300/1000 Hz; 600/1700 Hz; 1/2 kHz; 3/4 kHz; 6/8 kHz;	
Seitenbandfilter 6/60 dB	+ 3/4 kHz; − 3/4 kHz	

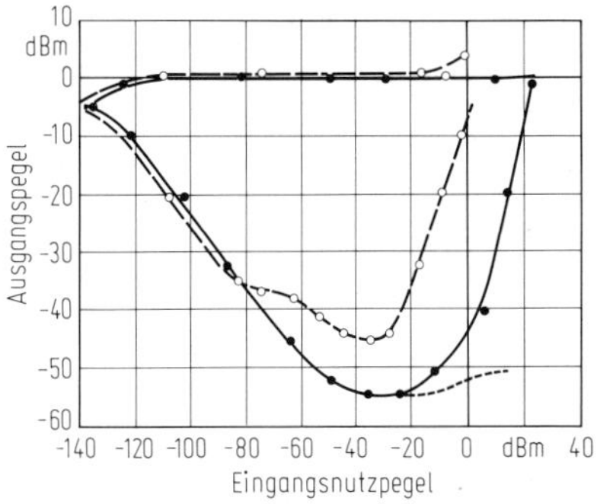

Bild 2. Innerband Dynamikbereich für J3E (Bandbreite 3 kHz, $S/N = 20$ dB).
• VLF/HF-Empfänger E1800, $f_E = 5$ MHz;
o VHF-UHF-Empfänger E1900, $f_E = 500$ MHz;
(nähere Hinweise s. Q 1.3 unter „Nichtlineare Eigenschaften")

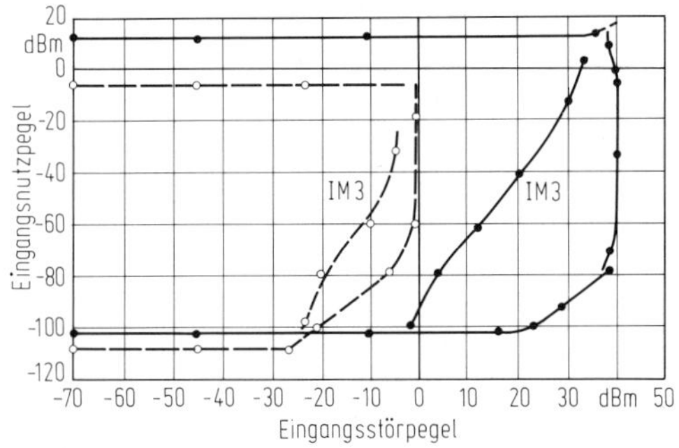

Bild 3. Außerband Dynamikbereich für J3E (Bandbreite 3 kHz, $S/N = 20$ dB; rel. Abstand Stör-/Nutzfrequenz 10%); VLF/HF-Empfänger E1800 (•), $f_E = 5$ MHz; VHF-UHF-Empfänger E1900 (o), $f_E = 500$ MHz; (nähere Hinweise s. Q 1.3 unter „Nichtlineare Eigenschaften")

tion wird auf Q 2.6 verwiesen, bzgl. Empfindlichkeit bei verschiedenen Demodulationsarten auf Q 1.3 unter „Empfindlichkeit."

Der Empfänger hat eine automatische *Schwundregelung* zwischen − 120 dBm und + 10 dBm Eingangsspannung. Die Schwankung der NF-Ausgangsspannung beträgt hierbei weniger als 3 dB. Für zwei Nutzsignale in einem Seitenband hat der Empfänger für einen zulässigen Störabstand von 20 dB einen Innerband-Dynamikbereich von ca. 120 dB (Bild 2) und einen Außerband-Dynamikbereich von ca. 100 bzw. 125 dB (Bild 3), bezogen auf die Störungen des Nutzsignals durch benachbarte HF-Sender. Der Stand der Technik ist gekennzeichnet durch den Einsatz von Mikroprozessoren. Dieser hat beim Empfänger E 1800 folgende, die Bedienung erleichternde und die Funktion des Empfängers erweiternde Aufgaben [6]:

- Einstellung und Steuerung des Empfängers über Tasten statt Drehschalter: Automatische, aber lösbare Funktionsverknüpfungen wie z. B. Bandbreite und Demodulationsart.
- Elektronische Steuerung der Baugruppen über ein Bussystem.
- Ein- und Ausgabe, sowie Verwaltung der in einem RAM-Speicher eingebrachten, frequenzorientierten Statusdaten des Empfängers.
- Automatischer *Frequenzsuchlauf* in vorwählbaren Frequenzschritten (frequency scan) und automatische Frequenzkanalüberwachung (memory-scan) mit einem schnellen, den Signal/Rausch-Abstand messenden Detektor.
- Ein- und Ausgabeverwaltung der externen Datensteuerschnittstelle für die Kommandierung anderer Empfänger oder Peiler, für die Steuerung mehrerer Empfänger über ein zentrales Bedienfeld oder für den Datenverkehr mit einem zentralen Rechner bzw. Datensichtgerät.
- Ständige Überwachung der Baugruppen auf ihre ordnungsgemäße Funktion und Initialisierung von Prüfsignalen zur automatischen Erkennung defekter Baugruppen (BITE = Built-In-Test Equipment).

Für diese vielfältigen Aufgaben ist ein 8-bit-Mikrocomputersystem mit 32 KByte ROM- und RAM-Speichern eingesetzt. Der Empfänger kann mit verschiedenen Baugruppen, z. B. für Antennen- bzw. Empfänger-Diversity, für F1A/F7B-Demodulation oder für Vierkanal-Seitenband-Demodulation zusätzlich bestückt werden, so daß alle im VLF/HF-Bereich üblichen Sendearten demoduliert werden können.

VHF/UHF Empfänger 20 bis 1000 MHz: Das Blockschaltbild eines modernen Empfängers für die Funkaufklärung, -überwachung und -kontrolle, Typ E1900 der Firma AEG-Telefunken, zeigt Bild 4 [6, 9]); wegen weiterer Beispiele wird auf [8] und [10] verwiesen. Zwecks ausreichender Spiegelfrequenzunterdrückung und Nebenempfangsstellenfreiheit wird auch hier das *Doppelüberlagerungsprinzip* angewendet. Die erste Zwischenfrequenz liegt für den Empfangsbereich von 20 bis 500 MHz oberhalb desselben (681,4 MHz), für den Bereich 500 bis 1000 MHz unterhalb (181,4 MHz), so daß der erste Oszillator einen relativen Frequenzbereich 1:1,7 hat (700 bis 1200 MHz). Er ist ein schnell einstellbarer Vierschleifenoszillator (Einstellzeit 1 ms für einen Frequenzsprung) mit einem kleinsten, einstellbaren Frequenzschritt von 10 Hz und einem geringen FM-Störhub (10 Hz), der die Demodulation von A1 und J3E-Sendungen ermöglicht. Der Basisoszillator ist zugleich der Hauptoszillator des oben beschriebenen schnell abstimmbaren VLF/HF-Empfängers E1800. Durch örtliche UKW- und TV-Sender muß auch in diesem Frequenzbereich mit hohen Störfeldstärken an der Antenne gerechnet werden. Ein elektronisch ein-

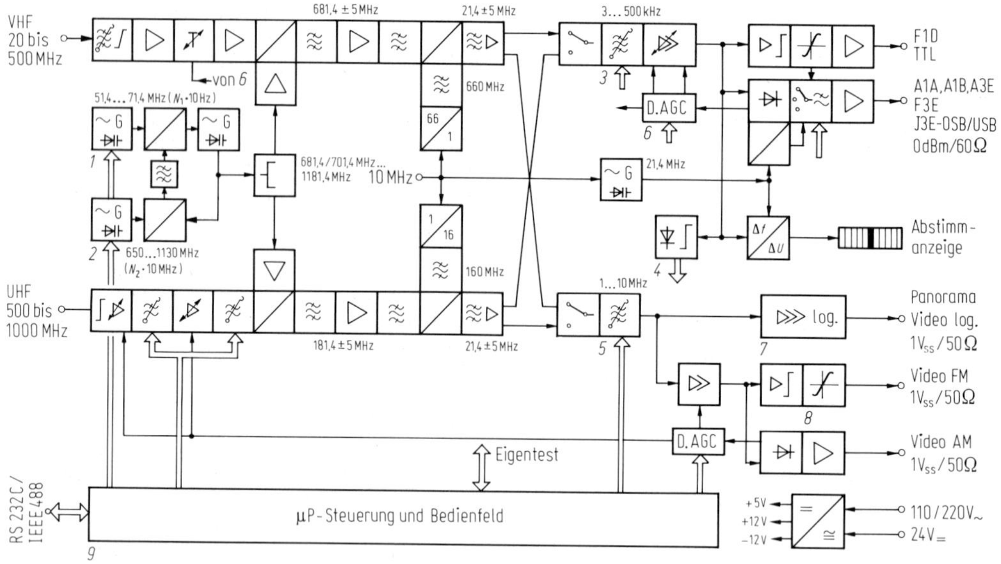

Bild 4. Blockschaltung VHF/UHF-Empfänger E1900 (AEG-Telefunken). *1* Synthesizer 42,2 bis 72,2 MHz aus HF-Empfänger E1800, vgl. Bild 1; *2* Rasteroszillator, 20 MHz Frequenzschritte; *3* ZF-Filter, Bandbreiten: 3; 7,5; 15; 30; 100; 200 und 500 kHz; *4* Signaldetektor; *5* ZF-Filterbank, Bandbreiten: 1; 2; 5 und 10 MHz; *6* digitale automatische Verstärkungsregelung (s. Q 2.5); *7* log. Breitbandverstärker, 80-dB-Dynamik (s. Q 2.5); *8* Breitbanddiskriminator; *9* serielle oder parallele Datenschnittstelle

stellbares Suboktav-Bandfilter vor dem ersten Verstärker sorgt für eine hohe Kreuz- und Intermodulationsfestigkeit des Empfängers, die zusammen mit dem Seitenbandrauschen des ersten Oszillators (145 dB_c/Hz) einen Dynamikbereich von 90 dB ermöglicht. Sieben schmale Bandbreiten (3; 7,5; 15; 50; 100; 200; 500 kHz) und die Demodulatoren für A1, A3E, J3E und F3E sind in einer Baugruppe, vier breite ZF-Filter (1; 2; 5; 10 MHz) und die breitbandigen Demodulatoren für AM, Puls und FM, zusammen mit logarithmischen Signalverstärkern sind in einer zweiten Baugruppe zur Demodulation von RF (Radio Frequency) –, SSMA (Spread Spectrum Multiple Access) – und Frequency Hopping-Signalen untergebracht. Über eine Zusatzbaugruppe ist außerdem die Demodulation von FM-FSK, FM-PSK sowie reinen F1B- und F4C-Signalen möglich. Zur Information über die Frequenzbelegung der Nachbarkanäle und als Abstimmhilfe ist der Empfänger mit einer LED-Zeile versehen, die die Praxis der bisher verwendeten Oszillographenröhren ersetzt. Die gesamte interne und externe Steuerung des Empfängers erfolgt durch einen im Gerät integrierten Mikrocomputer. Dieser hat diesselben Aufgaben wie beim VLF/HF-Empfänger (s. o.); darüber hinaus ermöglicht er mit seinem *adaptiven Frequenzüberwachungsverfahren* [9] eine lückenlose Kontrolle interessierender Frequenzbereiche, indem zunächst sehr schnell 5-MHz-breite Frequenzbänder überwacht werden und erst bei festgestellter Belegung eines solchen Bandes adaptiv mit stufenweise schmäleren Bandbreiten und einer Feinfrequenzmessung der momentan belegte Funkkanal ermittelt wird. Sollten einzelne Fre-

Technische Daten E1900-Telefunken	
Rauschzahl	10 dB
J3E-Empfindlichkeit (S/N = 20 dB)	− 107 dBm
A3E-Empfindlichkeit (S/N = 20 dB, 7,5 kHz)	− 100 dBm
F3E-Empfindlichkeit (S/N = 20 dB, 15 kHz)	− 107 dBm
Suchgeschwindigkeit (1 % Fehler)	500 ... 10 000 Kanäle/s
Reziprokes Mischen (A 3 E)	− 10 dBm
IPIP3	+ 20 dBm
IPIP2	+ 45 dBm
Frequenzinkonstanz (−25/+55 °C)	$2 \cdot 10^{-8}$
Dynamikbereich	s. Bild 2 und 3

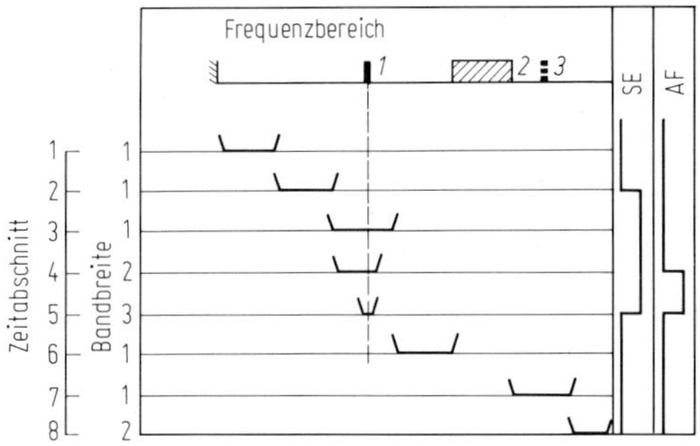

Bild 5. Adaptive Frequenzüberwachung. SE Signalerkennung; AF Amplituden-Frequenzmessung; *1* gesuchte Frequenz; *2* gesperrter Frequenzbereich; *3* gesperrte Frequenz

quenzen oder Frequenzbereiche nicht für die Überwachung relevant sein, so können sie vom Bediener über ein Unterprogramm des Mikrocomputers aus dem automatischen Überwachungszyklus herausgenommen werden (Bild 5). Alle als belegt erkannten Frequenzkanäle werden über die externe Schnittstelle des Geräts peripheren Analysier-, Registrier- oder Dokumentationsgeräten automatisch mitgeteilt.

3.2 Peilempfänger

Direction finder receivers

(s. auch S 2.1)

Peilempfänger sind Spezialempfänger und verfügen über typische Einrichtungen von Funkempfängern, z. B. Verstärker, Mischer, Oszillatoren, Filter, Demodulatoren und Verstärkungsregelungen. Sie haben zunächst die allgemein an Funkempfänger zu stellenden Forderungen zu erfüllen: Hohe Empfindlichkeit, gute Großsignalfestigkeit, viele Bandbreitenstufen, vorteilhafte Bedienbarkeit und hohe Zuverlässigkeit. Peilempfänger müssen aber noch zusätzliche Eigenschaften besitzen, die sich aus der Erfüllung der Peilaufgabe ableiten. Hier seien nur allgemeine Peileranforderungen erwähnt, die für die unterschiedlichsten Peilverfahren zutreffen:

Peilempfänger werden kaum als Einzelgeräte eingesetzt. Deshalb sind neben den HF-Eigenschaften und der Genauigkeit die Systemeigenschaften von größter Bedeutung. Eine Peilung muß wegen der häufig anzutreffenden kurzen Sendezeit der zu peilenden Signale schnell erfolgen. Dies erfordert eine optimale Bedienmöglichkeit, die durch Fernkommandierung und Fernbedienung ergänzt wird. Es werden digital steuerbare Oszillatoren und Filter eingesetzt, bei mehrkanaligen Peilern ist das Eichverfahren automatisiert und auf Kurzzeitigkeit optimiert. Auch das Peilergebnis muß schell gewonnen werden, was besonders bei mehrkanaligen Peilern wegen der zeitparallelen Verarbeitung mehrerer Signalkomponenten gut gelingt (z. B. Watson-Watt-Peiler). Die automatische Peilwertbildung gewinnt neben der Peilauswertung durch einen Peilfunker immer mehr an Bedeutung. Es werden Analog-Digital-Wandler und digitale Peilauswerter mit Mikroprozessoren in die Peilempfänger integriert. Das als numerische Daten ermittelte Peilergebnis ist von den digitalen Datenübertragungseinrichtungen des Peilempfängers in eine Auswertezentrale zu übertragen. Zur Peilwertbildung werden Integration (Empfindlichkeitsgewinn) und Häufigkeitsanalyse (Sendertrennung) herangezogen. Die Genauigkeit von Peilempfängern soll besser als 1° sein. Dies ist durch ein exaktes Eichverfahren und gute Gleichlaufeigenschaften der Filter und der Verstärkungsregelung möglich. Rückstrahler- und antennenbedingte Peilfehler können in den Peilgeräten automatisch in Abhängigkeit von Frequenz und Peilwinkel kompensiert werden.

3.3 Such- und Überwachungsempfänger für Kommunikationssignale

Search and surveillance receivers for communication signals

Anwendung. Als Suchempfänger werden diejenigen Komponenten von automatischen Systemen zur Funkaufklärung bzw. Frequenzbandüberwachung bezeichnet, die die Funktion der Signalentdeckung übernehmen. Die Ergebnisse werden für Aktivitätsdarstellungen sowie zur Einweisung von Peil- oder Abhängeempfängern benutzt. Letztere dienen zur Informationsauswertung und Analyse ausgewählter Signale. Im allgemeinen werden mehrere Suchempfänger von einem zentralen Prozessor verwaltet. Sie enthalten aber auch eigene Prozessorfunktionen zur selbständigen Durchführung abgegrenzter Suchaufträge, zur Zwischenspeicherung von Ergebnissen sowie zu einer Datenreduktion nach vorgegebenen Siebkriterien. Eine solche Datenreduktion ist gewöhnlich erforderlich, um eine Überlastung der Ergebnisverarbeitung zu vermeiden.

Die Signalentdeckung geschieht überwiegend durch Auswertung von Pegel oder Momentanfrequenz jeweils innerhalb einer festen Bandbreite. Eine Identifizierung der entdeckten Signale erfolgt nach Bedarf in einem weiteren Schritt. Auf diese Weise lassen sich gute Ergebnisse erzielen, wenn die zu entdeckenden Aussendungen in einem festen Kanalraster auftreten (VHF/UHF-Bereich) oder wenn Signale mit bekannten Parametern zu überwachen sind. Bei fehlendem Kanalraster und unterschiedlicher Breite der

Aussendungen, verbunden mit einer hohen Belegungsdichte wie im HF-Bereich, sind aufwendigere Verfahren der Signalentdeckung erforderlich. Der Suchempfänger muß hier möglichst verzögerungsfrei eine Zuordnung von Spektral- und Zeitverlauf zu den einzelnen Signalen treffen (Segmentierung). Dabei kann es zweckmäßig sein, gezielt nach speziellen Signalen oder Klassen von Signalen zu suchen. Entsprechende Techniken lassen sich durch die Stichworte „Korrelation“ [11] und „Mustererkennung“ charakterisieren. Solche „intelligenteren“ Suchverfahren sind insbesondere für die Entdeckung von bandgespreizten Signalen von Bedeutung (s. O 4.3).
Aufgabe zentraler Prozessoren ist es hauptsächlich, aus den von Such- bzw. Überwachungsempfängern oder auch von Peilern gelieferten Einzeldaten zusammenhängende Darstellungen aufzubereiten. Weitere Aufgaben können im Führen von Listen bei wahlfreiem Einsatz mehrerer Empfänger bzw. Zusatzgeräte (Poolbetrieb) oder im Anlegen von Dateien mit Parametern erfaßter Sendungen sowie dem Zugriff auf solche Daten nach bestimmten Suchkriterien bestehen.

Beurteilungskriterien. Quantitative Beurteilungskriterien existieren hauptsächlich im Zusammenhang mit der Entdeckung von Signalen. Zu nennen sind im wesentlichen: Empfindlichkeit, Suchgeschwindigkeit, Auflösung (Unterscheidbarkeit) und Dynamik.
Die *Empfindlichkeit* eines Such- bzw. Überwachungsempfängers wird zweckmäßig in Verbindung mit den statistischen Begriffen „Entdeckungswahrscheinlichkeit“ (probability of detection) und „Falschalarmwahrscheinlichkeit“ (probability of false alarm) spezifiziert. Damit wird die Beeinträchtigung der Entdeckbarkeit schwacher Signale durch Rauschen oder andere unregelmäßige Störungen charakterisiert. In der Literatur der Radarempfänger wird die Empfindlichkeit als der Störabstand innerhalb der ZF-Bandbreite definiert, der für eine bestimmte Entdeckungswahrscheinlichkeit, z.B. 99%, erforderlich ist [12–15].
Die Entdeckungswahrscheinlichkeit bei Anwesenheit eines Signals ist die Anzahl der Versuche mit dem Ergebnis „Signal vorhanden“ (Bild 6, Fläche unter Kurve *2* oberhalb der Entscheidungsschwelle), bezogen auf die Gesamtzahl der Versuche (Bild 6, Gesamtfläche unter Kurve *2*). Bei fehlendem Signal ergibt die Anzahl der Versuche mit dem Ergebnis „Signal vorhanden“ (Bild 6, Fläche unter Kurve *1* oberhalb der Entscheidungsschwelle), bezogen auf die Gesamtzahl der Versuche (Bild 6, Gesamtfläche unter Kurve *1*) die Falschalarmwahrscheinlichkeit. Zwischen beiden muß mit der Wahl der Entscheidungsschwelle ein Kompromiß geschlossen werden. Dieser wird günstiger, wenn während

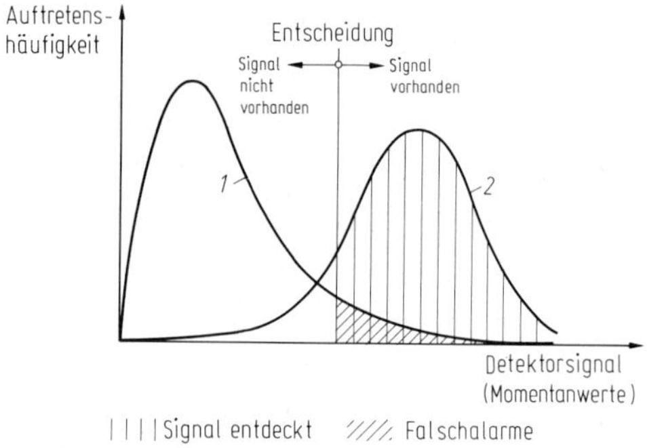

Bild 6. Definition von Entdeckungs- und Falschalarmwahrscheinlichkeit, Entscheidungskriterium Momentanpegel. *1* Rauschen, *2* Signal und Rauschen

der Messung eine Mittelung möglich ist. Der Grad der Mittelung wird durch das Verhältnis

$$\gamma_m = B_{ZF} / B_v \quad (1)$$

charakterisiert, wenn zwischen Detektor und Schwellwertkomparator eine kontinuierliche Mittelwertbildung (Tiefpaß) stattfindet (B_{ZF} = ZF-Bandbreite (pre-detection bandwidth), B_v = Videobandbreite (post-detection bandwidth)). Kommt stattdessen eine Integration mit fester Meßzeit t_i, Schwellwertentscheidung am Ende der Meßzeit und Rücksetzung des Integrators zwischen den Messungen zur Anwendung, so gilt entsprechend

$$\gamma_m = B_{ZF} \cdot t_i \quad (2)$$

Angaben über die erreichbare Empfindlichkeit beim Entdecken von gepulsten Sendungen finden sich für $\gamma_m = 0{,}5$ in [12 (Diagramme)], sowie in [13 (Diagramme, auch für Integration mehrerer Pulse)]. Eine weiterführende Diskussion unter Einschluß der Fälle mit $\gamma_m > 1$ liefern [14, 15]. Alle Angaben setzen als Störung Gaußsches Rauschen mit exakt definierter Leistungsdichte voraus.
Die *Suchgeschwindigkeit* ist eine wichtige Kenngröße für Empfängertypen, die nicht den gesamten Bereich simultan erfassen, d.h. hauptsächlich für gewobbelte bzw. stufenweise in der Frequenz fortgeschaltete Ausführungen. Sie erlaubt eine Abschätzung für die Wahrscheinlichkeit, mit der ein Signal von begrenzter Dauer auf einer unbekannten Frequenz gefunden wird („probability of intercept“). Berechnungshilfen für diese Wahrscheinlichkeit wurden im Zusammenhang mit der Erfassung von Radarsignalen veröffentlicht [16]. Im Kommunikationsbereich stellte sich das Problem wegen der längeren Sendedauer bisher nicht im gleichen Maße, gewinnt aber mit dem Auftreten von Kurzzeitübertragungen an Bedeutung.
Die *Auflösung* kennzeichnet die Unterscheidbarkeit in der Frequenz benachbarter Signale. Eine

quantitativ eindeutige Definition existiert dafür nicht. Die Modulation der Signale wird gewöhnlich nicht berücksichtigt. Der Einfluß von Nebenzipfeln eines starken Signals, bedingt durch Ausschwingvorgänge, sollte statistisch in Form von Entdeckungs- und Falschalarmwahrscheinlickeit angegeben werden.
Aussagekräftiger als der Aussteuerbereich eines einzelnen Signals zwischen dem thermischen Rauschen und einem irgendwie definierten Kompressionspunkt sind *Dynamik*spezifikationen, die die Verhältnisse bei gleichzeitigem Vorhandensein mehrerer Signale beschreiben. Dazu gehört der intermodulationsfreie Dynamikbereich in Verbindung mit dem Interceptpunkt (s. Q 1.3 unter „Nichtlineare Eigenschaften", 3.1 und Bild 3), das reziproke Mischen als Übernahme des relativen Verlaufs der „Rauschglocke" des Empfängeroszillators auf starke Nachbarsignale, Nebenwellen bzw. Nebenempfangsstellen sowie Filterausschwingvorgänge, die sich als Nebenzipfel in der Frequenzdarstellung auswirken.

Suchempfängerkonzepte. Die verschiedenen Konzepte lassen sich grob in zwei Gruppen aufteilen. Die eine ist durch eine kanalweise sequentielle und die andere durch eine bereichsweise simultane bzw. quasi-simultane Arbeitsweise gekennzeichnet.
Kanalweise sequentielle Suche. Wenn ein definiertes Frequenzraster vorliegt oder Mittenfrequenz und Bandbreite zu überwachender Signale bekannt sind, ist die einfachste Form des Suchempfängers möglich. Der Empfänger wird schrittweise von Kanal zu Kanal geführt und trifft dabei die Entscheidung „belegt" oder „nicht belegt" (Bild 7).
Die kanalweise sequentielle Suche besitzt noch immer die größte Bedeutung unter den verschiedenen Suchempfangskonzepten. Sie läßt sich mit wenig aufwendigen Geräten realisieren, die bei Bedarf zu größeren Einheiten zusammengeschaltet werden können. Die gelieferte Datenmenge stellt noch keine größeren Anforderungen an die nachfolgende Ergebnisverarbeitung.
Die Suchgeschwindigkeit hängt von der Einstellzeit des Empfängeroszillators, von den Ausschwingeigenschaften der ZF-Filter („Nebenzipfel", Einfluß auf Unterscheidbarkeit der Signale) sowie von der für eine bestimmte Empfindlichkeit erforderlichen Integrationsdauer ab. Sie läßt sich durch Einsatz mehrerer paralleler ZF-Zweige erhöhen, die bei jedem Frequenzschritt des Empfängers ihre Ergebnisse gleichzeitig liefern.
Der Entwicklungsstand der sequentiell arbeitenden Suchempfänger wird charakterisiert durch Stichworte wie „störpegelunabhängige Signaldetektion", „adaptive Breitbandsuche" und „Entdeckbarkeit von Frequenzsprungsignalen". „Störpegelunabhängig" bedeutet hier, daß die

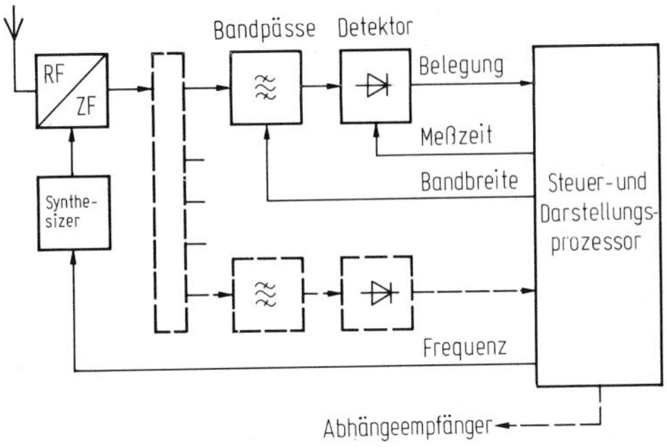

Bild 7. Suchempfänger mit stufenweiser Frequenzfortschaltung, seriell oder teilparallel

Detektionsschwelle sich nicht auf absolute Pegelwerte, sondern auf Pegelverhältnisse bezieht. Man kommt so zu einer konstanten Falschalarmwahrscheinlichkeit; erreicht wird es durch Auswertung der Momentanfrequenz. Durch eine geeignete Filterung nach der Detektion wird auch der relative Spektralverlauf des Signals in das Schwellkriterium einbezogen. Mit der daraus resultierenden Bandbreitenabhängigkeit stellt der Detektionsvorgang eine einfache Art von Mustererkennung dar. Die „adaptive Breitbandsuche" (s. 3.1) als schnelles Suchverfahren für Frequenzbereiche mit geringer Belegungsdichte ist mit diesem Detektionsprinzip besonders vorteilhaft zu realisieren [17]. Vorteilhaft wirkt sich die definierte Falschalarmwahrscheinlichkeit auch bei der Entdeckung von Frequenzsprungsignalen aus. So kann ein sequentiell arbeitender Suchempfänger im VHF-Bereich ein solches Signal während einer Sendedauer von einigen Sekunden ein oder mehrere Male mit einer Wahrscheinlichkeit entdecken, die z. B. durch die Kurven in [18] dargestellt wird. Da bei einer üblichen Suchgeschwindigkeit von etwa 300 Kanälen/s eine ähnliche Zahl von Belegtanzeigen bereits bei einer Falschalarmwahrscheinlichkeit von etwa 10^{-3} erzeugt wird, muß letztere wesentlich niedriger sein, z. B. 10^{-6}. Bei einer festen oder zu langsam adaptierenden Pegelschwelle in Verbindung mit einem nicht stationären Störpegel ist dies aber nicht möglich.

Bereichsweise simultane Suche. Hier gibt es analoge (Kompressions- und Braggzellenempfänger) wie auch digitale Realisierungen (FFT). Wegen der hohen Suchgeschwindigkeit, die um den Faktor 1000 oder mehr höher sein kann als bei der sequentiellen Arbeitsweise, wird eine große Datenmenge an den Auswerteprozessor geliefert. Dieser muß deshalb sehr leistungsfähig sein. Das wiederum führt dazu, daß bei den analogen Ausführungen der Empfänger selbst nur einen sehr geringen Anteil am Gesamtaufwand des Systems besitzt.

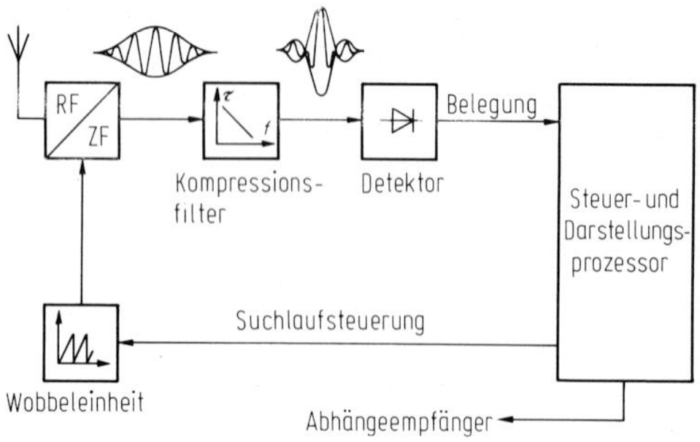

Bild 8. Suchempfänger nach dem Kompressionsprinzip

Kompressionsempfänger [19, 20] arbeiten mit kontinuierlicher Wobbelung, wobei die ZF-Bandbreite wesentlich höher ist als es der gewünschten Auflösung entspricht (Bild 8). Dadurch ist eine hohe Suchgeschwindigkeit möglich. Diese Wirkung ist mit der einer Filterbank entsprechender Gesamtbandbreite zu vergleichen. Sie wird durch einen analogen Prozessor erreicht, das sog. Kompressionsfilter, welches durch eine mit der Frequenz f abnehmende Gruppenlaufzeit charakterisiert ist. Die Bezeichnung rührt daher, daß ein Signal am Ausgang des Filters einen Hüllkurvenimpuls erzeugt, der wesentlich schmaler ist als dies bei einem normalen Bandpaß gleicher Breite der Fall wäre. Bei gleichzeitigem Auftreten mehrerer Signale innerhalb der Filterbandbreite findet der Kompressionsvorgang für jedes Signal unabhängig statt, so daß eine Trennung dieser Signale über die zeitliche Folge der Impulse möglich ist.

In der Praxis ist der Kompressionsvorgang immer mit der Bildung von Nebenzipfeln verbunden, diese Nebenzipfel beeinträchtigen die Nachbarsignaldynamik. Ihr Abstand zum Hauptimpuls konnte nach neuesten Angaben auf 70 dB erhöht werden [20].

Die Empfindlichkeit des Kompressionsempfängers wird durch die Auflösebandbreite des komprimierten Signals bestimmt.

Der *Braggzellenempfänger* bietet eine weitere Möglichkeit, zusammenhängende Frequenzbe-

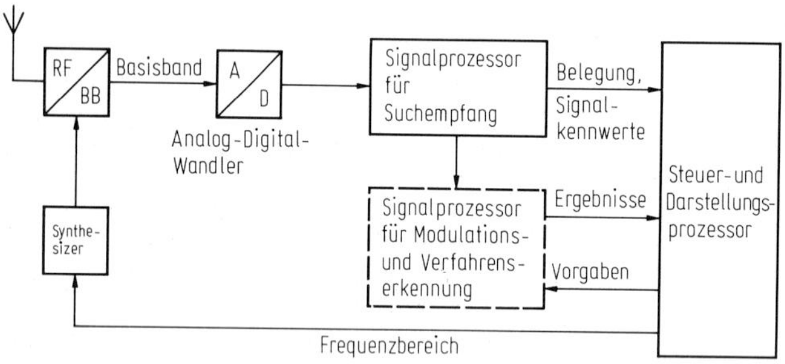

Bild 9. Digitaler Suchempfänger

Tabelle 1. Gegenüberstellung von Suchempfängerkonzepten für Kommunikationssignale (AEG-Telefunken)

Suchempfangs-prinzip	Bewertungskriterien			Bemerkungen
	Suchgeschwindigkeit	Dynamikverhalten	Aufwand	
stufenweise Frequenzfortschaltung, seriell oder teilparallel	gering bis mittel	gut	gering bis mittel	Sequentielle Erfassung, dadurch relativ langsame Reaktion, in vielen Fällen aber der nachfolgenden Ergebnisverarbeitung angepaßt. Hohe Auflösung erreichbar, dadurch insbesondere für Kommunikationssignale geeignet.
Kompressionsempfänger	hoch bis sehr hoch	gut	mittel	Bereichsweise simultane Erfassung. Je nach Technologie mehr für Kommunikationssignale (höhere Auflösung) oder für Radarsignale (größere Bandbreiten) geeignet.
Braggzellenempfänger	sehr hoch	mäßig (Nebenzipfel)	mittel	Bereichsweise simultane Erfassung. Wegen größerer Bandbreiten vorzugsweise für Radarsignale geeignet.
digitaler Empfänger (FFT)	hoch	gut bis sehr gut	noch relativ hoch, aber technologiebedingt wesentliche Reduzierung zu erwarten	Bereichsweise simultane Erfassung. Besonders für Kommunikationssignale geeignet (hohe Auflösung erreichbar). Durch Digitaltechnik höchste Flexibilität aller Suchempfängerkonzepte.

reiche simultan zu erfassen [21]. Er ist besonders für größere Bandbreiten geeignet, was mehr für eine Anwendung bei der Erfassung von Radarsignalen als von Kommunikationssendungen spricht. Die Dynamik, bestimmt durch Nebenzipfeleffekte, ist geringer als beim Kompressionsempfänger.

Der *digitale Empfänger* (schematische Darstellung Bild 9, Näheres s. 3.4) erscheint durch eine leicht zu erzielende hohe Auflösung, verbunden mit der Flexibilität der Digitaltechnik, prädestiniert für die bereichsweise simultane Erfassung von Kommunikationssignalen. Die Dynamikeigenschaften sind günstiger als beim Kompressions- oder Braggzellenempfänger. Die digitale Signalverarbeitung erleichtert das Zusammenwirken mit ebenfalls digital realisierten Prozessoren für Modulations- und Verfahrenserkennung. Fortschritte bei der Technologie der integrierten Schaltungen werden dieses Empfängerkonzept auch vom Aufwand her konkurrenzfähig machen.

Eine vergleichende Übersicht über die vorstehend aufgeführten Suchempfängerkonzepte vermittelt Tab. 1.

3.4 Digitaler Empfänger
Digital receiver

Funkempfänger werden zwecks Senkung der Herstellungskosten und gleichzeitiger Erhöhung der Zuverlässigkeit und Flexibilität soweit wie möglich mit integrierten Schaltungen aufgebaut. In analoger Schaltungstechnik ist es nur mit Kompromissen möglich, den gesamten Empfänger monolithisch zu integrieren, da die Filter für die Hauptselektion bei den vorhandenen Anforderungen an Stabilität und dynamischen Bereich schwer integrierbar sind.

Die digitale Schaltungstechnik erfüllt in idealer Weise alle Anforderungen an Integrierbarkeit, Programmierbarkeit und Stabilität [22]. Dem steht als Nachteil der hohe Aufwand für den Analog-Digital-Umsetzer und die hohe benötigte Rechenleistung des Empfangsprozessors gegenüber. Dadurch wird dem Prinzip des digitalen Empfängers im Empfangsfrequenzbereich eine obere Grenze gesetzt, die für die Silizium-Schaltkreistechnologie derzeit erkennbar die Größenordnung von ca. 100 MHz hat.

Das Empfängerkonzept zeigt beispielhaft Bild 10. Der Prozessor ist als Pipelinerechner in einer Art strukturiert, die dem Quadraturempfänger entspricht (s. Bild Q 1.9). Denn es zeigt sich, daß für eine rein algorithmische Lösung des Empfängers die gleichen Überlegungen wie bei den herkömmlichen Empfängerkonzepten gelten. Unterschiede ergeben sich nur in der Bewertung des Aufwands der Empfängerbestandteile, was hier zur Bevorzugung des Quadraturkonzeptes (Homodynempfänger) führt. Bezüglich des Demodulatoralgorithmus wird auf Q 1.2 verwiesen; das dort beschriebene Quadraturempfängerkonzept ist für eine digitale Empfängerrealisierung sehr vorteilhaft [22, 23] da es eine Hauptselektion mit weniger Rechenoperationen ermöglicht: Eine allgemeine Bandpaßcharakteristik, realisiert im Basisband, erfordert komplexe Filterkoeffizienten [24]. Verzichtet man aber beim Tiefpaß TP_1 auf die Darstellbarkeit unsymmetrischer Übertragungscharakteristiken, so genügen reelle Filterkoeffizienten. Dadurch halbiert sich der Rechenaufwand, der durch die erforderlichen Multiplikationen zwischen analytischem Signal und Filterkoeffizienten bestimmt wird. Im Blockschaltbild des Empfängers bedeutet das ein Zerfallen des komplexen ZF-Filters in zwei getrennte reelle Filter für den Real- und Imaginärteil des komplexen ZF-Signals. Dies ist das Schema des Quadraturempfängers.

Für Anwendungsfälle, die eine unsymmetrische ZF-Selektionskurve erfordern, kann ein komplexes Filter nachgeschaltet werden (Teilfilter 3 in Bild 10). Da die Rechenrate an dieser Stelle infolge der vorausgegangenen Bandeinengung stark reduziert werden kann, fällt der Mehraufwand an Multiplikationen hier nicht mehr ins Gewicht.

Die *Quantisierungseffekte* beim Signal und bei den Koeffizienten führen zu Unvollkommenheiten des digitalen Empfängers, der sonst ja von seinem Prinzip her ideal ist. (Er besitzt eine ideale Mischstufe und ideal genaue und stabile Filter.) Diese Unvollkommenheiten drücken sich in zusätzlichem Rauschen und Nichtlinearitäten so-

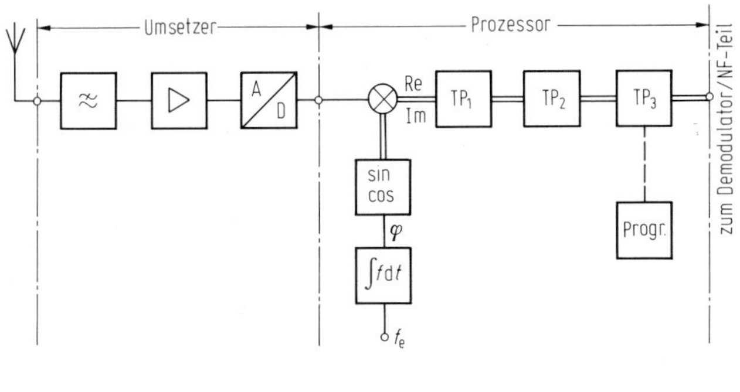

Bild 10. Digitaler Empfänger. (f_e kommandierte Empfangsfrequenz)

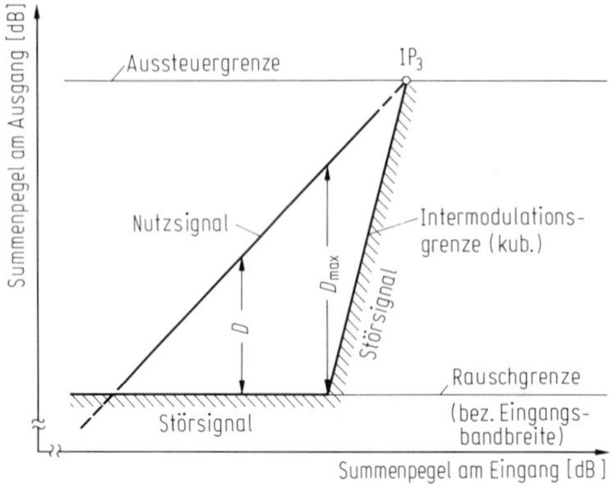

Bild 11. Dynamikbereich analoger Empfänger

wie Einschränkungen in der freien Auslegbarkeit der Filter aus. Der Kompromiß zwischen Aufwand und Anforderung liegt zweckmäßig bei einer solchen Dimensionierung, welche Störungen durch Rauschen und Intermodulation in der Größenordnung wie bei analogen Empfängern nicht überschreitet.

Das zusätzliche Rauschen entsteht durch die Quantisierung des Signals im Analog-Digital-Umsetzer und durch die Rundungsfehler im Prozessor. Letztere lassen sich in ihrer Auswirkung verhältnismäßig einfach vernachlässigbar klein halten durch ausreichend große Wortlänge und Filterstrukturen geringer Empfindlichkeit [25]. Damit wird auch die feinstufige Einstellbarkeit der Filterkoeffizienten sichergestellt. Die Hauptschwierigkeit besteht in der genügend hohen Auflösung des Umsetzers. Sein dynamischer Bereich, die Spanne zwischen Vollaussteuerung und Quantisierungsrauschen, muß dem Standard gerecht werden, den analoge Empfänger setzen.

Der Aussteuerbereich analoger Empfänger ist durch die endliche Linearität der Eingangsstufen begrenzt. Als Maßzahl hat sich der sog. Interceptpunkt IP3 für kubische Verzerrungen eingebürgert (s. Q 1.3 unter „Nichtlineare Eigenschaften"). Er liegt für sehr übersteuerungsfeste Empfänger bei 20 bis 40 dBm. Bild 11 zeigt die Auswirkung der kubischen Verzerrungen auf den nutzbaren Dynamikbereich D des Empfängers: Von einem bestimmten Eingangspegel an treten Verzerrungsprodukte aus dem Rauschen hervor, die den nutzbaren Dynamikbereich nach unten beschränken. Die Darstellung gilt in erweitertem Sinne auch, wenn sich der Eingangspegel aus einer großen Zahl von Einzelsignalen zusammensetzt, wie es am Eingang eines breitbandigen Empfängers die Regel ist. Dann ist der Intermodulationsstörpegel infolge der vielen Kombinationsmöglichkeiten aus derart vielen diskreten Störsignalen zusammengesetzt, daß eine Betrachtung des Störsignalgemischs als weißes Rauschen angemessen ist. Dieses Intermodulationsgeräusch steigt mit der dritten Potenz der Aussteuerung und verkleinert den nutzbaren Dynamikbereich, sobald der Eingangssummenpegel einen kritischen Wert überschreitet. Der größte nutzbare eingangsseitige Dynamikumfang D_{max} ergibt sich als 2/3 des Pegelabstands zwischen dem Interceptpunkt und der (auf die Eingangsbandbreite bezogenen) thermischen Rauschgrenze.

Das Quantisierungsrauschen eines Analog-Digital-Umsetzers ist dem Intermodulationsgeräusch verwandt, denn es entsteht auch erst bei Aussteuerung mit einem Signal. Im Gegensatz zur Intermodulationsstörung ist es jedoch unabhängig von der Aussteuerung. Die Stufenkennlinie des Umsetzers erzeugt Verzerrungsprodukte jeder, insbesondere sehr hoher Ordnung. Die störenden Verzerrungsprodukte entstehen bereits bei Aussteuerung mit nur einem, selbst sehr kleinem Signal. Diese Störleistung (Quantisierungsrauschen) ist durch die Stufenhöhe q gegeben und beträgt $q^2/12$ [26]. Wenn die Signalfrequenz nicht zufällig im Verhältnis kleiner ganzer Zahlen zur Abtastfrequenz steht, ist die Verzerrungsleistung spektral weiß verteilt [27].

Der dynamische Bereich des Analog-Digital-Umsetzers mit den Aussteuergrenzen ± 1 und der Wortlänge von l bit (einschließlich Vorzeichenbit) ergibt sich zu

$$U_{max}/U_{min} = \sqrt{12}/q = \sqrt{12}\,2^{l-1}, \qquad (3)$$

bzw. in dB ausgedrückt

$$D = 20 \log U_{max}/U_{min} \approx (6l + 4{,}8)\,\mathrm{dB}. \qquad (4)$$

Wegen der harten Begrenzung kann der dynamische Bereich nicht ganz bis zur Oberkante genutzt werden. Zur Vermeidung störender Begrenzung muß bei Sinusaussteuerung ein Abstand von mindestens 3 dB gegenüber dem Effektivwert eingehalten werden und bei den üblichen Signalgemischen (mit annähernder Normalverteilung der Spannung) ein Abstand von 10 bis 15 dB. Der genaue Wert ist von l abhängig und ergibt sich durch Minimierung der Summe aus dem Quantisierungsrauschen (relativ zum Signal) und der Verzerrungsleistung infolge Abschneidens der Signalspitzen (clipping noise) [28]. Der nutzbare dynamische Bereich ist mithin ca.

$$D_{eff} \approx (6l - (5 \ldots 10))\,\mathrm{dB}. \qquad (5)$$

Dieser Wert kann jetzt mit der maximalen Dynamik D_{max} des analogen Empfängers verglichen werden. Dabei geht die Bandbreite am Empfängereingang mit ein, da sie über die thermische Rauschleistung (Bild 11) die Eingangsdynamik D in der hier gewählten Definition beeinflußt. Zum Beispiel erhält man für einen analogen Empfän-

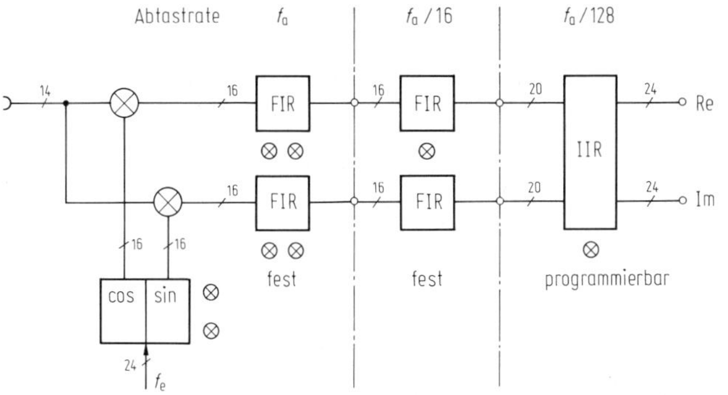

Bild 12. Beispiel einer Prozessorstruktur. (f_e kommandierte Empfangsfrequenz)

ger mit

$$\left.\begin{aligned} IP_3 &= +20\,\text{dBm} \\ F &= 10\,kT_0 \\ B_{ein} &= 50\,\text{MHz} \end{aligned}\right\} D_{max} = 71\,\text{dB}.$$

Dem entspricht ein Analog-Digital-Umsetzer mit einer Auflösung von 13 bis 14 bit, der mit einer Rate von 100 MHz abtastet.

Die *Prozessorstruktur* für einen digitalen Empfänger zeigt beispielhaft Bild 12. Sie ist auf hohe Eingangsbandbreite ausgelegt. Die kennzeichnenden Merkmale sind

- Pipelinestruktur,
- rückkopplungsfreie feste Filter in den vorderen Stufen,
- abgestufte Abtastrate,
- angepaßte Wortlängen.

In der Pipelinestruktur des Prozessors (gleichzeitig arbeitende hintereinander geschaltete Verarbeitungsstufen) findet man die Struktur des Überlagerungsempfängers (Bilder Q 1.6 und Q 1.7) wieder. Jede Stufe besteht aus mehreren Rechenwerken mit zugehöriger Steuerung und Speichern. Die Zahl der Multiplizierwerke in den Stufen ist für das Beispiel in Bild 12 symbolisch angegeben. Diese Rechenwerke innerhalb einer Stufe sind ebenfalls in Pipelineform angeordnet. Um den Durchfluß zu maximieren, sind schließlich auch noch die Verknüpfungsebenen in den Rechenwerken mit Pipelineregistern zur Zwischenspeicherung ausgerüstet. Dadurch wird die höchste mögliche Parallelität in der Prozessorrealisierung und somit die maximale Datendurchsatzrate erreicht. Der Prozessor kann pro Taktschritt einen neuen Abtastwert aus dem Analog-Digital-Wandler aufnehmen. Unter dieser Bedingung kann ein monolithisch integrierter digitaler Empfänger in Siliziumtechnik (1-μ-Technologie) maximal 100 MHz Abtastrate verarbeiten. Der Schaltungsaufwand liegt bei 10^5 logischen Gattern.

Die für den Durchsatz so günstige Pipelinestruktur bringt es mit sich, daß die Laufzeit in den einzelnen Operationen ein Vielfaches der Taktzeit ist. Aus diesem Grunde ist es nicht möglich, allgemeine rekursive Filter (s. F) zu realisieren. Daher werden die zeitkritischen ersten Selektionsstufen als nichtrekursive Tiefpaßfilter (Finite Impulse Response-Filter) ausgelegt [29]. Deren Rechenaufwand ist trotz der hohen erforderlichen Ordnung des FIR-Filters mit rekursiven Filtern vergleichbar, wenn die Abtastrate am Filterausgang – und damit auch die Berechnungsrate im Filter – entsprechend der durch das Filter verminderten Bandbreite reduziert wird. FIR-Filter haben den weiteren Vorteil, daß sie gegenüber Rundungsfehlern unempfindlich sind und folglich mit erheblich kleinerer Wortlänge auskommen als rekursive Filter (Infinite Impulse Response-Filter).

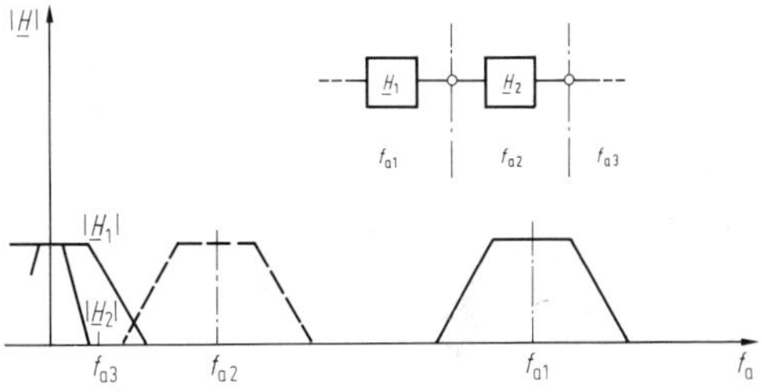

Bild 13. Filterung mit abgestufter Abtastrate

Es empfielt sich, die Selektion auf mehrere Stufen mit abgestufter Abtastrate zu verteilen [30]. Der Aufwand wird kleiner, da die Stufen mit der Hauptlast der Selektion hinten und damit bei einer niedrigen Abtastrate liegen. Bild 13 veranschaulicht die abgestufte Selektion. Die vorangehende Stufe hat jeweils nur die Aufgabe, die Bandbreitebedingung für die Eindeutigkeit der nachfolgenden reduzierten Abtastung zu erfüllen.

Die benötigte Wortlänge zur Darstellung der relevanten Signalinformation wächst von Stufe zu Stufe entsprechend der abnehmenden Bandbreite, da proportional zu dieser auch die vom breitbandigen Empfängereingang herrührende Rauschleistung sinkt. Damt nun die Rundungsfehlerleistung unterhalb dieser Empfängerrauschleistung bleibt, wo sie nicht mehr stört, muß die Wortlänge zunehmen. Eine festverdrahtete Signalskalierung sorgt dafür, daß die richtige Aussteuerung dieser Wortlänge überall gewährleistet ist.

Die letzte Filterstufe ist programmierbar. Sie stellt die eigentliche Hauptselektion dar. Zur Realisierung sehr schmaler Selektionskurven muß eine IIR-Struktur [31] programmierbar sein. Dazu ist in dieser Stufe eine gegenüber der Ausgangswortlänge erheblich erhöhte innere Wortlänge nötig. Sehr schmale Filter sind vorteilhaft in Brückenstruktur zu realisieren [32]. Dadurch verdoppelt sich zwar die Zahl der Multiplikationen, aber die Wortlänge kann in einem Ausmaß gekürzt werden, daß am Ende ein Aufwandsvorteil übrig bleibt. Laufzeitprobleme verbieten eine IIR-Realisierung nicht, da die Datenrate an dieser Stelle des digitalen Empfängers weit unter der Taktfrequenz liegt.

Der Oszillator eines digitalen Empfängers besteht aus einem Sinusfunktionsgeber (Tafel oder Algorithmus), der von der Phasenfunktion $\varphi = 2\pi f_e t \pmod{2\pi}$ angesteuert wird. φ wird in einfacher Weise durch Integration des Frequenzkommandos f_e über der Zeit (Rechnertakt) gebildet.

Ein Sonderfall des digitalen Empfängers ist der Fast Fourier Transform-Empfänger zum gleichzeitigen Empfang eines Bündels von benachbarten Kanälen. Nach dem Algorithmus der FFT werden die Eingangsabtastswerte schritthaltend blockweise in Spektralwerte transformiert. Jeder Spektralwert steht für einen Empfangskanal. Mit jedem neuen Block fällt ein weiterer Kanalabtastwert an [33]. Die Fourier-Transformation ersetzt mit ihrem Algorithmus im Schema des einkanaligen digitalen Empfängers (Bild 12) den Oszillator, die Mischstufe und die FIR-Filter. Die Koeffizienten der FIR-Filter finden sich in einer der Fourier-Transformation vorgelagerten blockweisen Gewichtung der Abtastwerte wieder [33]. Der Vorteil des Verfahrens gegenüber einer einfachen Vervielfachung des digitalen Empfängers auf N Kanäle, entsprechend einer Implementierung nach dem herkömmlichen Algorithmus der Diskreten Fourier-Transformation (DFT), ist der um den Faktor $2\,N/\mathrm{ld}\,N$ geringere Aufwand der FFT gegenüber der DFT [34]. Dieser Aufwandsvorteil macht Realzeittransformationen bei großer Kanalzahl und Bandbreite überhaupt erst möglich. Eine Technologie wie für den digitalen Empfänger mit 10^9 Multiplikationen/s gestattet dann Bandbreiten bis zu einigen 10 MHz pro Chip.

Der *Analog-Digital-Umsetzer* ist der problematischste Teil einer Empfängerrealisierung in digitaler Form. Seine Aufgabe zerfällt in die Teilfunktionen Abtastung und Quantisierung. Soweit diese fehlerfrei realisierbar sind, gelten für einen digitalen Empfänger nur die im Absatz

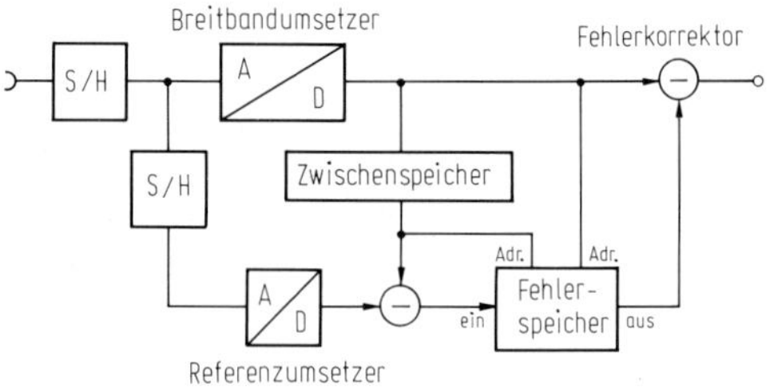

Bild 14. Adaptive Fehlerkorrektur

„Quantisierungseffekte" beschriebenen Einschränkungen. Infolge unvollkommener Abtastung und Quantisierung entstehen zusätzliche Empfangsstörungen. Diese äußern sich wie bei analogen Empfängern in Rauschen und nichtlinearen Erscheinungen.

Schwer zu beherrschen sind die dynamischen Fehler des Umsetzers. Durch sie entstehen bei der Digitalisierung höherer Frequenzen zusätzliche Quantisierungsfehler infolge falscher Stufenentscheidungen durch noch nicht ganz eingeschwungene Signalzustände im Umsetzer. Eine digitale Empfängerkonzeption benötigt hochgenaue Umsetzer bei zugleich hohen Abtastraten und damit entsprechenden Anforderungen an die Einschwingzeiten innerhalb des Umsetzers.

Eine Lösung des Problems zeichnet sich ab in der Verwendung eines Umsetzers in Serien-Parallel-Struktur (Kaskadenwandler [35, 36]) mit extrem breitbandiger Auslegung der Umsetzerschaltung. Die Breitbandigkeit geht bei vorgegebenem Verstärkungs-Bandbreite-Produkt (Technologie!) zu Lasten der Schleifenverstärkung der inneren Operationsverstärker des Umsetzers. Daher wird nach diesem Konzept die statische Genauigkeit ganz erheblich verringert. Mit den Mitteln der modernen Halbleitertechnik läßt sich jedoch der statische Fehler im Betrieb korrigieren.

Die Methode einer adaptiven Fehlerkorrektur zeigt Bild 14. Mit einem Schaltungsaufwand, der klein gegen den des breitbandigen Hauptumsetzers ist, läßt sich ein hochgenauer, aber langsamer Referenzumsetzer zusätzlich realisieren, der eine ausgedünnte Folge von Signalabtastwerten zur Wandlung erhält. Für diese Werte wird der Fehler des Breitbandumsetzers ermittelt und abgespeichert. Im Laufe einiger Sekunden nach dem Einschalten baut sich im Speicher die komplette Fehlerkurve des Breitbandumsetzers auf. Für jede Kennlinienstufe des Wandlers ist eine Speicherzelle vorhanden. Aufeinanderfolgende Fehlerwerte der gleichen Stufe werden begleitend gemittelt. Mit der so gewonnenen Korrekturinformation wird der Fehler des Umsetzers kompensiert. Der gesamte Schaltungsteil zur adaptiven Korrektur erfordert bei monolithischer Integration weniger Fläche auf dem Chip als der Hauptumsetzer, wenn man wieder von dem

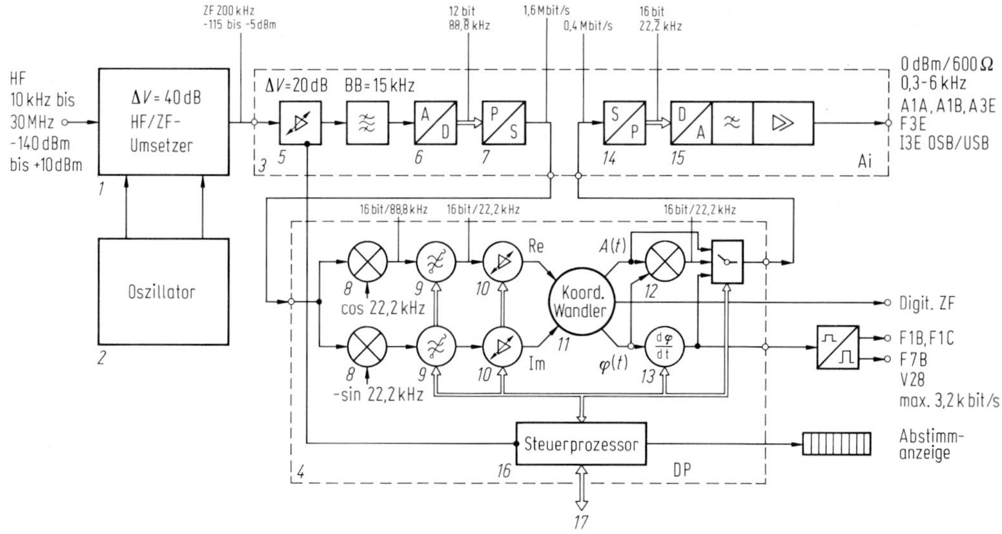

Bild 15. Digitaler VLF/HF-Empfänger E 1800 A (Telefunken System Technik). 1 HF/ZF-Umsetzer (s. Bild 1); 2 Oszillator (s. Bild 1); 3 Analog-Interface AI; 4 digitaler Prozeßrechner DP; 5 Regelverstärker; 6 Analog-Digital-Wandler 12 bit; 7 Parallel-Serien-Wandler; 8–13 Signalprozessoren mit RAM/ROM; 8 komplexe ZF-Null-Mischung; 9 variable Tiefpaßfilter; 10 Verstärkungsregelung $\Delta V = 90$ dB; 11 Koordinatenwandler Real-Imaginärteil in Amplitude und Phase; 12 AM-Demodulator und BFO; 13 FM-Demodulator; 14 Serien-Parallel-Wandler; 15 Digital-Analog-Wandler; 16 Überwachungs- und Steuerprozessor; 17 μP-Steuerung und Bedienfeld des Empfängers (s. Bild 1)

schon mehrfach verwendeten Beispiel 100 MHz/14 bit ausgeht.

Die digitale Realisierung von Funkempfängern kann mit dem Fortschritt in der Halbleitertechnologie bei immer größeren Bandbreiten erfolgen. Das zitierte Empfängerbeispiel für 50 MHz Bandbreite erfordert 1-μ-Strukturen bei der Halbleiterherstellung.

Als Beispiel für einen teilweise digitalisierten Empfänger zeigt Bild 15 das Blockschaltbild nach dem Stand der Technik, wie er von der Firma Telefunken Systemtechnik mit der Bezeichnung E 1800 A sowie von Rockwell-Collins (HF 2050 [37]) gebaut wird. Im Empfänger E 1800 A wird die Umsetzung des Empfangssignals in digitalisierte Werte ab der Zwischenfrequenz 200 kHz vorgenommen, da eine direkte Digitalisierung des HF-Antennensignals mit den verfügbaren A/D-Wandlern wegen des für Empfänger erforderlichen Dynamikbereiches (140 dB) und der hohen oberen Frequenzgrenze (30 MHz) nicht möglicht ist. Der Dynamikbereich des Wandlers (nach dem Regelverstärker (5) ca. 78 dB) wird daher durch Regelverstärker im HF/ZF-Umsetzer (40 dB) und im digitalen ZF-Teil (20 dB) erweitert (3). Wegen der auf 10 kHz eingeschränkten maximalen Nutzbandbreite des Empfängers kann eine Unterabtastung (s. D 2.5), hier mit 88,8 kHz, im A/D-Wandler durchgeführt werden, wobei ein Anti-Aliasing-Filter Mehrdeutigkeiten des Abtastvorganges ausschließt [38]. Die bandbegrenzten, digitalen ZF-Amplitudenwerte werden in Form eines seriellen Bitstromes dem digitalen Prozessor DP zugeführt und dort folgenden Rechenoperation unterworfen:

Komplexe Mischung in die ZF-Null-Lage, die im Rahmen der Rechengenauigkeit spiegelwellenfrei durchführbar ist und den Filterungsprozeß mit Tiefpässen möglich macht (8).

1. Filterungsprozeß in einem linearphasigen FIR-Filter [29] mit 12 kHz Bandbreite und gleichzeitiger Reduktion der Abtastrate auf 22,2 kHz. Dadurch wird die notwendige Rechenleistung in den folgenden Stufen reduziert (Bild 12).

Die Hauptselektion erfolgt wahlweise in einem FIR-TP-Filter linearer Phasengang, Gruppenlaufzeitdifferenz Null) oder IIR-TP-Filter (Selektion mit sehr hoher Flankensteilheit). Es sind 25 verschiedene Bandbreiten im Bereich 100 Hz bis 10 kHz einstellbar.

Zusätzlich ist eine frequenzvariable Bandsperre (Notchfilter) mit wählbaren Sperrbreiten zur Ausblendung schmalbandiger Störsignale vorgesehen.

Prozessor für automatische *Verstärkungsregelung*: Multiplikation mit Verstärkungsfaktoren je nach Größe des Eingangssignals in einem Regelbereich von 90 dB (10).

Koordinatenwandler: Umrechnung der Real- und Imaginärwerte in Betrags- und Phasenwerte (11).

AM-Demodulatorprozessor: Hochpaßfilterung des Betrages für die Modulationsart A 3 E; Multiplikation mit einer Oszillatorschwingung einstellbarer Frequenz (BFO) für die Modulationsarten J 3 E und A 1 B (12).

FM-Demodulatorprozessor: Berechnung der Frequenz aus der momentanen Phase und Wandlung in frequenzproportionale Amplitudenwerte für die Modulationsarten F 3 E, F 1 B, F 1 C und F 7 B. Bei Datensendungen ist entsprechend den Tastgeschwindigkeiten eine zusätzliche schmalbandige TP-Filterung einstellbar (13). Bei Sprechfunksendungen erzeugt nach Serien-Parallel-Wandlung der Daten (14) ein Digital-Analog-Wandler (15) aus den Digitalwerten die analoge NF zurück. Bei Datenfunksendungen wird das Datensignal aus dem Signalprozessor über eine genormte Datenschnittstelle ausgegeben, z. B. V 28.

Die Steuerung aller Signalprozessoren und die Berechnung der Schwundregelung wird in einem eigenen µ-Prozessor vorgenommen, der wiederum mit der Steuerbaugruppe (16) und der Empfängerbedienung (17) verbunden ist.

Die hochfrequenztechnischen Eigenschaften dieses digitalisierten Empfängers entsprechen denen des analogen VLF/HF-Empfängers E 1800 der Firma Telefunken Systemtechnik (s. 3.1). Gegenüber analogen Empfängerkonzepten ergeben sich folgende, für die Anwender und Hersteller gleicherweise vorteilhafte neue Eigenschaften:

- Quasikontinuierliche Einstellung der ZF-Bandbreiten mit symmetrischer oder unsymmetrischer Lage zur ZF-Mittenfrequenz. Damit ist nahezu eine beliebige Anzahl wählbarer ZF-Filter ohne zusätzlichen Hardware-Aufwand möglich.
- Realisierung von ZF-Filtern mit variablen Polstellen im Durchlaßbereich für die Unterdrückung von schmalbandigen Gleichkanalstörern in der Empfangsbandbreite (Notchfilter).
- Realisierung laufzeitgeebneter Filter und gegenüber Analogfiltern steuerbares, auf Null reduziertes Ausschwinungverhalten der ZF-Filter, was besonders wichtig für Suchempfänger ist (s. 3.3).
- Für den Filterprozeß, die automatische Verstärkungsregelung und die Demodulation sind keine analogen Bauelemente und Abgleichvorrichtungen notwendig. Damit wird die Zahl der notwendigen Bauelemente gegenüber analogen Konzepten um 60% reduziert.
- Geringer Serienkostenaufwand bei erhöhter Reproduzierbarkeit und ausgezeichnete Übereinstimmung der technischen Eigenschaften für Peilempfänger (s. 3.2).
- Die geringe Anzahl der Bauelemente und deren Wärmeentwicklung sowie die hohe Integrationsdichte führen zu einer Erhöhung der Zuverlässigkeit und Lebensdauer des Gerätes.

Spezielle Literatur: [1] *VG 95 332:* Klimatische und mechanische Prüfung an Fernmelde-Geräten. Köln: Beuth 1970. – [2] Hilfsbuch der Elektrotechnik, Bd. 2, 11. Aufl. Berlin: AEG-Telefunken 1979, Abschn. 11. – [3] *Gerzelka, G.E.*: Funkfernverkehrssysteme in Design und Schaltungstechnik. München: Franzis 1982. – [4] *Turner, C.*: Modern *hf* receiver design. Communications Engineering International, Juli 1982, 15–17; August 1982, 13–17. – [5] *Humann, K.-D.; Söllner, H.*: VLF/HF-Empfänger für Simultanbetrieb und Funkaufklärung. AEG-Telefunken, Sonderdruck A 121.406.0. – [6] *Müller, K.; Schwarz, G.*: Mikro-Computer gesteuerte Funkempfängerfamilie. AEG-Telefunken, Sonderdruck A 121.407.0. – [7] *Schieder, K.*: Eine neue Generation von Kurzwellenempfangs- und -peilanlagen. Elektrotech. u. Maschinenbau 99 (1982) 240–242. – [8] *Zirwick, K.*: VHF-UHF-Empfängerfamilie ESM 500 für 20 bis 1000 MHz. Neues von Rhode & Schwarz 92 (Winter 1980/81) 4–7. – [9] *Lingenauber, G.; Schuster, H.*: VHF-UHF Aufklärungsempfänger E1900. AEG-Telefunken, Sonderdruck A 121.408.0. – [10] *Stephen, J.*: Receiving Systems design. Dedham: Artech 1984. – [11] *Gardner, W.A.*: Signal interception: A unifying theoretical framework for feature detection. IEEE Trans. COM-36 (1988) 897–906. – [12] *Skolnik, M.I.*: Radar handbook. New York: McGraw-Hill 1970. – [13] *Meyer, D.P.; Mayer, H.A.*: Radar target detection. New York: Academic Press 1973. – [14] *Harp, J.C.*: Receiver performance: What does sensitivity really mean? Electronic Warfare/Defense Electronics 10 (1978) 96–103. – [15] *Tsui, J.B.Y.; Shaw, R.*: Sensitivity of ew receivers. Microwave J. 25 (1982) No. 11, 115–120. – [16] *Hatcher, B.R.*: Probability of intercept and intercept time. Watkin Johnson Company Tech-notes, EW Acquisition Systems. 3 (May/June 1976). – [17] *Lange, W.D.*: Signalentdeckung im Kommunikationsbereich mit optimierter sequentieller Suche. AEG-Sonderdruck A 121.409.0. – [18] *Jondral, F.*: Analyse von Funksignalen. NTZ 42 (1989) 360–367. – [19] *Breuer, K.D.; Levy, J.S.; Paczkwoski, H.C.*: The compressive receiver: A versatile tool for EW systems. Microwave J. 32 (1989) 81–98. – [20] *Luther, R.A.; Tanis, W.J.*: Advanced compressive receiver techniques. J. Electronic Defense 13 (1990) 59–66. – [21] *Hamilton, M.C.*: Wideband acousto-optic receiver technology. J. Electron. Defense 4 (1981) 50–55. – [22] *Rabiner, L.R.; Gold, B.*: Theory and application of digital signal processing. New Jersey: Prentice Hall 1975. – [23] *Fink, K.R.; Hölzel, F.*: Der digitale Empfänger. ntz Arch. 5 (1983) 353–358. – [24] *Crystal, T.H.; Ehrmann, L.*: The design and applications of digital filters with complex coefficients. IEEE Trans. AU-16 (1968) 315–320. – [25] *Oppenheim, A.V.; Weinstein, C.J.*: Effects of finite register length in digital filtering and the fast Fouriertransform. Proc. IEEE 60 (1972) 957–976. – [26] *Schwarz, M.*: Information transmission, modulation, and noise. Tokyo: McGraw-Hill 1980, p. 117 ff. – [27] *Bennet, W.R.*: Spectra of quantized signals. Bell Syst. Tech. J. 27 (1948) 446–472. – [28] *Glisson, T.H.* et al.: The digital computation of discrete spectra using the fast Fourier transform. IEEE Trans. AU-18 (1970) 271–287. – [29] *Rabiner, L.R.*: Techniques for designing finite-duration impulse-response digital filters. IEEE Trans. COM-19 (1971) 188–195. – [30] *Crochiere, R.E.; Rabiner, L.R.*: Interpolation and decimation of digital signals – a tutorial review. Proc. IEEE 69 (1981) 300–331. – [31] *Rader, C.M.; Gold, B.*: Digital filter design technique in the frequency domain. Proc. IEEE 55 (1967) 149–171. – [32] *Turner, J.M.*: Use of the digital lattice structure in estimation and filtering. Signal processing: theories and applications. *Kunt, M.; de Coulon, F.* (Eds.). Amsterdam: North-Holland, EURASIP 1980. – [33] *Schaller, W.*: Verwendung der schnellen Fouriertransformation in digitalen Filtern. NTZ 27 (1974) 425–431. – [34] *Cochran, W.T.* et al.: What is the fast Fourier transform? Proc. IEEE 55

(1967) 1664–1674. – [35] *Zimmer, M.*: Genaue Analog/Digital-Umsetzer für die Hochfrequenz-Datenerfassung. Elektronik 28 (1979) 41–45. – [36] *Zimmer, M.*: Digitale Korrekturverfahren zur Genauigkeits-Geschwindigkeitssteigerung der schnellen A/D-Umsetzung. Elektroniker 17 (1978) 14–19. – [37] *Anderson, D.T.*: „A digital signal processing hf receiver", IEE Conf. Publ. No 245, S. 89–93. – [38] *Jondral, F.*: Kurzwellenempfänger mit digitaler Signalverarbeitung, Bulletin SEV/VSE81 (1950) 5, 11–21.

R Nachrichtenübertragungssysteme
Communication transmission systems

J.-D. Büchs (4); **H. Eden** (2); **O. Krumpholz** (5); **E. Kügler** (1); **M. Mehner** (1); **J. A. Nossek** (3.2); **K. Peterknecht** (3.3); **K. Petermann** (5); **J. Spatz** (1); **H.-J. Thaler** (3.1, 3.4)

1 Koaxialkabelsysteme
Coaxial cable systems

Allgemeine Literatur: *Arens, W.; Kersten, R.; Poschenrieder, W.:* Die Pulscode-Modulation und ihre Anwendung im Fernmeldewesen. Jahrb. d. elektr. Fernmeldewes. 19 (1968) 184–242. – *CCITT:* Yellow book, Vol. III, Geneve 1981. – *Hölzler, E.; Holzwarth, H.:* Theorie u. Technik der Pulsmodulation. Berlin: Springer 1957. – *Hölzler, E.; Holzwarth, H.:* Pulstechnik, Bd. I, 2. Aufl. Berlin: Springer 1982. – *Hölzler, E.; Thierbach, D.:* Nachrichtenübertragung. Berlin: Springer 1966. – *Horn, U.:* Das 60-MHz-System der Deutschen Bundespost. Fernmelde-Ing. 32 (1978) H. 6, 1–26; H. 7, 1–22. – *Marko, H.:* Planungsprinzipien digitaler Weitverkehrssysteme. NTZ 27 (1974) 49–55.

Der weltweit zu beobachtende Zuwachs an Teilnehmeranschlüssen und die Einführung der automatischen Fernwahl haben zur Entwicklung von Weitverkehrssystemen geführt, die breitbandige Übertragungswege zur Verfügung stellen. Durch Vielfachausnutzung der Übertragungswege (Multiplextechnik) kann der ständig steigende Bedarf an Fernsprechwegen auf wirtschaftliche Weise gedeckt werden.
Die Entwicklung der Multiplextechnik reicht bis in die zwanziger Jahre zurück. Die Mehrfachausnutzung der Übertragungsmedien – anfangs Freileitungen, dann symmetrische Kabelleitungen und ab 1936 Koaxialkabel – verhalf der Trägerfrequenztechnik (TF) zu einem beachtlichen Aufschwung. Es entstanden Systeme für immer größere Bandbreiten, wodurch eine wesentliche Senkung der Kosten für den Sprechkreiskilometer erreicht worden ist. Internationale Institutionen wie das CCITT haben für alle Modulationsschritte und Kanalzahlen die Übertragungslagen normiert, so daß eine Zusammenschaltung der verschiedenen Systeme weltweit möglich ist. Bei den Frequenzmultiplexsystemen (FDM = Frequency Division Multiplex) ist so ein hierarchischer Aufbau entstanden, bei dem Multiplexsignale aus mehreren Signalen der jeweils niedrigeren Stufe aufgebaut sind. Die wesentlichen Bündel sind 12, 60, 300 und 900 Sprechkanäle (Bild 1). Einzelne oder mehrere der genannten Sprechkreisbündel werden in die entsprechende Frequenzlage des Übertragungssystems umgesetzt.

Spezielle Literatur Seite R 9

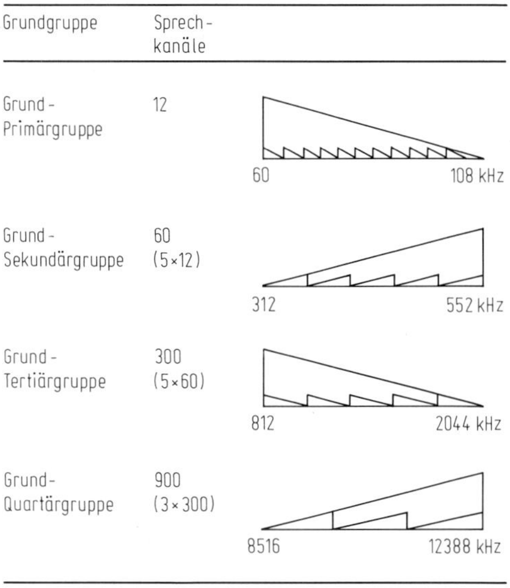

Bild 1. Grundgruppen der Frequenzmultiplextechnik nach CCITT

Im Jahre 1936 wurden auf einem Koaxialkabel erstmalig in Deutschland 200 Sprechkreise übertragen. Seit Einführung von genormten Kabeln mit den Abmessungen 1,2/4,4 mm und 2,6/9,5 mm (s. „Aufbau und Eigenschaften der Koaxialkabel") sind Trägerfrequenzsysteme zur Mehrfachausnutzung des Koaxialkabels für 300, 960, 2700, 3600 und 10 800 Sprechkreise entstanden. Die zur Übertragung erforderlichen Bandbreiten reichen im Basisband bis zu 60 MHz (Bild 2).
Neben der Frequenzmultiplex-Analogtechnik wird in Zukunft die Digitalsignal-Übertragungstechnik an Bedeutung zunehmen. Die koaxiale Leitung bietet sich auch für die wirtschaftliche Übertragung von Signalen mit hoher Bitrate an. Beide Übertragungsverfahren werden in bestehenden Koaxialkabelnetzen noch für längere Zeit nebeneinander bestehen bleiben.
Auch für die Digitalsignal-Übertragungssysteme, bei denen das Zeitmultiplexverfahren

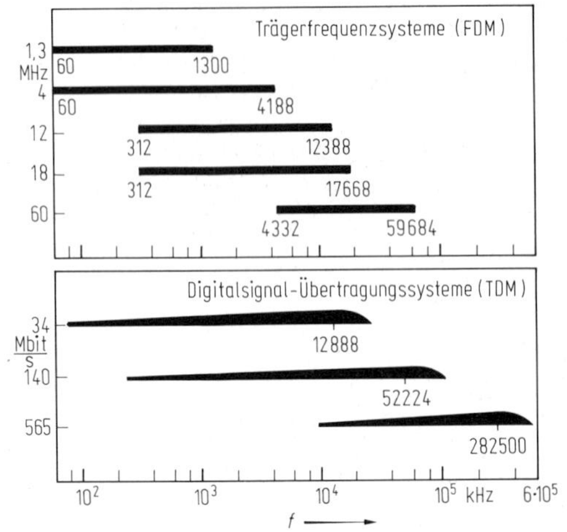

Bild 2. Übertragungsbereich der Trägerfrequenz (FDM) und Digitalsignal (TDM) – Übertragungssysteme

Tabelle 1. Hierarchischer Aufbau der Digitalsignal-Systeme

	Anzahl der Sprechkreise	Bitrate Kbit/s
1	30	2048
2	120	8448
3	480	34368
4	1920	139264
5	7680	564992

(TDM = Time Division Multiplex) angewendet wird, ist es zweckmäßig, die einzelnen Übertragungssignale stufenweise zu bündeln. Ausgehend von einem System mit einer Bitrate von 2 Mbit/s, entsprechend einer Kapazität von 30 Sprechkanälen zu je 64 Kbit/s, ist eine Hierarchiestufung entstanden: Die Zahl der Fernsprechkanäle von einer zur nächsten Stufe unterscheidet sich um den Faktor 4, so daß sich Bündel von 30, 120, 480, 1920 und 7680 Fernsprechkanälen ergeben (s. Tab. 1).

Aufbau und Eigenschaften der Koaxialkabel. *Allgemeines.* Koaxialkabel enthalten eine meist gerade Anzahl von Koaxialleitungen (Bild 3, Vierdrahtübertragung). Infolge der Empfehlungen des CCITT haben alle nationalen Kabelnetze gleichartige Koaxialleitungen. Mit der Empfehlung der Durchmesser d/D (in mm: 2,6/9,5 und 1,2/4,4 sowie – in der Bundesrepublik Deutschland nicht üblich – 0,7/2,9), des Wellenwiderstands Z_∞ und des Leitermaterials (Kupfer, Innenleiter massiv) sind auch die Dielektrizitätskonstante ε_r der Isolierung und die Widerstandsdämpfung im Prinzip vorgegeben. Normdämpfungstabellen begrenzen die Toleranzen der Abmessungen und Materialparameter sowie den Verlustwinkel der Isolierung. Letztere ist nicht spezifiziert, besteht jedoch fast überall aus Scheiben im Abstand 29 mm für 2,6/9,5 bzw. 18 mm für 1,2/4,4. Die Leitung 1,2/4,4 enthält über den Scheiben zwecks erhöhter Spannungsfestigkeit eine gewendelte Kunststoffolie.
Die Kabelstrecken werden durch die in regelmäßigen Abschnitten eingefügten Zwischenverstärker in Verstärkerfelder unterteilt. Die Feldlängen betragen bei Koaxialkabeln 1,2/4,4 (2,6/9,5) 2,05 bis 8,2 km (1,55 bis 18,6 km), wobei die übertragene Kanalzahl die Feldlänge bestimmt (Bild 4).

Übertragungseigenschaften der Koaxialleitungen. Die Übertragungskonstante $\underline{\gamma} = \alpha + \mathrm{j}\beta$ und der komplexe Wellenwiderstand $\underline{Z}$ folgen aus der allgemeinen Leitungstheorie (s. C 6, K 2). Zu den Übertragungseigenschaften zählt ferner die mit Impulsreflexions- oder Wobbelrückflußmessungen prüfbare Längsgleichmäßigkeit sowie das Nebensprechen zwischen den Koaxialleitungen des Kabels.

HF-Leitungsparameter. Bei starkem Skineffekt vereinfachen sich γ und $\underline{Z}$ zu

$$\underline{\gamma} = \mathrm{j}\beta_\infty + \sqrt{\mathrm{j}\omega}\,\frac{K_1}{2Z_\infty} + \alpha_G = \mathrm{j}(\beta_\infty + \alpha_R) + \alpha_R + \alpha_G,$$

$$\beta_\infty = \sqrt{\varepsilon_r}\,\omega/c, \quad \alpha_R = \frac{K_3\sqrt{f}}{2Z_\infty},$$

$$\alpha_G = f\pi\sqrt{\varepsilon_r}\tan\delta/c,$$

$$\underline{Z} = Z_\infty + \frac{K_2}{\sqrt{\mathrm{j}\omega}}, \quad Z_\infty = \frac{60\,\Omega}{\sqrt{\varepsilon_r}}\ln\frac{D}{d}$$

mit den Konstanten

$$K_1 = \frac{1}{\pi}\sqrt{\mu_0}\left(\frac{1}{\sqrt{\kappa_i}\,d} + \frac{1}{\sqrt{\kappa_a}\,D}\right),$$

$$K_2 = \tfrac{1}{2}K_1 c/\sqrt{\varepsilon_r}, \qquad K_3 = \sqrt{\pi}\,K_1.$$

α_R, α_G werden hier in Np/Längeneinheit angegeben. Für $\kappa_i = \kappa_a = \kappa$ gilt

$$\alpha_R = \sqrt{f}\,\frac{1}{D}\sqrt{\frac{\pi\varepsilon_0\varepsilon_r}{\kappa}}\,y(D/d) \quad \text{mit}$$

$$y(D/d) = \frac{1 + D/d}{\ln D/d}.$$

Die Funktion $y(D/d)$ ist bei $D/d = 3{,}6$ minimal und dort gleich ihrem Argument. Hieraus haben sich die Normwerte $Z_\infty = 50$ und $75\,\Omega$ (früher auch $60\,\Omega$) ergeben.

Art und Ordnungs-Nr.	Anzahl	Leiter-abmessungen	Leiterisolierung
Sternvierer St I 1/2...15/16	8	0,9 mm	Papiergarn und Papierband
Aderpaare 17 und 20	2	0,9 mm	Lackschicht, Papiergarn und Papierband
Aderpaare 18 und 19	2	0,9 mm	Papiergarn und Papierband
Koaxialpaare 21...32	12	2,6/9,5/0,25	PE-Scheiben

Verseilelemente

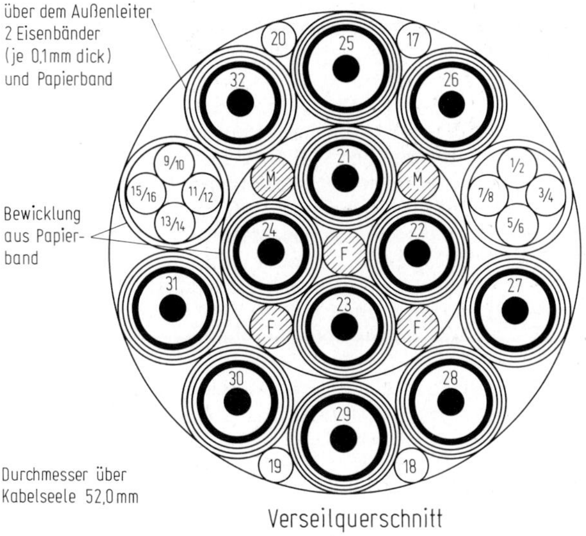

Bild 3. Beispiel eines Koaxialkabels der DBP (Form 32 c)
M Markierungselement; F Füllelement

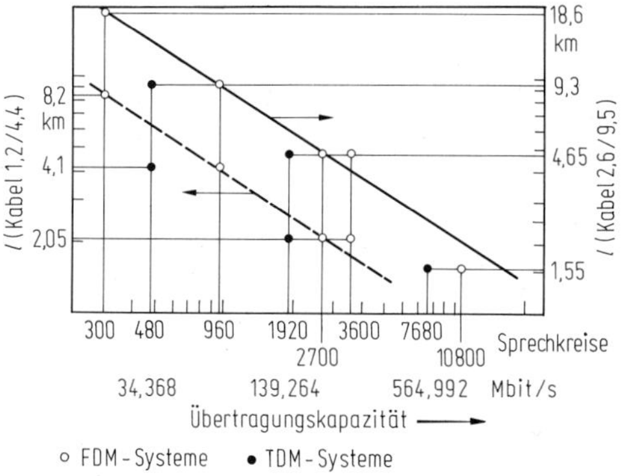

Bild 4. Verstärker- (Regenerator-)Feldlängen von Koaxialkabelsystemen

Das Verhältnis

$$\alpha_G/\alpha_R = \frac{D \tan\delta}{s\,y(D/d)} \leqq \frac{D \tan\delta}{3{,}6\,s}$$

($s = 1/\sqrt{\pi f \mu_0 \kappa}$ = Eindringtiefe) ist in weiten Frequenzbreichen vernachlässigbar, z. B. ist $\alpha_G/\alpha_R \approx 4\%$ für $s = 6{,}7\,\mu m$ (Cu, 100 MHz), $D = 10$ mm, $\tan\delta = 10^{-4}$.

Die HF-Konstanten der CCI-Kabel sind in Tab. 2 zusammengestellt.

Längsgleichmäßigkeit. Die Längsgleichmäßigkeit der Koaxialleitungen wird anhand der Reflexion von Sinusquadratimpulsen mit Halbwertsbreiten von 200, 100, 50 und 10 ns (systembezogen) bewertet. Periodische, für sich

Tabelle 2. HF-Konstanten der CCI-Kabel.
(Bezugstemperatur für K_1, K_2 und $\alpha_R/\sqrt{f}$ 10 °C)

Leitungstyp		0,7/2,9	1,2/4,4	2,6/9,5
K_1	$\frac{\Omega s^{1/2}}{km}$	0,083	0,049	0,023
K_2	$\frac{\Omega}{(\mu s)^{1/2}}$	≈ 10	7,05	3,3
Z_∞	Ω	72,2	73,05	74,4
ε_r		≈ 1,4	1,12	1,08
$\tan\delta \cdot 10^4$		≈ 5	1,0	0,4
$\alpha_R/\sqrt{f}$	$\frac{dB}{\sqrt{MHz}\,km}$	8,842	5,172	2,335
α_G/f	$\frac{dB}{MHz\,km}$	≈ 0,55	0,0096	0,0038

allein unkritische Reflexionsstellen bleiben dabei unerkannt, während sie in der Frequenzebene akkumuliert werden und z. B. die Qualität einzelner FDM-Sprachkanäle stark beeinträchtigen können. Man geht daher dazu über, die Längsgleichmäßigkeit zusätzlich nach den Reflexionen in der Frequenzebene zu beurteilen, und zwar sowohl durch die Reflexionsamplituden bei gewobbelter Frequenz, als auch durch die reflektierte Leistung breiterer Frequenzbänder. In einigen Fällen gelingt es nämlich, die Periodizität von Fehlern planmäßig zu stören. Damit wird zwar die reflektierte Leistung auf ein breiteres Frequenzband verteilt, aber nicht wirklich verringert. Zum Beispiel empfiehlt CCITT für die Fertigungslängen der Koaxialleitung 2,6/9,5 eine Wobbelmessung von 4 bis 62 MHz und eine Breitbandmessung von 52 bis 62 MHz. Bei ersterer soll die Rückflußdämpfung > 35 dB, bei letzterer > 40 dB sein. Die DBP limitiert statt dessen die resultierenden Dämpfungsspitzen.

Die CCI-Empfehlungen staffeln die Halbwertsbreiten und Impulsreflexionsdämpfungen nach der jeweiligen Übertragungsbandbreite. Die DBP beschränkt sich auf eine Halbwertsbreite (50 ns) und fordert für die Koaxialleitungen 1,2/4,4 bzw. 2,6/9,5 Impulsreflexionsfaktoren $\leq 4‰$ (≥ 48 dB) bzw. $\leq 3,2‰$ (≥ 50 dB), unabhängig davon, mit welcher Kanalzahl die Leitung zunächst belegt werden soll. Der Mittelwert der drei größten Impulsreflexionsfaktoren einer Leitung darf bei beiden Leitungstypen nicht mehr als 2,5‰ betragen.

Diese Forderungen gelten für Werksmessungen an Fertigungslängen. Für Streckenmessungen an Verstärkerfeldern sind sie etwas milder. Damit werden Mittelwertsunterschiede des Wellenwiderstands der zusammengeschalteten Fertigungslängen und die Reflexionen der Verbindungsstellen (Spleiße) berücksichtigt. Die Mittelwertsunterschiede des Wellenwiderstands werden in den Kabelwerken durch eine Gruppierung der Leitungen reduziert. Nach der Wellenwiderstandsmessung an den fertigen Einzelleitungen werden diese in zwei gleichgroße Gruppen höherer und tieferer Werte geteilt. In den Kabeln werden alle ungeraden Platznummern aus der einen, alle geraden Platznummern aus der anderen Gruppe besetzt. Beim Zusammenspleißen der Kabel wird daher die volle Wellenwiderstandstoleranz (DBP: $\pm 1,0$ bzw. $\pm 0,5\ \Omega$ für 1,2/4,4 bzw. 2,6/9,5) nie wirksam.

Die Verstärkerfelder enden meist mit einigen Metern einer vollisolierten, flexiblen Geflecht-

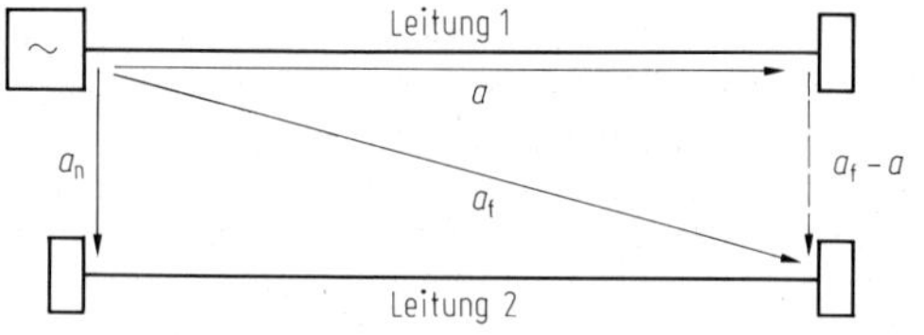

Bild 5. Dämpfungsmaße für Nebensprechen (XT $\triangleq$ crosstalk). a Leitungsdämpfung; a_n Nahnebensprechdämpfung (NEXT near end XT, wird unmittelbar gemessen); a_f Fernnebensprechdämpfung (FEXT far end XT). Gemessen wird meist $a_f - a$ (ELFEXT equal level FEXT)

Koaxialleitung 1,0/6,5. Diese kann druckdicht in die Verstärkerbehälter eingeführt und dort bequem mit den Verstärkern verbunden werden. Die Anschlußleitung hat eine größere Wellenwiderstandskomponente K_2 und deshalb einen kleineren Wellenwiderstand Z_∞.

Nebensprechen. Die Forderungen der DBP lauten ([1], s. auch Bild 5):
Fern-Nebensprechdämpfung ($a_f - a$)

1,2/4,4	$\geq$ 113 dB/425 m bei 60 kHz	$\triangleq$ CCITT
2,6/9,5	$\geq$ 115 dB/425 m bei 60 kHz	3 dB strenger als CCITT
	$\geq$ 141 dB/425 m bei 60 MHz	$\triangleq$ CCITT

($a = (\alpha_R + \alpha_G) \cdot$ Kabellänge). Eine quantifizierte Forderung für die Nah-Nebensprechdämpfung a_n ($\geq a_f - a$) besteht bei 60 MHz:

$$a_n (60\ \text{MHz}) \geq 140\ \text{dB}/1,5\ \text{km (CCITT)},$$
$$\geq 143\ \text{dB/Meßlänge (DBP)}.$$

Fertigungsbedingte Besonderheiten. Die Isolierscheiben der Koaxialleitungspaare (Kx-P) 1,2/4,4 und 2,6/9,5 werden i. allg. unmittelbar auf den Innenleiter gespritzt. Zur Erzielung höherer Fertigungsgeschwindigkeiten werden mehrere Scheiben gleichzeitig aufgebracht. Auch bei Varianten dieses Prinzips sind mehrere Scheibenformen im zyklischen Einsatz. Die Formen sind nicht absolut identisch. Damit entsteht eine minimale periodische Schwankung der Dielektrizitätszahl der Scheibenisolierung, die trotz ihrer Kleinheit im Wobbelreflektogramm markant erkennbar ist. Die doppelte Scheibenperiode ist die Wellenlänge der niedrigsten Rückfluß-Resonanzfrequenz.

Die Außenleiter sind Kupferbänder, die längseinlaufend zum Rohr geformt werden. Die Banddikken sind 0,25 mm (Kx-P 2,6/9,5) und 0,18 oder 0,15 mm (Kx-P 1,2/4,4). Bei beiden Leitungen stoßen die Kanten des verformten Außenleiterbandes unverschweißt aufeinander. Die mechanische Festigkeit des Rohrs ist daher nicht rotationssymmetrisch.

Umspinnungen aus zwei ca. 0,1 mm dicken, hochpermeablen Eisenbändern halten das Rohr zusammen und verringern dessen Kopplungswiderstand (s. K 2). Beim Aufspulen dürfen die scheibenisolierten Koaxialpaare nicht zu stark gekrümmt werden. Andernfalls entstehen bleibende elliptische Verformungen des Außenleiterprofils, die den Wellenwiderstand verringern und die Dämpfung erhöhen.

Die Kx-P müssen torsionsfrei zum Kabel verseilt werden. Dies bedeutet, daß benachbarte Kx-P aufeinander abrollen. Wegen ihrer mechanischen Rotationsunsymmetrie entstehen dabei minimale punktuelle Wellenwiderstandsänderungen, deren Abstand gleich der Verseilschlaglänge l_s ist. Reflexions-Resonanzfrequenzen sind alle Frequenzen, bei denen $l_s = N\lambda/2$ ($N = 1, 2, 3, \ldots$) ist. Die üblichen Schlaglängen liegen bei 1 m, die niedrigste Lagenschlagresonanz also bei etwa 150 MHz. Die Lagenschlagresonanzen können durch Modulation der Schlaglänge entschärft werden.

Das verseilte Kx-P ist um den Faktor $\sqrt{1 + (\pi D/l_s)^2}$ länger als das Kabel (D = Mittendurchmesser der Verseillage). In mehrlagigen Koaxialkabeln haben die äußeren Kx-P daher eine höhere Dämpfung als die inneren. Die CCI-Empfehlungen begrenzen die Verlängerungsfaktoren auf 1,008 (1,2/4,4) bzw. 1,012 (2,6/9,5).

Verstärkerfeldlänge; Kanalzahl; Bitrate. Die wirtschaftliche Nutzung des Koaxialkabelnetzes erfordert uneingeschränkte Zusammenarbeit von FDM- und TDM-Systemen im gleichen Kabel. Daher sind viele der bei der TF-Technik eingeführten Kennwerte für Digitalsignalsysteme auf Koaxialkabeln zwangsläufig festgelegt.

Für die Übertragung analoger und digitaler Signale ist die überbrückbare Feldlänge l ein wesentliches Merkmal der einzelnen Systeme (Bild 4). Der kleinste zulässige Empfangspegel und der größte mögliche Sendepegel bestimmen zusammen mit den Kabeldaten die Verstärker- bzw. Regenerator-Feldlänge. Ausgangswert für das erste genormte System für 960 Sprechkreise war die empfohlene Feldlänge von 9,3 km für das Koaxialpaar 2,6/9,5 mm. Davon ausgehend ergab sich bei TF-Systemen für eine Halbierung der Feldlänge eine Verdreifachung der Anzahl von Sprechkreisen; nach dieser Regel sind die Systeme für 300, 960 und 2700 Sprechkreise bemessen worden. Für das System mit 10 800 Sprechkanälen führte eine Drittelung der Feldlänge zu einer Vervierfachung der Kapazität.

Für die Übertragung digitaler Signale sind die gleichen Feldlängen vorgegeben. Da die digitale Signalübertragung größere Bandbreiten beansprucht, wird dann das Koaxialkabel zu höheren Frequenzen hin ausgenutzt (Bild 2). Wegen der dadurch bedingten wesentlich höheren Dämpfung des Kabels sind für die Übertragung geeignete Leitungscodes zu wählen, welche die Schrittgeschwindigkeit auf der Leitung herabsetzen. Bei Halbierung der Feldlänge erhöht sich die Bitrate auf der Leitung um den Faktor 4. Die beiden Digitalsignalsysteme für 34 Mbit/s bzw. 140 Mbit/s harmonieren also mit den TF-Systemen für 960 bzw. 2700 (3600) Sprechkanäle. Das 565-Mbit/s-System wird auf der durch das 10 800-Kanal-System vorgegebenen Feldlänge von 1,55 km eingesetzt.

Streckenaufbau. Eine Koaxialkabelstrecke enthält in regelmäßigen Abständen in die Kabeltrasse eingesetzte Zwischenverstärker bzw. -regeneratoren, die (nach Einführung der Halbleiter als Verstärkerelement) vorwiegend unterirdisch in Behälter eingesetzt sind. Ihre wesentliche Aufgabe ist es, die frequenzabhängige Dämpfung des Koaxialpaars auszugleichen.

Am Anfang und am Ende befinden sich Leitungsendeinrichtungen, die leicht zugänglich in oberirdischen Verstärkerstellen untergebracht sind; darüber hinaus sind in größeren Abständen oberirdische Zwischenstellen vorgesehen, die zusätzliche Funktionen erfüllen (Bild 6). Von diesen Einrichtungen werden die Zwischenverstärker bzw. -regeneratoren über die Innenleiter der Koaxialpaare ferngespeist. Außerdem enthalten diese Stellen Einrichtungen zur Überwachung und Fehlerortung.

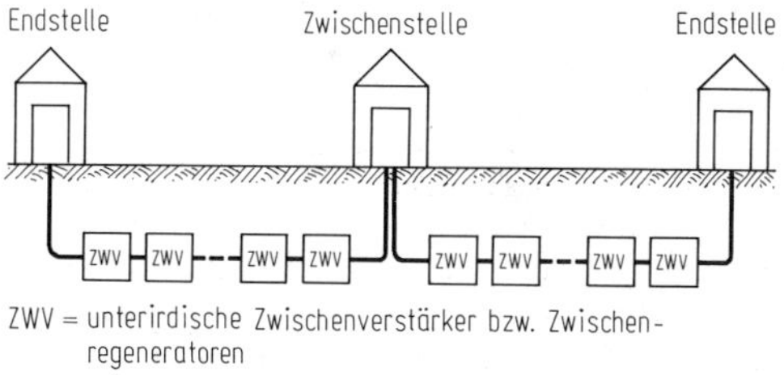

Bild 6. Aufbau einer Koaxialkabelstrecke

Fernspeisung. Es ist Aufgabe der Fernspeisung, die Zwischenverstärker bzw. -regeneratoren von wenigen zentralen Stellen aus mit Energie zu versorgen. Das geschieht über das Nachrichtenkabel selbst und garantiert ein hohes Maß an Betriebssicherheit.

Die Fernspeisung erfolgt bei den heutigen Systemen mit Gleichstrom; die Verstärker nehmen nur eine verhältnismäßig niedrige Leistung (wenige W) auf. Der konstante Versorgungsstrom fließt über die Innenleiter der koaxialen Leitungen, die auch die Nachrichtensignale übertragen. Stromversorgungsweichen in den Einspeisepunkten und bei jedem gespeisten Verstärker

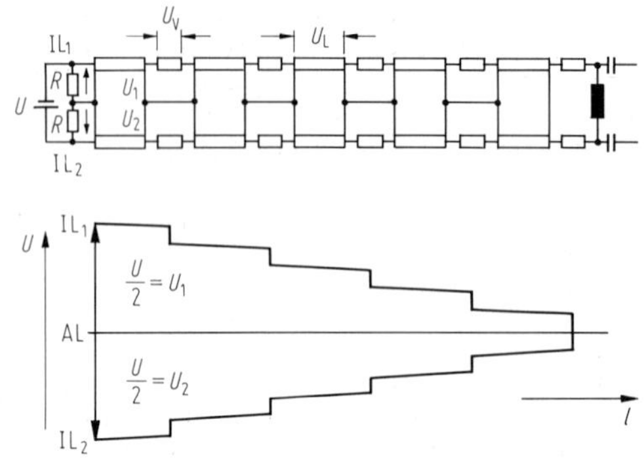

Bild 7. Fernspeisekreis (schematisch). Verlauf der Fernspeisespannung längs der Kabelstrecke. U_V Spannungsabfall am Zwischenverstärker; U_L Spannungsabfall der Leitung; $IL_{1,2}$ Innenleiter der Koaxialpaare; AL Außenleiter der Koaxialpaare

trennen den Fernspeisestrom von den Nachrichtensignalen. Alle Verbraucher sind galvanisch mit der Leitung verbunden und versorgungsmäßig in Reihe geschaltet (Bild 7). Das Ende der Fernspeisestrecke wird mit einem Tiefpaß abgeschlossen, so daß die Innenleiter der Hin- und Rückrichtung der Koaxialpaare einen Fernspeisekreis bilden. Dieser wird an der Einspeisestelle durch hochohmige Widerstände gegen den Außenleiter der Koaxialpaare symmetriert, damit im normalen Betrieb die höchste Spannung zwischen Innen- und Außenleiter nur die Hälfte der zulässigen Gesamtspannung beträgt, z. B. maximal $\pm$ 600 V. Die Größe des Fernspeisestroms hängt von der Verlustleistung des Verstärkers oder Regenerators ab, wobei wegen der höchsten zulässigen Fernspeisespannung und der gewünschten Reichweite der Spannungsabfall am Verstärker möglichst klein gehalten wird. Besondere Maßnahmen im Fernspeisesystem sind notwendig, um eine Gefährdung von Personen für alle denkbaren Vorkommnisse auszuschließen.

Fehlerortung. Bei den Kabelstrecken mit unterirdischen Zwischenverstärkern oder -regeneratoren ist ein zuverlässiges Ortungsverfahren notwendig, um von einer zugänglichen Stelle aus in kurzer Zeit ein gestörtes Feld ermitteln zu können. Bei Gerätefehlern wird die fehlerhafte Einheit ausgetauscht, bei Kabelfehlern wird der genaue Fehlerort im Kabel von den Verstärkerstellen aus mit den üblichen Kabelmeßverfahren gefunden.

Die Fehlerortungseinrichtungen sind integrierte Teile der Übertragungssysteme, die vorzugsweise die für die Signalübertragung vorhandenen Koaxialpaare mitbenutzen.

Es gibt unterschiedliche, vom System und von der Fehlerart abhängige Ortungsverfahren. Jedem Zwischenverstärker wird z. B. ein Ortungsgenerator zugeordnet, der dauernd ein den Verstärker kennzeichnendes Signal über die Leitung beider Übertragungsrichtungen zu den empfangenden Endstellen sendet. Ein von Verstärker zu Verstärker in der Frequenz unterschiedlicher Quarz bestimmt die Kennung. Die Pegel der Ortungssignale liegen weit unter den Signalpegeln und stören die Übertragung nicht. Das Fehlen einer Folge von Signalen gibt den Hinweis auf das gestörte Verstärkerfeld.

Damit das Ortungsverfahren auch bei Fehlern im Fernspeisekreis verwendet werden kann, sind besondere Einrichtungen vorhanden, um die noch betriebsfähigen Verstärker zwischen der Speisestelle und dem Fehlerort wieder in Betrieb nehmen zu können.

Bei Digitalsignal-Übertragungssystemen werden unterschiedliche Verfahren angewendet, die man in zwei Gruppen einteilen kann:

- Fehlerortung nach Außerbetriebnahme der Strecke,
- Fehlererkennung während des Betriebs.

In die erste Gruppe gehört als Beispiel ein Schleifen-Fehlerortungsverfahren: Von der Leitungsendeinrichtung aus gesteuert werden in allen Zwischenregeneratoren nacheinander Schleifen gebildet, über die der qualitative Zustand durch einen bit-für-bit-Vergleich mit einem Ortungsgerät gemessen werden kann. Damit läßt sich ein gestörtes Regeneratorfeld schnell und sicher eingrenzen.

Störungen, die nicht zum Ausfall der Verbindung führen, die Übertragungsqualität jedoch zeitweise beeinträchtigen, können mit einem Verfahren der zweiten Gruppe festgestellt werden. Bei diesen Verfahren werden alle Zwischenregeneratoren in beiden Richtungen ständig überwacht. Zur Auswertung werden Regelverletzungen des Leitungscodes bzw. Überschreitungen der laufenden digitalen Summe bei Blockcodes verwendet. Die Informationsübertragung kann von jedem Regenerator zu der überwachenden Stelle über Hilfsadern des Kabels oder über den Hauptsignalweg in einem speziellen Telemetriekanal erfolgen. Wird bei Kabelunterbrechung die Stromversorgung bis zur Bruchstelle über besondere Schaltungen im Fernspeisekreis aufrechterhalten, so kann dieses „In-Betrieb-Überwachungsverfahren“ auch zur Fehlerortung benutzt werden.

Überspannungsschutz. Durch Starkstrom- oder Blitzbeeinflussung treten in den Kabelstrecken Überspannungen auf. Sie müssen in den Verstärkern durch geeignete Schutzeinrichtungen auf für die Bauteile ungefährliche Werte abgebaut werden.

Die Nachrichtenkabel können durch benachbarte parallellaufende Starkstromleitungen oder Fahrleitungen erheblich beeinflußt werden. Empfehlungen über zulässige Spannungen, Berechnungsmethoden und Schutzmaßnahmen sind vom CCITT [2] und von VDE [3] herausgegeben worden. Danach sind z. B. als induzierte Längsspannung im Kabelmantel 60% der Prüfspannung des Kabels zwischen Ader und Mantel für 0,5 s noch zugelassen (in der Regel 1200 V, 50 Hz). Während die Starkstrombeeinflussung in ihrer Größe berechenbar ist, können die durch Gewitter verursachten Überspannungen nur statistisch erfaßt werden. Die Höhe der Überspannungen hängt vom Aufbau des Kabels ab. Bei direktem Blitzeinschlag in ein Kabel fließen kurzzeitig Blitzströme von im Mittel 30 kA über das Kabel ab. Die dabei in einer Koaxialleitung zwischen Innen- und Außenleiter entstehenden Überspannungen liegen meist über 1000 V. Um die Verstärker vor solchen Überspannungen zu schützen, müssen alle Ein- und Ausgänge mit Schutzelementen versehen werden. Als Grobschutz verwendet man meistens gasgefüllte Überspannungsableiter, für den Feinschutz Zener- und Schaltdioden. Nach den geltenden CCITT-Empfehlungen werden Verstärker mit 5-kV-Prüfimpulsen und einer Anstiegszeit von 10 μs geprüft.

Frequenzmultiplexbetrieb; Verstärker. An die Geräte zur Übertragung von Frequenzmultiplexsignalen werden sehr hohe Anforderungen gestellt, da viele Verstärker in Reihe geschaltet sind, deren Störquellen und Fehler sich addieren können.

Es müssen Verstärker mit kleinem Eigenrauschen und sehr hoher Linearität verwendet werden. Die Verstärker werden daher mit großer Gegenkopplung versehen. Vielfach wird dabei am Ein- und Ausgang eine gemischte Serien/Parallel-Gegenkopplung angewendet, um eine möglichst verlustarme Anpassung zu erreichen.

Die frequenzabhängige Kabeldämpfung ($\sim \sqrt{f}$) des zugehörigen Feldes – je nach System 25 bis 40 dB – wird durch die Zwischenverstärker (Bild 8) bis auf sehr kleine Restfehler von etwa 0,05 dB ausgeglichen. Dies geschieht in dem entzerrenden Verstärkerteil zum größten Teil durch entsprechende Dimensionierung der Schleifengegenkopplung und wird durch einen passiven Vorentzerrer VE ergänzt. Dies ergibt ein günstiges Rauschverhalten des ganzen Systems. Unterschiedliche Feldlängen (und damit auch Felddämpfungen) werden in Grobstufen durch Leitungsverlängerungen LV und feinstufig durch einfache Widerstandsumschaltung LF im Gegenkopplungsnetzwerk ausgeglichen. Bei einer Temperaturänderung von 10 K ändert sich die Kabeldämpfung für einen Streckenabschnitt von 100 km Länge z. B. um mehr als 36 dB (bei $f = 60$ MHz im System V 10 800). Diese Veränderung muß auf Werte von höchstens 0,5 dB reduziert werden, am günstigsten durch Ausgleich in jedem Verstärker, (z. B. automatische Steuerung durch die Umgebungstemperatur). Dies wird durch einen temperaturabhängigen Widerstand R_T im Gegenkopplungsnetzwerk des entzerrenden Verstärkers erreicht, der bei unterirdischer Unterbringung der Zwischenverstärker die Verstärkung in Abhängigkeit von der Umgebungstemperatur und damit der Kabeltemperatur steuert. In größeren Abständen, z. B. nach jedem 6. bis 10. Verstärkerfeld, werden Verstärker mit Pilotregelung zum automatischen Ausgleich eingesetzt. In diesem Fall bewirkt ein Regelheißleiter R im Gegenkopplungsweg die gewünschte Verstärkungsänderung; er wird hier über einen selektiven Pilotempfänger (f_1) und Pilotregler gesteuert. Die Pegelverhältnisse längs der Kabelstrecke – und damit auch die Geräuschbilanz und Aussteuerfähigkeit der Verstärker – bleiben so unabhängig von der Jahreszeit weitgehend unverändert.

An den Enden von Kabelstrecken werden Leitungsendgeräte benötigt. Diese erfüllen neben den Funktionen der Zwischenverstärker – Entzerrung und Pegelhaltung – weitere Bedingungen. Bild 9 zeigt dies in einer Prinzipschaltung. Festeingestellte Entzerrer AE sorgen für den Ausgleich der Dämpfungsverzerrungen von Amtsverkabelungen. Die Preemphase Pre erzeugt auf der Sendeseite einen frequenzabhängigen Sendepegel, den empfangsseitig eine entsprechende Deemphase DE wieder aufhebt. Dadurch wird das Gesamt-Geräuschverhalten optimiert. Pilotsignale (f_1; f_2) werden zur genauen Pegelhaltung und zur Überwachung des Systems dem Breitbandnutzsignal zugefügt. Dies

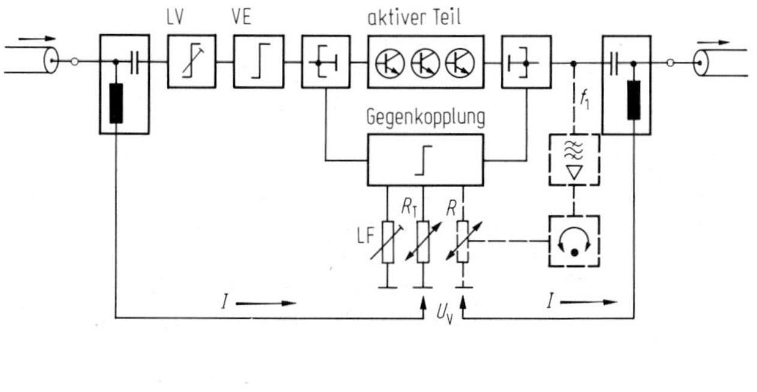

Bild 8. Prinzipschaltung eines Zwischenverstärkers zur Übertragung von Frequenzmultiplexsignalen auf Koaxialpaaren. (Es ist nur eine Signalübertragungsrichtung dargestellt)

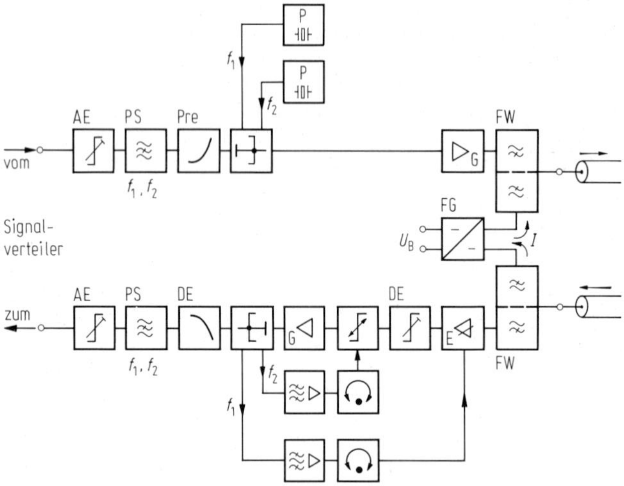

Bild 9. Prinzipschaltung eines Leitungsendgeräts zur Übertragung von Frequenzmultiplexsignalen auf Koaxialpaaren

geschieht auf der Sendeseite mit frequenzgenauen und pegelkonstanten Pilotgeneratoren P. Die Frequenz des Hauptpilotsignals (f_1) liegt im oberen Frequenzbereich, um damit die Auswirkungen der Kabeldämpfungsänderungen möglichst gut erfassen und ausregeln zu können. Mit dem anderen Pilotsignal werden auf der Empfangsseite verbleibende systematische Restverzerrungen des ganzen Streckenabschnittes ausgeglichen (Regelkreis f_2). Pilotsperren PS sorgen sende- und empfangsseitig dafür, daß sich die Nutz- und Pilotsignale sowie die einzelnen Leitungsabschnitte (= Regelabschnitte) gegenseitig nicht beeinflussen. Verstärker G mit fester, frequenzunabhängiger Verstärkung sorgen für die erforderlichen Sendepegel. Der entzerrende Verstärker E im Leitungsendgerät entspricht weitgehend dem entsprechenden Teil des pilotgeregelten Zwischenverstärkers (Bild 8); auch er wird durch den Hauptpilot (f_1) geregelt. Mit einem Dämpfungsentzerrer DE im Empfangsweg können die über den ganzen Streckenabschnitt auflaufenden Restverzerrungen auf sehr kleine Werte (z. B. < 0,2 dB) gebracht werden. Fernspeiseweichen FW zur Trennung des Nutzsignals und des Fernspeisegleichstroms sowie ein Fernspeisegerät FG, das die Amtsbatteriespannung in einen konstanten Strom wandelt, vervollständigen das Leitungsendgerät.

Zeitmultiplexbetrieb; Regeneratoren. Zeitmultiplexsignale werden längs einer Übertragungsstrecke immer wieder regeneriert. Dadurch werden Signalfehler, wie sie für Analogsignale typisch sind, vermieden.

In den einzelnen Zwischenregeneratoren sind neben der eigentlichen regenerativen Funktion (Amplituden- und Zeitentscheidung sowie Taktwiedergewinnung TR aus dem Signal) auch analoge Schaltungsteile notwendig (Bild 10). So werden in einem Entzerrerverstärker EV die Dämpfungsverzerrungen durch das Koaxialkabel aufgehoben. Die erforderliche nominelle Verstärkung bei der Nyquist-Frequenz liegt systemabhängig zwischen 62 und 79 dB. Ein Dämpfungsbereich von etwa 20 dB bei der Nyquist-Frequenz wird durch einen Amplituden-Regelkreis AR automatisch auf Gesamt-Restfehler unter 0,5 bis 1 dB entzerrt. Unterschiedliche Regeneratorfelddämpfungen – bedingt durch unterschiedliche Feldlängen, aber auch durch Temperaturänderungen – werden so ausgeglichen. Leitungsverlängerungen LV gestatten die Anpassung an zu kurze Feldlängen. Oberhalb der Nyquist-Frequenz wird das Signalband so geformt („roll off"), daß sich vor dem Amplituden- und Zeitentscheider AZE ein möglichst optimales Signal hinsichtlich Verzerrungen und überlagertem Rauschen ergibt. Ziel ist es, ein möglichst „offenes Auge" zu erhalten (Bild 11). Hierzu ist meist auch eine gewisse Phasenentzerrung mit Allpässen notwendig.

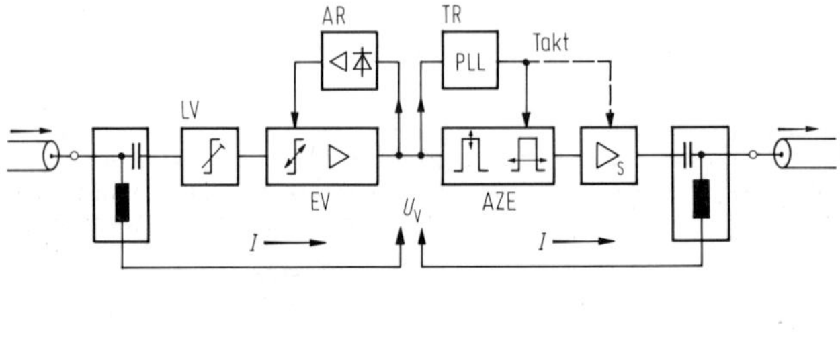

Bild 10. Prinzipschaltung eines Zwischenregenerators zur Übertragung von Zeitmultiplexsignalen auf Koaxialpaaren. (Es ist nur eine Signalübertragungsrichtung dargestellt)

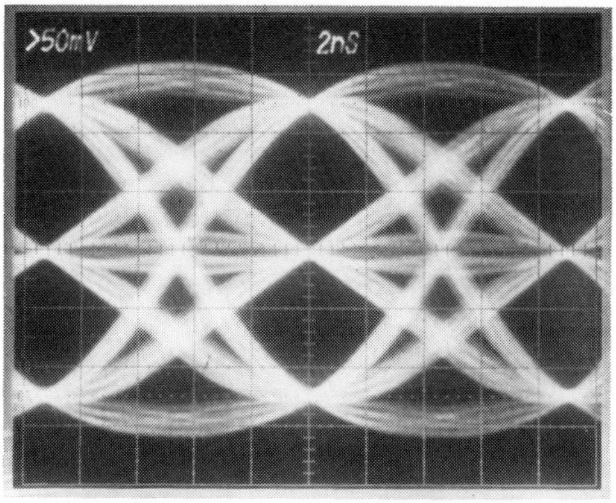

Bild 11. Augendiagramm am Entscheidereingang

Die Wiedergewinnung des notwendigen Takts ist eine wesentliche Aufgabe des Regenerators, da Phasenschwankungen des Taktsignals sich als sog. „Jitter“ auf das Zeitmultiplexsignal übertragen und sich längs einer Strecke aufsummieren. Taktkreise können mit hoher Güte ($Q \approx 1000$), aber auch mit niedriger ($Q < 100$) realisiert sein. An den Enden einer Strecke – vor dem genormten Übergabepunkt – muß eventuell ein „Dejitterizer“ (z. B. Taktkreis sehr hoher Güte) eingesetzt werden, um die geforderten Jitterwerte einzuhalten. Wegen der Signalverzerrungen und des Eigenrauschens durch die Regeneratoren, aber auch wegen Beeinflussungen durch äußere Störfelder (Blitze, techn. Wechselstrom) können Signalverfälschungen auftreten, die sich als sog. Bitfehler längs einer Strecke aufaddieren. Je 1 km Strecke wird *ein* statistischer Bitfehler pro 10^{10} Informationsbits zugelassen – man spricht dann von einer Bitfehlerhäufigkeit BER (= Bit Error Ratio) von 10^{-10}. Praktische Systeme besitzen gegenüber diesem Wert noch einen Sicherheitsabstand für den ganzen Betriebsarbeitsbereich.
In Leitungsendgeräten werden zusätzlich zu den Funktionen eines Zwischenregenerators (entzerren, taktableiten, regenerieren) die Anpassung an die genormten Schnittstellen und sendeseitig eine Verwürfelung (scrambling) der Informationsbits und Umcodierung in den gewünschten Leitungscode sowie empfangsseitig die entsprechenden Rückwandlungen vorgenommen (Bild 12).
Das vom Signalverteiler im jeweils genormten Schnittstellencode kommende Zeitmultiplexsignal wird automatisch entzerrt und regeneriert; gleichzeitig wird der benötigte Takt abgeleitet („Schnittstellenbaugruppe“ BS). Danach folgt ein Schnittstellensignal-Decodierer SD, der das Signal in ein Binärsignal wandelt. Durch einen Scrambler Scr wird dieses Binärsignal so verwürfelt, daß es bei tiefen Frequenzen keine Signalenergie mehr besitzt (Gleichspannungsfreiheit) und eine möglichst gleichförmige Signalenergieverteilung aufweist. Im folgenden Leitungssignal-Codierer LC wird das Signal entsprechend dem gewählten Leitungscode gebildet (meist ein Dreipegelsignal mit Redundanz). Über einen Sendeverstärker S, der getaktet sein kann, und die Fernspeiseweiche FW gelangt dann das Signal zum Koaxialpaar. Auf der Empfangsseite durchläuft das Signal nach Entzerrung, Regenerierung und Taktableitung Schaltungen mit zur Sendeseite reziproken Funktionen (Leitungssignal-Decodierer LD, Descrambler, Schnittstellencodierer SC) und wird dann an den Signalverteiler weitergeleitet.
Zur Signalverarbeitung werden synchrone Taktsignale unterschiedlicher Frequenzen f_1, f_2 benötigt. Diese werden durch Taktumsetzer voneinander abgeleitet.
Im Falle eines Signalausfalls oder einer zu hohen Bitfehlerhäufigkeit (BER $\geq 10^{-3}$) wird ein geeignetes Ersatzsignal AIS (= Alarm Indication Signal) eingespeist. Damit wird die Funktionsfähigkeit des jeweils nachfolgenden Abschnitts aufrechterhalten und gleichzeitig die erforderliche Fehlermeldung auf den tatsächlich fehlerbehafteten Abschnitt eindeutig beschränkt.
Die verschiedenen digitalen Schaltungsfunktionen werden vielfach durch spezielle hochintegrierte Schaltkreise realisiert, um das benötigte Volumen und die Verlustleistung (Temperatur) niedrig zu halten.

Spezielle Literatur: [1] *Hölzler, E.: Thierbach, D.:* Nachrichtenübertragung. Berlin: Springer 1966. – [2] *CCITT-Recommendation K17.* – [3] *VDE 0228.*

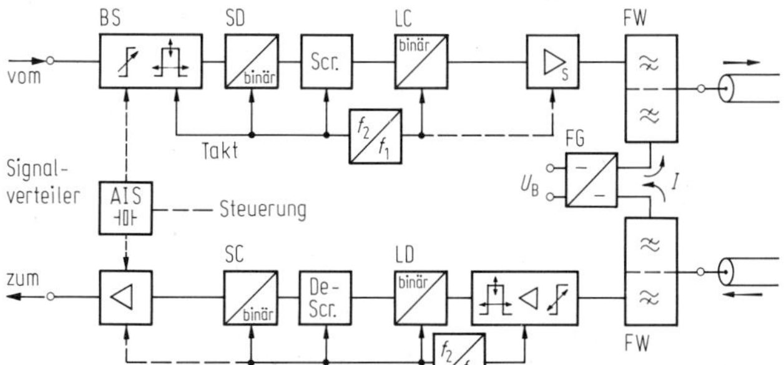

Bild 12. Prinzipschaltung eines Leitungsendgeräts zur Übertragung von Zeitmultiplexsignalen auf Koaxialpaaren

2 Rundfunksysteme
Broadcasting systems

Allgemeine Literatur: *ARD/ZDF:* Techn. Pflichtenhefte d. öff. rechtl. Rundfunkanstalten in der Bundesrepublik Deutschland. Inst. für Rundfunktechnik, München. – *CCIR:* Recommendations and Reports of the CCIR, Int. Telecomm. Union, Geneva, 1982. – *Reihe:* Technik der Telekommunikation. Heidelberg: R. v. Decker, Bd. 10: Kenter, H.: Ton- und Fernseh-Übertragungstechnik und Technik leitergebundener BK-Anlagen. 1988; Bd. 15: Werle, H.: Technik des Rundfunks, Technik der Systeme, Rundfunkversorgung. 1989. – *Theile, R.:* Fernsehtechnik. Berlin: Springer 1968. – *UIT:* Radio Regulations. Int. Telecomm. Union, Geneva 1982.

2.1 Allgemeines. General

Aufgabe. Rundfunksysteme dienen zur sofortigen oder späteren Übermittlung von Bild und/oder Ton von Ereignissen informativer, künstlerischer oder unterhaltender Art zu einem jeweils interessierten Teil der Allgemeinheit. Nach Umwandlung der originalen optischen und/oder akustischen in elektrische Signale modulieren diese einen RF-Träger und werden danach mit vollem bzw. teilweise oder ganz unterdrücktem Träger entweder drahtlos (s. 2.2 bis 2.6) in speziellen Frequenzbereichen oder drahtgebunden in speziellen Kabelanlagen (s. 2.7) übertragen.

Wiedergabequalität. In allen Rundfunksystemen soll die Wiedergabequalität derjenigen anderer Wiedergabeeinrichtungen überlegen oder zumindest gleichwertig sein („Rundfunkqualität"). Daher wird ständig versucht, eine Verbesserung der Qualität durch Entwicklung neuer Systeme zu erreichen. Derzeit werden für die Bildübertragung Systeme mit hoher Auflösung (HDTV) [1 a] bzw. für stereoskope Wiedergabe [1 b] entwikkelt. Für den Ton werden Möglichkeiten der Digitalübertragung [1 c, d] sowie – unter Ausnutzung psycho-physiologischer Effekte wie Wahrnehmbarkeit und Verdeckung – neue Signalaufbereitungsverfahren [1 e] untersucht.
Die Einführung neuer Systeme ist meist langwierig, denn sie erfordert zuvor die Ermittlung der Einführungsbedingungen sowie eine – möglichst weltweite – Standardisierung. Daher werden nachstehend nur bereits benutzte Systeme behandelt.

2.2 Rundfunkversorgung
Broadcasting coverage

Prinzipien. Jeder Rundfunksender versorgt in seinem Versorgungsgebiet eine Vielzahl von Empfangsanlagen. Zum Versorgungsgebiet gehören alle Empfangsorte, an denen der Empfang genügend verzerrungsarm und störfrei ist. Verzerrungen infolge Mehrwegeausbreitung sind vom Empfangsort abhängig; sie lassen sich daher nicht systematisch mit Mitteln der Planung vermeiden. Ausreichende Störfreiheit liegt vor, wenn die Feldstärke E eines Senders mindestens die folgenden Grenzwerte erreicht:

- Die Mindestfeldstärke E_{min}; sie wird generell so gewählt, daß Störungen durch Rauschen und elektrische Betriebsmittel (man-made noise) nicht zu Qualitätsminderungen führen. Sie ist beim Rundfunk meist recht hoch und erfordert deshalb verhältnismäßig hohe Strahlungsleistungen.
- Die nutzbare Feldstärke E_u; sie berücksichtigt Interferenzen anderer Funksender und wird individuell ermittelt. Sie sollte etwas größer sein als die Mindestfeldstärke, damit das Spektrum wirksam genutzt wird [1 f].

Zur Verminderung der Interferenzstörungen werden die benutzten Wellenbereiche in Kanäle unterteilt. Dabei kann die Breite eines Kanals größer sein als der Abstand zwischen benachbarten Kanälen, so daß sich die Kanäle überlappen. Da es in jedem Wellenbereich mehr Sender als Kanäle gibt, muß jeder Kanal mehrfach benutzt werden. Deshalb wirkt jeder Nutzsender im Fernbereich unbeabsichtigt als Störsender. Zur Minderung der Störwirkung muß die Verteilung der verfügbaren Kanäle auf die Sender eines Netzes sehr sorgfältig erfolgen [2].

Nutzbare Feldstärke. Die nutzbare Feldstärke E_u resultiert aus der gemeinsamen Wirkung aller Interferenzstörer und ist unabhängig von der Nutzsenderfeldstärke. Störsenderfeldstärken sind meist statistischen Schwankungen unterworfen: zeitlichen (an gegebenem Ort) bei allen Frequenzen, örtlichen (zu gegebener Zeit) nur bei Frequenzen oberhalb etwa 30 MHz [1 g – 1 j].
Zur Berechnung der nutzbaren Feldstärke wird die Störsenderfeldstärke mit dem RF-Schutzabstand R (dB) bewertet, das ist die Mindestdifferenz zwischen den Feldstärkepegeln von Nutz- und Störsender, bei der die vorgesehene Wiedergabequalität gerade erreicht wird [1 k]; seine Größe hängt u.a. von der Frequenzdifferenz zwischen Nutz- und Störsender ab.
Ist nur ein einziger Störsender vorhanden, so liegt die nutzbare Feldstärke E_u um den Schutzabstand R über der Feldstärke E_s des Störsenders. Bei mehreren (n) Störsendern kann die nutzbare Feldstärke mit Hilfe verschiedener Verfahren, z.B. des Leistungsadditions- oder des vereinfachten Multiplikationsverfahrens [1 l] ermittelt werden.
Das *Leistungsadditionsverfahren* verwendet man meist bei lediglich zeitlich schwankenden Störsignalen und berechnet mit ihm die nutzbare

Spezielle Literatur Seite R 22

Feldstärke während $(100 - z)\%$ der Zeit:

$$E_u(100 - z) = \sqrt{\sum_{i=1}^{n} [E_{si}(z)\, R_i']^2} \quad \text{in } \mu\text{V/m} \qquad (1)$$

mit $R_i' = 10^{R_i/20}$ (R_i = RF-Schutzabstand [dB] gegenüber dem i-ten Störsender) und
$E_{si}(z)$ = Feldstärke des i-ten Störsenders [µV/m], die während $z\%$ der Zeit überschritten wird.

Das *vereinfachte Multiplikationsverfahren* wird bevorzugt bei örtlich und zeitlich schwankenden Störsignalen benutzt, z. B. in den m- und dm-Wellenbereichen; es liefert die Wahrscheinlichkeit p, daß bei einem angenommenen Pegel der nutzbaren Feldstärke E_u während mindestens $(100 - z)$ % der Zeit L% (üblicherweise $L = 50$) der Orte versorgt werden. Ist

$$E_i = E_{si} + R_i \quad \text{in} \quad \text{dB}(\mu\text{V/m}) \qquad (2)$$

der mit dem RF-Schutzabstand bewertete Feldstärkepegel, so ergibt sich E_u für ein gegebenes p, z. B. 50 %, iterativ aus

$$p(E_u) = \prod_{i=1}^{n} L(E_u - E_i) \qquad (3)$$

mit

$$L(E_u - E_i) = \frac{1}{\sigma\sqrt{2\pi}} \int_{-\infty}^{(E_u - E_i)} [\exp(-\zeta^2/2\sigma^2)]\, d\zeta \qquad (4)$$

(σ = Standardwert der Ortsstreuung).

Kanalverteilungen. Will man alle verfügbaren Kanäle sinnvoll auf die Sender verteilen, so ist es – außer beim Kurzwellen- und Satellitenrundfunk – zweckmäßig, die Gesamtfläche, auf der Sender vorgesehen sind, derart in Flächenelemente zu unterteilen, daß die Anzahl der Sender je Flächenelement nicht größer ist als die der verfügbaren Kanäle. Das kleinste dieser Flächenelemente bestimmt die minimale Entfernung D zwischen zwei Sendern im gleichen Kanal (Gleichkanalentfernung) auf der Gesamtfläche. Theoretisch ist die Beeinträchtigung der Versorgung durch Gleichkanalstörungen am kleinsten, wenn alle Gleichkanalsender ein gleichseitiges Dreiecksnetz bilden (Bild 1), so daß jeden Sender sechs Gleichkanalsender im Abstand D umgeben. Die Größe A eines Flächenelements ist dann

$$A = D^2 \sqrt{3}/2, \qquad (5)$$

d. h. gleich der Fläche eines gleichseitigen Sechsecks mit der Seite $D/\sqrt{3}$ bzw. eines Rhombus (zwei gleichseitige Dreiecke) mit der Seite D. Bei einer Reichweite r versorgt ein Sender die Fläche πr^2. Das Verhältnis

$$\pi r^2/A = (2\pi/\sqrt{3})\,(r/D)^2\, 100\% \qquad (6)$$

ist der Versorgungsgrad. Durch lückenloses Aneinanderreihen von Rhomben kann man eine

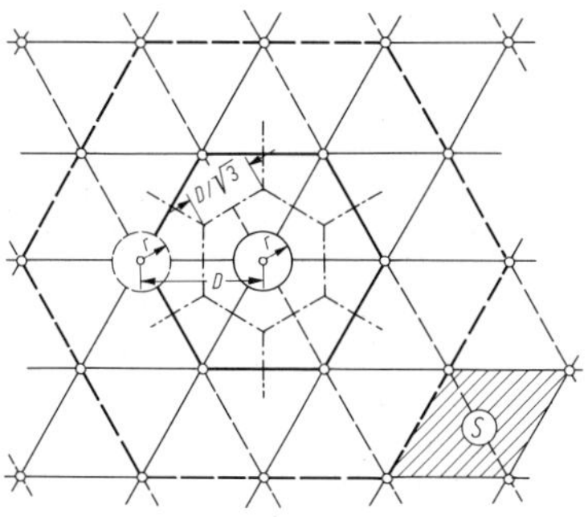

Bild 1. Gleichseitiges Dreiecksnetz

Vollbedeckung erreichen (Bild 1). Da jede Rhombusfläche A nur einen Gleichkanalsender enthält, ergibt sich der Zusammenhang mit der Gleichkanalentfernung D aus Gl. (5) zu

$$D = \sqrt{2A/\sqrt{3}}. \qquad (7)$$

Alle übrigen Kanäle können auf jeder Rhombusfläche ebenfalls gerade einmal verwendet werden. Dabei sollten Sender in Kanälen, die bei den Sendern in Bild 1 zu Interferenzstörungen führen können (z. B. Nachbarkanalsender), in möglichst großer Entfernung von den Eckpunkten des Rhombus angeordnet werden, also nahe den Dreiecksschwerpunkten.

2.3. AM-Hörrundfunk

AM Sound broadcasting

Ausbreitung und Versorgung. Amplitudenmodulation (AM) eines RF-Trägers benutzt man zur Übertragung von Hörrundfunk auf Lang- (LW), Mittel- (MW) und Kurzwelle (KW). Diese Wellen breiten sich einerseits entlang der Erdoberfläche als Bodenwellen, andererseits unter Mitwirkung der Ionosphäre als Raumwellen aus (s. H).

Die *Bodenwellen* unterliegen bei der Ausbreitung einer Reihe physikalischer Einflüsse [1 g, 3]. Da ihre Dämpfung mit der Frequenz zunimmt, sind sie zur Versorgung im LW-Bereich gut, im MW-Bereich weniger und im KW-Bereich kaum geeignet. Die *Raumwellen* werden auf ihrem Wege durch die Ionosphäre vor allem gedämpft und gebrochen. Dämpfung und Brechung hängen von der Frequenz und dem Ionisierungsgrad ab, dieser wiederum von der Sonneneinstrahlung, d. h. der Tageszeit.

Die Ionosphäre weist mit zunehmender Höhe eine Reihe von Ionisierungsmaxima auf, die als D- (60 bis 80 km), E- (90 bis 110 km) bzw. F-Region (250 bis 300 km) bezeichnet werden; der Ionisierungsgrad nimmt mit der Höhe von Region zu Region zu.

Die Dämpfung der Raumwellen erfolgt überwiegend in der D-Region; sie nimmt mit der Frequenz ab. Eine Versorgung durch Raumwellen ist daher zu Zeiten maximaler Ionisierung, also am Tage, in den LW-/MW-Bereichen nicht möglich, wohl aber in den KW-Bereichen. Die Dämpfung ändert sich stark in den zwei Stunden nach Sonnenuntergang bzw. vor Sonnenaufgang. Die Brechung der Raumwellen erfolgt überwiegend in der D- (LW), E- (MW) bzw. F-Region (KW). Je nach dem Einfluß der Ionosphäre sind die Raumwellenreichweiten sehr verschieden. Kurzwellen können infolge von Mehrfachreflexionen zwischen Ionosphäre und Erdoberfläche die Erde umspannen.

Raumwellenfeldstärken in den LW- und MW-Bereichen kann man mit Hilfe von [1 h] ermitteln. Ein Verfahren zur Berechnung von Raumwellenfeldstärken für Kurzwellen [1 i] berücksichtigt den tageszeitlichen ebenso wie den jahreszeitlichen Gang der Feldstärke und den Einfluß des Sonnenfleckenzyklus.

Bedingt durch die wechselnden Ausbreitungsverhältnisse unterscheidet man in den LW/MW-Bereichen zwischen Bodenwellenversorgung (am Tage bzw. während der Dunkelheit) und Raumwellenversorgung (nur während der Dunkelheit). Bei den Kurzwellen spielt nur die Raumwellenversorgung eine Rolle.

Die erreichbare Versorgung hängt außer von den Ausbreitungsbedingungen auch von der Belegung des jeweiligen Wellenbereichs mit Sendern ab. Zu ihrer Berechnung benötigt man geeignete RF-Schutzabstandswerte [1 m]. Diese erhält man, wenn man die relativen RF-Schutzabstandskurven in Bild 2 um den vereinbarten AF-Schutzabstand [1 k] (z. B. 30 dB) erhöht.

Um in einem gegebenen Wellenbereich mehr Sender betreiben zu können, wird bisweilen ein relativ niedriger AF-Schutzabstand vereinbart. Bei Raumwellenversorgung ist das wegen der ohnehin verminderten Wiedergabequalität durchaus vertretbar.

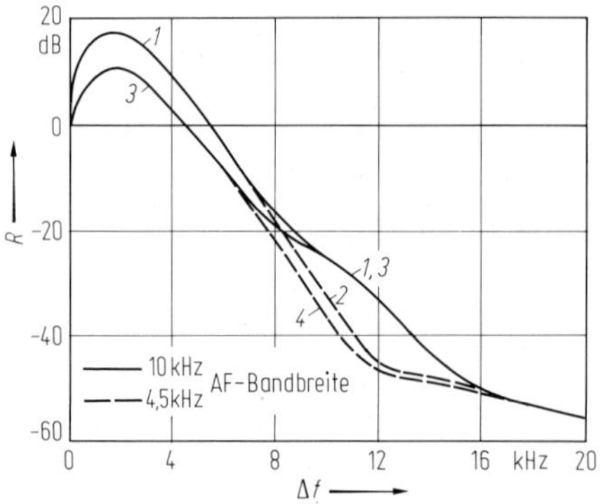

Bild 2. Relativer RF-Schutzabstand für AM-Hörrundfunk. Nach [1 m]. Δf Frequenzabstand; *1, 2* ohne Kompression; *3, 4* mit Kompression

Antennen. Die meisten LW-/MW-Sendeantennen sind vertikale Unipole mit radial verlegtem Erdnetz. Die abgestrahlten Wellen sind vertikal polarisiert; das ist eine Voraussetzung für die Ausbildung einer starken Bodenwelle. Ist – wie bei den Kurzwellen – die Bodenwelle bedeutungslos, so bevorzugt man Antennen mit horizontal polarisierter Abstrahlung, wie Dipole, Vorhang-, Rhombus- oder logarithmisch-periodische Antennen.

Das Vertikaldiagramm vertikaler Strahler wird u. a. durch Bauhöhe und Art der Speisung beeinflußt. So kann man durch Umschalten der Antennenströme nach Betrag und Phase die Bodenwellenreichweite oder die Entfernung zum Interferenzgebiet zwischen Boden- und Raumwelle des Senders (Nahschwundzone) vergrößern, d. h. die Abstrahlung trotz wechselnder Ausbreitungsbedingungen an die Versorgungsaufgabe anpassen.

Das Horizontaldiagramm kann sowohl durch gespeiste als auch ungespeiste Sekundärstrahler so beeinflußt werden, daß die Strahlung in Richtung auf das Versorgungsgebiet konzentriert bzw. in Richtung auf gestörte Sender vermindert wird.

Bei horizontal polarisierten Antennen werden meist Dipole oder Dipolgruppen verwendet, deren Richtwirkung durch Sekundärstrahler oder Reflektorwände verstärkt werden kann. Die Hauptstrahlrichtung von Vorhangantennen kann innerhalb gewisser Grenzen elektrisch geschwenkt werden.

Sender. In den LW-, MW- und KW-Bereichen werden meist Großsender mit einigen 100 kW Leistung verwendet. Richtwerte für die technischen Eigenschaften von AM-Sendern (Audio-Frequenz-Bandbreite = AF-Bandbreite, zulässige Verzerrungen, Wirkungsgrad usw.) enthält [4 a].

Der Wirkungsgrad ist bei Großsendern besonders wichtig. Er hängt wesentlich vom Modulationsverfahren ab und ist bei der Pulsdauermodulation (PDM) [5] höher als bei konventionellen Verfahren (Chireix, Doherty, Anoden-B) [1 n]. Die PDM erspart außerdem den Modulationstransformator.

Beim PDM-Verfahren arbeitet die RF-Endröhre wie bei der Anoden-B-Modulation im C-Betrieb. Ein Schaltverstärker liefert Gleich- und Modulationsspannung. Die Schaltfrequenz liegt i. allg. zwischen 50 und 80 kHz. Durch Änderung der Einschaltzeit der Schaltröhre lassen sich Ausgangsspannung und Trägerleistung ohne Verringerung des Wirkungsgrades einstellen. Bei der dynamik-gesteuerten Amplitudenmodulation (DAM) steuert man so in Abhängigkeit vom Modulationsgrad den Träger [6]. Um die Verzerrungen klein zu halten, darf der Restträger in den Modulationspausen nicht unter 60% des Nor-

malwerts fallen. Da zu Zeiten verminderten Trägers im Empfänger die Verstärkung heraufgeregelt wird, ist das DAM-Verfahren mit einer Kompression des RF-Signals verbunden.
Geknickte Regelkennlinien zur Trägersteuerung werden bevorzugt, da sie eine höhere Energieeinsparung ermöglichen als lineare. Bei ihnen bleibt der RF-Träger bis zum Knick konstant, d. h. der Modulationsgrad ändert sich; oberhalb des Knicks steigt der RF-Träger an, und der Modulationsgrad bleibt konstant (z. B. 100 %). Den Zusammenhang zwischen Trägerleistung, Energieeinsparung und Trägerrest zeigt Bild 3. Bei Dynamikkompression ist die Energieersparnis geringer, da der effektive Modulationsgrad zunimmt [7].

Modulationsaufbereitung. Vor der Modulation des Trägers wird das AF-Signal aufbereitet [c]: ein Tiefpaß ($f_g \approx 4{,}5$ kHz) begrenzt die Bandbreite und vermindert somit die Nachbarkanalstörungen; ein Hochpaß ($f_g \approx 200$ Hz) senkt die Tiefen ab und erhöht so die Sprachverständlichkeit; Dynamikkompression (~ 10 dB) erhöht den effektiven Modulationsgrad und erweitert den Versorgungsbereich deutlich. Zum Schutz des Senders vor Übermodulation werden die Spitzenwerte des AF-Pegels so begrenzt, daß ein Modulationsgrad von 100 % nie überschritten wird.

Empfänger. Überwiegend werden Überlagerungsempfänger mit Hüllkurvendetektor verwendet. Zur Erhöhung der Spiegelselektion sind KW-Empfänger meist mit Mehrfachüberlagerung ausgestattet.

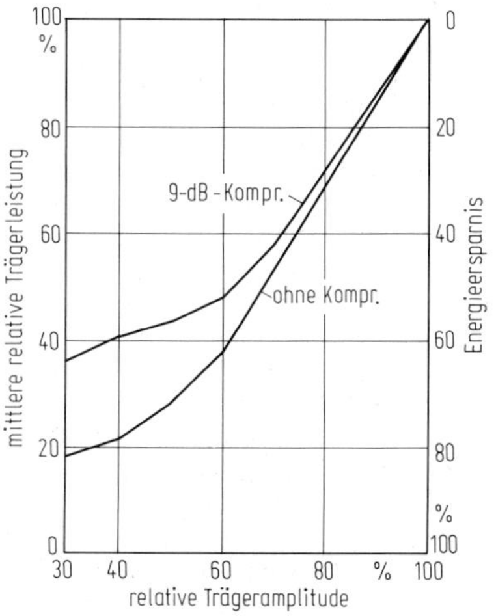

Bild 3. Zusammenhang zwischen relativer Trägerleistung bzw. Energieersparnis und relativer Trägeramplitude (Knickkennlinie) [1 n]

Wegen der hohen Störpegel in den AM-Bereichen ist die Empfindlichkeit der Empfänger meist weniger wichtig als ihr Großsignalverhalten und ihre Selektionseigenschaften.
Von den Selektionseigenschaften hängt die Fähigkeit ab, störende Sender zu unterdrücken. Der erforderliche Schutz gegen Nachbarkanalstörungen (z. B. bei 9 kHz Abstand) läßt sich entweder mit geringer Empfängerbandbreite (1 bis 2 kHz) und mäßig steilen Filterflanken oder großer Empfängerbandbreite (max. 4,5 kHz) und steilen Filterflanken erreichen. Aus Kostengründen wird i. allg. die erste Lösung bevorzugt, obwohl bei der zweiten die Wiedergabequalität besser wäre.
Bild 2 zeigt die Schutzabstandskurve eines Referenzempfängers, dessen Selektionseigenschaften etwa dem Mittel derjenigen aller am Markt befindlichen Empfänger entspricht.
Neben der Hüllkurvengleichrichtung wird bisweilen auch die Produktdemodulation verwendet, bei der das empfangene RF-Signal durch multiplikative Mischung mit einem im Empfänger zugesetzten Träger in die AF-Lage transponiert wird. Die Frequenz dieses Trägers muß zur Vermeidung von Qualitätsminderungen auf wenige Hz genau, bei Zweiseitenbandempfang sogar phasenstarr an den empfangenen Träger gebunden sein; für genügend verzerrungsarmen Empfang von Einseitenbandsendungen ist die Verwendung von Produktgleichrichtern Voraussetzung.
Wegen ihrer Vorteile, z. B. bei selektivem Schwund, werden Produktgleichrichter auch in Zweiseitenbandempfängern verwendet. Während nämlich bei der Hüllkurvengleichrichtung aus den linearen Verzerrungen des RF-Signals nichtlineare Verzerrungen des AF-Signals werden, ist bei der Produktdemodulation auch das AF-Signal nur linear verzerrt.

2.4 FM-Hörrundfunk

FM Sound broadcasting

Systemübersicht. Frequenzmodulation eines RF-Trägers verwendet man im UKW-Bereich (87,5 bis 108 MHz) zur Übertragung monophoner oder stereophoner Programme. Die bekannten FM-Systeme [1 o] benutzen einen Spitzenhub von ± 75 (50) kHz. Die Wiedergabequalität ist gegenüber dem AM-Hörrundfunk verbessert.
Zur Erhöhung des Rauschabstands wird das AF-Signal vor der Modulation einem Preemphasenetzwerk mit einer Zeitkonstanten von 50 (75) μs zugeführt. Diese Preemphase wird im Empfänger durch eine entsprechende Deemphase ausgeglichen.
Beim Pilottonverfahren werden zur Übertragung stereophoner Programme aus den Signalen des linken und rechten Kanals ein Summensignal

M = (L + R)/2 und ein Differenzsignal S = (L − R)/2 gebildet. Das S-Signal moduliert die Amplitude eines (unterdrückten) 38-kHz-Hilfsträgers. M-Signal, modulierter Hilfsträger und ein 19-kHz-Pilotton bilden (bei 15 kHz AF-Bandbreite) das 53 kHz breite Basisbandsignal. Zwischen 53 und 75 kHz können mit höchstens 10% Spitzenhubanteil Zusatzinformationen übertragen werden [1p]. Der Hubanteil für das Programmsignal muß dann bis auf 90% gesenkt werden.
Trotz des erheblich breiteren Basisbandes ist bei Stereophonie die RF-Bandbreite kaum größer als bei Monophonie; sie hängt jedoch sehr von der Programmstruktur ab.

Ausbreitung und Versorgung. Die Ausbreitung der Wellen zwischen Sende- und Empfangsantenne wird überwiegend durch die Brechung in der unteren Troposphäre sowie den Reflexions- und Beugungseinfluß der Erdoberfläche bestimmt. Der Einfluß der Ionosphäre auf die Empfangsfeldstärke ist dagegen vernachlässigbar.
Da der Brechungsindex der Troposphäre von den Witterungsbedingungen abhängt, ist die Empfangsfeldstärke zeitlichen, wegen der Rauhigkeit der Erdoberfläche auch örtlichen Schwankungen unterworfen. Da beim Rundfunk jeder Sender sehr viele Empfänger versorgt, benutzt man zur Ermittlung von Senderreichweiten i. allg. statistische Ausbreitungskurven [1j].
Für genügend störarmen Empfang wird eine Mindestfeldstärke E_{min} von 48 dB (μV/m) bei monophonem, 54 dB (μV/m) bei stereophonem Empfang zugrundegelegt. Höhere Werte sind in Klein- und Großstädten erforderlich [1q].
Zur Ermittlung der nutzbaren Feldstärke E_u müssen alle Störsenderfeldstärken mit dem Schutzabstand bewertet werden (s. Gl. (2)); Untersuchungen mit geeigneten Kurven (Bild 4) haben ergeben, daß bei 100 kHz Kanalabstand das Spektrum bei Monophonie und Stereophonie gleichermaßen wirksam genutzt werden kann.
Mehrwegeempfang kann je nach Laufzeit- und Pegeldifferenz der Signalanteile zu nichtlinearen Verzerrungen führen und trotz ausreichender Nutzfeldstärke die Empfangsqualität beeinträchtigen. Brauchbarer Empfang ist zu erwarten, wenn das Produkt aus Laufzeitdifferenz und Pegelverhältnis bei monophonem (stereophonem) Empfang kleiner ist als 9,6 (3,2) μs.

Antennen. Als Sendeantennen verwendet man meist Rohrschlitz- oder Drehkreuz- (Turnstile-) antennen für horizontale Polarisation bzw. Dipolfelder, bei denen durch Art der Montage und Zusammenschaltung beliebige Polarisation einstellbar ist. Eine horizontale Richtwirkung läßt sich mit Dipolfeldern, bei Rohrschlitzantennen mit Sekundärstrahlern erzielen, eine vertikale Bündelung durch Verwendung des gleichen Antennentyps in mehreren Ebenen. Nullstellen im Vertikaldiagramm können mit Hilfe von Sekundärstrahlern aufgefüllt werden.

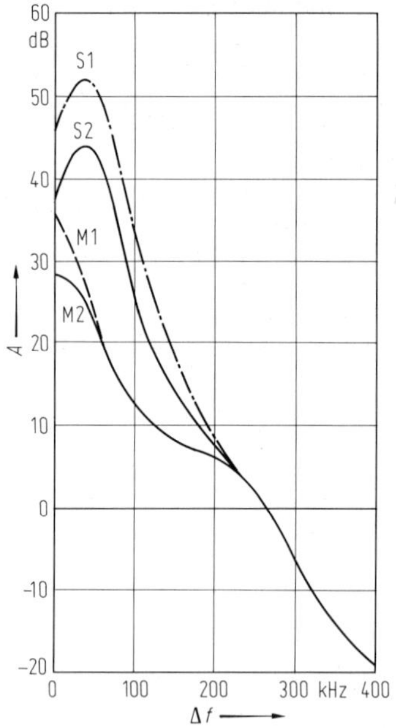

Bild 4. RF-Schutzabstände für FM-Hörrundfunk. Nach [1q]. M monophoner Empfang, S stereophoner Empfang; *1* Dauerstörungen, *2* troposphärische Störungen (1 bis 10% der Zeit)

Sendeantennen können meist im gesamten Bereich (87,5 bis 108 MHz) verwendet werden. Bei Abstrahlung mehrerer Programme über die gleiche Antenne werden die Senderausgänge über Antennenweichen (Diplexer) zusammengeschaltet.
Als Heimempfangsantennen dienen Falt- und Kreuzdipole sowie Zwei- bis Vier-Element-Yagis, die speziell bei Mehrwegeempfang vorzuziehen sind. Für Auto- und Kofferempfänger benutzt man i. allg. Stabantennen. Während bei Kofferempfängern die Richtung der Empfangsantenne den Gegebenheiten meist angepaßt werden kann, bezieht die Autoantenne ihre Energie bei horizontaler Polarisation überwiegend aus Sekundärfeldern.

Sender. Die beim FM-Hörrundfunk gebräuchlichen Sender sind im Teil P beschrieben. Sie bestehen i. allg. aus einem Steuersender geringer Leistung (≈ 50 W) und einem Leistungsverstärker. Bei Ausgangsleistungen unter 5 kW werden in der Endstufe i. allg. Transistoren, sonst Röhren verwendet.
An einem Standort stehen meist Sender für mehrere Programme mit „aktiver“ oder „passiver“ Reserve. Bei der „aktiven“ Reserve liefern zwei Sender jeweils die halbe Gesamtleistung; fällt ei-

ner der beiden aus, wird mit halber Leistung gestrahlt. Bei der i. allg. benutzten „passiven" Reserve strahlt der Reservesender nur bei Ausfall des Betriebssenders. Praktisch genügt die sog. $(n+1)$-Reserve; d. h. für n Betriebssender ist lediglich ein Reservesender vorhanden.
Das Programmsignal erhält der Sender über Richtfunk, Leitungen oder Ballempfang. Beim Ballempfang wird ein qualitativ besonders hochwertiger Empfänger benutzt, um mit dem von einem Muttersender empfangenen Basisbandsignal einen „Tochtersender" zu modulieren. Da Decodierung und Codierung entfallen, wird die Übertragungsqualität kaum vermindert.
Die wichtigsten Anforderungen an Hörrundfunksender (z. B. Klirrfaktoren, Geräuschspannungsabstände usw.) enthält [4b].

Empfänger. Das Prinzip von FM-Empfängern ist im Teil Q beschrieben. In der Praxis des Rundfunks können jedoch systembedingt weitere Anforderungen wichtig werden. Wird z. B. Ortsempfang mit bestmöglicher Qualität oder Fernempfang schwach einfallender Sender gewünscht, so sind Großsignalverhalten oder Empfängerempfindlichkeit maßgebend; und zur Beurteilung der Trennschärfe sind die statische Selektion und der Fangbereich weniger wichtig als die Betriebsselektion [9], die am besten durch die Schutzabstandskurven (Bild 4) dargestellt wird.
Das Empfängerrauschen hängt von Parametern wie Rauschzahl F, verfügbare Eingangsleistung P_v, Frequenzhub Δf und der Begrenzer- und Selektionswirkung ab. Entscheidend aber ist, ob der Effektivwert oder der gehörrichtig bewertete Spitzenwert (subjektive Störeindruck) des Rauschens erfaßt wird [10, 11]. Bei idealer Begrenzung und optimaler Selektion beträgt der bewertete Effektivwert des AF-Störabstands in dB

$$(S/N)_{\mathrm{AF,eff}} \approx 50{,}9 - F_{\mathrm{dB}} + P_v + 20\log\frac{\Delta f}{\mathrm{kHz}} - 10\log\int_{f_1}^{f_2}\left[\frac{f}{\mathrm{kHz}}\,d(f)\,b(f)\right]^2 \mathrm{d}f \qquad (8)$$

mit

F_{dB} = Rauschzahl des Empfängers in dB,
P_v = am Empfängereingang verfügbare Leistung in dB(pW),
$\Delta f/\mathrm{kHz}$ = Bezugs-Frequenzhub in kHz für Vollaussteuerung (z. B. $\pm$ 40 kHz),
f_1, f_2 = Basisbandbereich (0 bis 15 kHz und 23 bis 53 kHz),
$d(f)$ = Amplitudengang des Deemphasenetzwerks (z. B. 50 µs),
$b(f)$ = Amplitudengang des Bewertungsfilters (Bild 5).

Unter Berücksichtigung einer Deemphasis mit 50 µs und gehörrichtiger Bewertung mit Quasi-

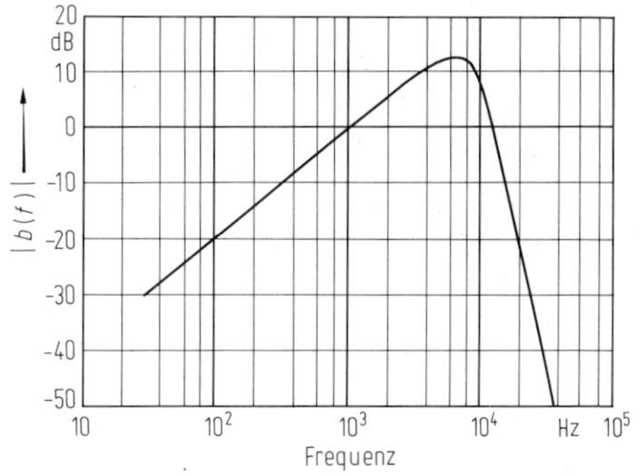

Bild 5. Amplitudengang des gehörrichtigen Bewertungsfilters. Nach [1 r]

Spitzenwertanzeige erhält man aus Gl. (8) einen bewerteten AF-Störabstand

$$(S/N)_{\mathrm{AF,q}} = V_0 - F_{\mathrm{dB}} + P_v + 20\log(\Delta f/\mathrm{kHz}), \qquad (8\mathrm{a})$$

mit $V_0 \approx 18{,}5$ dB bei monophonem bzw. $V_0 \approx -1{,}6$ dB bei stereophonem Empfang.

2.5 Fernsehrundfunk

Television broadcasting

Systemübersicht. Bei allen Fernsehsystemen tastet man die Bilder zeilenweise ab [1 s]. Um das Bildflimmern zu mildern, werden aus den gerad- bzw. ungeradzahligen Zeilen im Zeilensprungverfahren zwei Halbbilder erzeugt und sequentiell übertragen. Alle Systeme benutzen, um Bandbreite einzusparen, Restseitenband-AM für das Videosignal (Bild 6). Der Ausgleich der Amplitudencharakteristik erfolgt im Empfänger durch die Nyquist-Flanke [12]. Jenseits des vollen Seitenbandes befindet sich der mit dem Fernsehbegleitton modulierte Tonträger.
Beim Farbfernsehen wird das Bildsignal in ein Helligkeits- (Luminanz-) und ein Farbart- (Chrominanz-)signal zerlegt. Das Luminanzsignal moduliert wie beim Schwarz/Weiß-Fernsehen den Bildträger, das (zuvor codierte) Chro-

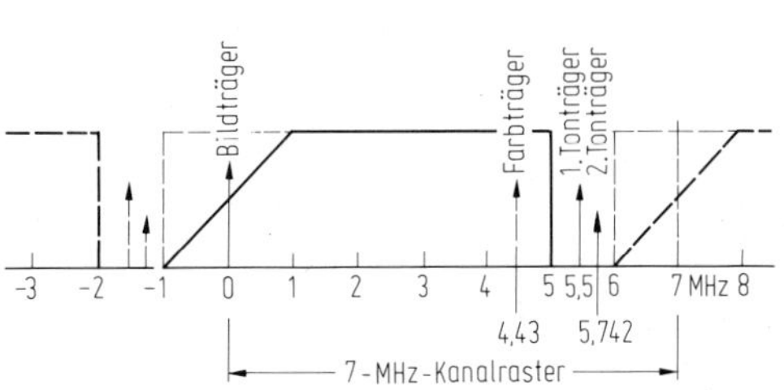

Bild 6. Spektrum eines Fernsehkanals (Meterwellenbereiche)

minanzsignal einen Farbhilfsträger, der in etwa 4,3 MHz Abstand vom Bildträger innerhalb des vollen Seitenbandes liegt. In beiden Fällen entstehen Linienspektren, die eine Periodizität mit der Zeilen- und der Halbbildfrequenz aufweisen und so ineinander verschachtelt werden, daß Störungen möglichst wenig sichtbar sind. Daher wird beim Farbfernsehen keine größere RF-Bandbreite benötigt als beim Schwarz/Weiß-Fernsehen, und herkömmliche Schwarz/Weiß-Empfänger sind ohne Qualitätseinbuße wie zuvor verwendbar.

Während des Zeilen- bzw. Bildrücklaufs wird im Empfänger der das Bild erzeugende Elektronenstrahl unterdrückt (ausgetastet). Diese Austastlücken benutzt man, um während des Zeilenrücklaufs die Zeilensynchronisierimpulse und den Farbburst zur Regenerierung des Farbhilfsträgers, während des Bildrücklaufs die Bildsynchronisierimpulse und verschiedene Zusatzsignale zu übertragen (Bild 7). Da der Bildrücklauf (nach jedem Halbbild) mehrere Zeilen umfaßt, benutzt man je zwei von ihnen als Prüfzeilen zur Übertragung von Meßsignalen zur Qualitätsüberwachung bzw. zur Messung während des Programms. In weiteren Zeilen der Bildaustastlücke werden Datensignale übertragen. Sie erlauben z. B. die alternative oder additive Wiedergabe von Schrifttafeln, einfachen graphischen Darstellungen oder Untertiteln auf dem Bildschirm.

Die in der Welt benutzten Fernsehsysteme kann man nach der Art der Farbübertragung in Gruppen einteilen (Tab. 1).

Ausbreitung und Versorgung. Wie beim FM-Hörrundfunk wird die Ausbreitung der Wellen überwiegend durch die Brechung in der unteren Troposphäre sowie den Reflexions- und Beugungseinfluß der Erdoberfläche bestimmt. Nur bei Frequenzen unter etwa 80 MHz kann der i. allg. vernachlässigbare Ionosphäreneinfluß gelegentlich zu Überreichweiten in Entfernungen um etwa 2000 km führen. Auch zur Ermittlung der Fernsehversorgung werden statistische Ausbreitungskurven [1 j] benutzt. Mindestfeldstärken E_{min} für die verschiedenen Frequenzbereiche enthält [1 t]; sie reichen von 48 dB (μV/m) bei 50 MHz bis 72 dB (μV/m) bei 750 MHz.

Zur Ermittlung der nutzbaren Feldstärke E_u (s. Gl. (1)) müssen die Störsenderfeldstärken mit dem jeweiligen RF-Schutzabstand bewertet werden (s. Gl. (2)). Weil im UHF-Bereich alle Systeme identische Kanalgrenzen haben, gibt es dort nur Gleich-, Nachbar- und Spiegelkanalstörer. Im VHF-Bereich dagegen gibt es überlappende Kanäle, bei denen der RF-Schutzabstand auch von der Frequenzdifferenz zwischen den Bildträgern von Nutz- und Störsender abhängt. Eine entsprechende Schutzabstandskurve zeigt Bild 8 [1 u]. Ist bei überlappenden Kanälen ein Tonsender beteiligt, so geht das Bild-/Tonsender-Leistungsverhältnis in den RF-Schutzabstand ein. Gleichkanalstörungen können durch Frequenzversatz (Offset) oder gar Präzisions-Offset zwischen Nutz- und Störsender vermindert werden. Dabei werden die erwähnten Linienspektren der betreffenden Sender der Zeilen- oder Halbbild-

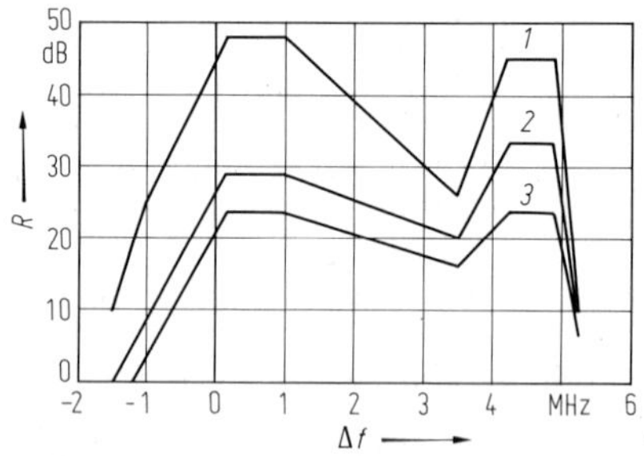

Bild 8. RF-Schutzabstände für Farbfernsehen. *1* nichtstabilisierter Träger, *2* Normal-Offset (Toleranz ±500 Hz), *3* Präzisions-Offset (Toleranz ±1 Hz)

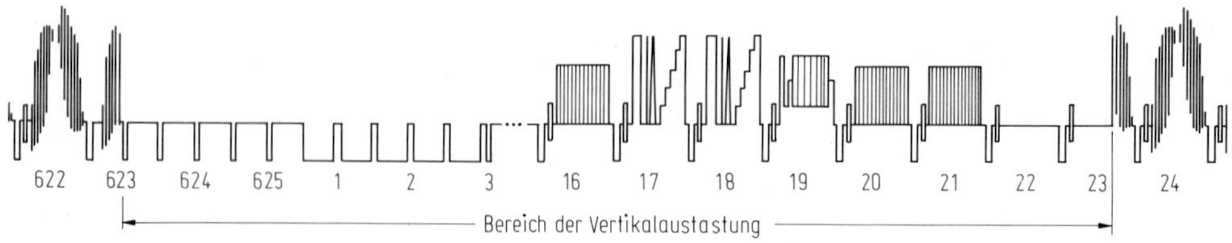

Bild 7. Vertikal-Austastlücke

Tabelle 1. Anwendungsgebiete verschiedener Farbfernsehsysteme

Gruppe	Zeilen/Bild	Bilder/s	Farbsystem	Anwendungsgebiet
a	525	30	NTSC	Nordamerika, Japan
b	625	25	PAL	Europa, Afrika usw.
c	625	25	SECAM	Europa, Afrika usw.

frequenz entsprechend ineinander verschachtelt. Offset und Präzisions-Offset setzen eine Frequenzgenauigkeit der beteiligten Träger von ± 500 Hz bzw. ± 1 Hz voraus [12].
Bei Störungen aus dem unteren oder dem oberen Nachbarkanal beträgt der RF-Schutzabstand −6 dB bzw. −12 dB, bei Spiegelkanalstörungen +2 dB.
Qualitätsbeeinträchtigungen infolge Mehrwegeausbreitung lassen sich nicht systematisch, sondern nur im Einzelfall aufgrund von Messungen ermitteln [11].

Antennen. Als Sendeantennen werden beim Fernsehen neben Drehkreuz- (Turnstile-) und Rohrschlitzantennen überwiegend Dipolfelder verwendet. Durch geeignete Kombination von Dipolfeldern kann man nahezu jedes Horizontal- bzw. Vertikaldiagramm realisieren. Durch geeignete Phasen- und Amplitudenwahl für die einzelnen Antennenelemente lassen sich Nullstellen im Vertikaldiagramm auffüllen [13]. Die Bandbreite von Fernsehsendeantennen entspricht meist einem der beiden VHF-Bereiche oder großen Teilen des UHF-Bereichs. Antennenweichen erlauben die Abstrahlung mehrerer Programme über dieselbe Antenne [14].
Als Empfangsantennen werden fast ausschließlich Mehrelement-Yagiantennen benutzt. Mit der Zahl der Elemente steigt ihr Gewinn, und ihre Bandbreite nimmt ab. Um störende Interferenzen oder Reflexionen zu unterdrücken, ist das Vor/Rück-Verhältnis der Empfangsantenne wichtiger als ihr Gewinn.
Fernsehsender großer Leistung (Grundnetzsender) sind meistens horizontal polarisiert, weil dann die Einflüsse von Gelände, Bewuchs und Bebauung geringer sind und eine bessere Versorgung erzielt werden kann. Zur besseren Spektrumsnutzung wird bei Fernsehsendern kleiner Leistung (Füllsendern) aber auch von der vertikalen Polarisation Gebrauch gemacht.
Leistungen von Fernsehsendern werden meist als (äquivalente) Strahlungsleistung (ERP) angegeben, das ist das Produkt aus Antenneneingangsleistung während der Synchronspitzen und Antennengewinn gegenüber einem Halbwellendipol.

Sender. Ein Fernsehsender besteht im Prinzip aus einem amplitudenmodulierten Bildsender und einem (oder zwei) frequenzmodulierten Tonsender(n). Bei den Systemen B- bzw. G-PAL wird der Bildträger nach dem Restseitenbandverfahren (Sendeart C3F [15 a]) negativ moduliert, d. h. die RF-Amplitude ist bei größter Helligkeit (Weißwert) am kleinsten; Bild 9 zeigt die Pegelverhältnisse am Ausgang des Bildsenders.
Das Programmsignal (Bild und Ton) erhält der Sender über Richtfunkstrecken oder Ballempfang. Am Sendereingang wird der Pegel des ankommenden Videosignals automatisch geregelt; Bezugswert ist der Weißimpuls der Prüfzeile.

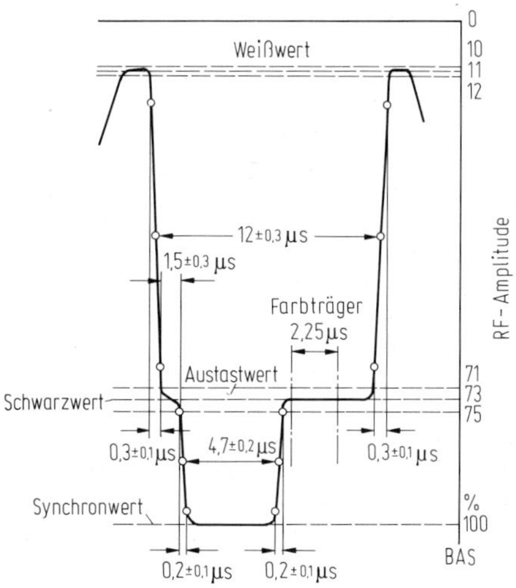

Bild 9. Toleranzschema für die Pegelverhältnisse am Ausgang eines Bildsenders

Der Sender enthält verschiedene Entzerrerstufen zur Korrektur von linearen (Amplitude, Gruppenlaufzeit) und nichtlinearen Fehlern (differentielle Amplitude, differentielle Phase) sowie Allpaßschaltungen zur Vorentzerrung der Gruppenlaufzeitcharakteristik der Fernsehempfänger [4c, 16].
Die Tonträger sind frequenzmoduliert; der Spitzenhub beträgt ± 50 kHz. Beim Zwei-Tonträger-Verfahren [1 v] kennzeichnet ein Pilotsignal die Betriebsart (Mono, Stereo, Zweiton), die frei wählbar ist. Aus Kompatibilitätsgründen wird bei Stereosendungen der erste Tonträger mit einem Signal $M = (L + R)/2$ moduliert, der zweite Tonträger mit dem R-Signal. Beide Tonträger werden in der ZF-Lage addiert, gemeinsam verstärkt und dann auf die Betriebsfrequenzen umgesetzt.
Das vollständige RF-Signal wird folgendermaßen erzeugt:

- Getrennte Umsetzung und getrennte Verstärkung der Bild- und Tonträgersignale (Split Carrier-Betrieb). Die Zusammenführung dieser Signale erfolgt in einer Frequenzweiche (Diplexer) nach der Leistungsverstärkung. Oder:
- Zusammenführen der modulierten ZF-Träger für Bild und Ton und gemeinsame Umsetzung und Verstärkung (Combined-Betrieb). Bei diesem Verfahren werden hohe Anforderungen an die Linearität der Verstärkerstufen gestellt.

Als aktive Elemente werden im Fernsehsender in den Endstufen Tetroden oder Klystrons verwendet [17], sonst überall Halbleiterbauelemente. Übliche Bildsenderleistungen sind 2, 10 bzw.

20 kW (effektiv) während des Synchronimpulses [4c].
Kleinere Gebiete und Versorgungslücken werden durch Fernsehumsetzer (Füllsender) versorgt. Diese setzen das empfangene Signal direkt aus der ZF-Lage auf die neue Frequenz um.

Empfänger. Kennzeichen moderner Fernsehempfänger sind hochintegrierte Schaltungen; Bild 10 zeigt ein Blockschaltbild [12]. Der Wiedergabeteil kann wahlweise auch von peripheren Geräten (Videorecorder, TV-Spielgeräte) gespeist werden.
Im allgemeinen ist der Tuner im ganzen VHF-/UHF-Bereich durchstimmbar, und der Oszillator besitzt eine Frequenzregelautomatik (AFC) oder ist quarzgesteuert (Synthesizer-Oszillator) [18]. Je mehr Kanäle belegt sind (z. B. in Kabelanlagen), desto bedeutender werden Großsignalfestigkeit, Nachbarkanal- und Weitabselektion. Nyquist- und ZF-Filter werden als Kompakt- oder als Festkörper- (Oberflächenwellen)filter [19] ausgeführt. Vor der Videosignalverarbeitung werden noch eventuelle, von den Tonträgern herrührende Signalreste unterdrückt.
Die Verstärkung von Tuner und ZF-Teil ist automatisch geregelt (AGC). Zur Amplitudendemodulation wird ein Schaltdemodulator benutzt [20], dessen Verzerrungen zwischen denen des Synchron- und des Hüllkurvendetektors liegen. Mit einem Synchrongleichrichter würden sich die durch das Restseitenbandverfahren bedingten Quadraturfehler vermeiden lassen.
Bei der Tondemodulation nach dem Differenzträger-(Intercarrier-)verfahren werden die Differenzträger bei 5,5 und 5,742 MHz [1 w, 21, 22] einzeln verstärkt, begrenzt und demoduliert. Bei einfacheren Konzepten erhält man die Differenzträger gleichzeitig mit dem Videosignal; sie müssen dann im ZF-Filter um 20 bis 30 dB gedämpft werden, um Bildstörungen zu vermeiden. In den Bereich der Tonträger fallende Bildsignalanteile führen leicht zu Tonstörungen. Eine bildsynchrone Phasenmodulation des Bildträgers verursacht andere für das Intercarrierverfahren typische Tonstörungen [23]. Beim Quasi-Paralleltonverfahren [24] erfolgt die Tonsignalgewinnung in einer separaten Mischstufe; Störungen durch das Bildmodulationsspektrum treten dann praktisch nicht auf.
Eine automatische Auswertung des Pilotträgers beim Zwei-Tonträger-Verfahren sorgt für die programmabhängig richtige Einstellung des Empfängers auf Mono-, Stereo- oder Zweitonbetrieb. Bei Stereosendungen werden die L- und R-Signale durch geeignete Decodierung gewonnen.

Betriebsüberwachung der Übertragungsqualität. Bei der Betriebsüberwachung sollen Verformungen des Fernsehsignals erfaßt und in ihren Auswirkungen auf die Wiedergabequalität bewertet werden. Die klassischen Verfahren, Linearität und Frequenzgang von Amplitude und Gruppenlaufzeit zu messen, haben den Nachteil, daß den Meßsignalen Synchronsignale zugefügt werden müssen, um die betriebsgemäße Funktion der zu messenden Geräte zu gewährleisten, und daß mit ihnen die Bildverformung nicht direkt ermittelt und nur während der Programmpausen gemessen werden kann.
Das Videosignal enthält aber in der Vertikalaustastlücke in zwei Prüfzeilen je Halbbild genau definierte Prüf- und Meßsignale (Bild 7). Verformungen einzelner Prüfzeilensignale erlauben einen Schluß sowohl auf die Fehlerursachen als auch auf die Stärke der Bildbeeinträchtigung.
Der Zusammenhang zwischen Prüfzeilensignalverformung und subjektivem Empfinden für die zugehörigen Bildbeeinträchtigungen wurde durch Tests ermittelt. Dadurch wird ein direkter Vergleich unterschiedlicher Fehler möglich.
Prüfzeilen eignen sich aber auch für die Überwachung der Qualität von Übertragungseinrichtungen (Leitungen, Richtfunkstrecken, Sender). Dazu wird auf der Strecke vom Studio zum Sender eine der beiden Prüfzeilen abschnittsweise eingeblendet und am Ende des Abschnitts ausgewer-

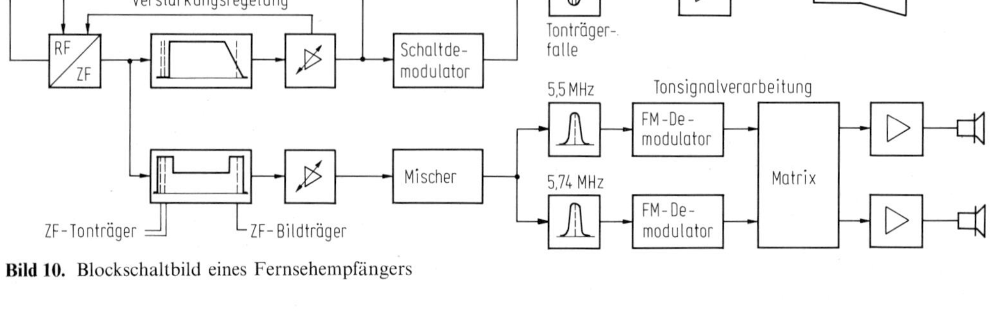

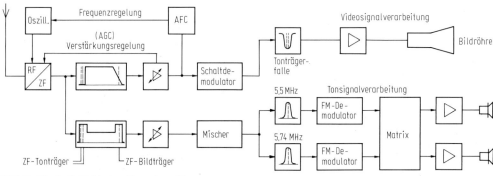

Bild 10. Blockschaltbild eines Fernsehempfängers

tet. Aus den Ergebnissen kann auf Fehler des Abschnitts geschlossen werden.
Bei der automatischen Qualitätsüberwachung eines Fernsehsenders [25] steuert ein Mikrocomputer einen analog arbeitenden Prüfzeilenanalysator und einen Meßstellenwahlschalter. Die für die einzelnen Prüfzeilenparameter erhaltenen Meßwerte werden nach einem zweistufigen Toleranzschema bewertet. Der bewertete Qualitätszustand kann über Bildschirm, Protokolldrucker und Relaiskontakte ausgegeben werden.

2.6 Satellitenrundfunk
Satellite broadcasting

Allgemeines. Seit 1971 stehen für den Satellitenrundfunk mehrere Frequenzbereiche für Individual- (oberhalb 10 GHz) oder Gemeinschaftsempfang (alle Bereiche) zur Verfügung. In Europa sind die Bereiche unter 10 GHz allerdings wegen anderweitiger Nutzung ungeeignet. Weltweite Abkommen (Genf, 1977 und 1983 [15 b]) regeln die Verwendung des 12-GHz-Bereichs.
Empfangsantennen für Individual- und Gemeinschaftsempfang – i. allg. Parabolantennen mit 0,6 bis 2 m Durchmesser – besitzen hohen Gewinn und starke Bündelung. Da sich ihre Nachführung aus Kostengründen verbietet, kommen nur geostationäre Satelliten in Betracht.
Die Genfer Pläne basieren auf einem Bezugssystem, in dem das um einen FM-Tonträger erweiterte, herkömmliche Videosignal den RF-Träger frequenzmoduliert, so daß relativ kleine Satellitenleistungen und RF-Schutzabstände ausreichen. Von diesem Bezugssystem darf man bei Anwendung der Pläne abweichen, wenn das die Störwirkung nicht erhöht. Je ein neuartiges System für Fernseh- und Hörrundfunk mit FM des RF-Trägers durch das Videosignal und digitaler Übertragung aller Ton- und Datensignale erfüllt diese Forderung.
Das als MAC (Multiplexed Analogue Component) bezeichnete Fernsehsystem [1 x, 26] beseitigt gewisse Mängel der AM-Restseitenbandsysteme und ist störfester bei linearen und nichtlinearen Verzerrungen, weil Luminanz-, Chrominanz-, Ton- und Datensignale unter Erhöhung der Bandbreite zeitkomprimiert im Zeitstatt im Frequenzmultiplex gesendet werden.
Für die Übertragung der digitalen Ton-/Datensignale in der Horizontalaustastlücke sind derzeit die Varianten B-, D- und D2-MAC von Bedeutung (Tab. 2) [1 y]. Bei ihnen erfolgt die Video/Audio-Multiplexbildung im Basisband.
Das Digitale Satelliten-(Hör-)Rundfunksystem DSR [1 z, 27] verwendet Vierphasenumtastung und erlaubt die gleichzeitige Übertragung von 16 Stereoprogrammen statt eines Fernsehprogramms.

Tabelle 2. Ton-/Daten-Übertragung in den MAC-Systemen [1 y]

System	Kodierung	Daten-Kapazität MBit/s	Anwendung z. B. in
B-MAC[a]	binär od. quaternär	1,6	USA, Kanada[b] Australien[c]
D-MAC Paket	duobinär	3	Großbritannien Schweden[d]
D2-MAC Paket	duobinär	1,5	BR Deutschland Frankreich

[a] Für verschlüsselte Übertragung unmittelbar geeignet; [b] B-MAC-Version für 525 Zeilen; [c] B-MAC-Version für 625 Zeilen; [d] Zunächst C-MAC; Übergang auf D-MAC beabsichtigt

Nutzung der geostationären Umlaufbahn und des Spektrums. Aufgrund sorgfältiger Planung wird mit den Genfer Plänen [15 b] eine wirksame Nutzung der geostationären Umlaufbahn und des Spektrums möglich. Der Plan für Europa, Asien, Afrika und Australien beruht auf 6° Orbit- und 19,18 MHz Kanalabstand, nahezu gleicher Satellitenleistung, den Antennendiagrammen in Bild 11, den RF-Schutzabständen in Bild 12 und orthogonaler Polarisation in kritischen Fällen, nämlich bei Gleich-(Nachbar-)kanalempfang von Satelliten in benachbarter (gleicher) Position. In beiden Fällen wird ein ausreichender RF-Schutzabstand durch die gemeinsame Wir-

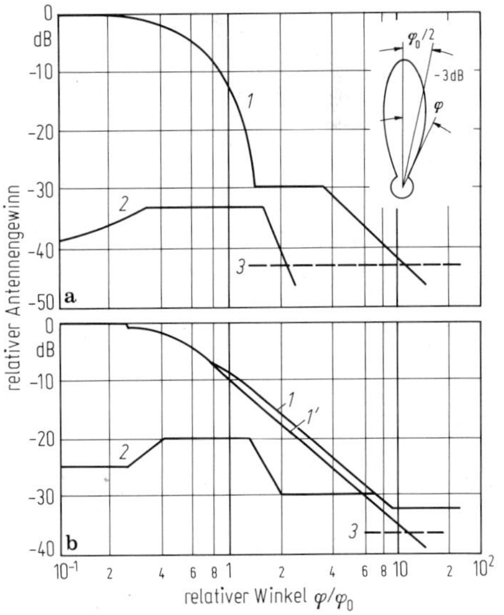

Bild 11. Antennendiagramme für den Satellitenrundfunk. Nach [15 b]. **a** Sendeantenne; **b** Empfangsantenne; *1* Komponente gleicher Polarisation, *1'* wie *1*, aber für Gemeinschaftsempfang, *2* Komponente orthogonaler Polarisation, *3* Gewinn, negativ (bezogen auf Hauptstrahlrichtung)

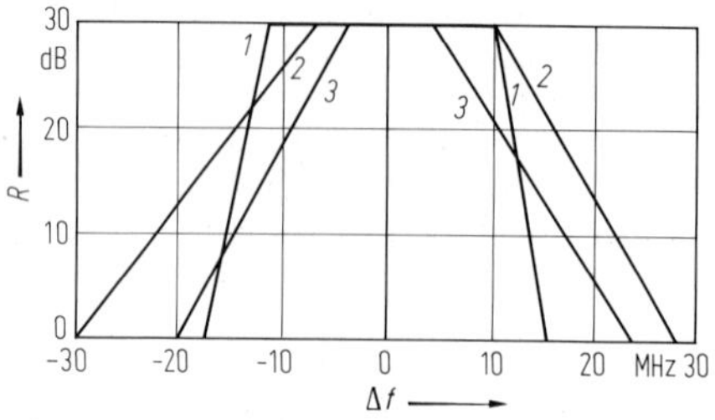

Bild 12. RF-Schutzabstandkurven für Satellitenrundfunk. Nach [15 b].

Kurve:	1	2	3
Nutzsignal:	VSB	FM	FM
Störsignal:	FM	FM	VSB

(VSB = Vestigial Side-Band = Restseitenband-AM)

kung von Polarisationsentkopplung und Empfangs-Richtantenne erreicht.
Bei der Verteilung der Orbitpositionen ist auch zu bedenken, daß der Erdschatten um die Zeit der Äquinoktien länger als eine Stunde auf den Satelliten fallen kann. Betrieb ist dann nicht möglich, da Batterien für die erforderliche hohe Primärenergie aus Gewichtsgründen nicht mitgeführt werden können. Allerdings beginnt die Zeit des Betriebsausfalls um so später, je weiter westlich vom Empfangsgebiet der Satellit steht. 15° Orbitbogen entsprechen einer Stunde Zeitdifferenz.
Die genannten Zusammenhänge machen enge Toleranzen für die Position und Ausrichtung der Satellitenantenne sowie für die Diagramme (für beide Polarisationen) von Satelliten- und Bodenempfangsantenne erforderlich.

Individual- und Gemeinschaftsempfang. Der Genfer Plan [15 b] ermöglicht innerhalb der nationalen Grenzen Individualempfang. Für die erforderliche Empfangsantenne wird eine Halbwertsbreite von 2° (Parabolantenne mit 0,9 m Durchmesser), für die Empfangsanlage ein Gütefaktor $G/T = 6$ dB angenommen. Für den Gemeinschaftsempfang gelten 1° (1,8 m Durchmesser) und $G/T = 14$ dB. Nach [1 aa] ist

$$G/T = (\alpha \beta G_{\text{eff}})/[\alpha T_{\text{a}} + (1-\alpha)\, T_0 + (F-1)\, T_0] \quad (9)$$

mit
α = Verluste in Anschlüssen und Leitungen;
β = Verluste durch Fehlausrichtung, Depolarisierung, Alterung;
G_{eff} = effektiver Antennengewinn;
T_{a} = effektive Antennenrauschtemperatur;
T_0 = Bezugstemperatur (= 290 K);
F = Gesamtrauschzahl des Empfängers.

Moderne FET-Vorverstärker oder rauscharme Mischer für Individualempfangsanlagen führen zu G/T-Werten von etwa 12 dB, so daß der Übergang zum Gemeinschaftsempfang fließend wird. In Satellitenempfängern ist i. allg. Doppelüberlagerung mit einer ersten Zwischenfrequenz im Bereich 900 bis 1700 MHz vorgesehen. In der zweiten Zwischenfrequenz zwischen 70 und 140 MHz erfolgt die Kanalselektion. Nach der FM- bzw. PSK-Demodulation können die Bild- und Tonsignale direkt wiedergegeben oder nach geeigneter Remodulation eines RF-Trägers dem Antenneneingang eines Fernsehgeräts zugeführt werden. In Gemeinschaftsempfangsanlagen müssen alle Programme vor der Einspeisung in dieser Weise aufbereitet werden. Der dazu erforderliche Antennenaufwand hängt von der verfügbaren Leistungsflußdichte und der zur Dämpfung von Signalen benachbarter Satelliten notwendigen Richtwirkung ab.

Versorgung und Empfangsqualität. Nach dem Genfer Plan [15 b] gilt als Grenze für brauchbaren Individualempfang die Leistungsflußdichte $-103\ \text{dBW/m}^2$, die zu 99 % der Zeit während des ungünstigsten Monats im Jahr erreicht werden muß. Unter Berücksichtigung der übrigen Systemdaten (13,5 MHz Frequenzhub für das 1-V-Videosignal, 27 MHz RF-Bandbreite, $G/T = 6$ dB, Verwendung von Pre- und Deemphase) ergeben sich am Empfängereingang ein RF-Rauschabstand (carrier-to-noise) $C/N = 14$ dB und ein unbewerteter Videostörabstand $S/N = 33$ dB, d. h. befriedigende Bildqualität.
Ausreichend ist der Schutz gegen Interferenzstörungen überall dort, wo die Leistungssumme der mit dem RF-Schutzabstand bewerteten Leistungsflußdichten aller Gleich- und Nachbarkanalsender diejenige des Nutzsenders nicht überschreitet. Da im Gegensatz zu terrestrischen Netzen die maximale Leistungsflußdichte im Versorgungsgebiet nur um 3 dB über dem Mindestwert liegt, darf die -103-dBW/m^2-Kontur nur geringfügig durch Interferenzen eingeengt werden.

Programmeinspeisung im Satelliten. Bei allen bekannten Konzepten wird das empfangene Signal im Satelliten nur in eine andere Frequenzlage umgesetzt und verstärkt, in seinen Modulationsparametern jedoch nicht verändert; d. h. der Transponder ist „transparent". Für die Programmübertragung zum Satelliten ist in Europa der Bereich 17,3 bis 18,1 GHz vorgesehen. Benutzt man nur eine einzige, zentral gelegene Erdefunkstelle, so lassen sich Interferenzen beim Empfang im Satelliten besser beherrschen. In relativ kleinen Ländern mit gut entwickelten Richtfunknetzen ist eine solche Lösung auch vertretbar. In größeren Ländern wird man aber wünschen, mehrere – u. U. auch kleine transportable – Erdefunkstellen wahlweise benutzen zu können.

2.7 Kabelrundfunk und Gemeinschaftsantennenanlagen

Cable television and community antenna systems

Allgemeines. Die Übertragung von Hörfunk- und Fernsehprogrammen über Kabel [28] diente ursprünglich nur zur Verteilung von drahtlos empfangbaren Rundfunkprogrammen in ungünstigen Empfangslagen oder in größeren Wohngebäuden. Seit einiger Zeit dienen Kabelanlagen auch zur Verteilung von drahtlos nicht empfangbaren Ton- und Bildsignalen.
Da die Kabeldämpfung mit der Frequenz zunimmt, ist die Übertragung von Rundfunksignalen in der Originalfrequenzlage nur in kleinen Anlagen sinnvoll und üblich. Bei Überbrückung größerer Entfernungen benutzt man dagegen i. allg. nur Frequenzen unter 300 MHz. Mit zunehmendem Programmangebot wird allerdings die Tendenz erkennbar, die Obergrenze wieder bis zu der des UHF-Rundfunkbereiches anzuheben. Bild 13 zeigt das derzeit in der Bundesrepublik Deutschland für größere Kabelanlagen übliche Kanalschema. Neben den auch für die drahtlose Übertragung benutzten Hörfunk- und Fernsehkanälen der Frequenzbereiche 87,5 bis 108 MHz, 47 bis 68 MHz und 174 bis 230 MHz gibt es 17 Sonderkanäle mit 7 MHz und 12 mit 12 MHz Breite. Die 16 Stereo-Hörfunkprogramme einer DSR-Übertragung können in einem 14 MHz breiten Kanal (111 bis 125 MHz) oder in je 2 benachbarten 7-MHz-Kanälen übertragen werden. Zur automatischen Steuerung und Überwachung werden in größeren Anlagen auch Kenn- und Pilotsignale übertragen.
Drahtlos empfangene Programme werden in der Kopfstation aufbereitet, verstärkt, gegebenenfalls in einen anderen Kanal umgesetzt, wenn nötig in der Norm gewandelt, Satellitenprogramme auch de- und remoduliert und alsdann gemeinsam mit weiteren Programmen in das Kabelnetz eingespeist. Dieses besitzt i. allg. Baumstruktur, d. h. es gibt eine oder mehrere Stammleitungen, die sich je nach Bedarf verzweigen, sonst Sternstruktur. Bei Großanlagen wird zwischen Orts- und Hausverteilnetz unterschieden. Kleine Anlagen besitzen nur ein Hausverteilnetz. Optische Leiter bieten zwar im Prinzip eine wesentlich größere Übertragungsqualität, wegen der völlig andersartigen Technologie und der vielfältigen zusätzlichen Anwendungen muß jedoch mit veränderten Netzstrukturen gerechnet werden.

Kopfstelle, zentrale Empfangsstelle. Der Aufwand für Empfangsantennen muß in Kopfstellen größer sein als bei Einzelanlagen, damit sie genügend zuverlässig und störfrei arbeiten. In kleinen und in veralteten Gemeinschaftsantennenanlagen wird das Empfangssignal je nach Bedarf verstärkt oder unverstärkt in das Kabelverteilnetz eingespeist, meist in der originalen Frequenzlage. In größeren Anlagen ist eine besondere Aufbereitung des Empfangssignals erforderlich; dazu gehören automatische Verstärkungsregelung, Regenerierung der Synchronimpulse, Wiederherstellung der Pegelverhältnisse von Bild- und Tonträgern, eventuelle Normwandlung, Sondermaßnahmen für schwache Empfangssignale, Eliminierung von Störungen usw.
Die empfangenen Fernsehsignale werden zunächst in eine Norm-ZF, anschließend in den gewünschten Übertragungskanal umgesetzt (Bild 14). Über Verstärker und Kanalfilter werden schließlich die Signale in einem Kanalmultiplexer zusammengefaßt und als Breitbandsignal in das Kabelnetz eingespeist.

Kabelverteilnetz. Im Kabelverteilnetz werden je nach Länge der Streckenabschnitte unterschiedliche Verstärkertypen eingesetzt. Zur Überwachung und automatischen Pegelregelung sind Kenn- und Pilotsignale vorgesehen. Hinter der passiven Abzweigeinrichtung am Ende des Netzes liegen die Übergabepunkte in die Hausanlagen, wo die Qualität der Rundfunksignale die vorgeschriebenen Mindestanforderungen erfüllen muß [29]. Bei der Breitbandverstärkung im Kabelverteilnetz ist besonders zu beachten, daß die Intermodulationsprodukte zwischen den ver-

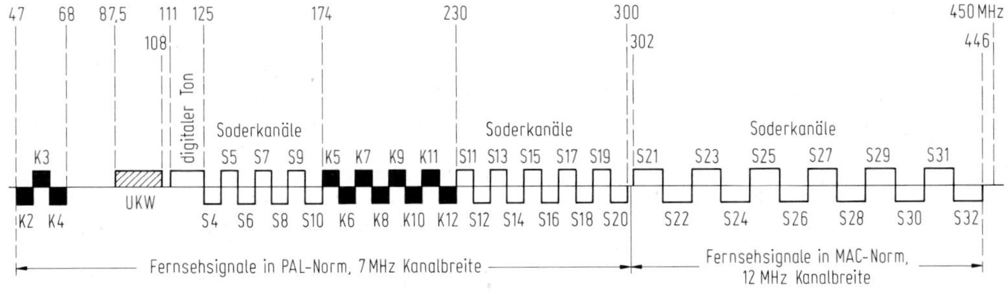

Bild 13. Frequenz- und Kanalschema von Kabelanlagen

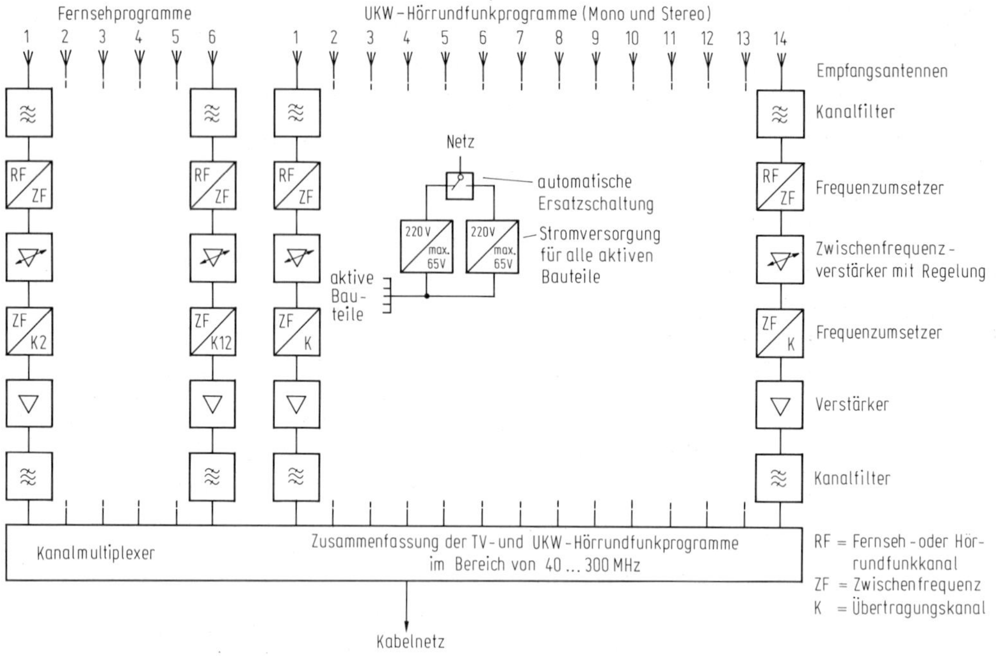

Bild 14. Kopfstelle einer Kabelanlage

schiedenen Bild- und Tonträgern mindestens um 55 dB unter dem Trägerpegel liegen.

Hausverteilanlage. Die Verteilung im Hause und die eventuell erforderliche Verstärkung erfolgt breitbandig; nur ausnahmsweise werden Kanalverstärker benutzt. Auch die Hausverteilanlagen haben meist Baumstruktur.

LW-, MW- und KW-Programme werden in Kabelanlagen meist nicht übertragen; sie werden jedoch nach Empfang mit Hausantennen in die Hausverteilanlage eingespeist. In Ausnahmefällen werden ausgewählte AM-Programme nach entsprechender Aufbereitung als FM-Programme im Kabelnetz verteilt.

Spezielle Literatur: [1] *CCIR:* Recommendations and Reports of the CCIR. Int. Telecomm. Union, Geneva, 1990. a) Bd. XI Tl. 1, Rep. 801-4: The present state of high definition television; b) Bd. XI Tl. 1, Rep. 312-5: Constitution of a system of stereoscopic television; c) Bd. XI Tl. 1, Rep. 958-1: Possibilities for incorporating the sound information in the video signal in terrestrial television; d) Bd. X Tl. 1, Rep. 1199: Low bite-rate digital audio coding systems; e) Bd. X Tl. 1, Rep. 1203: Digital sound broadcasting to mobile, portable and fixed receivers using terrestrial transmitters; f) Sonderheft, Rep. 414: Efficient use of the radio-frequency spectrum; g) Bd. V, Rec. 368-6: Groundwave propagation curves for frequencies between 10 kHz and 30 MHz; h) Bd. VI, Rec. 435-6: Prediction of sky-wave field strength between 150 kHz and 1600 kHz; i) Bd. VI, Rep. 252-2 (+ Supplement): CCIR interim method for estimating sky-wave field strength and transmission loss at frequencies between the approximate limits of 2 and 30 MHz; j) Bd. V, Rec. 370-4: VHF and UHF propagation curves for the frequency range from 30 MHz to 1000 MHz, broadcasting services; k) Bd. X Tl. 1, Rec. 638: Terms and definitions used in frequency planning for sound broadcasting; l) Bd. X Tl. 1, Rep. 945-2: Methods for the assessment of multiple interference; m) Bd. X Tl. 1, Rec. 560-3: Radio-frequency protection ratios in LF, MF and HF broadcasting; n) Bd. X Tl. 1, Rep. 1060-1: Energy saving methods in amplitude-modulation broadcasting and their influence on reception quality; o) Bd. X Tl. 1, Rec. 450-1: Transmission standards for FM sound broadcasting at VHF; p) Bd. X Tl. 1, Rep. 463-5: Transmission of several sound programmes or other signals with a single transmitter in frequency-modulation sound broadcasting; q) Bd. X Tl. 1, Rec. 412-5: Planning standards for FM sound broadcasting at VHF; r) Bd. X Tl. 1, Rec. 468-4: Measurement of audio-frequency noise voltage level in sound broadcasting; s) Bd. XI Tl. 1, Rep. 624-4: Characteristics of television systems; t) Bd. XI Tl. 1, Rec. 417-3: Minimum field strengths for which protection may be sought in planning a television service; u) Bd. XI Tl. 1, Rec. 655-1: Radio-frequency protection ratios for AM vestigial sideband television systems; v) Bd. X Tl. 1, Rec. 707: Transmission of multisound in terrestrial PAL television systems B, G, H and I; w) Bd. X Tl. 1, Rep. 795-3: Transmission of two or more sound programmes or information channels in television; x) Bd. X–XI Tl. 2, Rep. 1074-1: Satellite transmission of multiplexed analogue component (MAC) vision signals; y) Bd. X–XI Tl. 2, Rep. 1073-1: Television standards for the broadcasting satellite service; z) Bd. X–XI Tl. 2, Rec. 712: High quality sound/data standards for the broadcasting satellite service in the 12 GHz band; aa) Bd. X–XI Tl. 2, Rep. 473-5: Characteristics of receiving equipment for the broadcasting satellite service. – [2] *Eden, H.:* Frequency-planning methods for sound and television broadcasting. Telecomm. J. 53 (1986), No. 1, 30–47. – [3] *v.d. Pol, B.; Bremmer, H.:* Ergebnisse einer Theorie über die Fortpflanzung elektromagnetischer Wellen über eine Kugel endlicher Leitfähigkeit. Hochfrequ. u. Elektr. 51 (1938) 181–188. – [4] *ARD/ZDF:* Techn. Pflichtenhefte der öff. rechtl. Rundfunkanstalten in der Bundesrepublik Deutschland. a) Nr. 5/4.1: Lang-, Mittel- und Kurzwellen-Ton-Rundfunksender; b) Nr. 5/3.1: UKW-FM-Tonrundfunksender; c) Nr. 5/2.1: Fernsehsender der Frequenzbereiche I, III, IV und V. – [5] *Wysocki, B.:* Pulsdauermodulation für Hochleistungsrundfunksender. Rundfunktech. Mitt. 21 (1977) 153–157. – [6] *Krebs, H.; Kroll, D.; Lodahl, M.; Wysocki, B.:* Wirkungsgradverbesserung der Tetrodenendstufe durch Zusatz der Harmonischen der Trägerschwingung sowie Energieeinsparung durch dynamikgesteuerte Pulsdauermodulation (PDM), Bundesmin. f. Forschg. u. Technologie, Forschungsber. T-81-163, Fachinformationszentrum Karlsruhe 1981. – [7] *Petke, G.:* Energiesparende Modulationstechniken bei AM-Rundfunksendern. Rundfunktech. Mitt. 26 (1982) 97–105. – [8] *Petke, G.:* Zur Aufbereitung von Modulationssignalen im Lang- und Mittelwellenbereich. Rundfunktech. Mitt. 23 (1979) 269–280. – [9] *Mielke, E.-J.:* Einfluß der Betriebsselektion auf die Übertragungsqualität im UKW-FM-Hörrundfunk. Rundfunktech. Mitt. 22 (1978) 245–254. – [10] *DIN 45405.* – [11] *ARD/ZDF:* Richtlinie Nr. 5R10 für die Beurteilung der Fernsehversorgung, Inst. für Rundfunktechnik, München 1982. – [12] *Theile, R.:* Fernsehtechnik. Berlin: Springer 1968. – [13] *Greif, R.:* Fernseh-Sendeantennen für die UHF-Frequenzbänder IV und V. Rohde & Schwarz Mitt. Nr. 13/1960. – [14] *Fritsch, H.:* Neue Sendeantenne für die Station Rimberg zur simultanen Ausstrahlung von drei Fernsehprogrammen mit 20/2 kW Senderleistung im UHF-Bereich. Rundfunktech. Mitt. 25 (1981) 119–122. – [15] *UIT:* Radio Regulations, Geneva, 1982. a) Appendix 6: Additional characteristics for the classification of emissions; b) Appendix 30: Provisions for all services and associated Plan for the broadcasting-satellite service in frequency bands 11.7 to 12.2 GHz (in Regions 2 and 3) and 11.7 to 12.5 GHz (in Region 1). – [16] *Hopf, H.:* Laufzeitausgleich für die Restseitenbandübertragung im Fernsehen. Rundfunktech. Mitt. 2 (1958) 180–183. – [17] *Pooch, H.:* Taschenbuch der Fernmelde-Praxis. Berlin: Schiele & Schön 1979. – [18] *Hegendörfer, M.; Heller, H.P.; Stepp, R.:* Synthesizerabstimmung nach dem PLL-System mit hoher Auflösung. Funkschau 51 (1979) 5–9. – [19] *Veith, R.; Kriedt, H.; Rehak, M.:* Bild-ZF-Teil mit Oberflächenwellenfilter. Funkschau 51 (1979) 226–230, 311–312. – [20] *Kriedt, H.:* TBA 440P, Ein integrierter Video-ZF-Verstärker mit Synchrondemodulator. Rundfunktech. Mitt. 19 (1975) 105–109. – [21] *Dinsel, S.:* Ein zweiter Tonträger – Eine Möglichkeit zur Übertragung eines weiteren Tonkanals beim Fernsehen. Rundfunktech. Mitt. 14 (1970) 275–282. [22] *Dinsel, S.:* Verbesserung des Fernsehtones und zweiter Tonkanal beim Fernsehen. Funkschau 51 (1979) 1105–1107, 1167–1168. – [23] *Schneeberger, G.:* Beurteilung und Stand der Qualität des Differenzträger-Tonempfangs. Rundfunktech. Mitt. 26 (1982) 106–111. – [24] *Rehak, M.; Kriedt, H.:* Quasi-Paralleltonkanal für störungsfreien Fernsehton. Funkschau 51 (1979) 349–352. – [25] *Pfaffinger, C.; Schneeberger, G.:* Zur Gestaltung einer automatischen Qualitätsüberwachung der ARD-Fernsehsender. Rundfunktech. Mitt. 26 (1982) 149–161. – [26] *UER/EBU:* Specifications of the systems of the MAC/packet family. Doc. Tech. 3258, Brüssel 1986. – [27] *Treytl, P.* (DFVLR): Digitaler Hörfunk über Rundfunksatelliten. Mülheim (Ruhr): Thierbach. – [28] *Heydel, J.:* Kabelfernsehen. Fernmelde-Praxis 17, 55 (1978) 681–696. – [29] *DBP:* Richtlinien zum Anschluß von privaten Breitbandanlagen, Richtlinien 1R8-15.

3 Richtfunksysteme
Radio relay systems

Allgemeine Literatur: *Carl, H.:* Richtfunkverbindungen, 3. Aufl. Stuttgart: Kohlhammer 1982. – *Donnevert, J.:* Richtfunkübertragungstechnik. München: Oldenbourg 1974. – *Pooch, H.; Köhler, K.; Gräber, H.-J.:* Richtfunktechnik. Systeme – Planung – Aufbau – Messung, 2. Aufl. Berlin: Schiele & Schön 1974. – *Heinrich, W.* (Hrsg.): Richtfunktechnik. Heidelberg: R. v. Decker 1988. – *Ivanek, F.:* Terrestrial digital microwave communications. Norwood, MA: Artech House 1989. – Nachrichtentechnische Berichte, ANT-Nachrichtentechnik, GmbH, Backnang. Themaheft Digitaler Richtfunk, H. 2 (1985). – telcom report 10/1987, Special „Radio communication“. – 2nd ECRR, Padua, April 1989, Tagungsband. – *Greenstein, L.J.; Shafi, M.:* Microwave digital radio, IEEE Press 1988.

3.1 Grundlagen. Fundamentals

Definition, Abgrenzung und Anwendungen. Als Richtfunk bezeichnet man feste Funkdienste zwischen ortsfesten Funkstellen auf der Erdoberfläche. Diese Punkt-zu-Punkt-Verbindungen („Point-to-Point“) erfordern die weitgehend unbehinderte Ausbreitung elektromagnetischer Wellen in der Troposphäre, was in der Regel optische Sicht zwischen den Funkstellen voraussetzt („Line-of-Sight“). Die verwendeten elektromagnetischen Wellen im cm-Bereich erlauben den Einsatz von stark bündelnden Antennen mit gerichteter Abstrahlung und hohem Gewinn. Mit bescheidenen Sendeleistungen (0,1 ... 20 W) sind deshalb Entfernungen um 50 km problemlos zu überbrücken. Die maximalen Reichweiten (Funkfeldlängen) sind in der Praxis vor allem durch die Topographie und die Erdkrümmung begrenzt.
Richtfunk grenzt sich ab vom Kurzwellenfunk, der die Ionosphäre benutzt, sowie vom Satellitenfunk, vom Mobilfunk und vom Rundfunk. Eine Sonderform des Richtfunks ist der sog. Scatter-Funk, der größere Entfernungen ohne optische Sicht durch Ausnutzung von Streueffekten in der Troposphäre überbrückt (s. H 6.4). Richtfunkverbindungen dienen in der Regel zur Nachrichtenübertragung in öffentlichen oder privaten Fernmelde- oder Nachrichtennetzen. Sie stellen Alternativen zu Kabelverbindungen oder Satellitenstrecken dar und weisen zu diesen teilweise komplementäre Eigenschaften auf. Aufgrund ihrer besonderen Vorteile bilden Richtfunkverbindungen in vielen Ländern we-

Spezielle Literatur R 41

sentliche Arterien der Telefonnetze sowie das Rückgrat der Fernsehverteildienste.

Frequenzbereiche. Richtfunksysteme arbeiten heute in Frequenzbereichen zwischen etwa 200 MHz und 30 GHz mit steigender oberer Frequenzgrenze. Die benutzten Frequenzbereiche sind durch internationale Vereinbarungen verbindlich festgelegt (Funkverwaltungskonferenzen der UN/ITU – United nations/International Telecommunication Union: WARC – World Administrative Radio Conference). Bild 1 zeigt diese Richtfunkbereiche; ihre typischen relativen Bandbreiten liegen bei 10%. Einige Bänder sind festen und Satellitenfunkdiensten gemeinsam zugewiesen, wodurch sich Einschränkungen der Nutzung durch Richtfunk ergeben können.
Der gesamte Frequenzbereich läßt sich nach der Art der eingesetzten Systeme grob in drei Teile gliedern:

- 0,2 bis 3 GHz: Hier sind vor allem Systeme für kleine und mittlere Kapazitäten eingesetzt. Langfristig ist eine Vorzugsnutzung durch mobile Systeme zu erwarten.
- 3 bis 12 GHz: Die klassischen Richtfunkbänder der öffentlichen Weitverkehrsnetze sind stark mit Breitbandsystemen belegt. In Deutschland werden vor allem die Frequenzbereiche 3,4 bis 4,2 GHz; 5,925 bis 6,425 GHz; 6,425 bis 7,125 GHz und 10,700 bis 11,700 GHz durch Analog- und Digital-Richtfunksysteme genutzt.
- Da oberhalb von 12 GHz die Niederschlagsdämpfung mit der Frequenz deutlich anwächst (s. H 3.2), nehmen die überbrückbaren Funkfeldlängen ab. Daher sind diese Frequenzbereiche vor allem für die unteren Netzebenen geeignet und fast ausschließlich durch Digitalsysteme genutzt. Vorteilhaft ist die wegen der kleinen Wellenlängen bereits mit kleinen Antennen erreichbare Bündelung der Signale.

Die Eigenschaften von Richtfunksystemen sind aus Gründen der internationalen Kompatibilität weitgehend genormt [1]. Sie bilden zusammen mit den durch CCITT (Comité Consulatif International de Télégraphique et Téléphonique) und CCIR (Comité Consultatif International des Radiocommunications) festgelegten Qualitäts- und Verfügbarkeitsvorgaben die Grundlagen der Planung von Richtfunkverbindungen.

Transportsignale. Richtfunksysteme sind in der Regel auf die zu transportierende Information zugeschnitten. Die Basisbandsignale sind durch CCITT standardisiert (s. R 1). Man unterscheidet Richtfunksysteme für analoge und digitale Basisbandsignale.

Analoge Basisbandsignale sind vorzugsweise nach den FDM-Verfahren gebündelte Telefonkanäle. Richtfunksysteme mit Übertragungskapazitäten zwischen 12 und 300 Sprachkanälen bezeichnet man als Schmalbandsysteme. Systeme für 960, 1800 oder 2700 Sprachkanäle (SK) sind die klassischen Breitbandsysteme mit Frequenzmodulation. Noch höhere Übertragungskapazitäten (bis zu 6000 SK) sind Sondersystemen mit Einseitenbandmodulation [2] vorbehalten. Eine Sonderstellung unter den analogen Basisbandsignalen nehmen TV-Video-Signale ein; sie lassen sich besonders gut in geträgerten Systemen übertragen, d. h. in Richtfunksystemen.

Digitale Basisbandsignale sind in der sog. (plesiochronen) CEPT-Hierarchie bei CCITT festgelegt. Ausgehend vom 2,048-Mbit/s-Basissignal für 30 Sprachkanäle ergeben sich jeweils durch den Bündelungsfaktor 4 hierarchische Digitalsignale mit den Bitraten 8,448; 34,368 und 139,264 Mbit/s, die einzeln oder in Vielfachen (2 × 8, 4 × 34 Mbit/s) von Digital-Richtfunksystemen transportiert werden können. – In den USA und Japan werden abweichende digitale Hierarchien verwendet. – In einer neuen Synchronen Digitalen Hierarchie (SDH) ist von CCITT ein neues Basissignalformat („Synchronous Transport Module“: STM-1) mit einer Bitrate von 155,520 Mbit/s festgelegt worden, das in zukünftigen Breitband-Digital-Richtfunksystemen anstelle von 139,264 Mbit/s transportiert wird.

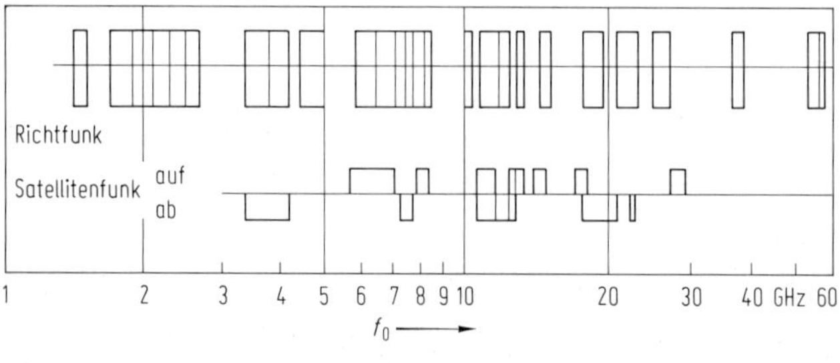

Bild 1. Zugewiesene Frequenzbereiche für Richtfunk und Satellitenfunk (Region 1: Europa; vgl. Bild R 4.2). Die Unterteilung der Richtfunkbereiche entspricht der Nutzung durch unterschiedliche Systeme

Wellenausbreitung. *Feiraumausbreitung.* Elektromagnetische Wellen breiten sich in der Troposphäre quasi-optisch aus. Bei hinderungsfreier Ausbreitung gilt für die sog. Freiraumausbreitungsdämpfung a_F von einer Quelle zu einem Punkt im Abstand d

$$a_F/\text{dB} = 92{,}4 + 20 \log d/\text{km} + 20 \log f/\text{GHz}$$

(vgl. H 2.1, Gl. (3)). Die Bedingung der Hindernisfreiheit gilt als erfüllt, wenn kein abschattendes Hindernis im Bereich des Ellipsoids der sog. ersten Fresnel-Zone liegt (s. H 2.7). Die Polarisation einer elektromagnetischen Welle bleibt bei Freiraumausbreitung unverändert. Die beiden orthogonalen (entkoppelten) Zustände bei linearer Polarisation (vertikal/horizontal) haben in der Richtfunktechnik praktische Bedeutung.

Ausbreitungsanomalien. Die Atmosphäre ist wegen der Höhen- und Ortsabhängigkeit des Brechwerts (abhängig von Luftdruck, Temperatur und Feuchte) kein homogenes optisches Medium (s. H 2.2). Unter Normalbedingungen nimmt der Brechwert mit der Höhe linear ab, so daß ein Funkstrahl zur Erdoberfläche hin abgelenkt wird. Für geometrische Strahlkonstruktionen kann dieser Effekt durch einen effektiven (größeren) Erdradius so berücksichtigt werden (K-Wert), daß sich wieder eine geradlinige Ausbreitung ergibt. Bei speziellen, nur kurze Zeit vorliegenden atmosphärischen Bedingungen kann der effektive Erdradius bzw. K-Wert nahezu beliebige Werte annehmen, was bei der Planung von Richtfunkverbindungen zu berücksichtigen ist (s. 3.4). Bei speziellen Brechwertprofilen können sich extreme Ausbreitungsanomalien (Wellenleiter, „Ducts", Totalreflexion) einstellen (s. H 3.2). Vor allem bei kleinen K-Werten (kleiner effektiver Erdradius) können Hindernisse in die erste Fresnel-Zone hineinragen und zu Abschattungs- und Beugungseffekten mit zusätzlicher Dämpfung (s. H 2.7) führen. Trotz der guten Bündelung von Richtfunkantennen können bei besonderen topographischen Voraussetzungen (Bodenreflexionen) oder unter speziellen atmosphärischen Bedingungen neben dem direkten Strahl noch weitere Funkstrahlen von der Sende- zur Empfangsantenne gelangen, die unterschiedliche Laufzeiten aufweisen (Bild 2). Bei der Signalüberlagerung in der Empfangsantenne entsteht durch diese *Mehrwegeausbreitung* eine frequenzabhängige Zusatzdämpfung, die man als frequenzselektiven oder dispersiven Schwund bezeichnet. Wegen der zeitvarianten atmosphärischen Bedingungen ändern sich seine Charakteristiken ebenfalls mit der Zeit (s. H 5). Neben destruktiven Interferenzen mit hohen Zusatzdämpfungen können auch konstruktive Überlagerungen mit Signalanhebungen („Up ading") auftreten. Mehrwegeausbreitung hat störende lineare Verzerrungen im Funkkanal

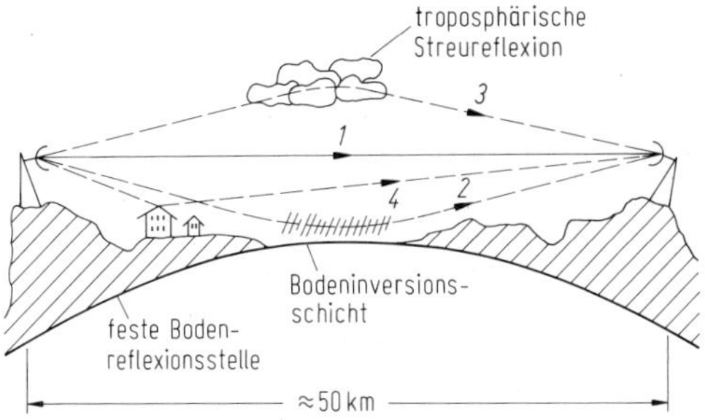

Bild 2. Ausbreitung von Funkwellen. Beispiel für Mehrwegeausbreitung, die zu Selektivschwund führt: 1 Direktstrahl; 2, 3, 4 Umwegstrahlen

zur Folge; ihnen muß durch entsprechende Gegenmaßnahmen (adaptive Entzerrer) entgegengewirkt werden. Neben zusätzlicher Dämpfung ergibt sich bei Mehrwegeausbreitung auch noch ein Übersprechen zwischen unterschiedlich (linear) polarisierten Wellen, das sich als (ebenfalls frequenzabhängige) verringerte Polarisationsentkopplung störend bemerkbar macht.

Bei Frequenzen oberhalb 20 GHz entsteht eine merkliche *Zusatzdämpfung durch Absorption* an gasförmigen Bestandteilen der Atmosphäre. Aus einem Absorptionskontinuum ragen breite Sauerstoff- und Wasser-Molekülabsorptionslinien heraus (s. Bild H 3.5). Im O_2-Absorptionsmaximum bei 60 GHz erreicht die spezifische Dämpfung Werte bis 16 dB/km.

Streuung an Hydrometeoren (Regen, Hagel, Schnee) führt oberhalb 12 GHz zu einer merklichen, mit der Frequenz und Niederschlagsintensität ansteigenden Zusatzdämpfung (s. Bild H 3.6). Diese *Niederschlags- oder Regendämpfung* hat zur Folge, daß die überbrückbaren

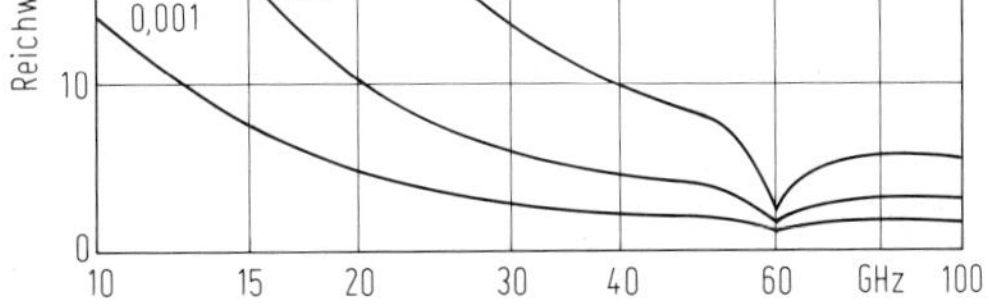

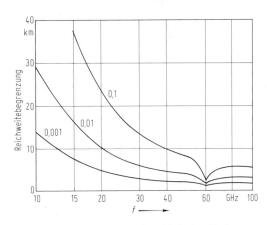

Bild 3. Reichweitebegrenzung für Richtfunkverbindungen bei Frequenzen über 10 GHz durch Niederschlagsdämpfung (für Deutschland). Parameter: zugelassene Nichtverfügbarkeit in Prozent/Jahr, Vergleichsbasis: Systeme mit einer festen 1-km-Schwundreserve von 52 dB; Klimazone Europa-C

Funkfeldlängen mit der Frequenz drastisch abnehmen (Bild 3). Die nichtideale, abgeplattete Form der Regentropfen ist Ursache der merklich geringeren Dämpfung bei horizontaler Polarisation und einer Polarisationsdrehung bzw. eines Polarisationsübersprechens.

Modellierung von Richtfunkkanälen. Zur Planung und zur Vorhersage der Übertragungsqualität von Richtfunkverbindungen ist es zweckmäßig, die Zusatzdämpfung in Richtfunkkanälen modellmäßig zu beschreiben (Kanalmodell). Aufgrund von Messungen an vielen Funkfeldern und bei verschiedenen Frequenzen sind *statistische Modelle* für die Zusatzdämpfung entwickelt worden, die in verschiedenen CCIR-Dokumenten niedergelegt worden sind [3].
Bei Ausbreitung in „klarer Atmosphäre" („Clear Air Propagation"), d.h. wenn als wesentliche Störung Mehrwegeschwund auftritt, folgt die Schwundhäufigkeit in der Regel einer sog. Rayleigh-Verteilung (s. H 1.3). Die Schwundhäufigkeit nimmt dabei pro 10 dB zusätzliche Dämpfung (Schwundtiefe) um den Faktor 10 ab. Für die Variation der Schwundhäufigkeit mit der Frequenz und Funkfeldlänge werden in den verschiedenen Modellen unterschiedliche Ansätze verwendet; die darin als Proportionalitätsfaktor enthaltene Grundschwundhäufigkeit ist vor allem durch geographische und klimatische Verhältnisse bestimmt.
Die Modellierung der Regendämpfung ist in dem kürzlich überarbeitetem CCIR-Report [4] behandelt. Wesentliche Eingangsparameter sind die Frequenz, die Polarisationsebene und gemessene bzw. einer Regenintensitätskarte entnommene Regenintensitäten in 0,01 % der Zeit eines Jahres. Die Regendämpfung nimmt zunächst fast proportional mit der Funkfeldlänge zu; bei größeren Funkfeldlängen flacht der Anstieg wegen der endlichen Größe der Regenzellen deutlich ab.
Neben den Dämpfungsstatistiken ist die Verteilung des Polarisationsübersprechens bzw. der Kreuzpolarisationsentkopplung („Cross Polar Discrimination" XPD) für Planungszwecke wichtig. Die Verschlechterung der XPD bei Mehrwegeausbreitung kann in guter Näherung nach folgender empirischer, für große Schwundtiefen A_M geltenden Formel berechnet werden (alle Werte in dB):

$$XPD(A_M) = XPD_0 + Q - A_M .$$

Der Wert XPD_0 ist die Grund-XPD des Funkfeldes, Q ist ein Erfahrungswert im Bereich 10...20 dB. Der asymptotische Wert $XPD_0 + Q$ (für $A_M = 0$) hängt vor allem von den Antenneneigenschaften ab, typische Werte für $XPD_0 + Q$ liegen zwischen 45 und 55 dB.
Bei dominierender Niederschlagsdämpfung A_R wird für XPD gemäß [5] die aus Meßergebnissen abgeleitete Näherung

$$XPD(A_R) = U + 30 \log f/\text{GHz} - 20 \log(A_R/\text{dB})$$

verwendet (alle Werte in dB). Für die empirische Konstante U wird als Mittelwert 9 dB angegeben; es wurden Schwankungen zwischen 6 und 12 dB beobachtet.
Zur Beschreibung von Breitbandkanälen für Digital-Richtfunksysteme, die von Mehrwegeausbreitung betroffen sind, reicht die Kanalmodellierung durch Dämpfungsstatistiken allein nicht aus. Vielmehr sind darüber hinaus Angaben zur statistischen Beschreibung des *frequenzabhängigen (dispersiven) Verhaltens des Kanals* notwendig. Experimentelle Untersuchungen zeigten, daß dispersive Kanäle fast immer mit einem Zweiwegemodell (oder vereinfachtem Dreiwegemodell) beschrieben werden können, das durch 3 bzw. 4 Parameter charakterisiert wird (s. H 5.1). Populär geworden ist das sog. Rummler-Modell [6], das von einem festen (physikalisch nicht interpretierbaren) Laufzeitunterschied von 6,3 ns ausgeht und den Kanal durch die 3 Parameter Flachschwundtiefe, Frequenz des Dämpfungsmaximums („Notch Frequency") und Tiefe des Dämpfungsmaximums („Notch Depth") charakterisiert. Neuere Modelle interpretieren auch den Laufzeitunterschied im Zweiwegemodell als physikalischen Parameter mit einer statistischen Verteilung [7]. Die 3 bzw. 4 Modellparameter beschreiben den frequenzselektiven Richtfunkkanal in einem mehrdimensionalen Zustandsraum. Durch Messungen oder Simulationen lassen sich darin Grenzen zwischen „System funktioniert" und „Fehlfunktion" (bzw. Ausfallbereiche) bestimmen (z.B. in der Ebene Notchtiefe-Notchfrequenz als sog. „Signaturkurven"). Prinzipiell lassen sich dann aus bekannten oder angenommenen Häufigkeitsverteilungen für die Modellparameter Ausfallwahrscheinlichkeiten durch mehrdimensionale Integration ermitteln [8].

3.2 Modulationsverfahren

Modulation methods

Die zu übertragenden Signale (Nachrichten) liegen nur selten in einer für das Übertragunsmedium (Kanal) geeigneten Form vor. Es ist deshalb eine Transformation der Signale in eine für den Kanal angepaßte Form nötig. Diese in der Sendeeinrichtung durchzuführende Transformation heißt Modulation, die Rücktransformation in der Empfangseinrichtung heißt Demodulation. Für den Richtfunkkanal muß das zu übertragende Signal in eine ausbreitungsfähige HF-Schwingung im gewünschten Frequenzbereich gewandelt werden, aus der im Empfänger in eindeutiger Weise die Nachricht rekonstruiert (demoduliert) wird. In Richtfunksystemen kommen ausschließlich Modulationsverfahren mit sinusförmigem Träger zum Einsatz. Die detaillierte Gestaltung dieser Transformation (Wahl der Modulationsparameter) dient der Erzielung einer optimalen Netzkapazität in den gegebenen Frequenzbändern. Je nach Anwendungsfall kann dabei die Bandbreiteneffizienz oder die Leistungseffizienz des Modulationsverfahrens im Vordergrund stehen.

Klassifikation. Die Modulationsverfahren werden nach verschiedenen Gesichtspunkten klassifiziert. Eine Einteilung geht von den durch die zu übertragende Nachricht veränderten (modulierten) Parametern der sinusförmigen Trägerschwingung aus. Es ergeben sich dann folgende Grundtypen:

- Amplitudenmodulation (AM)
- Frequenzmodulation (FM) } Winkelmodu-
- Phasenmodulation (PM) } lation (WM)

Diese Grundtypen können noch weiter unterteilt werden (z. B. Zweiseitenband-AM mit unterdrücktem Träger, s. O 1 und O 2). Eine weitere grundsätzliche Gliederung geht davon aus, ob der Überlagerungssatz gilt oder nicht; je nachdem handelt es sich um

- lineare

oder

- nichtlineare Modulationsverfahren.

Die AM ist ein lineares Modulationsverfahren, die WM i. allg. nicht. Weiters wird zwischen Verfahren mit

- konstanter Hüllkurve

und solchen mit

- Hüllkurvenmodulation

unterschieden. Zur ersten Gruppe gehört die i. allg. nichtlineare WM, während die AM naturgemäß i. allg. eine Hüllkurvenmodulation aufweist. Eine weitere Klassifikation geht von den Eigenschaften der zu übertragenden Nachricht aus:

- analoge Modulationsverfahren
- digitale Modulationsverfahren.

Dabei ist unter analogen Modulationsverfahren die Modulation einer sinusförmigen Trägerschwingung mit einer zeit- und wertkontinuierlichen Nachricht zu verstehen (s. D 5.2). Im Gegensatz dazu ist bei den digitalen Modulationsverfahren die Nachricht zeit- und wertdiskret (s. D 5.1). Das der Nachricht eindeutig zugeordnete Modulationssignal ist natürlich – wie bei analogen Modulationsverfahren – zeit- und wertkontinuierlich, es ist aber in jedem Zeitschritt (Symbolperiode) durch einen diskreten Wert aus einem endlichen Wertevorrat (Alphabet) gekennzeichnet.
Modulationsverfahren aller Klassifizierungen kommen – je nach Einsatzfall – in Richtfunksystemen zur Anwendung.

Analoge Modulationsverfahren. Die Grundlagen sind in O 1 dargestellt. Analoge Nachrichtensignale sind i. allg. Multiplexsignale der Trägerfrequenztechnik oder Fernsehprogrammsignale, die beide einen linearen Kanal benötigen. Die *Sendeverstärker* der zugehörigen Richtfunksysteme (s. unter 3.3) sind jedoch nichtlinear; daher wird ein Modulationsverfahren mit konstanter Hüllkurve (meist FM) verwendet. Das erleichtert bei Fernsehsignalen auch die Übertragung der darin enthaltenen, extrem niederfrequenten Anteile. Der Modulationsindex wird so klein gewählt, daß im Spektrum neben der Trägerlinie nur das erste Seitenbandpaar hervortritt (z. B. Gesamtfrequenzhub 1 bis 1,3 MHz für Basisbänder von 4 bis 12 MHz Bandbreite [9]).
Das von der Strecke herrührende Geräusch soll nach der Demodulation möglichst gleichmäßig auf die einzelnen Sprechkreise des Basisbandsignals verteilt sein. Dazu wäre im Idealfall ein konstanter Phasenhub je Sprechkreis nötig, d. h. Phasenmodulation. Man hebt daher im Sender mit einer Preemphase den Amplitudenfrequenzgang für das Basisband im oberen Teil etwa frequenzproportional an [10, 11] und macht dies im Empfänger mit einer Deemphase wieder rückgängig. Der untere Teil des Basisbandes wird nicht frequenzproportional abgesenkt. Hier erzeugt das Phasenrauschen der beteiligten Oszillatoren zusätzliches Geräusch im Basisband.
Ausnahmsweise ist für die Richtfunkübertragung auch Einseitenbandmodulation wegen ihrer wesentlich höheren Bandbreiteneffizienz trotz der damit verbundenen hohen Linearitätsforderungen an die Systemkomponenten (insbesondere an den Sendeverstärker) verwendet worden ([12]–[14]).

Digitale Modulationsverfahren. Die Grundlagen sind in O 2 dargestellt. Das zu übertragende, binäre Digitalsignal wird willkürlich in Abschnitte (Wörter) von je n bit unterteilt. Für jede mögliche Kombination aus n bits wird ein Zeichen (Symbol, Kennzustand) festgelegt durch bestimmte Parameterwerte der modulierten Schwingung; das Zeichenalphabet besteht dementsprechend aus 2^n verschiedenen Symbolen. Bei einer Bitrate f_b ergibt sich so eine Symbolrate $f_s = f_b/n$.
Das eigentliche Modulationsverfahren besteht jetzt aus der eindeutigen Zuordnung von Parametersätzen (Amplitude, Phase, Frequenz) der Trägerschwingung zu den Symbolen des Alphabets. Diese Zuordnung erfolgt meist symbolwei-

se. Sie kann – bei Anwendung einer geeigneten Codierung – auch unter Berücksichtigung von Nachbarsymbolen erfolgen. Auf der Empfangsseite wird das Digitalsignal durch Abtastung und Entscheidung wiedergewonnen. Die modulierte Schwingung muß dort daher nur noch zu den Abtastzeitpunkten die Zeichen darstellen, d.h. die durch das Zeichenalphabet festgelegten Parameter haben; in der Übergangszeit ist ein willkürlicher Verlauf der Schwingung zulässig. Dieser Freiheitsgrad wird bei der Puls- und Spektrumsformung genutzt, um einerseits das Sendespektrum möglichst einzuengen (Kanalraster, Nachbarkanalstörungen) und andererseits eine größtmögliche Unempfindlichkeit bei der Wahl des Abtast- und Entscheidungszeitpunktes zu erreichen.

Je nach Anwendungsfall im Richtfunknetz wird insbesondere auf Bandbreiteneffizienz (Anzahl der pro Hertz Bandbreite und pro Sekunde übertragenen Bits) oder auf Leistungseffizienz (d.i. die für eine geforderte Übertragungsqualität benötigte Sendeleistung) gelegt. Das erste Merkmal steht für den Einsatz in den klassischen Frequenzbändern für den Weitverkehr im Vordergrund, während in den darüber liegenden, im Regional- und Ortsnetz genutzten Frequenzbereichen vor allem auf Leistungseffizienz Wert gelegt wird.

Bandbreiteneffiziente Modulationsverfahren. Eine große Gruppe von Zeichenalphabeten verwendet als Symbole 2^n verschiedene Zeiger (Amplituden-Phasen-Kombinationen) der modulierten Schwingung. Sie lassen sich durch Zusammensetzung aus zwei um 90° phasenverschobenen Schwingungen I (= In-Phase) und Q (= Quadratur) leicht erzeugen; der Bitstrom steuert die Amplitude der I- und Q-Schwingung samt Vorzeichen. Der Empfänger gewinnt durch kohärente Demodulation die I- und Q-Amplituden zurück und führt sie dem Entscheider zu. Daher rührt die Bezeichnung Quadratur-AM (QAM) bzw. Quadrature Amplitude Shift Keying (QASK).

Bild 4 zeigt die Grundstruktur eines Quadraturmodulators (bzw. -demodulators), der aus zwei orthogonalen Zweiseitenband-AM-Modulatoren (bzw. Demodulatoren) mit unterdrücktem Träger besteht. Durch simultane Nutzung der beiden orthogonalen Trägerschwingungen erzielt dieses Modulationsverfahren die gleiche Bandbreiteneffizienz wie die Einseitenband-AM [15].

Bild 5 zeigt in der I-Q-Ebene die zulässigen Zustände (Signalkonstellationen) der komplexen Einhüllenden (Amplitude und Phase der Trägerschwingung) zum Abtastzeitpunkt für 16, 64 und 256 QAM. Darunter ist jeweils das sog. Augendiagramm am Entscheider (A/D-Wandler-)-Eingang im I- oder Q-Kanal des Demodulators dargestellt. Dabei wurde eine intersymbolinterferenz(ISI)-freie Pulsformung nach Nyquist mit einem Roll-off-Faktor von $r = 0{,}5$ vorausgesetzt (s. Gl. (1)). Offensichtlich handelt es sich um ein lineares Modulationsverfahren mit Hüllkurvenmodulation, das mit steigender Stufenzahl, d.h. steigender Bandbreiteneffizienz (16 QAM: 3,5 bit/s/Hz, 64 QAM: 5 bit/s/Hz, 256 QAM: 6...7 bit/s/Hz), beträchtliche Anforderungen an die Linearität der Systemkomponenten und an den Signal-Geräusch-Abstand (S/N) stellt (Bild 6). 16- bzw. 64-QAM-Systeme ergeben bei der Übertragung von 140-Mbit/s-PCM-Telefonie-Signalen in Frequenzbändern mit 40 bzw. ca. 30 MHz Kanalraster etwa die gleiche Spektrumsausnutzung wie ihre analogen Vorläufer zur Übertragung von 1800 Sprechkreisen mit FM.

Neben der hier beschriebenen ISI-freien Nyquist-Formung der einzelnen Symbole gibt es Verfahren mit kontrollierter ISI (Correlative Coding, Partial Response PR). Diese Verfahren haben im Richtfunk jedoch nur sehr eingeschränkt Anwendung gefunden.

Leistungseffiziente Modulationsverfahren. Bei Richtfunksystemen mit sehr hohen Trägerfrequenzen (z.B. 18/23 GHz) steht die Leistungseffizienz des Übertragungsverfahrens im Vorder-

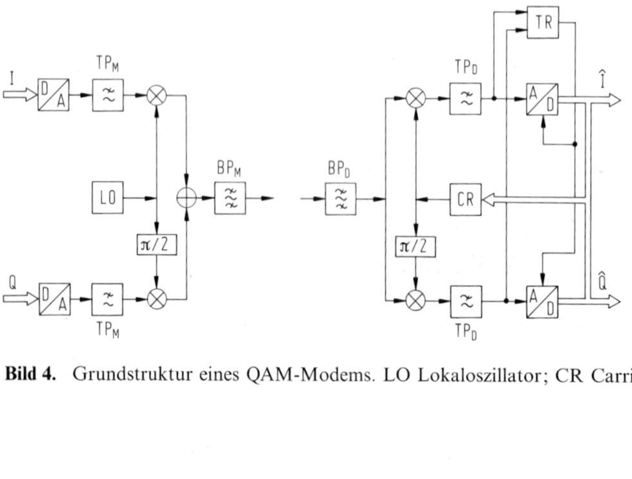

Bild 4. Grundstruktur eines QAM-Modems. LO Lokaloszillator; CR Carrier Recovery (= Trägerrückgewinnung)

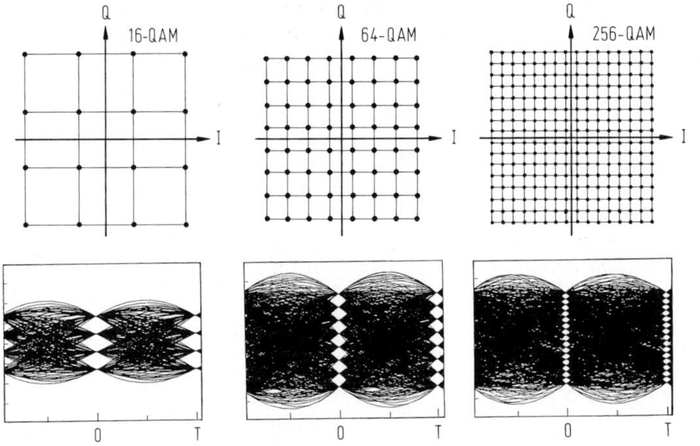

Bild 5. Signalkonstellationen und Augendiagramme für 16-, 64- und 256-QAM

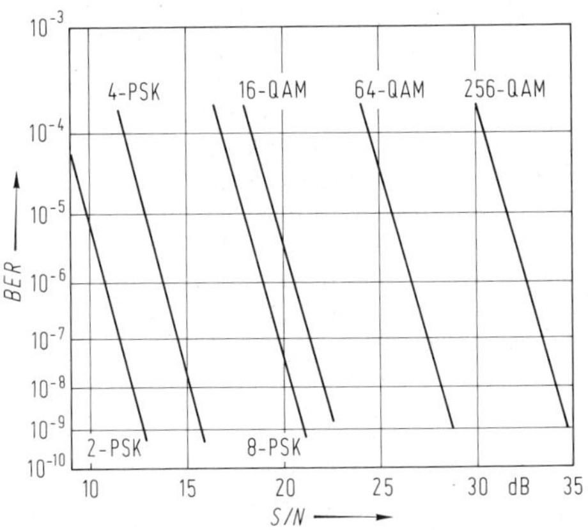

Bild 6. Relative Bitfehlerhäufigkeit (*BER*) über Signal/Geräusch-Abstand (*S*/*N*) für einige digitale Modulationsverfahren

grund. Dabei ist einerseits aufgrund des erforderlichen *S*/*N*-Wertes ein Modulationsverfahren mit mäßiger spektraler Effizienz (1 ... 2 bit/s/Hz) zu wählen und andererseits auch darauf zu achten, daß die erforderliche Sendeleistung mit möglichst hohem Wirkungsgrad vom Sendeverstärker bereitgestellt werden kann. Daher wird ein Modulationsverfahren ohne oder mit geringer Hüllkurvenmodulation gewählt, da dann der Sendeverstärker mit oder nahe bei seiner Sättigungsleistung betrieben werden kann. Da die komplexe Hüllkurve zumindest angenähert konstant ist (abhängig von der Pulsformung), werden diese Verfahren auch als PSK (Phase Shift Keying) bezeichnet (Bild 7). Speziell bei 4 PSK (= QPSK: quaternäre PSK) kann durch die sog. Offsetmodulation (Modulationssignale in I- u. Q-Kanal um eine halbe Symbolperiode gegeneinander versetzt) eine weitere Re-

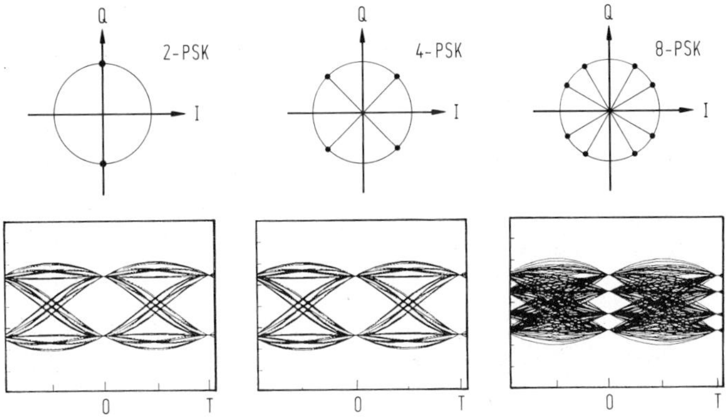

Bild 7. Signalkonstellationen und Augendiagramme für 2-, 4- und 8-PSK

duktion der Hüllkurvenmodulation erreicht werden.

Neben den PSK-Verfahren wird auch digitale FM (FSK: Frequency Shift Keying) benutzt. Sie wird meist nur in binärer oder quaternärer Form ausgeführt: Das Zeichenalphabet besteht dann aus zwei oder vier nahe benachbarten Frequenzen. Bei einfachen Systemen kann man das ankommende Digitalsignal unmittelbar zur Frequenzmodulation benutzen [16].

Zur Steigerung der Bandbreiteneffizienz der Modulationsverfahren mit konstanter Hüllkurve gibt es erfolgversprechende Ansätze, die von einer Verbindung von Modulation und Codierung ausgehen und dazu zur Spektrumsformung den kontinuierlichen Phasenanschluß einzelner Symbole ausnutzen (CPM: Continuous Phase Modulation [17]).

Gegenüberstellung. Bild 8 zeigt eine zusammenfassende und vergleichende Darstellung der Effizienz verschiedener digitaler Modulationsverfahren. Da eine weitere Steigerung der Bandbreiteneffizienz zu extremen Stufenzahlen führt (Verdopplung der Effizienz = Quadrierung der Stufenzahl!) wird auch der sog. Gleichkanal-Betrieb mit orthogonalen Polarisationen (CCDP ≙ Cochannel Dual Polarisation) für die Wellenausbreitung genutzt.

Realisierungsaspekte. Um die theoretischen Merkmale der Modulationsverfahren in praktische Eigenschaften von Richtfunksystemen umzusetzen, ist ein hohes Maß an Präzision bei der Realisierung der einzelnen Funktionseinheiten erforderlich. Insbesondere sind Mittel vorgesehen, die den zeitvarianten Eigenschaften des Übertragungskanals (Ausbreitungsanomalien) Rechnung tragen. Es können hier nur die wesentlichen Funktionen skizziert werden.

Puls- und Spektrumsformung. Das Zusammenwirken aller in Bild 4 gezeigten Filter (TP_M, BP_m, BP_D, TP_D) soll eine ISI-freie Impulsantwort bereitstellen und andererseits die Bandbreite des

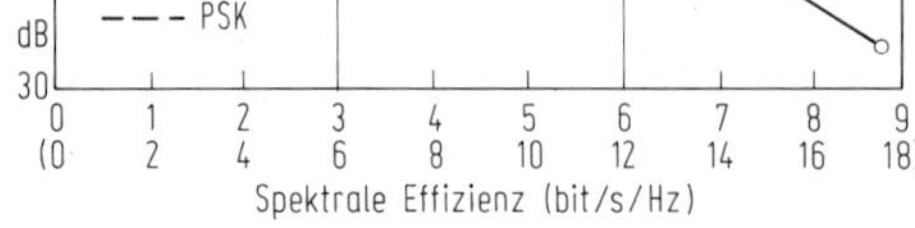

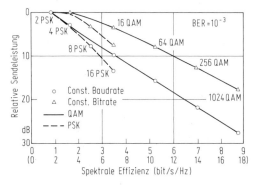

Bild 8. Vergleich verschiedener Modulationsverfahren im Hinblick auf Leistungs- und Bandbreiteneffizienz

Sendesignals bzw. des Empfängers begrenzen. Die meist benützte Impulsantwort ist der sog. Kosinus-Roll-off-Nyquist-Puls

$$g(t) = \frac{\sin \pi \frac{t}{T}}{\frac{\pi t}{T}} \cdot \frac{\cos r \pi \frac{t}{T}}{1 - \left(2r \frac{t}{T}\right)^2} \tag{1}$$

mit dem Roll-off-Faktor r als Parameter. Die zugehörige Spektralfunktion ist im sog. Roll-off-Bereich $|f - f_N| \le f_N$ ungerade um $f_N = \frac{1}{2}T$ (= Nyquist-Frequenz mit T = Symbolperiode oder Schrittdauer des Systems) und ist für $|f| < (1 - r) f_N$ gleich Eins; oberhalb des Roll-off-Bereichs ist sie Null. Die Bandbreite beträgt daher $(1 + r) f_N$.

Da $g(t)$ für $t = \pm nT \, (n = 1, 2, \dots)$ verschwindet, können zu diesen Zeitpunkten weitere Impulse der gleichen Grundform gesendet werden, ohne daß Impulsnebensprechen (ISI) auftritt. Die geringste Bandbreite liegt für $r \ll 1$ vor. Dann aber wird, von Problemen bei der Filterrealisierung abgesehen, das System sehr empfindlich auf Schwankungen des Abtastzeitpunktes reagieren. Ein guter Kompromiß und deshalb häufig verwendeter Wert für den Roll-off-Faktor ist $r = 0{,}5$.

Die Aufteilung der gesamten Formung auf Sende- und Empfangsseite ist ebenfalls eine wichtige Frage. Die meist benutzte Aufteilung verwendet theoretisch gleiche Filter auf beiden Seiten, nämlich $\sqrt{\underline{G}(f)}$, wobei $\underline{G}(f) = \mathfrak{F}\{g(t)\}$ die Gesamtselektion darstellt. Eine eventuell notwendige Korrektur für spezifische Impulsformen am Ausgang des D/A-Wandlers im Modulator ist meist zusätzlich in die sendeseitige Filterung eingerechnet. Diese gleichmäßige Filteraufteilung ergibt bei gegebener mittlerer Sendeleistung und additivem weißen gaußischen Rauschen die niedrigste Fehlerhäufigkeit. Der Empfänger stellt damit für das Sendesignal ein signalangepaßtes Filter (Matched Filter) dar. Realisiert wird diese Filterung entweder im Basisband mit Tiefpässen in den I- und Q-Kanälen mit Hilfe von konventioneller LC-Technologie oder als programmierbare hochintegrierte Digitalfilter oder als Bandpässe in der ZF-Lage vorzugsweise mit SAW-Filtern. Auch Mischformen mit Filterung im Basisband und in der ZF werden praktisch eingesetzt.

Demodulation und Synchronisation. Die in der rechten Hälfte von Bild 4 dargestellte kohärente Demodulation des QAM-Signals erfordert neben den vom Modulator her bekannten Funktionen ein phasenrichtig bereitgestelltes LO-Signal zur Umsetzung ins Basisband und ein Taktsignal, das den Entscheidungszeitpunkt festlegt. Von den in Bild 5 dargestellten Konstellationen her ist auch klar, daß an die Genauigkeit der zur

Demodulation benutzten Trägerphase und der zur A/D-Wandlung erforderlichen Taktphase erhebliche Anforderungen gestellt werden. Aus Gründen der Leistungseffizienz wird der Träger und der Takt ja nicht mitübertragen und muß deshalb aus dem empfangenen QAM-Signal rückgewonnen werden (CR, Carrier Recovery, TR: Timing Recovery). Von den verschiedenen Verfahren, die zur Trägerrückgewinnung in Richtfunksystemen eingesetzt werden, sind einerseits die Erzeugung einer Spektrallinie bei einer ganzzahligen Vielfachen der Trägerfrequenz mit Hilfe einer nichtlinearen Kennlinie und andererseits die Rückgewinnung aus den in digitaler Form vorliegenden Daten (Decision Directed), wie in Bild 4 angedeutet, erwähnenswert. Die Standardlösung zur Taktrückgewinnung besteht aus einer Quadrierung der demodulierten I- und Q-Signale im Basisband (Bild 4) und der Ausfilterung der dabei entstehenden Spektrallinie bei $1/T$. Diese Spektrallinie kann ebenso durch Quadrierung der Hüllkurve des ZF-Signals erzeugt werden. In jedem Fall wird die Extraktion der Spektrallinie mit Hilfe einer Phase-Locked Loop (PLL) hoher Güte vorgenommen. Die Anforderungen an die Präzision der Träger- und Taktrückgewinnung steigen mit zunehmender Modulationsstufenzahl und sinkendem Roll-off-Faktor r.

Entzerrung und Kompensation. Die durch Mehrwegeausbreitung verursachten linearen Verzerrungen verändern die Impulsform und reduzieren damit die Augenöffnung. Dadurch wird die Übertragungsqualität des QAM-Systems insbesondere bei hoher Stufenzahl gravierend verschlechtert. Zur Reduktion dieser ISI werden sog. adaptive Zeitbereichsentzerrer (Adaptive Time Domain Equalizer ATDE) im Basisbandteil des Demodulators eingesetzt. Dabei kann es sich um analog implementierte Funktionseinheiten vor den A/D-Wandlern oder um monolithische VLSI-Digitalbausteine nach der A/D-Wandlung handeln. Es kommen sowohl nicht-rekursive (transversale) als auch entscheidungsrückgekoppelte (Decision Feedback) Anordnungen zum Einsatz. Die Steuerung der Koeffizienten dieser adaptiven Entzerrer erfolgt i. allg. nach einem „Zero-Forcing"- oder einem „Minimum Mean Square Error"-Algorithmus. Häufig werden diese Zeitbereichsentzerrer durch in der ZF-Lage implementierte Frequenzbereichsentzerrer (Schräglagenentzerrer) unterstützt.

Ganz ähnliche Maßnahmen wie die adaptive Entzerrung zur ISI-Reduktion sind bei Systemen mit Gleichkanalbetrieb erforderlich. Für Modulationsstufenzahlen $\geqq 16$ ist die durch Ausbreitungsanomalien reduzierte XPD i. allg. nicht für einen einwandfreien Betrieb ausreichend. Es ist daher der Einsatz von sog. Kreuzpolarisations-Interferenz-Kompensatoren (XPIC: Cross-Pol Interference Canceller) notwendig. Die dabei verwendeten Schaltungsstrukturen und die zur Adaption eingesetzten Algorithmen sind sehr ähnlich jenen, die bei den Entzerrern Anwendung finden. Bild 9 zeigt das Blockschaltbild eines QAM-Systems mit Gleichkanalbetrieb. Das System ist mit digital realisierten adaptiven Entzerrern (DAE) und digital realisierten adaptiven XPICs (DAX) ausgestattet. In den Modulatoren werden die Datenströme für die vertikale (V) und die horizontale (H) Polarisation synchronisiert und die Modulation und Umsetzung in die RF-Lage ebenfalls synchron ausgeführt. Derartige Systeme mit hoher Stufenzahl (z. B. 64 QAM)

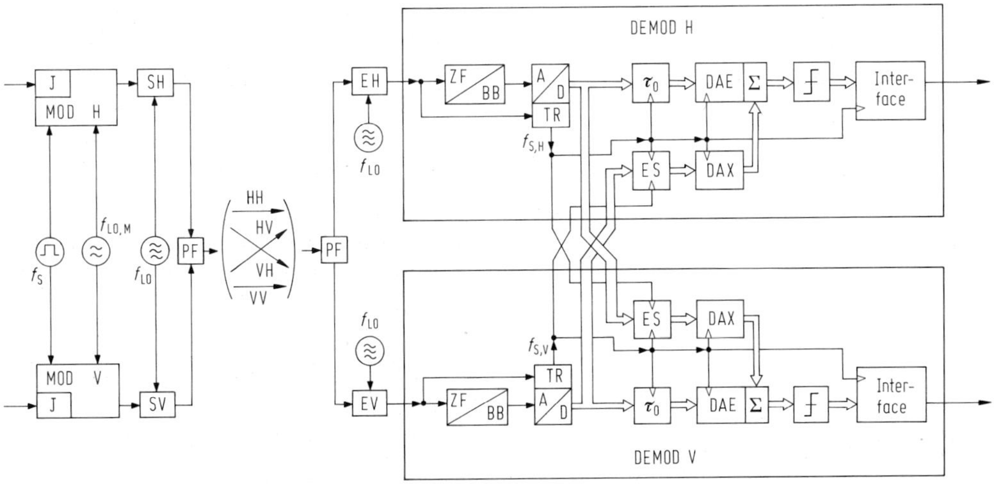

Bild 9. Blockdiagramm eines Gleichkanalsystems mit adaptiver Entzerrung (DAE) und Kompensation (DAX). J Stopfeinrichtung zur Synchronisation; PF Polarisationsfilter; ES Elastischer Speicher; τ_0 Grundlaufzeitausgleich

und Gleichkanalbetrieb gewinnen wegen des steigenden Bedarfes an Übertragungskapazität und wegen des gleichzeitig limitierten Frequenzbandes an Bedeutung.

Codierung. Wegen der Bedeutung der Bandbreiteneffizienz für den Richtfunk wurde Codierung zur Fehlersicherung bisher nicht auf breiter Basis eingesetzt. Um jedoch die Anforderungen an die (relative) Restfehlerhäufigkeit (z. B. $BER \leqq 10^{-11}$ bei guten Ausbreitungsbedingungen) auch bei Systemen mit hoher Stufenzahl erfüllen zu können, ist der Einsatz von FEC (Forward Error Correction) notwendig. Insbesondere sind Codes mit geringer Redundanz (Code-Rate z. B. 18/19) wichtig, um der Forderung nach Bandbreiteneffizienz weiterhin gerecht zu werden. Damit bei derartigen Codes trotzdem ein ausreichender Codegewinn erzielt wird, ist eine spezielle Anpassung des Codes an das Modulationsverfahren erforderlich [18]. Beispielsweise wurde so für $BER = 10^{-3}$ ein Codegewinn von > 1 dB und asymptotisch für $BER \to 0$ ein Gewinn von 4 bis 5 dB erreicht.

3.3 Streckenaufbau und Geräte
Route configuration and equipment

Grundstrukturen. *Richtfunkverbindungen.* Zur Richtfunkübertragung dienen die Funkstellen, in denen die Funkgeräte und Hilfseinrichtungen untergebracht sind; die Antennen sind auf den Antennenträgern befestigt. Funkstellen benötigen eine gesicherte Stromversorgung. Richtfunkverbindungen können – aus Sicherheitsgründen – Bestandteil eines Nachrichtennetzes mit Mehrmedienführung (Satelliten, Kabel, Richtfunk) sein.

Die prinzipielle Anordnung einer Richtfunkverbindung zeigt Bild 10. Längere Richtfunklinien sind in Funkfelder unterteilt; unter einem Funkfeld versteht man den Teil einer Richtfunkverbindung zwischen zwei aufeinander folgenden Funkstellen (Bild 11). Mit Ausnahme von Zubringerlinien zu Rundfunk- oder Fernsehsendern werden sie bidirektional betrieben. Anfang und Ende einer Richtfunklinie werden als Endstellen bezeichnet, dazwischenliegende Funkstellen als Zwischen- oder Relaisstellen, an denen in der Regel kein Zugang zur übertragenen Nachricht nötig ist (Hilfskanäle ausgenommen). Die Richtfunklinie zwischen zwei Endstellen wird als Modulationsabschnitt bezeichnet. Mehrere Modulationsabschnitte können hintereinandergeschaltet werden; es können dabei Teile des Basisbandes entnommen oder eingefügt werden. Dies kann – an Knotenstellen – auch zwischen sich kreuzenden oder verzweigenden Richtfunklinien erfolgen.

Endstellen können mit Ersatzschalteinrichtungen ausgestattet werden.

Passive Zwischenstellen dienen zur Umlenkung der Funkstrahlen mittels spezieller Antennenanordnungen.

Gerätestrukturen. Im Falle *direkt modulierter* Sender ist die Frequenz des modulierten Trägers

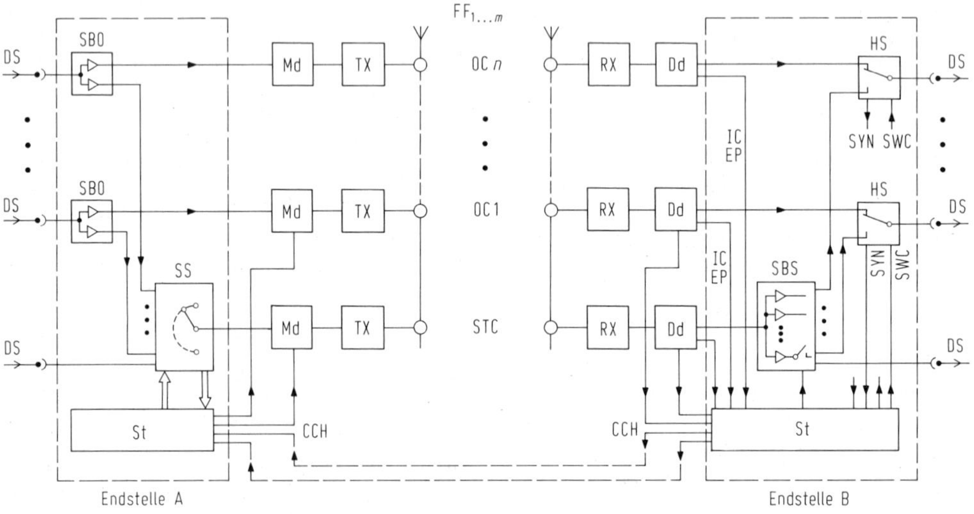

Bild 10. Modulationsabschnitt einer Richtfunkverbindung zwischen zwei Endstellen (nur eine Richtung dargestellt). CCH Steuerkanäle, Dd Demodulator, Ds Digitalsignal, EP Fehlerpulse, FF Funkfelder, HS Umschalter, IC Unterbrechungsmeldung, m Zahl der Funkfelder, m-1 Zahl der Zwischenstellen, Md Modulator, OC Betriebskanal, RX Empfänger, SBO Signalverzweigung, SBS Signalverzweigung (Ersatzweg), SS Signalwähler, St Steuereinheit, STC Ersatzkanal, SWC Schaltbefehl, SYN Synchronanzeige, TX Sender

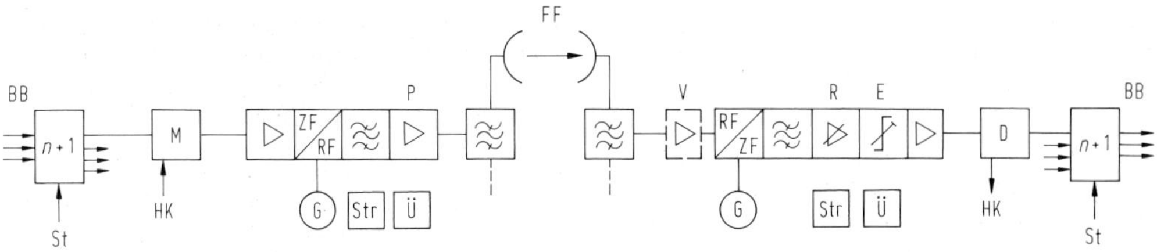

Bild 11. Endstellengeräte einer einseitig gerichteten Digitalfunkstrecke mit indirekter Modulation. BB Basisbandsignal; D Demodulator; E Entzerrer; FF Funkfeld; G Oszillatoren; HK Hilfskanäle; M Modulator; $n+1$ Umschalteinrichtungen; P Sendeverstärker; R ZF-Verstärker mit autom. Verstärkungsregelung; St Steuerung der Umschalteinrichtung; Str Stromversorgung; Ü Überwachung; V RF-Vorverstärker

identisch mit der Sendefrequenz. Die Qualität des Modulationsvorgangs muß im gesamten Sendefrequenzbereich gewährleistet sein. Modulator und Sender bilden eine Einheit. Für dieses Konzept eignen sich vorwiegend leistungseffiziente Modulationsverfahren.
Bei *indirekt modulierten* Sendern wird eine Zwischenfrequenzschwingung (um 70 oder 140 MHz) moduliert. Modulator und Sender sind getrennte Funktionseinheiten. Die Festlegung auf eine definierte, relativ niedrige Trägerfrequenz erlaubt die Verwendung komplexerer bandbreiteeffizienter Modulationsverfahren, die besonders enge Toleranzen voraussetzen.

Direkt modulierte Systeme, in denen der Empfänger keine Frequenzumsetzung enthält (Homodynempfänger), könnten zukünftig Bedeutung erlangen.

Mehrfach-(Diversity-)Empfang. Dies sind Antennen- und Geräteanordnungen zur Verminderung von ausbreitungsbedingten Empfangsstörungen. Zwei oder mehr RF-Signale gleichen Nachrichteninhalts, deren Ausbreitungsbeeinflussung wenig korreliert ist, werden getrennt empfangen und addiert bzw. ausgewählt. Dies kann prinzipiell in jeder der drei Frequenzebenen (RF, ZF, Basisband) erfolgen.
Raumdiversity: Zwei Empfangsantennen sind im Abstand von z.B. 100 Wellenlängen parallel gerichtet.
Winkeldiversity: Ein Antennenreflektor ist mit einem Doppelstrahler ausgerüstet, dessen Achsen gegeneinander schwach geneigt sind.
Frequenzdiversity: Zwei RF-Kanäle größeren Frequenzabstands werden mit einer Antenne empfangen (ökonomisch hinsichtlich Antennen- und Zuleitungsaufwand, unökonomisch hinsichtlich Frequenzbandnutzung).
Bei Problemfunkstrecken werden auch Kombinationen mehrerer dieser Möglichkeiten angewandt.

Gerätetechnik. *Sendeseite.* Bild 11 zeigt die wesentlichen Teile einer indirekt modulierten Digitalsignal-Sendeanlage. Die zu übertragenden Digitalsignale werden in einem zur Kabelübertragung geeigneten Code (HDB 3; CMI) dem Modulator zugeführt. Das von diesem abgegebene ZF-Signal wird im Sender in den gewünschten RF-Bereich umgesetzt und verstärkt. Mehrere Sender können über Kanalweichenanordnungen mit *einer* Antenne verbunden werden.
Eine für Modulator und Sender gemeinsame Stromversorgungseinheit erzeugt die benötigten Spannungen mit der zulässigen Toleranz aus einem unterbrechungsgeschützten Gleichspannungsnetz. Die Sendeanlage wird durch Überwachungseinrichtungen, Ersatzschaltgeräte und Hilfseinrichtungen für die Übertragung zusätzlicher Digitalsignale ergänzt.
Die *Modulatoren* für Digitalsignale bestehen aus den beiden Blöcken „Digitale Signalaufbereitung“ und „Modulator im eigentlichen Sinn“. Im Modulator eines indirekt modulierten Senders wird das in einem Leitungscode ankommende Digitalsignal bzw. Basisbandsignal nach Ausgleich der Kabelverzerrungen einer „Taktrückgewinnung und Decodierung“ zugeführt. In einem elastischen Speicher wird eine Jitterreduktion bewirkt und häufig die Bitrate erhöht, falls Zusatzinformationen (u.a. für Kanalkennungen und Fehlerkorrektursignale) in einen zu bildenden richtfunkspezifischen Überrahmen eingespeist werden sollen.
Die Signale werden dann verscrambelt und über D/A-Wandler den Quadraturmodulatoren zugeführt. Die erforderliche Trägerschwingung bei 70 oder 140 MHz liefert ein Quarzoszillator. Die Pulsformung kann im digitalen oder anschließend an den Modulationsvorgang im ZF-Bereich (SAW-Filter) erfolgen.
Das *Sendesignal* wird aus dem ZF-Eingangssignal durch Frequenzumsetzung im Sendemischer erzeugt und im RF-Leistungsverstärker verstärkt. Dazu wird eine RF-Trägerversorgung G benötigt.
Das gewählte Modulationsverfahren bestimmt die Anforderungen an die *Linearität* der Komponenten. Linearisierende Maßnahmen sind geringe Aussteuerung („Back off“) und Vorverzerrungsnetzwerke, deren Übertragungscharakteristik komplementär zu der des Leistungsverstärkers ist. Sie können im ZF- oder RF-

Kleinsignalbereich eingesetzt werden und mindern die durch Selektionsmittel nicht beeinflußbaren nichtlinearen Signalanteile ungerader Ordnung, welche die Übertragung des eigenen RF-Kanals und benachbarter Kanäle stören. Linearisierende Maßnahmen im digitalen Bereich werden zukünftig an Bedeutung gewinnen.

Als *Sendemischer* sind Schichtschaltungen mit Schottky-Dioden üblich. Unerwünschte Mischprodukte (Trägerrest, unerwünschtes Seitenband) werden durch Symmetrie und einen Einseitenbandmischer (Quadraturverfahren) gedämpft. Dies erfordert u.a. zwei 90°-Hybride, macht jedoch ein Seitenbandfilter überflüssig.

Als *RF-Leistungsverstärker* werden Halbleiter- und Wanderfeldröhrenverstärker verwendet. Zwischen Aussteuerbereich, Wirkungsgrad und Linearisierungsmöglichkeiten wird ein Kompromiß gewählt. Der Effektivwert der Sendeleistung beträgt bis zu 5 W. Eine Monitorsonde überwacht die Ausgangsleistung.

Als *Trägerversorgung* erzeugt ein RF-Oszillator einen Sinusträger hoher spektraler Reinheit sowie Lang- und Kurzzeitfrequenzkonstanz und hoher Festigkeit gegen mechanische Einflüsse. Seine RF-Leistung beträgt bis zu 100 mW. Die Frequenzgenauigkeit gewährleistet ein stabiles Referenzsignal (Quarz oder SAW-Resonator) in einer PLL-Schaltung oder ein dielektrischer RF-Resonator.

Empfangsseite. Das von der Antenne empfangene und in der Kanalweichen-Anordnung selektierte RF-Signal (Bild 12) wird im Empfänger in ein standardisiertes ZF-Signal umgesetzt und dem Demodulator zugeleitet. Dieser gibt das Digitalsignal im gleichen Format wie das sendeseitig zugeführte ab. Es können Einrichtungen zur Ersatzschaltung, für Hilfskanäle und für Diversityempfang hinzugefügt werden.

Das *Empfangssignal* wird in einem rauscharmen RF-Vorverstärker (meist einstufig, Verstärkung etwa 10 dB) verstärkt und im nachfolgenden Einseitenband-Abwärtsmischer (Konversionsverlust 5 bis 7 dB) mittels einer Trägerschwingung in die ZF-Lage umgesetzt. Dabei wird das spiegelfrequente Rauschen des RF-Vorverstärkers unterdrückt. Der nachfolgende, meist geregelte ZF-Vorverstärker verstärkt das ZF-Signal um 20 bis 40 dB. Sein Ausgangssignal wird über ein ZF-Filter direkt (oder bei Diversity-Empfang über einen ZF-Kombinator) im ZF-Hauptverstärker weiterverstärkt, durchläuft einen Gruppenlaufzeitentzerrer und einen adaptiven Frequenzbereichsentzerrer. Am Empfängerausgang sind Sensoren für dessen Steuerung und für die automatische Pegelregelung angeordnet.

Die Trägerschwingung liefert ein RF-Oszillator, der dem im Sender vorhandenen entspricht.

Als *Diversity-Einrichtung* für Raum- oder Winkeldiversity ist eine Anordnung zur phasenrichtigen Addition der Signale in einem ZF-Kombinator üblich. Ein Regelkriterium aus dem Phasenvergleich der Signale steuert einen ZF-Endlosphasenschieber. Die RF-Empfängereingangsteile sind doppelt vorhanden, die Oszillatorschwingungen werden in einem gemeinsamen Oszillator erzeugt. Das resultierende Signal wird in den Endteil des Empfängers eingespeist.

Im *Demodulator* wird das ankommende ZF-Signal zunächst in einem Quadratur-Demodulator mittels des zurückgewonnenen Trägers kohärent demoduliert. Die Pulsformung kann im ZF- oder im BB-Bereich komplettiert werden.

Vor oder nach der Analog/Digital-Wandlung der so gewonnenen I- und Q-Signale ist ein digitaler adaptiver Zeitbereichsentzerrer (DAE) angeordnet, der durch hochintegrierte Schaltkreise realisiert ist. Er dient zur weitgehenden Beseitigung des Impulsnebensprechens, wie es durch Ausbreitungsanomalien, aber auch durch Geräteimperfektionen verursacht wird.

Danach durchlaufen die entzerrten Signale einen Schaltungsteil, der die für eine etwa vorhandene

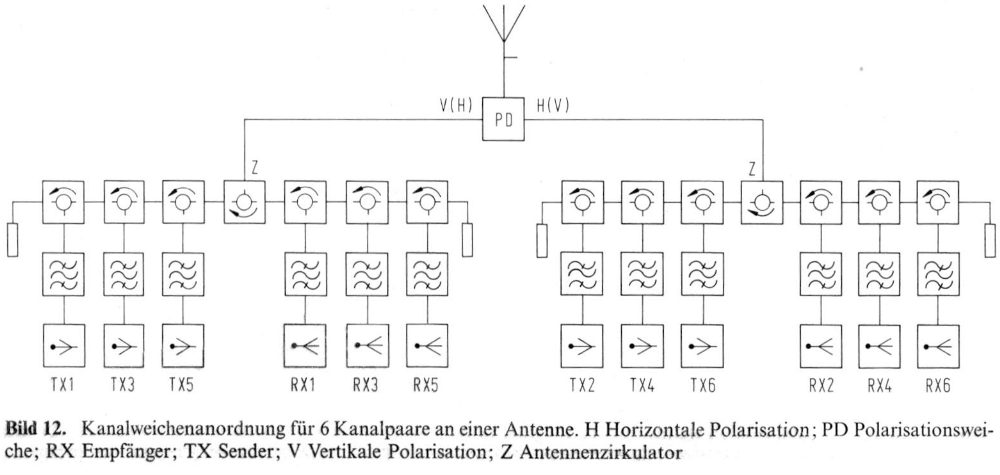

Bild 12. Kanalweichenanordnung für 6 Kanalpaare an einer Antenne. H Horizontale Polarisation; PD Polarisationsweiche; RX Empfänger; TX Sender; V Vertikale Polarisation; Z Antennenzirkulator

Fehlerkorrektur modulatorseits erhöhte Bitrate wieder reduziert, diese Fehlerkorrektur vornimmt und eine Zugriffsmöglichkeit für die Rahmeninformation bietet. (Alternativ könnte für eine Fehlerkorrektur auch die Zahl der Modulationsstufen erhöht werden.) Modulatorseits vorgenommene Maßnahmen zur Digitalsignalaufbereitung (z. B. Scrambling) müssen nach der Demodulation rückgängig gemacht werden.
Ein „Ausgangs-Interface" stellt das Digitalsignal in serieller Form im gewünschten Signalformat wieder zur Verfügung. Falls vorhanden, kann aus der Fehlerinformation vor der Korrekturmaßnahme eine „Frühwarnschwelle" abgeleitet werden, die Ersatzschalteinrichtungen steuert und eine Ersatzschaltung veranlaßt, bevor Bitfehler nach der Fehlerkorrektur meßbar sind.
Eine Erhöhung der frequenzbandbezogenen Bitrate (bit/s/Hz) ohne Vergrößerung der Modulationsstufenzahl ist mittels gleichfrequenter Übertragung zweier Signale mit zueinander orthogonaler Polarisation möglich (*Gleichkanalbetrieb*).
Für die Isolation der Signale genügt in manchen Fällen die vorhandene Kreuzpolarisationsentkopplung (XPD, Cross Polarization Discrimination). Mit wachsender Komplexität des Modulationsverfahrens muß die gleichfrequente ausbreitungs- und gerätebedingte Interferenzstörung durch Zusatzmaßnahmen verringert werden.
Zur vollen Ausnutzung des Frequenzbandes muß aber auch die Entkopplung der lückenlos aneinandergereihten RF-Kanäle gleicher Polarisation verbessert werden. Dazu werden pulsformende Digitalfilter oder SAW-Filter für die sendeseitige Spektrumsformung eingesetzt.
Auch die Selektionsmittel im RF-Bereich erfordern eine angepaßte Filteranordnung oder eine Umdimensionierung der Filter.
Ein Kreuzpolarisations-Interferenz-Kompensator („XPIC" = Cross Polarization Interference Canceller) entnimmt das – wenn auch etwas gestörte – Signal eines Weges mit z. B. vertikaler Polarisation und kompensiert damit den unerwünschten Signalanteil im horizontalpolarisierten Weg. Dies kann mittels digitaler oder analoger Schaltkreise in den Demodulatoren implementiert sein; u. U. wird auch nur einer der beiden Wege damit ausgerüstet.
Diese Einrichtungen setzen voraus, daß bei der „digitalen" Ausführung sendeseitig beide Signale zueinander taktsynchron und ihre Sendeoszillatoren zueinander phasenstarr sind. Bei der „analogen" Ausführung trifft dies nur auf die Empfangsoszillatoren zu.

Ersatzschalteinrichtungen. Die Qualität einer Richtfunkstrecke wird laufend automatisch überwacht. Bei unzulässiger Verschlechterung oder Geräteausfällen wird automatisch auf einen Ersatzweg umgeschaltet. Damit wird die zeitliche Verfügbarkeit einer Richtfunkstrecke erheblich verbessert. Bei einer Geräteersatzschaltung wird kein zusätzlicher RF-Kanal benötigt, aber Ausbreitungseinflüsse werden nicht abgedeckt; längere Unterbrechungen durch Gerätefehler werden jedoch vermieden.
Bei Streckenersatzschaltungen wird z. B. für 3 RF-Betriebskanäle ein Ersatzkanal bereitgehalten („3 + 1"). Umschaltbefehle werden vom Unterschreiten einer Qualitätsschwelle abhängig gemacht, so daß nach einer Verbesserung der Übertragungsbedingungen der Ersatzweg erneut verfügbar ist (Bild 10).
Bei abrupt auftretenden Fehlern tritt bis zur Signalübernahme durch den Ersatzweg eine Kurzzeitunterbrechung auf. Bei einer allmählichen Qualitätsminderung kann die eigentliche Umschaltung unterbrechungs- und fehlerfrei („hitless") umschalten.
Die Ersatzschalteinrichtung besteht aus den sende- und empfangsseitig vorhandenen Steuer- und Schaltteilen. Der Steuerteil erhält von den zugeordneten Übertragungswegen die Überwachungsinformation zur Auswertung und steuert die Schaltmatrix entsprechend. Die Schaltbefehle sind auch manuell für Wartungsarbeiten eingebbar.
Ein Ersatzschaltvorgang setzt voraus, daß der Ersatzweg bis zu diesem Zeitpunkt mit guter Qualität verfügbar war. Der Ersatzweg wird dem gestörten Weg zuerst sendeseitig parallelgeschaltet; dann erst wird der gestörte Weg abgetrennt, indem auf der Empfangsseite auf den Ersatzweg umgeschaltet wird.
Zwischen sende- und empfangsseitigen Ersatzschalteinrichtungen müssen gesicherte Datenwege bereitgestellt werden.

RF-Filter und -Anordnungen. Sie entkoppeln Richtfunkgeräte voneinander, unterdrücken Nebenprodukte und Nebenempfangsstellen und dienen manchmal der Pulsformung. Zur Mehrfachnutzung der Antennen (Senden und Empfangen) werden Kanalweichenfilter (KW) kettenförmig aneinandergereiht (Bild 12). Mittenfrequenzabstände betragen mindestens zwei Rasterabstände, so daß nur gerad- oder ungeradzahlige RF-Kanäle KW-Ketten bilden. Dabei überlappen sich ihre Sperrdämpfungen etwa bei den − 20-dB-Punkten. Die Kanalreihenfolge einer KW-Kette wird so gewählt, daß die gesamten Verlustdämpfungen jedes RF-Kanals etwa gleich sind.
Gerad- und ungeradzahlige KW-Ketten werden entweder mittels einer Polarisationsweiche entkoppelt mit einer Antenne verbunden oder mit jeweils 3-dB-Zusatzverlust mittels 3-dB-Kopplern. Filterausführungen: Mehrkreisige, z. T. durch Dämpfungspole versteilerte Filter in Form von

Hohlraum-, Koaxial- oder keramischen (dielektrischen) Resonatoren. Diese zeigen geringe Verlustdämpfungen und geringe Klimaabhängigkeit.
RF-Filter besitzen oberhalb ihres Durchlaßfrequenzbereichs parasitäre Dämpfungseinbrüche, die mittels Tiefpässen unwirksam gemacht werden.

Antennenanlagen. Sie umfassen Antennenleitungen, Polarisations- und Frequenz- bzw. Systemweichen und die Antennen. Diese werden auf Türmen, Masten, Gestellen oder Gebäuden aufgestellt. Türme besitzen antennennahe Betriebsräume, so daß kurze Antennenzuleitungen möglich sind. Schleuderbeton- oder (abgespannte) Stahlgittermasten sind Antennenträger, deren zugehörige Betriebsräume nahe dem Mastfuß angeordnet sind; dies erfordert längere Antennenzuleitungen. Lediglich kleinere Richtfunkgeräte im Bereich oberhalb 10 GHz können auch in Schutzgehäusen antennennah eingesetzt werden. Antennenträger müssen bei Berücksichtigung der Windlast ausreichend steif und torsionsstabil sein.
Mehrfachausnutzung von Antennen und Zuleitungen für gleichzeitig zwei Frequenzbänder mindern den Aufwand für Antennenanlagen und -träger. Antennenleitungen und Erreger werden zum Schutz vor Klimaeinflüssen mit getrockneter Luft unter leichtem Überdruck gefüllt betrieben.

Antennen. Bis etwa 1,5 GHz werden ebene oder parabolische Gitterreflektoren mit Dipolen als Erreger benutzt, für höhere Frequenzen parabolische oder Teile von Parabolen bildende Reflektoren mit Hornerregern. Der Aufwand richtet sich nach der verlangten Qualität des Strahlungsdiagramms bei beiden orthogonalen Polarisationen und den Ansprüchen an Frequenzbandbreite, Reflexionsdämpfung und Gewinn. Weitere Gesichtspunkte sind geringes Gewicht, Windlast und leichte Montierbarkeit. Öffnungswinkel unter 1 Grad stellen zu hohe Ansprüche an die Stabilität der Antennenträger.

Antennenleitungen. Dazu eignen sich unterhalb etwa 3 GHz Koaxial-, darüber Hohlleiter. Statt starrer werden heute biegbare, aber dabei querschnittsstabile Hohlleiter rechteckigen oder ovalen Querschnitts wegen ihres Reflexionsverhaltens, geringer Dämpfung und leichter Verlegbarkeit bevorzugt. Sie bestehen aus Al-Legierungen oder Kupfer (Bild 13).
Solche Hohlleiter können dank mechanischer Präzision auch übermodiert betrieben werden. Ihre Dämpfung ist dann geringer; ein gleichzeitiger Betrieb auf zwei Frequenzbändern ist über Frequenzweichen möglich. Unerwünschte Mo-

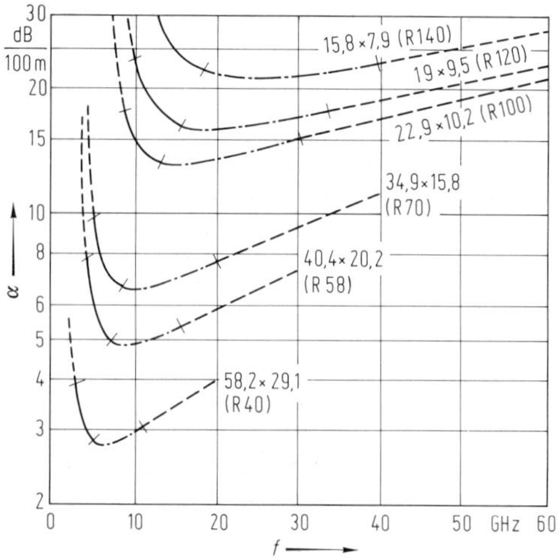

Bild 13. Dämpfung von Al-Rechteckhohlleitern (Maße in mm). Einsatzbereiche im Richtfunk: —— Grundmode, –·–·– übermodiert, (––– technisch nicht genutzt wegen zu hoher Dämpfung und zu großer Dispersion)

denwandlungen an mechanischen Imperfektionen können mittels Modenfiltern absorbiert werden.

Polarisations- und Systemweichen. Polarisationsweichen (PW) vereinigen zwei auf getrennten Antennenleitungen ankommende Signale und speisen sie über ein Leitungsstück quadratischen oder kreisförmigen Querschnitts in einen Erreger für beide orthogonale Polarisationen. Hohe mechanische Präzision gestattet Kreuzpolarisationsentkopplungen (XPD) bis zu 50 dB.
Mittels Frequenzbandweichen – mit einer PW kombiniert: Systemweichen – können Antennen und Zuleitungen gleichzeitig für zwei Frequenzbänder genutzt werden (z. B. für 3,9 und 6,7 GHz).

Analoge Richtfunkgeräte. Bis zur Einführung des digitalen Richtfunks wurde vorwiegend Frequenzmodulation (FM) als analoges Modulationsverfahren benutzt. Gegenüber den Digitalgeräten bestehen u. a. folgende Unterschiede: Es werden analoge Modulationseinrichtungen verwendet; eine adaptive Entzerrung und eine Signalregeneration ist nicht möglich, die Relaisstellendurchschaltung findet in der ZF-Ebene statt; wegen hoher Interferenzempfindlichkeit bestehen hohe Entkopplungsforderungen. Die Gruppenlaufzeit und die differentielle Verstärkung müssen zur Minderung von Intermodulationsstörungen sorgfältig entzerrt werden.

Konstruktion und Aufbau der Geräte. Richtfunkgeräte sind in zweckmäßige, transportable und für die Wartung austauschbare Einheiten gegliedert. Sie sind entweder in begehbaren Betriebsräumen in Vertikalgestellen oder antennennah in Wetterschutzgehäusen untergebracht; sie müssen Korrosion und extremen klimatischen Einwirkungen standhalten. Diese Aufbauart wird häufig oberhalb 10 GHz für kleinere Übertragungskapazitäten im Fernmeldenetz oder als Teilnehmeranschlußweg eingesetzt.

3.4 Planung von Richtfunkverbindungen
Planning of radio links

Grundprinzipien. Mit Richtfunk werden heute pro Radiofrequenz (RF)-Kanal Informationssignale von bis zu 2700 Sprachkanälen (SK) in analoger Form und digitale Datenströme bis zu 139,264 Mbit/s (entsprechend 1920 SK) über mittlere Funkfeldlängen von etwa 50 km transportiert; größere Entfernungen werden durch Kaskadierung von Funkfeldern überbrückt. Für höhere Kapazitätsanforderungen können RF-Kanäle in einem oder mehreren RF-Bändern parallel betrieben werden. Richtfunkverbindungen können als isolierte Einzelfunkfelder, als Richtfunklinien oder als komplexe, vermaschte Richtfunknetze aufgebaut werden.
Die Richtfunkplanung hat einerseits die Systemkonfiguration (Geräte und Antennen), andererseits die Funkfeldparameter (Topographie und Geometrie) so festzulegen, daß vorgegebene Übertragungseigenschaften (Qualität) nach wirtschaftlichen Gesichtspunkten erreicht werden. Der Plazierung der Richtfunkstationen an günstigen, ausgezeichneten Geländepositionen kommt dabei eine wichtige Rolle zu. Für die einzelnen Funkfelder sind die Systemreserven gerade so zu wählen, daß die festgelegten Qualitätsschwellen infolge von Ausbreitungseffekten und Beeinflussungen höchstens in den zulässigen (kleinen) Zeitprozentsätzen überschritten werden.

Kanalanordnungen und Frequenzplanung. In der Regel sind Richtfunkverbindungen beidseitig gerichtet (Ausnahme: TV-Zubringer- und Verteil-Strecken). Zur Entkopplung von Sende- und Empfangsrichtung in einer Funkstelle ist ein Mindestfrequenzabstand erforderlich. Er wird durch die Aufteilung der Richtfunkbänder in zwei durch eine Mittellücke getrennte Halbbänder erreicht, die jeweils für Hin- oder Rückrichtung benutzt werden. Wegen des Halbbandwechsels auf benachbarten Funkfeldern lassen sich ringförmige Richtfunkverbindungen in einem vermaschten Netz deshalb nur mit gerader Maschenzahl realisieren, wenn nur ein Frequenzbereich zur Verfügung steht.
Um Beeinflussungen (Interferenzstörungen) zwischen benachbarten RF-Kanälen bzw. Funkfeldern überschaubar, d.h. planerisch erfaßbar zu machen, sind in fast allen RF-Bereichen von CCIR Kanalanordnungen mit festen Abständen benachbarter RF-Kanäle empfohlen worden. Für Breitband-Bereiche betragen diese Abstände 40 MHz oder rund 30 MHz (exakt: 28; 29 oder 29,65 MHz). Aus Entkopplungsgründen müssen direkt benachbarte RF-Kanäle bei analogen Breitbandsystemen mit alternierender Polarisation betrieben werden („Alternate Pattern" AP, Bild 14a).
Die wesentlich geringere Störempfindlichkeit (d.h. die größere Robustheit) ermöglicht bei Digital-Richtfunksystemen nicht nur AP-RF-Kanalanordnungen, sondern auch die Belegung aller RF-Kanäle mit Signalen beider Polarisationen. Durch diesen Gleichkanalbetrieb läßt sich die Spektrumsausnutzung verdoppeln (Bild 14b).
Bei der Planung von Richtfunknetzen ist die gegenseitige Beeinflussung benachbarter Funkfelder vor allem durch eine geeignete Wahl der RF-Kanäle zur frequenzmäßigen Entkopplung

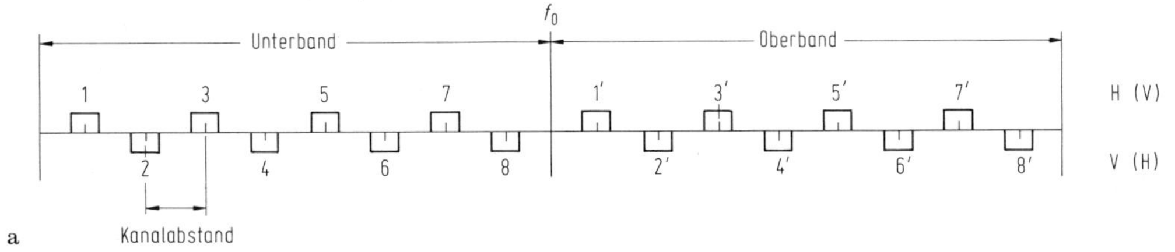

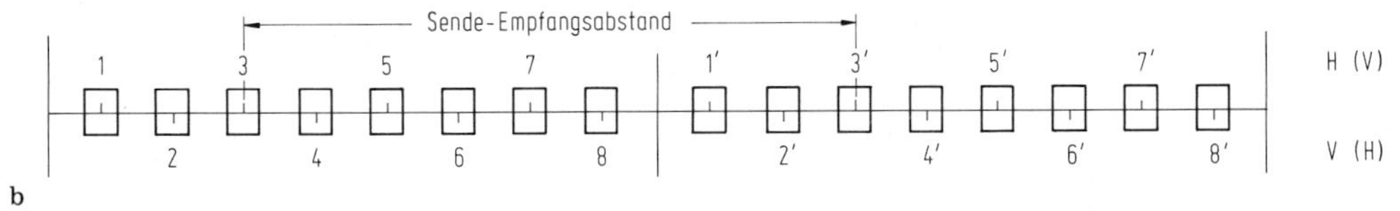

Bild 14. Kanalanordnungen für Richtfunksysteme. **a** Benachbarte Kanäle mit alternierender Polarisation („Alternate Pattern"); **b** Belegung aller Kanäle mit zwei (orthogonalen) Polarisationen: Gleichkanalbetrieb („Cochannel Pattern")

entsprechend niedrig zu halten (s. unter *Beeinflussungen*).

Anforderungen an Qualität und Verfügbarkeit. *Qualitätskriterien.* Zur Sicherstellung einer einwandfreien Funktion internationaler Fernmeldeverbindungen sind von den ITU-Gremien CCITT und CCIR die Qualitätseigenschaften von hypothetischen und realen Nachrichtenverbindungen festgelegt worden. Die Qualitätsforderungen orientieren sich im wesentlichen an Fernsprechverbindungen. Bei Analog-Übertragung spielt die Geräuschleistung bzw. der Geräuschabstand im NF-Kanal die zentrale Rolle. Für Digital-Übertragungssysteme ist die Bitfehlerhäufigkeit (BFH) im 64-kbit/s-Kanal die wichtigste Größe.

Vorgaben für Qualität und Verfügbarkeit. Aus den grundlegenden Vorgaben durch CCITT hat CCIR Empfehlungen abgeleitet, die für reale Richtfunkverbindungen definierter Länge die zulässigen Überschreitungshäufigkeiten fester Qualitätsschwellen vorgeben.
Bei Analog-Richtfunkverbindungen dürfen drei Geräuschschwellwerte (in pWOp) jeweils im ungünstigsten (obersten) Basisbandkanal nur für festgelegte Zeitprozentsätze überschritten werden [19] (Bild 15).
Für Digital-Richtfunksysteme liegen Qualitätsempfehlungen für drei Anwendungsbereiche vor: Man unterscheidet „High Grade“ für internationale Verbindungen mit höchsten Anforderungen, „Medium Grade“ für nationale Verbindungen mit mehreren Klassen je nach der betroffenen Netzebene und schließlich „Local Grade“ für Teilnehmeranschlußverbindungen.
Folgende Qualitätsklassifizierung wird verwendet:

- „Stark gestörte Sekunden“ („Severely Errored Seconds“, SES): Sekunden mit $BER > 10^{-3}$;
- „Beeinträchtigte Minuten“ („Degraded Minutes“, DM): Minuten mit $BER > 10^{-6}$;
- „Fehlerbehaftete Sekunden“ („Errored Seconds“, ES): Nichtfehlerfreie Sekunden (mindestens ein Bitfehler). Für das letzte Kriterium kann alternativ auch das sog. „Residual Bit Error Ratio: RBER“ (relative Hintergrund-Bitfehlerhäufigkeit) verwendet werden.

Bild 16 zeigt die zulässigen Überschreitungsprozentsätze für diese Kriterien in den verschiedenen Gruppen [20]. In der Praxis ist das SES-Kriterium die härteste Auflage, so daß es in der Regel alleine einer Verbindungsplanung zugrunde gelegt wird.
Von den Qualitätsforderungen zu unterscheiden ist die Nichtverfügbarkeit; diese liegt dann vor, wenn eine nicht ausreichende Qualität oder eine Unterbrechung für längere Zeit (≥ 10 s) andauert. Die zulässigen Nichtverfügbarkeiten sind von CCIR erst bei „High“- und „Medium Grade“-Verbindungen in eigenen Empfehlungen spezifiziert worden [21, 22].
Aus Bild 15 wird deutlich, daß bei Analog-Richtfunk-Verbindungen die Geräuschleistung im überwiegenden Teil der Zeit (80%) der maßgebliche Zielparameter ist, der durch entsprechende Nennempfangspegel abzusichern ist. Die höheren Geräuschschwellen (47500 und 10^6 pWOp) mit den kleineren Zeitprozentsätzen bilden keine wesentliche Begrenzung. Bei Digital-Richtfunkverbindungen ist im Gegensatz dazu für den sehr kleinen Zeitprozentsatz zu planen, in dem die Schwelle $BER > 10^{-3}$ überschritten wird (Bild 16). Ist die Differenz zwischen Nennempfangspegel und Schwellenpegel (Schwundreserve) dafür ausreichend dimensioniert, so kann i.allg. unterstellt werden, daß die anderen Qualitätskriterien mit den dazugehörenden größeren Zeitprozentsätzen ebenfalls eingehalten werden.

Für die Geräuschleistung in einem NF-Fernsprechkanal einer realen Richtfunkverbindung gelten folgende Werte und Überschreitungszeitprozentsätze

Kriterium	Verbindungslänge l	Funkfeld (l = 46,7 km)
Grundgeräusch	$< 3 \times l$ pWOp in 80% eines Monats	150 pWOp in 80% eines Monats
47500 pWOp	$(l/2500) \times 0{,}1$ %/Monat	52 s/Monat
10E + 6 pWOp	0,01 %/Monat für den Bezugskreis (l = 2500 km)	

Bild 15. Qualitätsvorgaben für Analog-Richtfunkverbindungen (nach CCIR-Empfehlungen 393 und 395)

Funkfeldplanung und Qualitätsprognose. Die Planung eines Funkfeldes besteht aus der Festlegung eines geeigneten Satzes von Funkfeld- und Geräteparametern und der darauf fußenden Qualitätsprognose. Bei Analog-Richtfunkverbindungen genügt meistens schon die Aufstellung der Systembilanz, aus der sich der Nennempfangspegel als entscheidende Größe direkt ergibt. Bei Digital-Richtfunkverbindungen muß der Nennempfangspegel (bzw. sein Abstand zur Schwelle) so festgelegt werden, daß die Systemschwelle infolge von störenden Interferenzsignalen und zusätzlichen Funkfelddämpfungen höchstens für die zugelassenen kleinen Zeitprozentsätze unterschritten wird. Der Planungsprozeß läuft in der Regel in wenigen Schritten iterativ ab.

Systembilanz. Diese verbindet den Nennpegel P_{E0} am Empfängereingang mit der Leistung P_S am Senderausgang. Sie enthält alle festen, d.h. die statistischen Schwankungen nicht unter-

Für die Bitfehlerhäufigkeit in einem 64 kbit/s-Kanal einer realen Richtfunkverbindung („High Grade") gelten folgende Werte und Überschreitungszeitprozentsätze

Kriterium	Verbindungslänge l	Funkfeld ($l = 46{,}7$ km)
„Residual Bit Error Ratio" (RBER)	$(l/2500) \times 5 \cdot 10E\text{-}9$	$< 9 \cdot 10E\text{-}11$
„Errored Seconds" (ES) Fehlerbehaftete Sekunden	$(l/2500) \times 0{,}32\,\%$/Monat	154 s/Monat
„Degraded Minutes" (DM), $BER > 10E\text{-}6$ Minuten eingeschränkter Qualität	$(l/2500) \times 0{,}4\,\%$/Monat	3 min/Monat
„Severly Errored Seconds" (SES), $BER > 10E\text{-}3$ Stark gestörte Sekunden	$(l/2500) \times 0{,}054\,\%$/Monat	26 s/Monat

Bild 16. Qualitätsvorgaben für Digital-Richtfunkverbindungen der Klasse „High Grade" im Weitverkehrsbereich (nach CCIR-Empfehlung 634)

worfenen Gewinn- und Dämpfungsbeiträge zwischen den beiden Referenzpunkten. Es gilt:

$$P_{E0}/\text{dBm} = P_S/\text{dBm} - a_F - a_{KW} - a_{LS} - a_{LE} + g_{AS} + g_{AE} + a_Z\,,$$

a_F/dB = Freiraumdämpfung,

a_{KW}/dB = Dämpfung der sende- *und* empfangsseitigen Kanalweichenaufschaltung,

$a_{LS,E}$/dB = Dämpfung der Antennenleitungen auf der Sende- bzw. Empfangsseite,

$g_{AS,E}$/dB = Gewinn der sende- bzw. empfangsseitigen Antenne,

a_Z/dB = Zusatzdämpfung durch evtl. Hindernisse im Funkfeld.

Aus dem Nennempfangspegel und dem Empfängerrauschmaß ergibt sich für Analog-Richtfunksysteme unter Berücksichtigung des sog. Transferwerts (der den Demodulationsprozeß charakterisiert) direkt die thermisch bedingte Störleistung im Basisband [23], zu der sich noch ein Intermodulationsgeräuschbeitrag addiert.

Funkfeldgeometrie. Die geometrischen Verhältnisse eines Funkfelds werden in einem sog. Funkfeldschnitt („Path Profile") dargestellt (Bild 17). Wesentlich für die Darstellung sind dabei unterschiedliche Maßstäbe in horizontaler und vertikaler Richtung mit starker Überhöhung und die Berücksichtigung der effektiven Erdkrümmung (k_e-Wert). Die Antennenhöhen über der Geländeoberfläche werden in der Regel so gewählt, daß sich für den Standard-k_e-Wert 4/3 eine gerade (hindernis-) freie erste Fresnel-Zone ergibt. Für kleinere k_e-Werte (z.B. $k_e = 0{,}7$), die entsprechend selten auftreten, wird

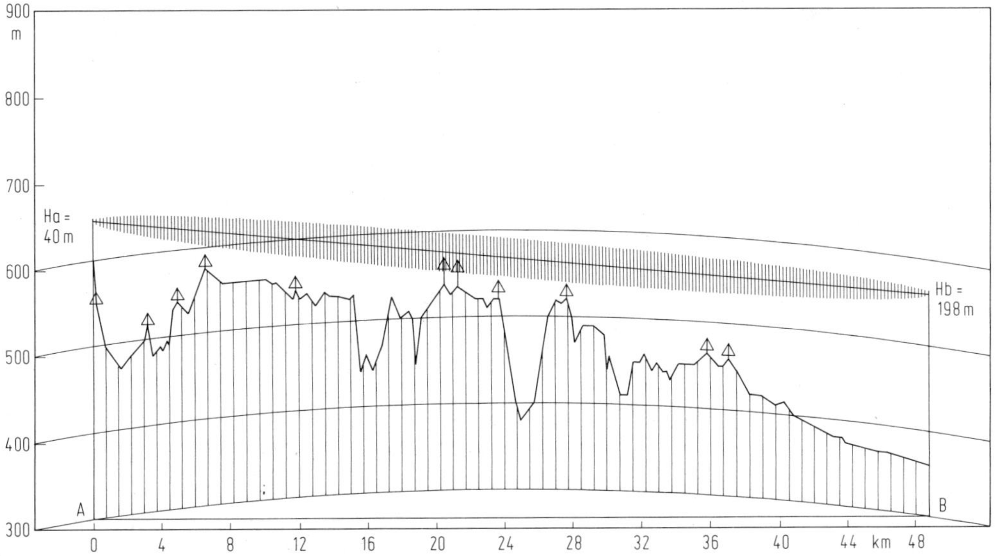

Bild 17. Funkfeldschnitt zur Planung einer Digital-Richtfunkverbindung ($l = 48{,}85$ km; $f = 7{,}2$ GHz). Bei einem effektiven Erdradius $k_e r_E$ (mit $k_e = 4/3$) ist die eingezeichnete erste Fresnel-Zone fast frei

eine teilweise Behinderung der ersten Fresnel-Zone toleriert [23]. Zur Sicherstellung der nötigen Bodenfreiheit für den Funkstrahl, vor allem in Funkfeldmitte, sind entsprechend hohe, markante Antennenträger erforderlich (Richtfunk-Türme oder -Masten).

Anhand eines Funkfeldschnittes ist auch zu beurteilen, ob störende (feste) Geländereflexionen auftreten können, die dann zur Mehrwegeausbreitung beitragen. Die Lage möglicher Reflexionsstellen spielt vor allem bei der Festlegung der vertikalen Antennenabstände bei Raumdiversity-Empfangssystemen eine Rolle.

Wenn infolge ungünstiger Topographie oder wegen großer Funkfeldlängen (> 100 km) eine hindernisfreie Ausbreitung nicht erreicht werden kann, so ist die resultierende feste Zusatzdämpfung zu berechnen [23] und in der Systembilanz zu berücksichtigen.

Flachschwund und Schwundreserve. Wie oben dargestellt, führen *Ausbreitungsanomalien* in der Atmosphäre zu kurzzeitigen Zusatzdämpfungen, die zumindest näherungsweise als frequenzunabhängiger, flacher Schwund (Flachschwund) charakterisiert werden. Durch einen entsprechenden Abstand des Nennempfangspegels von den Systemausfallschwellen (z. B. P_E für $BER > 10^{-3}$) muß für Digital-Richtfunkverbindungen sichergestellt sein, daß diese Schwellen nur während der zulässigen, sehr kleinen Zeitprozentsätze unterschritten werden. Die jeweils erforderlichen (Mindest-)Schwundreserven ergeben sich aus dem *statistischen Verhalten* des Schwundes und den Qualitätsvorgaben im Rahmen der *Modelle für dispersive Kanäle.*

Mehrwegeausbreitung führt typischerweise zu zeitlich rasch veränderlichen Zusatzdämpfungen. Die seltenen tiefen Dämpfungseinbrüche sind meistens sehr kurz und verursachen daher vor allem Systemausfälle von weniger als 10 s Dauer, die damit zu den „stark gestörten Sekunden" (SES) zählen und damit die Qualität beeinträchtigen.

Die bei höheren Frequenzen dominierende Niederschlagsdämpfung ist dagegen durch deutlich langsamere Zeitverläufe gekennzeichnet. Sie erzeugt deshalb vor allem Ausfallereignisse mit mehr als 10 s Dauer, die nicht als „schlechte Qualität", sondern als *Nichtverfügbarkeit* gewertet werden. Daher wird bei höheren Frequenzen (> 12 GHz) nach Nichtverfügbarkeitsvorgaben geplant.

Viele Parameter in der Systembilanz sind in der Praxis nicht kontinuierlich variierbar, sondern können nur einen oder wenige mögliche Werte annehmen. Es hat sich deshalb eingebürgert, die Funkfeldplanung als Qualitäts- oder Ausfallprognose durchzuführen. Bei diesem Vorgehen werden, ausgehend von Funkfeldparametern und Schwundstatistiken, Werte für die Ausfallwahrscheinlichkeit prognostiziert, die letztendlich unter den Vorgabewerten liegen sollten.

Dispersion. Erfahrungen mit ersten Breitband-Digitalrichtfunksystemen haben gezeigt, daß die Ausfallprognose auf der Basis der Flachschwundnäherung in der Regel viel zu niedrige, d. h. unrealistische und mit gemessenen Werten nicht übereinstimmende Ausfallzeiten ergibt. Diese Diskrepanz läßt sich durch die Frequenzabhängigkeit des Schwundes einerseits und die Empfindlichkeit digitaler Breitband-Richtfunksysteme gegen lineare Verzerrungen andererseits erklären. Im Laufe der Zeit sind sowohl umfassendere Prognoseverfahren als auch gerätetechnische Maßnahmen gegen die sog. dispersiven Ausfälle [24, 25] entwickelt worden.

Aus einem vollständigen Kanalmodell ergibt sich die gesamte Ausfallzeit durch Integration von mehrdimensionalen Wahrscheinlichkeitsverteilungen über diejenigen Modellparameterbereiche, die zu Ausfall führen. Bei den meisten neueren Prognoseverfahren wird ein Zweiwegemodell für den Funkkanal verwendet. Die gesamte Ausfallhäufigkeit läßt sich in guter Näherung formal als Summe aus einem *Flachschwund*ausfallanteil und einem dispersiven Ausfallbeitrag ermitteln. Der zweite Anteil wird sowohl durch die Werte der charakteristischen Parameter des Kanalmodells (Laufzeiten) als auch durch Geräteeigenschaften bestimmt. Die Geräteempfindlichkeit gegen lineare Verzerrungen wird heute vorzugsweise durch meßbare Signaturen auf der Basis eines Zweiwegemodells charakterisiert [26].

Für Funkfelder mit durchschnittlichen Eigenschaften (Standard-Laufzeitverteilungen [27]) dominiert für Breitbandsysteme ohne Entzerrer der dispersive Ausfallanteil. Mit leistungsstarken Basisband*entzerrern* im Demodulator nach dem heutigen Stand der Technik liegt der dispersive Ausfallanteil in der Regel deutlich unter dem Flachschwundanteil.

Diversity. Wegen der ausgeprägten Längenabhängigkeit der Schwundhäufigkeit sind ab einer bestimmten Länge die prognostizierten Ausfallhäufigkeiten für einen Einzelkanal höher als die längenabhängigen Vorgaben (Bild 18). Die Übertragungsqualität für jeden RF-Kanal läßt sich durch den Einsatz von Diversity beträchtlich verbessern und damit eine größere Reichweite erzielen. Wegen des Geometrieeinflusses bei Mehrwegeausbreitung sind bei geeignet dimensionierten Raum- oder Winkeldiversity-Empfangssystemen die Schwundereignisse in den parallelen Kanälen weitgehend unkorreliert. Nach der Kombination bzw. Auswahl ergibt sich ein Signal mit deutlich verringerter Schwundhäufigkeit und geringeren Verzerrungen, so daß die Ausfallzeiten erheblich geringer sind als für den Einzelkanal (Bild 18). Für Planungszwecke wer-

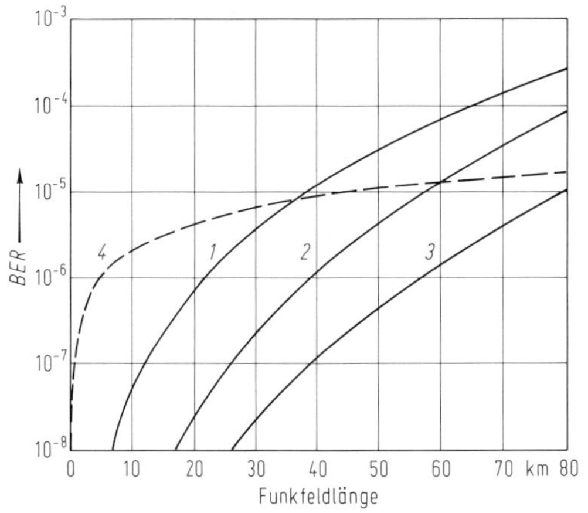

Bild 18. Relativer Zeitanteil des „schlechtesten Monats", in dem das SES-Kriterium ($BER \geqq 10^{-3}$) überschritten wird („Outage"), in Abhängigkeit von der Funkfeldlänge, für ein Breitband-Digitalrichtfunksystem (6,7 GHz, 140 Mbit/s, 16 QAM). Vergleich verschiedener Systemkonfigurationen: 1: Einzelempfang, 2: Frequenz-Diversity, 3: Raum-Diversity, 4: „High-Grade"-Vorgabe. Berechnete Werte nach dem „Deutschen Prognose-Verfahren" [27]

den meist empirische Verbesserungsfaktoren verwendet, da eine quantitative Bestimmung, z. B. anhand von Simulationen, umständlich und aufwendig ist.

Bei Frequenzdiversity wird die Frequenzabhängigkeit von Mehrwegeschwund ausgenützt. Da meist nur ein RF-Ersatzkanal zum Schutz mehrerer Betriebskanäle verwendet wird, ist die Verbesserung in der Regel geringer als bei Raumdiversity (Bild 18), wobei der Verbesserungsfaktor vom Frequenzabstand abhängt. Frequenzdiversity-Anordnungen umfassen immer eine Umschaltung (Geräteersatzschaltung) und benötigen nicht prinzipiell eine zweite Empfangsantenne. In extremen Fällen werden Mehrfachdiversity-Anordnungen (Vierfach-Raumdiversity oder Frequenz- und Raumdiversity) benutzt.

Beeinflussungen und Interferenzstörungen. Durch fremde Sender bei der gleichen oder bei benachbarten Frequenzen kann es zu Störungen in Richtfunkverbindungen kommen. Die Störmöglichkeiten müssen erfaßt und durch geeignet gewählte Entkopplungen (Geländedämpfung, Winkel- und Polarisationsentkopplung der Antennen, Filterdämpfung) entsprechend klein gehalten werden.

Bei Analog-Richtfunkverbindungen sind vor allem selektive Störer im Basisband zu beachten, die sich bereits in schwundfreier Zeit bemerkbar machen. Bei Digital-Richtfunksystemen sind die Auswirkungen von Störungen am gravierendsten, wenn das Nutzsignal Tiefschwund unterliegt. Die einfallenden Störleistungen werden planerisch üblicherweise als Schwellenerhöhung bei der Funkfeldplanung (Qualitätsprognose) berücksichtigt.

Spezielle Literatur: [1] Recommendations and reports of the CCIR, 1990. XVIIth Plenary Assembly, Düsseldorf 1990, Volume IX.1. – [2] The AR6A Single-Sideband Microwave Radio System. In: Bell System Techn. J., 62 (1983) 10; Part 3, Special Issue. – [3] *CCIR-Report 338:* Propagation data and prediction methods required for line-of-sight radio-relay systems. In: Recommendations and Reports of the CCIR, 1986, Volume V, 325–366. – [4] *CCIR-Report 721:* Attenuation by hydrometeors, in particular precipitation, and other atmospheric Particles. In: Recommendations and reports of the CCIR, 1986, Volume V, 199–214. – [5] *CCIR-Reports 722:* Cross-polarization due to the atmosphere. In: Recommendations and reports of the CCIR, 1986, Volume V, 219–230. – [6] *Rummler, W.D.:* A new selective fading model: Application to propagation data. Bell System Techn. J. 58 (1979) 5, 1037–1071. – [7] *Grünberger, G.K.:* An improved two ray channel model providing a new basis for outage prediction. 2nd European Conference on Radio Relay Systems (ECRR), Abano Therme-Padua, April 17–21, 1989, 162–168. – [8] *Rummler, W.D.; Coutts, R.P.; Liniger, M.:* Multipath fading channel models for microwave digital radio. IEEE Comm. Mag. 24 (1986) 11, 30–42. – [9] *CCIR Recommendation 404-2:* Frequency deviation for analogue radio-relay systems for telephony using frequency-division multiplex; in [4, S. 235]. – [10] *CCIR Recommendation 275-3:* Pre-emphasis characteristic for frequency modulation radio-relay systems for telephony using frequency-division multiplex; in [4, S. 231–234]. – [11] *CCIR Recommendation 405-1:* Preemphasis-characteristics for frequency modulation radio-relay systems for television; in [4, S. 236–240]. – [12] *Eichler, W.; Schiener, F.:* EM 120/400, das erste breitbandige Richtfunksystem mit Einseitenbandmodulation. Siemens-Z. 39 (1965) 157–164. – [13] *Markle, R.E.:* The AR 6A single sideband long haul radio system. ICC '77, Chicago, USA, S. 40.1-78 bis 40.1-82 IEEE (USA) 1977. – [14] *Markle, R.E.:* Single sideband triples microwave route capacity. Bell Lab. Record 56 (1978) 4, 105–110. [15] *Kühne, F.:* Die Äquivalenz von Offset-Quadraturmodulation und Restseitenbandmodulation bei digitaler Übertragung, AEÜ 37 (1983) 397–399. – [16] *Dömer, J.; Wahl, J.:* FM-Richtfunksysteme übertragen Digitalsignale mit 8448 Kbit/s. telcom report 3 (1980) 387–389. – [17] *Anderson, J.B.; Aulin, T.; Sundberg, C.E.:* Digital phase modulations. New York: Plenum Press 1986. – [18] *Friederichs, K.-J.; Kahn, K.D.:* Modulation matched coding for microwave digital radio. ITG Fachbericht 107 (1989) 271–275. – [19] *CCIR-Recommendation 395:* Noise in the radio portion of circuits to be established over real radio-relay links for FDM telephony. In: Recommendations and reports of the CCIR, 1986, Volume IX, 10–12. – [20] *CCIR-Recommendation 634:* Error performance objectives for real digital radio-relay links forming part of a high-grade circuit within an integrated services digital network. In: Recommendations and reports of the CCIR, 1986, 29–30. – [21] *CCIR-Draft-Recommendation AA/9:* Availability objectives for real digital radio-relay links forming part of a high-grade circuit within an integrated services digital network. In: Conclusions of the interim Meeting of study group IX, 1987, 64–65. – [22] *CCIR-Draft-Recommendation AE/9:* Error performance and availability objectives for hypothetical reference digital sections utilizing digital radio-relay systems forming part or all of the medium grade portion of an ISDN connection. Doc. 9/1009, CCIR Plenary Assembly, Düsseldorf 1990. – [23] *Brodhage, H.; Hormuth, W.:* Planung und Berechnung von Richtfunkverbindungen. 10. Aufl. Berlin-München: Siemens AG 1977. – [24] *Siller, C.A.:* Multipath propagation. IEEE Comm. Mag. 22 (1984) 2, 6–15. – [25] *Wong, W. Ch.; Greenstein, L.D.:* Multipath fading models and adaptive equalizers in microwave digital radio. IEEE Trans., COM-32 (1984) 8, 928–934. – [26] *Lundgren, C.W.; Rummler, W.D.:* Digital radio outage due to selective fading – observation versus prediction from laboratory simulation. Bell System Techn. J, 58 (1979) 5, 1073–1100. – [27] *ETSI-TM4, Draft technical report of TM 4/04:* Certification of digital radio performance prediction methods. ETSI-Doc. TM4 (90) 108, Montreux, Nov. 1990.

4 Satellitenfunksysteme
Satellite Radio Systems

4.1 Grundlagen. Fundamentals

Das Prinzip des Satellitenfunks besteht darin, Satelliten als Träger von Raumstationen zu verwenden und mit diesen hindernis- und schwundarme Funkstrecken über sehr große Entfernungen aufzubauen.

Von Raumstationen aus sind Funkstrecken möglich von und zu Bodenstationen (Auf- und Abwärtsstrecken), von und zu anderen Raumstationen (Intersatellitenstrecken) sowie von und zu Raumfahrzeugen bzw. Satelliten mit Relativbewegungen. Beim erstgenannten Streckentyp werden die Sende- und Empfangsantenne(n) der Raumstation so auf die Erde ausgerichtet, daß ihr(e) Strahl(en) das Versorgungsgebiet vollständig erfassen und dort eines oder mehrere *Bedeckungsgebiete* (coverage areas) bilden (Bild 1). Bei der Bedeckung mit mehreren Gebietsstrahlen (spot beams) wird die Sendeleistung der Raumstation besonders ökonomisch genutzt, da sie für den Verkehr nur eines Bedeckungsgebiets verwendet und nicht an unbeteiligte Bodenstationen verteilt wird.

Eine Raumstation ist für eine Funkstrecke von einem Punkt zu vielen Punkten eines Bedekkungsgebietes besonders geeignet. Zudem kann sie durch Vielfachzugriff (multiple access) vielfach als Relaisstelle benutzt werden und ermöglicht somit viele derartige Strecken. Daher bietet sie besondere Vorteile für den Aufbau voll vermaschter Netze. Bei der Mehrfach-Gebietsstrahl-Bedeckung (multiple spot beam coverage) sind hierfür allerdings i. allg. Umschaltmöglichkeiten an Bord erforderlich.

Dieses Kapitel behandelt die Nachrichtenübertragung über Satelliten zwischen ortsfesten und/oder beweglichen Bodenstationen, also den festen und den beweglichen Satellitenfunk sowie den Satellitenrundfunk [1–21] (s. auch 2.6). Betreffend die Erderkundung, Navigation und meteorologischen Dienste mit Satelliten sowie die sog. TTC-Zusatzdienste Bahnvermessung (Trakking = T), Fernmessung (Telemetry = TM) und Fernsteuerung (Telecommand = TC) wird auf die Literatur verwiesen [19].

In erster Näherung bewegt sich ein antriebsloser Satellit auf einer elliptischen Bahn, deren einer Brennpunkt mit dem Schwerpunkt der Erde zusammenfällt. Im erdnächsten Punkt (Perigäum) ist die Bahngeschwindigkeit am größten, im erdfernsten Punkt (Apogäum) am kleinsten. Die mittlere Umlaufgeschwindigkeit v_u und die Umlauffrequenz t_u^{-1} nehmen mit der Länge der Bahnkurve ab; im Sonderfall der Kreisbahn gilt

$$v_\mathrm{u} = \sqrt{\gamma M/(R+H)}, \qquad t_\mathrm{u}^{-1} = \sqrt{\gamma M (R+H)^3}/2\pi \tag{1}$$

(γ = Gravitationskonstante, M = Erdmasse, R = Erdradius, H = Bahnhöhe). Bei niedrigen, mittleren und großen Bahnhöhen H von z. B. 360, 3600 und 36 000 km betragen die Umlaufgeschwindigkeiten etwa 27 600, 23 700 und 11 000 km/h und die Umlaufzeiten t_u etwa 1,5, 2,8 und 24 h. Mit wachsender Bahnhöhe nehmen die Nachführgeschwindigkeit der Bodenstationsantenne und die Doppler-Verschiebung i. allg. ab, die unterbrechungsfreie Nutzungszeit nimmt zu. Diesen Vorteilen stehen die Nachteile größerer Funkfelddämpfung und Signallaufzeit gegenüber. Von besonderer Bedeutung sind elliptische Bahnen mit einer Inklination von 63,4° gegenüber der Äquatorebene (besonders gut zur Ausleuchtung von Gebieten großer geographischer Breite geeignet), polare Bahnen (besonders gut für die Erdbeobachtung geeignet) und geosynchrone bzw. geostationäre Bahnen.

Geosynchrone Satelliten bewegen sich in Richtung der Erdrotation, wobei die Umlaufzeit um die Erdachse gleich der Periodendauer der Erdrotation ist. Ein wichtiger Sonderfall dieses Typs ist der geostationäre Satellit, dessen kreisförmige Bahn in der Äquatorebene liegt. Er erscheint von der Erde aus gesehen an einem festen Ort in etwa 36 000 km Höhe über dem Äquator und bietet sich daher als Relaisstelle für die Nachrichtenübertragung oder als Rundfunksender an. Er ermöglicht eine Maximalgröße des Bedeckungsgebiets von mehr als einem Drittel der Erdoberfläche (globale Bedeckung), so daß mit drei um 120° versetzten geostationären Satelliten ein erdumspannendes Satellitenfunksystem aufgebaut werden kann, das lediglich die Gebiete oberhalb etwa 81° geographischer Breite nicht erfaßt.

In globalen Bedeckungsgebieten reichen die Entfernungen zum geostationären Satelliten von etwa 36 000 km bis zu etwa 42 000 km, was mit

---
Spezielle Literatur R 57

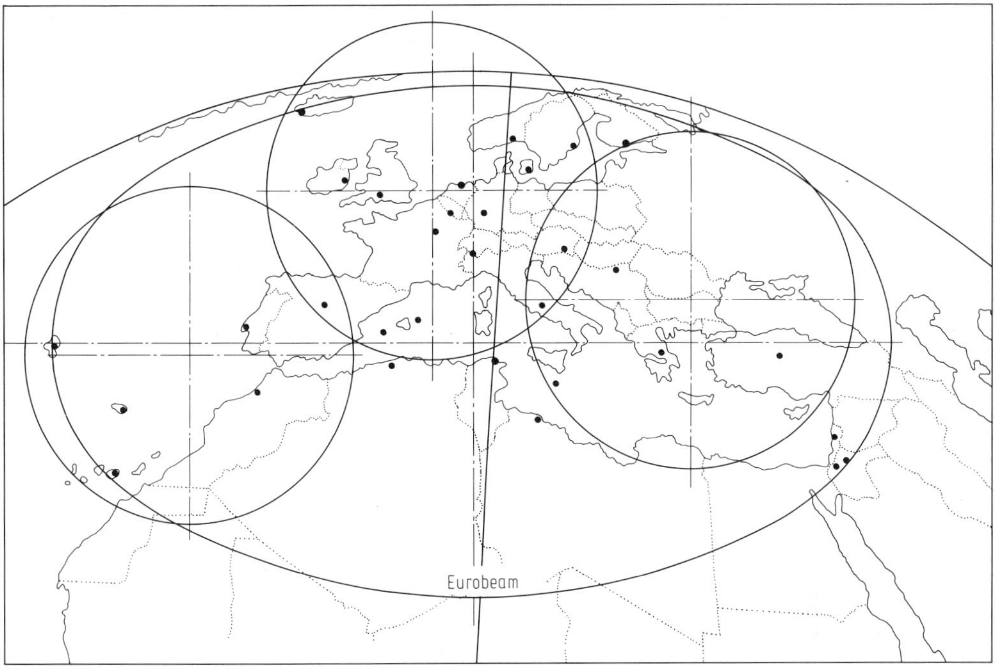

Bild 1. Bedeckungsgebiete des Eutelsat/ECS-Systems (erstes Flugmodell). In Abwärtsrichtung (11 GHz) werden drei schmale Gebietsstrahlen (Spot beams East, West, Atlantic) für Fernsprechübertragung benutzt und ein breiterer Strahl (Eurobeam) für Fernsehübertragung. In Aufwärtsrichtung (14 GHz) gilt die Eurobeam-Charakteristik

einer Differenz in der Freiraumdämpfung von etwa 1,3 dB verbunden ist. Die entsprechenden Signallaufzeiten liegen zwischen etwa 120 und 140 ms, die Echoverzögerungen bei Fernsprechübertragung zwischen etwa 480 und 560 ms.

Besondere Konstellationen sind das Erscheinen der Erde oder des Mondes zwischen Sonne und Satellit, das zu „Satellitenfinsternissen" (Eklipsen) führt, und das Erscheinen der Sonne hinter dem Satelliten (Sonnendurchgang). Während der von der Erde verursachten Eklipse, die an einigen Tagen zur Zeit der Äquinoktien auftritt und eine maximale Dauer von 72 min hat, wird die Energieversorgung mit Solargeneratoren beeinträchtigt oder unterbrochen, beim Sonnendurchgang bringt die hohe Rauschleistung der Sonne die Abwärtsstrecke zum Ausfall.

Auf einen Satelliten wirken von außen neben der Gravitationskraft der nur näherungsweise kugelförmigen Erde weitere Kräfte und Momente, die seine Bahn und seine Lage beeinflussen. Bei geostationären Satelliten hat die ungleichmäßige Masseverteilung der Erde (Triaxialität) tangentiale Kräfte in Richtung der Punkte 108° West bzw. 77° Ost zur Folge. Die Gravitationsfelder der Sonne und des Mondes bewirken eine Auslenkung der Bahnebene in Nord-Süd-Richtung (Inklination) um etwa 0,86° pro Jahr, so daß der Satellit von der Erde aus gesehen eine Acht beschreibt. Und der Strahlungsdruck der Sonne verändert, vor allem bei dreiachsenstabilisierten Satelliten mit großflächigen Solarzellenauslegern, die Satellitenlage.

Die Bahn- und Lagefehler müssen durch Masseausstoß bzw. Momentänderungen an Bord laufend korrigiert werden, da sie auf Werte von z. B. $\pm 0{,}1^\circ$ begrenzt werden müssen. Die Bahnvermessung und -korrektur werden von der Erde aus, die Lagebestimmung und -korrektur vom Satelliten aus durchgeführt.

In dem für Funkdienste verfügbaren Frequenzbereich zwischen 9 kHz und 400 GHz sind dem Satellitenfunk – in aller Regel für Aufwärts-, Abwärts- und Intersatellitenstrecken getrennt – zahlreiche *Frequenzbänder* zugewiesen; Bild 2 zeigt die Frequenzbänder für den Festen Funkdienst. Die permanente Frequenznot zwingt dazu, in jeder Raumstation die bisher erschlossenen Frequenzbänder unter 15 GHz mehrfach zu nutzen, und zwar in zwei orthogonalen Polarisationen (zirkular oder linear) und/oder in mehreren Bedeckungsgebieten.

Ein knappes Gut sind auch Positionen im geostationären Orbit, bei denen im 6/4- und 14/11-GHz-Bereich Mindestabstände von 2° als realisierbar gelten.

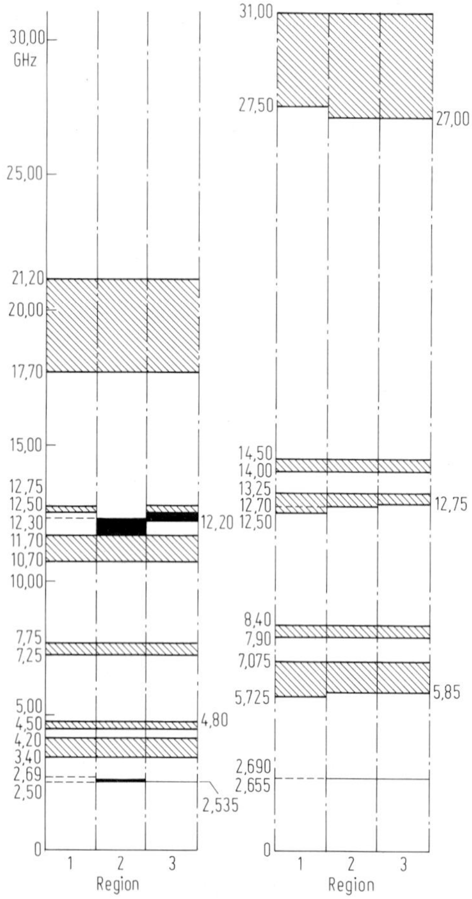

Bild 2. Frequenzzuweisungen für den Festen Funkdienst in Region 1 (Afrika, Arabische Staaten, Europa, UdSSR), in Region 2 (Amerika) und in Region 3 (Asien und Ozeanien). Schwarz gekennzeichnet sind Frequenzbänder, die für nationale und regionale Systeme reserviert sind. Links: Abwärtsstrecke, rechts: Aufwärtsstrecke

4.2 Grundzüge der Satellitenübertragung
Fundamentals of satellite transmission

Die dem Satellitenfunk zugewiesenen Frequenzbänder werden kanalweise genutzt, wie der Frequenzplan der ECS-Satelliten mit sechs Radiofrequenz-(RF-)Kanälen pro Polarisation beispielhaft zeigt (Bild 3). Kanäle mit orthogonaler Polarisation können gleichfrequent (wie im Beispiel) oder frequenzversetzt betrieben werden, was mit sog. Gleich- bzw. Nachbarkanalstörungen verbunden ist. In aller Regel sind in der Raumstation den RF-Kanälen sog. *Transponderkanäle* zugeordnet, die – zusammen mit breitbandig genutzten Geräten wie dem Empfangsverstärker – den sog. Repeater bilden. Der Repeater und die Antenne(n) bilden die Nutzlast. Ein Transponderkanal kann bei einer typischen Bandbreite von 36, 72 oder 80 MHz mit einem oder mit mehreren modulierten Trägern belegt werden, wobei der Sendeverstärker als wichtigstes Transpondergerät i. allg. im Sättigungspunkt oder mit Aussteuerungsreduktion (backoff) betrieben wird.

Bei der Funkübertragung von einer Sendeantenne (Gewinn G_S, Sendeleistung P_S) über ein Funkfeld der Länge l mit der Freiraumdämpfung a_l und der atmosphärischen Zusatzdämpfung a_{Atm} zu einer Empfangsantenne (Gewinn G_E, Wirkfläche A_w) gilt für die Träger-Empfangsleistung

$$C = \frac{P_S G_S A_w a_{Atm}^{-1}}{4\pi d^2} = (P_S G_S)\, G_E a_{Atm}^{-1} a_l^{-1}$$
$$= \text{EIRP}\, G_E a_{Atm}^{-1} a_l^{-1}. \qquad (2)$$

Die äquivalente Isotropstrahlerleistung EIRP (Equivalent Isotropically Radiated Power) ist diejenige Sendeleistung, die bei einem Kugelstrahler die gleiche Strahlungsintensität bewirken würde wie die Richtantenne. a_l steigt mit der Frequenz quadratisch an.

Auf dem Übertragungsweg werden *Störgrößen* wirksam, die den Träger bis zum Demodulatoreingang begleiten und am Demodulatorausgang die Signalqualität beeinträchtigen. Sie entstehen durch Addition von Rauschen und Fremdsignalen (Interferenz) sowie durch Intermodulation zwischen mehreren Trägern (Bild 4). Strecken-Störanteile sind das Rauschen der Aufwärtsstrecke (Erde, Atmosphäre und Geräte der Raumstation wie das Speisesystem der Empfangsantenne, der Empfangsverstärker u. a.), das

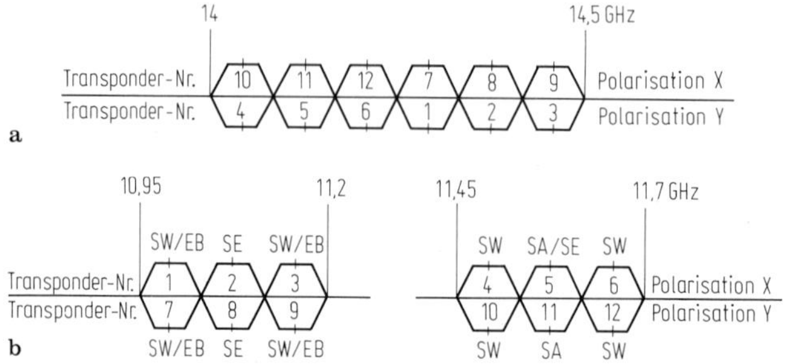

Bild 3. Frequenz- und Polarisationsplan des Eutelsat/ECS-Systems (erstes Flugmodell). **a** Aufwärtsstrecke; **b** Abwärtsstrecke

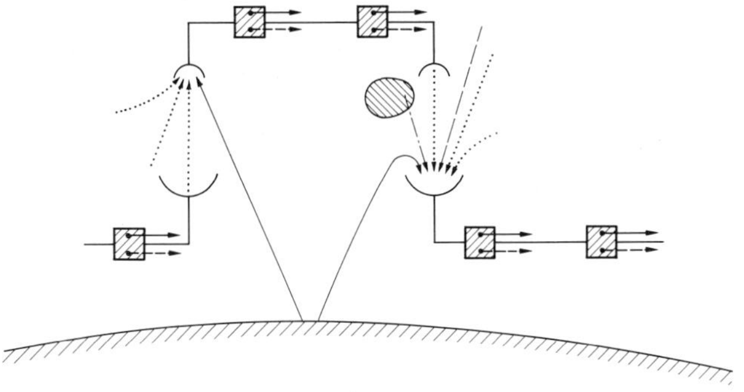

Bild 4. Schematische Darstellung der Störanteile einer Satellitenstrecke: Rauschen der Erde (–), atmosphär. Rauschen (–·–·–), Intermodulation (– – –) und Interferenz (. . .)

Rauschen der Abwärtstrecke (Kosmos, Atmosphäre, Erde und Bodenstationsgeräte wie das Speisesystem der Empfangsantenne und der Empfangsverstärker), systemeigene Interferenzsignale (Signale anderer Transponderkanäle mit gleicher oder benachbarter Trägerfrequenz, d.h. Gleich- oder Nachbarkanalinterferenzsignale) und Intermodulationsprodukte der Raumstation. Störanteile der Bodenstationsgeräte sind Rauschbeiträge und Intermodulationsprodukte des Sende- und des Empfangswegs ausschließlich des Rauschens des Speisesystems der Empfangsantenne und des Empfangsverstärkers. Systemfremde Interferenzanteile sind solche aus terrestrischen Systemen und anderen Satellitenfunksystemen, die in die Empfangsantenne der Raum- und der Bodenstation gelangen.

Die Wirkung der Störanteile wird durch das Verhältnis von Trägerleistung C_i zu jeweiliger spektraler Störleistungsdichte $N_{0i} = kT_i$ (T_i = äquivalente Rauschtemperatur) beschrieben, wobei $(C/T)_i$ üblicherweise auf den Eingang des rauscharmen Empfangsverstärkers der Raum- oder der Bodenstation bezogen wird. Für das gesamte System gilt dann

$$\left(\frac{C}{T}\right)_{ges}^{-1} = \sum_i \left(\frac{C}{T}\right)_i^{-1}. \tag{3}$$

Wenn bei den Störgrößen das Rauschen der Abwärtsstrecke dominiert, was allerdings wegen zunehmender Interferenz immer seltener zutrifft, so folgt aus den Gln. (2), (3)

$$\left(\frac{C}{T}\right)_{ges} = \text{EIRP}\,\frac{G_E}{T_{Syst}}\,a_l^{-1}\,a_{Atm}^{-1}. \tag{4}$$

Hierin ist T_{Syst} die Systemrauschtemperatur, G_E/T_{Syst} die Empfangsgüte der Bodenstation.

Über heutige Satellitenfunksysteme können fast beliebige *Basisbandsignale* übertragen werden, sofern die Signallaufzeit von einer Viertelsekunde pro Satellitenstrecke tragbar ist. Beispiele sind gebündelte oder einzelne Fernsprechsignale sowie Daten-, Hörfunk- und Fernsehsignale. Die für die Übertragung dieser Signale geforderte Qualität bezieht sich auf einen hypothetischen Bezugskreis, der aus einer sendenden Bodenstation, einer Raumstation und einer empfangenden Bodenstation besteht. Bei analogen Fernsprechsignalen ist die wichtigste Forderung, daß bei einem Signalpegel von 0 dBmO der Einminuten-Mittelwert der Geräuschleistung in nicht mehr als 20% eines Monats den Wert 10000 pWOp ($[S/N]$) = 50 dBp, p = psophometrisch bewertet) überschreitet. Fernsehsignale müssen in 99% der Zeit einen Signal/Geräusch-Abstand von mehr als 53 dB und in 99,9% der Zeit von mehr als 45 dB aufweisen. Bei digitaler Fernsprechübertragung mit PCM wird u.a. gefordert, daß der Zehnminuten-Mittelwert der Bitfehlerwahrscheinlichkeit in nicht mehr als 20% eines Monats den Wert 10^{-6} überschreitet.

Die vielfache Nutzung eines Transponderkanals kann durch *Vielfachzugriff* im Frequenzmultiplex (FDMA) oder im Zeitmultiplex (TDMA) oder durch andere Verfahren erfolgen (s. O 5). Beim FDMA wird die Transponderbandbreite in mehrere Frequenzabschnitte aufgeteilt, die mit je einem modulierten Träger belegt werden. Im Transponder sind mehrere, durch Frequenzversatz voneinander entkoppelte Träger gleichzeitig wirksam. Das FDMA-Verfahren herrscht wegen seiner Einfachheit und Flexibilität in der klassischen Übertragungstechnik vor; ein Sonderfall ist das SCPC-Verfahren (SCPC = Single Channel per Carrier), bei dem jedem Träger nur ein einziges Fernsprech- oder Hörfunksignal zugeordnet ist. Beim TDMA wird die Nutzungszeit des Transponders in mehrere Zeitabschnitte aufgeteilt, die einen periodisch wiederkehrenden Rahmen bilden. Für die Dauer eines Zeitabschnitts ist eine Bodenstation berechtigt, den Transponder mit einem modulierten Träger zu belegen. Die zu übertragende Information wird zwischengespeichert und in Form eines Pakets erhöhter Übertragungsgeschwindigkeit übertragen. Der zeitlich begrenzte, digital modulierte Träger wird Burst genannt. Das TDMA-Verfahren ermöglicht eine sehr günstige Transpondernutzung, da mit einem winkelmodulierten Träger die nichtlinearen Transpondergeräte (z. B. der Sendeverstärker) sehr weit ausgesteuert werden können. Dagegen weisen beim FDMA-Verfahren die nichtkonstanten Hüllkurven der Vielträgersignale sehr hohe Augenblicksamplituden auf und erfordern zur Begrenzung von Intermodulationsstörungen i. allg. eine erhebliche Aussteuerungsreduktion vor allem beim Sendeverstärker.

Als analoges *Modulatonsverfahren* hat sich die Frequenzmodulation mit Basisband-Preemphase weitgehend durchgesetzt. Falls die Rauschleistungsdichte vor dem Frequenzdemodulator frequenzunabhängig ist, steigt die Rauschleistungsdichte nach der Demodulation quadratisch mit der Basisbandfrequenz an (s. Gl. D 3 (33)). Das Signal- zu Rausch-Verhältnis am Demodulatorausgang wird bestimmt durch den effektiven Frequenzhub Δf_{eff}, die Verbesserung durch Deemphase (v_{De}) und Geräuschbewertung (v_{Be}) sowie durch die Basisbandgrenzen f_1 und f_2:

$$\frac{S}{N} = 3 \frac{C}{kT} \frac{1}{f_2 - f_1} \frac{\Delta f_{\text{eff}}^2}{f_2^2 + f_1 f_2 + f_1^2} v_{\text{De}} v_{\text{Be}}, \quad (5)$$

und für $f_1 \ll f_2$ (z. B. TV-Signal)

$$\frac{S}{N} = 3 \frac{C}{kTf_2} \left(\frac{\Delta f_{\text{eff}}}{f_2}\right)^2 v_{\text{De}} v_{\text{Be}}, \quad (6)$$

und für $f_1 = f - B/2$, $f_2 = f + B/2$ (z. B. ein Fernsprechkanal eines FDM-Signals mit der Bandbreite $B = 3{,}1$ kHz)

$$\frac{S}{N} = 3 \frac{C}{kTB} \frac{\Delta f_{\text{eff}}^2}{3f^2 + B^2/4} v_{\text{De}} v_{\text{Be}}. \quad (7)$$

Die Gln. (5) bis (7) zeigen, daß unzureichende C/T-Werte, die bei leistungsbegrenzten Transponderkanälen auftreten, durch Erhöhung des Frequenzhubs ausgeglichen werden können. Heutige Transponderkanäle sind aber in aller Regel nicht leistungs-, sondern bandbreitebegrenzt und werden daher mit möglichst niedrigen Frequenzhüben bzw. Trägerbandbreiten betrieben. Nach den Gln. (5) bis (7) fällt S/N mit abnehmendem C/T linear ab; dies gilt aber nur bis zur FM-Schwelle, unterhalb der die Basisbandgeräusche überproportional ansteigen und das S/N entsprechend rasch abnimmt. Die Schwellwerte sind bei Demodulatoren, die nach dem Diskriminatorprinzip arbeiten, um einige dB ungünstiger als bei schwellwertverbessernden Demodulatoren, zu denen solche mit Frequenzgegenkopplung (FM Feedback Demodulators = FMFBs) und Phasenregelschleifen (Phase Locked Loops = PLLs) gehören.

Beurteilungskriterien für digitale Modulationsverfahren (s. O 2) sind die Störempfindlichkeit (= Energie pro bit, die bei Optimalempfang zu einer bestimmten Bitfehlerrate führt), der Bandbreitebedarf und der Implementierungsaufwand. Von Interesse sind vor allem die 2^n-stufigen Phasenumtastverfahren wie die zwei- und die vierstufige Phasenumtastung (BPSK und QPSK), die Versatz-Vierphasenumtastung (Offset-QPSK = OQPSK) und die Minimalumtastung (Minimum Shift Keying = MSK). Mögliche Demodulationsverfahren sind die Synchron- und die Differenzdemodulation, bei denen als Referenzsignal für den Phasenvergleich der durch nichtlineare Operationen (z. B. Vervierfachung) zurückgewonnene Träger bzw. das um eine Symboldauer verzögerte Empfangssignal benutzt wird. Die bei der Synchrondemodulation auftretende Mehrdeutigkeit kann beseitigt werden durch Differenzcodierung, d. h. durch Modulation mit Phasenwinkeldifferenzen statt mit absoluten Phasenwinkeln oder durch Auswertung des Basisbandsignals bezüglich bekannter Strukturen wie des Rahmenkennungsworts. Zur Begrenzung der an sich unendlich breiten PSK-Spektren wird der Übertragungskanal üblicherweise schmalbandig nach der ersten Nyquist-Bedingung ausgelegt, so daß eine gegenseitige Beeinflussung der Impulse durch Überschwinger in den für die Detektion bestimmten Abtastzeitpunkten verhindert wird. Der Bandbreitebedarf liegt dann im Bereich des Ein- bis Zweifachen der Symbolrate.

Die geringste Störempfindlichkeit bei der Bitfehlerwahrscheinlichkeit 10^{-6} haben mit 10,5 dB die BPSK und die QPSK mit Synchrondemodulation. Bei Differenzdemodulation ist der entsprechende Wert um 0,7 bzw. 2,3 dB höher. Die BPSK kommt wegen ihres hohen Bandbreitebedarfs nur dann in Betracht, wenn ein geringer Implementierungsaufwand angestrebt wird. Dagegen kommt die QPSK mit Synchrondemodulation aufgrund ihres nur halb so großen Bandbreitebedarfs trotz höheren Implementierungsaufwands in starkem Maße zur Anwendung wie z. B. bei der geplanten Digitalübertragung im Intelsat- und Eutelsat/ECS-System. Ihre günstigen Eigenschaften gelten auch unter realen Bedingungen, also bei realer Filterung, Gleich- und Nachbarkanalstörungen, nichtlinearen Verzerrungen, Phasenfehlern durch reale Trägerrückgewinnung und Taktfehlern durch reale Taktrückgewinnung. Die QPSK mit Differenzdemodulation ist für zukünftige Systeme mit Demodulation und Regeneration am Ende der Aufwärtsstrecke interessant, da sie – bei guter Bandbreiteneffizienz – einen geringen Implementierungsaufwand an Bord des Satelliten ermöglicht. Die 8-stufige Phasenumtastung ist besonders bandbreitesparend, doch erfordert ihre höhere Störempfindlichkeit in aller Regel eine Kanalcodierung. Bei der OQPSK und der MSK sind vier Phasenzustände möglich, die sich nach jeder Bitdauer sprungartig bzw. zeitlinear um $+\pi/2$ oder $-\pi/2$ ändern. Da keine Phasenwin-

keländerungen um π auftreten, bleibt bei schwacher Bandpaßfilterung die Hüllkurve weitgehend konstant, so daß beim Durchlaufen nichtlinearer Baugruppen (z. B. Sendeverstärker) nur geringe Degradation auftritt. Bei stärkerer Filterung, etwa bei der auf QPSK-Signale üblicherweise angewandten Nyquist-Filterung, geht dieses günstige Verhalten jedoch verloren, so daß sich die Anwendung der OQPSK und MSK auf Sonderfälle beschränkt.
Bei der Kanalcodierung wird das zu übertragende Digitalsignal in einen Bitstrom höherer Folgefrequenz umgesetzt, wobei K Informationsbits in N Kanalbits übergehen. Damit sind eine Verringerung der Energie pro bit im Verhältnis K/N und eine Erhöhung der Bitfehlerwahrscheinlichkeit verbunden. Bei der Decodierung wird dieser Effekt jedoch durch Fehlerkorrektur überkompensiert, so daß sich ein Netto-Codierungsgewinn ergibt. Die Störempfindlichkeit wird also durch Erhöhung der Bandbreite verringert (Beispiele für Kanalcodierung s. SCPC/PCM/QPSK/FDMA- und TDM/PCM/QPSK/TDMA-Übertragung im Intelsat-System in 4.3).

4.3 Übertragungsarten
Methods of transmission

Die angewandten *Multiplex-*, *Modulations-* und *Vielfachzugriffs-Verfahren* werden durch Abkürzungsfolgen gekennzeichnet. Beispiele sind:
FDM/FM/FDMA,
TV/FM/(FDMA),
SCPC/FM/FDMA,
SCPC/PCM/QPSK/FDMA,
TDM/PCM/QPSK/TDMA.
Die FDM/FM/FDMA-Übertragung mit einer −4 db/ +4-dB-Emphasecharakteristik und mit Hochfrequenzbandbreiten zwischen 1,25 und 36 MHz (bei 12 bzw. 1872 Fernsprechkanälen) hat die größte Verbreitung. Bild 5 zeigt als Beispiel 12 Intelsat-Transponder mit Trägern verschiedener Bandbreite. Der FDMA-Betrieb erfordert in den Sendeverstärkern eine Aussteuerungsreduktion, während bei Einträgerbetrieb bis zur Sättigungsleistung ausgesteuert werden kann.
Die Systemauslegung erfolgt durch Anwendung der Gln. (2) und (3) auf die Auf- und Abwärtsstrecke und von Gl. (7). In Gl. (2) sind bezüglich der Sendeleistungen P_S eventuelle Aussteuerungsreduktionen zu beachten. In Gl. (7) betragen der Emphasegewinn am oberen Ende des FDM-Basisbandes 4 dB und der Bewertungsgewinn 2,5 dB. Der $[S/N]$-Wert ergibt sich hier aus der Qualitätsforderung für Fernsprechübertragung, indem von der zulässigen Gesamtgeräuschleistung von 10 000 pWOp ein Klirrgeräuschanteil von 500 pWOp subtrahiert wird, zu 50,22 dBp. Klirrgeräusche entstehen durch

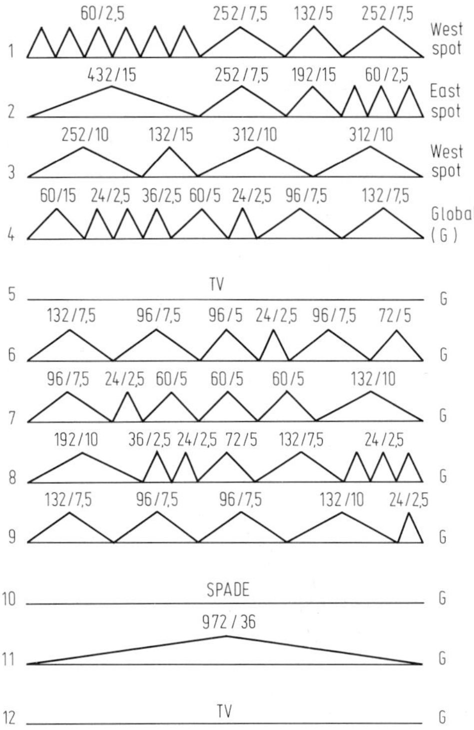

Bild 5. Typischer Intelsat-IV-Frequenzplan für 12 Transponder. Die Zahlen geben die Bündelstärke und die RF-Bandbreite an, z. B. bedeutet 60/2,5: 60 Fernsprechkanäle, 2,5 MHz RF-Bandbreite

Nichtlinearitäten der Modem-Kennlinien und durch lineare Verzerrungen zwischen Modulator und Demodulator. Den Sende- und Empfangseinrichtungen der Bodenstationen sind Klirrgeräusche von je 200 pWOp, der gesamten Raumstation ist ein Anteil von 100 pWOp zugeordnet. Bei einer typischen Störgeräuschaufteilung entfallen 250 pWOp auf das Rauschen der Bodenstations-Sendeeinrichtungen, 500 pWOp auf Intermodulationsgeräusche im Bodenstations-Sendeverstärker, 7500 pWOp auf das Streckenrauschen einschließlich des Bodenstations-Empfangsverstärkers und 1000 pWOp auf Interferenzen durch andere Funkdienste.
Bei der TV/FM/(FDMA)-Übertragung mit einer −11/ + 3-dB-Emphasecharakteristik bei 625/50-Zeilennorm ist die Belegung eines üblich, wobei im Intelsat-System von der Transponderbreite von 36 MHz im ersten Fall 30 MHz und im zweiten Fall 2 mal 17,5 MHz genutzt werden (Voll- bzw. Halbtransponderbelegung). Die Systemauslegung erfolgt mit Hilfe der Gln. (2) und (3), die auf die Auf- und die Abwärtsstrecke angewandt werden, und mit Hilfe von Gl. (6). In Gl. (2) muß bei Halbtransponderbelegung eine Aussteuerungsreduktion vorgese-

hen werden. In Gl. (6) betragen für die 625/50-Zeilennorm die [S/N]-Verbesserungen durch Emphase bzw. Geräuschbewertung 13 bzw. 11,2 dB. Fernsehbegleittöne können u. a. mit Hilfe unabhängiger Träger, mit Hilfe von Unterträgern oder durch Einlagerung ins Videosignal übertragen werden. Die trägernahe Energie der TV/FM-Träger muß zur Vermeidung von Störungen in terrestrischen Systemen durch Verwischung spektral verteilt werden. Dies geschieht durch Aussteuerung des Frequenzmodulators mit einem Signal, dessen Frequenz unterhalb der untersten Basisbandfrequenz liegt und das am Demodulatorausgang wieder beseitigt wird.

Die SCPC/FM/FDMA-Übertragung eignet sich primär auf Fernsprechsignale, sie kann aber auch auf äquivalente Signale und auf Hörrundfunksignale angewendet werden. Sie hat besondere Vorteile bei geringem und stark veränderlichem Verkehrsaufkommen und bietet sich für die rasche fernmeldetechnische Erschließung großflächiger und schwach besiedelter Gebiete an. Die mit je einem Basisbandsignal modulierten FM-Träger werden frequenzversetzt angeordnet. Bei dem häufig benutzten Rasterabstand von 45 kHz ergibt sich in einem 36 MHz breiten Transponder eine Übertragungskapazität von 800 Fernsprechkanälen. Die FM-Träger werden von einem Pilotsignal hoher Frequenz- und Amplitudengenauigkeit begleitet, das die Kompensation der hinter der Satelliten-Empfangsantenne auftretenden Frequenz- und Amplitudenfehler ermöglicht. Durch sog. Sprachsteuerung kann die Transponderaussteuerung reduziert werden. Das bedeutet, daß ein Träger nur bei Vorhandensein von Sprache gesendet und in Sprachpausen (d. h. in etwa 60% der Zeit) abgeschaltet wird.

Der Systementwurf basiert auf den Gln. (2), (3) und (5) mit $f_1 = 0{,}3$ kHz, $f_2 = 3{,}4$ kHz (Fernsprechkanal). Der Frequenzhub kann maximal so gewählt werden, daß die Carson-Bandbreite den SCPC-Rasterabstand erreicht. Bei idealen Emphasenetzwerken beträgt die [S/N]-Verbesserung 6,3 dB, bei realen Knick-Emphasenetzwerken ist sie etwas geringer. Die psophometrische Geräuschbewertung ergibt einen Gewinn von 2,5 dB. Da aber häufig nur kleine [C/T]-Werte zur Verfügung stehen, muß zusätzlich die Silbenkompandierung angewendet werden, bei der die Sprachpegel leiser und mittlerer Sprecher angehoben und nach der Übertragung zusammen mit den Basisbandgeräuschen wieder abgesenkt werden. Der Kompandierungsgewinn liegt bei 17 dB, so daß auch bei [C/kT]-Werten von nur 55 dBHz [S/N]-Werte von über 50 dBp ereicht werden.

Die SCPC/PCM oder DM/QPSK/FDMA-Übertragung weist die gleichen Grundmerkmale auf wie die analoge SCPC-Übertragung [20]. Im Intelsat-System wird bei Fernsprechübertragung die Pulscodemodulation mit Kompandierung nach der A-Kennlinie ($A = 87{,}6$) mit anschließender Vierphasenumtastung angewendet. Wegen der Sprachsteuerung bestehen die QPSK-Signale aus Bursts, die mit einer auf schnelles Einschwingen der Träger- und Taktrückgewinnungsschaltungen optimierten 40-bit-Präambel beginnen. 32 PCM-Worte zu je 7 bit bilden je einen Rahmen, dessen Anfang durch das Rahmenkennungswort gekennzeichnet ist. Die resultierende Bitrate beträgt 64 kbit/s. Bei der Übertragung von Daten mit Bitraten im Bereich 48 bis 64 kbit/s kann vor der QPSK eine Faltungscodierung der Rate 7/8 oder 3/4 durchgeführt werden. Für den Systementwurf stehen die Gln. (2) und (3) zur Verfügung, mit denen unter Beachtung erforderlicher Aussteuerungsreduktionen der erreichbare [C/T]-Wert berechnet werden kann. Der erforderliche [C/T]-Wert ergibt sich aus der Störempfindlichkeit der QPSK, die um eine Implementierungsreserve von 2 bis 3 dB erhöht werden muß, und aus der Bitrate.

Die TDM/PCM- oder DM/PSK/TDMA-Übertragung hat weltweit wachsende Bedeutung. Sie wird im Intelsat- und Eutelsat/ECS-System mit PCM/QPSK und Synchrondemodulation durchgeführt, wobei für die Bitrate von 120,832 Mbit/s eine Transponderbandbreite von etwa 80 MHz erforderlich ist. Im Intelsat-System kann die Störempfindlichkeit durch Kanalcodierung mit dem (128, 112)BCH-Code verringert werden.

Die Bursts der sendenden Bodenstationen werden im Satellitentransponder überlappungsfrei zusammengefaßt und wieder zur Erde gesendet. In der empfangenden Bodenstation werden die Informationsteile ausgewählt, die an diese Station adressiert sind. Der Rahmen wird durch periodische Folgen von Referenzbursts festgelegt, die von sog. Referenzstationen gesendet werden. Die Verkehrsbursts müssen beim Erstzugriff in eine vereinbarte, auf die Referenzbursts bezogene Lage gebracht werden. Anschließend müssen sie durch Burstphasen-Synchronisation dauernd in dieser Lage gehalten werden, was im Intelsat- und Eutelsat/ECS-System durch Soll/Ist-Vergleiche in den Referenzstationen, Meldungen der Burstphasen-Istwerte an die Verkehrsstationen und eventuelle Korrekturen von dort aus erfolgt. In beiden Systemen beträgt die Rahmendauer 2 ms, 16 Rahmen bilden einen Mehrfachrahmen und 32 Mehrfachrahmen einen Kontrollrahmen. Es werden zwei Referenzbursts und bis zu 16 Verkehrsbursts gesendet. Deren Präambel enthält ein Kennungswort von 24 bit, dessen zeitliche Lage aufgrund seines speziellen Musters genau detektiert werden kann und somit die Burstsynchronisation ermöglicht (Bild 6). In den Verkehrsbursts folgen die Informationsblöcke, deren Länge nach einem vereinbarten Plan dem Verkehrsaufkommen angepaßt ist. In den Referenzbursts schließen sich 8 bit eines über den Mehrfachrahmen verteilten Kontroll- und

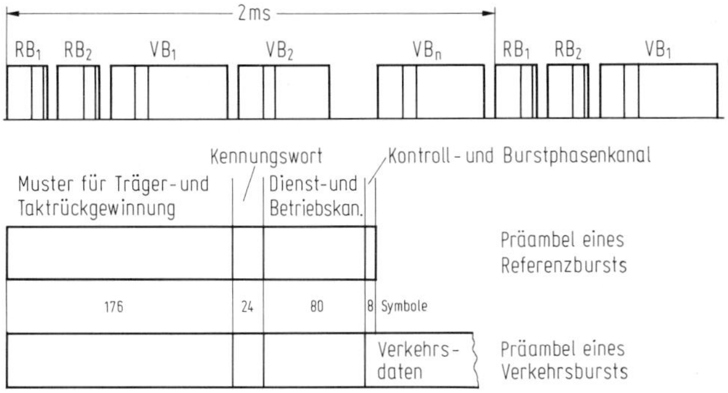

Bild 6. Aufbau des Rahmens sowie der Präambel eines Referenzbursts (RB) und eines Verkehrsbursts (VB) im TDMA-System nach Intelsat- und Eutelsat/ECS-Spezifikationen

Burstphasenkanals an, über die u. a. die Istwerte der Burstphasen mitgeteilt werden.

In einer TDMA-Endstelle werden die in kontinuierlicher Form angelieferten Digitalsignale in den Schnittstellenmoduln in Signalpakete der TDMA-Bitrate umgewandelt, wobei unter Ausnutzung von Sprachpausen durch digitale Sprachinterpolation die Kanalnutzung etwa um den Faktor 2 erhöht werden kann. Im Modulator werden die Signalpakete in QPSK-Bursts umgesetzt. Im Demodulator wird die Synchrondemodulation der empfangenen Bursts durchgeführt, wobei kurze Einschwingzeiten der Träger- und Taktrückgewinnungsschaltungen erforderlich sind. Die Nyquist-Filterung mit einem Roll-off-Faktor von 40% ist zu gleichen Teilen auf den Modulator und den Demodulator verteilt, in jedem Gerät wird also eine „Wurzel-Nyquist-Filterung“ durchgeführt. Die Vierdeutigkeit des demodulierten QPSK-Signals wird durch Detektion und Auswertung des Kennungsworts eliminiert. Die wiedergewonnenen Signalpakete werden schließlich in den empfangsseitigen Schnittstellenmoduln wieder in kontinuierliche Digitalsignale zurückverwandelt.

Bei der Systemplanung ist von der Bitfehlerwahrscheinlichkeit auszugehen. Ihr erzielbarer stellenmoduln wieder in kontinuierliche Digitalsignale zurückverwandelt.

Bei der Systemplanung ist von der Bitfehlerwahrscheinlichkeit auszugehen. Ihr erzielbarer Wert hängt hauptsächlich vom $[C/T]$-Wert des Systems ab, der mit den Gln. (2) und (3) berechnet werden kann. Der erforderliche $[C/T]$-Wert ergibt sich aus der Störempfindlichkeit von PSK-Signalen und der Bitrate. Dieser Wert muß jedoch um sog. Degradationswerte erhöht werden, da fehlerratenerhöhende Effekte wirksam sind wie z. B. lineare und nichtlineare Verzerrungen, Phasenfehler des Modulators, Phasenfehler durch reale Trägerrückgewinnung und Taktphasenfehler durch reale Taktrückgewinnung.

Die Effizienz der TDMA-Übertragung kann erhöht werden, indem auf dem Abwärtsweg oder auf dem Aufwärts- und dem Abwärtsweg zur Mehrfach-Gebietsstrahl-Bedeckung übergegangen wird. Im ersten Fall kann jede Bodenstation jede andere dadurch erreichen, daß sie ihre Bursts in denjenigen Transponder sendet, der mit dem gewünschten Abwärts-Gebietsstrahl verbunden ist. Sie muß zum Transponderspringen geeignet sein. Die Burstphasenregelung ist in diesem Fall erschwert, da eine Bodenstation ihre eigenen Bursts nicht immer empfangen kann. Im zweiten Fall gelangen die Bursts über Gebietsstrahlen zur Raumstation und i. allg. über andere Gebietsstrahlen zur Erde zurück. Die für die Burstdauer erforderliche Verbindung einander zugeordneter Auf- und Abwärtsstrahlen wird mit Hilfe einer dynamischen Schaltmatrix im Satelliten vorgenommen. Dieses Verfahren wird daher TDMA mit Satellitendurchschaltung (Satellite Switched TDMA = SSTDMA) genannt; die dynamische Schaltmatrix kann im Radiofrequenz- oder Zwischenfrequenzbereich oder im Basisband arbeiten.

Die Basisbanddurchschaltung erfordert regenerierende Transponder, die als Zusatzgeräte einen Demodulator, einen Regenerator und einen Modulator enthalten müssen. Dem Nachteil des größeren Aufwands stehen hierbei die Vorteile gegenüber, daß am Ende der Aufwärtsstrecke Störleistungen und Verzerrungen beseitigt werden, was zu einer Verminderung der Gesamt-Bitfehlerwahrscheinlichkeit führt und daß die Aufwärts- und die Abwärtsstrecke unabhängig voneinander optimiert werden können.

4.4 Raumstationen. Space stations

Ein Satellit besteht aus dem Raumfahrzeug, auch Bus genannt, und der Nutzlast. Wichtige *Bus-Untersysteme* sind die Struktur und die Antriebe sowie die Einrichtungen für die Bahn- und Lagekontrolle, für die Energieerzeugung (meist mittels Solargenerator), für die Energieaufbereitung und -verteilung, für Bahnvermessung, Fernmessung und Fernsteuerung (TTC) sowie für den Wärmehaushalt. Wichtige *Nutzlast-Untersysteme* sind der Repeater, der sich aus Geräten zusammensetzt, und die Antennen. Die Nutzlast und ihre Versorgungseinrichtungen werden Raumstation genannt. Bild 7 zeigt das erste Flugmodell der ECS-Satelliten, bei dem die Bus-Untersysteme im sog. Servicemodul und die Nutzlast im sog. Kommunikationsmodul untergebracht sind.

Die Merkmale der Bus-Untersysteme hängen stark von der Art der Lagestabilisierung ab. Möglich sind die Drallstabilisierung, die Zweifach-Drallstabilisierung und die Dreiachsenstabilisierung. Bei der Drallstabilisierung wird der gesamte Satellit in eine Rotationsbewegung versetzt. Bei der Zweifach-Drallstabilisierung werden der Satellitenkörper und die Antennen- bzw. Nutzlastplattform in entgegengesetzte Rotationsbewegungen versetzt, so daß die Antennen fest auf die Erde ausgerichtet sind. Bei der Dreiachsenstabilisierung rotiert der Satellitenkörper nicht, seine Lage wird mit Hilfe von Schwungrädern, durch Massenaustoß und über magnetische Momente stabilisiert.

Die wichtigsten Funktionen eines Repeaters (Beispiel ECS-Repeater in Bild 8) sind die Verstärkung im rauscharmen Empfangsverstärker, die Frequenzumsetzung auf den Abwärtsfrequenzbereich und die Verstärkung in den Sendeverstärkern.

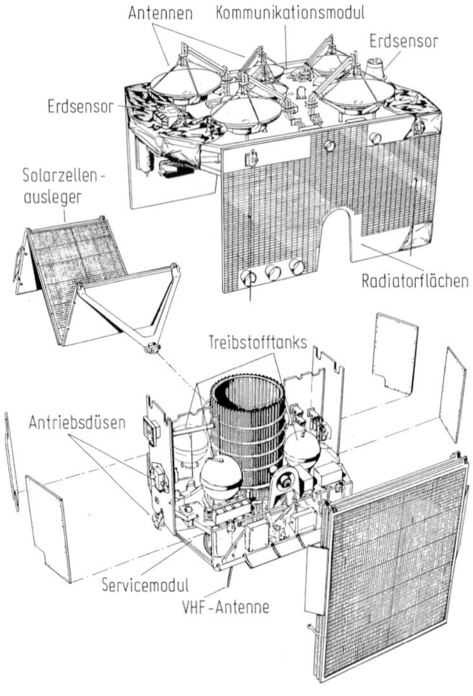

Bild 7. Explosionszeichnung des ersten Flugmodells der ECS-Satelliten. Es besteht aus dem Servicemodul, den Solarzellenauslegern und dem Kommunikationsmodul mit der Nutzlast

Der rauscharme Empfangsverstärker wird i. allg. breitbandig für das Mehrträgersignal ausgelegt, das aus allen von der Antenne kommenden RF-Signalen einer Polarisation des Aufwärtsfrequenzbandes besteht. Die Pegel der RF-Signale können bis zu dem Wert angehoben werden, der von den Intermodulationseffekten im Empfangsverstärker her zulässig ist. Die Leistungsverstärkung im Abwärtsfrequenzbereich läßt sich nur kanalweise, d. h. mit je einem Sendeverstärker pro Transponderkanal, durchführen. Daraus ergibt sich, daß die RF-Signale mit einem Eingangsmultiplexer voneinander getrennt, kanalweise verstärkt und mit einem verlustarmen Ausgangsmultiplexer wieder zusammengefaßt werden müssen.

Bei der Frequenzumsetzung ist es vorteilhaft, die Zahl der Umsetzoszillatoren dadurch niedrig zu halten, daß die vorverstärkten RF-Signale nicht einzeln auf eine feste zweite Frequenz, sondern als Mehrträgersignal auf einen zweiten Frequenzbereich größerer Bandbreite umgesetzt werden. Die Verstärker dieser Frequenzebene, bei der Einfachumsetzung die Kanalverstärker, bei der Doppelumsetzung die ZF-Verstärker, sind daher breitbandig auszulegen. Im ECS-Repeater haben die ZF-Verstärker bei einer Mittenfrequenz im 1-GHz-Bereich beispielsweise eine Bandbreite von 250 MHz. Die Einfachumsetzung, bei der direkt auf die Abwärtsfrequenz umgesetzt wird, ist von der Verfügbarkeit von Verstärkerbauelementen (bipolare Transistoren, FETs) her heutzutage meistens realisierbar, aufgrund ungünstiger Mischprodukte aber nicht immer. Eine ausreichende Zuverlässigkeit des Repeaters wird dadurch erreicht, daß für n Geräte oder Geräteketten m Ersatzgeräte (ketten) implementiert werden ($(n + m)$-Redundanz), die mit Hilfe von Schaltern aktivierbar sind.

Wichtige *Repeatergeräte* sind rauscharme Empfangsverstärker, Mischer, Filter und Multiplexer, Zwischenfrequenz- und Kanalverstärker sowie Sendeverstärker. Rauscharme Empfangsverstärker werden in aller Regel mit GaAs-FETs oder HEMTs realisiert, Mischer mit GaAs- oder Silizium-Schottky-Dioden. Eingangsmultiplexer werden üblicherweise mit Bandpaßfiltern aufgebaut, die ein RF-Signal passieren lassen und die restlichen RF-Signale reflektieren. Bei den Ausgangsmultiplexern haben reziproke Schaltungen besondere Bedeutung, bei denen Bandpaßfilter an eine Sammelleitung angekoppelt werden, die an einem Tor kurzgeschlossen ist und am anderen Tor die Summe der zugeführten RF-Signale liefert. Die Bandpaßfilter werden so abgeglichen, daß jeweils ein RF-Signal vom Bandpaßfiltereingang zum Summentor übertragen wird und zu den anderen Bandpaßfiltereingängen hin Entkopplung herrscht. Trotz niedriger Verluste dieses Multiplexertyps kann die Verlustleistung so hoch sein, daß besondere Maßnahmen zur Wär-

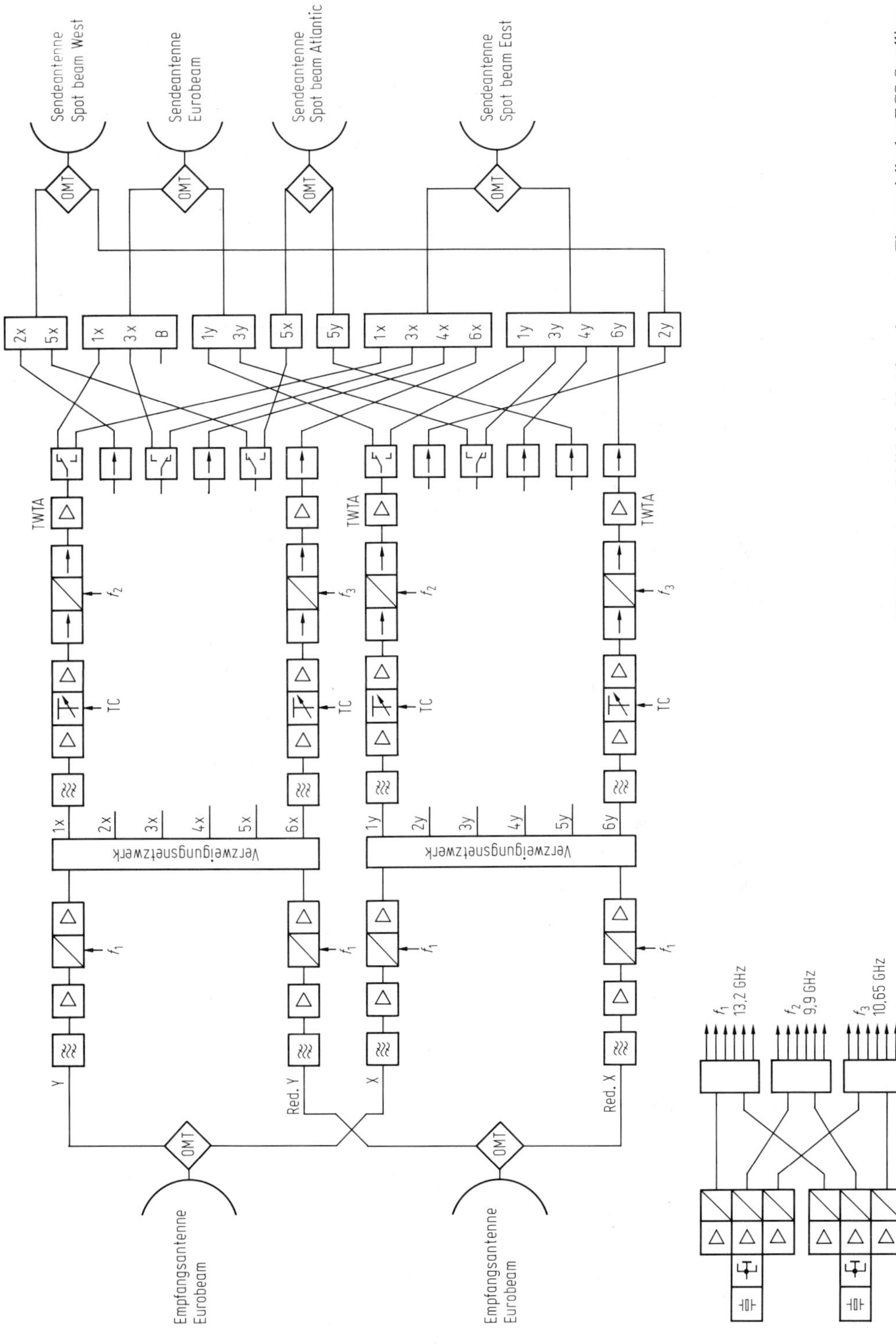

Bild 8. Blockschaltbild der Nutzlast des ersten Flugmodells der ECS-Satelliten

meabfuhr erforderlich sind. Bei 12-GHz-Rundfunksatelliten werden für die Wärmeabfuhr beispielsweise Wärmerohre (heat pipes) verwendet. Als Filterkreise kommen Koaxial- und Hohlraumresonatoren in Frage, die häufig aus Materialien geringer Wärmeausdehnung wie z.B. versilbertem Invar hergestellt werden. Bei Frequenzen unter 6 GHz sind zur Masseeinsparung auch Invar-Bleche und kohlefaserverstärkte Kunststoffe gebräuchlich. Kanal- und ZF-Verstärker werden üblicherweise als integrierte Mikrowellenschaltungen ausgeführt, wobei die Schichtfolgen Saphir-Chrom-Gold oder Aluminiumoxidkeramik-Tantalnitrid-Nickel-Chrom-Gold zur Anwendung kommen. Die zweitgenannte Schichtfolge erlaubt die Realisierung integrierter Tantalnitrid-Widerstände. Als Verstärkerbauelemente kommen bipolare Transistoren oder FETs in Frage. Beispiele sind der 1-GHz-ZF-Verstärker des ECS mit bipolaren Transistoren (maximale Verstärkung 55 dB (s. Bild 8)) und der 12-GHz-Kanalverstärker des TV-SAT mit Feldeffekttransistoren (maximale Verstärkung 73 dB).

Die Einträger-Sättigungsleistungen der Sendeverstärker liegen im festen Satellitenfunk zwischen 5 und 50 W und im 12-GHz-Satellitenrundfunk zwischen 50 und 250 W (TV-SAT: 200 W). Zur Verstärkung werden vor allem Wanderfeldröhren verwendet (s. M 4.8). Deren nichtlineares Verhalten wird meistens durch die Abhängigkeit der Ausgangsleistung und des Phasenwinkels von der Eingangsleistung im Einträgerbetrieb beschrieben (Bild 9). Bei Zweiträgerbetrieb liegt der Sättigungspunkt um 1 bis 2 dB niedriger als im Einträgerbetrieb. Der Bereich linearen Übertragungsverhaltens läßt sich mit Linearisierungsverfahren erweitern. Unter diesen hat die sog. Vorverzerrung besondere Bedeutung, bei der vor dem Röhreneingang Verzerrungsleistung erzeugt und dem Nutzsignal gegenphasig so zugefügt wird, daß am Röhrenausgang die Verzerrungsprodukte reduziert werden.

Bei niedrigen Abwärtsfrequenzen und geringen Sendeleistungen können Wanderfeldröhren bereits teilweise durch Halbleiterbauelemente ersetzt werden, zu deren Vorteilen geringere Versorgungsspannungen und damit einfachere Stromversorgungsgeräte, größere Lebensdauer und geringere Massewerte zählen, die aber i. allg. einen geringeren Wirkungsgrad haben. So wurden z.B. für den 4-GHz-Bereich GaAs-FET-Sendeverstärker mit Wirkungsgraden zwischen 25 und 30% bei Ausgangsleistungen zwischen 10 und 30 W entwickelt. Die Linearisierung eines solchen Verstärkers läßt sich durch Vorverzerrung mit Hilfe eines Kleinsignal-GaAs-FET realisieren.

Zur zukünftigen Anwendung in regenerierenden Repeatern wurden u.a. QPSK-Differenz-Demodulatoren und -Modulatoren entwickelt. Die häufig als temperaturkompensierte integrierte Mikrowellenschaltungen aufgebauten Verzögerungsleitungen oder -filter der Differenzdemodulatoren haben sehr große Einfügungsdämpfungen; günstiger sind Hohlleiterfilter, die ab 14 GHz auch mit geringen Volumen- und Massewerten realisierbar sind. Vielversprechende Modulatortypen sind im 4-, 11- und 20-GHz-Bereich Leitungslängenmodulatoren mit pin-Schaltdioden.

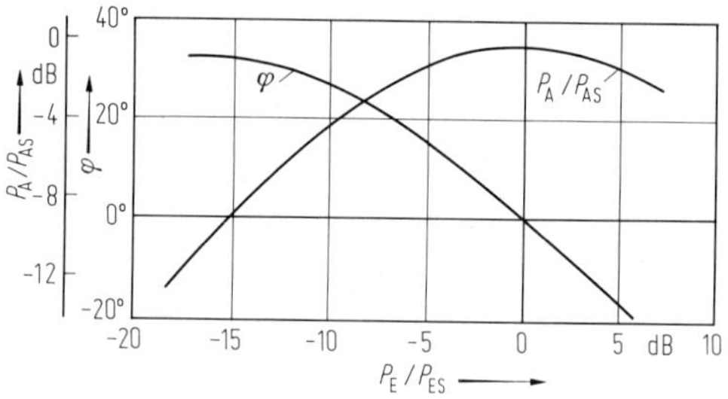

Bild 9. Übertragungsverhalten einer Wanderfeldröhre im Einträgerbetrieb. Über dem auf den Sättigungspunkt bezogenen Eingangspegel sind der auf den Sättigungspunkt bezogene Ausgangspegel und der Phasenwinkel dargestellt

Satellitengeräte müssen ihre elektrischen Funktionen unter strengen Nebenbedingungen bez. maximal zulässiger Masse und Verlustleistung erfüllen. Weitere Anforderungen resultieren aus den Schüttelbelastungen des Raketenstarts und aus den Bedingungen des geostationären Orbits (geringer Druck, große Temperaturwechsel, Strahlenbelastung, Unzugänglichkeit). Zur Sicherstellung einer für Missionsdauern von z.B. 7 oder 10 Jahren ausreichenden Zuverlässigkeit werden nur hochzuverlässige Bauteile und genau überprüfte Materialien und Prozesse zugelassen.

Die *Antennen* der Raumstation (Bordantennen) sind für ihr Versorgungsgebiet so zu dimensionieren, daß der Gewinn im Inneren möglichst gleichmäßig und überall am Rande möglichst groß ist. Außerhalb sollte er möglichst rasch abfallen, die dort auftretenden Nebenzipfel des Strahlungsdiagramms sollten möglichst niedrig, die Nebenzipfeldämpfungen sollten möglichst groß sein. Für Dualpolarisationsbetrieb ist ein großes Verhältnis K der kopolaren Komponente R_x zur kreuzpolaren Komponente $R_{\bar{x}}$ bzw. eine hohe Kreuzpolarisationsdämpfung (Cross Polarization Discrimination = XPD) = 20 log K dB wichtig. Bei zirkularer Polarisation kann diese Forderung auch so ausgedrückt werden, daß das Achsenverhältnis $\alpha = (K+1)/(K-1)$ nahe bei 1, die entsprechende Dämpfung $a_K = 20 \log \alpha$ dB nahe bei 0 dB liegen sollte. Bei einer guten Antenne gilt: XPD = 35 dB, $K = 56$, $\alpha = 1{,}036$ und $a_K = 0{,}31$ dB.

Gebräuchlich sind Strahlungsdiagramme mit einem runden Querschnitt für hemisphärische Bedeckung, mit einem runden oder ovalen Querschnitt zur Gebietsstrahl-Bedeckung (s. Bild 1), mit einem speziell geformten Querschnitt zur Erzeugung einer an Länder-, Regionen- oder Kontinentskonturen angepaßten Bedeckung, mit mehreren z. B. kreisförmigen Querschnittskonturen für die Mehrfach-Gebietsstrahl-Bedeckung und andere.

Als Bordantennen am häufigsten realisiert wurden Aperturstrahler, Einreflektorantennen mit einem paraboloidförmigen Hauptreflektor sowie Zweireflektorantennen mit einem zusätzlichen hyperboloid- oder ellipsoidförmigen Subreflektor (Cassegrain,- bzw. Gregory-Prinzip). Für globale Ausleuchtung – hierbei schließen die Erdtangenten einen Winkel von 17,5° ein – sind vergleichsweise kleine Primärstrahler geeignet. Für Gebietsstrahl-Bedeckung sind i. allg. Reflektorantennen erforderlich. Der Bundesrepublik Deutschland mit West-Berlin ist für den 12-GHz-Satellitenrundfunk beispielsweise ein elliptischer Strahlquerschnitt mit 1,62° × 0,72° zugewiesen, der mit Aperturabmessungen von etwa 2,60 m × 1,5 m realisiert werden soll.

Als Primärstrahler werden in aller Regel Hornstrahler verwendet, die meistens einen runden, seltener einen elliptischen, vier- oder sechseckigen Querschnitt haben. Bei den konischen Hornstrahlern sind diejenigen mit nur einem Wellentyp weitgehend durch solche mit mehreren Wellentypen oder mit Hybridwellentypen abgelöst worden, die bez. der Symmetrie des Strahlungsdiagramms, der Nebenzipfeldämpfung und der Kreuzpolarisationsentkopplung günstiger sind. Bei einer Klasse der Mehrwellentyp-Hornstrahler wird zusätzlich zur H_{11}- die E_{11}-Welle angeregt. Der wichtigste Hybridwellentyp-Hornstrahler ist das Ringrillenhorn. Durch Verwendung des EH_{11}-Wellentyps lassen sich hiermit Bandbreiten von bis zu einer Oktave erreichen, was beispielsweise die gemeinsame Nutzung für den Aufwärts- und den Abwärtsfrequenzbereich ermöglicht.

Eine Reflektorantenne kann entweder so aufgebaut werden, daß der Primärerreger in Richtung der Scheitelachse des Paraboloids strahlt (axialsymmetrischer Reflektor) oder daß er gegen die Scheitelachse geneigt strahlt (unsymmetrischer oder Offset-Reflektor). Im zweiten Fall kann der Hauptreflektor je nach angestrebter Strahlform (rund, oval, geformt) ein entsprechender Paraboloidauschnitt sein. Axialsymmetrische Anordnungen bieten sich vor allem für runde Strahlquerschnitte an, wie das Beispiel der drei brennpunktgespeisten Gebietsstrahlantennen des ECS zeigt (Bilder 1 und 7). Ihr Hauptnachteil liegt darin, daß der Primärstrahler oder der Subreflektor das Strahlungsfeld teilweise blockieren; dadurch verringern sich der Gewinn und die Nebenzipfeldämpfung. Dieser Effekt wird besonders gravierend, wenn bei Antennen mit Strahlformung oder bei Mehrstrahlantennen mehrere zu einer Gruppe zusammengefaßte Primärerreger vorgesehen werden müssen. Mit unsymmetrischen Anordnungen läßt sich der Blockierungseffekt vermeiden. Die Zahl der Reflektoren hängt von der erforderlichen Brennweite ab. Einreflektorenantennen mit Brennpunktspeisung sind bei kleinen Verhältnissen V von Brennweite zu Aperturdurchmesser verwendbar. Bei größeren V-Werten, die zur Erreichung großer Kreuzpolarisationsdämpfungen notwendig sein können, muß von der brennweitevergrößernden Wirkung des Cassegrain- oder Gregory-Strahlengangs über nichtplanare Subreflektoren Gebrauch gemacht werden, da andernfalls der Abstand zwischen Erreger und Reflektor zu groß würde.

Der mechanische Aufbau von Bordantennen hängt in starkem Maße vom Stauraumvolumen der Trägerrakete ab. Die Hauptreflektoren können fest oder bei größeren Abmessungen ausklappbar aufgebaut werden. Mit dem Trend zu sehr kleinen Bedeckungsgebieten werden in Zukunft sehr große entfaltbare Hauptreflektoren gebraucht werden, die bereits versuchsweise erprobt wurden. Die Primärerreger brennpunktgespeister Antennen und ihre Zuführungsleitungen werden an Türmen beträchtlicher Höhe befestigt – beim TV-SAT 2,80 m –, welche die Satellitenabmessungen entscheidend mitbestimmen. Diese Türme und die Stützstrukturen für die Reflektoren werden mit gewichtssparenden Bauweisen und Materialien wie Faserverbundwerkstoffen (z. B. kohlefaserverstärkten Kunststoffen = KFK) realisiert.

Zu Antennensystemen gehören auch dämpfungsarme Leitungen, Sende/Empfangs-Weichen, Polarisatoren zur Umwandlung von zirkularer in lineare Polarisation, Polarisationsweichen und Modenkoppler zur Gewinnung von Peilmoden.

4.5 Bodenstationen. Earth stations

Die Eigenschaften einer Bodenstation hängen vor allem vom erforderlichen EIRP- und/oder G/T-Wert ab. Die Parameter sind bei reinen Sendestationen durch Kombinationen von Sendeleistung und -antennengewinn erreichbar, bei reinen Empfangsstationen durch Kombinationen von Empfangsverstärker-Rauschtemperatur und Empfangsantennengewinn und bei Bodenstationen mit Sende- und Empfangsaufgaben, die durchweg mit einer Antenne für Senden und Empfang ausgestattet sind, mit Kombinationen von Sendeleistung, Empfangsverstärker-Rauschtemperatur und Antennendurchmesser. Da deren Werte meistens standardisiert sind, lassen sich der Sende- und/oder Empfangsweg nicht immer optimieren.

Der Antennengewinn bestimmt zum einen den Durchmesser und zum anderen über den Strahlöffnungswinkel das *Nachführkonzept* der Antenne: Kleinststationen können mit fester, Kleinstationen mit einstellbarer Antennenausrichtung realisiert werden. Bei mittleren und großen Stationen ist aufgrund der Bahnfehler des Satelliten eine automatische Nachführung erforderlich. Zu den Kleinststationen zählen Empfangsstationen von Rundfunksatellitensystemen mit [*G*/*T*]-Werten von 6 oder 14 dB/K und mit Antennendurchmessern von etwa 0,9 bzw. 1,8 m. Kleinstationen mit [*G*/*T*]-Werten im 20 dB/K- und Antennendurchmessern im 3-m-Bereich werden oft mit manuell oder motorisch ausrichtbaren Antennen aufgebaut, wobei die Antennenhalterung manchmal an der transportablen Gerätekabine befestigt werden kann. Ein Beispiel für eine mittlere Station ist eine Intelsat-Standard B-Station mit einem [*G*/*T*] von 31,7 dB/K und einem Antennendurchmesser von etwa 11 m. Bei dieser Größe sind noch Halterungsgestelle verwendbar, die eine motorische Antennenschwenkung um einige Grad ermöglichen. Es sind aber auch aufwendigere Ausführungen mit Drehständen üblich. Zu den großen Stationen zählen die Intelsat-Standard A-Stationen mit [*G*/*T*]-Werten von 35 dB/K und Antennendurchmessern von 15 bis 18 m. Sie sind i. allg. mit Drehständen ausgestattet, die Bewegungen in Azimut- und Elevationsrichtung von nahezu 360° bzw. 90° ermöglichen.

Die für die Funktionen von Bodenstationen außer der Antenne typischen Geräte sind in Bild 10 dargestellt.

Ein FDM/FM-Modulator führt eine Preemphasebewertung des FDM-Signals durch und setzt es zusammen mit einem zur Überwachung des Übertragungswegs hinzugefügten Pilotsignal in einen zwischenfrequenten Träger mit einer Mittenfrequenz von 70 MHz um. Dieser wird über ein Filter geführt, das im Intelsat-System bezüglich Amplitude und Laufzeit eng toleriert ist. Der FDM/FM-Demodulator wandelt den empfangenen 70-MHz-FM-Träger nach der gleichen Filterung wie im Modulator wieder in ein FDM-Signal um und führt die Deemphasebewertung durch. Aus dem Basisbandsignal werden ein Außerband-Rauschsignal und das Pilotsignal ausgekoppelt, die angezeigt und zur Herleitung von Alarm- und Abschaltkriterien ausgewertet werden. Für die Demodulation werden Diskriminatorschaltungen, bei kleinen Kanalzahlen auch schwellwertverbessernde Schaltungen benutzt.

In TV/FM-Modems werden die gleichen Modulations- und Demodulationsschaltungen verwendet wie in FDM/FM-Modems. Unterschiedlich sind die Bandgrenzen im Basisband, die Emphasenetzwerke und die Zwischenfrequenzbandbreiten.

SCPC/FM-Geräte enthalten u. a. Kanaleinheiten für die Modulation und Demodulation, den

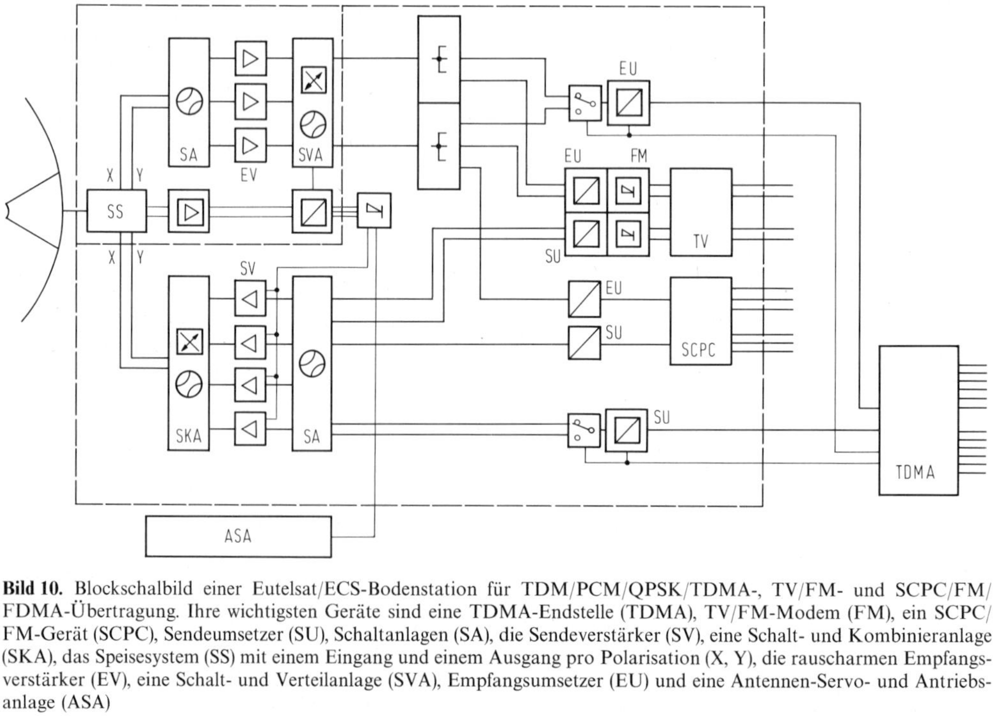

Bild 10. Blockschalbild einer Eutelsat/ECS-Bodenstation für TDM/PCM/QPSK/TDMA-, TV/FM- und SCPC/FM/FDMA-Übertragung. Ihre wichtigsten Geräte sind eine TDMA-Endstelle (TDMA), TV/FM-Modem (FM), ein SCPC/FM-Gerät (SCPC), Sendeumsetzer (SU), Schaltanlagen (SA), die Sendeverstärker (SV), eine Schalt- und Kombinieranlage (SKA), das Speisesystem (SS) mit einem Eingang und einem Ausgang pro Polarisation (X, Y), die rauscharmen Empfangsverstärker (EV), eine Schalt- und Verteilanlage (SVA), Empfangsumsetzer (EU) und eine Antennen-Servo- und Antriebsanlage (ASA)

Pilotempfänger und (in der Zentralstation) den Pilotgenerator. In der Modulator-Kanaleinheit wird mit Hilfe eines z. B. in 45-kHz-Schritten einstellbaren Synthesizers im ZF-Bereich (70 ± 18) MHz ein Träger erzeugt, der von einem komprimierten und preemphasebewerteten Fernsprechsignal frequenzmoduliert wird. In der Demodulator-Kanaleinheit wird – ebenfalls mittels eines Synthesizers – ein Träger aus dem ZF-Bereich ausgewählt und mit Hilfe einer PLL demoduliert. Das Basisbandsignal wird anschließend deemphasebewertet und expandiert. SCPC/PCM oder DM/PSK-Geräte haben die gleiche Grundkonzeption wie SCPC/FM-Geräte.
Eine TDM/PCM/QPSK/TDMA-Endstelle enthält als wichtige Geräte die Schnittstellenmoduln, die die netzseitigen Digitalsignale verarbeiten, die Zentraleinheit und den Modem, der die satellitensystemseitigen Bursts liefert oder aufnimmt. Die Intelsat/Eutelsat-Spezifikationen sehen netzseitig TDM/PCM-Bündel von je 2,048 Mbit/s vor, satellitensystemseitig Bursts mit einer Mittenfrequenz von 140 MHz. Der Modulator und der Demodulator sind meist als Quadraturanordnungen aufgebaut, in denen die Mischer linear betrieben werden, so daß die Filterung in den Basisbändern erfolgen kann.
Sendeumsetzer haben die Aufgabe, die zwischenfrequenten 70- oder140-MHz-Träger der Modulationseinrichtungen in den Aufwärtsfrequenzbereich bei z. B. 6, 14 oder 30 GHz umzusetzen. Neben der Einfach- ist die Doppelumsetzung gebräuchlich, bei der zunächst auf eine weitere Zwischenfrequenz umgesetzt wird, die (mit z. B. 750 MHz) größer ist als die Breite des Aufwärtsfrequenzbandes. Bei der zweiten Umsetzung entsteht eine Spiegelfrequenz, die außerhalb des Aufwärtsfrequenzbandes liegt und in allen Kanälen mit einem Filter unterdrückt werden kann. Ein Wechsel der Kanalmittenfrequenz ist ohne Filterumstimmung möglich.
Die Einträger-Sättigungsleistungen von Sendeverstärkern liegen bei kleinen Stationen meist im Bereich 100 bis 500 W und bei mittleren und großen Stationen im Bereich 500 W bis 3 kW. Typische Werte sind 1, 2 oder 3 kW bei 6 GHz, 750 W, 1 oder 2 kW bei 14 GHz und 400 W oder 1 kW bei 30 GHz. Durch Parallelschaltung zweier Verstärker mit Hilfe von 3-dB-Kopplern oder magischen T-Verzweigungen sind Leistungserhöhungen von etwa 2,6 dB möglich. Mit Klystrons und Wanderfeldröhren stehen schmalbandige und breitbandige Verstärkerbauelemente zur Verfügung, deren Bandbreite der eines RF-Kanals von 36 MHz bzw. der eines Aufwärtsfrequenzbandes von z. B. 500 MHz entspricht [43]. Die Wanderfeldröhren sind meistens als einfache Einkollektorröhren ausgeführt, ihre Wirkungsgrade von z. B. 25 % erreichen daher bei weitem nicht die Werte von Satellitenröhren. Die Zusammenfassung mehrerer Sendeverstärker-Ausgangssignale kann schmalbandig mit Hilfe von Multiplexern oder breitbandig mit Hilfe von Richtkoppler-Netzwerken durchgeführt werden. Die zweite Lösung bietet größere Flexibilität für Redundanzkonzepte, sie ist aber mit erheblichen Leistungsverlusten verbunden. Die Anzahl der Sendeverstärker läßt sich reduzieren, indem für mehrere Träger nur ein Sendeverstärker höherer Sättigungsleistung (Mehrträgerverstärkung) vorgesehen wird. Infolge des nichtlinearen Übertragungsverhaltens muß jeder Träger-Ausgangspegel durch Regelung an seinen Sollwert angenähert werden. Auch Bodenstations-Sendeverstärker können durch Vorverzerrung linearisiert werden.
Pro Polarisation ist ein rauscharmer Empfangsverstärker erforderlich. Zusätzlich werden meist ein oder zwei redundante Empfangsverstärker implementiert, die mit Hilfe von Schalternetzwerken in die Empfangswege eingefügt werden können. Die Eingangsstufen wurden bei den ersten Bodenstationen mit Masern oder gasgekühlten parametrischen Verstärkern realisiert. Bei heutigen Bodenstationen werden sie normalerweise als HEMT-Verstärker aufgebaut, womit bei 4 bzw. 11 GHz Rauschtemperaturen von z. B. 50 bzw. 130 K möglich sind.
Empfangsumsetzer haben die Aufgabe, die vorverstärkten Empfangssignale aus dem Abwärtsfrequenzbereich (z. B. 4, 11, 12 oder 20 GHz) auf eine Zwischenfrequenz von 70 oder 140 MHz umzusetzen. Wie bei den Sendeumsetzern kann dies durch Einfach- oder Doppelumsetzung erfolgen. Häufig verwendet werden Empfangsumsetzer mit Doppelumsetzung von 4 oder 11 GHz über 750 MHz auf 70 oder 140 MHz.
Zur Nachführung der Bodenstationsantennen sendet der Satellit ein Bakensignal, das im Speisehohlleiter den Hauptwellentyp und bei Abweichungen von der Soll-Strahlrichtung andere Wellentypen (Peilmoden) anregt, die mit Modenkopplern ausgekoppelt werden. Bei fehlerfreier Antennenausrichtung ist die Amplitude des Hauptwellentyps maximal, die Amplituden der Peilmoden sind gleich Null. Der Hauptwellentyp, der auch von den Nutzträgern angeregt wird, wird durch Filterung hinter dem Empfangsverstärker gewonnen und als Summensignal benutzt.
Mögliche Nachführverfahren sind das Zweikanal-, das Dreikanal- und das Einkanal-Monopuls-Verfahren. Bei dem ebenfalls verwendbaren, aber etwas ungenaueren Step-track-Verfahren, wird nur das Summensignal benutzt: Die Antenne wird in bestimmten Zeitabständen ausgelenkt und ins Maximum des Summensignals geführt.
Als *Bodenstationsantennen* haben sich nach anfänglicher Benutzung großer Hornparabolantennen symmetrische Parabolantennen mit Casse-

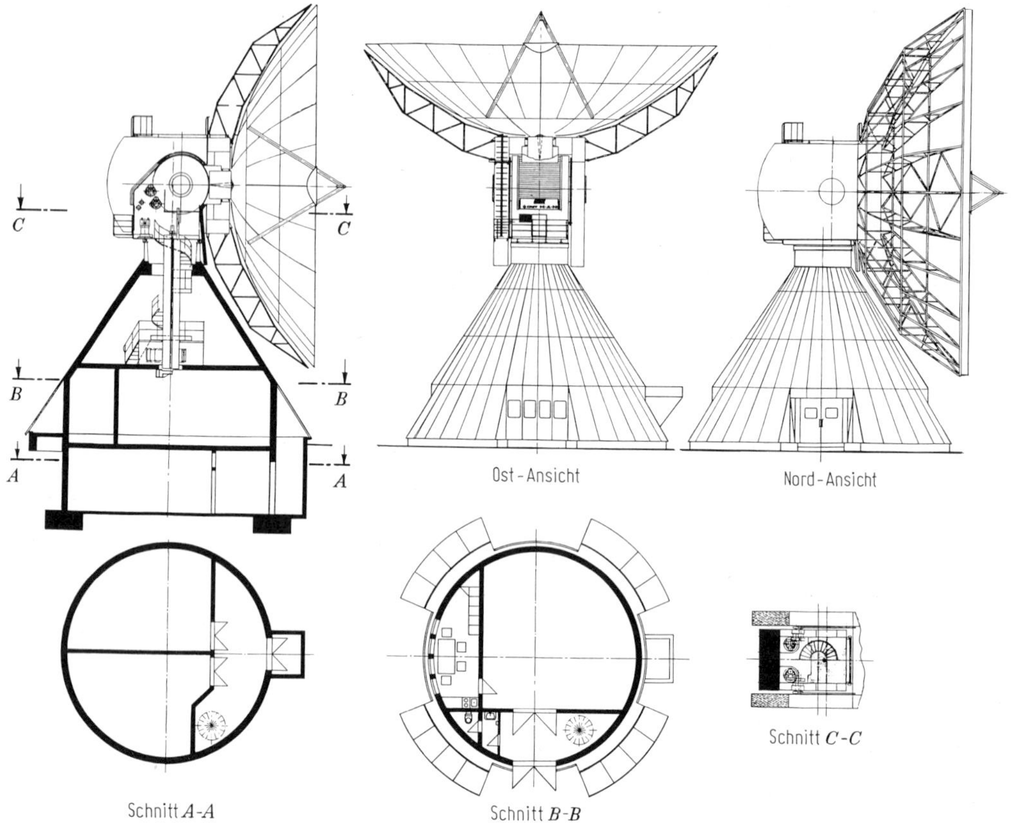

Bild 11. Bodenstation Usingen 2 für den 14/11-GHz-Bereich mit einer Antenne nach dem Turning-head-Prinzip. Der Durchmesser des Hauptreflektors beträgt 19 m

grain-Speisesystemen weitgehend durchgesetzt. Die Reflektoren von Kleinst- und Kleinstationen werden aus Blech oder faserverstärkten Kunststoffen hergestellt. Bei Durchmessern von 3 m und darüber bestehen sie aus montierbaren Segmenten, die einfach transportierbar sind.

Bei mittleren und großen Bodenstationen besteht der Hauptreflektor aus einer Fachwerkstruktur, die mit elektrisch wirksamen und individuell justierbaren Paneelen belegt ist. Der Hauptreflektor ist in Elevationsrichtung drehbar, während sich die gesamte Tragestruktur in einem Lager (King-post- oder Turning-head-Prinzip) oder mittels Rädern auf Schienen (Wheel-on-track-Prinzip) in Azimutrichtung dreht (Bild 11).

Bei der King-post- und Turning-head-Antenne müssen aus Platzgründen als Verbindungsleitungen zwischen dem Erregerhorn einerseits und den Empfangs- und Sendeverstärkern andererseits Hohlleiter (mindestens einer pro Polarisation) verwendet werden, wobei die Antennenbewegungen mit flexiblen Hohlleitern und Drehkupplungen ausgeglichen werden. Demgegenüber haben Wheel-on-track-Antennen den Vorteil, daß sie mit voluminösen Strahlwellenleitern (die beide Polarisationen führen) ausgestattet werden können. Dies ist beim King-post und Turning-head-Prinzip zwar prinzipiell auch realisierbar, doch sind dann besondere Ausführungen von Strahlwellenleitern erforderlich.

Hohlleiterlösungen bieten den Vorteil höherer Polarisationsentkopplungen; Strahlwellenleiterkonzepte haben den Vorzug niedriger Verluste, so daß der rauscharme Empfangsverstärker und der Sendeverstärker im unteren Betriebsraum (sog. „fester Einspeisepunkt“) aufgestellt werden können.

Die wichtigsten Anforderungen an Bodenstationsantennen neben bestimmten Gewinnwerten in Hauptstrahlrichtung betreffen die Strahlungscharakteristik und die Polarisationsentkopplung. Die Forderungen bez. maximal zulässiger Höhen der Nebenzipfel sind nur mit sehr hohen Oberflächengenauigkeiten des Haupt- und Subreflektors und mit möglichst symmetrischen und im Nahfeld ungestörten Anordnungen erfüllbar. Dies erklärt die fast ausschließliche Verwendung von Cassegrain-Antennen. Bild 12 zeigt Strahlungsdiagramme für die Ko- und die Kreuzpola-

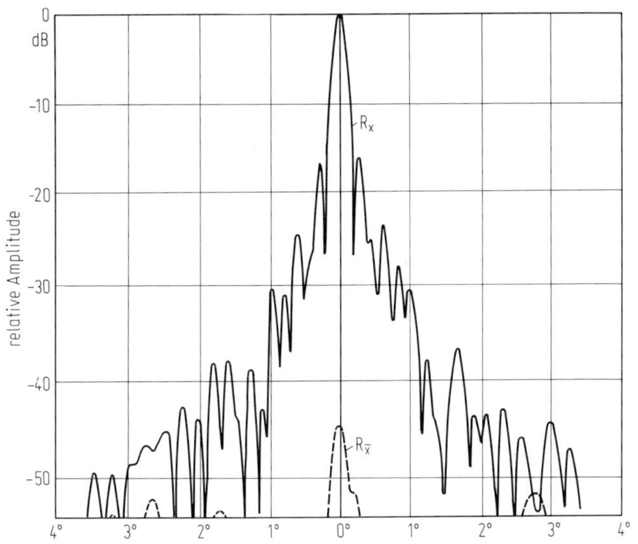

Bild 12. Strahlungsdiagramme für die ko- und kreuzpolaren Komponenten R_x und $R_{\bar{x}}$, die an der 18,3-m-Antenne der Bodenstation Usingen 1 bei 11,45 GHz gemessen wurden

risation, die an der 18,3-m-Antenne der Bodenstation Usingen 1 bei 11,45 GHz gemessen wurden.

Spezielle Literatur: [1] *VDE:* First european conference on satellite communications in Munich. Berlin: VDE-Verlag 1989. – [2] *Renner, U.; Nauck, J.; Balteas, N.:* Satellitentechnik. Berlin: Springer 1988. – [3] *Berlin, P.:* The geostationary applications satellite. Cambridge: Cambridge University Press 1988. – [4] *CCIR:* Handbook on satellite communications. Geneva: 1985. – *Wu, W.W.:* Elements of digital satellite, Communications Vol. I + II. Computer Science Press 1984. – [6] *Clarke, A.C.:* Ascent to orbit. A scientific autobiography: The technical writings of Arthur C. Clarke. New York: Wiley 1984. – [7] *Kabel, R.; Strätling, T.:* Kommunikation per Satellit. Ein internationales Handbuch. Berlin: Vistas 1984. – [8] *Mittra, R.; Imbriale, W.A.; Meanders, E.J.:* Satellite communications antenna technology. Amsterdam, Oxford, New York: North Holland Publications 1983. – [9] *Majus, J.; Spaniol, O.:* Data networks with satellites. Berlin: Springer 1983. – [10] *Crangé, J.-L.:* Satellite and computer communications. Amsterdam: North Holland 1983. – [11] *Jansky, D.M.:* World atlas of satellites. Dedham: Artech House 1983. – [12] *Jansky, D.M.; Jeruchim, M.C.:* Communication satellites in the geostationary orbit. Dedham: Artech House 1983. – [13] *Herter, E.; Rupp, H.:* Nachrichtenübertragung über Satelliten. 2. Aufl. Berlin: Springer 1983. – [14] *Brown, M.P.:* Compendium of communication and broadcast satellites 1958–1980. Chichester: Wiley 1982. – [15] *Miya, K.:* Satellite communications technology. Tokyo: KDD Eng. and Consult. 1982. – [16] *Bhargawa, V.K.; Haccoun, D.; Matyas, R.; Nuspl, P.:* Digital communications by satellite. Chichester, New York: Wiley 1981. – [17] *Van Trees, H.L.:* Satellite communications. Chichester: Wiley 1980. – [18] *Martin, J.:* Communications satellite systems. Englewood Cliffs: Prentice-Hall 1978. – [19] *Spilker, J.J.:* Digital communications by satellite. Englewood Cliffs: Prentice-Hall 1977. – [20] *Hartl, P.:* Fernwirktechnik der Raumfahrt (Telemetrie, Telekommando, Bahnvermessung). Berlin: Springer 1977. – [21] *Gould, R.G.; Lum, Y.F.:* Communications satellite systems: An overview over the technology. New York: IEEE Press 1976.

5 Optische Nachrichtenübertragungssysteme
Optical communication systems

Allgemeine Literatur: *Gowar, J.:* Optical communication systems. London: Prentice-Hall 1984. – *Grau, G.:* Optische Nachrichtentechnik. 2. Aufl. Berlin: Springer 1986. – *Kersten, R.Th.:* Einführung in die optische Nachrichtentechnik. Berlin: Springer 1983. – *Kressel, H.:* Semiconductor devices for optical communications. Berlin: Springer 1980. – *Midwinter, J.E.:* Optical fibres for transmission. New York: Wiley 1979. – *Miller, S.E.; Chynoweth, A.G.:* Optical fiber telecommunications. New York: Academic Press 1979. – *Petermann, K.:* Laser diode modulation and noise. Dordrecht: Kluwer Academic Pub. 1988. – *Personick, S.D.:* Optical fiber transmission systems. New York: Plenum Press 1980. – *Timmermann, C.C.:* Lichtwellenleiterkomponenten und -systeme. Braunschweig: Vieweg 1984. – *Unger, H.G.:* Optische Nachrichtentechnik. Berlin: Elitera 1976. – *Unger, H.G.:* Optische Nachrichtentechnik I, II. Heidelberg: Hüthig 1984, 1985.

5.1 Einleitung. Introduction

Die einfachste Form eines optischen Nachrichtenübertragungssystems ist in Bild 1 skizziert. Das elektrische Eingangssignal gelangt über einen Verstärker zur Sendediode, die die Stromschwankungen durch die Diode in Intensitätsschwankungen des emittierten Lichts umsetzt. Dieses intensitätsmodulierte Licht wird über eine

Spezielle Literatur R 73

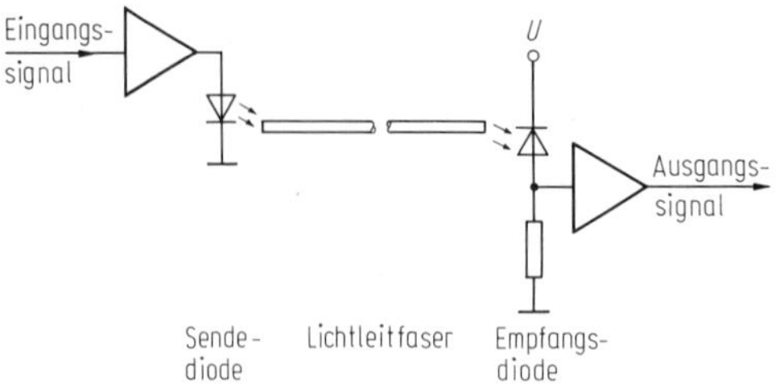

Bild 1. Prinzip einer faseroptischen Nachrichtenübertragungsstrecke

Lichtleitfaser (s. K 5) zum Empfänger übertragen, wo eine Photodiode die Schwankungen der Lichtintensität wieder in Stromschwankungen umsetzt; diese werden dann von einem nachfolgenden Verstärker wieder verstärkt, so daß sich schließlich das elektrische Ausgangssignal ergibt.

In Bild 1 ist nur die Übertragung von einem Sender zu einem Empfänger dargestellt. In faseroptischen Datenbus-Systemen werden die Signale u. U. mehrerer optischer Sender zu mehreren Empfängern über zum Teil gemeinsame Lichtleitfasern übertragen, wobei verschiedene Lichtleitfasern mit Hilfe faseroptischer Koppelemente verbunden werden [1].

Eine Mehrfachausnutzung der in Bild 1 gezeigten Lichtleitfaser ist möglich, wenn man Sendedioden mit unterschiedlichen Lichtwellenlängen verwendet, deren Emission von einer gemeinsamen Lichtleitfaser übertragen werden, um dann am Empfänger mit Hilfe von geeigneten Filtern die unterschiedlichen Wellenlängen zu den jeweiligen Empfangsdioden zu leiten. Solche Anordnungen werden als Wellenlängenmultiplexsysteme bezeichnet [2].

Bei den oben angeführten Systemen wird nur die Lichtintensität moduliert und detektiert. In kohärenten optischen Nachrichtenübertragungssystemen (s. 5.6 und [3]) wird für die Nachrichtenübertragung auch die Frequenz oder Phase des emittierten Lichts verwendet. Mit derartigen Systemen lassen sich größere Entfernungen zwischen Sender und Empfänger überbrücken, sie sind jedoch sehr aufwendig.

5.2 Komponenten der optischen Nachrichtentechnik

Components of optical communications

Die Eigenschaften eines optischen Nachrichtenübertragungssystems hängen im wesentlichen von den Eigenschaften der optoelektronischen Komponenten (s. M 2), dem Sender und dem Empfänger sowie der Übertragungsfasern (s. K 5), ab. In diesem Abschnitt werden nur die für die optische Nachrichtentechnik wesentlichen Parameter optischer Sende- und Empfangskomponenten dargestellt.

Sendekomponenten. Zur Umsetzung des elektrischen Signals in ein optisches verwendet man i. allg. lichtemittierende oder Laser-Halbleiterdioden, die, in Flußrichtung betrieben, entweder bei einer Wellenlänge im Bereich 0,8 µm $\lesssim \lambda \lesssim$ 0,9 µm bzw. 1,2 µm $\lesssim \lambda \lesssim$ 1,6 µm emittieren und aus den Mischkristallsystemen GaAlAs/GaAs bzw. GaInAsP/InP bestehen (s. M 2).

Halbleiterlaser. Bild 2 zeigt die Licht-Strom-Kennlinie eines Halbleiterlasers (V-Nut-Laser [4]). Der Übergang zwischen der spontanen Emission zur stimulierten Laseremission ist durch den Schwellstrom I_s gekennzeichnet. Wird nun der Injektionsstrom zwischen I_0 und I_1 moduliert, erhält man eine modulierte Lichtleistung zwischen P_0 und P_1. Die in Bild 2 gezeigte statische Kennlinie ist allerdings nur bei sehr langsamer Modulation gültig; für schnelle Modulationsvorgänge muß das dynamische Verhalten von Halbleiterlasern berücksichtigt werden. Bild 3 zeigt die emittierte Lichtleistung P für einen Stromsprung von I_0 auf I_1. Das dynamische Verhalten ist dabei charakterisiert durch die Verzögerungszeit [5]

$$t_s = \tau_{sp} \ln[(I_1 - I_0)/(I_1 - I_s)] \quad \text{für } I_0 < I_s \tag{1}$$

zwischen der Lichtemission und der Strominjektion sowie durch Relaxationsoszillationen mit der Frequenz [5]

$$f_r = (1/2\pi)\sqrt{z(I_1/I_s - 1)/\tau_{sp}\tau_{ph}} \tag{2}$$

(τ_{sp} = Ladungsträgerlebensdauer innerhalb der aktiven Zone, auch als Lebensdauer der sponta-

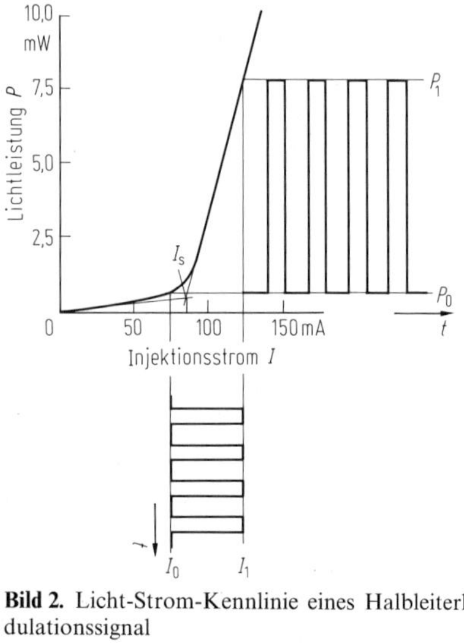

Bild 2. Licht-Strom-Kennlinie eines Halbleiterlasers, Modulationssignal

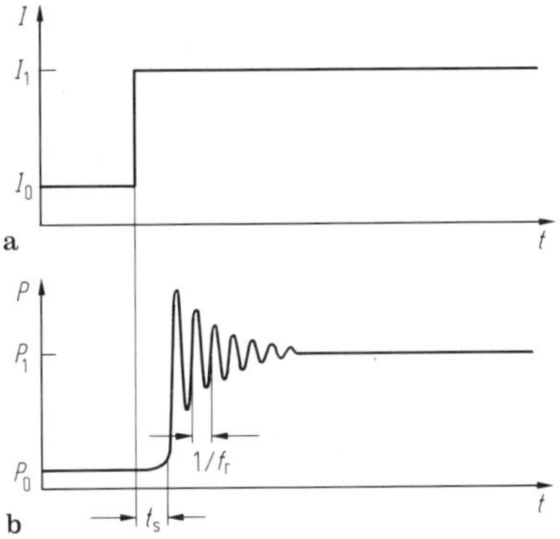

Bild 3. Dynamisches Verhalten eines Halbleiterlasers. **a** Injektionsstrom; **b** emittierte Lichtleistung

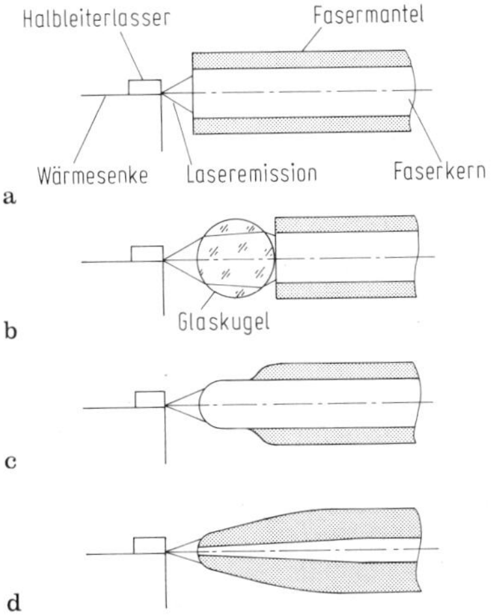

Bild 4. Anordnungen zur Kopplung zwischen einem Halbleiterlaser und der Übertragungsfaser

nen Emission bezeichnet; τ_{ph} = Photonenlebensdauer). z ist ein Koeffizient > 1, typisch 3. Mit $\tau_{sp} \approx 3$ ns, $\tau_{ph} \approx 3$ ps ergibt sich f_r zu einigen GHz. Die Stärke der Relaxationsoszillationen hängt auch von der Laserstruktur ab; sie sind bei den verstärkungsgeführten Lasern normalerweise nur sehr gering [5].

Bei pulsmodulierten Signalen sind aufeinanderfolgende Pulse möglichst gleichartig zu übertragen. Aufgrund der Einschaltverzögerung t_s ergeben sich jedoch ungleiche optische Pulse [5]. Dieser sog. Bitmustereffekt verschwindet erst bei einem Vorstrom oberhalb der Schwelle [5]; in diesem Fall wird t_s nach Gl. (1) zu Null.

Für die Einkopplung der Laseremission in die optische Übertragungsfaser sind in Bild 4 vier Möglichkeiten skizziert. Die einfachste Form ist, die Faser stumpf an die Lichtaustrittsfläche des Lasers anzusetzen (Bild 4a). Da die Fernfeldbreiten von Halbleiterlasern (s. M 2) i. allg. weit über dem Akzeptanzwinkel typischer Gradientenfasern liegen (s. K 5), erreicht man nur Koppelwirkungsgrade von 20 bis 30%. Mit Hilfe einer sphärischen Linse in Form einer Glaskugel (Bild 4b) [6] oder einer rund geschmolzenen Faserendfläche (Bild 4c) [7] läßt sich dieser Wert auf 50 bis 70% verbessern. Bei der Ankopplung einwelliger Fasern ist es notwendig, die näherungsweise elliptische Grundwelle des Lasers möglichst genau auf die zirkular symmetrische Grundwelle der Faser abzubilden. Dies ist z. B. dadurch möglich, daß das Faserende entsprechend Bild 4d zu einem Taper mit rund geschmolzener Faserendfläche ausgezogen wird (Taperlinse) [8]. Für die Kopplung zwischen einem indexgeführten Laser und einer einwelligen Faser wurden so Koppelwirkungsgrade von ca. 50% erzielt. Diese lassen sich auch bei Kopplung zwischen einem verstärkungsgeführten Laser und einer einwelligen Faser erreichen, man benötigt allerdings eine aufwendigere Abbildungsoptik [9].

Lumineszenzdioden (*LED*). Man unterscheidet bei Lumineszenzdioden zwischen Flächenemittern und Kantenemittern (s. M 2). Im Gegensatz zu Laserdioden zeigt die Kennlinie von Lumineszenzdioden kein Schwellverhalten. Eine sinusförmige Modulation des Injektionsstroms (Vorstrom I_0, Modulationsstrom $\underline{I}_1$) führt wieder in erster Näherung zu einer sinusförmigen Modulation der Lichtleistung (entsprechend P_0 und $\underline{P}_1$). Das Modulationsverhalten einer LED wird beschrieben durch [10]

$$\underline{G}(j\omega) = \frac{\underline{P}_1(j\omega)}{\underline{I}_1(j\omega)} \frac{\underline{I}_1(0)}{\underline{P}_1(0)} = \frac{1}{1 + j\omega\tau} \tag{3}$$

mit der charakteristischen Zeitkonstante τ. Die Frequenzen, für die $|\underline{G}(j\omega)| = 1/2$ bzw. $1/\sqrt{2}$ ist, werden als optische bzw. elektrische 3 dB-Grenzfrequenz bezeichnet:

$$f_{g,opt} = \sqrt{3}/2\pi\tau; \qquad f_{g,el} = 1/2\pi\tau; \tag{4}$$

τ bzw. f_g werden beeinflußt durch die Dicke und Dotierung der aktiven Zone sowie durch die injizierte Ladungsträgerdichte. Maßnahmen zur Erhöhung der Grenzfrequenzen sind i. allg. verknüpft mit einer Verringerung der emittierten Lichtleistung. Bild 5 zeigt einige Meßwerte für einen GaAlAs-Flächenemitter (Burrus-Diode [11]) mit einem Leuchtfleckdurchmesser $d_L = 50$ µm [10].

Die Kopplung eines Flächenemitters an eine optische Faser ist aufgrund des großen Abstrahlwinkels der LED (Lambertscher Strahler) mit hohen Verlusten verbunden. Solange der Leuchtfleckdurchmesser d_L kleiner ist als der Kerndurchmesser $2a$ der Faser, ist der Koppelwir-

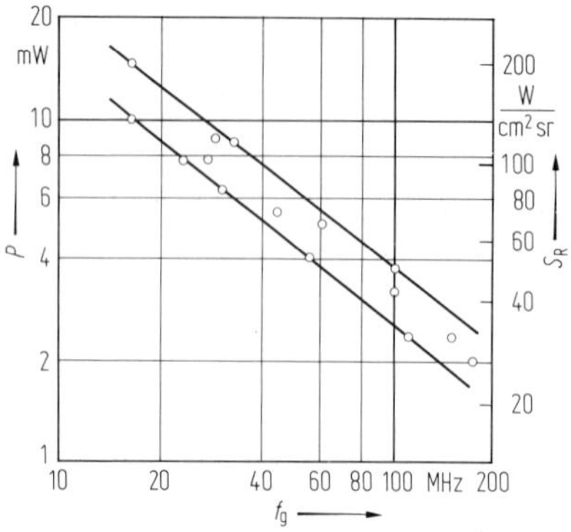

Bild 5. Lichtleistung P und Strahldichte S_R für Flächenemitter unterschiedlicher Grenzfrequenz f_g für einen Injektionsstrom von 300 mA. Nach [10]

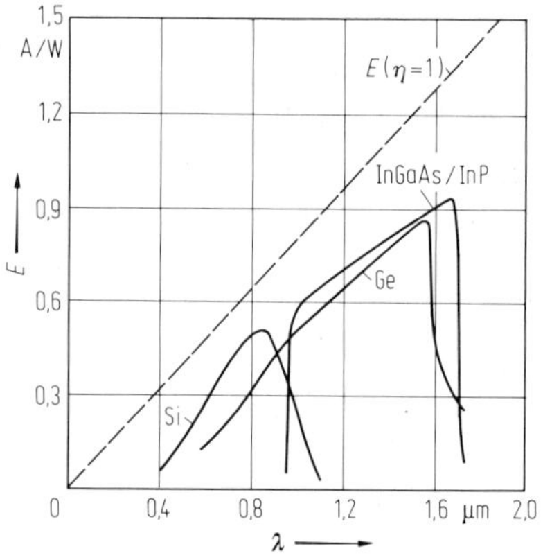

Bild 6. Empfindlichkeit von pin-Photodioden

kungsgrad η_K in eine Stufenprofilfaser durch $\eta_K = A_N^2$ gegeben (mit der numerischen Apertur A_N nach K 5). Bei einer Gradientenprofilfaser ist der Koppelwirkungsgrad bis zu 50% geringer. Für $d_L < 2a$ ist eine Verbesserung des Koppelwirkungsgrades durch Linsen möglich (s. M 2), maximal um den Faktor $(2a/d_L)^2$. Die maximale in eine Faser einkoppelbare Leistung läßt sich auch mit Hilfe der bei LEDs häufig angegebenen Strahldichte S_R (Leistung pro Leuchtfläche und Raumwinkel) beschreiben. Bei Flächenemittern ist $S_{R,max} \lesssim 100$ W/(sr cm²), bei Kantenemittern $S_{R,max} \lesssim 1000$ W/(sr cm²). Die bei optimaler Optik maximal in eine Faser einkoppelbare Leistung P ergibt sich dann zu

$$P = S_R(\pi a A_N)^2/g \qquad (5)$$

($g = 1$ für eine Stufenprofilfaser, $g = 2$ für eine Gradientenprofilfaser). Die Kopplung einer Kantenemitter-LED an einen Lichtwellenleiter erfolgt ähnlich wie bei Laserdioden (vgl. Bild 4).

Empfangskomponenten. Zur Umwandlung des optischen Signals in ein elektrisches Signal am Ende der Übertragungsstrecke werden i. allg. Halbleiter-Photodioden verwendet, die im Gegensatz zu Sendedioden in Sperrichtung betrieben werden (Bild 1). Im Spektralbereich 0,8 bis 0,9 μm (GaAlAs/GaAs-Emitter) kommen Si-Dioden zum Einsatz, im Spektralbereich 1,2 bis 1,6 μm (InGaAsP/InP-Emitter) Ge-Dioden, bevorzugt aber ternäre bzw. quaternäre Dioden aus InGaAs(P)/InP [12]. Man unterscheidet zwei Diodentypen, pin-Photodioden und Lawinen-(Avalanche-)Photodioden. Zusammenfassende Darstellungen hierüber findet man in [12–17] (s. auch M 2).

pin-Photodiode. Zwischen Photostrom I_p und Lichtleistung P besteht der Zusammenhang

$$I_p = \frac{\eta e}{hf} P = \frac{\eta \lambda/\mu m}{1{,}24} P/W\,[A] = E\,P/W\,[A] \qquad (6)$$

(e = Elementarladung = $1{,}6 \cdot 10^{-19}$ As; h = Plancksches Wirkungsquantum = $6{,}63 \cdot 10^{-34}$ Ws²; f = Lichtfrequenz). η ist der (äußere) Quantenwirkungsgrad, d.h. die pro eingestrahltes Photon erzeugte Anzahl von Ladungsträgerpaaren. Bei Si-Photodioden liegt η üblicherweise zwischen 60 und 80%, mit InGaAs(P)InP-Photodioden wurden über 90% erreicht. $E = I_p/P$ heißt Empfindlichkeit; in Bild 6 ist die spektrale Empfindlichkeit typischer pin-Photodioden wiedergegeben.

pin-Photodioden werden üblicherweise bei Spannungen zwischen 5 und 20 V betrieben. Der bei abgedunkelter Diode fließende Sperrstrom (= Dunkelstrom) setzt sich aus dem Oberflächenleckstrom und dem Raumladungsdunkelstrom zusammen. Bei kleinflächigen Dioden (Durchmesser der lichtempfindlichen Fläche ca. 100 μm) liegen diese Ströme unter 1 nA bzw. 0,1 nA für Si-Dioden, unter 10 nA bzw. 1 nA bei ternären Dioden und um 100 nA bei Ge-Dioden. Der Dunkelstrom steigt jedoch mit der Temperatur an.

Das hochfrequente Demodulationsverhalten von pin-Photodioden wird durch die RC-Zeitkonstante der Diodenersatzschaltung (Bild 7), Laufzeiten der Ladungsträger in der Raumladungszone [18] und Diffusion von La-

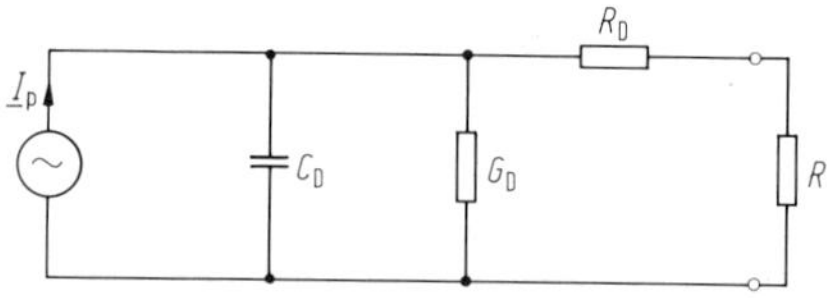

Bild 7. Elektrisches Ersatzschaltbild einer Photodiode mit Lastwiderstand R

dungsträgern, die beiderseits der Raumladungszone erzeugt werden [19], beeinflußt (s. M 2). Mit optimal dimensionierten Dioden, d.h. Anpassung der Raumladungsweite an die Lichteindringtiefe, weitgehende Vermeidung von Diffusionsvorgängen und kleine lichtempfindliche Fläche (Durchmesser $\leqq 100$ µm, Sperrschichtkapazität $C_D < 1$ pF, Bahnwiderstand R_D maximal wenige zehn Ω), werden Demodulationsgrenzfrequenzen bis weit über 1 GHz erreicht.

Lawinen-(Avalanche-)Photodiode. Bei dieser wird durch eine interne Vervielfachung der primär erzeugten Ladungsträger eine Photostromverstärkung und damit eine Empfindlichkeitssteigerung erreicht. Dadurch wird der Photostrom nach Gl. (6) um einen Faktor M erhöht, d.h. $I_{pM} = EPM$. Bild 8 zeigt am Beispiel einer Si-Lawinenphotodiode ($n^+ - p - \pi - p^+$-Struktur) die Spannungsabhängigkeit von M. Die maximal erzielbaren Verstärkungen liegen weit über 10^2 (bei Si-Dioden sogar über 10^4). Genutzt werden aber nur Werte um 100 bei Si-Dioden, 10 bei Ge-Dioden und etwa 20 bei InGaAs(P)/InP-Dioden, da bei höheren Verstärkungen das mit der Lawinenverstärkung erzeugte Zusatzrauschen stört (s. unter 5.3).
Lawinenphotodioden benötigen wesentlich höhere Betriebsspannungen als pin-Photodioden, typischerweise 100 bis 350 V. Da die Durchbruchsspannung mit der Temperatur ansteigt, ist eine Arbeitspunktregelung vorzusehen. Der Raumladungsdunkelstrom (< 0,1 nA bei Si-, < 1 nA bei InGaAs(P)/InP-Dioden und ca. 100 nA bei Ge-Dioden [20]) wird wie der Photostrom verstärkt, so daß sich bei Lawinenphotodioden insgesamt höhere Dunkelströme ergeben. Während der Zusammenhang zwischen Lichtleistung und Photostrom bei pin-Dioden linear ist, treten bei Lawinendioden bei höheren Lichtleistungen (im µW-Bereich) bzw. Verstärkungen nichtlineare Verzerrungen auf. Sie sind eine Folge des Signalspannungsabfalls am Serien- und Lastwiderstand und der Rückwirkung des Ladungsträgerstroms in der Diode auf die Raumladungsfeldstärke. Beides führt zu einer Abhängigkeit der Verstärkung von der Lichtleistung, so daß Lawinenphotodioden für Analoganwendungen weniger geeignet sind.

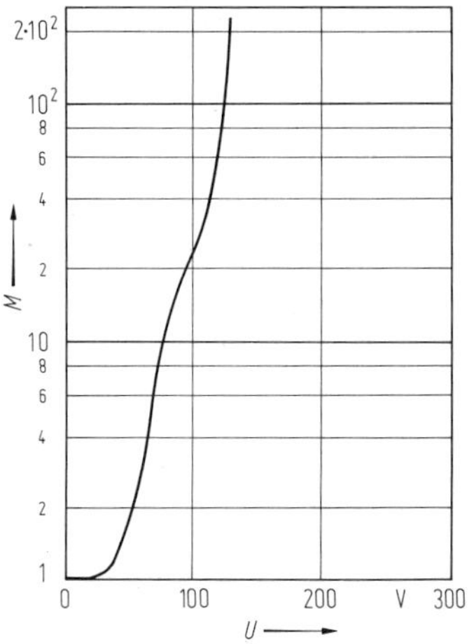

Bild 8. Verstärkungskennlinie einer Si-Lawinenphotodiode

Das hochfrequente Demodulationsverhalten von Lawinenphotodioden wird einerseits – wie bei pin-Photodioden – durch die elektrische Ersatzschaltung, durch Ladungsträgerlaufzeiten und Diffusionsvorgänge beeinflußt und andererseits durch zusätzliche Zeiteffekte beim Multiplikationsprozeß, wodurch die Verstärkung frequenzabhängig wird [21]:

$$M(f) = \frac{M_0}{\sqrt{1 + (f/f_g)^2}} \quad \text{mit } f_g = 1/2\pi M_0 \tau_M \quad (7)$$

(M_0 = Gleichstromverstärkung, τ_M = effektive Laufzeit durch die Multiplikationszone). $f_g M_0 = 1/(2\pi\tau_M)$ wird als Verstärkungs-Bandbreite-Produkt bezeichnet. Mit Si-Lawinenphotodioden wurden Verstärkungs-Bandbreite-Produkte von über 300 GHz erzielt [22], bei Ge-Dioden liegen die Bestwerte um 60 GHz [23], bei InGaAs(P)/InP-Dioden zwischen 12 und 70 GHz [24, 25].
Zur Ankopplung der Photodioden an eine Lichtleitfaser sind i.allg. keine speziellen Abbildungsoptiken wie bei Sendedioden erforderlich. Die lichtempfindliche Fläche der Dioden ist meist erheblich größer als der Kernquerschnitt der Lichtwellenleiter, so daß ein stumpfes Ansetzen der planen Faserendfläche genügt.

5.3 Charakterisierung des optischen Übertragungskanals

Characterization of the optical transmission channel

Der optische Übertragungskanal besteht aus der optischen Sendekomponente, der Lichtleitfaser als Übertragungsmedium sowie der Photodiode als optischem Empfänger (Bild 1). Er kann bez. der übertragenen optischen Leistung in guter Näherung als ein lineares System betrachtet werden. Wird eine vielwellige Kernmantel- oder Gradientenfaser (s. K 5) als Übertragungsmedium verwendet, läßt sich als Sender sowohl eine Lumineszenzdiode als auch ein Halbleiterlaser benutzen, während bei einer einwelligen Faser vorzugsweise Halbleiterlaser als Sender verwendet werden.

Übertragungsfunktion der optischen Faser. Wird die von der Sendekomponente in die optische

Übertragungsfaser gekoppelte Leistung sinusförmig moduliert, erhält man am Ende der Übertragungsfaser wieder näherungsweise einen sinusförmigen Leistungsverlauf

$$P_e(t) = P_{0e} + \mathrm{Re}(\underline{P}_{1e}(j\omega)\exp(j\omega t)), \quad (8)$$

wobei der Zusammenhang zwischen $\underline{P}_{1e}$ und $\underline{P}_1$ durch eine Übertragungsfunktion $\underline{H}(j\omega)$ dargestellt werden kann:

$$\frac{\underline{P}_{1e}(j\omega)}{\underline{P}_1(j\omega)} = 10^{-(\alpha l/10)}\exp(-j\omega\tau)\,\underline{H}(j\omega) \quad (9)$$

(α = Faserdämpfung in dB/Länge, l = Faserlänge, τ = mittlere Lichtlaufzeit durch die Faser. Für $\omega \to 0$ gilt $\underline{H}(j\omega) \to 1$). Als Bandbreite der optischen Faser wird i.allg. die 3 dB-optische bzw. 6 dB-elektrische Bandbreite Δf angegeben, für die $|\underline{H}(j\omega = j2\pi\Delta f)| = 1/2$ gilt. Meßtechnisch wird $\underline{H}(j\omega)$ häufig indirekt dadurch bestimmt, daß zunächst im Zeitbereich die Antwort für einen sehr schmalen Eingangsimpuls bestimmt wird, woraus man durch eine Fourier-Transformation $\underline{H}(j\omega)$ erhält [26].

Die Bandbreite Δf der Faser wird entsprechend K 5 zum einen begrenzt durch die Bandbreite Δf_L aufgrund der Laufzeitstreuung und zum anderen durch die Bandbreite Δf_M aufgrund der Materialdispersion, welche zu unterschiedlichen Laufzeiten der einzelnen Spektralkomponenten führt. Wenn man beide Effekte jeweils durch eine gaußförmige Übertragungsfunktion annähert, ergibt sich die Gesamtbandbreite der Übertragungsfaser zu

$$\Delta f = (1/(\Delta f_L)^2 + 1/(\Delta f_M)^2)^{-1/2}. \quad (10)$$

Nichtlineare Verzerrungen. In einem optischen Übertragungskanal treten auch nichtlineare Verzerrungen bez. der übertragenen optischen Leistung auf. Sie entstehen zum einen in der Sendekomponente bei der Wandlung des elektrischen in das optische Signal und zum anderen durch Interferenzeffekte auf der Strecke. Die nichtlinearen Verzerrungen bei der Rückwandlung des optischen in das elektrische Signal bei der Empfängerphotodiode sind i. allg. vernachlässigbar, wenn eine pin-Diode und keine Lawinenphotodiode verwendet wird.

Die Licht-Strom-Kennlinie eines Halbleiterlasers ist oberhalb des Schwellstroms weitgehend linear, jedoch zeigen insbesondere verstärkungsgeführte Laser eine leichte Versteilerung der Kennlinie mit zunehmendem Injektionsstrom (s. z. B. die in Bild 2 gezeigte Kennlinie), so daß sich nichtlineare Verzerrungen ergeben. Wird der Laser mit einem sinusförmigen Strom um eine mittlere optische Leistung P_0 moduliert, ergeben sich für einen V-Nut-Laser [4] die in Bild 9 gezeigten relativen Amplituden a_{k2}, a_{k3} der zweiten und dritten Harmonischen [27]; als Parameter dient der Modulationsgrad $m = |\underline{P}_1|/P_0$. Bei analoger Modulation wird typischerweise $m \approx 0{,}5 \dots 0{,}7$ gewählt; man erhält dann aus Bild 9 minimale Werte von $a_{k2} \approx -40$ dB und $a_{k3} \approx -50 \dots -60$ dB. Für indexgeführte Laser sind die relativen Amplituden der dritten Harmonischen vergleichbar, die der zweiten Harmonischen aber geringer [28].

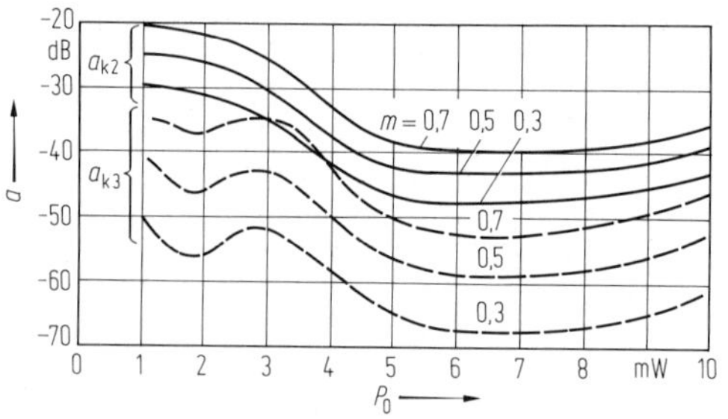

Bild 9. Relative Amplituden der zweiten und dritten Harmonischen für ein sinusförmiges Modulationssignal der Frequenz f = 30 MHz bei einem V-Nut-Laser. Nach [27]

Auch die Licht-Strom-Kennlinie von Lumineszenzdioden ist nicht exakt linear. So zeigt Bild 10 die relativen Amplituden der zweiten und dritten Harmonischen für einen Ge-dotierten GaAlAs-Flächenemitter [29] mit einem Modulationssignal von 50 mA Amplitude. Bei genügend hohem Gleichstrom I_0 erhält man relative Amplituden der zweiten und dritten Harmonischen von jeweils -35 bzw. -65 dB, die damit in der gleichen Größenordnung wie beim Halbleiterlaser liegen.

Die nichtlinearen Verzerrungen lassen sich durch geeignete, aber sehr aufwendige elektronische Maßnahmen reduzieren, wie z. B. durch Vorverzerrungen [30] oder Gegenkopplung [31].

Selbst wenn die Umwandlung des elektrischen Signals in das optische Signal verzerrungsfrei erfolgt, treten noch nichtlineare Verzerrungen bei der Übertragung über die optische Faser auf [32–34]. Bei einer Lumineszenzdiode sind diese zusätzlichen nichtlinearen Verzerrungen aufgrund der geringen Kohärenz der Emission sehr

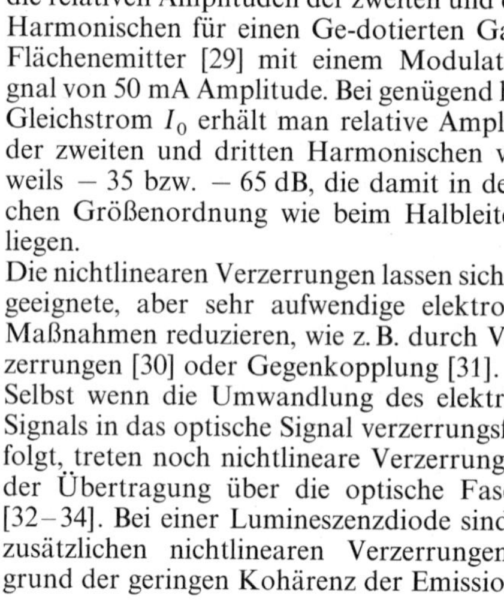

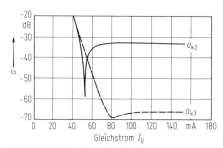

Bild 10. Relative Amplituden der zweiten und dritten Harmonischen bei einer GaAlAs-Lumineszenzdiode (Flächenemitter) für einen Modulationsstrom der Amplitude 50 mA. Nach [29]

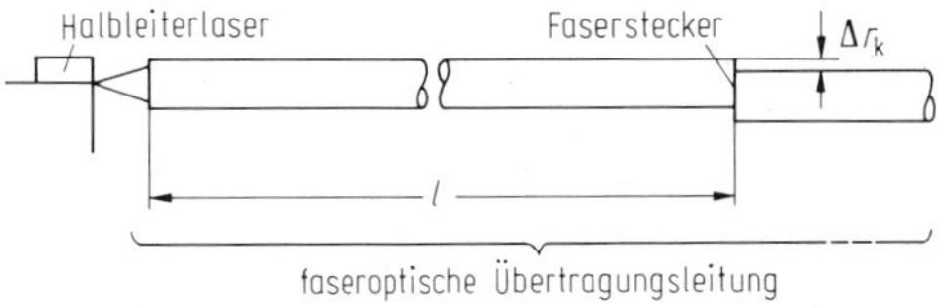

Bild 11. Halbleiterlaser und optische Übertragungsleitung mit Faserstecker

gering. Bei einem Halbleiterlaser jedoch können erhebliche Störungen auftreten, wenn z. B. ein Teil des emittierten Lichts wieder zum Laser zurückreflektiert wird [32]. Nichtlineare Verzerrungen treten auch ohne Reflexionen in einer Anordnung entsprechend Bild 11 auf, bei der sich in der faseroptischen Übertragungsleitung mit vielwelligen Fasern ein Faserstecker befindet [33]. Der Koppelwirkungsgrad eines Fasersteckers hängt vom Interferenzmuster am Faserende ab und ist damit stark wellenlängenabhängig. Deshalb führt die Kombination der Lichtleistungsmodulation mit der auch immer vorhandenen Wellenlängenmodulation zu nichtlinearen Verzerrungen. Bei indexgeführten Lasern muß man mit Klirrfaktoren von − 30 bis − 40 dB rechnen, bei verstärkungsgeführten Lasern mit − 50 bis − 60 dB [34].

Rauschen. Die Übertragungsqualität einer faseroptischen Strecke wird auch beeinträchtigt durch Rauschen, das dem optischen Signal überlagert ist. Das minimale Rauschen ist durch das Schrot-($\hat{=}$ Quanten-)Rauschen gegeben. Zusätzlich entsteht aber noch ein Rauschen am optischen Sender, entlang der optischen Übertragungsstrecke sowie am Empfänger.

Rauschquellen aufgrund des Senders. Eine Lumineszenzdiode zeigt i. allg. nur ein geringes Zusatzrauschen, ein Halbleiterlaser dagegen ein erhebliches [34]. Zur Charakterisierung des Rauschens verwendet man das relative Intensitätsrauschen RIN (= Relative Intensity Noise)

$$\mathrm{RIN} = \langle(\Delta P)^2\rangle / \langle P\rangle^2 \quad (11)$$

($\langle P\rangle$ = mittlere optische Leistung, $\langle(\Delta P)^2\rangle$ = Schwankungsquadrat der optischen Leistung). Für weißes Rauschen ist $\langle(\Delta P)^2\rangle$ proportional zur Meßbandbreite (s. Gl. D 3 (31)).
Die Stromabhängigkeit des Intensitätsrauschens von Halbleiterlasern ist in Bild 12 dargestellt. In der Nähe der Laserschwelle erhält man ein Rauschmaximum, das beim indexgeführten Laser stärker ausgeprägt ist als beim verstärkungsgeführten. Weit oberhalb der Schwelle gilt bei beiden Lasertypen $\mathrm{RIN} < 10^{-14}$/Hz.
Das in Bild 12 gezeigte Rauschen tritt zusätzlich zum Quanten- oder Schrotrauschen auf, dessen relatives Intensitätsrauschen leistungsabhängig

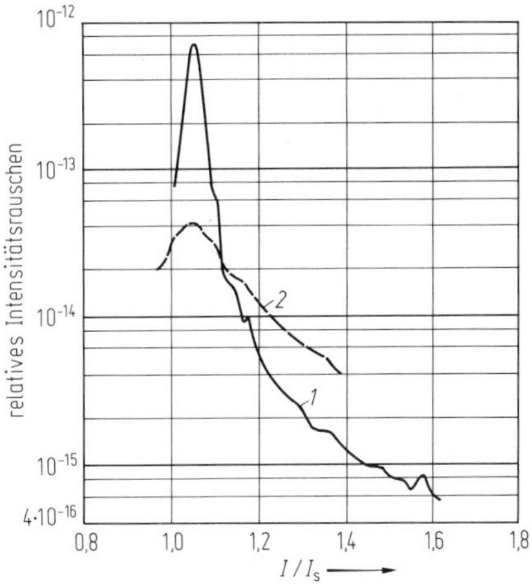

Bild 12. Relatives Intensitätsrauschen für 1 Hz Bandbreite. *1* für einen indexgeführten CSP-Laser, *2* für einen verstärkungsgeführten V-Nut-Laser bei einer Meßfrequenz von 50 MHz. Nach [34]

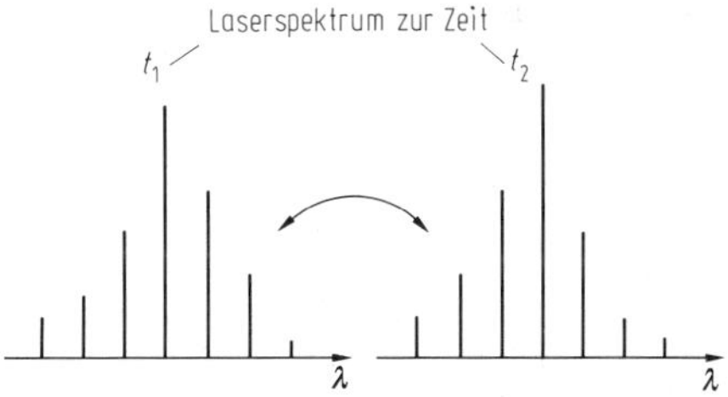

Bild 13. Laserspektrum zu willkürlichen Zeiten t_1 und t_2 (Illustration des Wettbewerbsrauschens)

ist gemäß

$$\mathrm{RIN_Q} = 2 B_n (hf) / \langle P\rangle \quad (12)$$

(B_n = Rauschbandbreite, s. Gln. D 3 (83), (85)).
Nicht nur die emittierte Lichtintensität zeigt ein Rauschen, auch die Form des Spektrums ist zeitlich nicht stabil (Bild 13). Die gesamte emittierte optische Leistung bleibt zwar nahezu konstant, es fluktuiert aber der relative Anteil der einzelnen Laserlinien an der Gesamtleistung; man spricht daher von Wettbewerbsrauschen oder Modenverteilungsrauschen [14]. Das relative Intensitätsrauschen für eine einzelne Laserlinie ist typischerweise um etwa einen Faktor 1000 größer als das relative Intensitätsrauschen der Gesamtemission [35]. Das Wettbewerbsrauschen spielt keine Rolle, solange alle Laserlinien vom Sender zum Empfänger gleichartig (d. h. mit gleicher Dämpfung und gleicher Laufzeit) übertragen werden. Aufgrund der Materialdispersion (s. K 5) sowie einer wellenlängenabhängigen Dämpfung in der Faser muß man mit einer Erhöhung des relativen Intensitätsrauschens gegenüber Bild 12 um etwa eine Größenordnung rechnen.

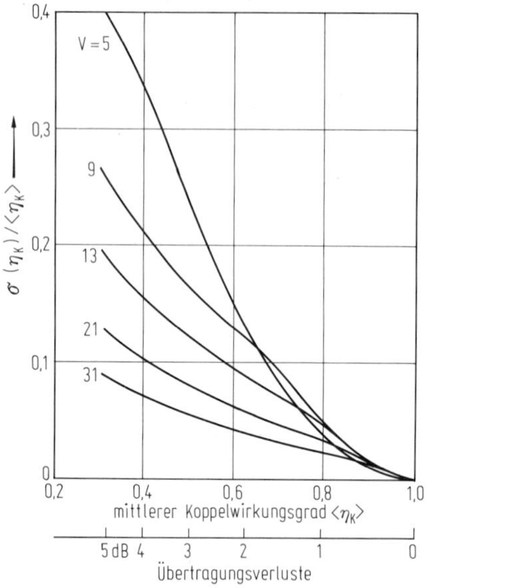

Bild 14. Die Varianz $\sigma(\eta_K)$ des Koppelwirkungsgrades η_K für Fasern mit unterschiedlichem Parameter V (s. hierzu K 5). Nach [33]

Eine erhebliche Erhöhung des Rauschens tritt ebenfalls auf, wenn Licht aus der optischen Übertragungsfaser zurück in den Halbleiterlaser reflektiert wird. Bereits ein rückgekoppelter Leistungsanteil von ungefähr 10^{-4} führt zu einer erheblichen Verschlechterung des Rauschverhaltens [36]. Abhilfe kann hier eine optische Richtungsleitung [37] schaffen, die das Licht nur vom Laser in die Faser und nicht zurück passieren läßt.

Wie schon unter „Nichtlineare Verzerrungen" erwähnt, ist der Koppelwirkungsgrad eines Fasersteckers (s. Bild 11) stark abhängig vom Interferenzmuster am Faserende der ankommenden Faser. Eine Fluktuation des Interferenzmusters führt deshalb zu Fluktuationen des Koppelwirkungsgrades η_K und damit der übertragenen optischen Leistungen. Diese Fluktuationen werden als Modenrauschen bezeichnet [38] und durch ihre Varianz $\sigma(\eta_K)$ beschrieben (Bild 14) [33]. Typische vielwellige Gradientenprofilfasern haben V-Werte zwischen 20 und 30, so daß sich dann für einen Steckerverlust von 1 dB ($\langle\eta_K\rangle = 0{,}8$) ein $\sigma(\eta_K)/\langle\eta_K\rangle = 0{,}03$ ergibt. Liegen nun die Schwankungen des Koppelwirkungsgrades innerhalb der Übertragungsbandbreite der optischen Übertragungsstrecke, erhält man aufgrund des Modenrauschens ein zusätzliches, sehr hohes relatives Inensitätsrauschen

$$\mathrm{RIN} = (\sigma(\eta_K)/\langle\eta_K\rangle)^2.$$

Diese Überlegungen gelten für einen monochromatischen Laser. Für einen spektral vielwelligen Laser ist das Interferenzmuster am Faserende sehr viel schwächer ausgeprägt und daher das Rauschen um eine bis zwei Größenordnungen geringer.

Das Modenrauschen tritt nur bei vielwelligen Fasern auf, weil dort verschiedene Wellen miteinander interferieren. Bei einwelligen Fasern tritt das Modenrauschen in dieser Form nicht auf, es wird allerdings gelegentlich in der Form des sog. Polarisationsrauschens beobachtet [34].

Schon allein der Sender und die Übertragungsstrecke führen zu einem erheblichen Rauschen. Für den Entwurf eines rauscharmen Systems, z. B. für die Übertragung analoger Signale, ist die Verwendung einer wenig kohärenten Lichtquelle vorteilhaft, z. B. eines verstärkungsgeführten Halbleiterlasers, der zusammen mit einer vielwelligen Gradientenfaser verwendet werden kann. Auch die Verwendung einer LED ist vielversprechend, nur erhält man hier i. allg. geringe Empfangsleistungen, so daß das Empfängerrauschen stark eingeht. Will man einen spektral schmalen indexgeführten Laser als Sender verwenden, um z. B. eine höhere Übertragungsbandbreite Δf_M aufgrund der Materialdispersion zu realisieren, sollte für eine rauscharme Übertragung eine einwellige Übertragungsfaser sowie eine optische Richtungsleitung zwischen Laser und Faser verwendet werden.

Rauschquellen in optischen Empfängern. Rauschbeiträge im optischen Empfänger liefern der Photodetektor, der Lastwiderstand und der Folgeverstärker. Die Spektraldichte des gesamten Rauschstroms, der als Stromquelle parallel zur Signalquelle I_{pM} erscheint, ist wie folgt zusammengesetzt (s. hierzu Bild 15):

$$\frac{\mathrm{d}(\langle i_{gR}^2\rangle)}{\mathrm{d}f} = 2eI_P M^2 F_M + 2eI_{DV} M^2 F_M + 2eI_{D0} + 4kT/R + \mathrm{d}\langle i_ä^2\rangle/\mathrm{d}f. \quad (13)$$

Die ersten drei Terme erfassen das Schrotrauschen der Photodiode durch Ladungsträger, die den pn-Übergang queren: Dies sind einerseits die photoelektrisch erzeugten Ladungsträger ($\sim I_p$), andererseits die Ladungsträger des verstärkungsfähigen Raumladungsdunkelstroms I_{DV}

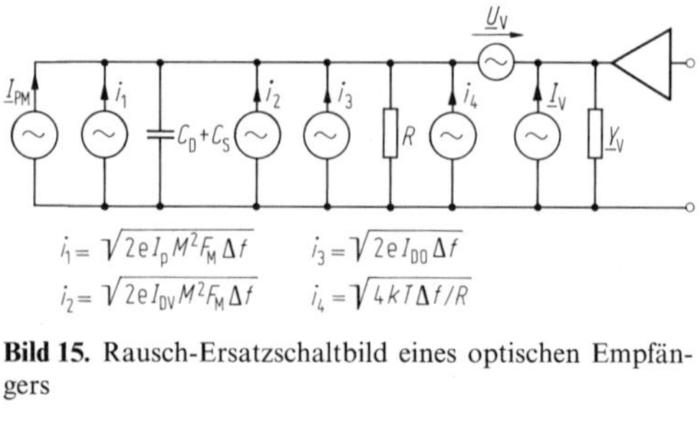

Bild 15. Rausch-Ersatzschaltbild eines optischen Empfängers

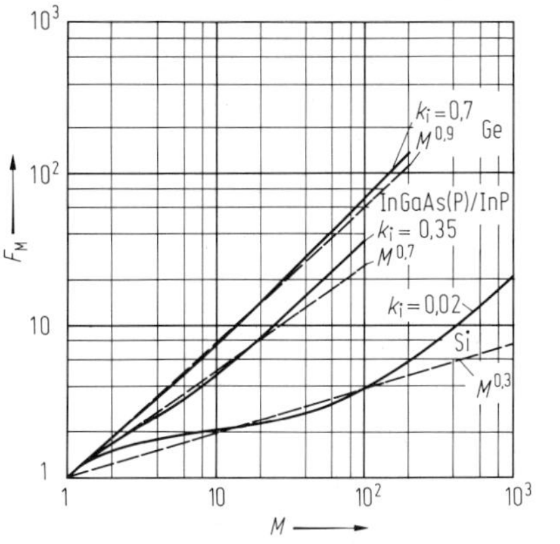

Bild 16. Zusatzrauschfaktor von Lawinenphotodioden in Abhängigkeit von der Photostromverstärkung nach Gl. (14) (——) bzw. gemäß $F_M = M^x$(– – –)

sowie des Oberflächenleckstroms I_{D0}, der keine Verstärkung erfährt. Daneben entsteht thermisches Rauschen durch den Lastwiderstand R und den Bahnwiderstand R_D; letzteres kann in den meisten Fällen vernachlässigt werden. Der letzte Summand in Gl. (13) beschreibt das Rauschen des Folgeverstärkers (s. unten und Gln. (15) bis (17)).

Der Zusatzrauschfaktor F_M berücksichtigt das beim Multiplikationsprozeß zugefügte Rauschen; es gilt [39]

$$F_M = M[1 - (1 - k_i)((M - 1)/M)^2] \qquad (14)$$

k_i ist das (effektive) Verhältnis der Ionisierungskoeffizienten der Ladungsträger. Wird der Verstärkungsprozeß durch die stärker ionisierenden Ladungsträger eingeleitet (Elektroneninjektion bei Si-Dioden mit $k_i = 0{,}02 \dots 0{,}1$, Löcherinjektion bei Ge-Dioden mit $k_i \approx 0{,}7$ und InGaAs(P)/InP-Dioden mit $k_i \approx 0{,}4$ [40]), so ist $k_i < 1$, anderenfalls ist $k_i > 1$. Häufig wird F_M angenähert durch $F_M = M^x$. Der Exponent x liegt zwischen 0,3 und 0,5 für Si-, nahe bei 1 für Ge- und um 0,7 für InGaAs(P)/InP-Lawinenphotodioden (s. Bild 16). Für $M = 1$, wie bei einer pin-Photodiode, ist auch $F_M = 1$.

Das Rauschen des Folgeverstärkers kann näherungsweise durch zwei unkorrelierte eingangsseitige Rauschquellen $\underline{I}_v$, $\underline{U}_v$ nachgebildet werden (s. Bild D 3.7); die Eingangsadmittanz $\underline{Y}_v$ des Verstärkers ist dann rauschfrei. Da nach der ersten Verstärkerstufe der Signalpegel bereits stark angehoben ist, kann das Rauschen der nächsten Verstärkerstufen unberücksichtigt bleiben (s. Gl. D 3 (78)). Für die weiteren Rauschbetrachtungen ist es vorteilhaft, die Rauschquellen $\underline{I}_v$ und $\underline{U}_v$ durch eine äquivalente Rauschstromquelle $\underline{I}_ä$ parallel zur Signalquelle darzustellen:

$$|\underline{I}_ä|^2 = |\underline{I}_v|^2 + |\underline{Y}|^2\,|\underline{U}_v|^2$$

bzw.

$$\mathrm{d}(\langle i_ä^2\rangle)/\mathrm{d}f = \mathrm{d}(\langle i_v^2\rangle)/\mathrm{d}f + |\underline{Y}|^2\,\mathrm{d}\langle u_v^2\rangle/\mathrm{d}f \qquad (15)$$

mit $\underline{Y} = (1/R) + \mathrm{j}\omega\,(C_D + C_S)$, wobei C_S eine durch den Schaltungsaufbau bedingte Streukapazität darstellt.

Rauscharme Vorverstärker werden meist mit FETs oder Bipolartransistoren in Emitterschaltung als Eingangsstufen realisiert. Die äquivalenten Rauschströme sind beim Feldeffekttransistor [41, 42]

$$\frac{\mathrm{d}(\langle i_ä^2\rangle)}{\mathrm{d}f} = 2eI_G + \frac{2}{3}\,\frac{4kT}{S}\left(\frac{1}{R^2} + \omega^2 C^2\right) \qquad (16)$$

(I_G = Gateleckstrom, S = Steilheit des Transistors, $C = C_D + C_S + C_v$ mit C_v = Eingangskapazität des Feldeffektstransistors; der Realteil des Eingangswiderstands kann als unendlich angenommen werden) und beim Bipolartransistor [41, 42]

$$\frac{\mathrm{d}(\langle i_ä^2\rangle)}{\mathrm{d}f} = 2eI_B + \frac{2(kT)^2}{eI_C}\,\omega^2 C^2 + 4kTR_B\left(\frac{1}{R^2} + \omega^2 (C_D + C_S)^2\right). \qquad (17)$$

(I_B = Basisruhestrom, I_C = Kollektorruhestrom, R_B = Basisbahnwiderstand). Allgemein gilt, daß bei niedrigeren Frequenzen Feldeffekttransistoren günstiger sind, bei höheren Frequenzen Bipolartransistoren.

Niedriges Gesamtrauschen erfordert nicht nur rauscharme Transistoren und Photodioden mit geringen Dunkelströmen und kleinen Zusatzrauschfaktoren, sondern auch hohe Lastwiderstände. Bei vorgegebener Grenzfrequenz der Eingangsstufe kann der Lastwiderstand um so höher gewählt werden, je kleiner die Parallelkapazität $C = C_D + C_S + C_v$ ist. Auf die Möglichkeit der Bandbreitevergrößerung durch Gegenkopplung (Transimpedanzverstärker) und der Signalentzerrung bei hochohmigen Verstärkern wird in 5.4 unter „Digitale Übertragung" hingewiesen.

Auch für optische Empfänger läßt sich – entsprechend Gl. (11) – ein Intensitätsrauschen definieren gemäß

$$\mathrm{RIN} = \langle i_{gR}^2\rangle / \langle I_{pM}\rangle^2 \qquad (18)$$

mit $\langle I_{pM}\rangle = E\langle P\rangle\,M$ = mittlerer Photostrom, $\langle P\rangle$ = mittlere optische Empfangsleistung. Setzt man I_{DV}, I_{D0}, $\langle i_ä^2\rangle = 0$, $R = \infty$ sowie $M = F_M = \eta = 1$, so geht Gl. (18) in Gl. (12) für das Quantenrauschen über. Da in der Praxis bei niedrigen Lawinenverstärkungen das signalunabhängige Rauschen des Lastwiderstands und des Folgeverstärkers dominiert, nimmt RIN zunächst mit $1/M^2\langle P\rangle^2$ ab. Bei hohen Verstärkungen tritt jedoch das Schrotrauschen des Photostroms immer stärker hervor, so daß nun $\mathrm{RIN} \sim F_M/\langle P\rangle$

ist. Zwischen beiden Bereichen erreicht RIN einen minimalen Wert; Lage und Höhe dieses Minimums hängen von der Größe der einzelnen Rauschanteile ab. Bei geringen optischen Leistungen ist die optimale Verstärkung für minimales RIN relativ hoch, während sie für höhere optische Leistungen (> 1 μW) gegen 1 geht. Das gesamte relative Intensitätsrauschen der Übertragungsstrecke ergibt sich näherungsweise durch Addition des sender- und empfängerbedingten RIN.

5.4 Übertragungsverfahren
Transmission methods

Bei der optischen Nachrichtenübertragung sind sowohl analoge als auch digitale Übertragungsverfahren möglich. Bei analogen Übertragungsverfahren wird die Sendekomponente mit einem analogen Signal angesteuert. Es muß sich hierbei aber nicht um das Basisbandsignal handeln, vielmehr kann das Ansteuersignal auch selbst wieder moduliert sein. Das intensitätsmodulierte Licht folgt dann dem analogmodulierten Ansteuersignal. Man spricht z. B. bei einem amplitudenmodulierten Ansteuersignal von IM(AM), wobei IM für die Intensitätsmodulation des Lichts und AM für die Amplitudenmodulation des Ansteuersignals stehen. Statt der Amplitudenmodulation sind z. B. Frequenzmodulation oder Pulsmodulationsverfahren ebenfalls möglich. Am häufigsten werden bei der optischen Nachrichtentechnik allerdings digitale Übertragungsverfahren, insbesondere die binäre Puls-Code-Modulation (PCM), verwendet.
Bei PCM-modulierten Signalen wird zwar eine größere Übertragungsbandbreite als bei analogen Signalen gefordert, dafür sind aber die Anforderungen an das Signal/Rausch-Verhältnis geringer, d. h. es kann also ein höheres relatives Intensitätsrauschen (s. 5.3) toleriert werden.

Analoge Übertragung. Analoge Übertragungsverfahren erfordern ein hohes Signal/Rausch-Verhältnis und damit ein geringes relatives Intensitätsrauschen RIN. Wird die optische Lichtleistung sinusförmig moduliert, läßt sich ein Signal/Rausch-Verhältnis definieren als

$$S/N = (m^2/2)/\mathrm{RIN} \tag{19}$$

mit dem Modulationsgrad m und dem relativen Intensitätsrauschen RIN (s. Gl. (11)). Ein hoher Modulationsgrad m führt andererseits aber auch zu stärkeren nichtlinearen Verzerrungen (s. unter 5.3). Typischerweise wählt man einen Modulationsgrad $m \approx 0{,}5$, so daß man beispielsweise für die Übertragung eines Signals mit 10 MHz Bandbreite und $S/N = 51$ dB den Wert RIN $= 10^{-13}$/Hz zulassen kann. Dieser liegt bereits

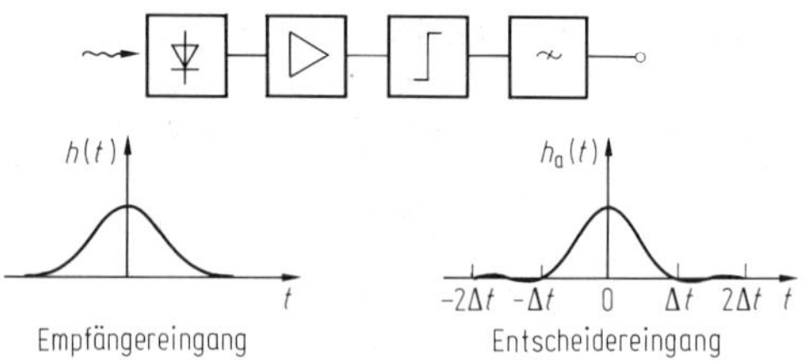

Bild 17. Blockschaltbild eines optischen Empfängers mit Impulsformen am Empfänger- und Entscheidereingang

nahe am senderbedingten Rauschen, und man benötigt eine Empfangsleistung von einigen μW. Trotz hoher Rauschanforderungen ist auch eine vielkanalige analoge Übertragung (auch bezeichnet als SCM = Subcarrier Multiplexing) von gewissem Interesse – insbesondere für die Verteilung von Fernsehsignalen –, da damit eine einfache Modulation und Demodulation gewährleistet ist. Bei einer vielkanaligen Übertragung ist der Modulationsgrad m pro Kanal zwar gering, was sehr rauscharme Laser und zur Vermeidung des Modenrauschens einwellige Fasern erfordert; trotzdem werden aber durchaus z. B. 20 Fernsehkanäle im VHF- oder UHF-Band übertragen, was allerdings optische Empfangsleistungen von ca. 50 μW erfordert [43].
Höhere Kanalzahlen lassen sich übertragen, wenn die einzelnen Fernsehkanäle FM-moduliert werden. So wurden bis zu 120 FM-Kanäle simultan übertragen [44] (benötigte Empfangsleistung 40 μW), wozu der Frequenzbereich von 2,8 bis 7.6 GHz ausgenutzt wurde. Derartige Techniken erfordern damit sehr breitbandig modulierbare Halbleiterlaser.

Digitale Übertragung. Bei der optischen Digitalübertragung liegt das Signal als intensitätsmoduliertes Licht in Form einer Impulsfolge vor

$$P(t) = \sum_{n=-\infty}^{+\infty} d_n h(t - n\Delta t) \tag{20}$$

d_n nimmt nur die diskreten Werte $d_n = d$ für die binäre Eins und $d_n = 0$ für die binäre Null an. $h(t)$ beschreibt den zeitlichen Verlauf der einzelnen Lichtimpulse am Empfänger. $1/\Delta t$ ist die Pulsfolgefrequenz (= Bitrate f_b). Der Detektor setzt das Lichtsignal in ein entsprechendes Photostromsignal $I_{pM}(t) = \mathrm{EMP}(t)$ um, das im Empfänger weiterverarbeitet wird. Ausführliche Abhandlungen über digitale optische Empfänger findet man in [13, 14, 41, 42, 45, 46].
Bild 17 zeigt ein vereinfachtes Blockschaltbild des Empfängers. Schaltungsteile zur Taktrückgewinnung und Verstärkungsregelung (z. B. für den Detektor im Falle einer Lawinenphotodiode) wurden hierbei weggelassen. An die Photodiode mit Folgeverstärker (und ggf. weiteren Verstärkerstufen) schließt sich ein Entzerrer an, der line-

are Verzerrungen durch den Verstärkereingang (u. U. auch durch die Übertragungsstrecke) ausgleicht. Aufgabe des darauf folgenden Filters ist die Umformung der Impulse des PCM-Signals in ein für den Entscheider möglichst günstiges Signal [42, 45].

Bei der Dimensionierung des Empfängers ist möglichst geringe Empfangsleistung bei vorgegebener Bitfehlerrate anzustreben. Zu Bitverfälschungen kommt es u. a. durch Rauschen am Entscheidereingang. Da bei der Digitalübertragung erheblich geringere Signal-/Rauschleistungs-Abstände ausreichen als bei der Analogübertragung, ist meist das Rauschen des Empfängers maßgebend.

Bei der Analyse des Rauschverhaltens ist zu berücksichtigen, daß sich das Rauschen gemäß Gl. (13) aus einem signalabhängigen Term sowie signalunabhängigen Termen zusammensetzt. Im folgenden wird eine Gaußsche Statistik des Rauschens zugrunde gelegt, obwohl dies nur eine Näherung darstellt [47]; die minimale Empfangsleistung kann damit aber recht gut vorhergesagt werden; lediglich die optimale Lawinenverstärkung (Gl. (29)) fällt etwas zu hoch aus.

Unter den Voraussetzungen, daß nur das signalabhängige Schrotrauschen wirksam wird, keine Überlappung mit Nachbarimpulsen stattfindet und die binären Nullen und Einsen gleich verteilt sind, beträgt die minimale mittlere optische Empfangsleistung [41]

$$\langle P_E \rangle = [\sqrt{\langle i_{\text{eff}}^2 \rangle}/M + Q\,e\,F_M f_b/2]\;Q/E. \tag{21}$$

Die Größe Q ist durch die Bitfehlerwahrscheinlichkeit (BFR) festgelegt gemäß

$$\begin{aligned} \text{BFR} &= \int_Q^\infty \exp(-x^2/2)\,\mathrm{d}x/\sqrt{2\pi} \\ &= \tfrac{1}{2}(1-\Phi(Q/\sqrt{2})) \approx \mathrm{e}^{-Q^2/2}/\sqrt{2\pi}\,Q \\ &\text{für } Q \gg 1 \end{aligned} \tag{22}$$

(Φ = Gaußsches Fehlerintegral). Für BFR = 10^{-9} bzw. 10^{-12} ist $Q = 6$ bzw. 7. $\langle i_{\text{eff}}^2 \rangle$ ist das Schwankungsquadrat des signalunabhängigen Rauschstroms; man erhält es aus der Spektraldichte der entsprechenden Rauschströme (Gln. (13), (16), (17)) nach Bewertung mit der Übertragungsfunktion des Empfängers – vom optischen Eingang bis zum Entscheider – und Integration über die Frequenz:

$$\begin{aligned} \langle i_{\text{eff}}^2 \rangle &= 2e(I_{\text{DV}} M^2 F + I_{\text{D0}}) f_b I_2 \\ &\quad + (4kT/R) f_b I_2 + \langle i_{\text{ä,eff}}^2 \rangle. \end{aligned} \tag{23}$$

Dabei gilt für den Feldeffekttransistor

$$\begin{aligned} \langle i_{\text{ä,eff}}^2 \rangle &= 2eI_G f_b I_2 + \frac{2}{3}\,\frac{4kT}{S} \\ &\quad \cdot \left[\frac{f_b I_2}{R^2} + (2\pi C)^2 f_b^3 I_3\right] \end{aligned} \tag{24}$$

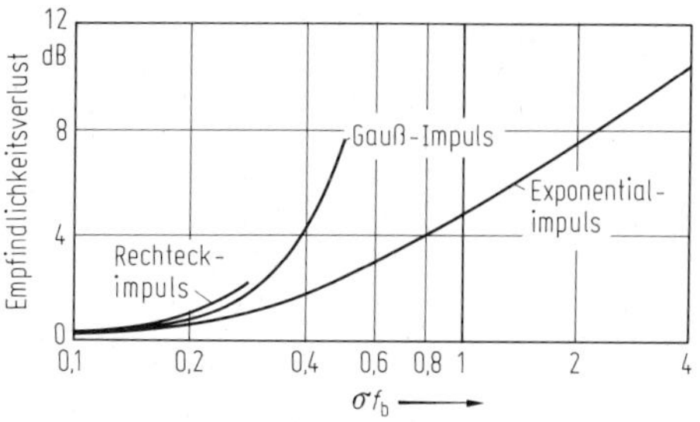

Bild 18. Empfindlichkeitsverluste bei optischen Empfängern in Abhängigkeit von der normierten Lichtimpulsbreite σf_b am Eingang. Nach [45]

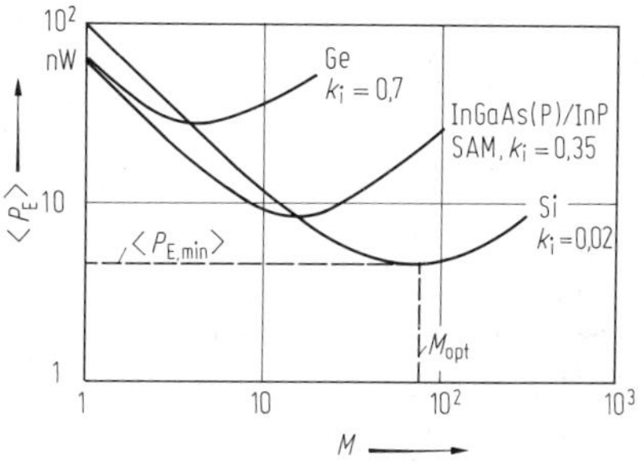

Bild 19. Erforderliche Lichtleistung bei optischen Empfängern mit Lawinenphotodioden in Abhängigkeit von der Verstärkung ($\langle i_{\text{eff}}^2 \rangle \approx 7 \cdot 10^{-17}\,\text{A}^2$)

bzw. für den Bipolartransistor

$$\begin{aligned} \langle i_{\text{ä,eff}}^2 \rangle &= 8\pi kT \frac{C}{\sqrt{\beta_0}} \sqrt{I_2 I_3} \cdot f_b^2 + 4kTR_B \\ &\quad \cdot \left[\frac{I_2 f_b}{R^2} + 4\pi^2 (C_D + C_S)^2 I_3 f_b^3\right], \end{aligned} \tag{25}$$

sofern der Kollektorstrom auf den optimalen Wert

$$I_{\text{c,opt}} = 2\pi U_T C \sqrt{\beta_0}\,\sqrt{I_2/I_3}\,f_b \tag{26}$$

eingestellt ist (β_0 = Gleichstromverstärkung, $U_T = kT/e$).

I_2 und I_3 sind Integrale, die nur von der Form der Impulse am Eingang des Empfängers und des Entscheiders, d. h. von der Übertragungsfunktion des Empfängers abhängen. In [42, 45] findet man I_2 und I_3 für verschiedene Pulsformen numerisch berechnet und graphisch dargestellt. Im Grenzfall des Dirac-Lichtimpulses ist $I_2 = 0{,}375$ und $I_3 = 0{,}03$. Bei hinreichend schmalen, d. h. nicht überlappenden Impulsen kann näherungsweise $I_2 = 0{,}5$ und $I_3 = 0{,}04$ gesetzt werden. Mit weiterer Verbreiterung der Lichtimpulse steigen I_2 und I_3 jedoch an und führen zu einer Erhöhung der erforderlichen Lichtleistung bzw. zu einer Einbuße an Empfindlichkeit gegenüber dem Dirac-Impuls. Dies ist in Bild 18 für mehrere Impulsformen $h(t)$ in Abhängigkeit von der normierten Lichtimpulsbreite $\sigma/\Delta t$ für einen Empfänger mit pin-Photodiode dargestellt [42, 45]; dabei ist

$$\sigma = \left(\frac{\int h(t)\, t^2\, \mathrm{d}t}{\int h(t)\, \mathrm{d}t} - \left(\frac{\int h(t)\, t\, \mathrm{d}t}{\int h(t)\, \mathrm{d}t} \right)^2 \right)^{1/2} \tag{27}$$

die Varianz der Impulsbreite. Für $\sigma/\Delta t < 0{,}25$ bleibt die Einbuße an Empfindlichkeit unterhalb 1 dB. Für Lawinenphotodioden sind die Verhältnisse ähnlich. Zu einer Abnahme der Empfindlichkeit optischer Empfänger kommt es u.a. auch, wenn der Signalpegel für eine binäre Null nicht ganz auf Null absinkt (optische Sockelleistung) [42].

In der Praxis dominiert bei Empfängern mit pin-Photodioden ($M = 1$, $F = 1$) und Lawinenphotodioden niedriger Verstärkung das signalunabhängige Rauschen (erster Term in Gl. (21)) über das signalabhängige (zweiter Term in Gl. (21)), d.h.

$$\langle P_\mathrm{E} \rangle = \sqrt{\langle i_\mathrm{eff}^2 \rangle}\; Q/EM. \tag{28}$$

Bei sehr hohen Verstärkungen hingegen überwiegt der zweite Term in Gl. (21), und $\langle P_\mathrm{E} \rangle$ steigt mit M wieder an (Bild 19). Die optimale Verstärkung M_opt für minimales $\langle P_\mathrm{E} \rangle$ erhält man bei vernachlässigbarem Raumladungsdunkelstrom ($I_\mathrm{DV} = 0$) gemäß [42] zu

$$M_\mathrm{opt} = \left(\frac{2\sqrt{\langle i_\mathrm{eff}^2 \rangle}}{e f_\mathrm{b} Q k_\mathrm{i}} + 1 - \frac{1}{k_\mathrm{i}} \right)^{1/2} \tag{29}$$

für F_M nach Gl. (14). Hiermit gilt

$$\langle P_{\mathrm{E,min}} \rangle = e Q^2 f_\mathrm{b} (k_\mathrm{i} M_\mathrm{opt} + 1 - k_\mathrm{i})/E.$$

Hiernach führen hohes signalunabhängiges Rauschen und niedrige k_i- bzw. x-Werte zu hohen optimalen Verstärkungen, während $\langle P_\mathrm{E} \rangle$ und $\langle P_{\mathrm{E,min}} \rangle$ um so niedriger liegen, je kleiner $\langle i_\mathrm{eff}^2 \rangle$ und k_i bzw. x sind. Niedriges signalunabhängiges Rauschen fordert neben niedrigen Dunkelströmen und rauscharmen Transistoren vor allem geringe Kapazitäten und hohe Lastwiderstände (Gln. (23) bis (25)). Die letztgenannte Forderung setzt die Grenzfrequenz des Verstärkereingangs $f_\mathrm{g} = (R + R_\mathrm{v})/2\pi R R_\mathrm{v} C$ stark herab, insbesondere bei Verwendung von Feldeffekttransistoren. In diesem Fall wirkt das RC-Glied am Eingang integrierend, so daß der Entzerrer differenzierend wirken muß, um die entstehenden linearen Signalverzerrungen zu eliminieren. Insgesamt resultiert hierbei eine erhebliche Verbesserung des Signal/Rausch-Abstands, da das nach den Verstärkerstufen im Entzerrer zugeführte Rauschen vernachlässigbar ist. Mit hochohmigen (integrierenden) Empfängern werden derzeit die höchsten Empfindlichkeiten erreicht, allerdings auf Kosten eines hohen Aufwands (bez. Entzerrung) und eines geringen Dynamikbereichs.

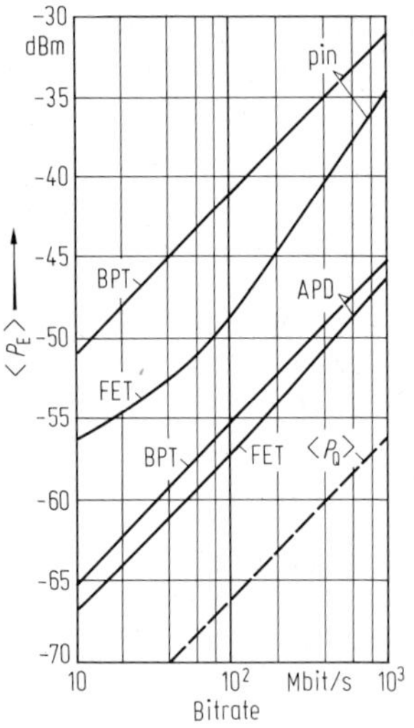

Bild 20. Erforderliche Lichtleistung bei optischen Empfängern mit Bipolar- und Feldeffekttransistoreingang in Abhängigkeit von der Bitrate f_b ($I_\mathrm{DO} = 0$; $I_\mathrm{DV} = 0$; $E = 0{,}5$ A/W; $k_\mathrm{i} = 0{,}02$; $C_\mathrm{D} = 0{,}4$ pF; $C_\mathrm{S} = 0{,}3$ pF; $C_\mathrm{V} = 0{,}3$ pF (FET) bzw. 2,3 pF (BPT); $I_\mathrm{G} = 20$ nA; $S = 20$ mS; $\beta_0 = 100$; $R_\mathrm{B} = 20\,\Omega$; $R = 10$ MΩ; $I_2 = 0{,}5$; $I_3 = 0{,}04$; $Q = 6$)

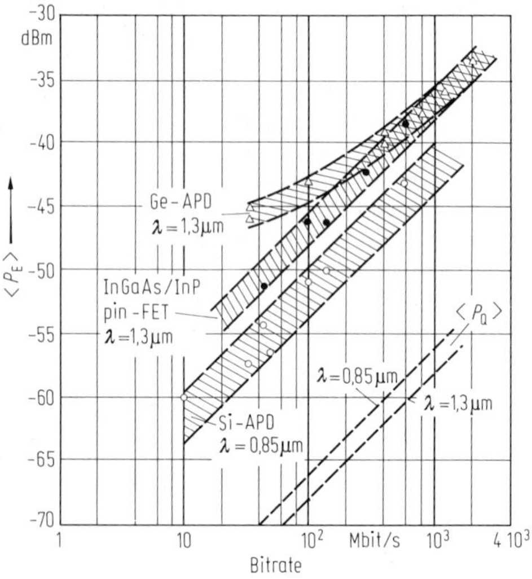

Bild 21. Experimentell erreichte Empfängerempfindlichkeiten

Die Anforderungen an den Entzerrer können erheblich reduziert werden – u.U. kann auf eine Entzerrung ganz verzichtet werden –, wenn ein gegengekoppelter Verstärker als Eingangsstufe verwendet wird (sog. Transimpedanzverstärker [14, 42, 48]). Seine wesentlichen Vorteile sind größere Dynamik und einfachere praktische

Realisierung, allerdings werden die Empfindlichkeiten hochohmiger Verstärker nicht ganz erreicht. Einen Vergleich verschiedener Empfänger findet man in [49].
Die Zunahme der erforderlichen Lichtleistung mit der Bitrate zeigt Bild 20, wobei ein hochohmiger Empfänger mit Si-pin- und Lawinenphotodiode vorausgesetzt wurde. In die Darstellung wurde außerdem die durch Quantenrauschen bedingte untere Empfindlichkeitsgrenze mit aufgenommen, die nach [14, 42] durch

$$\langle P_{\mathrm{Q}} \rangle = 10{,}5\,(e/E)\,f_{\mathrm{b}} \qquad (30)$$

gegeben ist. Experimentell erzielte Spitzenergebnisse sind in Bild 21 zusammengefaßt. Derart hochgezüchtete Empfänger werden meist in hybrid integrierter Bauweise realisiert, um Streukapazitäten möglichst klein zu halten.

5.5 Reichweite optischer Systeme
Range performance of optical systems

Die Reichweite faseroptischer Nachrichtenübertragungssysteme kann bei Kenntnis der sendeseitigen Signalleistung in der Faser, der Empfindlichkeit optischer Empfänger und der Übertragungseigenschaften von Lichtleitfasern – Dämpfung und Dispersion – abgeschätzt werden. In die Überlegungen sind Verluste durch Steck- und Spleißverbindungen sowie geforderte Systemreserven mit einzubeziehen.
Aus Bild 22 geht die zulässige *Streckendämpfung* digitaler Lichtleitfasersysteme hervor, wie sie durch die Eigenschaften der Komponenten vorgegeben ist. Die entsprechenden Werte für die Sendeleistung ergeben sich aus 5.2 (s. unter „Sendekomponenten"). Gegenüber Lasern muß bei LEDs, die i. allg. nur in Kombination mit

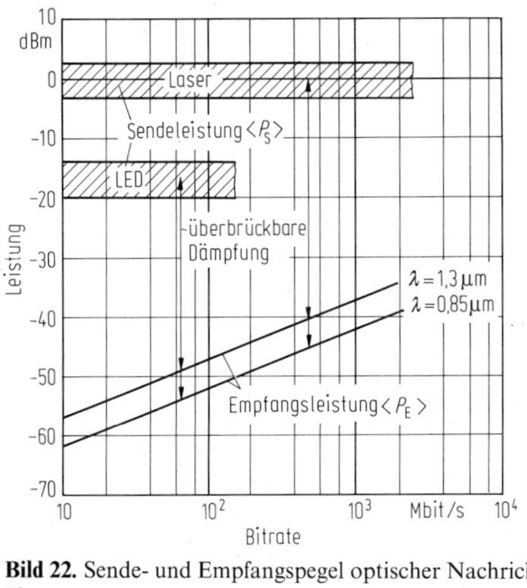

Bild 22. Sende- und Empfangspegel optischer Nachrichtenübertragungssysteme

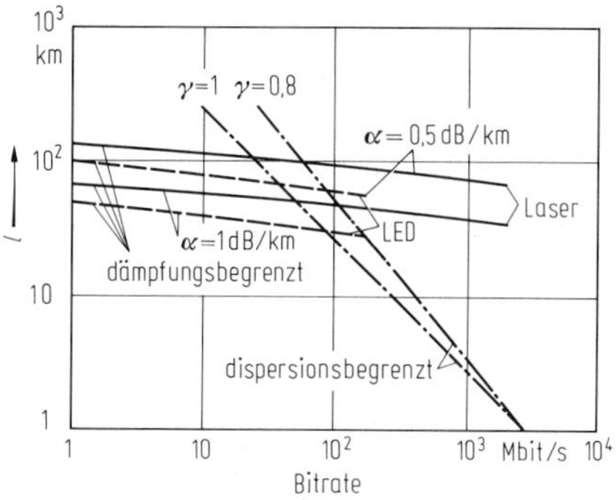

Bild 23. Reichweite optischer Nachrichtenübertragungssysteme

Gradientenfasern eingesetzt werden, mit einer im Mittel um 17 dB geringeren Sendeleistung in der Faser gerechnet werden. Die erforderliche mittlere Empfangsleistung folgt aus Bild 21. Aus der Differenz zwischen verfügbarer Sende- und benötigter Empfangsleistung ergibt sich die überbrückbare Gesamtdämpfung und daraus die Länge l der Übertragungsstrecke (Verstärkerfeldlänge = Faserlänge)

$$l = \frac{1}{\alpha}\,\{\langle P_{\mathrm{S}} \rangle\,[\mathrm{dBm}] - P_{\mathrm{E}}\,[\mathrm{dBm}] - P_{\mathrm{R}}\,[\mathrm{dB}]\} \qquad (31)$$

(α = mittlere Dämpfung einschließlich Stecker- und Spleißverlust in dB/km; P_{S}, P_{E} = Sende- bzw. Empfangsleistung, P_{R} = sog. Dämpfungsreserve). Systeme, bei denen die Streckenlänge l nur von der Dämpfung und nicht von der Bandbreite des Übertragungsmediums abhängt, werden als *dämpfungsbegrenzt* bezeichnet. Bild 23 zeigt Beispiele für Systeme mit Laser- bzw. LED-Sendern; dabei wurden die Annahmen $P_{\mathrm{R}} = 0$ und $\alpha = 0{,}5$ bzw. 1 dB/km (Betriebswellenlänge $\lambda = 1{,}3\ \mu\mathrm{m}$) gemacht. Bei $\lambda = 0{,}85\ \mu\mathrm{m}$ liegen die entsprechenden Übertragungslängen trotz höherer Empfängerempfindlichkeit (Bild 21) infolge der größeren Faserdämpfung ($\alpha \approx 2{,}5 \ldots 3$ dB/km) erheblich niedriger – etwa zwischen 10 und 30 km.
Bei Systemen mit Gradientenfasern oder spektral breitbandigen Lichtquellen (LEDs) wird die Reichweite optischer Systeme häufig durch die Übertragungsbandbreite der Faser eingeschränkt. In diesem Fall ist die Übertragungslänge *dispersionsbegrenzt*. Setzt man gaußförmige Sendeimpulse und eine Übertragungsfunktion der Faser mit Gaußscher Tiefpaßcharakteristik voraus, so berechnet sich das mittlere Schwankungsquadrat des Empfangspulses (nach Gl. (27)) gemäß

$$\sigma_{\mathrm{E}} = \sqrt{\sigma_{\mathrm{S}}^2 + \sigma_{\mathrm{F}}^2} \leqq 1/(4\,f_{\mathrm{b}}) \qquad (32)$$

aus den mittleren Schwankungsquadraten des Sendeimpulses (σ_{S}) bzw. der Pulsantwort der Faser (σ_F). Das Produkt aus σ_E und der Bitrate f_b darf nach Bild 18 einen Wert von ca. 0,25 nicht überschreiten, wenn die Empfindlichkeitseinbuße durch die notwendige Filterung unter 1 dB bleiben soll. Zwischen σ_F und der optischen 3-dB-Bandbreite Δf der Faser ($\hat{=}$ 6 dB elektrische Bandbreite) besteht der Zusammenhang [14]

$$\sigma_F = \sqrt{(\ln 2)/2}/\pi \Delta f \approx 0{,}19/\Delta f \tag{33}$$

Δf erhält man aus Gl. (10) mit $\Delta f_L = K/l^\gamma$ (s. Gl. K 5 (18) und $\Delta f_M = (2 \ln 2/\pi)/(\Delta\lambda\, l(\mathrm{d}\tau/\mathrm{d}\lambda))$, wobei $\Delta\lambda$ die spektrale Halbwertsbreite des Senders darstellt und $(\mathrm{d}\tau/\mathrm{d}\lambda)$ aus Bild K 5.9 folgt. Die überbrückbare Streckenlänge im Falle der Dispersionsbegrenzung ergibt sich somit aus der Beziehung

$$\sigma_S^2 + \frac{\ln 2}{2\pi^2}\left[\frac{l^{2\gamma}}{K^2} + \left(\frac{\pi}{2 \ln 2}\right)^2 \left(\frac{\mathrm{d}\tau}{\mathrm{d}\lambda}\right)^2 \Delta\lambda^2 l^2\right] \leqq \frac{1}{16 f_b^2}. \tag{34}$$

Sofern die Sendeimpulse im Vergleich zur Impulsantwort der Faser schmal sind und die Materialdispersion gegen die Modenlaufzeitstreuung vernachlässigt werden kann, vereinfacht sich Gl. (34) erheblich, und man erhält für die Übertragungslänge bei Dispersionsbegrenzung

$$l \leqq \left(\frac{\pi^2 K^2}{8 \ln 2 f_b^2}\right)^{1/2\gamma}. \tag{35}$$

Für $K = 2\,\mathrm{GHz\,km}^\gamma$ und $\gamma = 0{,}8$ bzw. 1 ist der Zusammenhang zwischen l und f_b nach Gl. (35) in Bild 23 strichpunktiert dargestellt, wobei Systemreserven unberücksichtigt bleiben. Der günstige Einfluß der Modenkonversion ($\gamma < 1$) auf die überbrückbare Streckenlänge wird deutlich sichtbar. Bei breiteren Sendeimpulsen verringert sich die Übertragungslänge.

Da bei Monomodefasern Modenlaufzeitunterschiede nicht auftreten sowie Wellenleiter-, Polarisations- und Materialdispersion – vor allem bei 1,3 µm – meist vernachlässigt werden können, sind Systeme mit Monomodefasern in erster Linie dämpfungsbegrenzt.

Zu weiteren Begrenzungen der Übertragungslänge optischer Systeme kann es auch durch das in 5.3 diskutierte Moden- und Modenverteilungs-Rauschen kommen [50]. Mit stabilisierten einwelligen Lasern und Monomodefasern kann hier Abhilfe geschaffen werden. Bei einer kohärenten optischen Übertragung kann infolge der verbesserten Empfängerempfindlichkeit (ca. 15 bis 20 dB gegenüber Intensitätsmodulation) eine deutliche Steigerung der Reichweite erwartet werden [3].

Auf die beschränkte Reichweite analoger Systeme wurde bereits in 5.4 hingewiesen. Das in diesem Fall geforderte hohe Signal/Rausch-Verhältnis ist nur mit entsprechend hohen Signalpegeln am Empfänger zu erreichen, so daß die überbrückbaren Verstärkerfeldlängen entsprechend geringer sind.

Die überbrückbare Distanz zwischen dem Sender und dem Photodiodenempfänger läßt sich erheblich erhöhen, wenn in die Faserstrecke optische Verstärker eingefügt werden. Als optische Verstärker werden sowohl Halbleiterlaserverstärker [51] als auch Faserverstärker [52] eingesetzt. Mit beiden Verstärkertypen lassen sich optische Verstärkungen bis ca. 30 dB mit Sättigungsausgangsleistungen bis ca. 10 mW erzielen. Halbleiterlaserverstärker [51] sind dabei aufgebaut wie Halbleiterlaser (s. auch M2) und nutzen ebenfalls die stimulierte Emission aus. Die Kristallendflächen werden im Gegensatz zum Halbleiterlaser jedoch entspiegelt. Um eine Verstärkung in der Größenordnung von 30 dB zu erzielen, muß die Restreflexion kleiner als ungefähr 10^{-4} sein.

Auch in Faserverstärkern wird die stimulierte Emission ausgenutzt, wozu der Faserkern geeignet dotiert wird, z. B. mit Erbium [52], und die Anregung optisch mit einem externen Halbleiterlaser erfolgt. Bei Erbium-dotierten Faserverstärkern erhält man das Verstärkungsmaximum in der Nähe von $\lambda = 1{,}55$ µm, während bei Halbleiterlaserverstärkern die Lage des Verstärkungsmaximums durch geeignete Wahl der Bandlücke in der aktiven Zone in einem weiteren Wellenlängenbereich (wie bei Halbleiterlasern) gewählt werden kann.

Vorteilhaft bei Faserverstärkern ist deren Polarisationsunabhängigkeit, nachteilig ist aber die zur Elektronenanregung benötigte optische Pumpquelle, während beim Halbleiterlaserverstärker die Elektronenanregung einfach durch den Injektionsstrom erfolgt.

5.6 Kohärente optische Übertragungssysteme

Coherent optical transmission systems

Die bisher diskutierten intensitätsmodulierten Übertragungsverfahren lassen Bitraten z. Z. bis ca. 16 Gbit/s zu [53]. Trotz dieser bereits hohen Übertragungsrate ist damit die zur Verfügung stehende optische Bandbreite (der Wellenlängenbereich von $\lambda = 1{,}3$ µm bis $\lambda = 1{,}6$ µm entspricht einer optischen Bandbreite von 40 000 GHz) bei weitem nicht ausgenutzt. Zur besseren Ausnutzung der Bandbreite bieten sich Trägerfrequenzverfahren mit optischen Trägerfrequenzen an. Derartige Systeme werden auch als kohärente optische Übertragungssysteme bezeichnet [54].

Kohärente Übertragungssysteme erfordern spektral einwellige Laserquellen. Typische DFB-Laser (s. M2) besitzen Linienbreiten von ca. 10 bis 50 MHz, mit speziellen externen Reflektoren sind auch Linienbreiten $\lesssim$ 100 kHz möglich [55].
Das Grundprinzip einer kohärenten faseroptischen Übertragungsstrecke zeigt Bild 24. Der Sendelaser mit der optischen Trägerfrequenz ν_s wird geeignet moduliert. Dieses Signal wird am Empfänger mit dem Lokaloszillatorsignal der optischen Frequenz ν_{LO} überlagert. Der Strom der Empfangsphotodioden ist proportional zur empfangenen optischen Leistung $P \sim E^2$ (E optisches Feld). Aufgrund dieser nichtlinearen Umsetzung vom optischen Feld zum Photodiodenstrom erhält man am Ausgang ein Mischsignal bei der Zwischenfrequenz $|\nu_s - \nu_{LO}|$, das mit konventionellen Mitteln weiterverarbeitet wird. Man unterscheidet zwischen homodynen Übertragungssystemen mit $\nu_s = \nu_{LO}$ und heterodynen Systemen, bei denen $|\nu_s - \nu_{LO}|$ größer ist als die Signalbandbreite.

Modulationsverfahren. Das modulierte optische Feld $E_s(t)$ des Senders läßt sich in komplexer Schreibweise darstellen gemäß

$$E_s(t) \sim \sqrt{P_s(t)}\,\exp[\mathrm{j}\,2\pi\,\nu_s\,t + \phi(t)]\,, \qquad (36)$$

wobei entweder die optische Leistung $P_s(t)$, die Phase $\phi(t)$ oder die Momentanfrequenz $\mathrm{d}\phi/\mathrm{d}t$ moduliert wird. Aufgrund der geringeren Anforderungen an das Signal/Rausch-Verhältnis dominieren digitale (fast ausschließlich binäre) Modulationsverfahren, aber auch analoge kohärente optische Übertragungssysteme sind möglich (z. B. Phasenmodulation zur faseroptischen Verteilung von Fernsehkanälen [56].
Binäre Modulationsverfahren sind in Tab. 1 dargestellt. Wie bei sonstigen digitalen Übertragungssystemen unterscheidet man zwischen einer Amplitudenumtastung (ASK $\triangleq$ Amplitude Shift Keying), Phasenumtastung (PSK $\triangleq$ Phase Shift Keying), differentiellen Phasenumtastung (DPSK $\triangleq$ Differential Phase Shift Keying) oder einer Frequenzumtastung (FSK $\triangleq$ Frequency Shift Keying) [57].
Diese Modulationsarten können sowohl bei homodynen als auch bei heterodynen Systemen angewandt werden. Diese Systeme besitzen unterschiedliche Grenzempfindlichkeiten. Tab. 2 zeigt die durch Quantenrauschen bedingte theoretische Grenzempfindlichkeit für eine Bitfehlerwahrscheinlichkeit $BER = 10^{-9}$, wenn ideale Empfänger (d. h. Empfänger ohne Zusatzrauschen) vorausgesetzt werden und die „0“- und „1“-Signale gleich verteilt sind [58]. Während bei einer direkten Übertragungsstrecke mit idealem Empfänger gemäß Gl. (30) ca. 10 Photonen/bit benötigt werden, wird dieser Wert bei einer kohärenten Übertragung nur bei einer homodynen PSK-Modulation erreicht. Bei heterodyner Übertragung hat man zunächst einen Empfindlichkeitsverlust von weiteren 3 dB, wobei bei ASK und FSK nochmals ein Empfindlichkeitsverlust von 3 dB hinzukommt [58] (die Anzahl

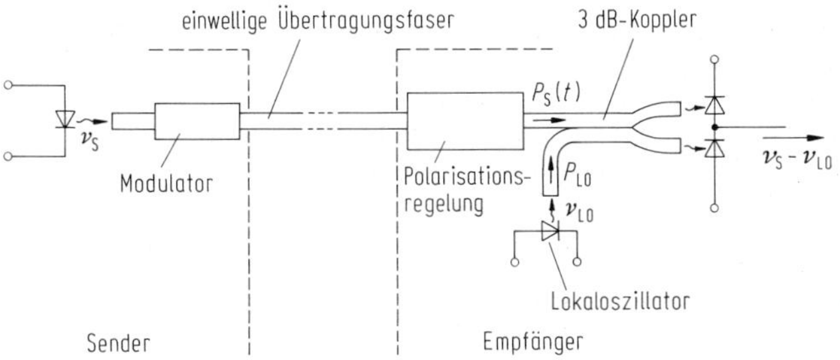

Bild 24. Prinzip einer kohärenten faseroptischen Übertragungsstrecke

Tabelle 1. Binäre kohärente Modulationsverfahren

	Amplitudenumtastung ASK	Phasenumtastung PKS	Differentielle Phasenumtastung DPSK	Frequenzumtastung FSK
logische „1“	$P_s(t) = P_0$	$\phi(t) = \pi/2$	$\Delta\phi = \pi$	$\frac{\mathrm{d}\phi}{\mathrm{d}t} = 2\pi f_1$
logische „0“	$P_s(t) = 0$	$\phi(t) = -\pi/2$	$\Delta\phi = 0$	$\frac{\mathrm{d}\phi}{\mathrm{d}t} = 2\pi f_0$

Tabelle 2. Anzahl der benötigten Photonen/bit am Empfänger bei verschiedenen Übertragungsverfahren und einer Bitfehlerrate von 10^{-9}

	Direkter Empfang	Homodyn	Heterodyn		
		PSK	DPSK	FSK	ASK
Ungefähre theoretische Grenze	10	10	20	40	40

Tabelle 3. Anforderungen an die Linienbreite

	Homodyn	Heterodyn		
	PSK	DPSK	FSK	ASK
$\frac{\Delta\nu}{f_b}$	$\lesssim \frac{1}{2000}$	$\lesssim \frac{1}{350}$	$\lesssim \frac{1}{10}$	$\lesssim \frac{1}{10}$

der Photonen/bit ist dabei auf die mittlere empfangene Leistung bezogen). Zwar sind die Grenzempfindlichkeiten in Tab. 2 für ideale Empfänger bei kohärenten Systemen schlechter als bei der direkten Übertragung, berücksichtigt man jedoch reale, d.h. rauschbehaftete Empfänger, ergibt sich ein Empfindlichkeitsvorteil für kohärente Systeme gegenüber direkten Systemen um typischerweise 10 bis 15 dB, der jedoch zu höheren Bitraten jenseits 1 Gbit/s abnimmt [59].

Anforderungen an die Linienbreite der Laser. Für kohärente Übertragungssysteme darf die Linienbreite der Halbleiterlaser $\Delta\nu$ einen bestimmten Grenzwert nicht überschreiten. Tab. 3 zeigt das Verhältnis der erlaubten Linienbreite $\Delta\nu$ zur Bitrate f_b, wenn man gegenüber einer monochromatischen Quelle eine Verschlechterung der Empfängerempfindlichkeit von 1 dB in Kauf nimmt [58, 60]. Die Zahlenwerte in Tab. 3 sind als Anhaltspunkte zu verstehen, da sie noch von den jeweils verwendeten Empfängerkonzepten abhängen.

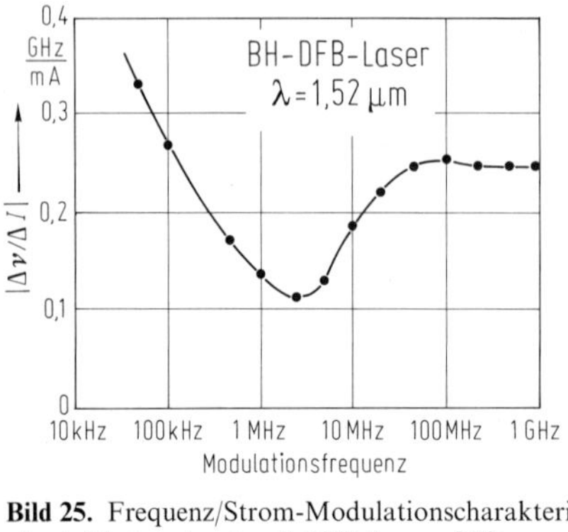

Bild 25. Frequenz/Strom-Modulationscharakteristik eines „buried-heterostructure"-DFB-Lasers [63]

Die homodyne PSK, die gemäß Tab. 2 die beste Empfindlichkeit gewährleistet, stellt auch die höchsten Anforderungen an die Linienbreite. Trotzdem sind erste erfolgversprechende Ansätze auch für homodyne PSK-Systeme erkennbar [61]. Für normale Halbleiterlaser ($\Delta\nu = 10$ bis 50 MHz) bei Bitraten $f_b = 100$ bis 1000 Mbit/s ist jedoch gemäß Tab. 3 nur FSK oder ASK möglich, wobei dort bei nur geringfügiger weiterer Empfindlichkeitsverschlechterung sogar noch deutlich größere Linienbreiten tolerierbar sind [62].

FM-Modulation von Halbleiterlasern. Insbesondere FSK-Systeme bieten sich für die kohärente optische Übertragung an, da eine FM-Modulation von Halbleiterlasern leicht realisierbar ist. Halbleiterlaser zeigen gemäß Bild 25 [63] eine FM-Modulation einfach durch Steuerung des Injektionsstromes, da eine Änderung des Injektionsstromes nicht nur die optische Leistung, sondern auch die Brechzahl im Laser und damit die emittierte optische Frequenz beeinflußt [64]. Die Frequenz-Strom-Übertragungsfunktion $\mathrm{d}\nu/\mathrm{d}I$ ist flach für Frequenzen um 10 bis 100 MHz bis zur Relaxationsresonanzfrequenz f_r (vgl. Gl. (2)). Für die FSK-Übertragung ist deshalb zweckmäßigerweise eine Kodierung zu verwenden, die nur diesen Frequenzbereich verwendet [65]. Mit $\mathrm{d}\nu/\mathrm{d}I \cong 100$ bis 500 MHz/mA läßt sich so leicht ein Frequenzhub von einigen GHz erzielen. Auf diese Weise wurde bereits eine FSK-Modulation von bis zu 10 Gbit/s realisiert [66].

Der benötigte Frequenzhub bei FSK-Systemen wird durch einen Modulationsindex $m_f = |f_1 - f_0|/f_b$ beschrieben. Bei monochromatischen Lasern muß m_f mindestens $m_f = 0{,}5$ (MSK = Minimum Shift Keying) sein, während bei endlichen Linienbreiten das erforderliche m_f

erheblich ansteigt. Als groben Anhaltswert sollte für ein $\Delta\nu/f_b \cong 0{,}1$ der Modulationsindex $m_f \gtrsim 3$ sein [67].
Die Empfänger bei FSK-Systemen sind entweder mit geeigneten Filtern für f_1, f_0 oder mit einem Frequenzdiskriminator versehen [59], wobei Bild 26 das Prinzip eines heterodynen FSK-Systems mit Frequenzdiskriminator zeigt.

Polarisationsprobleme. Die Überlagerung von Empfangssignal und Lokaloszillatorsignal muß möglichst in der jeweils gleichen Polarisation erfolgen. Das ist beispielsweise möglich mit einer in Bild 24 angedeuteten Polarisationsregelung, wobei zweckmäßige Regel-Algorithmen in [68] beschrieben sind. Alternativ dazu sind auch „Polarization-diversity"-Konzepte [69] möglich, bei denen das Lokaloszillatorsignal in den beiden orthogonalen Polarisationen mit dem Eingangssignal $E_s(t)$ jeweils überlagert wird und die beiden nun entstehenden Mischsignale von zwei Empfängern weiterverarbeitet werden. Eine weitere Möglichkeit zur Lösung der Polarisationsprobleme besteht in „Polarization Scrambling". Beispielsweise kann die logische „1" in der zur logischen „0" orthogonalen Polarisation übertragen werden (angewandt auch bei „Polarization Shift Keying" [70]). Ein besonders einfaches System erhält man, wenn man mit einer doppelbrechenden Faser dafür sorgt, daß bei einer FSK-Modulation die Frequenz f_0 mit der zur Frequenz f_1 orthogonalen Polarisation übertragen wird [71]. Für ein derartiges System liefert der einfache FSK-Empfänger in Bild 26 immer das richtige Datenausgangssignal, unabhängig von der Polarisation des Lokaloszillators (allerdings mit einem Empfindlichkeitsverlust von 3 dB).

Ausblick. Zur Nutzung der optischen Bandbreite ist eine Vielkanalübertragung wünschenswert. Dazu sind sowohl im Sender als auch im Empfänger bez. der optischen Emissionsfrequenz (bzw. Wellenlänge) abstimmbare Laser erforderlich. Derartige Halbleiterlaser mit einem kontinuierlichen Abstimmbereich bis ca. 1 THz wurden bereits realisiert [72]. Für einen möglichst kleinen Kanalabstand (möglichst wenige GHz) wäre eine homodyne Übertragung wünschenswert, was aber Schwierigkeiten aufgrund der geringen geforderten Linienbreite bereitet. Alternativ kann die Zwischenfrequenz $|\nu_s - \nu_{LO}|$ nahezu auf 0 gebracht werden, wenn sog. „Multiport"- (oder „Phase-diversity"-)-Empfänger [69, 73] verwendet werden. Bei diesen Empfangskonzepten erfolgt eine Überlagerung von Signal und Lokaloszillator gleichzeitig für unterschiedliche Phasenlagen, deren Mischsignale dann separat elektronisch zur Gewinnung des Datensignals weiterverarbeitet werden.

Spezielle Literatur: [1] *Personick, S.D.*: Applications for fiber optics in local area networks. Proc. 8th Europ. Conf. on Opt. Comm., Cannes, Frankreich, Sept. 1982, 425–429. – [2] *Winzer, G.*: Wavelength-division multiplexing, a favourable principle? Siemens Forsch. u. Entwickl.-Ber. 10 (1981) 362–370. – [3] *Kimura, T.; Yamamoto, Y.*: Progress of coherent optical fibre transmission systems. Opt. Quant. Electr. 15 (1983) 1–39. – [4] *Marschall, P.; Schlosser, E.; Wölk, C.*: New diffusion type stripe-geometry injection laser. Electron. Lett. 15 (1979) 38–39. – [5] *Arnold, G.; Russer, P.; Petermann, K.*: Modulation of laser diodes. In: *Kressel, H.* (Ed.): Topics in Appl. Phys., Vol. 39, 2nd Edn. Berlin: Springer 1982, pp. 213–242. – [6] *Khoe, G.D.; Kuyt, G.*: On the realistic efficiency of coupling light from GaAs laser diodes into parabolic index optical fibres. Proc. 4th Europ. Conf. on Opt. Comm., Genua, Italien, Sept. 1978, 309–312. – [7] *Timmermann, C.C.*: Highly efficient light coupling from GaAlAs lasers into optical fibres. Appl. Opt. 15 (1976) 2432–2433. – [8] *Kuwahara, H.; Sasaki, M.; Tokoyo, N.*: Efficient coupling from semiconductor lasers into single-mode fibers with tapered hemispherical ends. Appl. Optics 19 (1980) 2578–2583. – [9] *Krumpholz, O.; Westermann, F.*: Power coupling between monomode fibres and semiconductor lasers with strong astigmatism. Proc. 7th Europ. Conf. on Opt. Comm., Kopenhagen, Dänemark, Sept. 1981, Vortrag 7.7. – [10] *Lee, T.P.; Dentai, A.G.*: Power and modulation bandwidth of GaAs-AlGaAs high-radiance LED's for optical communication systems. IEEE J. QE-14 (1978) 150–159. – [11] *Burrus, C.A.; Dawson, R.W.*: Small-area high-current-density GaAs electroluminescent diodes and a method for operation for improved degradation characteristics. Appl. Phys. Lett. 17 (1970) 97–99. – [12] *Stillman, G.E.; Cook, L.W.; Bulman, G.E.; Tatabaie, N.; Chim, R.; Dapkus, P.D.*: Long wavelength (1.3 to 1.6 μm) detectors for fibre optical communications. IEEE Trans. ED-29 (1982) 1355–1371. – [13] *Unger, H.-G.*: Optische Nachrichtentechnik. Berlin: Elitera 1976. – [14] *Grau, G.*: Optische Nachrichtentechnik. Berlin: Springer 1981. – [15] *Melchior, H.*: Demodulation

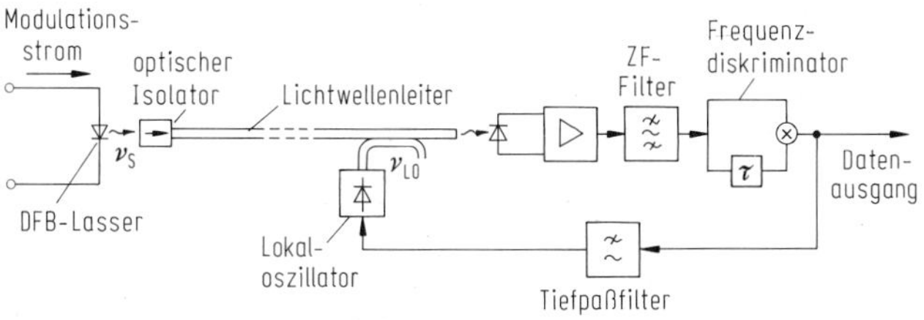

Bild 26. Beispiel für heterodynes FSK-System

and photodetection techniques. In: *Arecchi; Schulz-Dubois* (Eds.): Laser Handbook, Vol. 2. North-Holland 1972, pp. 725–835. – [16] *Schlachetzki, A.; Müller, J.*: Photodiodes for optical communication. Frequenz 33 (1979) 283–290. – [17] *Schinke, P.D.; Smith, R.G.; Hartmann, A.R.*: Photodetectors; in [5, S. 63–87]. – [18] *Lukovski, G.; Schwarz, R.F.; Emmons, R.B.*: Transit time considerations in pin diodes. J. Appl. Phys. 35 (1964) 622–628. – [19] *Krumpholz, O.; Maslowski, S.*: Theorie des Verhaltens von Photodioden gegenüber kurzen Lichtimpulsen. Telefunken-Ztg. 39 (1966) 373–380. – [20] *Mikawa, T.; Kakawa, S.; Kaneda, T.; Sakurai, T.; Ando, H.; Mikami, O.*: A low noise n^+np germanium avalanche photodiode. IEEE J. QE-17 (1981) 210–216. – [21] *Emmons, R.*: Avalanche-photodiode response. J. Appl. Phys. 38 (1967) 3705–3714. – [22] *Ataman, A.; Müller, J.*: Double-mesa reach-through avalanche photodiode with a large gain-bandwidth product made from thin silicon films. J. Appl. Phys. 49 (1978) 5324–5331. – [23] *Melchior, H.; Lynch, W.T.*: Signal and noise response of high speed germanium avalanche photodiodes. IEEE Trans. ED-13 (1966) 829–838. – [24] *Trommer, R.*: InGaAs/InP avalanche photodiodes with very low dark current and high multiplication. Proc. 9th Europ. Conf. on Opt. Comm., Genf, Schweiz, Okt. 1983, 159–162. – [25] *Campbell, J.C.; Tsang, W.T.; Qua, G.J.; Bowers, J.E.*: InP/InGaAsP/InGaAs avalanche photodiodes with 70 GHz gain-bandwidth product. Appl. Phys. Lett. 51 (1987) 1454–1456. – [26] *Timmermann, C.C.; Petermann, K.*: The experimental determination of the baseband transfer function of optical multimode fibers. AEÜ 29 (1975) 235–237. – [27] *Storm, H.*: Rauschen und Klirren beim V-Nut-Laser. Wiss. Ber. AEG-Telefunken 53 (1980) 23–26. – [28] *Großkopf, G.; Küller, L.*: Measurement of nonlinear distortions in index- and gain-guiding GaAlAs-lasers. J. Opt. Comm. 1 (1980) 15–17. – [29] *Straus, J.*: The nonlinearity of high-radiance light-emitting diodes. IEEE J. QE-14 (1978) 813–819. – [30] *Straus, J.; Szentesi, O.I.*: Linearization of optical transmitters by a quasi-feedforward compensation technique. Electron. Lett. 13 (1977) 158–159. – [31] *Ueno, Y.; Kajitani, M.*: Color TV transmission using light emitting diode. NEC Res. & Devel., No. 35 (1974) 15–20. – [32] *Lang, R.; Kobayashi, K.*: External optical feedback effects on semiconductor injection laser properties. IEEE J. QE-16 (1980) 347–355. – [33] *Petermann, K.*: Nonlinear distortions and noise in optical communication systems due to fiber connectors. IEEE J. QE-16 (1980) 761–770. – [34] *Petermann, K.; Arnold, G.*: Noise and distortion characteristics of semiconductor lasers in optical fiber communication systems. IEEE J. QE-18 (1982) 543–555. – [35] *Ito, T.; Machida, S.; Nawata, K.; Ikegami, T.*: Intensity fluctuations in each longitudinal mode of a multimode AlGaAs laser. IEEE J. QE-13 (1977) 574–579. – [36] *Schunk, N.; Petermann, K.*: Numerical analysis of the feedback regimes for a single-mode semiconductor laser with external feedback. IEEE J. QE-24 (1988) 1242–1247. – [37] *Shibukawa, A.; Katsui, A.; Iwamura, H.; Hayashi, S.*: Compact optical isolator for near-infrared radiation. Electron. Lett. 13 (1977) 721–722. – [38] *Epworth, R.E.*: The phenomenon of modal noise in analogue and digital optical fibre systems. Proc. 4th Europ. Conf. on Opt. Comm., Genua, Italien, Sept. 1978, 164–168. – [39] *McIntyre, R.J.*: Multiplication noise in uniform avalanche diodes. IEEE Trans. ED-13 (1966) 164–168. – [40] *Forrest, S.R.; Williams, G.F.; Kim, O.K.; Smith, R.G.*: Excess noise and receiver sensitivity measurements of InGaAsP/InP avalanche photodiodes. Electron. Lett. 17 (1981) 917–919. – [41] *Goell, J.E.*: Input amplifiers for optical PCM-receivers. Bell Syst. Tech. J. 53 (1974) 1771–1793. – [42] *Smith, R.G.; Personick, S.D.*: Receiver design for optical communication systems; in [5, S. 89–160]. – [43] *Way, W.I.*: Subcarrier multiplexed lightwave system design considerations for subscriber loop applications. J. Lightwave Techn. 7 (1989) 1806–1824. – [44] *Olshansky, R.; Lanzisera, V.A.; Hill, P.M.*: Subcarrier multiplexed lightwave systems for broad-band distribution. J. Lightwave Techn. 7 (1989) 1329–1342. – [45] *Personick, S.D.*: Receiver design for digital fibre optic communication systems I, II. Bell Syst. Tech. J. 52 (1973) 843–874, 875–886. – [46] *Smith, R.D.; Garret, I.*: A simplified approach to digital optical receiver design. Opt. Quant. Electr. 10 (1978) 211–221. – [47] *McIntyre, R.J.*: The distribution of gains in uniformly multiplying avalanche photodiodes: Theory. IEEE Trans. ED-19 (1972) 703–718. – [48] *Ueno, Y.; Ohgushi, Y.; Abe, A.*: A 40 Mb/s and 400 Mb/s Repeater for fibre optic communication. Proc. 1st Europ. Conf. on Opt. Comm., London, England, Sept. 1976, 147–149. – [49] *Wiesmann, T.*: Comparison of the noise properties of receiving amplifiers for digital optical transmission systems up to 300 MBit/s. Frequenz 32 (1978) 340–346. – [50] *Ogawa, K.*: Analysis of mode partition noise in laser transmission systems. IEEE J. QE-18 (1982) 849–855. – [51] *Olsson, N.A.*: Lightwave systems with optical amplifiers. J. Lightwave Techn. 7 (1989) 1071–1082. – [52] *Laming, R.I.; Shah, V.; Curtis, L.; Vodhanel, R.S.; Favire, F.J.; Barnes, W.L.; Minelly, J.D.; Bour, D.P.; Tarbox, E.J.*: Highly efficient 978 nm diode pumped erbium-doped fibre amplifier with 24 dB gain. Proc. IOOC '89, vol. 5 (Kobe, July 1989) 18–19. – [53] *Gnauck, A.H.; Jopson, R.M.; Burrus, C.A.; Wang, S.-J.; Dutta, N.K.*: 16 Gbit/s transmission experiments using a directly modulated 1.3 μm DFB laser. Photon. Techn. Lett. 1 (1989) 337–339. – [54] *Okoshi, T.; Kikuchi, K.*: Coherent optical fiber communications. Tokyo: KTK Scientific Publishers, Dordrecht: Kluwer Academic Publ. 1988. – [55] *Mellis, J.; Al-Chalabi, S.A.; Cameron, K.H.; Wyatt, R.; Regnault, J.C.; Devlin, W.J.; Brain, M.C.*: Miniature package external-cavity semiconductor laser with 50 GHz continuous electrical tuning range. Electron. Lett. 24 (1988) 988–989. – [56] *Gross, R.; Olshansky, R.*: Third-order intermodulation distortion in coherent subcarrier-multiplexed systems. IEEE Phot. Techn. Lett. 1 (1989) 91–93. – [57] *Linke, R.A.; Henry, P.S.*: Coherent optical detection: a thousand calls on one circuit. IEEE Spectrum 24 (February 1987) 52–57. – [58] *Salz, J.*: Coherent lightwave communications. AT&T Techn. J. 64 (1985) 2153–2209. – [59] *Linke, R.A.; Gnauck, A.H.*: High-capacity coherent lightwave systems. J. Lightwave Techn. 6 (1988) 1750–1769. – [60] *Kazovsky, G.*: Impact of laser phase noise on optical heterodyne communication systems. J. Opt. Commun. 7 (1986) 66–78. – [61] *Kahn, J.M.; Kasper, B.L.; Pollack, K.J.*: Optical phase-lock-receiver with multi-Gigahertz bandwidth. Proceedings IOOC '89, Kobe, Japan, July 1989, Vol. 1, 32–33. – [62] *Foschini, G.J.; Greenstein, L.J.; Vannucci, G.*: Noncoherent detection of coherent lightwave signals, corrupted by phase noise. IEEE Trans. Commun. 36 (1988) 306–314. – [63] *Gimlett, J.L.; Vodhanel, R.S.; Choy, M.M.; Elrefaie, A.F.; Cheung, N.K.; Wagner, R.E.*: A 2 Gbit/s optical FSK heterodyne transmission experiment using a 1520 nm DFB laser transmitter. J. Lightwave Techn. LT-5 (1987) 1315–1324. – [64] *Petermann, K.*: Laser diode modulation and noise. Dordrecht: Kluwer Academic Publ., Tokyo: KTK Scientific Publishers 1988. – [65] *Noé, R.; Rodler, H.; Ebberg, A.; Gaukel, G.; Auracher, F.*: Pattern-independent FSK heterodyne transmission with endless polarization control and a 119 photoelectrons/bit receiver sensitivity. Proc. IOOC '89, Kobe, Japan, July 1989, vol. 1, 44–45. –

[66] *Wagner, R.E.; Elrefaie, A.F.; Vodhanel, R.S.:* 10 Gbit/s modulation of 1.55 μm DFB lasers for heterodyne detection. Proc. IOOC '89, Kobe, Japan, July 1989, vol. 1, 40–41. – [67] *Garrett, I.; Jacobsen, G.:* Influence of (semiconductor) laser linewidth on the error-rate floor in dual filter optical FSK receivers. Electron. Lett. 21 (1985) 280–282. – [68] *Walker, N.G.; Walker, G.R.:* Endless polarisation control using four fibre squeezers. Electron. Lett. 23 (1987) 290–292. – [69] *Kazovsky, L.G.:* Phase- and polarization-diversity coherent optical techniques. J. Lightwave Techn. 7 (1989) 279–292. – [70] *Calvani, R.; Caponi, R.; Cisternino, F.:* Polarization phase-shift keying: a coherent transmission technique with differential heterodyne detection. Electron. Lett. 24 (1988) 642–643. – [71] *Cimini, L.J.; Habbab, I.M.I.; Yang, S.; Rustako, A.J.; Lion, K.Y.; Burrus, C.A.:* Polarisation-insensitive coherent lightwave system using wide-deviation FSK and data-induced polarisation switching. Electron. Lett. 24 (1988) 358–360. – [72] *Schanen, C.F.J.; Illek, S.; Lang, H.; Thulke, W.; Amann, M.C.:* Fabrication and lasing characteristics of $\lambda = 1.56$ μm tunable twin-guide (TTG) DFB lasers. IEE Proc. Part J, 137 (1990) 69–73. – [73] *Kazovsky, L.G.; Meissner, P.; Patzak, E.:* ASK multiport optical homodyne receivers. J. Lightwave Techn. LT-5 (1987) 770–791.

S Hochfrequenztechnische Anlagen
RF and microwave applications

J. Detlefsen (1, 2.2 bis 2.4); **H.-J. Fliege** (2.1); **G. Janzen** (3); **P. Zimmermann** (4)

1 Radartechnik. Radar techniques

Allgemeine Literatur: *Cook, Ch.E.; Bernfeld, M.*: Radar signals. New York: Academic Press 1967. – *Nathanson, F.E.*: Radar design principles. New York: McGraw-Hill 1969. – *Rihaczek, A.W.*: Principles of high resolution radar. New York: McGraw-Hill 1969. – *Ruck, G.T.* (Ed.): Radar cross section handbook, Vol. 1 and 2. New York: Plenum Press 1970. – *Skolnik, M.I.* (Ed.): Radar handbook. New York: McGraw-Hill 1970. – *Skolnik, M.I.*: Introduction to radar systems, 2nd. edn. New York: McGraw-Hill 1980.

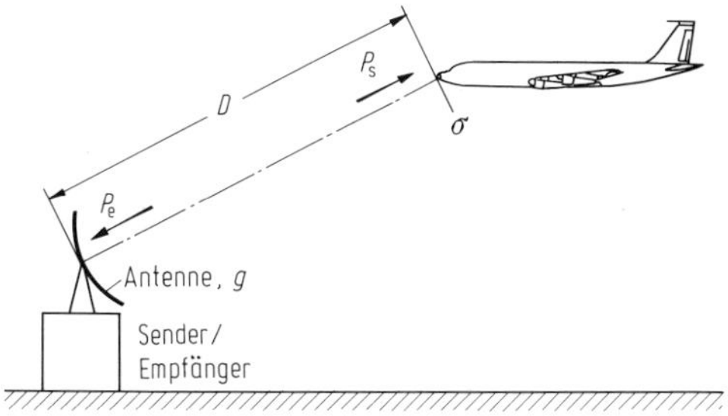

Bild 1. Prinzipielle Radaranordnung

1.1 Grundlagen der Radartechnik
Principles of RADAR

Der Begriff RADAR (RAdio Detection And Ranging) beinhaltet Methoden zur Entdeckung von Objekten und zur Bestimmung ihrer Parameter (Lage, Bewegungszustand, Beschaffenheit) mit Hilfe elektromagnetischer Wellen. Die Anfänge der Radartechnik gehen auf Hülsmeyer [1] zurück; Darstellungen der geschichtlichen Entwicklung befinden sich in [2–5]; gebräuchliche Frequenzbereiche sind in Tab. 1 aufgeführt. Die Radarverfahren werden zur Überwachung und Sicherung des Flug-, Wasser- und Landverkehrs und in der Meteorologie, der Raumfahrt, der Astronomie, zur Erderkundung und als Nahbereichssensoren eingesetzt.

Tabelle 1. Frequenzbänder für Radarverfahren

Frequenzband	Typische Nutzung
1,03 GHz; 1,09 GHz (L-Band)	Sekundärradar
1,215 ... 1,4 GHz (L-Band)	Mittelbereich-Rundsicht-radar
2,3 ... 2,55 GHz, 2,7 ... 3,7 GHz (S-Band)	Flughafen-Rundsichtradar
8,0 ... 10,68 GHz (X-Band)	Präzisions-Anflugradar
33,4 ... 36,0 GHz (Ka-Band)	Rollfeldüberwachung auf Flughäfen

Spezielle Literatur Seite S 9

In seinem grundsätzlichen Aufbau nach Bild 1 besteht ein Radarsystem aus einer Antenne, die die von einem Sender erzeugte elektromagnetische Energie gebündelt in den Raum abstrahlt. Wenn das abgestrahlte Feld auf ein Objekt trifft, wird ein geringer Teil der Energie zum Radar reflektiert und bildet das Streufeld, das von der Empfangsantenne erfaßt wird. Nach entsprechender Verstärkung können aus dem Empfangsfeld die Objektparameter ermittelt werden. Die benötigten Informationen können dabei grundsätzlich aus der Intensität des Streufeldes (Größe), aus der räumlichen Lage der Phasenfronten (Winkel), aus der Abhängigkeit des Streufeldes von der Sendefrequenz, bzw. der Ankunftszeit eines pulsförmigen Signals (Entfernung), aus der durch das Objekt bedingten zeitlichen Änderung der Phase des Streufeldes (Geschwindigkeit) und aus der Polarisation des Empfangsfeldes in Abhängigkeit von der Sendepolarisation entnommen werden. Beim klassischen Pulsradar beschränkt man sich darauf, die Entfernung des Objekts aus der Impulslaufzeit und die Richtung der ankommenden Wellenfront mit Hilfe einer stark bündelnden Antenne zu ermitteln. Die Radargleichung liefert für ein Objekt in Hauptkeulenrichtung den Zusammenhang zwischen Sendeleistung P_s und Empfangsleistung P_e

$$P_e = \overbrace{\underbrace{\frac{P_s}{4\pi D^2}}_{p}\, g\sigma\, \frac{1}{4\pi D^2}}^{p_e}\, A_w \tag{1}$$

Tabelle 2. Rückstrahlflächen wichtiger Objekte

Objekt		Rückstrahlfläche
Kugel		
$2\pi r/\lambda \gg 1$	leitend	$\sigma = r^2\pi$; (r: Kugelradius)
	dielektr.	$\sigma = \left\|\frac{m-1}{m+1}\right\|^2 r^2\pi$; $m = \sqrt{\varepsilon_r \mu_r}$
$2\pi r/\lambda < 1$	leitend	$\sigma = 9\left(\frac{2\pi r}{\lambda}\right)^4 r^2\pi$
	dielektr.	$\sigma = 4\left\|\frac{m^2-1}{m^2+2}\right\|^2\left(\frac{2\pi r}{\lambda}\right)^4 r^2\pi$
Eckenreflektor		$\sigma = \pi\frac{l^4}{3\lambda^2}$; l = Kantenlänge
Spiegelpunkt auf doppelt gekrümmter Oberfläche		$\sigma = \pi\varrho_1\varrho_2$; ϱ_1, ϱ_2: Hauptkrümmungsradien im Spiegelpunkt $2\pi\varrho_i/\lambda \gg 1$
ebene Platte mit der Fläche A und leitender Oberfläche		$\sigma = 4\pi A^2/\lambda^2$; Abmessungen $\gg \lambda$

oder

$$\frac{P_e}{P_s} = \frac{g^2\lambda^2\sigma}{(4\pi)^3 D^4} = \frac{A_w^2\sigma}{4\pi\lambda^2 D^4}. \tag{2}$$

Dabei bedeutet: g = Gewinn der zum Senden und Empfangen benützten Antenne (G/dB = 10 lg$g$); A_w = Wirkfläche der Antenne ($A_w = g\lambda^2/(4\pi)$); σ = Rückstrahlfläche des Objekts (s. Tab. 1); λ = Wellenlänge; D = Entfernung.

Die Freiraumreichweite D_{max} erhält man, wenn man in Gl. (1) bzw. (2) die für eine Zielentdekkung notwendige Mindestempfangsleistung $P_{e,min}$ einsetzt. Durch die Erdkrümmung, Abschattung, atmosphärische Dämpfung (s. P 2) Aufzipfelung durch Mehrwegeausbreitung durch Reflexion des Radarstrahls an der Erdoberfläche (s. P 1) und Störechos (clutter) ergibt sich i. allg. eine Abweichung zwischen Freiraumreichweite und praktischer Reichweite [6]. Bei Berücksichtigung der Erdkrümmung (Erdradius $R \approx 6360$ km) und der Schichtung des Dielektrikums Atmosphäre durch einen um 4/3 vergrößerten Erdradius erhält man für den Radarhorizont D_H

$$D_H/\text{km} = 4{,}1\left(\sqrt{h_A/\text{m}} + \sqrt{h_Z/\text{m}}\right), \tag{3}$$

wobei h_A die Höhe der Radarantenne über der Erdoberfläche, h_Z die Höhe des Ziels ist.

Die Radarrückstrahlfläche σ beschreibt das Reflexionsverhalten des Ziels und ist unter Berücksichtigung der Entfernungsabhängigkeit als Leistungsdichte p_e an der Empfangsantenne, bezogen auf die auf das Ziel fallende Leistungsdichte p definiert

$$\sigma = \lim_{D\to\infty} 4\pi D^2 \frac{p_e}{p}. \tag{4}$$

Rückstrahlflächen einfacher Ziele sind in Tab. 2 angegeben. In der Praxis vorkommende Ziele besitzen meist eine Reihe von spiegelnd reflektierenden Punkten. Die einzelnen Beiträge überlagern sich unter Berücksichtigung ihrer Phase. Die dabei auftretenden Interferenzerscheinungen führen bei komplexen Objekten zu einer starken Abhängigkeit der Rückstrahlfläche von der Beobachtungsrichtung und machen eine statistische Behandlung des Streuverhaltens notwendig. Swerling [7] hat für typische Objekte im Pulsradarfall Fluktionsmodelle angegeben [8].

1.2 **Dauerstrichradar.** CW-Radar

Doppler-Radar. Beim Dauerstrichradar wird die Phasendifferenz φ_D zwischen Sendesignal u_s mit Frequenz f_s und dem Empfangssignal u_e ausgewertet. Mit

$$u_s = U_s\cos(2\pi f_s t) \tag{5}$$

und

$$u_e = U_e\cos\left(2\pi f_s t - 2\pi\frac{2D(t)}{\lambda}\right) \tag{6}$$

erhält man unter Verwendung des zeitabhängigen Abstands $D(t)$ nach Bild 2 als niederfrequentes Mischprodukt von Sende- und Empfangssignal

$$u_{DR} = U_D\cos\left(2\pi\frac{2D(t)}{\lambda}\right). \tag{7}$$

Das Mischprodukt des um 90° phasenverschobenen Sendesignals mit dem Empfangssignal ergibt

$$u_{DI} = U_D\sin\left(2\pi\frac{2D(t)}{\lambda}\right). \tag{8}$$

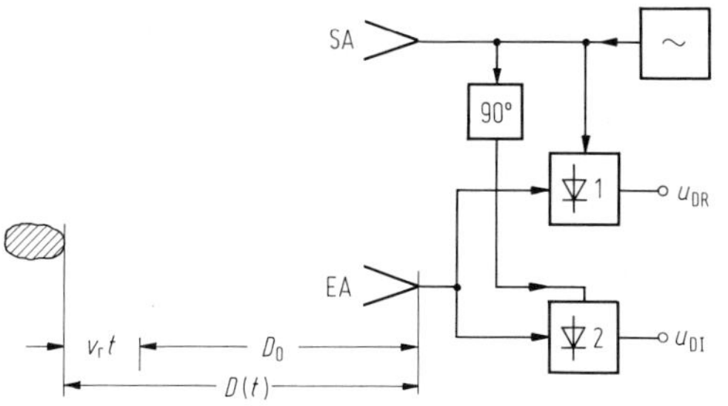

Bild 2. Blockschaltbild eines Doppler-Radars mit Quadraturkanal

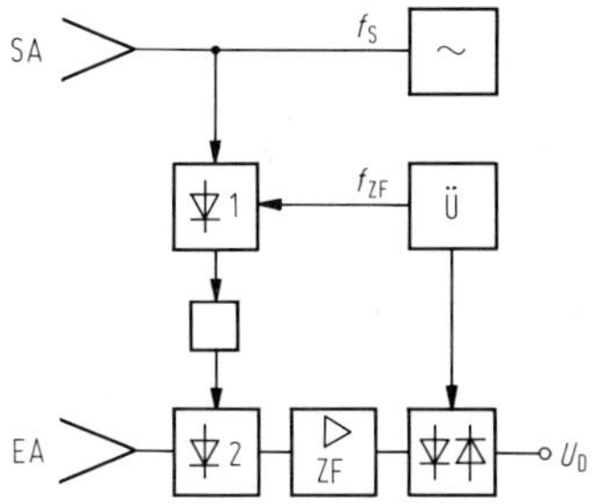

Bild 3. Doppler-Radar mit Zwischenfrequenzverarbeitung

Die Signale aus den Gln. (7) und (8) können als Real- bzw. Imaginärteil eines komplexen Signalzeigers $\underline{u}_D(t)$ mit Phase φ_D aufgefaßt werden, der einmal in der komplexen Ebene umläuft, wenn sich der Abstand des Objekts um eine halbe Wellenlänge ändert und dessen Umlaufrichtung das Vorzeichen der Abstandsänderung beinhaltet. Die zeitliche Ableitung der Phase φ_D ergibt die Doppler-Frequenz

$$f_d = \frac{1}{2\pi}\left|\frac{d\varphi_D}{dt}\right| = \frac{2}{\lambda}\left|\frac{dD}{dt}\right|. \tag{9}$$

Bei linearer Bewegung mit der Geschwindigkeit v unter dem Winkel α bezogen auf die Ausbreitungsrichtung der elektromagnetischen Welle ergibt sich unter Vernachlässigung [9] relativistischer Effekte

$$f_d = 2 f_s \frac{v}{c_0} \cos\alpha. \tag{10}$$

Die Genauigkeit der Geschwindigkeitsmessung hängt von der Beobachtungszeit T, von der Änderung des Winkels α während dieser Zeit sowie von den statistischen Eigenschaften der Rückstrahlfläche des Objekts ab. Die erreichbare Auflösung Δv_r bei der Geschwindigkeitsmessung ist durch die Meßdauer T und die Wellenlänge bestimmt:

$$\Delta v_r = \frac{\lambda/2}{T}. \tag{11}$$

Die Empfindlichkeit wird neben dem thermischen Rauschen durch die Rausch- und Störsignale beeinflußt, die im Signal des Sendeoszillators enthalten sind. Zur kontrollierten Beeinflussung des Überlagerungsoszillatorpegels und zur Vermeidung der Zerstörung des Empfangsmischers durch ein zu großes Sendesignal ist eine hohe Übersprechdämpfung zwischen Sende- und Empfangszweig erforderlich. Diese läßt sich meist nur durch Verwendung getrennter Sende- und Empfangsantennen erreichen. Der Einfluß der $1/f$-Rauschseitenbänder des Sendeoszillators kann durch Verwendung eines ZF-Empfängers nach Bild 3 beseitigt werden. Die dabei erzielbare Empfindlichkeitsverbesserung liegt bei 30 dB.

Doppler-Radar mit Frequenzmodulation. Radiales Auflösungsvermögen beim Dauerstrichradar läßt sich durch Verwendung eines Sendesignals mit entsprechender Bandbreite erreichen. Häufig verwendet man linear frequenzmodulierte Signale und erhält für den Sendefrequenzverlauf

$$f(t) = f_s \pm \frac{\Delta F}{T} t. \tag{12}$$

Das niederfrequente Mischprodukt von Sende- und Empfangssignal lautet in diesem Fall

$$u_D(t) = U_D \cos 2\pi \cdot \left(\pm \frac{\Delta F}{T} f_0 \tau + f_0 t - \frac{1}{2} \Delta F \tau \frac{\tau}{T}\right), \tag{13}$$

wobei bei bewegten Objekten die Laufzeit τ von der Zeit abhängt

$$\tau = 2\frac{D_0}{c_0} + 2\frac{v_r t}{c_0}. \tag{14}$$

Die Momentanfrequenz ergibt sich aus Gl. (13) für $f_d \ll f_s$ zu

$$f_D(t) = \frac{1}{2\pi}\frac{d\varphi}{dt} \approx \underbrace{2\frac{v_r}{c_0} f_s}_{f_d} \pm \underbrace{\frac{\Delta F}{T}\tau}_{f_e}. \tag{15}$$

Die Momentanfrequenz setzt sich aus einem geschwindigkeitsabhängigen Term f_d und einem entfernungsabhängigen Term f_e zusammen.
Im Zeitbereich ist eine Trennung durch Verwendung dreiecksförmiger Frequenzmodulation möglich. Dadurch wird periodisch das Vorzeichen der Entfernungsinformation in Gl. (15) geändert, so daß eine Aufspaltung nach Entfernung und Geschwindigkeit unter Beachtung von Mehrdeutigkeiten möglich wird. Für $f_{d,max} < 1/2T$ ist diese Informationstrennung auch im Frequenzbereich bei sägezahnförmiger Modulation eindeutig möglich. Das Entfernungsauf-

lösungsvermögen ist nur vom verwendeten Frequenzhub abhängig und ergibt sich zu

$$\Delta D = \frac{c_0}{2\Delta f}. \qquad (16)$$

Eine Anwendung des FM-Dauerstrichradars ist die als Höhenmesser für Flugzeuge [10].

1.3 Nichtkohärentes Pulsradar

Noncoherent pulse-radar

Bild 4 zeigt ein Blockschaltbild des klassischen Pulsradars, bei dem der Sendeoszillator (Magnetron) zur Erzeugung des Sendeimpulses der Dauer t_p mit einem Impulsabstand T_p (vgl. Bild 7a) mit einer Gleichspannung getastet wird. In dieser Zeit ist er über eine Sende-Empfangs-Weiche mit der Antenne verbunden. Während der Tastpausen gelangen die Empfangsimpulse von der Antenne in den Empfänger, in dem sie auf eine Zwischenfrequenz von meist 30 MHz bei einer ZF-Bandbreite von $B_{ZF} \approx 2/t_p$ umgesetzt, verstärkt und schließlich gleichgerichtet werden. Die Gleichspannungsimpulse werden im Videoverstärker (Bandbreite $B_v \approx 1/t_p$) verstärkt und bei Überschreitung eines Schwellwerts zur Helltastung eines Sichtgeräts verwendet. Dieses liefert eine Rundsichtdarstellung, wenn man den Elektronenstrahl getriggert durch den Sendeimpuls in radialer Richtung proportional zur Laufzeit (Entfernung) auslenkt und die Richtung der Auslenkung entsprechend der momentanen Richtung der Hauptkeule der Antenne wählt.
Die Wahrscheinlichkeit w_{fa}, daß der vorgegebene Schwellenspannung U_s ohne Empfangssignal durch das Empfängerrauschen mit der Rauschspannung u_{eff} allein überschritten wird, bezeichnet man als Falschalarmwahrscheinlichkeit

$$w_{fa} = \exp(-U_S^2/2u_{eff}^2). \qquad (17)$$

Für die mittlere Zeit T_{fa} zwischen zwei Falschalarmen erhält man

$$T_{fa} = 1/(B_{ZF} w_{fa}) = 1/B_{ZF} \exp(U_S^2/(2u_{eff}^2)), \qquad (18)$$

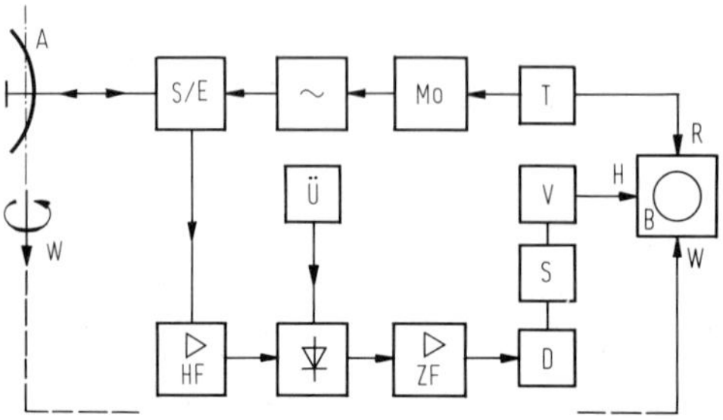

Bild 4. Blockschaltbild des klassischen Impulsradars

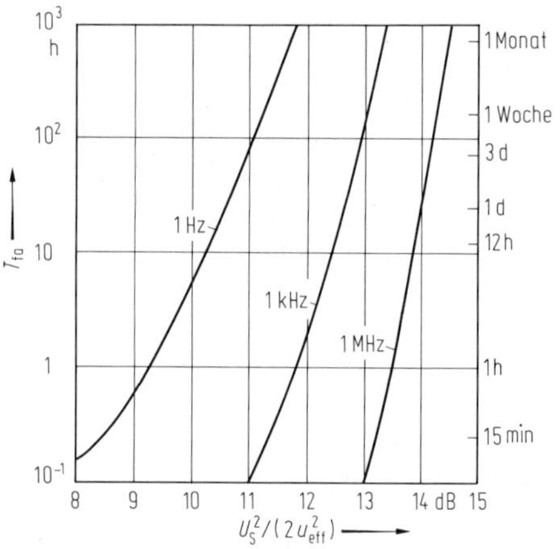

Bild 5. Mittlerer Abstand zwischen zwei Falschalarmen als Funktion des Störabstands

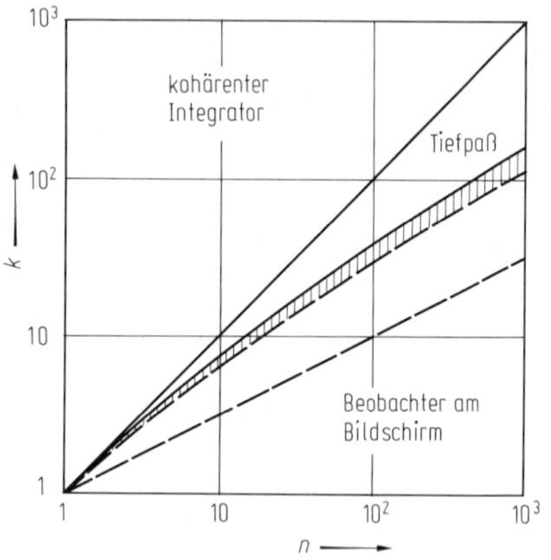

Bild 6. Verbesserung des Signal- zu Rauschverhältnisses durch Integration von Pulsen

der Kehrwert $1/T_{fa}$ wird als Flaschmelderate bezeichnet. Ein weiterer wichtiger Parameter ist die Entdeckungswahrscheinlichkeit w_d, die angibt, mit welcher Wahrscheinlichkeit ein Empfangsimpuls mit der Amplitude U_{ZF} bei gegebener Falschalarmwahrscheinlichkeit eine Schwellwertüberschreitung bewirkt und damit zur Erkennung des Ziels führt.
Die Auswertung von n Antwortimpulsen führt nach Bild 6 zu einer Verbesserung des Signal zu Rauschverhältnisses um einen Faktor k, der bei kohärenter Summation bei n, bei nichtkohärenter Summation (Tiefpaß) nach dem Hüllkurvendetektor zwischen n und $\sqrt{n}$ liegt. $\sqrt{n}$ kennzeichnet auch den Gewinn, der durch einen Beobachter am Bildschirm erreicht wird.
Beim Rundsichtradar mit dem Winkelauflösungsvermögen γ_A (s. Gl. (24)) werden bei einem

Antennenumlauf der Dauer T_A maximal

$$N_B = \frac{\gamma_A}{360°} \frac{T_A}{T_p} \tag{19}$$

Impulse empfangen und sind für eine Integration verfügbar. Die Entfernung D wird durch Messung der Laufzeit τ des Hochfrequenzimpulses vom Radar zum Objekt und zurück bestimmt

$$D = \frac{c_0 \tau}{2}. \tag{20}$$

Der mittlere quadratische Fehler δD bei der Entfernungsbestimmung hängt von der Anstiegszeit τ_p des Radarimpulses und vom Signal- zu Rauschleistungsverhältnis S/N im Empfänger ab:

$$\delta D = \frac{c_0}{2} \tau_p \frac{1}{\sqrt{\frac{2S}{N}}}. \tag{21}$$

Das erreichbare Entfernungsauflösungsvermögen ΔD, definiert als der radiale Abstand zwischen zwei Objekten mit gleicher Echoamplitude, die gerade noch oder gerade nicht mehr voneinander unterschieden werden können ist durch die Impulsdauer t_p bestimmt:

$$\Delta D = \frac{c_0 t_p}{2}. \tag{22}$$

Zur Richtungsbestimmung wird in der Horizontalen eine scharf bündelnde Antenne verwendet. Eine flächenhafte Antenne mit der linearen Aperturabmessung L hat in der dadurch festgelegten Ebene näherungsweise eine Halbwertsbreite der Richtcharakteristik von

$$\gamma = 70° \cdot \frac{\lambda}{L}, \tag{23}$$

(λ = Wellenlänge des Sendesignals)

wenn die Nebenkeulendämpfung bei 20 dB liegt. Mit einer solchen Antenne läßt sich bei Anwendung im Radarfall wegen des zweimaligen Durchlaufs des Signals durch die Richtcharakteristik ein Winkelauflösungsvermögen

$$\gamma_A = 50° \cdot \frac{\lambda}{L} \tag{24}$$

erzielen. Die erreichbare Winkelmeßgenauigkeit liegt bei

$$\frac{\delta \gamma_A}{\gamma_A} = \frac{1{,}23}{\sqrt{\frac{2S}{N}}}. \tag{25}$$

Für andere Antennenbelegungen findet man die Faktoren in [11, 12]. Mit Hilfe spezieller Verfahren läßt sich die Winkelmeßgenauigkeit über Gl. (25) hinaus erheblich verbessern (s. 1.5). Durch die periodische Aussendung von Impulsen entsteht eine Mehrdeutigkeit bezüglich der Impulslaufzeit, weil nicht eindeutig festzustellen ist, welchem der gesendeten Impulse der Empfangsimpuls zuzuordnen ist. Die eindeutige Reichweite D_E ist der Bereich, in dem sich Ziele zur Vermeidung dieser Mehrdeutigkeit befinden müssen.

$$D_E = \frac{c_0 T_p}{2}. \tag{26}$$

Durch Anwendung einer gestaffelten Pulsfolgefrequenz $f_p = 1/T_p$, bei der der Impulsabstand periodisch oder pseudozufällig geändert wird, kann die eindeutige Reichweite auf ein Mehrfaches des Werts aus Gl. (26) vergrößert werden [13].

1.4 Kohärentes Pulsradar

Coherent pulse-radar

Moderne Pulsradaranlagen werten die Phaseninformation der reflektierten Signale aus und sind daher in der Lage, auch die Radialgeschwindigkeit von Zielen zu messen. Dies wird durch eine kohärente Signalauswertung möglich, bei der die Phaseninformation des Empfangsimpulses, bezogen auf den Sendeimpuls, erhalten bleibt.

Das Videosignal enthält nach Bild 7 bipolare Impulse, die man sich als durch den Sendeimpuls abgetastete Werte des komplexen Ausgangssignals eines Dauerstrichradars nach 1.2 vorstellen kann. Durch Auswertung der Videosignale zweier oder mehrerer komplexer Empfangsimpulse aufeinanderfolgender Sendeperioden kann der Bewegungszustand ermittelt werden.

Das MTI-Radar (Moving Target Indication = Festzielunterdrückung) dient zur Unterdrük-

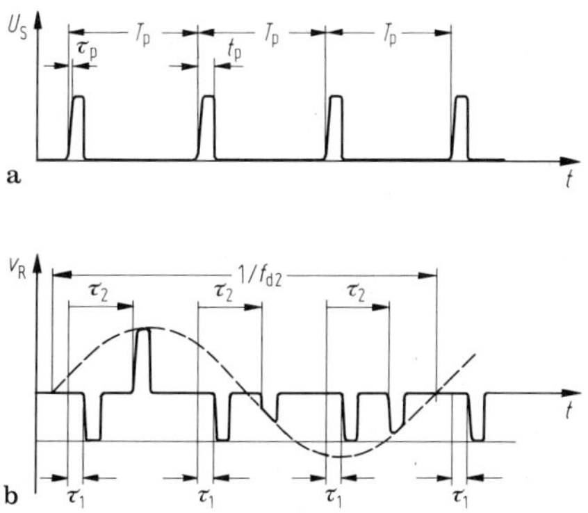

Bild 7. Pulsradar. **a** Sendesignal; **b** kohärentes Empfangssignal zweier Objekte mit den Laufzeiten τ_1 (fest) und τ_2 (bewegt mit Doppler-Frequenz f_{d2})

kung feststehender Störechos, die überwiegend mit Hilfe einer Verzögerungsleitung ausgeblendet werden. Dabei werden die Antwortechos zweier oder mehrerer Sendeimpulsperioden voneinander subtrahiert. Unbewegte Objekte führen zu Empfangsimpulsen, deren Phase sich von Sendeimpuls zu Sendeimpuls nicht ändert und die daher gelöscht werden. Kein Phasenunterschied zwischen benachbarten Empfangsimpulsen und damit Auslöschung tritt auch auf, wenn das Objekt in dieser Zeit in radialer Richtung genau ein Vielfaches der halben Wellenlänge zurücklegt. Die dazu notwendige Geschwindigkeit nennt man deshalb Blindgeschwindigkeit v_{Bl}. Es gilt:

$$v_{\mathrm{Bl}} T_{\mathrm{p}} = n \frac{\lambda}{2}, \quad n = 1, 2, 3, \ldots \tag{27}$$

Beim Puls-Doppler-Radar werden zur Signalauswertung vorwiegend Doppler-Filterbänke verwendet, denen Entfernungstorschaltungen vorausgehen. Damit wird erreicht, daß die Doppler-Filter nur von Impulsen angestoßen werden, die aus der durch die Verzögerung τ zwischen Sendeimpuls und Abtastimpuls festgelegten Entfernungszelle stammen. Eine eindeutige Rekonstruktion des kontinuierlichen Doppler-Signals ist immer dann möglich, wenn das Abtasttheorem erfüllt ist, d.h. die Beziehung

$$f_{\mathrm{d}} < 1/(2\,T_{\mathrm{p}}) \tag{28}$$

eingehalten wird.

1.5 Verfolgungsradar. Tracking radar

Neben der Verfolgung von Zielen bei gleichzeitigem Suchbetrieb (track-while-scan) durch Auswertung aufeinanderfolgender Zielmeldungen mit Hilfe eines $\alpha - \beta$-Trackers [13] oder adaptiv mit einem Kalman-Filter [14] zur Erzeugung einer Spur, gibt es die eigentlichen Verfolgungsradaranlagen, die durch Nachführung der Radarantenne ein Ziel fortlaufend verfolgen. Dabei können alle verfügbaren Objektparameter – Entfernung, Elevationswinkel, Azimutwinkel und Doppler-Information – zur Vorhersage der zukünftigen Zielposition verwendet werden.

Für das Verfolgungsradar werden bleistiftförmige Antennenhauptkeulen verwendet. Durch Mehrkeulenbildung läßt sich die erreichbare Winkelmeßgenauigkeit gegenüber der Halbwertsbreite des Antennendiagramms wesentlich verbessern.

Dies kann durch sequentielle Mehrkeulenbildung geschehen, die heute üblicherweise durch Kegelabsuchen (conical scanning), d.h. Bewegung der Hautachse des Antennendiagramms auf einem Kegelmantel nach Bild 8 durchgeführt wird. Durch die Rotation der Antennenkeule

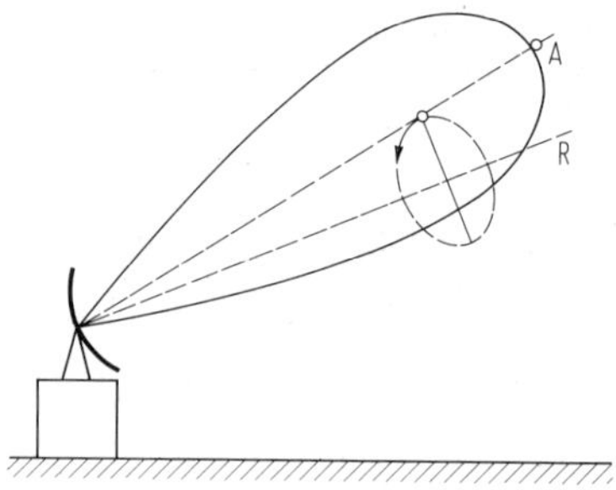

Bild 8. Bewegung der Antennenrichtcharakteristik beim Kegelabsuchverfahren (conical scanning)

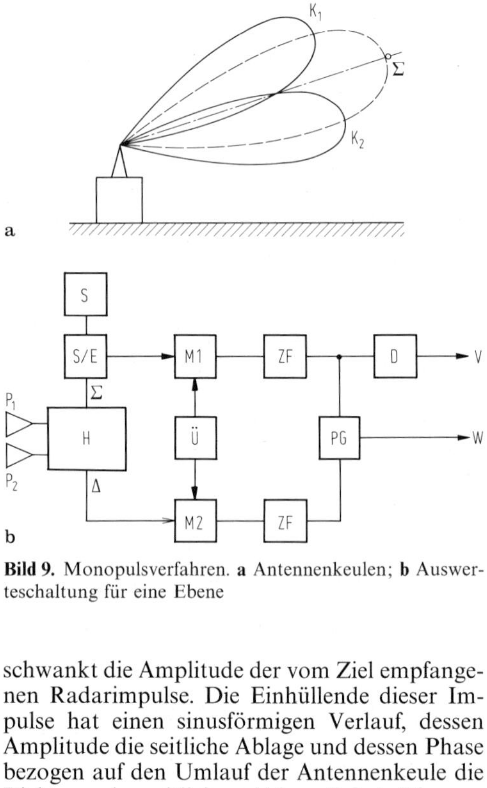

Bild 9. Monopulsverfahren. **a** Antennenkeulen; **b** Auswerteschaltung für eine Ebene

schwankt die Amplitude der vom Ziel empfangenen Radarimpulse. Die Einhüllende dieser Impulse hat einen sinusförmigen Verlauf, dessen Amplitude die seitliche Ablage und dessen Phase bezogen auf den Umlauf der Antennenkeule die Richtung der seitlichen Ablage liefert. Die umlaufende Antennenkeule kann z.B. durch Rotation des aus dem Brennpunkt versetzten Primärstrahlers einer Parabolantenne um die Reflektorachse erzeugt werden. Im Gegensatz zur sequentiellen Mehrkeulenbildung benötigt das Monopulsverfahren nur einen Empfangsimpuls zur Bestimmung der Nachführinformation. Es verwendet für Azimut und Elevation jeweils zwei überlappende Antennenkeulen nach Bild 9a. Die Summe und die Differenz der Empfangssignale aus beiden Antennenkeulen wird über zwei Empfänger nach Bild 9b ausgewertet. Dabei wird ein Amplitudenvergleich zwischen den beiden Keulen durchgeführt, wobei der

Phasengleichrichter auch das Vorzeichen der Differenz liefert. Zum Senden und zur Entfernungsauswertung wird ausschließlich die Summenkeule eingesetzt. Zur Auswertung der Winkelabweichung in Azimut und Elevation sind insgesamt drei Empfänger notwendig.
Die Genauigkeit der Richtungsbestimmung wird abhängig von der Entfernung durch Schwankungen der Lage des Reflexionsschwerpunkts des Ziels (glint), durch Fluktuationen der Rückstreufläche und durch das thermische Rauschen der Empfänger beeinflußt [14].

1.6 Radarsignaltheorie
Radar signal theory

Die Forderung nach hoher Meßgenauigkeit und großem Auflösungsvermögen bezüglich der Entfernungsmessung und der Geschwindigkeitsmessung erfordert nach Gl. (16) die Verwendung von Signalen großer Bandbreite und nach Gl. (11) von Signalen langer Dauer. Erfüllt man beide Forderungen, dann muß die Frage nach der optimalen Verarbeitung dieses Signals beantwortet werden. Dabei kann die Bestimmung der Zielparameter nicht losgelöst gesehen werden von der Entdeckung des Ziels. Zur Entdeckung muß das empfangene Signal so verarbeitet werden, daß die momentane Empfängerausgangsleistung $g^2(t)$ an 1 Ω bezogen auf die zugehörige Rauschleistung N maximal wird. Es zeigt sich [15, 16], daß dieser Quotient den Wert

$$\frac{g^2(t_{max})}{N} = \frac{2E}{N_0} \qquad (29)$$

nicht überschreiten kann, wobei

$$N = \frac{N_0}{2} \int_{-\infty}^{+\infty} |\underline{H}(f)|^2 \, df$$

$$\underline{S}(f) = \int_{-\infty}^{+\infty} s(t) \exp(-j 2\pi f t) \, dt$$

(N_0 = Rauschleistungsdichte (W/Hz); $\underline{H}(f)$ = Übertragungsfunktion des Empfängers).

$$E = \int_{-\infty}^{+\infty} s(t)^2 \, dt = \int_{-\infty}^{+\infty} |\underline{S}(f)|^2 \, df\text{: Signalenergie}$$

mit

$$s(t) = \text{Re}\{\underline{s}_0(t) \exp(j\omega t)\}\text{: Empfangssignal.}$$

Den Maximalwert nach Gl. (29) erreicht man nur, wenn die Empfängerübertragungsfunktion gleich dem konjugiert komplexen Empfangssignalspektrum gemäß

$$\underline{H}(f) = \underline{S}^*(f) \qquad (30)$$

gewählt wird. Das erforderliche Empfängerfilter

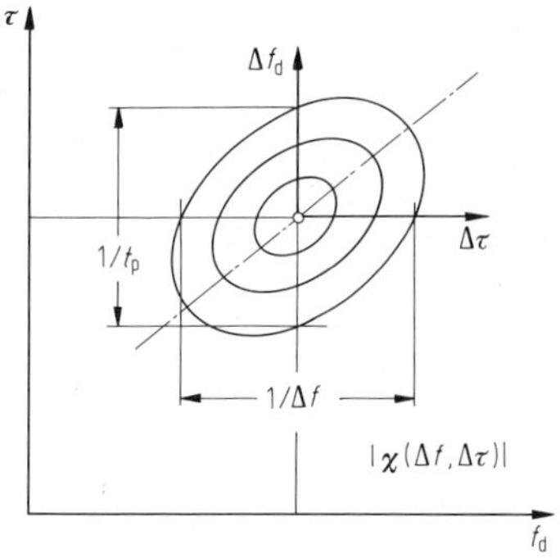

Bild 10. Konturen der Mehrdeutigkeitsfunktion für ein FM-CW-Radar

nennt man Optimalfilter (matched filter). Die Darstellung des Ausgangssignals des Optimalfilters in einer auf die Objektkoordinaten bezogenen Laufzeit-Doppler-Frequenzebene nach Bild 10 bezeichnet man als Mehrdeutigkeitsfunktion (ambiguity function) [17], [18]. Man definiert

$$|\chi(\Delta\tau, \Delta f_d)| = \left| \int_{-\infty}^{+\infty} \underline{s}_0(t)\, \underline{s}_0^*(t+\Delta\tau) \exp(j 2\pi \Delta f_d t) \, dt \right| \qquad (31)$$
$$= \left| \int_{-\infty}^{+\infty} \underline{S}_0(f)^* \underline{S}_0(f-\Delta f_d) \exp(-j 2\pi \Delta\tau f) \, df \right|.$$

$\Delta\tau$ und Δf_d sind positiv [19], wenn Laufzeit τ und Annäherungsgeschwindigkeit des Objekts jeweils größer sind als die Werte, für die sich ein maximales Ausgangssignal ergibt.
Die Mehrdeutigkeitsfunktion hat eine Reihe wichtiger Eigenschaften [20], wobei das Verhalten in der Nähe des Ursprungs in allgemeiner Form das Auflösungsvermögen des Radarsignals in der Laufzeit und in der Doppler-Frequenzebene beschreibt.
Signale mit großem Bandbreite Δf · Impulsdauer t_p Produkt (typ. $\Delta f t_p > 100$) lassen sich z. B. durch Aussenden langer Impulse, die gleichzeitig frequenzmoduliert sind (chirp-radar) erzeugen (Bild 11 a). Neben der Frequenzmodulation kann zur Erzeugung von Impulsen mit hoher Bandbreite Δf die Phase des HF-Signals während des Impulses mehrfach um 180° umgetastet werden, z. B. nach einem Barker-Code [21] oder auch nach einem Pseudozufallscode.
Das Ergebnis der Verarbeitung dieser langen Impulse durch Optimalfilter ist ein kurzer Impuls der Dauer $1/\Delta f$ nach Bild 11 c; man spricht daher von Impulskompression. Die Amplitude des komprimierten Impulses ist gegenüber dem gesendeten Impuls um den Faktor $\sqrt{\Delta f t_p}$ größer. Damit kann bei gleicher Empfindlichkeit die Sendeimpulsleistung herabgesetzt werden.

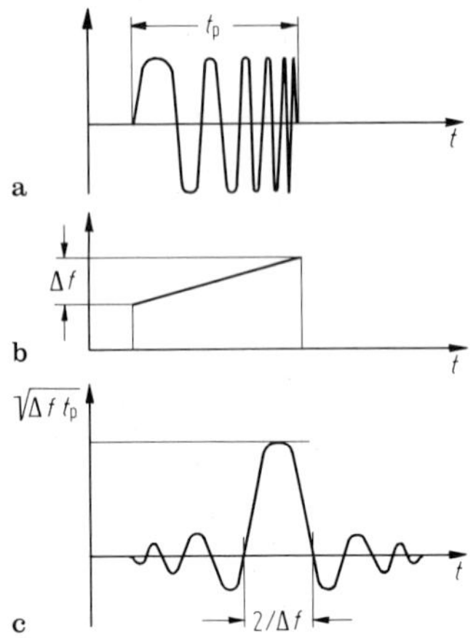

Bild 11. Impulskompression. **a** hochfrequenter Impuls; **b** Frequenzverlauf; **c** komprimierter Impuls nach Optimalfilterverarbeitung

1.7 Seitensichtradar

Synthetic aperture radar

Das laterale Auflösungsvermögen eines Radars ist nach Gl. (24) durch Breite der Antennenrichtcharakteristik festgelegt. Eine Verbesserung ist durch Vergrößerung der realen Antennenabmessungen L erreichbar, der mechanische Grenzen gesetzt sind, aber auch durch eine synthetische Apertur [22–24]. Dabei wird eine kleine Antenne mit der Abmessung L nach Bild 12 zur sequentiellen Aufzeichnung der Feldverteilung quer zur Hauptempfangsrichtung über eine Strecke L_S bewegt. Diese Feldverteilung ist dieselbe, die auch eine möglicherweise gar nicht realisierbare, ausgedehnte Antenne der Abmessung L_S erfassen und durch phasenrichtige Summation zum Empfangssignal verarbeiten würde. Durch Nachbildung des Rekonstruktionsprozesses kann aus der aufgezeichneten Feldverteilung ein äquivalentes Empfangssignal erhalten werden, das eine Winkelauflösung wie eine reale Antenne mit der Abmessung L_S aufweist.
Die maximale Länge der synthetischen Apertur ist durch die entfernungsabhängige Strecke bestimmt, während der sich ein Objekt im Beleuchtungsbereich der realen Antenne befindet

$$L_S = \gamma D. \tag{32}$$

Das damit erreichbare Auflösungsvermögen Δy ist unabhängig von der Entfernung D

$$\Delta y = L/2, \tag{33}$$

wobei durch einen Faktor 1/2 berücksichtigt wurde, daß die synthetische Antenne zum Senden und Empfangen benützt wird und vorausge-

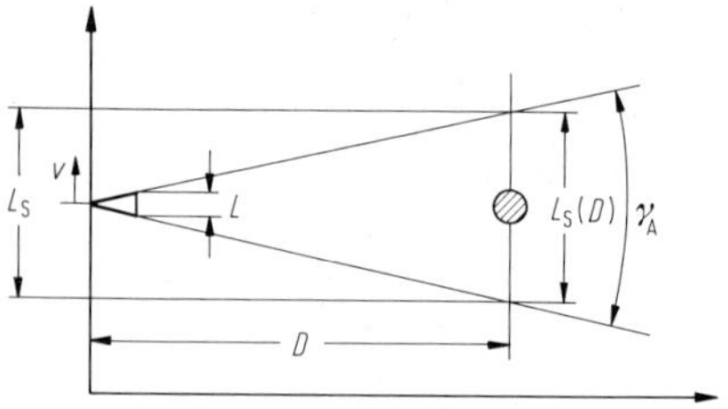

Bild 12. Aperturlängen beim Seitensichtradar

setzt ist, daß sich das Objekt im Fernfeldbereich der synthetischen Apertur befindet. Wenn diese Bedingung nicht erfüllt ist, ergibt sich eine Verschlechterung des Auflösungsvermögens ($\Delta y \sim \sqrt{D}$; nicht fokussiertes Seitensichtradar). Durch eine entfernungsabhängige Phasenbewertung (Fokussierung) erreicht man die Auflösung nach Gl. (33).
Seitensichtradaranlagen werden in Satelliten oder Flugzeuge eingebaut. Das Tiefenauflösungsvermögen wird dabei durch übliche Pulsradartechniken erreicht. Die Aufbereitung der Daten kann optisch, aber auch mit dem Digitalrechner durchgeführt werden. Anwendungen liegen auf den Gebieten der Erstellung von Landkarten, der Erkundung von Bodenschätzen und der Überwachung der Eiswanderung in den Polargebieten.

1.8 Sekundärradar

Secondary surveillance radar (SSR)

Dabei handelt es sich um ein von der International Civil Aviation Organisation (ICAO) genormtes Verfahren zur Ortung und Identification von Luftfahrzeugen, das im militärischen Bereich in einem besonderen Betriebsmodus auch zur Freund-Feind-Kennung (IFF) verwendet wird. Wesentlicher Unterschied im Vergleich zum Primärradar ist die Verwendung eines aktiven Antwortgeräts (Transponder) an Bord des Luftfahrzeugs, wobei für Abfrage (1030 MHz) und Antwort (1090 MHz) unterschiedliche Frequenzen verwendet werden (Bild 13). Damit entfallen

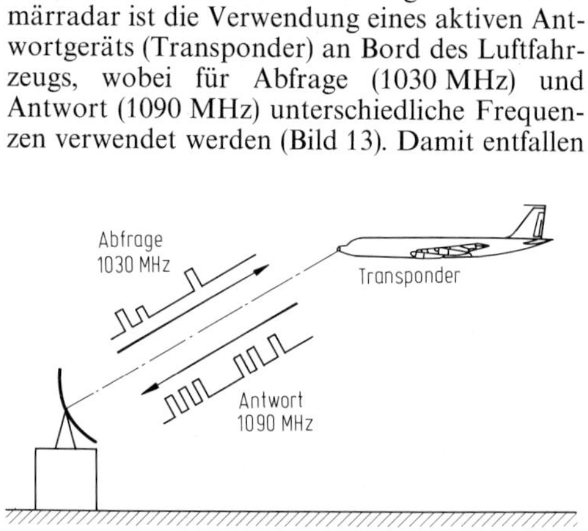

Bild 13. Sekundärradar

Antwortechos von nicht kooperativen Zielen. Die Sekundärradarantenne ist mechanisch mit der Primärradarantenne verbunden. Der Sendezeitpunkt wird so gewählt, daß unter Berücksichtigung der Transponderantwortzeiten Primär- und Sekundärradarantworten gleichzeitig eintreffen. Damit können beide Signale für eine Laufzeitauswertung und zur Bildschirmdarstellung wahlweise herangezogen werden. Es werden zwei Impulse zur gerichteten Abfrage verwendet. Ihr zeitlicher Abstand bestimmt den Betriebsmodus, der dritte (mittlere) Impuls wird mit einem Runddiagramm abgestrahlt und dient zur Unterdrückung von Abfragen über die Nebenkeulen der Sendeantenne. Im zivilen Bereich sind die Abfragenmodi A (Kennung) und C (Flughöhe) üblich, die abwechselnd abgefragt werden. Das Antwortimpulstelegramm des Ziels enthält diese Informationen in codierter Form [25]. Probleme bei der Auswertung der Antwortimpulsdiagramme entstehen, weil die Sekundärradarstation nicht nur Antworten des Transponders auf eigene Abfragen erhält (fruit). Die empfangenen Antworttelegramme müssen daher darauf überprüft werden, ob sie synchron zur eigenen Abfrage erfolgen (defruiter). Weiterhin ist eine zeitliche Überlappung der Antwortimpulstelegramme (Länge $t_A = 24{,}65\ \mu s$) zweier Flugzeuge möglich, wenn sie in gleicher Richtung weniger als 3,7 km voneinander entfernt sind (garbling). Durch die geplante Einführung eines Betriebsmodus S (Selective) [26, 27] wird zur Vermeidung dieses Problems die gezielte Abfrage eines Flugobjekts möglich. Gleichzeitig wird damit eine selektive Informationsübertragung vom Boden zum Flugzeug durchführbar.

Spezielle Literatur: [1] *Hülsmeyer, C.*: DRP 165 546 und DRP 169 154, 1904. – [2] *Skolnik, M. I.*: Introduction to radar systems, 2nd edn. New York: McGraw-Hill 1980, pp. 8–12. – [3] *Stanner, W.*: Leitfaden der Funkortung. Garmisch: Dt. Radar-Verlagsges. 1960, S. 7–14. – [4] *Bopp; Paul; Taeger:* Radar Grundlagen Anwendungen. Berlin: Schiele & Schön 1965, S. 13–18. – [5] *Nathanson, F. E.*: Radar design principles. New York: MacGraw-Hill 1969, Sect. 11. – [6] *Blake, L. V.*: Radar range-performance analysis. Lexington: Lexington Books 1980. – [7] *Swerling, P.*: Detection of fluctuating pulsed signals in the presence of noise. IRE Trans. IT-3, (1957) 175–178. – [8] *Skolnik, M. I.*: Introduction to radar systems, 2nd edn. New York: McGraw-Hill 1980, pp. 46–52. – [9] *Gupta, P. D.*: Exact derivation of the Doppler shift formula for a radar echo without using transformation equations. Am. J. Phys. 45 (1977) 674–675. – [10] *Mattes, H.*: Elektronische Höhenmesser. In: *Kramar, E.* (Ed.): Funkortungssysteme für Ortung und Navigation. Stuttgart: Berliner Union 1973. – [11] *Skolnik, M. I.*: Introduction to radar systems, 2nd edn. New York: McGraw-Hill 1980, pp. 232. – [12] *Skolnik, M. I.*: Introduction to radar systems, 2nd edn. New York: McGraw-Hill 1980, pp. 410–411. – [13] *Skolnik, M. I.*: Introduction to radar systems, 2nd edn. New York: McGraw-Hill 1980, pp. 114. – [14] *Skolnik, M. I.*: Introduction to radar systems, 2nd edn., New York: McGraw-Hill 1980, pp. 170. – [15] *Cook, Ch.; Bernfeld, M.*: Radar signals. New York: Academic Press 1967, pp. 19–24. – [16] *Vakman, D.*: Sophisticated signals. Berlin: Springer 1968, pp. 3. – [17] *Woodward, P. M.*: Probability and information theory, with applications to radar. Oxford: Pergamon 1953, pp. 120. – [18] *Cook, Ch.; Bernfeld, M.*: Radar signals. New York: Academic Press 1967, p. 56. – [19] *Sinsky, A.; Wang, C.*: Standardisation of the definition of the radar ambiguity function. IEEE Trans. AES (Juli 1974) 532–533. – [20] *Cook, Ch.; Bernfeld, M.*: Radar signals. New York: Academic Press 1967, pp. 68–82. – [21] *Sinsky, A.; Wang, C.*: Standardisation of the definition of the radar ambiguity function. IEEE Trans. AES (Juli 1974), pp.532–533. – [22] *Harger, R. O.*: Synthetic aperture radar system. New York: Academic Press 1970. – [23] *Brown, W. M.; Porcello, L. J.*: An introduction to synthetic aperture radar. IEEE Spectrum (Sept. 1969) 52–62. – [24] *Toniyasu, K.*: Tutorial review of synthetic-aperture radar (SAR). Proc. IEEE 66 (1978) 563–583. – [25] *Honold, P.*: Sekundär-Radar, Grundlagen und Gerätetechnik. München: Siemens AG, 1971. – [26] *Lerner, E.*: Automating U.S. air lanes: A review. IEEE Spectrum (Nov. 1982) 46–51. – [27] *Plumeyer, P.*: Datenübertragung beim Sekundärradar (Mode S) Ortung u. Navigation 3 (1982) 414–427.

2 Funkortungssysteme
Radio navigation systems

Allgemeine Literatur: *Grabau, R.; Pfaff, K.*: Funkpeiltechnik. Stuttgart: Franckh 1989. – *Heer, O.*: Flugsicherung. Einführung in die Grundlagen. Berlin: Springer 1975. – *Hütte IV B*, 28. Aufl.: Funktechnik. Berlin: Ernst & Sohn 1962, S. 1313–1345. – *Kayton, M.* (ed.); *Fried, W.*: Avionics navigation systems. New York: Wiley 1969. – *Kramar, E.* (Ed.): Funksysteme für Ortung und Navigation. Stuttgart: Berlin Union 1973.

Eine Übersicht über wichtige Funknavigationsverfahren befindet sich in Tab. 1.

2.1 Funkpeilverfahren. Direction finding

Die Funkpeilverfahren bestimmen die Richtung einer Funkstation aus dem Verlauf der Wellenfront des einfallenden Funksignals. Dies kann mit Hilfe der Nullstellen eines Antennendiagramms (z. B. Doppelkreisdiagramm des Peilrahmens), mit dem Maximum des Strahlungsdiagramms einer Richtantenne, oder durch Vergleich zweier gegeneinander versetzter Strahlungsdiagramme (Monopulsverfahren s. S 1.4) erfolgen. Andere Verfahren verwenden zur Rekonstruktion des Verlaufs der Wellenfront Abtastwerte der räumlichen Feldverteilung (Interferometer, Doppler-Peiler).

Spezielle Literatur Seite S 16

Tabelle 1. Übersicht über wichtige Funknavigationsverfahren.

Name (Kurzbezeichnung)	Grundverfahren zur Ortsbestimmung	Bedeckung/ Reichweite	Frequenzbereich	Genauigkeit (CEP) in m
NAVSTAR-GPS	Zeitmessung	global	1575,42 MHz, 1227,60 MHz	15 (SEP)
LORAN C	Laufzeitdifferenz-/Phasenmessung	regional	100 kHz	180
OMEGA	Phasendifferenzmessung mit zeitlicher Trennung der Sendersignale	global	10,2 kHz; 11,33 kHz; 13,6 kHz	2200
DECCA	Phasendifferenzmessung mit frequenzmäßiger Trennung der Sendersignale	regional	70 ... 130 kHz	500
VOR/DME/TACAN	Umlauf eines Antennenrichtdiagramms, Laufzeitmessung	lokal	108 ... 118 MHz/ 962 ... 1213 MHz	TACAN: 400
NDB, ADF	Minimumsuche mit Antennenrichtdiagramm	regional	962 ... 1213 MHz	–
ILS	Verwendung richtungsabhängiger Modulationsgraddiagramme	lokal	108 ... 118 MHz/Landekurs 328 ... 335 MHz/Gleitweg	
CONSOL	umlaufendes Richtdiagramm	regional	300 kHz	–
TRSB/MLS	Schwenkung einer Antennenkeule	lokal	5,0 ... 5,25 GHz	–
TRANSIT	Doppler-Frequenzauswertung	global	150 MHz; 400 MHz	200

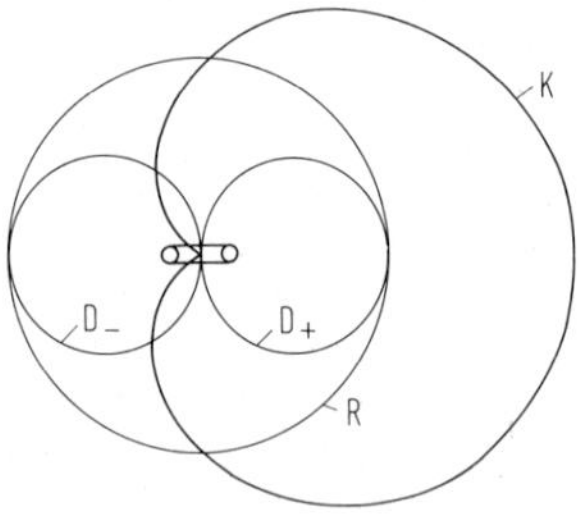

Bild 1. Entstehung des Kardioidendiagramms (K) aus Doppelacht- (D) und Runddiagramm (R)

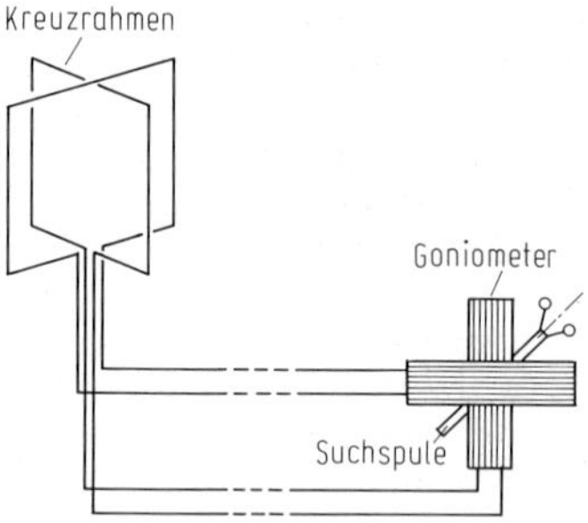

Bild 2. Prinzip einer Kreuzrahmenantenne mit Goniometerauswertung

Einkanalige Hörpeiler. Sie benötigen nur einen Signalweg, der mit einem Nachrichtenempfänger realisiert wird, welcher mit Zusatzeinrichtungen ergänzt ist. Bis zu Frequenzen von 30 MHz dient eine Luft- oder Ferritrahmenantenne als Peilantenne, die durch eine stabförmige Hilfsantenne ergänzt wird, welche die zur Seitenbestimmung notwendige Hilfspannung liefert. Diese Antennenform kennzeichnet den *Drehrahmenpeiler* [1, 2]. Die Peilung erfolgt durch Drehen der Antenne oder des fest mit ihr verbundenen Peilempfängers, bis das Signal zum Minimum wird. Das der Peilung zugrunde liegende Richtdiagramm der Rahmenantenne zeigt in Polarkoordinaten Doppelkreisform. Zur Seitenkennung addiert man die Hilfsspannung phasen- und amplitudenrichtig zur Peilspannung, wodurch das Richtdiagramm zu einer um 90° gegen das Doppelkreisdiagramm gedrehten Kardioide wird (Bild 1). Die Seitenkennung erfolgt durch die Beobachtung der Minimumverlagerung beim Verdrehen der Antenne aus der Peil-Minimum-Stellung. Bei Frequenzen über 30 MHz wird eine Drehadcockantenne verwendet, die aus zwei Breitbanddipolen besteht. Hier spricht man von *Dreh-Adcock-Peiler* [3], dessen Betrieb analog zum Drehrahmenpeiler abläuft. Wegen der mechanischen Probleme hat man *Goniometerpeiler* [4, 5] mit feststehenden Antennen geschaffen. Die Peilungen erfolgen ebenfalls durch Ermittlung des Signalminimums: Die Feldspulen des Goniometers (Bild 2) werden von den Peilantennensignalen gespeist, so daß im Innern des Goniometers ein Magnetfeld entsteht, das mit einer drehbaren Suchspule nach Peilminimum und richtiger Seite wie beim Drehrahmenpeiler abgesucht werden kann.

Einkanalige Sichtpeiler. Zur Vereinfachung der Peilwertgewinnung wurde das Hörpeilprinzip durch Sichtanzeigen ergänzt oder abgelöst. Der *Schiffspeiler Telegon III* [6] addiert die Hilfsspannung alternierend mit gleicher und entgegengesetzter Phasenlage zur Peilspannung. In beiden Schaltzuständen ist die resultierende Signalspannung nur gleich, wenn die Winkelstellung des Goniometers mit dem Peilazimut übereinstimmt. Die Amplitudengleichheit wird auf einer Anzeigeröhre sichtbar gemacht und dient als Einstellkriterium für das Goniometer. Ähnliche Peilgeräte mit einer Umtastung im Rhythmus der Morsezeichen A und N und einer Instrumentenanzeige zur Kurskorrektur werden für Zielflug eingesetzt. *Wullenweverpeiler* [7, 8] beziehen das Peilsignal aus einem Spezialgoniometer, dessen Statoranschlüsse von Einzelantennen einer Kreisgruppenantenne gespeist werden. Der Rotor des Goniometers führt die Einzelsignale eines größeren Sektors gleichzeitig einem Richtstrahlnetzwerk zu, in dem das Summensignal aller Antennen des Sektors und das Differenzsignal der Antennen des linken und rechten Halbsektors gebildet wird. Durch Drehung des Goniometerrotors kann mit dem Summensignal eine sehr empfindliche Maximumpeilung durchgeführt werden. Wenn die Empfindlichkeit nicht im Vordergrund steht, kann man mit dem Differenzsignal eine Minimumpeilung mit erhöhter Peilgenauigkeit durchführen. Zum Sichtpeiler wird die Anordnung dadurch, daß die Amplitude von Summen- oder Differenzsignal winkeltreu zur Goniometerrotation auf einer Kathodenstrahlröhre in Polardarstellung aufgezeichnet wird.

Einkanalige Automatikpeiler. Mit einem elektronischen Goniometer, in dem ein rotierendes Richtdiagramm erzeugt wird, das am Goniometerausgang ein amplitudenmoduliertes Signal liefert, arbeitet das *Einkanalpeilsystem EP 1650* [9]. Die Phase dieses Signals, bezogen auf die Phase der Goniometersteuersignale, stellt die Peilinformation dar, die in der Auswerteeinheit über eine digitale Phasenmessung zum Peilazimut umgeformt wird. Die Kompensation der durch die Signallaufzeiten im Empfänger verursachten Phasen- und damit Peilfehler wird durch eine alternierende Links- und Rechtsrotation des Antennendiagramms erreicht. Der *Doppler-Peiler* [10, 11] nutzt die Frequenzmodulation als Peilinformation aus, die durch den Doppler-Effekt beim Empfang eines Signals mit einer Antenne entsteht, wenn diese im elektromagnetischen Feld einer periodischen Kreisbewegung unterworfen wird. Die rotierende Antenne wird durch eine zyklisch gesteuerte Energieentnahme aus einer größeren Anzahl stationär auf einem Kreis angeordneter Einzelantennen nachgebildet (Bild 3). Als Peilazimut wird die Phase der dem Signal aufgeprägten Frequenzmodulation in bezug auf die Abtastfunktion ausgewertet. Da der Frequenzhub vom Elevationswinkel abhängt, kann dieser aus dem Frequenzhub berechnet werden. Bei Frequenzmodulation muß die Peil-

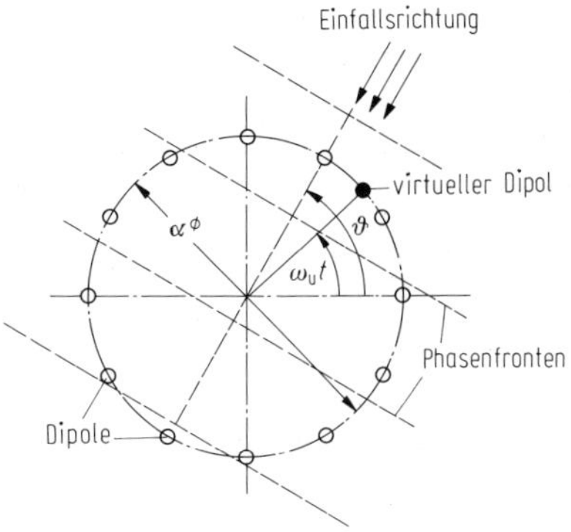

Bild 3. Zum Prinzip des Doppler-Peilers

modulation und die Nutzmodulation zur Erzielung guter Peilgenauigkeit und Mithörmöglichkeit auseinandergehalten werden. Durch Spezialfilter werden die Störungen bei einkanaligen Doppler-Peilern in Grenzen gehalten, zur vollständigen Vermeidung störender Beeinflussungen verwendet man Geräte mit getrenntem Peil- und Hilfskanal: Ein Nachrichtenempfänger wird vom azimut-unabhängigen Signal einer Hilfsantenne im Zentrum des Peilantennensystems gespeist. Damit ist uneingeschränkter Hörempfang möglich. Das Hilfssignal dient ferner zur Beseitigung der Frequenzmodulationsanteile im Peilkanal, die von der Nutzmodulation des gepeilten Senders herrühren. Hierzu werden Peil- und Hilfssignal in verschiedene Frequenzlagen gebracht und in einer Mischstufe gemischt. Dort kompensiert sich die Nutzfrequenzmodulation, und das Ausgangssignal enthält nur die Peilmodulation, die in einem Peilauswerter zum Peilergebnis verarbeitet wird.

Mehrkanalige Sichtpeiler. Durch den hohen Informationsgehalt der Peilaussage und die kurze Peilzeit haben die zwei- und dreikanaligen *Watson-Watt-Peiler* [12–14] große Bedeutung erlangt. Für Bodenwellenpeilungen ist eine Kreuzrahmenantenne ausreichend. Für Raumwellenpeilungen ist ein Adcock-System angebracht. Das Grundprinzip sieht vor, daß aus einem Antennensystem zwei Peilspannungen ausgekoppelt werden. Sie werden in identischen Peilkanälen abgestimmt, verstärkt, selektiert und in der Amplitude so eingeregelt, daß die Sinuskomponente über die Horizontal- und die Kosinuskomponente über die Vertikalablenkplatten einer Kathodenstrahlröhre auf dem Sichtschirm die Peilfigur schreiben. Diese ist eine Lissajous-Figur, die im Einwellenfall zum Strich entartet, dessen Winkel zur Bezugsrichtung Nord den Peilwinkel angibt. Bei kohärentem Mehrwellenempfang durch ortsfeste Rückstrahler entsteht eine ruhende Ellipse als Anzeige. Im quasikohärentem Mehrwellenfall durch Ionosphäreneinflüsse auf die beteiligten Raumwellen erscheint eine langsam in Richtung und Amplitude schwankende Peilellipse. Bei ellipsenförmigen Peilanzeigen gibt die Richtung der Längsachse den Peilwinkel an, die Länge der Querachse, bezogen auf die Längsachse, ist die Trübung. Im inkohärenten Mehrwellenfall durch Mehrsenderempfang erfolgt die Peilschwankung entsprechend der Frequenzdifferenz der empfangenen Wellen so schnell, daß das Auge auf dem Sichtschirm eine flächenhaft ausgeleuchtete Peilfigur erkennt.

Mehrkanalige Automatikpeiler. Hier versteht man unter Automatik die Ferneinstellung durch eine Bedienstelle, die Bildung der Peilergebnisse und ihre Rückmeldung zu einer fernen Auswertestelle ohne Eingriff durch einen am Peiler tätigen Funker. Ausführungen über automatisch betriebene Peiler findet man in [15]. Die im *digitalen Peilwertgeber* realisierte *Mittelwertbildung* kommt durch Integration von Sinus- und Kosinuskomponente der momentanen Peilwinkel zustande. Die digital durchgeführte Integration ermöglicht bei entsprechender Integrationszeit die Auswertung im Rauschen liegender Signale. Die Gewinnung der Sinus- und Kosinuskomponenten erfolgt durch die mit dem seitenrichtigen Ellipsenscheitelpunkt synchrone Amplitudenabtastung und A/D-Wandlung der beiden Peilsignale. Diese Abtastung nutzt auch der *Panoramaauswerter*, der das Peilergebnis aus einer *Häufigkeitsanalyse* ableitet. Nach jeder Abtastung wird ein momentaner Peilwinkel aus den mit variabler Vorintegration gemittelten Peilkomponenten errechnet und in einem Speicher die Anzahl der unter dem gleichen Azimut bereits aufgetretenen Ereignisse erhöht. Damit baut sich panoramaartig eine Häufigkeitsverteilung über dem Peilwinkel auf, die durch ein mikroprozessorgesteuertes Auswerteprogramm auf die Maxima abgesucht wird. Dieser Auswerter hat den Vorteil, daß Integration und Häufigkeitsanalyse angewendet werden können. Die Häufigkeitsanalyse erlaubt die Ausgabe mehrerer Peilergebnisse, wenn mehrere Sender nicht dauernd gleichzeitig empfangen werden.

Mehrwellenpeiler. Komplexe Interferenzfelder kohärenter, quasikohärenter und inkohärenter Wellen sollen nach Azimut und möglichst nach Elevation und Amplitudenverhältnis aufgelöst werden. Die theoretischen Grundlagen findet man in [16, 17], in [18] sind die Auswirkungen des Einsatzes von Mehrwellenpeilern auf die Ortung beschrieben. Bei *Raumbasispeilern* sind mindestens $2N$ Antennen nach geeignetem Muster angeordnet, um mit jeder Meßprobe die Wellenparameter für N Wellen berechnen zu können. Die vom Interferenzfeld erzeugten Antennenspannungen überträgt ein Vielkanalempfänger mit $2N$ Empfangskanälen zur Auswerteeinheit. Dort werden die Signale gleichzeitig abgetastet und digitalisiert. Ein Rechner ermittelt dann die Peilparameter für jeden Meßprobensatz und wertet sie i. allg. durch Häufigkeitsanalyse aus. Das Raumbasisverfahren eignet sich auch zur Auflösung rein kohärenter, also stationärer Interferenzfelder. Der hohe Aufwand in der Kanalzahl hat dazu geführt, daß man Zwei- und Dreikanalpeilempfänger im Zeitmultiplex an die Antennen anschaltet. Bei *Zeitbasispeilern* nutzt man die Tatsache aus, daß die Interferenzfelder zeit- und ortsveränderlich sind, weil sie überwiegend durch quasikohärente und inkohärente Wellenüberlagerung zustande kommen. Hier genügen die drei Ausgangsspannungen eines Adcock-Antennensystems, die über einen Watson-Watt-Peiler der Auswerteeinheit zugeführt werden. Zur Mehrwellenauflösung genügt nun nicht ein einzelner Meßprobensatz der drei Peilsignale. Vielmehr muß der Peiler laufend neue Meßproben aus dem über die Antennen gleitenden Interferenzfeld entnehmen. Ein Mehrwellenpeiler auf Zeitbasis ist in [15, 19] beschrieben.

Interferometerpeiler. Zur Azimut- und Elevationsbestimmung einer Welle sind mindestens drei Antennen nötig, aus deren zwei Phasendifferenzen das Peilergebnis eindeutig hervorgeht, solange der Antennenabstand kleiner als die halbe Wellenlänge ist. Die Antennen sollen aber möglichst weit auseinanderstehen, da Interferenzfelder schon im Antennensystem ausgemittelt werden und die Meßgenauigkeit mit dem Antennenabstand steigt. Damit ein Großbasisinterferometer eindeutig peilt, müssen die Mehrdeutigkeiten in der Peilaussage durch genügend genaue Einweisungswerte für die Rechnung ausgeschlossen werden. Dies ist lösbar durch die Kombination von Großbasis- und Kleinbasisinterferometer im selben Antennensystem. Bei modernen Ausführungen werden die Antennensignale über wenige Peilkanäle im Zeitmultiplex zur Auswerteeinheit übertragen, wo sie digitalisiert werden. Der Auswerter geht von der kleinen Basis aus, berechnet die Phasendifferenzen als Einweisungswerte für die nächst größere Basis, schaltet das System an die nächst größere Basis zur Berechnung verbesserter Phasendifferenzen und wiederholt diesen Vorgang bis zur Abarbeitung der größten Basis, aus deren Phasendifferenzen das Peilergebnis berechnet wird.

Single Station Locator (SSL) bezeichnet ein Peilsystem, das mit nur einer Peilstation die Ortung eines Senders erlaubt. Hierzu ist jeder Peiler geeignet, der neben Azimut auch Elevation mißt, wie z. B. ein Interferometer. Die raumwinkelabhängigen Antennenspannungen werden von einem Zweikanalpeilempfänger und einem Rechner im Zeitmultiplex zunächst zum Azimut- und Elevationsergebnis verarbeitet. Unter Berücksichtigung der Reflexionshöhe der Raumwelle an der Ionosphäre kann der Rechner die Entfernung und die absoluten Koordinaten des gepeilten Senders bestimmen.

Spektrumspeiler. Der Aufklärungstechnik genügt nicht immer die auf einer Frequenz schmalbandig ermittelte Peil- und Ortungsinformation. Zur quasi gleichzeitigen Aufklärung sind Breitbandsysteme vorgeschlagen worden, die mit Mitteln der digitalen Signalverarbeitung breitbandige Frequenzbänder verarbeiten und aus den zu gleichen Frequenzen gehörenden Amplituden und Phasen Peilaussagen für viele Frequenzen ableiten.

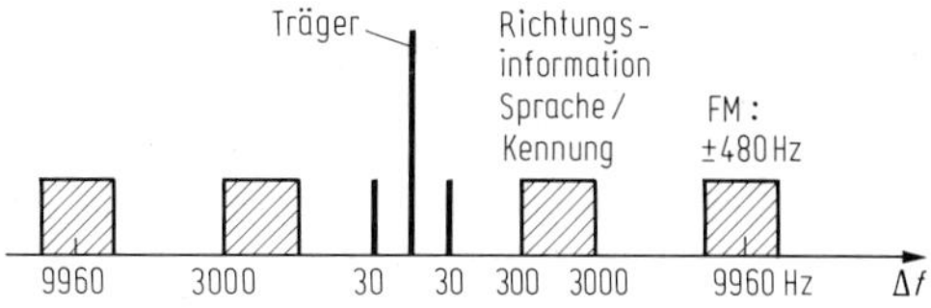

Bild 4. Spektrum einer VOR-Anlage

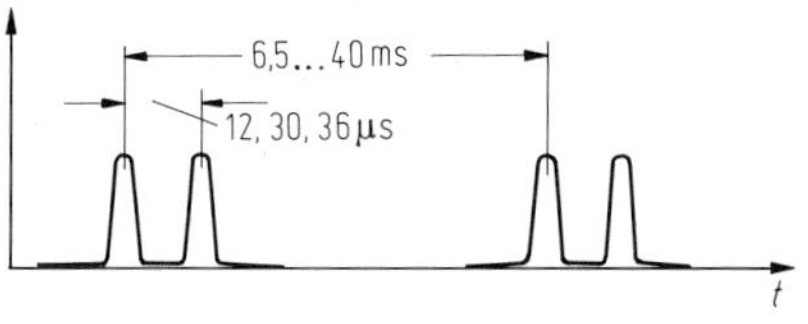

Bild 5. Impulsformat bei DME

2.2 Richtsendeverfahren
Transmitting systems

VOR (VHF Omnidirectional Radio Range) [20] ist ein international eingeführtes Funkfeuer zur Streckennavigation in der Luftfahrt. Es verwendet ein mit 30 Hz umlaufendes Doppelkreisdiagramm, das elektronisch mit Hilfe des Goniometerprinzips (s. 2.1) erzeugt wird und über zwei feststehende gekreuzte Rahmen abgestrahlt wird. Zusammen mit dem über ein Runddiagramm gesendeten Träger empfängt der Beobachter ein mit 30 Hz amplitudenmoduliertes Signal, dessen Phasenlage, bezogen auf eine Referenzschwingung, den vom Standort des Funkfeuers meßbaren Winkel zwischen Beobachter und Nordrichtung liefert. Die 30-Hz-Referenzschwingung ist als frequenzmoduliertes Signal nach Bild 4 in einer 9960-Hz-Hilfsträgerschwingung enthalten, die dem Träger neben Kennung (1020 Hz) und Sprache (300 bis 3000 Hz) zusätzlich amplitudenmäßig aufmoduliert wird.
Probleme entstehen bei VOR-Verfahren durch Reflexionen an hindernisreichen Aufstellungsorten. In diesem Fall kann das Doppler-VOR-Verfahren (DVOR) eingesetzt werden, bei dem die Referenzschwingung durch Aussendung eines mit 30 Hz amplitudenmodulierten Trägers über ein Runddiagramm erzeugt wird. Die frequenzmodulierten Anteile des Gesamtspektrums, die in diesem Fall die Richtungsinformation beinhalten, entstehen über den Doppler-Effekt dadurch, daß man um + bzw. −9960 Hz gegenüber dem Träger versetzte Seitenbandschwingungen über Antennen abstrahlt, die auf einem Kreis mit geeignet gewähltem Radius ($R = 2{,}546\,\lambda$) mit 30 Hz Umlauffrequenz gleichsinnig rotieren. Der Umlauf wird dabei elektronisch unter Verwendung vieler, auf der Kreisbahn angeordneter, Einzelstrahler nachgebildet, wobei die Seitenbandschwingungen in jedem Augenblick von auf der Kreisbahn jeweils gegenüberliegenden Strahlern gesendet werden. Für den Beobachter ergibt sich zwischen VOR- und DVOR-Signal kein Unterschied. Die beiden Verfahren sind daher voll kompatibel, die Fehlermaxima aber beim DVOR bei erhöhtem technischen Aufwand um eine Größenordnung kleiner.
DME (Distance Measuring Equipment) [21] ist ein Entfernungsmeßverfahren durch Laufzeitbestimmung, das meist in Verbindung mit dem VOR-Verfahren betrieben wird. Vom Beobachter werden dazu Impulspaare (Bild 5) ausgesendet, die von der Bodenstation empfangen, um 50 μs verzögert werden und auf einer um 63 MHz abliegenden Frequenz zurückgesendet werden. Aus der im Empfänger festgestellten Laufzeit kann die Entfernung berechnet werden. Da die Bodenstation auch auf die Abfragen anderer Benutzer antwortet, wird die Folgefrequenz der eigenen Abfrageimpulse statistisch variiert und nur dann ausgewertet, wenn nach einem Suchvorgang ausreichend viele Antwortimpulse in ein Zeittor mit dem der Laufzeit entsprechenden zeitlichen Abstand von den Sendeimpulsen treffen.
TACAN (TACtical Air Navigation) [22] beruht ebenfalls auf der Auswertung von DME-Antwortimpulsen mit dem Unterschied, daß die Einhüllende der DME-Antwortimpulse zusätzlich durch umlaufende Richtdiagramme amplitudenmoduliert ist, die ähnlich wie beim VOR zur Azimutmessung phasenmäßig ausgewertet wird. Bei TACAN wird zur Grobmessung ein mit 15 Hz umlaufendes kardioidenähnliches Diagramm und zur Feinmessung ein gleichschnell umlaufendes Neunblattdiagramm verwendet, das als 135 Hz-Signal empfangen wird (Bild 6). Die Nord- oder Bezugsphaseninformation wird bei TACAN im Unterschied zum VOR-Verfahren durch zusätzliche Bezugsimpulse übertragen. DME und TACAN sind durch Benützung derselben Übertragungskanäle in dem Sinne mit-

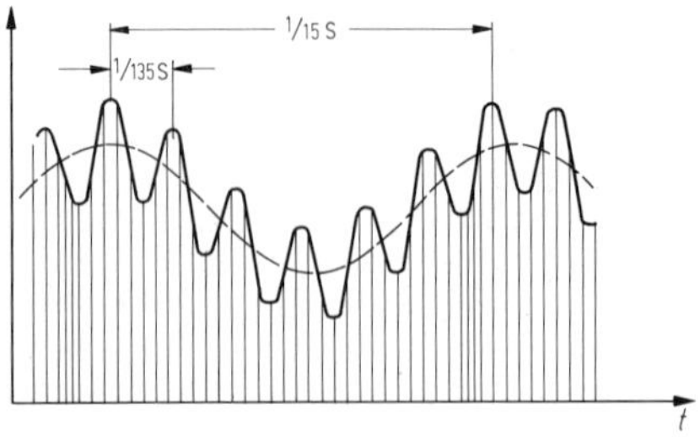

Bild 6. TACAN Azimut-Information

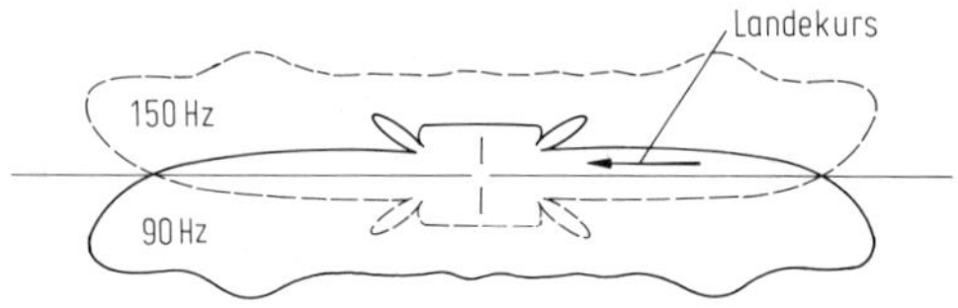

Bild 7. Richtdiagramme der 90-Hz- bzw. 150-Hz-AM-Seitenbänder des Landekurssenders beim ILS

einander kompatibel, daß alle DME-Stationen TACAN-Bordgeräte mit der Entfernungsinformation versorgen können und alle TACAN-Stationen auch DME-Bordgeräte bedienen können.

ILS (Instrument Landing System) [23, 24] ist das bis zum Jahr 1995 von der ICAO als Standardsystem verwendete Landesystem für den zivilen Luftverkehr. Zur Festlegung des Gleitwegs werden zwei Sender verwendet, die richtungsabhängige Modulationsgraddiagramme ausstrahlen (Bild 7). Der Landekurssender (localizer, 108 bis 112 MHz) legt die vertikale Kursebene fest, auf der mit 90 bzw. 150 Hz amplitudenmodulierte Trägerseitenbänder gleichen Modulationsgrad aufweisen. Der Gleitweg ergibt sich als Schnittpunkt der Kursebene mit einer im Aufsetzpunkt um 2,5° gegen die Horizontale geneigten Gleitebene, die vom Gleitwegsender (glidepath transmitter 328 bis 335 MHz) erzeugt wird und durch gleichen Modulationsgrad der 90-Hz- und 150-Hz-AM-Seitenbändern des Gleitwegsenders festgelegt ist. Die zugehörigen Antennendiagramme werden mit Hilfe mehrerer Dipolantennen, die durch Träger und Seitenbandsignale geeignet gespeist werden, beim Gleitweg üblicherweise unter Zuhilfenahme der Bodenreflexion, erzeugt. In einem Kegel, festgelegt durch $\pm 2{,}5°$ Neigung, bezogen auf den Gleitweg, ist der Anstieg der Differenz der Modulationsgrade (DDM) genau vorgeschrieben, um dem Piloten die Beurteilung seiner Ablage zu ermöglichen. Zur Abstandsmarkierung werden zwei im Abstand von 7,2 bzw. 1,05 km vom Aufsetzpunkt senkrecht nach oben strahlende Einflugzeichensender (Marker, 75 MHz) verwendet.

TRSB (Time Reference Scanning Beam) [25–28] ist das neue, von der ICAO für die Zeit nach 1995

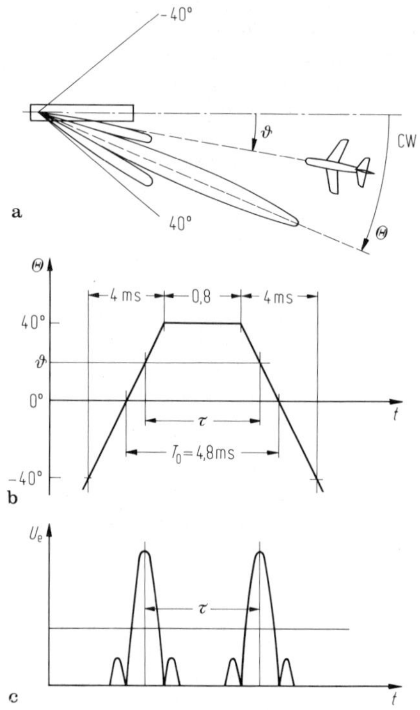

Bild 8. TRSB. **a** Anflugsektor; **b** zeitlicher Verlauf der azimutalen Strahlrichtung; **c** Empfangssignal im Flugzeug

als Standardsystem ausgewählte Mikrowellenlandesystem (MLS). Es arbeitet bei 5 GHz (C-Band) und verwendet scharf bündelnde Antennenkeulen, die mit konstanter Winkelgeschwindigkeit jeweils getrennt nach Azimut und Elevation über den Anflugführungsbereich hin- und hergeschwenkt werden („to" scan and „fro" scan). Aus der Zeitdifferenz τ nach Bild 8, die der Beobachter zwischen dem maximalen Empfangssignal bei „Hin"-Schwenkung und „Her"-Schwenkung feststellt, kann er seine winkelmäßige Lage z. B. durch

$$\vartheta° = \frac{0{,}01°}{\mu s}(T_0 - \tau) \qquad T_0 = 4800\ \mu s \tag{1}$$

im Anflugführungsbereich ermitteln. Wiederholraten des Schwenkvorgangs von 13,5 Hz (Azimut) und 40,5 Hz (Elevation) bei einer Schwenkgeschwindigkeit von voraussichtlich 0,02°/μs gestatten es, zwischendurch zusätzliche Information in zeitlicher Staffelung zu übertragen. Eine dem jeweiligen Übertragungsvorgang vorangehende Präambel gestattet dem Beobachter die Identifizierung der Art der Winkelinformation bzw. des zu übertragenden Datenblocks. Durch die zusätzliche Boden-Bord-Übertragung, die den gesamten Anflugsführungsbereich erreicht, können dem anfliegenden Flugzeug z. B. Daten für den Allwetterlandebetrieb, z. B. der Landebahnzustand mitgeteilt werden. Die Übertragung der Entfernungsinformation wird nach dem DME-Verfahren durchgeführt. Neben einer größeren Unempfindlichkeit gegen Gelände- und Gebäudeeinflüsse, erscheint als wesentlicher Vorteil gegenüber dem ILS die Möglichkeit, im Anflugführungsbereich eine Annäherung auf beliebigen Gleitwegen, bei entsprechender Bordausrüstung auch über gekrümmte Flugbahnen, durchzuführen.

CONSOL (Sonne) [29] ist ein im Langwellenbereich arbeitendes Leitstrahlverfahren, das aus den vierziger Jahren stammt, und wegen seines minimalen bordseitigen Aufwands auch heute noch für die Schiffahrt eingesetzt wird. Durch Phasenumtastung mit unsymmetrischen Tastverhältnis wird zwischen zwei gegeneinander versetzten Vielblattantennendiagrammen umgeschaltet, die gleichzeitig noch kontinuierlich umlaufen. Aus Anzahl und zeitlicher Anordnung der während einer Tastperiode von 30 s empfangenen Impulse längerer bzw. kürzerer Dauer kann die winkelmäßige Lage innerhalb eines Winkelbereichs von etwa 20° auf etwa 0,2° genau bestimmt werden. Die durch das Vielblattdiagramm entstehende Mehrdeutigkeit muß durch Peilung der CONSOL-Anlage, oder durch Koppelnavigation beseitigt werden.

2.3 Satellitennavigationsverfahren

Satellite navigation aids

Eine Standortbestimmung mit Hilfe von Satelliten kann grundsätzlich durch Messung der Entfernungsänderung (Doppler-Effekt), durch Messung von Laufzeiten oder Laufzeitdifferenzen oder durch Winkelmessungen erfolgen, wobei diese Methoden auch kombiniert werden können.

Unter der Bezeichnung TRANSIT [30] existiert ein aus fünf tieffliegenden (1000 km) Satelliten bestehendes globales Navigationsverfahren, bei dem der zeitliche Verlauf der Doppler-Frequenz beim Überflug des Satelliten zur Bestimmung des minimalen Abstands D_{min} zwischen Satellit und Beobachter herangezogen wird. Für die zeitliche Änderung der Doppler-Frequenz bei Doppler-Frequenz = 0 erhält man

$$\left.\frac{\mathrm{d}f_\mathrm{d}}{\mathrm{d}t}\right|_{f_\mathrm{d}=0} = \frac{v^2}{\lambda D_{min}}. \tag{2}$$

(v = Geschwindigkeit des Satelliten, f_d = Dopplerfrequenz.)

Aus der Kenntnis der Bahnparameter des Satelliten, des Abstands D_{min} nach Gl. (2) und des genauen Zeitpunkts ($f_\mathrm{d} = 0$) bei dem D_{min} erreicht wurde, kann die Position des Beobachters auf etwa 100 m genau bestimmt werden. Ionensphäreneinflüsse werden durch Benutzung zweier Sendefrequenzen (150 und 400 MHz) beseitigt. Von Nachteil bei diesem Verfahren, das im zivilen Bereich vorwiegend durch die Schiffahrt genutzt wird, ist, daß eine genaue Kenntnis der Eigengeschwindigkeit des Beobachters erforderlich ist und der Überflug des Satelliten relativ selten (im Mittel alle 84 min erfolgt).

GPS-NAVSTAR (Global Positioning System, NAVigation System with Time And Ranging) [31, 32] ist ein im Aufbau befindliches Navigationssystem mit mehr als 18 Satelliten, das über eine Messung der absoluten Laufzeit zu mehreren Satelliten eine dreidimensionale Lagebestimmung gestattet. Die Laufzeitmessung erfolgt durch Phasenvergleich zwischen identischen Pseudozufallscodes, die sowohl im Satelliten als auch im Empfänger des Benutzers erzeugt werden, wobei der Empfängercode so lange zeitlich verschoben wird, bis das Korrelationsergebnis maximal ist. Die in den Satelliten verwendeten Zeitnormale besitzen eine Genauigkeit besser als 10^{-13}. Aus der Laufzeit zu drei, im Falle eines Beobachters mit unpräziser Uhr zu vier Satelliten, können die Koordinaten x, y, z des Beobachters aus dem Gleichungssystem

$$\tau_\mathrm{j} = \frac{1}{c_0}\sqrt{(x_\mathrm{j}-x)^2+(y_\mathrm{j}-y)^2+(z_\mathrm{j}-z)^2} - \Delta \tag{3}$$

(x_j, y_j, z_j = Position des Satelliten j, τ_j = Laufzeit vom Satelliten j, Δ = Zeitfehler der Uhr des Beobachters) ermittelt werden. Das bei 1575,42 MHz liegende Trägersignal wird in Quadratur mit zwei verschiedenen Pseudozufallscodes phasenmoduliert. Der C/A (Coarse/Aquisition)-Code ist ein kurzer Code (1 ms) mit einer Taktfrequenz von 1,023 MHz und ermöglicht eine ungenauere Zeitmessung. Der P (Precision)-Code (Taktfrequenz 10,23 MHz) ist ein sieben Tage langer Ausschnitt aus einem Code mit einer Periode von 267 Tagen und gestattet eine präzise Positionsbestimmung mit einer Genauigkeit von wenigen Metern. Ein bei 1227,6 MHz liegendes zweites Trägersignal ist nur mit dem P-Code moduliert und gestattet zusammen mit dem ersten eine Korrektur des Ionensphäreneinflusses. Beide Codes sind mit der Navigationsinformation (50 Baud, 5 Datenblöcke mit 1500 bit Länge) moduliert, die die Satellitenbahndaten, die Systemzeit, die Genauigkeit der Satellitenuhr, den Zustand des Senders und eine Übergangsinformation (Hand Over Word) enthält. Damit ist ohne präzise Kenntnis der Systemzeit und ohne näherungsweise Kenntnis der eigenen Position (3 bis 6 km) eine schnelle Synchronisierung auf den P-Code möglich.

2.4 Hyperbelnavigationsverfahren
Hyperbolic navigation systems

Diese Verfahren bestimmen die Entfernungsdifferenz des Beobachters bezüglich zweier Sendestationen. Die Standlinien auf der Erdoberfläche sind daher näherungsweise Hyperbeln, die die Verbindungslinie zwischen den Sendestationen (Basislinie) senkrecht schneiden. Im Bereich der Basislinie ist die Ortungsgenauigkeit am größten. Bei mehrdeutigen Verfahren heißt der Bereich zwischen benachbarten Hyperbeln mit gleichem Wert der Meßgröße (z. B. Phase) Streifen.

OMEGA [33] ist ein weltweit arbeitendes Phasenvergleichsverfahren das sehr niedrige Sendefrequenzen um 10 kHz verwendet. Der Ausbreitungsvorgang dieser Längstwellen wird durch ein Hohlleitermodell beschrieben, bei dem Erdoberfläche und die D-Schicht der Ionosphäre die Begrenzungen des kugelschalenförmigen Hohlleiters bilden. Da alle acht über die Erde verteilten Stationen auf den gleichen Frequenzen arbeiten, senden sie zeitlich gestaffelt in einem 10-s-Raster jeweils für etwa 15 s. Durch die sequentielle Ausstrahlung müssen die Empfangssignale zum Zwecke des Phasenvergleichs zwischengespeichert werden. Die Vieldeutigkeit der Phaseninformation führt zu einer Streifenbreite von ca. 14,7 km, die für die Feinortung verwendet wird. Zwei weitere abgestrahlte Sendefrequenzen dienen nach Mischung mit dem Hauptträgersignal zur Grobortung.

DECCA [34] ist ein Mittelstreckennavigationsverfahren mit Sendefrequenzen im 100-kHz-Bereich. Die einzelnen Stationen arbeiten phasensynchron auf verschiedenen Frequenzen. Der Phasenvergleich im Empfänger wird für die Feinortung auf einem gemeinsamen Vielfachen der Sendefrequenzen durchgeführt (Streifenbreiten zwischen 350 und 584 m). Eine Grobortung ist nach Umschaltung der Sendefrequenzen auf der gemeinsamen Subharmonischen mit $f \approx 14{,}29$ kHz (Streifenbreite 10,5 km) möglich.

Bei LORAN C (LOng RAnge Navigation) [35] handelt es sich um ein Langwellen-Pulsverfahren mit 100 kHz Sendefrequenz bei dem Hauptsender und drei bis vier Nebensender synchron, aber zeitlich gestaffelt, phasencodierte Pulsgruppen aussenden. Anhand der Phasencodierung ist eine eindeutige Identifizierung der Senderkette durchzuführen. Aus der Laufzeitdifferenz zwischen der Pulsgruppe des Hauptsenders und den Nebensenderpulsgruppen ergeben sich Hyperbelstandlinien. Eine Feinortung ist zusätzlich möglich durch einen Phasenvergleich zwischen einzelnen Schwingungszügen des Haupt- und der Nebensenderimpulsen. Die Empfangszeit wird dabei so bemessen, daß Raumwellenanteile später eintreffen und daher die Meßgenauigkeit nicht beeinträchtigen können.

Spezielle Literatur: [1] *Gabler, H.*: Funkpeiler – Grundlagen und Anwendungen. Hamburg, Deutsches Hydrographisches Institut 1951. – [2] *Stanner, W.*: Leitfaden der Funkortung. Garmisch-Partenkirchen: Elektron-Verlag 1952. – [3] *Troost, A.*: Über die Entwicklung von H-Adcock-Peilern im KW- und UKW-Bereich bei Telefunken. Telefunken-Ztg. 34 (1961) 209–214. – [4] *Troost, A.; Jankovsky, R.*: Neuentwicklung auf dem Goniometergebiet. Telefunken-Ztg. 24 (1951) 81–85. – [5] *Herzog, A.*: Zur Theorie und Wirkungsweise des Goniometers. Telefunken-Z. 8 (1926) Nr. 42, 67–71. – [6] *Troost, A.*: Ein neuer optisch anzeigender Schiffspeiler Telegon III. Telefunken-Ztg. 29 (1956) 109–116. – [7] *Rindfleisch, H.*: Die Großbasis-Peilanlage Wullenwever. NTZ 9 (1956) 119–123. – [8] *Ma, M. T.; Walters, L. C.*: Theoretical methods for computing characteristics of Wullenweber antennas. Proc. IEE 117 (1970) 2095–2101. – [9] *Esprester, R.; Schlicht, H.*: Das Einkanalpeilsystem EP 1650 mit Peilzusatz für den Frequenzbereich 20 bis 1000 MHz. Tech. Mitt. AEG-Telefunken 68 (1978) 149–152. – [10] *Mattes, A.*: Grundlagen und Eigenschaften des Großbasispeilers. Rhodes & Schwarz-Mitt. Heft 12 (1959) 274–279. – [11] *Pichl, H.; Ernst, B.*: Neue Großbasis-Doppler-Peiler für VHF und UHF, Neues von Rhode & Schwarz 73, 16 (1976) 27–31. – [12] *Lertes, E.; Kretz, H.-J.*: Untersuchungen über die Azimutaussage einer elliptisch polarisierten Raumwelle bei Einfall auf einen Watson-Watt-Peiler mit Kreuzrahmen. Messen + Prüfen 13 (1977) 584–586. – [13] *Lertes, E.*: Watson-Watt-Peiler. Nachrichten Elektronik 34 (1980) 394–395. – [14] *Fliege, H.-J.*: Fernsteuerbares Sichtpeilgerät Telegon VI. Tech. Mitt. AEG-Telefunken 63 (1973) 44–46. – [15] *Wagenlehner, H.*: Automatisierung der Fernmeldeaufklärung im HF-Bereich, Tech. Mitt. AEG-Telefunken 68 (1978) 152–155. – [16] *Otte, H.-O.*: Zweiwellenpeiler für Azimut und Elevation. AEÜ 35 (1981) 301–307. – [17] *Hug, H.*: Die Interferenz-Analyse als Mittel zur Richtungsbestimmung bei Mehrwege-Ausbreitung. Frequenz 36 (1982) 75–79. – [18] *Otte, H.-O.*: Senderortung mit Mehrwellenpeilern. AEÜ 34 (1980) 199–206. – [19] *Baur, K.*: Mehrwellenpeiler auf Zeitbasis. Tech. Mitt. AEG-Telefunken 66 (1976) 104–106. – [20] *Höfgen, G.*: UKW-Drehfunkfeuer. In: *Kramar, E.* (Ed.): Funksysteme für Ortung und Navigation. Stuttgart: Berliner Union 1973, S. 131–146. – [21] *Böhm, M.*: Entfernungsmeßverfahren. In: *Kramar, E.* (Ed.): Funksysteme für Ortung und Navigation. Stuttgart: Berliner Union, 1973, S. 147–159. – [22] *Böhm, M.*: TACAN. In: *Kramar, E.* (Ed.): Funksysteme für Ortung und Navigation. Stuttgart: Berliner Union, 1973, S. 161–169. – [23] *Heer, O.*: Flugsicherung, Einführung in die Grundlagen. Berlin: Springer 1975. – [24] *Kramar, E.; Eckert, K.*: Allwetterlandung. In: *Kramar, E.* (Ed.): Funksysteme für Ortung und Navigation. Stuttgart: Berliner Union, 1973, S. 193–204. – [25] *Cox, R.; Sebring, J.*: MLS – A practical applicaton of microwave technology. IEEE Trans. MTT-24 (1976) 964–971. – [26] *Lopez, A.*: Scanning-beam microwave landing system – multipath errors and antenna-design philosophy. IEEE Trans. AP-25 (1977) 290–295. – [27] *Létoquart, B.*: The MLS in France. Microwave J. 24 (1981) 113–120. – [28] *Lerner, E.*: Automating U.S. air lanes: A review. IEEE Spectrum 19 (1982) 46–51. – [29] *Kramar, E.* (Ed.): Funksysteme für Ortung und Navigation. Stuttgart: Berliner Union, 1973, S. 105–118. – [30] *Stansell jr., Th. A.*: The navy navigation satellite system. Navigation (Washington) 18 (1971) 93–109. – [31] *Stiller, A.*: GPS – NAVSTAR – Das Navigationssystem der Zukunft. Ortung u. Navigation. 2 (1981) 188–218. – [32] *Parkinson, B.; Gilbert, S.*: NAVSTAR:

Global positioning system - ten years later. Proc. IEEE 71 (1983) 1177–1192. – [33] *Stanner, W.* In: *Kramar, E.* (Ed.): Funksysteme für Ortung und Navigation. Stuttgart: Berliner Union, 1973, S. 85–92. – [34] *Feyer, W.* In: *Kramar, E.* (Ed.): Funksysteme für Ortung und Navigation. Stuttgart: Berliner Union, 1973, S. 171–190. – [35] *Stanner, W.* In: *Kramar, E.* (Ed.): Funksysteme für Ortung und Navigation. Stuttgart: Berliner Union, 1973, S. 92–104.

3 Technische Plasmen
Technical plasmas

Heald, M. A.; Wharton, E. B.: Plasma diagnostics with microwaves. New York: Wiley 1965. – *Rutscher, A.; Deutsch, H.:* Plasmatechnik. München: Hanser 1984. – *Stix, T. H.:* Theory of plasma waves. New York: McGraw-Hill 1962.

3.1 Hochfrequenzanwendungen bei Plasmen
High frequency applications to plasmas

In der Plasma- und Gasentladungsphysik hat sich die Anwendung hochfrequenter Wellen seit langem bewährt. In den Gebieten Plasmadiagnostik, Plasmaerzeugung und Plasmaheizung werden die konventionellen Methoden zunehmend durch Hochfrequenzverfahren ergänzt und teilweise auch ersetzt.

Diagnostikverfahren mit Hochfrequenz erlauben ebenso wie die optischen Verfahren Messungen von außen ohne materiellen Kontakt mit dem Plasma. Die Plasmaerzeugung und Heizung mit Hochfrequenz ist in verschiedenen Frequenzbereichen möglich, wobei die höherfrequenten Mikrowellenverfahren besondere Vorteile wegen der Möglichkeit der Polarisierbarkeit der Wellen und der guten Bündelung hoher HF-Leistungen aufweisen.

Plasmadiagnostik mit Mikrowellen. Zur Diagnostik von Plasmen mit Elektronendichten über $10^{16}\,m^{-3}$ sind Mikrowellen im Frequenzbereich von 10 bis 300 GHz und darüber hinaus bis ins Infrarotgebiet geeignet [3].

Bei den aktiven Verfahren werden Mikrowellen mit geringer Leistung in bzw. durch ein Plasma gestrahlt. Die Ausbreitung der elektromagnetischen Wellen wird durch die dielektrischen Eigenschaften des Plasmas beeinflußt: es kann zur Strahlablenkung aufgrund des Brechungsindex des Plasmas kommen, aufgrund eines Wellencutoffs zur Teil- oder Totalreflexion oder zur Dämpfung der Welle führen. Aus den veränderten Wellendaten kann je nach Meßmethode die Elektronendichte, die Stoßfrequenz oder die Elektronentemperatur bestimmt werden. Bei den passiven Verfahren wird die aus dem Plasma stammende Strahlung im Mikrowellengebiet analysiert und zur Temperaturbestimmung herangezogen.

Im einzelnen werden folgende Meßgrößen erfaßt:

Amplitude. In einer Transmissions-, Reflexions- oder Beugungsanordnung ist aus der Wellenamplitude die Elektronendichte und die räumliche Dichteverteilung bestimmbar [3].

Phase. Eine Interferometeranordnung erlaubt sehr genaue Messungen der Dichte und Dichteverteilung der Elektronen [3, 16].

Frequenzverschiebung und Güte. Ganz oder teilweise mit Plasma gefüllte Mikrowellen-Hohlraumresonatoren ermöglichen genaue und sehr empfindliche Messungen der Elektronendichte und der Elektronenstoßfrequenz [11–15, 22].

Strahlungsleistung. Die Temperatur eines Plasmas kann mit dieser rein passiven Methode bestimmt werden; hierzu wird der Absolutwert der Strahlungsintensität eines Plasmas im Mikrowellengebiet gemessen. Aus der Schwarzkörperstrahlung eines dichten Plasmas kann die Elektronentemperatur bestimmt werden [3, 17]. Besonders geeignet zur passiven Temperaturmessung ist die Strahlung eines Plasmas im Magnetfeld, die entweder bei der Elektronenzyklotronfrequenz oder bei Harmonischen davon gemessen wird. Diese Meßmethode ist als ECE (Electron Cyclotron Emission) bekannt.

Plasmaerzeugung mit Hochfrequenz. Im Gegensatz zu den Verfahren, bei denen Plasmen mit Hilfe von Elektroden in einem Entladungsgefäß erzeugt werden, kann ein Plasma mit Hochfrequenz ohne galvanische Verbindung zwischen Plasma und Generator mittels eines Plattenpaars (kapazitiv), einer Spule (induktiv), [18], oder mittels Antennen [19–21] erzeugt werden. Kapazitive und induktive Ankopplungen haben sich bei vielen Anwendungen, insbesondere auch in der Plasmachemie bei aggressiven Substanzen [22] bewährt. In der Fusionsforschung werden zur Plasmaerzeugung und/oder Heizung hohe HF-Leistungen über Antennen in das Plasma eingekoppelt. Diese Antennen sind je nach Frequenzbereich (10 MHz bis derzeit etwa 100 GHz) ganz verschiedenartig ausgebildet (Schleifen, Rechteckhohlleiter-Arrays, überdimensionierte Rundhohlleiter).

Plasmaheizung mit Hochfrequenz. Die Hochenergie-Plasmaphysik, die die kontrollierte Kernfusion zum Ziel hat, kommt nicht ohne eine starke Zusatzheizung des Plasmas aus. Die vielerorts verwendeten Heizverfahren, wie ohmsche Heizung oder Heizung mittels schneller Neutralteilchen, werden durch die Hochfrequenz-Heizverfahren ergänzt [5].

Die Wahl der Frequenz der HF-Heizung richtet sich nach der Größe des plasmaeinschließenden

---

Spezielle Literatur Seite S 22

Magnetfeldes und nach den Absorptionsmöglichkeiten im Plasma. Im Frequenzbereich der Ionenzyklotronfrequenz (oder Harmonischen davon) zwischen 10 und 200 MHz kann Hochfrequenzenergie an die Ionen des Plasmas übertragen werden (Ion Cyclotron Resonance Heating, ICRH). Der Bereich der unteren Hybridresonanzfrequenz (Lower Hybrid Resonance Heating, LHRH, 1 bis 3 GHz) erlaubt eine Energieübertragung an Ionen und Elektronen gleichermaßen. Durch die Verfügbarkeit extrem leistungsstarker Mikrowellengeneratoren (Gyrotrons) ist die Ausnützung der Elektronenzyklotronresonanz (ECRH) und der oberen Hybridresonanz (UHRH) interessant geworden. Sie erlaubt die Verwendung der HF-Strahlung im Frequenzbereich von 30 bis über 140 GHz und heizt gezielt die Elektronen des Plasmas [23–26].

Die Mikrowellenleistung im Bereich von mehr als 200 kW je Gyrotron wird als Gemisch verschiedener Wellentypen TE_{0n} mit $n = 1 \dots 6$ in einen stark überdimensionierten Rundhohlleiter abgegeben. Für verlustarmen Transport der Mikrowellenleistung vom Gyrotron zum Plasmaexperiment ist eine Konversion des Wellentypengemischs TE_{0n} in den Wellentyp TE_{01} notwendig [27–32]. Da die TE_{01}-Feldkonfiguration für eine Einstrahlung in das Plasma ungeeignet ist, muß vor der Antenne eine weitere Umwandlung in Wellentypen mit linearer oder quasilinearer Polarisation vorgenommen werden [29]. Die Anforderungen an die Diagnostik der Wellentypenzusammensetzung ist hoch [27, 31, 33].

3.2 Elektromagnetische Wellen in Plasmen

Wave propagation in plasmas

Aus den Maxwell-Gleichungen läßt sich mit Hilfe der Bewegungsgleichungen elektrisch geladener Teilchen eines Plasmas im statischen Magnetfeld der dielektrische Tensor $(\underline{\varepsilon})$ berechnen. Dieser Tensor erlaubt dann die Bestimmung der Ausbreitungseigenschaften der Wellen unter beliebigen Winkeln zum Magnetfeldvektor $\boldsymbol{B}_0$ [1–5]. Vom Grad der Genauigkeit und Vollständigkeit der Bewegungsgleichungen der Elektronen und Ionen hängen Form und Komplexität dieses Tensors ab.

Im einfachsten Fall werden die Bewegungsgleichungen der Teilchen eines kalten bzw. temperierten Plasmas zugrunde gelegt [1, 2]. Verbesserte Theorien sind die des warmen und schließlich die des heißen Plasmas [1].

Charakteristische Frequenzen. Charakteristische Frequenzen, die die Wellenausbreitung *in einem magnetisierten Plasma* bestimmen, sind die Plasmafrequenz ω_p der Elektronen und Ionen, die Ionenzyklotronfrequenz ω_{ci} und die Elektronenzyklotronfrequenz ω_{ce}

$$\omega_p = \sqrt{\frac{N e^2}{\varepsilon_0} \cdot \frac{m_i + m_e}{m_i m_e}} \approx \sqrt{\frac{N e^2}{\varepsilon_0 m_e}};$$
$$\frac{f_p}{\text{GHz}} = 8{,}98 \cdot 10^{-9} \sqrt{\frac{N}{\text{m}^{-3}}}, \tag{1}$$

$$\omega_{ci} = e B_0 / m_i; \quad f_{ci}/\text{MHz} = 15{,}3 \cdot B_0/\text{T} \quad \text{für H}^+\text{-Ionen}, \tag{2}$$

$$\omega_{ce} = e B_0 / m_e; \quad f_{ce}/\text{GHz} = 28 \cdot B_0/\text{T}. \tag{3}$$

($N = N_i = N_e$ Plasmadichte = Zahl der geladenen Teilchen je m^3, $e = 1{,}6 \cdot 10^{-19}$ Cb Elementarladung, $\varepsilon_0 = 8{,}85$ pF/m absolute Dielektrizitätskonstante, $m_e = 9{,}11 \cdot 10^{-31}$ kg Elektronenmasse, $m_i = 1836 \cdot m_e$ für Wasserstoffionen H^+). Die Gln. (1) und (2) gelten für einfach ionisierte Atome einer Sorte; bei Z-facher Ionisation ist die Ladung e durch $Z \cdot e$ zu ersetzen; weitere Atomsorten erfordern eine Summierung über die unterschiedlichen Massen und Ionisationsstufen [1, 2, 5].

Dielektrischer Tensor eines kalten Plasmas. Der Gültigkeitsbereich der Theorie eines kalten bzw. temperierten Plasmas ist dadurch eingeschränkt, daß die vom Wellenfeld herrührende Geschwindigkeit v_E der Teilchen klein sein muß gegen die thermische Geschwindigkeit v_{th} der Teilchen und diese ihrerseits klein ist gegen die Phasengeschwindigkeit v_{ph} der Wellen: $v_E \ll v_{th} \ll v_{ph}$ [2]. Die Bedingung $v_E \ll v_{th}$ ist für nicht zu große HF-Feldstärken und/oder hohe Stoß- oder Wellenfrequenzen erfüllbar. $v_{th} \ll v_{ph}$ ist i. allg. erfüllt, nicht jedoch in der Nähe von Resonanzstellen, da hier die Phasengeschwindigkeit der Wellen sehr kleine Werte annimmt. Für ein kaltes Plasma gilt

$$(\underline{\varepsilon}) = \begin{pmatrix} \varepsilon_\perp & -\underline{\varepsilon}_\times & 0 \\ \underline{\varepsilon}_\times & \varepsilon_\perp & 0 \\ 0 & 0 & \varepsilon_\parallel \end{pmatrix} \tag{4}$$

mit

$$\varepsilon_\perp = 1 - \left(\frac{\omega_p}{\omega}\right)^2 \cdot \frac{1 - \dfrac{\omega_{ce}}{\omega}\dfrac{\omega_{ci}}{\omega}}{\left[1 - \left(\dfrac{\omega_{ce}}{\omega}\right)^2\right]\left[1 - \left(\dfrac{\omega_{ci}}{\omega}\right)^2\right]}, \tag{5}$$

$$\varepsilon_x = j\left(\frac{\omega_p}{\omega}\right)^2 \cdot \frac{\dfrac{\omega_{ce}}{\omega} - \dfrac{\omega_{ci}}{\omega}}{\left[1 - \left(\dfrac{\omega_{ce}}{\omega}\right)^2\right]\left[1 - \left(\dfrac{\omega_{ci}}{\omega}\right)^2\right]}, \tag{6}$$

$$\varepsilon_\parallel = 1 - \left(\frac{\omega_p}{\omega}\right)^2. \tag{7}$$

Die Indizierungen $\perp$ (senkrecht), $\parallel$ (parallel) und $\times$ (Kreuz) beziehen sich auf die Richtung der ε-Komponente in bezug auf den Vektor des aufgeprägten Magnetfeldes. Für die Sonderfälle links bzw. rechts um den Magnetfeldvektor drehender elektrischer Felder gelten die Umrechnungen

$$\varepsilon_l = 1 - \frac{\left(\frac{\omega_p}{\omega}\right)^2}{\left(1 + \frac{\omega_{ce}}{\omega}\right)\left(1 - \frac{\omega_{ci}}{\omega}\right)}, \tag{8}$$

$$\varepsilon_r = 1 - \frac{\left(\frac{\omega_p}{\omega}\right)^2}{\left(1 - \frac{\omega_{ce}}{\omega}\right)\left(1 + \frac{\omega_{ci}}{\omega}\right)} \tag{9}$$

mit

$$\varepsilon_\perp = \tfrac{1}{2}(\varepsilon_l + \varepsilon_r), \tag{10}$$

$$\varepsilon_\times = \frac{j}{2}(\varepsilon_l - \varepsilon_r). \tag{11}$$

Für temperierte Plasmen sind die Gln. (5) bis (9) durch die Stoßfrequenz zwischen den Teilchen zu ergänzen.

Dispersionsgleichung. Die Ausbreitung elektromagnetischer Wellen in Plasmen ist bestimmt durch die Plasmadispersionsbeziehung, die für ein kaltes Plasma und ebene Wellen in die Form

$$An^4 - Bn^2 + C = 0 \tag{12}$$

gebracht werden kann [1, 2, 5].
Der Brechungsindex n gibt das Verhältnis von Vakuumwellenlänge $\lambda = c/f$ zur Wellenlänge λ_p im Plasma an

$$n = \frac{\lambda}{\lambda_p}. \tag{13}$$

Die Koeffizienten der Dispersionsgleichung lauten

$$A = \varepsilon_\perp \sin^2\vartheta + \varepsilon_\parallel \cos^2\vartheta, \tag{14}$$

$$B = \varepsilon_r \varepsilon_l \sin^2\vartheta + \varepsilon_\parallel \varepsilon_\perp (1 + \cos^2\vartheta), \tag{15}$$

$$C = \varepsilon_\parallel \varepsilon_r \varepsilon_l. \tag{16}$$

ϑ ist der Winkel zwischen Magnetfeldvektor $\boldsymbol{B}_0$ und Ausbreitungsvektor $\boldsymbol{k}$ der Welle.

Wellenausbreitung. Die Dispersionsgleichung (12) führt auf zwei elektromagnetische Wellen, die sich im Plasma unabhängig voneinander ausbreiten und dabei die Brechungsindizes n_1 und n_2 vorfinden:

$$n_{1,2}^2 = \frac{B \pm \sqrt{B^2 - 4AC}}{2A}. \tag{17}$$

Eine andere mathematische Form dieser Gleichung ist besonders geeignet, die Wellenausbreitung in den Hauptrichtungen parallel ($\vartheta = 0°$) und senkrecht ($\vartheta = 90°$) zur Magnetfeldrichtung zu diskutieren [6]

$$\tan^2\vartheta = -\frac{\varepsilon_\parallel (n^2 - \varepsilon_r)(n^2 - \varepsilon_l)}{(n^2 - \varepsilon_\parallel)(\varepsilon_\perp n^2 - \varepsilon_r \varepsilon_l)}. \tag{18}$$

Vier Grundwellentypen. Für $\vartheta = 0°$ ergeben sich aus Gl. (18) die beiden Wellen

$$n_1^2 = \varepsilon_r, \tag{19}$$

$$n_2^2 = \varepsilon_l. \tag{20}$$

Es handelt sich hierbei um die rechts(R)- bzw. links(L)-zirkular polarisierten Wellen, die sich parallel zum Magnetfeld ausbreiten. Eine dritte Lösung der Gl. (18) mit $\varepsilon_\parallel = 0$ ergibt eine nicht ausbreitungsfähige Schwingung der Frequenz $\omega = \omega_p$. Für $\vartheta = 90°$ folgen die Wellen

$$n_1^2 = \varepsilon_\parallel, \tag{21}$$

$$n_2^2 = \frac{\varepsilon_r \varepsilon_l}{\varepsilon_\perp}, \tag{22}$$

wobei Gl. (21) die sog. ordentliche Welle (O) und Gl. (22) die außerordentliche Welle (X) beschreibt.
Eine Diskussion der Ausbreitungseigenschaften dieser vier Grundwellentypen in Abhängigkeit von der Plasmadichte N, vom Magnetfeld B_0 und von der Frequenz ω erfolgt zweckmäßig in der Weise, daß Kurven mit Brechungsindizes $n_{1,2} = 0$ und $n_{1,2} \to \infty$ gesucht werden und diese in ein normiertes Magnetfeld-Dichte-Diagramm eingetragen werden. Eine Darstellung dieser Art ist als CMA-Diagramm bekannt [7], das später erläutert wird.

Cutoffs. Die Bedingung $n = 0$, $\lambda_p \to \infty$ oder $v_{ph} \to \infty$, führt auf ein Cutoff, an dem eine Welle total reflektiert wird. Die Cutoff-Bedingung entspricht dem Zustand der totalen Fehlanpassung; Cutoffs sind unabhängig vom Ausbreitungswinkel ϑ. Der Cutoff der rechts zirkular polarisierten und der außerordentlichen Welle wird nach den Gln. (19) und (22) mit (9) erreicht für $\varepsilon_r = 0$

$$\left(\frac{\omega_p}{\omega}\right)^2 = \left(1 - \frac{\omega_{ce}}{\omega}\right)\left(1 + \frac{\omega_{ci}}{\omega}\right), \tag{23}$$

woraus näherungsweise folgt

$$\omega_{R,X} \approx \frac{\omega_{ce}}{2}\left[\sqrt{1 + 4\left(\frac{\omega_p}{\omega_{ce}}\right)^2} + 1\right]. \tag{24}$$

Für die links zirkular polarisierte und außerordentliche Welle folgt mit den Gln. (20) und (22) und (8) für $\varepsilon_l = 0$

$$\left(\frac{\omega_p}{\omega}\right)^2 = \left(1 + \frac{\omega_{ce}}{\omega}\right)\left(1 - \frac{\omega_{ci}}{\omega}\right), \tag{25}$$

womit angenähert gilt

$$\omega_{L,X} \approx \frac{\omega_{ce}}{2}\left[\sqrt{1 + 4\left(\frac{\omega_p}{\omega_{ce}}\right)^2} - 1\right]. \tag{26}$$

Der Cutoff der ordentlichen Welle ergibt sich aus Gl. (21) mit $\varepsilon_{\|} = 0$ zu

$$\omega_0 = \omega_p. \tag{27}$$

Aus Gl. (27), dem Cutoff der ordentlichen Welle, folgt mit Gl. (1)

$$N = N_c = 1{,}24 \cdot 10^{16} \cdot (f/\text{GHz})^2\,\text{m}^{-3} \tag{28}$$

die Cutoff-Dichte N_c eines Plasmas. Plasmen der Elektronendichte $N > N_c$ sind für ordentlich polarisierte Wellen der Frequenz f undurchlässig. Die Bedeutung dieser Cutoff-Bedingung liegt darin, daß sie unabhängig vom Magnetfeld ist und damit auch für nichtmagnetisierte Plasmen gilt.

Resonanzen. Durch die Bedingung $n \to \infty$, $\lambda_p \to 0$ oder $v_{ph} \to 0$, werden Resonanzen zwischen Wellen und Teilchen beschrieben, bei denen ein gegenseitiger Energieaustausch mit hohem Wirkungsgrad stattfinden kann. Resonanzen entsprechen damit elektrisch der vollkommenen Impedanzanpassung. Sie sind vom Ausbreitungswinkel ϑ abhängig und daher in ihrer Art grundsätzlich verschieden bei Wellen, die sich parallel ($\vartheta = 0°$) oder senkrecht ($\vartheta = 90°$) zum Magnetfeld ausbreiten. Schräg zum Magnetfeld laufende Wellen weisen Resonanzeigenschaften auf, die zwischen denen der beiden Grundwellenpaare liegen. $\vartheta = 0°$-Resonanzen der rechts- bzw. linkszirkular polarisierten Wellen, Gln. (19) und (20) mit Gln. (8) und (9), treten auf für $\varepsilon_r \to \infty$ bzw. $\varepsilon_l \to \infty$; sie lauten

$$\omega = \omega_{ce}, \tag{29}$$

$$\omega = \omega_{ci}. \tag{30}$$

Dies sind die Zyklotronresonanzen einer Welle mit den Elektronen, Gln. (29) und (3), und mit den Ionen, Gln. (30) und (2).
Die ordentliche Welle, Gl. (21), besitzt keine Resonanz. Die 90°-Resonanz der außerordentlichen Welle, Gl. (22), wird erreicht für $\varepsilon_\perp \to 0$ oder für

$$\left(\frac{\omega_p}{\omega}\right)^2 = \frac{\left[1 - \left(\frac{\omega_{ce}}{\omega}\right)^2\right]\left[1 - \left(\frac{\omega_{ci}}{\omega}\right)^2\right]}{1 - \frac{\omega_{ce}}{\omega} \cdot \frac{\omega_{ci}}{\omega}}, \tag{31}$$

woraus sich für Frequenzen weit oberhalb der Ionenzyklotronfrequenz, $\omega \gg \omega_{ci}$, näherungsweise die *obere Hybridfrequenz* (upper hybrid frequency) ergibt

$$\omega_{UH} \approx \sqrt{\omega_p^2 + \omega_{ce}^2}, \qquad \omega \gg \omega_{ci}. \tag{32}$$

Die *untere Hybridfrequenz* (lower hybrid frequency) folgt aus Gl. (31) für Frequenzen $\omega \ll \omega_{UH}$ angenähert zu

$$\omega_{LH} \approx \frac{\omega_{ci}}{\sqrt{1 + \left(\frac{\omega_p}{\omega_{ce}}\right)^2}}, \qquad \omega \ll \omega_{UH}. \tag{33}$$

Die Hybridresonanzfrequenzen beruhen im Gegensatz zu den Einzelteilchenresonanzen der beiden Zyklotronfrequenzen auf kollektiven Bewegungen aller Elektronen und Ionen und hängen deshalb von der Dichte der gyrierenden Teilchen ab.

Polarisation. Die Polarisation der beiden Grundwellenpaare (R, L mit $\vartheta = 0°$ und O, X mit $\vartheta = 90°$) geht aus Bild 1 hervor. In diesem Bild ist der Vektor der von außen aufgeprägten Magnetfeldinduktionen $\boldsymbol{B}_0$ nach oben gerichtet.
Die Wellenfeldvektoren $\boldsymbol{E}$ und $\boldsymbol{H}$ der rechtszirkular polarisierten Welle drehen sich im Rechtssinn um den Magnetfeldvektor $\boldsymbol{B}_0$ und damit gleichsinnig mit den gyrierenden Elektronen. Gleichheit der beiden Bewegungen führt zur Resonanz: $\omega = \omega_{ce}$. Bei der linkszirkular polarisierten Welle drehen sich die Wellenfeldvektoren gleichsinnig mit den gyrierenden Ionen, was bei Übereinstimmung der Bewegungen zur Ionenzyklotronresonanz $\omega = \omega_{ci}$ führt. Für beide Wellen gilt $\boldsymbol{E} \perp \boldsymbol{B}_0 \parallel \boldsymbol{k}$.
Die ordentliche Welle breitet sich senkrecht zum Magnetfeldvektor $\boldsymbol{B}_0$ aus; dieser liegt parallel zum elektrischen Wellenfeldvektor $\boldsymbol{E}$ und kann daher die Welle nicht beeinflussen. Es gilt $\boldsymbol{E} \parallel \boldsymbol{B}_0 \perp \boldsymbol{k}$. Die Polarisation der außerordentlichen Welle ändert sich mit den Plasmaparametern; es gilt aber immer $\boldsymbol{E} \perp \boldsymbol{B}_0$ und $\boldsymbol{B}_0 \perp \boldsymbol{k}$.

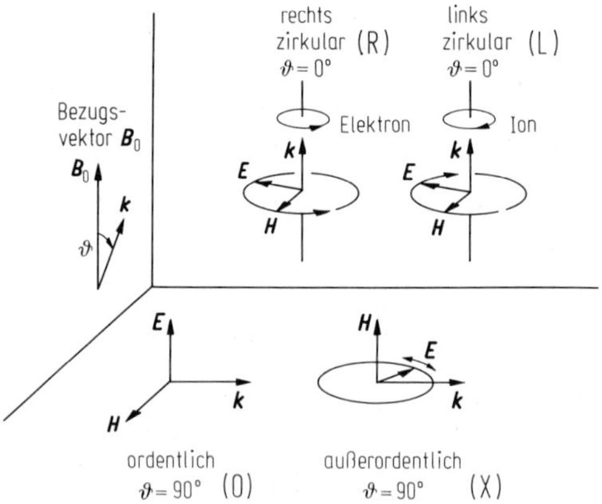

Bild 1. Polarisation der vier Grundwellen R, L, O, X

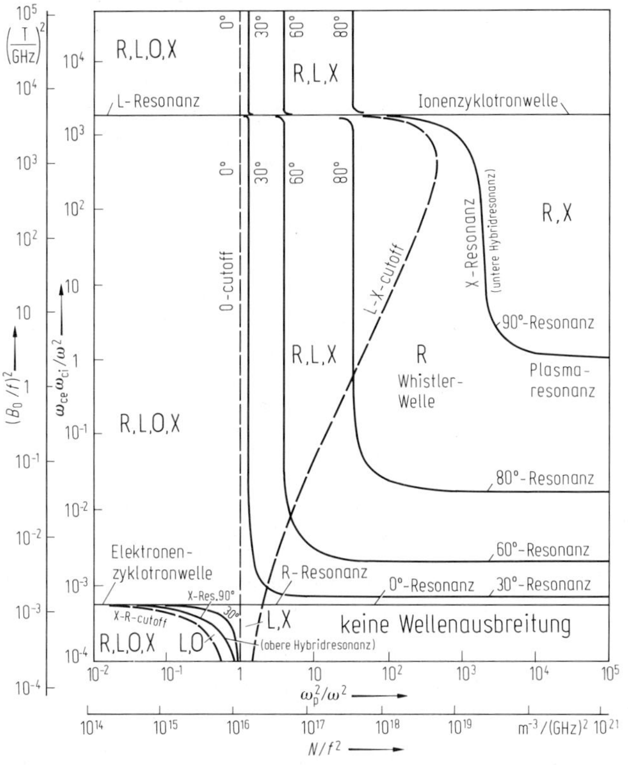

Bild 2. CMA-Diagramm eines Wasserstoffplasmas für die vier Grundwellentypen der ordentlichen (O), außerordentlichen (X), links-(L) und rechts-(R) zirkular polarisierten Welle

CMA-Diagramm. Das Clemmow-Mullaly-Allis-Diagramm [2, 7] stellt Cutoffs und Resonanzen der vier Grundwellen (O-ordentlich, X-außerordentlich, L-linkszirkular, R-rechtszirkular polarisiert) in einem Diagramm mit den Achsen $\frac{\omega_{ce}\omega_{ci}}{\omega^2}\Big/\frac{\omega_p^2}{\omega^2}$ dar. Das in Bild 2 dargestellte CMA-Diagramm ist für ein Wasserstoffplasma entworfen. Die Ordinate ist zusätzlich mit einer B_0^2/f^2-Skalierung, die Abszisse mit einer N/f^2-Skalierung versehen. Cutoff-Linien sind gestrichelt, Resonanzen durchgezogen eingezeichnet. Resonanz- und Cutoff-Linien begrenzen in diesem Diagramm Gebiete, in denen sich die Grundwellentypen R, L, O, X ausbreiten können. Die Elektronen- und Ionenzyklotronresonanzen sind durch Geraden bei den Ordinatenwerten $\omega_{ce}\omega_{ci}/\omega^2 = 1836$ bzw. 1/1836 dargestellt. Diese beiden $\vartheta = 0°$-Resonanzen sind unabhängig von der Plasmadichte N. Die untere Hybridresonanz der X-Welle ($\vartheta = 90°$) fällt bei kleinen Dichten oder hohen Frequenzen mit der Ionenzyklotronresonanz zusammen, um bei höheren Dichten oder niedriger Frequenz den Grenzwert $\omega_{ce}\omega_{ci} = \omega^2$, die sog. *Plasmaresonanz* zu erreichen. Die obere Hybridresonanz der X-Welle startet bei der Elektronenzyklotronresonanz, um dann asymptotisch gegen die Cutoff-Linie der O-Welle bei $\omega_p^2 = \omega^2$ zu laufen.

Zusätzlich zu den beiden Zweigen der 90°-Resonanz der X-Welle sind die Resonanzlagen der Wellen eingetragen, die sich unter Winkeln $\vartheta = 80°$, 60° und 30° zum Magnetfeld ausbreiten.

Der Cutoff der L- und X-Welle durchläuft den Parameterraum $\omega_{ce}\omega_{ci}/\omega^2 < 1836$ und $\omega_p^2/\omega^2 > 1$; der Cutoff der R- und X-Welle liegt im Bereich $\omega_{ce}\omega_{ci}/\omega^2 < 1/1836$ und $\omega_p^2/\omega^2 < 1$. Die Bereiche der Ionenzyklotronwellen, Whistler-Wellen, oberen und unteren Hybridwellen und der Elektronenzyklotronwellen sind im CMA-Diagramm angegeben.

Beispiel 1: Ist eine elektromagnetische Welle der Frequenz $f = 0{,}3$ GHz in einem Plasma der Dichte $N = 2 \cdot 10^{16}\,\text{m}^{-3}$ beim Magnetfeld $B_0 = 1$ T ausbreitungsfähig?

$$\left(\frac{B_0/\text{T}}{f(\text{GHz})}\right)^2 = \frac{1}{0{,}3^2} = 11{,}1;$$

$$\frac{N/\text{m}^{-3}}{(f/\text{GHz})^2} = \frac{2 \cdot 10^{16}}{0{,}3^2} = 2{,}2 \cdot 10^{17}.$$

Das CMA-Diagramm zeigt, daß sich in diesem Parameterbereich die Hauptwellentypen R, L, X ausbreiten können. Eine Welle mit ordentlicher Polarisation (O) ist nicht ausbreitungsfähig.

Beispiel 2: Ein Plasma soll beim Magnetfeld $B_0 = 2{,}3$ T über die Absorption bei der oberen Hybridresonanz geheizt werden. Welche Frequenz ist dazu erforderlich, und welche Dichte darf das Plasma aufweisen?
Laut CMA-Diagramm gilt für diese Resonanz beispielsweise

$$\left(\frac{B_0/\mathrm{T}}{f/\mathrm{GHz}}\right)^2 \approx 10^{-3} \text{ und } \frac{N/m^{-3}}{(f/\mathrm{GHz})^2} \approx 2 \cdot 10^{15},$$

woraus folgt $f \approx 72{,}7$ GHz und $N \approx 10^{19}\,\mathrm{m}^{-3}$.

Plasmen mit mehreren Ionensorten. Besitzt ein Plasma mehr als eine Ionensorte mit unterschiedlichem Ladung/Masse-Verhältnis, so treten neue Resonanz- und Cutoff-Phänomene für elektromagnetische Wellen niedriger Frequenz auf [8–10], die Heizmöglichkeiten für fusionsrelevante Plasmen eröffnen.

Warme und heiße Plasmen. Bei Anwendung der Resultate der warmen [1, 2] und der heißen [1] Plasmatheorie werden die jeweils zwei ausbreitungsfähigen Wellen des kalten Plasmas durch zahlreiche neue Wellentypen ergänzt. Insbesondere sind nun auch Wellen in denjenigen Bereichen des CMA-Diagramms möglich, in denen bislang keine Ausbreitung möglich war. Die Theorie des heißen Plasmas (kinetische Theorie, Boltzmann-Gleichung) erlaubt auch die vollständige Interpretation der Absorptionsvorgänge bei Resonanzen, wo die kalte Theorie versagt, und führt neuartige Absorptionsmöglichkeiten elektromagnetischer Wellen durch heiße Plasmen ein (Landau-Dämpfung).

Spezielle Literatur: [1] *Stix, T. H.:* Theory of plasma waves. New York: McGraw-Hill 1962. – [2] *Allis, W. P., Buchsbaum, S. J., Bers, A.:* Waves in anisotropic plasmas. Cambridge, Mass.: MIT Press 1963. – [3] *Heald, M. A., Wharton, C. B.:* Plasma diagnostics with microwaves. New York: Wiley 1965. – [4] *Brown, S. C.:* Introduction to electrical discharges in gases. New York: Wiley 1965. – [5] *Leuterer, F.* In: *Raeder, J.* et al.: Kontrollierte Kernfusion, Stuttgart: Teubner 1981. – [6] *Åström, A. E.:* Arkiv Fysik 2 (1950) 443. – [7] *Clemmow, P. C.; Mullaly, R. F.:* The physics of the ionosphere, London: Phys. Soc. 1955. – [8] *Buchsbaum, S. J.:* Phys. Fluids 3 (1960) 418. – [9] *Janzen, G.:* J. Plasma Phys. 23 (1980) 321. – [10] *Janzen, G.:* Plasma Phys. 23 (1981) 629. – [11] *Biondi, M. A.; Brown, S. C.:* Phys. Rev. 75 (1949) 1700. – [12] *Brown, S. C.; Rose, D. J.:* J. Appl. Phys. 23 (1952) 711, 719, 1028. – [13] *Eckhardt, W.* et al.: Z. Angew. Phys. 6 (1954) 246. – [14] *Müller, J.:* Hochfrequenztech. Elektroakust. 54 (1939) 157. – [15] *Janzen, G.:* Z. Naturforsch. 26a (1971) 1264; 27a (1972) 491; VDI-Zeitschr. 114 (1972) 972; Austral. J. Phys. 29 (1976) 389. – [16] *Lisitano, G.:* NTZ 15 (1962) 446. – [17] *Janzen, G.; Räuchle, E.:* Proc. 8th Int. Conf. Phen. Ionized Gases, Wien, 1967. – [18] *MacDonald, A. D.:* Microwave breakdown in gases. New York: Wiley, 1969. – [19] *Lisitano, G.* et al.: Appl. Phys. Lett. 16 (1970) 122. – [20] *Janzen, G.; Räuchle, E.:* Phys. Lett. 83A (1981) 15. – [21] *Wilhelm, R.* et al.: Plasma Phys. Contr. Fusion 26, 1 A (1984) 259, 4th Int. Symp. Heating Tor. Plasmas, Rom, 1984. – [22] *Janzen, G.* et al.: Ber. Bunsen-Ges. Phys. Chemie 78 (1974) 440; 79 (1975) 63; 85 (1981) 1128. – [23] *Grieger, G.* et al.: Plasma Phys. and Controlled Fusion 28 (1986) 43. – [24] *Erckmann, V.* et al.: Plasma Phys. and Controlled Fusion 28 (1986) 1277. – [25] *Gasparino, U.* et al.: Plasma Phys. and Controlled Fusion 30 (1988) 283. – [26] *Renner, H.* et al.: Plasma Phys. and Controlled Fusion 31 (1989) 1579. – [27] *Kasparek, W.* et al.: Fusion technology (1989) 490. Amsterdam: Elsevier. – [28] *Kumrić, H.; Thumm, M.:* Int. J. Infrared and Millimeter Waves 7 (1986) 1439. – [29] *Thumm, M.:* Int. J. Electronics 61 (1986) 1135. – [30] *Thumm, M.* et al.: Int. J. Infrared and Millimeter Waves 8 (1987) 227; 10 (1989) 1059. – [31] *Barkley, H. J.* et al.: Int. J. Electronics 64 (1988) 21. – [32] *Kumrić, H.* et al.: Int. J. Electronics 64 (1988) 77. – [33] *Kasparek, W.; Müller, G. A.:* Int. J. Electronics 64 (1988).

4 Radioastronomie. Radioastronomy

4.1 Frequenzbereiche und Strahlungsquellen
Frequency ranges and radiation sources

Frequenzbereiche. Die Radioastronomie begann 1932 durch die zufällige Entdeckung einer Strahlung aus dem Zentrum der Milchstraße bei der Untersuchung von Störungen im 15-m-Band [1]. Durch die Entwicklung von empfindlichen Empfängern und Teleskopen für die Radartechnik im Zweiten Weltkrieg wurde eine Ausdehnung der Suche nach Radioquellen im Dezimeter- (0,3 bis 3 GHz) und Zentimeterbereich (3 bis 30 GHz) ermöglicht, Kataloge von Radioquellen [2] wurden erstellt. Die Entdeckung der Spektrallinien des Wasserdampfs und des Stickstoffradikals gaben einen weiteren Anstoß, die Messungen in den Millimeter- (30 bis 300 GHz) und Submm-Bereich (300 bis 3000 GHz) auszudehnen.
Die erdgebundenen Beobachtungen sind durch die atmosphärische Durchlässigkeit für Strahlung begrenzt (Bild 1). Es sind insbesondere Resonanzabsorbtionen durch Sauerstoff und Wasserdampf, welche zum Teil die Messungen erschweren, es sei denn, man beobachtet von Flugzeugen oberhalb der Tropopause, Ballonen oder Raketen aus. Daneben sind es Störungen durch Sendestationen, Überlandleitungen, Flug- und Wetterradar u. a., welche die Beobachtungen zum Teil unmöglich machen können. Man ist daher dazu übergegangen, bestimmte Frequenzen für radioastronomische Beobachtungen zu schützen.

Strahlungsquellen. Die Quellen intensiver Radiostrahlung sind zunächst zufällig endeckt worden,

Spezielle Literatur Seite S 27

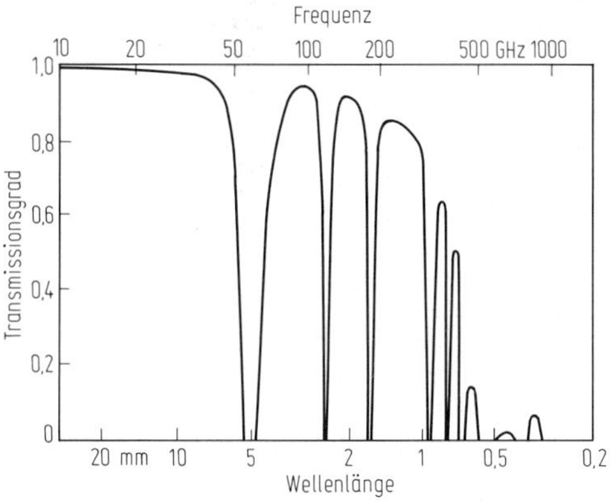

Bild 1. Transmissionsgrad der Atmosphäre, Wasserdampfgehalt entspricht 3 mm Wasser

mit anschließender systematischer Untersuchung großer Himmelsfelder bei verschiedenen Frequenzen. Sofern die räumliche Intensitätsverteilung mit vorhandenen Teleskopen auflösbar oder nicht auflösbar war, unterschied man zwischen ausgedehnten Quellen oder Punktquellen. Diese Unterscheidung wurde durch die Entwicklung der Interferometrie überholt.
Die Entfernungsbestimmung von galaktischen Objekten kann mit Hilfe von aus der Optik bekannten Methoden vorgenommen werden. Bei weiter entfernten extragalaktischen Objekten werden kosmologische Modelle [3] benutzt.
Die Form der spektralen Intensitätsverteilung ergibt Aussagen über den physikalischen und chemischen Zustand. Man unterscheidet zwischen kontinuierlichem und diskreten Spektrum (Bild 2). Kontinuierliche Spektren sind charakteristisch für Synchrotronstrahlungsquellen, Schwarzkörperstrahler oder thermische Strahler.

Synchrotronstrahlung wird aus Gebieten mit hochenergetischen Elektronen (GeV-Bereich)

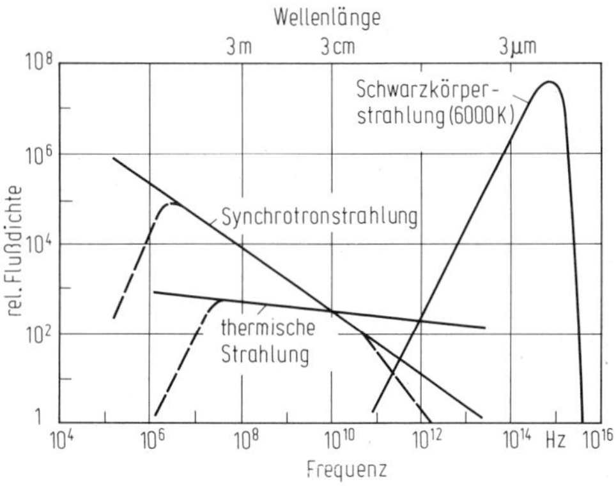

Bild 2. Spektrale Verteilung typischer Spektren

ausgesandt. Die Elektronen bewegen sich auf Spiralbahnen in Magnetfeldern (Lorentz-Kraft) und verlieren Energie durch Abstrahlung polarisierter Strahlung (Bild 3).
Der Strahlungsfluß folgt dem Gesetz

$$S \sim N B^{\alpha+1} f^{-\alpha}.$$

(S = Stahlungsfluß in $W/(m^2 Hz)$; N = Anzahl der relativist. Elektronen; B = Magnetfeld (Größenordnung Micro-Gauß); α = Spektralindex (etwa 0,7); f = Frequenz.)
Da die Intensitäten sehr klein sind, benutzt man die Untereinheit 1 jansky (= jy) = $10^{-26}\,W/(m^2Hz)$, zu Ehren von Karl Jansky, dem Urheber der Radioastronomie.
Synchrotronstrahlungsquellen sind: Galaxien mit ähnlichem Aufbau wie unsere Milchstraße; variable Radioquellen: Quellen mit zeitlich veränderlicher Emission; Pulsare: rotierende Neutronensterne, welche eine lokalisierte Strahlungsquelle besitzen und entsprechend der Rotationsperiode eine pulsierende Emission aufweiden; Quasare: Quellen mit geringer Ausdehnung (quasistellare Objekte) und so hoher Energiedichte, daß kein auf der Erde bekannter Mechanismus ausreicht, diese zu erklären.

Schwarzkörperstrahlung. Diese folgt der Planck-Funktion

$$B = \frac{2hf^3}{c^2}\,(e^{hf/kT} - 1)^{-1}$$

B = Strahlungsintensität in $W/(m^2 Hz\,rad)$, k = Boltzmann Konstante = $1{,}38 \cdot 10^{-16}$ erg/grad, c = Lichtgeschwindigkeit = $3 \cdot 10^{10}$ cm/s, h = Plancksches Wirkungsquantum = $6{,}63 \cdot 10^{-34}\,Ws^2$, T = absolute Temperatur.

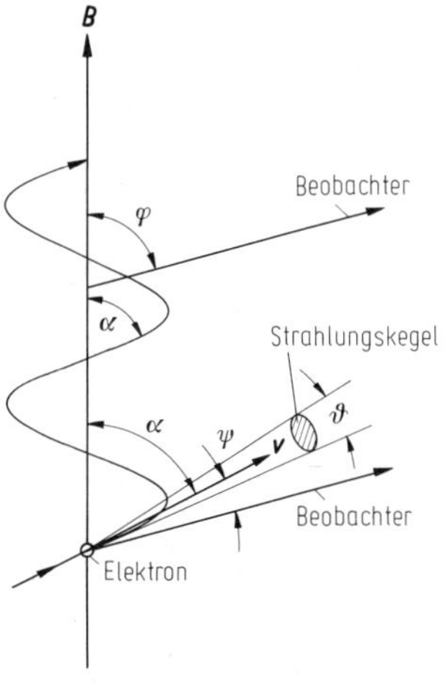

Bild 3. Synchrotronstrahlungsmechanismus. φ Beobachtungswinkel, α Neigungswinkel, $\boldsymbol{v}$ Geschwindigkeit des Elektrons, ϑ Abstrahlwinkel

Es ist die Strahlung eines Körpers, der sich im Temperaturgleichgewicht mit seiner Umgebung befindet, d.h. sein Emissions- und Absorbtionskoeffizient sind gleich 1.
Im Bereich der Radioastronomie ist meist $hf \ll kT$, die Funktion wird dann angenähert durch

$$B = \frac{2kT}{\lambda^2} \quad \text{(Raleigh-Jeans-Gesetz).}$$

Beispiels sind die 3-K-Hintergrundstrahlung, die aus allen Himmelsrichtungen beobachtet wird, sowie die Strahlung von Sonne, Mond und Planeten. Erstere wird als Reststrahlung des im Urknall (big bang) entstandenen Weltalls betrachtet. Das Maximum der Strahlung liegt bei 3 K.
Die Sonne strahlt wie ein schwarzer Körper mit einer Temperatur von 6000 K, so daß das Maximum der Strahlung nach dem Wienschen Gesetz

$$\lambda_{max} T = \text{const}$$

(λ_{max} = Wellenlänge bei welcher die Strahlungsintensität ein Maximum hat) in den optischen Bereich verschoben ist. Abweichungen von dieser Intensitätsverteilung treten jedoch bei Sonneneruptionen im Bereich längerer Wellenlängen auf.

Thermische Strahlung. Diese wird von freien Elektronen in Plasmen, sog. Frei-Frei-Strahlung, ausgesandt. Durch Abbremsung der Elektronen im elektrischen Feld der Kerne wird unpolarisierte Strahlung frei. Der Strahlungsfluß ist gegeben durch

$$S \sim n_e^2 \, T_e^{-0,35} \cdot \vartheta^3 D f^{-0,1}.$$

(n_e = Elektronendichte, T_e = Elektronentemperatur, ϑ = Winkeldurchmesser der Quelle, D = Entfernung.)
Dies gilt im optisch dünnen (kurzwelligen) Bereich des Spektrums. Bei längeren Wellenlängen sind die Regionen optisch dicht und die Quelle verhält sich wie ein schwarzer Körper. Die Strahlung wird aus heißen Wasserstoffregionen (sog. HII-Regionen, typische Strahlungstemperatur 10000 K) emittiert. Sie existieren in der Umgebung junger Sterne, deren Ultraviolettstrahlung den Wasserstoff ionisiert.

Diskrete Spektrallinien. Von Atomen oder Molekülen beim Übergang zwischen zwei Energiezuständen werden diskrete Spektrallinien ausgesandt.

21-cm-Linie. Diese Strahlung des neutralen Wasserstoffs war die erste beobachtete Linie. Sie entstammt dem Spin-Umklappvorgang des Elektrons im Wasserstoffatom mit einer Übergangswahrscheinlichkeit unter Emission von $\tau = 10^{-11}$ s. Ihre Entstehung ist nur im Weltall möglich, da die Dichte hier genügend klein ist, so daß der Energieaustausch nicht in Form kinetischer Energie bei einem Stoß zwischen Atomen stattfindet. Ihre Beobachtung ermöglichte zum erstenmal den Nachweis der Spiralstruktur unserer Milchstraße, da Wasserstoff in allen Spiralarmen (sog. HI-Regionen) vorhanden ist. Die Linie wurde in vielen Galaxien und Quasaren nachgewiesen, ihre Rotverschiebung durch Doppler-Effekt wird in kosmologischen Modellen zur Entfernungsbestimmung benutzt.

Rekombinationsstrahlung. Diese Strahlungsart des Wasserstoffatoms wird aus Gebieten hochangeregten Wasserstoffs (z. B. aus der Nähe heißer Sterne) z. B. zwischen 101-ten und 100-ten angeregten Zustand des Elektrons beobachtet. Die geringe Energiedifferenz der beiden Zustände führt zu Emissionen im Dezimeterbereich.

Rotationslinien. Sie entstammen dem Übergang zwischen Zuständen unterschiedlicher Rotationsenergie bei einfachen oder komplexen Molekülen. Da die exakte Frequenz charakteristisch für das einzelne Molekül ist, ist hierdurch der Nachweis der Existenz verschiedener chemischer Verbindungen im Weltall möglich. Viele komplexe organische Moleküle wurden im interstellaren Raum in Dunkelwolken (Temperaturen zwischen 10 und 100 K) nachgewiesen. Sie sind dort häufiger vorhanden, da der interstellare Staub sie vor zerstörender Ultraviolettstrahlung der Sterne schützt.

4.2 Antennensysteme der Radioastronomie

Antenna systems for radioastronomy

Die Antenne ist das Verbindungsglied zwischen der aus dem Raum einfallenden Strahlung und dem Empfänger. Die Anforderungen der Radioastronomie sind

- hohe wirksame Antennenfläche, da die Strahlungsleistung der Quellen sich im Bereich 10^{-22} bis 10^{-29} W/(m²Hz) bewegten;
- hohes Winkelauflösungsvermögen, um möglichst kleine Quellenstrukturen erkennen zu können;
- hohe Nachführungsgenauigkeit, Abweichungen von der genauen Quellenposition wirken analog verringertem Antennengewinn.

Irregularitäten in der Oberfläche bedingen eine Reduzierung des Antennengewinns entsprechend Bild 4

$$G = G_0 \exp\left(\frac{4\pi\Delta}{\lambda^2}\right)^2$$

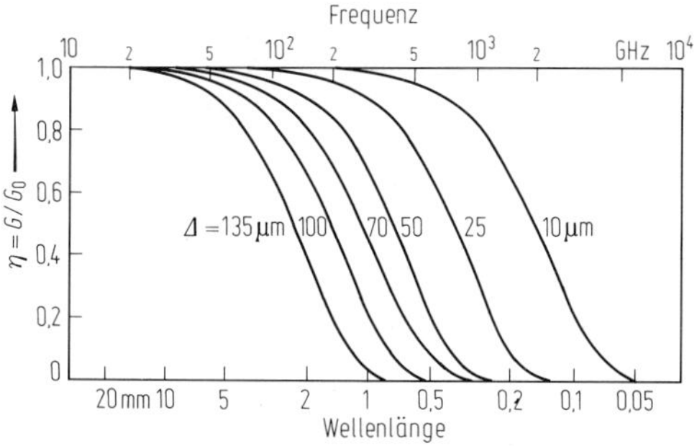

Bild 4. Reduktion des Antennengewinns durch Oberflächenungenauigkeit

(G = Antennengewinn, G_0 = Antennengewinn ohne Verformung, Δ = mittlere quadratische Abweichung von der idealen Fläche, λ = Beobachtungswellenlänge.)
Sie bewirken damit erhöhte Empfindlichkeit gegenüber Streu- und Störstrahlung aus dem Seiten- und rückwärtigen Bereich. Zur Reduzierung dieser Effekte wird die Ausleuchtung der Antenne durch den Erreger, in den meisten Fällen Hornstrahler, zum Rande hin abgeschwächt, was allerdings eine Reduzierung des Antennengewinns und des Auflösungsvermögens zur Folge hat.
Verformungen durch Gravitation, Temperatur, Wind, Regen und Eis setzen natürliche Grenzen für den Durchmesser (Bild 5). Der Wert $\lambda_{min} = 16\,\Delta$ wird als minimale beobachtbare Wellenlänge für einen Spiegel betrachtet. Gegenüber Verformungen durch Gravitation, mit Stahl als wesentlichem Trägerelement, liegt die Grenze

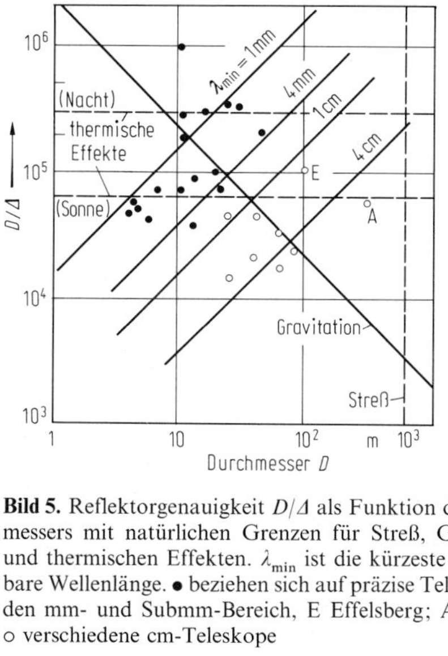

Bild 5. Reflektorgenauigkeit D/Δ als Funktion des Durchmessers mit natürlichen Grenzen für Streß, Gravitation und thermischen Effekten. λ_{min} ist die kürzeste beobachtbare Wellenlänge. • beziehen sich auf präzise Teleskope für den mm- und Submm-Bereich, E Effelsberg; A Arecibo, o verschiedene cm-Teleskope

bei

$$\lambda_{min,grav}/\text{mm} \approx 7 \cdot 10^{-3}\,(D/\text{m})^2$$

(D = Durchmesser), gegenüber thermischer Expansion bei

$$\lambda_{min,therm}/\text{mm} \approx 6 \cdot 10^{-2}\,T\,D/\text{km}.$$

Spiegel nach dem Homologieprinzip weisen höhere Genauigkeit auf, da die Verformung gegenüber Gravitation in kontrollierter Weise geschieht: Die Knotenpunkte der Trägerkonstruktion verschieben sich bei Kippung und Drehung so, daß z. B. im Falle des Parabolspiegels wieder ein neues Paraboloid entsteht. Der Verschiebung des Brennpunktes wird dabei durch Nachführung des Erregers Rechnung getragen.
Beispiele für homologe Antennen sind: das 100-m-Radioteleskop in Effelsberg (Eifel), die 25-m-Teleskope des California Institute of Technology, in Owens Valley (Kalifornien) das 30-m-IRAM-Teleskop auf dem Pico Veleta in Spanien.
Thermische Effekte können durch Einbau in Radome, Astrodome oder Temperaturstabilisierung des Tragwerks reduziert werden. Dabei treten Blockierungseffekte durch das Radom-Tragwerk sowie Absorbtions- und Reflexionsverluste durch das Material auf. Die Antennenpanele sind meistens aus Aluminium mit einer Wabenstruktur als Unterstützung. Ihre Oberfläche ist gegen Korrosion und Aufheizung durch die Infrarotkomponente der Sonnenstrahlung durch eine reflektierende Farbe (TiO_2) geschützt. Die Genauigkeitsforderung für Beobachtungen im mm/Submm-Bereich haben die Entwicklung neuer Herstellungsmethoden bedingt. So haben Panele aus kohlefaserverstärktem Epoxid geringeres Gewicht, niedrigeren Temperaturkoeffizient sowie erhöhte Oberflächengenauigkeit durch Formgebung mittels einer präzisen Glasform.
Neue Meßverfahren, basierend auf Satelliten- und Laserinterferometrie, Holographie und speziellen Apparaturen, lassen die Vermessung der gesamten Oberfläche bis zu einer Genauigkeit von 10 µ zu. Die Nachführung der Teleskope geschieht über spezielle Servosysteme. Die Absolutgenauigkeit der Ausrichtung auf eine Quelle wird durch systematische Verbiegungen in der Teleskopstruktur sowie durch Temperatur und Wind beeinflußt. Systematische Effekte können durch Eingabe der genauen Position von Quellen in den Kontrollrechner berücksichtigt werden.

Einzelspiegel. Der *Parabolspiegel* ist die am häufigsten verwendete Antenne, da er definierte Brennpunkteigenschaften besitzt. Durch Anbringung eines Subreflektors wird er in ein Cassegrain- (oder Gregorian-) System umgewandelt. Der Nachteil der Abblockung der Apertur

durch den Subreflektor wird durch die vereinfachte Anbringung der Empfänger im Apex des Spiegels, so wie verminderter Rauscheinstrahlung vom Erdboden über den Rand des Spiegels aufgewogen.
Der Erreger muß sorgfältig angepaßt werden, anderenfalls sich stehende Wellen zwischen diesem und dem Subreflektor ausbilden. Diese stehenden Wellen sind ein wesentlicher Störfaktor bei der Beobachtung, da sie leicht das Vorhandensein von Spektrallinien vortäuschen können.
Das Cassegrain-System wird häufig durch mehrere nebeneinander angeordnete Erreger ausgeleuchtet, so daß gleichzeitig mehrere Himmelsausschnitte beobachtet werden können. Dabei muß eine Reduzierung des Gewinns durch die laterale Defokussierung der Erreger in Kauf genommen werden.
Der *Offset-Parabolspiegel* benutzt einen Teil eines Paraboloids als Spiegelfläche. Hierdurch wird die Abblockung der Apertur verhindert und die Ausbildung stehender Wellen reduziert (z.B. 7-m-Parabolspiegel, Holmdel, New Jersey, USA).
Sphärische Spiegel weisen den Nachteil der sphärischen Aberration auf. Eine Korrektur für diese wird durch spezielle Ausbildung des Erregers erreicht. Beispiele sind feststehende 300-m-Reflektoren in Nancy (Frankreich) und Arecibo (Puerto Rico). Durch Nachsteuerung des Erregers können Quellen in begrenzten Ausschnitten des Himmels beobachtet werden.

Interferometer. Zur Bestimmung feiner räumlicher Details von Radioquellen werden Interferometer eingesetzt, da ihr Winkelauflösungsvermögen wesentlich höher als das der Einzelantenne ist. Das Prinzip kann am Zweielement-Interferometer erklärt werden (Bild 6). Es beruht auf der Basis der Verstärkung bzw. Auslöschung kohärenter Wellen. Die Empfangssignale werden nach Verstärkung einem gemeinsamen Detektor zugeführt, dabei ist es wichtig, daß die relative Phase am Ort der Zusammenführung zeitlich konstant ist.
Beim *Additionsinterferometer* werden die Spannungen addiert, man erhält ein Ausgangssignal

$$V(\vartheta) = V_1^2 + V_2^2 + V_1 V_2 \cos\vartheta \quad \text{mit}$$

$$\vartheta = \frac{2\pi}{\lambda} D \sin\varphi .$$

($V(\vartheta)$ = Spannung am Ausgang des Detektors; V_1, V_2 = Einzelspannungen, proportional den Eingangssignalen; D = Abstand der Antennen; φ = Beobachtungsrichtung.)
Entsprechend der Phasendifferenz der Wellen erhält man somit alle

$$q\lambda = n\lambda \sin\vartheta \text{ Maxima, bzw.}$$

$$\lambda/2 + p\lambda = n \sin\vartheta \text{ Minima}$$

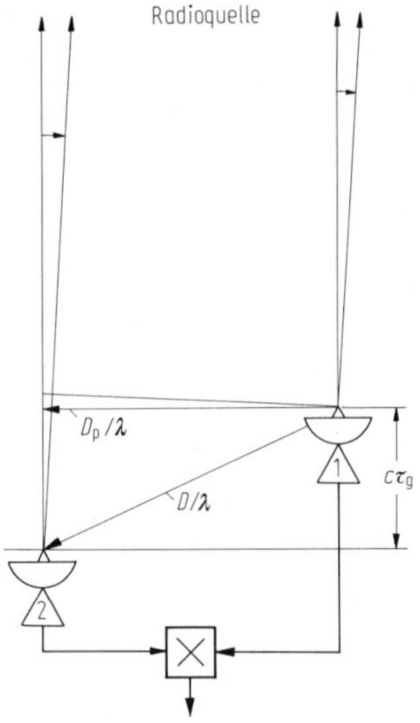

Bild 6. Geometrie des Zweielement-Interferometers, D_p projizierte Basislänge; λ Beobachtungswellenlänge; c Lichtgeschwindigkeit; τ_g Laufzeitunterschied

im Antennendiagramm. Die Halbwertsbreite der kombinierten Antennencharakteristik ist proportional. λ/D_p.
Voraussetzung ist, daß räumliche und zeitliche Kohärenz der Strahlung vorliegt, d.h.

$$\tau < 1/B, \quad \sigma < \lambda/D_p .$$

(τ = Kohärenzzeit, B = Bandbreite des beobachteten Signals, σ = Winkeldurchmesser der Quelle, D_p = projizierte Basislänge der Anlage.)
Nachteil bei der additiven Zusammenführung ist, daß sich atmosphärische Schwankungen und Empfängerinstabilitäten störend auswirken.
Beim *Multiplikationsinterferometer* wird die Phase einer Antenne periodisch umgelenkt und der Ausgang des Empfängers entsprechend synchron geschaltet. Dadurch werden nur von der Quelle stammende korrelierte Rauschanteile gemessen.
Das Ausgangssignal ist

$$V = V_1 V_2 \cos\vartheta .$$

Die Betrachtungen gelten soweit für Punktquellen. Bei ausgedehnten Quellen muß zur Entfaltung der Antennencharakteristik mit der Helligkeitsverteilung die Quelle bei verschiedenen Teleskopabständen gemessen werden. Hierzu wird ein Teleskop fahrbar angebracht. Man erhält für jede Position die sich periodisch verändernde Amplitudenfunktion der Interferenz (visibility function). Aus dieser kann durch Fourier-Transformation die Helligkeitsverteilung der Quelle gewonnen werden.

Mehrelement-Interferometer. Bei ausgedehnten Quellen mit zeitlich variabler Strahlung führt die zeitlich nacheinander durchgeführte Messung mit verschiedenenTeleskopabständen zu keinem Ergebnis. Für diese Fälle, zum erstenmal für Sonnenbeobachtungen angewandt, wurde das Mehrelement-Interferometer entwickelt. Es besteht aus N Elementen die konstant auf das Beobachtungsobjekt gerichtet sind. Die paarweise Zusammenführung der Antennensignale führt zu streifenförmigen Hauptkeulen mit der Halbwertsbreite φ_H

$$\varphi_H = \lambda/N.$$

Der Abstand der Hauptkeulen ist λ/D mit $N - 1$ dazwischenliegenden Nebenkeulen.
Die Auflösung des Interferometers vertikal zur Basislinie ist die des Einzelteleskops. Ordnet man nun eine zweite Reihe in orthogonaler Richtung an und multipliziert die Ausgänge beider Reihen, so erhält man eine Winkelauflösung entsprechend einem Teleskop, dessen Apertur dem Umfang der kreuzförmigen Anordnung entspricht.

Apertur-Synthese-Interferometer. Dreht man die Interferometerbasis gegenüber der Quelle, so kann die flächenhafte Helligkeitsverteilung einer Quelle gewonnen werden. Dieses Verfahren wäre sehr aufwendig, wenn nicht die Erdrotation eine natürliche Drehung der Basislinie bewirken würde. Auf diesem Prinzip beruhen die *Erdrotations-Synthese-Teleskope* in Cambridge (England), Westerbork (England) und das Very Large Array in Socorro (New Mexiko).

Very-long-baseline-Interferometer. Noch größere Auflösung erhält man, wenn man zwei (oder mehr) Teleskopstationen zusammenschaltet, welche bis zu einem Erddurchmesser voneinander entfernt sind. Jede Station beobachtet die vorher vereinbarte Strahlungsquelle zur gleichen Zeit und speichert die Daten auf Band. In speziell erstellten Rückspielanlagen werden dann die Ergebnisse zur Ermittlung der Korrelationsfunktion zusammengespielt. Die erhöhten Forderungen der Phasenstabilität der getrennt arbeitenden Oszillatoren wird durch Synchronisation mit Rubidium-Uhren bzw. Wasserstoff-Masern erzielt.

4.3 Empfangsanlagen. Receiving systems

Die typische Empfangsanlage besteht aus einem empfindlichen (rauscharmen) Eingangsteil, einem Signalaufbereitungs- und Analysesystem (Zwischenfrequenzteil), der Datenaufzeichnung sowie der Empfängersteuerungseinheit (Bild 7). Das grundsätzliche Problem ist Rauschsignale

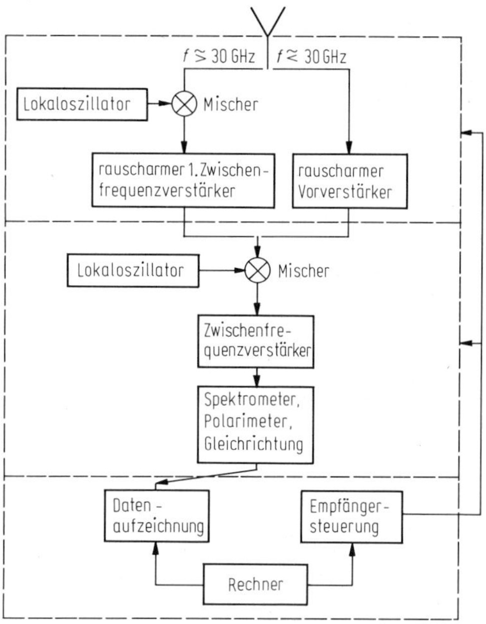

Bild 7. Radiometer

niedrigen Pegels gegenüber dem vorhandenen Systemrauschen hervorzugeben. Das kleinste unterscheidbare Rauschsignal ΔT wird über die äquivalente Rauschtemperatur angegeben:

$$\Delta T = K\, T_{\text{Syst}} [(1/\tau B)^2 + (\Delta G/G)^2]^{1/2}.$$

(T_{Syst} = äquivalente Rauschtemperatur des Empfangssystems, τ = Integrationszeit, B = Bandbreite, K = Konstante von Empfängertyp abhängig ($K \leqq 2$), $\Delta G/G$ = relative Änderung des Verstärkungsfaktors.)
Zur Erzielung kleinster Systemtemperaturen werden die Eingangsstufen im Extremfall bis auf 1,5 K gekühlt. Für Frequenzen bis etwa 30 GHz stehen in der Form von kühlbaren Feldeffekttransistoren, parametrischen Verstärkern und Masern geeignete rauscharme Vorverstärker zur Verfügung. Oberhalb 30 GHz ist der gekühlte Schottky-Diodenmischer die dominierende Eingangsstufe. Daneben gibt es Empfänger mit Josephson-Junction, SIS- und Indium-Antimonid-Elementen und insbesondere im Submm-Bereich Bolometer-Empfänger. Nach der Vorverstärkung wird aus Gründen der Vereinfachung und Kosten in den Bereich 10 bis 1000 MHz heruntergemischt, weiterverstärkt und entweder breitbandig gleichgerichtet oder in einem speziellen Analyseteil die Bestimmung der spektralen Verteilung und/oder Polarisation des Signals bestimmt. Da die von der Antenne abgegebenen Rauschleistung sich in der Größenordnung 10^{-3} bis 10^5 K bewegen, werden Verstär-

kungen im Bereich von 50 bis 100 dB zur einwandfreien Analyse benötigt. Die Daten werden zunächst auf Magnetband gezeichnet und später in Form von Isophotenkarten bzw. Frequenz-Leistungsspektren dargestellt.

Spezielle Literatur: [1] *Jansky, K.G.:* Electrical disturbance apparently of extraterrestrial origin. Proc. IRE 21 (1933) 1387–1398. – [2] *Pauliny-Toth:* Position and flux densities of radio sources. APF, Suppl. Ser. Vol. 13 (1966). – [3] *Heckmann, O.:* Theorien der Kosmologie. Berlin: Springer 1968.

Sachverzeichnis